《机械加工工艺手册》（第3版）总目录

U0183741

"十四五"时期国家重点出版物出版专项规划项目

机械加工工艺手册

第3版

第3卷　现代加工技术卷

主　　编　王先逵
副 主 编　李　旦　孙凤池　赵宏伟
卷 主 编　张定华
卷副主编　邓建新

机械工业出版社

第 3 版手册以机械加工工艺为主线,将数据与方法相结合,汇集了我国多年来在机械加工工艺方面的成就和经验,反映了国内外现代工艺水平及其发展方向。在保持第 2 版手册先进性、系统性、实用性特色的基础上,第 3 版手册全面、系统地介绍了机械加工工艺中的各类技术,信息量大、标准新、内容全面、数据准确、便于查阅等特点更为突出,能够满足当前机械加工工艺师的工作需要,增强我国机电产品在国际市场上的竞争力。

本版手册分 4 卷出版,包含加工工艺基础卷、常规加工技术卷、现代加工技术卷、工艺系统技术卷,共 36 章。本卷包括特种加工技术、精密加工与纳米加工技术、微细加工技术、高速切削加工技术、难加工材料加工技术、表面光整加工技术、复合加工技术、增材制造(3D 打印)技术、表面工程技术、航空结构件加工工艺设计与实现。

本手册可供机械制造全行业的机械加工工艺人员使用,也可供有关专业的工程技术人员和工科院校师生参考。

图书在版编目(CIP)数据

机械加工工艺手册. 第 3 卷,现代加工技术卷/王先逵主编.
—3 版. —北京:机械工业出版社,2022.11
"十四五"时期国家重点出版物出版专项规划项目
ISBN 978-7-111-71918-2

Ⅰ.①机… Ⅱ.①王… Ⅲ.①金属切削-技术手册 Ⅳ.①TG506-62

中国版本图书馆 CIP 数据核字(2022)第 201221 号

机械工业出版社(北京市百万庄大街 22 号 邮政编码 100037)
策划编辑:李万宇 王春雨 责任编辑:李万宇 王春雨 王彦青
责任校对:王明欣 贾立萍 封面设计:马精明
责任印制:邓 博
盛通(廊坊)出版物印刷有限公司印刷
2023 年 9 月第 3 版第 1 次印刷
184mm×260mm·62.25 印张·3 插页·2159 千字
标准书号:ISBN 978-7-111-71918-2
定价:399.00 元

电话服务 网络服务
客服电话:010-88361066 机 工 官 网:www.cmpbook.com
　　　　　010-88379833 机 工 官 博:weibo.com/cmp1952
　　　　　010-68326294 金 书 网:www.golden-book.com
封底无防伪标均为盗版 机工教育服务网:www.cmpedu.com

赠参加《机械加工工艺手册》编审会议

诸君同志

科技存典奥，

传布特辛勤。

竞求高质量，

重任在诸君。

沈鸿

一九八七年十月廿日於北京

注：这是沈鸿同志为《机械加工工艺手册》第 1 版写的题辞。

《机械加工工艺手册》 第2版

编辑委员会

《机械加工工艺手册》 第1版

编辑委员会

主任兼主编：孟少农

副　主　任：沈尧中　李龙天　李家宝　张克昌　李宣春　张颂华

秘　书　长：唐振声

委　　　员：（按姓氏笔画排序）

马克洪　王肇升　刘华明　牟永言　李学绶　李益民　何富源　宋剑行

张斌如　陈采本　钱惟圭　徐伟民　黄祥旦　蒋毓忠　遇立基　熊万武

薄　宵

参编人员名单

于光海	王昇军	王光驹	王先遽	王会新	王志忠	王定坤	王春和	王荣辉	王恩伟
王肇升	王馥民	支少炎	白　锋	江　涛	兰国权	田永金	叶荣生	刘文剑	刘华明
刘庆深	刘运长	刘青方	刘茞芬	刘晋春	刘裕维	牟永义	牟永言	孙旭辉	朱天竺
朱启明	朱颉榕	朱福永	陈介双	陈龙法	陈华初	陈志鼎	陈采本	陈京明	陈振华
陈超常	邱广生	何琼儒	李大铺	李　旦	李龙天	李忠一	李绍忠	李学绶	李　真
李益民	李家宝	李敬杰	李朝霞	麦汇彭	孟伯成	宋秉慈	吴勇发	肖纫绂	肖诗纲
杨裕珊	张仁杰	张志仁	张学仁	张岱华	张明贤	张国雄	张景仕	张　颖	邹永胜
金振华	林焕琨	罗南星	庞　涛	周本铭	周学良	周泽耀	周德生	周鑫森	郭振光
郭德让	胡必忠	胡炳明	胡晖中	柳之歌	骆淑璋	施仁德	赵家齐	高汉东	顾国华
顾宛华	桂定一	倪智最	秦秉常	唐修文	袁丁炎	袁序弟	袁海群	黄承修	黄祥旦
康来明	盘　旭	章　熊	程伦锡	葛鸿翰	蒋锡藩	蒋毓忠	谢文清	遇立基	熊炽昌
樊惠卿	潘庆锐	薄　宵	魏大铺						

第3版前言

2015 年，我国提出了实施制造强国战略第一个十年的行动纲领——《中国制造 2025》。立足国情，立足现实，制造业要特别重视创新性、智能性和精密性，才能实现制造强国的战略目标。这对制造业发展来说是一个战略性要求。

制造业是国家工业化的关键支柱产业，制造技术的进步是其发展的基础。制造一个合格的机械产品，通常分为四个阶段：

1）产品设计。包括功能设计、结构设计等。

2）工艺设计。指产品的工艺过程设计，最终落实为工艺文件。

3）零件的加工工艺过程。保证生产出合格的零件。

4）零件装配成产品。保证产品的整体性能。

可以看出，机械产品制造过程中只有第 1 阶段属于产品设计范畴，第 2、3、4 阶段均为工艺范畴。《机械加工工艺手册》就包括了工艺设计、零件加工和装配的相关内容。

2019 年 6 月，《机械加工工艺手册》的 20 多位主要作者和机械工业出版社团队齐聚长春，启动本手册第 3 版的修订和出版工作。

本版手册分为 4 卷出版，共有 36 章：

1）第 1 卷，加工工艺基础卷，共 8 章。

2）第 2 卷，常规加工技术卷，共 8 章。

3）第 3 卷，现代加工技术卷，共 10 章。

4）第 4 卷，工艺系统技术卷，共 10 章。

与第 2 版相比，第 3 版手册具有如下一些特点：

1）更加突出工艺主体。贯彻以工艺为主体的原则，注重新工艺、新技术的研发和应用，去除一些落后、已淘汰的工艺，使本版手册更加精练。

2）更加实用便查。在保持部分原有图、表的基础上，大量引入近年来企业生产中的实用数据。

3）更加注重技术先进性。手册编入了新工艺、新技术，展示了科技的快速发展成果，并注意收集先进技术的应用案例，提高了手册的技术水平。

4）全部采用现行标准。标准化是制造业发展的必经之路，手册及时反映了加工工艺方面的标准更新情况，便于企业应用。

手册第 3 版的编写得以顺利完成，离不开有关高等院校、科研院所的院士、教授、专家的帮助，在此表示衷心的感谢。由于作者水平有限，书中难免存在一些不足之处，希望广大读者不吝指教。

王先逵

《机械加工工艺手册》第 3 版编辑委员会主任

第2版前言

《机械加工工艺手册》第1版是我国第一部大型机械加工工艺手册。时光易逝、岁月如梭，在沈鸿院士、孟少农院士的积极倡导和精心主持下，手册自20世纪90年代出版以来，已过了15个年头，广泛用于企业、工厂、科研院所和高等院校等各部门的机械加工工艺工作实践中，得到了业内人士的一致好评，累计印刷5次，3卷本累计销售12万册，发挥了强有力的工艺技术支撑作用。

制造技术是一个永恒的主题，是设想、概念、科学技术物化的基础和手段，是国家经济与国防实力的体现，是国家工业化的支柱产业和关键。工艺技术是制造技术的重要组成部分，工艺技术水平是制约我国制造业企业迅速发展的因素之一，提高工艺技术水平是提高机电产品质量、增强国际市场竞争力的有力措施。目前我国普遍存在着"重设计、轻工艺"的现象，有关部门已经将发展工艺技术和装备制造列为我国打造制造业强国的重要举措之一，提出了"工艺出精品、精品出效益"的论断。工艺技术是重要的，必须重视。

（1）工艺是制造技术的灵魂、核心和关键

现代制造工艺技术是先进制造技术的重要组成部分，也是其最有活力的部分。产品从设计变为现实是必须通过加工才能完成的，工艺是设计和制造的桥梁，设计的可行性往往会受到工艺的制约，工艺（包括检测）往往会成为"瓶颈"。不是所有设计的产品都能加工出来，也不是所有设计的产品通过加工才能达到预定技术性能要求。

"设计"和"工艺"都是重要的，把"设计"和"工艺"对立起来和割裂开来是不对的，应该用广义制造的概念将其统一起来。人们往往看重产品设计师的作用，而未能正确评价工艺师的作用，这是当前影响制造技术发展的关键之一。

例如，当用金刚石车刀进行超精密切削时，其刃口钝圆半径的大小与切削性能关系十分密切，它影响了极薄切削的切屑厚度，刃口钝圆半径的大小往往可以反映一个国家在超精密切削技术方面的水平，国外加工出的刃口钝圆半径可达 $2nm$。又如，集成电路的水平通常是用集成度和最小线条宽度来表示，现代集成电路在单元芯片上的电子元件数已超过 10^5 个，线宽可达 $0.1\mu m$。

（2）工艺是生产中最活跃的因素

同样的设计可以通过不同的工艺方法来实现，工艺不同，所用的加工设备、工艺装备也就不同，其质量和生产率也会有差别。工艺是生产中最活跃的因素，通常，有了某种工艺方法才有相应的工具和设备出现，反过来，这些工具和设备的发展又提高了该工艺方法的技术性能和水平，扩大了其应用范围。

加工技术的发展往往是从工艺突破的，由于电加工方法的发明，出现了电火花线切割加工、电火花成形加工等方法，发展了一系列的相应设备，形成了一个新兴行业，对模具的发展产生了重大影响。当科学家们发现激光、超声波可以用来加工时，出现了激光打孔、激光焊接、激光干涉测量、超声波打孔、超声波检测等方法，相应地发展了一批加工设备，从而与其他非切削加工手段在一起，形成了特种加工技术，即非传统加工技术。由于工艺技术上的突破和丰富多彩，使得设计人员也扩大了眼界，以前有些不敢设计之处，现在敢于设计了。例如，利用电火花磨削方法可以加工直径为 $0.1mm$ 的探针；利用电子束、离子束和激光束可以加工直径为 0.1mm 以下的微孔，而纳米加工技术的出现更是扩大了设计的广度和深度。

（3）广义制造论

近年来加工工艺技术有了很大的发展，其中值得提出的是广义制造论，它是 20 世纪制造技术的重要发展，是在机械制造技术的基础上发展起来的。长期以来，由于设计和工艺的分离，制造被定位于加工工艺，这是一种狭义制造的概念。随着社会发展和科技进步，需要综合、融合和复合多种技术去研究和解决问题，特别是集成制造技术的问世，提出了广义制造的概念，也称为"大制造"的概念，它体现了制造概念的扩展，其形成过程主要有以下几方面原因，即制造设计一体化、材料成形机理的扩展、制造技术的综合性、制造模式的发展、产品的全生命周期、丰富的硬软件工具和平台以及制造支撑环境等。

（4）制造工艺已形成系统

现代制造技术已经不是单独的加工方法和工匠的"手艺"，已经发展成为一个系统，在制造工艺理论和技术上有了很大的发展，如在工艺理论方面主要有加工成形机理和技术、精度原理和技术、相似性原理和成组技术、工艺决策原理和技术，以及优化原理和技术等。在制造生产模式上出现了柔性制造系统、集成制造系统、虚拟制造系统、集群制造系统和共生制造系统等。

由于近些年制造工艺技术的发展，工艺内容有了很大的扩展，工艺技术水平有了很大提高；计算机技术、数控技术的发展使制造工艺自动化技术和工艺质量管理工作产生了革命性的变化；同时，与工艺有关的许多标准已进行了修订，并且制定了一些新标准。因此，手册第 1 版已经不能适应时代的要求。为反映国内外现代工艺水平及其发展方向，使相关工程技术人员能够在生产中进行再学习，以便实现工艺现代化，提高工艺技术水平，适应我国工艺发展的新形势、新要求，特组织编写了手册第 2 版，并努力使其成为机械制造全行业在工艺方面的主要参考手册之一。

这次再版，注意保留了手册第 1 版的特点。在此基础上，手册第 2 版汇集了我国多年来工艺工作的成就和经验，体现了国内外工艺发展的最新水平，全面反映现代制造的现状和发展，注重实用性、先进性、系统性。手册第 2 版的内容已超过了机械加工工艺的范畴，但为了尊重手册第 1 版的劳动成果和继承性，仍保留了原《机械加工工艺手册》的名称。

手册第 2 版分 3 卷出版，分别为工艺基础卷、加工技术卷、系统技术卷，共 32 章。虽然是修订，但未拘泥于第 1 版手册的结构和内容。第 1 版手册 26 章，第 2 版手册 32 章，其中全新章节有 12 章，与手册第 1 版相同的章节也进行了全面修订。在编写时对作者提出了全面替代第 1 版手册的要求。

在全体作者的共同努力下，手册第 2 版具有如下特色：

（1）工艺主线体系明确

机械加工工艺手册以工艺为主线，从工艺基础、加工技术、系统技术三个层面来编写，使基础、单元技术和系统有机结合，突出了工艺技术的系统性。

（2）实践应用层面突出

采用数据与方法相结合，多用图、表形式来表述，实用便查，突出体现各类技术应用层面的内容，力求能解决实际问题。在编写过程中，有意识地采用了组织高校教师和工厂工程技术人员联合编写的方式，以增强内容上的实用性。

（3）内容新颖先进翔实

重点介绍近年发展的技术成熟、应用面较广的新技术、新工艺和新工艺装备，简要介绍发展中的新技术。充分考虑了近年来工艺技术的发展状况，详述了数控技术、表面技术、劳动安全等当前生产的热点内容；同时，对集成制造、绿色制造、工业工程等先进制造、工艺管理技术提供了足够的实践思路，并根据实际应用情况，力求提供工艺工作需要的最新数据，包括企业新的应用经验数据。

（4）结构全面充实扩展

基本涵盖了工艺各专业的技术内容。在工艺所需的基础技术中，除切削原理和刀具、材料和热处理、加工质量、机床夹具、装配工艺等内容，考虑数控技术的发展已比较成熟，应用也十分广泛，因此将其作为基础技术来处理；又考虑安全技术十分重要且具有普遍性，因此也将其归于基础技术。在加工技术方法方面，除有一般传统加工方法，还有特种加工方法、高速加工方法、精密加工方法和难加工材料加工方法等，特别是增加了金属材料冷塑性加工方法和表面技术，以适应当前制造技术的发展需要。在加工系统方面，内容有了较大的扩展和充实，除成组技术、组合机床及自动线加工系统和柔性制造系统内容，考虑计算机辅助制造技术的发展，增加了计算机辅助制造的支撑技术、集成制造系统和智能制造系统等；考虑近几年来快速成形与快速制造、工业工程和绿色制造的发展，特编写了这部分内容。

（5）作者学识丰富专深

参与编写的人员中，有高等院校、科研院所和企业、工厂的院士、教授、研究员、高级工程师和其他工程技术人员，他们都是工作在第一线的行业专家，具有很高的学术水平和丰富的实践经验，可为读者提供比较准确可用的资料和参考数据，保证了第2版手册的编写质量。

（6）标准符合国家最新

为适应制造业的发展，与国际接轨，我国的国家标准和行业标准在不断修订。手册采用了最新国家标准，并介绍最新行业标准。为了方便读者的使用，在手册的最后编写了常用标准和单位换算。

参与编写工作的包括高等院校、科研院所和企业的院士、教授、高级工程师等行业专家，共计120多人。从对提纲的反复斟酌、讨论，到编写中的反复核实、修改，历经三年时间，每一位作者都付出了很多心力和辛苦的劳动，从而为手册第2版的质量提供了可靠的保证。

手册不仅可供各机械制造企业、工厂、科研院所作为重要的工程技术资料，还可供各高等工科院校作为制造工程参考书，同时可供广大从事机械制造的工程技术人员参考。

衷心感谢各位作者的辛勤耕耘！诚挚感谢中国机械工程学会和生产工程学会的大力支持和帮助，特别是前期的组织筹划工作。在手册的编写过程中得到了刘华明教授、徐鸿本教授等的热情积极帮助。承蒙艾兴院士承担了手册的主审工作。在此一并表示衷心的感谢！

由于作者水平和出版时间等因素所限，手册中会存在不少缺点和错误，会有一些不尽人意之处，希望广大读者不吝指教，提出宝贵意见，以便在今后的工作中不断改进。

王先逵
于北京清华园

第1版前言

机械工业是国民经济的基础工业，工艺工作是机械工业的基础工作。加强工艺管理、提高工艺水平，是机电产品提高质量、降低消耗的根本措施。近年来，我国机械加工工艺技术发展迅速，取得了大量成果。为了总结经验、加速推广，机械工业出版社提出编写一部《机械加工工艺手册》。这一意见受到原国家机械委和机械电子部领导的重视，给予了很大支持。机械工业技术老前辈沈鸿同志建议由孟少农同志主持，组织有关工厂、学校、科研部门及学会参加编写。经过编审人员的共同努力，这部手册终于和读者见面了。

这是一部专业性手册，其编写宗旨是实用性、科学性、先进性相结合，以实用性为主。手册面向机械制造全行业，兼顾大批量生产和中小批量生产。着重介绍国内成熟的实践经验，同时注意反映新技术、新工艺、新材料、新装备，以体现发展方向。在内容上，以提供工艺数据为主，重点介绍加工技术和经验，力求能解决实际问题。

这部手册的内容包括切削原理等工艺基础、机械加工、特种加工、形面加工、组合机床及自动线、数控机床和柔性自动化加工、检测、装配，以及机械加工质量管理、机械加工车间的设计和常用资料等，全书共 26 章。机械加工部分按工艺类型分章，如车削、铣削、螺纹加工等。有关机床规格及连接尺寸、刀具、辅具、夹具、典型实例等内容均随工艺类型分别列入所属章节，以便查找。机械加工的切削用量也同样分别列入各章，其修正系数大部分经过实际考查，力求接近生产现状。

全书采用国家法定计量单位。国家标准一律采用现行标准。为了节省篇幅，有的标准仅摘录其中常用部分，或进行综合合并。

这部手册的编写工作由孟少农同志生前主持，分别由第二汽车制造厂、第一汽车制造厂、南京汽车制造厂、哈尔滨工业大学和中国机械工程学会生产工程专业学会五个编写组组织编写，中国机械工程学会生产工程专业学会组织审查，机械工业出版社组织领导全部编辑出版工作。参加编写工作的单位还有重庆大学、清华大学、天津大学、西北工业大学、北京理工大学、大连组合机床研究所、北京机床研究所、上海交通大学、上海市机电设计研究院、上海机床厂、上海柴油机厂、机械电子工业部长春第九设计院和湖北汽车工业学院等。参加审稿工作的单位很多，恕不一一列出。对于各编写单位和审稿单位给予的支持和帮助，对于各位编写者和审稿者的辛勤劳动，表示衷心感谢。

编写过程中，很多工厂、院校、科研单位还为手册积极提供资料，给予支持，在此也一并表示感谢。

由于编写时间仓促，难免有前后不统一或重复甚至错误之处，恳请读者给予指正。

《机械加工工艺手册》编委会

目　录

---------------- 第 1 章　特种加工技术 ----------------

第 2 章 精密加工与纳米加工技术

第 3 章　微细加工技术

第4章　高速切削加工技术

第5章 难加工材料加工技术

第6章　表面光整加工技术

第7章 复合加工技术

第 8 章　增材制造（3D 打印）技术

第9章 表面工程技术

──── **第10章 航空结构件加工工艺设计与实现** ────

第 1 章

特种加工技术

主　编　白基成（哈尔滨工业大学）

参　编　郭永丰（哈尔滨工业大学）

　　　　杨晓冬（哈尔滨工业大学）

　　　　韦东波（哈尔滨工业大学）

　　　　王燕青（太原理工大学）

　　　　李政凯（山东理工大学）

　　　　唐佳静（山东理工大学）

　　　　王秀枝（太原理工大学）

主　审　刘晋春（哈尔滨工业大学）

1.1 概述

1.1.1 特种加工的定义和特点

特种加工是常规切削、磨削加工以外的一些新的机械加工工艺方法的总称，是指主要不是直接利用机械能，而是利用电能、热能、光能、声能、化学能等其他能量，不是依靠切削力来对工件进行尺寸或表面加工的一些新方法。

特种加工的特点为：

1) 加工过程中工具和工件之间不存在显著的机械切削力，多数情况下工具并不与工件直接接触。

2) 加工用的工具硬度可以低于工件材料的硬度。

特种加工的适用范围为：

1) 可加工任何硬度、强度、脆性的金属或非金属难加工材料，如淬火钢、不锈钢、硬质合金、金刚石、石英和陶瓷等。

2) 可加工任何复杂、特殊的表面，如喷气涡轮发动机曲面叶片，各类冲压、成形模具表面，喷油嘴、喷丝板上的小孔和窄缝等。

3) 可加工具有特殊要求的零部件，如细长零件、薄壁零件、弹性元器件等低刚度零件，包括半导体集成电路的各种芯。

1.1.2 特种加工的分类（见表 1.1-1）

表 1.1-1 常用特种加工方法分类

特种加工方法		能量来源及形式	作用原理	英文缩写
电火花加工	电火花成形加工	电能、热能	熔化、汽化	EDM
	电火花线切割加工	电能、热能	熔化、汽化	WEDM
电化学加工	电解加工	电化学能	金属离子阳极溶解	ECM（ELM）
	电解磨削	电化学能、机械能	阳极溶解、磨削	EGM（ECG）
	电解研磨	电化学能、机械能	阳极溶解、磨削	ECH
	电铸	电化学能	金属离子阴极沉积	EFM
	涂镀	电化学能	金属离子阴极沉积	EPM
激光加工	激光打孔、切割	光能、热能	熔化、汽化	LBM
	激光打标记	光能、热能	熔化、汽化	LBM
	激光处理、表面改性	光能、热能	熔化、相变	LBT
电子束加工	切割、打孔、焊接	电能、热能	熔化、汽化	EBM
离子束加工	蚀刻、镀覆、注入、改性	电能、动能	原子撞击	IBM
等离子弧加工	切割（喷镀）	电能、热能	熔化、汽化（涂覆）	PAM
超声加工	切割、打孔、雕刻、清洗	声能、机械能	磨料高频撞击	USM
化学加工	化学铣	化学能	腐蚀	CHM
	化学抛光	化学能	腐蚀	CHP
	光刻	光能、化学能	光化学腐蚀	PCM
增材制造	液相固化法	光能、化学能	增材法加工	SL
	粉末烧结法（3D 打印）			SLS
	纸片叠层法	光能、机械能		LOM
	熔丝堆积法	电能、热能、机械能		FDM
水射流切割	切割下料	机械动能	高速撞击去除	WJC
磨料喷射加工	磨料抛光、修饰	机械动能	撞击去除	AJM
复合加工	超声电火花、电解复合电火花电解复合	声能、电能、电化学能	物理电化学去除	CM

1.1.3 几种常用特种加工方法性能和　　用途的对比（见表 1.1-2）

表 1.1-2　几种常用特种加工方法的综合比较

加工方法	可加工材料	工具损耗率（%）最低/平均	材料去除率/(mm³/min)平均/最高	可达到尺寸精度/mm平均/最高	可达到表面粗糙度 Ra/μm平均/最高	主要适用范围
电火花加工	任何导电的金属材料,如硬质合金、耐热钢、不锈钢、淬火钢、钛合金等	0.1/10	30/3000	0.03/0.003	10/0.04	从数微米的孔、槽到数米的超大型模具、工件等。如圆孔、方孔、异形孔、深孔、微孔、弯孔、螺纹孔,以及冲模、锻模、压铸模、拉丝模,还可刻字、表面强化、涂覆加工
电火花线切割加工		较小（可补偿）	20/200①mm²/min	0.02/0.002	5/0.32	切割各种冲模、塑料模、粉末冶金模等二维及三维直纹面组成的模具及零件。可直接切割各种样板、磁钢、硅钢片冲片,也常用于钼、钨、半导体材料或贵重金属的切割
电解加工		不损耗	100/10000	0.1/0.01	1.25/0.16	从细小零件到 1t 的超大工件及模具。如仪表微型小轴,齿轮上的毛刺,蜗轮叶片、炮管腔线、螺旋花键孔、各种异形孔,锻造模、铸造模,以及抛光、去毛刺等
电解磨削		1/50	1/100	0.02/0.001	1.25/0.04	硬质合金等难加工材料的磨削。如硬质合金刀具、量具、轧辊、小孔、深孔、细长杆磨削,以及超精光整研磨、珩磨
超声加工	任何脆性材料	0.1/10	1/50	0.03/0.005	0.63/0.16	加工、切割脆硬材料。如玻璃、石英、宝石、金刚石、半导体单晶锗、硅等。可加工型孔、型腔、小孔、深孔、切割等
激光加工	任何材料	不损耗（四种加工没有成形的工具）	瞬时去除率很高②,受功率限制,平均去除率不高	0.01/0.001	10/1.25	精密加工小孔、窄缝及成形切割、蚀刻。如金刚石拉丝模、钟表宝石轴承、化纤喷丝孔、镍、不锈钢板上打小孔,切割钢板、石棉、纺织品、纸张,还可焊接、热处理
电子束加工						在各种难加工材料上打微孔、切缝、蚀刻、曝光以及焊接等,现常用于制造中、大规模集成电路微电子器件
离子束加工			很低②	—/0.01μm	—/0.01	对零件表面进行超精密、超微量加工、抛光、蚀刻、掺杂、镀覆等
水射流切割	钢铁、石材		>300	0.2/0.1	20/5	下料、成形切割、剪裁
增材制造③	属材料累加法加工,无可比性			0.3/0.1	10/5	快速制作样件、模具

① 线切割加工的金属去除率按惯例均用 mm²/min 为单位。
② 这类工艺,主要用于精密和超精密加工。
③ 增材制造在第 3 卷第 8 章中讲述。

1.2　电火花穿孔、成形加工

1.2.1　电火花穿孔、成形加工的原理

电火花穿孔、成形加工统称电火花加工（Electrical Discharge Machining，EDM），其原理和设备组成见图 1.2-1。

电火花加工的原理是靠工具和工件（正、负电极）间脉冲性火花放电时的电腐蚀现象来蚀除多余的金属,达到零件加工要求的。工件 1 与工具电极 4

分别接脉冲电源 2 的两输出端。自动进给调节装置 3（此处为电动机及丝杠螺母机构）使工具电极和工件间经常保持一个很小的放电间隙,当脉冲电压加到两个电极（工件和工具）之间时,便在当时条件下间隙最小处或绝缘强度最低处击穿工作液介质,产生火花放电,瞬时高温使工具和工件表面都蚀除掉一小部分金属,各自形成一个小凹坑,经过一段间隔时间,工作液恢复绝缘后,第二个脉冲电压又加到两极上,

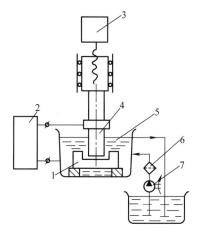

图 1.2-1 电火花穿孔、成形加工原理和设备组成
1—工件 2—脉冲电源 3—自动进给调节装置
4—工具电极 5—工作液 6—过滤器 7—工作液泵

又会在当时极间距最近或绝缘强度最弱处击穿放电，又电蚀出一个小凹坑。这样连续不断地重复放电，工具电极不断地向工件进给，就可将工具的形状复制在工件上，加工出所需要的零件，整个加工表面将由无数个放电小凹坑所组成。

脉冲电源的作用是为电火花加工提供所需的能量。火花放电必须是瞬时的脉冲性放电才能用于加工。放电延续一段时间后，需停歇一段时间，放电延续的时间一般为 $10^{-7} \sim 10^{-3}$ s，这样才能使放电所产生的热量来不及传导扩散到其余部分，使每一次的放电分别局限在很小范围内。否则像持续电弧放电那样，使表面烧伤而无法用作尺寸加工，因此，电火花加工必须采用脉冲电源。

电火花加工必须在有一定绝缘性能的液体（或气体）介质中进行，如煤油、皂化液或去离子水等。这类液体介质又称为工作液，它们必须具有较高的绝缘强度。工作液介质的作用是形成火花击穿放电通道，并在放电结束后迅速恢复间隙的绝缘状态，对放电通道起到压缩作用，使放电能量集中，能量密度高，并将电火花加工过程中产生的金属小屑、炭黑等电蚀产物从放电间隙中排除出去，此外，它对电极和工件表面有较好的冷却作用。通常采用泵和过滤器使工作液循环过滤。

一台完整的电火花加工机床是由机床本体、自动进给调节系统、脉冲电源和工作液系统等组成。

1.2.2 电火花穿孔、成形加工机床

1. 我国电火花穿孔、成形加工机床的型号和标准

我国电火花加工（包括穿孔和型腔加工）机床的型号规定如下：

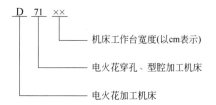

表 1.2-1 列出了电火花穿孔、成形加工机床的主要参数标准。

电火花穿孔、成形加工机床可按大小分为小型（D7125 型以下）、中型（D7125 ～ D7163）和大型（D7163 型以上）；也可以按精度等级分为标准精度型和高精度型；还可以按工具电极自动进给调节系统的类型分为步进电动机驱动或交流伺服电动机驱动或直线电动机进给驱动。随着模具工业的需要，国外已经大批量生产三轴或三轴以上的多轴数控电火花机床，以及带电极工具库和机械手的且能自动更换电极工具的电火花加工中心。我国有些工厂在引进国外技术的基础上研制生产出三轴或三轴以上的多轴数控电火花机床。

2. 电火花成形加工机床主要型号与技术参数
（见表 1.2-2）

1.2.3 电火花加工用的脉冲电源

电火花加工用的脉冲电源发展很快，种类也很多。最早出现的是 RC 脉冲电源，20 世纪 60 年代初期出现了闸流管和电子管脉冲电源。20 世纪 60 年代末期，由于半导体电子元件的迅速发展，出现了晶闸和晶体管脉冲电源。近年来，由于要求和控制系统相结合，出现了各种自适应控制的脉冲电源。

表 1.2-3 列出了电火花加工用的各类脉冲电源。

1. 基本的脉冲波形及其主回路

图 1.2-2 所示为脉冲电源空载电压波形，图 1.2-3 所示为晶体管脉冲电源的组成及其主回路。

2. 各种派生的电火花加工用的脉冲电源

目前国内外普遍采用方波（矩形波）脉冲电源。为了改善、提高工艺效果，在普通方波脉冲电源波形的基础上又派生出几种不同波形的脉冲电源，主要有：

1）高低压复合波脉冲电源。在原来 80 ～ 100V 方波的基础上，同时（有的可稍提前）加上 150 ～ 300V 的高压方波（见图 1.2-4），使电极间隙的击穿概率，即火花放电率大为提高。此外，由于峰值电压高，所以，放电间隙较大，有利于排除蚀产物，因此也促使生产率和稳定性得到提高，尤其在用钢电极加工钢模具时更为明显。

表 1.2-1 电火花穿孔、成形加工机床的主要参数标准（GB/T 5290.1—2001、GB/T 5290.2—2001）

工作台	台面	宽度 B/mm	200	250	320	400	500	630	800	1000
		长度 L/mm	320	400	500	630	800	1000	1250	1600
	行程	纵向 X/mm	160		250		400		630	
		横向 Y/mm	200		320		500		800	
	最大承载重量/kg		50	100	200	400	800	1500	3000	6000
	T 形槽	槽数	3			5			7	
		槽宽/mm	10		12		14		18	
		槽间距离/mm	63			80	100		125	
主轴连接板至工作台面最大距离 H/mm			300	400	500	600	700	800	900	1000
主轴头	伺服行程 Z/mm		80	100	125	150	180	200	250	300
	滑座行程 W/mm		150	200	250	300	350	400	450	500
工具电极 最大质量 /kg	I 型		20		50		100		250	
	II 型		25		100		200		500	
工作液槽内壁	长度 d/mm		400	500	630	800	1000	1250	1600	2000
	宽度 c/mm		300	400	500	630	800	1000	1250	1600
	高度 h/mm		200	250	320	400	500	630	800	1000

表 1.2-2 电火花成形加工机床主要型号与技术参数

机床型号	工作台尺寸 /mm	工作台行程 /mm	主轴行程 /mm	最大工件 质量/kg	最大电极 质量/kg	最大加工 电流/A	最大生产率 /(mm³/min)	备注	生产厂家
D7140P		X400、Y300	200	750	70	60	400	—	苏州三光科技股份有限公司
D7140	400×630	X350、Y400	350		50	50			苏州电加工机床研究所
D7140ZK	400×630	X350、Y400	350	—	75	50		最小电极损耗 0.2%，Z 轴数控	
DK7140 三轴数控	400×630	X350、Y400	350		75	50		X、Y、Z 三轴数控	
DK7163 三轴数控	630×1000	X420、Y600	400		100	50		X、Y、Z 三轴数控	
B35	400×600	X350、Y250	270	500	50	40	480 (40A)	定位精度 5μm/100mm，最佳表面粗糙度 Rz 为 0.2μm	北京市电加工研究所
B50	500×800	X500、Y400	350	1000	100	80			
HE70	900×500	X700、Y400	300	3000	80	60	600	三轴联动	上海汉霸数控机电有限公司
HE100	1200×600	X1000、Y500	400	4000	80	60	600	三轴联动	
HE180	2000×1000	X1000、Y1000	700 500	10000	150	60	600	三轴联动 双主轴	
NH7125NC	280×450	X250、Y150	200	—	25	30	260	Z 轴数控	北京凝华实业责任有限公司
NH7150NC	480×800	X500、Y400	250	—	120	60	600		
SE1	500×320	X320、Y260	250	600	100	50		X、Y、Z 三轴数控	北京阿奇夏米尔工业电子有限公司
SP3	800×500	X500、Y400	400	1500	250	50	—	Z 轴伺服加工，X、Y 轴平动	
AUTOFORM45	750×450	X450、Y350	300	1000	100	64 (峰值)	—	X、Y、Z 轴联动	北京机床所精密机电有限公司
GW745L	700×420	X450、Y350	250	800	80	64 (峰值)	400	直线电动机驱动	

（续）

机床型号	工作台尺寸/mm	工作台行程/mm	主轴行程/mm	最大工件质量/kg	最大电极质量/kg	最大加工电流/A	最大生产率/(mm³/min)	备注	生产厂家
D7125	400×250	X200、Y160	200	250	50	50	500	—	苏州金马机械电子有限公司
D7150	800×500	X500、Y400	300	1000	100	100	900	—	
AQ35L	600×400	X350、Y250	250	550	50	40	—	直线电动机4轴控制	日本 Sodick 公司
AQ55L	750×550	X550、Y400	350	1000	50	40	—		
AQ75L	900×750	X700、Y500	350	2000	100	40	—		
VX10	700×500	X350、Y250	350	600	75	—	—	多轴数控	日本 MIT-SUBISHI 公司
VX20	750×600	X500、Y350	350	1000	100	—	—		
EA12	700×500	X400、Y300	300	700	50	—	—		
EA22	850×600	X500、Y400	350	1000	100	—	—		
ROBOFORM 350	500×400	X350、Y250	300	500	50	64		多轴数控	瑞士 CHAR-MILLES 公司
ROBOFORM 550	750×600	X600、Y400	450	1600	100	64			
ROBOFORM 2400	560×400	X320、Y220	320	600	200	64			
FORM 20ZNC	500×350	X300、Y200	300	500	60	32			

表 1.2-3　电火花加工用的各类脉冲电源

类型	优点	缺点	应用范围
RC 脉冲电源	装置简单,工作可靠,易于制造,维修方便,加工精度较高,表面粗糙度值小	生产率低,电能利用率低,工作液绝缘性能和间隙状态对脉冲参数有影响,稳定性差	目前主要用于电火花精密加工
闸流管脉冲电源	加工稳定,加工精度高,表面粗糙度值小,维修较为方便,生产率比 RC 电源高,电极损耗比 RC 电源低	脉冲参数调节范围较小,较难获得大的脉冲宽度,难以适应型腔加工,电极损耗较大	仅适用于钢打钢等电火花穿孔加工,目前已被晶体管脉冲电源替代
晶闸管脉冲电源	可适应粗、中加工的需要,生产率高,大能量、大功率加工时的线路比晶体管电源简单	精加工用脉冲电源的控制和调节不如晶体管方便	适用于电火花成形加工和穿孔加工,主要用于大能量的粗、中电火花加工
晶体管脉冲电源	脉冲参数调节范围广,可适应粗、中、精加工的需要,易于实现电极低损耗,生产率高 易于实现自适应控制和计算机控制,脉冲参数、波形等的调节范围非常广	大功率脉冲电源的线路比晶闸管电源复杂	适用于电火花加工用各种情况下的脉冲电源,除大功率电源有采用晶闸管电源外,一般均已采用晶体管电源

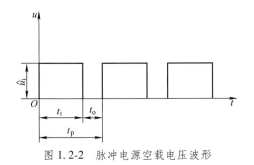

图 1.2-2　脉冲电源空载电压波形

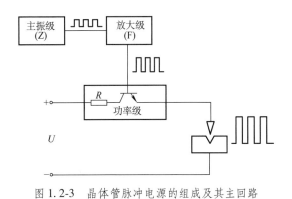

图 1.2-3　晶体管脉冲电源的组成及其主回路

2）矩形波分组脉冲电源。为了获得较小的表面粗糙度而又兼有较高的加工速度，可把原来的矩形波的脉冲宽度和脉冲间隔减小至 $1\sim2\mu s$，减小单个脉冲能量而提高放电脉冲的频率。为了防止连续放电转成

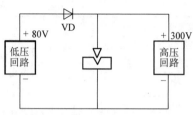

图 1.2-4　高低压复合波脉冲电源

电弧放电，每隔一组小脉冲宽度（10~100 个小脉冲宽度，10~200μs）之后，应停歇一段时间（5~20 个小脉冲间隔，5~40μs），这就是矩形波分组脉冲电源（见图 1.2-5）。

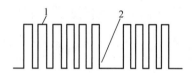

图 1.2-5　矩形波分组脉冲电源波形
1—高频脉冲　2—分组间隔

3）阶梯波脉冲电源。实践证明，如果每个脉冲在击穿放电间隙后，电压和电流逐步升高，则可以在不太降低生产率的情况下，大大减少电极损耗，这就是阶梯波脉冲电源（一般为前阶梯波）。近年来，国外已研制出电流脉冲宽度前沿可调的脉冲电源，可以实现高效低耗。

4）多回路脉冲电源。所谓多回路脉冲电源，即在加工电源的功率级并联分割出相互隔离绝缘的多个输出端，可以同时供给多个回路的放电加工，如图 1.2-6 所示。它在不增大单个脉冲放电能量的条件下

可以显著提高生产率，常在大面积、多工具、多孔加工中使用该电源。

1.2.4　电火花加工的工具进给调节系统

电火花加工时必须使工具和工件之间始终保持某一较小的放电间隙。间隙过大，所加电压无法击穿间隙，形成开路，不能实现电火花加工；间隙过小，形成短路，也无法进行电火花加工。工具电极自动进给调节装置和系统是电火花加工机床的重要组成部分。

1. 工具电极自动进给调节系统的类型（见表 1.2-4）

表 1.2-4　工具电极自动进给调节系统的类型

调节系统类型		优点和缺点
液压进给调节	喷嘴挡板式	我国 1960 年前 80% 的电火花机床采用这一系统。优点是易于制造和维修，成本低。缺点是性能差、占地面积大、噪声大、易漏油，已逐步被淘汰
	伺服阀式	性能好，成本高，制造维修复杂，应用较少
步进电动机进给调节		用于小型电火花加工机床。优点是结构简单，性能可靠，占地面积小。缺点是负载能力小，进给响应速度低
伺服电动机进给调节		国内外大部分采用这一系统。优点是负载能力大，宽调速，进给速度高，反应灵敏。缺点是系统复杂，成本高

2. 自动进给调节系统的基本组成部分

电火花加工用的进给调节由测量环节、比较环节、放大驱动环节和调节对象等几个主要环节组成，图 1.2-7 是其基本组成部分框图。

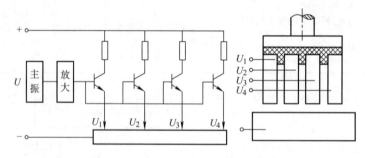

图 1.2-6　多回路脉冲电源和分割电极

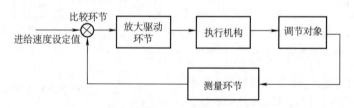

图 1.2-7　自动进给调节系统的基本组成框图

3. 步进电动机自动进给调节系统

图 1.2-8 是步进电动机自动进给调节系统的原理框图。检测电路对放电间隙的平均电压进行检测并按比例衰减后，输出一个反映间隙大小的电压信号（短路为 0V，开路为 10V）。变频电路为一电压-频率（V-f）转换器，将该电压信号放大并转换成 $0 \sim 100$Hz 不同频率的脉冲串，送至进给与门 1 准备为环形分配器提供进给触发脉冲。同时，多谐振荡器发出每秒 2000 步（2kHz）以上恒频率的回退触发脉冲，送至回退与门 2 准备为环形分配器提供回退触发脉冲。根据放电间隙平均电压的大小，两种触发脉冲由判别电路通过双稳电路选其一种送至环形分配器，决定进给或是退回。当极间放电状态正常时，判别电路通过双稳电路打开进给与门 1；当极间放电状态异常（短路或形成有害的电弧）时，则判别电路通过双稳电路打开回退与门 2，分别驱动环形分配器正向或反向的

相序，使步进电动机正向或反向转动，使主轴进给或回退。步进电动机自动进给调节系统主要用于中、小型电火花加工机床和数控电火花线切割机床。目前，环形分配器已由软件实现。只要输入脉冲的快慢和方向就可自动进给。

4. 直流、交流伺服电动机自动进给调节系统

近年来随着数控技术的发展，国内外高档电火花加工机床均采用高性能直流或交流伺服电动机，并采用直接拖动丝杠传动方式，再配以编码器、光栅尺等作为位置检测环节，因而大大提高了机床的进给精度、性能和自动化程度。

具体的控制电路包括放电间隙电压检测电路、输入比较放大电路、反馈放大电路和臂桥式功放电路。直流或交流伺服电动机连接在臂桥电路的对角线上，随着流入电动机电流方向和大小的不同而作正、反向及快、慢的自动调节。

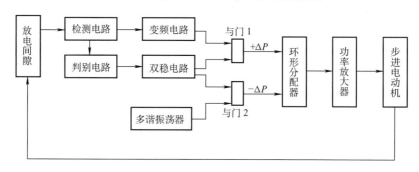

图 1.2-8　步进电动机自动进给调节系统的原理框图

1.2.5　电火花加工的工具电极和工作液系统

1. 电火花加工用工具电极材料

电极材料必须是导电性能良好，损耗小，造型容易，并具有加工稳定、效率高、材料来源丰富、价格便宜等特点。常用电极材料有纯铜、石墨、黄铜等。

1）纯铜电极。它质地细密，加工稳定性好，相对电极损耗较小，适应性广，尤其适用于制造精密花纹模的电极。其缺点是：因质地较黏，精车时不易车光，精磨易堵塞砂轮，机械加工困难。

2）石墨电极。特别适用于大脉宽大电流型腔加工中，电极损耗小于 0.5%，耐高温，变形小，制造容易，质量小。缺点是容易脱落、掉渣，加工表面粗糙度值较大，精加工时易拉弧。

3）黄铜电极。黄铜电极适于在中小电规准条件下加工，放电加工稳定性好，制造也较容易；缺点是电极的损耗率较一般电极都大，不容易使被加工件一次成形。所以一般只用于加工简单模具，或作通孔加

工、取断在孔中的丝锥等。

4）铸铁电极。它是目前国内广泛应用的一种材料，主要特点是制造容易，价格低廉，材料来源丰富，放电加工稳定性也较好，电极损耗小，特别适用于高低压复合波脉冲电源加工，加工冷冲模最适合。

5）钢电极。钢电极也是我国应用比较广泛的电极，它和铸铁电极相比，加工稳定性差，效率也较低，但它可把电极和冲头合为一体，一次成形，可减少电极与冲头的制造工时。电极损耗与铸铁相似，适合加工钢质冷冲模。

2. 电火花加工用工具电极的设计与制造

（1）加工冲模的穿孔电极工具设计

电极的有效长度（总长度减去不起加工作用的长度）通常取凹模型孔深度的 $2.5 \sim 3.5$ 倍。

电极的截面尺寸与凹模截面尺寸仅相差火花放电间隙，电极的凸起部分应比凹模均匀缩小一个火花间隙值 δ，电极凹入部分则应比凹模上的尺寸增加一个放电间隙 δ。图 1.2-9 所示电极截面尺寸可按下列公式确定：

$$A = a - 2\delta$$
$$B = b + 2\delta$$
$$C = c$$
$$R_1 = r_1 - \delta$$
$$R_2 = r_2 + \delta$$

式中　　　　δ——单边火花放电间隙；
a、b、c、r_1、r_2——相关尺寸的中差尺寸（与尺寸公差带中心相对应的尺寸）。

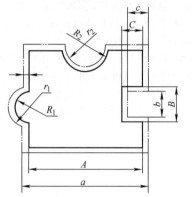

图 1.2-9　型孔（凹模）和电极截面尺寸的关系

δ 的选择要根据凹模侧面表面粗糙度要求及相应的加工规准来决定。表面粗糙度 Ra 在 $2.5 \sim 6.3 \mu m$ 之间。δ 在 $0.04 \sim 0.015 mm$ 之间，峰值电压高，脉冲宽度越宽，δ 值就越大。

电极尺寸的制造公差，一般可取凹模型孔相关尺寸公差的 $1/3 \sim 1/2$。

为提高加工速度和保证加工质量，常采用阶梯电极（见图 1.2-10），将下部尺寸缩小 $0.1 \sim 0.3 mm$，具体办法是将电极工具的下端用化学腐蚀（酸洗）的方法均匀腐蚀去一定厚度，使电极工具成为阶梯形。刚开始加工时可用较小的截面、较大的电规准进行粗加工，等到大部分留量被蚀除、型孔基本穿透后，再用上部较大截面的电极工具进行精加工，保证所需的模具配合间隙。

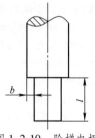

图 1.2-10　阶梯电极

阶梯部分的长度 l 一般为冲模刃口高度 h 的 $1.2 \sim 2.4$ 倍，即 $l = (1.2 \sim 2.4)h$，阶梯电极的单边缩小量（单面蚀除厚度）b 可按下式计算：

$$b \geqslant \delta_1 - \delta_2 + \Delta$$

式中　　δ_1——粗加工单面火花放电间隙（mm）；
　　　　δ_2——精加工单面火花放电间隙（mm）；
　　　　Δ——留给精加工的单面加工余量，$\Delta = 0.02 \sim 0.04 mm$。

用化学腐蚀法制造阶梯电极所用酸洗化学腐蚀液的配方见表 1.2-5。

表 1.2-5　各种腐蚀剂成分及适用范围

腐蚀剂成分	配方种类									
	1	2	3	4	5	6	7	8	9	10
	数量									
草酸	—	—	—	—	—	40g	—	—	—	18%
硫酸	—	—	50%	17%	18%	—	—	—	—	2%
硝酸	100%	14%	50%	17%	10%	—	60mL	80mL	60mL	—
盐酸	—	—	—	17%	10%	—	8mL	30mL	30mL	—
磷酸	—	—	—	—	5%	—	2mL	—	30mL	—
氢氟酸	—	6%	—	—	2%	—	—	—	—	25%
过氧化氢	—	—	—	—	—	40mL	—	—	—	55%
蒸馏水	—	—	—	—	—	100mL	—	—	—	—
自来水	—	80%	—	49%	55%	—	—	—	—	—
腐蚀速度[1]/(mm/min)	0.06	0.01	0.007~0.01	0.01	0.007~0.01	0.04~0.07	0.003~0.05	0.01~0.015	0.02~0.03	0.08~0.12
腐蚀后表面粗糙度 $Ra/\mu m$	1.25~2.5	1.25~2.5	0.63~1.25	1.25~2.5	0.63~1.25	接近原来的表面粗糙度	0.63~1.25	0.63~1.25	0.63~1.25	0.63~1.25
适用对象	纯铜、黄铜	T8A、Cr12	纯铜、黄铜	铸铁	钢(铜和铸铁也有良好的效果)	钢、铸铁、铜均适用	工具钢、合金钢	工具钢、合金钢	工具钢、合金钢	最适宜于工具钢

注：表中百分比（%）系按体积计算。
① 在不加热情况下的腐蚀速度。

现以表 1.2-5 中第 2 种腐蚀剂为例介绍其配制过程及使用注意事项。将水稍加热，加入氢氟酸和硝酸，搅拌均匀即可使用。电极腐蚀前应先用四氯化碳清洗除油污，腐蚀时应不断搅拌腐蚀瓶，以提高腐蚀速度和减小锥度。如电极需要上粗下细的锥度，则在腐蚀过程中需多次把电极提出，提出的次数越多，锥度越大。腐蚀的时间应根据腐蚀速度和需腐蚀的厚度来确定，最好事先进行些模拟试验，它和腐蚀液的温度和浓度有很大关系。腐蚀后的电极应用水清洗干净。

阶梯电极除用化学腐蚀法外，也可用电解法制造。

（2）加工型腔的电极工具设计

型腔加工用的电极工具，不但要考虑横断面的形状与尺寸，还需考虑垂直断面的形状和尺寸，因为它不能像穿孔那样可通过加长电极靠增加进给深度来补偿电极的损耗。需采用多种工艺措施来保证型腔尺寸精度。

1）无平动时型腔电极的设计。采用多电极加工，电极损耗（主要是精加工时损耗较大）的影响较小，可以用更换新的电极来继续加工，抵消损耗的影响。如果采用单电极加工，在制造电极时须预先加上电极损耗量。例如，如果工件（模具）是半圆球腔，修正后的电极将类似于半个椭圆球，其最大半径处（深度）$R' = (1+\theta)R$（θ 是电极深度损耗比，R 是工件圆球半径）。

2）应用平动头加工时的电极设计。由于平动头在加工时水平方向有一偏心量（平动量）e，将使加工截面轮廓扩大，使模具的内凹角尖角变圆，因此，电极设计制造时应缩小这一尺寸。

如果采用三向平动头（球动头）加工型腔，则在模具底部尺寸也将扩大，设计电极时应减小这一尺寸。

3. 电火花加工用的工作液系统

电火花成形加工对工作液的基本要求是：有较高的绝缘性能；较好的流动性和渗透能力；能进入窄小的放电间隙；能冷却电极和工件表面，并把电蚀产物冷凝、扩散到放电间隙之外去。此外还应对人体及设备无害、安全且价格低廉。目前还没有一种液体介质能满足上述全部要求。电火花加工时常采用煤油作为工作液。煤油是碳氢化合物，在火花放电时能分解出氢和游离炭黑微粒，这些游离炭在负极性加工时，被吸附在带正电荷的工具电极表面上可以大大减少和补偿电极损耗。但是煤油的最大缺点是易燃和蒸发呛人的油烟，在大功率粗加工时常用机械油或掺入一定比例的机械油。近年来国内外都采用一种精炼煤油作为工作液，它的闪点、燃点和挥发性都大大低于普通煤

油，不易着火，对人与环境的危害性较小。

电加工界一直在努力研究用水或水基工作液来代替煤油。在小面积精加工时，如加工喷丝板上的小异型孔，可用蒸馏水或去离子水或水中加入甘油、酒精等添加剂的水基工作液。但在大面积加工时效果还不如煤油。

工作液在电火花加工过程中需用油泵使之循环流动，此外还要用过滤装置把工作液中的电蚀产物金属小屑和高温分解出来的炭黑过滤出去。

1.2.6 电火花加工的基本工艺规律

1. 电火花加工的工艺指标

电火花加工的基本工艺指标有：

1）加工速度 v_w。在单位时间（min）内从工件上蚀除下来的金属体积（mm³）或质量（g）称为加工速度，也称加工生产率。大功率脉冲电源粗加工时的加工速度大于 500mm³/min，电火花精加工时通常低于 20mm³/min。

2）表面粗糙度。一般以算术平均偏差 Ra 表示，单位为 μm。

3）放电间隙（加工间隙）。它的大小一般在 0.01~0.5mm 之间。粗加工时大，精加工时较小。加工时又分为端面间隙和侧面间隙，对穿孔或冲模加工来说又可分为入口间隙和出口间隙。

4）电极损耗和电极损耗率。电极损耗是电火花加工时工具电极的损耗量，以长度计单位为 mm，以体积计单位为 mm³，以质量计单位为 g。电极损耗率是同一时间内电极的损耗量与工件损耗量之比（%）。损耗比小于 1% 时称低损耗加工。粗加工长脉宽负极性加工时损耗比小于 1%，精加工时电极损耗率较大，一般大于 5%~10%。

2. 电火花加工的电规准

电火花加工的电规准或称电参数是指选用的电加工用量、电加工参数，主要是电脉冲参数。图 1.2-11 所示为方波脉冲电源的电压和电流脉冲参数。

1）脉冲宽度 t_i（μs）简称脉宽，是加到工具和工件上放电间隙两端的电压脉冲的持续时间。为了防止电弧烧伤，电火花加工只能用断断续续的脉冲电压波。粗加工时可用较大的脉宽 $t_i > 100$μs，精加工时只能用较小的脉宽 $t_i < 50$μs。

2）脉冲间隔 t_o（μs）简称脉间或间隔，是两个电压脉冲之间的间隔时间。间隔时间过短，放电间隙来不及消电离和恢复绝缘，容易产生电弧放电，烧伤工具和工件；脉间选得过大，将降低加工效率。

3）峰值电压 $\hat{u}_i$（V）是间隙开路时电极间最高电压，等于电源的直流电压，一般晶体管方波脉冲电源

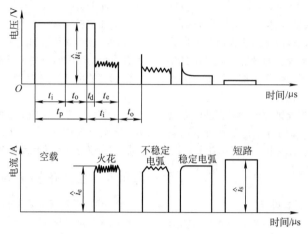

图 1.2-11　方波脉冲电源的电压和电流脉冲参数

t_i—脉宽　t_o—脉间　$\hat{u}_i$—峰值电压　$\hat{i}_e$—峰值电流　$\hat{i}_s$—短路峰值电流

t_d—击穿延时　t_e—火花放电时间　t_p—脉冲周期

的峰值电压 $\hat{u}_i = 80 \sim 100V$，高低压复合脉冲电源的高压峰值电压为 $175 \sim 300V$。峰值电压高时放电间隙大，生产率高，但成形精度稍差。

4）峰值电流 $\hat{i}_e(A)$ 是间隙火花放电时脉冲电流的最大值（瞬时值），虽然峰值电流不易直接测量，但它是影响生产率、表面粗糙度等指标的重要参数。在设计制造脉冲电源时，每一功率放大管的峰值电流是预先选择计算好的。每个 50W 的大功率晶体管的峰值电流为 $2 \sim 3A$，电源说明书中也有说明。可以按此选定粗、中、精加工时的峰值电流（实际上是选定几个功率管进行加工）。

5）短路峰值电流 $\hat{i}_s(A)$ 是短路时的最大瞬时峰值电流。

6）击穿延时 $t_d(\mu s)$ 是间隙加上电压到间隙击穿之前的一小段延时，为 $1 \sim 2\mu s$。

3. 电火花加工工艺规律及电火花加工工艺曲线图表

电火花穿孔及型腔加工时，选用的加工规准（脉冲宽度、峰值电流等）与基本工艺指标（加工速度、表面粗糙度等）之间有一定的对应关系。在具体的加工条件下，例如采用某种脉冲电源、某种工具、工件材料等时，通过大量实际加工，可以得出不同的脉冲宽度、峰值电流对加工速度、表面粗糙度等的关系曲线或图表。根据这些工艺规律曲线，在实际加工模具或零件时，就可以选择合理的电火花加工规准。

图 1.2-12～图 1.2-27 是在具体的电火花机床、晶体管矩形波脉冲电源（开路电压为 80V）、伺服进给系统、煤油工作液等条件下通过大量、系统的工艺试验作出的工艺参数曲线图。各种电火花机床、脉冲电源、伺服进给系统等基本上都是大同小异，因此在工艺实验室中作出的各种工艺参数曲线图仍有一定的通用性，对指导电火花穿孔、成形加工仍有很大的参考指导作用。正规生产厂家提供的电火花加工机床、脉冲电源说明书中也有这类工艺参数图，更可直接参考应用。

图 1.2-12～图 1.2-15 是用纯铜电极（+）加工钢（-），图 1.2-16～图 1.2-19 是用石墨电极（+）加工钢（-），图 1.2-20～图 1.2-23 是用石墨电极（-）加工钢（+），图 1.2-24～图 1.2-27 是用银钨合金电极（-）加工硬质合金（+）时的一组工艺规律曲线。

图 1.2-12～图 1.2-27 共 16 幅电火花加工工艺曲线图，按工具、工件材料和电参数依次排列为：

1）纯铜（+）、钢（-）时工件蚀除速度与脉冲宽度、峰值电流的关系见图 1.2-12。

2）纯铜（+）、钢（-）时工件表面粗糙度与脉冲宽度、峰值电流的关系见图 1.2-13。

3）纯铜（+）、钢（-）时工件侧面放电间隙与脉冲宽度、峰值电流的关系见图 1.2-14。

4）纯铜（+）、钢（-）时工件电极损耗率与脉冲宽度、峰值电流的关系见图 1.2-15。

5）石墨（+）、钢（-）时工件蚀除速度与脉冲宽度、峰值电流的关系见图 1.2-16。

6）石墨（+）、钢（-）时工件表面粗糙度与脉冲宽度、峰值电流的关系见图 1.2-17。

7）石墨（+）、钢（-）时工件侧面放电间隙与脉冲宽度、峰值电流的关系见图 1.2-18。

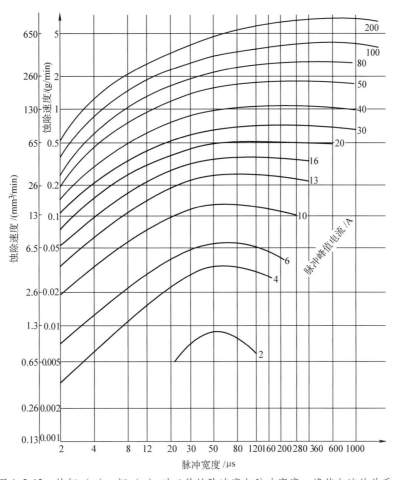

图 1.2-12　纯铜（+）、钢（-）时工件蚀除速度与脉冲宽度、峰值电流的关系

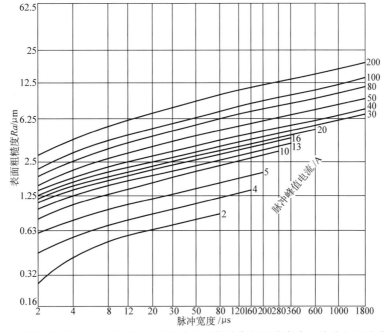

图 1.2-13　纯铜（+）、钢（-）时工件表面粗糙度与脉冲宽度、峰值电流的关系

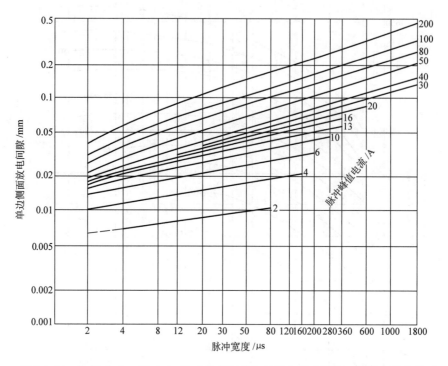

图 1.2-14 纯铜（+）、钢（−）时工件侧面放电间隙与脉冲宽度、峰值电流的关系

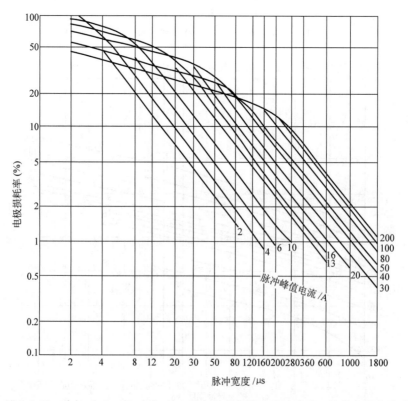

图 1.2-15 纯铜（+）、钢（−）时工件电极损耗率与脉冲宽度、峰值电流的关系

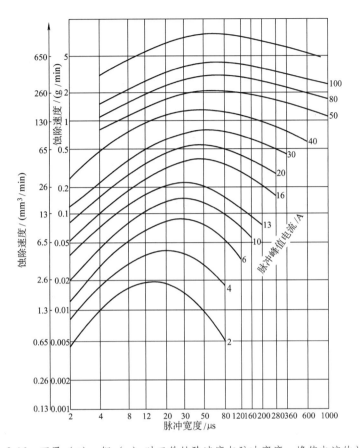

图 1.2-16　石墨（+）、钢（-）时工件蚀除速度与脉冲宽度、峰值电流的关系

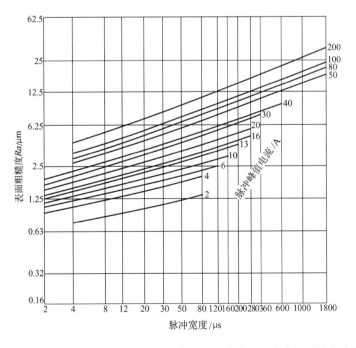

图 1.2-17　石墨（+）、钢（-）时工件表面粗糙度与脉冲宽度、峰值电流的关系

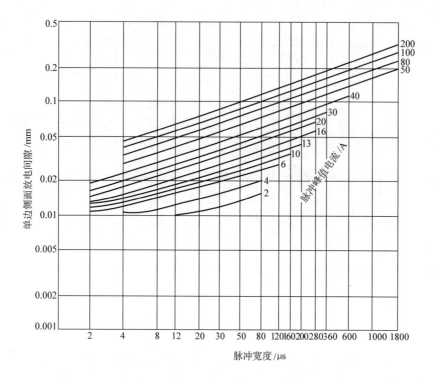

图 1.2-18　石墨（+）、钢（−）时工件侧面放电间隙与脉冲宽度、峰值电流的关系

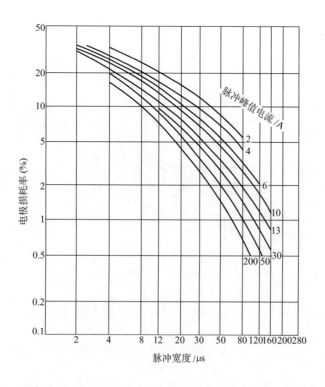

图 1.2-19　石墨（+）、钢（−）时工件电极损耗率与脉冲宽度、峰值电流的关系

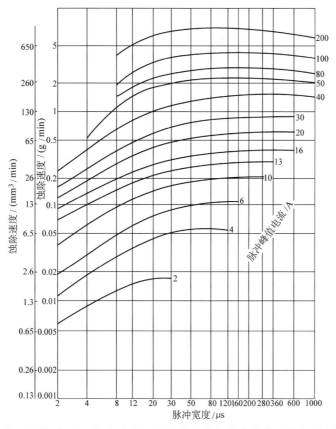

图 1.2-20　石墨（-）、钢（+）时工件蚀除速度与脉冲宽度、峰值电流的关系

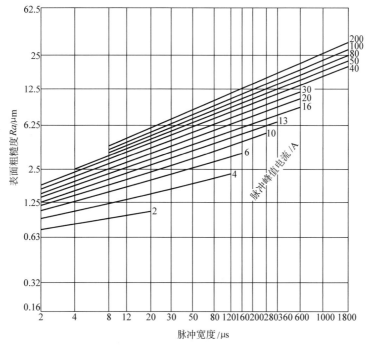

图 1.2-21　石墨（-）、钢（+）时工件表面粗糙度与脉冲宽度、峰值电流的关系

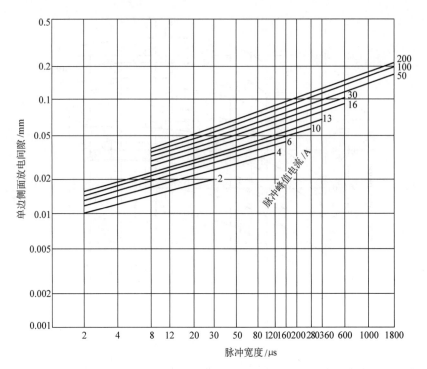

图 1.2-22 石墨（-）、钢（+）时工件侧面放电间隙与脉冲宽度、峰值电流的关系

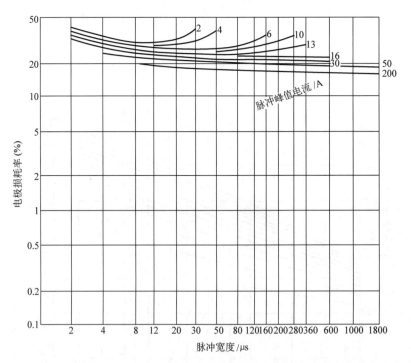

图 1.2-23 石墨（-）、钢（+）时工件电极损耗率与脉冲宽度、峰值电流的关系

8）石墨（+）、钢（-）时工件电极损耗率与脉冲宽度、峰值电流的关系见图 1.2-19。

9）石墨（-）、钢（+）时工件蚀除速度与脉冲宽度、峰值电流的关系见图 1.2-20。

10）石墨（-）、钢（+）时工件表面粗糙度与脉冲宽度、峰值电流的关系见图 1.2-21。

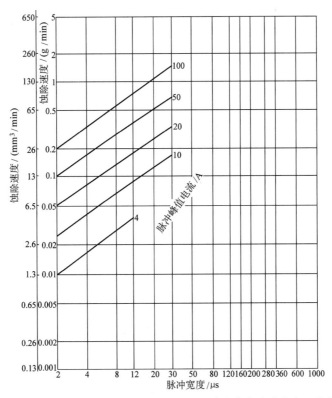

图 1.2-24　银钨合金（-）、硬质合金（+）时工件蚀除速度与脉冲宽度、峰值电流的关系

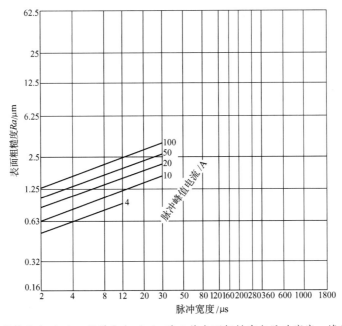

图 1.2-25　银钨合金（-）、硬质合金（+）时工件表面粗糙度与脉冲宽度、峰值电流的关系

11）石墨（-）、钢（+）时工件侧面放电间隙与脉冲宽度、峰值电流的关系见图 1.2-22。

12）石墨（-）、钢（+）时工件电极损耗率与脉冲宽度、峰值电流的关系见图 1.2-23。

13）银钨合金（-）、硬质合金（+）时工件蚀除速度与脉冲宽度、峰值电流的关系见图 1.2-24。

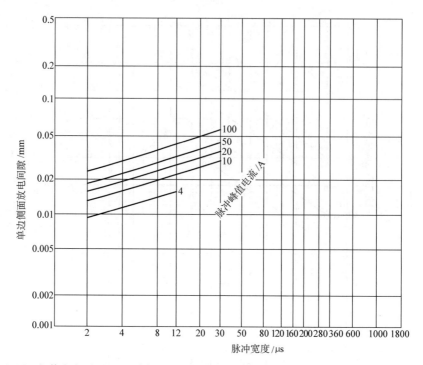

图 1.2-26　银钨合金（－）、硬质合金（＋）时工件侧面放电间隙与脉冲宽度、峰值电流的关系

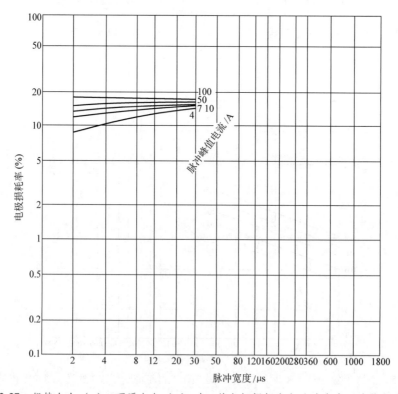

图 1.2-27　银钨合金（－）、硬质合金（＋）时工件电极损耗率与脉冲宽度、峰值电流的关系

14）银钨合金（－）、硬质合金（＋）时工件表面粗糙度与脉冲宽度、峰值电流的关系见图 1.2-25。

15）银钨合金（－）、硬质合金（＋）时工件侧面放电间隙与脉冲宽度、峰值电流的关系见图

1.2-26。

16）银钨合金（－）、硬质合金（＋）时工件电极损耗率与脉冲宽度、峰值电流的关系见图1.2-27。

1.2.7 电火花加工时正确选择电规准的方法

上节所述各电规准与工艺指标之间有着相互影响、相互制约的关系。例如粗加工、长脉冲宽度、负极性时，钢和石墨加工钢都可获得较高的生产率和很低的电极损耗率，但此时的加工精度很低，表面粗糙度值很大。半精加工、精加工时表面质量和尺寸精度可以提高，但加工速度变低，电极损耗率增大，有时难以兼顾。

因此实际加工中必须根据工件材料要求的精度和表面质量来选择电极材料和加工参数，以获得适当的电极损耗和尽可能高的加工速度。一般要分成粗、半精、精几种规准，依次转换进行加工。

选择电规准的顺序应根据主要矛盾来决定。例如加工型腔模具，电极损耗率必须要低于1%，则应先按图1.2-15（或图1.2-19）根据电极损耗率来选择粗加工时的脉冲宽度和峰值电流，这时把生产率、表面粗糙度等放在次要地位来考虑。在型腔精加工时，则又须按表面粗糙度来选择脉冲宽度和峰值电流。

又如加工精密小模数齿轮冲模，除了齿面粗糙度外，主要还应考虑选择合适的放电间隙，以保证所规定的冲模配合间隙，这样就需根据图1.2-14或图1.2-18来选择脉宽与峰值电流。

如果是加工预孔或去除折断在工件上的丝锥或钻头等精度要求不高的加工，则可按图1.2-12选择最高加工速度的脉冲参数，即脉宽及峰值电流。

加工时脉冲间隔 t_o 的选择，以保证加工稳定、不出现电弧为原则，尽可能选较小的脉冲间隔。一般粗加工、长脉冲宽度时取为脉冲宽度的 $1/10 \sim 1/5$，精加工、窄脉冲宽度时取为脉冲宽度的 $2 \sim 5$ 倍。脉间选大，生产率低，但过小则加工不易稳定，易出现电弧烧伤工件。

加工面积小时不宜选择过大的峰值电流，否则易于出现电弧，且电极损耗增大。一般小面积时，由于总电流较小，以保持 $3 \sim 5A/cm^2$ 较大的电流密度为宜；大面积时，因总电流较大，保持 $1 \sim 3 A/cm^2$ 的视在电流密度为宜。粗加工刚开始时可能实际加工面积很小，应暂时减小峰值电流或加大脉冲间隔。表1.2-6为不同工具电极材料加工钢时可采用的最大电流密度。

表 1.2-6 加工钢时可采用的最大电流密度

工具电极材料(极性)	电流密度/(A/cm^2)
Cu(＋)	15~25
石墨(＋)	10~12
石墨(－)	6~8
CuW(＋或－)	8~15
硅铝明合金(＋)	2~5

1.2.8 电火花加工时工具电极的安装、调整和找正

1. 工具电极的安装、调整和找正的要求

将工具电极牢固可靠地装夹在主轴电极夹具上，通过调整，使其与主轴轴线平行，亦即与工作台面垂直。然后按 x、y 坐标方向和扭转角度，找正工具电极与工件的相对位置。如果加工圆孔，则只需找正 x、y 两个坐标（见图1.2-28a）；如果是型孔、型腔，还应找正 θ 角，使电极的周边与工件上被加工的型孔或型腔轮廓线完全重合（见图1.2-28b）。

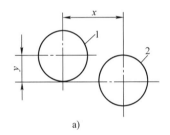

a)

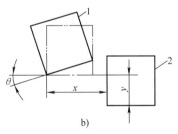

b)

图 1.2-28 工具电极与工件
相对位置的找正
a) 距离找正 b) 转角找正
1—工具电极 2—工件上待加工表面

2. 工具电极的安装、调整和找正的装置

电极装夹与调节装置的种类很多，图1.2-29所示为球面铰链的工具电极夹头。电极固定在下调节板上，靠球面垫圈和调整螺钉来调节工具电极与工作台面的垂直度。

图1.2-30所示为带有调角装置的球面铰链工具电极夹头。电极固定在电极夹头的方孔中，球面螺钉4和摆动盘5用以调节工具电极与工作台面的垂直

电极固定在摆动法兰盘 2 上，调整调节螺钉 1，可使调角校正架转过 ±15°。这种夹头的特点是刚性好，承载能力大，可装夹 100kg 的工具电极。这种夹头的电源绝缘问题是由主轴本身解决的，其外观见图 1.2-32。夹头由锥柄与主轴锥孔相连接，夹头与机床主轴的绝缘由绝缘垫圈 2 和环氧树脂绝缘层 5 保证。紧固螺母 3 是为了使夹头与主轴可靠地连接。

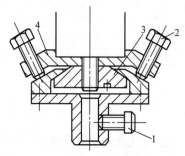

图 1.2-29　球面铰链的工具电极夹头
1—夹紧螺钉　2—调整螺钉
3—球面垫圈　4—上调节板

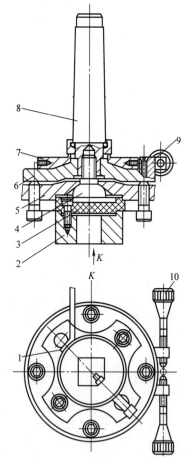

图 1.2-30　带调角装置的球面铰链夹头
1—电源线　2—电极夹头　3—绝缘板
4—球面螺钉　5—摆动盘　6—校正架
上板　7—锁紧螺母　8—锥柄　9—调
角器座　10—调节螺钉

度；调节螺钉 10 可对工具电极相对工件的转角进行微量调节。

图 1.2-31 是另一种带调角装置的球面铰链夹头，

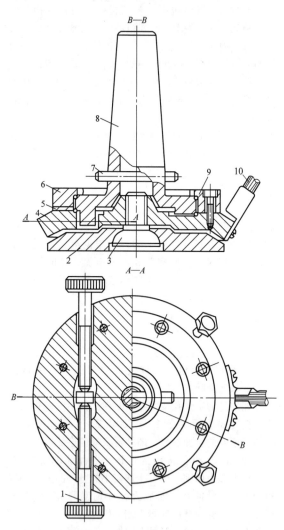

图 1.2-31　带调角装置夹头
1—调节螺钉　2—摆动法兰盘　3—球面螺钉
4—调角校正架　5—调整垫　6—上压板　7—销钉
8—锥柄座　9—滚珠　10—电源线

目前生产中还采用了塑料与电磁工具电极夹头。图 1.2-33 为一种电磁夹头，电极预先装在标准盘 1 中，经过校正后将标准盘放在电磁夹头的底端，底端有定位基准，标准盘上有对应的基准面。线圈 5 通电后，标准盘就牢固地被吸在夹头上。工具电极相对工

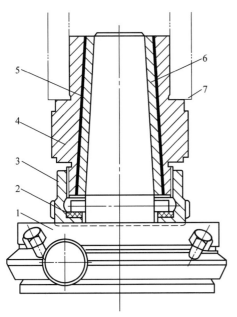

图 1.2-32　带有绝缘层的主轴锥孔
1—夹头　2—绝缘垫圈　3—紧固螺母
4—主轴端盖　5—环氧树脂绝缘层
6—锥套　7—方滑枕(主轴)

作台面的垂直度可通过球面螺钉和摆动盘来调节,可以保证 $10\mu m$ 级的精度。胶木 7 作为绝缘层,把加工用的直流脉冲电源与机床的其他部分隔离。

为了快速找正工具电极和工件的相对位置,在国内外的电火花成形加工机床上采用了一种叫作"3R系统"的标准附件,它附加在机床主轴上后可使工具电极实现三个自由度的找正运动,即沿 x、y 方向两个小距离的水平移动和一个水平面内可作 0°～360°的转角运动。采用这类标准附件后,可以大大提高至 $1\mu m$ 的找正精度,并能缩短 50%以上的找正时间。

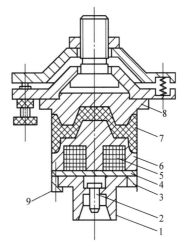

图 1.2-33　电磁夹头
1—标准盘　2—螺钉　3—定位块
4—底板　5—线圈　6—外套
7—胶木　8—上板　9—压板

整套 3R 系统标准附件包括 x、y 方向两层燕尾槽导轨滑移部件,和一个水平面内带有 0°～360°刻度的转动部件,此外还有一系列快换定位夹头和找正工具,用户可以根据需要向专业厂家订购及拼装使用。

1.2.9　电火花加工机床的一般故障和加工中的不正常现象

常用电火花加工机床的一般故障大都发生在机床的主轴头部分。故障有液压部分故障、机械部分故障和电器部分故障,有时它们之间是互相联系并混杂在一起的,需认真细致地观察测试才能发现。

1. 液压主轴头常见的故障、原因及解决办法
(见表 1.2-7)

表 1.2-7　液压主轴头常见的故障、原因及解决办法

故障现象	故障原因及解决办法
液压主轴头只能向上回升,不能向下进给,或回升速度大大快于向下进给速度,调节进给旋钮也不起太大作用	1)喷嘴挡板间距离过大(大于 0.4mm),使一侧液压缸的压力过低。解决办法是调节电-机械转换器中喷嘴挡板间的距离,如果是弹簧片变形,就应更换新的弹簧片 2)电-机械转换器中工作线圈(动圈)断线或放大器发生故障,电压、电流达不到要求;或平衡线圈(励磁线圈)检修后方向接反,应对症修理 3)节流孔(一般为 $\phi 0.6mm$)被杂物堵塞,使节流孔之后、喷嘴挡板之间和单向液压缸(上或下液压缸)内的油压很低,造成单向运动速度高。故障排除办法是清除脏物,疏通节流孔,还应进一步检查过滤器是否完好,必要时应更换液压油 4)喷嘴下端螺纹连接处的软金属密封垫圈损坏而漏油,也会造成压力偏低而使主轴头上行快、下行慢,应更换垫圈
液压主轴头只能向下进给,不能向上回升,或向下快、向上慢	1)喷嘴挡板间距离过小(小于 0.2mm),使上液压缸(或下液压缸)单侧的压力过高,偏向于向下进给。解决办法是重新调节喷嘴挡板间距离。如果是弹簧变形,则应更换 2)喷嘴孔被油污堵塞,使单侧液压缸的压力过高,主轴下不上。解决办法是消除杂物,疏通喷嘴孔 3)有时工具电极、平动头等负载过重(尤其是加工较大的型腔时)或液压油泵压力偏低时,会出现主轴下行快、上行慢。这时应调节溢流阀,提高液压油泵的压力。如果油泵磨损、老化漏油,而引起压力上不去,则应更换油泵

（续）

故障现象	故障原因及解决办法
主轴头上下不灵活	1）液压缸、活塞或活塞杆等配合表面拉毛，应对症修理解决 2）活塞杆被撞弯，运动阻力增大，应对症修理解决
工作液供应压力偏低，流量不足	1）工作液箱内煤油储量不足，吸不上油或煤油中混有大量空气泡，应添加煤油 2）工作液泵有泄漏、堵塞等故障，应检修 3）三通阀管道有泄漏或堵塞等故障，应检修 4）过滤器堵塞，油压阻力及压降太大，应清洗更换过滤器或煤油
停机后液压主轴头向下掉，工具电极碰撞工件，甚至顶弯	1）如果主轴没有退回到最高点就停机，则由于活塞与液压缸间配合不严密，上下液压缸之间漏油、串油，主轴会慢慢下降，这是正常现象。如果下降速度过快，说明液压系统中截止阀可能有故障或漏油，活塞与液压缸的配合过松导致上下串油过快所引起，应予检修。一般每次长时间停机之前，应把主轴退回到最高点，靠悬挂机构自动锁住 2）如果主轴退回最高点后仍下落，则是由于悬挂自锁机构有故障，应予修理
停机后第二天开机继续加工时发现电极与工件的位置发生变化	1）工作台没有锁紧或锁不紧，有人碰触摇动手把 2）热胀冷缩变形所引起。长期加工中液压油和工作液煤油发热升温，使主轴头、电极、工作台、工件膨胀变形，第二天开机时温度低，电极与工件的相对位置因各部件的收缩变形而发生变化（0.01～0.1mm）。防止办法是开机空运转一段时间再加工，对重要精密工件应一次连续加工完成

2. 伺服电动机主轴头常见的故障、原因及解决办法（见表 1.2-8）

3. 电火花加工中的不正常现象的故障、原因及解决办法（见表 1.2-9）

表 1.2-8　伺服电动机主轴头常见的故障、原因及解决办法

故障现象	故障原因及解决办法
电动机停转，主轴不能上下运动	1）间隙电压的有无及大小 2）信号转接点是否有脱线 3）直流电源是否供电，+12V、-12V、+40V，熔丝是否烧断 4）继电器是否吸合，接点是否可靠 5）其他线路转接点有无故障 6）控制板元器件有无损坏，如集成芯片放大器 μA741，时基电路 555 等 7）电动机故障：电刷卡壳，炭粉过多形成短路，磁钢脱落，绕组短路，轴承损坏，转子不同心，接线脱落及电流过大烧断熔丝，造成电动机停转
电动机单方向运行，主轴只向上或只向下运动	1）原因是功率级桥式驱动电路单臂功率管击穿断路，使电动机只能单向通电，因而只能单向运行。更换功率管即可排除故障 2）前级推动管损坏，造成功放级桥式驱动电路中单臂导通。要检查前级板上相应的晶体管，是否烧断或短路
加工状态不够稳定	可能是控制信号 S_V 工作点发生偏移，各控制点电压 S_V、$\bar{u}$ 也可能发生变化偏离，而造成加工状态不稳定，这种故障应找专业维修人员调试 千万不能乱调，一旦调乱很难恢复正常

表 1.2-9　电火花加工中的不正常现象的故障、原因及解决办法

故障现象	故障原因及解决办法
电极损耗过大	1）正负极性接反。粗加工时工件应接负极 2）冲油压力、流速过大，应降低 3）脉冲宽度、峰值电流参数选择不当，应参照图 1.2-12～图 1.2-27 中的工艺规律曲线来选择电参数
加工不稳定，火花颜色异常，冒白烟	1）个别功率管击穿而常导通，实际输出的是直流电在加工。应更换损坏的功率管 2）主振级参数变化失调（电阻、电容变质或脱焊）使脉冲隔过小或脉冲宽度过大，相似于用直流加工。可用示波器观察波形，更换损坏的元件
加工不稳定，反复开短路，生产率很低，甚至出现拉弧	1）参数选择不当，如峰值电流过大、脉冲间隔过小、加工面积过小等，应按 1.2.6 节的工艺规律曲线选择电参数 2）加工面积过大，冲油排屑不良。应增加定期抬刀次数和幅度，加大冲油压力

1.3　电火花加工小孔

小孔包括小深孔、小深斜孔、微孔、小方孔、异形小孔等，一般很难甚至无法用常规切削加工，但采用电火花加工常可达到经济、合理、可行的效果。

对小孔、深孔、微孔、异形孔等的定义在不同的场合有不同的理解。一般认为：小孔是直径为 0.1～3mm 的孔；微孔是直径小于 0.1mm 的孔；深孔是孔的深度与直径之比（深径比）大于 10 以上的孔；异形孔是除圆孔以外的孔，如方孔、Y 形孔、十字孔、米字孔等；斜孔是孔中心线与孔口表面不垂直，倾斜角大于 20° 以上的孔。

1.3.1　小孔的高速电火花加工

小孔高速电火花加工的特点、常用工具电极材料和加工方法见表 1.3-1。

表 1.3-1　小孔高速电火花加工的特点、常用工具电极材料和加工方法

特点	1）直径小，ϕ0.1～ϕ3mm，深径比大于 10，且常为不通孔，因此排屑困难，加工不稳定 2）工具电极截面小，不易校直，易弯曲变形，损耗大 3）工具电极和工件在加工前的垂直度很难找正，影响加工小孔的圆度
工具电极材料	1）常用纯铜（损耗稍小）、黄铜（加工较稳定） 2）铜钨、银钨合金（损耗较小而价高）、钨丝或钼丝
常用加工方法	1）用管、杆、丝材校直、找正后电火花加工，用管材加工时最好内冲油，用实心杆、丝材加工时侧冲油 2）加工高精度的小圆孔时，细长的工具电极很难制造和安装，最好采用反拷电极加工，见图 1.3-1

图 1.3-1 是电火花反拷细长工具电极加工示意图，在机床工作台上用一块长约 50mm、厚 5mm 耐电火花腐蚀的铜钨合金或硬质合金块作为反拷电极。要修拷的电极夹在主轴夹头内，可随主轴旋转和上下运动。然后用图 1.3-1 中方法进行粗拷、开空刀槽和精拷加工。粗加工余量以 0.2～0.3mm 为宜；精加工余量以 0.05～0.20mm 为宜，在要求高一些的场合，还应进行拷扁（见图 1.3-1d，以利排屑）或超精拷，加工余量为 5～10μm。

电火花加工小孔应注意的事项：

1）小孔电火花加工规准的选择，主要根据孔径、精度、深度、机床条件等因素综合考虑。一般采用一档电规准加工到底。

2）对于孔径大于 1mm 的孔，如果加工前没有预孔，可用铜管作电极打出预孔；对于孔径小于 1mm 的小孔，用实心电极加工时，可以把电极拷扁，以利排屑。所谓拷扁，就是电极不转动，将电极圆周沿轴向拷（加工）掉一部分，这样，在加工时主轴回转，由于保持了一个直通外界的扁口通道，可以使排屑通畅，加工稳定。拷扁部分一般为直径的 1/8～1/6，太小效果不明显，太大则电极刚性不好，损耗增大（见图 1.3-1d 及图 1.3-9）。

3）为了减少孔的锥度，可在孔打通后，继续上下"珩磨"几次，直到不放电火花为止。

4）小孔电火花加工用的脉冲电源，采用 RC 线路脉冲电源有很大的优越性。线路简单、成本低，有利于实现单个脉冲能量微量化，且瞬时放电的峰值电流很大，抛出材料气化百分比和抛出力较大，可以得到较好的表面粗糙度和加工稳定性。用晶体管脉冲电源时，脉冲宽度应小于 5～10μs，峰值电流在 5～10A 之间，正极性加工。虽然电极损耗比较大，但对通孔而言，可以多进给一段距离进行修光。

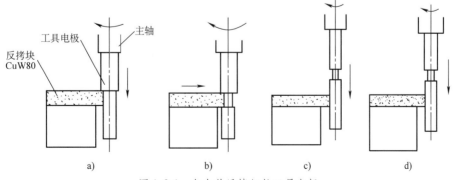

图 1.3-1　电火花反拷细长工具电极
a）粗拷　b）开空刀槽　c）精拷　d）拷扁

1.3.2 小深斜孔的高速电火花加工

在淬火的模具上或作为线切割的穿丝预孔，经常需用电火花加工小深孔。电火花高速小孔加工工艺是近10多年来新发展起来的。其加工原理见图1.3-2，要点有三：一是采用中空的管状电极；二是管中通高压工作液冲走加工屑；三是加工时电极作回转运动，可使端面损耗均匀。为使孔底平坦没有毛刺，最好采用图1.3-2所示有横隔的空心电极管。加工时工具电极作轴向进给运动，管电极中通入1~5MPa的高压工作液（自来水、去离子水、蒸馏水、乳化液或煤油），高压工作液能迅速将电蚀产物排除，且能强化火花放电的蚀除作用。这一加工方法的最大特点是加工速度高，一般小孔加工速度可达20~60mm/min，比普通钻削小孔的速度还要快。这种加工方法最适合加工直径为0.3~3mm的小孔，深径比可超过100，甚至达到1000。

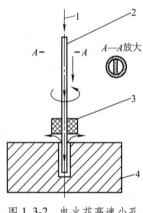

图1.3-2 电火花高速小孔
加工原理示意图
1—高压工作液 2—管电极
3—导向器 4—工件

电火花高速加工小深孔用的工具电极和机床设备见表1.3-2。

**表1.3-2 电火花高速加工小深孔用的
工具电极和机床设备**

工具电极	1）一般用冷拔的纯铜或黄铜管（φ0.3~φ3mm），但容易在工件上留下毛刺料芯，阻碍工作液的高速流通，且过长过细时留下的料芯会歪斜，以致引起短路 2）采用冷拔双孔管状电极，其截面上有两个半月形的孔（见图1.3-2），加工中电极转动时，在工件上不会留下毛刺料芯
高速电火花加工小孔机床	D703A、B、C、D、E型

1.3.3 异形小孔的电火花加工

1. 喷丝板异形小孔的电火花加工

图1.3-3所示为喷丝板异形孔的几种孔形。孔槽宽为0.05~0.12mm，公差为±5μm，槽长公差为±0.02mm，孔壁表面粗糙度Ra应小于0.32μm。

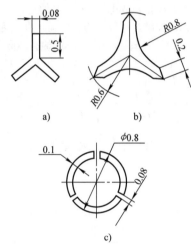

a)   b)

c)

图1.3-3 喷丝板异形孔的几种孔形
a）三叶形 b）变形三角形 c）中空形

加工微细而复杂的异形小孔，与圆形小孔加工基本一样，关键是异形电极的制造，其次是异形电极的装夹和找正。

制造异形小孔电极，主要有下面几种方法：

（1）冷拔整体电极法

采用精密电火花线切割工艺并配合钳工修磨制成异形电极的硬质合金拉丝模，然后用该模具拉制成异形截面的电极。这种方法效率高，一致性和质量好，用于批量生产。冷拔、冷挤压的Y形和十字形整体电极已在加工化纤纤维喷丝板的专业工厂中广泛使用。

（2）电火花线切割加工整体电极法

1）电火花线切割加工整体电极法是利用精密电火花切割加工制成复杂成形截面的整体异形电极。

2）电火花反拷加工整体电极法：图1.3-4所示为电火花反拷加工异形电极示意图。

由于加工异形小孔的工具电极结构复杂，装夹比较困难，需采用专用夹具。图1.3-5所示为异形孔电极三角形夹具示意图。

3）利用冷轧的扁丝作为电极，组合加工出异形孔。

苏州电加工机床研究所已研制出商品化的异形小孔专用电火花加工机床，可用钟表游丝作为扁电极，通过点位制数控系统，可以组合加工出化纤喷丝板Y

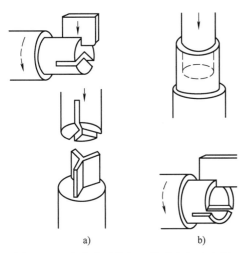

图 1.3-4　电火花反拷加工异形电极示意图
a）加工 Y 三叶形　b）加工三瓣圆弧形

图 1.3-5　异形孔电极三角形夹具示意图
a）三角形夹具　b）三叶形电极

形、十字形、米字形等各种小异形孔，图 1.3-6 所示为用扁丝电极组合加工异形孔。

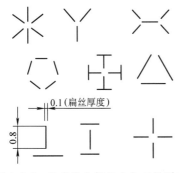

图 1.3-6　用扁丝电极组合加工异形孔

2. 多个小方孔筛网的电火花加工

只要增加相应的工具电极数量，安装在同一个主轴上，就可以进行加工，实际上相当于增加了加工面积。与单孔相比，要获得同样的进给速度和较大的蚀除量，就得增加峰值电流，这样，孔壁的表面粗糙度就会下降。条件许可时，最好采用多回路脉冲电源，每一独立回路供给 1~2 个工具电极，总共有 3~4 个回路。

不锈钢板筛网上有成千上万个小网孔，这时可分排加工，每排 100~1000 个工具电极（一般用黄铜丝作电极，虽然损耗大，但刚度和加工稳定性好）。加工完一排孔后，移动工作台再进行第二排孔的加工。由于工具电极丝较长，加工时离工件上表面 5~10mm 处应有一多孔的导向板（导向板不宜过薄或过厚，以 5mm 左右为宜）。

加工方形小孔筛网或过滤网，工具电极可选用方形截面的纯铜或黄铜杆，其端部用线切割切成许多小深槽，再转过 90°重复切割一遍，就成为许多小的方电极，如图 1.3-7 所示。加工出一小块方孔滤网后，再移动工件台，继续加工其余网孔。要保证移动距离精确，并消除丝杠螺母间隙的影响，最好在数显或数控工作台上加工。

用钼丝线切割加工工具电极时，切出的缝宽比钼丝直径增大了 2 倍的单边放电间隙 S，再用小方形工具电极加工过滤网孔时，四边也各有一个放电间隙 S，留下的滤网筋条的宽度约等于钼丝的直径 d，见图 1.3-7 中的放大图形。

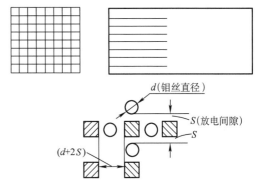

图 1.3-7　加工小方孔滤网用的工具电极

1.3.4　微孔电火花加工

在光学系统中的光栏、喷墨打印机微喷部件中有许多 10~50μm 的小孔。加工微孔的关键是要有直径小的工具电极，而且要安装得与待加工孔的工件表面非常垂直。

1. 微小轴（工具电极）的制作

实现微细孔电火花放电加工的首要条件之一是微小工具电极的在线制作和安装。采用精密旋转主轴头与线电极放电磨削（Wire Electrode Discharge Grinding，WEDG）相结合制作微小轴（工具电极）的方法，更容易得到更小尺寸的电极轴，且易保证较高的尺寸和形状精度。

上述微小轴（工具电极）WEDG 的加工原理如图 1.3-8 所示。轴的成形是通过线电极丝和被加工轴间的放电加工来实现的。线电极磨削丝缓慢沿走丝导块上导槽面滑移,被加工轴随主轴头旋转及轴向进给。

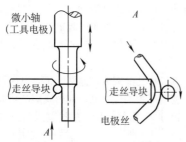

图 1.3-8　微小轴(工具电极)
WEDG 的加工原理

工具电极轴的材料为纯铜,加工电压为 100V,放电电容为 100pF,正极性加工,浇注的工作液为煤油,能加工直径为 2.5μm 的细长轴和 5μm 的微孔。

2. 高深径比微小孔的加工

利用微小轴作为工具电极,轴向进给直接加工微小孔,当孔深达到约 0.5mm 以上时,由于排屑不畅,加工状态趋于不稳定,加工效率急剧下降,甚至加工无法继续进行。

为实现高深径比微小孔的高效率加工,可采取削边修扁工具电极的方法。如图 1.3-9 所示,利用线电极放电磨削机构将电极轴二边对等削去一部分(为轴径的 1/5~1/4),既不过分削弱轴的刚度和端面放电面积,又提供足够的排屑空间。用这种削边电极加工微小孔时,电极随主轴旋转,排屑效果显著改善,在加工深径比达 10 以上的微小孔时,能够保持稳定的加工状态和较高的进给速度。用煤油作为工作液在不锈钢材料上贯穿 1mm 的微小孔所用加工时间为 3~4min。

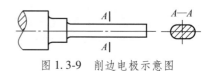

图 1.3-9　削边电极示意图

1.4　电火花成形加工的数控技术

1.4.1　数控电火花加工机床的类型

和铣床、磨床等类似,新型的电火花加工机床,一般都是数显和数控型的,最少是单轴(主轴 Z)数显和数控。完善一些的是三轴(X、Y、Z)数控,最多可六轴(三个移动轴 X、Y、Z,三个绕移动轴转动的 A、B、C 轴)数控,见图 1.4-1。一般以 1μm 为显示和控制单位。但是单轴数控的电火花机床,在加工型腔模时,仍需要配用机械式平动头(可作小圆周平动)或数控式平动头(可作小圆、小方、十字或 X 形轨迹平动),用以修光型腔的侧壁和修正型腔的尺寸。

1.4.2　电火花数控摇动加工

电火花数控摇动加工是在加工过程中工作台上的工件相对于工具电极在水平面内作微量移动、摇动,以改善加工性能。

1. 电火花数控摇动加工的特点

1) 可以逐步修光侧面和底面的表面粗糙度 Ra 到 0.8~0.2μm 级。

2) 可以精确控制加工尺寸精度到 2~5μm 级。

3) 可以加工出清棱、清角的侧壁和底边。

4) 变全面加工为局部面积加工,有利于排屑和稳定加工。

摇动的轨迹除像主轴上的平动头只能是小圆形轨迹外,工作台数控摇动的轨迹还有方形、棱形、叉形和十字形,并且摇动半径可大至 9.9mm。

2. 电火花数控摇动加工的代码和轨迹

摇动加工的编程代码各厂、公司均有自己的规定。表 1.4-1 列出了日本沙迪克公司等的摇动加工类型和指令代码。

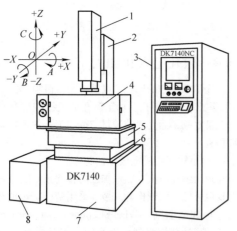

图 1.4-1　数控电火花加工机床的结构
和各数控轴的运动关系
1—主轴头　2—立柱　3—脉冲电源数控电柜
4—工作液槽　5—工作台上溜板(X 方向)
6—工作台下溜板(Y 方向)　7—床身
8—工作液循环过滤系统

表 1.4-1　电火花数控摇动加工类型和指令代码

类型	所在平面	摇动轨迹					
		无摇动	⊙	⊡	◇	✕	✛
自由摇动	X-Y 平面	000	001	002	003	004	005
	X-Z 平面	010	011	012	013	014	015
	Y-Z 平面	020	021	022	023	024	025
步进摇动	X-Y 平面	100	101	102	103	104	105
	X-Z 平面	110	111	112	113	114	115
	Y-Z 平面	120	121	122	123	124	125
锁定摇动	X-Y 平面	200	201	202	203	204	205
	X-Z 平面	210	211	212	213	214	215
	Y-Z 平面	220	221	222	223	224	225

摇动加工的数控编程格式如下:

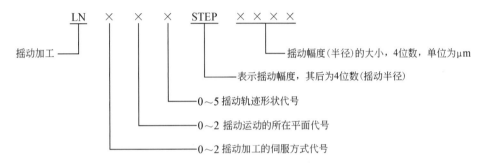

LN × × ×　STEP × × × ×

- 摇动加工
- 0~2 摇动加工的伺服方式代号
- 0~2 摇动运动的所在平面代号
- 0~5 摇动轨迹形状代号
- 表示摇动幅度,其后为4位数(摇动半径)
- 摇动幅度(半径)的大小,4位数,单位为 μm

3. 数控摇动的伺服方式 (见图 1.4-2)

1) 自由摇动。选定某一轴向(如 Z 轴)作为伺服进给轴,其他两轴进行摇动运动(见图 1.4-2a)。自由摇动加工数控程序格式示例:

G01　LN001　STEP30Z-10

G01 表示沿 Z 轴方向进行伺服进给;LN001 表示在 X-Y 平面内自由摇动,工具电极 X-Y 平面作圆轨迹摇动;STEP30 表示摇动半径为 30μm;Z-10 表示 Z 轴向下进给 10mm。极间短路时摇动暂停,主轴向上伺服回退到间隙电压恢复时,摇动再开始,并又沿 Z 轴向下伺服进给,直至达到规定的加工深度。某一放电点的实际轨迹如图 1.4-2a 所示。自由摇动方式适用于不通孔、盲腔的加工。

2) 步进摇动。选定某一轴向作步进伺服进给,每进一步的步距为 2μm,其他两轴作摇动运动(见图 1.4-2b)。数控程序格式如下:

G01　LN101　STEP20Z-10

它表示 Z 轴步进伺服进给,X、Y 轴进行圆轨迹步进摇动,摇动半径为 20μm,共向下进给 10mm。步进摇动限制了主轴的进给动作,使摇动动作的循环成为优先动作,在摇动运动通过一个象限时,主轴的最大进给不能超过 -10μm,但是在回退方向上不限。当极

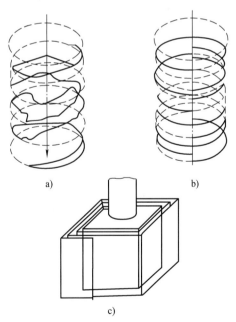

图 1.4-2　数控摇动的三种伺服方式

a) 自由摇动　b) 步进摇动　c) 锁定摇动

间短路时,摇动暂停,待主轴回退到间隙电压恢复时,摇动再开始。步进摇动用在深孔排屑比较困难的

加工中，它较自由摇动的加工速度稍慢，但更稳定，没有频繁的进给、回退现象。

3）锁定摇动。它是在选定的轴向停止进给运动并锁定轴向位置，其他两轴进行摇动运动，是摇动半径幅度逐步扩大的一种"镗"加工方式，用于精密修扩内孔或内腔（见图1.4-2c）。数控程序格式如下：

G01　LN202　STEP20Z-5

它表示Z轴向下加工至5mm处就停止进给并锁定，X、Y轴进行摇动运动，摇动轨迹为方形，半径为20μm。锁定摇动能迅速除去粗加工留下的侧面波纹，是达到尺寸精度最快的加工方法，它主要用于通孔、不通孔或有底面的型腔模加工中。如果锁定后作圆轨迹摇动，则还能在孔内滚花、加工出内螺纹和内花纹等。

图1.4-3所示为电火花三轴数控摇动加工立体示意图。图1.4-3a为摇动加工修光六角形孔径、孔侧壁和底面，图1.4-3b为摇动加工修光半圆柱孔口、侧壁和底面，图1.4-3c为摇动加工修光半圆球柱的孔口、侧壁和球头底面，图1.4-3d为摇动加工修光四方孔口、孔壁和底面，图1.4-3e为摇动加工修光圆孔孔口、孔壁和孔底，图1.4-3f为摇动加工三维放射进给对四方孔径、孔底面修光并清角，图1.4-3g为摇动加工三维放射进给修清圆孔底面、底边，图1.4-3h为用圆柱形工具电极摇动创成（展成）加工出任意角度的内圆锥面。

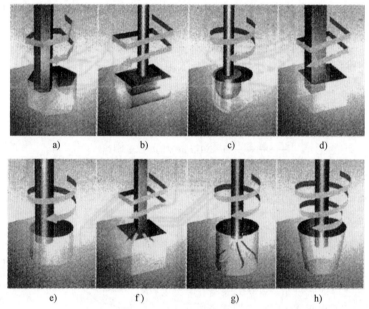

图1.4-3　电火花三轴数控摇动加工
a）六角　b）半圆柱　c）半球　d）四角　e）圆
f）三维放射清角　g）圆孔三维放射清底边　h）任意锥面

1.5　电火花加工的其他工艺形式及应用

除电火花穿孔、成形加工和线切割加工外，还有电火花磨削、电火花共轭回转加工以及在空气介质中的电火花表面加工（强化、刻字）等，见表1.5-1。

1.5.1　电火花磨削

电火花磨削的实质并非借磨削力"削除"加工余量而是应用类似磨削的成形运动进行电火花加工，工具电极与工件之间有较高速度的相对运动。按加工表面具体又可分为内孔磨削、外圆磨削、平面磨削及成形磨削等。可用以磨削硬质合金刀具、高精度的小孔及外圆等。

1. 电火花小孔磨削

用砂轮磨小孔尤其是深小孔是很困难的。砂轮轴必须高速旋转，且刚度又较低，势必引起振动和加工误差。电火花磨削可以不要求用很高的转速，磨削力又很小，排屑方便，可以磨任何硬度的金属，具有很大的优越性。

表 1.5-1 电火花加工的其他工艺形式

工艺形式	类别	应用	特点
电火花磨削	外圆	磨硬质合金塞规,各种难加工材料的加工	工件、电极反向转罢,电极轴向移动、径向进给
	内孔	磨各种难加工材料的内孔	
		镗磨钻套,弹簧夹头小孔,深孔	工件转动,电极轴向往复移动、径向进给
	平面	刃磨刀具、量具	轮状电极高速转动工件径向往复运动、轴向进给
		各种难加工材料的切断、下料	片状、带状电极高速运动,工件径向进给
电火花共轭回转加工	内表面	精密内孔、螺纹环规,内齿轮,静压轴承油腔	电极与工件同方向共轭回转,即等角速度或倍角速度或按一定比例转动,径向进给
	外表面	精密外圆,螺纹轧辊,共轭齿轮及一切共轭表面	
电火花强化、刻字	表面强化	刀具、量具、模具表面强化,提高耐磨性,延长使用寿命	工件不动,电极工具上下振动,切向移动
	表面刻字	量具、刃具、工具、轴承等的表面打记号、刻字	

电火花磨削可在穿孔、成形机床上附加一套"磨头"来实现,使工具电极作旋转运动,如工件也附加一旋转运动,则磨得的孔可更圆。也有设计成专用电火花磨床或电火花坐标磨孔机床的,也可用磨床、铣床、钻床改装,工具电极作往复运动,同时还自转。在坐标磨孔机床中,工具还作公转,工件的孔距靠坐标系统来保证。这种办法操作比较方便,但机床结构复杂、精度要求高。

电火花镗磨与磨削不同之点是只有工件的旋转运动、电极的往复运动和进给运动,而工具电极没有转动运动。图 1.5-1 为加工示意图,工件 5 装夹在三爪自定心卡头 6 上,由电动机带动旋转,电极丝 2 由螺钉 3 拉紧,并保证与孔的旋转中心线相平行,固定在弓形架 8 上。为保证被加工孔的直线度和表面粗糙度,工件(或电极丝)还作往复运动,此运动由工作台 9 作往复运动来实现。加工用的工作液由工作液管 1 供给。

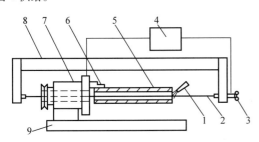

图 1.5-1 电火花镗磨示意图
1—工作液管 2—电极丝(钼丝,工具电极)
3—螺钉 4—脉冲电源 5—工件 6—三爪
自定心卡头 7—电动机 8—弓形架
9—工作台

电火花镗磨虽然生产率较低,但比较容易实现,而且加工精度较高,小孔的锥度和椭圆度可达 0.003～0.005mm,表面粗糙度值 Ra 小于 $0.32\mu m$,故生产中应用较多。目前,常用作磨削小孔径的硬质合金钻

套、粉末冶金压模及小型镶有硬合金的弹簧夹头。磨削硬合金弹簧夹头(见图 1.5-2),可先淬火,开缝后再磨内孔。

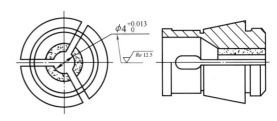

图 1.5-2 硬质合金弹簧夹头

2. 电火花刃磨和切割

一般都是工具电极高速旋转,刃磨硬质合金刀具的前刀面、后刀面或用成形磨轮进行成形磨削。

电火花切割是用高速转动或移动的薄片电极(常用薄钢板或薄铁皮做成圆片或带条)对工件进行切割或截断。常用来对淬火钢、高速钢、不锈钢、硬质合金等截断和下料。

电火花切割的工作液通常不用煤油(防止飞溅着火)而用自来水加入高岭陶土等悬浮液。加工用的电源也不必用脉冲电源而用 20V 左右的全波整流电源。

阳极机械切割是一种特殊形式的电火花切割,它采用硅酸钠溶液作为工作液,除了电火花蚀除作用外,还有电化学对阳极的腐蚀以及机械摩擦、磨削对电蚀产物的抛出作用,所以生产率远比单纯的电火花切割要高,但黏稠的硅酸钠溶液难清洗。

3. 电火花对磨和跑合

为了减小孔辊、压辊、齿轮等的加工误差,达到一定表面粗糙度、加工精度和平行度(即等间隙度)及有效降低传动噪声,采用电火花对磨、跑合加工可以达到很好的效果。电火花对磨、跑合加工时,两轧辊转速和转向相同,使火花放电表面间有较大的相对速度，两辊间相互绝缘。在相互绝缘的轧辊、压辊、齿轮之间，加上交变的脉冲电压和电流，使其对磨、跑合放电加工。由于是对磨、跑合放电加工，因此不需要考虑极性效应的低损耗，这种加工采用最简单的RC线路可以取得很好的加工效果，且一般采用多点、电刷（炭刷）进电的方式。电火花跑合时在齿轮间浇注一定黏度的机油或锭子油，传动齿轮间将形成油膜，100V左右的电压击穿油膜而形成的火花放电，可以逐步修磨间隙最小处的齿面，改善齿轮的啮合程度。

电火花跑合加工设备的关键：一是要有合理的电刷导电装置，不能使电流流过轴承等摩擦配合表面；二是要有精密的进给机构，保持合适、稳定的微小放电间隙。电火花对磨、跑合加工，无切削负载、振动变形，适宜高精度加工。

1.5.2 共轭回转电火花加工及双轴回转电火花加工

1. 电火花共轭同步回转加工精密内外螺纹

过去在淬火钢或硬质合金上电火花加工内螺纹是按图 1.5-3 所示的方法，利用导向螺母 2 使工具电极在旋转的同时作轴向进给。这种方法生产率极低，而且只能加工出带锥度的粗糙螺纹孔。南京江南光学仪器厂孙昌树高级工程师发明创造了新的电火花加工精密螺纹方法，并研制出了基于共轭同步回转的精密螺纹加工机床，获得了国家技术发明二等奖，已用于精密内、外螺纹环规、内锥螺纹、内变模数齿轮等的加工制造。

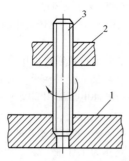

图 1.5-3 旧法电火花加工螺纹
1—工件 2—导向螺母 3—工具电极

加工内螺纹环规的原理如图 1.5-4 所示。工件内孔按螺纹内径制作，工具电极的螺纹牙型与牙距尺寸及其精度按工件图样的要求制作，但电极外径应比工件内孔小 0.3～2mm。加工时，电极穿过工件内孔，保持两者轴线平行，然后使电极和工件以相同的方向和相同的转速旋转，同时工件向工具电极作径向切入进给，从而复制出所要求的内螺纹。为了补偿电极的

损耗，在精加工规准转换前，电极轴向移动一个相当于工件厚度的螺距倍数值。这种同步回转加工螺纹的方法既可加工内螺纹，也可加工外螺纹，加工时非但不会"乱扣"，而且具有很高的加工精度。其加工原理如图 1.5-5 所示，由于工件 1 和工具电极 2 的转速相等，当图中工具电极 2 和工件 1 各转过 90°时，点 P_2 和点 P_2' 将处于原 P_1 点和 P_1' 点的位置而进行火花放电；当各转过 180°时，P_3 点与 P_3' 点将重合而火花放电；转过 270°时，P_4 与 P_4' 点重合而火花放电，这样工具电极外圆上各点和工件内孔上各点都是"逐点对应"进行火花放电，使工具电极上的螺纹、花纹等拷贝到工件的内、外表面上去，类似于不接触、无压力的滚动碾压。利用这一原理，也可用以加工花纹轧辊。

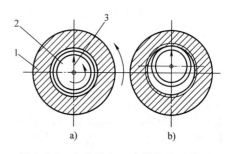

图 1.5-4 电火花加工内螺纹的示意图
1—工件 2—工具电极 3—进给方向

2. 电火花共轭倍角同步回转加工

上述同步回转加工螺纹的方法很易用作加工双头螺纹（或三头、多头螺纹），只要把工具电极的转速提高到工件转速的 2 倍，成为倍角同步回转电火花加工多头螺纹的方法，其原理见图 1.5-6，虽然两者的转速差一倍，但仍是逐点对应加工，不会乱扣。同理，只要工具电极是工件转速的 3 倍或 n 倍，就可以加工出 3 头或 n 头的内、外螺纹来。

图 1.5-7 为用电火花共轭倍角同步回转加工静压或气浮轴承油腔（气腔）的示意图。倍角同步回转加工出来的 4 个内腔，其等分度、对称性特别好，用常规切削加工是很难实现的。

3. 双轴回转展成法电火花加工精密凹凸球面、平面

这一精密加工工艺技术也是南京江南光学仪器厂孙昌树高级工程师首创发明的。它可以电火花加工精密的任意曲率半径的凹凸球面、球头及大面积的平面和镜面。

图 1.5-8 为这一工艺技术的原理图。图 1.5-8a 中工件 1 和空心管状工具电极 2 各作正、反方向旋转，工具电极的旋转轴线与水平的工件轴心线调节成 θ 角，

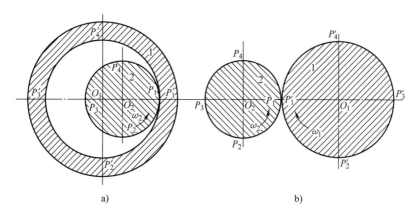

图 1.5-5　同步回转逐步对应电火花加工内外螺纹的原理
a）加工内螺纹　b）加工外螺纹

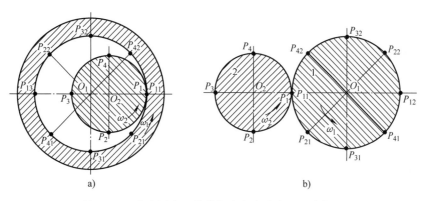

图 1.5-6　倍角同步回转共轭式电火花加工双头螺纹
a）加工内螺纹　b）加工外螺纹

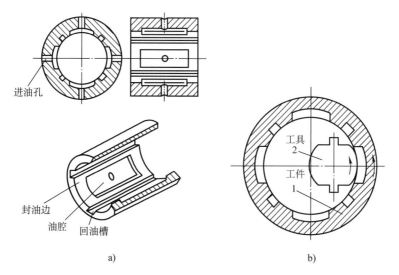

图 1.5-7　静压轴承和电火花共轭同步回转加工原理
a）静压轴承结构图　b）倍角同步回转电火花加工原理图

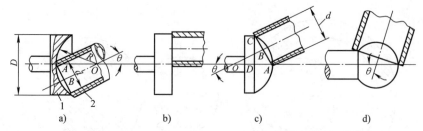

图 1.5-8　电火花双轴回转展成法加工凹凸球面、平面和球头

a）凹球面　b）平面　c）凸球面　d）球头

工具电极沿其回转轴心线向工件伺服进给，即可逐步加工出精确的凹球面来。如果将 θ 夹角调节成较小的角度，即可加工出较大 R 曲率半径的凹球面。图 1.5-8 中，球面曲率半径 R、管状工具电极的中径 d、球面的直径 D 和两轴的夹角 θ 有如下关系：

在直角三角形 OAB 中

$$\sin\theta=\frac{AB}{OA}=\frac{d/2}{R}=\frac{d}{2R}$$

在直角三角形 ACD 中

$$\cos\theta=\frac{CD}{AC}=\frac{D/2}{d}=\frac{D}{2d}$$

所以得　　球面曲率半径 $R=\dfrac{d}{2\sin\theta}$

球面直径 $D=2d\cos\theta$

由上式可见，如果 θ 角调节得很小，则可以加工出很大曲率半径的球面；如果 $\theta=0$，则两回转轴平行，可加工出光洁平整的平面，见图 1.5-8b；如果 θ 转向相反的方向，就可以加工出凸球面，见图 1.5-8c；如果 θ 角更大，则可以加工出球头，如图 1.5-8d 所示。

上述加工原理和铣刀盘飞刀旋风铣削球面、球头以及用碗状砂轮磨削球面、球头的原理是类似的，但铜管电极要比铣刀盘和碗状砂轮便宜很多，铣刀、砂轮用钝后需要重新刃磨、修正，而铜管损耗后仍可继续加工，不影响效率和精度。

加工中应注意的是：管状工具电极的壁厚应包络、覆盖工件表面的回转中心点，否则容易残留出一小台突起。此外，加工时浇注的煤油应有足够的流量，避免在空气中火花放电引起着火。

近年来常用注射模压注聚碳酸酯等透明塑料凹凸球面透镜，广泛用于放大镜、玩具望远镜、低档照相机、低档眼镜中。这类凹凸球面和球头的模具等很容易用双轴回转展成法电火花磨削来加工。

1.5.3　电火花表面强化及刻字

它们的基本原理都是基于振动着的电极工具在空气介质中与工件表面进行电火花放电，使电极工具上熔化了的材料黏结、扩散、覆盖在工件表面上，形成合金化的熔渗层，从而达到表面强化或刻字的目的。

1. 电火花表面改性和强化

图 1.5-9 为其加工原理示意图。采用硬质合金为正极的工具电极作 50~100Hz 的振动，在空气中与工件（负极）交替地短路、开路及电离放电，RC 线路中电容上贮存的能量形成电火花或瞬时电弧，产生瞬时局部高温，使正极工具材料和负极工件材料局部熔化及气化，互相溅射和镀覆，使正极的工具材料迁移覆盖到负极工件材料上去。

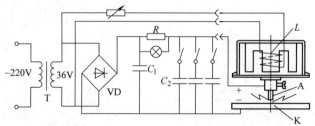

图 1.5-9　电火花表面强化器线路及原理

T—变压器 220V/36V，50W　VD—整流二极管 2CZ11B×4

R—限流电阻 50~80Ω，50W　L—振动器线圈 ϕ0.12mm，漆包线

1000 匝，铁心截面 1~2cm² 　C_1—滤波电解电容 1000μF，100V　C_2—油浸纸介电容

1μF、4μF、16μF，200V　A—硬质合金工具正极　K—工件负极

电火花强化过程如图 1.5-10 所示。图 1.5-10a 表示电极与工件间距离较大时，电源经过电阻 R 对电容器 C 充电，同时工具电极在振动器的带动下向工件运动；当到达某一间隙值，空气被击穿，产生火花放电，见图 1.5-10b，使电极和工件材料局部熔化及气化；当电极继续接近工件，瞬间以一定压力压向工件且与之接触时，见图 1.5-10c，接触点处产生大的短路电流，使熔化了的工具材料和工件材料互相黏结、扩散，形成新的合金组织熔渗层；由于工件质量及热容量较工具电极大，故靠近工件一侧的熔化材料冷却凝固较快，图 1.5-10d 所示在振动作用下工具电极离开工件的瞬间，有一部分工具电极材料黏结、覆盖在工件上。

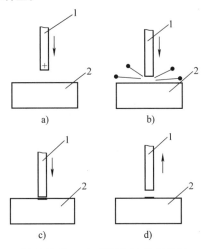

图 1.5-10　表面强化过程示意图
1—工具电极　2—工件

工件局部表面经过强化 3～5 次后，可以得到高出表面 10～50μm 的强化层，它是硬度、耐磨性和耐蚀性高的微小颗粒碳化物的紧密堆积物，此厚度随强化电压、电流、时间稍有增加，但最终趋于某一最大值。一般强化层以 30μm 左右为佳。电火花表面强化特性见表 1.5-2。

表 1.5-2　表面强化特性

电极材料	强化层特性	备注
硬质合金	硬度可达 1100～1400HV（约 70HRC 以上）	耐热性大大提高，工件使用寿命提高；疲劳强度提高 2 倍左右
铬锰合金、钨铬钴合金、硬质合金	强化 45 钢时，耐磨性比原表层提高 2～5 倍	
石墨	强化 45 钢用食盐水作腐蚀性试验时，耐蚀性提高 90%	
WC、CrMn	强化不锈钢时，耐蚀性提高 3～5 倍	

电火花强化器目前大部分用手工操作，来回在工件表面上移动，其生产率以单位时间所强化的面积表示，一般为 $0.1～1cm^2/min$，以强化到由强烈飞溅黄红色火花逐渐减小成微弱的蓝色火花，表面呈均匀细致的白色亮层为佳。但对于具有一定规律的成形表面、大面积大厚度表面，机械化及自动化操作就很有必要了。大型表面可采用机械化强化操作。

电火花强化可用于模具、刃具、量具、凸轮、导轨和汽轮机叶片等的表面强化，其方法简单、经济、效果好。

2. 电火花刻字

电火花表面强化原理也可用于在产品上刻字、打印记。近年来国内在刃量具、轴承等金属产品上用电火花刻字、打印记取得很好的效果。一般有两种办法：一种是把产品商标、图案、规格、型号、出厂年月日等用铜片或铁片做成字头图形，作为整体的工具电极，如图 1.5-11 那样，工具（见图 1.5-11 中三角形）一边振动，一边与工件间火花放电，电蚀产物镀覆在工件表面形成印记，每打一个印记 0.5～1s；另一种不用现成字头而用钼丝或钨丝电极，按缩放尺或靠模仿形刻字，每件时间稍长（2～5s）。如果不需字形美观整齐，可以不用缩放尺而成为手刻字的电笔。如图 1.5-11 中用钨丝接负极，工件接正极，可刻出黑色字迹；若工件是镀黑铬或表面发蓝处理过的，则可把工件接负极，钨丝接正极，可以刻出银白色的字迹。

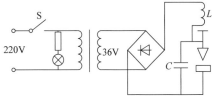

图 1.5-11　电火花打印刻字装置线路
L—振动器线圈（ϕ0.5mm 漆包线 350 匝，铁心截面约为 $0.5cm^2$）　C—纸质电容（$0～0.1\mu F/200V$）　S—开关

1.5.4　混粉电火花镜面加工技术

电火花加工方法进行模具及大面积型腔加工时，其加工表面粗糙度很难直接满足模具的使用要求，一般必须对其表面进行抛光等后续处理，不但费工费时，而且有窄缝、深槽及形状复杂的模具手工抛光很难，一直是国内外模具制造业的最大瓶颈。近年来日本学者毛利尚武等人发现在工作液中添加 15～30g/L 粒径约 15μm 的硅、铝等微细粉末，会显著地减小电火花加工后的表面粗糙度值（Ra 达 0.2μm），出现准镜面效果，称之为混粉电火花镜面加工技术。

1. 混粉电火花镜面加工原理及特点

1）混粉工作液的电阻率变小，使火花放电间隙增大，减小了"寄生电容"，放电凹坑变小。

2）混粉工作液中导电粉末"串联"放电，减小了单个脉冲能量，在工件表面形成"小而浅"的放电蚀坑。

3）混粉工作液中极间充满导电颗粒，增大了脉冲击穿放电率，可提高加工效率。

2. 混粉电火花镜面加工工艺要点

1）粉末种类和粒度。常用硅粉、铝粉，个别也用镍粉或石墨粉，颗粒粒径为 $20\sim10\mu m$。粒径过大，容易沉淀。

2）粉末浓度。混粉工作液中的粉末浓度以 $30\sim40g/L$ 为宜。

3）电极材料。用纯铜电极效果较好，加工表面光亮、均匀；石墨电极效果较差。

4）电参数。应采用正极性（工件接正极）、窄脉冲宽度（脉冲宽度 $4\sim8\mu s$）、小峰值电流（$5\sim10A$）进行加工，最好采用高低压复合脉冲电源（$80\sim300V$）和平动、摇动加工。在面积 $10cm\times10cm$ 时，可以获得 Ra 为 $0.1\sim0.3\mu m$ 的表面粗糙度值。

3. 混粉电火花加工装置及设备

混粉电火花镜面加工装置及设备的结构如图 1.5-12 所示，为使工件一次装夹就可完成工件的普通电火花加工和混粉电火花镜面加工，因此在普通电火花加工用储液箱旁边又设计了一混粉电火花加工用储液箱，普通工作液和混粉工作液的切换通过手动或电动阀门控制。为使混粉工作液储液箱中的沉淀粉末能在工作液中均匀混合，混粉工作液储液箱中应设有冲液搅拌机构。

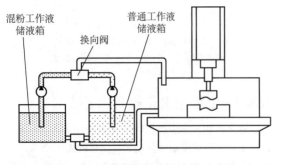

图 1.5-12　混粉电火花加工装置示意图

4. 混粉电火花镜面加工应用实例

图 1.5-13 为大面积平面和三维曲面的混粉电火花镜面加工照片。无论是平面还是三维曲面，加工表面都光亮、均匀，具有较好的镜面反光效果，表面粗糙度 Ra 平均为 $0.15\mu m$。

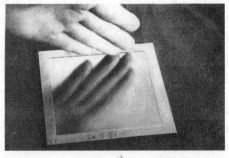

a)

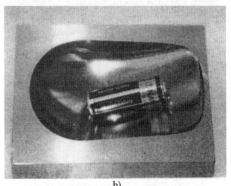

b)

c)

图 1.5-13　混粉电火花加工的大面积平面的效果
a）平面　b）鼠标器外壳　c）三维锻模

1.5.5　半导体和非导体电火花加工技术

对于非导体材料，由于其不导电，难以形成火花放电，因此也就难于进行电火花加工。但在一定条件下，电火花也可加工非导体材料。

1. 半导体和高阻抗材料的电火花加工

半导体材料加工主要是锗、硅、砷化镓等材料的加工，高纯度的本征半导体的电阻率非常大，直接用电火花加工很困难，甚至不能加工。实际使用的半导体大都是掺杂一定浓度其他元素的半导体，具有一定的导电性。掺杂浓度越高，半导体的电阻率就越小，导电性就越好，就越容易进行电火花加工。

高阻抗材料的电火花加工一般是指聚晶金刚石、

立方氮化硼和具有一定导电性的导电工程陶瓷的加工。聚晶金刚石被广泛用作拉丝模、刀具、磨轮等。单晶金刚石不导电，聚晶金刚石是由许多细小的单晶金刚石微粒用少量的钴等导电材料作为黏结剂，搅拌、混合后加压烧结而成的，具有一定的导电性，可以用电火花加工。电火花加工电源电压要高，要有较大的峰值电流，一般采用 300 ~ 600V 的峰值电压。

2. 非导体的电火花加工

非导体的电火花加工有高电压辉光放电加工法、电化学电火花放电复合加工法、充气式电化学电火花复合加工法和辅助电极法电火花加工等方法，其中以辅助电极法电火花加工较接近于实用化。

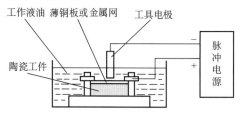

图 1.5-14 　 非导体辅助电极法电火花加工简图

辅助电极法电火花加工见图 1.5-14。这种加工方法是利用金属电极和辅助导电电极之间电火花放电使煤油工作液中由热分解析出的炭沉积物在非导体加工表面不断形成碳元素导电膜，使非导体的加工表面具有导电性来实现对非导体的电火花放电加工的。图 1.5-15 是非导体辅助电极法加工原理。图 1.5-15a 是电火花加工非导体表面上的金属辅助电极；图 1.5-15b 为辅助电极加工结束后，在非导体表面附

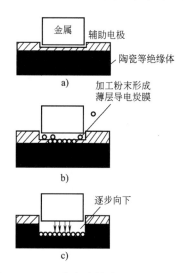

图 1.5-15 　 绝缘陶瓷辅助电极法加工原理
a）加工用的辅助金属电极 　 b）辅助电极加工
完毕 　 c）逐步向下加工绝缘陶瓷

着上加工粉末屑（由电极消耗产生的粉末）和由工作液煤油分解产生的炭黑膜，形成非导体表面局部的薄的导电层；图 1.5-15c 为在非导体加工面附着的加工粉末屑和炭的混合物膜与工具电极间产生放电，由火花放电产生的热和冲击波来加工非导体。

1.5.6 　 气体介质中电火花加工

用煤油作工作液存在着火灾的可能性并污染环境。把干燥的气体作为工作介质进行电火花加工可以解决环境污染和安全问题。

1. 气体介质中电火花加工原理

图 1.5-16 所示为气体中电火花加工原理示意图。它使用旋转薄壁管作工具电极，同时使高速气体从管电极中喷出，使其仅在端面产生放电。靠气体介质把熔化、蒸发的工件材料迅速从间隙中吹走和冷却间隙，恢复绝缘。其加工要点为：

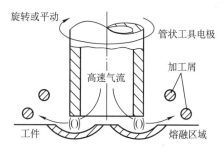

图 1.5-16 　 气体中电火花加工原理

2. 气体介质中电火花加工要点

1）气体介质要高速流动，火花放电间隙中的气流要均匀，用氧气比用空气的生产率高。

2）管壁要薄，必须使管的壁厚和放电坑直径是同一数量级（0.1mm 级）。

3）工具电极应接脉冲电源负极。

3. 气体介质中电火花三维形状加工

气体介质中电火花三维形状加工时，利用分层铣削的加工方法可以使气体介质中的高速气流将加工屑吹出加工间隙。然而电火花加工机床是针对液体介质（如煤油）设计的，主轴的响应特性与气中电火花加工刀具有的特性不十分吻合，并且由于气中电火花加工的放电间隙较小，用较薄壁厚的电极加工时，由于过冲等原因会加剧工具电极损耗。因此在气中电火花铣削加工较大尺寸或较深的型腔时，还需要进行适当的电极补偿。

1.5.7 　 电火花铣削加工技术

1. 电火花铣削加工技术的产生及特点

常规的电火花成形加工是利用复杂的成形工具电

极、简单的进给运动对工件进行"拷贝"加工，自20世纪90年代后，国内外开始用简单形状的工具电极（如棒状电极），依靠完善的数控运动系统，借鉴机械铣削的方法进行三维轮廓的电火花铣削加工。

与传统电火花成形加工相比，电火花铣削加工技术具有以下优点：

1) 电火花铣削加工可以免除设计、制造复杂的工具电极，大大缩短生产准备周期。

2) 可有效地解决由于采用复杂形状成形电极而造成的电极损耗不均匀及加工间隙中工作液流场不稳定等问题。

3) 在电火花铣削加工过程中，电极作高速旋转运动，工件按"断层扫描"作平面进给运动，只有工具端面作火花放电改善了放电条件，可有效地避免电弧放电和短路现象的产生。

4) 在传统的成形加工中，随着加工面积的增大，由于电容效应的作用，很难获得较高的表面质量。而采用简单电极的电火花铣削加工，则可在保持相对较小加工面积的状态下进行加工，从而可有效地减小电容效应，获得更好的表面质量。

图 1.5-17 是几种典型的电火花铣削加工示意图。图 1.5-17a、b、c、d 采用圆柱电极，加工中电极作高速旋转。图 1.5-17e、f 分别采用线框电极和板状电极进行加工，加工中电极不旋转，前者可用于有大量工件材料需要去除的加工场合，后者同时可利用旋转分度轴进行数控分度加工。

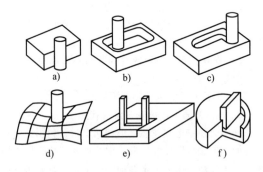

图 1.5-17　电火花铣削加工的几种形式

a) 外轮廓加工　b) 型腔加工　c) 沟槽加工
d) 曲面加工　e) 线框电极加工　f) 板状电极加工

2. 电火花铣削加工中的主要关键技术

电火花铣削加工技术与金属铣削有很大不同，首先电火花加工要在线制备工具电极，零件的尺寸不同，所需制备的电极直径也不同。此外，电火花铣削加工工具电极损耗严重，必须考虑如何进行补偿。因此，电火花铣削加工中的关键技术主要包括工具电极在线制作与测量和电极的损耗补偿两个方面。

（1）工具电极在线制作与测量

无论是加工简单的轴、孔或槽缝，还是铣削微三维结构，必须首先制作微细工具电极。考虑电极的直径在微米尺度，国内外各种微细电火花机床和试验装置几乎全部采用了在线制作电极的方法，以防产生二次装卡误差。加工微细工具电极的方法有块反拷法和线电极磨削。二者的主要不同在于块反拷法是使用成形反拷电极块加工工具电极，而 WEDG 方法是使用连续移动的电极丝。工具电极的在线测量是微细电极制备过程中必须解决的问题，接触感知与 CCD 联合使用测量是一种有效的测量方法。

（2）电极损耗的补偿问题

可采取以下措施解决电火花铣削加工中的电极损耗补偿问题：

1) 采用长脉冲宽度、小电流、负极性加工等方法减小电极损耗。

2) 对损耗后的电极进行修整或使损耗均匀（让棒、管状电极作匀速旋转运动）。

3) 更换电极（用电极库）。

4) 对电极损耗实施在线补偿。

1.5.8　微细电火花加工技术

航天、航空、机械、电子、通信、国防等工业部门不断要求零部件小型化和微型化，目前，精密电火花加工技术已可稳定地得到尺寸精度高于 $0.1\mu m$，表面粗糙度 $Ra<0.01\mu m$ 的加工表面。电火花加工已成为零件精微加工的有效手段之一。

1. 微细电火花加工的关键技术

（1）微细电火花加工脉冲电源

由于被加工对象极为微小，且要达到亚微米级的加工精度及表面粗糙度，因此，必须使单个脉冲的放电能量控制在 $10^{-7}\sim10^{-6}$ J 数量级之间。放电电流一般应不小于数百毫安，但脉冲宽度则应减小到 $1\mu s$ 以下。目前实用的微细电火花加工一般均采用 RC 弛张式脉冲电源形式。在这方面的研究中，目前的主要工作集中在如何有效地减小极间杂散电容上，如采用非金属材料床身结构、使用尽可能短的屏蔽电缆等。研究晶体管式的窄脉宽电源已势在必行。

（2）微细工具电极的制造与安装

要实现微细轴、孔及微三维结构的电火花加工，必须使用极为微细的工具电极。在以往的微细电火花加工中，微细工具电极一般采用专门加工后，二次安装到机床主轴头上的方法，难以保证工具电极与工作台面的垂直度以及电极与回转主轴的同轴度等。采用在线制造微细工具电极的技术可以从根本上解决微细工具电极的制造和安装问题。

目前常用的电极在线制作方法主要有：

1）反拷块加工（见图 1.5-18）。反拷块加工方式加工效率高但精度不高，且加工出的工具轴径很难小于 10μm。

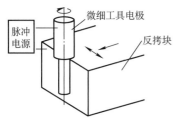

图 1.5-18　微细工具电极的在线制作

2）线电极电火花磨削（WEDG）（见图 1.3-8）。线电极电火花磨削法可加工出直径 10μm 以下的微细轴，并用以在线加工出微孔（见 1.3.4 微孔电火花加工）。

（3）高精度、高灵敏度的工具电极伺服进给主轴系统

微细电火花加工伺服系统的进给分辨率要求小于 0.1μm，执行机构应具有足够高的响应速度和控制灵敏度。

2. 微细电火花加工的应用举例

目前微细电火花加工可以加工出 $\phi 2.5\mu m$ 的微细轴和在线加工出 $\phi 5\mu m$ 的微细孔。在此基础上，应用 WEDG 技术进行微细工具制作，又研究出微细冲压工，微细管子和微细喷嘴的电火花电铸复合加工法，微细超声加工以及微细钻铣加工等。1996 年，日本三菱电机（株）成功地制作出了由齿顶圆直径为 $\phi 1.2mm$ 的大齿轮、齿顶圆直径为 $\phi 0.2mm$ 的小齿轮和直径为 $\phi 0.1mm$ 的内心轴构成的、最深部的加工尺寸为 270μm 的齿轮铸模；1997 年，日本松下公司制作出了分度圆直径为 $\phi 300\mu m$、齿高 50μm 的微型齿轮及 5μm 宽、150μm 长的微槽。1999 年，日本庆应义塾大学加工出了直径为 $\phi 150\mu m$、尖端部半径为 2.5μm 的扫描探针，并用其完成了三维表面的轮廓测量。

美国 UNL 大学、Optimation 公司等开展了大量微细电火花加工的应用研究，加工出微型气动、光学器件，高能激光光圈等，并将其应用到航空航天及医疗等微型机械中。欧洲的比利时鲁文天主教大学机械系运用微细电火花加工方法开展了大量微型机械传感器件、执行器件的加工研究，取得了很多成果。用这种方法加工出的气体薄膜微致动器，可输出的切向力达 20μN，驱动滑块以 5cm/s 的速度移动。在硅微细加工方面，可在 650μm 厚的硅片上加工出 30μm 宽的窄

线。图 1.5-19 是日本东京大学和三菱公司用微细电火花加工技术所加工出的部分样件照片。

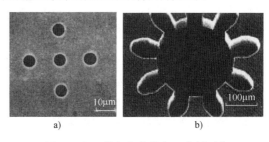

a)　　　　　　　　　　b)

图 1.5-19　微细电火花加工实例照片
a）直径 5μm 的微细孔　b）直径 0.5mm 的微齿轮

1.5.9　短电弧加工

短电弧加工是指在具有一定气、液比例且带压力的混合物工作介质的作用下，利用两个电极之间产生的受激发短电弧放电群组或混合有火花放电的放电组群，来蚀除金属或非金属导电材料的一种电加工方法，是一种新型的强焰流、电子流、离子流、弧流混合放电加工方法，也属于特种加工行业电加工技术范畴。

短电弧加工和电火花加工相比，既有相同之处，也有不同的地方。相同之处是均为脉冲性放电；都是在电场作用下，局部、瞬时使金属熔化和汽化而蚀除。不同之处是短电弧的脉冲宽度、脉冲电流、单个脉冲放电能量和平均能量远比电火花要大得多，因此具有很高的材料去除率，但难以获得较好的加工精度和表面粗糙度及表面质量。

1. 短电弧加工的主要特点

1）加工生产率很高，但加工精度和表面质量较差。短电弧加工的每分钟金属去除量可达 900～1500g，换算成钢体积蚀除量可达每分钟去除 112～187cm³，为电火花加工的最大蚀除速度 5g/min 的 180～300 倍。但加工精度低于 IT8～IT12，表面粗糙度值大于 $Rz200～500\mu m$，表面热影响层大于 600～1000μm。

2）工具电极与工件间必须有较大的相对运动。相对运动的目的是拉断电弧，使之成为短电弧放电，不致使放电点集中而烧伤工具电极和工件，同时加速电蚀产物排出和冷却加工表面。一般圆片、圆盘形工具电极因直径、质量小，可用较高的转速，线速度 $v \geqslant 10m/s$；工件因直径、质量大，只能低速转动或移动，线速度 $v = 0～1.6m/s$。工具电极和工件应保证相对运动速度 $v \geqslant 2m/s$。

3）加工时工具电极和工件间必须浇注一定压力和气液混合工作介质。因为短电弧加工时平均电流很大，为 100～5000A，甚至更高，故必须采用一定压力的风冷加水冷来带走热量和切断短电弧放电。

2. 短电弧加工的主要适用范围

短电弧加工技术主要用于高生产率加工各类水泥磨辊、立磨辊、渣浆泵叶轮、大型冷轧工作辊、高速线材辊及其他大型工件上的高强度、高硬度的难加工金属材料，如电焊、等离子堆焊后的表面金属材料。例如在对水泥磨辊、煤磨辊及其他各种钢轧辊的表面进行修复后，修补表面工作层的硬度高达 59～62HRC，用传统的车削、铣削很难加工，磨削则生产率太低，而短电弧加工可以高效率地对此类大型磨辊、轧辊外圆表面进行修复、再制造加工。

3. 短电弧加工应用实例

短电弧加工技术实现了特硬、超强、高韧性导电材料的高效加工，解决了传统加工所不能满足的对大型设备中新型特种材料高镍铬钼钒合金钢、碳化钨等特硬、超强、高韧性、高热硬性、高耐磨性、严重冷作硬化导电材料进行高效加工的难题。为水泥磨辊、立磨辊套、大型轧辊、煤磨辊的修复加工提供了一种实用、高效的加工技术方法。

1.6 电火花线切割加工

1.6.1 电火花线切割加工原理和特点

电火花线切割加工（Wire Cut EDM，WEDM）的原理是用一根运动着的细金属丝作工具电极（见图1.6-1），接负极，工件作正极，在电极丝和工件之间注入工作液，使电极丝和工件之间产生火花放电来去除工件材料。依电极丝运动速度不同，分双向高速走丝和单向低速走丝两种方式，我国首创生产的电火花线切割机床多采用双向高速（6～11m/s）走丝方式，国外生产的电火花线切割机床，都采用单向低速（1～15m/min）走丝方式。近年来，我国也开始大批生产单向低速走丝线切割机床。双向高速走丝线切割机床采用专用的水基乳化液作工作液；单向低速走丝线切割机床采用去离子水，少数或用煤油作工作液。

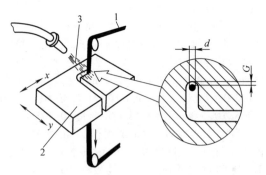

图 1.6-1 电火花线切割加工原理
1—电极丝 2—工件 3—工作液

电火花线切割加工的特点：

1）由于工具电极是直径较小的金属细丝，故脉冲宽度、平均电流等不能太大，加工工艺参数的范围较小，属中、精正极性电火花加工，工件常接电源正极。

2）采用水或水基工作液，不会引燃起火，容易实现安全无人运转，但由于工作液的电阻率远比煤油小，因而放电间隙较大，电极丝又在移动，故不易产生电弧放电。

3）省掉了成形的工具电极，大大降低了成形工具电极的设计和制造费用，缩短了生产准备时间，这对新产品的试制很有意义。

4）由于电极丝比较细，可以加工微细异形孔、窄缝和复杂形状的工件。由于切缝很窄，且只对工件材料进行"套料"加工，实际金属去除量很少，材料利用率很高。

5）由于采用移动的长电极丝进行加工，使单位长度电极丝的损耗较少，电极丝损耗对加工精度的影响比较小，特别是在单向低速走丝线切割加工中，电极丝一次性使用，电极丝损耗对加工精度的影响更小。

电火花线切割加工有许多突出的长处，因而在国内外发展都较快，已获得了广泛的应用。在我国已被广泛地用于加工冲模的凸模、凹模、固定板和退料板，用于加工挤压模、电火花成形加工用的电极，在科研和生产试制中还可直接加工零件和试件。

1.6.2 双向高速、单向低速走丝电火花线切割加工比较

1）双向高速、单向低速走丝电火花线切割机床加工特性比较见表1.6-1。

2）双向高速、单向低速走丝电火花线切割加工工艺指标比较见表1.6-2。

3）双向高速、单向低速走丝电火花线切割最大切割速度的比较见表1.6-3。

4）双向高速、单向低速走丝电火花线切割最高加工精度和最佳表面粗糙度的比较见表1.6-4。

5）双向高速、单向低速走丝电火花线切割最大切割厚度的比较见表1.6-5。

6）双向高速、单向低速走丝电火花线切割最小切缝宽度的比较见表1.6-6。

表 1.6-1 双向高速、单向低速走丝电火花线切割机床加工特性比较

项目	双向高速走丝电火花切割机床（WEDM-HS）	双向中速走丝电火花线切割机床（WEDM-MS）	单向低速走丝电火花线切割机床（WEDM-LS）
走丝速度	高速 6~11m/s	粗加工 8~12m/s，精加工 1~3m/s	低速 10~15m/min
走丝方向	往复双向	往复	单向
工作液	线切割乳化液、水基工作液	线切割乳化液、水基工作液	去离子水
电极丝材料	钼、钨钼合金丝	钼丝、钨钼合金丝	主要用黄铜丝，外表面镀锌等低熔点金属
电源	晶体管脉冲电源，开路电压 80~100V 工作电流 1~7A，峰值电流 4~40A，脉冲宽度 2~50μs	晶体管脉冲电源，开路电压 36~100V，工作电流 0.1~5A，脉冲宽度 1~30μs	晶体管脉冲电源，开路电压 300V 左右 工作电流 1~32A，窄脉冲宽度 1μs 以下 RC 电源
放电间隙/mm	0.01	<0.01mm	0.02~0.05
加工指标	切割速度和精度稍低	综合切割速度、加工精度介于低速走丝切割和高速走丝切割之间	切割速度和精度较高
加工成本	较低	低	较高

表 1.6-2 双向高速、单向低速走丝电火花线切割加工工艺指标比较

指标	双向高速走丝（WEDM-HS）	双向中速走丝（WEDM-MS）	单向低速走丝（WEDM-LS）
切割速度 v_{wi}（mm²/min）	20~160	一次切割:20~170 三次切割(割一修二)综合效率:100	20~300
表面粗糙度 Ra/μm	1.6~3.2	0.6~3.2，多次切割最佳表面粗糙度 Ra 为 0.6~0.8μm	0.4~1.6
加工精度/mm	±0.01~0.02	±0.008~±0.02	±0.005~±0.01
电极丝损耗/mm	加工(3~10)×10⁴mm² 时，损耗 0.01	相同加工规准下，与快走丝相当	损耗稍大，但不影响加工精度
重复精度/mm	±0.01	±0.01	±0.002

表 1.6-3 双向高速、单向低速走丝电火花线切割最大切割速度的比较

项目	双向高速走丝（WEDM-HS）	双向中速走丝（WEDM-MS）	单向低速走丝（WEDM-LS）
切割速度 v_{wi}/（mm²/min）	300	三次切割(割一修二)综合效率可达100	300~500
切割时的表面粗糙度 Ra/μm	6.3	<1.2	1.6

表 1.6-4 双向高速、单向低速走丝电火花线切割最高加工精度和最佳表面粗糙度的比较

项目	双向高速走丝（WEDM-HS）	中速走丝（WEDM-MS）	单向低速走丝（WEDM-LS）
加工精度/mm	±0.005	40mm 内长期稳定性±0.005	0.002~0.005(瑞士机床，用 5 次切割工艺) ±0.001~±0.002(苏联机床，用微精切割工艺)
表面粗糙度 Ra/μm	0.4	多次切割 0.6μm	0.4(瑞士) 0.1~0.05(苏联)

表 1.6-5 双向高速、单向低速走丝电火花线切割最大切割厚度的比较

项目	双向高速走丝（WEDM-HS）	中速走丝（WEDM-MS）	单向低速走丝（WEDM-LS）
最大切割厚度 H_{max}/mm	钢:500~1000	钢:500	400
加工精度/mm	0.02~0.03	0.015~0.02	0.01~0.02
表面粗糙度 Ra/μm	3.2	1.6	1.6
切割速度 v_{wi}/（mm²/min）	钢41,铜91	钢:25(综合)	>100

表1.6-6 双向高速、单向低速走丝电火花线切割最小切缝宽度的比较

项 目	双向高速走丝(WEDM-HS)和双向中速走丝(WEDM-MS)	单向低速走丝(WEDM-LS)
最大切缝宽度/mm	$0.07 \sim 0.09$	$0.0045 \sim 0.014$(苏联) $0.035 \sim 0.04$(瑞士)
电极丝直径/mm	$\phi 0.05 \sim \phi 0.07$	$\phi 0.003 \sim \phi 0.01$(苏联) $\phi 0.03$(瑞士)

1.6.3 电火花线切割机床

1. 电火花线切割机床的分类及型号

1)电火花线切割机床分类见表1.6-7。

表1.6-7 电火花线切割机床分类

控制方式		性 能
靠模仿形控制		仿形精度高,但必须制造高精度的靠模,目前已被数控取代
光电跟踪控制		适于加工图形复杂的曲线,不必编程序,但必须绘出加工曲线的放大跟踪图,或采用实物零件作样板,在加工凸凹模时,配合精度较差,目前已很少应用,被数控取代
数控	数字程序控制	控制精度高,具有多种功能,但编程工作量大
	单板机控制	控制精度高,功能齐全,需事先编程,有的也具有一定的编程功能
	计算机编程兼控制	控制精度高,功能很全,能自动编程打印程序单,大部分在切割加工控制过程中还能编程及跟踪显示加工图形
直线进给控制		控制简单,多用于专门切断的设备

2)线切割机床的型号由汉语拼音字母和阿拉伯数字组成,它表示机床的类别、特性和基本参数。现举一例说明其含义:

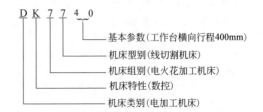

DK7740 表示工作台横向行程为 400mm 的数控电火花线切割机床。

2. 电火花线切割机床标准

1)电火花线切割机床的参数。电火花线切割机床的主要技术参数包括:工作台行程(纵向行程×横向行程)、最大切割厚度、加工表面粗糙度、加工精度、切割速度以及数控系统的控制功能等。电火花线切割机床参数见表1.6-8。

2)电火花线切割机床精度标准。电火花线切割机床精度包括几何精度、数控精度、工作精度等。其中工作精度的检验标准、检验工具及检验方法见表1.6-9。

3. 我国生产的主要电火花线切割机床

我国生产电火花线切割机床的工厂有数十多家,所生产的机床的主要型号与技术参数见表1.6-10。

4. 国内外生产的主要电火花线切割机床

国内外主要生产厂家所生产的低速走丝电火花线切割机床的主要型号与主要技术参数见表1.6-11。

表1.6-8 电火花线切割机床参数   (单位:mm)

工作台	横向行程	100		125		160		200		250		320		400		500		630	
	纵向行程	125	160	160	200	200	250	250	320	320	400	400	500	500	630	630	800	800	1000
	最大承载质量/kg	10	15	20	25	40	50	60	80	120	160	200	250	320	400	500	630	960	1200
加工件尺寸	最大宽度	125			160			200			250			320			400			500			630			800	
	最大长度	200	250	250	320	320	400	400	500	500	630	630	800	800	1000	1000	1250	1250	1600
	最大切割厚度	40、60、80、100、120、140、160、180、200、250、300、350、400、450、500、550、600																	
最大切割锥度/(°)		0、3、6、9、12、15、18(18以上按6一档间隔增加)																	

1.6.4 导轮部件及电极丝保持器

线切割加工时电极丝直线位置的稳定性对线切割加工精度影响很大,提高导轮部件的精度可以提高电极丝直线位置的精度。采用电极丝导向器,适当增加电极丝的张紧力,可以减小电极丝的振动。

1. 导轮部件

1)导轮主要型式及参数见表1.6-12。

2)导轮材料及使用寿命见表1.6-13。

3)导轮座结构见表1.6-14。

表 1.6-9　工作精度检验

序号	简　图	检验项目	允　差	检验工具	检　验　方　法
P₁	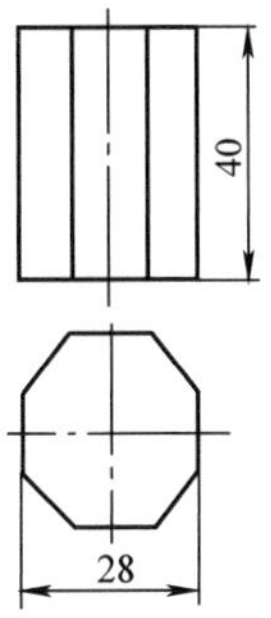 40　28	纵剖面上的尺寸差	0.012mm	千分尺	测量 2 个平行加工表面的尺寸,在中间和两端 5mm 三处进行测量,求出最大尺寸与最小尺寸之差的值 依次对各平行加工表面进行上述检验,其最大差值为误差值
P₂	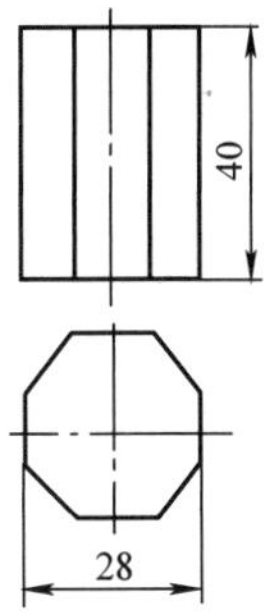 40　28	横剖面上的尺寸差	0.015mm	千分尺	取 P₁ 试件在同一横剖面上依次测量加工表面的对边尺寸,取最大差值 在试件的中间及两端 5mm 处分别进行上述检验,其最大值为误差值
P₃	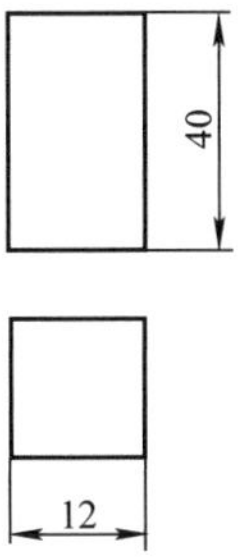 40　12	表面粗糙度	$Ra \leqslant 2.5\mu m$	电动轮廓仪	在加工表面的中间及接近两端 5mm 处测量,取 Ra 的平均值 取试件的各个加工面分别测量,误差以 Ra 的最大平均值计 材料去除率>20mm²/min,切割走向为 45°斜线 本试件可以 P₁ 试件代替
P₄	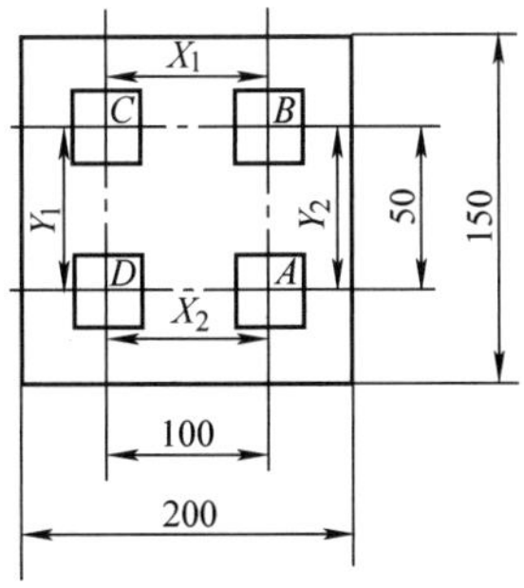 X_1　Y_1　Y_2　X_2　C　B　D　A　50　150　100　200 1)试件切割厚度需大于或等于 5mm 2)最小正方孔边长需大于或等于 10mm 3)每次方孔的扩大余量须大于或等于 1mm(允许含有 $R = 3mm$ 左右圆角) 4)正方孔也可以用相应圆孔代替	加工孔的坐标精度	0.015mm	万能工具显微镜	将图示试件安装在工作台上,并使其基准面与工作台运动方向平行。然后以 A、B、C、D 为中心,切割 4 个正方形孔 测量各孔沿坐标轴方向的中心距 X_1、X_2、Y_1、Y_2,并分别与设定值相比,以差值中的最大值为误差

（续）

序号	简　图	检验项目	允　差	检验工具	检　验　方　法
P_5		加工孔的一致性	0.03mm	内径千分表（或万能工具显微镜）	取 P_4 试件，测量 4 孔内在 X、Y 方向上的尺寸，即 $X_1 \sim X_4$ 和 $Y_1 \sim Y_4$，其最大尺寸差为误差值

表 1.6-10　我国生产的主要电火花线切割机床的型号与技术参数

机床型号	工作台尺寸 $X \times Y$/（mm×mm）	工作台行程/mm	最大切割厚度/mm	最大切割速度/（mm²/min）	加工表面粗糙度 $Ra/\mu m$	切割锥度（斜度）	备注	生产厂家
DK7725D	560×360	X250、Y350	120	70	2.25	—	—	苏州三光科技股份有限公司
DK7725E	560×360	X250、Y350	150~400	70	2.25	±3°/50mm	—	
DK7725F	560×360	X250、Y350	150~430	70	2.25	—	—	
DK7732	630×400	X320、Y400	200	100	2.25	±1.5°/50mm	—	
DK7740D	800×500	X400、Y500	350	100	2.25	±36°/50mm	—	
DK7763	1000×630	X500、Y630	250	100	2.25	±1.5°/50mm	—	
DK7750 加高	1000×630	X500、Y630	400	100	2.25	±1°/100mm	—	
DK7732	630×400	X320、Y400	400	100	2.25	6°/100mm	上丝架移动300mm	苏州电加工机床研究所
DK7750	1000×630	X500、Y630	500	100	2.25	6°/100mm	上丝架移动400mm	
BDK7725 T	700×400	X250、Y350	300	100	≤2.5	30°		北京市电加工研究所
BDK7740 C	1300×700	X400、Y500	500	100	2.5	6°	—	
BDK7763T	1300×1000	X630、Y800	500	100	2.5	40°	—	
CTW400-TC	800×500	X500、Y400	300	100	2.5	60°		
DK7725A	560×360	X350、Y250	500	100	2.5		线架可调高度300mm	南昌江南电子仪器厂
DK7740FB1	720×400	X500、Y400	500	100	2.5	3°	—	
DK7740FB	720×400	X500、Y400	160	100	2.5	12°	—	
DK7740FB	720×400	X500、Y400	140	100	2.5	12°	锥度（五轴）	
TP-25	420×600	X250 Y320	250	80	2.5	±6°/50mm	无条纹切割，多次切割软件，四轴联动控制	上海大量电子设备有限公司
TP-80	1000×1500	X800 Y1000	500	100	2.5~1.25	±6°/50mm		
FW1	650×420	X350、Y320	150	120	1.6	±3°/50mm	U±9mm V±9mm	北京阿奇夏米尔工业电子有限公司
FW2	800×500	X500、Y400	250	120	1.6	±3°/50mm	U±19mm V±19mm	
DK7740FX	1010×760	X630、Y800	300	100	2.0	20°,36°/100mm	—	深圳福斯特数控机床有限公司
DK7780FZX	1320×940	X800、Y1000	350	100	2.0	5°/50mm	—	
DK7740B	800×500	X400、Y500	300	120	2.5	60°/100mm	大锥度	苏州市金马机械电子公司
DK7763D	1000×630	X630、Y1000	500	120	2.5	60°/100mm	大锥度	
DK77100	—	X1200、Y1000	500	120	2.5	6°		
DK77120	—	X2000、Y1200	500	120	2.5	6°	特大型	

（续）

机床型号	工作台尺寸 $X \times Y$/（mm×mm）	工作台行程/mm	最大切割厚度/mm	最大切割速度/（mm²/min）	加工表面粗糙度 Ra/μm	切割锥度（斜度）	备注	生产厂家
DK7732	620×380	X320、Y400	400	100	2.5	±6°	可调线架	杭州华方数控机床有限公司
DK7763	1054×770	X630、Y800	600	100	2.5	±6°		

表 1.6-11　国内外低速走丝电火花线切割机床的型号与主要技术参数

机床型号	工作台行程/mm	辅助工作台行程/mm	主轴行程/mm	最大切割厚度/mm	最大切割速度/（mm²/min）	切割锥度（斜度）	备注	生产厂家
DK7625	X350、Y250	U70、V70	220	260	210	±15°/100mm	—	苏州三光科技股份有限公司
DK7632A	X500、Y350	U70、V70	270	260	210	±15°/100mm	—	
DK7663	X800、Y630	U100、V100	350	300	210	±20°/100mm	—	
DK7625P	X380、Y260	U80、V80	250	240	210	±20°/80mm	—	
DK7625B	X250、Y320	U±12、V±12	200	200	100	±1.5°	—	苏州电加工机床研究所
DK7632B	X320、Y400	U±12、V±12	180	200	150	±3°/100mm	—	
XENON	X350、Y250	U90、V90	220	220	170	±15°/150mm	不锈钢台面，花岗岩台架	北京阿奇夏米尔工业电子有限公司
FA10SM	X350、Y250	U±32、V±32	220	215	250	15°/100mm	—	日本 MITSUBISHI 公司
FA20	X500、Y350	U±32、V±32	300	250	250	15°/200mm	—	
PX05	X220、Y150	U±32、V±32	150	145	250	15°/100mm	可使用最细 0.03 mm 的电极丝	
RA90AT	X320、Y250	U±32、V±32	165	160	250	15°/100mm	—	
AQ325L	X350、Y250	U80、V80	220	220	250	±20°/80mm	直线电动机	日本 Sodick 公司
AQ550L	X550、Y350	U130、V130	320	310	250	±20°/150mm		
ROBOFIL 690	X800、Y600	U±30、V±30	400	400	300	±15°/110mm	—	瑞士 CHAR-MILLES
ROBOFIL 6030SI	X628、Y398	U±48、V±48	158	360	300	±30°/65mm		
ROBOFIL 380	X400、Y300	U±30、V±30	250	250	300	±15°/110mm		

表 1.6-12　导轮主要型式及参数

项目	四种双支承导轮				单支承导轮
	A	B	C	D	
导轮结构图					
外径 D/mm	30				30
轴径 d/mm	4				4~5
V 形槽角度 α/（°）	≤60				≤60
槽底圆弧半径 R/mm	≤0.05				≤0.05
总长度 L/mm	26	34	26	34	32
螺纹		M4×0.5		M4×0.5	M5×0.5
锥度			1∶0.866		—
V 形槽表面粗糙度 Ra/μm		<0.625			—

表 1.6-13　导轮材料及使用寿命

材　　料	硬　　度	价　　格	绝缘强度	使用寿命
Cr12 钢	58~62HRC	低	不绝缘	3 个月左右
陶瓷	—	低	绝　缘	6 个月左右
人造宝石	>1740HV	比陶瓷贵一倍	$4.8×10^5 V/cm$	7 年以上

表 1.6-14　导轮座结构　　　　　　（单位：mm）

导轮座类型	双支承式	单支承式	
		上支承座	下支承座
导轮座结构			
D_1	30	33	
M_1	M30×1	M33×1	
d_1	13	13~16	
座长 L_1	25	36	
偏心量 e	—	≤1	—
丝架宽 B	42	21	

4）对导轮部件的装配要求：

① 拆卸和装配导轮及轴承时，应尽量使用专用的拆装工具，尽量用压力或推力，不要敲打。

② 装配前必须对导轮、轴承及导轮座轴承孔等进行清洗，然后给轴承抹上高速润滑脂。

③ 要确保导轮的装配质量。导轮 V 形槽的径向圆跳动不应大于 0.0054mm；导轮轴向窜动不应大于0.008mm；导轮端面与导轮座端面之间的间隙应在0.3~0.5mm 间。

④ 导轮装配后应转动轻便、平稳，无阻滞现象，导轮在高速运转时应无杂声。

2. 电极丝保持器

为了减小电极丝高速运动中产生的振动，有的机床装置了电极丝保持器。保持器多采用红宝石棒，有的采用聚晶金刚石。保持器的形式及特点见表 1.6-15。

1.6.5　电火花线切割机床夹具和加工工件装夹方法

1. 电火花线切割机床夹具

电火花线切割机床自动化程度高，但夹具及附件还有待完善，典型的夹具及附件见表 1.6-16。

表 1.6-15　保持器的形式及特点

形式	图形	材料	特点
一形		一根红宝石 $\phi2 ~ \phi3mm$，长10~15mm	结构简单，限位及减振效果不好
V 形		两根红宝石 $\phi2 ~ \phi3mm$，长10~15mm	限位及减振效果较一形好
#形		四根红宝石 $\phi2 ~ \phi3mm$，长10~15mm	结构复杂，限位及减振效果较好，但丝的机械磨损较大
△形		三条聚晶金刚石	结构复杂，与吸振泡沫橡胶同时使用，限位及减振效果都很好，聚晶金刚石特别耐磨，寿命长

2. 电火花线切割加工工件的装夹方法

工件装夹方法选择是否恰当，直接影响切割加工

· 46 ·

精度，常用的装夹方法见图 1.6-2。

悬臂式装夹，不易夹平，用于要求低或悬出长度短的工件。两端支承式，装夹稳定，定位精度高，适用于装夹大的工件。桥式装夹，对大、中、小的工件均可装夹。平板式装夹，平面定位精度高，若增设纵、横方向定位基准后，装夹特别方便，适于批量生产。复式装夹，适用于成批生产，可节省大量装夹时间。

表 1.6-16　典型的夹具及附件

名称	简　图	说　明
支承夹具	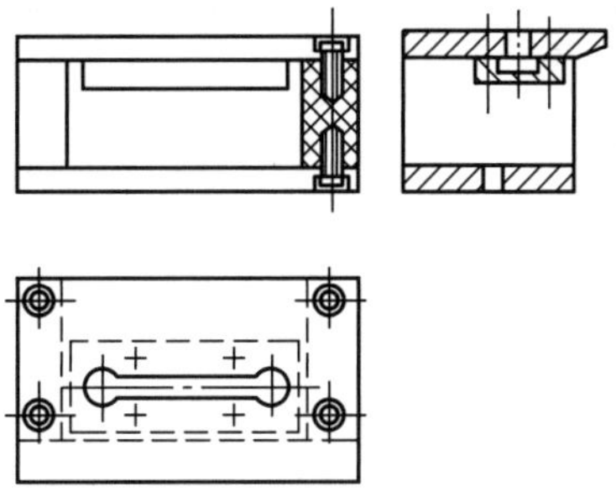	结构简单,可以一件单独使用,也可以两件同时使用,一般机床出厂时都带此夹具,应用最普通
	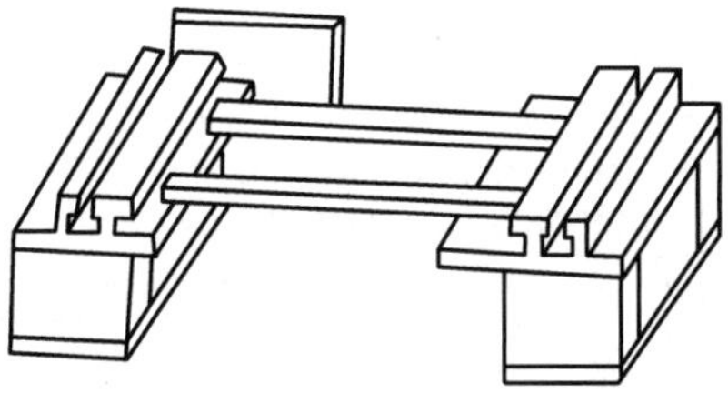	它有纵向和横向定位面,使定位迅速准确
磁力夹具	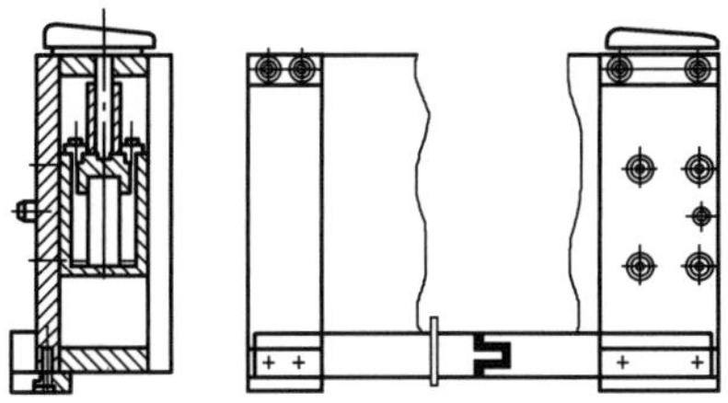	转动旋钮即可断开磁路装卸工件,操作方便。适合工作台与床身有绝缘的机床采用
	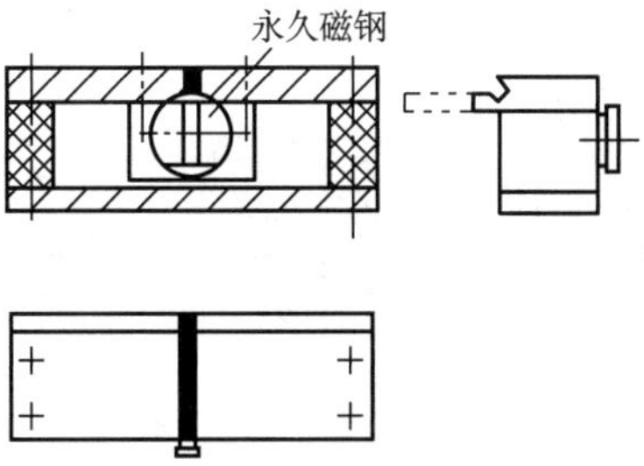 　永久磁钢	适用于工作台与床身不绝缘的机床
定位盘分度夹具	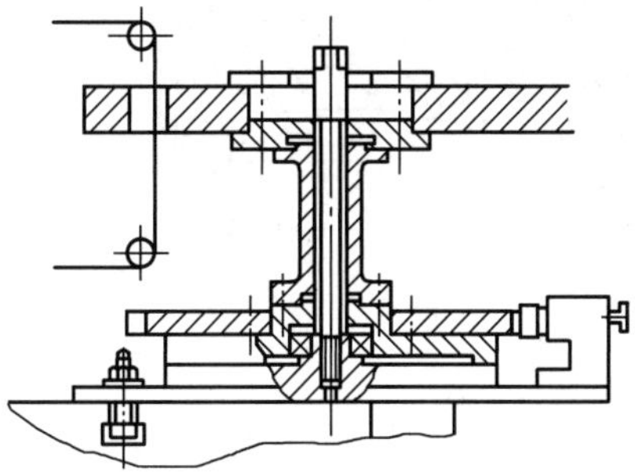	分度时按需要转动定位盘,采用精密定位销定位,分度的等分数取决于定位盘的齿数

（续）

名称	简图	说明
蜗轮蜗杆分度夹具	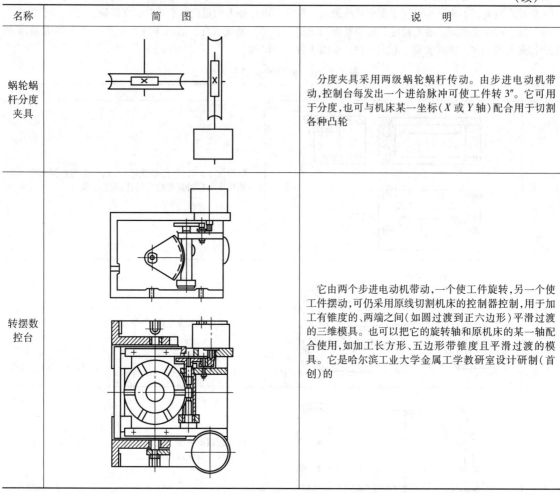	分度夹具采用两级蜗轮蜗杆传动。由步进电动机带动,控制台每发出一个进给脉冲可使工件转 3″。它可用于分度,也可与机床某一坐标(X 或 Y 轴)配合用于切割各种凸轮
转摆数控台		它由两个步进电动机带动,一个使工件旋转,另一个使工件摆动,可仍采用原线切割机床的控制器控制,用于加工有锥度的、两端之间(如圆过渡到正六边形)平滑过渡的三维模具。也可以把它的旋转轴和原机床的某一轴配合使用,如加工长方形、五边形带锥度且平滑过渡的模具。它是哈尔滨工业大学金属工学教研室设计研制(首创)的

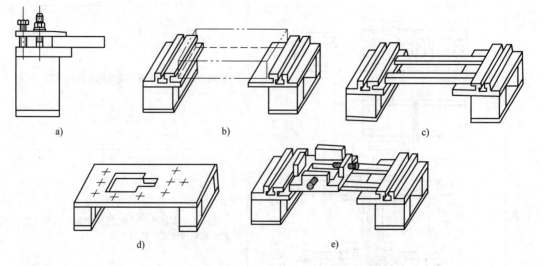

图 1.6-2　工件常用装夹方法
a) 悬臂式　b) 两端支撑式　c) 桥式　d) 平板式　e) 复式

日本 3R 公司的 3R 电火花线切割附件,可用以快速准确地安装工件,大大节省装夹工件的时间。使用 3R 附件时,安装和检测工件的工作可以在机床外面进行,转移到机床上后不必再作调整。

图 1.6-3 所示是工件装夹在 3R 附件上,正在切割时的情形。图 1.6-4a 是在机床外的调整台上装夹、调整和检测工件。图 1.6-4b 是用 3R 附件把装夹、调整和检测好的工件和 3R 附件一起移装到线切割机床上,移装工作极其迅速,一般只需几秒钟。图 1.6-5 是在机床上使用 3R 附件准确定位(R_x、R_y 和 R_z)的定位块。

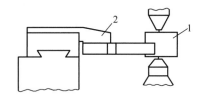

图 1.6-3　在 3R 附件上切割工件

1—工件　2—3R 附件

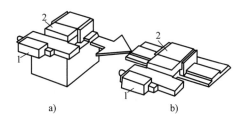

a)　　　　　b)

图 1.6-4　在调整台上装夹好工件再移到机床上

1—工件　2—3R 附件

用 3R 附件安装工件时,可以对工件在三个坐标方向上进行快速准确地转动调整,以便工件迅速处于正确的位置。

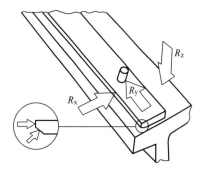

图 1.6-5　3R 定位块

用 3R 附件还可以装夹圆形工件。

1.6.6　常用电火花线切割电源

1. 常用电火花线切割电源的波形、电参数及性能(见表 1.6-17)

在精微加工时采用晶体管控制的 RC 精微加工电源,改变 RC 的时间常数和前级方波的功率输出脉冲宽度,就可以方便地调节单个脉冲放电的能量以调节切割速度和加工表面粗糙度。

2. 电火花线切割电源波形和电参数对工艺指标的影响

(1)矩形波电源的影响

1)开路电压 $\hat{u}_i$ 对切割速度 v_{wi} 和表面粗糙度 Ra 的影响见图 1.6-6。

开路电压增大时,放电间隙 G 也略为增大,切割速度随之提高,表面粗糙度值变大,加工精度也略有降低。精加工时应取比粗加工时低的开路电压,切割大厚度工件时则应取较高的开路电压。

2)脉冲宽度 t_i 对切割速度 v_{wi} 和表面粗糙度 Ra 的影响见图 1.6-7。

表 1.6-17　常用电火花线切割电源的波形、电参数及性能

名称	波形	电参数	性能
矩形波		脉冲宽度 $t_i = 2 \sim 50 \mu s$ 脉冲间隔 $t_o = 10 \sim 200 \mu s$ 放电峰值电流 $\hat{i}_e = 4 \sim 40 A$ 加工电流 $I = 0.2 \sim 7 A$ 开路电压 $\hat{u}_i = 80 \sim 100 V$	切割速度 $v_{wi} = 20 \sim 150 mm^2/min$ 表面粗糙度 Ra 为 $1.6 \sim 3.2 \mu m$ 切割厚度通常为 $50 \sim 100 mm$
分组波		小脉冲宽度 $t_i = 0.5 \sim 10 \mu s$ 小脉间隔 $t_o = 1 \sim 20 \mu s$ 大脉冲宽度 $T_i = 20 \sim 300 \mu s$ 大脉间隔 $T_o = 20 \sim 300 \mu s$ 放电峰值电流 $\hat{i}_e = 4 \sim 32 A$ 加工电流 $I = 0.2 \sim 7 A$	切割速度 $v_{wi} = 6 \sim 100 mm^2/min$ 表面粗糙度 Ra 为 $0.4 \sim 1.6 \mu m$ 切割厚度通常为 $50 \sim 100 mm$

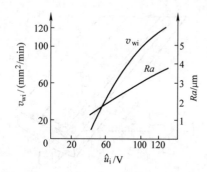

图 1.6-6　开路电压 $\hat{u}_i$ 对 v_{wi} 和 Ra 的影响

加工条件：工件为淬火钢，电极丝为
钼丝，走丝速度为 10m/s，采用
浓度为 10% 的乳化液

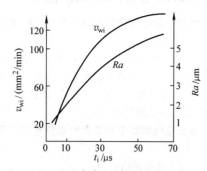

图 1.6-7　脉冲宽度 t_i 对 v_{wi} 和 Ra 的影响

加工条件：工件为淬火钢，电极丝为
钼丝，走丝速度为 10m/s，采用浓度
为 10% 的乳化液

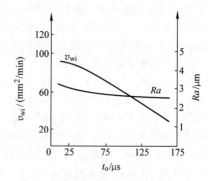

图 1.6-8　脉冲间隔 t_o 对 v_{wi} 和 Ra 的影响

加工条件：工件为淬火钢，电极丝为钼
丝，走丝速度为 10m/s，采用浓度
为 10% 的乳化液

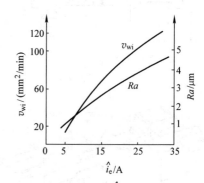

图 1.6-9　放电峰值电流 $\hat{i}_e$ 对 v_{wi} 和 Ra 的影响

加工条件：工件为淬火钢，电极丝为钼丝，走丝
速度为 10m/s，采用浓度为 10% 的乳化液

脉冲宽度增大时，切割速度提高，表面粗糙度值变大，同时放电间隙略为增大，加工精度也略为降低。粗加工时取较大的脉冲宽度，精加工时则应取较小的脉冲宽度，切割大厚度工件时应取较大的脉冲宽度。

3）脉冲间隔 t_o 对切割速度 v_{wi} 和表面粗糙度 Ra 的影响见图 1.6-8。

脉冲间隔增大，切割速度降低，表面粗糙度值略变小，粗加工时应取较宽的脉冲间隔，精加工时可取窄一些，切割大厚度工件时为了改善排屑条件，应适当增大脉冲间隔。

4）放电峰值电流 $\hat{i}_e$ 对切割速度 v_{wi} 和表面粗糙度 Ra 的影响见图 1.6-9。

放电峰值电流增大时，使切割速度迅速提高，表面粗糙度值变大，放电间隙 G 略增大，但加工精度略有降低。精加工时应取较小的放电峰值电流，粗加工和切割大厚度工件时应取较大的放电峰值电流。

（2）分组波电源的影响

分组波电源是为了提高切割速度和降低表面粗糙度值而发展起来的，为了减小单个脉冲放电能量，分

组波的小脉冲宽度和小脉冲间隔均比较小，主要电参数对工艺指标的影响，与矩形波电源类似。分组波电源电参数对工艺指标的影响，试验结果见表 1.6-18。

1.6.7　电火花线切割工艺效果分析

1. 高速走丝速度 v_s 对切割速度 v_{wi} 的影响

高速走丝有利于当脉冲结束时，使放电通道迅速消除电离，高速运动的电极丝能把工作液带进较厚工件的放电间隙中，有利于使放电稳定进行和排除放电产物，但不能无限制地提高走丝速度。与最大切割速度相对应的走丝速度即最佳走丝速度，试验结果见图 1.6-10。最佳切割速度所对应的走丝速度与加工条件有关，与工件厚度关系最大，工件厚度增大时，与最大切割速度相对应的走丝速度应高一些。

2. 电极丝材料及直径对线切割工艺效果的影响

1）电极丝材料。高速走丝用的电极丝材料，应具有良好的导电性，电子逸出功应小，抗拉强度要大，耐电腐蚀性能要好，电极丝的质量应该均匀，不能有弯折和打结现象。

表 1.6-18　分组波电源电参数对工艺指标的影响

顺序	开路电压 $\hat{u}_i$/V	小脉冲宽度 t_i/μs	小脉冲间隔 t_o/μs	分组脉冲宽度 T_i/μs	分组脉冲间隔 T_o/μs	加工电流 I/A	切割速度 v_{wi}/(mm²/min)	表面粗糙度 Ra/μm
1	70	2.5	2.5	80	30	1.6	16	1.1
2	80	2.5	2.5	80	30	1.65	19	1.15
3	90	2.5	3.5	450	30	2.1	34	1.27
4	90	3.5	3.5	450	30	2.3	38	1.57
5	90	3.5	2.5	450	30	3	47	2.3
6	90	3.5	2.5	450	30	3.5	59	2.7
7	75	1.5	4	240	40	1.5	10	1
8	75	2.5	4	240	40	2.2	23	1.9
9	90	2.5	7	240	40	2.8	28	2.2
10	90	2.5	4	240	40	3.5	34	2.4
11	105	4	7	240	40	4	60	2.8
12	105	6	7	240	40	4.8	80	3.4

注：1. 顺序 1~6 的试验条件：工件材料为 Cr12，厚度为 40mm，走丝速度为 10m/s，钼丝直径为 0.12mm，使用 10% 的乳化液。适用于中、小型线切割机床。

2. 顺序 7~12 的试验条件：工件材料为 Cr12，厚度为 60mm，走丝速度为 10m/s，钼丝直径为 0.18mm，使用 10% 的乳化液。适用于大型线切割机床。

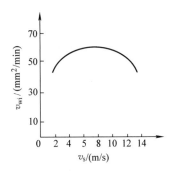

图 1.6-10　走丝速度 v_s 对切割速度 v_{wi} 的影响

加工条件：工件为 T10 淬火钢，厚 30mm，t_i = 30μs，

t_o = 50μs，$\hat{u}_i$ = 90V，$\hat{i}_s$ = 30A，钼丝直径

为 0.12mm，采用浓度为 10% 的乳化液

用钨丝可获得较高的切割速度，但放电后丝会变脆，容易断丝，所以极少应用。钼丝比钨丝的熔点和抗拉强度都低，但韧性好，放电后不易变脆，不易断丝，因此应用比较广泛。钨钼丝（含钨和钼各 50% 的合金丝）的加工效果比前两者都好，但抗拉强度差些，价格也较高，故应用较少。黄铜丝加工稳定，切割速度大，但抗拉强度差，电极丝损耗大，一般在大型线切割机床上使用，采用 0.3mm 左右的粗黄铜丝加工效果较好。

在低速走丝线切割机床上通常采用 0.2mm 的黄铜丝，或镀锌黄铜丝，也有采用铜、钨或钼丝的。

2) 电极丝直径。电极丝直径大，能承受的电流大，使切割速度提高；直径大切缝宽；可改善放电产物排除条件而使加工稳定。但若电极丝直径太大，切缝太宽使需要蚀除的材料增多，反而会使切割速度降低。丝的直径大难于加工出内尖角的工件。电极丝直径可在 0.1~0.25mm 之间选用（高速走丝），最常用的在 0.12~0.18mm 之间。国外低速走丝的电极丝直径在 0.076~0.3mm 之间，最常用的为 0.2mm。

3. 工件厚度 h 对切割速度 v_{wi} 的影响（见图 1.6-11）

工件薄时脉冲利用率低，随着工件厚度增加，间隙放电面积变大，使脉冲利用率提高，有效输出功率增大，故切割速度提高；但是增至某一厚度值时，切割速度达最大值，工件厚度再增加时切割速度反而下降，这是由于厚度太大，放电产物排除条件变坏，加工稳定性变差，使脉冲利用率降低。

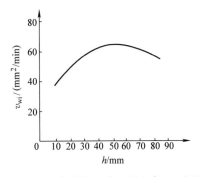

图 1.6-11　工件厚度 h 对切割速度 v_{wi} 的影响

加工条件：工件为 T10 淬火钢，钼丝直径

为 0.12mm，走丝速度为 7m/s，采用浓度为

10% 的乳化液，t_i = 30μs，t_o = 50μs，

$\hat{i}_s$ = 30A

4. 电极丝往复运动引起的黑白条纹和斜度

高速走丝方式切割钢工件时，在切割表面的进出口两端附近，往往有黑白交错的条纹，仔细观察时能看出黑的微凹，白的微凸，如图 1.6-12 所示。这是由于工作液的供应状况和蚀除物的排除情况所造成的。电极丝入口处工作液供应充分，冷却条件好，工作液在放电间隙中受高温热裂分解，形成炭黑和小气泡，放电产生的炭黑等物质凝聚附着在电极入口的加工表面上，使该处呈黑色。而在出口处积聚了大量小气泡，有效工作液成分少，冷却条件差，但因靠近出口排除蚀除物的条件好。又因工作液少在放电产物中炭黑较少，且放电常在气体中发生，因此表面呈白色。由于入口处新鲜工作液的电火花蚀除能力大，放电间隙大，蚀除的凹坑深。出口处陈旧工作液中夹带有大量小气泡，蚀除能力小，蚀除的凹坑浅，在气体中放电间隙比在液体中的放电间隙小，所以电极丝入口处的放电间隙比出口处大，见图 1.6-13。

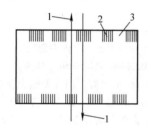

图 1.6-12　电极丝往复运动产生的黑白条纹
1—电极丝运动方向　2—微凹的黑色部分
3—微凸的白色部分

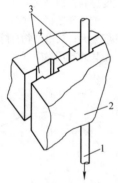

图 1.6-13　电极丝入口处和出口处的宽度
1—电极丝　2—工件　3—入口　4—出口

由于电极丝入口处和出口处的切缝宽度不同，就使电极丝的切缝不是直壁缝，而具有斜度，见图 1.6-14。利用这种切缝自然形成的小斜度，使电极丝只在一个运动方向放电，而另一个运动方向不放电，也可以加工出具有微小斜度的凹模来，但切割速度降低很多。

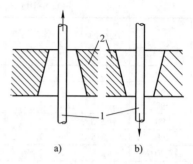

图 1.6-14　电极丝不同走向处的剖面图
a) 从下向上运动　b) 从上向下运动
1—电极丝　2—工件

高速走丝独有的黑白条纹，对工件的加工精度和表面粗糙度都有一定的影响。

5. 不同工作液对工艺参数的影响

在其他加工条件不变的情况下，只改变工作液，切割速度及黑白条纹的外观是不同的，对纯铁切割的试验结果见表 1.6-19。

6. 不同电参数对线切割表面熔化层的影响

工件上经线切割加工后的表面上，遗留着火花放电时被熔化又凝固了的金属层，叫熔化层。熔化层与原基体金属比较，其金相组织和物理力学性能都产生了变化，有的表面上还有微裂纹，对加工件的疲劳强度有不利影响，有的工件要求把熔化层去掉。加工时所用的电参数不同，熔化层的厚度及表面粗糙度也不同。不同电参数对熔化层厚度、表面粗糙度 Ra 及切割速度 v_{wi} 的影响，见表 1.6-20，可以看出，当脉冲宽度增加时，熔化层厚度略有增加。

7. 单向低速走丝电火花线切割工艺效果

1）日本三菱电动机线切割机床的切割效果。在日本三菱电动机的低速走丝电火花线切割机床上切割时，当采用直径为 0.25mm 的黄铜丝切割厚度 $H = 40 \sim 100$mm 的 SKD-11 材料时，工件厚度 H 与电极丝进给速度之间的关系见图 1.6-15，图中列出了加工电流位于不同（4~13）档次时的切割效果。若需将电极丝进给速度 v_F（mm/min）换算成切割速度 v_{wi}（mm^2/min）时，应将进给速度 v_F 乘以切割厚度 H。例如 $H = 50$mm，电源采用第 8 档时，由表上查得 $v_F = 2$mm/min 左右，其切割速度 $v_{wi} = 50 \times 2 = 100$mm^2/min 左右。在前述条件下，其表面粗糙度与切割速度之间的关系见图 1.6-16。

当采用直径为 0.3mm 的黄铜丝切割厚度为 40~100mm 的 SKD-11 材料时，电流在 12~15 间不同档位时，切割厚度和电极丝进给速度之间关系见图 1.6-17，切割速度和切割表面粗糙度之间的关系见图 1.6-18。

表 1.6-19 不同工作液对工艺参数的影响

编号	脉冲宽度 $t_i/\mu s$	脉冲间隔 $t_o/\mu s$	加工电流 I/A	切割速度 v_{wi} /(mm²/min)	加工电压 U/V	工 作 液	条纹	v_{wi}/I	间隙平均电阻 U/I	备 注
1	13	40	1.5	20	7	NL 配地下 水乳化液	很清楚	13.3	4.6	灰白色表面
2	13	40	1.3	26	8	NL 配地下 水乳化液	能看见	20	6.15	灰白色表面
3	13	40	1.5	13.5	9	煤油		9	6	表面黑层擦不掉
4	13	40	1.5	40	10	DX-1 配蒸馏水乳化液	不明显	26.6	6.6	银白色表面
5	13	40	1.5	15	10	蒸馏水		10	6.6	试片黏住表面黑层擦不掉
6	13	40	1.5	20	10	去离子水	很明显	13.3	6.6	试片黏住表面黑层擦不掉
7	13	40	1.5	34	9	DX-1 配去离子水乳化液	不明显	22.6	6	银白色表面
8	13	40	1.4	36	10	DX-1 配地下水乳化液	清楚	25.7	7.14	灰白色表面

表 1.6-20 不同电参数对熔化层厚度等的影响

材料	脉冲宽度 $t_i/\mu s$	脉冲间隔 $t_o/\mu s$	加工电流 I/A	熔化层				切割速度 v_{wi} /(mm²/min)
				切缝一侧		切缝另一侧		
				厚度/μm	$Ra/\mu m$	厚度/μm	$Ra/\mu m$	
Cr12MoV	8	85	0.2	16.807	2.85	15.455	2.8	13
	13	40	1.3	18.793	3	19.84	3.4	35
	16	55	1	21.217	3.95	18.393	3.55	36
	40	85	1.7	35	4.5	—	—	45
CrWMn	8	85	0.2	20.72	2.75	17.5	3.15	12.6
	13	40	1.3	15.07	4.4	27.75	3.75	31.7
	16	55	1.5	16.105	3.95	17.559	3.25	33
	40	85	1.7	21.935	4.5	—	—	41
T10A	8	85	0.2	20.678	2.25	20.313	2.96	13
	13	40	1.3	27.575	2.85	25.6	3.95	31
	16	55	1.4	27.85	2.15	28.42	4.35	35
	40	85	1.7	30.157	4.7	—	—	39.7
Cr12	8	85	0.2	14.651	1.9	18.392	2.9	14
	13	40	1.3	15.72	3.55	18.893	3.91	32
	16	55	1.5	25.64	4.1	17.60	2.2	40
	40	85	1.7	26.18	4.55	—	—	43

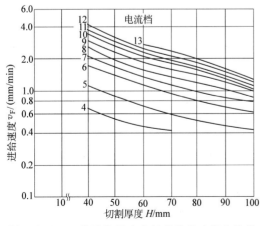

图 1.6-15 工件厚度 H 与电极丝进给速度的关系

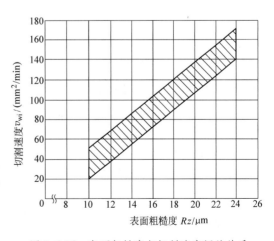

图 1.6-16 表面粗糙度与切割速度间的关系

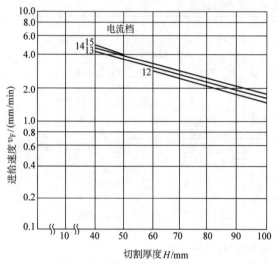

图 1.6-17　切割厚度和电极丝进给速度间的关系

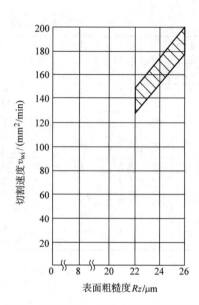

图 1.6-18　切割速度和切割表面粗糙度间的关系

2）瑞士阿奇公司线切割机床的切割效果。在瑞士阿奇公司的低速走丝电火花线切割机床上切割时，表 1.6-21 所提供的资料可供参考。

表 1.6-21　低速走丝线切割加工工艺效果

工件材料	电极丝直径 D/mm	切割厚度 H/mm	切缝宽度 S/mm	表面粗糙度 Ra/μm	切割速度 v_{wi}/(mm²/min)	电极丝材料
碳钢 铬钢	0.1	2~20	0.13	0.2~0.3	7	黄铜丝
	0.15	2~50	0.198	0.35~0.5	12	
	0.2	2~75	0.259	0.35~0.71	25	
	0.25	10~125	0.34	0.35~0.71	25	
	0.3	75~150	0.378	0.35~0.5	25	
铜	0.25	2~40	0.32	0.35~0.7	19.4	
碳质合金 （钴15%）	0.1	2~20	0.19	0.15~0.24	3.5	
	0.15	2~30	0.229	0.24~0.25	7.1	
	0.25	2~50	0.361	0.2~0.5	12.2	
石墨	0.25	2~40	0.351	0.35~0.6	12	
铝	0.25	2~40	0.34	0.5~0.83	60	
碳钢 铬钢	0.08	2~10	0.105	0.35~0.55	5	钼丝
	0.1	2~10	0.125	0.47~0.59	7	
硬质合金 （钴15%）	0.08	2~12.7	0.105	0.078~0.23	4	
	0.1	2~12.7	0.135	0.118~0.23	6	

1.6.8　线切割引起断丝的原因

线切割引起断丝的原因比较复杂，一般可从以下几方面去分析：

1）电极丝材质不好，直径不均匀，有弯折打结，丝保存不当或保存时间过长使丝质氧化变坏。

2）与电极丝运动有关的因素：

①走丝机构传动精度低，如贮丝筒或导轮的径向跳动及轴向窜动过大，导轮轴承磨损等。

②电极丝导向器的宝石或硬质合金拉出沟槽。

③电极丝过紧或过松。

3）与脉冲电源有关的因素：

①短路电流太大。

②脉冲间隔取得太小。

③在脉冲间隔时间漏电流太大。

④进电块上拉出了深沟槽，接触不良。

4）工件材料中含有非导电杂质硬粒或切割过程中产生变形把丝夹断。

5）与工作液有关的因素：

①工作液很脏或浓度过大。

② 工作液喷不到放电处或喷嘴堵塞。

1.6.9　线切割加工中工件产生的变形和裂纹

细长的或大的框形淬火工件、无穿丝孔的凸模等，在切割加工过程中容易产生变形或裂纹致使工件超差或损坏，必须掌握其规律，设法克服。

1. 产生变形和裂纹的规律

1) 切割无封闭起点穿丝孔的凸模时，易产生变形，即凡从坯料外切入的凸模，不论凸模的形状和回火条件如何，一般容易产生变形，变形量大小则与回火后工件应力消除程度、图形在坯料中的相对位置、图形的复杂程度及长宽比等情况有关。淬火工件变形严重时，会在切割过程中产生裂纹。在不同装夹及切割走向时，其变形情况见图 1.6-19。图 1.6-19a 由坯料外切入后沿 A 点至 B 点按顺时针方向再转切回到 A 点，当切完 EF 段后，已切开缝隙明显变小，使 BC 处的切缝闭合，而使切出凸模左端的宽度尺寸增大。图 1.6-19b 的工件是由外面向右切割进去，因工件上没有大的圆弧段，切割变形后 AB 切缝不是闭合而是张开，所以切出凸模左端的宽度尺寸减小了。

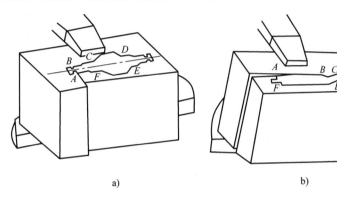

a)　　　　　　　　　　b)

图 1.6-19　不同装夹及切割走向的变形情况
a) 闭口变形　b) 张口变形

2) 窄长图形的凹模和凸模都很容易变形，其变形量的大小与图形的复杂程度及与长宽比有关。凹模是中部凹入使槽变窄，见图 1.6-20a。凸模通常是翘曲变弯，见图 1.6-20b。

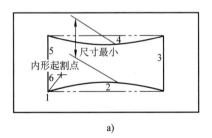

a)

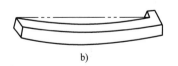

b)

图 1.6-20　窄长图形的变形
a) 凹模槽中部变窄　b) 长的凸模变弯

3) 面积较大的凹模，因框内切去的体积较大，会使框形尺寸产生一定的变形，但更主要的是应力集中的尖角处极易产生裂纹，见图 1.6-21。

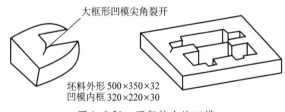

坯料外形 500×350×32
凹模内框 320×220×30

图 1.6-21　面积较大的凹模

4) 淬火工件比不淬火工件易产生变形。

2. 减小变形和裂纹的措施

(1) 改进热处理工艺

回火是当前减小应力的重要手段，而回火效果又与回火温度、回火持续时间有关。

(2) 尽量减少切割体积

凡是较大的凹模，或窄长而复杂的凹、凸模，应改变用传统的实心板料和实心方体的习惯，在淬火前先用切削加工方法把中心部分材料大部分切除，一般留余量为 2～3mm，这样淬火时表里温差小，产生的应力也小。

(3) 改进切割方法

1) 对于配合间隙小、精度要求高、图形复杂的工件，可采用粗、精二次的切割方法，使粗切后所产生的变形被精切时切除，精切余量可在 0.3~0.5mm 之间选取。

2）改变二点夹压的习惯为单点夹压，单点夹压的合理部位通常在执行最后一条程序处，见图 1.6-22，图中的 1~13 为切割的程序号。

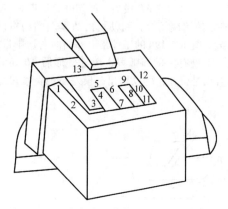

图 1.6-22　单点夹压在执行最后一条程序处

3）改变一次夹压就切割完全部图形的习惯。应根据图形的特征、起点位置、程序的切割走向和变形方向等，在切割过程中不断变更夹压点，以达到变形只影响废料，实际凸模位置不变，以便始终得到准确的凸模尺寸。

4）切割凸模时，应在坯料上钻出穿丝孔，以免当从坯料外切入会引起坯料切开处变形，见图 1.6-19。

（4）凸模坯料的确定

凸模坯料大小应根据凸模图形大小来确定，通常取图形到坯料边的距离不小于 10mm。

（5）设置过渡圆弧

在图形允许的情况下，大型框形凹模的清角处（尖角）要设置适当的工艺过渡圆弧 R，以缓和应力集中避免开裂。

1.6.10　线切割机床的扩展运用

1. 用普通线切割机床加工带斜度凹模的简易方法

此处提供一种在没有锥度切割功能的机床上加工带斜度凹模的方法（见图 1.6-23），图 1.6-23a 在工件上方装一块绝缘板和金属板，绝缘板上的空心部分应比加工图形大一些。金属板 1 和工件 3 均接线切割电源正极，用比工件图形缩小一定尺寸的程序把金属板和工件切割出直壁来。图 1.6-23b 为切割带斜度凹模的线切割示意图。把金属板上的电源接线取下来，用比工件加工图形尺寸放大一些的程序加工，这时金属板不加工，只对工件进行切割，但电极丝被金属板折弯，使工件加工出斜度，工件下口尺寸大于工件图形尺寸。图 1.6-23c 为最后切割出直壁刃口切割示意

图。将金属板和工件接电源正极，用工件图形的程序将模具直壁刃口加工出来，直壁高度为 3~5mm。用此法加工时，电极丝的磨损会稍增大。

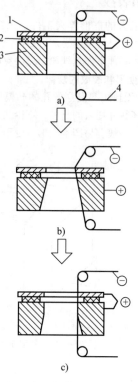

图 1.6-23　带斜度凹模的简易加工方法
a）预加工直壁　b）切割斜度　c）开直壁刃口
1—金属板　2—绝缘板　3—工件　4—电极丝

2. 用两轴控制加工三维曲面

（1）回转端面曲线型面的加工

利用回转工作台，并对线切割机床的丝架进行适当的改装之后，可用以切割回转端面的曲面。如要在端面加工出按正弦曲线变化的曲面，可使用回转工作台的转动（绕水平轴旋转）和原机床工作台 X 方向溜板的移动互相配合来加工，如图 1.6-24 所示。加

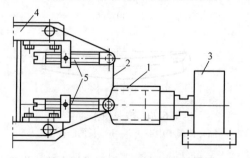

图 1.6-24　加工回转端面曲面简图
1—工件　2—电极丝　3—回转工作台
4—原机床丝架　5—附加的小丝架

工时原线切割控制台的 Y 步进电动机的 4 根控制线改接到回转工作台的步进电动机上，把按正弦曲线规律计算编出的程序输入控制器即可进行加工。加工时工件绕水平轴沿一个固定的方向旋转，同时按正弦曲线规律的要求沿 X 轴的正向或负向移动，工件旋转一周时，即可切割出一个工件。用此方法加工出的压制波浪形弹簧片的模具，见图 1.6-25，图中展开图曲线的方程为 $X = \dfrac{H}{2}\sin 3\theta$。

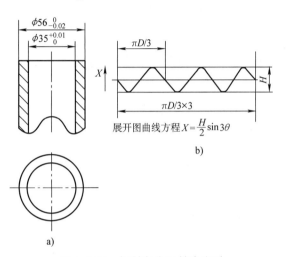

展开图曲线方程 $X = \dfrac{H}{2}\sin 3\theta$

图 1.6-25　切割出的压制波浪形
弹簧片的模具之一
a）模具中之一件　b）曲线展开图

（2）三维模具加工

用有锥度切割功能的四轴控制电火花线切割机床，可以加工某些三维模具，但能切出的斜度比较小，使用哈尔滨工业大学研制的转摆数控台，可在两轴控制无锥度切割功能的线切割机床上加工出斜度达 30°的空心模具及凸模。如大端为正圆，小端为正六边形（见图 1.6-26）；大端为梅花瓣形，小端为多尖角形；大端为正六边形，小端也为正六边形；大端大长方形，小端为小长方形；大小端之间均为平滑过渡。它们都是在工件旋转一周后加工出来的。现简要介绍大端正圆，小端正六边形的加工原理。为便于了解，图 1.6-27 中只画出它的凸体，穿丝孔钻在凸件上，切下凸件后就可得到所加工的凹模。切割加工时工件绕 OO_1 轴心线转动，同时整个工件绕下端与大圆相切的轴线 NN 摆动，电极丝 1 通过切点 K，由于工件的转动和摆动配备，使下端切出正圆，上端切出正六边形。当工件沿箭头 6 方向转动时，工件沿箭头 7 的方向摆动，当电极丝到达直边中点 4 之后，工件继续转动，但摆动沿与 7 箭头相反的方向进行，当 5 点到达电极丝时切出一条边。其余各边切割时的转、

摆运动规律均与此边相同。转动与摆动的配备，按专门建立的公式编程保证。

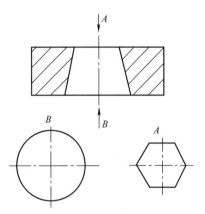

图 1.6-26　三维斜壁模具

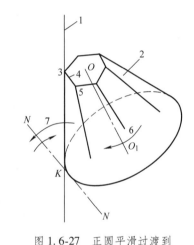

图 1.6-27　正圆平滑过渡到
正六边形切割原理图
1—电极丝　2—工件的凸件　3—六边形之
一尖点　4——个边的中点　5—另一个尖点
6—旋转方向　7—摆动方向（工件）

作为模具，除了有斜壁部分外，还需要有一小段直壁。这在加工完斜壁之后把工件摆至水平位置，按工件图形编程，使用原线切割机床的 X 和 Y 坐标，像加工普通图形（直壁）一样把小端的一小段直壁加工出来。圆平滑过渡到六边形模具的调整加工过程见表 1.6-22。其他类似模具例如大端都是长方形等工件，均可用类似的方法加工。

（3）单叶双曲面加工

先用转摆数控台的摆动轴使工件由水平位置摆 θ 角至倾斜位置（见图 1.6-28）。用原工作台的 Y 坐标使电极丝 1 切入工件 2 至所要求的一定位置之后，再控制转动轴，使工件 2 绕其轴心线旋转一圈即可把具有单叶双曲面的工件切割出来。

表 1.6-22　圆平滑过渡到六边形模具
的调整加工过程

序号	说　明	示　意　图
1	把钼丝穿入工件,工件找正后夹紧,O 为摆动轴心	
2	将原线切割机床上的 X 轴信号接在转摆数控台控制摆动轴摆动的步进电动机上,然后将工件摆动初始角 β	
3	把 Y 轴向负方向移动 R_f,R_f 为间隙补偿后的底圆半径	
4	将原线切割机床上的 Y 轴信号接在转摆数控台控制转台转动的步进电动机上,然后加工由圆形过渡到六边形的三导线曲面	
5	恢复 Y 轴信号,同时将工件沿 Y 轴正方向移动 R_f 并摆至水平位置,使钼丝处于工件中心	
6	恢复 X 轴信号,按直角坐标切割六边形	

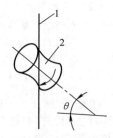

图 1.6-28　切割单叶双曲面原理图
1—电极丝　2—工件

(4)　螺旋面加工

先用转摆数控台的摆动轴使工件由水平位置摆 θ 角至倾斜位置(见图 1.6-29)。用原工作台的 X 坐标控制工件沿 X 负向移动,用转摆数控台的转动轴使工件 2 转动,根据工件螺旋角的要求进行编程,使工件切割时旋转运动和移动相适应,保证工件旋转一转时,工件在其轴向移动量应等于工件的螺旋导程。切割时电极丝切入工件的深度应等于螺旋槽的深度。

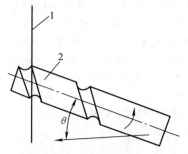

图 1.6-29　切割螺旋面原理图
1—电极丝　2—工件

1.6.11　编制简单零件线切割加工程序的方法

手工编程是数控线切割编程的基础,下面是手工编程的基本方法。

1. 程序格式

为了便于机器接受指令,必须按照一定的格式来编制线切割机床用的数控程序。我国数控快速走丝线切割机床多用 3B 格式,慢走丝多用 ISO 格式。3B 是无间隙补偿程序格式,不能实现电极丝半径和放电间隙自动补偿。近年来我国所生产的快速走丝数控电火花线切割机床使用的是计算机数控系统,也逐步采用 ISO 格式,向国际靠拢。下面介绍 3B 格式和 ISO 格式手工编程。

(1)　3B 格式

3B 程序格式见表 1.6-23。

表 1.6-23　3B 程序格式

B	X	B	Y	B	J	G	Z
—	X 坐标值	—	Y 坐标值	—	计数长度	计数方向	加工指令

1)分隔符 B。它在程序单上起到把 X、Y 和 J 数值分隔开的作用。而当程序往控制台输入时,读入第一个 B 后它使控制机做好接受 X 坐标值的准备,读入第二个 B 后做好接受 Y 坐标值的准备,读入第三个 B 后做好接受 J 值的准备。

2)坐标值 X、Y。加工圆弧时,程序中的 X、Y 必须是圆弧起点对其圆心的坐标值。加工斜线时,程序中的 X、Y 必须是该斜线段终点对其起点的坐标值,斜线段程序中的 X、Y 值允许把它们同时缩小相同的倍数,只要其比值保持不变即可。对于与坐标轴重合的线段,在其程序中的 X 或 Y 值,均可写成 0。

3)计数长度 J 和计数方向 G。为了保证所要加工的圆弧或线段能按要求的长度加工出来,一般线切割机床是通过控制从起点到终点某个溜板进给的总长度来达到的。因此在计算机中设立了一个 J 计数器来进行计数，即把加工该线段的溜板进给总长度 J 的数值，预先置入 J 计数器中。加工时当被确定为计数长度 J 这个坐标的溜板每进给一步，J 计数器就减 1。这样，当 J 计数器减到零时，则表示该圆弧或直线段已加工到终点。在 X 和 Y 两个坐标中用哪个坐标作计数长度 J 须依图形的特点而定。

加工斜线段时，必须用进给距离比较长的一个方向作进给长度控制。若线段的终点为 $A(X_e, Y_e)$。当 $|Y_e| > |X_e|$ 时，计数方向取 G_y（见图 1.6-30）。当 $|Y_e| < |X_e|$ 时，计数方向取 G_x（见图 1.6-31）。当确定计数方向时，可以 45° 为分界线（见图 1.6-32），当斜线在阴影区内时，取 G_y，反之取 G_x。若斜线正好在 45° 线上，从理论上应该是在插补运算加工过程中，最后一步走的是那个坐标，则取该坐标为计数方向，从这个观点考虑，斜线中 Ⅰ、Ⅲ 象限应取 G_y，Ⅱ、Ⅳ 象限应取 G_x 才能保证准确加工到终点。

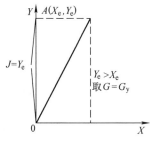

图 1.6-30　计数方向取 G_y

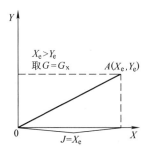

图 1.6-31　计数方向取 G_x

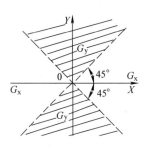

图 1.6-32　斜线段计数方向的选择

圆弧计数方向的选取，应看圆弧终点的情况而定，从理论上分析，也应该是当加工圆弧达到终点时，走最后一步的是那个坐标，就应选该坐标作计数方向。也可以 45° 线为界（见图 1.6-33），若圆弧终点坐标为 $B(X_e, Y_e)$，当 $|X_e| < |Y_e|$ 时，即终点在阴影区内，计数方向取 G_x；当 $|X_e| > |Y_e|$ 时，取 G_y。当终点在 45° 线上时，不易准确分析，按习惯任取即可。

当计数方向确定后，计数长度 J 应取在计数方向上从起点到终点溜板移动的总距离，也就是圆弧或直线段在计数方向坐标轴上投影长度的总和。

对于斜线，如图 1.6-30 取 $J = Y_e$，图 1.6-31 取 $J = X_e$，即可。

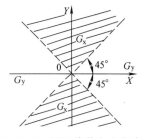

图 1.6-33　圆弧计数方向的选择

对于圆弧，它可能跨越几个象限，如图 1.6-34 和图 1.6-35 的圆弧都是从 A 加工到 B。图 1.6-34 为 G_x，$J = J_{x1} + J_{x2}$；图 1.6-36 为 G_y，$J = J_{y1} + J_{y2} + J_{y3}$。

4）加工指令。它用来确定轨迹的形状、起点或

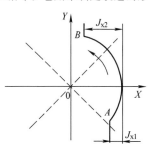

图 1.6-34　跨越两象限

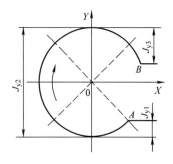

图 1.6-35　跨越四象限

终点所在象限和加工反向等。Z 是加工指令的总符号，它共分 12 种，如图 1.6-36 所示，圆弧加工指令有 8 种，SR 表示顺圆，NR 表示逆圆，字母后面的数字表示该圆弧起点第 1 步进入的象限，如 SR_1 表示顺圆弧，其起点第 1 步进入第一象限。对于直线段的加工指令用 L 表示，L 后面的数字表示该线段第 1 步进入的象限。对于与坐标轴重合的直线段，正 X 轴为 L_1，正 Y 轴为 L_2，负 X 轴为 L_3，负 Y 轴为 L_4。

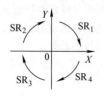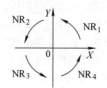

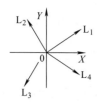

图 1.6-36　加工指令

5）编程实例。在程序中 X、Y 和 J 的值用 μm 表示，J 不够六位时应用 0 在高位补足六位，目前大部分厂家生产的机床，J 可不必补足六位。

例 1.6-1　加工图 1.6-37 所示的斜线段，终点 A 的坐标为 X = 17mm，Y = 5mm，其程序为

$$B17000B5000B017000G_xL_1$$

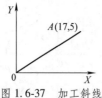

图 1.6-37　加工斜线

在斜线段的程序中 X 和 Y 值表示坐标点的斜率，故可按比例缩小同样倍数，故该程序可简化为

$$B17B5B017000G_xL_1$$

例 1.6-2　加工图 1.6-38 所示与正 Y 轴重合的直线段，长为 22.4mm，其程序为

$$BBB022400G_yL_2$$

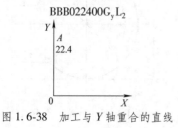

图 1.6-38　加工与 Y 轴重合的直线

在与坐标轴重合的程序中，X 或 Y 的数值即使不为零也不必写出。

例 1.6-3　加工图 1.6-39 的圆弧，A 为此逆圆弧的起点，B 为其终点。A 点坐标 $X_A = -2mm$，$Y_A = 9mm$，因终点 B 靠近 X 轴故取 G_y，计数长度应取圆弧在各象限中的那部分在计数方向 Y 轴上投影之总和。$\overset{\frown}{AC}$ 在 Y 轴上的投影为 $J_{y1} = 9mm$，$\overset{\frown}{CD}$ 的投影为 $J_{y2} = $ 半径 $= \sqrt{2^2+9^2} = 9.22mm$，$\overset{\frown}{DB}$ 的投影为 $J_{y3} = $ 半径 $-2 = 7.22mm$，故其计数长度 $J = J_{y1} + J_{y2} + J_{y3} = 9 + 9.22 + 7.22 = 25.44mm$，因此圆弧起点在第二象限，加工指令取 NR_2，其程序为

$$B2000B9000B025440G_yNR_2$$

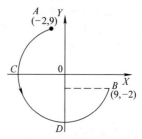

图 1.6-39　加工跨三个象限的圆弧

实际编程时，通常不是编工件轮廓线的程序，应该编加工切割时电极丝中心所走的轨迹的程序，即还应该考虑电极丝的半径和电极丝至工件间的放电间隙。但对有间隙补偿功能的线切割机床，可直接按图样编程，其间隙补偿值可在加工时置入。

（2）ISO 代码格式

ISO 代码格式数控程序是指按国际标准化组织（ISO）规定的数控机床的编程格式，包括坐标轴和运动方向、数控程序的编码字符和程序格式、准备功能和辅助功能等标准与规范编写的数控程序。尽管如此，由于技术的进步，许多先进的数控系统中的很多功能实际上超出了目前通用的标准，其指令格式也更加灵活，不受 ISO 标准的约束。再加上 ISO 标准中留有一定范围的指令，允许各数控厂商用于定义其数控系统的功能。因此，编程时必须严格按照机床使用说明书进行。

1）程序结构。程序都是由若干个按规定格式书写的"程序段"（block）组成。每个程序段由按一定顺序和规定排列的"程序字"也叫做"功能字"简称"字"（word）组成。字是由表示地址的英文字母或特殊文字和数字组成。字是表示某种功能的代码符号，也称为指令代码、指令或代码。

2）程序段格式。ISO 代码最常用的程序段格式是字地址格式，字地址格式如下：

N×××× G×× X±××××.×××

Y±××××.×××M××LF

① 程序段序号：由字母 N 和其后三位或四位数字组成，用来表示程序执行的顺序，用作程序段的显示和检索。

② 准备功能字：准备功能也叫 G 功能（或机能、代码、指令），由字母 G 和其后二位数字组成（现在已超过两位数，已有三位数 G 代码）。G 功能是基本的数控指令代码，用于指定数控装置在程序段内准备某种功能，见表 1.6-24。

③ 坐标字：它也叫尺寸字，用来给定机床各坐标轴的位移量和方向。坐标字由坐标的地址代码、正负号、绝对值或增量值表示的数值等三部分组成。坐标的地址代码为：X、Y、Z、U、V、W、P、Q、R、I、J、K、A、B、C、D、E 等。

④ 辅助功能字：辅助功能也叫 M 功能，用它指定冷却液通断、脉冲电源的开停、程序的结束等辅助功能（数控系统具有的开关量功能）。它由字母 M 和其后的二位数字组成。

⑤ 程序段结束符：程序段的末尾必须有一个程序段结束符号，在 ISO 标准中的程序段结束符号为 LF。为简化，程序段结束符有的系统用"＊""；"或其他符号表示。

⑥ 其他：在线切割数控系统中还有用于指定有关机械控制的事项，如：T86 指令是控制机床走丝的开启，T87 指令是控制机床走丝的结束；T84 指令是控制打开工作液阀门，开始开放工作液，T85 指令是控制关闭工作液阀门，停止开放工作液。

3）编程指令。目前各线切割系统所使用的指令与国际标准基本一致，但也存在不同之处。表 1.6-24 为数控电火花线切割机床采用的 ISO 指令代码。

表 1.6-24 数控电火花线切割机床采用的 ISO 指令代码

代 码	功 能	代 码	功 能
G00	快速定位	G55	加工坐标系 2
G01	直线插补	G56	加工坐标系 3
G02	顺圆插补	G57	加工坐标系 4
G03	逆圆插补	G58	加工坐标系 5
G05	X 轴镜像	G59	加工坐标系 6
G06	Y 轴镜像	G80	接触感知
G07	X、Y 轴交换	G82	半程移动
G08	X 轴镜像，Y 轴镜像	G84	微弱放电找正
G09	X 轴镜像，X、Y 轴交换	G90	绝对坐标
G10	Y 轴镜像，X、Y 轴交换	G91	增量坐标
G11	X 轴镜像，Y 轴镜像，X、Y 轴交换	G92	定起点
G12	消除镜像	M00	程序暂停
G40	取消间隙补偿	M02	程序结束
G41	左偏间隙补偿，D 偏移量	M05	接触感知解除
G42	右偏间隙补偿，D 偏移量	M96	主程序调用文件程序
G50	消除锥度	M97	主程序调用文件结束
G51	锥度左偏，A 角度值	W	下导轮到工作台面高度
G52	锥度右偏，A 角度值	H	工件厚度
G54	加工坐标系 1	S	工作台面到上导轮高度

表 1.6-24 中的基本指令如 G00、G01、G02、G03 等与其他种类机床数控系统的指令相同，下面仅对数控线切割机床的一些特殊指令作简要说明。

① G05、G06、G07、G08、G09、G10、G11、G12（镜像加工指令）：当零件上的加工要素对称时，可以利用原来的程序加上镜像加工指令方便地得到新程序。镜像加工指令单独成为一个程序段，在该程序段以下的程序段中 X、Y 坐标按照一定关系式，含义发生变化，直到出现取消镜像加工指令为止。

G05—X 轴镜像，函数关系式：X=-X。

G06—Y 轴镜像，函数关系式：Y=-Y。

G07—X、Y 轴交换，函数关系式：X=Y，Y=X

G08—X 轴镜像，Y 轴镜像，函数关系式：X=-X，Y=-Y，即 G08 = G05 + G06。

G09—X 轴镜像，X、Y 轴交换，即 G09 = G05+G07。

G10—Y 轴镜像，X、Y 轴交换，即 G10 = G06+G07。

G11—X 轴镜像，Y 轴镜像，X、Y 轴交换，即 G11 = G05+G06+G07。

G12—消除镜像，每个程序镜像结束后使用。

② G50、G51、G52（锥度加工指令）：加工带锥

度的工件时，用下平面尺寸编程。由上平面加工轨迹相对于下平面加工轨迹的偏置方向决定工件加工后的形状。偏置方向有左偏和右偏之分。另外要给出下导轮到工作台的高度 W，工件的厚度 H，工作台到上导轮的高度 S。

G51——锥度左偏指令，程序格式：G51A（A 为倾斜角度）。

G52——锥度右偏指令，程序格式：G52A。

G50——锥度取消指令，程序格式：G50。

2. 零件编程实例

编程序时，应将工件加工图形分解成各圆弧与各直线段，然后逐段编写程序。

例 1.6-4 工件（见图 1.6-40）是由三条直线段和一段圆弧组成，要分成四段来编程序，用 3B 格式编写程序：

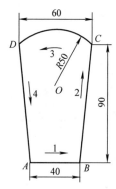

图 1.6-40 线切割加工的图形 1

1）加工直线段 $\overline{AB}$，以起点 A 为坐标原点，$\overline{AB}$ 与 X 轴重合，程序为

$$BBB040000G_xL_1$$

2）加工斜线段 $\overline{BC}$，应以 B 点为坐标原点，则 C 点对 B 点的坐标为 $X=10\text{mm}$，$Y=90\text{mm}$，程序为

$$B1B9B090000G_yL_1$$

3）加工圆弧 $\overset{\frown}{CD}$，以该圆弧圆心 O 为坐标原点，经计算圆弧起点 C 对 O 的坐标为 $X=30\text{mm}$，$Y=40\text{mm}$，程序为

$$B30000B40000B060000G_xNR_1$$

4）加工斜线段 $\overline{DA}$，以 D 点为坐标原点，终点 A 对 D 的坐标为 $X=10\text{mm}$，$Y=-90\text{mm}$，程序为

$$B1B9B09000G_yL_4$$

整个工件的程序单整理见表 1.6-25。

例 1.6-5 线切割如图 1.6-41 所示的五角星，用 ISO 代码编程序（暂不考虑电极丝直径及放电间隙）。

表 1.6-25 程序单

序号	B	X	B	Y	B	J	G	Z
1	B	—	B	—	B	040000	G_x	L_1
2	B	1	B	9	B	090000	G_y	L_1
3	B	30000	B	40000	B	060000	G_x	NR_1
4	B	1	B	9	B	090000	G_y	L_4
5	—	—	—	—	—	—	—	D

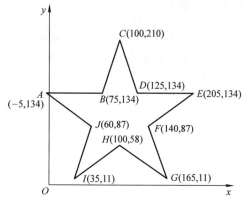

图 1.6-41 线切割加工的图形 2

程序如下：

N0010	G90			；采用绝对方式编程
N0020	T84	T86		；开启冷却液、开启走丝
N0030	G92	X0	Y0	；设定当前电极丝位置为（0，0）
N0040	G00	X-5	Y134	；电极丝快速移至 A 点
N0050	G01	X75	Y134	；$A \rightarrow B$
N0060		X100	Y210	；$B \rightarrow C$
N0070		X125	Y134	；$C \rightarrow D$
N0080		X205	Y134	；$D \rightarrow E$
N0090		X140	Y87	；$E \rightarrow F$
N0100		X165	Y11	；$F \rightarrow G$
N0110		X100	Y58	；$G \rightarrow H$
N0120		X35	Y11	；$H \rightarrow I$
N0130		X60	Y87	；$I \rightarrow J$
N0140		X-5	Y134	；$J \rightarrow A$
N0150	G00	X0	Y0	；电极丝快速回原点
N0160		T85 T87		；关闭冷却液、关闭走丝
N0170	M02			；程序结束

3. 有公差编程尺寸的计算法

根据大量的统计表明，加工后的实际尺寸大部分是在公差带的中值附近。因此，对注有公差的尺寸，

应采用中差尺寸编程。中差尺寸的计算公式为

$$中差尺寸 = 基本尺寸 + \left(\frac{上偏差 + 下偏差}{2}\right)$$

槽 $32^{+0.04}_{+0.02}$ 的中差尺寸为

$$32 + \left(\frac{0.04 + 0.02}{2}\right) = 32.03$$

4. 间隙补偿值 f

(1) 间隙补偿值 f 的确定方法

数控线切割加工时,控制台所控制的是电极丝中心移动的轨迹,图 1.6-42 中电极丝中心轨迹用虚线表示。加工凸模时,电极丝中心轨迹应在所加工图形的外边,加工凹模时,电极丝中心轨迹应在要求加工图形的里面。所加工工件图形与电极丝中心轨迹间的距离,在圆弧的半径方向,在线段的垂直方向都等于间隙补偿值 f。

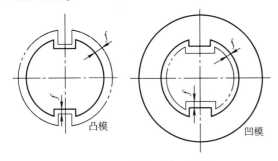

图 1.6-42　电极丝中心轨迹

1) 判定 $\pm f$ 的方法见图 1.6-43。间隙补偿值 f 的正负,可根据在电极丝中心轨迹图形中圆弧半径及直线段法线长度的变化情况来确定,$\pm f$ 对圆弧是用于修正圆弧半径 R,对直线段是用于修正其法线长度 P。对于圆弧,当考虑电极丝中心轨迹后,其圆弧半径比原图形半径增大时取 $+f$,减小时取 $-f$。对于直线段,当考虑电极丝中心轨迹后,使该直线段的法线长度 P 增加时取 $+f$,减小时则取 $-f$。

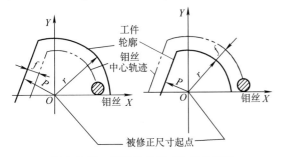

图 1.6-43　间隙补偿值 f 的符号判别

2) 间隙补偿值 f 的算法。加工冲模的凸、凹模时,应考虑电极丝半径 r_1,电极丝和工件之间的单面放电间隙 δ_1 及凸模和凹模间的单面配合间隙 δ_2。当

加工冲孔模具时(即冲后要求工件保证孔的尺寸),这时凸模尺寸由孔的尺寸确定,此时 δ_2 在凹模上扣除。故凸模的间隙补偿值 $f_1 = r_1 + \delta_1$,凹模的间隙补偿值 $f_2 = r_1 + \delta_1 - \delta_2$。当加工落料模时(即冲后要求保证冲下的工件尺寸),此时凹模由工件的尺寸确定,δ_2 在凸模上扣除,故凸模的间隙补偿值 $f_1 = r_1 + \delta_1 - \delta_2$,而凹模的间隙补偿值 $f_2 = r_1 + \delta_1$。

(2) 考虑间隙补偿值 f 的编程实例

例 1.6-6 用 3B 格式编制加工图 1.6-44 所示零件的凹模和凸模程序,此模具是落料模,$\delta_2 = 0.01$mm,$\delta_1 = 0.01$mm,$r_1 = 0.065$mm。

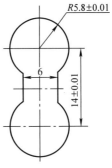

图 1.6-44　零件图

1) 编凹模程序。

因该模具是落料模,冲下零件的尺寸由凹模决定,模具配合同隙在凸模上扣除,故凹模的间隙补偿值为

$$f_2 = r_1 + \delta_1 = 0.065 + 0.01 = 0.075\text{mm}$$

图 1.6-45 虚线表示电极丝中心轨迹,此图对 X 轴上、下对称,对 Y 轴左右对称。因此,只要计算一个点,其余三个点均可由对称原理求得。

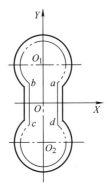

图 1.6-45　凹模电极丝中心轨迹及坐标

圆心 O_1 的坐标为 (0,7),虚线交点 a 的坐标为 $X_a = 3 - f_2 = 3 - 0.075 = 2.925$mm,$Y_a = 7 - \sqrt{(5.8 - 0.075)^2 - X_a^2} = 2.079$mm。根据对称原理可得其余各点的坐标如下:

O_2 (0, -7); b (-2.925, 2.079);

c (-2.925, -2.079); d (2.925, -2.079)

若凹模的穿丝孔钻在 O 处，则电极丝中心的切割路线是 $OabcdaO$。编程的过程如下：

编 Oa 段程序，前面已求出 a 点对 O 点的坐标为 $X_a = 2.925$，$Y_a = 2.079$。因 $X_a > Y_a$，故取 G_x。程序为

$$B2925B2079B2925G_xL_1$$

编 ab 段程序，此时应以 O_1 为编程坐标原点：

a 点对 O_1 的坐标为

$$X_{aO_1} = X_a = 2.925; \quad Y_{aO_1} = Y_a - Y_{O_1}$$

$$= 2.079 - 7 = -4.921$$

b 点对 O_1 的坐标为

$$X_{bO_1} = -X_{aO_1} = -2.925; \quad Y_{bO_1} = Y_{aO_1} = -4.921$$

求计数长度。因 $|X_{bO_1}| < |Y_{bO_1}|$，故取 G_x。

$J_{ab} = 4r_f - 2X_{aO_1} = 4 \times (5.8 - 0.075) - 2 \times 2.925 = 17.05$。

ab 段程序为

$$B2925B4921B17050G_xNR_4$$

编 bc 段程序，$J_{bc} = Y_b + |Y_c| = 2.079 + 2.079 = 4.158$，$bc$ 段程序为

$$BBB4158G_yL_4$$

用与上述类同的方法可编出 cd、da 和 ao 各段程序。

此凹模的全部程序见表 1.6-26。

表 1.6-26　凹模程序

序号	B	X	B	Y	B	J	G	Z
1	B	2925	B	2079	B	002925	G_x	L_1
2	B	2925	B	4921	B	017050	G_x	NR_4
3	B	—	B	—	B	004158	G_y	L_4
4	B	2925	B	4921	B	017050	G_x	NR_2
5	B	—	B	—	B	004158	G_y	L_2
6	B	2925	B	2079	B	002925	G_x	L_3
7	—	—	—	—	—	—	—	D

2）编凸模程序见图 1.6-46。

凸模的间隙补偿值 $f_1 = 0.065 + 0.01 - 0.01 = 0.065$mm，计算虚线上圆线相交的交点 a 的坐标值。圆心 O_1 的坐标为 (0, 7)。交点 a 的坐标为 $X_a = 3 + f_1 = 3.065$mm，$Y_a = 7 - \sqrt{(5.8 + 0.065)^2 + X_a^2} = 2$mm。按对称原理可得到其余各点的坐标如下：

O_2 (0, -7); b (-3.065, 2); c (-3.065, -2);

d (3.065, -2)

加工时先用 L_1 切进去 5mm 至 b 点，沿凸模按逆时针方向切割回 b 点，再沿 L_3 退回 5mm 至起始点，

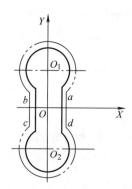

图 1.6-46　凸模电极丝中心轨迹及坐标

其程序见表 1.6-27。

表 1.6-27　凸模程序

序号	B	X	B	Y	B	J	G	Z
1	B	—	B	—	B	005000	G_x	L_1
2	B	—	B	—	B	004000	G_y	L_4
3	B	3065	B	5000	B	017330	G_x	NR_2
4	B	—	B	—	B	004000	G_y	L_2
5	B	3065	B	5000	B	017330	G_x	NR_4
6	B	—	B	—	B	005000	G_x	L_3
7	—	—	—	—	—	—	—	D

例 1.6-7 编制加工图 1.6-47 所示冷冲模的 G 代码程序。凸、凹模的单边间隙为 0.03mm，采用 $\phi0.18$mm 的电极丝，放电间隙为单边 0.015mm。从 A 点起切，切割方向为箭头所示的方向。凸模及凹模的尺寸用虚线表示。

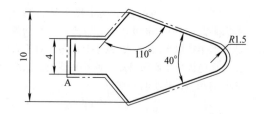

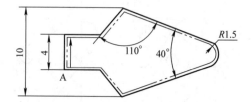

图 1.6-47　凸凹模轮廓示意图

程序如下：

线切割凸模的程序：

N0010　T84　T86　G90　G92　X0.000

Y0.000;

N0020　G01　X0.000　Y4.240；

N0030　G01　X4.064　Y4.240；

N0040　G01　X6.599　Y7.262；

N0050　G01　X16.543　Y3.642；

N0060　G02　X16.543　Y0.598　I-0.554

J-1.522；

N0070　G01　X6.599　Y-3.022；

N0080　G01　X4.064　Y0.000；

N0090　G01　X0.000　Y0.000；

N0100　T85　T87　M02；

线切割凹模的程序：

N0010　T84　T86　G90　G92　X0.000

Y0.000；

N0020　G01　X0.000　Y3.760；

N0030　G01　X3.936　Y3.760；

N0040　G01　X6.435　Y6.738；

N0050　G01　X16.221　Y3.177；

N0060　G02　X16.221　Y0.583　I-0.472

J-1.297；

N0070　G01　X6.435　Y-2.978；

N0080　G01　X3.936　Y0.000；

N0090　G01　X0.000　Y0.000；

N0100　T85　T87　M02；

1.6.12　线切割自动编程

对于那些形状复杂，具有非圆曲线、列表曲线轮廓的零件，数值计算相当繁琐、程序量很大的零件，手工编程则难以胜任，这时必须采用自动编程。由于计算机技术的飞速发展，近些年来研制出多种半自动和自动编程方法。

根据编程信息的输入与计算机对信息的处理方式不同，自动编程分为以自动编程语言（APT语言）为基础的自动编程方法和以计算机绘图为基础的自动编程方法，即语言式自动编程和图形交互式自动编程。

早期的有人机对话式和语言式两种。现在，图形交互式的线切割自动编程已是当前最先进的数控加工编程方法。它利用计算机以人机交互图形方式完成零件几何图形计算、轨迹生成与加工仿真到数控程序生成全过程，操作过程形象生动，效率高，出错机率低，而且还可以通过软件的数据接口共享已有CAD设计结果。下面分别简单介绍。

1. 人机对话式自动编程

图1.6-48所示图形由两个圆、四条线和一个小修饰圆所组成。把线线相交的尖角看成半径为零的过渡圆，该图形共有5个过渡圆。各过渡圆的数据见表

1.6-28，表中数据的排列顺序，已考虑到实际的切割顺序。第四个过渡圆应该是R5，因图样上未直接给出该圆心的坐标，故暂按尖角输入，然后再利用加修饰圆的功能自动处理。

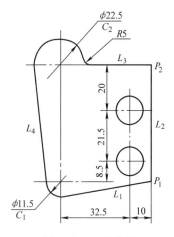

图 1.6-48　零件图

表 1.6-28　过渡圆数据

过渡圆		过渡圆圆心坐标		说　明
序号 $P_\#$	半径 R	X	Y	
1	11.5/2	0	0	过渡圆 C_1
2	0	32.5+10	0	交点 P_1
3	0	$X(2)$	8.5+21.5+20	交点 P_2
4	0	22.5/2	$Y(3)$	R_5 处圆和线交点
5	22.5/2	0	$Y(3)$	过渡圆 C_2

用人机对话的方式输入图形，见表1.6-29，各元素的数据输入时第四元素未按R5的过渡圆输入，而是按尖角输入，故需利用加修饰圆的功能改为R5的过渡圆，操作见表1.6-30。

还可以利用检查功能对上述输入结果全部或个别进行检查。在显示屏没有显示的场合下，启动DEFK就可对全部元素进行检查，如果先输元素序号再按DEFK则仅检查该序号的元素。在询问PRT？之后回答Y，则打印出结果，若回答N则仅仅显示结果，表1.6-31为检查 $P_\#4$ 时的操作及显示。

自动编程软件还具有对称、旋转、平移、尖角修圆，间隙补偿或大圆弧拟合等功能。

当图形数据检查无误后，可以利用绘图功能作出图形，若图形无误，可用打印机打印出3B程序单。

2. 语言式自动编程

语言式自动编程以APT语言为基础，编程员根据工件图样及加工工艺用APT语言编写出APT源程序，然后把源程序送入计算机，经APT语言编程系统编译运算产生刀位文件，再经过后置处理，生成数

表 1.6-29　人机对话输入

显示内容	按键	说明
>	DEFA	启动输入程序
N =	5 回车	过渡圆总数
$P_\#1$　R =	11.5/2 回车	C_1 圆的半径
X =	0 回车	C_1 圆心 X 坐标
Y =	0 回车	C_1 圆心 Y 坐标
X0.000Y0.000R5.75	回车	显示输入结果
$P_\#2$　R =	0 回车	P_1 点半径
X =	32.5+10 回车	P_1 点 X 坐标
Y =	0 回车	P_1 点 Y 坐标
X42.500Y0.000R0.00	回车	显示 $P_\#2$ 输入结果
$P_\#3$　R =	0 回车	P_2 点半径
X =	X(2) 回车	与 $P_\#1$ X 坐标等值
Y =	8.5+21.5+20 回车	P_2 点 Y 坐标
X42.500Y50.000R0.00	回车	显示 $P_\#2$ 输入结果
$P_\#4$　R =	0 回车	交点坐标
X =	22.5/2 回车	交点 X 坐标
Y =	Y(3) 回车	与 $P_\#2$ Y 坐标等值
X11.250Y50.000R0.00	回车	显示交点坐标
$P_\#5$　R =	22.5/2 回车	C_2 圆的半径
X =	0 回车	C_2 圆心 X 坐标
Y =	Y(4) 回车	C_2 圆心 Y 坐标
X0.000Y50.000R11.25	回车	显示 C_2 输入结果
END(并发出笛声)		表示输入结束

表 1.6-30　加修饰圆

显示	按键	说明
>	4DEF　C	对第四元素加修饰圆
r =	5 回车	输入修饰圆半径
END(笛声)	—	处理完毕

表 1.6-31　检查时的操作

显示	按键	说明
>	4DEF　K	检查第四元素结果
PRT?	N 回车	打印吗? 不
$P_\#4$	—	显示序号
X15.461Y55.000R-5.00	回车	—

控系统能接受的零件数控加工程序。在这个过程中，编程人员只需用 APT 语言描述工件切割轮廓各几何

元素及其相互关系和有关的工艺参数，即可由计算机自动计算出走丝轨迹数据，无需手工进行复杂的繁琐数学计算，并且省去了编写数控程序单的工作量。

语言式编程机，定义语句非常丰富，易于按图形直接编写出源程序。具有对称、旋转、平移、间隙补偿以及大圆弧处理等功能。

图 1.6-48 所示的图形，用某种语言式来编写的源程序见表 1.6-32。源程序主要用来对各个元素予以定义，切割语句主要用来描述切割顺序，并将公切线、修饰圆等加以说明。表 1.6-32 中切割语句指出的切割顺序为：由 C_1 经过 L_1、L_2、L_3 到 C_2。在 C_1 前面的 / 号表示 C_2 与 C_1 之间的公切线，L_3 与 C_2 之间的（-5）表示它们之间有一个半径为 5，顺时针走向的修饰圆。

表 1.6-32　源程序

源程序	说明
C_1 = OR(O, 11.5/2)	已知圆心 O, 半径 11.5/2
C_2 = OR(O, 50, 22.5/2)	已知圆心 O, 50 半径 22.5/2
L_1 = /C(C_1, 32.5+10, O)	通过点 32.5+10, O 作 C_1 切线
L_2 = LD(Y, 32.5+10)	距 Y 轴 32.5+10 作平行线, 走向为 +Y
L_3 = LD(-X, 8.5+21.5+20)	距 X 轴 8.5+21.5+20 作平行线, 走向为 -X
切割语句为: OUT/C_1, L_{1-3}(-5)C_2!	—

3. 图形交互式自动编程

随着 CAD 技术的发展，利用计算机生成图形变得十分方便和容易。线切割图形交互式自动编程软件大体上分为三种类型，一种是线切割机床厂开发的配套编程软件；第二种是一些在通用 CAD 绘图软件（如 AutoCAD）平台上经过二次开发的编程软件；第三种是软件开发商专为数控线切割加工开发的 CAD/CAM 集成软件。第一种类型的软件针对性强，但在功能及操作方便性方面存在不足，因此，有些数控线切割机床生产厂扬长避短选用成熟的专业编程软件配套，自己只专心于机床功能与性能的提高，效果较好。第二类软件主要是一些研究单位与院校做的一些研究成果，真正商品化的软件产品并不多见。第三种类型的软件即是所谓的商品化编程软件，其中比较有代表性的是 AUTOP、YCUT、CAXA 线切割、Band5 Studio、YH、TOWEDM 线切割自动编程软件，表 1.6-33 是对几种典型的商品化线切割自动编程软件的简单介绍。此外，国外一些通用的 CAD/CAM 软件中（如 UG、Master CAM）也有线切割编程模块。

表 1.6-33 几种典型的线切割自动编程软件

软件名称	开发者	软 件 特 点
AUTOP	—	AUTOP 的 DAT 图形文件边浏览边打开，可转换成 DXF 文件；支持各种版本 AU-TOCAD 的 DXF 文件的导入、导出（目前全国最先进的转换工具，支持所有特殊曲线，最完整的转换）；AUTOP 的 3B 文件可浏览打开及浏览传送
YCUT	深圳市立先科技开发有限公司	它是我国首套完全图形化界面的、与 AUTOCAD 结合的线切割软件，它以 Auto-CAD 为平台，实现 CAD/CAM 一体化，可以轻松实现从绘图到生成加工代码直至传送到机床进行加工的全过程。采用真正 Windows 图形界面，彻底摆脱手工编程和 DOS 工作界面
CAXA 线切割	北航海尔	可以为各种线切割机床提供快速、高效率、高品质的数控编程代码；可以交互方式绘制需切割的图形，生成带有复杂形状轮廓的两轴线切割加工轨迹；支持快走丝线切割机床；可输出 3B 后置格式。"CAXA 线切割 V2"，它在使用上更方便，操作上更简单；在功能方面"CAXA 线切割 V2"是一个集大成者，它集成了 CAXA 超强版和绘图版的优势，并根据用户的要求和建议对一些功能进行了加强和补充，能满足用户的各种不同需求
Band5 Studio	—	该系统采用 Windows 操作系统作为基础平台，没有任何要记忆的命令，使用所见即所得的绘图方式进行编程，结合 AUTOP/YH 的优点，增加了一些 CAD 的标准功能，只要鼠标即可绘出加工的图形，而且立即生成加工代码，直接送到机床控制台进行加工
KS 线切割编程系统	—	充分继承了经典线切割编程软件 AUTOP 的技术精髓，解决了老 AUTOP 不支持中文、不能处理大文件的先天性难题。全兼容于经典的线切割编程软件 Autop 和 Towedm。拥有自由移动、屏幕缩放等辅助绘图操作，具有图形尺寸缩放、图形尺寸等距偏移等特色功能，简化了绘图的繁琐。查询更全面，除可以查询元素属性数据、两点距离外，还可以查询点到直线距离、两线夹角等。为其他线切割软件如 AU-TOP、流行 CAD 软件等提供了完备的数据接口，所有可打开文件类型都可以预览打开。在同机床控制器等硬件接口方面，提供灵活稳定的数据联机性能

1.7 电化学加工

1.7.1 电化学加工原理及设备组成

1. 电化学加工原理

（1）电化学加工（Electrochemical Machining，ECM）定义

当两个金属电极浸在电解液中并接通电源之后，就构成回路，此时在电极和溶液的界面上必定有交换电子的反应即电化学反应，利用这种电化学作用对金属进行加工的方法，就是电化学加工。其中正极表面可能产生阳极溶解（电解），负极表面可能产生阴极沉积（电镀）。

（2）法拉第定律

在电极的两相界面处（如金属-溶液界面处）发生电化学反应产物的量与通过的电量成正比，用公式表示如下：

以质量计 $M = \eta k I t$

以体积计 $V = \eta \omega I t$

式中 M——电化学反应产物（溶解、析出或沉积的）的质量（g）；

V——电化学反应产物的体积（mm^3）；

k——电化学反应产物的质量电化学当量 [g/(A·s)]；

ω——电化学反应产物的体积电化学当量 [mm^3/(A·s)]；

I——通过电极的电流强度（A）；

t——通电时间（s）；

η——电流效率。

$$k = \frac{A}{nF}$$

$$\omega = \frac{k}{\rho} = \frac{A}{n\rho F}$$

式中 A——原子量；

n——原子价；

F——法拉第常数（A·s/mol 或 C/mol），$F \approx 96500 A \cdot s/mol \approx 1608.3$（A·min/mol）；

ρ——密度（g/mm^3）。

对于合金，其质量化学当量和体积化学当量分别为：

$$k' = \frac{1}{\sum_1^j F \frac{n_i\alpha_i}{A_i}} = \frac{1}{\sum_1^j \frac{\alpha_i}{k_i}} = \frac{1}{\frac{\alpha_1}{k_1} + \frac{\alpha_2}{k_2} + \frac{\alpha_3}{k_3} + \cdots + \frac{\alpha_j}{k_j}}$$

$$\omega' = \frac{k'}{\rho} = \frac{1}{\rho \sum_1^j \frac{\alpha_i}{k_i}} = \frac{1}{\rho \sum_1^j F \frac{n_i\alpha_i}{A_i}}$$

$$= \frac{1}{\sum_1^j \rho F \frac{n_i\alpha_i}{A_i}} = \frac{1}{\rho F \sum_1^j \frac{n_i\alpha_i}{A_i}}$$

式中　j——元素号；

A——j 号元素的原子量；

n——j 号元素的原子价；

α_j——j 号元素的百分含量。

一些常见材料的电化学当量见表 1.7-1。

部分合金质量电化学当量和体积电化学当量见表 1.7-2。

实际上，电化学阳极溶解的量有时并不等于理论上计算出的阳极溶解量，二者的比值称为电流效率 η：

$$\eta = \frac{实际阳极溶解量}{理论阳极溶解量}$$

η 值的变化见表 1.7-3。

（3）电极电位

在电化学反应中，在两极上能够出现何种反应首先取决于各种材料的电极电位。在标准状况下（25℃，离子浓度为 1mol/L，气压为 1 个标准大气压）金属在其本身的盐溶液中产生的双电层电位差与标准氢电极电位之差，称为该金属材料的标准电极电位。一些元素的标准电极电位见表 1.7-4。

表 1.7-1　金属质量电化学当量和体积电化学当量

金属	相对原子质量 A	密度 $\rho/(\mathrm{g/cm^3})$	化合价	质量电化学当量 $k/[10^3\mathrm{g/(A \cdot s)}]$	体积电化学当量 $\omega/[10^3\mathrm{cm^3/(A \cdot s)}]$
Zn	65.38	7.140（16℃）	2	0.3388	0.04745
Al	29.97	2.69（20℃）	3	0.0932	0.03465
Sb	121.76	6.69（17℃）	3	0.4207	0.06288
Cd	112.41	8.618（20℃）	2	0.5826	0.07670
Cr	52.01	7.138（25℃）	3	0.1797	0.02518
Si	28.06	2.33（0℃）	3	0.0699	0.04158
Ge	72.60	5.459（20℃）	4	0.1881	0.03446
Co	58.94	8.83（25℃）	2 3	0.3054 0.2307	0.03459 0.02307
Zr	91.22	6.52（25℃）	4	0.2364	0.03626
Sn	118.70	7.234（18℃）	2 4	0.6151 0.3075	0.08503 0.04251
W	183.92	19.24（20℃）	6 8	0.3128 0.2383	0.01626 0.01239
Ti	47.90	4.526（20℃）	3 4	0.1655 0.1241	0.03657 0.02742
Fe	55.85	7.866（20℃）	2 3	0.2893 0.1929	0.03691 0.02452
Cu	63.54	8.93（25℃）	1 2	0.6585 0.3298	0.07374 0.03693
Pb	207.21	11.34（20℃）	2	1.074	0.09471
Ni	58.69	8.90（25℃）	2 3	0.3041 0.2027	0.03417 0.02274
V	50.95	5.98（18℃）	3 5	0.1760 0.1056	0.02943 0.01766
Mg	24.32	1.737（25℃）	2	0.1260	0.07254
Mn	54.93	7.3（20℃）	2 3	0.2847 0.1898	0.03900 0.02600
Mo	95.95	10.23（17℃）	3	0.3315	0.03240

表 1.7-2　部分合金质量电化学当量和体积电化学当量

合金	密度 ρ /(g/cm³)	质量电化学当量 k/[g/(A·s)]	体积电化学当量 ω/[cm³/(A·s)]	合金	密度 ρ /(g/cm³)	质量电化学当量 k/[g/(A·s)]	体积电化学当量 ω/[cm³/(A·s)]
GH33	7.85	0.9891	0.126	2Cr13	8.8	9.504	1.08
GH37	7.8	0.936	0.12	LY11	2.8	0.336	0.12
5CrNiMo	7.85	1.0362	0.132	LY9	2.8	0.3696	0.132
1Cr18Ni9Ti	7.9	0.9954	0.126	TC6	4.5	0.567	0.126
30CrMnSiA	7.85	1.0362	0.132	TC8	4.5	0.567	0.126
30CrMnSiNiA	7.77	1.02564	0.132	TC9	4.5	0.567	0.126
38Ni	7.71	1.01772	0.132	TC2	4.55	0.7098	0.156
38Ni	7.75	0.93	0.12	—	—	—	—

表 1.7-3　η 值的变化范围

η 值	存在条件	示 例
=1	单纯的阳极溶解	钢在 NaCl 溶液中电解
<1	阳极表面有钝化膜并出现析氧等副反应	钢在 NaNO₃ 溶液中电解
>1	由于晶间腐蚀、加工高碳钢时出现 Fe₃C 的块状剥落	高碳钢（退火状态）在 NaCl 溶液中加工

非标准状态下的平衡电极电位，可以根据标准电极电位利用能斯特公式进行计算。25℃时的能斯特公式为

$$E' = E^0 \pm \frac{0.059}{n}\lg a$$

式中　E'——平衡电极电位（V）；

　　　E^0——标准电极电位（V）；

　　　n——电极反应得失电子数，即离子价数；

　　　a——离子的有效浓度（活度）。

式中，"+"号用于计算金属的电极电位，"−"号用于计算非金属的电极电位。

（4）极化

标准电极电位或平衡电极电位都是在没有电流通过的情况下测出的。当有电流通过时，电极的平衡遭到破坏，使阳极电位向正极（代数值增大），阴极电位向负极（代数值减少），这种现象称为极化。极化后的电极电位与平衡电位的差值称为超电压，其值与电流密度有关，见图 1.7-1。

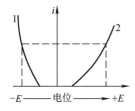

图 1.7-1　电极极化曲线

i—电流密度　1—阴极　2—阳极

表 1.7-4　一些元素的标准电极电位（25℃）

体　系	E^0
$K = K^+ + e$	−2.92
$Na = Na^+ + e$	−2.713
$Mg = Mg^{2+} + 2e$	−2.38
$Ti = Ti^{2+} + 2e$	−1.75
$Al = Al^{3+} + 3e$	−1.66
$V = V^{2+} + 2e$	−1.5
$Mn = Mn^{2+} + 2e$	−1.05
$Zn = Zn^{2+} + 2e$	−0.763
$Cr = Cr^{3+} + 3e$	−0.71
$Fe = Fe^{2+} + 2e$	−0.44
$Cd = Cd^{2+} + 2e$	−0.402
$Co = Co^{2+} + 2e$	−0.27
$Ni = Ni^{2+} + 2e$	−0.23
$Mo = Mo^{3+} + 3e$	−0.2
$Sn = Sn^{2+} + 2e$	−0.140
$Pb = Pb^{2+} + 2e$	−0.126
$Fe = Fe^{3+} + 3e$	−0.036
$H_2 = 2H^+ + 2e$	0.00
$Cu = Cu^{2+} + 2e$	0.34
$4OH^- = O_2 + 2H_2O + 4e$	0.401
$Fe^{2+} = Fe^{3+} + e$	0.771
$Ag = Ag^+ + e$	0.80
$2H_2O + NO = NO_3^- + 3e + 4H^+$	0.96
$2Cl^- = Cl_2 + 2e$	1.358
$7H_2O + 2Cr^{3+} = Cr_2O_7 + 14H^+ + 8e$	1.36
$3H_2O + Cl^- = ClO_3^- + 6H^+ + 6e$	1.45

极化的分类、成因及防止见表 1.7-5。

2. 电化学加工用电源

1）电化学加工常用的是硅整流电源，其型号含义为：

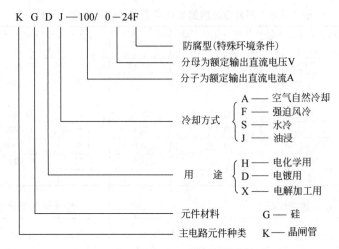

表 1.7-5　极化的分类、成因及防止

分类	成因	变化规律	防止与解决办法
浓差极化	电极表面金属离子扩散缓慢,造成离子堆积,当电流密度较高时,浓差极化占主要地位	能斯特方程 $E^1 = E^0 \pm \dfrac{0.059}{n}\lg a$	减小电流密度、增加工作液运动速度,提高温度或采用脉冲电流加工均可减少浓差极化
电化学极化	电极上电化学反应速度小于电子运动速度,使电极上出现电子堆积。当工作液中加入络合剂或添加剂时,也会出现电化学极化	费塔尔公式 $\xi = a + b\lg i$ 式中 ξ——电化学极化超电压 a、b——系数 i——电流密度	与电极材料及工作液成分关系极大,提高工作液温度可使电化学极化减少
钝化	阳极金属表面在电化学作用下生成致密的阳极钝化膜或阳极表面吸附有氧气泡从而阻止金属离子的溶解	钝化膜超电压按欧姆定律变化	工作液中减少络合剂和氧化剂,增加活化剂(卤族元素如 Cl_2)适当提高工作液的温度均有助于减少钝化的发生

2)常用的硅整流器见表 1.7-6。

3. 电化学加工的分类（见表 1.7-7）

表 1.7-6　常用的硅整流器

型　号	交流输入		直流输出		稳定精度[1]
	相数	额定电压/V	额定电压/V	额定电流/A	±%
KGXS500/12	3	380	12	500	1~2
KGXS1000/24	3	380	24	1000	1~2
KGXS2000/24	3	380	24	2000	1~2
KGXS3000/24	3	380	24	3000	1~2
KGXS5000/24	3	380	24	5000	1~2
KGXS10000/24	3	380	24	10000	1~2
KGXS15000/12	3	6kV	24	15000	1~2
KGXS20000/12	3	10kV	24	20000	1~2

① 稳压精度指电源电压波动±10%或负载变化25%~100%时,输出电压的允许变化范围。

表 1.7-7　电化学加工的分类

类别	加工特点	加工方法	加工类型
I	阳极溶解	电解加工 电解抛光	用于形状及尺寸加工 用于表面加工
II	阴极涂覆(沉积)	电镀 局部涂镀 复合电镀	用于表面加工
		电铸	用于形状、尺寸加工
III	阳极溶解与其他加工方法相结合(复合加工)	电解磨削、电解研磨、电解珩磨(阳极溶解＋机械刮除) 电解-电火花复合加工(阳极溶解＋电火花蚀除) 电化学阳极机械加工(阳极溶解＋电火花蚀除＋机械刮除)	用于形状、尺寸加工

1.7.2　电解加工

1. 电解加工的特点及其应用

（1）电解加工过程

电解加工是电化学加工中的一种，它是以电化学阳极溶解的方式来实现对工件进行形状及尺寸加工的。图1.7-2所示为电解加工示意图。加工时，工件接直流电源的正极，工具接负极，电源电压约20V，工作电流可高达10000～20000A。两极之间的间隙为0.1～1mm，具有一定压力（0.5～2MPa）的电解液从间隙当中通过，其流速高达5～50m/s。工件与工具阴极相对应的部分产生阳极溶解，其产物将被电解液冲走，使阳极溶解得以不断进行，从而实现工件的形状及尺寸的加工。

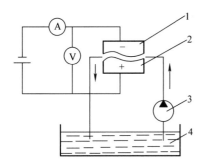

图1.7-2　电解加工示意图

1—工具阴极　2—工件阳极
3—电解液泵　4—电解液

（2）电解加工的特点

1）加工范围广，不受金属材料本身硬度和强度的限制，也可加工各种复杂形面的零件。

2）生产率高，为电火花加工的5～10倍，有时甚至比切削加工的生产率还要高。

3）加工表面粗糙度值较低（Ra为0.2～1.25μm），平均加工精度为±0.1mm。

4）无飞边毛刺，无切削应力。

5）阴极可以长期使用（理论上无损耗），但阴极的设计、制造和修整都比较困难，因此不适于单件、小批量生产。

6）电解加工的一次投资较大。

7）电解产物对环境有污染。

电解加工的应用见图1.7-3。

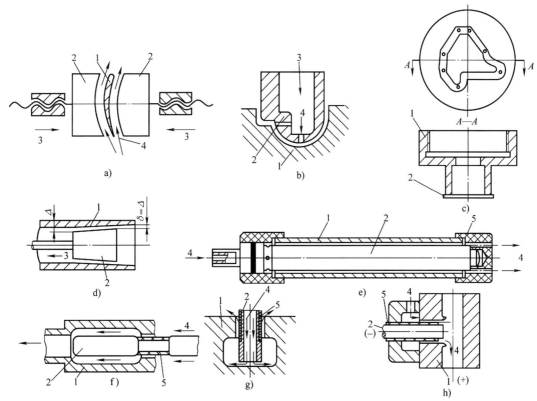

图1.7-3　电解加工的应用

a）叶片加工　b）型腔加工　c）套料加工　d）移动式阴极孔加工　e）固定式阴极孔加工
f）、g）扩孔　h）去毛刺

1—工件　2—阴极　3—进给方向　4—电解液流动方向　5—绝缘层

2. 电解加工的设备

电解加工设备由电解加工机床、直流电源和电解液供给系统（泵、贮槽及管道）等组成。

（1）电解加工机床

我国立式电解成形机床的规格和国产电解加工机床的技术参数见表1.7-8和表1.7-9。电解加工机床所用电源为直流电源，其主要技术参数见表1.7-6。

表 1.7-8　立式电解成形机床的规格（参考）　　　　（单位：mm）

工作台	台面宽度 B	125	200	300	400	500	630	800	1000
	台面长度 L	200	320	480	630	800	1000	1250	1600
工具电极	阴极极板到工作台面距离 H	125	300	500	600	700	800	900	1000
	工作行程	80、100、150、200、300、400、500							
电源	最大电流/A	500、800、1000、2000、（3000）、4000、5000、10000、（15000）、20000							
	工作电压/V	6~24							

表 1.7-9　国产电解加工机床的技术参数

技术参数	机床型号、名称				
	DJS-20 2万安双头卧式 电解机床	DJL-20 2万安立式 电解机床	DJZ-2 立式振动 电解机床	DX3130 立式电解 机床	DX3150 立式电解 机床
加工表面类型	三维型面型腔	三维型面型腔	三维型面型腔	三维型面型腔	三维型面型腔
加工面积/cm²	单面 800 双面 500	500	—	—	—
加工外廓尺寸/mm	模块最大长 1000 叶片叶身最大长度 500 机匣叶轮外径 $\phi500$	$L×B×H$ 1000×1000×500	—	—	—
最大孔径/mm	$\phi250mm$	—	—	—	—
最大孔深/mm	300mm	—	—	—	—
加工最大电流/A	双面 10000×2 单面 15000~20000	20000	3000	2000 （3000）	5000 （10000）
额定电压/V	20	—	—	—	—
额定电解压力/MPa	1.4	—	0.63	—	—
额定电解液流量/（m³/s）	0.0126（757L/min）	—	0.04	—	—
工作进给速度/（mm/s）	0.025~0.416 （0.1~25mm/min）	0.033~0.416 （0.2~25mm/min）	—	0.00165~0.167 （0.1~10mm/min）	
工作箱尺寸/mm	1350×1000×1300	2000×1500×1950	—	1000×760	1200×900
工作台尺寸/mm	花岗石 500×800	900×1000	400×300	花岗石 400×300	花岗石 750×500
阴极安装板/mm	500×350	650×650	—	300×250	500×400
主轴行程　单面/mm	170	400	150	200	300
主轴行程　双面联动/mm	340	—	—	—	—
机床外形尺寸/mm	—	—	—	1200×800×2000	1600×1000×2600
快速进给/（mm/s）	8.33 （500mm/min）	8.33 （500mm/min）	5 （300 mm/min）	5（300 mm/min）	
主轴振幅/mm	—	—	0~0.15		
备　　注	625 所与 Anocut 公司合作研制				

（2）电解液供给系统

1）电解液泵。电解加工用泵现在均采用耐腐蚀多级离心泵，它具有结构简单、输出压力高、耐腐蚀等特点。

2）泵的选择。当电解加工间隙为 0.25mm 时，

电解液泵所需的输出压力可按下列经验公式计算：

$$p=\left(50+\frac{4}{3}L\right)×6.8×10^{-3}$$

式中　p——输出压力（MPa）；

　　　L——间隙的通道长度（mm）。

泵的流量可按下式计算：

$$Q = uA$$

式中 u——流速，$u = \sqrt{2gH}$ m/s；

g——重力加速度，$g = 9.81$ m/s^2；

H——泵的水头高度（m）；

A——加工间隙的出口面积（m^2）。

泵的流量与流速和电解液的过水面积之间的关系除可以用上式计算外，也可利用图1.7-4查出。

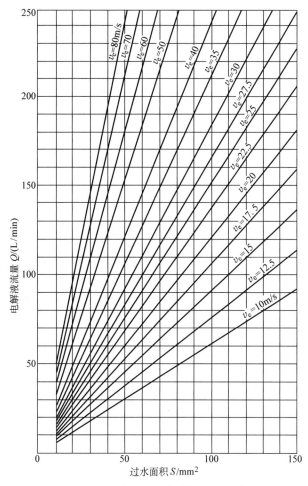

图1.7-4 流速、流量与过水面积的关系

在加工通孔及模具时，电解液的流量可参考表1.7-10选择。

表1.7-10 电解液流量的选择

加工对象	加工面积/cm^2	电解液流量/(L/min)
通孔	<50	≤50
	>50	≤100
模具	<50	50~100
	50~100	100~150
	>100	150~200

3）耐腐蚀离心泵的尺寸规格见表1.7-11。

4）电解液的净化与过滤。电解液的净化方法很多，各有优缺点，实际工作中往往几种方法同时应用。

表1.7-11 耐腐蚀离心泵的规格型号

型 号	流量/(m^3/h)	扬程/m	泵转速/(r/min)	电动机功率/kW
40F-65	7.2	65	2960	7.5
40F-65A	6.72	56	2960	5.5
40F-65B	6.5	49	2960	5.5
50F-63	14.4	63	2960	10
50F-103	14.4	100	2960	22
65F-64	28.8	64	2960	13
65F-100	28.8	100	2960	30
65F-100A	26.9	87	2960	22
65F-100B	25.2	77	2960	17

① 自然沉淀法：目前国内电解加工大多采用此法。优点：投资省，简便易行；缺点：占地面积大，

沉降速度慢。

为了改变自然沉淀池占地大，沉降速度慢的缺点，可以选用圆形连续式自然沉淀池（见图 1.7-5）。此池利用电解液在池内反向运动时使流速进一步下降，从而增大了电解液池的沉淀效果。

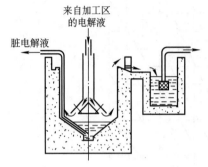

图 1.7-5　圆形连续式自然沉淀池

更为有效的方法是靠缩短沉淀距离来节省沉淀时间和减少占地面积的斜管沉淀池。图 1.7-6 所示为斜管沉淀池原理图。它的优点是：沉降距离大大缩短，一般只有几个厘米，有效沉淀面积增加；提高了水流的稳定性，加快了沉降效率。国外某厂采用 3.6m³ 的斜管沉淀设备配合 1.2m³ 的沉淀槽可以保证工作电流为 1000A 的电解加工机床连续工作，其加工速度为：19min 内蚀除金属（钛）总量达 316cm³。

② 介质过滤法：采用刚玉管过滤器是过滤电解产物的一种比较有效的方法，其结构见图 1.7-7。

需过滤的脏电解液泵入罐体，在压力下液体透过刚玉管的微孔进入管内得到过滤，当过滤管外壁上附着的电解沉淀物过多时，可用压缩空气反吹清除。

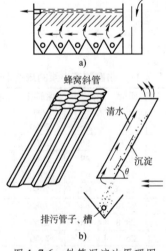

图 1.7-6　斜管沉淀池原理图

目前常用的刚玉管尺寸为 $D \times d \times L = 120\text{mm} \times 90\text{mm} \times 400\text{mm}$，粒度为 100#，空隙度为 39.1%，耐

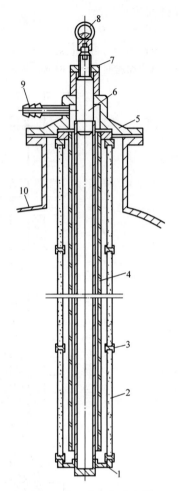

图 1.7-7　刚玉管过滤器

1—下盖　2—刚玉管过滤器　3—密封圈
4—清液导出管　5—上盖　6—拉杆
7—螺母　8—吊环　9—引出管　10—罐体

压为 0.7～1.4MPa。

③ 套管缝隙式过滤法：主要是为了过滤电解液中的颗粒状杂质，避免加工时发生短路。套管缝隙式过滤器的结构见图 1.7-8。

过滤器的缝隙有 0.4mm、0.2mm、0.1mm 等几种规格，可根据使用要求单独或成组应用。使用时过滤器可直接接到电解液的管路中。为了耐腐蚀，过滤器的各零部件可用青铜、尼龙等材料制造。

3. 电解加工的基本规律

研究电解加工的基本规律是为了掌握电解加工的成形规律，以便设计阴极工具。从实用性考虑，这里主要研究在使用 NaCl 电解液的条件下电解加工的成形规律。

（1）蚀除速度

单位时间内的金属去除量，有三种表示方法。

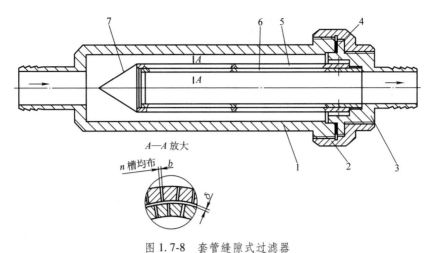

图 1.7-8　套管缝隙式过滤器

1—护筒　2—螺母　3—接头　4—密封垫　5—外管　6—内管　7—导流锥

质量去除速度（g/min）

$$v_M = \eta k I$$

体积去除速度（mm^3/min）

$$v_V = \eta \omega I$$

深度去除速度（等截面）（mm/min）

$$v_a = \eta \omega i$$

式中　v_M、v_V、v_a——质量、体积及深度去除速度；

η——电流效率，当使用 NaCl 电解液时，$\eta \approx 1$；

k、ω——质量及体积电化学当量；

I——电解电流（A）；

i——电流密度（A/mm^2）。

（2）电极间隙与蚀除速度的关系

$$v_a = \eta \omega \sigma \frac{U_R}{\Delta}$$

式中　v_a——蚀除速度（mm/min）；

η——电流效率，$\eta \approx 1$；

σ——NaCl 电解液的电导率（$1/\Omega \cdot mm$）；

U_R——工具与工件两极间电解液的欧姆电位（V）；

Δ——加工间隙（mm）。

$$U_R = U - (U_a + U_c)$$
$$U_a + U_c \approx 2 \sim 3V$$

U——电源电位；

U_a——阳极电位；

U_c——阴极电位。

加工时，ω、σ、U_R 等均已成定值，其乘积可用 c 表示，故有

$$v_a \Delta = c$$

此为等轴双曲线，称为蚀除速度与电解间隙的双曲线规律，c 称为双曲线常数，见图 1.7-9 和表 1.7-12。

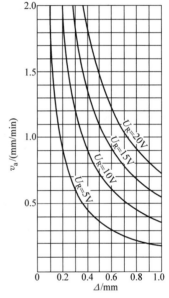

图 1.7-9　蚀除速度与电解间隙的双曲线规律

注：工件材料为低碳钢，电解液为 15%NaCl，18℃。

（3）加工间隙的变化过程

当阴极进给速度一定且初始加工间隙较大时，加工间隙与加工时间的变化规律由下式确定（见图 1.7-10）：

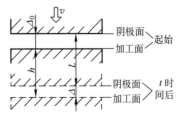

图 1.7-10　平行平面电极间隙变化过程

表 1.7-12　双曲线常数 $[\omega = 2.22\ \mathrm{mm}^3/(\min \cdot \mathrm{A})]$

$\sigma/\Omega^{-1} \cdot \mathrm{mm}^{-1}$	U_R/V								
	5	6	7	8	9	10	11	12	13
0.015	0.1665	0.1998	0.2331	0.2664	0.2997	0.3332	0.3663	0.3996	0.4329
0.016	0.1776	0.21312	0.24864	0.28416	0.31968	0.3550	0.39072	0.42624	0.43179
0.017	0.1887	0.22644	0.26418	0.30192	0.33966	0.3774	0.41514	0.45288	0.49062
0.018	0.1998	0.23976	0.27972	0.31968	0.35964	0.3996	0.43956	0.47952	0.51948
0.019	0.2109	0.25308	0.29526	0.33744	0.37962	0.4218	0.46398	0.50616	0.54834
0.020	0.2220	0.2664	0.3108	0.3552	0.3996	0.4440	0.4884	0.5328	0.5772
0.021	0.2331	0.27972	0.32634	0.37296	0.41958	0.4662	0.51282	0.55944	0.60606
0.022	0.2442	0.29304	0.34188	0.39072	0.43956	0.4884	0.56724	0.58608	0.63492
0.023	0.2553	0.30636	0.35742	0.40848	0.45954	0.5106	0.56166	0.61272	0.66373
0.024	0.2664	0.31968	0.37296	0.42624	0.47952	0.5328	0.58608	0.63936	0.69264
0.025	0.2775	0.3330	0.3885	0.4440	0.4995	0.5550	0.6105	0.6660	0.7215
0.026	0.2886	0.34632	0.40404	0.46176	0.51948	0.5772	0.63492	0.69264	0.75036
0.027	0.2997	0.35964	0.41958	0.47952	0.53946	0.5994	0.65934	0.71928	0.77922
0.028	0.3108	0.37296	0.43512	0.49728	0.55944	0.6216	0.68376	0.74592	0.80808
0.029	0.3219	0.38628	0.45066	0.51504	0.57942	0.6438	0.70818	0.77256	0.83694
0.030	0.3330	0.3996	0.4662	0.5328	0.5994	0.6660	0.7326	0.7992	0.8658
0.031	0.3441	0.41292	0.48174	0.55056	0.61938	0.6882	0.75702	0.82584	0.89466
0.032	0.3552	0.42624	0.49728	0.56332	0.63936	0.7104	0.78144	0.85248	0.92352
0.015	0.4662	0.4995	0.5328	0.5661	0.5994	0.6327	0.6660	0.6993	0.7326
0.016	0.49728	0.5328	0.56832	0.60384	0.63936	0.67488	0.7104	0.74592	0.78144
0.017	0.52836	0.5661	0.60384	0.64158	0.67932	0.71706	0.7548	0.79254	0.83028
0.018	0.55944	0.5994	0.63936	0.67932	0.71928	0.75924	0.7992	0.83916	0.81296
0.019	0.59052	0.6327	0.67488	0.71706	0.75924	0.81042	0.8436	0.88578	0.97927
0.020	0.6216	0.6660	0.7104	0.7548	0.7992	0.8436	0.8880	0.9324	0.9768
0.021	0.65268	0.6993	0.74592	0.79254	0.83916	0.88578	0.9324	0.97902	1.02564
0.022	0.68376	0.7326	0.78144	0.83028	0.87912	0.92796	0.9768	1.02564	1.07448
0.023	0.71484	0.7659	0.81696	0.86802	0.91908	0.97014	1.0212	1.07226	1.12332
0.024	0.74592	0.7992	0.85248	0.90576	0.95904	1.01232	1.0656	1.11888	1.17216
0.025	0.7770	0.8352	0.8880	0.9435	0.9990	1.0545	1.1100	1.1655	1.2210
0.026	0.80808	0.8658	0.92352	0.98124	1.03896	1.09668	1.1544	1.21212	1.26984
0.027	0.83916	0.8991	0.95904	1.01898	1.07892	1.13886	1.1988	1.25874	1.31858
0.028	0.87024	0.9324	0.99456	1.05672	1.11888	1.18104	1.2432	1.30536	1.37652
0.029	0.90132	0.9657	1.03008	1.09446	1.15884	1.22322	1.2876	1.35198	1.41636
0.030	0.9324	0.9990	1.0656	1.1322	1.1988	1.2654	1.3320	1.3986	1.4652
0.031	0.96348	1.0323	1.10112	1.16994	1.23876	1.30758	1.3764	1.44522	1.51404
0.032	0.99456	1.0956	1.13664	1.20768	1.27872	1.34976	1.4208	1.49184	1.56288

$$L = v_c t = \Delta_0 - \Delta + \Delta_b \ln\left(\frac{\Delta_b - \Delta_0}{\Delta_b - \Delta}\right)$$

式中　L——阴极的进给距离（mm）；

$\quad\quad v_c$——阴极进给速度（mm/min）；

$\quad\quad t$——加工时间（min）；

$\quad\quad \Delta_0$——初始加工间隙（mm）；

$\quad\quad \Delta$——加工 t 时后的加工间隙（mm）；

$\quad\quad \Delta_b$——平均间隙（mm）。

（4）成形规律

1）用 NaCl 电解液加工时，间隙计算公式见表 1.7-13。

2）低碳钢工件以二价铁的形式在 18℃ 的 NaCl 电解液中溶解时，NaCl 浓度对端面平衡间隙的影响，见表 1.7-14。

3）阴极工作刃带宽度 b 的参考数值见表 1.7-15。

4）侧面间隙 Δ_s 与阴极工作刃带宽度 b 及端面平衡间隙 Δ_b 的关系曲线见图 1.7-11。

5）工具阴极在尖角处的成形规律见图 1.7-12。

当端面间隙 $\Delta = 1\mathrm{mm}$ 时，尖角处的侧向间隙 $\Delta_s = \dfrac{\pi}{2}$，其过渡曲线可以近似用圆弧代替，圆弧半径约为端面间隙的 1.8 倍。

表 1.7-13　间隙计算公式

间隙种类		计算公式	备　注
端面平衡间隙		$\Delta_b = \eta\omega\sigma\dfrac{U_R}{v_c}$	U_R——两极间电解液欧姆电位电压（V），$U_R = U - 2$，U 是电源电位 η——电流效率 ω——工件材料体积电化当量 $[\,mm^3/(A \cdot min)\,]$ σ——电解液电导率（$1/\Omega \cdot cm$） v_c——阴极进给速度（mm/min） h——进给深度，$h = v_c t$ Δ_b——端面平衡间隙（mm） b——阴极侧壁工作带高度（mm） θ——阴极形面倾角
侧面间隙 Δ_s	侧面不绝缘	$\Delta_s = \sqrt{2h\Delta_b + \Delta_b^2}$	
	侧面绝缘	$\Delta_s = \sqrt{2b\Delta_b + \Delta_b^2}$	
法向间隙 Δ_n		$\Delta_n = \dfrac{\Delta_b}{\cos\theta}(\theta < 45°)$	

表 1.7-14　基本平衡间隙（18℃，NaCl）

NaCl浓度（%）	U_R/V	v_c/(mm/min)								
		0.1	0.2	0.4	0.8	1.0	1.5	2.0	2.5	3.0
5	5	0.744	0.372	0.186	0.093	0.074	0.049	0.037	0.029	0.024
	10	1.488	0.744	0.372	0.186	0.148	0.099	0.074	0.060	0.049
	15	2.232	1.115	0.558	0.279	0.223	0.149	0.112	0.089	0.074
	20	2.976	1.488	0.744	0.372	0.297	0.198	0.148	0.119	0.099
10	5	1.340	0.670	0.335	0.168	0.134	0.089	0.067	0.054	0.045
	10	2.680	1.340	0.670	0.335	0.268	0.178	0.134	0.107	0.089
	15	4.020	2.010	1.005	0.502	0.402	0.268	0.201	0.160	0.134
	20	5.360	2.680	1.340	0.670	0.536	0.357	0.268	0.214	0.178
15	5	1.830	0.910	0.475	0.228	0.183	0.122	0.091	0.073	0.061
	10	3.660	1.830	0.914	0.456	0.366	0.244	0.182	0.146	0.122
	15	5.490	2.745	1.371	0.684	0.549	0.366	0.273	0.129	0.188
	20	7.320	3.660	1.828	1.912	0.732	0.488	0.364	0.292	0.244
20	5	2.170	1.085	0.542	0.271	0.217	0.144	0.108	0.086	0.072
	10	4.340	2.170	1.084	0.542	0.434	0.288	0.216	0.170	0.144
	15	6.510	3.255	1.626	0.813	0.651	0.432	0.324	0.258	0.216
	20	8.680	4.340	2.168	1.084	0.868	0.576	0.432	0.344	0.228

表 1.7-15　工作刃带宽度 b 的参考数值

形状	工作面积/cm²		
	<50	50~100	>100
简单	刃带宽度/mm		
	0.8~1.0	1.0	1.0~2.0
复杂	0.5~0.8	0.8~1.0	1.0~2.0

4. 电解加工的阴极设计

（1）阴极流场设计

流场的分布状况对加工精度和表面质量有很大影响，正确设计流场分布十分重要。

无论对于正向流动或反向流动加工，由于出液槽或回液槽布置不合理致使流线相交时，就会造成死水区，使这一区域的阳极溶解速度下降，出现局部短路，使加工无法进行。

图 1.7-13 表示当出水槽或回水槽位置不正确时将会形成死水区的情况，其中图 1.7-13a 是有死水区的流场，图 1.7-13b 是改进后的流场。

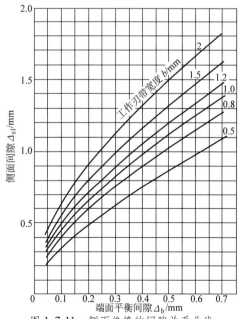

图 1.7-11　侧面绝缘的间隙关系曲线

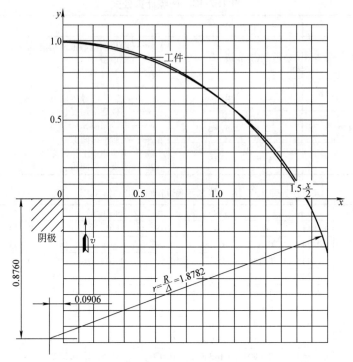

图 1.7-12　尖角圆弧半径与间隙的关系

x—侧向间隙　r—端面间隙

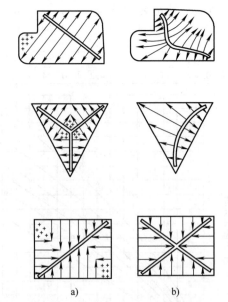

图 1.7-13　流场不良造成的死水区

a) 有缺陷的流场　b) 经过改进的流场

图 1.7-14 所示为汽车十字轴锻模阴极，其中图 1.7-14a、图 1.7-14b 由于出液槽的设计不合理，使电解加工无法进行；图 1.7-14c 加开了回流槽，流场顺畅，加工能正常进行。

出液槽的尺寸有长度 l、宽度 b 及槽的深度 h（见图 1.7-15），其尺寸关系见表 1.7-16。

表 1.7-16　出液槽各部尺寸

（单位：mm）

长度 l	外腔	$l=L-(3\sim4)$	
	内腔	$l=L-(8\sim10)$ 或 $l=L-2R$	
深度 h	窄缝	$h=(3\sim5)b$	一般取
	圆孔	$h=(3\sim5)d$	$h=10\sim20$
宽度 b		$b=\dfrac{(1.1\sim1.3)\times最小过水面积}{l}$	
		一般取 $b=0.8\sim2$	
圆角 r		$r=0.5$	
表面粗糙度 $Ra/\mu m$		1.25	

（2）阴极尺寸设计

1）当使用 NaCl 电解液时，可以根据加工参数的不同，利用间隙计算公式（见表 1.7-13）确定型腔各表面的加工间隙，并由此初步确定阴极的各部尺寸，最后须经多次试验修正后确定。

2）当使用混气电解加工或使用钝化型电解液加工时，由于存在有稳定的加工间隙，阴极尺寸可根据加工间隙值设计（零件外轮廓尺寸均匀减小，内表面均匀放大）。

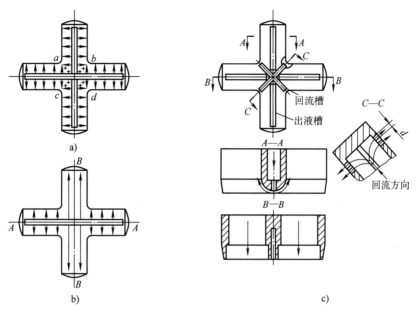

图 1.7-14　十字轴锻模阴极

a）流线相交，有死水区，同时 a、b、c、d 四处流速升高引起局部变形

b）流程悬殊间隙不等，引起截面尺寸变化　c）增加回流槽，设计合理

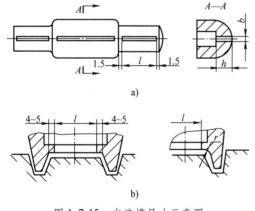

图 1.7-15　出液槽尺寸示意图

（3）阴极材料

工具阴极所用金属材料，应具有以下性能：

1）良好的导电性能。

2）具有一定的机械强度与硬度。

3）良好的可加工性，包括机械加工和焊接性。

4）良好的耐蚀性，能在 NaCl 等溶液中有较好的耐蚀能力。

5）具有一定的抗电火花烧蚀的能力。

常用的阴极材料见表 1.7-17。

（4）阴极绝缘

为了防止电解加工时产生杂散腐蚀，提高电解加工精度，一般电解加工阴极都要进行必要的绝缘处理。

表 1.7-17　常用的阴极材料

材　料	性　能
铜及铜合金	导电及耐蚀性好，可修性好；不能用反拷法制造阴极；机械强度差
不锈钢	导电性差、难加工；可用反拷法制造阴极
中碳钢	价廉，易加工，可修性好，能用反拷法进行加工 在空气中易锈蚀，加工后应浸入 $NaNO_2$ 溶液中
铜钨合金	加工性能良好，抗电蚀性能好，短路时不易烧损，价高，一般多用于薄片阴极的制造

穿孔加工的阴极侧面，在绝大多数情况下都进行绝缘；加工型腔、型面的阴极，其侧面一般可不绝缘。

绝缘层应满足以下要求：

1）绝缘层与阴极表面附着力要强。

2）绝缘层要有一定的可挠性，由于加工中阴极在各种因素的作用下可能会变形，故要求绝缘层附着性要好。

3）耐热性好，能在 200℃ 条件下连续使用。

4）绝缘性及耐蚀性要好。

常用的绝缘材料为环氧树脂、聚四氟乙烯以及聚砜塑料、玻璃钢等。

利用环氧树脂对工具阴极进行绝缘，可采用流化床浸涂法。它是将压缩空气通入盛有环氧树脂粉末的容器，借助压缩空气使环氧树脂粉末"流态化"，然后将预热好的工件浸入流态化的粉末中，使环氧树脂粉末黏附在工件上，最后形成绝缘层。此法涂层均匀，质量好，使用寿命长，操作方便。表 1.7-18 列出了流化床浸涂法的主要数据。

表 1.7-18　流化床浸涂法的主要数据

技　术　指　标	数　　值
环氧树脂牌号	171 环氧粉末树脂
环氧树脂粒度	70#~120#> 50%
	200#以下 <15%
工件预热温度/℃	180
工件预热时间/h	0.5~1
胶化时间/min	180℃±2℃，7~11
涂层硬化温度/℃	180
涂层硬化时间/h	1

5. 电解加工的电解液

电解加工中电解液的主要作用是：

1）作为导电介质传递电流。

2）在电场的作用下参与电化学反应。

3）及时把加工间隙内的电解产物及热量带走，起更新电解液及冷却作用。

对电解液的基本要求：

1）生产率高，具有足够的蚀除速度。

2）具有较高的加工精度和表面质量。

3）阳极产物最好是不溶性的化合物，以便及时处理及排放。

（1）电解液的种类及特性

1）中性电解液。常用的有 $NaCl$、$NaNO_3$、$NaClO_3$ 三种。其加工特性等见表 1.7-19 及表 1.7-20。

表 1.7-19　电解液对加工精度和表面质量的影响

指标	电解液		
	NaCl	NaNO₃	NaClO₃
表面粗糙度	表面粗糙度与电流密度和被加工材料有关；当电流密度高于 $50A/cm^2$ 时的表面粗糙度值，一般为 $Ra0.4~1.6\mu m$，具体数值取决于电流密度和被加工材料，一般加工碳钢时的表面粗糙度较大，而加工合金钢时较小，加工铜和铝的合金时，表面粗糙度也大，此外流速的均匀性对表面粗糙度有影响，流速不均匀时表面粗糙度大	一般来说，在同样条件下的加工表面粗糙度比用 NaCl 电解液小，对减小内侧壁粗糙度更有效，而加工铜合金或铝合金时的表面粗糙度小于其他电解液。影响表面粗糙度的因素与 NaCl 一样，流速不均匀时对表面粗糙度的影响比 NaCl 电解液时更严重一些	对多种合金钢，加工表面粗糙度小于用 NaCl 和 NaNO₃ 电解液的场合，流速不均匀对表面粗糙度的影响较小，但电流密度和加工材料对表面粗糙度的影响与 NaCl 及 NaNO₃ 电解液一样
复制精度	复制精度与加工类别和可能达到的平衡间隙有关；在穿孔套料加工中，若阴极侧面绝缘良好和能达到很小的平衡间隙的话，则复制精度也很高；加工复杂的型面和型腔时，由于难以达到小的平衡间隙，复制精度一般较低，而阴极的修正量很大，有时甚至达到削弱阴极刚性的地步	在同样加工条件下的复制精度高于用 NaCl 电解液的场合	在同样加工条件下的复制精度高于用 NaCl 电解液的场合。而比 NaNO₃ 电解液时要差些
复制精度（撇开其他因素单就电解液本身看）	只要电解液的浓度、温度和金属氢氧化物的含量保持相对稳定就能达到必要的重复精度	除电解液的浓度、温度和金属氢氧化物的含量保持相对稳定外，还需使电解液的 pH 值不变；从控制要求来看，由于电解液的温度和浓度不仅影响电导率，而且还会改变电流效率，所以浓度和温度变化时对加工间隙或重复精度的影响比用 NaCl 电解液时要大，因此控制的要求应更严格才能保持同样的重复精度	除保持电解液的浓度、温度和金属氢氧化物的含量相对稳定外，还应使电解液中的氯离子浓度在加工过程中基本不变；由于电解液的浓度和温度对电导率和电流效率都有影响，故控制的要求比用 NaCl 电解液要更严些才能保持相同的重复精度
表层材料性能	加工镍基合金、铝合金时容易产生晶界腐蚀、选择蚀除等缺陷；加工钛合金时易产生麻点；当电流密度低时上述问题更严重	在同样条件下一般不存在 NaCl 那样的问题，但当电流密度低时也会产生点蚀和晶界腐蚀	杂散腐蚀最小，一般不会产生点蚀

表 1.7-20　电解液性能比较

比较项目	电解液		
	NaCl	NaNO₃	NaClO₃
加工电压	可用较低的电压加工，一般用 10~15V	要用较高的加工电压，一般用 20V 左右	与 NaNO₃ 同
电解液压力	可用较低的压力，如 1~1.5MPa 即可	要用较高的压力，一般用 2~3MPa	与 NaNO₃ 同
安全性	安全，加工时只有氢气	加工时除氢气外还有氮气和氨气	易失火，加工时除氢气外还有氯气
电流效率①	电流效率与电解液温度、浓度和加工时的电流密度无关，一般在 90%~95% 之间	电流效率与电解液温度、浓度和加工时的电流密度有关，温度高、浓度和电流密度低时，电流效率将大大下降；反之电流效率上升；例如当浓度为 5%~30% 和温度 30~60℃ 时的电流效率还因加工电流密度变化，一般在 25%~80% 之间	电流效率随电解液浓度、温度和加工时的电流密度变化，温度、浓度和电流密度低时的电流效率也低；反之电流效率上升；由于这方面研究较少，电流效率的数值难定，一般在常用浓度（30%）和常规温度与电流密度下的电流效率为 70%~80%

① 加工低合金钢时的效率。

2) 酸性电解液。当加工小孔或窄缝时，为了避免加工排出物堵塞加工区，要求阴极产物不能以氢氧化物沉淀的形式存在。此时，可以用酸性电解液（H_2SO_4 或 HCl）进行加工。

当使用酸性电解液加工时，随着加工的进行，溶液中金属离子浓度将增加，这将使溶液电导率增加；同时，由于金属的沉淀，阴极尺寸也要变化。由此可知，酸性电解液的寿命是短暂的，当金属离子浓度超过 6g/L 时电解液应更换。

酸性电解液只有在加工 $\phi 0.5~\phi 1mm$ 的小孔且深径比为 100:1~200:1 时才用，常用浓度为 5%~10%。

3) 碱性电解液。一般金属平时很少用碱性电解液进行加工，因为此时会在金属表面生成一层难溶的钝化膜。钨、钼等金属如果用 NaCl 电解液加工时，会在表面生成 WO_3 及 Mo_2O_3，也无法继续加工。碱性电解液（NaOH）非常适合于钨、钼等金属的电解加工，而且电流效率高达 100%。

（2）常用的电解液配方（见表 1.7-21）

表 1.7-21　加工常用金属材料用的电解液配方

材　料	电解液（质量分数）	电流密度 /(A/cm²)	温度 /℃	电压 /V	备　注
碳钢、合金钢、镍基合金、铬钢	10%~18%NaCl	10~200	30~45	8~15	—
碳钢、合金钢、镍基合金	18% NaCl+H₃BO₃(25g/L)	15~25	30~45	12~15	—
合金钢、镍基合金	14%NaCl+ NaNO₃(60g/L)	15~25	—	12~15	—
镍基合金	12% NaCl+ NaNO₃(60g/L)+ H₃PO₄(60g/L)	15~25	—	12~15	—
T50A	3%NaCl	—	40℃以下	20	Ra0.4μm
合金钢 40X	15%NaCl	30	25	—	Ra0.4μm
45 钢淬火	13% NaCl+H₃BO₃(25g/L)	—	30 以下	—	Ra0.4μm
	17%NaCl	—	30 以下	—	Ra1.6μm
	8%~11%NaCl	15	37~45	9~11	Ra0.8μm
优质钢	18%NaCl+酒石酸(80g/L)	—	—	—	—
铁基合金	300~500g/L NaClO₃	15~100	30~60	9~14	Ra0.8μm
硬质合金	18%NaCl+5%NaOH	20~50	—	12~15	—
	18%NaCl+15%NaOH+20%酒石酸	50~100	—	15~25	—
	酒石酸钾钠(168g/L)+NaOH(60g/L)+NaCl(50g/L)	40~60	—	—	—

（续）

材　料	电解液（质量分数）	电流密度 /(A/cm²)	温度 /℃	电压 /V	备　注
硬质合金	酒石酸钾钠（50g/L） +NaOH（30g/L） +NaNO₂（30g/L） +5%NaNO₃+5%NaF	20	—	12~15	—
	NaNO₃（76g/L） +NaNO₂（10g/L） +酒石酸钾钠（60g/L） +NaOH（30g/L）	20	—	12~15	—
	H₂C₄H₄O₆（5g/L） NaCl（180g/L） NaCr₂O₇（0.05g/L） NaOH（50g/L）	7~9	26~36	8~12	Ra0.4μm
YG 硬质合金	Na₂C₄H₄O₆（113g/L） NaCl（68g/L） NaOH（35g/L）	15~20	—	—	—
	酒石酸钾钠 57（g/L） NaOH（30g/L） NaNO₂（7.9g/L）	21	—	—	—
	5%NaNO₃ 5%NaF 3%Na₂WO₄ 0.1%NaNO₂	21	—	—	—
YG20 硬质合金	Na₂C₄H₄O₆（80g/L） NaOH（25g/L） NaCl（70g/L）	>30	50	—	Ra0.4μm
铸铝 ZL10	10%NaNO₃ KF·2H₂O（5g/L）	8~12	30~50	—	Ra1.6μm
锻铝 LD5	15%NaNO₃	>20	30~50	—	Ra0.4~0.8μm
铝合金	18%~20%NH₄Cl	50~100	—	20	
	11%NH₄Cl 柠檬酸 1%	30	—	—	—
	10%NH₄Cl 5%H₃BO₃	20	—	—	—
	5%NH₄Cl 醋酸钠 1%或 5%醋酸	40	30 以下	—	Ra0.4μm
	磷醋 10% 5%NH₄Cl 甘油 2%	40	—	—	
黄铜 59-1	10%NaNO₃	>20	<50	—	Ra0.4~0.8μm
黄铜	18%~20%NH₄Cl	10~50	—	—	—
黄铜、无氧铜	磷酸（140~220g/L） 甘油（5~10g/L）	10	—	—	—
62 黄铜	18%~20% NaClO₃		50~60	17~18	Ra0.4μm
轴承钢 GCr15（淬火）	10%NaCl+1% NaNO₂	40	40	—	Ra0.8μm（不稳定）
	10%Na₂SO₄+1% NaNO₂				
轴承钢 50CrVA（调质）	15%~20%NaCl	30	40~50	—	Ra0.4μm
球墨铸铁	15%NaCl	20	30~40	—	Ra1.6μm

（续）

材　料	电解液（质量分数）	电流密度 /（A/cm²）	温　度 /℃	电压 /V	备　注
锆	10%NaCl	60	30	—	Ra1.6μm
1Cr18Ni9Ti	15%NaCl	>40	<20	—	
0Cr18Ni9	16%NaCl+10%NaNO₃	>30	<60	—	
1Cr18Ni9Ti	14%~18%NaCl	10~40	<25	12~15	
	14%~18%NaCl+4%~6% NaNO₃	10~40	<70	12~15	
Cr17Ni₂	15%NaCl+6%NaNO₃	10~40	<70	12~15	
	NaCl（240g/L） NaNO₃（80g/L） 酒石酸钾钠（80g/L） 柠檬酸钾（80g/L）	10~40	<60	—	
4Cr5W₂ViSi 5CrNiMo	14%~18%NaCl	10~40	<70	12~15	Ra0.2~0.4μm
2Cr13	15%NaCl 1%~5%Na₂SiO₃	10~40	<60	12~15	
5CrMnMo 0CrNiMo	14%~18%NaCl	10~40	<40	12~15	
30CrMnSiA	14%~18%NaCl NaCl（180g/L） NaNO₃（20g/L）	10~40	<60	12~15	
30CrMnSiNiA	17%NaCl	10~40	<35	12~15	

6. 混气电解加工

混气电解加工是在 NaCl 电解液中通入压缩空气，利用空气的可压缩性、高的电阻率以及比电解液低得多的密度和黏度，可以有效地改善加工区内流场分布和电导率的分布。通过适当增加气液混合比和气压，可在同样的电流密度和进给速度下获得比纯 NaCl 电解液小得多的端面平衡间隙，其端面和侧面的间隙也大为缩小，故其复制精度比不混气时要高很多。而且，采用混气电解加工之后，工具阴极可采用反拷法制造，从而简化了阴极设计、制造过程。

（1）气液混合比

气液混合比是控制加工精度和调节加工参数的一个重要参数指标。一般常用的是在标准状况下的气液混合比 z：

$$z = \frac{Q_g}{Q_i}$$

式中 Q_g——标准状况下的气体流量（m³/h）；

Q_i——电解液流量（m³/h）。

在一般情况下，气液混合比越高，电解液的"非线性"性能会越好，但当气液混合比过高时，一方面增加了压缩空气的消耗量，同时使电解作用减少而易发生短路，损坏阴极，使加工不能正常进行。

（2）气液混合腔的结构类型

1）引射式混合腔。它由引导部、混合部、扩散

部等组成（见图 1.7-16），气体出口面积与混合腔面积以 1∶6 左右为宜。

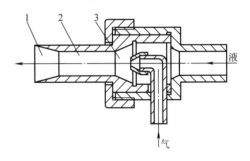

图 1.7-16　引射式混合腔
1—扩散部　2—混合部　3—引导部

引射式混合腔结构简单，制造方便，由于气、液流方向相同，所以能量损失少，适于小面积加工时应用。

2）对吹式混合腔。

① 切线交叉式：气体与液体都从切线方向喷入混合腔（见图 1.7-17），使气、液充分混合。一般进气孔为 φ1.5~φ2.5mm，使气体流速比液体流速高3~5倍。这种结构使气液分成多股细流，有利于均匀混合。同时这些细流的流向是同向的，可减少能量损失。

② 垂直交叉式：它是利用气液交叉喷射、搅拌，

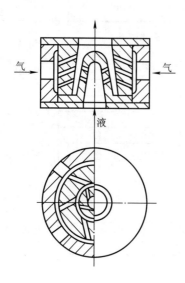

图 1.7-17 切线交叉式混合腔

以实现混合的（见图 1.7-18）。喷气孔与喷液孔均为 $\phi2.5mm$，60°锥孔，但锥度相反，喷气孔是收敛的，喷液孔是扩散的。压缩空气进入气室后，先有一部分气体经进气孔喷入液体腔，与电解液进行初步混合，然后再从喷液孔喷入混合腔，与其余气体进行第二次混合。这种混合腔气体混合质量好，喷气、喷液孔的数量可依工件尺寸增减，故可用于大面积的加工。缺点是由于交叉喷射，有能量损失。

7. 脉冲电解加工

脉冲电流电解加工的基本原理就是以周期间歇性地供电代替传统的连续供电，使工件阳极在电解液中发生周期断续的电化学阳极溶解，以利用脉冲间隔的断电时间内去极化、散热，使间隙的电化学特性、流场、电场恢复起始状态，并通过电解液的流动与冲刷，使间隙内电解液的电导率分布基本均匀，可提高加工稳定性、生产率和加工精度。脉冲电源及进给系统的分类：

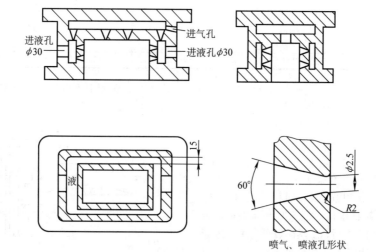

图 1.7-18 垂直交叉式混合腔

（1）脉冲电解的脉冲电源
按其加工电流的特性分有：
1）正弦波或矩形波。
2）低频（50~100Hz）或高频（1~50kHz）。
3）宽脉冲（1~50ms）或窄脉冲（1~500μs）等。
（2）脉冲电解加工时的进给系统
按其进给及供电的配合方式分有：
1）连续供给脉冲电流、连续进给。
2）周期供给脉冲电流、周期进给。
3）连续供给脉冲电流与脉冲同步振动进给。
以第三类脉冲同步振动进给的效果为最好。

8. 小孔束流电解加工

图 1.7-19 所示电解液束流加工，专门用于加工

小孔深孔，加工孔是用玻璃毛细管喷嘴或外表面涂绝缘层的无缝钛合金管（内含导电芯管作为阴极）来进行的。电解液用质量分数 10% 的硫酸，工作电压为 250~1000V。此法可获得直径为 0.2~0.8mm、深度达直径 50 倍的小孔。这种方法与电火花、激光、电子束加工的不同之处，在于加工的表面不会产生形成微裂纹的热变层。与叶片表面成 40° 角、直径小于 0.8mm 的冷却孔道就是用此法加工的。

9. 数控展成电解加工

传统电解加工采用成形阴极拷贝式电解成形加工，其优点是：
1）加工速度快。
2）一个方向的进给运动，机床结构、控制简单。

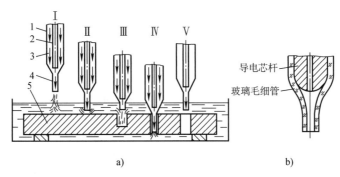

图 1.7-19　电解液束流电解加工小深孔示意图

a）电解液束打孔程序图　b）内含导电芯杆的毛细管示意图

1—玻璃管　2—金属芯杆　3—电解液　4—毛细管　5—工件

Ⅰ—检查有无电解液束　Ⅱ—毛细管向工件进给到规定距离

Ⅲ—加工孔　Ⅳ—加工终止　Ⅴ—阴极退回原始位置

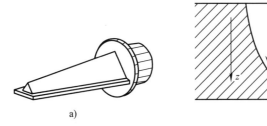

图 1.7-20　双直线刃阴极及其加工弯曲叶片流道的示意图

a）双直线刃阴极　b）加工弯曲流道

其缺点是：

1）成形阴极的设计及制造困难。

2）阴极形状复杂、加工面积大，影响因素多，加工的复制精度、重复精度都不太高。

3）有些整体叶轮的扭曲叶片表面无法加工。

数控展成电解加工是以简单形状的工具阴极，按计算机控制指令，通过展成成形运动，以电解"切削"方式加工型腔和型面，它类似于数控铣那样，只是将铣刀换成电解加工的阴极工具而进行展成加工，是国内外竞相研究，日趋实用化的一种新颖电解加工技术。

图 1.7-20 所示为双直线刃阴极及其加工弯曲叶片流道的示意图。

10. 旋印电解加工

旋印电解加工是利用阴极工具相对阳极工件"旋转滚动"，并沿径向以恒定速度进给，使工件阳极发生电化学溶解，将阴极形貌"旋印复制"反拷到阳极工件上，从而实现对工件形状、尺寸、位置和表面质量的电解加工。图 1.7-21 所示为旋印电解加工原理示意图。

旋印电解加工时，工具阴极与工件阳极以相

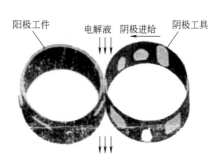

图 1.7-21　旋印电解加工原理示意图

同的角速度相对旋转，同时工具阴极沿径向（法向）向工件阳极匀速进给，电解液从一侧冲入加工区，在电解作用下，工件表面的材料被选择性去除，与阴极凹槽对应位置的材料被保留下来形成凸台结构。

旋印电解加工时，虽然工件表面一直被加工，但随着工件的旋转，被加工的位置在周期性地变化，导致工件表面任一点处的材料溶解呈现脉冲特性。图 1.7-22 所示为工件表面一点处的电流密度分布，其脉冲波形是一种特殊的三角波。

旋印电解加工的优点：

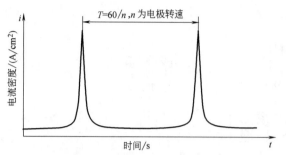

图 1.7-22　工件表面一点处的电流密度分布

1）材料逐层均匀溶解，加工变形小。

2）全形面一次成形，壁厚均匀性好。

3）加工表面光滑连续，无接刀痕。

11. 电解线切割加工

电解线切割加工利用细金属导线（丝）作工具阴极对工件阳极进行电化学阳极溶解、切割成形。图 1.7-23 所示为电解线切割加工原理示意图。

电解线切割加工的优点：

1）工具阴极简单。

2）材料的利用率高。

3）不产生加工应力。

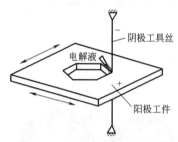

图 1.7-23　电解线切割加工原理示意图

12. 电解加工的应用

电解加工在我国机电工业已获得初步的普及，但在使用上还有一定的局限性。为了获得较好的技术经济效果，在选择使用电解加工工艺时，必须考虑三个条件，即难加工材料、难加工形状和一定的批量。如果一个零件选用电解加工，能符合以上全部三个条件或至少两个条件时，则一般能取得较好的技术经济效果，否则建议尽量不予采用。

电解加工可用于各种深孔、异形孔、叶片、锻模等的加工。电解加工应用实例见表 1.7-22。

13. 电解加工常见疵病、产生原因及消除方法（见表 1.7-23）

1.7.3　电化学抛光

1. 影响电化学抛光的主要因素

影响电化学抛光的因素是很复杂的，当电解液成

分及被抛光金属不变时，影响电化学抛光的主要因素是电流密度、电解液温度及抛光时间。

（1）电流密度对电化学抛光的影响

通常情况下，电化学抛光都是在比较高的电流密度下进行的，因为此时可以获得平滑光亮的表面。但电流密度过高时，阳极析出的氧气过多，使电解液近于沸腾，将不利于抛光的正常进行。

（2）电解液温度对电化学抛光的影响

电解液温度对电化学抛光质量有着极重要的影响。电解液温度高，金属溶解速度快，生产率高，见图 1.7-24。

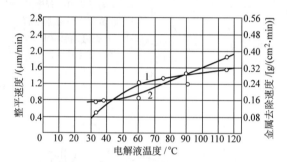

图 1.7-24　温度对整平速度及金属去除速度的影响

1—整平速度　2—金属去除速度

电化学抛光时，电流密度与电解液温度都对电化学抛光质量有影响。当电流密度有变化时，获得最佳抛光效果的电解液工作温度也要随之变化，它们的影响关系见图 1.7-25。

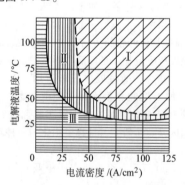

图 1.7-25　电流密度及电解液温度对抛光质量的影响

I—在硫酸、磷酸、铬酐电解液中抛光碳钢时获得光亮表面的最佳条件区域　II—在同样情况下获得满意质量的表面的区域　III—在同样情况下获得无光表面的区域

（3）抛光时间对电化学抛光质量的影响

随着抛光时间的增加，阳极金属的去除总量也在

表1.7-22 电解加工应用实例

零件简图	工件材料	阴极材料	电源直流	电压/V	电流/A 开始	最大	末尾	电解液 种类	进口压力/MPa	温度/℃	流速/(L/min)	过滤/μm	加工深度/mm	加工速度/(mm/min)	加工时间/min	无进给加工时间/s	完工尺寸及精度/mm	表面粗糙度Ra/μm
引导板 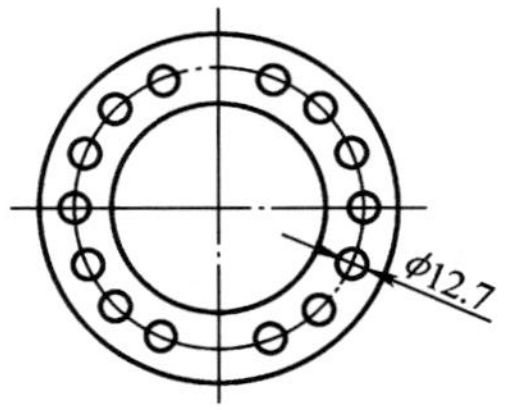 厚度3.56mm,14个φ12.7mm的孔等距分布同时加工	52100钢 30HRC	铜	5000A 2~20V	12	1200	1700	1700	NaCl 203g/L	0.4~0.7	32	64.5	50	3.56	3.3	1.1	3	12.7±0.13	0.4~0.8
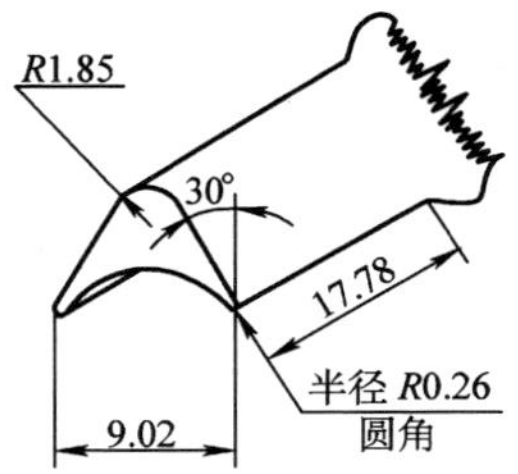 截面不变的涡轮叶片	A-286	铜钨合金	5000A 2~20V	11	100	170	150	NaNO₃ 262g/L	0.9~1.4	43	约7.6	50	177.8	7.62	2.33	无	±0.1	0.4
	耐热镍基合金	铜钨合金	5000A 2~20V	12	100	160	150	NaCl 203g/L	0.9~1.4	32	9.5	50	177.8	8.26	2.15	无	±0.1	0.2~0.4
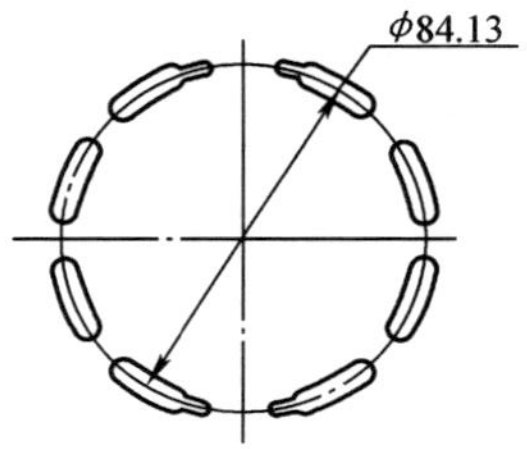 所有8个肾形槽同时加工	52100钢 65HRC	铜	5000A 2~20V	13	1500	2200	2200	NaCl 203g/L	0.7~1.05	32	72~76	50	8.38	3.8	2.20	无	±0.178	0.4~0.8

（续）

工件材料	工具材料	电源					电解液										
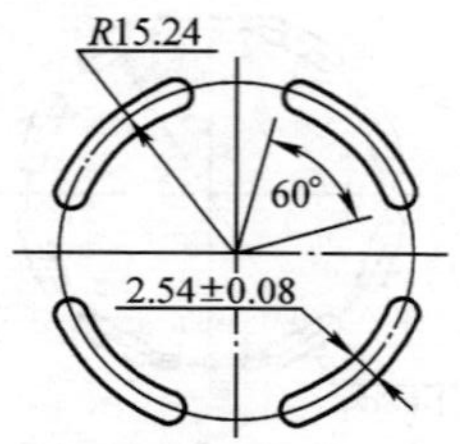 52100钢 35HRC	铜	5000A 2~20V	12~13	300	330	330	NaCl 203g/L	1~1.1	32	31	50	20.3	4.57	4.45	无	±0.076	1.6
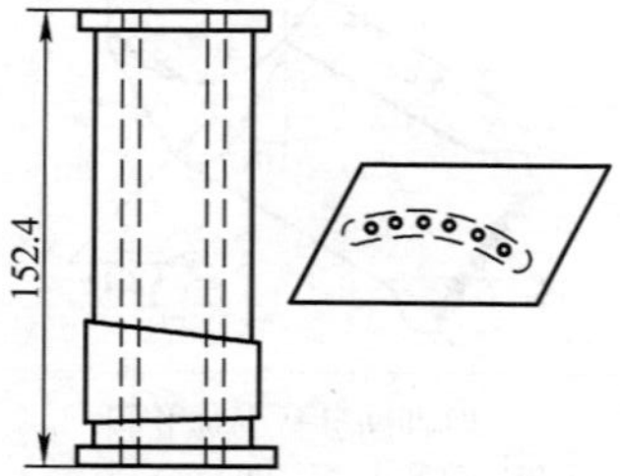 UDIMET 500或700	钛管	500A 0~20V	9	3.0	10.0	10.0	H₂SO₄ 10%	0.11	35	2.3	10	152	1.3	120	无	1.27±0.05	—
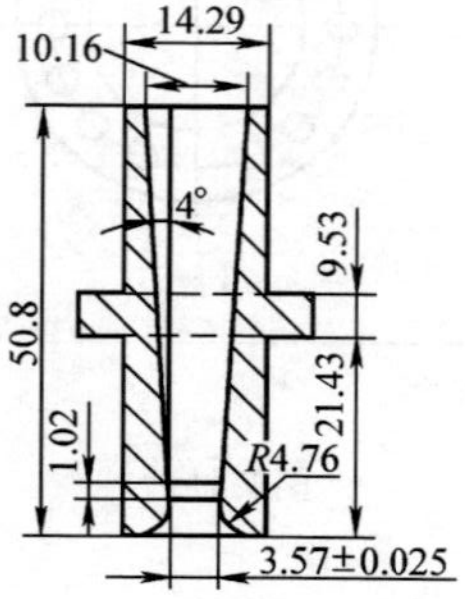 316 不锈钢	铜	5000A 0~20V	17	20	220	220	NaCl 119g/L	0.56	26.5	7.6	50	4.95	2.54	2	无	4° 锥度	0.1~0.2

4个肾形槽同时加工到深20.3mm

R15.24　60°　2.54±0.08

喷气发动机叶片6个孔同时加工

152.4

9.53　21.43　3.57±0.025　R4.76　喷嘴　14.29　4°　10.16　1.02　50.8

（续）

工件材料	电极材料 电流/电压					电解液										
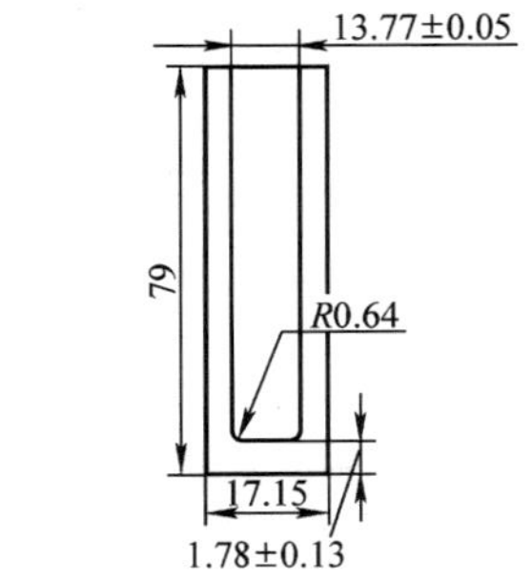 钨	铜 1000A 2~24V	10	450	450	450	NaOH 179g/L	0.35	26.5	11.4	50	77.2	无	1.25	无	13.77±0.05	0.2
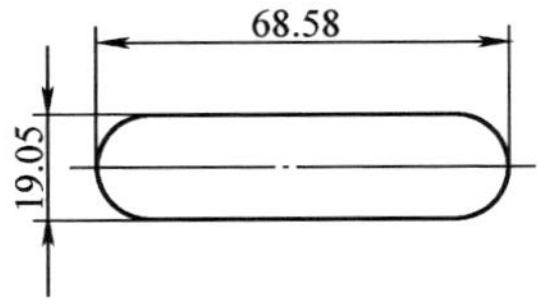 镍铬铁耐热合金 X-750 回火	铜钨合金 10000A	17	400	1400	1400	NaCl 159g/L +NaNO$_3$ 90g/L	—	—	—	—	31.8	2.03	15.6	无	68.58 长×19.1 宽×31.8 深	0.8
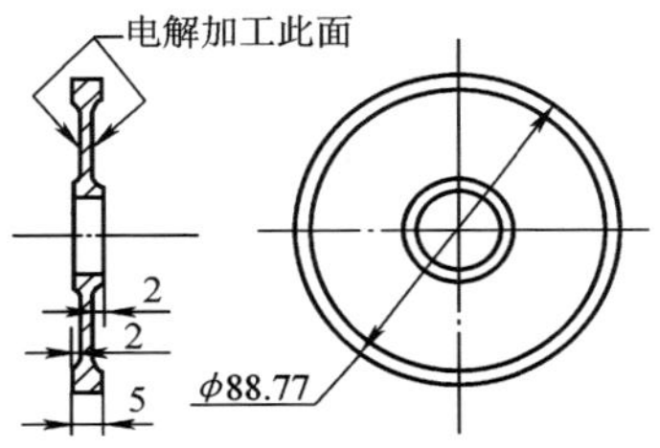 18%（质量分数）Ni 马氏体时效钢	铜 5~20V	6.5	1000	2600	2600	NaCl 150g/L	0.4~0.7	43	6.4	100	最大 2.28	1.93	1.2 和 2.5（两边）	无	成形面厚度上 ±0.008	0.1~0.2

φ13.59mm 不通孔内固定阴极扩孔
（13.77±0.05，R0.64，17.15，1.78±0.13，7φ）

加工深度为31.75mm的槽
（68.58，19.05）

电解加工此面
工件以125r/min转动
（φ88.77，2，2，5）

（续）

零件简图	工件材料	阴极材料	电源直流	电压/V	电流/A 开始	电流/A 最大	电流/A 末尾	电解液 种类	电解液 进口压力/MPa	电解液 温度/℃	电解液 流速/(L/min)	电解液 过滤/μm	加工深度/mm	加工速度/(mm/min)	加工时间/min	不进给加工时间/s	完工尺寸及精度/mm	表面粗糙度 Ra/μm
摩擦片 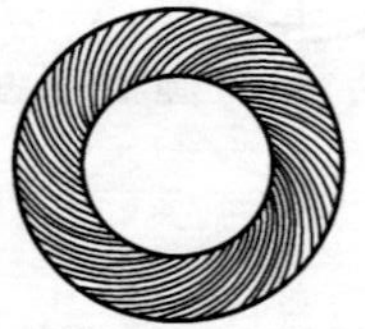 在内孔孔口加工厚度1.76mm±0.09mm,72个等距分布的槽的槽,360°上每隔5°一个,每次加工一面	SAE10 20钢 60~75 HRB	铜	12800A 14~24V	20	650	650	600	NaCl 150g/L	平均 0.7	29~32	38	净化器	0.38±0.13	1.27	0.3	5	槽宽 1.02	无毛刺
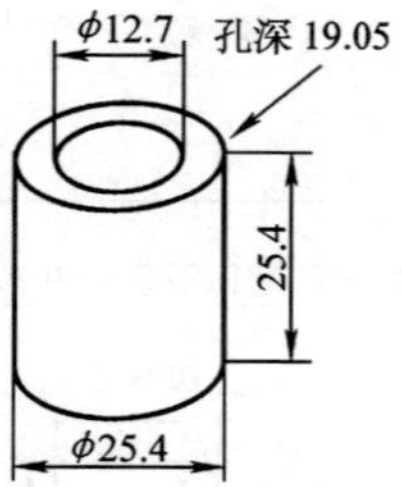	铀 53~57 HRA	铜管	833A 0~12V	12	—	580	—	KCl 285g/L	±1.4	—	7.6	—	19.05	13.97	1.4	—	12.7±0.2	1.6
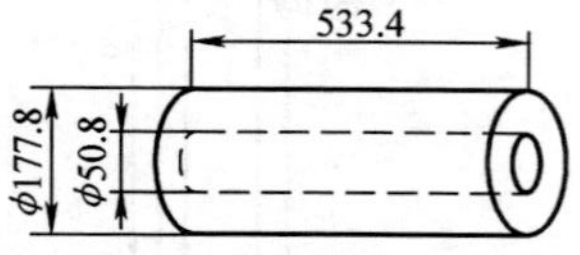 穿过长533mm的毛坯用套料方法加工φ50.8mm的孔(加工一半时调头)	铀 53~57 HRA	铜管	10000A	12.5	—	800	—	NaCl 119g/L	1.05	43	—	—	279.4 穿通	2.54	3.5h	—	48.26±0.25	—

表 1.7-23　电解加工常见疵病、产生原因及消除方法

序号	常见疵病	特征	产生原因	消除方法
1	表面粗糙	表面呈细小纹理或点状	1）工件金相组织不均匀,晶粒过粗 2）电解液中含杂质太多 3）工艺参数不匹配、选用不当,流速低或流量不足	1）尽量采用较均匀的金相组织 2）控制电解液中的杂质量 3）合理选用参数,适当提高电解液流速
2	纵向条纹	在纵向即与电解液流在同方向上的沟痕或条纹	1）加工区域内流场分布不好 2）电解液流速与电流密度不匹配 3）阴极绝缘物有破损而影响电解液的流场	1）调整电解液压力与电流密度 2）检查阴极绝缘
3	横向条纹	在工件横截面方向上的沟痕或条纹	1）机床进给不平稳,有爬行现象 2）加工余量小,原机械加工的刀痕太深	1）检查机床进给部分,消除爬行,同时检查工件与阴极配合是否过紧 2）合理选用加工余量
4	小凸点	呈很小的粒状突起高于表面	1）电解液中的铁锈或有其他杂质附着于工件表面上形成小凸点 2）零件表面锈蚀未在加工前去除干净	1）加强电解液的过滤 2）仔细擦洗被加工零件的表面
5	鱼鳞状	类似鱼鳞状的波纹	电解液在加工区域内流场分布不好或流速过低	提高压力,加大流速
6	瘤子	凸出表面的块状	1）加工表面不干净,有锈迹或其他附着物 2）阴极上的绝缘剥落或变形,以致阻碍电解液的流通 3）材料中含有非金属夹杂物 4）电解液中有非导电物堵塞间隙	1）加工前检查工件表面有无锈迹并加以清除 2）检查电解液系统中过滤网是否完好
7	加工后表面严重凹凸不平	表面呈块状规则分布凸起	1）阴极出水孔因有附着物阻塞,而使液流不均匀 2）电解液流量不充足,流速过低	1）分析电解液中含非钠盐类成分是否过高 2）在新配置的电解液中可加入一部分旧电解液,一般有显著效果 3）调整电解液的压力或流速
8	非加工面局部腐蚀	如腔线加工中凸起的阳极腔线腐蚀等	由于阴极上的绝缘损坏,而使不加工面无绝缘保护或配合间隙太大造成漏电腐蚀	1）合理设计和改进阴极上的绝缘,避免损坏或易修复 2）合理选用配合间隙

增加。表面粗糙度在电化学抛光开始后的不同时刻其变化速度却是不一样的。抛光开始时,表面 Ra 值是最大的,然后随时间的增长而逐渐降低。各种不同零件的电化学抛光都有其对应的最佳抛光时间。当电化学抛光时间超过这一最佳范围之后,其抛光效果就不明显了。

电化学抛光时间与金属的去除总量及相对 Ra 值的关系见图 1.7-26。

2. 金属的电化学抛光工艺及应用

1）常用金属电化学抛光电解液及工作条件见表 1.7-24。

2）常用黑色金属电化学抛光工艺流程见表 1.7-25。

3）常见黑色金属电化学抛光后产生疵病的原因及消除方法见表 1.7-26。

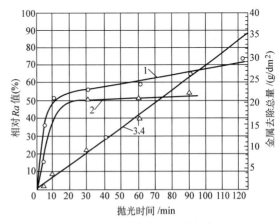

图 1.7-26　抛光时间与金属去除总量及相对 Ra 值的关系

1—原来的表面粗糙度 Ra 为 10μm　2—原来的表面粗糙度 Ra 为 2.5μm　3、4—金属去除总量,原来的表面粗糙度 Ra 分别为 10μm 及 2.5μm

表 1.7-24 常用金属电化学抛光电解液及工作条件

材料	电解液组成（质量分数）	电压/V	电流密度/(A/cm²)	温度/℃	时间/min	备注
铝及铝合金	磷酸钠 5% 碳酸钠 15%	30~50	5~6	75~90	8~10	—
	硼氟酸（HBF_4）2.5%	15~30	1~2	30	10	—
	硫酸（$d=1.80g/cm^3$）4.7% 磷酸（$d=1.74g/cm^3$）75% 铬酸（CrO_3）6.5%	20~40	5~15	80~100	—	—
	磷酸 30%~45% 甘油 30%~40% 水 20%~30%	35	3.5~4	66~88	—	—
碳素钢和低合金钢	过氯酸（$d=1.61g/cm^3$）185mL 无水醋酸 765mL 水 50mL	30~50	4~6	<30	数分	需要冷却装置
	磷酸（$d=1.6g/cm^3$）1000mL 草酸 40g 明胶 30g	5~10	30~120	室温	数分	直流或交流
	磷酸 40%~60%（体积分数） 硫酸 40%~60%（体积分数） 乳酸 20~30mL/L	—	1~2	40~60	10~20	—
	磷酸（$d=1.75g/cm^3$）1000mL 铬酸 300g~饱和	5~25	30~500	80~120	—	电气控制,超精加工
不锈钢和镍基合金	磷酸 600mL 硫酸 300mL 铬酸 100mL 水 50mL	6~15	30~1000	40~140	数秒~数分	适用于所有的不锈钢
	柠檬酸 30%~70% 硫酸 10%~30%	6~9	8~23	85	4~8	18-8 不锈钢 17 铬钢
	硫酸 55% 氟酸 7% 水 38%	6~10	8~32	室温	—	改变电流密度从光泽化到无光泽都能得到
	磷酸 50% 硫酸 50% 乳酸 30~45mL/L	6~10	7.5~30	40~60	10~20	—
铜及铜合金	磷酸 700mL 水 350mL	1.5~2	6~8	20	15~30	只适用于单相组织
	无水铬酸 200g 水 1000mL	6~15	10~50	室温~50	—	生成氧化膜,不适用于做电镀基底
	磷酸 74% 无水铬酸 6% 水 20%	6~10	30~50	20~40	1~3	按需要可添加硫酸
	磷酸 59% 硫酸 14% 无水铬酸 0.5%	5~10	10~100	20~70	—	—

表 1.7-25 常用黑色金属电化学抛光工艺流程

工序名称	工作液		工作规范		
	成分	含量/(g/L)	温度/℃	电流密度/(A/dm²)	时间/min
电化学除油	NaOH	20	70~90	5~10 （工作接阴极）	5~7
	Na_3PO_4	30			
	Na_2CO_3	40			
	水玻璃	2			
	水	其余			

（续）

工序名称	工作液		工作规范		
	成分	含量/(g/L)	温度/℃	电流密度/(A/dm^2)	时间/min
热水清洗	—	—	70~90		1~2
电化学抛光	见表 1.7-24 或其他有关资料				
冷水冲洗	流动水	—	常温		1~2
中和	NaOH	10%	60~80		10~15
热水清洗	—	—	90~95		0.5~1
干燥	—	—	80~90		8
防锈浸油	矿物油	—	110~120		0.5~1

表 1.7-26 电化学抛光后产生疵病原因及消除方法

序号	常见疵病	产生原因	消除方法
（1）电解液的工作时间小于 10A·h/L（即每升电解液在 10A 时经 1h）			
1	点状腐蚀	电解液中有铬酐的点状悬浮物	在 90~100℃下加热电解液，直到铬酐全部溶解；如果电解液相对密度高于 1.73，则在加热前用水稀释电解液
2	擦拭零件后无光泽，有浅蓝色阴影	1）配制好电解液后没有加热和处理 2）电解液温度低	1）在 120℃下加热电解液 1h 或在阳极电流密度 40A/dm^2 下，通电 5~10A·h/L 2）加热电解液到 70~80℃
3	褐色的乳光的膜	电解液相对密度高于 1.77	稀释电解液到相对密度为 1.74，并在 90~100℃下加热 1h
4	无光泽，在黄色底子上有白色的斑点	Cr$_2$O$_3$ 含量高于 1.5%	把 Cr$_2$O$_3$ 氧化成 CrO$_3$
5	无光泽，有黄色斑点	电解液相对密度低于 1.70	加热电解液到相对密度 1.74
（2）电解液的工作时间大于 10A·h/L			
6	白色条纹	电解液相对密度大于 1.82	用水稀释电解液到相对密度 1.74，并在 90~100℃下加热 1h
7	无光泽，且有黑褐色斑点	1）Cr$_2$O$_3$ 浓度大于 3% 2）电解液温度高于 70℃ 3）阳极电流密度大于 50A/dm^2 4）零件与挂具接触不良	1）把 Cr$_2$O$_3$ 氧化成 CrO$_3$ 2）降低电解液温度到 70℃ 3）降低电流密度到 25~35 A/dm^2 4）改善零件与挂具接触面积
8	无光泽，有浅黄色斑点	电解液比重低	加热电解液到相对密度 1.74
9	零件与挂具接触附近无光泽和有褐色斑点，其余表面光亮	零件与挂具接触不良	扩大零件与挂具接触面积，擦拭挂具
10	在零件凹入部位和它与挂具接触点附近有银白色斑点	凹入部位被零件或挂具遮蔽	变更零件在槽中位置，缩短极间距，提高电流密度到 50A/cm^2
11	零件边缘和孔部有波纹	1）电解液温度高 2）抛光时间长 3）电流密度大	1）降低温度到 60~70℃ 2）缩短抛光时间到 5~8min 3）降低电流密度到 25 A/dm^2
12	零件从槽中取出后立刻就出现褐色斑点	电抛光时间短	增长电抛光时间到 8~10min
13	零件在碱液中处理后，表面上出现蓝褐色色调	1）NaOH 浓度高于 10% 2）零件在碱液中时间大于 30 min	1）降低 NaOH 浓度到 10% 2）降低处理时间到 10min
14	条纹状组织、粗大和细小金属组织互相交替	压轧和随后退火的影响	减低电抛光时间到 5min

1.7.4 电解磨削

1. 电解磨削的加工原理

电解磨削是电解加工与机械磨削相结合的一种复合加工工艺。电解加工具有生产率高、表面粗糙度值小的优点，加工精度稍差；机械磨削则具有加工精度高但生产率较低的特点。电解磨削不但加工表面质量好，表面粗糙度值小，而且生产率也比纯机械磨削高，

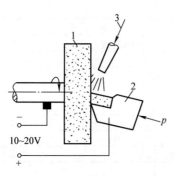

图 1.7-27　电解磨削原理图
1—导电砂轮　2—工件　3—电解液

特别适合像硬质合金、耐热钢等难加工材料的加工。

电解磨削的原理见图 1.7-27，导电砂轮与电源阴极相连，被加工工件接阳极。磨削时加工区喷入电解液，在电化学阳极溶解与机械磨削双重作用之下，工件被磨光。

电解磨削加工有下列特点：

1）加工效率高。加工硬质合金时，电解磨削比用金刚石砂轮机械磨削生产率要高 3~5 倍。

2）加工质量好。电解磨削时切削力与切削热都很小，不会产生毛刺、裂纹、烧伤等疵病，表面粗糙度 $Ra<0.16\mu m$。

3）砂轮损耗少。加工硬质合金时，与普通金刚石砂轮磨削相比，金刚石导电砂轮的损耗量仅为普通磨削的 $1/10\sim1/5$。

2. 电解磨削用的电解液

电解磨削一般均用来加工硬质合金或镶硬质合金的刀具。常用的电解液可分为磨硬质合金用电解液、同时磨削硬质合金及碳钢用的"双金属"电解液和磨削低碳、中碳钢用的电解液，它们的成分及使用情况见表 1.7-27~表 1.7-29。

表 1.7-27　电解磨削硬质合金用的电解液

序号	成分	含量（质量分数,%）	电流效率（%）	电流密度/(A/cm²)	金属去除率/(g/min)	加工表面粗糙度 $Ra/\mu m$
1	$NaNO_2$	9.6	80~90	10	0.2	0.1
	$NaNO_3$	0.3				
	Na_2HPO_4	0.3				
	$K_2Cr_2O_7$	0.1				
	H_2O	89.7				
2	$NaNO_2$	3.8	70	10	0.15	0.1
	Na_2HPO_4	1.4				
	$Na_2B_4O_7$(硼酸)	0.3				
	$NaNO_3$	0.3				
	H_2O	94.2				
3	$NaNO_2$	6.0	>86	15	0.32	0.1
	Na_2HPO_4	1.2				
	$Na_2B_4O_7$	1.2				
	H_2O	91.6				
4	$NaNO_2$	7.0	85	10	0.17	0.1
	$NaNO_3$	5.0				
	H_2O	88				
5	$NaNO_2$	10	90	10	0.24	0.1
	$NaKC_4H_4O_6$（酒石酸钾钠）	2				
	H_2O	88				

表 1.7-28　电解磨削"双金属"用电解液

成分	含量（质量分数,%）	电流效率（%）	电流密度/(A/cm²)	金属去除率/(g/min)	加工表面粗糙度 $Ra/\mu m$
$NaNO_2$	5	70	10	0.15	0.10
Na_2HPO_4	1.5				
KNO_3	0.3				
$Na_2B_4O_7$	0.3				
H_2O	92.9				

表 1.7-29　磨削低碳钢及中碳钢用电解液

成　分	含量 （质量分数,%）	电流效率 （%）	电流密度 /（A/cm²）	金属去除率 /（g/min）	加工表面粗糙度 Ra/μm
Na_2HPO_4	7				
KNO_3	2	78	10	0.27	0.1
$NaNO_2$	2				
H_2O	89				

3. 电解磨床及改装

除了选用专用电解磨削机床进行电解磨削外，还可用普通机床进行电解磨床改装。

（1）改装的一般原则

1）做好绝缘处理。为了保证电解磨削能正常进行，磨头或工件必须与机床本体绝缘，一般绝缘电阻应不小于 0.5MΩ。

2）尽量缩短电流输送路径，防止电流流经轴承。减少电流在机床内的输送路径，可减少电能损失，当电流经过轴承时，会在摩擦面上产生火花放电，丧失轴承精度。

3）减少机床夹具、工作台面的腐蚀。应尽量采取保护措施或选用耐蚀材料制造。

4）加工区应有良好的防护罩，以防电解液飞溅。同时，还应加装通风系统，防止防护罩内由于氢气的积存造成爆炸。

（2）用中极法改装机床

金刚石导电砂轮价格高，为此，可用中极法改装电解磨削机床。中极法工作原理见图 1.7-28。此法将原来的导电砂轮分成普通砂轮及辅助阴极两个部件。加工时仍可使用原来的砂轮系统，只需在机床上增加一个与机床绝缘的中间辅助阴极即可。

中极法的特点是：

1）辅助阴极的工作面积与导电砂轮相比，要大得多，故生产率较高。

2）磨轮可采用普通砂轮，降低了生产费用。

3）加工直径改变时，辅助阴极也要更换。

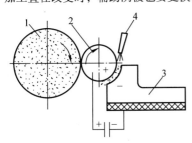

图 1.7-28　中极法电解磨削
1—普通砂轮　2—工件　3—中
间电极　4—电解液喷嘴

4. 电解磨削的工艺参数（见表 1.7-30）

5. 电解研磨

电解研磨是将电解加工与机械研磨相结合的一种复合加工方法，用来对外圆、内孔、平面进行表面光整加工以至镜面加工。

按照研磨方式，本法可分为固定磨料加工及流动磨料加工两大类。当采用固定磨料加工时，研磨材料可选用浮动的、具有一定研磨压力的油石或直接选用弹性研磨材料（把磨料黏结在合成纤维毡或无纺布上制成）；当选用流动磨料加工时，极细的磨料混入电解液中注入加工区，利用与弹性合成纤维毡短暂的接触时间对工件的钝化膜进行机械研磨去除。由于可以实现微量的金属去除，因此流动磨料电解研磨复合加工可以实现镜面（$Rz<0.0125\mu m$）加工。

磨料粒度对表面粗糙度的影响颇大，图 1.7-29 表示不同磨料粒度对表面粗糙度的影响。

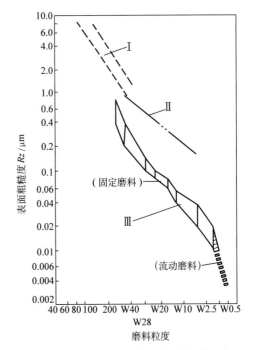

图 1.7-29　磨料粒度对表面粗糙度的影响
工件材料：18-8 不锈钢　Ⅰ—机械抛光
Ⅱ—精密研磨　Ⅲ—电解研磨

表 1.7-30　电解磨削的工艺参数

工作电压/V			电流密度/(A/cm²)		间隙/mm		磨削速度/(m/s)	磨削压力/MPa	电解液流量/(L/min)			
中极法	导电砂轮		粗加工	精加工	中极法	导电砂轮①	20~30	0.2~0.4	硬质合金刀具		内外圆	平面
	粗加工	精加工							一般	精磨刃口		
<25	10~15	5~6	20~40	10	0.15~0.4	0.05~0.1			1	0.01~0.05	1~5	5~15

① 导电砂轮的电解间隙一般约等于磨料颗粒尺寸的 1/3~1/2。

电解研磨可以对碳钢、合金钢、不锈钢进行加工。一般选用 20% NaNO₃ 作电解液，电解间隙取 1mm 左右，电流密度一般为 1~2A/cm²。实践证明，当 NaNO₃ 的浓度低于 10% 时，金属表面光泽将下降。

电解研磨加工目前已应用在金属冷轧轧辊、大型船用柴油机轴类零件、大型不锈钢化工容器内壁以及不锈钢太阳能电池基板的加工。

1.7.5　在线电解修锐镜面磨削（ELID）

在线电解修锐镜面磨削（Electrolytic In Process Dressing，ELID）是利用水溶性磨削液的电解修整作用对砂轮进行在线修锐，使砂轮中的金刚石或立方氮化硼磨粒获得恒定的突出量，从而实现稳定、可控、最佳的磨削过程，适于对硬脆材料进行超精密镜面磨削。

ELID 磨削技术以其效率高、精度高、加工表面质量好、加工装置简单以及加工适应性广等特点，已经成功地在平面、内圆和外圆磨床上实现了多种难加工材料的精密镜面磨削。

图 1.7-30 所示为 ELID 在线电解修锐镜面磨削原理示意图。

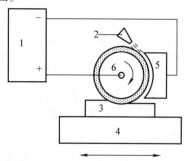

图 1.7-30　ELID 在线电解修锐镜
面磨削原理示意图
1—电源　2—喷嘴　3—工件　4—工作台
5—辅助电极　6—金刚石或立方氮化硼砂轮

1. ELID 磨削技术的优点

1）磨削过程稳定。借助 ELID 磨削的在线修锐作用，砂轮表面可以在磨削过程中始终保持最佳的显微起伏形貌。形成容纳磨削液和磨屑的空间，而且可以及时地去除黏附在砂轮表层的切屑，使砂轮具有良好的自励作用和稳定的磨削性能。磨削力基本恒定，仅为普通磨削的 1/10~1/2，工件的表面质量也十分稳定。

2）贵重磨料得到充分利用。在 ELID 磨削的电解修锐过程中，只对砂轮的金属结合剂起电解作用，对金刚石、立方氮化硼等不导电的超硬磨料不起蚀除作用，避免砂轮的过快磨耗，提高了贵重磨料的利用率。

3）ELID 修整法使磨削过程具有良好的可控性。在 ELID 磨削过程中，砂轮的修整和磨削可以通过合理选择电源参数（电压和电流）和电解液的种类和浓度来控制，从而实现磨削修整过程的最优化。

4）ELID 磨削可以实现镜面磨削。ELID 磨削解决了超细粒度金刚石砂轮的修锐问题，消除了难以保证磨粒突出高度及砂轮容易堵塞等障碍，使超细粒度砂轮始终处于良好的切削状态。再加上 ELID 磨削的磨削力小、磨削热小，大大减少了硬脆材料工件加工表面上产生微观裂纹的可能性，ELID 磨削可以实现超精密镜面磨削。

2. ELID 磨削装置

实现 ELID 磨削的必备装置主要包括：机床、砂轮、电源（包括正负电极）、电解液（磨削液）等。

1）机床。ELID 磨削加工所使用的机床，不像电解磨削和电火花磨削等那样需要使用特殊设计的专用机床，以一般的磨削加工设备进行改装即可，但要求刚性好，主轴回转精度和进给精度都应达到亚微米级。

2）砂轮。选用 ELID 磨削加工用的砂轮必须使用金属结合剂，因为只有金属结合剂的砂轮才能进行电解修锐。

铸铁短纤维结合剂砂轮是目前最适合 ELID 磨削加工用的砂轮，因为铸铁短纤维结合剂砂轮比较容易生成氧化膜，在电解初期铸铁短纤维很容易电解，但经过一段时间后会减缓，可以防止结合剂过度溶解，使砂轮的寿命降低。另外，铸铁短纤维结合剂砂轮生成的氧化膜内含有超微细的磨料，在磨削和研磨工件时可以发挥抛光（Polishing）的作用，而且氧化膜还可以减缓砂轮与工件之间的摩擦，以防工件烧伤。

其他金属结合剂砂轮，如青铜结合剂砂轮、铁基金属结合剂砂轮、铁镍金属结合剂砂轮、镍基金属结合剂砂轮等在氧化膜生成和加工稳定性等方面各有优缺点，也可应用。

3）磨料。ELID磨削加工所使用的磨料有金刚石和立方氮化硼（CBN）两种，一般金刚石磨料用于加工有色金属和非金属材料，立方氮化硼磨料用于加工黑色金属及其合金材料。

磨料粒度需要根据工件加工表面粗糙度的要求来决定，磨料粒度与加工表面粗糙度的关系见表1.7-31。磨料尺寸小于4μm，可以实现镜面磨削。

4）辅助电极。纯铜或黄铜电极是最佳的选择，如果砂轮的直径很大或形状复杂，可以选择较轻的石墨材料做电极。

电极的大小原则上需超过砂轮作用面积的1/6，要点是要使ELID磨削加工工作液均匀而且充分地导入电极与砂轮的作用面之间，以便产生电解（阳极溶解）作用。

5）电源。ELID磨削和修锐砂轮的电源，可以采

表1.7-31　磨料粒度与加工表面粗糙度的关系

粒度范围	粒度	加工表面粗糙度
粗粒 （高效率磨削）	60#~80#	<40μm
	100#~200#	1.0~3.0μm
	325#~800#	0.4~0.8μm
微粒 （镜面磨削）	1000#~2000#	80~200nm
	4000#~6000#	40~60nm
	8000#~10000#	20~23nm
超微细磨削	20000#~30000#	10~20nm
	60000#	>10nm
	120000#	>8nm

用直流电源，交流电源经半波或全波整流的脉动直流电源或各种波形的单向脉冲电源，常采用空载电压60~90V，脉宽、脉间10μs以下，峰值电流2~10A的高频脉冲电源。

6）工作液。ELID磨削和修锐砂轮使用的工作液兼有微弱电解和冷却、润滑双重作用，以降低磨削区的温度。

1.8　超声加工

1.8.1　超声加工的原理及特点

超声加工（Ultrasonic Machining，USM）是利用工具端面作超声频振动，一般是通过磨料悬浮液并针对硬脆材料进行加工的一种新工艺（见图1.8-1）。工具端面的超声频振动是由超声波发生器产生的16000Hz以上高频电流作用于超声换能器产生的。通过变幅杆可以使工具端面的纵向振幅放大到0.01~0.1mm。超声加工时，工件材料的去除机理是：

1）磨料的冲击作用。工具端面作超声振动时，带动磨料悬浮液中的磨料颗粒高速冲击被加工工件，实现工件材料的去除，这是实现超声加工的主要因素。

2）磨料的抛磨作用。由于工具端面的振动引起磨料悬浮液的扰动，使得磨料以很大速度对工件表面进行抛磨加工。

3）液体的空化作用。当声波在水中传播时，液体的某一部位处在负压区时会产生空腔，但随之又处在高压区使空腔闭合，此时产生的瞬时冲击波的压强可达上百个大气压。这种空化作用可使脆性材料表面产生局部疲劳和引起显微裂纹，或使原有裂纹扩大而起到"掘松"的作用。

超声加工特别适合于加工各种硬脆材料，例如玻璃、陶瓷、石英以及半导体材料（如硅、锗等），也可加工淬火钢、硬质合金等。加工时，一般均采用成形加工方法。目前，超声加工的孔径范围可达0.1~90mm（近年实验室研究超声微细加工孔径可小至5μm），最大加工深度可达300~400mm，当发生器功率为1kW时，加工玻璃生产率可达4000mm³/min，加工精度可达0.01~0.02mm，表面粗糙度Ra可达0.1~1μm。

超声加工的分类见表1.8-1。

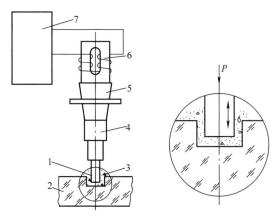

图1.8-1　超声加工原理图
1—工具　2—工件　3—磨料悬浮液　4、5—变幅杆　6—超声换能器　7—超声发生器

1.8.2　超声加工的设备组成

超声加工设备主要由超声波发生器、声学部件

表 1.8-1　超声加工的分类

分类	特　点
传统超声加工	工具作超声振动，在磨料作用下，对工件进行加工。如穿孔、切断、套料、型腔加工等
超声旋转加工	烧结金刚石工具除作超声振动外，还绕自身纵轴作高速旋转。用于加工小孔、深孔，并可按铣削方式加工，生产率及加工精度均较高
超声复合加工	它是超声与其他加工的复合，如超声-电火花加工、超声-电解加工、超声振动切削、磨削等

（包括换能器、变幅杆）及机床本体组成。

1）超声波发生器。有电子管式、离子管式或混合式等各种结构。功率范围为 40～4000W，频率范围一般为 16～50kHz，一般要求在一定范围内频率可调。

2）声学部件。包括超声换能器、振幅变幅杆及工具三大部分，其作用是将发生器输出的电振荡转换并放大成具有一定振幅的机械振动，其工作频率应与发生器输出频率相同，其各部长度尺寸应能满足机械共振的要求，使工具端面获得最大振幅。

3）机床本体。有立式或台式两种，包括横梁、主柱、工作台、磨料泵等。

1. 超声加工设备的规格与技术性能

国产超声加工设备的技术性能见表 1.8-2。

表 1.8-2　国产超声加工设备的技术性能

型号	功率/W	工作频率/kHz	加工范围/mm	工作头行程/mm	特　点	生产厂
CSF-7 台式超声波加工机	100	17～23	$\phi38$	40	重锤加压，压电晶体换能器	上海浦超超声波仪器设备有限公司
J93025 台式超声波加工机	250	16～24	$\phi0.5～\phi55$	50	重锤加压，磁致伸缩换能器，水冷	无锡超声电子设备有限公司
T32-032 台式超声波研磨机	250	20±1.5	$\phi1～\phi10$	100	专供钻石、硬质合金拉丝模的制造及修正用，磁致伸缩换能器，水冷，频率自动跟踪，工件液压加压	无锡超声电子设备有限公司
T3060-1/ZV 立式超声波加工机	1000	20	$\phi0.8～\phi60$ $L=120$	150	频率自动跟踪，磨料真空抽吸，电磁-重锤加压，水冷　生产率：玻璃 1500mm³/min　陶瓷 400mm³/min	建昌机械厂
T3060-2/ZV 卧式超声波加工机	1000	20	$\phi0.8～\phi60$ $L=95$	125 回转±7°	频率自动跟踪，磨料真空抽吸，磁致伸缩换能器，水冷　生产率：玻璃>1500mm³/min	建昌机械厂
T3030-3/ZV 超声旋转加工机	500	手动 4～40 自动跟踪 19～21	$\phi5～\phi30$ $L=150$	190	使用烧结金刚石工具，转速 1000～3000r/min（无级）工具系统可用"全调谐"或"局部共振"方式工作，采用力传感器实现恒力进给　生产率：玻璃>1000mm³/min　加工精度：圆度 0.005mm　锥度 0.008/100mm	建昌机械厂

2. 振幅变幅杆（扩大棒）的设计、计算和工具长度的确定

（1）振幅变幅杆的设计与计算

超声加工振幅变幅杆按截面变化规律可分为单一型变幅杆和复合型变幅杆两大类，常见的单一型变幅杆的类型及计算公式见表 1.8-3，优缺点的比较见表 1.8-4，几种变幅杆的选择见表 1.8-5。

在实际生产中，由于阶梯形变幅杆具有计算简单、制造容易等特点，因而被广泛采用。但是，由于截面变化的影响，阶梯形变幅杆的实际共振频率都低于用近似理论计算的频率值。这可以通过实验方法对杆的长度进行修正，使设计的变幅杆达到预定的共振频率，步骤如下：

1）求出理论的声波波长 λ。

$$\lambda = \frac{c}{f_P}$$

式中　c——纵波声速（m/s）；

　　　f_P——共振频率（Hz）；

　　　λ——声波波长（m）。

2）计算阶梯形变幅杆的理论长度 L。

$$L = \frac{\lambda}{2}$$

3）确定变幅杆的径长比 a。

$$a = \frac{D}{L}$$

式中　D——大端直径（mm）。

表 1.8-3　几种单一型变幅杆类型及计算公式

变幅杆类型	截面变化规律	半波共振长度 L	振幅放大倍数 M	波节点位置 x_0	备　注
阶梯型 	$0 \leqslant x \leqslant \dfrac{\lambda}{4}$ $D = D_1$ $\dfrac{\lambda}{4} < x \leqslant \dfrac{\lambda}{2}$ $D = D_2$	$L = \dfrac{\lambda}{2}$	$M = N^2$ $N = \sqrt{\dfrac{S_1}{S_2}} = \dfrac{D_1}{D_2}$	$x_0 = \dfrac{\lambda}{4}$	D—距变幅杆输入端为 x 处的变幅杆直径(mm) D_1、D_2—变幅杆输入端和输出端直径(mm) N—面积系数,$N = \sqrt{\dfrac{S_1}{S_2}}$ S_1、S_2—变幅杆输入端和输出端面积(mm^2) λ—平直细杆中声波波长(mm),$\lambda = \dfrac{c}{f}$ c—声波在杆中的传播速度(m/s) f—声波振动频率(Hz)
圆锥型 	$D = D_1(1 - ax)$ $a = \dfrac{N-1}{NL}$	$L = \dfrac{\lambda}{2} \dfrac{kL}{\pi} \tan(kL) = \dfrac{kL}{1 + \dfrac{N}{(N-1)^2}(kL)^2}$	$M = \left\| N\left[\cos(kL) - \dfrac{N-1}{N} \times \dfrac{1}{kL}\sin(KL)\right] \right\|$	$x_0 = \dfrac{1}{k}\arctan\dfrac{k}{\alpha}$	
指数型 	$D = D_1 e^{-\beta x}$ $\beta = \dfrac{1}{L}\ln N$①	$L = \dfrac{\lambda}{2} \times \sqrt{1 + \left(\dfrac{\ln N}{\pi}\right)^2}$	$M = N$	$x_0 = \dfrac{L}{x}\text{arccot} \times \left(\dfrac{\ln N}{\pi}\right)$	
悬链线型 	$D = D_2 \text{ch}[\gamma(L-x)]$ $\gamma = \dfrac{\text{arcch} N}{L}$②	$L = \dfrac{\lambda}{2\pi} \times \sqrt{(k'L)^2 + (\text{arcch} N)^2}$ $(k'L)\tan(k'L) = -\sqrt{1 - \dfrac{1}{N^2}} \times \text{arcch} N$	$M = \left\| \dfrac{N}{\cos(k'L)} \right\|$	$x_0 = \dfrac{1}{k'}\arctan\left[\dfrac{k'}{\gamma}\text{cth}(\gamma L)\right]$	

① 限制条件: $\beta < \dfrac{2\pi f}{c}$。

② 限制条件: $\gamma < \dfrac{2\pi f}{c}k$。

表 1.8-4　几种常用变幅杆优缺点比较

变幅杆种类	优　点	缺　点
阶梯形	1)计算简单、制造容易 2)当面积系数 $N\left(N = \sqrt{\dfrac{S_1}{S_2}} = \dfrac{D}{d}\right)$ 一定时,振幅放大倍数 M 最大 3)半波共振长度最短	1)共振频率范围较小 2)受负载后放大倍数减小 3)截面变化处应力较大,容易产生疲劳断裂,故不适宜传递较大功率
圆锥形	1)制造容易 2)机械强度大	1)当面积系数 N 相同时,放大倍数较小 2)半波共振长度最大
指数形	1)共振频率范围较宽 2)能传递较大功率 3)受负载后放大倍数变化较小	1)制造困难 2)截面变化不能过大,否则振动无法传播
悬链线形	放大倍数大,允许 $M = 20 \sim 40$	1)制造困难 2)当放大倍数过大时,常因应力过大而损坏

表 1.8-5　变幅杆的选择

换能器输入功率/W	变幅杆大端直径/mm	工件厚度/mm	加工孔径/mm														
			1	2	3	5	8	10	15	20	25	30	35	40	50	60	70
			变幅杆类型														
50~100	15	0.5	C,E	E	E	E	E	E	E	S	S	S	—	—	—	—	—
		1	C,E	E	E	S	S	S	S	S	S	S	—	—	—	—	—
		5	C,E	E	E,S	S	S	S	S	S	S	S	—	—	—	—	—
		75	C,E	E	E,S	S	S	—	—	—	—	—	—	—	—	—	—
100~500	20	0.5	C,E	E	E	E	E	E	E	S	S	S	S	S	—	—	—
		1	C,E	E	E	E	E	S	S	S	S	S	S	—	—	—	—
		5	C,E	E	E	E,S	S	S	S	S	S	S	—	—	—	—	—
		75	C,E	E	E	E,S	S	—	—	—	—	—	—	—	—	—	—
	25	0.5	C	C	C	C	E	E	E	E	S	S	S	S	—	—	—
		1	C	C	C	C	E	E	E	E	S	S	S	S	—	—	—
		5	C	C	C	E,S	S	S	S	S	S	S	—	—	—	—	—
		75	C	C	C	E,S	S	S	S	S	—	—	—	—	—	—	—
500~1000	35	0.5	C	C	C	C	E	E	E	E	E	E	E	S	S	S	S
		1	C	C	C	C	C	E	E	E	E	E	E	S	S	S	S
		5	C	C	C	C	C	E	E	E	E	E	E	S	S	S	S
		75	C	C	C	C	C	E	E	E	E	E	S	S	—	—	—
	50	0.5	C	C	C	C	C	E	E	E	E	E	E	E	E	S	S
		1	C	C	C	C	C	E	E	E	E	E	E	E	S	S	S
		5	C	C	C	C	C	E	E	E	E	S	S	S	S	S	S
		75	C	C	C	C	C	S	S	S	S	S	S	S	S	—	—

注：C—圆锥形变幅杆；E—指数形变幅杆；S—阶梯形变幅杆。

4）根据 a 及面积系数 N 在图 1.8-2 中找出频率降低系数 β，则当共振频率为 f_P 时，阶梯形变幅杆的实际长度 L_1 应为

$$L_1 = \beta L$$

此外，为了避免阶梯形变幅杆因截面变化处应力集中而引起断裂，需将阶梯根部采用过渡圆弧，对于外径变化的阶梯形变幅杆，其最佳过渡圆弧 R_{op} 可按下列步骤确定：

① 分别计算出变幅杆的径长比 a 及面积系数 N。

② 由 a 及 N 在图 1.8-3 的曲线中找出对应的 R_{op}/d 值。

③ 由 R_{op}/d 值算出 R_{op} 值。

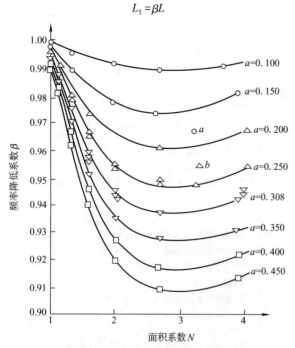

图 1.8-2　频率降低系数 β 与面积系数 N 的关系

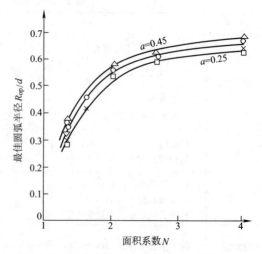

图 1.8-3　最佳圆弧半径 R_{op}/d 与 N 的关系

在图 1.8-3 中, 参数 a 只给了 $a = 0.25$ 及 0.45 值, 在此范围内的其他 a 值可用中间一条曲线代替, 其误差在 0.5% 以内。

（2）工具长度的确定

变幅杆-工具系统的长度一般按共振长度考虑, 以使其端面具有最大振幅。由于工具截面尺寸不同, 变幅杆-工具共振系统的等效长度 l_e 也不同, 见表 1.8-6。

表 1.8-6　工具长度的确定

图　例	条　件	工具长度的确定
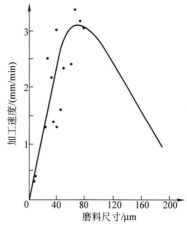	$d_1 \ll d$	$l_e = l_1$ $\Delta l < \frac{1}{4}\lambda$
	$d_1 = d$	$l_e = l_1 + \Delta l$
	$d_1 < d$	$l_e = l_1 + \Delta l \dfrac{d_1^2}{d^2}$ $\Delta l < \frac{1}{4}\lambda$

1.8.3　超声加工的基本工艺规律

1. 超声加工的加工速度

超声加工一般只适用于硬脆材料的加工, 如玻璃、陶瓷等。一些常见材料超声打孔加工速度及工具损耗情况见表 1.8-7。

磨料尺寸及加工压力对加工速度的影响见图 1.8-4 及图 1.8-5。

为了提高超声加工速度, 必须保证在加工区的磨料能随时得到更新。为此, 采用真空抽吸磨料的方法可以使加工速度得到提高, 见图 1.8-6 及表 1.8-8。

2. 超声加工的加工精度

影响超声加工精度的主要因素是:

1）工具制造精度及安装精度。

2）磨料悬浮液的供给方式。

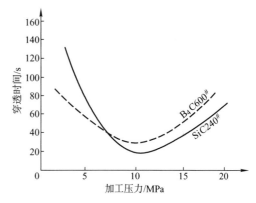

图 1.8-4　磨料尺寸对加工速度的影响
静压力: 5N, 工具振幅: 40μm,
工件材料: 玻璃, 工具材料: 低碳钢

图 1.8-5　加工压力对加工速度的影响
工件材料: 红宝石和碳化硅, 工件厚度: 0.5mm,
工具: 弹簧钢丝 ϕ0.5mm

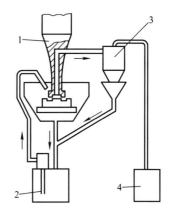

图 1.8-6　真空抽吸法磨料供给系统
1—变幅杆　2—磨料液箱　3—磨料
分离器　4—真空泵

表 1.8-7　输入功率为 100W 时，超声加工的工件去除和工具损耗速度

材料	工具直径 /mm	压力 /N	最佳切削速度 /(mm/min)	磨料与水的体积比	工件去除与工具损耗量之比
玻璃	6.35	4.45	1.91	1.4:1	100:1
氧化铝	6.35	22.24	0.25	1.4:1	13:1
碳化钨	6.35	4.45	0.05	1.4:1	1:1
石墨	6.35	2.22	2.5	1.4:1	100:1
滑石	6.35	4.45	2.29	1.4:1	200:1
锗	6.35	4.45	2.79	1.4:1	100:1
硅	6.35	4.45	2.79	1.4:1	100:1
石英	6.35	13.34	1.79	1.4:1	50:1
玻璃	3.18	4.45	3.18	1.4:1	100:1
氧化铝	3.18	4.45	0.76	0.25:1	10:1
石墨	3.18	2.25	6.35	0.25:1	100:1
锗	3.18	4.45	3.18	0.25:1	100:1
硅	3.18	4.45	3.18	0.25:1	100:1
碳化钨	3.18	4.45	0.1	0.25:1	1:1

注：工具材料为各种冷轧钢；磨料为 320# 碳化硼。

表 1.8-8　磨料供给方式对超声加工速度的影响

工 件 材 料		玻璃	铁氧体	锗	石墨	硅	玛瑙	陶瓷	硬铝	宝石	碳化钨	黄铜	铬钢	易切钢	高速钢	金刚石	碳化硼	石英
加工速度 /(mm³/min)	真空抽吸	1000	800	800	500	400	320	250	40	30	30~40	12	10	7	8	—	2.5~10	400
	不用真空抽吸	200	150	180	100	80	60	50	6	8	5~7	2	1.8	1.5	1.8	0.005	1~4	100

3）磨料尺寸的大小。

4）加工深度的大小。

磨料悬浮液的供给方式有二：一是用泵将磨料悬浮液送至加工区（外浇法），此法在深孔加工时由于磨料供给不足而无法加工；二是采用通过中空的工具内部将磨料悬浮液送至加工区（内冲法）进行加工。在玻璃上加工孔时磨料供给方式对加工精度的影响见表 1.8-9。用内冲法供给磨料液加工生产率与加工深度无关。

磨料尺寸的大小直接影响加工时工具与工件的侧向间隙，其关系见图 1.8-7。

表 1.8-9　在玻璃上加工孔时磨料供给方式对加工精度的影响

精度项目	磨料液供给方式	磨料粒度 230#	磨料粒度 320#
工具入口处孔径扩大量/mm	外浇法	0.22~0.26	0.11~0.13
	内冲法	0.24~0.27	0.12~0.14
扩大量的变化/mm	外浇法	0.04	0.02
	内冲法	0.03	0.02
孔径精度 /mm	外浇法	0.02	0.02
	内冲法	0.015	0.01
锥　度	外浇法	120′	75′
	内冲法	30′	15′~20′

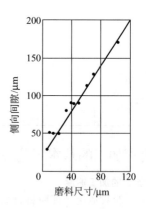

图 1.8-7　磨料尺寸与侧向间隙的关系
工具：弹簧钢片，厚 0.29mm，工件：玻璃，磨料：B_4C 和 SiC

随着加工深度的增加，工具的磨损也增加，因而势必影响加工精度。超声加工深度对工具磨损量的影响见图 1.8-8。

3. 超声加工的表面粗糙度

影响超声加工表面粗糙度的主要因素是磨料粒度及工件的硬度。当磨料粒度较细及工件硬度较高时，加工表面粗糙度值将较低，见图 1.8-9。

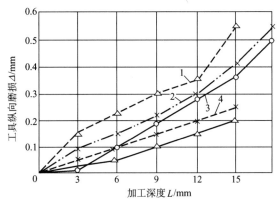

图 1.8-8 工具纵向磨损与加工深度的关系
工件材料：陶瓷，工具形状：管状（外径=7mm，内径=4mm），
磨料：$B_4C120\#$，静压力：0.15MPa 工具材料：1—Cr18Ni9
2—45 钢 3—W9Cr4V2 4—硬质合金 YG8

1.8.4 超声加工的应用

1. 打孔、套料与切断

在非金属硬脆材料上打孔、套料与切断，是超声加工最普通的应用，一般常在玻璃、陶瓷以及硅、锗等半导体材料上进行。表 1.8-7 介绍了在各种材料上打孔加工的数据。对半导体材料的下料加工一般常选择套料方式，表 1.8-10 介绍了套料加工实例。

2. 旋转超声加工

在旋转超声加工（Rotary Ultrasonic Machining，RUM）中，使用固结磨料（金刚石、CBN 等）的刀具甚至可不使用磨料悬浮液，并使刀具在绕自身轴线做高速旋转（5000r/min 左右）的同时，又沿着刀具轴线方向做超声频率（20~40kHz）的微小振动，刀具以恒力或恒速方式向工件进给从而实现材料去除，相对于传统的加工方法，旋转超声加工具有降低切削力、减小加工损伤、提高加工效率和精度、延长刀具寿命等优点，特别是在深小孔的加工中具有优势，因而被认为是一种加工硬脆材料的有效方法。

旋转超声加工机床可以实现三种具体加工形式，如图 1.8-10 所示，分别是钻孔加工、端面铣削加工和侧面铣削加工。

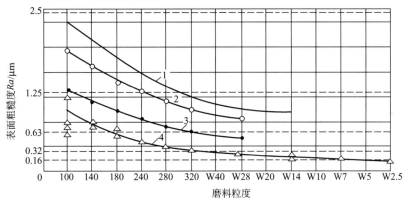

图 1.8-9 不同材料在加工时的表面粗糙度
磨料：B_4C 工件材料：1—玻璃 2—硅 3—陶瓷刀片 4—硬质合金

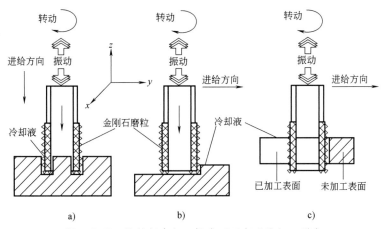

图 1.8-10 旋转超声加工机床可以实现的加工形式
a）钻孔加工 b）端面铣削加工 c）侧面铣削加工

表 1.8-10 套料加工锗片的实例

工具尺寸	超声发生器		正压力/N	加工时间/s	磨料		工具	工件	
	频率/kHz	功率/W			种类	粒度		材料	厚度/mm
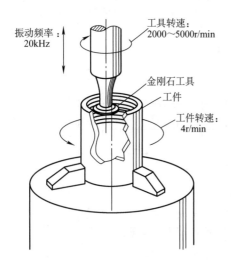 φ9.6 φ10.6	22	500	15	30	SiC	600#	铁管	Ge	0.38

旋转超声铣削加工的一种具体应用是在硬脆材料上加工内螺纹，如图 1.8-11 所示。与常规超声加工相比，生产率可提高 7～9 倍，工具损耗可减少 1/3～1/4，采用金刚石工具旋转超声加工的生产率见表 1.8-11。

振动频率：20kHz

工具转速：2000～5000r/min

金刚石工具

工件

工件转速：4r/min

图 1.8-11 超声旋转加工内螺纹

表 1.8-11 采用金刚石工具旋转超声加工的生产率

工件材料	工具直径/mm	加工深度/mm	加工时间/s
石英 99.9% （质量分数）	1.07	6.35	110
	3.18		14
	6.35		11
	9.53		16
	12.7		18
玻璃	1.07	12.7	120
	6.35	12.7	360
铁氧体	2.03	6.35	70
	3.18		30
	6.35		35
硼复合材料	3.18	12.7	26
	6.35	12.7	19
	12.7	12.78	48

注：试验条件，频率为 20kHz；工具转速为 3000r/min；工具材料为 120# 烧结金刚石工具；压力为 53N。

3. 超声清洗加工

目前对轴承、液压元件、半导体器件、精密仪器零件等在加工、装配中的清洁要求越来越高，传统的清洗方式已无法满足要求，超声清洗则逐渐被广泛采用。

超声清洗是利用超声波在清洗液中传播时液体分子对工件表面的撞击作用和空化作用对零件进行清洗的。由于空化作用，会使被清洗的零件在清洗槽中受到来自各方面的瞬时冲击波，从而使清洗效率提高，效果显著。

利用清洗槽进行超声清洗时，清洗液会逐渐变脏，对被清洗的零件造成二次污染。为此，可以利用超声气相清洗加以解决。

超声气相清洗时，现在不采用会破坏臭氧层的氟利昂类清洗剂，而采用的是以氢氟烃之类的化合物为主的共沸物清洗剂，它的主要特点是：特强的去脂及去污能力，不损伤清洗零件，安全可靠，绝缘性能好及沸点低，能回收重复利用，不破坏臭氧层和比较环保。常用的氢氟烃化合物清洗剂见表 1.8-12。超声气相清洗设备见图 1.8-12。在进行超声气相清洗时，吊篮内的零件由传送链送入浸洗槽，工件上的污物在清洗剂的作用下润湿、渗透、溶解、脱离。之后，传送链将工件送入超声清洗槽，由于超声空化作用，将零件上附着力比较强的机械杂质微粒和油污等剥落。经超声清洗后的零件尚须在冷漂洗槽内作进一步的清洗，然后由吊篮送至气相清洗区。此时低沸点的清洗剂被加热器加热蒸发，蒸气遇到低温的工件就产生凝露，当凝露露滴下降时，会将残余污物带走，同时在气相清洗槽的上方装有冷凝排管，清洗剂蒸气遇冷后即成凝露下降而不致溢出槽外，同时又对工件进行淋洗。当工件温度在清洗蒸气的作用下逐渐升高时，就

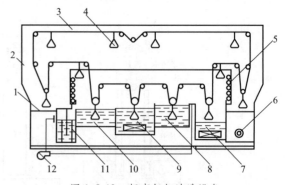

图 1.8-12 超声气相清洗设备

1—清洗工件进出口 2—机架 3—传动链 4—工件吊篮 5—冷凝管 6—传动机构 7—气相清洗槽 8—冷漂洗槽 9—超声清洗槽 10—浸洗槽 11—水分离器 12—循环泵

表 1.8-12　常用的氢氟烃化合物清洗剂

清洗剂牌号	成分组成	共沸点/℃	性　能	用　途
氢氟烃　HFC	氢氟烃化合物	47.6	不燃,稳定性好	清洗轴承、阀、集成电路、仪表零件等
HCFC	氢氯氟烃化合物	47.6	超纯度、杂质<1ppm	超净清洗,环保性能好
HFC	氢氟烃化合物+无水乙醇	44.6	不燃,优良的去脂性和乙醇的清洗效率	蒸气脱脂和去除松香类焊剂,用于清洗印制电路板、集成电路、硅片等
HFC	氢氟烃化合物+甲醇+稳定剂	39.7	不燃,兼有甲醇的高极性和氢氟烃化合物的非极性	清除松香焊剂、离子类污物及物质微粒,最适宜气相清洗
HFC	氢氟烃化合物+丙酮	43.6	不燃,兼有氢氟烃化合物极好的脱脂性与丙酮较广的清洗性	用于塑料与橡胶件清洗,去除脱模剂及半导体零件、电子元器件、陶瓷零件及磁带的清洗
HFC	氢氟烃化合物+二氯甲烷	36.2	具有最强烈的清洗性能	最适宜清洗金属零件,也可用于去除松香焊剂及有机污染

对残留在工件上的清洗液烘干,至此清洗过程即告完成。整个气相清洗过程只需数分钟,由于此法不存在二次污染,所以是一种完全洁净的清洗工艺。

4. 超声焊接

超声焊接主要有直接焊接和间接焊接两种形式。

直接超声波焊接的原理是利用超声振动产生的热效率实现焊接。该方式无需使用焊条,不直接加热焊接区且焊接速度快、焊点强度高,能实现自动焊接。

超声直接焊接按焊接材料可以分为超声金属焊接和超声塑料焊接。超声金属焊接方面,焊接区不通电,不使用焊条,不直接对焊接金属区加热,可以获得高精度的焊接件。超声塑料焊接的优点是焊接速度快,焊接表面平整,不影响非焊接区,目前被广泛用在食品包装、航空航天等工业。

间接焊接的原理是将超声振动作用在焊池或工件上,以加快焊接速度、优化焊接质量,提高焊缝的剪切强度,将热影响区晶粒细化,增强焊缝硬度、提高冷却速度。

5. 超声辅助加工

在多种传统加工过程中辅助以超声振动会显著提高加工效果。

辅助以超声扭转振动的钻削加工能减少孔内壁划伤的发生,提高了孔内壁的表面质量,同时可以提高刀具寿命。

超声振动抛光的原理是对工件或变幅杆施加超声振动,使磨料悬浮液中的磨粒与工件产生相对运动,以达到冲击、抛磨的效果,可提高抛光速度和均匀性,并降低表面粗糙度值。超声振动辅助抛光在机械抛光、化学抛光、磁流变抛光、离子束抛光等多个抛光类别均有应用,并取得了一定的改善效果。

超声挤压强化的作用原理是将超声振动引入挤压工艺中,在此过程中工具头的运动轨迹由常规挤压轨迹和超声振动轨迹复合而成,能使加工表面塑性变形更均匀,从而降低加工表面的粗糙度并提高力学性能,进而提高加工零件的疲劳性能和耐蚀性。

超声滚压强化是一种新型表面机械强化技术,兼具超声冲击和传统滚压两种技术的优势,在加工过程中同时对金属表面进行冲击和挤压,使加工表面产生较大的塑性变形。该工艺可细化加工表面晶粒、提高表面硬度,并将残余拉应力改变为压应力,提升了金属的抗疲劳性能,在航空航天、铁道交通、核电等领域均有广泛应用。超声滚压还具有加工静载荷小、零件整体变形小等优势,均满足了当前飞机发动机叶片的加工需求。

金属成形工艺中需减小材料的变形抗力,增强其塑性变形能力。超声振动塑性成形有细化材料晶粒,会降低加工表面摩擦系数的效果,进而降低材料变形抗力、增强塑性成形能力,还能提高工件的尺寸精度和表面质量。

超声振动辅助增材制造的原理是将超声振动施加在喷嘴表面,使金属粉末和保护气体喷出时的运动状态和轨迹发生改变,金属粉末进入熔池凝固成形后可获得较高的平整度和较小的表面粗糙度,不仅粉末利用率提高,孔隙和微裂纹减少,而且制得的零件具有较高的硬度和拉伸性能。

超声骨切削技术中实际应用最多的是超声骨钻与超声骨刀。骨钻常用于骨折修复手术以及整形外科、创伤外科,但骨钻在手术过程中易出现分层与微裂纹,会严重阻碍手术后再生,不利于骨缝合和愈合,超声骨钻可在很大程度上解决上述问题。

超声骨刀利用了空化效应、高强度聚集、机械碎裂效应等原理,具有操作简单、对骨周边组织损伤小、止血性能好等优点,并且可识别软硬组织,对有大量神经聚集的头颅、脊柱等部位手术意义重大,可缩短治疗时间、增强术后稳定性。

超声刀在切割组织的过程中可使创口处的蛋白质变性凝结，从而封闭血管，进而缩短手术时间、减少缝合次数、降低术后风险，对软组织尤其是大量血管、神经集中的腺体部位手术有重要作用。

超声微创手术工具还在聚焦癌症治疗、活检穿刺、内窥检测等多个领域具有应用价值，并在临床医疗的多个方面取得应用，其具备的病人出血少、痛苦小、住院时间短、术后引流量与并发症少、恢复速度快等特点，有利于在手术中保证正常组织器官功能不受影响，降低机体的应激反应和免疫机能损伤，可减轻病人对手术的痛感与恐惧感。

6. 难加工材料、复合材料的超声加工

一般的难加工材料有高温合金、钛合金、高强度钢、复合材料、陶瓷材料等，这些材料具有极高的硬度和脆性，传统的加工方法难以加工，但超声加工对难加工材料有着极强的切削能力，所以被广泛应用在难加工材料的加工领域上。

陶瓷材料是典型的难加工材料，一直以来磨削是唯一的加工方法。随着技术的发展，人们尝试采用超声波、电火花、离子束、激光及复合加工等方法来加工陶瓷，并且取得了一定的研究成果。其中超声波加工陶瓷材料有着独特的优势。在超声辅助切削条件下，可以降低切削力与加工损伤，产生的热量少，提高加工效率，并且减轻刀具的磨损。此外超声旋转加工也可以应用到陶瓷的加工中。

碳纤维是一种由碳元素组成的特种纤维，其具有低密度、高强度的特点，工业上对碳纤维材料切片加工采用的是往复式游离磨料线锯切片技术，但其加工效率低，线锯寿命短。在超声辅助作用下，加工过程中锯切力更小，表面粗糙度值更低，工件加工轨迹直线度以及表面加工质量更好。

聚晶金刚石（PCD）是一种新型材料，它与天然金刚石性能相近，具有十分广阔的应用前景。但是PCD硬度高、耐磨性好，传统的加工方法难以对其进行有效的加工。用电火花超声复合加工技术可以对聚晶金刚石进行研磨与抛光加工。

在高硬度、高强度钢材加工方面，超声加工也具有一定优势。对淬硬钢超声振动切削相对于传统切削，可以获得纳米级的表面质量，并且具有更低的切削力和刀具磨损量。

研究证明，超声加工技术可以有效解决难加工材料的加工难题，可以明显降低切削力与加工损伤，减少刀具磨损量，抑制脆性材料边缘破损，减少表面微裂纹的产生，并且能够提升工件的表面加工质量与加工效率。依靠超声加工难加工材料的技术优点，难加工材料在相关工业领域必将得到更为广泛的应用。

以碳纤维增强树脂基复合材料（CFRP）和连续纤维增韧陶瓷基复合材料（CFRMC，如 C/SiC、SiC/SiC 等）为代表的纤维复合材料，在国防、航空航天等领域的应用需求愈发强劲。纤维复合材料在加工时，容易出现毛刺、分层、撕裂、纤维拔出、基体裂纹等加工损伤，也存在刀具磨损严重问题，使用旋转超声加工来加工这类材料具备一定的可行性。

1.9　高能束加工

1.9.1　激光加工

1. 激光加工的原理及特点

激光是一种通过入射光子的激发，使处于亚稳态的较高能级的原子、离子或分子跃迁回到低能级的同时完成受激辐射所发出的光。由于这种受激辐射所发出的光与引起这种受激辐射的入射光在相位、波长、频率和传播方向等方面完全一致，激光除具有一般光的共性之外，还具有亮度高，方向性、单色性和相干性好等特点。由于激光的单色性好和具有很小的发散角，因此在理论上可聚焦到尺寸与光波波长相近的小斑点上。其焦点处的功率密度可达 $10^7 \sim 10^{11} \mathrm{W/cm^2}$，温度可高至万度以上，使任何坚硬的材料都将在瞬时（$<10^{-3}\mathrm{s}$）被急骤熔化和蒸发，并通过所产生的强烈冲击波被喷发出去。因此，可以利用激光进行各种材料（金属、非金属）的打孔、切割等加工。

由于产生激光的工作物质不同，激光器可分为固体激光器和气体激光器两大类，它们的性能及特点见表 1.9-1。

激光加工的主要特点是：

1）能量密度高（可达 $10^7 \mathrm{W/cm^2}$），聚焦小，因此可对任何材料进行精密加工。

2）能用反射镜将激光束送往远离激光器的地点进行加工。

3）加工变形及热变形均很小。

4）能通过透明窗口对隔离室或真空室内的零件进行加工。

5）与电子束加工相比，不需要真空环境，也不会产生 X 射线，是一种无公害加工。

2. 激光加工的设备组成

（1）固体激光加工设备

激光加工设备由三部分组成，即激光器、激光电

表 1.9-1　几种用于加工的激光器

种　类		基　体	激活物质	激光波长 /μm	输出形式	特　　点
固体激光器	红宝石	Al_2O_3	Cr^{3+} 离子	0.6943	可见光脉冲输出	能量效率低,仅为 0.1%~0.3%,由于输出可见红光,故便于观察、调整。工作频率较低(<1 次/s),一般只适合小功率加工或测量用
	钕玻璃	玻璃	Nd^{3+} 离子	1.065	不可见光脉冲或连续输出	能量效率低,为 1% 左右。由于钕玻璃价廉,故有一定应用面。工作频率 2 次/s,适用于小功率精加工用
	YAG(掺钕钇铝石榴石)	$Y_3Al_5O_{12}$	Nd^{3+} 离子	1.065	不可见光脉冲或连续输出	能量效率低,为 3% 以下,为固体激光器中最高者。聚光性好,适于精加工用,目前 150~200W 级实用加工装置性能稳定,今后可发展成为中等功率激光器而爱到重视
气体激光器	CO_2	CO_2-He-N_2	CO_2 分子	10.63	不可见光连续输出	能量效率高,在大气中传输损失小,能量效率 5%~10% 的装置已实际应用,能实现大功率输出,5~10kW 已达到高度可靠的实用水平,可广泛用于进行各种材料的切割

源及控制系统、聚焦及光学系统。

1）激光器。它是激光加工设备的核心,能把电能转换成激光束输出。对固体激光器,由光泵、谐振腔（由全反射镜、半反射镜组成）、工作物质、聚光器、聚焦透镜等组成,见图 1.9-1。

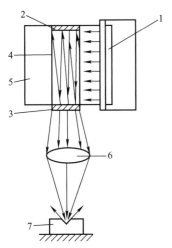

图 1.9-1　固体激光器结构原理
1—光泵（激励脉冲氙灯）　2—全反射镜
3—半反射镜　4—激光器工作物质　5—聚
光器　6—聚焦透镜　7—工件

光泵:常用脉冲氙灯或氪灯做光泵。通过光泵的照射使工作物质中的某些离子（或原子、分子）由低能级激发到高能级并形成粒子数反转,在外加光子的激发下实现受激辐射跃迁,发出激光。

谐振腔:由两块互相平行的同轴平面反射镜组成,谐振腔的长度为激光半波长的整数倍,可使激光在谐振腔内来回多次反射,以便互相激发实现光放大,并最后通过谐振腔的一块半反射镜输出,发出激光。

工作物质:固体激光器的工作物质主要是红宝石、钕玻璃及掺钕钇铝石榴石（YAG）。

聚光器:形状有球形、圆柱形、椭圆柱形等。它可将光泵发出的光有效而均匀地反射到激光器工作物质上。为了提高反射效率,聚光器内面需磨平抛光至 Ra 值为 0.025μm,并蒸镀一层银膜、金膜或铝膜。

2）激光电源及控制系统。包括光泵的电源系统和输出方式（连续或脉冲输出）的控制系统。

图 1.9-2 所示为小型固体激光器的电路原理图。这种小型固体激光器电路主要分为两部分:一为高压脉冲氙灯（光泵）的充电回路,这由变压器、整流及充电回路组成;二为光泵（氙灯）的点燃触发系统,由手动触发或自动触发回路组成。当氙灯被触发点燃时,固体激光器将吸收光能经谐振腔内多次反射实现光放大后形成激光经透镜聚焦后射向工件。

3）光学系统。光学系统包括激光束的聚焦装置和激光加工机的光学对刀系统。

（2）CO_2 气体激光加工设备

CO_2 气体激光器是在体积分数 80% He、体积分数 15% N_2 及体积分数 5% CO_2 的混合气体中进行放电,利用电子的碰撞激发工作物质,从而形成粒子数反转的分子激光器。

CO_2 激光是用于金属加工最有希望的连续波大功率激光。一般金属表面对激光的反射率有时高达 95% 以上,因此激光能量未必能有效的起作用,但是,金属材料的吸收系数随温度上升而增大,而且 CO_2 激光对陶瓷类的反射率比金属要小得多。因此,CO_2 大功率激光对材料的加工具有广泛的应用前景。

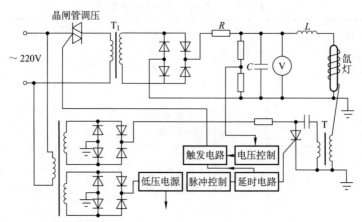

图 1.9-2　小型固体激光器的电路原理图

图 1.9-3 所示为 CO_2 激光器结构示意图。这种 CO_2 激光器的输出功率与放电管的长度成正比，每米约 50W，因此，一个小功率的激光器也将长达几米。对于千瓦级的 CO_2 激光器，最常见的是同轴（轴流）型，见图 1.9-4。这种轴流型激光器结构简单，增益大而均匀，放电稳定，是一种应用时间较长的产品结构。

由于 CO_2 激光的波长为 $10.6\mu m$，一般光学玻璃无法通过，因此，谐振腔的半反射镜必须用特殊的红外材料（砷化镓、锗单晶等）制造。

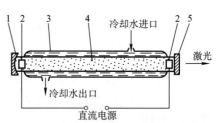

图 1.9-3　CO_2 激光器结构示意图
1—反射凹镜　2—电极　3—放电管　4—CO_2
气体　5—半反射平镜（红外材料）

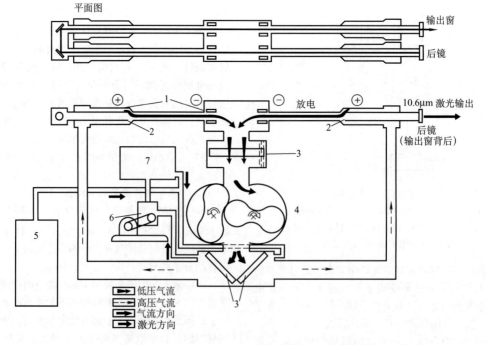

图 1.9-4　同轴（轴流）型 CO_2 气体激光器（千瓦级）
1—电极　2—喷嘴　3—热交换器　4—送风泵　5—气体控制及电源　6—真空泵　7—气体循环器

大功率 CO_2 气体激光器所输出的连续激光，可以切割钢板、钛板、石英、陶瓷以及塑料、木材、布匹、纸张等，其工艺效果都很好。生产实践表明，切割金属材料时，采用同轴吹氧工艺，可以大大提高切割速度，而且切口的表面也有明显改善。切割布匹、纸张、木材等易燃材料时，则采用同轴吹保护气体（二氧化碳、氩气、氮气等），能防止烧焦母材并可缩小切缝。

3. 激光切割的工艺参数

利用 YAG 激光及 CO_2 激光器对各种材料的打孔及切割的有关参数见表 1.9-2～表 1.9-4。

表 1.9-2　用 YAG 激光进行孔加工时的有关数据

工件材料	加工孔直径/mm	加工深度/mm	加工时间/min 辅助吹氧	空气	辅助吹氢	波长为 10.6μm 的激光平均功率/W	最大加工厚度/mm
304 不锈钢		3.05	1.46	1.33	3.69	31	4.83
铍		1.24	4.63	3.41	0.56	24	5.03
3003 铝合金		1.65	很长	0.99	0.28	31	3.10
钨	0.1～0.13	0.84	0.32	0.27	1.34	31	2.54
钽		1.30	0.44	0.35	1.88	42	2.67
铜		2.54	1.63	1.01	很长	31	3.18
AZ31 镁合金		3.12	很长	12.50	0.36	42	3.12
铀		1.35	0.20	0.22	0.43	42	3.18

表 1.9-3　利用 CO_2 激光器切割金属的有关数据

工件材料	板厚/mm	切割速度/(m/min)	切口宽度/mm	热影响层深度/mm	激光功率/kW	喷吹气体及压力/MPa
轧制钢材	1.2	4.6	0.2	—	0.4	O_2
	2.2	5	0.43	0.07	0.9	O_2 0.15
	3.3	3.5	0.45	0.108	0.9	O_2 0.15
不锈钢	2	3	0.4	0.089	0.9	O_2 0.15
	6.35	0.51	0.2	0.05	1	—
	25.4	0.51	<2.5	—	12	惰性气体
镍基合金	—	—	表面　里面	—	—	—
	0.76	10.16	0.25　0.25	—	0.75	O_2 0.7
	1.52	5.08	0.38　0.15	—	3	CO_2 1.4
	3.18	3.56	0.5　0.48	—	6	CO_2 2.1
钛	1.57	3.05	0.91　0.76	—	3	空气 1.4
	3.18	2.03	0.58　0.51	—	3	空气 1.4
	19	1.52	1.5　—	—	3	O_2 8.4
铝	1	6.35	—	—	3	O_2
	3.18	2.54	—	—	4	O_2
	12.7	0.76	—	—	5.7	O_2

表 1.9-4　CO_2 激光器切割非金属的有关数据

材料	厚度/mm	切割速度/(m/min)	切口宽度/mm	功率/W	材料	厚度/mm	切割速度/(m/min)	切口宽度/mm	功率/W
ABS 塑料	0.89	4.9	0.63	150	纸	0.28	12.2	0.13	80
ABS 塑料	2.54	1.8	0.63	150	纸	2.54	2.3	3.81	80
有机玻璃	1.27	3.0	0.38	80	聚乙烯	0.10	42.6	0.13	80
有机玻璃	3.17	3.2	0.51	200	聚酯胶片	0.038	146.3	0.13	80
有机玻璃	12.7	0.3	0.89	200	聚酯胶片	0.18	33.5	0.13	80
有机玻璃	25.4	0.08	1.52	200	聚丙烯	0.30	13.7	0.20	50
硬纸板	0.3	18.2	0.13	80	聚丙烯	3.30	0.7	0.38	70
棉纱网	0.15	73.1	0.25	80	聚乙烯/玻璃纤维复合材料	3.17	0.56	—	150
尼龙网	0.20	36.6	0.38	20	聚乙烯/玻璃纤维复合材料	2.79	0.35	—	150
纸	0.03	167.6	0.13	25	聚酯/玻璃纤维复合材料	3.20	0.12	1.01	200
纸	0.20	21.3	0.13	80					

（1）切口宽度

激光切割时，其切口宽度随材料的性质、厚度及激光功率大小而变化，但是，总的切口宽度是很小的。图 1.9-5 所示为切口宽度与材料厚度的关系。

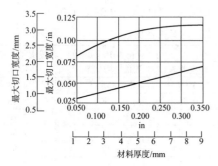

图 1.9-5　激光切割切口宽度
与材料厚度的关系

CO_2 激光功率：250W　喷口压力：

276kPa　间隙：0.25~0.76mm

（2）切割速度

当工件厚度增加时，切割速度将下降，见图 1.9-6 和图 1.9-7。

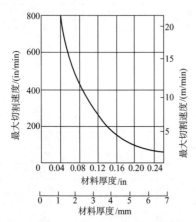

图 1.9-6　激光切割速度与材料厚度的关系
工件材料：302 不锈钢　激光功率：1250W

1.9.2　电子束加工

1. 电子束加工的原理及特点

在真空条件下，当用电流加热阴极时，就会有电子逸出。在很高的加速电压（可高达 150kV 以上）的作用下，负电子将以高速向正极运动，其运动速度达光速的 1/3~1/2。如果用电磁透镜对运动的电子束聚焦，高速运动的电子束轰击工件时，将动能变为热能，足以使工件熔化或气化，这就是电子束加工的基本原理。其装置见图 1.9-8。适当控制电子束的运动轨迹或聚焦焦点的大小，就可分别完成电子束打孔、

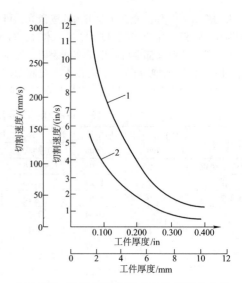

图 1.9-7　激光切割速度与工件厚度的关系
1—500W　2—200W　工件材料：有机玻璃板

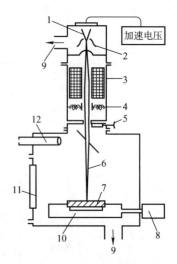

图 1.9-8　电子束加工装置基本结构图
1—电子枪　2—束流强度控制　3—束流聚焦控制
4—束流位置控制　5—更换工件用截止阀　6—电子束　7—工件　8—驱动电动机　9—抽气孔
10—工作台　11—窗口　12—观察孔

切割、焊接以及区域精炼、光刻等一系列的工作。

电子束加工有下列特点：

1）电子束聚焦精细。聚焦后的电子束，其焦点很小。当电流为 1~10mA 时，能聚焦到 10~100μm；当电流为几个 μA 时，可聚焦到 1μm；当电流为 1nA 时，能聚焦到 0.1μm；当电流为 1pA 时，可聚焦到 <0.01μm。

2）能量密度高。电子束聚焦后，其能量密度极高，可达 $10^5 \sim 10^9 \mathrm{W/cm^2}$。

3）电子束加工是在真空中进行，因此污染小，加工中不会产生氧化，也不会在加工过程中改变化学成分。

4）电子束加工设备复杂，投资高。由于真空室的限制，因此不适合大尺寸零件的加工。在加工中由于电子的轰击，会产生有害的 X 射线，必须建立必要的防护，因此限制了电子束加工的应用。

2. 电子束加工的工艺规律

（1）电子束加工的生产率

电子束加工一般只应用于各种材料（金属或非金属）的微细加工，如加工直径为 0.001~0.5mm 的深孔、利用电子束光刻宽 0.25μm 的窄槽等。其生产率与功率和材料的熔点有关，见图 1.9-9。

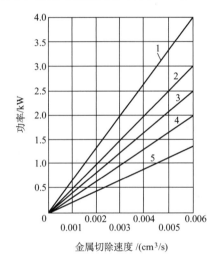

图 1.9-9　电子束加工时功率
与切除速度的关系
1—钨　2—钼　3—铁　4—钛　5—铝
条件：设切削效率为 15%

加工密集小孔时，其生产率按每秒加工的孔数计算，生产率与孔的直径及孔的深度有关，当孔径与孔深增加时，每秒加工的孔数将大大下降（见图 1.9-10）。

（2）电子束加工精度

图 1.9-11 列出了加工孔径和孔径加工误差的关系，孔径和加工厚度越大，误差越大。用电子束加工孔，其孔径几乎在 0.025~1mm，厚度都在 0.02~5mm 之间，此时的孔径误差为 8~50μm 以内。

3. 电子束加工的应用

在机械制造中，电子束加工主要用来进行打孔和开槽，例如用来加工合成纤维喷丝头（见图 1.9-12）。不同功率密度电子束的应用范围见表 1.9-5。利用电子束加工孔和槽的工艺参数见表 1.9-6 和表 1.9-7。

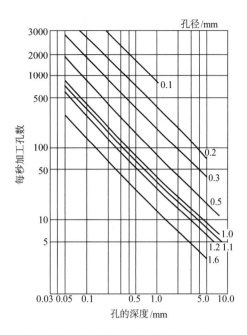

图 1.9-10　生产率与孔深及孔径的关系
材料：镍钴合金

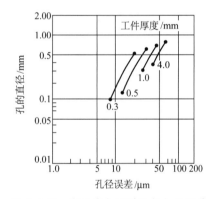

图 1.9-11　电子束加工时孔径加工误差
随孔径和工件厚度的变化

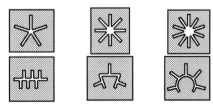

图 1.9-12　电子束加工喷丝头的异形孔

1.9.3　离子束加工

1. 离子束加工原理及其特点

离子束加工（Ion Beam Machining, IBM）是新发

表 1.9-5　不同功率密度的电子束加工的一般应用范围

功率密度/（W/cm²）	应 用 情 况
$10^2 \sim 10^3$ （$6.45 \times 10^2 \sim 6.45 \times 10^3$）	使油漆、橡胶、塑料等在很短时间内聚合。同时，也适用于以高分辨率和大于 5m/s 的光刻速度来制造集成电路，当大量生产时，这是一种经济的工艺方法
10^4（6.45×10^4）	在塑料制品上加工高密集度的小孔
$10^5 \sim 10^6$ （$6.45 \times 10^5 \sim 6.45 \times 10^6$）	用于电子束焊接。用于电子束热处理进行表面淬火和改性，也可用于真空熔炼
10^7（6.45×10^7）	用于电子束加工孔和开槽
10^8（6.45×10^8）	用于对陶瓷及半导体材料的刻蚀，已进行微电子器件的生产
10^9（6.45×10^9）	用于物质由固体到气体的直接转变（升华），为减少热影响区，应采用窄脉冲，这可用高频脉冲电子束或电子束与工件的快速运动来实现

表 1.9-6　用电子束加工孔常用工艺参数

工件材料	工件厚度/mm	孔径/mm	加工时间/s	加速电压/kV	额定电子束电流/μA	额定脉宽/μs	额定脉冲频率/Hz
400 系列不锈钢	0.25	0.013	<1	130	60	4	3000
氧化铝（Al_2O_3）	0.76	0.30	30	125	60	80	50
钨	0.25	0.03	<1	140	50	20	50
90-10 钽钨合金	1.02	0.13	<1	140	100	80	50
90-10 钽钨合金	2.03	0.13	10	140	100	80	50
90-10 钽钨合金	2.54	0.13	10	140	100	80	50
不锈钢	1.01	0.13	<1	140	100	80	50
不锈钢	2.03	0.13	10	140	100	80	50
不锈钢	2.54	0.13	10	140	100	80	50
铝	2.54	0.13	10	140	100	80	50
钨	0.41	0.08	<1	130	100	80	50
石英	3.18	0.03	<1	140	10	12	50

表 1.9-7　用电子束加工开槽常用工艺参数

工件材料	工件厚度/mm	槽形或尺寸/mm	速度或时间	加速电压/kV	平均电子束电流/μA	脉宽/μs	脉冲频率/Hz
不锈钢	1.57	矩形 0.20×6.35	5min	140	120	80	50
淬硬钢	3.18	矩形 0.46×1.83	10min	140	150	80	50
不锈钢	0.18	宽　0.10	51mm/min	130	50	80	50
黄铜	0.25	宽　0.10	51mm/min	130	50	80	50
不锈钢	0.05	宽　0.05	102mm/min	130	20	4	50
氧化铝（Al_2O_3）	0.75	宽　0.10	610mm/min	150	200	80	200
钨	0.05	宽　0.03	178mm/min	150	30	80	50

展起来的一种特种加工方法，离子束加工的离子源是气体电离所产生的等离子体。由电场将正离子从等离子体中引出并使其向负极加速，得到具有一定能量的离子束，利用高速运动的离子束的动能撞击对工件进行加工的方法，称为离子束加工。

目前用于改变零件尺寸和表面机械物理性能的离子束加工有：离子束刻蚀、溅射镀膜、离子镀和离子注入（离子改性）。

离子束刻蚀是用能量为 $0.1 \sim 5keV$ 的 Ar 离子轰击工件，使其表面的原子逐个剥离（溅射），这种工艺实质上是一种原子级的切削加工（见图 1.9-13a）。

离子束刻蚀由于其加工精度高，重复性好，不产生加工应力（或者说应力区很小，只有 $0.01\mu m$），不要润滑，不要冷却，能够加工任何材料，可以加工用其他常规加工方法无法加工的高精度工件。利用离子束刻蚀可在微电子器件中刻出 $0.1\mu m$ 的线条，加工误差不大于 5nm。

离子溅射也是采用能量为 $0.1 \sim 5keV$ 的 Ar 离子去轰击由某种材料制成的靶（见图 1.9-13b），离子将由镀膜材料制成的阴极靶材原子击出（溅射效应），使其沉积到靶材附近的工件上，进行镀膜。现在，可以在任何物质的表面用离子溅射镀制任何物质

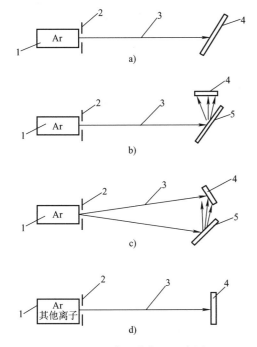

图 1.9-13　离子束加工示意图

a）离子刻蚀　b）离子溅射　c）离子镀　d）离子注入

1—离子源　2—加速极　3—离子束

4—工件　5—靶材

的薄膜，并且具有膜和基体附着力强、膜层均匀、镀膜成分易控制、可方便地镀制多层膜和可以长期连续进行等特点。

离子镀与离子溅射的不同之处在于：不论用什么方法在工件上镀膜（例如用真空蒸镀或离子溅射）的同时，被镀的膜层一直受到离子的轰击（见图 1.9-13c）。这种在溅射离子轰击下进行的镀膜，称为离子镀。

离子镀具有镀膜附着力强、膜层不易脱落及沉淀速率高、无污染等优点，目前已用于镀制具有润滑膜、耐热膜、耐蚀膜、装饰膜等功能的镀层，具有很大的发展潜力。

离子注入（表面改性）是向工件表面直接注入离子（见图 1.9-13d）。也就是将选定元素的离子加速后使离子具有很大的动能（50~600keV），高能离子垂直撞击工件表面时，能注入工件表面并固溶在工件材料中，含量可达 10%~40%，注入深度可达 $1\mu m$。利用离子注入在微电子工业中可实现各种半导体材料的制备，在机械行业中，可提高工件硬度、提高耐磨性、延长抗疲劳寿命和改善耐蚀性。

离子束加工有以下特点：

1）离子束可以进行纳米（$0.001\mu m$）级的精加工，离子镀膜也可控制在亚微米级，因此，离子束加工是目前特种加工中最精密、最精细的加工。

2）离子束加工在高真空中进行，污染少，尤其适合特殊材料的加工。

3）离子束的加工是靠离子轰击进行的，加工应力、变形极小，加工质量高。

4）离子束加工设备昂贵，成本高，加工效率低，故应用范围受到限制。

2. 离子束加工的应用

离子束加工（包括离子束刻蚀、离子溅射、离子镀和离子注入）在切削工具和装饰业中应用较广。

表 1.9-8 列出了一些典型材料的刻蚀率数据，表 1.9-9 列出了离子束刻蚀加工速度的数据。

表 1.9-8　离子束加工的刻蚀率

工件材料	刻蚀率 /（nm/min）	工件材料	刻蚀率 /（nm/min）
Si	36	Fe	32
GaAs	260	Mo	40
Ag	200	Ti	10
Au	160	Cr	20
Pt	120	Zr	23
Ni	54	Nb	30
Al	55		

注：加工条件，电压为1000eV，束流为1mA/cm^2，垂直入射。

表 1.9-9　离子束刻蚀的加工速度

材料	硅	砷化镓	石英	陶瓷	银	金	铝	铁	铌
加工速度 /（μm/h）	2.0	15	2.3~2.5	0.8	18	12	2.6	1.9	1.8

注：加工条件，电压为1000eV，束流为0.85mA/cm^2，束流直径为5cm，氩离子束与被加工表面的夹角为25°。

表 1.9-10 列出了离子镀的一些典型应用实例。

离子注入可以改变金属的表面性能，其耐磨效果见表 1.9-11。

表 1.9-10　离子镀应用实例

用途	镀膜	基体	应用范围
耐磨表面硬化	TiC、TiN、Al$_2$O$_3$、WC、Cr	高速钢、硬质合金、模具钢、碳钢	刀具、模具、超硬工具、机械零件
	TiO$_2$、SiO$_2$、Si$_3$N$_4$	钢、塑料、半导体	表面强化
耐热	Al、W、Mo、Ta、Ti	钢、不锈钢、耐热合金	排气管、耐火材料、发动机零件、航天器件

(续)

用途	镀膜	基体	应用范围
耐蚀	Al、Zn、Cd、Ta、Ti	普通钢、结构钢、不锈钢	飞机、船舶、汽车零件
润滑	Au、Ag、Pb、Cu-Au、Pb-Sn、MoS_2	高温合金、轴承钢	喷气发动机轴承,航空航天及高温旋转器件
装饰	Au、Ag、Ti、Al、TiN、TiC	钢、黄铜、铝、铜、不锈钢、玻璃、塑料、手工艺品	首饰、奖牌、钟表、眼镜镀 TiN 后成为黄金色,比电化学镀金耐磨而成本低

表 1.9-11　离子注入零件后的耐磨效果

工件	材料	注入剂量	效果
切纸刀	质量分数 1%Cr~1.6%Cr 的钢	$8 \times 10^{17} N^+/cm^2$	寿命延长 2 倍以上
钻头	高速钢	$8 \times 10^{17} N^+/cm^2$	寿命延长 5 倍以上
切橡胶刀	WC 含质量分数 6%Co	$8 \times 10^{17} N^+/cm^2$	寿命延长 12 倍以上
模具	WC 含质量分数 6%Co	$5 \times 10^{17} C^+/cm^2$	产量增加 5 倍以上

1.10　化学加工

化学加工(Chemical Machining, CHM)是利用酸、碱、盐等化学溶液对金属产生化学反应,使金属腐蚀溶解,改变工件尺寸和形状(以至表面性能)的一种加工方法。

化学加工的应用形式很多,但属于成形加工的主要有化学铣切(化学蚀刻)和光化学腐蚀加工法。属于表面加工的有化学抛光和化学镀膜等。

1.10.1　化学铣切加工

化学铣切(Chemical Milling, CHM),实质上是较大面积和较深尺寸的化学腐蚀(Chemical Etching),它的原理如图 1.10-1 所示。先把工件非加工表面用耐蚀性涂层保护起来,露出需要加工的表面,浸入化学溶液中进行腐蚀,使金属按特定的部位溶解去除,达到加工目的。

金属的溶解作用,不仅在垂直于工件表面的深度方向进行,而且在保护层下面的侧向也进行溶解,并呈圆弧状,如图 1.10-1 中的 H 和 R。

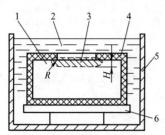

图 1.10-1　化学铣切加工原理

1—工件　2—化学溶液　3—化学腐蚀部分
4—保护层　5—溶液箱　6—工作台

金属的溶解速度与工件材料的种类及溶液成分有关。

1. 化学铣切的特点

1)可加工任何难切削的金属材料,而不受任何硬度和强度的限制,如铝合金、钼合金、钛合金、镁合金、不锈钢等。

2)适于大面积加工,可同时加工多件。

3)加工过程中不会产生应力、裂纹、毛刺等缺陷,表面粗糙度 Ra 可达 2.5~1.25μm。

4)加工操作技术比较简单。

2. 化学铣切的缺点

1)不适宜加工窄而深的槽和型孔等。

2)原材料中缺陷和表面不平度、划痕等不易消除。

3)腐蚀液对设备和人体有危害,故需有适当的防护性措施。

3. 化学铣切的应用范围

1)主要用于较大工件的金属表面厚度减薄加工。铣切厚度一般小于 13mm。如在航空和航天工业中常用于局部减轻结构件的重量,对大面积或不利于机械加工的薄壁形整体壁板的加工也适宜。

2)用于在厚度小于 1.5mm 薄壁零件上加工复杂的形孔。

4. 化学铣切的主要过程(见图 1.10-2)

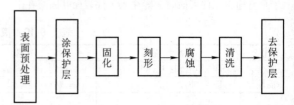

图 1.10-2　化学铣切工艺过程

（1）涂覆

在涂保护层之前，必须把工件表面的油污、氧化膜等清除干净，再在相应的腐蚀液中进行预腐蚀。在某种情况下还要进行喷砂处理，使表面形成一定的粗糙度，以保证涂层与金属表面黏结牢固。

常用的保护层有氯丁橡胶、丁基橡胶、丁苯橡胶等耐蚀涂料。

涂覆的方法有刷涂、喷涂、浸涂等。涂层要求均匀，不允许有杂质和气泡。涂层厚度一般控制在0.2mm左右。涂后需经一定时间并在适当温度下加以固化。

（2）刻形或划线

刻形是根据样板的形状和尺寸，把待加工表面的涂层去掉，以便进行腐蚀加工。

刻形的方法一般采用手术刀沿样板轮廓切开保护层，再把不要的部分剥掉。图1.10-3所示为刻形尺寸与腐蚀层关系示意图。

试验证明，腐蚀深度 H 与侧面腐蚀宽度 B 具有下列尺寸关系：

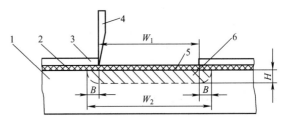

图 1.10-3　刻形尺寸与腐蚀层关系示意图
1—工件　2—保护层　3—刻形样板　4—刻形刀　5—应切除的保护层　6—蚀除部分

$$K = 2H / (W_2 - W_1) = H / B$$

或

$$H = KB$$

式中　K——腐蚀系数，根据溶液成分、浓度、工件材料等因素，由试验确定；
　　　W_1——刻形尺寸；
　　　W_2——最终腐蚀尺寸。

刻形样板多采用1mm左右的硬铝板制作。

（3）腐蚀

化学铣切的溶液随加工材料而异，其配方见表1.10-1。

表 1.10-1　加工材料及腐蚀溶液配方

加工材料	溶液的组成	加工温度 /℃	腐蚀速度 /（mm/min）
铝、铝合金	NaOH（150~300g/L）（Al：5~50 g/L）[①]	70~90	0.02~0.05
	FeCl₃（120~180g/L）	50	0.025
铜、铜合金	FeCl₃（300~400g/L）	50	0.025
	（NH₄）₂S₂O₃（200g/L）	40	0.013~0.025
	CuCl₂（200g/L）	55	0.013~0.025
镍、镍合金	HNO₃（48%）+H₂SO₄（5.5%）+H₃PO₄（11%）+CH₃COOH（5.5%）	45~50	0.025
	FeCl₃（34~38g/L）	50	0.013~0.025
不锈钢	HNO₃（3N）+HCl（2N）+HF（4N）+C₂H₄O₂（0.38N）（Fe：0~60 g/L）[①]	30~70	0.03
	FeCl₃（35~38g/L）	55	0.02
碳钢、合金钢	HNO₃（20%）+H₂SO₄（5%）+H₃PO₄（5%）	55~70	0.018~0.025
	FeCl₃（35~38g/L）	50	0.025
	HNO₃（10%~35%）	50	0.025
钛、钛合金	HF（10%~50%）	30~50	0.013~0.025
	HF（3N）+HNO₃（2N）+HCl（0.5N）（Ti：5~31 g/L）[①]	20~40	0.001

注：百分数均为体积比。
① 为溶液中金属离子的允许含量，即质量浓度。

1.10.2　光化学腐蚀加工

光化学腐蚀加工简称光化学加工（Optical Chemical Machining，OCM）是光学照相制版和光刻（化学腐蚀）相结合的一种精密微细加工技术。它与化学铣切（化学刻蚀）的主要区别是不靠样板人工刻形、划线，而是用照相感光来确定工件表面要蚀除的图形、线条，因此可加工出非常精细的集成电路图案，已在半导体工业、集成电路芯片制造以及刻蚀复杂精密的片状零件方面获得十分广泛的应用。

1.10.3　化学抛光

化学抛光（Chemical Polishing，CP）的目的是改善工件表面粗糙度或使表面平滑化和光泽化。

一般是用硝酸或磷酸等氧化剂溶液，在一定条件下，使工件表面氧化，此氧化层又能逐渐溶入溶液，表面微凸起处被较快、较多地氧化，微凹处的氧化则慢而少；凸起处的氧化层又比凹处更多、更快地扩散、溶解于酸性溶液中，因此使加工表面逐渐被整平，达到表面平滑化和光泽化。

化学抛光可以大面积或多件抛光薄壁、低刚度零件，可以抛光内表面和形状复杂的零件，不需外加电源、设备，操作简单、成本低。其缺点是化学抛光效果比电解抛光效果差，且抛光液用后处理涉及环境保护问题。

1.11 水喷射切割

1.11.1 水喷射切割加工的基本原理及特点

水喷射切割（Water Jet Cuting，WJC），又称液体水射流加工（Liguid Jet Machining，LJM），是利用超高压、超高速流动的水束流冲击工件而进行加工的（见图 1.11-1）。超高压（可达 700MPa）的水由口径约 0.5mm 的喷嘴射出，以 2~3 倍声速的速度冲击加工表面，"切屑"和水流混在一起从出口流出。加工时，能量密度可达 $10^{10}\mathrm{W/mm^2}$，流量达 7.5L/min。

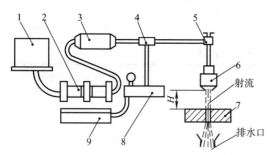

图 1.11-1　水喷射切割原理
1—给水器　2—泵　3—蓄能器　4—控制器
5—阀门　6—蓝宝石喷嘴　7—工件
8—增压器　9—液压装置

水喷射切割的特点是：

1）加工过程"刀具"不会变钝，切割质量稳定，可切割各种金属和非金属材料，俗称"水刀"。

2）切缝窄，为 0.08~0.5mm，可节省材料、降低成本。

3）切割过程不会产生灰尘及火灾。

4）切割温度低，可切割纸、木材、纤维及其制品。

水喷射切割加工常见的工艺参数见表 1.11-1。

1.11.2 水喷射切割加工的基本工艺规律

（1）加工速度

增大喷嘴直径可提高加工速度，增大液体压力也可提高切割速度并增大加工深度，改善切割质量，见图 1.11-2。

表 1.11-1　水喷射切割加工常见的工艺参数

	种类	水或水中加添加剂
液体	添加剂	甘油、防锈剂或石英砂
	压力/MPa	69~415
	射流流速/(m/s)	305~915
	流量/(L/min)	≈7.5
	作用到工件上的力/N	45~134
	功率/kW	≈38
	切削速度(进给速度)/(m/s)	一般到 4
喷嘴	材料	常用人造蓝宝石，也可用淬火钢、硬质合金
	直径/mm	0.075~0.38
	与垂直方向夹角	0°~30°
	切缝宽度/mm	0.08~0.5
	喷射距离/mm	2.5~50,常用 3

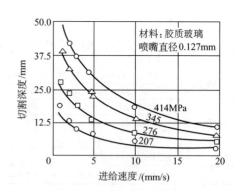

图 1.11-2　加工胶质玻璃时，在不同压力下切割深度和进给速度的关系

喷射距离和切割速度有密切关系，针对某一具体加工条件，喷射距离 H 有一个最佳值，加工铝材时喷射距离和穿透深度的关系见图 1.11-3。

（2）加工精度

切割精度对压力变化并不敏感，仅受机械元件精度的限制。一般来说，喷嘴尺寸越小，加工精度越高。切缝宽度大约比所用喷嘴直径大 0.025mm；进给速度越低，切割质量越好。

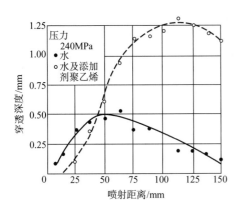

图 1.11-3　加工铝材时喷射距离
和穿透深度的关系

1.11.3　水喷射切割加工的应用

水喷射加工可切割各种塑料、皮革、木材、纸、各种纤维制品、黑色及有色金属等。此外，还可用于各种机械零件的去毛刺加工，表 1.11-2 列出了水喷射切割加工的工艺参数。

表 1.11-2　一些材料的水喷射切割的工艺参数

材料	厚度/mm	喷嘴直径/mm	压力/MPa	切割速度/(m/s)
ABS 塑料	2.8	0.075	258	0.0142
铝制蜂窝结构	25	—	420	0.85
板材（粗纸板）	0.4	0.125	177	0.955
棉纱尼龙织物	50 层	—	420	3.20
玻璃钢板（玻璃纤维环氧树脂）	3.55	0.25	412	0.0025
石墨环氧树脂	6.9	0.35	412	0.0275
硬木纸板	—	0.10	248	0.70
皮革	4.45	0.05	303	0.0091
白报纸（新闻纸）	—	0.10	58.5	10.60
胶合板	6.4	—	420	1.70
胶质玻璃	10	0.38	412	0.07
聚碳酸酯	5	0.38	412	0.10
聚乙烯（高密度）	3	0.05	286	0.0092
聚丙烯密封垫	40	—	420	2.50
聚丙烯玻璃纤维	6.4	—	420	0.42
橡皮带（夹棉纱加强）	—	0.05	296	0.0232
苯乙烯	3	0.075	248	0.0064
木制胶合板	2.5	—	420	4.25

1.12　磨料喷射加工

1.12.1　磨料喷射加工的基本原理

磨料喷射加工（Abrasive Jet Machining，AJM）是采用含有微细磨料的高速干燥气流对工件表面喷射以实现材料去除的。磨料喷射加工不同于喷砂，这种加工所选用的磨料更细，而且不能循环使用，加工参数和切割作用需精密控制。可对精密零件进行表面清理和去毛刺，也可对硬脆材料进行切割和刻蚀。磨料喷射加工的示意图见图 1.12-1。

磨料喷射加工的特点：

1）它属于精细加工工艺，主要用于去毛刺、清洗表面、刻蚀等。

2）可以加工导电或非导电材料，也可加工像玻璃、陶瓷、淬硬金属等硬脆材料或是尼龙、聚四氟乙烯、乙缩醛树脂等软材料。

3）可以清理各种沟槽、螺纹及异形孔。

磨料喷射加工常用的工艺参数见表 1.12-1。

1.12.2　磨料喷射加工的基本工艺规律

（1）加工速度

影响加工速度的因素很多，如磨料种类、粒度、喷嘴直径、喷嘴到工件的距离、喷嘴角度和磨料喷射

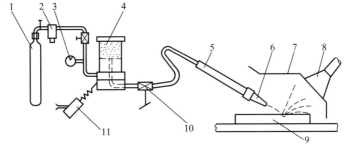

图 1.12-1　磨料喷射加工的示意图
1—压缩气瓶　2—过滤器　3—压力表　4—磨料室和混合室　5—喷射器手柄
6—喷嘴　7—排气罩　8—收集器　9—工件　10—控制阀　11—振动器

表 1.12-1　磨料喷射加工常用的工艺参数

磨料	类　型	氧化铝	用于加工铝和黄铜
		碳化硅	用于加工不锈钢和陶瓷
		碳酸氢钠	用于加工尼龙、聚四氟乙烯、乙缩醛树脂及用于轻微的清理
		玻璃球	用于抛光
	磨料尺寸/μm	10~150	要很好地分类和清理
	流量/(g/min)	1~5	用于精加工
		5~10	用于一般切割
		10~20	用于大功率切割
载流气体	类型	干燥的空气、二氧化碳、氮(不允许用氧气)	
	流量/(L/min)	28	
	压力/MPa	0.2~1.3	
	流速/(m/s)	152~335	
喷嘴	材料	硬质合金或蓝宝石	
	与工件间距/mm	2.54~76	
	口径/mm	$\phi 0.13 \sim \phi 1.2$(圆形);0.075×0.5~0.65×0.65(矩形)	
	工作角/(°)	垂直~与垂直方向成60°	

速度等。一般来说，磨粒越大，喷射速度越高，材料去除速度越快。

磨料流量与加工速度的关系见图 1.12-2。由图可知，当磨料流量较小时，加工速度随磨料流量增加而增加，但当流量增加过大时，由于一部分磨料喷射至工件后会反弹回来与后续喷射而来的磨料相撞，阻挡其对工件的冲击，反而使加工速度下降。

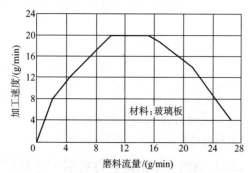

图 1.12-2　磨料流量与加工速度的关系

喷嘴与工件表面间的距离和加工速度间的关系见图 1.12-3。

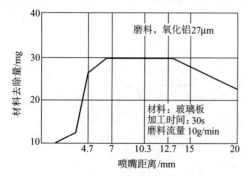

图 1.12-3　喷嘴与工件表面间的距离和加工速度间的关系

由图 1.12-3 可知，当喷嘴距离较小时，由于磨料速度随喷嘴距离逐渐增加而增加，故材料去除量也随喷嘴距离增加而增加；但当喷嘴距离过大后，由于空气的阻力，磨料运行的速度将随喷嘴距离增加而逐渐减少，因而加工速度也逐渐下降。

（2）加工精度

磨料喷射加工可通过喷嘴把流束控制到很小。目前最小切割宽度为 0.13mm，加工误差一般为 ±0.13mm，控制喷嘴距工件表面距离与切割精度有很大关系，见图 1.12-4。

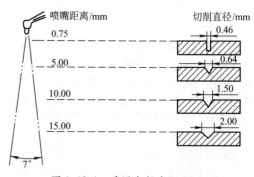

图 1.12-4　采用直径为 0.46mm 的喷嘴的切割宽度

（3）表面质量

磨料喷射加工的表面粗糙度与磨料尺寸有直接关系，见表 1.12-2 和表 1.12-3。

表 1.12-2　磨料喷射加工玻璃的表面粗糙度

磨料类型	磨料尺寸/μm	表面粗糙度 Ra/μm
氧化铝	10	0.15~0.2
	28	0.36~0.51
	50	0.97~1.40

表 1.12-3　磨料喷射加工不锈钢的表面粗糙度

磨料类型	磨料尺寸/μm	表面粗糙度 Ra/μm
氧化铝	10	0.20～0.50
	25	0.25～0.53
	50	0.38～0.96
碳化硅	20	0.30～0.50
	50	0.43～0.86
玻璃球	50	0.30～0.96

加工软质材料时，磨料有可能会嵌进工件表面，因此在进行磨料喷射加工以后，要仔细地清理工件表面、沟槽、缝隙。

1.13　复合加工

1.13.1　关于复合加工的一般概念

随着工业的发展和科技的进步，人们已不满足于采用单一的加工方法加工各种难加工材料的状况，而是希望在生产率、加工精度和适用性等方面比目前有更进一步的突破。目前，常用的手段就是把几种不同的加工方法（可以全是特种加工或特种加工与常规加工）复合在一起，使之相辅相成、互相促进，实现在加工工艺上的新突破。

一般认为，两种或两种以上的加工方法同时作用到一个加工表面上进行加工，就是复合加工（Complex Machining，CM）。但并不是所有的复合加工都会取得相辅相成、互相促进的效果，因为两种加工复合在一起，会有互相促进的一面，也会有互相制约的一面，合理的、切实可行的复合加工工艺，还需要人们在不断的科学实践中创造并完善起来。

1.13.2　超声-电火花复合加工

1. 超声-电火花复合加工的原理

利用电火花对小孔、窄缝进行精微加工时，及时排除加工区的蚀除产物成了保证电火花精微加工能顺利进行的关键所在。当蚀除产物逐渐增多时，电极间隙状态变得十分恶劣，电极间搭桥、短路屡屡发生，使进给系统一直处于进给—回退的非正常振荡状态，火花放电率低于5%，使加工不能正常进行。

如果在小孔或窄缝的电火花精微加工时在工具电极上引入超声振动（见图1.13-1），有利于火花放电率的提高和电蚀产物的排除，因此，超声-电火花复合加工将使加工区的间隙状况得到改善，加工平稳，

1.12.3　磨料喷射加工的应用

(1) 磨光或磨毛玻璃

用此法磨光或磨毛玻璃常比酸蚀或磨削加工更快和更经济。

(2) 清理表面

可以清理陶瓷上的金属污物、金属上的氧化物以及电阻涂层等，还可以剥离金属导线上的封皮材料。

(3) 去毛刺

在航空航天、计算机、医疗器械工业中去除细小零件在螺纹、窄缝、沟槽等处的飞边毛刺。

(4) 加工半导体材料

在像硅、锗、镓等半导体材料上进行钻孔、复杂表面清理、切割、刻蚀等。

有效放电脉冲比例将由5%增加到50%或更高，从而达到提高生产率的目的。

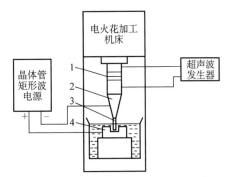

图 1.13-1　超声-电火花复合加工小孔装置
1—压电陶瓷　2—变幅杆
3—工具电极　4—工件

2. 超声-电火花复合加工的影响因素

(1) 加工面积的影响

试验证明，超声-电火花复合加工只适用于小面积的穿孔或窄缝加工。当加工面积增大时，生产率反而不如普通电火花加工，这是由于在进行大面积电火花加工时，高频小振幅的超声振动并不能使电极中心部位的加工产物迅速排除，相反容易造成搭桥、短路等非正常放电。试验证明，加工直径小于0.5mm时，复合加工的效果才渐趋明显。

(2) 电火花放电脉冲宽度的影响

试验证明，脉冲宽度越小，复合加工的效果越显著。当采用长脉宽加工时，由于超声振动的频率很高，反而会在一个放电脉宽内出现多次工具振动，造成电火花放电不稳定，使生产率下降。

3. 超声-电火花复合加工的应用举例

超声-电火花复合加工主要用于小孔或窄缝的精微加工。例如，采用超声-RC 发生器加工直径为 0.25mm 小孔时，孔深为 0.4mm，加工时间仅为 8s。加工深孔时，孔径为 0.25mm，孔深为 6mm（L/D 为 25），加工时间为 7min；加工孔径为 0.1mm，孔深为 7mm 时（L/D 为 70），加工时间仅为 20min。

又如用方波脉冲加工异形喷丝孔，孔深为 0.5mm，原需 20min，加超声后，仅用 20s 即可完成。

1.13.3 电解-电火花复合加工

单纯的电火花加工其加工精度尚能满足要求，但生产率过于低下，加工表面粗糙度也不甚理想。而电解加工则与此相反：生产率和表面粗糙度均比较理想，但加工精度较差。利用火花放电蚀除工件上高点的钝化膜，使电解加工的加工精度和生产率都能达到一定水平，这是电解-电火花复合加工得以发展的基础。它们的优缺点比较见表 1.13-1，加工效果对比见表 1.13-2。

表 1.13-1 三种加工方法的优缺点对比

指标	加工方法		
	电火花加工	电解加工	电解-电火花复合加工
生产率	C	B	A
加工精度	A	C	B
高速加工时表面粗糙度状况	C	A	B
电极损耗	C	A	B
电极制造	B	C	C
加工产物排除	B	C	C
机床防蚀	A	C	C

注：A—很满意；B—满意；C—不好。

表 1.13-2 三种加工方法工艺效果对比

加工方法	打孔时间 /s	电极入口处的孔径 /mm	孔的锥长 （mm/mm）
电火花加工（25A,80V）	930	3.45	0.004
电解加工（直流电压 22.5V，质量分数为 20%NaCl 水溶液）	270	5.20	0.06
电解-电火花加工（平均电压 22.5V）	144	4.80	0.05

电解-电火花复合加工的基本问题是要在电解液中形成电火花放电的条件。由于电解液具有导电性，因此在电解液中不会像在煤油工作液中发生液体介质的电离击穿，形成火花放电现象。在电解液中产生火花放电的必要条件是两电极间有气泡生成，在气泡中形成电火花击穿放电。

电解-电火花复合加工的电源为 50Hz 交流电经变压、整流而得，不需滤波和稳压。也可采用直流脉冲电源和高低压回路电源。电解液配方是电解-电火花复合加工方法能否取得优良加工效果的关键所在，按目前公开发表的资料看，其基本成分仍是 NaCl 和 $NaNO_3$，浓度较低，另外要加一些防锈等的添加剂。

1.13.4 超声-电解复合加工

在电解加工中，一旦在工件表面形成钝化膜，加工速度就会下降，如果在电解加工中引入超声振动，钝化膜就会在超声加工的作用下遭到破坏，使电解加工能顺利进行，促进生产率的提高；另外，如果在小孔、窄缝加工中引入超声振动，则可促使电解产物的排放，同样也有利于生产率的提高。这种用超声振动改善电解加工过程的加工工艺，就是超声-电解复合加工（见图 1.13-2）。

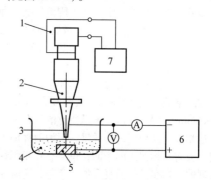

图 1.13-2 超声-电解复合加工小孔

1—换能器 2—变幅杆 3—工具电极 4—电解液和磨料 5—工件 6—直流电源 7—超声发生器

表 1.13-3 和表 1.13-4 分别列出了超声加工和超声-电解复合加工不同材料时所用工艺参数和加工效果的对比数据。

表 1.13-3 超声-电解复合加工与超声加工硬质合金时加工效果对比

加工种类	孔径 /mm	孔深	生产率 /[mm³/(min·kW)]	工具进给量 /(mm/min)	工具损耗 （%）	表面粗糙度 $Ra/\mu m$
超声-电解复合加工	2~80	(2~5)d	302	0.7~1	5~6	3~6
超声加工	0.1~80	(5~10)d	40	0.1~0.2	40~50	2.5~3

注：d 为孔径。

表 1.13-4　超声-电解复合加工与超声加工不同材料所用工艺参数对比

工件材料	超声-电解复合加工					超声加工			
	频率/kHz	振幅/μm	电流密度/(A/cm²)	进给量/(mm/min)	工具磨损（%）	频率/kHz	振幅/μm	进给量/(mm/min)	工具损耗（%）
淬火钢 5CrNiW	17.3	50	32	0.3	46	17.5	50	0.1	206
镍基耐热合金	18.1	50	32	0.24	51	18.1	50	0.13	209

注：试验条件，加工面积为 22mm²，磨料为碳化硼 240#，磨料悬浮液浓度为 1.25，压力为 680kPa，电解液为质量分数 30%的 NaCl。

参 考 文 献

[1]　赵家齐. 机械加工工艺手册，第 2 卷　第 15 章特种加工 [M]. 北京：机械工业出版社，1991.

[2]　白基成，刘晋春，郭永丰，等. 特种加工 [M]. 7 版. 北京：机械工业出版社，2021.

[3]　郭永丰，白基成，刘晋春. 电火花加工技术 [M]. 2 版. 哈尔滨：哈尔滨工业大学出版社，2005.

[4]　赵万生，刘晋春，等. 实用电加工技术 [M]. 北京：机械工业出版社，2000.

[5]　金庆同. 特种加工 [M]. 北京：航空工业出版社，1988.

[6]　白基成，郭永丰，杨晓冬. 特种加工技术 [M]. 2 版. 哈尔滨：哈尔滨工业大学出版社，2015.

[7]　胡传炘. 特种加工手册 [M]. 北京：北京工业大学出版社，2001.

[8]　于家珊. 电火花加工理论基础 [M]. 北京：国防工业出版社，2011.

[9]　王至尧. 中国材料工程大典，第 24 卷，材料特种加工成形工程（上）[M]. 北京：化学工业出版社，2005.

[10]　中国机械工程学会. 2018-2019 机械工程学科发展报告：机械制造 [M]. 北京：中国科学技术出版社，2020.

[11]　中国机械工程学会特种加工分会. 特种加工技术路线图 [M]. 北京：中国科学技术出版社，2016.

[12]　刘志东. 特种加工 [M]. 2 版. 北京：北京大学出版社，2017.

[13]　机械工业部苏州电加工机床研究所. 机械工程手册：第 49 篇特种加工 [M]. 北京：机械工业出版社，1982.

[14]　余承业，等. 特种加工新技术 [M]. 北京：国防工业出版社，1995.

[15]　赵万生. 先进电火花加工技术 [M]. 北京：国防工业出版社，2003.

[16]　孙昌树. 精密螺纹电火花加工 [M]. 北京：国防工业出版社，1996.

[17]　卢存伟. 电火花加工工艺学 [M]. 北京：国防工业出版社，1998.

[18]　中国机械工程学会电加工学会. 电火花加工技术工人培训、自学教材 [M]. 哈尔滨：哈尔滨工业大学出版社，1989.

[19]　张学仁. 数控电火花线切割加工技术 [M]. 哈尔滨：哈尔滨工业大学出版社，2000.

[20]　中国机械工程学会电加工学会. 电火花线切割加工技术工人培训、自学教材 [M]. 哈尔滨：哈尔滨工业大学出版社，1989.

[21]　王至尧. 电火花线切割工艺 [M]. 北京：原子能出版社，1986.

[22]　哈尔滨工业大学机械制造工艺教研室. 电解加工技术 [M]. 北京：国防工业出版社，1979.

[23]　王建业，徐家文. 电解加工原理及应用 [M]. 北京：国防工业出版社，2001.

[24]　《电解加工》编译组. 电解加工 [M]. 北京：国防工业出版社，1977.

[25]　北京市《金属切削理论与实践》编委会. 电加工 [M]. 北京：北京出版社，1980.

[26]　北京市《金属切割理论与实践》编委会. 电解加工 [M]. 北京：北京出版社，1981.

[27]　集群. 电解加工 [M]. 北京：国防工业出版社，1973.

[28]　集训. 电解磨削 [M]. 北京：国防工业出版社，1972.

[29]　吕戊辰. 表面加工技术 [M]. 张翊凤，等译. 沈阳：辽宁科学技术出版，1984.

[30]　张文绍. 电解加工的成型规律及阴极设计 [M]. 北京：煤炭工业出版社，1987.

[31] 林仲茂. 超声变幅杆的原理和设计 [M]. 北京：科学出版社，1987.

[32] 朱企业，等. 激光精密加工 [M]. 北京：机械工业出版社，1990.

[33] 苏州电加工机床研究所. 电加工及模具杂志，1993~2020 年各期.

[34] 斋藤长男. 实用放电加工法 [M]. 于学文，译. 北京：中国农业机械出版社，1984.

[35] 微细加工技术编辑委员会. 微细加工技术 [M]. 朱怀义，等译. 北京：科学出版社，1983.

[36] 向山芳世監修. 彫マイクロ放電加工マニュアル [M]. 東京：大河出版，1989.

[37] 毛利尚武，齋藤長男. 大面積仕上放電加工の研究 [J]. 精密工學會誌，1987，53（1）：124-130.

[38] 成宮久喜，毛利尚武ほか. 粉末混入加工液による放電仕上加工 [J]. 電気加工技術，1989，13（42）：14-20.

[39] 福澤康，毛利尚武. 絶縁性セラミックスの放電加工 [J]. 精密工學會誌. 1998，1. 64（12）：1731-1734.

[40] 福澤康. 絶縁性セラミックスの微細放電加工 [J]. 電気加工技術，2000，1. 24（78）.

[41] 国枝政典，吉田政弘. 気中放電加工 [J]. 精密工學會誌，1998，1. 64（12）：1735-1738.

[42] 包比洛夫 Л. Я. 电加工手册 [J]. 谷式溪，梁春宜，译. 北京：机械工业出版社，1989.

[43] Verein Deuschet Ingcnueure-Richtlinien，"Elektroeroslve Bearbeitung Defimitionen und Terminologle"，1976.

[44] Electromachining Section Ⅲ. 4. CIRP Unlfied Tertuinoloy. CIRP 34. 1984：656-657.

[45] Vlabimir S. Poluyanov. On Effects of Electro-Tools Shape on Optimum Electrical Conditions of EDM Roughing of Cavitics and Holes [J]. ISEM XI Sept. 1995：191-199.

[46] R. Snoeyn, J. P. Kruth，"Niet-Koventionele Bewerkingsmethoden"、Katholieky Universiteit Leuven, 1982.

[47] Fukuzawa Y, Tani T, Ito Y, Ichinose Y, Mohri N. Electrical Discharge Machining（EDM）of Insulating Ceramics with a Sheet of Metal Mesh [J]. ISEM-XI, 1995：173-179.

[48] Mohri N, Fukuzawa Y, Tani T , Saito N, Furutani K. Assisting Electrode Method for Machining Insulating Ceramics [J]. Annals of the CIRP, 1996, 45, (1)：201-204.

[49] Fukuzawa Y, Mohri N, Tani T. Electrical Discharge Machining Phenomena of Insulating Sialon Ceramics with an Assisting Electrode [J]. IJEM, 1997, (2)：25-30.

[50] Rajurkar K P, Ghodke D M, Wang W M, Zhao W S. Abrasive Electro-discharge Grinding of Silicon Nitride [J]. ISEM-XII, 1997：475-484.

[51] 徐家文，云乃彰，王建业. 电化学加工技术：原理、工艺及应用 [M]. 北京：国防工业出版社，2008.

[52] 朱浩，朱增伟，王宏睿，朱荻. 旋印电解加工的仿真与试验研究 [J]. 电加工与模具，2012（1）：29-32.

[53] 王登勇，朱荻，朱增伟. 复杂型面薄壁回转体零件旋印电解加工基础研究 [J]. 机械工程学报，2019，55（7）：162.

[54] 王宁峰，朱增伟，王登勇，何斌. 旋印电解加工辅助阳极设计和试验研究 [J]. 机械制造与自动化，2017，46（5）：73-78.

[55] 冯平法，等. 硬脆材料旋转超声加工技术的研究现状及展望 [J]. 机械工程学报，2017，53（19）：3-21.

[56] 张德远，等. 超声加工技术和研究进展 [J]. 电加工与模具，2019（5）：1-10.

[57] 房善想，等. 超声加工技术的应用现状及其发展趋势 [J]. 机械工程学报，2017，53（19）：22-32.

第 2 章

精密加工与纳米加工技术

主　编　王先逵（清华大学）

参　编　刘成颖（清华大学）

2.1　概述

2.1.1　精密加工与超精密加工的概念、范畴、特点和分类

1. 精密加工与超精密加工的概念

(1) 尺度加工

根据加工零件的尺寸来分类，可分为宏尺度加工、中尺度加工和微尺度加工。

通常的机械加工大多指宏尺度加工，零件的技术性能要求大多反映在宏观结构或表层结构上，尺寸相对较大，加工的范畴较广。又可分为特大型、重型、一般型和小型产品的加工。

微尺度加工是指微纳米加工，尺寸相对来说在微米、亚微米和纳米级，主要用精密和超精密加工技术、微细加工技术和纳米加工技术来加工。强调了微观结构，其领域相对较窄。

介于两者之间的称之为中尺度加工或中尺寸加工，为便于区分，可称之为"微小机械"加工，其加工精度和表面质量的要求是很高的，零件从结构和尺寸上仍以精密和超精密加工为主，需要开发一系列微小加工方法、微小精密和超精密加工机床及其工艺装备才能胜任，是当前值得注意的一个发展方向。

(2) 精密加工和超精密加工

精密加工和超精密加工代表了加工精度发展的不同阶段，从一般加工发展到精密加工，再到超精密加工。由于生产技术的不断发展，划分的界限将随着发展进程而逐渐向前推移，因此划分是相对的，很难用数值来表示。现在，精密加工是指加工精度为 $0.1 \sim 1\mu m$、表面粗糙度 Ra 小于 $0.01 \sim 0.1\mu m$ 的加工技术；超精密加工是指加工精度高于 $0.1\mu m$，表面粗糙度小于 $Ra0.025\mu m$ 的加工技术。当前，超精密加工的水平已达到了纳米级，形成了纳米加工技术。

从加工精度的具体数值来分析，精密加工又可分为微米加工、亚微米加工、纳米加工等。亚微米加工是指加工精度为 $0.1\mu m$ 级的加工。

表 2.1-1 列出了当前精密加工和超精密加工的水平。

(3) 纳米加工

纳米技术通常是指纳米级 $0.1 \sim 100nm$ 材料的产品设计、加工、检测、控制等一系列技术。纳米加工强调了加工精度达到了纳米级。

(4) 微细加工和超微细加工

微细加工技术是指制造微小尺寸零件的生产加工技术，它主要是针对半导体集成电路制造技术而发展起来的，如光刻等。

超微细加工比微细加工在尺寸上更小，是指纳米级的微细加工。

表 2.1-1　当前精密加工和超精密加工的水平

（单位：μm）

项目	加工类别	
	精密加工	超精密加工
尺寸精度	$0.75 \sim 2.5$	$0.25 \sim 0.30$
圆度	$0.20 \sim 0.70$	$0.02 \sim 0.12$
圆柱度	$0.38 \sim 1.25$	$0.13 \sim 0.25$
平面度	$0.38 \sim 1.25$	$0.13 \sim 0.25$
表面粗糙度 Ra	$0.025 \sim 0.10$	$\leqslant 0.025$

(5) 光整加工和精整加工

光整加工主要旨在降低表面粗糙度和提高表面层物理性能和力学性能的一些加工方法，如研磨、抛光、珩磨、超精加工和无屑加工（滚压加工）等。为了强调有些加工方法既能提高精度，又能提高表面质量，提出了"精整加工"的概念。

2. 精密加工和超精密加工的特点

1) 创造性原则。对于精密加工和超精密加工，采用现有机床已不能满足被加工零件的精度要求，要研制专门的超精密机床，或在现有机床上通过工艺手段或附加仪器设备来达到加工要求，这就是创造性原则。

2) 微量切除（极薄切削）。超精密加工时，背吃刀量极小，是微量切除和超微量切除，因此对刀具刃磨、砂轮修整和机床精度均有很高要求。

3) 综合制造工艺系统。精密加工和超精密加工要达到高精度和高表面质量，涉及被加工材料的结构及质量、加工方法的选择、工件的定位与夹紧方式、加工设备的技术性能和质量、工具及其材料选择、测试方法及测试设备、恒温、净化、防振的工作环境，以及人的技艺等诸多因素，因此，精密加工和超精密加工是一个系统工程，不仅复杂，而且难度很大。

4) 精密特种加工和复合加工方法。精密加工和超精密加工方法中，不仅有传统加工方法，如超精密车削、铣削和磨削等，而且有精密特种加工方法，如精密电火花加工、激光加工、电子束加工、离子束加工等，还有各种精密复合加工方法。

5) 自动化程度高。现代的精密加工和超精密加工广泛应用计算机技术、在线检测和误差补偿、适应控制和信息技术等，自动化程度高，同时自动化能减少人为因素影响，提高加工质量。

6）加工检测一体化。在精密加工和超精密加工中，不仅要进行离线检测，而且有时要采用在位检测（工件加工完成后，机床停车，工件先不要卸下，在机床上进行检测）与在线检测（在加工过程中进行实时检测）和误差补偿，以提高检测精度。

3. 精密加工和超精密加工方法及其分类

根据加工方法的机理和特点，精密加工和超精密加工方法可分为三大类：

第一类是机械超精密加工技术，如金刚石刀具超精密切削、金刚石微粉砂轮超精密磨削、精密研磨和抛光等一些传统加工方法。

第二类是非机械超精密加工技术，如微细电火花加工、微细电解加工、微细超声加工、电子束加工、离子束加工、激光束加工等一些非传统加工方法，也称为特种加工方法。

第三类是复合超精密加工方法，其中包括传统加工方法的复合、特种加工方法的复合以及传统加工方法与特种加工方法的复合（如机械化学抛光、精密电解磨削、精密超声珩磨等）。

现就按刀具切削加工、磨料加工、特种加工和复合加工四个方面列出常用精密加工和超精密加工方法，见表2.1-2。

表2.1-2 常用精密加工和超精密加工方法 （单位：μm）

分类	加工方法		加工工具		精度	表面粗糙度 Ra	被加工材料	应 用
刀具切削加工	切削	精密、超精密车削	天然单晶金刚石刀具、人造聚晶金刚石刀具、立方氮化硼刀具、陶瓷刀具、硬质合金刀具		0.1~1	0.008~0.05	金刚石刀具有色金属及其合金等软材料 其他材料刀具各种材料	球、磁盘、反射镜
		精密、超精密铣削						多面棱体
		精密、超精密镗削						活塞销孔
		微孔钻削	硬质合金钻头，高速钢钻头		10~20	0.2	低碳钢、铜、铝、石墨、塑料	印制电路板、石墨模具、喷嘴
磨料加工	磨削	精密、超精密砂轮磨削	氧化铝、碳化硅、立方氮化硼、金刚石等磨料	砂轮	0.5~5	0.008~0.05	黑色金属、硬脆材料、非金属材料	外圆、孔、平面
		精密、超精密砂带磨削		砂带				平面、外圆磁盘、磁头
	研磨	精密、超精密研磨	铸铁、硬木、塑料等研具 氧化铝、碳化硅、金刚石等磨料		0.1~1	0.008~0.025	黑色金属、硬脆材料、非金属材料	外圆、孔、平面
		油石研磨	氧化铝油石、玛瑙油石、电铸金刚石油石					平面
		磁性研磨	磁性磨料		1~10	0.01	黑色金属	外圆 去毛刺
		滚动研磨	固结磨料、游离磨料、化学或电解作用液体				黑色金属等	型腔
	抛光	精密、超精密抛光	抛光器 氧化铝、氧化铬等磨料		0.1~1	0.008~0.025	黑色金属、铝合金	外圆、孔、平面
		弹性发射加工	聚氨酯球抛光器、高压抛光液		0.001~0.1	0.008~0.025	黑色金属、非金属材料	平面、型面
		液体动力抛光	带有楔槽工作表面的抛光器 抛光液		0.01~0.1	0.008~0.025	黑色金属、非金属材料、有色金属	平面、圆柱面
		水合抛光	聚氨酯抛光器 抛光液		0.1~1	0.01	黑色金属、非金属材料	平面

（续）

分类	加工方法		加工工具	精度	表面粗糙度 Ra	被加工材料	应用
磨料加工	抛光	磁流体抛光	非磁性磨料、磁流体	0.1~1	0.01	黑色金属、非金属材料、有色金属	平面
		挤压研抛	黏弹性物质、磨料	5	0.01	黑色金属等	型面、型腔去毛刺、倒棱
		砂带研抛	砂带、接触轮	0.1~1	0.008~0.01	黑色金属、非金属材料、有色金属	外圆、孔、平面、型面
		超精研抛	研具（脱脂木材、细毛毡）、磨料、纯水	0.1~1	0.008~0.01	黑色金属、非金属材料、有色金属	平面
	超精加工	精密超精加工	磨条、磨削液	0.1~1	0.01~0.025	黑色金属等	外圆
	珩磨	精密珩磨	磨条、磨削液	0.1~1	0.01~0.025	黑色金属等	孔
特种加工	电火花加工	电火花成形加工	成形电极、脉冲电源、煤油、去离子水	1~50	0.02~2.5	导电金属	型腔模
		电火花线切割加工	钼丝、铜丝、脉冲电源、煤油、去离子水	3~20	0.16~2.5		冲模、样板（切断、开槽）
	电化学加工	电解加工	工具极（铜、不锈钢）、电解液	3~100	0.06~1.25	导电金属	型孔、型面、型腔
		电铸	导电原模、电铸溶液	1	0.012~0.02	金属	成形小零件
	化学加工	蚀刻	掩模板、光敏抗蚀剂、离子束装置、电子束装置	0.1	0.2~2.5	金属、非金属、半导体	刻线、图形
		化学铣削	刻形、光学腐蚀溶液、耐腐蚀涂料	10~20	0.2~2.5	黑色金属、有色金属等	下料、成形加工（如印制电路板）
	超声加工		超声波发生器、换能器、变幅杆、工具	5~30	0.04~2.5	任何硬脆金属和非金属	型孔、型腔
	微波加工		针状电极（钢丝、铱丝）、波导管	10	0.12~6.3	绝缘材料、半导体	打孔
	红外光加工		红外光发生器	10	0.12~6.3	任何材料	打孔、切割
	电子束加工		电子枪、真空系统、加工装置（工作台）	1~10	0.12~6.3	任何材料	微孔、镀膜、焊接、蚀刻
	离子束加工	离子束去除加工	离子枪、真空系统、加工装置（工作台）	0.001~0.01	0.01~0.02	任何材料	成形表面、刃磨、蚀刻
		离子束附着加工		0.1~1	0.01~0.02		镀膜
		离子束结合加工		—	—		注入、掺杂
	激光束加工		激光器、加工装置（工作台）	1~10	0.12~6.3	任何材料	打孔、切割、焊接、热处理

（续）

分类		加工方法	加工工具	精度	表面粗糙度 Ra	被加工材料	应　用
复合加工	电解	精密电解磨削	工具极、电解液、砂轮	1~20	0.01~0.08	导电黑色金属、硬质合金	轧辊、刀具刃磨
		精密电解研磨	工具极、电解液、磨料	0.1~1	0.008~0.025		平面、外圆、孔
		精密电解抛光	工具极、电解液、磨料	1~10	0.008~0.05	导电金属	平面、外圆、孔、型面
	超声	精密超声车削	超声波发生器、换能器、变幅杆、车刀	1~5	0.01~0.1	难加工材料	外圆、孔、端面、型面
		精密超声磨削	超声波发生器、换能器、变幅杆、砂轮	1~3	0.01~0.1		外圆、孔、端面
		精密超声研磨	超声波发生器、换能器、变幅杆、研磨剂研具	0.1~1	0.008~0.025	黑色金属等硬脆材料	外圆、孔、平面
	化学	机械化学研磨	研具、磨料、化学活化研磨剂	0.01~0.1	0.008~0.025	黑色金属、非金属材料	外圆、孔、平面、型面
		机械化学抛光	抛光器、增压活化抛光液	0.01	0.01	各种材料	外圆、孔、平面、型面
		化学机械抛光	抛光器、化学活化抛光液	0.01	0.01		外圆、孔、平面、型面

2.1.2　精密加工和超精密加工原理

1. 进化加工原理

机械加工遵循继承性原则和创造性原则。

继承性原则又称为"母性"原则、循序渐进原则或"蜕化"原则，它主要指加工用的机床（工作母机）精度一般应高于工件的加工精度。

创造性原则又称为"进化"原则，可分为直接创造性原则和间接创造性原则。

直接创造性原则是利用精度低于工件加工精度要求的机床，借助于工艺手段和特殊工具，直接加工出精度高于"工作母机"的工件，如在精密螺纹、齿轮和蜗轮加工中采用尺寸和温度误差补偿方法来提高加工精度。直接创造性原则是精密加工中比较基本常用的一条原则，难度较大，具体问题比较多，效率较低，主要用于单件小批量生产。

间接创造性原则是研制精度能满足工件要求的高精度机床，再用这些机床和工具去加工工件。它是先用直接创造性原则，再用继承性原则，如滚齿机工作台中的分度蜗轮是影响齿轮加工精度的关键零件，购买现成的加工分度蜗轮的机床不仅价格高，而且可能买不到合适的，工厂可自行研制该设备，然后用它加工分度蜗轮。间接创造性原则也是精密加工中比较基

本常用的一条原则，主要用于批量生产。

2. 微量加工原理

（1）微量切除

超精密加工的关键是能够在被加工表面上进行微量切除，其切除量的大小标志着精密加工和超精密加工技术的水平，如果能切削一个纳米，则其水平为纳米级，如果能切削一个分子、一个原子，则其水平分别为分子级、原子级。

以金刚石刀具超精密切削和金刚石微粉砂轮超精密磨削为代表的精密加工和超精密加工技术，其加工原理就是微量切削，又称为"极薄切削"，它与一般切削是有较大差别的，因为这时的切屑厚度极小，可能小于晶粒的大小，切削可能在晶粒内部进行，因此切削力一定要超过晶粒内部非常大的原子、分子结合力才能进行切除，而不是在晶粒之间产生破坏。

进行精密切削必须具备以下条件：

1）刀刃要非常锐利，切削刃钝圆半径要很小，才能有进行极薄切削的能力。

2）刀刃能承受巨大切应力的作用。

3）刀刃在受到很大切应力的同时，切削区会产生很大的热量，刀刃切削处的温度会很高，要求刀具材料应有很高的高温强度和高温硬度。

只有超硬刀具材料，如金刚石、立方氮化硼等才

能胜任精密加工工作。金刚石材料质地细密，具有很高的硬度、高温强度和高温硬度，经过精密研磨，几何形状精度高，切削刃钝圆半径很小，通常可达 $0.005\sim0.02\mu m$，最高可达 2nm，表面粗糙度值很低，是目前进行极薄切削的理想刀具材料。

（2）材料缺陷与破坏方式

在进行超精密切削时，材料的破坏方式与其应力作用的区域、存在的微观缺陷和材质不均匀等有密切关系。

应力作用区域与去除量（即切屑厚度）有关，也就是与去除材料的大小有关。

材料的微观缺陷主要有以下几种，如图 2.1-1 所示。

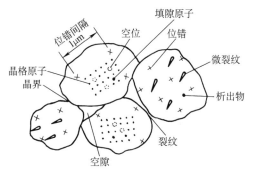

图 2.1-1　材料的微观缺陷分布

1）点缺陷。当晶粒中存在空位、填隙原子、杂质原子等时，称为点缺陷或原子缺陷，其破坏方式是以这些点缺陷为起点来增加晶格缺陷的破坏。

2）线缺陷。线缺陷是指位错缺陷和微裂纹。位错缺陷就是晶格位移，即有一列或若干列原子发生了有规律的错排现象，它在晶粒中呈连续线状分布。当晶粒中存在线缺陷时，其破坏方式是通过位错线的滑移和微裂纹引起晶粒内的滑移变形。

3）面界缺陷。面界缺陷即晶界缺陷，它是指晶界中的空隙、裂纹和缺口，其破坏方式是以缺陷面为基础的晶粒间破坏。

超精密加工对材料的要求十分严格，微观缺陷越少越好，一般不允许有微观缺陷存在，同时要求化学成分准确、材质均匀、性能稳定。

（3）加工能量

超精密切削是一种原子、分子级加工单位的去除加工方法，要从工件上去除一块材料，需要相当大的能量，称之为加工能量。

加工能量可用临界加工能量密度 δ 和单位体积切削能量 ω 来表示。临界加工能量密度 δ 是指当应力超过材料弹性极限时，在切削相应的空间内，由于材料缺陷而产生破坏时的加工能量密度。单位体积切削能

量 ω 是指在产生某加工单位切屑时，消耗在单位体积上的加工能量。

加工机理、被加工材料不同，会影响临界加工能量密度 δ 和单位体积切削能量 ω 的大小。由于材料微观缺陷分布或材质不均匀性的存在，实际的临界加工能量密度 δ 和单位体积切削能量 ω 要比理论值低得多。

2.1.3　精密加工和超精密加工的工艺系统

1. 影响精密加工和超精密加工的工艺因素

影响精密加工和超精密加工的工艺因素很多，主要有加工机理、被加工材料、加工设备、工艺装备、工件的定位和夹紧、检测与误差补偿、工作环境和人的技艺等，如图 2.1-2 所示。

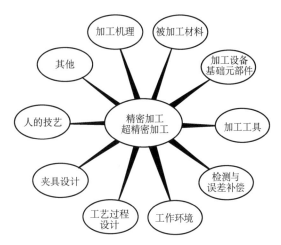

图 2.1-2　影响精密加工和超精密加工的工艺因素

除上述影响因素外，尚有市场需求、标准化和规格化、组织管理和体制等因素，也是不应忽视的。

2. 精密加工和超精密加工的工艺系统结构

精密加工和超精密加工的发展已从单纯的技术方法形成了制造系统工程，可以简称为"精密工程"，它以产品为核心，以市场需求为导向，以人、技术、组织三结合为基础，它涉及微量和超微量去除、结合和变形加工技术、高稳定性和高净化的加工环境、检测与误差补偿、工况监测与质量控制，以及被加工材料等多个方面，可见其范围十分广泛。

2.1.4　精密加工和超精密加工技术的地位、作用和发展

精密加工和超精密加工技术自 20 世纪 60 年代提出来以后，受到世界各国的高度重视，发展十分迅

速，以日本、美国和英国比较突出，极大地促进了制造技术的发展，在国防工业、信息工业、机械工业、航空航天工业等领域均有广阔的市场需求。

1. 精密加工和超精密加工技术的地位和作用

精密加工和超精密加工技术在制造技术中占有十分重要的地位，它是一个国家制造工业水平的重要标志之一，是先进制造技术的基础和关键。从先进制造技术的技术实质来分析，主要有精密工程技术和制造自动化两大领域，前者追求加工技术上的极限，例如精度、尺度、表面质量等极限，是为"极限制造"；后者追求产品全生命周期的自动化，例如产品设计、制造和管理等，能够快速响应市场需求，保证质量，改善劳动条件，是为"自动化制造"；这两大领域关系密切，相辅相成，具有全局性和决定性的作用。

2. 精密加工和超精密加工技术的发展

精密加工和超精密加工技术的发展有以下几方面：

1）向更高精度发展，向"极限"进军，包括加工和检测技术，提出了量子技术、量子能量的利用。

2）向微型化发展，寻求更微细的加工技术，即超微细加工技术，包括加工和检测技术。

3）向大型化发展，研制大型超精密设备，如一些精密太空设备，如宇宙飞船、航天飞机、空间工作站、航天天文望远镜等。

4）探求新的加工机理，并形成新的加工方法，例如量子束加工、光子束加工等。

2.2 金刚石刀具超精密切削加工

金刚石刀具超精密切削是 20 世纪 60 年代出现的超精密加工技术，是最典型也是最有成效的超精密加工方法之一。

2.2.1 金刚石刀具超精密切削机理

1. 金刚石刀具超精密切削的切屑形成

金刚石刀具超精密切削能够切除的切屑厚度标志其加工水平，当前最小的背吃刀量可达 $0.1\mu m$ 以下，其最主要的影响因素是刀具的锋利程度，一般以刀具的切削钝圆半径 r_n 来表示。金刚石刀具的切削刃钝圆半径一般小于 $0.5\mu m$。在一定的切削刃钝圆半径下，切屑能否形成主要决定于切削刃钝圆圆弧处每个质点的受力情况，在自由切削条件下，切削刃钝圆圆弧上某一质点 A 的受力情况如图 2.2-1 所示，该点有切向分力 F_c 和法向分力 F_p，合力 F_{cp}。切向分力 F_c 使质点向前移动，形成切屑，法向分力使质点压向被加工表面，形成挤压而无切屑。所以切屑的形成决定于切向分力 F_c 与法向分力 F_p 的比值，当 $F_c > F_p$ 时，有切削过程，形成切屑；当 $F_c < F_p$ 时，有挤压过程，无切屑形成。由此可找出的分界质点 M，M 点以上的金属可切离为切屑，M 点以下的金属则被压入工件而不能切离。这样便可求得在一定的切削刃钝圆半径 r_n 下的最小背吃刀量 $a_{p\,min}$。

$$a_{p\,min} = r_n - h = r_n(1 - \cos\varphi)$$
$$\psi = 45° - \varphi = 45° - \arctan(F_f/F_n)$$

式中　φ——金刚石车刀切削时的摩擦角；

　　　F_f——金刚石车刀切削时的摩擦力；

　　　F_n——金刚石车刀切削时的正压力。

金刚石刀具超精密切削时，刀具切削刃钝圆半径小，切薄能力强，形成流动切屑，因此切削作用是主

要的。但由于实际切削时切削刃钝圆半径不可能为零，又有修光刃等的作用，因此总会伴随着挤压作用。所以金刚石刀具超精密切削表面是由微切削和微挤压作用而形成，以微切削为主。

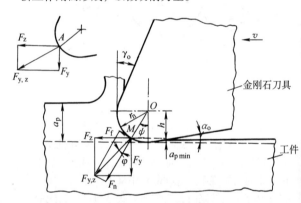

图 2.2-1　金刚石刀具切削刃钝圆圆弧受力分析

2. 加工表面的形成及其加工质量

影响金刚石刀具超精密切削形成表面的主要因素有几何原因、塑性变形和机械加工振动等。

几何原因主要是指刀具的几何形状、几何角度、刀刃的表面粗糙度和进给量等，它主要影响与切削运动方向相垂直的横向表面粗糙度，图 2.2-2a 表示了在切削时，主偏角 κ_r、副偏角 κ'_r 和进给量 f 对残留面积高度的影响，图中 a_p 为背吃刀量，Rz 为表面粗糙度的轮廓最大高度，由几何关系可知

$$Rz = f/(\cot\kappa_r + \cot\kappa'_r)$$

图 2.2-2b 表示了在切削时，刀尖圆弧半径 r_ε 和进给量 f 对残留面积高度的影响，其几何关系如下

$$R_y \approx f^2/8r_\varepsilon$$

塑性变形不仅影响横向表面粗糙度，而且影响与

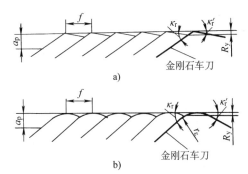

图 2.2-2　金刚石刀具切削表面的形成

a）主偏角 κ_r、副偏角 κ_r' 和进给量 f 的影响

b）刀尖圆弧半径 r_ε 和进给量 f 的影响

切削运动方向相平行的纵向表面粗糙度。

在超精密切削中，振动一般是不允许的。

3. 表面破坏层及应力状态

金刚石刀具超精密切削时，虽然背吃刀量和进给量都非常小，即使在切削软金属时也会在被加工表面上留下较深的破坏层和较高的应力，这时，工件表层产生塑性变形，内层产生弹性变形。切削后，内层弹性恢复，受到表层阻碍，从而使表层产生残余压应力。由于微挤压作用，也使得表层有残余压应力。

2.2.2　金刚石刀具的设计和刃磨

1. 金刚石的性能和结构

金刚石分为天然的和人造的两大类。天然金刚石有透明、半透明和不透明的，以透明的为最贵重。有无色、浅绿、浅黄、褐色等颜色，一般褐色的硬度最高，无色次之。天然金刚石常呈浑圆状，无明晰晶棱，晶面也不平整。人造金刚石分单晶体和聚晶体两类，前者多用来做磨料磨具，后者多用来做刀具、压头等。

1）金刚石的力学性能和物理性能。金刚石材料的力学性能和物理性能见表 2.2-1。

表 2.2-1　金刚石材料的力学性能和物理性能

力学性能和物理性能	数　　值
硬度 HV	6000～10000 随晶体方向和温度而定
抗弯强度/MPa	210～490
抗压强度/MPa	1500～2500
弹性模量/MPa	$(9～10.5)×10^{12}$
热导率/(J/cm·s·℃)	8.4～16.7
质量热容（常温）/[J/(g·℃)]	0.516
开始氧化温度/K	900～1000
开始石墨化温度/K	1800（在惰性气体中）
和铝合金、黄铜间摩擦因数	0.05～0.07（在常温下）

2）金刚石的晶形。金刚石是碳的结晶体，其结构最小单元是由五个原子构成的一个正四面体，它的中心有一个原子，与四个锥顶的原子保持着等距离，还有六面体、八面体和十二面体，经常为八面体和十二面体，同时还有多个面体构成的聚形体。

3）金刚石的晶轴与晶面。晶体内部分布有原子的面称为晶面，也称为面网。金刚石是六方晶系，有三个主要晶面，即六面体晶面（100）、十二面体晶面（110）和八面体晶面（111），见表 2.2-2。

当用 X 射线对（100）、（111）和（110）晶面垂直照射时，所形成衍射图形上的黑点分别呈现出四次、三次、二次对称现象，因此将这些与晶面垂直的轴分别称为四次、三次、二次对称轴。规整的单晶金刚石有六面体、八面体和十二面体，它们均有 3 根四次对称轴，4 根三次对称轴和 6 根二次对称轴。

各晶面的面网密度 ρ 不同，其面网密度的比值为 ρ（111）：ρ（110）：ρ（100）= 1.154：1.414：1，见表 2.2-3。

金刚石结构中的面网距也各有不同，（110）晶面的面网距均匀而较宽，（100）晶面的面网距均匀而较窄，（111）晶面的面间距为一宽一窄交替，可将相邻窄面看作为一个加厚的面网，其面网密度为原来的两倍，见表 2.2-4。考虑面网距的因素，金刚石晶体的三个面网密度则为

$$\rho（111）：\rho（110）：\rho（100）= 2.308：1.414：1$$

4）金刚石的解理面。金刚石晶体内的解理面在绝大数情况下与（111）晶面相平行，其强度很低，当外载荷在解理面上的分力达到一定数值对，就会产生断裂，劈成两块，称之为解理现象，如图 2.2-3 所示，它和面网距、共价键有关，切削时应避免在解理面方向受力或受振动。

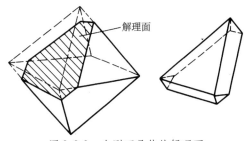

图 2.2-3　金刚石晶体的解理面

5）金刚石的硬度和耐磨性。金刚石晶体中各晶面的硬度与面网密度有关，面网密度越大，硬度越高，可知（111）晶面的硬度最高，（100）晶面硬度最低。

金刚石各晶面的耐磨性不仅和其硬度有关，而且和面网距有关，面网距实际上反映了材料的质密性，

表 2.2-2　金刚石的晶轴与晶面

晶体		晶轴和晶面		
		四次对称轴位置和(100)晶面	三次对称轴位置和(111)晶面	二次对称轴位置和(110)晶面
六面体	由六个(100)晶面围成外表面	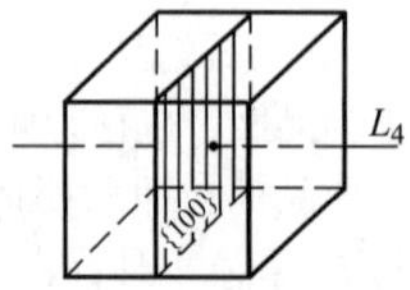 (100)面的法线方向是四次对称轴	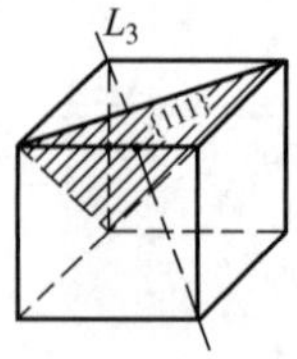 两对应角的连线是三次对称轴;和三次对称轴垂直的是(111)晶面	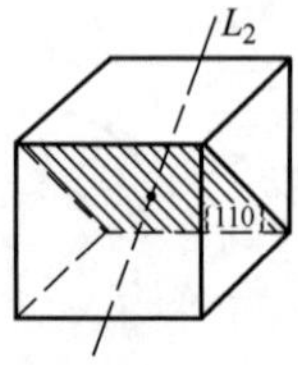 每两相对棱的中点连线是二次对称轴;和二次对称轴垂直的是(110)晶面
八面体	由八个(111)面围成的外表面	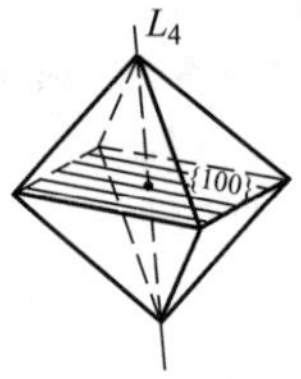 两个对应四个面相交点的连线是四次对称轴,和四次对称轴垂直的各面为(100)晶面	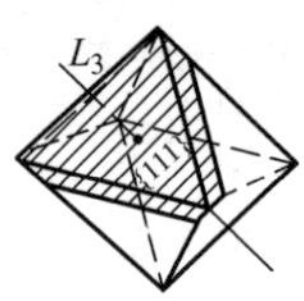 (111)面的法线方向是三次对称轴	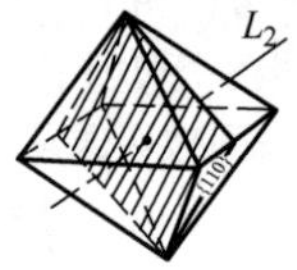 每两相对棱的中点连线是二次对称轴;和二次对称轴垂直的是(110)晶面
十二面体	由十二个(110)晶面围成外表面	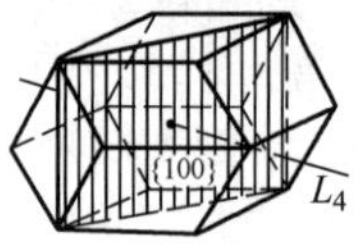 两个对应四个面交点的连线是四次对称轴,和四次对称轴垂直的是(100)晶面	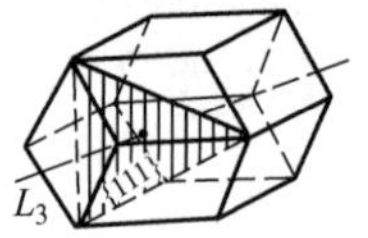 两个对应三个面交点的连线是三次对称轴,和三次对称轴垂直的是(111)晶面	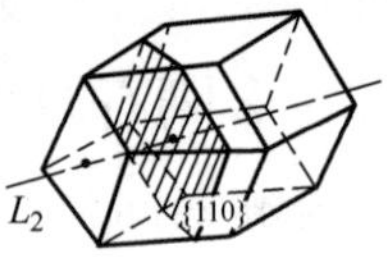 (110)晶面的法线方向是二次对称轴

表 2.2-3　金刚石的晶面和面网密度

面网	最小单元	最小单元面积	最小单元包含的原子数		面网密度
			计算过程	说　明	
(100)	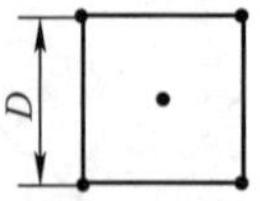	D^2	$4 \times 1/4 + 1 = 2$	正方形四个角上的每个原子是四个相邻正方形所共有,每个原子在这个正方形单元中只能算1/4	$\dfrac{2}{D^2}$
(110)	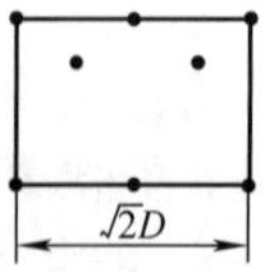	$\sqrt{2}D^2$	$4 \times 1/4 + 2 \times 1/2 + 2 = 4$	矩形四个角上的原子是相邻四个矩形所共有,在此矩形中只能算1/4;矩形两条长边中间的每个原子是两个相邻矩形所共有,在此矩形中只能算1/2	$\dfrac{4}{\sqrt{2}D^2}$
(111)	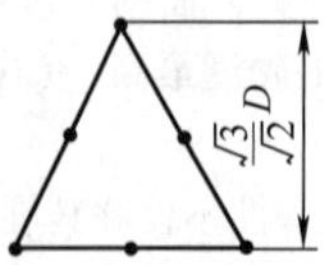	$\dfrac{\sqrt{3}}{2}D^2$	$3 \times 1/6 + 3 \times 1/2 = 2$	三角形三个角上的每个原子是六个三角形所共有,在此三角形中只能算1/6;三角形三个边中间的每个原子是相邻两个三角形所共有,在此三角形中只能算1/2	$\dfrac{4}{\sqrt{3}D^2}$

表 2.2-4　金刚石晶体的面网距

面网名称	面网距图示①	面网距②	特　点
（100）	 ‖‖	$\dfrac{D}{4}=0.089\text{nm}$	面网分布均匀,面网距始终一样
（111）	 ‖‖‖‖	宽面网距 $=\dfrac{\sqrt{3}}{4}D=0.154\text{nm}$ 窄面网距 $=\dfrac{\sqrt{3}}{12}D=0.051\text{nm}$ 实际面网距③ $\approx0.154\text{nm}$	面网分布不均匀,面网距出现一宽一窄的交替
（110）	 ‖‖	$\dfrac{\sqrt{2}}{4}D=0.126\text{nm}$	面网分布均匀,面网距始终一样

① 图中面网垂直于图面。
② 式中 D 是金刚石结构中单位晶胞的棱边长。
③ 由于（111）面的窄面网距很小,实际中把相近的两个面网看成一个加厚的面网。两个加厚面网的面间距,就是（111）面的实际面间距,近似取为宽面网距。

（100）晶面的面网距小于（110）晶面,故耐磨性有以下关系:

$$耐磨性_{(111)}>耐磨性_{(100)}>耐磨性_{(110)}$$

用示意图表示三种晶面的耐磨方向,如图 2.2-4 所示。

 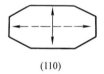

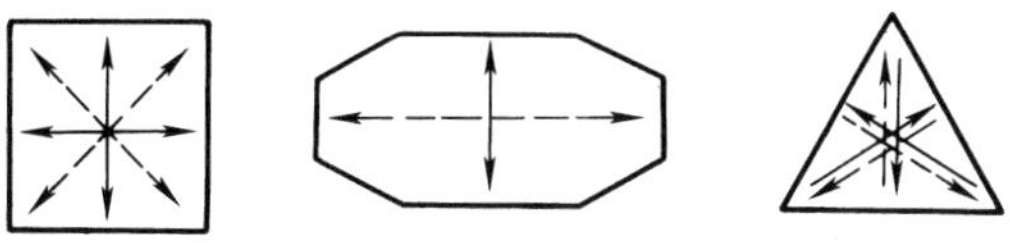

（100）　　　　　（110）　　　　　（111）
图 2.2-4　金刚石晶体中各晶面的耐磨方向
→ 易磨方向　⇢ 难磨方向

金刚石是超精密切削中最常用、最得力的超硬刀具材料之一,应选 0.5～1.5 克拉大颗粒（1 克拉 = 200mg）、浅色透明、无杂质、无缺陷的天然金刚石单晶体,通常为浑圆形的菱形十二面体,或选长形十二面体则更为经济些。它具有很高的硬度,是已知材料中硬度最高的,莫氏硬度为 10,显微硬度为 6000～10000HV。它有很好的耐磨性,其相对耐磨性约为钢的 9000 倍。但金刚石比较脆,不耐冲击,易沿解理面破裂。金刚石有较大的热容量和良好的热导性,线胀系数很小,熔点高于 3550℃。它不溶于酸和碱,但能溶于硝酸钠、硝酸钾和碳酸钠等盐溶液。在 800℃ 以上的高温下,能与铁或铁合金起反应和溶解。

2. 金刚石刀具的设计

（1）金刚石的晶体定向

1）金刚石定向的作用。金刚石具有向异性,定向就是根据晶体的向异性来确定刀具的刀面和刀刃的位置,这对提高金刚石刀具的使用寿命和加工质量有

密切关系。定向时应使刃口设计在最能承受切削力的方向上,即主切削力应与解理面垂直,以免受力方向与解理面平行而使金刚石破坏。同时,又要使主切削刃选择在较易研磨的平面及方向上,使研磨方便。

2）金刚石的定向方法。定向的方法有目测法、X 射线衍射法、扫描电子显微镜法和激光法等。

目测法是用 10 倍放大镜作目测,比较方便、实用,但要有一定的经验。

X 射线衍射法是利用 X 射线照晶面,当 X 光束穿过金刚石晶体时,会使其内原子的电子产生振动,从而向各个方向发出同样波长的光,即散射光。该散射光在某些方向被反射增强,形成衍射光束,得到对称、有规律的由衍射点组成的衍射图形,能在荧光屏上看到并能照相。据此,可通过转动金刚石来寻找相应的衍射图形。金刚石晶体具有四次、三次和二次对称轴,分别与（100）、（111）和（110）晶面垂直（见表 2.2-2）。定向时,将金刚石放在 X 光束照射下,旋转金刚石就能改变 X 射线的入射角,当衍射图像中的光点出现四次、三次或二次对称现象时,说明 X 射线光束已和四次、三次或二次对称轴重合,其相应的垂直面即为（100）、（111）或（110）晶面。此方法定向精度高,但要有相应设备,X 射线还有防护问题。

激光定向是将激光束照射在金刚石晶面上,由于表面存在一些在晶体生长过程中所形成的形状规则的晶界条纹和微观凹坑,当转动金刚石在被测晶面与激光束垂直时,被反射到屏幕上的光束就形成衍射图像,（100）晶面为四叶形,（110）晶面为双叶形,（111）晶面为三叶形,如图 2.2-5 所示,据此可测定

金刚石的各晶面。图 2.2-5 中叶瓣所指方向为该晶面易磨方向，其逆方向为难磨方向。该法操作方便、直观，能辨别易磨方向，设备价格相对 X 射线法要低廉得多。

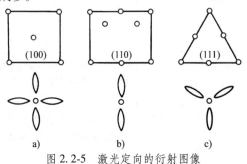

图 2.2-5　激光定向的衍射图像

a)（100）晶面　b)（110）晶面　c)（111）晶面

（2）金刚石的剖分

金刚石有时需要剖分使用，几种主要晶形的剖分方向见图 2.2-6。对于八面体可按图 2.2-6a、b 所示方向剖开，分别得到正方形面和菱形面；对于十二面体可按图 2.2-6c、d 所示方向剖开，分别得到菱形面和六边形面；对于六面体可按图 2.2-6e、f 所示方向剖开，分别得到长方形面和正方形面。

剖分金刚石时，先用黏结剂将金刚石黏在心轴上，然后用厚度为 0.04～0.15mm 嵌金刚石粉的锡青铜盘来切割。现在还可以用超声波等方法来剖分金刚石。

（3）金刚石刀具的结构

1）金刚石刀具的结构形式。金刚石刀具有焊接式、机械夹固式、黏结式和粉末冶金式等类型。

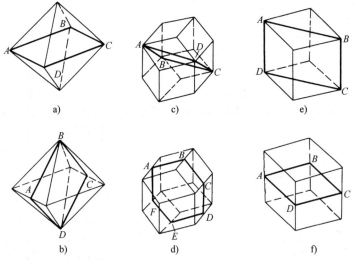

图 2.2-6　金刚石主要晶形的剖分方向

焊接式刀具是在刀体的刀头处先铣出一个与金刚石大小形状相应的凹槽，焊接时将金刚石置于槽中，用铜焊直接焊住后再刃磨。

机械夹固式刀具是先将金刚石钎焊在硬质合金上形成刀头，这种金刚石刀头多为一次性使用，不重磨，由专门厂家生产出售。机械夹固时在刀体上加工出一个能容纳金刚石刀头体积 2/3 以上、大小形状相应的凹槽，槽内放置金刚石刀头后，用压板压住，为避免压坏金刚石刀头，可在刀头上下各垫一层0.1mm 厚的退火纯铜皮。

黏结式刀具多采用环氧树脂等无机黏结剂进行黏结，用于焊接和机械夹固有困难的情况，通常黏结力不够大。

粉末冶金式是当前最好的结构，它是将金刚石和铜粉等在真空中加热加压，使金刚石固装在刀杆或刀体的凹槽中。

2）金刚石刀具切削刃的几何形状。金刚石刀具切削刃的几何形状通常有尖刃、直刃、圆弧刃和多棱刃几种，如图 2.2-7 所示。

尖刃刀应用最为广泛，通常在刀尖处都有一个过渡圆弧，可提高刀具的使用寿命，这种刀具的对刀和刃磨均比较方便，但磨损后要立即重磨。

直刃刀带有修光刃，多用于加工表面质量要求较高的表面，其加工表面粗糙度值很低。修光刃长度一般为 0.1～0.2mm，太长会增加径向切削力，影响表面粗糙度和刀具使用寿命。这种刀具的对刀和刃磨都比较困难，加工时，修光刃要与工件轴线平行。

圆弧刃刀带有圆弧形的修光刃，通常修光刃圆弧半径为 0.5～3mm。这种刀具的对刀调整比较方便，圆弧修光刃留下的残留面积高度很小，表面粗糙度值较低，但切削时切削区的变形较大，会影响表面粗糙度；这种刀具的圆弧刃刃磨比较困难，多用于对刀调

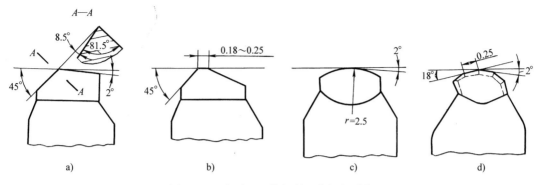

图 2.2-7 金刚石刀具切削刃的几何形状
a）尖刃 b）直刃 c）圆弧刃 d）多棱刃

整比较困难的场合。

多棱刃刀使用时，一个刀刃磨损后，可换另一刀刃，几个刀刃磨钝后再一起重磨。这种刀具切削时，切削区变形较小，表面质量较好，但刃磨工作量较大，因此应用并不广泛。

3）金刚石刀具的几何角度。金刚石材料硬脆，为保证刀刃强度，前角和后角都取值较小，前角 γ_o 一般取 0°，可根据被切材料选定，后角 α_o 取 5°～10°，后角增加可减少后刀面与工件被加工表面之间的摩擦力，减小表面粗糙度值。主偏角 κ_r 取 30°～90°，通常多取 45°。图 2.2-8 所示为一种通用带修光刃的金刚石车刀，图 2.2-9 所示为一种带圆弧修光刃的金刚石车刀。表 2.2-5 列出了直刃金刚石车刀的几何参数，其主刀刃、副刀刃和修光刃等各刃之间均应有圆角。

金刚石刀具切削刃钝圆半径 r_n 一般为 0.2～0.6μm。

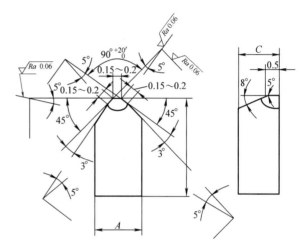

图 2.2-8 一种通用带修光刃的金刚石车刀

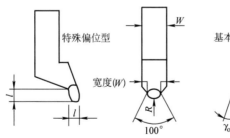

图 2.2-9 一种带圆弧修光刃的金刚石车刀

金刚石刀具前刀面的表面粗糙度 Ra 应研磨到 0.008μm，后刀面的表面粗糙度 Ra 应达到 0.012μm 或更好一些。

（4）金刚石刀具的刃磨

刃磨是金刚石刀具的最后一道工序，也是最关键的一道工序，其质量的好坏对切削性能的影响极大，目前还是主要靠手工在专门的研磨机上进行研磨。

1）研磨机。金刚石刃磨的研磨机如图 2.2-10 所示，电动机经传动带带动空心阶梯主轴回转，主轴两端镶有 70° 的顶尖，支承在上下两个轴承上，研磨盘固定在主轴中部，其圆柱孔与主轴的圆柱面紧密配合。主轴材料为 45 钢，顶尖材料为 T8A 钢并淬火，硬度为 58～63HRC，研磨盘材料为高磷铸铁，轴承多用硬木，通常为红木或梨木。

表 2.2-5　直刃金刚石车刀的几何参数

工件情况	刀具几何参数					
	前角 $\gamma/(°)$	后角 $\alpha/(°)$	主偏角 $\kappa_r/(°)$	副偏角 $\kappa'_r/(°)$	修光刃长度 b_g/mm	刀尖圆弧半径 r_g/mm
铜、铝及其合金有色金属材料	0~1	5~6	30~45		0.18~0.25	1.0
非金属材料、薄壁零件	6	12				

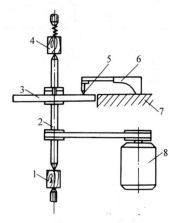

图 2.2-10　金刚石刃磨的研磨机
1—下轴承　2—主轴　3—研磨盘　4—上轴承
5—金刚石　6—装夹金刚石的夹具
7—工作台　8—电动机

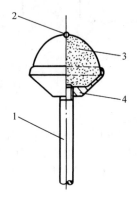

图 2.2-11　研磨金刚石用的锡斗
1—锡斗柄（纯铜）　2—金刚石　3—熔剂　4—锡斗体

研磨机的主轴转速通常为 2000~3000r/min。研磨盘的直径一般为 300mm，研磨盘与主轴组装后要进行静平衡，最好是动平衡，以保证运动平稳，无振动。研磨盘工作面的端面圆跳动应小于 5μm。

研磨机的关键部分是主轴系统，要求转速高、精度高、运动平稳，在其所用的轴承上除传统的硬木轴承外，现在已应用精密滚动轴承、液体静压轴承和气体静压轴承，提高了研磨盘的回转精度、转速和平稳性，提高了研磨精度和研磨效率。研磨盘材料上也可选择多种不同的材料，达到研磨和抛光的综合效果，使研磨质量和效率进一步提高。

2）金刚石的装夹和刃磨过程。金刚石刃磨时通常分为以下几个步骤：

① 研磨基准面。由于金刚石颗粒小，又不规则，无法直接装夹，因此先将金刚石熔接在锡斗的熔剂中，如图 2.2-11 所示，熔剂是由质量分数为 70%锡和 30%铅混合而成，经热熔后放入金刚石颗粒，熔剂冷却后即可将金刚石颗粒固定。然后将锡斗柄装夹在夹具中便可研磨基准面（一般基准面就是刀具的前刀面）。研磨完成后，将熔剂加热熔化，即可取出金刚石。

② 研磨底面和两侧面。当金刚石有了基准面后

便可以装夹在夹具中研磨底面和两侧面，研磨时以基准面为定位面。图 2.2-12 所示为一种四足研磨夹具，它由四足夹头和夹具体两部分组成，先将金刚石装于四足夹头中，再将四足夹头装于导柱 9 中，便可进行研磨。金刚石在四足夹头中由基准面定位，用四个可以分别移动的夹爪夹紧，研磨出与基准面平行的底面。

③ 研磨其他面和几何角度。将已有两个相互平行面的金刚石装在如图 2.2-13 所示的角度研磨夹具中，用止压板 3 压紧，研磨所需的其他面和几何角度，研磨时将夹杆 9 装在另一夹具中，并调整所需角度和位置。

3）金刚石的研磨工艺过程。金刚石研磨时可分为粗研、精研和抛光几个阶段，影响金刚石研磨质量和效率的因素主要有：

① 磨料粒度的选择。磨料粒度越大，被磨金刚石的表面粗糙度值越低；磨料粒度小时，磨削效率高。由于同一粒度中的磨料大小是有差别的，当研磨盘高速回转时，涂在研磨盘面上的磨料受到离心力的作用，颗粒大的会分布在半径大的外圈，颗粒小的会分布在半径小的内圈，造成磨粒大小的不均匀分布，对金刚石的表面粗糙度会造成影响。

② 研磨机的质量。研磨机质量的影响主要有研磨盘和主轴系统两个方面。

研磨盘所用的铸铁要求质地细密均匀，无砂眼、气孔和划痕等缺陷，表面上有均匀分布的微孔，以便

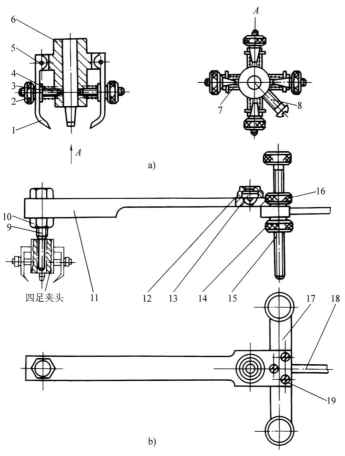

图 2.2-12 一种四足研磨夹具

a) 四足夹头 b) 夹具体

1—夹爪 2—夹紧螺母 3—垫圈 4—螺栓 5—圆销 6—夹头体 7—弹簧 8—紧固螺钉 9—导柱 10—螺母 11—夹
具体 12—水平仪外罩 13—水平仪 14—调节螺母 15—螺杆 16—调节螺母 17—支承板 18—夹杆 19—螺钉

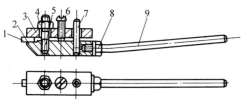

图 2.2-13 角度研磨夹具

1—金刚石 2—支承板 3—止压板 4—紧固螺母
5—螺栓 6—支承调节螺钉 7—止转销
8—锁紧螺母 9—夹杆

在研磨时能均匀嵌入磨粒。研磨盘在使用一段时间后,应及时修磨,以恢复原有的几何形状精度和表面粗糙度。

传统的研磨机在主轴系统结构上都用硬木滑动轴承,虽然运动比较平稳,但速度比较低,影响研磨效率;现代的研磨机已采用液体静压轴承结构,对研磨

质量和效率均有很大提高。

③ 晶面和研磨方向选择。(111)晶面能获得很高的强度、硬度和耐磨性,刀具的使用寿命长,但由于研磨的难度大,因此通常不选作前、后刀面,可选择相对于(111)晶面倾斜 3°~5°的面,这样既能有较高的强度、硬度和耐磨性,得到平整的刃口,不易崩裂,使用寿命长,同时又减小了研磨的难度,研磨方便,这是一种可选择的方案。

从金刚石硬度和耐磨性的分析可知,由于(100)晶面的耐磨性和微观破损强度均高于(110)晶面,而与有色金属之间的摩擦因数却小于(110)晶面,因此可选用(100)晶面为前刀面或后刀面,当然其研磨难度比(110)晶面高,这是另一种可选择的方案。

研磨时应选择由刃口到刀体的研磨方向,这时磨削力将刃口的晶体压向刀体,使刃口受压,因金刚石

抗压强度高，因此不易崩刃；反之，则由于金刚石的抗拉强度比抗压强度小，容易造成崩刃。因此要将金刚石晶面易磨方向和刀具要求的研磨方向统一起来。

④ 研磨速度。提高研磨速度可提高研磨效率，研磨速度的提高可通过提高研磨机主轴转速和加大研磨盘的直径来得到，现在多采用静压轴承结构来提高转速，加大研磨盘直径可能会增加运动的不平稳性，易产生振动，只可适当增加。图 2.2-14 所示为研磨量和研磨速度的关系曲线，可以很明显地看出它们成正比关系。

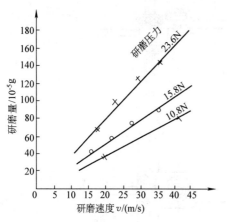

图 2.2-14　研磨量和研磨速度的关系曲线

⑤ 研磨压力。研磨时，载荷越大，即研磨压力越大，研磨量越大，研磨效率高，但研磨压力增大会产生较大的磨削热，使被研表面粗糙度值增加，影响表面质量。研磨压力在粗研时可大一些，精研时应小一些，通常宜取 9.6～11.4N。图 2.2-15 所示为载荷和研磨量的关系曲线。

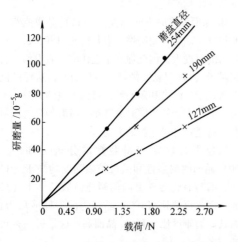

图 2.2-15　载荷和研磨量的关系曲线

研磨是金刚石刃磨的传统方法，也是最常用的方法，该法的刃磨质量与操作者的技术水平关系密切，且效率较低。现在使用单位大多无条件自己刃磨，而是要送到专门厂家去加工，因此要配置多把刀具进行周转，同时刃磨周期长、刃磨费用高，且质量不一定能满足要求，这是当前金刚石刀具使用中的难题。目前已有采用超声波振动抛光、电火花加工和离子束加工等方法来提高加工质量，获得非常小的切削刃钝圆半径和更锋利的刃口。

2.2.3　金刚石刀具超精密切削的工艺规律

1. 影响金刚石刀具超精密切削的因素

以金刚石刀具超精密切削为例，影响加工质量的因素很多，可从机床、刀具、工件和夹具四方面来进行分析。

超精密加工机床应有较高的系统刚度，特别是工作台与进给机构的连接刚度。对于数控超精密加工机床，除一般精度外，尚有随动精度，它包括速度误差、加速度误差和位置误差（反向间隙，或称死区、失动等静态误差），这些误差均会影响尺寸精度和形状精度。特别是主轴热变形影响更大，因此应有良好的冷却系统来控制温度，并应在恒温室中进行加工。

对表面粗糙度影响最大的因素有主轴回转精度，运动平稳性和振动等，振动对加工表面质量极其有害，通常不允许有振动，因此工艺系统应有较高的刚度，同时电动机和外界的振源应严格隔离，电动机和主轴的回转频率应远离共振区。

工件材料的种类、化学成分、性质、质量对加工质量有直接影响。金刚石刀具的材质、几何形状、工作角度、刃磨质量和安装调整对加工质量均有直接影响。

2. 金刚石刀具超精密切削工艺
（1）金刚石刀具超精密切削参数选择

1）切削速度。积屑瘤的生成对加工质量的影响很大，试验表明，当金刚石刀具车削硬铝 LY12 时，在所有的速度范围内，如果没有切削液，均会在刀尖处产生积屑瘤，但切削速度的大小会影响积屑瘤的高度。低速时，切削温度比较低，比较适于积屑瘤的生长，积屑瘤高度较高，且比较稳定；而高速时，积屑瘤高度较低，且不稳定；在切削黄铜和纯铜时，积屑瘤不稳定，且其高度较小（0.1～0.75mm）。在精密和超精密切削时，应使用切削液。

切削速度和切削力的关系如图 2.2-16 所示，在切削硬铝和纯铜等软金属时，当切削速度很小时会产生很大的切削力，随着切削速度的增加，切削力急剧下降，最后趋于稳定。这与切削速度对积屑瘤高度的影响基本相似。

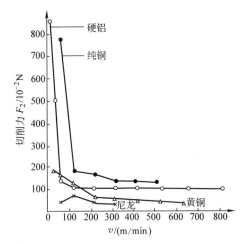

图 2.2-16　超精密切削时切削速度
和切削力的关系
$f = 0.0075\text{mm/r}$　$a_p = 0.02\text{mm}$

切削速度对表面粗糙度的影响可以认为也是由于积屑瘤的生成使表面粗糙度值增加。在精密切削和超精密切削时，如果有工作液，则积屑瘤不易生成，因此在所选用的切削速度范围内，对表面粗糙度的影响很小。

2）进给量。进给量直接影响加工表面粗糙度，因此超精密切削时采用很小的进给量，同时刀具多带有修光刃。

当进给量很小时，由于刀具总有一定的切削刃钝圆半径，因此可能不易切削，产生啃挤，表面粗糙度变大，切削力增加；进给量增加到一定值后，切屑易形成，表面粗糙度变小，如果继续增加进给量，则表面粗糙度值将随进给量的增加而增加。进给量对积屑瘤的生成也有影响，当进给量很小时，易产生积屑瘤，且其高度较大，随着进给量的增加有一最小值，以后稍有增加，这是由于切削温度增加所致。

3）背吃刀量。背吃刀量主要影响切削变形，背吃刀量大，切削力大，切削变形大，表面层残留变形大，但背吃刀量太小时，由于刀具总有切削刃钝圆半径，因此不易产生切屑，切削力反而增加，使表面残余应力反而增加，如图 2.2-17 所示。背吃刀量对加工表面粗糙度的影响一般较小，但如果背吃刀量太小时，不易产生切削，会加大表面粗糙度值。随着背吃刀量的增加，积屑瘤的高度略有减少，到最小值后增加较快，这主要是因为当背吃刀量较小时不易产生切屑，到一定值后，切屑易形成，而当背吃刀量较大时切削温度增高使得积屑瘤高度增加。

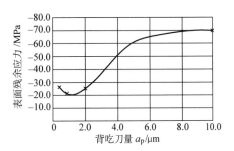

图 2.2-17　超精密切削时背吃刀量对
表面残余应力的影响
加工材料：硬铝 LY12　$v = 314\text{m/min}$
$f = 2.5\mu\text{m/r}$

金刚石刀具超精密车削时的切削用量可参考表 2.2-6 选择。

表 2.2-6　金刚石刀具超精密车削时的切削用量

加工材料	背吃刀量 a_p/mm	进给量 f/(mm/r)	切削速度 v/(m/min)
铜、铝等有色金属材料	0.002~0.005	0.01~0.04	150~4000
非金属材料	0.1~0.5	0.05~0.2	30~1500

（2）金刚石刀具的刀刃锋锐度

金刚石刀具的刀刃锋锐度是指其切削刃钝圆半径的大小，它和加工精度和表面质量有密切关系，对切削力、最小切削厚度、加工表面粗糙度、表面残余应力、表面冷硬层等均有影响，一般刃磨时切削刃钝圆半径为 $0.2~0.6\mu\text{m}$。

当金刚石刀具的刀刃锋锐度比较高时，切削比较顺利，切削力比较小，最小切削厚度也比较小，容易保证加工精度。同时表面粗糙度也比较低，由于切削变形小，因此表面残余变形小，表面冷硬层和组织位错也比较小，表面质量高。

金刚石刀刃锋锐度的测量也是一个关键技术，一般主要采用扫描电子显微镜测量，放大 20000~30000 倍，因扫描电子显微镜景深大，测量可靠，但所测切削刃钝圆半径须大于 $0.1\mu\text{m}$。如果切削刃钝圆半径小于 $0.1\mu\text{m}$ 时，因扫描电子显微镜的分辨率不够，须采用更精确的方法来测量。

（3）金刚石刀具的磨损和破损

金刚石刀具的磨损有机械磨损和碳化磨损，机械磨损是指在切削铜、铝等非铁金属及其合金时由于机械运动摩擦而产生的磨损。碳化磨损又称扩散磨损，是指在切削钢、铁等铁碳合金时，在局部高温下，金刚石中的碳原子很容易扩散到铁素体中，产生亲和作用而造成的磨损。

由于金刚石材料比较脆，在切削时如有微小振动，在刀刃上易产生微小崩刃，使金刚石刀具产生破损。

刀具的使用寿命是指在正常切削情况下两次刃磨间的实际切削路径长度，金刚石刀具超精密切削时，由于金刚石刀具在正常切削条件下的使用寿命非常长，在切削铝、铜等非铁金属时，一般为100km，甚

至可达 $300\sim400$km。图 2.2-18 所示为美国 Lawrence Livemore 实验室所作的金刚石刀具的磨损试验，图 2.2-18a 为切削最初 300m 前加工表面粗糙度随切削路径变化图，可见金刚石刀具也有初始磨损，但比较小；图 2.2-18b 为切削 20km 前加工表面粗糙度随切削路径变化图，表面粗糙度 Ra 小于 $0.01\mu m$，属正常磨损，刀具仍能继续使用。

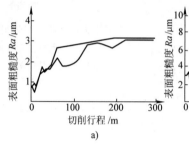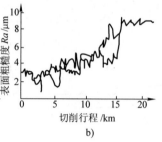

图 2.2-18　金刚石刀具的磨损曲线

通常磨损和破损的程度是间接由加工精度和表面粗糙度的要求来判定的。一般新刀切削刃的直线度应在 $0.1\sim0.2\mu m$，当刀具磨损使切削刃的直线度下降到 $1.2\mu m$ 时，则应及时刃磨，否则不易保证加工质量，而且使刃磨量增加，反而不够经济。

2.2.4　金刚石刀具超精密切削的应用和发展

金刚石刀具超精密切削主要用于加工非铁金属材料和一些非金属材料，取得了良好的效果，因此应用逐渐广泛。在非铁金属材料方面主要有：铝、铜、锡、铂、银、金等及其合金。在非金属材料方面主要有聚丙烯、聚碳酸酯、聚苯乙烯等，以及一些结晶体，如锗、硅、硫化锌等。

金刚石刀具超精密切削最初用于加工各种镜面零件，如射电望远镜的球面天线等，镜面是一个定性名词，应通过其反射率与表面粗糙度值的关系来进行定

量表示，图 2.2-19 表示了镜面反射率和表面粗糙度 Rz 的关系。

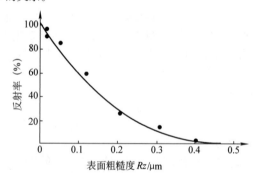

图 2.2-19　镜面反射率和表面粗糙度 Rz 的关系

金刚石刀具超精密切削的零件实例见表 2.2-7。

近年来，金刚石刀具超精密切削钢、铁等金属材料的需求有所增长，进行了一些研究，主要有气体保护法和低温切削法等。

表 2.2-7　金刚石刀具超精密切削的零件实例

名称	形　状	用　途	名称	形　状	用　途
圆筒		复印机	平面镜		光学仪器
内面镜		波导管	凹球面镜		光学仪器 激光共振器
盘		磁盘 录像盘	凸球面镜		光学仪器 激光共振器

（续）

名称	形 状	用 途	名称	形 状	用 途
多面镜		扫描器	外三棱镜		激光加工机
波纹镜		投影机 聚光机	内三棱镜		激光加工机
抛物面镜		光学仪器 聚光机	复合棱镜		激光加工机 计测器
偏轴抛物 面镜		光学仪器 激光核融合	高斯棱镜		光学仪器
椭圆镜		聚光镜	圆弧棱镜		光学仪器

2.3 精密和超精密磨削加工

精密和超精密磨料加工方法分为固结磨料加工和游离磨料加工两大类，如图 2.3-1 所示。

将细磨粒或微粉与结合剂均匀混合在一起，采用烧结、黏结、涂敷等方法，形成具有一定形状和强度的磨具，例如砂轮、砂块、砂带等，用来进行磨削、研磨等加工，称为精密和超精密固结磨料加工。

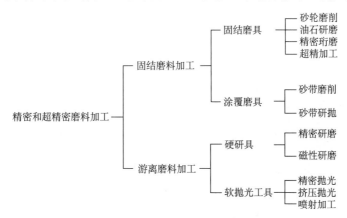

图 2.3-1 精密和超精密磨料加工方法分类

将细磨粒或微粉呈游离状态放在工件和工具之间进行研磨和抛光等，称之为精密和超精密游离磨料加工。

2.3.1 精密磨削加工

精密磨削可分为普通磨料砂轮磨削和超硬磨料砂轮磨削两大类。

1. 普通砂轮精密磨削机理

普通砂轮精密磨削是在精密磨床上，选择细粒度砂轮，通过对砂轮的精细修整，使磨粒具有微刃性和等高性，再通过无火花磨削阶段的作用，磨削后的表面上磨削痕迹极其细微、残留高度极小，可获得高精度和低表面粗糙度的加工表面。因此普通砂轮精密磨削机理可归纳为以下几个方面：

1）微切削作用。修整时纵向进给量和修整深度

都非常小，使磨粒表面微细破碎而形成微刃，一颗磨粒就形成了多颗小磨粒，相当于磨粒变细，起到了微切削作用，如图 2.3-2 所示。

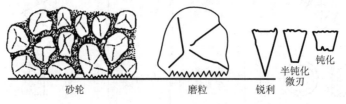

图 2.3-2　磨粒精细修整时的微刃性和等高性

2）滑擦、挤压、抛光作用。

3）微刃的等高几何作用。砂轮精细修整后，微刃具有等高性。

影响普通砂轮精密磨削的因素很多，主要有砂轮的选择、砂轮的修整方法、精密磨床的精度和性能、被加工材料性能和磨削用量的选择、磨削液的选择以及砂轮的平衡等。

2. 普通砂轮精密磨削砂轮选择

砂轮选择主要有磨粒材料、粒度、结合剂，组织、硬度等。

砂轮的粒度应选择比较细的，细粒度砂轮经过精细修整后，有很好的微刃性和等高性，不仅有微切削作用，而且与工件加工表面的滑擦、抛光作用比较明显，砂轮的使用寿命高，磨削质量好，但磨粒间容屑空间较小，易于堵塞。对此提出了微粒度磨料的"粗化"措施，即先将微粒度磨料与结合剂混合烧结成细粒度磨粒，再将这些细粒度磨粒与结合剂混合而烧结成砂轮，如图 2.3-3 所示。从而解决了容屑空间小的矛盾，再经过微细修整，则可得到既有很好的微刃性和等高性，又有足够的容屑空间的砂轮。

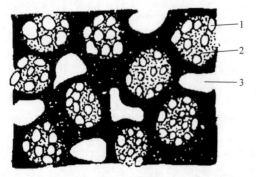

图 2.3-3　细粒度磨料"粗化"
后的砂轮结构
1—细粒度磨料　2—结合剂　3—气孔

3. 精密磨床的选择

普通砂轮精密磨削应在精密磨床上进行，具体应

满足以下一些要求。

1）高几何精度和刚度。

2）平稳的低速进给运动。由于普通砂轮精密磨削时砂轮的修整速度要求低至 10～15mm/min，因此，工作台必须能低速进给、平稳、无爬行和冲击。一般的精密磨床有时不可能达到如此低的进给速度，需要对其进给系统进行特殊设计或改造。

3）高抗振性。应从机床结构上和安装上采取一些减振和隔振措施，提高抗振性。

4. 普通砂轮精密磨削时的砂轮修整

砂轮修整是普通砂轮精密磨削的关键和特色所在，其修整方法有单粒金刚石修整、金刚石粉末烧结块修整和金刚石超声波修整等。

修整时，金刚石修整器安装如图 2.3-4 所示。

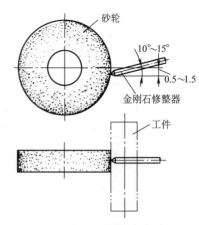

图 2.3-4　金刚石修整器修整砂轮时的安装位置

砂轮的修整用量有修整速度、修整深度、修整次数和光修次数等。修整速度的单位为砂轮每转进给量（mm/r）或每分钟进给量（mm/min），它对工件表面粗糙度的影响较大，图 2.3-5 表示了当修整深度为 0.005mm/st（st 为单行程）、砂轮为 WA60KV 时，修整速度对工件表面粗糙度的影响，修整速度越小，工件表面粗糙度值越低。一般修整速度为 10～15mm/min。若过小，则工件被加工表面易产生烧伤和螺旋

形等缺陷。修整深度对工件表面粗糙度的影响如图 2.3-6 所示。修整深度越小，工件表面粗糙度值越低，一般修整深度为 0.05mm。

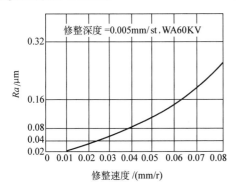

图 2.3-5　修整速度对工件表面
粗糙度的影响

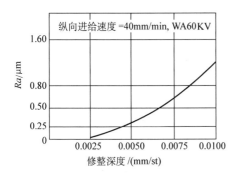

图 2.3-6　修整深度对工件表面
粗糙度的影响

修整时，一般可分为初修、精修和光修。初修用量可大些，逐次减小；精修用量小些；光修为无修整深度修整，主要是为了去除砂轮表面个别突出的微刃，使砂轮表面更加平整。

普通砂轮精密磨削时的砂轮修整用量可参考表 2.3-1。

表 2.3-1　普通砂轮精密磨削时的砂轮修整用量

修整参数	修整用量
砂轮线速度/（m/s）	12~20
修整速度/（mm/min）	10~15
修整深度/μm	2.5~5
修整次数/单行程	2~3
光修/单行程	1

5. 普通砂轮精密磨削时的磨削用量

磨削用量主要有砂轮速度、工件速度、纵向进给量、磨削深度、走刀次数和无火花磨削次数等，见表 2.3-2。

表 2.3-2　普通砂轮精密磨削时的参考磨削用量

磨削用量		数　值
砂轮线速度/（m/s）		32
工件线速度/（m/min）		6~12
工件纵向进给量/（mm/min）		50~100
吃刀量（磨削深度）/μm		0.6~2.5
走刀次数/单行程		1~3
无火花磨削次数/单行程	粗粒度砂轮	5~6
	细粒度砂轮	5~15
磨削余量/μm		2~5

2.3.2　超硬磨料砂轮精密磨削

1. 超硬磨料砂轮精密磨削特点及应用

超硬磨料砂轮磨削硬脆材料是一种有效的超硬磨料精密加工方法，其特点和应用范围如下：

1）可用来加工各种高硬度、高脆性金属材料和非金属材料，例如陶瓷、玻璃、半导体材料、宝石、石材、硬质合金、耐热合金钢以及铜铝等非铁金属及其合金等。

2）磨削能力强、耐磨性好、使用寿命长、易于控制尺寸及实现加工自动化。

3）磨削力小，磨削温度低，无烧伤、裂纹和组织变化，表面质量好。用金刚石砂轮磨削硬质合金时，其磨削力只有绿色碳化硅砂轮磨削的 1/4~1/5。

4）由于超硬磨料有锋利的刃口，耐磨性好，有较高的切除率和磨削比，因此磨削效率高。

5）超硬磨料砂轮修整难度较大。

6）虽然金刚石砂轮和立方氮化硼砂轮价格比较高，但由于其使用寿命长，加工效率高，工时少，因此综合成本不高。

金刚石砂轮磨削有较强的磨削能力和较高的磨削效率，在加工非金属硬脆材料、硬质合金、非铁金属及其合金等有优势。由于人造金刚石的生产工艺日趋成熟，价格上已比较便宜，因此应用比较广泛，但由于金刚石易与铁族元素产生化学反应和亲和作用，故不适于加工钢铁类金属材料。

立方氮化硼虽硬度不及金刚石，但比金刚石有较好的热稳定性和较强的化学惰性，金刚石的热稳定性在空气中为 850~1000℃，而立方氮化硼为 1250~1350℃，又不易与铁族元素产生化学反应和亲和作用，适于加工硬而韧的、高温硬度高的、热传导率低的钢铁材料，例如耐热合金钢、钛合金、模具钢等，有较高的耐磨性。

目前，超硬磨料砂轮以金刚石砂轮居多，金刚石砂轮制作方法有：烧结法、电铸法（电镀法）、化学气相沉积法等。

2. 超硬磨料砂轮精密磨削机理

超硬磨料砂轮精密磨削时，主要有微切削作用、塑性流动和破坏作用，在切削过程中有切屑形成，有耕称犁（隆起）、滑擦（滑动和摩擦）等现象产生。

3. 超硬磨料砂轮精密磨削用量选择

1）磨削速度。金刚石砂轮的磨削速度和立方氮化硼砂轮的磨削速度选择有所不同。

金刚石砂轮的磨削速度一般为 $12 \sim 30 \mathrm{m/s}$。磨削速度太低，单颗磨粒的切屑厚度过大，不但使工件被加工表面粗糙度值增加，而且也使金刚石砂轮磨损增加；磨削速度提高，可使工件表面粗糙度值降低，但磨削温度将随之升高，而金刚石的热稳定性在空气中为 $850 \sim 1000 \mathrm{℃}$，因此金刚石砂轮的磨损也可能会增加。

立方氮化硼砂轮的磨削速度可比金刚石砂轮高一些，可选 $45 \sim 60 \mathrm{m/s}$，这主要是由于立方氮化硼磨料的热稳定性较好。

2）磨削深度。金刚石砂轮磨削深度一般为 $0.001 \sim 0.01 \mathrm{mm}$，可根据磨削方式、磨料粒度、砂轮结合剂、冷却状态等具体情况来选择。

立方氮化硼砂轮的磨削深度可稍大于金刚石砂轮的磨削深度。

3）工件速度。一般为 $10 \sim 20 \mathrm{m/min}$，过高会使单颗磨粒的切屑厚度增加，从而使砂轮磨损增加，可能会出现振动和噪声，影响加工表面质量；工件速度低些对降低表面粗糙度值有利，但会降低生产率。

4）纵向进给速度。一般为 $0.45 \sim 1.50 \mathrm{m/min}$，可参考普通砂轮精密磨削情况选取。纵向进给速度大时会增大被加工表面粗糙度值，并使砂轮磨损增加。

4. 超硬磨料砂轮磨削时的磨削液选择

磨削液对磨具表面加工质量、磨削效率、砂轮使用寿命等有很大影响，例如树脂结合剂超硬磨料砂轮湿磨可比干磨提高寿命 40%左右，因此一般多采用湿磨方式。近年来，在绿色制造中，为了保护环境，提出了采用干磨方式，由于超硬磨料砂轮有很强的切削性能和耐磨性，采用干磨方式比普通磨削更具可能性。

金刚石砂轮磨削时，有水溶性和油性两类磨削液。

常用的水溶性磨削液有添加碳酸钠、亚硝酸钠、硼砂、三乙醇胺、聚乙二醇等各种添加剂的水溶液和弱碱性乳化液等。由于离子水溶液使磨削区不会形成高温，提高了磨具的使用寿命和磨削比，在磨削耐热合金钢、钛合金、不锈钢、陶瓷等材料时多用之。树脂结合剂金刚石砂轮磨削时，不宜用加碳酸钠的水溶液（苏打水）。

常用的油性磨削液有煤油、轻柴油、低号 L-AN 油或低号 L-AN 油与煤油的混合油。磨削硬质合金时多用之。普遍采用煤油，也可用加防锈添加剂等水溶液，但不宜使用乳化液。

立方氮化硼砂轮磨削时，多采用油性磨削液，如煤油、柴油等轻质矿物油，一般不用水溶性磨削液。因为在高温下，立方氮化硼磨粒会与水起化学反应，产生水解作用，加剧磨料磨损。如必须用水溶液时，可添加极压添加剂以减弱水解作用。

5. 超硬磨料砂轮修整

（1）超硬磨料砂轮修整过程

砂轮的修整一般分为整形和修锐两个过程。整形是使砂轮达到一定的尺寸和几何形状；修锐是使表面形成切削刃，使砂轮具有微切削能力。普通砂轮修整时，通常整形和修锐是一步完成的。

超硬磨料砂轮表面由于磨粒很硬，没有更硬的材料去破碎它，因此，从机理上来分析主要是去除超硬磨料磨粒周边的结合剂，使超硬磨料磨粒裸露、脱落而成形。因此，以超硬磨料磨粒脱落为主要修整形式。

修锐主要是使超硬磨料砂轮磨粒裸露而形成切削刃和容屑空间，以便于磨削，如果裸露太多，则超硬磨料磨粒在磨削力的作用下可能脱落；若裸露太少则可能不能形成切削刃和足够的容屑空间，通常以露出 1/3 为宜。

（2）超硬磨料砂轮的修整方法

超硬磨料砂轮的修整方法很多，可归纳为表 2.3-3 所列。现介绍几种有实效的常用修整方法。

1）绿碳化硅（GC）杯形砂轮磨削法。如图 2.3-7 所示，修整器安装在磨床磁力工作台上，杯形砂轮由小型电动机通过带轮传动。修整时，杯形砂轮轴线与被修整砂轮轴线垂直，杯形砂轮沿被修整砂轮圆周的切线方向作往复进给运动，并在每一往复进给运动中，当杯形砂轮与被修整砂轮脱开时，在垂直方向进行一定量的吃刀。这种方法的机理是靠杯形砂轮脱落的磨粒起研磨作用来去除金刚石磨粒周围的结合剂，在修整质量和效率上均有很大提高，比较实用，但杯形砂轮损耗较大。

2）电解修整法（Electrolytic In-process Dressing，ELID）。如图 2.3-8 所示，超硬磨料砂轮 1 接正极，在其与负电极 6 之间通以电解液 7。通电时，电流由支架 5 经电刷 4 传入超硬磨料砂轮，从而产生电解作用，通过电化学腐蚀来去除砂轮上的导电结合剂（如金属结合剂）而达到修锐效果。

电解修整法装置简单，修锐量好，它是一种在线修锐方法，受到广泛应用，但只能修锐金属结合剂的

表2.3-3 超硬磨料砂轮的修整方法

修整方法		修整质量	修整效率	修整费用	应用场合	
					结合剂种类	修整范围
	车削法	较好	较高	高	各种	整形和修锐
磨削法	普通砂轮磨削法	一般	较低	较高	各种	整形和修锐
	GC 杯形砂轮磨削法	较好	较低	较高	各种	整形和修锐
	砂带磨削法	较好	较高	较低	各种	修锐和整形
	研磨法	好	低	低	各种	修锐
滚压挤轧法	滚压法	一般	低	低	各种	只能修锐
	游离磨料挤轧法	一般	较低	低	各种	修锐
喷射法	气压喷砂法	好	高	较低	各种	修锐
	液压喷砂法	好	高	较低	各种	修锐
电加工法	电解法	好	较高	一般	金属（导电）	修锐
	电火花法	较好	高	一般	金属（导电）	整形和修锐
	超声波振动法	一般	较高	一般	各种	修锐
	激光法	较好	较高	高	各种	修锐
	清扫法	较好	低	低	各种	只能修锐
	其 他	—	—	—	—	—

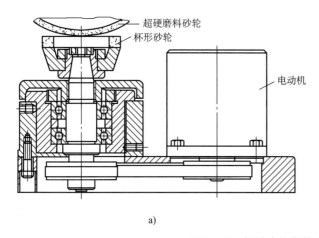

a)

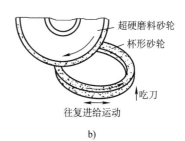

b)

图 2.3-7 杯形砂轮磨削法
a）修整器结构 b）修整运动关系

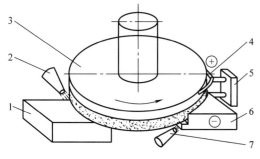

图 2.3-8 电解在线修整法
1—砂轮 2—磨削液 3—超硬磨料砂轮
4—电刷 5—支架 6—负电极 7—电解液

超硬磨料砂轮，且需要专配的防腐蚀电解液以免锈蚀机床。

3）超声波振动法。如图 2.3-9 所示，由超声波发生器所发出的超声波信号，通过磁致伸缩换能器 5 变为机械能，并通过变幅杆 4 将振幅放大，得到具有一定能量和幅值的超声波，带动幅板修整器 3 作超声

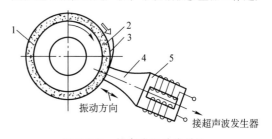

图 2.3-9 超声波振动修锐法
1—超硬磨料砂轮 2—混油磨料 3—幅板修整器
4—变幅杆 5—磁致伸缩换能器

波振动。在修整器和超硬磨料砂轮之间放入混油磨料2，变幅杆4振动时，通过游离磨料撞击被修整砂轮表面，结合剂碎裂去除后使超硬磨粒露出，达到修锐效果。这种方法多用于修锐，很少用于整形。

2.3.3 超精密磨削加工

1. 超精密磨削的概念、机理、特点及其应用

（1）超精密磨削的概念

超精密磨削是近年来发展起来的最高加工精度、最低表面粗糙度的砂轮磨削方法，其加工精度达到或高于 $0.1\mu m$，表面粗糙度 Ra 低于 $0.025\mu m$，是一种亚微米级、纳米级的砂轮磨削方法。超精密磨削的发展远比超精密切削要缓慢。当前，发展得比较快、也比较成熟的当首推金刚石微粉砂轮超精密磨削。

（2）超精密磨削机理

超硬磨料微粉砂轮超精密磨削时，主要有微切削作用、塑性流动和破坏作用，有耕犁隆起等现象产生，并有切屑形成。

超精密磨削是一种极薄切削，切屑厚度极小，磨削深度可能小于晶粒的大小，磨削就在晶粒内进行，磨削力一定要超过晶体内部原子、分子结合力才能实现材料去除，磨粒上所承受的切应力就变得非常大，可能接近被磨材料的抗剪强度极限，同时还会在磨削区产生高温。这种情况普通磨料是不能承受的，磨粒会很快磨损或崩裂，只有超硬磨料（例如金刚石和立方氮化硼等）才能胜任。

（3）超精密磨削的特点及其应用

1）由于其磨料是微粉级的，粒度很细，在超精密磨床上磨削可以同时获得极低的表面粗糙度和很高的几何尺寸和形状精度，是一种比较理想的超精密加工方法。

2）它是一种固结磨料的微量去除加工方法，与研磨、抛光等精密加工方法相比较，加工效率高。

3）由于磨料粒度很细，容屑空间很小，磨削容易堵塞，需要进行在线修整，才能保证磨削的正常进行和加工质量。

4）磨削要在超精密磨床上进行，设备价格高，磨削成本高。超精密磨削主要用于磨削钢铁及其合金等金属材料，例如耐热钢、钛合金、不锈钢等合金钢，特别是经过淬火处理的淬硬钢等，也可用于磨削铜、铝及其合金等非铁金属。同时它还是磨削非金属硬脆难加工材料（例如陶瓷、玻璃、石英、半导体、石材等）的主要加工方法。

2. 超硬磨料微粉砂轮

金刚石微粉砂轮一般是以粒度为 F280~F1200 的金刚石微粉为磨料，采用树脂、陶瓷、金属（例如铜、纤维铸铁等）为结合剂烧结而成，也可采用电铸法和气相沉积法制作。

砂轮的结构中由于结合剂的不同，其刚性也不同，金属结合剂砂轮刚性大，对保证形状精度有利，但修整困难，不易加工出低表面粗糙度，同时对磨床精度和刚性的要求十分苛刻；而树脂结合剂砂轮的柔性好，易于磨出低粗糙度的表面。因此，提出了树脂-金属复合结合剂金刚石微粉砂轮，使砂轮的表层为树脂结合剂结构，而里层为金属结合剂结构，从而得到整体支承刚度好、表层有柔性的金刚石砂轮，能够同时达到精度高且表面粗糙度低的加工表面。

3. 超精密磨床

1）超精密磨床的特点。超精密磨床的特点突出在高精度、高刚度、高稳定性等方面。

① 高精度。目前国内外各种超精密磨床的加工精度和表面粗糙度可达到的水平如下

尺寸精度：$0.24~0.50\mu m$。

圆度：$0.25~1\mu m$。

圆柱度：$0.25/25000~1/50000$。

表面粗糙度 Ra：$0.006~0.01\mu m$。

② 高刚度。超精密磨削时，由于精度要求极高，应尽量减少弹性让刀量，提高磨削系统刚度，其刚度值应在 $200N/\mu m$ 以上。

③ 高稳定性。为了保证超精密磨削质量，超精密磨床的传动系统和主轴、导轨等主要零件，其工作温度应严格控制，应在恒温环境下加工。

④ 微位移装置。由于超精密磨床要进行微量切除，因此在横向进给系统中应配置微位移装置，使砂轮能够获得行程为 $2~50\mu m$、位移精度为 $0.02~0.2\mu m$、分辨力为 $0.01~0.1\mu m$ 的位移。实现微位移的原理及其装置有精密丝杠、杠杆、弹性支承、电热伸缩、磁致伸缩、电致伸缩、压电陶瓷等。

⑤ 计算机数控。现代的超精密磨床多为计算机数控，可减少人为因素的影响，使质量稳定，尺寸一致性好，且能提高工效。

2）超精密磨床的结构。超精密磨床在结构上有以下一些考虑：

在主轴系统中，其支承已由动压向动静压和静压发展，由液体静压向空气静压发展。另外，主轴系统已向主轴单元和主轴功能部件发展。

导轨大多采用空气静压导轨，也有采用精密研磨配制的镶钢滑动导轨，以求其精度和运动的平稳性。

整个机床采用热对称结构、密封结构、淋浴结构，以保证热稳定性。

主要零件的材料多采用稳定性好的天然石材和人

造石材，例如床身、立柱、工作台、主轴等采用天然或人造花岗岩、陶瓷等材料制造。

3）典型超精密磨床。表2.3-4列出了国内外现有的一些超精密磨床的结构特点和加工质量，由于我国在机床标准上尚无超精密等级，故将高精度磨床列入。

表2.3-4 国内外超精密磨床简况

机床型号、类型、国别	结构性能特点	加工质量	
		尺寸形状精度	表面粗糙度 Ra
N5 外圆磨床 美国	工件主轴为液体静压轴承 弹性微位移机构	圆度 0.25μm 圆柱度 0.25/25000 尺寸精度±0.25μm	0.03μm
MCG21/50 万能磨床 日本	工件主轴为空气静压轴承	圆度 0.1μm 圆柱度 1/250000 尺寸精度±0.5μm	0.04μm
MG1432A 外圆磨床 中国	砂轮主轴为动压轴承 工件主轴为液体静压轴承	圆度 0.5μm 圆柱度 1/200000 尺寸精度±1μm	0.01μm
RHU500 超精密磨床 瑞士	砂轮与工件主轴均为多点式动压轴承	圆度 0.1μm 圆柱度 1/500000 尺寸精度±0.25μm	0.02μm
双轴立式磨床 日本	砂轮主轴为刚性静压轴承，3500r/min 或 1200m/min，主轴为无膨胀玻璃陶瓷材料 磨削深度可控制在 0.1μm 以内	—	Ra_{max}2nm
OAGM2500 数控磨床 英国	磨头为空气静压轴承，液体静压导轨，人造花岗岩填充型钢焊接结构床身，双频激光干涉反馈送进系统 φ2500mm 高精度回转工作台，加工 2500mm×2500mm×610mm 大型曲面反射镜	分辨率 2.5nm	—
数控车削磨削机床 日本	车削：空气静压轴承主轴，3000～30000r/min，径向刚度 10N/μm，轴向刚度 20N/μm，激光干涉反馈，加工区恒温±1K，加工大型非球面镜 φ650mm×250mm 磨削：砂轮 φ200mm，转速 10000r/min，工件转速 10r/min	分辨率 2.5nm 加工镍铝凹镜 形状精度<0.1μm 加工玻璃陶瓷镜面 形状精度 0.3μm	2nm
三坐标超精密磨床 英国	刚性静压轴承主轴，大推力摩擦传动，激光干涉反馈，人造花岗岩 T 形结构底座，工件 φ600mm×260mm，关键部件油喷温度控制，电解在线修整砂轮，集车、磨、抛光、测量于一体	分辨率 1.25nm	0.6nm
CNC 超精密平面磨床 中国	砂轮主轴采用气体静压轴承，采用真空吸附气体静压导轨，电致伸缩陶瓷微进给装置，花岗岩底座、立柱	直线度 0.5/1000 平面度 1μm/500mm×500mm	0.02～0.005μm

4. 超精密磨削工艺

超硬磨料微粉砂轮超精密时，磨削用量、机床、砂轮的磨粒材料、粒度、结合剂、结构、修整和平衡、磨削液等问题，均可参考超硬磨料超精密磨削加工所述。但在磨削深度上值得注意，其要小于微粉颗粒的大小，过大会影响加工表面粗糙度。

工艺参数应根据具体情况做工艺试验来确定，通常可作如下选择。

砂轮线速度：18～60m/min。

工件线速度：4～10m/min。

工作台纵向进给速度：50～100mm/min。

磨削深度：0.5～1μm。

磨削横向进给次数：2～4 次。

无火花磨削次数：3～5 次。

磨削余量：2~5μm。

2.3.4 精密砂带磨削

1. 精密砂带磨削方式、特点和应用范围

精密和超精密砂带磨削是精密和超精密磨削加工的重要形式。

1）砂带磨削方式。砂带磨削方式从总体上可分为闭式和开式两大类，如图2.3-10所示。

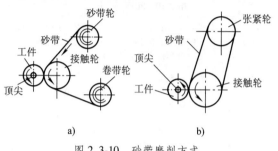

图 2.3-10 砂带磨削方式
a）开式磨削 b）闭式磨削

① 开式砂带磨削。采用成卷砂带，由电动机经减速机构通过卷带轮带动砂带作极缓慢的移动，砂带绕过接触轮并以一定的工作压力与被加工表面接触，通过工件回转，砂带头架或工作台作纵向或横向进给，对工件进行磨削。由于砂带在磨削过程中的连续缓慢移动，切削区域不断出现新砂粒，已磨削过的砂粒不断退出，磨削工作状态一致，磨削质量高且稳定，磨削效果好，多用于精密磨削和超精密磨削中，但效率不如闭式砂带磨削高。

② 闭式砂带磨削。采用无接头或有接头的环形砂带，通过紧轮撑紧，由电动机通过接触轮带动砂带高速回转，再通过工件回转、砂带头架或工作台作纵向和横向进给运动，对工件进行磨削。这种方式可用于粗磨、半精磨和精磨，效率高，但噪声大，易发热。对于新砂带，切削作用强，使用一段时间后，切削作用减弱，抛光作用加强，因此对一批工件的加工质量就不一致。

2）砂带磨削接触形式。砂带磨削按砂带与工件接触形式来分又可分为接触轮式、支承板（轮）式和自由式三大类。

3）砂带磨削特点及其应用范围。砂带磨削是一种比较古老和广泛应用的加工方法，由于砂带基底材料的发展、磨粒与基底黏结强度的提高以及精密砂带磨削、抛光等工艺的出现，使其应用范围大为扩展。在工业发达国家中，砂带磨削在磨削中已占有近50%的比例。砂带磨削具有弹性、冷态、高效、精密、经济等特点，可加工外圆、内圆、平面、成形面

等表面；可加工各种金属、非铁金属和非金属材料，例如木材、塑料、石材、水泥制品、橡胶以及陶瓷、半导体、宝石等硬脆材料，已逐渐成为精密加工和超精密加工的重要手段。

2. 精密砂带磨削机理

砂带磨削时，具有微切削、研磨、抛光等作用，由于砂带的基底材料是纸、布或聚酯薄膜，有一定弹性；接触轮外缘是橡胶或塑料等材料，是弹性体，磨削时弹性变形区的面积较大，使磨粒承受的载荷大大减小，载荷值也较均匀，且有减振作用，因此磨削质量好。

3. 精密砂带磨床和砂带磨削头架（装置）

砂带磨削可在系列砂带磨床上进行，也可在普通机床上所附加的砂带磨削头架上进行。

1）砂带磨削机床。砂带磨削机床与砂轮磨床一样，有各种类型，例如平面砂带磨床、外圆砂轮磨床、内圆砂带磨床等。砂带磨床一般由床身、工作台、工件主轴箱、砂带磨削头架等构成，它与砂轮磨床的主要不同处是由砂带磨削头架代替砂轮头架。

2）砂带磨削头架。根据砂带磨削方式，砂带磨削头架的结构可分为闭式砂带磨削头架和开式砂带磨削头架两大类。

4. 精密砂带磨削工艺

1）砂带磨削用量选择。主要有砂带速度、工件速度、纵向进给量、磨削深度和接触压力等。

① 砂带速度。开式砂带磨削，砂带速度很低，砂带移动是为了不断有新砂粒进入切削区，控制磨削表面质量和砂带使用寿命，而磨削的主运动是靠工件的转动或移动来实现的。

闭式砂带磨削，粗磨时，一般选 12~20m/s；精磨时，一般选 25~30m/s；砂带速度与被磨工件材料有关，对非金属材料取高值，对难加工材料取低值。

② 工件速度。开式砂带磨削，由于砂带速度非常低，切削形成主要靠工件的转动或移动，按磨削要求，工件速度应为 20~25m/s，才有工效，但考虑到开式砂带磨削多用于精密磨削，一般可取 10~12m/s。

闭式砂带磨削时，工件速度高些可减少或避免工件表面烧伤，但会增加被加工表面粗糙度值，一般粗磨选择 20~30m/min，精磨选 20m/min 以下。

③ 纵向进给量和磨削深度。纵向进给量可参考砂轮磨削选择，而磨削深度应比砂轮磨削小些。

粗磨时，纵向进给量为 0.17~3.00mm/r，磨削深度为 0.05~0.10mm。

精磨时，纵向进给量为 0.40~2.00mm/r，磨削深度为 0.01~0.05mm。

④ 接触压力。这是砂带磨削所特有的加工参数。

接触压力直接影响磨削效率和砂带使用寿命，可根据工件材料、磨粒材料和粒度、磨削余量和表面粗糙度要求来选择，一般选取 50～300N，但其有时很难控制。

2）砂带和接触轮的选择。砂带和接触轮的选择应根据被加工材料、加工精度和表面粗糙度要求。其中包括磨料种类、粒度、基底材料、接触轮外缘材料、形状及其硬度等。砂带选择和接触轮选择之间有一定的配合关系。

3）砂带磨削的冷润。砂带磨削时可分为干磨和湿磨两种。

湿磨时，磨削液的选择应考虑加工表面粗糙度、被加工材料、砂带黏结剂的种类和基底材料等，例如有些黏结剂为有机物，易受化学溶剂的影响，有些基底材料不防水。

干磨时，可采用干磨剂，有效防止砂带堵塞，提高加工表面质量。

各类磨削液和干磨剂的选择可参考表 2.3-5。

表 2.3-5　砂带磨削时磨削液和干磨剂的选择

种　类		性　能	使用范围
油性液	矿物油	磨削性能好	非铁金属
	混合油	润滑性能好，无腐蚀	金属精密和超精密磨削
	硫化氯化油	磨削性能好	钢、铁、不锈钢等粗磨
水溶性液	乳化液	润滑性能好，价格低	金属磨削
	无机盐水溶液	冷却和浸透性能好、防锈性能好	金属精密磨削
	化学合成液	冷却和浸透性能好	金属高速磨削、精密磨削
固态脂、蜡助剂		可有效防止砂带阻塞	用细粒度砂带干磨各种材料
水		冷却性能好	玻璃、石料、塑料、橡胶等

2.4　精密光整加工

按照工具在加工过程中所处的状态来分，光整加工可分为非自由工具光整加工和自由磨具光整加工两大类。在加工时，工具与工件保持确定的相对位置，称为非自由工具光整加工，例如研磨、抛光、珩磨等。在加工时，工具始终与工件没有确定的相对位置而处于游离状态，但以一定的切削速度和工作压力实现对工件表面的加工，称为自由工具光整加工，例如滚磨加工等。

2.4.1　研磨加工

1. 传统研磨加工的概念、分类、特点及应用范围

1）研磨加工的概念。研磨是使用研具、游离磨料进行微量去除的精密加工方法，加工是在被加工表面和研具之间放置游离磨料和冷润液，使被加工表面和研具产生相对运动并加压，通过磨料产生切削、挤压、塑性变形等作用，去除加工表面的凸处，使被加工表面的精度得以提高，表面粗糙度值得以降低。

2）研磨加工的分类。研磨可分为湿研磨和干研磨两类：

湿研磨又称为敷砂研磨，是把研磨剂连续加注涂敷在研具上，形成对被加工表面的研磨用，通常多用于机械研磨。

干研磨又称为嵌砂研磨，是把磨粒均匀地嵌入研具的工作表面，通常称之为"压砂"，研磨时，研具的工作表面只需涂少量的润滑添加剂，即可进行加工。干研多用微粉磨料，研具材质较软，主要作精研，由于复杂、成形表面的嵌砂比较困难，多用于加工平面。

研磨从操作方式上来分又可分为手工研磨和机械研磨两大类。

3）研磨加工的特点：

① 研磨是由研具和微细磨粒实现微量切削，并通过随时检测来控制和修正精度，因此能获得很高的尺寸和形状精度。

② 研磨时压力小，磨粒细，运动轨迹复杂而不重复，因此可获得极低的表面粗糙度值。

③ 研磨时压力小、速度低，切削热小，工件表面变质层薄，且表面层物理力学性能好。

④ 研磨时一定要有相应的研具，研具通常比较简单，多用铸铁等材料制成，为了使磨粒能嵌入其上，一般其硬度比工件低。在研磨过程中，研具也要磨损，因此要及时更换或修整。

⑤ 研磨既可进行单件手工生产，也可进行成批机械生产。手工研磨条件比较简单，可利用现有的普通机床产生必要的运动，手工研磨仍是当前有效的主要精密加工方法之一；机械研磨时设备可以自制，也可购买系列产品。

⑥ 研磨可加工外圆、孔、平面和成形表面，可加工各种金属和非金属材料，适应范围广泛。

2. 研磨机理和加工要素

1）研磨机理。研磨加工模型见图 2.4-1，研磨机理可以归纳如下。

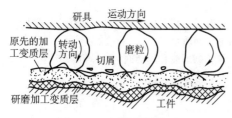

图 2.4-1 研磨加工模型

① 磨粒的切削作用。在研具材料较软、研磨压力较大的情况下，磨粒可嵌入研具表面，产生刮削作用。当研具材料较硬时，磨粒嵌入研具表面上很少，而是在被加工表面和研具之间移动和滚动，以其锐利的尖角产生切削。

② 塑性变形作用。磨粒的滚动和挤压会压平被加工表面的峰部，产生塑性变形和流动，使表面平缓和光滑。

③ 加工硬化和裂纹作用。研磨压力使被加工表面的加工硬化和裂纹，会使材料产生疲劳断裂而形成微切屑。

④ 化学作用。对于在研磨中所使用的研磨剂，若含有起化学作用的活性物质，例如硬脂酸、油酸等，则在被加工表面上会形成氧化膜，磨粒的摩擦作用会反复去除氧化膜，从而起到加工作用。

2）加工要素。研磨的加工要素见表 2.4-1。

① 研磨运动轨迹。研磨时的磨粒运动轨迹对研磨质量关系密切，要求工件与研具的相对运动能遍及整个研具表面，使研具的工作表面均匀磨损，磨粒的运动轨迹应复杂而不重复，交叉角较大，有利于降低表面粗糙度值。常用的研磨运动轨迹有直线往复式、正弦曲线式、次摆式、8 字形式、外摆线式和椭圆形等。

② 研具。研具是研磨的成形工具，工件的几何形状和精度受到其复映作用；研具又是磨粒的载体，用于涂敷和镶嵌磨粒，产生微切削等作用；因此研磨效果与研具关系密切。

研具有各种类型，视具体的加工要求而定，可分为平面、外圆、孔和成形四大类，研具上又有开槽和不开槽两种。开槽的目的主要是为了在研具的工作表面上能存有磨料。

③ 研磨剂。研磨剂是由磨料、冷润液和辅助材料按一定比例调配而成的混合物。

表 2.4-1　研磨的加工要素

项　目		内　容
加工方式	驱动方式	手动、机动、数字控制
	运动形式	回转、往复
	加工面数	单面、双面
研具	材料	硬质（淬火钢、铸铁）、软质（木材、聚氨酯）
	表面状态	平滑、沟槽、孔穴
	形状	平面、圆柱面、球面、成形面
磨粒	材料种类	金属氧化物、金属碳化物、氮化物、硼化物
	粒度	数十微米 ~ 0.01μm
	材质	硬度、韧性
切削液	种类	油性、水性
	作用	冷却、润滑、活性（化学作用）
加工参数	相对速度	1 ~ 100m/min
	压力	0.001 ~ 3MPa
	加工时间	视加工材料、磨粒材料及其粒度、加工表面质量、加工余量等而定
环境	温度	（20±0.1）℃
	净化	净化间，100 ~ 1000 级

a. 研磨剂的组成。主要有磨料、冷润液和辅助材料等。

研磨剂可用各种磨料，根据被加工材料来选择，其粒度可根据工件表面质量和加工效率要求来选择。

冷润液的作用主要是冷却、润滑和稀释，可使研磨剂均匀黏附在研具和被加工表面上，有效散发热量。

辅助材料主要起润滑、黏附和化学作用，可形成氧化膜，以加速研磨过程。常用的辅助材料有硬脂酸、油酸、脂肪酸、蜂蜡、硫化油和工业甘油等。

b. 研磨剂的类型。研磨剂通常可配制成研磨液、研磨膏和研磨块三种形式。

④ 研磨工艺参数。研磨通常分为粗研、精研和光研几个阶段。

粗研时，磨粒可粗一些；精研时磨粒比较细，以求其达到所要求的表面粗糙度；光研的目的是降低表面粗糙度值，去除被加工表面上所黏附的磨粒，这时可不用加磨料。

研磨压力是研磨时加工单位面积上所承受的压力，在研磨过程中，它是一个变值，开始研磨时，被加工表面比较粗糙，接触面积小，研磨压力大，研磨效率高，随着研磨的继续进行，接触面积逐渐增大，研磨压力就随之减小。研磨压力可根据所要求的加工表面粗糙度要求和研磨效率来决定。手工研磨时，研磨压力由操作者掌握，机械研磨时一般为 0.01 ~ 0.03MPa。

研磨速度高时研磨作用强,研磨效率高,但会造成研磨剂飞溅流失,降低运动平稳性,并使研具急剧磨损,同时会使被加工表面发热,严重时会造成表面烧伤,影响表面质量。

研磨余量应在保证表面质量要求的前提下尽量小些,一般手工研磨不大于 $10\mu m$,机械研磨也应小于 $15\mu m$。

3. 精密和超精密研磨方法

1)油石研磨。油石研磨的机理是微切削作用。由加工压力来控制微切削作用的强弱,加工压力增加,油石与被加工表面的接触压强加大,参加微切削的磨粒数增多,效率提高,但压力太大会使被加工表面产生划痕和微裂纹。油石与被加工表面之间还可加入抛光液,使加工效果更好。油石研磨可以加工平面、外圆等。加工中的运动与普通研磨相同。

油石研磨采用各种不同结构的油石,常用的有以下三种:

① 氨基甲酸酯油石。利用低发泡氨基甲酸(乙)酯和磨料混合制成的油石,这种油石制作方便,成本低廉。

② 金刚石电铸油石。它是利用电铸技术使金刚石磨粒的切刃位于同一切削平面上,使磨粒具有等高性,平整而又均匀,从而可以得到极低的表面粗糙度加工表面。

③ 超硬磨料粉末冶金油石。将金刚石和立方氮化硼等微粉与铸铁粉混合起来,用粉末冶金方法烧结成块。烧结块为双层结构,只在表层 1.5mm 厚度含有磨粒。将双层结构的烧结块用环氧树脂胶黏结在铸铁板上,即成油石。这种油石研磨精度高、表面质量好、效率高。

2)磁性研磨。

① 磁性研磨原理。如图 2.4-2 所示,工件放在两磁极之间,工件与极间放入磁性磨粒,在直流磁场的作用下,磁性磨粒沿磁力线方向整齐排列,如同刷子一般对被加工表面施加压力,并保持加工间隙,因此又称为磁性磨粒刷。研磨时,工件一面旋转,一面作轴向振动,使磁性磨料与被加工表面之间产生相对运

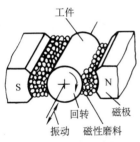

图 2.4-2　磁性研磨原理

动,在被加工表面上形成均匀网状纹路,提高了工件的精度和表面质量。

② 磁性磨粒。磁性磨粒是由强磁性的铁磁材料和磨粒按一定比例混合后,经烧结或黏结等方法制成,常用的铁磁材料有氧化铁、铝铁硼等,常用的磨料有氧化铝、碳化硅、金刚石等,视被加工材料而定。磁性磨粒是加工关键之一,它影响加工质量和加工效率。

③ 磁性研磨的特点及其应用范围:

a. 研磨压力的大小随磁场中磁通密度及磁性磨料填充量的增大而增大,可以调节。

b. 既可研磨磁性材料零件,又可研磨非磁性材料零件;可研磨金属材料,例如钢、铁、不锈钢、铜、铝等;也可研磨非金属材料,如陶瓷、硅片等。

c. 加工精度可达 $1\mu m$,表面粗糙度 Ra 可达 $0.01\mu m$。对于钛合金有较好的研磨效果。

d. 可用于工件的外圆、内孔等加工和去毛刺工作。由于加工间隙有 $1\sim4mm$,磁性磨粒在未加磁场前是柔性的,因此还可以研磨成形表面。

2.4.2　抛光加工

1. 抛光加工机理和加工要素

1)抛光机理。抛光是用自由游离磨料和软质抛光工具获得低表面粗糙度的一种精加工方法,通常所强调的是表面质量,用于去除前面工序所留下的加工痕迹、毛刺等,对一些带有装饰性的零件,例如电镀件,抛光可提高表面的光亮度,应用十分广泛。

抛光加工模型见图 2.4-3,其机理可归纳为以下几种作用。

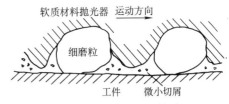

图 2.4-3　抛光加工模型

① 微切削。指磨粒切除微量切屑。

② 塑性流动。由于磨粒与被加工表面摩擦所产生的冷塑性流动,以及高速时磨粒摩擦发热所引起的热塑性流动。

③ 滑移变形。由于材料存在微观缺陷,因错位缺陷或微裂纹产生晶体内的滑移变形。

④ 化学作用。在抛光剂中添加活性物质,与被加工表面材料起化学反应产生某种生成膜,被磨粒反复去除。

2)抛光加工要素。抛光的加工要素与研磨基本

相同，抛光时有抛光工具和抛光剂等。传统的手工抛光方式是抛光轮作高速回转，将抛光剂均匀涂在抛光轮上，手持工件进行抛光。

① 抛光工具。最常用的抛光工具是抛光轮、抛光片和抛光棉等。

抛光轮的种类很多，有干式抛光轮和液中抛光轮。液中抛光轮是将抛光轮浸泡在抛光液中，使其表面浸含抛光液。

② 抛光剂。抛光剂分为固体和液体两类。

固体抛光剂是由微粉磨料、油脂和添加剂所组成，成块状或膏状。

液体抛光剂由微粉磨料、乳化液和一些添加剂所组成，通常可自行配制。

常用的磨料种类繁多，有氧化铝、碳化硅、氧化铬、氧化铁、氧化锆、氧化铈、氧化硅、金刚石和立方氮化硼等，粒度也有各种，可根据被加工材料种类、表面粗糙度要求等选择。

③ 抛光工艺参数。有抛光轮速度、进给速度和压力等。

抛光轮速度一般为 $15\sim50m/s$，加工钢、铁等硬材料时取高值，加工铝、锌和塑料等软材料时取低值。速度越高，抛光时的发热大，影响表面粗糙度和表面质量，速度低会影响加工效率。

抛光轮与工件的相对进给速度一般为 $3\sim12m/min$，视被加工材料、加工表面粗糙度和加工效率等而定。表面粗糙度要求低时宜选较小的进给速度；进给速度高，加工效率高。

抛光压力一般为 1kPa，太大会造成发热；同时在加工表面上有孔、槽等凹面时，会在其边棱上出现塌角。

2. 抛光和研磨复合加工

抛光与研磨是不同的。抛光时所用的抛光工具一般是软质的，抛光速度也较高，其塑性流动作用和微切削作用较强，其加工效果主要表现在降低表面粗糙度值。研磨时所用的研具一般是硬质的，研磨速度低，其微切削作用、挤压塑性变形作用较强，在精度和表面质量两个方面都能提高。近年来，出现了研磨和抛光复合加工方法，可称之为研抛，它所用的抛光工具或研具是用橡胶、塑料等制成的，可通过选择材料及其硬度来控制抛光作用和研磨作用的比例，能同时降低表面粗糙度值和提高加工精度，考虑到其所用的工具是带有柔性的，故多归属于抛光加工一类。

3. 精密和超精密抛光方法

1) 软质磨粒抛光。软质磨粒的特点是可以用较软的磨粒，甚至比工件材料还要软的磨粒（如氧化硅、氧化铬等）来抛光。它在加工时不会产生机械损伤，大大减少了一般抛光中所产生的微裂纹、磨粒嵌入、洼坑、麻点、附着物、污染等缺陷，获得极好的表面质量。

软质磨粒抛光有以下几种方法。

① 软质磨粒机械抛光。它是一种无接触的抛光方法，是利用空气流、水流、振动及在真空中静电加速带电等方法使微小的磨粒加速，与被加工表面产生很大的相对运动，磨粒得到很大的加速度，以很大的动能撞击被加工表面，在接触点处产生瞬时高温高压而进行固相反应（指金属在固态下因温度和压力的作用产生相变），形成不同的晶体结构。

高温使工件表层原子晶格中的空位增加，高压使工件表层和磨粒的原子互相扩散，即工件表层的原子扩散到磨粒材料中去，磨粒的原子扩散到工件表层的原子的空位上，成为杂质原子。这些杂质原子与工件表层的相邻原子建立了原子键，从而使这些相邻原子与其他原子的联系减弱，形成杂质点缺陷。当有磨粒再次撞击到这些点缺陷时，就会将杂质原子与相邻的这些原子一起移出工件表层，如图 2.4-4 所示。

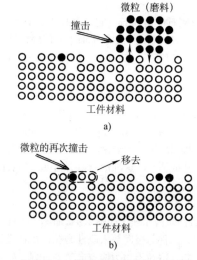

图 2.4-4 软质磨粒机械抛光过程
a）扩散过程 b）移去过程

另一方面，也有不经过扩散过程的机械移去作用。当加速了的微小磨粒弹性撞击被加工表面的原子晶格时，使表层不平处的原子晶格受到很大的剪切力，致使这些原子被移去。

典型的软质磨粒机械抛光是弹性发射加工（Elastic Emission Machining, EEM），其原理如图 2.4-5 所示，它以聚氨酯球为抛光工具，以抛光液和粒径为 $0.02\sim1\mu m$ 的氧化锆等磨粒形成混合抛光液。抛光时，聚氨酯球作旋转运动，并逐渐接近被加工表面，抛光液用泵加压作循环运动，利用抛光液的流动加速微小磨粒。当抛光工具接近被加工表面时，抛光液的动压迫使抛光工具与工件保持微小间隙，抛光工具与工件被加工表面不接触。要求磨粒尽可能在工件表面的水平方向上作用，即与水平面的夹角（入射角）要尽量小，使加速微粒对工件表层凸出的原子受到剪切力最大，从而去除被加工表面的材料。这样，工件表层也不易产生晶格缺陷，实现原子级加工，加工面积仅限于 $10mm^2$ 的范围内。

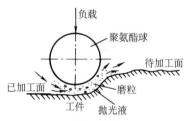

图 2.4-5　弹性发射加工原理图

数控弹性发射加工的试验装置见图 2.4-6，在加工硅片表面时，用直径为 $0.1\mu m$ 的氧化锆微粉，以 $100m/s$ 的速度和与水平面成 $20°$ 的入射角向工件表面发射，其加工精度可达 $\pm0.1\mu m$，表面粗糙度 Ry 为 $0.0005\mu m$ 以下。

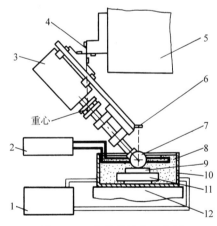

图 2.4-6　数控弹性发射装置
1—循环膜片泵　2—恒温系统　3—变速电动机
4—十字弹簧　5—数控主轴箱　6—加载杆
7—聚氨酯球　8—抛光液和磨粒　9—工件
10—容器　11—夹具　12—数控工作台

② 机械化学抛光。它是一种非接触抛光方法。开始抛光时，磨粒与工件被加工表面上的高点有局部接触，在有些接触点由于高速摩擦和工作压力产生高温高压，致使抛光液在这些接触点与被加工表面产生固相反应，形成异质结构生成物，这种作用称之为抛光液的增压活化作用。这些异质结构生成物呈薄层状态，被磨粒的机械作用去除，如图 2.4-7 所示。

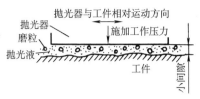

图 2.4-7　机械化学抛光

这种机械化学抛光是以机械作用为主，其活化作用是由工作压力、高速摩擦和抛光液而产生的，因此称为机械化学抛光。

2）化学机械抛光。它也是一种非接触抛光方法，但强调了化学作用，在抛光液中加入了添加剂，形成活性抛光液。抛光时，靠活性抛光液的化学活化作用，在被加工表面上生成一种化学反应生成物，由磨粒的机械摩擦作用去除，因此，是一种软质磨粒抛光方法。化学机械抛光是一种精密复合加工方法，可以获得无机械损伤的加工表面，化学作用不仅可以提高加工效率，而且可以提高加工精度和降低表面粗糙度值，应用十分广泛。

表 2.4-2 列举了几种晶体和非晶体材料在化学机械抛光时所用的磨料和抛光液添加剂。

表 2.4-2　化学机械抛光时所用的磨料和抛光液添加剂

工件材料	抛光器材料	磨料	抛光添加剂
硅（Si）	聚氨酯	氧化锆（ZrO_2）	NaOCl
		硅石（SiO_2）	NaOH
			NH_4OH
砷化镓（GaAs）			NaOCl
磷化镓（GaP）			Na_2O_3
铌酸锂（$LiNbO_3$）			NaOH

用单纯的机械抛光方法对单晶体或非晶体进行加工时可以获得很好的效果，但对多晶体（如大部分金属、陶瓷等）进行抛光时，由于在同一抛光条件下，不同晶面上的切除难度各不相同，即单晶表面切除速度的各向异性，就会在被加工表面上出现台阶。化学机械抛光能很好地改善这种状况，在晶界处的台阶很小，同时又保持了边棱的几何形状。

与化学机械抛光类似的加工方法有化学机械珩磨等。

3）浮动抛光。它是一种非接触抛光方法，是利用流体动力学原理使抛光工具与工件浮离，其原理如图 2.4-8 所示，在抛光工具的工作表面上做出了若干个与其转动方向相应的楔形槽，当抛光工具高速旋转时，由于楔槽的动压作用使抛光工具浮起，其间的磨粒就对工件表面进行抛光。

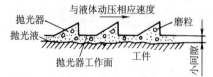

图 2.4-8　液体动力浮动抛光原理

浮动抛光的加工质量与其浮起的间隙大小及其稳定性有关。浮起间隙的大小决定于抛光工具的转速大小、抛光工具重量、夹具重量、工件重量等。浮起间隙的稳定性与抛光工具材料、工件材料和夹具上的负重等有关。抛光工具为非渗水材料（聚氨酯、聚四氟乙烯等）时，可获得稳定不变的浮起间隙，但由于工件与这些抛光工具材料之间有黏附作用，只能提供少量抛光液和磨粒，不能迅速产生工件与磨粒之间的相对运动速度，因此切除率较低，影响抛光效率；渗水性好的抛光工具材料能提高磨粒与工件之间的相对运动速度，抛光效率高，但浮起间隙不稳定，影响表面质量。如果夹具上的负重增加，会降低运动的跟随性，使浮起间隙产生波动。

液体动力浮动抛光的实例之一是加工硅片，如图 2.4-9 所示，其浮起是靠抛光工具高速旋转的楔槽动压和带有磨粒的抛光液流的双重作用而产生的，图 2.4-9 中抛光工具 6 在工件下方，其楔槽在上平面，驱动齿轮 2 带动环状齿轮轴 3 转动，从而使工件旋转，可得到更均匀一致的加工表面质量。

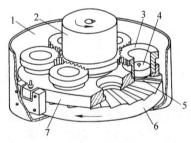

图 2.4-9　液体动力浮动抛光装置
1—抛光液槽　2—驱动齿轮　3—环状齿轮轴
4—工件夹具　5—工件　6—抛光工具　7—载环盘

浮动抛光由于是非接触抛光，可大大减少一般抛光的加工缺陷，获得极好的加工表面质量，其直线度可达 75000：0.3，表面粗糙度 Ra 可达 0.008μm。

4）液中研抛。液中研抛是在恒温抛光液中进行研抛，图 2.4-10 为研抛工件平面的装置，研抛工具 7 的材料为聚氨酯，由主轴带动旋转，工件 6 装于工件夹具 5 中，被加工表面要全部浸泡在抛光液中，载荷 3 使工件与磨粒间产生一定的压力。恒温装置 1 通过

不断循环流动在螺旋管道中的恒温油，使研抛区内的抛光液保持一定的温度。搅拌装置 4 使磨粒与抛光液均匀混合，抛光液可用水，加一些添加剂配制而成。

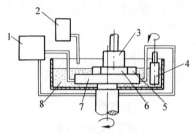

图 2.4-10　液中研抛装置
1—恒温装置　2—定流量供水装置　3—载荷
4—搅拌装置　5—工件夹具　6—工件
7—研抛工具　8—磨粒和抛光液

这种研抛方法可以防止空气中的尘埃混入研抛区，由于是恒温，可抑制工件、夹具和抛光工具的热变形，因此可获得较高的加工精度和表面质量。

显然，这种液中研抛加工方法可以进行研磨和抛光，当采用硬质材料制成研抛工具，则成研具，为研磨；当采用软质材料制成研抛工具，则为抛光；当采用中硬橡胶或聚氨酯等材料制成研抛工具时，则兼有研磨和抛光双重作用。

5）磁流体抛光。磁流体抛光又称为磁悬浮抛光。磁流体是由强磁性微粉（例如 10～15nm 大小的 Fe_3O_4）、表面活化剂和运载液体所构成的悬浮液，在重力和磁场作用下呈稳定的胶体分散状态，具有很强的磁性，其磁化曲线几乎没有磁滞现象，磁化强度随磁场强度的增加而增加。将非磁性材料的磨粒混入磁流体中，置于有磁场梯度的环境内，则非磁性磨粒在磁流体中将受磁浮力作用向低磁力方向移动。例如，当磁场梯度为重力方向时，将电磁铁或永久磁铁置于磁流体的下方，则非磁性磨粒将漂浮在磁流体的上表面上，相反，如将磁铁置于磁流体的上方，则非磁性磨粒将下沉在磁流体的下表面。将磁铁置于磁流体的下方，工件置于磁流体的上表面，并与磁流体在水平面上产生相对运动，则上浮的非磁性磨粒将对工件的下表面进行抛光，抛光压力由磁场强度控制。图 2.4-11 所示为磁流体抛光装置，其磁铁是由三块永久磁铁构成，排列时使其相邻极性互不相同，从而使得磨粒集中于磁流体的中央部分，以便进行有效的抛光。装置中配备有调温水槽来控制工作温度。

① 控制磨粒数的磁流体抛光装置。如图 2.4-12 所示，在黄铜圆盘 3 的环形槽中置入 3mm 厚的发泡聚氨酯抛光工具 5，其上开有间隔为 7mm、直径为

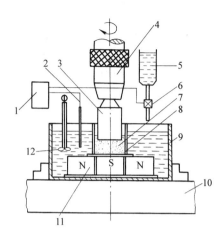

图 2.4-11　磁流体抛光装置
1—控制开关　2—热电偶测温器　3—工件
4—夹具　5—冷却水　6—电磁阀　7—磁
流体和非磁性磨粒　8—磁流体容器
9—水槽　10—工作台　11—永久
磁铁　12—搅拌器

5mm 的点阵状通孔，孔中注入带有非磁性磨粒的磁流体 4，工件 2 装在夹具上，并由一装置带动旋转。黄铜圆盘 3 旋转时带动抛光工具同时旋转，并通过液压推力加压。调节流过电磁铁 1 的电流即可控制浮起的磨粒数量。电磁铁 1 有冷却水系统控制温度。

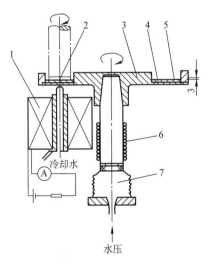

图 2.4-12　控制磨粒数的磁流体抛光装置
1—电磁铁　2—工件　3—黄铜圆盘
4—磁流体　5—抛光工具　6—球轴承
7—波纹膜盒

这种磁流体抛光装置的特点是可控制参与抛光的磨粒数量，进行有效抛光，并可装上多个电磁铁和夹具，就可进行多件加工，提高抛光效率。

② 控制磨粒压力的磁流体抛光装置。如图 2.4-13 所示，是将磁流体与非磁性磨粒分隔的一种抛光方式。在黄铜圆盘 7 的环槽中置入磁流体 8，在其上盖上橡胶板制成的抛光工具 2，在其上放入抛光液和非磁性磨粒 1。工件 6 装在上电磁铁 3 的铁心 5 上。当上电磁铁 3 通电后，由于橡胶板磁流体的作用使橡胶板上凸而加压，与工件下表面之间的抛光液和非磁性磨粒产生抛光作用。压力可由通入电磁铁的电流大小来调节，在磁场强度为 $0 \sim 10^5$ A/m 范围内基本上与电流呈线性关系。

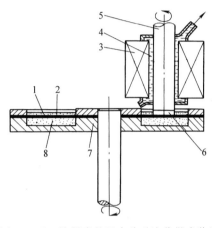

图 2.4-13　控制磨粒压力的磁流体抛光装置
1—非磁性磨粒与抛光液　2—抛光工具
（橡胶板）　3—上电磁铁　4—冷却水
5—铁心　6—工件　7—黄铜圆盘
8—磁流体

这种抛光方式不必将非磁性磨粒加入磁流体中，使磁流体可以长期使用，磨粒用钝后可以更换。并可进行湿式抛光和干式抛光。

磁流体抛光时，由于磁流体的作用，磨粒的刮削作用多，滚辗作用少，加工质量和加工效率均较高；磁流体抛光加工过程易于控制；加工材料范围较广，钢铁、非铁金属和非金属材料等均可加工；不仅可以加工平面，而且可以加工自由曲面。

6）水合抛光。水合抛光是利用水合反应的作用来进行抛光。当被加工表面与抛光工具产生相对摩擦时，在接触区将产生高温高压，被加工表面上的原子或分子呈活性化状态。这时利用过热水蒸气分子和水作用，被加工表面就会形成水化合层，再利用外来的摩擦力将其去除，就是水合抛光。

图 2.4-14 所示为水合抛光装置示意图，在工件 2 的上方装上耐热材料罩，过热水蒸气由喷嘴 6 喷出，作用在被加工表面上，抛光工具为圆盘状，当其旋转时，工件保持架作往复运动，从而进行抛光。

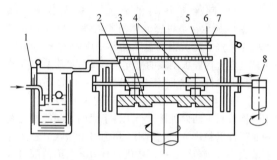

图 2.4-14　水合抛光装置示意图

1—水蒸气产生装置　2—工件　3—抛光工具
（抛光盘）　4—载荷　5—保持架　6—水蒸
气喷嘴　7—加热器　8—偏心凸轮

水合抛光不是利用磨粒和抛光液进行抛光，而是去除利用水合反应所产生厚度为零点几个纳米的水合化层，可以获得无划痕、平滑光泽、无畸变的洁净表面。

水合抛光通常多用于加工各种晶体，例如蓝宝石、硒化锌等。加工蓝宝石时，水蒸气温度为常温至 200℃，最佳温度为 150～200℃，抛光工具材料为低碳钢、石英玻璃、石墨和杉木等，要避免使用能与被加工材料产生固相反应的材料，加工效率为 0.01～0.08mg/h，表面粗糙度 Ra 可在 0.002μm 以下，但加工效率较低。

2.4.3　珩磨

珩磨是一种以数根固结磨料的珩磨条所组成的珩磨头对内孔表面进行光整加工的传统方法。

1. 珩磨加工原理、特点和应用范围

1）珩磨的加工原理。如图 2.4-15 所示，珩磨

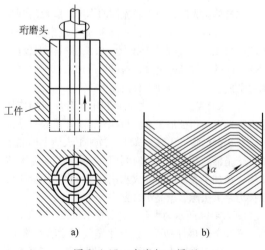

a)　　　　　　　　b)

图 2.4-15　珩磨加工原理

a）珩磨运动　b）珩磨切削轨迹

时，工件固定不动，珩磨头与机床主轴浮动连接，机床主轴带动珩磨头旋转，同时在被加工孔内作上下往复直线进给运动，并由珩磨头内的进给机构使磨条在孔径方向均匀胀出，控制珩磨深度及珩磨压力，即可从被加工表面上切除一层极薄材料，形成切屑。由珩磨头的旋转运动和上下往复直线进给运动的复合，可使磨条上的磨粒在孔的被加工表面上形成交叉而不重复的网纹切削轨迹，网纹交叉角为 α，见图 2.4-15b。

2）珩磨特点及应用范围。

① 珩磨在珩磨机上进行，由于珩磨头与机床主轴浮动连接，故对机床要求不高，机床结构也比较简单。

② 珩磨加工精度高，孔径精度为 0.1～1μm，孔的圆柱度可达 0.5～1μm，直线度可达 1μm。

③ 加工表面质量好，表面粗糙度 Ra 可达 0.008～0.01μm，因表面有交叉网纹，有利于贮油和保持油膜，使表面有较好的润滑性。

④ 珩磨有较高的加工效率。

⑤ 珩磨加工范围较广，可加工各种金属材料，孔径为 8～100mm，也可加工小孔、特大孔、薄壁孔、深孔和特大孔等，通常用于加工气缸孔、油泵油嘴中的小孔等，是一种有效的精密孔加工方法。

2. 珩磨头

利用螺旋和斜面调节珩磨深度和压力的珩磨头如图 2.4-16 所示，磨条 4 装于磨条座内，磨条座装于

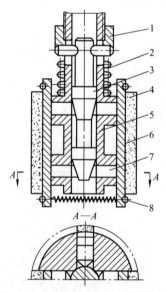

图 2.4-16　利用螺旋和斜面调节珩磨
深度和压力的珩磨头

1—调节螺母　2—浮动弹簧　3—调整锥体
4—磨条　5—珩磨头本体　6—磨条座
7—顶块　8—弹簧箍

本体 5 上，并由上下两端的弹簧箍 8 箍住。珩磨开始时，磨条处于收缩位置，珩磨头顺利置于被加工孔内，调节好上下行程量，珩磨头旋转并上下移动，这时通过调节螺母 1 推动调整锥体 3 逐渐下移，其上的锥面将顶块 7 顶出，使磨条在珩磨头圆周上均匀胀开，直至磨条与孔表面接触，即可开始珩磨，继续转动螺母 1，可获得需要的工作压力和珩磨深度，当达到所需尺寸时，回调螺母 1，磨条缩回，将珩磨头退出孔外。

磨条的数量通常为 2 ~ 12 条，随加工孔径而定。磨条的胀缩可采用液压和气动而自动控制，但会使珩磨头和珩磨机的结构都将比较复杂。

3. 珩磨工艺要素选择

珩磨分为粗珩、精珩和超精珩。

珩磨加工的工艺要素主要有网纹交叉角 α、工作压力、磨条超出孔外的长度、磨条磨料种类和粒度、珩磨液等。

1）珩磨头旋转速度和上下往复进给速度的选择。旋转速度一般为 14 ~ 48m/min，往复进给速度为 5 ~ 15m/min。

珩磨头旋转速度和上下往复进给速度是要匹配的，会影响网纹交叉角，可由下式计算：

$$v_t = \pi D n / 1000$$
$$v_a = 2 n_a l / 1000$$
$$v = \sqrt{v_t^2 + v_a^2}$$
$$\alpha = 2 \arctan(v_a / v_t)$$

式中　v_t——珩磨头圆周速度（m/min）；

　　　v_a——珩磨头上下往复直线进给速度（m/min）；

　　　v——珩磨头速度（m/min）；

　　　α——珩磨头网纹交叉角（°）；

　　　D——珩磨头直径（mm）；

　　　n——珩磨头转速（r/min）；

　　　n_a——珩磨头往复次数（dst/min）；

　　　l——珩磨头单行程长度（mm）。

网纹交叉角一般为 30° ~ 60°，以 45° 为好。

2）珩磨工作压力。粗珩时为 0.5 ~ 2.0MPa，精珩时为 0.2 ~ 0.8MPa，超精珩时为 0.05 ~ 0.1MPa，一般可取 0.2 ~ 0.5MPa。

3）珩磨液。通常分水剂与油剂两种。水剂珩磨液冷却和冲洗性能好，可加一些磷酸三钠、环烷皂、硼砂、亚硝酸钠等添加剂，适用于粗珩；油剂珩磨液润滑好，多用煤油，适当加一些硫化物和 L-AN32 号油，以改善珩磨性能。

4）磨条超出孔外的长度。珩磨时，为了在孔的全长上保证加工质量，磨条在上下往复直线进给运动

时，一定要超出孔的两端，即通常称之为"切出"长度。如果"切出"太长，则在孔的两端处易造成喇叭口；如果"切出"太短，则易造成两端的直径略小；如果孔的一端"切出"长，另一端"切出"短，则孔的一端成喇叭口，另一端直径略小。因此总的会影响孔的圆柱度。

磨条的磨料种类、结合剂和粒度等与砂轮、砂带、油石基本相同，可根据被加工材料、加工精度和表面粗糙度等要求来选择。现在已有金刚石和立方氮化硼等超硬磨料的珩磨条，可加工不锈钢、合金钢、陶瓷等材料。

4. 新型珩磨加工方法

有平顶珩磨、顺序珩磨、超声珩磨和强力珩磨等。

1）平顶珩磨。平顶珩磨是先用粗珩在被加工表面上形成较深的网纹沟槽，再用精珩去除其上的轮廓峰值，形成微小平台，从而工作表面既有形成油膜的沟槽，又有良好的平台支承，以提高工作表面的耐磨性，是一种比较理想的有效珩磨方法，主要用于加工有恶劣摩擦运动副工作情况下的内孔，例如内燃机的气缸孔等。

为了提高加工效率，专门设计了双进给珩磨头，其上有两套磨条，即粗珩磨条和精珩磨条，粗珩磨条用于加工沟槽，精珩磨条用于加工平台。珩磨头内用单锥体或双锥体进给机构实现磨条的胀缩，如图 2.4-17 所示。

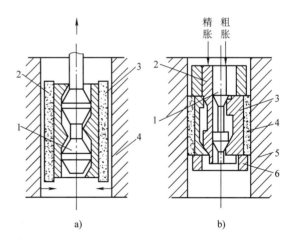

图 2.4-17　平顶珩磨头

a）单锥体进给机构

1—单锥体　2—精珩磨条　3—粗珩磨条　4—工件

b）双锥体进给机构

1—粗珩锥体　2—精珩锥体　3—精珩磨条

4—粗珩磨条　5—工件　6—珩磨头本体

2）顺序珩磨。顺序珩磨是在专门的多工位珩磨机上按不同工步的工艺要求进行顺序珩磨，多用于加工精密小孔、阶梯孔等，如喷油嘴上的小孔，发动机曲轴上孔等。顺序珩磨时多采用一组电镀金刚石磨粒的可调式珩磨头，图 2.4-18 所示为小直径可调式珩磨头。

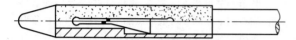

图 2.4-18　小直径可调式珩磨头

3）超声珩磨是超声振动和珩磨的复合加工，具有高精度、高表面质量和高效率，应用比较广泛，金刚石磨粒超声珩磨可有效加工陶瓷零件。

4）强力珩磨是采用高强度的珩磨条，珩磨速度高，珩磨压力大，加工效率高，能直接加工冷拔钢管内孔或粗镗后的缸孔。由于强力珩磨时发热大，温度可达 65°，应选用冷却和冲洗性能好的珩磨液。

2.4.4　超精加工

1. 超精加工的原理、特点及其应用范围

1）超精加工原理。超精加工又称为超精研加工，是采用由细粒度磨条和弹性元件所形成的超精加工头，在一定压力下作工件轴向振动，对工件表面进行浮动研磨的一种传统光整加工方法，通常多用于加工外圆表面，图 2.4-19 所示为超精加工工件外圆表面的情况。

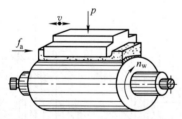

图 2.4-19　超精加工工件外圆表面

超精加工时，工件低速旋转，超精加工头作一定频率的振动和进给运动，磨粒在被加工表面上形成复杂而不重复的运动轨迹。若不考虑超精加工头的工件轴向进给运动，则磨粒在工件表面的运动轨迹是一条余弦曲线，如图 2.4-20 所示。超精加工头的振动通常由电动机带动偏心轮转动而产生，当其转动某一角度 φ 时，其轴向分速度 $v\cos\varphi$ 与工件的圆周旋转线速度 v_w 构成切削角 β，这是一个重要的加工参数，可根据切削网纹的要求来选择

$$\tan\beta = v\cos\varphi / v_w = \pi A f\cos\varphi / \pi d_w n_w = A f\cos\varphi / d_w n_w$$

式中　f——超精加工头振动频率（Hz）；

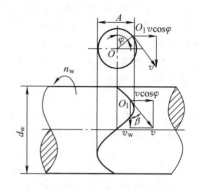

图 2.4-20　超精加工运动轨迹

A——超精加工头振动幅值（mm）；

d_w——工件直径（mm）；

n_w——工件转速（r/s）。

超精加工由于是在一定压力下，磨条在浮动状态下的磨削，是一种浮动研磨机理，其切削过程可分为强烈切削、正常切削、微弱切削和自动停止切削四个阶段，而自动停止切削阶段是超精加工所特有的。

2）超精加工的特点：

① 切削速度低（0.5~1.67m/s），磨条压力小（0.05~0.5MPa），加工运动轨迹复杂，加工表面上无划痕，切削发热少，无烧伤现象，表面变形层一般不大于 0.0025mm，因此加工精度高，加工表面粗糙度低，可达 $Ra0.025~0.01\mu m$。

② 由于有磨条的高速振动，加工效率高。

③ 超精加工设备简单、操作方便。

④ 超精加工应用范围广泛，可加工钢、铁、铜、铝等金属材料和陶瓷、硅、石材等非金属材料。不仅多用于外圆加工，而且可加工平面、内孔、锥面和曲面等，还可进行外圆表面的无心超精加工。

2. 超精加工头

超精加工头由若干个磨条、弹性元件和振动装置所构成。磨条装于磨条座上，磨条座通过弹性元件装于头架上。磨条通常为 1~2 条。弹性元件多用弹簧，通过弹簧来调节加工压力。超精加工头的振动有机械式和气动式，机械式超精加工头多用偏心轮机构实现振动，结构比较简单，但振动频率不高；气动式超精加工头的振动频率较高，但结构复杂、噪声大。

3. 超精加工工艺要素选择

1）工艺参数选择。超精加工可分为粗加工和精加工，其工艺参数有切削角、工件圆周旋转线速度、超精加工头振动频率和振幅、工作压力、工件轴向进给量、磨条的磨粒种类、结合剂和粒度等，可参考表 2.4-3 选择。磨条的磨粒种类、结合剂和粒度等选择与砂轮、砂带、油石等相同，也可参考之。

表2.4-3 超精加工工艺参数选择

项 目		加工阶段		说 明
		粗加工	精加工	
最大切削角 β_{max} /(°)		30~45	10~20	切削角越大,切削作用越强,生产率越高,但表面粗糙度较大
工件圆周速度 v_w /(m/s)		0.07~0.25	0.25~0.5	工件的圆周速度 v_w 越大,则最大切削角 β_{max} 越小,切削作用减弱,生产率下降,但对降低表面粗糙度值有利,而 v_w 过高会引起工艺系统振动,使表面粗糙度增高
振动频率 f /(次/min)		1500~3000	500~1500	振动频率越大,切削作用越强,生产率也越高。但振动频率受工艺系统刚度的限制。频率过高可能使工件表面出现振纹,使表面粗糙度增大
振幅 A /mm		3~6	1~3	振幅越大,切削作用越强,磨粒形成的轨迹却越深,对降低表面粗糙度不利
油石压力 p /MPa		0.15~0.3	0.05~0.15	油石的压力增大,则切削作用增强。但压力过大,磨粒易划伤加工表面,表面粗糙度加大。若压力过低,由于磨粒的自励性差,不仅影响生产率,而且磨粒易于钝化,对降低表面粗糙度也不利
纵向进给量 f_a /(mm/r)	油石长度/mm			纵向进给量应根据油石的长度和加工要求选择,其值越大,生产率越高,但对降低表面粗糙度不利
	10~25	0.1~0.3	0.07~0.15	
	25~50	0.3~0.7	0.1~0.3	
	50~80	0.7~1.2	0.3~0.5	当工件转速较高时,应使进给速度 v_f < 300mm/min
	80~120	1.2~2.0	0.5~0.8	

2)工作液的选择。工作液的主要作用是冷却、润滑和冲洗切屑和脱落磨粒,对表面质量的影响较大,常用的有煤油和锭子油的混合液,加入锭子油主要取其冷润性,其混合比例视被加工材料而定,锭子油所占比例为 10%~30%,例如加工铸铁时占 10%,加工钢料时占 30%。

4. 超精研抛

超精研抛同时具有超精加工、研磨和抛光加工的特点。

1)超精研抛加工原理。如图 2.4-21 所示,超精

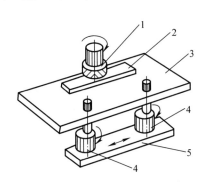

图 2.4-21 超精研抛加工运动
1—超精研抛头 2—工件 3—工作台
4—偏心轴 5—移动溜板

研抛头为圆环状木块,装于立式机床的主轴上,由分离传动并有隔振装置的电动机带动作高速旋转。工件装于工作台上,工作台由两个作同向同步旋转运动的立式偏心轴带动作纵向直线往复运动,这两种运动的合成为旋摆运动。

研抛时,工件浸泡在超精研抛液池中,主轴受主轴箱内的压力弹簧作用对工件施加一定的工作压力。

超精研抛头采用脱脂木材,其组织疏松均匀,研抛性能好。磨料采用细粒度的 Cr_2O_3。研抛液的主要成分是水,磨料在研抛液中呈游离状态,加入适当的聚乙烯醇和重铬酸钾以增加磨料的分散程度。

2)特点及应用。由于超精研抛头和工作台的旋摆运动造成复杂均密的运动轨迹,加工压力轻微,又有液中研抛的特色,因此可以获得极高的加工精度和表面质量,表面粗糙度 Ra 可达 0.008μm,效率也比较高。应用超精研抛加工精密线纹尺的工作表面,精度和表面质量都非常好。

2.4.5 挤压研抛

挤压研抛又称为挤压研磨、挤压抛光、挤压珩磨、磨粒流动加工等。

1. 挤压研抛原理及应用

挤压研抛是利用黏弹性物质作介质,混以磨粒而

形成半流体磨粒流，反复摩擦被加工表面的一种精密加工方法。

挤压研抛在专门的挤压机床上进行，工件装在夹具上，由上、下磨粒缸推动磨粒流形成挤压作用，实现对被加工表面的磨粒研抛加工。图2.4-22a所示为挤压研抛工件的内孔表面，图2.4-22b所示为挤压研抛工件的外圆表面。

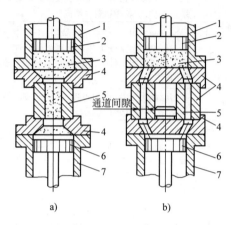

图 2.4-22　挤压研抛
a) 挤压研抛内表面　b) 挤压研抛外表面
1—上磨粒缸　2—上磨粒缸活塞　3—磨粒流
4—夹具　5—工件　6—下磨粒缸活塞
7—下磨粒缸

2. 挤压研抛的工作要素

1) 磨粒流。磨粒流的介质应是高黏度的半流体，具有足够的弹性，无黏附性，有自润滑性，有较好的耐高、低温性能，并易于清洗，通常多用高分子复合材料，例如乙烯基硅橡胶等。磨料多用氧化铝、碳化硅、碳化硼和金刚石等，可按被加工表面材料选择，粒度按被加工表面粗糙度要求选择。清洗工件多用聚乙烯、酒精、氟利昂等非水基溶液。

2) 磨粒流通道的设计。挤压研抛时，要合理设计磨粒通道的大小，选择压力和流动速度，它们对挤压研抛的质量有显著影响。磨粒流通道太小，会造成磨粒流运动不通畅。一般挤压研抛孔时，其最小直径为0.35mm；挤压研抛外圆时，最小通道间隙应大于0.5mm。

挤压研抛主要用于研抛孔、外圆、各种型面、型腔等，并可用于去除毛刺和棱边倒圆等。

2.4.6　砂带振动研抛

1. 砂带振动研抛原理

砂带振动研抛采用开式砂带磨削方式，如图2.4-23所示，一卷砂带绕过接触轮由卷带轮带动

作缓慢移动，接触轮对被加工表面产生一定的工作压力，激振器使接触轮在其轴向产生振动，形成振动砂带研抛，图2.4-23a为研抛外圆的情况，图2.4-23b为研抛平面（端面）的情况。

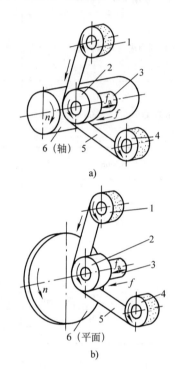

图 2.4-23　砂带振动研抛及其运动
a) 研抛外圆　b) 研抛平面（端面）
1—卷状砂带　2—接触轮　3—激振器
4—卷带轮　5—砂带　6—工件

砂带振动研抛可以加工外圆、孔、平面和成形表面等，与砂带磨削相同。砂带振动研抛可加工各种金属材料和非金属材料，应用十分广泛。

砂带振动研抛由于有振动，可获得网纹加工表面，表面粗糙度值极低，可达$Ra0.008\mu m$，且加工效率有提高；在加工精度上，由于砂带是柔性的，其提高是有限的。

2. 砂带振动研抛运动轨迹

图2.4-24表示了在振动研抛端面时磨粒的运动轨迹，要求磨粒运动轨迹成网纹状，均匀而不重复。图2.4-24a为无进给运动时的运动轨迹，它是一个简谐运动，其运动轨迹是一条余弦曲线；图2.4-24b为有进给运动时的运动轨迹，其运动是一个以阿基米德螺线为中性轴的简谐运动，其运动轨迹是一条以阿基米德螺线为中性轴的余弦曲线。

从分析可知，只要主轴转速n与接触轮轴向振动频率f_a互成质数，就可以获得不重复的研抛运动

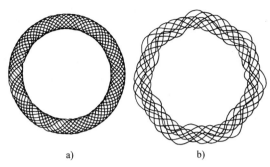

图 2.4-24　砂带振动研抛运动轨迹
a）无进给运动时　b）有进给运动时

轨迹。

设定一个速比系数 β，则
$$\beta = 60 f_a / n$$
式中　f_a——接触轮轴向振动频率（Hz）；

　　　n——主轴转速（r/min）。

试验证明，当速比系数 β 在 5～15 范围内，研抛运动轨迹呈均匀网纹状，加工质量和效果最好。

2.4.7　喷射加工

1. 喷射加工的原理和类型

喷射加工是利用液流或气流的动力将微细磨粒喷射到工件的被加工表面上，靠磨粒的冲击来进行光整加工的方法。

喷射加工可分为干式喷射和湿式喷射两大类：

1）干式喷射加工。干式喷射是利用压缩空气将磨粒由喷嘴喷射到被加工表面进行表面清理、去毛刺、强化和抛光等加工。干式喷射比较简单，但有粉尘，会污染环境。

2）湿式喷射加工。工作液与磨粒的混合液经泵送入喷嘴，通过压缩空气由喷嘴喷出。也可通过高压泵将混合液直接经喷嘴射出。湿式喷射加工时无粉尘，应用比较广泛。

喷射加工还可以分为有磨粒和无磨粒两种，无磨粒水喷射加工是直接将高压水通过喷嘴射到被加工表面，称为水喷射加工或水射流加工。

2. 喷射加工的工艺因素

喷射加工时，主要的工艺因素有喷射压力、喷射速度、喷射角度、喷射介质（磨料和工作液）和喷射时间等。

喷射压力通常可取 $30 \times 10^4 \sim 60 \times 10^4$ Pa，如果进行切割，则要用高压 450×10^4 Pa。

喷射角度与加工去除量关系密切，对于脆性材料，喷射角为 90° 时加工去除量最大；对于塑性材料，喷射角小于 90° 的某一角度时，加工去除效果最

好，因为在 90° 时，砂粒可能易于埋入到加工材料里。当喷射有一斜角时，只能加工深度较浅的表面。

喷射介质中，磨粒可选氧化铝、氧化铬等软质磨料和聚碳酸酯等材料。

喷射加工中喷嘴的磨损比较严重，需要用耐磨材料。

3. 喷射加工的应用

主要适用于对玻璃、陶瓷、石英等脆性材料进行切断、刻槽、打孔、表面光整加工以及利用保护掩膜进行图案成形等加工。作为型腔表面的精密加工，喷射加工有较好的效果，可以获得较低的表面粗糙度值，应用比较广泛。喷射加工除可进行材料去除外，还可进行清理、强化表面等加工。

2.4.8　滚磨加工

滚磨加工是一自由工具光整加工方法，主要有涡流、振动式和离心式等多种型式。

1. 涡流式滚磨加工

涡流式滚磨加工的加工原理和装置如图 2.4-25 所示，滚筒由固定筒壁 1 和旋转底盘 2 构成。加工前，事先将磨块装入滚筒内。加工时，加入工件和工作液。磨块和工作液可统称为工作介质。加工过程中，旋转底盘 2 以一定转速旋转，滚筒内的工件和工作介质在离心力的作用下沿固定筒壁 1 旋转，并沿其内侧上升，到达某一高度时，便下落到底部。这一过程在旋转底盘 2 连续旋转时持续反复，使工件和工作介质产生螺旋状的涡流运动，从而在工件被加工表面与磨块间产生强烈的滚磨作用，能够均匀地对被加工表面进行抛光、倒角和去毛刺。

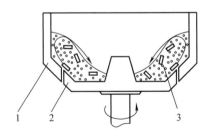

图 2.4-25　涡流式滚磨抛光装置
1—固定筒壁　2—旋转底盘
3—工件和工作介质

2. 振动式滚磨加工

振动式滚磨机分卧式和立式两种，是靠容器在特定的频率和振幅下振动时，工件和磨块便按一定的轨迹运动，磨块对工件表面产生碰撞、滚压和微量磨削，实现抛光、去毛刺和倒棱。

图 2.4-26 所示为一台卧式振动滚磨机，由单轴

惯性激振器激振,激振器2的轴水平安装,其上装有两个互为180°的偏心块,当激振器水平轴转动时,带动容器5作周期性上下振动,从而使其内的工件、砂块和工作液沿容器壁定向翻滚,进行光整加工。

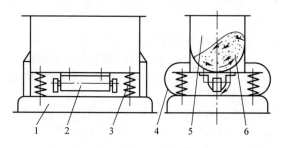

图 2.4-26 卧式振动滚磨机
1—底座 2—激振器 3—螺旋弹簧 4—板弹簧
5—容器 6—工件和工作介质

振动式滚磨加工已广泛应用于中、小零件的光整

2.5 微细加工

2.5.1 微细加工的概念和特点

1. 微细加工的概念

微细加工技术通常多指在微小零件上加工微小尺寸的加工技术,可用微细度来表示其加工尺寸的大小。微细加工技术从广义上来说,它包括精密加工和超精密加工的微小化。从狭义上来说,它主要是指半导体集成电路制造技术。

2. 微细加工的特点

1) 微细加工技术是一个多学科的制造系统工程,它涉及超微量加工和处理技术、高质量和新型的材料技术、高稳定性和高净化的加工环境、高精度的计量测试技术以及高可靠性的工况监控和质量控制技术等,已不再是一种孤立的加工方法和单纯的工艺过程。

2) 微细加工技术是一门多学科的精密制造综合高新技术,其加工方法包括分离、结合、变形三大类,遍及传统加工技术和非传统加工技术,涉及面广,体现了多学科的交叉融合。

3) 平面工艺是微细加工的工艺基础,这是由于微细加工开始主要围绕集成电路的制造,平面工艺是其主要工艺方法。平面工艺是指制作半导体基片、电子元件、电子线路及其连线、封装等一整套制造工艺技术,现在已在此基础上发展了立体工艺技术。

加工,加工质量好,加工效率高,但因振动所产生的噪声较大。

3. 离心式滚磨加工

离心式滚磨加工是将工件、磨块和工作液按一定比例加入到密封的滚筒中,滚筒作行星运动,在惯性力的作用下,工作介质产生强制流动,使磨块与被加工表面产生碰撞、滚压和微量磨削,实现抛光、去毛刺和倒棱。主要用于中、小零件的光整加工。

4. 主轴式滚磨加工

主轴式滚磨加工是将工件安装在主轴上,加工时放置在装有磨块和工作液的容器中,加工时,主轴作转动,容器作旋转运动,或作往复平移运动,使磨块与被加工表面产生碰撞、滚压和微量磨削,实现抛光、去毛刺和倒棱。主轴旋转的同时,还可作公转、摆动或往复移动,使滚磨效果更好。

主轴的位置形式有:水平式、垂直式和斜置式(交叉式)。

2.5.2 微细加工机理

1. 微细加工的精度表示方法

在微细加工中,由于加工尺寸很小,精度就必须用尺寸的绝对值来表示,即用去除材料的大小来表示,从而引入"加工单位尺寸"的概念,加工单位尺寸简称"加工单位",它表示去除或增加一块材料的大小。例如,如果某种微细加工方法能去除或增加 $1\mu m$ 大小的材料,则该加工方法为微米加工单位加工;如果某种微细加工方法能去除或增加一个原子,则为原子加工单位加工;当微细加工尺寸为 0.01mm 时,为了保证加工精度,必须用能去除小于 0.01mm 的加工单位的方法去加工,即用微米加工单位进行加工。

2. 微细加工机理

1) 微观切削去除机理。在微细切削加工时,零件小,加工尺寸小,从材料的强度和刚度考虑均不允许有大的背吃刀量,切屑就很小,通常背吃刀量会小于材料的晶粒大小,切削在晶粒内进行,这时晶粒就作为一个一个的不连续体来进行切削,是一种微观切削去除机理。

2) 分离、结合、变形机理。从加工机理上可分为分离、结合、变形三大类,在微细加工中,附着结合加工所占比例相对要大得多。

分离加工的机理是从工件去除一块材料,可用分解、蒸发、扩散、切削等手段去分离。

结合加工的机理是在工件表面上附加一层别的材料。如果这层材料与工件基体材料不发生物理化学作用，只是覆盖在上面，就称之为弱结合，典型的加工方法是电镀、蒸镀等。如果这层材料与工件基体材料发生化学作用，生成新的物质层，则称之为强结合，典型的加工方法如氧化、渗碳等。

变形加工的机理是通过材料的流动而产生变形，如压延、拉拔、挤压等，微细变形可加工板极薄（板厚为几微米）、线极细（丝径为几微米）的成品材料。

2.5.3 微细加工方法

1. 微细加工方法的分类

微细加工方法与精密加工一样从机理可分为分离、结合、变形三大类，表 2.5-1 列出了按分离、结合和变形加工来分类的微细加工方法。

表 2.5-1 常用微细加工方法

分类		加工方法	精度 /μm	表面粗糙度 Ra/μm	可加工材料	应用范围
分离加工	切削加工	等离子体切割	—	—	各种材料	熔断钼、钨等高熔点材料，合金钢、硬质合金
		微细切削	0.1~1	0.008~0.05	有色金属及其合金	球、磁盘、反射镜、多面棱体
		微细钻削	10~20	0.2	低碳钢、铜、铝	钟表底板、油泵喷嘴、化纤喷丝头、印制电路板
	磨料加工	微细磨削	0.5~5	0.008~0.05	黑色金属、硬脆材料	集成电路基片的切割、外圆、平面磨削
		研磨	0.1~1	0.008~0.025	金属、半导体、玻璃	平面、孔、外圆加工、硅片基片
		抛光	0.1~1	0.008~0.025	金属、半导体、玻璃	平面、孔、外圆加工、硅片基片
		砂带研抛	0.1~1	0.008~0.1	金属、非金属	平面、外圆
		弹性发射加工	0.001~0.1	0.008~0.025	金属、非金属	硅片基片
		喷射加工	5	0.01~0.02	金属、玻璃、石英、橡胶	刻槽、切断、图案成形、破碎
	特种加工	电火花成形加工	1~50	0.02~2.5	导电金属、非金属	孔、沟槽、狭缝、方孔、型腔
		电火花线切割加工	3~20	0.16~2.5	导电金属	切断、切槽
		电解加工	3~100	0.06~1.25	金属、非金属	模具型腔、打孔、套孔、切槽、成形、去毛刺
		超声波加工	5~30	0.04~2.5	硬脆金属、非金属	刻模、落料、切片、打孔、刻槽
		微波加工	10	0.12~6.3	绝缘材料、半导体	在玻璃、石英、红宝石、陶瓷、金刚石等上打孔
		电子束加工	1~10	0.12~6.3	各种材料	打孔、切割、光刻
		离子束去除加工	0.01	0.006~0.01	各种材料	成形表面、刃磨、割蚀
		激光去除加工	1~10	0.12~6.3	各种材料	打孔、切断、划线
		光刻加工	0.1	0.2~2.5	金属、非金属、半导体	刻线、图案成形
	复合加工	电解磨削	1~20	0.01~0.08	各种材料	刃磨、成形、平面、内圆
		电解抛光	1~10	0.008~0.05	金属、半导体	平面、外圆孔、型面、细金属丝、槽
		化学抛光	0.01	0.01	金属、半导体	平面
结合加工	附着加工	蒸镀	—	—	金属	镀膜、半导体器件
		分子束镀膜	—	—	金属	镀膜、半导体器件
		分子束外延生长	—	—	金属	半导体器件
		离子束镀膜	—	—	金属、非金属	干式镀膜、半导体器件、刀具、工具、表壳
		电镀（电化学镀）	—	—	金属	电铸型、图案成形、印制电路板
		电铸	—	—	金属	喷丝板、栅网、网刃钟表零件
		喷镀	—	—	金属、非金属	图案成形、表面改性
	注入加工	离子束注入	—	金属、非金属	半导体掺杂	—
		氧化、阳极氧化	—	金属	绝缘层	—
		扩散	—	金属、半导体	掺杂、渗碳、表面改性	—
		激光表面处理	—	金属	表面改性、表面热处理	

（续）

分类		加工方法	精度 /μm	表面粗糙度 Ra/μm	可加工材料	应 用 范 围
结合加工	接合加工	电子束焊接	—	—	金属	难熔金属、化学性能活泼金属
		超声波焊接	—	—	金属	集成电路引线
		激光焊接	—	—	金属、非金属	钟表零件、电子零件
变形加工		压力加工	—	—	金属	板、丝的压延、精冲、拉拔、挤压； 波导管、衍射光栅
		铸造(精铸、压铸)	—	—	金属、非金属	集成电路封装、引线

微细加工还可以分为传统加工和非传统加工两大类，前者如微细切削、微细磨削、微细铣削等；后者如微细电火花加工、微细电解加工、电子束加工、离子束加工、激光束加工等。

2. 高能束加工方法

高能束加工方法主要指电子束、离子束、激光束加工，统称三束加工。

(1) 电子束加工

1) 电子束加工原理。电子束加工是在真空条件下进行，其加工机理有热效应加工和化学效应加工两方面。

电子束的热效应加工如图 2.5-1 所示，在真空条件下，利用电流加热阴极发射电子束，经控制栅极初步聚焦后，由加速阳极加速，并通过电磁透镜聚焦装置进一步聚焦，使能量密度集中到直径 5~10μm 的斑点内。高速而能量密集的电子束冲击到工件上，使被冲击部分的材料温度在几分之一微秒内升高到几千摄氏度以上，这时由于其能量密度高，作用时间短，热量还来不及向周围扩散就可以把局部区域的材料瞬时熔化、汽化至蒸发成为雾状粒子而飞散去除。

电子束的化学效应加工是指当用功率密度较低的电子束照射高分子材料时（几乎不会引起材料表面温度的上升），由于入射电子和高分子相碰，使高分子材料的分子链切断或重新聚合，从而使材料的相对分子质量和化学性质发生变化。

2) 电子束加工装置。主要由电子枪系统、真空系统、控制系统和电源系统等组成。电子枪由电子发射阴极、控制栅极和加速阳极组成，用来发射高速电子流、进行初步聚焦和使电子加速。真空系统的作用是提供真空工作环境，因为在真空中电子才能高速运动，发射阴极不会在高温下氧化，同时也防止被加工表面和金属蒸气氧化。控制系统由聚焦装置、偏转装置和工作台位移装置等组成，控制电子束的束径大小和方向，按照加工要求控制工作台在水平面上的两坐标位移。电源系统提供稳压电源、各种控制电压和加速电压。

3) 电子束加工的应用范围。利用电子束的热效应，可进行钻孔、切槽、焊接和淬火等工作，可在不锈钢、耐热钢、合金钢、陶瓷、玻璃和宝石等材料上打圆孔、异形孔和开槽，最小孔径或缝宽可达 0.02~0.03mm；可焊接难熔金属、化学性能活泼的金属以及碳钢、不锈钢、铝合金、钛合金等。电子束加工时，高能量的电子会渗入表层达几微米甚至几十微米，并以热的形式在工件内传输，作为超精密加工方法应注意其热影响。

电子束的化学效应用于光刻和表面改性。在光刻中的主要作用是曝光，有扫描曝光和投影曝光。

(2) 离子束加工

1) 离子束溅射加工原理。离子束溅射加工是在真空条件下进行，其加工机理主要是力效应及其溅射现象。在真空条件下，将氩（Ar）、氪（Kr）、氙

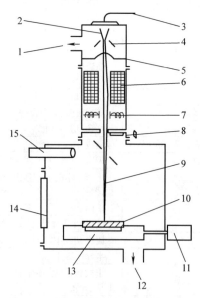

图 2.5-1　电子束加工原理

1—抽真空　2—阴极　3—加速电压　4—控制栅极　5—加速阳极　6—束流聚焦控制线圈　7—束流位置控制　8—更换工件时用的单向阀　9—电子束　10—工件　11—驱动电动机　12—抽真空　13—移动工作台　14—工件更换盖及观察窗　15—观察镜

（Xe）等惰性气体通过离子源电离形成带有 10keV 数量级动能的惰性气体离子，并形成离子束，在电场中加速，经集束、聚焦后，形成质量大动能高的离子束冲击工件表面，这时将产生弹性碰撞，将能量传递给工件材料的原子和分子，其中一部分原子和分子产生溅射，被抛出工件表面，这种方法称为溅射加工。

离子束加工与电子束加工在原理上有所不同，离子质量比电子质量大千倍甚至万倍，但速度较低，因此主要通过力效应进行加工。

2）离子束加工装置。由离子源系统、真空系统、控制系统和电源组成。离子源又称离子枪，其工作原理是将气态原子注入离子室，经高频放电、电弧放电、等离子体放电或电子轰击等方法被电离成等离子体，并在电场作用下使离子从离子源出口孔引出而成为离子束。图 2.5-2 所示为双等离子体离子源的原理图，首先将氩、氮或氙等惰性气体充入低真空（1.3Pa）的离子室中，利用阴极与阳极之间的低压直流电弧放电，被电离成为等离子体。中间电极的电位一般比阳极低些，两者都由软铁制成，和电磁线圈形成很强的轴向磁场，以中间电极为界，在阴极和中间电极、中间电极和阳极之间形成两个等离子体区。前者的等离子体密度较低，后者在非均匀强磁场的压缩下，在阳极小孔附近形成了高密度强聚焦的等离子体。经过控制电极和引出电极，只将正离子引出呈束状并加速，从阳极小孔进入高真空区（1.3×

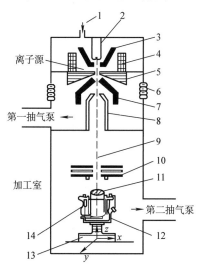

图 2.5-2　双等离子体离子源的原理
1—惰性气体入口　2—阴极　3—中间电极
4—电磁线圈　5—阳极　6—绝缘子　7—控制
电极　8—引出电极　9—离子束　10—聚
焦装置　11—工件　12—摆动装置
13—工作台　14—回转装置

10^{-6}Pa），再通过静电透镜所构成的聚焦装置形成高密度细束离子束，轰击工件表面。工件装夹在工作台上，工作台可作双坐标移动及绕立轴转动。

3）离子束溅射加工方法。由于离子本身质量较大，因此比电子束有更大的能量，当冲击工件材料时，通过溅射方式对工件进行加工。

① 离子束溅射去除加工。如果能量较大，会从被加工表面分离出原子和分子。

② 离子束溅射附着加工。用被加速了的离子冲击靶材，从靶材上打出原子和分子，并将它们附着到工件表面上形成镀膜，是一种离子束溅射镀膜加工（见图 2.5-3）。

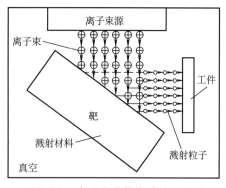

图 2.5-3　离子束溅射镀膜加工原理

③ 离子束注入加工。它是将要注入的元素进行电离，将正离子分离并加速，形成具有数十万 eV 的高能离子束，轰击加工表面，离子因动能大被打入工件表层内，其电荷被中和，成为置换原子或晶格间的填隙原子，被留于工件表层中，使材料的化学成分、结构和性能发生变化。

4）离子束加工的应用范围。离子束加工的应用范围很广，可根据加工要求选择离子束直径和功率密度。去除加工时，离子束直径较小而功率密度较大；注入加工时，离子束直径较大而功率密度较小。

离子束去除加工方法很多，有离子铣、离子磨（离子减薄）、离子研磨和抛光等方法，可用于非球面透镜的成形、金刚石刀具和压头的刃磨、集成电路芯片图形的曝光和光刻等。曝光灵敏度比电子束曝光高一个数量级，曝光时间大为缩短，可进行离子束写图和复印。

离子束镀膜加工是一种干式镀，比蒸镀有较高的附着力，效率也高，可在金属和非金属上制作金属化合物薄膜、合金薄膜和氧化薄膜等。

离子束注入加工可用于半导体材料掺杂、材料表面改性等，例如高速钢或硬质合金刀具切削刃部分的材料表面改性等。

（3）激光束加工

1）激光束加工的机理。激光是一种通过受激辐射而得到的放大的光。原子由原子核和电子组成，电子绕核转动，具有动能；电子被核吸引，具有势能，两种能量总称为原子的内能。原子因内能大小而有低能级、高能级之分，高能级的原子不稳定，总是力图回到低能级去，称之为跃迁；原子从低能级到高能级的过程，称为激发。在原子集团中，低能级的原子占多数。氢、氖、氦原子，钕离子和二氧化碳分子等在外来能量的激发下，有可能使处于高能级的原子数大于低能级的原子数，这种状态称为粒子数的反转。这时，在外来光子的刺激下，导到原子跃迁，将能量差以光的形式辐射出来，产生原子发光，称为受激辐射发光，这些光子通过共振腔的作用产生共振，受激辐射越来越强，光束密度不断得到放大，形成了激光。由于激光是以受激辐射为主的，故具有不同于普通光的一些基本特性：

① 强度高、亮度大。

② 单色性好，波长和频率确定。

③ 相干性好，相干长度长。

④ 方向性好，发散角可达 0.1mrad，光束直径可聚到 0.001mm。

当能量密度极高的激光束照射在加工表面上时，光能被加工表面吸收，转换成热能，使照射光斑的局部区域温度迅速升高，使工件材料熔化、汽化而形成小坑，由于热扩散，使斑点周围的金属熔化，小坑中的金属蒸气迅速膨胀，产生微型爆炸，将熔融物高速喷出，并产生一个方向性很强的反冲击波，这样就在被加工表面上打出一个上大下小的孔。

2）激光加工设备。主要有激光器、电源、光学系统和机械系统等。激光器的作用是把电能转变为光能，产生所需要的激光束。激光器分为固体激光器、气体激光器、液体激光器和半导体激光器等。固体激光器由工作物质、光泵、玻璃套管、滤光液、冷却水、聚光器及谐振腔等组成，如图 2.5-4 所示。常用的工作物质有红宝石、钕玻璃和掺钕钇铝石榴石（YAG）等。光泵是使工作物质产生粒子数反转，目前多用氙灯作光泵。因它发出的光波中，有紫外线成分，对钕玻璃等有害，会降低激光器效率，故用滤光液和玻璃套管来吸收。聚光器的作用是把氙灯发出的光能聚集在工作物质上。谐振腔又称光学谐振腔，其结构是在工作物质两端各加一块相互平行的反射镜，其中一块为全反射镜，另一块为部分反射镜，部分反射镜的反射率和谐振腔的长度匹配时，就可使受激光在输出轴方向上多次往复反射，得到光学谐振，从部分反射镜一端输出单色性和方向性很好的激光。气体激光器有氦-氖激光器和二氧化碳激光器灯。电源为激光器提供所需能量，有连续和脉冲两种。光学系统的作用是把激光聚焦在加工工件上，它由聚集系统、观察瞄准系统和显示系统组成。机械系统是整个激光加工设备的总成。先进的激光加工设备已采用数控系统。

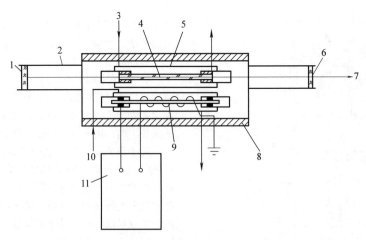

图 2.5-4　固体激光器结构示意图

1—全反射镜　2—谐振腔　3、10—冷却水　4—工作物质　5—玻璃套管
6—部分反射镜　7—激光束　8—聚光器　9—氙灯　11—电源

3）激光加工的特点和应用范围：

① 加工精度高。激光束斑直径可达 1μm 以下，可进行微细加工；加工中无切削力作用，热作用范围小，变形小。

② 加工材料范围广。可加工陶瓷、玻璃、宝石、金刚石、硬质合金、石英等各种金属和非金属材料，

特别是难加工材料。

③ 加工性能好。可进行打孔、切槽、切割、电阻微调、表面改性、焊接等多种加工，并可透过透明材料加工。

④ 加工速度快、生产效率高。

⑤ 价格比较高。

3. 光刻加工技术

光刻（Photo Lithography）是沉积与刻蚀的结合，主要用于集成电路制作中得到高精度微细线条所构成的高密度微细复杂图形。光刻加工是光刻蚀加工的简称。利用化学方法和物理方法，将没有光致抗蚀剂涂层的氧化膜去除，称之为刻蚀（etching）。

（1）光刻加工过程

可分为两个阶段：第一阶段为原版制作，生成工作原版或工作掩膜；第二阶段为光刻加工。

1）原版制作。如图 2.5-5 所示，其主要工序如下：

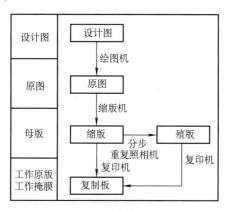

图 2.5-5　原版制作过程

① 绘制原图。根据设计图样，在绘图机上用刻图刀在一种叫红膜的材料上刻成原图。红膜是在透明或半透明的聚酯薄膜表面涂敷一层可剥离的红色醋酸乙烯树脂保护膜而制成。刻图刀将保护膜刻透后，剥去不需要的那些保护膜部分，从而形成红色图像，即为原图，原图一般要比最终要求的图像放大几倍到几百倍。

② 制作缩版、殖版。将原图用缩版机缩成规定的尺寸，即为缩版。当原图的放大倍数较大时，要进行多次重复缩小才能得到符合要求的缩版。

在成批大量生产同一图像缩版时，可在分步重复照相机上将缩图重复照相，制成殖版。

③ 制作工作原版（工作掩膜）。缩版和殖版都可直接用于光刻加工，但一般都作为母版保存，以备后用，而将母版复印形成复制版，在光刻加工时使用，称为工作原版或工作掩膜。

原版制作是光刻加工的关键工序，其尺寸精度、图像对比度、照片的浓淡等都将直接影响光刻加工的质量。

2）光刻加工。光刻加工过程如图 2.5-6 所示，其主要工序是曝光、显影和刻蚀。

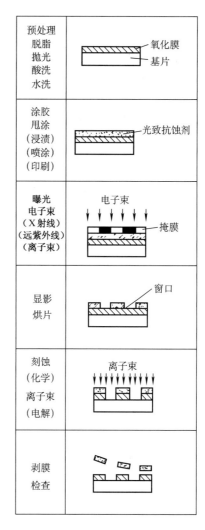

图 2.5-6　光刻加工过程

① 预处理。半导体基片经切片、抛光、外延生长和氧化后，在基片工作表面形成氧化膜，光刻前先将工作表面进行脱脂、抛光、酸洗和水洗后备用。

② 涂胶。把光致抗蚀剂（又称为光刻胶）均匀涂敷在氧化膜上的过程称为涂胶，常用的涂胶方法有旋转（离心）甩涂、浸渍、喷涂和印刷等。涂胶可分为涂正性胶和负性胶，显影图像时，被光照部分的胶层被去除，形成"窗口"，是为负性胶，该版称为负版；被光照部分的腔层被保护，形成"突起"，是为正性胶，该版称为正版。

③ 曝光。曝光可分为投影曝光和扫描曝光。由光源发出的光束，经工作原版（掩膜）在光致抗蚀剂涂层上成像，是为投影曝光，又称为复印。从投影方式上可分为接触式、接近式和反射式。常用的光源有电子束、X 射线、远紫外线（准分子激光）、离子束等。

由光源发出的光束，经聚焦形成细小束斑，通过数控扫描在光致抗蚀剂涂层上绘制图像，称之为扫描曝光，又称为写图，常用的光源有电子束、离子束等。这种曝光方法不必要工作原版，而是直接绘制生成，可用于单件多品种生产。

④ 显影与烘片。曝光后的光致抗蚀剂，其分子结构产生化学变化，在特定的溶剂或水中的溶解度也不同，利用曝光区和非曝光区这一差异，可在特定溶剂中把曝光图像呈现出来，形成窗口，这就是显影。有的光致抗蚀剂在显影干燥后，要进行 200~250℃ 的高温处理，使它发生热聚合作用，以提高强度，称之为烘片。

⑤ 刻蚀。利用离子束溅射来去除图像中没有光致抗蚀剂的氧化膜部分，以便进行选择扩散、真空镀膜等后续工序。

⑥ 剥膜与检查。用剥膜液去除光致抗蚀剂的处理称为剥膜。剥膜后洗净修整，进行外观、线条尺寸、间隔尺寸、断面形状、物理性能和电学特性等检查。

（2）刻蚀加工

刻蚀时，不仅沿深度方向有刻蚀产生，而且沿窗口横向也有刻蚀产生，是为侧面刻蚀，如图 2.5-7 所示。若以 ω 表示侧面刻蚀量，以 h 表示刻蚀深度，则刻蚀系数 $C_f = h/\omega$。由于有侧面刻蚀现象，使所刻蚀成的窗口比图像上的窗口大，因此在设计时要考虑修正量。侧面刻蚀越小，刻蚀系数越大，制品的尺寸精度就越高，精度稳定性也越好。双面刻蚀比单面刻蚀的侧面刻蚀量明显减小，时间也短，当加工贯通窗口时多采用双面刻蚀。

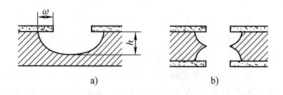

图 2.5-7　侧面刻蚀现象
a）单面刻蚀　b）双面刻蚀

刻蚀加工方法很多，分为湿式刻蚀和干式刻蚀两大类。

1）湿式刻蚀。有化学刻蚀、电化学（电解）刻蚀等，其中有等向性刻蚀、结晶异向性刻蚀和掺杂浓度选择性刻蚀等。

等向性刻蚀通常以 SiO_2 作掩膜，使用 $HF\text{-}HNO_3$ 系列的腐蚀溶液对半导体进行刻蚀加工。刻蚀时，会同时产生侧面刻蚀，但可利用这种侧面刻蚀的牺牲层刻蚀来制作复杂的立体形状。

结晶异向性刻蚀是利用被加工材料晶面蚀除速度各异的性质，使侧面蚀除量很小，从而可加工出 V 形槽、矩形槽等形状。

掺杂浓度选择性刻蚀是利用刻蚀速度与掺杂浓度有关的性质，能够有选择地蚀除特定的加工层，从而形成薄膜等。

2）干式刻蚀。在气体中利用反应性气体、等离子体等进行刻蚀的方法，主要有离子束刻蚀和等离子体刻蚀。

离子束刻蚀是一种与被加工材料晶面无关的有向性刻蚀，主要是靠离子束的力作用。但也可以利用离子束的化学反应作用，称为反应性离子束刻蚀，可进行数十微米深的刻蚀。

等离子体刻蚀是利用反应性气体的等离子体中，具有高能量的反应性离子游离基进行刻蚀的方法，是一种等向性刻蚀方法，可实现较深的刻蚀加工。

近年来利用顺序交叉地进行沉积和刻蚀的多层工艺方法，可制作立体的可动结构。

4. 光刻-电铸-模铸复合成形技术（LIGA）

半导体加工技术所制作的机械结构多是二维的，目前，出现了光刻-电铸-模铸复合加工（LIGA），它是 20 世纪 80 年代中期德国 W. Ehrfeld 教授等人发明的，是德语 Lithograph Galvanformung und Abformung 的简称，是由深度同步辐射 X 射线光刻、电铸成形和模铸（模注）成形等技术组合而成的综合性技术（见图 2.5-8a）。它是 X 射线光刻与电铸复合立体光刻，反映了高深宽比的刻蚀技术和低温融接技术的结合，可制作最大高度为 $1000\mu m$、槽宽大于 $0.5\mu m$、高宽比大于 200 的立体微结构，加工精度可达 $0.1\mu m$，可加工的材料有金属、陶瓷和玻璃等。

光刻-电铸-模铸复合加工的特点：

1）波长短、分辨力高、穿透力强。

2）辐射线几乎完全平行，可进行大深焦的曝光、减少了几何畸变。

3）辐射强度高，比普通 X 射线强度高两个数量级以上，便于利用灵敏度较低而稳定性较好的抗蚀剂（光刻胶）来实现单涂层工艺。

4）发射带谱宽，可降低衍射的影响，有利于获得高分辨力，并可根据掩膜材和抗蚀剂性质选用最佳曝光波长。

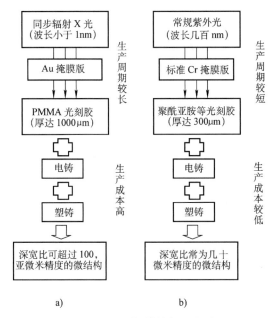

图 2.5-8　光刻-电铸-模铸复合成形加工
和准光刻-电铸-模铸复合成形加工
a）光刻-电铸-模铸复合成形加工
b）准光刻-电铸-模铸复合成形加工

5）曝光时间短；生产率高。

6）加工时间比较长、工艺过程复杂、价格高，并要求层厚大、抗辐射能力强和稳定性好的掩膜基底。

目前，出现了准光刻-电铸-模铸复合成形加工（见图 2.5-8b），采用深层刻蚀工艺，利用紫外线来进行光刻，可制造非硅材料的高深宽比微结构，并可与微电子技术有较好的兼容性，虽不能达到光刻-电铸-模铸复合成形加工的高水平，但加工时间比较短、成本低，已能满足许多微机械的制造要求。

图 2.5-9 所示为光刻-电铸-模铸复合成形技术（LIGA）的典型工艺过程：

1）在金属基板上涂敷一层所要求厚度为 $0.1 \sim 1\text{mm}$ 的聚甲基丙烯酸甲酯（PMMA）等 X 射线感光材料，放置工作掩膜，用同步辐射的 X 射线对其曝光，由于 X 射线具有良好的平行性、显影分辨率和穿透性，对数百微米厚的感光膜，曝光精度可高于 $1\mu\text{m}$；经显像后可在感光膜上得到所要求的结构。

2）在感光膜的结构空间内电铸镍、铜、金等金属，即可制成微小的金属结构。

3）以这种金属结构作为模具，即可制成成形塑料制品。用这种方法可制造深度为 $350\mu\text{m}$、孔径为 $80\mu\text{m}$、壁厚为 $4\mu\text{m}$ 的蜂窝结构。

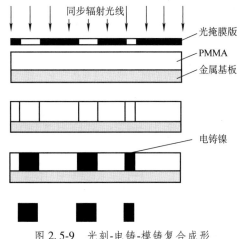

图 2.5-9　光刻-电铸-模铸复合成形
技术（LIGA）

光刻-电铸-模铸复合成形技术的特点是能实现高深宽比的立体结构，突破了平面工艺的局限。虽然光刻成本较高，但可在一次曝光下制作多种结构，应用面较广，对大量生产意义较大。

5. 大规模集成电路的制作技术

集成电路是电子设备、计算机微型化和集成化的重要器件，一般是按集成度与最小线条宽度来分类，可分为小、中、大和超大规模四类。集成度是指在规定大小的一块单元芯片上所包含的电子元件数。电路微细图样中的最小线条宽度是提高集成度的关键，同时也是集成电路水平的一个标志，现在已可达到 $0.1\mu\text{m}$ 以下。

1）集成电路的主要工艺方法。集成电路的主要工艺方法有外延生长、氧化、光刻、选择扩散、真空蒸镀等。

① 外延生长。它是在半导体晶片表面沿原来的晶体结构的晶向通过气相法（化学气相沉积）生长出一层厚度为 $10\mu\text{m}$ 以内的单晶层，以提高晶体管的性能，称之为外延生长。外延生长层的厚度及其电阻率由所制作的晶体管性能决定。

② 氧化。它是在外延生长层表面通过热氧化法生成氧化膜，该氧化膜与晶片附着紧密，是良好的绝缘体，可作绝缘层防止短路和作电容绝缘介质。

③ 光刻。它是在氧化膜上涂覆一层光致抗蚀剂，经图形复印曝光（或图形扫描曝光）、显影、刻蚀等处理后，在基片上形成所需的精细图形，在端面上形成窗口。

④ 选择扩散。基片经外延生长、氧化、光刻后，置于惰性气体或真空中加热，并与合适的杂质（如硼、磷等）接触，则窗口处的外延生长表面将受到杂质扩散，形成 $1 \sim 3\mu\text{m}$ 深的扩散层，其性质和深度

取决于杂质种类、气体流量、扩散时间和扩散温度等因素。选择扩散后就可形成半导体的基区（P 结）或发射区（N 结）。

⑤ 真空蒸镀。在真空容器中，加热导电性能良好的金、银、铂等金属，使之成为蒸气原子而飞溅到芯片表面，沉积形成一层金属膜，是为真空蒸镀，完成集成电路中的布线和引线，再经过光刻，即可生成引线。

2）集成电路的制作过程。

集成电路的制作过程如图 2.5-10 所示，可分为半导体基片制作、基区生成、发射区生成、引线电极生成、划片、封装、老化和检验等主要工序。

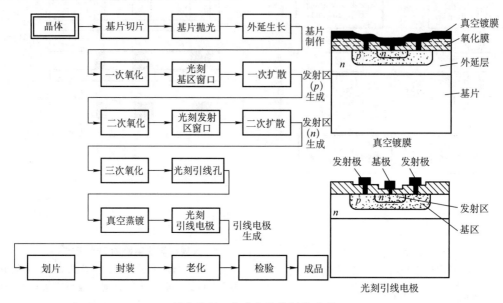

图 2.5-10　集成电路的制作过程

2.6　精密机床和超精密机床

2.6.1　超精密机床的精度指标和类型

1. 超精密机床的精度指标

精密机床和超精密机床的精度指标目前尚无统一标准。可以参考在 20 世纪 80 年代由美国 Union Carbide 公司、Moore 公司和美国空军兵器研究所等制订的"Point One Micrometer Accuracy"计划，即"零点一微米精度"计划，简称"POMA"计划，其目标是要将 ϕ800mm 的大型球面反射镜的形状精度控制在 0.1μm 以内，将机床的运动误差降低到原来的 1/10。现在，各项精度指标可达到：主轴回转精度为 0.02μm，导轨直线度为 1000000 : 0.025，定位精度为 0.013μm/1000mm，进给分辨力为 0.005μm，加工表面粗糙度为 Ra0.003μm，温控精度为（20 ± 0.0005）℃。

2. 超精密机床的类型

超精密机床的类别与普通机床相似，可以从不同的角度来划分。但总的来说，其类型比一般机床要少得多。

按通用程度来划分可分为普通型和专用型，如普通超精密车床、磁盘超精密车床等。

按加工工艺方法来划分可分为超精密车床、超精密铣床、超精密磨床、超精密研磨机床、超精密抛光机床、超精密特种加工机床以及精密和超精密加工中心等。

3. 超精密机床的结构特点

1）高精度。精密机床和超精密机床应具有高的静态和动态精度，如几何精度、运动精度和分辨力，主要表现在主轴回转精度、进给运动的定位精度、重复定位精度、分度精度和直线度等。

现代精密机床和超精密机床大多采用石材作为主要部件的材料，采用液体静压轴承或气体静压轴承和导轨，使主轴在高转速下具有高精度和高平稳性，使进给运动在低速时无爬行，高速时加速性能好，运动精度高。机床的工作台和刀架大多采用精密滑动丝杠副、精密滚动丝杠副、大导程高速精度滚动丝杠，并有消除丝杠螺母副间隙机构，以减小反向死区，提高定位精度。近年来，采用"零传动"的直线电动机传动装置,既具有高速性能,又由于直接传动而有高精度。

为了能够进行微细加工,有些机床还配有微动工作台,采用电致伸缩、磁致伸缩、弹性元件等微位移装置,实现微进给。

精密和超精密数控机床通常多采用交流伺服电动机或交流直线伺服电动机传动,配置光栅位置检测甚至激光干涉位置检测装置,形成闭环控制系统,并采用在线实时补偿方法来进一步提高定位精度,以便加工高精度的型面零件。超精密数控机床不但要有很高的精度,而且要有很小的脉冲当量,这是因为数控加工所获得的表面是台阶形的近似表面,脉冲当量越小,加工表面上的台阶就越小,表面粗糙度值越低,同时加工精度也越高。

精密和超精密数控机床还应有良好的随动精度。随动精度是指程序上给定的运动轨迹(即指令位置)和机床实际运动轨迹之间的相近程度,它在稳态、动态和反向时分别表现为速度误差、加速度误差和位置误差(死区)。

2) 高刚度。精密加工和超精密加工时,虽然背吃刀量和进给量均很小,切削力很小,但受力变形对精度的影响是相当大的,因此要求机床要有高刚度,例如超精密磁盘车床加工铝合金基片的端面时,其主轴轴向刚度可达 $490N/\mu m$。

3) 高稳定性。在机床结构上,现在多采用热导率低、热胀系数小、内阻尼大的天然花岗石等来制作床身、工作台等基础零件,也可采用粒度不等的石块、石粉与环氧树脂混合的人造石材通过浇注成形来制作基础零件。石材具有耐磨、耐腐蚀、不导电、不导磁等特点,有很好的稳定性。

超精密机床的热变形对加工精度的影响很大,在结构上应采用热稳定性对称结构,避免在精度敏感方向上产生热变形,主要零件在工艺上应进行消除内应力的处理,以保证机床的热稳定性。

为了防止机床热变形对加工精度的影响,超精密机床除必要时要放在恒温室中使用外,有些机床设计了控制温度的密封罩,用液体淋浴或空气淋浴来控制来自外部和内部的热源影响,如室温变化、运动件的摩擦热、切削热等。液体淋浴靠对流和传导带走热量,可使温度保持在 (20 ± 0.006)℃,比空气淋浴好,但成本很高,目前,温控精度最高可达 (20 ± 0.0005)℃。

4) 抗振性好。超精密切削时的振动会使表面质量变坏,影响加工质量。在机床结构上应尽量采用短传动链和柔性连接,以减少传动元件和动力元件的影响,可采用无接头的平带传动;采用内置式或外置式

变频电动机的主轴单元,以缩短主运动的传动链,或在电动机与传动元件间采用非接触式联轴器、弹性元件(波纹管等)联轴器等,以减少因电动机安装和运转不平稳等的影响。在机床传动系统中采用直线电动机直接传动方式是有效缩短传动链的有力措施。电动机等动力元件和机床中的回转零件应进行严格的动平衡,以使本身因不平衡而造成的振动最小。

为了隔离动力元件等振动的影响,超精密机床采用了分离结构形式,即将电动机、油泵、真空泵等与机床本体分离,单独成为一个部分,放在机床旁边,再用带传动方式连接,可获得很好的减振效果。

此外,对于大件或基础件,还应选用抗振性强的材料,如铸铁、石材等。

5) 控制性能好。大多数精密和超精密机床都采用了数控系统、可编程控制器等,以提高机床的加工能力、加工质量和加工效率,例如为了加工复杂不对称型面,生产了超精密非对称球面数控车床等。在选择数控系统时,不仅要考虑所需要的功能要求,而且应有良好的控制性能,如插补、进给速度控制、刀具尺寸补偿、主轴转速控制等。要求插补精度高、插补速度快、进给速度稳定、加减速性能好。同时还应有编程简易、操作方便、有实时显示功能等特点。

6) 模块化结构设计。超精密机床的精度、稳定性等要求很高,部件、元件的质量影响很大,现在单元技术和功能部件发展很快,已形成比较成熟的主轴单元、进给单元、丝杠螺母副、导轨、隔振装置等基础元部件,因此机床可以采用模块化结构设计,既可以保证质量,又可以缩短生产周期。例如采用空气静压轴承、空气静压导轨、进给装置、花岗石底座、隔振气垫等多种模块可组成加工磁盘、活塞、转子、振动筒、红外抛物线反射镜、多面棱体、蓝宝石等零件的超精密加工设备。

2.6.2　超精密机床的设计

1. 精密主轴部件

主轴轴系是机床的关键部件之一。要提高主轴轴系的静态、动态回转精度,减少高速旋转时产生的热变形影响,轴承是一个关键。

(1) 轴承

精密机床和超精密机床主轴回转轴系中所用的轴承主要有:高精度滚动轴承、空气滑动轴承、液体滑动轴承、陶瓷轴承和磁悬浮轴承等,根据机床类型、用途、性能要求等来选用。

1) 滚动轴承。滚动轴承使用维护比较方便,现在滚动轴承的径向跳动已达到 $1\mu m$ 甚至更高,而且可采用陶瓷等耐磨材料,多用于小型超精密机床或精

密机床上。通常多用单列滚珠轴承，精度和刚度均要求较高时，可用双列滚珠轴承和双列滚柱轴承。

2）气体滑动轴承。气体滑动轴承是通过在轴与轴承间的微小间隙中所形成的气膜，以非接触形式来支承载荷。它具有回转精度高、摩擦小、发热少、驱动功率小、振动小和洁净度好等优点，但也存在着刚度低、承载能力小、系统设备结构复杂等缺点，一般多用于中小型超精密机床上。

根据气膜的形成方法，气体滑动轴承可分为气体静压轴承和气体动压轴承两类。

① 气体静压轴承。它是将压缩空气经节流元件通入轴与轴承之间的间隙中以非接触形式来支承载荷。

气体静压轴承的节流形式对其性能影响很大，通常有环形孔节流、小孔节流、多孔质节流、缝隙节流和表面节流等形式。环形孔节流和小孔节流最普遍，但刚度较差、稳定性差，且易产生振动。多孔质节流采用多孔质材料制成轴承，该种材料的透气率为1/100~1/50，具有较高的刚度、承载能力和稳定性，但制造工艺复杂，要求有严格的空气净化。表面节流是利用轴承表面的沟槽形成，间隙小、刚度高，可采用花岗石、陶瓷等材料制成，也可用树脂型塑料浇注和开槽制成。

气体静压轴承的结构形式有球形轴承、圆柱形轴承和推力轴承等，表2.6-1列出了空气静压轴承的结构组合形式。

表2.6-1 空气静压轴承的结构组合形式

类型	结 构 图	结 构	特点和应用
圆柱形轴承与推力轴承组合	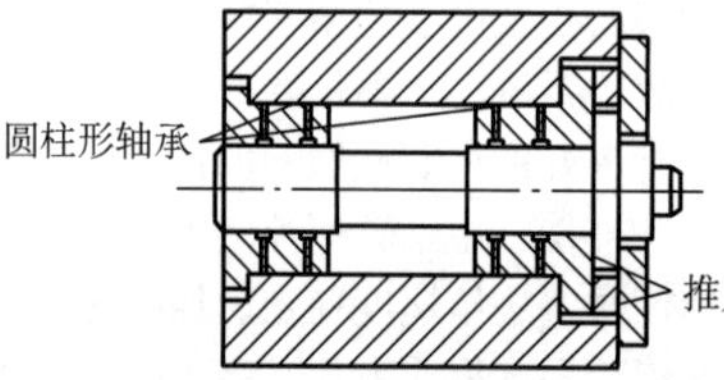 圆柱形轴承 推力轴承	前轴承由一个圆柱形轴承和止推轴承组成，后轴承是一个圆柱形轴承	结构简单、刚度好、制造方便，但要求前后轴承有较好的同轴度，应用十分广泛
球形轴承与圆柱形轴承组合	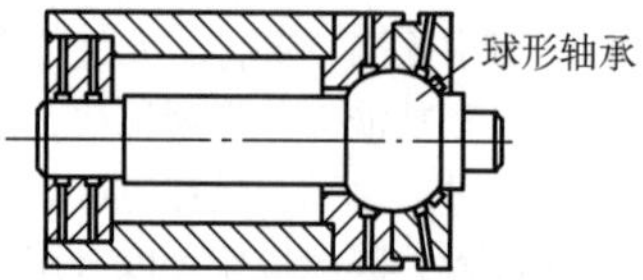 球形轴承	前轴承采用由两片合成的球形轴承，后轴承为圆柱形轴承	轴向力由球形轴承承受，易保证前后轴承的同轴度，精度高，但结构复杂，制造上有一定难度，目前采用比较普遍
球形轴承与带有自位作用的圆柱形轴承组合	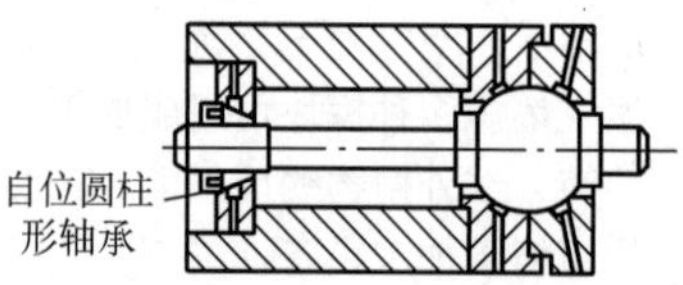 自位圆柱形轴承	前轴承采用由两片合成的球形轴承，后轴承为带有自位作用的圆柱形轴承	易保证前后轴承的同轴度，精度高，但结构复杂，制造难度大。由于球形轴承的承载有效面积不如圆柱形轴承的大，因此刚度低些。这种组合形式采用不多
双半球轴承组合	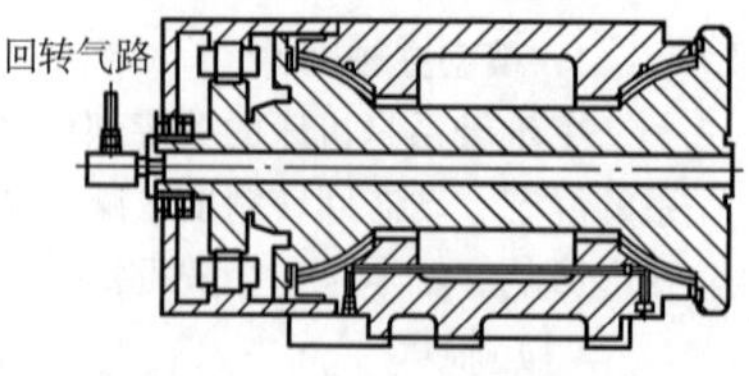 回转气路	前后轴承均采用半球形轴承	能同时承受轴向力和径向力，由于球形轴承有自位作用，因此可提高前后轴承的同轴度，提高了主轴的回转精度。当主轴径较大时，径向、轴向刚度均较高，可达350N/μm，径向、轴向承载力可达180kg
半球形轴承与推力轴承的组合（垂直轴）	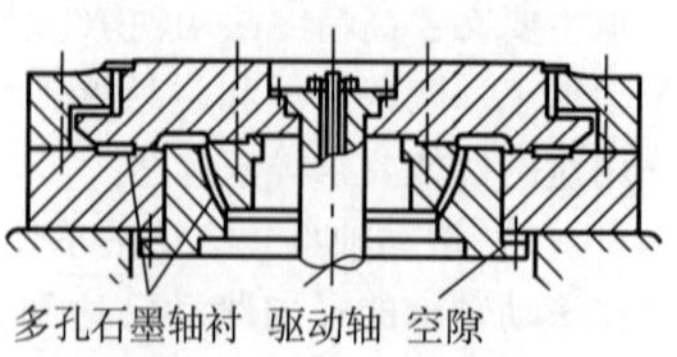 多孔石墨轴衬 驱动轴 空隙	径向轴承为半球形，轴向为推力轴承	它是垂直轴静压轴承组合形式，径向轴承为半球形，可以自动调位，保证推力轴承能紧密接触，轴向力靠推力轴承承受，刚度高，承受力大

超精密车床和铣床所用的球形和圆柱形气体静压轴承的尺寸和技术性能参数可参考表 2.6-2 所列。

表 2.6-2 球形和圆柱形气体静压轴承的尺寸和技术性能参数

尺寸和技术性能参数		结构形式	
		球形轴承	圆柱形轴承
直径/mm		$60 \sim 120$	100
回转精度/μm		0.05	$0.05 \sim 0.1$
刚度/(N/μm)	径向	$15 \sim 60$	$80 \sim 200$
	轴向	$30 \sim 70$	$80 \sim 250$
载荷/N	径向	$90 \sim 350$	$600 \sim 1200$
	轴向	$180 \sim 400$	$600 \sim 3000$
最大转速/(r/min)		10000	3600

注：技术性能参数值与轴承尺寸有关。

气体静压轴承的刚度取决于轴径大小、轴与轴承之间的间隙、轴与轴承的表面粗糙度、节流形式和压缩空气的压力大小及其波动等。轴与轴承之间的间隙对轴承刚度有直接影响，一般径向间隙控制在 $30 \sim 50 \mu m$，轴向间隙控制在 $50 \sim 60 \mu m$。

目前，气体静压轴承多用于超精加工机床、磁盘驱动器、光盘加工机和精密测量机等产品上，非常广泛。

② 气体动压轴承。气体动压轴承不需要压缩空气，它是通过轴与轴承的相对运动而产生的楔作用来形成空气膜。由于在静止和低速状态下，不能产生足够的气膜使轴悬浮于轴承之中，而是与轴承处于接触或半接触状态，影响轴承的回转精度和正常工作。

气体动压轴承由于不需要压缩空气，应用范围越来越广，多用于激光打印机和数字复印机的多面体反射镜的扫描轴系、唱机的旋转轴以及牙钻上等。

3）液体滑动轴承。液体滑动轴承是以黏性高的油膜来支承载荷，也可分为液体静压轴承和液体动压轴承。液体滑动轴承回转精度高，承载能力和刚度比空气滑动轴承大，受到广泛采用。

① 液体静压轴承。由于静压作用可使轴与轴承在静止状态下处于非接触状态，具有较好的运动平稳性。

液体静压轴承有多种节流形式，例如毛细管节流、小孔节流、缝隙节流、表面节流、滑阀反馈可变节流、薄膜反馈可变节流等，由于各种固定节流和滑阀反馈节流的动态特性和稳定性较差，因此在超精密机床上已渐渐不采用，而多采用薄膜反馈节流。

液体静压轴承有圆柱形、球形、圆环面形（止推）等结构，并有各种组合形式，与气体静压轴承基本相同。

液体静压轴承和空气静压轴承都能达到 $0.02 \sim 0.03 \mu m$ 的高回转精度，但液体静压轴承的刚度较高，因此在超精密机床上已有逐渐采用液体静压轴承的趋势，而气体静压轴承也在不断研究提高其刚度。液体静压轴承要进一步解决油压波动和油温控制，才能达到更高的回转精度。

② 液体动压轴承。它是利用楔形油槽的动压原理，多用于各种磨床的砂轮主轴上，在超精密机床上基本不用。

③ 液体动静压组合轴承。将液体静压轴承和液体动压轴承组合在一起，形成液体动静压组合轴承，利用静压轴承的高精度和运动平稳性（静态下轴与轴能处于非接触状态），同时利用动压轴承的高刚度和高承载能力，已应用于精密磨床上。

4）磁浮轴承。磁浮轴承是借助于磁铁的引力或斥力来支承轴系，其特点是非接触、无磨损、高速性能好、动力损失小、不需润滑，可在真空或低温等特殊环境下使用。但由于发热较大，回转精度不及气体和液体静压轴承，进一步研究其发热和冷却问题后，会在超精密机床和设备上使用，是一种很有发展前途的轴承。图 2.6-1 所示为磁浮轴承结构。

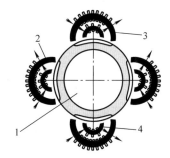

图 2.6-1 磁浮轴承结构
1—转子 2—定子 3—电磁铁 4—位置传感器

（2）主轴驱动

在超精密机床中，主轴驱动方式会影响加工精度，也是一个关键问题，一般有以下一些驱动方案。

1）带卸荷驱动。超精密机床可采用厚度为 0.4mm、均匀度为 0.01mm 的无缝聚酯带来驱动，电动机与床身分离安装，以避免电动机不平衡等的影响，带轮采用卸荷结构，这种形式应用十分广泛。

2）浮动联轴器驱动。浮动联轴器驱动可有效消除原动机外力的干扰，降低连接间同轴度的要求。其结构形式有弹性元件联轴器（如波纹管）、磁性联轴器和绸布联轴器等。磁性联轴器在超精密机床中的应用已越来越多，其结构稍显复杂，但效果很好，日本东芝机械株式会社生产的 ABS 型超精密机床金刚石车床就采用了这一结构，如图 2.6-2 所示。

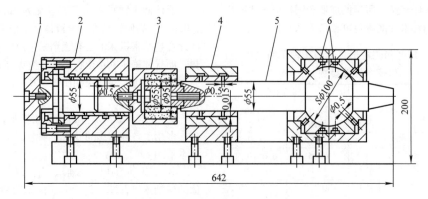

图 2.6-2　超精密机床浮动联轴器驱动
1—带轮　2—卸荷装置（径向和推力轴承）　3—电磁联轴器
4—径向轴承　5—主轴　6—球轴承

3）直接驱动。将主轴和电动机做成一体，形成主轴部件，或称主轴单元。当前主轴单元按电动机的安装位置可分为内装式和外装式两种，直接驱动就是内装式，是将机床主轴与电动机的转子轴做成一体，其特点是精度高、运转平稳，在精密和超精密加工设备中已逐渐采用，但必须考虑电动机发热对主轴回转精度的影响，还须考虑回转零件的动平衡等问题。通常应采用强制通气冷却或定子外壳做有冷却水夹层。

外装式是电动机与主轴之间通过联轴器连接，整个形成一个部件，其精度不如内装式的高，但因电动机产生的热变形影响较小。

图 2.6-3 所示为内装式同轴电动机驱动主轴的主轴单元。

图 2.6-4 所示为磁浮轴承主轴单元，它不必用气体、液体静压轴承，全部用电能转换，结构上比较简单，转速更高，性能更好。

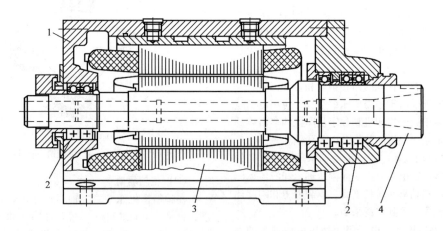

图 2.6-3　内装式同轴电动机驱动主轴的主轴单元
1—内装主轴箱体　2—角接触球轴承　3—电动机定子　4—主轴

2. 导轨

导轨有直线导轨和圆导轨两大类，它是精密机床和超精密机床的重要部件，并作为直线度和圆度的测量基准。常用的主要有滑动导轨、滚动导轨、气体静压导轨和液体静压导轨等，每种导轨又有许多不同结构形式。

（1）滑动导轨

其主要特点是刚度好、精度高、制造方便，但摩擦力大，低速时易产生爬行而不稳定。在精密机床中，滑动导轨受到广泛采用，大多是采用聚四氟乙烯等耐磨减摩材料的导轨副；但在超精密机床中，由于精度要求很高，同时又要求有很高的灵敏度和分辨力，因此采用滚动导轨较多。

表 2.6-3 列出了常用的几种滑动导轨组合结构形式，有燕尾形、V 平形、双 V 形、矩形和双平 V 形等。

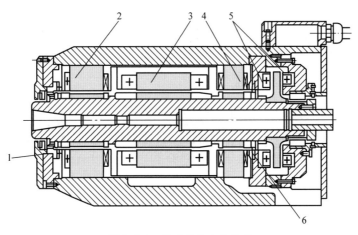

图 2.6-4　磁浮轴承主轴单元

1—前径向传感器　2—前径向轴承　3—电主轴　4—后径向轴承
5—双面轴向推力轴承及其轴向传感器　6—后径向传感器

表 2.6-3　常用的几种滑动导轨组合结构形式

类　型	简　图	特　点	应　用
燕尾形	楔铁	刚度不好,且不易精确调整配合间隙	很少采用
V 平形		精度高、刚度好,工艺性较差	采用较多
双 V 形		精度高、刚度好,可保持很高的精度,但工艺性较差,制造困难	采用较多,应用广泛
矩形	楔铁	刚度较好,但调整间隙不易	可以采用较多
双平 V 形		精度高,精度保持性好,是一种理想结构形式,制造上有一定难度	用于大型精密机床和超精密机床

（2）滚动导轨

其主要特点是摩擦力小、灵敏轻巧、低速和高速运动性能都好,但刚度低,精度不如滑动导轨。采用预紧的滚动导轨,刚度可大大提高。

1）滚动导轨的结构形式。滚动导轨的结构形式很多。

从滚动体的种类来分：有滚珠、滚柱、滚针等。

从滚动体是否循环来分：有循环式和不循环式。滚动体循环式滚动导轨又称为滚动导轨支承,多用于行程较大的机床中,图 2.6-5 所示为一种滚柱式滚动导轨支承。

2）滚动导轨结构组合形式。图 2.6-6 所示为滚

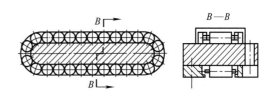

图 2.6-5　滚柱式滚动导轨支承

动导轨结构组合形式,其中平 V 形、矩形、双 V 形滚动导轨的刚度较好。

（3）气体静压导轨

其主要特点是摩擦力小、移动速度高、高速时发热少,但其刚度低、承载能力低、支持条件要求高,

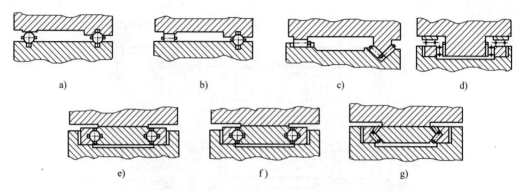

图 2.6-6　滚动导轨结构组合形式

a) 滚珠平 V 形　b) 滚珠滚柱平 V 形　c) 滚柱平 V 形　d) 滚柱矩形
e) 滚珠双 V 形　f) 十字交叉滚柱双 V 形　g) 滚针双 V 形

多用于中小型机床和设备中。图 2.6-7 列出了几种常用气体静压导轨结构形式。

（4）液体静压导轨

主要特点是精度高、刚度高、承载能力强，但高速移动时油液发热大，多用于中型、大型机床和设备上，在精密机床和超精密机床上使用时要解决油温问题。液体静压导轨的常用结构形式可参考图 2.6-7。

气体静压导轨和液体静压导轨的优缺点比较见表 2.6-4。

精密机床和超精密机床常用直线运动导轨的综合性能比较见表 2.6-5，供选用时参考。在超精密机床中多用气体静压导轨和液体静压导轨，而精密机床中，用滑动导轨和液体静压导轨较多，大型超精密机床用滚动导轨或液体静压导轨比较普遍。

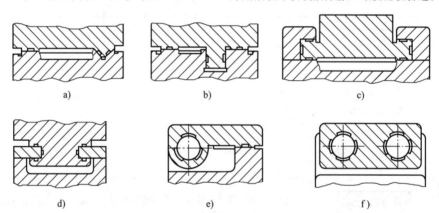

图 2.6-7　气体和液体静压导轨结构形式

a) 平 V 形　b) 矩平形　c)、d) 矩形　e) 平圆形　f) 双圆形

表 2.6-4　气体静压导轨和液体静压导轨的优缺点分析

优缺点	气体静压导轨	液体静压导轨
优点	由于气体黏性小,摩擦力极小 发热小、温升小 周围环境污染小 使用温度范围广 气体不回收,价格低	刚度高,动刚度高,承载能力大 油液有减振、吸振作用 摩擦力小而均匀 液体润滑功能异常时零件损伤少 制造工艺要求不及气体静压导轨高
缺点	由于压力限制,刚度较低 由于气体的可压缩性,抗振能力低 要求较高的加工精度 空气要滤清、除湿,支持环境要求高 过负载时易损坏零件	要有油液回收装置 油液温度上升会影响精度和性能 使用温度范围窄 切削液要与油液严格分离

表 2.6-5　精密机床和超精密机床常用直线运动导轨的综合性能比较

性能	导轨			
	滑动导轨	滚动导轨	气体静压导轨	液体静压导轨
直线运动精度	100000：0.05 随油膜状态而改变,不稳定	100000：0.1 由于滚动体尺寸不一而运动不均匀 导轨精度会直接反映到工件上	100000：0.02 (利用激光干涉校正时可达 1000000：0.025) 导轨误差有均化作用	100000：0.02 导轨误差有均化作用
承载能力	压强 0.05MPa	受寿命限制,载荷不能过大	受空气压力限制,承载能力较小	大
摩擦力	较大	较小 摩擦系数小于 0.01	非常小	小
静刚度	高	一般较低 加预载时较高	较低 间隙越小,刚度越高	高 吸振能力强
速度范围	低速、中速 超低速,高速不行	低速到高速均可	超低速到超高速均可 超高速发热少	低速、中速 高速因油黏性发热大
运动平稳	超低速、低速易爬行	低速载荷大时易爬行,易产生运动不平稳	运动平稳无爬行	运动平稳无爬行
行程长度	任意	不宜太长	任意	任意
导轨间隙	部分有接触(无油膜处)	接触	一般为 5~20μm	一般为 10~30μm
定位精度灵敏度	与移动重量、速度、机构刚度有关 一般为 2~20μm	与刚度有关 一般为 0.1~4μm	一般可达 0.2~0.3μm/1000mm	一般可达 0.2~0.3μm/1000mm
寿命可靠性	易磨损丧失精度	较好,与载荷有关	寿命长,可靠性好 有故障时损坏大	寿命长,可靠性好 有故障时损坏小
抗振性	有吸振能力	吸振能力低	由于空气的可压缩性,吸振能力低	吸振能力强 动刚度好
支持装置	简单润滑装置	简单润滑装置	压缩空气装置 高净化等级空气滤清	回油装置 滤清装置
结构	简单	复杂	简单	较复杂

3. 进给驱动装置

精密机床和超精密机床的进给驱动有：绳驱动、液压油缸驱动、摩擦驱动、直线电动机驱动等方式。

对进给驱动装置总的要求有：精度高,有高的分辨力,传动间隙小,反向死区小；运动平稳,除产生驱动方向的力以外,无附加干扰力；刚度高,移动灵敏度高；调速范围宽,以适应不同加工需要；低速性能好,满足精密加工和超精密加工要求；速度高,加速度大,满足高速加工要求,提高加工效率。

1) 绳驱动装置。结构简单,但传动刚度差,多用于小型精密机床中。绳驱动已研制出一种特殊的绳,受力伸长很小,具有较高的传动刚度。

2) 摩擦驱动装置。它是一种典型传动装置,有带传动、轮传动等方式；带传动中又有皮带传动、钢带传动等方式。摩擦驱动传动平稳性好,并有很高的精度。下面介绍几种摩擦轮驱动装置。

① 单摩擦轮驱动装置。图 2.6-8 所示为一种单摩

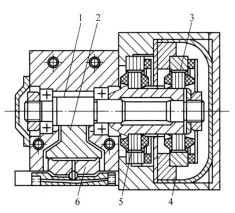

图 2.6-8　单摩擦轮驱动装置

1—摩擦轮　2—驱动杆　3—测角系统

4—压盖　5—电动机　6—静压支承座

擦轮驱动装置,摩擦轮由滚动轴承支承,并由直流电动机带其转动,再由摩擦轮带动驱动杆移动,空气

压力将驱动杆压紧在摩擦轮上。这种摩擦轮驱动由驱动杆单向受力，影响传动精度及平稳性，但结构比较简单。

② 双摩擦轮驱动装置。图 2.6-9 所示为双摩擦轮驱动装置，与导轨运动体相连的驱动杆 3 夹在上下两个摩擦轮 2 之间，用板弹簧 4 压紧，使驱动杆与摩擦轮之间无滑动。驱动电动机 5 通过下摩擦轮 2 靠摩擦

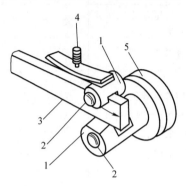

图 2.6-9 双摩擦轮驱动装置
1—静压轴承 2—摩擦轮 3—驱动杆
4—板弹簧及其调整螺栓 5—电动机

力带动驱动杆 3 作平稳的平移运动。两个摩擦轮均有静压轴承支承。双摩擦轮驱动装置由于结构对称，其传动精度和平稳性较好。

此外尚有扭轮摩擦传动装置，分辨力可达到 1nm，但结构复杂，制造难度大。

3) 脉冲液压缸驱动装置。液压缸驱动由液压缸、伺服阀和步进电动机组成，伺服阀和液压缸之间通过精密丝杠螺母副进行位置反馈，可用于开环数控系统中，有较高的定位精度和传动速度，这种装置由于是接收脉冲信号，称为"脉冲油缸"，如图 2.6-10 所示。

4) 丝杠螺母副驱动装置。丝杠螺母副已是比较成熟的功能部件，但普通滑动丝杠螺母副存在着摩擦力大、有传动间隙，传动速度低，易产生爬行和反向死区等问题，因此出现了精密滚珠丝杠、精密高速滚珠丝杠（大导程滚珠丝杠）、气体静压丝杠和液体静压丝杠等结构，满足目前机床高速传动和精密传动的需求。

图 2.6-11 所示为液体静压丝杠螺母和气体静压丝杠螺母，实现了无摩擦传动，提高了平稳性、传动速度和精度。

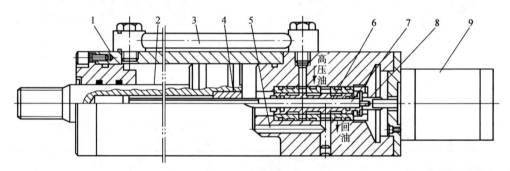

图 2.6-10 脉冲液压缸驱动装置
1—液压缸 2—活塞 3—油管 4—螺母 5—油路 6—阀杆 7—丝杠 8—联轴器 9—步进电动机

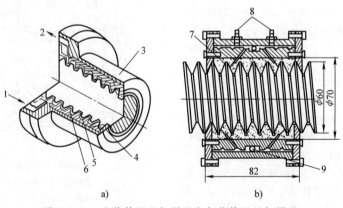

a)   b)

图 2.6-11 液体静压丝杠螺母和气体静压丝杠螺母
a) 液体静压丝杠螺母 b) 气体静压丝杠螺母
1—进油孔 2—排油孔 3—螺母 4—密封圈 5—螺纹 6—油腔 7—树脂 8—进气口 9—排气口

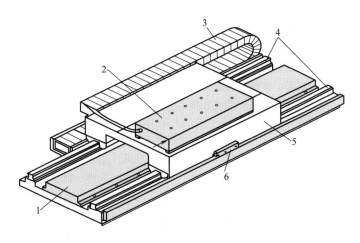

图 2.6-12　平板式交流同步永磁直线伺服电动机

1—定子　2—动子　3—电缆通道　4—滚动导轨　5—工作台　6—位置检测装置

丝杠螺母副驱动装置可配置交流伺服电动机、功率步进电动机、步液机（步进电动机-液动机）等驱动元件，是目前应用最为广泛的驱动装置。

5）直线伺服电动机直接驱动装置。被称为"零传动"，是由直线电动机直接驱动工作台运动，动子与工作台可合为一体。它具有高精度、高速、高加速、大推力、长行程等特点，是一个有发展前途的驱动装置。

直线伺服电动机直接驱动装置是一个功能部件，它由电动机、导轨和控制系统三部分组成。直线电动机和旋转电动机一样，有同步、异步、永磁、感应、步进电动机等多种类型，以交流同步永磁直线伺服电动机、感应直线伺服电动机应用较多。直线电动机又有平板、圆筒、U 形等多种形式，以应用于不同场合，机床上以平板式和圆筒式应用较多。导轨可采用滑动导轨或滚动导轨，以高精度滚动导轨应用较多。控制系统应为数控系统，应能与机床数控系统相连。

直线伺服电动机通常用光栅检测作为直线检测装置，形成闭环控制系统。

现以下面两种应用较多的直线伺服电动机直接驱动装置为例来说明。

① 平板式交流同步永磁直线伺服电动机直接驱动装置。图 2.6-12 所示为一台平板式交流同步永磁直线伺服电动机，它由动子和定子构成，动子安装在定子的两个直线滚动导轨上，由精密直线光栅进行位置反馈，形成闭环数控系统，应用比较广泛，不仅用于数控机床的进给系统中，同时用于精密和超精密工作台的位移上，性能和效果良好。

② 功率步进直线电动机直接驱动装置。功率步进直线电动机具有结构简单、性能可靠等特点，由于是开环数控系统，精度低些，如果加上精密直线光栅反馈，也可以达到很高的定位精度。图 2.6-13 所示为圆筒式步进直线电动机。

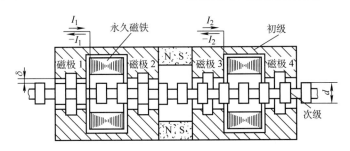

图 2.6-13　圆筒式步进直线电动机

直线伺服电动机直接驱动装置的精度高，其定位精度可达±1μm，速度一般可达 60～120m/min 以上、加速度为 1～3g 以上，推力为 10～12000N 或更大，行程可根据需要选取，通常为 300～2000mm，不受限制，已成功用于加工中心和数控机床上，例如数控车削加工中心、数控电火花成形加工机床等。

2.6.3 超精密加工机床的状况

1. 国内外超精密机床的状况（见表2.6-6）

目前超精密加工机床向更高精密度、更复杂、微型化、多功能和专用化等方向发展，例如超精密车削非对称曲面车床、超精密研抛机床和直径12in半导体晶片超精密化学机械抛光机床等。

2. 典型超精密加工机床

（1）美国立式大型光学金刚石超精密车床

立式大型光学金刚石超精密车床（Large Optical Diamond Turning Machine，LODTM）是由美国国防部

高等研究计划局（DARPA）通过加利福尼亚大学Lawrence Livemore实验室和空军Wright航空研究所等单位合作，经历了39个月的时间，于1984年研制成功，如图2.6-14所示。

该机床是为加工大直径光学镜头而开发的，加工直径为1625mm、长为508mm、重量为1360kg的工件，采用双立柱立式车床结构，六角刀盘驱动，精度高、刚度高、功能强。

机床主轴采用液体静压轴承，精度高，结构上采用径向轴承和轴向轴承分离形式，可以选取面积较大的推力轴承，保证有较高的轴向刚度。

表2.6-6 国内外超精密机床的状况

机床名称 生产厂家	结构特点		加工质量	
	主轴系统	进给系统	尺寸形状精度	表面粗糙度
超精密车床 美国 Pneumo Precision	空气静压轴承 回转精度为0.1μm	空气静压导轨 导轨直线度 200000 : 0.5(水平) 200000 : 1.7(垂直)	平面度0.13μm	Ra0.01μm （平面） Ra0.02μm （成形面）
三轴数控超精密车床 美国 Moore Special Tool Co.	空气静压轴承 回转精度为0.025μm	导轨直线度 400000 : 0.05	平面度 500 : 0.0003~0.0012 曲面度 0.45~1.9μm	Ra0.0075~0.02μm （平面） Ra0.02~0.06μm （成形面）
超精密车床 美国 Lawrence Livemore Laboratory	液体静压轴承 回转精度为0.025μm 恒温油淋浴	液体静压导轨 导轨直线度 1000000 : 0.025 定位误差0.013μm/1000mm	0.025μm	Ra0.002~0.004μm
超精密磁盘车床 英国 Bryant Symons	空气静压轴承 回转精度 0.12μm(径向) 0.1μm(轴向)	转臂结构,驱动精度 0.025μm	平面度<1μm 圆度为0.125μm	Ra0.008~0.01μm
超精密车床 日本 丰田工机AHP	液体静压轴承 回转精度 0.025μm	液体静压导轨 导轨直线度 300000 : 0.15	平面度为0.5μm 圆度为0.2μm 圆柱度为0.1μm	Ra0.01~0.04μm
超精密车床 日本 日立精工DPL	空气静压轴承 回转精度 0.05μm(径向) 0.03μm(轴向)	空气静压导轨 微位移精度0.075μm/50mm	平面度400 : 0.0002	Ra0.003μm
超精密磁盘车床 荷兰 Hembrug Microturn	液体静压轴承 0.1μm(轴向)	液体静压导轨 导轨直线度 200000 : 0.3(垂直)	平面度 200 : 0.00013	Ra0.015~0.04μm
超精密磁盘车床 中国 沈阳第一机床厂	液体静压轴承 回转精度 <1μm(径向) 0.1~0.3μm(轴向)	液体静压导轨 导轨直线度 200000 : 0.3(水平) 200000 : 0.8(垂直)	平面度 75 : 0.0003	Ra0.015~0.04μm
超精密球面车床 超精密铣床 中国 北京机床研究所	空气静压轴承 回转精度 0.025μm(径向) 0.02μm(轴向) 静刚度500N/μm	空气静压导轨 导轨直线度 400000 : 0.13	圆度为0.2μm	Ra<0.01μm

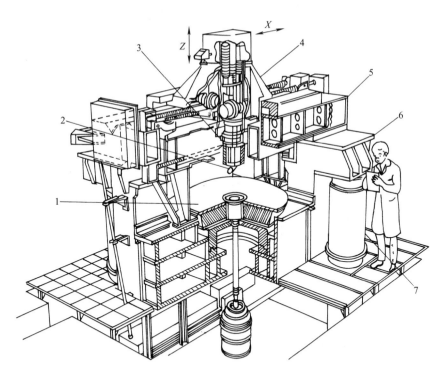

图 2.6-14　立式大型光学金刚石超精密车床（LODTM）
1—主轴　2—高速刀具伺服机构　3—刀具主轴　4—X 向拖板
5—上部机架　6—主机架　7—气动支架

为了减小热变形的影响，采用材料组合技术，例如用热胀系数小的铟钢材料制作关键零件，用热变换器控制温度，并使用大量恒温冷却水进行冷却，水温控制在（20±0.0005）℃。

采用分辨力为 0.625nm 的 7 路双频激光测量系统检测位置精度并反馈，其中 4 路检测刀具滑板在横梁上的移动位置，3 路检测刀具刀架垂直移动位置，通过 32 位计算机运算出刀尖精确位置，定位误差可达 0.0025μm；能在线检测滑板和刀架的倾斜，给予误差补偿。

整台机床安装在 4 个大型空气隔振垫上，其中 2 个空气隔振垫是相通的，受力时自动平衡，达到三点支承效果。为避免恒温冷却水泵的振动影响，先用水泵打入与机床分离的储水箱中，靠重力流到机床所需冷却部位。

工件的精度测量采用自制的静电电容式测位仪，可进行在线测量和误差补偿，经美国国家标准和技术研究所（NIST）检测，其主要精度指标检测结果见表 2.6-7，加工形状误差为 0.025μm，圆度和平面度可达 0.013μm，加工表面粗糙度 Ra 为 0.0042μm。工件经超精密切削后可不必再经研磨、抛光等后续工序。

表 2.6-7　立式大型光学金刚石超精密车床主要精度指标

检测项目	精度指标
主轴静态精度	径向跳动<0.025μm，端面圆跳动<0.051μm
50r/min 时的回转精度	径向跳动<0.051μm，端面圆跳动<0.051μm
导轨误差	定位误差 X 向<0.051μm，Z 向<0.051μm
	直线度误差 X 向<0.102μm，Z 向<0.102μm
激光测量系统综合误差	X 向<0.025μm，Z 向<0.025μm

（2）英国 OAGM2500 大型超精密车床

OAGM2500 大型超精密车床是英国 Cranfild 精密工程公司（Cranfild Precision Engineering，CUPE）在 1991 年和英国科学工程研究会（SERC）合作研制成功的。该机床是一台多功能的超精密机床，具有车削、磨削和检测等功能。机床最大加工尺寸为

2500mm×2500mm×610mm，如图 2.6-15 所示。

该机床床身采用型钢焊接结构，中间填充人造花岗岩，具有高刚度、高稳定性和很强的减振能力。机床上除三向直线运动外，还有直径为 2500mm 的高精度回转工作台。整个机床由三轴联动数控系统控制，用分辨力为 2.5nm 的双频激光干涉仪进行位置检测。

OAGM2500 大型超精密车床配有磨头和测量头，可用于精密磨削和坐标测量 X 射线天体望远镜的大型曲面反射镜等零件。当加工的曲面反射镜尺寸超过机床工作台尺寸时，可将曲面反射镜分割为若干块进行加工，再组合成大型的曲面反射镜。

（3）日本盒式超精密立式超精密车床

如图 2.6-16 所示，盒式超精密立式超精密车床的主要特点是严格控制机床的热变形。

整个机床采用盒式结构，加工区域形成封闭空间，自成系统，不受外界影响，可保持加工环境的稳定性。

机床采用气体静压轴承、陶瓷滚珠丝杠，并有微位移工作台。其主要零件如滑板、工作台等采用花岗石等低热变形复合材料制造。

机床结构采用严格的热对称结构，从结构上抑制了热变形。并有热变形补偿微位移工作台。

采用冷却液淋浴、恒温冷却液循环、热源隔离等措施，以保证机床处于恒温工作状态，形成局部恒温环境，同时将机床安置在恒温室内工作，可得到很好的恒温效果。

机床本身有隔振结构，同时又放置在隔振地基上使用，因此可获得良好的防振效果。

（4）中国 CSG 高精度数控车床和超精密机床

我国北京机床所精密机电公司生产的 CSG 系列高精度数控车床，采用斜床身结构和模块化设计，主轴有气体静压轴承、液体静压轴承和超精密滚动轴承三种；导轨采用贴塑滑动矩形导轨，进给运动用交流伺服电动机驱动，并用精密光栅反馈；工件装夹采用精密气动卡盘。主轴回转误差<0.1μm，导轨直线度为 2μm/150mm，定位精度为±2μm，重复定位精度为±1μm，控制系统分辨力为 0.1μm。加工精度中，尺寸精度为±1.5μm，圆度为 0.5μm（φ50mm），表面粗糙度 $Ra0.05μm$（无氧铜），$Ra0.4μm$（钢）。CSG 高精度数控车床已形成系列产品，加工直径有 φ250mm 和 φ400mm 两种，主轴转速有 15～3000r/min 和 15～6000r/min 两种，工作行程 x 轴为 200mm，z 轴为 200mm，主轴功率有 2.2kW、3.7kW 和 5.5kW 三种。

北京机床所精密机电公司生产的各类超精密加工设备有超精密镜面铣床、超精密球面镜加工机床等，主轴回转精度为 0.03μm，导轨直线性为 0.1μm/200mm，定位精度为±0.2μm/400mm，反馈系统分辨力为 2.5nm。

用这些机床可加工各类激光反射镜，例如抛物镜，表面粗糙度可达 $Ra≤0.01μm$，面形精度≤λ/2（λ=632.8nm）；平面镜，其表面粗糙度可达 $Ra≤0.001μm$，面形精度≤λ/3（λ=632.8nm）；多棱镜，其表面粗糙度可达 $Ra≤0.001μm$。

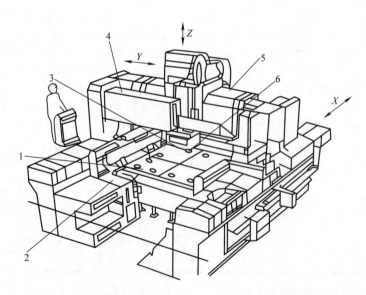

图 2.6-15　OAGM2500 大型超精密车床

1—测量基准架　2—工作台　3—测头　4—Y 向参考光束　5—滑板龙门架　6—砂轮轴

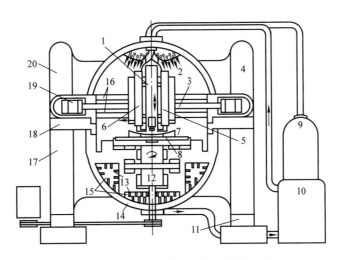

图 2.6-16　盒式超精密立式超精密车床

1—低热变形复合材料滑板　2—冷却液淋浴　3—滚珠丝杠　4—对称热源装置　5—冷却液喷射装置　6、9—切屑回
收装置　7—热变形补偿微位移工作台　8—卡盘附件　10—冷却液温控装置　11—隔振和水平调整装置
12—气体静压主轴　13—冷却散热片　14—热对称壳体结构　15—恒温循环装置　16—两个热对称圆
导轨　17—热源隔离装置　18—热流控制和能量衰减调整装置　19—滚珠
丝杠驱动用电子冷却轴　20—热对称三点支承结构

2.7　精密测量与误差补偿

2.7.1　概述

1. 测量技术发展与加工精度的关系

精密测量技术是精密加工和超精密加工技术的基础，加工精度和表面质量是要靠测量来确定的，测量仪器的精度通常要高于被测对象的精度要求，被测对象的精度和尺寸范围往往会受到测量仪器的限制，甚至会处于无法检测的境地，因此，检测技术的水平会影响加工技术的发展。表 2.7-1 表示了测量技术发展与加工精度的关系。

表 2.7-1　测量技术发展与加工精度的关系

典型测量仪器	加工精度	机床设备
千分尺、刻度盘、机械比较仪	0.01mm	精密车床、精密磨床
电动千分尺、气动千分尺、光学比较仪	1μm	精密坐标镗床
光学分度仪、电磁分度仪、圆度仪、非接触电子比较仪、三坐标测量机	0.1μm	超精密车床、超精密铣床
激光干涉仪、光栅尺、表面形貌仪	0.01μm	超精密车床、超精密磨床、精密刻线机、精密研磨机
扫描电子显微镜、透射电子显微镜、离子分析仪、扫描隧道显微镜、原子力显微镜、双频激光干涉仪、X 射线干涉仪、纳米表面形貌仪	1nm	电子束、离子束、激光束加工机

2. 检测方式

从测量工作所进行的场所来分类，可分为离线检测、在位检测和在线检测三类，见表 2.7-2。

3. 测量仪器与测量环境

1）测量仪器的选择。测量仪器在检测精度和范围上应与测量的要求相匹配，精度过高有时反而造成测量不准，而且效率也低。在接触测量时应注意测量力对被测件产生的影响。当前，许多测量仪器已采用计算机测量数据的自动采集和处理，测量精度和效率大大提高。同时又出现了多功能的测量中心，能够在被测件一次装夹下进行多个检测项目的测量。

2）测量环境。测量时温度对测量结果的准确度影响很大，振动也会严重影响检测的正常进行。一般精密检测都应在恒温室的防振工作台上进行，有些甚至要在真空状态下进行，例如 1 m 长的钢棒在真空中的长度比在大气中要大 $0.3\mu m$。由于温度对测量精度的影响比较大，通常被测件应在恒温室内放置一段时间，待其温度与恒温室的温度一致时再测量。

表 2.7-2　检测方式

类别	测量方法	特点和应用
离线检测	工件加工完毕，清洗，在检验室放置到室温后，进行测量	检测条件较好，通常都在洁净的恒温室中进行 检测的仪器设备性能好，精度高，检测准确 检测结果不能实时反馈，只能事后处理 检测是必要的、基本的，具有权威性
在位检测	工件在机床上加工完毕后先不卸下，在机床上安装检测仪器进行检测	能够反映工件的加工情况，可根据检测结果进行调整和再加工，以保证工件合格 可用于试切调整，方便实用 检测是在加工现场进行，被测表面不够洁净，检测条件不好 检测时，存在工件尚未冷却至室温、工件装夹受力变形等影响，其检测结果和离线检测的结果有差异，应进行相应的处理
在线检测 （主动检测、实时检测）	在工件的加工过程中进行实时检测，当工件加工到预定的加工质量要求时，即可自动停止加工，是一种自动检测方法	提高了加工自动化的水平，使加工和检测一体化 具有实时性，能及时了解在加工过程中加工误差的变化情况和发展趋势，分析加工误差的影响因素 进行误差预报和实时补偿 对检测仪器设备的质量和可靠性要求较高 检测结果和离线检测的结果有差异，应进行相应的处理

2.7.2　精密检测方法

1. 圆度和回转精度测量

(1) 圆度误差的评定方法

圆度误差的评定有四种方法，即最小外接圆法、最大内接圆法、最小包容区域圆法和最小二乘方圆法，见表 2.7-3，评定方法不同，所得到的圆度误差也不同，其差值可达 10% ~ 20%。

(2) 工件圆度静态测量方法

圆度静态测量的方法很多，常用的有直径法、塞规环规测量法、顶尖法、V 形块法、圆度仪法等。

对于精密圆度的静态测量多用圆度仪，它是用一个精密回转轴系上的一个点（测头）所产生的标准圆与被测轮廓作比较，以求得圆度误差。

表 2.7-3　圆度误差的评定方法

名称	图示	检测方法	特点和应用
最小外接圆法	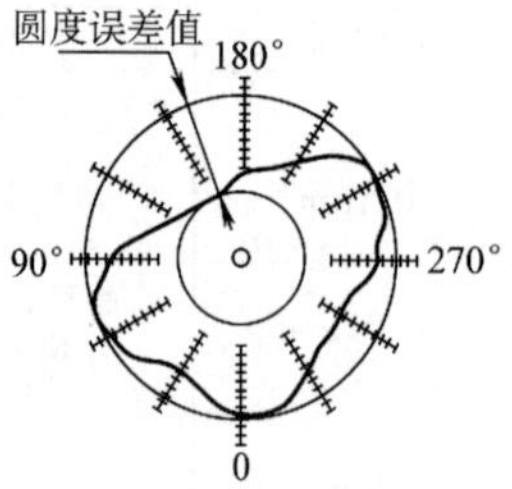	求出包容实际轮廓曲线的最小外接圆和与其同心的最大内接圆，两圆之差即为圆度误差	适用于轴类零件，因其工作表面是外接圆
最大内接圆法	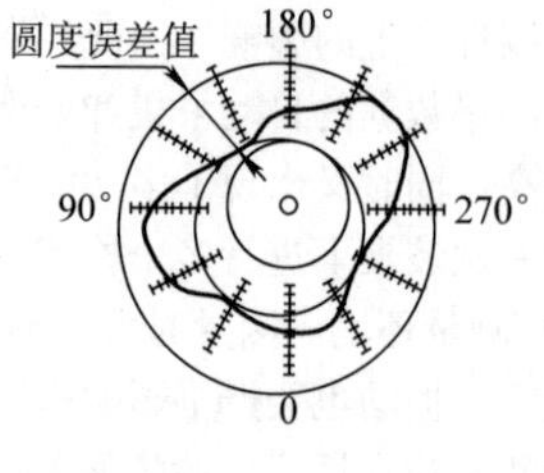	求出包容实际轮廓曲线的最大内接圆和与其同心的最小外接圆，两圆之差即为圆度误差	适用于孔类零件，因其工作表面是内接圆

（续）

名称	图　　示	检测方法	特点和应用
最小包容区域圆法（最小半径差法）		以包容实际轮廓且半径差为最小的两个同心圆的半径差，作为圆度误差	所得到的圆度误差值最小，零件易于合格，但计算上比较复杂
最小二乘方圆法		先以最小二乘方法求得轮廓曲线的中线，作出平均圆，称为最小二乘方圆，再作与其同心的轮廓外切圆和内切圆，该两圆的半径差为圆度误差	所测得的圆度误差值比用最小包容区域圆法测得的稍大，但比最小外接圆法和最大内接圆法测得的要小，能反映被测轮廓的综合情况，且易于计算，应用比较广泛

圆度仪有两种结构形式：

1）被测件不动，测头沿主轴旋转进行测量，这种方法测量效果很好，但测量时由于测头是装在回转主轴上，要使测头作高精度垂直或水平运动比较困难，功能受到限制。

2）测头不动，被测件转动进行测量，测头可在立柱上作垂直运动和水平运动，因此不仅可测量圆度，而且可测量圆柱度、同轴度和端面的平面度等，在功能上有很大扩展，其主要问题是被测件重量大或有偏重时会影响测量精度，如图 2.7-1 所示。

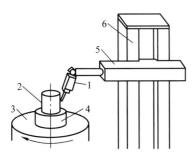

图 2.7-1　旋转工作台式圆度仪
1—测头　2—被测件　3—旋转工作台
4—调心工作台　5—水平导轨　6—垂直导轨

（3）精密主轴回转精度的动态检测

对于回转误差，不仅要研究其静态测量，而且要研究其误差动态测量方法。高精度主轴回转误差的动态测量是根据国际生产工程学会（CIPR）于 1976 年发表的"关于回转轴性能的描述和测定"中的基本理论和基本方法来进行的。它的主导思想是将测量信号中的测量基准圆误差和轴的回转误差分离开来。

针对超精密主轴系统动态精度测量，介绍三点法和转位法误差分离技术。

1）三点法。三点法测量的误差分离原理如图 2.7-2 所示，安装在同一测量平面的 A、B、C 为三个测头传感器，互成一定角度，O 为坐标系设定的原点，它是 3 个传感器轴线的交点。O′为机床主轴回转中心，它与坐标原点 O 有逆时针方向计量的向极角 θ。

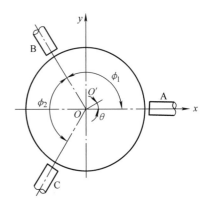

图 2.7-2　三点法测量原理

设 $S(\theta)$ 为被测工件的轮廓误差，在机床逆时针方向转动的任一位置时，O′点的坐标为 $[x(\theta)$、$y(\theta)]$，传感器 A、B、C 所测得的信号分别为 $A(\theta)$、$B(\theta)$、$C(\theta)$，可知

$$A(\theta) = S(\theta) + x(\theta) \tag{2.7-1}$$
$$B(\theta) = S(\theta + \phi_1) + x(\theta)\cos\phi_1 + y(\theta)\sin\phi_1 \tag{2.7-2}$$

$$C(\theta)=S(\theta+\phi_1+\phi_2)+x(\theta)\cos(\phi_1+\phi_2)$$
$$+y(\theta)\sin(\phi_1+\phi_2)\quad(2.7\text{-}3)$$

式中　　　ϕ_1——传感器 A、B 间的位置角度；

　　　　　ϕ_2——传感器 B、C 间的位置角度；

$S(\theta)$、$S(\theta+\phi_1)$、

　　$S(\theta+\phi_1+\phi_2)$——分别为测头传感器 A、B、C 所测得的数据中的工件形状误差部分。

从上式中消去 $x(\theta)$、$y(\theta)$，即可得到三点法测量圆的误差分离基本方程

$$S(\theta)+C_2S(\theta+\phi_1)+C_3S(\theta+\phi_1+\phi_2)=$$
$$A(\theta)+C_2B(\theta)+C_3C(\theta)=T(\theta)\quad(2.7\text{-}4)$$
$$C_2=-\sin(\phi_1+\phi_2)/\sin\phi_2$$
$$C_3=\sin\phi_1/\sin\phi_2$$

式中　$T(\theta)$——三个传感器所测的综合误差。

利用离散傅里叶变换法、矩阵-平差法、广义逆矩阵法等解上述方程，即可求算传感器综合误差值。

测量时，可取测量点数为 n，应有以下关系

$$\theta=2\pi k/n$$
$$\phi_1=2\pi l/n$$
$$\phi_2=2\pi m/n$$

可得

$$S(k)+C_2S(k+l)+C_3S(k+l+m)=T(k)\quad(2.7\text{-}5)$$

由于 $S(k)$、$T(k)$ 是周期序列，可对式（2.7-5）等号两边进行傅里叶变换，经处理后进行傅里叶反变换，即可求得 $S(k)$ 值。

将 $S(k)$ 代入 $C(\theta)$ 式（2.7-3），便可求得任意时刻机床主轴回转误差 $x(k)$、$y(k)$

$$x(k)=A(k)-S(k)\quad(2.7\text{-}6)$$
$$y(k)=\frac{[B(k)-S(k+l)-S(k)\cos(2\pi l/n)]}{\sin(2\pi l/n)}$$
$$(2.7\text{-}7)$$

3 个传感器的相互位置对测量精度有一定影响，为了避免谐波失真，采样点一般应等于基准点数 n_0

$$n_0=2\pi/\Delta\phi\quad(2.7\text{-}8)$$

式中　$\Delta\phi$——三个角度间的最大公因角。

三点法主要用于测量工件圆度误差，而且工件加工圆度误差与机床主轴回转误差为同一数量级的情况。

三点法只有在主轴回转完整一周后，才能求得其回转误差，因此，它虽是一种在线检测方法，但不能用于实时控制。

现在，三点法又发展应用在直线度误差的测量中，提出了时域三点法。

2）转位法。转位法测量轴系回转误差的检测装置，见图 2.7-3。采用圆光栅 1 测量角度位置，通过测微仪的测头 7 测量工件 6 的形状误差和回转轴系运

动误差，角度位置的起点值由起点电路的微型开关给出。分离工件与轴系回转误差有反转法、闭合等角转位法和对称转位法三种。现只介绍反转法。

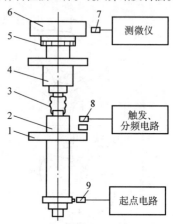

图 2.7-3　转位法测量原理
1—圆光栅　2—辅助轴　3—柔性联轴节（波纹管）
4—被测轴系　5—调偏心及转位工具　6—工件
7—测头　8—光栅读数头　9—微动开关

反转法测量时只作一次转位，即工件 6 与测头 7 均相对于轴系转 $180°$，分别从测头测得转动前后两个读数值，每个读数值中有回转轴系运动误差和工件形状误差两部分

$$V_1(\theta_i)=M_1(\theta_i)+S(\theta_i)\quad(2.7\text{-}9)$$
$$V_2(\theta_i)=-M_2(\theta_i)+S(\theta_i)\quad(2.7\text{-}10)$$

式中　$V_1(\theta_i)$——测头反转前的读数值；

　　　$V_2(\theta_i)$——测头反转后的读数值；

　　　$M_1(\theta_i)$——测头测得的反转前的回转轴系运动误差；

　　　$M_2(\theta_i)$——测头测得的反转后的回转轴系运动误差；

　　　$S(\theta_i)$——测头测得的工件形状误差；

　　　i——采样点序号；

　　　θ——采样点的角度位置。

由于工件和测头同时相对于轴系回转了 $180°$，若检测装置的检测重复性好，则

$$M_1(\theta_i)=M_2(\theta_i)=M(\theta_i)$$

可得

$$S(\theta_i)=[V_1(\theta_i)+V_2(\theta_i)]/2\quad(2.7\text{-}11)$$
$$M(\theta_i)=[V_1(\theta_i)-V_2(\theta_i)]/2\quad(2.7\text{-}12)$$

从而将工件形状误差与轴系回转误差分离开来。

这种方法简单方便，只能用于测量径向运动误差，不能用于实时检测。

2. 直线度和平面度的检测

（1）直线度检测

直线度检测主要是针对导轨精度的检测，表 2.7-4 列出了直线度的检测方法。

表 2.7-4　直线度的检测方法

测量方法分类	具体检测方案	测量原理及特点	适用场合
直接测量法	间隙法	用刀口尺或样板平尺作理想要素,使其与被测线贴合,观测光隙大小,可直接得 f_{MZ}	被测长度不大于 300mm
	平板测微仪法	用测量平板或平尺作理想要素,用测微仪测量被测线上各点相对测量平板的变动量	中、小型零件
	干涉法	用平晶表面作理想平面,贴在被测狭面上,根据干涉条纹的弯曲量,确定被测线对平晶表面的变动量	高精度光亮表面,被测长度不大于 300mm
	光轴法	用几何光轴作理想要素,测量被测线上各点相对光轴的变动量	中、长导轨或孔系轴线直线度测量
	钢丝法	用拉紧的钢丝作理想要素,与被测要素水平平行放置,测量被测线上各点相对钢丝的变动量	中、长导线水平向直线度测量
	用双频激光干涉仪测量法	利用夹角 φ 的双面反射镜,在垂直光轴方向有位移时,夹角 φ 的两路双频激光的多普勒频移数值随之变化,可求出反射镜垂直光轴向的移动量	最大检测距离到 3m 或 30m,测量精度最高为 ±1.5μm
间接测量法	水平仪法	利用与水平面平行的各平面作测量基准,测取被测线上相邻两点连线对基面的倾角,得相邻点高度差	大、中型零件
	自准直仪法	以自准直仪的主光轴作测量基准,测取被测线上相邻两点连线对基线的倾角,再求出相邻两点高度差	大、中型零件
	跨步仪法	每段测量均以跨步仪两固定支点连线作测量基线,测量第三点对测量基线的偏离量	中、小型零件
	表桥法	桥板两端点连线作测量基线,测出中间点对测量基线的偏离量	中、小型零件
	平晶法	以平晶某一直径上的两边缘点连线作测量基线,再测出中间点差量	窄长精研表面(没有大平晶一次测量时)
组合测量法	反向消差法	利用误差分离技术,通过正、反两个方向测量消除测量基线本身的直线度误差	高精度的直线度误差测量
	移位消差法	利用误差分离技术,通过起始测量位置的变动消除测量基线本身的直线度误差	高精度的直线度误差测量
	多测头消差法	利用误差分离技术,通过 2~3 测头同时测量,消除测量基线本身的直线度误差	高精度的直线度误差测量
量规检验法	刚性量规法	用位置量规判断被测实际零件是否超越实效边界的检验法	轴线直线度公差遵守最大实体原则的工件
	气动量规法	用气动量规,在圆柱或圆锥孔三个或更多截面进行测量,以确定其轴线直线度	大批生产中测圆柱或圆锥孔轴线直线度

当前,测量直线度的仪器很多,现介绍自准直仪。

检测时将平面反射镜放置在被测表面上,在被测表面之外一定距离放置自准直仪,调整其高低和转角位置,使平面反射镜能够成像,并对准原点。然后将平面反射镜逐点远移、逐点测量直至被测表面全长,将所测数据进行整理,即可测得直线度。

如图 2.7-4 所示,从光源 3 发出的光经聚光镜 4、十字分划板 6、立方棱镜 7、8 和物镜 1,将十字分划板 6 上的十字影像用平行光发射至平面反射镜 14 上,从平面反射镜 14 返回的光,经物镜 1、立方棱镜 7 和 8,成像于标尺分划板 10 上。从十字影像在标尺分划板上的位置,通过测微螺旋移动双线分划板 9,就可精确读出角度差。

用自准直仪测量直线度的精度较高,一般的自准直仪读数值为 30″,最高的可达 1″,相当于 0.005mm/m。

(2) 平面度检测

平面度检测主要是针对平板、工作台等零件的检测。在平面的两个直角方向和对角线方向测量直线度,再经过处理后,即可得到平面度。表 2.7-5 列出了平面度的检测方法。

3. 定位精度检测

(1) 定位精度的概念

定位精度就是机床运动件达到某一指令要求的位置精度,是数控机床的重要的必测的性能指标,它是一种静态精度检验。

定位精度可分为直线定位精度、分度定位精度、重复定位精度和失动四项。

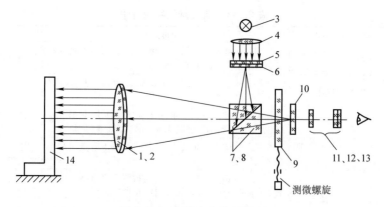

图 2.7-4　自准直仪检测原理

1、2—物镜　3—光源　4—聚光镜　5—保护玻璃　6—十字分划板

7、8—立方棱镜　9—双线分划板　10—标尺分划板

11、12、13—目镜　14—平面反射镜

测微螺旋

表 2.7-5　平面度的检测方法

测量方法分类	具体检测方案	测量原理及特点	适用场合
直接测量法	间隙法	按间隙法测量被测面若干个截面上的直线度误差,取其中最大的直线度误差为平面度误差近似值	磨削或研磨加工的小平面
	平板测微仪法	以测量平板工作表面作测量基面,用带架测微仪测出各点对测量基面的偏离量	中、小型平面
	光轴法	用几何光轴建立测量基面,测出被测实际面相对测量基面的偏离量	大平面
	平晶干涉法	以光学平晶工作面作测量基面,利用光波干涉原理测得平面度误差	精研小平面
	液面法	用液体的水平面作测量基面,测出被测实际面对测量基面的偏离量	大平面
间接测量法	水平仪测量	以水平面作测量基准,按一定布线测得相邻点高度差,再换算出各点对同一水平面的高度差值	大、中型平面
	自准直仪测量	以光轴线作测量基线,按对角线布线在被测平面的若干截面上测量直线度误差,通过坐标变换获得被测面上各点对同一基面的高度坐标值	大平面
	跨步仪测量	以跨步仪两固定支点连线作测量基线,按对角线布线测出第三点对测量基线的偏离量,通过坐标变换求得被测面上各点对同一基面的高度坐标值	中、小型平面
	表桥测量	以表桥两端固定支点连线作测量基线,按对角线布线测出中间点对测量基线的偏离量,通过坐标变换求得被测面上各点对同一基面的高度坐标值	中、小型平面
	用双频激光干涉仪测量	用双频激光器、偏振分光镜和双角锥棱镜组可测量小角度,即可测直线度误差,再按对角线布线法测量平面度	高精度大平面
组合测量法	反向消差法	利用误差分离技术,通过正、反两个方向测量消除测量基线本身的形状误差对测量结果的影响	窄长的高精度平面
	平晶互检测量	用相同规格、相同精度的三个平晶按干涉法互检,再通过数据处理求出每块平晶的平面度误差	无标准平晶时

1）直线定位精度是指机床运动部件在进行直线运动时的定位精度，通常所说的定位精度就是指直线定位精度。

2）分度定位精度是指机床运动部件如转台等做回转运动时的定位精度，通常称为分度精度。

3）重复定位精度是指定位精度的重复性。

4）失动又称为空程、反向死区，主要表现在工作台反向时有一段时间不运动。

（2）直线定位精度检测

在被测行程全长上选 m 个测量点。行程在 500mm 以下时，可每隔 50mm 为一测量点；行程在 500mm 以上时，可每隔 100mm 为一测量点；行程越长，测量点的间隔也越大。

用同一或不同进给速度移动工作台 n 次，通常为 3 次或 7 次。移动时，一种方式是单向移动，另一种方式是双向往复移动，如图 2.7-5 所示，双向往复移动测量就包含了失动等误差，比较准确。

测量各测量点的行程精度后，可用分布曲线法进行数据处理：

1）算出每个测量值与给定值的差值，即为误差值，总共可得到 $m×n$ 个数据。

2）将这些误差值按大小分组，便可得到直方图，它表示了这些误差值的分布情况。误差分组数可按表 2.7-6 选取。

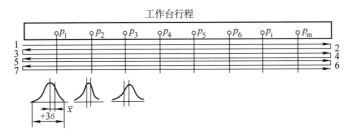

图 2.7-5　直线定位精度检测

表 2.7-6　误差分组数

数据个数	分组数
50～100	6～10
100～200	7～12

3）算出误差值的平均值 $\Delta \bar{x}$ 和均方差值 σ。

$$\Delta \bar{x} = \sum_{i=1}^{m×n} \Delta x_i / m × n$$

$$\sigma = \sqrt{\sum_{i=1}^{m×n} (\Delta x_i - \Delta \bar{x})^2 / m × n}$$

$\Delta \bar{x} ± 3\sigma$ 就是定位误差。同时可画其误差分布曲线。

这种方法比较简单，也比较准确。

（3）直线重复定位精度检测

先在被测行程上选若干测量点，从原点开始可选取短、中、长行程三个有代表性的测量点，对某一测量点 p 进行 n 次（例如 50 次）测量，如图 2.7-6 所示，仍可用分布曲线法进行数据处理，与定位误差计算方法相同。算出该测量点测量值与给定值的差值，即为误差值，再将这些误差值按大小分组，便可得到直方图，它表示了这些误差值的分布情况。将三个代表点的误差值平均，取其最大误差值作为重复定位误差。

4. 表面粗糙度的测量

表面粗糙度的测量从测量的范围来分可分为综合测量、二维测量和三维测量三大类；从测量头与被测表面是否接触来分，可分为接触式测量和非接触式测量两大类；从测量原理来分，又可分为相对测量法和绝对测量法等。各种方法各有其特点和应用范围，见表 2.7-7 所列。

表面粗糙度测量的方法及其所用的仪器很多，现主要介绍一种 TOPO 移相干涉显微镜，其光学原理如图 2.7-7 所示，它是利用激光和电荷耦合器件（CCD）直接测量干涉场上各点的相位，给出被测表面的表面粗糙度参数值、干涉条纹图和彩色三维形貌图，具有很高的测量精度，垂直分辨力为 0.1μm，水平分辨力为 0.4μm，且测量速度快，测量效率高。

2.7.3　微尺寸测量技术

产品的小型化和微型化是制造技术一个重要的发展趋势，从而产生了微小尺寸的加工和检测技术，就检测而言，测量的对象比较多，如细丝、微小孔、微小球面、镀层厚度和微小间隙等，测量尺寸范围小、分辨力和精度要求高，且自动化程度要求高，因此测量的难度较大。

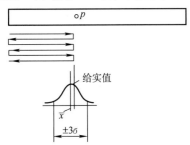

图 2.7-6　用分布曲线法确定直线重复定位误差

表 2.7-7　表面粗糙度的检测方法

类别	测量方法		原理与特点	适用对象	一般测量范围	备　注
综合测量	比较法	目测法	1）与比较样块进行比较 2）比较样块需和被测件具有同样形状，由同样加工方法得到 3）为提高比较精度，可视需要采用放大镜或比较显微镜	外表面	目视： $Ra3.2 \sim 50\mu m$ $Rz12.5 \sim 200\mu m$ 放大镜 $Ra0.8 \sim 3.2\mu m$ $Rz3.2 \sim 12.5\mu m$ 比较显微镜 $Ra0.1 \sim 0.8\mu m$ $Rz0.4 \sim 3.2\mu m$	1）对给定的小区域进行评定 2）给出轮廓高度参数值的范围，不能给出具体参数和轮廓 3）需用标准样板进行仪器标定
		触觉法	1）用手指或指甲抚摸被检表面与比较样块 2）同上2） 3）对光线无要求，但要求被测件与比较样块有相同温度，否则易产生错觉	外表面 内表面	$Ra0.8 \sim 6.3\mu m$ $Rz3.2 \sim 25\mu m$	
	气隙法	电容法	1）电容极板靠三个支承点与被测表面接触，按电容量大小评定 2）极板需与被测面形状相同	外表面	$Ra0.2 \sim 6.3\mu m$ $Rz0.8 \sim 25\mu m$	
		压缩空气法	通过压缩空气从喷嘴与被测表面一定间隙排出时，其压力变化与表面粗糙度的变化关系来评定	外表面 内表面		
	漫反射法	激光反射法	1）对非理想镜面，在光线入射时除镜面反射外还产生漫反射 2）可以根据漫反射光能与镜面反射能量之比确定被测件表面粗糙度，称为数值法 3）可以根据斑点形状确定被测件表面粗糙度，称为图像法	抛光与精加工外表面 可用于动态测量	$Ra0.008 \sim 0.2\mu m$ $Rz0.025 \sim 0.8\mu m$	
		光纤法	1）一组光纤以随机方式组成光纤束，其中一部分用作发射光束，另一部分用作接收光束。在一定范围内，接收到的光能，随被测件的表面粗糙度增大 2）光能还与气隙有关，需注意调整气隙	可测外表面也可测内孔、沟槽、曲面 可利用光纤将光束引到加工区，进行加工中测量	$Ra<0.4\mu m$ $Ra<1.6\mu m$	
		散斑法	激光光束照射被测表面，从其上散射的光束在观察表面上出现不同光强的图谱，表面粗糙度值越小，图谱中的反射光斑越强，散射光带越弱	可测量相当光滑的表面	$Ra0.01 \sim 0.63\mu m$	
		超声波法	超声微波经衰减器发射到被测表面上，其反射信号被一槽形天线接收，信号强弱反映被测表面粗糙度	可在有切削液的情况下测量	$Ra0.4 \sim 1.6\mu m$	

（续）

类别	测量方法		原理与特点	适用对象	一般测量范围	备　注
二维测量（截面测量）	光切法（双管显微镜）		一束平行光通过具有平直边缘的狭缝以一定角度照射到被测表面上,经反射,在目镜里看到狭缝的像,像的折曲程度与截面表面轮廓一致	平面,外圆表面	$Ra0.4\sim25\mu m$ $Rz1.6\sim100\mu m$	
	显微干涉法（干涉显微镜）		照明光经分光镜分成两路,一路由参考镜反射返回,另一路由被测表面反射返回,形成干涉条纹,被测面有微观不平度时,形成弯曲的干涉条纹	平面,外圆表面	$Ra0.008\sim0.2\mu m$ $Rz0.025\sim0.8\mu m$	在给定的截面上测量 能给出轮廓形貌和各种参数
	针描法	电感法（电感轮廓仪）	1)传感器由驱动箱带动,使传感器触针在工件表面划过 2)触针通过杠杆系统带动磁心运动,传感器输出与被测表面不平度成正比信号 3)可由电路或计算机自动计算各表征参数值 4)可通过记录器画出表面轮廓曲线	内外表面 不能测柔软易划伤工件	$Ra0.008\sim6.3\mu m$ $Rz0.025\sim25\mu m$	
		压电法（压电轮廓仪）	1)同上1)、2)、3)只是触针位移使压电晶体发生变形输出与被测表面不平度成正比的信号 2)无需精确调整传感器位置 3)由于传感器不宜工作在低频情况下,不便于笔式记录器配用,需描绘轮廓图形时需配用示波管等器件	内外表面 测力比电感法大,不能测柔软易划伤工件	$Ra0.05\sim25\mu m$ $Rz0.2\sim100\mu m$	
		干涉仪法（表面粗糙度和波度、形状测量仪）	1)激光干涉仪的角隅棱镜安装在测量杠杆上随轮廓仪触针上下运动,触针的位移通过干涉计数的方法得到 2)量程大,无须仔细调整,可同时测得工件的表面粗糙度。波度和几何形状偏差 3)轮廓图形荧光屏显示,数字打印输出	内外表面 不能用于测柔软和易划伤表面	$Ra0.008\sim6.3\mu m$ $Rz0.025\sim25\mu m$	
		光触针法	1)由安装在轮廓仪内部的半导体激光器发出的光,经光路聚焦于被测表面上,由于轮廓表面不平,当焦点不在工件表面上时光斑产生散焦,由表面反射回来的散焦信号驱动直行电动机,使测量杠杆位置变化,直至光斑重新聚焦到工件表面,测量杠杆位移由电感传感器测出 2)不接触测量	内外表面 可测量柔软及易损伤表面	$Ra0.05\sim3.2\mu m$ $Rz0.2\sim12.5\mu m$	

（续）

类别	测量方法		原理与特点	适用对象	一般测量范围	备注
二维测量（截面测量）	针描法	摄像法	由摄像头、图像采集卡和计算机组成测量系统，测量时，摄像头和漫反射光源同时移动直至能检测到数字图像，通过图像分割产生二值图像	外表面表面轮廓	$Ra0.025\sim0.8\mu m$ 与摄像测量系统的精度（像素点）有关	—
	印模法		用塑性材料贴合在被测表面上，将被检表面轮廓复制成印模，然后测量印模	深孔、不通孔、凹槽、内螺纹、大工件及其他难测部位	$Ra0.1\sim100\mu m$ $Rz0.4\sim400\mu m$	—
三维测量	全息法		由被测表面反射的光束与参考光束形成全息图像，可得到一区域内三维轮廓形貌图	平面	$Ra0.025\sim0.2\mu m$ $Rz0.1\sim0.8\mu m$	可测量表面的三维形貌
	电感法		在一般电感轮廓仪基础上，增加横向工作台和相应驱动和数据处理软件，获得三维信息	内外表面	$Ra0.008\sim6.3\mu m$ $Rz0.025\sim25\mu m$	
	临界角法		利用照射到被测表面上光的焦点位置来检测表面粗糙度，可绘制表面轮廓形貌，进行多参数处理	外表面	分辨力 纵向 1nm 横向 $0.65\mu m$	
	激光移向干涉法		用激光直接测量场上各点相位，能给出表面粗糙度参数、干涉条纹图和彩色三维形貌图	外表面	分辨力 垂直方向 $0.1\mu m$ 水平方向 $0.4\mu m$	

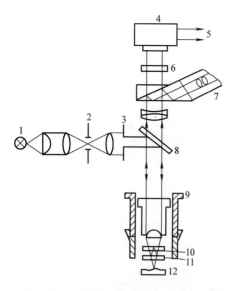

图 2.7-7 移相干涉显微镜光学原理图
1—光源 2—视场光阑 3—孔径光阑 4—电荷耦合器件（CCD）面阵探测器 5—输出信号 6—干涉滤波片 7—目镜 8—分光镜 9—压电陶瓷 10—参考板 11—分光板 12—被测件

1. 微细图形尺寸的测量

微细图形尺寸的测量主要是测量集成电路掩膜板和硅片上的图形、线条宽度、线条深度和线间距等。

（1）掩膜比较仪测量

掩膜比较仪的测量原理是采用两种单色光源照射，红色光照射原始掩膜和被测掩膜，并分别经过倍数相同的显微镜，在同一视场上成像。合像以后，若两图形完全一致，则呈现黑色。若有不同，则差异处的图形呈红色或绿色，红色表示被测掩膜有缺损部分；绿色表示被测掩膜有多余部分。当采用 600 倍物镜时，其测量精度可达 $\pm0.7\mu m$，多适用于一般集成电路中的图形检查。

图 2.7-8 所示为一种掩膜比较仪的原理图，工作时可先将图形信息存储在存储器中，照明光源由下部透射到工作台上的被测掩膜，分别由左、右物镜将图形信息送入左、右光电检测器，并由双向随机存储器记录下来，再由微处理器处理后进行显示。该掩膜比较仪能自动调焦和自动对准，实现自动检测，其检测分辨力为 $0.5\mu m$。

（2）掩膜直接测量

直接测量有摄像法、光电倍增管法、激光扫描法

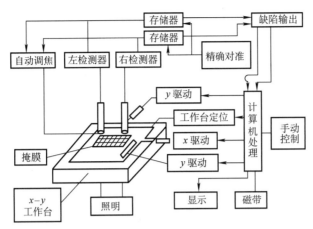

图 2.7-8 掩膜比较仪原理图

和扫描电子显微镜法等多种方法,其特点是直接测量出图形、线宽和间距,应用比较广泛。

1) 摄像法测量。它是将被测件经光学显微镜、摄像机形成电视图像,进行存储,再将图像经计算机处理成一定尺寸,打印输出。

2) 光电倍增管测量。它由光学显微镜、扫描狭缝、光电倍增管和计算机等组成,光源照射到被测件,经物镜和辅助物镜,被光电倍增管接收后,用显微密度计形成轮廓,再送入计算机进行分析处理,打印输出。

3) 激光扫描法测量。用激光束对被测件表面进行扫描,当被扫描表面有某种标记时,例如刻线、图像等,在标记边缘上会产生衍射现象,使光能量发生变化。通过光敏元件接收并转换成电信号,可测量出各种标记的相互尺寸位置。一般所用激光光斑大小为 $1 \sim 10 \mu m$,测量精度可达 $\pm 0.06 \mu m$。

2. 电子显微镜测量

电子显微镜是微小尺寸测量的有效仪器,常用的电子显微镜有扫描电子显微镜(SEM)和透射电子显微镜(TEM),它们的应用十分广泛。

扫描电子显微镜的放大倍数为 5×10^4 倍,电子束斑尺寸为 $0.05 \sim 0.005 \mu m$,焦深大,分辨力高,测量尺寸可达 $0.02 \mu m$。

透射电子显微镜放大倍数为 $5000 \sim 10^6$ 倍,可测尺寸为 $0.001 \mu m$,甚至更小,但只能测量厚度小于 $1 \mu m$ 且不能透过电子束的材料。

2.7.4 误差补偿技术

1. 概述

误差补偿是提高加工精度的一个很重要的技术措施,在机械加工中,采用修正、抵消和均化等措施减小和消除误差,都是某一种形式的误差补偿。

1) 修正法(校正法)。在精密螺纹车床或磨床上,为了提高螺距精度,常采用机械校正装置,它是通过杠杆将修正尺和母丝杠的螺母连接起来,修正尺根据事先测量的母丝杠螺距误差设计修正曲线,在加工时,它使母丝杠螺母作附加微小转动,从而使刀架产生附加微小位移来补偿母丝杠的螺距误差,如图 2.7-9 所示。

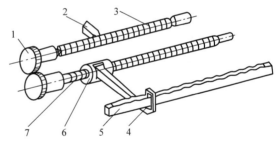

图 2.7-9 丝杠车床母丝杠螺距误差的修正
1—配换齿轮 2—螺纹车刀 3—工件 4—杠杆
5—修正尺 6—母丝杠螺母 7—母丝杠

2) 抵消法。为了提高机床主轴的回转精度,在装配时将前后轴承的偏心量调整至同一方向,且使前轴承的偏心量小于后轴承的偏心量,即前轴承的精度高于后轴承的精度,从而可抵消一部分误差,如图 2.7-10 所示。

3) 均化法。多齿分度盘是一种高精度的分度装

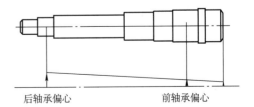

后轴承偏心   前轴承偏心

图 2.7-10 机床主轴回转误差的抵消调整

置，它的齿数很多，由于上、下齿盘是多齿定位，误差得到均化，获得了很高的分度精度。

2. 误差补偿的类型

1）静态误差补偿和动态误差补偿。静态误差补偿是非实时补偿，主要用来补偿工艺系统中的系统误差。精密螺纹车床上所用的校正尺就是典型的误差补偿元件，同理还可以用温度校正尺来补偿因温度变化而产生的螺距误差；在精密滚齿机上利用校正凸轮来补偿齿轮的周节误差等。

动态误差补偿是实时补偿，数控技术、计算机控制技术出现以后，丰富了误差补偿的手段和方法，可以动态补偿工艺系统的系统误差和随机误差，动态误差补偿与在线检测是密切相关的，必须有高精度的动态在线检测装置、高频响、高分辨率的微位移机构、高速信号处理器和计算机以及相应的软件。

2）软件或硬件误差补偿。软件补偿是在数控系统中，通过建立数学模型进行运算来补偿，有较高的动态性能，补偿系统结构简单，工作方便可靠。

3）单项与综合误差补偿。综合误差补偿是指同时补偿几项误差，例如同时补偿尺寸误差和形状误差，同时补偿受力变形和受热变形等。

4）单维与多维误差补偿。多维误差补偿是在多个坐标上进行误差补偿，也是一种综合误差补偿。

由于误差的检测与补偿之间总有一段时间上的滞后，不能形成真正的实时补偿，现在在动态数据系统（Dynamic Data System，DDS）建模的基础上，发展了预报补偿控制（Fore-casting Compensatory Control，FCC）技术，利用在线随机建模理论、传感技术、微位移技术和计算机技术等建立预报型误差补偿，它是时间序列分析、预报和控制技术在误差补偿中的应用，对提高误差补偿的能力和准确性有很大意义。

3. 误差补偿过程及其系统

1）误差补偿过程。

① 分析误差出现的规律。反复检测误差出现的状况，分析其数值和方向，寻找规律，找出影响误差的主要因素，确定误差项目。

② 建立误差补偿数学模型。进行误差信号处理，去除干扰信号，分离无关的误差信号，找出工件加工误差与各补偿点补偿量之间的关系，建立相应的数学模型。

③ 建立误差补偿系统。选择或设计合适可行的误差补偿控制系统及执行机构，以便在补偿点实现补偿动作。

④ 验证误差补偿效果。进行必要的调试，检验误差补偿效果，保证达到预期要求。

2）误差补偿系统。误差补偿系统的组成如图 2.7-11 所示。

图 2.7-11　误差补偿系统组成示意图
1—误差信号检测　2—误差信号处理
3—误差信号建模　4—补偿控制
5—补偿执行机构

① 误差信号的检测。由误差检测系统来完成，误差检测系统应根据误差补偿控制的具体要求来设计，可以是离线检测、在位检测或在线检测，它所检测的项目、采用的检测仪器以及检测精度要求等均与误差补偿的要求有密切关系。误差信号检测的可行性和正确性将直接影响误差补偿的效果。

② 误差信号的处理。所检测的误差信号必然会包含某些频率的噪声干扰信号、其他误差信号等，因此要进行分离处理，提取所需要的误差信号，误差信号的处理应有足够的处理能力和处理速度，能够满足误差补偿的要求。

③ 误差信号的建模。工件加工误差与各补偿点补偿量之间的关系就是误差数学模型，在影响加工误差的各因素中，有些因素属于系统误差，有些因素属于随机误差，在误差数学模型中可分别处理，其中随机误差的处理难度较大，需要建立动态数学模型，进行动态误差补偿，甚至进行预报型误差补偿。

④ 补偿控制。根据所建立的误差数学模型，并根据实际加工过程，经计算机运算后，输出补偿控制量。对于数控机床，可通过数控系统进行补偿控制。

⑤ 补偿执行机构。补偿执行机构在补偿点进行误差补偿，由于补偿是一个高速动态过程，要求位移精度高、速度快、分辨力高、频响范围宽、可靠性高，因此多用微位移机构来执行，该机构要求体积小、结构简单、安装方便、便于控制。

4. 典型误差补偿系统

（1）车削工件圆度和圆柱度的误差补偿

如图 2.7-12 所示，该系统主要由机床主轴回转误差实时测量系统、建模与预报、主从控制系统、驱动电源和电致伸缩微位移机构等组成。

在测量系统中，测量装置由带有微调机构的扇形测量架和底座组成，沿扇形测量架的圆周方向装有 3 个电容测头 A、B、C，沿其轴线装有另一电容测头 D。4 台电容测微仪的输出信号经 4 路采样器、模数转换后读入到计算机系统；装在车床主轴后端的光电码盘产生同步脉冲及采样脉冲。由微型计算机、高速信号处理器构成的数据采集主从系统完成误差信号的采集、数据预处理、三点法误差分离计算、数据建模和预报以及存贮、绘图和打印等工作。误差补偿执行机构是一个电致伸缩微进给刀架，其静刚度为 41.7N/μm、自振频率为 7.95kHz、位移范围为 5.2μm、线性度为 0.3%、分辨力优于 0.025μm、阶跃响应特性好。该系统在国产 S1-255 超精密车床上工作时，工件圆度误差平均减小 40%，圆柱度误差平均减小 23%。

（2）磨削工件圆度的误差补偿

如图 2.7-13 所示，该系统主要由微处理器、检测装置和液压伺服驱动系统组成。微处理器通过时间序列分析方法进行误差在线建模，根据所建立的模型预报外圆磨床主轴在补偿点上的径向圆跳动误差补偿值，并通过控制液压伺服驱动机构驱动工件向砂轮作径向补偿。检测装置由传感器、基准盘和圆感应同步器组成。误差补偿后，工件圆度误差可从 0.74μm 减小到 0.375μm。

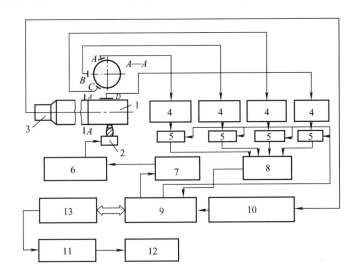

图 2.7-12　车削工件圆度和圆柱度的误差补偿

1—工件　2—补偿执行机构　3—光电码盘　4—电容测微仪　5—采样器　6—驱动电源　7—数模转换（D/A）　8—模数转换（A/D）　9—高速信号处理器　10—分频电路　11—信号处理　12—建模预报　13—微型计算机

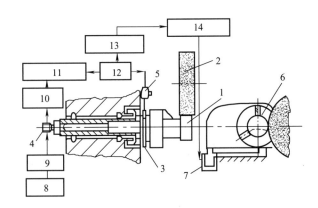

图 2.7-13　磨削工件圆度的误差补偿

1—工件　2—砂轮　3—基准盘　4—圆感应同步器　5—传感器　6—自定心卡盘　7—驱动系统　8—电源　9—放大调解　10—相调器　11—解调器　12—放大器　13—微处理器　14—控制器

2.8 精密定位、对准和微位移技术

2.8.1 精密定位

1. 定位的概念

定位是指运动件精确的停止位置和静止件的精确位置。进给系统的定位是指运动件的停止位置，而未加工时，工件在夹具中的定位显然是指静止件的位置。定位精度和重复定位精度是定位的两个重要精度指标，定位精度是实际位置与理论要求位置的接近程度；重复定位精度是指多次反复定位时，实际位置的分散程度。目前，精密定位的精度已达到 0.025μm。

2. 精密定位的方式

进给系统的定位有三种定位方式：

1) 开环定位系统。系统稳定简单，成本低，但定位精度不高。

2) 闭环定位系统。有位移检测装置进行位置反馈，定位精度高，但系统较复杂。

3) 半闭环定位系统。位移检测装置不是装在运动的最终环节（工作台），而是装在中间传动件（丝杠）上。

影响定位精度的因素有摩擦力、弹性变形和振动等，由此而产生欠定位（实际位置不到规定的位置）或超定位（实际位置超过规定位置）。

精密进给系统的定位方法分为接触定位和非接触定位两大类，其典型定位方法见表 2.8-1。

表 2.8-1　精密进给系统的定位方法

定位元件和定位检测装置		定位精度 /μm	定位系统
接触定位	电眼	±1	接触开关电路
	金刚石定位器	0.025	
非接触定位	丝杠螺母副	±1	精密丝杠螺母和刻度盘
	线纹尺	±0.1	精密线纹尺和读数显微镜
	感应同步器	1	数控闭环系统
	光栅	±0.25	
	激光干涉仪	±0.02	
	微位移机构	±0.01	柔性铰链、压电陶瓷等

2.8.2 对准

1. 对准的概念

在精密加工和微细加工中，对准是指标志物体与被对准物体的坐标位置重合，一般对准的点多是基准点。对准精度是指标志物体与被对准物体的坐标位置的重合程度。目前精密对准已达到±0.01~±0.1μm。

2. 对准的方法

对准的方法很多，可分为接触式和非接触式两类，其定位原理有机械、光学、电学、气动等，其典型对准方法见表 2.8-2。

表 2.8-2　精密进给系统的对准方法

对准原理及方法		对准精度 /μm	应用范围
接触对准	机械测头	1~2	三坐标测量
	光学灵敏杠杆	0.3	工具显微镜
	光电敏感杠杆	0.1	高精度三坐标测量
	电触式测头	2	自动测量
非接触对准	显微镜与投影装置	0.3~1	零件的影像对准
	光学点位对准	1~3	复杂形面及三坐标测量
	光电显微镜	0.01~0.03	线纹对准
	自准直光管	0.1in	角度与直线度
	气动测头	0.5	自动测量

2.8.3 微位移技术

1. 微位移系统

微位移系统一般由微位移装置、检测装置和控制系统所组成，其目的是为了实现小行程、高分辨力和高精度位移。目前，微位移装置的工作行程为 50μm~1mm，微动分辨力为 0.001μm，甚至达 0.1nm，定位精度为 0.01μm。

微位移装置是实现微位移的执行机构，一般又称为微进给装置，有时又称为微位移机构。微位移器件是微位移的核心部分；检测装置用来测量微位移量，在闭环系统中其检测量作为反馈信号；控制系统用来控制整个系统的工作。

随着精密和超精密加工技术、纳米技术的发展，微位移系统的应用越来越广泛，其应用大致有以下几方面。

1) 微进给。利用微位移装置来实现精密和超精密机床中的准确微进给量，或微背吃刀量，以保证加工精度。

2) 误差补偿。作为误差补偿系统中的补偿执行机构，提高加工精度。在精密和超精密机床中，通常多采用粗精两套进给系统，粗进给系统实现大行程位移，精进给系统实现微行程位移，从而可以进行大行

程的精密位移。

3）精密调整对准。借助于微位移装置进行精密机械、仪器中的精密对准、精密调整等工作，例如调整浮动间隙、调整焦距、对准坐标原点、精密机床中的精密对刀等。

2. 微位移装置的类型

微位移装置的原理、方案、结构很多，从原理来看，可分为机械、液压、电动三大类，可参考表 2.8-3，其结构原理图也相应列于表中。

（1）机械类微位移装置

主要是利用凸轮、斜面、精密丝杠螺母副、差动丝杠螺母副、杠杆、精密齿轮齿条、蜗轮蜗杆副和弹性变形元件等典型机械结构巧妙地实现微位移。

一般机械结构件微位移装置结构较复杂、制造难度大，精度不能太高，但性能比较稳定、价格低，使用方便，应用十分广泛。

表 2.8-3　微位移装置的类型

类别	原理	简　图	特　点
机械	凸轮	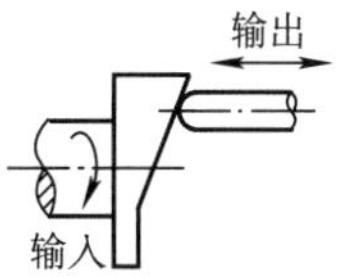	定位精度 1～2μm 行程大
机械	斜面	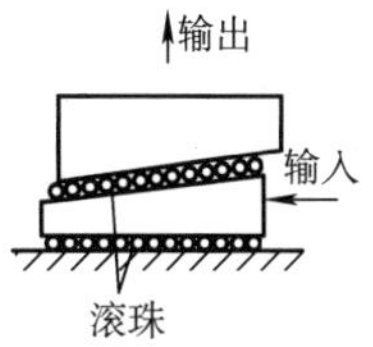	定位精度 0.1μm 行程大
机械	精密丝杠螺母副	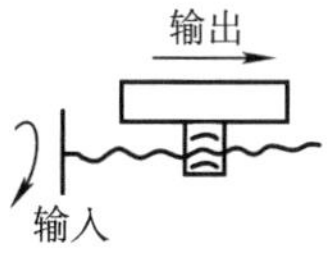	定位精度 0.3μm 行程很大 制造精度要求高
机械	差动丝杠螺母副	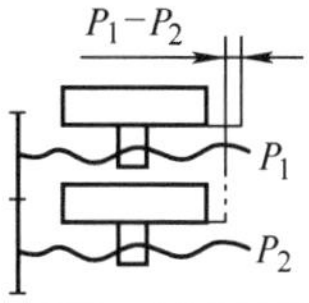	定位精度 0.1μm 行程大 结构复杂 应用广泛
机械	杠杆	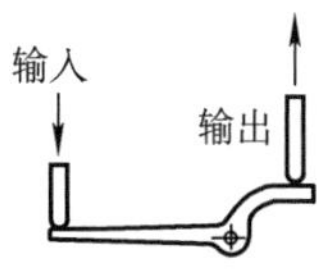	定位精度 1～2μm 结构简单 应用广泛
机械	弹性变形件：薄壁弹性元件	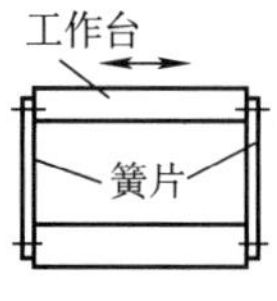	定位精度 ±0.2μm 稳定、无摩擦、无间隙、无爬行 应用广泛
机械	弹性变形件：柔性铰链	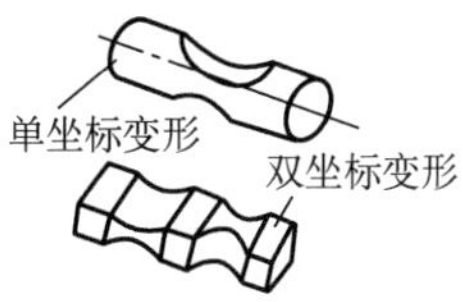	定位精度 ±0.05μm 分辨率 1nm 稳定、无摩擦、无间隙、无爬行 应用广泛
液压	弹性薄膜	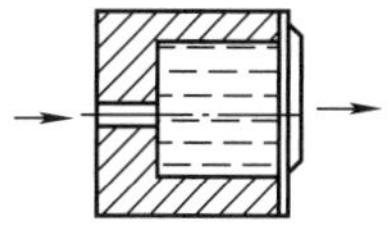	定位精度 −0.5μm 需要液压系统 稳定、可靠
电动	电热变形	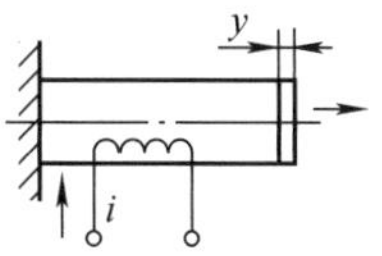	定位精度 0.5μm 有发热问题，需考虑冷却
电动	电磁：电磁控制	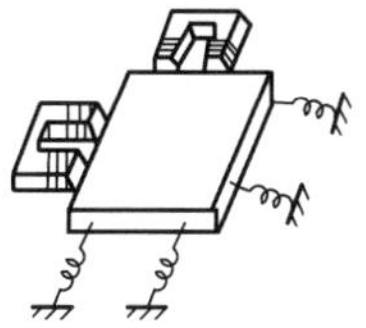	定位精度 0.2μm 行程大 结构简单，易于实现控制 应用广泛
电动	电磁：磁致伸缩	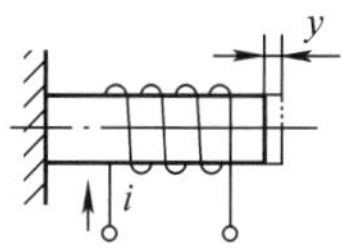	定位精度 0.5μm 有发热问题，需考虑冷却
电动	机电耦合效应：电致伸缩	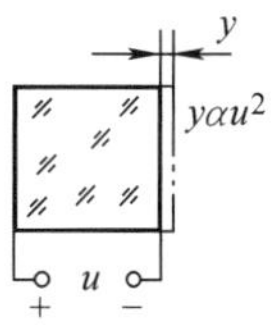	定位精度 0.01μm 变形量与外电压成平方关系 结构紧凑
电动	机电耦合效应：压电效应：铁电晶体	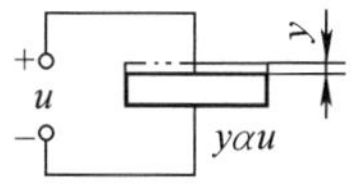	定位精度 0.01μm 分辨率 0.015μm 变形量小
电动	机电耦合效应：压电效应：压电晶体	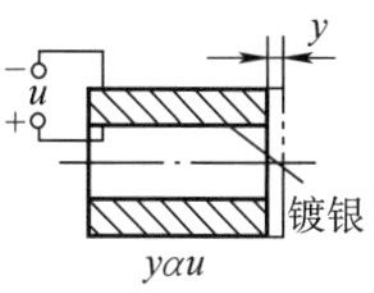	定位精度 0.01μm 分辨率 0.1nm 变形量小 应用广泛

弹性变形元件简称弹性元件，可制作成薄片、铰链、伸缩管、扭摆等形式，可实现单坐标或双坐标位移。弹性元件可以作为位移元件、传感元件、检测元件、柔性铰链和弹性导轨等。

柔性铰链是作绕轴有限角位移复杂运动的弹性支承，分为单轴、双轴两类。单轴柔性铰链是一维的，其截面形状有圆形和矩形两种；双轴柔性铰链是二维的，其截面形状也有圆形和矩形两种。柔性铰链的结构形状见图 2.8-1。柔性铰链广泛应用于制作微动工作台的导轨、支承等。

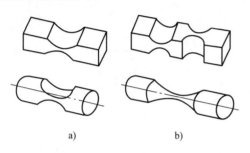

图 2.8-1　柔性铰链的结构形状
a）单轴柔性铰链　b）双轴柔性铰链

利用弹性材料制作微位移元件和机构，具有高精度、高稳定性、无摩擦、无间隙和无爬行、结构简单等特点，应用十分广泛。但所承受的外力和运动副之间的摩擦力会直接影响定位精度，在步进状态下，容易产生过渡性振荡，对动态精度不利，要通过增加阻尼环节来改善。

（2）液压类微位移装置

以液压为动力，用弹性膜片为弹性变形元件实现微位移，是一种机械液压复合式的微位移装置。在薄膜反馈的静压轴承中，薄膜的微位移就是这类微位移装置的典型实例。液压类微位移装置需要一套液压系统支持，因此多用于已有液压系统的设备中。

（3）电动类微位移装置

这是一种机电相结合的微位移装置，有电热、电磁、机电耦合效应等多种结构形式。

电热式微位移装置是利用电热转换，使材料伸长而获得微位移，根据这一原理可制成电热伸缩筒或电热伸缩棒等微位移器件。

电磁式微位移装置是利用电磁力、磁致伸缩等原理来实现微位移，相应的有电磁控制、磁致伸缩等器件和机构。

机电耦合效应式微位移装置是应用电致伸缩、压电效应来实现微位移，可制作相应的电致伸缩器件、压电效应器件而用于各种场合，应用最为广泛。

3. 典型微位移工作台

（1）平行弹性导轨微位移工作台

弹性导轨一般是由一些薄壁弹性元件如膜片、膜盒等构成，靠压力而变形，得到一定的位移量。图 2.8-2 所示的结构是平行弹性导轨的微位移工作台，是利用两个刚度相差很大的弹簧 A 和 B 所形成的位移差得到微位移。两个弹簧的刚度分别为 k_A、k_B，当步进电动机的输入位移为 x_1 时，微位移工作台的输出位移为

$$x_2 = x_1 k_B / (k_A + k_B)$$

如果 $k_A \gg k_B$，则可得到所需的微位移输出。例如 $k_A : k_B = 99 : 1$ 时，当步进电动机输入 $10\mu m$ 的位移，可得到 $0.1\mu m$ 的微动输出。

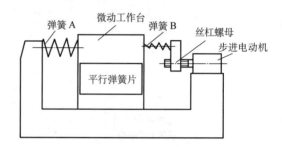

图 2.8-2　平行弹性导轨微位移工作台

（2）电致伸缩微位移工作台

从物理学得知，电介质在外电场作用下，由于感应极化的作用会产生应变；其应变大小与电场强度的平方成正比，其应变方向与电场方向无关，这种现象称之为电致伸缩现象。

所有的电介质晶体都有电致伸缩特性，改变电场强度就可以控制形变大小。常用的电致伸缩材料有铌镁酸铅系列（PMN），它是由 PbO、MgO、Nb_2O_3、TiO_2、$BaCO_3$ 等按一定比例混合烧结而成；还有具有大电致伸缩效应的弛豫铁电体与同时具有大电致伸缩效应和良好温度稳定性的双弛豫铁电体以及我国研制的铅、锆、钛（PZT）系列铁电陶瓷等。

利用电致伸缩材料可以制成电致伸缩器件，可将材料制成一定厚度的圆片，作为一个基本件，每件有一定的伸缩量。按位移量要求将多片叠黏在一起，外接一定电压，即可构成所需的电致伸缩器。它具有结构紧凑、体积小、控制简单、定位和重复定位精度高、分辨力高、无发热现象、无剩余变形和老化现象、迟滞现象小等特点，它广泛用于制造各种微动工作台。

（3）压电效应微位移工作台

1）压电效应。当电介质受到机械应力作用时，

其表面将产生电荷，电荷密度与施加的机械应力成线性正比关系，电极化的方向随应力的方向而改变，这种现象称为正压电效应，简称为压电效应。压电效应和电致伸缩效应统称为机电耦合效应。电介质在外电场激励下，将产生应变，电场强度与应变大小成正比，应变方向和电场方向有关，这种现象称为逆压电效应。

2）压电材料。常用的压电材料有铁电晶体和压电晶体两类，常用的铁电晶体为铁电陶瓷，其应变量大，但其电致伸缩性比压电性好，故在压电中应用较少。常用的压电晶体有压电陶瓷和石英晶体等，不是所有的晶体都有逆压电效应，只有无对称中心的晶体中才有。压电陶瓷材料有钛酸钡和锆钛酸铅系（PZT），它们都是多晶固溶体；还有新型高分子材料聚偏二氟乙烯（PVDF）等，锆钛酸铅系压电陶瓷灵敏度高、机电耦合系数大、材料性能稳定性好，相变温度高（300℃），可作高温压电元件；石英晶体多用于制作传感器。

3）压电微位移器件。压电晶体可制成管状、片状等压电器件，并由此组成微位移机构。管状压电器件用管形压电陶瓷，在内管壁镀银形成电极，施加外电压后管端伸缩实现精密微位移运动。片状压电器件呈圆片状，由于单片的微位移太小，可多片串叠使用。

4）尺蠖式压电陶瓷电动机。尺蠖式压电陶瓷电动机见图 2.8-3，它是由三个单独控制的管状压电陶瓷器件组成，其中器件 A、B 作径向伸缩，以便夹紧和松开电动机轴，而器件 C 作轴向伸缩，实现轴向步进位移。

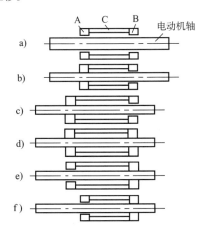

图 2.8-3　尺蠖式压电陶瓷电动机
a）原始非工作状态　b）器件 A 夹紧电动机轴
c）器件 C 伸长　d）器件 B 夹紧电动机轴
e）器件 A 松开　f）器件 C 收缩恢复

每一循环使电动机轴向移动一步，加电压的顺序反向，电动机反向移动。这种电动机步进量为 $0.5 \sim 5\mu m$，移动速度可达 $1 \sim 50\mu m/s$。

5）三坐标压电微动工作台。图 2.8-4 为由压电器件构成的三坐标压电微动工作台的全貌，它由两坐标粗动工作台和三坐标微动工作台构成。

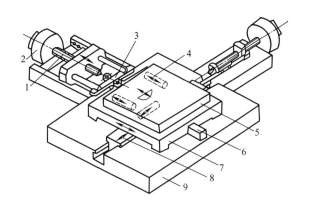

图 2.8-4　三坐标压电微动工作台
1—滚珠丝杠　2—伺服电动机　3—滚轮框架
4—管状压电器件　5—微动工作台
6—y 向导轨　7—粗动工作台
8—x 向导轨滑块　9—基座

粗动工作台由直流伺服电动机驱动，采用聚四氟乙烯的滑动-滚动导轨，定位精度为 $\pm 5\mu m$。

粗动、微动工作台之间由四个柔性支柱相连，每个柔性支柱的两端各有一个柔性铰链，形成弹性导轨，如图 2.8-5 所示。

微动工作台靠三个管状压电器件 p_{y1}、p_{y2} 和 p_x 得到 x、y 方向移动及绕 z 轴转动的微位移，只要控制三个管状电压器件上的外加电压，便可以得到三个坐标上的微位移。设三个管状压电器件的变形量分别为 Δx、Δy_1、Δy_2，则 x 方向的微位移为 Δx，y 方向的微位移为 $\Delta y = (\Delta y_1 + \Delta y_2)/2$，绕 z 轴的转动为 $\Delta\theta_c = (\Delta y_1 - \Delta y_2)/L$，如图 2.8-6 所示。

图 2.8-7 所示管状压电器件的两端有输出端，输出端上有柔性铰链，中间是一个由压电晶体制成的压电管，管上连有导线，管的两端有陶瓷层与输出端绝缘。当通过导线外加直流电压为 600V 时，压电管可收缩 $18\mu m$。

微位移工作台的种类很多，其共同的要求是微位移装置和微位移器件应有足够高的精度、一定的工作行程和频响范围、良好的制动性能、抗干扰能力和线性位移特性（无间隙和爬行），并控制方便。

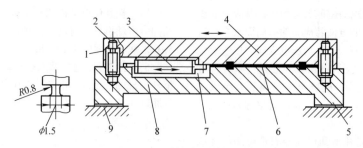

图 2.8-5　柔性支柱弹性导轨

1—柔性铰链　2—柔性支柱　3—管状压电器件　4—微动工作台　5—基座
6—硅油层　7—柔性铰链　8—粗动工作台　9—聚四氟乙烯层

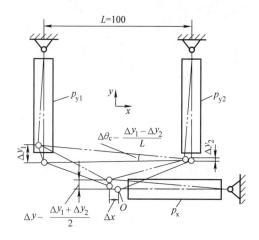

图 2.8-6　微动压电工作台管状压电器件布局图

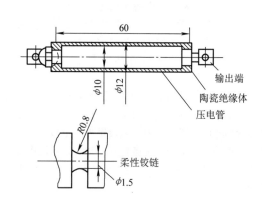

图 2.8-7　管状压电器件

2.9　纳米加工技术

2.9.1　概述

纳米加工技术是纳米技术的重要组成部分，可分为纳米加工方式和纳米加工方法两部分。

1. 纳米加工的方式

纳米加工可以分为逐渐去除和逐渐堆积两种方式。

逐渐去除主要是制造存储器和处理器等半导体器件，是一种"从上至下"（Bottom up）方式，而逐渐堆积主要用于制造新晶体结构、新物质、新器件，是一种"从下至上"（Up down）方式。

2. 纳米加工方法

纳米加工方法在概念、理论上与传统加工有很大的不同，其主要加工方法有：

1）传统加工的精密化。包括超精密加工和超精密特种加工等，例如超精密切削车削、超精密磨削、超精密研磨和超精密抛光等。

2）传统加工的微细化。包括微细加工和超微细加工等，例如高能束加工（电子束、离子束、激光束加工）、光刻和光刻-电铸-模铸复合成形加工（LI-GA）等。

3）扫描探针显微加工。包括扫描隧道显微加工和原子力显微加工等，例如原子搬迁移动、原子提取去除和放置增添、原子吸附和脱附、探针雕刻等。

4）纳米生物加工。纳米生物加工是用微生物加工金属等材料，有去除、约束和生长三种形式。

① 生物去除成形加工。利用细菌生理特性对生物去除成形，例如用氧化亚铁硫杆菌进行生物加工纯铁、纯铜和铜镍合金，加工出微型齿轨。

② 生物约束成形加工。利用形状规则、结构强度较高、无危害性和利于人工培养的微生物，控制其生长过程，用化学镀实现其约束成形，可制备出具有一定几何形状的金属化微生物细胞，用于构造微结构，也可作为功能颗粒来制备功能材料。

③ 生物生长成形加工。有微生物细胞的生长成形和活性组织或物质生长成形。

微生物细胞的生长成形：例如微生物细胞在分裂过程中可形成不同的微结构。

活性组织生长成形：例如人工生物活性骨骼的生长。

活性物质生长成形：例如某些原核生物的细胞表层的一种组分（Surface-layer）可自组装成有序二维序列，在硅基体上，可以通过光刻使其图形化，作为纳米颗粒阵列的模板；某些原核生物的生物膜中的脂质（Lipid）可通过改变脂质分子的结构使其自组装出不同的微结构。

3. 纳米加工技术与纳米技术的关系

纳米技术通常是指纳米级 0.1~100nm 的材料、产品设计、加工、检测、控制等一系列技术。主要包括：纳米材料、纳米级精度制造技术、纳米级精度和表面质量检测、纳米级微传感器和控制技术、微型机电系统和纳米生物学等。

纳米技术的特点可归纳为以下几点：

1）加工精度达到纳米级。纳米加工的范畴有超精密加工、超微细加工、扫描探针显微加工和纳米生物加工等。

2）从宏观走向微观。纳米技术不是简单的"精度提高"和"尺寸缩小"，而是从物理的宏观领域进入到微观领域，一些宏观的几何学、力学、热力学、电磁学等都不能正常描述纳米级的工程现象与规律，例如常用的欧几里德几何、牛顿力学等已不适应，同时量子效应、物质的波动特性和微观涨落已不可忽略，可能成为主要因素。在分析纳米加工时要应用一些纳米力学、纳米摩擦学、纳米电子学等理论。

3）综合系统技术。纳米技术包括材料、产品设计、加工、装配、检测等综合系统技术。在进行纳米加工时要考虑纳米材料的一般物理、力学和化学性能和特异性能，同时要考虑应有相应的检测方法。

4）纳米级范畴。当前，纳米技术的范畴不完全是纳米，而是提出 0.1~100nm 微纳米范畴，其主要原因是纳米本身的范围太窄，当前的应用范围尚不够广泛。

4. 纳米材料的性能

由于纳米加工技术与纳米材料性能关系十分密切，因此有必要进行一些介绍。

纳米材料具有许多与普通材料不同的特异性能，其变化可归结为表 2.9-1 所列的效应。

表 2.9-1　纳米材料的性能变化

效应名称	效 应 内 容	举 例
小尺寸效应	纳米微粒由于尺寸很小，晶体纳米微粒的周期性边界条件会被破坏，非晶体纳米微粒表面层的原子密度会减小，从而造成声、光、电、力、磁、热等物理性能上的变化	无论原来是什么颜色的金属和非金属、有机材料和无机材料，其纳米微粒均为黑色 纳米微粒制成的金属材料，其强度可达到原来的 2~4 倍，硬度也高很多 纳米陶瓷微粒烧结成的陶瓷制品具有良好的韧性 纳米微粒的熔点和烧结温度会随其微粒的粒径减小而下降等
表面效应	纳米微粒随着粒径的减小，表面积急剧变大，表面原子数与总原子数之比急剧增大，表面原子数迅速增加使表面能增高，因此表面具有高活性，很不稳定，化学反应速度快，易于与其他原子结合	金属纳米微粒在空气中会燃烧 纳米微粒可用作触媒材料
量子尺寸效应	当纳米微粒小于一定尺寸时，金属微粒的电子能级由连续变为准连续，甚至变为离散能级，半导体微粒的能隙将变宽，会产生声、光、电、磁、热以及超导电性能的变化，具有特殊的电荷分布特性	金属导体变为半导体或绝缘体
宏观量子隧道效应	纳米微粒具有穿越宏观系统势垒的能力而使自身的性能发生变化，称为宏观量子隧道效应	铁磁性的磁铁会由铁磁性变为顺磁性或软磁性

2.9.2　扫描探针显微加工技术

1981 年，IBM 瑞士苏黎士实验室的两位科学家 G. Binnig 和 H. Rohrer 利用电子隧道效应，发明了扫描探针显微镜（Scacning Tunneling Microscope，STM），此后 G. Binnig 又于 1986 年发明了原子力显微镜（Atomic Force Microscope，AFM），从而开创了利用扫描探针显微技术进行测量和加工的先河，此后出现了多种扫描探针显微镜，可统称为扫描探针显微镜（SPM）。

1. 扫描探针显微加工原理

扫描隧道显微镜是基于量子力学的隧道效应来进

行工作的，原子力显微镜是利用原子间的作用力来进行工作的，这些扫描探针显微镜原来是用于精密检测的，但在其检测技术的实用中，发现可以利用探针来搬迁、去除、增添和排列重组单个原子和分子，实现原子级的精密加工，形成了扫描显微加工技术，它是原子级的极限加工技术。

1）原子搬迁和排列重组。当显微镜的探针对准工件上的某个原子，且距离非常近时，该原子受到了探针尖端原子对它的原子间作用力，同时还受到工件上相邻原子对它的原子间结合力。当探针与该原子的距离小到一定程度时，原子间的作用力将大于原子间的结合力，从而使该原子跟随探针尖端移动而又不脱离工件表面，实现工件表面的原子搬迁和排列重组。

2）原子去除和增添。当显微镜的探针对准工件上的某个原子时，如果这时加上电偏压或脉冲电压，该原子将能电离成为离子而被电场蒸发，实现原子去除而形成空位。在加脉冲电压的情况下，也可以从探针尖端发射原子，填补空位，实现原子增添。

近年来，扫描显微加工技术发展很快。1990 年美国 IBM 阿尔乌登研究所最先实现了在 4K 和超真空环境下，用扫描隧道显微镜将 Ni（110）表面吸附的 35 个氙（Xe）原子逐一搬迁排成 IBM 三个字母，每个字母高 5nm，原子间最短距离约为 1nm，如图 2.9-1 所示。

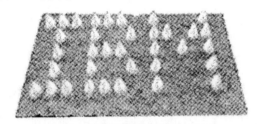

图 2.9-1　原子搬迁形成 IBM 字母形状

扫描探针显微镜的发展大大地促进了纳米加工技术的实用化进程。常用的有扫描隧道显微镜方法和原子力显微镜方法，继原子力显微镜后，又出现了许多利用扫描力测量的显微镜，例如光子扫描隧道显微镜（PSTM）、摩擦力显微镜（FFM）、磁力显微镜（MFM）、静电力显微镜（EFM）、化学力显微镜（CFM）以及多探针扫描显微镜和多功能扫描探针显微镜等。

2. 扫描探针显微加工方法

利用扫描显微加工技术可进行雕刻、光刻加工、局部阳极氧化、纳米点沉积和三维立体纳米微结构的自组装等。

1）雕刻加工。在原子力显微镜上，使用高硬度的金刚石或 Si_3N_4 探针，在工件表面直接进行刻划加工，可改变针尖作用力大小来控制刻划深度，进行扫描获得所要求的图形结构。

2）光刻加工。扫描隧道显微镜显微加工可用于纳米级光刻，具有原子级的极细光斑直径，使加工精度与工具处于同一尺度，且其产生的二次电子对线宽的影响很小，可在大气甚至液体介质中工作，成本低。美国 IBM 公司在 Si 片上均匀覆盖一层厚 20nm 的聚甲基丙烯甲酯（PMMA），用扫描隧道显微镜进行光刻，得到线宽为 10nm 的图案。

在原子力显微镜上用导电探针可进行精细电子束光刻加工，控制探针和工件之间的偏压，可得到束径极细的电子束，从而可得到线宽为 32nm、深度为 320nm，高宽比达到 10∶1 的极精细的光刻图形。

3）局部阳极氧化。在扫描隧道显微镜和原子力显微镜上，探针针尖可对工件表面产生电化学反应，当工件所加偏压为正时，针尖为阴极，工件表面为阳极，吸附在工件表面的水分子起到了电解液作用，由于针尖极细，可使工件表面数个原子层出现氧化。

4）纳米点沉积。在一定频率的脉冲电压作用下，针尖材料的原子可以迁移沉积到工件表面，形成纳米点（量子点）。改变脉冲电压和次数即可控制纳米点的尺寸大小。

5）三维立体纳米微结构的自组装。在扫描隧道显微镜和原子力显微镜上，通过改变工作环境条件（针尖与工件之间的距离、外加偏压和环境温度等），可以自组装生成三维纳米微结构，例如可生成纳米尺度的六边形金字塔，如图 2.9-2 所示。

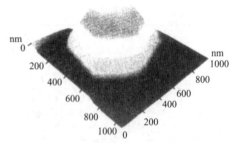

图 2.9-2　自组装生成的六边形金字塔

2.9.3　纳米级测量技术

纳米级加工必须有相应的纳米级测量技术的支持才能进行，加工和检测两者相互依赖、相互制约，有着密切的关系，许多纳米级加工技术是从纳米级测量技术发展而来的。

纳米级测量技术包括尺寸、位移测量和表面形貌测量、表面物理力学性能测量等。

1. 尺寸、位移和表面形貌测量

主要有光干涉测量技术和扫描显微测量技术。几种纳米级测量方法的测量分辨力、测量精度、测量范围和最大测量速度见表 2.9-2。

表 2.9-2　纳米级测量方法的对比

测量方法	测量分辨力/nm	测量精度/nm	测量范围/nm	最大测量速度/(nm/s)
衍射光学尺测量法	1.0	5.0	5×10^7	10^6
双频激光干涉仪测量法	0.600	2.00	1×10^{12}	5×10^{10}
光外差干涉仪测量法	0.100	0.10	5×10^7	2.5×10^3
扫描隧道显微镜测量法	0.050	0.050	3×10^4	10
X 射线干涉仪测量法	0.005	0.010	2×10^5	3×10^{-3}
F-P 标准具测量法	0.001	0.001	5	5~10

1）光干涉测量技术。该法是利用光的干涉条纹以提高测量分辨力，激光、X 射线的波长很短，有很高的测量分辨力，适于纳米级测量。光干涉测量可用于尺寸、位移和表面形貌测量，常用的测量方法有双频激光干涉仪测量、衍射光学尺测量、光外差干涉仪测量、X 射线干涉仪测量和 F-P（Fabry-Perot）标准具测量等。

① X 射线干涉仪测量。将三块刻有光栅的单晶硅片平行放置，X 射线射入第一块硅片后产生衍射，其光束分为两路，经第二块硅片再次衍射，在与被测物相连的第三块硅片上光束汇合，产生干涉，形成干涉条纹。被测物每位移一个 Si（220）晶格间距 0.2nm 时，干涉信号变化一个周期。由干涉条纹和相位可实现 0.005nm 分辨力的位移测量，如图 2.9-3 所示。

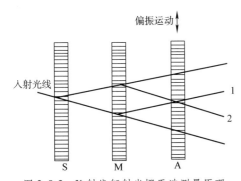

偏振运动

入射光线

1
2

S　　M　　A

图 2.9-3　X 射线衍射光栅干涉测量原理

② 衍射光学尺测量。衍射光学尺的结构与 X 射线干涉仪类似，也是用三块衍射光栅，最小栅距为 $1 \sim 5 \mu m$，采用多相位测量技术进行 1/1000 细分，分辨力达到 $1 \sim 10nm$。

③ F-P 标准具测量。F-P 标准具的核心部分是谐振腔，其主要元件是两块有一定距离高度平行放置的平面玻璃，该两平面玻璃位置固定不变，其内侧表面镀有较高振幅反射比的金属银或铝，具有高反射性。

如图 2.9-4 所示，一个可调谐激光器的光穿过 F-P 反射镜，激光频率被锁定在某一输出峰值处，将此被锁定的频率与一参考激光（碘稳频激光）进行比较，测出两者的频率差，即可测出 F-P 反射镜谐振腔长度的变化，对于腔长为 1cm 的谐振腔，1nm 的位移相当于谐振频率改变 47MHz，因此是一种频率跟踪 F-P 反射镜的测量系统。

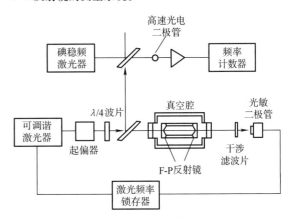

高速光电二极管

碘稳频激光器　　　频率计数器

λ/4波片　　真空腔　　光敏二极管

可调谐激光器

起偏器

F-P反射镜　　干涉滤波片

激光频率锁存器

图 2.9-4　频率跟踪 F-P 反射镜的测量原理

F-P 反射镜测量分辨力和测量精度很高，理论上测量分辨力可达 $10^{-7}nm$，但其结构复杂、制造精度高、调整难度大，因此其测量分辨力为 $10^{-3}nm$，其测量范围小，应用受到一定限制。

2）扫描探针显微测量技术。扫描探针显微测量是利用扫描电子显微镜的探针对被测表面进行非接触式扫描，由纳米级的三维位移定位控制系统测出被测表面的三维微观立体形貌，因此主要用于测量表面的微观尺寸和形貌。扫描探针显微镜的种类繁多，现主要介绍扫描隧道显微镜和原子力显微镜两种。

① 扫描隧道显微镜测量。扫描隧道显微镜的基本原理是基于量子力学的隧道效应。

当两个电极之间的距离为 1nm 时，由于量子力学中粒子的波动性，在外加电场的作用下，电流会穿过极间绝缘势垒，以一个电极流向另一个电极，形成隧道效应。当其中一个电极成为非常尖锐的探针时，由于尖端放电而使隧道电流加大，而且隧道电流与被测表面之间的距离（隧道间隙）非常敏感，对于金属被测表面，隧道间隙每减小 0.1nm，隧道电流将增加一个数量级。用探针在被测表面扫描时，从隧道电流的大小变化便可得到纳米级的三维表面形貌。通常探针用金属制成。

扫描隧道显微镜的测量有两种方式（见图 2.9-5）：

a. 等高测量方式。探针以不变高度在被测表面扫描，隧道电流将随被测表面高低起伏而变化，测量隧道电流变化即可测得被测表面形貌。这种方式只能用于被测表面高低起伏很小（<1nm）的情况，而且

隧道电流与被测表面的高低起伏是非线性的，因此应用很少。

b. 恒电流测量方式。恒电流测量方式采用反馈电流驱动探针，使探针在被测表面扫描时，保持隧道电流不变，从而使探针与被测表面的距离保持不变，探针就会跟踪被测表面高低起伏，从反馈电流信号即可测得被测表面形貌。这种方式提高了测量精度，测量分辨力可达 0.01nm，扩大了测量范围，被广泛采用。扫描隧道显微镜由纳米级三维位移定位系统（探针上下和水平扫描运动）、控制隧道电流恒定自动反馈系统、信号采集和数据处理系统等几部分组成。

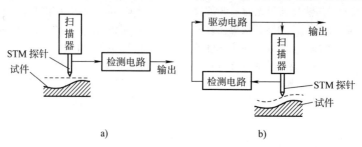

a)   b)

图 2.9-5　扫描隧道显微镜测量方式
a）等高测量方式　b）恒电流测量方式

② 原子力显微镜测量。原子力显微镜测量是利用原子间的作用力而进行测量，可用于非导体表面微观形貌的检测。

当两原子的距离减小到 Ù 级时，由于其间的相互作用造成势垒降低，使系统的总能量降低而产生吸引力。两原子的距离继续减小到原子直径时，由于原子间电子云的不相容性而产生排斥力。

原子力显微镜测量有接触式和非接触式两种方式。

a. 接触测量。探针和被测表面接触，可稳定获得被测表面形貌，分辨力比非接触测量要高得多，达

到原子级分辨力，因此早期应用较多，但接触时有碰撞和划伤，限制了应用范围，例如在检测聚合物、生物制品等较软工件表面就可能会造或损伤。

如图 2.9-6a 所示为原子力显微镜接触测量，探针在被测表面扫描时，保持探针在被测表面原子间的排斥力不变，常用的方法是将探针装在一个敏感的微力传感弹簧片构成的悬臂上，压向被测表面，其间的原子排斥力使针尖微微抬起，达到力的平衡。扫描时，悬臂的压力基本不变，因此探针将随被测表面的高低起伏而升降，测出其三维形貌。图 2.9-6b 所示

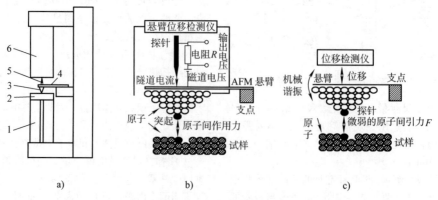

a)   b)   c)

图 2.9-6　原子力显微镜的结构原理
a）、b）接触测量　c）非接触测量
1—原子力显微镜扫描驱动　2—被测工件　3—原子力显微镜探针　4—微力弹簧片悬臂
5—扫描隧道显微镜探针　6—扫描隧道显微镜驱动

为其原理示意图。

b. 非接触测量。利用原子间的吸引力，探针和被测表面间距为 0.5~1nm。

在非接触原子力显微镜（Non-Contact AFM）上，利用调频检测法可实现原子级分辨力的检测，保持悬臂与工件表面的非接触状态，在接近悬臂的固有振动频率附近使其产生振动，振动频率会因悬臂与工件之间的力而变化，如图 2.9-6c 所示，高灵敏度地检测出其频率变化，便可得到分辨力极高的图像。

2. 表面物理力学性能测量

纳米级表层的物理力学性能主要有表层材料的显微硬度、弹性模量、屈服蠕变、应变速率和摩擦磨损等。

纳米级表层的物理力学性能的检测方法有纳米压痕法、X 光衍射应力测试法、基体材料弯曲应力测量法和薄膜拉伸测量应力应变法等。

（1）纳米压痕法

可测量和基体相连材料表层的多项力学性能，当改变加载力大小而改变压痕深度时，还可以测量表层材料不同深度的力学性能，因此是检测表层的物理力学性能的主要方法。

纳米压痕法即显微力学探针检测法，是用金刚石探针针尖，在极小力的作用下，在被测表面压出纳米级或微米级压痕，根据压痕大小来检测显微硬度；通过连续记录探针针尖逐步加载压入和逐步卸载退出被测表层全过程的压痕深度变化，便可以测量表层面材料的弹性模量、屈服蠕变、应变速率等多项力学性能，如图 2.9-7 所示。图 2.9-7 中加载时，ab 段为弹性变形区，bc 段为弹性变形和塑性变形区。卸载时，cd 段为完全弹性恢复区。假若压痕全部是弹性变形，载荷和压痕深度应为线性关系，可将 cd 段延长成 ce 段，其斜率为 $S_{max} = \mathrm{d}F/\mathrm{d}h$。因压痕同时有弹性变形和塑性变形，故卸载曲线为 cdf，残余压深为 h_r。

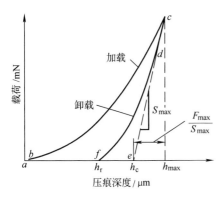

图 2.9-7　显微力学探针在加载和卸载过程中压痕深度的变化曲线

图 2.9-8 所示为显微力学探针检测系统结构原理图。

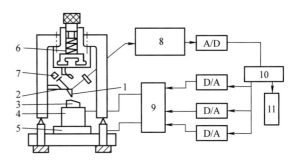

图 2.9-8　显微力学探针检测系统结构原理图
1—金刚石探针　2—微力弹簧片　3—被测工件
4—Z 向压电微位移工作台　5—X-Y 微位移
工作台　6—Z 向粗调和半精调机构　7—激
光位移检测系统　8—位移信号检测放大
9—压电传感器驱动系统　10—计算机
11—压痕深度显示

（2）X 光衍射应力测试法

可测量和基体相连材料表层的、一定深度内的综合力学性能。

2.9.4　纳米级典型产品

1. 纳米级器件

纳米级器件是指原子开关、原子继电器、单电子晶体管和量子点等原子级器件和量子级器件，主要是电子器件。

（1）原子级器件

1）原子开关。它是一个原子级的电子开关，可实现单个电子通过隧道的控制，从而可使原子通过或去除。

2）原子继电器。在一维原子链中嵌入开关原子，形成栅栏，即通过电场使开关原子进入或退出原子链，使被控制的原子链呈导通或截止状态。

3）单电子晶体管。在 100nm 厚的金膜上生长 0.5~1nm 厚的 ZrO_2 层，在其上再形成直径 4~5nm 的金粒，将扫描隧道显微镜探针对准金粒上方，就构成了不对称的双隧道结构体系。由于库仑阻塞效应，不对称双隧道结构的伏安特性呈台阶状。在双隧道结构器件的岛区接一普通电容，并用栅压通过此电容来控制岛区的电势，就构成了单电子晶体管。这种器件的电导随栅压作周期性振荡，每振荡一周期相当于岛区增加一个电子。

（2）量子级器件

典型的量子级器件有量子点，它是把电子限制在点状结构中的一种器件，是用分子束外延方法制造出厚度为纳米级的半导体薄层，使电子约束在量子域中的一个平面上运动，使其仅有一维自由度，生产出几乎是一个原子接一个原子排列起来的新结构。运用复杂的电子束光刻-金属镀膜-蚀刻工艺，能制出边长为10nm的方形量子点和量子点阵列，可作为功能极强的计算机芯片和半导体激光器基片材料。

2. 微型机械

考虑到当前的技术水平，微型机械的特征尺寸范围可以认为在 $1\mu m \sim 10mm$，在其尺度范围内按其特征尺寸可分为 $1 \sim 10mm$ 小型机械、$1\mu m \sim 1mm$ 微型机械和利用生物工程和分子组装可实现的 $1nm \sim 1\mu m$ 纳米机械三个等级。

微型机械的范畴很广，可以分为微型零件、微型元器件、微型装置和系统以及微型产品等。

1）微型零件。例如微型膜、微型梁、微型针、微型齿轮、微型凸轮、微型弹簧、微型沟道、微型锥体、微型连杆等。

2）微型元器件。例如微型轴承、微型阀、微型泵、微型喷嘴、微型电动机、微型探针、微开关、微扬声器、微型仪表、微型传感器等。微型传感器的敏感量有：位置、速度、加速度、力、力矩、流量、温度、湿度、酸碱度、磁场、离子浓度、气体成分等。

3）微型装置和系统。例如微型电主轴、微型工作台、微型液压系统、微型惯导装置和微型控制系统等。

4）微型产品。例如微型机床、微型汽车、微型汽轮机、微型飞机、微型坦克、微型舰船和微型人造卫星等。

3. 微型机电系统（Micro Electro Mechanical Systems，MEMS）

微型机电系统是指集微型机构、微型传感器、微型执行器、信号处理、控制电路、接口、通信、电源等于一体的微型机电器件或综合体，它是美国的惯用词，日本仍习惯地称为微型机械（Micromachine），欧洲称之为微型系统（Microsystems），现在大多称为微型机电系统。

微型机电系统可分为输入、传感器、信号处理、执行器等独立的功能单位，其输入是力、光、声、温度、化学等物化信号，通过传感器转换为电信号，经过模拟或数字信号处理后，由执行器与外界作用。各个微型机电系统可以采用光、磁等物理量的数字或模拟信号、通过接口与其他微型机电系统进行通信，如图 2.9-9 所示。

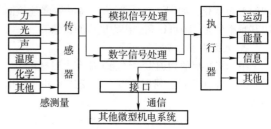

图 2.9-9　微型机电系统

典型的微型机电系统有齿轮传动、电动机传动、气动元件或液压元件和微动钳等，图 2.9-10 所示为微型电动机。

图 2.9-10　微型电动机

微型机电系统在生物医学、航空航天、国防、工业、农业、交通和信息等多个部门均有广泛的应用前景。

2.10　精密加工与纳米加工的工作环境

精密加工与纳米加工工艺系统需要工作环境的支持，才能达到预期的效果，它们主要有空气环境、热环境、振动环境、声环境、光环境和静电环境等，见表 2.10-1。

2.10.1　空气的洁净控制

1. 空气的洁净

空气中分布了各种尘埃和微粒等物质，越接近地面尘埃和微粒等物质越多，城市中的尘埃和微粒等物质多于农村。尘埃和微粒等物质来自大自然和人类的各种活动，如人的动作、生产过程（如切削）等，表 2.10-2 列出了尘埃的分布情况。在城市的日常环境中，大气含有大量直径在 $0.5\mu m$ 以上的尘埃和微粒。

尘埃和微粒等物质对精密加工和纳米加工有很大危害，例如可能会划伤被加工工件表面，影响表面质

表 2.10-1　精密加工与纳米加工的工作环境要求

支持环境	控 制 要 求
空气环境	洁净度、气流速度、压力、有害气体等
热环境	温度、湿度、表面热辐射等
振动环境	频率、加速度、位移、微振动等
声环境	噪声、频率、声压等
光环境	照度、眩光、色彩等
静电环境	静电量、电磁波、放射线等

表 2.10-2　城市日常环境中的尘埃含量

场　　所	尘埃粒子数 /[个/0.028m³(1ft³)]
工厂、车站、学校	2000000
百货店、办公室、药房	1000000
住宅	600000
室外(住宅区)	500000
病房、门诊部	150000
手术室	50000

量。我国拟定的空气洁净度等级规范见表 2.10-3。

由于直径大于 $0.5\mu m$ 的尘埃对精密加工和超精密加工的危害最大，故通常以立方英尺体积中直径大于 $0.5\mu m$ 的尘埃数来表示空气净化的等级。

2. 精密加工和纳米加工的空气净化控制

空气净化可进行整个房间的净化，称为净化室（间）或超净室（间），也可以进行局部净化，如净化工作台、净化腔等。空气的净化有以下一些方法。

1）滤清。进行空气净化的方法主要是滤清，空气过滤器是空气净化的主要设备，其主要性能指标有效率、阻力、容尘量、风速和滤速等，见表 2.10-4。

2）风淋和工作服。工作人员在进入净化室之前应更换特制的无尘服，进行风淋后再进入净化室，以控制人员活动时产生的尘埃。

3）空气正压控制。在净化工作台或净化腔内通过正压洁净空气，可防止外界空气进入，以保持净化等级。

表 2.10-3　空气洁净度等级规范

净化等级	100 级	1000 级	10000 级	100000 级	普通净化车间
每立方英尺空气中直径>0.5μm 的尘埃数不超过	10^2	10^3	10^4	10^5	5×10^7
每立方米空气中直径>0.5μm 的尘埃数不超过	$\approx35\times10^2$	$\approx35\times10^3$	$\approx35\times10^4$	$\approx35\times10^5$	$\approx176.57\times10^7$

表 2.10-4　空气过滤器

类　　别	有效的捕集尘埃直径/μm	计数效率(%)(对直径为 0.3μm 尘埃)	阻力/Pa
粗效过滤器	>10	<20	≤30
中效过滤器	≥1	20~90	≤100
亚高效过滤器	≥0.5	90~99.9	≤150
0.3μm 级过滤器	≥0.3	≥99.91	≤250
0.1μm 级过滤器	≥0.1	≥99.999(对直径为 0.1μm 尘埃)	≈250

2.10.2　空气的温度控制

1. 空气的温度

精密加工和超精密加工时，室温的变化对加工精度的影响很大，由热变形而产生的误差占总加工误差的比例可高达 50%。温度控制应从恒温室、局部恒温、设备（机床）的恒温等几个方面来解决。

恒温条件主要有温度基数和温度精度两个衡量指标。

温度基数是指空气的平均温度。对于精密测量，温度基数是 20℃。对于精密加工和装配，温度基数可以是 20℃，和测量时相同；也可以随季节而变化，在春天和秋天取 20℃，夏天取 23℃，冬天取 17℃，这种方案不会影响加工精度，又能节省恒温费用，已

经得到国内外的认同。

温度精度是指相对于平均温度所允许的偏差值，它表示温度变动范围，并由它决定恒温等级，表 2.10-5 列出了恒温等级。

表 2.10-5　恒温等级

等级	标准温度/℃	允许温度差别/℃	湿度	应用场合
0.01 级	20	±0.01	55%~60%	计量标准超精密加工
0.1 级	20	±0.1		
0.2 级	20	±0.2		精密测量、超精密加工、精密刻线
0.5 级	20	±0.5		
1 级	20	±1		普通精密加工
2 级	20	±2		

2. 精密加工和纳米加工的温度控制

精密加工和纳米加工对恒温的要求可用温度基数和温度变动范围来控制，并应从恒温室、局部恒温、设备（机床）工作空间的恒温等几个方面来解决。温度控制有以下一些举措：

1）采用空调设备。主要通过加热设备和冷却设备送出一定温度的恒温空气，用于恒温室和局部恒温的控制。

2）液体恒温。设备（机床）的工作空间恒温可采用恒温冷却液的方法，例如淋浴法等。

3）控制工作人员。人体本身就是热源，应严格控制在恒温室内的工作人员，管理人员应在恒温室外进行工作，参观应在恒温室外通过封闭的大玻璃窗观察。

2.10.3 空气的湿度控制

1. 空气的湿度

精密加工和纳米加工对环境的相对湿度也有一定的要求，相对湿度是指空气中水蒸气分压力和同温度下饱和水蒸气分压力之比，反映了空气中水蒸气含量接近饱和的程度。

2. 空气湿度的影响

湿度低于30%时，有些材料会因干燥而变脆，静电力的作用会使尘埃更易吸附在物体表面，某些半导体器件易于发生击穿。

湿度高会使机床和仪器产生锈蚀；光学镜头产生霉斑，严重影响设备的性能；电路系统存在短路隐患；空气中的水分子将使工作表面黏附的尘埃产生化学反应而难以清除。

湿度一般应控制在30%～45%之间。湿度的波动范围相应规定为±10%、±5%和±2%三个等级，一些半导体工业甚至要求湿度波动范围为±1%。

3. 湿度控制

湿度主要采用加湿设备和减湿设备来控制，例如采用加湿器、吸湿剂和热湿交换器等。

2.10.4 振动环境及其控制

1. 振动来源与隔振类别

1）振动来源。在精密加工和超精密加工时，振动对加工质量的影响来自两个方面：一方面是机床内部的振动，如回转零件的不平衡，零件或部件刚度不足等；另一方面是来自机床外部，由地基传入的振动，这就必须用防振地基和防振装置来隔离。

2）隔振类别。隔振系统可以分为两大类：

① 积极隔振。隔振是防止设备发生的振动传给地基。

② 消极隔振。隔振是防止由地基传来的振动传给设备。精密和超精密加工中的隔振系统都属于消极隔振。防止精密和超精密加工设备不受外来振动的影响。

2. 精密机床和超精密机床的隔振措施

常用的隔振方法有以下两种类型：

1）防振地基。图2.10-1所示为一超精密机床或精密仪器的防振地基，它由基础、防振沟、隔振器等组成。在防振要求不高的情况下，可将基础直接放在土壤上。防振沟主要防止水平方向振动传给加工系统。

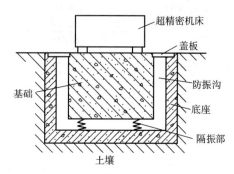

图2.10-1　超精密机床或精密仪器的防振地基

2）隔振器。主要有空气弹簧（垫）、金属弹簧、橡胶、塑料、玻璃纤维和软木等，其适用范围如图2.10-2所示。

空气弹簧由胶囊和气室两部分组成，气室又有主气室和辅助气室，两者之间由可调阻尼孔相连。一定压力的压缩氮气储于气罐中，经减压阀、开关通入辅助气室，再经可调阻尼孔传入主气室到气囊。改变充气压力可得到不同的阻尼值，阻尼系数一般为0.15～0.5。主气室的气体压强，一般为200～500kPa。空气弹簧的气路系统见图2.10-3，其结构原理见图2.10-4，主气室为钢制容器，气压作用在顶盖2的下端面上，将被隔振对象向上浮起，从而起到隔振作用。

胶囊内充入压力气体后，在垂直方向和水平方向均有一定刚度。当被隔振对象振动时，压力气体就在主气室和辅助气室之间经阻尼孔往复流动，因阻尼而减振。空气弹簧是在柔性密闭容器中充入压力气体的一种弹性阻尼元件，是一种利用空气内能的减振器。

空气弹簧作为一种弹簧支承，一般用于金属平台的隔振，用三个相互等距成三角形放置的空气弹簧支承一块平台，并使平台的重心与三支承等距，即可构成精密工作台或精密仪器基座。

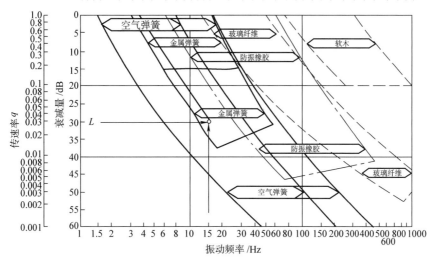

图 2.10-2　常用隔振器的适用范围

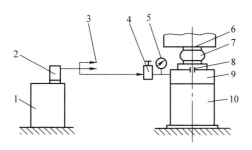

图 2.10-3　空气弹簧气路系统图

1—储气罐　2—减压阀　3—气路管道
4—开关　5—压力表　6—主气室
7—气囊　8—可调阻尼孔　9—辅
助气室　10—支承基座

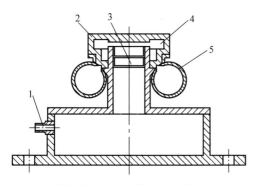

图 2.10-4　空气弹簧结构原理

1—管接头　2—钢制顶盖　3—可调阻
尼孔　4—主气囊　5—辅助气室

2.10.5　噪声环境及其控制

1. 噪声的来源、影响及其表示

（1）噪声的来源和影响

噪声是声音的一种，是指使人难于承受和对工作有妨碍的声音。图 2.10-5 表示了噪声对人及工作的影响。

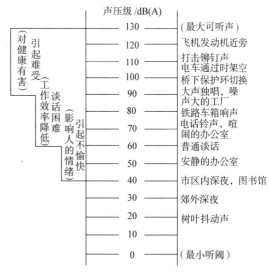

图 2.10-5　噪声对人及工作的影响

工业中的噪声主要来自空气动力、液压动力、机械运动和电磁等方面。动力噪声来自气流、液流运动时压力突变引起的振动。机械噪声是机械设备运动副中的摩擦、振动所造成。电磁噪声是指电动机、电磁铁、继电器等电器装置所造成。

洁净室恒温的噪声主要来自风机送、排风、使用压缩空气、机床等设备运转、液压系统运动、电动机运转等。另一方面来自建筑物传递的振动波也不容忽视。

（2）噪声的表示

噪声的物理度量可用声压、声功率和声强等来表示。通常多使用声压表示，它是指声波在介质中传播时，介质中的压力与静压的差值，用 p 表示，单位为 Pa（N/m^2）。

正常人的人耳所能听到的最小声压称为声阈，把声阈作为基准声压 p_0，其值为 2×10^{-5}Pa，用相对量的对数值来表示声压的大小，称之为声压级 Lp，其单位为分贝（dB）。

$$Lp = 20\lg(p/p_0)$$

衡量恒温洁净室噪声的主要指标为主观标准，可从三方面来分析：

1）噪声使人产生烦恼情绪。分为极安静、很安静、较安静、稍嫌吵闹、比较吵闹和极吵闹七个等级。

2）噪声对工作效率的影响。分为集中精神高影响率、动作准确性影响率和工作速度影响率三个方面。一般噪声在 70dB 以下对工作效率影响不大。

3）噪声对综合通信的干扰。分为清楚或满意、稍困难、困难和不可能四个等级。

通常 65dB 以下能保证一般通话。

2. 噪声的控制

噪声是不可避免的，必须有所控制。在分析振源的基础上，可采取隔声、吸声、消声等措施。

1）隔声。将噪声源单独安放在一个隔声间内，或用隔声罩隔离，阻碍声波的传递。

2）吸声。采用吸声材料如超细玻璃丝、聚氨酯泡沫塑料等来吸声，减小声音的传播和反射，主要用于建筑物内工作地的天花板、墙壁等处进行铺设，在隔声间、隔声罩内壁上也可使用。

3）消声。采用专门的消声器来控制声音的传播。消声器是由不同消声原理构成的独立器件，多用于洁净恒温室等多种场合，有阻性、抗性、共振性等多种形式。

2.10.6 其他环境及其控制

精密加工和纳米加工的环境要求除洁净、温度、湿度、振动、噪声外，还有光环境、静电环境、防电磁干扰、防射线等要求。

1. 光环境

室内照明可分为全局照明、局部照明和混合照明三种形式。通常精密加工和纳米加工洁净恒温室的照明为混合照明，有全室的一般照明和局部的加强照明。

光环境有照明量和照明质量两个主要指标，即照度和眩光，此外还有光的颜色。

1）照度。照度是衡量照明量的指标，用被照面积上所接收的光通量来表示，单位为 lx。表 2.10-6 表示了我国规定的无采光窗洁净恒温工作面上的最低照度。

表 2.10-6　无采光窗洁净恒温工作面上的最低照度

识别对象的最小尺寸 d 及场所/mm	视觉工作分类		亮度对比	照度/lx	
	等　级			混合照明	一般照明
$d \leqslant 0.15$	I	甲	小	2500	500
		乙	大	1500	300
$0.15 < d \leqslant 0.3$	II	甲	小	1000	300
		乙	大	750	200
$0.3 < d \leqslant 0.6$	III	甲	小	750	200
		乙	大	750	150
$d > 0.6$	IV	—	—	750	150
通道、休息室	—		—	—	100
暗房工作室	—		—	—	30

2）眩光。眩光是衡量照明质量的指标，眩光是由于在视线附近有高亮度光源或是由于光表面反射出的高亮度光源和极高的亮度对比等原因造成，如使用裸灯泡、光源悬挂高度不当、亮度分布不均匀、缺少全局照明和室外光源的照射或反射等都会引起眩光的产生。

眩光的表示方法之一是用眩光常数 G

$$G = 4.167 B_s^{1.6} \omega^{2.3} / B_b$$

式中　　B_s——光源 s 的照度（lx）；

$\quad\quad\quad B_b$——光源以外的背景平均照度（lx）；

$\quad\quad\quad \omega$——由眼睛看到光源 s 的立体角（sr）。

眩光常数值越小，眩光越弱，人的感觉越舒服。表 2.10-7 为眩光常数值 G 与不舒适程度的关系。

表 2.10-7　眩光常数值 G 与不舒适程度的关系

G	眩光引起的不舒适程度
600	不堪忍受
150	不舒适
35	尚可
8	感觉不到眩光

2. 静电环境

精密加工和纳米加工对静电环境的要求是很严格的。

在洁净恒温室中，操作人员的工作服、建筑物地面和墙面的材料都会积聚静电；一些机械运动和工艺操作也会产生静电，从而产生干扰，影响电器元件的正常工作。

静电会使一些尘埃吸附在工件表面上，造成污染。

静电放电产生的热甚至会引起火灾和爆炸，对洁净恒温室的工作影响很大。

2.10.7　精密加工与纳米加工的环境设计

精密加工与纳米加工环境的洁净、恒温、湿度和防振等所能达到的精度和效果不但要有高灵敏度传感器和精密调节的控制系统，而且与其环境的综合设计和控制有密切关系。环境设计应考虑以下一些问题。

1. 递阶等级结构设计

要在大面积范围进行恒温室和净化是很困难的，造价高，维持费高，不经济，因此应按照实际需要，分出等级。高精度的恒温往往只能在小范围内实现。因此，可考虑采取车间、大室（间）、小室（间）、工作空间等分层次等级的结构形式。

1）恒温洁净车间。大面积的精密加工车间恒温净化要求较低。

2）大恒温洁净室（间）。大恒温洁净室的恒温净化要求比车间要高一些，如超精密加工机床、精密仪器、仪表的装配等工作地。

3）小恒温洁净室（间）。小恒温洁净室对恒温和净化的要求最高，可采用大恒温室内套小恒温室，其空心墙内通入恒温空气，或在大恒温的地下建造小恒温室。

4）恒温洁净工作腔。对于一些要求很高的精密恒温净化的工作腔，除采用大恒温洁净室、小恒温洁净室的措施外，而且要对设备（机床）本身进行恒温净化。可在小恒温洁净室内放置的设备上建造整体恒温罩，或在设备内建造局部恒温工作空间来达到工作环境的要求。

对于有些需要恒温净化的工作腔，在没有恒温净化的大环境下，也可以直接采取对工作空间进行局部恒温净化的方法来达到所需的工作环境要求。

对于机床设备的工作空间可以采用淋浴式和热管式等方法进行恒温处理。热管是将金属圆筒容器抽成真空后注入少量丙酮等易挥发的液体，将它密封起来。圆筒的内壁有镍丝或玻璃丝编织的纤维，形成具有毛细管作用的材料，见图 2.10-6。再由热管的一端受热时，内部的工作液汽化并由于压力差向冷端移动，在冷端冷凝为液体，被毛细管材料吸收送回热端，从而很快达到温度均化，因此具有极高的热传导率。将热管装于机床上，形成冷却系统，能迅速传热保持机床各部分温度均匀，减少热变形。

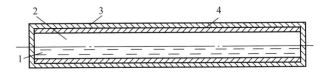

图 2.10-6　热管
1—易挥发液体　2—真空　3—金属容器　4—毛细管材料

2. 气流组织设计

气流组织通常称为送风，其作用是把尘埃有效地排出去，阻止外界的尘埃进入，并使空间的温度、湿度、尘埃分布均匀。

气流组织的方式可分为乱流和层流两种方式。

1）乱流方式。洁净恒温的气流由顶部通过几个通风口送入室内，由地面或接近地面的墙壁处回气，气流自上而下，与尘埃重力沉降方向一致，称之为上送下排方式，由于空气流向比较乱，是一种乱流形式，如图 2.10-7 所示。这种方式的缺点是洁净度不够高，通常只能达到 1000~10000 级的水平，且温度不够均匀，由于热空气会上升，因此进入的恒温空气要低于欲保持的恒温温度值才能有效。这种方式结构较简单、造价低，应用较广。

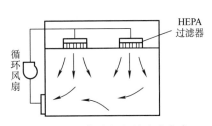

图 2.10-7　气流组织的乱流方式

2）层流方式。洁净恒温的气流从房间整个天花板、墙面或地板上经所装高效过滤器均匀送入室内，从对面方向的整个地板、墙面或天花板上所装回风口均匀排出，气流呈平行稳定状态，无乱流，空气洁净效果好，可达 100 级或更高，室内温度也比较均匀。

从气流的方向来分，层流方式可以分为垂直层流和水平层流两种。

垂直层流是指气流呈上下方式，又可分为上送下排和下送上排两种。上送下排方式应用较多，如图2.10-8所示。下送上排方式是从地面上送气，其方向与尘埃重力沉降方向相反，尘埃可随气流从上部排出，效果较好。

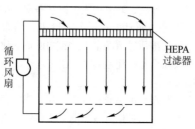

图 2.10-8　气流组织的垂直层流方式

水平层流是指气流呈水平方式，为侧送侧排，当然也可分为左送右排或右送左排，视房屋结构和需求而定，它容易造成室内水平方向温度不均匀，由于气流方向与尘埃重力沉降方向垂直，因此风速应大一些，使上层尘埃能被气流带走而排出，如图2.10-9所示。

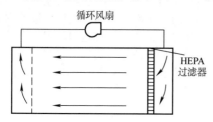

图 2.10-9　气流组织的水平层流方式

3. 正压控制设计

为了保持工作环境的洁净恒温，防止外部空气的渗入是一个重要举措，为此需要保持恒温净化室内有一定的正压。

恒温净化室内的正压通常是靠送入的风量大于排出的风量来达到的。因此如果空间很大，则所需要送入的风量就很大；同时，正压值的大小也应有一个适当要求，正压值较高，可有利于防止外界空气渗入，但所需送入的风量加大，相应的空气过滤器的容量也要增大；它们都会增加运行费用。通常可考虑洁净室与一般工作室之间的压力差为 14.7Pa，不同级别洁净室之间的压力差为 4.9Pa。

正压控制一般用于小恒温净化室和工作空间比较合适。

4. 精密加工与纳米加工的工作环境设计

精密加工与纳米加工时工作环境的要求很多，但也各有重点不同，可按实际需求提供不同等级的环境支撑，例如恒温室、洁净室、恒温洁净室、恒温防振洁净室等。

精密加工与纳米加工的工作环境应具有：

1）层流式洁净、恒温和恒湿。

2）防振地基、柔性地板地面（不传播走步振动）。

3）低噪声。

4）照明适度、均匀、无眩光。

5）人体防静电、防电磁干扰。

6）使用维修方便。

参 考 文 献

［1］ 微细加工技术编委. 微细加工技术［M］. 朱怀义，赵巾奎，译. 北京：科学出版社，1983.

［2］ Norio Taniguchi. Current Status and Future Tread of, Ultraprecision Machining and Ultrafine Materials Processing. Annals of the CIRP, 32 (2)：1983.

［3］ 小林昭. 超精密加工技术实用マニアル［M］. 东京：新技术开发セソター一，1985.

［4］ 王先逵. 机械制造工艺学（上、下册）［M］. 北京：清华大学出版社，1989.

［5］ 孟少农. 机械加工工艺手册［M］. 北京：机械工业出版社，1991.

［6］ 航空制造工程手册总编委会. 航空制造工程手册［M］. 北京：航空工业出版社，1996.

［7］ 袁哲俊，王先逵. 精密和超精密加工技术［M］. 3 版. 北京：机械工业出版社，2016.

［8］ 王先逵. 精密加工技术实用手册［M］. 北京：机械工业出版社，2001.

［9］ 张世昌. 先进制造技术［M］. 天津：天津大学出版社，2004.

［10］ 袁哲俊. 纳米科学和技术的新进展［J］. 制造技术与机床，2004（8）：21-30

［11］ 李伟. 先进制造技术［M］. 北京：机械工业出版社，2005.

［12］ 王振龙，等. 微细加工技术［M］. 北京：国防工业出版社，2005.

［13］ 纳米技术手册编辑委员会. 纳米技术手册［M］. 王鸣阳，郭成言，葛璜，刘彬，译. 北京：科学出版社，2005.

［14］ 袁哲俊. 纳米科学与技术［M］. 哈尔滨：哈尔滨工业大学出版社，2005.

第 3 章

微细加工技术

主　编　王振龙　张　甲（哈尔滨工业大学）
参　编　周丽杰（哈尔滨理工大学）

3.1　微细加工技术概述

3.1.1　微机械及微机电系统

微机械及微机电系统（Micro Electro Mechanical System, MEMS）是 20 世纪 80 年代后期发展起来的一门新学科，它涉及微电子、信息、材料、能源、制造、控制、测试以及纳米技术等多学科，具有典型的学科交叉特点。在 21 世纪前 20 年中，微机械及微机电系统已被广泛地应用于医疗、生物工程、信息、航空航天、半导体工业、军事、汽车等领域（见图 3.1-1），对国防军事、国民经济、人民生活等产生了深远的影响。

微机械及微机电系统具有传统机械设备的组成要素（见图 3.1-2），且传感与控制在微机电系统中占有更加重要的地位。随着尺寸的减小，它们具有以下特征：

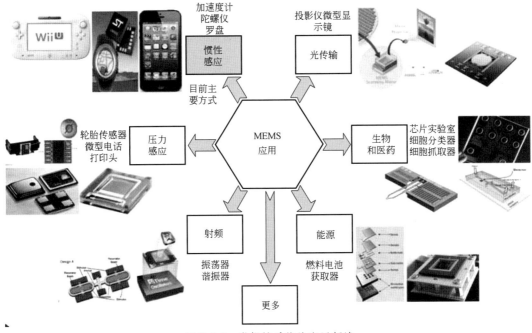

图 3.1-1　微机械系统的应用领域

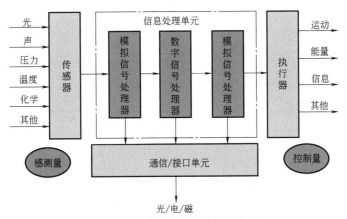

图 3.1-2　微机电系统的结构模型

1）体积小、质量小、结构坚固、精度高。其体积可小至亚微米以下，质量可小至纳克，尺寸精度可高达纳米级。已经制出了直径细如发丝的齿轮、能开动的 3mm 大小的汽车和花生大小的飞机。

2）能耗小、响应快、灵敏度高。完成相同的工作，微机械所消耗的能量仅为传统机械的十几分之一或几十分之一，而运作速度却可达其 10 倍以上。如微型泵的体积可以做到 5mm×5mm×0.7mm，远小于小型泵，但其流速却可达到小型泵的 1000 倍，由于机电一体的微机械不存在信号延迟等问题，因此更适合高速工作。

3）性能稳定、可靠、一致性好。由于微机械器件的体积极小，几乎不受热膨胀、噪声及挠曲变形等因素的影响，因此其具有较高的抗干扰能力，可在较差的工作环境下稳定工作。

4）多功能化和智能化。许多微机械集传感器、执行器和电子控制电路等为一体，特别是应用智能材料和智能结构后，更利于实现微机械的多功能和智能化。

5）适于大批量生产，制造成本低廉。微机械能够采用与半导体制造工艺类似的生产方法，像超大规模集成电路芯片一样，一次制成大量完全相同的零部件，因而可以大幅度降低制造成本。

微机械技术综合应用了当今世界科学技术的尖端成果，是影响产业竞争力的基础技术之一。它的发展将对未来世界科技、经济和社会等诸多领域产生重大变革。微机械技术的发展离不开设计理论、材料、加工技术、集成与装配、信号测量与处理等方面的支撑，而这些又与对应基础学科密切相关，图 3.1-3 所示为微机械及其支撑体系框图。

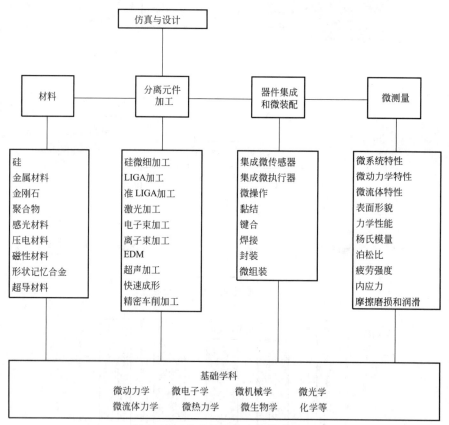

图 3.1-3　微机械及其支撑体系框图

3.1.2　微细加工方法

为了适应微机械及微机电系统的发展，加工方法和加工技术必须做出相应变化。研究者对传统加工技术不断升级，发展出了精密和超精密加工技术，将加工精度提高了 2~3 个数量级，在一段时间内，大幅提升微机械及微机电系统的发展水平。同时，由东京工业大学谷口纪男教授提出的纳米技术，为微机械的发展注入了新的活力。

本手册中所述的微细加工技术主要指能够制造微小尺寸零件的加工技术总称，包括微细切削加工技术、微细电加工技术、高能场加工技术、生长型微细加工技术、硅微细加工技术、LIGA 技术、纳米压印技术、自组装技术和扫描探针技术。上述诸多微细加工技术从被加工对象的形成过程上，大致可分为 3 大类：①分离加工，将材料的某一部分分离出去的加工方式，如切削、电加工、刻蚀、溅射等。分离加工大致可以分为切削加工、磨料加工、特种加工及复合加工等。②结合加工，同种或不同种材料的附加或相互结合的加工方式，如打印、蒸镀、沉积、生长、组装等。结合加工可以分为附着、注入和接合三类。附着是指在材料基体上附加一层材料；注入是指材料表层经处理后产生物理性能、化学性能、力学性能的改变，也可称之为表面改性；接合则是指焊接、黏结等。③变形加工，使材料形状发生改变的加工方式，如塑性变形加工、流体变形加工等。表 3.1-1 列出了一些常用的微细加工方法。

表 3.1-1　常用的微细加工方法

分类		加工方法	精度/μm，表面粗糙度 Ra/μm	特殊要求	可加工材料	应用范围
分离加工	切削加工	金刚石车削	0.1~1，0.008~0.05	无	有色金属及其合金	球、反射镜、磁盘、多面棱体等
		微细钻削	10~20，0.2	无	低碳钢、铜、铝等	喷嘴、化纤喷丝板、印制电路板等
	磨削加工	微细磨削	0.5~5，0.008~0.05	无	黑色金属、硬脆材料	集成电路片、平面、外圆加工等
		研磨	0.1~1，0.008~0.025	研磨液	金属、半导体、玻璃等	硅片基片、平面、孔、外圆加工
		抛光	0.1~1，0.008~0.025	抛光液	金属、半导体、玻璃等	硅片基片、平面、孔、外圆加工
		砂带研抛	0.1~1，0.008~0.01	无	金属、非金属	平面、外圆
		弹性发射加工	0.001~0.1，0.008~0.025	混合液	金属、非金属	硅片基片
		喷射加工	5，0.01~0.02	混合液	金属、玻璃、石英、橡胶	刻槽、切断、图案成形、破碎
	特种加工	微细电火花加工	1~50，0.01~0.1	绝缘液	导电金属、非金属	轴、孔、槽、方孔、型腔
		电解加工	3~100，0.05~1.25	电解液	导电金属、非金属	去毛刺、打孔、套料、型腔
		超声波加工	5~30，0.04~2.5	无	硬脆材料	孔、槽、切片
		电子束加工	1~10，0.12~6.3	真空	任意材料	打孔、切割、光刻
		离子束加工	0.001~0.01，0.01~0.02	真空	任意材料	表面微除去、刻蚀、刃磨
		激光束加工	1~10，0.12~6.3	无	任意材料	打孔、切割、划线
		光刻加工	0.1，0.2~2.5	真空	金属、非金属、半导体	刻线、图案成形
	复合加工	电解磨削	1~20，0.01~0.08	工作液	各种材料	刃磨、成形、平面、内圆
		电解抛光	1~10，0.008~0.05	电解液	金属、半导体	平面、外圆、型面、细金属丝、槽平面
		化学抛光	0.01，0.01	工作液	金属、半导体	
结合加工	附着加工	蒸镀	—	无	金属	镀膜、半导体器件
		分子束镀膜	—	真空	金属	镀膜、半导体器件
		分子束外延生长	—	真空	金属	半导体器件
		离子束镀膜	—	真空	金属、非金属	半导体器件、刀具、工具
		电镀	—	工作液	金属	图案成形、印制电路板
		电铸	—	无	金属	栅网、喷丝板、钟表零件
		喷镀	—	无	金属、非金属	图案成形、表面改性
	注入加工	离子注入	—	真空	金属、非金属	半导体掺杂
		氧化、阳极氧化	—	无	金属	绝缘层
		扩散	—	无	金属、半导体	掺杂、渗碳、表面改性
		激光表面处理	—	无	金属	表面改性、表面热处理

（续）

分类		加工方法	精度/μm,表面粗糙度 Ra/μm	特殊要求	可加工材料	应用范围
结合加工	结合加工	电子束焊接	—	真空	金属	难熔金属、化学性能活泼金属
		超声波焊接	—	无	金属	集成电路引线
		激光焊接	—	无	金属、非金属	钟表零件、电子零件
变形加工		压力加工	—	无	金属	精冲、拉拔、波导管、衍射光栅
		铸造	—	无	金属、非金属	集成电路封装、引线

3.1.3 微细加工技术的应用

微细加工技术主要针对微机械和 MEMS 的需求而产生和发展的，因此它的应用也是跟后者的制造需求密切相关的，表 3.1-2 列举了常见的微机械产品及其所采用的微细加工技术。

表 3.1-2　常见的微机械产品及其所采用的微细加工技术

微机械产品	主要应用领域	研制国家及单位	采用的主要工艺方法
硅压力传感器	航空航天、医疗器械	美国斯坦福大学、加州弗里蒙特新传感器制造公司，日本横河电机公司等	异向刻蚀工艺及加硼控制法
微加速度传感器	航空航天、汽车工业	美国斯坦福大学、加州弗里蒙特新传感器制造公司，德国卡尔斯鲁厄核研究中心微结构技术研究所，瑞士纳沙泰尔电子和微型技术公司	制版术和刻蚀工艺、LIGA 技术
微型温度传感器	航空航天、汽车工业	美国斯坦福大学、加州弗里蒙特新传感器制造公司等	制版术和刻蚀工艺
螺旋状振动式压力传感器和加速度传感器	航空航天、汽车工业	德国慕尼黑夫琅霍费固体工艺研究所等	制版术和刻蚀工艺
智能传感器	微机器人	德国菲林根施韦宁根技术研究所	制版术和刻蚀工艺
微型冷却器	航空航天和电子工业	美国斯坦福大学、加州弗里蒙特新传感器制造公司等	制版术和异向刻蚀工艺
硅材油墨喷嘴	计算机设备	美国斯坦福大学	异向刻蚀工艺
分离同位素的微喷嘴	核工业	德国卡尔斯鲁厄核研究中心微结构技术研究所等	LIGA 技术
微型泵	医疗器械和电子线路	日本东京大学、荷兰特温特大学、德国慕尼黑夫琅霍费固体工艺研究所等	光刻工艺和堆装技术
微型阀	医疗器械	德国慕尼黑夫琅霍费固体工艺研究所等	制版术和刻蚀工艺
微型开关（密度 12400 个/cm²）	航空航天和武器工业	美国明尼苏达州大学	制版术和异向刻蚀工艺
微齿轮、微弹簧、微叶片、微轴、孔等	微执行机构	美国加州大学伯克利分校、日本东京大学等	牺牲层技术、制版术和刻蚀工艺、微型电火花加工等
直径 60μm 的静电微电极	计算机和通信系统的控制	美国加州大学伯克利分校和麻省理工学院	牺牲层技术

在表 3.1-2 所述微机械产品中，MEMS 产品独树一帜，其制造成本和出货量等关键指标均高于其他类型的微机械。MEMS 产品通常把微传感器、微执行器、微机械元件、处理电路等要素集成在同一个基板上。它利用集成电路生产过程中的成熟工艺和技术，进行低成本、大规模生产。MEMS 市场的主要产品有打印机墨水喷嘴、加速度计、压力传感器、陀螺仪、原子力显微镜探针、微流体芯片、微流道、扫描仪、数字微镜、光开关、红外摄像元件、光调制器和硬盘驱动头等。据麦姆斯咨询机构发布的《MEMS 产业现状-2019 版》数据显示，2018 年的半导体市场已经达到近 4700 亿美元的规模，跟随半导体发展的 MEMS 市场达到 128 亿美元。

在传统领域，MEMS 惯性传感器在消费类应用中将继续成为市场需求的"主旋律"，如汽车传感器、智能手机、MEMS 麦克风、喷墨打印头、光学 MEMS、射频 MEMS、惯性和压力 MEMS 器件。除了传统市场需求，MEMS 器件将拓展新的功能和应用领域，如用于人机交互接口的 MEMS 麦克风，用于激光雷达等 3D 传感的 MEMS 微镜，用于汽车夜视和高级驾驶辅助系统感知的微测辐射热计，用于高分辨率打印的 MEMS 喷墨打印头。"医疗领域的可穿戴设备"和"工业领域的机器健康监测"将促进分立式惯性 MEMS 传感器发展，"汽车领域的自动驾驶"将促进惯性测量单元（IMU）增长等。

3.2　微细切削加工技术

3.2.1　微细切削加工概述

在通常情况下，组成零件材料的晶粒直径在几微米至几百微米量级，传统的切削加工发生在晶粒之间或缺陷位置处，所需要的切削功率密度较低。随着零件尺寸的微小型化，在强度和刚度方面都不允许采用较大的背吃刀量和进给量，二者尺度接近或小于晶粒直径，切削过程更多发生在晶粒内部，需要克服原子、分子间的作用力。这些特征使得微小零件的切削加工表现出异于传统切削加工的机制和过程，产生了新的微细切削加工技术。本节首先简要介绍微细切削加工的总体特征，然后对微细车削、微细铣削、微细钻削、微细冲压、微细磨料喷射等加工技术等进行详细探讨。

目前平面硅工艺加工技术虽然可以达到极小的加工尺寸（<5nm）和较高的加工精度（<1.5nm），但只适于特定材料以及二维和准三维形状的加工，不能满足微机械零件材料多样化、结构三维化、功能复杂化、批量柔性化的发展趋势。微细切削加工技术由于具有加工精度高、成本低、效率高、三维加工能力强、适用工件材料范围广等优点，已成为微细加工的重要手段，在近几年得到了飞速发展。微细切削加工技术是建立在传统机械切削加工技术基础之上的，并融合应用超精密加工技术、数控机床技术、CAD/CAM 技术、超精密检测技术、微小型刀具设计制造技术等发展起来的，针对微小型零部件及装配的一种微细加工技术。

微细切削加工技术适用于加工表面粗糙度值和几何精度在数十纳米至微米之间的微小零件。由于受到机床刀具及加工方式等多方面的约束，微细切削有其

加工极限，虽然不能达到原子级的加工水平，但仍能满足微小型零件和各种微小型三维结构件的加工需求。随着微小型刀具研制、微小型位置检测、微小型机床研制水平的提高，微细切削的加工对象和应用范围在逐渐扩大，如微机电引信中的微小型三维高承载金属结构件，制导兵器中的微机械陀螺、微惯性器件等，都成为微细切削技术的重点应用领域。而微小型复杂、异形、高强度、多尺度金属结构件的加工对微细切削技术提出了更高的要求，迫切需要我们对微细切削的有关基础理论进行研究，对微细切削的工艺方法进行总结和相关的工艺试验研究。

1. 尺度效应

在微加工过程中，由于零部件整体或局部尺寸的缩小而引起的在成形机理及材料变形规律上表现出不同于传统成形过程的现象，称为尺度效应。它的产生与切屑极薄层密切相关，当切屑层厚度与材料晶粒尺寸相当或小于后者时，宏观切削研究时进行的假设条件将不再成立。例如，表面力相对体积力极其微小，而忽略表面力的相关作用；假设材料为均匀连续介质而忽略材料微观结构中的缺陷；假设温度场连续而建立起来的温度梯度概念和热流矢量概念等。因此，研究微细切削的相关机理，弄清微细切削加工特点，从而对整个加工工艺系统及加工工艺技术研究，都必须考虑到尺度效应。具体可以从以下三方面考虑：

（1）微表面力学的尺度效应

长度尺寸通常用于表征作用力类型的基本特征量，表面力和体积力分别用基本特征量的二次方和三次方来标度。显然，宏观切削中表面力远小于体积力，可以忽略；随着尺度减小，表面力逐渐增大，将

与体积力达到同一数量级,甚至超过体积力,此时就必须考虑表面力对切削加工的重要影响。在微细切削加工中,表面力主要表现为切屑与刀具前刀面摩擦力和后刀面与零件表面挤压和耕犁产生的摩擦力。此时,表面力将形成主要的切削力,表面力学和表面物理效应将起主导作用,宏观尺度下的设计和分析方法将不再适用。

由于表面物理效应起主导作用,表面原子比例增多,原子配位不足和高的表面能,使表面原子的活性很高且不稳定,极易与其他原子发生结合等相互作用。这种原子间的相互作用力本质上属于短程力($<1\text{nm}$),但其累积效果可导致大于 $0.1\mu\text{m}$ 的长程作用。其次,相互接触表面之间存在的范德瓦耳斯力也不容忽视,虽然它在所有作用力中最弱且为短程力,但在大量分子和原子体系以及极大表面积时,其可以产生大于 $0.1\mu\text{m}$ 的长程作用,且作用效果显著。此外,工件表面带电粒子之间的相互作用产生的静电力,属于长程作用力,它与粒子之间的距离的平方成反比,在距离小于 $0.1\mu\text{m}$ 时表现尤为突出,当距离大于 $10\mu\text{m}$ 后仍然显著。

(2) 微摩擦学的尺度效应

微切削过程中的表面力主要表现为不同接触面上的摩擦力,这些摩擦可分为静摩擦、滑动摩擦等。其中静摩擦在一些悬臂结构的加工中表现得尤为突出,切削过程由于静摩擦的作用使悬臂结构牢固地黏附在它所依附的衬底表面,造成结构或零件的失效。滑动摩擦与表面温度密切相关,表面力在引起摩擦磨损的同时导致表界面温度升高,加之微细切削的切削体积较小,会造成单位切削面积上的热量集中,散热不好,从而使得微细切削过程中必须考虑温升对于滑动摩擦的影响,经典的摩擦定律在此失效,摩擦力的大小主要依赖于接触面积的大小和形态。因此,可以通过改变刀具前后刀面的形貌来改变接触面的大小和形态,进而控制微细切削中产生的摩擦力,改善摩擦状态。

(3) 微传热的尺度效应

在微观尺度下,金属材料中热传输过程的机制是电子与声子之间的相互作用,而在半导体和绝缘体中则完全取决于声子散射。在切削厚度方向上,由于传输能量的电子和声子的数量及速度有限,温度场将不再连续,使温度梯度的概念失效,且热流矢量概念也失效。这是微细切削中传热不同于宏观传热理论的一个重要方面。

由于切削层参数极小,工件材料将被视为非均匀、非连续的各向异性体,从而使热传输介质出现错位和非连续缺陷,微尺度传热和散热方式需要更进一步研究。

综上所述,由于尺寸减小,许多宏观切削中假设的前提、形成的理论、获得的规律将不再适用微细切削加工。例如,宏观尺度下材料的热导率保持不变,但理论和试验都表明随着尺寸的减小,热导率可降低 $1\sim2$ 个数量级(如当金刚石薄膜厚度从 $30\mu\text{m}$ 减小到 $5\mu\text{m}$ 时,热导率降低为其 $1/4$)。因此,对于微细切削的研究需要首先明确尺度效应对其产生的影响。

2. 切削参数的特征

(1) 最小切削厚度

在机械加工工艺系统已定的条件下,刀具的刃口半径(r_n)是必然存在的,在宏观切削过程中,由于切削层参数远远大于刃口半径,可以将刃口合理地简化为一条线;而在微细切削中,切削层参数可能与刃口半径在同一数量级,甚至更小,因此不能再对刃口进行简单的简化。在极薄切削的情况下,存在一个最小切削厚度(h_{Dmin}),即为刀具能够稳定切削的最小有效切削厚度。因此,在建立微细切削模型时需要考虑切削厚度大于或小于 h_{Dmin} 的两类不同情况。根据图 3.2-1a 中的微切削模型,可建立图 3.2-1b 所示的微切削中刀具与工件的弹性变形。由于刀具刃口半径的存在,h_{Dmin} 的计算公式为

$$h_{\text{Dmin}} = r_n \left(1 - \frac{\sin\omega + \mu\cos\omega}{\sqrt{1+\mu^2}} \right) \qquad (3.2\text{-}1)$$

式中　r_n——刀具的刃口半径;

　　　μ——工件材料的摩擦因数(如采用金刚石刀具切削铝合金时摩擦因数为 $0.12\sim0.26$);

　　　ω——正应力方向与切削速度方向的夹角。

在微细切削加工中通常采用超硬刀具材料,如金刚石、立方氮化硼等。最小切削厚度 h_{Dmin} 与 r_n、μ、ω 之间的关系见表 3.2-1。

当切削厚度小于 h_{Dmin} 时,将不会产生切屑,剪切区长度 L 由剪切区域刀具和工件接触部分的弧长求得,此区域即为刀具压入工件表面的区域。

$$L = \frac{\arccos\left(\dfrac{r_n - a_c}{r_n}\right) \pi r_n}{180} \qquad (3.2\text{-}2)$$

式中　a_c——刀具刃口分形点至工件外圆的距离。

当切削厚度大于 h_{Dmin} 时,将在前刀面产生切屑,同时后刀面将与工件材料表面发生强烈的挤压和摩擦,工件上过渡表面发生弹性变形并从后刀面流出,弹性变形得以回复,因此,此时的切削模型将变为如图 3.2-1 所示,影响最终工件尺寸的重要参数为工件表面的弹性回复量 δ_2。

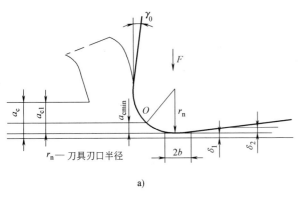
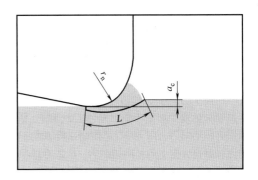

a) b)

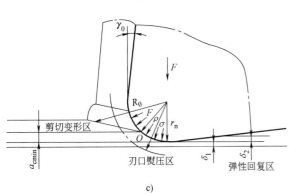
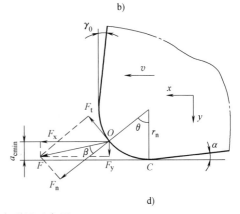

c) d)

图 3.2-1　微细切削中三个变形区示意图

a) 刀具与工件之间的弹性变形　b) 未产生切屑时的切削变形区　c) 后刀面弹性回复区　d) 最小切削厚度时的切削力

表 3.2-1　最小切削厚度 h_{Dmin} 与 r_n、μ、ω 之间的关系

h_{Dmin}	$\omega = 38°$	$\omega = 40°$	$\omega = 42°$	$\omega = 45°$
$\mu = 0.12$	$0.295r_n$	$0.271r_n$	$0.246r_n$	$0.214r_n$
$\mu = 0.26$	$0.206r_n$	$0.158r_n$	$0.165r_n$	$0.138r_n$

$$|\delta_2| = \int_\rho^{R_0} \varepsilon_{re} dr + \int_{r_n}^{\rho} \varepsilon_{rp} dr = \int_\rho^{\infty} \frac{3\tau}{2E_2}\left(\frac{\rho}{r}\right) dr +$$

$$\int_{r_n}^{\rho} \frac{3\tau}{2E_2} dr = \frac{3\tau}{2E_2}(2\rho - r_n) \quad (3.2\text{-}3)$$

式中　ρ——切削刃曲率中心至弹、塑性边界的半径;

　　　τ——工件材料的剪切屈服应力;

　　　E_2——工件材料的弹性模量。

根据塑性理论,可将式 (3.2-3) 简化得到弹性回复量与刃口半径的关系

$$\frac{\delta_2}{r_n} = \frac{3\beta}{4}\left(2e^{\alpha - \frac{1}{2}} - 1\right) \quad (3.2\text{-}4)$$

式中　α——切削时内应力在 y 方向上的分量系数;

　　　β——y 方向上的内应力与工件材料弹性模量之间的系数。

由式 (3.2-4) 可知,已加工表面的弹性回复量将由刀具刃口半径、工件的硬度和抗拉强度之比、抗拉强度和弹性模量之比三个因素决定。对于大多数金属材料取 $\alpha = 3$,对于缺陷少的材料取 $\beta = 0.01$,从而得到 $\delta_2/r_n = 0.17$,表面工件材料的弹性回复约为刀具刃口半径的20%。

如图 3.2-1c 所示,由于刀具钝圆半径的存在和切削厚度极小,与传统切削方式不同,微细切削具有明显的尺寸效应,存在最小切削厚度 h_{Dmin},该数值可以通过理论公式、有限元仿真和试验测量等方式求解。在建模理论方面,通常在传统切削理论公式基础上,考虑微切削过程中刃口钝圆半径、切屑变形系数、有效工作前角、工件材料回弹造成滑擦力等,对切削理论公式进行修正。此外,利用微元法并考虑上述微切削工艺过程的特点,建立微细切削理论模型。理论模型的求解通常需要借助数值求解方法,并采用有限元软件和分子动力学软件,研究切削过程中材料去除机理、应力-应变变化、力-热耦合现象等。

随着切削尺度的减小,前刀面参与切削的面积越来越小,材料去除主要依靠切削刃附件区域,参与切削的实际刀具前角 (γ_e) 将变为负值,其大小可用式 (3.2-5) 表示,这是微细切削的典型特征。

$$\gamma_e = -\arcsin\left(\frac{2r_n - a_c}{2r_n}\right) \qquad (3.2-5)$$

式中 a_c——切削层厚度。

由式（3.2-5）可以看出，随着切削层厚度的减小，前角值逐渐增大，对切削力也造成相应的影响。

在最小切削厚度的情况下，切削平面内，切削临界点 O 处的受力如图 3.2-1d 所示，F_t 和 F_n 是该点的摩擦力和法向力，F_x 和 F_y 是切削速度方向上的主切削力和垂直方向上的径向切削力，β 是刀具与工件之间的摩擦角。由图 3.2-1d 可建立式（3.2-6）的切削力计算公式。

$$\begin{cases} F_x = F_n\sin\theta + F_t\cos\theta = F_n\sin\theta + \mu F_n\cos\theta \\ F_y = F_n\cos\theta - F_t\sin\theta = F_n\cos\theta - \mu F_n\sin\theta \end{cases}$$
$$(3.2-6)$$

（2）切削力

由于微小零件的尺寸特点，使得微细切削加工中背吃刀量和进给量必须很小，宏观切削力小，但单位面积切削力很大，且切削力随着背吃刀量的减小而增大，吃刀抗力大于主切削力，这些都是微细切削中表现出的特有的尺寸效应。例如，背吃刀量为 0.1mm 的普通切削，切削应力为 0.5GPa；背吃刀量为 0.8μm 的微细切削，切削应力达 10GPa。此外，由于切削刃刃口钝圆半径的存在，刀具可能工作在负前角条件下，切屑变形大；同时为了克服晶粒内部的原子、分子间作用力，单位面积切削力急剧增大。

（3）切削温度

与传统切削加工相比，由于通常采用金刚石刀具且切削用量小，热导率高，故切削温度较低；同时，刀具锋利，容易磨损，使切削温度有所上升。

（4）切削过程的复杂性

由于上述微细切削加工中刀具几何参数和切削用量的特点，使微细切削加工中三个变形区过程变得更加复杂，尤其是第三变形区。刀具与工件之间摩擦，工件弹性回复后与刀具后面的摩擦将会引起刀具急剧磨损，产生切削热，影响加工表面的完整性。当切削层厚度与刃口半径处于同一数量级时，刀具实际工作形成的负前角切削产生滑擦和耕犁现象对切削过程影响较大，使加工表面质量变差。

3. 微细切削加工的主要条件

要实现微小型零件的微细切削加工，所必需的三个条件分别为：①微细切削加工机床与夹具；②微细切削刀具及其刃磨技术；③高性能被加工材料、零件检测技术、零件加工工艺、环境技术等。

（1）微细切削加工机床与夹具

微细切削加工机床是最重要的微细加工设备，其组成主要包含主轴、导轨、床身、检测和微进给装置及系统。总体要求：①各轴能够实现纳米级运动精度；②高灵敏及高精度运动伺服系统；③主轴高转速和极小跳动；④高精度定位及重复定位精度；⑤机床结构高刚度及低热变形结构；⑥稳固的刀具夹持和高重复夹持精度。其中，刀具专用夹具是微细切削加工的关键之一。

微细主轴是实现微小型零件加工的关键部件之一，它应当具有高速、高刚度、高回转精度、高热稳定性等特性。微细切削加工用主轴主要分为两种：一种是气动涡轮式主轴，如美国 Mohawk Innovative Technology 公司开发的空气涡轮式微主轴，最高转速大于 700000r/min；回转精度可达 8～50nm；另一种是微电主轴，如日本产业技术综合研究所（AIST）开发的最高转速达 300000r/min，径向圆跳动小于 0.3μm，见图 3.2-2。电主轴通常采用陶瓷球轴承和磁悬浮轴承。

图 3.2-2　典型的微细切削机床及组成的装配线

进给工作台作为微机床的重要移动部件，其运动　　速度、精度、分辨率、响应速度等都直接关系到机床的加工性能。上述特性均与工作台的驱动部件和导向支撑方式密切相关。在微驱动方式方面主要有高精度伺服电动机、压电陶瓷、音圈电动机、超声波电动机等。英国诺丁汉大学 Axinte 等人利用直流伺服电动机驱动工作台，实现了工作行程 25mm，最大进给速度 300mm/s，最大加速度 $10m/s^2$，重复定位精度 $\pm0.1\mu m$。压电陶瓷、音圈电动机和超声波电动机等能够提高微量进给的分辨率、定位精度、响应速度等，目前主流的定位精度可达 $0.1\mu m$。进给工作台的支承部件主要有精密滚柱导轨和气液静压导轨两类，前者使用寿命长、承载能力强、动静摩擦力小、

定位精度可达亚微米级；后者导轨摩擦因数小、发热量小、运动精度高、平稳性好，广泛用于各类型微机床中。

机床床身需要高刚度和优异的热稳定性，这对床身材料和结构以及布局均提出了新的要求。目前微小型机床床身材料主要是花岗岩，它具有高阻尼、低振动、高热稳定性等优点；也有采用具有超低热胀系数的铁镍合金。在床身布局方面，采用气浮主轴与龙门式支撑结构结合的立式布局已成为目前的主流方式，但也存在着三角对称式、杠杆式、塔式、并联式等多样化结构。表 3.2-2 列出了典型微细切削加工机床。

表 3.2-2　典型微细切削加工机床

时间	国家	机床	主要尺寸/mm（长×宽×高）	主要技术参数	功能
1996	日本	微型车床	32×25×30.5	主轴转速 10000r/min，功率 1.5W	切削微黄铜柱工件直径 $60\mu m$，$Ra1.5\mu m$，圆柱度 $2.5\mu m$
		微型铣床	170×170×102	主轴转速 15600r/min，功率 36W	使用刀柄直径 3mm 铣削和钻削
		微型冲床	111×66×170	冲压力 3000N，功率 100W	60 件/min
		微型工厂	625×490×380	功率 60W	—
1998		微装配工厂	—	—	内窥镜光学微零件装配
		数控微型车床	—	功率 0.7W，金属去除率 $0.08\times10^{-6}mm^3/s$	$Ra0.06\mu m$，轴直径 $50\mu m$，长 $600\mu m$

（2）微细切削刀具

微细切削刀具是实现微细加工的重要保障条件。为了实现极薄切削参数（$10^{-4}\sim10^{-2}mm$），要求刀具必须具备：①刀具材料刃磨性优异，刃口钝圆半径极小，表面粗糙度值小。②切削刀具有高强度和高耐磨性，刀具寿命长。③刀具材料与被加工材料的亲和力小，不易发生黏结磨损或界面反应。

1）刀具材料。目前微细切削刀具材料通常采用金刚石、立方氮化硼、硬质合金、陶瓷、高速钢等，其中金刚石可以成批量获得钝圆半径小于 10nm 的刀具，从而获得最为广泛的应用。但也面临着高温氧化、石墨化、炭化等失效，主要用于切削温度小于 700~800℃的非铁基金属和非金属材料。由于硬度极高，金刚石只适合制作形状结构简单的刀具。硬质合金（晶粒尺寸为 $0.2\sim1.3\mu m$）具有抗弯强度高、韧性好、热稳定性好等特点，适合制造形状复杂的微铣刀、微钻头、微冲头等，用于黑色金属及难加工材料的切削加工。陶瓷具有高硬度、耐磨性好、化学稳定等特点，适合制造高速切削、难加工材料的切削刀具。高速钢具备优异的综合性能，在硬度、韧性、热硬性、耐磨性、耐热性等方面达到一定的平衡，综合

性能较高，因此适合制作结构复杂但对某一性能要求不高的微型钻头、铣刀、齿轮滚刀等，其成本比硬质合金低很多。典型刀具材料的硬度随温度的变化关系如图 3.2-3 所示。

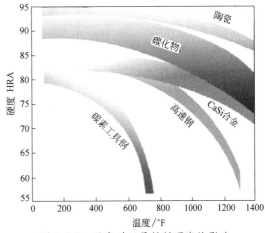

图 3.2-3　温度对刀具材料硬度的影响

注：$1℉=\frac{5}{9}K$。

除了上述整体式刀具材料外，刀具涂层技术在提高耐磨性、耐用性、热稳定性等方面发挥了重要作

用。通常采用的刀具涂层包括：类金刚石薄膜、氮化钛、氮化铝钛、氮化铬等薄膜。对于同一种涂层材料，在一定的涂层制造工艺条件下，影响其物理力学性能的因素主要有：薄膜晶粒尺寸、与刀具基体结合力、薄膜缺陷。颗粒越小，缺陷越少，所获得的涂层物理力学性能越高，达到的刀具效用增强效果也越明显。涂层制备方法主要分为物理气相沉积法和化学气相沉积法，前者主要用于非金刚石类涂层的制备，而后者主要针对金刚石薄膜制备。表 3.2-3 列出了微细刀具涂层材料、涂层制备技术及对应的加工工件材料。从表 3.2-3 中可以看出，TiAlN 涂层是使用最为广泛，且物理力学性能最好的涂层。

表 3.2-3 微细刀具涂层材料、涂层制备技术及对应的加工工件材料

序号	涂层材料	涂层制备技术	加工工件材料
1	金刚石	CVD,HPCVD	单晶硅,氧化锆陶瓷,Al 6061-T6
2	类金刚石	PECVD	Inconel 718
3	TiNAl	PVD	45 钢,不锈钢(X5CrNi18-10),高强度合金钢(AISI D2)
4	AlTiN	PRDCUMS,PVD	超级双相不锈钢（UNS S32750）、Ti-6Al-4V, Inconel 718, AA 6262-T6,硬化高速钢（S6-5-2,63 HRC),聚甲基丙烯酸甲酯（PMMA),奥氏体型不锈钢（X5CrNi18-10),硬性光学玻璃,钠钙玻璃,镍铬系不锈钢（JIS SUS304, ISO X5CrNi18-10)
5	TiAlSiN	PRDCUMS	Ti-6Al-4V
6	AlTiN/Si$_3$N$_4$	PVD	Inconel 718
7	CBN	—	Ti-6Al-4 V,单晶硅
8	TiN	PVD	奥氏体型不锈钢（X5CrNi18-10)
9	TiSiN	—	AISI P20 (29 HRC),AISI H13(45 HRC)
10	AlCrN	PVD	奥氏体型不锈钢(X5CrNi18-10)
11	CrN	PVD	奥氏体型不锈钢（X5CrNi18-10)

2) 刀具结构。在微细切削刀具结构方面，出现了多种新的刃形结构，如半圆形、三角形、正方形、六边形等。目前，微细切削刀具主要采用磨削方式进行制造，通常利用金刚石砂轮或辅以超声振动方式，可加工出直径小于 10μm、刀尖直径在亚微米量级、钝圆半径在几十纳米量级的刀具。此外，线电极电火花磨削、聚焦离子束刻蚀、激光加工等无宏观切削力的加工方法可获得极小特征尺寸的微细切削刀具。

3.2.2 微细车削加工技术

1. 微细车削机床

1988 年，日本通产省下属研究机构（Micro Machine Center，MMC）和日本机械工业实验室（Mechanical Engineering Laboratory，MEL）就开始了机床微型化的研究工作，并将其作为日本微机床技术国家项目的一部分。1996 年，日本机械工业实验室 M. Tanaka 等人开发出了世界上第一台微细车削机床（见图 3.2-4）。该机床总体尺寸为 32mm×25mm×30.5mm，质量约为 100g，主轴由直流电动机驱动，最高转速为 10000r/min，额定功率为 1.5W，工作台由压电陶瓷驱动，并通过奥林巴斯光栅尺寸（精度为 62.5nm）进行检测和反馈，可实现 0.4mm/s 的稳

定进给和直径 50μm、长度 600μm 的微小轴加工。该机床在对黄铜轴类零件车削试验中，可以加工出零件表面粗糙度 Ra 值为 0.06μm，圆柱度 2.5μm 的轴；机床材料去除率最大为 0.08μm/s，机床功率消耗仅为 0.8W。切削试验中的功率消耗仅为普通车床的 1/500。该微细车床的研制成功证明了加工机床的微小化是可行的，且消耗的功率极低。

此后，日本金泽大学 T. Yoneyama 等人开发出一台长约 200mm 的微细车床（见图 3.2-5a、b），主轴电动机的功率仅为 0.5W，通过联轴器驱动主轴，可实现主轴在 3000~15000r/min 范围内无级变速（见图 3.2-5b）。主轴的径向圆跳动量小于 1μm，工作台的进给分辨率可达 4nm。在对黄铜工件进行车削时可获得 1μm 以下的表面粗糙度值。此外，该微细车床能实现成形车削、切槽、车端面、钻孔、车螺纹等多种加工方式（见图 3.2-5c~h)；例如加工直径为 120μm，螺距为 12.5μm，螺牙为 60°的微丝杠（见图 3.2-5f），证实了尺寸特征为微米级别的微型零件可以通过切削加工的方式加工出来。1999 年 Shinanogawa 技术研发组织研制的车削中心，该机床能源消耗和占地面积分别为普通机床的 1/3 和 1/6。

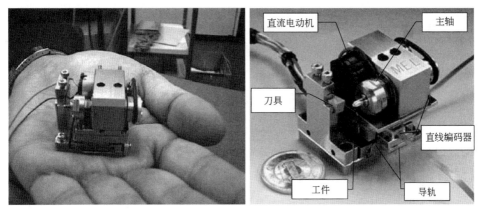

图 3.2-4　第一台微细车削机床及其主要零部件

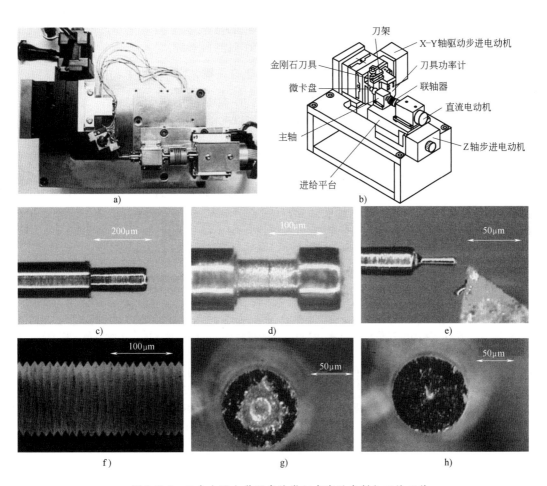

图 3.2-5　日本金泽大学研发的微细车床及车削加工的工件

a）微细车床　b）结构　c）成形车削　d）切槽加工　e）最小加工尺寸　f）螺纹车削　g）钻孔加工　h）端面车削

　　日本 NANO 株式会社已开发出多种微型机床，2005 年推出的 NANOWAVE 超小型精密数控车床，已达到商品化程度。除了单一的微车削机床外，车铣复合微加工中心也得到了发展，如 MTS3S 微型精密车削中心，其总体尺寸为 700mm × 500mm × 600mm；其左侧安装有转速为 20000r/min 的电主轴，右侧安装有可在 Y 轴和 Z 轴滑座上移动的八角转塔刀架，车刀截面尺寸为 10mm×10mm，气动回转刀具主轴的外径有 20mm、25mm 两种，切换时间为 0.5s。滑座 X 轴的行程为 52mm，Z 轴的行程为 102mm。由精密滚珠丝杠驱动，快速进给速度为 3000mm/min，最小进给量为 1μm。此外，NANO 公司提供油雾切削液装置和加工直径小于 1mm 孔用的 100000r/min 的气动主轴作为选配件。机床额定电功率为 100W，气源压力为 0.5MPa，流量为 10L/min。值得注意的是，该机床可以配置太阳能供电系统，体现绿色制造的理念。

Nagano 技术基金会组织了 22 家企业及研究机构，将"微型工厂"从理念设计到试验研发，再到商业化应用，全产业链发展。2003 年，该协会开发出车削中心（见图 3.2-2f），它包含三坐标轴、两主轴，带有自动换刀刀架，能够实现车削和铣削加工。此外，该协会其他成员单位在微型去毛刺机床、车床、钻床、铣床、电镀、装配机床方面进行大量的研发，目前已有部分机床实现了商品化。RIKEN 进行了高速微型铣床和磨床的研制。

随着日本微细加工技术及装备的发展，全球主要工业国家纷纷开展了相关的研究。美国佐治亚理工学院、麻省理工学院、加州大学伯克利分校、密歇根大学、威斯康辛大学等针对微制造系统开展了广泛的研究，一些研究成果已成功用于国防、航空航天、生物医疗等领域。例如，西北大学和伊利诺伊斯大学研制的微小型车床，其主轴转速可达到 200000r/min，进给分辨率为 0.5μm。密歇根大学研制的微加工单元可进行三维复杂曲面的加工，主轴采用气动涡轮机驱动，最高转速可达 20000r/min，主轴回转精度为 1μm，定位精度为 0.5μm。

国内，哈尔滨工业大学精密工程研究所率先开展了精密微细切削加工技术的研究，开发了多型微细精密车床、铣床等。例如，微小型超精密三轴联动数控铣床，其主轴最高转速为 160000r/min，回转精度达 1μm，工作台位置精度为 ±0.5μm，重复定位精度为 ±0.25μm。此外，长春理工大学、北京理工大学、北京航空航天大学、清华大学等也开展了卓有成效的研究工作。

2. 微细车削刀具

微细车削刀具是实现微细加工的重要的保证工装之一，除了上述介绍的刀具材料和总体刀具设计外，车削刀具的结构设计更为重要。对于微型车刀而言，如果生产批量较大，可以将普通外圆车刀设计为成形车刀，一方面可以提高微型刀具的强度，另一方面也可以提高加工效率。因此，对于微型车削刀具的设计，主要根据零件廓形来确定刀具形状。当车刀前角和后角均为 0°时，全部切削刃均在工件的中

心高度，即工件的水平轴向平面内。此时，零件的廓形即为刀具的廓形。当前角和后角都大于 0°时，刀具的廓形不重合于零件的廓形而产生了畸变，就必须对成形车刀进行修正设计。对于刃倾角 $\lambda_s = 0°$ 的径向成形车刀来说，刀具的廓形宽度与对应的零件廓形宽度相同，因此，成形车刀廓形设计的主要内容是根据零件的廓形深度和刀具的前角（γ_o）、后角（α_o）来修正计算成形车刀的廓形深度和与它相关的尺寸。通常根据刀具设计手册进行前角和后角的预选择，再考虑刀具强度和散热情况，对前角和后角进行再设计。在使用微型车刀进行车削加工时，由于零件的特征尺寸很小，或存在许多过渡表面，因此为了提高零件加工精度，微型刀具轨迹尽可能以直线为主，尽量避免对轮廓进行插补加工，防止因刀具尺寸过小、插补精度不够、编程复杂导致的零件加工失败。

3.2.3 微细铣削加工技术

1. 微细铣削机床

1998 年，MEL 开发了第一款微型铣床（见图 3.2-6a），铣床总体尺寸为 170mm×170mm×102mm，主轴采用无刷直流伺服电动机，转速可达 15600r/min，功率为 36W，使用直径为 3mm 刀柄，可进行平面铣削和孔钻削加工。AIST 开发了一款微型高速铣床（见图 3.2-6b），铣床底座尺寸为 450mm×300mm，其主轴采用无刷电动机，在功率为 60W 时，主轴转速高达 200000r/min。通过集成的数控系统，该铣床可对铝合金（A7075-T651）薄壁零件（厚度为 20μm）进行精密加工，工作台最大运动加速度可达 2g。Nanowave 公司一直致力于微型化机床的研发工作，图 3.2-6c、d 分别是 MTS4R 和 MTS6R 微型精密数控铣床。该微型铣床的十字滑座和立柱分别安装在大理石床身上，左侧的十字滑座上安装有工件夹头，右侧的立柱上安装有带电主轴铣头的滑座，主轴转速为 20000r/min。3 个坐标轴（X 轴、Y 轴、Z 轴）的滑座皆由精密滚珠丝杠、线性导轨驱动，行程分别为 52mm、52mm 和 32mm，最高进给速度为 3000mm/min，最小进给量为 1μm。铣刀刀柄和工件夹头的锥度为 BT05，可以夹持小直径的钻头和铣刀，最小加工孔径为 0.1mm。该公司也可提供滑座、主轴、工件和刀具交换装置等模块，供用户自行配置微型机床。例如，可提供 2 种不同规格的电主轴：①大力矩主轴，用于切削高硬度的金属材料，额定力矩为 0.294N·m，最高转速为 3000r/min。②高速平衡主轴，适用于加工表面质量要求高的工件，最高转速为 20000r/min。

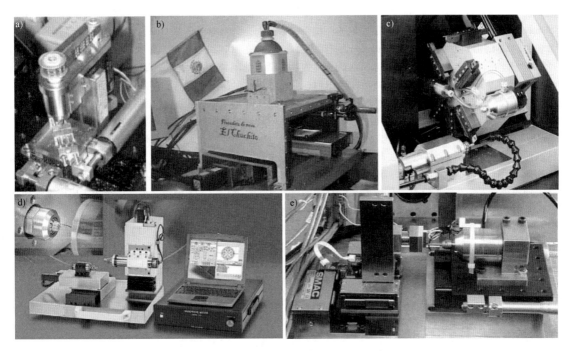

图 3.2-6　国际上几款典型的微型铣床

a）MEL 开发了第一款微型铣床　b）AIST 开发了一款微型高速铣床　c）Nanowave MTS4R

d）Nanowave MTS6R　e）伊利诺伊大学厄巴纳-香槟分校（UIUC）开发的微型铣床

2000 年之后，美国开始重视微细切削加工技术的发展，国家自然科学基金委、能源部、海军研究局、国家标准与技术研究所等机构，投入巨资进行相关技术研发，在以下三个方面进行研究：①新型微细加工技术概念、工艺等的基础研究。②机床和关键部件微小型化的原理探索；③商业化的微小型机械设备开发。在加工设备小型化方面，UIUC 开发的三轴和五轴桌面式加工中心；密歇根大学开发的三坐标轴两主轴微型化铣削磨削复合机床，专门用于陶瓷零件的加工；佐治亚理工学院和西北大学开发的多代微铣床；西北大学开发的微冲压机床；内布拉斯加林肯大学研发微细电火花、超声、电化学机床。例如，UI-UC 研制了一台微型铣床，主轴采用高速涡轮空气主轴，最高转速为 150000r/min，最大跳动量约为 1μm；坐标轴移动采用音圈电动机驱动，定位精度为 1μm，三个坐标轴（X 轴、Y 轴、Z 轴）力负载分别为 80N、42.5N 和 10N；整个坐标轴含有 Kistler9018 型三向测力仪以测量切削过程中的切削力（见图 3.2-6e）。密西根大学研制的小型铣床，整体尺寸为 270mm×190mm×220mm，其工作空间为 30mm×30mm×30mm，工作台定位精度达到 1.6μm，重复定位精度为 0.3μm，X 方向直线度为 ±0.2μm，Y 方向直线度为 ±0.3μm。该铣床采用 PMAC 运动控制卡为核心部件；

选步进电动机加滚珠丝杠传动副作为定位系统，定位分辨率达到 50nm；采用 NSK 气动主轴，最高转速为 120000r/min，主轴跳动度小于 1μm。

美国工业界也非常重视微细加工机床的研发。Atometric 公司开发的多代商业化微细切削数控加工中心包含三轴、四轴、五轴，最大载荷可达 2.73kg，主轴最高转速为 100000～200000r/min，各轴运动加速度大于 2g，最大运动速度为 30m/min，各轴位置精度为 0.6μm，分辨率为 0.1μm，重复定位精度为 0.3μm，带有自动刀库，含 14 把刀具。Microlution 公司专注生物-医疗方面的微细切削机床研发。Ingersoll Machine Tools 公司开发了几款微细切削机床，使用五轴加工。

韩国首尔国立大学 S. Oh 等人研制了一台五轴微铣床，其总体尺寸为 294mm×220mm×328mm。整个系统由 3 个直线平台和 2 个旋转平台及 1 个气动主轴组成。但每个平台没有配置编码器和位置传感器，这在一定程度上降低了系统的加工精度。

国内，哈尔滨工业大学精密工程研究所率先开展了微小型机床的研制。2005 年，孙雅洲等人报道了国内首台微型铣床（见图 3.2-7a），整体尺寸为 300mm×150mm×165mm。其主轴采用日本 NSK 空气涡轮，最高转速为 140000r/min，主轴跳动 2μm，装夹的微铣刀刀柄直径为 0.8~3mm。进给系统采用瑞士 Schneeberger 生产的 NKL 型交叉滚柱支承的三轴精密滑台，驱动采用以色列生产的 Nanomotion 压电陶瓷电动机，三轴（X 轴、Y 轴、Z 轴）行程分别为 30mm、30mm 和 25mm；利用 Renishaw 光栅尺作为检测反馈，实现 $0.1\mu m$ 进给精度。在该微铣床上，进行了直槽、圆环、薄壁梁、人脸等微结构的加工（见图 3.2-7b~d）。2006 年，王波等人研制出微小型三轴联动数控铣床，其整体尺寸为 300mm×300mm×290mm；采用压电陶瓷超声马达驱动滚动导轨的结构，主轴为空气涡轮驱动的空气静压主轴，同时采用了 PMAC 作为控制器，由光栅尺构成全闭环反馈（见图 3.2-7e、f）。主轴最大转速为 160000r/min，最大径向圆跳动为 $1\mu m$，驱动系统重复定位精度为

$0.25\mu m$，速度范围为 $1\mu m/s$~250mm/s，采用全闭环控制，分辨率可达 $0.1\mu m$，并在该机床上实现了特征尺寸在 10~200μm 带三维结构的惯性 MEMS 器件的微细铣削加工（见图 3.2-7g），加工精度为 ±1μm。此外，上海交通大学、西北工业大学、大连理工大学、北京理工大学、国防科技大学、南京航空航天大学等高校也纷纷开展了微细铣床的研制工作。

在企业方面，上海机床厂有限公司在国家科技重大专项的支持下，研发了纳米级微型数控磨床（2MNK9820，2012 年），其机构精巧、技术性能高、加工精度优越，为国内之最。该机床主要用于各种脆性材料、超硬合金、模具钢等材料的微小机电光学零件的超精度磨削加工，开创了我国微型机床自主研发的新时代。

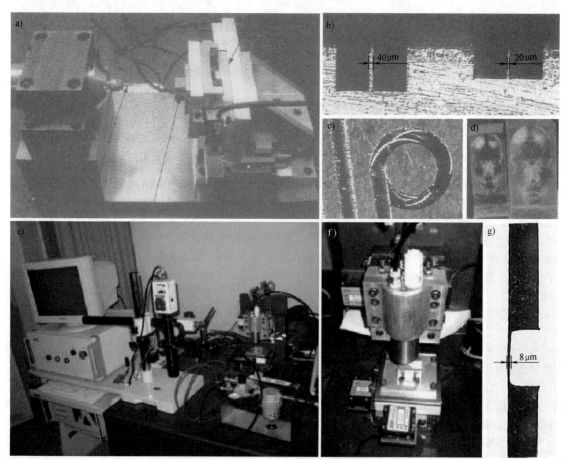

图 3.2-7　哈尔滨工业大学精密工程研究所开发的两款微型铣床及加工出的典型结构

a）首台卧式微型铣床　b~d）薄壁梁、直槽和圆环、人脸

e）、f）首台立式微型铣床系统及铣床结构图　g）带三维结构的惯性 MEMS 器件实物

2. 微细铣削刀具

微细铣削加工技术是目前微细切削加工中研究最多且应用最为广泛的技术，主要适用于零件总体尺寸在毫米级、特征尺寸在微米级、铣刀直径在 0.3mm 以下的场合。微铣削过程与常规尺度铣削有很大不同，突出表现在两个方面：一是刀具直径小、转速

高；二是背吃刀量小。加工特征尺寸的降低，必然要求刀具尺寸减小，从而导致刀具的强度和刚度减弱，刀尖处径向圆跳动严重，从而影响切削加工精度。同时为了保证加工效率，需要将主轴转速提高至几万转每分钟甚至是几十万转每分钟。由于刀具刚度和强度的降低，切削过程中背吃刀量较小，通常在几个微米以下。此时切削发生在晶粒的内部，具有明显的尺寸效应。

制造微铣刀的材料需要具备高强度和硬度、高耐磨性和耐热性，目前主流的材料包括硬质合金（占85%）、金刚石（占8%）和高速钢（占6%）。例如，日立公司已批量生产出硬质合金微铣刀，直径为100μm，定制款直径可达10μm。但要使用直径更小和尺寸更小的各种微细刀具，还需要借助特种加工技术来制作此类刀具，如聚焦离子束刻蚀（Focus Ion Beam，FIB）和线电极电火花磨削（Wire Electrical Discharge Grinding，WEDG）。这两类加工技术的特点为可控性强、刀具加工精度高、加工过程中无明显宏观力。目前，国内外研究机构研制的微细铣削刀具见表3.2-4。

表3.2-4　国内外研究机构研制的微细铣削刀具

国家	研究机构	刀具类型	刀具材料	刀具制造方法	结构特征及应用
德国	卡尔斯鲁厄工业大学	单刃	硬质合金	精密磨削	硬质合金晶粒为1~2μm，刀具直径为35~120μm，可用于加工黄铜、不锈钢
		单刃	硬质合金	精密磨削	刀具直径为10~50μm，可变螺旋角，可用于加工钛和PMMA材料
		双刃	硬质合金	聚焦离子束铣削	在52HRC工具钢上微细铣削出齿轮模具
		双刃	高速钢	激光加工	刀具材料热处理后硬度为57~64HRC，表面质量待改进
		单刃	硬质合金	微细电火花加工	刀具直径为30μm
	柏林工业大学	双刃	硬质合金	精密磨削	螺旋角为15°，刀具表面为TiAlN涂层；直径为100μm、长度为1.0mm；直径为0.5mm、长度为2.5mm
日本	神户大学	多刃	PCD	精密磨削+抛光	PCD晶粒尺度为0.5μm，铣刀直径为2mm，切削刃数量为20，前角为-20°，用于非球面陶瓷、硬质合金模具的塑性或铣削加工
	东京电子通讯大学	仿球头	单晶金刚石	抛光	半径为100μm，切削刃偏离旋转中心5~40μm，旋转时形成小于90°的圆锥，成功地加工出著名的"能面"
	九州大学	圆柱形	硬质合金	超声振动磨削	直径为11μm、长为160μm的圆柱形刀具
	近畿大学	D形	硬质合金	微细电火花加工	D形钻铣刀，刃口半径为0.5μm，在单晶硅材料上加工出直径为22μm、深90μm的孔
美国	桑迪亚国家实验室	多刃	硬质合金	聚焦离子束铣削	铣削刀具有2、4、5刃结构，直径为25μm；刃口半径约为40nm，切削刃表面粗糙度值低于0.05μm。用于铝合金、黄铜、钢、PMMA等材料的加工
	路易斯安那理工大学	多刃	高速钢	聚焦离子束铣削	2刃、4刃，直径为25μm，用于PMMA材料上槽的铣削加工
	加利福尼亚大学，沙迪克公司	多刃	PCD	微细电火花加工	0.2mm的六边形微铣刀，可加工硬质合金材料
新加坡	新加坡制造技术研究院	非球面	硬质合金	精密磨削	铣刀直径为200~1000μm，表面粗糙度值为10nm，面形精度为0.2~0.4μm
		D形、多刃	硬质合金	微细电火花加工	刀面形状为D形、三角形；直径为100μm

（续）

国家	研究机构	刀具类型	刀具材料	刀具制造方法	结构特征及应用
中国	南京航空航天大学	D形	硬质合金	微细电火花加工	刀头直径为 50μm 的微铣刀
		多刃	PCD	微细电火花加工	具有不同的前角和倾角的三角形刀具、四边形刀具和六边形刀具，切削刃直径为 0.5mm
	哈尔滨工业大学	球头	PCD	电火花加工+精密磨削	平前刀面型球头微铣刀和回转面型球头微铣刀，切削刃直径为 0.5mm，可切削 KDP 晶体材料
	北京理工大学	球头	硬质合金	精密磨削	新型微细球面铣刀，切削刃直径为 0.5mm，切削刃钝圆半径约为 1μm，斜圆柱倾斜角度基本为所设计的45°，可切削铸铁材料
	天津大学	多刃	硬质合金	聚焦离子束铣削	直径小于 50μm 2 刃和 3 刃微铣刀，纳米级锋锐刃口切削边缘长为 50μm

在微铣刀设计理论和方法上，目前仍无统一的标准，在形状上既有类似普通铣刀的螺旋形，也有三角形、四边形、半圆形、六边形等。在微铣刀的制造方面，目前的方法有精密磨削、超声振动磨削、聚焦离子束加工、激光加工、线电极电火花磨削等。

（1）精密磨削

精密磨削是微铣刀制造最常用也是最为成熟的方法。目前国内外都已实现了直径 100μm 微铣刀的商品化。该方法效率高，可加工的刀具材料广泛，形状多样，但也存在着刀具直径偏大，切削刃不连续、破碎，成品率较低等不足。对于单晶金刚石刀具，采用研磨方法加工出的前刀面上各处均一且无任何剥落（见图 3.2-8a），可以获得均一的切削刃，且刃口半径小于 40nm（见图 3.2-8c）；对比聚晶金刚石刀具，刃口存在金刚石颗粒脱落，从而导致刃口在亚微米尺度上的不一致（见图 3.2-8b），因此后者很难加工出镜面。图 3.2-8d 是各种超精密切削金刚石刀具。日本 A.L.M.T. 公司在金刚石及立方氮化硼（CBN）微型刀具制造方面处于世界领先地位，包括美国、德国、瑞士等制造业发达国家在超精密微细铣削刀具方面均采购该公司的产品。对于金刚石刀具，其切削刃的锋利程度（即刃口半径）和耐磨性（即刀具寿命）是决定刀具品质的关键参数，但二者又是相互冲突的，如何同时提高二者，达到共同提升是刀具设计和制造的关键。

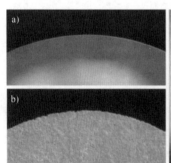

图 3.2-8 金刚石刀具及前刀面 SEM 图像

a）单晶金刚石刀具前刀面 b）聚晶金刚石刀具前刀面 c）单晶金刚石刀具切削刃 d）各种超精密切削金刚石刀具

（2）超声振动磨削

超声振动磨削是对精密磨削的一种改进，通过对金刚石砂轮施加高频振动来减少磨削力，从而获得直径更小的微铣刀。但超声振动磨削中对于磨削力的精确控制难度大，不断的力冲击可能造成刀具刃口破损等问题，刀具成品率偏低。

（3）聚焦离子束加工

利用聚焦离子束（Focus Ion Beam，FIB）制备微细刀具，通常以镓离子作为刻蚀源，通过聚焦、偏转、束流、扫描等控制系统，得到一束高能聚焦的镓离子束作为加工工具。镓离子作用于待加工的工件表面，将产生溅射刻蚀作用，逐步去除材料；通常每个入射镓离子可以去除 3~5 个工件材料原子，因此可以精确地控制材料的去除；在大束流密度情况下，材料的去除率可达 $0.5\mu m^3/s$，中等复杂程度的微型铣刀可在 2h 内完成制造。利用 FIB 技术可加工钨合金、高速钢、单晶金刚石等，配合工作台的伺服运动，可以加工出结构复杂的微型铣刀。FIB 技术也是这类铣刀制造的典型工艺方法，所加工的微型刀具尺寸为 15~100μm，刃口半径小于 20nm，降低了切削力，抑制加工中产生的毛刺，但该工艺的不足之处在于入射离子束能量呈高斯分布，沿离子束的轴向去除的材料比沿周向去除的材料多。

利用聚焦离子束技术，国内外众多学者制造出多种类微型刀具，例如美国桑迪亚国家实验室（Sandia National Laboratories，SNL）的 D. P. Adams 等人通过多次 FIB 刻蚀，在高速钢（M42 HSS）上制作出微型螺纹刀具，其加工过程示意图如图 3.2-9a 所示。加工过程中保持工件不动，箭头方向为离子束入射方向，束流密度设定在 2nA，整个刀具制作时长约为 3h。若将束流密度提高到 20nA（商用离子源标准值），制作时长将小于 30min。由此可见，FIB 技术在复杂微型刀具的制作方面具备很强的加工能力（见图 3.2-9b、c）。FIB 加工的金刚石刀具切削刃刃口半径可达 40nm，表面粗糙度值小于 40nm。此外，FIB 在金刚石刀具制作中占有重要的地位，由于金刚石材料的特点，在微型刀具的加工中，其他加工技术几乎无法采用。

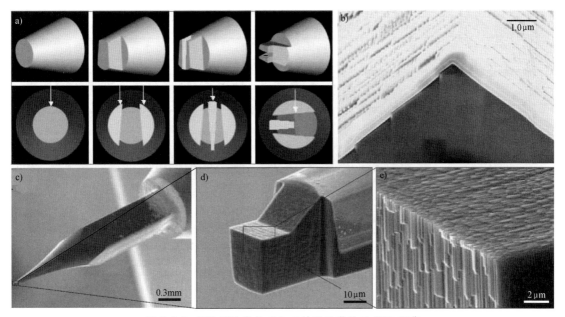

图 3.2-9　FIB 制造微铣刀加工过程及微铣刀 SEM 图像
a）FIB 技术制作微铣刀过程示意图　b）金刚石铣刀切削刃 SEM 图像
c）、d）、e）金刚石微铣刀不同放大倍数 SEM 图像

（4）激光加工

为了克服 FIB 技术在微铣刀制造效率方面的不足，激光加工方法被引入到微铣刀制造中。高能短脉冲激光在加工中不存在宏观切削力，不会引起所加工刀具的破损，热影响区小，表面质量高，制造成本远低于 FIB 技术，但高于磨削加工方法。

（5）线电极电火花磨削

图 3.2-10 所示为线电极电火花磨削（WEDG）技术制备微铣刀的典型工艺过程。微铣刀毛坯是直径为 0.3mm 的硬质合金针尖，在工件旋转的条件下，利用线电极进行电火花粗磨加工，将直径减小到 50μm（见图 3.2-10a）；进一步调整加工参数，将工件直径精

磨至 20μm，形成阶梯状结构（见图 3.2-10b）；再保持工件不旋转，对单侧进行线电极磨削，获得 D 形微铣刀，此时可以获得微铣刀的前刀面（见图 3.2-10c）；最后再对刀具的后刀面进行加工，从而获得微铣刀切削刃（见图 3.2-10d）。具体的加工参数如图 3.2-10a~d 所示，整个加工过程可在 5min 内完成，加工效率远高于 FIB 技术。SEM 图像显示所制备的微铣刀直径为 17μm（见图 3.2-10e），后角为 20°，刃口半径为 0.5μm（见图 3.2-10f、g），刀面表面粗糙度值为亚微米量级。图 3.2-11 所示为 A. L. M. T. 公司单晶金刚石微型刀具、加工工艺及典型加工零件图像。表 3.2-5 列出了主要的微铣刀制备工艺方法及其特点。

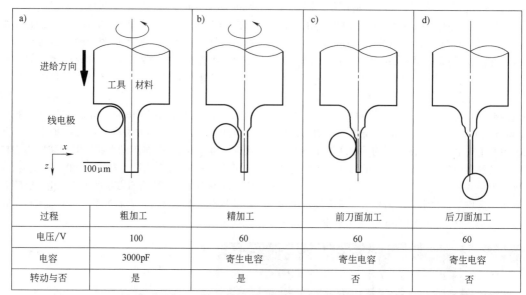

过程	粗加工	精加工	前刀面加工	后刀面加工
电压/V	100	60	60	60
电容	3000pF	寄生电容	寄生电容	寄生电容
转动与否	是	是	否	否

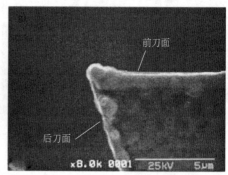

图 3.2-10 WEDG 原理示意图及微铣刀 SEM 图像

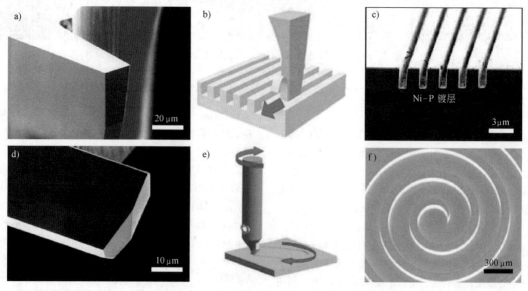

图 3.2-11 A. L. M. T. 公司单晶金刚石微型刀具、加工工艺及典型加工零件图像

a) 切槽刀 b) 切槽工艺示意图 c) 微型槽零件 d) 面铣刀 e) 端面铣削工艺示意图 f) 平面螺旋槽

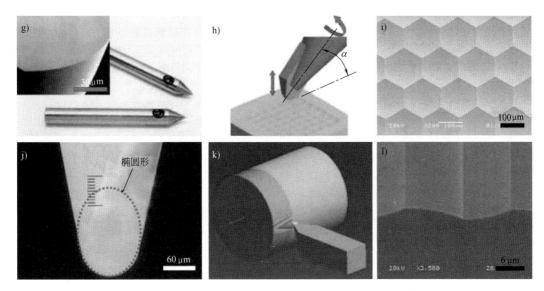

图 3.2-11　A. L. M. T. 公司单晶金刚石微型刀具、加工工艺及典型加工零件图像（续）

g）球头面铣刀　h）端面铣削工艺示意图　i）微透镜阵列　j）椭圆弧刃刀具

k）外圆面车削工艺示意图　l）表面连续凹凸零件

表 3. 2-5　主要的微铣刀制备工艺方法及其特点

制造方法	机械力	刀具最小直径	成形精度	成形效率	表面质量	批量生产成本
精密磨削	有	-	+-	++	+-	++
超声振动削磨	有	+-	+-	+-	+-	-
激光加工	无	+	-	+	-	+-
聚焦离子束加工	无	++	++	-	++	-
线电极电火花磨削	无	+	+	+	+	+

注："++"优、"+"良、"+-"一般、"-"差。

3. 微细铣削工艺

微细铣削加工除了具有微切削加工存在的尺寸效应外，还存在微铣刀径向圆跳动、铣削毛刺等特殊加工现象。因此，微细铣削工艺中需要特别考虑上述现象对于微铣削加工的影响。

微铣刀径向圆跳动对加工机理的影响：由于刀具直径的减小，使其强度和刚度降低，在铣削过程中，铣刀的径向圆跳动量与其直径之比可达常规铣削的几十倍，从而使微铣刀磨损加剧并失效，破坏零件加工精度。微铣刀径向圆跳动的来源有：主轴、夹头、刀具安装、单刃铣削力不平衡（见图 3.2-12）。Y. W. Bao 等人研究了微铣刀径向圆跳动对切削力的影响，发现单刃铣刀铣削力不平衡，更容易造成径向圆跳动，导致刀具磨损加剧，刀头断裂概率增加。

R. R. Rahnama 等人研究表明微铣刀径向圆跳动会改变切削过程中刀具的切削厚度，从而导致切削力波动，刀具容易发生再生振颤，降低加工精度与表面质量，还会缩短刀具的寿命。K. Gupta 和 S. Filiz 等人对微铣刀安装误差以及微铣削过程刀具的径向圆跳动进

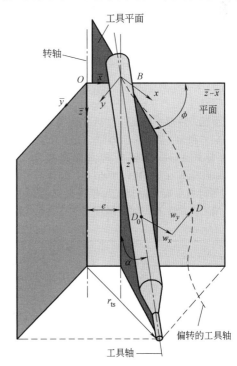

图 3.2-12　安装位置误差及刀具偏离位置示意图

行了系统的建模、分析和研究，全面分析了微铣刀安装误差对其径向圆跳动和加工的影响。图 3.2-13 为在不同偏心误差、倾斜误差下刀具径向圆跳动，其中虚线表示刀具的静态径跳轨迹，实线表示刀具的动态径跳轨迹，可见由于安装误差的存在增加了刀具的跳动。图 3.2-13 中微铣刀静态和动态跳动的轨迹耦合在一起，并在不同频率和刀具几何参数条件下形成了不同式样的径向圆跳动规律（图中粗实线所示）。

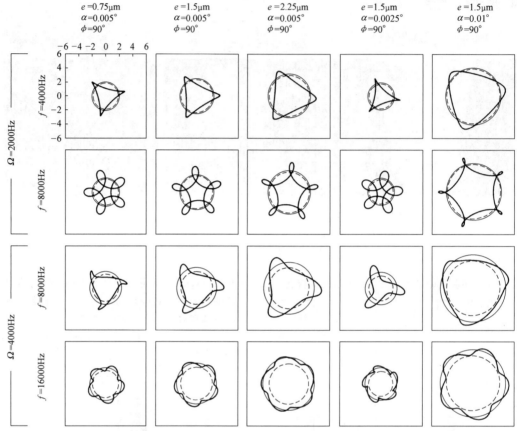

图 3.2-13　振动轨道的稳态简谐响应示意图

注：图中正方形为 6μm×6μm。

微型铣刀可对不同工件材料进行微细切削加工，但加工工艺和加工能力有所不同。美国桑迪亚国家实验室的 D. P. Adams 和路易斯安那州技术大学的 M. J. Vasile 等人在 PMMA、6061-T4 铝合金、黄铜、4340 钢等材料上成功地加工出槽等微结构，它们的微细铣削工艺参数及表面粗糙度见表 3.2-6。采用低速进给（2～3mm/min），背吃刀量为 0.5μm 或 1.0μm，加工出槽宽 23～30μm，槽底表面粗糙度值为 0.092～0.458μm。其中未加润滑剂情况下，槽宽和表面粗糙度值均为最大，低进给速度加工出槽的表面粗糙度值小，约为 200nm 或更小。

表 3.2-6　微细铣削工艺参数及表面粗糙度

刀具			工件	转速/	进给速度/	背吃刀量/	平均槽宽/μm，	槽底表面粗糙度
材料	切削刃数	直径/μm	材料	(r/min)	(mm/min)	μm	偏差/μm	Ra/nm
高速钢	4	24.0	PMMA	18000	2.0	0.5	26.2,1.5	93
高速钢	4	26.2	铝合金	10000	2.0	1.0	28.2,1.1	92
高速钢[①]	2	23.6	铝合金	18000	2.0	0.5	30.0,2.0	458
WC	2	21.7	铝合金	18000	3.0	1.0	23.0,1.1	117
高速钢	5	25.0	黄铜	10000	2.0	1.0	28.8,0.7	139
WC	4	22.5	4340 钢	18000	3.0	1.0	23.5,1.0	162

① 微细铣削加工期间不加润滑剂，仅铣切 22 次完成。

3.2.4　微细钻削加工技术

在零件的制造中，通常把直径小于 1mm 的孔统称为微小孔，其中直径为 0.1~1mm 的孔又称为细小孔，直径小于 0.1mm 的孔又称为微细孔，这类孔在微型零件加工中所占比例超过 40%。表 3.2-7 列出了微小孔的加工方法，主要分为机械加工和特种加工两大类，其中机械加工中又以钻削为主，目前可以钻削出的最小直径为 6μm，表面粗糙度值为 0.7μm。微

小孔微细钻削加工技术的特点：加工变形小、加工过程灵活度高、加工效果良好等。近年来，研究者们研究出了多种微细钻削技术，如人工操纵单轴精密钻床、数控多轴高速自动钻床、曲柄驱动群控钻床和加工精密小孔的精密车床。如今，微细钻削技术朝着智能化与自动化方向不断发展，其中难加工材料钻削原理是当前钻削技术的研制方向之一，钻削机床的研制和钻头的制造工艺开发也是重点方向。

表 3.2-7　微小孔的加工方法

类型	加工方法	特点
机械加工	钻削	可加工最小直径为 6μm 的孔，精度可达 0.7μm
	冲压	可加工直径为 2~10μm 的孔
	研磨、磨料加工	表面粗糙度 Ra 值可达 5nm
特种加工	电火花加工	一般加工孔径为 0.3~3.0mm，深径比超过 100，尺寸精度可达 1μm，表面粗糙度 Ra 值达 0.32μm
	电解加工	一般加工孔径为 0.4~3.0mm，深径比超过 70，精度最高达到 ±0.025mm，表面粗糙度 Ra 值可达 0.2~0.8μm
	超声波加工	最小孔径达 10μm，深径比达 10~20，加工精度通常可达 0.02mm，表面粗糙度 Ra 值为 0.10~0.40μm
	激光加工	直径 1μm 以上的孔，深径比可达 10 以上，尺寸精度可达 IT7 级，表面粗糙度 Ra 值为 0.08~0.16μm
	电子束、离子束加工	可加工直径小于 1μm 的孔，深径比达 5~10
	LIGA 加工	能够制造出深宽比大于 500、表面粗糙度值在亚微米范围的三维立体结构
	复合加工	如超声波-电火花复合加工、电解-电火花复合加工、钻削-超声复合加工等，融合了多种加工方法的特点

1. 微细钻削机床

微细钻头的刚度较低，在钻削加工中容易失稳而产生弯曲，造成钻孔位置不准确或钻头破损。为了避免这种现象，通常用短钻头先钻一个引导孔，再用一个足够长的小钻头钻出需要的孔。不过这种方法只有在高定位精度和钻削过程稳定的钻床上才有效。如果钻孔中心线与导引孔的中心线存在偏差，就容易使钻头折断、钻头寿命降低或造成形位方面的误差。微细钻削机床与微细铣削机床类似，通常是钻铣两用机床。而针对钻头中心线与导引孔中心线位置存在偏差的难题，东京大学精密工程研究所和 FANUC 公司合作开发出一种磁悬浮工作台微细钻床，如图 3.2-14a 使用磁悬浮工作台能够让工件在无摩擦的情况下对齐，从而解决微孔钻削的自动对心问题。先把工作台水平方向的支承刚度设置为一个较小的量值，然后钻

头缓慢向下进给。利用钻头端部和喷嘴的锥面之间的接触压力就可以实现钻头的自动定心。采用磁悬浮工作台后可以对悬浮体的支撑刚度自由设定，这样做才使得用降低水平支撑刚度找正中心轴的方法成为可能，还能做到在钻削加工时有高的支撑刚度。对于磁悬浮工作台来讲，只有铁磁体的工件才能做无摩擦的移动。但是绝大多数的喷丝板都是用诸如不锈钢这样的非铁磁体材料制成的，并且一般来讲磁悬浮系统仅仅只能将一种材料类型的工件悬浮起来。考虑到上述原因，需要把工件固定在有铁磁材料构成的一个平台上，靠电磁铁之间的相互吸引力将平台悬浮起来。这样不同形状和不同材料的工件就可以进行无摩擦的运动了。采用上动对心方法，有助于降低钻头端部在钻孔时的接触压力，降低水平方向和竖直方向的支撑刚度可以有效地减少钻削中心孔时钻头破坏的概率。

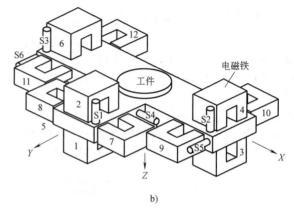

图 3.2-14　微细钻床及磁悬浮工作台原理图
a）微细钻床　b）磁悬浮工作台原理图

图 3.2-14b 所示为磁悬浮工作台原理图。T 形平台由低碳钢制造，碳的含量越低，钢的电磁性能越好。平台由 6 对电磁铁悬浮起来提供 6 个自由度，同时平台的位置和姿态由图 3.2-14b 中的 6 个间距传感器（S1~S6）测量，每只电磁铁能够产生最大 100N 的力。传感器是涡流无接触式的，它在垂直方向上的分辨率是 1mm（见图 3.2-14b 中传感器 S1、S2、S3），水平方向分辨率是 0.5mm（见图 3.2-14b 中传感器 S4、S5、S6）。悬浮起来后电磁铁和平台之间水平方向上的间距为 1.5mm，竖直方向上为 1.7mm。

图 3.2-15 是用带磁悬浮工作台的微细钻床加工的纺纱喷嘴工件。工件的材料是淬火不锈钢（17Cr4Ni4CuNb）。加工中用的是高速钢麻花钻，它的钻柄直径为 1mm，钻尖与内孔中心的位移保持在 50~250μm。在对心过程中钻头不转，完成对心后钻头才旋转准备加工。在钻削过程中钻头步进，每一步的背吃刀量是 30μm，切削时用油基工作液。使用磁悬浮自动对心并钻削 100~500μm 的孔时，对心操作所需要的时间通常需要几秒到几十秒，考虑到钻削加工需要 2min 或更长的时间，所花费的定心时间是可

以接受的。图 3.2-16 是加工直径 0.1mm 微孔的例子，从圆锥面的刮痕看，钻头中心和内孔中心可以很好地重叠在一起。由于存在与圆锥表面的摩擦，工作台的运动不会很平稳，但是尽管存在这种接触摩擦，定心操作还是可以达到令人满意的效果。

图 3.2-16　磁悬浮工作台对心加工的
直径为 0.1mm 的微孔

2. 微细钻削刀具

（1）钻头材料

微细钻头材料的发展经历了高速钢、硬质合金、金刚石/硬质合金复合结构、硬质合金涂层刀具几个阶段。含钴的高速钢最早被用来制作微钻头，它同时具有较高的强度和硬度以及较好的综合力学性能，适合制作微型麻花钻。由于硬质合金材料成形技术的发展，采用超细晶粒和热等静压处理技术，获得了耐磨性、抗折断、抗崩刃性更好的微钻头。为了进一步提高钻头的寿命，将金刚石微钻头与硬质合金刀杆焊接在一起，构成了复合钻头结构。此外，利用涂层技术在已有微钻头的表面制备各类型涂层，提高微钻头耐磨性、减小摩擦因数、提高刀具寿命。该类涂层通常包括：TiC 涂层、金刚石涂层、类金刚石涂层等。

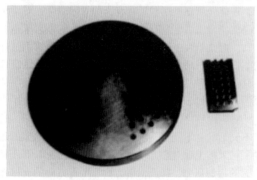

图 3.2-15　微钻加工的纺纱喷嘴工件

（2）钻头结构

微细钻头的结构和钻尖几何参数将直接影响钻削机理和刀具寿命，从而影响刀具的切削性能和微孔的加工质量。由于微小孔的直径较小，限制了微钻头的整体结构和钻尖特征尺寸，使得钻头的强度和刚度较小，钻头制造和重磨都十分困难。因此在微钻头的结构设计方面力求进行适当简化，使用钻头结构简单、截面异形化、单刃和双刃切削等。常见的微钻头结构主要有：麻花钻、扁钻、异形截面钻等。各类微钻头也主要是针对特殊材料或结构设计的，具有一定的专用性。

麻花钻具有诸多的优点：正前角、双切削刃、螺旋排屑槽、排屑容易、切削效率高。但螺旋排屑槽的存在大大影响了麻花钻的强度和刚度，商业化的微细麻花钻的直径一般最小到 0.1mm。深圳市金洲精工科技股份有限公司付连宇等人针对 PCB 微小孔加工所有微型麻花钻进行了系统的设计、制造、加工工艺等方面的研究，分别从螺旋角、芯厚、沟幅、第一后角、顶角等方面进行了优化设计，并深入探讨这些参数对 PCB 微小孔钻削的影响，设计出了直径为 0.3mm、螺旋槽长 7.2mm 的高长径比微钻（见图 3.2-17），以及直径为 0.1mm、槽长 1.8mm 的超细微钻。上海交通大学陈明等人独立研制了超高速三轴立式微铣床，主轴转速可达 300000r/min，坐标轴采用光栅分辨率为 0.1μm，重复定位精度为 ±1μm，最大移动速度为 300mm/s。据此，开发了针对 PCB 微小孔钻削的麻花钻头。

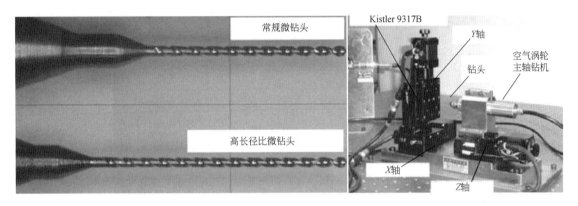

图 3.2-17　微细麻花钻及应用的机床

在更多的情况下，微细钻头的直径减小不允许对其径向复杂的造型加工，因此单刃、扁钻、阶梯结构更为常见。D. Biermann 等人详细设计了直径为 0.5mm 的单刃钻头，并对钛镍合金进行微孔加工，深径比达 30。O. Ohnishi 和 M. Aziz 等人采用超声振动磨削技术制造出直径为 20μm，芯厚分别为 7μm、14μm 和 20μm 的微细扁钻。M. Aziz 进一步设计了复合微钻头，其由直径分别为 90μm 和 100μm 的钻削和磨削部分组成（见图 3.2-18），刀具材料由碳化钨硬质合金组成，钻削部分通过磨削方法制造，磨削部分通过电镀金刚石磨粒形成。通过对 304 不锈钢钻削试验发现，复合刀具加工微孔的质量明显优于麻花钻和扁钻。此外，H. Onikura 等人设计了 D 形截面的微钻头，并采用 WEDG 进行加工，获得最小直径为 6μm 的钻头。Egashira 等人采用相同的技术，将微钻头直径降低至 3μm，并且设计了 A 和 B 两种类型。

微细钻削刀具尺寸细小、形状多样，在选择刀具材料时既要考虑材料的刚度、强度、韧性，还要考虑材料的可加工性。用来制作微细刀具的材料有晶粒细化的硬质合金、高性能高速钢和单晶金刚石等。高性能高速钢虽然可加工性好，容易制作出锋利的刃口，但是抗冲击能力差。单晶金刚石虽然有很好的力学性能，但是，可加工能力差，而且价格较高。晶粒细化的硬质合金能通过控制晶粒大小、硬质相、黏结相等因素来平衡力学性能和可加工性，是最合适的微细刀具材料。前文提到的直径为 10.8μm 的平钻、6μm 的 D 形截面刀具、20μm 的扁钻、3μm 的刀具都是用晶粒细化的硬质合金制作的，K. Egashira 等人在制作直径为 3μm 的刀具试验中还分别制作了晶粒尺寸为 0.6μm 和 90nm 的刀具，并对不同尺寸晶粒的刀具切削能力进行了对比分析。在相同条件下一个晶粒尺寸为 90nm 的刀具最多钻 198 个孔，而一个晶粒尺寸为 0.6μm 的刀具最多钻 35 个孔，表明硬质合金刀具材料晶粒尺寸对刀具寿命有着明显的影响。

微钻头的制造方法与车削和铣削刀具制造方法类似，主要有精密磨削、WEDG、FIB 等技术。各种制造技术的特点与前述相同。微细钻头主要制造商包括：①日本的 Union Tool、东芝、Kyocera Tycon、三菱公司。②德国的 Kemmer 公司。③深圳金州公司等。

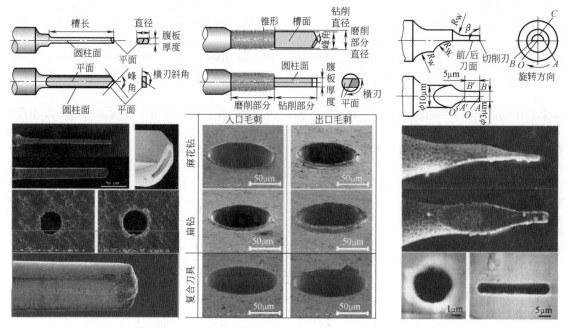

图 3.2-18　不同类型的微细钻头及其加工效果图

3. 微细钻削工艺

与通常的钻削加工相比，微细钻削加工的工艺特点主要表现在：

1) 排屑十分困难，切屑易阻塞，钻头易折断，孔的尺寸越微小则越是如此。钻削长径比较大的孔时，必须频繁退钻排屑。

2) 切削液较难注入加工区内，钻削条件较为恶劣，影响正常加工。一般应采用低黏度的矿物油或菜籽油进行冷却润滑。

3) 刀具重磨很难，刀具寿命短。当钻头需刃磨时，一般要在显微镜下进行。而且微细钻床还应设有对微细钻头加工中的磨损和折断情况进行监控的装置。

4) 微细钻床系统刚性要好，加工时不能有振动，应有消振措施；机床主轴的回转精度要高，径向圆跳动一般应小于 2μm；转速要高，一般应大于 10000r/min；应采用精密对中夹头，并配备放大镜等附件。

微细钻削加工在一些特殊材料的加工中具有重要的应用。如 PCB 行业微细孔的加工，由于孔加工量大，孔的直径分布为几十微米至几毫米不等，通常采用微细钻削加工 50μm 以上的通孔，激光加工 50μm 以下通孔及不通孔。此外，航空航天领域的高温合金零件、碳纤维增强复合材料、SiCp/Al、医用钛锆铌合金、不锈钢等特殊材料上微小孔都需要采用微细钻削进行加工。

3.2.5　微细冲压加工技术

微细冲压是大批量微小零件加工最常用的方法之一，尤其适合大批量、低成本、快速制造微小孔零件。目前，板件上的小孔常采用冲孔的办法加工。它具有：①生产率高。在大批量生产时，其生产成本比钻削小孔的成本低得多。②凸模磨损慢，寿命长，加工出的小孔尺寸稳定。冲小孔技术的研究方向是减小冲床的尺寸，增大微小凸模的强度和刚度，保证微小凸模的导向和保护等。将冲压技术引入微细加工时，必须解决的主要问题：一是必须有微细尺寸的冲头和凹模；二是微冲头与微凹模周隙在微细尺度上的均匀一致性。前者可通过应用适当的微细加工方法解决，例如，采用线电极电火花磨削或微细磨削技术制作微细冲头，采用微细电火花加工或微细超声加工技术制作微凹模。后者实现较为困难，微细冲压的实现依赖于一个能保证与微细工具匹配的微冲压系统，微冲头和微凹模在微细冲床上能够依次在线制作，确保微冲头与微凹模周边间隙的均匀性，这种系统设备的研制是有较大难度的。

微细冲压也属于微细加工技术的一种，也具有明显的尺寸效应。随着零件尺寸的减小，冲压过程中材料的变形行为逐步由多晶体变形转变为单晶体变形，传统的塑性变形理论不能解释微成形中流动应力突变的现象。2004 年，美国空军研究实验室 M. D. Uchic 在《科学》上发表论文针对微纳米尺寸单晶镍微柱压缩过程，提出了微塑性变形中流动应力"越小越强"的尺度效应，得到了众多学者的验证。此后，单晶材料变形"错位匮乏""机械退火"等增强机理和概念被提出，用于解释微塑性变形的尺寸效应。针对塑性成形问题，日本 H. Ike 和 Y. Saotome 等人详细研究了微模压成形过程，发现材料充填微小模具型腔的能力与晶粒尺寸和型腔尺寸有关，存在明显的尺寸效应，进而影响了材料对微小型腔的填充性能。哈尔滨工业大学郭斌等人研究发现，当晶粒尺寸与型腔尺寸之比为 0.5 时，填充筋高宽比达到最小值，并建立了材料微填充过程多晶体模型，揭示了微小模具型腔充填的尺寸效应。此外，当零件尺寸进入微米量级时，其成形的极限也会发生改变，德国 F. Vollersen 等人对比研究了宏观和微观拉深试验，发现微拉深法兰件有轻微的起皱现象，成形极限降低。上海交通大学来新民等人研究发现，在试样厚度方向上晶粒数目

越少，其成形极限越低。

1. 微细冲压机床（见图 3.2-19）

1998 年，MEL 开发了第一款微型冲压机床，其总体尺寸为 111mm×66mm×170mm，采用交流伺服电动机提供最大 100W 功率，使得最大冲压力可达 3000N；采用滚珠丝杠和螺母组成的运动副将电动机旋转运动转变为冲压直线运动，实现最大冲压速度 60 件/min。近年来，微细冲压成形设备的研究进展主要体现在驱动机构的高精度化、微型化、新型化。日本 Yamada 公司针对微电子器件低成本批量生产要求，研制了基于曲柄滑块机构的高速精密冲床，成为世界上速度最快的微型冲床之一。对于传统微细冲压设备的升级改造，难以应对不断增长的对于微米量级零件批量化、低成本的制造需求，这一需求也不断促进了微细冲压设备的研发。东京都立大学 T. Shimizu 等人研发了桌面式微细冲压设备，该设备驱动机构采

图 3.2-19　微细冲压设备

用微型伺服电动机+滚珠丝杠，利用精密模架导向，精度高，输出力可达30kN，能够实现复杂微型零件成形与装配的一体化制造。为了满足微型零件高精度、柔性化制造的需求，驱动方面采用了压电陶瓷、直线电动机、音圈电动机等精密方式。2001年，日本群马大学Y.Saotome等人开发了首款微挤出设备，该设备体积可以缩小到手掌大小，并可放入真空环境炉中进行零件加工。韩国S.H.Rhim等人研制出基于音圈电动机驱动的新型微细冲压系统，该系统中冲头直径为25μm，安装在高精密直线运动导轨上，利用双向图像采集原理的视觉定位系统，对冲头和凹模进行对中，该系统大幅提高了对准和定位精度。尽管压电陶瓷驱动能够实现亚微米甚至更高的定位精度，但其输出位移相对较小。为弥补这一不足，人们利用传动机构，研制成功了多种微成形装置，但是仍然难以满足微型零件低成本批量制造的要求。

G-L.Chern等人将Vibration-EDM和WEDG技术与微细冲孔技术结合，研制出了基于音圈电动机驱动的微冲压系统。该技术改善了Micro-EDM技术金属去除加工效率低、加工周期长的缺点，同时由于采用WEDG加工的微型电极（冲头）制造冲孔凹模，保证了凸凹模同轴配合精度。另外，采用微细冲孔技术，改善了Micro-EDM技术微孔加工中电极损耗的不足，提高了微孔加工质量。

直线电动机可实现"零传动"，大大提高了部件的运动精度。德国Schuler公司研制了一台基于双直线电动机驱动的微细冲压设备，采用滚珠直线导轨进行导向，最大输出力可达40kN，最大速度可达13.8m/s，位移精度达到5.6μm。德国BIAS研究中心研制了一台基于直线电动机驱动的多功能微细冲压设备。该设备采用气浮导轨进行导向，可实现无摩擦高速运动，最大冲程次数可达1250S/min，最大加速度为17g，最大速度为3m/s，位移精度为3μm，并能够实现垂直方向双轴工作，满足了微型零件的柔性化制造要求。英国Y.Qin等人研制了针对适合微型零件低成本批量制造微成形系统，该设备采用模块化设计理念和台式框架结构，分为成形系统、送料系统、传送系统以及多工步模具装置，选用空气冷却的直线电动机作为驱动方式，最大输出力达到3.5kN，加载方向位置重复定位精度可到0.1μm，最大冲程次数为1000S/min，定位精度为5μm，特别适合于金属箔类微型构件的多工步微细冲压成形。丹麦科技大学也研制了类似的基于直线电动机驱动的微细成形设备，其最大冲程次数可达800S/min，定位精度为3μm，最大输出力可达5.5kN。

哈尔滨工业大学郭斌等人研制出一台宏/微结合基于压电陶瓷驱动的微成形设备（见图3.2-20），最大输出力可达3kN，能够满足微型齿轮类零件的成形要求。该成形设备基于双直线电动机驱动的高速高精度微成形系统，最大速度可达1m/s，位移精度为0.25μm，冲程次数可达1000S/min，能够满足微型构件高效率批量制造的要求。

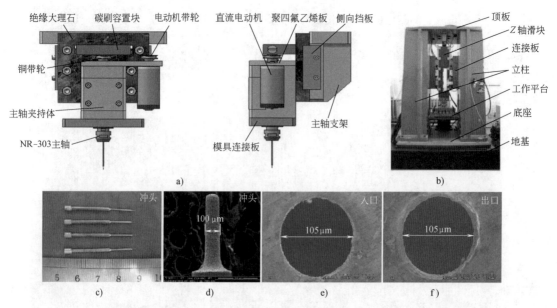

图3.2-20 哈尔滨工业大学开发的微细冲压成形设备及其制造的零件
a）高速高精度微成形系统示意图 b）高速高精度成形系统实物图 c）冲压头 d）~f）微冲压成形零件

2. 微细冲压工艺

微细冲孔成形是薄板成形中最重要的工艺之一，各国学者进行了系统的研究工作，取得了系列研究成果。主要包括日本、韩国、我国在内的众多学者，利用不同材料的微细冲裁对薄板进行冲孔加工。20 世纪 90 年代，日本 T. Jimma 等人对微细冲压加工工艺参数进行了详细的研究，得出影响冲孔精度的主要因素有冲裁速度、冲裁间隙、压边力等工艺参数。日本名古屋大学 T. Mori 等人采用 SiC 纤维作为微细冲头研究冲孔工艺，在 15μm 厚度的铝箔、铍铜合金、不锈钢箔上冲出 14μm 的高质量孔，并制备出最小直径为 50μm 的零件。日本 I. Aoki 等人针对 PCB 中阵列微孔的加工需求，利用阵列布置的 10 个冲头同时进行微孔冲压，制备出了直径为 100μm 群孔。韩国首尔大学 S-H. Rhim 等人开发出桌面型微细冲压机床，使用碳化物冲头在铜箔及不锈钢箔上实现了 $\phi25\mu m$、$\phi50\mu m$、$\phi100\mu m$ 微小孔的高质量加工。

为了获得高质量、高精度微细冲头，研究者将 WEDG 和微细冲压结合在一起，利用 WEDG 在线制造微细冲头，避免了二次装夹引起的误差，然后直接进行微细冲压，获得高质量的微孔。2001 年，WEDG 技术发明者东京大学 T. Masuzawa 将 WEDG 加工能力提高到直径为 2.5μm 的微小轴，并进行直径为 5μm 孔的电火花加工。日本京都工艺纤维大学 K. Egashira 等人将微细轴的尺寸降低了 1 个数量级，首先利用 WEDG 制作 $\phi4\mu m$ 钨电极，然后利用电化学腐蚀制成 $\phi1\mu m$ 和 $\phi0.3\mu m$ 亚微米级电极，最后采用超声振动电火花加工技术制造出 $\phi2\mu m$ 微小轴。这一尺寸达到了 WEDG 加工能力的新高度。针对线电极磨削加工效率低，2004 年哈尔滨工业大学赵万生等人率先研制出四轴三联动微细电火花机床，并对其中多项关键技术进行了系统研究。基于欠进给的伺服策略，采用块电极轴向进给方式进行微细轴的电火花磨削，大幅提高了微细轴的制造效率，并成功制备出 $\phi10\mu m$ 微细轴和 $\phi20\mu m$ 微小孔。由此可见，WEDG 方法在微细冲头方面的加工能力。哈尔滨工业大学王振龙等人将 WEDG 装置与微细冲床结合，先对微细冲头和凹模进行线电极在线磨削，然后直接微细冲压，在 20μm 黄铜和不锈钢箔上，利用 $\phi100\mu m$ 的冲头和 $\phi110\mu m$ 凹模，加工出 $\phi105\mu m$ 微孔。G-L. Chern 等人开发了类似组合机床，实现了 100μm SUS304 不锈钢上直径为 $\phi100\mu m$ 和 $\phi200\mu m$ 微孔加工。除了圆形孔以为，通过 WEDG 也可制造异形截面电极，从而冲裁出相应的孔。G-L. Chern 等人在 100μm 的铜箔上冲裁出边长为 215μm 的正方形孔以及边长为 200μm 的正三角形孔。

3.2.6 微细磨削加工技术

微细磨削技术是为了应对微小型三维零件高质量、高效率、批量化制造，特别是对于像陶瓷、石英、玻璃等硬脆性材料的加工，而发展起来的一种微细加工技术。微细磨削加工技术通常是指采用超细磨粒的砂轮对工件表面进行微纳米级机械去除的加工方法，它能实现对高硬度、高强度、硬脆材料微零件或微结构的高质量表面加工。微细磨削可以在大型精密和超精密磨削机床上进行，也可以采用微型磨床和微磨针加工。针对微小零件的加工，后者具有设备要求相对较低、柔性化程度高、成本低、绿色环保等优势，是该类零件加工的主流技术，得到了国内外众多研究者的广泛关注。因此，本手册中所提及的微细磨削技术都是指使用微磨削机床和微磨针对微型零件的机械去除加工方法。目前微细磨削技术的研究和发展还处于初级阶段，诸如微细磨削机制、磨削工艺、磨削机床、刀具等方面，尚有大量待解决的问题。

1. 微细磨削机床

日本在高速磨削机床方面具有突出的优势，研制的微细磨床其主轴的最高转速可达 200000r/min，工作台最大进给速度为 50mm/s。Jahanmir 等人研发的微铣削加工系统，更换切削刀具后也可用于微细磨削加工，其主轴的最高转速接近 500000r/min，工作台的最大进给速度为 12.5mm/s。高速磨削主轴和进给系统可以实现微型零件的高效率加工。国内，如哈尔滨工业大学研制的微细磨削机床，微主轴的最高转速为 140000r/min，工作台行程为 30mm×30mm×25mm。而目前应用到微细磨削加工上的有德国凯泽斯劳滕大学构建的微细磨床，微主轴最高转速为 60000r/min，工作台分辨率为 20nm，重复定位精度为 1μm。随后又开发出纳米磨削加工中心，该加工中心集成了微磨棒制造和微细磨削加工功能，避免了刀具的更换和夹持。沈阳理工大学构建的微细磨床，其微主轴的最高转速为 160000r/min，工作台行程为 200mm，分辨率为 0.008~2.000μm。目前在微细磨削机床的商品化产品方面进展缓慢，还未有进入实用化阶段的产品。主要原因有：

1）加工效率低，目前微磨针的直径已经稳定做到 1~4μm，即便是在几十万转的主轴转速下，微磨粒线速度也只有几十微米每秒，严重地限制了工件材料的去除率和加工效率。例如，微磨针直径为 4μm，主轴转速为 160000r/min 时，磨削速度也只有 0.03m/s。此外，微小型的超精密工作台，定位精度已经可以到亚微米级甚至是纳米量级，但行程很小，运动速度也较低，导致加工效率不高。

2）加工精度低，微细磨削的厚度通常为微米量级，而目前刀具跳动误差可达磨削厚度的 3~20 倍，严重影响零件的加工质量。此外，为了实现亚微米级的微小零件的加工，刀具的跳动应当进入更小的范围，微型化机床刚度、振动、变形等都是商品化过程中需要解决的问题。

2. 微细磨削刀具

微细磨削采用的微磨针基体材料主要以硬质合金为主，它具有高韧性、高强度、耐磨和耐热等优异性能，其表面涂覆的超细磨粒主要有金刚石和 CBN，由二者共同构成了微磨针。目前金刚石磨粒应用更为广泛，但磨粒的形状不规则、分布方向随意、突出的高度不一致，易引起磨削力不均匀和微磨针的受力变形。针对磨粒分布不均匀难题，英国诺丁汉大学 D. A. Axinte 等人提出一种微磨针表面磨粒分布均匀化的方法，在金刚石砂轮圆周面上加工出对称分布且

形状一致的切削刃来代替磨粒。但该方法目前制造出的微磨针直径通常大于 1mm，继续减小直径将带来刀具制造方面的困难。进一步解决磨粒涂覆的方法包括：①电镀、化学气相沉积、冷喷涂等，其中化学气相沉积工艺能获得超细磨粒（如金刚石）的均匀分布，磨粒尺寸更小、棱角更锋利，且与微磨棒基体结合力强，是目前主流制造方法之一。②微磨棒整体烧结，日本东北大学 T. Masaki 等人采用整体烧结的 PCD 微磨棒对硬质合金进行磨削，工件表面粗糙度 Rz 值为 28nm、Ra 值为 5nm。相较于涂层式微磨棒只有单层磨粒，烧结的金属基微磨棒内嵌有大量磨粒，磨损之后可采用合适的修整工艺进行修整，延长了微磨棒的使用寿命。修整方法通常采用电火花、电化学、电解等无明显宏观力的方法。图 3.2-21 所示为不同截面形状的微磨针。

图 3.2-21　不同截面形状的微磨针
a）圆台　b）三棱柱　c）四棱柱　d）异形柱

3. 微细磨削机理

由于微磨针的直径通常小于 1mm，它与工件接触弧面长度很小，接触应力极大，使得微磨针变形增大，磨削温度增大。此外，微细磨削的深度通常小于晶粒的尺寸，磨粒切削发生在工件晶粒内部，材料的尺寸效应、显微组织的再结晶等会显著改变材料的去除机理。因此，微细磨削机理与传统磨削机理有着明显的区别。

（1）塑性材料的去除机理

微细磨削过程与传统磨削存在较大的差异，见图 3.2-22。微细磨削通过磨粒与工件表面材料相互作用实现零件的加工，这一相互作用包括滑擦、耕犁、切削等基本过程，也是研究磨削机制的一条途径。与宏观尺度磨削不同，微磨粒的刃口半径与磨削背吃刀量处在同一数量级甚至比后者更大，因此不能忽略微磨粒刃口半径。实际微细磨削过程是磨粒带有大负前角

和大应变率的切削过程，工件表面形成的微小压痕和凹陷也更加明显。东北大学巩亚东等人系统地总结和阐述了塑性材料微细磨削机制。通过对比 TC4 钛合金和 H62 黄铜的微细磨削试验结果，在考虑微磨粒刃口半径的影响下，分析了这类塑性材料的最小切屑厚度效应。结果表明：当磨削深度很小时，工件材料只发生弹性变形，没有材料的去除，这就导致工件表面质量难以保证；随着磨削深度的增加，弹性变形的影响逐渐下降，形成切屑，这时工件表面粗糙度值下降，表面质量开始变好。进一步，他们研究了未变形切屑厚度与磨粒刃口半径的比值，指出宏观磨削时该比值≫1，可忽略磨粒刃口半径的影响；微细磨削时，该值≤1，磨粒刃口半径不能忽略，此时磨粒实际工作前角为大负值。

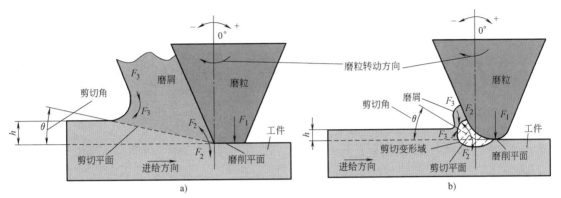

图 3.2-22　传统宏观磨削与微细磨削材料去除示意图
a）宏观磨削　b）微细磨削

（2）脆性材料去除机制

硬脆材料的切削加工主要以磨削为主，且在普通宏观磨削中主要以脆性去除为主，磨削过程的脆塑转变关注较少；而在微细磨削中，工件的尺寸微小且要求表面质量高，因此需要控制磨削的工艺条件来实现脆性材料的延性域加工。这些工艺条件包括：临界磨削深度、磨削速度、机床振动、微磨针变形、工件材料微观缺陷及分布不均匀性等，这些参数相互交织在一起，共同决定了特定微磨针加工工艺系统的延性域。目前的研究通常是在某些特定的工艺条件下，研究临界磨削深度和未变形切削厚度两个衡量指标。巩亚东等人给出了硬脆材料微细磨削延性域、延-脆型复合的临界条件模型及磨削工艺参数，但受到不同微机床振动、微磨棒挠度及材料微观缺陷和材质的不均匀性等影响，硬脆材料微细磨削的材料去除仍是同时伴有塑性去除和脆性去除的复杂综合作用过程，目前还难以实现以塑性去除占绝对主导作用的微细磨削加工。

（3）尺寸效应

微细磨削中微磨粒的切削过程发生在工件材料晶粒内部或晶粒边界，在未变形切屑厚度很小时，造成单位切削力显著增大，使微磨削的尺寸效应突出。导致微磨削尺寸效应明显增大的因素主要有：磨粒刃口半径、磨粒大负前角产生耕犁力、工件亚表面塑性变形、材料的加工硬化、磨削温升产生的内应力、再结晶、晶体取向等。因此，微细磨削中的尺寸效应及其对加工机制的影响是一个复杂的过程，目前还没有足够的理论和试验数据来揭示它们内在的关系，需要研究者们不断地进行探索和研究。

4. 微细磨削工艺

（1）微细磨削工艺参数影响及优化

影响微细磨削加工零件质量的因素众多，主要包括：微磨削机床性能、微磨针性能、工件特性、工艺参数等，且它们之间关系复杂，相互耦合，共同影响磨削质量。例如，沈阳理工大学吴晓芳等采用 $\phi0.9mm$ 的微磨针磨削 $\phi125\mu m$ 的单模光纤，当提高主轴转速并适当减小进给速度和磨削深度，能有效降低表面粗糙度值。但由于最小未变形磨屑厚度的影响，磨削深度不能选择过小，因此只能采用优化微细磨削工艺，这也是提高磨削质量的有效方法之一。Lee 等人建立了基于磨削深度和进给速度的工件表面粗糙度响应面模型，考虑到不同工件材料磨削可加工差异，微细磨削所能达到的几何精度和表面质量范围较宽，如 TC4 钛合金表面粗糙度 Ra 值可达 163nm，BK7 玻璃的加工表面质量最好，且微细磨削力最小。因此，针对不同工件材料的微小零件，需要结合理论分析和试验研究确定其优化工艺参数，进而提高微细磨削质量。

（2）微磨针的影响

作为微细磨削的刀具，微磨针的特性对加工过程影响重大。其特性包括：微磨针的结构特征尺寸，微磨粒大小、浓度、形状、材料等。一般条件下，微磨针的直径越小，所能加工的沟槽特征尺寸越小，但加工效率偏低，因此需要发展高速磨削。直径的减小，使得微磨针强度和刚度减小，容易发生挠曲变形、折断等，影响加工精度和刀具寿命。例如，德国凯泽斯劳滕大学 J. C. Aurich 等人对比研究了 $\phi100\mu m$ 和 $\phi4\mu m$ 微磨针的磨削性能，后者在 160000r/min 的转速下加工的微沟槽出现了大的边槽裂缝，其主要原因可归结为小直径下磨削线速度低。除上述几个方面外，微磨针的形状对磨削性能的影响也非常明显。新加坡国立大学 A. Perveen 等人制备了 4 种不同截面形状的 PCD 微磨针，并在 BK7 玻璃上进行微细磨削试验，结果表明 D 形微磨棒在 X 向和 Y 向的磨削力最小，正四棱柱形微磨棒获得的表面粗糙度值最小，D 形和圆柱形微磨棒的磨损较少。Denkena 等比较研究了 6 种不同形状的微磨棒在硅材上加工微孔的质量，结果表明采用 15°圆锥形微磨棒的加工表面质量最好，孔壁的表面粗糙度 Ra 值为 0.2μm。

（3）复合加工工艺

微细磨削的效率是制约其应用的一个重要因素。在小的微磨针直径、小的进给量、有限的磨削转速、跳动误差等限制下，采用复合加工工艺既能提高加工质量，又能解决加工质量与加工效率的矛盾。目前复合加工工艺主要包括以下几类：①电化学辅助微细磨削工艺，如 Cao 等人利用该技术加工玻璃微小零件，结果表明加工时间减少 30%，加工表面质量更高，表面粗糙度达到 Ra50nm。②激光辅助微细磨削工艺，通过激光诱导产生热裂纹层以软化材料，再进行磨削，达到更高的效率。如 Kumar 等人利用激光辅助磨削陶瓷材料，减小了磨削力和工具磨损，提高了材料去除率和工件表面的质量。③超声振动辅助磨削工艺，将该技术应用于硅和不锈钢微小零件的加工，微磨针的载荷减小和磨粒脱落也相应减少，材料去除率增加，加工表面质量提高，实现了在陶瓷、玻璃等硬脆材料上的微孔加工。

3.2.7 微细磨料水射流加工技术

微细磨料水射流加工技术（micro-AWJ）是由供料系统提供微细磨料，再将微细磨料与高压水相混合并加速，经微细喷嘴形成微细水射流，通过微细磨料与被加工材料之间相互作用实现材料的微量去除。微细磨料水射流加工技术是从传统磨料水射流加工技术发展而来，目前射流直径为 10~100μm，实现了对金属、陶瓷、玻璃、半导体、复合材料等难加工材料的微细加工，具有加工材料范围广、加工效率高、加工质量好、热影响区小、污染小等优点。

微细磨料水射流的关键在于高压水射流的形成，

当水的压力逐渐升高后，其压缩比例也逐渐升高。例如，当压力为 400MPa 时，水的压缩可达 15%。因此，根据工艺系统参数，可以获得射流功率 P（单位为 kW）与射流压力 p（单位为 MPa）和流速 Q（单位为 L/min）之间的关系：$P = pQ/60$。根据伯努利方程 $Q = c_d A \sqrt{2p/\rho}$，其中，A 是孔口截面积；c_d 是流量系数（通常为 0.65）；ρ 是水的密度。可以建立水流量与压力的关系，获得如图 3.2-23 所示的水射流参数曲线图。

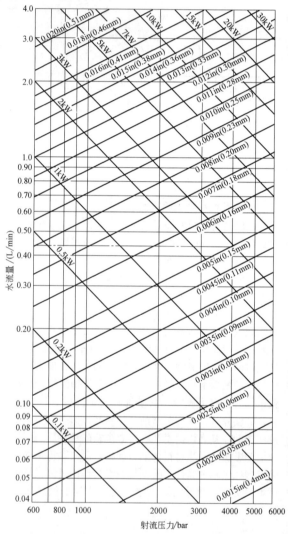

图 3.2-23　水射流参数曲线图

注：1bar = 10^5Pa，1in = 0.0254m。

根据水射流是否含有磨料和磨料混入的方式，射流加工可分为水射流加工（见图 3.2-24a）、后混式磨料水射流加工（见图 3.2-24b）和前混式磨料水射流加工（见图 3.2-24c）三种。未加磨料的水射流是将高压水（< 400MPa）从蓝宝石或金刚石的喷嘴（喷嘴直径为 0.08~0.5mm）喷出形成水柱，用于加工相对较软的材料，如塑料、有机物和铝合金等，但无法加工硬脆材料。后混式磨料水射流加工先将水加压（400~600MPa），经过切割头中的水喷嘴形成高速水射流，高速水射流再在混合腔内与磨料混合，并通过加速后经磨料喷嘴形成磨料水射流。磨料通常采用石榴石，在特殊加工条件下也使用 Al_2O_3、橄榄石、石英砂等。后混式射流系统结构简单、可靠性高、供料方便、喷嘴磨损小、使用寿命长。但随着喷嘴直径的减小，磨料很难与高压水均匀混合，射流压力大、能量损失大、导致加工精度较低、表面质量较差，因此，常用于粗加工或半精加工。前混式水射流是预先将磨料、水和各种添加剂混合后加入压力磨料罐，增压泵将水加压后送入磨料罐顶部将磨料从底部

压出，经喷嘴形成磨料水射流对工件进行加工。前混式射流克服后混式的一些不足，能够保证水与磨料混合均匀，系统所需的压力较低，射流密集性好，能量利用率高，但系统较为复杂，并且喷嘴磨损严重，寿命短。根据预先混合的流体是否为牛顿流体可将其分为悬浮射流和浆体射流两种。若通过加入高聚物等添加剂进行混合，混合后的流体为非牛顿流体，这样磨料在其中会呈均匀悬浮状态，形成浓度恒定、射流密集性好的浆体射流。由于非牛顿流体能够降低摩阻系数，减小能量损失，对射流束的稳定起到积极的作用，使射流的集束性增强，十分适宜微磨料水射流加工。前混式在射流直径方面可以达到较小（10~100μm），切缝宽度与射流直径相当，浆料的混合更加均匀，加工效率较后混式提高 5 倍，成本降低 70%~80%。

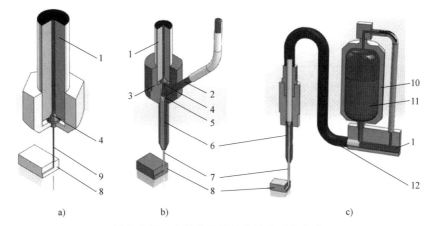

图 3.2-24　水射流及磨料水射流工作方式
a）水射流加工　b）后混式磨料水射流加工　c）前混式磨料水射流加工
1—高压水入口　2—磨料入口　3—切割头　4—喷嘴　5—混合腔　6—聚焦管　7—高速磨料水射流
8—工件　9—高速水射流　10—压力罐　11—水和磨料混合流　12—高压软管

微细磨料水射流加工机理很复杂，目前尚无形成统一的理论。通常认为磨料起着主要的切削作用，水射流对工件起冷却和冲刷作用。磨料对工件的切削作用来源于：①高速磨料冲击工件材料产生塑性破坏。②磨料高速冲击下产生微裂纹，而发生脆性破坏。Hashish 等人在试验中证实了磨料与工件之间产生强烈的摩擦磨损，产生很强的冲蚀作用，据此提出了剪切冲蚀和变形磨损理论。此种作用机理在塑性材料表面主要造成微耕犁和微切削，而在脆性材料表面主要产生疲劳微裂纹并进一步引起破碎。在某些情况下，上述几种相互作用可能同时发生在同一材料的去除过程中。国内外众多学者通过理论计算、建模仿真、试验测量等多种手段，对微细磨料水射流机制进行深入的研究，重点研究了脆性材料脆塑转变的过程。

1. 微细水射流机床

目前美国 OMAX 公司是 micro-AWJ 主要研究者及设备供应商，其典型的设备如 MicroMAX（见图 3.2-25）和 Model 160X JMC 等。水射流加工的特点之一在于，通过一个喷嘴就可实现切割、车削、钻削、铣削、端面车削、开坡口等多种加工方式。同一个喷嘴还可应用于不同的板材厚度。OAMX 公司生产的典型喷嘴如图 3.2-26 所示。除喷嘴之外，水射流还有一些关键部件，如进行圆锥形补偿的倾斜喷嘴，针对非对称切削的旋转轴，开坡口及穿锥形孔的喷头；由这些特殊喷嘴组合可对微型复杂三维结构进行加工。

2. 微细水射流加工工艺

微细磨料水射流加工具有传统磨料水射流的工艺特点，又因其使用的磨料粒度更小、含量更低、水束

直径更小、横移速度更小，使得其具备更加独特的优 势，非常适合对微小型零件进行切割、打孔、加工。

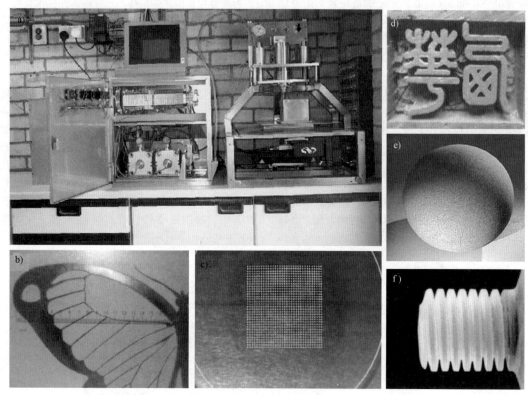

图 3.2-25 MicroMAX 设备及其加工

a) MicroMAX 设备 b)~f) 微细磨料水射流技术加工的产品

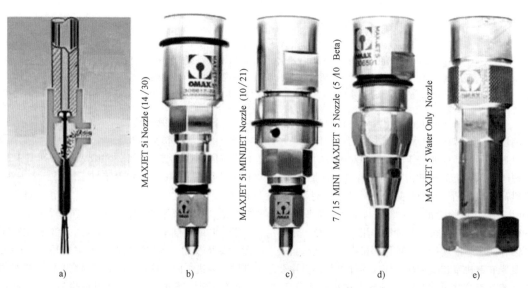

图 3.2-26 OAMX 公司生产的典型喷嘴

1999 年，英国 D. S. Miller 首次提出微细磨料水射流加工概念，研制出了前混式微细磨料水射流系统，并使用微细氧化铝磨料（50~300nm）获得射流直径 40μm 的水柱，对 4~50μm 厚度的金属、聚合物、碳纤维复合材料、电路板、三合板等进行加工；在 50μm 厚度的不锈钢上加工出直径为 85μm 的孔，制孔速度为 2.5 孔/s。

(1) 加工工艺参数

微细磨料水射流加工的工艺参数主要包括:加工速度、加工精度、表面粗糙度等。影响磨料喷射加工速度的主要因素有:磨料类型及粒度、喷射压力、喷嘴直径、喷嘴与工件之间的距离及喷射角等。一般来说,磨粒越大,喷射速度越高,材料去除速度越快。当磨料流量较小时,加工速度随磨料流量增加而增加;当磨料流量达到某一值后,若继续增加,则由于后面喷射来的磨料与刚从工件表面反弹出的磨料相碰撞的概率增大,使直接冲击工件的颗粒减少,因而加工速度反而下降。喷射角是指喷嘴轴线与工件被加工表面切线间的夹角。喷射角与加工速度的关系见图3.2-27。由图 3.2-27 可知,最佳喷射角(即加工速度最大时的角度)随工件材料变化。一般规律是工件材料硬度、脆性越高,其最佳喷射角也相应增大。

在加工精度方面,磨料喷射加工的尺寸精度一般可达±130μm,最高的加工精度可达到±50μm。喷嘴与工件表面之间的距离与切割精度有很大关系,随着喷嘴与工件距离的增加,不仅切割缝隙加大,而且出现较大的锥度,导致加工精度降低。

磨料粒度对加工表面粗糙度影响较大。以氧化铝磨料为例,表 3.2-8 是采用不同粒度的此种磨料加工玻璃及不锈钢时的表面粗糙度值。由表 3.2-8 可知,采用细的粒度磨料,可获得低的表面粗糙度值;当加工软质材料时,表面层容易嵌入磨料颗粒,因此在进行喷射加工以后,需要仔细清理工件表面、沟槽、缝隙等处。表 3.2-9 为几种常用磨料的粒度、用途和参数选择。

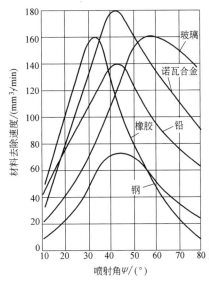

图 3.2-27 喷射角与加工速度的关系

表 3.2-8 氧化铝磨料加工表面粗糙度

氧化铝磨料	表面粗糙度 $Ra/\mu m$	
平均粒度/μm	玻璃	退火不锈钢
10	0.15~0.20	0.20~0.50
28	0.36~0.51	0.25~0.53
50	0.97~1.45	0.38~0.96

表 3.2-9 几种常用磨料的粒度、用途和参数选择

	类型	平均粒度/μm	流量/(g/min)	用途
磨料	氧化铝	10,20,30	—	加工铝、黄铜,切削和开槽
	碳化硅	25,40	—	加工不锈钢、陶瓷,切削和开槽
	碳酸氢钠	27	1~5,用于精加工	加工尼龙、特氟龙、狄尔林,50℃以下精加工
	白云石	约200目	5~10,用于一般加工	刻蚀和抛光
	玻璃球	0.635~1.27	10~20,用于粗加工	去毛刺和抛光
	类型	流量/(L/min)	压力/kPa	速度/(m/s)
载气	干燥空气、二氧化碳、氮气、氩气等	28	207~1310	152~335

(2) 加工材料范围

微细磨粒水射流应用于半导体晶片的切割,如硅片、氮化铝、氮化镓、蓝宝石等,切缝垂直度高,表面质量好,热影响区小,且无切屑飞溅,非常适合半导体行业的切割和钻孔加工。无论是切缝侧壁,还是表面质量,许多学者对其都进行了理论建模和试验研究,得到在不同磨粒条件下对不同材料的加工工艺参数。例如,S. Ally 等人建立了金属表面微细磨料水射流加工质量预测模型,采用粒径为 50μm 的氧化铝磨料以 106m/s 的平均速度对铝合金、钛合金和不锈钢工件进行加工，研究发现当水射流角度为 20°~35° 时，工件材料的去除率最大，但普遍低于加工玻璃和聚合物的材料去除率；此外还发现部分磨料嵌入不锈钢表面。M. C. Kong 等人对航空航天领域广泛应用的钛镍形状记忆合金进行了切割、钻孔和铣削加工试验，在优化的加工工艺参数下，工件切缝表面粗糙度 Ra 值小于 4μm，阶梯孔的圆度误差小于 40μm，同轴度误差小于 150μm，可以满足该领域对零件制造的精度要求。除了简单的轨迹加工外，微细磨料水射流加工技术与数控机床相结合，通过控制喷嘴的运动轨迹并同时使用多个喷嘴加工，可以对复杂轮廓零件进行加工，获得微型圆柱体、微槽等系列微细结构。例如，Y. Y. Lei 等人试验证实了微细磨料水射流三维加工能力，利用螺杆泵对碳化硅磨料进行输送并混合，由步进电动机控制螺杆运动，通过控制电动机的转速来精确控制磨料的流量，将切割头安装到高精度四轴联动数控平台的刀架上对工件进行加工，试验中通过控制适合的工艺参数实现了微磨料水射流车削、磨削、铣削、雕刻等的三维加工。

考虑到水射流在加工过程中，工件表面累积的水对后续到达的水束影响，N. Haghbin 等人提出了非浸没式和浸没式微细磨料水射流两种加工工艺，以

316L 不锈钢和 6061-T6 铝的微槽铣削微加工对象和方式，结果表明：浸没射流由于水对磨料颗粒的阻力较大，射流外围的磨料颗粒的动能减小很快，微槽的宽度比非浸没射流更小，因此可以利用浸没射流进行更加精密的微槽加工；浸没射流还具有降低噪声和减小磨料颗粒射入空气中等优势。

micro-AWJ 技术的另一个特点是加工材料范围广，这与激光加工、电火花加工和传统切削方式明显不同。图 3.2-28 所示为 micro-AWJ 技术所能加工的材料。

在加工工艺方面，micro-AWJ 最显著的优势在于无热影响区，这使得 micro-AWJ 可以获得更高的加工速度，相比之下，线切割需要降低走丝速度，而激光加工需要提高激光重复频率，因此，micro-AWJ 在加工效率方面优势明显。例如，加工图 3.2-29 所示的微镊子，采用 7/15 喷嘴，加工时间为 32s，若采用 0.15mm 的电极丝和固体连续激光，加工时间分别为 38min 和 110min；前者加工时间约为后者的 1/71 和 1/200。

在微细加工能力方面，图 3.2-30 所示为 OAMX 公司 micro-AWJ 技术在 1995—2015 年间的最小加工尺寸，特征尺寸从毫米量级逐渐降低至几十微米量级，加工材料也展现出多样性。

图 3.2-28 micro-AWJ 技术所能加工的材料

图 3.2-29 micro-AWJ 与线切割、激光加工技术对比

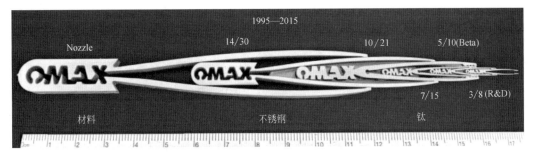

图 3.2-30　OAMX 公司 micro-AWJ 技术在 1995—2015 年间加工能力

采用 micro-AWJ 技术可加工的微型零件可以组装在一起，形成具有一定功能的微机械系统，如图 3.2-31 所示。

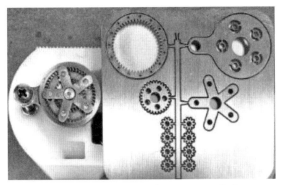

图 3.2-31　OAMX 公司 micro-AWJ 技术
加工微型零件组成的微机械系统

此外，micro-AWJ 技术在弱刚度材料和结构的加工中展现出独特优势，而穿孔缺陷也是 micro-AWJ 技术所特有的，在型腔结构的加工中尤其严重。众多学者针对如何减小或消除穿孔缺陷开展了大量研究。例如，H-T. Liu 等人将射流液体改换为液氮和过热水，二者的相似之处在于当它们进入磨料混合腔后，在加速磨料的同时迅速蒸发，使得最终只有磨料射入不通孔内部，减少了此前射流产生的驻点压力而导致的穿孔缺陷。上述两种射流在成本和操作方面存在一定的局限性，不适合工业化生产使用，但二者指明了解决穿孔缺陷的方向。此后，空气辅助射流（Turbo Piercer）和真空辅助射流（Mini Piercer）技术被开发出。真空使得停留在混合管中的多余磨料被带走，减少了穿孔效应。通过该方法对航空铝层结体材料、碳纤维及复合材料进行了加工，获得良好的加工效果，如图 3.2-32 所示。

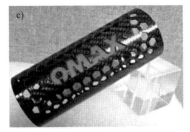
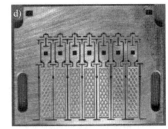

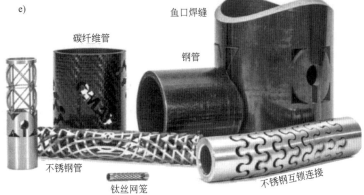

图 3.2-32　空气辅助射流和真空辅助射流技术所加工的零件

图 3.2-32 空气辅助射流和真空辅助射流技术所加工的零件（续）

micro-AWJ 技术另一突出的工艺能力是对难加工材料的高效加工能力，这与其他加工方式有着显著的不同。经 H-T. Liu 等人试验证实，相较于不锈钢，micro-AWJ 对于高温合金和钛合金加工效率提高约 3% 和 34%。而对于热处理的钢，随着硬度的增加，micro-AWJ 加工效率有所降低，此时只需要降低进给速度即可，但整体加工速度较 EDM 仍然有巨大的优势，例如加工 440C 不锈钢（58HRC），EDM 加工时长为 6h，而使用 5/10 喷嘴，只需要 23min，加工效率提高近 16 倍。此外，micro-AWJ 技术也非常适合制造各类型三维结构的生物支架。

综上，本节对常见的微细切削加工技术进行简要的总结，表 3.2-10 对比了这几类微细切削加工技术在加工工件最小尺寸、加工精度、加工深径比、多维加工能力、加工周期、成本和适用的加工材料等方面的不同，它们各具特色，在一定范围内可选用。

表 3.2-10 常用微细加工技术的特点对比

微细加工技术	最小尺寸	精度	深径比(高宽比)	多维加工能力	加工周期	成本	适用材料
微细电火花加工	+	+	+	++	+	+	金属
微细电解加工	+-	-	-	-	+-	+	金属
微细电铸加工	+	+	+	+	+-	+-	金属
FIB	++	++	+	+-	-	-	金属、半导体
LIGA	++	+	++	+	-	-	金属、聚合物
微细铣削加工	-	+	+-	++	++	++	金属、聚合物、陶瓷

注："++"优，"+"良，"+-"一般，"-"差。

3.3 微细电加工技术

电火花加工又称放电加工（Electrical Discharge Machining，EDM），从 20 世纪 40 年代开始研究并逐步应用于生产。该加工方法使浸没在工作液中的工具和工件之间不断产生脉冲性的火花放电，依靠每次放电时产生的局部、瞬时高温把金属材料逐次微量蚀除下来，进而将工具电极的形状反向复制到工件上。因为放电过程中可见到火花，故称之为电火花加工。英国、美国、日本等国称之为放电加工，而俄罗斯则称之为电蚀加工。图 3.3-1 所示为电火花加工示意图和晶体管脉冲电源电压及电流波形。

3.3.1 微细电加工技术概述、特点及分类

1. 微细电加工技术概述

微细电火花加工技术（Micro Electrical Discharge Machining，Micro EDM）起步于 20 世纪 60 年代末，荷兰 Philips 研究所的 Dsenbruggen 等人利用微细电火花加工技术成功加工出直径为 30μm、精度为 0.5μm 的微孔。但在当时的技术条件下无法解决微细电极在线制作问题，存在加工效率偏低、加工精度一致性较差的问题。20 世纪 80 年代末，随着 MEMS 技术的兴起，线电极电火花磨削（Wire Electrical Discharge Grinding，WEDG）技术逐渐成熟与应用，解决了微细电极在线制作这一关键问题，使得微细电火花加工技术成为微细加工领域的研究热点，并进入实用化阶段。微细电火花加工技术与普通电火花加工技术在加工理论、装备、工艺等方面基本相同，但对电源脉冲能量、调制能量、机床运动精度等方面提出更高的要求，以适应微米/亚微米的尺寸（<0.1μm）、纳米级加工表面质量（$Ra<0.01μm$）的要求。

电火花放电蚀除材料的过程是热效应、电磁效应、光效应、声效应、电磁辐射和爆炸冲击效应等的综合过程。单次火花放电蚀除的微观过程可大致分为四个阶段：极间介质电离，击穿，形成放电通道；工作液分解、电极熔化、气体热膨胀；电极材料抛出；极间消电离。放电间隙状况示意图如图 3.3-2 所示。

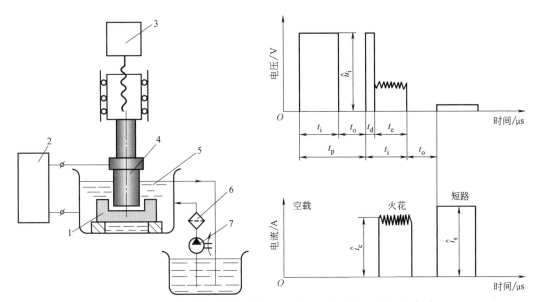

图 3.3-1 电火花加工示意图和晶体管脉冲电源电压及电流波形
1—工件 2—脉冲电源 3—自动进给调节装置 4—工具 5—工作液 6—过滤器 7—工作液泵

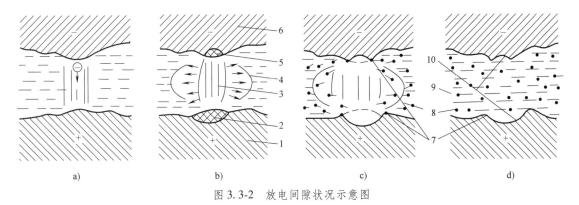

图 3.3-2 放电间隙状况示意图
1—正极 2—从正极上熔化并抛出金属的区域 3—放电通道 4—气泡 5—在负极上熔化并抛出金属的区域
6—负极 7—翻边凸起 8—在工作液中凝固的微粒 9—工作液 10—表面变质层

当脉冲电压施加到工具与工件电极之间时，由于工具和工件电极的微观表面凹凸不平以及极间介质中存在的导电杂质，使得极间电场不均匀分布，通常两极极间距离最近的突出点或尖端点电场强度最大（见图 3.3-2a）。当阴极表面最大电场强度达到 100V/μm 时，产生场致电子发射，进而导致带电粒子雪崩式增多，使介质击穿并形成一个极细小的放电通道。放电时的电流产生磁场，磁场反过来又对电子流产生向心的磁压缩效应，周围介质还存在惯性动力压缩效应，放电通道中的电子和离子同时受到磁场和周围液体介质的压缩，因此其截面积很小，通道中电流密度极大，可达 $10^5 \sim 10^6 A/cm^2$。放电通道有数量大体相等的带正电的粒子（正离子）和带负电的粒子（电子）以及中性的原子或分子。高速运动的带

电粒子相互碰撞，产生大量的热；同时，阳极和阴极表面分别受到电子流和离子流的高速冲击，动能转化为热能，在电极放电点表面产生大量的热，放电通道最高瞬时温度可达 10000℃ 以上。放电通道内的极高温使工作液汽化，热裂分解，也使金属材料熔化甚至汽化。火花放电蚀除材料是热爆炸力、电磁动力、流体动力等综合作用的结果（见图 3.3-2b）。在实际加工过程中，可以观察到电极间冒出大量微小气泡，且伴随微小的爆裂声，工作液变黑。在极细小的放电通道内，由高温膨胀形成的初始压力可达数十至上百个千帕，高温高压的放电通道以及随后瞬时汽化形成的气体急速扩展，产生强烈的冲击波，向四周传播（见图 3.3-2c）。单次脉冲放电后，应间隔一段时间，放电通道中带电粒子复合为中性，使工作液消电，同

时也能使电蚀产物有足够的时间排出，恢复极间工作液的绝缘强度，避免产生电弧放电（见图3.3-2d）。

2. 微细电加工技术特点

1）适用于难切削材料的加工。由于微细电加工中材料的去除是靠放电时的电热作用实现的，材料的可加工性主要取决于材料的导电和导热特性，如电阻率、熔点、沸点、比热容、热导率、溶解热、汽化热等，而几乎与其力学性能（如硬度、强度等）无关。因此，可以突破传统切削加工对刀具的限制，实现用软的工具电极加工硬的工件，甚至可以加工聚晶金刚石、立方氮化硼等超硬材料。目前电极材料多采用纯铜或石墨，工具电极也容易制造。

2）可以加工特殊及复杂形状的零件。加工中工具电极和工件不直接接触，没有宏观切削力，适宜低刚度工件微细加工。可以简单地将工具电极的形状复制到工件上，因此特别适用于复杂表面形状工件的加工（如复杂模具型腔）。采用数控技术使用简单形状的电极并配合数控轨迹运动，可以加工出复杂形状的零件。

3）虽然电加工主要用于加工金属等导电材料，但在一定条件下也可以加工半导体和绝缘材料。

4）一般加工速度较慢。因此通常安排工艺时多采用切削方法去除大部分余量，然后再进行电火花加工以求提高生产率。但最近已有新的研究成果表明，采用特殊水基不燃性工作液进行电火花加工，其生产率甚至可以不亚于切削加工。

5）存在电极损耗。由于电极损耗多集中在尖角或底面，在一定程度上影响成形精度。但近年来粗加工时已能将电极相对损耗降至0.1%，甚至更小。

由于电火花加工具有许多传统切削加工无法比拟的优点，因此其应用领域日益扩大，目前已广泛应用于航空、航天、机械（特别是模具制造）、电子、电机电器、精密机械、仪器仪表、汽车拖拉机、轻工等行业，以解决难加工材料及复杂形状零件的加工问题。加工范围已达到小至几微米的小轴、孔、缝，大到几米的超大模具和零件。

3.3.2 微细电火花加工关键技术

微细电火花加工技术原理上与普通电火花加工技术相同，都是通过工具和工件间不断产生脉冲性火花放电，靠放电瞬时的局部高温把材料蚀除下来。其加工表面质量主要取决于电蚀凹坑的大小和深度，即单个放电脉冲的能量。常用的微细电火花加工技术包括微细电火花成形技术、微细电火花铣削技术、微细电火花线切割技术和微细电化学加工技术。

1. 微细电火花加工装备系统

航空航天产品的小型化和微型化以及微机电系统的兴起催生了对具有微米级尺度零部件的加工需求，微米级特征的电火花加工需要更低的脉冲能量、更高的运动精度，需具备在线电极制备修整功能，必须采用专用的微细电火花加工装备系统。目前比较著名的商用微细电火花加工专用机床厂商有日本松下精机、瑞士阿奇夏米尔（Agie）与Sarix、美国麦威廉斯等公司，其中日本松下精机产品性能优越，能够实现5μm孔的加工。

电极的重复装夹精度是影响微细电火花加工精度的一大因素，基于此开发出的精密微细电火花加工机床上，电极只需装夹一次就能完成微细电极的制作到微细零件的加工，避免了多次装夹电极带来的安装误差，同时能够对电极实现在线修整，从而修正机床的系统误差和电极损耗带来的形状误差，最终提高零件精度。此外，这种多功能机床可将电火花线电极磨削加工、电火花异形微细孔加工以及电火花铣削加工集成到一起，通过多轴联动技术实现微细三维型体加工。

瑞士Sarix是专注于微细电火花加工机床的厂商，其SX80、SX100、SX200机床均能实现微米级三维型面加工。其Sarix80尺寸精度可达2μm，表面粗糙度Ra值为0.05μm，孔径最小可达20μm，能够实现高速微细电火花钻孔，见图3.3-3。现有商用微细电加工机床性能见表3.3-1。

图3.3-3 Sarix80机床及其加工样件

表3.3-1 商用微细电火花加工机床性能

厂商	电压系统	精度	电极尺寸	应用
Panasonic	RC脉冲电源 脉冲宽度10ns	加工尺寸精度为0.1μm 定位精度为1μm	最小电极尺寸直径5μm	可用于加工微小齿轮、圆孔，具有三维形状加工能力

（续）

厂商	电压系统	精度	电极尺寸	应用
Sarix	脉冲宽度 50ns	加工尺寸精度为 1μm 定位精度为 1μm	最小电极尺寸直径 12μm	可用于加工微小异形孔、圆孔
Pacific Controls	脉冲宽度 2.5μs	加工尺寸精度为 0.5μm 定位精度为 0.5μm	最小电极尺寸直径 2.5μm	只能用于圆孔加工
Agie	未公开	加工尺寸精度为 0.1μm 定位精度为 1μm	电极丝最细 25μm	任意二维图形加工

2. 微细电火花脉冲电源及控制系统

脉冲电源为电极间火花放电蚀除金属提供所需能量，对微细电火花加工的表面质量、加工精度、电极损耗和加工稳定性等指标有巨大的影响，是实现微细电火花加工的关键技术之一。微细电火花加工常用的电源主要有 RC 脉冲电源和晶体管脉冲电源，RC 脉冲电源更易获得微小的单个脉冲放电能量。随着电力电子技术的发展，MOSFET、IGBT、三极管等开关元器件的性能有了巨大的进步，其开关速度越来越快，能满足绝大多数情况下对高频脉冲电源的设计要求，进而出现基于 CPLD、DSP、FPGA 等可编程逻辑器件的脉冲电源。

RC 脉冲电源结构简单，脉冲能量易调，放电过程没有维持电压，是电火花加工机床中较为常见的电源，但存在单脉冲能量难以均匀控制的问题，加工稳定性有待提高。典型 RC 脉冲电源如图 3.3-4 所示，左侧为充电回路，由直流电源、充电电阻 R_1 组成；右侧为放电回路，由电容 C、工具电极、工件及绝缘工作液组成，其中 R 起到调节充电速度、防止电流过大的作用。

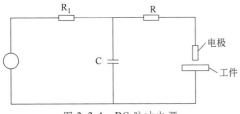

图 3.3-4 RC 脉冲电源

晶体管脉冲电源放电频率高，单脉冲能量容易控制，脉冲波形好，易于实现多回路加工和自动控制，其典型结构如图 3.3-5 所示，脉冲信号由主振级 Z 发出，经放大级 F 放大后驱动末级晶体管导通或截止，实际加工中功率级由几十只大功率高频晶体管若干路并联组成，且每个晶体管均串联一只限流电阻。

电火花加工控制系统对电火花加工过程及其加工系统进行控制，以获得理想的工件形状，其典型组成结构如图 3.3-6 所示。电火花加工控制系统功能上主

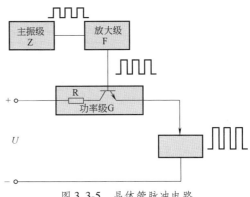

图 3.3-5 晶体管脉冲电路

要包括轨迹控制功能与加工过程控制功能。由于微细电火花加工有着更小的放电间隙与更低的单个脉冲能量，其加工过程控制区别于传统电火花加工机床，要求具有更高的分辨率与频率响应，同时能够实时准确识别加工过程中的间隙放电状态，并采取相应的放电间隙伺服控制策略。可采用智能控制理论，如模糊控制、神经网络、自适应控制等控制策略，以提高加工过程自动化、智能化程度。

放电间隙伺服控制系统对微细电火花加工效率、稳定性等关键性能有着极为重要的影响。典型的微细电火花加工系统伺服控制模型如图 3.3-7 所示。其控制的基本过程包括：微细电火花加工控制系统通过放电状态检测获得工作放电状态 S_{gap}，并与参考放电状态 S_{ref} 进行比较，进而用合适的伺服控制策略对伺服机构进行控制，最终使放电间隙保持在最佳放电状态。

微细电火花加工的放电状态及其检测方法与普通电火花加工有所不同。微细电火花加工放电状态可分为开路、偏开路、正常放电、偏短路、短路 5 种状态。对于放电状态的检测，由于微细电火花加工脉冲频率很高，单个脉冲能量极小，且常采用 RC 电源，难以逐个脉冲进行检测，故常用平均电压检测法与平均电流检测法进行检测。平均电压检测法首先设定不同的电压阈值作为区别放电状态的参考电压，通过比较在加工过程中采取到的放电间隙平均工作电压与参

考电压，据此区分上述 5 种间隙放电状态。平均电压检测原理图如图 3.3-8 所示，间隙电压经过电阻 R_1 与 R_2 分压后被钳位二极管控制在 0~15V 之间，然后进行滤波，经过隔离电路和采样保持电路进行 A/D 转换后输入计算机，由计算机进行放电状态检测并发出相应的控制信号。

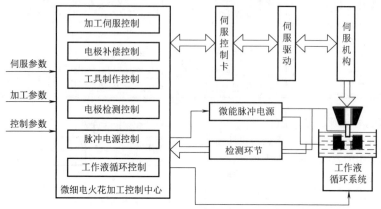

图 3.3-6　微细电火花加工控制系统组成结构框图

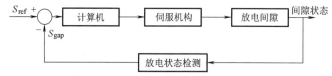

图 3.3-7　电火花加工过程伺服控制模型

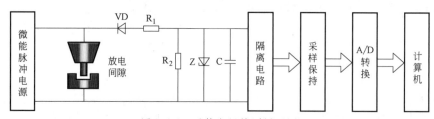

图 3.3-8　平均电压检测原理图

3. 微细电火花加工电极制作及在线检测

传统的微细电极常用离线方式进行制作，主要有两种方法：一种是冷拔并矫直后安装到电火花机床上；另一种是机械加工出微细电极后安装到机床上。离线方式进行微细电极制作，需二次装夹，存在回转精度误差与垂直度误差，同时难以获得精细的电极。由此，研究人员提出了微细工具电极在线制作技术。该项技术主要有反拷块加工与线电极电火花磨削（WEDG）两种方式。反拷块加工原理为逆向电火花加工，如图 3.3-9a 所示，加工过程中，所制作电极全长同时参与放电，因而加工效率高。由于反拷块工作平面与工作台平面存在垂直度误差，反拷块工作面存在平面度误差，故加工后的微细电极必然有锥度误差；此外，放电面积较大导致难以实现微能量放电，进而难以制作微细电极；同时反拷块电极也存在损耗，难以控制微细工具电极尺寸。线电极电火花磨削加工原理如图 3.3-9b 所示，线电极与待制作电极之间点接触，并通过火花放电蚀除材料，同时线电极沿导向器槽缓慢连续移动。导向器在工具电极径向做微进给。工具电极可随主轴旋转与轴向进给。通过控制主轴旋转角度、主轴轴向进给、导向器进给，可获得异形电极，如圆锥形、棱柱形、楔形等。由此可见，线电极电火花磨削只需一次安装，避免了装夹误差；电极与工件点接触，容易实现微能放电，但加工速度也相应降低；可加工多种形状电极。

3.3.3　微细电火花成形加工技术

微细电火花加工由于不存在宏观切削力，单个脉冲能量小，可广泛用于加工微细圆孔、方孔、锥孔等各类异形孔的成形加工中。需要指出的是，本节所涉及的微细电火花成形加工主要指各类孔的加工。微细电火花孔加工精度可达 $2\mu m$，深径比可达 10~60，相对于其他微小孔加工方法，其加工效率高，加工成本较低，在实际生产中得以广泛应用。

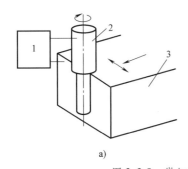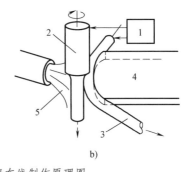

图 3.3-9　微细电极在线制作原理图

a）反拷块方式　b）WEDG 方式

1—脉冲电源　2—工件　3—反拷块（线电极）　4—导向器　5—工作液

1. 微细电火花孔加工概述

微细电火花常用于加工直径小于 1mm、深径比大于 10 的微小孔。因此，微细电火花孔加工具有放电面积小、放电蚀坑小、放电间隙小、单个脉冲能量小、脉冲电源频率高、放电状态不稳定以及微细工具电极难制作的特点。目前，微细电火花孔加工电极最小可达 $0.5\mu m$，放电空间和时间集中，易造成放电状态的不稳定。为满足微细电火花孔加工尺寸精度与表面质量要求，放电蚀坑必须达到亚微米量级，从而要求单个脉冲能量在 $10^{-7}\sim10^{-6}$J 之间，故放电回路极易受到外界能量干扰。电火花加工的间隙分为电极底面加工间隙、底面周边加工间隙和侧面加工间隙。在穿孔加工中，又把加工间隙分为出口侧间隙和入口侧间隙。为保证加工精度，微细电火花孔加工放电间隙应 $\leqslant1\mu m$，如此之小的间隙导致电蚀产物难以排出，使工作液抗电击穿能力大大降低，造成放电状态不稳定，甚至导致孔壁出现烧蚀坑，破坏电极棱边形状或电极端部出现凹坑，如图 3.3-10 所示。为促进电蚀产物排出，在圆孔加工时，使电极以一定转速旋转，并进行抬刀。

图 3.3-10　电蚀浓度过大导致电极损耗形貌

2. 微细电火花穿孔、圆形孔、异形孔加工

放电间隙的大小及其稳定性、工具电极的损耗及其稳定性是影响加工精度的主要因素。放电间隙可由经验公式（3.3-1）确定。

$$S = K_u U_i + K_R W_m^{0.4} + S_m \qquad (3.3\text{-}1)$$

式中　S——火花放电间隙；

　　　U_i——开路电压；

　　　K_u——与工作液介电常数相关的常数；

　　　K_R——与被加工材料相关的常数，易熔金属较大；

　　　W_m——单个脉冲能量；

　　　S_m——考虑热膨胀、收缩、振动等影响的机械间隙。

由于电极损耗和二次放电的存在，放电间隙在加工过程中不能保持一致，无法通过修正电极尺寸进行补偿，导致电火花加工斜度，即所谓的"喇叭口"。电火花穿孔加工时，可以使电极贯穿加工孔对电极损耗进行补偿。为了促进电蚀产物排出，在圆孔加工时，令电极以一定转速旋转，并进行抬刀。电蚀产物随工作液在底部极间间隙中反复旋转流动，在抬刀期间，电蚀产物由于新鲜工作液的补充而向孔顶端口运动，放电间隙中的工作液与液槽工作液仅在孔口处进行交换。

微小异形孔加工时，工具电极无法在旋转状态下进行加工，电蚀产物排出困难。在电极轴向引入超声振动，利用超声振动的高频泵吸作用，将金属小屑推开并吸入新鲜的工作液是改善工作液循环的有效手段。电极的超声振动一方面能极大地改善小间隙中工作液的流动性，避免电蚀产物沉积，提高放电稳定性；另一方面电极超声振动加速熔融金属的抛出，减小加工表面热影响层厚度和微裂纹。

微小异形孔加工用的电极常用冷拔、冲压、电火花线切割、电火花反拷四种加工方法加工。电火花线切割与电火花反拷存在效率低的缺陷，一般用于电极的试制或修正。冷拔或冲压法是采用微细电火花线切割或电火花反拷加工工艺加工出拉丝或冲压用的模具,然后用该模具拉丝或者冲压制成异形截面的电极(见图3.3-11)。采用这种方法加工一个模具便可以制作上百根异形电极,因此效率极高,适于大批量生产。

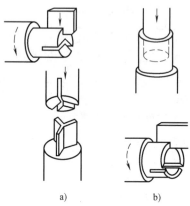

图 3.3-11　电火花反拷加工异形电极示意图
a) 加工 Y 三叶形　b) 加工三瓣圆弧形

对于形状不同、轮廓尺寸相差不大的异形孔,由于放电区域有限,虽然轮廓尺寸相差不大,但加工工艺参数的选择却区别很大。对于微小异形孔加工工艺参数的选择,可采用等效面积法。横截面积相等,但形状差别很大的异形孔在加工规准的选择上有很大区别。这主要是由于两种异形孔的面积分布系数不同造成的。异形孔面积分布系数 ρ 是指异形孔的横截面积 S_J 与能够包含在异形孔内的最大圆的面积 πr^2 之比。由式(3.3-2)可以看出,在异形孔横截面积相等的情况下,面积分布系数越小,即异形孔等效放电面积加工越困难。

$$\rho = \frac{S_J}{\pi r^2} \tag{3.3-2}$$

3.3.4　微细电火花铣削加工技术

由于微细结构及零件在工业领域的广泛应用,特别是特殊难加工材料零件的应用,使得对该类难加工材料的加工技术需求日益增长。传统的电火花成形加工中,成形电极的加工制造困难、制作时间长、制作成本高,且针对微细三维型面的复杂形状成形电极的加工难以实现。微细电极的成功制作,引发科研人员对于使用棒状电极,基于分层制造原理的微细电火花铣削技术进行微细三维曲面加工的探索。

1. 微细电火花铣削加工技术特点

与传统数控铣削加工方式相比,微细电火花铣削存在电极损耗现象,需针对电极损耗规律制定相应的补偿策略。同时,微细电火花铣削加工不存在宏观作用力,其电极形状可为方形、圆形、多边形等多种形状,电极运动方式可为旋转或分度等多种运动模式。

与普通电火花成形加工相比,微细电火花铣削加工主要具有以下技术优势:

1) 电火花成形加工由于电极复杂,加工间隙内电蚀产物排出困难,存在电极损耗不均匀的情况,导致电极损耗补偿困难。而微细电火花铣削加工电极形状简单、体积小,电极损耗相对均匀,电极损耗补偿相对简单。

2) 在微细电火花铣削过程中,微细电极高速旋转或轴向超声振动,理论上具有各向同性的特点,使得放电状态稳定。

3) 电火花成形加工针对复杂微小三维型面加工有困难,甚至无法加工。微细电火花铣削加工电极尺寸小,加上高精度进给系统,能够完成对复杂型面的加工制造。

4) 电火花成形加工,在面积较大时存在明显的电容效应,表面质量不易提高;而微细电火花铣削加工面积较小,电容效应不明显,可获得良好的表面质量。

5) 电火花成形加工用电极设计与制造耗费工时长、成本高。微细电火花铣削加工电极结构简单,且工艺上能够与 CAD/CAM 技术融合,提高设计制造自动化水平。

2. 微细电火花铣削补偿策略、轨迹规划

为减小电极损耗带来的精度降低等负面影响,一方面,通过选取合理的电极材料、电参数、工作液等工艺参数来降低电极损耗;另一方面,通过合理的电极补偿策略消除电极损耗对被加工工件的影响。微细电火花铣削加工时,主要有电极侧面放电和底面放电两种放电形式,如图 3.3-12 所示。电极侧面放电使电极尺寸出现较大的波动,棱边放电则会使电极出现损耗圆角,导致其电极损耗补偿困难。故电极损耗补偿的关键在于实现电极底部放电,尽管底部放电时,

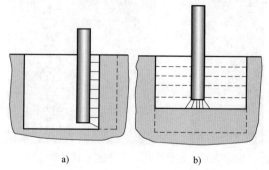

图 3.3-12　两种微细电火花铣削加工方式
a) 电极侧面放电加工　b) 电极底面放电加工

底部棱边仍然会有圆角损耗，但可通过等效电极损耗策略进行补偿。

以电极在工件表面做直线扫描运动为例，等效电极损耗的原理如图 3.3-13a 所示。在加工的初始阶段，棱边由于尖端放电出现损耗圆角，随着加工的进行，电极整体损耗，轴向缩短，放电间隙增大，放电点减少，电极底部突出部分开始放电，损耗圆角逐渐消失，电极恢复初始状态。可见，电极端部各点损耗量均匀，通过简单的轴向补偿即可获得更高的加工精度。等效电极损耗的关键在于每一层加工厚度小于放电间隙，并采用电极损耗的工艺参数。为了消除该斜面提高精度，可在下一次走刀沿原路返回，如图 3.3-13b 所示。

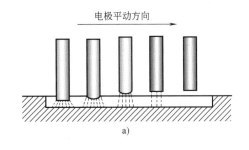

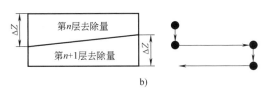

图 3.3-13　微细电火花加工技术
a）电极平动时底部的损耗过程　b）分层电火花加工中相邻两层加工时电极往复运动

尽管电极能够实现等效损耗，但放电过程中仍会出现损耗圆角，存在加工痕迹，如图 3.3-14 所示。故相邻轨迹间必须有一定的重叠，以消除残留高度。

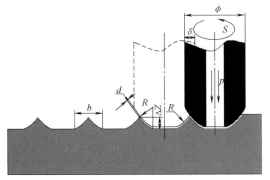

图 3.3-14　轨迹残留高度示意图

轨迹重叠率与残留高度有如下关系式：

$$\Delta Z = R - \sqrt{d^2 + 2Rd + R\phi\theta - \frac{\phi^2\theta^2}{4}}$$

$$(3.3-3)$$

式中　ΔZ——残留高度；
　　　ϕ——电极直径；
　　　d——放电间隙；
　　　R——电极端部半径。

故轨迹重叠率需满足

$$\theta \geqslant 2 \times \frac{R + \sqrt{(R+d)^2 - (R - \Delta Z_{max})}}{\phi}$$

$$(3.3-4)$$

残留痕迹底面宽度 b 为

$$b = 2\left(R - \frac{\phi\theta}{2}\right) \qquad (3.3-5)$$

可通过式（3.3-3）~式（3.3-5）计算轨迹重叠率进行电极加工轨迹规划。

由于电极存在损耗，故电极的轴向补偿是保证加工精度的重要因素。以电极进行分层等损耗加工为例，电极每次向下进给量应满足

$$电极每次向下进给量 = h_w + h_e \qquad (3.3-6)$$

式中　h_w——每层加工的最终厚度；
　　　h_e——电极损耗长度。

设工具电极与工件电极的体积损耗比为常数 λ，工具电极截面积为 S_e，当前加工层截面积为 S_w，则常数 λ 满足

$$\lambda = \frac{h_e + S_e}{h_w + S_w} \qquad (3.3-7)$$

进而推导出电极进给量

$$电极进给量 = h_w\left(\lambda\frac{S_w}{S_e} + 1\right) \qquad (3.3-8)$$

综上所述，电极运动轨迹的规划要点在于：①放电集中在电极底面，避免侧面放电。②加工中，电极只在平面内伺服，轴向不做伺服。③分层厚度小于放电间隙。④相邻层面上电极做往复运动。⑤两次相邻走刀要满足一定重叠率。⑥相邻层面电极运动轨迹应长短结合。⑦加工轮廓侧壁边缘与底面中央结合。

3.3.5　微细电火花线切割加工技术

微细电火花线切割是指采用直径为 $10 \sim 50\mu m$ 的微细电极丝进行火花放电切割的加工技术。微细电火花线切割加工在放电状态、电压电流波形上与微细电火花成形加工类似，其加工原理、表面粗糙度、可加工性等工艺规律与微细电火花成形加工相似或相同。微细电火花线切割技术有着相对较低的加工成本、较高的生产率和较高的精度，在高长径比微细零件、微

小零件和微细成形电极加工等方面应用广泛。

1. 微细电火花线切割液

微细电火花线切割与微细电火花成形加工也有许多不同点。在切削液的选择上，微细电火花加工可选用油基切割液、乳化性切割液、水基切割液、合成水溶型切割液，其特点见表 3.3-2。

在其他加工条件相同的情况下，不同工作液，切割速度与加工表面外观是不同的，不同工作液对工艺参数的影响见表 3.3-3。

表 3.3-2　常用电火花切割液特点

分类	油基切割液	乳化性切割液	半合成型水基切割液	合成水溶型切割液
主要组成	矿物油、油溶性添加剂	矿物油、乳化剂、添加剂	乳化剂、矿物油、水溶性防锈剂	水溶性物质
稀释液	矿物油	水	水	水
优点	切割效率高、绝缘灭弧好、防锈	切割效率高、润滑好、绝缘灭弧较好、节约矿物油	切割效率较高、污染较小、节约矿物油	切割效率较高、无污染、节省矿物油
缺陷	污染大、易引发火灾	污染大	防锈效果差	介电性能和防锈效果较差

表 3.3-3　不同工作液对工艺参数的影响

编号	脉冲宽度 $t_i/\mu s$	脉冲间隔 $t_o/\mu s$	加工电流 I/A	切割速度 $v/(mm^2/min)$	加工电压 U/V	工作液	条纹	v/I	间隙平均电阻 U/I	备注
1	13	40	1.5	20	7	NL 配地下水乳化液	很清楚	13.3	4.6	灰白色表面
2	13	40	1.3	26	8	NL 配地下水乳化液	能看见	20	6.15	灰白色表面
3	13	40	1.5	13.5	9	煤油		9	6	表面黑色层擦不掉
4	13	40	1.5	40	10	DX-1 配蒸馏水乳化液	不明显	26.6	6.6	银白色表面
5	13	40	1.5	15	10	蒸馏水	—	10	6.6	试片黏住表面黑层擦不掉
6	13	40	1.5	20	10	去离子水	很明显	13.3	6.6	试片黏住表面黑层擦不掉
7	13	40	1.5	34	9	DX-1 配去离子水乳化液	不明显	22.6	6	银白色表面
8	13	40	1.4	36	10	DX-1 配地下水乳化液	清楚	25.7	7.14	灰白色表面

相对电火花成形加工，电火花线切割可选用水或水基切割液，火灾风险低，更易于实现安全无人生产，但防锈效果较差。在加工成本方面，微细电火花线切割省去制造成形微小电极过程，极大地减小了成形电极的设计加工制造成本，同时缩短了加工时间，能够提升生产率，适于批量化生产。在加工能力方面，微细电火花线切割能够加工微小异形孔、窄缝和其他复杂形状。此外，由于微细电火花线切割工具电极为长电极丝，单位电极丝损耗较少，因此对加工精度影响较小。

2. 微细电火花线切割装备系统

由微细电火花线切割加工的性能要求可知，其加工的工件尺寸微小，主要用于加工尺寸为 0.1～1mm 的工件。与传统的电火花线切割加工相比，对伺服进给系统的精度、脉冲电源的能量大小以及控制系统的要求更为苛刻，需要特殊的设备及工艺技术，在分析、总结国内外相关成果的基础上，结合实用化加工系统的要求，设计了一台微细电火花线切割加工装置，其原理如图 3.3-15 所示，图 3.3-16 为装置的 SolidWorks 三维设计图。

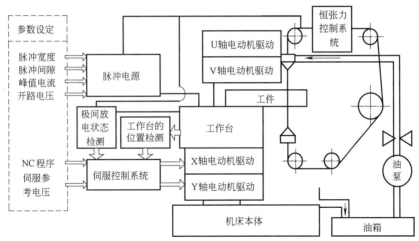

图 3.3-15　微细电火花线切割加工系统原理图

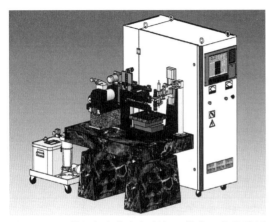

图 3.3-16　微细电火花线切割加工机床三维设计图

该装置主要由机械部分和控制部分组成（见图 3.3-17）。机械部分主要由花岗石基座、压电陶瓷电动机驱动的精密伺服进给装置、显微检测系统、循环低速走丝的储丝装置及丝架、V 形块导丝装置、恒张力走丝装置、工作液循环装置等构成（并设计了为加工穿丝孔的 Z 轴和高速旋转主轴）。利用煤油做工作液，直径为 30μm 的电极丝（钨丝）在恒张力下作低速循环往复运动进行加工。X、Y 轴压电陶瓷电动机驱动工作台做伺服进给运动，行程为 100mm×100mm；同时 U、V 轴压电陶瓷电动机驱动电极丝上导向器运动，使电极丝倾斜来进行三维加工，U、V 轴电动机行程为 30mm×30mm，因此能够进行锥度±10°切割。X、Y、U、V 轴均利用高分辨率的光栅尺作为位置反馈。控制部分包括数控系统、微能脉冲电源控制、伺服运动控制系统以及走丝控制系统等部分，脉冲电源为极间提供加工用的微小放电能量。极间放电监测把监测数据传给伺服控制系统，系统根据由监测回路反馈的电压值识别出各种加工状态，来控

制极间放电间隙的大小，保持最佳放电加工状态。其中计算机用于对整个加工过程进行监控以及实现数控插补等功能。

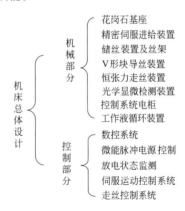

图 3.3-17　微细电火花线切割机床各组成部分

3. 微细电火花线切割加工关键技术

微细电火花线切割加工的关键技术主要有电极丝的微细化、脉冲能量精确可控高性能脉冲电源、微小零件装夹与检测三个方面。其中，高性能脉冲电源是微细电火花加工所面临的共性难题。微细电火花线切割电极丝直径一般在 10~50μm 之间，以实现微小零件形貌的加工。对于微米级的电极丝，其电流承载能力变差，所能承受最大张力变得更小，也就更易发生断丝的情况。如何提高微细电极丝的稳定性是制约微细电火花线切割应用的一大难题。微小零件相对于传统较大零件的加工而言难以进行准确的装夹、定位，需开发针对微小零件的精密装夹定位系统保证加工精度。为保证装夹机构使用寿命，可对装夹机构磨损严重的地方进行涂层处理，涂层材料常采用高硬度的 TiC 或 WC。光学检测是常见的精密检测技术，但在

电火花线切割中光学镜易受工作液腐蚀和电蚀产物影响,难以准确完成对微小零件的在线监测,应用受限。目前,综合利用计算机软硬件技术、在线检测技术,使装夹系统的定位精度最高可以小于1μm。

电火花线切割加工工作环境与机床热量控制对微细电火花线切割加工也有较大的影响。微细电火花线切割加工属于精密或超精密加工,须在恒温、无尘、隔绝振动的环境下进行,机床本身要有隔振设计,同时应尽量消除振动源。机床结构设计具有高的刚度,且有利于加工时热量的散发,避免机床本身精密件与被加工微小零件受到热变形的影响,降低机床加工稳定性与使用寿命。

3.3.6 微细电化学加工技术

电化学加工是以离子形式将材料沉积或去除的加工方法,具有离子数量级加工精度的潜力。但由于电化学加工存在杂散腐蚀、加工间隙不易精确控制、加工精度较差的缺点,限制了其在微纳加工领域的应用。随着高性能脉冲电源、掩模电解、精密电解、电解液、加工间隙控制等各方面技术的突破,微细电化学加工取得了一定进展。

电化学加工原理可分为阳极溶解和阴极沉积两类。基于阳极溶解的减材加工方法有电解加工、电解抛光等,基于阴极沉积的加工方法有精密电铸、刷镀等。由于电化学加工的加工单位是离子,其加工表面质量好、表面无变质层、无残余应力、表面粗糙度值小、无微裂纹等。表3.3-4为电化学加工的分类,表3.3-5为常见金属材料电化学加工所用电解液配方与参数,表3.3-6为电解抛光的电解液与抛光参数。

表 3.3-4 电化学加工的分类

类别	加工方法及原理	加工类型
I	电解加工(阳极溶解)	用于形状、尺寸加工
	电解抛光(阳极溶解)	用于表面加工、去毛刺
II	电镀(阴极沉积)	用于表面加工、装饰
	局部涂镀(阴极沉积)	用于表面加工、尺寸修复
	复合电镀(阴极沉积)	用于表面加工、模具制造
	电铸(阴极沉积)	用于制造复杂形状电极、复制精密且复杂的花纹模具
III	电解磨削,含电解珩磨、电解研磨(阳极溶解、机械刮除)	用于形状、尺寸加工,超精、光整加工,镜面加工
	电解电火花复合加工(阳极溶解、电火花蚀除)	用于形状、尺寸加工
	电化学阳极机械加工(阳极溶解、电火花蚀除、机械刮除)	用于形状、尺寸加工,高速切断、下料

表 3.3-5 常见金属材料电化学加工所用电解液配方与参数

待加工材料	电解液配方(质量分数)	电压/V	电流密度/(A/dm³)
各种碳素钢、合金钢、耐热钢、不锈钢等	NaCl 10%~15%	5	10~200
	NaCl 10%+NaNO₃ 25%	10~15	10~150
	NaCl 10%+NaNO₃ 30%		
硬质合金	NaCl 15%+NaOH 15%+酒石酸 20%	15~25	50~100
铜、黄铜、铜合金、铝合金等	NH₄Cl 18%或 NaNO₃ 12%	15~25	10~100

1. 超窄脉冲微细电化学加工

根据电化学原理在金属/溶液界面上会发生氧化还原反应,使电极表面带电,溶液中带相反电荷的粒子密集在靠近电极的一侧,构成双电层。电极/溶液界面的双电层在外加电场的作用下,表现出电容特征;电解加工的电解液又具有一定的阻抗特性。可将其简化为如图3.3-18所示电路。RC电路中电容充放电可由式(3.3-9)描述

$$\tau = RC = \rho dC \qquad (3.3-9)$$

式中　τ——时间常数;

　　　ρ——电解液电阻率;

　　　d——阴阳极的极间间隙;

　　　R——电解液电阻;

　　　C——双电层电容。

根据时间常数与电阻的关系,可通过提高电阻率来减小加工间隙,提高加工精度。为使蚀除的金属离

表 3.3-6　电解抛光的电解液与抛光参数

适用金属	电解液中各种成分的质量分数	阴极材料	阳极电流密度/(A/dm³)	电解液温度/℃	抛光时间/min
碳素钢	H_3PO_4 70% CrO_3 20% H_2O 10%	铜	40~50	30~50	5~8
碳素钢	H_3PO_4 65% H_2SO_4 15% H_2O 18%~19% $(COOH)_2$ 1%~2%	铅	30~50	15~20	5~10
不锈钢	H_3PO_4 10%~50% H_2SO_4 15%~40% 丙三醇 12%~45% H_2O 5%~23%	铅	10~120	50~70	3~7
不锈钢	H_3PO_4 40%~45% H_2SO_4 35%~40% CrO_3 3% H_2O 17%	铜、铅	40~70	70~80	5~15
CrWMn 1Cr18Ni9Ti	H_3PO_4 65% H_2SO_4 15% CrO_3 5% 丙三醇 12% H_2O 3%	铅	80~100	35~45	10~12
铬镍合金	H_3PO_4 64mL H_2SO_4 15mL H_2O 21mL	不锈钢	60~75	70	5
铜	CrO_3 60% H_2O 40%	铝、铜	5~10	18~25	5~15
铝及铝合金	H_2SO_4 70vol% H_3PO_4 15vol% HNO_3 1vol% H_2O 14vol%	铝、不锈钢	12~20	30~50	2~10
铝及铝合金	H_3PO_4 100g CrO_3 10g	不锈钢	5~8	50	0.5

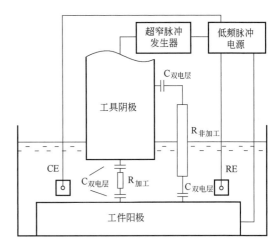

图 3.3-18　超窄脉冲微细电解加工示意图

图 3.3-19 所示。A、B、C、D 四种电解液中 H_2SO_4 的浓度分别为 0.075mol/L、0.05mol/L、0.025mol/L、0.01mol/L。由图 3.3-19 可以看出，脉冲宽度越窄，电解液浓度越低，加工间隙就越小。采用这种方法减小极间间隙，就可以提高加工精度。

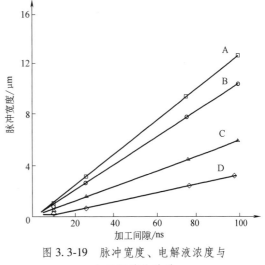

图 3.3-19　脉冲宽度、电解液浓度与加工间隙的关系

电化学加工电极过程主要有下列四步：

1）电化学反应过程。在电极溶液界面上得到或失去电子生成反应产物的过程，即电荷传递过程。

2）反应物和反应产物的扩散传质过程——反应物向电极表面传递或反应产物自电极表面向溶液中或向电极内部的传递过程。

3）电极界面双电层的充放电过程。

4）溶液中粒子的电迁移或电极导体中电子的导电过程。

子及时溶入电解液中，避免沉积，应使用酸性电解液。对于酸性电解液，降低溶液浓度即可提高电阻率。例如，对于 0.1mol/L 的 $CuSO_4$ 与不同浓度的 H_2SO_4 混合电解液，其加工间隙、浓度、脉冲宽度如若电化学反应过程落后于其他步骤，电极表面电荷累积，导致阳极电位更正，阴极电位更负，这种现象称作电化学极化。在电化学加工中为保证电化学反应为控制步骤，需创造条件使反应产物及时扩散，可采用如提高电解液压力、加强搅拌、高速冲液、使用旋转电极等方法使传质过程加快。但高速旋转或冲液会使微细电极产生振动，降低加工精度。采用高频脉冲电源，缩短加工电流有效持续时间，能够减小扩散层厚度、降低浓差极化作用，提高加工精度。

扩散层的有效厚度为

$$\delta = \sqrt{\pi D t} \qquad (3.3\text{-}10)$$

式中　δ——扩散层有效厚度；

　　　D——扩散系数；

　　　t——极化时间。

在得到扩散层有效厚度后，可以用扩散电流密度

来表示反应粒子的非稳态扩散流量。根据法拉第电化学第一定律：在金属溶液界面处发生电化学反应的物质量与通过界面的电量成正比。忽略对流和电迁移下扩散杂质引起的非稳态极限扩散电流为

$$i = nFC\sqrt{\frac{D}{\pi t}} \qquad (3.3\text{-}11)$$

式中　i——极限扩散电流；

　　　n——扩散杂质的量；

　　　F——法拉第常数；

　　　C——双电层电容。

故极化时间越短，扩散电流越大，浓差极化越小。

表 3.3-7 为电解加工常见瑕疵、产生原因与消除方法。

表 3.3-7　电解加工常见瑕疵、产生原因与消除方法

序号	常见瑕疵	特征	产生原因	消除方法
1	表面粗糙	表面呈细小纹理	1)工件金相组织不均匀,晶粒过粗 2)电解液含杂质太多 3)工艺参数不匹配,电解液流速低或流量不足	1)尽量采用较均匀的金相组织 2)控制电解液中的杂质量 3)合理选用参数,适当提高电解液流速
2	纵向条纹	与电解液流同方向上的沟痕或条纹	1)加工区域内流场分布不均匀 2)电解液流速与电流密度不匹配 3)阴极绝缘物有破损而影响电解液的流场	1)调整电解液的压力与电流密度 2)检查阴极绝缘
3	横向条纹	在工件横截面方向上的沟痕或条纹	1)机床进给不平稳,有爬行现象 2)加工余量小,原有机械加工的刀痕太深	1)检查机床进给部分,消除爬行,同时检查工件与阴极配合是否过紧 2)合理选用加工余量
4	小凸点	呈很小的粒状突起高于表面	1)电解液中存在铁锈或其他杂质附着在工件表面 2)零件表面锈蚀未除干净	1)加强电解液过滤 2)仔细清洗工件
5	鱼鳞状	类似鱼鳞状的波纹	电解液在加工区域内流场分布不好或流速过低	提高压力,加大流速
6	瘤子	凸出表面的块状	1)加工表面不干净,有锈迹或其他附着物 2)阴极上的绝缘剥落或变形,以致阻碍电解液的流通 3)材料中含有非金属夹杂物 4)电解液中有导电物堵塞间隙	1)加工前检查工件表面有无锈迹并加以清除 2)检查电解液系统中过滤网是否完好
7	表面严重凹凸不平	表面呈块状规则分布凸起	1)阴极出水孔因有附着物堵塞,电解液流速不均匀 2)电解液流量不充足,流速过低	1)分析电解液中含非钠盐类成分是否过高 2)在新配置的电解液中可加入一部分旧电解液

2. 约束刻蚀剂层技术

约束刻蚀剂层技术（Confined Etchant Layer Technique，CELT）由复旦大学田昭武教授课题组于 1992 年提出，该技术能在砷化镓、硅等半导体以及铜、镍、铝等多种金属材料上加工出复杂三维微纳结构。约束刻蚀剂层技术的特点是无需掩模，可免去匀胶、显影、除胶等多道工序，降低成本；加工深度可控，能够提高加工精度；可用于多种半导体、金属材料的微纳三维结构的加工。

约束刻蚀剂层技术的基本原理是：通过电化学或光电化学反应在具有高分辨率的复杂三维微图形的模板表面产生刻蚀，利用预先在溶液中加入的捕捉剂迅速地与刚产生的刻蚀剂发生匀相反应，使刻蚀剂无法从模板表面往溶液深处扩散，因而可将刻蚀剂紧紧地约束在模板表面轮廓附近的很小区域。当模板逐步靠近加工材料的表面时，被约束的刻蚀剂对待加工基底的表面材料进行刻蚀，从而加工出与模板互补的三维微图形。对于自由基粒子，因其扩散范围较小，无需加入捕捉剂。刻蚀剂层越薄，刻蚀加工精度越高，实践中刻蚀剂层厚度可被压缩至亚微米级。约束刻蚀剂层厚度 μ 可表示为

$$\mu = \sqrt{\frac{D}{K_s}} \qquad (3.3\text{-}12)$$

式中　D——电生刻蚀剂在液相中的扩散系数；
　　　K_s——约束反应的准一级反应速率常数。

约束刻蚀剂层技术的加工过程可分为以下三步：

1）通过电化学或光化学反应产生刻蚀剂：

$$R \rightarrow O + ne^- \qquad (3.3\text{-}13)$$

式中　R——前驱体；
　　　O——刻蚀剂。

$$R + h\nu \rightarrow O + ne^- \qquad (3.3\text{-}14)$$

式中　h——普朗克常数；
　　　ν——光的频率。

2）刻蚀剂发生约束反应：

$$O + S \rightarrow R + Y \qquad (3.3\text{-}15)$$

式中　S——捕捉剂；
　　　Y——反应后惰性产物。

3）基体表面发生刻蚀反应：

$$O + M \rightarrow R + O \qquad (3.3\text{-}16)$$

式中　M——待刻蚀材料。

3. 微细电化学沉积

常用的微细电化学沉积技术主要有电铸技术与 EFAB（Electrochemical Fabrication）技术。微细电铸原理上与普通电铸加工基本相同，如图 3.3-20 所示。导电的模板作为阴极，用于电铸的金属材料作为阳极，带电金属离子在电场作用下向阴极沉积形成工件。微细电铸加工单位为离子，芯模无损耗，有极高的复制精度与重复精度。

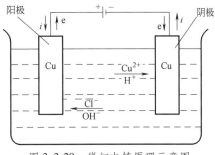

图 3.3-20　微细电铸原理示意图

EFAB 技术基于分层制造原理，将所需加工的工件分割为平面二维图形，利用该二维图形的掩模板进行选择性电沉积，将所需微纳结构层层堆积起来，属于增材制造。其中掩模板材料为光刻胶，经光刻显影后获得所需二维图形。与 LIGA 技术中的掩模电铸不同，EFAB 在电沉积时，掩模板衬底为阳极。EFAB 技术需循环进行选择性电沉积、平铺电沉积和平坦化三个步骤，最后进行选择性刻蚀，其工艺路线如图 3.3-21 所示，具体工艺如下：

1）利用实时掩模板在阴极衬底上选择性沉积结构层或牺牲层金属。

2）利用常规电沉积法在前层金属上沉积新材料。

3）将牺牲层与结构层一起磨平，保证加工精度。可利用微细铣削、磨削等加工方法进行。

4）重复进行 1）~3）加工步骤，直至形成所需微细三维结构。

5）利用化学或电化学腐蚀法蚀除牺牲层，即可获得所需三维复杂结构。

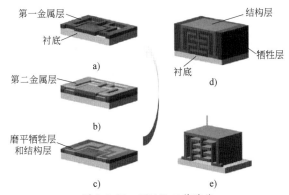

图 3.3-21　EFAB 工艺路线

a）选择性沉积　b）常规沉积　c）平整加工
d）沉积 n 层后　e）去除牺牲层后的微结构

EFAB 技术最大的优点在于能够加工出任意复杂的三维微细结构，但存在加工过程复杂繁琐、加工周

期长、成本高昂、强度不高、加工精度无法达到微米

级等缺点，限制了该技术的进一步应用。

3.4 高能束微细加工技术

3.4.1 高能束微细加工技术概述

高能束加工是利用能量密度很高的电子束、离子束、激光束等去除工件材料的特种加工方法的总称。它属于非接触加工，加工变形小，几乎可以加工任何材料。高能束流加工技术是当今制造领域发展的前沿，在精微加工、航空航天、电子、化工等领域中成为不可缺少的特种加工技术，其研究内容极为丰富，涉及光学、电学、热力学、冶金学、金属物理、流体力学、材料科学、真空学、机械设计和自动控制以及计算机技术等多种学科，是一种典型的多学科交叉技术。

3.4.2 电子束微细加工技术

电子束加工（Electron Beam Machining，EBM）是在真空条件下，利用聚焦后能量密度极高（$10^6 \sim 10^9 \mathrm{W/cm^2}$）的电子束，以极高的速度冲击到工件表面极小的面积上，在很短的时间（微秒级以下）内，其大部分能量转化为热能，使被冲击部分的工件材料达到几千摄氏度以上的高温，从而引起材料的局部熔化和汽化，并被真空系统抽走。此外，电子束也被用于微细加工，特别是近年来随着电子束源制造成本的降低，其已经成为一种应用广泛的加工技术。本节重点关注电子束微细加工技术在精密打孔、切割、焊接等方面的应用。

1. 电子束加工原理及系统

（1）电子束加工基本原理（见图 3.4-1）

电子束加工基于电子与样品材料之间的相互作用，由于电子具有波粒二象性，其波长与加速电压密切相关（$\lambda_e = 1.226/V^{1/2} \mathrm{nm}$），因此当加速电压为 $10 \sim 50 \mathrm{keV}$ 时，其波长范围为 $0.05 \sim 0.1 \mathrm{\AA}$（$1\mathrm{\AA} = 0.1\mathrm{nm} = 10^{-10}\mathrm{m}$），相较于光学波波长缩短了几个数量级，使得电子束曝光具有极高的分辨率（$3 \sim 8 \mathrm{nm}$），在超大规模集成电路制造、高精度光学掩模制造、纳米级器件加工等方面具有明显优势。

控制电子束能量密度的大小和能量注入时间，就可以达到不同的加工目的。如只使材料局部加热就可进行电子束的热处理；使材料局部熔化就可进行电子束焊接；提高电子束能量密度，使材料熔化和汽化，就可进行打孔和切割等加工；利用较低能量密度的电子束轰击高分子材料时产生化学变化的原理，即可进行电子束光刻加工。

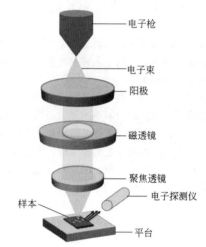

图 3.4-1 电子束加工基本原理

（2）电子束加工系统

电子束加工系统结构示意图如图 3.4-2 所示，主要由电子枪、真空系统、控制系统和电源等部分构成。

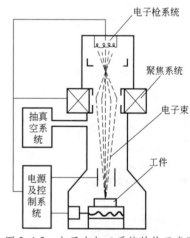

图 3.4-2 电子束加工系统结构示意图

1）电子枪。电子枪是获得电子束的装置，它主要包括电子发射阴板、控制栅极和加速阳极等，阴极经电流加热发射电子，带负电荷的电子高速飞向阳极，在飞向阳极的过程中，经过加速极加速，又通过电磁透镜聚焦而在工件表面形成很小的电子束束斑（<1nm），形成加工过程。发射阴极一般用钨或钽成，小功率时为丝状阴极，大功率时为块状阴极。控制栅极为中间有孔的圆筒形，其上加以较阴极为负的

偏压，既能控制电子束的强弱，又有初步的聚焦作用。加速阳极通常接地，而阴极接很高的负电压。通过上述装置，完成电子的提取、加速、聚焦，形成可满足工业应用的电子束流。

目前常用的电子源及其特性见表 3.4-1。早期热电子源主要以钨为材料，利用其高熔点、不易挥发的特性，但所能达到的亮度较低，发射温度高，电子能量分布较宽。此后又发展出六硼化镧（LaB_6），可在较低的温度下（1800K）获得高亮度的电子源。目前最为先进的室温场致发生的钨电子源，有高达 10^9 A/（$cm^2 \cdot sr$）的亮度，但对电子枪真空度要求极高（10^{-10}Torr）。

表 3.4-1　目前常用的电子源及其特性

电子源类型	灯丝材料	亮度/[A/($cm^2 \cdot sr$)]	电子源尺寸/μm	能量分布/eV	真空要求/Torr	灯丝温度/K
钨热源	W	10^5	25	2~3	10^{-6}	3000
LaB_6	LaB_6	10^6	10	2~3	10^{-8}	2000~3000
热场致发射（Schottky）	Zr/O/W	10^8	20	0.9	10^{-9}	1800
冷场致发射	W	10^9	5nm	0.22	10^{-10}	室温

注：1Torr=133.322Pa。

2）真空系统。真空系统主要是为了保证电子束加工时维持反应腔室的真空度，使电子在高真空度加速运动；同时加工时产生的金属蒸气也会影响电子发射，造成不稳定的现象，需要不断地把加工中生产的金属蒸气抽出去。真空系统一般由机械旋转泵和油扩散泵或涡轮分子泵两级组成，先用机械旋转泵把真空室抽至 0.14~1.4Pa，然后由油扩散泵或涡轮分子泵抽至 0.00014~0.014Pa 的真空高度。

3）控制系统和电源。电子束加工装置的控制系统包括：束流聚焦控制、束流位置控制、束流强度控制、工作台位移控制等。束流聚焦控制是为了提高电子束的能量密度，使电子束聚焦成很小的束斑，它基本上决定了加工点的孔径或缝宽。聚焦方法主要有两种：一是利用高压静电场使电子流聚焦成细束；二是利用电磁透镜的磁场聚焦。所谓电磁透镜，实际上为一电磁线圈，通电后它产生的轴向磁场与电子束中心线相平行，端面的径向磁场则与中心线相垂直。根据左手定则，电子束在前进运动中切割径向磁场时将产生圆周运动，而在圆周运动时在轴向磁场中又将产生径向运动，所以实际上每个电子的合成运动为一半径越来越小的空间螺旋线而聚焦于一点。为了消除像差

和获得更细的焦点，常进行第二次聚焦。束流位置控制是为了改变电子束的方向，常用电磁偏转来控制电子束焦点的位置。如果使偏转电压或电流按一定程序变化，电子束焦点便按预定的轨迹运动。工作台位移控制是为了在加工过程中控制工作台的位置，因为电子束的偏转距离只能在数毫米之内，过大将增加像差和影响线性，因此在大面积加工时需要控制工作台移动，并与电子束的偏转相配合。电子束加工装置对电源电压的稳定性要求较高，常用稳压设备，这是因为电子束聚焦以及阴极的发射强度与电压波动有密切关系。

（3）电子束微细加工的特点

1）束径极小。电子束能聚焦极小的束斑（<1nm），能量高度集中，功率密度可达 10^9 W/cm^2 量级，因此可加工微纳尺寸、高熔点材料，是超小型元件或分子器件等微细加工的有效加工方法。此外，电子束聚焦后长径比可达几十，适用于深孔加工。

2）可加工材料的范围广。由于电子束能量密度很高，使照射部分的温度超过材料的熔化和汽化温度，去除材料主要靠瞬时蒸发，是一种非接触式加工。工件不受机械力作用，不产生宏观应力和变形，而且由于电子束可进行骤热骤冷，所以对非加工部分的热影响极小，提高了加工精度，对脆性、韧性、导体、非导体及半导体材料都可加工。

3）加工效率高。电子束的能量密度很高，加工效率也很高。例如，1s 可在 2.5mm 厚的钢板上钻 50 个直径为 0.4mm 的孔，且热影响范围很小。

4）可控性能好。电子束的强度、位置、聚焦等参数可通过磁场或电场直接控制，且控制切换的速度非常快。特别是在电子束曝光中，从加工位置找准到加工图形的扫描，都可实现自动化。在电子束打孔和切割时，可以通过电气控制加工异形孔，实现曲面弧形切割。

5）电子束加工温度容易控制。通过控制电子束的电压和电流值可改变其功率密度，进而控制加工温度，既可作高能电子束的热加工，又可作低能电子束的化学加工（也称为冷加工）。另外，通过控制电路可使电子束瞬时通断，进行骤热骤冷操作。

6）污染小。由于电子束加工是在真空中进行的，污染少，加工表面不会被氧化。特别适用于加工易氧化的金属及合金材料，以及纯度要求极高的半导体材料。

2. 电子束微细加工的应用

根据电子束功率密度和能量注入时间的不同，可分为电子束化学微细加工和电子束热微细加工，如图 3.4-3 所示。电子束化学微细加工中使用的电子束能

量较小（<30keV），主要用于光刻掩模图形曝光。它利用电子束流的非热效应，功率密度较小的电子束流与电子抗刻蚀剂相互作用，将电能转化为化学能，产生辐射化学或物理效应，使电子抗刻蚀剂的分子链被切断或重新组合而形成分子量的变化以实现电子束曝光。电子束热微细加工中使用的电子束能量较大，又称为高能量密度电子束加工，它是利用电子束的热效应，将电子束的动能在材料表面转换成热能而对材料实施加工的。根据电子束在工件表面的束斑大小不同，其束斑上的功率密度也不同，电子束热微细加工还可以分为：①功率密度为 $10 \sim 10^2 \mathrm{W/mm}^2$ 时，工件表面不熔化，用于电子束热处理。②功率密度为 $10^2 \sim 10^5 \mathrm{W/mm}^2$ 时，工件表面熔化，也有少量汽化，用于电子束焊接和熔炼。③功率密度为 $10^5 \sim 10^8 \mathrm{W/mm}^2$ 时，工件产生汽化，用于电子束打孔、刻槽、切缝、镀膜和雕刻。

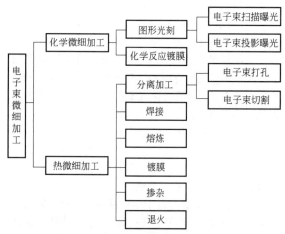

图 3.4-3　电子束微细加工的分类

（1）电子束曝光

电子束曝光技术是利用聚焦电子束扫描光刻胶形成精细掩模图形的工艺技术，它无需掩模板，曝光精度可达几个纳米甚至是亚纳米级，且电子束波长极小，无需考虑曝光的衍射效应，但电子束曝光的效率低，很难在规模化生产中应用。主要用于高精度光刻掩模模板和相移掩模的制作；在小批量器件制造中，如微光学、NMES/MEMS、纳米器件等，与刻蚀技术结合，可获得多样化的成品。

目前，应用电子束曝光手段在试验中已可获得分辨率为 2nm 的图形线条。电子束曝光技术是目前制造亚微米（$0.1 \sim 1 \mu\mathrm{m}$）高分辨率微细图形的主要手段。它从加工精度、效率和成本方面达到最优组合，是推动微电子技术和微细加工技术进一步发展的关键技术之一，广泛地用于微电子、光电子和微机械领域

新器件的研制和应用物理试验研究，以及三维微结构的制作、全息图形的制作、诱导材料沉积和无机材料改性。

电子束曝光分为电子束扫描曝光（线曝光）和电子束投影曝光（面曝光）两类。电子束扫描是将聚焦到小于 $1 \mu\mathrm{m}$ 的电子束斑在 $0.5 \sim 5 \mathrm{mm}$ 的范围内按程序扫描，可曝光出任意图形。早期的电子束扫描曝光采用圆形束斑，为提高生产率又研制出方形束斑，其曝光面积是圆形束的 25 倍，后来发展的可变成形束斑，其曝光速度比方形束又提高 2 倍以上。电子束扫描曝光除了可以直接描画亚微米图形之外，还可以为光学曝光、电子束投影曝光制作掩模，这是其得以迅速发展的原因之一。电子束投影曝光的方法是使电子束先通过原版，这种原版是用别的方法制成的比加工目标的图形大几倍的模板。再以 $1/10 \sim 1/5$ 的比例缩小投影到电致抗蚀剂上进行大规模集成电路图形的曝光。它可以在几毫米见方的硅片上安排十万个以上晶体管或类似的元件。电子束投影曝光技术既有电子束扫描曝光技术所具有的高分辨率的特点，又有一般投影曝光技术所具有的生产率高、成本低的优点。因此，它也是目前人们积极从事研究开发的一种微细图形光刻技术。

与光学曝光不同，电子束曝光有其特殊的现象，如较强的邻近效应。尽管电子束可聚焦到直径 2nm 束斑，但由于电子质量小，与固体中原子发生碰撞后产生前散射、背散射、二次电子。前散射发生在电子束进入光刻胶的过程中，部分电子发生了小角散射，使得下层光刻胶中电子束斑直径增大，出现邻近效应。背散射在光刻胶与衬底界面被反射回来后，继续对光刻胶进行再次曝光，可能会对不需要曝光的区域进行曝光，产生复杂的曝光情况。当背散射的电子速度减小，其能量以二次电子的形式被释放出来，只有能量大于 1keV 的二次电子对邻近效应有一定的贡献。上述三个过程的存在，使得电子散射导致的横向曝光范围比电子束直径大得多，可达 $100 \sim 1000$ 倍，因此，光刻胶中每个点吸收的辐射能量是直接辐射和周围散射能量的总和。当图形的线宽和间隙小到散射扩展的范围时，散射电子将对邻近图形的尺寸产生严重的影响，这种现象称为邻近效应。邻近效应主要受以下因素影响：①电子能量，通常能量越高，邻近效应越弱，对于较厚的光刻胶，需要高的电子束加速电压。②衬底材料，原子质量越小的材料，邻近效应越弱，因此铍材料非常适合制作掩模。③光刻胶的材料及厚度，材料平均原子数目越少，光刻胶膜越薄，邻近效应越弱。

鉴于邻近效应对光刻图形的重大影响，在电子束

光刻中必须努力减小邻近效应并对其中无法避免的部分采用校正手段。根据邻近效应的影响因素，可以对应地从入射电子束能量、衬底结构和光刻胶的结构三方面着手进行。而对于无法避免的邻近效应产生的影响，也可采用剂量校正、图形尺寸修正、GHOST技术对其进行校正。剂量校正技术主要通过软件对所曝光图形的不同区域分配不同的曝光剂量，在邻近效应的作用下，使得整个样品上所有区最终接收到的辐射剂量趋于一致，显影时可获得相同的显影程度。该方法的难点在于如何计算分配辐射剂量，从而控制不同区域的电子束能量、驻留时间等工艺参数。图形尺寸修正技术则是从图形线宽设计方法入手，在同一工艺条件下，不同线宽的影响，对线宽进行修正，它可以看成是剂量校正的反向方法。GHOST技术是以背散射电子曝光强度的反剂量，采用非聚焦电子束线性扫描图形的非曝光区域，从而使整体图形达到相同的背散射剂量。该方法的优点在于不需要任何计算，不足之处在于没有对前散射进行校正，增加了额外的数据准备和曝光时间，也降低了光刻胶的对比度。

未来，对电子束曝光技术的研究主要集中在以下三个方面：①追求高的分辨率，以制作特征尺寸更小的器件，主要用于电子束直接光刻方面。②提高电子束曝光系统的生产率，以满足器件和电路大规模生产的需要。③研究纳米级规模生产用的下一代电子束曝光技术，以满足 0.1μm 以下器件生产的需要。

（2）电子束热处理、镀膜和熔炼

电子束热处理是把电子束作为热源，用较小的功率密度，使金属表面加热而不熔化，达到热处理的目的。电子束热处理与激光热处理相似，但电子束的电热转换效率更高，可达90%，而激光的转换效率只有 7%～10%。电子束热处理主要包括金属热处理（如表面淬火、表面合金化、表面非晶态处理、表面退火等）和半导体材料的退火和掺杂。电子束热处理的加热速度和冷却速度都很高。在相变过程中，奥氏体化时间很短，约为几毫秒至几百毫秒，奥氏体晶粒来不及长大，从而能获得一种超细晶粒组织，可使工件获得用常规热处理难以达到的硬度，硬化深度可达 0.3～0.8mm。如果用电子束加热金属达到表面熔化，可在熔化区加入添加元素，使金属表面形成一层很薄的新的合金层，从而获得更好的物理力学性能。

电子束镀膜是将欲蒸镀的材料置入水冷坩埚中，用高能电子束直接轰击，使之加热蒸发而淀积于基片上得到所需薄膜。电子束镀膜是20世纪60年代发展起来的真空蒸镀方法，已进入大规模连续生产领域，广泛地应用于各类场合的镀膜需求。

电子束熔炼是电子束加工工艺的重要应用之一。其原理是用经高电压加速的电子束轰击被熔炼的金属材料使之加热熔化。高能电子束可熔炼钽、锆、钛、铌及其合金等高熔点、活性金属材料，其熔炼能力和纯度比普通熔炼炉高。

（3）电子束焊接

电子束焊接（Electron Beam Welding，EBW）是利用热发射或场发射阴极产生电子，并在阴极和阳极间的高压电场（25～300kV）作用下加速到光速的 3/10～7/10，使能量密度达到 $10^7 \sim 10^9 W/m^2$，再经一级或二级磁透镜聚焦后，形成高速高密度电子流；当其撞击工件表面时，高速运动的电子与工件内部原子或分子相互作用，在介质原子的电离与激发作用下，将电子的动能转化为工件的内能，使被轰击工件迅速升温、熔化并汽化，从而达到焊接的目的。如果焊件按一定速度沿着焊件接缝与电子束做相对移动，则接缝上的熔池由于电子束的离开而重新凝固，形成致密的完整焊缝。电子束微细焊接是电子束加工技术发展最快、应用最广的一种，在焊接不同的金属和高熔点金属方面显示出强大的优越性，已成为工业生产中的重要特种工艺之一。

电子束焊接具有以下工艺特点：

1）焊接深宽比高。由于电子束斑尺寸小，能量密度高，因而能实现高深宽比焊接。电子束能输送到很深的区域，从而实现狭缝厚材料的深焊。

2）焊接速度高。能量集中，熔化和凝固过程快，焊接速度快，易于实现高速自动化生产。

3）热变形小。由于能量集中，热影响区极小，工件变形和产生裂纹的可能性相应减少。

4）焊缝物理性能好。由于焊接速度快，避免了晶粒粗大，使延展性增加；同时由于高温作用时间短，碳和其他合金元素析出少，焊缝耐蚀性好。

5）工艺适应性强。电子束焊接具有广泛的适应性，能进行变截面焊接。

6）焊接材料范围广，除了可焊接普通的碳钢、合金钢、不锈钢外，更有利于焊接高熔点金属（如钽、钼、钨、钛及其合金等）和活泼金属（如锆、铌等），还可焊接异种金属材料和半导体材料以及陶瓷和石英材料等。

由于电子束焊接对焊件的热影响小、变形小，可以在工件精加工后进行焊接，又由于它能够实现异种金属焊接，所以有可能将复杂的工件分成几个零件，这些零件可以单独地使用最合适的材料，采用合适的方法来加工制造，最后利用电子束焊接成一个完整的零部件，从而可以获得理想的技术性能和显著的经济效益。电子束焊接在航空航天工业等取得了广泛的应用，如航空发动机某些构件（高压涡轮机匣、高压承力轴承等）可通过异种材料组合，使发动机在高速运转时，利用材料线胀系数不同，完成主动间隙配合，从而达到提高发动机性能、增加发动机推重比、节省材料、延长使用寿命等目的。电子束焊接还常用于传感器及电器元器件的连接和封装，尤其一些耐压、耐腐蚀的小型器件在特殊环境工作时，电子束焊接有其很大的优越性。

当前电子束焊接技术较为先进的国家有德国、日本、美国、俄罗斯和法国。先进电子束焊接设备制造商包括：德国 PTR 精密技术有限公司、英国剑桥真空工程有限公司、英国焊接研究所（TWI）、法国 TECHMETA 公司、乌克兰巴顿电焊研究所等。其中，乌克兰巴顿研究所生产的中高压电子束焊机技术成熟、性能稳定，在苏联的航空宇航焊接试验中得到了成功的实践应用；而法国 TECHMETA 生产的焊机在低中压方面有着优异的综合性能。在应用方面，电子束焊接在航空航天领域有着重要的应用场合，见表 3.4-2。在航天领域宇航服骨架、发动机燃烧室、波纹管、压力容器等关键零部件均采用了电子束焊接。

表 3.4-2　电子束焊接在飞机重要承力构件上的应用

机种型号	公司及国别	电子束焊焊接的重要受力构件
F-14 钛合金	格鲁门公司（美国）	中央翼盒
狂风	帕那维亚公司（英国、德国、意大利合作）	钛合金中央翼盒
波音 727	波音公司（美国）	300M 钢起落架
X-29	格鲁门公司（美国）	钛合金机翼大梁
C-5	洛克希德公司（美国）	钛合金机翼大梁
幻影-2000	达索·布雷盖公司（法国）	钛合金机翼壁板、蒙皮壁板
ИЛ-86	伊留申设计局（苏联）	高强度钢起落架构件
协和	英国、法国合作	推力杆
美洲虎	英国、法国合作	尾翼平尾转轴
F-111	通用动力公司、格鲁门公司（美国）	机翼支撑结构梁
Su-27	苏联	高强度钢起落架构件
F-22	洛克希德公司（美国）	钛合金前梁，钛合金后机身梁

（4）电子束刻蚀、打孔、切割

将电子聚焦获得极细、功率密度为 $10^6 \sim 10^8$ W/m² 的电子束，并周期性地轰击材料表面的固定点，适当控制电子束轰击时间和休止时间的比例，可使被轰击处的材料迅速蒸发而避免周围材料的熔化，这样就可以实现电子束刻蚀、钻孔或切割（见图 3.4-4a）。目前电子束打孔的最小直径已经可达约 1μm，且能进行深小孔加工。例如孔径为 0.1~0.9mm 时，其最大孔深已超过 10mm，即孔的深径比大于 10：1，最大可达 30：1。与其他微孔加工方法相比，电子束的打孔效率极高，通常每秒可加工几十至几万个孔，以及极大的深径比。电子束打孔的速度主要取决于板厚和孔径。当孔的形状复杂时还取决于电子束扫描速度（或偏转速度）以及工件的移动速度。可以实现在薄板零件上快速加工高密度孔，加工速度为 1 万~100 万个孔/h，打孔直径与速度的关系如图 3.4-4b 所示。电子束打孔已在航空航天、电子、化纤、制革等工业生产中得到实际应用。

航空发动机部件上有种类繁多的小孔，包括扭曲孔、斜孔和高密度小孔等。这些小孔难以用其他特种加工方法制成，电子束打孔几乎是唯一工业可行的办法。例如喷气发动机套上的冷却孔、机翼上吸附屏的孔等，不仅孔的密度可以连续变化、孔数达数百万个，而且有时还可改变孔径，最宜用电子束高速打孔（见图 3.4-4d）。高速打孔可在工件运动中进行，例如在 0.1mm 厚的不锈钢加工直径为 0.2mm 的孔，速度可达 3000 个/s。在人造革、塑料上用电子束打大量微孔，可使其具有如真皮革那样的透气性。现在生产上已出现了专门的塑料打孔机，将电子枪发射的片状电子束分成数百条小电子束同时打孔，其速度可达 50000 孔/s、孔径在 40~120μm 可调（见图 3.4-4c）。

利用电子束还可以加工异形孔。电子束扫描加工时即为电子束切割加工，可以用来切割各种复杂型面。为了使人造纤维具有光泽、松软、弹性、透气性，喷丝头的孔型一般是特殊形状的。图 3.4-4f、g 是电子束加工的喷丝头异形孔截面的一些实例。出丝口的窄缝宽度为 0.03~0.07mm，长度为 0.80mm，喷丝板厚度为 0.6mm。在过滤设备中的过滤钢板大量地使用了上小下大的锥孔，这样既可防止堵塞，又便于反冲清洗。用电子束在 1mm 厚的不锈钢板上加工 φ0.13mm 的锥孔，每秒可加工 400 个；在 3mm 厚的不锈钢板上加工 φ1mm 的锥形孔，每秒可加工 20 个。此外，利用电子束在磁场中偏转的原理，使电子束在工件内部偏转，还可以利用电子束加工弯孔和曲面（见图 3.4-4e）。控制电子速度和磁场强度，就可以控制曲率半径，加工出弯曲的孔。如果同时改变电子束和工件的相对位置，就可进行曲面切割和开槽。

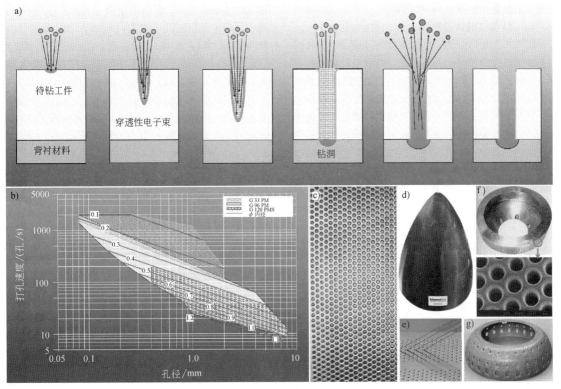

图 3.4-4　电子束刻蚀工艺

a）电子束打孔过程示意图　b）电子束打孔径与打孔速度关系曲线　c）平面阵列致密小孔零件
d）复杂曲面致密小孔零件　e）弯孔　f）过滤装置群孔及其放大图形　g）异形孔及多尺寸孔均匀分布零件

3.4.3　离子束微细加工技术

离子束微细加工是近年来得到极大发展的一种新兴特种微细加工技术，其加工尺度可达分子、原子量级，是现代纳米加工技术的基础工艺之一。它首先在微电子器件制造中获得应用，目前在微细加工和精密加工领域中是最具发展前途的加工方法，也必将成为未来的微细加工、亚微米加工甚至纳米加工的主流技术之一。

离子束微细加工是利用离子对材料进行成形或表面改性的一种加工方法，分为等离子体加工和聚焦离子束加工，二者都可以进行微纳结构加工，但工艺技术相差甚大。本节所指的离子束微细加工技术主要指聚焦离子束加工技术（Focus Ion Beam，FIB）。聚焦离子束在电场和磁场的作用下，被聚焦到亚微米或纳米量级，通过偏转系统和加速系统控制离子束扫描运动，实现纳米图形的直写加工。FIB 由于使用了能量更高的离子，它与样品表面发生碰撞将激发出二次电子和二次离子，因此也可用于样品表面成像，更重要的是高能离子可将样品表面的原子溅射剥离，形成对样品表面的直接加工。目前，FIB 主要用于高精度掩模板修复、电路修正、失效分析、TEM 制样、三维结构直写加工等。FIB 微细加工的特点如下：

1）加工精度高，易于精确控制。由于离子束可以通过静电透镜系统进行精确的聚焦扫描，其束流密度及离子能量可以精确控制，离子束轰击材料是逐层去除原子，因此离子刻蚀可以达到纳米级的加工精度。离子镀膜可以控制在亚微米级精度。离子注入的深度和浓度也可极精确地控制。因此，离子束加工是目前所有特种加工方法中最精密、最微细的加工方法，是当代纳米加工技术的基础技术之一。

2）可加工的材料范围广泛。由于离子束加工是利用力效应原理，因此对脆性材料、半导体材料、高分子材料等均可加工。由于加工是在真空环境下进行的，环境污染小，故尤其适于加工易氧化的金属、合金和高纯度半导体材料。

3）加工表面质量高。由于离子束加工是靠离子轰击材料表面的原子来实现的，是一种微观作用，宏观压力很小。所以加工应力、热变形等极小，加工质量高，适合于对各种材料和低刚度零件的加工。

4）离子束加工设备费用高、成本高、加工效率较低，因此应用范围受到一定限制。

1. FIB 加工装置及原理

图 3.4-5 为 FIB 设备及聚焦系统示意图。FIB 系统主要包括：离子源、真空系统、控制系统和电源等部分。离子源用以产生离子束流，它是 FIB 系统的核心之一。当前镓液态金属离子源是商用 FIB 系统的主流，它的发展也大大促进了 FIB 技术。聚焦离子束产生的基本过程为：针形液态金属源采用钨针尖和提取小孔组合进行离子提取，在二者之间施加一定的电压，使处于加热状态的金属在钨针尖尖端形成极小的泰勒锥，获得极高的电场强度（10^{10} V/m），使泰勒锥表面的液态金属离子以场发射形式逸出，并在离子抽取电压的作用下，形成离子束。尽管液态离子源的离子发射电流仅有几个微安，但由于发射面积很小，使得电流密度可达 10^6 A/cm²，亮度约为 20 μA/（cm² · sr）。当离子入射到样品上，将发生图 3.4-6 所示的碰撞过程。离子与材料相互作用主要包括：离子散射、离子注入、二次电子激发、二次离子激发、原子溅射、样品加热等。例如，当使用 30keV 镓离子入射时，其穿透深度为 10~100nm，横向散射范围为 5~50nm。碰撞过程形成材料去除、激发的二次产物、产生的热量等可用来进行直接微纳加工、表面成像与材料分析、引发化学反应、生成沉积材料等。

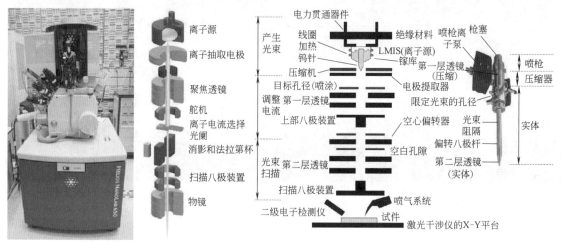

图 3.4-5　FIB 装置及内部主要部件示意图
a）FIB 设备　b）FIB 装置结构示意图　c）、d）FIB 装置基本结构

2. FIB 微细加工的应用

FIB 作为一种微细加工手段，首先在微电子器件制造中获得应用，且离子束加工的范围正在日益扩大、不断创新。目前常用的 FIB 应用主要有：离子束曝光、刻蚀、镀膜、注入、退火打孔、切割、净化等。

（1）离子束曝光

聚焦离子束曝光类似于电子束曝光技术，利用能量在 10~200keV 的 FIB 对抗刻蚀剂进行图案化处理，利用离子辐照能量使抗刻蚀剂发生化学反应。当前应用较为普遍的是 FIB 投影式曝光技术，在掩模板和工件之间增加一个静电离子束投影镜，可使得掩模板上的图形按比例缩小到工件表面，使曝光极限线宽进一步缩小，对于同一线宽也可以降低对掩模板制作精度的要求。离子束曝光的特点包括：①分辨率高，由于离子的质量比电子大得多，而离子射线的波长又比电子射线的波长短得多，无临近效应，无背散射效应，曝光精度高且侧面垂直度好，因此分辨率一般为电子束的 100 倍。②灵敏度高，对于相同的抗蚀剂，离子束曝光灵敏度比电子束曝光灵敏度可高出 1~2 个数量级，曝光时间可大幅缩短。③曝光深度可到 100μm，约为光学曝光深度的 50~100 倍，因此衬底表面任何在 100μm 之内的起伏，都不会影响电子束的分辨率。虽然离子束曝光具有上述优点，但与目前发展完善的电子束曝光技术相比，其发展速度还是较慢，目前只在一些特定的场合进行曝光应用。

（2）离子束成像

离子束入射到样品上会激发出二次电子、二次离子、背散射电子等信号，这些信号被相应的接收器接收后可进行表面成像。样品晶体取向、原子质量、表面形貌都会对表面激发的二次电子信号产生影响，如图 3.4-7 所示。因此，离子束成像可获得比电子束成像更加丰富的表面信息。当离子束轰击固体样品时，不同晶体取向的材料产生信号的强度各异，这种现象称为通道效应（Channeling Effect）。通道效应会导致

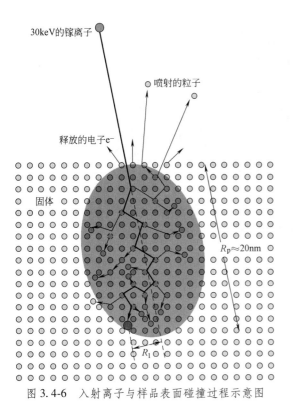

图 3.4-6　入射离子与样品表面碰撞过程示意图

离子束成像不同晶向区域的衬度存在差异（见图 3.4-8），这是由于离子束沿不同晶面入射时穿透深度不同，返回表面的二次电子数量不同造成的，且在刻蚀过程中刻蚀速率也不同。

（3）离子束微纳三维结构加工

FIB 无材料选择性，可直接用于加工各类材料的微纳米结构，并且可以和扫描电子显微镜、能量色散光谱、激光等光学光谱、微操作台、微/纳米机械手等联用，形成具有加工、表征、测试、封装等功能的原位一体化微纳制造系统。其在原理性样件、新物理现象发现验证等方面具有独特的优势。按照 FIB 所利用的物理效应不同，可以分为四类：离子撞击和溅射效应的离子刻蚀、离子溅射沉积和离子镀，以及利用

注入效应的离子注入。图 3.4-9 是几种典型的离子束加工示意图。图 3.4-9a 为离子刻蚀的原理图，它是采用氩离子倾斜轰击工件，将工件表面的原子逐个剥离，其实质是一种原子尺度的切削加工，又称为离子铣削，它是一种典型的纳米加工工艺。图 3.4-9b 为离子溅射沉积的原理图，它是采用氩离子轰击靶材，将靶材原子击出，沉积在靶材附近的工件上，形成一层薄膜，它是一种镀膜工艺。图 3.4-9c 为离子镀也称为离子溅射辅助沉积，它是用高能氩离子，同时轰击靶材和工件表面，以增强膜材与工件基材之间的结合力，也可将靶材高温蒸发，同时进行离子镀。图 3.4-9d 为离子注入的原理图，高能离子束（几十万 keV）直接轰击被加工材料，由于离子能量相当大，离子就钻进被加工材料的表面层，工件表面层含有注入离子后，改变了表面化学成分，从而改变了工件表面层的力学性能和物理性能，根据不同的目的，可选用不同的注入离子，如磷、硼、碳、氮等。

1）离子束刻蚀加工。离子束刻蚀是一项重要的微细加工技术，FIB 最重要的应用就是刻蚀，离子质量远大于电子，且具有大范围可调控的能量，加之电磁透镜的强大扫描控制能力，使得 FIB 刻蚀功能得到广泛应用。

离子束溅射刻蚀是采用氩离子轰击工件，入射离子的动量传递到工件表面的原子，当传递能量超过了原子间的键合力时，将工件表面的原子逐个剥离，其实质是一种原子尺度的切削加工，又称为离子铣削。为了避免入射离子与工件材料发生化学反应，必须采用惰性元素的离子。氩的原子序数高，而且价格低，因此通常使用氩离子进行轰击刻蚀。由于离子直径很小，可以认为离子束刻蚀的过程是逐个原子剥离的，但刻蚀速度很低，剥离速度大约每秒一层到几十层原子。在进行深槽刻蚀，当深度达到某一临界值时，离子束溅射的原子不能再逸出表面，因此 FIB 的刻蚀存在深宽比极限。对于不同的样品材料，深宽比极限不同。为了获得高质量的图形结构，可以通过对 FIB 加工参数进行优化来实现。

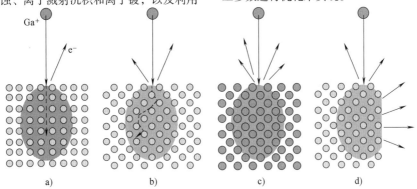

图 3.4-7　影响离子束激发的二次电子信号强度的因素

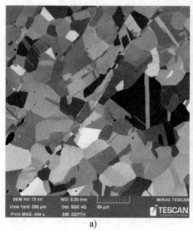 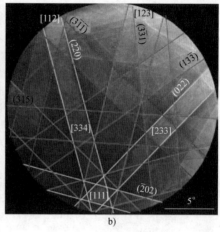

图 3.4-8　离子束成像工艺得到的样品

a）典型通道效应形成的离子束成像图像，衬底为抛光多晶不锈钢表面　b）通道效应形成图像，衬底为半导体级单晶硅

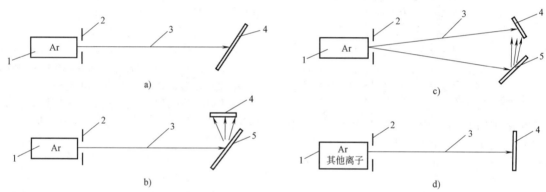

图 3.4-9　各类离子束加工示意图

a）离子刻蚀　b）溅射沉积　c）离子镀　d）离子注入

1—离子源　2—吸极（吸收电子、引出离子）　3—离子束　4—工件　5—靶材

　　影响离子束刻蚀的因素有很多，如样品材料、离子束种类、离子束能量、离子束入射角以及工作室的气氛和压强等。离子束刻蚀不存在工具磨损，加工过程中无需润滑剂，也不需要切削液，已经在高精度加工、表面抛光、图形刻蚀、电镜试样制备以及石英晶体振荡器、集成光学、各种传感器件的制作等方面发挥了重要作用。离子束刻蚀用于加工陀螺仪空气轴承和动压电动机上的沟槽，分辨率高，精度、重复一致性好。加工非球面透镜能达到其他方法难以达到的精度。图 3.4-10 为离子束加工非球面透镜原理图，为了达到预定的要求，加工过程中透镜不仅要沿自身轴线回转，而且要做摆动运动。可用精确计算值来控制整个加工过程，或利用激光干涉仪在加工过程中边测量边控制形成闭环系统。由波导、耦合器和调制器等小型光学元件组合制成的光路称为集成光路，离子束刻蚀已开始用于制作集成光路中的光栅和波导。用离

子束轰击已被磨光的玻璃表面时，能改变其折射率分布，使之具有偏光作用。玻璃纤维用离子束轰击后，可变为具有不同折射率的光导材料。离子束加工还能使太阳能电池表面具有非反射纹理表面。

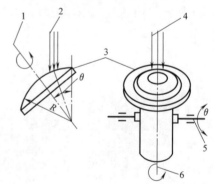

图 3.4-10　离子束加工非球面透镜原理图

1、6—回转轴　2、4—离子束　3—工件　5—摆动轴

离子束刻蚀应用的另一个主要领域是刻蚀高精度的图形,如在集成电路、声表面波器件、磁泡器件、光电器件和光集成器件等微电子学器件亚微米及纳米级图形的加工中,往往要在基片表面加工出线宽 $3\mu m$ 及以下的图形,并且要求线条侧壁光滑陡直,目前只能采用离子束刻蚀。离子束刻蚀可以加工出小于 10nm 的细线条,深度误差可以控制在 5nm。

FIB 刻蚀过程中被溅射出的颗粒绝大部分被真空系统带走,但仍然会有少部分落在所刻蚀结构的附近,形成再沉积。这种再沉积现象对微纳结构的精度会产生重大的影响,目前主要通过并行扫描加工方式以及最小图形最后刻蚀的原则来减少再沉积的影响。为了克服再沉积的影响,在刻蚀过程中引入活性气体,并与样品材料发生反应,产生易挥发的气体产

物,逸出样品表面,既减少了再沉积对加工精度的影响,又提高了刻蚀效率。这里采用的活性气体根据被刻蚀对象进行选择,一般刻蚀中选择水、氯气、碘、溴、氨气、一氧化碳等。二氟化氙（XeF_2）可用来辅助刻蚀氧化硅、氮化硅、钨等;水一般用来辅助增强刻蚀碳基材料（金刚石、无定形碳、PMMA）等;氯气常用来刻蚀硅（不同晶向的硅具有不同的增强因子）、GaAs、InP、Al 等。图 3.4-11 所示为 FIB 刻蚀金刚石各类形状微纳结构,FIB 加工的半径为 $5\mu m$ 金刚石半球的刻蚀过程,由于金刚石的高硬度、高折射率、低电导率,加之微米级的曲面结构,使得其他加工方法均难以完成该结构的加工,从而证明了 FIB 独特的加工优势。此外,通过 FIB 刻蚀还可获得多种形貌、结构复杂的三维结构。

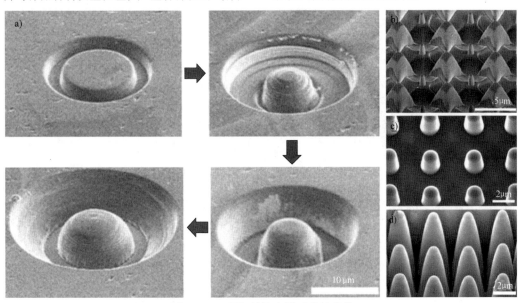

图 3.4-11　FIB 刻蚀金刚石微纳结构
a) 半球结构刻蚀过程　b) ~ d) 环状、圆柱状、圆锥状微结构

2) FIB 辅助沉积。FIB 辅助沉积的实质是利用高能量离子束辐照诱导特定区域发生化学反应,形成微纳三维结构,其基本原理如图 3.4-12 所示。气态前驱体通入反应腔室后,在 FIB 辅助下发生化学反应并在衬底上形成沉积物。通过对前驱物、离子束以及预设图形参数的精确调控,可获得纳米级精度、晶圆级幅面、高度复杂的单一或阵列化三维结构（见图 3.4-13）。三维结构的形成,主要是通过静电位移法和图形扫描法来实现。前者离子束始终垂直入射到样品表面,并在一定范围内重复扫描,获得垂直于样品表面的纳米结构,再通过静电偏压控制离子束的移动,在新的表面上重复前述过程,通过控制离子束轨迹,获得最终样件三维结构（见图 3.4-13a）。后者利用图形发生器生成扫描图形组,并单独设定每一图

形的具体扫描时间和位置,再通入前驱气体并与 FIB 发生相互作用。该方法灵活可控,能加工出复杂的三维结构,应用广泛。例如,复杂的纳米尺度电子元器件（见图 3.4-13b）,氮化镓衬底上的铂纳米弹簧阵列（见图 3.4-13c,每个弹簧有三圈,丝径为 130nm,弹簧直径为 400nm,螺距为 300nm,结构之间的周期为 700nm）,四爪静电力纳米夹持器（见图 3.4-13d,夹持纳米球直径为 800nm）,纳米弹簧探针（见图 3.4-13e、f,弹簧直径为 380nm,探针直径为 110nm）。由于反应前驱物必须以气态的形式输入,因此 FIB 辅助沉积制备的材料有所受限,可实现的沉积材料主要包括:有机材料（非晶碳、石墨、金刚石等）、半导体（硅、锗、氮化镓等）、金属（钛、金、钨、钴、铂等）、氧化物（二氧化硅等）。

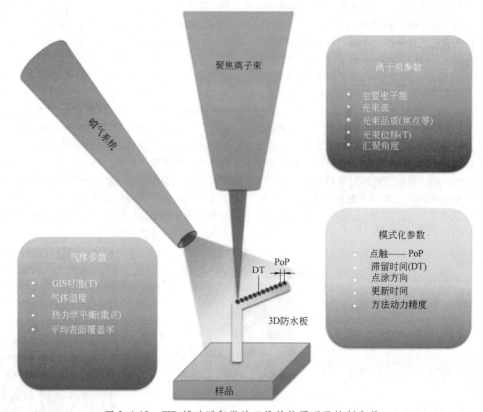

图 3.4-12　FIB 辅助沉积微纳三维结构原理及控制参数

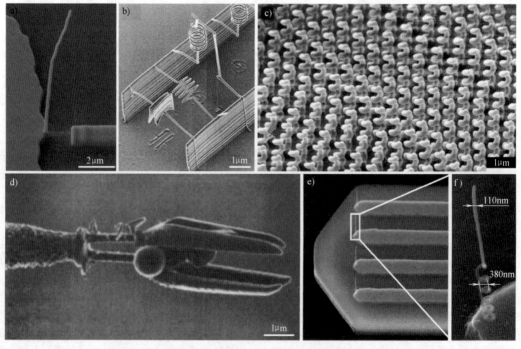

图 3.4-13　FIB 沉积制备的微三维结构

a）三维空间弯折钨丝　b）三维电容、电阻、电感器件　c）铂纳米弹簧阵列　d）四爪静电力纳米夹持器、
夹持纳米球工作图像　e）、f）硅悬臂表面铝电极上纳米弹簧探针

3）FIB 辐照加工三维结构。当作用于样品表面的离子束能量超过某一临界值时，FIB 与固体样品之间的相互作用由刻蚀转化为爆发式沸腾，引起材料的蒸发去除与重组。这是由于在短时间内，样品材料吸收大剂量的离子，产生的热无法及时排除，使材料形成超热液体，产生爆炸式沸腾效果。经过一定的弛豫时间，轰击点附近的材料会向着表面能最低的状态演化并趋于稳定，此时会引起局部的收缩，这一过程会

在材料中产生巨大的应力，从而引起材料弯曲、折叠或三维变形等。通过控制辐射剂量、扫描方式、辐照时间等工艺参数，可以有效地调控三维结构。离子束与样品台之前的角度由 FIB 系统保证，可在 0~90° 范围内调控，结合离子束和样品台的调控，可实现复杂三维图形的辐照加工，如图 3.4-14 所示。所制备的钨纳米线三维结构低温条件下（<5.2K），表现出超导特性。

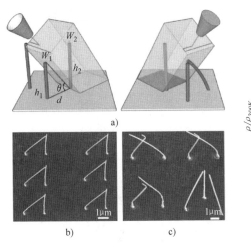

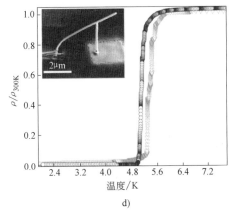

图 3.4-14 FIB 辐照制备三维钨纳米线及其超导性能

a）离子束入射角度、纳米线高度及其间距的关系示意图 b）、c）辐照形成的纳米线接触和间隙
d）三维钨纳米线温度与电阻特性曲线（5.2K 以下显示出超导特性）

（4）离子注入

离子注入是向工件表面直接注入离子，它不受热力学限制，可以注入任何离子，且注入量可以精确控制，注入的离子是固溶在工件材料中，含量可达 10%~40%，注入深度可大于 $1\mu m$。离子注入在半导体芯片制造方面处于核心地位，是形成掺杂、PN 结的最主要方式。此外，离子注入改善金属表面性能方面的应用正在形成一个新兴的领域。利用离子注入可以改变金属表面的物理、化学性能，可以制得新的合金，从而改善金属表面的耐蚀性、抗疲劳性、润滑性和耐磨性等。表 3.4-3 是离子注入金属样品后，改变金属表面性能的例子。离子注入对金属表面进行掺杂，是在非平衡状态下进行的，能注入互不相溶的杂质而形成一般冶金工艺无法制得的一些新的合金。如将 W 注入低温的 Cu 靶中，可得到 W-Cu 合金等。

在低碳钢中注入 N、V、Mo 等元素，在磨损过程中，表面局部温升形成温度梯度，使注入离子向衬底扩散，同时注入离子又被表面的位错网络捕获，不能扩散的很深，因此在材料磨损过程中，表面不断形成硬化层，提高了耐磨性。注入离子及其凝集物将引起基体材料晶格畸变，缺陷增多，从而提高材料的硬度，

表 3.4-3 离子注入金属样品

注入目的/基体	离子种类	能量/keV	剂量/(离子/cm²)	最大提高效果(%)
耐磨性	B、C、Ne、N、S、Ar、Co、Cu、Kr、Mo、Ag、In、Sn、Pb	20~100	>10^{17}	—
耐蚀性	B、C、Al、Ar、Cr、Fe、Ni、Zn、Ga、Mo、In、Eu、Ce、Ta、Ir	20~100	>10^{17}	—
摩擦因数	Ar、S、Kr、Mo、Ag、In、Sn、Pb	20~100	>10^{17}	—
拉伸疲劳/镍	B、C、N	30~60	10^{16}~10^{19}	127
弯曲疲劳/AISI1018	B、N	400~500	2×10^{17}	250
微动磨损疲劳/钛合金	Ba	—	10^{16}	提高显著
高温疲劳/钛合金	C	150	$(1\sim2)\times10^{16}$	提高显著
腐蚀疲劳/AISI1018	N、Ti、Ta、Mo	30	10^{15}~10^{17}	降低

如在纯铁中注入 B，其显微硬度可提高 20%。离子注入可改善金属材料的润滑性能，离子注入表层，在相对摩擦过程中，这些被注入的细粒起到了润滑作用，提高了材料的使用寿命。如把 C^+、N^+ 注入碳化钨中，其工作寿命可大大延长。此外，离子注入在光学方面可以制造光波导。例如对石英玻璃进行离子注入，可增加折射率而形成光波导。还用于改善磁泡材料性能。制造超导性材料，如在铌线表面注入锡，则表面生成具有超导性 Nb_3Sn 层的导线。目前离子注入对材料改性还处于研究阶段，工艺不够完善，生产率还较低，成本较高。

（5）透射电子显微镜（TEM）样品制样

此外，FIB 还广泛用于 TEM 样品制样，如图 3.4-15 所示，其基本过程分为：①采用 SEM 模式，观察并选取待加工区域。②在样品的两端各 10μm 处利用离子束刻蚀标记，作为后续加工的定位记号，并在两标记中间沉积 1μm 厚的金属铂，作为加工过程的保护层。③在标记两侧沿着金属铂进行大束流的离子束刻蚀形成楔形块，并逐步减小束流，向中间刻蚀。④倾斜样品台，对楔块底部进行切断，同时切断两侧面，形成独立的样片。⑤利用微型夹持器将样片夹持住，并搬运至透射铜网的合适位置，再在沉积铂进行焊接固定住样片。⑥对样片继续进行离子束减薄，直至欲观测部位厚度小于 30nm 为止。

3.4.4 超快激光束微细加工技术

激光加工是利用激光束与物质特殊的相互作用，对材料进行切割、焊接、表面处理及化学改性等。激光加工从原理上可分为热加工和光化学加工两类。前者是待加工材料对激光束光子的线性吸收，并转化成热熔化材料而后蒸发去除；后者是高能量光子使材料的化学键断裂引起的光化学反应而去除材料。

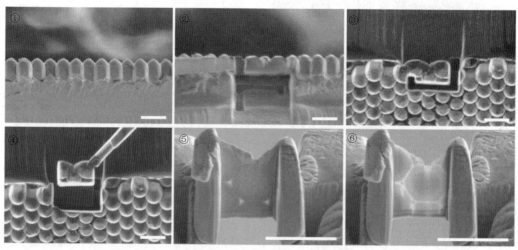

图 3.4-15　FIB 制备 TEM 样品过程（所有标尺为 5μm）

激光加工源于 20 世纪 60 年代，早期激光属于长脉冲，主要通过热作用去除材料，脉冲长度通常大于热扩散时间，因此在激光与材料相互作用的过程中，存在光子吸收、电子-晶格耦合、晶格-晶格耦合等多种热传递和热扩散，加工的热影响区较大，不利于微纳加工。20 世纪 80 年代后期逐渐发展起来的纳秒（ns）、皮秒（ps）、飞秒（fs）等超快激光，脉冲宽度大大减小，热作用明显降低，激光光化学效应逐渐成为材料去除的主要原理，加工精度提高到微米/亚微米量级，也使得激光加工成为新的微纳制造技术的有效手段之一。1987 年，Sirinivasan 等人首次开展了超快激光微纳结构制造技术研究，他们利用紫外（308nm）超快（160fs）激光在 PMMA 材料中获得光滑的微孔，孔口无热影响区。此后超快激光的加工进

入了快速发展时期，微结构特征尺寸不断从亚毫米级降低至几个微米。2001 年，Kawata 等人利用飞秒激光，通过双光子聚合技术，成功制备出长度 10μm、高度 7μm 的微米级牛，加工的分辨率达 120nm，开启了激光微纳米加工的新时代。相较于普通光学曝光受衍射极限的影响（分辨率小于光源波长的 1/2），超快激光在非金属材料中的非线性多光子吸收过程具有明显的阈值效应，通过多光子聚合技术能够获得突破光衍射极限限制的纳米结构，真正实现复杂的三维微纳米结构制造。当前，超快激光制造技术在光子晶体、光学微纳器件、超材料、NEMS/MEMS、生物医疗技术等领域发挥着重要的作用，成为当前微纳米制造的主流技术。本节主要针对超快激光（皮秒和飞秒激光）束在微细加工技术中的应用进行阐述。

1. 超快激光束微细加工特点

（1）热影响区小

超快激光的脉冲宽度（几百飞秒至几皮秒）比电子声子耦合时间（1~100ps）短，激光能量被电子吸收后迅速转移给晶格振动，无热扩散，使得被加工材料及结构周围区域的热影响区极小甚至无热影响区。可以采用材料加热至熔点 T_{im} 时的热扩散长度 l_d 来评价激光加工的热影响区域。

$$l_d = \left(\frac{128}{\pi}\right)^{1/8} \left(\frac{DC_i}{T_{im}\gamma^2 C'_e}\right)^{1/4} \quad (3.4-1)$$

式中　D——热导率；

　　　C_i——晶格热容；

　　　C'_e——C_e/T_e（C_e 是电子热容，T_e 是电子温度）；

　　　γ——电子声子耦合常数。

当激光脉冲宽度 τ 远大于电子声子耦合时间时，l_d 可近似为

$$l_d = \sqrt{\kappa\tau}$$

式中　κ——热扩散系数。

通过上述两个公式计算得出激光加工铜材料时的 l_d，前者利用窄脉冲宽度使铜熔化（$T_{im} = 1356K$），得到的 l_d 为 329nm；后者利用脉冲宽度为 10ns 激光，l_d 为 1500nm。由此可以看出，超快激光热加工影响区域较小，提高了加工精度和质量。

（2）多光子吸收

传统光吸收通常为线性的单光子吸收，只有当光子能量大于材料带隙后才会产生吸收（见图 3.4-16a）。超快激光通常拥有极高的能量密度，即使光子能量小于带隙，电子也可以被光子激发，形成多光子吸收（见图 3.4-16a）。非线性多光子吸收可使得光学透明材料对激光的吸收明显增强，从而实现光学材料的微纳米加工（见图 3.4-16b）。

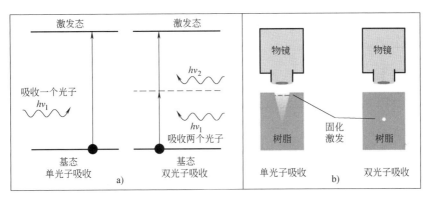

图 3.4-16　材料中电子激发的过程

（3）材料内部改性

多光子吸收受制于激光能量密度和材料特性两个方面，当激光能量密度高于特定阈值后，在激光聚焦焦点附近产生多光子吸收。利用这种效应可以对材料内部进行改性加工和处理（见图 3.4-16b），在三维波导、微光学元器件、微流控芯片等制备中有着广泛的应用。

（4）电介质中的载流子激发

超快激光辐照在诸如玻璃等电介质中会引发电子激发和弛豫过程。电子首先通过多光子吸收或隧穿电离从价带激发到导带；被激发的电子仍然可以依次吸收多个光子，并被激发到更高能态；此时自由载流子吸收的效率很高。同时，在高光强下，被激发的电子被强电场加速，与周围的原子发生碰撞，产生雪崩电子。在超快激光辐照后的 1ps 内，部分电子经过弛豫俘获存储在电子-空穴对中的能量，形成自陷激子。这些自陷激子在几百皮秒内通过弛豫形成永久性的缺陷。例如，玻璃在激光辐照后的几十皮秒内开始被加热，再经过几十微秒才恢复到室温，这一过程中导致玻璃材料的改性或破坏，形成熔融焊接、结构成形等。

（5）更好的加工空间分辨率

超快激光具有更小的热影响区，理论上具有更好的加工空间分辨率。同时，超快激光的光速强度呈现高斯分布，对于单光子吸收过程，材料吸收的强度的空间分布与原本的激光强度分布相同；对于多光子吸收过程，吸收能量的空间分布随多光子吸收的阶数（n）增加而变窄，有效光束尺寸（ω）遵循 $\omega = \omega_0/\sqrt{n}$。因此，多光子吸收的空间分辨率会远小于波长。

（6）应用范围广

1）去除加工，包括刻蚀、制孔和切割等。利用飞秒激光超短脉冲宽度有效抑制热扩散、形成冷加工、避免重凝的特点，可获得锐利的加工边沿和陡壁；利用其高光强可实现对任何材料去除加工，对脆

性材料加工不产生裂纹，也可实现对生物组织软材料、金刚石、碳化钨等超硬材料的精细加工。

2）激光诱导表面纳米结构。利用飞秒激光诱导周期性表面结构（Laser Induced Periodic Surface Structures，LIPSS），改变材料表面的光学性质、润湿性能、摩擦性能等，制备宽光谱吸收、超亲/疏水、亲/疏油、抗结冰等特殊功能表面。

3）材料内部加工。利用飞秒强激光多光子非线性吸收效应，实现透明材料内部激光焦点处超分辨加工，通过改变材料介电常数制备光波导，微爆炸制造微通道，聚焦于透明材料内部实现微连接等。

4）双/多光子聚合加工。利用飞秒激光对光敏材料诱导双/多光子吸收后引发聚合过程可制备微纳光学、动力学器件，制造光子晶体，实现对光子的操控。

近年来，飞秒激光加工又衍生出许多其他方式，见表3.4-4，其中飞秒激光脉冲串法及脉冲复合法是目前学术界普遍认同的、提高加工效率的有效方法。另外，随着激光功率及脉冲重复频率的提高，飞秒激光诱导的等离子体逐渐成为影响材料对光束吸收和加工质量的重要因素，得到了广泛深入的研究。

表 3.4-4　近年来飞秒激光新的加工方法

加工方式	实现的加工目的	脉冲数	能量比例	延迟	脉冲参量	靶材
脉冲串法	比较脉冲串与单脉冲的刻蚀率	5	余弦	亚/皮秒	100fs	铝
	延迟和气压对辐射强度、刻蚀形貌影响	2	1:1	皮秒	—	硅
	不同能量配比下的材料刻蚀机制	2/3/4	2:1/3:1:1/ 4:3:2:1	<1ps	35fs	熔融石英
脉冲复合	降低材料损伤阈值	—	—	−1.5~ 1.5ps	60fs 红外 +70fs 紫外	二氧化硅
光学变换	减少碎屑，提高加工质量和效率	—	—	—	—	—
激光旋切	TiC 陶瓷片制孔	—	—	—	—	—

2. 超快激光束微细加工设备

激光加工的基本设备包括激光器、光学系统、电源、机械系统四大部分。对于该类设备激光器是核心，其他系统与现代数控机床相类似。因此，只对激光器做简要介绍。飞秒激光加工系统的发展和进步是激光微纳制造发展的前提，因此对于加工装备的研制始终是这一领域的优先发展方向。目前主要的设备供应商和相关激光器型号见表3.4-5。当前最为著名的飞秒激光器生产厂家有美国的 Coherent（相干公司）、Spectrum Physics（光谱物理），德国的 Trumpf 公司，瑞士的 Onefive 公司，美国的 Calmar 公司，后三者主要从事光纤激光器的工业应用。而普通光纤还难以实现几十或上百瓦的平均功率。丹麦 NKT 公司开发的大模场面积光纤解决了这一难题，它通过收购瑞士 Onefive 公司，形成了大功率光纤飞秒激光器的全球垄断地位。在单周期超短脉冲研究方面，维也纳工业大学的 F. Krausz 教授使用啁啾镜压缩单个脉冲，并将脉冲宽度降低到 2.7fs 以下，第一次发现了孤立的阿秒（$1as = 10^{-18}s$）脉冲，最短脉冲达 80as。1994 年，瑞士联邦理工学院 U. Keller 教授开发的半导体可饱和吸收镜（SESAM）在整个飞秒激光器发展中起到了决定性的作用。2011 年，她又发现了 SESAM 破坏阈值低的真实原因，开发出了破坏阈值达 $100mJ/cm^2$ 的镜子，输出的平均功率大几百瓦，这为解决高平均功率飞秒激光器研发奠定了基础。

美国 Clark-MXR 公司于 2003 年开发了世界上第一台可控超快激光系统，2015 年该公司发布了最新的功能更加强大的超快激光光源，包括最新的钛宝石激光和光纤激光。其中，UMW 系列代表目前飞秒加工系统中的最高水平，采用 CPA 系列或 IMPULSE 系列激光光源，配备多轴系统，非常适合微纳加工、光固化 3D 打印、激光直写加工波导、微纳结构阵列化加工等。美国 Quantronix 公司在 2006 年推出了世界首款 Q 锁模飞秒激光束放大扫描系统，可直接在硅表面加工光栅结构，也可以对其他难加工材料直接进行三维结构的加工。德国 Laser2000 公司致力于激光光源的开发，形成了包括短脉冲激光、固体激光、气体激光、光纤激光等多个种类的激光光源。当前激光器关键技术参数达到的水平包括：脉冲宽度最小可达 2.5fs，商用<10fs，平均功率>20W，单个脉冲能量从几个纳焦到毫焦可调，脉冲重复频率>100MHz，激光寿命>10000h。这类飞秒激光器除了用于微纳结构加工以外，还在超快光谱、非线性光谱、泵浦 OPA/NOPA、激光消融光谱等方面拥有广泛的应用。图 3.4-17 所示为钛宝石激光和光纤激光。

表 3.4-5 世界主要飞秒激光器供应商、产品系列及主要技术参数

国家	公司	设备	产品系列	主要技术参数
美国	Clark-MXR 公司	激光器：Ti Sapphire Laser	CPA 系列产品	3mW,755/1550nm,30MHz,>0.6~2mJ,1~2kHz,1~64000 脉冲>10000h
		激光器：Fiber Laser	Impulse	>20W,2MHz 或 0.2~25MHz,单脉冲能>0.8μJ,25MHz,>10μJ,2MHz,<250fs,1030nm
			Impulse-HE	25/250mW,25MHz,0~25MHz 重复频率,单脉冲能量>1~10nJ,<200fs,1030nm
			Megellan II	>20W,1MHz,0~25MHz 重复频率,单脉冲能量>40μJ,<250fs,1030nm
			Megellan HE	5W,25MHz,25MHz 重复频率,单脉冲能量>200nJ,<250fs,1025~1035nm
			Solas family	2W,0.1~25MHz 重复频率,单脉冲能量>1μJ,<150fs,1025~1035nm
		飞秒激光加工系统	SolaFab 系列	桌面形 I 类激光,X、Y、Z 轴 100mm,加工区域 0.7mm×0.7mm,单轴 LED 照明
			UMW 系列	CPA 系列或 Impulse 激光光源,多轴 CNC 系统,X、Y 轴 300mm 行程,1μm 精度,0.5μm 重复定位精度,最大运动速度 50mm/s,5rad/s;Z 轴 100mm,精度±1μm,重复 1μm,最大速度 50mm/s;配备 12×物镜,视野 4mm,精度 1μm
	Quantronix 公司	—		硅及难加工材料直写加工
	KMLabs	—	Griffin 系列	>0.55~1.4W,700~920nm,重复频率 75~102MHz,但脉冲能量>15nJ,<11~50fs
		—	Stryle 系列	0.5W,790nm,80MHz,<12fs
		—	Collegiate 系列	0.5W,760~830nm,75~102MHz,<12~25fs
	LOTIS TII	—	Q-switched Nd: YAG Lasers 系列	—
德国	Laser2000 公司	—	Spark Laser	1mW~6W,300~1099nm,<120fs,80MHz
日本	Cyber Laser	—	IFRIT 系列	1W,780/800nm,<250fs,1k/2kHz,5000h,单脉冲 0.5~1mJ
		—	SHG 单元	>100mW,400nm,<200fs
		—	THG 单元	>30mW,266nm,<300fs
	TII(Tokyo Instruments Inc)	—	—	
立陶宛	EKSPLA	—	Femtolux 30	>30W,1030nm,<350fs~1ps,0~4MHz 重复频率,单脉冲>250μJ
		—	Femtolux 3	3W,1030nm,1.5W,515nm,>3~10μJ 单脉冲,<300fs~5ps,0~5MHz
		—	UltraFlux FT300	可调激光波长 210~230nm,250~320nm,375~480nm,700~1010nm,>3mJ,1kHz

马克斯-普朗克量子光学研究所主任 F. Krausz 教授指出高功率高重复频率飞秒激光器将是未来的发展方向，如脉冲宽度<5fs，单脉冲能量达到焦耳量级，平均功率数千瓦。在实现途径上，F. Krausz 推崇光参量啁啾脉冲放大（OPCPA），而法国巴黎高科、德国耶拿大学、美国密西根大学的研究人员等则主张光纤

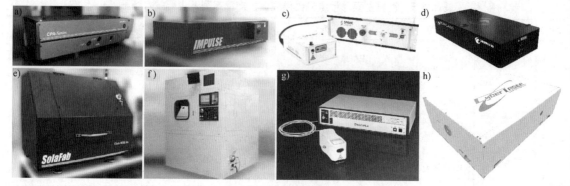

图 3.4-17　钛宝石激光和光纤激光设备

激光器的相干合成。近期康奈尔大学 F. Wise 教授提出了三种高能量超短脉冲的生成机制：①Mamyshev 锁模（腔内双滤波器）高功率飞秒光纤激光器，期望取代飞秒钛宝石激光器。②孤子脉冲产生和事后压缩相结合，无须锁模。③多模光纤中的超短脉冲产生，利用 Kerr 非线性将多模光纤中的多横模脉冲"清洗"干净。

3. 超快激光束微细加工的应用

（1）激光热微细加工

激光热微细加工就是使材料局部加热，进行非接触加工，由于激光功率密度极高，它适用于各种材料的微细加工。

1）激光打孔。用透镜将激光能量聚焦到工件表面的微小区域上，可使物质迅速汽化而成微孔。利用激光几乎可以在任何材料上加工微小孔，目前已广泛应用于火箭发动机和柴油机的燃料喷嘴加工、航空发动机叶片气冒孔加工、化纤喷丝板喷丝孔、钟表和仪表中的宝石轴承打孔、金刚石拉丝模加工、IC 电路的芯片上或靠近芯片处打小孔等方面。上述这些特定的打孔需求若采用其他方法都是难以实现的。激光打孔的效率极高，适合于自动化连续加工，加工的孔径通常可以小于 0.01mm，深径比可达 50∶1 以上。如加工钟表行业红宝石轴承上的 $\phi 0.12 \sim \phi 0.18$mm、深 $0.6 \sim 1.2$mm 的小孔，采用自动传送装置每分钟可完成数十个宝石轴承孔的加工。激光打孔的成形过程是材料在激光热源照射下产生的一系列热物理现象综合的结果。它与激光束的特性和材料的热物理性质有关，主要影响因素包括：激光输出功率与辐照时间、焦距与发散角、焦点位置、光斑内的能量分布、激光照射次数、工件材料等。

2）激光切割。激光切割与打孔的原理基本相同，但工件与激光束之间有相对移动，通过控制二者的相对运动即可切割出不同形状和尺寸的窄缝与工件。激光切割一般采用重复频率较高的脉冲激光器或连续输出的激光器，后者会因热传导而使切割效率降低，同时热影响层也较深。在精密和微小零件的加工中，一般都采用高重复频率的脉冲激光器。YAG 激光器输出的激光已成功地应用于半导体划片，重复频率为 5 ~ 20Hz，划片速度为 10 ~ 30mm/s，宽度为 0.06mm，成品率达 99% 以上，比金刚石划片优越得多，可将 1cm² 的硅片切割成几十个集成电路块或几百个晶体管管芯。同时，YAG 激光器还可用于化学纤维喷丝头的异形孔切割加工、精密零件的窄缝切割与划线以及雕刻等。

3）激光焊接。激光焊接是将激光束直接照射到材料表面，通过激光与材料相互作用，使材料内部局部熔化实现焊接。激光焊接按激光源特性可分为脉冲激光焊接和连续激光焊接；按其热力学机制又可分为激光热传导焊接和激光深穿透焊接。与常规焊接方法相比，激光焊接的特点：①激光功率密度高，可以对高熔点、难熔金属或两种不同金属材料进行焊接，对金属箔、板、丝，以及玻璃、硬质合金等材料的焊接都很出色。②聚焦光斑小，加热速度快，作用时间短，热影响区小，热变形可以忽略。③非接触，无机械应力和机械变形，不受电磁场的影响，能透过透光物质对密封器内工件进行焊接。④激光焊接装置容易与计算机联机，能精确定位，实现自动焊接。

（2）激光化学微细加工

由于激光对气相或液相物质具有良好的透光性，强聚焦的紫外线或可见光激光光束能够穿透稠密的、化学性质活泼的基片表面的气体或液体，并有选择地对气体或液体进行激发，受激发气体或液体与衬底可进行微观化学反应，达到刻蚀、沉积、掺杂等微细加工的目的。激光化学微细加工技术是近年来发展起来的新技术，能够实现光刻掩模的修复，以及对各种薄膜或基片进行局部沉积、刻蚀和掺杂。

1）激光辅助沉积。激光辅助沉积又称为激光辅助化学气相沉积（Laser Assistant Chemical Vapor Deposition，LACVD），它是以光能代替热能的一种成膜技术，具有低温成膜、选择性激发、空间局部沉积等特点，在微电子和光电子等领域广泛应用。LACVD 的基本原理具体如下：

① 热解。激光照射到衬底材料上，在照射区内局部加热。这种局部加热引起多种能量传递过程，如热电子能量传递、非辐射复合、激发晶格振动等。在这一局部区域施加的气体进行类似于一般热分解 CVD 过程，形成薄膜。这种方法适合于金属、半导体膜的沉积，特别是微细结构薄膜的沉积，但不适于大面积成膜。

② 蒸发。如果大量光子流直接注入十分靠近衬底的固态靶材上，则类似于一般蒸发或离子溅射沉积，激光将原子从靶材料移出，然后移向衬底并沉积，这就是激光辅助沉积的蒸发机制。

③ 光解。激光的单光子或多光子被施主气体材料吸收，致使施主气体物质处于激发态，如果在分解沉积极限以上，可使分子分解破裂。这种光分解产物或与附近其他物质反应，或在附近衬底表面沉积成膜。

2）准分子激光直写加工。利用准分子激光在硅等衬底材料上直接加工出微细图形和微结构，具有加工柔性好、效率高、成本低等特点。准分子激光直写加工技术已经成为当前微细加工领域的重要研究方向。根据加工具体方式的不同，可分为气相诱导刻蚀和直接刻蚀等。前者适用于各种半导体、金属和介质等材料，工艺比较成熟；后者主要用于有机高分子聚合物材料，近年来在硅等半导体材料中逐步得到应用。

激光诱导刻蚀，也称为气体辅助刻蚀。它是在某种诱导气体的辅助下进行的，包括激光作用下活性物质的生成及其与衬底的相互作用等联合过程。激光诱导刻蚀的全过程可以分为若干基本过程：首先是诱导气体吸收光子生成活性物质，这一过程包括光感应、光致电离及光分解；生成的活性物质通过化学反应、扩散和去激活等方式与反应气体分子相互作用；与此同时，气体分子或活性物质还将通过物理吸附或化学吸附与被加工工件的固体表面进行反应。其次，固体表面在激光的辐照下，将发生电子感应或热效应，进一步增强吸附层及其与固体表面的相互作用，从而完成对材料的刻蚀。由此过程可以看出，激光诱导刻蚀过程主要包括气体分子分解及其与表面的反应。对于不同的刻蚀材料及不同的诱导气体和激光光源而言，其刻蚀机理可以以光化学为主或热效应为主。

激光直接刻蚀。利用准分子激光可以对材料进行直接刻蚀。激光直接刻蚀是一个光解剥离过程。在高能量紫外光子的作用下，材料的化学键发生断裂，生成物所占据的体积迅速膨胀，最后以体爆炸的形式脱离母体。由于紫外激光可以在无热效应状态下有效地刻蚀或切割有机高分子聚合物，使得准分子激光器在干法刻蚀、生物细胞切割等领域应用十分广泛，被认为是一种十分有效的"冷加工工具"。

激光刻蚀的质量与刻蚀过程中各项参数：激光能量密度、波长、诱导气体的种类、压力以及被刻蚀材料的性质和温度等密切相关。在半导体技术中，激光刻蚀的主要目的是在被刻蚀材料上形成一定的图形，通常可以采用掩模刻蚀实现。由于激光诱导刻蚀具有良好的选择性，故还可以利用聚焦的激光束在衬底材料上直接描绘刻蚀所需的图形，或者用投影的方式将图形成像于衬底上。

3）激光辅助掺杂。激光表面处理最重要的应用之一是激光辅助掺杂。有关激光辅助掺杂的研究始于 20 世纪 60 年代，随着激光器尤其是准分子激光器制作技术及激光辅助半导体工艺的迅速发展，激光诱导化学掺杂以其独特的优点，受到微电子和光电子专家的广泛注意和研究，从工艺探索到实际应用都获得了长足的发展。激光辅助掺杂技术已成功地应用于太阳能电池和 CMOS 器件的制备。

激光辅助掺杂主要利用激光束功率密度高、输出功率和脉冲重复频率易于控制、可聚焦等优点，其掺杂过程包括衬底熔化、杂质的形成与扩散、重新结晶等。在掺杂过程中，激光包含两方面作用：一部分激光能量用于源物质的光热分解或光化学分解，使之释放出杂质原子；另一部分激光能量由衬底吸收，使衬底的表面层温度升高，甚至转变为熔融状态，使光分解生成的掺杂原子通过固相扩散或液相扩散进入衬底。短波长激光具有较小的吸收长度，故紫外波段的准分子激光能实现极浅的表面掺杂深度，并具有陡峭的杂质浓度分布前沿。

与常规的掺杂技术相比，激光辅助掺杂有以下优点：

① 由于强聚焦的激光束对基片表面的加热可以高度定域，时间极短，因此可以获得杂质浓度超过固溶度、具有变化很陡的杂质浓度分布的超浅结。

② 准分子脉冲激光可以使衬底表面瞬时熔融，在多晶硅掺杂中能防止杂质晶粒间隙扩散，因而可以形成平滑的结面。

③ 通过光脉冲能量和光脉冲数目的控制，可以实现结深和掺杂浓度的精确控制。

④ 利用计算机控制的聚焦激光扫描，可以实现无掩模板的"直接写入"图形掺杂。将常规工艺需要多步加工才能完成的掺杂过程由激光"直接写入"

一步完成。

⑤ 掺杂图样可以具有很高的空间分辨率。由于杂质源的热分解速率、热扩散系数与温度呈非线性关系，掺杂线宽可以比激光束的焦斑直径小得多，用大于 2μm 的束斑，可以获得 0.3μm 的掺杂线宽。

(3) 激光曝光

曝光技术的最主要标志就是分辨率，为获得高分辨率曝光，深紫外波段激光是理想的光源。而准分子激光主要集中于这个波段，因此，准分子激光曝光技术具有许多优良的特性，并很快得以应用。准分子激光曝光具有单色性好，可缓和光学系统色差；方向性强，可满足强曝光要求；短脉冲特性，可缓和减振要求以及高功率密度，具有高效、无显影光刻等优点，是近年来发展较快、实用性较强且经济性强的曝光技术，已在大批量生产中得以应用。

准分子激光曝光技术可分为接触式曝光和投影式曝光两种，其中投影式曝光又可分为反射式和透射式。接触式曝光所获得的图形尺寸与模版图形是相同的，相比之下投影式曝光，特别是透射式投影曝光，可以使掩模图形缩小到原来的 1/10 ~ 1/5，在高分辨率曝光技术中非常有利。准分子激光曝光技术在超大规模集成电路的生产中已得到广泛应用，曝光系统线宽降至 30nm。

(4) 激光退火

激光退火是激光技术在半导体微细加工领域中的另一项重要应用，它是利用高功率密度的激光束照射半导体表面，使其损伤区（如离子注入掺杂时造成的损伤）达到合适的温度，从而消除损伤。根据激光工作方式的不同，激光退火分为脉冲激光退火和连续激光退火两种。

与传统热退火相比，激光退火具有以下特点：

1) 操作简便，可以在空气环境中进行，与超大规模集成电路工艺兼容性大。

2) 退火时间极短，表面层不易沾污，易于获得高浓度的浅掺杂层。激光退火适合于超浅结工艺加工，可满足单一器件尺寸不断缩小的发展趋势。

3) 高度定域退火。激光退火只有在退火区域才受到高温冲击，其余区域都处于低温甚至室温状态。因此，激光退火不会使基片产生大的变形，有利于提高成品率。

4) 可提高器件性能。激光退火可以使掺杂浓度超过固溶度，可以做成超浅结，还可以使掺杂原子的电激活率近于 100%，这些都对器件性能的改进大有好处。

5) 可以提高集成密度、成品率和可靠性。如果采用微米甚至亚微米焦斑直径的激光束扫描，实现计算机控制的定域退火，就可以更加精密、灵活地达到微电子和光电子器件制造的严格要求，使集成密度与器件性能都得以提高。

上述介绍的超快激光束微细加工技术其分辨率仍然受到衍射极限的限制，直写加工精度在 0.2 ~ 1μm 量级。根据光波的传播特性和光学系统的参数，激光直写加工的精度被限制在 (0.47 ~ 0.61)λ/(N·A)，其中 N·A 为光学系统的数值孔径，计算得出的飞秒激光加工分辨率和特征尺寸为 100 ~ 200nm。如何突破飞秒激光加工的衍射极限一直是激光微纳制造领域的研究热点。目前通用方法包括：多光子聚合加工技术、超透镜聚焦、激光诱导周期性表面波纹、受激发射损耗激光直写技术，这些技术的应用将飞秒激光的直写精度提高 100nm 以内。

(5) 多光子聚合加工技术

当飞秒激光强度足够高时，材料对光子的吸收不再是线性过程，而是转变成非线性的多光子吸收过程。随着吸收光子数的增加，激光的有效光斑直径越小，加工分辨率越高；多光子吸收可以克服激光束的衍射极限，达到亚衍射极限分辨率。利用该项技术可制作微透镜、衍射光学元件、光子晶体等微纳器件。多光子聚合的发生对激光强度和加工材料均有特殊的要求。在目前微纳器件的制造中，一般多用双光子吸收，所用光敏聚合材料有 S1813、丙烯酸盐、环氧基光刻胶 SU-8、混合溶胶-凝胶等。1992 年，康奈尔大学 W.W.Webb 课题组首次实现了双光子聚合加工技术，开启了该项技术在微纳制造领域的广泛应用。2001 年，大阪大学的 S.Kawata 在《科学》杂志上报道了利用双光子聚合技术制作出三维公牛结构（见图 3.4-18），该结构长 10μm、高 7μm，加工分辨率达到 120nm，标志着双光子聚合加工技术进入微三维结构的加工领域。此后，H.Nishiyama 等人在玻璃表面加工出折射率高达 1.49 的微透镜阵列，玻璃去除效率达 50nm/min。此外，飞秒激光在复杂三维微通道、硬脆材料及材料内部加工出特定结构。

(6) 超透镜聚焦技术

菲涅尔波带片（Fresnel Zone Plate，FZT）是应用最广泛的衍射光学元件之一，其上的同心圆环微结构可使衍射光场叠加在同一焦平面上，对光具有更好的汇聚作用，减小光斑尺寸。劳伦斯-伯克利国家实验室 W.Chao 等人设计并制造出了一种具有双重图案的菲涅尔波带片（见图 3.4-19a），将该波带片安装在 X 射线显微镜上，成功地将该显微镜的分辨率扩展到 12nm（见图 3.4-19b）。为了克服菲涅尔波带片存在的透光率低和光刻效率低的问题，麻省理工学院 H.I.Smith 等人利用区域平板阵列光刻技术与 FZT 相结合的方式

（见图 3.4-19c）提高了加工效率，同时也保证了光刻　精度在 150~200nm 范围（见图 3.4-19d）。

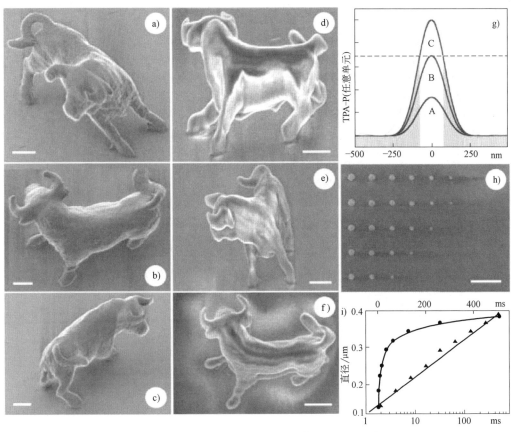

图 3.4-18　基于双光子吸收的亚衍射极限制造示意图

a)~f)　三维公牛的 SEM 图像　g)~i)　微透镜阵列及其加工参数

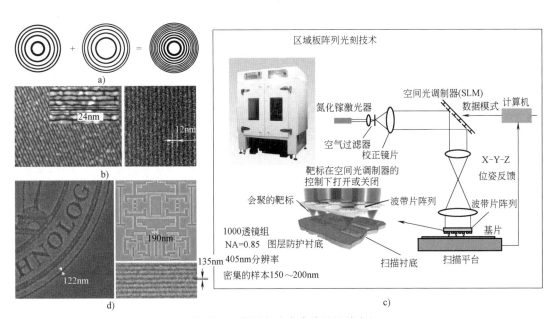

图 3.4-19　菲涅尔波带片结果及其应用

a)菲涅尔波带片　b)安装波带片后的显微镜分辨率　c)加工设备　d)加工结果

（7）激光诱导周期性表面波纹技术

激光诱导周期性表面波纹（Laser Induced Periodic Surface Structure，LIPSS）是一种光栅状的自组织条纹结构，它是由材料表面受到激光辐射诱导而产生的。其本质是激光与材料表面产生的等离子激元相干涉引起的光强周期性的增强和减弱。该结构在提高表面摩擦学性能、实现超亲/疏水/油、抗结冰、表面着色、增强光吸收等方面有广泛的应用。LIPPS 条纹可在多种材料表面上形成，具有一定的随机性，可通过对飞秒激光进行时空整形获得排列一致的图案，并进一步通过设计形成三维微纳结构（见图 3.4-20）。

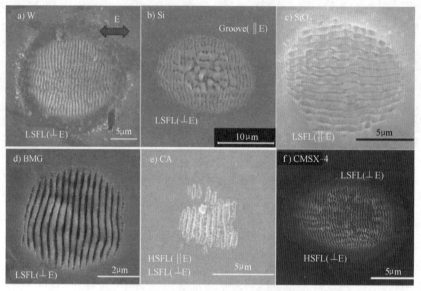

图 3.4-20　不同材料表面的周期性表面结构

研究发现，LIPSS 结构的周期和取向存在着低频粗纹 $\Lambda = \lambda$、高频精细纹 $\Lambda \ll \lambda$、寻常条纹（垂直极化方向）、反常条纹（平行极化方向）之分。由于条纹的形成不仅受激光变量影响（光强、单脉冲能量、能量密度、脉冲数、波长、脉冲宽度、重叠率），还与材料的光学、介电性能有关，同时也受到环境氛围影响，因此单一条纹的产生和调控对应较窄的工艺窗口。目前关于 LIPSS 结构形成机理可分为：①粗糙表面引起脉冲能量非均匀沉积的 Spie 理论。②入射光波与表面等离子激元的干涉。③流体不稳定性。④光束高次谐波或表面极化波的干涉，液面表面张力的调整或热不稳定性，变量衰减模型，两步织构形成尖端表面的相关模型等。但对于上述形成机理，不同的学者所持意见不同，目前还难以形成统一的定论。

（8）受激发射损耗激光直写技术

受激发射损耗激光直写技术源于受激发射损耗（Stimulated Emission Depletion，STED）荧光显微镜，该方法可以打破光学衍射极限，使共聚焦显微镜的分辨率从亚微米级提高到纳米量级（5.8nm）。STED 加工技术使用高斯型激发激光作为光聚合加工激光，并且需要加入一种形状为特殊焦斑状的抑制激光，在此抑制光束的曝光区域内，激发分子在抑制光束的作用下从激发态回到稳定态，这样发生光聚合作用区域的就会有一部分被还原，使得作用区域减小，从而提高加工分辨率。在三维纳米加工领域，这项技术为可见光的加工可行性提供了重要基础。

通过在损耗激光光路中添加 0/2π 螺旋相位板，获得具有双椭圆结构的损耗激光斑，光斑具体形状如图 3.4-21a 所示。耗尽光斑有两个椭圆形高强度区域，由光束中心的零强度谷分隔。高斯形激发焦点与双椭圆耗尽光斑重合，形成具有棒形特征的亚衍射极限有效焦点。通过计算激发光斑和损耗光斑的激光强度分布，可以发现两个光斑同时作用一点时，两者有很大部分的光斑重叠区域，从而获得亚衍射基本的有效作用区域，具体的设备配置如图 3.4-21b 所示。该系统主要包括：激光源及控制子系统、光束传输子系统、CCD 监测成像子系统、三维移动平台及其控制子系统。激光源及控制子系统包括波长 800nm 的钛-宝石飞秒激光器、波长 532nm 的连续波激光器、啁啾脉冲压缩器（CPC）和电光调制器（EOM）；两个激光源分别为双光束亚衍射激光直写加工提供受激能量和损耗能量；脉冲压缩器调控飞秒激光的脉冲宽度，根据不同的材料选择合适的脉冲宽度；电光调制器能够实现激光能量光电转换与控制，便于三维结构的成形。光束传输子系统主要包括两个光束放大器、边缘相位板、二向镜、聚焦物镜和反射镜，主要用于放大激发激光和损耗激光的直径、将损耗激光光斑由高斯形态转变为中空形态以及将激光能量传输到加工所需的位置。CCD 监测成像子系统用于实时监测激光焦点位置和纳米结构制造过程；三维移动平台及其控制子系统由 MadCity 的 XYZ 三维压电移动平台及加工控制软件构成，实现激光焦点位置在 X、Y、Z 三个方向的实时控制，保证双光束激光直写快速、精密地进行。

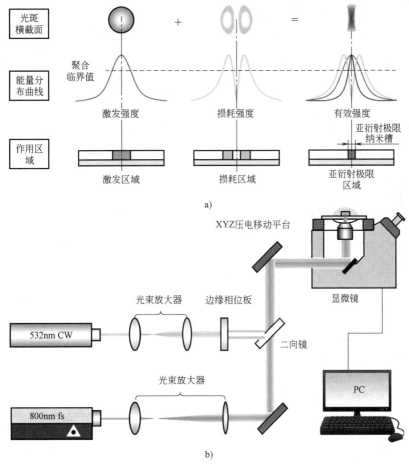

图 3.4-21　双束光亚衍射极限激光直写的加工原理图及加工方法示意图

a）STED 工作原理图　b）设备配置示意图

利用 STED 平台，获得的双椭圆耗尽光斑如图3.4-22a 所示。利用 STED 系统在季戊四醇三丙烯酸酯光刻胶上进行纳米线加工，在不同激光功率条件下获得如图 3.4-22b 所示的纳米线，最小线宽可降至 45nm，突破了激光衍射极限，将飞秒激光加工的线宽精度提高至 <50nm 范围。进一步，通过 STED 方法在光刻胶表面实现各种三维结构的加工（见图 3.4-23）。

3.4.5　超声微细加工技术

超声微细加工技术通常是指利用超声振动工具在有磨料的液体介质中或干磨料中产生磨料的冲击、抛磨、液压冲击及由此产生的气蚀作用来去除材料；或给工具或工件沿一定方向施加超声频率振动进行振动加工；或利用超声振动使工件相互结合的加工方法。从上述描述性的定义可以看出，无论加工形式如何，其均在高能量超声场中，通过一定的媒介作用于工件上，提高零件加工的表面完整性或解决其他方法难以加工的材料和结构。近年来，随着超声微细加工技术的迅速发展，在超声振动系统、深小孔加工、拉丝模及型腔模具的研磨抛光、超声复合加工领域均有较广泛的研究和应用，尤其是在难加工材料领域解决了许多关键性的工艺问题，取得了良好的效果。

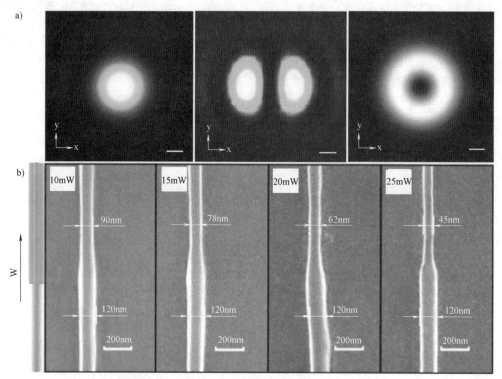

图 3.4-22 利用双束光亚衍射极限激光直写进行加工

a）双椭圆耗散激光光斑调制 b）不同损耗激光功率下纳米线的宽度

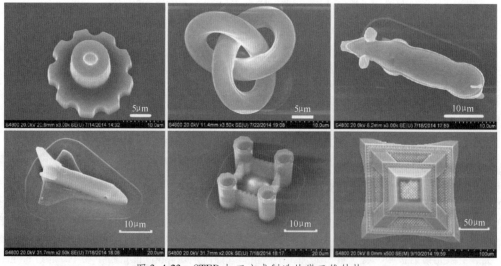

图 3.4-23 STED 加工方式制造的微三维结构

1. 超声微细加工的特点

1）适合加工各种硬脆材料，不受材料是否导电的限制。既可以加工玻璃、陶瓷、宝石、石英、锗、硅、金刚石、大理石等不导电的非金属材料，又可加工淬火钢、硬质合金、不锈钢、铁合金等硬质或耐热、导电的金属材料。

2）由于去除工件材料主要依靠磨粒瞬时局部的冲击作用，故工件表面的宏观切削力很小，切削应力、切削热更小，不会产生变形与烧伤，表面粗糙度值较小，可达 Ra 0.08 ~ 0.63μm，尺寸精度可达 0.03mm，适于加工薄壁、窄缝、低刚度零件。

3）工具可用较软的材料做成较复杂的形状，且不需要工具和工件作比较复杂的相对运动，便可加工各种复杂的型腔和型面。一般地，超声加工机床的结构比较简单，操作、维修也比较方便。

4）可以与其他多种加工方法结合应用，如超声电火花加工和超声电解加工等。

5）超声加工的面积不够大，而且工具头磨损较大，故生产率较低。

6）利用超声焊接技术可以实现同种或异种材料的焊接，不需要焊剂和外加热，不因受热而变形，没有残余应力，对焊件表面的焊接处理要求不高。

2. 超声微细加工基本原理

超声磨料冲击加工是超声微细加工技术中最基本也是应用最广泛的一种加工方式，以下以超声磨料冲击加工为例，简述超声微细加工的基本原理。超声微细加工的基本装置及原理示意图如图 3.4-24 所示，其基本装置主要由超声波发生器、换能振动系统、磨料供给系统、加压系统和工作台等部分组成。换能器产生的超声振动由变幅杆将位移振幅放大后传输给工具头，工具头做纵向振动，其振动方向垂直于工件表面。当工具头做纵向振动时，冲击磨料颗粒，磨料颗粒又冲击加工表面。超声微细加工主要是利用磨料颗粒的"连续冲击"作用，磨料在高频超声波作用下，产生切向应力，对工件表面材料进行去除。此外，磨料悬浮液中的超声空化效应对加工也有很大的作用。在孔加工中，工具头还可以旋转，以提高加工精度和排屑。

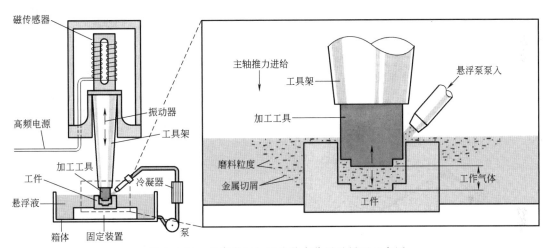

图 3.4-24　超声微细加工的基本装置及原理示意图

超声微细加工常用的频率为 20~40kHz，换能器工作电压为 200~4000V，产生振幅位移一般在 5~150μm 之间，材料去除速率一般为 1cm³/min，低于传统机械切削（≈3000cm³/min）、电化学加工（≈15cm³/min）和电火花加工（≈5cm³/min）。当频率一定时，增大振幅可以提高加工速度，但振幅不能过大，否则会使振动系统超出疲劳强度范围而损坏。同样，当位移振幅一定，而频率增高时，也可提高加工速度，但频率提高后，振动能量的损耗将增大。因此，一般多采用低的超声频率，大的振动幅度。加工磨料通常采用碳化硼颗粒，粒度根据加工表面质量需求进行选择；磨料混合物通常被冷却至 2~5℃，以

20%~60% 的比例被输送到加工区域。在磨料的辅助作用下，工具头也同样存在损耗，通常与工件的损耗比例为 1：1~1：1000。超声磨料加工通常用来加工硬度 >40HVA 的硬脆材料，如陶瓷、玻璃，也可以加工不锈钢等塑性材料，并在工件表面残余压应力，提高工件疲劳强度，加工精度为 ±5~±25μm，表面粗糙度 Ra 为 0.5~1μm。

3. 超声微细加工应用

超声微细加工通常与其他加工方法相结合，逐渐形成了多种多样的超声微细加工方法和方式，在生产中获得了广泛的应用（见表 3.4-6）。

表 3.4-6　超声微细加工的应用

超声材料去除加工	超声切削加工	超声车削、超声钻削、超声镗削、超声插齿、超声剃齿、超声滚齿、超声攻螺纹、超声锯料、超声铣削、超声刨削、超声振动铰孔
	超声磨削加工	超声修整砂轮、超声清洗砂轮、超声磨削、超声磨齿
	磨料冲击加工	超声打孔、超声切割、超声套料、超声雕刻

（续）

超声表面光整加工	超声抛光、超声珩磨、超声砂带抛光、超声压光、超声珩齿		
超声焊接和超声塑性加工	超声焊接、超声电镀、超声清洗、超声处理		
	超声塑性加工	超声拉丝、超声拉管、超声冲裁、超声轧制、超声弯管、超声挤压、超声铆墩	
超声复合加工	超声电火花复合加工、超声电解复合加工		

4. 超声微细加工工艺

（1）超声车削加工

超声车削加工是给刀具或工件在某一方向上施加一定频率和振幅的振动，以改善车削效能的车削方法。超声振动车削有两种：一种是以断屑为主要目的，多采用低频（最高几百赫兹）和大振幅（最大可达几毫米）的进刀方向振刀；另一种是以改善加工精度和表面质量、提高车削效率、扩大车削加工适应范围为主要目的，则要用高频、小振幅（最大约 $30\mu m$）振刀。研究表明，在车削速度方向振刀效果最好。

超声车削设备主要在普通车床上加装刀具或工件的振动系统，通常在车刀刀架上进行振动系统的改造，超声波发生器驱动压电陶瓷片产生微米级的振动，再通过变幅杆获得所需的振幅，并将纵振、弯振、椭圆振动等模式耦合进车刀运动，实现超声车削加工。图 3.4-25a 所示为在工件的轴线水平面上，刀具施加垂直于进给方向和沿进给方向的超声振动，进行切削过程的示意图。前者采用刚性固定变幅杆直连小质量车刀，可实现车刀一维纵振，装置简单，成本低，应用广泛。后者对于刀杆振动的节点控制十分敏感，刀具的磨损、刃磨等都会引起相应的节点变化，因此在实际中应用较少。若在上述两个方向同时施加振动，通过调控超声参数，可实现车刀刀尖椭圆运动轨迹（见图 3.4-25b），称之为椭圆振动车削。图 3.4-25c、d 对比了普通车削与椭圆振动切削在切削温

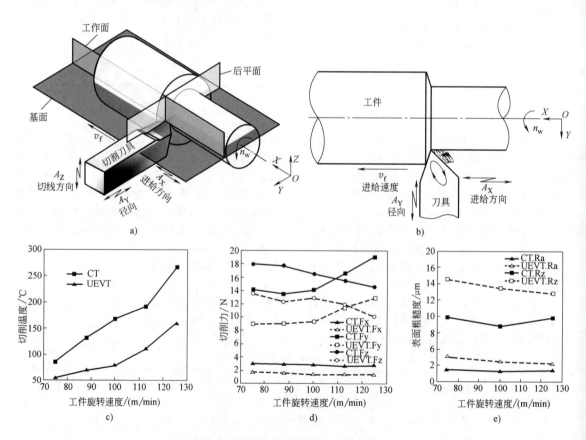

图 3.4-25　超声车削振动模式示意图及加工性能对比

度、切削力两个方面的差异，可以看出，后者具有明显改善加工性能的能力，当切削速度为 75～125m/min 时，加工切削温度降低 50～100℃，切削力减小 50%，但表面粗糙度值提高约 50%，Ra 值仍然小于 6.3μm（见图 3.4-15e）。

（2）超声磨削加工

磨削是零件获得高尺寸精度、低表面粗糙度值的主要方法，广泛应用于微细加工。但由于产品质量要求不断提高和材料不断更新，尤其是一些难加工材料的大量使用，零件尺寸的减小要求磨削工具相应减小，使普通磨削中经常出现的砂轮堵塞和磨削烧伤现象更加突出。研究表明在磨削加工中引入超声振动，可以有效地解决砂轮堵塞和磨削烧伤问题，提高磨削质量和磨削效率。

1）砂轮振动模式。根据砂轮的振动方向，超声磨削装置可分为纵向振动超声磨削装置、弯曲振动超声磨削装置和扭转振动超声磨削装置三种类型。图 3.4-26 为用于平面和外圆磨削的弯曲振动超声磨削装置，其中指数形变幅杆的输入端与振动轴连接在一起，指数形变幅杆的输出端与砂轮座、砂轮连接在一起。换能器、变幅杆、振动轴均做纵向振动。空心套筒安装在振动轴的两个位移节点上。采用圆锥滚子轴承，可以使空心套筒在摩擦与摆摆都比较小的情况下进行回转。这样，超声振动系统就能在回转的同时进行纵向振动。砂轮在换能器、振动轴和变幅杆的共振频率处以一次、二次……弯曲振动形态发生共振，砂

轮通过砂轮座与变幅杆连接起来，并与其他零件装配在一起，构成弯曲振动超声磨削装置。在螺纹、齿轮或成形表面磨削加工中，砂轮的振动在其回转反向上的为扭转振动超声磨削。在大批量生产中，还可以让工件产生超声频振动，砂轮不振动。这种装置可以有效地解决砂轮更换、循环水密封、炭刷和集流环在高速旋转条件下工作的可靠性问题。

2）超声振动修整砂轮。砂轮表面的形貌对于精密和超精密磨削具有重大的影响。形貌指标包括：磨粒切削刃的几何形状、磨粒切削刃的间距、磨粒切削刃的密度、磨粒切削刃突出结合剂的高度、磨粒切削刃的等高性、磨粒的微切削刃状态、磨粒切削刃的面积比等。对于不同磨削，上述指标并不固定，存在优化的值。因此，对于砂轮的修整显得尤其重要。在现有的砂轮修整方法中，超声振动修整砂轮法是调节砂轮工作表面形貌最有效的方式。超声振动修整砂轮法是利用超声振动系统激励修整工具，使其产生超声振动，并用此工具对砂轮进行修整，也属于微细加工技术中的一类。在普通车削修整法中，仅有四个参数调节砂轮工作表面形貌，而在超声振动修整法中，调节砂轮形貌的修整参数增加，修整运动由连续车削变为间断冲击，使形成的磨粒切削刃更为锋利。改变超声振动的频率和振幅，可以调节磨粒切削刃的间距，改变修整头对磨粒的冲击角度，可以调节磨粒切削刃的形状。超声振动修整砂轮，不仅从运动学上改变了原有的修整条件，而且在动力学上也使修整条件发生了变化。

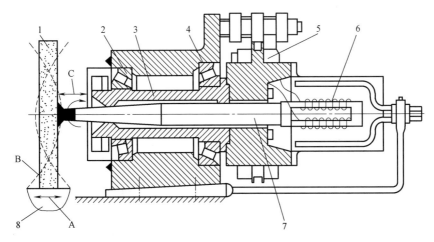

图 3.4-26　弯曲振动超声磨削装置

1—砂轮　2、4—圆锥滚子轴承　3—空心套筒　5—集流环　6—换能器　7—振动轴　8—工件
A—砂轮外圆表面的振动方向　B—砂轮的弯曲振动波形　C—变幅杆的纵向振动方向

（3）超声珩磨

普通珩磨时，尤其对钢、铝、钛合金等韧性材料

管件珩磨时，油石极易堵塞而导致油石寿命过早结束，而且加工效率很低，零件已加工表面质量差。使

用超硬磨料制作的油石进行普通珩磨时，由于价格高，若发生油石严重堵塞现象，使其性能不能充分发挥，会造成严重浪费。实践表明，超声珩磨具有珩磨力小、珩磨温度低、油石不易堵塞、加工效率高、加工质量好、零件滑动面耐磨性高等许多优点，能够解决普通珩磨存在的问题，尤其对于铜、铝、钛合金等韧性材料管件及陶瓷、淬火钢等硬脆材料管件的珩磨问题。

超声珩磨装置有立式和卧式两种。根据油石的振动方向，超声珩磨装置可分为纵向振动超声珩磨装置和弯曲振动超声珩磨装置两种类型。超声珩磨装置由珩磨头体、珩磨杆、浮动机构、油石胀开机构、超声振动系统五个部分构成，它是超声珩磨工艺系统的关键部分。而超声振动系统又由换能器、变幅杆、弯曲振动圆盘、挠性杆油石座振动子系统、油石座等零部件组成。

图 3.4-27a 是纵向振动超声珩磨装置，换能器将超声频电振荡信号转变为超声纵向振动，经变幅杆放大后传给弯曲振动圆盘，挠性杆再将弯曲振动圆盘的弯曲振动转变成纵向振动后传给油石座，油石座带动与其连接的油石进行纵向振动，同时油石与箭头 C、B 所指的回转及直线往复运动叠加在一起进行超声珩磨加工。图 3.4-27b 是弯曲振动超声珩磨装置。在扭转振动圆盘的外圆附近，等距离地固定挠性杆。珩磨杆按箭头 A 所指的方向振动，箭头 B、C 为超声珩磨装置的直线往复和回转运动方向。

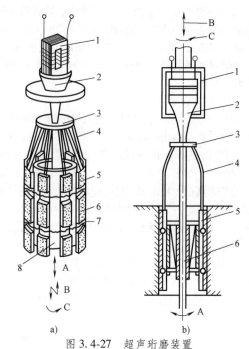

a)   b)

图 3.4-27 超声珩磨装置
a) 纵向振动超声珩磨装置
1—纵向振动换能器 2—变幅杆 3—弯曲振动圆盘
4—挠性杆 5、6—油石 7—油石座
8—珩磨头 A—油石振动方向
B、C—往复运动和回转运动方向
b) 弯曲振动超声珩磨装置
1—扭转振动换能器 2—变幅杆 3—扭转振动圆盘
4—挠性杆 5—油石座 6—珩磨杆 A—油石振动方向
B、C—往复运动和回转运动方向

3.5 生长型微细加工技术

3.5.1 生长型微细加工技术概述

生长型微细加工技术通常指自下而上制造薄膜及三维结构的一种微细加工方法。它可以在原子或分子量级上精确控制材料种类、堆垛方式、生长方式等，可以对零件进行设计和编程制造，达到原子级精度的同时可获得纳米级尺寸（单片）或连续生产。薄膜作为生长型微细加工技术的主要产品，通常有液态和固态之分，前者包括肥皂泡、油膜等，后者主要指固态或固体薄膜。

块体材料的各种物理特性是指它单位体积所具有的性质，宏观表现出来又与其体积有一定的关系，以内部粒子所表现出的性质为主。薄膜通常指在某一个维度上尺度小于 $1\mu m$，而在其他两个维度上不受限制的一种薄膜材料。薄膜通常情况下是依附于衬底而存在的。薄膜的表面粒子在决定其性质方面占据主导作用，正是这些丰富的表面性质，使薄膜的应用范围

深入到各行各业。目前制备薄膜的方法繁多，包括：物理气相沉积、化学气相沉积、电镀、喷涂、氧化、旋涂、提拉、LB（Langmuir Blodgett）等制造工艺技术。

1. 真空镀膜简介

真空镀膜是在真空环境中，将膜材汽化并沉积到固体基体上形成固态薄膜一种方法。真空镀膜是生长薄膜最重要的方法之一，几乎所有类型的薄膜都可以用真空镀膜方法制备。真空镀膜过程可分为膜材汽化、真空输运和薄膜生长。在一定的能量供给下，使固态或液态的膜材料汽化或升华，形成气态；在真空腔室内输运，气态粒子在不经历碰撞或碰撞条件下到达基底；气态粒子逐渐凝聚、堆垛、生长成膜。其中在基底表面成膜包括吸附、扩散、成核和脱附等过程。如图 3.5-1 所示的真空镀膜系统中，以热蒸发镀铝膜为例，先把高纯铝（膜材）和基底（或工件）置于真空室内，将挡板转到膜材上方，然后将真空腔

室压力抽至<10^{-2}Pa；再用加热铝，使其受热蒸发；当蒸发稳定后，打开挡板使热蒸发出来的膜材原子穿过真空室，到达基体上形成薄膜。所以，真空镀膜有三个基本要素：真空室、膜材和基体。

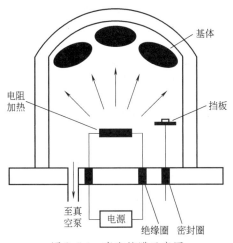

图 3.5-1　真空镀膜示意图

2. 真空镀膜的分类（见图 3.5-2）

根据膜材从固态变成气态方式的不同，以及膜材原子在真空中输运过程的不同，真空镀膜基本上可以分成：真空蒸发镀、真空溅射镀、真空离子镀、真空化学气相沉积镀四大类型。前三种方法称为物理气相沉积（Physical Vapor Deposition，PVD），后一种称为化学气相沉积（Chemical Vapor Deposition，CVD）。

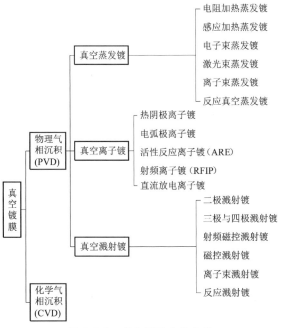

图 3.5-2　真空镀膜分类方法

1）真空蒸发镀是利用外界提供的热量使膜材受热液化后汽化，或直接汽化成气态，沉积到基体上形成薄膜的技术。根据热量来源不同，分为电阻加热蒸发镀、电子束蒸发镀、激光束蒸发镀和感应加热蒸发镀等。

2）真空溅射镀是在真空条件下，通过气体放电产生氩离子（Ar$^+$），利用带正电荷的氩离子轰击带负电的靶材，使靶材发生溅射，溅射出来的原子沉积到基体表面形成薄膜的一种技术。其中，得到广泛应用的是磁控溅射镀膜，包括直流平面磁控溅射镀、柱状靶磁控溅射镀、非平衡磁控溅射镀、脉冲直流磁控溅射镀、射频磁控溅射镀及中频磁控溅射镀等。磁控溅射镀膜在大面积平板玻璃镀膜行业发挥着重要作用。掠射角沉积是一种新的镀膜技术，能够增加薄膜中的多孔度，减小膜材密度，在很多领域有独特的应用。

3）真空离子镀，膜材由固态变成气态的方式与热蒸发或溅射镀膜方式相同，但是气态膜材在随后输运过程中与工作气体一起参与辉光放电，部分被离化成离子和电子，离子和中性粒子沉积到带负电位的基体上形成薄膜。离子镀区别于蒸发镀和溅射镀的最典型特征是：①在离子镀中，汽化的膜材原子经历一个离化过程。②在离子镀中，基底通常施加负偏压。满足这两个条件的镀膜基本上可以归类为离子镀。

4）真空化学气相沉积镀，所用的膜材多为气态，通过给基体加热或通过辉光放电，使膜材分子或原子变成化学活性基团，促使反应物在基体表面上以较大的概率发生化学反应，形成所需薄膜。

随着镀膜技术的不断发展，出现了由基本镀膜方法复合而成的混合镀膜方式，如磁控溅射与电子束蒸发结合，磁控溅射与弧光放电镀膜结合，电子束与弧光放电镀膜结合，聚合物闪蒸与磁控溅射或蒸发镀结合等，这些杂化方式能镀出性能独特的多种薄膜。不过，不论是怎样复杂的混合镀膜系统，其基础都是四种基本真空镀膜方法。

上述介绍的方法主要针对无机薄膜制备，而对于有机物质，由于熔点较低，最适合用真空蒸发镀和化学气相沉积镀，而不适合用真空溅射镀或真空离子镀，因为这些方法提供的能量太高，可能使有机分子裂解，同时离子轰击也可能会打断有机分子的键面破坏分子结构，所以基本不用。另外，还有在基体上沉积聚合物的真空镀膜方法，称为真空聚合物沉积（Vacuum Polymer Deposition，VPD）技术。

3. 真空镀膜的特点

真空镀膜和其他镀膜方式相比具有以下特点：

1）真空镀膜可以在固态基体上镀制金属、合金、半导体薄膜及各种化合物薄膜，薄膜的成分可以在大范围内调控。

2) 真空镀膜可以镀制高纯度、高致密度、与基体结合力强的各种功能薄膜、电子薄膜、光学薄膜。特别是大规模集成电路、小分子有机显示器件、硅太阳能电池等很多器件所需的主体薄膜只能在真空条件下制备，其他制膜技术无法满足要求。

3) 真空镀膜对环境的污染小，特别是 PVD，对环境基本没有污染。用化学方法制备薄膜时，一方面膜自身受到制膜所使用的溶剂污染，性能降低；另一方面反应废弃物对环境也会造成污染。

4) 真空镀膜的主要缺点是需要有真空设备，相对来说成本比较高。

4. 真空镀膜技术的应用和发展

从人类开始制作陶瓷器皿的彩釉算起，薄膜的制备与应用已经有 3000 多年的发展历史。20 世纪 50 年代，研究者开始从制备技术、分析方法、形成机理等方面系统地研究薄膜材料。20 世纪 80 年代，薄膜科学发展成为一门相对独立的学科。促使薄膜科学迅速发展的重要原因是薄膜材料强大的应用背景、低维凝聚态理论的不断发展和现代分析技术分析能力的不断提高。

真空镀膜是在真空状态下镀膜，膜与基体结合力较强，膜的纯度高，可获得优质薄膜。真空镀膜不仅可以镀制与固体材料成分相同的薄膜，而且可以镀制自然界不存在的物质，如量子点、量子阱、超晶格材料等，因此真空镀膜在国民生活、工业、国防和科研领域起着重要作用。图 3.5-3 为真空镀膜技术制备薄膜。随着镀膜技术的多样化发展，所制备薄膜的种类和应用范围也逐步扩大，并在人类生产和生活的各个领域发挥着重要的作用。

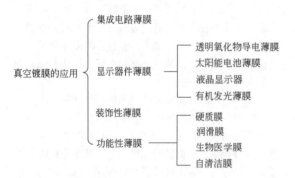

图 3.5-3 真空镀膜技术制备薄膜

3.5.2 真空镀膜设备

1. 真空系统基本组成

真空系统是真空镀膜设备的核心部件，它由真空

元件组成，用来获得、测量、调控所需要的真空度。真空元件主要有：真空室、真空泵、管道、阀门、真空计和其他组成元件，如捕集阱、真空接头、储气罐、真空继电器等。图 3.5-4 为真空蒸发镀膜系统示意图，它主要由镀膜室、管道、阀门、真空泵、真空计等组成。膜材、样品、工件置于真空室内，真空室连接有真空计、充气管道、抽气管道等。真空计有高低真空计之分，测量低真空的真空计称为低真空计，如热偶计；测量高真空的真空计为高真空计，如电离计。抽气管道有粗抽管道（管道1）、前级管道（管道2）和主管道（管道3）之分。阀门分为粗抽阀（阀门1）、前级阀（阀门2）和主阀（阀门3）。真空泵也分为主泵（分子泵）、前级泵（机械泵）和粗抽泵（机械泵）等。

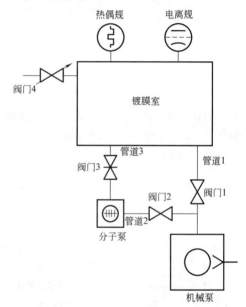

图 3.5-4 真空蒸发镀膜系统示意图

(1) 真空度

真空度是衡量压强低于大气压的气体稀薄程度的物理量，单位为 Pa，此外还有毫巴（mbar）和托（Torr）。目前人类能够获得的极限真空度约为 10^{-12} Pa。从 1 个标准大气压到极限真空，又可以分为 5 个阶段（见表 3.5-1）。

表 3.5-1 真空度划分

真空区域	真空度范围/Pa
粗真空	1330 ~ 101325
低真空	0.13 ~ 1330
高真空	$1.3×10^{-5}$ ~ 0.13
超高真空	$1.3×10^{-12}$ ~ $1.3×10^{-5}$
极高真空	$<1.3×10^{-12}$

（2）极限真空度

被抽容器所能达到的最高真空度称为真空系统的极限真空度或本底真空。由于真空系统由真空元件组成，真空元件连接处存在一定的漏气，同时真空元件及真空系统中的零部件会放出材料内部吸收和表面吸附的气体，再加上管道的流阻作用，所以真空系统的极限真空度低于真空泵的极限真空度。

（3）工作真空度

真空镀膜时需要将腔室内的真空抽到接近极限真空状态，有些真空镀膜，如真空蒸发镀，可以在高真空或超高真空状态下镀膜，而有些镀膜方法，如溅射镀膜或离子镀等，则需要向真空室充入惰性气体或反应气体到 1Pa，才可以进行辉光放电并镀膜。不论镀膜过程如何，将镀膜时真空室内真空度称为工作真空度。

（4）前级泵

对于某些泵，如分子泵，排气压强低于一个大气压，所以分子泵无法将压缩的气体直接排到空气中，只能将气体排到其他泵的入口（如旋片泵），由旋片泵进一步压缩，使气体在旋片泵的出口处压强大于一个大气压，这时气体才能够将旋片泵的排气阀打开，排出到大气中。这时，旋片泵称为分子泵的前级泵。

（5）粗抽泵

有些泵，如溅射离子泵，正常工作的最高压强低于 1Pa，这样的泵必须先由其他泵，如旋片泵或吸附泵等将真空系统内压强从 1atm（1atm＝101325Pa）抽到低于 1Pa 后才可以启动。这时，旋片泵或吸附泵称为粗抽泵。粗抽泵在主泵工作后即可以关闭。在旋片泵-分子泵系统中，旋片泵既是前级泵，又是粗抽泵，所以只要分子泵在工作旋片泵就一直工作。

2．真空泵

真空泵的种类很多，根据工作原理分为机械泵、喷射泵、分子泵、扩散泵、吸附泵和低温泵等，这里简要介绍真空镀膜系统中常用的真空泵。

（1）机械泵

机械泵通常包括旋片泵、往复泵、滑阀泵、罗茨泵、螺杆泵和爪式泵等。这些泵都包含转子和容积腔，通过转子的旋转把气体从入口带到出口或利用偏心配置的转子和容积腔之间体积的变化压缩气体，并将气体排出。分子泵也是一种机械泵，但它与这些泵的工作原理不同，所以单列一种。

1）旋片泵。旋片泵是最常用的一种低真空泵，常作分子泵、扩散泵或罗茨泵的前级泵使用。其缺点是有油污染，在对油污染要求较高的情况下，旋片泵逐渐被无油的干式泵代替。旋片泵主要由进气口、排气口、旋片、转子和定子（泵腔）组成，如图 3.5-5

所示。旋片把转子、泵腔和端盖围成的月牙形空间分隔成 A、B、C 三部分。转子按图 3.5-5 中箭头所示方向旋转时，A 空间的容积增加，气体经泵入口被吸入，此时泵处于吸气过程，B 空间气体被封闭，C 空间的容积不断减小，气体被不断压缩，压强增大。当气体压强超过排气压强时，压缩气体推开泵油密封的排气阀（图 3.5-5 中未示出），向大气中排气。在泵的连续运转过程中，不断地进行吸气、压缩和排气过程，从而达到连续抽气的目的。

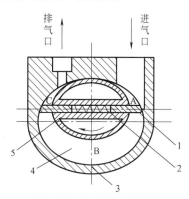

图 3.5-5　旋片泵工作原理
1—旋片　2—旋片弹簧　3—泵体　4—端盖　5—转子

2）滑阀泵。滑阀泵常作为扩散泵或罗茨泵的前级泵，抽速大，常用在大型真空系统中。滑阀泵的偏心轮要求较高，需要有好的质量平衡，否则噪声大而且影响使用寿命。滑阀泵的工作原理如图 3.5-6 所示，滑阀泵由进气口、排气口、定子和转子组成，转子包括滑杆、滑环和偏心轮，转子的转轴偏心配置，但是与定子同心。滑阀的导轨固定在泵体上，并可以绕其自身中心轴摆动。滑阀杆可以在导轨中上下滑动和左右摆动。滑阀将泵腔分成 A、B 两个部分。当滑阀的驱动轴按逆时针方向转动时，A 腔容积不断增

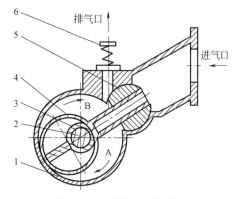

图 3.5-6　滑阀泵工作原理
1—泵体　2—轴　3—偏心轮
4—滑阀　5—导轨　6—排气阀

加，泵入口处气体经滑阀杆进入 A 腔。B 腔的容积不断减小，气体被不断压缩。当 B 腔内气体压强达到排气压强时，气体推开油封的排气阀，开始排气。在连续运转过程中，泵不断地进行吸气、压缩和排气，从而达到连续抽气的目的。

3）罗茨泵。罗茨泵是一种无内压缩的旋转变容式真空泵。如图 3.5-7 所示，由两个完全相同的转子和泵腔组成。两个转子朝相反的方向旋转，转子与转子之间，以及转子与真空室之间均保持小的间隙，由轴端齿轮驱动同步转动，实现吸气和排气。罗茨泵清洁，无油污染，而且在较大压强范围内有较大的抽速，无摩擦磨损，往往用在前级泵和主泵之间，作为前级泵的增压泵使用。

（2）分子泵

分子泵是靠高速运动的刚体表面来携带气体分子，而实现抽气的一种机械真空泵，分为牵引分子泵和涡轮分子泵两种。牵引分子泵依靠高速刚体表面携带气体分子，按一定方向运动而实现抽气，其原理和外形如图 3.5-8 所示。

涡轮分子泵是一种超高真空泵，极限真空能达到 10^{-9}Pa。涡轮分子泵结构原理如图 3.5-9a 所示，由交

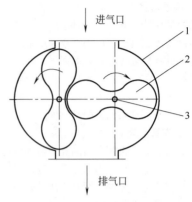

图 3.5-7 罗茨泵工作原理
1—泵体 2—转子 3—轴

替排列的静叶片和动叶片转子及其驱动系统组成。动、静叶轮几何尺寸相同，但叶片倾角相反。动叶轮外缘的线速度高达气体分子热运动速度（一般为 $150 \sim 400$m/s）。倾斜叶片的运动使气体分子不断从低压侧向高压侧输送，从而产生抽气作用。单个叶轮的压缩比很小，通常需要十多个动叶轮和静叶轮交替排列。涡轮分子泵外形如图 3.5-9b 所示。

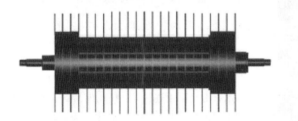

图 3.5-8 牵引分子泵原理和外形

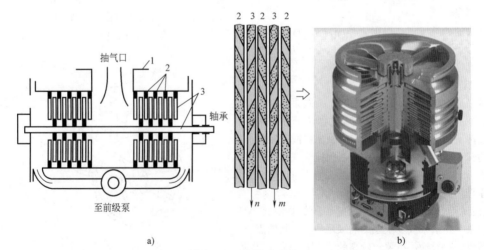

a)

图 3.5-9 涡轮分子泵
a) 结构示意 b) 外形
1—外壳 2—定子 3—转子

分子泵清洁，无油污染，而且抽速大，启动快，所以得到广泛应用。分子泵不能工作在近大气压强下，排气口压强也达不到大气压强，所以工作时需要前级泵和粗抽泵，经常与旋片泵或各类干式机械泵组合使用，用作主泵。

（3）扩散泵

扩散泵是以扩散泵油为工作介质的一种蒸气流泵，其原理如图 3.5-10 所示。扩散泵由导流管、伞形喷嘴、泵壁和电阻丝组成。扩散泵工作压强低于10Pa，也就是需要由其他泵先将真空室和泵内压强降低到 10Pa 以下，再用电阻丝加热泵油。由于泵内已经预抽真空，压强较低，故泵油可以在较低温度下蒸发。油蒸气经导流管进入伞形喷嘴，油蒸气经过喷嘴时将压力能转化为动能，形成高速蒸气射流。射流中分子密度非常低，射流上面的被抽气体因密度差很容易扩散到射流内部，并与工作蒸气分子碰撞，在射流方向上得到动量，从而被蒸气射流携带到水冷的泵壁上，这样在喷嘴和泵冷却壁之间形成了稳定的工作蒸气流。被抽气体在泵壁处从冷凝的蒸气射流中释放出来后堆积压缩，被下级的蒸气射流带走。经过这样的逐级压缩，最后被前级泵抽走。油蒸气则在泵壁上被冷凝成油滴，沿泵壁回到锅炉中循环使用。

扩散泵的优点是价格低，但是会有油污染，而且因为油需要加热到沸腾才可以形成喷射流，所以启动时间比较长。

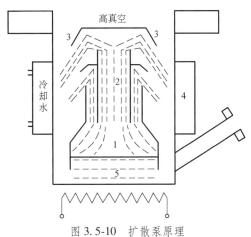

图 3.5-10　扩散泵原理
1—锅炉　2—导流管　3—喷嘴　4—冷凝器　5—扩散泵油

另外，还有吸附泵，包括分子筛吸附泵和钛泵、溅射离子泵（$10^{-10} \sim 1$Pa）和低温泵（$10^{-10} \sim 10$Pa）等各种泵，因为它们在真空镀膜中使用得少，所以在这里不做具体介绍。常见泵的使用范围如图 3.5-11 所示。

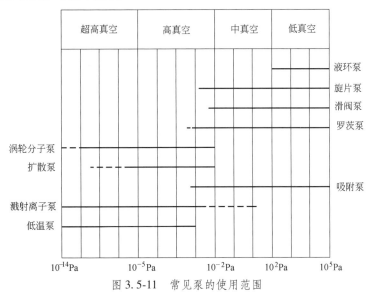

图 3.5-11　常见泵的使用范围

3. 真空计

真空计（真空规）是测量真空室真空度的仪器，由真空规、测量电路和显示仪表组成。根据真空计探测的压强范围，真空计分为低真空计和高真空计（包括超高真空计）两大类，常用于测量低真空的真空计是热偶规，测量高真空的真空计是电离规，两个真空计的仪表可以集成在一个数显仪器上，称为复合真空计。还有一种真空规，称为冷规，工作范围为 $10^{-11} \sim 0.1$Pa。

（1）热偶规

热偶规是利用热电偶产生的热电势表征规管内压强的一种真空计，其原理如图 3.5-12 所示。真空规管主要由热丝（a-b-c）和热电偶（e-b-g）组成，热电偶的热端和热丝相连，另一端（e、g）作为冷端引出管外，接至测量热电偶电势用的毫伏表测量压强时，规管的热丝通以一定的加热电流，在较低的气压下，热丝的温度取决于气体的压强，压强越高，气体输运的热量越大，热丝的温度越低，相应热电偶的电势越小。反之，压强越低，气体输运的热量越少，热丝温度越高，从而热电偶的电势越大。这样就可以通过热电偶电势的变化反映真空室内压强的变化。

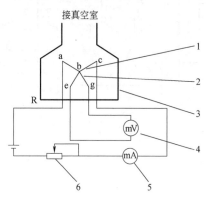

图 3.5-12　热偶规原理
1—热丝　2—热电偶　3—管壳　4—毫伏表
5—毫安表　6—限流电阻

（2）热阴极电离规

电离规的基本原理基于气体放电。采用一定的措施，使进入规管中的气体分子发生电离，形成电子和离子，收集其中的离子，形成离子流。在一定的压强范围内，气体压强越高，放电形成的离子流越大，即所产生的离子流与气体的压强呈正比关系，因此收集到的离子流大小可以反映真空室内压强。热阴极电离真空规分为普通热阴极电离真空规和 B-A（Bayard-Alpert）型电离真空规（简称 B-A 规）。普通热阴极电离真空规的工作原理如图 3.5-13 所示，由灯丝、加速极和收集极组成，其中灯丝接地，加速极呈网状，相对于灯丝加 200V 正电位，而收集极相对于灯丝施加 25V 负电位。

工作时，灯丝通电加热到高温后发射热电子，热电子向处于正电位的加速极飞去，一部分被其吸收，另一部分穿出加速极空隙，继续向离子收集极飞去。由于收集极是负电位，电子在靠近收集极时受到电场的排斥而返回，从而电子在灯丝和离子收集极之间的空间来回振荡，直到被加速极吸收为止。电子在飞行路程中不断和管内气体分子碰撞，使气体电离，产生的正离子被收集极吸收，这样在回路中产生离子流。在一定压强范围内，离子流大小正比于气体压强。

如果将收集极制成丝状，置于加速极的中心线上，而将灯丝置于加速极外层，如图 3.5-14 所示，这种规称为 B-A 型电离真空规。B-A 规能够将测量范围扩展到

10^{-10}Pa。在实际使用中，可以将 B-A 规的电极设置在玻璃管内，再将玻璃管接到真空室，也可以不用玻璃管，直接将电极定位在法兰上，通过法兰将电极与真空室连接起来，这种不带玻璃管的规管称为裸规。

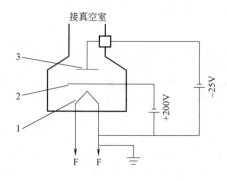

图 3.5-13　普通热阴极电离真空规的工作原理
1—灯丝　2—加速极（栅极）　3—收集极

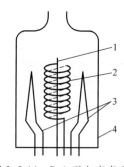

图 3.5-14　B-A 型电离真空规
1—离子收集极　2—加速极（栅极）　3—灯丝　4—玻璃外壳

（3）冷阴极电离规

图 3.5-15 所示的冷阴极电离规又称为潘宁规，由块状阴极和框形阳极组成，外设磁场，磁场和电场方向基本平行。在阳极和阴极之间加有 2kV 的电压。在合适的真空度下发生辉光放电，测量电路中的电流与真空室内压强相关，根据电流可以推知真空室压强。这种规的测量范围为 $10^{-5} \sim 1$Pa。冷阴极电离规没有灯丝，所以不怕暴露于大气中。冷阴极电离规结构经过不断改进，现在已经能够测量到 10^{-11}Pa。

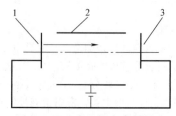

图 3.5-15　冷阴极电离规原理
1—阴极　2—阳极　3—对阴极

3.5.3　物理气相沉积技术

物理气相沉积是在真空条件下将物理方法（高温蒸发、溅射、等离子体、离子束、电弧等）产生的原子或分子沉积到衬底上形成薄膜的一种技术，在较低温度下沉积金属、玻璃、陶瓷、塑料等材料。它具有以下特点：①用固态或熔化态的物质作为沉积过程的源物质。②源物质需经过物理过程转变为气相。③工作环境需要较低的气压。④气相镀膜材料和衬底表面一般不发生化学反应，但反应沉积例外。

1. 蒸发镀膜

（1）蒸发镀膜的基本过程

真空蒸发镀膜是在高真空室内加热靶材，使之发生汽化或升华，以原子、分子或原子团的形式离开熔体表面，凝聚在具有一定温度的基板表面形成薄膜，这个过程称为真空蒸发镀膜（蒸镀）。真空蒸发镀膜与其他气相沉积技术相比有许多特点：设备比较简单、容易操作，制备的薄膜纯度高、成膜速率快，薄膜生长机理简单，易控制和模拟。真空蒸发镀膜技术也存在一些不足：不容易获得结晶结构的薄膜，沉积的薄膜与基板的附着性较差，工艺重复性不够好。真空蒸发镀膜是发展较早的镀膜技术，作为一种基本镀膜技术，仍有广泛的应用。

真空蒸发镀膜基本过程与前述一样，主要包括蒸发、输运、成膜三个过程，这些过程在真空环境中（$10^{-2} \sim 1Pa$）进行，否则蒸发粒子将与空气分子碰撞，对膜造成污染，或者蒸发源氧化烧毁等。真空蒸发镀膜原理如图 3.5-16 所示。

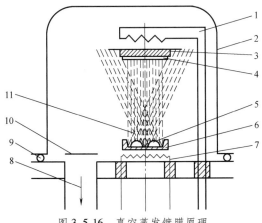

图 3.5-16　真空蒸发镀膜原理

1—基片加热器　2—真空室　3—基片架　4—基片
5—膜材　6—蒸发舟　7—蒸发热源　8—排气口
9—密封圈　10—挡板　11—膜材蒸气流

（2）影响蒸发镀膜过程的因素

影响蒸发镀膜过程的主要参数包括真空度、基板表面温度、蒸发温度、蒸发和凝结速率。

1）真空度。当真空系统的真空度不够高时，即系统中存在较多的空气分子，蒸气原子或分子在运输过程中易与空气分子碰撞，造成能量损失，蒸气原子或分子到达基板后易形成粗大的岛状晶核，使镀膜组织粗大、致密度下降、表面粗糙，成膜质量低。因此，蒸镀前系统的真空度一般要达到 $10^{-4} \sim 10^{-2}Pa$，减少碰撞造成的能量损失，使它们到达基板后仍有足够的能量进行扩散、迁移，形成致密的高纯膜。若从蒸发源到基板的距离为 L，为使从蒸发源出来的膜料分子（或原子）大部分不与残余气体发生碰撞而直接到达基板表面，根据分子动力学理论可知蒸镀室的压强。

$$P_r = \frac{1.3 \times 10^{-1}}{L} \qquad (3.5-1)$$

P_r 可用来确定蒸镀时的起始真空度，为保证镀膜质量，其真空度最好再降低 1~2 个数量级。

2）基板表面温度。该参数的设置取决于蒸发源物质的熔点，当表面温度较低时，有利于膜凝聚，但不利于提高膜与基板的结合力；表面温度适当升高时，使膜与基板间形成薄的扩散层以增大膜对基板的附着力，同时也提高膜的密度。

3）蒸发温度。它直接影响成膜速率和质量。将蒸发物质加热，使其平衡蒸气压达到几帕以上，此时温度定义为蒸发温度。根据热力学 Clasius-Clapeyron 公式，材料蒸气压 p（μmHg，$1\mu mHg = 7.5Pa$）与温度 T 的关系可近似为

$$\lg p = A - \frac{B}{T_{ab}} \qquad (3.5-2)$$

式中　A、B——与蒸发膜与基板材料性质有关的常数；

　　　T_{ab}——绝对温度。

4）蒸发和凝结速率。单位时间内单位面积上蒸发和凝结的分子数为

$$N_v = n_i \sqrt{\frac{kT}{2\pi m}} \exp\left(-\frac{q}{kT}\right), N_c = n_1 \sqrt{\frac{kT}{2\pi m}} \qquad (3.5-3)$$

式中　n_i——蒸发膜材料的分子密度；

　　　n_1——蒸发面附近气相分子密度；

　　　k——玻尔兹曼常数；

　　　m——一个蒸发分子的质量；

　　　T——温度；

　　　q——每个分子的汽化热，其值为 $mv_g^2/2$；

　　　v_g——分子的逃逸速度。

当蒸发和凝结两个过程处于动态平衡时，则 $N_v = N_c$，即单位时间从单位面积蒸发的分子应该等于凝

结的分子。因此，可以把蒸发速率等效为单位时间从空间碰撞到单位面积并凝结的分子数。若用单位时间从单位面积蒸发的质量 N_m 来表示蒸发速率，考虑碰撞到液面或固面的分子部分凝结，引入系数 α（$\alpha < 1$），则有

$$N_m = m\alpha n_1 \sqrt{\frac{kT}{2\pi m}} \qquad (3.5\text{-}4)$$

引入气体状态方程 $p = nKT$ 得

$$N_m = \alpha p \sqrt{\frac{m}{2\pi kt}} = \alpha p \sqrt{\frac{\mu}{2\pi RT}} = 4.375 \times 10^{-3} \alpha p \sqrt{\frac{\mu}{T}}$$
$$(3.5\text{-}5)$$

式中　p——温度 T 时该单质靶料的饱和蒸气压（Pa）；

　　　μ——摩尔质量；

　　　T——蒸发温度（K）；

　　　R——普适气体常数。

由材料蒸气压 p 与温度之间的关系可知，控制蒸发速率的关键在于精确控制蒸发温度。

5）基板表面与蒸发源的空间关系。蒸发镀膜厚度分布由蒸发源与基板表面的相对位置和蒸发源的分布特性所决定。一般都应使工件旋转，并尽可能使工件表面各处与蒸发源的距离相等或接近相等。

（3）蒸气粒子在基片上的沉积

蒸气粒子到达基片上产生一系列的形核和生长行为后沉积成膜，其具体过程如下：

1）从蒸气源蒸发出的蒸气流和基片碰撞，部分被反射，部分被基片吸附后沉积在基片表面。

2）被吸附的原子在基片表面上发生表面扩散，沉积原子之间产生二维碰撞，形成簇团，其中部分沉积原子可能在表面停留一段时间后，发生再蒸发。

3）原子簇团与表面扩散的原子相碰撞，或吸附单原子，或放出单原子，这种过程反复进行，直至原子数超过某一临界值，生成稳定核。

4）稳定核通过捕获表面扩散原子或靠入射原子的直接碰撞而长大。

5）稳定核继续生长，和邻近的稳定核相连合并后逐渐形成连续薄膜。

薄膜形成机理主要有：核生长型、单层生长型和混合生长型，如图 3.5-17 所示。①核生长型（Volmer-Weber 型）是蒸发原子在基板表面上形核并生长、合并成膜的过程，大多数膜沉积属于这种类型。沉积开始时，晶核在平行基板表面的二维尺寸大于垂直方向尺寸，继续沉积时，晶核密度不明显增大，沉积原子通过表面扩散与已有晶核结合并长大。核生长型薄膜的形成过程如图 3.5-18 所示。②单层生长型（Frank-Van der Merwe 型）是沉积原子在基板表面上均匀覆盖，以单原子层的形式逐层形成。③混合生长型（Stranski-Krastanov 型）是上述两种生长方式的结合，在最初一两个单原子层沉积之后，再以形核与长大的方式进行，一般在清洁的金属表面上沉积金属时容易产生。

a) b) c)

图 3.5-17　薄膜生长的三种模型

a）核生长型　b）单层生长型　c）混合生长型

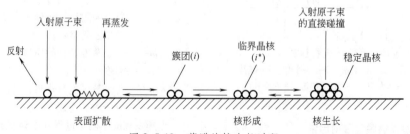

图 3.5-18　薄膜的核生长过程

（4）蒸发源的类型

蒸发源是蒸发装置的重要部件，它是用来加热镀膜源物质使之蒸发的。目前最常用的蒸发源加热方式有电阻加热、电子束加热、高频感应加热、电弧加热和激光加热等。

1）电阻加热蒸发源。电阻加热是一种最常见的蒸发源加热方式。它是将金属 Ta、Mo、W 等做成适当形状的蒸发舟，装上待蒸发材料让电流通过电阻加热镀材直接蒸发，或把待蒸发镀材放入 Al_2O_3、BeO、BN 坩埚内进行间接加热蒸发。电阻加热蒸发源的特点是结构简单、价格低、容易操作。

电阻加热蒸发源材料应具备熔点高、饱和蒸气压低、化学稳定性好、良好的耐热性、原料丰富、经济耐用等特点，表 3.5-2 列出了各种常用蒸发源材料的熔点和对应平衡蒸气压时的温度。

表 3.5-2　电阻蒸发源材料的熔点和对应平衡蒸气压温度

材料	熔点/K	对应平衡蒸气压温度/K		
		1.33×10^{-6} Pa	1.33×10^{-3} Pa	1.33 Pa
C	3427	1527	1853	2407
W	3683	2390	2840	3500
Ta	3269	2230	2680	3300
Mo	2890	1865	2230	2800
Nb	2714	2035	2400	2930
Pt	2045	1565	1885	2180
Fe	1808	1165	1400	1750
Ni	1726	1200	1430	1800

2）电子束加热蒸发源。由于对膜的种类和质量提出了更高、更严格的要求，电阻加热蒸发源已不能满足蒸镀某些难熔金属、氧化物的要求和制备高纯度薄膜的要求。于是发展了用电子束作为加热蒸发源。电子束蒸发源的特点为：①能量密度高，功率密度可达 $10^4 \sim 10^9 \, \text{W/cm}^2$，可使熔点高达 3000℃以上的材料如 W、Mo、Ge、SiO_2、Al_2O_3 等实现蒸发。②制膜纯度高，因采用水冷坩埚，可避免加热容器蒸发影响膜的纯度。③热效率高，因热量可直接加热到镀材表面，减少了热传导和热辐射。

3）高频感应加热蒸发源。高频感应加热蒸发源是将装有蒸发材料的坩埚放在高频螺旋线圈中央，使材料在高频电磁场感应下产生巨大涡流损失和磁滞损失，致使材料升温蒸发。高频感应加热蒸发源一般是由水冷高频线圈和石墨或陶瓷坩埚组成。

高频感应蒸发源具有蒸发速率大（比电阻加热蒸发源大 10 倍左右），温度均匀稳定，不易产生飞溅，可一次装料，操作比较简单的优点。为避免材料对膜的影响，坩埚应选用与蒸发材料反应最小的材料。高频感应蒸发源的缺点：蒸发装置必须屏蔽，不易对输入功率进行微量调节。另外，高频感应蒸发源设备的价格高昂。

4）电弧加热蒸发源。电弧加热蒸发源是在高真空下通过两电极之间产生弧光放电产生高温使电极材料蒸发。它有交流电弧、直流电弧和电子轰击电弧三种蒸发源。

电弧加热蒸发源方式可避免电阻加热中的电阻丝、坩埚与蒸发物质发生反应和污染。它可以用来蒸发高熔点的难熔金属。但是，电弧加热蒸发源的缺点是电弧放电会飞溅出电极材料的微粒，影响膜的质量。

5）激光加热蒸发源。激光加热蒸发源是利用高功率连续或脉冲激光作为热源加热镀材，使之吸热蒸发汽化，沉积薄膜。激光加热蒸发源具有加热温度高，可避免坩埚污染，材料蒸发速率高和蒸发过程易控制等特点。激光加热蒸发源特别适合于蒸发那些成分较复杂的合金或化合物材料，如高温超导 $YBa_2Cu_3O_7$ 等。激光加热蒸发源的缺点是易产生微小物质颗粒飞溅，影响薄膜均匀性，不宜大面积沉积，成本较高。

常见物质的蒸发工艺特性见表 3.5-3。

表 3.5-3　常见物质的蒸发工艺特性

物质	最低蒸发温度/℃	蒸发源状态	坩埚材料	电子束蒸发时的沉积速率/（nm/s）
Al	1010	熔融态	BN	2
Al_2O_3	1325	半熔融态	—	1
Sb	425	熔融态	BN、Al_2O_3	5
As	210	升华	Al_2O_3	10
Be	1000	熔融态	石墨、BeO	10
BeO	—	熔融态		4
B	1800	熔融态	石墨、WC	1
B_4C	—	半熔融态		3.5
Cd	180	熔融态	Al_2O_3、石英	3
CdS	250	升华	石墨	1
CaF_2	—	半熔融态		3
C	2140	升华		3
Cr	1157	升华	W	1.5
Co	1200	熔融态	Al_2O_3、B_2O_3	2

（续）

物质	最低蒸发温度/℃	蒸发源状态	坩埚材料	电子束蒸发时的沉积速率/(nm/s)
Cu	1017	熔融态	石墨、Al_2O_3	5
Ga	907	熔融态	石墨、Al_2O_3	—
Ge	1167	熔融态	石墨	2.5
Au	1132	熔融态	BN、Al_2O_3	3
In	742	熔融态	Al_2O_3	10
Fe	1180	熔融态	Al_2O_3、B_2O_3	5
Pb	497	熔融态	Al_2O_3	3
LiF	1180	熔融态	Mo、W	1
Mg	327	升华	石墨	10
MgF_2	1540	半熔融态	Al_2O_3	3
Mo	2117	熔融态	—	4
Ni	1262	熔融态	Al_2O_3、B_2O_3	2.5
玻莫合金	1300	熔融态	Al_2O_3	3
Pt	1747	熔融态	石墨	2
Si	1337	熔融态	B_2O_3	1.5
SiO_2	850	半熔融态	Ta	2

除了单一材料薄膜的蒸发镀膜外，对于合金及化合物的蒸发，有其特殊之处。在蒸发镀膜中，因为各种金属元素的饱和蒸气压不同，蒸发速率不同，会使合金在蒸发过程中发生成分偏差，即合金薄膜中各元素的比与合金镀材中各元素的比产生偏差。

在处理合金蒸发的问题，一般采用拉乌尔定律来作为合金蒸发的近似处理。所以合金中 A、B 蒸发速率可写为

$$\frac{G_A}{G_B} = \frac{p_A}{p_B} \times \frac{W_A}{W_B} \sqrt{\frac{M_A}{M_B}} \qquad (3.5-6)$$

式中　p_A、p_B——纯组元 A 和 B 在温度 T 时的饱和蒸气压；

　　　W_A、W_B——合金中 A 和 B 成分在合金中的浓度；

　　　M_A、M_B——合金中成分 A 和 B 的摩尔质量。

因为拉乌尔定律对合金往往不完全适用，故引入活度系数 S_A。

$$G_A = 0.058 S_A X_A p_A \sqrt{\frac{M_A}{T}} \qquad (3.5-7)$$

式中　X_A——合金中组分质量分数。

活度系数 S_A 一般未知，由试验测得。

合金薄膜的制备方法可分为瞬时蒸发法和双源或多源蒸发法。瞬时蒸发法（闪烁法）是将细小的合金逐次送到非常炽热的蒸发器或坩埚中，使一个小颗粒实现瞬间完全蒸发。它的优点是能获得高纯成分的薄膜，可以进行掺杂蒸发；缺点是蒸发速率难以控制，蒸发速度不能太快。双源或多源蒸发法是将要形成合金薄膜的每一成分分别装入各自的蒸发源中，然后独立地控制各蒸发源的蒸发速率，即可获得所需的合金薄膜。除了某些化合物，如氯化物、硫化物、硒化物和碲化物可用一般蒸发镀膜技术即可获得符合化学计量的薄膜外，许多化合物在热蒸发时都会全部或部分分解，如 Al_2O_3 和 TiO_2 等会发生失氧现象，若用一般的蒸发镀技术很难获得组分符合化学计量的薄膜。为了获得符合化学计量的化合物薄膜，可采用反应蒸发技术，即在蒸发单质元素时，在反应器内通入活性气体，与蒸发的金属原子在基板沉积过程中发生化学反应，生成符合化学计量的化合物薄膜。反应蒸发中化学反应可发生的地方有蒸发源表面、蒸发源到基板的空间和基板表面。应尽量避免反应发生在蒸发源表面，因为会导致蒸发速率降低。

2. 离子镀膜

离子镀膜（Ion Plating，IP）技术是美国 Sandia 公司的 D. M. Mattox 于 1963 年首先提出的。它是结合真空蒸发镀膜和溅射镀膜的特点而发展起来的一种镀膜技术。1971 年，Baunshah 等发展了活性反应蒸发技术，并制备了超硬膜。1972 年，Moley 和 Smith 把空心热阴极技术应用于薄膜沉积。此后，小宫宗治等进一步发展完善了空心阴极放电离子镀膜，并应用于装饰涂层和工模具涂层的沉积。1976 年，日本的村山洋一等发明了射频离子镀膜。欧洲的巴尔泽斯公司开拓了热丝等离子弧离子镀膜技术。此后离子镀膜技术迅速发展，目前该技术已流行全世界。

离子镀膜是在真空条件下，应用气体放电或被蒸发材料的电离，在气体离子或被蒸发物离子的轰击下，将蒸发物或反应物沉积在基片上。离子镀膜将辉光放电、等离子体技术与真空蒸发技术结合在一起，显著提高了沉积薄膜的性能，并拓宽了镀膜技术的应用范围。离子镀膜技术具有薄膜附着力强，绕镀能力好，可镀材料广泛等优点。

（1）离子镀膜基本过程

图 3.5-19 为直流二极型离子镀膜装置示意图。当真空抽至 10^{-4}Pa 时，通入 Ar 使真空度达 10^{-1} ~ 1Pa。接通高压电源，则在蒸发源与基片之间建立一个低压等离子区，由于基片在负高压并在等离子包围中，不断受到正离子的轰击，因此可以清除基片表面。同时，镀材汽化后，蒸发粒子进入等离子区，与其他正离子和没被激活的 Ar 原子及电子碰撞。其中

一部分蒸发粒子被电离成正离子，在负高压电场的加速下，沉积到基片上形成薄膜。离子镀膜层的成核与生成所需能量，不是靠加热方式获得，而是靠离子加速方式来激励的。

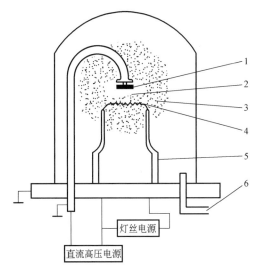

图 3.5-19　离子镀膜装置示意图
1—衬底阴极　2—阴极暗区　3—等离子区
4—蒸发用灯丝正极　5—绝缘管　6—进气管

离子镀膜技术必须具备三个条件：①应有一个放电空间，使工作气体部分电离产生等离子体；②要将镀材原子和反应气体原子输送到放电空间。③要在基片上施加负电位，以形成对离子加速的电场。

在离子镀膜中，基片为阴极，蒸发源为阳极。通常极间为 1~5kV 负高压，由于电离作用产生的镀材离子和气体离子在电场中获得较高的能量，它们会在电场加速下轰击基片和镀层表面，这种轰击过程会自始至终。因此，在基片上同时存在两种过程：正离子（Ar^+ 或被电离的蒸发粒子）对基片的轰击过程；膜材原子的沉积作用过程。显然，只有沉积作用大于溅射作用时，基片上才能成膜。

（2）离子镀膜的特点

与蒸发镀膜、溅射镀膜相比，离子镀膜有如下特点：

1）膜层附着性能好。因为辉光放电产生大量高能粒子对基片表面产生阴极溅射，可清除基片表面吸附的气体和污染物，使基片表面净化，这是离子镀膜能获得良好附着力的重要原因之一。在离子镀膜过程中，溅射与沉积并存。镀膜初期，可在膜基界面形成混合层，即"扩散层"，可有效改善膜层的附着性能。

2）膜层密度高。在离子镀膜过程中，膜材离子和中性原子带有较高能量到达基片，在其上扩散、迁移。膜材原子在空间飞行过程中形成蒸气团，到达基片时也被粒子轰击碎化，形成细小核心，生长为细密的等轴晶。在此过程中，高能 Ar^+ 对改善膜层结构，提高膜密度起重要作用。

3）绕镀性能好。在离子镀膜过程中，部分膜材原子被离化后成为正离子，将沿着电场电力线方向运动。凡是电力线分布处，膜材离子都可到达。离子镀膜中工件各表面都处于电场中，膜材离子都可到达。另外，由于离子镀膜是在较高压强（≥1Pa）下进行，气体分子平均自由程比源-基距小，以至膜材蒸气的离子或原子在到达基片的过程中与 Ar^+ 产生多次碰撞，产生非定向散射效应，使膜材粒子散射在整个工件周围，所以，离子镀膜技术具有良好的绕镀性能。

4）可镀材质范围广泛，可在金属、非金属表面镀金属或非金属材料。

5）有利于化合物膜层形成。在离子镀膜技术中，在蒸发金属的同时，向真空通入活性气体则形成化合物。在辉光放电低温等离子体中，通过高能电子与金属离子的非弹性碰撞，将电能变为金属离子的反应活化能，所以在较低温度下，也能生成只有在高温条件下才能形成的化合物。

6）沉积速率高，成膜速度快。如离子镀 Ti 膜沉积速率可达 0.23mm/h，镀不锈钢膜可达 0.3mm/h。

（3）离化率与离子能量

在离子镀膜中有离子和高速中性粒子的作用，并且离子轰击存在整个镀膜过程中。而离子的作用与离化率和离子能量有关。离化率是被电离的原子数与全部蒸发原子数之比。它是衡量离子镀膜活性的一个重要指标。在反应离子镀膜中，它又是衡量离子活化程度的主要参量。被蒸发原子和反应气体的离子化程度对沉积膜的性质会产生直接影响。在离子镀膜中，中性粒子的能量为 W_v，主要取决于蒸发温度，其值为

$$W_v = n_v E_v$$

式中　n_v——单位时间内在单位面积上所沉积的粒子数；

　　　E_v——蒸发粒子动能，$E_v = 3kT_v/2$，其中，k 是玻尔兹曼常数；

　　　T_v——蒸发物质温度。

在离子镀膜中，离子能量为 W_i，主要由阴极加速电压决定，其值为

$$W_i = n_i E_i$$

式中　n_i——单位时间对单位面积轰击的离子数；

　　　E_i——离子平均能量，$E_i = eU_i$，其中 U_i 是沉积离子平均加速电压。

由于荷能离子的轰击，基片表面或薄膜上粒子能

量增大和产生界面缺陷使基片活化，而薄膜也在不断的活化状态下凝聚生长。薄膜表面的能量活性系数 ε 为

$$\varepsilon = (W_i + W_v)/W_v = (n_i E_i + n_v E_v)/n_v E_v \quad (3.5\text{-}8)$$

活性系数是增加离子作用后，凝聚能与单纯蒸发时凝聚能的比值。由于 $n_v E_v \ll n_i E_i$，可得

$$\varepsilon \approx n_i E_i/n_v E_v = \frac{eU_i}{3kTL_v/2}\left(\frac{n_i}{n_v}\right) = C\frac{U_i}{T_v}\left(\frac{n_i}{n_v}\right)$$

$$(3.5\text{-}9)$$

式中　T_v——热力学温度（K）；

n_i/n_v——离子镀膜的离化率；

C——可调节参数。

由式（3.5-9）可以看出，在离子镀膜过程中，由于基片加速电压 U_i 的存在，即使离化率很低也会影响离子镀膜的能量活性系数。在离子镀膜中轰击离子的能量取决于基片加速电压，一般为 $50 \sim 5000\text{eV}$，溅射原子的平均能量约为几个电子伏特。而普通热蒸发中温度为 2000K，蒸发原子的平均能量约为 0.2eV。表 3.5-4 给出了几种镀膜技术的表面能量活性系数，而在离子镀膜中可以通过改变 U_i 和 n_i/n_v 使 ε 提高 2~3 个数量级。图 3.5-20 是蒸发温度为 1800K，能量活性系数、离化率和加速电压的关系。由图 3.5-20 可以看出，能量活性系数和加速电压的关系在很大程度上受离化率的限制，通过提高离化率可提高离子镀膜的活性系数。

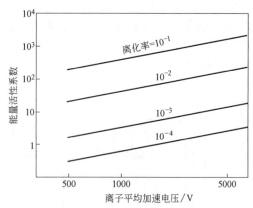

图 3.5-20　能量活性系数、离化率和加速电压的关系

表 3.5-4　几种镀膜技术的表面能量活性系数

镀膜技术	能量活性系数	参数	
真空蒸发	1	蒸发粒子能量 $E_v \approx 0.2\text{eV}$	
溅射	5~10	溅射粒子能量 $E_v \approx 1 \sim 10\text{eV}$	
		离化率 n_i/n_v（%）	平均加速电压 U_i/V
	1.2	0.1	5
	3.5	0.01~1	50~5000
离子镀	25	0.1~10	50~5000
	250	1~10	500~5000
	2500	1~10	500~5000

（4）离子的轰击作用

离子镀膜的特点之一就是离子参与整个镀膜过程，并且离子轰击引起的多种效应，其中包括：离子轰击基片，离子轰击膜-基界面，离子轰击生长中的膜层所产生的物理和化学效应。

1）在薄膜沉积之前，离子对基片的轰击作用如下：①溅射清洗作用，可有效地清除基片表面所吸附的气体，各种污染物和氧化物。②产生缺陷和位错网。③破坏表面结晶结构。④气体的掺入。⑤表面成分变化，造成表面成分与整体成分的不同。⑥表面形貌变化，表面粗糙度值增大。⑦基体温度升高。

2）离子轰击对薄膜生长的影响作用如下：①膜基面形成"伪扩散层"，形成梯度过渡，提高了膜-基界面的附着强度。如在直流二极离子镀 Ag 膜与 Fe 基界面间可形成 100nm 过渡层。磁控溅射离子镀铝膜铜基时，过渡层厚为 $1 \sim 4\mu\text{m}$。②利于沉积粒子形核。离子轰击增大了基片表面粗糙度值，使缺陷密度增大，提供了更多的形核位置，膜材粒子注入表面也可成为形核位置。③改善形核模式。经离子轰击后，基体表面产生更多的缺陷，增加了形核密度。④影响膜形态核结晶组分。离子镀能消除柱状晶，代之为颗粒状晶。⑤影响膜的内应力。离子轰击一方面使一部分原子离开平衡位置而处于一种较高能量状态，从而引起内应力的增加；另一方面，粒子轰击使基片表面的自加热效应又有利于原子扩散。恰当地利用轰击的热效应或引进适当的外部加热，可以减小内应力，另外还可提高膜层组织的结晶性能。通常，蒸发镀膜具有张应力，溅射镀膜和离子镀膜具有压应力。⑥提高材料的疲劳寿命。离子轰击可使基体表面产生压应力和基体表面强化作用。

（5）离子镀膜类型

离子镀膜的分类方式有多种，一般从离子来源的角度分类，可把离子镀膜分为蒸发源离子镀膜和溅射源离子镀膜两大类。

蒸发源离子镀膜有许多类型，按膜材汽化方式分，有电阻加热、电子束加热、高频或中频感应加热、等离子体束加热、电弧光放电加热等；按气体分子或原子的离化和激发方式分，有辉光放电型、电子束型、热电子束型、等离子束型、磁场增强型和各类

型离子源等。

溅射离子镀膜是通过采用高能离子对镀膜材料表面进行溅射而产生金属粒子，金属粒子在气体放电空间电离成金属离子，它们到达施加负偏压的基片上沉积成膜。溅射离子镀膜有磁控溅射离子镀膜、非平衡溅射离子镀膜、中频交流磁控离子镀膜和射频溅射离子镀膜。

离子镀膜技术的重要特征是在基片上施加负偏压，用来加速离子，增加调节离子能量。负偏压的供电方式，除传统的直流偏压外，近年来又兴起了脉冲偏压。脉冲偏压具有频率、幅值和占空比可调的特点，使偏压值、基体温度参数可分别调控，改善了离子镀膜技术的工艺条件，对镀膜会产生更多的新影响。

3. 溅射镀膜

溅射是指由荷能粒子（电子、离子、中性粒子）轰击靶材表面，使固体原子或分子从其表面射出的现象。溅射镀膜是利用辉光放电产生的正离子在电场的作用下高速轰击阴极靶材表面，溅射出原子或分子，在基体表面沉积薄膜的一种镀膜方式。

溅射镀膜技术制备膜范围宽，可用来制备金属膜、导体膜、氧化物膜等。溅射镀膜法较其他镀膜有很多优点：①理论上任何物质均可以溅射，尤其是高熔点、低蒸气压元素化合物。②膜层与基板结合力强，由于基板可经过等离子体清洗，并且溅射原子能量高（比蒸发原子能量高 1~2 个数量级），在基板和膜之间有混熔扩散作用，二者结合力强，镀膜密度高，针孔少。③可控性好，通过控制放电电流和靶电流，可控制膜厚，重复性好。但溅射镀膜也有不足之处，如设备较复杂，需高压装置，价格高。

溅射现象，具有一定能量的离子入射到靶材表面时，入射离子与靶材中的原子和电子相互作用，可能发生如图 3.5-21 所示的一系列物理现象，其一是引起靶材表面的粒子发射，包括溅射原子或分子、二次电子发射、正负离子发射、吸附杂质解吸和分解、光子辐射等；其二是在靶材表面发生一系列的物理化学效应，有表面加热、表面清洗、表面刻蚀、表面物质的化学反应或分解；其三是部分入射离子进入到靶材的表面层里，成为注入离子，在表面层中产生包括级联碰撞、晶格损伤及晶态与无定形态的相互转化、亚稳态的形成和退火、由表面物质传输而引起的表面形貌变化、组分及组织结构变化等现象。

被荷能粒子轰击的靶材处于负电位，所以也称溅射为阴极溅射。将物体置于等离子体中，当其表面具有一定的负电位时，就会发生溅射现象，只需要调整其相对等离子体的电位，就可以获得不同程度的溅射

效应，从而实现溅射镀膜、溅射清洗或溅射刻蚀以及辅助沉积过程。溅射镀膜、离子镀和离子注入过程中都利用了离子与材料的这些作用，但侧重点不同。溅射镀膜中注重靶材原子被溅射的速率，离子镀着重利用荷能离子轰击基片表层和薄膜生长面中的混合作用，以提高薄膜附着力和膜层质量，而离子注入则是利用注入元素的掺杂、强化作用，以及辐照损伤引起的材料表面的组织结构与性能的变化。荷能粒子轰击固体表面产生各种效应的发生概率见表 3.5-5。

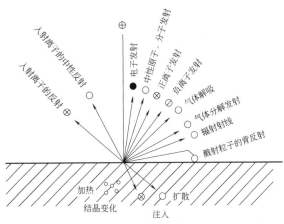

图 3.5-21　入射荷能离子与靶材表面的相互作用

表 3.5-5　荷能粒子轰击固体表面产生
各种效应的发生概率

效应	参数	发生概率
溅射	溅射率 η	$\eta = 0.1 \sim 10$
离子溅射	一次离子反射系数 ρ	$\rho = 10^{-4} \sim 10^{-2}$
	被中和的一次离子反射系数 ρ_m	$\rho_m = 10^{-3} \sim 10^{-2}$
离子注入	离子注入系数 α	$\alpha = 1 - (\rho - \rho_m)$
	离子注入深度 d	$d = 1 \sim 10mm$
二次电子发射	二次电子发射系数 γ	$\gamma = 0.1 \sim 1$
	二次离子发射系数 κ	$\kappa = 10^{-5} \sim 10^{-4}$

（1）溅射机理

目前认为溅射现象是弹性碰撞的直接结果，溅射完全是动能的交换过程。当正离子轰击阴极靶，入射离子最初撞击靶表面上的原子时，产生弹性碰撞，它直接将其动能传递给靶表面上的某个原子或分子，该表面原子获得动能再向靶内部原子传递，经过一系列的级联碰撞过程（见图 3.5-22），当其中某一个原子或分子获得指向靶表面外的动量，并且具有克服表面势垒（结合能）的能量，它就可以脱离附近其他原子或分子的束缚，逸出靶面而成为溅射原子。

由此可见，溅射过程即为入射离子通过一系列碰

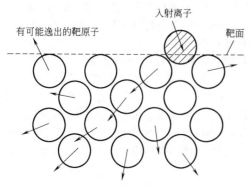

图 3.5-22 固体溅射过程级联碰撞示意图

撞进行能量交换的过程。入射离子转移到逸出的溅射原子上的能量大约只有原来能量的 1%，大部分能量则通过级联碰撞而消耗在靶的表面层中，并转化为晶格的振动。溅射原子大多数来自靶表面零点几纳米的浅表层，可以认为靶材溅射时原子是从表面开始剥离的。如果轰击离子的能量不足，则只能使靶材表面的

原子发生振动而不产生溅射；如果轰击离子能量很高时，溅射的原子数与轰击离子数的比值将减小，这是因为轰击离子能量过高而发生离子注入现象的缘故。

（2）溅射率

溅射率是指平均每个入射正离子能从阴极靶上溅射出的原子个数，一般用 S（原子/离子）表示，表 3.5-6 列出了常用靶材的溅射率，一般为 $0.1 \sim 10$ 原子、离子范围。试验表明，溅射率 S 的大小与轰击粒子的类型、能量、入射角有关，也与靶材原子的种类、结构有关，与溅射时靶材表面发生的分解、扩散、化合等状况有关，与溅射气体的压强有关，但在很宽的温度范围内与靶材的温度无关。

1）溅射能量阈值。使靶材产生溅射的入射离子的最小能量，即小于或等于此能量值时，不会发生溅射。表 3.5-7 列出了大多数金属的溅射能量阈值，不同靶材的溅射能量阈值不同。用汞离子在相同条件下轰击不同原子序数的各种元素时，在每一族元素中随着原子序数的增大，能量阈值减少，周期性的数值涨落在 $40 \sim 140 \mathrm{eV}$ 之间。

表 3.5-6 常用靶材的溅射率

靶材	阈值/eV	Ar⁺能量/eV			靶材	阈值/eV	Ar⁺能量/eV		
		100	300	600			100	300	600
Ag	15	0.63	2.20	3.40	Ni	21	0.28	0.95	1.52
Al	13	0.11	0.65	1.24	Si	—	0.07	0.31	0.53
Au	20	0.32	1.65	—	Ta	26	0.10	0.41	0.62
Co	25	0.15	0.81	1.36	Ti	20	0.081	0.33	0.58
Cr	22	0.30	0.87	1.30	V	23	0.11	0.41	0.70
Cu	17	0.48	1.59	2.30	W	33	0.068	0.40	0.62
Fe	20	0.20	0.76	1.26	Zr	22	0.12	0.41	0.75
Mo	24	0.13	0.58	0.93					

表 3.5-7 大多数金属的溅射能量阈值 （单位：eV）

元素	Ne	Ar	Kr	Xe	Hg	热升华	元素	Ne	Ar	Kr	Xe	Hg	热升华
Be	12	15	15	15	—	—	Mo	24	24	28	27	32	6.15
Al	13	13	15	18	18	—	Rh	25	24	25	25	—	5.98
Ti	22	20	17	18	25	4.40	Pb	20	20	20	15	20	4.08
V	21	23	25	28	25	5.28	Ag	12	15(4)	15	17	—	3.35
Cr	22	22	18	20	23	4.03	Ta	25	26(13)	30	30	30	8.02
Fe	22	20	25	23	25	4.12	W	35	33(13)	30	30	30	8.80
Co	20	25(6)	22	22	—	4.40	Re	35	35	25	30	35	—
Ni	23	21	25	20	—	4.41	Pt	27	25	22	22	25	5.60
Cu	17	17	16	15	20	3.53	Au	20	20	20	18	—	3.90
Ge	23	25	22	18	25	4.07	Th	20	24	25	25	—	7.07
Zr	23	22(37)	18	25	30	6.14	U	20	23	25	22	27	9.57
Nb	27	25	26	32	—	7.71	Ir		(8)				5.22

2）溅射率和入射离子能量。当离子能量低于溅射能量阈值（E_T）时，几乎不产生溅射。当离子能量 $E_T<E<500\text{eV}$ 时，$S\propto E^2$；当离子能量 $500\text{eV}<E<1000\text{eV}$ 时，$S\propto E$；当离子能量 $1000\text{eV}<E<5000\text{eV}$ 时，$S\propto E^{1/2}$。从上述关系可以看出，开始溅射率随着能量增大而呈指数上升，其后出现一个线性区域，并逐渐达到一个平坦区域为饱和态。当离子能量更高时，增加的趋势逐渐减少，这是因为离子能量过高而引起离子注入效应，导致溅射率下降。

3）溅射率与轰击离子种类。随着入射离子质量的增大，溅射率保持总的上升趋势（见图 3.5-23）。但对于不同材料其中有周期性起伏，而且与元素周期表的分组吻合。各类轰击离子所得的溅射率周期性起伏的峰值依次位于 Ne、Ar、Kr、Xe、Hg 的原子序数处。一般经常采用容易得到的氩气作为溅射的气体，通过氩气放电所得的 Ar 离子轰击阴极靶。

4）溅射率与靶材原子序数。用同一种入射离子（如 Ar^+），在同一能量范围内轰击不同原子序数的靶材，呈现出与溅射能量的阈值相似的周期性涨落，即 Cu、Ag、Au 等溅射率最高，Ti、Zr、Nb、Mo、Hf、Ta、W 等溅射率最小。

5）溅射率与离子入射角。入射角是指离子入射方向与靶材表面法线之间的夹角，溅射率与离子入射角的关系见图 3.5-23。垂直入射时，$\theta=\theta_0$，无论采用何种离子溅射，溅射率均较低；当 θ 逐渐增加时，溅射率也随之增加；当 θ 为 $70°\sim80°$ 时，溅射率最大；此后 θ 再增大，溅射率急剧减小，直至为 0。不同靶材的溅射率 S 随入射角 θ 变化情况是不同的。对于 Mo、Fe、Ta 等溅射率较小的金属，入射角对 S 的影响较大，而对于 Pt、Au、Ag、Cu 等溅射率较大的金属，影响较小。

6）溅射率与工作气体压强。在较低工作气体压强时，溅射率不随压强变化；在较高工作气体压强时，溅射率随压强增大而减少。这是因为工作气体压强高时，溅射粒子与气体分子碰撞而返回阴极表面所致。实用溅射工作气体压强在 0.3~0.8Pa 之间。

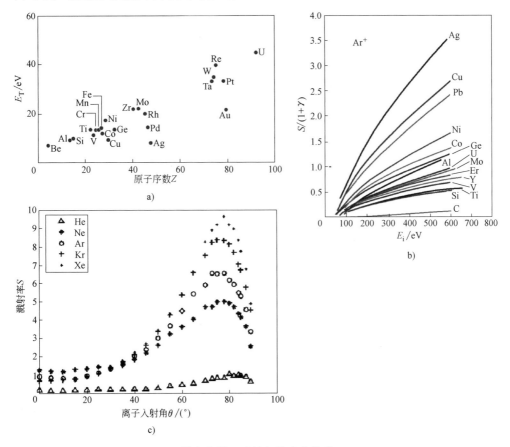

图 3.5-23　溅射相关变化关系

a）溅射能量与原子序数关系　b）不同材料溅射率 S 随 Ar^+ 能量变化曲线　c）溅射率与离子入射角关系

（3）溅射镀膜技术

1）溅射技术概述。溅射镀膜的基本原理就是让具有足够高能量的粒子轰击固体靶表面，使靶中的原子发射出来再沉积到基片上成膜。溅射镀膜有多种方式，其典型方式见表 3.5-8，表中列出了各种溅射镀膜的原理和特点。从电极结构上可分为二极溅射、三极或四极溅射和磁控溅射等。射频溅射适合于制备绝缘薄膜；反应溅射可制备化合物薄膜；中频溅射是为了解决反应溅射中出现的靶中毒、弧光放电及阳极消失等现象。为了提高薄膜纯度而分别研制出偏压溅射、非对称交流溅射和吸气溅射；为了改善膜层的沉积质量，研究开发了非平衡磁控溅射。

表 3.5-8　各种溅射镀膜方法的原理和特点

序号	溅射方式	溅射电源	工作压力/Pa	特点
1	二极溅射	DC 1~5kV 0.15~1.5mA/cm² RF 0.3~10kW 1~10W/m²	约 1	构造简单，在大面积基体上可沉积均匀膜层，通过改变工作压力和电压来控制放电电流
2	三极或四极溅射	DC 0~2kV RF 0~1kW	约 0.1	低压力，低电压放电；可独立控制靶的放电电流和离子能量，也可采用射频电源
3	磁控溅射	DC 0.2~1kV 3~30W/cm²	约 0.1	磁场方向与阴极（靶材）表面平行，电场与磁场正交，减少电子对基体的轰击，实现高速低温溅射
4	射频溅射	RF 0.3~10kW 0~2kV	约 1	可以制备绝缘薄膜，如石英、玻璃、氧化铝等，也可以溅射金属靶材
5	偏压溅射	工作偏压 0~500V	1	用轻电荷轰击工件表面，可得到不含 H_2O、N_2 等残留气体的薄膜
6	非对称交流溅射	AC 1~5kV 0.1~2mA/cm²	1	振幅大的半周期溅射阴极，振幅小的半周期轰击基板放所吸附气体，提高镀膜纯度
7	离子束溅射	DC	约 10^{-3}	在高真空下，利用离子束镀膜，是非离子体状态下的成膜过程；靶也可以接地电位
8	对向靶溅射	DC RF	约 0.1	两个靶对向放置，在垂直靶的表面方向加磁场，可以对磁性材料进行高速低温溅射
9	吸气溅射	DC 1~5kV 0.15~1.5mA/cm² RF 0.3~10kW 1~10 W/cm²	1	利用对溅射粒子的吸气作用，除去杂质气体，能获得纯度高的薄膜
10	反应溅射	DC 1~7kV RF 0.3~10kW	—	在氩气中混入活性反应气体，可制作化合物氮化钽、氮化硅、氮化钛等

2）二极溅射。二极溅射是由溅射靶（阴极）和基板（阳极）两极构成，由于溅射发生在阴极，又称之为阴极溅射。根据所使用电源类型和结构形式的不同，二极溅射又可分为射频二极溅射（使用射频电源）和直流二极溅射（使用直流电源），平面二极溅射（靶和基板固定架都是平板）和同轴二极溅射（靶和基板是同轴圆柱状分布）。

二极溅射基本工艺过程：先将真空室抽至 10^{-3}Pa，然后通入 Ar，使之维持 1~10Pa，接通电源使阴、阳极之间产生辉光放电，形成等离子区，使带正电的 Ar^+ 受到电场加速轰击阴极靶，从而使靶材产生溅射。阴极靶与基板之间距离以大于阴极暗区的 3~4 倍为宜。

直流二极溅射的缺点：溅射参数不易独立控制，放电电流易随电压变化，工艺重复性较差；基片温升高（可达几摄氏度），沉积速率较低；靶材必须是良导体。为了克服上述缺点，可采取的措施：设法在 10^{-1}Pa 以上真空度产生辉光放电，同时形成满足溅射的高密度等离子体；加强靶的冷却，在减少热辐射的同时，尽量减少或减弱由靶放出的高速电子对基板的轰击；选择适当的入射离子能量。

直流偏压溅射就是在直流二极溅射的基础上，在基片上加上一定的直流偏压。若施加的是负偏压，则在薄膜沉积过程中，基片表面将受到气体等离子的轰击,随时可以清除进入薄膜表面的气体,有利于提高膜的纯度。在沉积前可对基片进行轰击净化表面,从而提高薄膜的附着力。此外,偏压溅射可改变沉积薄膜的结构。

3)三极或四极溅射。二极直流溅射只能在较高的气压下进行,辉光放电是靠离子轰击阴极所发出的次级电子维持的。如果气压降到 1.3~2.7Pa 时,则暗区扩大,电子自由程增加,等离子密度降低,辉光放电便无法维持。

三极溅射克服这一缺点。它是在真空室内附加一个热阴极,可产生电子与阳极产生等离子体。同时使靶材对于该等离子为负电位,用离子体中正离子轰击靶材而进行溅射。三极溅射的电流密度为 1000~2000V,镀膜速率为二极溅射的 2 倍。如果再加入一个稳定电极使放电更稳定,称为四极溅射。

三极和四极溅射的靶电流主要决定于阳极电流,而不随电压而变,因此,靶电流和靶电压可以独立调节,从而克服了二极溅射的缺点。三极溅射在几百伏的靶电压下也能工作,靶电压低,对基片溅射损伤小,适合用来做半导体器件。溅射率可由热阴极发射电流控制,提高了溅射参数的可控性和工艺重复性。三极/四极溅射也存在缺点:由于热丝电子发射,难以获得大面积均匀等离子体,不适于镀大工件;不能控制由靶产生的高速电子对基板的轰击,特别是高速溅射情况下,基板的温升较高;灯丝寿命短,还存在灯丝不纯物对膜的沾染。

4)射频(RF)溅射。对于直流溅射,如果靶材是绝缘材料,在正离子的轰击下就会带正电,从而使电位上升,离子加速电场就逐渐变小,直至溅射停止,因此不能用于绝缘材料的溅射。而射频溅射之所以能溅射绝缘靶进行镀膜,主要是因为在高频交变电场作用下,可在绝缘靶表面上建立起负偏压的缘故。

射频溅射装置与直流溅射装置类似,只是电源换成了射频电源。为使溅射功率有效地传输到靶基板间还有一套专门的功率匹配网络。采用射频技术在基片上沉积绝缘薄膜的原理为:将一负电位加在置于绝缘靶材背面的导体上,在辉光放电的等离子体中,正离子向导体板加速飞行,轰击其前置的绝缘靶材使其溅射。但是这种溅射只能维持 10^{-7}s 的时间,此后在绝缘靶材上积累的正电荷形成的正电位抵消了靶材背后导体板上的负电位,故而停止了高能正离子对绝缘靶材的轰击。此时,如果倒转电源的极性,即导体板上加正电位,电子就会向导体板加速飞行,进而轰击绝缘靶材,并在 10^{-9}s 时间内中和掉绝缘靶材上的正电荷,使其电位为零。这时,再倒转电源极性,又能产生 10^{-7}s 时间的对绝缘靶材的溅射。如果持续进行下

去,每倒转两次电源极性,就能产生 10^{-7}s 的溅射。因此必须使电源极性倒转率大于 10^7 次/s,在靶极和基体之间射频等离子体中的正离子和电子交替轰击绝缘靶而产生溅射,才能满足正常薄膜沉积的需要。

射频溅射的机理和特性可以用射频辉光放电解释,等离子体中电子容易在射频电场中吸收能量产生振荡,因此,电子与工作气体分子碰撞并使之电离的概率非常大,故使得击穿电压和放电电压显著降低,只有直流溅射的 1/10 左右。射频溅射不需要用次级电子来维持放电,但当离子能量高达数千电子伏特时,绝缘靶上发射的电子数量也相当大,由于靶具有较高的负电位,电子通过暗区得到加速,将成为高能电子轰击基片,导致基片发热、带电和影响镀膜质量,所以,须将基片放置在不直接受次级电子轰击的位置上,或者利用磁场使电子偏离基片。射频溅射的特点是能溅射沉积导体、半导体、绝缘体在内的几乎所有材料。但是射频电源价格一般较高,射频电源功率不能很大,而且采用射频溅射装置须注意辐射防护。

5)磁控溅射。上面介绍的几种溅射,主要缺点是沉积速率比较低,特别是阴极溅射,其放电过程中只有 0.3%~0.5% 的气体分子被电离。为了在低气压下进行溅射沉积,必须提高气体的离化率。磁控溅射是一种高速低温溅射技术,由于在磁控溅射中运用了正交电磁场,使离化率提高到 5%~6%,使溅射速率比三极溅射提高 10 倍左右,沉积速率可达几百至 2000nm/min。

磁控溅射工作原理图如图 3.5-24 所示,电子 e 在电场 E 的作用下,在飞向基板的过程中与 Ar 原子发生碰撞,使其电离成 Ar^+ 和一个电子 e,电子 e 飞向基片,Ar^+ 在电场的作用下加速飞向阴极靶,并以高能量轰击靶表面,溅射出中性靶原子或分子沉积在基片上形成膜。另外,被溅射出的二次电子 e_1 一旦离开靶面,就同时受到电场和磁场作用,进入负辉区后受磁场作用。于是,从靶表面发出了二次电子 e_1,首先在阳极暗区受到电场加速飞向负辉区,进入负辉区的电子具有一定速度,并且是垂直于磁力线运动的,在洛伦兹力的作用下,而绕磁力线旋转。电子旋转半圈后重新进入阴极暗区,受到电场减速。当电子接近靶平面时速度降为零。此后电子在电场作用下再次飞离靶面,开始新的运动周期。电子就这样跳跃式地向 EB 所指方向漂移。电子在正交电磁场作用下的运动轨迹近似一条摆线。若为环行磁场,则电子就近似摆线形式在靶表面作圆周运动。二次电子在环状磁场的控制下,运动路径很长,增加了与气体碰撞电离的概率,从而实现磁控溅射沉积速率高的特点。

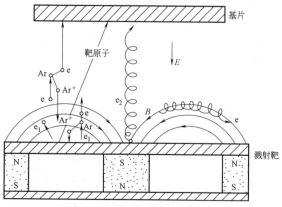

图 3.5-24　磁控溅射工作原理图

磁控溅射源类型有柱状磁控溅射源、平面磁控溅射源（分为圆形靶和矩形靶）、S枪溅射枪，此外还有对靶溅射和非平衡磁控溅射。对靶溅射是将两只靶相对安置，所加磁场和靶面垂直，且磁场和电场平行。等离子体被约束在磁场与两靶之间，避免了高能电子对基板的轰击，使基板温升减小。对靶溅射可以用来制备 Fe、Co、Ni、Fe_2O_3 等磁性薄膜。非平衡磁控溅射是采用通过磁控溅射阴极内、外两个磁极端面的磁通量不相等，所以称非平衡磁控溅射。其特征在于，溅射系统中约束磁场所控制的等离子区不仅限于靶面附近，而且扩展到基片附近，形成大量离子轰击，直接影响基片表面的溅射成膜过程。

6）反应溅射。化合物薄膜占全部薄膜的 70%，在薄膜制备中占重要地位。大多数化合物薄膜可以用化学气相沉积法制备，但是 PVD 也是制备化合物薄膜的一种好方法。反应溅射是在溅射镀膜中引入某些活性反应气体与溅射粒子进行化学反应，生成不同于靶材的化合物薄膜。例如通过在 O_2 中溅射反应制备氧化物薄膜，在 N_2 或 NH_3 中制备氮化物薄膜，在 C_2H_2 或 CH_4 中制备碳化物薄膜等。

如同蒸发一样，反应过程基本上发生在基板表面，气相反应几乎可以忽略，在靶面同时存在着溅射和反应生成化合物的两个过程：溅射速率大于化合物生成速率，靶可能处于金属溅射状态；相反，如果反应气体压强增加或金属溅射速率较小，则靶处于反应生成化合物速率超过溅射速率而使溅射过程停止，这一机理有三种可能：①靶表面生成化合物，其溅射速率比金属低得多。②化合物的二次电子发射比金属大得多，更多离子能量用于产生和加速二次电子。③反应气体离子溅射速率低于 Ar^+ 溅射速率。为了解决这一问题，可以将反应气体和溅射气体分别送至基板和靶附近，以形成压力梯度。

反应溅射过程示意图如图 3.5-25 所示。一般反应气体有 O_2、N_2、CH_4、CO_2、H_2S 等，一般反应溅射的气压都很低，气相反应不显著。但是，等离子体中流通电流很高，对反应气体的分解、激发和电离起着重要作用。因而使反应溅射中产生强大的由载能游离原子团组成的粒子流，与溅射出来的靶原子从阴极靶流向基片，在基片上克服薄膜生成的激活能而生成化合物，这就是反应溅射的主要机理。

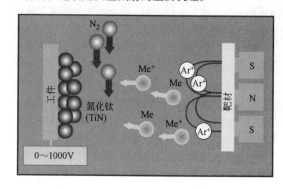

图 3.5-25　反应溅射过程示意图

在很多情况下，只要改变溅射时反应气体与惰性气体的比例，就可改变薄膜性质，如可使薄膜由金属→导体→非金属。例如，在镀氮化钽薄膜时，薄膜的物性与氮气含量密切相关，随着氮气分压的增加，薄膜结构改变，并且电阻率也随之变化。

反应溅射中的靶材可以是纯金属，也可以是化合物。反应溅射也可采用磁控溅射，该方法制备的化合物薄膜具有以下优点：①有利于制备高纯度薄膜。②通过改变工艺参数，可制备化学配比和非化学配比的化合物薄膜，从而可调控薄膜特性。③基板温度低，选择范围大。④镀膜面积大、均匀，有利于工业化生产。目前，反应溅射已经应用到许多领域，如建筑镀膜玻璃中的 ZnO、SnO_2、TiO_2、SiO_2 等；电子工业中使用的透明导电膜 ITO 膜、ZAO 膜、SiO_2、SiO_4、Al_2O_3 等钝化膜和隔离膜；光化学工业中的 TiO_2、SiO_2、Ta_2O_5 等。

以上介绍了蒸发镀膜和溅射镀膜，这两种镀膜方式各有特点，表 3.5-9 对这两种镀膜方法的原理和特性作了较为详尽的对比。

3.5.4　化学气相沉积技术

化学气相沉积（Chemical Vapor Deposition，CVD）技术是将含有组成薄膜元素的一种或几种化合物汽化后输送到基片上，借助加热、等离子体、紫外光、激光等作用，在基片表面进行化学反应（分解或化合）生成所需薄膜的一种方法。由于 CVD 技术是基于化学反应，因此制备出多种薄膜，如各种单晶、多晶、非晶，单相或多相薄膜。该类薄膜具有广泛的应用场合，如微电子方面的 Si_3N_4、SiO_2、AlN、GaAs、InP 等薄膜，用于结构材料方面的许多硬质膜，如 Al_2O_3、TiN、TiC、TiC（N）、金刚石膜等，还

表 3.5-9 溅射与蒸发方法的原理和特性比较

溅射法	蒸发法
沉积气相的生产过程	
1) 离子轰击和碰撞动量转移机制 2) 较高的溅射原子能量（2~30eV） 3) 稍低的溅射速率 4) 溅射原子运动具方向性 5) 可保证合金成分，但化合物有分解倾向 6) 靶材纯度随材料种类而变化	1) 原子的热蒸发机制 2) 低的原子动能（温度 1200K 时约 0.1eV） 3) 较高的蒸发速率 4) 蒸发原子运动具方向性 5) 发生元素贫化或富集，化合物有分解倾向 6) 蒸发源纯度较高
气相过程	
1) 工作压力稍高 2) 原子的平均自由程小于靶与衬底间距，原子沉积前要经过多次碰撞	1) 高真空环境 2) 蒸发原子不经碰撞直接在衬底上沉积
薄膜的沉积过程	
1) 沉积原子具有较高能量 2) 沉积过程会引入部分气体杂质 3) 薄膜附着力较高 4) 多晶取向倾向大	1) 沉积原子具有能量较低 2) 气体杂质含量低 3) 晶粒尺寸大于溅射沉积的薄膜 4) 有利于形成薄膜取向

有光学材料、医用材料等，以及反应堆材料，宇航材料，防腐耐蚀、耐热耐磨膜层。

1. 化学气相沉积的特点和分类

（1）化学气相沉积的特点

1) 反应温度显著低于薄膜组成物质的熔点，如 TiN 熔点为 2950℃，TiC 熔点为 3150℃，但 CVD 制备 TiN 和 TiC 薄膜的反应温度分别为 1000℃ 和 900℃。

2) 由于 CVD 是利用多种气体反应来生成薄膜，所以薄膜成分容易调控，可制备薄膜范围广：可沉积金属薄膜、非金属膜、合金膜、多组分膜或多层膜多相薄膜。

3) 因为反应是在气相中进行，CVD 具有良好的绕镀性（阶梯覆盖性），对于复杂表面和工件的深孔都有较好的涂镀效果。CVD 具有装炉量大，这是某些技术，如流相外延（LPE）和分子束外延（MBE）无法比拟的。

4) 膜纯度高、致密性好、残余应力小、附着力好，这对于表面钝化，增强表面耐蚀、耐磨性等很重要。

5) 沉积速率高，可达几微米/h 至数百微米/h。膜层均匀，膜针孔率低，纯度高，晶体缺陷少。

6) 辐射损伤低，可用于制造 MOS 半导体器件。

CVD 也有缺点和不足，反应温度高，有些反应在 1000℃ 以上，限制了许多基体材料的应用，不能用于塑料基体，高速钢基体会退火，需重新进行热处理。

（2）化学气相沉积技术的分类

CVD 技术可按沉积温度、反应压力、反应器壁温度、反应的激活方式和源物质等进行分类，如图 3.5-26 所示。按气流方式分，有流通式和封闭式；按沉积温度分，有低温 CVD（200~500℃）、中温 CVD（500~1000℃）、高温 CVD（1000~1300℃）三大类；按反应压力分，有常压 CVD（1atm）、低压 CVD（1kPa~1atm）、高真空 CVD（<10^{-3}Pa）和超高真空 CVD（<10^{-6}Pa）；按反应器壁温度分，有冷壁式 CVD 和热壁式 CVD；按激活方式分，有热 CVD、等离子 CVD、激光 CVD、紫外线 CVD 等；按源物质分，有无机物 CVD 和金属有机化合物 CVD。

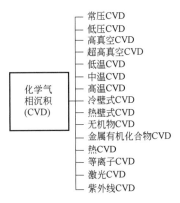

图 3.5-26 CVD 技术

2. CVD 反应类型

（1）CVD 反应原理

CVD 技术的原理是建立在化学反应基础上的，

通常把反应物是气态而生成物之一是固态的反应称为CVD反应，因此其化学反应体系必须满足以下三个条件：①在沉积温度下，反应物必须有足够的蒸气压，能以适当速度进入反应室。②反应主产物应是固体薄膜，副产物应是易挥发性气态物质。③沉积的固体薄膜必须有足够低的蒸气压，基体材料在沉积温度下蒸气压也必须足够低。

目前常用的CVD沉积反应有下述几种类型：

1）热分解反应。热分解反应是在真空或惰性气氛中加热基片到所需要的温度，然后导入反应气体使其分解，并在基片上沉积形成固态薄膜。用作热分解反应沉积的反应物材料有：硼和大部分第ⅣB、ⅤB、ⅥB族元素的氢化物或氯化物，第Ⅷ族元素（铁、钴、镍等）的羰基化合物或羰基氯化物，以及镍、钴、铬、铜、铝元素的有机金属化合物。例如：

$$SiH_{4(气)} \rightarrow Si_{(固)} + 2H_{2(气)}(700\sim110℃) \quad (3.5\text{-}10)$$
$$Ni(CO)_{4(气)} \rightarrow Ni_{(固)} + 4CO_{(气)}(180℃) \quad (3.5\text{-}11)$$

2）氢还原反应。在反应中有一个或一个以上元素被氢元素还原的反应称为氢还原反应。例如：

$$WF_{6(气)} + 3H_{2(气)} \rightarrow W_{(固)} + 6HF_{(气)}(300℃)$$
$$(3.5\text{-}12)$$

3）置换或合成反应。在反应中发生了置换或合成过程。例如：

$$TiCl_{4(气)} + CH_{4(气)} \rightarrow TiC_{(固)} + 4HCl_{(气)}(1000℃)$$
$$(3.5\text{-}13)$$

4）化学输运反应。借助于适当的气体介质（I_2、NH_4I）与膜材物质反应，生成一种气体化合物，再经过化学迁移或物理输运（用载气）使其到达与膜材原温度不同的沉积区，发生逆向反应使膜材物质重新生成，沉积成膜，此即称为化学输运反应。例如：

$$Ge_{(固)} + I_{2(气)} \underset{T_2}{\overset{T_1}{\rightleftharpoons}} GeI_2 \quad (3.5\text{-}14)$$
$$ZnS_{(固)} + I_{2(气)} \underset{T_2}{\overset{T_1}{\rightleftharpoons}} ZnI_2 + S \quad (3.5\text{-}15)$$

5）歧化反应。Al、B、Ga、In、Ge、Ti等非挥发性元素，它们可以形成具有在不同温度范围内稳定性不同的挥发性化合物。例如：

$$2GeI_{2(气)} \leftrightarrow Ge_{(固)} + GeI_{4(气)}(300\sim600℃)$$
$$(3.5\text{-}16)$$

6）固相扩散反应。当含有C、N、B、O等元素的气体和炽热的基片表面相接触时，可使基片表面直接碳化、氮化、硼化或氧化，从而达到保护或强化基片表面的目的。例如：

$$Ti_{(固)} + 2BCl_{3(气)} + 3H_{2(气)} \rightarrow TiB_{2(固)} + 6HCl_{(气)}(1000℃)$$
$$(3.5\text{-}17)$$

由于化学反应的途径是多种的，所以制备同一种薄膜材料可能有几种不同的CVD反应。但根据以上介绍的反应类型，其共同特点如下：CVD反应式总可以写成 $aA_{(气)} + bB_{(气)} \rightarrow cC_{(固)} + dD_{(气)}$，即有一反应物质必须是气相，生成物必须是固相，副产品必须是气相。CVD反应往往是可逆的。

（2）CVD反应的典型动态过程

图3.5-27所示为典型的CVD过程示意图，通常包含以下步骤：①前驱物进入真空室。②前驱物汽化并逐步解理成分子、原子、原子团簇等。③气态物向衬底扩散。④气态物质附着于衬底表面。⑤气态物质向衬底中扩散或反应。⑥气态物质原子分子间发生化学反应，在衬底表面形成固态薄膜。⑦化学反应的副产物脱离反应表面。⑧反应副产物以及未反应的气体被真空泵抽出腔体。

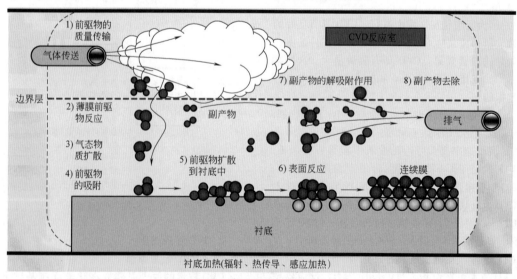

图3.5-27 典型的CVD过程示意图

下面对其中重要步骤进行简要介绍：

1) 反应气体进入真空室（腔体）。反应气体可以是一种或多种气体，通常反应气体由非活性气体，如氮气、氦气或氩气携带进入真空室，以防止反应气体在到达衬底表面之前相互之间发生化学反应，即气相反应。混合非活性气体的另一个重要作用是能够有效稀释反应物，使反应更均匀地在衬底表面进行，从而提高成膜的均匀性。同样为了提高成膜均匀性，大多数半导体 CVD 设备中设有气体喷淋装置，气体通过喷头，被均匀地"喷"到衬底表面，从而保证薄膜均匀分布在整个衬底表面。在气体输送环节，一些重要的参数对沉积速率、膜的化学组成，以及膜的性质有着重要的影响，特别是反应气体的总流量和不同反应气体之间的比率。

2) 气体分子附着于衬底或基体表面。气体分子到达基底上方时，会遇到相对静止的一层截面，通常称为边界层。气体分子必须穿过边界层，才能附着于基体表面与其他分子发生反应，形成固态膜。未能穿过边界层的分子最终将被真空泵排到腔外，导致气体不完全反应，以及沉积速率降低。通过调节腔内的气压可以使尽可能多的气体分子穿过边界层而附着于基体表面。

3) 固态薄膜的形成。在固体基体上成膜的 CVD 反应种类主要包括热分解反应、还原反应、氧化反应、反应沉积型和固相扩散反应五类。为促进化学反应的进行，工业上广泛应用加热或等离子体作为辅助刺激条件。气体分子附着于基体表面后，会在表面扩散，直到发生化学反应，生成物在表面成核，后续到达表面的分子会扩散到这些核点处发生反应，使核不断长大，直到所有核结合在一起，形成网状结构的薄膜。之后的反应在薄膜表面继续进行，最终形成连续均匀的薄膜。

4) 化学反应的副产物脱离反应表面。CVD 反应过程中通常伴随副产物的形成，如果不能及时有效地使副产物脱离反应表面，它们可能进入薄膜，从而影响薄膜的化学纯度和性质。副产物的脱离关键在于克服其分子和薄膜表面的结合力（范德瓦耳斯力或化学键），以及薄膜与气体之间的界面层。较高的基体温度能够使副产物分子获得足够高的能量，从而脱离薄膜表面并穿过边界层进入腔内，随主体气流及时排出。

5) 反应副产物及未反应的气体被真空泵抽出腔体。副产物分子穿过界面层之后，便扩散进入真空腔内，随主气流从气体入口运动到出口，排出腔体。气体的导出速率主要通过改变真空腔内气压进行调节，降低腔内气压可以使副产物气体随着主气流更快地被

导出。但是，主气流中同时包含反应气体，所以降低气压会导致反应气体浓度降低，因此也降低薄膜的沉积速率。综上，为提高薄膜的生长速率和气体的利用率，需要合理调节腔内气压。

3. 常见的化学气相沉积

（1）热化学气相沉积

热化学气相沉积是指利用热能促使反应物之间发生化学反应从而在固体表面形成薄膜的技术。热化学气相沉积过程中，基体温度较高，真空室内压强较高，接近大气压，所以又称为常压 CVD 或亚常压 CVD。化学气相沉积的反应前驱物可以是固体、液体或气体，固体或液体前驱物必须先汽化，然后由载气携带进入真空室。以常压 CVD 法制备碳化钛薄膜为例，原料为 $TiCl_4$ 液体，首先经过汽化器汽化，由氢气作为载气，并与甲烷混合，再一起进入反应室中，反应室内工件温度保持在 $700 \sim 1000 \, ℃$，气体自下而上经过反应室，反应物在工件表面经历吸附、扩散、反应以及反应产物的脱附等过程，在工件表面形成薄膜。产生的废气经真空机组排出腔体，并经过尾气处理装置，排到大气中。

热化学气相沉积特点：

1) 可以制备金属或非金属薄膜，可通过控制组分气体流量在较大范围内调节薄膜的成分。

2) 成膜速度快，一般可达到每分钟几微米，同一批次中可同时放置多个样品，因此成膜效率高。

3) 薄膜均匀性好。由于成膜时腔体内压强较高，气体的绕射性能好，所以镀膜均匀性好，即使是具有孔洞结构的工件表面也能得到均匀沉积。

4) 膜与基体附着力大。在有些反应中，基体也参与反应，在膜基之间出现过渡层，使得膜与基体之间的附着力大，这对于制备耐磨性薄膜、耐蚀性薄膜尤为重要。

热 CVD 技术被广泛应用于半导体电解质材料（如氧化物、氮化物）的制备中。以氧化物为例，半导体器件拓扑结构中的间隙或孔洞制备的氧化物填充，以增强器件的力学性能。化学反应式如下：

$$Si(OC_2H_5)_{4(液)} + O_{3(气)} \rightarrow SiO_{2(固)} +$$
$$副产物（如 CH_3CHO、O_2、H_2O 等）\quad (3.5\text{-}18)$$

反应物正硅酸乙酯 $Si(OC_2H_5)_4$ 以液体形式存在，所以必须由载气代入反应室中。这种方法镀制的薄膜均匀性好，间隙或孔洞结构可以得到均匀沉积。

近年来，热 CVD 技术在二维晶体材料的制备中大显身手，高质量、大面积、单晶或多晶二维薄膜，如石墨烯、六方氮化硼、二硫化钼、二硒化钨等，制备中其几乎是唯一制备方法（见图 3.5-28）。该类材

料具有原子级厚度，体现了热 CVD 在生长型薄膜制备技术中的独特优势。

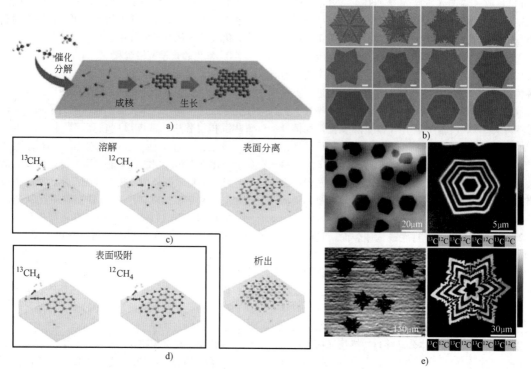

图 3.5-28　化学气相沉积制备二维材料机制和形貌及结构调控

由于二维材料原子级结构和尺寸，采用 CVD 技术在衬底表面的生长模式如图 3.5-28a 所示，在一定的能量供给下（加热、激光、等离子体、紫外光等），前驱物发生分解、氧化、还原、置换、传质等化学反应，并在衬底表面形核、生长、扩大。图 3.5-28b 为采用 CVD 技术在铜箔表面获得的石墨烯单晶晶畴的形貌，可以看出，CVD 技术具有突出的形貌调控能力。进一步研究发现，石墨烯在不同金属衬底上的生长模式不同，通过碳同位素方法可以清晰地发现，石墨烯的生长模式除了表面吸附外（见图 3.5-28d），还有溶解析出（见图 3.5-28c）。图 3.5-28e 给出了两种不同形貌下，使用碳同位素生长的表面吸附、边界生长的直接证据。由此表明热 CVD 技术具有良好的可控性，制备的薄膜的功能和结构具有多样化特性。

（2）低压化学气相沉积

热化学气相沉积的驱动力主要是热能，在沉积薄膜时基体的温度通常很高，这就限制了其在某些不能承受高温的工件中的应用；同时，在高温条件下薄膜晶粒粗大，耐磨性、抗压性能均不好。另一方面，由于反应腔内压强较高，气体扩散速度慢，反应速度慢，产物扩散也慢，不同样品之间的均匀性会受到影响。最简单的改进方法是降低反应腔室内压强，增加气体自由程，使气体在反应室内快速扩散，这种方法称为低压化学气相沉积（Low Pressure Chemical Vapor Deposition，LPCVD）。

LPCVD 中反应腔室内压强降低到 100～1000Pa 以下，相较于常压 CVD，在相同温度下，单位体积内分子数减小至 1‰～1%，平均自由程相应增大 100～1000 倍，所以分子输运速度大大加快。在常压和亚常压 CVD 中，由于气体分子频繁碰撞，分子沿程能量不断损失；而在 LPCVD 情况下，由于碰撞次数减少，沿程各处分子携带的能量相差比较小，所以各处反应速率较一致，薄膜均匀性高。同样，由于气体分子密度小，生成物的平均自由程大，扩散快，加速反应进行，提高沉积速率。

LPCVD 在半导体制备中有广泛的应用，按照所制备薄膜的材料，可制备氧化物、氮化物、氮氧化物、多晶硅等多种薄膜。以多晶硅的制备为例，在 LPCVD 中，通常用甲硅烷（SiH_4）作为反应物，通过加热分解成固态的硅和氢气，化学反应式如下：

$$SiH_{4(气)} \xrightarrow{加热} Si_{(固)} + 2H_{2(气)} \qquad (3.5-19)$$

（3）等离子体增强型化学气相沉积

等离子体增强型化学气相沉积（Plasma Enhanced CVD，PECVD）是在化学气相沉积中借助辉光放电提高反应气体的活性，高速反应、低速沉积薄膜的一种镀膜技术。等离子体可使得 CVD 反应在较低的基体温度下高速进行,并且制备的薄膜具有新的特点。PECVD 系统核心主要是等离子源,根据其辉光放电的形式,可分为电容耦合等离子体 PECVD 和电感耦合等离子体 PECVD。PECVD 特点:①极大地降低衬底温度,适用于含不耐高温材料的衬底镀膜。②大幅提高反应气体的分解率,反应所需的气体量可以相应减少,既减少原料消耗,降低成本,也可以减少废气的排放量。③明显提高薄膜的沉积速率。④明显提高薄膜的质量,包括膜的均匀性、强度、电学特性、光学特性等。PECVD 常用于半导体材料制备,可用于制备大多数的电解质材料和掩模材料。以碳膜为例,碳薄膜制备的掩模相较于光刻胶,表面粗糙度值小,轮廓分明,能够保证刻蚀形成的拓扑结构具有良好的均匀性,所以碳薄膜已被广泛用于刻蚀技术的掩模。

(4) 原子层沉积

随着半导体工艺技术的发展,芯片尺寸与线宽不断缩小,器件功能不断提升,对薄膜的特性提出了更高的要求,传统的 CVD 沉积技术无法有效地精确控制薄膜的特性,原子层沉积(Atomic Layer Deposition,ALD)技术受到越来越多的青睐。它利用反应气体与基板或已形成的薄膜表面之间的气-固分步反应来完成薄膜生长,可将物质以单原子膜形式一层一层地沉积在衬底表面的方法。它是一种真正意义上的纳米技术,可以实现原子级精确调控。

1)ALD 原理。ALD 与普通的化学气相沉积有相似之处,但在 ALD 过程中,新一层的原子膜直接与前一层的相互联系及反应,从而使得 ALD 每次只能沉积一层原子膜。常见的 ALD 设备主要由进气系统(包括反应气体和吹扫气体),以及可加热基体座和排气系统组成。ALD 与普通 CVD 沉积在化学反应上基本类似,最大的不同在于 ALD 技术将 CVD 的连续化学反应分成两个"半反应"交替进行。沉积过程中,两种反应气体定量、分时、交替地进入真空室,与衬底表面或已形成的薄膜表面原子反应,形成新的单原子层薄膜。

图 3.5-29 所示为硅衬底表面 ALD 沉积 Al_2O_3 薄膜的典型过程,首先通入水蒸气,在硅表面形成一层羟基(-OH),然后通入前驱体 $Al(CH_3)_3$(三甲基铝)(见图 3.5-29a),其中一个甲基与硅表面的羟基发生反应,形成甲烷并被排气系统带走,铝与氧形成化学键被固定在硅表面(见图 3.5-29b);当所有的羟基被反应完后,形成的甲烷和过剩的前驱体将被排气系统带走(见图 3.5-29c),再次通入水蒸气(见图 3.5-29d),在前一表面形成新的羟基、铝原子之间形成桥氧(见图 3.5-29e),直到前一表面的甲基被反应完毕,从而形成 Al_2O_3 单分子薄膜(见图 3.5-29f)。重复上述过程将一层一层沉积出 Al_2O_3 薄膜。

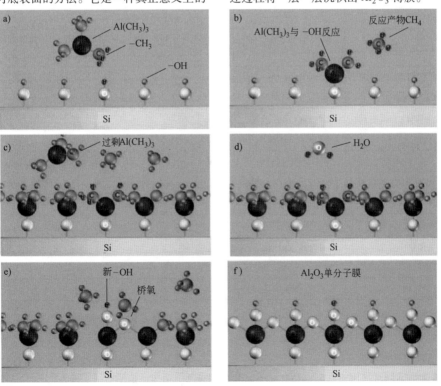

图 3.5-29　ALD 沉积 Al_2O_3 薄膜过程示意图

2）ALD 特点：

①前驱物具有饱和化学吸附特性，不需要精确控制前驱物的剂量和操作人员的介入，可以形成大面积厚度均一且精确可控的单分子薄膜。

②反应过程有序性和表面可控制性，可以程序化设置反应过程，设备简单，操作方便，对衬底形状无要求，具有高保形性。适合作为台阶覆盖和纳米孔的涂层，适用于各种形状的衬底。

③沉积过程精确且可重复，ALD 一个典型沉积工艺周期确定了单分子层薄膜的厚度（通常为 0.9~1Å），因此在饱和沉积的情况下，可通过沉积的周期控制薄膜的厚度，ALD 沉积工艺具有高度的可重复性。

④ALD 制备的薄膜可实现超薄、致密、均匀、极佳附着力。ALD 薄膜是以最稳定的方式紧密地排列形成的，不仅可以实现超薄，而且非常致密、均匀并有极佳的附着力。

⑤薄膜生长温度低，通常为室温到 400℃ 之间，可用于温度敏感型衬底。ALD 可生长多层结构的薄膜，可沉积多组分纳米薄层和混合氧化物。适用于新一代集成电路制造。

3）ALD 应用。ALD 在硅基半导体行业得到了越来越多的关注，特别是在生长厚度精确可控、超薄、

高保形或共形的薄膜材料方面有很大的优势。ALD 生长的金属氧化物薄膜用于栅极电介质、电致发光显示器绝缘体、电容器电介质和 MEMS 器件，生长的金属氮化物薄膜适用于扩散势垒。

表 3.5-10 为 ALD 与其他薄膜制备方法的对比。可以看出，除了沉积速率较低，受商业前驱物的限制而使得沉积薄膜的种类受限外，ALD 方法具有多方面的明显优势。沉积温度低于 200℃，与光刻胶所能承受的温度相当，薄膜的附着能力好。表 3.5-11 为 ALD 方法可制备的材料。

表 3.5-10　ALD 与其他薄膜制备方法的对比

方法	ALD	MBE	CVD	溅射	蒸发	PLD
厚度均匀性	好	较好	好	好	较好	较好
薄膜致密度	好	好	好	好	不好	好
台阶覆盖性	好	不好	多变	不好	不好	不好
界面质量	好	好	多变	不好	好	多变
原料的种类	不多	多	不多	多	较多	不多
低温沉积	好	好	多变	好	好	好
沉积速率	低	低	高	较高	高	高
工业适用性	好	较好	好	好	好	不好

表 3.5-11　ALD 方法可制备的材料

材料类别		ALD 可沉积的材料
Ⅱ-Ⅵ族化合物		ZnS、$ZnSe$、$ZnTe$、$ZnS_{1-x}Se_x$、CaS、SrS、BeS、$SrS_{1-x}Se_x$、CdS、$CdTe$、$MnTe$、$HgTe$、$Hg_{1-x}Cd_xTe$、$Cd_{1-x}Mn_xTe$
基于 TFEL 的 Ⅱ-Ⅵ族荧光材料		$ZnS：M(M=Mn、Tb、Tm)$，$CaS：M(M=Eu、Ce、Tb、Pb)$，$SrS：M(M=Ce、Tb、Mn、Cu)$
Ⅲ-Ⅴ族化合物		$GaAs$、$AlAs$、AlP、InP、GaP、$InAs$、$Al_xGa_{1-x}As$、$Ga_xIn_{1-x}As$、$In_{1-x}P$
氮/碳化物	半导体/介电材料	AlN、GaN、InN、SiN_x
	导体	$TiN(C)$、$TaN(C)$、Ta_3N_5、$NbN(C)$、$MoN(C)$
氧化物	介电层	Al_2O_3、TiO_2、ZrO_2、HfO_2、Ta_2O_3、Nb_2O_3、Y_2O_3、MgO、CeO_2、SiO_2、La_2O_3、$SrTiO_3$、$BaTiO_3$
	透明导体/半导体	In_2O_3、$In_2O_3：Sn$、$In_2O_3：F$、$In_2O_3：Zr$、SnO_2、$SnO_2：Sb$、ZnO、$ZnO：Al$、Ga_2O_3、NiO、CoO_2
	超导材料	$YB_2Cu_3O_{7-x}$
	其他三元材料	$LaCoO_3$、$LaNiO_3$
氟化物		CaF、SrF、ZnF
单质材料		Si、Ge、Cu、Mo、Pt、Ru、Fe、Ni
其他材料		La_2S_3、PbS、In_2S_3、$CuGaS_2$、SiC

3.5.5　典型薄膜的制备

1. 金刚石薄膜基本特性

金刚石作为碳的同素异构体之一，具有许多优异的性质，如硬度最高、热导率高、全波段透光率高、

宽禁带、高绝缘性、抗辐射、化学惰性、耐高温、掺杂可为半导体，这些优异的特性使其在各行各业都有着广泛的应用。这些特性源于金刚石独特的晶体结构和电子结构，金刚石属于典型的原子晶体，属等轴晶系，一个碳原子位于四面体的中心，另外四个与它共

价的碳原子在四面体的顶点。电子结构为 C：1s22s12px12py12pz1，即 sp3 杂化，四个 sp3 电子与其他碳原子分别生成 4 个 σ 键，每个碳原子以这种杂化的轨道与相邻的四个碳原子共享两个价电子形成的共价键。键角为 109°28′，碳原子配位数为 4，碳原子间距为 0.154nm。

金刚石拥有上述诸多特性，而采用 CVD 方法制备的金刚石及类金刚石薄膜也具有突出的综合性能，见表 3.5-12。其主要表现为力学性能、电学性能、热学性能（见表 3.5-13）、光学性能（见表 3.5-14）。

表 3.5-12　金刚石薄膜的主要电学性能

电学性能	天然金刚石	CVD 金刚石
禁带宽度/eV	5.54	5.45
电阻率/$\Omega \cdot cm$	10^{16}	$>10^{12}$
击穿电压/(V/cm)	$3.5×10^6$	—
电子迁移率/[$cm^2/(V \cdot s)$]	2200	—
空穴迁移率/[$cm^2/(V \cdot s)$]	1600	—
饱和电子偏移速度/(cm/s)	$2.5×10^7$	—
相对介电常数	3.2	5.5
产生电子空穴对能量/eV	13	—

表 3.5-13　金刚石和几种高导热材料的热学性能

材料		热导率/[W/(cm·K)]			热胀系数/(10^{-3}/℃)	电阻率/$\Omega \cdot cm$	相对介电常数
		理论	单晶	多晶			
金刚石	人造 I	20	20	—	2.3	约 10^{16}	5.7
	天然 II	20	20	—	2.3	约 10^{16}	5.7
	天然 I	—	10	—	2.3	约 10^{16}	5.7
CBN		13	—	6.0	3.7	$>10^{11}$	7
SiC		4.4	4.9	—		10^{13}	
BeO		3.7	—	2.4	8.0	10^4	
AlN		3.2	2.0	—	4.0	10^{14}	
Ag		—	—	4.3	19.1	$1.6×10^{-6}$	
Au		—	—	3.2	14.1	$2.3×10^{-6}$	
Cu		—	—	4.0	17.0	$1.7×10^{-6}$	
Mo		—	—	1.4	5.0	$5.7×10^{-6}$	

表 3.5-14　金刚石薄膜的主要光学性能

禁带宽度/eV	透明性	光吸收	折射率	热导率/[W/(cm·K)]
5.45	225nm→远红外	0.22	0.241(5.9μm)	20

目前人工合成金刚石的力学性能已接近天然金刚石，具有高硬度、低摩擦因数，是优异的耐磨涂层，可应用于金属切削刀具、模具表面提高表面强度和耐磨性，增加其使用寿命。同时金刚石摩擦因数低、散热快，还可以用于航空航天的高速轴承、导弹整流罩等。

金刚石的击穿电压比 Si 和 GaAs 高出两个数量级，电子、空穴迁移率远高于 Si 和 GaAs，因此，金刚石可作为宽禁带半导体，应用于蓝光发射器件、紫外探测器、低漏电流器件等。通过掺硼制得 p 形半导体，电阻率低至 $10^{-2}\Omega \cdot cm$。利用 p 形金刚石薄膜制造的场效应晶体管和逻辑电路可以在 600℃ 以内正常工作，成为耐高温半导体器件的首选材料。金刚石具有超高的热导率（2000W/m·K），可以用于集成电路基片的绝缘层及固体激光器的导热绝缘层，此外还可以作为高温散热材料、热沉产品。金刚石在全波段（0.22~25μm）具有很高的透明性，仅在 3.5μm 范围内由声子振动引起了微小吸收，是大功率红外激光器和探测器的理想窗口材料。金刚石高折射率，可作为理想的反射膜、雷达罩、承受高温、高冲击、散热快、耐磨性好的雷达保护罩。例如美国已制造出 φ150mm、厚度 2~3mm 的金刚石导弹头罩。此外，金刚石还可以制造各类型光学镜头、磁盘、保护膜等。除了上述典型的性质外，金刚石具有高弹性模量，便于高频声学波高保真传输，可用于制造声表面波滤波器件、高档音响高保真扬声器振动膜材料。图 3.5-30 为单晶金刚石薄膜的应用范围。

2. 金刚石薄膜制备方法

金刚石首先是以天然形式存在的，由于稀缺性和高成本，人工合成金刚石或类金刚石薄膜的研究始于 19 世纪 30 年代，并且逐步发展成熟。1952 年，W. G. Eversole 等人首次采用低压 CVD 成功制备出了金刚石，他们采用含碳气体（CO、CH4 等）为前驱物，在籽晶层表面进行 CVD 沉积，获得金刚石薄膜。1954 年，通用电气研究人员在高温高压且无籽晶层的条件下，制备出金刚石。直到 1955 年达到顶峰，研究者们从反应动力学和热力学角度出发，探索出了稳定合成金刚石的压力和温度范围，提出了高温高压合成工艺方法。该方法仍面临着许多困难：①需要极端压力。②在极端压力条件下，需要极高温条件，使碳转变为金刚石结构。③即使上述条件获得了，所得的金刚石尺寸仍然很小，难以满足实际使用需求。目前，采用低压化学气相沉积方法是高效制备大尺寸金刚石的主要手段，它的核心是利用能量使烃与氢气混合气体发生反应生产金刚石。1956 年，苏联 Deryagin 等人利用金属催化剂，通过气-液-固反应过程生长金刚石晶须，再利用碳源与氢氢的混合气体进行 CVD 外延生长金刚石。上述研究开启了人工合成金刚石的新篇章，现今的合成方式均是在以前方法中发展而来。20 世纪 70～80 年代，日本国立无机材料研究所

的研究人员报道了在低压条件下快速生长金刚石的新方法，生长速率可达每小时几微米，且无需金刚石籽晶层，可产生单独的多面体金刚石颗粒。这项研究奠定了金刚石薄膜商业化的基石。

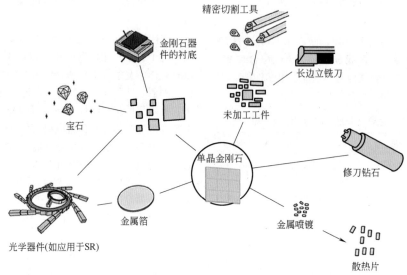

图 3.5-30　单晶金刚石薄膜的应用范围

化学气相沉积法制备金刚石薄膜实际是一个动力学控制过程，在合成过程中石墨相和金刚石相化学位十分接近，两相都能生成，因此如何促进金刚石相生长抑制石墨相成为关键，目前主要采用的方法是用原子态的氢去除石墨。CVD 生长金刚石温度范围为 800～1000℃，压力小于 1atm，此时石墨是热力学稳定的，而金刚石是热力学非稳定的。由于动力学调控含碳前驱物在等离子体或高温热源的作用下形成活化基团，在衬底上同时形成石墨相和金刚石相，但由于原子态氢对石墨的刻蚀速率远远高于金刚石，最终在衬底上留下金刚石。除了原子氢，原子氧也有相同的作用，Bachman 在总结大量试验数据的基础上，得到了金刚石气相生长的相图，只有当 C、H、O 三个组分在一个特定的范围内，才能生长出金刚石。以下详细介绍 CVD 合成金刚石薄膜的工艺。

(1) 等离子体增强化学气相沉积法（PECVD）

金刚石生长过程中重要的源由等离子体产生氢原子和碳原子，促使沉积物向金刚石相转化。根据产生等离子体源的频率不同又可分为微波等离子体（2.45GHz）、直流等离子体、电子回旋共振（ECR）、高压微波等离子体。

1）微波等离子体增强化学气相沉积法（MW-PECVD）。采用 2.45GHz 微波，使用对称的等离子体耦合器，产生轴对称的活性粒子浓度很高的高温等离子体，气体电离度大，存在长寿命的自由基，活性

高。当引入等离子后，可降低 CVD 方法制备金刚石的反应温度，降低反应所需压力，提高金刚石薄膜质量。适合制备高质量、光学级别金刚石薄膜。MW-PECVD 存在的不足在于，沉积面相对较小，沉积速率低，设备成本较高。图 3.5-31 为 MWPECVD 合成金刚石薄膜 SEM 形貌图。

2）直流离子体。采用两个平行的极板，其中一个为衬底，在其间施加直流电源，以此在碳源前驱体中激发出等离子体。该项技术能制备出大面积金刚石薄膜，获得较高的薄膜沉积速率，但可能在快速生长的薄膜内产生高内应力和高浓度氢杂质。

3）电子回旋等离子体（ECR）。电子回旋等离子体装置主要由微波源、等离子体腔室、波导管、磁体、真空系统等组成。其基本原理为：在波导管和反应腔室周围添加磁体，使微波产生的等离子中的电子在电场和磁场的共同作用下产生洛伦兹运动，增加电子与其他粒子的碰撞概率，提高等离子体浓度，降低反应压力和温度。ECRCVD 的特点在于：①工作压力低（0.2～10mTorr，1Torr = 133.322Pa）。②等离子体密度高（10^{11}～10^{12}/cm^3）。③较低的等离子势（15～30eV）。④离子能量和离子流可以相对独立调控。⑤等离子体可有磁场控制其分布，远离物理表面。

4）高压微波等离子体 CVD。美国 SEKI DIAMOND 公司多年来一直致力于高压微波等离子设备研发，已开发出 AX5000 和 AX6000 两个系列多款产品，

使用微波和 ECR 等作为等离子体源，功率为 1.5kW/5kW，沉积速率可达 15μm/h，衬底尺寸为 4in（1in=0.0254m），所生产的金刚石薄膜热导率为 10～20W/cm·K，工作压力为 1～100Torr。AX6600 系列等离子体功率可达 35～100kW。表 3.5-15 为 AX 系列高压微波等离子体 CVD 系统的技术参数。

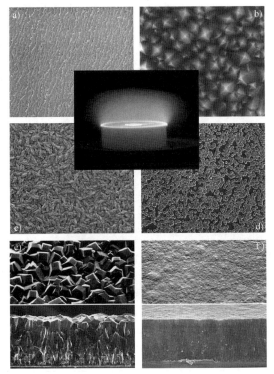

图 3.5-31 MWPEVD 合成金刚石薄膜 SEM 形貌图

a）同质外延生长 b）多晶金刚石薄膜 c）超细纳米晶表面
d）硼掺杂金刚石颗粒 e）微晶金刚石薄膜俯视及截面形貌
f）纳米晶金刚石薄膜俯视及截面形貌

表 3.5-15 AX 系列高压微波等离子体 CVD 系统的技术参数

信号源模型	AX5000	AX5400	—	—
整合模式	AX52	AX5250	—	—
系统模型	AX6300	AX6350	AX6550/6560	AX6600
反应器类型	等离子体浸没	等离子体浸没	等离子体浸没	等离子体浸没
用户	R&D	R&D	产品	产品
开始生产年份	1988	1992	1993	1998
加热或冷却层	加热	冷却	冷却	冷却
微波功率/kW	1.5	5	8	60～100
微波频率/GHz	2.45	2.45	2.45	915MHz

（续）

典型直径/mm	50	50	64 热气流 100 工具	200
典型增长率/（μm·g/hr）	0.1～0.5	高达 7	高达 7	高达 15
典型质量增长率/（mg/hr）	1～4	60	90	1

（2）热灯丝化学气相沉积法（HFCVD）

CVD 合成金刚石工艺中关键的是原子态氢的产生，研究发现，当氢气通过温度为 2000～2500K 的热灯丝时，易解离成原子态氢。这种方式将金刚石薄膜的沉积速率提高到 1μm/h，并且可以在无籽晶层的条件下实现金刚石生长，设备非常简单且易操控，是目前商业化产品的主要方法。

HFCVD 装置及在钻头表面制备金刚石薄膜的示意图如图 3.5-32 所示，其基本工艺过程为含碳前驱气体（如 CH$_4$）经过高温灯丝时被加热并分解为活性粒子，在原子态氢的作用下沉积生成金刚石薄膜。其关键在于 C-H 键高温热解过程以及石墨抑制两方面。通常在 CH$_4$/H$_2$ 混合气体中 CH$_4$ 体积分数低于5%，酒精、丙酮与氢气的混合气体也可以用于碳源。此外，也可以在反应气氛中加入氧，它可以促进甲烷和氢气的裂解，产生大量的原子态氢，抑制石墨相，提高金刚石相含量；降低碳的浓度，减少非金刚石相生成；形成的 OH 自由基也可有效去除非金刚石相。衬底温度维持在 1300℃ 左右，反应腔压力为几千帕，气源比例可即时调控。此外，灯丝直径、灯丝材料、布置方式、与衬底距离等对金刚石薄膜有重要影响。典型的 HFCVD 工艺参数为：0.5%～2.0% CH$_4$/H$_2$，总压力 10～50Torr，衬底温度 1000～1400K，灯丝温度 2200～2500K。

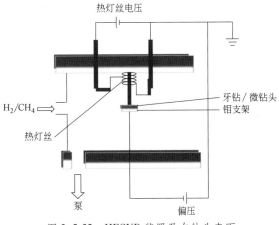

图 3.5-32 HFCVD 装置及在钻头表面制备金刚石薄膜的示意图

HFCVD 技术的改进措施有：

1）优化反应腔室结构。例如使用直径为 0.5mm 钽丝，采用螺旋形竖直放置，将镀膜的零件（主要是杆状类钻头、丝锥、车刀等）置于热灯丝之中并使之与螺旋形灯丝保持同轴，间距 5mm，可改善温度分布，提高金刚石薄膜的均匀性，增加成核密度，提升生长速率。

2）偏压增强型成核。金刚石薄膜制备过程的关键一步是衬底表面成核，在灯丝和衬底之间加上电压，可通过对衬底进行正/负偏压设置，从而起到增加成核密度促进生长的作用。如对衬底进行负偏压设置（-300V），可在衬底支承钼台上产生高达 200mA 的发射电流，产生明亮辉光放电，发射的电子向灯丝快速移动，并与前驱气体裂解产物相互作用，形成 $CH_3\cdot$、$C_2H_2\cdot$、$CH_2\cdot$、$CH\cdot$、$C\cdot$、$H\cdot$ 等自由基，增加成核密度。B. B. Wang 等人试验发现，当偏压施加 30min 时，金刚石成核密度可达 $0.9\times10^{10}/cm^2$，其示意图如图 3.5-33 所示。表 3.5-16 为主要的 CVD 金刚石沉积方法比较。

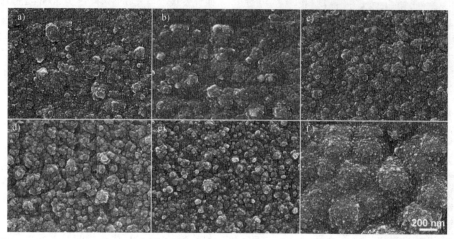

图 3.5-33　BEN-BEG 方法制备的金刚石薄膜 SEM 图像（BEN 处理 10min，BEG 处理 60min）
a）0V　b）-100V　c）-200V　d）-300V　e）-400V　f）-500V

表 3.5-16　主要的 CVD 金刚石沉积方法比较

方法	HFCVD	微波法	火焰燃烧法	等离子体法
衬底温度/℃	300~1000	300~1200	600~1400	600~900
热区温度/℃	1600~1900	>2500	3000~3200	1200~1600
源气体	CH_4、H_2、可少量 O_2	CH_4、H_2、CO、O_2	C_2H_2、O_2，可加 H_2	CH_4、H_2
流量/（mL/min）	100~1000	100~1000	1000~5000	100~1000
生长速率/（μm/h）	0.1~10	0.5~15	30~200	1~2
面积/cm^2	5~900	80(低压) 5(高压)	0.5~3	6~35
质量	较高	很高	较差	很高
优点	简单,大面积沉积,3D 物体沉积	质量好,稳定,附着强度高	简单,高速率,可同质外延	质量高,适合于微电子、光学等应用
缺点	灯丝不稳定,速率较低,不均匀	沉积速率低,面积小,难以 3D 沉积	面积小,稳定性差,有污染	难以沉积大面积薄膜

（3）CVD 工艺制备金刚石薄膜关键技术

1）衬底。金刚石沉积的衬底或基体材料种类繁多，形状各异，想要获得结合力强、质量高的金刚石薄膜，需要在 CVD 工艺中解决许多关键工艺参数。

若单一为了制备金刚石薄膜，可选用的衬底为 W、Mo、Si、Ne、Ta、Ti 等，其共同特点是容易形成碳化物，可降低碳输运到其表面的速率，直到达到金刚石形成的临界水平；若需要在刀具、模具等表面制备金刚石薄膜，则还要求零件基体材料的热胀系数与金刚石接近，以确保降温过程中金刚石薄膜不至于脱落。

2）衬底预处理。衬底材料确定后，金刚石在其表面的成核密度决定了薄膜生长，因此需要对衬底进行预处理。常用的衬底预处理方法有：①采用纳米级金刚石或碳化硅磨料进行超精密磨削。②采用超声波或磁流变液进行磨削。③利用酸或 Murakami 试剂［100mL H_2O+10g K_2Fe（CN）$_2$+10g KOH 混合液］进行化学处理。④对衬底进行偏压设置，增强金刚石成核密度。⑤衬底表面沉积碳氢化合物。上述这些预处理方法主要是在衬底表面形成纳米级划痕，提高金刚石成核位点密度。其中使用衬底偏压方法是金刚石在电子元器件和光学器件中应用的主要生产方法。而针对刀具、模具表面金刚石薄膜的生长，由于其尺寸、形状、位置等精度要求已定，此时主要解决的难题是如何提高金刚石薄膜与基体材料的黏附力。例如以 WC-Co 刀具为例，Co 质量分数为 6%，晶粒尺寸为 1~3μm，是合适的金刚石涂层制备衬底。然而刀具表面 Co 的存在会导致制备过程出现石墨偏多，造成金刚石薄膜与刀具表面的黏附力低，因此，通常采用酸或 Murakami 试剂去除刀具表面的 Co。

3）金刚石薄膜在三维结构上的生长。刀具通常具有宏-微跨尺度的三维结构，在其表面均匀制备金刚石薄膜比较困难，主要难点有：①如何在宏-微三维结构上获得均匀的温度场，金刚石薄膜的成核和生长的环境窗口小，对沉积区域温度的均一性和稳定性提出严格的要求；微细切削刀具尖角对温度有影响；刀具整体材料不同等。②常用钨钴类硬质合金表面的预处理方法，如何保证有效表面粗化和去钴，同时保证微细刀具的断裂强度。③金刚石薄膜制备工艺，要保证沉积生长速率适中、表面光滑、厚度均匀、与基体黏附力强。④金刚石薄膜微观结构及形貌对刀具切削性能的相应影响，微米或纳米级金刚石颗粒在切削过程中的作用。

以下针对在钨钴类硬质合金微型刀具表面制备金刚石薄膜的工艺进行简要说明。

① 微型刀具表面预处理：目前国际上通用的为酸碱两步化学预处理，添加过渡层和表面改性等方法。第一步将基体浸没在 Murakami 溶液中超声清洗约 10min，使碱与 WC 充分反应，进而粗化基体表面并暴露黏结相钴；进一步将基体放入酸溶液（30mL HCl、70mL H_2O）中，让酸与暴露的钴反应生成 Co^{2+}，以达到去除钴的效果。对于微型刀具，由于其截面尺寸较小，酸碱预处理后可能导致刀具的断裂强度降低，因此对于不同截面尺寸及形状的刀具需要调

整预处理工艺参数进行优化。

② 金刚石薄膜制备工艺：金刚石薄膜制备工艺窗口窄，反应腔压力、刀具基体温度、前驱物气体比例、气体流量等工艺参数都会对金刚石薄膜的质量和生长速率产生影响。其中的关键工艺技术包括：金刚石涂层与硬质合金基体之间结合力控制，在使用过程中因金刚石涂层脱落而导致的刀具失效大于 90%，由此可见涂层与基体结合力是限制涂层刀具应用的根本。解决方案包括：

a. 表面处理：通过清洗、磨削、抛光、喷砂等方法对刀具基体表面进行处理，可以去除杂质和氧化膜，并提高形核率。通常采用纳米级金刚石磨粒进行磨削或抛光，在基体表面形成纳米级划痕，增加成核位点；同时部分金刚石磨粒嵌入刀具基体内部，也可作为籽晶生长金刚石。

b. 表面脱钴处理：鉴于钴对金刚石薄膜制备的重大影响，刀具基体表面脱钴显得尤其重要。利用酸或 Murakami 试剂［100mL H_2O + 10g K_2Fe（CN）$_2$ + 10g KOH 混合液］进行化学处理，或用等离子体刻蚀法。后者利用 H_2、H_2/O_2、CO/H_2、Ar/H_2、H_2O/H_2 等混合气体中的 H 或 O 原子/离子与基体中的 WC 或 Co 进行反应，生成易挥发气体 CO_2、CH_4 和 $Co(CO)_4$、$Co(OH)_4$ 等，使得硬质合金表面形成一定厚度的纯钨层。在金刚石涂层沉积初始阶段，碳自由基与钨反应形成新的 WC 层，这层过渡层可以有效阻挡基体内部的钴向表面扩散，同时减小残余应力，使金刚石晶粒嵌入到 WC 晶界之中，增大了金刚石涂层与基体之间的接触面积，使涂层和基体之间形成了"钉扎效应"，有效提高了涂层基体之间的界面结合强度。

c. 改变基体成分或结构：由于钴含量的影响，开发新型硬质合金黏结剂，降低钴的使用量。例如，采用 6wt% Fe/Ni/Co 替代纯 Co 作为 WC 硬质合金的黏结剂，前者制备的硬质合金材料在后续金刚石薄膜沉积中能形成更好的黏附力，在洛氏压痕试验中，在样件不发生分层的前提下，施加载荷可达 60kg。此外，可采用二次烧结方法使基体中 Co 含量梯度化，从表层向内形成贫钴-中钴-富钴的梯度分布，增加涂层与基体的结合力。

d. 制作中间过渡层：在基体表面通过电化学、PVD、CVD 方法制备一层较薄的中间层，来减小界面间热胀系数的差异，减小热内应力，防止碳过渡渗入基体，同时防止钴向表层扩散，可显著改善涂层质量和结合力。对于过渡层的要求：ⓐ金刚石在其上的形核率要高。ⓑ热胀系数适中，能降低合金与金刚石薄膜间由晶格常数、热胀系数的差异所造成的内应力。

ⓒ与金刚石薄膜、WC硬质合金两种异质材料均能形成较强的结合键，在硬质合金和金刚石表面均有较好的附着力。ⓓ可与Co反应生成稳定的化合物，或其本身能直接阻止Co在高温下向表面层和金刚石涂层的扩散。ⓔ化学性质稳定，具有一定的机械强度。目前常用的过渡层材料有单一材料Ti、Mo、W、Cu、Cr、Ni、Si、B、C60、TiC、CrC、SiC、Ti（C，N）、TiN、BN、TiN、CrN、Si₃N₄、BN、TiB₂等，复合过渡层有WC/W、TiN/TiCN/TiN、TiCN/Ti、Ni/Mo、TiN/MO、B/TiB₂/B、Ti-Si等。过渡层的制备方法有：离子植入、离子镀、电子蒸发、激光辐射气相沉积、射频脉冲激光沉积和CVD等。

金刚石涂层表面粗糙度值较高，采用CVD方法制备的金刚石涂层表面凹凸不平，表面粗糙度Ra值为$4 \sim 10 \mu m$，切削过程中摩擦力大，切削质量差。目前降低涂层表面粗糙度值的途径主要有：

1）超细及纳米晶粒涂层。涂层的表面粗糙度与金刚石颗粒尺寸密切相关，通过调整CVD工艺参数，开发超细及纳米晶粒涂层制备技术是解决表面粗糙度值偏大的有效途径。表3.5-17对比了金刚石颗粒尺寸为微米级和纳米级时的力学性能，在纳米晶粒下，涂层具有纳米级表面粗糙度、更小的摩擦因数和更高的弹性模量。这些力学性能的改变，更加有利于刀具切削。

表3.5-17 纳米金刚石涂层与微米金刚石涂层性能比较

性能	纳米金刚石涂层	微米金刚石涂层
晶粒尺寸	$3 \sim 20$	几十微米
表面粗糙度值/nm	<19	粗糙
硬度/GPa	$39 \sim 78$	$85 \sim 100$
摩擦因数	$0.05 \sim 0.1$	0.1（抛光）
弹性模量	384	$354 \sim 535$

2）抛光。在获得微米级晶粒后，可以采用抛光方法进一步降低表面粗糙度值，但抛光不仅工艺复杂而且在过程中也很容易对金刚石薄膜质量和刀具寿命产生不良影响，而且对于麻花钻、立铣刀等复杂形状金刚石涂层刀具，抛光问题已成为此类刀具推广应用的障碍，这种方法有很大的局限性。表3.5-18列举了各种抛光方法的抛光机理和优缺点，据此可以选择合适的抛光处理技术。

表3.5-18 各种抛光方法的抛光机理和优缺点

方法	抛光机理	优点	缺点
机械抛光	微切削	成本低，表面污染小	只适用于平面形状的抛光，抛光效率低
热铁板抛光	石墨化扩散	成本低，抛光效率较高	只适用于平面形状的抛光，表面污染严重
熔融金属刻蚀	化学反应	不受形状限制，成本低，抛光效率较高	表面污染严重
化学辅助机械抛光	氧化	成本低，抛光效率较高，表面污染小	只适用于平面形状的抛光
电蚀抛光	电火花烧蚀	不受形状限制，抛光效率较高，表面污染小	成本高
激光抛光	蒸发、刻蚀、石墨化	不受形状限制，抛光效率较高，表面污染小	成本高
离子束抛光	喷射、刻蚀	不受形状限制，表面污染小	抛光效率低，成本高
等离子抛光	喷射、刻蚀	不受形状限制，表面污染小	抛光效率低，成本较高
反应离子刻蚀	喷射	不受形状限制，抛光效率高，表面污染较小	成本高
磨料水射流	冲击、摩擦、挤压	不受形状限制，抛光效率高，表面无污染	成本较高

众多学者对这些影响参数进行了较为系统的研究工作，得到在给定条件下较优的工艺参数和切削性能，例如葡萄牙阿威罗大学E. Salgueiredo等人采用正交试验方法较系统地研究了气体组成、真空腔气压、气体流量和基体温度对金刚石薄膜晶粒尺寸、残余应力、薄膜质量和生长速率的影响。他们发现基体温度对金刚石薄膜的上述性能影响最大。

3）应用研究方面。金刚石涂层微型刀具应用始

于2002年，英国曼彻斯特城市大学H. Sein等人利用改进的螺旋形热丝CVD方法获得更加均匀的温度场，在$\phi 1 \sim \phi 1.5mm$的WC-Co牙钻头上成功制备出金刚石薄膜（见图3.5-34a、b）。通过与未涂层和镶嵌聚晶金刚石的刀具对牙齿的切削对比试验，发现在其他切削条件相同的情况下，金刚石涂层刀具磨损较小，切削之后刃口形状更为完整，证实了金刚石涂层刀具的优越性。进一步，在WC-Co微钻头表面成功获得

金刚石涂层（见图 3.5-34c～e），金刚石涂层在 6 条切削刃上均匀分布，颗粒尺寸为 5～8μm，暴露（111）晶面（见图 3.5-35e）。德国弗劳恩霍夫表面处理研究所的 Gabler 等人在 PCB 专用微细钻头上制备出厚度为 13μm 的金刚石薄膜，可将满足加工要求的制孔数从 6000 孔提升到 20000 孔。

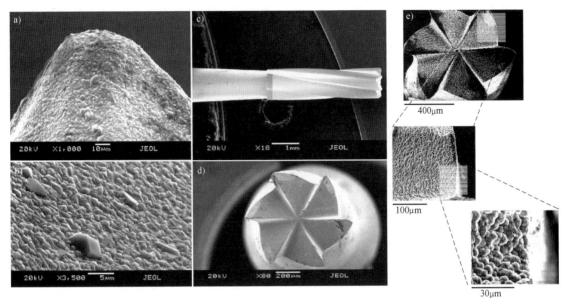

图 3.5-34　WC-Co 微型刀具及其表面制备的金刚石涂层 SEM 图像
a）牙钻切削刃表面的金刚石涂层　b）牙钻表面暴露（111）晶面的八面体金刚石涂层　c）、d）微钻头俯视图和右视图（沉积金刚石涂层之前）　e）微钻头端面制备出金刚石涂层之后不同放大倍数

目前生产金刚石涂层刀具的主要公司有美国的 sp3、Diamond Coating Tool、SEKI DIAMOND，德国的 Cemecon，瑞士的 Balzers，日本的 OSC 等。例如，Diamond Coating Tool 公司已经将金刚石涂层应用到 F-35 联合战斗机机翼及部件的加工刀具上，刀具因保持了硬质合金切削刃的几何形状和高的切削刃硬度，刀具寿命提高了 10 倍。该公司还提供市场上寿命最长的金刚石涂层立铣刀，切削复合材料寿命是普通铣刀的 70 倍；切削陶瓷达到普通硬质合金铣刀的 50 倍；切削石墨是普通统刀的 12～20 倍。山特维克开发的 CoroDrill 854 和 856 金刚石涂层钻削刀具和德瓦尔特集团开发的 Walter Titex PCD 钻头钻削加工复合材料，刀具寿命分别达到 650 个孔和 600 个孔，而一般的硬质合金钻头只能加工 30～40 个孔。肯纳公司开发的 SPF 金刚石涂层钻削刀具在切削速度为 120m/min、进给速度为 0.04mm/r 条件下，钻削厚度为 7.62mm 航空用碳纤维复合材料，刀具寿命为普通 PCD 刀具的 2 倍。

3. 类金刚石薄膜

类金刚石（Diamond Like Carbon，DLC）薄膜是由 sp3、sp2、sp 键混合而成的非晶碳膜，具有与金刚石薄膜类似的性能，如热导率高、热胀系数小、化学稳定性好、硬度和弹性模量高、耐磨性好、摩擦因数低等，以及突出的自润滑特性、生物相容性，因此成为高速钢和硬质合金刀具理想的表面改性膜。

（1）类金刚石薄膜结构

由于制备方式的不同，在 DLC 薄膜中碳原子的成键方式（如 C-H，C-C，C=C）及比例不同，导致 DLC 薄膜结构不同。由 sp3、sp2、sp 杂化成键的非晶碳膜称为 a-C，将含氢且 sp3 键量小于 50% 的非晶碳膜称为 a-C：H，将不含氢且 sp3 间含量大于 70% 的非晶碳膜称为 ta-C。非晶态碳与金刚石、石墨、碳 60、聚乙烯等标准材料的主要性能对比见表 3.5-19。图 3.5-35 为无定型碳-氢合金相图。

表 3.5-19　非晶态碳与金刚石、石墨、碳 60、聚乙烯等标准材料的主要性能对比

材料及类型	sp3（%）	H（%）	密度/（g/cm³）	带隙/eV	硬度/GPa
金刚石	100	0	3.515	5.5	100
石墨	0	0	2.267	0	—
碳 60	0	0	—	1.6	—
玻璃碳	0	0	1.3～1.55	0.01	3
蒸发后的碳	0	0	1.9	0.4～0.7	3
喷溅后的碳	5	0	2.2	0.5	—

（续）

材料及类型	sp3(%)	H(%)	密度/ (g/cm^3)	带隙/eV	硬度/ GPa
ta-C	80~88	0	3.1	2.5	80
硬 a-C:H	40	30~40	1.6~2.2	1.1~1.7	10~20
软 a-C:H	60	40~50	1.2~16	1.7~4	<10
ta-C:H	70	30	2.4	2.0~2.5	50
聚乙烯	100	67	0.92	6	0.01

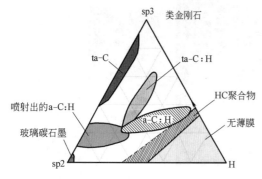

图 3.5-35　无定型碳-氢合金相图

（2）DLC 薄膜的性能

1）力学性能。DLC 薄膜硬度与膜中 sp3/sp2 键比例和氢含量密切相关，硬度随着 sp3 键含量的升高而提高，且与不同制备方法有关。例如，激光溅射和磁过滤阴极电弧沉积获得的 DLC 膜硬度达到金刚石薄膜同一数量级。真空磁过滤阴极电弧沉积的 a-C 薄膜硬度为 70~110GPa，接近金刚石硬度。DLC 薄膜硬度高度依赖 sp3 键含量，这将使共价键的碳原子平均配位数提高，使薄膜结构处于过约束状态，产生大的内应力，从而使 DLC 薄膜开裂或脱落。DLC 薄膜内应力过大、和基体材料结合力弱是其制备和应用中最大的难题。对于薄膜力学性能的工艺优化也主要是围绕降低薄膜内应力、增强薄膜与基体材料的结合力两方面进行的。通常可采用的途径包括：控制氢体积分数小于 1%，在薄膜中掺杂 B、N、Si 和金属元素，控制薄膜厚度的均一性等。在提高与基体结合力方面，主要是采用纯金属与化合物过渡层。

除了与金刚石薄膜类似的力学性能外，DLC 薄膜突出的特点是优异的耐磨性、低的摩擦因数。这种摩擦性能受环境影响较大，例如，DLC 薄膜对金刚石摩擦因数在潮湿空气中为 0.11，而在干燥的氮气中低至 0.03。采用直流等离子体 CVD 方法制备的 Si 掺杂 DLC 薄膜在上述两种环境中都有较小的摩擦因数（<0.05）。

2）电学性能。DLC 电阻率可在 $10^5 \sim 10^{12}\Omega \cdot cm$

之间变化，这与制备方法密切相关。通常情况下，含氢 DLC 薄膜电阻率较高，掺杂 N 可以降低电阻率，而掺杂 B 反而提高。DLC 薄膜介电强度为 $10^5 \sim 10^7 V/m$，介电常数为 5~11，损耗角正切在 1~100kHz 内较小，为 0.5%~1%。电子亲和低，可作为优异的冷阴极发射材料，且具有阈值电场低、发射电流稳定、电子发射面密度均匀等优点。研究表明，当 DLC 薄膜中 sp3 质量分数大于 80%，发射阈值电场强度降低到 $8V/\mu m$，当掺杂 N 或 B 后，阈值电场明显下降，在给定电场强度下（$20V/\mu m$），DLC 薄膜的发射电流密度为 $80\mu A/cm^2$，掺杂 B 后增加到 $2500\mu A/cm^2$。

3）光学性能。相较于金刚石薄膜，DLC 薄膜在近红外区表现出更高的透明性。在厚度为 0.4mm 双面抛光的硅片上，采用低能电子束双面沉积 DLC 薄膜，红外波段的透过率达 80%~95%，较原始硅片提高 2 倍；禁带宽度（Eg）小于 2.7eV，且与具体的制备工艺密切相关。例如，采用磁控溅射方法制备 DLC 薄膜时，溅射功率由 200W 增大到 1000W，薄膜 Eg 由 2.0eV 降低到 1.63eV。在激光脉冲沉积方法制备 DLC 中，采用 YAG 激光和 ArF 准分子激光制备的薄膜 Eg 值分别为 0.98eV 和 2.6eV。另外，掺杂对 DLC 薄膜 Eg 值改变较明显，这与半导体掺杂功能一致。

4）其他性能。DLC 薄膜的表面能较低，掺杂 F 元素可进一步降低表面能，但含 F 的薄膜化学稳定性较差。当掺入 SiO_2 时，可在降低表面能的同时保持化学稳定性。DLC 薄膜热稳定较差，这也是限制其广泛应用的一个重要因素。掺杂 Si 可明显改善热稳定性，例如，纯 DLC 薄膜 300℃ 退火时，出现 sp3 向 sp2 转变，而掺杂质量分数为 12.8%Si 的 DLC 薄膜在 400℃ 退火时，仍未出现 sp2 成分，当质量分数上升到 20%，sp3 最高转变温度跃身至 740℃。

（3）DLC 薄膜制备方法

DLC 薄膜的制备方法可分为 PVD 和 CVD 两大类，前者是在真空环境下加热或离化蒸发材料，使蒸发粒子沉积在基片表面形成 DLC 薄膜，加热源有激光蒸发、电弧蒸发、电子束加热。CVD 方法主要是在真空室内通入含碳化合物，并产生热裂解或离子化，再通过聚合、氧化、还原等化学反应过程，在基板上形成 DLC 薄膜。

1）离子束沉积。1971 年，S. Aisenberg 等人首次报道了 DLC 薄膜的制备方法，他们通过碳氢化合物离子束，在中等能量（≈100eV）条件下，在单晶硅、玻璃、不锈钢表面成功制备出了 DLC 薄膜。试验中制备的类金刚石薄膜的折射率大于 2.0，镀膜后抗刮伤能力提高一倍，在氢氟酸中抗酸化时间长达

40h，硅基底上薄膜的附着力超过 $2000g/cm^2$。E. G. Spencer 等人提出了离子束增强沉积法制备 DLC 膜，该方法制备的薄膜具有精确的计量比、较高的附着力、较小的应力，与传统的离子束相比其性能都得到了很大的提高。但是该方法制备薄膜时产生的热较多，不能用于低温基底，同时需要离子枪，在制备大面积 DLC 薄膜方面存在一定困难。在离子束沉积工艺中，通常在衬底上施加负偏压，使得离子能更紧密地与衬底结合。离子束的产生可来源于高压电弧放电，控制电弧弧斑尺寸在 $1\sim10\mu m$，电流密度可达到 $10^6\sim10^8A/cm^2$，因而可以从石墨靶表面产生大量碳颗粒，形成含有离子和电子的等离子体，等离子体在弧斑处垂直于石墨靶表面喷射出来。等离子体中含有一定数量的大颗粒，可能导致薄膜中石墨颗粒的存在。在弧光放电沉积中若采用磁过滤器，就可以消除大颗粒而得到单一荷电态的纯碳离子束。还可以通过直流或射频偏压控制碳离子的能量、种类等沉积参数，实现对薄膜性能的精密调整。

2）脉冲激光沉积。脉冲激光沉积（Pulsed Laser Deposition，PLD）是将激光束通过聚焦透镜或石英窗口投影到旋转的石墨靶上，在高能量密度激光的作用下形成等离子体放电，产生碳颗粒并沉积在基底上形成 DLC 膜。激光的波长和能量密度是决定 DLC 薄膜的关键，产生的等离子中离子成分越多，基底温度越高，DLC 膜中的 sp3 成分越高，膜质量越好。

3）溅射沉积法。溅射沉积法是常用制备 DLC 膜的方法，通常以石墨靶为碳源，利用高频振荡或直流激发的惰性气体离子轰击靶面，溅射出来的碳原子或离子在衬底表面形成 DLC 膜。溅射沉积法又可分为：直流溅射、磁控溅射、射频溅射、离子束溅射等。溅射沉积法所获得的 DLC 膜与气压、流量、功率、时间等工艺密切相关，DLC 膜的性质可在大范围内进行调控。

制备 DLC 膜的 CVD 技术：

1）射频等离子体化学气相沉积：RF CVD 方法可克服 PVD 方法中表面电荷累积效应，提高沉积速率，是目前实验室制备 DLC 膜的常用方法。其特点是沉积温度低、膜层质量好、适用于在介质衬底上沉积 DLC 膜。通常采用的是电容型射频电源，在样品台与气体导板间形成电容，样品台与射频电源连接，气体导板接地，射频功率通过电容耦合到衬底上，能够使碳氢气体充分地电离并在衬底上形成 DLC 膜。

2）直流等离子体化学气相沉积：通过直流辉光放电分解碳氢气体，从而激发形成等离子体，等离子体与基底表面发生相互作用，形成 DLC 膜。该技术在薄膜制备过程中，极板负偏压易于控制，而且能够大幅度调节。

3）热丝 CVD 方法：该方法是在直流放电法的基础上发展起来的，该方法通过热丝发射电子来维持辉光放电，从而分解碳氢气体形成等离子体，最终在基底表面形成 DLC 膜。改进的热丝法设备和工艺比较简单，稳定性好，比较适合 DLC 自支撑膜的工业化生产。但由于易受灯丝污染和气体活化温度较低的原因，不适合高质量 DLC 膜的制备。

（4）DLC 薄膜应用领域

由于 DLC 薄膜具有类似金刚石的部分性质，同时具备特殊的耐磨损、高光学透明性和生物相容性，使得 DLC 薄膜在机械、声学、电磁学、光学、医学领域有着广泛的应用。

1）机械领域。DLC 薄膜具有高硬度、低摩擦因数、良好的耐磨粒磨损和化学稳定性，非常适合做各类耐磨减摩涂层。在金属切削刀具表面沉积 DLC 薄膜，有助于减小切削力，提高使用寿命。例如，IBM 公司采用镀 DLC 薄膜的微型钻头在 PCB 制孔中，相较于未涂层钻头，制孔速度提高 50%，钻头使用寿命提高 5 倍，加工成本降低 50%。在锻压模具方面，模具表面进行掺杂 W 的 DLC 薄膜，锻压过程中可以不使用润滑剂，加工完毕后模具的质量更好。此外，DLC 在汽车发动机活塞环、缸套部件相互摩擦的表面应用也非常广泛。

2）声学领域。DLC 薄膜最早被用于扬声器振动膜，1986 年日本住友公司在钛膜上沉积 DLC 薄膜，制造出了高频响应扬声器（30kHz），随后众多企业加入了 DLC 薄膜在高保真扬声器振动薄膜的研发，目前已商用化。

3）电磁学领域。高密度磁盘存储对盘面要求既具有耐磨性又不影响其存储密度，采用 RF CVD 方法在磁盘上沉积厚度 40nm 的 DLC 薄膜，可以达到上述效果。DLC 薄膜在电子学的应用主要作为绝缘层、传感器敏感材料、场发射材料等。

4）光学领域。在光学领域主要是作为增透薄膜，尤其是在红外波段。例如锗通常作为 $8\sim13\mu m$ 波段的窗口和透镜材料，但它易被划伤、被水侵蚀，在其表面沉积一层 DLC 薄膜，可以防止上述两种损害，同时还可以提高红外光透过率。其他红外材料，如 MgF_2、ZnS 等都可以通过沉积 DLC 薄膜来提高红外透过率，同时增加使用寿命。在透镜抗激光损伤方面，太阳能电池增透薄膜中的应用也非常广泛。

5）医学领域。DLC 薄膜对于人体组织和血液等具有生物兼容性，在心脏瓣膜、人工关节、高频手术刀、牙钻等方面拥有众多应用。

① 心脏瓣膜：目前机械瓣膜常使用的热解碳材

料有其自身不足，如质地硬脆，一旦产生裂纹将自由扩展，造成破碎，与血液长期相容性不理想，佩戴者需要长期服用抗凝血药物，表面粗糙，易引起红细胞破损、表面细菌黏附等问题。DLC 薄膜的组织和血液生物相容性已得到广泛证实，尤其是在钛合金表面制备 DLC 薄膜，是利用了二者的突出特点。

② 人工关节：关节疼痛也是长期困扰人们的一种慢性疾病，当关节发生疾病，需要植入关节假体（人工关节），而植入的人工关节材料及结构需要考虑如下：摩擦问题、环境腐蚀、生物相容性。目前采用的人工关节材料有超高分子量聚乙烯、钛合金、钴合金等，它们仍然有一些不足之处。如聚乙烯在长期工作中易产生有害的磨损颗粒，会危害周边的组织；钛合金（TiAlN）承力表面也会产生磨损颗粒以及机械不稳定性，导致植入体附近的人体组织出现发黑现象；钴合金耐磨性和耐蚀性优于前两者，但在植入初期也会产生大量磨损颗粒。对于钛合金植入体表面进行诸如纯化、渗氮、离子注入、沉积 SiN 等改性，能在一定程度上改善植入体表面耐磨性，但提升程度有限。鉴于 DLC 薄膜突出的耐磨性和良好的生物相容性，在植入体表面沉积 DLC 薄膜将是今后的重点应用方向之一。但还须解决好以下几点：a. DLC 表面纳米级粗糙度（<10nm）。b. 关节基体与 DLC 薄膜界面结合力要足够高。c. DLC 薄膜中 sp3 含量尽可能高，越接近金刚石越好。

③ 高频手术刀：目前高频手术刀一般采用不锈钢制造，使用时常与肌肉发生黏连，并在高频加热情况下发出难闻气味。美国 ART 公司利用 DLC 薄膜的低表面能和不浸润特性，再通过掺杂金属元素提高其电导率，制备出了不与肌肉黏连且不发生热聚集的 DLC 涂层手术刀，形成商用化产品，提高工作效率和质量。

④ 牙钻：牙齿作为人体最坚硬的组织，在修复中使用的牙钻为硬质合金基体，并在其表面镀有金刚石颗粒。由于金刚石颗粒形状和尺寸的不均一性，导致参与切削的颗粒不等、切削力波动、磨损严重、效率低，而采用在 WC-Co 表面沉积纳米 DLC 薄膜，可以充分利用纳米 DLC 薄膜的优点。

3.5.6 电镀技术

电镀是用电化学的方法在固体表面上电沉积一层金属或合金的过程。当具有导电表面的零件与含有被镀金属离子的电解质溶液接触时，以被镀零件作为阴极，待镀的金属作为阳极，在外电流的作用下，就可在零件表面上沉积一层金属、合金或半导体等。电镀是表面镀膜及处理的重要组成部分，已广泛应用于各

行各业，如机械、仪表、电器、电子、轻工、航空、航天、船舶以及国防工业等。电镀膜不仅能使产品质量提升、美观、新颖和耐用，而且还可以对一些有特殊要求的工业产品赋予所需要的性能，如高耐蚀性、导电性、焊接性、润滑性、磁性、反光性、高硬度、高耐磨性、耐高温性等。

1. 电镀层的分类

若根据电镀层使用的目的大致可分为三类。

(1) 防护性镀层

防护性镀层通常有镀锌层、镀镉层和镀锡层。黑色金属零部件在一般大气条件下，常用镀锌层来保护，在海洋气候条件下，常用镀镉层来保护。对于接触有机酸的黑色金属零部件，则常用镀锡层来保护（如食品容器和罐头等），它不仅防护能力强，而且腐蚀产物对人没有害处。由于高价镉具有很高的毒性，从环境保护方面考虑，现在已很少应用，大多用锌及锌合金代替。

(2) 装饰性镀层

镀层以装饰性为主要目的，当然也要具备一定的防护性。装饰性镀层多半都是由多层膜形成的组合镀层，这是由于很难找到单一的金属镀层满足装饰性镀层的要求。首先在基体上镀一底层，然后再镀一表面层，有时还要镀中间层，例如，铜/镍/铬多层镀。也有采用多层镍和微孔铬的，现在汽车铝轮毂的电镀层数有的多达 9 层。近几年来，电镀贵金属（如镀金、银等）和仿金镀层应用比较广泛，特别在一些贵重装饰品和小五金商品中，用量较多，产量也较大。

(3) 功能性镀层

为了满足工业生产和科技上的一些特殊要求，常需要在某些零部件表面施镀一层金属或合金，称之为功能性镀层。这类镀层根据所产生的功能不同，又可分为以下几类：

1) 耐磨和减摩镀层。耐磨镀层是依靠给零部件镀覆一层高硬度的金属，以增加零部件的抗磨耗能力。在工业上大量应用的是镀硬铬，通常应用在工业上的大型直轴或曲轴的轴颈、压印辊的辊面、发动机的气缸和活塞环、冲压模具的内腔，以及枪、炮管的内腔等。减摩镀层多用在滑动接触面上，接触面镀上韧性金属，通常镀减摩合金镀层，这种镀层可以减少滑动摩擦，多用在轴瓦和轴套上，可以延长轴和轴瓦的使用寿命。作为减摩镀层的金属和合金有锡、铅-锡合金、铅-铟合金、铅-锡-铜合金等。

2) 抗高温氧化镀层。一些工作在高温工况下的零部件需要用耐高温材料制造，这些零部件在高温腐蚀介质中容易氧化或热疲劳而损坏。例如，喷气发动机的转子叶片和转子发动机的内腔等，常需要镀镍、

钴、铬及铬合金。

3）导电镀层。在印制电路板、IC元件等应用场合中，需要大量导电镀层来提高零部件表面的导电性，通常采用镀铜、银和金就可以了。当要求镀层既要导电好，又要耐磨时，就需要镀 Ag-Sb 合金、Au-Co 合金、Au-Ni 合金、Au-Sb 合金等。

4）磁性镀层。在电子计算机和录音机等设备中，所使用的录音带、磁盘和磁鼓等存储装置均需要磁性材料。这类材料多采用电镀法制得，通常用电镀法制取的磁性材料有 Ni-Fe、Co-Ni 和 Co-Ni-P 等。

5）焊接性镀层。有些电子元器件进行组装时常需要进行钎焊，为了改善和提高它们的焊接性，在表面需要镀一层铜、锡、银、锡-铅合金等。

6）修复性镀层。有些大型和重要的机器零部件经过使用磨损后，可以用电镀或刷镀法进行修补。汽车和拖拉机的曲轴、凸轮轴、齿轮、花键、纺织机的压辊等，均可采用电镀硬铬、镀铁、镀合金等进行修复，印染、造纸等行业的一些零部件也可用镀铜、镀铬等来修复。

2. 电镀工艺

（1）电镀预处理

电镀前的基体表面状态和清洁程度是保证镀层质量的先决条件，如果基体表面粗糙、有锈蚀或油污存在，将不会得到光亮、平滑、结合力良好和耐蚀性高的镀层。据统计，超过80%的电镀质量事故原因都在于镀前处理没有做好，因此要想得到高质量的镀层，必须加强镀前预处理的管理。

电镀粗糙表面的整平：

1）磨光：主要目的是使金属零部件粗糙不平的表面得以平坦和光滑，还能除去金属零部件的毛刺、氧化皮、锈蚀、砂眼、气泡和沟纹等。磨光用的磨料通常有人造刚玉、金刚砂、石英砂、氧化铬等。磨光用的磨轮多为弹性轮，一般使用皮革、毛毡、棉布、呢绒线、各种纤维织品和高强度纸等材料，使用压制、胶合、缝合等方法制作而成，并具有一定的弹性。磨光的效果与磨轮的旋转速度有密切关系，零部件的材料越硬，表面粗糙度值要求越小，磨轮的圆周速度应该越大。

2）机械抛光：利用装在抛光机上的抛光轮来实现的，抛光机和磨光机相似，只是抛光时用抛光轮，并且转速更高些。抛光轮通常是由棉布、亚麻布、细毛毡、皮革和特种纸等缝制成薄圆片。为了使抛光轮能有足够的柔软性，缝线和轮边应保持一定的距离。机械抛光还需要使用抛光膏，它通常由金属氧化物粉与硬脂、石蜡等混合，并制成适当硬度的软块。根据其中金属氧化物的种类不同，抛光膏一般可分为白

膏、红膏和绿膏三种。白膏由白色的高纯无水氧化钙和少量氧化镁粉制成，白膏中的氧化钙粉非常细小，无锐利的棱面，适用于软质金属的抛光和多种镀层的精抛光。红膏由红褐色的三氧化二铁粉制成，红膏中的三氧化二铁具有中等硬度，适用于钢铁零部件的抛光，也可用于细磨。绿膏由绿色的三氧化二铬粉制成，绿膏中的三氧化二铬是一种硬而锋利的粉末，适用于硬质合金钢及铬镀层的抛光。

（2）滚光和光饰

1）普通滚光。它是将零件和磨料等放入滚筒中，低速旋转滚筒，靠零部件和磨料的相对运动及摩擦效应滚光，滚光的效果与滚筒的形状、尺寸、转速、磨料、溶液的性质、零件材料性质和形状等有关。多边形。滚筒比圆形滚筒好，常用的滚筒多为六边形和八边形。滚筒的旋转速度与磨削量成正比，一般旋转速度控制在 20～45r/min 范围内，滚光用的磨料有石英砂、铁砂、钉子尖、陶瓷片、浮石和皮革角等。

2）离心滚光。它是在普通滚光的基础上发展起来的高能表面整平方法，在转塔内放置一些滚筒，内装零件和磨削介质等，当工作时，转塔高速旋转，而转筒则以较低的速度反方向旋转，旋转产生的离心力使转筒中的装载物压在一起对零部件产生滑动磨削，能起到去毛刺和整平的效果。

3）振动光饰。它是在滚筒滚光的基础上发展起来的普通光饰方法，使用的设备主要是筒形或碗形容器和振动装置。振动光饰效率比普通滚光高得多，适用于加工比较小的零部件。

4）离心光饰。这是一种高能光饰方法，其主要结构部分是圆筒形容器、碗形盘和驱动系统。将磨料和介质放入筒内，当工作时由于盘的旋转，使装载物沿着筒壁向上运动，其后又靠零部件的自身重量向下运动，如此反复使装载物呈圆筒形运动，从而对零部件产生磨削光饰作用。

（3）喷砂和喷丸

1）喷砂，是用压缩空气将砂子喷射到工件上，利用高速砂粒的动能除去零件表面的氧化皮、锈蚀或其他污物。喷砂可分为干喷砂和湿喷砂两种。干喷砂用的磨料是石英砂、钢砂、氧化铝和碳化硅等，应用最广的是石英砂。加工时要根据零部件材料、表面状态和加工的要求，可选用不同粒度的磨料。湿喷砂用磨料和干喷砂相同，可先将磨料和水混合成砂浆，磨料的体积分数一般为 20%～35%，要不断搅拌以防沉淀，用压缩空气压入喷嘴喷向加工零部件。

2）喷丸，与喷砂相似，只是用钢铁丸和玻璃丸代替喷砂的磨料，喷丸能使零部件产生压应力，而且

没有含硅的粉尘污染,目前许多精密件的喷丸采用不锈钢丸。

(4)脱脂

金属零部件在镀前黏附的油污分为矿物油、植物油和动物油。所有的动物油和植物油的化学成分主要是脂肪酸和甘油酯,它们都能和碱作用生成肥皂,故称为可皂化油。矿物油主要是各种碳氢化合物,不能和碱作用,称为不可皂化油,例如凡士林、石蜡和润滑油等。

1)有机溶剂脱脂。常用的有机溶剂有汽油、煤油、苯、甲苯、丙酮、三氯乙烯、三氯乙烷、四氯化碳等,其中汽油、煤油、苯类、丙酮等属于有机烃类溶剂,对大多数金属没有腐蚀作用,但都是易燃液体。苯类还有较大毒性,三氯乙烷、四氯乙烷和四氯化碳也属于有机烃类溶剂,但不易燃,且具有一定

的毒性,需要在密闭的容器中进行操作,并要注意通风。

有机溶剂脱脂的特点是对皂化油和非皂化油均能溶解,一般不腐蚀金属零部件,脱脂快,但不彻底,需用化学方法和电化学方法补充脱脂。

2)化学脱脂。化学脱脂是利用热碱溶液对油脂进行皂化和乳化作用,以除去可皂化性油脂,同时利用表面活性剂的乳化作用,以除去非皂化性油脂。

① 碱性脱脂,是依靠皂化和乳化作用,前者可除去动植物油,后者可除去矿物油。

碱性脱脂溶液通常含有以下组分:氢氧化钠、碳酸钠、磷酸三钠、焦磷酸钠、硅酸钠和表面活性剂等,表面活性剂的去脂作用与其分子结构有关。常用的乳化剂有:OP-10、平平加 A-20、TX-10、O-20、HW 和 6501、6503 等,其工艺见表 3.5-20。

表 3.5-20　碱性脱脂液组成及工艺条件 （单位:g/L）

组成及工艺条件	钢铁			铜及铜合金		铝及铝合金		锌及锌合金	
	1	2	3	4	5	6	7	8	9
氢氧化钠(NaOH)	50~100	40~60	20~40	8~12	—	10~15	—	—	—
碳酸钠(Na_2CO_3)	25~35	25~35	20~30	50~60	10~20	—	15~20	15~30	20~25
磷酸三钠($Na_3PO_4 \cdot 12H_2O$)	25~35	25~35	5~15	50~60	10~20	40~60	—	15~30	—
硅酸钠(Na_2SiO_3)	10~15	—	5~15	5~10	10~15	20~30	10~15	10~25	20~25
三聚磷酸钠($Na_3P_3O_{10}$)	—	—	—	—	—	—	10~15	—	15~20
OP 乳化剂	—	—	1~3	—	2~3	—	1~3	—	—
YC 脱脂添加剂	—	10~15	—	—	—	—	—	—	10~15
温度/℃	80~95	60~80	80~90	70~80	70	60~80	60~80	60~80	40~70

② 酸性脱脂仅适用于有少量油污的金属零部件。酸性脱脂通常是由无机酸和(或)有机酸中加入适量的表面活性剂混合配制而成,这是一种脱脂-除锈一步法工艺。常用的工艺有:

a. 硫酸(H_2SO_4,$\rho = 1.84g/cm^3$)80~140mL/L,加乳化剂 15~25mL/L,硫脲 1~2mL/L,温度 70~85℃,适用于表面附有氧化皮和少量油污的黑色金属零部件。

b. 盐酸(HCl,$\rho = 1.19g/cm^3$)185mL/L,OP 乳化剂 5~7.5g/L,乌洛托品 5g/L,温度 50~60℃,适用于表面附有疏松锈蚀产物和少量油污的黑色金属零部件。

c. 硫酸(H_2SO_4,$\rho = 1.84g/cm^3$)35~45mL/L,盐酸(HCl,$\rho = 1.19g/cm^3$)950~960mL/L,乳化剂 1~2g/L,乌洛托品 3~5g/L,温度 80~95℃,适用于表面附有氧化皮和少量油污的黑色金属零部件。

3)电化学脱脂。电化学脱脂的特点是脱脂效率

高,能除去零部件表面的浮灰和浸蚀残渣等机械杂质,阴极脱脂易渗氢,深孔内油污去除较慢,并需有直流电源。

① 阴极脱脂。阴极脱脂时,在阴极产生氢气气泡小而多,比阳极上产生的气泡多一倍,因而阴极脱脂比阳极脱脂的速度快,脱脂的效果也好。但由于阴极上产生大量的氢气,会有一部分渗入到钢铁基体,使钢铁零部件因渗氢而产生氢脆。为了尽可能减少渗氢,进行阴极脱脂时,可采用相对较高的电流密度,以减少阴极脱脂的时间。

② 阳极脱脂。阳极脱脂析出的气泡相对较少,气泡较大,故乳化能力较弱。阳极脱脂析出的氧气容易使金属表面氧化,某些油污也被氧化,以致难以除去。有色金属及其合金不宜采用阳极脱脂。

③ 阴阳极联合脱脂。联合脱脂时一般先进行阴极脱脂,随后转为短时间的阳极脱脂,这样既可利用阴极脱脂快的优点,又可减少或消除渗氢。电化学脱脂工艺见表 3.5-21。

表 3.5-21　电化学脱脂工艺　　　　　　　　（单位：g/L）

组成及工艺条件	钢铁			铜及铜合金			锌及锌合金		铝及铝合金
	1	2	3	4	5	6	7	8	9
氢氧化钠	10~30	40~60	20~30	10~15	—	5~10	—	0~5	—
碳酸钠	—	60	10~20	20~30	20~40	10~20	5~10	0~20	—
磷酸钠	—	15~20	—	50~70	20~40	—	10~20	20~30	—
硅酸钠	30~50	3~5	30~50	10~15	3~5	20~30	5~10	—	40
表面活性剂（质量分数 40% 烷基磺酸钠）	—	—	1~2	—	—	1~2	—	—	5
三聚磷酸钠	—	—	—	—	—	—	—	—	40
温度/℃	80	70~80	60	70~90	70~80	60	40~50	40~70	—
电流密度/(A/dm²)	10	2~5	10	3~8	2~5	5~10	5~7	5~10	—
阴极脱脂时间/min	1	—	1~2	5~8	1~3	1	0.5	5~10	—
阳极脱脂时间/min	0.2~0.5	5~10	—	0.3~0.5	—	—	—	—	—

（5）浸蚀

将金属零部件浸入到含有酸、酸性盐和缓蚀剂等的溶液中，以除去金属表面的氧化膜、氧化皮和锈蚀产物的过程称为浸蚀或酸洗。根据浸蚀的方法，可分为化学浸蚀和电化学浸蚀；若根据浸蚀的用途和目的又可分为一般浸蚀、强浸蚀、光亮浸蚀和弱浸蚀等。

1）一般浸蚀。在一般情况下，能除去金属零部件表面上的氧化皮和锈蚀产物即可。

2）强浸蚀。采用的酸浓度比较高，它能溶去表面较厚的氧化皮和不良的表面组织、碳层、硬化表层和疏松层等，以达到粗化表面的目的。

3）光亮浸蚀。一般仅能溶解金属零部件上的薄层氧化膜，去除去浸蚀残渣和挂灰，并降低零部件的表面粗糙度值。

4）弱浸蚀。金属零部件一般在进行强浸蚀或一

般浸蚀后，进入电镀槽之前进行弱浸蚀，主要用于溶解零部件表面上的钝化薄膜，使表面活化，以保证镀层与基体金属的牢固结合。

常用金属浸蚀方法：

1）钢铁零部件的强浸蚀。为了去除钢铁表面的锈蚀，通常使用硫酸和盐酸，反应中由于氢的析出，使高价铁还原成低价铁，有利于酸与氧化物的溶解，还能加速难溶黑色氧化皮的剥落。但析氢可能会引起氢脆，故在浸蚀液中常加入适量的缓蚀剂。

含有硫酸的浸蚀液中使用的缓蚀剂有若丁、磺化煤焦油等；含有盐酸的浸蚀液中使用的缓蚀剂有六次甲基四胺（即乌洛托品、H-促进剂）、苯胺和六次甲基四胺的缩合物等。

钢铁件化学浸蚀和电化学浸蚀工艺见表 3.5-22 和表 3.5-23。

表 3.5-22　钢铁部件化学浸蚀液的组成及工艺条件　　　　　　　　（单位：g/L）

组成及工艺条件	1	2	3	4	5	6	7	8	9	10
硫酸	200~250	100~200	—	150~250	—	600~800	30~50	—	75%（质量分数）	—
盐酸	—	100~200	150~350	—	—	5~15	—	—	—	100~150
硝酸	—	—	—	—	800~1200	—	—	—	—	—
氢氟酸	—	—	—	—	—	—	—	—	25%（质量分数）	—
磷酸	—	—	—	—	—	—	—	80~120	—	—
铬酐	—	—	—	—	—	150~350	—	—	—	—
氢氧化钠	—	—	—	—	—	—	—	—	—	—
氯化钠	—	—	—	100~200	—	—	—	—	—	—

（续）

组成及工艺条件	1	2	3	4	5	6	7	8	9	10
缓蚀剂	—	—	0.5~2	—	0.5~2	—	—	—	—	—
若丁	0.3~0.5	0~0.5	—	—	—	—	—	0.1	—	—
温度/℃	50~75	40~65	室温	40~60	<50	—	室温	70~80	室温	室温
时间/min	<60	5~20		1~5	3~10s	2~5		5~15	除尽	

表 3.5-23　钢铁部件电化学浸蚀液的组成及工艺条件　（单位：g/L）

组成及工艺条件	阳极浸蚀				阴极浸蚀		交流浸蚀
	1	2	3	4	5	6	7
硫酸（质量分数98%）	200~250	150~250	10~20		100~150	40~50	120~150
硫酸亚铁	—	—	200~300	—	—	—	—
盐酸				320~380		25~30	
氢氟酸（质量分数40%）				0.15~0.3			
氯化钠		30~50	50~60			20~22	
缓蚀剂（二甲苯硫脲）			3~5				
温度/℃	20~60	20~30	20~60	30~40	40~50	60~70	30~50
电流密度/(A/dm²)	5~10	2~6	5~10	5~10	3~10	7~10	3~10
时间/min	10~20	10~20	10~20	1~10	10~15	10~15	4~8
电极材料	阴极为铁或铅	阴极为铁或铅	阴极为铁或铅	阴极为铁或铅	阳极用铅	阳极用铅	—

2) 钢铁零部件的弱浸蚀及活化。金属零部件在脱脂及强浸蚀之后，还需要进行弱浸蚀或活化处理，其目的是为了除去金属表面上极薄的一层氧化膜，使表面活化，以保证镀层与基体金属牢固结合，弱浸蚀工艺见表 3.5-24。

表 3.5-24　一般钢铁部件的弱浸蚀工艺条件
（单位：g/L）

组成及工艺条件	1	2	3	4
硫酸（质量分数98%）	30~50	—	—	15~30
盐酸	—	50~80	—	—
氰化钠	—	—	20~40	—
温度/℃	室温	室温	室温	室温
电流密度/(A/dm²)	—	—	—	3~5
时间/min	0.5~1	0.5~1	0.5~1	0.5~1

3.5.7　喷涂技术

1910 年，瑞士 Schoop 博士开发了世界首部金属熔液喷涂装置，采用氧乙炔火焰喷涂铝线和锌线作为装饰用，由此开创了热喷涂技术。20 世纪 30~40 年代，随着火焰和电弧线材喷涂设备的完善，热喷涂技术从最初的装饰涂层发展到用钢丝修复机械零件、制作防腐蚀涂层。20 世纪 50 年代爆炸喷涂技术及随后等离子弧喷涂技术的开发，使喷涂技术在航空航天等领域获得了广泛的应用，自熔剂合金粉末的研制成功，使通过涂层重熔工艺消除涂层中的气孔、实现与基体冶金结合成为可能，扩大了热喷涂技术的应用领域。20 世纪 80 年代初期开发成功的高速火焰喷涂技术（HVOF），使 WC-Co 硬质合金涂层的应用从航天航空领域扩大到各种工业领域。20 世纪 90 年代，高效能超声速等离子弧喷涂技术的成功研制，促进了高效型喷涂技术的发展，为各个工业领域进一步有效利用热喷涂技术提供了重要手段。近几年开发出的高速电弧喷涂技术在保持普通电弧喷涂技术经济性能好、适用性强等特点的同时，使喷涂层获得更加优异的性能，特别是在船舶及其他海洋钢结构防腐、电站锅炉管道防腐耐冲蚀和贵重零件的修复等方面，有着巨大的应用价值。自热喷涂技术进入实际应用以来，新的热源、新型结构的喷枪和喷涂材料的研究发展都对热喷涂技术的发展起到了巨大的推动作用，热喷涂技术已成为机械制造和设备维修中广泛应用的一项表面工程技术。

1. 热喷涂

（1）热喷涂基本过程

热喷涂是以一定形式的热源将粉状、丝状或棒状喷涂材料加热至熔融或半熔融状态，同时用高速气流使其雾化，喷射在经过预处理的零件表面，形成喷涂层，用以改善或改变工件表面性能的一种表面加工技术。热喷涂是一种典型的自下而上的生长型薄膜制备技术，所制备的涂层较 PVD 和 CVD 技术制备的薄膜有其特殊之处。

热喷涂原理示意图如图 3.5-36 所示，当高温熔融粒子以高速撞击基体表面时，将发生液体的横向流动，导致扁平化，与此同时经快速冷却、凝固黏附在基体表面，整体涂层由大量粒子逐次沉积而形成。涂层的性能与涂层材料本身密切相关。选择合适的材料，可以获得具有优越耐磨损、耐腐蚀、耐热、绝热、耐辐射等性能的保护涂层，也可使材料表面获得具有导电、绝缘、磁、电等性能的功能涂层。

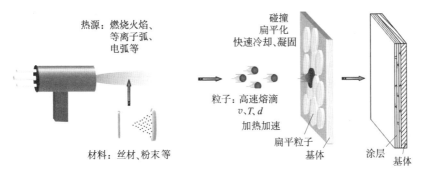

图 3.5-36　热喷涂原理示意图

特别地，在热喷涂工艺条件下，喷涂层与工件表面之间主要产生由于相互间的镶嵌而形成的机械结合，使得涂层与基体之间的结合强度普遍高于 PVD 和 CVD 技术。当高温、高速的金属喷涂粒子与清洁的金属工件表面紧密接触，并使两者间的距离达到晶格常数的范围内时，还会产生金属键结合。在喷涂放热型复合材料时，在喷涂层与工件的界面上，微观局部可能产生微冶金结合。

热喷涂的种类主要以热源形式进行划分，并结合喷涂材料的形态、性质、喷涂速度、喷涂环境进行进一步细分。如喷涂材料的形态（粉材、丝材、棒材）、材料的性质（金属、非金属）、能量级别（高能、高速）、喷涂环境（大气、真空、负压）等。热喷涂可分为火焰喷涂、电弧喷涂、等离子弧喷涂和特种喷涂四大类。火焰喷涂通常用氧乙炔火焰、燃气高速火焰、燃油高速火焰等进行喷涂。电弧喷涂包括普通电弧喷涂和高速电弧喷涂。等离子弧喷涂主要包括普通等离子弧喷涂、低气压等离子弧喷涂、超声速等离子弧喷涂等。特种喷涂主要有线爆喷涂、激光喷涂、悬浮液料热喷涂、冷喷涂等。表 3.5-25 为热喷涂方法及其技术特性。

（2）热喷涂特点

与其他表面工程技术相比，热喷涂在实用性方面有以下主要特点：

1）热喷涂的种类多。各种热喷涂技术的优势相互补充，扩大了热喷涂的应用范围，在技术发展中各种热喷涂技术之间又相互借鉴，增加了功能重叠性。

2）涂层的功能多。应用热喷涂技术可以在工件表面制备出耐磨损、耐腐蚀、耐高温、抗氧化、隔热、导电、绝缘、密封、润滑等多种功能的单一材料涂层或多种材料的复合涂层。

3）适用热喷涂的零件范围宽。热喷涂的基本特征决定了在实施热喷涂时，零件受热小，基材不发生组织变化，因而施工对象可以是金属、陶瓷、玻璃等无机材料，也可以是塑料、木材、纸等有机材料。由于热喷涂涂层与基体之间主要是机械结合，因而热喷涂不适用于重载交变负荷的工件表面，但对于各种摩擦表面、防腐表面、装饰表面、特殊功能表面等均可适用。

4）设备简单、生产率高。常用的火焰喷涂、电弧喷涂、小型等离子弧喷涂设备都可以运到现场施工，热喷涂的涂层沉积率仅次于电弧堆焊。

5）操作环境较差。需加以防护，在实施喷砂预处理和喷涂过程中伴有噪声和粉尘等，需采取劳动防护及环境防护措施。

表 3.5-26 列出了热喷涂技术与其他常用表面工程技术的比较。

2. 火焰喷涂

火焰喷涂是利用乙炔等燃料与氧气燃烧时所释放出的大量热作为热源，将喷涂材料加热到熔融或半熔

表3.5-25 热喷涂方法及其技术特性

热喷涂方法	火焰喷涂						电弧喷涂		等离子喷涂			其他喷涂方法	
	材料火焰喷涂	陶瓷棒火焰喷涂	粉末火焰喷涂	粉末塑料喷涂	气体爆燃式喷涂	高速火焰喷涂	电弧喷涂	高速电弧喷涂	等离子弧喷涂	低压等离子弧喷涂	超声速等离子弧喷涂	激光喷涂	丝材爆炸喷涂
热源	燃烧火焰	燃烧火焰	燃烧火焰	燃烧火焰	爆燃火焰	燃烧火焰	电弧	电弧	等离子弧	等离子弧	等离子弧	激光	电容放电能量
温度/℃	3000	2800	3000	2000	3000	略低于等离子	4000	4000	6000~12000	—	18000	—	—
喷涂离子飞行速度/(m/s)	50~100	150~240	30~90	50~150	700~800	1000~1400	50~150	200~600	300~350	—	3660（电弧速度）	—	400~600
喷涂材料	金属复合材料、粉芯丝材	Al_2O_3、ZrO_2、Cr_2O_3等陶瓷	金属、陶瓷、复合材料粉末材料	塑料粉末	陶瓷、金属、硬质合金	金属、陶瓷粉末、硬质合金	金属丝、粉芯丝材	金属丝、粉芯丝材	金属、陶瓷、塑料	MCrAlY合金、碳化物、易氧化合金、有毒合金	金属、合金、碳化物和陶瓷材料	低熔点到高熔点的各种材料	金属
喷涂量/(kg/h)	2.5~3.0（金属）	0.5~1.0	1.5~2.5（陶瓷）3.5~10（金属）	2	—	20~30	10~35	10~38	3.5~10（金属）6.0~7.5（陶瓷）	5~55	不锈钢丝34、铝丝25、WC/Co6.8	—	—
喷涂层结合强度/MPa	10~20（金属）	5~10	10~20（金属）	无气孔	70（陶瓷）175（金属）	>70（WC-Co）	10~30	20~60	30~60（金属）	>80	40~80	良好	30~60
孔隙率(%)	5~20（金属）	2~8	5~20（金属）	无气孔	<2（金属）	<2（金属）	5~15	<2	3~15（金属）	<1	<1	较低	2.0~2.5

表 3.5-26　热喷涂技术与其他常用表面工程技术的比较

有关参数	热喷涂	堆焊	气相沉积	电镀
零件尺寸	无限制	易变形件除外	受真空室限制	受电镀槽尺寸限制
零件几何形状	简单形状	对小孔有困难	适于简单形状	范围广
零件的材料	几乎不受限制	金属	通常限制不大	导电材料或经过导电化处理的材料
表面材料	几乎不受限制	金属	金属及合金	金属、简单合金
涂层厚度/mm	1~25	达 25	通常<1	达 1
涂层孔隙率(%)	1~15	通常无	极小	通常无
涂层与基体结合强度	一般	高	高	较高
热输入	低	通常很高	低	无
预处理	喷砂	机械清洁	要求高	化学清洁
后处理	通常需要封孔处理	清除应力	通常不需要	通常不需要
表面粗糙度值	较小	较大	很小	极小
沉积率/(kg/h)	1~10	1~70	很慢	0.25~0.5

融状态，并高速喷射到经过预处理的工件表面上，从而形成具有一定特性涂层的喷涂工艺。火焰喷涂方法根据使用的材料种类与火焰燃烧特性又分为粉末火焰喷涂法、线材火焰喷涂法、气体爆燃喷涂法与高速火焰喷涂等。

（1）粉末火焰喷涂

粉末火焰喷涂的原理如图 3.5-37 所示，喷枪通过气阀分别引入燃料（主要采用乙炔）和氧气，经混合后，从喷嘴喷出，产生燃烧火焰，喷枪上设有供粉装置（粉斗或进粉管），利用送粉气流产生的负压与粉末自身重力作用，抽吸粉斗中的粉末，使粉末颗粒随气流从喷嘴中心进入火焰，粒子被加热熔化或软化成为熔融粒子。焰流推动熔滴以一定速度撞击在基体表面形成扁平粒子，不断沉积形成涂层，为了提高熔滴的速度，有的喷枪设置有压缩空气喷嘴，由压缩空气给熔滴以附加的推动力。对于与喷枪分离的送粉装置，借助压缩空气或惰性气体，通过软管将粉末送入喷枪，粉末火焰喷涂设备由喷枪及氧气和乙炔气供给装置组成。

粉末火焰喷涂已是较普遍采用的喷涂方法，主要特点有以下几方面：

1）设备简单、轻便，价格低，现场施工方便，噪声小。

2）操作工艺简单，容易掌握，便于普及。

3）适于机械零部件的局部修复和强化，成本低，耗时少，效益高。

4）可以喷涂纯金属、合金、陶瓷和复合粉末等多种材料，但一般主要用于制备喷涂后需要再重熔的

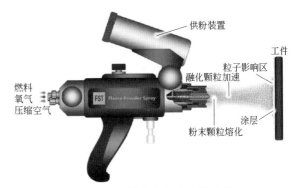

图 3.5-37　粉末火焰喷涂的原理

自熔合金涂层、镀镍石墨等可磨耗涂层以及塑料涂层。

5）与其他热喷涂方法相比，由于火焰温度和熔粒飞行速度较低，涂层的气孔率较高，结合强度和涂层自身强度都比较低。

由于以上特点，粉末火焰喷涂可广泛用于机械零部件和化工容器、辊筒表面制备耐蚀、耐磨涂层，在无法采用等离子弧喷涂的场合（如现场施工），用此法可方便地喷涂粉末材料。

（2）线材火焰喷涂

图 3.5-38 为线材火焰喷涂的原理，喷枪通过气阀分别引入乙炔、氧气和压缩空气，乙炔与氧气混合后在喷嘴出口处产生燃烧火焰，喷枪内的送丝机构带动线材连续地通过喷嘴中心孔送入火焰，在火焰中被加热熔化，压缩空气通过空气帽形成锥形的高速气流，使熔化的材料从线材端部脱离，并雾化成细微的

颗粒，在火焰及气流的推动下，沉积到经过预处理的基材表面形成涂层。

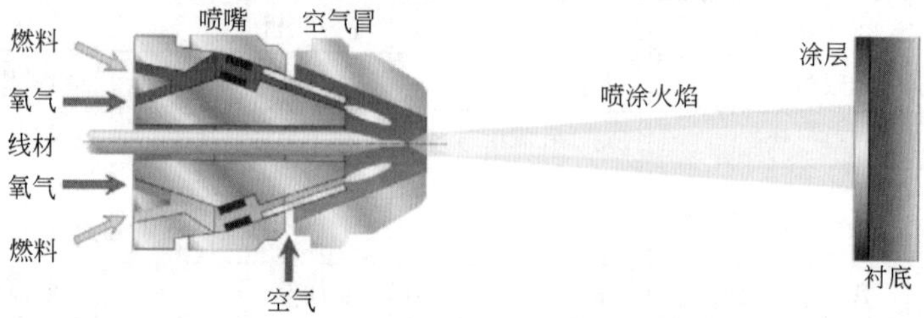

图 3.5-38　线材火焰喷涂的原理

线材火焰喷涂法的主要特点：

1）可以固定，也可以手持操作，灵活轻便，尤其适合户外施工。

2）凡能拉成丝的金属材料几乎都能用于喷涂，也可以喷涂复合丝材。

3）火焰的形态、性能及喷涂工艺参数调节方便，可以适应从低熔点的锡到高熔点的钼等材料的喷涂。

4）采用压缩空气雾化和推动熔滴，喷涂速率、沉积效率较高。

5）工件表面温度低，不会产生变形，甚至可以在纸张、织物、塑料上进行喷涂，线材火焰喷涂使用的喷涂材料包括从锌、铝低熔点金属到不锈钢、碳钢、钼等可以加工成线材的所有材料，难以加工成线材的氧化铝、氧化铬等氧化物陶瓷、碳化物金属陶瓷，也可以填充在柔性塑料管中进行喷涂，线材的直径可从 0.8mm 到 7mm，最常用的直径为 3.0～3.2mm。线材火焰喷涂操作简便，设备运转费用低，因而获得广泛应用，目前主要用于喷铝、喷锌防腐喷涂，机械零部件、汽车零部件的耐磨喷涂。

（3）气体爆燃式喷涂

气体爆燃式喷涂设备由气体爆燃式喷涂枪、送粉装置、气体控制装置、旋转和移动工件的装置、隔声防尘室等部分组成，其原理如图 3.5-39 所示。将一定比例的氧气和乙炔送入到喷枪内，然后再由另一入口用氮气与喷涂粉末混合送入，在枪内充有一定量的混合气体和粉末后，由电火花塞点火，使氧乙炔混合气发生爆炸，产生热量和压力波，喷涂粉末在获得加速的同时被加热，由枪口喷出，撞击在工件表面，形成致密的涂层。

气体爆燃式喷涂适用的粉末范围很广，按其成分可分为金属及其合金、自熔合金粉末、陶瓷和复合材料四类，但主要用于喷涂陶瓷和金属陶瓷，修复航空发动机，涂层质量高，喷涂陶瓷粉末时，涂层的结合强度可以达到 70MPa，而金属陶瓷涂层的结合强度可以达到 175MPa。涂层中可以形成超细组织或非晶态组织，孔隙率可以达到 2% 以下。近年来，其应用领域也从航空航天等高科技部门逐步向冶金、机械、纺织、石油化工、钻探等民用工业部门转移，其应用领域仍在不断扩展之中。

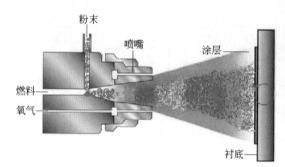

图 3.5-39　气体爆燃式喷涂原理

（4）高速火焰喷涂

高速火焰（High Velocity Oxy-Fuel，HVOF）喷涂具有非常高的速度和相对较低的温度，特别适合于喷涂 WC-Co 等金属陶瓷，涂层耐磨性与气体爆燃喷涂层相当，显著优于等离子弧喷涂层和电镀硬铬层，结合强度可达 150MPa。另外，HVOF 喷涂也可用于喷涂熔点较低的金属及合金，试验表明 HVOF 自熔剂合金涂层的耐磨性优于喷熔层。HVOF 金属涂层的应用潜力非常大。

高速火焰喷涂系统由喷枪、控制柜、送粉器、冷却系统与连接管路构成，其装置示意图如图 3.5-40 所示。Jet-Kote 是第一台商品化的 HVOF 喷涂系统。图 3.5-41 为 Jet-Kote Ⅱ 型喷枪结构图，燃气（丙烷、丙烯或氢气）和氧气分别以 0.3MPa 以上的压力输入燃烧室，同时从喷枪喷管轴向的圆心处由送粉气（氮气或压缩空气）送入喷涂粉末，喷枪的燃烧室和喷管均用水冷却，燃气和氧气在燃烧室混合燃烧，气体燃烧产生压力，形成高速的焰流，进入长约 150mm 长的喷管，在喷管里汇成一束高温射流，将进入射流中的粉末加热熔化和加速。射流通过喷管时受到水冷壁的压缩，离开喷嘴后，燃烧气体迅速膨胀，产生超声速火焰，火焰喷射速度可达 2 倍以上的声速，为普通火焰喷涂的 4 倍，也显著高于一般的等离子弧喷涂射流。

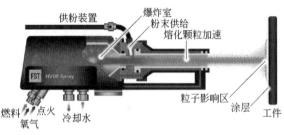

图 3.5-40 高速火焰喷涂装置示意图

高速火焰喷涂法具有以下特点：①火焰和喷涂粒子速度极高，火焰速度可达 2000m/s，喷涂粒子速度可达 300～650m/s。②粒子与周围大气接触时间短，喷涂粒子和大气几乎不发生反应，喷涂材料微观组织变化小，能保持其原有的特点，这对喷涂碳化物金属陶瓷特别有利，能有效避免其分解和脱碳。③高速区范围大，可操作喷涂距离范围大（150～300mm），工艺性好。④气体消耗量大，通常为普通火焰喷涂法的数倍至 10 倍。⑤噪声较大，需要隔声设备。⑥焰流温度低，不适合高熔点材料如陶瓷材料的喷涂。

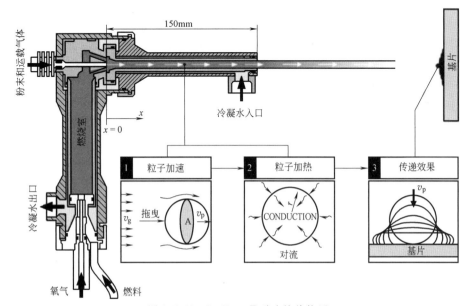

图 3.5-41 Jet-Kote Ⅱ型喷枪结构图

受火焰自身的限制，火焰温度与等离子相比要低得多。由于作为热源具有以上特性，HVOF 用于喷涂 WC 系硬质合金类，使用效果最好。可用于 HVOF 方法的喷涂材料包括一般的金属、铁基合金、镍基合金和钴基合金等金属合金粉末，WC 系、Cr_3C_2 系、TiC 系、SiC 系和 Al_2O_3 系金属陶瓷粉末，有的 HVOF 系统甚至可以喷涂 Al_2O_3、TiO_2、ZrO_2、Cr_2O_3 等陶瓷粉末。由于具有优越的性能，HVOF 涂层可应用于航空航天发动机、民用汽轮机、石油化工、汽车、钢铁冶金、造纸、生物医学等各个领域。

HVOF 因其相对较低的工作温度，以及形成的纳米结构涂层组织致密、结合强度高、硬度高、孔隙率低、涂层表面粗糙度值小等而倍受推崇。目前，HVOF 技术被认为是制备高温耐磨涂层较为理想的技术，WC/Co 系列纳米结构涂层的成功制备将大大拓宽 HVOF 技术在耐磨领域的应用前景。

3. 电弧喷涂

电弧喷涂技术是热喷涂技术中的一种。随着喷涂设备、材料、工艺的迅速发展与进步，电弧喷涂技术已经成为目前热喷涂领域中最引人注目的技术之一。

（1）电弧喷涂原理

电弧喷涂是以电弧为热源，将熔化的金属丝用高速气流雾化，并以高速喷射到工件表面形成涂层的一种工艺，如图 3.5-42 所示。电弧喷涂是从丝盘拉出两根喷涂丝材，在两根丝材未接触之前保持绝缘，将两个喷涂丝材分别送进喷枪的导电嘴内，两个导电嘴一个接在电源的正极上，另一个接在电源的负极上，当喷涂丝材进入导电嘴后，两根丝材端部互相接触时将形成短路并且产生电弧，此时相接处短路引起电弧所产生的热量会渐渐加热两喷涂丝材的端部并使之熔化，由于压缩空气气流的作用，熔融的金属喷涂丝料喷射并雾化，雾化的颗粒能以 180～335m/s 的速度冲击到预先制备好的材料表面形成涂层。此项技术可赋予工件表面优异的耐磨、防腐、防滑、耐高温等性能，在机械制造、电力电子和修复领域中获得广泛的应用。

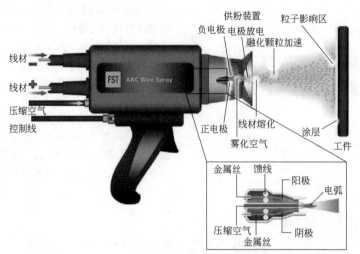

图 3.5-42　电弧喷涂示意图

（2）电弧喷涂的优点

1）涂层与基体结合强度高，一般为火焰喷涂涂层与基体结合强度的 2 倍，可以在不提高工件温度、不使用贵重底材的情况下获得更好的涂层结合力。

2）效率高，喷涂效率正比于电弧电流，能源利用率达 57%，在同样的时间内电弧喷涂的金属的重量要比其他热喷涂技术喷涂的金属的重量大。

3）应用范围广，使用电能更安全、经济、设备更小、重量更轻，已在航天、航空、能源、交通、机械、冶金、国防等领域得到了广泛的应用。

（3）电弧喷涂材料

所用的喷涂材料为所有能导电的金属和合金，同时被大量使用的还有粉芯丝材，直径通常都在 1.6~5.0mm 的范围内，丝材熔化形成的颗粒速度可已达到 150m/s，熔敷效率约 20kg/h。电弧喷涂丝材包括两类：一类是实心丝材，另一类是粉芯丝材。前者经熔炼、拉拔等工艺制成，是目前采用的主要喷涂材料。粉芯丝材包括外皮和粉芯两部分，由金属外皮内包装着不同类型金属、合金粉末或陶瓷粉末构成，因而同时具备丝材和粉末的优点，能够进行柔性加工制造、拓宽涂层材料成分范围，并可制造特殊的合金涂层和金属陶瓷复合材料涂层。表 3.5-27 为常用实心丝材，表 3.5-28 为常用粉芯丝材。

（4）电弧喷涂的工艺参数

电弧喷涂的主要工艺参数有：工作电流、雾化气体压力、喷涂距离、电弧电压。一般情况下，电弧电压随喷涂材料熔点的降低而减小。因此，应根据不同的喷涂材料来选择合适的电弧电压（见表 3.5-29）。在实际应用中，采用空气或氮气、氧气和燃气混合气作为雾化气体，压力控制在 0.2~0.7MPa 之间，喷涂距离为 50~170mm，喷涂效率可达 10~25kg/h，粒子速度为 100m/s。喷涂后可进行炉内回火进一步提高涂层的密度和结合强度。

表 3.5-27　常用实芯丝材

丝材	特点主要应用领域
锌及锌合金	在大气和水中具有良好的耐蚀性，而在酸、碱、盐中不耐腐蚀。广泛应用于室外露天的钢铁构件，如水门闸、桥梁、铁塔和容器等的常温腐蚀防护
铝及铝合金	铝及铝合金喷涂层已广泛应用于储水容器、硫磺气体包围的钢铁构件、食品储存器、燃烧室、船体和闸门等的腐蚀防护。Zn-Al 合金涂层也具有优异的防腐蚀性能
铜及铜合金	纯铜主要用作电器开关和电子元件的导电喷涂层及塑像、工艺品、建筑表面和装饰喷涂层。黄铜喷涂层广泛应用于修复磨损和加工超差的零件，也可以用作装饰喷涂层。铝青铜的结合强度高，抗海水腐蚀能力强，主要用于修复水泵叶片、气闸阀门、活塞、轴瓦，也可用来修复青铜铸件和装饰喷涂层
镍及镍合金	镍合金中用作喷涂层的主要为镍铬合金。这类合金具有非常好的抗高温氧化性能，可在 880℃ 高温下使用，是目前应用很广的热阻材料。它还可以耐水蒸气、二氧化碳、一氧化碳、氨、醋酸和碱等介质的腐蚀，因此镍铬合金被大量用作耐腐蚀及耐高温喷涂层
钼	钼在喷涂中常为黏结底层材料使用。还可以用作摩擦表面的减摩工作涂层，如活塞环、制动片、铝合金气缸等
碳钢和低合金钢	碳钢和低合金钢是应用广泛的高速电弧喷涂材料。它具有强度较高、耐磨性好、来源广泛、价格低廉等特点。高速电弧喷涂一般采用高碳钢，以弥补碳元素的烧损

表 3.5-28 常用粉芯丝材

丝材	主要成分	主要应用领域
7Cr13 耐磨丝材	Fe、C、Cr、Mn	马氏体型不锈钢组织,涂层硬度高,可用于造纸烘缸、压力柱塞、曲轴等零部件修复
低碳马氏体丝材	Fe、Cr、Ni、Mo	低碳马氏体组织,膨胀系数小,可以喷涂较厚的涂层,具有较好的韧性和耐磨性,可以用作打底涂层
奥氏体型不锈钢丝材	Fe、Cr、Ni	奥氏体型不锈钢组织,配合适当的封孔剂,涂层具有良好的耐晶间腐蚀与点蚀性能
FH-16 防滑丝材	Al/Al$_2$O$_3$	铝基复合陶瓷涂层,具有较高的摩擦因数和良好的摩擦因数保持能力,可用作防腐防滑耐磨涂层
Fe-Al 复合丝材	Fe-Al/WC Fe-Al/Cr$_3$C$_2$	可制备 Fe-Al 金属间化合物复合涂层,可应用于电厂燃煤锅炉管道等的高温冲蚀磨损防护
Zn 基防腐丝材	Zn、Al、Mg Zn、Al、Mg、Re	用于海洋气候环境下舰船、港口设备、海上石油平台等装备的腐蚀防护

表 3.5-29 常见喷涂材料的喷涂工作电压

材料	工作电压/V	材料	工作电压/V
锌	26~28	碳钢与不锈钢	30~32
铝	30~32	锡合金	23~25
锌铝合金	28~30	镍合金	30~33
铝镁合金	30~32	铜合金	29~32
稀土铝合金	30~32	铝青铜(黏结层)	34~38
锌铝伪合金	28~30	镍铝合金(黏结层)	34~38

喷涂电压是最重要的工艺参数,电弧电压过高时,会导致喷涂粒子尺寸增大、氧化烧损严重,同时烟尘量也将增大;当电弧电压过低时,电弧将不稳定,会产生线材的不连续接触和电弧的间断,导致喷涂过程不连续,未充分熔化的丝段飞向待喷涂材料表面而产生涂层缺陷,甚至发生两丝焊在一起的现象造成喷涂过程中断,另外对于导电性较差的丝材需要较高的电弧电压以维持电弧的稳定。

4. 等离子弧喷涂

等离子弧喷涂是采用等离子弧为热源,以喷涂粉末材料为主的热喷涂方法。它利用等离子喷枪产生的等离子火焰来加热熔化喷涂材料,喷涂材料达到熔融或半熔融状态后,经孔道高压压缩后和等离子一起呈高速等离子射流喷出,喷向材料的表面形成喷涂层。通常的工作气体为 Ar、He、N$_2$ 和 H$_2$ 等,气体被电弧加热并且解离形成等离子体,在喷涂进行过程中,等离子弧喷涂的射流中心温度最高可达 33000K,喷流速度为 300~400m/s。近年来,等离子弧喷涂技术发展迅速,发展出低压等离子弧喷涂,计算机自动控制的等离子弧喷涂,高能、高速等离子弧喷涂,超声速等离子弧喷涂,三电极轴向送粉等离子弧喷涂和水稳等离子弧喷涂等,这些新设备、新工艺、新技术在航空、航天、原子能、能源、交通、先进制造业和国防工业上的应用日益广泛。

(1) 等离子弧喷涂的原理及特点

图 3.5-43 为等离子弧喷涂原理示意图,左侧为等离子喷枪,根据工艺的需要经进气管通入 Ar、He、N$_2$ 和 H$_2$ 等气体,这些气体进入弧柱区后,发生电离而成为等离子体,高频电源接通使钨极端部与前枪体之间产生火花放电,于是电弧便被引燃,电弧引燃后,切断高频电路,引燃后的电弧在孔道中受到三种压缩效应,温度升高,喷射速度加大,此时往前枪体的送粉管中输送粉状材料,粉末在等离子焰流中被加热到熔融状态,并高速喷射到零件表面形成喷涂层。

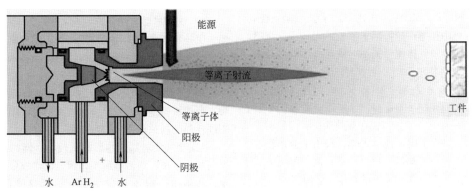

图 3.5-43 等离子弧喷涂原理示意图

等离子弧喷涂与其他热喷涂技术相比，主要有以下特点：①基体受热温度低（<200℃），零件无变形，不改变基体金属的热处理性质。②等离子焰流的温度高，可喷涂材料广泛，既可喷涂金属或合金涂层，也可喷涂陶瓷和一些高熔点的难熔金属。③等离子射流速度高，射流中粒子的飞行速度一般可达200~300m/s。最新开发的超声速等离子弧喷涂粒子速度可达600m/s以上，因此形成的涂层更致密，结合强度更高，显著提高了涂层的质量，特别是在喷涂高熔点的陶瓷粉末或难熔金属等方面更显示出独特的优越性。

（2）低压等离子弧喷涂

等离子弧喷涂一般都是在大气环境中进行的，由于一些喷涂材料在喷涂过程中易于氧化，严重影响涂层质量，所以必须在低气压或保护气氛中喷涂。其主要改进措施是将等离子喷枪、工件及其运转机置于低真空或选定的可控气氛的密闭室里，在室外控制喷涂过程，当等离子射流进入低真空环境，其形态和特性都将发生变化：①射流比大气等离子射流体积膨胀更大，密度变小，射流的速度相应提高。喷涂材料在焰流中停留时间长，熔化好，不氧化，涂层残余应力降低，涂层质量显著改善，尤其适应于喷涂易氧化烧损的材料。②由于低真空环境传热性差，离子保温时间长，熔化充分，基体预热温度也较高，无氧化膜，有利于提高涂层结合强度，减小孔隙率。③压力越低，熔滴的飞行阻力越小，速度也显著提高，利于提高涂层结合强度和致密性。广州有色金属研究院研究开发成功低压等离子弧喷涂技术，并应用于重要装备的零部件表面喷涂。

（3）超声速等离子弧喷涂

超声速等离子弧喷涂是在高能等离子弧喷涂的基础上，利用非转移型等离子弧与高速气流混合时出现的"扩展弧"，得到稳定聚集的超声速等离子射流进行喷涂的方法。美国 TAFA 公司向市场推出了能够满足工业化生产需要的 270kW 级大功率、大气体流量（21m³/h）的"PLAZJet"超声速等离子弧喷涂系统，其核心技术集中在超声速等离子喷枪的设计上，该喷枪依靠增大等离子气体流量提高射流速度，采用双阳极来拉长电弧，使电弧电压可高达 200~400V，电流 400~500A，焰流速度超过 3000m/s，大幅提高喷射粒子的速度（可达 400~600m/s），涂层质量明显优于常规速度（200~300m/s）的等离子弧喷涂层，但是由于能量消耗大，且为了保证连续工作，采用了外送粉方式，造成粉末利用率降低，喷涂成本很高，限制了其推广应用，图 3.5-44 为该喷枪的结构示意图。

图 3.5-45 为不同热喷涂方法粒子速度和喷涂温

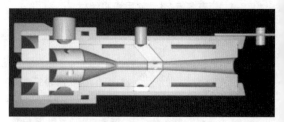

图 3.5-44　超声速等离子弧喷涂喷枪结构示意图

度的对比。

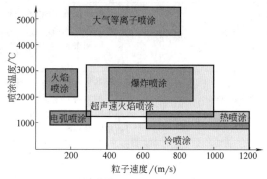

图 3.5-45　不同热喷涂方法粒子速度和喷涂温度的对比

5. 冷喷涂

冷喷涂是将氮气、空气和各种混合气体进行压缩，产生的压缩气体作为加速介质，并且压缩气体带动金属颗粒以很高的速度撞击基体表面，使金属颗粒产生严重的塑性形变，以此来获得涂层的喷涂技术。由于金属颗粒在喷涂过程中温度低于它的熔点，因此称为冷喷涂，又可称为冷气动力喷涂（Cold Gas Dynamic Spray，CGDS）。冷喷涂是由俄罗斯西伯利亚研究所的 Alkhimov 等人于 20 世纪 80 年代提出的，近年来得到快速发展。

相较于其他喷涂技术，冷喷涂具有如下特点：

1）喷涂速度较高，可达到 3kg/h，沉积效率可达 80%。

2）涂层显微组织不存在晶粒长大、合金成分烧损、氧化等现象，特别适合喷涂热敏感材料，同时还可以喷涂活性金属高分子材料，冷喷涂技术适用于纳米和非晶等材料的涂层制备。

3）可以把具有不同性质的粉末进行机械混合处理，形成机械混合物。复合材料涂层可以用这些具有不同性质的粉末混合物进行制备。

4）冷喷涂对基体热影响比较小，同时晶粒以很慢的速度生长，跟锻造组织相像，化学成分通常很稳定，相结构一般不易发生变化，冷喷涂的损失也很小。

5）冷涂层外部形貌与基体表面形貌相似，具有高等级的表面粗糙度，并且喷涂距离很短。

6）冷喷涂涂层的残余应力小，并且这些残余应力都是压应力，降低了对涂层厚度的限制。

冷喷涂设备主要由喷枪、加热器、送粉器、控制系统、喷涂机械手和辅助装置组成，核心部分主要是喷枪、喷嘴和加热器。喷枪的喷管长度、喉部直径、喷嘴形状等因素都能通过影响气体的马赫数来影响喷涂粒子的速度。运用耐高温材料可以保证喷枪和喷嘴有较长的使用寿命。当主气进入金属高压软管时，为避免温度损失，可以用高级绝缘材料包住软管。同时可以利用耐热软管把所有的构件连在一起，使喷枪的操作更加灵活。送粉系统输送粉末是通过细高压软管输送的，喷枪具有一个转接器，粉末颗粒通过不锈钢管通向喷枪压射室，并被引至喷嘴，最终加速射向基材表面。加热器是冷喷涂系统重要的组成部分，它可以在 1~2min 内把载气加热到 800℃ 左右。绝缘室外形尺寸设计合理，可以使持续几个小时工作的加热器外壳不会过热。封闭冷却系统可以避免管路过热，使切削液不断地流过铜极将所产生的热量引入热交换器。图 3.5-46 所示为冷喷涂系统示意图。

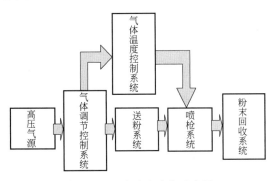

图 3.5-46　冷喷涂系统示意图

冷喷涂的气流温度约为 600℃，气流速度为 1000m/s。冷喷涂相对于热喷涂而言，它不需要熔化金属离子，基体表面产生的温度不会高于 150℃。金属颗粒在喷涂过程中温度低于它的熔点。冷喷涂所用材料需要具备塑性变形的能力，诸如陶瓷等材料不能进行冷喷涂，因此材料方面具有一定的局限性，主要是金属或合金。喷涂工艺参数主要有：气体种类（N_2、He、Ar、空气）、气体压力（1.5~3.5MPa）、气体温度（100~600℃）、喷嘴马赫数（2~4）、粉末粒度（10~50μm）、喷嘴气流速度（300~1200m/s）、喷嘴距离（10~50mm）、电功率（5~25kW）等。

3.5.8　微弧氧化技术

微弧氧化技术是通过电解液与相应参数的组合，在镁、铝、钛等有色金属及其合金表面依靠弧光放电产生的瞬时高温高压作用，原位生长出以基体金属氧化物为主的陶瓷膜层的一种生长型表面处理技术。它是一种工艺简单、高效、绿色环保的新型表面处理技术。微弧氧化制备的膜层与基体结合力强，韧性高，结构致密，并具有良好的耐磨、耐蚀、抗高温冲击和耐高压绝缘等特性，在航空、航天、汽车、电子、医疗、民用等领域都具有十分广阔的应用前景。

20 世纪 30 年代，德国科学家 Gunterschulze 和 Betz 首次报道了浸在溶液里的金属在高压电场作用下其表面会出现火花放电现象，随后逐渐发展出微弧氧化技术。20 世纪 70 年代，苏联、美国和德国等国家积极开展相关研究，对微弧氧化设备、电源、工艺参数进行了详细的研究，对镁、铝、钛等轻金属进行了研究。目前开展研究的国家主要集中在俄罗斯、美国、德国、日本和中国，其中以俄罗斯技术最为先进，它们在微弧氧化机理、工艺、装备和应用方面都取得了很好的成果。我国从 20 世纪 90 年代起步，目前在耐磨、耐蚀、装饰膜层方面逐步走向应用，整体的技术水平与俄罗斯还有一定的差距。

1. 微弧氧化原理

图 3.5-47 所示为微弧氧化的装置与原理示意图。将铝、镁、钛等金属或其合金置于电场环境下的电解液中作为阳极，电解槽为阴极，并施加较高的电压（如 1000V）和较大的电流。通电后在金属表面会立刻生成一层很薄的金属氧化物绝缘膜，而形成完整的绝缘膜是进行微弧氧化处理的必要条件。在此基础上，工件所加电压稳定上升，并在达到某一临界值时，率先击穿绝缘膜上的某些薄弱环节，发生微区弧光放电现象，瞬间形成超高温区域（$10^3~10^4$K），导致氧化物和基体金属被熔融甚至汽化。熔融物与电解液接触后，由于激冷而形成陶瓷膜层。因为击穿总是发生在氧化膜相对薄弱的部位，且击穿后在原部位会生成新的氧化膜，于是击穿点就转移到其他相对薄弱的区域。如此重复，最终便在金属表面形成了均匀的氧化膜。在处理过程中，工件表面会出现无数个游动的弧点和火花。每个电弧存在的时间很短，弧光十分细小，没有固定位置，并在材料表面形成大量等离子体微区。高能量作用为引发各种化学反应创造了有利条件。

微弧氧化技术是在阳极氧化的基础上发展而来的，但它突破了后者工作电压范围（法拉第区），进入高压放电区域，从而在阳极表面发生了等离子体弧光放电，并在该区域发生了微弧氧化，因而在基体材料表面原位生长出氧化膜。区别于普通阳极氧化，微弧氧化时的等离子体产生的高温高压可使原本无定型的氧化物变成晶态的氧化物陶瓷，这也是微弧氧化膜 质量高的根本原因。

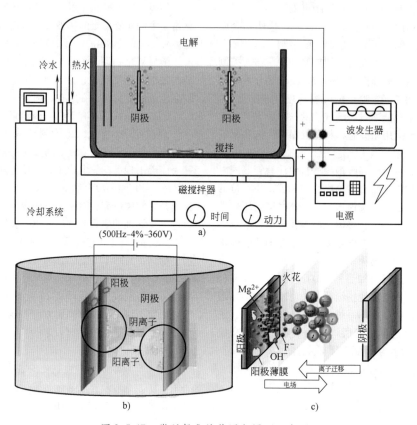

图 3.5-47　微弧氧化的装置与原理示意图

普遍认为的微弧氧化过程有四个阶段：①阳极氧化。②火花放电。③微弧氧化。④熄弧。以下对这四个阶段的现象、物质交换、成膜过程进行简要介绍。

1）阳极氧化阶段：当工件置于微弧氧化装置中并施加电压后，工件和阴极表面均出现无数细小均匀的白色气泡，随电压增加，气泡逐渐变大变密，生成速率也不断加快。在达到击穿电压之前，这种现象一直存在，这一阶段就是阳极氧化阶段。在该阶段，电压上升很快，但电流变化很小。当电压较低时，样品表面形成了一层很薄的氧化膜，但随着电压的升高，氧化膜又开始溶解且速率逐渐加快，有时甚至会使部分基体溶解，所以应尽量缩短阳极氧化阶段。

2）火花放电阶段：当电压继续升高达到击穿电压时，工件表面开始出现无数细小、亮度较低的火花放电点。工件表面开始形成不连续的微弧氧化膜，但膜层生长速率很小，硬度和致密度较低，所以对最终形成的膜层贡献不大，也应尽量减少这一阶段的时间。

3）微弧氧化阶段：随着电压继续增加，火花放电点逐渐变大变亮，密度增加。随后，工件表面开始均匀地出现放电弧斑。弧斑较大、密度较高，随电流密度的增加而变亮，并伴有强烈的爆鸣声，即进入微弧氧化阶段。在微弧氧化阶段，随时间的延长，样品表面细小密集的弧斑逐渐变得大而稀疏；同时电压缓慢上升，电流逐渐下降并逐渐降至零。弧点较密集的阶段，对氧化膜的生长最有利，膜层的大部分在此阶段形成；弧点较稀疏的阶段，对生长氧化膜的贡献不大，但可以提高氧化膜的致密性并降低表面粗糙度值。微弧氧化阶段是形成陶瓷膜的主要阶段，对氧化膜的最终厚度、膜层表面质量和性能都起着决定性的作用。考虑到该阶段在整个微弧氧化过程中的作用，在保证膜层质量的前提下，应尽量延长该阶段的持续时间。

4）熄弧阶段：微弧氧化阶段末期，电压达到最大值，工件表面的弧点越来越疏并最终消失，爆鸣声停止，表面只有少量的细碎火花，并最终完全消失，微弧氧化过程也随之结束，称为熄弧阶段。在熄弧阶段，工件表面也可能出现一个或几个部位弧斑突然增大，产生耀眼的弧光并伴随着爆鸣声和大量气体出现，在氧化膜上形成大坑，损坏氧化均一性，应当尽可能避免。

2. 微弧氧化技术特点

1）微弧氧化处理能力强，可以处理各种形状及复杂程度的工件，能在试件的内外表面生成均匀陶瓷层，主要处理铝、镁、钛金属及其合金，还能在锆、铌、铌等金属及其合金表面生长陶瓷膜层。

2）陶瓷膜层与基体以冶金方式进行结合后原位生长，两者结合紧密，膜层与基体有较好的结合力，不易剥落。

3）陶瓷膜层拥有比较好的综合性能，如具有良好的耐蚀性、耐磨性、高硬度等，此外还能制备出具有隔热、催化、抑菌、生物亲和性等其他特殊功能的膜层。

4）处理效率高，一般阳极氧化获得厚度 $30\mu m$ 陶瓷层需要 $1 \sim 2h$，而微弧氧化只需 $10 \sim 60min$。

5）微弧氧化电解液无需特殊化学试剂，对环境基本无污染，整个处理过程中无有害废水和废气产生，绿色环保可持续发展。

6）整套设备工艺简单，处理工序少，无须经过酸洗、碱洗等前处理工序，脱脂后可直接进行微弧氧化处理，易于实现自动化生产。

表 3.5-30 为微弧氧化膜与阳极氧化膜的性能对比，可以看出，微弧氧化膜的各项指标都超越了阳极氧化膜。

表 3.5-30　微弧氧化膜与阳极氧化膜的性能对比

项目	微弧氧化膜	阳极氧化膜	硬质阳极氧化膜
适用范围	耐磨、耐腐蚀、隔热、绝缘、抗热震、耐高温氧化、防护装饰	防护装饰、油漆底	耐磨、耐腐蚀、隔热、绝缘的铝合金零部件
电压/V	≤750	13 ~ 22	10 ~ 110
电流/A	强	0.5 ~ 2.0	0.5 ~ 2.5
最大厚度 /μm	300	<40	50 ~ 80
氧化时间 /min	10 ~ 30 （50μm）	30 ~ 60 （30μm）	60 ~ 120 （50μm）
显微硬度 HV	≤3000	—	300 ~ 500
击穿电压 /V	>2000	—	低
热冲击	2500℃	—	低
环境污染	无	特殊处理，排污	特殊处理，排污

（续）

项目	微弧氧化膜	阳极氧化膜	硬质阳极氧化膜
均匀性	均匀	有锐角	有锐角
柔韧性	好	—	易碎
孔隙率（%）	0 ~ 40	>40	>40
耐磨性	好	差	中等
盐雾测试 /h	>1000	<300	>300
$Ra/\mu m$	≈0.037	中等	中等
电阻/MΩ	≥100	—	—
工艺流程	—	碱洗-酸洗-机洗-阳极氧化-封孔	清洗-碱洗-脱氧-硬质阳极氧化-化学封孔-封蜡或热处理
电解质性质	弱碱性	酸性	酸性
工作温度 /℃	<50	13 ~ 26	-10 ~ 5

3. 微弧氧化技术工艺

微弧氧化工艺一般流程为：表面清洗→微弧氧化→清水冲洗→热水封闭（此步骤主要用于制备耐蚀性膜）→烘干或自然干燥。研究表明，碱清洗有利于提高微弧氧化层的耐蚀性。通常情况下，微弧氧化形成的陶瓷膜性能与工艺参数密切相关，影响的主要因素有：电解液成分和浓度、电源供电参数（电压、电流、占空比、频率、氧化时间等）、添加剂、基体中的合金元素。目前对于微弧氧化陶瓷膜组织与性能影响因素的研究多是在选定的基体上，综合考虑电解液成分、电参数、添加剂及其三者之间的交互作用对微弧氧化陶瓷膜层的组织结构、形貌和性能的影响。

在工艺参数中电参数是最为重要的，所以对于微弧氧化，电源是其核心。从电源特征看，最早采用的是直流或单向脉冲电源，随后采用了交流电源，后来发展出了不对称交流电源。脉冲电压特有的针尖作用，使得微弧氧化膜的表面微孔相互重叠，膜层质量好。微弧氧化过程中，通过正、负脉冲幅度和宽度的优化调整，使微弧氧化层性能达到最佳，并能有效地节约能源（见表 3.5-31）。

微弧氧化电解液分酸性和碱性两类工艺，目前多用弱碱性电解液，并通过添加无机和有机添加剂改变微弧氧化膜层的成分,进而实现膜层性能的可设计性。然而,实际选用电解液时不能简单地根据电解液的酸碱度、导电性大小、黏度、热容量等理化因素来确定,还要考虑被处理的基体合金材料,选用的电解液应对合金及其氧化膜具有一定的溶解作用和钝化作用。在工艺控制方面,有恒电压微弧氧化法和恒电流微弧氧化法两类,一般采用恒电流法,因为此法省时且易于控制,电流密度通常根据膜层厚度、耐磨性、耐蚀性、耐热性等的需要在 $5 \sim 40A/dm^2$ 范围内选定。表 3.5-32 为影响微弧氧化膜层性能的主要因素。

表 3.5-31　常用微弧氧化电源类型和优缺点

电源类型	优点	缺点
直流	成膜速率大、稳定性好、操作简单、成本低	膜层较薄,膜厚不均匀且粗糙、表面孔洞和裂纹尺寸较大,耐蚀性差
单相脉冲	膜层孔洞尺寸小且均匀、裂纹少、稳压性好、结构简单、成本低	成膜速率低,反应较慢,膜层均匀性差,硬度低,易出现缺陷
直流叠加脉冲	膜层均匀细致、耐蚀性好、频率和占空比可调、电源模式可控	成膜速率低,硬度低,操作复杂
双向非对称脉冲	成膜速率大、膜层厚、质量好、硬度高、稳流/稳压性好、工艺适应性好	陶瓷膜厚度略有下降,操作复杂,成本高

表 3.5-32　影响微弧氧化膜层性能的主要因素

影响因素	影响结果
电流密度	1)电流密度越大,氧化膜的生长速度越快,膜厚度不断增加,但易出现烧损现象 2)随着电流密度的增加,击穿电压也升高,氧化膜表面粗糙度值也增大 3)随着电流密度的增加,氧化膜硬度增加
氧化时间	1)随着氧化时间的增加,氧化膜厚度增加,但有极限氧化膜厚度 2)随着氧化时间的增加,膜表面微孔密度降低,但表面粗糙度值变大。如果氧化时间足够长,达到溶解与沉积的动态平衡,对膜表面有一定的平整作用,表面粗糙度值反而会减小
氧化电压	1)低压生成的膜孔径小,孔数多;高压使膜孔径大,孔数小,但成膜速度快 2)电压过低,成膜速度小,膜层薄,膜颜色浅,硬度也低;电压过高,易出现膜层局部击穿,对膜层的耐蚀性不利
电源频率	1)高频时,膜生长速率高,但厚度较薄。高频下组织中非晶态相的比例远远高于低频试样 2)高频下孔径小且分布均匀,整个表面比较平整、致密;低频下微孔孔隙大而深,且试样极易被烧损
溶液温度	1)温度低时,氧化膜的生长速度较快,膜致密,性能较佳,但温度过低时,氧化膜作用较弱,膜厚和硬度值都较低 2)温度过高时,碱性电解液对氧化膜的溶解作用增强,致使膜厚和硬度显著下降,且溶液易飞溅,膜层也易被局部烧焦或击穿
溶液酸碱度	酸碱度过大或过小,溶解速度都加快,氧化膜生长速度减慢,所以一般选择弱碱性溶液
溶液浓度	溶液浓度对氧化膜的成膜速率、表面颜色和表面粗糙度都有影响
溶液电导率	溶液导电率对微弧氧化膜的生长速率和致密度都有影响
溶液组分	不同溶液体系对微弧氧化膜的生长速率、表面粗糙度、硬度、电绝缘性等均有影响
基体合金	基体成分影响膜成分和相结构,微弧氧化工艺等。如 Cu 和 Mg 等合金元素可促进微弧氧化,而 Si 则阻碍铝的微弧氧化。特别是对高硅铸铝合金(Si 质量分数≥10%),随着 Si 元素含量增高,合金中 Si 相数量增多,微弧氧化工艺难以实现

4. 微弧氧化技术的应用领域

微弧氧化主要应用于有色金属及其合金,应用范围见表 3.5-33。根据特性可以将微弧氧化陶瓷层分为腐蚀防护膜层、耐磨膜层、电保护膜层、光学膜层和功能性膜层。利用膜层高硬度、低磨损特性可用于活塞、马达、轴承等铝合金零件的表面处理;利用耐蚀性好的特点,可用于腐蚀环境下的铝合金缸体、叶轮,管件、连接件零件的防腐处理;利用微弧氧化技术制备耐磨、耐热、耐蚀、耐热侵蚀涂层,并已成功地应用于石油、纺织、航空航天、兵器、船舶等工业;用于一些高速旋转的摩擦副、泵体密封端面、塑

料膜压型、高炉风口、气体喷嘴、内燃机零件、汽轮机叶片等的表面改性,将大幅度提高它们的使用性能和寿命。因此微弧氧化技术在民用、军工、航空航天、涂层和装饰等领域具有广阔的发展前景。其相关应用领域见表 3.5-34。

表 3.5-33 微弧氧化在铝、镁、钛、铌、锆合金中的应用

合金		用合金分类和用途		
铝合金	种类	ZL108	6061	2A12
	用途	内燃发动机活塞及其他要求耐磨、尺寸、体积稳定的零件	冷藏箱、集装箱底板、货车车架、船舶上层结构件等	飞机结构、铆钉、货车轮毂、螺旋桨元件等各种结构件
镁合金	种类	AZ91D	MB8	AM50A
	用途	汽车、摩托车的盖、壳类结构件,小尺寸薄型或异形支架类结构件	制造承力不大、要求耐蚀性较高、焊接性较好的零件	制造汽车、摩托车轮毂、方向盘骨架等
钛合金	种类	TA1	TA2	TC4
	用途	钛设备换热器、高尔夫球医疗器械等方面	军工材料、医学、体育用品、眼镜电镀挂具、焊丝等	汽车发动机进气门和排气门,人体植入物,航天航空零件
铌合金	种类	Nb-10W-1Zr-0.1C	C103	Nb-1Zr
	用途	制作特殊用途的弹性元件,化工、纺织部门的腐蚀元件	航空航天用防护罩、火箭推进器头锥,军工材料	用于航天航空、通信卫星、人体成像设备和多种高温零件
锆合金	种类	Zr-2	Zr-4	Zr-1Nb
	用途	硫酸、盐酸工业中作阀门、泵密封、换热器、搅拌桨等	制造腐蚀部件和制药机械制作,塑性加工成管材、板材等	纺织业中作油箱盘管、壳管热交换器、热虹吸管、蒸发器等

表 3.5-34 微弧氧化技术应用领域

应用领域	举例	所用性能
航空、航天、机械、汽车	轴、气动组件、密封环	耐磨性
石油、化工、造船、医疗	管道、阀门、钛合金人工关节	耐蚀性、耐磨性
纺织、机械	纺杯、压掌、滚筒	耐磨性
电器	电容器、线圈	绝缘性
兵器、汽车	储药仓、喷嘴	耐热性
建材、日用品	装饰材料、电熨斗、水龙头	耐蚀性、色彩

3.5.9 电火花沉积陶瓷层技术

通常认为电火花加工是一个热物理作用过程,加工过程中其放电点附近可形成上万度的局部高温。因此适当控制加工条件,并对工作液和电极材料进行适当处理,应能在被加工表面上形成耐磨损和抗氧化性能良好的加工表层。

液中电火花沉积术(Electrical Discharge Coating,EDC)通常是以低电导率的金属(如钛、钨)及其

碳化物(碳化钛、碳化钨)的粉末进行压制和烧结体,作为放电电极,并在电极与工件之间施加放电脉冲,在煤油基工作液中对金属工件表面进行放电,进而在工件表面形成高硬度、高耐磨性的表面陶瓷层的技术。图 3.5-48 所示为 Ti 压粉体电极电火花沉积原理示意图。在这个过程中,工作液煤油受热分解生成的碳与电极的金属成分反应生成金属碳化物,并在工件表面堆积而形成极硬的碳化钛覆盖膜。

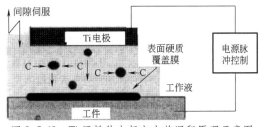

图 3.5-48 Ti 压粉体电极电火花沉积原理示意图

1998 年,日本丰田工业大学毛利尚武教授首先报道了电火花沉积陶瓷层技术,并与三菱电机名古屋制作所合作开展了大量的液中电火花沉积的研究工作,采用 WC-Co 粉末或 Ti 基粉末压结成形电极对碳钢进行表面电火花覆层强化处理,均取得了较好的效

果，其表面的耐蚀性和耐磨性均大为提高。哈尔滨工业大学王振龙等人紧随其后，对该项技术进行了较为深入的研究。在压粉体电极、半烧结电极等的电极制作工艺技术，电火花沉积工艺技术，脉冲电源技术，工具、模具表面的电火花沉积强化技术等方面均进行了大量的研究工作。在工具钢、高速钢表面沉积了5~500μm 的 TiC、WC 陶瓷层。经测试表明处理过的表面硬度均达到了基体硬度的 5 倍以上，在相同的磨损试验条件下，用液中放电沉积法处理过的表面磨损失重量仅为未处理表面的 1/7 左右，是 PVD 方法处理表面的 1/3 左右。

采用金属粉末或金属化合物粉末压粉体电极的优点是电极的成分容易因放电能量而熔化，从而便于在工件表面上形成涂层，但也存在一定的不足：①压坯形式的电极是易碎的且易于受到损坏，因此，不易于进行使电极适应工件形状的机械加工操作或为把电极固定于设备而形成螺钉孔的机械加工操作，放电表面处理的准备工作变得非常复杂，使得实际加工效率下降。②从实用化的观点，压粉体电极不容易形成令人满意的尺寸，只有在利用高性能压机时才能形成这样的电极。此外，压紧粉末材料时的压力不能在材料中均匀传播的事实引起电极密度的不一致，因此产生了电极断裂等问题，继而在工件上形成的不均匀硬质涂层导致产品质量下降。③难以生成实际所需的较大厚度的涂层。

基于此，毛利尚武、斋藤长男等人把金属粉末、金属化合物粉末、陶瓷材料粉末或这些粉末的混合物用作电极材料，通过压紧而使电极材料成形后，电极材料中用作黏结剂的一部分材料在熔化的温度下进行焙烧而形成电极。由于电极材料的烧结温度没有达到完全烧结的温度，因此用这种方法制作的电极称为半烧结体电极。用半烧结体电极进行电火花沉积加工，

较好地解决了压粉体电极沉积时的技术问题，使得电火花沉积陶瓷层技术的实用化成为可能。

目前，电火花沉积陶瓷层技术已开始应用于模具、刀具刃口的表面强化中。图 3.5-49 是冲头和车刀经电火花表面强化的磨损状态。图 3.5-49a 是用经过电火花沉积处理和未经处理的冲头冲压 0.5mm 厚硅钢板，冲压 35 万次后的冲头磨损状态照片。未处理的模具约有 20μm 的塌边，而经电火花处理后的模具几乎没有塌边。图 3.5-49b 是用经过电火花沉积处理和未经处理的车刀车削 45 钢试件，车削距离为 4.2m 时车刀的磨损状态照片。此时，未处理的车刀已处于破损状态，而经电火花处理后的车刀尚处于正常磨损状态。

相对于化学气相沉积 CVD、物理气相沉积 PVD、热喷涂等表面涂层技术而言，液中电火花沉积技术无需专用设备，可以方便地实现局部强化，可直接应用于工、模具车间现场环境。液中电火花沉积技术的主要技术特点如下：

1）结合强度高。所生成的沉积层是渐进倾斜变化的膜，基体和处理膜之间没有界限，结合力强，不会引起剥离。

2）没有工件大小的限制。因为没有必要像其他的处理方法要把工件放入容器中，对工件的大小没有限制，而且可方便地实现不同点位强化，可对大的工件进行局部处理。

3）在基体内部也能形成硬质处理膜。由于放电过程同时作用于工具与工件表面，因此在基体内部也能形成数微米的硬质层，即使把隆起沉积的部分去除，也留有硬质膜。

由于电火花加工机床已经成为工模具车间的必备设备，因此利用普通电火花成形机床，对金属材料进行电火花沉积陶瓷层是一种极具应用潜力和经济价值的工艺方法。

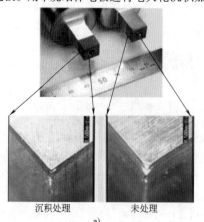

沉积处理　　未处理　　　　　　　　　沉积处理　　　未处理
a)　　　　　　　　　　　　　　　b)

图 3.5-49　冲头和车刀经电火花表面强化的磨损状态
a）冲头　b）车刀

3.6 硅微细加工技术

硅（Silicon，Si）是一种化学元素，原子序数14，相对原子质量28.0855，有无定形硅和晶体硅两种同素异形体，属于元素周期表上第三周期，第ⅣA族，具有明显的非金属特性。硅是地壳中第二丰富的元素，占地壳总质量的26.4%，含量仅次于氧（49.4%），是极为常见的一种元素，广泛存在于岩石、砂砾、尘土之中，然而它极少以单质的形式存在于自然界，而是以复杂的硅酸盐或二氧化硅的形式存在。硅原子核最外层电子数为4（价电子），处于亚稳定结构，价电子使得硅原子之间以共价键结合，结合力强，使得硅具有较高的熔点和密度，化学性质稳定，常温下很难与其他物质（除氟化氢和碱液以外）发生反应，这使得从其化合物中还原获得单质的硅变得十分困难，这也间接阻碍了硅微电子的发展。

1958年J. A. Hoerni首次提出了利用平面工艺制作硅晶体管的方法，从而开启了集成电路制造的序幕，使人类掌握了在微纳米尺度上制造大规模电子元器件与连接电路的技术，即微电子技术。集成电路的迅速发展，使得硅成为最为重要的微电子材料，也成为MEMS技术发展的重要基石。这其中最为关键的平面硅工艺就是指制作平面晶体管及其他电子元器件与连接电路的一整套制造工艺技术。主要工艺流程如图3.6-1所示，主要包括：切片、抛光、外延、氧化、光刻、镀膜等技术。这其中涉及的每一步都是一项分立的微细加工技术，由此可以看出，平面硅工艺是融合了多项微细加工技术的综合性技术。可以说微细加工技术产生和最典型的应用就是针对硅等半导体材料基片的大规模和超大规模集成电路的加工制造。集成电路的制造是一个复杂的制造体系，涉及制造业的很多方面，是当今最为精密的制造技术，代表着制造行业的最高水平，也是一个国家微纳米制造能力的体现。

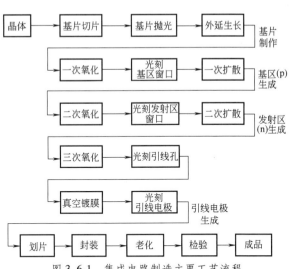

图 3.6-1 集成电路制造主要工艺流程

3.6.1 光刻技术

光刻技术是指将掩模板的图形精确涂覆在衬底上的光刻胶膜中，为后续刻蚀、掺杂、镀膜等工艺提供掩蔽膜，以完成图形最终转移的工艺过程。光刻技术是平面硅工艺中最重要、最耗时、成本最高的工艺步骤，其成本可以占到整个芯片制造工艺流程的1/3，也是目前可在衬底上稳定、快速、均一地制备出5nm至几微米分辨率的图形的唯一技术。

光刻是一个复杂的过程，涉及多种原材料、多种设备、多道工序。硅片表面的清洁度、掩模板质量、对准精度、特征尺寸的偏差等都会对最终的光刻结果产生影响。光刻三个基本条件为掩模板、光刻胶、光刻机。

1）掩模板，在薄膜、塑料或玻璃基体材料上制作各种功能图形并精确定位，以便用于光致抗蚀剂涂层选择性曝光的一种结构。分为正版和负版，前者以玻璃为基底，铬膜为掩模层，图形精度高，适合$3\mu m$以下的图形光刻加工；后者以石英为基底，氧化铁为掩模层，精度较低，适合$3\mu m$以上的图形光刻加工。掩模板的制造也需要借助更高精度的光刻技术、电子束、离子束加工技术等。

2）光刻胶，一类用于光刻工艺中对光照敏感的有机化合物，受光照射后在显影液中溶解度发生显著变化。它由增感剂、溶剂、感光树脂和多种添加剂成分构成，是集成电路制造的关键基础材料，光刻胶是微电子技术中微细图形加工的关键材料之一，特别应用于超大规模集成电路制造中，光刻胶与光刻机一样技术复杂程度高，是核心的技术机密。根据光照后发生的化学反应机理和显影原理，光刻胶可分为正性和负性光刻胶，前者曝光后形成可溶性物质，在后续显影过程中被去除掉，后者被保留。基于光敏化合物的化学结构，光刻胶可分为光聚合型、光分解型、光交联型、含硅光刻胶等种类。光刻胶的主要参数有分辨率、对比度、灵敏度、黏滞性黏度、耐蚀性、表面张力和黏附性。光刻胶是伴随着光源技术的进步而发展的，从1954年第一种感光聚合物——聚乙烯醇肉桂酸酯，发展至当今的EUV光刻胶。在不同的光刻精度要求下，当前主要的几类光刻胶体系见表3.6-1。

表 3.6-1 光刻技术和对应的光刻胶

光源及波长	光刻胶			加工精度
	体系	感光剂	成膜材料	
紫外光(300~450nm)	环化橡胶-双叠氮负胶	双叠氮化合物	环化橡胶	>2μm
G-line(436nm)	酚醛树脂-重氮萘醌正胶	重氮萘醌化合物	酚醛树脂	0.50μm
I-line(436nm)	酚醛树脂-重氮萘醌正胶	重氮萘醌化合物	酚醛树脂	0.35~0.50μm
KrF(248nm)	248 光刻胶	光致产酸剂	聚对羟基苯乙烯及其衍生物	0.15~0.25μm
ArF(193nm 干法)	193 光刻胶	光致产酸剂	聚酯环族丙烯酸酯及其共聚物	65~130nm
X 射线	—	—	—	<100nm
ArF(193nm 浸没法)	193 光刻胶	光致产酸剂	聚酯环族丙烯酸酯及其共聚物	14~45nm
极紫外光(EUV,13.5nm)	EUV 光刻胶	光致产酸剂	聚酯衍生物分子玻璃单组分材料	7~32nm
电子束	电子束光刻胶	光致产酸剂	甲基丙烯酸酯及其共聚物	掩模板

在 193nm 光刻技术中，所使用的光刻胶主要是化学放大型体系，这类光刻胶主要指在光的作用下，光酸产生剂（Photoacid Generator，PAG）的分解产生强酸，在热作用下将主体树脂中对酸敏感的部分分解为碱可溶的基团，并在显影液中通过溶解度的差异将部分树脂溶解，而获得正像或负像图案。光酸产生剂包括离子型和非离子型两类，前者主要有二芳基碘鎓盐和三芳基硫鎓盐组成，后者主要由硝基苄基酯或含磺酸酯类化合物组成。

最新的 EUV 光刻胶体系，主要包含化学放大光刻胶体系、非化学放大光刻胶体系。沉浸式 EUV 光刻技术目前广泛用于 32nm、22nm、14nm、9nm、7nm 光刻工艺，而且也是最新 5nm 技术的唯一选择。

该项技术对于光刻胶提出严苛的要求，如低吸光率、高透明度、高抗蚀刻性、高分辨率（<22nm）、高灵敏度、低曝光剂量（<10mJ/cm^2）、高的环境稳定性、低产气作用和低的线边缘表面粗糙度值（<1.5nm）等。光刻所能达到的最小特征尺寸（Critical Dimension，CD）由 Rayleigh 公式给出：$CD = k_1\lambda/(N \cdot A)$，其中 λ 是曝光光源波长；$N \cdot A$ 是光刻机物镜数值孔径；k_1 是光刻过程相关系数。目前 ASNL 公司使用的 0.55NAEUV 光刻机可以达到 7nm 的分辨率，EUV 不仅能降低最小特征尺寸，而且可以减少目前的 193nm 光刻中复杂的工序，从而使得芯片的制造成本降低。表 3.6-2 为几类重要的光刻胶体系，表 3.6-3 为光刻胶主要生产企业。

表 3.6-2 几类重要的光刻胶体系

光刻胶体系	成膜材料	感光剂			
化学放大光刻胶体系	树脂	光致产酸剂	离子型	二芳基碘鎓盐	三芳基硫鎓盐
			非离子型	硝基苄基酯	含磺酸酯类化合物
非化学放大光刻胶体系	聚对羟基苯乙烯(PHS)衍生物和聚碳酸酯类衍生物、PMMA-聚砜类高分子材料	—	—	—	—
分子玻璃体系	苯环结构的核心+酸性官能团	—	—	—	—
聚合物(或小分子)-PGA 体系	PAG 键合光刻胶	—	—	—	—

表 3.6-3 光刻胶主要生产企业

主要国家	日本	美国	德国	韩国	中国
企业名称	东京应化、瑞翁集团、住友化学、信越化学、日产化学、JSR 株式会社、富士胶片	陶氏杜帮	Microresist Technology、Allresist 公司	东进化学、锦湖化学、LG 化学、COTEM 公司	北京科华、苏州瑞红、浙江永太科技、北京化学试剂研究所、京东方

1. 光刻基本工艺

光刻工艺过程涉及的步骤繁多，主要步骤如图 3.6-2 所示。

1）气相成底膜。主要包括清洗、脱水和硅片表面成底膜处理三步，目的是除去衬底表面污染物（颗粒、有机物、工艺残留、可动离子等），并增强衬底与光刻胶之间的黏附性。硅片清洗包括清洗和冲洗过程，之后通过脱水烘干去除吸附在硅片表面的大部分水汽，达到清洁和干燥的目的。脱水烘干后可用六甲基二硅氮烷（HMDS）进行成膜处理，起到黏附光刻胶与衬底的作用。

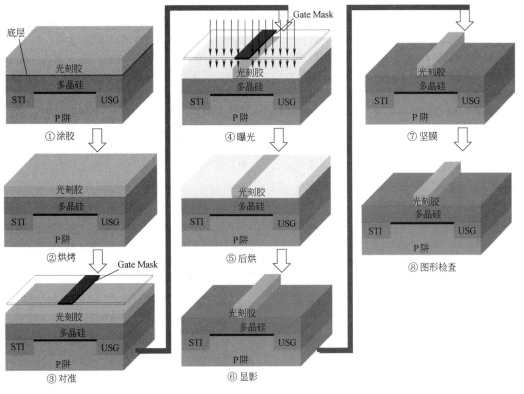

图 3.6-2　光刻主要工艺步骤

2）涂胶。涂胶过程通常在旋涂机上进行，可分为静止涂胶和旋转涂胶。前者是指硅片在静止状态下滴涂光刻胶，之后再旋转匀胶；后者是指硅片在低速旋转过程中滴涂光刻胶，而后进行高速旋转。光刻胶膜的厚度可通过旋涂转数、斜坡速率、旋涂时间、光刻胶黏度等参数进行调控，达到预设膜厚度和膜均一性。光刻胶层厚度（T）与光刻胶特性及旋涂转数（W）有如下关系：$T = (KC^{\beta}\eta^{\gamma})/W^{1/2}$，其中，$C$ 是光刻胶浓度（g/100mL）；η 是光刻胶本征黏度系数；K 是系统校正参数。此外，对于光刻胶层厚度选择，还需要考虑曝光光源的波长，例如对于 I-line、KrF 和 ArF 光源，理想的光刻胶层厚度分别为 $0.7 \sim 3\mu m$、$0.4 \sim 0.9\mu m$ 和 $0.2 \sim 0.5\mu m$。

3）前烘。旋涂之后的光刻胶必须经过前烘，前烘的目的是去除光刻胶中的溶剂、增强黏附性、释放光刻胶层内应力、防止光刻胶污染光刻设备、提高光刻胶的均匀性和与硅片的黏附性，可得到优异的线宽控制。前烘主要可使用热板、烘箱、微波等进行，前烘的时间与光刻胶的特性相关。

4）对准和曝光。将掩模板上图形与衬底进行对准，主要分为预对准、单面层间对准（套刻）和双面对准。对准操作需要借助光刻机系统，对于高精度光刻，对准系统十分复杂，主要分为同轴对准和离轴对准两类。对准后可进行曝光，将掩模板图形转移到光刻胶上。对准和曝光的重要指标是线宽分辨率、套刻精度、颗粒和缺陷。

5）后烘。后烘主要目的是消除曝光过程中产生的驻波效应，增强光刻胶图形侧壁垂直度。对于化学放大体系光刻胶，后烘是光刻工艺中必不可少的一步。后烘可诱发级联反应，产生更多的光酸，易于显影中除去变性光刻胶。对于其他类型光刻胶，此步骤为非必需。

6）显影。显影是指光刻胶曝光后，在特定溶剂中进行选择性溶解曝光后的光刻胶。通常光刻胶与显影液是配合使用，常用的为有机胺（TMAH）和无机盐（KOH）配置而成的水溶液。显影的方法有浸没法、旋转法、喷雾法等，显影后用去离子水冲洗，氮气吹干。

7）坚膜。坚膜是指对光刻胶在显影后的热烘处理，主要目的是稳固光刻胶，挥发掉残留的光刻胶溶剂，提高光刻胶对衬底的黏附性，这一步骤对刻蚀或离子注入过程十分关键。该步骤比软烘温度要高，但是不能过高，否则影响光刻胶的流动性而破坏图形。

8）图形检查。对于光刻图形进行检查确定光刻胶图形的质量。检查的目的是找到光刻图形中的缺陷、污点、关键尺寸、对准精度以及侧面形貌，不合格则去胶返工，是光刻工艺制造过程中少有的可以纠正的几步之一。检查的设备包括：光学显微镜、原子力显微镜、台阶仪、扫描电子显微镜等。

9）去胶。图形检查后，需要去除光刻胶。去胶方法包括湿法和干法。湿法通常利用各种酸碱溶液或有机溶剂将胶层溶解，常用溶剂有丙酮、硫酸和过氧化氢。干法多采用氧等离子体或等离子刻蚀。

2. 光学曝光模式与原理

光学曝光模式与光刻机发展密不可分，同时也是决定光刻精度的重要因素。常见光学曝光模式分为：接触式、接近式、投影式、步进式。

1）接触式，通过光刻机上掩模板支撑架和样品台的相对移动，使掩模板与光刻胶层直接接触，完成图形的对准（见图 3.6-3a）。接触式对设备要求低，图形复制精度较高，可以实现 1μm 的对准和套刻精度，但接触式会使光刻胶污染掩模板，实现的精度也只适合分立元器件和小规模的集成电路制作，适合实验室科研级应用。

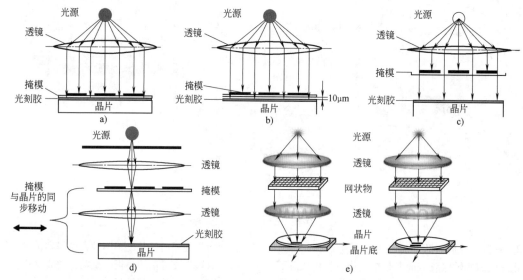

图 3.6-3 光学曝光模式
a）接触式 b）接近式 c）投影式 d）1 : 1 步进式 e）M : 1 步进式

2）接近式，如图 3.6-3b 所示，接近式曝光在掩模板与光刻胶层之间有几微米至几百微米的间隙（d）。当 $\lambda < d < W^2/\lambda$ 时，则图形保真度（δ）计算式为：$\delta = k(\lambda d)^{1/2}$，其中，$k$ 是与工艺条件相关的参数（$k \approx 0.7 \sim 1$），从而得出接近式曝光最小图形分辨尺寸为 $W_{min} \approx k(\lambda d)^{1/2}$。接近式曝光可以消除对掩模板的损伤，但由于光的衍射效应使分辨率有所降低，同时光强分布的不均匀性随着间隙的增大而增大，影响所获得图形的形貌，特别是在衬底不平时，影响更为突出。

3）投影式，如图 3.6-3c 所示，投影式曝光系统中，掩模板与光刻胶层之间间距进一步加大，采用更加复杂的光学投影系统，使光刻分辨率达到亚微米量级，最小线宽为 $0.61\lambda/(N \cdot A)$，但投影式设备复杂，技术难度高。

4）步进式，如图 3.6-3d、e 所示，采用掩模板和光源狭缝程序化相对位移，将掩模板上的图形按比例缩小投影到光刻胶上，从而获得小于 250nm 的高精度。广泛采用的方式有 1 : 1 倍全反射扫描曝光方式和 M : 1 倍的分布重复曝光方式。后者可将衬底图形缩小至掩模板图形的 $1/M$，大大提高了光刻精度，降低了对掩模板的加工精度要求，它是目前芯片制造的主流技术。

步进式曝光系统基本参数包括：分辨率、焦深、视场、调制传递函数、关键尺寸、套刻与对准精度、产率等。前 5 个参数由曝光设备的光学系统决定,后 2 个参数由设备的机械结构决定。系统的光学分辨率(R)可表示为 $R=k_1\lambda/(N\cdot A)$,k_1 是与工艺条件相关的参数;$N\cdot A$ 是数值孔径。焦深(DOF)即轴上光线到极限聚焦位置的光程差,根据瑞利判据,DOF 可表示为 $\mathrm{DOF}=k_2\lambda/(N\cdot A)^2$,$k_2$ 是与具体的曝光系统和光刻胶性质相关的参数($k_2=0.4\sim0.5$)。可以看出,光学系统的数值孔径对于分辨率和焦深都有重要影响,且影响方向相反,需要综合考虑,是最重要的参数之一。目前主流的 $N\cdot A$ 值为 0.33,对于 EUV 光刻机(NXE33X0)可达到 0.55。

5)高精度曝光方式,除了缩短曝光光源波长和增大数值孔径外,还有许多的技术可以提高光刻分辨率,如浸没式曝光、离轴照明、光学临近效应校正、分步扫描、空间滤波、偏正控制以及光学放大光刻胶、光刻胶修剪、多层光刻胶工艺等。浸没式技术是指在曝光物镜镜头和光刻胶之间充满液体进行曝光,替代传统的空气。利用液体的折射率大于空气,间接提高曝光物镜的 $N\cdot A$ 值,从而提高曝光系统的分辨率;同时浸没式也能增大系统焦深,改善曝光系统的工艺窗口。离轴照明技术是指采用一束与主光轴方向成一定角度的光,再由透过掩模板的 0 级光及其中一束 1 级衍射光经过透镜系统在光刻胶表面干涉成像。

该技术能增加焦深提高成像对比度。

3.6.2　平面硅工艺主要设备

平面硅工艺所用到的主要设备包括光刻机、刻蚀机、沉积镀膜机、离子注入机、清洗机等,各类设备的市场占比如图 3.6-4 所示,其中镀膜、刻蚀、光刻和研磨设备占据 73% 以上。表 3.6-4 和表 3.6-5 列出了当前这些设备的主要生产商。表 3.6-6 为荷兰 ASML 的发展历程,ASML 作为国际上高端光刻机生产商唯一供应商,代表光刻机的标准。此外在刻蚀设备方面美国 Lam Research 公司代表着行业最高技术水准,其发展历程及技术节点见表 3.6-7。其他光刻机相关情况见表 3.6-8~表 3.6-10。

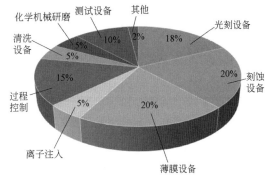

图 3.6-4　半导体加工设备及其所占市场份额

表 3.6-4　2017 年 IC 设备厂商

序号	公司	总部	主要产品领域	2017 年营收(单位:亿美元)	较 2016 年增长率
1	Applied Materials(应用材料)	美国	沉积、刻蚀、离子注入、化学机械研磨等	107	38%
2	Lam Research(泛林)	美国	刻蚀、沉积、清洗等	84.4	62%
3	Tokyo Electron(东京电子)	日本	沉积、刻蚀、匀胶、显影设备等	72.03	48%
4	ASML(阿斯麦)	荷兰	光刻设备	71.86	41%
5	KLA-Tencor(科天)	美国	硅片检测、测量设备	28.2	17%
6	SEMES(细美事)	韩国	清洗、光刻、封装设备	10.5	142%
7	Hitachi High-Technologies(日立高新)	日本	沉积、刻蚀、检测、封装贴片设备等	10.3	5%
8	Hitachi Kokusai(日立国际电气)	日本	热处理设备	9.7	84%
9	Daifuku(大幅)	日本	无尘室设备	6.9	46%
10	ASM International(先域)	荷兰	沉积、封装、键合设备等	6.5	31%
11	Nikon(尼康)	日本	光刻设备	6.2	16%

表 3.6-5　国内主要设备生产厂商及其技术节点

设备种类	产品	供应商	技术节点/nm
光刻	光刻机	上海微电子	90/60
	涂胶显影机	沈阳芯源	90/65
刻蚀	硅刻蚀机、金属刻蚀	北方华创	65/45/28/14
	介质刻蚀机	中微半导体	65/45/28/14/7
薄膜	LPCVD	北方华创	65/28/14
	ALD	北方华创	28/14/7
	PECVD	北方华创、沈阳拓荆	65/28/14
	PVD	北方华创	65/45/28/14
扩散/离子注入	离子注入机	中科信、凯世通	65/45/28
	氧化/扩散炉、退火炉	北方华创	65/45/28
湿法设备	清洗机	北方华创、盛美半导体	65/45/28
	CMP 化学机械研磨设备	华海清科、盛美、中电 45 所	28/14
	镀铜设备	盛美	28/14
检测设备	光学尺寸测量设备	睿励科学、东方晶源	65/28/14

表 3.6-6　ASML 发展历程

年份	标志性事件
1986	推出媲美最佳机型的 PAS 2500 步进式光刻机
1991	推出突破性平台 PAS 5000,获得较大成功
2000	推出双晶圆台技术,进一步提高公司认可度
2003	推出业界首款浸入式光刻工具,尼康与佳能市场份额被压缩,奠定高端市场垄断地位
2007	推出 TWINSCAN NXT:1950i 浸入式光刻系统,市场份额进一步扩大
2008	佳能逐步退出芯片光刻机市场,尼康芯片光刻部门持续亏损
2010	与台积电展开 EUV 设备研究,逐步垄断高端光刻机市场
2012	三星、英特尔和台积电共同向阿斯麦注资,加速开发 EUV
2017	EUV 光刻机量产出货

表 3.6-7　Lam Research 发展历程

年份	产品	可供应制程
1982	Auto Etch	1.5μm
1992	ICP 干法刻蚀设备	0.8μm
1995	首款 ICP 介质刻蚀设备	350nm
2000	2300 系列刻蚀平台	180nm
2004	KIYO 和 FLEX 系列第一代	90nm
2014	ALE 刻蚀设备 FLEX 系列和 KIYO 系列	14nm

表 3.6-8　主要国家光刻机设备的发展情况

国家	企业	主要产品及应用范围	加工能力
荷兰	ASML	NXT2000i ArF NEX3400C	分辨率 5～7nm,overlay 1.9nm,顶级光刻机(NEX33X0,7nm 加工精度),IC 集成电路
日本	尼康 佳能 Gigphoton	EUV 等光刻机光源	为 ASML、Nikon、Canon 提供 EUV 光源
美国	ABM Ultratech	对准曝光机、单独曝光系统	—
中国	上海微电子装备有限公司(SMEE)	SMEE200 系列投影式,90nm/110nm/280nm 精度,IC 制造与先进封装,MEMS,TSV/3D/TFT-OLED	小规模集成电路
	中电科 45 所	1μm 接触接近式	

表 3.6-9 ASML EUVL-NEX 系列光刻机主要性能指标

年份	6~60 W/h	50~125 W/h	125~145 W/h	155~170 W/h	185 W/h	分辨率 /nm	IF 功率 /W	套刻精度 /nm
2011	NEX: 3100B	—	—	—	—	≤27	10~105	7
2013	—	NEX: 3300B	—	—	—	≤22	80~250	5
2015	—	NEX: 3350B	—	—	—	≤16	250	2.5
2017	—	—	NEX: 3400B	—	—	≤13	250	2
2019	—	—	—	NEX: 3400C	—	≤13	≥250	<2
2020	—	—	—	—	—	≤7	350	1.5
202X	—	—	—	—	—	≤7	350~500	—

表 3.6-10 主要芯片生产商生产能力分析

国家	企业	加工能力/时间节点	应用范围
韩国	三星 海力士	7nm/2019 年, 5nm、4nm、3nm/2021 年之后 10nm/2018 年	CPU DDR 内存
中国	中芯国际	14nm/2019 年	
	台积电	7nm/2019 年	CPU
美国	英特尔	—	CPU
德国	世创 (Siltronic AG)		晶圆生产

3.6.3 硅掺杂技术

本征硅电阻率很高（约 $2.3 \times 10^5 \Omega \cdot cm$），而半导体器件中要求材料的电阻率通常小于 $200\Omega \cdot cm$。通过掺杂技术在本征硅中可控引入一定量杂质，改变硅的结构和电学特性，这也是硅微电子的基础。对硅进行可控掺杂所用的元素见表 3.6-11。常用的掺杂元素有硼和磷，分别形成 n 型掺杂和 p 型掺杂。材料的电阻率与掺杂浓度关系可用下面关系式表示：

$$\rho = \frac{1}{ne\mu} \tag{3.6-1}$$

式中 ρ——电阻率（$\Omega \cdot cm$）；

n——载流子浓度（个/cm^3）；

e——电子电荷（C）；

μ——载流子迁移率（$cm^2/V \cdot s$）。

硅的掺杂主要通过扩散和离子注入来实现，前者利用高温驱动杂质穿过硅的晶格结构，形成杂质热扩散，受扩散时间和温度的影响；后者通过高能离子轰击将杂质引入硅片，杂质通过与硅片发生原子级的高能碰撞才能被注入。随着特征尺寸的不断减小和相应的器件缩小，现代 IC 芯片的制造中几乎所有掺杂工艺都是离子注入掺杂，少数情况下使用热扩散工艺。一般 COMS 工艺流程中涉及 6~12 次离子注入，离子能量为 5~200keV，剂量为 $10^{11} \sim 10^{16}/cm^2$。电子器件从平面型向 FinFET 过渡中，受其本身非平面结构和束线离子注入的视线性所限。

表 3.6-11 常见硅掺杂元素和主要性能参数

掺杂	元素	晶格常数/Å	分凝系数	硅中最大溶解度/(原子/cm^3)	电阻率/$\Omega \cdot cm$
施主杂质 (VA 族) n 型掺杂	氮	—	—	—	—
	磷	1.10	0.35	1.3×10^{21}	$<3 \times 10^{-4}$
	砷	1.18	0.30	2.0×10^{21}	$<3 \times 10^{-4}$
	锑	1.36	0.023	6.0×10^{19}	$<1.8 \times 10^{-3}$
受主杂质 (VA 族) p 型掺杂	硼	0.88	0.8	5×10^{20}	4×10^{-3}
	铝	1.26	2×10^{-3}	$10^{19} \sim 10^{20}$	$10^{-3} \sim 10^{-2}$
	镓	1.26	8×10^{-3}	4×10^{19}	4.6×10^{-3}
	铟	—	—	—	—

1. 离子注入技术

离子注入技术是指某种元素的原子经离化后，在强电场的加速作用下，注射入靶材料的表层，以改变这种材料表层的物理性质或化学性质。离子注入对于杂质浓度可以进行精确调控（$10^{11} \sim 10^{16}/cm^2$），并可在同一平面上形成非常均匀的分布（8in，±1%）。离子注入是一个纯物理过程，也是一个非平衡过程，不受固溶度限制，注入元素纯度高、工艺温度低。但也存在一些不足，如高能离子轰击造成硅原子晶体结构损伤，离子注入设备复杂、价格高，产生高压有毒性气体。离子注入中最重要的参数为注入剂量（Q）和射程（R）：

$$Q = \frac{It}{enA} \tag{3.6-2}$$

式中 I——束流（A）；

t——注入时间（s）；

e——电子电荷（C）；

n——离子电荷（C）；

A——注入面积（cm^2）。

$$R = \int_0^R \mathrm{d}x = \int_0^{E_0} \frac{\mathrm{d}E}{S_n(E) + S_e(E)} \quad (3.6\text{-}3)$$

式中　　E_0——离子初始能量（J）；

$S_n(E)$、$S_e(E)$——核阻止本领和电子阻止本领，均为能量 E 的函数。

2. 离子注入设备

离子注入技术包括离子的产生、加速和控制三大基本要素。图 3.6-5 所示为离子注入系统示意图，离子注入设备则主要包括：离子源、提取电极、粒子分析器、加速管、扫描系统、工艺室。

1）离子源，通过三种方式获得离子，分别是热钨灯丝发射的热电子与源气体分子碰撞离子化，射频电源离子化，微波离子化。

2）提取电极，通过电场对离子进行加速使其能量大于 50keV，供离子分析器进行离子选择。

3）粒子分析器，在磁场中带电离子的回旋半径与荷质比密切相关，通过调控磁场使目标离子通过狭缝。

4）加速管，通过电场加速离子，使其达到器件所需深度，可通过垂直快门调控束流密度。

5）扫描系统，聚束离子束束斑通常很小，须通过扫描覆盖整个硅片。扫描在剂量的一致性和重复性方面起着关键作用。一般来说，注入机中的扫描系统有四种不同种类：静电扫描、机械扫描、混合扫描、平行扫描。

6）工艺室，离子束向硅片的注入发生在工艺室中。工艺室是注入机的重要组成部分，包括扫描系统、具有真空锁的装卸硅片的终端台、硅片传输系统和计算机控制系统。另外还有一些监测剂量和控制沟道效应的装置。如果用机械扫描，终端台会比较大。可以用多级机械泵、涡轮泵、冷却泵把真空抽到注入要求的本底气压。

目前主要离子注入设备生产厂商见表 3.6-12。

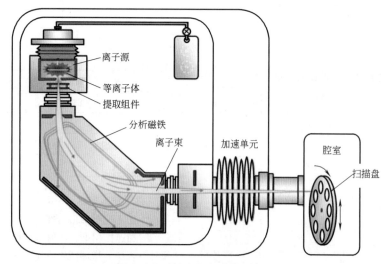

图 3.6-5　离子注入系统示意图

表 3.6-12　离子注入设备生产厂商

国家	美国	日本	中国
生产厂商	AMAT（应用材料）、Axcelis（亚舍立）	Lam Research（泛林）、Tokyo Electron（东京电子）、Hitachi High-Technologies（日立高新）、Screen Semiconductor Solutions（迪恩士）	中电科电子装备有限公司、北方华创

3. 扩散技术

硅的扩散掺杂是硅微电子制造工艺中最基本的工艺之一，是形成 PN 结、电阻、欧姆接触等的关键工艺。硅的扩散掺杂技术指在 900～1200℃ 的高温下，在含有杂质气氛中（p 型或 n 型掺杂物），使杂质向硅衬底特定的区域内扩散，达到一定浓度，实现半导体定域、定量掺杂的一种工艺，也称为热扩散。常见的元素热扩散源见表 3.6-13。

热扩散主要有两种方式：一是间隙扩散，利用原子半径比硅小或不易与硅原子键合的杂质进行掺杂，它不占据硅原子晶格位置，只是从一个位置移动到另一个位置；二是空位掺杂，硅原子在高温下平衡格点做热振动，并在足够能量下，离开格点，形成空位，临近的杂原子移动到空位格点上。

两步扩散结合工艺，第一步预扩散（或预淀积），在较低的温度下，采用恒定表面源扩散方式，在硅片浅表扩散一层均匀分布杂质，控制扩散杂质数量；第二步主扩散（或再分布），以预扩散引入的杂质作为扩散源，在较高的温度下进行扩散并进行氧化，控制硅表面浓度和扩散深度。此处扩散的源可以选用固态、液态和气态，因此产生三个不同的扩散系统和工艺技术，见表 3.6-14。

表 3.6-15 为热扩散和离子注入工艺对比。

表 3.6-13　常见的元素热扩散源

杂质	砷(As)	磷(P)	磷(P)	硼(B)	硼(B)	硼(B)	锑(Sb)
杂质源	砷烷(AsH$_3$)	磷烷(PH$_3$)	三氯氧磷(POCl$_3$)	乙硼烷(B$_2$H$_6$)	三氟化硼(BF$_3$)	三溴化硼(BBr$_3$)	五氯化锑(SbCl$_5$)
形态	气体	气体	液体	气体	液体	液体	固体

表 3.6-14　热扩散工艺

杂质源	热扩散工艺	工艺特点
固态源	开管扩散，杂质与硅片间隔放置	重复性和稳定性都好
	箱法扩散，杂质源和硅片密封于箱，惰性气体保护	杂质均匀性好
	涂源法扩散，杂质源涂抹、旋涂或气相沉积硅片表面	工艺范围广
液态源	利用惰性气体携带杂质进入反应炉	重复性和均匀性好，成本低，效率高
气态源	气体杂质载气稀释下进入反应炉	氢化物或卤化物源，毒性大，易燃易爆

表 3.6-15　热扩散和离子注入工艺对比

对比内容	热扩散	离子注入
动力	高温、杂质的浓度梯度平衡过程	5~500keV 非平衡过程
杂质浓度	受表面固溶度限制，掺杂浓度过高、过低都无法实现	浓度不受限
结深	结深控制不精确，适合深结掺杂	结深控制精确，适合浅结掺杂
横向扩散	严重，横向是纵向扩散线度的 70%~85%，扩散线宽 3μm 以上	较小，特别在低温退火时，线宽可小于 1μm
均匀性	电阻率波动为 5%~10%	电阻率波动约为 1%
温度	高温工艺，超 1000℃	常温注入，退火温度约为 800℃，可低温、快速退火
掩蔽膜	二氧化硅等耐高温薄膜	光刻胶，二氧化硅或金属薄膜
工艺卫生	易沾污	高真空、常温注入，清洁
晶格损伤	小	损伤大，退火也无法完全消除，注入过程芯片带电
设备、费用	设备简单、价廉	复杂、费用高
应用	深层掺杂的双极型器件或电路	浅结的超大规模电路

3.6.4　硅刻蚀技术

硅的刻蚀技术泛指在半导体工艺中按照掩模图形或设计要求对硅等半导体衬底表面或表面覆盖的薄膜进行选择性的腐蚀或剥离的技术。它是半导体器件和集成电路制造中的基本工艺，还应用于薄膜电路、印制电路和其他微细图形的加工。主要分为湿法刻蚀和干法刻蚀两大类。评价刻蚀工艺主要通过以下参数进行：

1）刻蚀速率，指被刻蚀材料单位时间内刻蚀的深度，它应与刻蚀精度达到相应的平衡。

2）选择比，指掩模与被刻蚀材料的刻蚀速率之比，也叫抗刻蚀比。选择比越大，越有利于刻蚀。

3）方向性，指掩模图形暴露部分被刻蚀材料在不同方向上刻蚀速率比，分为各向同性刻蚀和各向异性刻蚀。

4）刻蚀深宽比，指刻蚀特定图形的特征尺寸与对应能够刻蚀的最大深度之比，反应刻蚀保持各向异性的能力。每种刻蚀方法或工艺对于特定尺寸的结构都存在极限刻蚀深度。

5）刻蚀表面粗糙度，指刻蚀结构边壁和底面的表面粗糙度，反应刻蚀的均匀性和稳定性。

1. 湿法刻蚀技术

将带有掩模的衬底浸入化学刻蚀液中，使暴露部分（未被掩模遮挡）材料腐蚀去除，获得相应的微米结构。其特点有：选择性好、重复性好、效率高、设备简单、成本低，但对转移图形控制性差、各向异性能力较差、难以实现纳米级结构、产生刻蚀废液。

在硅半导体工艺中，利用不同晶面化学刻蚀的速率不同，也能实现良好的各向异性刻蚀。例如，氢氧化钾（KOH）对硅（110）、（100）、（111）晶面的腐蚀速率比达 400：200：1，因此采用 KOH 对硅（100）面进行刻蚀时，能够沿着（111）与（100）晶面形成夹角形（57.3°）和斜锥状面。为了改善刻蚀表面质量，可采用 KOH 与异丙醇或四甲基氢氧化铵（TMAH）混合，也可以使用纯的 TMAH 进行硅的湿法刻蚀。湿法腐蚀的基本过程可分为：刻蚀液向被刻蚀材料输运和生成物输运，因此，湿法刻蚀中掩模材料和刻蚀液的选择至关重要，同时也受刻蚀液浓度、温度、结构特征尺寸、刻蚀深度和刻蚀过程中是否搅拌等多因素影响。常见材料的湿法刻蚀液见表 3.6-16。除了对于硅等材料的刻蚀外，在半导体工艺中还涉及对某些金属的刻蚀以形成最终的结构。常见金属刻蚀液及配比见表 3.6-17。

表 3.6-16 常见材料的湿法刻蚀液

被刻蚀材料	刻蚀液	备注
硅	KOH、EDP、TMAH、HNA	EDP（乙二胺+对苯二酚+水）
氧化硅	HF、BOE	$HF：H_2O=6：1,10：1,20：1,6：1$ 溶液对热氧化硅腐蚀速率 120nm/min；20：1 时为 3nm/min $HF：NH_4F$ 保持 HF 浓度
氮化硅	H_3PO_4（140℃/200℃）	体积分数 49%HF 水溶液+体积分数 70%HNO_3 溶液（3：10 混合）
砷化镓	$H_2SO_4+H_2O_2+H_2O$ $Br+CH_3OH$ $NaOH+H_2O_2$ $NH_4OH+H_2O_2+H_2O$	—

表 3.6-17 常见金属刻蚀液及配比

金属	温度	刻蚀液	比例	金属	温度	刻蚀液	比例
铝	—	H_2O/HF	1：1	钼	—	HCl/H_2O_2	1：1
		$HCl/HNO_3/HF$	1：1：1	镍	—	$HNO_3/CH_3COOH/C_3H_6O$	1：1：1
锑	—	$H_2O/HCl/HNO_3$	1：1：1			HF/HNO_3	1：1
		$H_2O/HF/HNO_3$	90：1：10	铌	—	HF/HNO_3	1：1
铋	—	H_2O/HCl	10：1	钯	高	HCl/HNO_3	3：1
铬	—	H_2O/H_2O_2	3：1	铂	高	HCl/HNO_3	3：1
钴	—	H_2O/HNO_3	1：1	铼	高	HCl/HNO_3	3：1
		HCl/H_2O_2	3：1	铑	高	HCl/HNO_3	3：1
铜	—	H_2O/HNO_3	1：5	钌	高	HCl/HNO_3	3：1
金	高	HCl/HNO_3	3：1	银	—	NH_3OH/H_2O_2	1：1
铪	—	$H_2O/HF/H_2O_2$	20：1：1	钽	—	HF/HNO_3	1：1
铟	高	HCl/HNO_3	3：1	锡	—	HF/HCl	1：1
铱	高	HCl/HNO_3	3：1			HF/HNO_3	1：1
铁	—	H_2O/HCl	1：1			HF/H_2O	1：1
		H_2O/HNO_3	1：1	钛	—	$H_2O/HF/HNO_3$	50：1：1
铅	—	CH_3COOH/H_2O_2	1：1	钨	—	HF/HNO_3	1：1
镁	高	$H_2O/NaOH$	10：1（质量比）	钒	—	H_2O/HNO_3	1：1
		H_2O/CrO_3	5：1（质量比）			$H_2O/HF/H_2O_2$	1：1
				锆	—	$H_2O/HF/HNO_3$	50：1：1
						$H_2O/HF/H_2O_2$	20：1：1

2. 干法刻蚀技术

除了上述湿法刻蚀技术外，其他无溶液刻蚀方法都可称为干法刻蚀，既包含物理性轰击溅射，也包含化学反应。它是目前主流刻蚀技术，特别是在超大规模集成电路制造中。干法刻蚀特点：各向异性好、刻蚀选择性好、刻蚀速率可控、刻蚀均匀性高、工艺稳定。

（1）离子束刻蚀

离子束刻蚀是最早用于干法刻蚀的一种物理性刻蚀方法。它利用惰性气体离子束直接轰击被刻蚀材料，并将动能传递给表面原子，产生溅射去除。该方法具有很高的分辨率和极好的各向异性，但也有选择比差、不能实现深结构刻蚀、产生离子注入、二次沉积等不足。为了克服上述不足，离子束刻蚀技术还引入了化学反应机制，利用离子轰击和化学反应相结合的手段，提高刻蚀选择比，获得深宽比更高的微纳米结构，同时还能提高刻蚀速率。目前，离子束刻蚀技术常用于化学性质稳定、难以通过化学反应的方式刻蚀的材料（如金属、陶瓷）中进行微纳米结构的刻蚀。

（2）反应离子束刻蚀

反应离子束刻蚀（Reactive Ion Etching，RIE）综合了物理轰击溅射和化学反应刻蚀机制，是当前半导体工艺和微纳米加工中的主流刻蚀技术。它具有诸多突出优点：刻蚀速率高、各向异性好、选择比大、大面积均匀性好、可实现高质量高精度纳米结构刻蚀，且剖面质量好。其基本原理是在较低的压强下（$0.1 \sim 10Pa$）通过反应气体在射频电场作用下辉光放电产生的等离子体，轰击衬底材料表面，实现离子的物理轰击溅射和活性粒子的化学反应双重作用，从而实现高精度图形的刻蚀。常用被刻蚀材料与刻蚀反应气体见表 3.6-18。除了反应气体的选择外，影响 RIE 刻蚀结果的主要因素还包括：气体流速、射频功率、反应腔室压力、样品表面温度、电极材料及腔体环境和辅助气体等。

表 3.6-18　常用被刻蚀材料与刻蚀反应气体

被刻蚀材料	刻蚀反应气体
Si	C_4F_8/SF_6、CF_4/SF_6、CF_3Br、SF_6/O_2、HBr、Br_2/SF_6、$SiCl_4/Cl_2$、HBr/O_2、$HBr/Cl_2/O_2$
SiO_2	CF_4/H_2、CHF_3/O_3、CHF_3/CF_4、CCl_2F_2、CH_3CHF
Si_3N_4	CF_4/O_2、CF_4/H_2、CHF_3、CH_3CHF
GaAs	$SiCl_4/SF_6$、$SiCl_4/NF_3$、$SiCl_4/CF_4$
Al	BCl_3/Cl_2、$SiCl_4/Cl_2$、HBr/Cl_2
W	SF_6、NF_3/Cl_2
InP	CH_4/H_2
ITO	CH_4/H_2
有机材料	O_2、O_2/CF_4、O_2/SF_6

（3）电感耦合等离子体反应离子刻蚀

针对高深宽比的精细结构加工需求，要求干刻蚀技术具有：①更好的刻蚀方向性，即各向异性能力强。②更高的刻蚀选择比，保证刻蚀掩模的耐刻蚀性。③更快的刻蚀速率。在这样的需求背景下，电感耦合等离子体反应离子刻蚀技术（Inductive Coupled Plasma Reactive Ion Etching，ICP-RIE）应运而生。它在传统 RIE 的基础上增加一个射频电源（ICP 源），并通过感应线圈从外部进行功率耦合，进入等离子体的发生腔，从而使等离子的产生与刻蚀区分开。ICP-RIE 技术可实现高密度、低能量的等离子体，满足高深宽比、高刻蚀速率和高刻蚀选择比的要求，并且具有低损伤、低压下仍能保持刻蚀速率低等优点。

（4）反应气体刻蚀

反应气体刻蚀指通过气态的反应气体直接与刻蚀材料进行反应的刻蚀方法。通常采用二氟化氙（XeF_2）气体对硅进行高选择性刻蚀，它能与硅形成四氟化硅挥发性产物，但对金属、二氧化硅和其他掩模几乎没有腐蚀作用，具有极高的刻蚀选择比。一般对硅的刻蚀速率可达 $1 \sim 3\mu m/min$，表面粗糙，可在 XeF_2 中混入 BrF_3 或 ClF_3 等气体加以改善。

3.7　LIGA 技术

3.7.1　LIGA 技术概述

LIGA 是德语 Lithographic、Galvanofornung 和 Abformung 三个词语的缩写，分别表示制版术、电铸成形、注射三种技术的有机结合。LIGA 技术起源于 20 世纪 80 年代，是德国卡尔斯鲁厄（Karlsruhe）原子能研究所 W. Ehrfeld 等人为制造铀-235 微喷嘴发明的一种制造微型零件的新工艺方法。LIGA 技术主要工艺过程为：X 射线深层光刻、电铸制模、注射复制，如图 3.7-1 所示。

1. X 射线深层光刻

首先在基底表面蒸镀一层金属薄膜（与第二步电铸金属材料相同），再在其上旋涂一层光刻胶（PMMA），然后利用同步辐射 X 射线（波长为 $0.1 \sim 1nm$）进行曝光，可以穿透 $10 \sim 1000\mu m$ 光刻胶，使得同步辐射 X 射线曝光最终图形的深宽比超过 1000。

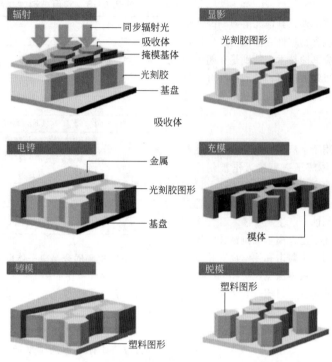

图 3.7-1　LIGA 技术主要工艺过程

2. 电铸制模

显影后获得光刻胶的三维结构，再以基底上金属膜为阴极进行材料电铸，将金属填充到光刻胶三维结构空隙中，形成与光刻胶结构互补的金属三维结构。此金属结构可以作为最终的微结构产品，也可以作为批量复制的模具。值得注意的是，电铸液需要进入微细结构，要求其具有较小的表面张力，可通过添加表面抗张力剂、脉冲电铸电源、超声波增加金属离子对流。

3. 注射复制

用上述金属微结构为模板，采用注射成型或模压成型等工艺，重复制造所需的微结构。符合工业上大批量生产要求，降低成本。

对于 LIGA 技术，所用的曝光光源、掩模板、光刻胶等都具有一定的特殊性，与光学光刻技术具有显著差异。具有如下显著特点：

1）LIGA 技术所用的同步辐射 X 射线，较普通 X 射线波长更短，强度高出 3~4 个数量级，穿透力极强，曝光时间短，光刻胶侧壁垂直度好，故能使深宽比可大于 1000。可以加工横向尺寸为 $0.5\mu m$、高宽比大于 200 的立方微架构。

2）掩模板需要吸收穿透力强的 X 射线，通常采用金作为吸收体，厚度大于 $10\mu m$；同时对于掩模板的基体，也需要由 X 射线透过性好的铍或钛制作。

3）可加工材料范围广，可以是金属、陶瓷、聚合物、玻璃等，突破了半导体工艺对于材料的限制。

4）零件结构复杂度高，精度高，加工精度可达 $0.1\mu m$；可重复复制，符合工业上大批量生产的要求，成本低。

3.7.2　准 LIGA 技术概述

由于同步辐射 X 射线源的稀缺性，LIGA 技术在实际应用中受阻。利用紫外光来替代昂贵的同步辐射 X 射线源，并采用类似 LIGA 工艺的电铸和注射完成图形的转移，称为准 LIGA 技术。由于采用紫外光光源，尽管牺牲了微结构的深宽比，但极大地拓展了 LIGA 技术的应用范围。此外，研究者还发展出其他类型的准 LIGA 技术，如利用激光直写光刻胶 Laser-LIGA，采用硅深刻蚀工艺 ICP-LIGA、离子束刻蚀 IB-LIGA、DEM 技术、掩模移动 LIGA 技术等。

图 3.7-2 为 LIGA 技术和准 LIGA 技术的基本流程对比。准 LIGA 工艺除了所使用的光刻光源、光刻胶和掩模外，与 LIGA 工艺基本相同。首先在基片上沉淀电铸用的种子金属层，再在其上涂上光敏聚酰亚胺，然后用紫外光光源光刻形成模子，再电铸上金属，去掉聚酰亚胺，形成金属微结构。为实现较厚的结构制作，可进行多次涂胶、软烘的重复涂胶法。利用准 LIGA 工艺可以得到厚度达 $300\mu m$ 的镍、铜、

金、银、铁镍合金等金属结构。利用牺牲层释放金属结构还可制备可动构件，如微齿轮、微电动机等。选择聚酰亚胺作为准 LIGA 工艺的光刻成膜材料，是因为聚酰亚胺具有抗酸碱腐蚀，能经受电镀槽中长时间浸泡，耐高温，在其上还能沉淀其他材料等特点。由于聚酰亚胺广泛应用于集成电路工艺多重布线的平滑材料和绝缘层，其刻蚀条件和性能得到了较为充分的研究。因此利用准 LIGA 技术既可制造非硅材料高深宽比的微结构，又有与微电子技术更好的兼容性。目前，瑞士 Mimotec SA 公司在 UV-LIGA 技术方面开展了系统研究，能提供制造工艺和多类型的产品（见图 3.7-3）。

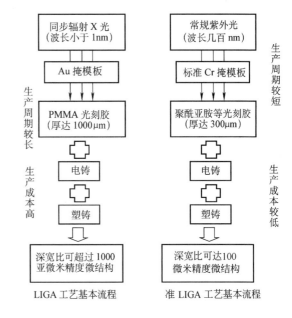

图 3.7-2　LIGA 技术和准 LIGA 技术的基本流程对比

3.7.3　LIGA 的拓展

LIGA 技术适合于制作陡峭的垂直结构，而对于具有斜面、自由曲面的结构则不擅长。为此，人们已经开始对其进行技术改进，以拓展 LIGA 技术的加工范围。

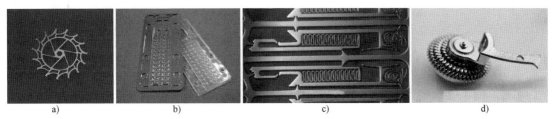

图 3.7-3　Mimotec SA 公司 UV-LIGA 技术制造的零部件
a）非磁性微齿轮　b）微注射模具　c）MEMS 器件　d）微齿轮装配件

1. 电感耦合等离子体 LIGA 技术

利用电感耦合等离子体（Inductively Coupled Plasma，ICP）刻蚀技术进行高深宽比塑料或硅刻蚀后，从硅片上直接进行微电铸，得到金属模具后，再进行微复制工艺，就可实现微机械器件的大批量生产。利用此技术既可制造非硅材料高深宽比的微结构，又与微电子技术有良好的兼容性。

2. 激光 LIGA 技术

LIGA 技术中对光刻胶曝光形式决定了显影后的光刻胶结构，M. Abraham 等人利用激光替代 LIGA 技术 X 射线对光刻胶进行选择性曝光，再进行电铸和注射工艺，开发了激光辅助 LIGA 技术（Laser-LIGA）。图 3.7-4 所示为激光 LIGA 的整个工艺流程，其中关键一步是采用激光对抗刻蚀剂（如 PMMA）进行三维结构曝光，再通过电铸获得相应金属微三维结构，后续注射形成其他聚合物模型。激光曝光形成的 PMMA 抗刻蚀剂结构，进一步通过电铸镍形成了完全一致的镍模具结构，再进行 PMMA 注射成型获

得 PMMA 模型。

3. 移动掩模技术

从 LIGA 的工艺原理可以看出，用 X 射线制版法加工抗蚀剂所得到的深度取决于曝光量，即取决于积聚的 X 射线能量的分布。在曝光的过程中，如果以一定的速度移动掩模，就可以使抗蚀剂中各处积聚的 X 射线能量具有所要求的分布，控制这种积聚能量的分布，就有可能得到任意倾斜的侧壁，这种方法称之为移动掩模深度 X 射线光刻（Moving Mask Deep X-Ray Lithography，M^2DXL）。侧壁的倾斜角度取决于掩模相对于加工深度的振动幅度，因此，只要预先掌握了积聚能量的分布与加工深度之间的关系，就可以加工出所需的倾斜角。日本京都大学 O. Tabata 等人基于 X 射线光刻，提出了该项技术，见图 3.7-5。通过一定速度移动掩模板，可使光刻胶不同位置所吸收的 X 射线剂量不同，在后续的显影中显影液在不同方向上的溶解扩散速率不同，形成预定的显影结构。通过理论建模研究可获得掩模板移动速度与显影结构之间的对

应关系，从而可控制造三维结构。不同位置上显影时间不同而形成不同深度的结构，其根本在于不同深度吸收的 X 射线剂量不同，因此，移动掩模这种方法对于 LI-GA 的实际应用具有十分重要的意义。

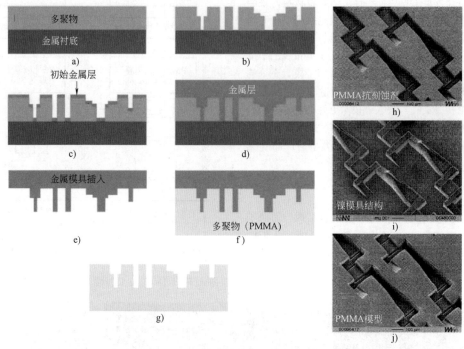

图 3.7-4　激光 LIGA 技术的整个工艺流程
a)~g) 激光 LIGA 技术工艺流程　h) 激光曝光形成的 PMMA 抗刻蚀剂三维结构
i) 电铸镍形成的模具结构　j) 注射成形的 PMMA 模型

4. 双次曝光 LIGA

标准 LIGA 技术所制造的微结构具有陡峭的侧壁，难以实现任意倾斜角度的微结构制造，在严格的意义只能称之为 2.5 维结构，这限制了 LIGA 技术在微纳制造中的应用。双次曝光 LIGA 技术分两步曝光可实现三维微结构的制造，见图 3.7-6。第一次曝光与标准的 LIGA 技术一致，采用相应的掩模板进行曝光；第二次曝光则不加掩模板进行整个面积均匀曝光，从而实现三维结构的制造。进一步，日本京都大学 N. Matsuzuka 等人对双次曝光中光刻胶对于光子的吸收过程进行理论建模分析，通过控制曝光量可实现特定截面形状的制造，如微针阵列。

5. 断面转印方法（PCT）

采用与所要得到的微三维结构断面相似的图形作为掩模板图形，当进行 X 射线曝光时，可以使抗蚀剂层相对于此 X 射线掩模沿一定方向移动，并且根据 X 射线掩模上 X 射线吸收层图形的开口面积比的不同来选择不同的曝光量，以此来控制 X 射线在抗蚀剂层断面方向积聚能量的二维分布。把经过这种方式曝光的抗蚀剂显影以后，就可以得到具有所需断面形状的微结构，该方法称之为断面转印法（Plane

pattern to Cross-section Transfer，PCT）。PCT 所使用的抗蚀剂也是 PMMA，其显影开始时的 X 射线积聚能量阈值一般为 $1\sim2kJ/cm^3$，而且此阈值界限分明，十分稳定，比较容易设计断面的形状。可以直接按照所需微结构的断面形状来设计 X 射线掩模上的 X 射线吸收层的形状。如果在一个方向移动抗蚀剂层以后再转过 90°向着与之垂直的方向移动，进行二次曝光，就有可能得到由许多针状结构物排列起来的阵列（见图 3.7-7a）。与双次曝光 LIGA 技术相同，PCT-LI-GA 技术具有微结构可设计性，可预先设计所需要的微三维结构形状，大幅拓展了 LIGA 技术加工范围。图 3.7-7b~d 为利用 PCT-LIGA 制造的 PMMA 微针阵列，通过改变掩模板图形形状，可获得微针针尖为等腰形状和沙漏形状的结构，充分证明了该方法灵活的可设计性。

6. 像素点曝光

针对 LIGA 技术在任意形状微三维结构制造中的难点，日本立命馆大学 M. Horade 等人于 2010 年提出了基于像素点曝光的 LIGA 技术，见图 3.7-8。相邻两次曝光通过光澜和制动器编程组合控制每个像素点的曝光量，逐步对微结构进行曝光。针对微三维结构

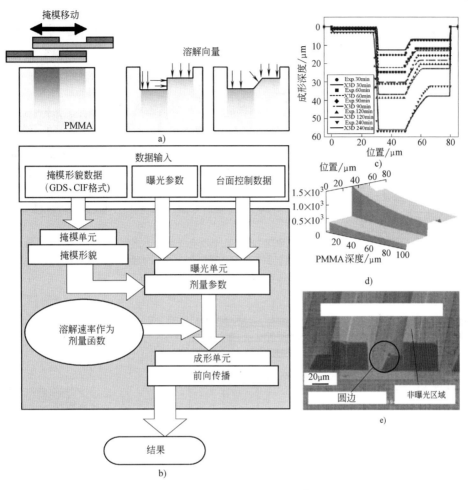

图 3.7-5　移动掩模深度 X 射线光刻（M²DXL）技术

a）M²DXL 基本原理及显影过程中的光刻胶溶解方向　b）三维结构加工数据流程　c）不同位置显影深度与显影时间曲线　d）不同位置 PMMA 曝光所达到的剂量　e）所制备的 PMMA 三维结构 SEM 图像

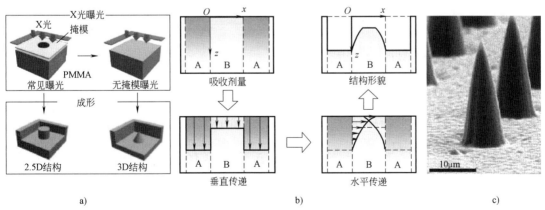

图 3.7-6　双次曝光 LIGA 技术制造三维微结构

a）标注 LIGA 技术与双次曝光 LIGA 技术主要工艺流程　b）双次曝光光刻胶吸收光子过程　c）三维微针阵列 SEM 图像

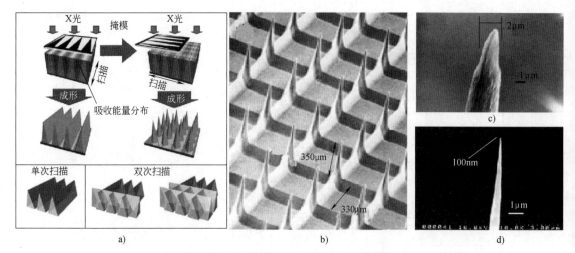

图 3.7-7　PCT-LIGA 技术制备三维微结构

a) PCT 方法工艺过程　b) PMMA 微针尖阵列 SEM 图像　c) 使用等腰掩模板图形制备微针针尖
d) 使用倾斜角 2.5° 的沙漏图形掩模板制备微针针尖

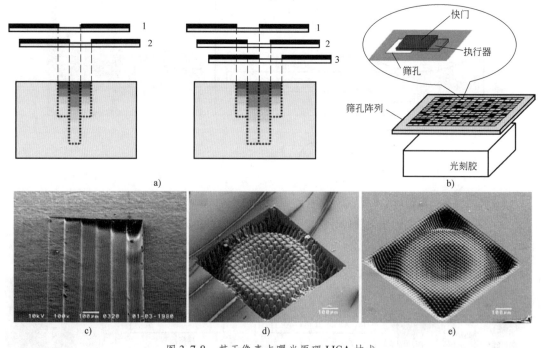

图 3.7-8　基于像素点曝光原理 LIGA 技术

a) 像素点曝光基本过程　b) 利用光澜和制动器对单一像素点进行曝光　c) PTFE 上制备的阶梯槽 SEM 图像（像素点节距
为 1/2 光澜直径）　d) PTFE 上制备的阶梯槽 SEM 图像（像素点节距为 1/4 光澜直径）　e) 制备的三维曲面 SEM 图像

对同一个像素点采用多次曝光叠加曝光量的方法，得到不同位置的不同曝光量，从而获得相应的微结构。通过像素点曝光模式制备的阶梯槽，槽宽为 100μm，见图 3.7-8。每个像素点的间距分别为曝光所用光澜尺寸的 1/2 和 1/4 时，制备的曲面图像，可以看出，减小像素点尺寸获得的加工曲面更加圆滑。

3.7.4　LIGA 技术在微细三维结构制造中的应用

LIGA 技术自诞生以来就一直被认为是进行微三维立体构件加工的最有力的手段之一。目前已有许多公司在批量化生产各类型的构件，用于实际工作环境。

1. 波导结构

真空电子器件频率越高，其核心部件的折叠波导慢波微结构的尺寸越小，通常的加工技术难以实现大深宽比结构的加工，UV-LIGA 技术在此方面展现出优异的加工能力。A. Srivastava 等人利用两步 UV-LIGA 技术针对太赫兹行波波导管进行加工，见图 3.7-9，首先对波导微结构进行 UV-LIGA 加工，再对电子束调制结构进行第二次 UV-LIGA 加工，从而在硅片表面同时获得 16 个阵列化的波导器件，其结构宽度为 138μm，周期为 280μm，且具有均一的结构和陡峭的侧壁。

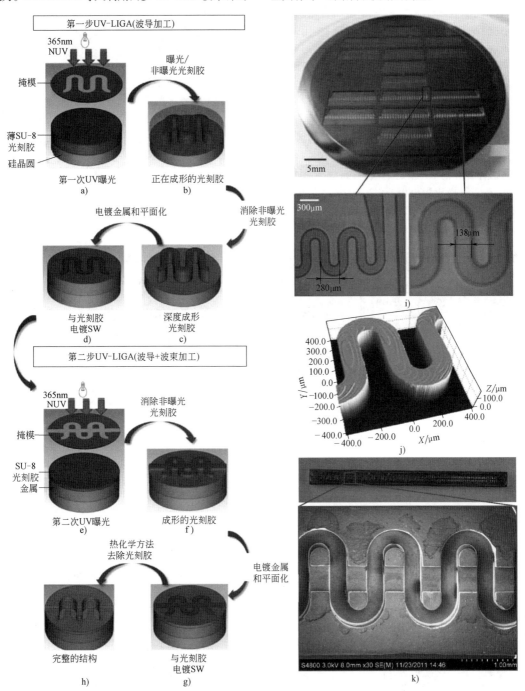

图 3.7-9　太赫兹行波管两步 UV-LIGA 制造过程示意图

a) ~h）两步 UV-LIGA 技术制备过程　i）硅片上波导器件阵列及其 SEM 放大图

j）波导器件 AFM 3D 视图　k）铜表面制备的完整波导器件及其 SEM 放大图

2. 微齿轮制作

由于微齿轮的结构相对简单，而且应用面极广，因此德国、美国等科学家最先进行了 LIGA 技术在微齿轮的制作。目前已可制作出能够相互啮合的渐开线齿形的齿轮。研究表明，LIGA 技术可以自由地进行二维设计，并且在设计时能够进行计算机优化，精确度可以达到亚微米级。图 3.7-10 为德国学者用 LIGA 和准 LIGA 技术制作的微齿轮系。

3. 大纵横比微结构

作为一种实用的微细加工手段，LIGA 工艺的一大突出特性就是可以完成大纵横比微结构的制作。图 3.7-11 是日本学者用 LIGA 技术加工的部分微结构。其中，图 3.7-11a 是制作的 Ni 金属模具，它的高度为 $15\mu m$，线宽为 $0.2\mu m$，纵横比为 75；图 3.7-11b 是用 LIGA 技术制作的 Ni 掩模照片，其高度为 $200\mu m$，线宽为 $2\mu m$，纵横比为 100；图 3.7-11c 是在 PMMA 上得到厚度为 $200\mu m$ 的微结构照片。

图 3.7-10　LIGA 和准 LIGA 技术制作的微齿轮系

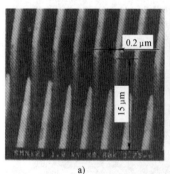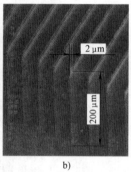

a)　　　　　　　　　b)　　　　　　　　　c)

图 3.7-11　LIGA 技术加工的部分微结构

4. 微传感、制动结构的制作

微传感器和微制动器的性能在很大程度上取决于其敏感器件的灵敏度，而敏感器件则大多为大纵横比的微悬臂结构，这正是 LIGA 技术的加工特长。图 3.7-12 是德国学者用 LIGA 技术加工的微制动器结构。

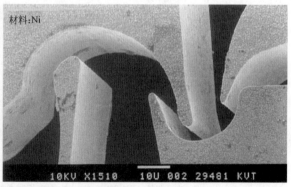

图 3.7-12　LIGA 技术加工的微制动器

5. 微动力装置的制作

LIGA 技术的实用化和普及应用，除了能制作大纵横比的微结构零件外，更为重要的将体现在与其他技术相结合（如微装配技术、牺牲层技术等），从而制作出可动的微动力装置来。为此，各国学者进行了大量的研究工作，如德国的卡尔斯鲁厄研究所制作的静电式微电动机，其中心轴轴径为 $4.8\mu m$，转子有 56 个齿，直径为 $267\mu m$。美国 Wisconsin 大学用牺牲层与 LIGA 技术相结合制作的电磁电动机，6 个电极中两个相对电极的线圈相连，组成每一相的定子线圈，其转子直径为 $150\mu m$，三个齿轮直径分别为 $77\mu m$、$100\mu m$、$150\mu m$，该微电动机在空气中转动时，转速可达 33000r/min。

图 3.7-13a 是德国学者用准 LIGA 技术制作的磁力驱动微涡轮，其中心轴为 $50\mu m$ 厚 Ni 材料，转子为厚度为 $40\mu m$、直径 $400\mu m$ 的 NiCo 材料。图 3.7-13b 是中国科学技术大学用 LIGA 结合微装配技术制作的金属 Ni 微流量计，其活动微齿轮高 $230\mu m$、半径为 $200\mu m$，中心轴半径为 $80\mu m$、间隙为 $10\mu m$，在气流作用下，齿轮能平稳地转动，其转速可以通过控制气流的大小来调节，微齿轮转速在 30~60r/min 时，可以平稳转动，换算成流量量程为 $15nL~3\mu L$。图 3.7-13c 是美国学者用准 LIGA 工艺在分布了简单电路的硅片上制作的环形微陀螺仪。其制作过程为：在已图形化的导电牺牲层上涂上高密度、高透明度的光刻胶，光刻成模子，然后再电铸上金属 Ni 后，去掉光刻胶模和牺牲层，制成具有可动部分（环、支撑条）和固定部分（电极、支撑点）的微陀螺仪结构。图 3.7-13d 是光刻胶电铸模的部分放大照

片，环的直径为 1mm、宽为 $5\mu m$、厚为 $19\mu m$、电极间的距离为 $7\mu m$。该陀螺仪的分辨率在带宽 10Hz 时约为 $0.5°/s$，通过改进电路和所用的材料等措施，可望提高到带宽 50Hz 时为 $0.5°/s$。

此外，LIGA 技术还在光纤通信等众多领域开始进入应用阶段，如用 LIGA 技术制作的光纤夹可以使衬底上对准结构的热胀系数因子和光纤夹保持一致，从而可以减少热膨胀对对准精度的影响，提高耦合效率。事实上，数据传输系统多支光纤的网络中，需要用到多种无源器件，而其中的波导结构均可以用 LIGA 技术制作。

6. LIGA 与微细电火花加工技术结合

微细电火花加工技术在金属材料的微细加工中发挥了重要作用，但微细电极，尤其是微小成形电极的制备却相当困难，一直是制约该技术广泛应用的瓶颈。由于 LIGA 技术的批生产特性，可以用其制作复杂形状金属成形电极，从而大大拓宽微细电火花加工技术的加工能力和应用领域。将两种或两种以上的微细加工技术进行有效的集成，充分发挥各自的技术特点，将是未来微细加工技术发展的必然趋势之一。

LIGA 与微细电火花加工技术相结合的复合加工技术的基本过程为：①利用具有所需图形的对光刻胶进行同步辐射深度曝光。②显影，得到导电光刻胶基板上的微结构。③在光刻胶微结构中电铸金属铜。④表面磨抛后去胶，得到金属铜工具电极。⑤利用该工具电极在电火花加工机床上加工工件。

图 3.7-14a 为美国斯坦福大学利用 LIGA 技术获得的硅模具；图 3.7-14b 为采用电铸法反求获得的具有复杂形状的微细铜电极；图 3.7-14c 为中科院高能物理研究所用 LIGA 技术获得的 Y 字形金属铜电极，其厚度为 $730\mu m$、线条宽 $90\mu m$，且侧壁陡直；图 3.7-14d 为在电火花成形加工机床上加工的厚度为 $150\mu m$ 的不锈钢工件。

图 3.7-14e 是日本学者用 LIGA 技术制作出电火花加工用的微细成形电极，然后再用制作出的电极进行微细电火花加工实例，由于在加工衬底上一次制作出的是一批电极，因此，用此电极一次就可以加工出一批工件；图 3.7-14f 是用此方法制作出的 $20\mu m \times 20\mu m$ 的圆柱电极阵列以及用此电极在厚为 $50\mu m$ 的不锈钢片上加工出的微细阵列孔，每根电极的直径为 $\phi20\mu m$，材料为铜，加工后孔的直径为 $\phi30~\phi32\mu m$；图 3.7-14g、h 是用此方法制作出的成形电极以及用此成形电极加工出的工件照片。

图 3.7-13　LIGA 技术制备典型微动装置

图 3.7-14　LIGA 与 EDM 复合加工技术在微结构制造中的应用

a）LIGA 技术加工的硅模具　b）电铸获得的铜微电极　c）LIGA 技术获得铜电极　d）利用 c 图中电极加工的不锈钢零件
e）LIGA 技术制造的阵列电极　f）利用 e 图中电极制作的微孔阵列　g）LIGA 技术制造的成形电极
h）利用 LIGA 技术制作电极进行的微零件加工

3.8　纳米压印技术

3.8.1　纳米压印技术概述

纳米压印技术是由美国普林斯顿大学华裔科学家 Stephen Y. Chou 等人在 1995 年所提出的。它采用传统的机械模具微复型原理来代替包含光学、化学及光化学反应机理的传统复杂光学光刻，避免了对特殊曝光束源、高精度聚集系统、极短波长透镜系统以及抗蚀剂分辨率受光半波长效应的限制和要求，克服了光学曝光中由于衍射现象引起的分辨率极限等问题。它是一种全新的纳米图形复制方法，具有高分辨率、快速、大面积、低成本等适合工业化生产的独特优点。目前压印最小特征尺寸可达 2nm 以下，相比下一代光刻技术，其具有低成本、高产量的优势，因此在超大规模集成电路、超高密度存储、光学组件、电子学、传感器和生物学等诸多领域显示出较好的应用前景。目前，纳米压印技术已经开始从实验室走向工业化生产，并在数据存储和显示器件制造方面率先进行应用。此外，科学家正在致力于为科研和工业界建立纳米压印的各项标准，以促进该技术更好、更快地发展。2003 年，纳米压印技术被列入国际半导体技术路线图（International Technology Roadmap for Semiconductors，ITRS），被认为是 22nm 节点以下的首选技术，开始得到工业界的广泛关注，并被 MIT Review 誉为"可能改变世界的十大未来技术"之一。2009 年开始，纳米压印技术被排在 ITRS 蓝图的 16nm 和 11nm 节点上。2016 年 EV 集团宣布在其最新的 UV-NIL 系统（EVG7200LA）上实现了 40nm 的微结构稳定快速压印，应用于显示器领域，具有更高的像素分辨率、更低功耗、更低生产成本。

3.8.2　纳米压印关键工艺

1. 纳米压印原理与基本工艺过程

纳米压印是一种全新的纳米图形复制方法，其实质是将传统的模具复型原理应用到微纳制造领域。其基本原理是在外加机械力作用下，处于黏流态或液态的压印胶逐渐流动并填充到模板表面微纳米尺度的特征图形的腔体结构中，并在热、光、化学等条件下固化，进而分离模板与压印胶，在后者表面复制模板图形，最后通过刻蚀技术将压印胶上的图形转移至衬底上。与传统光刻工艺相比，纳米压印技术不是通过改变抗蚀剂的化学特性实现抗蚀剂的图形化，而是通过抗蚀剂的受力变形实现其图形化。

纳米压印基本工艺过程如图 3.8-1 所示。纳米压印技术的工艺过程通常可分为三步：①模板的制作与处理。②压印与脱模。③压印胶图形转移。为了获得几纳米的均匀结构图案，每一个过程的控制都非常关键，这其中就涉及模板制作、压印胶、高精度压印过程控制（缺陷控制、对准套刻）、三维结构压印以及精确蚀刻等一系列核心技术。

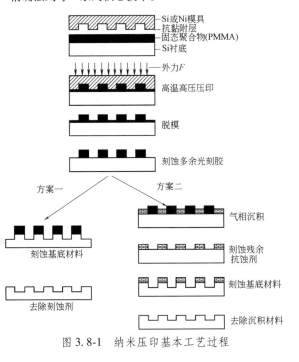

Si或Ni模具
抗黏附层
固态聚合物(PMMA)
Si衬底

——外力F
高温高压压印

脱模

刻蚀多余光刻胶

方案一　　　　　　　方案二

气相沉积

刻蚀残余抗蚀剂

刻蚀基底材料

去除沉积材料

刻蚀基底材料

去除刻蚀剂

图 3.8-1　纳米压印基本工艺过程

2. 模板的制作与处理

模板是纳米压印技术的核心部件，其精度和质量直接决定了纳米压印的质量，因而其制作难度和成本都是整个压印工艺中最高的部分。常用制作模板的硬质材料包括：硅、石英、镍、铬、金刚石、蓝宝石、氮化硅等；此后又发展出许多柔性材料，如聚二甲基硅氧烷（PDMS）、高抗冲击聚苯乙烯（HIPS）、光敏树脂、聚甲基丙烯酸甲酯（PMMA）以及将硬质和柔性材料结合的复合模板。不同压印工艺需要不同的模板材料，而不同的模板材料需要相应的模板制作技术，从而衍生出多种模板制作技术。这其中主要有电子束直写、电铸、氧化法、化学气相沉积法、玻璃湿法刻蚀法、软模板复型工艺等。

1）电子束直写。纳米压印精度与模板精度密切相关，通常想要获得100nm以下的纳米结构，需要模板具有相应的尺寸，电子束直写能很好地解决这一尺度下模板的制作。电子束直写与传统光刻技术不同，无需光掩模板，可一次直写成图形，且具有几个纳米的空间分辨率。通常先在镀有铬层的硅片上进行匀胶，所用压印胶一般为PMMA，厚度为0.3～1.0μm，然后通过高能电子束进行曝光，经过显影、去胶工艺，再以PMMA为掩蔽层进行反应离子刻蚀，将图形转移到铬层上，然后以铬层为掩蔽层，将图形

转移到硅或二氧化硅层上，完成特征直写，得到硬模具或软模具复制需要的母板。目前利用电子束直写可获得最小特征尺寸为5nm的模板。但该方法也存在一些不足，如高能电子束存在散射，临近效应明显，其产生的二次离子会导致分辨率下降，不利于制作大深宽比的特征件；电子束直写加工效率较低，设备价格高。

2）电铸。电铸是利用电解沉积原理来精确复制微细、复杂和某些难于用其他方法加工的特殊形状工件的特种加工方法，通常用于镍模板的制作。该方法可获得50nm以上的模板，且该方法工艺简单、成本低、易于大批量生产。

3）氧化法。该方法制备纳米压印模板时分为两类：硅横向氧化和多孔氧化铝模板。硅横向氧化法是通过控制硅的横向氧化速率得到的纳米压印模板的特征尺寸达20nm。与电子束直写相比，该方法简单方便、成本低，但氧化层厚度难以精确控制，表面粗糙度值较大，只能用来制作简单的栅类结构模板。多孔氧化铝模板，利用铝在酸性电解液中进行阳极氧化可形成具有纳米孔洞阵列的多孔阳极氧化铝，通过调节阳极氧化参数，可以得到排列高度有序的纳米孔阵列，其特殊的结构可用作纳米压印模板。该方法突出的优势在于可以制作大深径比孔结构，有序的多孔氧化铝模板制备工艺简单易操作，成本低，缺点是小面积范围内纳米孔洞比较规则有序，大面积有序的纳米孔洞制备困难，不适用于大面积的纳米压印。

4）化学气相沉积法。化学气相沉积法是当今薄膜制备领域最重要的方法，也可以直接用于压印模板的制作。相较于其他制作方法，它更有利于制作具有大的深宽比特征的模板，但该方法依赖具有微纳结构的衬底，其制作精度主要取决于衬底精度。

5）玻璃湿法刻蚀法。玻璃材料具有良好的微加工性能，利用氢氟酸对玻璃的腐蚀作用，对精密、复杂玻璃元器件表面进行化学刻蚀、化学抛光等加工，则不仅精度高，还可避免产生加工缺陷，同时，加工不受器件表面形状限制，加工效率较高。

6）软模板复型工艺。软模板一般是通过硬模板复型工艺得到，利用工艺模板专用橡胶经固化成形制作的，而硬模板可由上述工艺方法制备。软模板复型工艺的基本原理是将聚合物液体倾注在硬模板的表面，经过固化后机械分离即可得到软模板。最初使用的软模板材料是PDMS，其成本低，使用方法简单，同硅之间具有良好的黏附性，而且具有良好的化学惰性等特点。

上述方法可获得应用于不同场合的压印模板，值得注意的是这里的模板主要指母模板，而非复制

模板。

对于制备好的模板在进行压印之前，需要进行必要的表面处理，以降低压印模板与压印胶之间的黏附性，这对于成功脱模和保护模板至关重要。模板表面防黏处理旨在增加抗黏层，降低其表面能。常用的抗黏层为聚四氟乙烯（Poly Tetra Fluoroethylene，PTFE）和含氟的有机硅烷；抗黏层的厚度可以实现纳米量级，且可以精确调控，这对纳米级结构的压印至关重要。

目前主要的纳米压印设备供应商包括：美国的 Molecular Inprints Inc. 和 Nanonex Corp.，奥地利的 EV Group，瑞典的 Obducat 和德国的 Suss Micro Tec.。国内研究从 2001 年开始，主要研究单位西安交通大学、上海交通大学、华中科技大学、中国科学院光电所以及上海市纳米科技与产业发展促进中心（上海纳米中心）等也取得了很多成果，但尚未出现商业化产品。

3. 压印胶

压印胶是纳米压印中的关键材料，其性能将直接影响压印图形复制精度、图形缺陷率和图形向底材转移时的刻蚀选择性。随着压印技术的改变，压印胶也适时发生变化，由原本单一的热塑性材料发展到热固性材料、紫外固化材料；其成分也由纯有机物质拓展至有机硅杂化材料、含氟聚合物材料。

（1）压印胶选择

根据纳米压印技术的原理和具体工艺过程，压印胶的选择应从成膜性能、硬度黏度、固化速度、界面性质和抗刻蚀能力等指标上进行考量。

1）成膜性能。为了保证压印图形的质量，高质量的压印胶薄膜成为首要条件。硬质底材上的热压印、紫外压印通常采用旋涂制膜方式，此种制膜方式对光刻胶成膜性能要求最高，需要光刻胶对底材润湿性好、成膜性能优良、旋涂后厚度均匀、没有气孔等缺陷。步进压印和滚动式压印光刻胶黏度低，可通过压印力补偿涂胶时的不均匀，仍需光刻胶材料对底材润湿性好，易于成膜。

2）硬度黏度。压印时压印胶应具有很好的流变性和塑性，以便被模板压印时能够精准地复制图形。压印胶的硬度上限不能大于模板，通常固化前硬度越小越好，以便在较低压力下完成压印。固化后强度增大，防止脱模时损坏胶面的精细结构。

3）固化速度。固化速度快慢对生产率有重要影响，热塑性光刻胶由于反应速度慢，逐渐被速度更快的热固性光刻胶取代。紫外固化为光致反应，因能达到更快的反应而受到了研究者的重视。在此基础上发展的步进压印和滚动式压印多采用热固性光刻胶或

紫外固化式光刻胶。

4）界面性质。由于压印是通过机械接触的方式实现图形复制，压印胶与底材之间需要有足够强的结合力以防止脱模，同时压印胶与模板之间的结合力越小越容易脱模。特殊的性能给压印胶的研发带来了挑战。通常纯有机的碳氧主链材料具有较高的表面能，易于黏附底材，但也容易黏连模板，造成压印图形缺陷或损坏模板；有机硅和氟碳化合物表面能低，容易脱模，但对底材附着力也较小，压印后容易脱落。为解决这一困难，研究者一方面合成杂化的材料，其一端为高表面能的碳氧基团，另一端为低表面能的硅氧或氟碳基团，旋涂制膜时高表面能基团向高表面能的底材如硅、金属、石英等表面富集，而表面能较低的硅氧、氟碳基团向空气表面富集，很好地解决了光刻胶的双表面能需求；另一方面向碳氧主体材料中添加有机硅或氟碳类添加剂，作为表面活性剂，有利于降低光刻胶表面能，达到顺利脱模的目的。

5）抗刻蚀能力。除了一些功能化的光刻胶，通常压印光刻胶是作为一种图形转移介质来使用的，压印后光刻胶上的图形通过刻蚀方法转移到基底上，因此需要光刻胶有很好的抗刻蚀能力和刻蚀选择性。因为 C-C 键和 C-H 键的键能较低，纯有机材料抗刻蚀能力较弱，得益于其高能 Si-O 键有机硅材料抗刻蚀能力较强，在半导体工艺中，通常用氟等离子体刻蚀硅片，氟聚合物由于其元素相似，刻蚀选择性也较强。

（2）压印胶种类

根据压印方式的不同，压印胶可分为热压印胶、紫外光固化压印胶、纯有机压印胶、有机硅、氟压印胶等。热塑性压印胶通常为低玻璃化温度聚合物和低沸点溶剂以及一些助剂。较常见的有聚甲基丙烯酸酯（PMMA）、聚苯乙烯（PS）、聚碳酸酯（PC）和有机硅材料。热固化压印胶为化学固化方式，主要由预聚物、催化剂交联剂等成分组成，常见的如聚二甲基硅氧烷（PDMS）、聚乙烯基苯酚（PHS）、邻苯二甲酸丙烯酯低聚物（PDAP，mr-I9000）。紫外光固化压印胶主要由紫外可固化的物质组成，可分为自由基和阳离子聚合两大体系。前者常见的为丙烯酸型，如美国 DSM 公司的 Hybrane 系列、Nanonex 公司的 NXR 系列，日本东洋合成工业株式会社（Toyo Gosei）生产的 PAK-01，以及 AMOGmbH 公司的 AMONIL-MMS4 等；后者常见的为环氧化合物和乙烯基醚化合物。环氧型阳离子聚合物，如 SU-8 和 mr-L6000、乙烯基醚化合物、含氟硅类压印胶、旭硝子公司 NIF 系列等。

压印胶的发展始终伴随着压印技术的发展和进

步，其核心是要解决提高固化速度、改进表面性质和固化压印胶降解三个问题。压印胶经历了热塑性材料、热固性材料和紫外固化材料三个阶段，每一个阶段都提高了固化速度。但为了有更高的效率，提高光刻胶的固化速度仍然是研究者追求的目标之一。机械式接触使得光刻胶需同时满足与基底有良好的黏附性和易于脱模的要求，这样的竞争式需求均相材料无法满足，碳氧主链材料表面能高不易脱模，有机硅、氟碳聚合物容易脱模但对底材的附着力相对较差，合成碳氧主链和硅氟有机材料的共聚物能够很好地解决黏附和脱模问题。同时，在纯有机材料中加入硅氟类添加剂也能极大地降低光刻胶表面能，改善光刻胶脱模能力。盖章式光刻方法较容易发生光刻胶与模板的黏连，清除黏连的光刻胶以保证模板清洁对提高成品率和延长模板寿命至关重要。可逆交联剂也是压印光刻胶的一个研究热点。

（3）压印胶制膜方式

选择好压印胶后，并对压印衬底完成前处理后，需要在衬底上进行压印胶制膜。目前常用的制膜方式有旋涂、滴胶、滚涂、喷雾、提拉等方法，其中以旋涂最为常见。该方法适合在硬质衬底，且尺寸小于10in 范围内压印胶制作。膜厚度可通过旋涂速度、旋涂时间、压印胶黏度等参数进行调控，并通过原子力显微镜、椭圆偏光仪、白光干涉仪、台阶仪等设备精确测量。制膜的厚度与压印工艺密切相关，存在合适的范围。滴胶通常只在紫外光固化纳米压印技术中使用，例如在步进-闪光压印中，不同区域分步进行压印，需要对每个待压印区域分别进行制膜，采用滴胶方式最为方便，滴胶的量也需要精确控制。

4. 压印与脱模

将制作好的模板与涂有压印胶的衬底分别安装在纳米压印设备上，调节外加机械压力大小与施加规律、压印温度和保压时间等条件，使处于黏流态或液态的压印胶逐渐填充到模板的微纳米结构中，然后通过热、光、光化学等能场将压印胶固化。

完成压印胶固化后，需要将模板与压印胶分离，并将模板上图形复制在压印胶上，这一过程称为脱模。该过程主要通过外力破坏模板与压印胶之间的黏附力。脱模过程对压印结构的完整性和模板的寿命起着至关重要的作用。根据模板和衬底软硬程度不同，可将脱模方式分为平行脱模和撕开式脱模。前者主要用于模板和衬底都是硬质材料的场合，后者主要用于二者至少有一个为软质材料或薄膜材料的情况。

5. 压印胶图形转移

脱模完毕后，模板的图形复制在压印胶上，进一步通过刻蚀技术将压印胶上的图形转移至最终的衬底

上，这一过程称之为图形转移。在刻蚀工艺中，由压印形成的图形可作为抗刻蚀层；同时也可以采用镀膜工艺形成新的金属抗刻蚀层，进行大深宽比的刻蚀。与半导体刻蚀工艺相类似，刻蚀方法可基于物理和化学原理，进行干法刻蚀和湿法刻蚀。

3.8.3 纳米压印技术分类

纳米压印技术经过 20 多年的发展，从最初的热压印技术，到紫外光固化压印技术，发展到微接触印刷术、软膜复型技术、激光辅助直接压印技术等（见图 3.8-2）。各类新的纳米压印技术不断涌现和发展，促进了纳米压印技术在现代微纳米制造技术中的应用，以下分别对各种纳米压印技术进行简要介绍。

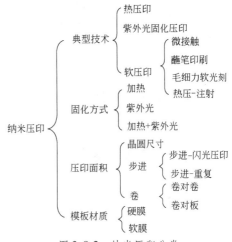

图 3.8-2　纳米压印分类

1. 热压印技术

早在 1995 年，Stephen Y. Chou 提出纳米压印技术概念时，所指的即是热压印技术。热压印技术通过对衬底加热，使其表面的压印胶高于其玻璃化温度（T_g）50~100℃，从而控制压印胶的形态。在压印的过程中，保持玻璃化温度之上特定温度，通过施加的压力将模板上的图形压到呈液态特性的压印胶中。待压印胶填充完全之后降低温度至玻璃化温度之下，此时已带有模板图形的压印胶呈固态特性，仅需将母版从压印胶中脱模出来即完成了压印过程。该方法可获得的最小图形尺寸为 5~30nm，广泛用于微电子器件、光电子器件等领域。

热压印技术所使用的压印胶通常为 PMMA，与现行电子行业相同，在后续光刻工艺中不需要重新调配工艺参数，与现有的微电子工业生产线吻合性良好，这是该工艺的技术优势。同时热压印技术工艺简单，易于得到和模板相反的压印胶图形。但该技术也存在一些不足，如压印过程中所需的温度和压强较高，降

温过程时间较长，压印的生产率较低；模板与衬底之间存在平行度和平面度误差，且无法消除，使得压印胶产生形状误差；压印过程中模板经历高温高压过程，模板的寿命较短，从而增加了压印成本。在基板上获得压印结构的聚合物后，可以如图3.8-3所示直接进行刻蚀加工，将图案转移至基板上；也可以在聚合物图案上继续蒸镀金属形成金属掩模，再进行刻蚀加工，获得最终图案。

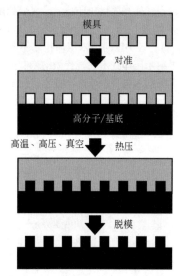

图3.8-3　热压印基本工艺流程图

2. 紫外固化压印

紫外固化纳米压印技术（Ultraviolet Nanoimprint Lithography，UV-NIL）是Philips实验室M. Verheijen等人于1996年率先提出的一种纳米压印技术。其压印流程与热压印技术类似，但所使用的压印胶具有紫外光光敏特性，压印模板具有紫外光透明的特性。该项技术在常温下进行，此时压印胶就具有低黏度和高流动性，模板与衬底之间无须施加高压力即可使压印胶充满微纳米结构，使用紫外光照射使压印胶固化，再脱模（见图3.8-4）。由于固化时采用紫外光，要求模板具有良好的紫外光透过性，通常采用石英制作模板。

该方法的优点在于可在常温或较低的温度下进行纳米压印，减少了升温和降温过程消耗的时间，压印力也较小，避免了由热和力导致压印胶和衬底形变、模板损坏等；此外透明的模板可以克服热压印中的对准难题，压印图形的分辨率仍取决于模板的精度，不受紫外光衍射极限的影响。该工艺目前可获得10nm的复型能力和50nm的对准精度。

3. 步进-闪光纳米压印

若要将纳米压印技术运用于大规模批量化生产，

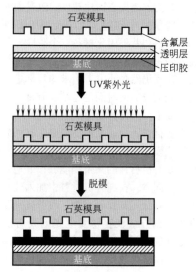

图3.8-4　紫外固化纳米压印（UV-NIL）

需要确保大面积压印结构的均一性，这对模板的制作和压印胶制膜都提出了巨大的挑战。热压印和紫外固化压印技术所需的大面积高精度模板制作成本高昂。为了克服模板制作难题，2000年，美国德克萨斯大学奥斯汀分校的C. G. Willson等人在紫外固化纳米压印技术基础上，提出了一种新的纳米压印技术——步进-闪光纳米压印（Step and Flash Imprint Lithography，SFIL）。该方法采用小尺寸模板在衬底上分区域进行多次压印，移动对准拼接，实现大面积图形压印，如图3.8-5所示。该方法通过所制作小面积压印模板来完成大面积图形压印，大大降低了模板制作成本，提高了压印图形的均匀性，拓展了纳米压印技术的应用范围，但该方法会不可避免地引入拼接误差。

4. 微接触压印技术

微接触压印技术（Micro Contact Printing，MCP）是由美国哈佛大学G. M. Whitesides等人于1996年提出的一项构筑图案化自组装单分子层（SAM）的微纳米制造技术，也称为软光刻技术。与其他纳米压印技术的显著区别在于，使用软质的PDMS材料作为模板，压印中没有加压过程。其基本工艺过程为：首先将PDMS模板浸入到含待转移自组装分子的特制溶液中，再将PDMS模板以微接触压印的方式与衬底（无压印胶）接触，模板表面凸起位置的自组装单分子层通过物理或化学作用附着在衬底表面，从而完成模板图形的转移，如图3.8-6所示。该自组装单分子层即为抗刻蚀层，通过刻蚀技术进一步将图形转移至衬底上。微接触压印技术的优点在于整个过程中无需高温、高压和紫外光固化，不会对母版造成伤害（使用PDMS反拷母版，批量获得压印模板），也不会对

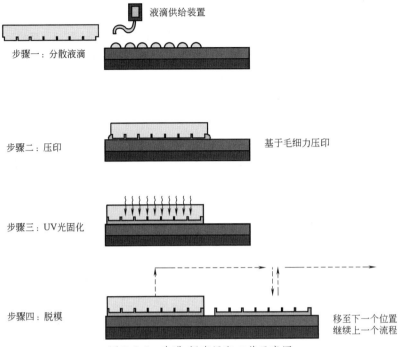

步骤一：分散液滴 液滴供给装置

步骤二：压印 基于毛细力压印

步骤三：UV光固化

步骤四：脱模 移至下一个位置 继续上一个流程

图 3.8-5 步进-闪光压印工艺示意图

基底造成任何破坏，与生物样品的压印有很好的兼容性。考虑到一般情况下使用微接触压印时基底平整度不高，所以微接触压印一般采用可形变的软性模板。该方法能够获得 $30nm \sim 100\mu m$ 特征尺寸的微纳米结构。此外，微接触压印技术还可以与热压印和紫外固化压印技术相结合，衍生出许多新的纳米压印技术，如复制模塑技术、微转移模塑技术、毛细管微模塑技术和溶剂辅助微模塑技术。

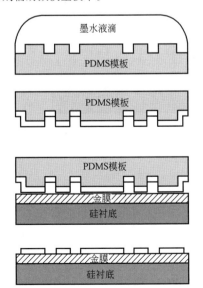

墨水液滴

PDMS模板

PDMS模板

PDMS模板
金膜
硅衬底

金膜
硅衬底

图 3.8-6 微接触压印技术工艺过程示意图

5. 滚对滚压印技术

滚对滚压印技术（Roll-to-Roll Imprint）是 S. Y. Chou 于 1998 年提出的一种连续纳米压印技术，其基本工艺过程如图 3.8-7 所示。经过 20 多年的发展，在基本理论、工艺、装备、模具、材料和应用等方面都取得了巨大的进步。由于具有连续生产能力、产量高、成本低等特点，广泛用于各类微纳阵列化图案的生产，已成功实现了 100nm 以下图形连续转移，是纳米压印技术产业化最具潜力的方法之一。滚对滚压印技术具有高效率、大面积、复杂三维微纳结构制造能力、非平整衬底的图形化能力，尤其是对于软紫外纳米压印具有在非平整面（弯曲、翘曲或台阶）、曲面、易碎衬底上实现晶圆级纳米压印的潜能。

滚对滚压印技术适合各种柔性（软）的衬底，典型的应用包括各种功能性光学薄膜、OLED、柔性电子器件、柔性显示、有机太阳能电池等。典型制造工艺方法有两种：一是模具为圆柱滚轮形，柔性衬底通过涂层系统均匀涂敷压印材料，经回收滚轮的旋转带动其至圆柱形滚轮模具处，在模具和背部支撑滚轮的共同作用下进行线接触压印，随后对于压印后的图形进行固化（一般为紫外光固化），脱模后滚轮模具上的特征图形被转移至衬底抗蚀剂上。此种方式要求滚轮型模具与衬底抗蚀剂间脱模性能好（表现为非浸润性），抗蚀剂固化速度快，并且抗蚀剂与衬底间的黏附性强，但是这种方法模具制造复杂，成本高，特征图形的分辨率需要更进一步的提高。二是将原有的滚轮型模具替换成柔性带状模具，并缠绕在双辊或多个辊子上，通过柔性带状模具和衬底的相对运动，实现图形的压印。该种方式的优点是模具的制造相对简单，并且模具易于更换，模具使用寿命长，但是软模具在压入过程中容易变形，导致压印图形均匀性和一致性差，良品率降低，同时带状模具与抗蚀剂接触面积大，脱模困难，对模具防黏连处理上提出更高的要求。

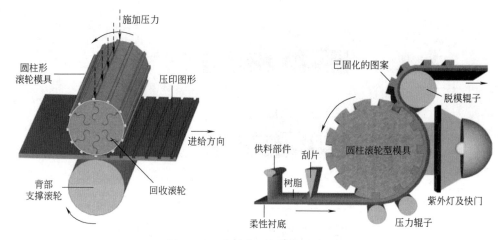

图 3.8-7　滚对滚压印技术示意图

6. 软膜转印技术

软膜转印技术（Intermediate Polymer Stamp—Simultaneous Thermal and UV Imprint，IPS-STU）使用 PDMS 作为模板应用于微接触压印技术时，由于 PDMS 模板高弹性，在压力较大时容易引起微纳米结构的变形，造成图形均匀性变差，压印分辨率较低。此外，PDMS 在有机溶剂中发生溶胀，固化时结构收缩，造成结构尺寸和形状精度误差。为了克服这些缺点与不足，使用复型能力更好的聚合物制作模板，统称为 IPS 模板（Intermediate Polymer Stamp，IPS）与热或紫外光固化压印胶联合压印（Simultaneous Thermal and UV imprint，STU），开发出 IPS-STU 技术，如图 3.8-8 所示。该项技术通常将压印工艺分为两个阶段，首先聚合物反拷母版，获得高精度综合性能较好的 IPS 模板，再将该模板用于紫外光固化压印胶（如 STU）进行压印，并使用热或紫外光固化。

7. 激光辅助直接压印技术

激光辅助直接压印技术（Laser-Assisted Direct Imprint，LADI）是 S. Y. Chou 在 2002 年提出的全新的纳米压印技术。其基本工艺为利用激光将硅衬底表面瞬间加热至熔融状态，同时将具有比衬底更高熔点的模板压入熔融衬底表面，冷却后直接在衬底上形成所复型，其基本工艺过程如图 3.8-9 所示。该技术不仅可在硅衬底快速获得压印图形，也可以在铜、镍、铝、金等金属上获得良好的图形。由此可见，LADI 技术省去了压印胶制模、压印、固化、残胶去除、镀

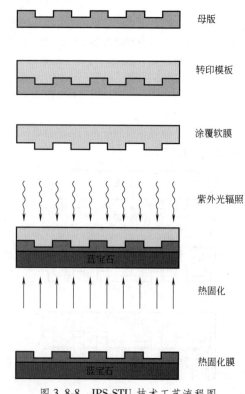

图 3.8-8　IPS-STU 技术工艺流程图

膜、刻蚀等工艺流程，极大地缩短了工艺流程，降低了工艺复杂程度，具有速度快、产量高等优势。

表 3.8-1 为纳米压印技术的对比。

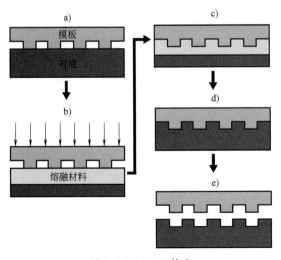

图 3.8-9　LADI 技术

a）模板与衬底接触　b）激光曝光　c）压印
d）熔融材料再固化　e）模板与衬底分离

表 3.8-1　纳米压印技术的对比

工艺	热压印	紫外压印	微接触压印
温度	高温	室温	室温
压力 p/kN	0.002~40	0.001~0.1	0.001~0.04
最小尺寸	5nm	10nm	60nm
深宽比	1~6	1~4	无
多次压印	好	好	差
多层压印	可以	可以	较难
套刻精度	较好	好	差

3.9　自组装加工技术

3.9.1　自组装加工技术概述

1959 年，诺贝尔物理学奖获得者 R. Feynman 教授发表了题为"底部有很大空间"的著名讲演，前瞻性地提出如果能按照人们的意志去排列原子，将会得到具有独特性质的材料。从而开启了一个全新的制造理念——自下而上的加工方式。这与传统的加工理念，如机械加工、特种加工、光刻等，形成鲜明的对比。限于当时加工和表征的水平，这一理念尚未被人们普遍接受。1981 年，在 IBM 苏黎世实验室 G. Binnig 和 H. Rohrer 教授发明了扫描隧道显微镜（Scanning Tunneling Microscope，STM），首次观察到单个原子，并对单个原子实现了操纵。此后，自下而上的加工方式逐渐被人们所接受，并引起了全球范围内的研究热潮。STM 对原子具有极高的加工精度，但该加工方式只能实现对少数原子和分子的操纵，难以制造出实用的零件。

在纳米材料和结构的制备过程中，原子或分子在外部激励条件下，基于内在的相互作用而自发地形成相应的材料和结构，这一过程称为自组装。值得注意的是，通常所指的自组装技术不是通过共价键形成或断裂形成新的物质，而是基于构建单元之间弱的相互作用，自发地聚集形成具有特殊结构和功能的聚集体。这里的构建单元包括原子、分子、纳米颗粒（如量子点、纳米线、纳米棒、多分子层等）。2005 年，《科学》杂志在其创刊 125 周年纪念专辑中提出了 21 世纪亟待解决的 25 个重大科学问题，唯一与化学相关的问题就是"我们能够推动化学自组装走多远？"，而化学自组装正是自下而上加工方式的典型代表。自组装技术涉及化学、物理、生物、机械、电磁、光学、热力学等多学科交叉融合，其发展也将惠及相关学科领域。

3.9.2　自组装的基本过程、分类及特点

1. 自组装的基本原理

自组装是自然界普遍存在的一种现象，是一种由简单到复杂，由无序到有序，由多组分收敛到单一组分的自我修正、自我完善的自发过程。通常意义上的自组装是分子或纳米颗粒等结构单元在没有外来干涉的情况下，通过非共价键作用自发地缔造成热力学稳定、结构稳定、组织规则的聚集体的过程。通过模拟自然界的自组装过程改进现有的或发现新的高性能材料，进而制造出新的功能材料，甚至试图利用自组装技术构建出可规模化生产应用的、具有某种功能的分子器件，从而满足对电子器件等要求更小、更快、更冷的需求（见图 3.9-1）。

由自组装的过程来看，它具有以下特点：①自组装过程是自发进行的，组装过程是由构建单元之间内在弱的相互作用控制的，不受外界干扰；各种弱相互作用力相互竞争并协同作用，组装过程一旦开始，就会朝着某个热力学平衡的状态方向发展，最终达到聚集体能量最低状态。自组装可以获得缺陷极少的聚集

体，具有高质量和优异性能。②自组装过程能够多组分同时进行，过程十分复杂，但产物（聚集体）相对单一。这主要是由于构建单元受到的各种弱相互作用来源于每个单元内部的识别信息，组装过程无化学键的形成和断裂。③自组装技术可用的构建单元尺度，从原子到纳米颗粒范围，可用的材料包含有机、无机、金属及其杂化物质，范围非常宽广。

自组装技术可以和常用的自上而下的微纳加工技术相结合，进而构筑出多样性的长程有序的聚集体。利用自组装构建单元在纳米及亚纳米级尺度上的精度，构筑出高精度的宏观尺度薄膜或三维结构；结合自上而下的微纳加工技术，真正实现纳米制造。

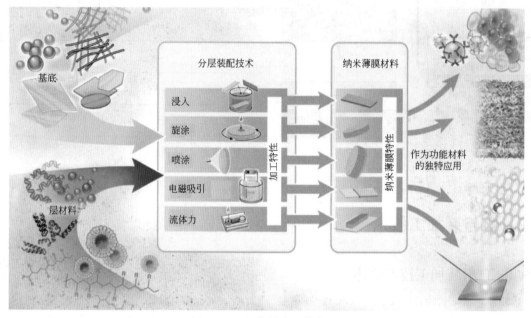

图 3.9-1　组装技术及其应用

2. 自组装分类

从自组装技术的原理可以看出，作为自组装的基本构建单元具有大范围的尺度和丰富的材料选择，因此可以根据构建单元特性来划分自组装类型。在这方面主要可分为：表面活性剂自组装、大分子自组装、纳米颗粒自组装和微米颗粒自组装。

1）表面活性剂自组装指具有两亲性的表面活性剂分子在材料表面、交替聚集体或溶液表/界面形成高度有序排列的自组装过程。

2）大分子自组装指包括嵌段共聚物、共轭聚合物、液晶高分子、蛋白质、DNA 等在内的众多有机大分子，在氢键力、π-π 相互作用和疏水相互作用下进行识别和排列成更高级别的聚集体的过程。

3）纳米颗粒自组装指具有纳米尺度的粒子，在偶极作用、表面张力、疏水作用下，形成纳米或微米尺度的具有特殊力、热、光、电、磁等性质的过程。

4）微米颗粒自组装指具有微米尺度的颗粒，在静电力、范德瓦耳斯力、π-π 相互作用下，进一步取向形成微米甚至是宏观尺度的二维或三维聚集体的过程。

上述四类自组装类型共同特点是依靠分子间的非共价作用力自发形成具有一定结构和功能的稳定的聚集体。该类组装过程可分静态自组装和动态自组装两类。此外，近年来，在自组装过程中加入磁场、电场、光、热等外界激励，人工干预自组装过程，并通过外形识别或自选性胶体等实现构建单元在衬底特定位置上定向和定位，进而完成聚集体的制造，这类自组装又可称为定向自组装，其构建单元组装的驱动力包括表面张力、毛细作用力、外形匹配等。

3.9.3　自组装方法

1. 典型自组装方法

典型自组装方法，包括浸入、旋涂、喷涂、电磁吸引、流体力五大类，如图 3.9-2 所示。

2. 自组装驱动力

自组装的构建单元包括原子、分子、微纳米颗粒等，在这一尺度上要形成稳定的聚集体，需要驱动力的作用距离比共价键更大，然而作用距离的增大导致这些力比共价键要小得多。这些力包括静电力、氢键力、π-π 相互作用力、范德瓦耳斯力、疏水作用力等（见图 3.9-3）。研究这些作用力的性质和特点，有助于从自组装最低层设计和构筑聚集体，是自组装的核心问题。

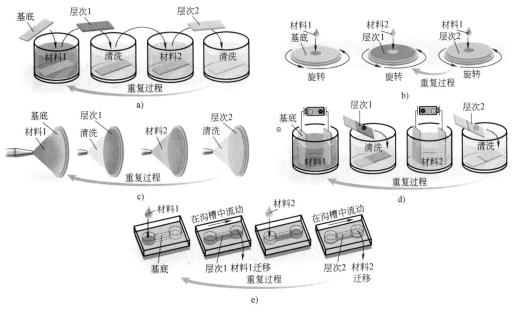

图 3.9-2 典型自组装方法

a) 浸入 b) 旋涂 c) 喷涂 d) 电磁吸引 e) 流体力

自组装工艺	基底	基底尺寸	层材料	加工每层所需时间	是否实现自动化	层厚度/nm	表面粗糙度/nm	层结构
浸入	—	10nm～1m	—	10s～12h	—	<1～15	1～20	渗透
蘸液	平面	1～100nm	聚合物、胶体	10～30s 或 10～20min	是	1～2	1～10	—
除湿	平面	1～10nm	聚合物、胶体	30～60s	否	1～2	—	—
卷对卷复印	柔韧平面	100mm～1m	聚合物	2～5min	是	1～15	15～20	—
离心分离	微粒	10nm～10μm	聚合物、胶体	20min	否	1～2	3～10	—
计算饱和度	微粒	100nm～1μm	改性聚合物	5～10min	否	1～2	—	—
沉浸固定	微粒	100nm～1μm	聚合物	40～50min	是	<1	—	—
乳化	乳化液	10nm～1μm	聚合物、胶体	0.5～12h	否	1～7	—	—
旋涂	—	1～100mm	—	10s～5min	—	<1～2	1～10	分层
旋涂	平面	1～100mm	聚合物、胶体	10～60s	是	<1～2	1～10	—
超重	平面	1～10mm	聚合物、胶体	20s～5min	否	—	2	—
喷涂	—	10nm～10m	—	<1s～24h	—	<1～15	1～10	分层
喷涂	平面	1mm～10m	聚合物	<1～30s	是	<1～5	1～10	—
雾化	无	10～100nm	改性聚合物	12～24h	否	5～15	—	—
喷涂固定	微粒	10～100nm	聚合物	5～10s	是	2～4	—	—
电磁吸引	—	10nm～100mm	—	1s～20min	—	1～20000	10～30	分层
电镀	平面	1～100mm	聚合物、胶体	1s～20min	否	2～20000	10～30	—
磁化	平面与微粒	10nm～100mm	聚合物、胶体	15～20min	否	1～2	—	—
电固定	微粒	10nm～1μm	改性聚合物	15～20min	否	2～3	—	—
流体力	—	100nm～100mm	—	10s～45min	—	<1～3	1～11	—
微流体平面	平面	10μm～100mm	聚合物	1～15min	是	<1～3	1～10	—
微流体微粒	微粒	100nm～10μm	聚合物	10～60s	是	1～3	—	—
流化床	微粒	1～10μm	聚合物	3～5min	否	2～3	9～11	—
流化固定	微粒	100nm～1μm	聚合物、胶体	5～45min	否	—	—	—
抽真空/过滤	微粒与碎片	100nm～1μm	聚合物	10～20min	是	1～2	5～10	—

图 3.9-3 自组装驱动力

3. 静电相互作用

静电相互作用是构建单元所携带的电荷相互作用产生的库仑力，可以表现为吸引力或排斥力。其中原子尺度的构建单元自组装过程中主要涉及真空或空气中的静电相互作用；多数分子和胶体等介观尺度的自组装过程主要涉及溶液中的静电相互作用。静电相互作用是自组装中应用最多、发展最为成熟的一种驱动力。

基于静电相互作用自组装，主要利用带有相反电荷的不同构建单元在溶液中交替吸附，从而在衬底上形成具有特定厚度和功能的多层复合薄膜，其基本过程如图 3.9-4 所示，将一个表面带正电的衬底浸入到带负电的溶液中，静置一段时间，由于静电相互作用，衬底表面会吸附一层带负电的物质；取出并用去离子水冲洗干净，干燥；再浸入到带正电的溶液中，静置一段时间，衬底表面会吸附一层带正电的物质。如此反复进行，即可在衬底表面组装出多层复合薄膜。影响多层膜生长的因素有很多，如溶液的离子强度（中小分子盐的浓度，如 NaCl）、溶液的 pH 值、溶剂性质、分子浓度及其相对分子质量、衬底表面电荷密度和吸附时间等。改变聚合物浓度及离子强度等因素，可以实现在分子水平上控制膜的组成、结构和厚度。

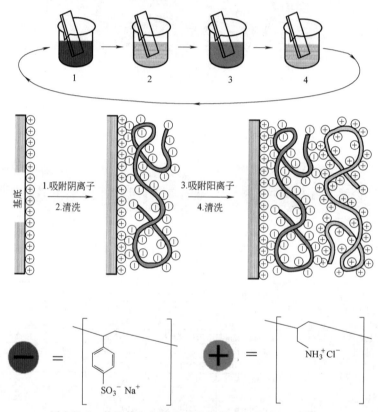

图 3.9-4 基于静电相互作用的层层自组装过程示意图

1) 离子-离子相互作用。离子-离子相互作用力在强度上可以与共价键相当，为 $100 \sim 350 \text{kJ/mol}$。其相互作用能为

$$E = \frac{(Z_1 e)(Z_2 e)}{4\pi\varepsilon_0 x} \qquad (3.9-1)$$

式中　E——相互作用能；

Z_1、Z_2——离子的价态；

e——元电荷；

ε_0——真空介电常数；

x——两个离子的间距。

如果在溶液中进行，ε 为相对介电常数与真空介电常数乘积，即 $\varepsilon_{溶液} = \varepsilon_{相对} \varepsilon_0$。例如，将 NaCl 看作 Na^+ 和 Cl^- 自组装的聚集体，Na^+ 通过离子-离子相互作用将 6 个互补的供体 Cl^- 组装在其周围，形成稳定的结构。

2) 离子-偶极相互作用。其强度为 $50 \sim 200 \text{kJ/mol}$，这种力产生的原因是极性化合物中电负性较强的原子的孤对电子被阳离子的正电荷所吸引而形成的。其相互作用能为

$$E = \frac{(Ze)\mu\cos\theta}{4\pi\varepsilon_0 x^2} \qquad (3.9-2)$$

式中　μ——极性分子的偶极矩；

θ——偶极的轴与离子-极性分子连线之间的夹角。

其典型的代表为一个钠离子与一个水分子的键合，就是典型的离子-偶极相互作用，这种作用在固态和液态中都存在。此外，离子-偶极相互作用也包括配位键；在非极性的金属离子和强碱的配位作用中，其本质是静电作用。

3）偶极-偶极相互作用。其强度为 5~50kJ/mol。两个偶极分子的排列可以导致明显的互相吸引作用，形成邻近分子上一对单个偶极的排列（类型I），或者两个偶极分子相对的排列（类型II）。其相互作用能为

$$E = \frac{C\mu_1\mu_2}{4\pi\varepsilon_0 x^3} \tag{3.9-3}$$

式中　μ_1、μ_2——两个极性分子的偶极矩；
　　　C——与两个偶极相对方向有关的常数。

4. 氢键作用

氢键是一种中等强度的且具有方向的分子间相互作用，其作用力比静电力弱，其键能为 4~120kJ/mol。氢键可以看作是一种特殊的偶极-偶极相互作用。当氢原子与强电负性原子形成共价键时，氢原子将失去电子，产生正电极化，进而与附近的电负性原子发生强相互作用。其具有较强的强度和良好的方向性。氢键在分子自组装过程中能够为聚集体提供稳定性和方向性。

5. π-π 堆积作用

π-π 堆积作用是一种存在于含有离域 π 键的共轭化合物之间的非共价性质的相互作用，其能量为 0~50kJ/mol。π-π 堆积作用具有明显的方向性，导致最终产物通常是面对面或边对边的有序结构。

6. 范德瓦耳斯力

范德瓦耳斯力是两个原子或分子相互靠拢时极化的电子云的静电相互作用，是一种典型的分子间相互作用力，其能量为 0~5kJ/mol。范德瓦耳斯力大小与分子的分子量成正比，与分子间的距离具有强依赖关系。

7. 疏水作用力

疏水作用通常与大颗粒或弱溶剂化的粒子对进行分子的排斥力相关。如在互不相容的矿物油和水之间，疏水作用表现得非常明显。水分子之间的强烈相互作用使得矿物油分子自发地形成一个聚集体，从而被挤出强的溶剂间的相互作用之外。

3.9.4　典型自组装微纳结构

1. 自组装单分子膜

自组装单分子膜（Self-Assembling Monolayers，SAMs）是指化学吸附在固体表面的吸附物自发地形成高密度有序的二维单分子层结构。1946 年，W. A. Zisman 等人第一个报道了在抛光金属表面通过表面活性剂吸附制备单分子膜的方法，拉开了自组装单分子膜研究的序幕。但此后发展一直缓慢，直到 20 世纪 80 年代，J. Sagiv 报道了十八烷基三氯硅烷在硅片表面自组装形成单分子膜；D. L. Allara 等人实现了烷基硫化物在金表面自组装形成单分子膜，形成了两类最为常见的自组装单分子膜。此后，自组装单分子膜技术逐渐成熟起来，在金属防腐与防护、表面润滑与摩擦、电化学、生化传感器、表面催化、药物传送等方面发挥着重要作用。

通常能够形成 SAMs 的有机分子都由三个部分组成：头部基团、亚甲基中间体和尾部基团（见图 3.9-5a）。头部上官能团在液/固界面上与衬底之间形成化学键，将整个分子锚定在衬底上，其作用力远高于单层膜分子在气/液界面上的结合力，能提高单分子膜的稳定性。例如：硫醇与金表面，羧酸与银表面，三氯硅烷与亲水处理后的硅表面。亚甲基中间体是有机分子的主链部分，不同长度的烷基链化学性质不同，之间的范德瓦耳斯力随着长度的增加而增大，因此烷基链的长度是影响自组装的主要因素之一。当头部基团吸附在衬底表面上，烷基链之间的范德瓦耳斯力使有机分子自发地排列成整齐且致密的结构。尾部基团决定 SAMs 的表面性质，如亲疏水性、摩擦性、黏附性等。尾部基团暴露在 SAMs 的外侧，其表面性质也可以通过其他方法进行二次改性，实现特定功能。图 3.9-5b 为有机分子自组装过程示意图，其经历了吸附-流动-形成条纹-紧缩-成膜的过程。

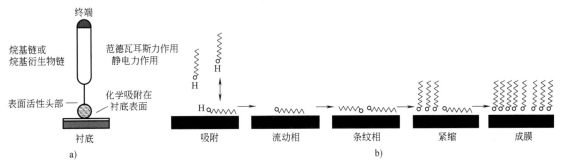

图 3.9-5　自组装有机分子结构及单分子膜自组装过程示意图

（1）硫醇自组装单分子膜

作为三种研究最为广泛的 SAMs，金表面形成的硫醇自组装单分子膜最具代表性，其形成分为两个阶段。第一阶段，当金浸入硫醇溶液后，后者将吸附在金的表面，并与之发生化学反应 $2R\text{-}SH+2Au\rightarrow2R\text{-}S\text{-}Au+H_2$；进一步，$R\text{-}S\text{-}Au$ 组装膜平铺在金表面，逐渐达到饱和，通过侧压诱导力由平铺重排沿表面法线方向形成膜。这一步组装速率非常快，仅需几分钟，膜厚就能达到 80%~90%，驱动力为扩散控制的 Langmuir 吸附（朗缪尔吸附），吸附速率主要与硫醇的浓度有关，为硫醇与金属活性反应点的结合，其反应活化能可能依赖于吸附硫原子的电荷密度。第二阶段，膜稳固成熟化阶段，速率慢，几小时后膜厚才达极限值，这与表面膜的结构无序性、膜分子间作用力大小、膜分子在基底表面的流动性等因素有关。膜的稳定性和自组装高分子与金属间的键能有直接关系，键能越大，膜层越稳定。硫醇在金表面成膜后呈现六方紧密堆积，烷基分子链倾斜角度与表面晶格间距有关。

（2）有机硅烷自组装单分子膜

有机硅烷是指一类由硅原子与至少一个共价键结合的有机取代基作为侧基和至少一个不具有化学稳定性的官能团作为头基形成的硅烷，也称作硅烷偶联剂，通常包括：烷氧基硅烷、氨基硅烷、氯硅烷等。其成膜驱动力为原位聚硅氧烷形成，与硅表面的羟基发生聚合反应，生成 Si-O-Si 键。有机硅烷类 SAMs 的组装机理已有清楚一致的认识：首先头基 [-S(OR)$_3$ 或-SiCl$_3$] 吸收溶液中或固体表面的水，发生水解生成硅醇基 [-Si(OH)$_3$]，然后与基底表面的羟基（Si-OH）以 Si-O-Si 共价键结合，同时有机硅烷链之间也可以通过水解反应缩聚形成交互的网络（Si-O-Si），其基本过程示意图如图 3.9-6 所示。

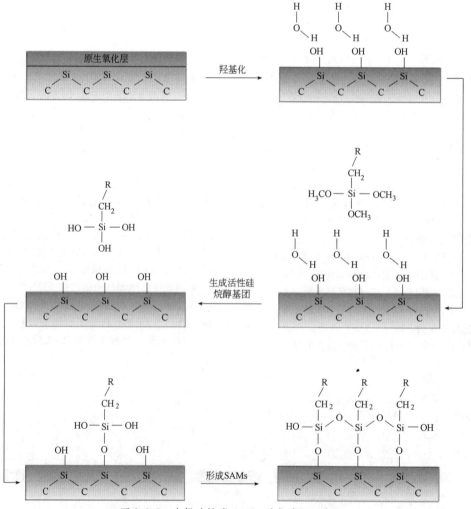

图 3.9-6　有机硅烷类 SAMs 形成过程示意图

（3）脂肪酸类自组装单分子膜

脂肪酸类 SAMs 是脂肪酸及其衍生物，在铝、银、铜等金属氧化物表面形成的一类单分子膜。其成膜的驱动力为酸根离子与金属阳离子在界面形成盐，成膜机理为酸碱反应。1985 年，美国贝尔实验室 D. L. Allara 和 R. G. Nuzzo 在 Langmuir 上连发两篇关于正脂肪酸在氧化铝表面吸附的文章，对脂肪酸类分子的成膜、动力学过程、单分子膜光谱和物理性质进行了全面的阐述，开启了脂肪酸类 SAMs 研究的大门。图 3.9-7 所示为羧酸分子在 AgO 和 Al_2O_3 衬底上的形态。

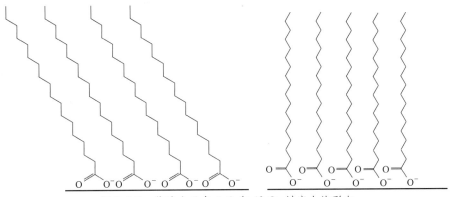

图 3.9-7　羧酸分子在 AgO 和 Al_2O_3 衬底上的形态

自组装单分子层从分子和原子水平上提供了对结构与性能之间的关系以及对各种界面现象进行深入理解的平台。SAMs 都具有取向性好、有序性强、排列紧密、缺陷少、结合力强等优点，而且具有可设计新，使其成为研究有序性生长、润滑性、润湿性、黏附性、腐蚀性等课题的极佳体系。SAMs 空间的有序性，使其作为二维乃至三维体系中研究物理化学和统计物理学的很好模型。此外，其生物模拟和生物相容性的本质，使其在化学和生物化学传感器元件的制备中也有很好的应用前景。综上，SAMs 在生物化学、合成化学、结构化学、医学、材料科学、电子学等领域扮演着越来越重要的角色。尤其在金属防腐方面具有独特优势。

相较于传统涂层，SAMs 涂层具有三个突出特点：①SAMs 是自发的化学吸附，与金属表面的黏合力较强，且能在任意形状表面上形成自组装膜。②SAMs 膜层厚度可控且能控制在纳米量级，对构件尺寸和形状精度影响可忽略。③SAMs 分子设计灵活，选择多样，因此对表面特性具有丰富的调控能力。在金属表面缓蚀方面，SAMs 主要有三类体系：烷基硫醇类、咪唑啉类和希夫碱类。其中，烷基硫醇在金属表面形成的自组装膜是研究最为深入的一类。这主要是因为烷基硫醇中的巯基与金属有很强的亲和力，能与金属形成很强的配位键，从而使烷基硫醇稳定密集地排列在金属表面。

SAMs 良好的缓刻蚀性能，也可以作为掩模，在图案化结构的制备中发挥掩模的作用。例如，以紫外光对烷基硫醇自组装单分子膜进行辐照，能够在光照区域引发氧化反应，氧化产物可通过水或乙醇进行显影去除。由此可以看出，该 SAMs 具有类似正胶的作用，其最小线宽可达 100nm。此外，电子束同样也能在自组装单分子膜发生一系列化学反应，形成图案化的结构。由于 SAMs 厚度仅为 1~2nm，分子之间间距为 0.5~1nm，因此作为电子束光刻的掩模，可获得纳米级的尺寸分辨率。例如，J. M. Buriak 等人使用低能电子束在 APTMS、SAMs 表面实现了约 15nm 图案化的金纳米颗粒。D. L. Allara 等人使用扫描隧道显微镜探针进行烷基硫醇 SAMs 的图案化加工，获得最小尺寸可达 15nm。

脂肪酸类 SAMs 还具有很好的润滑性、耐蚀性和催化性能。例如，硬脂酸在氧化铝表面能自组装形成均匀、致密、有序的膜，有效地改善了氧化铝与环氧树脂的黏附性能。相较于饱和脂肪酸，不锈钢表面组装不饱和脂肪酸单分子层，能获得更小的摩擦因数。

2. 嵌段共聚物自组装

（1）嵌段共聚物自组装影响因素

共聚物是由两种或两种以上不同单体经聚合反应而得到的聚合物。根据不同单体在共聚物分子中的排布情况，可将聚合物分为交替共聚物、无规则共聚物、接枝共聚物和嵌段共聚物。嵌段共聚物是共聚物分子中存在两种或两种以上物理和化学性质不同的高分子链通过共价键相连接形成的聚合物。由于各嵌段间不同的物理和化学性质，彼此互不相容，从而发生相分离；而各嵌段间共价键的存在使体系的相分离又只能发生在微观尺度上，即微相分离。由嵌段共聚物微相分离而自发形成周期性有序结构的过程称为嵌段共聚物自组装。这种有序结构在热力学上是稳定的，其特征尺寸通常为 5~100nm。在本体或溶液状态下，嵌段共聚物能自组装成丰富多样的组装形貌与纳米结构，已成为微纳米制造的重要手段之一，在光电材料、纳米器件、生物医药、传感、功能材料制备、催化等领域均展现出了重要的应用前景。

嵌段共聚物自组装受链段长度、溶剂、嵌段共聚物的浓度、溶液的 pH 值多种因素的影响。以下分别介绍相关参数对自组装的影响。

1）链段长度。嵌段共聚物各链段的物理和化学性质一般不同，在溶液中组装正是利用各链段与溶剂不同的相互作用，改变链段相对长度会对这种作用力产生影响，最终影响到共聚物的形貌。B. Charleux 等人合成了 PMAchol 疏水段和 PDEAAm 亲水段分子，并在二氧己烷和水溶液中进行组装。图 3.9-8 中，当疏水段和亲水段的聚合度比例为 45∶55 时，形成了圆柱状和球状胶束，其流体力学直径为 25~30nm，长度为 25~500nm（聚合物 P1）；若比例为 74∶26，可形成直径为 25~30nm、长度为 50~1000nm 的纤维状胶束（聚合物 P2）；若比例为 80∶20，形成的胶束仍为圆柱状或球状，但胶束长度小于 200nm（聚合物 P3）。由此可见，链段长度对嵌段共聚物形貌及尺寸具有良好的调控作用，有利于结构的多样化。

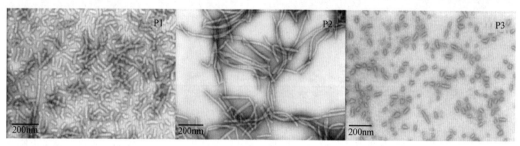

图 3.9-8　不同疏水段（PMAchol）和亲水段分子（PDEAAm）比例形成的自组装体形貌
P1—（45∶55）　P2—（74∶26）　P3—（80∶20）

2）溶剂。溶剂作为嵌段共聚物自组装的介质，其极性、溶解度参数及用量等都会影响与嵌段共聚物链段之间的相互作用，进而影响嵌段共聚物在溶液中自组装形貌。W. Jiang 等人研究了选择性溶剂对 4-乙烯基吡啶-b-苯乙烯-b-4-乙烯基吡啶的自组装形貌影响，发现选择性溶剂的种类和用量都会影响自组装形貌。其在二氧己烷中进行组装时，分别加入甲醇和水时，聚集体呈现球状和双层状；同时加入甲醇和水，且水的体积分数从 0~100% 时，胶束由球状→囊泡状→双层状变化，如图 3.9-9 所示。

3）嵌段共聚物浓度。嵌段共聚物的起始浓度会对成核链段的伸展度、胶束核与溶剂之间的界面张力、成壳链段之间的作用等造成影响，是决定共聚物自组装最终形貌的重要因素之一。J. W. Hu 等人研究了 $MPEG_{115}$-b-$PMALM_{44}$ 在 N，N-二甲基甲酰胺和水的混合溶剂中的自组装行为，发现嵌段共聚物的浓度对自组装形成的聚集体的形貌有重大影响。TEM 图像显示（见图 3.9-10），当嵌段共聚物的浓度为 0.1wt% 时，自组装形成球状聚集体；当浓度增加到 0.5wt% 时，形成的是囊泡；当浓度继续增加到 3.5wt% 时，形成的是圆柱状胶束。

4）溶液的 pH 值。pH 敏感的共聚物通常含有酸性（羧酸、磺酸）或碱性（铵盐）基团，即含有大量可离子化的基团（COO^-、NRH_2^+、NR_2H^+、NR_3^+ 等）。在环境的 pH 值发生变化时接受或给予质子，导致亲水/疏水性发生变化，从而导致胶束的形貌发生变化。O. Colombani 等人研究了两亲性嵌段共聚物 P（nBA50%-stat-AA 50%）$_{99}$-b-PAA_{98} 在水中的自组装形貌，发现加入不同量的氢氧化钠，分别使 10%、30%、50% 的丙烯酸离子化时，形成的溶液 pH 值分别为 4.6、5.4 和 6.1。此时由于亲水段中的丙烯酸的离子化和疏水段中的丙烯酸相继的离子化，导致了成核链段越来越少。通过 TEM 观察可知，虽然形成的都是球状胶束，但是胶束尺寸越变越小，胶束的数量也变少了（见图 3.9-11）。

（2）基于嵌段共聚物的纳米结构制造

嵌段共聚物由于特殊的结构，使其不同链段的物理和化学性质迥异，整体表现出不同于其他聚合物的特性。可用作热塑弹性体、共混相溶剂、界面改性剂等，在生物医药、建材化工、纳米光刻、微电子/光电子工业等方面有着重要的应用。由于嵌段共聚物存在微观相分离现象，可在组装膜表面形成纳米结构和图案化结构，因此可用于微纳米制造中。嵌段共聚物在衬底表面微相分离的基本条件是，共聚物中不同链段之间具有不相容性，且表现出在热力学和动力学上的差异。微纳制造技术，如光刻、纳米压印、高能束直写技术等，都可以看作是自上而下的加工方式，其加工精度和能力受装备的限制，且特征尺寸降低至 10nm 范围内，制造成本将变得难以接受。相较而言，

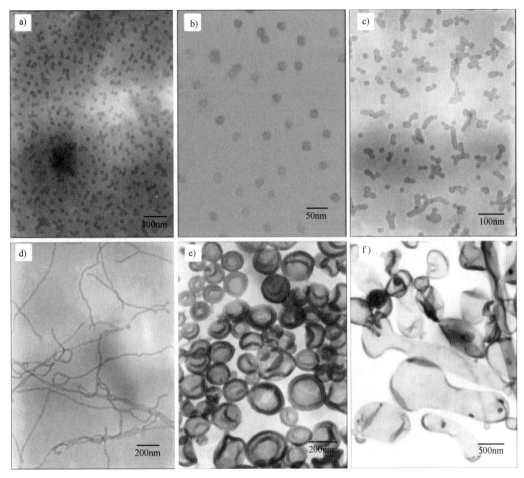

图 3.9-9　浓度为 1wt% 的共聚物在二氧己烷/水/甲醇的混合溶剂自组装
聚集体的形貌（水/甲醇总含量保持 40wt% 不变）
a）0%　b）10%　c）25%　d）30%　e）40%　f）100%

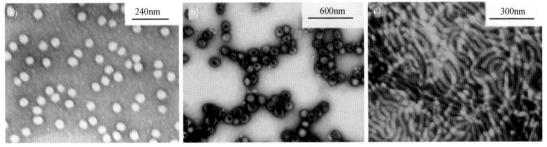

图 3.9-10　嵌段共聚物的浓度对自组装形貌的影响
a）0.1wt%　b）0.5wt%　c）3.5wt%

嵌段共聚物的自组装是典型的自下而上的加工方式，非常适合特征尺寸为 10nm 范围内的制造。利用嵌段共聚物微相分离制造纳米结构通常的步骤：首先将共聚物溶于有机溶剂形成一定浓度的溶液，再利用旋涂等方法在衬底上制膜，最后对衬底表面的薄膜进行退火处理获得长程有序、强的微相分离表面。微相分离所形成的纳米结构特征尺寸包括：分离尺寸、微相间距、分离形状等，可通过调控聚合物的分子量、分子量分布、表面膜厚度、链段体积分数和 Flory-Huggins 参数来实现；通过纳米光刻、化学气相沉积、旋涂或滴涂、化学接枝等制备；同时退火技术，如溶剂退火、热退火、微波退火和激光退火等后退火工艺技术也会对纳米结构形貌产生影响。

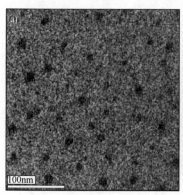

图 3.9-11 在水中浓度为 10g/L 的 P（nBA50%-stat-AA50%）$_{99}$-b-PAA$_{98}$ 嵌段
共聚物中有丙烯酸离子化成 AA$^-$ 和 Na$^+$ 的冷冻透射电子显微镜图像
a）10% b）30% c）50%

常见的嵌段共聚物有两嵌段和三嵌段的，随着共聚物分子量、化学组成和 Flory-Huggins 参数的变化，两嵌段聚合物可以组装成层状、岛状、圆柱状、球状等多种形貌，如图 3.9-12 所示。进一步研究发现，嵌段共聚物薄膜厚度与其通过相分离形成的结构类型有着内在的联系。R. Magerle 等人通过理论模拟和试验研究发现，在一个膜厚度连续变化的体系内可以同时存在带有穿透孔层状相（PL 区域）、垂直于表面的柱状相（C$_\perp$ 区域）和平行于表面的柱状相（C$_\parallel$ 区域），见图 3.9-13。

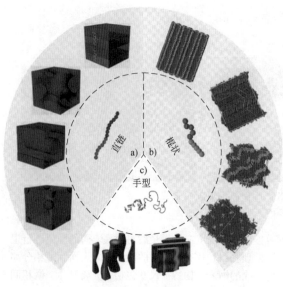

图 3.9-12 两嵌段聚合物可形成的多种形貌

3. 石墨烯自组装结构

除上述介绍的自组装材料外，纳米颗粒作为构建三维实体的重要基本单元，其自组装可形成多样化的平面和三维结构，是微纳制造的重要手段和技术之一。需要指出的是，本节所述的纳米颗粒泛指一切至少在一个维度上具有纳米级尺寸的有机材料和无机材料，包括量子点、量子线、纳米粒子、纳米线、纳米棒、纳米片、二维材料等。纳米颗粒之间通过多种作用力自组装在一起，形成具有一定结构和功能的聚集体。例如，常用的自组装纳米颗粒为有机或无机小球和贵金属纳米颗粒，它们可通过静电力、表面张力、范德瓦耳斯力、溶剂作用力等自组装在一起。而聚苯乙烯（PS）、聚甲基酸乙酯（PMMA）和二氧化硅小球，通过重力沉降、气压法、溶剂作用力法等方法自组装。相关结构可用于光子晶体、表面增强拉曼光谱、人工三维光子晶体，还可以作为刻蚀或沉积镀膜的掩模板。

近年来，新兴的二维材料由于其在厚度方向上具有原子级的尺度，表面效应在决定其整体性质中占有较大的比重，因此在自组装方面具有众多应用。作为典型的二维材料，石墨烯具有大的共轭提携，片层间具有强烈的 π-π 相互作用，非常容易发生片层叠加和聚集，同时氧化石墨烯表面含有丰富的官能团，组装过程还可以通过范德瓦耳斯力、静电力等相互作用，构建不同层次的有序功能体系。

（1）石墨烯一维组装体——石墨烯纤维

石墨烯纤维通常采用湿法纺丝，2011 年，浙江大学高超课题组首次报道了石墨烯的一维组装体结构。通过提高石墨烯水溶液的浓度，使其形成液晶态，片层结构石墨烯在水溶液中依靠 π-π 相互作用力，形成有序的自组装结构，进一步将溶液中自组装液晶态物质喷射进凝固液中进行凝固，从而获得纤维状的一维组装体，最后进行还原或退火处理，获得石墨烯纤维。该纤维截面表现出长程有序的组装结构。此外，石墨烯与离子液体、无机盐、聚合物等复合，

二者间形成交替组装产物。例如，哈尔滨工业大学张甲等人通过还原石墨烯与聚乙烯醇复合，制备出高浓度的石墨烯/PVA 液晶态，通过湿纺丝连续制备出具有层层自组装结构的纤维，进一步将纤维在切向扭转和轴向拉力的作用下，纤维逐渐形成具有螺旋结构的宏观纤维，如图 3.9-14 所示。该组装方法可以拓展到石墨烯与其他聚合物形成聚集体，以及二硫化钼、碳酸钙等其他层状材料与聚合物形成。

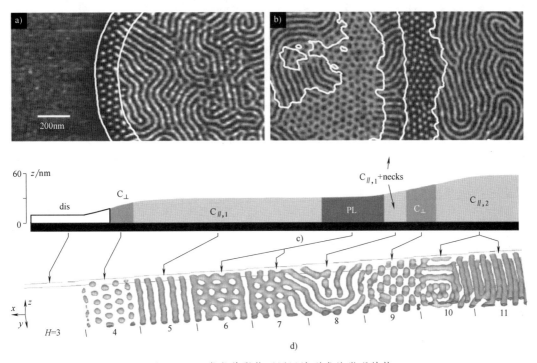

图 3.9-13 嵌段共聚物不同区域形成的微观结构

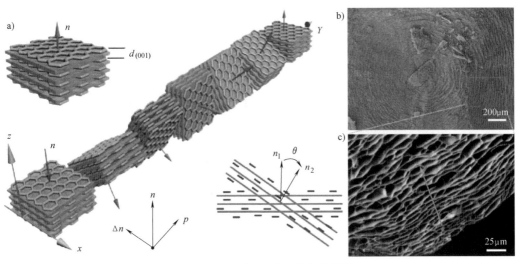

图 3.9-14 石墨烯组装一维纤维结构

a) 石墨烯纳米片三维自组装示意图 b) 石墨烯自组装结构截面高倍 SEM 图像 c) 石墨烯自组装结构截面低倍 SEM 图像

图 3.9-14　石墨烯组装一维纤维结构（续）

d）氧化石墨烯-AGNW 纤维　e）石墨烯-HPG 纤维　f）石墨烯-PVA 纤维　g）石墨烯-PGMA 纤维　h）石墨烯-PAN 纤维

（2）石墨烯二维组装体——石墨烯薄膜

由于石墨烯的共轭结构，石墨烯片层之间可以通过氢键或 π-π 相互作用组装成不同厚度的薄膜（见图 3.9-15 和图 3.9-16）。利用石墨烯表面的疏水性质，通过 Langmiur-Blodgett 组装技术可以实现大面积单层、双层及多层石墨烯薄膜的制备。例如，美国斯坦福大学 H. J. Dai 等人实现了大面积石墨烯 LB 石墨烯膜的组装，并应用于柔性透明电极。此外，抽滤、旋涂、滚压、喷涂、界面组装均可以用于石墨烯薄膜的自组装中，它们在薄膜层数、成分、尺寸等方面具有良好的可操控性，并在柔性透明导体、电极材料、触摸/显示屏、过滤、传感器等方面显示出巨大的应用前景。

（3）石墨烯三维组装体——石墨烯网络结构

利用石墨烯层间的 π-π 相互作用，可将石墨烯二维结构拓展到三维宏观网络结构中，进一步拓展石墨烯自组装体的应用范围。利用水作为反应溶剂，在密闭空间中通过溶剂热反应制备出三维多孔网络结构的石墨烯泡沫，该类结构具有极低的密度、高导电性、高力学性能和热学稳定性。此外，利用三维形状的金属催化剂，如泡沫镍、泡沫铜、金属丝、金属网等为模板，通过化学气相沉积法在其上生长石墨烯薄膜，然后再通过刻蚀剂去除金属催化剂，可形成石墨烯三维组装体（见图 3.9-17），并可与其他纳米颗粒进一步组装成为复杂的三维结构。

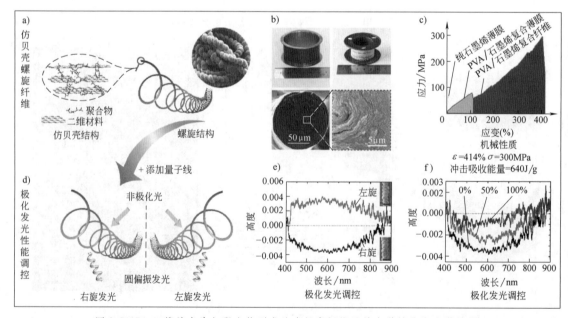

图 3.9-15　二维纳米片与聚合物形成的多尺度纤维及其力学性能和光学性能

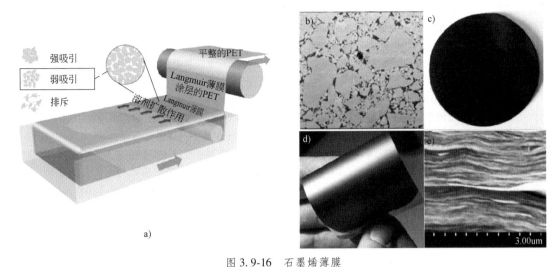

图 3.9-16　石墨烯薄膜

a) 连续 Langmiur-Blodgett 组装石墨烯薄膜　b) LB 组装石墨烯薄膜 SEM 图像
c)、d) 抽滤和喷涂形成的石墨烯膜　e) 薄膜截面 SEM 图像

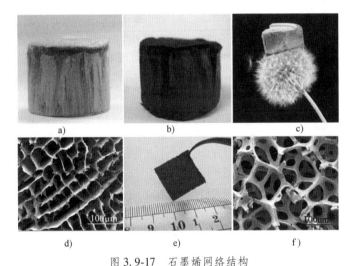

图 3.9-17　石墨烯网络结构

a)、b) 氧化石墨烯和还原石墨烯泡沫　c) 低密度氧化石墨烯泡沫　d) 还原石墨烯微观结构 SEM 图像
e)、f) 三维石墨烯及其微观结构

3.10　扫描探针加工技术

3.10.1　扫描探针加工技术概述

随着纳米科技在 20 世纪 80 年代的发展，对于微纳米精度的加工技术迫切需求推动了研究者们不断探索，发展出许多"自上而下"和"自下而上"的微纳加工方式。然而要真正实现纳米级加工精度，需要在零件的尺寸、形状和表面质量方面均达到纳米量级，但当时的加工技术均难以同时实现上述目标，存在以下难点。

1. 纳米级尺寸精度

大型或较大型构件的绝对尺寸精度很难达到纳米级，零件材料的稳定性、内应力、重力等内部因素造成的变形以及外部环境温度变化、气压变化、振动、粉尘和测量误差等都将产生尺寸误差。因此，长度测量基准不再采用标准尺为基准，而是采用光速和时间作为长度基准。微小型构件的尺寸难以达到纳米级，这是精密机械、微型机械和超微型机械中的常见问题，因此无论是加工还是测量都需要更深入的研究。

2. 纳米级形状精度

纳米级几何形状精度也是精密机械和微型机械中常遇到的问题，如精密轴和孔的圆度与圆柱度，精密球（如陀螺球、计量用标准球等）的球度，制造集成电路用的单晶硅基片的平面度，光学透镜、反射镜等的平面度、曲面形状等。这些精密零件的几何形状精度将直接影响其工作性能和使用效果，在纳米级尺度的加工与检测中，其几何形状精度必须在纳米级。

3. 纳米级表面质量

表面质量不仅仅指表面粗糙度，在微纳米尺度上，其表层的物理力学状态将更为重要，如制造大规模集成电路用的单晶硅基片，不仅要求很高的平面度、很低的表面粗糙度值和无划伤，更要求其表面无（或很小）变质、无表面残余应力、无组织缺陷，高精度反射镜的表面粗糙度和变质层影响其反射率。

3.10.2 扫描隧道显微镜

扫描隧道显微镜（Scanning Tunneling Microscope，STM）系统如图 3.10-1 所示，主要包括：

1）针尖，STM 成像的关键之一，需要刚度高、易形成尖锐的尖角、不易氧化或受污染。常见的针尖材料包括：铂、钨、铂铱合金等。针尖的制备方法多样，如机械裁剪、阳极氧化、拉拔等。

2）三维位移系统，主要通过扫描压电陶瓷管实现三个坐标轴方向上的纳米级运动，通过平面内（X 和 Y 轴）位移范围 $3\sim5\mu m$，精度为 $0.01\sim0.1nm$，Z 轴位移范围 $3\sim5\mu m$，精度为 $0.005\sim0.01nm$。它是 STM 系统中最为关键的部分。

3）控制系统，主要包括：控制隧道电流的自动反馈系统、压电陶瓷扫描器的运动控制系统、探针-试件粗调和微调的运动控制系统、操作监控系统等。

4）信号采集和数据、图像处理系统，主要包括计算机和各种软件处理系统。

通常情况下，互不接触的两个电极之间是电绝缘的，但当把这两极之间的距离缩短到小于 1nm 时，由于量子力学中粒子的波动性，电子在外加电场的作用下，会穿过两极之间的势垒而从一极流向另一极，称之为隧道效应。当其中一个电极是非常尖锐的探针时，将由于尖端放电而使隧道电流加大。该隧道电流和隧道间隙呈现负指数的关系，隧道电流对针尖与试件表面的距离的变化非常敏感，如果距离减小 0.1nm，隧道电流将增加一个数量级。

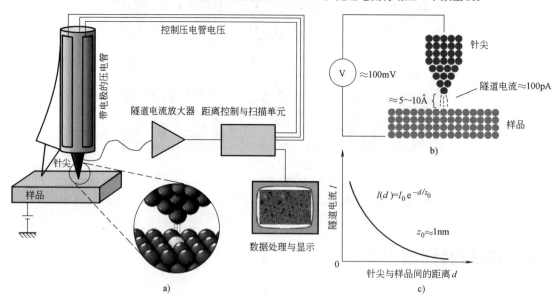

图 3.10-1 扫描隧道显微镜系统

a）扫描隧道显微镜系统 b）针尖与样品之间的隧道电流 c）隧道电流和针尖与样品间距离的关系

具体成像的过程中，当 STM 针尖与样品表面的距离>0.6nm 时，二者之间的作用以纯电场或纯电流效应为主；操纵以恒电流方式进行，可以保证针尖和样品表面之间距离始终在 0.6nm 附近。采用这种方式，针尖和样品表面之间不存在复杂的化学相互作用，可以方便地研究原子操纵过程中的物理机制。当 STM 针尖与样品表面的距离<0.4nm 时，原子操纵将主要受二者之间的化学相互作用。此时二者之间距离的减小，将使得隧道电流成数量级的增大，同时针尖和样品表面原子的电子云相互重叠，使得二者相互作

用大大增强。该类原子操纵方法通常为：首先切断STM的恒电流反馈，再将针尖进一步移向样品，使二者距离继续减小。鉴于上述两种原子操纵模式，目前常见的操纵工艺过程为：首先在STM针尖和样品之间施加具有适当的幅值和脉冲宽度的电压脉冲，如幅值为几伏，脉冲宽度为几十毫秒；由于二者之间的距离仅为 $0.3\sim1.0\text{nm}$，则会在二者之间产生 $10^9\sim10^{10}\text{V/m}$ 数量级的强大电场，样品表面的原子将被蒸发并移动或提取，在原样品表面留下空位。反之，吸附在STM针尖上的原子也可以在强电场的蒸发作用下而沉积到样品表面，实现单原子的放置操纵。通过重复上述过程，可实现单原子操纵构筑较复杂的纳米结构。

STM最初是用来对样品表面进行原子尺度的成像，这一功能一直不断地完善和发展，成为当前纳米表征领域的重要技术和设备。此外，还可以在纳米尺度上对材料表面进行各种加工处理，甚至是操纵和搬迁单个原子，构筑具有一定功能的纳米结构，如单分子、单原子和单电子器件，这使得人类的加工极限从微米尺度跨入纳米尺度，有力地推动了人类科学和技术的发展。

STM单原子操纵是其纳米制造的基础，其工艺过程主要有单原子移动、提取和放置三步，任何复杂的结构构筑都是基于这简单的三步操纵。其中移动过程可分为平行移动和垂直移动（见图3.10-2a），都可以进行原子操纵。1990年，美国IBM公司Almaden研究中心 E. K. Schweizer 等人使用STM移动了吸附在Ni（110）表面的惰性气体Xe原子，并使用35个Xe原子构筑了"IBM"字样（见图3.10-2b），开创了STM单原子操纵的先例。在Xe原子移动操纵过程中，只须将STM针尖下移并尽量地接近表面上的Xe原子，Xe原子与针尖顶部原子之间形成的范德瓦耳斯力和由于"电子云"重叠产生化学键力，会使Xe原子吸附在针尖上并将随针尖一起移动。进一步，他们在Cu（111）表面移动48个Fe原子并排列成直径为 14.26nm 的圆形量子栅栏，如图3.10-2c所示。由于金属表面的自由电子被局域在栅栏内，从而形成了电子云密度分布的驻波形态。这是人类首次用原子组成具有特定功能的人工结构，具有重大的科学意义。此外，他们还采用101个Fe原子书写了迄今最小的汉字"原子"（见图3.10-2d）。

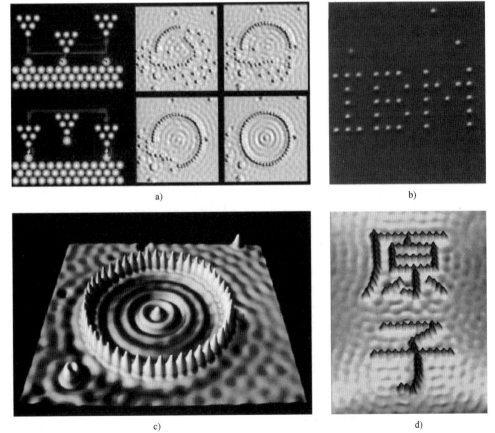

a)

b)

c)

d)

图 3.10-2　STM原子操纵过程及典型结构
a）原子操纵两种模式及制造的圆环　b）~d）利用STM制造的原子图案

3.10.3 原子力显微镜

1. 原子力显微镜概述

STM 虽然具有极高的分辨率和测试灵敏度，但其是依靠探针与试件间隧道电流进行测量的，工作时要监测针尖与试件之间隧道电流的变化，不能用于非导体材料测量。但许多研究对象是非导体材料，因此研究非导体材料时，只能在其表面覆盖一层导电膜，这样会掩盖表面的结构细节。为了能够用 STM 检测绝缘体试件，1986 年 G. Binnig 等人在 STM 的测量原理基础上，利用原子之间普遍存在的力相互作用（见图 3.10-3a），研制出了原子力显微镜（Atomic Force Microscopy，AFM）。基于原子之间力相互作用，AFM 可以检测导体、半导体和绝缘体等不同材料的样品。

图 3.10-3b 为 AFM 系统示意图，将探针装在一个对极弱力非常敏感的微悬臂上，当针尖与被测量试件表面的距离接近至数纳米时，原子之间的力就开始作用起来。由于针尖原子与试件表面原子存在原子间的相互作用力，通过扫描时控制作用力的恒定，微悬臂将对应于原子间作用力的等位面在垂直于试件表面的方向起伏运动。利用光学检测法或隧道电流检测法，测得微悬臂对应于各扫描点位置的变化，从而可以获得试件表面微观形貌的信息。

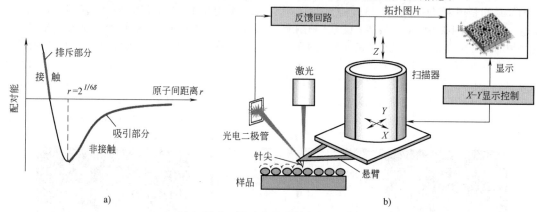

图 3.10-3　原子力显微镜原理及系统
a）原子之间作用力性质与二者间距的关系　b）AFM 系统示意图

目前，AFM 常用的扫描测量模式主要有接触模式和非接触模式。接触式测量利用原子间距离极近时的原子间排斥力，探针针尖与试件表面之间的距离小于 0.5nm；非接触式测量则利用原子间距离稍远时的原子间吸引力，探针针尖与试件表面之间的距离为 0.5~1nm（见图 3.10-3a）。初期的 AFM 常用的扫描测量模式是接触模式，接触模式 AFM 扫描速度高，对微观形貌在垂直方向变化剧烈的试件表面，接触模式可以使扫描更容易，从原理上讲，接触模式 AFM 具有极高的测量分辨率，由于接触时的碰撞，常使得悬臂的突起前端和试件表面损坏，加上接触状态下探针针尖和试件之间的刮削，造成针尖和试件表面的磨损接触面积较大，将可能引起扫描图像的变形，无法看清原子级的点缺陷，并可能损伤柔软的试件（生物样品、聚合物等）。为减少接触或扫描时针尖和试样表面的损坏，改进成悬臂大幅度振动、针尖周期性接触试件表面的方法，即 Tapping 模式（也称为轻敲或击拍模式）。采用这种方法甚至可以检测柔软试件表面的凸凹，但该方法很难获得稳定的点阵图。

2. AFM 微纳加工技术

目前，AFM 在微纳加工领域有着广泛的应用，相较于其他微纳加工技术，在加工尺度和加工精度方面，在"小尺寸、高精度"上具有更加突出的优势。它也是唯一一种实现对单个原子和分子进行直接操纵，构筑微纳结构的方法。目前，AFM 微纳加工技术主要包括：①阳极氧化法。②蘸笔纳米加工方法。③机械刻划加工方法。

（1）AFM 阳极氧化方法

AFM 阳极氧化方法是利用 AFM 针尖与样品之间发生化学反应，在样品表面形成微纳米结构或图案的方法。通常，AFM 探针作为阴极，样品表面作为阳极，样品表面环境中的水分为电解液，提供化学反应所需的氢氧根离子（OH⁻）。可以通过调控针尖与样品之间的偏压、环境湿度、针尖几何参数、针尖扫描参数等，调控样品表面形成的微纳米结构的物性。美国科学院与工程院院士、斯坦福大学戴红杰教授于 1998 年实现了利用纳米管针尖的 AFM 阳极氧化方法，加工出 SiO_2 纳米线阵列（见图 3.10-4a），该阵列中单一纳米线高 2nm、宽 10nm、间距为 100nm；表明 AFM 阳极氧化方法具有纳米级加工能力。此外，利用该方法还可实现任意图案的加工（见图 3.10-4b）。此后，众多学者从 AFM 硬件系统、加工参数、电解液、被加工材料方面，对 AFM 阳极氧化方法进行了全面深入的研究工作，如加州大学伯克利分校 P. Zhao 等人利用 AFM 阳极氧化在 MoS_2 等多种二维材料表面进行微纳米结构的加工，并系统研究了针尖偏压、偏压施加方式和环境湿度等参数对 MoS_2 表面圆形图案加工高度和相位的影响，获得了圆形图案的加工尺寸<100nm（见图 3.10-5）。

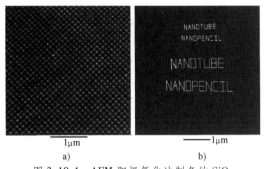

图 3.10-4　AFM 阳极氧化法制备的 SiO_2
纳米线阵列和 SiO_2 纳米字母结构
a) SiO_2 纳米线阵列　b) SiO_2 纳米字母结构

（2）AFM 蘸笔加工技术

AFM 蘸笔加工技术（Dip Pen Nanolithography, DPN）是由美国三院院士、西北大学 C. A. Mirkin 教授于 1999 年率先提出的一种纳米结构加工方法。在大气环境中，AFM 针尖和样品表面会吸附水分子，并在毛细力作用下形成弯月形状液桥，黏附在针尖上的材料分子通过液桥传输，并化学吸附在样品表面形成稳定的表面结构。此后，C. A. Mirkin 教授课题组与 NanoInk 公司合作开发专门用于 DPN 加工的相关设备，如 DPN-5000 和 NLP-2000，逐渐将该项技术商业化。DPN 加工技术中所采用的墨水分子包括：多种有机小分子、有机染料、蛋白质分子、DNA、硅烷类试剂、导电聚合物、无机纳米粒子、导电金属"墨水"或无机盐，可加工的对象非常丰富。同时，利用 DPN 形成的图案化结构可以作为刻蚀掩模，进行图案转移，进一步拓展了 DPN 技术的应用范围。DPN 加工形成的图案可以从环境、探针、样品材料、加工参数等多方面进行调控，加工的柔性非常好，因此，DPN 技术可在纳米尺度范围内实现多组分的可控组装，其分辨率高，对样品需求量少，破坏作用小，见图 3.10-6。

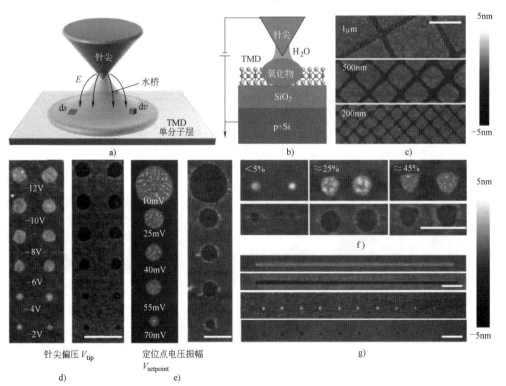

针尖偏压 V_{tip}　　定位点电压振幅 $V_{setpoint}$

d)　　　　　e)

图 3.10-5　AFM 阳极氧化法在二维材料表面制备微纳米结构
a) AFM 阳极氧化针尖、二维薄膜、水电解液形成体系　b) 加工体系截面及偏压施加方式
c) 单层 MoS_2 表面加工出不同尺寸栅格纳米结构　d)~f) 针尖偏压、偏压施加方式和环境湿度对 MoS_2
表面圆形图案加工的影响（高度和相位）　g) 加工分辨率

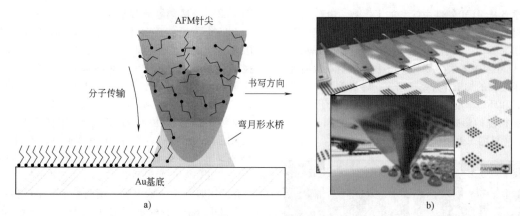

图 3.10-6　AFM 蘸笔加工技术

a）单一探针 DPN 加工技术原理　b）多探针 DPN 加工技术及各类图案

图 3.10-7 所示为 DPN 技术发展历程，从最初单一悬臂加工技术到无悬臂的扫描探针光刻技术。探针与样品之间的作用力也从最初的毛细力，发展出热、机械力、电场力、光等。由于单一探针加工效率难以提高，C. A. Mirkin 等人又提出了多探针 DPN 技术，通过对多个探针进行单独或并行控制，可以高效地加工出各类图案。

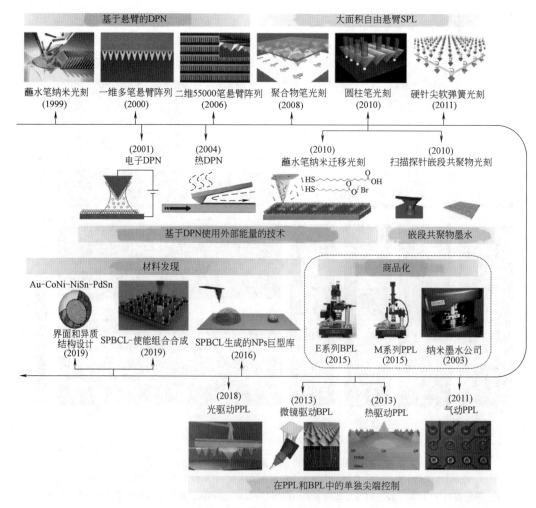

图 3.10-7　DPN 技术发展历程

（3）AFM 机械刻划加工技术

1）AFM 高精度机械刻划。利用高硬度的 AFM 探针（如金刚石、氮化硅、单晶硅等）对样品表面进行直接机械刻划，改变样品的形貌，实现微纳结构机械加工。哈尔滨工业大学闫永达等人对 AFM 探针机械刻划加工系统、加工机理、加工工艺等进行系统的研究。探针在垂直力作用下压入样品表面，并保持不动，通过工作台的移动来实现机械刻划加工，如图 3.10-8 所示。在这种工作模式下，扫描管只进行垂直于样品的调节运动，而水平面的运动由精密位移平台实现。这种组合消除了扫描管的非线性、磁滞、黏附，加工运动精度由三维工作台保证。AFM 机械刻划加工的机理：施加于悬臂上的作用力（F_z）与探针尖端与样品表面原子间的斥力（$F_{斥}$）相互平衡，同时会在样品表面留下半径为 R 的凹坑（R 为探针尖端近似球体的半径）。根据 Hertz 弹性变形理论，可得到二者的相互作用关系，推导出探针与样品表面的接触面积 a 和最大压力 P_{max} 的计算式。

$$a = \left(\frac{3F_z R}{4E} \right)^{2/3} \tag{3.10-1}$$

$$P_{max} = \frac{6F_z E}{\pi^3 R^3} \tag{3.10-2}$$

其中

$$\frac{1}{E} = \frac{1-\mu_1^2}{E_1} + \frac{1-\mu_2^2}{E_2}$$

式中　E_1、E_2、μ_1 和 μ_2——针尖和样品材料的弹性模量和泊松比。

若采用金刚石针尖（$E_1 = 1.14\text{TPa}$，$\mu_1 = 0.07$）在单晶铜（$E_2 = 0.85\text{TPa}$，$\mu_2 = 0.3$）表面进行刻划，通过式（3.10-1）和式（3.10-2）可计算得出 $F_z = 15\mu\text{N}$。该值表明，当施加针尖上力 F_z 大于 $15\mu\text{N}$ 时，样品表面发生塑性变形，探针针尖发生相对运动后，会在表面产生沟槽和隆起，形成微机械刻划。通过数控系统可实现微纳复杂三维结构的加工（见图 3.10-8）。

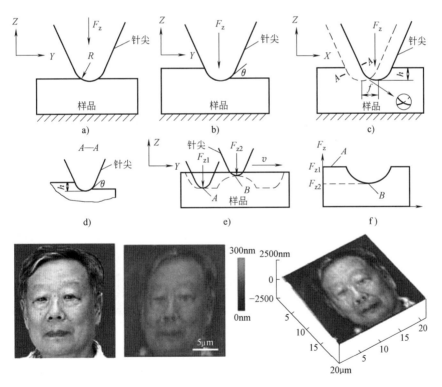

图 3.10-8　AFM 探针机械刻划加工过程示意图及加工的人脸图像

2）AFM 机械刻划加工技术改进。AFM 机械刻划具有纳米级加工精度，但在加工尺寸范围和加工效率方面存在明显的不足，制约着该项技术的商用化发展。如何拓展加工尺寸成为近年来研究的热点之一，主要的解决方案包括：

① 扩大压电陶瓷的扫描区域。通过对压电陶瓷不断改进，目前单一探针最大范围可到 $200\mu\text{m} \times 200\mu\text{m}$。Veeco 公司研制的 Dimension 5000 系列原子

力显微镜采用了改进的悬臂桥型结构，使得最大样品加工尺寸达 200mm×200mm，但这种方案受压电陶瓷本身特性的限制，难以进一步提高加工尺寸范围。

② 多探针技术。斯坦福大学 Quate 课题组提出并实现了并行原子力显微镜技术来提高加工速度和加工尺寸。他们采用 5×1 线阵列和 5×5 面阵列布置探针，每根探针上单独集成加热器和压阻传感器，利用压阻原理检测探针的变形，从而提高加工速度。G. K. Binning 等人升级了多探针加工技术，在 3mm×3mm 基底上集成了 32 根×32 根探针，称之为"千足之虫"（见图 3.10-9）。到 2001 年，多探针技术已经发展到 10000 根/mm^2，极大地提高了加工效率和加工尺寸。

③ 高精度二维工作台。单纯依靠扩大单一探针扫描范围或采用多探针加工技术，仍然难以解决大面积高精度加工利用工作台精密移动拓展加工尺寸。

由于压电陶瓷本身特性的限制，使得单纯依靠调控压电陶瓷性能来实现大尺寸的加工的方法受到极大限制，而通过逐个区域加工后拼接，也存在着重复定位误差等问题。

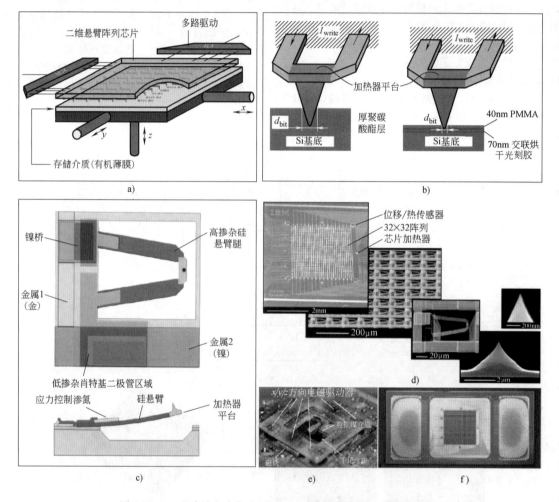

图 3.10-9 "千足之虫"（Millipede）多探针原理、设计及加工

a）Millipede 结构示意图　b）早期聚碳酸酯厚膜存储介质和新式 PMMA 纳米膜存储介质
c）单一探针结构布局俯视图和侧视图　d）不同放大倍数的悬臂 SEM 图形
e）x/y/z 三轴磁驱动器结构照片　f）32 根×32 根探针构成的芯片照片

参 考 文 献

[1] 周凯. 微细切削加工与微机械制造技术初探
[J]. 现代制造技术与装备, 2019（7）：
80-81.
[2] BAO W Y, TANSEL I N. Modeling micro-end-

milling operations, Part I: analytical cutting force model [J]. International Journal of Machine Tools and Manufacture, 2000, 40 (15): 2155-2173.

[3] MICHAEL P, KAPOOR S G, RICHARD E. On the modeling and analysis of machining performance in micro-Endmilling, Part II: cutting force prediction [J]. Journal of Manufacturing Science and Engineering, 2004, 126 (4): 695-705.

[4] AXINTE D A, SHUKOR S A, BOZDANA A T. An analysis of the functional capability of an in-house developed miniature 4-axis machine tool [J]. International Journal of Machine Tools & Manufacture: Design, research and application, 2010, 50 (2): 191-203.

[5] 陈琨, 谭清河, 杨培林. 高速车床花岗岩与铸铁床身动静态性能的对比分析 [J]. 机械设计与制造, 2011 (12): 177-179.

[6] 周志雄, 肖航, 李伟, 等. 微细切削用微机床的研究现状及发展趋势 [J]. 机械工程学报, 2014 (9): 153-160.

[7] OLIAEI S N B, KARPAT Y, DAVIM J P, et al. Micro tool design and fabrication: A review [J]. Journal of Manufacturing Processes, 2018, 36: 496-519.

[8] LI P Y, OOSTERLING J, HOOGSTRATE A M, et al. Design of micro square endmills for hard milling applications [J]. The International Journal of Advanced Manufacturing Technology, 2011, 57 (9-12): 859-870.

[9] FLEISCHER J, DEUCHERT M, RUHS C, et al. Design and manufacturing of micro milling tools [J]. Microsystem Technologies, 2008, 14 (9-11): 1771-1775.

[10] KAWAHARA N, SUTO T, HIRANO T. Micro-factories: new applications of micromachine technology to the manufacture of small products [J]. Microsystem Technologies, 1997, 3 (2): 37-41.

[11] LU Z N, YONEYAMA T. Micro cutting in the micro lathe turning system [J]. International Journal of Machine Tools and Manufacture, 1999, 39 (7): 1171-1183.

[12] ADAMSA D P, VASILEB M J, KRISHNAN A S M. Microgrooving and microthreading tools for fabricating curvilinear features [J]. Precision Engineering, 2000, 24 (4): 347-356.

[13] OBATA K. Single-crystal diamond cutting tool for ultra-precision processing [J]. SEI Technical Review, 2016, 82: 82-88.

[14] ADAMS D P, VASILE M J, MAYER T M, et al. Focused ion beam techniques for fabricating geometrically-complex components and devices [J]. Report for Sandia, 2004.

[15] 孙雅洲, 梁迎春, 董申. 微小型化机床的研制 [J]. 哈尔滨工业大学学报, 2005 (5): 591-593.

[16] 王波, 梁迎春, 孙雅洲, 等. 带三维结构的惯性 MEMS 器件的微细铣削加工 [J]. 传感技术学报, 2006 (05A): 1473-1476.

[17] 王伟荣. 2MNKA9820 型纳米级精度微型数控磨床 [J]. 装备机械, 2012 (1): 45-50.

[18] KAI E, MIZUTANI K. Micro-drilling of mono-crystalline silicon using a cutting tool [J]. Precision Engineering, 2002, 26 (3): 263-268.

[19] BAO W Y, TANSEL I N. Modeling micro-end-milling operations, Part II: hot run-out [J]. International Journal of Machine Tools & Manufacture: Design, research and application, 2000, 40 (15): 2175-2192.

[20] RAHNAMA R, SAJJADI M, PARK S S. Chatter suppression in micro end milling with process damping [J]. Journal of Materials Processing Technology, 2009, 209 (17): 5766-5776.

[21] GUPTA K, OZDOGANLAR O B, KAPOOR S G, et al. Modeling and prediction of hole profile in drilling, Part 2: modeling hole profile [J]. Journal of Manufacturing Science and Engineering, 2003, 125 (1): 14-20.

[22] FILIZ S. An analytical model for micro-endmill dynamics [J]. Journal of Vibration and Control, 2008, 14 (8): 1125-1150.

[23] 王振龙. 微细加工技术 [M]. 北京: 国防工业出版社, 2005.

[24] FU L Y, LI X G, GUO Q. Development of a micro drill bit with a high aspect ratio [J]. Circuit World, 2010, 36 (4): 30-34.

[25] FU L Y, GUO Q. Development of an ultra-small micro drill bit for packaging substrates [J]. Circuit World, 2010, 36 (3): 23-27.

[26] ZHENG X H, LIU Z Q, AN Q L, et al. Experimental investigation of microdrilling of printed circuit board [J]. Circuit World, 2013, 39

（2）：82-94.

[27] BIERMANN D, Heilmann M, Kirschner M. Analysis of the influence of tool geometry on surface integrity in single-lip deep hole drilling with small diameters [J]. Procedia Engineering, 2011, 19：16-21.

[28] AZIZA M, OHNISHI O, ONIKURA H. Novel micro deep drilling using micro long flat drill with ultrasonic vibration [J]. Precision Engineering, 2011, 36 (1)：168-174.

[29] AZIZ M, OHNISHI O, ONIKURA H. Advanced Burr-Free Hole Machining Using Newly Developed Micro Compound Tool [J]. International Journal of Precision Engineering and Manufacturing, 2012, 13 (6)：947-953.

[30] KAI E, HOSONO S, TAKEMOTO S, et al. Fabrication and cutting performance of cemented tungsten carbide micro-cutting tools [J]. Precision Engineering, 2011, 35 (4)：547-553.

[31] 郑小虎. 微细钻削铣削关键技术及应用基础研究 [D]. 上海：上海交通大学, 2013.

[32] UCHIC M D, DIMIDUK D M, FLORANDO J N, et al. Sample dimensions influence strength and crystal plasticity [J]. Science, 2004, 305：986-989.

[33] UCHIC M D, SHADE P A, DIMIDUK D M. Plasticity of micrometer-scale single crystals in compression [J]. Annual Review of Materials Research, 2009, 39 (1)：361-386.

[34] JULIA R G, WARREN C O, WILLIAM D N, et al. Size dependence of mechanical properties of gold at the micron scale in the absence of strain gradients [J]. Acta Mater, 2005, 53：1821-1830.

[35] SHAN Z W, MISHRA R K, ASF S A S, et al. Mechanical annealing and source-limited deformation in submicrometre-diameter Ni crystals. [J]. Nature materials, 2008, 7 (2)：115-119.

[36] SAOTOME Y, INOUE A. Superplastic micro-forming of microstructures [C]. Proceedings IEEE Micro Electro Mechanical Systems An Investigation of Micro Structures, Sensors, Actuators, Machines and Robotic Systems, 1994.

[37] WANG C J, SHAN D B, ZHOU J, et al. Size effects of the cavity dimension on the microforming ability during coining process [J]. Journal of Materials Processing Technology, 2006, 187：256-259.

[38] VOLLERTSEN F, HU Z. On the drawing limit in micro deep drawing [J]. Journal for Technology of Plasticity, 2007, 32 (1-2)：1-11.

[39] VOLLERTSEN F, NIEHOFF H S, HU Z. State of the art in micro forming [J]. International Journal of Machine Tools and Manufacture, 2006, 46 (11)：1172-1179.

[40] XU Z T, PENG L F, LAI X M, et al. Geometry and grain size effects on the forming limit of sheet metals in micro-scaled plastic deformation [J]. Materials Science & Engineering A, 2014, 611：345-353.

[41] XU Z T, PENG L F, FU M W, et al. Size effect affected formability of sheet metals in micro/meso scale plastic deformation：experiment and modeling [J]. International Journal of Plasticity, 2015, 68：34-54.

[42] SHIMIZU T, MURASHIGE Y, ITO K, et al. Influence of surface topographical interaction between tool and material in micro-deep drawing [J]. Journal of Solid Mechanics and Materials Engineering, 2009, 3 (2)：397-408.

[43] SAOTOME Y, IWAZAKI H. Superplastic backward microextrusion of microparts for micro-electromechanical systems [J]. Journal of Materials Processing Technology, 2001, 119 (1-3)：307-311.

[44] RHIM S H, SHIN S Y, JOO B Y, et al. Burr formation during micro via-hole punching process of ceramic and PET double layer sheet [J]. Int J Adv Manuf Technol, 2006, 30 (3-4)：227-232.

[45] CHERN G L, CHUANG Y. Study on vibration-EDM and mass punching of micro-holes [J]. Journal of Materials Processing Technology, 2006, 180 (1-3)：151-160.

[46] XU J, GUO B, SHAN D, et al. Development of a micro-forming system for micro-punching process of micro-hole arrays in brass foil [J]. Journal of Materials Processing Technology, 2012, 212 (11)：2238-2246.

[47] JIMMA T, ADACHI T. Proceeding of the fourth international conference on technology of plasticity [C]. International Conference on Technology of Plasticity, 1993：1547-1554.

[48] MORI T, NAKASHIMA K, TOKUMOTO D. Ul-

tra-fine piercing by SIC fiber punch [C]. Proceedings of the 1998 International Symposium on Micromechatronics and Human Science, 1998.

[49] JOO B Y, RHIM S H, OH S I. Micro-hole fabrication by mechanical punching process [J]. Journal of Materials Processing Technology, 2005, 170 (3): 593-601.

[50] MASUZAWA T. State of the art of micromachining [J]. Cirp Annals, 2000, 49 (2): 473-488.

[51] 张勇, 王振龙, 李志勇, 等. 微细电火花加工装置关键技术研究 [J]. 机械工程学报, 2004 (9): 175-179.

[52] 贾宝贤, 王振龙, 赵万生. 用块电极轴向进给法电火花磨削微细轴 [J]. 电加工与模具, 2004 (3): 26-29, 70.

[53] 费翔. 微细电火花与微冲压组合加工设备及工艺研究 [D]. 哈尔滨: 哈尔滨工业大学, 2011.

[54] 王玉魁, 何小龙, 张开祯, 等. 基于微细电火花加工机床的微孔冲裁加工装置 [J]. 电加工与模具, 2013 (6): 24-27.

[55] CHERN G L, CHUANG Y. Study on vibration-EDM and mass punching of micro-holes [J]. Journal of Materials Processing Technology, 2006, 180 (1-3): 151-160.

[56] CHERN G L, WU Y J E, LIU S F. Development of a micro-punching machine and study on the influence of vibration machining in micro-EDM [J]. Journal of Materials Processing Technology, 2006, 180 (1-3): 102-109.

[57] CHERN G L, WANG S D. Punching of noncircular micro-holes and development of micro-forming [J]. Precision Engineering, 2007, 31 (3): 210-217.

[58] BUTLER-SMITH P W, AXINTE D A, DAINE M. Solid diamond micro-grinding tools: from innovative design and fabrication to preliminary performance evaluation in Ti-6Al-4V [J]. International Journal of Machine Tools and Manufacture, 2012, 59: 55-64.

[59] MASAKI T, KURIYAGAWA T, YAN J, et al. Study on shaping spherical poly crystalline diamond tool by micro-electro-discharge machining and micro-grinding with the tool [J]. International Journal of Surface Science and Engineering,

2007, 1 (4): 344-359.

[60] 巩亚东, 吴艾奎, 程军, 等. 塑性材料微磨削表面质量影响因素试验研究 [J]. 东北大学学报 (自然科学版), 2015, 36 (2): 263-268.

[61] 李伟, 周志雄, 尹韶辉, 等. 微细磨削技术及微磨床设备研究现状分析与探讨 [J]. 机械工程学报, 2016, 52 (17): 10-19.

[62] 程军, 王超, 温雪龙, 等. 单晶硅微尺度磨削材料去除过程试验研究 [J]. 机械工程学报, 2014, 50 (17): 194-200.

[63] 温雪龙, 巩亚东, 程军, 等. 钠钙玻璃微磨削表面粗糙度试验研究 [J]. 中国机械工程, 2014, 25 (3): 290-294.

[64] CHENG J, GONG Y D. Experimental study on ductile-regime micro-grinding character of soda-lime glass with diamond tool [J]. The International Journal of Advanced Manufacturing Technology, 2013, 69 (1): 147-160.

[65] SUBBIAH S, MELKOTE S N. On the size-effect in micro-cutting at low and high rake angles [C]. ASME International Mechanical Engineering Congress and Exposition, 2004.

[66] DINESH D, SWAMINATHAN S, CHANDRASEKAR S, et al. An intrinsic size-effect in machining due to the strain gradient [C]. ASME International Mechanical Engineering Congress and Exposition, 2001.

[67] JOSHI S S, MELKOTE S N. An explanation for the size-effect in machining using strain gradient plasticity [J]. J. Manuf. Sci. Eng., 2004, 126 (4): 679-684.

[68] AURICH J C, CARRELLA M, WALK M. Micro grinding with ultra small micro pencil grinding tools using an integrated machine tool [J]. CIRP Annals, 2015, 64 (1): 325-328.

[69] LIU H T, SCHUBERT E. Micro abrasive-water-jet technology [J]. Micromachining Techniques for Fabrication of Micro and Nano Structures, 2012: 205-233.

[70] PEREC A. Abrasive suspension water jet cutting optimization using orthogonal array design [J]. Procedia Engineering, 2016, 149: 366-373.

[71] LIU H T. Precision machining of advanced materials with waterjets [J]. IOP Conf Ser Mater Sci Eng, 2017.

[72] GENE G Y. The development of high-power pulsed

water jet processes [C]. Proceedings of the 10th American Water Jet Conference, 1999.

[73] MILLER D S. Micromachining with abrasive waterjets [J]. Journal of Materials Processing Technology, 2004, 149 (1-3): 37-42.

[74] ALLY S, SPELT J K, Papini M. Prediction of machined surface evolution in the abrasive jet micro-machining of metals [J]. Wear, 2012, 292: 89-99.

[75] NOURAEI H, WODOSLAWSKY A, PAPINI M, et al. Characteristics of abrasive slurry jet micro-machining: a comparison with abrasive air jet micro-machining [J]. Journal of Materials Processing Technology, 2013, 213 (10): 1711-1724.

[76] 雷玉勇, 蒋代君, 刘克福, 等. 微磨料水射流三维加工的实验研究 [J]. 西华大学学报 (自然科学版), 2010, 29 (2): 7-10.

[77] HAGHBIN N, SPELT J K, PAPINI M. Abrasive waterjet micro-machining of channels in metals: comparison between machining in air and submerged in water [J]. International Journal of Machine Tools and Manufacture, 2015, 88: 108-117.

[78] LIU H T, FANG S, HIBBARD C, et al. Enhancement of ultrahigh-pressure technology with LN2 cryogenic jets [C]. Proc. of the 10th American Waterjet Conference, 1999.

[79] LIU H T, SCHUBERT E, MCNIEL D, et al. Applications of abrasive-fluidjets for precision machining of composites [C]. Proceedings of the International SAMPE Symposium and Exhibition (Proceedings), 2010.

[80] LIU H T, SCHUBERT E. Micro abrasive-waterjet technology [J]. Micromachining Techniques for Fabrication of Micro and Nano Structures, 2012: 205-233.

[81] MANFRINATO V R, ZHANG L, SU D, et al. Resolution limits of electron-beam lithography toward the atomic scale [J]. Nano Letters, 2013, 13 (4): 1555-1558.

[82] CHANG T H P. Proximity effect in electron-beam lithography [J]. Journal of Vacuum Science & Technology, 1975, 12: 1271.

[83] PARIKH M. Self-consistent proximity effect correction technique for resist exposure [J]. Journal of Vacuum Science & Technology, 1978, 15: 931

[84] COOK B D, LEE S Y. Fast proximity effect correction: An extension of PYRAMID for thicker resists [J]. Journal of Vacuum Science & Technology, 1993, 11 (6): 2762-2767.

[85] OWEN G, RISSMAN P. Proximity effect correction for electron beam lithography by equalization of background dose [J]. Journal of Applied Physics, 1983, 54 (6): 3573-3581.

[86] 陈国庆, 张秉刚, 冯吉才, 等. 电子束焊接在航空航天工业中的应用 [J]. 航空制造技术, 2011, 54 (11): 42-45.

[87] VOLKERT C A, MINOR A M. Focused ion beam microscopy and micromachining [J]. MRS Bulletin, 2007, 32 (5): 389-399.

[88] 初明璋, 顾文琪. 离子束曝光技术 [J]. 微细加工技术, 2003 (3): 9-15.

[89] DLUHOŠ J, SEDLÁČEK L, MAN J. Application of electron channeling contrast imaging in study of polycrystalline materials and visualization of crystal lattice defects [C]. 21st International Conference on Metallurgy and Materials, 2012.

[90] LIU G Q, JIANG Q Q, CHANG Y C, et al. Protection of centre spin coherence by dynamic nuclear spin polarization in diamond [J]. Nanoscale, 2014, 6 (17): 10134-10139.

[91] WINKLER R, LEWIS B B, FOWLKES J D, et al. High-fidelity 3D-nanoprinting via focused electron beams: growth fundamentals [J]. ACS Applied Nano Materials, 2018, 1 (3): 1014-1027.

[92] LI W, WARBURTON P A. Low-current focused-ion-beam induced deposition of three-dimensional tungsten nanoscale conductors [J]. Nanotechnology, 2007, 18 (48): 485305.

[93] MORITA T, NAKAMATSU K, KANDA K, et al. Nanomechanical switch fabrication by focused-ion-beam chemical vapor deposition [J]. Journal of Vacuum Science & Technology, 2004, 22 (6): 3137-3142.

[94] ESPOSITO M, TASCO V, CUSCUNÀ M, et al. Nanoscale 3D chiral plasmonic helices with circular dichroism at visible frequencies [J]. Acs Photonics, 2015, 2 (1): 105-114.

[95] KOMETANI R, HOSHINO T, KONDO K, et al. Performance of nanomanipulator fabricated on glass capillary by focused-ion-beam chemical vapor depo-

sition [J]. Journal of Vacuum Science & Technology, 2005, 23 (1): 298-301.

[96] NAGASE M, NAKAMATSU K, MATSUI S, et al. Carbon multiprobes with nanosprings integrated on Si cantilever using focused-ion-beam technology [J]. Japanese Journal of Applied Physics, 2005, 44 (7): 5409.

[97] SRINIVASAN R, SUTCLIFFE E, BRAREN B. Ablation and etching of polymethylmethacrylate by very short (160 fs) ultraviolet (308 nm) laser pulses [J]. Applied Physics Letters, 1987, 51 (16): 1285-1287.

[98] KAWATA S, SUN H B, TANAKA T, et al. Finer features for functional microdevices [J]. Nature, 2001, 412 (6848): 697-698.

[99] 顾长志, 等. 微纳加工及在纳米材料与器件研究中的应用 [M]. 北京: 科学出版社, 2013.

[100] GOULIELMAKIS E, SCHULTZE M, HOFSTETTER M, et al. Single-cycle nonlinear optics [J]. Science, 2008, 320 (5883): 1614-1617.

[101] KELLER U. Ultrafast all-solid-state laser technology [J]. Applied Physics B, 1994, 58 (5): 347-363.

[102] FU W, WRIGHT L G, SIDORENKO P, et al. Several new directions for ultrafast fiber lasers [J]. Optics Express, 2018, 26 (8): 9432-9463.

[103] WU E S, STRICKLER J H, HARRELL W R, et al. Two-photon lithography for microelectronic application [C]. Optical/Laser Microlithography V SPIE, 1992.

[104] KAWATA S, SUN H B, TANAKA T, et al. Finer features for functional microdevices [J]. Nature, 2001, 412 (6848): 697-698.

[105] CHAO W, KIM J, REKAWA S, et al. Demonstration of 12 nm resolution fresnel zone plate lens based soft x-ray microscopy [J]. Optics Express, 2009, 17 (20): 17669-17677.

[106] SMITH H I, MENON R, PATEL A, et al. Zone-plate-array lithography: a low-cost complement or competitor to scanning-electron-beam lithography [J]. Microelectronic Engineering, 2006, 83 (4-9): 956-961.

[107] BUIVIDAS R, MIKUTIS M, JUODKAZIS S. Surface and bulk structuring of materials by ripples with long and short laser pulses: recent advances [J]. Progress in Quantum Electronics, 2014, 38 (3): 119-156.

[108] 肖荣诗, 张寰臻, 黄婷. 飞秒激光加工最新研究进展 [J]. 机械工程学报, 2016, 52 (17): 176-186.

[109] FALLAHI H, ZHANG J, PHAN H P, et al. Flexible microfluidics: Fundamentals, recent developments, and applications [J]. Micromachines, 2019, 10 (12): 830.

[110] WANG Q, WU Y, GU J, et al. Fundamental machining characteristics of the in-base-plane ultrasonic elliptical vibration assisted turning of inconel 718 [J]. Procedia CIRP, 2016, 42: 858-862.

[111] 达道安. 真空设计手册 [M]. 北京: 国防工业出版社, 1991.

[112] 刘学丽, 黄延伟, 李向明, 等. 电子束蒸发沉积重掺硅薄膜及其在低辐射玻璃上的应用 [J]. 功能材料, 2012, 43 (8): 39-42.

[113] GREENE J E. Tracing the recorded history of thin-film sputter deposition: from the 1800s to 2017 [J]. Journal of Vacuum Science & Technology, 2017, 35 (5): 05C204.

[114] WANG B B, WANG W L, LIAO K J. Theoretical analysis of ion bombardment roles in the bias-enhanced nucleation process of CVD diamond [J]. Diamond and Related Materials, 2001, 10 (9-10): 1622-1626.

[115] SALGUEIREDO E, AMARAL M, NETO M A, et al. HFCVD diamond deposition parameters optimized by a taguchi matrix [J]. Vacuum, 2011, 85 (6): 701-704.

[116] SEIN H, AHMED W, HASSAN I U, et al. Chemical vapour deposition of microdrill cutting edges for micro-and nanotechnology applications [J]. Journal of Materials Science, 2002, 37 (23): 5057-5063.

[117] THOMSON L A, LAW F C, RUSHTON N, et al. Biocompatibility of diamond-like carbon coating [J]. Biomaterials, 1991, 12 (1): 37-40.

[118] JONES M I, MCCOLL I R, GRANT D M, et al. Haemocompatibility of DLC and TiC-TiN interlayers on titanium [J]. Diamond and Related Materials, 1999, 8 (2-5): 457-462.

［119］ 宋仁国. 微弧氧化技术的发展及其应用 [J]. 材料工程，2019，47（3）：50-62.

［120］ 刘耀辉，李颂. 微弧氧化技术国内外研究进展 [J]. 材料保护，2005（6）：36-40.

［121］ TRAN Q P, KUO Y C, SUN J K, et al. High quality oxide-layers on Al-alloy by micro-arc oxidation using hybrid voltages [J]. Surface & Coatings Technology, 2016: 61-67.

［122］ 伍婷，龚成龙，王平. 中国微弧氧化技术研究进展 [J]. 热加工工艺，2015，44（24），16-19.

［123］ MIYAKE H, IMAI Y, GOTO A, et al. Improvement of tool life through surface modification by electrical discharge machining [J]. VDI-Berichte, 1998（1405）：261-270.

［124］ 方宇，赵万生，王振龙，等. 用 Ti 压粉体电极进行金属表面沉积陶瓷层的研究 [J]. 新技术新工艺，2004（7）：40-42.

［125］ HOERNI J A. Method of manufacturing semiconductor devices [J]. IEEE Solid-State Circuits Newsletter, 2007, 12（2）：41-42.

［126］ NISHIKUBO T, KUDO H. Recent development in molecular resists for extreme ultraviolet lithography [J]. Journal of Photopolymer Science and Technology, 2011, 24（1）：9-18.

［127］ LIO A. EUV photoresists: a progress report and future prospects [J]. Synchrotron Radiation News, 2019, 32（4）：9-14.

［128］ 王海霞，冯应国，仲伟科. 中国集成电路用化学品发展现状 [J]. 现代化工，2018，38（11）：1-7.

［129］ 曾世铭. 硅单晶掺杂技术探讨 [J]. 稀有金属，1979（3）：46-53.

［130］ SEIDEL H, CSEPREGI L, HEUBERGER A, et al. Anisotropic etching of crystalline silicon in alkaline solutions: II influence of dopants [J]. Journal of the Electrochemical Society, 1990, 137（11）：3626.

［131］ MATSUO S, ADACHI Y. Reactive ion beam etching using a broad beam ECR ion source [J]. Japanese Journal of Applied Physics, 1982, 21（1A）：L4.

［132］ CHINN J D, Fernandez A, Adesida I, et al. Chemically assisted ion beam etching of GaAs, Ti, and Mo [J]. Journal of Vacuum Science & Technology, 1983, 1（2）：701-704.

［133］ ABRAHAM M, ARNOLD J, EHRFELD W, et al. Laser LIGA: a cost-saving process for flexible production of microstructures [J]. Micromachining and Microfabrication Process Technology, 1995, 2639：164-173.

［134］ HIRAI Y, HAFIZOVIC S, MATSUZUKA N, et al. Validation of x-ray lithography and development simulation system for moving mask deep x-ray lithography [J]. Journal of Microelectromechanical Systems, 2006, 15（1）：159-168.

［135］ HIRAI Y, HAFIZOVIC S, MATSUZUKA N, et al. Validation of X-ray lithography and development simulation system for moving mask deep x-ray lithography [J]. Journal of Microelectromechanical Systems, 2006, 15（1）：159-168.

［136］ KHUMPUANG S, HORADE M, FUJIOKA K, et al. Microneedle fabrication using the plane pattern to cross-section transfer method [J]. Smart Materials and Structures, 2006, 15（2）：600-606.

［137］ HORADE M, SUGIYAMA S. Study on fabrication of 3-D microstructures by synchrotron radiation based on pixels exposed lithography [J]. Microsystem Technologies, 2010, 16（8）：1331-1338.

［138］ LI H, FENG J. Microfabrication of W band folded waveguide slow wave structure using two-step UV-LIGA technology [C]. IVEC, 2012.

［139］ 王振龙. 微细加工技术 [M]. 北京：国防工业出版社，2005.

［140］ CHOU S Y, KRAUSS P R, RENSTROM P J. Imprint of sub-25 nm vias and trenches in polymers [J]. Applied Physics Letters, 1995, 67（21）：3114-3116.

［141］ HUA F, SUN Y, GAUR A, et al. Polymer imprint lithography with molecular-scale resolution [J]. Nano letters, 2004, 4（12）：2467-2471.

［142］ 周伟民，张静，刘彦伯，等. 纳米压印技术 [M]. 北京：科学出版社，2012.

［143］ 兰红波，丁玉成，刘红忠，等. 纳米压印光刻模具制作技术研究进展及其发展趋势 [J]. 机械工程学报，2009，45（6）：1-13.

［144］ 程伟杰. 纳米压印镍模板的制备与应用研究 [D]. 南京：南京理工大学，2016.

［145］ HEYDERMAN L J, SCHIFT H, DAVID C, et

al. Nanofabrication using hot embossing lithography and electroforming [J]. Microelectronic Engineering, 2001, 57: 375-380.

[146] GRABIEC P B, ZABOROWSKI M, DOMANSKI K, et al. Nano-width lines using lateral pattern definition technique for nanoimprint template fabrication [J]. Microelectronic Engineering, 2004, 73: 599-603.

[147] 赵彬, 张静, 周伟民, 等. 纳米压印光刻胶 [J]. 微纳电子技术, 2011, 48 (9): 606-612.

[148] 董会杰, 辛忠, 陆馨. 纳米压印用压印胶的研究进展 [J]. 微纳电子技术, 2014, 51 (10): 666-672.

[149] 严乐, 李寒松, 刘红忠, 等. 纳米压印光刻中抗蚀剂膜厚控制研究 [J]. 机械设计与制造, 2010 (4): 201-203.

[150] ZHANG W, CHOU S Y. Fabrication of 60-nm transistors on 4-in wafer using nanoimprint at all lithography levels [J]. Applied Physics Letters, 2003, 83 (8): 1632-1634.

[151] HAISMA J, VERHEIJEN M, et al. Mold-assisted nanolithography: a process for reliable pattern replication [J]. Journal of Vacuum Science & Technology, 1996, 14 (6): 4124-4128.

[152] LIN H, WAN X, JIANG X, et al. A nanoimprint lithography hybrid photoresist based on the thiol-ene system [J]. Advanced Functional Materials, 2011, 21 (15): 2960-2967.

[153] BAILEY T, CHOI B J, COLBURN M, et al. Step and flash imprint lithography: Template surface treatment and defect analysis [J]. Journal of Vacuum Science & Technology, 2000, 18 (6): 3572-3577.

[154] WILBUR J L, KUMAR A, BIEBUYCK H A, et al. Microcontact printing of self-assembled monolayers: applications in microfabrication [J]. Nanotechnology, 1996, 7 (4): 452.

[155] XIA Y N X, WHITESIDES G M. Soft lithography [J]. Encyclopedia of Nanotechnology, 2003, 37 (28): 153-184.

[156] AHN S H, GUO L J. High-speed roll-to-roll nanoimprint lithography on flexible plastic substrates [J]. Advanced Materials, 2008, 20 (11): 2044-2049.

[157] TAN H, GILBERTSON A, CHOU S Y. Roller nanoimprint lithography [J]. Journal of Vacuum Science & Technology, 1998, 16 (6): 3926-3928.

[158] 李朝朝, 兰红波. 滚型纳米压印工艺的研究进展和技术挑战 [J]. 青岛理工大学学报, 2013, 34 (3): 79-85.

[159] DUMOND J J, YEE L H. Recent developments and design challenges in continuous roller micro and nanoimprinting [J]. Journal of Vacuum Science & Technology, 2012, 30 (1): 010801.

[160] CHOU S Y, KEIMEL C, GU J. Ultrafast and direct imprint of nanostructures in silicon [J]. Nature, 2002, 417 (6891): 835-837.

[161] CUI B, KEIMEL C, CHOU S Y. Ultrafast direct imprinting of nanostructures in metals by pulsed laser melting [J]. Nanotechnology, 2009, 21 (4): 045303.

[162] RICHARDSON J J, BJÖRNMALM M, CARUSO F. Technology-driven layer-by-layer assembly of nanofilms [J]. Science, 2015, 348 (6233): 2491.

[163] 邢丽, 张复实, 向军辉, 等. 自组装技术及其研究进展 [J]. 世界科技研究与发展, 2007, 29 (3): 39-44.

[164] 孙涛. 功能型超分子体系的合成与自组装 [D]. 济南: 山东大学, 2012.

[165] KIM J H, KIM S H, SHIRATORI S. Fabrication of nanoporous and hetero structure thin film via a layer-by-layer self assembly method for a gas sensor [J]. Sensors and Actuators B: Chemical, 2004, 102 (2): 241-247.

[166] BIGELOW W C, PICKETT D L, ZISMAN W A J. Journal of Colloid Interface [J]. Science, 1946, 1: 513.

[167] SAGIV J. Formation and structure of oleophobic mixed monolayers on solid surfaces [J]. Journal of the American Chemical Society, 1980, 102 (1): 92-98.

[168] NUZZO R G, ALLARA D L. Adsorption of bifunctional organic disulfides on gold surfaces [J]. Journal of the American Chemical Society, 1983, 105 (13): 4481-4483.

[169] FRIEBEL S, AIZENBERG J, ABAD S, et al. Ultraviolet lithography of self-assembled monolayers for submicron patterned deposition [J].

Applied Physics Letters, 2000, 77 (15):
2406-2408.

[170] FETTERLY C R, OLSEN B C, LUBER E J,
et al. Vapor-phase nanopatterning of amin-
osilanes with electron beam lithography: under-
standing and minimizing background functional-
ization [J]. Langmuir, 2018, 34 (16):
4780-4792.

[171] LERCEL M J, REDINBO G F, PARDO F D,
et al. Electron beam lithography with monolay-
ers of alkylthiols and alkylsiloxanes [J]. Jour-
nal of Vacuum Science & Technology, 1994,
12 (6): 3663-3667.

[172] THOMPSON W R, PEMBERTON J E. Charac-
terization of octadecylsilane and stearic acid lay-
ers on Al_2O_3 surfaces by raman spectroscopy
[J]. Langmuir, 1995, 11 (5): 1720-1725.

[173] SAHOO R R, BISWAS S K. Frictional response
of fatty acids on steel [J]. Journal of Colloid and
Interface Science, 2009, 333 (2): 707-718.

[174] MAI Y, EISENBERG A. Self-assembly of block
copolymers [J]. Chemical Society Reviews,
2012, 41 (18): 5969-5985.

[175] YU H, ZHU J, JIANG W. Effect of binary
block-selective solvents on self-assembly of ABA
triblock copolymer in dilute solution [J]. Journal
of Polymer Science, 2008, 46 (15): 1536-1545.

[176] ZHAO F, SUN J, LIU Z, et al. Multiple mor-
phologies of the aggregates from self-assembly of
diblock copolymer with relatively long corona-
forming block in dilute aqueous solution [J].
Journal of Polymer Science, 2010, 48 (3):
364-371.

[177] LEJEUNE E, DRECHSLER M, JESTIN J, et
al. Amphiphilic diblock copolymers with a mod-
erately hydrophobic block: toward dynamic mi-
celles [J]. Macromolecules, 2010, 43 (6):
2667-2671.

[178] XU Z, GAO C. Graphene chiral liquid crystals
and macroscopic assembled fibres [J]. Nature
Communications, 2011, 2 (1): 1-9.

[179] XU Z, GAO C. Graphene in macroscopic or-
der: liquid crystals and wet-spun fibers [J].
Accounts of Chemical Research, 2014, 47
(4): 1267-1276.

[180] ZHANG J, FENG W, ZHANG H, et al. Mul-

tiscale deformations lead to high toughness and
circularly polarized emission in helical nacre-
like fibres [J]. Nature Communications,
2016, 7 (1): 1-9.

[181] LI X, ZHANG G, BAI X, et al. Highly con-
ducting graphene sheets and Langmuir-Blodgett
films [J]. Nature Nanotechnology, 2008, 3
(9): 538-542.

[182] XU L, TETREAULT A R, KHALIGH H H, et
al. Continuous Langmuir-Blodgett deposition
and transfer by controlled edge-to-edge assembly
of floating 2D materials [J]. Langmuir,
2018, 35 (1): 51-59.

[183] BINNIG G, ROHRER H. Scanning tunneling
microscopy [J]. Surface Science, 1983, 126
(1-3): 236-244.

[184] EIGLER D M, SCHWEIZER E K. Positioning
single atoms with a scanning tunnelling micro-
scope [J]. Nature, 1990, 344 (6266):
524-526.

[185] DAI H, FRANKLIN N, HAN J. Exploiting the
properties of carbon nanotubes for nanolithogra-
phy [J]. Applied Physics Letters, 1998, 73
(11): 1508-1510.

[186] ZHAO P, WANG R, LIEN D H, et al. Scan-
ning probe lithography patterning of monolayer
semiconductors and application in quantifying
edge recombination [J]. Advanced Materials,
2019, 31 (48): 1900136.

[187] PINER R D, ZHU J, XU F, et al. "Dip-
pen" nanolithography [J]. Science, 1999,
283 (5402): 661-663.

[188] LIU G, PETROSKO S H, ZHENG Z, et al.
Evolution of dip-pen nanolithography (DPN):
from molecular patterning to materials discovery
[J]. Chemical Reviews, 2020, 120 (13):
6009-6047.

[189] ZHANG M, BULLEN D, CHUNG S W, et al.
A MEMS nanoplotter with high-density parallel
dip-pen nanolithography probe arrays [J].
Nanotechnology, 2002, 13 (2): 212.

[190] 闫永达, 孙涛, 董申. 利用 AFM 探针机械
刻划方法加工微纳米结构 [J]. 传感技术学
报, 2006 (5): 1451-1454.

[191] YAN Y, HU Z, ZHAO X, et al. Top-down
nanomechanical machining of three-dimensional

nanostructures by atomic force microscopy [J]. Small, 2010, 6 (6): 724-728.

[192] VETTIGER P, DESPONT M, DRECHSLER U, et al. The "Millipede" -More than thousand tips for future AFM storage [J]. IBM Journal of Research and Development, 2000, 44 (3): 323-340.

第 4 章

高速切削加工技术

主　编　邓建新（山东大学）

副主编　刘战强（山东大学）

参　编　赵　军（山东大学）

　　　　冯显英（山东大学）

　　　　张　松（山东大学）

4.1　高速切削概述

4.1.1　高速切削速度范围和优越性

1. 高速切削和切削速度范围

高速切削是先进制造技术的一项共性基础技术，已成为切削加工的主流。如何定义高速切削，至今还没有统一的认识。目前沿用的高速切削定义有：1978年，CIRP 切削委员会提出的以线速度 500～7000m/min 的切削为高速切削；对铣削加工，根据 ISO 1946—1 标准，主轴转速高于 6000r/min 的切削为高速切削；德国 Darmstadt 工业大学生产工程与机床研究所（PTW）提出以高于 5~10 倍普通切削速度的切削为高速切削等。超高速切削技术，是以比常规切削速度高 10 倍左右对零件进行切削加工的一项先进制造技术。

实际上，高速切削中的"高速"是一个相对概念，不能简单地用某一具体切削速度或主轴转速值来定义。对于不同的加工方法和工件材料与刀具材料，高速切削时应用的切削速度各不相同。图 4.1-1 为 Salomon 高速切削加工理论的示意图，图中所示 39000～45000m/min 表示加工铁碳合金理论上可能达到的速度值，图 4.1-2 是根据目前实际情况和可能的发展，不同工件材料大致的切削速度范围。

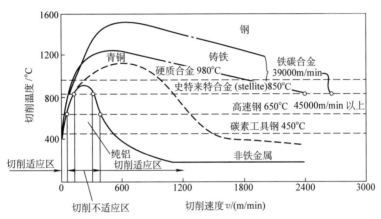

图 4.1-1　Salomon 高速切削加工理论示意图

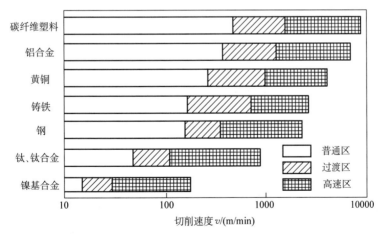

图 4.1-2　不同工件材料大致的切削速度范围

切削速度目标：

铣削：铝及铝合金 10000m/min；铸铁 5000m/min；普通钢 2500m/min。

钻削：铝及铝合金 30000r/min；铸铁 20000r/min；

普通钢 10000r/min。

铣削进给速度目标：

进给速度：20~50m/min；每齿进给量：1.0~1.5mm。

依据加工机理可定义高速（含超高速）切削是

通过切削过程中的能量转换和刀具（切削部分）对工件材料的作用，导致工件加工表面层产生高应变速率的变形和刀具与工件之间的高速切削摩擦学行为，形成的热、力耦合不均匀强应力场制造工艺。

高速切削技术是诸多单元技术集成的一项综合技术。它是在机床结构及材料、高速主轴系统、快速进给系统、高性能 CNC 控制系统、机床设计制造技术、高性能刀夹系统、高性能刀具材料及刀具设计制造技术、高效高精度测试技术、高速切削理论、高速切削工艺、高速切削安全防护与监控技术等诸多相关的硬件与软件技术均得到充分发展的基础上综合而成的。

2. 高速切削的优越性

1）随切削速度提高，单位时间内材料切削量增加，切削时间缩短，切削效率提高，加工成本降低。

2）随切削速度提高，切削力随之减少，平均可减少 15%～30% 以上，有利于对刚性较差和薄壁零件的切削加工。

3）随切削速度提高，切屑带走的热量增加，传给工件的热量减少，有利于减少加工零件的变形，提高加工精度。

4）随切削速度提高，加工表面粗糙度值有所降低。

4.1.2 高速切削的切屑形成特征

1. 高速切削的切屑类型与规律

高速切削塑性金属材料时，根据工件材料性质和切削条件变化，一般形成带状切屑（连续切屑）、锯齿状切屑（节状切屑）和单元切屑（节片切屑）等 3 种形态，见图 4.1-3a、b、c；切削脆性金属时，最常见的切屑状态为崩碎切屑（见图 4.1-3d）。

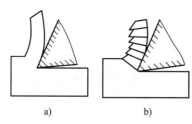 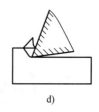

a)　　　　　　　b)　　　　　　　c)　　　　　　　d)

图 4.1-3　切屑类型

a）带状切屑　b）锯齿状切屑　c）单元切屑　d）崩碎切屑

切屑形成试验结果表明，工件材料和切削条件对切屑的形态起最主要的作用，其中工件材料及其性能具有决定性的影响。

一般是低硬度和高热物理性能 $\lambda\rho c$（热导率 λ、密度 ρ 和比热容 c 的乘积）的工件材料，如铝合金、低碳钢和未淬硬的钢与合金钢等，在很大切削速度范围内容易形成带状切屑，而硬度较高和低热物理特性 $\lambda\rho c$ 的工件材料，如热处理的钢与合金钢、钛合金和高温合金等，在很宽的切削速度范围均形成锯齿状切屑，随切削速度的提高，锯齿化程度增加，直至形成分离的单元切屑。

2. 切削速度对切屑形成的影响

工件材料及其性能确定后，切削速度对切屑形成特征则有最主要的影响。不同切削速度下形成长短和形状不同的且锯齿化程度各异的切屑，其中 400～800m/min 时，形成半圆弧状切屑；1200m/min 时，形成垫圈形螺旋切屑；而 1600～2000m/min 时，则形成很短的碎断切屑形状。随切削速度变化，锯齿化程度各不相同。

锯齿状切屑锯齿化程度可以用从切屑底面测量的锯齿块高度和锯齿根部的高度差表示；也可用锯齿的齿距大小表示，锯齿化程度高，齿距大。

图 4.1-4 所示为铣削充分时效的 AlZnMgCu1.5 铝合金时，切削速度 v 与每齿进给量 f_z 和锯齿状切屑锯齿化程度 G_s 的关系。

高速切削时形成较短的切屑形状和锯齿状切屑形态，有利于排屑和断屑。但形成锯齿状切屑形态，可导致切削力高频率周期波动，对刀具磨损和加工表面粗糙度产生不利的影响。例如，用聚晶立方氮化硼（PCBN）刀具车削表面渗碳淬硬钢（62HRC），在刀具前角为 $-7°$，进给量为 0.28mm/r，切削速度为 103m/min 时，切削力波动频率为 15kHz。锯齿状切屑形成机理有纯热剪切理论（Adiabatic Shear Theory）和周期脆性断裂理论（Periodic Brittle Fracture Theory）两大理论体系。

4.1.3 高速切削时的切削力学

1. 高速切削时的切削力学分析

高速切削时，作用在剪切面上有切应力 F_s 与法向力 N_s，在前刀面上有摩擦力 F_0 和法向力 N_0，在后刀面上有摩擦力 F_f 和法向力 N_f。由于切削层材料经过剪切面时，沿着剪切面滑移，以至造成动量改变，因而需要加一个作用力 F_m，如图 4.1-5 所示。

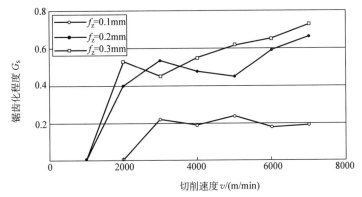

图 4.1-4　切削速度和每齿进给量对锯齿状切屑锯齿化程度的影响

（侧吃刀量 $a_e = 2mm$，背吃刀量 $a_p = 5mm$）

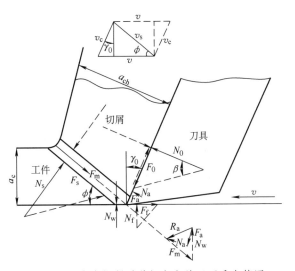

图 4.1-5　直角切削时剪切角和前刀面受力简图

一般切削速度 v 低于 1500m/min 时，与剪切力 F_s 相比，F_m 很小，可以视为零。如略去后刀面上的作用力，则作用在前刀面上的力 F_0 与 N_0 和作用在剪切面上的 F_s 与 N_s 必须保持平衡。

高速切削时，剪切角 ϕ 与摩擦角 β 的关系可用麦钱特（M. E. Merchant）剪切角公式表示。

2. 切削速度对切削力的影响

如果工件材料、切削截面积 A_c 和刀具前角一定，则切削力主要由 ϕ、β 来确定，而它们又受切削速度的影响。对一定的工件材料，其屈服切应力 τ_s 随切削温度变化也有所改变，而切削温度随切削速度不同而变化，因此，切削速度直接影响切削力的大小。图 4.1-6 所示为高速切削 AISI4340（40CrNiMoA）钢时，切削速度对刀具前刀面-切屑接触面平均摩擦因数 μ、平均切削压力 p_k 与剪切角的影响。其中摩擦因数 μ 随切削速度改变的变化规律与 p_k 相近。

由图 4.1-6 知，低速时，摩擦因数 μ 较大，$v =$

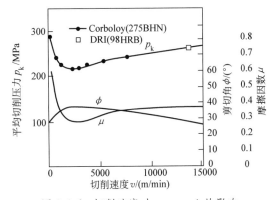

图 4.1-6　切削速度对 p_k、μ、ϕ 的影响

2100m/min 时，μ 从 0.6 急剧降到 0.26，随 v 进一步增加，μ 稍有增加而后逐渐趋缓。切削速度的变化，必然引起切削温度与切削压力改变，因而影响前刀面-切屑接触面摩擦特性变化，致使 μ 改变，导致剪切角 ϕ 发生变化，直接影响切削力。

由于理论计算切削力比较复杂，实际上是通过试验求出切削力。

图 4.1-7 所示为用 Si_3N_4 基陶瓷刀具端铣铸铁时的切削力，随切削速度 v 至 900m/min，切削力 F_c（面铣刀圆周切向力）、背向力 F_p（垂直面铣刀轴线）和进给力 F_f（沿面铣刀轴线）增加，此后，随切削速度增加，三向力均随之减少。

4.1.4　高速切削的切削热和切削温度

1. 高速切削时切削热量的分配

高速切削时，单位时间内产生的总切削热量包括剪切面的剪切变形和切削层材料经过剪切面时，动量改变所消耗的能量转变的热量及刀具前、后刀面的摩擦所消耗的能量转变的热量。产生的热量大部分传给切屑，一部分传给工件和刀具。随切削速度 v 提高，被切屑带走的热量增加。

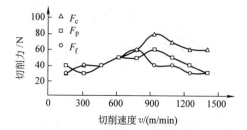

图 4.1-7 Si_3N_4 基陶瓷刀具高速
铣削铸铁时的切削力
（铸铁 150HBW，面铣刀直径 $\phi100mm$，
主偏角 κ_r 为 75°，背前角 γ_p
为 0°，侧前角 γ_f 为 7°，单齿，
$f_z = 0.1mm$，侧吃刀量 $a_e = 5mm$，
背吃刀量 $a_p = 0.5mm$）

图 4.1-8 所示为单齿硬质合金立铣刀高速铣削时传给工件、刀具和切屑各部分的热量。

图 4.1-9 为图 4.1-8 试验条件下所得的热量分配比例比较图。

图 4.1-8 与图 4.1-9 表明，随切削速度提高，总热量急剧增加，传入切屑的热量增加很大；所占比例很大；传入工件的热量稍有增加，占一定比例；而传入刀具的热量增加很少，所占比例很小。

2. 高速切削时切削速度对切削温度的影响

图 4.1-10 为使用陶瓷刀具高速切削淬硬工件材料时，随切削速度的增加，切削温度的变化规律。该图表明，随切削速度提高，开始切削温度升高很快，但达到一定速度后，切削温度升高逐渐缓慢，甚至升高很少。对每种工件材料与刀具材料的匹配均有一个匹配的临界切削速度。因此，只要工件材料与刀具材

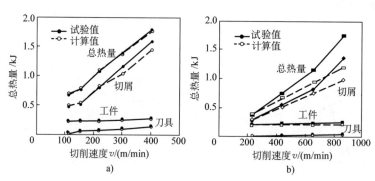

图 4.1-8 高速切削时流入各部分的热量
（单齿：前角 γ_o 为 5°，后角 α_o 为 6°，轴向进给量 f 为 0.12mm/r）
a）工件材料为 45 钢圆筒（外径 $\phi32mm$，内径 $\phi30mm$）
b）工件材料为 Al5025 铝合金圆筒（外径 $\phi34mm$，内径 $\phi30mm$）

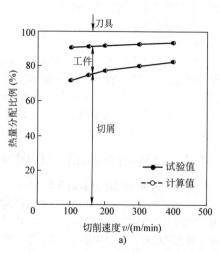

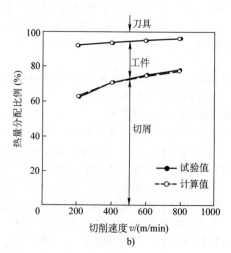

图 4.1-9 高速立铣时热量分配比例
（试验条件与图 4.1-8 相同）
a）45 钢　b）Al5025 铝合金

料合理匹配，在刀具材料允许的极限切削温度内进行高速切削（当然机床条件要许可）是完全可行的，也是有利的。

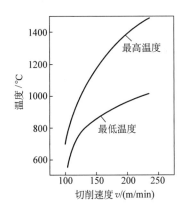

图 4.1-10　Al_2O_3 基陶瓷刀具端铣淬硬

T10A 钢（58~65HRC）时随切削速度

改变切削温度的变化

（单齿，面铣刀 ϕ160mm，$\gamma_p = \gamma_f = -5°$，

$\kappa_r = 75°$，$b_{r1} \times \gamma_{01} = 0.1mm \times (-20°)$，

$f_z = 0.05mm$，$a_p = 0.30mm$）

4.1.5　高速切削时刀具的摩擦、磨损与破损特征

1. 高速切削摩擦系统

切削时形成前刀面与切屑之间（刀-屑）和后刀面与工件之间（刀-工）两个摩擦副。高速切削过程中，刀-屑接触面温度高（800~1000℃以上），接触压力大（2~3GPa），切削变形速率高（10^6/s，甚至更高），而且接触面是新鲜表面，化学活性很强，切屑容易与前刀面黏结。因此，切削过程中的摩擦行为与机器零件表面之间的摩擦过程和机理是有本质区别的。切削塑性材料时，刀-屑接触表面可能成为点接触和紧密接触，特别对紧密接触状态，切削液润滑接触区很困难，如图 4.1-11 所示。

2. 高速切削时刀具的磨损

(1) 刀具磨损形态

刀具摩擦必然伴随磨损。高速切削铸铁和钢时的磨损形态，主要是前刀面磨成台阶（切削铸铁）或月牙洼（切削钢）、边界磨损（切削高温合金）和微崩刃等。微崩刃是一种刀具破损形态，只要其大小在磨损限度以内，刀具仍可继续使用。高速切削一般钢、铁时，刀具磨损主要是前、后刀面磨损，但高速切削高硬度和低热物理特性 $\lambda\rho c$ 的难切削材料，如高温镍基合金等，主要磨损为边界磨损。

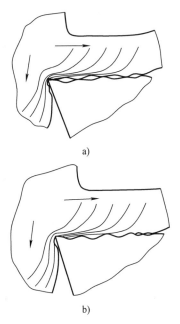

图 4.1-11　刀具与工件的接触特性

a）点接触　b）紧密接触

(2) 刀具磨损量与切削速度的关系

图 4.1-12 为用 Si_3N_4 基陶瓷刀具高速切削 Inconel718(GH169) 镍基高温合金时，切削速度对刀具磨损的影响。边界磨损量 V_N 比后刀面磨损量 V_B 大得多，随切削速度改变，V_N 剧烈变化，低速区段大，高速区段逐渐减少。副切削刃边界磨损量 V'_N 低速时也比 V_B 大，随切削速度增加，很快减少。

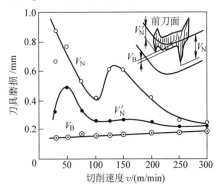

图 4.1-12　切削速度对刀具磨损的影响

［刀具为 Si_3N_4 基陶瓷刀具，材料为

Inconel718（GH169）镍基高温合金］

（前角 γ_o 为-5°，后角 α_o 为 5°，

背吃刀量 $a_p = 0.5mm$，进给量

$f = 0.19mm/r$，水基切削液）

(3) 刀具磨损机理

高速切削时，造成刀具损坏的磨损机理有磨粒磨

损、黏结磨损、扩散磨损、溶解磨损、氧化磨损和电化学磨损等。

磨粒磨损是切削时工件材料中的杂质和基体中添加物，如氧化物（SiO_2、Al_2O_3）、碳化物（TiC）、氮化物以及夹砂的铸铁等形成各种硬质点所造成的机械摩擦，在刀具表面上划出一条条沟纹，致使刀具磨损。

黏结磨损是切削时摩擦副中的两摩擦新鲜表面原子间吸附力作用的结果。在足够大的压力和温度下，两摩擦表面的黏结点因相对运动，晶粒或晶粒群受剪或受拉而被对方带走所造成的黏结磨损。

扩散磨损是高速切削时，在足够大的温度作用下，两接触面的材料中化学元素有可能相互扩散到对方去，致使产生新的化合物，降低刀具材料强度，加速刀具磨损。

氧化磨损是高速切削时产生足够高的温度作用下，刀具材料的一些元素与周围的介质（如空气中的氧，切削液中的硫、氯等）起化学反应，生成不同的氧化膜和黏附膜，其中有的对刀具表面起保护作用，有的形成新的化合物，如 Al_2O_3+TiC 复合陶瓷刀具材料中的 TiC 经高温氧化后，在刀具材料表面形成金红石 TiO_2，影响陶瓷刀具材料的性能，加速刀具磨损。

高速切削时，对不同刀具材料与工件材料的匹配，随切削速度不同，切削温度变化各异，在多种磨损机理综合作用下，造成刀具磨损的机理各不相同。图 4.1-13 为用涂层硬质合金刀具高速切削时，不同切削速度下，各种磨损机理作用简图。该图表明，在不同温度下，多种磨损机理造成的刀具磨损结果。尤其是在 1100K 以后，四种磨损机理同时作用，致使刀具磨损急剧加大。

3. 高速切削时刀具的破损特征

聚晶金刚石（PCD）、聚晶立方氮化硼（PCBN）和陶瓷刀具等刀具材料，由于硬度高，强度、韧性较低，脆性较大，而且又属于高压高温烧结材料，其组织分布不均匀，可能有些缺陷与空隙。高速切削时，特别是高速断续切削高硬材料时，容易发生崩刃、剥落、裂纹和碎断等刀具脆性破损。尤其是早期破损，即切削刚开始或短时间切削后（一般冲击次数为 10^3 左右）发生破损，这时后刀面尚未产生明显的磨损（$V_B \leqslant 0.1mm$）。PCBN 不适合于切削硬度低于 45HRC 的材料，因其开始切削即发生早期破损。

高速断续切削时，刀具破损的主要原因是冲击、机械疲劳和热疲劳综合作用的结果。刀具早期破损是切削刃承受的切削循环冲击次数很少的破损，机械和热疲劳不是主要原因，而是机械冲击造成的应力超过

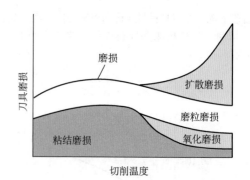

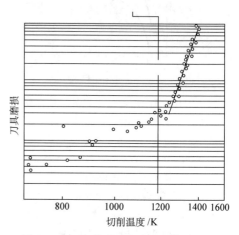

图 4.1-13　涂层硬质合金刀具高速切削钢时，不同切削速度下的各种磨损机理作用简图

了刀具材料许可的强度，致使发生崩刃、剥落或碎断。刀具后期破损主要是机械和热循环冲击综合作用造成的刀具材料因疲劳而破损。早期和后期的刀具破损均属于脆性破损的性质。

4. 高速切削时的刀具寿命

刀具寿命有磨损寿命和破损寿命。切削时一般均是以磨损寿命作为刀具寿命。但对于脆性较大的金刚石、立方氮化硼、陶瓷等刀具作断续切削时，由于脆性较大，容易发生早期破损，则要注意其破损寿命。

高速切削时的刀具磨损原因很复杂，是多种磨损机理综合作用的结果，用理论计算磨损量或磨损速率确定刀具磨损寿命，与实际相比，误差较大。高速切削目前仍然和普通切削一样，按刀具磨损到磨钝标准（精加工以加工表面粗糙度为磨损标准），建立刀具磨损寿命与切削用量之间的经验公式。

在自动化加工中，多是根据实际生产经验总结出的不同切削条件下的刀具实际寿命，采取强制性换刀方法，定期换刀。

应该指出，这种关系是以刀具平均寿命为依据而建立的。由于实际切削时，刀具、工件材料性能的分

散性、所用机床以及工艺系统静、动态性能的差别等，上述刀具磨损寿命是随机变量，在高速切削范围内，多服从指数分布，在分析刀具可靠性时，应该注意这一点。

刀具破损寿命指的是：刀具由刃磨后开始切削，直到尚未到达磨钝标准之前就发生破损而不能继续使用时，切削刃受冲击的次数。刀具破损是一种典型的随机现象，破损寿命也是随机变量。根据不同刀具材料断续切削不同工件材料的性质，刀具破损寿命多服从威布尔（Weibull）分布或对数正态分布，主要通过试验确定。对于一定的刀具材料与工件材料匹配，可用 10 个不同刀片的切削刃在选定的切削条件下进行切削试验，如果 10 个切削刃是以磨损为主而损坏，则仍根据磨钝标准求磨损寿命与切削条件之间的关系。如以破损为主而损坏，则确定其破损寿命分布规律，求出威布尔参数或对数正态分布的均值与方差，以评价破损寿命的长短。

4.1.6　高速切削的表面质量

图 4.1-14 所示为高速切削时加工表面形成特征的简化模型。切削刃钝圆点 O 以上的工件待切削层沿前刀面摩擦、变形、流出而成切屑，点 O 以下厚度为 Δh 的待切削层，工件材料经过刀具的作用，产生弹性变形和塑性变形，形成已加工表面。根据工件材料的种类、机械特征和热特征，各种工件材料与刀具材料匹配时，在不同切削条件下形成的已加工表面层具有不同的表面粗糙度、表面残余应力和表面加工硬化程度。

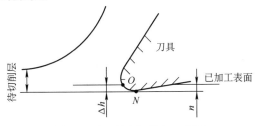

图 4.1-14　高速切削加工表面
形成特征的简化模型

1. 高速切削的加工表面粗糙度

图 4.1-15 和图 4.1-16 分别为用不同刀具高速切削铝合金时的加工表面粗糙度随切削速度变化情况。

图 4.1-17 为用 PCBN 刀具高速铣削淬硬模具钢 4Cr5MoSiV（51~54HRC）时的加工表面粗糙度。由图 4.1-17 可知，在切削速度 600m/min 以内，随切削速度提高，加工表面粗糙度值降低，Ra 值最小，但不同组分的 PCBN 刀具的加工表面粗糙度各不相同。

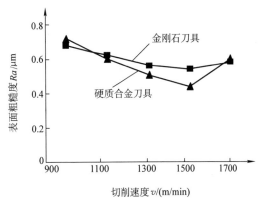

图 4.1-15　高速铣削 7075-T6 铝合金时切削
速度对加工表面粗糙度的影响
（主偏角 $\kappa_r = 75°$，$\gamma_p = 10°$，$\gamma_f = 9°$，
$a_p = 0.76mm$，$f_z = 0.1mm$，单齿）

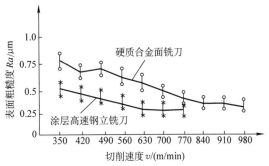

图 4.1-16　高速铣削 LD10 铝合金时
切削速度对加工表面粗糙度 Ra 的影响
（标准整体高速钢立铣刀，4 齿，螺旋角 30°，$f_z = 0.075mm$，
$a_p = 0.2mm$，$a_e = 10mm$，硬质合金面铣刀主偏角 $\kappa_r = 90°$，
$\gamma_p = \gamma_f = 7°$）

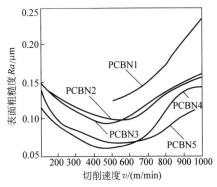

图 4.1-17　切削速度对加工表面粗糙度 Ra 的影响
（单齿，$\gamma_p = \gamma_f = -6°$，$a_p = 1mm$，$a_e = 10mm$，$f_z = 0.1mm$，
PCBN1：90%CBN+10%结合剂；PCBN2：50%CBN+50%
结合剂；PCBN3：80%CBN+20%结合剂；PCBN4：90%~
95%CBN+5%~10%结合剂；PCBN5：50%~60%CBN+
40%~50%TiC 结合剂）

2. 高速切削的加工表面残余应力

图 4.1-18 为用 Al_2O_3 基陶瓷刀具高速铣削 45 钢（186 ~ 197HBW）时的加工表面层残余应力。由图 4.1-18 可知，在加工表面的最外层上是残余拉应力状态，向内层逐渐减小为压应力，残余应力的深度约在 0.03mm 以内。试验结果表明，切削速度对残余应力影响较大，切削速度越高，残余应力越大。

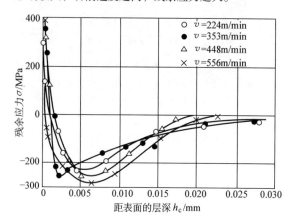

图 4.1-18　切削速度对加工表面层残余应力
（切向）的影响

（单齿，主偏角 $\kappa_\gamma = 75°$，$\gamma_p = \gamma_f = 0°$，$f_z = 0.1mm$，$a_p = 1mm$）

图 4.1-19 为用 Al_2O_3 陶瓷刀具车削不同硬度的 AISI4340（40CrNiMoA）钢时的残余应力。由图 4.1-19 可知，当工件材料硬度大于 36HRC 时，从加工表面到一定深层均为残余压应力，随硬度增加，残余压应力增加，但硬度为 55 ~ 60HRC 时，残余压应力数值减少，表面层深度增加。

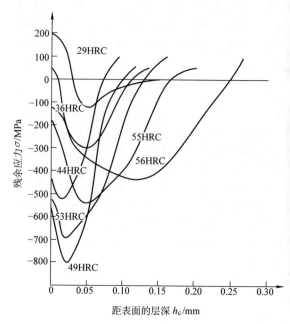

图 4.1-19　工件材料硬度对表面层残余
应力（切向）的影响

（$v = 92m/min$，$a_p = 0.15mm$，$f_z = 0.9mm$）

由于高速硬车削与磨削对加工表面的作用不同，形成不同的表面层残余应力状态，致使加工表面的疲劳寿命不同。图 4.1-20a 为高速硬车削和磨削的轴承（加工后经研磨）的加工表面残余应力状态，两者均为残余压应力，但高速硬车削后的表面层残余压应力数值较大，且深度较深，因而，高速硬车削的轴承疲劳寿命比磨削的高，如图 4.1-20b 所示。

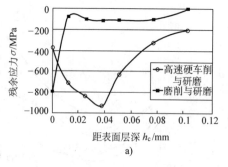

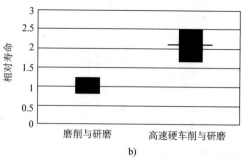

图 4.1-20　高速硬车削与磨削的加工表面残余应力和疲劳寿命比较
a）残余应力　b）疲劳寿命（小轴承）

3. 高速切削的加工表面硬化

图 4.1-21 为 Al_2O_3 基陶瓷刀具高速铣削淬硬 T10A 钢（58 ~ 65HRC）时所测得的加工表面硬化数据。由图 4.1-21 可知，随切削速度提高，加工表面硬化程度增加。

图 4.1-22 所示为用 Al_2O_3 基陶瓷刀具高速铣削 45 钢（186 ~ 197HBW）时切削速度对加工表面硬化的影响，其变化规律与图 4.1-21 高速切削淬硬钢时大致相同。所不同的是由于淬硬钢工件的基底硬度高，进一步硬化较困难，所以加工表面硬化程度较

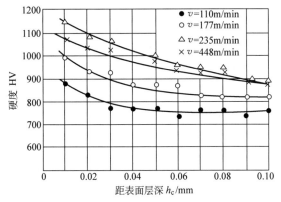

图 4.1-21　切削速度对加工表面硬化的影响
（单齿，$\gamma_p = \gamma_f = -5°$，$f_z = 0.063\text{mm}$，$a_p = 0.3\text{mm}$）

小，而未淬硬钢的加工表面硬化程度大，即加工表面硬度提高得很多。

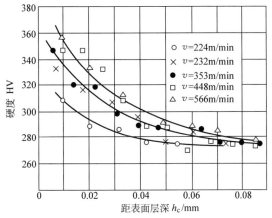

图 4.1-22　切削速度对加工表面硬化的影响
（单齿，$\gamma_p = \gamma_f = 0°$，$f_z = 0.1\text{mm}$，$a_p = 1.0\text{mm}$）

4.1.7　高速切削的振动

刀具寿命、加工质量、切削效率、机床精度和寿命与切削稳定性紧密相关，尤其是高速切削过程，随切削速度提高，由于离心力和陀螺效应，稳定性的动态特性影响和制约比普通切削要大得多。切削稳定性是指机床或加工中心抵抗切削过程振动的能力，也称为机床抗振性。稳定切削是指切削过程中，当机床切削系统受到偶然因素干扰而产生的振动经过短暂时间

4.2　高速切削刀具

4.2.1　高速切削刀具材料

1. 高速切削对刀具材料的要求

高速切削加工时切削温度很高，高速切削刀具的

就消失，系统恢复到原来的平衡状态的切削过程。不稳定切削是指系统受干扰而产生的振动不衰减，或越来越大的切削过程。

高速切削过程的振动按其性质可分为：强迫振动、自激振动、自由振动、混合振动与随机振动。其中前四类振动都对切削稳定性有很大影响，而影响最大的是自激振动（颤振），其振动激烈，机理复杂，影响因素又多，防振和消振都很困难。切削过程从无振动稳定切削到振动产生的不稳定切削之间存在一个明显界限，即临界条件，称为稳定性极限（阈），是判别切削稳定性的依据。

把稳定性切削极限轴向背吃刀量与相应的主轴转数 n 的关系作成如图 4.1-23 所示的形式，即切削系统的"稳定性极限图"（也称为"lobe"图）。按切削稳定性的性质不同，稳定性极限图可划分为三种区域，即阴影的耳垂状区域为不稳定切削区域，最小稳定切削极限轴向背吃刀量对应水平线以下（$a_p < a_{\text{p-min}}$）的区域是在所有主轴转速下都稳定的无条件稳定切削区；介于两者之间的区域为有条件稳定区。不稳定区和稳定区的边界上各点 $C(a_{\text{plim}}, n_{\text{lim}})$ 组成稳定与不稳定切削临界条件下的极限曲线。

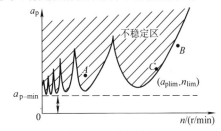

图 4.1-23　高速切削稳定性极限（lobe）图

图 4.1-23 中 A、B 两点，A 点处于不稳定区，用此点的转速 n 和轴向背吃刀量 a_p 切削时，会出现振动，即不稳定切削。B 点处于稳定切削区，在此点的切削条件下，可获得较理想的加工质量和生产效率。

高速切削选择机床主轴转速时，先要通过查询或试验确定机床系统的各阶固有频率 f_{nr} 对应的临界转速 n_{nr}（$n_{\text{nr}} = f_{\text{nr}}/60$），以防止共振；同时，通过试验和计算求得机床系统稳定性极限图，在稳定区域或有条件稳定区内选择较大的主轴转速 n 和对应的轴向背吃刀量 a_p 避免颤振，以获得较高生产效率和合乎要求的加工质量。

失效主要取决于刀具材料的热性能（包括刀具的熔点、耐热性、抗氧化性、高温力学性能、抗热冲击性能等）。高速切削加工除了要求刀具材料具备普通刀具材料的一些基本性能之外，还要求刀具材料具备以

下性能：①可靠性。高速切削加工一般在数控机床或加工中心上进行，刀具应具有很高的可靠性，要求刀具的寿命高，质量一致性好，切削刃的重复精度高，还应考虑刀具的结构和夹固的可靠性。需要对刀具进行转速试验和动平衡试验。②高的耐热性和抗热冲击性能。高速切削加工时切削温度很高，因此，要求刀具材料的熔点高、氧化温度高、耐热性好、抗热冲击性能强。③良好的高温力学性能。高速切削要求刀具材料具有很高的高温力学性能，如高温强度、高温硬度、高温韧性等。④刀具材料能适应难加工材料和新型材料加工的需要。随着科学技术的发展，对工程材料提出了越来越高的要求，各种高强度、高硬度、耐腐蚀和耐高温的工程材料越来越多地被采用，它们中多数属于难加工材料，目前难加工材料已占工件的40%以上，高速切削加工刀具应能适应难加工材料和新型材料加工的需要。

2. 金刚石刀具

金刚石是碳的同素异构体，它是自然界中已经发现的最硬的一种材料。天然金刚石作为切削刀具已有上百年的历史了。在20世纪50年代出现了人工合成金刚石，70年代采用高温高压合成技术制备了聚晶金刚石（简称PCD）。20世纪70年代末至80年代初出现了用化学气相沉积法（CVD）在异质基体（如硬质合金）上合成金刚石膜制作刀具。金刚石刀具的种类如图4.2-1所示。单晶金刚石、PCD和CVD金刚石的物理力学性能和使用特性比较见表4.2-1。表4.2-2为国产PCD刀片的牌号和性能。表4.2-3为世界主要PCD刀具的牌号。

PCD是通过金属结合剂（如Co、Ni等）将金刚石微粉聚合而成的多晶体材料。虽然PCD的硬度低于单晶金刚石，但PCD属各向同性材料，使得刀具制造中不需择优定向；由于PCD结合剂具有导电性，使得PCD便于切割成形，且成本远低于天然金刚石，因此，PCD应用远比天然金刚石刀具广泛。CVD金刚石是指用化学气相沉积法在异质基体（如硬质合金等）上合成金刚石膜。CVD金刚石不含任何金属或非金属添加剂，其性能与天然金刚石相比十分接近，兼具单晶金刚石和PCD的优点，但其成本远远低于天然金刚石。CVD金刚石刀具可制成两种形式：一种是在基体上沉积厚度小于50μm的薄层膜，即CVD金刚石薄膜涂层刀具；另一种是沉积厚度达到1mm的无衬底金刚石厚膜，即CVD金刚石厚膜焊接刀具。

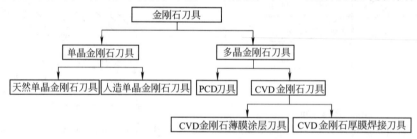

图 4.2-1　金刚石刀具的种类

表 4.2-1　单晶金刚石、PCD 和 CVD 金刚石的物理力学性能和使用特性比较

性能	单晶金刚石	PCD	CVD 金刚石
密度/(g/cm³)	3.52	4.1	3.51
弹性模量/GPa	1050	800	1180
抗压强度/GPa	9.0	7.4	16.0
断裂韧度/MPa·m^{1/2}	3.4	9.0	5.5
硬度/GPa	80~100	50~75	85~100
热导率/[W/(m·K)]	1000~2000	500	750~1500
热胀系数/(10⁻⁶/K)	2.5~5.0	4.0	3.7
材质结构	纯金刚石	含 Co 黏结剂	纯金刚石
耐磨性	高于 PCD 和 CVD 金刚石	随金刚石颗粒大小而变	比 PCD 提高 2~10 倍
韧性	差	优	良
化学稳定性	高	较低	高
加工性	差	优	差
焊接性	差	优	差
刃口质量	优	良	优
适用性	超精密加工	粗加工、精加工，不适于加工有机复合材料	精加工、半精加工、连续切削、湿切、干切，适于加工有机复合材料

表 4.2-2　国产 PCD 刀片的牌号和性能

牌号	硬度 HV	抗弯强度/MPa	热稳定性/℃	研制单位
FJ	>6000	>1500	>700	成都工具研究所
JRS-F	7200	>1500	950 开始氧化	第六砂轮厂

表 4.2-3　世界主要 PCD 刀具的牌号

公司名称	国别	牌号	平均粒径尺寸/μm
通用电器（GE）	美国	COMPAX1600	5
		COMPAX1300	10
		COMPAX1500	25
De Beers	英国	SYNDITE 002	2
		SYNDITE 010	10
		SYNDITE 025	25
黛杰（Dijet）	日本	JDA200	>20
		JDA400	5~15
		JDA420	1~3
		JDA10	0.5~3
住友电工（Sumitomo）	日本	DA2200	细粒
		DA200	0.5
		DA150	5
		DA100	20
		DA90	50
东名	日本	TDC-FM	0.3
		TDC-SM	8
		TDC-HM	12
		TDC-EM	50+18
京磁（Kyocera）	日本	KPD002	2
		KPD010	10
		KPD025	25
三菱（Mitubishi）	日本	MD230	微粒
		MD220	中粒+微粒
		MD205	粗粒+中粒
东芝（Toshiba）	日本	DX120	细粒
		DX140	中粒
		DX160	中粒
		DX180	粗粒
山特维克（Sandvik）	瑞典	CD10	细粒
Megadiamond	美国	MEGAPAX100	2
		MEGAPAX300	8
		MEGAPAX500	20
		MEGAPAX700	45

3. 立方氮化硼

1957 年美国通用电器（GE）公司采用与金刚石制造方法相似的方法，合成了第二种超硬材料——立方氮化硼（CBN）。CBN 有单晶体和多晶体之分，即 CBN 单晶和聚晶立方氮化硼（简称 PCBN）。CBN 与金刚石的硬度相近，又具有高于金刚石的热稳定性和对铁族元素的高化学稳定性（见表 4.2-4）。CBN 单晶主要用于制作磨料和磨具。PCBN 是在高温高压下将微细的 CBN 材料通过结合相（TiC、TiN、Al、Ti 等）烧结在一起的多晶材料，是目前利用人工合成的硬度仅次于金刚石的刀具材料。按结构的不同，PCBN 刀具也可分为 PCBN 焊接刀具和 PCBN 可转位刀具两大类，如图 4.2-2 所示。表 4.2-5～表 4.2-7 为国内外常用 PCBN 刀具的主要牌号和性能特点。PCBN 由许多小的 CBN 单晶体和结合剂在高温高压下烧结而成。PCBN 的性能与 CBN 的含量、结合剂和粒度的种类等因素有关。

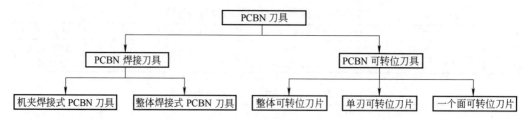

图 4.2-2　PCBN 刀具的种类

表 4.2-4　立方氮化硼与金刚石的物理力学性能比较

材料	组成元素	密度 /(g/cm³)	热稳定温度 /℃	热胀系数 /(10⁻⁶/K)	晶格体常数 /Å	与铁族化 学惰性
立方氮化硼	BN	3.48	1300~1500	3.5	3.615	大
金刚石	C	3.52	700~800	0.9	3.567	小

注：$1Å = 10^{-10}$ m。

表 4.2-5　国产 PCBN 刀具的牌号和性能特点

牌号	抗弯强度/MPa	硬度 HV	热稳定性/℃	适应加工范围	研制单位
FD	1570	>4000	>1000	各种淬火钢的粗精加工；各种高硬铸铁、喷涂、喷焊、含钴量大于 10%（质量分数）硬质合金的加工	成都工具研究所
FD-J-CFⅡ	450~507	7000~8000	1000~1200	精车、半精车淬火钢、热喷涂零件、耐磨铸铁、部分高温合金的加工	
LDP-J-XF				适用于异型和多刃刀具	
DLS-F	333~568	5800	1057~1121	—	第六砂轮厂

表 4.2-6　英国 De beers 公司 PCBN 刀具的牌号和性能特点

牌号	CBN 含量 （质量分数,%)	粒度/μm	结合剂	密度 /(g/cm³)	断裂韧度 /MPa·m^{1/2}	硬度/GPa	规格
Amborite AMB90	90	8	Al	3.42	6.4	31.5	整体刀片
Amborite DBA80	80	6	Ti、Al	3.52	5.9	30	硬质合金基体复合刀片
Amborite DBC50	50	2	TiC	—	—	—	硬质合金基体复合刀片
Amborite DBN45	45	—	TiN	—	—	—	

表 4.2-7　瑞典 Seco 公司 PCBN 刀片的牌号和性能特点

牌号	CBN 含量(质量分数,%)	粒度/μm	结合剂	结构形式
CBN10	50	2	TiC	焊接式
CBN20	80	6	Ti+Al	焊接式
CBN30	90	8	Al	整体式
CBN100	50	2	TiC	整体式
CBN150	45	0.5	TiN	焊接式
CBN300	90	22	Al	焊接式

4. 陶瓷刀具

陶瓷刀具具有硬度高、耐磨性好、耐热性和化学稳定性优良等特点，且不易与金属产生黏结。20 世纪 80 年代以来陶瓷刀具已广泛应用于高速切削、干切削、硬切削以及难加工材料的切削加工。目前，国内外应用最为广泛的陶瓷刀具材料大多数为复相陶瓷，其种类及可能的组合如图 4.2-3 所示。表 4.2-8 列出了一些国内外部分 Al_2O_3 基陶瓷刀具的牌号与性能特点。表 4.2-9 列出了国内外部分 Si_3N_4 基陶瓷刀具的牌号和性能特点。

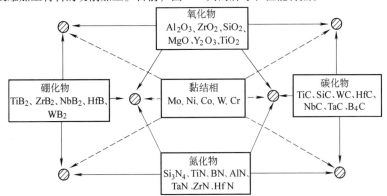

图 4.2-3　陶瓷刀具材料的种类及可能的组合

表 4.2-8　国内外部分 Al_2O_3 基陶瓷刀具的牌号和性能特点

产地	牌号	主要成分	密度 /(g/cm³)	硬度 HRA	抗弯强度 /MPa	断裂韧度 /MPa·m^{1/2}
中国	LT-55	Al_2O_3/TiC	4.96	93.7~94.8	900	5.04
	SG-4	$Al_2O_3/(Ti、W)C$	6.65	94.7~95.3	850	4.94
	JX-1	Al_2O_3/SiC_w	3.63	94~95	700~800	8.5
	LP-1	Al_2O_3/TiB_2	4.08	94~95	800~900	5.2
	LP-2	$Al_2O_3/TiB_2/SiC_w$	3.94	94~95	700~800	7~8
美国	TD-35	Al_2O_3/TiB_2	4.05	94	950	—
	WG-300	Al_2O_3/SiC_w	3.74	94.4	690	8.77
	Kyon2500	Al_2O_3/SiC_w	—	93.5~94	—	6.6
	GEM2	Al_2O_3/TiC	4.25	94	800	—
瑞典	CC620	Al_2O_3/ZrO_2	3.98	—	—	—
	CC670	Al_2O_3/SiC_w	—	94~94.5	—	8.2
	CC650	$Al_2O_3/TiC/TiN/ZrO_2$	4.30	—	—	—
德国	SN80	Al_2O_3/ZrO_2	4.12	2000HV	510	—
	MC2	Al_2O_3/TiC	4.25	95	600	—
日本	CA100	Al_2O_3/TiC	4.2	2130HV	800	4.1
	CA200	Al_2O_3/SiC_w	3.7	2000HV	1000	5.6
	NB90S	Al_2O_3/TiC	4.33	95	950	—
	LXB	Al_2O_3/TiC	4.2	94~95	800	—
	NTK-CX2	Al_2O_3/TiN	4.5	94	760	—

表 4.2-9　国内外部分 Si_3N_4 基陶瓷刀具的牌号和性能特点

国别	牌号	主要成分	密度 /(g/cm³)	抗弯强度 /MPa	硬度 HRA	断裂韧度 /MPa·m^{1/2}
中国	FD05	Si_3N_4	3.41	1000	92.5	—
	FD01	Si_3N_4/TiC	3.44	800	93.5	—
	FD04	$Si_3N_4/Al_2O_3/TiC$	3.85	800	93.5	—
日本	F×920	Si_3N_4	3.27	960	92.8	9.4
	F×910	Si_3N_4	3.32	760	94.7	6.7
	Naycon	Si_3N_4	3.23	1000	92.8	—

（续）

国别	牌号	主要成分	密度/(g/cm^3)	抗弯强度/MPa	硬度 HRA	断裂韧度/$MPa \cdot m^{1/2}$
日本	CS100	Si_3N_4	3.3	900	1500HV	8.0
美国	Kyon2000	Sialon	3.2	765	1800HV	6.5
	Kyon3000	Sialon	—	830	1460HV	6.5
	Quatum5000	Si_3N_4/TiC	3.4	750	93.5	4.3
德国	NCL	Si_3N_4	3.3	816	92.6	6.7

5. TiC（N）基硬质合金

碳（氮）化钛 TiC（N）基硬质合金是以 TiC 代替 WC 为硬质相，以 Ni、Mo 等作黏结相制成的硬质合金，其中 WC 含量较少，其耐磨性优于 WC 基硬质合金，介于陶瓷和硬质合金之间，也称为金属陶瓷。由于 TiC（N）基硬质合金具有接近陶瓷的硬度和耐热性，加工时与钢的摩擦因数小，且抗弯强度和断裂韧度比陶瓷高，因此，TiC（N）基硬质合金可作为高速切削加工刀具材料，它不仅用作精加工，也可用于半精加工、粗加工和断续切削。表 4.2-10～表 4.2-12 为部分国内外 TiC（N）基硬质合金的牌号和性能特点。

表 4.2-10 国产 TiC 基及 TiC（N）基硬质合金的牌号和性能特点

类别	牌号	密度/(g/cm^3)	硬度 HRA	抗弯强度/MPa	适用范围相当于 ISO
TiC 基	YN05	5.9	93	900	P01
	YN10	6.3	92	1100	P05
	YN01	5.3~5.9	93	800	P01
	YN15	7.1~7.5	90.5	1250	P15
TiC（N）基	TN05	5.9	93	1100	P01~P05
	TN10	6.2	92.5	1350	P10
	TN20	6.5	91.5	1500	P10~P20
	TN30	6.5	90.5	1600	P20~P30
	TN310	6.25~6.65	1650~1900HV	850	P01~P10
	TN315	6.75~7.15	1500~1750HV	1100	P05~P10
	TN320	6.9~7.3	1650~1800HV	1200	P10~P20
	TN325	7.0~7.4	1650~1800HV	1150	P05~P15

表 4.2-11 日本黛杰公司 TiC（N）基硬质合金的牌号和性能特点

牌号	密度/(g/cm^3)	弹性模量/GPa	断裂韧度/$MPa \cdot m^{1/2}$	抗弯强度/MPa	硬度 HRA	热胀系数/$(10^{-6}/K)$	适应范围相当于 ISO
LN10	7.2	450	7.9	1700	93.0	7.9	P01~P10 K01~K10
CX50	6.7	430	8.0	1800	92.0	7.8	P10~P20 M10~M20
NIT	7.0	440	8.5	1800	92.5	7.9	P10~P20 K20
CX75	6.8	430	9.0	2200	92.1	7.6	P10~P20
NAT	7.4	430	10.0	1900	92.0	7.6	P10~P20
CX90	6.9	440	10.0	2500	91.6	7.7	P20~P30 M30
SUZ	7.3	410	11.6	1600	91.0	7.8	P30,M30

表 4.2-12 TaeguTec 公司 TiC（N）基硬质合金的牌号和性能特点

牌号	密度/(g/cm^3)	抗弯强度/MPa	硬度 HRA	ISO 适应范围
CT320	6.7	1600	93.0	P10~P15,K10~K15
CT420	7.1	1800	92.5	P10~P20,K10~K15
CT520	7.0	1900	92.5	P30,K20

6. 涂层刀具

涂层刀具是在韧性较好的刀体上，涂覆一层或多层耐磨性好的难熔化合物，它将刀具基体与硬质涂层相结合，从而使刀具性能大大提高。根据涂层方法不同，涂层刀具可分为化学气相沉积（CVD）涂层刀具和物理气相沉积（PVD）涂层刀具。涂层硬质合金刀具一般采用化学气相沉积法，沉积温度在1000℃左右。涂层高速钢刀具一般采用物理气相沉积法，沉积温度在500℃左右；根据涂层刀具基体材料的不同，涂层刀具可分为硬质合金涂层刀具、高速钢涂层刀具以及在陶瓷和超硬材料（金刚石和立方氮化硼）上的涂层刀具等。根据涂层材料的性质，涂层刀具又可分为"硬"涂层刀具和"软"涂层刀具。

表 4.2-13 列出了常用耐磨涂层材料。表 4.2-14 列出了常用的硬质合金基体与涂层材料的组合。涂层方式有：单涂层、多涂层、梯度涂层、软/硬复合涂层、纳米涂层、超硬薄膜涂层等，如图 4.2-4 所示。

表 4.2-13　常用的耐磨涂层材料

碳化物	TiC、HfC、SiC、ZrC、WC、VC、B$_4$C 等
氮化物	TiN、VN、TaN、CrN、ZrN、BN、Si$_3$N$_4$、AlN、CrNAl 等
氧化物	Al$_2$O$_3$、SiO$_2$、Cr$_2$O$_3$、TiO$_2$、HfO$_2$ 等
硼化物	TiB$_2$、ZrB$_2$、NbB$_2$、TaB$_2$、WB$_2$ 等
硫化物	MoS$_2$、WS$_2$、TaS$_2$ 等
其他	TiCN、TiAlN、TiAlCN 等

表 4.2-14　常用硬质合金基体与涂层材料的组合

类别	TiC	TiN	TiC-Ti(C,N)-TiN	HfN	TiC-Al$_2$O$_3$	TiC-Al$_2$O$_3$-TiN	Al$_2$O$_3$	Ti(C,N)-TiN-Al(O,N)
M16	◆	◆	◆	◆	◆	◆	◆	◆
P25	—	◆	◆	◆	—	—	—	—
P40	◆	◆	◆	◆	—	—	—	—
K10	◆	◆	◆	—	—	—	◆	◆

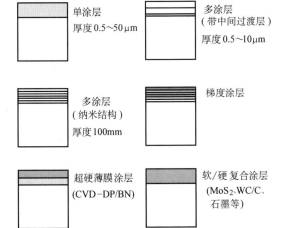

图 4.2-4　典型的涂层结构

单涂层
厚度 0.5~50μm

多涂层
（带中间过渡层）
厚度 0.5~10μm

多涂层
（纳米结构）
厚度 100mm

梯度涂层

超硬薄膜涂层
（CVD-DP/BN）

软/硬复合涂层
（MoS$_2$、WC/C、石墨等）

7. 新型超细晶粒硬质合金

普通硬质合金晶粒度为 3~5μm，一般细晶粒硬质合金的晶粒度为 1.5μm 左右，亚微细晶粒合金的晶粒度为 0.5~1μm，而超细晶粒硬质合金 WC 的晶粒度在 0.5μm 以下。超细晶粒硬质合金比同样成分的普通硬质合金的硬度可提高 2HRA 以上，抗弯强度可提高 600~800MPa。超细晶粒硬质合金含 Co 量为 9%~15%（质量分数），硬度达到 90~93HRA，抗弯强度达 2000~3500MPa。表 4.2-15~表 4.2-17 为国内外超细晶粒硬质合金的牌号和性能特点。

表 4.2-15　国内常用的几种超细晶粒硬质合金的牌号和性能特点

牌号	成分	晶粒尺寸/μm	抗弯强度/MPa	硬度 HRA
YD05	WC+TiC+Co+TaC+Cr$_3$C	<0.5	1200	94~94.5
YS2	WC+Co+Cr$_3$C$_2$	<0.5	2200	91.5
YM051	WC+TiC+TaC+Co	0.4~0.5	1650	92.5
YG643	WC+TiC+Co+TaC+Cr$_3$C	<1	1500	92.5

表 4.2-16　日本黛杰公司超细晶粒硬质合金的牌号和性能特点

牌号	ISO 适应范围	密度/(g/cm^3)	弹性模量/GPa	断裂韧度/MPa·m$^{1/2}$	抗弯强度/MPa	硬度 HRA	热胀系数/(10^{-6}/K)
FB10	Z01~Z10	14.0	560	9.5	2200	93.5	5.5
FB15	Z10~Z20	14.0	550	11.0	2600	92.0	5.5
FZ15	Z10~Z30	14.4	580	11.5	2800	91.8	5.4
FB20	Z20~Z30	13.6	510	12.0	2800	91.5	5.6

表 4.2-17　TaeguTec 公司超细晶粒硬质合金的
牌号和性能特点

牌号	密度/(g/cm³)	抗弯强度/MPa	硬度 HRA
UFB	14.5	>2800	>92.5
UF2	14.2	>3200	>90.8
UF10	14.1	>3300	>92.1

8. 高速切削刀具材料的合理选择

目前广泛应用的高速切削刀具主要有：金刚石刀具、立方氮化硼刀具、陶瓷刀具、涂层刀具、TiC(N) 基硬质合金、超细晶粒硬质合金刀具等。每一

品种的刀具材料都有其特定的加工范围，只能适应一定的工件材料和一定的切削速度范围，所谓万能刀具是不存在的。因此，合理选用刀具材料是成功进行高速切削加工的关键。

一般而言，PCBN、陶瓷刀具、涂层硬质合金及 TiC(N) 基硬质合金刀具适合于钢铁等黑色金属的高速加工；而 PCD 刀具适合于对铝、镁、铜等有色金属材料及其合金和非金属材料的高速加工。表 4.2-18 列出了上述刀具材料所适合加工的一些工件材料。

表 4.2-18　各种刀具所适合加工的工件材料

刀具	高硬钢	耐热合金	钛合金	镍基高温合金	铸铁	纯钢	高硅铝合金	FRP 复合材料
PCD	×	×	○	×	×	×	●	●
PCBN	●	●	○	●	●	—	▲	▲
陶瓷刀具	●	●	×	●	●	▲	×	×
涂层硬质合金	○	●	●	▲	●	●	▲	▲
TiC(N)基硬质合金	▲	×	×	×	●	▲	×	×

注：●—优，○—良，▲—尚可，×—不合适。

(1) 金刚石刀具的选用

金刚石刀具在有色金属和非金属材料加工中得到广泛的应用，已成为有色金属和非金属材料高速加工中不可缺少的重要工具。在切削有色金属时，PCD 刀具的寿命是硬质合金刀具的几十甚至几百倍。金刚石刀具在汽车和摩托车行业中主要用于发动机铝合金活塞裙部、活塞销孔、气缸体、变速器和化油器等零件的加工。由于这些零部件材料含硅量较高（质量分数为 12% 以上），并且大多数采用流水线方式大批量生产，对刀具的寿命要求较高，硬质合金刀具难以胜任，而金刚石刀具的寿命远高于硬质合金刀具，且粒度大的 PCD 刀具有更优良的耐磨性，可保证零件的尺寸稳定性，并可大大提高切削速度、加工效率和工件的加工质量。

纤维增强塑料是机械工业中常用的一种新型材料，分碳素纤维和玻璃纤维两大类，切削这种材料时，对刀具的刻划十分严重，刀具磨损快。当用金刚石刀具对这种材料进行高速切削加工时（$v = 2000 \sim 5000 \mathrm{m/min}$、$f = 10 \sim 40 \mathrm{m/min}$），上述问题可以避免，加工精度和效率明显提高。

PCD 颗粒的大小对刀具的加工性能影响较大。PCD 粒径为 $10 \sim 25 \mu m$ 的 PCD 刀具适合于加工 Si 含量大于 12%（质量分数）的铝合金（$v = 300 \sim 1500 \mathrm{m/min}$）及硬质合金；PCD 粒径为 $8 \sim 9 \mu m$ 的 PCD 刀具适合于加工 Si 含量小于 12%（质量分数）的铝合金（$v = 500 \sim 3500 \mathrm{m/min}$）及非金属材料；PCD 粒径为 $4 \sim 5 \mu m$ 的 PCD 刀具适合于切削加工 FRP、木材或纯

铝等材料。在汽车和航空工业的批量生产中，越来越多地应用非金属零部件，加工这些材料时选用 PCD 刀具，在大进给量、大切削量的条件下可获得很高的表面质量。

金刚石的热稳定性比较差，切削温度达到 800℃ 时，就会失去其硬度；金刚石刀具不适合于加工钢铁类材料，因为，金刚石与铁有很强的化学亲和力，在高温下铁原子容易与碳原子相互作用使其转化为石墨结构，刀具极容易损坏。

(2) 立方氮化硼刀具的选用

立方氮化硼刀具既能胜任淬硬钢（45~65HRC）、轴承钢（60~62HRC）、高速钢（>62HRC）、工具钢（57~60HRC）、冷硬铸铁的高速半精车和精车，又能胜任高温合金、热喷涂材料、硬质合金及其他难加工材料的高速切削加工，可实现以车代磨，大幅度提高加工效率。目前已有多个品种不同 CBN 含量的 PCBN 刀具用于车削、镗削、铣削等，主要用于高速加工淬硬钢、灰铸铁和高硬铸铁以及某些难加工材料。PCBN 的性能受其中的 CBN 含量、CBN 粒径和结合剂的影响。CBN 含量越高，PCBN 的硬度和耐磨性就越高。CBN 颗粒尺寸的大小影响 PCBN 的耐磨性和抗破损性能，颗粒尺寸越大，其抗机械磨损能力越强，而抗破损能力减弱。表 4.2-19 列出了对应不同加工用途的刀片中 CBN 的含量。

高速切削铸铁件时，铸件的金相组织对高速切削刀具的选用有一定影响，加工以珠光体为主的铸件在切削速度大于 500m/min 时，可使用 PCBN 刀具；加

工以铁素体为主的铸铁时，由于扩散磨损的原因，使刀具磨损严重，不宜使用 PCBN 刀具，而应采用陶瓷刀具。采用陶瓷刀具和 PCBN 刀具均可切削硬度达 60HRC 以上的工件材料，实现"以切代磨"。当切削速度高于 1000m/min 切削铸铁时，PCBN 是最佳刀具材料。CBN 含量大于 90%（质量分数）的 PCBN 刀具适合加工淬硬工具钢。

表 4.2-19　对应不同加工用途刀片的 CBN 含量

CBN 含量 （质量分数,%）	刀片用途
50	连续切削淬硬钢(45~65HRC)
65	半断续切削淬硬钢(45~65HRC)
80	加工镍铬铸铁
90	连续重载切削淬硬钢(45~65HRC)
80~90	高速切削铸铁($v=500~1300mm/min$) 精和半精切削淬硬钢

（3）陶瓷刀具的选用

Al_2O_3 基陶瓷刀具可用于对钢、铸铁及其合金的高速切削加工。Al_2O_3 基陶瓷刀具中的添加物对其性能有重要影响。例如，TiC、TiN 和 SiC 等的加入都有使 Al_2O_3 基陶瓷刀具材料高温化学稳定性变差的趋势，实际应用中应根据刀具材料组分中是否含有高温下易与 Fe 发生扩散及化学作用的组分来确定可使用的最高切削速度和进给量。Al_2O_3/TiC 陶瓷刀具在加工铝和钛及其合金时存在较大的亲和力，因此，这类陶瓷刀具不适合于加工铝和钛及其合金。

Al_2O_3/SiC 刀具在加工镍基合金时表现出优良的切削性能，但加工钢时因 Fe 容易与 SiC 发生反应而使刀具材料急剧磨损。因为，用含有 SiC 的陶瓷刀具加工淬硬钢时，SiC 很容易在切削高温作用下与工件中的 Fe 发生化学反应。切削速度越高，切削温度也进一步升高，这将进一步加剧 Fe 与 SiC 的反应速度。

Al_2O_3/ZrO_2 陶瓷刀具的室温性能优良，且其中的组分 Al_2O_3 和 ZrO_2 在高温下的化学稳定性好，与 Fe 的溶解度均很小，不易向工件材料中扩散及溶解。但 Al_2O_3/ZrO_2 陶瓷刀具只适合于在切削速度较低范围内进行切削加工，因为在高温下（当温度超过 1170℃时）ZrO_2 的增韧效果会显著减小。

Si_3N_4 基陶瓷刀具适于断续加工铸铁及铸铁合金。Si_3N_4 基陶瓷高速切削铸铁时主要发生磨料磨损，而高速切削碳钢时主要发生化学磨损。用 Si_3N_4 陶瓷刀具切削 AISI1045（45 钢）钢时刀具的磨损比切削灰铸铁时高得多。切削铸铁时工件和刀具材料之间的 Fe 和 Si 等元素的相互扩散作用要比切削钢时小得多。由于 Si_3N_4 和 Fe 之间存在较大的亲和力以及 Si 和 Fe 之间的相互扩散，Si_3N_4 刀具不适合于对纯铁和碳钢等材料进行高速切削，因为高速切削时产生的高温会大大加剧 Si_3N_4 和这类工件间的化学作用及元素的扩散，导致 Si_3N_4 刀具磨损的加剧。在加工钢时，Si_3N_4 陶瓷刀具的磨损主要与刀具材料和工件间的化学反应有关。

Inconel718（GH169）镍基合金是典型的难加工材料，切削时易产生加工硬化。高速切削该合金时，主要使用陶瓷刀具和 PCBN 刀具。SiC 晶须增韧氧化铝陶瓷刀具适合于加工硬度低的镍基合金，在切削速度为 100~300m/min 时可获得较长的刀具寿命。切削速度高于 500m/min 时，添加 TiC 的氧化铝陶瓷刀具磨损较小，而在切削速度为 100~300m/min 时其边界磨损较大。氮化硅陶瓷也可用于 Inconel718 合金的加工。Sialon 陶瓷刀具韧性高，适合于切削过固溶处理的 Inconel718（45HRC）合金。

（4）TiC（N）基硬质合金及涂层硬质合金刀具的选用

TiC（N）基硬质合金不仅可用于精加工，也可用于半精加工、粗加工和断续切削。目前，TiC（N）基硬质合金和涂层硬质合金刀具均可作为高速切削加工钢件的刀具材料。用 PVD 涂层方法生产的 TiN 涂层刀具其耐磨性比用 CVD 涂层法生产的涂层刀具要好，因为前者可很好地保持刃口形状，使加工零件获得较高的精度和表面质量。TiC（N）基硬质合金化学稳定性好，并具有优异的耐氧化性、抗黏结性和耐磨性，且与钢的亲和力小，适合于中高速（200m/min 左右）切削模具钢，尤其适合于切槽加工。对铸铁件的加工，当切削速度低于 750m/min 时，可选用涂层硬质合金和 TiC（N）基硬质合金。

（5）涂层刀具的选用

TiC 是一种高硬度的耐磨化合物，有良好的抗后刀面磨损和抗月牙洼磨损能力。TiC 的硬度比 TiN 高，抗磨损性能好，加工容易产生剧烈磨损的材料，用 TiC 涂层较好。TiN 涂层是继 TiC 涂层以后采用非常广泛的一种涂层。TiN 的硬度稍低，但它与金属的亲和力小，润湿性能好，在空气中抗氧化能力比 TiC 好，在容易产生黏结时用 TiN 涂层较好。目前，TiN 涂层高速钢刀具的使用率已占高速钢刀具的 50%~70%。Al_2O_3 涂层具有良好的热化学稳定性和高的抗氧化性，因此，在高温场合下，用 Al_2O_3 涂层为好。由于 Al_2O_3 与基体材料的物理化学性能相差太大，单一 Al_2O_3 涂层无法制成理想的涂层刀具。TiCN 具有 TiC 和 TiN 的综合性能，其硬度高于 TiC 和 TiN，将 TiCN 设置为涂层刀具的主耐磨层，可显著提高刀具的寿命。TiAlN 是含有 Al 的 PVD 涂层，TiAlN 化学稳定性好，抗氧化磨损，加工高合金钢、不锈钢、镍合金时，比 TiN 涂层刀具提高寿命 3~4 倍。在切削过程中涂层表面会生成一层很薄的非晶态 Al_2O_3，形成一层硬质惰性保护膜，从而起到抗氧化和抗扩散磨损的作用。该涂层刀具可更有效地用于高速切削加工。

在高速切削时，TiAlN 涂层刀具的切削效果优于 TiN 和 TiCN 涂层刀具，TiAlN 涂层刀具特别适合于加工耐磨材料如灰铸铁等。表 4.2-20、表 4.2-21 列出了国内外涂层刀具的牌号和应用范围。

表 4.2-20　国产涂层刀具的牌号和应用范围

生产厂家	牌号	涂层材料	相当的 ISO 牌号	应 用 范 围
株洲硬质合金厂	YBM252	TiAlN/TiN PVD 涂层	—	具有良好的韧性和耐磨性，适合于精车、镗加工和轻型铣削不锈钢及钻削加工铸铁、不锈钢和合金铸铁，也可用于中、低速切断与切槽低碳钢
	YB235	TiCN/TiN	—	在中、低速情况下粗加工，适合于钢、奥氏体型不锈钢、铸铁的车、铣、镗、钻
	YBC151	MT-TiCN/Al_2O_3/TiN	—	它是钢、铸铁和不锈钢材料在高速精加工条件下的理想牌号
	YBD151	MT-TiCN/Al_2O_3/TiN	—	它是球墨铸铁与灰口铸铁加工的理想牌号，允许切削速度高
自贡硬质合金厂	ZC01	—	P10~P20 K05~K20	耐磨性好，适合于钢、铸钢、合金钢的精加工和半精加工，也可加工铸铁等短切屑材料，宜用高切削速度、小进给量
	ZC02	—	P05~P20 M10~M20 K04~K20	耐磨性好、强度高、通用性强，适合于各种工程材料的精加工和半精加工，宜用高切削速度、小进给量
	ZC03	—	P10~P30 K10~K25	韧性好、强度高，适合于钢、铸钢、合金钢和铸铁的半精加工和浅粗加工，可用于铣削和车削，宜用中等切削速度
	ZC05	—	P05~P25 M05~M20	耐磨性很好，适合于钢、铸钢的精加工和半精加工及奥氏体型不锈钢的精加工，宜用中、高切削速度和小进给量
	ZC06	—	P10~P25 K10~K20	耐磨性很好，适合于钢、铸钢、合金钢和铸铁的精加工和半精加工，宜用高切削速度、小进给量
	ZC07	—	P20~P35 M10~M25	韧性好、强度高，适合于钢、铸钢和奥氏体型不锈钢的钻削，宜用中等切削用量
	ZC08	—	P20~P35 K15~K30	综合性能好，适合于钢、铸钢、合金钢及铸铁的半精加工和浅粗加工，宜用中等切削用量
成都工具研究所	CTR61	TiC/TiN	P10~P25 M20	适合于钢、铸钢、铸铁等材料的轻载和中等载荷的连续车削，宜用较高的切削速度
	CTR62	TiC/TiN	P10~P35 M10~M20	适合于钢、铸钢、铸铁和合金钢等材料的轻载和中等载荷的车削
	CTR63	TiC/TiN	P20~P30	适合于钢、铸钢的轻载和中等载荷的连续或断续铣削和钻削加工，适合的切削速度范围较宽
	CTR71	TiC/Al_2O_3	P01~P20 K10	适合于钢、铸钢和铸铁的轻载和中等载荷的连续车削，宜用较高的切削速度
	CTR72	TiC/Al_2O_3	P01~P20 K01~K20	适合于钢、铸钢和合金钢的中等载荷高速的连续车削
	CTR82	TiC/Ti(BN)/TiN	P10~P30 M10~M20	适合于钢、铸钢、铸铁的轻载和中等载荷的车削加工，允许在较宽的切削速度范围内连续切削
	CTR83	TiC/Ti(BN)/TiN	P01~P20 M01~M20 K01~K20	适合于合金钢、高强度钢、铸铁、铸钢等材料的中等载荷的车削加工，适合的切削速度范围较宽

表 4.2-21　Sandvik 公司涂层刀具的牌号和应用范围

牌号	ISO 分类	涂层材料	应　用　范　围
GCA	P10~P35	TiCN/TiN	韧性好,适合于加工钢件、不锈钢和铸钢材料
GC015	P05~P35 M10~M25 K05~K20	TiC/Al_2O_3	具有良好的耐磨性和通用性,适合于各种工程材料的精加工和半精加工
GC1025	P10~P40 K05~K20	TiC	具有很好的耐磨性和抗塑性变形能力,适合于在高速条件下对钢、铸钢、轧制钢、锻造不锈钢和铸铁的精加工和半精加工
GC235	P30~P45 M25~M40	TiN/TiC/TiN	韧性特别好,最适合在不稳定条件下加工各类钢件和长切屑可锻铸铁,也可低速和高速加工奥氏体型不锈钢
GC135	P25~P45 M15~M30	TiC	适合于干铣或湿铣加工,适合于粗铣和精铣各类铸铁
GC320	K10~K25	TiC/Al_2O_3	具有很好的耐磨性和通用性,适合于铸铁、钢、铸钢、轧制钢和锻造不锈钢的精加工和半精加工,宜用高的切削速度
GC415	P05~P30 M05~M25 K05~K20	$TiC/Al_2O_3/TiN$	适合于钢、铸钢等的精加工和半精加工,在不良切削条件下,宜采用中等切削速度和进给量
GC435	P15~P45 M10~M30 K05~K25	$TiC/Al_2O_3/TiN$	切削刃锋利,适用于铸铁的精加工、半精加工,也是铣削铝材的理想牌号

4.2.2　高速切削刀柄系统

1. 高速切削对刀柄系统的要求

由于高速切削加工中离心力和振动的作用,刀具系统的动平衡精度要求非常高。刀柄是高速切削加工的一个关键部件,它传递机床的动力。所以,高速切削刀柄系统必须满足下列要求:①很高的几何精度和装夹重复精度;②很高的装夹刚度;③高速运转时安全可靠。

2. 高速切削旋转刀具的刀柄系统

(1) 7:24 锥柄系统

目前市场上大量应用的是 7:24 锥度的工具系统(如 BT、ISO 等),如图 4.2-5 所示。标准的 7:24 锥连接有许多优点:①可实现快速装卸刀具。②刀柄的锥体在拉杆轴向拉力的作用下,紧紧地与主轴的内锥面接触,实心的锥体直接在主轴内锥孔内支承刀具,可以减小刀具的悬伸量。③只有一个尺寸(锥角)需加工到很高的精度,所以成本较低而且可靠,多年来应用非常广泛。随切削高速化的发展,此类工具系统也暴露出以下不足:

1) 刚性不足。由于它不能实现与主轴端面和内锥面同时定位,所以标准的 7:24 锥度连接在主轴端面和刀柄法兰端面间有较大的间隙。7:24 锥度连接的刚度对锥角的变化和轴向拉力的变化很敏感。当拉力增大 4~8 倍时,连接的刚度可提高 20%~50%,但是,过大的拉力在频繁换刀过程中会加速主轴内孔的

磨损,影响主轴前轴承的寿命。高速主轴的前端锥孔由于离心力的作用会膨胀。为保证这种连接在高速下仍有可靠的接触,需有一个很大的过盈量来抵消高速旋转时主轴轴端的膨胀。

2) ATC(自动换刀)的重复精度不稳定。每次自动换刀后刀具的径向尺寸可能发生变化。

3) 轴向尺寸不稳定。主轴高速转动时因受离心力的作用内孔会增大,在拉杆拉力的作用下,刀具的轴向位置会发生改变。

4) 刀柄锥度较大,锥柄较长。不利于快速换刀及机床小型化。

5) 主轴的膨胀还会引起刀具及夹紧机构质心的偏离,影响主轴的动平衡。标准的 7:24 锥柄较长,很难实现全长无间隙配合,一般只要求配合面前段 70% 以上接触,因此配合面后段会有一定的间隙,该间隙会引起刀具径向圆跳动,影响动平衡。

7:24 锥度的 BT 刀柄一般用于速度小于 15000r/min 的场合。针对 7:24 锥度连接结构存在的问题,一些研究机构和刀具企业开发了一种可使刀柄在主轴内孔锥面和端面同时定位的新型连接方式。其中最具有代表性的是摒弃原有的 7:24 标准锥度而采用新思路的替代性设计,如德国的 HSK 系列和美国的 KM 系列刀具锥柄系统。HSK 刀柄的开发是机床-刀具连接技术的一次飞跃,被誉为 21 世纪接口与制造技术的一项重大革新。

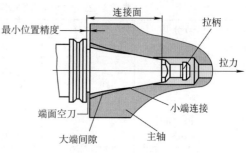

a)   b)

图 4.2-5 7：24 锥度的工具系统

a）BT 刀柄（7：24） b）BT 刀柄与主轴接合图

（2）1：10 空心短锥柄系统

1）HSK 系统。HSK 刀柄是由德国阿亨大学机床研究室专为高速机床主轴开发的一种刀轴连接结构，已被列入德国标准，如图 4.2-6 所示。HSK 短锥刀柄采用 1：10 的锥度，它的锥体比标准的 7：24 锥短，

锥柄部分采用薄壁结构，质量减少约 50%，锥度配合的过盈量较小，刀柄和主轴端部关键尺寸的公差带特别严格，刀柄的短锥和端面很容易与主轴相应结合面紧密接触，实现双重定位，具有很高的连接精度和刚度。图 4.2-7 为主轴旋转速度对 HSK 和 BT 刀夹径向

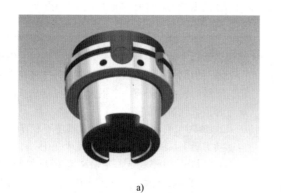

a)   b)

图 4.2-6 1：10 锥度的工具系统

a）HSK 刀柄（1：10） b）HSK 刀柄与主轴接合图

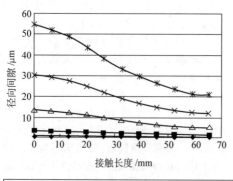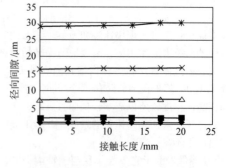

a)   b)

图 4.2-7 旋转速度对刀夹径向间隙的影响

a）BT40 b）HSK-A63

间隙的影响。当主轴高速旋转时，仍能与主轴锥孔保持良好的接触，主轴转速对连接刚度影响小。HSK 具有良好的静、动态刚度和极高的径向、轴向定位精度，其轴向定位精度比 7：24 锥柄提高 3 倍，径向圆跳动降低 1/2~2/3。特别适合于高速粗、精加工和重负荷切削。HSK 薄壁液压夹头体积小、不平衡点少，因而振动小、夹紧力大、无间隙、装夹牢靠。目前 HSK 已列入国际标准。

HSK 的结构形式有 A 型、B 型、C 型、D 型、E 型、F 型等，如图 4.2-8 所示。图 4.2-9 所示为 HSK 刀柄符号说明，图 4.2-10 为 A 型 HSK 面铣刀刀柄（HSK50A DIN69893）结构尺寸图。国内多采用 69893-1 中 A 型和 C 型标准，如 HSK50A、HSK63A、HSK100A。所有 HSK 整体式刀柄都经过平衡设计，HSK50 和 HSK63 刀柄的主轴转数可达到 25000r/min，HSK100 刀柄可达到 12000r/min。HSK 刀柄应用情况见表 4.2-22。

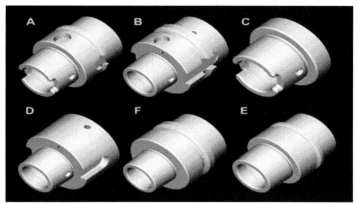

图 4.2-8　HSK 型刀柄的结构形式

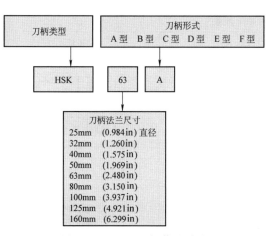

图 4.2-9　HSK 刀柄符号说明

注：1in=2.54cm。

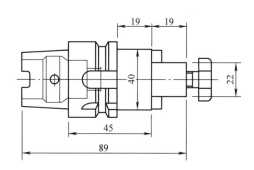

图 4.2-10　A 型 HSK 面铣刀刀柄
（HSK50A DIN69893）结构尺寸图

表 4.2-22　HSK 刀柄应用情况

结构形式	A	B	C	D	E	F
主轴工艺性	较差	一般	较差	一般	好	好
刀具通用性	好	较差	一般	较差	好	好
换刀形式	自动	自动	手动	手动	自动、手动	自动、手动
应用领域	重切削	重负荷	较重负荷	较重负荷	有色金属较轻负荷	木工机械

图 4.2-11 为 HSK 型刀柄及其连接结构图。在拉紧作用下，HSK 空心工具锥柄和主轴锥孔在整个锥面和夹承平面之间产生摩擦，提供结构的径向定位。主轴自动平衡系统能把由刀具残余不平衡和配合误差引起的振动降低 90% 以上。目前，一些刀具公司已能提供具有 HSK 接口和不同平衡精度的高速切削刀具系统。

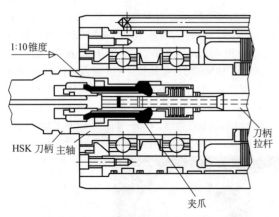

图 4.2-11　HSK 型刀柄及其连接结构图

HSK 也有缺点，它与现在的主轴端面结构和刀柄不兼容，制造精度要求较高，结构复杂，成本较高（刀柄的价格是普通标准 7∶24 刀柄的 2~3 倍），锥度配合过盈量较小。

2）KM 系统。KM 系统是美国肯纳维公司的专利，它采用 1∶10 短锥配合，锥柄的长度仅为标准 7∶24 锥柄长度的 1/3，由于配合锥度较短，部分解决了端面与锥面同时定位而产生的干涉问题，刀柄设计成中空的结构，在拉杆轴向拉力作用下，短锥可径向收缩，实现端面与锥面同时接触定位。由于锥度配合部分有较大的过盈量，所需的加工精度比标准的 7∶24 长锥配合所需的精度低。与其他类型的空心锥连接相比，相同法兰外径采用的锥柄直径较小，主轴锥孔在高速旋转时的扩张小。这种系统的主要缺点：主轴端部需重新设计，与传统的 7∶24 锥连接不兼容；短锥的自锁会使换刀困难；由于锥柄是空心的，所以不能用作刀具的夹紧，夹紧需由刀柄的法兰实现，增加了刀具的悬伸量。由于端面接触定位是以空心短锥和主轴变形为前提实现的，主轴的膨胀会恶化主轴轴承的工作条件，影响轴承的寿命。表 4.2-23 列出了 HSK、KM 和 BT 刀柄的结构特点和紧固性能比较。

表 4.2-23　HSK、KM 和 BT 刀柄的结构特点和紧固性能比较

刀具类型	BT	HSK	KM
结合部位	锥面	锥面+端面	锥面+端面
传力零件	弹性套筒	弹性套筒	钢球
典型规格	BT40	HSK-63B	KM6350
结构及基本尺寸（锥面基准直径、法兰直径）	φ63.00　φ44.45	φ63.00　φ38.00	φ63.00　φ40.00
柄部形状	实心	空心	空心
锁紧机构	拉紧力	拉紧力	拉紧力
拉紧力/kN	12.1	3.5	11.2
锁紧力/kN	12.1	10.5	33.5
理论过盈量/μm	—	3~10	10~25
柄部锥度	7∶24	1∶10	1∶10

4.2.3　高速切削可转位刀片

根据国家标准 GB/T 2076—2021《切削刀具用可转位刀片型号表示规则》的规定，可转位刀片的型号由代表一组给定意义的字母和数字代号按一定顺序位置排列所组成，共有 10 位代号。其表示规则及标记举例见图 4.2-12。

1. 聚晶金刚石刀片

聚晶金刚石（PCD）车刀片的形状主要有正三角形、正方形、80°菱形、55°菱形和 35°菱形，常用型号和尺寸见表 4.2-24。PCD 车刀片的夹紧方式有压孔式和压板式两种。

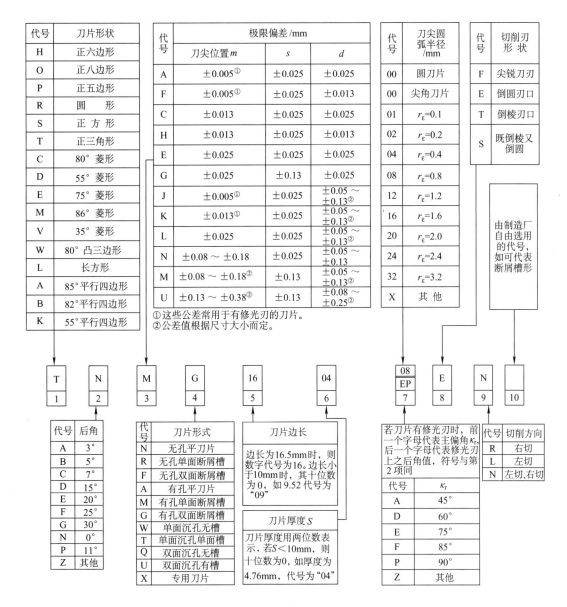

代号	刀片形状
H	正六边形
O	正八边形
P	正五边形
R	圆 形
S	正方形
T	正三角形
C	80°菱形
D	55°菱形
E	75°菱形
M	86°菱形
V	35°菱形
W	80°凸三边形
L	长方形
A	85°平行四边形
B	82°平行四边形
K	55°平行四边形

代号	极限偏差/mm		
	刀尖位置 m	s	d
A	±0.005[①]	±0.025	±0.025
F	±0.005[①]	±0.025	±0.013
C	±0.013	±0.025	±0.025
H	±0.013	±0.025	±0.013
E	±0.025	±0.025	±0.025
G	±0.025	±0.13	±0.025
J	±0.005[①]	±0.025	$\pm0.05\sim\pm0.13$[②]
K	±0.013[①]	±0.025	$\pm0.05\sim\pm0.13$[②]
L	±0.025	±0.025	$\pm0.05\sim\pm0.13$[②]
N	$\pm0.08\sim\pm0.18$	±0.025	$\pm0.05\sim\pm0.13$
M	$\pm0.08\sim\pm0.18$[②]	±0.13	$\pm0.05\sim\pm0.13$[②]
U	$\pm0.13\sim\pm0.38$[②]	±0.13	$\pm0.08\sim\pm0.25$[②]

①这些公差常用于有修光刃的刀片。
②公差值根据尺寸大小而定。

代号	刀尖圆弧半径/mm
00	圆刀片
00	尖角刀片
01	$r_\varepsilon=0.1$
02	$r_\varepsilon=0.2$
04	$r_\varepsilon=0.4$
08	$r_\varepsilon=0.8$
12	$r_\varepsilon=1.2$
16	$r_\varepsilon=1.6$
20	$r_\varepsilon=2.0$
24	$r_\varepsilon=2.4$
32	$r_\varepsilon=3.2$
X	其他

代号	切削刃形状
F	尖锐刀刃
E	倒圆刃口
T	倒棱刃口
S	既倒棱又倒圆

由制造厂自由选用的代号，如可代表断屑槽形

T	N	M	G	16	04	08 EP	E	N	
1	2	3	4	5	6	7	8	9	10

代号	后角
A	3°
B	5°
C	7°
D	15°
E	20°
F	25°
G	30°
N	0°
P	11°
Z	其他

代号	刀片形式
N	无孔平刀片
R	无孔单面断屑槽
F	无孔双面断屑槽
A	有孔平刀片
M	有孔单面断屑槽
G	有孔双面断屑槽
W	单面沉孔无槽
T	单面沉孔单面槽
Q	双面沉孔无槽
U	双面沉孔有槽
X	专用刀片

刀片边长
边长为16.5mm时，则数字代号为16。边长小于10mm时，其十位数为0，如9.52代号为"09"

刀片厚度 S
刀片厚度用两位数表示，若 $S<10$mm，则十位数为0，如厚度为4.76mm，代号为"04"

若刀片有修光刃时，前一个字母代表主偏角 κ_r，后一个字母代表修光刃上之后角值，符号与第2项同

代号	κ_r
A	45°
D	60°
E	75°
F	85°
P	90°
Z	其他

代号	切削方向
R	右切
L	左切
N	左切、右切

图 4.2-12 可转位刀片型号表示规则

表 4.2-24 常用 PCD 车刀片的主要型号和尺寸 （单位：mm）

型号	图形	L	s	r_ε	d	d_1	a	m
CCMW060204		6.45	2.38	0.4	6.35	2.8	2.3	1.544
CCMW09T304		9.67	3.97	0.4	9.525	4.4	3.5	2.425
CCMW120404		12.9	4.76	0.4	12.70	5.5	4.2	3.308
CCMW120408		12.9	4.76	0.8	12.70	5.5	4.2	3.088

（续）

型号	图　形	L	s	r_ε	d	d_1	a	m
DCMW11T304		11.6	3.97	0.4	9.525	4.4	3.5	5.089
DCMW150404		15.5	4.76	0.4	12.70	5.16	4.2	6.939
SCMW120404		12.70	4.76	0.4	—	5.5	4.2	2.466
SCMW120408		12.70	4.76	0.8	—	5.5	4.2	2.301
TCMW090204		9.63	2.38	0.4	5.56	2.5	2.5	7.943
TCMW110204		11.0	2.38	0.4	6.35	2.8	2.5	9.128
TCMW16T304		16.5	3.97	0.4	9.525	4.4	4.2	13.891
TCMW16T308		16.5	3.97	0.8	9.525	4.4	4.2	13.494

PCD 车刀的几何参数取决于工件状况、刀具材料与结构等具体加工条件。PCD 车刀的几何角度的选择见表 4.2-25。

PCD 铣刀片一般只有正方形和三角形两种形状，少数采用菱形。大多数 PCD 铣刀片无固定孔，少数采用圆形固定孔。刀片法后角有 11°、15°、20° 和 25°，修光刃后角一般为 1.5°。PCD 铣刀片需要对切削刃口进行强化处理。常用 PCD 铣刀片型号和基本尺寸见表 4.2-26。

PCD 面铣刀多采用双正前角（ $+\gamma_p$, $+\gamma_f$），加工铝合金的高速 PCD 面铣刀采用正负前角（ $+\gamma_p$, $-\gamma_f$）。PCD 面铣刀的常用几何参数为：背前角 $\gamma_p = 7°$，侧前角 $\gamma_f = 0°$，主偏角 $\kappa_r = 75°$、90°。精铣用 PCD 面铣刀也可配用 1~2 片刮光刀片。

表 4.2-25　PCD 车刀的几何角度

角度	选　择
前角 γ_o	粗车高硬度材料时一般采用较大的负前角, $\gamma_o = -10° \sim -5°$,若硬度较低可采用较小的负前角;精车时一般采用零度前角,甚至采用正前角,但一般小于 10°
后角 α_o	由于 PCD 刀具常用于工件的精加工,切削厚度较小,属于微量切削,宜采用较大后角,对于提高加工质量可起到重要作用。当工件材料硬度较高时,可采用 $\alpha_o = 8° \sim 12°$;当工件材料硬度较低时,可采用 $\alpha_o = 10° \sim 20°$
刃倾角 λ_s	粗车时一般采用较小值,以增加切削刃强度;精车时一般采用较大的刃倾角,以减小径向切削力
主偏角 κ_r	一般采用 75° ~ 90°。当粗车高硬度材料时,主偏角可设计成 90°,其目的是保持刀具强度和抗冲击性能。如加工细长工件时,可选用较大的主偏角,以减小径向切削力;精车时,可选用较小的主偏角,以提高加工表面质量

表 4.2-26　常用 PCD 铣刀片型号和基本尺寸　　　　　（单位：mm）

型号	图　形	L	s	b_s	a
SPCN1203EDRA0	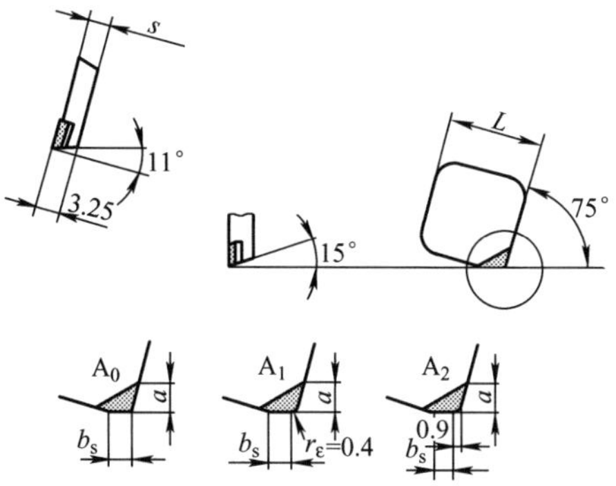	12.7	3.18	2.6	3.5
SPCN1203EDRA1		12.7	3.18	2.3	3.5
SPCN1203EDRA2		12.7	3.18	1.9	3.5
SPCX1203EDRP0	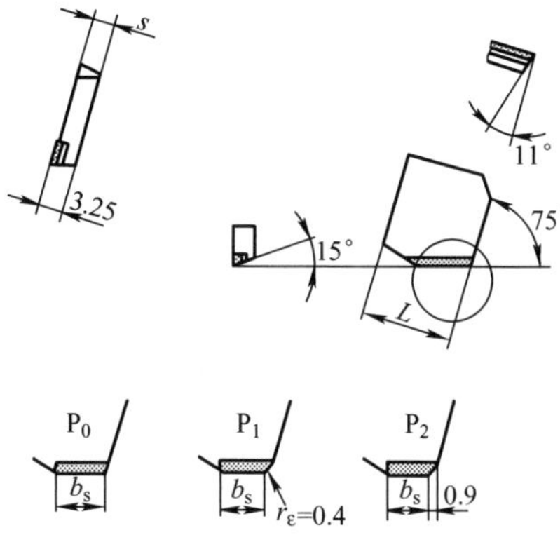	12.7	3.18	6.0	—
SPCX1203EDRP1		12.7	3.18	5.6	—
SPCX1203EDRP2		12.7	3.18	5.3	—
SPGA1204EPR	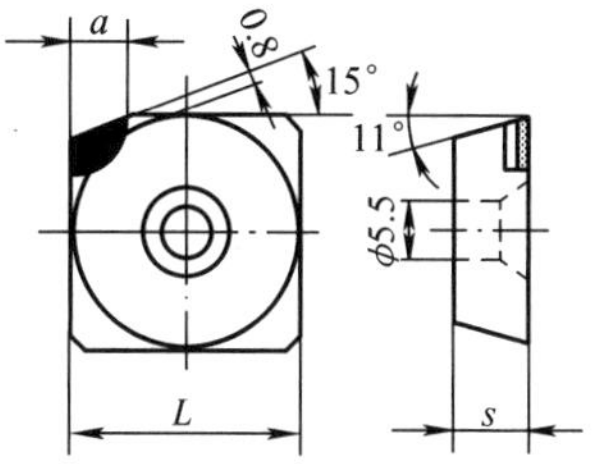	12.7	4.76	—	3.7
SPGA1204PPR	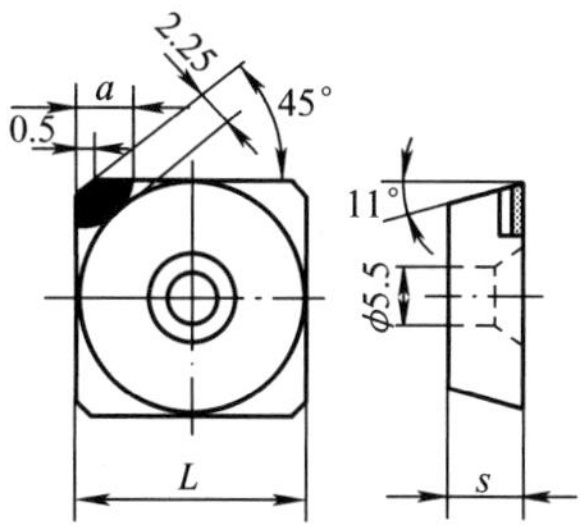	12.7	4.76	—	3.7

2. 立方氮化硼（CBN）刀片

CBN 可转位刀片类型见表 4.2-27，刀片形状主要有正方形、正三角形、80°菱形、55°菱形、35°菱形、80°凸三边形和圆形等。刀片法后角有 0°、5°、7°和 11°。整体刀片和单面复合刀片一般采用无孔无断屑槽刀片型号，有的单刃复合刀片还有圆形固定孔或沉头孔。CBN 车刀的几何参数见表 4.2-28。CBN 面铣刀的常用几何参数为：背前角 $\gamma_p = -7°$，侧前角 $\gamma_f = -5°$，主偏角 $\kappa_r = 45°$，负倒棱 $b_{\gamma 1} \times \gamma_{n1} = 0.2 \text{mm} \times (-20°)$。

表 4.2-27　CBN 可转位刀片类型

类型	简　图	常用型号	特点及用途
整体刀片		RNMN SNMN TNMN	整片刀片都由 CBN 制成,两面均可使用,有多条切削刃,可多次转位使用 适于高速粗车
单面复合刀片		RNGN SNGN TNGN TPMN TBMN	在硬质合金基体上通过高温高压烧结一层 0.5mm 或 0.7mm 厚的 CBN 层,刀片总厚度为 3.18mm 和 4.76mm 两种。刀片有多条切削刃供转位使用,也可重磨使用 适于粗车和精车
单刃复合刀片		SNGN SPGN TPGN CNGN CCGN	将 1.5mm 厚的 CBN 复合刀片毛坯(CBN 层厚为 0.5mm)切成需要的小块,焊在标准尺寸的硬质合金刀片上,只有一条切削刃,不能转位使用,但能重磨使用 适于半精车和精车

表 4.2-28　CBN 车刀的几何参数

车刀类型	主偏角 $\kappa_r/(°)$	副偏角 $\kappa_r'/(°)$	前角 $\gamma_o/(°)$	后角 $\alpha_o/(°)$	刀尖圆弧半径 r_ε/mm	负倒棱 $b_{\gamma1} \times \gamma_{n1}$
外圆车刀	45～60	15～20	-10～0	5～8	0.6～0.8	0.1～0.25mm×(-20°～-10°) 精加工也可倒圆 $r_n = 0.025～0.075mm$
端面车刀	60～95	5～10	-10～0	5～8	0.6～0.8	
内孔车刀	60～90	5～10	-10～0	6～9	0.3～0.5	

3. 陶瓷刀片

陶瓷可转位刀片的型号表示规则与硬质合金刀片相同,陶瓷可转位刀片的国家标准主要有:

1) GB/T 15306.1—2008《陶瓷可转位刀片　第1部分:无孔刀片尺寸（G 级）》。

2) GB/T 15306.2—2008《陶瓷可转位刀片　第2部分:带孔刀片尺寸》。

3) GB/T 15306.3—2008《陶瓷可转位刀片　第3部分:无孔刀片尺寸（U 级）》。

4) GB/T 15306.4—2008《陶瓷可转位刀片　第4部分:技术条件》。

陶瓷可转位刀片的基本参数也可参考 GB/T 2079—2015《带圆角无固定孔的硬质合金可转位刀片尺寸》。陶瓷刀片的形状主要有正方形、正三角形、75°菱形、80°菱形、80°凸三角形和圆形等。陶瓷刀片法后角有 0°、7° 和 11°。大多数陶瓷可转位刀片尤其是陶瓷铣刀片采用无孔无断屑槽刀片,少数采用有孔平刀片。

陶瓷车刀前角和后角的推荐值见表 4.2-29。陶瓷面铣刀的几何参数为:背前角 $\gamma_p = -7°$,侧前角 $\gamma_f = -5°$,主偏角 $\kappa_r = 45°$、$75°$。

表 4.2-29　陶瓷车刀前角和后角的推荐值

工 件 材 料	前角 γ_o /(°)	后角 α_o /(°)
低碳钢、中碳钢(硬度≤350HBW)	-15～0	4～10
淬硬钢(硬度≤600HBW)	-7～0	3～5
铸铁	-7～0	4～10
碳制品等非金属材料	0～10	6～18

由于陶瓷刀具硬度高、脆性大,为了提高切削刃抗崩刃的性能,刀片需要负倒棱或倒圆进行刃口强化处理。刀片刃口强化方法及应用范围见表 4.2-30。

表 4.2-30　陶瓷刀片刃口强化方法及应用范围

刃口强化方法	简　图	应用范围与强化参数
倒圆		精密加工与轻载荷精加工 $r_n = 0.02 \sim 0.05$mm 在倒棱时 $b_{\gamma1} \times \gamma_{n1} = (0 \sim 0.05)mm\times (-20°)$
倒棱		半精加工和精加工 $b_{\gamma1} \times \gamma_{n1} = 0.1mm\times (-20°)$
倒圆、倒棱		1) 一般粗加工时 $b_{\gamma1} \times \gamma_{n1} = 0.2mm\times (-20°)$ $r_n = 0.05 \sim 0.1$mm 2) 高速粗加工时 $b_{\gamma1} \times \gamma_{n1} = (0.3 \sim 0.5)mm\times (-30°)$ $r_n = 0.05 \sim 0.1$mm
双重倒棱、倒圆		1) 重载荷粗车 $b_{\gamma1} \times \gamma_{n1} \times \gamma_{n2} = 0.7mm\times (-20°) \times (-45°)$ $r_n = 0.05 \sim 0.1$mm 2) 铣削 $b_{\gamma1} \times \gamma_{n1} \times \gamma_{n2} = 0.15mm\times (-30°) \times (-60°)$ $r_n = 0.05 \sim 0.1$mm

4. 高速切削硬质合金刀片

我国硬质合金可转位刀片的国家标准采用的是 ISO 国际标准，主要包括以下 6 项：

1) GB/T 2076—2021《切削刀具用可转位刀片型号表示规则》。

2) GB 2077—1987《硬质合金可转位刀片圆角半径》。

3) GB/T 2078—2019《带圆角圆孔固定的硬质合金可转位刀片尺寸》。

4) GB/T 2079—2015《带圆角无固定孔的硬质合金可转位刀片尺寸》。

5) GB/T 2080—2007《带圆角沉孔固定的硬质合金可转位刀片尺寸》。

6) GB/T 2081—2018《带修光刃、无固定孔的硬质合金可转位铣刀片尺寸》。

上述各标准适用于未涂层和涂层硬质合金可转位刀片。

（1）高速切削硬质合金车刀片

车刀片形状主要有正方形、正三角形、80°菱形、55°菱形、35°菱形、80°凸三角形和圆形等。硬质合金车刀片一般采用带圆孔的硬质合金可转位刀片（GB/T 2078—2019）和沉孔硬质合金可转位刀片（GB/T 2080—2007）。我国国家标准（GB/T 2076—2021）推荐了 13 种断屑槽型，由于槽的截面形状不同，构成的刀片几何角度也不同，大体可分为正前角、零刃倾角槽型（如 A 型、Y 型、K 型、H 型、J 型、V 型、W 型、G 型）和正前角、正刃倾角槽型（如 C 型），还有的刃倾角为变化的（如 P 型，$\lambda_s = 0° \sim 10°$）。

为了便于刀片的选用，许多刀具生产厂将刀片的断屑槽型分为精加工、半精加工和粗加工用三大类，每一类又可分成几个小类，如将精加工分为精细加工、精加工和中等精加工，而每一小类又都具有加工不同工件材料的槽型。表 4.2-31 列出了株洲钻石切削刀具公司高速车刀片的几种常见断屑槽型及其应用范围（以 CNMG0804 型刀片为例），刀片牌号见表 4.2-32。另外还有-SF（P 类低碳钢）、-EF（M 类材料）、-NF（S 类材料）和-WGF（修光刃）等槽型用于各种材料的高速精加工。

表 4.2-31 株洲钻石切削刀具公司高速车刀片断屑槽型

槽型	图 形	特点、刀片牌号	断屑范围
-DF	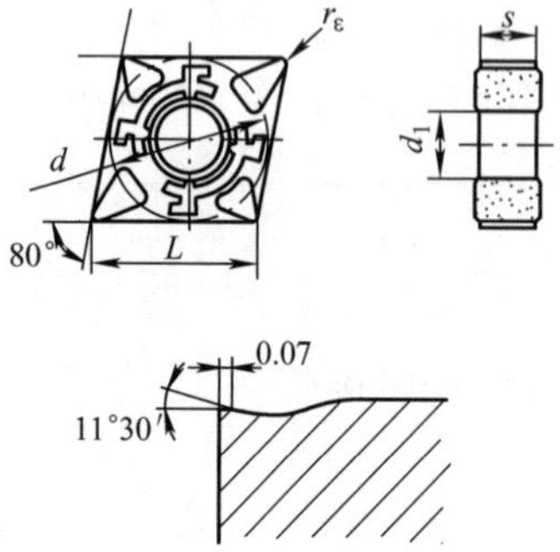	独特的变槽深和刃倾角设计，使切削轻快，切屑控制良好，可获得优良的加工表面质量 适用牌号： YBC151、YBC251	钢材： $f=0.05\sim0.35$mm/r $a_p=0.1\sim2.0$mm 不锈钢： $f=0.1\sim0.3$mm/r $a_p=0.1\sim2.0$mm 铸铁： $f=0.075\sim0.4$mm/r $a_p=0.5\sim2.0$mm 耐热优质合金钢： $f=0.1\sim0.3$mm/r $a_p=0.1\sim2.0$mm
-DM	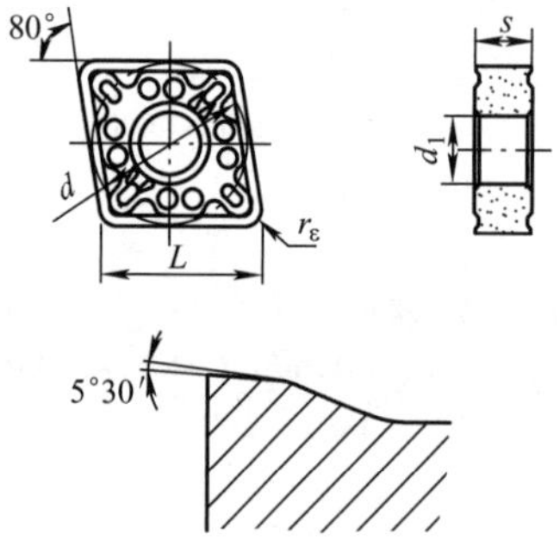	适用范围广的断屑槽型，适于钢材和不锈钢的半精加工和精加工 适用牌号： YBC151、YBC251、YBC351、YBM251、YBM252	钢材： $f=0.2\sim0.5$mm/r $a_p=1.5\sim5.0$mm 不锈钢： $f=0.2\sim0.4$mm/r $a_p=1.5\sim4.0$mm 耐热优质合金钢： $f=0.2\sim0.5$mm/r $a_p=1.5\sim4.0$mm
-PM	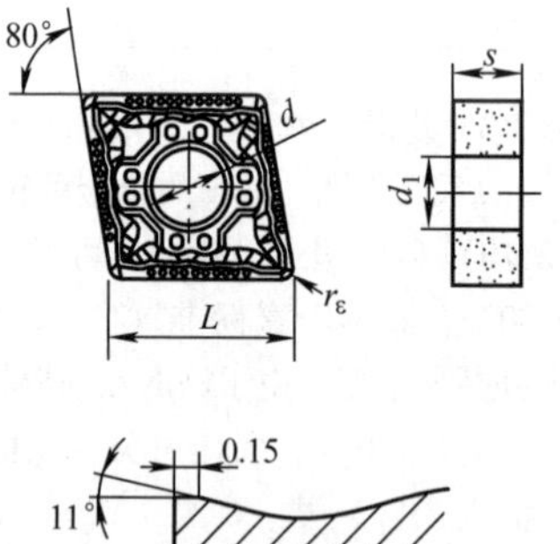	刃口强度好，比-DM更适于断续切削，针对P类材料有很宽的断屑范围 适用牌号： YBC151、YBC251、YBC351	钢材： $f=0.2\sim0.5$mm/r $a_p=1.5\sim5.0$mm 铸铁： $f=0.2\sim0.4$mm/r $a_p=1.5\sim4.0$mm

表 4.2-32 株洲钻石切削刀具公司部分硬质合金车刀片牌号

牌号	ISO 分类	涂层方法	涂层材料
YBC151	P01~P25		
YBC251	P05~P35		
YBC351	P25~P50		$Ti(C,N)$-厚 Al_2O_3-TiN
YBD151	K01~K20	CVD	
YBD251	K10~K30		
YBM151	P20~P30,M10~M25		
YBM251	P25~P40,M15~M35		$Ti(C,N)$-薄 Al_2O_3-TiN
YB235	P35~P50,M25~M40		TiN-$Ti(C,N)$

（续）

牌号	ISO 分类	涂层方法	涂层材料
YBM252	P10～P35,M01～M25,S10～S25	PVD	（Ti,Al）N-TiN
YBM351	M25～M35		（Ti,Al）N-TiN
YBG251	S10～S20		TiN
YC10	P01～P25	未涂层	
YC40	P35～P50		
YD101	N05～N25		
YD201	N05～N25		
YNG051	P01～P10,K01～K05	Ti（C,N）基硬质合金（金属陶瓷）	
YNG151	P05～P15,M01～M20,K05～K15		

（2）高速切削硬质合金铣刀片

铣刀片的前刀面上通常磨出 $-10°$ 的负倒棱，以增加切削刃的强度。为了提高刀尖部位的强度，应磨有过渡刃和修光刃。修光刃应平行于进给方向，宽度 $b_s=1.4\sim2mm$，以减小加工表面粗糙度。

1）高速切削硬质合金面铣刀片。硬质合金面铣刀常用标准刀片型号见表 4.2-33。

当铣刀每转进给量大于修光刃宽度 b_s 时，可在铣刀上安装修光刃长为 $4.5\sim7mm$ 的刮光刀片，它应高出其他刀片 $0.02\sim0.05mm$，以修光其他刀片留下的痕迹。主偏角为 $75°$ 的面铣刀所用刮光刀片的基本尺寸见表 4.2-34。

表 4.2-33　硬质合金面铣刀常用标准刀片型号

铣刀主偏角 $\kappa_r/(°)$	简　图	常　用　型　号
90	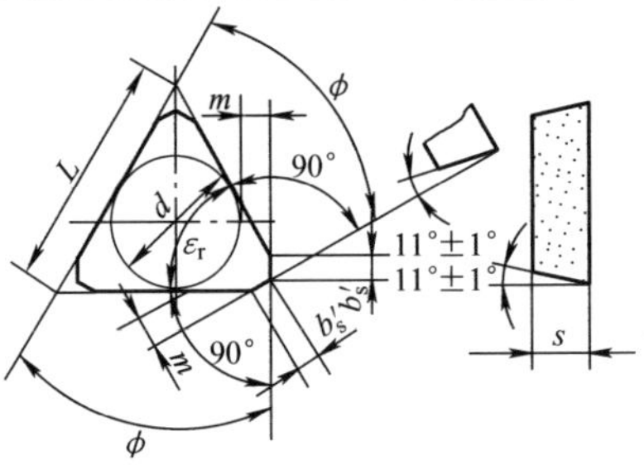 TPA（C,K）N××PP 型	无固定孔刀片： TP×N,TP×R,TE（F）×N（加工有色金属） 有固定孔刀片： SD×W,SD×T,AP×T
75	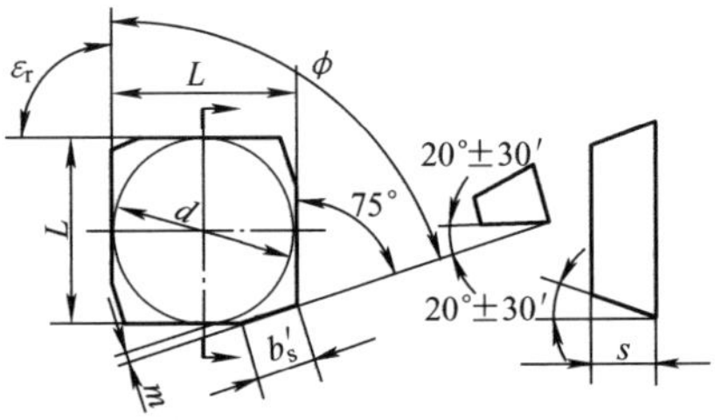 SECN××EE 型	无固定孔刀片： SP×N,SP×R,SB×N,SN×N（加工铸件）,SE（F）×N（加工有色金属） 有固定孔刀片： SC×T,SD×T,SP×W,AD×T
45	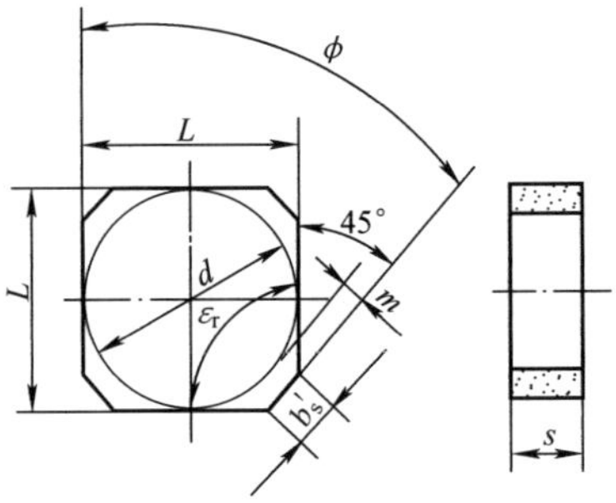 SNA（C,K）N××AN 型	无固定孔刀片： SN×N,SE×N,SE×R,OF×R,SPEN（加工铸件）,TPUN（加工铸件） 有固定孔刀片： SN×T,SC×T,SE×T,AP×T,OE×T,OF×T,OPEN（加工铸件）

表 4.2-34　硬质合金面刮光刀片的基本尺寸　　　（单位：mm）

型号	图　形	L	d	s	$\alpha_n/(°)$	m	$\alpha'_n/(°)$	a
LPEX1403EDR LPEX1403EDL		14.7	12.70	3.175	11	0.97	15	8
LPEX1804EDR LPEX1804EDL		18.3	15.875	4.76	11	1.32	15	10

　　与硬质合金车刀片类似，面铣刀片也有各种断屑槽型，如株洲钻石切削刀具公司的-DF（P 类材料）、-EF（M 类材料）、-CF（K 类材料）和 LH（铝）等槽型，用于各种材料的高速精铣削。常用铣刀片牌号见表 4.2-35。

　　2）方肩铣刀片。硬质合金方肩铣刀片的形状主要有正方形、正三角形、85°平行四边形、82°平行四边形、80°菱形和 55°菱形。大多数采用单面有 40°~60°固定沉孔和单面有 70°~90°固定沉孔的型号，少数采用无孔的型号。

　　表 4.2-36 列出了株洲钻石切削刀具公司生产的 85°平行四边形高速方肩铣刀片型号及基本参数。

表 4.2-35　株洲钻石切削刀具公司部分高速铣刀片牌号

牌号	ISO 分类	涂层方法	涂层材料
YBC301	P10~P40,M20~M35	CVD	Ti(C,N)-薄 Al_2O_3-TiN
YBM301	P20~P40,M25~M35,S15~S25	CVD	Ti(C,N)-薄 Al_2O_3-TiN
YBG40	K20~K30	CVD	Ti(C,N)-薄 Al_2O_3-TiN
YBM251	P25~P40,M15~M35	CVD	Ti(C,N)-薄 Al_2O_3-TiN
YBD151	K01~K15	CVD	Ti(C,N)-厚 Al_2O_3-TiN
YBM252	P05 ~ P20, M01 ~ M20, S15 ~ S25, N10 ~ N25,H01~H10	PVD	Ti(C,N)- TiN
YD201	K20~K30,N10~N20,S20~S30	未涂层	
YC30S	P20~P40,M25~M35	未涂层	
YNG151	P10~P20,M10~M30	Ti(C,N)基硬质合金（金属陶瓷）	

表 4.2-36　株洲钻石切削刀具公司高速方肩铣刀片型号及基本参数　　（单位：mm）

型　号	图　形	尺寸	刀片牌号
APKT160408-PF APKT160408-PM APKT160408-LH		$d=9.33$ $L=17.877$ $s=5.76$ $d_1=4.4$ $r_\varepsilon=0.8$	YBC301 YD201
APFT1604PDR		$d=9.525$ $L=16.9$ $s=4.76$ $d_1=4.5$ $r_\varepsilon=0.86$	YBG40

（续）

型　　号	图　　形	尺　寸	刀片牌号
APET16Q508ER		$d = 9.525$ $L = 16.9$ $s = 5.28$ $d_1 = 4.4$ $r_\varepsilon = 0.8$	YBC301 YBG40
APHT100308FR-27P		$d = 6.65$ $L = 11.0$ $s = 3.18$ $d_1 = 2.8$ $r_\varepsilon = 0.8$	YBC301 YBG40

3）高速切削硬质合金球头立铣刀片。小规格硬质合金可转位球头立铣刀（$\phi12 \sim \phi20$mm）只有一个刀片；中等规格球头立铣刀（$\phi16 \sim \phi30$mm）一般只有两个顶刃刀片；加工的模腔较深时，在铣刀的圆周上还装有两个圆周刃刀片；大规格球头铣刀（$\phi40$mm 和 $\phi50$mm）有时要装三种不同的刀片，即顶刃刀片、中间圆弧刃刀片和圆周刃刀片。

圆周刃刀片一般采用单面有 $40° \sim 60°$ 固定沉孔的正方形刀片和 $85°$ 平行四边形刀片，如 SPMT、APMT 等。而顶刃刀片型号则因刀具生产厂家不同而异。表 4.2-37 列出了株洲钻石切削刀具公司高速球头立铣刀片型号及基本参数。

表 4.2-37　株洲钻石切削刀具公司高速球头立铣刀片型号及基本参数　（单位：mm）

型号	图形	L	d	s	d_1	R	$\alpha_n/(°)$	牌号
ZDET08T2CYR10		8.4	6.75	2.78	2.8	10	14	YBM251 YBM252
ZDET1103CYR12.5		10.6	8.5	3.18	2.8	12.5		
ZDET13T3CYR16		13.2	10.5	3.97	4.4	16		
ZPET2204CYR20		16.1	12.7	4.76	5.56	20	11	
ZPET2204CYR25		16.9				25		
ZPET2204CYR31.5		17.6				31.5		
ROHX1203		8.5	12.0	3.0	4.0	—	—	YBM252 YBC301 YBM251
ROHX1604		11.3	16.0	4.0	5.0	—	—	
ROHX2005		14.1	20.0	5.0	5.0	—	—	

4.2.4　高速切削刀具基本参数

1. 高速切削整体硬质合金立铣刀

高速整体硬质合金立铣刀最典型的应用是航空铝合金加工，均采用超细晶粒硬质合金棒料制造。厦门金鹭特种合金有限公司生产的 SA300 系列无涂层立铣刀适于航空铝合金高速切削加工，有二刃和三刃两种，后者的基本尺寸见表 4.2-38。加工航空铝合金 7075、7050 等时（侧铣）切削速度和进给速度范围分别为 370 ~ 1200m/min 和 4800 ~ 10800mm/min，槽铣条件下的切削速度和进给速度范围分别为 300 ~ 500m/min 和 3000 ~ 4800mm/min。

上海工具厂有限公司生产的 MM 系列整体硬质合金三刃立铣刀（直径范围为 2 ~ 20mm，圆角半径范围为 0.2 ~ 1mm，螺旋角为 40°）采用牌号 N 涂层，适用于不锈钢、有色金属和高温合金、钛合金的高速切削加工，侧铣精加工镍基（钴基、铁基）高温合金（<280HBW）和钛合金（250 ~ 300HBW）的切削速度分别达到 85 ~ 120m/min 和 100 ~ 145mm/min。上海工具厂有限公司生产的 MP 系列整体硬质合金三刃立铣刀（直径范围为 2 ~ 20mm，圆角半径范围为 0.2 ~ 1mm，螺旋角为 40°）采用牌号 M 涂层，适于高速加工硬度<48HRC 的各种钢和铸铁，其侧铣精加工时的切削用量见表 4.2-39。

表 4.2-38　SA300-RN3 型高速整体硬质合金立铣刀基本尺寸　　　　（单位：mm）

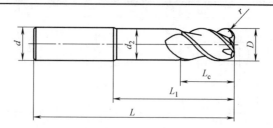

螺旋角 $\omega=30°$

型号示例：型号为 SA300-RN3-06010 的铣刀简写为 06010

型号	$D(d)$	r	L_c	L_1	d_2	L	型号	$D(d)$	r	L_c	L_1	d_2	L
06010	6	1	15	30	5.5	65	16030	16	3	25	60	15.5	110
08010	8	1	16	27	7.5	63	20030	20	3	35	60	19.4	110
10030	10	3	15	32	9.5	72	25030	25	3	45	70	24.4	130
12030	12	3	18	55	11.5	100	32030	32	3	40	120	31	183

表 4.2-39　MP 系列整体硬质合金立铣刀切削用量（侧铣精加工）

工件材料	硬度 HBW	冷却条件	切削速度 $v/(\text{m/min})$	每齿进给量 f_z/mm	背吃刀量 a_p/mm	侧吃刀量 a_e/mm
低碳钢、易切钢	125~220	M	315~450	0.011D	1.00D	0.04D
结构钢、碳钢、低合金钢、铁素体和马氏体型不锈钢	140~220	M	275~390	0.010D	0.80D	0.04D
工具钢、调质钢、高合金钢、马氏体型不锈钢	220~350	M	245~350	0.010D	0.80D	0.03D
中等硬度铸铁、灰铸铁、低合金铸铁、球墨铸铁	<300	A	200~285	0.011D	0.80D	0.02D
难加工的高合金铸铁、球墨铸铁	<300	A	170~245	0.010D	0.64D	0.02D
有色金属、铜合金	<180	E	385~550	0.011D	1.00D	0.05D
石墨	—	A	280~400	0.013D	1.00D	0.05D
硬塑料	—	M	175~250	0.011D	0.80D	0.04D

注：M—喷雾冷却，A—空气冷却，E—乳化液。

表 4.2-40 列出了上海工具厂有限公司生产的 MH 系列整体硬质合金球头立铣刀的基本尺寸。其涂层牌号为 C，适于高速加工铸铁和淬硬钢，仿形精加工时的切削用量见表 4.2-41。

表 4.2-40　MH-2BA18M 型整体硬质合金球头立铣刀基本尺寸　　　　（单位：mm）

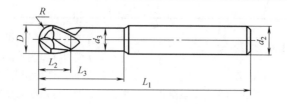

螺旋角 $\omega=18°$

型号示例：型号为 MH-2BA18M-D2 的铣刀简写为 D2

型号	D	d_2	d_3	L_1	L_2	L_3	型号	D	d_2	d_3	L_1	L_2	L_3
D2	2	3	1.9	50	2	10	D6	6	8	5.6	75	6	12
D2.5	2.5	6	2.4	60	2.5	5	D8	8	8	—	75	8	—
D3	3	6	2.8	60	3	6	D10	10	10	—	80	10	—
D3.5	3.5	6	3.2	65	3.5	7	D12	12	12	—	90	12	—
D4	4	6	3.7	65	4	8	D16	16	16	—	100	16	—
D5	5	6	4.6	65	5	10							

表 4.2-41　MH 系列整体硬质合金立铣刀切削用量（仿形精加工）

工件材料	硬度 HRC	冷却条件	切削速度 $v/(\mathrm{m/min})$	每齿进给量 f_z/mm	背吃刀量 a_p/mm	侧吃刀量 a_e/mm
淬硬钢	48~56	M	210~350	0.013D	0.03D	0.01D
淬硬钢	56~62	M	130~210	0.012D	0.02D	0.01D
淬硬钢	62~65	M	90~130	0.010D	0.01D	0.01D
淬硬钢	>65	M	70~90	0.010D	0.01D	0.01D
中等硬度铸铁、灰铸铁、低合金铸铁、球墨铸铁	<300HBW	A	240~345	0.015D	0.03D	0.02D
难加工的高合金铸铁、球墨铸铁	<300HBW	A	200~290	0.014D	0.02D	0.02D

注：M—喷雾冷却，A—空气冷却。

厦门金鹭特种合金有限公司生产的 SD300 系列 PCD 立铣刀适于航空复合材料（碳纤维、玻璃纤维）高性能加工，其基本尺寸见表 4.2-42。加工增强树脂基复合材料等时切削速度和进给速度范围分别为 250~450m/min 和 2400~2650mm/min。

2. 高速切削可转位刀具

（1）高速切削可转位车刀

我国的可转位车刀国家标准有《可转位车刀及刀夹　第 1 部分：型号表示规则》（GB/T 5343.1—2007）和《可转位车刀及刀夹　第 2 部分：可转位车刀型式尺寸和技术条件》（GB/T 5343.2—2007）两项，对可转位外圆、端面车刀和仿形车刀型号进行了详细规定。表 4.2-43 和表 4.2-44 分别为金刚石（PCD）车刀和立方氮化硼（PCBN）车刀的切削用量。

表 4.2-45 为株洲钻石切削刀具公司硬质合金车刀的切削用量（车刀片牌号见表 4.2-32）。

表 4.2-42　SD300-GD9900 型复合材料高性能加工 PCD 立铣刀基本尺寸（单位：mm）

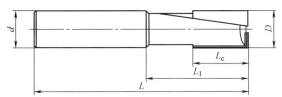

型号示例：型号为 SD300S10202006070 的铣刀简写为 S10202006070

型号	D	L_c	L_1	L	d	齿数	型号	D	L_c	L_1	L	d	齿数
S10202006070	2	6	7	50	4	1	S10202006070	10	10	15	70	10	2
S10402006080	4	6	8	50	4	1	S10202006070	12	15	25	80	12	3
SB0602006080	6	6	8	50	6	2	S10202006070	15	15	25	80	14	3
SB0802010150	8	10	15	70	8	2	S10202006070	20	20	35	100	20	4

表 4.2-43　PCD 车刀的切削用量

被加工材料	加工方式	切削速度 $v/(\mathrm{m/min})$	进给量 $f/(\mathrm{mm/r})$	背吃刀量 a_p/mm
硅铝合金（Si 质量分数<13%）	粗车	300~1500	0.10~0.40	0.10~3.0
	精车	500~2000	0.05~0.20	0.10~1.0
硅铝合金（Si 质量分数>13%）	粗车	150~800	0.05~0.40	0.10~3.0
	精车	200~1000	0.02~0.20	0.10~1.0
铜及铜合金	粗车	300~1000	0.10~0.40	0.20~2.0
	精车	400~1200	0.05~0.20	0.10~1.0
增强塑料	粗车	200~800	0.10~0.40	0.50~2.0
	精车	300~1500	0.05~0.20	0.10~2.0
硬质合金	车削	10~40	0.10~0.30	0.10~0.50
半烧结硬质合金	车削	50~200	0.10~0.50	0.10~1.0
人造及天然石材	车削	50~100	0.10~0.50	0.10~3.0

表 4.2-44　PCBN 车刀的切削用量

被加工材料		切削速度 v/(m/min)	进给量 f/(mm/r)	背吃刀量 a_p/mm
各种淬硬钢(50~67HRC)		50~150	0.05~0.12	0.2
冷硬铸铁(60HRC)		80~120	0.08~0.25	0.08~3.0
高速钢(58~64HRC)		75~120	0.08~0.12	0.08~2.0
铬钼钢轧辊(68HRC)		60~100	0.2	0.08~2.0
灰铸铁(180~250HBW)		400~1000	0.1~0.5	0.4~4.0
镍基耐热合金	Inconel 600	120	0.1~0.15	0.25~2.5
	Rene 95(锻件)	120	0.1~0.12	2.0~3.0
	Waspolloy	80	0.08	1.0~1.5
粉末冶金零件		80~150	0.03~0.2	1.0
钴基喷涂材料		40~100	0.12	0.1~0.5
硬质合金(Co 质量分数≥15%)		20	0.10	0.05~1.0

表 4.2-45　株洲钻石切削刀具公司硬质合金车刀的切削用量

工件材料		硬度 HBW	牌号		
			YNG051	YBC151	YBD151
			进给量 f/(mm/r)		
			0.05-0.1-0.2	0.1-0.4-0.8	0.1-0.4
			切削速度 v/(m/min)		
碳素钢	C 质量分数=0.15%	125	600-500-400	480-345-250	510-365
	C 质量分数=0.35%	150	550-450-350	440-315-230	470-335
	C 质量分数=0.60%	200	500-400-300	385-275-200	410-295
合金钢	退火	180	450-380-280	380-265-195	400-280
	淬硬	275	320-280-200	260-180-130	275-195
	淬硬	300	270-220-190	240-165-120	255-180
	淬硬	350	230-190-150	210-145-105	220-155
铸钢	非合金	180	260-220-180	265-185-145	275-200
	低合金	200	260-220-180	255-180-95	270-185
	高合金	225	200-160-120	190-130-95	205-140

工件材料		硬度 HBW	牌号		
			YBM252	YD201	YNG151
			进给量 f/(mm/r)		
			0.1-0.2-0.3	0.1-0.3-0.5	0.05-0.15
			切削速度 v/(m/min)		
不锈钢	奥氏体	180	250-210-160	100-80-70	180-130
	马氏体/铁素体		260-220-170	—	350-260

工件材料		硬度 HBW	牌号		
			YBD151	YD201	YNG051
			进给量 f/(mm/r)		
			0.1-0.3-0.6	0.2-0.5-1.0	0.1-0.25-0.4
			切削速度 v/(m/min)		
可锻铸铁	铁素体	130	315-270-210	105-75-45	—
	珠光体	230	225-155-95	80-60-30	—
低韧性铸铁		180	475-290-185	135-95-60	390-360-320
高韧性铸铁		260	210-175-110	95-65-40	320-290-240
球墨铸铁	铁素体	160	285-200-140	115-80-45	320-290-220
	珠光体	250	210-145-100	80-50-30	280-250-220
铝合金	未热处理	60	—	1750-1280-800	—
	热处理	100	—	510-370-250	—
铜合金	铝合金,Pb 质量分数>1%	110	—	610-430-205	—
	铜、纯铜	90	—	310-250-195	—
	铜、无铅铜、电解铜	100	—	225-160-115	—

（2）高效加工可转位螺旋立铣刀（玉米铣刀）

国家标准 GB/T 14298—2008《可转位螺旋立铣刀》对可转位螺旋齿立铣刀型式和基本尺寸作了规定。可转位螺旋齿立铣刀的刀片按螺旋线排列在铣刀的圆柱面上，刀片的位置相互交错、重叠，形成长的切削刃。这种螺旋齿立铣刀铣削平稳、轻快，适于在龙门铣床、镗铣床上粗铣或半精铣各种材质的平面、阶梯面、开口槽以及内外成形侧面等。根据铣刀直径的不同，刀齿有 3~6 列，其旋向有左旋和右旋两种，螺旋角 $\beta = 25° ~ 30°$，刀片交错排列。刀片为有孔的正方形、长方形、平行四边形或菱形刀片。刀片平装或立装在刀体上，用螺钉压紧。

柄部形式有削平型直柄（规格范围为 $\phi20 ~ \phi50mm$）、莫氏锥柄（规格范围为 $\phi20 ~ \phi50mm$）和 7 : 24 的锥柄（规格范围为 $\phi50 ~ \phi100mm$）三种。其中 7 : 24 锥柄螺旋齿立铣刀适于大背吃刀量高效强力切削。Seco 公司的 R215.59-12. XS 系列螺旋齿立铣刀因头部可换，比一般螺旋齿立铣刀经济，适于高效率粗铣大型工件的槽孔面和台阶面，其型式和基本尺寸见表 4.2-46。

表 4.2-46　Seco 公司头部可换的螺旋齿立铣刀型式和基本尺寸　（单位：mm）

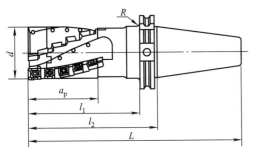
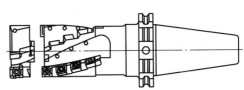

标记示例：
型号为 R215.59-CV50063086-12.4S 的可转位铣刀简写为：-CV50063086-12.4S

铣刀型号	d	刃沟数	l_1	l_2	L	a_p	R	锥柄	圆周刃刀片 SCET120612	顶刃刀片 ACMT150612
-CV50063086-12.4S	63	4	120	160	261	86	4.0	DIN-ANSI50	18	2
-CV50080095-12.4S	80	4	131	150	252	95	0.8	DIN-ANSI50	20	2
-CV50080095-12.6S	80	6	131	150	252	95	0.8	DIN-ANSI50	30	3
-BT50.063.086-12.4S	63	4	125	163	265	86	5.0	BT50	18	2
-BT50.080.095-12.4S	80	4	135	173	275	95	5.0	BT50	20	2

（3）可转位球头立铣刀

中等规格球头铣刀的直径为 $\phi16 ~ \phi30mm$，它有两个顶刃刀片。当加工的模腔较深时，在铣刀的圆周上还装有两个圆周刃刀片。大规格球头铣刀的直径为 $\phi40mm$ 和 $\phi50mm$，则要装三种不同的刀片，即顶刃刀片、中间圆弧刃刀片和圆周刃刀片，刀片总数达 9~10个，分布在两侧的刀齿互相交错并搭接，以形成分屑，减小切削力。球头立铣刀的结构类型很多，刀片有平装和立装两种。所用刀片有两个圆弧刃的，也有三个圆弧刃的，有球面三角形的，也有球面平行四边形的。株洲钻石切削刀具公司生产的 BMR01 型球头立铣刀采用削平型直柄结构，其型式和基本尺寸见表 4.2-47。

表 4.2-47　BMR01 型球头立铣刀型式和基本尺寸　（单位：mm）

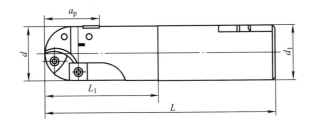

（续）

型号	d	d_1	L	a_p	L_1	顶刃刀片	圆周刃刀片
BMR01-020-XP20-M	20	20	150	20	75	ZDET08T2CYR10	SPMT060304
BMR01-025-XP25-M	25	25	175	23	95	ZDET1103CYR12.5	
BMR01-032-XP32-M	32	32	200	31	100	ZDET13T3CYR16	SDMT090308
BMR01-040-XP40-M	40	40	200	41	100	ZPET2204CYR20	
BMR01-050-XP40-M	50	40	300	45	100	ZPET2204CYR25	SPMT120408
BMR01-063-XP40-M	63	40	300	52	100	ZPET2204CYR31.5	

（4）高速切削可转位面铣刀

国家标准 GB/T 5342.1—2006《可转位面铣刀　第 1 部分：套式面铣刀》、GB/T 5342.2—2006《可转位面铣刀　第 2 部分：莫氏锥柄面铣刀》和 GB/T 5342.3—2006《可转位面铣刀　第 3 部分：技术条件》对可转位面铣刀型式和基本尺寸作了规定。可转位面铣刀分为锥柄面铣刀和套式面铣刀。按照面铣刀的固定方式，又可将套式面铣刀分为 A、B、C 三类。端面键槽按 GB/T 6132—2021《铣刀和铣刀刀杆的互换尺寸》，端键传动刀杆按机床工具行业标准 JB/T 3411.117—1999《7：24 锥柄带端键端铣刀杆　尺寸》，7：24 锥柄定心刀杆按 GB/T 3837—2001《7：24 手动换刀刀柄圆锥》标准选用。

1）通用型高速可转位面铣刀。株洲钻石切削刀具公司生产的 FMA01 型可转位面铣刀的型式和基本尺寸见表 4.2-48，切削用量见表 4.2-49（铣刀片牌号见表 4.2-35）。

表 4.2-48　FMA01 型可转位面铣刀型式和基本尺寸　（单位：mm）

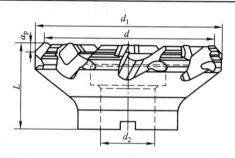

型号	d	d_1	d_2	L	a_p	刀片型号	刀片数量
FMA01-050-A22-SE12-04	50	62.5	22	40	6	SEET12T3-DF	4
FMA01-063-A22-SE12-05	63	75.5	22	40	6	SEET12T3-DM	5
FMA01-080-A27-SE12-06	80	92.5	27	50	6	SEET12T3-CF	6
FMA01-100-B32-SE12-07	100	112.5	32	50	6	SEET12T3-CM	7
FMA01-125-B40-SE12-08	125	137.5	40	63	6	SEET12T3-EF	8
FMA01-160-B40-SE12-10	160	172.5	40	63	6	SEET12T3-EM	10
FMA01-200-C60-SE12-12	200	212.5	60	63	6	SEET12T3-W（刮光刀片）	12
FMA01-250-C60-SE12-14	250	262.5	60	63	6	—	14

表 4.2-49　株洲钻石切削刀具公司硬质合金面铣刀的切削用量

工件材料		硬度 HBW	牌号		
			YBC301	YNG151	YBM252
			每齿进给量 f_z/mm		
			0.3-0.2-0.1	0.2-0.15-0.1	0.2-0.1-0.05
			切削速度 v/（m/min）		
碳素钢	C 质量分数 = 0.25%	110	200-260-320	300-330-380	220-270-310
	C 质量分数 = 0.8%	150	180-225-280	275-300-330	200-260-290
	C 质量分数 = 1.4%	310	110-140-180	240-280-300	165-200-225
低合金钢	退火	125~225	150-190-230	200-230-260	165-200-225
	淬硬	220~450	80-100-120	160-180-200	90-110-120

（续）

工件材料		硬度 HBW	牌号		
			YBC301	YNG151	YBM252
			每齿进给量 f_z/mm		
			0.3-0.2-0.1	0.2-0.15-0.1	0.2-0.1-0.05
			切削速度 v/(m/min)		
高合金钢	退火	150～250	110-140-180	160-180-200	130-150-180
	淬硬	250～500	80-100-120	100-120-140	85-100-130
	退火高速钢	150～250	110-130-180	130-150-190	100-140-180
	淬火工具钢	250～350	85-105-130	95-115-140	90-110-130
铸钢	非合金	150	130-185-210	140-200-220	120-180-200
	低合金	150～250	110-140-165	120-150-185	100-130-160
	高合金	160～200	65-100-130	75-110-140	70-100-130
	铁素体型、马氏体型不锈钢	150～250	80-120-190	100-130-210	90-120-200

工件材料		硬度 HBW	牌号		
			YBC301	YNG151	YD201
			每齿进给量 f_z/mm		
			0.3-0.2-0.1	0.2-0.15-0.1	0.2-0.1
			切削速度 v/(m/min)		
不锈钢	退火奥氏体	150～220	80-120-210	100-130-230	—
	奥氏体型不锈钢	200	50-80-100	60-90-110	—
	铁素体/马氏体	150～270	160-200-250	170-210-260	110-150-190

工件材料		硬度 HBW	牌号		
			YBD151	YD201	YD101
			每齿进给量 f_z/mm		
			0.3-0.2-0.1	0.4-0.2-0.1	0.4-0.2-0.1
			切削速度 v/(m/min)		
淬火钢		50～60 HRC	—	12-18-20	—
不锈钢铸件 Mn 质量分数＝12%～14%钢		250	—		—
可锻铸铁	短切屑	110～145	200-300	65-80-95	—
	长切屑	200～230	150-200	50-65-80	—
灰铸铁		180	200-400	70-95-120	—
		260	150-350	50-70-90	—
球墨铸铁		160	100-250	50-65-80	—
		250	100-180	45-60-70	—
铝合金	非铸造	60～100	—	500-2100	600-3000
	铸造	75～110	—	400-2000	500-2800
高硅铝合金	Si 质量分数＝10%～15%	—	—	200-1000	300-1300
	Si 质量分数＝16%～18%	—	—	110-200	150-300

2）密齿可转位面铣刀。密齿面铣刀由于齿数多，在每齿进给量相等的情况下，可以增大每分钟进给速度，有时可高达 2000～3500mm/min，从而可使生产效率成倍地提高。齿密使同时参加切削的齿数多，铣削比较平稳，但容屑槽空间小，因而密齿面铣刀最适合于铣削短切屑材料（如铸铁、有色金属）以及较大面积和余量小的钢件，不适于加工面宽、铣削余量大的长切屑材料（如钢、铸钢、不锈钢、耐热钢等）。株洲钻石切削刀具公司的 FME01 型密齿面铣刀的型式和基本尺寸见表 4.2-50。刀片采用立装式，主要用于加工各种铸铁及耐热合金。

3）大进给可转位面铣刀。Walter 公司生产的 F2330

表 4.2-50　FME01 型密齿面铣刀的型式和基本尺寸　　　　　　（单位：mm）

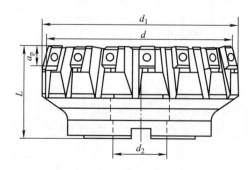

型号	d	d_1	d_2	L	a_p	刀片型号	刀片数量
FME01-125-B40-LN15-16	125	133	40	63	8		16
FME01-160-B40-LN15-20	160	168	40	63	8		20
FME01-200-C60-LN15-25	200	208	60	63	8	LNE32.534	25
FME01-250-C60-LN15-32	250	258	60	63	8		32
FME01-315-D60-LN15-40	315	323	60	70	8		40

型面铣刀和 Seco 公司生产的 R220.21 型面铣刀是大进给可转位面铣刀的代表，它们均采用非标准的凸三角形刀片，刀具的主偏角是变化的（最小处为 0°，外径处的主偏角约 15°），背吃刀量一般不超过 2mm。

Seco 公司的 R220.21 型可转位面铣刀的型式和基本尺寸见表 4.2-51。其中工作直径为 40mm 和 42mm 铣刀的每齿进给量为 0.5~2.0mm，工作直径为 50mm 和 63mm 铣刀的每齿进给量为 0.5~3.0mm。

表 4.2-51　R220.21 型可转位面铣刀的型式和基本尺寸　　　　　（单位：mm）

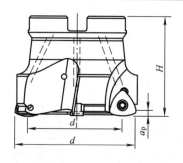

标记示例：

型号为 R220.21-0040-R125.4A 的面铣刀简写为:-0040-R125.4A

型号	d	d_1	H	a_p	刀片型号	刀片数量
-0040-R125.4A	40	29	40	1.0	218.19-125	4
-0042-R125.4A	42	31	40	1.0	218.19-125	4
-0050-R160.3A	50	36	40	1.8	218.19-160	3
-0050-R160.4A	50	36	40	1.8	218.19-160	4
-0063-R160.4A	63	49.5	50	1.8	218.19-160	4
-0063-R160.5A	63	49.5	50	1.8	218.19-160	5

4）可转位超硬材料面铣刀。株洲钻石切削刀具公司的 AMP01 型 PCD 面铣刀（$\kappa_r = 90°$）的型式（有 A、B、C 和 D 四种接口）和基本尺寸见表 4.2-52，主要用于加工各种铝合金。加工含 Si 质量分数≤12%的铝合金（刀片牌号 YCD411）时的切削速度达 200~2000m/min，每齿进给量为 0.08~0.3mm，最大背吃刀量为 5mm；加工含 Si 质量分数>12%的铝合金（刀片牌号 YCD511）时的切削速度达 200~1500m/min，每齿进给量为 0.08~0.3mm，最大背吃刀量为 5mm。

表 4.2-52　AMP01 型 PCD 面铣刀型式和基本尺寸　　　　（单位：mm）

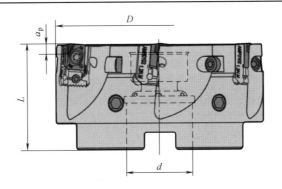

标记示例：

型号为 AMP01-050-A22-AP12-04C 的面铣刀简写为：-050-A22-AP12-04C

刀片型号：APHT12T304PPFR-PCD，牌号：YCD411 和 YCD511

型号	D	d	L	a_{pmax}	齿数	接口形式
-050-A22-AP12-04C	50	22	40	11	4	A22
-063-A27-AP12-05C	63	27	40	11	5	A27
-080-A27-AP12-06C	80	27	50	11	6	A27
-100-A32-AP12-06C	100	32	50	11	6	A32
-125-B40-AP12-08C	125	40	63	11	8	B40
-250-C60-AP12-14C	250	60	63	11	14	C60
-315-D60-AP12-16C	315	60	80	11	16	D60
-400-D60-AP12-18C	400	60	80	11	18	D60
-500-D60-AP12-20C	500	60	80	11	20	D60

类似的产品有 Sandvik 公司的 CoroMill 590 型 PCD 高速面铣刀，加工铝合金时的每齿进给量 $f_z = 0.05 \sim 0.3mm$，切削速度 $v = 2000 \sim 3000m/min$。

株洲钻石切削刀具公司的 PCBN 面铣刀有多种结构（$\kappa_r = 45°$ 和 90°），刀片形状则有正方形、八边形和圆形，刀片材料也有多种牌号，用于不同条件下高速加工铸铁和淬硬钢。加工铸铁（刀片牌号为 YCB221 和 YCB011）时的切削速度达 $500 \sim 1800m/min$，每齿进给量为 $0.1 \sim 0.5mm$，最大背吃刀量为 5mm。采用圆形刀片仿形加工淬硬钢（刀片牌号为 YCB012 和 YCB211）时的切削速度达 $100 \sim 500m/min$，每齿进给量为 $0.1 \sim 0.5mm$。

4.3　高速切削机床

4.3.1　高速切削加工机床的要求

高速切削加工是一项综合性的高新技术。实现高速切削加工，机床的高速化是首要条件和最基本因素。机床的高速化已成为现代数控机床和加工中心机床发展的主要方向和特征之一。表 4.3-1 列出了高速切削机床的性能要求。

表 4.3-1　高速切削机床的性能要求

机床结构	要　　求	功能描述
主轴组件结构	电动机和主轴一体化结构——电主轴单元，要求具有高刚性、大功率	可以获得高的加、减速度，以实现快速起停、高速运转
进给驱动部件	电动机和进给驱动系统一体化结构——直线电动机单元	获得高的加、减速度，以实现快速定位和获得高速移动
主轴支承	陶瓷轴承和非接触式液体动、静压轴承及磁浮、气浮轴承等	高刚性、高承载能力和高寿命，具有高的转速特征值

（续）

机床结构	要　　求	功　能　描　述
数控及伺服系统	高速、高精、多 CPU 结构。如 32 位或 64 位 CPU 结构、RISC 结构	高速复杂曲线和曲面插补、高速数据处理和快速反应智能决策能力
冷却和润滑系统	高效、高压冷却及润滑装置，如采用高压喷射装置、主轴专门的内冷和润滑装置等	实现高效冷却和润滑，防止机床过热和过度磨损
床体结构	高强度、高刚性、高抗振性和高的阻尼特性——整体结构床身、大理石床身等	具有高刚性、优良的吸振性和隔热特性，优良的静、动态特性
安全机构	设置安全装置和实时监控系统	监控、防护切屑飞溅和刀具意外崩刃或断裂
"刀—机—工"接口	采用 HSK 和 KM 新型刀柄结构等和高刚性夹具，动平衡精度要求高	保证高转速下刀具和工件装夹可靠、传递力矩大、刚性好、重复定位精度高等

4.3.2　国内外主要高速加工机床案例

当前，国际、国内的高速加工机床和加工中心技术随着航空、航天等领域及其他行业领域对高效强力切削加工的迫切需求，高速加工数控机床及其关键功能部件得到了迅速发展。国内尤其近几年来，也取得了令人瞩目的成就，在性能参数上大大缩短了同国外发达国家的差距。表 4.3-2 列举了国内主要厂家生产的几种具有代表性的高速机床或加工中心型号及其主要的技术参数实例。

表 4.3-3 列举了世界主要机床厂家生产的几种具有代表性的高速机床或加工中心型号及其主要的技术参数。

表 4.3-2　国内几种加工中心实例

制造厂商	机床型号	主轴最高转速/(r/min)	主轴功率/kW	最大进给速度/(m/min)	快移速度/(m/min)
广东佳铁自动化公司	JTGK-500H 高速数控雕铣机	32000	6	4	15
沈阳机床股份公司	HS664 高速加工中心	36000	19	30	30
北京机床研究所	u1000-3v/5v 立式加工中心	15000/20000	22/18.5	4/4/36 (X/Y/Z)	48
大连机床集团公司	VDWA50 立式加工中心	12000	13	30	30
江苏多棱数控机床股份公司	XH786 高速立式加工中心	4000	13.2	40	70/40/40 (X/Y/Z)
北京机电院机床有限公司	XKR25 加工中心	18000	18	20	20

表 4.3-3　国外几种主要高速加工中心实例

制造厂商(国家)	机床型号	主轴最高转速/(r/min)	最大进给速度/(m/min)	快移速度/(m/min)
Kitamura（日本）	SPARKCUT 6000 加工中心	150000	60	60
Nigita（日本新泻铁工）	UHS4 数控铣	40000	15	22
Cincinnati（美国）	HyperMach 加工中心	60000	60	40
Ford &Ingersoll（美国）	HVM 系列 (HVM600)	20000	76.2	76.2
GMBH（德国）	XHC240 卧式加工中心	24000	60	>60

（续）

制造厂商（国家）	机床型号	主轴最高转速/(r/min)	最大进给速度/(m/min)	快移速度/(m/min)
DMG 公司 （德国）	DMC70/40 Vhi-dyn	18000/30000 /42000	50	50
DMG 公司 （德国）	HSC70 Linear 高速精密加工中心	40000	80	80
Huller-Hille （德国）	SPECHT 500T 加工中心	16000	75	>75
Fidia S. p. A （意大利）	K165/211/411 系列高速铣削中心	40000	24	24
Fidia S. p. A （意大利）	D165/218/318/418 系列高速铣削中心	40000	30（20）	30
CONTINI （意大利）	HS644/644P/644L 系列高速加工中心	40000	30（20）	30
MIKRON （瑞士）	HSM400/600/800 系列高速铣	30000/36000 /42000/60000	40	40
MIKRON （瑞士）	XSM400 型超高速铣	30000/42000 /60000	80	80
BUMOTEC （瑞士）	S191 系列 5 联动车 削复合加工中心	6000（车削） 90000（铣削）	50	50
Forest Liné （法国）	MINUMAC 系列 高速铣削机床	30000/40000	20	20

4.3.3　高速加工机床构造特征

1. 国产高速电主轴单元

近几年国内高速切削机床技术发展迅速，基本解决了其关键功能部件的生产制造问题。目前电主轴单元的生产，国内有很多厂家，主要有江苏无锡市无锡机床股份有限公司、河南安阳莱必泰机械有限公司、洛阳轴承研究所有限公司、山东济宁博特精工股份有限公司、北京超同步科技有限公司、中轴集团上海必

姆轴承有限公司、北京精雕集团等。其电主轴产品各有特色，主要用于高速铣削和磨削加工等，转速从 18000 ~ 150000r/min、功率从 0.05 ~ 38kW 不等，分别满足不同应用场合。下面列出了国产几种主要的电主轴基本参数，供用户选择。

（1）山东济宁博特精工股份有限公司生产的电主轴

1）铣削用电主轴类。表 4.3-4 列举了山东济宁博特精工股份有限公司铣削用电主轴类部分代表性电主轴型号及相关参数。

表 4.3-4　铣削用电主轴类基本参数

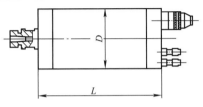

型号	外形尺寸 $D \times L$/mm	转速 /(r/min)	功率 /kW	转矩 /N·m	电压 /V	电流 /A	频率 /Hz	变频器 /kW	润滑	冷却	安装尺寸
JBZD48-24/005X	φ48×155	24000	0.05	0.05	80	0.9	400	0.75	油脂	自冷	3.175 夹刀
JSZD48-24/012X	φ48×155	24000	0.12	0.05	120	1.4	400	0.75	油脂	水冷	3.175 夹刀
JSZD48-60/030X	φ48×155	60000	0.3	0.05	120	2.5	1000	1.5	油脂	水冷	3.175 夹刀
JSZD58-24/025X	φ58×170	24000	0.25	0.1	142	2.1	400	1.5	油脂	水冷	ER11
JSZD58-60/055X	φ58×170	60000	0.55	0.1	142	4.2	1000	2.2	油脂	水冷	ER11

（续）

型号	外形尺寸 D×L/mm	转速 /(r/min)	功率 /kW	转矩 /N·m	电压 /V	电流 /A	频率 /Hz	变频器 /kW	润滑	冷却	安装尺寸
JSZD62-24/021X	φ62×185	24000	0.12	0.1	120	1.4	400	0.75	油脂	自冷	ER11
JSZD62-24/030X	φ62×185	24000	0.30	0.1	142	1.85	400	1.5	油脂	水冷	ER11
JXZD80-24/1.1X	φ80×220	24000	1.1	0.4	350	2.6	400	2.2	油脂	水冷	ER11
JXZD100-24/2.2X	φ100×226	24000	2.2	0.8	350	4.8	400	4	油脂	水冷	ER16
JXZD120-24/4X	φ120×255	24000	4	1.6	350	8.3	400	7.5	油脂	水冷	ER16
JXZD120-12/1.1X	φ120×315	A：6000 B：12000	1.5	2.5 1.3	350 350	3.9	100 200	4	油脂	水冷	ISO30 7.24
JXZD140-12/2.2X	φ140×305	A：6000 B：12000	2.2	3.7 1.9	350 350	4.7	200 400	4	油脂	水冷	ISO30 7.24

2）磨削用电主轴类。表 4.3-5 列举了该公司磨　削用电主轴类部分代表性电主轴型号及相关参数。

表 4.3-5　磨削用电主轴类基本参数

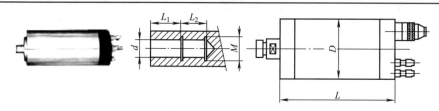

型号	外形尺寸 D×L/mm	转速/ (r/min)	功率/ kW	电压/ V	电流/ A	频率/ Hz	变频器/ kW	润滑	安装尺寸			
									d	M	L_1	L_2
JSZD80-90/1.5	φ80×176	90000	1.5	350	3.8	1600	4	油雾	φ6	6	11	11
JSZD80-60/1.1	φ80×186	60000	1.1	350	2.6	1000	4	油雾	φ8	8	11	11
JSZD80-24/1.1	φ80×220	24000	1.1	350	2.6	400	4	油雾	φ8	8	11	11
JSZD100-60/3	φ100×205	60000	3	350	7.6	1000	4	油雾	φ8	8	15	13
JSZD100-48/1.5	φ100×200	48000	1.5	350	3.8	1000	4	油雾	φ8	8	15	13
JSZD100-24/2.2	φ100×226	24000	2.2	350	4.8	400	4	油雾	φ8	8	22	15
JSZD120-48/4	φ120×240	48000	4	350	9.4	800	7.5	油雾	φ14	14×1.5	28	22
JSZD120-36/5.5	φ120×255	36000	5.5	350	12	600	7.5	油雾	φ16	16×1.5	28	22
JSZD120-24.4	φ120×280	24000	4	245	13.6	400	7.5	油雾	φ16	16×1.5	28	22
JSZD140-36/5.5	φ140×260	36000	5.5	350	12	1200	7.5	油雾	φ16	16×1.5	28	22
JSZD140-30/7.5	φ140×260	30000	7.5	350	16.6	1000	11	油雾	φ16	16×1.5	28	22
JSZD140-24/4	φ140×220	24000	4	245	13.6	800	7.5	油雾	φ16	16×1.5	28	22
JSZD140-18/5.5	φ140×255	18000	5.5	350	12	600	7.5	油雾	φ16	16×1.5	28	22
JSZD140-24/7.5	φ140×260	24000	7.5	350	16.6	800	11	油雾	φ16	16×1.5	28	22

（2）中轴集团上海必姆轴承有限公司

1）磨削用电主轴。表 4.3-6 列举了中轴集团上海必姆轴承有限公司磨削用电主轴类部分代表性电主轴型号及相关参数。

表 4.3-6　磨削用电主轴类基本参数

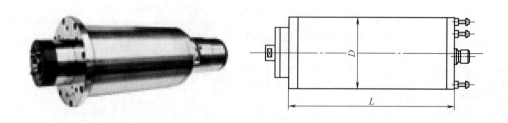

（续）

主轴型号	尺寸 $D×L$/mm	转速 /(r/min)	电动机参数			
			功率/kW S6	功率/kW S1	电压/V	电流/A
2GDZ15	170×320	15000	20	—	350	46.3
2GDZ24	150×320	24000	16	—	350	38
2GDZ36	150×270	36000	13.5	—	350	32
2GDZ51	120×250	5400	8	—	350	19.2
2GDZ51Q	120×230	5400	8	—	350	20
2GDZ60	120×220	60000	6	—	350	16
2GDZ75	120×190	75000	3.5	—	350	9
2GDZ75Q	120×192	75000	4	—	380	9
2GDZ90	40×185	90000	2.5	—	350	6.5
2GDZ150	120×140	150000	0.6	—	220	4.7
GDZ18g	170×340	18000	16	—	350	21
GDZ24	150×34	24000	—	7.5	350	16
GDZ36	120×260	36000	—	5	350	11
GDZ48	120×230	48000	—	3.5	350	9

2）加工中心及并联机床用电主轴。表 4.3-7 列举了中轴集团上海必姆轴承有限公司加工中心及并联机床用电主轴部分代表性电主轴型号及相关参数。

表 4.3-7　加工中心及并联机床用电主轴类基本参数

主轴型号	转速 /(r/min)	电动机参数				
		最大力矩 /N·m	恒功率段	功率/kW S1/S6	电压/V	电流/A
240XDJ4yA	4000	64	20/27	A:3000	380	58
				B:4000	380	78
240XDJ4yB	4000	89	28/38	A:3000	380	80
				B:4000	380	48
220XDS15	15000	29	43190	A:2000	160	31
				B:4000	380	
160XDS05	5000	8.4	3.5/4.8	A:4000	220	12.9
				B:5000	260	
240XDS4y-1	4000	53	4.5/14	A:1500	220	36
				B:8000	380	49
260XDS4y-2	4000	40	4.5/14	A:2000	220	36
				B:8000	380	
40XDS24	24000	1.2	1/1.4	A:8000	215	3.8
				B:20000	380	

（3）河南安阳莱必泰机械有限公司生产的电主轴

安阳莱必泰机械有限公司是国内最早专业生产高速电主轴（电动机）的厂商，2001 年初与上海莱必泰机械发展有限公司合并重组。该公司电主轴产品主要有 ADM、ADX、ADS、APX 系列电主轴和加工中心增速头，额定功率为 0.25～45kW，转速为 400～150000r/min，主轴外径为 58～400mm 等 400 多个产品型号。其中适用于数控雕铣、高速雕铣的电主轴主要有两大类，为 ADX、ADM 两大系列，外径为 40～150mm，功率为 0.12～7.3kW，有风冷和水冷两种不同的冷却方式。与高速数控铣、车、镗等加工中心配套的主要有 ADX、AD、AP 等系列，主要以水冷为主。表 4.3-8 和表 4.3-9 为该公司生产的加工中心用电主轴基本性能参数、特点和其外形尺寸。

表 4.3-8　加工中心用电主轴类基本性能参数及其特点

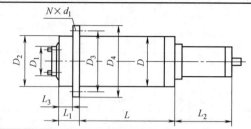

主轴型号	转速 /(r/min)	电动机参数				润滑	冷却	轴端连接	特点
		功率 /kW	电压 /V	电流 /A	频率 /Hz				
ADS0820-30Z/1.8	30000	1.8	220	7	500	油脂	水冷	ISO20 锥孔	带传感器及松拉刀结构
ADS1130-18Z/3.2	18000	3.2	220	11.6	300	油脂	水冷	BT30 锥孔	带传感器及松拉刀结构
ADS1425-18/3	18000	3.6	350	8.5	600	油脂	水冷	ISO25 锥孔	带拉刀结构
ADS1740-2/2.2	2000	2.2	350	5.9	66.7	油脂	水冷	BT40 锥孔	带编码器及松拉刀结构
ADS2040-3-4/5.5	3000 4000	5.5	220 380	19.4	40 333	油脂	水冷	BT40 锥孔	带编码器及松拉刀结构
ADS2040-3-4/7.5	3000 4000	7.5	208 380	25	40 333	油脂	水冷	BT40 锥孔	带编码器及松拉刀结构
ADS2940-1.58-4/11	1500 4000	11	220 380	42	40 333	油脂	水冷	BT40 锥孔	带编码器及松拉刀结构
ADS2940-1.5-4/15	1500 4000	15	220 380	56	40 333	油脂	水冷	BT40 锥孔	带编码器及松拉刀结构

表 4.3-9　加工中心用电主轴外形尺寸和采用的轴承型号

主轴型号	外形尺寸/mm										轴承型号
	D	D_1	D_2	D_3	D_4	L	L_1	L_2	$N×d_1$	$d_2×L_3$	
ADS0820-30Z/1.8	80	25	80	—	—	344	—	—	—	—	2×B7005C/P4 1×7003C/P4
ADS1130-18Z/3.2	14	34	14	—	—	361	—	—	—	—	2×B70007C/P4 1×7005C/P4
ADS1425-18/3	140	37	95	163	186	208	87	48	6×φ9	φ13.5×9	2×B7008C/P4 1×7008C/P4
ADS1740-2/2.2	170	72	—	195	220	655	65	124	8×φ11	φ17×12	3×B7015C/P4 1×7011C/P4
ADS2040-3-4/5.5	200	63	145	225	250	405	135	124	6×φ13	φ19×13	3×VEX65/P4 2×VEX55/P4
ADS2040-3-4/7.5	200	63	145	225	250	445	135	124	6×φ13	φ19×13	3×VEX65/P4 2×VEX55/P4
ADS2940-1.58-4/11	290	68	180	315	340	375	135	124	6×φ13	φ19×13	3×VEX65/P4 2×VEX55/P4
ADS2940-1.5-4/15	290	68	180	315	340	405	—	124	6×φ13	φ19×13	3×VEX65/P4 2×VEX55/P4

注：d_2 是指处于轴 D_1 中的孔径。

（4）洛阳轴研科技股份有限公司生产的电主轴

该公司生产的高速电主轴主要有用于加工中心的电主轴、大功率高刚性磨床用电主轴及永磁同步主轴以及专门用于刀具磨电主轴等几种系列。其主要外形、型号及主要尺寸参数、性能参数等见表 4.3-10 和表 4.3-11。

1）加工中心铣削用主轴。

表 4.3-10　加工中心铣削电主轴技术参数

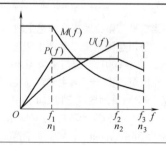

（续）

型号	最高转速/(r/min)	力矩/N·m	功率/kW	$n_1 \sim n_2$/(r/min)	电压/V	电流/A	f_3/Hz	润滑	轴承	轴端
318XDH04Y	4000	200	6.3	300~3000	—	61	133.3	油脂	4-7020 2-7018	BT50
260XDJ12Y	12000	112	14	1200~8000	120 380	56.8	400	油脂	4-VEX65/NS 2-VEX55	BT40
240XDJ4Y	4000	66	5.5/7.5	800~8000	150 350	32.4	333	油脂	3-VEX65 2-VEX55	BT40
200XDJ24Y	24000	32	22	6500~12000	150 380	53	400	油气	3-VEX65 2-VEX55	HSK-E50
220XDS24Y	24000	32	22	6500~12000	300 380	53	400	油气	3-VEX65 2-VEX55	HSK-E50
160XDS30Y	30000	9.5	22	23000~30000	300 380	42	500	油气	3-VEX45 2-VEX45	HSK-E40
220XD08	8000	28.6	6	2000~8000	380	31	133.3	油脂	3-VEX65 2-B7009	IOS40
160XD12	12000	8.3	3.5	4000~8000	160 380	12.9	400	油脂	2-B704 2-B7009	IOS30
150XD20	20000	4	2.5	6000~20000	220 380	9.5	333.3	油脂	2-B7008 2-B7007	IOS30
120XD12	12000	4.8	1	2000~12000	320 344	2.4	400	油脂	2-B7008 2-B7005	IOS30

2）大功率高刚性磨削用电主轴。这类电主轴采用了 P4 级精密陶瓷球轴承，寿命可靠，同时采用铜转子电动机或进口电动机，热损耗低。

（5）广州市昊志机电股份有限公司电主轴产品
该公司从 2002 年开始主轴部件的研发，至今其电主轴产品涵盖 PCB 电主轴系列、加工中心电主轴

表 4.3-11　磨削用电主轴技术规格参数

主轴型号	安装外径/mm	功率/kW	润滑	额定转速/(r/min)
100MD90Y3	100	5	油雾	90000
100MD75Y3.2	100	3.2	油雾	75000
100MD60Y4D	100	4	油雾	60000
120MD48Y8	120	8	油雾	48000
150MD36Y148	150	14	油雾	36000
170MD30Y32	170	30	油雾	30000
150MD24Y21	150	21	油雾	24000

系列、磨削主轴系列、雕铣电主轴系列、液体静压主轴系列、超声波电主轴、高光及超精密加工电主轴系列等。

1）PCB 电主轴系列。表 4.3-12 列出了 DQF-300D 型气浮电主轴的主要性能参数，这款高速气浮电主轴，主要是针对 PCB 行业的高精度、高转速、高效率钻孔加工而精心设计的一款产品。本主轴为电动机内藏式电主轴，内置三相变频异步高效电动机，最高转速达 300000r/min；其超高速气浮钻孔机主轴 DQF-400 型，最高转速可达 400000r/min。这类电主轴尤其适合于 PCB 小孔加工（$\phi 2 \sim \phi 0.05$mm）。

表 4.3-12　PCB 电路板用电主轴类 DQF-300D 型基本性能参数

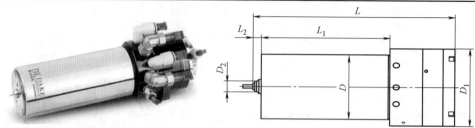

主轴型号	DQF-300D
轴承类型	气浮
最高转速/(r/min)	300000
最高电压/V	190
额定功率/kW	0.6
额定力矩/N·m	0.08
应用范围	钻孔机
气流量/(L/min)	54~68
润滑形式	空气
冷却形式及介质	内冷,水或油
质量/kg	2.9

2）磨削主轴系列。表 4.3-13 列出了一款用于磨削加工的电主轴的主要性能参数。采用油气润滑、中心水冷结构,最高转速达 40000r/min。

北京精雕集团除了生产加工中心、数控车等数控机床,也生产高速电主轴单元功能部件。

表 4.3-13　磨削用某型号电主轴基本性能参数

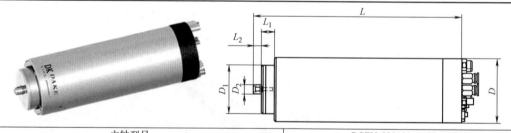

主轴型号		DGZM-080100/1.2B1-DWQ
最高转速	油脂润滑	—
	油气润滑	100000
额定功率 S1(100%)/kW		1.2
额定功率 S6(40%)/kW		1.44
额定力矩 S1(100%)/N·m		0.11
额定力矩 S6(40%)/N·m		0.14
刀具接口	外径/mm	ϕ80
	锥孔	—
	直孔	ϕ6-M5
轴芯锥孔(直孔)径向圆跳动/mm		≤0.001
轴端端面跳动/mm		≤0.001
标准棒 25mm 径向圆跳动/mm		≤0.005
冷却形式		水冷
中心水冷		有
静刚度/(N/μm)	轴向	11
	径向	21
轴承内孔直径/mm		12
气幕密封		有
质量/kg		8

2. 国外高速电主轴单元

国外的电主轴技术发展迅速,规格系列齐全,高转速、高力矩,其功率、力矩等技术参数覆盖范围广,性能优良。专业生产电主轴的知名厂家很多,如瑞士 IBAG 公司、RENAUD 公司、Fischer Precise 公司、SKF 公司,意大利的 OMLAT 公司、FAEMAT 公司、RPM 公司,德国的 GMN 公司、Kessler 公司、SycoTec 公司、Reckerth 公司,日本的 NAKANISHI 株式会社集团、NSK 公司,英国有西风和 ABL 公司,美国的 SETCO 公司等。

(1) 意大利 FAEMAT 公司主要的电主轴产品

FAEMAT 公司生产的电主轴产品主要有磨削类、铣削类以及特种电主轴类。对于特种电主轴类包括便携式电主轴、行星机构电主轴以及重载铣削电主轴等。其中,便携式电主轴可以快速地被安装在机床或加工中心的主轴上,用于提高或改善传统主轴的运转速度特性。该公司可以提供多种型号的该系列主轴,转速最高 80000r/min,功率可达 12kW。同时,该电主轴后端与机床主轴连接部分的结构,可以换装不同规格的锥体,以满足不同主轴刀具接口的需要,达到快速安装和使用的效果;行星机构主轴采用行星磨削机构的高频电主轴头,设计用于在垂直坐标磨削和加工中心上制作孔和轮廓。它们的使用非常简单,因为它们通过内部风扇自冷却;重载铣削电主轴有一个特殊的功率变化调节系统,从低转速、高力矩到高转速、小力矩,适合于通过切割工具进行硬质去除或精加工操作。该主轴内置电动机和变速结构,是一种机械主轴和电主轴的集成化产品。

1) 磨削用电主轴。FAEMAT 公司磨削电主轴系列产品主要应用于内孔磨削、外圆磨削、刀具磨削、螺纹磨削、导轨磨削等,其主要的型号及技术规格参数见表 4.3-14。

表 4.3-14　磨削用电主轴产品主要技术规格参数

主轴型号	转速/(r/min)	电动机参数				
		频率/Hz	功率/kW	力矩/N·m	电压/V	电流/A
FAI70	18000	600	20	4.5	350	52
FAI71	12000	400	20	15.6	350	52
FAI81	20000	667	15	7	350	38
FAI90	60000	400	8	13	350	20
FAI91	40000	667	8	1.3	350	20
FAI92	30000	400	9	2.6	350	28
FAI41/41C	120000	2000	2.2	0.2	350	5.6
FAI42/42C	90000	1500	4.5	0.5	350	11.6
FAI43/43C	75000	1250	5	0.6	350	12.8
FAI44/44C	60000	400	5.2	0.8	350	13.4
FAI45/45C	40000	667	4.5	1	350	11.6
FAI201/201C	12000	2000	1.6	0.1	350	4
FAI202/202C	90000	1500	2.5	0.3	350	6.5
FAI203/203C	75000	1250	3	0.4	350	7.8

2) 铣削用电主轴。FAEMAT 公司铣削类电主轴产品型号为 FA XXX CU/CUA,直径为 80~300mm 十几种规格,主要技术规格参数见表 4.3-15。

(2) 意大利 RPM 公司电主轴产品

意大利 RPM 公司电主轴产品主要有车削、磨削以及铣削用电主轴产品。同时,多为航空航天和试验机用定制电主轴。其部分产品主要技术规格见表 4.3-16。

(3) 意大利 OMLAT 公司电主轴产品

意大利 OMLAT 公司主要供应:OMLAT 电主轴、OMLAT 高速主轴、双静压主轴、车削电主轴、主轴头等产品。其组要的电主轴产品包括 OMCT、OM5、OMC 和 OMP 系列电主轴。表 4.3-17 给出了其 OMC 系列电主轴产品的主要技术规格参数。

表 4.3-15　铣削类电主轴产品主要技术规格参数

直径/mm	功率/kW	力矩/N·m	额定转速/(r/min)	最高转速/(r/min)	刀柄结构	润滑冷却	换刀/bar	质量/kg
80	3	1	40000	60000	ISO 20-HSK E25	空气	6	8
40	7.5	2.4	30000	45000	ISO 25-30 HSK E32-40	油气润滑	6/25	15
14	6.4	3.4	30000	40000	ISO 25-30 HSK E32-40	油脂润滑	50	20
120	4	5.3	30000	40000	ISO 30- HSK E(A)40-50	油脂润滑	50	30

（续）

直径/mm	功率/kW	力矩/N·m	额定转速/(r/min)	最高转速/(r/min)	刀柄结构	润滑冷却	换刀/bar	质量/kg
140	15	4	25000	30000	ISO 30-40 HSK A(E)40-50	油脂润滑	50	40
160	15	27	18000	24000	ISO 40 HSK A(E)50-63	油脂润滑	50	50
180	15	62	18000	24000	ISO 40 HSK A(E)63	油脂润滑	50	65
24	26	112	15000	24000	ISO 40-50 HSK A63-80	油脂润滑	50	115
240	30	180	15000	20000	ISO 40-50 HSK A63-80	油脂润滑	50	140
250	30	285	15000	20000	ISO 50 HSK A80-40	油脂润滑	50	185
300	35	340	4000	12000	ISO 50 HSK A80-40	油脂润滑	50	240

注：$1bar = 10^5 Pa$。

表 4.3-16　RPM 电主轴部分产品主要技术规格参数

主轴型号	S1 额定功率/kW	S1 额定力矩/N·m	额定转速/(r/min)	最高转速/(r/min)	刀柄接口	电动机冷却	额定电压/V	额定电流/A	最大频率/Hz	应用场合
155-4/18 P-G-ID-D/S 32	18	17	4000	4000	φ32	液体	380	38	341	车削
200-14/20 P-G-ID-R/A-D/S	20	95.5	2000	14000	ISO 40	液体	380	40	467	铣削
90-40/1.5 G-M-D/S ABS-25	1.5	0.6	24000	40000	ABS 25	液体	380	5	1333	铣削
230-16/18 P-G-ID-R/A-D/S HSK-A63	14	69.9	2000	22000	HSK-A63	液体	380	40	733	铣削

表 4.3-17　OMLAT 公司 OMC 系列电主轴产品的主要技术规格参数

类型	尺寸		刀柄形式	润滑		额定转速/(r/min)	电动机特性			
	长度/mm	直径/mm		油雾	油脂		力矩/N·m		功率/kW	
				最大转速/(r/min)			S1(100%)	S6(60%)	S1(100%)	S6(60%)
OMC-80	80	315	ISO 20	—	32000	30000	0.65	1	2	2.8
		372	HSK-E 25	—	30000	24000	1.3	2	3.2	4
OMC-100	100	460	HSK-E 32	—	40000	10000	0.6	1	0.62	1.5
		325	HSK-E 25	—	30000	24000	1.4	2.5	3.5	5
OMC-110	110	400	HSK-E 40	40000	30000	12000	5.5	7	7	9
		380		—	18000					
		395	BBT 30	35000	21000					
OMC-120	120	400	HSK-E 40	—	24000	12000	7	8.2	8	9.5
OMC-140	140	460	HSK-E 40	40000	30000	7000	11	12.2	8	9
					34000	15000	10.8	11.8	17	18.5
		500	HSK-E 50	35000	24000		11	13		
OMC-160	160	500	HSK-E 50	32000	24000	12000	18	21	14.3	16
OMC-170	170	514	HSK-A 63	30000	20000	11000	26	28	30	31
		650		—	18000	12000	22	24	27	28
		400	ISO 40	—			16	18	20	21

（续）

类型	尺寸		刀柄形式	润滑		额定转速/(r/min)	电动机特性			
	长度/mm	直径/mm		油雾	油脂		力矩/N·m		功率/kW	
				最大转速/(r/min)			S1(100%)	S6(60%)	S1(100%)	S6(60%)
OMC-180	180	654	HSK-A 63	24000	12000	3000	59	79.5	18	24
		590		30000	18000	6000	28.5	30		
		610		24000		4100	57	—	24	—
		400	HSK-E 50	30000	20500	12600	14	16	18	21
OMC-190	190	700	HSK-A 63	24000	18000	5400	63.5	79.6	36	45
OMC-200	200	565	HSK-A 63	24000	20000	5000	57.3	61.2	30	32
		590	HSK-E 50	30000		6000	31	36	19	22
OMC-205	205	676	HSK-A 63	24000	14000	3000	57.3	63.7	18	20
			HSK-A 63							
		—		22000		3000	80	89	25	28
		730	HSK-A 63	15000	—					
		—		—	18000					
		771		—	15000					
			ISO 40	18000	10000	1500		86	12.5	13.5

（4）瑞士 IBAG 公司主要的电主轴产品

瑞士 IBAG 公司生产的电主轴主要有大型、中型和小型三大类，其外形结构如图 4.3-1 所示。

瑞士 IBAG 公司生产的大型电主轴主要用于高速大功率加工中心和龙门铣；中型电主轴主要用于高速中、小型加工中心和高速数控铣削；小型电主轴主要用于磨削加工和特殊小负荷场合。根据应用场合和性能参数要求不同，主要采用了复合陶瓷球轴承、钢珠球轴承、电磁轴承以及静压轴承等几种支承方式，共有 15 类 60 余个型号电主轴产品。无论用户要求的是高速度，还是大力矩，或是大功率，目前的现有产品，其最高速度为 140000r/min，最大额定力矩是 34N·m，最大功率为 55kW。瑞士 IBAG 电主轴系列部分产品及其主要的技术规格见表 4.3-18。

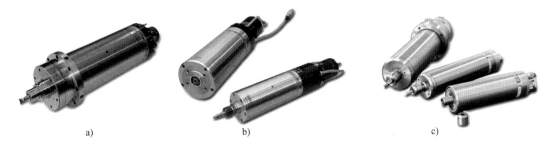

图 4.3-1 瑞士 IBAG 公司生产的电主轴
a）大型电主轴类结构 b）中型电主轴类结构 c）小型电主轴类结构

表 4.3-18 瑞士 IBAG 电主轴产品主要技术规格

主轴型号	最高转速/(r/min)		力矩/N·m	功率/kW		刚性/(N/μm)		直径/mm	长度/mm	刀具接口	质量/kg
	油气润滑	脂润滑	S1	S1	S6	径向	轴向				
HF25	50000	40000	0.02	0.1	0.12	15	12.8	25	159.5	D6-UP	0.44
HF33	60000	40000	0.02	0.125	0.165	24	21	33	151	ER8	0.9
HF42	140000	120000	0.014	0.2	0.26	29	24	42	120	ER8	1.1
HF45	80000	60000	0.072	0.6	0.8	45	40	45	191	ER11	1.6
HF60	70000	60000	0.2	1.5	2	64	56	60	218	SKI16	3.9
HF80	50000	40000	0.6	2.5	3.3	80	71	80	243	HSK E25	7.3
HF40	50000	40000	1.6	6	8	43	83	40	299	HSK E32	15
HF120	40000	32000	4.2	13	17	130	46	120	338	HSK E40	23
HF140	36000	30000	9.9	25	32	160	140	140	471.5	HSK E50	35

（续）

主轴型号	最高转速 /(r/min)		力矩 /N·m	功率 /kW		刚性 /(N/μm)		直径 /mm	长度 /mm	刀具接口	质量 /kg
	油气润滑	脂润滑	S1	S1	S6	径向	轴向				
HF170	24000	17000	29.1	40	91	340	305	230	370	HSK E63	63
HF230	24000	17000	71.7	40	91	340	305	230	500	HSK A63	145
HF250	15000	4000	150	30	40	450	44	250	500	HSK A40	200
HF260	12000	4000	287	60	80	450	44	260	831.5	BT50	240
HFK135	40000	30000	4.3	8	11	44	94	135	245	EX25	21
HFK90	50000	40000	0.4	1.9	2.5	60	56	90	182	EX16	7.1
HF300	12000	4000	300	30	39	450	44	300	872	HSK A40	300
AMB120	电磁轴承70000		1	7	8	250	500	120	301	HSK E25	25
AMB200	电磁轴承40000		9.6	40	53	700	400	200	438	HSK E25	96
HS170	静压轴承32000		—	40	53	300	400	170	420	HSK E50	92
AT50	风动涡轮60000		0.43	0.87	0.87	24	21	115	213	EX16	4
HFK90	50000	40000	0.4	1.9	2.5	60	56	90	182	EX16	7.1
HFK135	40000	30000	4.3	8	11	44	94	135	245	EX25	21

（5）瑞士 RENAUD 公司电主轴产品

RENAUD 公司是瑞士乃至全球最著名的电主轴系统供应商之一，从事电主轴研发、生产超过数十年。RENAUD 电主轴种类齐全、质量优越。其磨削、铣削、雕刻、镗铣、修整、钻孔电主轴以及主轴增速器等产品已经系列化，完全成熟。RENAUD 公司生产的电主轴包括 HRC 内圆磨削电主轴、HDC HFCC 钻孔及大型镗铣电主轴、HFC 小型机床雕刻电主轴、HFC 中型加工中心雕铣电主轴等。其主要电主轴产品技术参数见表 4.3-19 和表 4.3-20。

表 4.3-19　HRC 内圆磨削电主轴产品主要技术规格

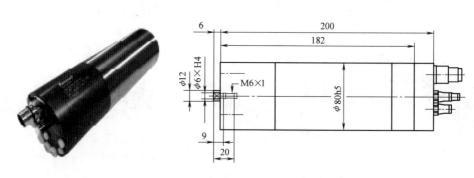

主轴型号	直径/mm	长度/mm	轴端	功率/kW	最大转速/(r/min)	力矩/N·m	润滑	冷却
40-080200	80	200	M9	3	90000	0.32	油气	水冷
			M9	2	120000	0.16	油气	水冷
40-40240	40	240	HSK25C M14	3.5	60000	0.56	油气	水冷
							油气	水冷
40-120280	120	280	HSK25C M14	7.5	60000	1.2	油气	水冷
							油气	水冷
			HSK40C M12	12	30000	3.8	油气	水冷
							油气	水冷
			HSK32C M20	12	40000	2.9	油气	水冷
							油气	水冷
40-150320	150	320	HSK40C M25	11	30000	3.5	油气	水冷
							油气	水冷
			HSK63C M32	14	15000	9	油气	水冷
							油气	水冷

表 4.3-20　HFC 中型加工中心雕铣电主轴产品主要技术规格

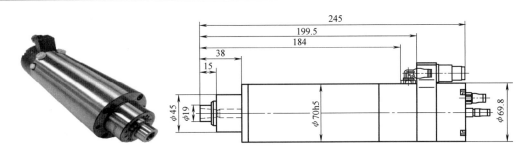

主轴型号	直径/mm	长度/mm	轴端	功率/kW	最大转速/(r/min)	力矩/N·m	润滑	冷却
40-050220	50	220	IOS4	0.7	50000	0.134	油脂	水冷
40-070235	70	235	C5 IOS4	1.2	40000	0.29	油脂	水冷
128-080260	80	260	HSK25E HSK32E IOS4	3	4000	0.57	油脂 油气	水冷
					5000	0.57		
360-40320	40	320	HSK32E	8	35400	2	油脂 油气	水冷
					50000	1.6		
40-120360	120	360	HSK32E HSK40E	6	24000	2.4	油脂 油气	水冷
					40000	1.4		
40-120360	120	360	HSK40E	9	20000	4.3	油脂 油气	水冷
					30000	2.8		

（6）德国 Kessler 公司电主轴产品

Kessler 公司生产的电主轴产品主要有 V 系列、H 系列，分别用于立加和卧加。表 4.3-21 为 Kessler 公司生产的 V 系列和 H 系列电主轴的外形与部分代表性型号参数。

（7）英国西风公司电主轴产品

英国西风公司为全球规模最大的气浮电主轴制造商之一。其中 PCB 钻孔和布线系列电主轴，采用集成

表 4.3-21　V 系列和 H 系列电主轴产品主要技术规格

V 系列电主轴　　　　　　　　　　　　　　　H 系列电主轴

型号	最高转速/(r/min)	安装直径/mm	刀具接口
V80	26000	170	HSK 63
V100	25000	202	HSK 63
V200	18000	230	A 100
V400	15000	270	A 100
H80	25000	170	HSK 63
H100	20000	200	HSK 63
H200	15000/16000	240	HSK 63/HSK 100

非接触轴向和径向空气轴承支承，保证了高平稳、高精度旋转，采用水冷交流感应电动机和主轴一体化。其主要型号与参数见表 4.3-22。

3. 国内外高速电主轴单元技术差距

我国电主轴技术与国外先进水平的差距主要体现在以下几个方面：

1）电主轴的低速大力矩方面。国外电主轴在低速段的输出力矩可达 300N·m 以上，有的甚至可以超过 600N·m（如德国的 CYTEC），而国内多在 40N·m 以内。

表 4.3-22　PCB 钻孔和布线系列电主轴产品主要技术规格

型　　号	D1722	D1822/D1822X	D1790	D1331-49A/Router
主轴转速/(r/min)	20000~160000	20000~200000	30000~285000	20000~125000
一次最大钻孔尺寸/mm	6.35	6.35	3.2	6.35
轴向破坏载荷/kg	18.2	20	7.7	25
电动机连续输出功率/W	400	400(D1822) 500~625 (D1822X)	40	495
质量/kg	3.8	3.6	3.3	3.9
切削液的最大散热量/W	450	660	287	480
切削液流量-水/(L/min)	1.5	1.4	1	2.5
夹头直径/mm	3	3	2	3
夹头最大力矩/N·m	2.3	2.3	0.9	2.8

2) 高速方面。国外加工中心用电主轴的转速已经达到 75000r/min（如意大利的 CAMFIOR 公司），而我国大多在 20000r/min 以下。对于一般加工中心钻、铣用电主轴方面，国外已经达到了 260000r/min（如日本的 SEIKO SEIKI），而我国电主轴的最高转速为 150000r/min。

3) 电主轴的润滑方面。国外已经普遍使用先进的油气润滑，而我国虽然有部分企业和研究所使用油气润滑方式，但仍有较多企业和研究所仍以油脂润滑和油雾润滑为主。

4) 电主轴的支承方面。国外已经有了动静压液（气）浮轴承电主轴（如瑞士 IBAG）、磁悬浮轴承的电主轴（如瑞士 IBAG）等成熟产品。而我国仍然处于科学研究、试验和开发阶段。

5) 其他与电主轴相关的配套技术方面。如主轴电动机矢量控制和交流伺服控制技术、精确定向（准停）技术、快速起动与停止技术等，这些技术国外已经比较成熟，而国内仍然不够成熟，远远不能满足实际生产需要。

6) 在产品的品种、数量和制造规模方面。尽管国内已经有部分制造商从事电主轴的研究和制造，但是仍然以磨床用电主轴为主，对于数控机床用电主轴仍处于少量开发与研究阶段，远没有形成系列化、专业化和规模化生产，还无法与国外先进水平相比，远远不能满足国内市场日益增长的需要。

4. 高速电主轴的结构特征

为了获得高的快速响应（高的加速度和减速度）

和高转速，必须最大限度地减小旋转部件的转动惯量，采取措施的最终结果是去掉电动机和执行机构间的一切中间传动环节，就是采用电动机和主轴合二为一的结构形式——"电主轴"单元结构。同普通机床主轴相比，高速电主轴单元的结构设计具备如下几个特征。

1) 采用高性能支承部件。高速主轴支承是高速主轴单元设计的核心。设计和选择主轴支承时，不但要求在主轴旋转时有较高的刚度和承载能力，而且要求有较长的使用寿命。常用陶瓷轴承和非接触式液动、静压轴承及磁浮、气浮轴承等。

① 接触式陶瓷滚动轴承。高速主轴单元支承的主要设计参数应是转速。采用陶瓷轴承，可以满足低温升、高刚度、长寿命的要求，是新一代高速轴承，和同规格、同精度等级的钢质滚动轴承相比，其速度可提高 60%，温升降低 35%~60%，寿命提高 3~6 倍。目前世界各国研究陶瓷球轴承处于领先水平的主要公司有瑞典的 SKF，德国的 FAG，法国的圣戈班，日本的 NSK、KOYO、NMB（美培亚）等。图 4.3-2 为 SKF 公司研制的用于 NC 铣床的一种主轴单元结构，主轴采用 4 个陶瓷轴承支承，电枢部分采用循环水冷却，主轴转速可高达 24000r/min。日本新泻铁工生产的数控铣床 UHS4，主轴单元采用陶瓷轴承支承，其驱动功率为 22kW 时，转速高达 40000r/min。该公司生产的加工中心 VZ40 以及美国 Cincinnati-Milacron 生产的 HPMC 系列加工中心，主轴支承也是采用陶瓷轴承。VZ40 主轴传动功率为 18kW，转速达

50000r/min。HPMC 加工中心，主轴传动功率为 11kW，转速高达 20000r/min。

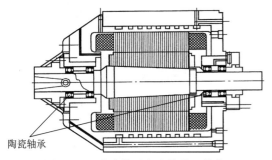

陶瓷轴承

图 4.3-2　陶瓷轴承电主轴单元结构

日本 NSK 公司（日本精工株式会社）成立于 1916 年，在全球设有 60 多个工厂，开发出了各种新型轴承。在机床主轴轴承方面，NSK 公司开发了超高速 ROBUST 系列角接触球轴承，该系列包含 X 型高速高性能系列、S 型标准系列和 H 型高速系列，X 型系列采用了耐热性、耐磨性更为优异的 SHX 型材，在实现提高主轴高精度、高速度的同时降低了发热量，增加了使用寿命，提高了机床性能。另外，该系列包含两种接触角：接触型（18°）、高刚度型（25°）；同时包含两种球材质：钢球、陶瓷球。轴承构造如图 4.3-3 所示。其中 NSK H 系列陶瓷球轴承型号与参数见表 4.3-23。

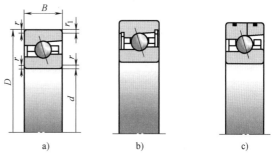

图 4.3-3　轴承构造

a）开式　b）密封式　c）ROBUSTSHOT

表 4.3-23　NSK H 系列陶瓷球轴承型号与参数

型号	主要尺寸/mm					基本额定载荷/kN		极限转速/（r/min）	
	d	D	B	r	r_1	C_r	C_{or}	脂润滑	油润滑
30BNR4H	30	55	13	1	0.6	8.65	5.75	42400	65900
35BNR4H	35	62	14	1	0.6	4.1	7.4	37200	57800
40BNR4H	40	68	15	1	0.6	4.6	7.95	33400	51900
45BNR4H	45	75	16	1	0.6	11.7	9.00	30000	46700
50BNR4H	50	80	16	1	0.6	12.2	9.90	27700	4340
55BNR4H	55	90	18	1.1	0.6	15.1	12.5	24900	38700
60BNR4H	60	95	18	1.1	0.6	15.6	13.7	23300	36200
65BNR4H	65	40	18	1.1	0.6	16.2	14.8	21900	34000
70BNR4H	70		14	20	1.1	22.3	19.8	20000	31200
80BNR4H	80	125	22	1.1	0.6	26.5	24.5	17600	27400
85BNR4H	85	130	22	1.1	0.6	26.8	25.7	16800	2640
90BNR4H	90	140	24	1.5	1	35.0	33.0	15700	24400
40BNR4H	40	150	24	1.5	1	36.0	36.0	14400	22400
14BNR4H	14	170	28	2	1	46.0	47.0	12900	20000

② 非接触式轴承。高速主轴单元中应用非接触式轴承是发展方向，主要有液体动、静压轴承，气体动、静压轴承和磁悬浮轴承及气浮轴承等。图 4.3-4～图 4.3-6 分别给出了各种非接触式轴承电主轴结构实例。

图 4.3-4 为一液体静压轴承高速主轴单元。液体静压轴承是指靠外部供给压力油，在轴承内建立静压承载油膜以实现液体润滑的滑动轴承。液体静压轴承从起动到停止始终在液体润滑下工作，所以没有磨损，使用寿命长。动压轴承是靠轴的转动形成油膜而具有承载能力的，承载能力与滑动速度成正比。低速时，承载能力低。液体动静压轴承精度高、刚度大、寿命长、吸振抗振性能好，主要用于精密加工机械及高速、高精度设备的主轴。Ingersoll 公司 HVM800 高速加工中心，采用了这种轴承，主轴转速可以达到 20000r/min，轴径表面的圆周速度达到 50m/s。其最大特点是运动精度很高，回转误差一般在 0.2μm 以下。另外，油膜具有很大的阻尼，动态刚度高，特别适于铣削断续表面。

动静压轴承是一种综合了动压轴承和静压轴承优点的多油楔油膜轴承，它既避免了静压轴承高速下严重发热和供油系统复杂等问题，又克服了动压轴承启动和停止时可能发生干摩擦的弱点，具有很好的高速性能，且调速范围宽，既适合大功率的粗加工，又适

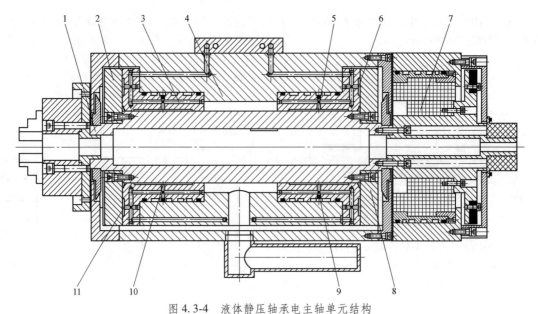

图 4.3-4 液体静压轴承电主轴单元结构

1—转子 2—前止推盘 3—前轴承 4—壳体 5—后径向油腔 6—后止推油腔 7—电动机 8—后止推盘
9—后轴承 10—前径向油腔 11—前止推油腔

用于超高速精加工，但动静压轴承必须专门设计和单独生产，标准化程度低，维护困难，目前在电主轴单元中应用较少。

图 4.3-5 是一空气静压轴承高速主轴单元结构。气体静压轴承，低摩擦、无污染，适用于高速或超高速、高精度场合。经过 70 多年的发展，国内外研究人员对气体静压电主轴的研究及应用已较为成熟。目前，气体静压电主轴产品可分为两大类，即中低转速、超高精度和超高转速、中低精度。后者主要用于微铣削、微钻削和微磨削等加工领域，如英国西风公司生产的

PCB 钻孔用主轴 D1795，转速最高可达 370000r/min，动态偏摆<7μm。美国 PRETECH 公司研制的 Nanotech 系列纳米级机床采用了空气电主轴最高转速达 160000r/min。在国内，广州机床研究所开发的 QGM-4 型气动高速磨头，通过采用空气静压轴承支承和以气涡轮驱动，最高转速可达 150000r/min；广州昊志机电股份有限公司生产的 DQF-300 型电主轴采用气体静压轴承支承，最高转速可达 300000r/min，主轴的最大功率为 0.75kW，主要用于高速、高精度小孔的钻削加工。

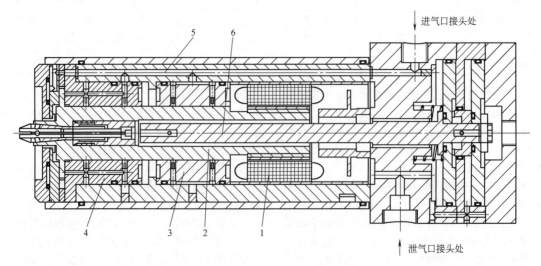

图 4.3-5 空气静压轴承高速主轴单元结构

1—电动机定子 2—主轴 3—后轴颈轴承 4—前轴颈轴承 5—供气通道 6—拉刀机构

图 4.3-6 为磁悬浮轴承支承高速主轴单元。它是利用电磁力将主轴悬浮起来的一种新型智能化轴承。工作时，转子的位置由高灵敏度传感器不断进行检测，反馈信号传给 PID 控制器，由其进行数据分析和处理，算出校正转子位置所需电流，经功率放大后，输入定子电磁铁，改变电磁力，从而始终保持转子（主轴）的正确位置。由于这种轴承是用电磁力进行反馈控制的智能型轴承，转子位置能够闭环自律，主轴刚度和阻尼可调。当负载变化使主轴轴线偏移时，磁悬浮轴承能迅速克服偏移而回到正确位置，实现在线监控，使主轴始终绕自身的惯性轴回转，并可使主轴平稳地越过临界转速，实现主轴的超高速旋转，其转速特征值可达 $4×10^6$，回转精度达 $0.2\mu m$。由于这

种轴承具有高精度、高转速、高刚度、寿命长、无润滑和密封、能耗低、无振动、无噪声等诸多优点，转子线速度可高达 200m/s，有着不可比拟的优越性，因而倍受青睐，已相继被许多国家用到高速加工机床上，如德国 Huller-Hille 的加工中心主轴单元，就采用磁悬浮轴承支承，在主轴驱动功率为 12kW 时，其转速能达到 60000r/min。KAPP 公司的砂轮主轴单元，采用磁悬浮轴承支承，转速也达到 60000r/min。国际上 S2M（法国）、IBAG（瑞士）和 GMN（德国）公司生产的三种型号的磁悬浮轴承主轴单元性能见表 4.3-24。磁悬浮轴承是超高速加工机床主轴的理想支承元件，但磁悬浮轴承要求的电气控制系统较为复杂、严格，轴承制造成本较高。

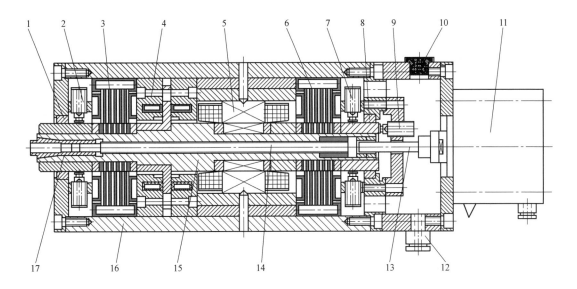

图 4.3-6　磁悬浮轴承电主轴单元结构

1—下径向保护轴承　2—下径向传感器　3—下径向轴承定子　4—轴向轴承定子　5—电动机定子　6—上径向轴承定子
7—上径向传感器　8—上径向保护轴承　9—轴向传感器　10—出线孔　11—自动换刀气压缸　12—冷却气体入口
13—自动换到顶杆　14—气压拉杆　15—电主轴转子　16—外壳与基座　17—刀具连接部分

表 4.3-24　磁悬浮轴承主轴的性能

生产公司	产品型号					
	Ⅰ 型		Ⅱ 型		Ⅲ 型	
	转速 /(r/mim)	功率 /kW	转速 /(r/mim)	功率 /kW	转速 /(r/mim)	功率 /kW
S2M（法国）	30000	25	45000	20	60000	15
IBAG（瑞士）	40000	40	60000	20	80000	8
GMN（德国）	40000	18	80000	7	120000	2

生产高速电主轴轴承的著名专业厂家，除了上述公司外，还主要有瑞典 SKF 公司、日本 NSK 公司、日本 NTN 公司、德国 Schaeffler 集团以及国内的哈尔滨轴承集团（HRB）、瓦房店轴承集团（ZWZ）等。

在高速机床主轴设计时，可以选择其相关产品。

高速主轴单元非接触式支承还有气浮轴承，它是利用空气压力将主轴悬浮起来的一种新型轴承，一般用于高精度、高速度和轻载荷的场合。使用气浮轴

承，主轴单元最高转速可达 150000r/min 以上，但输出力矩和功率较小，主要用于零件的光整加工。如日本东芝机械公司生产的 ASV40 加工中心上，采用改进的气浮轴承，在大功率下实现了 30000r/min 的主轴转速。瑞士 Westwind 的加工中心，采用气浮轴承主轴转速在其驱动功率为 9.1kW 时达到了 55000r/min。气体悬浮电主轴的主要特点为：a. 精度高，回转精度优于 50nm；b. 转速高；c. 磨损小，寿命长；d. 结构紧凑，可充分减少所占用的机床空间；e. 转动惯量小，可快速起动和变速；f. 振动小、噪声小；g. 清洁度高，不污染环境；h. 耐高、低温性能好；i. 无爬行，运行平稳；j. 调速范围宽。由于具备上述优点，气体悬浮电主轴在超精密机床和高速机床中获得广泛应用。

为了克服油基液体动、静压轴承黏度大和气浮轴承刚度和承载能力低的缺点，国外开始研究水基动、静压轴承。它利用水的黏度小且不可压缩的特点，动力采用水动涡轮。综上所述，从功能和经济性要求考虑，采用陶瓷轴承或油基液体动、静压轴承是较好的可选方案。但对于更高速或超高速主轴单元，磁悬浮轴承是各研究机构和制造商更为重视的研究和应用领域。

2）电主轴电动机一般采用和主轴一体化的大功率、宽调速交流变频电动机直接驱动。电动机变频器

的突出特点就是其工作频率比普通变频器高，一般为 1500~2000Hz 以上，而且多采用先进的控制技术，如矢量闭环控制技术。

3）结构设计保证具有良好的动刚性、抗振性、热特性和良好的动平衡性能。在保证其他静态特性下，电主轴的平衡等级必须要达到 G0.4 以上。

4）高效冷却与润滑系统。普通的数控机床和加工中心主轴轴承大都采用油脂润滑方式，而对于高速加工设备，高速电主轴单元一般采取风冷、水冷方式，润滑方式主要有油气润滑、喷注润滑、突入滚道式润滑方式等。如内径为 40mm 的轴承以 20000r/min 的速度旋转时，线速度超过 40m/s，轴承周围的空气也伴随流动，流速达 50m/s。要使润滑油突破这层旋转气流很不容易，采用突入滚道式润滑方式则可以可靠地送入轴承滚道处。图 4.3-7 为其一种结构示意图及冷却油流经路线。

5）采用高性能的数控系统和先进的控制技术（如矢量式闭环控制、温度自动调整控制系统）。高性能的数控系统可以确保高速下获得复杂曲面的高速、高精度插补和精确的运动控制，可以确保主轴在全部工作时间内温度恒定以及主轴在低转速时的全额恒力矩、功率全额输出和主轴电动机快速起动、制动和准确停止。

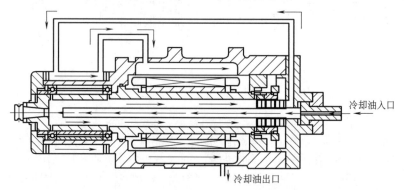

图 4.3-7 某电主轴单元冷却油流经路线

5. 高速进给单元

(1) 直线电动机的基本性能要求

直线电动机是指可以直接产生直线运动的电动机。高速机床对进给系统提出了新要求：

1）为了减少非切削时间，实现高效加工，必须实现进给的高速度。

2）为了保证轮廓切削形状的高精度和小的加工表面粗糙度值，要求进给系统具有良好的快速响应特性，最大限度地减少系统跟随误差。为此，高速机床进给系统还必须实现高的加、减速度进给，其值一般要求高达（1~4）g。

要获得高的进给加、减速度，只有最大限度地降低进给驱动系统的惯量、移动部件的质量和提高电动机的进给驱动力。而最理想的方案就是采用直线电动机直驱的结构形式。传统的"旋转电动机+滚珠丝杠"的轴向进给方案受其本身结构的限制（刚性低、惯量大、非线性严重、加工精度低、传动效率低、结构不紧凑等），一般其进给速度很难超过 60m/min，加速度很难超过（1~1.5）g，满足不了高速加工的要求。

表 4.3-25 和表 4.3-26 分别给出了直线电动机高速进给单元与传统滚珠丝杠进给系统的性能比较（表中数据均来源于 GE-FANUC）。

表 4.3-25 直线电动机高速进给单元与传统滚珠
丝杠进给系统的性能比较

性能	滚珠丝杠进给系统	直线电动机进给系统	
		现状	展望
最高速度/(m/s)	0.67	2	3~4
最高加速度/g	0.5~1	1~1.5	2~4
静态刚度/(N/μm)	88~176	69~265	—
动态刚度/(N/μm)	88~176	157~206	—
稳定时间/ms	40	4~12	—
最大进给力/N	26700	9000	15000
工作可靠性/h	6000~4000	50000	—

表 4.3-26 使用直线电动机进给单元前、后
机床性能比较

性能	传统滚珠丝杠机床	直线电动机驱动机床
速度/(m/min)	12.7~25.4	38.1
加速度/g	0.5	1~1.5
加工精度/mm	0.02~0.025	0.003~0.005

（2）直线电动机的结构特征、性能特点与选用原则

直线电动机有直流直线电动机、步进直线电动机和交流直线电动机三大类。高速机床为满足机床大推力进给部件要求，主要采用交流直线电动机。直线电动机的结构和工作原理与旋转电动机相比，并没有本质的区别。

1）直线电动机的结构特征：

① 在结构上，直线电动机由初级和次级绕组构成，且具有短次级和短初级两种形式，如图 4.3-8 所示。

把普通旋转电动机沿圆周方向拉开展平，对应于旋转电动机的定子部分，变成直线电动机的初级，对应于旋转电动机的转子部分，变成直线电动机的次级，如图 4.3-9 所示。当多相交变电流通入多相对称绕组时，就会在直线电动机初级和次级之间的气隙中产生一个行波磁场，从而使初级和次级之间相对移动。

图 4.3-10 所示为一维直线电动机伺服驱动系统工作台结构。

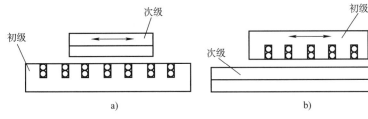

图 4.3-8 直线电动机的形式
a）短次级 b）短初级

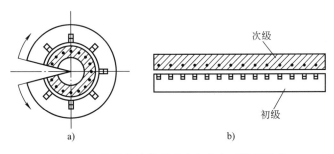

图 4.3-9 旋转电动机展平为直线电动机的形式
a）旋转电动机 b）直线电动机

② 在励磁方式上，交流直线电动机可以分为永磁（同步）式和感应（异步）式两种。永磁式直线电动机的次级是一块一块铺设的永久磁钢，其初级是含铁心的三相绕组。感应式直线电动机的初级和永磁式直线电动机的初级相同，而次级是用自行短路的不馈电栅条来代替永磁式直线电动机的永久磁钢。永磁式直线电动机在单位面积推力、效率、可控性等方面均优于感应式直线电动机，但其成本高、工艺复杂，而且给机床的安装、使用和维护带来不便。感应式直线电动机在不通电时是没有磁性的，因此有利于机床的安装、使用和维护，近年来，其性能不断改进，已接近永磁式直线电动机的水平，在机械行业的应用已受到欢迎。

2）电磁式直线电动机的优点。传统的"旋转电

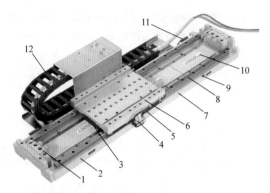

图 4.3-10　一维直线电动机伺服驱动系统工作台结构
1—挡块　2—底座　3—动子　4—读头　5—滑块
6—动子座　7—位置回馈装置　8—滑轨　9—原点
10—定子　11—极限开关　12—链条

动机+滚珠丝杠副"直线伺服系统本身具有一系列不利因素，如机械间隙、摩擦、扭曲、螺距的周期性误差等；而直线电动机伺服系统则没有任何中间传动环节，实现了"零传动"，因而具有诸多优点，具体如下。

① 没有机械接触，传动力是在气隙中产生的，除了直线电动机导轨以外没有任何其他的摩擦。因而近乎无摩擦磨损、噪声小、寿命长、维护简单。

② 结构简单、紧凑，刚性好，动态响应快，系统可靠性高。

③ 运行的行程在理论上是不受任何限制的，而且其性能不会因为其行程的大小改变而受到影响。

④ 更高的加速度、更快的运行速度和更宽的变速范围。加速度可达（4~30）g（g 为重力加速度，$g=9.8m^2/s$），极端速度性能好，既有良好的低速性能，又有极高的高速性能。

⑤ 运动平稳。这是因为除了起支承作用的直线导轨或气浮轴承外，没有其他机械连接或转换装置。

⑥ 微纳定位和运动控制精度高。由于取消了丝杠等机械传动机构，因此减少了传统系统因间隙与变形滞后所带来的跟踪误差。借助高精度直线位移传感器实现闭环控制，直线电动机动态运行控制精度可以提高 4~40 倍，其定位精度可达 0.01~0.1μm。

3）电磁式直线电动机的缺点。从表面看，电磁式直线电动机运动单元可逐步取代"旋转电动机+滚珠丝杠副"传统结构的伺服系统而成为驱动直线运动的主流。但事实是，直线电动机因固有的结构形式，与旋转电动机相比，也存在一些无法克服的缺点，主要如下。

① 直线电动机的耗电量大，尤其在进行高载荷、高加速度的运动时，机床瞬间电流对车间的供电系统

带来沉重负荷。

② 直线电动机的动态刚性极低，不能起缓冲阻尼作用，在高速运动时容易引起机床其他部分共振。

③ 发热量大，固定在工作台底部的直线电动机动子是高发热部件，安装位置不利于自然散热，对机床的恒温控制造成很大挑战。

④ 不能自锁紧，为了保证操作安全，直线电动机驱动的运动轴，尤其是垂直运动轴，必须要额外配备锁紧机构，增加了机床的复杂性。

⑤ 具有开断的初级结构，磁场不对称，从而导致端部效应。这种端部效应的存在使得励磁电流存在畸变，产生推力波动。

4）直线电动机的选用原则。直线电动机有它独特的应用，是旋转电动机所不能替代的。但是并不是任何场合使用直线电动机都能取得良好的效果。为此必须首先了解直线电动机的应用原则，以便能恰到好处地应用它。其应用原则有以下几个方面的内容。

① 选择合适的运动速度。

直线感应电动机的运动速度与同步速度有关，而同步速度又正比于极距，因此极距的选择范围决定了运动速度的选择范围。极距太小会降低槽的利用率，降低品质因数，从而降低电动机的效率和功率因数。因此，极距不能太小（下限通常取 3cm）。极距可以没有上限，但当电动机的输出功率一定时，初级铁心的纵向长度是有限的；同时为了减小纵向边缘效应，电动机的极数不能太少，故极距不可能太大。

② 选择合适的推力。

旋转电动机可以适应很大的推力范围，因为其可以配上不同的变速机构得到不同的转速和力矩。直线感应电动机则不同，它无法用变速箱改变速度和推力，因此它的推力无法扩大。要得到比较大的推力，只能加大电动机尺寸，这有时是不经济的。一般来说，在工业应用中，直线感应电动机适用于推动轻载。

③ 要有合适的往复频率。

在工业应用中，直线感应电动机是往复运动的。较高的加工率要求直线微纳运动系统较高的往复运行频率。这意味着电动机要在较短的时间内完成起动、加速、运行、制动、定位以及换向等。往复频率越高，电动机的加速度就越大，加速度所对应的推力越大，有时加速度所对应的推力甚至大于负载所需推力。推力的提高导致电动机的尺寸加大，而其质量加大又引起加速度所对应的推力进一步提高，有时产生恶性循环。

④ 要有合适的定位精度。

在许多应用场合，电动机运行定位精度越高，采

取的措施和成本越大，因此，不可一味追求高性能和高精度，应在满足使用要求的前提下尽可能降低成本，达到既经济又性价比高。

（3）直线电动机产品

和电主轴单元比较，目前世界上生产直线电动机的厂家比较多，主要有美国的 Kollmorgen 公司、Trusttube 公司、Anorad 公司和 Tritex 公司，日本的 GE-Fanuc 公司、ORIENTAL 公司，德国的西门子公司、Indramat 公司，瑞士的 ETEL 公司，中国的广州昊志机电股份有限公司、深圳亚特精科电气有限公司、哈尔滨泰富实业有限公司、海顿直线电机（常州）有限公司等。这里列出了部分公司的直线电动

机产品。

1）瑞士 ETEL 公司直线电动机产品。瑞士 ETEL 公司创建于 1974 年，致力于商业化直接驱动技术事业。作为直接驱动技术领域的先驱，ETEL 是业内提供标准化直线电动机产品品种较全的公司，有 LMA、LMG 和 LMS 等系列 50 多种型号，几乎能满足任何要求。

LMA、LMG 和 LMS 电动机采用 ETEL 获专利的无齿槽结构。这种结构在给定磁隙情况下能提供极为优异的峰值推力密度和最优的热效率，这对于热漂移高度敏感的高精度机床极其关键。其外形如图 4.3-11 所示，直线电动机型号与性能参数见表 4.3-27。

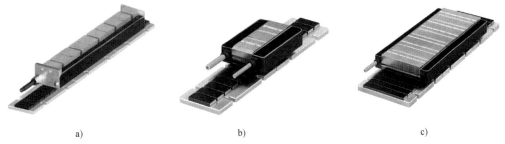

图 4.3-11　ETEL 直线电动机外形

a）LMA 铁心直线电动机　b）LMG 铁心直线电动机　c）LMS 铁心直线电动机

表 4.3-27　ETEL 公司直线电动机型号与性能参数

电动机型号	长度/mm	宽度/mm	连续推力/N	峰值推力/N	电动机型号	长度/mm	宽度/mm	连续推力/N	峰值推力/N
LMA 直线电动机					LMG 直线电动机				
LMA11-030	200	61	175	567	LMG4-070	175	46	260	1280
LMA11-050	200	81	277	945	LMG4-40	175	136	342	1840
LMA11-070	200	41	371	1320	LMG15-030	255	66	176	764
LMA11-40	200	131	504	1890	LMG15-050	255	86	277	1320
LMA22-030	376	61	336	140	LMG15-070	255	46	374	1870
LMA22-050	376	81	528	1830	LMG15-40	255	136	506	2700
LMA22-070	376	41	705	2560	LMG20-050	335	86	378	1790
LMA22-40	376	131	956	3650	LMG20-070	335	46	513	2520
LMS 直线电动机					LMG20-40	335	136	689	3630
LMS4-40	175	136	458	1870					
LMS15-030	255	66	221	748					
LMS15-050	255	86	360	134					
LMS15-070	255	46	497	1870					
LMS15-40	255	136	672	2720					
LMS20-050	335	86	485	1790					
LMS20-070	335	46	666	2560					
LMS20-40	335	136	908	3640					

2）德国西门子的直线电动机产品。德国西门子的直线电动机按结构形式可分为：扁平型、管型、圆盘型和圆弧型；按工作原理可分为：交流直线感应电动机（LIM）、交流直线同步电动机（LSM）、直线直流电动机（LDM）和直线步进电动机（LPM）。西门子 1FN 系列直线电动机属于扁平型交流直线同步电

动机,有标准产品 1FN1、1FN3 和非标准产品 1FN4、1FN5 等。表 4.3-28 列出了两种直线电动机标准产品的性能对比。

3) 上银科技直线电动机产品。上银科技的 HI-WIN 线性电动机可分为铁心式直线电动机及无铁心式直线电动机。铁心式直线电动机拥有较大的推力,

而无铁心式直线电动机较为轻巧,拥有较佳的动态特性。电动机与负载间皆没有任何传动机构,可直接驱动负载,除机构更为简单外,也因此拥有出色的动态响应,此外,直线电动机为非接触式设计,不会产生磨耗,因此可提供更高的精度,也可减少保养和维护。

表 4.3-28 1FN1、1FN3 直线电动机标准产品的性能对比

指标	1FN1	1FN3
电动机类型	AC 直线电动机(永磁同步电动机)	
最大推力 F_{max}/N	14500	20700
过载能力(F_{max}/F_{rated})	2.25	2.75
额定载荷下速度 v_{max}/(m/min)	200	836
加速度 g/(m/s²)	20	32
热夹层技术	内置	选件
减小力波动	内置力波动补偿	初级极距优化
机械接口处温升/K	2	4
温度传感器	Temp-F:KTY84(渐变) Temp-S:温度开关	Temp-F:KTY84(渐变) Temp-S:PTC(突变)
应用场合	高速铣削、磨削、超精加工等	高性能机床、激光加工机床等

HIWIN 铁心式直线电动机具有无磨耗、零背隙、低顿力、低速度涟波、动子推力密度大等特性,可应用于高加减速点对点需求运动,如自动化设备、工具机、半导体设备、玻璃切割机、雷射加工机、PCB 加工、SMT 机台、AOI 光学检测设备、主动式抑振平台

等。最大速度为 30m/s,最大加速度为 4g,0.1m/s 补偿前的速度涟波为 2%~3%。图 4.3-12 为不同系列铁心式直线电动机外形,表 4.3-29 为 LMFA 系列直线电动机性能参数。

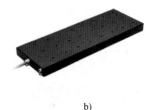
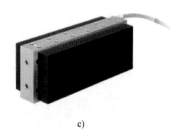

图 4.3-12 不同系列铁心式直线电动机外形
a) LMSA 系列线性电动机 b) LMFA 系列线性电动机 c) LMSC 系列线性电动机

表 4.3-29 LMFA 系列直线电动机性能参数

参数	符号	单位	LMFA54	LMFA54L	LMFA62	LMFA62L	LMFA63	LMFA63L	LMFA64	LMFA64L
连续推力	F_c	N	2844	2844	1979	1979	2969	2969	3958	3958
连续电流	I_c	A_{rms}	12.4	18.3	5.8	11.5	8.7	17.3	11.5	23.1
瞬间推力(1s)	F_p	N	13850	13850	4413	4413	15620	15620	20827	20827
瞬间电流(1s)	I_p	A_{rms}	24.7	36.5	11.5	23.1	17.3	34.6	23.1	46.2
推力常数	K_f	N/A_{rms}	229.9	155.7	342.7	171.4	342.7	171.4	342.7	171.4
线圈最高温度	T_{max}	℃	120							
电气时间常数	K_e	ms	12.2	12.4	12	12	12	12	12	12
反电动势常数(线间)	K_v	V_{rms}/(m/s)	132.7	89.9	197.9	98.9	197.9	98.9	197.9	98.9
瞬间推力最高速度	$V_{max,FP}$	m/s	1.92	3.04	1.12	2.61	1.12	2.61	1.12	2.61
最大输入功率	$P_{EL,max}$	W	49290	64534	26878	42393	40316	63590	53478	8454
最大操作电压	—	V_{DC}	750							

HIWIN无铁心式直线电动机产品具有无磨耗、零背隙、无顿力与低速度涟波特性以及动定子间无吸引力、无噪声等，其最大速度为 5 m/s、最大加速度为 5g、0.1m/s 补偿前的速度涟波 0.80%。可应用于安装平台不变形、轻负载且需求连续运动曲线。例如高速轻负载自动化设备、无尘环境的自动化设备、面板平板设备、光学检测设备、扫描式电子显微镜设备、半导体设备、工具机线切割设备与凸轮车床设备。图4.3-13 为不同系列无铁心式直线电动机外形，表4.3-30 给出了其 LMCF 系列直线电动机部分型号的主要性能参数。

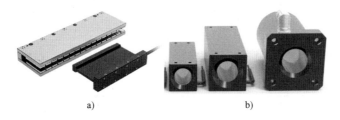

图 4.3-13　不同系列无铁心式直线电动机外形
a）LMC 系列直线电动机　b）LMT 系列直线电动机

表 4.3-30　LMCF 系列直线电动机性能参数

参数	符号	单位	LMCF4	LMCF6	LMCF8	LMCFA	LMCFC
连续推力	F_c	N	228	342	456	570	684
连续电流	I_c	A_{rms}	3.8	5.7	7.6	9.5	11.4
瞬间推力（1s）	F_p	N	912	1368	1824	2280	2736
瞬间电流（1s）	I_p	A_{rms}	15.2	22.8	30.4	38	45.6
推力常数	K_f	N/A_{rms}	60				
线圈最高温度	T_{max}	℃	40				
电气时间常数	K_e	ms	1				
反电动势常数（线间）	K_v	$V_{rms}/(m/s)$	34.4				
最大操作电压	—	VDC	330				

4）深圳亚特精科电气有限公司直线电动机产品。该公司生产的 ECOLIN 牌 SLM 系列直线电动机基本参数见表4.3-31。SLM-080-380-200 型直线电动机的推力-速度曲线图和直线电动机及其磁轨外形如图4.3-14 所示。

直线电动机构成直线运动单元，表4.3-32 和表4.3-33 分别列出了 DLM 系列、ELP 系列两种直线运动单元的基本参数。DLM120/160/200 系列直线单元的外形如图4.3-15 所示。

DLM 直线运动单元由侧装双侧4条硬质圆柱钢滑轨的方槽形铝材结构组成。滑轨与永磁体安装在一起作为定子，滑块作为动子。无电流时，永磁体的磁力使滑块与滑轨之间产生预压力。几个滑块可以在一个滑轨上独立驱动。

表 4.3-31　SLM 系列直线电动机基本参数

参数	型号			
	SLM-080-380-200	SLM-040-368-200	SLM-040-192-200	SLM-025-192-200
磁场周期/mm	33	32	32	32
相电阻/Ω	5.7	2.1	4.4	1.79
相电感/mH	40	19	11	11
峰值推力/N	1650	880	440	220
峰值电流/A_{rms}	16	18	9	11
持续推力/N	800	500	260	150
持续电流/A_{rms}	5.5	9.1	4.7	6
磁场吸力/N	5980	2300	1180	750
防护等级	IP55	IP55	IP55	IP55
尺寸 $L×B×H$/mm	380×114×38	368×74×43.9	192×74×43.9	192×59×43.9
质量/kg	4.5	5.7	2.9	2.2

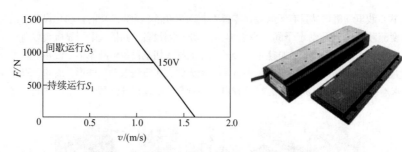

图 4.3-14 SLM-080-380-200 型直线电动机的推力-速度曲线图和直线电动机及其磁轨外形

表 4.3-32 DLM 系列直线运动单元的基本参数

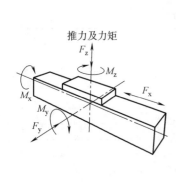

推力及力矩

型号	DLM120		DLM160		DLM200	
推力/力矩	静态	动态	静态	动态	静态	动态
F_y/N	140	900	3000	2000	4400	340
F_z/N	1250	400	3500	2800	4900	4400
$M_x/N \cdot m$	150	125	400	320	600	54
$M_y/N \cdot m$	140	120	360	300	560	480
$M_z/N \cdot m$	40	90	180	150	34	275
无电流平移阻力/N	3	5	5	8		
速度/(m/s)max	4		6		8	
工作推力						
电动机型号	1	2	1	2		
持续推力/N	90	180	280	570		
最大推力/N	300	600	550	140		
铝材几何特性						
I_x/mm^4	1.35×10^5		5.65×10^5		19.14×10^5	
I_y/mm^4	1.48×10^5		6.12×10^5		20.12×10^4	
弹性模量/(N/mm^2)	70000		70000		70000	

表 4.3-33 ELP 系列直线运动单元的基本参数

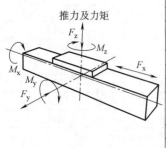

推力及力矩

型号	ELP30		ELP40		ELP60	
推力/力矩	静态	动态	静态	动态	静态	动态
F_y/N	90	60	1200	700	3000	2000
F_z/N	90	60	900	650	1700	140
$M_x/N \cdot m$	4	5	25	20	67	43
$M_y/N \cdot m$	13	6	32	18	90	70
$M_z/N \cdot m$	14	7	35	25	120	40
无电流障碍力/N	5					
无转子移动质量/g	176		520		1565	
电动机型号	1	2	1	2	1	2
电动机	P01-23×80	P01-23×160	P01-23×80	P01-23×160	P01-37×120	P01-37×240
速度/(m/s)max	1.9	3.4	1.9	3.4	2.6	4
工作故障推力 F_x/N	24V/48V	24V/48V/72V	24V/48V	24V/48V/72V	24V/48V	48V/72V
持续推力/N	9	17	9	17	30	55
最大推力/N	22/33	22/44/60	22/33	22/44/60	61/122	120/204
铝材几何特性						
I_x/mm^4	4.09×10^4		1.32×10^5		6.79×10^5	
I_y/mm^4	4×10^4		1.34×10^5		6.97×10^5	
弹性模量/(N/mm^2)	70000		70000		70000	

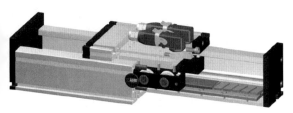

图 4.3-15　DLM120/160/200 系列直线单元的外形

ELP 直线运动单元外形如图 4.3-16 所示，由带有两个完整的滑轮轨道的方槽形铝材结构组成。装有永磁体的转子杠和单元的左右挡块安装在一起。定子安装在滑块下面，直接驱动滑块。滑块上面，有一交流绕组，一个位置传输器，一个热敏检测器。几个滑块可以在一个滑轨上独立驱动。性能参数见表 4.3-33。

图 4.3-16　ELP 直线运动单元外形

5）广州昊志机电股份有限公司直线电机产品。广州昊志机电股份有限公司是国内生产高速直线电动机的主要厂家之一，公司生产的 DLMF 系列直线电动机推力密度高、加速度大，速度、动态响应快，推力波动极小，液冷设计温升小，系列化、模块化设计，具有温度检测与过热保护，最高推力达到 11400N。其生产的 DLMF-04 系列直线电动机性能参数见表 4.3-34。

表 4.3-34　DLMF-04 系列直线电动机性能参数

电动机性能	符号	单位	直线电动机型号			
			DLMF-0401W	DLMF-0402W	DLMF-0403W	DLMF-0404W
连续推力	F_N	N	400	2000	3000	4000
峰值推力	F_{max}	N	2600	5300	8000	11400
电动机常数	K_M	N/W	50.4	71.3	86.8	40.4
最大持续损耗功率	P_{Nmax}	W	394	787	1194	1588
电气规格						
连续电流	I_N	A	5.8	11.6	17.5	23.3
峰值电流	I_{max}	A	17.4	34.8	52	71
推力常数	K_F	N/A	171.5	171.5	171.5	171.5
反电动势常数	K_E	V/(m/s)	99	99	99	99
电阻(P-P)	R_{STR}	Ω	6	3	2	1.5
电感(P-P)	L_{STR}	mH	72	36	24	18
最高线圈允许温度	T_{max}	℃	130	130	130	130
机械规格						
极对距(N-N)	T_M	mm	46	46	46	46
最小流量需求	V_{MIN}	L/min	6	6	6	6
磁吸力	F_A	N	5585	11170	16755	22340
初级质量	M_P	kg	6.4	15.8	25.1	34.5
次级质量	M_S	kg/m	22.3	22.3	22.3	22.3
初级规格	—		DLMFP-0401W	DLMFP-0402W	DLMFP-0403W	DLMFP-0404W
次级规格	—		DLMFS-0401/DLMFS-0403/DLMFS-0407(184mm/276mm/460mm)			

4.3.4　高速加工机床的控制系统

1. 高速加工对控制系统的要求

在高速加工条件下，由于主轴转速、进给速度和其加、减速度都非常高，从而对控制系统也提出了比普通数控机床更高的要求。高速切削加工机床要求其 CNC 系统不仅数据的处理速度快，而且应具有 NURBS 插补功能等。

2. 高速加工控制系统的类型和特征

高速加工控制系统的类型和普通数控机床上采用的控制系统并没有本质区别，其类型主要有以下几种。

1）就硬件结构而言，现代高速 CNC 控制系统主要有两大类：

① 模块化、个性化高速 CNC 系统：考虑系统方便快速的可维护性、功能的可扩展性，数控系统厂家开发的适合高速加工的数控系统，硬件结构一般都实现了模块化，在其系列化不同规格产品中，具有相对的通用性。硬件资源以功能划分模块，采用统一的总线结构，集成到一多槽总线母板上。但采用的总线规

范往往是内开外闭，公司内部各产品通用，属于开放式，但对外是不开放的，同时其功能各厂家产品又有其独特之处来满足不同场合的需求，具有个性化。因此，这种模块化、个性化高速控制系统产品是属于半开放式结构。

② 新一代开放式高速 CNC 系统：这类系统是基于通用 PC 软、硬件资源条件下开发的满足高速加工需求的高速、高精度，多坐标、多系统，功能复合化、个性化，高可靠性、高安全性和网络化的高档开放 CNC 控制器。这种开放式体系结构使数控系统有更好的通用性、柔性、适应性、扩展性和智能性、网络化。目前，这种开放式控制器结构主要有 3 种形式：

a. 基于 PC 的 CNC 系统，有时也称为 Soft NC：这种系统以 PC 机为平台，开发数控系统的各功能，通过伺服卡传送数据，控制坐标轴电动机的运动。这样的系统易于做到全方位开放。

b. PC 嵌入式，这种系统的基本结构为：PC+CNC 板，即将一块 CNC 板（多轴运动控制卡）插入通用 PC 中，CNC 主要运行以坐标轴运动为主的实时控制，即其主要作为数控功能运行，而 PC 机作为人机接口平台。

c. CNC 嵌入式，这种系统的基本结构为：CNC+PC 板，有的也称为融合系统。即主流 NC 系统生产厂家在原系统基本结构不变的基础上增加一块 PC 板，并提供键盘使用户能把 PC 和 CNC 联系在一起，大大提高了人机接口功能，既增加了开放性，同时工作又可靠。越来越受到机床制造商的欢迎，成为 NC 发展的趋势之一。

2）从 PLC 与 CNC 结构关系不同，高速控制系统可分为内装型和独立型控制系统两类。

内装型 CNC 装置，PLC 内嵌集成到控制系统主板上。独立型 CNC 装置，PLC 独立于控制系统外围，数控机床可以选用通用型 PLC。

3）从包含 CPU 数量不同，CNC 系统可分为单机系统和多机系统两类。

① 单机系统：在单机系统中，整个 CNC 装置只有一个 CPU，它集中控制和管理整个系统资源，通过分时处理的方式来实现各种 NC 功能。由于目前单一 CPU 运算速度和精度的局限性，高速 CNC 控制系统很少采用单机系统。

② 多机系统：CNC 装置中有两个或两个以上的 CPU，即系统中的某些功能模块自身也带有 CPU。根据部件间的相互关系多机系统又可分为：

a. 多主结构：系统中有两个或两个以上带 CPU 的模块部件对系统资源有控制或使用权。模块之间采

用紧耦合，有集中的操作系统，通过仲裁器来解决总线争用问题，通过公共存储器进行交换信息。多主结构又分为共享存储器结构和共享总线结构两种情况。

b. 主从结构：系统中只有一个 CPU（称为主 CPU）对系统的资源有控制和使用权，其他带 CPU 的功能部件，只能接受主 CPU 的控制命令或数据，或向主 CPU 发出请求信息以获得所需的数据。即它是处于从属地位的，故称之为主从结构。

c. 分布式结构：系统有两个或两个以上带 CPU 的功能模块，各模块有自己独立的运行环境，模块间采用松耦合，且采用通信方式交换信息。

各种不同类型的高速数控系统除了具有上述各自不同的结构特征外，还都有如下几点共性特征：

1）CNC 采用 32 位、64 位 CPU 和多 CPU 微处理器以及 64 位 RISC 芯片结构，大容量存储结构和缓冲内存，以保证高速度处理程序段和加工程序的高速执行。

2）多坐标、多系统控制。

3）高速、高效、高精度、高可靠性。

4）模块化、智能化、柔性化、集成化和功能复合化。

5）开放性、网络化功能，便于实现复杂曲面的 CAD/CAM/CAE 一体化。

总之，高速加工机床数控系统具有高速、高性能，以确保高速下的快速反应能力和零件加工的高精度。这是其区别于一般数控机床的主要特点。

4.3.5 高速加工机床的检测系统

1. 高速机床检测系统的组成及要求

高速、高性能数控机床的检测系统主要是指其伺服控制系统中的位置检测装置。位置检测装置是数控机床伺服系统的重要组成部分。在闭环、半闭环控制系统中，它的主要作用是检测位移和速度，并发出反馈信号，构成闭环或半闭环控制，从而实现高效、高精度的加工制造。

高速机床的位移检测传感器和常规高档加工中心用位移检测传感器基本没有区别，常用的位移传感器主要有光栅尺、编码器、感应同步器尺、旋转变压器和磁尺等。

闭环数控机床的加工精度在很大程度上是由位置检测装置的精度决定的，在设计数控机床进给伺服系统，尤其是高精度、高速度进给伺服系统时，必须精心选择位置检测装置。对于高速机床而言，由于其运动速度较快，因此要求选用的位移传感器工作频率一般尽可能的高，否则最高工作速度将受到限制。

高速机床对检测装置的要求如下：

1）工作可靠，抗干扰能力强。

2）满足精度和速度的要求。

3）易于安装，维护方便，适应机床工作环境。

4）成本低。

位置检测装置按工作条件和测量要求不同，可以分为直接测量和间接测量、数字式测量和模拟量测量、增量式测量和绝对式测量等。

2. 高速机床常用的检测元件

（1）光栅尺

光栅尺，也称为光栅尺位移传感器，是利用光栅的光学原理工作的测量反馈装置，可用作直线位移或角位移的检测。现在市场上光栅尺的生产厂家很多，国外的公司主要有德国海德汉、西班牙发格、英国雷尼绍、日本三丰和美国的 MicroE Systems 等，国内公司主要有中国科学院长春光学精密机械与物理研究所（长春光机）、广州信和光栅数显有限公司、广东万濠精密仪器股份有限公司、珠海市怡信测量科技有限公司、贵阳新豪光电有限公司、上海机床研究所、北京航天万新科技有限公司（简称航天万新）和桂林广陆数字测控有限公司（简称桂林广陆）等。其中，以海德汉、雷尼绍和 MicroE Systems 的光栅尺最为著名，其共同特点是高精度、高分辨率和高速。下面从封闭式增量光栅尺、封闭式绝对光栅尺、敞开式增量光栅尺和敞开式绝对光栅尺四个方面来说明国内外主要产品的区别。

表 4.3-35 为国际上部分厂家生产的封闭式增量光栅尺主要性能参数。一般而言，封闭式增量光栅尺的栅距为 4~40μm，分辨率最小达到 0.1μm，速度最高为 120m/min。其中海德汉的产品主要有四类，即 LB、LC、LF 和 LS，它们共同的特点是具有可定义的温度特性和能承受高频振动。LB 系列最大测量长度为 30m，LF 系列适用于高重复性测量的场合，LS600 可用于手动操作机床。发格公司的产品主要用于数控机床和普通机床，它有三种回零方式：一是增量回零方式；二是距离编码回零方式；三是可选择参考点回零方式。日本三丰公司的主要产品主要用于位置测量仪器、系统的位置反馈、机床数显、数控、半导体工业的测试设备，最重要的用户就是三丰公司自己。中国信和公司的光栅尺也做到了微米测量，它的测量范围比较有限，不能实现大量程高速测量，但由于价格比较低，现在也在国内一般机床和精度要求不高的场合得到了广泛的应用。表 4.3-36 给出了德国海德汉、美国 MicroE 和英国雷尼绍公司几种敞开式增量光栅尺主要性能参数。

表 4.3-35　国内外封闭式增量光栅尺主要性能参数

公司	栅距/μm	分辨率/μm	精度/μm	输出信号	工作温度/℃	量程/mm	速度/(m/min)
德国海德汉	4/20/40	0.1/0.5	±3/5	正弦	0~50	70~7000	60/120
西班牙发格	20/40	0.1/0.5/1	±3/5	差动 TTL	0~50	70~6040	120
日本三丰	20	0.1/0.5/5	(3+31)/400	正弦/TTL	0~45	40~6000	50
中国信和	20	0.5/1/5	±3/5/4	正弦 Vpp	0~50	70~440	60

表 4.3-36　国外几个著名品牌敞开式增量光栅尺主要性能参数

公司	型号	栅距/μm	分辨率/nm	精度/μm	输出信号	量程/mm	工作温度/℃	速度/(m/s)
德国海德汉	LIP372	0.128	1	±0.5	TTL	70~270	0~40	3
	LIP281	0.512	4	±3	TTL	20~3040	0~50	3
美国 MicroE	M5000	20	1.2~5000	±5(钢)	TTL	40~400	0~70	4
	M6000si	20	1.2~5000	±1(玻璃)	TTL	240~3040	0~70	4
英国雷尼绍	RELM	20	5~5000	±1	正弦/TTL	980	0~30	12.5
	RG2 系列	20	4~5000	±3	正弦/TTL	70		12.5

（2）编码器

旋转编码器一般用来测量角位移，主要有光电式、接触式和电磁式三类结构，其中光电式较为常用。图 4.3-17 为一光电式编码器的结构原理图，主要由光源、透镜、码盘（圆光栅）、指示光栅、光电转换电路等组成。编码器（Encoder）是通过旋转的码盘发出一系列脉冲，根据旋转方向由计数器对这些脉冲进行加/减计数，以此表示转过的角位移量。依据码盘刻线和结构图案特点，显然该编码器应属于混合编码器，既可用作增量式也可用作绝对式。对于绝对式编码器，码盘沿径向由内向外不同直径的圆周上分布有明暗相间编码图案，编码格式有二进制编码、格雷码等，信号输出一般是串行输出；对于增量式编码器，码盘圆周沿径向刻有 n 条明暗相间的条纹，码盘的每圈刻线数量 n 决定了其测量分辨率大小。编码器的信号输出一般用 A、B、Z 表示，从功能上讲分两种：辩向信号 A、B 和零位（基准）信号 Z。其中 A、B 用来测量运动位移和辨别运动方向，Z 信号为基准脉冲信号。A、B相位差为90°，转一转输出 n 个周期信号，而 Z 信号则每转只输出一个周期的信号；从信号输出类型而言，一般有正余弦模拟信号和数字脉冲信号两类，且又分为单极性输出和双极性输出（差分输出）。

目前国内外生产光电编码器的单位主要有：德国的海德汉（Heidenhain）公司，美国的 GPI 公司、MicroE 公司，日本的三丰公司，我国的中科院长春光机所、长春柏盛机电有限公司、广州信和光栅数显有限公司等。

高速机床的主轴转速非常高，所以普通的角度编码器已经不适用，需要性能与精度更高的模块式磁栅编码器。如德国海德汉生产的 ERM2000 系列和 ERM2203 系列，测量步距可达 0.001in（$1\text{in}=0.0254\text{m}$）。坚固耐用的 ERM 模块式磁栅编码器特别适用于生产型的高速机床。这里不再列举相应产品性能。

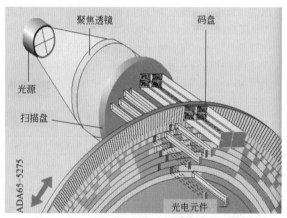

图 4.3-17　编码器结构原理图

（3）感应同步器

感应同步器是利用两个平面形绕组的互感随位置不同而变化的原理组成的。可用来测量直线或转角位移。测量直线位移的称长感应同步器，测量转角位移的称圆感应同步器。长感应同步器由定尺和滑尺组成，圆感应同步器由转子和定子组成。

感应同步器是一种电磁式位置检测元件，按其结构特点分为直线式和旋转式（圆盘式）两种。直线式感应同步器由定尺和滑尺组成；旋转式感应同步器由定子和转子组成。前者用于测量直线位移，用于全闭环伺服系统，后者用于测量角位移，用于半闭环伺服系统。它们的工作原理都与旋转变压器相似。

（4）旋转变压器

旋转变压器（resolver/transformer）是一种电磁式传感器，又称为同步分解器。它是一种量角度用的小型交流电动机，用来测量旋转物体的转轴角位移和角速度，由定子和转子组成。其中定子绕组作为变压器的原边，接受励磁电压，励磁频率通常为 400Hz、3000Hz 和 5000Hz 等。转子绕组作为变压器的副边，通过电磁耦合得到感应电压。

旋转变压器的结构和两相绕线式异步电动机的结构相似，可分为定子和转子两大部分。定子和转子的铁心由铁镍软磁合金或硅钢薄板冲成的槽状心片叠成。它们的绕组分别嵌入各自的槽状铁心内。定子绕组通过固定在壳体上的接线柱直接引出，转子绕组有两种不同的引出方式。根据转子绕组两种不同的引出方式，旋转变压器分为有刷式和无刷式两种结构形式，如图 4.3-18 所示。

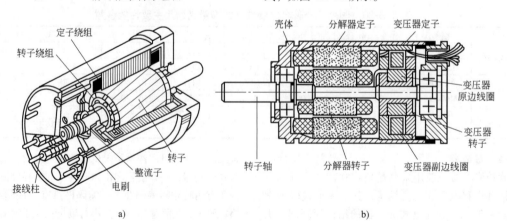

图 4.3-18　有刷式旋转变压器与无刷式旋转变压器
a）有刷式　b）无刷式

总之，对于高速机床用位移检测元件，由于其高速性，一个最根本的要求就是对位移传感器和相关的

信号采集与反馈处理元器件的工作频率大大提高了，因此，选用时这一点必须引起注意。同时，因高速性

导致振动加剧，有些场合选用时需要考虑其使用工况场合，对于振动、环境污染比较恶劣的场合，选用电磁式传感器比光电式更有其优越性。

4.3.6　高速加工机床的合理选择

根据产品开发和加工的需求，在选择和购买高速加工机床时，主要应注意以下几个问题：

1）机床的性能指标要从实际出发，根据产品需求和发展，合理选择。在高速加工机床主要技术参数能够满足需求的情况下，切勿盲目追求"高转（移）速和大功率"现象，注意性能/价格比，否则，会造成制造资源闲置和资金的巨大浪费。

2）根据切削理论计算所需转速、转矩和功率等，选择高速加工机床的电主轴最高转速、额定功率和转矩与转速的关系（电主轴的转速-功率-力矩特性），注意功率、转矩的匹配。决定电主轴参数可按以下步骤进行：

① 依据加工工件材料、毛坯的状态、加工工艺性质和采用的刀具材料等决定切削用量参数。

② 计算主轴转速 $n = \dfrac{1000v}{\pi d}$，其中，v 是要求的合理切削速度（m/min），d 是刀具或工件直径（mm）。

③ 确定进给速度 v_f，机床的进给速度选择一般依据被加工表面质量要求而定。

④ 计算材料去除率 $Q = \dfrac{a_e a_p v_f}{1000}$，其中，$a_p$ 是背吃刀量（mm），a_e 是侧吃刀量（mm），Q 是材料去除率（mm³/min）。

⑤ 求功率 $P_c = \dfrac{Q}{K}$（kW）。K 是单位千瓦材料去除率 [mm³/(kW·min)]，K 值参考切削用量手册选取。

3）合理确定直线进给单元的速度和加速度参数以及其推动力大小。对于进给运动可参考上面电主轴计算和有关动力学分析选择决定。注意：高速机床中的"高速"并不是单纯指的主轴的高转速，还要有相匹配的高进给速度以及高进给加速度（>1g~8g）（$g = 9.8\,\text{m/s}^2$）。

4）注意支承方式、主轴润滑冷却方式，便于维护。

5）充分考虑数控系统的功能满足高速切削加工需求。高速加工系统不能像普通系统一样仅有直线插补和圆弧插补功能，还必须具有 NURBS 插补功能、前馈功能，采用 32 位或 64 位 CPU 结构，实现高速计算和程序段的快速处理。系统应具有以太网等强大通信功能。

6）充分考虑加工的安全性。选择高速机床时还应保证其具有多种防护、监测、监控功能和各进给轴及主轴防碰撞装置等。

7）注意选择合适的机床和刀具、工件的接口（刀柄系统、工装系统）。传统的 ISO 系列 7∶24 锥柄形式不再适合于高速切削，必须采用支持高速切削的 HSK 标准的主轴端部结构和刀柄，且刀柄的制造要精细，应具有高度的动平衡性能。

8）注意机床的性能指标和加工精度指标，对照产品样本，多方听取专家意见和建议，综合衡量。同时构造高速加工系统时，注意机床、刀具、夹具中的"最低桶板"，整个制造系统间各部分刚性要匹配，否则一个环节薄弱将会造成整个高速加工的瘫痪。

4.3.7　高速切削加工机床夹具的特点

1. 高速切削加工机床夹具的新要求

（1）高刚度

工夹具的设计，不仅要保证其本身的固有刚性，而且要保证工件和夹具之间以及夹具和机床本体（主轴）之间动态连接刚性。

（2）高精度动平衡

设计高速加工机床回转夹具，必须进行精密动平衡，确保连接刚性和安全。夹具的平衡品级 G（mm/s）与转速 n（r/min）关系可参考 ISO 1940/1 标准。高速加工时，回转夹具在转速≥4000~6000r/min 时，必须进行动平衡测试。德马吉公司生产的 DMU70V 高速机床，回转直径为 40mm，转速为 18000r/min，平衡等级要求为 G0.4 级。

（3）轻量化

为了减少高速回转切削夹具的离心力，高速加工下的夹具设计重量必须尽可能的轻。

（4）高效自动化和柔性化

为了实现不同工艺性质的加工，对夹具的设计尽可能实现模块化、柔性化，如采用夹具和 NC 机床一体化的可编程夹具、结构可调整的适应型夹具、标准和非标准夹具元件相结合的组合夹具等。

（5）回转型夹具外形设计

回转夹具的外形宜设计成圆形或流线形，以增加工作的安全性和降低噪声水平。

2. 高速加工机床夹具举例

意大利泰磁公司生产了一种"电控永磁装夹系统"，在欧美市场上广泛用于模具高速加工。该系统的基本工作原理是：靠永久磁铁的磁力提供夹紧力，靠电控装置转换磁路实现磁力线在系统内、外的两种循环方式，以达到释放和夹紧工件的目的。电控永磁装夹系统如图 4.3-19 所示，与传统的机械、液压夹具系统相比,电控永磁装夹系统的优良特点见 表 4.3-37。

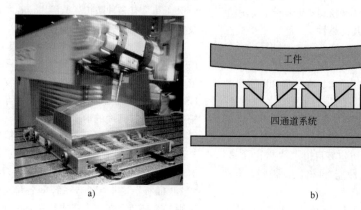

a) b)

图 4.3-19 电控永磁装夹系统
a) 基本配置应用 b) 浮动导磁垫自动调平原理

表 4.3-37 机械、液压夹具、电控永磁装夹系统特性比较

对比项	机械、液压夹具	电控永磁装夹系统
支承点	支承点少,且只有承受夹紧力的支承点起主要的抗振作用	支承点多,工件与吸盘或导磁垫的所有接触点均是支承点和夹紧点,均起抗振作用
夹紧点	夹紧点少,只有夹紧点附近部位抗振性好	夹紧点多,工件与吸盘或导磁垫的所有接触点均是支承点和夹紧点,所有部位抗振性好
刚性	差	好
抗振性	差,且不同部位不一样	好且均匀,一致性好
高速加工适应性	抗振性不理想,应力变形大,高速加工适应性差	抗振性好,无应力变形,很适合高速加工
五面加工干涉性	夹具对五面体加工有干涉,多次装夹才能完成五面体加工	夹具对五面体加工无干涉,一次装夹能完全实现五面体加工
加工精度	由于工件的加压应力和变形及多次装夹,很难实现高速切削下的高精度	由于工件在加工中处于自然舒展状态,且一次装夹可实现五面体加工,可以实现高速切削下的高精度
加工效率	须多次装夹,加工效率低	只须一次装夹,加工效率高
节能性	差,液压系统须由电能及蓄能器等支持,能耗大	好,只在装卸工件时瞬间 0.8s 用电,能耗可忽略不计
环保性	差,液压系统漏油,污染大	好,无污染
维修性	差,属易损件,须维护保养	属耐用件,免维修

通过上述比较,电控永磁装夹系统有明显特点,尤其适用于高速、高效率的加工,不仅大大减少了辅助时间,而且提高了装夹定位的精度,从而相应地提高了工件的加工精度。相信在现代高速加工领域里,电控永磁装夹系统不仅会在欧美市场上广泛流行,而且会在世界各地得到普及。

4.4 高速切削的应用

4.4.1 常用工程材料的高速切削实例

高速切削技术最早应用于轻合金加工,现在高速切削已在航空、模具、汽车、通用机械等制造行业中得到广泛应用,产生了显著的技术经济效益,并正在向其他应用领域拓展,其主要应用领域见表 4.4-1。

1. 铝、镁、铜合金的高速切削

(1) 铝合金的高速切削

铝合金按生产工艺分为变形和铸造两大类。变形铝合金包括防锈铝合金、硬铝合金和超硬铝合金及锻

表 4.4-1　高速切削技术的主要应用领域

技术优点	应用领域	应用实例
切削效率高	轻金属合金、钢、铸铁	航空航天产品、模具制造
表面质量高	精密加工	光学工业、精密加工件、螺旋压缩机
切削力小	薄壁件加工	航天航空工业、汽车工业、家电工业
激励频率高	对临界频率敏感的工件	精密机械、光学工业
切削热对工件影响小	对切削热敏感的工件	精密机械、镁合金

铝等。铝合金牌号根据其合金元素用 2XXX～8XXX 系列表示，某些硬铝合金与锻铝合金又称为易切削铝合金。铸造铝合金含有较多的铜、硅等合金元素，用来制造发动机的气缸体、活塞、油泵等。近年来高强度铸造铝合金广泛用于飞机结构中，以代替锻件和型材。表 4.4-2 和表 4.4-3 为民航机和军用机使用铝合金和其他材料的情况。

**表 4.4-2　民航机使用各种结构材料的
质量百分比（%）**

机种		铝合金	钢	钛合金	复合材料	其他
第一代	B707	—	—	0.2	—	—
第二代	B747	81	13	4	1	1
	A300	76	13	4	5	2
第三代	B767	80	14	2	3	1
	B757	78	12	6	3	1
	A320	76.5	13.5	4.5	5.5	—
第四代	B777	70	11	7	11	1
	A340	75	8	6	8	3

注：A 表示空中客车系列，B 表示波音系列。

**表 4.4-3　军用机使用各种结构材料的
质量百分比（%）**

机种	铝合金	钢	钛合金	复合材料	其他
YF17	73	10	7	8	2
F/A-18A/B	49.5	15	12	9.5	14
F/A-8C/D	50	16	13	10	21
F/A-18E/F	29	14	15	23	19
YF-22	35	5	24	23	13
Y-22（EMD）	15	5	41	24	14

铝合金强度和硬度相对较低，热导率高，刀具化学磨损很小，宜进行高速切削。

目前，宇航制造业对铝合金零件进行高速切削时，主轴转速可达 10000～35000r/min，进给速度已达 10～20m/min，切削速度可达 1500～6000m/min，材料切除率高达 6000～8000cm³/min，刀具寿命为 60～90min。表 4.4-4 为切削铝合金常用刀具材料。易切削铝合金在航空航天工业应用较多，适用的刀具有 K10、K20、PCD（聚晶金刚石）等，切削速度为 2000～5000m/min，进给量为 3～20m/min，材料去除率为 30～40kg/h。刀具前角为 12°～18°，后角为 10°～18°，刃倾角可达 25°。铸造铝合金根据其 Si 含量的不同，选用的刀具也不同，对 Si 质量分数小于 12% 的铸造铝合金可采用 K10、Si_3N_4 刀具；Si 质量分数大于 12% 时，可采用 PCD 和 CVD 金刚石涂层刀具；Si 质量分数达 16%～18% 的过晶硅铝合金，最好采用 PCD 或 CVD 金刚石涂层刀具，其切削速度可达 1100m/min，进给量为 0.125mm/r。刀具的基材要选择热变形小、变形抗力强的材料。适于铝合金高速切削加工的刀具，前角比常规切削刀具小 10° 左右，后角大 5°～8°，主副切削刃连接处需修圆或倒角，以增大刀尖角和刀具的散热体积，防止刀尖处的热磨损，减少切削刃破损的概率。聚晶金刚石（PCD）是高速加工铝合金比较理想的刀具材料。在 PCD 刀具超高速切削铝合金时，切削厚度较小，属于微量切削，后角及后刀面对加工质量的影响较大，刀具最佳前角为 12°～15°，后角为 13°～15°，以减小径向切削力。国内外各厂家生产的 PCD 刀具种类较多，其性能各不相同，推荐的切削用量也有区别，应按加工要求，正确选择，合理使用。复杂型面铝合金的高速切削加工，也可用整体超细晶粒硬质合金和粉末高速钢及其涂层刀具。选择切削用量时，也应先说明铝合金的含硅量，随含硅量的增加，所选择的切削速度应逐渐减小。

表 4.4-4　切削铝合金常用刀具材料

刀具材料	说明
钨钴类硬质合金	含钴量低的硬质合金硬度高，有较高的抗弯强度和冲击韧性，适合粗加工 含钴量高的硬质合金硬度高，耐热性和耐磨性都较好，适合无冲击的精加工
超细晶粒硬质合金	具有高硬度和高强度，良好的冲击韧性和抗热冲击能力，适合高速切削
（聚晶）金刚石	具有高硬度和高耐磨性，良好的强度和韧性，尤其适于切削硬度较高的高硅铝合金
类金刚石碳涂层	具有高硬度、高耐磨性，良好的抗黏附性，较低的摩擦因数，适于高速切削铝合金
陶瓷	具有高硬度、高耐磨性，良好的高温稳定性和抗黏附性，但 Al_2O_3 基陶瓷氧化后易与铝合金亲和，一般不用于切削铝合金材料
聚晶立方氮化硼	具有很好的耐磨性和耐热性，硬度高，化学稳定性好，适合高速切削铝合金材料

聚晶金刚石刀片高速切削加工铝合金时不但能获得良好的加工质量，而且刀具寿命长。加工实例如下。零件：高硅铝合金，汽车发动机气缸盖，尺寸为450mm×200mm，表面粗糙度要求：$Ra1.6\mu m$，平面度要求：0.05mm，面铣刀，刀具直径$\phi254mm$，24齿加1片修光刃；切削条件：切削速度1356m/min，工作台进给速度为3670mm/min，刀具进给量为2.16mm/r，轴向背吃刀量为1.6mm，水溶性切削液，刀具正常磨损时加工零件数量达到48000件。

表4.4-5给出了DeBeer公司聚晶金刚石刀具加工铝合金的其他应用实例，可供参考。

表 4.4-5　聚晶金刚石刀具加工铝合金的应用实例

加工方式	工件及工件材料	切削参数	刀具材料粒度与几何参数	使用效果
精铣	车辆气缸体 Al-Si17Cu4Mg 合金	切削速度=800m/min 每齿进给量=0.08mm 铣刀齿数=12 背吃刀量=0.5mm 需切削液	晶粒平均尺寸10μm 12mm 正方 后角12°	使用 WC 基硬质合金刀具每个刃角只能加工 25 个工件，使用聚晶金刚石可加工 500 个
精镗	气缸孔 BS1490LM25（质量分数为 6.5%~7.5%Si）	切削速度=312m/min 进给量=0.09mm/r 背吃刀量=0.5mm 需切削液	晶粒平均尺寸10μm	使用 WC 基硬质合金刀具每个刃角只能加工 50 个工件，使用聚晶金刚石可加工 9000 个
粗铣	气缸罩（质量分数为9%硅铝合金）	切削速度=1500m/min 每齿进给量=0.13mm 铣刀齿数=28 背吃刀量=5mm 需切削液	晶粒平均尺寸25μm 聚晶金刚石和 WC 基硬质合金刀具刀片各 14 个	每个刃角可加工 3000 个工件
精铣	压铸机壳（质量分数为 13%硅铝合金）	切削速度=2000m/min 每齿进给量=0.2mm 铣刀齿数=2 背吃刀量=0.8mm 需切削液	晶粒平均尺寸25μm 前角0° 后角10°	硬质合金刀具可加工 800 个工件，PCD 刀具可加工 25000 个工件
成形加工	发动机带轮（LM24铝合金）	切削速度=350m/min 进给量=0.05mm/r 需切削液	晶粒平均尺寸25μm 前角0° 后角6°	硬质合金刀具可加工 80 个工件，PCD 刀具可加工 2500 个工件
车削	活塞环槽（LM24 铝合金）	切削速度=590m/min 进给量=0.2mm/r 环槽深度=10mm 需切削液	晶粒平均尺寸10μm 前角0° 后角6° 侧后角2°	每把刀可加工 2500 个工件，解决了硬质合金刀具颤振问题
钻孔	活塞式阀门（LM24铝合金）	切削速度=132m/min 进给量=380mm/min 需切削液	晶粒平均尺寸10μm 麻花钻头	每把钻头可钻孔 5000 个以上，取代了硬质合金钻头的定中心、钻孔、铰孔

高速切削加工铝合金的刀具材料也可选用 YG（K）类硬质合金、TiCN、TiAlN、TiB_2等涂层硬质合金或超细晶粒硬质合金刀具。由于 P 与 M 系列的硬质合金中存在 TiC 成分，而 TiC 与铝有很好的亲和性，不利于切削加工，所以在粗加工时一般选用 K 系列刀具。表4.4-6给出了超细晶粒硬质合金刀具使用水溶性切削液以3770m/min 的切削速度高速铣削5052 铝合金的其他加工参数和切削条件。

用球头硬质合金立铣刀高速切削加工复杂曲面铝合金（工件外形尺寸：100mm×100mm×40mm）的实

表 4.4-6　硬质合金刀具高速铣削铝合金时的加工参数

参数	平面粗加工	键槽加工	侧面加工
刀具	6 刃 $\phi80mm$ 端铣刀	2 刃 $\phi10mm$ 立铣刀	2 刃 $\phi10mm$ 立铣刀
进给速度/(mm/min)	40000	12000	6000
背吃刀量/mm	1	0.5	20
侧吃刀量/mm	50	10	0.5

例如图 4.4-1 所示。粗加工时使用半径 $R3.0mm$ 的涂层整体硬质合金球头铣刀，切削用量：主轴转速为

12000r/min，轴向背吃刀量为 1mm，径向背吃刀量为 1.5mm，工作台进给速度为 2000mm/min；半精加工时使用半径 R2.0mm 的涂层整体硬质合金球头铣刀，切削用量：主轴转速为 14000r/min，轴向背吃刀量为 0.4mm，径向背吃刀量为 0.3mm，工作台进给速度为 2000mm/min；精加工时使用半径 R2.0mm 的涂层整体硬质合金球头铣刀、半径 R3.0mm 的槽铣刀和半径 R6.0mm 的钻头，切削用量：主轴转速为 12000 ～ 14000r/min，轴向背吃刀量为 0.05 ～ 0.1mm，径向背吃刀量为 0.05mm，工作台进给速度为 2000 ～ 2200mm/min。

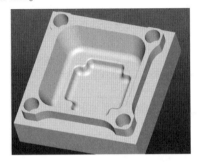

图 4.4-1　复杂曲面铝合金的高速铣削加工

在航空航天部门，为保证其力学性能，高强度铝合金整体构件通常都采用"整体制造法"制造，即在整块毛坯上切除大量材料后，形成高精度的铝合金复杂构件，其切削工时占整个零件制造总工时的比例很大。整体结构件还具有结构复杂、薄壁等特点，从而使得整体结构件加工周期长、产品质量难于控制，尤其当薄壁加工时，零件尺寸更是难以保证。在高速加工中，由于小的切削力会减轻薄壁的机械变形，另外切削时产生的热量由切屑带走而来不及传递到工件中，避免引起零件的热应力变形，可以稳定地完成薄壁加工。这是航空航天制造业开发和应用高速切削技术的主要原因。整体结构件制成品的质量往往只有毛坯件的 15% ～ 20%，即 80% ～ 85% 的铝材变成了切屑。例如航空用大型整体 7075 铝合金结构件，壁厚：0.330mm，底厚：0.381mm，外形：2388mm×2235mm×82.6mm，毛坯质量：1818kg，加工后质量：14.5kg。对这样大型、壁薄、加强肋复杂的铝合金零件进行高精度、高效率加工是切削加工技术中的一个难题。采

用高速切削，主轴转速为 18000r/min；进给量为 24000 ～ 27000mm/min；刀具直径为 18 ～ 20mm；最大轴向背吃刀量为 50 ～ 100mm。可大幅度提高生产率，切削效率为传统切削的 2.5 ～ 2.8 倍，大型零件的铣削加工仅要 100 ～ 300h，并可节省经费，降低制造成本。

飞机制造业广泛采用立铣刀进行带、筋、肋等类型的铝合金薄壁结构件加工，如图 4.4-2 所示。采用较高主轴转速和较低进给量可有效减小切削力。Cincinnati 公司研究结果表明：当肋厚不小于 3mm 时，应用高速切削能够获得 Ra 值为 2μm 的表面粗糙度（试验每齿进给量为 0.18mm，转速为 24000r/min，背吃刀量为 25mm）。

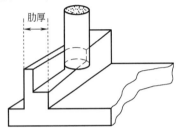

图 4.4-2　薄壁件高速铣削

飞机风挡骨架的前弧件在机舱上起到固定及支承风窗玻璃的作用，如图 4.4-3 所示。零件材料为 ZL116 T5，零件最大外廓尺寸为 810mm×520mm×210mm，零件的工艺连接上有两个准 12 工艺孔用于加工时定位；腹板厚度为 4mm，零件上有 32 个准 6H9 及 12 个准 2.7 的导孔；弧面缘条厚度尺寸为 3.5 ～ 4mm，整个零件中间 7 根（厚度为 4mm）加强肋；零件内形 90% 为非加工面。

图 4.4-3　前弧件简图

分别使用 5 把硬质合金刀具依次进行加工，加工参数见表 4.4-7。

表 4.4-7　高速铣削加工参数

序号	刀具直径/mm	刀具底刃 R/mm	主轴转速/(r/min)	背吃刀量/mm	侧吃刀量/mm	进给速度/(mm/min)
1	32	0	20000	5	32	7000
2	32	4	20000	5	32	7000
3	20	10	22000	3	5	10000
4	12	6	22000	2	3	7000
5	6	3	12000	0.5	1	4000

加工后零件腹板变形小，平面度控制在 0.3mm 之内，尺寸精度稳定在 ±0.2mm 之内，表面粗糙度 Ra 值为 3.2μm 之内，能够满足设计技术条件的要求。

航空用 7050 铝合金结构件，采用 3 齿立铣刀进行铣削加工，主轴转速为 27000r/min；切削速度为 2714m/min，进给速度为 19440mm/min，每齿进给量为 0.24mm，背吃刀量为 12mm，侧吃刀量为 32mm，油雾冷却，材料去除率达 7465cm³/min（山特维克刀具公司加工案例，2016）。

航空用铝合金结构件，采用 4 齿可转位涂层硬质合金刀片铣削加工，刀具直径为 63mm，切削速度为 3563m/min，主轴转速为 18000r/min，背吃刀量为 10.8mm，侧吃刀量为 53mm，每齿进给量为 0.4mm，进给速度为 28800mm/min，主轴功率为 200kW，金属去除率可达 16490cm³/min（山高刀具公司加工案例）。

轿车发动机的气缸体、气缸盖、变速箱等多由铝合金铸件加工而成。目前，刚性较高的气缸体、气缸盖均采用面铣刀进行高速切削加工。聚晶金刚石刀片高速切削加工铝合金时不但能获得良好的加工质量，而且刀具寿命长。

高硅铝合金汽车发动机气缸盖加工，面铣，9 齿铣削刀片加一片修光刃刀片，切削速度为 3800m/min，主轴转速为 6000r/min，进给速度为 9000mm/min，背吃刀量为 0.5mm，刀具寿命平均 45000 个零件（山特维克刀具公司加工案例，2017）。

铝制链条箱加工，面铣，焊接 PCD 切削刃，主轴转速为 10750r/min，切削速度为 2702m/min，进给速度为 12900mm/min，每转进给量为 1.2mm，背吃刀量为 2～3.5mm，平面度为 0.037mm，表面质量 Rz=2～3mm（山特维克刀具公司加工案例）。

高速切削加工时大部分切削热由切屑带走，工件整体温升较低，工件的热变形相对较小，因此可用来加工薄壁铝合金件（见图 4.4-4），应用整体式硬质

图 4.4-4　薄壁铝合金件

合金立铣刀精铣铝合金的薄壁部分，薄壁高 20mm，厚 0.2mm，切削时的切削速度为 603m/min，工作台进给速度为 9600mm/min。

（2）镁合金的高速切削

纯镁中加入铝、锌、锰等元素就成为镁合金，镁合金也分为变形和铸造两类，在我国的牌号分别为 MB 和 MZ。镁合金的强度比铝合金低，但由于密度小，因此比强度却比铝合金高，使用它能达到减重的目的。镁合金的应用见表 4.4-8。

表 4.4-8　镁合金的应用

应用产业	应用产品
航空	航空用通信器和雷达机壳、飞机起落架轮壳
汽车零件	车座支架、仪表板及托拖架、电动窗马达壳体、升降器及轮轴电枢、油门踏板、音响壳体、后视镜架
自行车零件	避振器零件、车架、曲柄、三/五通零件、轮圈、制动手把
电子通信	笔记本计算机外壳、MD 外壳、移动电话外壳、投影机外壳
运动用品	网球拍、滑雪板固定器、球棒、射箭射弓的中断段与把手
器材工具	手提电动锯机壳、鱼杆自动收线闸、控制阀、相机机壳、摄录机机壳、放映机机壳

镁合金切削阻抗小，切削能耗低，是低碳钢的 1/6，铝的 1/2；切削过程中发热少，切屑易断，刀具磨损小，寿命长。可以在高速、大切削量下进行加工。镁合金加工的另一个突出特点是可以干切削加工，不需研磨抛光。镁合金加工表面粗糙度值可达 0.1μm，并且这一水平无论高速或低速，有或没有切削液的情况下都能达到。由于镁合金低的热容量和比较高的热胀特性，切削加工中细切屑容易引燃，当采用很高的速度切削时，镁合金具有黏结刀具表面形成积屑瘤的倾向，积屑瘤和镁切屑易燃性是镁合金高速加工的两个主要限制因素。

由于镁合金化学性质活泼、熔点低，切削加工时易黏刀并产生腐蚀变色，甚至发生燃烧，低加工效率和高制造成本制约了其广泛使用。通过合理选择和使用切削液可以有效改善镁合金的加工难题。切削液一般分为油基型和水基型两类。油基型切削液又称为切削油，润滑、防锈性能良好，但冷却、清洗性能较差，用于镁合金切削时易导致切屑黏刀，甚至发生燃爆，现已很少使用。根据水基切削液中基础油含量的不同，可分为乳化液、半合成型及全合成型三种。乳化液、半合成型切削液均含基础油，需添加乳化剂建

立油-水体系平衡，属于热力学不稳定体系；全合成型切削液不含基础油，选用水溶性添加剂，属于热力学稳定体系。由于乳化液和半合成液润滑性较好、价格较低，已基本替代切削油，在金属加工中广泛使用，但用于镁合金的加工中存在冷却性能差、容易导致黏刀和不利于排屑等问题。全合成型切削液不含基础油，不含乳化剂，属于热力学稳定体系，相比于乳化液和半合成液，全合成型切削液冷却性能良好，可迅速降低切削区温度，降低刀具磨损，延长刀具使用寿命，更适用于镁合金切削加工。

原则上任何刀具材料，包括普通碳素钢都可以用于加工镁合金。试验表明，高速钢刀具切削镁合金时的寿命与硬质合金刀具切削其他金属时的寿命相当；当大批量切削加工时，更倾向选择硬质合金刀具，因为切削精度更高。金刚石刀具很少采用，只有在表面质量要求极为严格或加工镁基复合材料的情况下才以考虑。

镁合金切削加工用刀具要求切削刃锋利，由于镁合金具有低热容量的特性，当切削温度超过 480℃，细切屑极易燃烧起火，因此刀具设计中应尽量使产生的切削热降低到最低。对于铣削加工，前角应减小 $5°\sim10°$，一般取 $15°$ 左右；刀具后角应为 $10°\sim15°$。依据镁合金切削加工特点，弱化加工中的不利因素，提高加工质量。镁合金及其构件加工过程中应采用以下措施：①采用足够的余隙，减少刀具摩擦。②加大切削尺寸。③充分利用镁合金切削力低、加工后表面粗糙度小的特点。

镁合金切削用量的合理选用应综合考虑以下原则：①切削速度高于 300m/min 和进给量小于 $0.02μm/r$ 会增加镁合金引火的危险；在切削速度低于 210m/min 时，不易引燃切屑。②试验证明，背吃刀量对切削温度影响小，所以增大背吃刀量对镁合金的切削是有利的。微量切削使工件升温过快，此时采用较大的进刀量和背吃刀量，能减少工件发热。

镁合金高速切削实例。铸造高强度镁合金工件尺寸 $ϕ93mm×100mm$，试验机床 TC150 数控高速精密车床，主轴最高转速为 5500r/min，刀具为涂层硬质合金机夹式 ISO 刀片，规格 DNMG150404/08GS。切削参数一：切削速度为 1000m/min，进给量为 0.05mm/r，背吃刀量为 0.1mm，刀尖圆弧半径为 0.8mm。切削参数二：切削速度为 200m/min，进给量为 0.01mm/r，背吃刀量为 0.05mm，刀尖圆弧半径为 0.4mm。切削过程不使用切削液。两组切削参数对镁合金表面质量有不同影响，切削速度 1000m/min 时工件表面粗糙度值比 200m/min 下降 35%，刀尖圆弧半径增加一倍，工件表面粗糙度值下降了 22.8%。

背吃刀量为 0.1mm 时比 0.05mm 的表面粗糙度值增大 14.4%，进给量为 0.05mm/r 时比 0.01mm/r 的表面粗糙度值增大 34.7%。切削速度与进给量对表面粗糙度值影响最为显著，刀尖圆弧半径与背吃刀量次之。为提高加工效率并获得较高的加工表面质量，选定刀具形状和加工余量后，应当首先考虑提高切削速度和减少进给量。

高速铣削镁合金型腔零件实例。切削材料为镁合金 AZ31B-H112，根据型腔零件的特点，选择铣削加工方法进行腔体加工。由于腔体内部结构复杂，尺寸精度要求较高，选用数控高速铣床（HSM700）进行零件加工。铣削刀具为两刃硬质合金铣刀，刀具几何参数为：螺旋角 $ω=45°$，前角 $γ=15°$，后角 $α=15°$；精加工主轴转速为 18000r/min，进给速度为 3000mm/min，吃刀量为 1mm。由于薄壁零件易产生加工变形，需以大平面作为定位面，在零件刚性大的区域施加夹紧力。

（3）铜合金的高速切削

铜合金主要应用于内燃机、船舶、电极、电子仪器与通用机械等，铜合金的强度和硬度相对较低，热导率好，适于进行高速切削加工，不仅可以获得高的生产率，还可以获得优异的加工表面质量。铜合金可选用 YG（K）类硬质合金刀具、金刚石镀层硬质合金刀具与聚晶金刚石刀具（PCD）进行高速切削。对一些特型铜合金零件的切削，也可采用碳素工具钢（T10A、T12A）或合金工具钢（9SiCr、GCr9）等成形刀具，其优势为刃磨难度小，但刀具寿命也较短。

车削铜合金材料的背吃刀量和进给量与车削一般钢材相近，因其易切削特性，切削速度可取值更大，粗车时可取 100m/min，精车时可取 300m/min，选取时还应考虑机床工件、夹具、刀具等工艺系统的刚性。刚性好可取大值，刚性差可适当降低。

铣削时的每齿进给量为 $0.1\sim0.5mm$，背吃刀量为 2.0mm。精车 CDA105 铜合金，采用聚晶金刚石刀具（前角为 $0°$，后角为 $7°$，刀尖圆弧半径为 0.5mm，切削速度为 350m/min，进给量为 0.05mm/r，背吃刀量为 0.25mm，干式切削）可连续加工整流子 2500 个以上，而应用 WC 基硬质合金刀具每个切削刃只可加工 50 个工件。在对铜合金进行高速铣削时，刀具耐用度与铜合金中的镍、锌、锡、硅、锰含量密切相关，往往铜合金中硅的含量大小对刀具寿命影响很大。对硅含量大的铜合金，使用人造金刚石刀具进行加工可以保证较高的刀具寿命。对铜合金进行高速铣削加工，不仅可以大大提高铜合金零件的表面质量、金属去除率和刀具寿命，而且还有切削温度低、切削力小等优点，使得对高附加值、高精度、高表面质量的铜合金加工成为可能。

采用硬质合金 HM-K10 刀具加工工件材料 CuZn39Pb3 和 CuZn37，刀具直径为 40mm，齿数为 2，后角为 12°，前角为 15°，端铣，干切。采用切削速度为 9mm/min，每齿进给量为 0.1mm，得到两种铜合金加工时硬质合金刀具寿命的关系曲线（见图 4.4-5）。

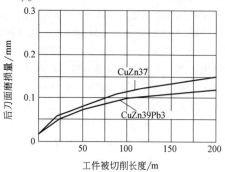

图 4.4-5 对两种铜合金加工时硬质合金刀具寿命的关系曲线

2. 铸铁与钢的高速切削

（1）铸铁的高速切削

涂层硬质合金、立方氮化硼和氮化硅刀具是铸铁高速铣削加工最常用的刀具材料。采用涂层硬质合金刀具代替非涂层刀具可提高生产率约 25%，且刀具寿命延长 5 倍多。此外，在任意切削速度下，氮铝化钛涂层刀片使用时间为氮化钛或碳氮化钛涂层刀片的 3 倍。聚晶立方氮化硼刀片使用性能优于涂层合金刀片。为研究曲面精加工时切削速度的影响，采用立方氮化硼刀具和进给速度每齿 0.5mm、切削速度 2.8~10m/min 的切削参数进行加工。在该切削速度范围（2.8~10m/min）条件下，增加切削速度可使曲面表面粗糙度值降低。一旦切削速度超过 300m/min，将容易产生崩刃。切削速度为 750m/min 时测量的表面粗糙度值为 8.3μm。精加工铸铁时，立方氮化硼切削刀具的应用最广，在刀具寿命和加工表面质量方面表现优异。具有金属黏结相和高立方氮化硼含量的较硬聚晶立方氮化硼，其使用性能比具有陶瓷黏结相和低立方氮化硼含量的聚晶立方氮化硼更高。顺铣和逆铣加工方式对刀具寿命和表面加工质量影响较小。

在实际生产过程中，冷硬铸铁和抗磨合金铸铁工件的切削加工特点主要体现在以下两个方面：

1）硬度和强度高：冷硬铸铁和抗磨合金铸铁是典型的硬脆性材料，其表面硬度较高（通常可达 50~60HRC）。在切削过程中，铸铁的硬质点及铸造缺陷容易形成不规则的冲击载荷，从而易造成刀片过早失效。

2）切削过程中机械载荷大：冷硬铸

金铸铁在切削过程中的切削压力可达 3000MPa 以上，并且切削过程中载荷会不断变化，刀片时刻承受交变频率载荷冲击作用，因此刀片容易出现过早疲劳。

因冷硬铸铁和抗磨合金铸铁两种材料的机械强度较高，为了提升刀片的整体强度，通常采用负前角和小后角刀具。根据工件-刀型-材质匹配性原则，不同刀片材质对应不同的工作前角，如硬质合金 GK05 的工作前角推荐为 0°~5°，陶瓷刀片的工作前角推荐为 -10°~-5°，PCBN 刀片的工作前角推荐为 -10°~0°。同理，为了不影响刀片的工作强度，经过实际生产应用验证：切削专用的可转位刀片建议采用负型设计（刀片后角为 0°）。

负型刀片可最大限度地提升刀片的工作楔角，间接地弥补刀片材料极限性能的不足。因此，不仅保证了小的工作后角，而且又保证了刀片本身的机械强度。为了降低切削过程中刀片承受的机械冲击载荷和热载荷，避免切削振动，选用较小的主偏角和负工作刃倾角。通常，选用主偏角 $\kappa_r \leqslant 45°$ 和刃倾角 $\lambda \leqslant -6°$。而对于 PCBN 和陶瓷刀片，切削刃优先推荐负倒棱形式且倒棱的结构参数推荐为：倒棱角度为 -30°~-20°、倒棱宽度为 0.2~0.4mm。铸铁切削过程中，虽然切屑形态为崩碎型，但为了降低切屑折断过程中的瞬间弹性效应，应对刀片采用专用化的断屑槽设计，从而提升刀片的断屑性能并降低零部件的表面粗糙度。针对冷硬铸铁和抗磨合金铸铁的加工特性，刀片采用宽棱边与大容屑槽及浅槽深组合设计方式，实现高进量加工和稳定性切削，优化排屑性能；此外，切削刃设计尺寸较大，刀尖强度有所提升，更加适合断续切削和去氧化皮切削。

针对冷硬铸铁和抗磨合金铸铁的切削加工特点，其专用刀片材质应当具备优异的抗高温和抗磨损、较高的抗弯强度、较大的热导率以及较强的抗黏结等方面的性能。目前，适合此两种材料高效切削的刀片材质主要有硬质合金、PCBN 和陶瓷等。

高速切削加工铸铁的最高转速目前能够达到加工铝合金的 1/5~1/3，切削速度为 500~1500m/min，精铣灰铸铁可达 2000m/min。进一步提高切削速度受限于刀具材料的耐热性、抗热振性能和化学稳定性。

高速切削加工铸铁零件时所用的刀具材料主要有立方氮化硼、陶瓷刀具、TiC（N）基硬质合金（金属陶瓷）、涂层刀具、超细晶粒硬质合金刀具等。

立方氮化硼（PCBN）刀具是高速切削包括球墨铸铁在内的铸铁最适宜的刀具之一，与陶瓷刀具或硬质合金刀具相比，切削速度高，加工精度好，刀具寿命长。切削普通灰铸铁时，切削速度为 1000~2000m/min，进给量为 0.15~1.0mm/r，背吃刀量为

0.12~2.5mm。在上述三个因素中，切削速度是最重要的，随着切削速度的增加，切削力减少、大部分热量被切屑带走，切削温度增加少，有利于切削的进行。用 PCBN 切削常用铸铁的切削用量见表 4.4-9。PCBN 刀具车削灰铸铁的前角一般选用 -7°~-5°，以便承受在连续和断续切削时所产生的较大的切削力。

半精加工刀片刃口负倒棱几何角度为 -20°×0.2mm，精加工刀片为 -20°×0.1mm。精镗珠光体铸铁气缸套孔（硬度为 170~230HBW），切削速度取为 460m/min，进给量取为 0.24mm/r，背吃刀量为 0.3mm，干切削，每个 PCBN 刀片可镗 2600 个气缸套孔，Rz 达到 20μm。

表 4.4-9　PCBN 切削常用铸铁的切削用量

切削用量	工件材料	切削速度/(m/min)	进给量/(mm/r)
半精加工 ($a_p > 0.64$mm)	珠光体灰铸铁（<240HBW）	450~1060	0.25~0.50
	珠光体灰铸铁（>240HBW）	305~610	0.25~0.50
	珠光体软铸铁	550~1200	0.15~0.30
	白口铸铁	60~120	0.25~0.75
精加工 ($a_p < 0.64$mm)	珠光体灰铸铁（<240HBW）	450~1060	0.25~0.50
	珠光体灰铸铁（>240HBW）	305~610	0.25~0.50
	珠光体软质铸铁（<200HBW）	600~1500	0.10~0.15
	白口铸铁	90~180	0.25~0.75

PCBN 也可以用来高速切削加工冷硬铸铁，如以 TiC 为黏结剂的 CBN 质量分数占 50% 的含钨细晶粒 PCBN 刀具（CBN 平均颗粒尺寸为 2μm）对油泵管套进行的高速切削加工，油泵管套材料是硬度高达 60HRC 的 QS32 铸铁，成分见表 4.4-10，其显微结构是带有球状碳化物的马氏体，切削条件如下：切削速度为 120~200m/min，进给量为 0.05~0.15mm/r，背吃刀量为 0.02~0.05mm。

表 4.4-10　QS32 铸铁的成分（质量分数，%）

C	Si	Mn	S	P	Cr
1.0~1.1	0.15~0.30	0.6~0.80	0.01_{max}	0.025_{max}	1.5~1.7

应该注意，PCBN 刀具中 CBN 含量和颗粒尺寸不同，其性能和应用范围各异，要正确选用。

陶瓷刀具是高速切削铸铁的理想刀具之一，其价格远低于立方氮化硼 PCBN 刀具，在高速切削条件下，加工铸铁的切削性能比硬质合金更加优越，切削速度可达 500~1200m/min。用 Si_3N_4 基陶瓷刀具车削 HT35-61 灰铸铁（179HBW），刀具前角为 -5°，后角为 5°，主偏角为 75°，刀尖圆弧半径为 0.8mm，切削速度为 600m/min，进给量为 0.7mm/r，背吃刀量为 2mm，切削 30min 后，刀具后刀面磨损量只有 0.12mm，刀具无破损，还可正常切削。

Sialon 陶瓷（复合 Si_3N_4-Al_2O_3 陶瓷）刀具的强度和断裂韧度都很高，其强度一般能保持到 1200℃ 不变，常温硬度为 1800HV，在 1000℃ 的高温时硬度仍可保持在 1300HV，可作为高速粗加工铸铁及镍基合金的理想刀具材料，其切削速度可达 1500m/min。采用这种陶瓷面铣刀精铣铸铁床身（HT250，159~210HBW），切削速度可达 593m/min。

铸铁件金相组织对 PCBN、陶瓷刀具材料的选用具有一定影响。加工以珠光体为主的铸铁件，用 CBN 质量分数为 80%~95% 的 PCBN 刀具，可在 500~1500m/min 的切削速度下进行加工，也可用陶瓷刀具进行加工，切削速度 ≤1000m/min；当加工以铁素体为主的铸铁时，由于扩散磨损原因，不宜采用 PCBN，而采用陶瓷刀具。

汽车工业从 20 世纪 90 年代初陆续在缸盖、缸体和变速箱等加工自动线上应用高速切削加工。如用 Si_3N_4 基陶瓷刀片铣削缸体顶面，切削速度可达 1524m/min，进给速度达 6350mm/min。柴油发动机气缸体端面要求具有较低的表面粗糙度值，材料为添加了 Cr 和 Cu 的铸铁，可加工性很差，可选用以 Co-WC 基黏结剂的 CBN 刀具，切削速度为 440~785m/min，具体加工条件见表 4.4-11。

表 4.4-11　柴油发动机气缸体端面的高速切削加工

项目	试验	1	2	3
可转位铣刀	型号	TPG4103R1A		QPP15100R
	刀具直径/mm	80		100
	齿数	5		4
刀片	型号	SPGN120312		YPEN1505PPTR
	材料	CBN		CBN
	黏结剂	Co-WC 基		Co-WC 基

（续）

项目	试 验	1	2	3
加工条件	切削速度/（m/min）	630	440	785
	转速/（r/min）	2507	1751	2498
	每齿进给量/mm	0.07	0.10	0.105
	进给速度/（mm/min）	877	875	1049
	背吃刀量/mm	0.7	0.7	0.7
	切削液	无	无	无
刀具寿命	相应加工件数	3600	3600	1800

（2）钢的高速切削

立方氮化硼（PCBN）、陶瓷刀具、涂层刀具、TiC（N）基硬质合金（金属陶瓷）刀具等是高速切削加工钢、合金钢和淬硬钢等常用的刀具，其中PCBN主要适合于加工淬硬钢件（45HRC以上）；Al_2O_3基陶瓷刀具适于加工碳钢、高强度钢、高锰钢、高速钢和调质钢等，根据工件材料的成分和力学性能，其切削速度范围不同：加工未淬硬钢件，一般可在300~800m/min速度范围进行高速切削加工。陶瓷刀具的组分不同，适于加工的钢的种类各异，根据加工要求和钢件性质选用不同组分的陶瓷刀具及其几何角度是成功使用陶瓷刀具进行高速切削的关键。例如加工钢和合金钢，Al_2O_3+TiC陶瓷刀具最为普遍，一般都要使用负前角。涂层硬质合金刀具随涂层材料不同，一般可在200~500m/min范围内加工未淬硬钢件。

机车连杆模具的高速切削加工，主轴最大转速：30000r/min，主轴功率：3kW，工件材料：SKD61，硬度：52HRC，工件尺寸：210mm×110mm×25mm。

该模具用电火花加工型腔需12~15h，电极制作需2h。改用高速铣削后，采用立铣刀对硬度60HRC的淬硬工具钢进行切削加工，其相关工艺参数见表4.4-12。整个锻模切削加工只需195min，工效提高4~5倍，加工表面粗糙度Ra值为0.5~0.6μm。

表4.4-12 机车连杆模具的高速切削加工工艺参数

项目	球刀刀具半径/mm	转速/（r/min）	进给速度/（mm/min）	背吃刀量/mm	切削时间/min
粗加工	R2	18000	3600	0.35	60
半精加工	R1	20000	3200	0.15	30
清角	R0.5	30000	1200	0.05	15
精加工	R1	16000	2400	0.05	90
总计					195

汽车保险杆模具（见图4.4-6）的高速切削加工：模具材料为一般结构钢，机床：Okuma V-MC/MCVA-2，刀柄ISO50锥度。从表4.4-13可看出该模具采用高速切削加工工艺后加工工时是原加工工艺的1/12。

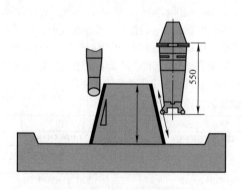

图4.4-6 汽车保险杆模具

表4.4-13 汽车保险杆模具切削加工工艺对比

项 目	原加工工艺	高速切削工艺
刀具直径/mm	30	63
刀片	HC844（P30+Tin）	GC1025-PL
刀齿数	2	4
切削速度/（m/min）	217	593
主轴转速/（r/min）	2300	3000
工作台进给速度/（mm/min）	2500	3000
每齿进给量/mm	0.54	0.25~1.0
背吃刀量a_p/mm	1.0	0.2
侧吃刀量a_e/mm	1.0	0.2
加工工时/（h/件）	50	4

高速加工连杆模具的优点：

高速加工技术的应用可简化工艺流程和改善工件质量。在加工模具时，采用高速切削，可以提高加工进给速度，降低加工时间并减少制造费用。如果保持切削时间不变，可减少进刀量，增加切削次数，降低切削力，从而降低表面粗糙度，使通过手工抛光的部分全部省去或减少到最低的工作量。

1）提高连杆模具加工的速度。高速加工技术的采用，使刀具在高转速下工作，同时使机床具有高的进给速度和加速度，大大提高金属切除率。在中、精加工时，尽管高速加工采取了非常小的进给量与背吃刀量，但从材料去除速度上相比较，高速加工比普通加工快12倍，仍然提高了生产率和降低了生产周期；同时，高速加工可以进行硬切削，根据其加工特性，可获得很高的表面质量及形状精度，比放电加工（EDM）提高效率50%以上，减少了模具在手工修磨与抛光上耗费的时间。

2）可获得高质量的加工表面。高速切削可以减小切削力，降低切削振动，提高加工质量；提高切削速度和进给速度以减少进给量，进而改善工件的形状精度和表面质量，高速切削热大部分由切屑带走，工件发热少，形状精度高。

3）可直接加工高硬度的连杆模具材料。如加工硬度达60HRC的模块，对电火花成形加工方法提出了挑战。

4）延长连杆模具寿命。避免EDM加工产生的表面损伤，提高模具寿命20%~50%。

5）简化了连杆模具加工工序。传统加工连杆锻造模具的工艺方法是在淬火之前进行金属切削，其原因为淬火容易造成模具变形，这时必须要经手工修整或采用放电加工成形。采用高速机床加工技术，可以通过高速切削直接加工淬火后的模具材料形成模具型腔，节省了电极材料、电极加工以及放电加工模具型腔的过程及费用，而且可以避免放电加工所导致的表面硬化及微观裂纹。高速加工可使用较小直径的刀具对圆角及模具进行精细加工，省去手工修整工艺过程，从而达到降低生产成本的目的。

6）有利于更复杂连杆模具型面加工。成形表面采用硬切削加工，表面质量及形状精度都有很大的提高，而且还可获得较低的表面粗糙度值，加工复杂表面更具有优势；结合CAD/CAM计算机辅助工具，高速加工特别适合形状复杂模具的加工。

3. 复合材料的高速切削

复合材料是由两种或两种以上不同物理、力学和化学性质的物质组成的多相材料。它既能保留原组分材料的主要性能，又能通过复合效应而获得原组分不具备的性能，广泛应用于航空、航天、造船等领域。

常用复合材料一般是指纤维增强、薄片增强和颗粒增强的聚合物基、陶瓷基或金属基复合材料，其中纤维增强复合材料应用最为广泛。复合材料具有许多优良特点，包括优异的抗疲劳性能、减振性能和断裂安全性，多功能性（如耐高温、耐腐蚀、电绝缘性、高频介电性、耐烧蚀、良好的摩擦性等），良好的工艺性，各向异性和可设计性等。此外，它还具有高比强度和比刚度，比金属高3~8倍。在切削加工过程中，由于复合材料增强相的硬度和强度很高，当刀具刃口不锋利时，很不容易切断，且会产生很大的毛刺。因此，建议采用高硬度的聚晶金刚石（PCD）和聚晶立方氮化硼（PCBN）刀具，以保持锋利的刀具刃口，且寿命是硬质合金刀具的几百倍。

以复合材料内衬（见图4.4-7）为例，考虑材料高强度、高脆性、纤维密集处切削性能差等特点，切削刀具应满足硬度高、锋利、耐冲击与耐磨性良好等基本要求。硬质合金（YW1）通用性较好，能够承受一定的冲击负荷；人造金刚石（PCD）和聚晶立方氮化硼（PCBN）作为超硬刀具材料，耐磨性突出；三种材质刀具切削加工复合材料内衬的效果对比见表4.4-14。

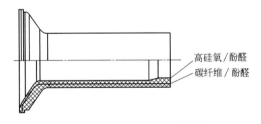

图4.4-7　复合材料内衬结构

表4.4-14　三种材质刀具切削加工复合材料内衬的效果对比

刀具及切削参数	切削效果
WNMG06T304-SF IC908 PVD 涂层硬质合金 $\kappa_r = 93°, r = 0.4\text{mm}, \gamma = 18°, \beta = 0°$ 切削参数为：$v = 60\text{m/min}, f = 0.15\text{mm/r}, a_p = 1\text{mm}$	1）加工15min后刀具明显磨损严重 2）切削力变大，主轴负载由10%上升至40% 3）表面出现烧伤现象 4）零件锐边处出现崩边现象 5）尺寸不稳定
DCCW11T304S01015M KB5625 PCBN $\kappa_r = 93°, r = 0.4\text{mm}, \gamma = 0°, \beta = 7°$ 切削参数为：$v = 80\text{m/min}, f = 0.15\text{mm/r}, a_p = 0.75\text{mm}$	1）加工50min后刀具磨损不明显 2）切削力变大，主轴负载由15%上升至20% 3）尺寸由0.1~0.18mm变化 4）烧伤现象不明显

（续）

刀具及切削参数	切削效果
DPGW11T304FST KD1425 PCD $\kappa_r = 93°, r = 0.4mm, \gamma = 0°, \beta = 11°$ 切削参数为：$v = 120m/min, f = 0.15mm/r, a_p = 0.75mm$	1）可以连续加工 260min，刀具没有磨损现象 2）尺寸稳定，没有表面烧伤现象 3）没有崩边缺陷

典型的壳体类碳纤维复合材料零件如图 4.4-8 所示。需要进行切削加工的部分主要有端部装配平面以及圆柱面、圆锥面上孔特征。

图 4.4-8　旋转壳体类零件

在切削刀具方面，壳体类零件加工主要需要钻削刀具和铣削刀具。由于需要加工部位较多，需要着重考虑刀具的耐磨性，因此建议优选金刚石涂层刀具。

在加工方式选择方面，主要应考虑避免加工过程中孔出口撕裂的现象。碳纤维复合材料钻削加工时，孔出口撕裂的大小程度与许多因素有关，其中最重要的因素是钻削力，而影响钻削力的主要因素包括钻头直径、进给速度以及主轴转速等。为了保证加工表面质量，钻头直径尺寸不能太大，大直径孔加工时应选择螺旋铣削方式。具体选用原则为：直径≤10mm 的孔在加工时直接钻削到目标尺寸值；直径>10mm 的孔在加工时先用 ϕ10.2mm 钻头钻削底孔，再用 ϕ10mm 的铣刀将孔铣削到目标尺寸值。

在切削参数方面，需要选择合理的切削参数提高零件加工质量和加工效率。影响碳纤维复合材料切削性能的主要因素有切削速度和每齿进给量。较高的切削速度可以迅速切断纤维防止起毛，但转速太高会影响刀具的使用寿命。经试验验证，每齿进给量为0.008～0.03mm，转速在1400～1600r/min 之间时钻孔分层较少，毛刺较少，且钻头磨损量小，所用刀具的优选工艺参数见表4.4-15。

4. 镍基高温合金和钛合金的高速切削

航空发动机涡轮盘通常是由切削加工性很差的高温合金（如 Inconel 718、Waspalloy 和 Udimet 720 等）制成的复杂回转类零件，具有结构和尺寸各异的成形凹腔，要求设计、选择刀具和规划进给路径时充分考虑刀具与工件之间的合理间隙，避免存在任何干涉。

表 4.4-15　壳体类复合材料零件加工工艺

刀具类型	刀具直径/mm	切削速度/(m/min)	每齿进给量/mm	主轴转速/(r/min)
带金刚石涂层钻头	10.2	30	0.01	1500
带金刚石涂层铣刀	10	90	0.03	1500
带金刚石涂层钻头	4	20	0.01	1000
带金刚石涂层钻头	6	20	0.01	1000

以加工直径 500mm、宽 60mm、深 40mm 的凹腔为例，采用陶瓷刀片（CC6060，Sandvik）摆线车削，$v_c = 250m/min$，$a_p = 3mm$，$f = 0.1mm/r$，进给次数为 14，刀具寿命为 4min，换刀 7 次，凹腔加工时间为 29min，材料去除率 $MRR = 150cm^3/min$。在粗加工工序中选择摆线车削取代传统的坡走车削，减少了所需的进给次数，不仅可使生产率翻倍，而且提高了加工安全性并延长了刀具寿命。此外，Sandvik 开发了新型陶瓷刀具 CC6220 和 CC6230，用于加工高温合金材料涡轮盘，如镍基变形高温合金 Inconel 718 和粉末高温合金。以加工低压涡轮盘零件为例（见图 4.4-9），工件材料为沉淀硬化型镍基变形高温合金，硬度为 42～45HRC，中间阶段，湿切工序，加工参数见表4.4-16。

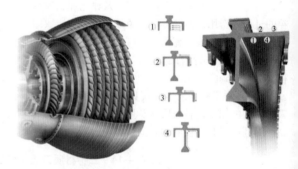

图 4.4-9　低压涡轮盘零件加工

涡轮机匣（见图 4.4-10）通常采用 Inconel 或 Waspalloy 高温合金制造，这些材料的切削加工常常面临诸多技术难题，特别是铣削加工过程中。而在制造这类零件时，恰恰需要通过铣削来去除大量材料。使用陶瓷铣刀进行车铣可显著提高生产率。表 4.4-17 为使用陶瓷铣刀与硬质合金铣刀切削加工涡轮机匣的对比情况。

表 4.4-16　低压涡轮盘零件加工参数

参数	CC6220	CC6230		
刀片	RPGX120700 T01020	RPGX120700 T01020		
工序:①型腔加工;②粗加工;③、④半精加工				
	①	②	③	④
v_c/(m/min)	400	400	210	350
f/(mm/r)	0.2	0.2	0.12	0.15
a_p/mm	1.0	1.0	0.3	0.3
MRR/(cm³/min)	80	80	7.6	15.8
切削时间/min	2.5	5	6、6	13、9

图 4.4-10　涡轮机匣加工

表 4.4-17　陶瓷铣刀与硬质合金铣刀切削加工
涡轮机匣的应用对比

项目	陶瓷铣刀	硬质合金铣刀
应用场合	逆铣	顺铣
切削液状况	干铣	湿铣
刀片	RNGN 120700 E 6060	CM300-1204E-MM 2040
切削速度 v_c/(m/min)	1000	30
直径 D/mm	63	63
主轴转速/(r/min)	5052	152
每齿进给量 f_z/mm	0.1	0.3
齿数 Z	4	6
背吃刀量 a_p/mm	1.5	2
侧吃刀量 a_e/mm	35	35
金属切除率/(cm³/min)	106	19
刀具寿命/min	4	25
去除的材料总量/cm³	424	477

与采用硬质合金铣刀的常规加工方法不同,陶瓷面铣刀的切削速度可达 1000m/min,比硬质合金铣刀的金属切除率高 5 倍以上。同样,陶瓷立铣刀能够提供比标准硬质合金立铣刀生产率更高的镍基高温合金铣削方法。以航天稳定器槽结构铣削为例,工件材料为经过时效处理的 Inconel 718,硬度为 370HBW,采用机床 DMU60 EVO 加工,刀具为陶瓷刀具 CoroMill® Plura(Sandvik,$D = 12$mm,$Z_n = 6$),切削参数为 $N = 13263$r/min,$v_c = 500$m/min,$v_f = 2387.34$mm/min,$f_z = 0.03$mm,$a_p = 0.5$mm,$a_e = 12$mm,MRR = 14.32cm³/min,刀具寿命为 2 件。相比于硬质合金可互换式切削头,

材料去除率提高了 5014%,刀具寿命提高了 400%。

赛阿龙(Sialon)陶瓷是以 Si_3N_4 为硬质相、Al_2O_3 为耐磨相,并添加少量烧结助剂 Y_2O_3 后经热压烧结而成的材料,由于其氮化硅基体结构而具有韧性和化学稳定性的完美结合,是高温合金材料加工的一种理想刀具材料。Sandvik 陶瓷刀片 CC6060(Sialon 材质)主要应用于铣削 Inconel 718 发动机机匣和石油钻采设备,具有很高的金属去除率。以车削凹穴工序为例,切削速度 $v_c = 275$m/min,$f_z = 0.025$mm,$a_p = 2.5$mm,MRR = 172cm³/min,每个切削刃刀具寿命为 5min。结合使用摆线车削,凹穴切削工序的切削时间从 63h 减少到 13h,相当于每个零件节约了 50h 的切削时间,所需的刀片数从每零件的 380 降低到 160。

Sandvik 的 316-10FL642-10010L 端铣刀,搭配 930-C6-S-20-091 刀柄,应用于粗加工钛合金等难加工材料。这一铣刀主要用于粗加工,因此设计目标是高切削速度和高材料去除率。图 4.4-11 为切削加工 Ti6-Al4-V 的演示视频截图,其中切削参数为 $a_p = 15$mm,$a_e = 15$mm,$v_c = 170$m/min,$f_z = 0.08$mm。

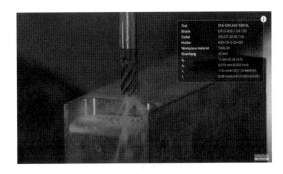

图 4.4-11　316-10FL642-10010L 端铣刀铣削
加工钛合金 Ti6-Al4-V

图 4.4-12 所示为 Iscar 推出的新型可转位侧铣刀。该刀具面向难加工材料,尤其是钛合金和镍基合金的切削设计,优先考虑了卷屑和断屑性能。铣刀有 3 个切削刃,每个可转位刀片上有 1 个或 2 个断屑槽,可

以根据需要选用。采用该刀具切削加工时采用的推荐　　切削参数见表 4.4-18。

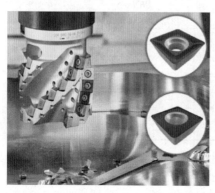

图 4.4-12　Iscar 加工钛合金用可转位侧铣刀

表 4.4-18　Iscar 可转位侧铣刀加工参数推荐

型号	SDK D50-47-3-22-10-HP
直径/mm	54
齿数	3,共计 18 片
可转位刀片	SDHW 100408-TN
推荐切削液	Internal HPC 1000 PSI @ 100 lit/min
切削速度/(m/min)	60
切屑厚度/mm	4.6
切屑宽度/mm	≤5
每齿进给量/in	0.07
冷却方式	使用切削液
刀具寿命/min	45.0

4.4.2　高速硬切削实例

硬切削是指对硬度 50HRC 以上材料直接进行的切削加工。硬切削工件材料包括淬硬轴承钢、淬硬工(模)具钢、淬硬合金钢、高速钢、冷硬铸铁、粉末冶金材料及其他特殊材料。硬切削通常可直接作为最终精加工工序,而传统加工常以磨削作为最终工序。硬切削与传统的磨削加工比较,具有柔性好、效率高、工艺简单、投资少等优点(见表 4.4-19),因此"以切代磨"已成为切削加工的发展趋势之一。

适用于硬切削的刀具材料主要有 PCBN、PCD、陶瓷、高性能金属陶瓷、涂层硬质合金、超细晶粒硬质合金等,其中应用最多的是 PCBN 和陶瓷刀具。硬切削应尽量选用强度较高的刀片形状和较大的刀尖圆弧半径,PCBN 刀具和陶瓷刀具一般应采用负前角。

目前,硬切削主要用于车削、铣削等加工工艺,并已在许多工业制造部门得到应用,如汽车传动轴、发动机、制动盘、制动转子的半精加工和精加工,飞机副翼齿轮、起落架的切削加工,机床工具、医用设备等行业也开始大量应用硬切削加工技术。

表 4.4-19　硬切削与磨削的比较

项目	硬切削	磨削
加工柔性	通过改变切削刃及进给方式,可以在一个工步内加工出几何形状各异的复杂零件,精度易于保证	柔性差,当工件的外形和加工方向变化时,只能用成形砂轮
加工质量	能获得精确的圆度,尺寸精度可达 14μm,表面粗糙度 Ra 值为 0.3μm,Rz 为 6 ~ 20μm;易于保持工件表面的完整性,如模具高速硬切削可使已加工表面形成残余压应力而且硬度略有提高	可保证 1μm 尺寸精度,表面粗糙度 Ra 值为 0.25μm,Rz 为 10μm 以下,但磨削热量可能导致产生表面烧伤和裂纹,不易保持工件表面的完整性
环保性能	可实现干式和准干式切削,切屑易回收和处理,避免了磨削加工产生的废液和废弃物难以处理和清除的问题	会产生磨屑和切削液的混合物,不易分类和再利用,污染环境
加工效率	切削效率高,材料切除率高	磨削效率低,加工周期长
加工经济性	设备投资费用低,切削加工成本低,仅为磨削的 1/4,单位材料切除体积能耗仅为磨削的 20%,节省能源	设备(包括磨床、砂轮、磨削液等)投资及磨床维护成本高,单位材料切除体积能耗高

1. 高速硬车削实例

高速车削淬硬钢的常用刀具材料为复合 Al_2O_3 陶瓷 [如 Al_2O_3-TiC、Al_2O_3-(W, Ti) C 等]、SiC 晶须增韧 Al_2O_3 陶瓷以及 PCBN,其中 PCBN 刀具的切削性能最好。而 PCBN 刀片中,CBN 含量高的适于高速加工粉末冶金钢、冷硬铸铁和合金铸铁,以及断续切削淬硬钢,CBN 含量低的适于高速切削淬硬钢。

Seco 公司的 PCBN 刀片牌号 CBN10 和 CBN100 中 CBN 的体积分数为 50%，最适合背吃刀量 $a_p<0.5mm$ 条件下的精加工。该公司专利"插车"的通用切削参数推荐值为 $v=200\sim400m/min$ 和 $f=0.04mm/r$。表 4.4-20 为 CBN100 刀片高速硬车削实例。

Kennametal 公司开发的 CVD 涂层（涂层材料为 $TiN\text{-}Al_2O_3\text{-}TiCN$）PCBN 车刀片牌号 KB9640 中 CBN 含量较高，除适合高速车削淬硬钢外，还可加工各种冷硬铸铁、合金铸铁，其应用实例见表 4.4-21。

表 4.4-20　CBN100 刀片高速硬车削实例

加工方式	简图	工件材料	刀片型号	切削用量	效果
传统硬车削		淬硬 25CrMo4 钢齿轮（58~62HRC）	TNGN110308S	$v=150m/min$ $f=0.10mm/r$ $a_p=0.15mm$	车端面时间:3.55s/件 车锥面时间:6.9s/件
插车			TNGN110304S	$v=200m/min$ $f=0.04mm/r$ $a_p=0.15mm$	车端面时间:0.18s/件 车锥面时间:0.18s/件
传统硬车削		淬硬 20NiCrMo2 钢齿轮轴（57~63HRC）	TNGN110312S	$v=160m/min$ $f=0.1mm/r$ $a_p=0.1\sim0.15mm$	每个刀片可加工 200 件
插车			TNGN110312S		每个刀片可加工 450 件

表 4.4-21　KB9640 刀片高速硬车削实例

加工方法	工件材料	刀杆、刀片型号	切削用量	效果
精车离合器内孔	淬硬合金钢 C1045（58~63HRC）	刀杆:CRGNRP-163D 刀片:RNM-32S0820	$v=160m/min$ $f=0.33mm/r$ $a_p=0.76mm$	每条 KB9640 切削刃可加工 268 件，而每条普通 PCBN 切削刃只能加工 110 件
精车齿轮端面	粉末冶金钢（63~69HRC）	刀杆:CRGNRP-163D 刀片:RNM-32S0820	$v=183m/min$ $f=0.1mm/r$ $a_p=0.23mm$	每条 KB9640 切削刃可加工 65 件，而每条普通 PCBN 切削刃只能加工 25 件
精车货车制动片端面	铸铁 GL105（245HBW）	刀杆:MCLNR-164D 刀片:CNM-434S0820	$v=799m/min$ $f=0.3mm/r$ $a_p=1.2mm$	每条 KB9640 切削刃可加工 150 件，而每条普通 PCBN 切削刃只能加工 100 件
粗车轧辊外圆	合金铸铁（62~64HRC）	刀杆:特制 刀片:RNM-82S0820	$v=37m/min$ $f=0.76mm/r$ $a_p=7.7mm$	每条 KB9640 切削刃可加工 1 件，而每条普通 PCBN 切削刃只能加工 0.5 件

山东大学开发的 $Al_2O_3\text{-}(W,Ti)C$ 陶瓷刀具 SG-4 和 FG-2 是高速硬车削的理想牌号，表 4.4-22 为这两种车刀的高速硬车削实例。

2. 高速硬铣削

Sandvik 公司生产的 Ti(C,N) 或 TiAlN 涂层整体硬质合金立铣刀半精和精加工淬硬钢（48~58HRC）的切削用量见表 4.4-23。

Seco 公司的几种高速加工淬硬钢（52~63HRC）的 PCBN 面铣刀和方肩铣刀型号、几何参数及切削用量见表 4.4-24。铣刀直径 $\phi>125mm$ 时，需配 SNEX 型刮光刀片。

表 4.4-22 Al_2O_3-(W，Ti)C 陶瓷车刀高速硬车削实例

加工方法	工件材料	刀具几何参数	切削用量	效果
精车精锻差速锥齿轮端面（表面粗糙度要求 Ra 值为 $0.63\mu m$）	20CrMnTi（58~64HRC）	$\kappa_r = 3°$，$\gamma_o = -10°$，$\alpha_o = 10°$，$\lambda_s = -10°$，$r_\varepsilon = 0.2mm$，无负倒棱	$v = 80~155m/min$ $f = 0.19mm/r$ $a_p = 0.2mm$	每条 SG-4 切削刃可加工 45 件，每条 FG-2 切削刃可加工 63 件
精车淬火高速钢圆形刀片侧面（表面粗糙度要求 Ra 值为 $0.8\mu m$）	W18Cr4V（62HRC）	$\kappa_r = 87°$，$\gamma_o = -10°$，$\alpha_o = 10°$，$\lambda_s = -10°$，$b_{\gamma1} \times \gamma_{o1} = 0.2mm \times (-20°)$，$r_\varepsilon = 0.4mm$	$v = 120~135m/min$ $f = 0.1mm/min$ $a_p = 0.2mm$	原来采用磨削加工，单件工时为 4h；采用陶瓷刀具进行精车，加工 1 件仅需 20min（含调整机床等辅助时间），每个 SG-4 切削刃可加工 7 件（14 个面），每个 FG-2 切削刃可加工 8 件（16 个面）

表 4.4-23 涂层整体硬质合金立铣刀的切削用量

加工方式	$v/(m/min)$	a_p/mm	a_e/mm	f_z/mm
半精加工	150~200	3%~4%d[①]	20%~40%d[①]	0.05~0.15
精加工	200~250	0.1~0.2	0.1~0.2	0.02~0.2

① d 为铣刀直径。

表 4.4-24 Seco 公司的高速硬切削铣刀

型号	铣刀直径 ϕ/mm	刀片型号	刀片牌号	刀具几何参数	切削用量
R220.74-09 面铣刀	63~200	SNGN		$\kappa_r = 75°$，$\gamma_o = -6°$，$\gamma_p = -6°$，$\gamma_f = -7.5~-7°$，$r_\varepsilon = 0.4~1.2mm$，$b_{\gamma1} \times \gamma_{n1} = 0.1mm \times (-20°)$	$v = 250~500m/min$，$f_z = 0.1~0.2mm$，$a_e \leqslant \phi$，$a_p \leqslant 8mm$
R220.70-09 面铣刀	63~200	RNGN	CBN100（低CBN含量整体式刀片）	$\gamma_o = -6°$，$\gamma_p = -6°$，$\gamma_f = -9~-6°$，$b_{\gamma1} \times \gamma_{n1} = 0.1mm \times (-20°)$	$v = 250~500m/min$，$f_z = 0.1~0.2mm$，$a_e \leqslant \phi$，$a_p \leqslant 4.5mm$
R220.68-T16C 方肩铣刀	63~160	TNGN		$\kappa_r = 90°$，$\gamma_o = -6°$，$\gamma_p = -6°$，$\gamma_f = -6°$，$b_{\gamma1} \times \gamma_{n1} = 0.2mm \times (-20°)$	$v = 250~500m/min$，$f_z = 0.05~0.2mm$，$a_e \leqslant \phi$，$a_p = 0.05~10mm$

4.4.3 高速（准）干切削

高速干切削是在高速切削技术的基础上，结合干切削技术或采用微量切削液的准干切削技术（MQL）的优点，并对它们的不足进行了有效补偿的绿色制造技术。与一般传统干切削相比，高速干切削具有生产率高、切削力小、加工精度高、加工过程稳定以及可以加工各种难加工材料等特点；而与一般高速切削相比，高速干切削则具有环境污染小、生产成本低的优点。

干切削要求刀具材料应具备很高的硬度、耐磨性、热韧性和热化学稳定性。PCD、PCBN、陶瓷、金属陶瓷、超细晶粒硬质合金及涂层硬质合金等均可较好地满足干切削的要求。工件材料的热特性也是决定其是否宜于干切削的重要因素，熔点和比热容较

高、热导率和热胀系数较小的材料适合干切削。因此，大质量的零件比小零件更适于干切削。最难进行干切削的"工件材料-加工方法"组合见表 4.4-25。

表 4.4-25 难于进行干切削的工件材料和加工方法组合

工件材料	加工方法				
	车削	铣削	铰削	攻螺纹	钻孔
铸铁	—	—	—	—	—
钢	—	●	●	●	—
铝合金	—	●	●	●	—
超级合金	●	●	●	●	●
复合材料	—	—	—	—	—

注：●表示难于进行干切削。

对于铸铁类工件的车削、铣削均可以采用干切削。因为其切削温度比较低，而且不像铝合金那样容

易黏附于切削刃上。在铸铁件的干切削中，主要使用陶瓷刀具或 PCBN，后者更适宜高速加工。对于普通碳素钢工件的高速切削可以采用干切削或 MQL。

铝合金可以采用干切削加工，但是干切削时极易出现被切削材料黏附于切削刃的现象。采用 MQL 可取得很好的加工效果，加工数量增加数倍，加工表面质量明显提高。

1. 高速干车削实例

表 4.4-26 为铝合金的高速干车削实例，表 4.4-27 为 Kennametal 公司高速干车削铸铁和钢的实例。

表 4.4-26　铝合金的高速干车削实例

加工方法	工件材料	刀具材料	切削用量	应用效果
车 TIE50FM 高硅铝合金活塞	高硅铝合金（Si 质量分数为 21%~24%）	金刚石薄膜涂层刀具	$v=176\text{m/min}$ $f=0.1\text{mm/r}$ $a_p=0.2\text{mm}$	切削 $t=1\text{h}$、$L=10.5\text{km}$ 后，没有发现脱落和刃口破坏现象，也无明显磨损，被加工零件表面粗糙度 Ra 值为 $0.5\mu\text{m}$
车中硅铝合金活塞	中硅铝合金（Si 质量分数为 13%）	金刚石薄膜涂层刀具	$v=377\text{m/min}$ $f=0.1\text{mm/r}$ $a_p=0.35\text{mm}$	切削 $t=4\text{h}$、$L=60\text{km}$ 后，零件表面粗糙度符合产品精加工要求，切削刃上的金刚石涂层没有脱落现象且几乎看不到明显的磨损
半精车高硅铝合金	高硅铝合金（Si 质量分数为 21%~24%）	金刚石薄膜涂层刀具	$v=133.5\text{m/min}$ $f=0.1\text{mm/r}$ $a_p=0.35\text{mm}$	切削 $t=14\text{h}$、$L=110\text{km}$ 后，表面粗糙度高于半精车要求
精车高硅铝合金	高硅铝合金（Si 质量分数为 21%~24%）	金刚石薄膜涂层刀具	$v=236\text{m/min}$ $f=0.1\text{mm/r}$ $a_p=0.1\text{mm}$	切削 $t=4.7\text{h}$、$L=66\text{km}$ 后，表面粗糙度 Ra 值为 $0.32~0.4\mu\text{m}$

表 4.4-27　Kennametal 公司高速干车削铸铁和钢的实例

加工方法	刀具材料	刀片型号	切削用量	应用效果
车球墨铸铁	KC9315（CVD 涂层 TiN-Al_2O_3-TiCN 的硬质合金 K10~K25）	CNMA-543	$v=305\text{m/min}$ $f=0.38\text{mm/r}$ $a_p=3.8\text{mm}$	KC9315 比普通 K 类硬质合金刀片切削速度要高 43%，并且每条切削刃能多生产 10% 的零件
车灰铸铁	KY1310（Sialon）	CNGX-453T0820	$v=915\text{m/min}$ $f=0.5\text{mm/r}$ $a_p=2.0\text{mm}$	KY1310 每条切削刃可以加工 440 个零件，而陶瓷刀片每条切削刃可以加工 50 个零件，可以节约 45000 美元
车合金钢 AN-SI4140	KC9110（CVD 涂层 TiN-Al_2O_3-TiCN 的硬质合金 M10~M20，P05~P20）	DNMG442FN	$v=215\text{m/min}$ $f=0.38\text{mm/r}$ $a_p=0.76\text{mm}$	KC9110 比普通涂层硬质合金刀具的切削速度和进给量均可提高一倍，可多加工 160% 的零件
车低碳钢 AN-SI1018	KC9125（CVD 涂层 TiN-Al_2O_3-TiCN 的硬质合金 M15~M25，P15~P35）	DNMG332FN	$v=320\text{m/min}$ $f=0.33\text{mm/r}$ $a_p=1.9\text{mm}$	KC9125 刀片比普通涂层硬质合金刀片切削速度和加工效率提高了 30%
车中碳钢 AN-SI1045	KT315（PVD 涂层 TiN-TiCN-TiN 的金属陶瓷）	CNMG432FW	$v=550\text{m/min}$ $f=0.38\text{mm/r}$ $a_p=1.0\text{mm}$	KT315 的 Wiper 刀片比普通金属陶瓷刀片进给量提高 4 倍，可多加工 50% 的零件，而且表面粗糙度 Rz 值为 $20\mu\text{m}$，而普通金属陶瓷刀片加工表面粗糙度 Rz 值为 $60\mu\text{m}$

2. 高速干铣削实例

表 4.4-28 为 Sandvik 公司高速干铣削铸铁的切削用量。

Kennametal 公司的两种 Sialon 陶瓷刀片牌号 KY2100 和 KY1540 最适于高速干铣削各种不锈钢、铁基、钴基耐热合金及镍基高温合金,它们的切削用量见表 4.4-29。

表 4.4-28 Sandvik 公司高速干铣削铸铁切削用量

刀具型号	刀片型号	刀片材料	工件材料	切削用量					
				$a_e/d = 0.8$			$a_e/d = 0.4$		
				f_z/mm			f_z/mm		
				0.1	0.2	0.3	0.1	0.2	0.3
				$v/(m/min)$			$v/(m/min)$		
R245 型 45° 面铣刀(φ50~φ250mm)	R245-12T3E $a_p \leqslant 6mm$	CC6090(纯 Si_3N_4 陶瓷)	灰口铸铁(180HBW)	1320	1085	890	1535	1470	1410
			灰口铸铁(245HBW)	1045	860	705	1220	1165	1115
			铁素体可锻铸铁(130HBW)	1190	975	805	1385	1330	1275
			珠光体可锻铸铁(230HBW)	980	805	660	1145	1095	1050
			铁素体球墨铸铁(160HBW)	920	755	620	1075	1030	985
			珠光体球墨铸铁(250HBW)	760	625	515	890	850	815
	R245-12T3E $a_p \leqslant 2.5mm$	CB50(PCBN)	工件材料	$a_e/d = 0.8$			$a_e/d = 0.4$		
				f_z/mm			f_z/mm		
				0.1	0.15	0.2	0.1	0.15	0.2
				$v/(m/min)$			$v/(m/min)$		
			灰口铸铁(180HBW)	845	725	620	1080	1045	1010
			灰口铸铁(245HBW)	910	780	665	1165	1125	1085
			珠光体球墨铸铁(250HBW)	495	420	360	630	610	590

注:d 为铣刀直径。

表 4.4-29 Kennametal 公司高速干铣削钢、耐热合金及高温合金切削用量

刀具型号、加工方式及刀片型号	工件材料	刀具材料	切削用量
KSSR(直径 φ50~φ100mm) 铣平面、台阶、周边、大型腔,可螺旋插补 刀片型号:RPGN120400	PH 不锈钢 13-8,15-5, 17-4(36~48HRC)	KY2100	$a_p = 6.35mm$ $v = 855~1160m/min$ $f_z = 0.05~0.13mm$
KIPR(直径 φ32~φ38mm) 铣小平面、台阶、周边、小型腔,可螺旋插补 刀片型号:RPGN120400	300 系列奥氏体型不锈钢 302,303,304,316, 321,347,329(≤28HRC)	KY2100	$a_p = 6.35mm$ $v = 610~975m/min$ $f_z = 0.05~0.13mm$
KDNR(直径 φ50~φ100mm) 铣平面、台阶、周边、大型腔 刀片型号:RNG120700T01020	铁基耐热合金 A268, Discalo,Incoloy(≤34HRC)	KY2100	$a_p = 6.35mm$ $v = 915~2135m/min$ $f_z = 0.05~0.13mm$
KIPR(直径 φ32~φ38mm) 刀片型号:RPGN120400		KY1540	$a_p = 6.35mm$ $v = 305~915m/min$ $f_z = 0.05~0.13mm$

（续）

刀具型号、加工方式及刀片型号	工件材料	刀具材料	切削用量
KDNR（直径 $\phi50\sim\phi100$mm） 铣平面、台阶、周边、大型腔 刀片型号：RNG120700T01020 KIPR（直径 $\phi32\sim\phi38$mm） 刀片型号：RPGN120400	钴基耐热合金 Haynes 21/25/188，Stellite（ ≤ 34HRC）	KY2100	$a_p=6.35$mm $v=610\sim1680$m/min $f_z=0.05\sim0.13$mm
		KY1540	$a_p=6.35$mm $v=275\sim1220$m/min $f_z=0.05\sim0.13$mm
	镍基高温合金 Inconel 601/617/718/x-750/901，Nimonic 80A，Waspaloy，Rene 95，Hastaloy C，Udimet 700（≤48 HRC）	KY2100	$a_p=6.35$mm $v=610\sim1680$m/min $f_z=0.05\sim0.13$mm
		KY1540	$a_p=6.35$mm $v=275\sim1220$m/min $f_z=0.05\sim0.13$mm

3. 高速干钻削、干铰削实例

钻孔、铰孔和攻螺纹是高硬材料干切削中条件最严酷的。干钻削时，由于容屑、排屑条件比较差，而且刀具温度非常高，容易造成切屑堵塞，从而加快刀具磨损，降低加工精度。所以对干钻削的刀具，可通过增大其容屑槽以及沿钻头轴向增大背锥以改善容屑、排屑条件。

Kennametal 公司生产的 TF105 型 3 刃整体硬质合金钻头，直径范围为 $\phi3\sim\phi21$mm，顶角为 130°，采用 PVD 涂层 TiAlN 的硬质合金牌号 KC7210（K05～K15）及未涂层硬质合金 K10，适于高速干钻削灰口铸铁、铝合金、有色金属及钛合金，其切削用量见表 4.4-30。

表 4.4-30　TF105 型整体硬质合金钻头切削用量

工件材料	刀具材料	$v/(m/min)$	不同直径(ϕ/mm)钻头的进给量 $f/(mm/r)$								
			3	4	5	6.5	9.5	12.5	16	19	21
灰口铸铁 （120～320HBW）	KC7210	90	0.08	0.08	0.1	0.15	0.2	0.3	0.38	0.45	—
		100	0.13	0.15	0.2	0.23	0.3	0.35	0.43	0.56	—
		105	0.15	0.18	0.23	0.33	0.4	0.48	0.58	0.68	—
铝合金 （Si 质量分数 <12.2%）	K10	185	0.08	0.1	0.13	0.18	0.25	0.33	0.43	0.53	0.64
		230	0.13	0.15	0.18	0.23	0.33	0.4	0.51	0.66	0.74
		305	0.15	0.2	0.25	0.3	0.43	0.51	0.58	0.74	0.79
有色金属	K10	120	0.08	0.13	0.18	0.2	0.23	0.33	0.38	0.45	0.51
		160	0.13	0.15	0.18	0.23	0.33	0.38	0.43	0.51	0.51
		215	0.15	0.18	0.23	0.33	0.38	0.45	0.48	0.56	0.56
钛及钛合金 （110～450HBW）	K10	21	0.025	0.025	0.025	0.025	0.025	0.08	0.08	0.08	0.1
		27	0.05	0.05	0.05	0.05	0.05	0.1	0.1	0.1	0.13
		30	0.08	0.08	0.08	0.08	0.1	0.15	0.15	0.15	0.18

Kennametal 公司生产的 SE261 型 2 刃整体硬质合金钻头，直径范围为 5～21mm，顶角为 140°，采用 PVD 涂层 TiN 的硬质合金牌号 KC7040，适于高速干钻削中、高碳钢和合金钢，其切削用量见表 4.4-31。

表 4.4-31　SE261 型整体硬质合金钻头切削用量

$v/(m/min)$	不同直径(ϕ/mm)钻头的进给量 $f/(mm/r)$						
	5	6.5	9.5	12.5	16	19	21
70	0.08	0.1	0.13	0.2	0.28	0.4	0.46
75	0.1	0.13	0.2	0.23	0.33	0.48	0.5
85	0.18	0.23	0.28	0.33	0.5	0.53	0.61

对淬硬钢孔的精加工可采用单刃铰刀进行铰削以取代传统的加工成本很高的磨削和珩磨。这种单刃铰刀外形像镗杆，周向装有一个刀片和三个导向块，这种结构不仅能使刀具在孔内自导向，而且能避免刀杆

歪斜（见图 4.4-13）。

德国 Bremen 大学采用这种铰刀（带内冷却系统）及 MQL 技术对淬硬轴承钢 100Cr6（60HRC）进行了铰孔，刀片材料为 PCBN，导向块材料为PCD。切削用量为 $v = 150\text{m/min}$，$a_p = 0.08\text{mm}$，$f = 0.02\text{mm/r}$。加工后孔的表面粗糙度 $Rz < 3\mu\text{m}$，圆柱度误差小于 $5\mu\text{m}$，而且加工表面层材料的相变大大减轻。

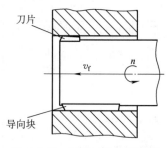

图 4.4-13　100Cr 钢的干铰削

4.5　高速切削的安全性

高速切削过程中，高速旋转刀具系统积聚着很大的能量，承受着动态热-力耦合复杂载荷导致的非均匀强应力场作用，当机床主轴转速达到 10000r/min，会使刀具的刀片甩飞或使刀体爆裂，破坏加工质量，损坏机床主轴，严重时还可能造成重大事故。因此，解决高速切削的安全性问题成为推广高速切削技术的必要前提之一。

根据系统安全性的概念，高速切削的安全技术包括以下内容：确保机床操作者及机床周围现场人员的安全；避免机床、刀具、工件及有关设施损坏；识别和防范可能引起重大事故的工况；保证生产率和产品质量。

4.5.1　高速切削的安全性要求

1. 高速切削机床的安全性要求

机床必须设有安全防护装置，机床启动与安全装置间应设有联锁开关。在移动防护罩时，机床主轴应立即停止工作。为防止刀片甩飞或刀体爆裂，应选用安全玻璃和聚合物玻璃两种材料制作防护罩。8mm厚聚合物玻璃的强度相当于 3mm 厚的钢板，并且能吸收更多的撞击能量。

有机玻璃材料机械强度较低且无韧性，强度高、韧性好的聚碳酸酯板，可以达到防止飞屑或刀具飞出的目的。

2. 高速切削刀具系统的安全性要求

德国在 20 世纪 90 年代初就开始了对高速铣刀安全性技术的研究，在机器制造商协会（VDMA）的支持下，以达姆斯塔特（Darmstadt）工业大学制造技术与机床研究所（PTW）为核心，组成了由刀具制造厂、研究所和用户参加的工作组，从事高速铣刀安全性技术的研究。该研究组于 1994 年起草了《高速旋转铣刀的安全性要求》DIN 标准，从法律角度规范制造商和用户在设计、制造和使用高速铣刀时的行为和责任，在技术上提出了高速铣刀设计、制造和使用

的指导意见，规定了统一的安全性检验方法，以提高刀具制造商和用户的安全意识，保证高速铣削的安全。标准草案规定了高速切削的速度界限，超过这一界限，离心力成为铣刀的主要载荷，必须采用安全技术。图 4.5-1 所示曲（折）线以上的区域为标准规定的铣刀必须经过安全检验的高速切削范围：对于直径 $d \leqslant 32\text{mm}$ 的刀具（整体刀具或焊接刀具），高速切削范围为线段 AB 以上的区域；对于直径 $d > 32\text{mm}$ 的可转位刀具，高速切削范围为线段 BC 以上的区域。

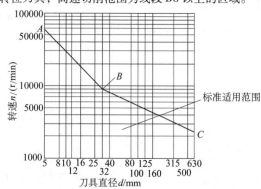

图 4.5-1　不同直径刀具的适用范围

刀具的离心力试验分两种情况：对于可转位刀具，在 1.6 倍于最大使用转速（$n_p = 1.6n_{max}$）下试验，刀具的永久变形或零件的位移不应超过 0.05mm，或在 2 倍于最大使用转速（$n_p = 2n_{max}$）下试验，刀具不发生爆碎；对于整体式刀具则必须在 $n_p = 2n_{max}$ 条件下试验而不发生弯曲或断裂。标准要求制造商应把刀具的最大使用转速（n_{max}）和有关特征参数清晰地、永久性地标示在刀具上，并随刀具向用户提供必要的证明文件和安全使用说明。图 4.5-2 是由离心力破坏试验所得数据的一个例子，直径为 80mm 和 200mm 的铣刀分别约在 35000r/min 和 25000r/min 时爆碎，如安全系数取为 2，则允许的最大使用速度可分别达到 4000m/min 和 7800m/min。

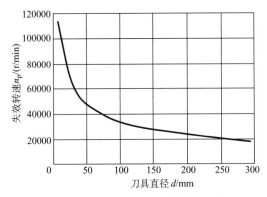

图 4.5-2　高速旋转刀具的安全性要求

1）刀体材料：为了减轻离心力的作用，要求刀体材料的密度要小，强度要高，现在有的高速铣刀已采用高强度铝合金制造刀体。标准建议，刀体材料的选择应取决于材料抗拉强度与密度的比值和应用的转速范围。图 4.5-3 是用不同刀体材料制造的 DIN8030 系列铣刀的极限切削速度比较。钛合金由于对切口的敏感性，不宜用于制造刀体。

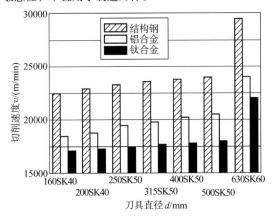

图 4.5-3　刀体材料对切削速度的影响

2）刀具结构：刀体上的槽（包括刀座槽、容屑槽、键槽）会引起应力集中，降低刀体的强度，因此应尽量避免通槽和槽底带尖角。刀体的结构应对称于回转轴，使重心通过铣刀的轴线。刀片和刀座的夹紧、调整结构应尽可能消除游隙，并且要求重复定位性好。需使用接头、加长柄等连接件时也应避免游隙和提高重复定位性。

3）刀具（片）的夹紧方式：刀具与主轴的连接宜采用 HSK 锥柄或类似的锥柄结构。可转位刀片应有中心螺钉孔或有可卡住的空刀窝。刀座、刀片的夹紧力方向最好与离心力方向一致，还要控制螺钉的预紧力，防止螺钉因过载而提前受损。对于小直径的带柄铣刀，有两种高精度、高刚性的夹紧方法：液压夹

头和热胀冷缩夹头。

4）刀具的动平衡：在高速旋转时，刀具的不平衡会对主轴系统产生一个附加的径向载荷，其大小与转速成平方关系，从而对刀具的安全性和加工质量带来不利的影响。《高速旋转铣刀的安全性要求》标准规定，用于高速切削的铣刀必须经过动平衡测试，并应达到 ISO 21940/11 规定的 $G40$ 平衡品质等级，即铣刀的单位质量允许不平衡 e 不超过 $3.8197 \times 10^5 / n_{\max}$（g·mm/kg），式中 $n_{\max}$ 是最大使用转速。

3. 高速切削过程的安全性监控

通过配备各种微型传感器，以监控切削力、切削温度、位移、速度、加速度等信号，并自动加以补偿或调整机床工作状态，以提高高速切削过程的安全性。

1）光学监控技术：刀具磨损区域所反射的光强比未磨损区域所反射的光强要大得多，因此可根据反射光强的变化来测定刀具的磨损情况。在刀具后刀面产生了磨损带 VB 后，光学传感器所感受到的光强会发生变化，经过电路转换，可以测出磨损带的区域范围，据此判断刀具后刀面的磨损情况。

2）位置变化监控技术：在线测量工件尺寸、刀具尺寸以及刀具与工件相对位置尺寸的变化。随着刀具磨损量的增加，刀尖位置相对后移，工件已加工表面与刀具某一设定点之间的相对位置尺寸会减小。通过测量这些尺寸的变化来反映刀具的磨损情况。

3）能量变化监控技术：输入到切削加工系统的能量，随着刀具磨损量的增加而增加，因此可根据能量输入的变化来在线监测刀具的磨损状态。

4）声发射监控技术：切屑变形过程中由锋利切削刃产生的声发射信号与由磨钝或破损的切削刃产生的声发射信号，在信号模式和能量峰值等方面有明显的区别，失效切削刃产生的声发射信号在高频段的能量明显比锋利切削刃产生的声发射信号在高频段的能量要大得多。

5）振动监控技术：实践表明，切削振动和刀具磨损间存在着较强的内在联系。通过监测振动信号的强弱，就可以在线监测刀具的磨损情况和破损状态。

6）切削力监控技术：切削力和切削温度是切削过程中与刀具磨损和破损关系最为密切的物理现象。利用切削力和切削温度信号在线监测刀具的磨损和破损状态，就可获得较理想的效果。

7）其他监控技术：放射法监控方法、电阻监控方法、超声波监控方法和气动监控方法等。

4.5.2　高速主轴单元动平衡

主轴作为超精密机床的核心构件，其性能的优劣

直接影响机床的加工精度、可靠性和寿命。其中，主轴动不平衡是引起主轴振动的主要原因之一，主轴振动的产生将会严重影响机床的加工精度、稳定性和寿命。因此，在机械加工过程中实现主轴的高效、高精度的动平衡已成为一项不可或缺的关键技术，有着重要的研究价值和意义。图 4.5-4 所示为高速电主轴系统主轴单元结构。

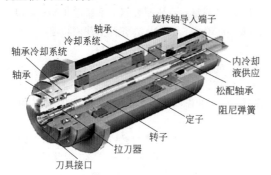

图 4.5-4　高速电主轴系统主轴单元结构

1. 主轴单元的不平衡分类

主轴单元的不平衡可分为三种类型：静不平衡、力偶不平衡和动不平衡。若主轴单元的不平衡离心惯性力系向其质心可简化为某一合力，则称其为静不平衡；若主轴单元的不平衡离心力系向其质心可简化为一力偶，且其旋转轴线通过质心，但与各惯性主轴中心都不重合，则称其为力偶不平衡；若主轴单元的不平衡离心力系只可简化为一个力和一个力偶，且其旋转轴线与任一中心惯性主轴既不平行，又不相交，则称其为动不平衡。

2. 高速主轴单元的平衡方法

主轴动平衡是指通过改变主轴部件的质量分布，实现主惯性轴与旋转轴相重合。即通过改变主轴某些平面上的质量分布，使偏心质量引起的主轴振动减小到许用范围，从而使主轴平稳运行达到机床所要求的加工精度。

静不平衡是主轴不平衡最简单的形式，可以利用单面平衡法对其进行直接校正。即在一个平面上进行质量分布校正，使主轴回转轴线通过其质心，以消除质量偏心引起的离心惯性力。通常情况下，由于主轴不平衡质量分布具有一定的随机性，其往往存在静不平衡和力偶不平衡，因此需要在多个平面上对其进行质量校正才能消除质量偏心引起的离心惯性力，即进行动平衡操作。目前，常用的转子动平衡操作方法主要分为离线平衡和在线平衡，具体分类如图 4.5-5 所示。

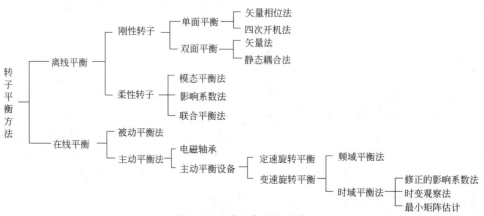

图 4.5-5　动平衡方法分类

对于离线平衡，根据转子内部结构及运转情况的不同，将转子分为刚性转子和柔性转子。针对不同类型的转子，其平衡方法各不相同。大部分转子系统工作转速在一阶转速以下时，转子系统基本属于刚性系统，对于刚性转子系统的动平衡理论的研究在 20 世纪 30 年代已经基本成熟。在刚性转子中进行动平衡操作的方法主要包括单面平衡法（如矢量相位法和四次开机法等）和双面平衡法（如矢量法和静态耦合法等）。

然而，当刚性转子的旋转速度超过一阶临界转速以后，高速旋转产生的动挠度将引起转子系统产生额外的不平衡量，从而使得刚性转子系统又重新回归到不平衡状态，因此，针对刚性转子进行的相关动平衡方法则失效。针对该类型高速转子，产生并发展了柔性转子动平衡技术。目前，柔性转子动平衡技术主要分为模态平衡法、影响系数法和联合平衡法。该技术与刚性转子动平衡技术相比，其目的是消除由于高速旋转引起的动挠度引起的不平衡分量的影响，并且必须在工作转速下对其进行平衡。

已有的研究结果表明，柔性转子系统动平衡具有以下特点：

1）当转子的转速超过第一临界转速时，由离心惯性力引起的柔性转子系统的动挠度达到了不可忽略的程度，并且不平衡引起的动挠度随着转速的变化而变化。因此，柔性转子的平衡不仅应保证工作转速下的平衡，还要保证在整个转速范围内达到平衡。

2）在接近临界转速时，柔性转子轴线上各点同时出现最大挠度时所形成的弹性变形曲线可以近似认为柔性转子系统在该临界转速时的振型。柔性转子的平衡可以逐阶分离振型进行平衡，理论上应平衡尽可能多阶的振型，但在实际中，一般以满足工作要求为度，可参考 ISO 21940 规定的关于转子动平衡精度的相关标准。

3）在对柔性转子系统进行配重平衡时，要合理选择配重的方位和大小，不仅要实现轴承支承处的动反力最小，还应满足转子挠度最小的条件，从而使受挠曲影响而产生的附加不平衡离心力也最小。

4）在实际测量时，由于转子的动挠度不易测量，往往通过测量轴承支承处的振动来评估转子上的不平衡状态。

3. 高速主轴单元的平衡技术

动平衡技术主要运用了转子动力学及动平衡理论等知识，目前动平衡技术的发展主要分为三个方面：

1）现场动平衡技术：为实现实际工况下转子动平衡，产生了现场动平衡技术。现场动平衡是指转子在现场实际工况下，利用一些现场测试和分析设备对转子实施的振动测试和动平衡，图 4.5-6 所示为一些常见的高精度现场动平衡仪。

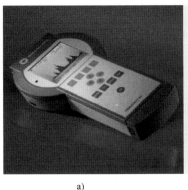

a)   b)   c)

图 4.5-6 常见的高精度现场动平衡仪

a) Schenck 现场动平衡仪 b) Sigma 现场动平衡 c) Rion 现场动平衡仪

2）无试重平衡技术：为了尽可能减少试重时反复启、停机造成的生产损失，众多研究人员探索了多种无试重平衡方法。其中，中航工业机械研究所和西北大学动力与能源学院探索了一种跨二阶柔性转子无试重模态平衡方法。该方法的应用解决了传统柔性转子平衡的弊端，是目前无试重模态平衡方法中一项创新和先进的技术。

3）转子在线动平衡技术：转子在线平衡是指在不停机的状态下，通过可精密控制的平衡装置来实现对转子系统进行连续动平衡调节的方法。由于在线平衡过程中无需启、停机，而且可以在转子运行过程中实现平衡状态的在线调节，已经成为动平衡技术研究和发展的主流。

根据在线平衡装置的结构不同，目前常用的在线动平衡装置主要分为以下类型，见表 4.5-1。

4. 高速主轴单元在线动平衡装置的设计要求

在线动平衡已经成为动平衡技术研究和发展的主流。目前，由于机床主轴种类繁多使得在线动平衡装置形式多样，且各具优缺点和一定的适用范围。因此，在对在线动平衡装置进行设计时，应遵循以下几点：

1）以满足主轴各工况下平衡精度为准则，要求结构简单、性能可靠。

表 4.5-1 各种在线动平衡装置

直接在线动平衡装置	间接在线动平衡装置	混合在线动平衡装置
该装置通过调整质量的方法将平衡盘的几何中心转移到旋转中心，包括喷涂法、喷液法和液气混合法等	该装置通过对不平衡转子系统长期提供一个与不平衡力大小相等、方向相反的力，从而使得主轴系统达到平衡。该类型装置的典型代表有电磁轴承型和电磁圆盘形	该装置通过检测转子系统的旋转信号，利用控制系统改变在主轴端部和主轴同速旋转的平衡装置内部的质量分布，产生与不平衡力大小相等、方向相反的力，从而达到主轴系统平衡的目的。根据平衡装置的内部结构不同，主要分为质量块式和平衡盘式

（续）

直接在线动平衡装置	间接在线动平衡装置	混合在线动平衡装置

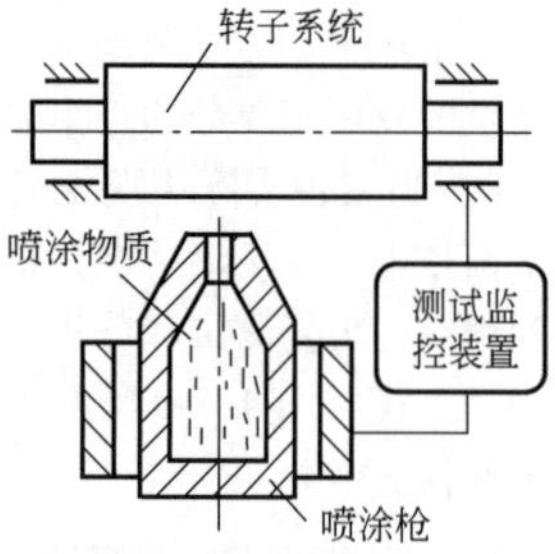

a) 喷涂型在线动平衡装置

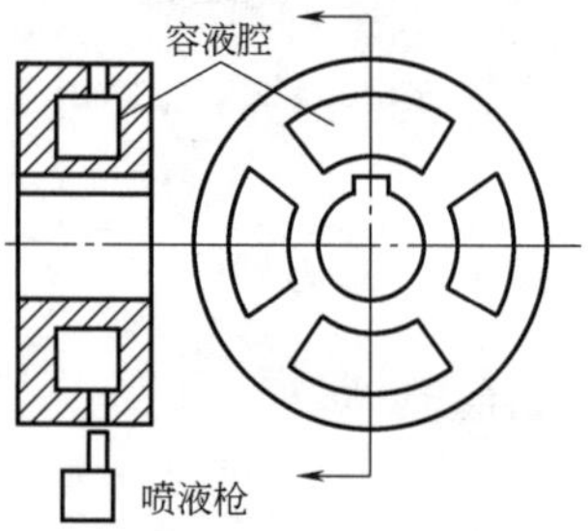

b) 喷液型在线动平衡装置

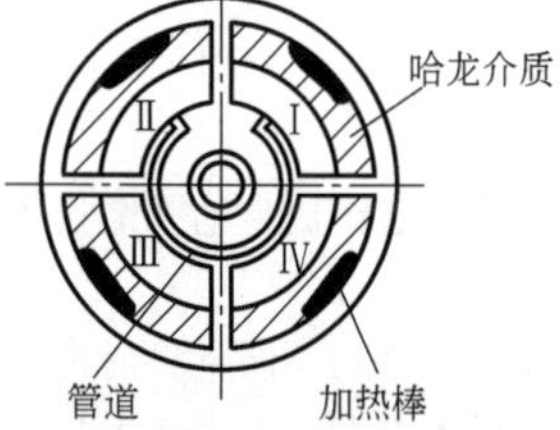

c) 液气式在线动平衡装置

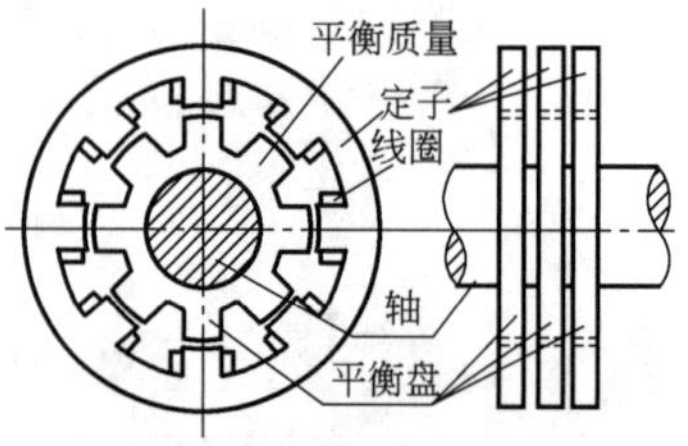

基于电动机原理的电磁平衡头

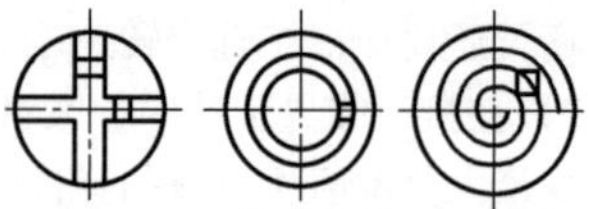

a) 直角坐标系　b) 极坐标系　c) 混合坐标系

平衡质量块移动轨迹

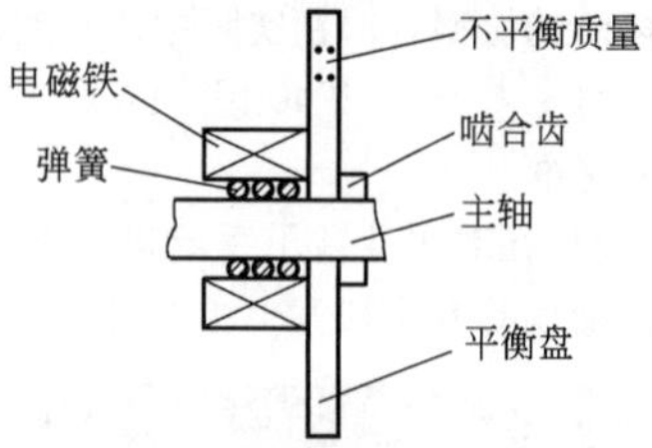

a) 电磁式

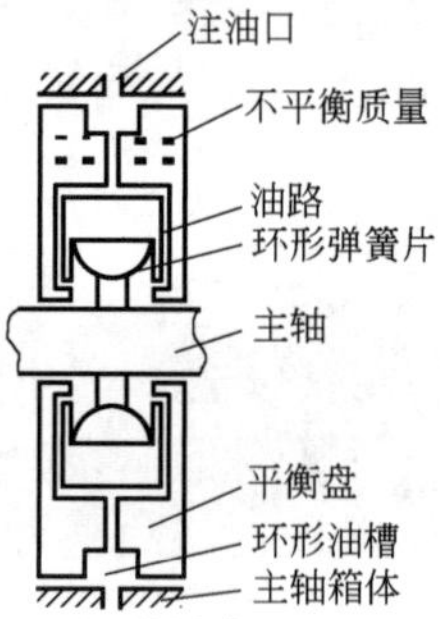

b) 液压式

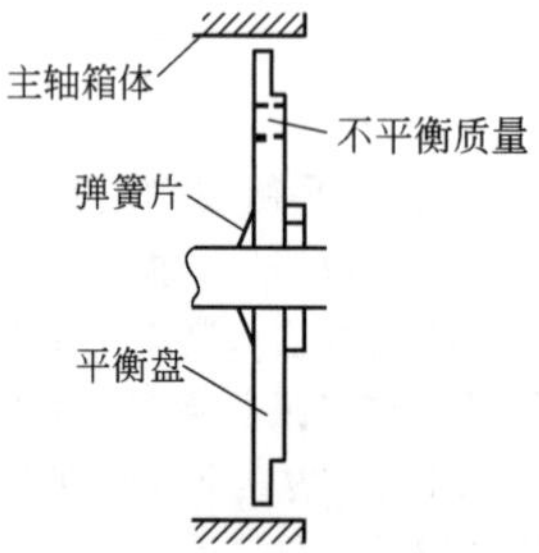

c) 气动式

平衡盘式动平衡头驱动形式

喷涂型在线动平衡装置将高黏度物质喷附在转子上时，会产生很大的横向冲击，从而产生新的不平衡量。同时，喷射物质会影响转子表面的质量分布，因此，这种动平衡仅适用于转速不高的转子的动平衡

喷液型在线动平衡装置由于容腔体积有限，平衡能力受到限制，而且由于液体具有挥发性，平衡精度不能得到完全保证

液气式在线动平衡装置平衡精度较高，且停机后能够保持平衡精度。但其最大平衡能力有限，一般只能适用于小型机构的平衡，且技术要求和成本较高，推广应用较困难

电磁式在线动平衡装置不足之处在于高速主轴运行的过程中，主轴端部的平衡头一直受到电磁力的作用，对于长期运行的机械来讲，不必要的能耗太大。另外，这类平衡装置机构太复杂（尤其是控制系统），几何尺寸比较大，造成加工成本太高

质量块式动平衡装置结构非常复杂，并且不适用于高速旋转的大型主轴系统

平衡盘式动平衡装置调整灵活、平衡迅速、便于在线应用。根据平衡盘与主轴离合的驱动方式可分为电磁式、液压式、气动式等多种方式

2）在安装与使用过程中尽可能使动平衡装置置于主轴箱内，并且减少对主轴外部结构的影响；其次要求轴向尺寸小，对主轴的结构和箱内构件布置的改动不大。

3）对主轴系统刚度、强度、阻尼等参数没有影响或影响不大。

4）要求平衡动作迅速，平衡时间短，确保具有较高的工作效率；其次，在平衡过程中对主轴系统尤其是径向冲击要小。对设计平衡盘式动平衡头时，控制平衡盘与主轴相对速度，保证平衡盘与主轴齿啮合时的流畅性，减小冲击。

5）一般要求采用动开式结构，节省不必要的能耗。制作简单，成本较低。

5. 国内外常用电主轴类型及主要参数

表 4.5-2 给出了国内外具有代表性公司生产的数控机床和加工中心用电主轴主要参数，表 4.5-3 为德国 GMN 公司生产的部分电主轴参数。

表 4.5-2　国内外数控机床和加工中心用电主轴主要参数

厂家	主轴转速 /（10^4 r/min）	主轴电动机类型	最大功率 /kW	最大力矩 /N·m	主轴轴承	润滑方式
洛阳轴承研究所	1.5	感应电动机	22	200	陶瓷/钢	油脂/油雾
瑞士 IBAG	6	感应电动机	80	320	陶瓷/钢	油气
德国 GMN	>4.6	异步/同步电动机	150	1250	陶瓷/钢	油气
意大利 GAMF IOR	>7.5	异步/同步电动机	68	573	陶瓷/钢	油气
瑞士 Fisher	6	异步/同步电动机	20	450	陶瓷/钢	油气

表 4.5-3　GMN 公司部分电主轴参数

主轴类别	油气润滑	油脂润滑	套筒外径 /mm	最高转速 n_{max}/（r/min）	电动机最大输出功率（100% 载荷）		额定转速 n_0/（r/min）	静刚度/（N/μm）		质量/kg
					$M(n_0)$/ N·m	$P(n_0)$/ kW		轴向	径向	
HC120c-60000/5	—	—	120	60000	0.8	5	60000	30	82	16
HC120c-50000/8	—	—	120	50000	3	8	30000	60	125	22
HC120c-36000/9	—	—	120	36000	4	9	21000	80	165	30
HC150c-40000/14	—	—	150	40000	5	14	30000	90	165	35
HC150c-30000/16	—	—	150	30000	8	16	21000	110	200	38
HC170c-30000/25	—	—	170	30000	11	25	21000	132	295	57
HC170c-27000/25	—	—	170	27000	11	25	21000	132	295	57
HC170c-24000/25	—	—	170	24000	20	25	12000	140	350	64
HC230c-24000/28	—	—	230	24000	36	28	7500	140	350	125
HC230c-24000/40	—	—	230	24000	51	40	7500	140	350	125
HC100cg-60000/2	—	—	100	60000	0.42	2	45000	20	45	10
HC100cg-50000/2	—	—	100	50000	0.42	2	45000	25	55	10
HC120cg-40000/2	—	—	120	40000	0.64	2	30000	30	82	16
HC120cg-30000/6	—	—	120	30000	3	6	20000	60	125	22
HC120cg-22000/6	—	—	120	22000	4	6	15000	80	165	30
HC150cg-25000/9	—	—	150	25000	4.5	9	12000	90	180	35
HC150cg-20000/9	—	—	150	20000	7	9	12000	110	200	38
HC170cg-18000/16	—	—	170	18000	15	16	10000	132	295	57
HC170cg-12000/16	—	—	170	12000	20	16	7500	140	350	64
HC230cg-12000/17	—	—	230	12000	36	17	4500	140	350	125

4.5.3　高速切削刀具系统的平衡

当加工中心机床主轴转速高达 6000r/min 以上时，高速旋转的刀具（包括夹持刀柄）存在的不平衡量所产生的离心力将对主轴轴承、机床部件等施加周期性载荷，从而引起振动，这将对主轴轴承、刀具寿命和加工质量造成不利影响。因此，高速切削加工对旋转刀具提出了严格的动平衡要求。研究高速旋转刀具的动平衡技术、有效控制刀具不平衡量是研制开发和推广应用高速切削技术的必要前提和配套技术。

1. 高速旋转刀具系统的不平衡量和平衡标准

（1）高速旋转刀具系统的不平衡的来源

高速旋转刀具系统的不平衡的来源分可控来源和不可控来源两种（见表 4.5-4）。

（2）高速旋转刀具系统的平衡方法

根据惯性离心力的简化方法，刀具系统的不平衡有三种形式，见表 4.5-5。

在夹紧器卡爪的作用下，刀具系统与机床主轴连

表 4.5-4　高速旋转刀具系统的不平衡的来源

可控来源	数控刀柄（GB10944、ISO7388、DIN69871-1、ANSI5. 50CAT、MAS403BT）上的键槽深度不一
	数控刀柄（GB10944、ISO7388、DIN69871-1、ANSI5. 50CAT、MAS403BT）上未磨削的 V 形槽
	拉钉
	其他非对称结构
不可控来源	夹头位置：夹头的每次安装位置都会发生变化
	夹头螺母位置：夹头螺母的径向位置是由螺纹决定的，定位精度差。螺母配合过紧或过松也会产生不平衡
	刀具：刀具上的用于实现螺纹夹紧的楔面，容屑槽长度和宽度的不一，以及刀具的非对称结构（如镗刀）
	刀具上的固定螺钉：每次更换刀具、松开-夹紧夹头都会产生新的不平衡量

表 4.5-5　刀具系统的不平衡形式

静力不平衡（单平面）	偶力不平衡	动力不平衡（双平面）
刀具系统的质量轴线与旋转轴线不重合，但平行于旋转轴线，因此不平衡将发生在单平面上。不平衡所产生的离心力作用于两端支承上，大小相等、方向相同	刀具系统的质量轴线与旋转轴线不重合，但相交于刀具系统重心，不平衡所产生的离心力作用于两端支承上，大小相等、方向相反	刀具系统的质量轴线与旋转轴线不重合，而且既不平行也不相交，是静力不平衡和偶力不平衡的组合，不平衡所产生的离心力作用于两端支承，大小不相等、方向也不相同

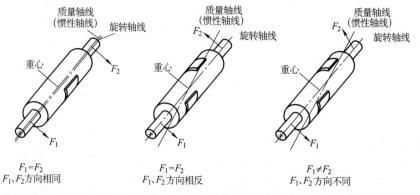

接在一起。一般情况下，由短刀具组成的刀具系统可视为静力单平面不平衡，长刀具组成的刀具系统是动力双平面不平衡（见图 4.5-7）。

刀具系统的平衡过程就是要在平衡面上找到校正

质量的位置和大小，然后再加上或减去校正质量。这些校正质量激发的振动与原始不平衡所产生的振动尽可能地抵消，达到提高刀具系统动平衡特性、减少振动的目的，从而减少离心力引起的刀具挠曲、振动等

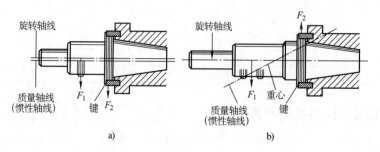

图 4.5-7　刀具系统的不平衡类型
a）静力单平面不平衡　b）动力双平面不平衡

不良影响，实现刀具系统的安全可靠运行。

$$\sum F + F_{校} = 0; \sum M + M_{校} = 0 \qquad (4.5\text{-}1)$$

（3）刀具系统的平衡品质等级

ISO 21940/11《刚性转子的动平衡品质要求》标准以"G"来规定某种转速条件下的不平衡公差值，或某不平衡公差值允许使用的最高转速，"G"等级单位为 mm/s。该标准规定，一个转子的不平衡量（或称为残留不平衡量）用 U 表示（单位为 g·mm），U 值可在平衡仪上测得；某一转子允许的不平衡量（或称为允许残留不平衡量）用 U_{per} 表示。从实际平衡效果考虑，通常转子的质量 m（kg）越大，其允许残留不平衡量也越大。为了便于比较转子的平衡品质，可用单位质量残留不平衡量 e_{per}（g·mm/kg）表示，即

$$e_{per} = \frac{U_{per}}{m} \qquad (4.5\text{-}2)$$

U 和 e 是转子本身对于给定回转轴所具有的静态（或称为准动态）特性，可定量表示转子的不平衡程度。从准动态的角度看，一个用 U、e 和 m 值表示其静态特性的转子完全等效于一个质量为 m（kg），且其重心与回转中心的偏心距为 e（μm）的不平衡转子，而

$$U = me \qquad (4.5\text{-}3)$$

因此，也可将 e 称为残留偏心量，这是 e 的一个很有用的物理含义。

实际上，一个转子平衡品质的优劣是一个动态概念，它与使用转速有关。图 4.5-8 是 ISO 21940/11 标准给出的平衡品质等级值，图上一组离散的标有 G 值的 45° 斜线表示不同的平衡品质等级，其数值为 e_{per}（g·mm/kg）与角速度 ω（rad/s）的乘积（mm/s），用于表示一个转子平衡品质的优劣。例如，某个转子的平衡品质等级 $G = 6.3$，表示该转子的 e 值与使用时 ω 值的乘积应小于或等于 6.3。使用时，可根据要求的平衡品质等级 G 及转子可能使用的最大转速，从图上查出转子允许的 e_{per} 值，再乘以转子质量，即可求出该转子允许的不平衡量 U_{per}。

ISO 21940/11 把平衡品质等级划分为从 $G0.4$ 到 $G4000$ 共 11 级。对于普通的刀具或工具系统，可由刀具制造商或用户借助于平衡仪进行平衡。但是，如何科学、定量地规定和评价刀具的平衡品质以及在不同加工条件下允许的刀具不平衡量，是刀具制造商和用户关心的首要问题。刀柄及刀具系统应执行 $G2.5$ 等级标准及 $G1.0$ 等级标准。从图 4.5-8 中可以查出不同转速下的不平衡公差值。

为了确定高速旋转刀具统一的合理平衡品质等级 G，由德国政府和机器制造商协会（VDMA）所属精

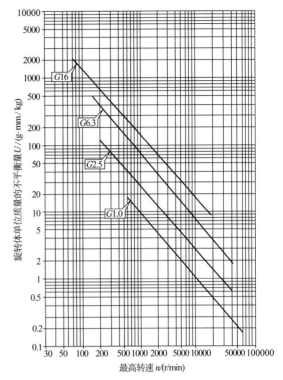

图 4.5-8　高速旋转刀具动平衡品质等级

密工具专业委员会牵头成立了工作组，将刀具动平衡技术作为一个"要求公开"的项目进行了系统研究。研究组的成员来自相关行业及技术领域，如刀具、机床和平衡仪制造行业、用户行业、大学和研究机构等。根据他们的研究结果，提出了"高速旋转刀具系统平衡要求"的指导性规范。该规范有三个要点：

1）认为对刀具平衡品质等级的要求是由上限值和下限值界定的一个范围，大于上限值时刀具的不平衡量将对加工带来负面影响，而小于下限值则表明不平衡量要求过严，这在技术和经济上既不合理且无必要。

2）以主轴轴承动态载荷的大小作为刀具平衡质量的评价尺度，并规定以 $G16$ 作为统一的上限值。由于切削加工条件以及影响加工效果因素的多样性，以加工效果的好坏作为刀具平衡的评价尺度并不能普遍适用，而因刀具不平衡引起的主轴轴承动态载荷的大小则是与不平衡量直接相关的参数，因此提出以主轴轴承动态载荷的大小作为制定统一平衡要求的依据。

根据 VDI 2056（DIN/ISO 10816）《机械振动评定标准》的规定，可将使主轴轴承产生最大振动速度（1~2.8mm/s）的不平衡量作为刀具系统允许不平衡量的上限值。当以 1mm/s 或 2.8mm/s 的振动速度作为评价尺度时，不同质量的 HSK-63 刀柄在一定转速范围内所允许的平衡品质等级 G 的上限值（三

条曲线 b) 如图 4.5-9 所示。该图表明 G 的上限值与刀具的质量、转速和选定的机床主轴振动速度有关，且分散在一个较大范围内。工作组选取振动速度为 1.2mm/s、2mm/s，转速范围为 10000 ~ 40000r/min，质量为 0.5 ~ 10kg 的不同规格 HSK 刀柄，计算出 27 个 G 的上限值（见表 4.5-6），其中最大 G 值达 201，最小 G 值仅为 9。

综合考虑高速旋转刀具的安全性要求和使用方便性，工作组提出了一个折衷的刀具系统平衡品质要求，即选取 G16 作为统一的上限值，以主轴轴承动态载荷的大小作为刀具平衡质量的评价尺度，并规定以 G16 作为统一的上限值。这样除无法满足一个 G9 值外，可满足计算所得全部 G 值覆盖的加工条件范围（即刀具转速为 10000 ~ 40000r/min，刀具系统质量为 0.5 ~ 12kg，主轴轴承产生的最大振动速度为 2mm/s）。

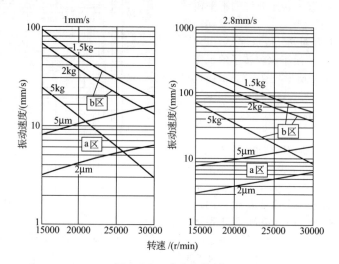

图 4.5-9　动平衡简图

表 4.5-6　G 值计算结果

项目	振动速度极限 $\dot{x}$/(mm/s)	刀具系统质量 m/kg	转速 n/(r/min)					
			10000	15000	20000	25000	30000	40000
			允许残留不平衡量 U/g·mm					
HSK32	1.7	0.5	—	85	35	17	9.5	3.5
HSK32	0.7	0.5	—	35	14.4	7	3.9	1.4
建议值	1.2	0.5	—	35	25	12	6.7	2.5
对应的平衡等级		0.5	—	$G173$	$G105$	$G63$	$G42$	$G21$
HSK50	2.8	0.5	—	200	80	40.5	22.5	—
HSK50	2.8	1	—	195	80	39	20.5	—
HSK50	2.8	2	—	186	72	34	17	—
HSK50	1	0.5	—	71	29	14	7	—
HSK50	1	1	—	70	29	14	7	—
HSK50	1	2	—	66	26	12	6	—
建议值	2	<2	—	128	57	27	14	—
对应的平衡等级		1	—	$G201$	$G119$	$G71$	$G44$	—
		2	—	$G100$	$G59$	$G35$	$G22$	—
HSK63	2.8	1.5	—	240	99	46.5	24	—
HSK63	2.8	2	—	240	96	46	24	—
HSK63	2.8	5	—	220	80	33	14	—
HSK63	1	1.5	—	86	35	17	9	—
HSK63	1	2	—	86	34	16	9	—
HSK63	1	5	—	79	29	12	5	—
建议值	2	<6	—	164	66	30	14	—

（续）

项目	振动速度极限 $\dot{x}$/(mm/s)	刀具系统质量 m/kg	转速 n/(r/min)					
			10000	15000	20000	25000	30000	40000
			允许残留不平衡量 U/g·mm					
对应的平衡等级		2	—	G129	G69	G39	G22	—
		5	—	G52	G28	G16	G9	—
HSK100	2.8	2	1340	380	150	—	—	—
HSK100	2.8	5	1300	365	140	—	—	—
HSK100	2.8	10	1400	340	125	—	—	—
HSK100	1	2	479	136	54	—	—	—
HSK100	1	5	464	130	50	—	—	—
HSK100	1	10	500	121	45	—	—	—
HSK100	2	<12	957	257	100	—	—	—
对应的平衡等级		5	G200	G81	G42	—	—	—
		12	G100	G40	G21	—	—	—

3）确定刀具系统合理不平衡量的下限值为刀具系统安装在机床主轴上时存在的偏心量（单位为 μm）。根据现有机床制造水平，该值通常为 2~5μm（根据每台机床的具体情况而略有不同），即图 4.5-9 所示的区域 a。以安装偏心量作为下限值，表明将刀具系统的允许残留偏心量 e_{per}（μm）平衡到小于 2~5μm 并无意义。由图 4.5-8 可见，当转速在 40000r/min 以下时，上限值 G16 所对应的允许残留偏心量 e_{per} 值（μm）（或单位质量允许残留不平衡量，g·mm/kg）均大于刀具系统的换刀重复定位精度值（仅当转速等于 40000r/min 时 $e_{per}=4μm$）。因此，规定上限值为 G16、下限值为 2~5μm（或 g·mm/kg）既可防止不平衡量过大对机床主轴的不利影响又具有技术、经济合理性。此外，G16 的规定还满足了高速旋转刀具安全标准（EDINENISO 15641）中规定刀具平衡等级应优于 G40 的要求。

该指导性规范还要求刀具的内冷却孔必须对称分布，否则可灌满切削液封死洞口后再进行动平衡；并提出必要时可将刀具和机床主轴作为一个系统进行平衡，即首先分别对主轴和刀具（或工具系统）进行平衡，然后将刀具装入主轴后再对系统整体进行平衡。

2. 刀具系统的动平衡试验实例

动平衡时把刀具系统视为刚性转子，则刀具系统的不平衡分布不会因转速的变化而变化。刀具系统在某一转速平衡好后，则无论在什么转速下，它仍然是平衡的。平衡参数设置见图 4.5-10 和表 4.5-7。采用双面动平衡方式测量左右两个校正平面上的不平衡量大小及相位角。

利用德国 Schenck 公司生产的 Tooldyne SH10 BK-RMHC 0232 型刀具动平衡仪（见图 4.5-11）测试 HSK-A63 刀柄/刀具系统的不平衡量，则动平衡测试结果见表 4.5-8。

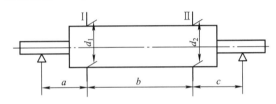

图 4.5-10　动平衡简图

表 4.5-7　动平衡参数

距离 a/mm	距离 b/mm	距离 c/mm	校正面 I 直径 d_1/mm	校正面 II 直径 d_2/mm	平衡转速 n/(r/min)
10	10	128	65	65	700

如果刀具的动平衡测试结果超过了允许残余不平衡量，就可以根据残余平衡量的相位角和不平衡质量进行去重处理（利用钻孔的方法去除一定量的金属），测试——去重——测试，如此循环，直至符合要求。

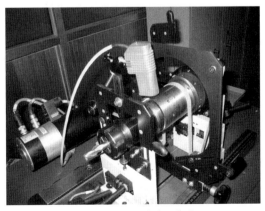

图 4.5-11　刀具动平衡仪

表 4. 5-8　动平衡测试结果

文件名:T1300			09. 01. 2004　09:45

平衡形式: 双面动力

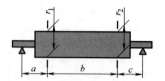

$a = 10.00$mm	$b = 10.00$mm	$c = 128.00$mm
$r_1 = 32.50$mm	$n = 500$r/min	$r_2 = 32.50$mm

平衡允差: 平衡面上

左:50. 0g · mm	右:50. 0g · mm

平衡位置:

平面:	左	右
分布:	极坐标	极坐标

校正方法:

平面:	左	右
方法:	质量	质量

材料:	去除	去除

测试结果:　　　　　　　　转子编号: HSK63-A 刀具系统

测试次数:1　　　　　　　　　　测试速度:510r/min

左:	−6. 12g	351°	总残余不平衡量:199g · mm
右:	−5. 65g	171°	总残余不平衡量:184g · mm

参 考 文 献

[1] 艾兴，等，高速切削加工技术 [M]. 北京: 国防工业出版社，2003.

[2] TOENSHOFF H. K, WINKELER H, et al. Chip formation at high cutting speed [R]. ASME, U. S. A, 1984.

[3] LEE D. The effect of cutting speed on chip formation under orthogonal machining [J]. Journal of Engineering for Industry, 1985, 107: 55-63.

[4] KOMARDURI R, SCHROEDER T, et al. On the catastrophic shear instability in high-speed machining of an AISI4340 Steel [J]. Journal of Engineering for Industry, 1982, 104: 121-131.

[5] GENTE A, HOFFMESITER H W. Chip formation in machining Ti6A14V at extremely high cutting speeds [J]. Annals of the CIRP, 2001, 50 (1): 49-52.

[6] SCHULZ H, ABELE E, et al. Material aspects of chip formation in HSC machining [J]. Annals of the CIRP, 2001, 50 (1): 45-48.

[7] VYAS A, SHAW M C. Mechanics of saw-tooth chip formation in metal cutting [J]. Journal of Manufacturing Science and Engineering, 1999, 121: 165-172.

[8] 段春争，王敏述. 正交切削切屑形成中绝热剪切行为的实验研究 [J]. 中国机械工程，2004, 15 (18): 1603-1606.

[9] KOMMENDURI R, FLOM D G, et al. Highlight of the DARPA advanced machining research program [R]. ASME, U. S. A, 1984: 15-36.

[10] 刘战强，万熠、艾兴. 高速铣削中切削力的研究 [J]. 中国机械工程，2003, 14 (9): 170-174.

[11] RECHT R F. A Dynamic analysis of high-speed machining [R]. ASME, U. S. A, 1984: 83-93.

[12] 周泽华. 金属切削理论 [M]. 北京:机械工业出版社，1992.

［13］ 平尾政利，寺岛淳雄，朱浩允，等. 高速切削時における切削热の挙动に関する研究［J］. 精密工学会誌，1998，64（7）：1067-1071.

［14］ KITAGAWA T, KOBO A, et al. Temperature and wear of cutting tools in high speed machining of Inconnel 718 and Ti-6Al-6V-2Sn［J］. Wear, 1997, 202：142-148.

［15］ VEDA T, HOSOKAWA A, et al. Temperature on flank face of cutting tool in high speed milling［J］. Annals of the CIRP, 2001, 50（1）：37-40.

［16］ 艾兴，萧虹. 陶瓷刀具切削加工［M］. 北京：机械工业出版社，1988.

［17］ Т. Н. ЛОЛАДЗЕ. ИЗНОС РЕЖУЩЕГО ИНСТРУМЕНТА［М］. МАШГИЗ, 1958.

［18］ 洛拉得泽 ТН. 切削刀具的强度和耐磨性［M］. 艾兴，等译. 北京：机械工业出版社，1988.

［19］ 刘战强，艾兴. 高速切削刀具磨损表面形态研究［J］. 摩擦学学报，2002，22（6）：468-471.

［20］ ZHAO Jun, et al. Failure mechanisms of a whisker-reinforced ceramic tool when machining Nickel-based alloys［J］. Wear, 1997, 208（1-2）：220-225.

［21］ KAZAHIRO Shintani, et al. Wear mechanism of PCBN tool in high speed machining of gray cast iron［J］. JSPE, 1998, 64（2）：261-265.

［22］ KOPAC J, SUKOVIE M, et al. Tribology of coated tools in conventional and HSC machining［J］. Materials Processing Technology, 2001（118）：377-384.

［23］ BALKRISHNA Rao, YUNG C. Analysis on high-speed face milling of 7075-T6 aluminum using carbide and diamond cutters［J］. International Journal of Machine Tool and Manufacturing, 2001, 41（12）：1763-1781.

［24］ DEWES, ASPINVAL D K. The use of high speed machining for the manufacturing of hardened steel［C］. Transactions of NAMRI/SME, 1996, XXIV：21-26.

［25］ MASMOTO Y, BARASH M M. Residual Stress in the machined surface of hardened steel［C］. ASME, 1984, PED, 12.

［26］ MATSUMOTO Y, HASHIMOTO F, et al. Sur-face integrity generated by precision hard turning［J］. Annals of the CIRP, 1999, 48（1）：59-62.

［27］ CHEN L, EL-WARDANY T I, et al. Modeling the effects of flank wear land and chip formation on residual stresses［J］. Annals of the CIRP, 2004, 53（1）：95-98.

［28］ ALTINTAS Y, BUDAK E. Analytical prediction of stability lobes in milling［J］. Annals of the CIRP, 1995, 44（1）：357-362.

［29］ 唐委校. 高速切削稳定性及其动态优化研究［D］. 济南：山东大学，2005.

［30］ TANG WeiXiao, AI Xing, et al. An algorithm for dynamic characteristics of high-speed machining tool system with rotating symmetry［J］. Key Engineering Materials, 2004, 258-259：137-140.

［31］ TANG WeiXiao, AI Xing, et al. Structure dynamic modification and optimization for high-speed face milling cutter［J］. Materials Science Forum, 2004, 9：663-667.

［32］ 邓建新，赵军. 数控刀具材料选用手册［M］. 北京：机械工业出版社，2005.

［33］ 肖诗纲. 刀具材料及其合理选择［M］. 重庆：重庆大学出版社，1992.

［34］ 张基岚. 机加可转位刀具手册［M］. 北京：机械工业出版社，1998.

［35］ 刘献礼. 聚晶立方氮化硼刀具及其应用［M］. 哈尔滨：黑龙江科学技术出版社，1999.

［36］ 邓建新，艾兴. 陶瓷刀具切削加工时的磨损与润滑及其与加工对象的匹配研究［J］. 机械工程学报，2002，38（4）：40-45.

［37］ 邓建新，丁泽良，赵军，等. 高温自润滑陶瓷刀具材料及其切削性能的研究［J］. 机械工程学报，2003，39（8）：106-109.

［38］ 邓福铭，陈启武. PDC 超硬复合刀具材料及其应用［M］. 北京：化学工业出版社，2003.

［39］ EVANS A G. Perspective on the development of high toughness ceramics［J］. Journal of American Ceramic Society, 1990, 73（2）：187-206.

［40］ AI Xing, ZHAO Jun. Development of an advanced ceramic tool material-functionally gradient cutting ceramics［J］. Materials Science and Engineering A, 1998, 248：125-131.

［41］ KLOCKE F, KRIEG T. Coated tools for metal

cutting features and applications [J]. Annals of the CIRP, 1999, 48 (2): 515-525.

[42] 肖曙红, 张伯霖, 李志英. 高速机床主轴/刀具联结的设计 [J]. 机械工艺师, 2000 (3): 8-10.

[43] 李海田. 新型工具系统-空心短锥工具系统 [J]. 组合机床与自动化加工技术, 1997 (10): 37-46.

[44] 张松. 高速旋转刀具系统的安全性研究 [D]. 济南: 山东大学, 2004.

[45] 田中克敏. 超高速工作機械の現状と問題点 [J]. 機械の研究, 1998, 50 (1): 213-219.

[46] 铃木弘. 超精密工作機械の今後 [J]. 機械の研究, 1998, 50 (1): 220-224.

[47] SCHMITZ T L. DONALDSON R R. Predicting high-speed machining dynamics by substructure analysis [J]. Annals of the CIRP, 2000, 49 (1): 303~307.

[48] 徐哲. 高速切削加工在模具制造中的应用 [J]. CAD/CAM 与制造业信息化, 2004 (11): 90-92.

[49] 李黎. 电控永磁装夹系统 [J]. WMEM, 2004 (1): 36-38.

[50] 汪俊, 杜世昌, 等. 基于 STEP-NC 的高速加工数控编程 [J]. 机械制造与自动化, 2003 (2): 64-67.

[51] 李爱平, 朱志浩, 等. 面向车间的数控编程 (WOP) 技术 [J]. 组合机床与自动化加工技术, 1998 (1): 30-34.

[52] 如何选择适合您需要的高速加工机床——谈高速切削技术对高速加工机床的要求 [J]. 机电信息, 2001 (9): 26-28.

[53] 王华侨, 赵华萍. Cimatron 数控铣削加工编程的关键技术及应用 [J]. CAD/CAM 与制造业信息化, 2004 (9).

[54] 深圳亚特精科电气有限公司 ECOLIN 牌 SLM 系列、DLM 系列、ELP 系列直线电机及直线电机单元产品样本 [Z].

[55] 西门子 (中国) 有限公司. 西门子的直接驱动装置 [J]. WMEM, 2004 (1): 28-30.

[56] 单岩, 王卫兵. 使用数控编程技术与应用实例 [M]. 北京: 机械工业出版社, 2003.

[57] 北京联合大学机械工程学院. 机夹可转位刀具手册 [M]. 北京: 机械工业出版社, 1998.

[58] 机械工程手册编辑委员会. 机械工程手册机械制造工艺及设备卷 (二) [M]. 2 版. 北京: 机械工业出版社, 1997.

[59] 陈宏均. 实用机械加工工艺手册 [M]. 2 版. 北京: 机械工业出版社, 2003.

[60] 机械加工工艺装备设计手册编委会. 机械加工工艺装备设计手册 [M]. 北京: 机械工业出版社, 1998.

[61] 张伯霖. 高速切削技术及应用 [M]. 北京: 机械工业出版社, 2003.

[62] 赵军. 新型梯度功能陶瓷刀具材料的设计制造及其切削性能研究 [M]. 北京: 高等教育出版社, 2005.

[63] PHILLIP Bex, GRACE Zhang, DE Beer. 工业金刚石系列 [J]. 机械工艺师, 2000 (4): T1-T2.

[64] 日本黛杰株式会社, 高品质硬质合金工具的先驱——日本黛杰公司及其产品 [J]. 工具技术, 1998 (4): 12-14.

[65] NOAKER P M. Development of high speed milling [J]. Manufacturing Engineering, 1996 (3): 23-28.

[66] 王家第, 卢晨, 丁文江. 镁合金的切削加工 [J]. 现代制造工程, 2002 (5): 36-38.

[67] PHILLIP Bex, GRACE Zhang, DE Beer. 工业 PCBN 系列 [J]. 机械工艺师, 2000 (10): T1-T2.

[68] Mark Deming, 等. PCBN 刀具在灰铸铁车削中的正确使用 [J]. 工具技术, 1995 (2): 47-48.

[69] 杨利民, 刘民, 谢晓日. 超硬刀具的应用 [J]. 工具技术, 1997 (3): 30-32.

[70] 刘战强. 高速切削技术的研究及应用 [D]. 济南: 山东大学博士后出站报告, 2001.

[71] EZUGWU E O. BONNEY J, YAMANE Y. An overview of the machinability of aeroengine alloys [J]. Journal of Materials Processing Technology, 2003, 134 (2): 233-253.

[72] ZOYA Z A, KRISHNAMURTHY R. The performance of CBN tools in the machining of titanium alloys [J]. Journal of Materials Processing Technology, 2000, 100 (1-3): 80-86.

[73] NABHANI Farhad. Machining of aerospace titanium alloys [J]. Robotics and Computer-integrated Manufacturing, 2001, 17 (1-2): 99-106.

[74] EZUGWU E O, WANG Z M. Titanium alloys and their machinability-a review [J]. Journal of Mate-

rials Processing Technology，1997，65（3）：262-274.

[75] LEI Shuting，LIU Wenjie. High-speed machining of titanium alloys using the driven rotary tool [J]. International Journal of Machine Tools and Manufacture，2002，42（6）：653-661.

[76] 刘献礼，侯世香，胡荣生，等，PCBN刀具在中国市场的应用现状与思考［J］. 工业金刚石评论，2001：94-100.

[77] CHOUDHURY，EL-BARADIE M A，Machinability of nickel-based super alloys：a general review [J]. Journal of Materials Processing Technology，1998，77：278-284.

[78] 袁军堂，程寓，胡小秋. 高速切削在特种防护橡胶内衬加工中的应用［J］. 机械科学与技术，2002（4）：604-606.

[79] 王成勇，秦哲，李文红，等. 石墨电极的高速加工［J］. 制造技术与机床，2002（3）：25-30.

[80] 文东辉，刘献礼，严复钢，等. CBN磨削和车削淬硬轴承钢的表面完整性［J］. 金刚石与磨料磨具工程，2001，（6）：4-5.

[81] 张世莹. 淬硬钢的高速、高精度硬切削［J］. WMEM，2002（5）：53-56.

[82] 宋昌才. PCD与PCBN刀具在精密与超精密加工中的应用［J］. 江苏理工大学学报（自然科学版），2001，22（4）：54-59.

[83] SCHALZ H. 高速加工发展概况［J］. 机械制造与自动化，2002（1）：4-8.

[84] 李如松. 对高速铣削刀具的安全性要求［J］. WMEM，1998（11）：43-44.

[85] RIVIN E I，et al. Tooling Structure：Interface between Cutting Edge and Machine Tool [J]. Annals of the CIRP，2000，49（2）：591-634.

[86] FALLBOHMER P，RODRIGUEZ C A，OZEL T，et al. High-speed machining of cast iron and alloy steels for die and mold manufacturing [J]. Journal of Materials Process Technology，2000（1）：104-115.

[87] ARONSON R B. HSM is not just for aluminum [J]. Manufacturing engineering，2003（10）：89-96.

[88] SCHULZ H，WURZ T. Tools for high speed machining-safety concepts. SAE transaction [J]. Journal of materials & manufacturing，1998（107）：1069-1076.

[89] LEOPOLD J，SCHMIDT G，HOYER K. Safety of high-speed tools [J]. Munchen wb werkstatt und betrieb，Jahrg，1998，131（1-2）：82-84.

[90] Milling cutter for high speed machining-safety requirements：ISO 15641-2001 [S]. 2001.

[91] 赵炳桢. 高速铣削刀具安全技术现状［J］. 工具技术，1999，33（1）：4-7.

[92] 赵炳桢. 刀具动平衡技术的发展现状［J］. 工具技术，2002，36（12）：3~7.

[93] Mechanical vibration-Balance quality requirements of rigid rotors：Determination of permissible residual unbalance：ISO 1940/1：2004 [S]. 2004.

[94] MICHAEL H. LAYNE. Detecting and correcting unbalance in toolholders for high-speed machining [C]. Machine Shop Guide Web Archive，2000：35-49.

[95] 周秦源，周志雄，任盈晖. 高速数控机床新型工具系统连接性能研究［J］. 中国机械工程，2010，21（13）：1527-1530.

[96] 钱建强. 高速切削刀具系统的不平衡计量和动平衡［J］. 装备制造技术，2016（1）：225-227.

[97] 汤爱民，周志雄，曾滔. 不等齿距三刃高速立铣刀的动平衡及设计［J］. 机械工程学报，2011，47（13）：180-185.

[98] 廖与禾，郎根峰，屈梁生. 平衡目标选择与全息动平衡法的改进研究［J］. 热能动力工程，2008（4）.

[99] 孙虎. 高速主轴不平衡振动行为分析及其抑制方法研究［D］. 西安：西安电子科技大学，2015.

[100] 王琇峰，牛振. 影响系数法平衡中的病态方程研究［J］. 热能动力工程，2007，22（6）：591-595.

[101] 张仕海. 高速机床主轴内置式双面在线动平衡装置及关键技术研究［D］. 北京：北京工业大学，2012.

[102] 蒋红琰. 高速电主轴在线动平衡补偿技术研究［D］. 太原：中北大学，2008.

[103] 周大帅. 高速电主轴综合性能测试及若干关键技术研究［D］. 北京：北京工业大学，2011.

[104] 晁慧泉. 高速主轴在线动平衡系统的研究应用［D］. 北京：北京工业大学，2011.

[105] 董鹏飞. 虚拟式现场动平衡测试系统的研究［D］. 重庆：重庆大学，2010.

[106] 曾凡宇. HSK 工具系统高速性能及结构优化研究 [D]. 重庆：重庆理工大学，2018.

[107] 陈龙. 超精密车床主轴高精度现场动平衡技术研究 [D]. 哈尔滨：哈尔滨工业大学，2015.

[108] 王维民，高金吉，江志农，等. 旋转机械无试重现场动平衡原理与应用 [J]. 振动与冲击，2010，29（2）：212-215.

[109] 彭明峰，王堃. 高速加工环境下的刀具动平衡技术的研究与应用 [J]. 航空制造技术，2012，406（10）：47-50.

[110] YE G G, CHEN Y, XUE S F, et al. Critical cutting speed for onset of serrated chip flow in high speed machining [J]. International Journal of Machine Tools and Manufacture, 2014, 86：18-33.

[111] YE G G, XUE S F, MA W, et al. Cutting AISI 1045 steel at very high speeds [J]. International Journal of Machine Tools and Manufacture, 2012, 56：1-9.

[112] 姜彬，林爱琴，王松涛，等. 高速铣刀安全性设计理论与方法 [J]. 哈尔滨理工大学学报，2013，18（2）：63-67.

[113] STEPHENSON D A, AGAPIOU J S. Metal cutting theory and practice [M]. CRC Press, 2016.

[114] 付秀丽，艾兴，张松，等. 航空整体结构件的高速切削加工 [J]. 工具技术，2006（3）：80-83.

[115] 林胜. 铝合金高速切削技术 [J]. 航空制造技术，2004（6）：61-66.

[116] 刘建勃，拓耀飞. 镁合金切削加工浅谈 [J]. 内燃机与配件，2017（6）：60-61.

[117] 毛旭. 基于高速切削在大型铝合金铸件的应用 [J]. 装备制造技术，2017（6）：98-100.

[118] 吴隆. 铜合金的高速铣削加工的研究 [J]. 制造技术与机床，2004（1）：48-50，111.

[119] 周慧玲，孙武，朱乐平. 高速加工刀具工艺参数的优化 [J]. 工具技术，2001（6）：14-17.

[120] 郭珉，王荣，朱秀荣. 镁合金的高速切削加工研究 [J]. 兵器材料科学与工程，2009，32（6）：92-96.

[121] 张烘州，戎斌，陈洁，等. 航空铝合金整体结构件数控加工变形控制现状分析 [J]. 航空制造技术，2012（12）：58-61.

[122] 童春，辛越峰，刘健松. 铝合金的切削特性分析和工艺技术研究 [J]. 现代制造技术与装备，2016（12）：21-22，26.

[123] 何耿煌，李凌祥，刘献礼，等. 高硬铸铁高效切削工程技术探讨 [J]. 硬质合金，2020，37（1）：90-97.

[124] 陈寿霞. 基于 UG CAM 的连杆模具高速加工制造 [J]. 中国制造业信息化，2010（15）：45-47.

[125] 孙虎. 高速主轴不平衡振动行为分析及其抑制方法研究 [D]. 西安：西安电子科技大学，2015.

第 5 章

难加工材料加工技术

主　编　蔺小军（西北工业大学）

参　编　谭　靓（西北工业大学）

　　　　单晨伟（西北工业大学）

　　　　王志伟（河南科技大学）

5.1　概述

5.1.1　难加工材料的概念、分类

难切削金属材料是指可加工性差，难以切削的金属。主要表现为：刀具寿命低，刀具容易磨损、崩刃、打刀；难以获得所要求的加工表面质量；断屑、卷屑、排屑困难。切削金属的难易程度，一般情况下主要取决于金属材料的力学性能、化学成分、金相组织、物理性质、化学性质、毛坯状态、刀具材料、刀具的切削部分几何参数及切削用量。

难切削金属材料的特性具有以下一种或数种：

1）金属材料含有微观硬质点，有很高的耐磨性。
2）宏观硬度高，可达 55~72HRC 以上。
3）材料加工硬化倾向严重。
4）材料热导率小。
5）材料的强度高（$R_m > 981$MPa，含高温强度）。
6）材料的化学活性大、亲和性强。
7）稀有高熔点金属材料，其熔点高达 1700℃以上。

常用难切削金属材料的分类及其力学性能见表 5.1-1。

表 5.1-1　常用难切削金属材料的分类及其力学性能

类别		牌号	R_m /MPa	R_{eL}	A （%）	ψ	$\alpha_k/(\text{J/m}^2)$ （×10⁴）	硬度 HBW	备注
高锰钢		ZGMn13	98	—	50~80	—	290~490	210	—
		ToMn15Cr2A13WMoV2	147	—	45	—	14	48~50HRC	—
		1Cr14Mn14Ni	91	—	70	—	686	286	—
		6Mn18Al15Si2Ti	85	—	53	—	519	266	—
		50Mn18Cr4V	≥800	≥700	20	50	—	342	—
高强度钢		40Cr	≥1177	>981	≥6	≥45	49.1	≥400	淬火、回火
		40CrSi	≥1226	≥1030	≥12	≥40	≥49.1	400	淬火、回火
		30CrMnSi	≥1177	≥981	≥15	≥40	≥49.1		淬火、回火
		35CrMnSiA	≥1619	≥1275	≥9	≥40	≥49.1		淬火、回火
		30CrMnTi	1560	1462	10	43	98.1	285	淬火、回火
		20CrMnMoVBA	≥1177	≥981	≥10	≥50	≥78.5		淬火、回火
		A100	1957	1766 （$R_{p0.2}$）	13.9	66.4	64~77	550	885℃，1h 油淬 -73℃，1h 冷处理 482℃，5h 空冷
高强度铝合金		7055	593	569 （$R_{p0.2}$）	14.6	37.7	—	135	—
不锈钢	马氏体型	1Cr13	589	412	20	60	88.3	187	退火
		2Cr13	648	441	16	55	78.5	197	退火
		1Cr17Ni2	1079		10		49.1	286	退火
		14Cr11MoV	685	490 （$R_{p0.2}$）	16	56	27（KV_2）	212~262	淬火（1000~1050℃，空气、油）、回火（700~750℃，空气）
			735	590 （$R_{p0.2}$）	15	50	27（KV_2）	229~277	淬火（1000~1030℃，油）、回火（660~700℃，空气）
		13Cr9Mo2Co1NiVNbNB	630~750	500	15	40	30	—	—
		21Cr12MoV	900~1050	700 （$R_{p0.2}$）	13	35	20 （KV_2）	265~310	淬火（1020~1070℃，油）、回火（≥650℃，空气）
			930	590~735 （$R_{p0.2}$）	15	50	27（KV_2）	241~285	淬火（1020~1050℃，油）、回火（700~750℃，空气）

（续）

类别		牌号	R_m	R_{eL}	A	ψ	$\alpha_k/(J/m^2)$	硬度	备注
			/MPa		（%）		（×10⁴）	HBW	
不锈钢	马氏体型	X22CrMoV12-1	835	685	15	30		321	淬火、回火
		10Cr11Co3W3NiMoVNbNB	955	714 ($R_{p0.2}$)	17.5	60	16.5(KV_2)	293	淬火、回火
		13Cr11Ni2W2MoV	885	735 ($R_{p0.2}$)	15	55	71(KU_2)	269~321	淬火、回火
			1080	885 ($R_{p0.2}$)	12	50	55(KU_2)	311~388	淬火、回火
	铁素体型	0Cr13	491	343	24	60	—	—	—
		0Cr17Ni	441	294	20	—	—	—	—
		1Cr17Ti	441	294	20	—	—	—	—
		1Cr17Ni2	441	294	20	45	—	—	—
		X12CrMoWVNbN10-1-1	870~970	750	14	—	—	270~310	—
	奥氏体型	1Cr18Ni9Ti	540	196	40	55	—	—	—
		0Cr18Ni12Mo2Ti	540	177	40	55	—	—	—
		0Cr23Ni28Mo3CuTi	540	196	45	60	—	—	—
		1Cr14Mn14Ni	638	245	40	55	—	—	—
		20Cr3MoWVA	785	635	14	40	69	229	—
	奥氏体铁素体型	1Cr21Ni5Ti	589	343	20	40	—	—	—
		1Cr18Mn10Ni5Mo3N	736	343	45	65	—	—	—
		1Cr18Ni11Si4AlTi	716	441	25	40	78.5	—	—
	沉淀硬化型	0Cr17Ni4Cu4Nb	932	726	10	45	—	363	退火
		0Cr17Ni7Al	1138	961	4	10	—	388	退火
高温合金	变形	GH36	922	677 ($R_{p0.2}$)	22	36	49.1	275~310	淬火、时效
		GH132	892	677 ($R_{p0.2}$)	28	46.6	100	255~320	淬火、时效
		GH135	1079	687 ($R_{p0.2}$)	20	18~19	49.1	285~320	淬火、回火、时效
		GH37	1080	—	14	14	35	285~320	淬火、回火、时效
		GH169	1364	—	18	33	—	—	淬火、回火、时效
		GH33A	1226	883	27~30	28~34	54~76.5	306~350	淬火、时效
		GH4169	1280	1040 ($R_{p0.2}$)	12	15	—	≥346	退火
		GH4169G	≥1450	≥1240	≥12	≥15	—		退火
		GH49	1080~1177	—	8~11	9~12	8.8~19.6	323~341	淬火、回火、时效
		GH4783	1303	915	26	—	—	—	退火
	铸造	K14	1079~1177		2~3	3~6	6.9~9.8	302~390	时效
		K1	932	—	2.0(A)	15~4.5	—		淬火
		K17	971~1010	755~775 ($R_{p0.2}$)	11~12	18~19	30~40		铸态
		K44	795	569 ($R_{p0.2}$)	9.0	15.7	22.6		铸态

（续）

类别		牌号	R_{m}	R_{eL}	A	ψ	$\alpha_{\mathrm{k}}/(\mathrm{J/m^2})$	硬度	备注
			/MPa		(%)		$(\times10^4)$	HBW	
高温合金	铸造	DD5	1385	1180	—	13.5	—	—	
		DD6	970	930 ($R_{\mathrm{p0.2}}$)	16	19.5	—	—	室温
		IN738	1096	952 ($R_{\mathrm{p0.2}}$)	5.5	5	37	—	退火,室温
		GH738	≥1000	≥690	≥13	16	—	324~418	固溶、时效
		GH4780	897	1278	26.1	25.2	—	—	固溶、时效
		GH4586	1388	1069	22.9	16.5	33.5	446	退火、时效
		GH4049	1100~1200	760~880	11~12	9~12	—	395.7	退火、时效
	粉末	FGH96	1520	1110 ($R_{\mathrm{p0.2}}$)	16	25	—	430~475	HIP+A 热处理
		GH4065A	1553	1152	24	28.4	—	—	时效
钛合金	工业纯钛	TA1	294	—	25	50	78.5		退火
		TA2	441	275 ($R_{\mathrm{p0.2}}$)	20	45	68.6	—	退火
		TA3	539	451 ($R_{\mathrm{p0.2}}$)	15	40	49		退火
	α型	TA5	687	—	15	40	58.4		退火
		TA6	687	588 ($R_{\mathrm{p0.2}}$)	10	27	29.4		退火
		TA7	785	736 ($R_{\mathrm{p0.2}}$)	10	27	29.4	240~300	退火
		TA8	981	—	10	25	24.5		退火
		Ti60	1260	1115	11	13	≥28	375~390	—
		TA11	895	825	10	20	—	275~313	—
		TA19	1026	958	13.24	43.65	55	360HV	固溶、时效
	β型	TB1	≤1079	—	18	30	29.4		淬火、时效
			1275	—	5	10	14.4		—
		TB2	≤981	—	18	40	29.4	—	淬火、时效
			1383	1157 ($R_{\mathrm{p0.2}}$)	7	10	14.7		—
		TB6	1005	1035	6	64	60	335~375	Ti1023
		TC18	1220	1060	17.0	48.4	≥25	350~370	退火
	α+β型	TC1	589	461 ($R_{\mathrm{p0.2}}$)	15	30	44.1	210~250	退火
		TC2	687	539 ($R_{\mathrm{p0.2}}$)	12	30	39.2	60~70HRB	退火
		TC3	883	—	10		—	320~360	退火
		TC4	932	834 ($R_{\mathrm{p0.2}}$)	10	30	39.2	320~360	退火
		TC5	932	834 ($R_{\mathrm{p0.2}}$)	10	23	29.4	260~320	退火
		TC6	932	834 ($R_{\mathrm{p0.2}}$)	10	23	29.4	266~331	退火
		TC7	981	940 ($R_{\mathrm{p0.2}}$)	10	23	34.3	320~400	退火

（续）

类别		牌号	R_m	R_{eL}	A	ψ	$\alpha_k/(J/m^2)$	硬度	备注
			/MPa		(%)		$(\times 10^4)$	HBW	
钛合金	α+β型	TC8	1030	863 $(R_{p0.2})$	10	30	29.4	310~350	退火
		TC9	1118	1030 $(R_{p0.2})$	9	25	29.4	330~365	退火
		TC10	1030		12	25	34.3	—	退火
		TC11	1128	1030 $(R_{p0.2})$	12	35	44.1	—	退火
		TC17	1180	1180 $(R_{p0.2})$	10.0	17.5	21.5~33	357~373	退火
		TC21	1225	1094	11	21	≥30	315~390	退火

注：1. $R_{p0.2}$ 是规定非比例延伸强度（MPa 或 N/mm^2）。

2. KV_2、KU_2 是冲击吸收能量（J）。

5.1.2 难加工材料的加工方法

目前，难加工材料加工的主要矛盾已经从是否能够加工转变为如何更高效率地进行加工。随着现代数控机床和刀具技术的发展，高性能加工技术也取得了很大进步，具有代表性的加工方法主要有以下几种：①高速切削加工技术。②高压喷射冷却加工技术。③加热切削加工。④干切削技术和最少量润滑切削。⑤低温切削加工。

复杂零件毛坯材料高效去除的多轴数控铣削加工主要有插铣、快速铣、摆线铣、侧铣加工等工艺方法。

1. 插铣加工

插铣是刀具沿主轴方向做进给运动，利用底部的切削刃进行钻、铣组合切削。相比于侧铣加工，插铣法的主切削力沿刀具轴向，能够有效地减小刀具振动，提高切削过程的稳定性。而刀具的轴向刚度又较高，刀具的受力状况好，非常适合于腔类机加件、型腔类模具等难切削材料复杂零件的粗加工。尤其当刀具悬垂长度较大且需要使用多轴加工快速去除大量金属时，插铣法是一种较为理想的加工方式。

插铣工艺原理如图 5.1-1 所示。其中，a_p 是背吃刀量，最大可取为刀具半径的 1/2；s 是插铣侧向步距，最大可取为刀具直径的 2/3。插铣加工轴向切削力 F_z 较大，径向抗力 F_y 和切削力 F_x 较小。其工艺特点如下：

1）切削力随铣削速度升高而降低，而随铣削深度和每齿进给量升高而升高，其中铣削深度对切削力影响最大，其次是每齿进给量，铣削速度影响较小。

2）切削温度随铣削速度、每齿进给量和背吃刀量升高而升高，其中铣削速度对切削温度影响最大，其次是铣削深度，每齿进给量影响较小。

3）插铣参数选取时，在刀具材料允许下取较大铣削速度，适中的每齿进给量，最后根据刀具挠度选择合适的铣削深度。

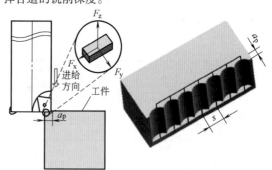

图 5.1-1 插铣工艺原理示意图

2. 侧铣加工

侧铣加工是利用刀具的侧刃进行材料去除的加工方法。刀具沿着选定竖直壁的轮廓边进行铣削，根据材料去除量可按照刀具轴向和径向分层加工，见图 5.1-2。

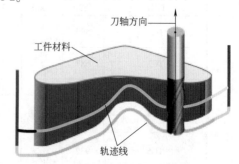

图 5.1-2 侧铣加工

3. 快速铣加工

快速铣技术是介于普通铣削与高速铣削之间的一种高效粗加工技术，主要用于磨具型腔、型芯、凹模等复杂零件的粗加工，见图 5.1-3。为提高工艺系统的刚度和加强切削过程的稳定性，在连续铣削过程中保持刀轴方向的固定。加工时采用小背吃刀量、快进给的切削方式，主轴转速一般控制在 2000 ~ 3000r/min 之间。

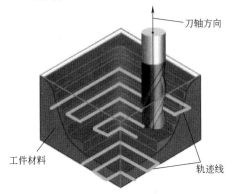

图 5.1-3　型腔固定轴快速铣削

为提高切削效率，快速铣削需要使用专用的机夹式可换刀片刀具，并辅以水压较高的切削液系统。快速铣刀采用抗振型内水冷式钢制刀杆和机夹式可换硬质合金刀片，当刀片磨损时只需对刀片进行更换，不需要对刀具进行重新装夹和设置，极大地节省了换刀时间。

在编程时采用腔槽铣方法进行编程。由于快速铣刀的有效切削部分为刀片靠近端部的切削刃，其回转截面近似于圆角，故在刀具参数设置时，可将快速铣刀简化为环形刀，如图 5.1-4 所示，此时，会产生少许的过切量和残余量，其数值与简化后的圆角半径有关，具体可由刀具样本中获取。

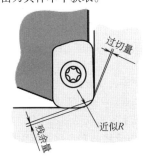

图 5.1-4　快速铣刀简化后的圆角

4. 摆线铣加工

摆线铣加工是指采用与刀具直径成一定比例的大背吃刀量和合理的径向进给量对工件进行数控铣削的加工方式。该方法最显著的特点是能够充分利用刀具较大长度的侧切削刃，在短时间内最大限度提高材料的去除率，摆线切削过程包含了实切（刀具切除材料）和空切（刀具与材料无任何接触）两部分。这两部分相结合为切屑的排出留出足够的空间，也为切削区域的冷却提供了充足的时间，这样能有效地减少"误伤"工件和刀具磨损的问题。

摆线加工刀具运动轨迹分为圆弧模型和次摆线模型两种，如图 5.1-5 所示。在图 5.1-5 中，R_t 是刀具半径；R_c 是刀心公转半径；θ 是刀心公转角度。在圆弧模型加工中，刀具沿着圆弧轨迹及圆弧外公切线运动，如图 5.1-5a 所示。其中，刀具沿刀槽一侧的两圆弧之间为直线进给，可得到较好的表面精度，但圆弧与直线段之间存在加速度不连续的问题。而在次摆线模型加工中，刀具沿着连续的次摆线运动，如图 5.1-5b 所示。由于次摆线为连续光顺曲线，其能够使刀具进给速率和加速度保持连续，进而能够获得更好的机床运动特性。

与圆弧模型相比，次摆线模型的轨迹始终保持切线和曲率的连续性，这种方式能有效避免进给过程中，切削力急剧变化对刀具磨损产生的不利影响，同时也保持了圆弧模型的优点，因此经常采用次摆线模型作为摆线铣的进给方式。

摆线铣削具有以下优势：

1）摆线铣削的复合运动能够高效地去除毛坯材料，降低粗加工时间，提高切削效率，减少加工成本。

2）摆线铣削在高速加工过程中，刀具处于动态的全方位切削，避免了全浸入式切削，降低了刀具的颤振，使刀具切削负载均衡，从而提高了刀具的使用寿命。

3）在一个进给周期中，刀具先向前切削材料，随后向后空进给，使得切屑容易排出，切削区域充分冷却，切削条件得以改善，且保持了较高的切削速度，进一步延长了刀具使用寿命。

虽然摆线铣削体现出如此巨大的优势，在实际加工中也需要考虑一些制约条件：

1）与传统的铣削方式相比，由于摆线两侧的轨迹由圆弧叠加生成，会在加工后的表面产生不平整的棱，因此通过摆线铣方法加工的表面粗糙度值会显著增大，故目前摆线铣只能用在粗加工中。

2）机床动态性能必须足以提供复杂轨迹下的高速切削，同时刀具轨迹规划相对于传统切削方式复杂，此外刀具尺寸、工件材料等也是限制因素。

5. 高速铣加工

20 世纪 20 年代，德国人 Saloman 最早提出高速加工（High Speed Cutting）的概念，并获得了专利。高速加工真正应用于生产实践是在 20 世纪 80 年代初期，由航空工业和模具工业的需求而推动的。自 20 世纪 90 年代起，高速加工逐步在制造业中推广应用。

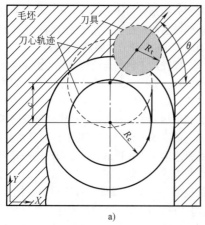 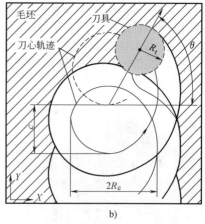

a)   b)

图 5.1-5　摆线加工刀具运动轨迹

a）圆弧模型　b）次摆线模型

目前，据统计，在美国和日本，大约有30%的公司已经使用高速加工，在德国，这个比例高于40%。在飞机制造业中，高速铣已经普遍用于零件的加工。虽然高速铣削已被广泛应用，但是要给高速铣削下一个确切的定义，划定高速铣的界限还较困难。高速铣是一个相对概念，它与加工材料、加工方式、刀具、切削参数等有很大关系。通常认为，高速切削的切削速度和进给速度比常规切削速度高出 5~10 倍以上。对常用材料，一些资料给出的大致数据为：铝合金 1000~7000m/min、铜合金 900~5000m/min、钛合金 100~1000m/min、铸铁 400~2500m/min、钢 350~2000 m/min、高温合金 50~600m/min。

高速铣削之所以日益得到广泛的工业应用，是因为它相对传统加工具有显著的优越性，具体来说具有以下优点：

1）提高了加工效率。高速铣削加工允许使用较大的进给率，单位时间材料切除率可提高 3~6 倍。当加工需要大量切除金属的零件时，可使加工时间大大减少。

2）降低了切削力。由于高速铣削采用极浅的背吃刀量和窄的侧吃刀量，因此切削力较小，和常规切削相比，切削力至少可降低 30%（见图 5.1-6）。这对于加工刚性较差的零件来说可减少加工变形，使一些薄壁类精细工件的铣削加工成为可能。

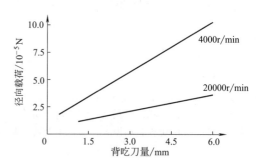

图 5.1-6　切削载荷随背吃刀量和
主轴转速的变化

3）提高了加工质量。因为高速旋转时刀具切削的激励频率远离工艺系统的固有频率，不会造成工艺系统的受迫振动，保证了较好的加工状态。背吃刀量、侧吃刀量和切削力都很小，使得刀具、工件变形小，保持了尺寸的精确性，另外也使得切削破坏层变薄，残余应力小，实现了高精度、低表面粗糙度值加工。

4）简化了加工工艺流程。常规铣加工不能加工淬火后的材料，淬火变形必须进行人工修整或通过放电加工解决。高速铣可以直接加工淬火后的材料，在很多情况下可完全省去放电加工工序，消除了放电加工所带来的表面硬化问题，减少或免除了人工光整加工。

5.2　金属材料的加工

5.2.1　影响金属材料可加工性的因素及改善途径

1. 难切削金属材料的可加工性

金属材料本身的特性决定了加工的难易程度，难切削金属材料加工的主要特点是：

1）切削力大。难切削金属材料多数具有高硬度、高强度、高熔点性能，加工时变形抗力大，产生强烈的塑性变形，使切削力剧增。

2）切削温度高。难切削金属材料多数具有高的热强性，摩擦因数大，切削时消耗的切削变形功和摩擦功大，产生的热量也多，但材料的热导率较小，从而在切削区内积聚大量的切削热，形成了高的切削温度。在相同的切削条件下，各类难切削金属的切削温度比 45 钢高出 100~400℃不等。

3）刀具磨损剧烈。由于难切削金属材料本身的特性，在切削过程中，刀具剧烈磨损，有时甚至产生

刀具刃口的塑性变形、崩刃、缺口、剥落以及其他异常的磨损形态等现象，致使刀具过早失效，大大降低了刀具的寿命。

难切削金属材料在淬火或析出硬化状态下的相对可加工性见表 5.2-1。相对可加工性是指在一定寿命条件下，难切削金属所允许的切削速度与 45 钢所允许的切削速度的比值。

表 5.2-1 难切削金属材料的可加工性

影响可加工性的因素	难切削金属材料（淬火或析出硬化状态）											
	高锰钢	高强度钢			不锈钢				高温合金			钛合金
		低合金	高合金	马氏体时效钢	沉淀硬化型	奥氏体型	马氏体型	铁素体型	铁基	镍基	钴钢	
硬度	1~2	3~4	2~3	4	1~3	1~2	2~3	1	2	2~3	2	2
高温强度	1	1	2	2	1	1~2	1	1	2~3	3	3	1
微观硬质点	1~2	1	2~3	1	1	1	1	1	2~3	3	2	1
与刀具亲和性	1	1	1	1	1	2	2	2	2	3	1	4
导热性	4	2	2	2	3	3	2	2	3~4	3~4	4	4
加工硬化	4	2	2	1	2	3	2	1	3	3~4	2	4
黏附性	2	1	1	1	1~2	3	1	1	3	3~4	2	1
相对加工性	0.2~0.4	0.2~0.5	0.2~0.45	0.1~0.25	0.3~0.4	0.5~0.6	0.5~0.7	0.6~0.8	0.15~0.3	0.08~0.2	0.05~0.15	0.25~0.38

注：1. 各项因素恶化可加工性的相对程度，按顺序为：1→2→3→4。

2. 相对可加工性 $=v_{60}/v_{60j}$

v_{60}——用相同刀具，在寿命为 60min 时，切削某一材料的切削速度；

v_{60j}——刀具寿命为 60min 时，切削 45 钢的切削速度。

2. 影响可加工性的因素（见表 5.2-2）

表 5.2-2 影响可加工性的因素

类别	影响因素	主 要 内 容
金属材料物理力学性能	材料的宏观硬度和强度	350HBW，$R_m>981$MPa，切削温度越高，刀具磨损越快，可加工性越差，但材料的硬度越低，并不是越易加工
	材料的微观硬度和强度	金属组织中带有微细的硬质夹杂物，如 SiO_2、TiC 等，显微硬度极高，加剧刀具磨损，可加工性变差
	伸长率	$A>30\%$，说明材料的塑性过高，加工变形和硬化严重，易产生黏结现象，不易断屑，不易获得好的加工表面
	冲击韧度	$\alpha_K>98.1\times10^4$J/m^2，材料的韧性越高，切削消耗的能量越多，切削力较大，切削温度较高，不易断屑，可加工性越差
	热导率	$\lambda<41.87$W/(m·K)，材料的热导率越大，工件及切屑散热越好，反之，可加工性越差
材料化学成分金相组织	碳	含碳量过低过高，影响材料的塑性、韧性、强度、硬度，同时也影响形成各种高硬度碳化物，可加工性都要降低
	硅	硅能提高材料的硬度，但热导率有所下降，当材料中形成 SiO_2 夹杂物时，加剧刀具磨损，可加工性下降
	铬	铬在材料中能形成碳化物，提高材料的硬度，降低塑性，可加工性下降
	钼	钼在材料中能形成碳化物，提高材料的硬度和强度，可加工性下降
	钒	钒在材料中能形成碳化物，提高材料的硬度，当钒增加时，可加工性下降
	渗碳体	提高材料的硬度、耐磨性，降低塑性，可加工性显著下降
	马氏体	具有很高的硬度和抗拉强度，但塑性和韧性很低，可加工性显著下降
	奥氏体	硬度并不高，但塑性和韧性很高，加工硬化严重，可加工性显著下降

3. 改善可加工性的途径（见表 5.2-3）

表 5.2-3 改善可加工性的途径

改善途径	主 要 内 容
改善加工条件	要求机床有足够的功率、刚性大的工艺系统；在加工过程中，要求均匀地机械进给，切忌手动进给，不允许刀具中途停顿。还要选择合适的切削液，切削液供给要充足，且不要中断
选择合适的刀具材料	根据金属材料的性能、加工方法和加工要求选择刀具材料。材料的可加工性越差，越要重视刀具材料的选择。如加工高强度钢、不锈钢、高温合金、钛合金、小尺寸孔加工刀具及特种复杂刀具选用超硬高速钢制造，并适宜低速切削；断续切削选用高钒高速钢；连续切削选用合金颗粒小的硬质合金刀具材料；大型特长零件可选用陶瓷刀具等
优化刀具几何参数和切削用量	根据不同的加工方法，采用相对应的刀具几何参数并优化切削用量，对提高刀具寿命和加工表面质量至关重要
对工件材料进行适当的热处理	通过适当的热处理，改变材料的金相组织和性能来改善其可加工性
重视切屑控制	根据加工要求采用有效的断（卷）、排屑措施，以提高刀具寿命和加工表面质量，改善可加工性。加工自动化程度越高，越要重视切屑控制
采用其他加工方法	加热切削法、振动切削法都可以提高刀具寿命和生产率，但加热切削法对被加工表面和表层的物理力学性能有影响，选用时应慎重。振动切削是沿刀具进给方向，附加低频或高频振动的加工，可以提高切削效率。低频振动切削具有很好的断屑效果，可不用断屑装置，使切削刃强度增加，切削时的总功率消耗比带有断屑装置的普通切削降低 40% 左右。高频振动切削也称为超声波振动切削，有助于减小刀具与工件之间的摩擦，降低切削温度，减小刀具的黏着磨损，从而提高切削效率和加工表面质量，刀具寿命约可提高 40%

5.2.2 高锰钢的加工

高锰钢的含锰量（质量分数）通常为 10%～18%，目前工业上应用最广泛的是耐磨高锰钢 ZGMn13。

1. 高锰钢的加工特点

（1）加工硬化严重

经水韧处理后的 ZGMn13 为单一奥氏体组织，具有面心立方晶格，在接触压力作用下容易产生滑移，转变为细晶粒的马氏体结构，使加工表层严重硬化，其硬化程度超过了奥氏体型不锈钢，硬化层深度可达 0.1～0.3mm，硬度可增加 2 倍以上，因此造成切削时切削力的增加和刀具磨损的加剧。

（2）切削力大

与切削正火 45 钢相比，用硬质合金刀具对高锰钢零件进行外圆车削时，单位切削力增加约 64%；钻孔时，切削力矩与轴向力增加 3～4 倍。

（3）切削温度高

高锰钢切削时，切削力和切削功率大，生成的热量大，而其导热率又小，仅为 45 钢的 1/4，故切削区的温度高。当切削速度为 50m/min 以下时，高锰钢的切削温度比 45 钢高 200～300℃；切削速度进一步提高，差值会减小，为 100～200℃，因此切削刃的热磨损加剧。

（4）断屑困难

高锰钢的韧性约为 45 钢的 8 倍，伸长率大，变形系数大，切屑不易折断，切屑处理困难。

（5）加工精度不易保证

高锰钢的线胀系数与黄铜相近，约为 $20 \times 10^{-6}\mathrm{K}^{-1}$，在切削热作用下工件局部易产生热变形，影响加工精度。

（6）可加工性低

ZGMn13 的相对可加工性约为正火 45 钢的 1/4。

2. 改善高锰钢可加工性的途径

（1）进行适当的热处理，改善高锰钢的可加工性

可对高锰钢进行高温回火处理，即将钢加热到 600～650℃，保温 2h 后冷却，使钢的奥氏体组织转变为索氏体组织，然后进行切削加工。此时高锰钢的加工硬化现象大大减弱，改善了可加工性。零件使用前，再对其进行淬火处理，使其重新变为单一的奥氏体组织。

（2）选择合适的刀具材料

切削高锰钢应选用热硬性高、耐磨性好，强度、韧性和热导率都较高的硬质合金作为刀具材料，如硬质合金、陶瓷材料和 CN25 涂层刀片、CBN 刀具。试验证明，相同切削条件下刀具的磨损由小到大为：CBN、SiN 陶瓷、SiC 陶瓷、TiN 涂层硬质合金、YT15。在非涂层硬质合金中，一般选用 YW 类（M 类）硬质合金，添加 TaC、NbC 的细晶粒和超细晶粒硬质合金材料。采用陶瓷刀片精车和半精车高锰钢时，可选用较高的切削速度，不仅能获得良好的加工表面质量，而且刀具寿命长。在使用 CBN 刀具时，

应注意被切材料的含锰质量分数不能高于 14%，否则，CBN 可能与 Mn 元素产生化学反应加剧刀具磨损，使刀具的切削性能下降。

切削高锰钢时刀具材料的选用见表 5.2-4。

表 5.2-4　切削高锰钢的刀具材料

刀具材料	加工方法				
	精车、半精车	粗车	精铣、半精铣	粗铣	钻头、丝锥
陶瓷	AG2、AT6、T8、LT55、LT35、SG4、FD01、YNG151				—
涂层硬质合金	YB03、YB02、YB01、YB21、CN25、CN35、YBC151、YBC251、YBC351、YBG102、YBG202、YC10、YC40	YB11、CN25、YC30S		—	YB03、YB02、YB21、YB01、CN25、CN35
非涂层硬质合金	YD10.2、YM052、YG6A、YW2、712、726、	YD20、YM053、YW3、YC45、767、643、813、726	SD15、YD10.2、YS25、YW3、813M、643、798、YS30、YS25、767、YBG202、YBC302	YG40、SC30、YS30、YS25、YW3、798、767	YD20、YS2、YM052、YW2、YG8、798
高速钢	TiN 涂层、W2Mo9Cr4VCo8、W12Mo3Cr4V3Co5Si、W6Mo5Cr4V2Al、W12Mo3Cr4V3N	W2Mo9Cr4VCo8、W12Mo3Cr4V3Co5Si、W6Mo5Cr4V2Al、W12Mo3Cr4V3N	W2Mo9Cr4VCo8、W12Mo3Cr4VCo5Si、W6Mo5Cr4V2Al、W12Mo3Cr4V3N	—	TiN 涂层、W2Mo9Cr4VCo8、W12Mo3Cr4VCo5Si、W6Mo5Cr4V2Al

（3）选择合理的刀具几何参数

切削高锰钢时，为了减小加工硬化，应使切削刃锋利，前角应选较大值，但为了增强刃口的抗冲击性和改善散热条件，前角又不宜过大，取值范围为 $(0.15 \sim 0.4) \times (-30° \sim -15°)$，硬质合金刀具取值应略小些，切削刃处通常磨出负倒棱。为了增强刀尖和有利于散热，可在刀具上做出较大的刀尖角 ε_r 与适当的刀尖圆弧半径 r_ε。切削刃应保持锋利，当工艺系统刚度较小时应及时磨刀，控制磨钝标准 $V_B \leqslant 0.35mm$。

（4）合理选择切削用量

为了避免在硬化层中切削和降低切削功率及切削温度，应避免采用过高的切削速度及过小的进给量和背吃刀量，以免刀具切削刃在硬化层中被划伤。使用硬质合金车刀时一般进给量不宜小于 $0.15 \sim 0.2mm/r$。背吃刀量受工件切削余量限制，粗车时取 $a_p = 3 \sim 5mm$；半精车时取 $a_p = 1 \sim 3mm$；精车时取 $a_p \leqslant 1mm$，而陶瓷、CBN 刀具可采用较高的切削速度。采用陶瓷刀具时一般切削速度大小为 $v_c = 50 \sim 80m/min$。

（5）采用特殊方法辅助切削

1）加热切削。试验表明，采用等离子加热切削 ZGMn13，在刀具材料和几何角度不变的条件下，加工效率提高大约 5 倍的同时，刀具寿命也得到提高。加工后表面无金相组织变化，而且加工硬化程度减轻，表面硬度值和硬化层深度都比传统切削时小。加热切削时，可采用陶瓷和硬质合金材料刀具，切削速度通常不超过 50m/min。

2）磁化切削。磁化切削是使刀具或工件或两者同时在磁化条件下进行的切削加工方法，即可将磁化线圈绕于工件或刀具上，在切削过程中给线圈通电使其磁化，也可直接使用经过磁化处理的刀具进行切削。试验证明，经磁化处理后，工件表面粗糙度值减小，刀具寿命明显提高，对于不同的刀具和工件材料，切削效率可提高 40% ~ 300%。

3）低温切削。低温切削是指利用液氮（-186°）或液体 CO_2（-76℃）及其他低温液体切削液，在切削过程中冷却刀具或工件，以保证切削过程顺利进行。这种切削方法可有效控制切削温度，减少刀具磨损，提高刀具寿命、加工精度、表面质量和生产率。

3. 加工参数的选择

（1）高锰钢的车削

车削高锰钢时，刀具角度的选取见表 5.2-5，切削用量的选取见表 5.2-6 ~ 表 5.2-11。

（2）高锰钢的铣削

铣刀主要几何角度的确定见表 5.2-5。

较合理的铣削用量为：铣削速度 $v = 35 \sim 140m/min$，每齿进给量 $f_z = 0.08 \sim 0.20mm$，背吃刀量 $a_p = 1 \sim 7mm$。成形铣削速度应大大低于平面铣削的速度。具体切削用量的选取见表 5.2-6 ~ 表 5.2-11。

在条件允许的情况下，最好采用顺铣方式，这样可以减轻加工硬化现象，改善加工表面质量，并能提高铣刀寿命。

表 5.2-5 车、铣刀主要角度参考值

刀具材料	$\gamma_o/(°)$	$\alpha_o/(°)$	$\lambda_s/(°)$	$\kappa_r/(°)$	r_ε/mm
硬质合金	-5~8	6~10	-15~0	45~90	≥0.3
复合陶瓷	-15~-4	4~12	-10~0	15~90	≥0.5①

① 可采用圆刀片。

表 5.2-6 普通单刃刀具切削用量

刀具材料	$v/(m/min)$	$f/(mm/r)$	a_p/mm
高速钢	≤12	0.05~0.2	0.3~2
硬质合金	≤108①	0.15~2.8	0.5~20
复合陶瓷	48~180②	0.1~0.5	0.3~8
CBN	60~240	0.05~0.2	≤0.8

① 非涂层硬质合金刀片 v≤50m/min。

② Si_3N_4 陶瓷 v≤60m/min。

表 5.2-7 非涂层硬质合金刀具切削速度选择参考

（单位：m/min）

a_p/mm	$f/(mm/r)$								
	0.15	0.2	0.3	0.4	0.5	0.6	0.80	1.0	1.5
精半精加工 0.5	49	43	37	33	30	28	25	—	—
1.0	42	37	32	28	26	24	22	—	—
1.5	38	34	29	26	25	22	20	—	—
2.0	36	32	28	25	22	20	19	—	—
粗加工 3.0	—	—	27	24	21	19	17	16	13
5.0	—	—	25	22	19	18	16	14	11
10	—	—	22	19	17	16	13	12	9
20	—	—	19	16	14	13	11	10	8

表 5.2-8 几种硬质合金刀片车削、铣削用量参考表

加工方法	车削												面铣刀				
	涂层												非涂层				
刀具牌号	YB03			YB02			YB01			YB21			YD10.2		YD20		SD15			YD10.2		
f①	1.0	0.5	0.2	1.0	0.7	0.2	1.0	0.5	0.2	1.0	0.5	0.2	1.0	0.5	0.2	1.0	0.7	0.4	0.2	0.1	0.4	0.2	0.1
$v/(m/min)$	30	35	45	25	40	70	25	30	40	20	30	40	20	35	55	10	30	15	20	30	20	30	40

① 铣削为 $a_f/(mm/齿)$。

表 5.2-9 高锰钢快速铣切削用量参考值

（单位：mm）

切削刀具	硬度HBW	刀具牌号	切削速度(m/min)	刀具规格											
				φ20		φ25		φ30/32/35		φ40		φ50/63		φ80/100	
				背吃刀量	每齿进给量	背吃刀量	每齿进给量	背吃刀量	每齿进给量	背吃刀量	每齿进给量	背吃刀量	每齿进给量	背吃刀量	每齿进给量
大进给快速铣	280~350	YBC302/YBM351	80~180	0.3~0.5	0.05~0.2	0.4~0.8	0.8~1.2	0.6~1.0	1.0~1.4	0.6~1.0	1.0~1.4	0.9~1.3	1.1~1.5	0.8~1.3	1.0~1.5

注：表中参数为株洲钻石刀具推荐值。

表 5.2-10 高锰钢球头刀铣削用量参考值（材料硬度：55HRC）

刀具类型	刀具直径/mm	φ1	φ2	φ3	φ4	φ5	φ6	φ8	φ10	φ12	φ16	φ20
PM-2B	转速/(r/min)	22800	11140	7430	5570	4455	3715	2785	2230	1855	1395	1115
	进给速度/(mm/min)	295	295	295	385	405	420	465	465	450	395	360
	最大背吃刀量	$a_e=0.2R$　$a_p=0.1R$										
GM-2B	转速/(r/min)	25000	13000	8500	6500	5000	4200	3200	2500	2100	1600	1250
	进给速度/(mm/min)	275	275	280	370	375	390	440	440	420	375	330
	最大背吃刀量	$a_e=0.1R$　$a_p=0.05R$										
HM-2B	转速/(r/min)	36000	26000	23000	17000	13500	11500	8600	7000	5700	4300	3500
	进给速度/(mm/min)	1500	2100	2900	2500	2200	1700	1600	1400	1300	1300	1300
	a_p/mm	0.01	0.02	0.03	0.04	0.05	0.06	0.08	0.1	0.1	0.1	0.1
	a_e/mm	0.05	0.075	0.1	0.15	0.15	0.2	0.25	0.3	0.35	0.4	0.5

注：表中参数为株洲钻石刀具推荐值。

（3）高锰钢的钻削

高锰钢钻削时，钻削力矩大，为了增加钻头的刚度和强度，应缩短高速钢麻花钻头的长度并使钻心的厚度增加到 0.3D。为了使钻头锋利，应合理修磨麻花钻的主切削刃或缩短横刃（或将横刃修磨成 S 形）。钻削时切削用量的选取见表 5.2-12。

表 5.2-11 车、铣削实例

加工方法	刀具材料	$v/(\text{m/min})$	$f/(\text{mm/r})$	a_p/mm	$a_f/(\text{mm/齿})$	$\gamma_o/(°)$	$\alpha_o/(°)$	$\lambda_s/(°)$	$\kappa_r/(°)$	γ_p	γ_f	倒棱
外圆车削	AG2	120	0.3	1~5	—	−5	6	−6	60			0.3×(−25°)
	AT6[①]	68	0.25	3~4	—	−5	4	−4	75			0.3×(−30°)
	758	24	0.38	3~4	—	0	6	−3	90			0.2×(−30°)
	YM052	11	0.62	2~4	—	0	5	−10	90			0.3×(−20°)
	YC45	12	0.38	3.5	—	−5	12	−6	45			0.3×(−15°)
	Si_3N_4	35	0.76	6	—	−5	5	−4	75			1.5×(−15°)
	CBN	240	0.2	≤0.8	—							
面铣刀	AT6	70	—	2~4	0.05		6		75	−7°4′	3°16′	0.1×(−15°)
	YW3	54	—	1~2	0.1		12		60	−8°	10°24′	0.2×(−20°)
	767	48	—	4~5	0.1		6		75	−4°15′	7°20′	0.2×(−20°)

① 工件材料为 50Mn18Cr4，其余工件材料为 ZGMn13。

表 5.2-12 钻头切削用量参考值

刀具材料	高速钢									YD20					
钻头直径 D	2	4	6	10	16	25	40	63	80	3	6	10	14	20	30
$f/(\text{mm/r})$	0.02	0.04	0.05	0.08	0.10	0.16	0.20	0.30	0.40	0.02	0.03	0.03	0.04	0.06	0.06
$v/(\text{m/min})$	3~5									10~25					

1) 硬质合金群钻见图 5.2-1。

① 硬质合金群钻的本体为 40Cr，切削部分为 YG8 或 YW 硬质合金。钻尖高为 0.08D（D 是钻头直径），圆弧刃的圆弧半径加大到 0.4D，以提高刀尖强度，改善散热条件，并起到分屑的作用。同时，在外缘处磨出双重锋角，并磨出负前角，把外缘后角加大到 20°。钻头磨好后，要用油石仔细研磨刃口。

② 切削速度太低或进给量太大，会使切削力增加，造成崩刃。切削用量宜取 $v=30~40\text{m/min}$，$f=0.07~0.1\text{mm/r}$。

③ 高锰钢的线胀系数大，钻孔时使用切削液要充分，有条件可将工件浸在冷却液中钻削，以防因孔的收缩将钻头咬死。

④ 钻削过程中如听到刺耳的尖叫声或发现钻头外缘转角处后角和棱边磨损约 1mm 时，要及时重磨钻头。

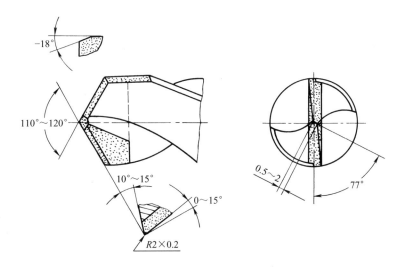

图 5.2-1 加工高锰钢的群钻

2) 普通硬质合金钻头见图 5.2-2。

该钻头采用焊接式刀片，材料为 YG8 或 YM052 等。刀体材料为 40Cr 或 9SiCr。切削条件：$v=15~$ 24m/min，$f=0.035~0.09\text{mm/r}$，干切。要求机床刚性好、振动小。钻头悬伸量不大于直径的 4 倍。为防脱焊，钻削时，每隔 4~5min 要将钻头从孔中退出，

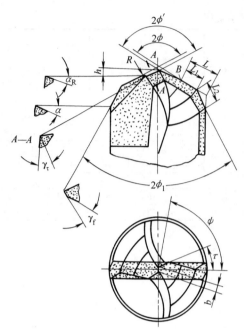

图 5.2-2 加工高锰钢的硬质合金钻头

冷却后再钻。

5.2.3 高强度钢和超高强度钢的加工

高强度钢和超高强度钢是具有一定合金含量的结构钢，它们的原始强度、硬度并不高，但是经过调质处理后，其中的合金元素 Si、Mn、Ni 等使固溶体强化，从而使其具有很高的强度（最高可超过 1960MPa）、较高的硬度（35~50HRC）和高于正火 45 钢的冲击韧度。用这类钢材制作的零件，其粗加工一般在调质前进行，精加工和半精加工及部分粗加工在调质后进行，调质后的金相组织为索氏体或托氏体，加工难度大。

A100 合金是一类新型超高强度钢，是由卡彭特（Carpenter）公司在 20 世纪 80 年代根据美国海军 F/A18E/F 型战斗机起落架用料需求研发的。A100 合金通过（Mo，Cr）C 碳化物析出强化。A100 最小极限抗拉强度为 1930MPa，与航空业常用的高强度 18Ni 马氏体时效钢系列 Marage250、300、350 以及钛合金 Ti-6Al-4V 和 Ti-10V-2Fe-3Al 相比，在同一高强度级别下，A100 合金具有无可比拟的韧性和疲劳寿命。

1. 高强度钢和超高强度钢的加工特点

1）高强度钢和超高强度钢的剪切强度高、变形困难，所以切削力大。表 5.2-13 为几种钢材单位切削力比值 k。与车削正火 45 钢相比，车削低合金高强度钢时主切削力提高 25%~40%，车削低合金超高强度钢时主切削力提高 30%~50%，车削中合金和高合金超高强度钢的主切削力将提高 50%~80%。

2）高强度钢和超高强度钢的导热率较小，而切削时消耗的变形功大，切屑集中于刃口很小的接触面内，所以切削温度高。

3）由于切削力大、切削温度高，并且钢中存在着一些硬质化合物，故刀具的磨料磨损、扩散磨损和氧化磨损都比较严重，刀具的磨损快，寿命低。另外，刀具与切屑的接触长度短，切削区应力与热量集中，易在前刀面形成月牙洼磨损，导致崩刃。

4）由于高强度钢和超高强度钢具有良好的塑性、韧性和断裂应变，所以切削时切屑不易卷曲和折断。切屑常缠绕在工件和刀具上，影响切削的顺利进行。

5）高强度钢的可加工性相对于正火 45 钢为 0.2~0.6。

表 5.2-13 几种钢材单位切削力比值 k（非涂层硬质合金）

工件材料	硬度 HRC	R_m/MPa	k
45	20	>600	1.00
C20CrNi2MoA	18~19	>688	1.05
40CrNiMo	35~40	882	1.17
38CrNi3MoVA	38~42	1080~1120	1.20
4335V（美）	38~42	1120~1170	1.23
30CrMnSiA	42~47	≥1080	1.24
60Si2Mn	38~42	≥1300	1.27
35CrMnSiA	44~49	≥1320	1.30
4Cr14Ni14W2Mo	—	700~880	1.49
A100	55~57	≥1900	—

注：陶瓷刀具与涂层硬质合金，k 值减少 0.05~0.15。

2. 改善高强度钢加工性的途径

（1）采用先进、适用的刀具材料

要求刀具材料具有良好的热硬性、高耐磨性和较高的冲击韧度，并且不易产生黏结磨损和扩散磨损。用于粗加工和断续切削的刀具还要求具有良好的抗热冲击性能。高强度钢、超高强度钢是铁基金属，不能用金刚石刀具进行切削。除金刚石外，其他各类先进刀具材料都能在加工高强度钢、超高强度钢中发挥作用。

1）高速钢。通常用于加工 R_m≤1277MPa 的材料。主要用来制造钻头、铰刀、丝锥、板牙、拉刀和其他多刃、复杂的刀具。常用高性能高速钢（高钒、高钴和铝高速钢）、粉末冶金高速钢和 TiN 涂层高速钢。主要牌号有：Co5Si、 W2Mo9Cr4VCo8、 W6Mo5Cr4V2Al、W9Mo3Cr4V3Co10、 W2Mo3Cr4V3Co5Si、 W10Mo4Cr4V3Al、W12Mo3Cr4V3N（V3N）、W10.5Mo5Cr4V3Co9（GF3）等。

2）硬质合金。硬质合金主要用于车刀和面铣刀，也可以用于螺旋齿立铣刀、三面刃或两面刃盘铣刀、铰刀、锪钻、浅孔刀、深孔钻及小直径的整体麻

花钻等。由于硬质合金中添加钽、铌或稀土元素的P类合金，TiC基和Ti（C、N）基合金及P类涂层合金，故切削效果将优于普通硬质合金。在使用P类合金加工高强度钢、超高强度钢时，可根据粗、精加工及加工条件的差异，选定硬质合金的级别和牌号。而TiC基和Ti（C、N）基合金主要用于精加工和半精加工。建议采用的刀片牌号见表5.2-14。在大多数精车、半精车和负荷较轻的粗加工中，推荐优先选择涂层硬质合金，而断续车削和铣削则宜优先选用非涂层硬质合金。

表5.2-14　推荐采用的硬质合金刀片牌号

加工方式		涂层刀片	非涂层刀片
车削	精车、半精车	YB21[①]、YBG201[①]、CN15、CN25	YC10[①]、YD10.2[①]、YD20[①]、YN05、YN10、YD05、YT05、YD15、YW3、YM051、YM052、726[②]、758、643、712、715、707
	粗车	YB03[①]、YB01[①]、YB02[①]、CN25	YM052、YC45、YC35、YC30[①]、YC10[①]、YD15、YW3、YS25、758、726、707
精铣、半精铣		—	SC30[①]、YC40[①]、YC10[①]、YD10.2[①]、SD15[①]、YC45、YC35、YS30、YS25、YS2、758、726、640、798、813、813M
钻头与丝锥		YB01[①]、YB03[①]、YB02[①]、YB11[①]	YD20[①]（整体式）、YC30[①]、YC40[①]、YC10[①]、YC45、YS2、798、813、813M

① 为株洲硬质合金厂引进产品。
② 所有以数字编号者均为自贡硬质合金厂产品。

3）陶瓷。陶瓷刀具的硬度和耐热性高于硬质合金，允许的切削速度比硬质合金高1~2倍。在高强度钢、超高强度钢的切削中，主要用于车削和平面铣削的精加工和半精加工，但不能应用于粗加工或有冲击载荷的断续切削中。试验证明，Si_3N_4基陶瓷在切削兵器工业新研制出的某些新型高强度钢时，性能优异，能起到"以车代磨"的作用。纯Al_2O_3刀片（AM、AMF等）只用在工艺系统相当稳固的精车中。Al_2O_3基复合陶瓷的刀具寿命和加工效率高于硬质合金刀具。

4）CBN。CBN刀具精加工高强度钢和超高强度钢时，切削效果显著优于硬质合金和陶瓷刀具。一般，仅用于车刀、镗刀及面铣刀。

（2）选择合理的刀具几何参数

加工高强度钢和超高强度钢时，刀具几何参数的选择原则，与加工一般钢时基本相同。由于被加工钢料的强度、硬度高，故必须加强刀具的切削刃和刀尖部分，方可保证刀具具有一定的寿命。例如，前角适当减小，在刃区磨出负倒棱，刀尖圆弧半径适当加大。

经验表明，在车削高强度钢时，硬质合金刀具前角可选为4°~6°；车削超高强度钢时，可选为-4°~-2°。高速钢刀具的前角可选为8°~12°。一般在切削刃附近，需磨出负倒棱，倒棱前角-5°~15°，倒棱宽度(0.5~1)f。当倒棱宽度不超出进给量f的大小时，既可明显地加强切削刃，又不致过分加大切削力。刀尖圆弧半径应比加工一般钢材时略微加大，以加强刀尖。精加工时，可取0.5~0.8mm；粗加工时，可取

1~2mm。其他刀具集合参数，如后角、主偏角、副偏角、刃倾角，其选择原则和具体数值均与加工一般钢材时相同。

（3）选择合理的切削用量

加工高强度钢和超高强度钢时的切削用量制定原则与加工一般钢材时基本相同，但是切削速度必须降低，以保证必要的刀具寿命。以加工正火45钢的切削速度为基准，在保证相同刀具寿命的前提下，加工高强度钢时的切削速度应降低50%；加工超高强度钢时，应降低70%。

（4）采用适当的断屑方法

断屑是高强度钢切屑处理的关键。由于影响因素很多，要将切屑形状与尺寸控制在所需的范围，需要靠试验来选择特定切削加工条件下的断屑方法与相关参数。

1）利用刀片的断屑槽断屑。断屑槽的结构形式很多，但每种槽形只能针对一种或几种高强度钢在一定的切削用量范围内实现有效断屑。焊接式硬质合金车刀可刃磨成槽底为圆锥面的锥形槽（见图5.2-3和表5.2-15）、弧形槽、腰鼓形槽、凸棱面（见图5.2-4）等。背吃刀量大时易形成宽而薄的长屑，建议从主切削刃开始，在后刀面或前刀面上磨出几条分屑槽。可转位硬质合金刀片的槽形为压制而成。变截面槽形、多级槽形等复杂槽形往往比普通A形槽的最小断屑界限小，断屑范围宽。图5.2-5为非涂层硬质合金刀片半精车38CrMoAlA（R_m = 981MPa）时采用的两种槽形断屑范围的对比；图5.2-6为涂层硬质合金车刀半精车60Si2Mn所用A、V形两种槽形的对比。

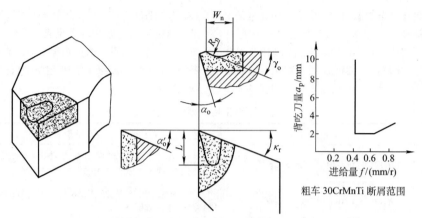

图 5.2-3　锥形断屑槽及其粗车 30CrMnTi 的断屑范围

表 5.2-15　锥形断屑槽参数

车削	W_n/mm	R_n/mm	L/mm	γ_o/(°)	α_o/(°)	α_o'/(°)	κ_r/(°)	倒棱	f/(mm/r)	a_p/mm
粗车	4.5	9.0	10	8	8	10	8	0.2×(−18°)	0.25~10	3~15
半精车	2.5~3	3.0	4	10	12	8	10	0.2×(−15°)	0.08~0.3	0.1~5
精车	1.5	1.0	2.5	20	8~10	8	8	0.2×(−15°)	0.08~0.15	0.1~0.5

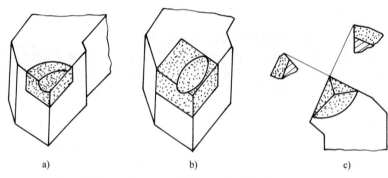

图 5.2-4　其他几种断屑槽形
a）弧形槽　b）腰鼓形　c）凸棱面

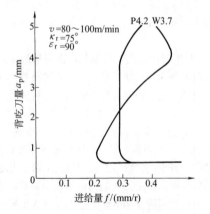

图 5.2-5　半精车 38CrMoAlA 两种槽形
断屑范围对比
P4.2—P 型断屑槽，槽宽 4.2mm
W3.7—W 型断屑槽，槽宽 3.7mm

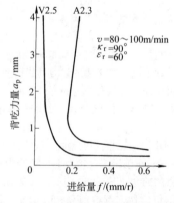

图 5.2-6　半精车 60Si2Mn 两种槽形断屑范围对比

2）障碍式断屑（或导屑）方法。可调式断屑压板或弹性断屑板等为常用的强迫断屑方法。钻削、镗削可采用导屑器防止切屑缠绕。

3）改变刀具几何参数。加大主偏角、倒棱宽度与刀尖圆弧半径，减小前角有利于断屑。

4）改变切削用量。当背吃刀量不大于每转进给量的 10 倍时，增加进给量、降低切削速度都使切屑容易折断。

5）工件预切槽法。在工件表面上预先加工出 $1 \sim 2$ 条深度为 $(0.6 \sim 0.8) a_p$ 的直槽或螺旋槽，可获得稳定的断屑效果。

6）变进给断屑法。包括间断切削（周期性地瞬时停止进给）、振动切削与摆动（摇动）切削（使切屑的厚度作正弦变化）。可实现可靠的断屑，但要附加装置。

7）采用辅助物料或能量的特殊切削方法，如喷射高压流体等。

以上几种方法可以配合使用。

3．加工参数的选择

（1）高强度钢的车削

在车削高强度钢时，车刀常取不太大的正前角甚至负前角与负的刃倾角组合。为了增加刀具强度，应减小 κ_r、增加 r_ε（取 $r_\varepsilon = 1.2 \sim 1.5 \text{mm}$）与 ε_r，或采用强化刃口的方法。硬质合金和陶瓷刀具的刃口应倒圆（$r_n = 0.05 \sim 1.5 \text{mm}$）或倒棱（$b_{\gamma 1} = 0.05 \sim 0.08 f$、$\gamma_{o1} = -30° \sim -10°$，重切削最大可取 $b_{\gamma 1} = 1.5 f$）。CBN车刀取负前角（$-12° \sim -8°$）。

表 5.2-16 为车刀角度推荐。

表 5.2-16　车刀角度推荐

参数	高速钢	硬质合金	陶瓷(Al_2O_3+TiC,热压)
$\gamma_o/(°)$	$3 \sim 12$	$-4 \sim 6$	$-15 \sim -4$
$\alpha_o/(°)$	$5 \sim 10$	$6 \sim 12$	$6 \sim 10$
$\lambda_s/(°)$	$2 \sim 4$	$-12 \sim 0$	$-20 \sim -2$

由于各种高强度钢中合金元素的种类与含量各不相同，热处理后的强度等力学性能差异很大，因此合理的切削用量范围也有很大差别。表 5.2-17~表 5.2-21 所推荐的值可供开始试切时参考。

表 5.2-17　高速钢等刀具车削用量

刀具材料	$v/(\text{m/min})$	$f/(\text{mm/r})$	a_p/mm
高速钢	$3 \sim 11$	$0.03 \sim 0.3$	$0.3 \sim 2$
陶瓷材料	$70 \sim 210$	$0.05 \sim 1$	$0.1 \sim 4$
CBN	$40 \sim 220$	$0.03 \sim 0.3$	$\leqslant 0.8$

表 5.2-18　硬质合金车刀车削用量

车削方式	$v/(\text{m/min})$	$f/(\text{mm/r})$	a_p/mm
粗车	$10 \sim 90$	$0.3 \sim 1.2$	$4 \sim 20$
半精车	$30 \sim 140$	$0.15 \sim 0.4$	$1 \sim 4$
精车	$70 \sim 220$	$0.05 \sim 0.2$	$0.05 \sim 1.5$

表 5.2-19　按工件材料强度选择硬质合金车刀切削速度

R_m/MPa	$1000 \sim 1470$	约 1670	约 1960	约 2150
$v/(\text{m/min})$	$40 \sim 85$	$35 \sim 58$	$30 \sim 45$	$10 \sim 35$

表 5.2-20　几种非涂层硬质合金牌号车削用量推荐（工件强度 $R_m = 800 \sim 1000\text{MPa}$，硬度 $260 \sim 310\text{HBW}$）

刀具牌号	YC10			YC30				YC40			
	连续车削方式										
$f/(\text{mm/r})$	a_p/mm										
	1	3	5	1	3	5	8	5	8	10	15
	$v/(\text{m/min})$										
0.15	120	106	100	—	—	—	—	—	—	—	—
0.20	110	98	92	—	—	—	—	—	—	—	—
0.25	104	93	87	94	84	79	76	63	60	58	55
0.30	99	87	83	90	80	76	71	60	57	55	52
0.40	91	81	76	83	73	70	66	54	51	50	47
0.50	—	—	—	77	69	65	61	50	48	46	44
0.60	—	—	—	74	66	61	59	47	45	44	41
	断续车削方式										
0.15	83	74	69	—	—	—	—	—	—	—	—
0.20	76	68	64	—	—	—	—	—	—	—	—
0.25	73	63	60	66	59	55	53	42	40	39	37
0.30	68	60	57	63	56	53	50	40	38	37	35
0.40	63	56	52	58	51	49	46	36	34	33	31
0.50	—	—	—	54	48	46	43	33	32	30	29
0.60	—	—	—	52	46	43	41	31	30	29	27

表 5.2-21　按工件硬度选择车削速度（硬质合金）　　　　（单位：m/min）

刀片牌号			硬度					
			300~450HBW			50~65HRC		
			$f/(mm/r)$					
			0.2	0.4	1.0	0.2	0.4	1.0
涂层	CVD 涂层	YB03	180	130	75	—	—	—
		YB01	165	120	70	—	—	—
		YB02	130	95	45	—	—	—
		YB11	85	65	40	—	—	—
		YB21	—	—	—	35	25	15
		YBC151	130	100		—	—	—
		YBC251	90	60		—	—	—
		YBC152	180	140		—	—	—
		YBC252	140	130		—	—	—
		YBC351	85	50	40	—	—	—
	PVD 涂层	YBG102	130	80	—	—	—	—
		YBG202	80	70	—	—	—	—
		YBG302	60	45	—	—	—	—
非涂层	—	YD10.2				35	20	10
		YM052	—	—	—	35	23	15
		TD20				—	20	10
金属陶瓷		YNG151	110	—	—			
涂层金属陶瓷		YNG151C	110	—	—	—	—	—
硬质合金		YC10	65	40				
		YC40	45	35				
非金属陶瓷		CA1000	280	230	120			
		CN2000	260	240	90			

表 5.2-22 列举了几种典型高强度钢车削时选用的切削参数。

（2）高强度钢的铣削

铣削刀具几何角度的确定见表 5.2-23。

铣削用量的选择见表 5.2-24～表 5.2-27。

表 5.2-28 列举了典型高强度钢铣削时选用的切削参数。

表 5.2-22　车削高强度钢实例

工件材料	R_m/MPa	硬度 HRC	刀片材料	$v/(m/min)$	$F/(mm/r)$	a_p/mm	$\gamma_o/(°)$	$\lambda_s/(°)$
38CrNiMoVA	880~981	38~42	①	180	—	1.0	8	−4
32CrNi3MoVA	≥1080	35~38	YN05	65	0.30	1.0	4~8	−4
35CrMnSiA	≥1450	43~48	AG2	150	0.30	0.3	−4	−4
40CrNiMo	—	52	P10 类	54	0.10	1.2	8	−11
40CrNiMoVA(GC-4)	1870	52~54	YH12[②]、643	≤40	0.15	1.0	5	0
40CrNiMoVA	1870	52~54	AT6	80	0.27	0.8	−6	−4

① TiC 涂层硬质合金。

② 即 YM052。

表 5.2-23　铣刀角度推荐

材料与铣刀		$\gamma_o/(°)$	$\lambda_s/(°)$	$\alpha_o/(°)$	$\kappa_r/(°)$	$\gamma_p/(°)$	$\gamma_f/(°)$	$\beta/(°)$
硬质合金	面铣刀	−15~−6	−12~−3	8~12	30~75	−15~−6	−12~−3	—
	立铣刀	—	—	4~10	90	−15~−5	−10~−3	—
高速钢	立铣刀	—	—	7~10	90	—	3~5	30~35
Al_2O_3+TiC 热压陶瓷面铣刀		−20~−8	−12~−3	4~10	30~75[①]	—	—	—

① 也可采用圆刀片。

表 5.2-24 按工件强度选择铣削速度 （单位：m/min）

工件	R_m/MPa	800~1200	1200~1500	1500~1800	1800~2100
刀具	高速钢[①]	10~30	7~12	3~8	2~4
	硬质合金[②]	60~120	25~80	8~42	≤8

① 取 a_f≤0.1mm/齿。

② 取 a_f=0.08~0.4mm/齿。

表 5.2-25 机夹式硬质合金立铣刀铣削用量 （当 v=50~90m/min）

a_c/D	0.1	0.2	0.3	0.5	1.0
a_p/mm	≤D	≤D	≤D	(1/2~1)D	≤0.5D
a_f/mm	0.3	0.2	0.12	0.08	0.05

表 5.2-26 按工件硬度选择铣削用量

硬度 HBW	用量	高速钢			硬质合金				陶瓷		
		面铣刀	圆柱铣刀	三面刃铣刀	面铣刀精铣	面铣刀粗铣	圆柱铣刀	三面刃铣刀	面铣刀	圆柱铣刀	三面刃铣刀
250~350	v/(m/min)	10~18	10~15	10~15	84~127	70~100	61~100	61~100	100~300	100~300	100~300
	f_z/mm	0.13~0.25	0.13~0.25	0.13~0.25	0.127~0.38	0.127~0.38	0.18~0.30	0.13~0.30	0.10~0.38	0.15~0.30	0.10~0.30
350~400	v/(m/min)	6~10	6~10	6~10	60~90	53~76	46~76	46~76	80~180	80~180	80~180
	f_z/mm	0.08~0.20	0.13~0.20	0.08~0.20	0.12~0.30	0.12~0.30	0.18~0.30	0.13~0.30	0.08~0.30	0.13~0.30	0.10~0.30

表 5.2-27 方肩铣和槽铣切削用量参考值

切削方式	硬度 HBW	刀具牌号	切 削 用 量			
			v/(m/min)	f_z/mm	a_{pmax}/mm	a_e/mm
方肩铣	280~350	YBG205	180~300	0.1~0.3	10.5	≤0.5D
槽铣	280~350	YBG205	130~210	0.07~0.21	10.5	D

注：1. 表中参数为株洲钻石刀具推荐值。

2. 表中 D 为刀具直径。

表 5.2-28 铣削高强度钢实例

铣刀	工件材料	R_m/MPa	硬度 HRC	刀具材料	v/(m/min)	a_f/(mm/齿)	a_p/mm	γ_o/(°)
面铣刀	40CrNiMoVA	1870	52~54	YH2643	23	0.08	2	0~5
快铣刀	A100	1930	55~57	PR1525	15	0.06	0.3~0.45	0~5
立铣刀	30CrNi2MoVA	1280~1570	48~52	V3N[①]	8	0.04	1.5~2	12

① V3N 高速钢，即 W12Mo3Cr4V3N。

（3）高强度钢的钻削

直径大于 16mm 的钻头推荐选用可转位刀片。麻花钻（高速钢）可选用群钻或修磨成三尖刃形的钻头。为了提高钻头的刚度，宜增加钻心厚度、减小悬伸量、适当减小螺旋角（取 17°~30°）。为了改善排屑的条件，可加大顶角 2ϕ；可转位刀片则采用有一排以上小圆坑（或小圆台）的断屑槽型。为了减小轴向力，可以缩短横刃。

钻削时切削用量的选择见表 5.2-29~表 5.2-32。

表 5.2-29 按工件硬度选择钻削速度 （单位：m/min）

工件	硬度 HRC	35~40	40~45	45~50	50~55
刀具	高速钢	9~12	7.6~11	4.6~7.6	2~6.6
	硬质合金	72~120	30~72	22~30	<30

注：对扁钻，v 略减而 f 略增。

表 5.2-30 高速钢麻花钻进给量 （单位：mm/r）

钻头直径/mm	3.2	6.5	13	18	>18
f	0.025~0.07	0.05~0.12	0.10~0.20	0.15~0.30	0.20~0.50

注：加极压乳化液或硫化油。

表5.2-31　硬质合金麻花钻进给量　　　　　（单位：mm/r）

钻头直径/mm	1.6	3.2	5	8	11	18	25
f	0.025	0.025~0.07	0.05~0.09	0.07~0.12	0.10~0.20	0.15~0.25	0.2~0.3

注：加极压乳化液或硫化油。

表5.2-32　高速钢群钻切削用量

深径比 L/D	用量	孔径								
		8	10	12	16	20	25	30	35	40~60
<3	f/(mm/r)	0.13	0.18	0.22	0.26	0.32	0.36	0.40	0.45	0.50
	v/(m/min)	12	12	12	12.5	12.5	12.5	13	13	13
3~8	f/(mm/r)	0.12	0.15	0.18	0.22	0.26	0.30	0.32	0.38	0.41
	v/(m/min)	11	11	11	11.5	11.5	11.5	12	12	12

注：工件 R_m = 880~1079MPa，加切削液。

（4）高强度钢的攻螺纹

高强度钢攻螺纹时，应增加底孔直径与丝锥的切削部长度、减小牙宽与标准部长度。

丝锥几何角度的选择见表5.2-33。

表5.2-33　高速钢丝锥角度选择参考

工件硬度 HBW	齿顶径向前角/(°)	切削部齿顶径向后角/(°)	v_{max}/(m/min)
300~375	0~8	6	25
375~425	-5~5	6	15
48~52HRC	-10~5	4~6	3

注：1. 多用跳牙丝锥与修正丝锥，其齿形角应小2°~5°，校准部有17′~33′的倒锥；切削锥角取2°30′~5°，$l_{切}$=(1/2~2/3)$l_{校}$。
2. 工件硬度为48~52HRC时，多用硬质合金丝锥。

图5.2-7与表5.2-34为M42高速钢丝锥攻制40SiMnCrMoV（R_m大于1884MPa，硬度为50~57HRC）超高强度钢时采用的丝锥结构和尺寸，其校准部分长度为13.7mm。每组三支，可攻8~10孔，攻螺纹时加豆油或菜油。

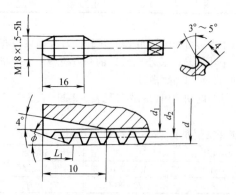

图5.2-7　攻制超高强度钢时的丝锥结构

（5）高强度钢的铰削

用于高强度钢铰孔的直槽铰刀角度参数见表5.2-35。

表5.2-34　丝锥的结构尺寸　　　　（单位：mm）

编号	d	d_2	d_{1max}	L_1	φ
I	$17.95^{+0}_{-0.07}$	$16.94^{+0}_{-0.077}$	16.37	$6^{+1.5}_{-0}$	6°30′
II	$18.10^{+0}_{-0.068}$	$17.02^{+0}_{-0.034}$	16.37	$4^{+1.0}_{-0}$	11°30′
III	$18.2^{+0}_{-0.068}$	$17.15^{+0}_{-0.034}$	16.37	$2.3^{+1.0}_{-0}$	18°

表5.2-35　直槽铰刀角度参考（切削部）

材料	γ_o/(°)	α_o/(°)	λ_s/(°)	κ_r/(°)
硬质合金①	-15~-10	4~6	-6~-2	30~35
高速钢	2~3	2~4	0~10	45

① 倒棱（0.5~1）a_f×（-15°）。

高强度钢铰孔时切削用量的选取见表5.2-36和表5.2-37。

表5.2-36　硬质合金铰刀高速铰孔切削用量（加乳化液）

工件力学性能		切削用量		
硬度 HRC	R_m/MPa	v/(m/min)	f/(mm/r)	a_p/mm
≤28	≤882	108~138	0.10~0.17	0.20~0.25
28~35	≤1372	100~130	0.10~0.17	0.20~0.25
35~48	≤1572	70~108	0.10~0.17	0.15~0.20
48~51	≤1765	60~100	0.12~0.20	0.15~0.20
51~53	≤1864	55~90	0.12~0.20	0.15~0.20
>53	>1864	40~70	0.10~0.17	<0.15

表5.2-37　普通铰孔切削用量（加极压切削油）

工件硬度 HBW	v/(m/min)		f/(mm/r)					
	高速钢	硬质合金	φ3.2	φ13	φ25	φ50	φ64	φ76
300	9	14	0.10	0.18	0.30	0.50	0.71	0.89
330	6	10						
360	4.5	6.6	0.076	0.127	0.20	0.33	0.46	0.58
400	2.8	4						

注：1. 硬度大于360HBW时，很少用高速钢铰刀。
2. φ3.2，φ13，…指铰刀直径。

图 5.2-8 所示为高强度钢铰孔所用硬质合金铰刀的结构。刀片材料为 YT15 或 ISO 分类的 P10 类硬质合金。当工件 $R_m \geq 1600\text{MPa}$ 时，可采用 P01 类硬质合金。铰孔表面粗糙度 $Ra \leq 0.63\mu m$。此铰刀适用于加工 $L/D \leq 5$ 及 $D = 6 \sim 80\text{mm}$ 的孔。使用时要充分添

加乳化液。如果使用钻套，必须采用旋转钻套，以避免铰刀刃口与钻套摩擦。操作时，先使刀具与工件接触后再开车，退刀时最好先停车。批量生产时应当先行试铰再投产。该铰刀的设计公差与切削用量见表 5.2-38。

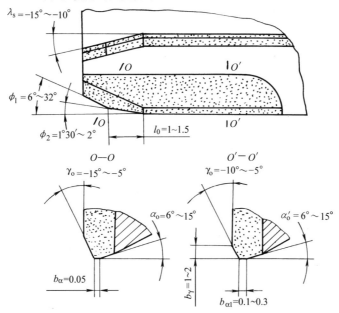

图 5.2-8　硬质合金铰刀

表 5.2-38　硬质合金铰刀参考值

硬质合金铰刀参考切削用量			
工件材料强度 R_m/MPa		最小切削速度 $v_{min}/(\text{m/min})$	
1130		60	
1225		55	
1324		50	
1425		40	
1520		30	
1668		20	
孔径/mm	转速 $n/(\text{r/min})$	余量/mm	进给量 $f/(\text{mm/r})$
10~15	600~1180		0.1~0.3
20~30	375~750	0.2~0.3	0.15~0.3
30~80	375~600		0.3

硬质合金铰刀的公差				
直径/mm	直径公差/mm			
	按 H7 公差修正		按 H9 公差修正	
	上偏差	下偏差	上偏差	下偏差
≥6~10	+0.021	+0.015	+0.035	+0.026
>10~18	+0.024	+0.016	+0.040	+0.029
>18~30	+0.028	+0.019	+0.050	+0.037
>30~50	+0.032	+0.021	+0.055	+0.039
>50~80	+0.035	+0.022	+0.060	+0.041

注：铰孔收缩量一般为 0.005~0.02mm。

5.2.4　高强度铝合金的加工

高强度铝合金是指其抗拉强度大于 480MPa 的铝合金，主要是以 Al-Cu-Mg 和 Al-Zn-Mg-Cu 为基的合金，即 2×××（硬铝合金类）和 7×××（超硬铝合金类）系合金。前者的静强度略低于后者，但使用温度却比后者高。由于合金的化学成分、熔炼和凝固方式、加工工艺与热处理不同，合金的性能差异很大。目前，北美 7090 铝合金最高强度为 855MPa，欧洲铝合金强度为 840MPa，日本铝合金强度达到 900MPa，我国的超高强度铝合金强度为 740MPa。

高强度铝合金具有密度小、强度高、加工性能好、焊接性能优良等特点，被广泛应用于航空工业及民用工业等领域，尤其在航空工业中占有十分重要的地位，是航空工业的主要结构材料之一。近几十年来，国内外学者对高强度铝合金的热处理工艺及其性能进行了大量的研究，取得了重要进展，并极大地促进了该类材料在航空工业生产中的广泛应用。

7055 铝合金是 7××× 铝合金中的一种，属于超高强度铝合金。7055 铝合金具有比强度高、密度小、良好的焊接性和塑性变形能力（可加工性能）等一系列特点，广泛应用于航空航天航海领域，是世界各

国航空航天工业中必不可少的重要材料。

1. 高强度铝合金的加工特点

1）加工易产生热变形，容易黏刀，形成积屑瘤。

2）线胀系数大，装夹和加工时容易引起变形，影响尺寸精度。

3）强度、比刚度、硬度大，加工过程中的塑性变形较为严重，刀具磨损快。

4）切削加工过程中的切削热较多，切削区的温度较高，刀具磨损严重。

5）容易产生加工硬化。

2. 改善高强度铝合金可加工性的途径（见表 5.2-39）

表 5.2-39　改善高强度铝合金可加工性的途径

可控途径	主要内容
合理选择刀具材料	选择具有较高硬度、强度和韧性，又具有良好耐磨性、抗氧化性及抗黏结性的刀具材料，如硬质合金刀具 CoroMill290、株洲钻石刀具的 KMG407 材料,喷涂 DLC 涂层
合理选择刀具结构与参数	1）采用高速整体铣刀进行型腔铣，以三刃为主 2）为保证刀尖锋利，一般前角 γ_o 为 10° 左右 3）为减小摩擦和加工硬化，后角 $\alpha_o > 8° \sim 10°$ 4）为加强刀头强度，控制切削温度，$\lambda_s = 30° \sim 40°$ 5）刀具磨钝标准 VB 为一般刀具的 1/2 6）封闭式容屑的刀具，应适当加大容屑空间
选取合适的切削用量	1）一般采用高速切削，切削速度为 800~3000m/min，主轴转速为 8000~50000r/min 2）进给量不宜过大，以免切削负荷太重，但也不宜过小，以免切削刃在上次进给所形成的冷硬层内工作
合理选择切削液和冷却方式	1）要求切削液具有良好的冷却、润滑作用和渗透作用 2）应用喷嘴对准切削区，或最好采用高压冷却、喷雾冷却等冷却方法
对工件进行适当热处理	T6 时效处理、T6I4 时效处理、回归时效处理均可改变其机械加工性能

3. 加工参数的选择

高强度铝合金一般以铣削加工为主。

1）高强度铝合金快速铣削切削参数见表 5.2-40。

2）高强度铝合金立铣刀铣削用量见表 5.2-41。

表 5.2-40　高强度铝合金快速铣削切削参数

切削刀具	刀具牌号	切削用量		
		$v/(m/min)$	f_z/mm (-LH 槽型)	a_e/mm
方肩铣刀	YD101	300	0.08~0.4	≤0.5D
	YD201	300	0.08~0.4	≤0.5D

注：1. 表中参数为株洲钻石刀具推荐值。
　　2. 表中 D 是刀具直径；LH 是刀具断屑槽槽型。

表 5.2-41　高强度铝合金立铣刀铣削用量

刀具牌号	刀具直径 D/mm	1	2	3	4	5	6	8	10	12	14	16	18	20
AL-2E	转速/(r/min)	40000	32000	21000	16000	13000	10600	8000	6500	5300	4600	4000	3500	3200
	进给速度/(mm/min)	500	750	1100	1250	1100	1000	1100	1250	1300	1350	1350	1350	1350
	最大背吃刀量	侧铣：$a_e = 0.1D$，$a_p = 1.5D$ 槽铣：$a_e = 1D$，$a_p = 0.5D$												
AL-3W	转速/(r/min)	—	—	—	—	—	10600	8000	6500	5300	4600	4000	3500	3200
	进给速度/(mm/min)	—	—	—	—	—	1900	1900	1850	1700	1650	1600	1550	1500
	最大背吃刀量	侧铣：$a_e = 0.25D$，$a_p = 1.5D$ 槽铣：$a_e = 1D$，$a_p = 1D$												

注：1. 表中参数为株洲钻石刀具推荐值。
　　2. 表中参数为侧铣加工推荐值，刀具切槽时，转速为表中的 50%~70%，进给速度为表中的 40%~60%。

铝合金球头刀铣削用量见表 5.2-42。

铣削高强度铝合金案例见表 5.2-43。

表 5.2-42　铝合金球头刀铣削用量

刀具牌号	刀具直径 D/mm	$\phi2$	$\phi3$	$\phi4$	$\phi5$	$\phi6$	$\phi8$	$\phi10$	$\phi12$
AL-2B	转速/(r/min)	40000	26500	20000	16000	13000	10000	8000	6600
	进给速度/(mm/min)	2000	1950	1950	1950	2000	2450	2200	2050
	最大背吃刀量		$a_e = 0.2D$		$a_p = 0.1D$				

注：表中参数为株洲钻石刀具推荐值。

表 5.2-43　铣削高强度铝合金实例

铣刀	工件材料	刀具材料	$v/(\mathrm{m/min})$	$a_f/(\mathrm{mm/齿})$	a_p/mm	$\gamma_o/(°)$
3 刃快速铣刀	7055	KMG407	5	0.08	2	0~5

5.2.5　不锈钢的加工

1. 不锈钢的加工特点

不锈钢的加工特点见表 5.2-44。

大部分不锈钢的切削力比 45 钢普遍高 25% 以上，切削温度也比 45 钢高。由于材料塑性、韧性大，除了易产生黏附现象，形成积屑瘤外，还会出现被加工表面的撕扯现象，使表面粗糙度值变大，影响加工后表面质量。

2. 改善不锈钢可加工性的途径（见表 5.2-45）

表 5.2-44　不锈钢的加工特点

类别	力学性能	加工特点
马氏体型不锈钢	经淬火、回火后具有较高的硬度、强度、耐磨性和抗氧化性，退火状态下具有较高的塑性和韧性	材料硬度越高，越难加工。经调质处理后，可获得优良的综合力学性能，其可加工性比退火状态有很大改善
奥氏体型不锈钢	淬火不能提高强度，但经冷加工硬化，可以大幅度提高强度，再经时效处理，抗拉强度提高，高温耐蚀性和高温强度好，塑性、韧性好，具有较突出的冷变形能力，无磁性	加工硬化现象突出，可达基体硬度的 1.4~2.2 倍，断屑困难，刀具易磨损
铁素体型不锈钢	加热时组织稳定，故热处理不能使其强化，只能靠变形强化，材料较脆	含 Cr 质量分数为 25%~30% 时，切屑容易擦伤或黏结在切削刃上使切削力和切削温度升高；工件表面会产生撕裂现象，影响表面质量
奥氏体铁素体型不锈钢	含有硬度很高的金属间化合物，强度高于奥氏体型不锈钢，有磁性	加工硬化现象严重，断屑困难，刀具易磨损，可加工性差
沉淀硬化型不锈钢	强度、硬度高，有良好的耐蚀性	可加工性比其他不锈钢困难

表 5.2-45　改善不锈钢可加工性的途径

改善途径	主要内容
合理选择刀具材料	选择具有较高硬度、强度和韧性，又具有良好的耐磨性、抗氧化性及抗黏结性的刀具材料。对于高速钢材料应选用 W6Mo5Cr4V2、W6Mo5Cr4V2Al、W12Cr4V4 Mo、W2Mo9Cr4Co8 和 W10Mo4Cr4V3Al 等高性能高速钢；对于硬质合金，应选含 Ta(Nb) 的钨钴类合金，如 813、798（自贡硬质合金厂产品）、YA6、YH1（株洲硬质合金厂产品）等
合理选择刀具几何参数	1）采用较大的前角，按刀具类型和切削条件不同，一般前角 $\gamma_o = 12° ~ 30°$ 2）负倒棱不宜过宽，通常取 $b_{\gamma1} = (0.5 ~ 1.0)f$ 3）为了减小摩擦和加工硬化，后角 $\alpha_o > 8° ~ 10°$ 4）为加强刀头强度，$\lambda_s = -6° ~ -2°$；断续切削时，$\lambda_s = -15° ~ -5°$ 5）刀具磨钝标准 VB 为一般刀具的 1/2 6）封闭式容屑的刀具，应适当加大容屑空间 7）要求刀具前后刀面具有小的表面粗糙度值

（续）

改善途径	主要内容
选取合适的切削用量	1）切削速度不宜过高，以减小切削温度 2）进给量不宜过大，以免切削负荷太重，但也不宜过小，以免切削刃在上次进给所形成的冷硬层内工作 3）背吃刀量不宜过小，以避免在加工硬化层或毛坯外皮内切削
合理选择切削液和冷却方式	1）要求切削液具有良好的冷却、润滑作用和渗透作用。应选用含 S、Cl 等极压添加剂的乳化液、硫化油和四氯化碳、煤油和油酸混合液等切削液 2）应用喷嘴对准切削区，或最好采用高压冷却、喷雾冷却等冷却方法
对工件进行适当热处理	1）对于马氏体型不锈钢，可采用调质处理，硬度控制在 28~35HRC 之间，具有良好的可加工性 2）对于奥氏体型不锈钢，可先在高温下退火，使切屑变脆，改善其可加工性

3. 加工参数的选择

（1）不锈钢车削

1）不锈钢车削时刀具的几何参数见表 5.2-46。

2）不锈钢车削用量见表 5.2-47 和表 5.2-48。

（2）不锈钢铣削

1）不锈钢铣削时刀具的几何参数见表 5.2-49。

表 5.2-46　不锈钢车削时刀具的几何参数

刀具材料	前角 $\gamma_o/(°)$	后角 $\alpha_o/(°)$	刃倾角 $\lambda_s/(°)$	主偏角 $\kappa_r/(°)$	副偏角 $\kappa_r'/(°)$	刀尖圆弧半径 r_ε/mm
高速钢	20~30	8~12	连续切削： -6~-2	切削量大时 45	8~15	0.2~0.8
硬质合金	10~20	6~10	断续切削： -5~15	一般条件下为 60~75		

表 5.2-47　不锈钢车削用量

工件直径范围 /mm	车外圆				镗孔		切断	
	粗车		精车					
	主轴转速 $n/(r/min)$	进给量 $f/(mm/r)$	主轴转速 $n/(r/min)$	进给量 $f/(mm/r)$	主轴转速 $n/(r/min)$	进给量 $f/(mm/r)$	主轴转速 $n/(r/min)$	进给量 $f/(mm/r)$
≤10	955~1200	0.19~0.6	955~1200	0.07~0.2	955~1200	0.07~0.3	955~1200	手动
>10~20	765~955		765~955		600~955		765~955	
>20~40	480~765	0.27~0.81	480~765	0.10~0.30	480~600	0.10~0.50	600~765	0.10~0.25
>40~60	380~480		380~480		380~480		480~600	
>60~80	305~380		305~380		230~380		305~480	
>80~100	230~305		230~305		185~305		230~380	0.08~0.20
>100~150	185~230		185~230		150~230		150~305	
>150~200	120~185		120~185		120~185		≤150	

注：1. 工件材料为 1Cr18Hi9Ti，刀具材料为 YG8。

2. 当工件材料或刀具材料变化时，主轴转速可作适当调整。

3. 表中较小直径应选较大转速，较大直径应选较低转速。

表 5.2-48　不同刀具车削不锈钢切削用量

材料	硬度 HBW	CVD 涂层				PVD 涂层			金属陶瓷	涂层金属陶瓷
		YBM151	YBM153	YBM251	YBM253	YBG202	YBG205	YBG302	YNG151	YNG151C
		进给量/(mm/r)								
		0.2~0.6				0.1~0.4	0.2~0.4	0.2~0.6	0.1~0.3	0.1~0.3
		切削速度/(m/min)								
铁素体	160	180~280	180~280	140~250	140~260	190~300	190~290	150~250	220~330	210~350
奥氏体	260	150~250	150~250	110~200	110~210	160~250	160~240	120~220	150~250	140~270
马氏体	330	140~200	140~200	130~210	130~220	170~260	170~250	120~210	170~270	160~290

注：以上刀具涂层型号参考株洲钻石刀具。

表 5.2-49 不锈钢铣削时刀具的几何参数

角度名称	角度数值		说明	角度名称	角度数值		说明
	高速钢铣刀	硬质合金铣刀			高速钢铣刀	硬质合金铣刀	
法向前角 $\gamma_n/(°)$	10~20	5~10	硬质合金面铣刀前刀面上可磨出圆弧卷屑槽,前角可增大至 20°~30°,切削刃上应留 0.05~0.2mm 宽的棱带	法向后角 $\alpha'_n/(°)$	6~10	4~8	—
				主偏角 $\kappa_r/(°)$	60		面铣刀
				副偏角 $\kappa'_r/(°)$	1~10		立铣刀和面铣刀
法向后角 $\alpha_n/(°)$	面铣刀: 10~20 立铣刀: 15~20	面铣刀: 5~10 立铣刀: 12~16	—	螺旋角 $\beta/(°)$	立铣刀: 35~45 波形刃 立铣刀: 15~20	立铣刀: 5~10	铣削不锈钢螺旋角应大;铣薄壁零件宜采用波形刃立铣刀

2) 不锈钢立铣刀铣削用量见表 5.2-50。　　　　3) 不锈钢快速铣切削用量见表 5.2-51~表 5.2-53。

表 5.2-50 不锈钢立铣刀铣削用量

刀具类型	刀具直径/mm	1	2	3	4	5	6	8	10	12	14	16	18	20
UM-4E	转速/(r/min)	—	—	—	5500	4500	3700	2800	2200	1850	1600	1400	1250	1100
	进给速度/(mm/min)	—	—	—	180	180	195	195	195	195	180	170	150	150
	最大背吃刀量	侧铣:$a_e=0.1D,a_p=1.5D$ 槽铣:$a_e=1D,a_p=0.5D$												
UM-4RFP	转速/(r/min)	—	—	—	5500	4500	3700	2800	2200	1850	—	1400	—	—
	进给速度/(mm/min)	—	—	—	210	210	235	235	235	235	—	210	—	—
	最大背吃刀量	侧铣:$a_e=0.1D,a_p=1.2D$ 槽铣:$a_e=1D,a_p=0.5D$												
PM-2E	转速/(r/min)	2000	11150	7500	5500	4500	3700	2800	2200	1850	1600	1400	1250	1100
	进给速度/(mm/min)	60	85	120	135	135	140	140	140	140	1350	120	120	120
	最大背吃刀量	侧铣:$a_e=0.1D,a_p=1.5D$ 槽铣:$a_e=1D,a_p=0.5D$												
PM-4EX-G	转速/(r/min)	—	—	—	—	—	2650	2000	1600	1350	—	1000	—	800
	进给速度/(mm/min)	—	—	—	—	—	85	85	85	85	—	80	—	75
	最大背吃刀量	侧铣:$a_e=0.02D,a_p=3D$												
PM-6E	转速/(r/min)	—	—	—	—	—	3700	2800	2200	1850	—	1400	—	1100
	进给速度/(mm/min)	—	—	—	—	—	195	195	195	195	—	180	—	150
	最大背吃刀量	侧铣:$a_e=0.05D,a_p=1.5D$												
PM-4R	转速/(r/min)	—	—	7500	5500	4500	3700	2800	2200	1850	—	1400	—	—
	进给速度/(mm/min)	—	—	175	175	175	195	195	195	195	—	175	—	—
	最大背吃刀量	侧铣:$a_e=0.1D,a_p=1.5D$ 槽铣:$a_e=1D,a_p=0.5D$												
GM-4E-G	转速/(r/min)	20000	11150	7500	5500	4500	3700	2800	2200	1850	1600	1400	1250	1100
	进给速度/(mm/min)	80	90	110	115	115	120	120	120	120	115	110	95	95
	最大背吃刀量	侧铣:$a_e=0.1D,a_p=1.5D$ 槽铣:$a_e=1D,a_p=0.3D$												

注: 1. 表中参数为株洲钻石刀具推荐值。
　　2. 表中 D 是刀具直径。
　　3. 表中参数为侧铣加工推荐值,刀具切槽时,转速为表中的 50%~70%,进给速度为表中的 40%~60%。

表 5.2-51 不锈钢快速铣切削用量 （单位：mm）

切削刀具	硬度HBW	刀具牌号	切削速度/(m/min)	φ20		φ25		φ30/32/35		φ40		φ50/63		φ80/100	
				轴向吃刀量	每齿进给量	轴向吃刀量	每齿进给量	轴向吃刀量	每齿进给量	轴向吃刀量	每齿进给量	轴向吃刀量	每齿进给量	轴向吃刀量	每齿进给量
大进给快速铣	≤270	YBM351	80~160	0.3~0.5	0.05~0.2	0.6~1.0	0.6~1.0	0.8~1.2	0.8~1.2	0.8~1.2	0.8~1.2	1.1~1.5	0.9~1.3	1.0~1.5	0.8~1.3
		YBG205	80~190												

注：表中参数为株洲钻石刀具推荐值。

表 5.2-52 方肩铣和槽铣切削用量

切削方式	硬度HBW	刀具牌号	切削用量			
			v/(m/min)	f_z/mm	a_{pmax}/mm	a_e/mm
方肩铣	≤270	YBG205	120~240	0.1~0.3	10.5	≤0.5D
槽铣	≤270	YBG205	80~190	0.07~0.21	10.5	D

注：1. 表中参数为株洲钻石刀具推荐值。
　　2. 表中 D 是刀具直径。

表 5.2-53 坡走铣和螺旋插补铣切削用量

刀具牌号	刀具直径 D/mm	坡走铣		螺旋插补铣		
		最大背吃刀量 a_p/mm	最大坡走角 α/(°)	最小坡长 L_m/mm	最小螺旋直径 D/mm	最大螺距/mm
YBG205	16	10.5	10.0	56.7	20	2
	20	10.5	5.0	114.4	28	2
	25	10.5	4.5	127.0	40	2
	32	10.5	3.0	190.8	56	2

注：表中参数为株洲钻石刀具推荐值。

4）不锈钢球头刀铣削用量见表 5.2-54。

5）不锈钢插铣铣削用量见表 5.2-55。

表 5.2-54 不锈钢球头刀铣削用量

刀具类型	刀具直径/mm	R0.5	R1.0	R1.5	R2.0	R2.5	R3.0	R4.0	R5.0	R6.0	R8.0	R10.0
PM-2B	转速/(r/min)	22300	11150	7400	5550	4450	3700	2750	2200	1850	1350	1100
	进给速度/(mm/min)	240	275	350	445	445	470	550	520	520	455	445
	最大背吃刀量	$a_e = 0.2R, a_p = 0.1R$										
GM-2B	转速/(r/min)	22300	11150	7400	5550	4450	3700	2750	2200	1850	1350	1100
	进给速度/(mm/min)	200	230	290	370	370	390	455	430	430	380	370
	最大背吃刀量	$a_e = 0.2R, a_p = 0.05R$										

表 5.2-55 不锈钢插铣铣削用量

刀具类型	刀具直径 D/mm	6	8	10	12	16	20
硬质合金平底刀	铣削吃刀量 a_p/mm	1/4D					
	侧向行距 s/mm	1/2D~2/3D					
	转速/(r/min)	200	240	280	320	360	400
	进给速度/(mm/min)	10	12	14	16	18	20

注：表中参数为连续切削时的参数，插铣第一行和每行的第一刀参数需视实际情况减小。

（3）不锈钢钻削

钻削不锈钢时应注意的问题：

1）提高钻头的设计质量和制造质量。几何形状必须刃磨正确，两切削刃要保持对称。钻头后角过大，会产生"扎刀"现象，引起颤振，使钻出孔呈多角形。按孔深度要求，应尽量缩短钻头长度，加大钻心厚度以增加刚性，修磨横刃以减小轴向力，可用硬质合金钻头作出分屑槽，修磨成双顶角，以改善散热条件。典型钻头形状见图 5.2-9，图中 $L = 0.32D$，$1/2L > L_1 > 1/3L$，$R = 0.2D$，$h = 0.04D$，$b = 0.04D$。

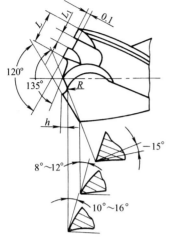 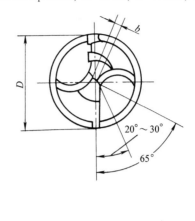

图 5.2-9　加工不锈钢的钻头

2）钻头必须装正。

3）保持钻头锋利，钻头用钝应及时修磨。

4）合理选择切削用量，使用高速钢钻头时，切削速度不可过高，以防烧坏切削刃。进给量不宜过大，以防钻头磨损加剧或使孔钻偏，在钻头切入和切出时调整进给量的大小。

5）充分冷却润滑，切削液一般以硫化油为宜，流量不得少于 5~8L/min，不可中途停止冷却，在直径较大时，应尽可能采用内冷却方式。

6）认真注意切削过程，应及时观察切屑排出状况，若发现切屑杂乱卷绕立即退刀检查，以防止切屑堵塞。还应注意机床运转声音，发现异常应及时退刀。

表 5.2-56 为奥氏体型不锈钢钻削用量。

表 5.2-56　奥氏体型不锈钢钻削用量

钻头直径 D_0/mm	主轴转速 n/(r/min)	进给量 f/(mm/min)
≤5	700~1000	0.08~0.15
5~10	500~750	0.08~0.15
10~15	400~600	0.12~0.25
15~20	200~450	0.15~0.35
20~30	150~400	0.15~0.35
30~40	100~250	0.20~0.40

（4）不锈钢铰削

1）不锈钢铰刀的结构要素见表 5.2-57。

表 5.2-57　不锈钢铰刀的结构要素

要素	说　明			
刀具材料	采用含 Co 或含 Al 高速钢铰刀，对提高刀具寿命有明显效果，也可采用 YG8、YW2、YG8N 等硬质合金铰刀			
铰刀直径 D	不锈钢孔铰削时，孔径有收缩量，铰孔后的直径比铰刀直径约小 0.01mm，所以在确定铰刀直径公差时应予以考虑			
齿数 z	铰刀直径范围/mm	高速钢铰刀齿数	硬质合金铰刀齿数	备　注
	3~21	6	4	由于不锈钢切屑粗硬又易于堵塞，所以加工不锈钢的铰刀齿数比一般的铰刀少
	>21~35	6	6	
	>35~50	8	8	
	>50~70	10	10	
	>70	12	12	
主偏角 κ_r	不锈钢铰削时，$\kappa_r = 15° \sim 30°$，但螺旋齿铰刀的 $\kappa_r = 30° \sim 60°$			
前角 γ_o	应采用较大前角，使切屑易于变形，不易形成切屑瘤，降低表面粗糙度值。$\gamma_o = 8° \sim 12°$，直径小时取大值，直径大时取小值。高速钢铰刀取大值，硬质合金铰刀取小值			
后角 α_o	应采用 $\alpha_o = 8° \sim 12°$，但铰刀直径较小时 $\alpha_o = 15°$；$D \geqslant 30mm$ 以上，$\alpha_o = 6° \sim 8°$			

（续）

要素	说　明
刃倾角 λ_s	铰不锈钢通孔时，宜向前排屑，可增加切削过程的稳定性，并降低铰孔表面粗糙度值，取 $\lambda_s = 10° \sim 15°$
螺旋角 β	应采用螺旋角 $\beta = 15° \sim 30°$，但右螺旋齿铰刀的螺旋角太大，会产生自动进给，而打坏刀齿，为此应加大主偏角，以平衡其轴向力
刃带 $b_{\alpha 1}$	铰刀刃带应取窄一些，一般 $b_{\alpha 1} = 0.1 \sim 0.15\text{mm}$，硬质合金铰刀取小值
刀齿分布	采用不等齿距分布，为便于铰刀的制造及测量，对角齿可相等分布

2）不锈钢铰削用量推荐值，见表 5.2-58。

表 5.2-58　不锈钢铰削用量推荐值

要素	铰削用量推荐值		
铰削余量	对于不锈钢铰削，铰削余量不宜过大或过小。通常，精度为 H7~H9、表面粗糙度 Ra 值为 $0.8\mu\text{m}$ 以上的孔，精铰余量为 $0.1 \sim 0.15\text{mm}$，粗铰余量为 $0.15 \sim 0.35\text{mm}$		
铰削速度 v	用高速钢铰刀铰孔时，一般 $v < 3\text{m/min}$ 以下；硬质合金铰刀铰 12Cr18Ni9Ti 和耐浓硝酸不锈钢等材料时，为了延长刀具使用寿命，$v < 12\text{m/min}$。对未经调质处理的 20Cr13 等马氏体型不锈钢铰孔时，应选 $v > 12\text{m/min}$ 才能获得较低的表面粗糙度值		
进给量 f	铰孔直径/mm	进给量 $f /(\text{mm/r})$	备　注
	5~8	0.08~0.21	f 小时，对降低表面粗糙度值有利，背吃刀量较小时，可选大一些的 f；小直径铰刀可选小一些的 f
	>8~15	0.12~0.25	
	>15~25	0.15~0.25	
	>25	0.15~0.30	

3）铰削不锈钢时应注意的问题：

① 提高预加工工序质量：防止预加工孔出现划沟、椭圆或多边形、锥度或喇叭口、腰鼓形状、轴心线弯曲、偏斜等现象。

② 保持工件材料硬度适中：尤其对 20Cr13 等马氏体型不锈钢，调质处理时硬度应在 28HRC 以下为宜。

③ 正确安装铰刀和工件：铰刀必须装正，铰刀轴线应和工件预加工孔的轴线保持一致，以保持各齿均匀切削。

④ 选用合适的切削液：使用润滑性能良好的切削液，可以解决不锈钢切屑的黏附问题，并使之顺利进行排屑，从而降低孔表面粗糙度值和提高铰刀的寿命。一般以使用硫化油为宜，若在硫化油中添加质量分数为 10%~20% 的 CCl₄ 或在猪油中添加质量分数为 20%~30% 的 CCl₄，对降低表面粗糙度值有显著的效果。由于 CCl₄ 对人体有害，宜采用硫化油（质量分数为 85%~90%）和煤油（质量分数为 10%~15%）的混合液。铰刀直径较大时，可以采用内冷却方式。

⑤ 认真注意铰削过程：严格检查刀齿的跳动量，是获得均匀铰削的关键。铰削过程中，注意切屑形状，由于铰削余量较小，切屑一般呈箔卷状，或呈很短的螺卷状。若切屑大小不一，有的呈碎末状，有的呈小块状，说明切削不均匀。若切屑呈成条的弹簧状，说明铰削余量太大。若切屑呈针状、碎片状，说明铰刀已经磨钝。要防止切屑堵塞，而降低铰孔质量。铰削过程中，应勤于察看切削刃上有无黏屑情况，以避免孔径超差。使用硬质合金铰刀铰孔时，会出现收缩现象，退刀时，易将孔表面拉出沟痕，可采取加大主偏角来改善这种情况。

（5）不锈钢攻螺纹

1）加工不锈钢螺纹用的丝锥要素见表 5.2-59。

表 5.2-59　加工不锈钢螺纹用的丝锥要素

要　素	说　明			
丝锥材料	采用含 Co、含 Al 等超硬型高速钢			
主偏角 $\kappa_r /(°)$	螺距/mm	头锥	二锥	三锥	四锥
	0.35~0.8	7	20	—	—
	1~1.5	5	10	20	—
	≥2	5	10	16	20
	每套一件的机用丝锥，为减少受力，$\kappa_r = 2°$				

（续）

要　素	说　明					
校准部分的长度和倒锥	校准部分的长度一般只取 4~5 扣螺纹的长度。校准部分的螺纹截形（中径和外径）制成倒锥，一般 100mm 长度为 0.05~0.1mm					

容屑槽槽数	丝锥		直径范围/mm	容屑槽槽数		
	手用		<6	3		
			6~33	4		
	机用		<6	3		
			6~27	4		
			30~33	6		

容屑槽方向	$\beta = 8° ~ 15°$ 的丝锥，可以控制切屑流动方向，对于直槽丝锥，也可将丝锥前端改成螺旋形，以提高其排屑能力					
前角 $\gamma_p/(°)$ 后角 $\alpha_p/(°)$	攻制不锈钢螺纹时，手动丝锥 $\gamma_p = 20°$，机用丝锥 $\gamma_p = 15° ~ 20°$，较一般标准丝锥大，切削部分的后角 $\alpha_p = 8° ~ 12°$。螺纹截形的后角，在齿背宽度 0.36mm 以外，铲制出 $0°30'$ 的后角。必要时，可将齿背宽度的 75% 切至螺纹根部，以减少丝锥与工件的接触面积，从而减轻摩擦，增加切刃处切削液流量					
丝锥的外径尺寸	为改善切削条件，使末锥的外径尺寸略小于一般丝锥，而将末锥前一个丝锥的外径尺寸加到最大，即相当于螺纹成形尺寸的要求					
丝锥的锥心直径 d_2 与齿背宽度 b	攻制不锈钢螺纹时，既要求丝锥强度高，又要容屑空间大，其锥心直径 d_2 与齿背宽度 b 可按下列选取： 三槽丝锥：$d_2 \approx 0.44d_o$，$b = 0.34d_o$ 四槽丝锥：$d_2 \approx 0.5d_o$，$b = 0.22d_o$ 六槽丝锥：$d_2 \approx 0.64d_o$，$b = 0.14d_o$ 式中　d_o—螺纹公称直径（mm）					

成套丝锥的负荷分配	不锈钢丝锥每套把数（手用）					
	螺纹螺距/mm	≤0.8		1.0~1.5		≥2
	每套把数（手用）	2		3		4

机用丝锥，当螺距≤1.5mm 以下时，可用单把丝锥，螺距>1.5mm 以上时，可用二或三把组成一套加工不锈钢螺纹时，成套丝锥负荷分配宜采用柱形设计，各把丝锥的负荷分配为

每套丝锥把数	头锥	二锥	三锥	四锥
2	70%~75%	25%~30%	—	—
3	50%~55%	30%~35%	10%~20%	—
4	38%~40%	28%~30%	18%~20%	8%~12%

攻制不锈钢螺纹时，"胀牙"现象比较严重，所以预加工孔的直径应略为加大，见下表

预加工孔尺寸		公称直径/mm					钻、扩、镗孔公称直径/mm
螺距 P/mm	基本螺纹	细牙螺纹					
0.35	—	3~3.5	—	—	9~11	—	-0.4
0.5	3	4~5.5	6~7	8~11	12~22	—	-0.5
0.6	3.5	—	—	—	—	—	-0.6
0.7	4	—	—	—	—	—	-0.6
0.75	—	6~7	8~11	12~22	24~33	45~52	-0.7
0.8	5	—	—	—	—	—	-0.8
1.0	6~7	8~11	12~22	24~33	36~52	56~125	-1.0
1.25	8~9	12	—	—	—	—	-1.3
1.5	10~11	14~22	24~33	36~52	56~150	—	-1.6
1.75	12	—	—	—	—	—	-1.9
2.0	14~16	24~33 *	36~52	56~200	—	—	-2.2
2.5	18~22	—	—	—	—	—	-2.8
3.0	24~27	36~52 *	56~300	—	—	—	-3.3

注：1. "＊"细牙螺纹攻制前孔径公差按 H12，其余按 H11。
　　2. $P>2mm$ 的螺纹，一般用挑扣法加工，本表 $2mm<P<3mm$ 的预加工孔径尺寸仅供参考。
　　3. 当螺纹长度 $L>30mm$ 时，公称直径减去值应乘以 0.9 的修正系数。

2）加工不锈钢螺纹用无槽丝锥结构见图 5.2-10， 参数见表 5.2-60。

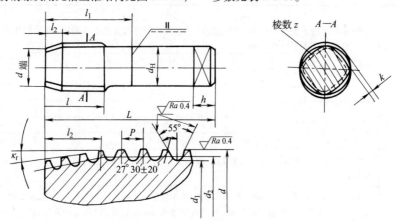

图 5.2-10　加工不锈钢螺纹用无槽丝锥

表 5.2-60　无槽丝锥结构参数

要素	说　明
大径 d	无槽丝锥挤压后,工件材料有一定的弹性恢复,同时丝锥挤压摩擦严重,需附加一定的磨损储备量,所以无槽丝锥大径为 $$d = (d_w + 0.1P + \delta)_{-\delta}^{0}$$ 式中　d_w—工件螺纹外径 　　　　P—螺距 　　　　δ—丝锥大径制造公差
中径 d_2	挤压过程中,螺纹中径扩张量很小,且经挤压过程中的弹性变形和塑性变形使中径收缩。同时丝锥严重磨损,故应将中径公差带位置移至上限尺寸。中径为 $$d_2 = [d_{w2} + (2/3 \sim 4/5)\Delta + \delta_2]_{-\delta_2}^{0}$$ 式中　d_{w2}—工件螺纹中径 　　　　Δ—螺纹公差带 　　　　δ_2—丝锥中径制造公差
小径 d_1	无槽丝锥的小径起消除毛刺、挤光螺纹牙顶的作用,所以应按封闭廓形工作条件严格控制小径公差,小径为 $$d_1 = (d_{w1} + \delta_1)_{-\delta_1}^{0}$$ 式中　d_{w1}—工件螺纹内径 　　　　δ_1—丝锥小径制造公差
主偏角 κ_r	无槽丝锥的工作锥部成全牙形,主偏角为 $$\kappa_r = \text{atctan}(d - d_{端})/2L_2$$ 式中　d—丝锥大径 　　　　L_2—锥部长度,一般 $L_2 = 3P$ 　　　　$d_{端}$—丝锥端部直径,$d_{端} = d_{底孔} + (0.1 \sim 0.15)$,并将工件底孔倒成 30°～45° 倒角,以便丝锥端头顺利导入工件
棱边数 z	棱边数多,则丝锥挤压变形平稳,单棱承受力小,但棱边数太多,挤压作用面积加大,力矩上升,一般推荐为 M2～M8 的螺纹　$z = 3$;M10～M16 的螺纹　$z = 4$; M18～M30 的螺纹　$z = 6$;>M30 的螺纹　$z = 8$

（续）

要素	说　明
铲磨量 k	无槽丝锥的结构特点之一是截面呈多棱形，使金属变形集中于几个棱面处，以减小力矩，棱面的铲磨量为 $$k = \frac{\pi d}{2z} \tan\alpha$$ 式中　d—丝锥大径　　α—铲磨曲线降落角，一般取 $6° \sim 8°$
挤丝前底孔直径 d_0	底孔过大，挤出的螺纹牙尖处呈"双眼皮"，影响连接强度，底孔过小，则呈封闭廓形挤压螺纹，力矩剧增，一般挤压螺纹的底孔孔径为 $$d_0 = d_w - (0.5 \sim 0.6)P$$ 式中　d_w—工件螺纹外径　　P—螺距

3）攻制不锈钢螺纹时应注意的事项见表 5.2-61。

（6）不锈钢磨削

1）不锈钢磨削时的砂轮参数见表 5.2-62。

2）磨削不锈钢时应注意的事项见表 5.2-63。

表 5.2-61　攻制不锈钢螺纹时应注意的事项

注意事项	说　明
正确选择切削液	不锈钢攻螺纹时，应保证有足够的冷却润滑，机动攻螺纹时，更应充分供应切削液，通常可选用硫化油+质量分数为 15%~20% 的 CCl_4、白铅油+机油或其他矿物油，煤油稀释氯化石蜡等
合理选择切削速度	高速钢丝锥，切削速度通常为 $2 \sim 7 m/min$。当 $P > 2.5mm$ 以上，或攻制耐浓硝酸不锈钢螺纹时，应取小值
补救措施	万一在攻螺纹过程中，丝锥折断，可将工件放在硝酸溶液中进行腐蚀，可以很快地腐蚀高速钢，而不报废工件

表 5.2-62　不锈钢磨削时的砂轮参数

要素	说　明
磨料	磨削不锈钢时，一般采用白色刚玉磨料较为适宜，因为白色刚玉具有较好的切削性和自锐性。磨削不锈钢内圆时，由于砂轮直径小，每颗磨粒在单位时间内的切削次数大大增加，磨粒易变钝，宜采用微晶刚玉或单晶刚玉 白色刚玉适于磨削马氏体型不锈钢和马氏体铁素体型不锈钢；单晶刚玉磨料适用于磨削奥氏体型不锈钢和奥氏体铁素体型不锈钢；微晶刚玉磨料是由许多微小的晶体组成的，强度高、韧性和自锐性好，其自锐的特点是沿微晶的缝隙碎裂，从而获得微刃性和微刃等高性，可以减少烧伤、拉毛等现象，并可以降低磨削表面粗糙度值，适于磨削各种不锈钢；立方氮化硼磨料的硬度很高，热稳定性好，化学惰性高，在 $1300 \sim 1500℃$ 不氧化，磨粒的刃尖不易变钝，产生的磨削热少，适用于磨削各种不锈钢。为了减少黏附现象，也可采用碳化硅和人造金刚石为磨料的砂轮
粒度	磨削不锈钢时，一般采用中等粒度（36#、46#、60#）的砂轮为宜，其中粗磨时，用 36#、46#粒度，精磨用 60#粒度。有时为了同时适用于粗、精磨，则往往采用 46#或 60#粒度
结合剂	磨削不锈钢要求砂轮具有较高的强度，以便承受较大的冲击载荷。陶瓷结合剂特点耐热、抗腐蚀，用它制成的砂轮能很好地保持切削性能，不怕潮湿，且具有多孔性，适于制作不锈钢砂轮的结合剂。磨削耐浓硝酸不锈钢等材料的内孔时，可采用树脂结合剂制造砂轮
砂轮硬度	$G \sim N(R_3 \sim Z_2)$ 硬度的砂轮适宜于不锈钢的磨削，其中以 $K \sim L(ZR_1 \sim ZR_2)$ 使用最为普遍；使用微晶刚玉作磨料的内圆磨砂轮，则以 $J(R_3)$ 砂轮为宜
砂轮组织	按照不锈钢磨削时砂轮易于堵塞的特点，应选用组织较为疏松的砂轮，一般以 5~8 号组织较为合适

表 5.2-63　磨削不锈钢时应注意的事项

注意事项	说　明
正确修整砂轮	磨削耐浓硝酸不锈钢等韧性大、强度高的材料，砂轮修整应比 12Cr18Ni9Ti、20Cr13 更粗一些，以减小砂轮和工件的接触面积；修正工具应呈前低后高倾斜 $\alpha°$，尖部低于砂轮中心 $1 \sim 2mm$，砂轮两侧转角部位不允许有毛刺存在

（续）

注意事项	说　明
优选磨削用量	陶瓷结合剂砂轮的速度 $v=30\sim35\text{m/s}$；树脂结合剂砂轮 $v=35\sim50\text{m/s}$。当发现表面烧伤时，应将速度下降至 $16\sim20\text{m/s}$ 当工件直径小于 50mm 时，工件转速 $n_\text{工}=120\sim150\text{r/min}$；当工件直径大于 50mm 时，$n_\text{工}=40\sim80\text{r/min}$。用砂轮外圆进行平面精磨时，工作台运动速度一般为 $15\sim20\text{m/min}$，粗磨时为 $5\sim50\text{m/min}$，磨削深度和横向进给量小时取大值，反之取小值。粗磨轴向背吃刀量为 $0.04\sim0.08\text{mm}$，精磨轴向背吃刀量为 0.01mm。修整砂轮后应减小轴向背吃刀量 外圆磨削纵向进给量：粗磨，$(0.2\sim0.7)B(\text{mm}/r_\text{w})$ 精磨，$(0.2\sim0.3)B(\text{mm}/r_\text{w})$ 内圆磨削纵向进给量：粗磨，$(0.4\sim0.7)B(\text{mm}/r_\text{w})$ 精磨，$(0.25\sim0.4)B(\text{mm}/r_\text{w})$ 砂轮外圆平面横向进给量：粗磨，$(0.3\sim0.7)B(\text{mm}/d\cdot\text{str})$ 精磨，$(0.005\sim0.01)B(\text{mm}/d\cdot\text{str})$ B 是砂轮宽度
正确选用磨削余量	不锈钢磨削余量应取小一些，外圆磨削时，直径上的磨削余量为 $0.15\sim0.3\text{mm}$，精磨余量为 0.05mm。内圆磨削和外圆磨削相同。平面磨削时，对面积小、刚性好的零件，单边磨削余量可选 $0.15\sim0.2\text{mm}$；刚性差、面积大时，取 $0.2\sim0.25\text{mm}$
充分冷却	磨削过程必须充分冷却。磨削液必须清洁，不能混入磨屑或砂粒以免将工件表面拉毛。通常采用冷却性能较好的乳化液，供应量为 $20\sim40\text{L/min}$ 采用大砂轮时，供应量可达 80L/min 以上

5.2.6　高温合金的加工

1. 高温合金的分类

高温合金是指以铁、镍、钴为基，能在 600℃ 以上的高温及一定应力作用下长期工作的一类金属材料，具有较高的高温强度、良好的抗氧化和耐蚀性，良好的疲劳性能、断裂韧度等综合性能。高温合金为单一奥氏体组织，在各种温度下具有良好的组织稳定性和使用可靠性。

划分高温合金材料可以根据以下 2 种方式来进行：按基体元素种类、材料成形方式，见表 5.2-64。

表 5.2-64　高温合金的分类

合金分类		名　称	合金牌号举例	备　注
按基体元素分		铁基高温合金	GH36、GHl36、GHl32、GH1140、GH761、GH2l32、GH901、K214	基体元素为铁（Fe），有珠光体、奥式体。价格较低，但抗高温氧化性差
		镍基高温合金	GH37、GH49、GH4033、GH4037、GH4169、GH202、GH738、K1、K17、K405、K417、K419、IN-738、GH4169、GH4169G、FGH96	此类合金含镍质量分数为 45% 以上，抗高温氧化性能好
		钴基高温合金	K44、K640、S816（美）、HS25（美）、HA188（美）、X-40（美）、FSX-414（美）	以钴为基体的合金，其特点是高温强度高，能耐 1000℃ 以上的高温，价格高
		铁-镍基高温合金	GH135、GH169、K14	基体元素为铁（Fe），合金含镍质量分数为 30%～45%，其抗高温氧化性能高于铁基合金
按生产工艺分		变形高温合金	GH36、GH132、GH135、GH33A、GH37、GH49、GH169、GH4169、GH4169G 等	通过固溶强化、沉淀硬化与强化晶界等方法获得良好的高温塑性，能接受锻造等压力加工成形
		铸造高温合金	K14、K1、K17、K44、K417G	采用精密铸造法，其特点是除含较高的 Fe、Ni 等元素之外，还含有较多的 W、Mo、Ti、Al 等强化元素及较高的含碳量，热强度高、塑性差
		定向凝固高温合金	DZ3、DZ22、DZ4、DZ38G、DZ002、DZ125	真空感应炉熔炼母合金，在定向凝固炉重熔，浇注成定向凝固铸件

（续）

合金分类	名　称	合金牌号举例	备　注
按生产工艺分	单晶高温合金	DD3、DD5、DD6	真空感应炉熔炼母合金，在定向凝固炉重熔，采用熔模精密铸造法和定向凝固引晶法制造
	粉末高温合金	FG02-1（FGH95）、FGH96	将合金制成粉末，经热等静压成形，再经锻造而成

2. 高温合金的加工特点

（1）高温合金材料特性

1）高温合金含有许多高熔点合金元素和其他合金元素，构成了纯度高、组织致密的奥氏体固溶体合金。

2）高合金化的高温合金，沉淀硬化相呈弥散分布，且其原子间的结合十分稳定。

3）高温合金的热导率很低（与 45 钢相比，相差甚远），不利于热平衡，因而影响刀具寿命。

4）高温合金中存在大量碳化物、氮化物、硼化物以及金属间化合物。特别是 Ni_3（Ti、Al、Nb）所形成的 γ' 相，在相当高的温度范围内，随温度升高，其硬度反而有所上升。

5）在一定的温度范围内，材料仍能保持相当高的硬度和强度。

（2）高温合金加工特性

1）加工硬化现象十分严重，已加工表面硬化程度可达基体硬度的 1.5~2 倍。切削速度 v 和进给量 f 均对加工硬化有影响，v 越高，f 越小。

2）切削力大，比一般钢材增 2~3 倍。切削力的波动比切削合金钢大得多，极易引起振动。

3）切削温度高。由于材料本身的强度高、塑性变形大、切削力大、消耗功率多、产生的热量多，热导率又小，如车削 GHl32 时，切削温度比 45 钢高出300℃左右。

4）刀具磨损剧烈，使用寿命明显下降。在高的切削温度（750~1000℃）下，刀具产生严重的扩散磨损和氧化磨损。

5）高温合金中金属间化合物 γ' 相的含量越高越难加工，这是衡量高温合金难切削程度的主要指标。各种牌号高温合金 γ' 相的含量见表 5.2-65。

3. 切削高温合金刀具材料的选择

高速钢刀具材料是较早用于加工高温合金的刀具材料，现在由于加工效率等原因正被像硬质合金这样的刀具材料所替代，但在一些成形刀具以及工艺系统刚性差的条件下，采用高速钢刀具材料加工高温合金仍是很好的选择。加工效率是一种综合的评判，高速钢刀具切削速度低，在某些特定条件下其损失的效率

表 5.2-65　各种牌号高温合金 γ' 相的含量

高温合金牌号	γ' 相含量（体积分数，%）	高温合金牌号	γ' 相含量（体积分数，%）
GH2132	2~3	K17	25~32
GH13	2.1~3.3	GH146	31.54
GH136	5	K406	30~37
GH984	6	GH4049	40
GH163	7.66	GH220	40~45
GH4033（GH33）	7.3~9.1	K23	40~45
K13	9.6	K143	41
GH901	10~12	K438	47~49
GH167	13.06	K18B	54
GH4133（GH33A）	14~15	GH118	50~52
K214	16	GH151	54~57
GH135	12~16	K418	55
GH2302	17	K40	57
GH761	18~21	K405	57~60
GH4037	20	K403	58~59
GH138	20	K419	60
GH698	21	K409	61
GH95	22	K417（K417G）	67
DD5	62	DD6	65
IB-738	43	GH4169	30~50
FGH96	36	GH738	22.6
GH4065A	43	GH4975A	63
GH4586	30	GH4049	40

可以通过采用大的背吃刀量来弥补，因为高速钢刀具材料有更高的强度和韧性，且刃口可以更锋利，产生的切削热更低，加工硬化现象更轻。用于加工高温合金的高速钢，常有钴高速钢、含钴超硬高速钢和粉末冶金高速钢等高性能高速钢。在高速钢中加入适量的钴后，由于钴可促进奥氏体中碳化物的溶解作用，可以提高高速钢的热稳定性和二次硬度，高温硬度得到提高；同时钴还可促进高速钢回火时从马氏体中析出钨或钼的碳化物，增加弥散硬化效果，因而能提高高速钢的回火硬度，从而提高高速钢的耐磨性。在高速钢中增加钴量可改善其导热性，特别是在高温时更为明显，这有利于切削性能的提高，在相同条件下，切削刃温度可减小 30~75℃。同时钢中加入钴后，可降

低刀具与工件间的摩擦因数，并改善其加工性。加工高温合金推荐选用的高速钢刀具材料牌号见表5.2-66。

表5.2-66　加工高温合金推荐选用的高速钢刀具材料牌号

刀具种类	工件材料	
	变形高温合金	铸造高温合金
车刀	W18Cr4V W10Mo4Cr4V3Co10 W2Mo9Cr4VCo8 W12Mo3Cr4V3Co5Si	W6Mo5Cr4V2Al W10Mo4Cr4V3Al
铣刀	W18Cr4V W12Cr4V4Mo W10Mo4Cr4V3Al W6Mo5Cr4V2 W6Mo5Cr4V2Al	W2Mo9Cr4VCo8 W12Mo3Cr4V3Co5Si W10Mo4Cr4V3Al W6Mo5Cr4V2Al
成形铣刀	W2Mo9Cr4VCo8 W6Mo5Cr4V2Al	W12Mo3Cr4V3Co5Si W10Mo4Cr4V3Al
粗拉刀	W12Cr4V4Mo W18Cr4V W10Mo4Cr4V3Al W6Mo5Cr4V2Al FWl2Cr4V5Co5	W2Mo9Cr4VCo8 W12Mo3Cr4V3Co5Si W10Mo4Cr4V3Al W6Mo5Cr4V2Al FWl2Cr4V5Co5
精拉刀	W2Mo9Cr4VCo8 W12Mo3Cr4V3Co5Si W18Cr4V W6Mo5Cr4V2Al FWl2Cr4V5Co5	W10Mo4Cr4V3Al W6Mo5Cr4V2Al W2Mo9Cr4VCo8 FWl2Cr4V5Co8
钻头	W6Mo5Cr4V2Al W10Mo4Cr4V3Al W18Cr4V	W2Mo9Cr4VCo8 W10Mo4Cr4V3Co10
铰刀	W6Mo5Cr4V2Al W12Cr4V4Mo W18Cr4V	W12Mo3Cr4V3Co5Si W10Mo4Cr4V3Al W6Mo5Cr4V2Al
螺纹刀具	W6Mo5Cr4V2Al W2Mo9Cr4VCo8 W6Mo5Cr4V2 W18Cr4V	W6Mo5Cr4V5SiNbAl W2Mo9Cr4VCo8 W6Mo5Cr4V2Al W12Mo3Cr4V3Co5Si
齿轮刀具	W6Mo5Cr4V2Al W12Cr4V4Mo W6Mo5Cr4V2Al W2Mo9Cr4VCo8 W18Cr4V	W10Mo4Cr4V3Co10 W10Mo4Cr4V2Al W2Mo9Cr4VCo8 W12Mo3Cr4V3Co5Si

硬质合金刀具材料也已广泛应用于高温合金的加工。由于加工高温合金切削力大、切削温度高并集中在切削刃附近，容易产生崩刃和塑性变形现象，因而通常采用韧性和导热性较好的 K 类和高温性能好的 S 类合金。碳化物晶粒的平均尺寸在 $0.5\mu m$ 以下的 WC-Co 类硬质合金（超细颗粒硬质合金），其硬度可达 90~93HRA，抗弯强度为 2000~3500MPa，由于其硬质相和钴高度分散，增加了黏结面积，提高了黏结强度，在高温合金的加工中表现出优异的切削性能。如用含 WC89.5%（质量分数）、Co10%（质量分数）、$Cr_3C_2 0.5\%$（质量分数）、晶粒尺寸小于 $0.2\mu m$、密度为 $14.5g/cm^3$、抗压强度为 3700MPa 的超细晶粒合金（硬度为 91.5HRA，抗拉强度为 2800MPa）可以将镍基合金 GH141 方棒（152mm×152mm×7100mm）车成圆棒，在 $v_c = 42m/min$、$f = 0 \sim 3.5mm/r$ 条件下，一次进给车完全长。加工高温合金推荐选用的硬质合金刀具材料牌号见表5.2-67。

表5.2-67　加工高温合金推荐选用的硬质合金刀具材料牌号

被加工材料	单刃刀具	多刃刀具
变形高温合金	粗加工	粗加工（切削面积大时）
	YG8、W4、YG10H、YG10HT、YGRM	—
	精加工（低速）	精加工（切削面积小时）
	W4、YG10H、YG10HT、YGRM、813、YG6X、YW2	YGRM、813、YG6X
	精加工（高速）	
	YH1、YH2、YGRM、YW3、YA6、643、623、813	—
铸造高温合金	粗加工	粗加工（切削面积大时）
	YG10H、YG10HT、W4	
	精加工	精加工（切削面积小时）
	YG10H、YG10HT、YGRM	YGRM、W4

4. 加工参数的选择

（1）高温合金的车削

1）车削高温合金时应注意的事项：

① 连续车削应采用硬质合金刀具，只有在车削断续表面和复杂型面时才使用高速钢刀具。

② 硬质合金刀片应选用金刚石砂轮刃磨，越难加工的材料越要注意刀片刃磨的方法和质量。

③ 必要时采用整体硬质合金刀具，以提高刀具刚性，防止切削振动。

④ 凡是有可能的地方，都应选取较小的工作正前角（0°~15°），当切削速度较高时，可以采用负前角。对于薄壁零件，宜选用较大前角。后角应稍大些（6°~15°）。

⑤ 背吃刀量应足够大，以避免加工表面与切削刃"打滑"而产生亮带，一般应不小于 0.2mm。

⑥ 进给量也不宜过小，建议最小的进给量一般不小于 0.1mm/r。

⑦ 宜采用大主偏角（45°～75°），以减小径向切削力。

⑧ 刀尖圆弧半径，变形高温合金粗车时为 0.5～0.8mm，精车时为 0.3～0.5mm，铸造高温合金约 1mm。

⑨ 应控制切屑，否则容易打刀，也不安全。

⑩ 在最后一次车削进给中，应限制后刀面的磨损带宽度（VB_{max}），磨钝标准应小于 0.2mm。

2）车削高温合金常用刀具的前角与后角参考值见表 5.2-68。

3）车削高温合金切槽车刀进给量参考值见表 5.2-69。

4）根据表面粗糙度要求选用刀尖圆弧半径与车、镗孔进给量见表 5.2-70。

5）高温合金车削用量见表 5.2-71。

表 5.2-68　常用刀具的前角与后角参考值

工件材料类别	每转进给量 $f/(mm/r)$	前角 $\gamma_o/(°)$	后角 $\alpha_o/(°)$
变形高温合金	<0.3	5	15
	0.3～0.5	10	10
	0.02～0.06	10～15	8
铸造高温合金	<0.3	5	15
	0.3～0.5	5～10	10
	0.02～0.06	3～5	8

表 5.2-69　切槽车刀进给量参考值

刀杆截面	进给量 $f/(mm/r)$			
	变形高温合金		铸造高温合金	
	$R_m<883MPa$	$R_m>883MPa$	$R_m<883MPa$	$R_m>883MPa$
25mm×16mm	0.1～0.14	0.08～0.12	0.10～0.14	0.08～0.12
30mm×20mm	0.15～0.20	0.10～0.15	0.15～0.20	0.1～0.15

表 5.2-70　根据表面粗糙度要求选用刀尖圆弧半径与车、镗孔进给量

表面粗糙度		刀尖圆弧半径 r_ε/mm	切削速度 $v/(m/min)$				
			3	5	10	15	20
			进给量 $f/(mm/r)$				
$Ra/\mu m$	6.3	0.5 以下			0.16		
	3.2		—				0.08
	1.6					—	0.04
	3.2	0.5	0.16			0.20	
	1.6		—		0.10		0.12
	0.8						0.10
	1.6	1.0	0.14		0.28		—
	1.6						0.12
	1.6	2.0			0.28		
	0.8			0.20			0.25

表 5.2-71　高温合金车削用量

工件材料	加工方式	刀具牌号	背吃刀量 a_p/mm	进给量 $f/(mm/r)$	切削速度 $v/(m/min)$	备　注
CH33A	粗加工	YG8、813、YA6、YG10H、YGRM	2～8	0.15～0.42	11～22	1. 连续车削 2. 切削液成分：碳酸钠、亚硝酸钠、三乙醇胺、水
	半精加工		0.5～2	0.14～0.21	16～30	
	精加工		0.1～0.5	0.05～0.15	17～35	
GH36	粗加工	YG8、813、YW2	5～8	0.25～0.75	48～54	1. 连续车削端面时，外径最大切削速度，可比表列数据提高 10%～20% 2. 断续车削，成形车削宜用低速
	半精加工		0.45～3	0.10～0.28	40～60	
	精加工		0.2～2	0.05～0.10	38～60	
CH37、CH49	粗加工	YG6X、W18Cr4V、W12Mo9Cr4V3Co5	2～5	0.37～0.56	<5.5	适用于断续车削
	半精加工		1～1.5	0.37～0.54	5～7	
	精加工		0.5～1.0	0.05～0.17	5～7	

（续）

工件材料	加工方式	刀具牌号	背吃刀量 a_p/mm	进给量 f/(mm/r)	切削速度 v/(m/min)	备注
CHl32	粗加工	YG8	2.5~7.0	0.1~0.2	33~50	1. 连续车削端面时，外径最大切削速度，可比表列数据提高10%~20% 2. 车加工型面时，应尽量增强刀具刚性，后刀面磨损带不大于0.1mm
	半精加工	YG10H、YG8813	0.5~2.0	0.2~0.3	31~45	
	精加工		0.3~0.5	0.12~0.2	40~60	
CH135	粗加工	YA6	6	0.15~0.3	42	1. 连续车削端面时，外径最大切削速度可比表列数据提高10%~20% 2. 车削型面时，后刀面磨损带不超过0.2mm
	半精加工	YG8	2~5	0.15~0.3	35~40	
	精加工	YG8、YG6X	0.2~1.0	0.16	40	
CHl36	粗加工	813	4~6	0.3~0.6	12~21	
	半精加工	W4	0.8~3	0.17~0.4	18~30	
	精加工	YG10H	0.4~1.5	0.13~0.25	27~49	
CH901	半精加工	813、YGRM	1.3~1.75	0.26~0.38	20~29	
	精加工	643M、YH1	0.21~0.5	0.06~0.25	21~47	
CHl69	粗加工	—	4~6	0.3~0.6	21~30	—
	半精加工		0.8~3.0	0.17~0.4	27~33	
	精加工		0.4~1.5	0.13~0.25	30~37	
铸造高温合金	粗加工	YG6X	1.3~2.5	0.13~0.8	5~12	1. 采用超细颗粒钨钴类硬质合金刀具 2. 对高性能合金取下限
	半精加工		0.5~2.5	0.08~0.3	5~17	
	精加工		0.2~1.0	0.02~0.10	5~27	
FGH96	粗加工	WG-300 KY2100	0.25	—	—	—
	半精加工	WG-300 KY2100	—	—	—	—
	精加工	CBN	0.3	0.15~0.2	10~15	—
GH4169	半精加工	KC5510、K20	0.1~0.5	0.1~0.33	45~55	切削速度为45~55 m/min，f=0.08mm/r 表面质量最佳
	精加工					

注：1. 表内数据绝大部分是实用数据，可供使用者根据具体条件参考使用。

2. 切削高温合金时，切削速度与刀具寿命的关系具有明显的驼峰性，随着刀具材料、刀具几何角度或进给量以及切削条件的不同，v-T曲线上的驼峰或右移或左移，所以在选用表中数据时，建议在所列范围内进行试切。

（2）高温合金的铣削

端铣高温合金切削用量见表5.2-72。

立铣刀铣削部分高温合金切削用量见表5.2-73。

表5.2-72 端铣高温合金切削用量

工件材料	刀具牌号	背吃刀量 a_p/mm	每齿进给量 f_z/mm	切削速度 v/(m/min)	切削液
GH37	W12Cr4V4Mo、W2Mo9Cr4VCo8、W18Cr4V	1~3	0.1~0.15	9~15	防锈切削液
GH36	W18Cr4V	1~3	0.2~0.25	20~25	防锈切削液
GH49	W2Mo9Cr4VCo8、W6Mo5Cr4V2Al	1~3	0.04~0.15	5~8	防锈切削液
GH132、GH136	W2Mo9Cr4VCo8	1~4~8	0.13~0.2~0.25	5~9~18	防锈切削液
K1	W2Mo9Cr4VCo8	0.5~0.55	0.06~0.1	3~5	防锈切削液
K17	W2Mo9Cr4VCo8	1.5~5.5	0.06~0.1	3~5	防锈切削液
DD5	PVD-TiALN	0.1~0.4	0.013~0.025	25~50	防锈切削液
GH4169	APMT1135PDE、R-H2	0.3~2.5	0.06~0.12	20~40	防锈切削液
GH4783	W2Mo9Cr4VCo8	1.5~2	0.04~0.1	8~10	防锈切削液
GH4586	W6Mo5Cr4V2Al	0.2~0.6	0.06~0.15	10~20	防锈切削液

注：防锈切削液成分为三乙醇胺、癸二酸、亚硝酸钠和水。

表 5.2-73　立铣刀铣削部分高温合金切削用量

工件材料	刀具牌号	背吃刀量 a_p/mm	每齿进给量 f_z/mm		切削速度 v/(m/min)	切削液
			铣刀直径 D/mm			
			<25	≥25		
CH37	W12Cr4V4Mo、W2Mo9Cr4VCo8、W6Mo5Cr4V2Al、W18Cr4V	(1/3~0.5)D	0.05~0.12	0.005~0.20	5~11	透明切削液
GH49	W2Mo9Cr4VCo8、W18Cr4V	—	—	0.05~0.20	5~10	防锈切削液
GH36、GH132	W2Mo9Cr4VCo8、W6Mo5Cr4V2Al	1~3	0.06~0.10	—	5~15	电解切削液[1]
GH135	W2Mo9Cr4VCo8、W18Cr4V	3	0.1~0.05	—	2.5~6	乳化液
K1	YG8	0.5~2.0	0.02~0.08	—	6~16	乳化液
K17	W2Mo9Cr4VCo8		0.16		6	防锈切削液
GH4169	R300-O52C5-12M	0.1~0.5	—	0.02~0.06	70~110	乳化液

① 电解切削液成分为硼酸、甘油、癸二酸、三乙醇胺、亚硝酸钠、水。

快速铣高温合金切削用量见表 5.2-74。

插铣高温合金切削用量见表 5.2-75。

表 5.2-74　快速铣高温合金切削用量

刀具材料	工件材料	刀具直径/mm	切削速度/(m/min)	背吃刀量/mm	径吃刀量/mm	每齿进给量/mm
钨钢硬质合金刀具	镍基高温合金	20~100	50~130	0.8~2	1.5~3.5	0.07~0.19
	铁基高温合金	20~64	50~200	0.2~0.5	2~5	0.06~0.12
	钴基高温合金	20~64	80~120	0.4~1	3~6	0.04~0.1

表 5.2-75　插铣高温合金切削用量

刀具类型	刀具直径 D/mm	6	8	10	12	16	20
硬质合金平底刀	背吃刀量 a_p/mm	1/4D					
	侧向行距 s/mm	1/4D					
	转速/(r/min)	250	300	350	400	450	500
	进给速度/(mm/min)	35	38	40	45	48	50

注：表中参数为连续切削时的参数，插铣第一行和每行的第一刀参数需视实际情况减小。

球头刀铣削高温合金切削用量见表 5.2-76。

(3) 高温合金的钻削、铰削和螺纹加工

高温合金钻削加工切削用量见表 5.2-77。

高温合金铰削加工切削用量见表 5.2-78。

高温合金螺纹加工用量：

1) 车削高温合金螺纹，常用硬质合金刀具材料，切削速度随螺距的大小而变化，见表 5.2-79。大螺距、精密内螺纹应采用高速钢螺纹车刀，切削速度

表 5.2-76　球头刀铣削高温合金切削用量

刀具类型	刀具直径/mm	R0.5	R1.0	R1.5	R2.0	R2.5	R3.0	R4.0	R5.0	R6.0	R8.0	R10.0
PM-2B	转速/(r/min)	22280	11140	7430	5570	4455	3715	2785	2230	1855	1395	1115
	进给速度/(mm/min)	295	295	295	385	405	420	465	465	450	395	360
	最大背吃刀量	$a_e = 0.2R, a_p = 0.1R$										

注：表中参数为株洲钻石刀具推荐值。

表 5.2-77　高温合金钻削加工切削用量

工件材料	刀具牌号	钻头直径 d_o/mm	进给量 f/(mm/r)	切削速度 v/(m/min)	切削液
GH14	W2Mo9Cr4VCo8	3	0.01~0.06		乳化液
GH901	W18Cr4V	6	0.01~0.08	6~9	
GH138	W6Mo5Cr4V2Al	12	0.06~0.13		
GH33A	W2Mo9Cr4VCo8	6	0.075	3~6	电解切削液
	W18Cr4V	12	0.048		透明切削液

（续）

工件材料	刀具牌号	钻头直径 d_o/mm	进给量 f/(mm/r)	切削速度 v/(m/min)	切削液
GH36	W12Mo3Cr4V3Co5Si W18Cr4V	8 12 20	0.07 0.07 0.07	8～12	透明切削液
GH37	W2Mo9Cr4VCo8	8	0.17	4	防锈切削液
GH49	W18Cr4V W12Cr4V4Mo W2Mo9Cr4VCo8	5 8	0.1 0.12	2～4	防锈切削液
GH220	W2Mo9Cr4VCo8	8	0.13	4	防锈切削液
CH132	W18Cr4V W12Mo3Cr4V3Co5Si	3～8	0.07～0.1	6～12	防锈切削液 电解切削液
GH135	W12Mo9Cr4VCo8 YG8、YG6X	12 10	0.12 0.12	4 5	乳化液
K1	W6Mo5Cr4V2Co5	3 5 12 20	0.02～0.03 0.03～0.05 0.07～0.10 0.10～0.15	3～6 3～6 3～4.5 3～4.5	乳化液
K3	W18Cr4V W12Mo9Cr4VCo8	10	0.05～0.06	5～9	极压切削液 乳化液 防锈切削液
	YG6X、YG8	8～10	0.04～0.10	8～14	
K18	YW1	4		5	乳化液
GH4169	YG6X、YD15、YS2T、YL10.1	3～6	0.2	3.78～12.6	乳化液

表 5.2-78 高温合金铰削加工切削用量

工件材料	刀具牌号	铰刀直径 d_o/mm	进给量 f/(mm/r)	切削速度 v/(m/min)	切削液
GH33A	W2Mo9Cr4VCo8 W18Cr4V YG6X	10 19	0.075	4	防锈切削液
GH36	YG6X W18Cr4V	8～12 14	0.1	7～10 4.5	电解切削液 乳化液 透明切削液
GH37	YG6X	8		10	防锈切削液
GH49	W12Mo9Cr4VCo8 W18Cr4V	6～8	0.1	2～4	防锈切削液
CH132	YG6X	8		7	电解切削液
GH135	YG8 YG6X	10 19	0.32 0.2	5 3	乳化液
K3	W18Cr4V	9	0.06 0.04	11 7	乳化液
GH4169	YS2T	5.18	0.16	9	乳化液

表 5.2-79 螺距大小与切削速度推荐值

螺距/mm	切削速度/(m/min)	
	变形高温合金	铸造高温合金
1	6.40～10	4～6
2	5.60～8	3.2～5.5
3	4.8～7	3～5

应控制在 2～4m/min 范围内。

车削高温合金螺纹时，需要多次进给，其次数取决于被切螺纹的螺距和型面高度，见表 5.2-80。

2）高温合金螺纹加工切削用量见表 5.2-81。

表 5.2-80 螺距、型面高度与进给次数推荐值

螺距/mm	0.75~1	1.25~1.5	1.75~2	2.5~3
型面高度/mm	0.406~0.541	0.676~0.812	0.947~1.082	1.353~1.624
粗进给次数	3~4	3~5	5~6	7~8
精进给次数	1~2	1~2	2~3	2~3

表 5.2-81 高温合金螺纹加工切削用量

工件材料	刀具牌号	直径 d/mm	切削速度 v/(m/min)	切削液	备注	其他参考数据
GH37	W2Mo9Cr4VCo8	8	1.5	防锈切削液	用丝锥加工通孔	1. 切削齿负荷应均匀分配 2. 前角为 2°,后角为 14°~16°,直槽四齿 3. 切削刃跳动量应不大于 0.03mm
GH136	W18Cr4V	3	5	硫化油	用丝锥加工孔	前角为 10°,后角为 6°~8°,直槽三齿
		16	7.5	机油		前角为 5°,直槽六齿
K1	W2Mo9Cr4VCo8	10	3	防锈切削液	用丝锥加工通孔	前角为 0°,切削锥铲后角为 7°,直槽四齿
K3	W2Mo9Cr4VCo8	8	—	—	用丝锥加工通孔	前角为 3°~5°,后角为 6°~12°,直槽四齿
		9	—	蓖麻油		前角为 0°,后角为 20°,折线齿直槽四齿
GH4169	CTMT220408-P、R4035	17	50~80	—	用丝锥加工通孔	前角为 15°,后角为 4°

（4）高温合金的拉削

高温合金拉削用量见表 5.2-82。

（5）高温合金的磨削

高温合金的磨削用量见表 5.2-83。

表 5.2-82 高温合金拉削用量

合金牌号	刀具牌号	切削速度 v/(m/min)	每齿进给量 f_z/mm	切削液	其他参考数据
CH33A	W2Mo9Cr4VCo8	4~5	0.01~0.03	电解切削液	1. 榫槽拉削 开槽拉刀:$\gamma_o = 18°$,$\alpha_o = 4°$ $\gamma_o' = 18°$,$\kappa_r' = 4°$ 渐成式粗拉刀:$\gamma_o = 17°$,$\alpha_o = 4°$ $\kappa_r' = 2°30'~5°$ 2. 开槽拉刀后刀面磨钝标准:<0.2mm 精拉刀:0.1mm
	W2Cr4V4Mo		0.09		
	W6Mo5Cr4V2Al	2~4	0.01~0.03	防锈切削液	
	W18Cr4V		0.085		
GH36	Mo9W2Cr4VC08	10~12	0.01~0.03	电解切削液	1. 榫齿拉削,成形刀拉削: $\gamma_o = 17°$,$\alpha_o = 4°$ $\kappa_r' = 2°30'~3°30'$ 2. 开槽拉刀后刀面磨钝标准:<0.2mm 精拉刀:0.1mm
	W6Mo5Cr4V2A		0.04~0.09		
GH37	W2Mo9Cr4VCo8 W12Cr4V4Mo	1.5~2	0.03~0.06	切削油	1. 叶片榫头拉削,切削油成分:N7 机械油、氧化石蜡、乙烷基二硫代磷酸锌 2. $\gamma_o = 20°$,$\alpha_o = 3°$

（续）

合金牌号	刀具牌号	切削速度 $v/(\mathrm{m/min})$	每齿进给量 f_z/mm	切削液	其他参考数据
GH132	W2Mo9Cr4VCo8 W6Mo5Cr4V2Al W12Cr4V4Mo	8~9	0.01~0.03 0.04~0.09	电解切削液	榫齿拉削 开槽拉刀：$\gamma_o = 18°$，$\alpha_o = 4°$，$\kappa'_r = 4°$ 粗拉榫齿拉刀：$\gamma_o = 17°$，$\alpha_o = 4°$，$\kappa'_r = 2°30'$
GH4169	M42	2~8	0.01~0.06	切削油	榫齿拉削 开槽拉刀：$\gamma_o = 10°$，$\alpha_o = 2°$

表 5.2-83　高温合金的磨削用量

磨削方式	表面粗糙度 $Ra/\mu m$	砂轮规格	砂轮速度 $v/(\mathrm{m/min})$	工件速度 $v_w/(\mathrm{m/min})$	进给量		切削液
					径向 f_r/mm	轴向 f_a/mm	
外圆磨削	1.6	WA46LV（GB46ZR2A）	20~30	20~30	0.01~0.1	0.1~0.5	乳化液
	0.4	WA（SA）46KV［GB（GD）46ZRlA］	20~30	20~30	0.01	0.05~0.2	防锈切削液
内圆磨削	1.6	WA46LV［GB（GP）46ZR2A］	15	15	0.05	0.3	乳化液
	0.4	WA46KV［GB（GP）46ZR1A］	15	15	0.01	0.1	防锈切削液
平面磨削	6.3	WA46KV（GB46ZR1A）	25	15~30	—	—	乳化液
	1.6	WA46KV（GB46ZR1A）	20~30	15~30	0.02~0.2	0.4~0.6	防锈切削液

　　缓进给磨削是一种高效加工方法，在汽车零件、油泵转子，汽轮机叶片等难切削材料零件的加工中已经推广应用。

　　缓进给磨削的砂轮选择见表 5.2-84。

表 5.2-84　缓进给磨削的砂轮选择

要素	选择举例
磨料	建议采用白刚玉/铬刚玉、白刚玉/碳化硅组成的混合磨料，利用白刚玉主体磨料自砺性，有利于磨削，避免烧伤，而辅助磨料的韧性较大，以保持砂轮形状
粒度	主要与被加工零件的型面精度，齿顶、齿根圆弧半径（R），表面完整性有关。R 越小，粒度应越细，可选 106# 或 100# 与 80# 混合粒度；R 大，可选 60#~70# 的粒度，加工大型发电机组叶片榫齿，可选用 46#~60# 粒度
结合剂	在脆性陶瓷结合剂中应加入氧化钴，可以减少磨屑在磨粒刃部的吸附和黏结现象，从而避免磨粒过早地丧失其切削锋刃的作用
组织和气孔	缓进磨削松组织砂轮分为大气孔、中气孔、微气孔三种。航空发动叶片榫齿，宜选微气孔松组织砂轮；导向器封严齿加工选中气孔砂轮；大型发电机叶片榫齿选大气孔砂轮。下表是增孔剂颗粒大小对砂轮强度和硬度的影响 | 增孔剂粒度	8#~16#	16#~30#	30#~60#	60#~100#
---	---	---	---	---
硬度标尺	26.30	25.30	25.10	23.90
强度/MPa	639	610	651	705	 随增孔剂颗粒变细，砂轮硬度下降，强度上升，所以缓进磨削砂轮的气孔不宜过大，尽可能采用中气孔和微气孔。对大气孔砂轮，应采取补强措施以提高砂轮强度
特殊处理	为降低砂轮与工件接触区的温度，可对砂轮进行特殊处理，使砂轮具有润滑作用而降低摩擦热，具有吸热反应而起内冷却作用，降低接触区温度，同时可以保持型面精度，即减小砂轮磨损。进行特殊处理后，砂轮进给速度可提高 2~3 倍，砂轮磨损降低 40%~100%，越软的砂轮，效果越显著，但缺点是处理工艺复杂，成本高

缓进给磨削用量见表 5.2-85。

5.2.7　钛合金的加工

1. 钛合金的分类

钛是同素异构体，在低于 882℃ 时呈密排六方晶格，称之为 α 钛；在 882℃ 以上，呈体心立方晶格，称之为 β 钛。不同类型的钛合金便是利用钛的两种不同结构组织，按添加其他合金元素的种类、数量不同，使其相变温度及相分含量逐渐改变而得到的。室温下，钛合金有三种基体组织，因而钛合金也分三类，钛合金的分类见表 5.2-86，其性能特点见表 5.2-87。

表 5.2-85　缓进给磨削用量

合金牌号	磨削方式	表面粗糙度 $Ra/\mu m$	砂轮规格	砂轮速度 $v/(m/min)$	工件速度 $v_w/(m/min)$	背吃刀量 a_p/mm	切削液
GH33	粗磨	0.8~1.6	GB/OG 60CR4AP	22	60 100	2.7~0.5	成分:甘油、三乙醇胺、苯甲酸钠、亚硝酸钠、水
	精磨	0.4~0.8	GB/GG 60CR4AP	27	150	0.05	
K17	粗磨	—	GD/GG 100/80P	25~35	118~150	1.2	成分:氯化硬脂酸、聚氧乙烯醚、甘油、苯甲酸钠、三乙醇胺、亚硝酸钠、水,流量 ≥ 40L/min, 压力 >0.2943MPa
	细磨	—				0.15	
	精磨	0.8				0.04~0.08	
K3	精磨	0.2	GD/GG 100/80CR3	35	35	0.3 0.2	

表 5.2-86　钛合金按组织分类

类别	主要特点
α 钛合金	它是 α 相固溶体组成的单相合金,主要加入 α 稳定元素,如 Al、Ga、Ge 为稳定 α 相的置换性元素及 O、C 为稳定 α 相的间隙性元素。α 钛合金的耐热性高于纯钛,抗氧化能力强,组织稳定。在 500~600℃ 下,强度及抗蠕变能力高,但不能进行热处理强化。其典型牌号有 TA7、TA8 等,较易进行加工
β 钛合金	它是 β 相固溶体组成的单相合金,主要加入 β 稳定元素,如 V、Mo、Nb、Ta 等元素溶入 β 相中。这类合金在加热到 β 相区淬火后,能保持 β 相固溶体组织。未经热处理即具有较高的强度。淬火、时效后使合金得到进一步强化,但其热稳定性较差,可加工性差,其典型牌号有 TB1、TB2
(α+β) 钛合金	由 α 和 β 双相组成,既添加有 α 稳定元素,也添加有 β 稳定元素,如 Cr、Co、Fe、Ni、Mn 等 β 共析型元素,稳定了 β 相。Sn、Zr 两种元素在 α 和 β 相中都具有相当大的固溶性,是有效的强化剂。这类合金组织稳定,高温变形性能好,韧性、塑性好,能进行淬火、时效使合金强化。热处理后的强度比退火状态提高 50%~100%。高温强度也高,可在 400~500℃ 下长期工作,热稳定性仅次于 α 钛合金,可加工性优于 β 钛合金,其典型牌号有 TC1、TC4、TC9、TC17 等

表 5.2-87　钛合金的性能特点

性能	说　明
比强度高	钛合金密度小,强度高,其比强度大于超高强度钢
热强性高	钛合金的热稳定性好,高温强度高,在 300~500℃ 下,其强度约比铝合金高 10 倍
耐蚀性好	钛合金在潮湿大气和海水介质中工作,其耐蚀性远优于不锈钢,对点湿、酸湿、应力腐蚀的抵抗力很强,对碱、氯化物、氯的有机物品、硝酸、硫酸等有优越的耐腐蚀能力,但钛对具有还原性氧及铬盐介质的耐腐蚀能力差
化学活性大	钛的化学活性大,与大气中的 O、N、H、CO、CO_2、水蒸气和氢气等在一定的温度下产生强烈的化学反应。含 C 质量分数>0.2%时,会在钛合金中形成 TiC。温度较高时,与 N 作用,也会形成 TiN 硬质表层。在 600℃ 以上,钛吸收 O,形成硬度很高的硬化层。H 含量上升,会形成脆化层
导热性差	钛的热导率低,约为 Ni 的 1/4,Fe 的 1/5,Al 的 1/14,而各种钛合金的热导率更低,一般约为钛的 50%,如室温环境下 TC4 的 $\lambda=6.8W/m \cdot ℃$,TC17 的 $\lambda=8.2W/m \cdot ℃$
弹性模量小	钛的弹性模量为 107800MPa(20℃),约为钢的 1/2

2. 钛合金的加工特点

钛合金的加工特点见表 5.2-88。

3. 切削钛合金刀具材料的选择

切削钛合金常用刀具材料,以高速钢和硬质合金为主,高速钢宜选用含钴、含铝、含钒的高速钢;

硬质合金应选用钨钴类(或含有少量其他碳化物)硬质合金和 PVD/CVD 涂层硬质合金。涂层刀片和钨钛类硬质合金不宜使用。切削钛合金时高速钢和硬质合金刀具推荐选用牌号见表 5.2-89 和表 5.2-90。

表 5.2-88 钛合金的加工特点

加工特点	说　明
切削变形系数小	变形系数小于 1 或接近于 1,这是加工钛合金时的一个显著特点,因此,切屑在前刀面上滑动摩擦的路程大大增大,加速刀具磨损
切削温度高	切削温度在相同的切削条件下,TC4 比 45 钢高出一倍以上,主要是由于钛合金的热导率低,刀具与切屑的接触长度短,使切削热积于切削刃口附近的小面积内而不易散发所引起的
切削力大	主切削力比一般结构钢约小 20%,但由于刀具与切屑的接触长度短,使单位接触面积上的切削力大大增加,为 45 钢的 130%~150%,使刀尖部位应力集中,容易造成刀具磨损、破损或崩刃
易产生表面变质污染层	由于钛的化学活性大,易与各种气体杂质产生强烈的化学反应,如 O、N、H、C 等侵入钛合金的切削表层,导致表层的硬度与脆性上升。其他尚有 TiC、TiN 硬质表层的形成;在高温时形成表层组织 α 化层以及氢脆层等表面变质污染层。造成了表层组织不均,产生局部应力集中,降低了零件的疲劳强度。切削过程中也严重损伤刀具,产生缺口、崩刃、剥落等现象
黏刀现象严重	由于钛的亲和性大,切削温度高,刀具与切屑单位接触面积上的压力大,易产生回弹等众多因素的综合影响,切削时,钛屑及被切表层易与刀具材料咬合,产生严重的黏刀现象,引起剧烈的黏结磨损
被加工零件变形大	由于钛合金的弹性模量小,因此,被加工零件容易产生较大变形、扭曲,不易保证加工精度。另外,已被加工表面会产生较大的回弹,在切削时使刀具的实际后角减小,增加了工件与后刀面的摩擦
刀具容易磨损	在表面硬化等作用下,会有一层分布不均匀的表皮产生于钛合金的表层,因此刀具很容易发生崩刃。除此之外,由于钛合金自身具有较大的化学活性、切削压强,而且其切削温度也比较高,在摩擦接触表面刀具很有可能发生黏结磨损
冷硬现象严重	在整个钛合金切削的过程当中,很容易发生塑性变形,而且表面硬化现象也很可能发生,从而导致材料的强度有所降低,与此同时刀具磨损的速度也会随之增加

表 5.2-89 高速钢、硬质合金刀具推荐选用牌号

刀具种类	刀具材料		
	高速钢	硬质合金	涂层刀具
车刀	W2Mo9Cr4V4Co8、W12Mo3Cr4V3Co5Si、W6Mo5Cr4V2Al	YG6X、YA6、YG3X、YGRM、YG8、YG10H、813、643、YBG105、YBG205	PM8635、PM8130
铣刀	W12Cr4V4Mo、W2Mo9Cr4V4Co8、W12Mo3Cr4V3Co5Si、W6Mo5Cr4V2Al、W10Mo4Cr4V3Al	YG8、K44UF	—
钻头	W2Mo9Cr4VCo8、W6Mo5Cr4V2Al	YG8、YG6X	—
铰刀	W2Mo9Cr4VCo8、W6Mo5Cr4V2Al	YG6X	—
丝锥	W6Mo5Cr4V2Al、W2Mo9Cr4VCo8	—	—
拉刀	W2Mo9Cr4VCo8、W12Mo3Cr4V3Co5Si、W10Mo4Cr4V3Co10、W10Mo4Cr4V3Al、W6Mo5Cr4V2Al	YG8、YG10H	—

注:金刚石刀具和立方氮化硼复合刀片用于车削加工能获得较好的效果。

表 5.2-90 钛合金加工刀具推荐选用牌号

刀具类型	刀具涂层			
	PVD 涂层	CVD 涂层	硬质合金	钨钢铣刀
立铣刀	—	RVF-1512(睿峰)、R-1513(睿峰)、R-1514(睿峰)	YD101	A306(亚肯)、A307(亚肯)、A308(亚肯)、A309(亚肯)、A310(亚肯)、A311(亚肯)、A315(亚肯)

（续）

刀具类型	刀具涂层			
	PVD 涂层	CVD 涂层	硬质合金	钨钢铣刀
球头刀	—	—	—	A312（亚肯）、A313（亚肯）
快速铣刀	PM8225、PM8025、PM830s、YBG102、YBG202、YBG205	—	—	—
车刀	YBG102、YBG105、YBG202	—	—	—

注：睿峰与亚肯厂家部分刀具牌号无法确定，用刀具型号代替。

金刚石刀具和立方氮化硼刀具适用于钛合金的精加工和超精加工。金刚石具有极高的硬度（可达10000HV）、极好的导热性、好的化学稳定性（除与Fe 等反应外）和低的线胀系数；金刚石刀具主要有聚晶金刚石（PCD）刀具和化学气相沉积（VCD）金刚石刀具。金刚石的耐热温度只有 700~800℃，加工时必须进行充分的冷却和润滑。聚晶立方氢化硼（PCBN）刀具的硬度虽然略低于金刚石，但却远远高于其他高硬度材料，而且 PCBN 刀具热稳定性比金刚石高得多，可达到 1200℃以上，适合高温干切削，另一个优点是化学惰性大，与钛合金在 1200℃不起化学反应。这些特性使得它们成为高速切削钛合金理想的刀具材料。

4. 加工参数的选择

（1）钛合金的车削

车削钛合金时应考虑钛合金切削温度高，要慎重选择切削速度和进给量，力求使切削温度接近最佳切削温度。高速钢刀具切削钛合金时的最佳切削温度为480~540℃，硬质合金为 650~750℃。此外，还应注意在钛合金车削过程中的变形、热变形和刀具磨损将影响车削加工精度。

1）车刀几何参数见表 5.2-91。

表 5.2-91　车刀几何参数推荐值

刀具	$\gamma_o/(°)$	$\alpha_o/(°)$	$\kappa_r/(°)$	$\kappa_r'/(°)$
高速钢车刀	9~11	5~8	45	5~8
硬质合金车刀	5~8	10~15	45~75	15
硬质合金镗刀	−8~−3	3~5	90	5

刀具	$\lambda_s/(°)$	r_ε/mm	b_{r1}/mm	$\gamma_{o1}/(°)$
高速钢车刀	0~5			
硬质合金车刀	0~10	0.5~1.5	0.05~0.3	0~10
硬质合金镗刀	−10~−3			

注：1. 车刀前、后刀面的表面粗糙度值应足够小。
　　2. 切削刃在刃磨后，不允许有毛刺、烧伤、缺口和裂纹。
　　3. 硬质合金刀具宜用金刚石砂轮刃磨。
　　4. 卷屑槽的槽底圆弧半径 R=6~8mm。

2）钛合金切削用量见表 5.2-92~表 5.2-95。

表 5.2-92　钛合金切削用量（工件材料 TC4）

进给量 $f/(mm/r)$	切削速度 $v/(m/min)$	进给量 $f/(mm/r)$	切削速度 $v/(m/min)$
0.08~0.12	69~87	0.25~0.30	47~53
0.13~0.17	59~71	0.33~0.40	41~48
0.18~0.24	51~62	0.45~0.60	35~42

注：采用可转位车刀时，如使用切削液，其切削速度可适当提高。

表 5.2-93　不同钛合金的切削速度修正系数

工件材料	抗拉强度 R_m/MPa	修正系数
TA2、TA3	441~736	1.85
TA6、TA7、TC1、TC2	686~932	1.25
TC3、TC4	883~981	1.0
TC5、TC6、TC9、TC11	932~1177	0.87
TB1、TB2	1275~1373	0.65

表 5.2-94　背吃刀量对速度影响的修正系数

a_p/mm	修正系数	a_p/mm	修正系数
0.15	1.44	2.4	0.84
0.25	1.20	3.0	0.80
0.5	1.12	3.8	0.77
0.75	1.04	5.0	0.73
1.0	1.00	6.3	0.70
1.5	0.92	8.0	0.66

表 5.2-95　钛合金有氧化层时的切削用量

抗拉强度 R_m/MPa	背吃刀量 a_p/mm	进给量 $f/(mm/r)$	切削速度 $v/(m/min)$
≤932	大于氧化层的厚度	0.1~0.2	25~30
1177		0.08~0.15	16~21
>1177		0.07~0.12	8~13

3）车削钛合金用的切削液见表 5.2-96。

4）使用切削液时的注意事项：

① 凡是加工钛合金如果使用含氯的切削液，切削过程中在高温下将分解释放出氢气，被钛吸收后引起氢脆。

表 5.2-96 车削钛合金用的切削液

名称	组成	质量百分比(%)
极压添加剂水溶性切削液	氧化脂肪酸、聚氯乙烯脂肪醇醚	0.5~0.8
	磷酸三钠	0.5
	亚硝酸钠	1.2
	三乙醇胺	1~2
	水	其余
极压乳化剂	石油磺酸钠	10
	石油磺酸钡	6
	氯化石蜡	4
	氯化硬脂酸	3
	三乙醇胺	3.5
	N32 机械油	70.5
	油酸	3

② 氯也可能引起钛合金高温应力腐蚀开裂。

③ 切削液中的氯化物使用时还可能分解或挥发有毒气体,使用时宜采取安全预防措施,否则不应使用。

④ 切削后,应及时用不含氯的清洗剂彻底清洗零件,清除含氯残留物。

⑤ 切削液流量不少于 15~20L/min。

⑥ 切削液除了冷却性能好之外,还需具备良好的极压润滑性,从而明显延长刀具寿命,提高切削效率,使用水基切削液要注意机床导轨面的保养。

5) 其他注意事项:

① 禁止使用铅或锌基合金制作的工、夹具与钛合金零件接触,铜锡、镉及其合金的工、夹具也同样禁止使用。

② 与钛合金零件接触的所有工、夹具或其他装置,都必须洁净,经清洗过的钛合金零件,要防止油脂或指印污染,否则以后可能造成盐(氯化钠)的应力腐蚀。

(2) 钛合金的铣削

1) 加工钛合金用铣刀的几何参数见表 5.2-97。

铣削方式:铣削钛合金时,宜采用顺铣。顺铣时,由于刀齿切出时的切屑很薄,不易黏结在切削刃上。而逆铣时正相反,容易黏屑,当刀齿二次切入时,切屑被碰断,产生刀具材料剥落崩刃。但顺铣时,由于钛合金弹性模量小,造成让刀现象,因此,要求机床和刀具具有较大的刚性。铣削时,刀具与切屑接触长度小,不易卷屑,要求刀具具有较好的刀齿强度及较大的容屑空间,切屑堵塞会造成刀具剧烈磨损。刀具切削性能主要由刀具的结构和几何参数所决定,合理的刀具结构配合合适的刀具几何参数才能充分发挥刀具性能。

表 5.2-97 加工钛合金用铣刀的几何参数

铣刀类型	前角 $\gamma_o/(°)$	轴向前角 $\gamma_p/(°)$	径向前角 $\gamma_f/(°)$	主偏角 $\kappa_r/(°)$ 粗加工	主偏角 $\kappa_r/(°)$ 精加工	后角 $\alpha_o/(°)$	副后角 $\alpha_o'/(°)$	副偏角 $\kappa_r'/(°)$	刃倾角 $\lambda_s/(°)$	螺旋角 $\beta/(°)$	刀尖圆弧半径 r_ε/mm
面铣刀(可转位式硬质合金刀片)	—	5~8	-13~17	12~60		—	—	—	—	—	—
立铣刀(镶硬质合金刀片)	0	—	—			12	5~8	3~5	—	30	0.5~1.0
盘铣刀(高速钢)	5~10	—	—	30~50	75~90	15	—	—	10	-5~5	0.5~1.5
立铣刀(整体硬质合金)	9~13	—	—			12~16	—	—	—	40	—
球头铣刀(整体硬质合金)	3	—	—			10	25	—	—	40	—

注:1. 有硬皮,材料硬度高,顺铣时,α_o 取较小值。立铣刀直径小时,α_o 应取大值。

2. 表中参数为考虑加工后工件的表面粗糙度等因素后进行优化的参数。

2) 铣削用量见表 5.2-98~表 5.2-101。

(3) 钛合金的钻削、铰削和螺纹加工

钻削为半封闭式切削,钻削过程中切削温度高,切削加工后回弹大,卷屑长而薄,切屑易黏结,不易排除,往往造成钻头被咬住、扭断等恶性事故。

1) 钻头的结构和几何参数。

表 5.2-98　钛合金的铣削用量

铣刀种类	刀具材料	工件材料 R_m /MPa	粗铣氧化皮				粗铣				精铣			
			铣削速度 v /(m/min)	每齿进给量 f_z /mm	背吃刀量 a_p /mm	侧吃刀量 a_e /mm	铣削速度 v /(m/min)	每齿进给量 f_z /mm	背吃刀量 a_p /mm	侧吃刀量 a_e /mm	铣削速度 v /(m/min)	每齿进给量 f_z /mm	背吃刀量 a_p /mm	侧吃刀量 a_e /mm
端铣刀	硬质合金	≤1000	18~24	0.06~0.12	大于氧化层厚度	≤0.6D①	24~37	0.1~0.15	1.5~5	≤0.6D	30~45	0.04~0.08	0.2~0.5	—
		>1000	15~20	0.06~0.10	大于氧化层厚度	≤0.6D	20~24	0.08~0.12	1.5~5	≤0.6D	24~30	0.04~0.06	0.2~0.5	—
立铣刀	硬质合金	>1000	—	—	—	—	34~48	0.10~0.15	20	1~4	15~21	—	—	—
	高速钢	≤1000	—	—	—	—	12~19	0.08~0.10	0.5D~2D	1.5~3	12~19	0.04~0.08	0.5D~2D	—
		>1000	—	—	—	—	7.5~15	0.08~0.10	0.5D~2D	1.5~3	7.5~15	0.03~0.08	0.5D~2D	—
	高速钢	≤1000	5~10	0.1~0.13	大于氧化层厚度	大于氧化层厚度②	10~19	0.1~0.13	0.5D~2D	1.5~3	10~19	0.04~0.08	0.5D~2D	—
		>1000	4~8	0.1~0.13	大于氧化层厚度	大于氧化层厚度②	8~15	0.1~0.13	0.5D~2D	1.5~3	8~15	0.04~0.08	0.5D~2D	—
三面刃铣刀	高速钢	≤1000	7~14	0.06~0.08	大于氧化层厚度	6	11~22	0.06~0.08	0.5D~2D	1.5~3	14~26	0.04~0.07	0.5D~2D	—
		>1000	6~12	0.06~0.08	大于氧化层厚度	6	7~14	0.07~0.10	0.5D~2D	1.5~3	9~22	0.05~0.07	0.5D~2D	—
球头刀	硬质合金	>1000	—	—	—	—	—	—	—	—	20~60	0.15~0.2	0.1~0.3	0.3~0.5

① D 是铣刀直径。
② 为铣周边。

表 5.2-99　钛合金快速铣切削用量

切削刀具	涂层	刀片槽型代号	刀片牌号	推荐切削用量			
				刀具直径 /mm	切削速度 /(m/min)	背吃刀量 a_p /mm	每齿进给量 f_z /mm
快进给铣刀	PVD	TR-XM	PM8025	50~100	30~60	0.1~0.8	0.3~1.5
		ER-XM	PM8305			0.1~1.0	0.1~0.8
		ER-MM	PM8025			0.1~0.3	0.2~0.3
			PM8225				
		ER-OL	PM8305			0.1~0.5	0.2~0.3
			PM8025				
			PM8255			0.1~0.4	0.1~0.25

注：表中参数为亚肯刀具推荐值。

表 5.2-100　钛合金高速铣切削用量

切削刀具	高速铣参数		
	切削速度/(m/min)	每齿进给量 f_z /mm	背吃刀量 a_p /mm
方肩立铣刀	40~180	0.02~0.25	0.1~0.2
整体立铣刀	40~400	0.01~0.25	0.05~0.2
球头刀	60~160	0.02~0.1	0.02~0.1

注：表中参数为亚肯刀具推荐值。

表 5.2-101　钛合金插铣高温合金切削用量

刀具类型	刀具直径 D/mm	6	8	10	12	16	20
硬质合金 平底刀	背吃刀量 a_p/mm	1/4D					
	侧向行距 s/mm	1/4D					
	转速/(r/min)	450	500	550	600	650	700
	进给速度/(mm/min)	60	65	68	72	76	80

注：表中参数为连续切削时的参数，插铣第一行和每行的第一刀参数需视实际情况减小。

① 麻花钻。为了增加钻头的强度和刚性，应采用以下措施：

a. 加大钻头顶角，$2\phi = 135° \sim 140°$。

b. 增大钻头外缘处后角，$\alpha_{fy} = 12° \sim 15°$。

c. 增大螺旋角，$\beta = 35° \sim 40°$。

d. 增大钻心厚度，$d_0 = (0.4 \sim 0.22)D$。

e. 修磨横刃采用"S"形或"X"形。修磨后横刃宽度 $b_\psi = (0.08 \sim 0.1)D$，应保证横刃对称度在 0.06mm 范围内。"S"形及"X"形均可形成第二切削刃，该刃上具有 $3° \sim 8°$ 的前角，可起分屑作用和减小轴向力。"S"形的轴向力小于"X"形，但"X"形易于修磨。

f. 严格控制切削刃对轴心线的跳动量。当钻头直径为 3~25mm 时，不应大于 0.03~0.10mm。

② 四刃带麻花钻。钻削钛合金或高温合金时，为了加强小直径钻头的刚性，将钻头作出四条导向刃带，见图 5.2-11。以改变钻头的截面形式，加大截面惯性矩，提高刚性。四刃钻头的寿命比标准钻头高 2.5~3 倍，且降低了钻头折断次数。在四刃钻头上还自然地形成二条辅助冷却槽，加注切削液后，切削区的温度比标准钻头降低 15%~20%，同时，也减小了孔径扩大量。

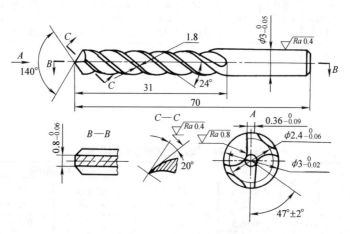

图 5.2-11　四刃带麻花钻

③ 深孔钻。钻削 $L/D > 5$ 以上的深孔时，一般采用焊接式硬质合金枪钻，可以取得良好的钻削效果。图 5.2-12 所示为钻削 TC11 钛合金用深孔钻。采用这种深孔钻钻削 $D = 8.5$mm、孔深 $= 224$mm（$L/D \approx 26$）的孔，在选定的切削用量下，可保证 $Ra1.6\mu m$ 的表面粗糙度，生产率提高 4 倍。切屑形态或"梅花"形或"C"形碎屑。在压力为 2.4525MPa、流量 30L/min 的切削液浇注条件下，排屑正常。

2）一般麻花钻的钻削用量见表 5.2-102。

3）深孔钻削用量。采用深孔钻钻削 TC11 时，建议采用的钻削用量见表 5.2-103。

深孔振动钻削，在 TC11 上钻 $L/D > 30$ 的深孔，采用硬质合金枪钻。在轴向施加 <100Hz 的振动，可获得 $Ra0.3\mu m$ 的表面粗糙度，生产率提高 5 倍。

钻削钛合金浅孔时，可选用电解切削液，其成分为：葵二酸 7%~10%，三乙醇胺 7%~10%，甘油 7%~10%，硼酸 7%~10%，亚硝酸钠 3%~5%，其余为水。

钻削钛合金深孔时，不宜选用水基切削液，因水在高温下可能在切削刃上形成蒸汽气泡，易产生积屑瘤，使切削过程不稳定，宜采用 N32 机械油加煤油，其配比为 3:1 或 3:2，也可采用硫化切削油。

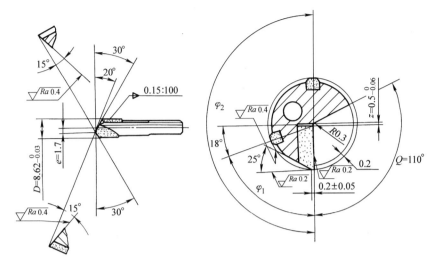

图 5.2-12　钻削 TC11 钛合金用深孔钻

表 5.2-102　麻花钻钻削用量

钻头直径 D/mm	主轴转速 n/(r/min)	进给量 f/(mm/r)
≤3	600~1000	0.05 或手动进给
>3~6	450~650	0.06~0.12
>6~10	300~450	0.07~0.12
>10~15	200~300	0.09~0.15
>15~20	150~200	0.11~0.15
>20~25	100~150	0.11~0.20
>25~30	65~100	0.13~0.20

注：本表数据为中等强度钛合金（如 TC4）的钻削用量。

表 5.2-103　深孔钻削用量

工件	$v/(m/min)$	$f/(mm/r)$	其他参数
壁厚差 0.1mm，表面粗糙度 Ra1.6μm	24	0.013	—
壁厚差 0.02mm，表面粗糙度 Ra1.6μm	3.8	0.01	—
工件圆度 4μm，表面粗糙度 Ra0.33μm	17	0.033	振幅为 0.07mm，频率为 35Hz

4）钛合金的铰削。铰削钛合金时，可用直齿铰刀、阶梯铰刀或带刃角的阶梯铰刀。直齿铰刀铰出的孔径最大，阶梯铰刀次之，带刃倾角阶梯铰刀铰出孔径最小。因为阶梯铰刀有两个切削锥，第一锥在切削的同时为第二锥起了导向作用，也为第二锥留下了极为稳定的铰削余量，实际上起到了粗铰和精铰的作用。带刃倾角的阶梯铰刀是由于刃倾角的作用，使切屑向下排出，不会摩擦、划伤孔壁，所以，铰出的孔径精度更高些。

① 铰刀几何参数见表 5.2-104，高速钢直齿铰刀切削部分的几何形状见图 5.2-13，硬质合金直齿铰刀切削部分的几何形状见图 5.2-14，硬质合金阶梯铰刀切削部分的几何形状见图 5.2-15。

铰刀直径的确定按常规计算方法，只是铰削钛合金时的扩张量有所不同，根据实践经验，高速钢铰刀取 0.008mm，硬质合金铰刀取 0.006mm。

表 5.2-104　铰刀几何参数

刀具材料	前角 $\gamma_o/(°)$	后角 $\alpha_o/(°)$	切削锥部导角 $\kappa_r/(°)$	第二锥导角 $\kappa_{r1}/(°)$	刃倾角 $\lambda_s/(°)$	齿槽角 $\delta/(°)$
高速钢	3~5	8~12	15	15	15	85~90
硬质合金	0~2	10~15				

② 铰削用量。铰削钛合金孔时，粗铰余量 $2a_p$ = 0.15~0.5mm；精铰余量 $2a_p$ = 0.1~0.4mm。铰孔直径小时取小值，反之取大值。

高速钢铰刀的铰削速度 v = 6~8m/min，进给量 f = 0.1~0.5mm/r。硬质合金铰刀的铰削 v = 15~50m/min，进给量 f = 0.1~0.5mm/r。硬质合金螺旋齿铰刀的切削速度 v = 20~60m/min，进给量 f = 0.125~0.5mm/r。铰孔直径大时取大值，反之取小值。

高速钢铰刀铰削用量见表 5.2-105。

5）钛合金的螺纹加工。钛合金攻螺纹特别是小孔攻螺纹十分困难，主要表现在攻螺纹时的总力矩大约为 45 钢的 2 倍、丝锥刀齿易被"咬死"，刀齿过快地磨损、崩刃，甚至扭断丝锥。这是因为钛合金的弹性模量小，产生较大的回弹，使丝锥与工件接触面积增大，造成了很大的摩擦力矩。此外，切屑细小不易卷曲、排屑困难。解决钛合金攻螺纹问题的关键是减小攻螺纹时丝锥与工件的接触面积。

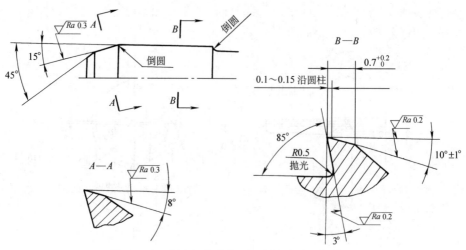

图 5.2-13　高速钢直齿铰刀切削部分的几何形状

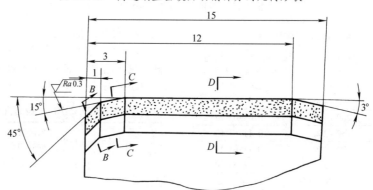

图 5.2-14　硬质合金直齿铰刀切削部分的几何形状

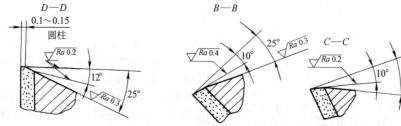

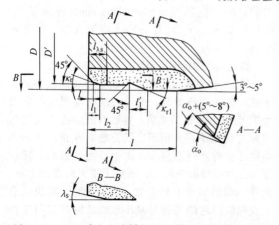

图 5.2-15　硬质合金阶梯铰刀切削部分的几何形状

表 5.2-105　高速钢铰刀铰削用量

铰刀直径 d_0/mm	切削速度 v/(m/min)	进给量 f/(mm/r)
6	7~9	0.15
9	7~9	0.20
12	9.5~12	0.25
15	9.5~12	0.25
19	9.5~12	0.30
22	14~18	0.88
≥25	14~18	0.50

注：1. 当材料硬度高时，切削速度取较小值，反之，取大值。
　　2. 对 β 型钛合金若硬度在 350HBW 以上时，切削速度应比表中数值小（12%~25%）。
　　3. 铰削钛合金时，常用电解切削液成分（质量分数）：癸二酸 7%~10%，甘油 7%~10%，兰乙醇胺 7%~10%，亚硝酸钠 3%~5%，其余为水，或用混合油（蓖麻油质量分数 60%，煤油质量分数 40%）。

① 丝锥的材料选择。实践表明：FW12Cr4V5Co5、W2Mo9Cr4VCo8、W6Mo5Cr4V2Al、W6Mo5Cr5V2 丝锥在钛合金上攻螺纹时优于 W18Cr4V，前两种钢较后两种更好些。例如在 TC4 钛合金上攻制 M8 螺孔（通孔、孔深 8mm），切削速度 $v = 4.5\text{m/min}$，W6Mo5Cr4V2Al 丝锥攻 120 个孔后，后刀面磨损约为 0.2mm，而 W2Mo9Cr4VCo8 丝锥可攻 330 个以上。

② 丝锥的结构及几何参数见表 5.2-106。

表 5.2-106　丝锥的结构及几何参数

丝锥的结构	几 何 参 数
普通丝锥	使用普通标准丝锥时，要采取技术措施，方能顺利攻制钛合金螺孔 1）增大容屑空间，减少齿数。采用双圆弧截面的容屑槽（$R_1 : R_2 = 4 : 1$），适当减小锥心厚度 2）减小齿背与被加工螺纹的接触面积。在校准齿上留出刃带 0.2～0.3mm 之后，加大后角到 20°～30° 并沿丝锥全长磨去齿背中段。保留 2～3 扣校准齿后，将倒锥由（0.05～0.2）mm/100mm 增大至（0.16～0.32）mm/100mm。当其他条件完全相同时，将齿背宽度减小（磨去）1/2～2/3 后，力矩下降 1/4～1/3
修正齿丝锥	1）修正齿丝锥是把标准丝锥的成形法加工螺纹改为渐成法加工螺纹，其切削图形见图 5.2-16。为了避免丝锥刀齿侧刃全面接触工件，将丝锥的牙型角减小为 $\varepsilon_1 = 55°$，并将丝锥螺纹作出较大的倒锥。倒锥角为 κ_r'，它与锥角 κ_r、螺纹牙型角 ε、丝锥牙型角 ε_1 的关系式为 $$\tan\kappa_r' = \tan\kappa_r\left[\tan(\varepsilon/2)\cot(\varepsilon_1/2) - 1\right]$$ 丝锥刀齿的侧刃与被切螺纹侧表面形成了一侧间隙角 φ（当 $\varepsilon_1 = 55°$ 时，$\varphi = 2°30'$），从而大大减小了摩擦。图 5.2-17 是修正齿丝锥的结构和几何参数示例。 2）修正齿丝锥的倒锥量是从第一个切削齿开始的，数值远大于标准丝锥。标准丝锥的倒锥量是从校准齿开始的，通常为 0.05～0.2mm/100mm，而 $\kappa_r = 7°30'$ 的修正齿丝锥，倒锥量达 1.437mm/100mm。由于倒锥量加大，修正齿丝锥的校准部分便不起导向作用，因此，在切削锥前端，作出圆柱导向部，以避免丝锥刚攻入时产生歪斜。圆柱导向部的公称尺寸及公差取决于攻螺纹前的底孔尺寸 由于修正齿丝锥是渐成式形成被切螺纹表面，所以表面粗糙度值不如成形式丝锥的小
跳牙丝锥	跳牙丝锥是在切削齿上相间地去掉螺纹，以改善切削条件，最容易制造的跳牙型式如图 5.2-18。其最大特点是有效地减少了丝锥与工件之间的接触面积，使切削力矩显著下降。由于间齿攻螺纹，改变了回弹而产生的挤压力，相邻丝扣刃之间有较宽绰的空间，改善了容屑和切削液进入切削区的条件，使切削齿始终处于较好的润滑状态，提高了刀具寿命。同时在制造丝锥时，砂轮外缘顶部也不需过分尖锐，改善了磨削条件。跳牙丝锥的结构和几何参数示例见图 5.2-19

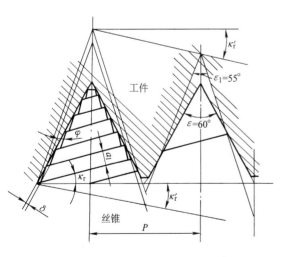

图 5.2-16　修正齿丝锥切削图形

以上三种丝锥攻制 TC4 螺孔时，在相同切削条件下的力矩数据见表 5.2-107。

修正齿丝锥和跳牙丝锥在相同的切削条件下，切削 M10×1.5、孔深 $L = 20\text{mm}$ 的 TC4 螺孔时，刀具寿命见表 5.2-108。

在具体条件下，跳牙丝锥的力矩是标准丝锥的 1/3.4～1/2，为修正齿丝锥的 1/2.8～1/1.7。跳牙丝锥的寿命比修正齿丝锥高 1～3 倍。为此，建议选用跳牙丝锥攻制钛合金螺纹。

③ 底孔直径。攻制钛合金螺纹时，牙高率一般不应超过 70%，当牙高率超过 70% 时，攻螺纹力矩将急剧上升，而 70% 的牙高率并不影响螺纹连接强度。所以，在确定钛合金螺纹底孔直径时，通常按 70% 牙高率来进行计算。例如 M10×1.25 的螺纹，其标准牙高 $h = 0.5413$，$P = 0.6766\text{mm}$。取其 70%，$h' = 0.4736\text{mm}$，则底孔直径为 9.05mm。此外，螺纹直径较小或粗牙螺纹，牙高率可取小一些；被加工材料强度小时，牙高率也可取大一些。

除正确确定底孔直径外，还应考虑底孔的精度和表面粗糙度。建议将其底孔进行铰削，然后攻螺纹。

（4）钛合金的拉削

钛合金拉削时，常出现加工精度不稳定、加工表面有时较粗糙，以及拉刀寿命较低等现象，此外还有可能有切屑黏附在刀齿上难以清除等问题。只有通过

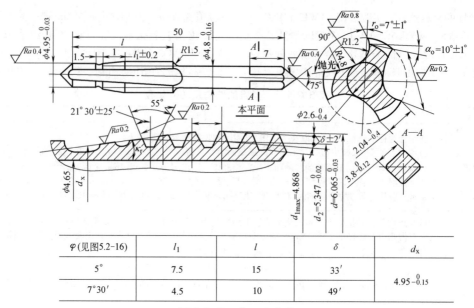

φ（见图5.2-16）	l_1	l	δ	d_x
5°	7.5	15	33′	$4.95^{\ 0}_{-0.15}$
7°30′	4.5	10	49′	

图 5.2-17　修正齿丝锥

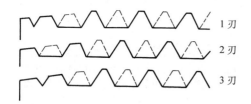

图 5.2-18　跳牙丝锥示意图

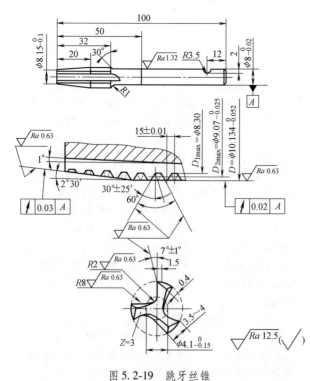

图 5.2-19　跳牙丝锥

表 5.2-107　钛合金攻螺纹力矩数据

丝锥结构	编号	实测攻螺纹力矩 /N·m	切削液	备注
标准丝锥	头攻	5.9	混合油（蓖麻油质量分数60%、煤油质量分数40%）	加工中有尖叫声，丝锥磨损严重
	二攻	6.4		比头攻声音更大，螺纹基本合格，但丝锥无法再用
修正齿丝锥	1#	5.4		有轻微叫声，丝锥有磨损痕迹，螺纹合格
	2#	4.7		
	3#	4.9		
跳牙丝锥	1#	2.1		切削平稳，丝锥无明显磨损，螺纹合格
	2#	2.3		
	3#	2.5		
	4#	1.8		
	5#	2.8		

注：螺纹规格为 M5×0.8，丝锥材料为 W6Mo5Cr4V2Al。

表 5.2-108　钛合金攻螺纹刀具寿命对比参考数据

丝锥结构	$v=3.5$m/min		$v=5.7$m/min		$v=8.8$m/min	
	孔数 /个	后刀面磨损 VB/mm	孔数 /个	后刀面磨损 VB/mm	孔数 /个	后刀面磨损 VB/mm
修正齿丝锥	160	0.09	110	0.11	—	—
	200	0.10	140	0.12	—	—
	240	0.11	170	0.13	—	—
	270	0.13	200	0.13	—	—
	300	0.13	280	0.14	—	—
	350	0.15	295	0.16	—	—
跳牙丝锥	270	0.09	350	0.08	310	0.08
	350	0.09	400	0.09	360	0.085
	400	0.10	445	0.095	385	0.095

合理设计刀具几何参数、选用合理的切削用量及切削液等才能圆满解决。

1）拉刀材料的选择。拉刀应选用合适的高速钢或硬质合金来制造。高速钢可用 W6Mo5Cr4V2Al、W2Mo9Cr4VCo8 或 W12Mo3Cr4V3Co5Si 和 W12Cr4VMo。

尽可能用第一种高速钢，第二种高速钢性能较好，但价格高。后两种刃磨稍困难些，粗拉刀可用 W12Cr4V4Mo。硬质合金可用 YG8 或 YG10H 两种牌号。

2）拉削钛合金拉刀几何参数见表 5.2-109。

表 5.2-109　拉削钛合金拉刀几何参数

刀具材料	前角 γ_o/(°)	外拉		内拉		刃倾角 λ_s/(°)	前、后刀面表面粗糙度 Ra/μm
		切削齿后角 α_o/(°)	校准齿后角 α_k/(°)	切削齿后角 α_o/(°)	校准齿后角 α_k/(°)		
高速钢 硬质合金	10~20 8~15	10~12	8~10	5~8	2~3	5~10	≤0.32

注：粗拉刀用小值，精拉刀用大值。

根据钛合金的特点，拉刀设计时，还应注意以下事项：

① 校准齿上尽可能不留刃带，需要时，其宽度不大于 0.12mm。

② 开槽拉刀刀齿宽度至少应等于或稍大于槽宽下限尺寸。

③ 拉刀卷屑台的形式与拉削高温合金基本相同。拉刀切削部分主要几何参数标注见图 5.2-20。

3）钛合金的拉削用量见表 5.2-110。

对成套组合拉刀，其拉削用量的分配非常重要，它对拉刀结构、拉削质量等都有极大的影响，因此要正确选配拉削用量。

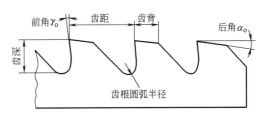

图 5.2-20　拉刀切削部分主要几何参数标注

拉刀的每齿进给量 f_z，在拉刀设计时就已经选定了，所以只有切削速度为可控参数，它直接影响生产率和拉削质量。

(5) 钛合金的磨削

1）钛合金磨削的特点见表 5.2-111。

表 5.2-110　钛合金的拉削用量

刀具材料	拉削速度 v/(m/min)	每齿进给量 f_z/mm		切削液
		粗拉	精拉	
高速钢 硬质合金	4.5~6 15~30	0.06~0.10 0.08~0.12	0.02~0.04 0.03~0.04	混合油：蓖麻油质量分数为 60%，煤油质量分数为 40%

注：1. 拉刀的磨钝标准：粗拉刀 VB≤0.3~0.4mm，精拉刀 VB≤0.15~0.2mm。

2. 切削液还可选用另一种切削油，其成分（质量分数）为：聚醚 30%，酯类油 30%，N7 机械油 30%，防锈添加剂和抗泡沫添加剂 10%。

表 5.2-111　钛合金磨削的特点

磨削特点	说　明
生产率低	在保证所要求的零件加工质量的条件下，难以获得较高的生产率。磨削时砂轮容易变钝失效，磨削比很低，在相同磨削条件下磨削 TC4 的磨削比只有 1.53，而 45 钢为 71.5
磨削温度高	钛合金磨削时滑擦过程所占比重大，产生强烈的摩擦、急剧的弹塑性变形和大量的热量，致使磨削区温度很高。在相同条件下，磨削 TC9 的磨削温度为 45 钢的 1.5~2 倍，最高可达 1000℃
磨削力大	磨削钛合金时，和一般磨削规律一样，径向力大于切向力，但磨削力比 45 钢大 30% 左右，是普通碳钢的 2~3 倍
砂轮磨损失效	磨削钛合金时，除黏结、扩散之外，钛合金与磨粒之间起化学作用，从而加速了砂轮的磨损过程
表面质量不易保证	钛合金磨削时，由于磨削温度高，在磨削表面容易产生有害的残余拉应力和表面污染层，表面粗糙度值较大，同时会发生磨削烧伤，并出现磨削微裂纹

2）钛合金磨削时的砂轮选择见表 5.2-112。

磨削钛合金时，一般砂轮的具体选择可参考

表 5.2-113。

3）磨削液选择原则：

表 5.2-112　钛合金磨削时的砂轮选择

要素	选择举例
磨料	绿碳化硅 GC(TL)及铈碳化硅 CC(TS)磨料与钛合金黏附较轻,砂轮不易堵塞,效果较好。金刚石 RVD(JR)和立方氮化硼 CBN(JLD)超硬磨料对钛合金的稳定性好,效果也较好
粒度	磨削钛合金时,常用粒度号为 36#~80#磨料
结合剂	磨削钛合金时,陶瓷结合剂砂轮的磨削力比较高,树脂结合剂砂轮的磨削温度较低,磨削力较小
硬度	磨削钛合金时,选用粒度号为 60#,硬度为 K~M(ZR_1~Z_1)的砂轮,生产率较高,而较软的砂轮磨削力和磨削温度均较低,磨损较大
组织和气孔	磨削钛合金时,采用中等偏疏松或疏松的砂轮组织 5#~8#为宜。成形磨削及精密磨削时,为保持砂轮型面及磨削表面质量,可选用组织较为紧密的砂轮

表 5.2-113　磨削钛合金用砂轮的选择

砂轮	外圆磨		平面磨		切割砂轮
	粗磨	精磨	粗磨	精磨	
磨料	GC(TL)	GC(TL)	GC(TL)	GC(TL)	GC(TL)
粒度	46	60	36、46	46、60	24、36
组织	6~8	6~8	6~8	6~8	4~7
硬度	J(R_3)	K(ZR_1)	K(ZR_1)	K(ZR_1)	M(Z_1)
结合剂	V(A)	V(A)	V(A)	V(A)	V(A)

① 要求磨削液具有冷却、润滑和冲洗作用。

② 应具有抑制钛与磨料的黏附作用和化学作用。

③ 使用磨削液时,应特别注意流量要足够大,每毫米砂轮宽度流量一般不低于 0.5L/min。砂轮速度越高,流量应越大。水箱容量一般为流量的 1.5~3 倍,以保持磨削液较低的温度。

④ 钛合金磨削温度高,钛屑易燃,在使用油剂磨削液时,要防发生火灾。

⑤ 建议使用亚硝酸钾溶液,亚硝酸钾和甲酸钠溶液,亚硝酸钠溶液,亚硝酸钠和甲酸钠溶液,亚硝酸胺溶液或高氯化油等。

⑥ 对于缓进给磨削推荐选用下述配方(质量分数):亚硝酸钠 1%,苯甲酸钠 0.5%,甘油 0.5%,三乙醇胺 0.4%,水(其余)。

4)钛合金的一般磨削用量见表 5.2-114。

表 5.2-114　钛合金的一般磨削用量

磨削用量	平面磨		外圆磨		内圆磨	
	粗磨	精磨	粗磨	精磨	粗磨	精磨
砂轮速度 $v/(m/s)$	15~20	15~20	15~20	15~20	20~25	20~25
工作台速度 $v_w/(m/min)$	14~20	8~14	—	—	—	—
工件速度 $v_w/(m/min)$	—	—	15~30	15~30	15~45	15~45
背吃刀量 $a_p(f_r)/mm$	0.025	0.01(最大)	0.025	0.01(最大)	0.01	0.005(最大)
横向进给量 $f_a/(mm/st)$	0.5~5	0.5~5	—	—	—	—
纵向进给量 $f_a/($砂轮宽度 B$)$	—	—	1/5	1/10	1/3	1/6

注:1.　表中采用 GC60JV(TL60R_3A)砂轮适用于湿磨,干磨时应选较软的砂轮。
　　2.　表中砂轮适于一次装夹中的粗磨和精磨。分两次装夹时,粗磨用较硬砂轮,精磨用软一级砂轮。
　　3.　砂轮直径大于 350mm(平面及外圆磨)时,应使用软一级砂轮。
　　4.　内圆磨砂轮最大宽度为砂轮直径的 1.5 倍;孔的长度为孔径的 2.5 倍。
　　5.　表中内圆磨砂轮,适于直径 20~50mm 孔的湿磨。孔径更大时,可用较软的砂轮;孔径更小时,可用较硬的砂轮。

5)钛合金的缓进给磨削。缓进给磨削是强力磨削的一种,又称深切缓进给磨削或蠕动磨削。与普通磨削相比,磨削深度可达 30mm,为普通磨削的 100~1000 倍。工件进给速度缓慢,为 5~300mm/min。磨削工件经一次或数次行程即可磨到所要求的尺寸、形状精度。缓进给磨削适合磨削高硬度、高韧性材料,其加工精度可达 2~5μm,表面粗糙度 Ra 值为 0.16~

0.63μm,加工效率比普通磨削高 1~5 倍。缓进给磨削目前主要用于成形磨削和深槽磨削。

钛合金的缓进给磨削的特点与高温合金类同,钛合金的缓进给磨削用量见表 5.2-115。

6)低应力磨削。低应力磨削是一种去除很小余量的磨削过程,可以降低被磨表层的残余应力,消除烧伤、变形和裂纹,适合于承受高应力的钛合金零件

表 5.2-115 钛合金的缓进给磨削用量

砂轮	砂轮速度 v/(m/s)	背吃刀量 α_p/mm	工作台速度 v_w/(m/min)
GC60G~JV（TL60R$_1$~R$_3$A）	30	1~2	70

注：1. 表面粗糙度值要求小时，采用硬度较高的砂轮。
2. 成形磨削时，可用金刚石滚轮或钢滚轮修正砂轮。

表面的磨削，但生产率低。具体措施是使用较软的砂轮，经常保持砂轮和修整工具的锋利，减小径向进给量（背吃刀量），降低磨削速度，大量充分地使用合适的磨削液。

钛合金低应力磨削用量见表 5.2-116。

对于钛合金的加工除了传统的切削方式，近年来还陆续发展起来了一系列的新加工方法和加工工艺，

表 5.2-116 钛合金低应力磨削用量

磨削参数	平面磨削	外圆磨削
砂轮	GC60GV（TL60R$_1$A）	GC60GV（TL60R$_1$A）
砂轮速度/(m/s)	10~15	10~15
径向进给量/(mm/st)（背吃刀量）	0.005~0.013	0.005~0.013
工作台速度/(m/min)	12~30	—
工件速度/(m/min)	—	20~30
磨削液	油基切削液或亚硝酸钾水溶液	油基切削液或亚硝酸钾水溶液

注：在去除最后 0.25mm 的余量时，先用 0.013mm/st 的工作台单行程进给量去除 0.2mm 的余量，然后再用 0.005mm/st 的进给量去除最后的 0.05mm 的余量。

这些新工艺、新方法不仅仅应用于车削、铣削，同样也大量应用于钻削加工，具体如下：

1）低温切削：用液氮（-180℃）或低温液体（-76℃）作为切削液，将加工环境控制在低温条件下进行切削加工，可以有效地防止由于切削温度过高引起的刀具过度磨损等后果。

2）真空切削：在真空中加工钛合金可杜绝空气中的杂质与钛发生反应，降低刀具寿命。

3）惰性气体保护切削：在被加工表面创造惰性气体环境，有效隔绝空气中的杂质，与真空切削相比工艺性更好，实现更容易。

4）静电冷干式切削：通过静电场装置将压缩空气离子化，在还原时需要急剧地吸收热量，将这样一种方法用到钛合金的切削中，将电离的空气离子经由喷嘴送至切削区，并在切削区获取足够的热量，同时使得切削区的温度迅速下降。静电冷却干式切削不仅有效降低切削区温度，更重要的是能在刀具与切屑和刀具与工件接触面上形成起润滑作用的氧化薄膜，增加刀具的使用寿命。静电冷却装置组成：电源装置、静电场装置、压力空气装置、电离空气的输送系统、各部分的连接件、夹具安装框架、喷嘴等。

5）超声波振动钻削加工。钛合金在切削过程中用切削刃在工件上用小振幅超声波振动激励进行切削的。超声波振动切削可以减少变形区的大小和切削力，消除刀瘤，改变刀具工作面上摩擦特性，并且由于超声波振动阻尼的有效性，提高了切削过程的动态稳定性。由于超声波的毛细效应，改善了工作区切削液的进入条件，但超声波引起的交变载荷却降低了刀具的寿命。

此外，还有激光切削、电解切削（电化学切削）、电磁切削、加热切削、磨料液喷射切削、特殊热处理降低硬度切削等一系列的新加工方法。随着新加工手段和新加工工艺的发展，钛合金的加工方式不断改进，必将促进钛合金在社会各领域的广泛发展。

5.2.8 难熔金属及其合金的加工

1. 难熔金属的性能

在工业上应用的高熔点金属零件统称为难熔金属，如 W、Mo、Ta、Nb、Zr 等。以难熔金属元素为主，添加其他合金元素构成的金属材料统称为难熔金属材料。常用难熔金属的性能见表 5.2-117。

表 5.2-117 常用难熔金属的性能

元素	熔点 /℃	密度（20℃） /(g/m²)	热导率 λ /[W/(m·K)]	线胀系数（0~100℃） /(10⁻⁶/℃)	弹性模量 E/MPa	硬度 HBW	抗拉强度 R_m/MPa	伸长率 A（%）
W	3380	19.1	166.2	4.6	35316	290~350	981~1472	35
Mo	2695	10.3	142.4	4	343350	35~125	887	30
Ta	2980	16.67	54.4	6.55	188352	70~125	343~442	25~50
Nb	2468	8.57	52.3	7.1	85543	75	294	28
Zr	1852	6.507	88.3	5.85	95844	120~133	294~491	15~30

难熔金属的加工特点：

1) 各种难熔金属的铸锭氧化层坚强而粗糙，使切削过程的冲击和振动增大，刀具容易崩刃、破损。

2) 难熔金属的化学活性较大，亲和力较强，切削过程中刀-屑易黏结，铌、钽材料黏结尤为严重。

3) W、Mo等难熔金属，在室温下呈脆性。在切削其烧结制品时，切屑呈粉末状，且硬度很高，加剧了刀具的磨损。

2. 切削参数的选择

(1) 钨及钨合金的加工

钨的熔点高，密度大且耐蚀性好。多用来制作耐高温的零部件，如电极、高温反应堆包套材料、平衡零件、医用 X 光管钨靶等。

1) 钨棒、铸锭的切削参数。钨可以制成铸锭，也可以制成烧结制品。钨的铸锭加工时，由于晶粒粗大，易产生掉块而使加工表面粗糙。钨的切削参数见表 5.2-118。

2) 钨合金的切削参数。用粉末冶金法烧结，以 Cu、Ni 做黏结剂的钨合金，密度大，称之为高密度合金。这类合金可以通过锻造、热处理工艺来提高其致密度和强度。通常其抗拉强度 R_m >981MPa，硬度>40HRC。由于其热导率比纯钨小，且切屑呈颗粒状，容易产生刀瘤和黏结磨损，加工表面粗糙度值变大。切削几何参数可选用：γ_o = - 8°，α_o = 8°，κ_r = 75°，λ_s = 0°，r_ε = 0.5mm，v =38m/min，a_p =1mm，f = 0.24mm/r，不加切削液。刀具材料以 WC 为基的细颗粒及超细颗粒硬质合金 YGRM、YH1 等牌号较为合适。金属陶瓷和以 TiC 为基的硬质合金不宜加工高密度合金。

一般切削高密度合金时，刀具应锋利，在保证刃口强度的前提下，前、后角应尽可能大。可取 γ_o = 10° ~ 12°，α_o = 8° ~ 12°，κ_r = 45° ~ 75°。切削刃有无倒棱均可使用。

表 5.2-118　钨的切削参数

加工材料	刀具材料	刀具几何角度							切削用量		
		γ_o/(°)	α_o/(°)	κ_r/(°)	κ_r'/(°)	γ_{o1}	$b_{\gamma1}$/mm	r_ε/mm	v/(m/min)	f/(mm/r)	α_p/mm
钨铸锭荒车	YG6 YG8	0~10	6~10	45	15	-5~15	0.1~0.3	1~1.5	5~15	0.2~0.5	1.5~5
钨铸锭粗车、半精车	YG6 YG8	5~15	8~12	45	15	-3~5	0.1~0.3	0.5~1	20~40	0.1~0.25	2~1.5
纯钨电极	726	5~15	8~12	45	15	-3~5	0.1~0.3	0.5~1	56~70	0.12~0.3	0.5~3
钨棒粗加工	YG10H	5~15	8~12	45	15	-3~5	0.1~0.3	0.5~1	3~10	0.4	2~4
钨合金	YGRM YH1	8~12	8	75	15	—		0.5	38	0.24	1

(2) 钼及钼合金的加工

1) 钼及钼合金的分类。钼的熔点也很高，密度适中，弹性模量极高，热胀系数小，导电、导热性好，在许多工业部门得到了广泛的应用。钼的结合性好，可喷涂于钢件表面，以减小磨损，可作为真空喷涂用的电极和真空蒸发金属。也适于制作要求刚性、硬度高的部件，如镗刀杆、研磨转轴零部件等。

钼及钼合金分为五种：

① Mo>99.9%（质量分数）的纯钼材料。

② Mo-0.5Ti 合金。

③ TZM（Mo-0.6Ti-0.08Zr）合金。

④ TZC（Mo-0.5Ti-0.03Zr-0.15C）合金。

⑤ Mo-30W 合金。

2) 钼及钼合金的加工特点。钼是脆性材料，但由于钼的 $R_{p0.2}/R_m$ 值大，所以加工硬化的趋向还是很大；切削变形所消耗的功大；与刀具材料黏附性大，容易产生刀-屑黏结，而产生黏结磨损。

3) 钼及钼合金的切削参数：

① 加工钼铸锭及烧结棒材时，可选用 YG6、YG8 及高强度的 YG10H 为刀具材料。

② 在保证刀头强度的条件下，尽可能使切削刃锋利。一般可采用大前角、负刃倾角、小主偏角。钼及钼合金刀具几何参数见表 5.2-119，切削参数见表 5.2-120。

③ 加工钼及钼合金时，要充分注意润滑作用。例如，钻孔时采用 CCl_4 +20#机油的混合液进行润滑，刀具寿命可提高 5 倍以上，但 CCl_4 有毒性和腐蚀作用，使用时要采取防护措施。此外，MoS_2 也可作为润滑剂。

表 5.2-119　钼及钼合金刀具几何参数

工件材料	刀具材料	刀具几何参数					
		$\gamma_o/(°)$	$\alpha_o/(°)$	$\kappa_r/(°)$	$\kappa_r'/(°)$	$\gamma_{o1}/(°)$	$b_{\gamma1}/mm$
Mo Mo-0.5Ti	YG6 YG8	15~20	10~12	45	15	-5~-2	0.1~0.3

表 5.2-120　钼及钼合金切削参数

工件材料	刀具材料	粗加工用量			半精加工用量		
		$v/(m/min)$	α_p/mm	$f/(mm/r)$	$v/(m/min)$	α_p/mm	$f/(mm/r)$
Mo Mo-0.5Ti	YG6 YG8	35~75	4~7	0.2~0.5	50~120	0.2~0.4	0.15~0.4

（3）铌、钽的加工

1）铌的性能特点。铌的强度、硬度低而韧性高，具有良好的冷塑性。当温度升高时，吸收氧、氮气体，对铌的性能产生显著影响，所以，加工铌的主要问题，是要防止切削温度过高，应采用锋利的刀具，较低的切削速度，浇注大量的切削液，不宜采用含铌的硬质合金刀具材料。

2）铌的刀具几何参数见表 5.2-121，切削参数见表 5.2-122。

3）钽的性能特点。钽的熔点高、密度大，退火状态下，钽具有良好的塑性，高温下比较稳定，能吸收并保持住气体，钽耐酸，是生物适合性材料，所以，钽在电子工业、化工、医疗等行业中得到较为广泛的应用。

表 5.2-121　铌的刀具几何参数

刀具材料	刀具几何参数						
	$\gamma_o/(°)$	$\alpha_o/(°)$	$\kappa_r/(°)$	$\kappa_r'/(°)$	$\gamma_{o1}/(°)$	$b_{\gamma1}/mm$	r_ε/mm
高速钢 YG8、YW2	20~25	10~15	45	15	0~5	0.1~0.3	0.2~0.5

表 5.2-122　铌的切削参数

刀具材料	粗加工用量			半精加工用量		
	$v/(m/min)$	α_p/mm	$f/(mm/r)$	$v/(m/min)$	α_p/mm	$f/(mm/r)$
高速钢 YG8、YW2	35~75	4~7	0.2~0.5	50~120	0.2~0.4	0.15~0.4

4）钽的切削参数。切削退火钽时，产生严重的黏附现象。引起刀具的黏结磨损，同时，使加工表面粗糙度值变大。当 $v<20m/min$ 时，黏刀及撕裂现象较严重；当 $v=40m/min$ 时，撕裂现象大大减轻。

刀具应尽可能锋利，采用 YG8、YW2 硬质合金

对钽铸锭粗车时，其几何参数见表 5.2-123，要求前、后刀面上的表面粗糙度 $Ra\approx0.2\mu m$，以减少摩擦、黏刀现象。钽的切削参数见表 5.2-124。

切削时要求使用冷却及润滑作用兼备的切削液，生产中使用 CCl_4 加等量高纯度机械油进行冷却、润滑，效果较好，但流量要充足。

表 5.2-123　钽的刀具几何参数

刀具材料	刀具几何参数						
	$\gamma_o/(°)$	$\alpha_o/(°)$	$\kappa_r/(°)$	$\kappa_r'/(°)$	$\gamma_{o1}/(°)$	$b_{\gamma1}/mm$	r_ε/mm
YG8、YW2	35~45	5~8	90	5	-2~2	0.1~0.3	0.2~0.5

表 5.2-124　钽的切削参数

刀具材料	粗加工用量			半精加工用量		
	$v/(m/min)$	α_p/mm	$f/(mm/r)$	$v/(m/min)$	α_p/mm	$f/(mm/r)$
YG8、YW2	30~70	5~8	0.2~0.4	50~80	1.5	0.1~0.3

(4) 锆的加工

锆是钛的同族元素，它也是同素异构体，在862℃以下，呈密排六方晶格，为α锆，在862℃以上，呈体心立方晶格，为β锆。锆的熔点较高，但软化温度低，在发生相变的温度下已显著软化。锆的化学活性很强，可与大多数元素形成坚固的化合物。氧、氮等间隙性元素，在α锆中的溶解度很大，有显著的强化作用，铝、锡、钨也均有强化作用。锆对杂质的敏感性最大，在加工过程中吸收氧、氮、氢等气体，会严重影响其强度。但上述元素在正常含量范围内和低于400℃的温度下，锆的强度基本不变，所以，锆只能在低于500℃的温度下使用。锆还具有引火性，当锆粉颗粒平均尺寸在10μm以下时，弥散悬浮于空气中，常常会发生自燃和爆炸。

切削锆时应避免微量的切削和防止工件变形，刀具要锋利并尽量降低刀具表面粗糙度值，刀具上应磨出卷屑槽，以控制切屑卷曲和折断。锆的刀具几何参数见表5.2-125，切削用量见表5.2-126。

表 5.2-125　锆的刀具几何参数

工件材料		刀具材料	刀具几何参数						
			$\gamma_o/(°)$	$\alpha_o/(°)$	$\kappa_r/(°)$	$\kappa_r'/(°)$	$\gamma_{o1}/(°)$	$b_{\gamma 1}/mm$	r_ε/mm
Zr Zr-1 Zr-2	（铸锭）	YG6 YG8	16~23	10~15	45	15	−5~−2	0.2~0.5	0.2~0.5
Zr Zr-1 Zr-2	（锻件）		0~10	8~12	45~75	15	−5~0	0.2~0.5	0.5~3.0

表 5.2-126　锆的切削用量

工件材料		刀具材料	粗加工用量			半精加工用量		
			$v/(m/min)$	α_p/mm	$f/(mm/r)$	$v/(m/min)$	α_p/mm	$f/(mm/r)$
Zr Zr-1 Zr-2	（铸锭）	YG6 YG8	90~150	5~8	0.5~1.0	124~200	2.0	0.3~0.5
Zr Zr-1 Zr-2	（锻件）		40~50	3~10	0.3~1.0	—	—	—

5.3　复合材料的加工

5.3.1　碳纤维增强树脂基复合材料的加工

碳纤维增强树脂基复合材料（Carbon Fiber Reinforced Polymer, CFRP）是一种以碳纤维作为增强相，环氧树脂、酚醛树脂和聚四氟乙烯等作为基体的树脂基复合材料，具有强度高、刚度高、热胀系数小、耐热性好、轻质等力学性能。在同等体积条件下，CFRP 比金属材料轻 30%~50%，又能保持一定的刚度和强度，从而逐步替代金属材料，被广泛应用于航空航天、造船、汽车、军工、土木工程等领域。然而，CFRP 材料的难加工性成了急需解决的一大问题，由于其各向异性、非均质性、比刚度高、导热性差等特征，加工 CFRP 结构件时，常常出现分层、毛刺、纤维拉出、破裂等表面损伤现象，甚至导致零件报废，严重影响加工精度和结构件力学性能，限制了 CFRP 材料的应用；由于 CFRP 较硬较脆，加工时粗糙的纤维断面容易与刀具切削刃产生剧烈摩擦，缩短刀具寿命，提高加工成本，同时刀具钝化现象又加剧了工件表面的损伤，对精加工的影响更甚。CFRP 的加工问题直接关系到该材料的应用，刀具是制约加工工艺的主要因素，而工艺参数的改进则有利于克服加工缺陷、改善加工质量。要想真正解决这一难加工材料的加工问题，首先应提高工艺设备水平，其次是研发适合于 CFRP 加工的刀具技术，在此基础上，逐步开发出专用的加工刀具群，建立加工工艺理论，从而促进 CFRP 在航空航天产品中的应用。CFRP 特性与加工的关系见表 5.3-1。

1. 切削刀具参数

用人造聚晶金刚石刀具加工 CFRP 时宜采用低转速、中进给量、大吃刀量和干法切削。刀具几何参数的选择是保证 CFRP 表面加工质量的关键，车削时可采用表 5.3-2 的参数。

表 5.3-1　CFRP 特性与加工的关系

材料特性	加工时存在的主要问题
硬度高	刀具磨损快,切削阻力大
碳颗粒	刀具磨损快
层间剪切强度低	切削温度高,易产生分层
热导率低	切削温度高,刀具易磨损

表 5.3-2　加工 CFRP 用人造聚晶金刚石
刀具参数选择

角度名称	角度	作用
前角 $\gamma_o/(°)$	12~15	适当增大,可以加大刀具切割作用,减少切削热,提高刀具寿命
后角 $\alpha_o/(°)$	6~8	适当增大,保证切削轻快,减少摩擦和切削热
主偏角 $\kappa_r/(°)$	75~90 45~60	可减小径向力和振动,提高刀具强度,改善刀具散热条件
刃倾角 $\lambda_s/(°)$	0~5	适当减小,可减小加工中的冲击力,保护刀具强度
刃口形状	锐角	保持刃口锋利
刀尖形状	圆弧刃或修光刃 $r=0.2~0.5mm$ $C=1~1.5mm$	提高刀尖强度和寿命

铣削时应采用正前角高速钢铣刀和硬质合金铣刀,正前角铣刀有利于减小切削力,双向螺旋式铣刀有利于防止产生层间剥离。建议硬质合金立铣刀选用表 5.3-3 中参数。

表 5.3-3　硬质合金立铣刀几何参数

角度名称	角度	作用
螺旋角/(°)	15~20	螺旋角较大,有利于减小切削变形和切削力
前角/(°)	10~15	适当增大前角,可提高刀具寿命,减小切削力
后角/(°)	10~20	适当增大后角,可减少对工件的刮擦和损伤,减少切削热

2. 切削工艺

(1) 车削

车削过程中,外力作用在刀具上挤压工件形成切屑。CFRP 的车削加工经过挤压、滑移、挤裂、分离四个阶段,相同条件下 CFRP 的切削力比金属材料要大得多。要保证表面加工质量,除选择合适的刀具参数外,还应选择合理的切削用量。切削用量的大小是影响切削力的重要因素,用人造聚晶金刚石刀具车削 CFRP 时,建议采用表 5.3-4 的切削用量。

表 5.3-4　人造聚晶金刚石刀具车削 CFRP
切削用量

名称	切削用量
切削速度 $v/(m/min)$	60~110
进给量 $f/(mm/r)$	0.6~1.0
背吃刀量 a_p/mm	1~2

(2) 铣削

铣削是 CFRP 加工的一种主要手段。一般来说,对 CFRP 层板加工一个延伸到板边缘的切削表面时,应先铣削层板边缘,以防止分层。国外推荐采用锋利的四槽端面铣刀,以提高切削效率和降低切削力,从而减少分层的可能性。铣削时尽量避免横向进给,只有在背部有足够的支撑时才可使用横向进给。表 5.3-5 给出了硬质合金立铣刀加工 CFRP 层板时的切削用量。

表 5.3-5　CFRP 层板切削用量

名称	切削用量
切削速度 $v/(m/min)$	70~80
背吃刀量 a_p/mm	0.3~2
每齿进给量 f_z/mm	0.05~0.10

(3) 磨削

为了避免切削难的问题,往往采用磨削或特种加工,但磨削效率很低,进给量一般在 0.02~0.10mm 之间,见表 5.3-6。金刚石砂轮和用树脂胶黏剂制作的砂轮,适合于 CFRP 的磨削加工,但易黏刀引起堵塞,建议采用粒度为 60~80 的金刚石砂轮作为磨削工具。

表 5.3-6　CFRP 磨削用量

名称	磨削用量
进给量 $f/(mm/r)$	0.02~0.10
粒度	60~80

(4) 切割工艺

CFRP 切割过程中易产生两种缺陷,一是切口损伤,二是层间分层。切口损伤主要是切口边缘附近产生出口分层、撕裂、毛刺、拉丝等缺陷;层间分层主要是指 CFRP 层与层之间发生的分离,使构件内部组织变得疏松,从而降低了构件强度和其他性能。CFRP 的切割可以采用激光切割和高压水切割等特种工艺,也可以采用金刚石砂轮片切割工艺。

一般选用金刚石砂轮片作为切割工具,金刚石砂轮片由基体和金刚砂镀层组成,基体厚度一般为 1.5~2.0mm,起支承作用;镀层是切割工具的工作部位,其厚度约为 0.20mm。一般的镀层硬度在 80HRC 以上,而碳纤维制品硬度一般为 60HRC,所以选用金刚砂镀层的砂轮片作为切割工具是可行的，镀层粒度一般选 60~100。

切割试验按以下参数可获得较理想的切口：砂轮转速大于 2800r/min，切割速度为 0.1~0.6mm/min，镀层厚度为 0.1~0.2mm，应选用大功率电动切割工具，以提高切割力，减少振动和偏摆。

5.3.2 碳/碳复合材料的加工

碳/碳复合材料由脆性的碳纤维和韧性的碳基体组成，碳纤维具有很高的比强度，其强度是碳基体的若干倍，所以切削过程是碳基体破坏、碳纤维断裂相互交织的复杂过程。在此过程中，碳纤维类似砂轮中的磨料，对刀具进行研磨，使刀具磨损加快，切削条件恶化，同时由于碳/碳复合材料热导率小，碳纤维断裂和基体剪切，切屑与前刀面、后刀面以及已加工表面之间的摩擦所产生的大量切削热难以在加工中随切屑排除，大部分传给了刀具本身，使切削区温度迅速上升，加速刀具的磨损，故加工碳/碳复合材料时，刀具基本难以完成切削的全过程，加工效率低下，加工精度很难达到要求，所以，选用适宜的加工参数具有非常重要的现实意义，能够提高刀具的使用寿命，实现加工效率和精度的提高。

加工碳/碳复合材料时，一般可选择常规硬质合金刀具，在精加工时可采用人造聚晶金刚石刀具代替硬质合金刀具。加工过程多以干切削为主，不用切削液，需要采用吸尘器等工具清除粉尘。人造聚晶金刚石刀具主要是耐磨性更好，因成本较高，一般建议选择硬质合金刀具进行加工。在采用硬质合金刀具加工碳/碳复合材料时，其车加工切削用量见表 5.3-7。

表 5.3-7 碳/碳复合材料车加工切削用量

名称	切削用量
切削速度 v/(m/min)	30~80
进给量 f/(mm/r)	0.1~2
背吃刀量 a_p/mm	0.5~2

碳/碳复合材料铣削粗加工切削用量见表 5.3-8。

表 5.3-8 碳/碳复合材料铣削粗加工切削用量

名称	切削用量
切削速度 v/(m/min)	20~40
每齿进给量 f_z/mm	0.1~0.3
背吃刀量 a_p/mm	0.5~3

碳/碳复合材料铣削精加工切削用量见表 5.3-9。

碳/碳复合材料加工参数的选择，很多时候需要考虑材料本身的性能。如果碳/碳复合材料密度大，则加工时刀具磨损就更为严重；如果密度小，则刀具

表 5.3-9 碳/碳复合材料铣削精加工切削用量

名称	切削用量
切削速度 v/(m/min)	40~100
每齿进给量 f_z/mm	0.02~0.15
背吃刀量 a_p/mm	0.1~0.5

磨损就小。碳/碳复合材料的组织结构形式也会影响到其加工性能，高织构的材料更容易加工，还不容易产生撕裂、分层等缺陷，而低织构的材料加工时更容易出现加工缺陷。

5.3.3 陶瓷基复合材料的加工

陶瓷基复合材料一般都具有比强度高、比模量高、耐腐蚀、热稳定性好等一系列优良性能，在航空航天、军事、汽车等领域得到广泛的使用，但是，这类材料的加工性能都比较差。

目前，国内外对颗粒增强型陶瓷基复合材料的加工，尤其在铣削和车削加工方面的试验研究比较多，它们都充分证明了陶瓷基复合材料加工的困难性以及刀具磨损的严重性，在试验中采用普通刀具是不能达到加工效果的，大多数的试验都采用超硬材料刀具。钻削加工由于其加工的特殊性和复杂性，使得可加工性更差，刀具的磨损也更加严重。随着现代科技的迅猛发展，复合材料越来越多地被使用于各行各业，其加工质量和加工效率也必须得到一定的提高。

1. 车削

用人造聚晶金刚石车刀车削碳纤维增强碳化硅（C_f/SiC）陶瓷基复合材料喷管，能够使 C_f/SiC 陶瓷基复合材料喷管连接部位的形状精度、尺寸精度、表面质量提高，满足工艺需求。宜采用表 5.3-10 和表 5.3-11 所列的切削用量和切削参数，同时应采用低转速、中进给量、大吃刀量。

表 5.3-10 人造聚晶金刚石车刀车削 C_f/SiC 陶瓷基复合材料喷管切削用量

名称	切削用量
切削速度 v/(m/min)	60~110
进给量 f/(mm/r)	0.6~1.0
背吃刀量 a_p/mm	1~2

2. 铣削

使用不同刀具铣削陶瓷基复合材料的优缺点见表 5.3-12。

3. 钻削

使用 PCD 钻头钻削陶瓷基复合材料时，宜采用表 5.3-13 的切削用量。

表 5.3-11　人造聚晶金刚石刀具加工 C_f/SiC 陶瓷基复合材料喷管切削参数

角度名称	角度	人造金刚石聚晶车刀与硬质合金车刀的对比情况
前角/(°)	12~15	可以加大刀具切割作用，减少切削热，提高刀具寿命
后角/(°)	6~8	保证切削轻快，减少摩擦热和切削热
主偏角/(°)	75~90	可减少径向力和振动，提高刀具强度，改善刀具散热条件
刃倾角/(°)	0~5	可减少加工中的冲击力，保护刀具强度
刃口形状	锐刃	保持刃口的锋利
刀尖形状	圆弧刃或修光刃 $R=0.2~0.5$	提高刀尖强度和寿命

表 5.3-12　陶瓷基复合材料铣削刀具的选择

名称	优缺点
硬质合金铣刀	成本低，但加工时易出现毛刺及崩边缺陷，故不予选用
钎焊 PCD 复合片铣刀	钎焊工艺复杂且 PCD 金刚石复合片价格高，加工时会出现轻微的毛刺及崩边缺陷，不宜选用
树脂结合剂金刚石刀具	价格适中，但树脂结合剂致密化程度高，容屑空间小，连续加工时切屑极易黏附刀具，产生烧刀现象，加工时应及时清除堵塞切屑并使用冷却方法
电镀金刚石刀具	价格较低，铣削质量优良，有足够的容屑空间，不易发生刀具堵塞现象，同时，结合剂和基体均为金属，能将切削热及时离切削区域，降低切削温度，实现高质量的连续加工

表 5.3-13　PCD 钻头钻削 C_f/SiC 陶瓷基复合材料切削用量

名称	切削用量
主轴转速/(r/min)	3000~9000
进给速度/(mm/min)	20~100

4. 磨削

影响砂轮加工质量的磨削参数主要是砂轮线速度、工件转速、单位进给量、工作台速度，其中各参数对表面粗糙度值的影响程度可依次排列为：工作台速度（纵向移动速度）>工件转速>单位进给量>砂轮线速度，故磨削参数的优化改进应主要集中在工作台速度上。

5.3.4　玻璃纤维增强复合材料的加工

玻璃纤维增强复合材料（GFRP）具有重量轻、比强度高、耐腐蚀、电绝缘性能好、传热慢、容易着色、产品设计自由度大等特性，其相对密度在 1.5~2.0 之间，只有碳钢的 1/5~1/4，但抗拉强度却接近甚至超过碳素钢，强度可以与高级合金钢媲美，因此被广泛应用于机械、化工、交通运输等领域。然而，由于 GFRP 中树脂基体和玻璃纤维增强体在材料性能方面的差异，加工过程中容易出现加工质量差、刀具磨损严重等问题，因此有必要使用适宜的加工参数，提高 GFRP 加工质量，延长刀具寿命。

1. 轮廓铣削

表 5.3-14 给出了常用的轮廓铣加工参数。相比于硬质合金轮廓铣刀具，金刚石和 PCD 轮廓铣刀具需要更高的切削速度。无论哪种轮廓铣刀具，每齿进给量一般都为 0.05mm。采用过高的进给量将可能产生分层、裂纹等机械损伤。

表 5.3-14　硬质合金或金刚石轮廓铣刀加工 GFRP 的加工条件

铣刀	切削速度 $v/(m/min)$	每齿进给量 f_z/mm
K20 硬质合金多齿轮廓铣刀	100	0.05
金刚石磨料轮廓铣刀	900~1500	0.05
PCD 轮廓铣刀	900~1500	0.05

2. 车削

表 5.3-15 给出了 GFRP 复合材料一般采用的车削加工参数。

表 5.3-15　GFRP 材料车削参数

材料	切削速度 $v/(m/min)$	进给量 $f/(mm/r)$	背吃刀量 /mm
K10/K20 硬质合金	50~250	0.05~0.3	<8
PCD	200~800	0.05~0.3	<7

5.3.5　芳纶纤维增强复合材料的加工

芳纶纤维增强复合材料（KFRP）具有强度高、密度低、韧性大和不易熔化等特性，在兵器装备等领域获得了广泛的应用，但其制成的构件在切削过程中，由于其构件层压板的层间剪切强度低，纤维与基体的黏结强度远低于纤维的抗拉强度，这给加工带来了很大困难，且加工中容易产生基体烧蚀、切面分层、抽丝、拉毛等缺陷。

1. 轮廓铣削

一般轮廓铣 KFRP 所采用的加工参数见表 5.3-16。

与 CFRP 或 GFRP 相比，使用硬质合金和 PCD 轮廓铣刀具加工 KFRP 复合材料时，需采用更高的切削速度。无论哪种轮廓铣刀具，每齿进给量一般都为 0.05mm。

采用高切削速度容易导致复合材料的热损伤，而采用过大的进给量则可能导致分层、毛刺等机械损伤。

表 5.3-16　KFRP 材料加工工艺参数

刀具	切削速度 $v/(\mathrm{m/min})$	每齿进给量 f_z/mm
硬质合金刀具	500~700	0.05
PCD 刀具	600~800	0.05

2. 车削

表 5.3-17 给出了车削 KFRP 复合材料一般采用的车削加工参数。

表 5.3-17　KFRP 材料车削参数

材料	切削速度 $v/(\mathrm{m/min})$	进给量 $f/(\mathrm{mm/r})$	背吃刀量 $/\mathrm{mm}$
K10/K20 硬质合金	75~150	0.04~0.06	0.25~0.50
PCD	400~800	0.04~0.06	0.25~1

5.4　喷涂材料的加工

喷涂又称为喷焊，是金属表面处理和防护的一种新工艺。喷涂是利用火焰、爆炸、电弧等离子等热源，将合金粉末、陶瓷、塑料或其他复合材料加热至熔融状态，在较大压力和喷射速度下，通过喷枪，喷到经过清理的工件表面上，形成一层牢固的保护层，具有耐高温、承压、耐磨损、耐腐蚀、抗氧化等优良的综合性能。能几倍、几十倍地延长零件的使用寿命，节约材料、能源，降低成本。喷焊工艺按操作工艺不同，分为喷焊一步法和喷焊二步法。喷焊一步法是将粉末喷洒和熔化交替进行，一次完成喷焊工艺。喷焊二步法是先喷后熔工艺，粉末喷洒和熔化程序分

开进行，此法对整个工件的热干扰较大，但操作易于掌握。

喷涂用合金粉末尚未标准化，大致可分为喷涂用自熔性合金粉末（包括有镍基、铁基、钴基及含碳化钨的自熔性合金粉末）、喷涂粉末（包括有打底层粉末和铁基、镍基、铜基的工作层粉末）、包覆粉末三大类。为了进一步提高表层的耐磨性，还发展了金属与塑料、陶瓷与氧化物的混合粉末，超细粉末，超硬型粉末等。合金粉末牌号、主要特性与用途见表 5.4-1，喷涂用包覆粉末见表 5.4-2，喷涂用线材规格见表 5.4-3。

表 5.4-1　合金粉末牌号、主要特性与用途

名称	牌号	典型化学成分(质量分数,%)									粒度	典型硬度 HRC	主要特性与用途
		Ni	Cr	B	Si	Fe	Cu	C	Co	其他			
镍基	Ni25	—	1.5	3.5	≤8.0		—	0.1	—	—	150#	25	切削性、耐热性、耐蚀性好,用于玻璃模具
	Ni35		10	2.1	2.8	≤14	—	0.15	—	—	150#	35	耐冲击、耐蚀性、耐磨性、耐热性好,用于模具冲头、齿轮面、显像管模具预保护式修复
	Ni45		16	3.0	3.5	≤14	—	0.4	10	—	150#	45	高温耐磨,用于排气阀密封面预保护
	Ni55	余量	16	3.5	4.0	≤14	3.0	0.8	—	Mo3.0	150#	55	耐磨、湿热喷厚涂层。用于模具、链轮、凸轮及排气阀
	Ni60		16	3.5	4.5	≤15	—	0.8	—	—	150#	60	耐磨、湿热喷厚涂层,表面光洁。用于拉丝提筒、机械易损件喷焊
	Ni62		16	3.5	4.0	≤14	—	1.0	—	W10	150#	62	用于造纸机磨盘、破煤机叶轮片
	Ni170		23	—	1.2	—	—	0.1	—	—	120#	170	耐热、耐高温氧化,作绝热涂层、陶瓷涂层底粉
	Ni180		15	—	0.8	≤7.0	—	0.1	—	Al ≤0.3	120#	180	耐摩擦、磨损,加工性好,用于各类轴承面
	Ni222		15	—	0.1	—	—	0.1	—	Al5.0	120#	220	耐蚀性好,用于印刷辊、电枢轴
	Ni320		15	—	3.0	—	—	0.8	—	Al1.5	120#	320	高硬度、耐磨,用于机床轴、电动机轴等防腐喷涂

（续）

名称	牌号	Ni	Cr	B	Si	Fe	Cu	C	Co	其他	粒度	典型硬度 HRC	主要特性与用途
钴基	Co42	15	19	1.2	3.0	≤7.0	—	1.0	余量	W7.5	60~200#	42	高温耐磨、耐燃气腐蚀,用于高温排气阀
	Co50	27	19	2.6	4.2	≤15	—	0.4	余量	Mo6.0	150#	50	高温耐磨、耐燃气腐蚀、耐空蚀,用于高温模具汽轮机叶片
铁基	Fe30	29	13	1.0	2.5	余量	—	0.5	—	Mo4.5	150#	—	耐磨性、韧性好,用于钢轨修补
	Fe30A	37	13	1.0	2.5	余量	—	0.5	—	Mo4.5	150#	—	耐磨性、韧性好,用于钢轨修补
	Fe50	20	13	4.0	4.0	余量	—	1.0	—	Mo4.0	60~200#	—	耐磨性、韧性好、难切削,用于石油钻具等离子喷焊
	Fe55	13	13	3.2	4.5	余量	—	1.2	—	Mo5.0	150#	—	用于工程机械、矿山、农机具喷焊
	Fe250	9	17	1.5	1.8	余量	—	0.2	—	—	120#	250	韧性好、加工性好,用于汽轮机箱体密封面喷涂
	Fe280	37	13	1.0	2.5	余量	—	0.5	—	Mo4.5	120#	280	硬度高、耐磨性好、抗压性好,用于各种耐磨件
	Fe320	—	—	—	1.0	余量	—	—	—	—	120#	320	硬度高、耐磨性好、抗压性好,用于各种耐磨件
	Fe450	13	—	—	2.5	余量	—	—	—	—	120#	450	硬度高、耐磨性好、抗压性好,用于各种耐磨件
碳化钨基	NiWC25	Ni60 + WC25									150#	基体 60 WC70	超硬耐磨粒、抗冲刷磨损,用于风机叶片等
	NiWC35	Ni60 + WC35									150#	基体 50 WC70	超硬耐磨粒、抗冲刷磨损,用于风机叶片等
	CoWC35	Co50 + WC35									150#	基体 50 WC70	超硬耐磨粒、抗冲刷磨损,高温性能好
铜基	Cu150	Sn8.0　P0.4					余量				100#	150	摩擦因数小、易加工,用于压力缸体、机床导轨等
	Cu180	5.0					余量			Al10.0	100#	180	摩擦因数小、易加工,用于压力缸体、机床导轨等
复合粉	粉511	Ni20Al								—	—	—	具有自黏结作用打底

表 5.4-2　喷涂用包覆粉末

名称	牌号	包覆组分(质量分数,%)	粒度	性能与用途
钴包碳化钨	12Co/WC	Co10~14	400#	可获得硬度高、耐磨性好的涂层,用来修复已磨损的各种零部件,延长寿命
	16Co/WC	Co14~18	150~400	
	20Co/WC	Co18~22	超细<5μm	
镍包碳化钨	20Ni/WC	Ni8~12	超细<5μm	
镍包铝	80Ni/Al	Ni78~82	150~320#	放热型自黏结材料,一般用于打底,也可用作工作层或混合层
	90Ni/Al	Ni88~92	80~200#	
铝包镍	5Al/Ni	Al4~7	150~320#	
镍包氧化铝	25Ni/Al$_2$O$_3$	Ni23~27	150~320#	喷涂后形成一种金属陶瓷涂层,与基体结合强度高,抗热冲击性和耐磨性好
	75Ni/Al$_2$O$_3$	Ni73~77	150~320#	

（续）

名称	牌号	包覆组分（质量分数，%）	粒度	性能与用途
镍包铬	80Ni/Cr	Ni78~82	150~320#	作为陶瓷涂层的底层，或铜基体的底层
镍包铜	50Ni/Cu	Ni48~52	150~320#	涂层具有一定的柔性和韧性
钴铬铝钇	CoCrAlY	Co58~60 Cr19~25 Al12~14 Y1~2	150~320#	涂层具有良好的抗高温氧化和耐蚀性
镍包石墨	—	—	—	有良好的自润滑性
镍包金刚石	—	—	—	用于制造金刚石砂轮，具有强度高、耐高温特性

表 5.4-3　喷涂用线材规格

名　称	直径/mm	名　称	直径/mm
锌丝	3	T9	2.3
铝丝	3	T9	1.8
不锈钢	1.8	—	—

5.4.1　喷涂材料的加工特点

喷涂层的可加工性，取决于喷涂材料的性质。对

任一种合金基粉而言，视其所含成分的具体数值不同，以其平均等级来衡量其加工的难易程度。喷涂层材料的可加工性见表 5.4-4 和表 5.4-5。

表 5.4-4　喷涂层材料的可加工性

要素	可加工性
表面硬度高	表面硬度一般为 30~40HRC。当 Ni、Cr、WC 等合金粉末含量增加时，硬度可达 60HRC 以上，甚至高达 65~70HRC。切削过程中刀具容易崩刃、剥落、破损和磨损，寿命很低
切削区温度高	喷涂用合金粉末组元大多是熔点高、热导率低的元素。切削时热量集中于切削区域，使切削温度升高，加速了刀具的扩散和氧化磨损
焊层易脱落	喷涂表面与工件基体在高温喷焊后，虽为冶金性结合，有一定的结合强度，但由于焊层较薄、硬度高、组织不够致密，在受到较大的切削力时，特别是刀具后角过小而引起的摩擦力较大时，焊层表面易产生局部剥落，应加以防止
易产生振动	由于喷焊层组织不均匀、表面不平、有微小气孔和缺陷，切削时容易引起振动，应特别加以注意

表 5.4-5　各种喷涂层材料的可加工性

喷焊层	可加工性											
	易切削			较易切削			较难切削			难切削		
等级序号	1	2	3	4	5	6	7	8	9	10	11	12
硬度/HRC	≥25	30	35	40	45	50	52	58	60	62	64	68
碳（C）	0.1	0.2	0.25~0.3	0.35~0.4	0.5	0.6~0.7	0.8	0.9	0.95	1	1.3	1.5
铬（Cr）	≥5	10	12	14	16	—	17	18	—	19	—	21
硅（Si）	1.5	2~2.5	3~3.5	4	4.5	4.6	5	—	—	—	—	—
硼（B）	0.5	1	1.5	2	2.2	2.3	2.5	3	3.5	4	4.5	—
镍（Ni）	25	20	44.3	46.5	60.2	66.75	67	72	73.5	83.5	85	—
钴（Co）	—	—	16	43	49.5	56.5	59.7	69.7	—	—	—	—
钴包碳化钨（Co/WC）				5	12	15				36	50	75
铁（Fe）	≤18	17	16	15	12	8	5	—	—	—	—	—

5.4.2　喷涂材料的加工参数

喷涂材料的加工参数见表 5.4-6。

表 5.4-6　喷涂材料的加工参数

喷涂材料、性能、切削方式	刀具牌号	切削用量			刀具几何角度						加工长度 /mm	刀具磨损 /mm
		v /(m/min)	f /(mm/r)	a_p /mm	κ_r /(°)	κ_r' /(°)	γ_o /(°)	α_o /(°)	α_o' /(°)	λ_s /(°)		
镍基粉 102+Fe 60HRC 车外圆(φ28×901mm)	YC09	8.5	0.4~0.45	0.3	15	10	−6	9	9	−2	2730	0.21
钴基 221 喷焊 40~50HRC 车端面	YH2	2.9	0.22	2.5	45	45	16	6	2	0	φ190~φ200	—
镍基粉 102 65HRC 铣削(85mm×100mm)	YH1	19.6	22.4	0.15~0.2	20	20	−15	10	10	—	85×100	铣三次 0.57
镍基粉 105Fe 60HRC 车外圆(φ94×580mm)	YC09	17	0.3	0.2	25	20	−6	6	6	—	560	0.32
	YC08	17	0.3	0.2	25	20	−6	6	6	—	560	0.38
镍基粉 102 Fe 60HRC 车外圆(φ300mm×630mm)	YC08	11.3	0.5	0.15	20~30	20~30	3	6	6	20~25	630	0.18
	YC10	11.3	0.5	0.15	20~30	20~30	3	6	6	20~25	630	0.32
钴基 577 堆焊 >38HRC 车端面	YGRM	57	0.4	2	30	30	−5	6	6	0	φ230~φ240	—
120Ni 60~65HRO 车外圆(φ150mm)	600 758	10	0.1	2	30	45	−5	8	8	0	80	0.07
钴基 204+35%WC 50~52HRC 车外圆(φ110mm×30mm)	600	26.6	0.068	0.5	75	5	0	3	4	0	100	—
CoCrWB 堆焊钴基合金 45~48HRC 车端面(φ200mm)	726	26	0.81	2	10~15	20	15~30	8	6	8	—	—
12Cr18Ni9Ti 堆 60%YG8 粉 表面硬度极高 车端面(φ200mm)	813	9.6	0.13	3	45	45	6~8	8	12	3~5	—	—
85#CrMn 合金 堆焊截止阀密封面的加工 车端面(φ180mm)	767	112	0.34	2	45	45	5	6	6	0	—	—

注：1. 刀具材料最好选用含 TaC(NbC) 的细颗粒硬质合金。
　　2. 也可选用 SG4、SG5、LT35、LT55 等复合陶瓷刀具和 FDAW 复合立方氮化硼刀具。

参 考 文 献

[1]　航空制造工程手册总编委会. 航空制造工程手册-金属材料切削加工 [M]. 北京：航空工业出版社，1994.

[2]　韩荣第，于启勋. 难加工材料切削加工 [M]. 北京：机械工业出版社，1996.

[3]　韩荣第. 现代机械加工新技术 [M]. 北京：

[4] 沃丁柱. 复合材料大全 [M]. 北京：化学工业出版社，2000.

[5] 张建华. 精密与特种加工技术 [M]. 北京：机械工业出版社，2003.

[6] 杨叔子. 机械加工工艺师手册 [M]. 北京：机械工业出版社，2002.

[7] 王晶，罗明，吴宝海，等. 航空发动机机匣摆线粗加工轨迹规划方法 [J]. 航空学报，2018，39（6）：221-232.

[8] 蔺小军，史耀耀，任军学. 整体喷嘴环高效数控加工技术 [J]. 中国机械工程，2010，21（22）：2705-2709.

[9] 任军学，刘博，姚倡锋，等. TC11 钛合金插铣工艺切削参数选择方法研究 [J]. 中国机械工程，2010，29（5）：634-641.

[10] 杨普国，孙余一，周遐，等. 影响材料切削加工性的各种因素探析 [J]. 有色金属设计，2010，37（4）：49-52，56.

[11] 李香飞. 基于不同隶属度函数的金属材料切削加工性模糊综合评价 [J]. 工具技术，2019，53（4）：67-72.

[12] 金瑞，任志英，白鸿柏，等. 复合合金化对奥氏体中锰钢切削加工性的影响及切削加工性的模糊综合评判 [J]. 过程工程学报，2018，18（5）：1037-1044.

[13] 胡永科，李淑娟. 高锰钢 ZGMn13 的切削加工工艺研究 [J]. 机械工程与自动化，2011（1）：176-177，180.

[14] 齐德新，马光锋，赵树国. 浅谈 ZGMn13 高锰钢的切削加工性 [J]. 煤矿机械，2003（1）：50-51.

[15] 郑文虎，张明杰. 高锰钢的切削加工 [J]. 金属加工（冷加工），2017（12）：45-46.

[16] 张智秋. 航空航天难加工材料的高速铣削 [J]. 世界制造技术与装备市场，2018（1）：75-76.

[17] 果成顺. 难切削材料加工技术的发展近况 [J]. 工具技术，1987（6）：1-5.

[18] 王宝林. 钛合金 TC17 力学性能及其切削加工特性研究 [D]. 济南：山东大学，2013.

[19] 李树索，陈希杰. 高锰钢的发展与应用 [J]. 矿山机械，1998（3）：5-6，70-71.

[20] 李长生，马彪，郑建军，等. 50Mn18Cr4V 高锰无磁钢板的组织与性能 [J]. 中国科技论文，2015，10（4）：403-406.

[21] 中国航空材料手册编辑委员会. 中国航空材料手册：第 4 卷 钛合金 铜合金 [M]. 北京：中国标准出版社，2001.

[22] 李强，郭辰光，丁广硕，等. DD5 镍基单晶高温合金铣削亚表面损伤研究 [J]. 中国机械工程，2020，31（21）：2638-2645.

[23] 韩梅，岳晓岱，董建民，等. DD6 单晶高温合金初熔组织演变机制研究 [J]. 失效分析与预防，2019，14（3）：166-171.

[24] 中国航空材料手册编辑委员会. 中国航空材料手册-第 2 卷-变形高温合金 铸造高温合金 [M]. 北京：中国标准出版社，2001.

[25] 张红斌，夏万勇，张菽浪. 镍基高温合金 IN-738 组织与性能的关系 [J]. 钢铁研究学报，2003，15（1）：66-71.

[26] 俞正江. ZG13Cr9Mo2Co1NiVNbNB 耐热钢的研究与应用 [J]. 铸造工程，2019，43（6）：36-41.

[27] 赵义瀚，孙福民，彭建强，等. 超超临界汽轮机用 ZG13Cr9Mo2Co1VNbNB 钢的组织与性能研究 [J]. 汽轮机技术，2016，58（3）：235-237.

[28] 丁丽锋，方顺发，袁达，等. GX12CrMoWVNbN10-1-1 钢的热处理工艺试验 [J]. 热力透平，2008，37（4）：292-294.

[29] 许冀鑫，林红，魏建博，等. X12CrMoWVNbN10-1-1 钢超超临界蒸汽阀体铸件热处理工艺试验 [J]. 铸造技术，2013，34（5）：563-565.

[30] 胡小强，罗兴宏，李殿中. 超超临界钢 G-X12CrMoWVNbN10-1-1 长时间等温热处理过程中的组织演变 [J]. 材料热处理学报，2007（1）：5-8，13.

[31] 李锋，刘维伟，余斌高，等. TiAlN 涂层刀具高速铣削 GH4169 刀具磨损形貌及机理分析 [J]. 航空精密制造技术，2016，52（1）：34-38.

[32] 孙士雷，赵杰，赵灿. 铣削 GH4169 高温合金用刀具的磨损机理 [J]. 材料科学与工程学报，2016，34（4）：647-650.

[33] 张春波，周军，张露，等. GH4169 合金与 FGH96 合金惯性摩擦焊接头组织和力学性能 [J]. 焊接学报，2019，40（6）：40-45，162-163.

[34] 卢毓华，沈学静，李杰，等. 变形 FGH96 合金涡轮盘物理化学相分析 [J]. 冶金分析，2018，38（1）：1-8.

[35] 王彬，黄继华，张田仓，等. FGH96/GH4169 高温合金惯性摩擦焊热变形组织及行为分析 [J]. 焊接，2017（10）：47-50，75.

[36] 宁永权，李辉，姚泽坤，等. FGH96 高温合金的再结晶组织特征 [J]. 稀有金属材料与工程，2016，45（5）：1225-1229.

[37] 国为民，董建新，吴剑涛，等. FGH96 镍基粉末高温合金的组织和性能 [J]. 钢铁研究学报，2005（1）：59-63.

[38] 张一鸣. 典型钛合金加工表面完整性研究 [D]. 大连：大连理工大学，2019.

[39] 郑念庆，张永强，和永岗，等. 显微组织对 TA11 钛合金棒材力学性能的影响 [J]. 锻压技术，2017，42（8）：146-151.

[40] 周烨，杜剑平，韩墨流，等. 固溶时效工艺参数对 TA19 钛合金显微组织与拉伸性能的影响 [J]. 机械工程材料，2019，43（8）：7-11.

[41] 韩墨流. 固溶参数对 TA19 钛合金组织演变规律及对力学性能影响的研究 [D]. 贵阳：贵州大学，2018.

[42] 马权，郭爱红，周廉. Ti1023 钛合金在时效过程中的组织演化和拉伸性能 [J]. 中国有色金属学报，2019，29（6）：1219-1225.

[43] 王放. TB6 钛合金切削特性研究 [D]. 北京：北方工业大学，2018.

[44] 王永鑫，张昌明. TC18 钛合金车削加工的切削力和表面粗糙度 [J]. 机械工程材料，2019，43（7）：69-73.

[45] 王永鑫，张昌明. TC18 钛合金铣削表面质量试验研究 [J]. 机械强度，2019，41（5）：1071-1078.

[46] 王鹤仪，谢炜. 锻造温度与变形量对 TC18 钛合金棒材力学性能的影响 [J]. 特钢技术，2019，25（4）：29-31.

[47] 蔡雨升，金光，锁红波，等. 电子束快速成形 TC18 钛合金的显微组织与硬度的关系 [J]. 航空制造技术，2014（19）：81-85.

[48] 王磊. TC18 钛合金的组织性能研究 [D]. 西安：西安建筑科技大学，2017.

[49] 曾玉金，万明攀，顾美，等. 循环热处理对 TC21 合金组织和性能的影响 [J]. 热加工工艺，2019，48（12）：129-131.

[50] 张利军，田军强，周中波，等. 热处理制度对 TC21 钛合金锻件组织及力学性能的影响 [J]. 中国材料进展，2009（9）：84-87.

[51] 张方，陈静，薛蕾，等. 激光立体成形 Ti60 合金组织性能 [J]. 稀有金属材料与工程，2010，39（3）：452-456.

[52] 王涛，郭鸿镇，刘鹏辉，等. 等温锻造应变速率对 Ti60 合金组织和性能的影响 [J]. 热加工工艺，2009，38（5）：30-32.

[53] 余槐，袁鸿，王金雪，等. Ti60 钛合金电子束焊接接头性能及组织 [J]. 航天制造技术，2012（4）：31-34.

[54] 王运，张昌明，张昱. 车削参数对 A100 钢表面粗糙度的影响 [J]. 制造技术与机床，2020（10）：115-119.

[55] 冯永. 回火工艺对 AerMet100 超高强钢组织与力学性能的影响 [J]. 热加工工艺，2020，49（22）：147-149.

[56] 张胜男，程兴旺. AerMet100 超高强度钢的动态力学性能研究 [J]. 材料工程，2015，43（12）：24-30.

[57] 晁代义，张倩，孙有政，等. 超高强 7055 铝合金铸锭均匀化工艺优化 [J]. 金属热处理，2020，45（12）：87-91.

[58] 汤志浩，叶庆丰，周建党，等. 回归再时效处理对喷射成形 7055 铝合金挤压厚板组织与性能的影响 [J]. 金属热处理，2020，45（10）：129-134.

[59] 魏雨虹. 热处理对 7055 铝合金组织及其性能的影响 [D]. 哈尔滨：哈尔滨理工大学，2020.

[60] 于晓，王优强，张平，等. 刃倾角对 7055 铝合金高速切削过程的影响研究 [J]. 制造技术与机床，2019（9）：82-86.

[61] 苏建民. 7055 铝合金高速切削三维有限元模拟 [J]. 兵器材料科学与工程，2016，39（3）：13-16.

[62] 田荣鑫，姚倡锋，武导侠. 高速铣削铝合金 7055 铣削力和铣削温度的仿真研究 [J]. 航空制造技术，2016（6）：67-71.

[63] 谭靓，姚倡锋，张定华. 7055 铝合金高速加工表面完整性对疲劳寿命的影响 [J]. 机械科学与技术，2015，34（6）：872-876.

[64] 辛志杰. 先进复合材料加工技术与实例 [M]. 北京：化学工业出版社，2015.

[65] J. Paulo Dalvim. 复合材料加工技术 [M]. 安庆龙，陈明，宦海祥，译. 北京：国防工业出版社，2016.

第6章

表面光整加工技术

主　编　李文辉（太原理工大学）

参　编　杨胜强（太理理工大学）

李秀红（太原理工大学）

姜豪增（北方天宇机电技术有限公司）

轧　刚（太原理工大学）

李永刚（太原理工大学）

郭　策（太原理工大学）

武锋锋（太原理工大学）

王秀枝（太原理工大学）

刘　佳（太原理工大学）

6.1　光整加工分类和特点

6.1.1　表面质量和评价

1. 表面质量的内涵

零件的表面质量是评价零件质量的一项重要指标，对零件的使用性能、使用寿命和可靠性，尤其是对高速、高温或高压等苛刻服役环境下工作的零件有很大的影响。

零件的表面按照形成方法可分为毛坯表面和机械加工表面两大类。毛坯表面的尺寸、形状和性能是在毛坯制造过程中形成，其表面质量由相应的毛坯制造方法所决定，由相应的毛坯制造标准来评价。机械加工表面是通过机械加工或其他加工方法改变毛坯表面的尺寸、形状和性能，其表面质量是指加工中形成的很薄表面层的质量，与加工方法和工艺参数有密切的关系。

任何机械加工所获得的零件表面层状况，不可能是完全理想的表面，总是存在一定的微观几何形状偏差，其表面层材料在切削力和切削热的影响下，也会使原有的物理力学性能发生变化。机械加工中用"表面质量"来评价由一种或几种加工、处理方法获得的零件表面层几何的、物理的、化学的或其他工程性能的状况与零件技术要求的符合程度，包括两大方面：①加工表面的几何特征，如表面粗糙度、表面纹理、加工表面缺陷等。②加工表面层的物理力学性能，如反映表面层的塑性变形与加工硬化、表面层的残余应力与金相组织变化等，以及反映表面锈蚀、光学性能等方面要求的其他特殊性能。

表面加工纹理符号及其说明见表 6.1-1。

表 6.1-1　表面加工纹理符号及其说明

图形符号	解　释	示　例
＝	纹理平行于视图所在的投影面	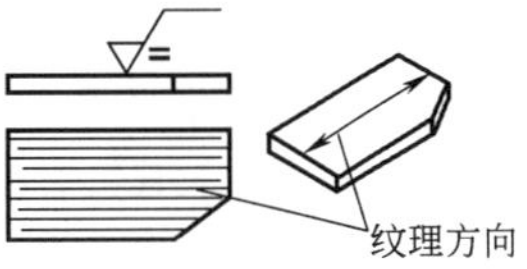
⊥	纹理垂直于视图所在的投影面	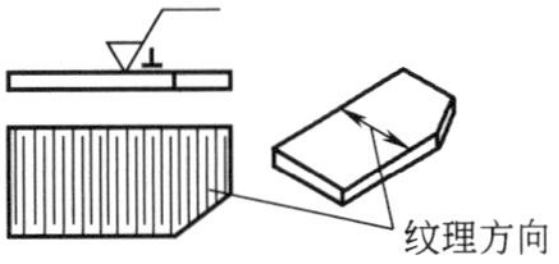
X	纹理呈两斜向交叉且与视图所在的投影面相交	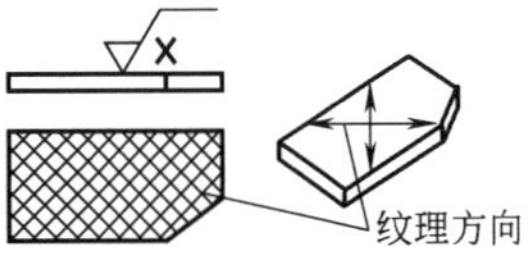
M	纹理呈多方向	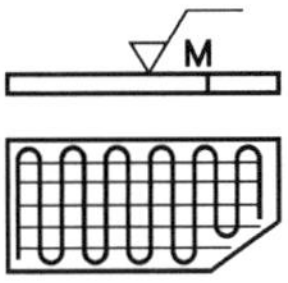
C	纹理呈近似同心圆且圆心与表面中心相关	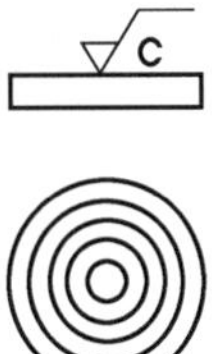

（续）

图形符号	解　释	示　例
R	纹理呈近似放射状且与表面圆心相关	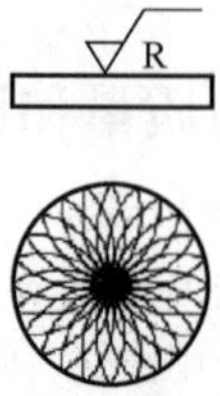
P	纹理呈微粒、凸起、无方向	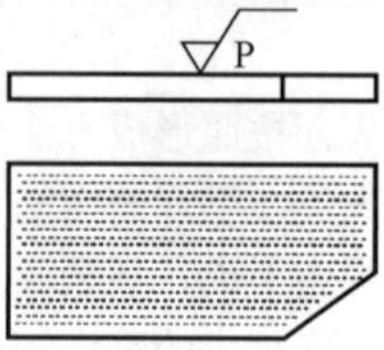

2. 表面质量评价

（1）表面几何特征的评价

GB/T 3505—2009《产品几何技术规范（GPS）表面结构　轮廓法　术语、定义及表面结构参数》规定了表面粗糙度有关表面及其参数的术语和定义，GB/T 1031—2009《产品几何技术规范（GPS）表面结构　轮廓法　表面粗糙度参数及其数值》规定了评定表面粗糙度的参数及其数值和一般规则，这些标准适用于工业制品表面粗糙度的评定。GB/T 33523.1—2020《产品几何技术规范（GPS）表面结构　区域法　第1部分：表面结构的表示法》对常见的七种纹理方向符号做出了规定。

GB/T 15757—2002《产品几何量技术规范（GPS）表面缺陷　术语、定义及参数》规定了有关表面缺陷的特性、类型及其参数的术语和定义。将表面缺陷定义为：在加工、储存或使用期间，非故意或偶然生成的实际表面的单元体、成组的单元体、不规则体。这些单元体或不规则体的类型，明显区别于构成一个粗糙度表面的那些单元体或不规则体。将表面缺陷分为凹缺陷、凸缺陷、混合表面缺陷、区域缺陷和外观缺陷四个类型。表面缺陷特征和参数可用缺陷长度、缺陷宽度、缺陷深度、缺陷高度、缺陷面积（单个缺陷投影在基准面上的面积）、缺陷总面积（在商定的判别极限内各单个表面缺陷面积之和）、表面缺陷数（在商定的判别极限范围内的实际表面上的表面缺陷总数）和单位面积上表面缺陷数（在给定的评定区域面积 A 内，表面缺陷的个数）来表达。

1）凹缺陷。指向内的缺陷，如沟槽、擦痕、破裂、毛孔、砂眼、缩孔、裂缝、缝隙、裂隙、缺损、（凹面）瓢曲和窝陷，见表 6.1-2。

2）凸缺陷。指向外的缺陷，如树瘤、疱疤、（凸面）瓢曲、氧化皮、夹杂物、飞边、缝脊和附着物，见表 6.1-3。

3）混合表面缺陷。指部分向外和部分向内的表面缺陷，如环形坑、折叠、划痕和切屑残余，见表 6.1-4。

表 6.1-2　凹缺陷类型及含义

类　型	含　义	示　例
沟槽	具有一定长度的、底部圆弧形的或平的凹缺陷	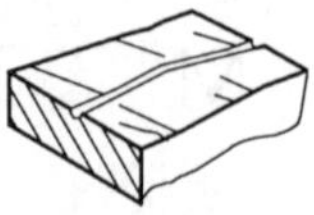
擦痕	形状不规则和没有确定方向的凹缺陷	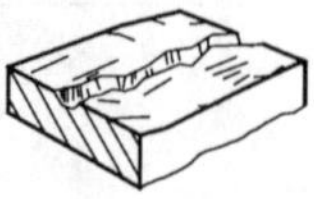
破裂	由于表面和基体完整性的破损造成具有尖锐底部的条状缺陷	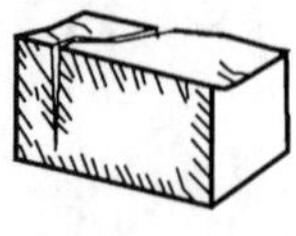

（续）

类　型	含　义	示　例
毛孔	尺寸很小、斜壁很陡的孔穴,通常带锐边,孔穴的上边缘不高过基准面的切平面	
砂眼	由于杂粒失落、侵蚀或气体影响形成的以单个凹缺陷形式出现的表面缺陷	
缩孔	铸件、焊缝等在凝固时,由于不均匀收缩所引起的凹缺陷	
裂缝、缝隙、裂隙	条状凹缺陷,呈尖角形,有很浅的不规则开口	
缺损	在工件两个表面的相交处呈圆弧状的缺陷	
(凹面)瓢曲	板材表面由于局部弯曲形成的凹缺陷	
窝陷	无隆起的凹坑,通常由于压印或打击产生塑性变形而引起的凹缺陷	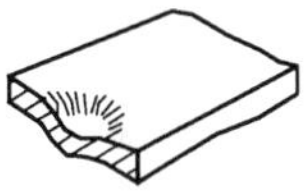

表 6.1-3　凸缺陷类型及含义

类　型	含　义	示　例
树瘤	小尺寸和有限高度的脊状或丘状凸起	
疱疤	由于表面下层含有气体或液体所形成的局部凸起	
(凸面)瓢曲	板材表面由于局部弯曲所形成的拱起	
氧化皮	和基体材料成分不同的表皮层剥落形成局部脱离的小厚度鳞片状凸起	
夹杂物	嵌入工件材料里的杂物	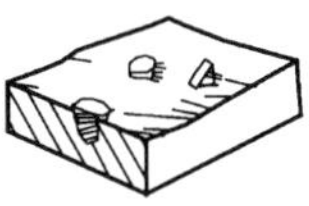

（续）

类　型	含　义	示　例
飞边	表面周边上尖锐状的凸起，通常在对应的一边出现缺损	
缝脊	工件材料的脊状凸起，是由于模铸或模锻等成形加工时材料从模子缝隙挤出，或者在电阻焊接两表面（电阻对焊、熔化对焊等）时，在受压面的垂直方向形成	
附着物	堆积在工件上的杂物或另一工件的材料	

表 6.1-4　混合表面缺陷类型及含义

类　型	含　义	示　例
环形坑	环形周边隆起、类似火山口的坑，它的周边高出基准面	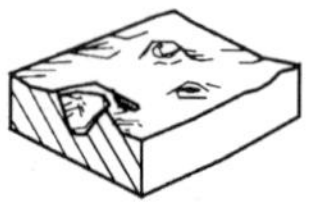
折叠	微小厚度的蛇状隆起，一般呈皱纹状，是滚压或锻压时的材料被褶皱压向表层所形成	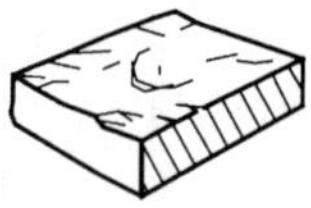
划痕	由于外来物移动，划掉或挤压工件表层材料而形成的连续凹凸状缺陷	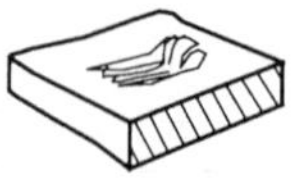
切屑残余	由于切屑去除不良引起的带状隆起	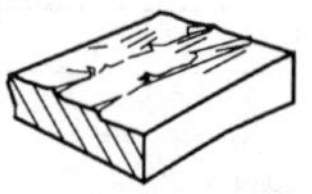

4）区域缺陷和外观缺陷。散布在最外层表面上，一般没有尖锐的轮廓，且通常没有实际可测量的深度或高度，如滑痕、磨蚀、腐蚀、麻点、裂纹、斑点、斑纹、褪色、条纹、劈裂、鳞片，见表 6.1-5。

表 6.1.5　区域缺陷和外观缺陷类型及含义

类　型	含　义	示　例
滑痕	由于间断性过载在表面上不连续区域出现，如球轴承、滚珠轴承和轴承座圈上形成的雾状表面损伤	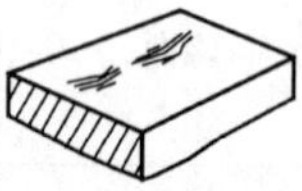
磨蚀	由于物理性破坏或磨损而造成的表面损伤	
腐蚀	由于化学性破坏造成的表面损伤	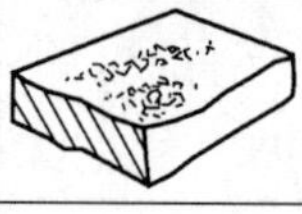

（续）

类　型	含　义	示　例
麻点	在表面上大面积分布，往往是深的凹点状和小孔状缺陷	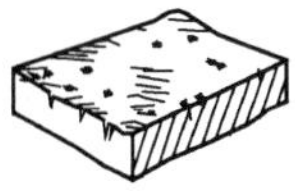
裂纹	表面上呈网状破裂的缺陷	
斑点、斑纹	外观与相邻表面不同的区域	
褪色	表面上脱色或颜色变淡的区域	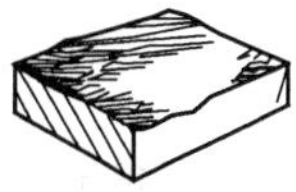
条纹	深度较浅的呈带状的凹陷区域或表面结构呈异样的区域	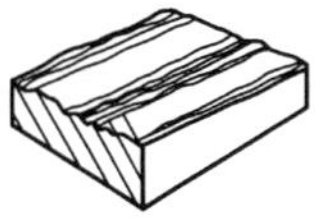
劈裂、鳞片	局部工件表层部分分离所形成的缺陷	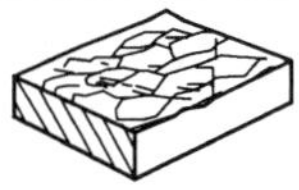

（2）表面物理力学性能的评价

表面物理力学性能包括加工硬化的程度和深度，金相组织的变化，残余应力的大小、方向及分布情况。评价表面层加工硬化的指标有：

1）表面的显微硬度 HV。

2）加工硬化程度 N。

$$N = \frac{HV - HV_0}{HV_0} \times 100\% \qquad (6.1\text{-}1)$$

式中　HV_0——原材料的显微硬度；

　　　HV——加工后表面层的显微硬度。

3）加工硬化层深度 h。

4）加工硬化梯度 μ。

$$\mu = \frac{HV - HV_0}{h} \qquad (6.1\text{-}2)$$

（3）表面完整性

表面完整性是描述、鉴定和控制零件加工过程在其加工表面层内可能产生的各种变化及其对该表面工作性能影响的技术指标。它是从加工表面的几何纹理状态和表面受扰材料区的物理性能、化学性能、力学性能变化等方面来评价和控制表面质量，所包含的内容比传统的表面质量所包含的内容更加全面、具体，其评价指标可归纳为五类：①表面的纹理形貌。包括表面粗糙度、表面波纹度和表面纹理方向。②表面缺陷。包括加工毛刺、飞边、宏观裂纹、表面撕裂和皱折等缺陷。③微观组织和表面冶金学、化学特性。包括金相组织、微观裂纹和表层化学性能。④表面力学性能。包括加工硬化的程度和深度，残余应力的大小、方向及分布情况。⑤表面的其他工程技术特性。包括电磁性能变化（电导率、磁性及电阻变化）、光学性能变化（对光的反射性能，如光亮度等）。

对于某一个零件，应根据具体要求选取部分评价内容作为具体评价指标，评价数据组见表 6.1-6。

表 6.1-6　评价数据组

数　据　组	内　容	备　注
基本数据组	表面粗糙度和表面纹理组织	
	宏观组织	10 倍或更低倍数能观察到的加工毛刺、飞边、宏观裂纹和宏观腐蚀迹象
	微观组织	微观裂纹、塑性变形、相变、晶间腐蚀、麻点、撕裂、皱折、积屑瘤、熔化和再沉积层、选择性腐蚀
	显微硬度	—

（续）

数 据 组	内 容	备 注
标准数据组	基本数据组	—
	疲劳强度试验	—
	应力腐蚀试验	—
	残余应力和畸变	—
广义数据组	标准数据组	—
	扩大的疲劳试验	如低频疲劳试验,用于得出设计所需要的信息
	附加的力学性能试验	如拉伸、应力断裂、蠕变等试验
	其他特殊性能	如摩擦特性、锈蚀特性、光学特性及电磁特性等

注：三个数据组中，后一个数据组是前一个数据组的发展。基本数据组是最低极限数据组；标准数据组适用于更为关键的零件；广义数据组是在标准数据组的基础上，扩大了力学性能试验和其他工程技术特殊要求的检测内容，以满足设计时对表面质量的特殊要求。

3. 评价指标的测量技术

（1）表面几何参数的测量

国际标准 ISO 25178-6：2010《产品的几何技术规范（GPS）第 6 部分：表面纹理测量方法的分类》把表面结构测量的方法分为线轮廓法、区域形貌法、区域整体法三大类。线轮廓法生成反映微观起伏的二维图形或轮廓作为测量数据，这组数据可以用数学方法表示为高度函数 $Z(X)$。区域形貌法生成表面的一个形貌图像，可以用数学方法表示为两个独立变量 $(X，Y)$ 的高度函数 $Z(X，Y)$。区域整体法测量表面上一个有代表性的区域并生成其整体特性的数值结果。

表面结构测量方法的分类如图 6.1-1 所示。

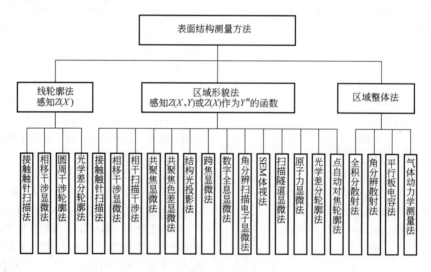

图 6.1-1　表面结构测量方法的分类

（2）毛刺缺陷的测量

毛刺的常用测量方法有：①观察测量法。适合于零件外部大毛刺的检验。当毛刺较大，尺寸在 0.1mm 以上时，可以用眼睛观察，用手触摸，也可用各种量具直接测量，如游标卡尺等。②显微镜测量法。适用于零件外部微小毛刺的检验。毛刺尺寸大小在 0.1mm 以下，所用设备有各种金相显微镜、体视显微镜、工具显微镜和光学投影仪等。③内窥镜测量法。适用于各种零件内部交叉孔处毛刺和孔壁质量的检验。小孔内窥镜的种类规格很多，一般可采用光纤工业内窥镜或电子工业内窥镜。④其他测量方法。国内已研制了一些专用的检验毛刺仪器，如伺服阀加工质量综合测量仪，能测量工件的棱边质量。

毛刺的测量方法见表 6.1-7。

表 6.1-7 毛刺的测量方法

方　法	工具/类型	特　点	备　注
手感法	目测-手指触摸结合法	拇指和食指,最快,可检测至 $51\mu m$,无法度量毛刺高度	1)易划伤精密零件 2)大零件耗时 3)与毛刺成 $90°$ 方向进行时较有效 4)指甲刮屑会留在零件边缘 5)多用于检查毛刺的存在性
	指甲	经验丰富工人可检测至 $12.7\mu m$,少数人可至 $5\mu m$	
	牙签	会污染零件表面,不适用于精密件	
	回形针	会划伤零件表面,不适用于精密件	
	牙探针	会在零件表面留下划痕,不适用于精密件	
	挂丝法	棉片擦拭过零件边缘,变松散或绒毛被挂住,证明毛刺存在	
	铅笔尖	用铅笔尖戳零件边缘或毛刺,毛刺牢固则笔尖断裂,毛刺松动则笔尖完好	
	针规	毛刺会磨损或划伤针规;可能将针规卡在零件中,若强行穿过则会划伤针规和零件	
目测法	裸眼观测	可检查差异而非测量毛刺大小	1)保证被测零件的清洁 2)仅用于检查毛刺的存在性 3)可实现一定精度的毛刺测量
	4 倍放大镜	有时需要辅助光源	
	显微镜	可有不同类型的显微镜供选用	
	耳镜	检查孔或腔体毛刺	
	观察管	用于检查直径小至 6.4mm 孔的侧壁或底部的表面粗糙度,小孔与大孔相交处的毛刺,铸件内部孔隙,内部 O 形环或卡环槽的毛刺,螺纹牙顶毛刺等	
	内窥镜	通过目镜或视频检查直径小至 1.58mm 的孔或腔底部及侧壁	
	照明辅助目测	最佳角度:目测及照明角度通常与零件棱边夹角为 $30°\sim60°$ 光源类型:工作台伸展强光灯(两盏相对使用)、环形荧光灯、Nicholas 照明器(可装于显微镜侧面或背面)、通用照明器、同轴照明器、背光、偏光附件(减少眩光)、彩色滤光片、光纤灯(可检查传统照明难以达到的深孔及区域,零件移动或倾斜时需重新调整角度)	1)保证被测零件的清洁 2)光源产热可能造成安全隐患 3)移动零件无法快速聚焦
机械测量法	测量毛刺高度的塞规	验证孔的毛刺高度不超过某个尺寸,快速、简便	毛刺支承刚度较低时,接触式测量仪易破坏毛刺的形态,影响测量精度
	千分尺	易破坏毛刺,磨损千分尺测砧	
	高度计和指示器	测量过程会弯曲毛刺,不适用于精密研究	
	台式千分尺	在可移动砧座上施加恒定负载,可重复测量	
	堆叠零件量规	一次测量多个零件,得到毛刺高度的平均值	
	组合法	同时测量毛刺高度和厚度	

（续）

方　法	工具/类型	特　点	备　注
功能性检测法	流体流动轨迹观测	观测是否有毛刺或锐边扰乱流体流动路径	基于边缘或零件的使用方式
	锐利边缘测试仪	探针为软质材料	
	轮廓仪	包括触针式轮廓仪、平端探头（毛刺会在压力下弯曲）、坐标测量仪（毛刺易弯曲并磨损探头尖端）、3D 激光轮廓仪（价格昂贵，可测得毛刺高度和厚度，检测至 0.1nm 或 0.0001μm）	
破坏性测量法	金相截面试样实测法	将带毛刺的横截面用镶嵌法制成试样，通过扫描电镜观察毛刺轮廓，测量高度和厚度	零件难以观测部位的毛刺，可切成两半检测
复制法	塑料材质复制	会在零件表面残留塑料材质，弯曲毛刺塑料无法进入	准确性低于实际毛刺测量
电子法	电接触	顶针接触到毛刺时发出声/光信号	未广泛使用，适用于某些特殊情况
	电容法	建立每种材料、零件毛刺大小的独特信号，电容探头移过毛刺时，可通过分析仪与设定信号比较；高效，适用于大批量生产	
组合法	多种检测技术结合	通常采用两种或两种以上的检查技术	根据实际情况确定

注：1. 所有量具应定期检定校准。
　　2. 毛刺检测人员应定期进行能力确认。

（3）加工硬化的测量

1）显微硬度测定法。用显微硬度计可以测定表面层的显微硬度，反映表面加工硬化的程度，还可测出显微硬度沿深度方向的变化情况。

显微硬度沿深度方向变化的测试方法见表 6.1-8。

表 6.1-8　显微硬度沿深度方向变化的测试方法

方法	剥层测定法	横截面测定法	斜切测定法
过程	用显微硬度计先测量已加工表面的显微硬度，然后用机械法、电抛光法或刻蚀法，从表面上去掉一层很薄的金属，用千分仪测定去掉金属层的厚度，再测量新显露表面层的显微硬度，如此一层层去掉，一次次测量，直到测出显微硬度与基体材料硬度一样为止，便可得出显微硬度在深度上的变化情况	测量时需将垂直于加工表面的横截面制成金相磨片，然后在磨片上从表向里每经过 50~100μm 进行一次显微硬度测量，直至基体材料为止	测量时需将与加工表面成 1°~3° 的倾斜截面制成金相磨片，然后在磨片上从表向里每经过 50~100μm 进行一次显微硬度测量，直至基体材料为止；最后根据测定出的硬化层长度和倾斜角度，计算出硬化层的深度
特点	该方法工作量较大，并且不能测量很薄的硬化层	该方法简单，但只宜测较厚的硬化层	该方法由于倾斜角很小，斜切面穿过金属层有较大的长度，因而有较大的放大测量长度（可放大 30~60 倍）；可用于测量较薄的硬化层

2）X 射线组织法。用 X 射线光束照射在多晶体金属表面，由于晶体的原子面反射，在照相底片上就出现干涉环系，反映出金属塑性变形时晶格变化和晶粒破碎等组织变化，然后根据图像上干涉环直径的大小和 X 射线的波长，就可求出原子面之间的距离，反映塑性变形的情况。

若要测定硬化层的深度，可用研磨法或电抛光法去掉一层 10μm 厚的材料，照一次 X 射线图像，直至照出的图像与原来未变形时的图像一样，此时，变形层已全部去除，每次去除层厚度相加，即为硬化层的深度，从而准确测出硬化层的深度，但此法需要的时间长，劳动量大。

3）再结晶法。塑性变形金属中产生的新组织，再结晶后晶粒大小与原始晶粒不一样，可能大许多倍或小许多倍，根据再结晶的晶体大小来判断硬化层的情况。测量时，将已加工过的试件加热至结晶温度以上（即退火温度），然后将侧面制成金相磨片，并以试剂腐蚀，在显微镜中观察一定深度内的晶粒大小，从而求出硬化层的深度。

4）金相法。将已加工过的试件侧面制成金相磨片，将磨片表面腐蚀，以显露其组织情况，用显微镜观察，根据晶粒的细碎情况和形状歪扭程度，来评定表面硬化层的深度和硬化的程度。此法比较简单，可用于表面层状态的定性分析。

（4）残余应力的测量

残余应力的测量方法很多，可分为机械测量法和物理测量法两类。机械测量法是将有残余应力的试件用一定的方法进行局部的分离或分割（如腐蚀去层），使残余应力局部释放，测量其应力释放前后的相应变形大小，然后应用弹性力学有关公式计算残余应力值，以此依次分离和测量，便可求得残余应力在不同深度上的分布情况。物理测量法是采用 X 射线法、磁性法、超声波法和光学法进行测量，其中以 X 射线法应用较广。X 射线法是一种非破坏性的检验方法，可测定 $10 \sim 35 \mu m$ 内的表层应力、局部小区域的应力、复相合金中各个相的应力。

（5）其他性能的测量

表面光亮度的检查方法及仪器有多种，如采用 UV-240 型紫外-可见分光光度计测试，以反射率表示，波长范围 $600 \sim 800 nm$，以反射率为 100% 的镜面作为参比；或用 DFW 宽波段反射率测量仪直接测量读数，可测量多点，然后取其平均值，测量精度达 0.05%。

6.1.2　光整加工内涵和特点

1. 光整加工的内涵

为了改善零件表面的外观质量，提高零件的使用性能，保证产品的整机性能，零件在获得规定的尺寸精度、几何精度之后，如尚未达到表面质量的要求，还要根据需要进行去除毛刺、飞边、刀痕等各种缺陷，减小表面粗糙度值，改善表面应力状态的工作。在机械加工中以提高零件表面质量为目的的各种加工方法、加工技术，称为表面光整加工技术，简称光整技术。通常对零件毛坯表面和零件机械加工表面根据需要进行相应的光整加工。

对于毛坯零件，是指零件在经过铸锻、冲压、焊接之后，虽然获得了规定的毛坯尺寸、几何形状，但毛坯表面质量还存在许多缺陷，如表面氧化层、皱曲、黏砂、残留焊渣等；在进入下道工序之前，须进行清砂处理或镀前处理等。这类光整加工，是以保证

毛坯零件表面质量为目的的，称为毛坯表面光整加工技术。

零件经切削加工后，进行棱边倒圆、去除毛刺、消除微观裂纹、减小表面粗糙度值、改善物理和力学性能，称为零件最终表面光整加工技术，也称为精密表面光整加工技术。

值得注意的是，人们往往忽略或不太重视对毛坯表面质量问题的分析、探讨和研究，甚至与切削加工后的表面质量问题混同起来，使得工艺手段针对性不强，效果也不显著。

2. 光整加工的功能

光整加工的目的，主要是提高零件的表面质量。各种光整加工技术的主要功能包括：①减小零件表面粗糙度值，去除划痕、微观裂纹等表面缺陷，提高和改善零件表面质量；②提高零件表面物理和力学性能，改善零件表面应力状态；③去除棱边毛刺，倒圆倒角，保证表面之间光滑过渡，提高零件的装配工艺性；④改善零件表面的光泽度和光亮程度，提高零件清洁度等。

3. 光整加工的特点

无论是传统的光整加工方法，还是近年来出现的光整新工艺、新技术，都具有以下主要特点：①光整加工余量小，原则上只是前道工序公差带宽度的几分之一。一般情况下，只能改善表面质量，不影响加工精度。如果余量太大，不仅生产率低，有时还可能导致原有精度下降。②光整加工所用机床设备不需要很精确的成形运动，但磨具与工件之间的相对运动应尽量复杂，使磨具与工件被加工表面具有较大的随机性接触，表面误差逐步均化到最终消除，从而获得很高的表面质量。③光整加工时，磨具相对于工件的定位基准没有确定的位置，一般不能修正加工表面的形状和位置误差，其精度要靠先行工序保证。

6.1.3　光整加工类型和选择

1. 光整加工的类型

为了保证和提高零件的表面质量，采用光整加工方法是一种十分必要且有效的措施。目前光整加工技术的工艺方法很多，有不同的分类方法。

按光整加工的主要功能来分，以减小零件表面粗糙度值为主要目的，如光整磨削、研磨、珩磨和抛光等；以改善零件表面物理力学性能为主要目的，如滚压、喷丸强化、金刚石压光和挤孔等；以去除毛刺飞边、棱边倒圆等为主要目的，如喷砂、高温爆炸、滚磨、动力刷加工等。

按光整加工的机理或加工时所需能量的提供方法来分，磨具在一定压力作用下对工件表面进行微量磨

削、滚压、滑擦和刻划，如光整磨削、研磨、珩磨、滚磨、磁性磨粒光整加工、液体磁性磨具光整加工、喷射加工等；在化学反应作用下，工件表面的毛刺或飞边能够迅速溶解，如化学抛光、电化学抛光等；高温所产生的热量在未来得及传导扩散前使工件材料局部熔化、汽化，甚至蒸发，如高温去毛刺、离子束抛光、激光抛光等。

光整加工方法分类见表6.1-9。

表 6.1-9　光整加工方法分类

能量提供方式		光整方法	备　　注
机械法	非自由磨具光整加工	光整磨削	可分为精密磨削、超精密磨削和镜面磨削
		超精研	—
		抛光	包括砂带抛光、弹性轮抛光、钢丝轮抛光等
		珩磨	—
		动力刷加工	—
		无屑光整加工	包括滚压、金刚石压光、挤孔等
	自由磨具光整加工	研磨	—
		滚磨	可分为工件处于自由状态和非自由状态两大类型，具体包括多种加工方式
		磁性磨具光整加工	包括固体磁性磨粒光整加工、液体磁性磨具光整加工、黏弹性磁性磨具光整加工
		磨料流	包括黏弹性流体磨料光整加工和低黏性流体磨料光整加工
		两相流光整加工	包括气粒两相流光整加工和液粒两相流光整加工
		喷丸强化	—
		超声波光整加工	—
化学和电化学法		化学光整加工	—
		电化学光整加工	—
热能法		激光抛光	—
		离子束抛光	—
		热电阻丝加工	—
		高温去毛刺	—
		激光喷丸强化	—
能量复合		化学和电化学与机械复合	包括化学机械复合光整加工、电化学机械复合光整加工、超声电解复合光整加工、电化学磁性磨具复合光整加工等
		机械与机械复合	包括超声振动辅助磁性磨具光整加工、超声振动辅助珩磨光整加工等
		机械与热能复合	包括超声电火花复合光整加工
		多种能量复合	—

2. 光整加工的效果

光整加工方法种类繁多，各种方法各具特点，但没有一种光整加工方法能够替代所有的光整加工方法。不少光整方法虽已问世，但仍在不断研究、继续开发，这也说明了光整技术的多样化和复杂性。面对诸多复杂的零件表面质量问题，面对各种各样的光整加工方法，正确地选择确实可行、行之有效的光整加工方法，是应首先解决的问题。

（1）加工质量

任何一种光整加工方法，在对零件表面进行光整加工后，衡量其表面质量的主要内容包括：表面粗糙度值的减小（可达值）；表面的毛刺去除及棱边质量的改善；表面物理和力学性能的改善（包括表面硬度的提高、表面应力状态的改善、表面金属层的强化等）；其他（如表面色泽的改变、外形观感的改善和零件整体清洁程度等）。

各类光整加工方法的特点与应用范围见表6.1-10。

表6.1-10　各类光整加工方法的加工特点与应用范围

光整加工方法	加工基本原理					毛刺大小	加工状况及范围	加工时间/min	加工后表面效果			加工工艺特点	适用零件
	研磨	切削	化学	热能	电解				尺寸/μm	Ra/μm	倒角/mm		
利用工具人工加工	●	●				大/小	工件充分接触表面,人为控制加工过程	1~20	—	—	0.05	人工操作各类工具实现加工,各类工具均已商品化	各类零件
回转式滚磨	●					中/小	适合工件外表面加工,难以加工内表面,去毛刺	1~20h	减小 5	0.05~0.08	—	对微小件加工有效,生产率低,不适于软质、易变形,易磕碰件	薄板、冲压件、医疗器械、五金件
喷砂加工	●					中/小	加工工件易变形,适合加工内、外表面	1~2	较小 10	1~8	0.08~0.25μm	用核桃壳吹电子零件表面,用玻璃丸吹击金属冲模面	凸轮轴、齿轮、箱体、箱盖
砂带磨削		●				大/小	能加工工件平面,外圆表面,不能加工内凹表面	0.5~3	<10	0.8~1.6	—	有效去除冲压毛刺,可以实现NC,对铸件加工	铸锻件、冲压件及轴类零件
刷磨加工		●				大/小	刷具可按工件轮廓加工,充分去毛刺	1~5	0.08	—	<0.1	用金属丝刷具大型零件,用动植物纤维刷加工微小零件	连杆、链轮、转子、叶轮、阀
电解研磨					●	小	不适合加工铸件及合金Si、S、C的合金	0.5~10	—	0.05~0.4	0.08μm	适于不锈钢件的加工	筛网、过滤网
液体珩磨		●				小	适合加工复杂形状零件	1~3	<3	0.4	2μm~0.15mm	可加工金属、非金属件的毛刺,也可以加工精密件的毛刺	筛网、过滤网
主轴式滚磨	●					中/小	适合不允许磕碰的精密加工	0.5~2	<5	0.4~1	0.005μm	如果附加了自动上卸料装置可以实现自动化作业	齿轮、主轴、凸轮、精密零件
振动滚磨	●					中/小	适合形状复杂工件,内表面不易加工	0.5~2h	<5	0.2~0.8	0.08~0.25	筒罐具有周期性振动运动,工件与附加滚抛块可自动分离	空压件、活塞、轴类零件
化学振动研磨	●		●			小	按批量分批加工,每次可加工10~20件	0.4~1h	0.08~0.15mm	0.1~0.5	<0.5	振动装置再附化学方法,可有效去除毛刺、锈蚀	微小零件、异形件

（续）

光整加工方法	加工基本原理					毛刺大小	加工状况及范围	加工时间/min	加工后表面效果			加工工艺特点	适用零件
	研磨	切削	化学	热能	电解				尺寸/μm	Ra/μm	倒角/mm		
超声波加工	●		●			小	适合加工超小微型件及防止碰碰的零件		减小 0.05~0.08mm	0.3	0.05~0.13	产生巨大的动能,加工效率高	—
离心式滚磨	●					中、小	适合加工各种五金件	5~20	减小<5	0.05~0.8	0.12~0.25	滚筒同时具有自转,公转,加工效率高,加工质量均匀	轴承件、齿轮、仪表仪器零件
化学能加工			●			小	不受零件形状的限制,适合加工钢、铜铝合金	15~40s	减小10~80	0.15~0.8	30~200μm	适合薄板件,对较厚的毛刺先用此方法加工,然后再用滚磨法	螺纹件、冲压件
氩气加工法			●			小	—	0.3~1	减小0.25mm	≈0.2mm	—	对铁元素金属有氧化作用,因排出有害气体,故仍在开发研究	—
电解加工法			●		●	大、小	去除导电材料的毛刺,也可去除内表面毛刺	0.2~3	—	—	0.13~0.25	去除交叉孔、内表面毛刺,目前的电解去毛刺加工已经商品化	齿轮、轴类零件、箱体
电化学振动研磨	●		●		●	小	—	≈1	减小0.1mm	≈2	0.05~0.10	作为加工介质采用球形石墨,以提高导电性能	—
火焰加工法				●		中	适合加工较大尺寸的铸件	0.8~1.7s	—	—	≈0.13	由乙炔快格烧熔毛刺,适合去除大型铸件的毛刺	—
热冲击加工法				●		小	适合铸件、锌铝合金等低传热性毛刺	20s	减小3	≈0.8	0.5~1.5	由氢氧混合气体燃烧,在高温下瞬间烧熔去毛刺	Zn、Cu、黄铜件,汽化器件,阀
磨料流加工法	●					小	针对工件形状设计夹具,适合复杂形状内表面加工	1~5	减小<0.5mm	0.05~0.4	0.04mm	适合精密零件交叉孔,去毛刺和复杂表面的精密加工	发动机零件,液压阀零件
高压水流喷射		●				小	适合加工微小零件去毛刺,尤宜加工脆性材料	3~10	—	0.05~0.4	0.05~0.25	喷嘴口径为0.1~0.5mm,水压力为1.5~7.5MPa	变速箱箱盖、轴类零件、齿轮

（2）加工生产率

光整加工技术从一定意义上讲，就是以现代的先进技术替代落后、繁重的人工劳动，彻底改变生产环境，因此，把生产率作为衡量光整加工技术的优劣标准是必要的。

通常，表面金属去除率以"μm/h"表示，即每小时金属表面的去除厚度；也有以去除棱边毛刺后，棱边倒圆圆角半径尺寸的大小来表示，单位为"μm/h"，表示每小时棱边毛刺去除后，倒圆圆角半径的大小。

部分光整加工方法的加工能力见表6.1-11。

（3）加工经济性评价

一种光整加工工程的经济性分析，要贯穿于这一生产工程运营的始终，从工程实施、车间布局、设备安装到试生产；从零件的装卸、加工、检验到成品的每一个环节；从磨具、磨剂、辅具配置到用电、用水、用工时等。

光整加工方法种类繁多，相应的成本核算计算方法也很多。表6.1-12为部分光整加工方法的单件成本计算公式，可供有关技术人员学习参考。

表6.1-11　部分光整加工方法的加工能力

加工方法	金属去除厚度/μm	棱边形成的最大圆角半径/μm		
		钢	铜合金	铝合金
液体珩磨	5~25	50~125	25~75	—
振动式滚磨	3~75	75~250	100~250	150~750
离心式滚磨	5~75	75~500	75~500	125~750
主轴式滚磨	5~75	50~500	75~500	125~750
磁性磨粒光整加工	0~25	50~75	25~75	—
磨料流加工	5~75	50~125	—	50~125
高压水喷射加工	0~40	—	—	—
磨料喷射加工	15~125	75~250	—	—
刷磨加工	5~75	50~250	50~250	75~400
砂带磨加工	5~75	—	—	—
超声波加工	3~15	25~75	25~75	—
化学去毛刺加工	3~15	—	—	—
电解去毛刺加工	10~125	50~250	50~250	150~750
电解振动滚磨	50~125	50~125	—	—
电解研磨	3~25	25~125	50~250	—
电解刷磨	10~100	50~250	50~250	150~750
去毛刺工具加工	0~250	—	—	—
手工去毛刺	5~75	50~250	50~250	75~400

表6.1-12　部分光整加工方法的单件成本计算公式

光整方法	单件成本计算公式	备　注
滚磨加工	$C=\left[C_D+C_M+C_L(1+D_O)+WC_P+C_A+C_E+C_C+C_W\right]\dfrac{1}{N}$	
动力刷加工	$C=\left[C_D+C_M+C_L(1+D_O)+WC_P+C_A\right]\dfrac{1}{N}+\dfrac{C_B}{N_{P1}}$	C是单个零件加工成本费用；N是每小时加工零件数目；C_D是每小时设备折旧费；n是每一生产周期的加工数；C_M是每小时设备使用最低成本费；C_L是每小时设备操作者劳务费；C_g是每个生产循环用气费；C_A是每小时清洗费；N_P是零件总数；C_P是设备开机用电费[元/（kW·h）]；C_B是毛刷费用；C_E是每小时磨块成本费；N_{P1}是某工具有限寿命内的加工数；C_C是每小时化学剂成本费；C_t是全部工具费用；C_W是每小时水费；C_S是全部磨液费用；D_O是租金百分比间接费用；W是动力消耗（kW）
手工加工	$C=\left[C_L(1+D_O)+C_A\right]\dfrac{1}{N}+\dfrac{C_t}{N_P}$	
机械工具加工	$C=\left[C_D+C_M+C_L(1+D_O)+WC_P+C_A\right]\dfrac{1}{N}+\dfrac{C_S}{N_P}$	
化学加工	$C=\left[C_D+C_M+C_L(1+D_O)+WC_P+C_A\right]\dfrac{1}{N}+\dfrac{C_S}{N_P}$	
电解加工	$C=\left[C_D+C_M+C_L(1+D_O)+WC_P+C_A\right]\dfrac{1}{N}+\dfrac{C_t}{N_P}+\dfrac{C_S}{N_{P1}}$	
电解研磨	$C=\left[C_D+C_M+C_L(1+D_O)+WC_P+C_A\right]\dfrac{1}{N}+\dfrac{C_t}{N_P}+\dfrac{C_S}{N_{P1}}$	
热爆炸加工	$C=\left[C_D+C_M+C_L(1+D_O)+WC_P+C_A\right]\dfrac{1}{N}+\dfrac{C_g}{n}+\dfrac{C_t}{N_P}$	
火焰燃烧	$C=\left[C_D+C_M+C_L(1+D_O)+WC_P+C_A\right]\dfrac{1}{N}+\dfrac{C_g}{n}$	

3. 光整加工方法的选择

(1) 光整加工方法选择的依据

零件的光整加工方法将受到多种因素的影响和制约，尤其是零件的外观形状、尺寸大小、加工部位；零件材质、前道工序状况、光整加工后的表面质量要求；以及对光整加工工程的要求（如生产率、经济性、环境污染等方面的要求）。

选择光整加工方法的综合评价指标见表 6.1-13。

表 6.1-13　选择光整加工方法的综合评价指标

	评价项目	加工方法						
		砂带磨	滚磨	动力刷加工	喷射	电解	超声波	压力加工
1	加工后的棱边质量	△	○	○	○	○	○	×
2	加工后原有精度保持	○	△	△	△	×	△	×
3	设备费	○	△	△	△	×	×	△
4	批量生产	○	○	○	○	○	×	○
5	能够给出稳定加工条件	○	○	○	○	○	△	○
6	工作运行费用	○	○	○	○	△	×	○
7	设备维修费用	○	○	○	○	○	○	○
8	生产自动化	○	○	○	○	○	×	△
9	能够设定工作循环	○	○	○	○	○	○	○
10	环境污染情况	△	△	△	△	△	△	○
11	清洗工程的设置	△	△	△	△	△	△	△
12	生产的安全性	○	○	○	○	○	○	○
判断	可以项目数	9	9	8	9	6	5	7
	再研讨项目数	3	3	4	3	4	3	3
	不可以项目数	—	—	—	—	2	4	2

注：○—可以项目，△—再研讨项目，×—不可以项目。

具体应认真考虑以下几方面的问题：①充分理解、明确选择光整加工方法的目的（是提高零件表面质量，提高生产率，降低生产成本，还是改善工作条件和环境状况）。②认真分析零件的功用、图样上对该零件的技术要求，尤其是表面质量方面有什么特殊要求。③了解并熟悉零件本身的复杂程度、尺寸大小、材料、质量及表面质量存在的问题。④选择一种加工方法，应分析形状的变形程度、光泽、表面粗糙度以及棱边质量能否达到和满足图样的技术要求。⑤比较各种光整加工方法的设备费、磨具费、劳务费、加工费、水电照明费等，从经济性上再进行研讨。⑥比较各种光整加工方法的自动化程度、生产率能否更好地满足要求。⑦比较各种光整加工方法对多品种、少批量生产方式的适应性和可变更能力。⑧选定的光整加工过程，应在零件全部加工过程中的什么阶段引入，能否满意地解决表面质量问题。⑨选定的光整加工过程如果未能满足解决表面质量问题，是否采用人工方式补救加工。⑩因新工艺的实施，对有关技术人员、操作人员的技术培训、操作训练等方面应怎样安排。新工艺实施后，对加工零件的运送、存放应怎样处理，增加什么设施和工具。对加工切屑、废液、废渣应怎样处理，应增加什么设施。对零件的清洗、烘干、筛选工程作怎样安排，应增加什么设施。

光整加工设备和加工装置的选择要素见表 6.1-14。各类光整加工设备与装置的应用范围见表 6.1-15。

(2) 光整加工方法选择的步骤

1）根据某种或某类零件的光整问题，详细收集有关技术资料，如零件图样、工艺规程、同类产品的技术资料等，对现存问题进行诊断、分析和研讨。

2）对工厂生产现状调查研究，了解工厂生产能力、工艺水平、生产外围条件、生产工人技术水平等，以便在新工艺投入之后，培训与提高操作人员的技术素质。

3）提出某种光整工艺方案时，应有相关的模拟仿真及加工试验结果，通过归纳分析制定出可实施的加工工艺和工程方案。

4）充分考虑工厂现有条件，接受工程投资成本核算要求和改善劳动条件、改善环境的要求。

可按照图 6.1-2 所示的分析流程，来确定光整加工方法。

确定光整加工具体工序的分析步骤如图 6.1-3 所示。

表6.1-14 光整加工设备和加工装置的选择要素

设备和加工装置的名称	零件表面形成来源							毛刺		零件提供的表面状况							内孔最小尺寸/mm	零件材料				尺寸大小		生产方式			加工制约因素		表面质量	
										毛刺发生的部位																			表面质量	
	切削	冲压	铸锻	烧结	焊接	压铸	塑料成型	0~0.1mm	0.1~0.5mm	直线部位	外圆部位	内圆部位	交叉孔处	复杂表面	外表面	内表面		钢铸铁	铜铝合金	不锈钢	塑料	0~100mm	>100~500mm	单件	批量	大量	多品种混合	倒圆接边	尺寸减小	表面粗糙度
砂带磨削机	○	○	○		○				○	○	○				○		3	○	○	○		○	○	○	○	○		○	△	△
回转式滚磨机	○	○	○	△		○	○	○	○	○	○	○		○	○	○	3	○	○	○	○	○			○		○	○	△	△
振动式滚磨机	○	○	○	△		○	○	○	○	○	○	○		○	○	○	3	○	○	○	○	○	○		○	○	○	○	△	△
离心式滚磨机	○	○	○	△		○	○	○	○	○	○	○		○	○	○	3	○	○	○	○				○	△	○	○	△	△
往复式滚磨机	○	○	○	△			○	○	○	○	○	○		○	○	○	3	○	○	○					○	○		○	△	△
主轴式滚磨机	○	○	○	△		○	○	○	○	○	○	○		○	○	○	3	○	○	○			○		○			○	△	△
电解滚磨装置	○	○						○		○	○	○	△			○	1	○	○	△		○		△	○	○	○	○	○	△
液体珩磨装置	○	○		△		○	○		○	○	○	○	△			○	2	○	○	○	○	○	○	△	○	○	○	○	△	△
干式珩磨装置	○	○	○	○	○	○	○	○	○	○	○	○	△			○	3	○	○	○					○			○	△	△
喷砂加工装置	○	○	○	○	○	○	△	○	○	○	○			○	○	○	5	○	○	○	○			○	○	○		○	△	△
喷丸加工装置	○	○	○		○		△	○	○	○	○			○	○	○	5	○	○	○	○		○	○	○	○		○	○	△
磨料流加工设备	○	○			○	○		○	○	○	○	○	○	○	○	○	2	○	△	○	○	○	○	○	○	○		○	○	△
热能加工装置	○	○	△	△		○		○	○	○	○	○	○	○	○	○	2	○	△	○	○	○		○	○		○	○	○	△
电化学去毛刺装置	○	○	○		○			○	○	○	○	○	○	○	○	○	5	○	△	△	○	○	○	○	○	○	○	○	△	△
化学研磨装置	○	○	○					○	○	○	○	○		○	○	○	2	○	△	△	○	○	○	○	○	○		○	△	△
液化气体加工装置	○	○					○	○	○	○	○	○	○	○	○	○	0.5	○	△	○	○	○		○	○	○	○	○	○	○

注：○表示可以，△表示再研讨。

表 6.1-15　各类光整加工设备与装置的应用范围

设备与装置名称	应用范围									设备、装置的参考价格/万元
	适合交叉孔棱边加工	适合复杂表面加工	适合内孔表面加工	适合均匀棱边加工	适合连续表面加工	要求棱边具有锋利性	要求流水作业加工	要求具有批量加工	无须再做后序加工	
齿轮倒角机		○		○	○				○	1.8~30
砂带磨床			○	○	○	○			○	6.0~60
外圆抛光机				○	○				○	3.0~30
管板倒角机									○	60~120
回转式滚磨机		○	○	○				○		3.0~12
振动式滚磨机		○	○	○				○		3.0~42
离心式滚磨机		○	○	○				○		6.0~30
往复式滚磨机		○	○	○				○		3.0~18
主轴式滚磨机		○	○	○	○					18~60
电解式滚磨机										30~60
液体珩磨装置	○		○				○			3.0~30
干式珩磨装置	○		○				○			3.0~18
喷砂抛光装置	○	○	○		○					3.0~12
喷丸抛光装置	○	○	○		○					12~18
热能加工装置	○	○	○		○					300以上
电化学加工装置	○	○	○				○			30~60
高压水喷射装置	○	○	○		○					120以上
化学研磨装置	○	○	○		○					12~60

注：○表示适用。

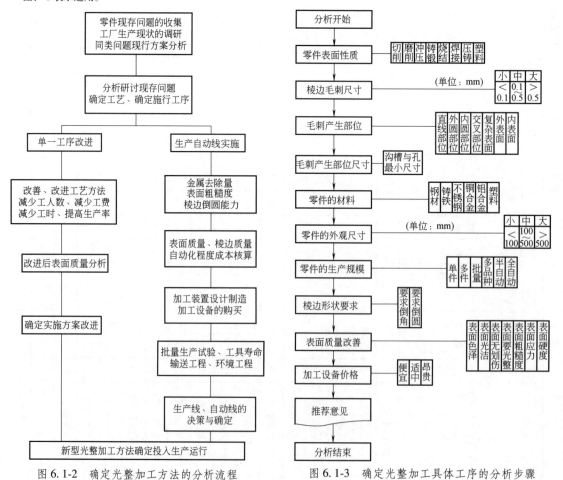

图 6.1-2　确定光整加工方法的分析流程　　图 6.1-3　确定光整加工具体工序的分析步骤

6.2　滚磨光整加工

6.2.1　滚磨光整加工内涵和类型

1. 内涵

滚磨光整加工技术属于自由磨具光整加工技术，是将具备研磨、抛光、光饰、微量磨削等功能的颗粒介质（滚抛磨块）和具备清洗、防锈、腐蚀、软化、光亮、发泡、润滑、缓冲等功能的液体介质（磨液和水），依据一定的几何约束和运动约束构成一个强制的液粒耦合流场；被加工零件以自由或不同的预设运动方式约束保持在强制的动态平衡的液粒耦合流场中，经过一定的加工时间及这个时段内合理的运动矢量调控，颗粒介质以不同程度的作用力对零件表面进行碰撞、滚压、滑擦、刻划等综合的微量磨削作用，从而实现对被加工零件表面的光整加工。

滚磨光整加工过程中的主要作用包括：

1）碰撞作用。当质量为 m 的游离滚抛磨块，以一定的相对运动速度撞击到被加工零件表面时产生撞击力，使零件表面产生弹性和塑性变形，改变了零件表面的微观几何形状和物理力学性能。

2）滚压作用。当游离的滚抛磨块以一定的作用力挤压于零件表面时，由于周围滚抛磨块的作用，使其产生旋转，在相对运动过程中形成了滚压加工，零件表面的微观高峰在滚压力作用下局部产生微小塑性变形，形成表面粗糙度值较小的表面；同时，表面被加工硬化，并且由于产生残余压应力，使零件的耐磨性、抗疲劳性得到提高。

3）微量磨削作用。游离的滚抛磨块在一定的作用力下，以一定的相对运动速度在零件表面上滑移，于是滚抛磨块表面的磨粒便像砂轮表面的磨粒一样，对零件表面进行滑擦、刻划和切削。当磨粒一次或多次滑擦和刻划零件表层金属时，表层金属发生一次或多次塑变叠加，当塑变程度超过材料允许的塑变极限时，微小切屑便会从金属本体上脱落，从而实现微量磨削加工。

4）液体介质的作用。滚磨光整加工工艺多使用水和特定的磨液作为液体介质，液体介质的合理选择对加工效果和加工效率非常关键。一方面，液体介质可以促进或抑制磨削作用和精整作用，同时液体介质参与光整加工，保持或提高零件表面质量（如光泽、色泽等），改变光整加工时间；另一方面，磨液对水有调节作用，可使水质软化，以充分发挥水的缓冲、冲洗作用（避免或减少零件与零件之间、零件与滚抛磨块之间、滚抛磨块相互之间的剧烈撞击、划痕、变形和破碎等），还可以改变液体介质的 pH 值，控制泡沫的形成和数量等。另外，液体介质可以清洗零件与滚抛磨块表面的油污、磨粉、微切屑及其他杂质，防止零件锈蚀，保持滚抛磨块清洁锐利，提高加工能力。

形成滚磨光整过程主要作用的必要条件为：①滚抛磨块与被加工零件表面之间的相对复杂运动。②滚抛磨块与被加工零件表面之间相对运动所产生的一定作用力。③具有一定特性参数的滚抛磨块。④具有一定功能的液体介质。

2. 类型

滚磨光整加工可以有不同的分类方式，见表 6.2-1。具体地，通过容器与零件的运动方式以及零件装夹方式的不同组合，可以实现不同的光整加工目的。

表 6.2-1　滚磨光整加工的分类

分类方式	具体类型
按照容器运动方式	固定式、回转式、离心式、振动式、往复直线运动式、复合运动式等
按照零件是否装夹	零件处于自由状态方式、零件固定装夹方式和零件浮动固定装夹方式等
按照零件运动方式	零件处于非自由状态方式时，包括固定式、回转式、行星运动式、振动式、共振式、浮动运动式等
按照有无液体介质	干式加工和湿式加工
按照实现功能	粗加工、半精加工、精加工和超精加工
按照主轴的放置方式	立式主轴式、交叉主轴式、卧式主轴式

3. 功能特点

作为一种典型的自由磨具光整加工方式，滚磨光整加工主要有以下特点：①零件与滚磨磨块通过某种运动方式产生复杂的相对运动，在一定的相对运动速度和作用力下，完成对表面的光整加工。②零件适应性强，适用于中小尺寸零件（包括异形零件）的铸锻冲压零件的去飞边、去氧化层和表面清洁处理；适用于切削加工后的零件去毛刺、倒圆和细化表面，减小表面粗糙度值；可实现大中型异形轴类零件、复杂盘类零件、箱体类零件、自由曲面类零件等的表面光整加工。③受到零件尺寸、结构形状、加工部位等的制约，对于内孔、沟槽及凹陷表面的光整加工不如外表面的光整加工易实现。④该技术可以多项表面完整性指标综合改善，是一种全方位光整加工的方式（不仅对加工表面进行光整，同时对非加工表面也可进行加工，综合提高零件的清洁度）；对零件表面具有碰撞和滚压效果，表面显微硬度提高，表面应力分布状态改善，提高零件的表面物理力学性能。⑤具有操作简单方便、管理容易、经济可承受、加工效果好、生产率高、环境污染小、劳动强度低等特点。⑥具体的

滚磨光整方式以及所采用的滚抛磨块和液体介质种类多，通过合理组合可满足不同的光整加工需求。

滚磨光整加工可以去毛刺、除锈、表面光整、倒角倒圆、去除热处理或其他工艺留下的各种缺陷、进行镀前或漆前准备等。对于黑色金属、有色金属、塑料、复合材料、陶瓷，甚至木材等可以想象到的各种材料均可加工。与所有的加工方法一样，滚磨光整加工也具有一定的适用范围。

常用滚磨光整加工方式的特点和适用范围见表 6.2-2。

表 6.2-2　常用滚磨光整加工方式的特点和适用范围

滚磨光整加工方式		金属去除能力	加工效率	零件表面光亮度	减小零件表面粗糙度	改善零件表面物理力学性能	零件表面相互磕碰程度	实现自动化	适用范围
容器的不同运动方式	回转式	很弱	低	较差	约 0.5 级	较差	大	一般	小型异形件
	振动式	较弱	一般	较好	1 级左右	较差	小	易	中小型异形件
	离心式	强	高	较好	1~2 级	较好	中	较难	中小型异形件
	涡流式（底盘回转式）	较强	高	较好	1~2 级	较好	中	易	中小型异形件（薄片件除外）
主轴的不同放置方式	立式主轴式	强	高	好	1~2 级	较好	无	较易	中小型件、轴类件及异形件
	交叉主轴式	强	高	好	1~2 级	较好	无	较易	中小型件、盘类件及异形件
	卧式主轴式	强	高	好	1~2 级	较好	无	易	大中型异形轴类件、盘类件
容器与零件固定	瀑布式	强	高	好	1~2 级	较好	无	较易	箱体类零件

6.2.2　滚磨光整加工所用加工介质

滚磨光整加工中，通常将所用的磨具、磨剂和水统称为加工介质，其特性对加工效果、加工效率有很大的影响。

1. 滚抛磨块

滚磨光整加工中所用的磨具，一般是用磨料与结合剂制成各种形状，将此类磨具统称为滚抛磨块，简称为磨块。

(1) 滚抛磨块的功能与基本要求

1) 功能。滚抛磨块作为主要的加工介质，主要对工件起到研磨、抛光、去毛刺、棱边倒圆和改善物理力学性能的作用，直接影响加工效果和加工效率。

2) 基本要求。在光整加工过程中，强制运动的滚抛磨块与工件及滚抛磨块之间产生一定的碰撞、滚压作用。为了提高滚抛磨块的加工效果，往往将滚抛磨块和工件一直浸泡在含有水和磨剂的液体介质中，滚抛磨块或工件很可能与液体介质产生一定的化学反应。因此，对滚抛磨块提出以下要求：①滚抛磨块的

硬度高，耐磨性和自锐性好。②滚抛磨块韧性好，不易破碎。③滚抛磨块对工件表面应具有一定的切削能力。④滚抛磨块致密性好，吸水率低，同时耐油、耐酸碱。

(2) 滚抛磨块类型、代号及其选择

在实际工业应用中，滚抛磨块的选择非常重要，直接影响去毛刺和光整加工效果。由于加工需求和加工对象的不同，对于毫无经验的用户来说，滚抛磨块的选择较难。选择滚抛磨块时主要考虑的性能参数有滚抛磨块种类、形状、尺寸和密度，除此之外也要考虑滚抛磨块的加工能力、经济性、磨耗，工件的材质、形状、尺寸、毛刺大小及加工需求等。

1) 滚抛磨块的品种、代号、特点及其适用范围。滚抛磨块的品种很多，一般包括以下几种分类方法：

① 按照结合剂种类来分，主要有陶瓷结合剂滚抛磨块（高铝瓷、碳化硅、刚玉类等）、有机结合剂滚抛磨块（树脂、聚氨酯、橡胶类等）和其他滚抛磨块（天然石料、金属丸、核桃壳、玉米芯等）。结合剂名称及代号见表 6.2-3。

表 6.2-3　结合剂名称及代号

名　称	代　号	名　称	代　号
陶瓷结合剂	V	橡胶结合剂	R
树脂结合剂	B	增强橡胶结合剂	RF
增强树脂结合剂	BF		

② 按照磨料种类来分，主要有刚玉类滚抛磨块（棕刚玉、白刚玉、铬刚玉和锆刚玉等）、碳化物类滚抛磨块（黑碳化硅、绿碳化硅和立方碳化硅等）和氧化铝类滚抛磨块（高铝瓷、高频瓷等）。常用磨料名称及代号见表 6.2-4。

③ 按照滚抛磨块形状来分，主要有球形、柱形、棱形和锥形等。常用滚抛磨块形状名称及代号见表 6.2-5。

表 6.2-4　常用磨料名称及代号

系　列	名　称	代　号
刚玉	棕刚玉	A
	白刚玉	WA
	锆刚玉	ZA
	铬刚玉	PA
氧化铝	氧化铝	AL
碳化硅	黑碳化硅	C
	绿碳化硅	GC
	立方碳化硅	SC
	碳化硼	BC
立方氮化硼	立方氮化硼	CBN
人造金刚石	人造金刚石	M-SD

表 6.2-5　常用滚抛磨块形状名称及代号

形　状	代　号	形　状	代　号
球形	S	圆柱	R
正三角	T(PLT)	斜圆柱	RP
斜三角	TP	颗粒	KL
圆锥	CO(PLCO)	三星形	X

④ 按照成形方法来分，主要有高温烧结型和模压成形两种。刚玉类、碳化物类和氧化铝类滚抛磨块一般采用高温烧结成形，树脂类滚抛磨块采用模压成形。树脂类滚抛磨块模压成形的主要步骤如图 6.2-1 所示。球形滚抛磨块高温烧结成形的主要步骤如图 6.2-2 所示。异形滚抛磨块高温烧结成形的主要步骤如图 6.2-3 所示。常用滚抛磨块的种类、特点及适用范围见表 6.2-6。

工程实际中也使用一些替代的滚抛磨块，如天然石料、农副产品、工业废旧物料等。主要替代滚抛磨块的种类及适用范围见表 6.2-7。

a)　　　　　　　b)　　　　　　　c)　　　　　　　d)

图 6.2-1　树脂类滚抛磨块模压成形的主要步骤
a) 原材料　b) 浇注　c) 固化　d) 脱模

a) b) c)

图 6.2-2　球形滚抛磨块高温烧结成形的主要步骤

a）成球　b）筛选　c）入窑烧制

a) b) c)

图 6.2-3　异形滚抛磨块高温烧结成形的主要步骤

a）挤压成形，切割　b）毛坯烘干　c）入窑烧制

表 6.2-6　常用滚抛磨块的种类、特点及适用范围

种　类		特　点	适 用 范 围
高温烧结型	陶瓷磨块	组织致密、粒度细、质地坚硬（约 7 度），磨耗小，耐水、油、酸碱	主要用于各种金属件去小毛刺，对表面粗糙度有要求的零件的抛光
	熔凝（结晶）氧化铝磨块（纯黏土高温氧化铝结晶聚合）	切削能力很强、硬度很高（约 9.3 度）	多用于黑色金属件去毛刺、倒圆锐边、去氧化皮等
	氧化铝磨块（陶土和金刚砂混合烧结）	切削能力较强、硬度较高、韧性好	常用于黑色金属件去除小毛刺和抛光
	各种刚玉磨块（白刚玉、棕刚玉等）	切削能力强	可用于各种金属件的去毛刺和抛光
	碳化硅磨块（陶土和碳化硅粉混合烧结）	硬度高且质脆、磨耗大	用于有色金属件的去毛刺和抛光
	高硬度磨料系磨块（人造金刚石、立方氮化硼等）	切削能力强、使用寿命长	因价格昂贵，应用较少
树脂磨块（树脂结合剂与各种磨料低温混合成型）		密度小，弹性好、缓冲作用强	主要用在振动式滚磨光整工艺，对精加工件进行抛光及光亮加工
金属磨块（不同形状的不锈钢磨块）		密度大，表面好	多用于有色金属件表面光整加工的最终工序

表 6.2-7　主要替代滚抛磨块的种类及适用范围

种　类		适　用　范　围
天然石料	鹅卵石	用于去除铸锻件和冲压件的大飞边、大毛刺
	石英砂	用于各种金属机械加工件、压铸件倒圆或抛光
	白云石	用于软材质金属的抛光
农副物料	木屑、木块	本身切削能力很弱，但黏附一层细小的磨料（如氧化铬、金刚砂）后，不仅有一定的切削作用，而且加工效果良好
	坚硬果壳、玉米芯棒块、玉米粒	
	皮革块、毛毡块	
	稻壳	
工业废旧物料	废旧陶瓷块	用于黑色和有色金属件去小毛刺，有色金属件倒圆、倒棱等
	废旧砂轮块	对于黑色金属铸锻件等，表面粗糙度要求不高时，可高效、低耗地去除氧化皮、大飞边、大毛刺
	废旧锉刀块	
	玻璃球	切削能力较弱，常用于金属件抛光
	钢球	适用各种件的表面硬化、光亮加工
	铜球（粉）	适用各种件的小毛刺去除、抛光

2）选择滚抛磨块时考虑的主要因素及方法。

①根据零件加工要求（去毛刺、改善表面状态、提高表面质量），初步选择滚抛磨块类型和适用设备，参见表 6.2-8、表 6.2-9。

②根据零件表面状态、表面粗糙度基础，选择滚抛磨块种类。

③根据零件表面沟槽、孔等特殊位置，选择滚抛磨块尺寸大小。

表 6.2-8　不同形状滚抛磨块的适用范围

加工要求	形状代号												
	S				T		TP		R	PLCO		X	KL
	R	F	G	P	R	F	R	F	F	P	G	R	G
去较大毛刺	■				■		■					■	
去小毛刺		■						■	■	■		■	■
去除表面刀纹	■										■		
提高表面粗糙度等级		■	■					■	■		■		■
提高表面亮度			■	■						■			

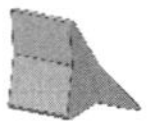

注：R 表示粗磨；F 表示中磨；G 表示精磨；P 表示超精磨；■表示适用。

表 6.2-9　不同类型的滚抛磨块适用设备表

滚抛磨块类型		设备类型			
形状代号	尺寸/mm	离心系列	立式主轴系列	卧式主轴系列	振动系列
S	1	✓			
	2	✓		✓	
	3	✓	✓	✓	
	4	✓	✓	✓	
	5	✓	✓		
T	4×4	✓			✓
	6×6	✓			✓
TP	2×2	✓	✓		
	3×3	✓	✓		
	3×4	✓			
	4×4	✓			
	6×8				✓
	8×8				✓
	15×15				✓

（续）

滚抛磨块类型		设备类型			
形状代号	尺寸/mm	离心系列	立式主轴系列	卧式主轴系列	振动系列
R	1.3×3	✓	√		
	1.7×5.2	✓			
	3×5	✓			
PLCO	7×7	✓			✓
	10×10				✓
X	3×3	✓	√		
KL	10#	✓	√		
	24#	✓	√		
	16#	✓	√		

注：✓表示适用；√表示可用，但设备需要改动。

（3）滚抛磨块的形状、尺寸规格及其选择

与一般磨削不同，滚抛磨块的几何形状和尺寸对光整加工效果的影响极大，不但影响工件加工后的表面粗糙度值、工件的表面碰伤和冲击变形，而且对加工效率和经济性都有很大影响。滚抛磨块的几何形状和尺寸大小的选用正确与否是决定能否达到工件加工要求的关键。

常用各类滚抛磨块的形状及尺寸规格请参见表6.2-10和表6.2-11。常用滚抛磨块实物如图6.2-4所示。各种形状的滚抛磨块适用范围见表6.2-12。

表 6.2-10 常用高温烧结型磨块的形状及尺寸规格

名称（代号）	形状简图	尺寸/mm	名称（代号）	形状简图	尺寸/mm
正三棱柱（T）	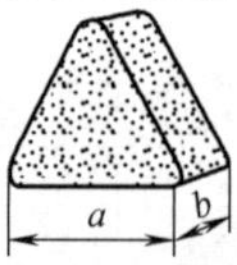	3×3,4×4,6×4,10×6,15×8,18×10,25×12,30×15,35×20	V形柱（V）	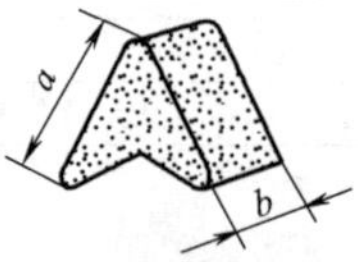	13×13,20×20,25×25,30×30
斜三棱柱（TP）	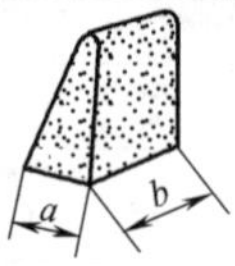	3×5,4×6,6×10,10×15,15×20,18×25,25×30,30×20	三星柱（ST）	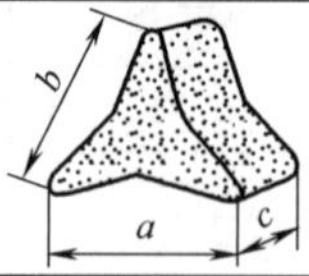	10×10×10,20×20×20,25×25×25,30×30×30
正圆柱（R）	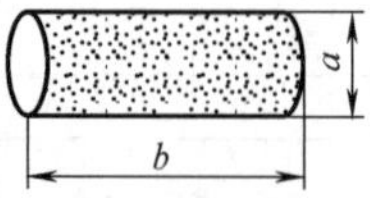	3×6,4×8,6×12,8×16,10×20,15×30,18×35,25×40,30×50	四星柱（FST）	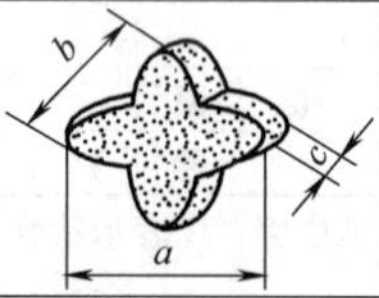	45×22×15,35×7×11,18×10×9
斜圆柱（RP）	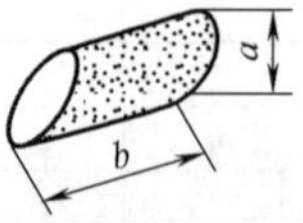	3×6,4×8,6×12,8×16,10×20,15×30,18×35,25×40,30×50	椭圆柱（E）	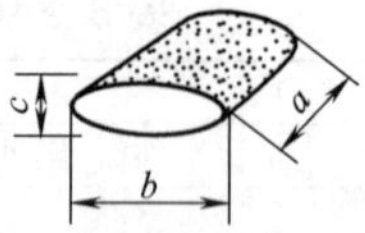	15×4×15,15×6×15,20×8×20
扇形柱（F）	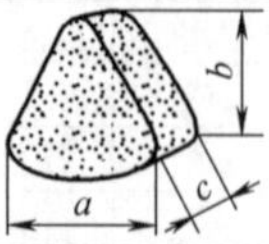	7×7×5,10×10×7,15×15×10,20×20×12,30×30×14	正四面体（FT）	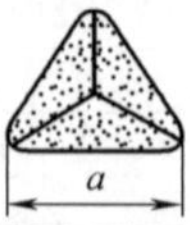	10,12,15,20
菱形柱（D）	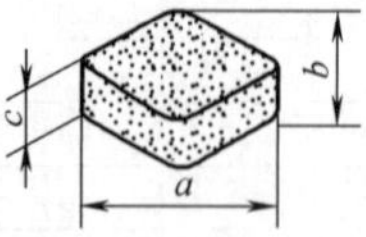	23×16×10,36×25×18,46×30×20,55×35×24	圆球体（S）	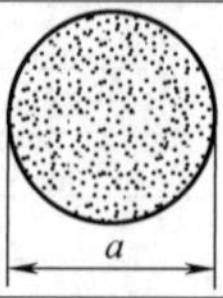	1.5,2,3,4,5,6,8,10,12,15
立方体（C）	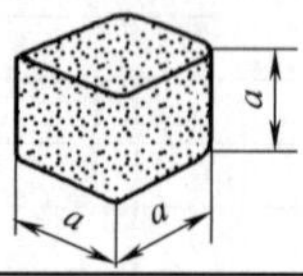	10,15,20	自由颗粒（G）	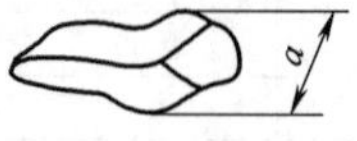	1.0~1.5,1.5~2.0,2.0~2.5,2.5~3.0,3.0~4.0,4.0~5.0

表 6.2-11　常用树脂磨块和金属磨块的形状及尺寸规格

名称(代号)	形状简图	尺寸/mm	名称(代号)	形状简图	尺寸/mm
树脂磨块 圆锥体 (PLCO)		10×10,15×15, 20×20,25×25, 30×30,35×35, 40×40,45×45, 50×50,60×60	金属磨块 圆球体 (SS)		1.588,2.381, 3.175,3.969, 4.762,5.556,6.350
四面体 (PLFT)		10,12, 15,20	双帽体 (STS)		4.5×3.2,5.1×3.7, 7.0×4.7, 8.9×6.3
			针形体 (SP)		φ2×8.5, φ2×10
正三棱体 (PLT)		6×4,10×6, 15×8,18×10, 25×12,30×15, 35×20	椭球体 (SE)		7.0×4.7, 8.9×6.3

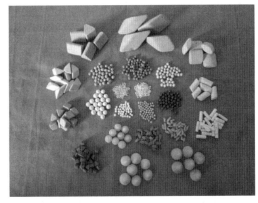

图 6.2-4　常用滚抛磨块实物

表 6.2-12　各种形状的滚抛磨块适用范围

种类	零件表面粗糙度基础	形状代号						
		S	T	TP	R	PLCO	ST	G
R	>0.8μm	3-1	6×6	6×6	5×10	7×7	—	—
		4-1	8×8	8×8	10×20	10×10	—	—
		5-1	10×10	10×10	—	—	—	—
		6-1	12×12	12×12	—	—	—	—
		8-1	20×20	20×20	—	—	—	—
		10-1	25×25	25×25	—	—	—	—

（续）

种类	零件表面粗糙度基础	形状代号						
		S	T	TP	R	PLCO	ST	G
F	>0.6~0.8μm	3-1	3×3	3×3	3×5	7×7	3×3	—
		3-2	4×4	4×4	—	10×10	—	—
		4-1	—	—	—	—	—	—
		4-2	—	—	—	—	—	—
		5-5	—	—	—	—	—	—
	0.4~0.6μm	3-2	2×2	2×2	3×5	7×7	3×3	—
		3-3	3×3	3×3	—	10×10	—	—
		3-4	—	3×3	—	—	—	—
		4-2	—	4×4	—	—	—	—
		5-8	—	—	—	—	—	—
G	0.2~0.4μm	2-1	2×2	2×2	1.7×5.2	7×7	3×3	10#
		2-2	3×3	3×3	—	—	—	24#
		2-3	—	—	—	—	—	16#
		2-5	—	—	—	—	—	—
		2-7	—	—	—	—	—	—
		2-8	—	—	—	—	—	—
		3-3	—	—	—	—	—	—
		3-4	—	—	—	—	—	—
		3-5	—	—	—	—	—	—
		3-6	—	—	—	—	—	—
		3-7	—	—	—	—	—	—
P	0.1~0.2μm	1-7	—	—	1.3×3	7×7	—	10#
		2-7	—	—	1.7×5.2	—	—	24#
		2-8	—	—	—	—	—	16#
		3-8	—	—	—	—	—	—
		3-9	—	—	—	—	—	—
	<0.1μm	3-9	—	—	1.3×3	7×7	—	10#
		—	—	—	1.7×5.2	—	—	24#

注：各符号含义见下表。

种　　类	代　　号
粗磨	R
中磨	F
精磨	G
超精磨	P

1）对工件表面粗糙度的影响。同一材质、同一粒度的滚抛磨块，由于形状不同，加工后工件的表面粗糙度值差别很大。试验表明：滚抛磨块棱角越多、越尖锐，加工后的工件表面粗糙度值越大；以球形为最好，斜圆柱次之，正三棱锥形最差。要求表面粗糙度值小或光亮度好时，应选择球形滚抛磨块。

相同条件下，滚抛磨块尺寸大，作用于工件的正压力大、与工件的接触面大、滑擦痕迹较大，工件加工后的表面质量及光亮度不如尺寸小的滚抛磨块。当加工表面粗糙度值较小的工件时，滚抛磨块尺寸过大且工件较软时，工件将受到较大的撞击作用，工件表面可能出现均匀的撞击痕迹，表面反而更粗糙。

不同尺寸的球形滚抛磨块能够达到的极限表面粗糙度值见表6.2-13。

表6.2-13　不同尺寸的球形滚抛磨块能够达到的极限表面粗糙度值

滚抛磨块尺寸/mm	球 $\phi3$	球 $\phi5$	球 $\phi8$	球 $\phi10$
加工后工件表面粗糙度 Ra/μm	0.50	0.45	0.50	0.70

2）对金属去除率的影响。材质相同、粒度相同而形状不同的滚抛磨块，金属去除率的差别也很大。试验表明：滚抛磨块的棱角越多、越尖锐，金属去除率越大；正四面体金属去除率最大，斜三棱柱、斜圆柱次之，球形最小。如果只为去毛刺和氧化皮等粗加工，用正四面体或斜三棱柱形滚抛磨块效率较高。

尺寸较大的滚抛磨块作用在工件上，压力较大，在加工时由于滚抛磨块质量大，对工件撞击力较大，因此，随着滚抛磨块尺寸的加大，金属去除率也加大。

各种形状滚抛磨块的金属去除率见表6.2-14。不同尺寸的球形氧化铝滚抛磨块的金属去除率见表6.2-15。

表6.2-14　各种形状滚抛磨块的金属去除率

滚抛磨块形状	球 $\phi10mm$	斜圆柱 $\phi10mm\times20mm$	斜三角 $15mm\times15mm$	正三棱锥 $10mm\times10mm$
金属去除率/(g/kg)	6.89	10.33	10.49	28.83

表6.2-15　不同尺寸的球形氧化铝滚抛磨块的金属去除率

滚抛磨块尺寸/mm	球 $\phi3$	球 $\phi5$	球 $\phi8$	球 $\phi10$
金属去除率/(g/kg)	0.38	0.54	3.21	6.89

3）滚抛磨块形状尺寸与工件形状尺寸的关系。滚抛磨块的几何形状和尺寸大小，要保证加工时滚抛磨块接触到被加工表面，以保证被加工表面能得到均匀的加工。滚抛磨块的尺寸过大，易使薄片等刚性差的工件产生变形；工件在尺寸小、棱边少的滚抛磨块中较易移动，使工件之间碰伤的可能性大。

精加工所用的球形滚抛磨块，其半径应小于工件的圆角半径。对于薄片、细杆等易变形工件，以及表面硬度较低的工件，应选择尺寸较小的滚抛磨块，以防止产生变形或碰伤。加工精密螺纹或齿轮件时，应选择棱角少、尺寸小的滚抛磨块，以避免碰伤牙尖或使齿形变化。对于有孔和槽等结构的工件，滚抛磨块的尺寸应为孔径或槽宽的1/3以下，以保证孔、槽表面都能得到加工，并保证不致堵塞。

常用滚抛磨块卡料表见表6.2-16。

（4）滚抛磨块的性能及加工时间的选择

目前，JB/T 10153—2013《固结磨具　滚抛磨块》中包括部分滚抛磨块的性能指标及测试方法。滚抛磨块的生产厂家和用户可参考类似产品性能指标的测试方法。滚抛磨块性能指标项目及测试方法参考标准见表6.2-17。

根据大量测试，初步得出滚抛磨块性能指标参数：滚抛磨块的硬度值不小于115HRA，抗压强度不小于 $9\times10^7N/m^2$，冲击韧度大于 $1kN\cdot m/m^2$，吸水率不大于0.7%。

滚抛磨块的性能不同，加工时所用的时间不同，可从表6.2-18常用滚抛磨块性能与加工时间对照中了解、选择使用。

表6.2-16　常用滚抛磨块卡料表

间隙距离/mm	滚抛磨块尺寸/mm							
	$\phi1$	$\phi2$	$\phi3$	$\phi4$	$\phi5$	$\triangle2\times2$	$\triangle3\times3$	$\triangle3\times4$
1.0	▲	◿				◿		
1.2	▲	◿				◿		
1.4		◿				◿		
1.6	●	◿				◿	◿	
1.8		▲				▲	◿	
2.0		▲	◿			▲	◿	
2.2		▲	◿			▲	◿	
2.4		▲	◿			▲	▲	▲
2.6						▲	▲	▲
2.8			▲				▲	▲
3.0			▲			●	▲	▲
3.2			▲			●	▲	▲
3.4		●	▲			●	▲	▲
3.6		●				●	▲	▲
3.8						●	●	▲
4.0						●	▲	▲
4.2						●	▲	▲
4.4							●	▲
4.6							●	▲

注：无标记的为不卡料，◿表示卡碎料，▲表示卡1颗整料，●表示卡2颗叠加整料。

表 6.2-17 滚抛磨块性能指标项目及测试方法参考标准

性能指标项目	测试方法参考标准
硬度	GB/T 2490—2018《固结磨具　硬度检验》
抗压强度	GB/T 4740—1999《陶瓷材料抗压强度试验方法》
冲击韧性	GB 4742—1984《日用陶瓷冲击韧性测定方法》
吸水率	GB/T 2997—2015《致密定形耐火制品体积密度、显气孔率和真气孔率试验方法》

表 6.2-18 常用滚抛磨块性能与加工时间对照

1. S2-1R

表面粗糙度/μm		时间/min						
		0	4	8	12	16	20	24
0.6	Ra	0.627	0.436	0.389	0.334	0.309	0.265	0.252
	Rz	4.089	2.897	2.156	2.220	1.820	1.636	1.496
0.5	Ra	0.545	0.366	0.271	0.244	0.238	0.209	0.197
	Rz	3.317	1.843	1.435	1.427	1.416	1.160	1.198
0.4	Ra	0.421	0.298	0.254	0.237	0.212	0.199	0.189
	Rz	2.761	1.881	1.648	1.511	1.438	1.134	1.141
0.3	Ra	0.289	0.190	0.182	0.168	0.185	0.174	0.171
	Rz	1.730	1.508	1.359	1.146	1.314	1.320	1.243

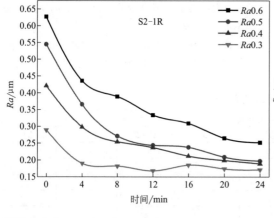
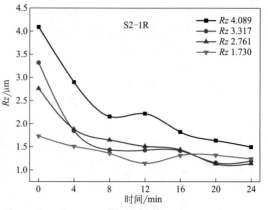

2. S3-1R

表面粗糙度/μm		0	4	8	12	16	20	24
1.0	Ra	1.000	0.656	0.529	0.418	0.413	0.370	0.366
	Rz	4.200	2.494	1.687	2.482	2.061	0.856	0.857
0.8	Ra	0.805	0.533	0.399	0.338	0.347	0.311	0.276
	Rz	3.380	1.876	1.230	2.096	0.868	0.880	0.892
0.7	Ra	0.699	0.299	0.247	0.243	0.228	0.217	0.184
	Rz	3.009	1.243	0.939	0.869	1.440	0.790	0.835
0.6	Ra	0.600	0.372	0.255	0.301	0.271	0.238	0.216
	Rz	2.818	1.690	1.033	1.591	0.999	0.895	0.709
0.5	Ra	0.516	0.321	0.215	0.173	0.184	0.183	0.162
	Rz	2.542	1.384	0.986	0.730	1.231	0.810	0.712
0.4	Ra	0.416	0.216	0.205	0.169	0.176	0.160	0.167
	Rz	2.084	0.939	0.922	0.652	0.702	0.591	0.651

（续）

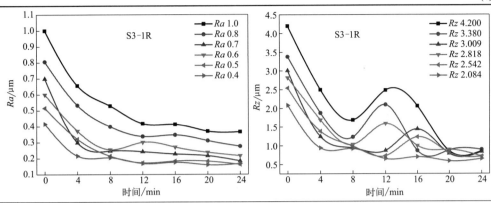

3. S5-1R

表面粗糙度/μm		时间/min						
		0	4	8	12	16	20	24
1.0	Ra	1.015	0.458	0.389	0.398	0.366	0.361	0.451
	Rz	6.227	3.069	2.705	3.100	2.673	2.800	3.019
0.9	Ra	0.914	0.371	0.325	0.276	0.269	0.289	0.339
	Rz	5.816	2.652	2.367	2.147	2.169	2.224	2.016
0.8	Ra	0.811	0.380	0.338	0.311	0.281	0.312	0.338
	Rz	4.811	2.707	2.532	2.407	2.162	2.245	2.633
0.7	Ra	0.726	0.379	0.352	0.324	0.277	0.313	0.357
	Rz	4.472	2.624	2.555	2.496	3.079	2.409	2.589
0.6	Ra	0.593	0.380	0.320	0.277	0.242	0.313	0.345
	Rz	3.831	3.049	3.020	2.089	1.851	2.524	2.636

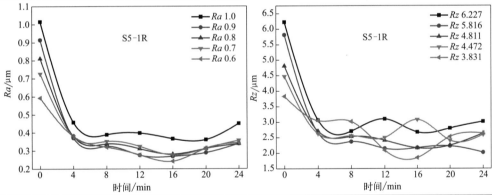

4. S3-2F

0.8	Ra	0.805	0.608	0.456	0.412	0.377	0.316	0.347
	Rz	6.049	3.985	3.104	2.863	2.490	2.100	2.237
0.7	Ra	0.719	0.510	0.425	0.369	0.335	0.294	0.275
	Rz	4.725	3.436	3.118	2.558	2.298	2.101	1.802
0.6	Ra	0.609	0.498	0.398	0.335	0.323	0.288	0.271
	Rz	4.425	3.382	2.828	2.169	2.175	2.019	1.686
0.5	Ra	0.505	0.385	0.301	0.256	0.268	0.244	0.249
	Rz	3.552	2.738	2.317	2.084	1.848	1.594	1.824
0.4	Ra	0.412	0.260	0.209	0.207	0.168	0.156	0.165
	Rz	2.757	1.945	1.483	1.447	1.046	1.102	1.273
0.3	Ra	0.319	0.219	0.189	0.178	0.153	0.148	0.156
	Rz	2.154	1.522	1.352	1.357	1.036	0.998	1.056

（续）

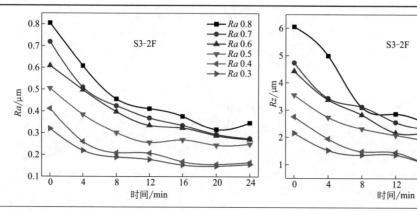

5. S2-3F

表面粗糙度/μm		时间/min						
		0	4	8	12	16	20	24
0.6	Ra	0.612	0.476	0.345	0.348	0.313	0.306	0.276
	Rz	4.184	2.888	2.177	2.043	1.933	1.726	1.539
0.5	Ra	0.518	0.342	0.251	0.240	0.231	0.204	0.186
	Rz	3.800	2.463	1.767	1.588	1.459	1.367	1.242
0.4	Ra	0.403	0.293	0.251	0.240	0.229	0.185	0.163
	Rz	3.239	2.103	1.713	1.532	1.301	1.196	1.062
0.3	Ra	0.314	0.251	0.231	0.221	0.210	0.185	0.159
	Rz	1.909	1.187	0.989	1.042	0.791	1.019	0.852

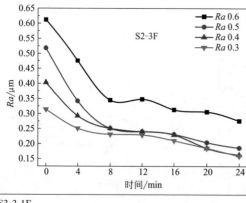
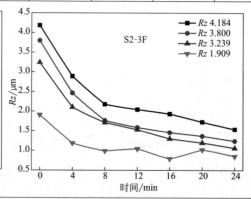

6. S3-3-1F

0.7	Ra	0.702	0.426	0.264	0.212	0.186	0.175	0.171
	Rz	3.520	1.271	0.706	0.577	0.528	0.469	0.473
0.6	Ra	0.603	0.320	0.248	0.216	0.208	0.166	0.148
	Rz	2.742	1.119	0.870	0.750	0.624	0.544	0.429
0.5	Ra	0.499	0.203	0.183	0.164	0.154	0.143	0.144
	Rz	2.032	0.863	0.777	0.698	0.587	0.570	0.520
0.4	Ra	0.396	0.217	0.170	0.144	0.162	0.187	0.147
	Rz	1.800	0.879	0.692	0.624	0.644	0.639	0.543
0.3	Ra	0.301	0.201	0.175	0.137	0.134	0.128	0.109
	Rz	1.511	1.052	0.757	0.595	0.626	0.550	0.499

（续）

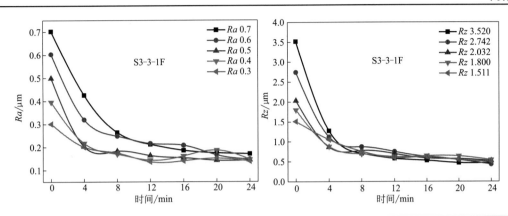

7. S3-3-2F

表面粗糙度/μm		时间/min						
		0	4	8	12	16	20	24
0.7	Ra	0.702	0.412	0.359	0.321	0.279	0.258	0.220
	Rz	3.873	2.438	2.346	2.129	2.032	1.645	1.738
0.6	Ra	0.599	0.402	0.338	0.304	0.260	0.220	0.203
	Rz	3.919	2.662	2.402	2.037	1.639	1.354	1.195
0.5	Ra	0.498	0.235	0.216	0.199	0.171	0.166	0.145
	Rz	3.008	1.713	1.382	1.274	1.183	1.180	1.033
0.4	Ra	0.407	0.249	0.201	0.175	0.177	0.130	0.145
	Rz	2.776	1.634	1.299	1.179	1.174	0.817	1.054
0.3	Ra	0.303	0.192	0.195	0.179	0.161	0.140	0.120
	Rz	1.883	1.293	1.258	1.169	1.104	0.996	0.855

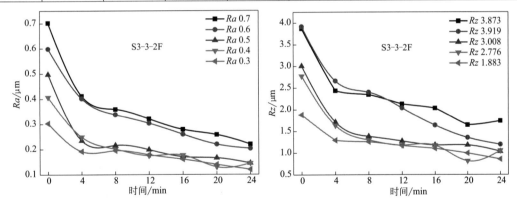

8. S4-3F

0.8	Ra	0.814	0.513	0.418	0.336	0.259	0.244	0.278
	Rz	3.547	2.717	2.285	1.364	0.743	1.042	0.688
0.7	Ra	0.694	0.475	0.367	0.284	0.240	0.232	0.277
	Rz	2.914	2.689	1.985	0.976	0.925	0.829	0.759
0.6	Ra	0.602	0.435	0.325	0.249	0.236	0.212	0.259
	Rz	2.852	2.538	1.641	1.054	0.856	0.834	0.880
0.5	Ra	0.500	0.293	0.251	0.223	0.208	0.188	0.201
	Rz	2.304	1.987	1.456	0.843	0.735	0.861	0.702
0.4	Ra	0.422	0.241	0.223	0.215	0.204	0.211	0.198
	Rz	2.114	1.652	1.395	1.321	1.311	1.257	1.031

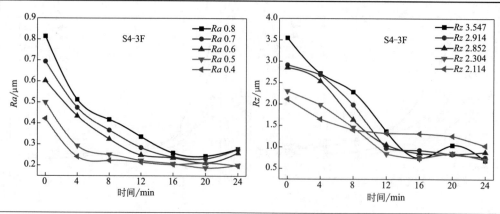

9. S3-4F

表面粗糙度/μm		\multicolumn{7}{c}{时间/min}
		0	4	8	12	16	20	24
0.7	Ra	0.713	0.523	0.463	0.395	0.371	0.341	0.321
	Rz	4.521	3.709	3.586	3.156	2.853	2.682	2.358
0.6	Ra	0.601	0.497	0.395	0.321	0.288	0.251	0.232
	Rz	3.872	3.056	2.684	2.092	1.589	1.560	1.412
0.5	Ra	0.512	0.360	0.318	0.267	0.217	0.215	0.210
	Rz	3.520	2.579	2.488	1.895	1.492	1.471	1.371
0.4	Ra	0.404	0.344	0.300	0.239	0.221	0.205	0.200
	Rz	3.054	2.367	2.367	1.669	1.434	1.434	1.286
0.3	Ra	0.313	0.247	0.225	0.191	0.171	0.161	0.147
	Rz	2.401	1.782	1.583	1.238	1.109	1.098	0.959

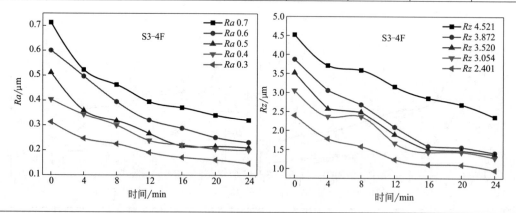

10. S2-5G

表面粗糙度/μm		0	4	8	12	16	20	24
0.5	Ra	0.507	0.313	0.253	0.192	0.183	0.159	0.129
	Rz	3.664	2.129	1.830	1.310	1.090	0.955	0.752
0.4	Ra	0.408	0.280	0.215	0.169	0.155	0.119	0.103
	Rz	3.222	2.088	1.617	1.131	0.972	0.775	0.672
0.3	Ra	0.311	0.203	0.154	0.117	0.116	0.080	0.079
	Rz	2.602	1.349	1.038	0.748	0.766	0.552	0.618
0.2	Ra	0.212	0.122	0.095	0.089	0.084	0.083	0.057
	Rz	1.822	1.040	0.712	0.668	0.605	0.690	0.465
0.1	Ra	0.127	0.094	0.080	0.066	0.069	0.071	0.058
	Rz	1.481	0.742	0.581	0.515	0.612	0.523	0.554

（续）

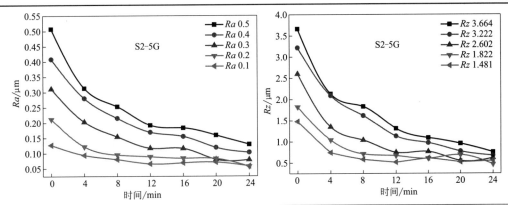

11. S3-6P

表面粗糙度/μm		时间/min						
		0	4	8	12	16	20	24
0.5	Ra	0.499	0.345	0.289	0.321	0.251	0.294	0.210
	Rz	1.973	1.87	1.559	1.308	1.370	1.049	1.303
0.4	Ra	0.410	0.326	0.277	0.311	0.234	0.276	0.201
	Rz	1.943	1.967	1.424	1.596	1.094	1.518	1.252
0.3	Ra	0.312	0.297	0.266	0.287	0.220	0.255	0.205
	Rz	1.284	1.419	1.104	1.371	1.202	1.334	1.213
0.2	Ra	0.204	0.201	0.191	0.202	0.187	0.201	0.190
	Rz	1.205	1.302	1.075	1.214	0.870	1.576	1.258

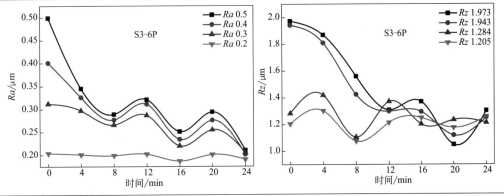

12. S2-8P

0.5	Ra	0.501	0.361	0.292	0.265	0.251	0.238	0.241
	Rz	3.456	2.294	1.809	1.493	1.663	1.486	1.478
0.4	Ra	0.410	0.334	0.285	0.255	0.225	0.246	0.248
	Rz	3.097	2.702	1.902	1.660	1.490	1.669	1.776
0.3	Ra	0.305	0.277	0.240	0.227	0.217	0.209	0.242
	Rz	2.552	2.087	1.575	1.601	1.506	1.319	1.689
0.2	Ra	0.209	0.152	0.151	0.152	0.138	0.145	0.162
	Rz	1.427	1.269	1.289	1.129	0.947	1.032	1.280
0.1	Ra	0.126	0.100	0.113	0.113	0.117	0.141	0.136
	Rz	1.141	0.822	0.845	0.845	1.062	1.079	0.984

（续）

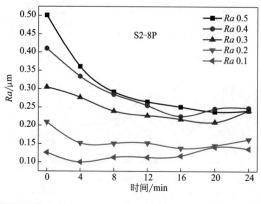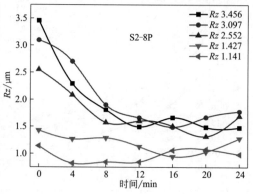

13. S3-8P

表面粗糙度/μm		时间/min						
		0	4	8	12	16	20	24
0.5	Ra	0.502	0.363	0.322	0.298	0.334	0.327	0.319
	Rz	2.354	1.666	1.413	1.101	0.876	0.866	0.754
0.4	Ra	0.399	0.313	0.294	0.271	0.262	0.286	0.313
	Rz	2.062	1.150	0.935	0.617	0.698	0.672	0.617
0.3	Ra	0.302	0.257	0.232	0.219	0.215	0.214	0.220
	Rz	2.556	1.943	1.864	1.913	1.763	1.637	1.402
0.2	Ra	0.208	0.206	0.194	0.191	0.187	0.165	0.160
	Rz	1.434	0.902	0.657	0.582	0.546	0.549	0.573

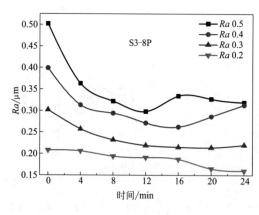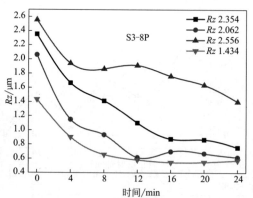

14. S5-8P

0.6	Ra	0.607	0.240	0.249	0.195	0.239	0.215	0.217
	Rz	4.016	1.911	1.967	1.640	1.736	1.378	1.402
0.5	Ra	0.506	0.175	0.163	0.145	0.190	0.174	0.180
	Rz	3.365	1.539	1.273	1.315	1.254	1.188	1.202
0.4	Ra	0.401	0.184	0.165	0.132	0.141	0.156	0.157
	Rz	2.992	1.379	1.437	1.046	1.052	1.039	1.083
0.3	Ra	0.297	0.116	0.119	0.123	0.140	0.118	0.124
	Rz	1.781	1.052	1.175	1.083	1.110	0.956	0.866

（续）

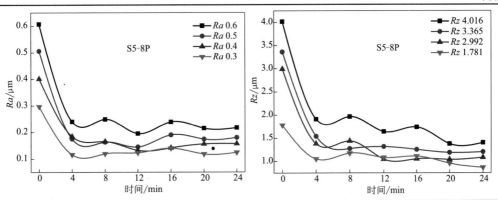

15. R1.3×3P

表面粗糙度/μm		时间/min						
		0	4	8	12	16	20	24
0.5	Ra	0.473	0.209	0.180	0.170	0.146	0.131	0.130
	Rz	2.928	2.513	2.011	1.756	1.510	1.411	1.248
0.4	Ra	0.399	0.323	0.260	0.232	0.216	0.187	0.149
	Rz	2.649	2.077	1.859	1.671	1.486	1.262	1.068
0.3	Ra	0.261	0.191	0.139	0.104	0.108	0.164	0.165
	Rz	1.775	1.450	1.134	0.904	0.980	1.024	0.995
0.2	Ra	0.136	0.093	0.076	0.071	0.061	0.061	0.063
	Rz	1.382	0.966	1.030	0.898	0.833	0.899	0.791

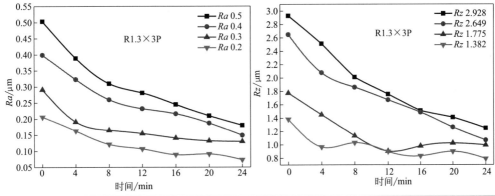

16. KL10-1G

0.5	Ra	0.506	0.298	0.222	0.180	0.173	0.144	0.11
	Rz	2.356	1.446	1.385	1.078	0.907	0.780	1.121
0.4	Ra	0.404	0.261	0.179	0.131	0.116	0.098	0.099
	Rz	2.980	2.520	1.118	0.790	0.746	0.690	0.583
0.3	Ra	0.309	0.202	0.129	0.127	0.108	0.091	0.083
	Rz	2.573	1.218	0.916	0.799	0.667	0.631	0.562
0.2	Ra	0.201	0.165	0.125	0.119	0.108	0.110	0.109
	Rz	1.322	1.341	0.821	0.751	0.654	0.769	0.675
0.1	Ra	0.124	0.082	0.077	0.076	0.060	0.058	0.061
	Rz	1.542	0.775	0.553	0.643	0.507	0.434	0.447

（续）

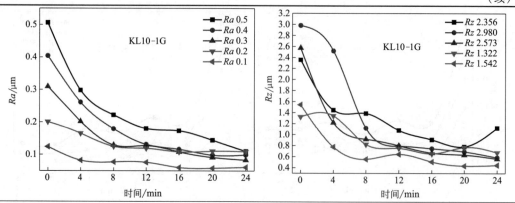

17. KL16-2G

表面粗糙度/μm		时间/min						
		0	4	8	12	16	20	24
0.6	Ra	0.588	0.298	0.289	0.289	0.257	0.226	0.197
	Rz	3.924	2.289	2.128	2.221	1.943	1.740	1.444
0.5	Ra	0.483	0.238	0.211	0.201	0.216	0.208	0.175
	Rz	3.226	1.922	1.622	1.501	1.486	1.451	1.260
0.4	Ra	0.415	0.235	0.223	0.207	0.179	0.177	0.177
	Rz	2.662	1.798	1.723	1.487	1.342	1.259	1.227
0.3	Ra	0.296	0.146	0.113	0.115	0.122	0.097	0.107
	Rz	1.786	1.412	0.940	0.970	0.957	0.694	0.879
0.2	Ra	0.202	0.136	0.124	0.120	0.114	0.113	0.115
	Rz	1.394	1.135	0.980	0.868	0.852	0.815	0.853

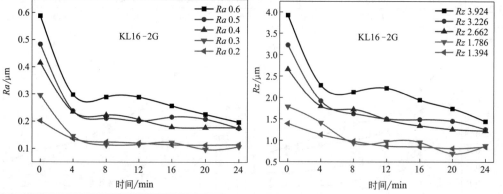

18. PLC07×7G

0.8	Ra	0.805	0.499	0.306	0.223	0.140	0.121	0.113
	Rz	5.664	3.161	2.280	1.707	1.117	0.859	0.829
0.7	Ra	0.714	0.415	0.231	0.142	0.139	0.124	0.100
	Rz	4.090	2.378	1.784	1.055	1.097	0.85	0.801
0.6	Ra	0.604	0.354	0.218	0.146	0.134	0.110	0.105
	Rz	4.092	2.473	1.741	1.180	0.986	0.814	0.770
0.5	Ra	0.504	0.207	0.158	0.117	0.100	0.088	0.085
	Rz	3.289	1.100	0.958	0.872	0.657	0.724	0.664
0.4	Ra	0.412	0.142	0.123	0.094	0.088	0.080	0.089
	Rz	3.117	1.553	1.251	0.787	0.806	0.688	0.623
0.3	Ra	0.299	0.123	0.095	0.085	0.085	0.087	0.087
	Rz	2.086	0.930	0.828	0.659	0.652	0.721	0.585
0.2	Ra	0.207	0.109	0.096	0.081	0.083	0.084	0.087
	Rz	1.540	1.064	0.781	0.612	0.659	0.608	0.653

（续）

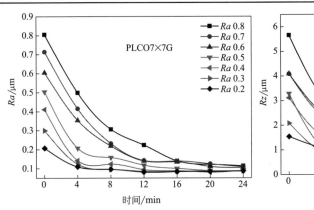

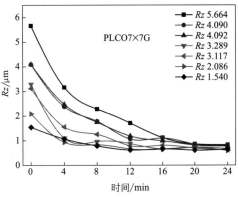

19. TP2×2R

表面粗糙度/μm		时间/min						
		0	4	8	12	16	20	24
0.7	Ra	0.705	0.395	0.342	0.296	0.276	0.241	0.223
	Rz	2.349	1.653	0.996	0.894	0.961	0.753	0.695
0.6	Ra	0.599	0.380	0.302	0.260	0.230	0.225	0.217
	Rz	2.639	1.472	1.225	0.962	0.896	0.609	0.774
0.5	Ra	0.513	0.306	0.257	0.231	0.219	0.186	0.199
	Rz	2.582	1.310	0.911	0.940	0.798	0.740	0.799
0.4	Ra	0.409	0.274	0.235	0.202	0.174	0.173	0.171
	Rz	2.251	1.185	0.958	0.805	0.737	0.655	0.708
0.3	Ra	0.304	0.236	0.219	0.197	0.182	0.171	0.171
	Rz	1.806	1.141	0.873	0.779	0.846	0.709	0.725

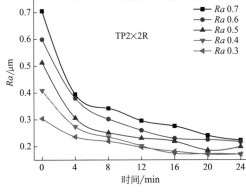

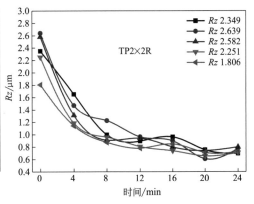

20. X3×3R

0.8	Ra	0.799	0.498	0.423	0.391	0.370	0.361	0.386
	Rz	4.745	2.878	2.453	2.541	2.253	2.135	2.591
0.7	Ra	0.716	0.444	0.418	0.381	0.371	0.363	0.365
	Rz	4.842	3.167	2.500	2.457	2.355	2.246	2.616
0.6	Ra	0.606	0.375	0.344	0.322	0.336	0.323	0.314
	Rz	3.955	2.522	2.278	2.091	2.082	2.221	2.031
0.5	Ra	0.517	0.335	0.329	0.323	0.321	0.314	0.301
	Rz	3.220	2.166	2.122	1.929	1.992	1.993	1.945
0.4	Ra	0.396	0.322	0.295	0.292	0.306	0.300	0.296
	Rz	2.545	2.245	1.964	2.046	2.030	2.009	1.964

（续）

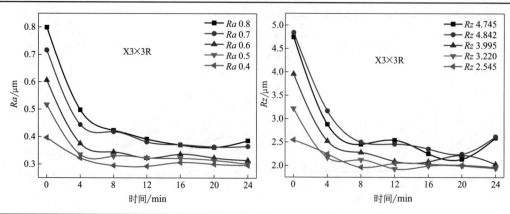

21. TP3×3F

表面粗糙度/μm		时间/min						
		0	4	8	12	16	20	24
0.8	Ra	0.804	0.554	0.488	0.376	0.307	0.286	0.269
	Rz	5.257	3.695	3.296	2.191	1.941	1.760	1.660
0.7	Ra	0.721	0.554	0.428	0.369	0.323	0.292	0.260
	Rz	4.534	3.607	2.631	2.273	1.921	1.695	1.760
0.6	Ra	0.586	0.412	0.328	0.284	0.248	0.268	0.264
	Rz	3.813	2.747	2.245	1.731	1.652	1.653	1.632
0.5	Ra	0.505	0.310	0.273	0.252	0.234	0.233	0.203
	Rz	3.305	2.456	1.865	1.607	1.613	1.521	1.234
0.4	Ra	0.428	0.285	0.226	0.218	0.204	0.183	0.179
	Rz	2.868	1.962	1.309	1.528	1.332	1.181	1.212
0.3	Ra	0.302	0.217	0.161	0.157	0.157	0.169	0.163
	Rz	1.650	1.176	1.090	1.054	1.181	1.192	1.061

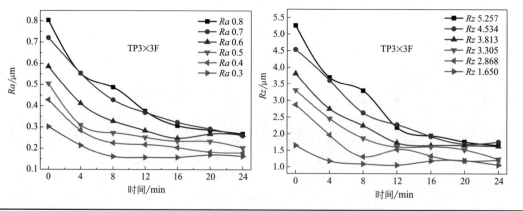

注：滚抛磨块名称对照表

球形滚抛磨块	名称	抗破损强度/(N/cm)	异形滚抛磨块	名称
2-1	S2-1R	80～130		R1.3×3P
3-1	S3-1R	350～450	圆柱	R1.7×5.2P
4-1	S4-1R	450～550		R3×5F
5-1	S5-1R	650～750		TP2×2R
2-2	S2-2F	100～150	斜三角	TP3×4R
3-2	S3-2F	350～450		TP3×3F

（续）

球形 滚抛磨块	名称	抗破损强度 /（N/cm）	异形 滚抛磨块	名　称
4-2	S4-2F	580～680	斜三角	TP4×4F
5-2	S5-2F	850～950		TP6×8R
2-3	S2-3F	250～350		TP8×8R
3-3-1	S3-3-1F	350～450		TP15×15R
3-3-2	S3-3-2F	380～480	正三角	T4×4R
4-3	S4-3F	550～650		T4×4F
5-3	S5-3F	650～750	斜三角	X3×3R
3-4	S3-4F	350～450	树脂	PLCO7×7G
2-5	S2-5G	800～900		PLCO10×10G
3-5	S3-5F	1300～1500		KL10-1G
3-6	S3-6P	950～1050	颗粒	KL24-1G
1-7	S1-7G	300～400		KL16-1G
2-7	S2-7G	500～600		KL16-2G
3-7	S3-7G	550～650		
4-7	S4-7G	650～750		
2-8	S2-8P	850～950		
3-8	S3-8P	1000～1100		
4-8	S4-8P	1150～1300		
5-8	S5-8P	2000～2200		
3-9	S3-9P	2100～2300		

（5）滚抛磨块参数对加工效果的影响

滚抛磨块的特性参数可以借用砂轮的表示方法，包括磨料、粒度、硬度、组织、结合剂、形状、尺寸等，但由于滚抛磨块的工况特点，对加工影响较大的主要因素是粒度、硬度和形状、尺寸。在一定的试验条件下（卧式离心式滚磨光整加工，工件材料45钢，加工时间30min，工件加工前 $Ra1.8\mu m$），得出表6.2-19所示的试验数据，可供参考。

表6.2-19　滚抛磨块特性参数对加工效果影响的试验数据对比

滚抛磨块			表面粗糙度 $Ra/\mu m$		工件的金属去除率 /（g/kg）	滚抛磨块的磨耗率 /（g/kg）
材质	粒度	规格尺寸/mm	加工前	加工后		
棕刚玉	80#	斜三棱柱 15×15×15	1.8	1.6	13.88	88.29
	150#		1.8	1.3	11.22	66.72
	240#		1.8	1.3	12.35	65.83
	W20		1.8	1.2	10.39	53.34
	80#	斜圆柱 $\phi10×20$	1.8	1.4	15.48	106.75
	240#		1.8	1.0	11.83	77.67
	W20		1.8	1.0	10.33	54.16
	80#	球 $\phi5$	1.8	0.6	3.67	37.61
	240#		1.8	0.5	2.96	24.08
	W40		1.8	0.5	2.05	14.14
氧化铝	240#	球 $\phi3$	1.8	0.9	0.38	2.17
		球 $\phi5$	1.8	0.6	0.54	1.25
		球 $\phi8$	1.8	0.4	3.21	4.32

1）滚抛磨块粒度。

① 选择原则。滚抛磨块粒度是指构成滚抛磨块所用磨料的粒度。在保证达到工件表面粗糙度要求的前提下，尽量选用金属去除率较高（加工效率高）、滚抛磨块自身磨耗率较小（经济性好）的滚抛磨块粒度。

② 对加工效果的影响。滚磨光整加工中，滚抛磨块经自磨或使用一段时间后，滚抛磨块上磨粒的尖角被磨平，具有等高性。在较小的压力作用下，粒度较粗和粒度较细的滚抛磨块同样可以加工出表面粗糙度值较小的工件表面，即滚抛磨块的粒度对加工后的工件表面粗糙度影响并不十分明显，只有粒度过粗或

过细时，表面粗糙度值才会发生明显变化。

金属去除率与磨粒直径的关系：当粒径小的时候，随磨粒直径的增大，金属去除率迅速增大；当达到一个极限粒度后，金属去除率将不再随磨粒粒度的变化而急剧变化，金属去除率只是很缓慢增加，此时，磨粒粒径大约为 $80\mu m$。

滚抛磨块粒度越细，磨粒之间的结合力越大，磨粒越不容易从磨块体上脱落，越容易保持滚抛磨块原来的形状，其磨耗率小。从降低滚抛磨块本身磨耗率考虑，用较细粒度的滚抛磨块较好。

通过大量的试验和实践，滚抛磨块的粒度一般选择粒径 $80\mu m$ 左右或更细。

2）滚抛磨块硬度。

① 选择原则。滚抛磨块的硬度一般是指滚抛磨块表层的磨粒，在外力作用下从滚抛磨块体上脱落的难易程度。磨粒容易脱落称为硬度低，反之硬度高。

滚抛磨块硬度的选择与工件的硬度、表面粗糙度值和加工经济性有直接关系，原则上滚抛磨块的硬度必须大于被加工工件的硬度，且优选高硬度的滚抛磨块。

② 对加工效果的影响。滚磨光整加工中，滚抛磨块对工件表面的加工作用主要是碰撞、滚压和微量磨削，故并不要求磨粒本身一定具有极为锋利的切削刃，也不要求磨钝的磨粒具有良好的自行脱落的能力。由于加工时切削力较小，且液体介质对滚抛磨块有清洗作用、散热作用，故不易出现工件的过热和切屑堵塞滚抛磨块表面等问题，所以采用较高硬度的滚抛磨块也根本不会导致由于过热而引起的工件烧伤以及较大热变形等。

采用硬度较高的滚抛磨块时具有下列优点：可用于各种硬度的被加工工件材质，使滚抛磨块的硬度单一化，便于滚抛磨块的生产、贮存和使用；滚抛磨块本身越硬，单位时间内滚抛磨块本身的磨耗量越小，可以增加滚抛磨块的使用时间，经济性好；较硬的滚抛磨块容易保持原来的形状，不易在滚抛磨块与滚抛磨块、滚抛磨块与工件的相互撞击中发生碎裂和边角脱落，影响加工效果。

③ 滚抛磨块的硬度选择。一般来讲，滚磨光整加工时，滚抛磨块的硬度必须大于被加工工件的硬度，但并不是滚抛磨块越硬，金属去除率越大。当滚抛磨块的硬度与工件硬度的比值超过 K 时，工件的金属去除率不再增加。大量试验结果表明：$K = 1.3 \sim 1.7$。若选择的滚抛磨块硬度不够，金属去除率急剧下降。

2. 液体介质

滚磨光整加工中，液体介质包括水和化学剂，其中，化学剂主要分为磨剂和助剂。液体介质的合理使用，对滚磨光整加工起着重要的作用。化学剂是一种或多种化学物质与水配制而成的溶剂，能够对零件表面形成一定的物理作用、化学作用，以促进零件表面的平坦化，去除表面的波纹、橘皮现象，改善表面的雾影、光泽、显映性等。是否合理选用化学剂，不仅影响零件外观质感，而且会影响加工效率。

（1）液体介质的性能要求

1）润滑作用。化学剂在零件表面上形成润滑层，能够减少滚抛磨块棱角、杂质等对零件表面造成划伤，有利于表面粗糙度极限值的提升，且适度润滑能够保持化学剂对表面软化和机械作用的平衡，有利于提高加工效率。

2）清洗作用。在滚磨光整加工过程中，不可避免地会有一些滚抛磨块的微粒或零件上的毛刺、金属微粉脱落，这些微粉或微粒随加工时间增加而增加，其中一部分混于液体介质中，另一部分可能附着在滚抛磨块表面，对后续加工造成一定危害，因此，液体介质需要具有清洗作用，从而保持滚抛磨块的自锐性，减少杂质在滚抛磨块间的堵塞。

3）防锈作用。液体介质中含有大量的水，容易锈蚀被加工的零件，因此需具有一定的防锈作用。

4）发泡作用。液体介质适度的发泡缓冲可减少滚抛磨块的高度冲击，但过度的发泡容易造成零件表面污染物附着，形成附着缺陷，因此，液体介质需要一定的发泡缓冲作用，有利于改善形貌和磕伤。

（2）化学剂的种类与组成

一般来说，液体介质的黏度越大，润滑性能越好，光整加工后零件表面质量越好。若液体介质过于黏稠，加工过程中零件产生的微粒在液体介质中分解导致产生黏性絮状物，黏性絮状物被碾压到零件，易形成光整水印，并且液体黏度越大，零件表面清洗越困难。若使用具有清洗作用的化学剂过量，还会导致零件表面出现擦拭不掉的腐蚀印痕，影响零件表面质量。酸性条件下液体介质容易产生细菌而导致酸败现象，极易形成废液，因此，滚磨光整加工中使用的液体介质主要为水基型磨液，分为乳化型、半合成型、合成型三大类，主要包含起润滑作用的油性剂、起清洗作用的表面活性剂、起分散作用的乳化剂、起酸碱调节作用的 pH 调节剂。

（3）化学剂的选用

化学剂的选用包含磨剂和助剂的选用。考虑表面粗糙度值的改善和工件表面光亮度等因素，根据钢铁等黑色金属、铜铝或锌铝合金、不锈钢等工件材质不同，首先应该选用磨剂。

在实际使用过程中，还需根据实际工况在磨剂中加配适量的助剂，如滚抛磨块脱粉较为严重时，可添加清洗、分散能力强的助剂。最后将选好的磨剂、助剂与水混合后配制形成液体介质。

目前，国产磨剂的质量分数一般在10%左右，磨剂的使用量一般为水的质量的3%左右。磨剂与助剂的配比根据实际生产经验确定。

各种磨剂的pH值及主要成分见表6.2-20。主要磨剂产品及性能见表6.2-21。常用磨剂选型表见表6.2-22。常用助剂选型表见表6.2-23。

表 6.2-20　各种磨剂的 pH 值及主要成分

工件材质	黑色金属	铜、铝	锌铝合金	不锈钢
pH	>8	≈7	<7	>10
主要成分	三乙醇胺、十二烷基苯磺酸钠、油酸、硝酸钠、磷酸钠			

表 6.2-21　主要磨剂产品及性能

型　号	外　观	性 能 特 点	适 用 范 围
HA-PF		抛光效果佳，工件外观光亮度高、色泽好；有一定的助磨作用	适用于有色金属件的光整加工，不宜与脱粉率高的滚抛磨块配合使用；加工环境中不能有油，否则易产生油泥
HA-FC		清洗效果佳，工件光整加工后表面干净，具有一定的抛光作用	可与脱粉率高的滚抛磨块配合使用
HA-IS		光整加工效果优，助磨效果优，工件表面光亮度、色泽好	与精抛滚抛磨块配合使用；适用于黑色金属件光整加工
HA-PC		清洗效果佳，抗油污效果佳、防锈效果佳	适用于黑色金属件光整加工
HA-TA		抛光效果佳，工件外观光亮度高、色泽好；抗硬水能力强	适用于水质偏硬地区光整加工
HA-RC		具有较好的防锈、清洗功能	适用于黑色金属件光整加工

表 6.2-22　常用磨剂选型表

型号		HA-PF	HA-IS	HA-SS	HA-TA	HA-DA	HA-FC	HA-RC	HA-PC
功能及用途		有色金属件抛光增亮	黑色金属件抛光	黑色金属件、不锈钢件抛光	水质偏硬地区抛光	黏油工件(少量)抛光	有色金属件光整、防止油泥产生	黑色金属件防锈、光整	黑色金属件光整,防止油泥产生、分散功能佳
pH		8.4±0.2	8.6±0.2	8.8±0.2	8.3±0.2	8.3±0.2	8.2±0.2	8.3±0.2	8.3±0.2
适用金属材料	钢/铁	+	++	+	+	+	+	++	++
	不锈钢	○	○	++	○	○	○	+	+
	铝	++	+	+	+	++	++	○	○
	锌	++	+	+	+	++	++	○	○
	镁	+	+	○	+	+	+	○	○
	铜	+	+	○	+	+	+	○	○
功能	防蚀/保护	○	○	+	○	○	○	++	++
	清洁	○	○	+	+	+	+	+	++
	脱脂	○	○	○	○	++	+	○	○
	增亮	++	+	+	+	++	++	○	○
	泡沫	++	+	+	+	++	+	+	+
	助磨	++	+	+	+	++	○	+	+

注：1. 表中数据主要来源于廊坊市北方天宇机电技术有限公司。

2. "++"表示非常适用，"+"表示有作用，"○"表示不适用。下同。

表 6.2-23　常用助剂选型表

型号		HC-SC	HC-DA	HC-DC	AA-AC
功能及用途		工件、滚抛磨块清洗	除油、脱脂	清洗、分散	防腐/保护
pH		6.0±0.5	8.0±0.2	7.8±0.2	8.0±0.2
适用金属材料	钢/铁	+	++	++	++
	不锈钢	++	+	++	+
	铝	++	+	++	++
	锌	++	+	++	+
	镁	++	+	++	+
	铜	++	+	++	+
功能	防蚀/保护	+	+	+	○
	清洁	+	+	+	+
	脱脂	+	++	○	○
	增亮	○	○	○	+
	泡沫	+	+	+	+
	助磨	+	○	○	+

注：表中数据主要来源于廊坊市北方天宇机电技术有限公司。

（4）液体介质的供给方式与供给量

液体介质分为定量供给和循环供给两种。液体介质的装入量，直接影响加工效果，若装入量太少，则不能很好地发挥润滑、缓冲作用，造成工件表面粗糙，擦痕明显，甚至破坏工件表面；如果装入量太多，加工效率会明显降低。实践表明：在密封滚筒中，液体介质的装入量，以正好淹没工件和滚抛磨块为宜。针对定量供给方式，一般粗加工 3~4h 更换一次，精加工可 6~8h 更换一次。若采用循环供给方式，根据加工效果的变化，及时补充增加适量的磨剂和助剂。

6.2.3　典型滚磨光整加工方式

1. 回转式

（1）加工机理

回转式滚磨光整加工（见图 6.2-5）时，将一定配比的工件、加工介质装入一个具有一定形状大小的滚筒内,当滚筒按一定转速回转时,滚筒内的工件和滚抛磨块在重力、离心力、摩擦力等作用下,随回转方向沿筒壁向上提升,在提升过程中位于滚筒下部的工件和滚抛磨块处于动态平衡,保持相对静止,而位于滚筒上部的工件和滚抛磨块被提升到一定高度时,便失去平衡向下滑移,其中表层滑移阻力小,滑移速度快,从而使各层之间产生相对运动;即使在同一层,由于工件和滚抛磨块形状、质量的差异,滑移速度也不相同。随着滚筒的回转,滚筒内工件和滚抛磨块不断翻滚,引起工件和滚抛磨块之间相互碰撞、滚压、滑擦和刻划的微量磨削,实现对工件表面的光整加工。

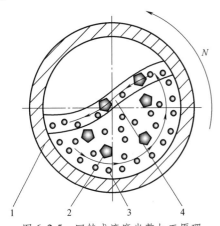

图 6.2-5　回转式滚磨光整加工原理
1—滚筒　2—工件　3—加工介质　4—滑动层

回转式滚磨光整加工是最早开发的滚磨光整加工方式,适用于小型异形零件的表面光整,金属去除能力较弱,加工效率较低,工件表面有一定程度的磕碰,加工后的表面完整性较差。

(2) 影响因素

影响因素主要包括:滚筒的形状和大小、加工介质及装入量、滚筒的回转转速、加工时间。

滚筒的回转转速是一项重要参数,对加工效率和加工质量有较大的影响。①随着转速的提高,离心力增大,滚筒内的工件和滚抛磨块之间相互碰撞、挤压、滑擦和刻划加剧。②由于离心力增大,筒壁给予工件和滚抛磨块的摩擦力增大,只有被提升到较高的高度后才失去平衡向下滑移,加大了下滑冲击力、加长了滑移距离,使碰撞、滚压、滑擦和刻划的次数增多。③由于转速的提高,工件和滚抛磨块在滚筒内翻滚频率加快,单位时间内参与滑移的工件和滚抛磨块数量增多。一般地,滚筒转速的范围为 $4\sim60\text{r/min}$,最大线速度为 $0.1\sim1\text{m/s}$;当转速大于 $\dfrac{1337}{\sqrt{D}}\text{r/min}$(式

中 D 是滚筒壁的回转直径,mm)时,工件和滚抛磨块便随着滚筒的回转而均匀贴在筒壁上,处于动态平衡,保持相对静止,不能进行加工。

不同滚筒置式的回转式滚磨光整加工的特点见表 6.2-24。

表 6.2-24　不同滚筒置式的回转式滚磨光整加工的特点

条件	滚筒置式	
	水平置式	斜置式
加工条件的调整	回转速度可调	回转速度和倾斜角度可调
工件的装卸	不方便	方便
加工过程的监控	不方便	方便
设备成本	低	高
加工均匀性	好	差
可加工工件尺寸范围	大	受限制
主要用途	光整	酸洗、干燥、小件光整

滚筒的容积也是一个重要的参数,可以根据相应的公式计算。

$$V_n = \frac{1}{8}n \times D_n^2 \times L \times \sin\frac{360}{n} \qquad (6.2\text{-}1)$$

式中　V_n——滚筒的容积(mm^3);

　　　n——滚筒的边数;

　　　D_n——滚筒最大直径(多边形外接圆直径)(m);

　　　L——滚筒轴向长度(m)。

加工中大型或特殊要求的工件时,可采用夹具将工件固定的方式,不但避免了工件之间的相互磕碰,同时提高了加工效率。值得注意的是,夹具固定工件时,需使工件能在夹具上自由转动,以保证加工均匀性;同时应使工件和容器壁之间留有充足的距离,以保证滚抛磨块相对工件的流动不会卡死。

2. 振动式

(1) 加工机理

振动式滚磨光整加工时,将一定配比的工件、加工介质装入一定形状大小的容器中,当容器在特定的振幅和频率下振动时,工件和滚抛磨块便按一定的轨迹运动。在运动过程中,由于工件和滚抛磨块的质量、形状、所处位置的差异,迫使滚抛磨块对工件产生碰撞、滚压和微量磨削,实现对工件表面的光整加工。

振动式滚磨光整加工是国外 20 世纪 50 年代开发的一种光整加工工艺,已广泛应用于不同材料(如钢、铜、铝、胶木等)中小零件的去毛刺、倒圆和光整加工,以及多种大中型零件等的光整加工。

卧式振动式滚磨光整加工设备简图如图 6.2-6 所示。立式振动式滚磨光整加工设备简图如图 6.2-7 所示。

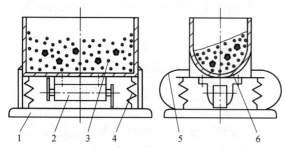

图 6.2-6 卧式振动式滚磨光整加工设备简图
1—底座 2—激振器 3—工件和加工介质
4—螺旋弹簧 5—板弹簧 6—容器

说明：卧式振动式滚磨光整加工设备由平面运动单轴惯性激振器驱动。激振器 2 的轴水平安装，轴上装有两个可调整布置夹角和偏心量的偏心块，当激振器水平轴高速回转时，偏心块产生离心激振力，使槽式容器 6 产生周期性振动，在离心激振力作用下，使容器中滚抛磨块和被加工工件沿容器壁定向翻滚。

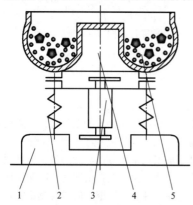

图 6.2-7 立式振动式滚磨光整加工设备简图
1—底座 2—激振器 3—螺旋弹簧
4—容器 5—工件和加工介质

说明：立式振动式滚磨光整加工设备由空间运动单轴惯性激振器 2 驱动。激振器的轴竖直安装，轴的上下两端装有偏心块。偏心块在水平面上的投影成一定夹角。当激振器的主轴高速旋转时，偏心块不但在水平面内产生一定的离心激振力，而且在竖直面内产生一定的激振力矩，使圆环形容器 4 产生复杂的周期性振动。由于容器底部呈圆环形状，在水平离心激振力和竖直激振力矩的作用下，使容器中滚抛磨块和被加工工件既绕容器中心轴（竖直）公转，又绕圆环中心翻滚，其合成运动为环形螺旋运动。

振动式滚磨光整加工有以下特点：

1）加工效率高。与回转式相比，滚抛磨块对工件的加工作用在整个加工循环时间内连续不断进行，效率要高几倍乃至数十倍。

2）应用广泛。不仅可加工黑色金属件、有色金属件，而且还可以加工塑料件、陶瓷件等非金属件；另外，也可加工具有内孔或隐蔽表面的大中型形状复杂零件，以及其他易变形件。

3）加工质量好。不但可以去除毛刺，还可以去除氧化皮、实现棱边倒圆及表面抛光；加工均匀性好，表面质量可有效提高 1～2 个等级，表面显微硬度有所提高，零件内应力可被消除，疲劳强度一般可提高 10% 左右，物理力学性能有所改善。

4）设备结构简单，操作方便，容易实现多机床管理和加工自动化。

（2）影响因素

1）设备参数：

① 偏心块的配置参数。振动轴上偏心块的配置，主要指单个偏心块的质量、质心偏移量和两偏心块安装的轴向距离及相对角度，对振幅大小有着直接的影响。从理论上讲，偏心块的质量及质心偏移量大，则振动轴旋转时产生的离心力也大，振动越剧烈，加工效率则越高，但加工质量有所下降。从设备结构上考虑，偏心块质量及质心偏移量过大，不但造成设备笨重，同时大大降低支承振动轴的轴承的使用寿命；反之，若偏心块的质量及质心偏移量小，则产生的离心力也小，振动较平缓，虽然效率低，但可获得很好的加工质量，并可防止加工过程中易变形件的变形。具体需根据实际情况，确定偏心块质量及质心偏移量，也就是要解决偏心块配重问题。一般偏心块配重的增减，采用螺钉固定调整法较方便。

两个偏心块安装相对角度的大小，不但影响工件和滚抛磨块在容器中的运动情况，更重要的是影响加工效率和加工质量，是十分重要的设备参数。实践表明，偏心块夹角的大小与振动轴的有效长度、产生的离心力大小等因素有关。偏心块安装布置夹角小于 90°，工件和滚抛磨块在容器内翻滚平缓，加工效率较低；反之，运动剧烈，加工效率高，但加工质量差。所以，两个偏心块安装布置夹角一般选 90° 为宜。

② 弹簧的刚性系数。弹簧的刚性系数对加工效率有一定的影响，一般刚性系数大，加工效率高，但噪声也大；刚性系数小，加工效率低，噪声小。

③ 振动轴的回转速度。振动轴的回转速度越高，振动频率越高，加工效率也高。一般振动轴转速不低于 1500r/min；小容器设备的振动轴转速可高一些，

大容器设备的振动轴转速可选低一些。

④ 振动电动机的数量及布置方式。激振系统是振动式滚磨光整加工设备的关键部分，激振动力的传递方式可分为直接传递或间接传递。目前最常见的是直接传递，即激振器与容器直接连接，将振动传递给容器。间接传递可通过弹簧、带传动和传动轴传动等将振动传递给容器。一般的激振方式为电动机旋转带动偏心块产生激振力，也可通过气动或液压驱动的方式使容器产生振动，有少数振动式滚磨光整加工设备使用电磁激振器。常见的频率和振幅的变化范围分别是 20～60Hz，2～10mm。应用高速电动机可减少加工时间，例如使用 40Hz 的电动机使工件达到相同表面粗糙度值所需时间是 20～25Hz 电动机的 40%。

振动电动机的大小、数量和布置均对振动式滚磨光整加工的介质的运动规律有很大的影响。

振动式滚磨光整加工设备容器的振动可以通过图 6.2-8 所示的几种及布置方式完成：

- 由电机驱动的具有偏心重量的单轴或双轴（如下图 a、b）；
- 在振动电机轴上配重，并将电机安装到容器底部（如下图 c、d）；
- 在容器底部安装电磁振动发生器（如下图 e）。

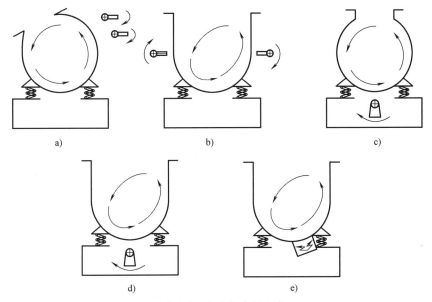

图 6.2-8　电动机布置方式

a）容器截面类锁孔状，多电动机顶端布置　b）容器截面为 U 形，电动机两侧对称布置
c）容器截面类锁孔状，电动机底部布置　d）容器截面为 U 形，电动机底部布置
e）容器截面为 U 形，电磁激振

⑤ 容器大小及形状。容器的容积大小是原始参数，根据工件大小、生产批量、加工要求等进行确定。

容器内腔形状是形成工件及介质连续翻转流动的重要条件。考虑工件及介质定向激振下需具有良好的翻转性能，卧式振动式的容器内腔底部多采用圆柱面结构，立式振动式多采用一定型线的圆环曲面结构。

2）工艺参数：

① 加工时间。加工时间的确定与零件的加工要求有关，一般去毛刺加工需 1～2h，减小表面粗糙度值需 3～5h；改善表面显微硬度及表面应力状态则需 10h 左右。

② 混合比及装入量。加工小型工件时，工件与滚抛磨块的体积比控制在 1∶6～1∶2 之间，总装入量控制在容器总容积的 50%～80%。

与回转式一样，加工中大型或特殊要求的工件时，可采用夹具将工件固定的方式，不但避免了工件之间的相互磕碰，同时提高了加工效率。值得注意的是，夹具固定工件时，须使工件能在夹具上自由转动，以保证加工均匀性；同时应使工件和容器壁之间留有充足的距离，以保证滚抛磨块相对工件的流动不会卡死。

③ 加工介质。滚抛磨块通常是处于湿性状态（加有液体介质），但有时被作为干性状态使用。

3. 涡流式

（1）加工机理

涡流式（也可称为底盘回转式）滚磨光整的滚筒由固定筒壁和回转底盘构成。加工过程中，回转底盘以一定转速回转，这时滚筒内的工件与加工介质在离心力作用下沿固定筒壁回转，并沿其内侧上升，到达某一高度时，便下落到底部。连续回转过程中，上述过程持续反复，使工件与加工介质的混合物产生螺旋状的涡流运动，从而在工件和滚抛磨块间产生强烈的滚磨作用，达到均匀地去除工件毛刺、倒角或抛光的目的。

涡流式滚磨光整加工是20世纪70年代迅速发展起来的一种新型滚磨光整方法，加工能力较强，容易实现自动化，但存在一定程度的磕碰。主要特点为：①与振动式相比，滚磨作用力较大，加工效率高；②由于转速的变化，可供选择的加工能力范围广；③加工循环为上料→给水→滚磨→排水→分离→水洗→排料，整个过程易于实现自动化；④噪声低、无振动、无工作液飞溅，作业环境得到改善。

涡流式滚磨光整加工原理如图6.2-9所示。

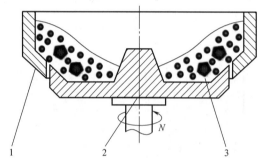

图6.2-9　涡流式滚磨光整加工原理
1—固体筒壁　2—回转底盘　3—工件及加工介质

（2）影响因素

影响因素主要包括：回转底盘及固定筒壁的形状和大小、加工介质及装入量、回转底盘的回转转速、加工时间。

当固定筒壁为圆柱面、回转底盘为倾斜直线回转面时，工件及加工介质的混合物沿固定筒壁上升的高度 B 小于沿径向分布的宽度 A，形成流动速度相对较低的大螺距螺旋流动层。当固定筒壁为圆柱面、回转底盘为曲线回转面时，工件及加工介质的混合物沿固定筒壁上升的高度 B 大于沿径向分布的宽度 A，形成流动速度相对较高的小螺距螺旋流动层。当固定筒壁为棱柱面、回转底盘为曲线回转面时，由于固定筒壁棱柱面对介质的均衡流动的阻挡，形成流动速度相对较高的变螺距螺旋流动层，使运动状态相对复杂化。一般情况下，构成滚筒的固定筒壁用钢板焊接成正圆柱形或正多边形，而回转底盘采用铸铁材料铸造成形，其共同要求是既轻便又刚性好。

在相同条件下，回转底盘的转速越高，滚筒内的工件及加工介质混合物在离心力作用下，沿固定筒壁内侧上升的高度越高，其相对流动速度也越大。这样，滚抛磨块对工件的金属去除量较大，加工后工件表面粗糙度值也较大，相应地滚抛磨块的磨耗率就高。一般地，回转底盘转速的范围为 $60 \sim 300\text{r/min}$，最大线速度可达 10m/s。

不同回转底盘形状、不同固定筒壁形状下的介质流动状态如图6.2-10所示。回转底盘形状、固定筒壁形状对金属去除量、滚抛磨块磨耗率及表面粗糙度的影响如图6.2-11所示。

不同转速情况下的介质流动状态如图6.2-12所示。回转底盘转速对金属去除量、滚抛磨块磨耗率及表面粗糙度的影响如图6.2-13所示。

一般情况下，工件与滚抛磨块混合的总体积占滚筒容积的20%左右。工件与滚抛磨块的体积比，根据被加工工件形状及加工要求控制在 $1:6 \sim 1:3$ 之间。加工时，一般磨剂的加入量按水量多少来决定，通常每1L水加5g磨剂为宜。水的加入量以正好淹没工件及滚抛磨块混合物为宜，一般为滚筒容积的15%左右。水量过多，易使涡流过程的润滑、缓冲作用增大，降低加工效率；如果水量过少，则可能影响工件及滚抛磨块的清洗，不但会造成加工表面质量下降，而且滚抛磨块的磨耗率也会明显增大。

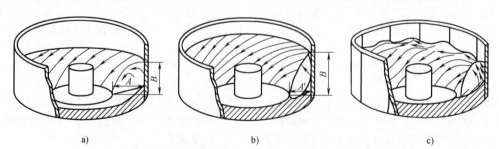

a)　　　　　　　　　　b)　　　　　　　　　　c)

图6.2-10　不同回转底盘形状、不同固定筒壁形状下的介质流动状态
a) 固定筒壁为圆柱面、回转底盘为倾斜直线回转面　b) 固定筒壁为圆柱面、回转底盘为曲线回转面
c) 固定筒壁为棱柱面、回转底盘为曲线回转面

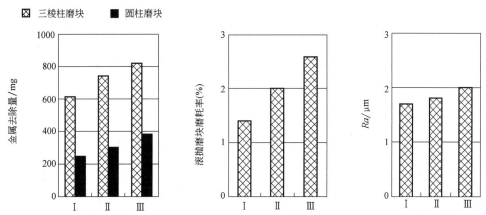

图 6.2-11　回转底盘形状、固定筒壁形状对金属去除量、滚抛磨块磨耗率及表面粗糙度的影响
Ⅰ—固定筒壁为圆柱面、回转底盘为倾斜直线回转面　Ⅱ—固定筒壁为圆柱面、回转底盘为曲线回转面
Ⅲ—固定筒壁为棱柱面、回转底盘为曲线回转面

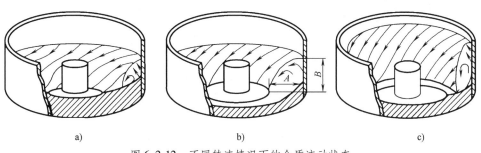

图 6.2-12　不同转速情况下的介质流动状态
a）60r/min　b）90r/min　c）120r/min

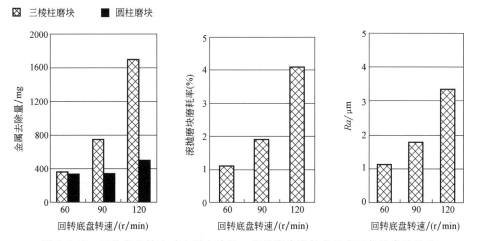

图 6.2-13　回转底盘转速对金属去除量、滚抛磨块磨耗率及表面粗糙度的影响

4. 离心式

（1）加工机理

离心式滚磨光整加工中，装料滚筒绕一固定轴公转（转速为 N），又绕自身轴逆向自转（转速为 n），形成行星运动。当 $N \neq 0$，$n = 0$ 时，筒内介质便形成一个半径为 R_1 的曲面，工件与滚抛磨块相互滚压，

产生一定的正压力，但没有强制流动。若 $N \neq 0$，$n \neq 0$ 时，滚筒既公转又自转，筒内介质便形成一个新曲面，在离心力作用下，筒内介质力图回到原来位置，因而形成一个强制滑移流动层，使工件和滚抛磨块产生相对滑移运动。由于正压力和强制流动的作用，迫使工件与滚抛磨块之间产生相互碰撞、滚压、微量磨削。

强制流动是相对自然流动而言，在回转式滚磨光整加工中，滚筒以一定转速回转时，筒内介质在重力、离心力、摩擦力作用下，随回转方向沿筒壁向上提升，当提升到一定高度时，便失去平衡，表层介质自然向下滑移。在离心式滚磨光整加工中，滚筒既公转又自转，筒内介质既沿筒壁有相对提升，同时表层介质又被迫滑移，这种被迫滑移就是强制流动。

离心式滚磨光整加工原理如图 6.2-14 所示。

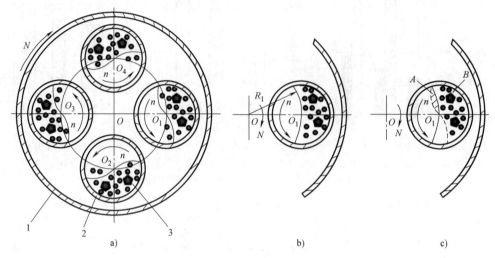

图 6.2-14 离心式滚磨光整加工原理
a）原理示意图 b）$N \neq 0$, $n = 0$ c）$N \neq 0$, $n \neq 0$
1—基座 2—滚筒 3—工件和加工介质

离心式滚磨光整加工效率高，适用于多品种成批生产的中小型零件表面去毛刺和光整，即可用于粗加工去除冲压件、铸件表面的氧化层、小飞边，镀前的精细加工；提高表面质量，加工后零件表面质量可提高 1~2 个等级；改善零件表面物理力学性能，表面硬度提高，改变表面残余应力状态。另外，还具有降低成本、减轻工人劳动强度等特点。

（2）影响因素

离心式滚磨光整加工中，影响其加工质量和加工效率的因素主要包括工件状况、加工设备、加工介质、工艺过程四个方面。当被加工工件和加工要求确定之后，影响加工的因素便成为加工设备、加工介质和加工过程中的各种参数。

离心式滚磨光整加工工艺系统如图 6.2-15 所示。

1）设备运动参数：n/N 和 N。从运动学角度分析，当 $n/N < 0$（即公转与自转反向）时，强制流动层的流向与质点运动速度方向基本一致，流动阻力小，滚抛磨块与工件间的滑移速度快，有利于提高加工效率和保证加工质量；相反，当 $n/N > 0$ 时，滑移速度慢，加工效果差。随着 $|n/N|$ 的增加，工件和滚抛磨块在滚筒内强制流动加剧，从而促使金属去除量、滚抛磨块磨耗量增大，工件表面划痕、压痕增多。从经济性（滚抛磨块的磨耗）角度分析，不论粗加工还是精加工，$n/N = -1$ 时滚磨比最高、经济性最好。

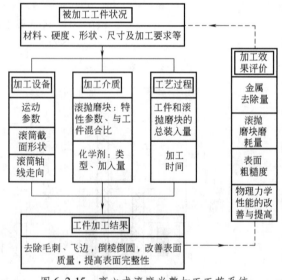

图 6.2-15 离心式滚磨光整加工工艺系统

形成强制流动的条件公式为：

$$\sqrt{\frac{R}{r}} - 1 > \frac{n}{N} > -\left(\sqrt{\frac{R}{r}} + 1\right) \qquad (6.2-2)$$

式中 R、r——滚筒的公转和自转半径（mm）；

N、n——滚筒的公转和自转转速（r/min）。

为了更进一步研究 n/N 的最佳取值，在四个六棱柱滚筒、总容积 60L（15L×4），$N = 180$r/min，$R =$

235mm, $r=150$mm 的设备上，取 n/N 为 -1、-1.5、-2 进行试验，结果见表 6.2-25，试验条件为：试件为 45 钢，$\phi10$mm×30mm、$\phi30$mm×10mm、$\phi20$mm×5mm 等圆柱体（135 件）；粗加工滚抛磨块为斜三棱柱 15mm×15mm×15mm，白刚玉、粒度 180#；精加工滚抛磨块为球 $\phi5$mm，氧化铝、粒度 280#；化学剂为 LC-10 适量；加工时间为 1h；加工前滚筒内温度为 18℃。

表 6.2-25 粗加工、精加工试验记录及结果

加工方式	粗加工			精加工		
n/N	-1	-1.5	-2	-1	-1.5	-2
工件总质量/g	4067.790	4083.925	4094.960	4130.500	4114.190	4043.660
金属去除量/g	24.130	35.520	63.050	1.745	3.040	3.238
金属去除率/(g/kg·h)	5.932	8.698	15.397	0.4225	0.7389	0.8008
滚抛磨块总质量/g	7982.925	7665.570	7982.480	7958.320	7935.430	7951.760
滚抛磨块磨耗量/g	317.355	670.345	1176.215	6.560	13.930	43.930
滚抛磨块磨耗率/(g/kg·h)	39.754	87.449	147.350	0.824	1.755	5.525
滚磨比(金属去除率/滚抛磨块磨耗率)	1:6.70	1:10.05	1:9.57	1:1.95	1:2.38	1:6.89
加工后滚筒内温度/℃	44	49	73	47	63	69

N 值的大小直接影响惯性力的大小。N 值的大小，既受工件硬度、加工要求的限制，同时又会影响工件的表面质量及加工效率。N 值过大时，滚筒内介质的惯性力很大，强制流动剧烈，使滚抛磨块与工件、工件与工件、滚抛磨块与滚抛磨块之间的碰撞、刻划剧烈，导致工件表面划伤、碰伤和表面粗糙度值增加，滚抛磨块破碎等；N 值过小时，滚筒内介质的惯性力很小，强制流动缓慢，使滚抛磨块与工件间的正常滚压、刻划、滑擦减弱，导致加工效率下降。

离心式滚磨转速可用以下公式计算：

$$N=K/\sqrt{D} \quad (\text{r/min}) \tag{6.2-3}$$

式中　D——滚筒公转回转直径（mm）；

　　　K——系数，$K=3000\sim6000$。

不同条件下 K 的取值范围见表 6.2-26。

表 6.2-26 不同条件下 K 的取值范围

条件	中高硬度材料的工件			低硬度材料的工件		
	粗加工	半精加工	精加工	粗加工	半精加工	精加工
K 值范围	5200~6000	4500~5200	3800~4500	4700~5500	4000~4700	3200~4000

2）设备几何参数。滚筒的公转半径 R 和自转半径 r 由结构设计决定。一般情况下，R/r 值决定着设备 n/N 的取值范围。在 $n/N=-1$ 的条件下，R 值的大小直接影响介质在滚筒内的惯性力的大小，r 值的大小便直接反映滚筒容积的大小。在 R 和 r 一定的情况下，影响加工效果的几何参数有滚筒截面形状和滚筒回转轴线走向。

① 滚筒截面形状。一般来说，离心式滚磨光整加工所采用的滚筒截面形状有圆形和正多边形两种。截面形状的不同，导致介质在筒内受力情况和强制流动的变化，从而影响加工效果。当为圆形截面滚筒时，发现工件和滚抛磨块在滚筒内的强制流动较为缓慢，中间区域有明显的环核蠕动区。在正六边形截面滚筒中，介质强制流动激烈，环核蠕动区消失，工件和滚抛磨块间作用力增大，相互接触次数增多，使得碰撞、滚压、微量磨削效果明显，有利于加工效率的提高，但也容易使工件表面产生划痕和压痕。若滚筒截面形状边数减少为三边或四边时，强制流动虽能加剧，但由于滑移区的长度减少，使加工效率随之降低。为此，在选择滚筒边数时应考虑工件的加工要求，当工件表面质量要求较高并不允许有压痕时，选择圆形截面较好；当要求加工效率高，在碰撞时不易产生压痕的工件选六边形或八边形较好。滚筒截面形状对加工效率的影响如图 6.2-16 所示。

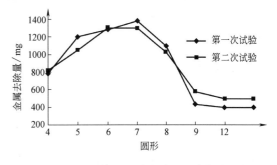

图 6.2-16 滚筒截面形状对加工效率的影响

② 滚筒几何轴线走向。在滚筒回转轴线为水平的前提下，若几何轴线与回转轴线重合，滚筒内介质仅在垂直回转轴线的截面内产生强制流动（即二维强制流动）；若几何轴线与回转轴线成一定角度，滚筒内介质作"∞"字形的全面流动（即三维强制流动），从而增加工件和滚抛磨块间的相对运动，提高加工效率。

滚筒尺寸：滚筒总容积反映该工艺的最大工作能力。单滚筒结构尺寸（直径 d、长度 L），无特殊要求情况下，d/L 取 0.618 左右，即尽量形体和谐。有特殊要求时，应满足其特殊性（如特殊加长滚筒等）。滚筒公转直径 D 的确定，应保证结构紧凑。

3）工艺参数：

① 装入量。滚抛磨块与工件的装入量，是指装入滚筒的滚抛磨块和工件的体积之和占滚筒实际容积的百分比。装入量的大小对滚筒内混合介质流动层的长度、滚抛磨块与工件间的相对滑移速度及相互作用

次数影响较大。装入量的大小将影响工件的金属去除率、工件的表面粗糙度以及工件本身的宏观变形程度等。

适宜的装入量，在混合介质中心不会形成局部的相对静止，在滑移流动层可获得较大的相对滑移速度和较长的滚磨加工流动层，从而使滚抛磨块与工件间相对滑擦、刻划的次数增加，加工效率较高。如果装入量过小，混合介质在滚筒内的翻滚幅度增大，滚抛磨块与工件的碰撞加剧，工件表面会出现压痕或碰伤；同时，使流动层的长度变短，加工效率明显下降。如果装入量过大，此时介质中心的环核蠕动区增大，该区内的滚抛磨块与工件处于缓和流动状态，滚磨作用很小；由于装入量过大，流动层的长度也很短，加工效率低。

不同装入量对离心式滚磨光整加工的影响及适用情况见表 6.2-27。

表 6.2-27　不同装入量对离心式滚磨光整加工的影响及适用情况

装入量（容积比）（%）	金属去除率	工件表面粗糙度值减小程度	工件变形程度	适用情况
<50	小	低	变形大	一般不采用
50~65	大	中	变形适中	重切削、不易变形的工件
65~90	小	高	变形小	易变形的薄片、细杆件及低硬度件

② 混合比。滚抛磨块与工件的混合比，是指装入滚筒内的滚抛磨块与工件的质量比或体积比。

混合比小，说明滚筒中工件较多，滚抛磨块较少，加工效率低。由于工件多，工件间的相互碰撞冲击的可能性增大，对于易变形的薄片或细杆件，以及材质软的工件加工时，易产生变形，影响表面质量；混合比大，不但影响加工效率，而且使滚抛磨块间自磨和碰撞加剧，经济性差。大量试验表明，滚抛磨块与工件的质量混合比取 1∶1~2∶1 较合适，具体使用时，可根据工件材质、形状、大小及加工要求选择。

③ 加工时间。滚磨光整加工的时间长短，直接影响工件的加工质量、加工效率和经济性。加工过程可分为急剧滚磨、均匀滚磨、光饰滚磨三个阶段。对于不同材质、不同形状、不同加工要求的工件和不同的滚抛磨块，加工时间不同。大量试验结果表明：去毛刺、飞边、氧化皮等粗滚磨需 40~60min，去棱角、倒圆等粗滚磨需 30~40min，各种工件的半精滚磨需 30min 左右，各种工件的精滚磨需 15min 左右。

5. 主轴式

（1）加工机理

主轴式滚磨光整加工是将工件安装在主轴上，主轴竖直或水平或与竖直方向成一定角度插入装有一定配比加工介质的滚筒中，滚筒回转或固定或往复运动，主轴回转或行星运动，通过工件和加工介质表面产生一定的相对运动

和相互作用力，以实现对工件的表面光整加工。

主轴式滚磨光整加工典型形式包括立式回转主轴式、立式行星主轴式、交叉主轴式和卧式主轴式。

立式回转主轴式和立式行星主轴式滚磨光整加工主要适用于小型轴类零件和盘类零件周向表面的光整加工。交叉主轴式滚磨光整加工主要适用于盘类零件的端面光整加工，同时也可实现周向表面的光整加工，适用于中小型盘类零件表面的光整加工。卧式主轴式滚磨光整加工主要适用于大中型偏心轴类零件、盘类零件的表面光整加工。

几种典型立式主轴式滚磨光整加工原理如图 6.2-17 所示。卧式主轴式滚磨光整加工原理如图 6.2-18 所示。

针对主轴式滚磨光整加工，可采用下面这些公式进行计算。

1）立式回转主轴式：

$$v = 2\pi N \left[q^2 \left(1 - \frac{n}{N} \right)^2 + Q^2 + 2Qq \left(1 - \frac{n}{N} \right) \cos\theta \right]^{1/2}$$

$$(6.2\text{-}4)$$

$$\phi = \arcsin \frac{-2\pi NQ\sin\theta}{v} \qquad (6.2\text{-}5)$$

式中　v——滚抛磨块相对工件的合成速度（即切削速度）；

　　　N——滚筒转速；

　　　n——工件转速；

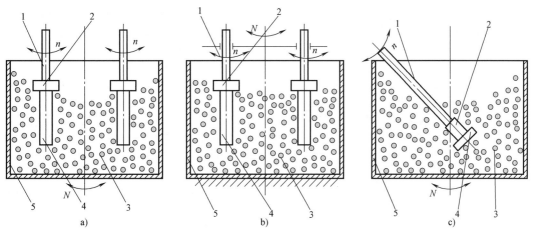

图 6.2-17　几种典型立式主轴式滚磨光整加工原理

a) 立式回转主轴式　b) 立式行星主轴式　c) 交叉主轴式

1—主轴　2—夹持装置　3—加工介质　4—工件　5—滚筒

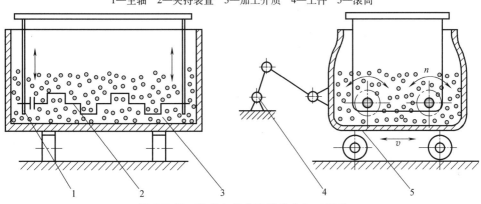

图 6.2-18　卧式主轴式滚磨光整加工原理

1—传动框架　2—曲轴　3—加工介质　4—往复运动驱动机构　5—滚筒

q——工件表面点到工件回转轴线的距离;

Q——滚筒回转中心与工件回转中心的距离;

θ——工件表面点和工件中心的连线与两个中心连线的夹角;

ϕ——工件外圆表面上任意点的切削速度方向，与该点切线的锐角夹角(切削角)，规定 θ 在 $0° \sim 180°$ 范围时 ϕ 取正值，θ 在 $180° \sim 360°$ 范围时 ϕ 取负值。

2) 立式行星主轴式:

参见立式回转主轴式。

3) 交叉主轴式(见图 6.2-19):

$$v = 2\pi N \left\{ q^2 \left(\sin\beta - \frac{n}{N} \right) 2 + Q^2 + 2Qq \left(\sin\beta - \frac{n}{N} \right) \right.$$

$$\sin\beta\cos\theta_2 + \cos\beta \left[q^2\cos\beta\cos^2\theta_2 + 2Qq\cos\beta\cos\theta_2 - \right.$$

$$\left. \left. 2qL\sin\beta\sin\theta_2 + 2qL\frac{n}{N}\sin\theta_2 + L^2\cos\beta \right]^{1/2} \right\} \quad (6.2\text{-}6)$$

$$\varphi_r = \arcsin \frac{-2\pi N \left(L\cos\beta\cos\theta_2 + Q\sin\beta\sin\theta_2 \right)}{v} \quad (6.2\text{-}7)$$

$$\varphi_o = \arcsin \frac{2\pi N\cos\beta \left(q\cos\theta_2 + Q \right)}{v} \quad (6.2\text{-}8)$$

式中　v——滚抛磨块相对工件的合成速度(即切削速度);

N——滚筒转速;

n——工件转速;

q——工件绕 O_2O_3 回转的半径;

Q——P_1 平面与 P_2 平面的距离，即 O_2O_3 直线与 $OO'(O_1O')$ 直线间的最短距离 (O_1O_2);

β——O_2O_3 直线与水平面的夹角(主轴摆角);

L——O_2 到 O_3 的距离;

$2\pi nt$——记为 θ_2;

φ_r——外圆表面切削角，指动点的切削速度方向与工件上过动点的切平面的锐角夹角;

φ_o——轴向端面切削角，指动点的切削速度方向与工件轴向端面的锐角夹角。

4) 卧式主轴式:以加工曲轴为例，加工过程中

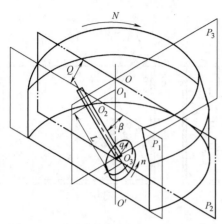

图 6.2-19　交叉主轴式滚磨光整加工运动分析

($\theta = 2\pi nt$)，滚抛磨块相对于连杆轴颈表面任一点 M（$\theta_1 \in [0, 2\pi]$）的速度分量为

$$\begin{bmatrix} \dot{x} \\ \dot{y} \end{bmatrix} = \begin{bmatrix} 2\pi n[l\sin\theta + r\sin(\theta + \theta_1)] \pm v_1 \\ -2\pi n[l\cos\theta + r\cos(\theta + \theta_1)] \end{bmatrix} \quad (6.2\text{-}9)$$

$$v_1 = 2Sf$$

式中　l——主轴颈和连杆轴颈中心之间的距离；

　　　r——连杆轴颈的半径；

　　　n——曲轴的回转转速；

S 和 f——容器往复直线运动的幅度和频率。

通过速度合成公式，即可求得连杆轴颈表面任一点 M 的切削速度 v。

（2）影响因素

主要影响因素主要包括设备运动参数、设备几何参数、工艺参数、工装夹具四部分，参见表 6.2-28。

例如，交叉主轴式滚磨光整加工中，设备运动参数包括滚筒的转速、主轴转速和两者的比值。当滚筒转速恒定时，主轴的转速和两者的比值对试件表层去除厚度的影响很小，功率变化也不大。从提高表层去除厚度的角度考虑，主轴转速不必太高。随着滚筒转速的提高，不论轴向端面还是外圆表面，其试件表层去除厚度都增加，滚筒的空载功率及试验载荷功率及试验功率也增大。滚筒回转方向一定时，主轴回转方向与滚筒相反时的试件表层去除厚度要略大。周期性改变滚筒和主轴的转向，可使外圆表面和轴向端面平均去除厚度一致。加工时间作为非常重要的工艺参数，对加工效果有着直接的影响。当加工到一定时间后，试件表面粗糙度值趋于稳定值（极限表面粗糙度值），随着时间的延长，试件表层去除厚度稳定增加。加工时间对工件表面形貌和物理力学性能也有较大的影响。

表 6.2-28　主轴式滚磨光整加工的主要影响因素

类型	设备运动参数	设备几何参数	工艺参数
立式回转主轴式	滚筒转速、转向，主轴转速、转向	滚筒直径，高度，主轴轴线与容器轴线之间的距离	滚抛磨块液体介质加工时间
立式行星主轴式	主轴公转转速、转向，自转与公转速比	滚筒直径，高度，主轴轴线与容器轴线之间的距离	
交叉主轴式	滚筒转速、转向，主轴转速、转向	滚筒直径，高度，主轴轴线与容器轴线之间的距离，主轴偏角、摆角	
卧式主轴式	滚筒往复运动的频率、幅值，主轴转速、转向	滚筒长度、宽度、高度	

滚筒转速恒定时，试件表层去除厚度随 n 及 $|n/N|$ 的变化曲线如图 6.2-20 所示；主轴转速恒定时，试件表层去除厚度随 N 的变化曲线如图 6.2-21 所示；滚筒回转方向及主轴回转方向对外圆表面表层去除厚度的影响如图 6.2-22 所示。

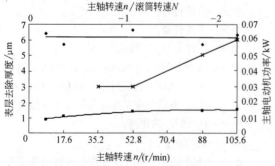

图 6.2-20　滚筒转速恒定时，试件表层去除厚度随 n 及 $|n/N|$ 的变化曲线

实验条件为：$\alpha = 25°$、$\beta = 60°$、$N = -50\text{r/min}$、$S = 490\text{mm}$、$L = 485\text{mm}$、$h = 230\text{mm}$、加工时间为 20min。

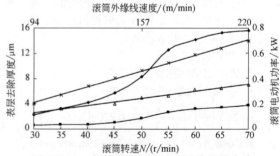

图 6.2-21　主轴转速恒定时，试件表层去除厚度随 N 的变化曲线

实验条件为：$\alpha = 25°$、$\beta = 60°$、$n = 88\text{r/min}$、$S = 490\text{mm}$、$L = 485\text{mm}$、$h = 230\text{mm}$、加工时间为 20min。

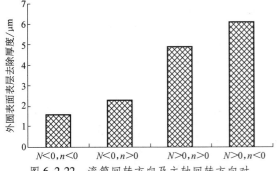

图 6.2-22　滚筒回转方向及主轴回转方向对
外圆表面表层去除厚度的影响

实验条件为：$\alpha = 25°$、$\beta = 45°$、$|N| = 50r/min$、
$|n| = 88r/min$、$S = 490mm$、$L = 485mm$、
$h = 230mm$、加工时间为 50min。

加工时间对试件表层去除厚度及表面粗糙度的影响如图 6.2-23 所示。

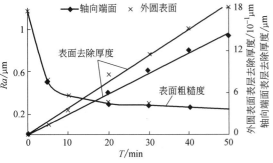

图 6.2-23　加工时间对试件表层去除厚度
及表面粗糙度的影响

针对不同的曲轴类零件，卧式主轴式滚磨光整加工滚筒的结构尺寸参数可根据以下公式确定：

$$L_c = L_1 + 2L_2 + 2s_1$$
$$W_c = 2(l + r + S + s_2) + (q-1)s_3 \qquad (6.2\text{-}10)$$
$$H_c = H + l + r + s_2 + s_4$$

式中　L_c、W_c、H_c——滚筒的纵向尺寸、横向尺寸和深度尺寸（mm）；

L_1——曲轴的长度（mm）；

L_2——主轴箱夹持曲轴部分的宽度（mm）；

s_1——主轴箱两侧箱壁与滚筒内腔的最小距离（以方便夹持部分升降为原则，mm）；

l——曲轴主轴颈与连杆轴颈中心的距离（mm）；

r——连杆轴颈的半径（mm）；

S——滚筒往复运动的幅度（mm）；

s_2——零件与滚筒内腔的最小距离

（根据经验或实验结果确定，mm）；

q——同时加工的零件数量；

s_3——同时加工的两零件之间的中心距离（mm）；

H——加工深度（零件回转轴线与加工介质上表面之间的距离，mm）；

s_4——滚筒顶面与加工介质上表面之间的最小距离（以加工介质不外溅为原则，mm）。

根据经验和实验结果，s_1、s_2 一般最小距离应在 100~150mm，以减少滚抛磨块的破碎；s_3 是在曲轴主轴颈与连杆轴颈中心的距离 l 加上连杆轴颈的半径 r 的基础上，再增加 100mm~150mm 左右，以减少滚抛磨块的破碎；s_4 一般最小距离也应在 100mm~150mm 左右，以防止加工介质的外溅；q 为同时加工的零件数量（加工小型曲轴、凸轮轴，以及其他轴类零件时，可以同时加工 2 个或 4 个，加工大中型零件时，考虑到设备的体积和动力等因素，以加工 1 个为宜）。

滚磨光整时，滚抛磨块的流动性非常重要，直接影响光整效果。用同一直径的滚抛磨块对曲轴进行长时间的滚磨光整加工时，主轴颈已出现环状的表面纹路，主要是由于曲臂的阻挡作用，处于两曲臂之间的滚抛磨块排列较有序，滚抛磨块流动的随机性减弱。当单一滚抛磨块在表面出现沟槽时，更容易加工沟槽，加深其影响，如图 6.2-24 所示。

图 6.2-24　同一直径滚抛磨块长时间滚磨光整
加工曲轴的效果照片

实验条件：回转转速为 108r/min，往复运动频率为 50次/min，往复运动幅度为 80mm，加工深度为 240mm。

6.2.4　滚磨光整加工设备

1. 常用加工设备

（1）回转式

回转式滚磨光整加工设备有倾斜型、瓶型、水平型、分段型、复合型、三段作用型、端部装填型、浸入型等多种形式，如图 6.2-25 所示。

图中，a）为一般的倾斜型（tilting）；b）为其变形，折中了水平型和倾斜型的优点，称为瓶型（bottle）；c）为水平型（horizontal），设计了装卸物料处；d）为分段型（multicompartment），适合一次加工不同形状尺寸的工件；e）为复合型（multiple barrel），是对水平型的改进，多个滚筒固定在一个连接板上，通过连接板角度的变化来调整各滚筒的倾斜程度；f）为三段作用型（triple action），是为了改善水平型加工扁平工件而使工件附着在滚筒的两侧而设计的；g）为端部装填型（end loading），适合加工细长类零件；h）为浸入型（submerged），下部设有一水箱。

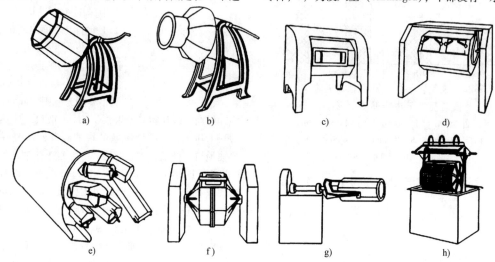

图 6.2-25 回转式滚磨光整加工的形式

a）倾斜型 b）瓶型 c）水平型 d）分段型 e）复合型 f）三段作用型 g）端部装填型 h）浸入型

（2）振动式

按照容器振动还是工件振动，可将振动式滚磨光整设备分为不同的类型，见表 6.2-29。

常见卧式和立式振动式滚磨光整加工设备的主要参数推荐值分别见表 6.2-30 和表 6.2-31。

加工过程中，容器是主要受振动的部件，要求刚性好，可采用焊接成形或铸造成形。采用钢板焊接成形时，要注意加肋板增强刚性。同时，为了减少噪声、延长容器使用寿命、增强容器内壁对工件及介质的摩擦激振翻转效果，在容器内壁粘贴橡胶或涂聚氨酯内衬。

表 6.2-29 振动式滚磨光整设备的类型

类型	容器振动	工件振动	容器与工件同时振动
设备	卧式振动式滚磨光整加工设备 立式振动式滚磨光整加工设备 双振源振动滚磨光整加工设备	奥波共振滚磨光整加工设备	瀑布式滚磨光整加工设备

表 6.2-30 常见卧式振动式滚磨光整加工设备的主要参数推荐值

容器总容积 /L	偏心块所产生的 离心力/10^2N	电动机功率 /kW	螺旋弹簧		板弹簧	
			根数	单个弹簧刚性系数 /（kg/cm）	宽度/mm	厚度/mm
50	50~60	1	4	55~75	400	40
100	65~85	1.7	4	80~100	500	40
150	90~120	1.7~2.8	4	100~120	600	50
200	110~150	2.8~4.5	4	115~140	700	60
300	160~220	4.5~7	4	140~180	800	70
400	220~300	7~10	4	180~230	900	80
500	300~400	10~14	6	150~200	1000	80

表 6.2-31 常见立式振动式滚磨光整加工设备的主要参数推荐值

容器总容积 /L	偏心块所产生的 离心力/10^2N	电动机功率 /kW	振动轴转速 /（r/min）	螺旋弹簧	
				根数	单个弹簧刚性系数 /（kg/cm）
10	15~18	0.25	3000	6	20~30
25	25~30	0.6	3000	12	30~40

（续）

容器总容积 /L	偏心块所产生的离动力/10^2N	电动机功率 /kW	振动轴转速 /(r/min)	螺旋弹簧	
				根数	单个弹簧刚性系数 /(kg/cm)
50	35~45	1	3000	12	40~55
100	50~65	1.7	3000	12	55~70
150	70~90	1.7~2.8	3000	12	70~85
200	90~120	2.8~4.5	3000	18	55~70

（3）涡流式

涡流式滚磨光整加工设备需考虑：①固定筒壁及回转底盘构成滚筒后的内壁表面粘贴、刷涂 3~5mm 厚的橡胶层或聚氨酯，以便防腐、耐磨；同时，内衬表面要考虑防止薄片工件粘贴在滚筒上。②由于构成滚筒的固定筒壁与回转底盘加工过程中存在相对运动，两部分之间一定存在间隙，设备设计时应在回转底盘下部增加一个液体介质储存容器，该容器与回转底盘轴的密封很重要。为了改善加工效果，可利用液体介质储存容器，增设一个液体循环系统。③为了提高自动化程度，滚筒应能整体实现翻转倒料，一般采用双铰支承，靠手柄操作来实现。④考虑到设备的广泛适用性，回转底盘的回转速度可调是必要的，可采

用调速电动机或变频控制来实现。

涡流式滚磨光整加工设备的容积一般为 0.03~0.71m³，分小型普通和全自动两类；对于普通型，装料、光整加工、卸料时间的比例约为 1:15:4。

（4）离心式

滚磨加工时，将滚抛磨块、工件、液体介质（水和磨剂）按一定的比例装入密闭的滚筒中，系杆带轮靠电动机带传动而旋转，然后通过系杆带轮、中心带轮、行星带轮组成的行星带轮系，使滚筒既能绕中心轴公转（转速为 N），又能绕滚筒轴逆向自转（转速为 n）。

离心式滚磨光整加工设备基本结构形式如图 6.2-26 所示，类型见表 6.2-32。

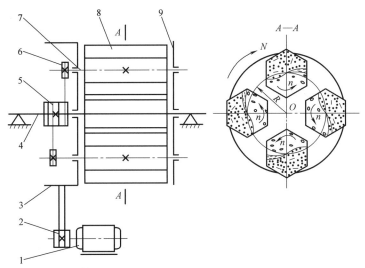

图 6.2-26　离心式滚磨光整加工设备基本结构形式

1—电动机　2—电动机带轮　3—系杆带轮　4—中心轴　5—中心带轮

6—行星带轮　7—滚筒回转轴　8—滚筒　9—系杆

表 6.2-32　离心式滚磨光整加工设备类型

分类方式	类　型	备　注
按滚筒轴安装方位	卧式、立式	一般卧式较多,立式在单个滚筒容积小于 2L 的小型设备中常被采用。卧式、立式又可按滚筒的容积进一步分类
按滚筒几何轴线与回转轴线的关系	同轴式、倾斜式	—
按滚筒截面几何形状	圆形滚筒式、正多边形滚筒式	一般多为正六边形或正八边形滚筒

（续）

分类方式	类　型	备　注
按滚筒数量	双筒式、三筒式、四筒式、六筒式等	一般为偶数筒，便于保证加工过程的动平衡
按行星传动方式	带传动、链传动、齿轮传动	采用齿轮传动结构紧凑，但润滑条件不良，噪声大；采用带传动或链传动，必须设置张紧机构
按公转速度是否变化	恒定转速式、调速式	调速式可采用设置变速箱、调速电动机或无级调速装置来实现 起动和停止时，公转速度的突然增加或减小 会引起剧烈碰撞，可采取一定措施实现缓慢起动和缓慢停止，保证加工效果
按滚筒操作方式	滚筒固定式、滚筒可卸式	对于滚筒固定式，需增加倒料机构，即实现滚筒只自转而不公转，利用滚筒自转把工件与滚抛磨块从滚筒中倒出
按中心轴支承形式	单支承（悬臂结构）、双支承	单支承方式只适用于小容积滚筒
按中心轴固定与否	中心轴固定式、中心轴回转式	中心轴固定式需一大尺寸的系杆带轮，可省去减速器或其他减速机构，但传动带更换较难；中心轴回转式一般采用一小尺寸的系杆带轮，布置在支承之外，传动带更换方便，但需附加减速机构
按加工介质放入方式	一次性加入式、连续加入式	连续加入式需增加滚抛磨块提升系统、水循环系统等

作为关键部件，滚筒部件主要由筒体、筒盖和压紧机构三部分组成。筒体主要包括外壳和内衬。外壳可采用铸造或焊接结构，结构上应考虑回转平衡配重，其中焊接结构最好是时效处理后再校正。内衬可采用橡胶整体硫化或贴合橡胶方式，整体硫化效果好，但费用高，一般常采用贴合橡胶方式，也可采用聚氨酯涂层。压紧机构应保证安全、可靠，操作简便。对滚筒部件有如下要求：①必须有良好的密封性。②内衬应耐腐蚀、耐磨损，而且对混合介质有足够大的摩擦因数。③单个滚筒和同一设备上的一组滚筒，应具有良好的回转平衡性。

另外，行星机构存在很大的惯性运动，应设置制动装置。根据不同的结构形式，制动装置可以是机械式或电磁式。考虑滚筒操作（装卸滚筒或装卸物料）可靠，应设置必要的位置锁定机构。

（5）主轴式

主轴式滚磨光整加工设备类型见表 6.2-33。

主轴式滚磨光整加工设备一般包括：主轴减速回转总成、滚筒减速回转/往复运动总成、工件夹持总成、滚筒部件、底座部件等。除了实现加工工件的基本功能（主要功能）外，还应具备下列一定的辅助功能：①从加工安全可靠角度考虑，需要有安全防护装置，其结构可固定，也可活动。②从提高生产率角度考虑，可采用气动或液压控制的工件夹持总成、增加主轴头数等措施。③从确保加工质量角度考虑，持续加工时，作为加工介质的液体介质（磨剂和水）可以自动循环。循环装置中设过滤器，可以有效减小加工杂质对加工质量的影响。④从提高加工适应性角

表 6.2-33　主轴式滚磨光整加工设备类型

分类方式	类　型	备　注
按主轴的空间位置	立式主轴式、交叉主轴式、卧式主轴式	卧式主轴式主要用于中大型工件的光整加工，滚筒多采用往复运动的方式
按主轴的数量	单轴式、两轴式、三轴式、四轴式、六轴式等	主轴的数量主要依据被加工工件的尺寸、滚筒的大小及加工效率进行综合考虑
按滚筒的运动方式	滚筒回转式、滚筒往复运动式、滚筒固定式	—
按速度是否变化	恒定转速式、调速式	—

度考虑，主轴和滚筒运动速度的调整十分必要，可以通过设置变频调速装置的方法来实现。⑤从提供自动化程度考虑，可采用机械手或专用送料机构实现工件的装卸，增加自动控制部件实现加工过程的自动控制。

作为关键部件的滚筒，上部一般采用缩口形式，可有效减少加工过程中滚抛磨块群的爬高和飞溅。滚筒整体结构常采用钢板焊接而成，内壁应有一定厚度的聚氨酯或硫化橡胶防锈层，不但解决了筒底、筒壁的锈蚀问题，还可适当增加滚筒对滚抛磨块的摩擦性能，以便滚筒内的滚抛磨块有效运动。同时，滚筒下部需增加一个有 1mm 宽槽的隔板，隔板与容器底部

之间便形成一个沉积腔，用于沉积加工的金属微粉、毛刺以及滚抛磨块脱落的磨粒等，从而减小或排除这些微小杂质对加工效果的影响。

（6）水循环系统

为了及时处理光整加工过程中产生的大量泥沙与金属碎屑，提高液体介质的使用效率，有效地排除各类杂质，延长液体介质的使用寿命，降低滚抛磨块与工件之间的刻划和摩擦力度，避免因划伤工件表面所造成的工件表面质量下降，对于大型设备一般设置水循环系统。

以 C 型水循环系统为例：工作原理主要是采用一个金属隔膜泵将系统中的液体介质打入单一袋式过滤器中，对光整用液体介质进行固液分离，以达有效地排除各类杂质，延长液体介质的使用寿命，提高光

整加工效果的目的。其主要参数见表 6.2-34。

表 6.2-34　C 型水循环系统的主要参数

参数名称	参数值
水处理总量/L	700
水循环量/（m³/h）	6
过滤精度	80#～200#，可选
过滤面积/m²	0.5
气源要求/MPa	0.5～0.7
水循环功率/kW	0.37
设备尺寸（$L \times W \times H$）/mm	1960×1970×1200
设备质量/kg	600

（7）滚磨光整加工设备型号及参数

离心式、振动式、主轴式滚磨光整加工设备主要型号及参数分别见表 6.2-35、表 6.2-36、表 6.2-37。

表 6.2-35　离心式滚磨光整加工设备主要型号及参数

型号	设备功率/kW	滚筒数量/个	滚筒直径/mm	滚筒容积/L	设备转速/（r/min）	主机外形尺寸/mm
LL05	1.5	4	97	5	300	1150×700×1600
LL05B	1.5	4	97	5	300	1150×700×1600
LL20	4	4	190	20	227	2000×1500×2300
LL1000	4	1	550	90	200	3000×2000×3000

表 6.2-36　振动式滚磨光整加工设备主要型号及参数

型号	设备功率/kW	光整槽尺寸/mm	加工工位/个	主机外形尺寸/mm	适用范围
PZD800	12	φ960×300	1	4600×5400×4200	低压铸造模具
PZD1000	12	φ960×300	1	2300×2500×3085	航空发动机中盘类、机匣类工件
PW1180	20	φ580×350	1	2330×3400×2660	轮毂、齿轮等较大工件
ZD700	30	φ700×5200	8	6500×1300×1700	各种形状中小型工件

表 6.2-37　主轴式滚磨光整加工设备主要型号及参数

型号	设备功率/kW	加工范围/mm	加工工位/个	主机外形尺寸/mm	适用范围
DQ500	55	φ550×300	4	3500×3500×5000	适用于大中型回转体件的表面光整加工
DQ750	55	φ580×350	4	3800×3800×5800	
DZ900A	120	φ580×350	4	5300×5300×5800	
W900A	5.5	φ110×440～830	2	1950×1740×2400	适用于轴、杆、套类件的光整加工（如曲轴、凸轮轴、齿轮轴、高速槽辊、压碎辊、罗拉轴、钻杆、钻套等）
W1300A	5.5	φ110×820～1250	2	2480×1740×2400	
W1600	7.5	φ200×1000～1600	1	3400×1900×1800	
W2500	11	φ500×1200～2500	1	4400×2100×2500	
W3000	11	φ250×1350～2900	1	5100×2500×2100	
WH2000	15	φ900×1000～1800	1	5380×1700×2100	
WY1000	5.5	400～1100×400	1	2500×1760×2150	轴、杆、叶片类件
WBH1800	38	600～1800	1	6000×8000×4750	适用于大型齿轮类件光整工艺加工
WBH3000	52	600～3000	1	6000×9000×4750	
X400B	5.5	250×200	6	2400×1750×2700	适用于各种轴（曲轴、凸轮轴、齿轮轴、光轴）、齿轮、盘套、杆件类件表面的光整加工及去毛刺、去飞边、倒圆角、倒棱边
X400C	5.5	200×200	6	3900×3500×2700	
X400E	5.5	250×200	6	2900×2800×2650	
XD400J	5.5	250×200	6	7000×4800×3000	
X600B	11	300×200	6	2430×2040×2700	
X1000J	7.5	200×200	10	3000×3200×3200	

（续）

型号	设备功率/kW	加工范围/mm	加工工位/个	主机外形尺寸/mm	适用范围
WL120	4	φ10~40	1	2600×1590×1685	金属、部分非金属材料的工件
S08	7.5	φ45×70	15	1450×1120×2200	内孔表面加工
Z500A	4	φ350~550	1	2600×2100×2650	适用于大型盘类件表面的光整加工及去毛刺、去飞边、倒圆角、倒棱边
Z1000	4	φ350~1000	1	2850×3000×3200	
ZP800	4	φ350~1000	1	3400×2750×3300	
KZ800	7.5	φ200~1000	1	7200×2800×4500	机匣等壳类件
X200	9.25	90×350	4	1700×1050×2340	钻头、把手等工件

2. 各种辅助设备

滚磨光整加工使用的辅助设备主要包括：滚抛磨块抽吸、清洗专用装置，滚抛磨块与工件的分选专用装置。

（1）滚抛磨块抽吸专用装置

滚抛磨块抽吸专用装置的总体结构如图 6.2-27 所示。它主要用于各种滚抛磨块的装卸，其工作原理：电动机起动运转后，带动风机高速运转，使旋风分离器内形成负压，将滚抛磨块由进料口吸进，当卸料阀打开时，滚抛磨块即由卸料口卸出。装置包括：储料箱、旋风分离器、袋式除尘器、离心式通风机、电动机、储灰箱及电气控制等。

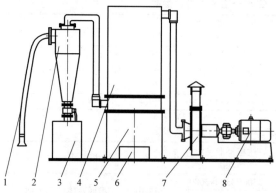

图 6.2-27　滚抛磨块抽吸专用装置的总体结构
1—进料口　2—旋风分离器　3—储料箱　4—袋式除尘器
5—灰斗　6—储灰箱　7—离心式通风机　8—电动机

（2）滚抛磨块清洗专用装置

滚抛磨块清洗专用装置的总体结构如图 6.2-28 所示。它主要用于各种滚抛磨块的清洗，最好与滚抛磨块抽吸专用装置配合使用，也可单独使用。其工作原理：滚抛磨块在振动筛分机中按照预定的运动轨迹振动，将滚抛磨块中的碎磨料进行过滤分离，并促使滚抛磨块产生相互摩擦，同时清洗液在水泵的作用下，以一定的压力喷射到滚抛磨块表面，将滚抛磨块表面的油污杂质等冲刷掉，根据滚抛磨块的情况不同，通过合理地设定清洗时间和振动时间，达到清洗

的目的。装置包括：振动筛分机、水循环系统（主水箱、过滤箱、纸滤箱、水泵及管路）、架体、罩体及电气控制系统等。

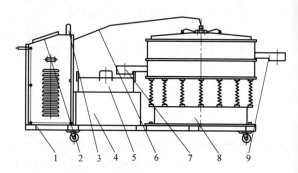

图 6.2-28　滚抛磨块清洗专用装置的总体结构
1—架体　2—控制面板　3—报警灯　4—主水箱　5—过滤箱　6—水管　7—出水口　8—振动筛分机　9—出料口

（3）分选专用装置

常用的滚抛磨块与工件的分选装置有机械分选和磁力分选两种形式。机械分选有振动分选、摆动和转动网屏分选的方式。一般情况下振动分选效率较高，它是通过机械传动，使振动筛振动，把工件与滚抛磨块分离。机械分选可作为滚磨光整加工设备的一个组成部分，也可作为一个辅助设备。振动分选原理如图 6.2-29 所示。

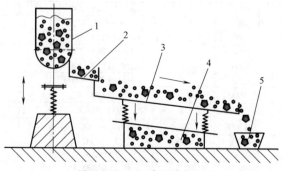

图 6.2-29　振动分选原理
1—滚磨光整加工设备　2—出料口
3—振动筛　4—滚抛磨块　5—工件

磁力分选是利用磁力将工件吸住的办法，使工件与滚抛磨块分离，只适用于能被磁化的铁磁材料工件。常用的磁力分选有磁力传送带与磁盘两种。

为有效减轻劳动强度、降低生产成本和提高生产率，滚磨光整所用辅助设备应具有结构紧凑、动力强劲、加工效率高、移动方便、噪声小、操作简单、安全可靠、使用寿命长等特点。

6.2.5　滚磨光整加工应用

1. 概述

滚磨光整加工技术的实际应用，涉及三方面内容：工件滚磨光整前的处理、工件的滚磨光整加工及工件滚磨光整后的处理。

(1) 前处理

工件滚磨光整加工的前处理，主要是去除前道工序加工残留在工件表面的油污，以免降低液体介质在光整加工过程中的清洗作用，影响加工后工件表面的光亮程度，同时会使滚抛磨块切削力明显减弱，降低加工效果。

对工件的前处理主要采用各种金属清洗剂，最常用的是水基常温清洗剂，使用质量分数 5% 的清洗剂，浸渍或手工刷洗工件。这种清洗剂可连续使用两周，期间每隔三天适量（投入量的 5%~10%）补充清洗剂。采用这种清洗方法，完全可除去工件表面浮油并防锈一个月。

(2) 滚磨光整加工

滚磨光整加工，主要是根据被加工工件的材质、结构形状、尺寸大小、加工要求等，选择或确定设备形式、设备规格、加工参数、加工介质等内容。

设备形式选择及注意事项见表 6.2-38。

表 6.2-38　设备形式选择及注意事项

工件结构形式及尺寸大小	设备形式	注意事项
小杂件	离心式	批量加工时，薄片件易出现粘贴现象，薄壁件、细杆件易变形，除增大装入量，可适当减少工件装入数量
	振动式	实心块状结构件与滚抛磨块混合后不易振起，加工效果差，除选用大尺寸滚抛磨块，可考虑采用其他滚磨方式
	涡流式	薄片件易出现卡入回转底盘和固定筒壁接缝，一般工件厚度应超过 2mm
	回转式	由于其金属去除能力弱、加工效率低，已较少使用，但对于有特殊要求的工件，可以采用
中小型轴、盘类件	立式主轴式	被加工工件悬臂伸入滚筒，所以不宜过长；必要时，如轴类件可调头装夹加工。另外，对盘类件，端面的加工效果欠佳
大中型轴、盘类件	卧式主轴式	可以解决曲轴、凸轮轴等偏心轴类件表面光整加工的生产难题，综合提高工件的表面质量，尤其是清洁度指标
大中型盘类件	交叉主轴式	可以实现轮毂等盘类件的全方位表面光整加工
中等壳体件	振动式	设备规格一定要保证壳体件在振动容器中有足够的振动空间

(3) 后处理

工件滚磨光整加工的后处理包括滚抛磨块与工件的分选、滚抛磨块与工件的清洗、工件的脱水防锈。各种脱水、防锈方法及适用情况见表 6.2-39。

表 6.2-39　各种脱水、防锈方法及适用情况

脱水、防锈方法	适用情况
亚硝酸钠溶液、亚硝酸钠和碳酸钠混合溶液、亚硝酸钠水玻璃溶液浸泡	效果较好，但对人体有害，尽量不使用
烘箱烘干、防锈油浸泡	投资较大，费用高，不宜用于易互相叠合的薄片小件；工件和烘干架之间可能积水，从烘箱出来的工件，贴合部位已生锈
电吹风吹干、干布擦干	只能用于小量试验，效率低
乙醇脱水、防锈油浸泡	效果显著，但乙醇的使用周期很短，成本较高
甩干机脱水、防锈油浸泡	经济实用，可保持半年不生锈，对特薄件（0.1mm 以下）不适用

工件的清洗，只要冲洗干净即可，如用水冲洗，还要考虑工件的脱水和防锈处理。大量工艺试验发现，工件经滚磨光整加工后，表面光洁净亮，表层的活跃金属分子暴露在空气中，很快氧化变黑，继而生锈，或经清洗后浸入防锈液中 30min 后，还会生锈。其生锈的关键在于水，必须彻底去除零件上的水膜。经滚磨光整加工后的工件，去除了原有的污物、氧化皮、锈斑等，金属层赤裸暴露在空气中，再加上用水

清洗，工件上留有一层水膜，这些水膜足以形成电化学腐蚀所必需的一层电解质溶液。水的电离度虽小，但仍可电离成 H^+ 和 $[OH]^-$，这种电离过程随温度升高而加快，即：

$$H_2O \rightarrow H^+ + [OH]^-$$

水中还溶解有 CO_2、SO_2 等，形成了如下反应：

$$CO_2 + H_2O \rightarrow H_2CO_3 \rightarrow H^+ + [HCO_3]^-$$

铁和铁中的杂质就像浸泡在有 H^+、$[OH]^-$、$[HCO_3]^-$ 等多种离子的溶液中一样，形成了腐蚀电池，铁是阳极，杂质是阴极。一般情况下，水膜里含有氧气，阳极上的铁被氧化成 Fe^{2+}，在阴极上获得电子的是氧，而后与水结合成 $[OH]^-$。腐蚀反应：

$$2Fe + O_2 + 2H_2O = 2Fe(OH)_2$$

有关脱水防锈的方法很多，但各有优缺点。

表面滚磨光整加工技术的实用工艺过程是：除油→清洗→滚磨光整加工及去毛刺→分选→清洗→甩干→防锈处理。对于很快转入后道工序或不允许浸入油类物质的工件，采用热甩干的脱水方法，能得到较为理想的效果。

2. 典型加工实例

滚磨光整加工的应用涉及传统制造业、新兴产业、高端装备、航空航天航海、兵器工业装备生产制造及修复制造企业，产生了良好的社会效益和经济效益。滚磨光整加工工艺基本过程如图 6.2-30 所示。

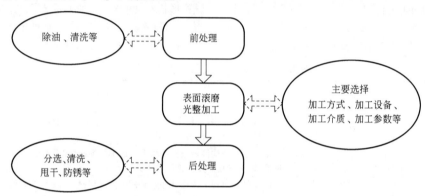

图 6.2-30　滚磨光整加工工艺基本过程

(1) 小型零件光整加工实例

小型零件种类繁多，按其最终成形加工方法，可分为铸锻件、冲压件、焊接件、机加工件、粉末冶金件、弹簧件、特殊组件等。

实例 1：保险柜拉手。

① 工件状况及滚磨光整加工要求。保险柜拉手毛坯为精铸钢件，铸成后大飞边用砂轮打平，要求整体外表光滑，达到电镀前要求。

② 加工设备。卧式倾斜离心式滚磨光整加工设备，滚筒总容积 4×15L，滚筒公转转速 180r/min，自转转速 −180r/min。

③ 工序安排及加工介质。

粗加工：滚抛磨块为 TP15mm×15mm×15mm、棕刚玉材质、粒度 180#，滚抛磨块装入量为滚筒总容积的 40% 左右；化学剂为 LC-10（适用于黑色金属），单筒加入量约 50g；工件装入量为滚筒总容积的 20% 左右；水的装入量淹没滚抛磨块及工件表面 10mm 左右；加工时间 40min。

精加工：滚抛磨块为 Sφ5、白刚玉材质、粒度 240#，滚抛磨块装入量为滚筒总容积的 55% 左右；工件装入量为滚筒总容积的 20% 左右；化学剂为 LC-10，单筒加入量约 80g；水的装入量淹没滚抛磨块及工件表面 15mm 左右；加工时间 20min。

④ 加工效果。经粗加工后，零件表面光滑均匀；经精加工后，整体表面光滑光亮，完全达到镀前要求。

实例 2：锁体板。

① 工件状况及滚磨光整加工要求。锁体板形状如图 6.2-31 所示，其材质为 Q235，该工件冲压加工后，所有的边缘都有毛刺。工件尺寸小，尤其是板材壁薄。要求去除各处毛刺，并将钢板面锈斑去掉。

② 加工设备。立式振动式滚磨光整加工设备，滚筒容积 150L、振动频率 1800 次/min，振幅 3~4mm。

③ 加工介质及工艺参数。滚抛磨块 TP12mm×12mm×12mm、棕刚玉材质、粒度 240#，滚抛磨块装入量为滚筒容积的 60% 左右；工件装入量为滚抛磨块装入量的 1/4 左右；不用化学剂和水，以免工件互相黏叠在一起，影响加工效果；加工时间 30min 左右。

④ 加工效果。滚磨光整加工后，工件表面呈灰色而且不光亮，但各处毛刺全部去掉，工件也无变形。

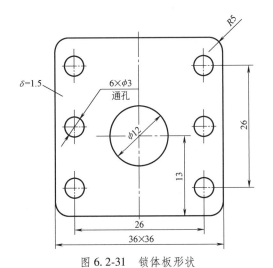

图 6.2-31 锁体板形状

采用类似工艺，可对各种薄片件去毛刺，如电动机定子片、无级调速器链片等。

实例3：锥齿轮（轴）。

① 工件状况及滚磨光整加工要求。某锥齿轮（轴），主要用于直升机减速器；材料20Cr2Ni4A；要求去除棱边毛刺、棱边均匀倒圆，减小齿面的表面粗糙度，提高其表面光亮度，提高零件表面完整性。

② 加工设备。Z-XL120ZP 涡流式滚磨光整加工设备，滚筒容积150L，滚筒内径750mm，回转底盘最大转速120r/min。

③ 加工介质及工艺参数。滚抛磨块型号 S3-1F，滚抛磨块装入量为滚筒容积的60%左右；水淹没工件及滚抛磨块5~10mm左右，化学剂选用 HA-IS，加入量是水加入量的5%；回转底盘转速为80r/min；工件自转转速为30r/min，每15min变换一次自转转动方向；加工时间为60min。

④ 加工效果。光整加工前后经德国 Mahr Perthometer M2 粗糙度仪测量粗糙度、手感触摸、拍照对比，未光整的锥齿轮（轴）表面暗淡无光，边缘处有明显毛刺、锐边，表面存在刀纹痕迹和加工缺陷，经过涡流式滚磨光整加工后，表面粗糙度 Ra 值由 0.65~0.8μm 减小至 0.15~0.25μm，有明显的金属光泽，边缘处锐边钝化、棱边倒圆整齐，手感柔滑。

（2）大中型零件光整加工实例

实例1：195 曲轴。

① 工件状况及滚磨光整加工要求。195 曲轴材料为球墨铸铁，原工艺加工的成品使用过程中，断裂率在3‰左右。要求滚磨光整加工后表面质量综合提高，物理力学性能明显改善。

② 加工设备。平行主轴式滚磨光整加工设备，滚筒直径900mm、深度650mm，滚筒转速35r/min，主轴转速150r/min，一次装夹工件4件。

③ 加工介质及工艺参数。滚抛磨块用$S\varphi5$、白刚玉材质、粒度240#。滚抛磨块装入滚筒高度500mm左右；化学剂用 LC-10，加入量0.5kg左右；水的装入量以淹没滚抛磨块表面10~20mm为宜。加工时间15min，循环半周期 $t=1.5$min，采用 $(N, -n, t)\Leftrightarrow (0, 0, \Delta t)\Leftrightarrow(-N, n, t)$ 式的循环过程。

④ 加工效果。滚磨光整加工前后经测试表明，各轴颈处尺寸精度等级未变，表面质量明显提高，表面物理力学性能明显改善。有关测试数据见表6.2-40。

采用类似工艺方法，可滚磨光整加工各种中小型轴类、盘类零件，如各种凸轮轴、各种曲轴、纺机螺线槽轴、槽筒、方向机齿轮轴、滚珠丝杠、蜗杆、减振管、增压器涡轮、齿轮类零件等。

实例2：铝合金轮毂。

采用交叉主轴式滚磨光整加工工艺，粗加工、半精加工、精加工三道工序，结果表明：粗加工后毛刺处理干净，各处倒棱均匀，不存在划伤任何表面问题。半精加工后，端面表面粗糙度得到均匀细化。精加工后，各加工表面均光滑光亮。

表 6.2-40 195 曲轴滚磨光整加工前后测试数据

加工状态	Ra/μm		显微硬度 HRC		连杆轴颈应力/MPa		电镜下观察金相组织评价
	主轴颈	连杆轴颈	主轴颈	连杆轴颈	切向	轴向	
加工前	0.63	0.67	40	39	−149	−423	疏松
加工后	0.35	0.38	45.6	46	−703	−655	有近24m的致密层

① 工件状况及滚磨光整加工要求。铝合金汽车轮毂在精加工后，要去掉全部装饰孔周边所产生的飞边和毛刺，且要求各周边倒棱。倒棱要均匀、光滑，而且不能划伤相邻各面。目前各生产厂对上述问题处理的工艺方法，是采用手动旋转刮刀进行人工处理，但效果很不理想。主要存在的问题是：毛刺处理不干净，倒棱不均匀、不光滑，在操作中容易划伤相邻各面，生产率低。

② 加工设备。交叉主轴式滚磨光整加工设备，滚筒直径1200mm，主轴转速88r/min，滚筒转速

50r/min，调整主轴偏角 $\alpha = 15°$，主轴摆角 $\beta = 30°$，调整主轴位移总成，使主轴偏角调整的回转轴线与主轴摆角调整的回转轴线的距离为 390mm。

③ 工序安排及加工介质。

粗加工：采用不同形状、不同大小的混合滚抛磨块，加工时间 10min，其他条件同半精加工。

半精加工：滚抛磨块用 $S\varphi3$、高铝瓷材质、粒度 200#。装入量 250kg 左右（占滚筒深度的 2/3）；化学剂选用 LC-10，加入量 0.5kg 左右；水的加入量正好淹没滚抛磨块，加工时间 20min，循环半周期 $t = 1.5$min，采用 $(-N,\ -n,\ t) \Leftrightarrow (0,\ 0,\ \Delta t) \Leftrightarrow (N,\ n,\ t)$ 式的循环过程。

精加工：加工介质用 $S\varphi5$ 不锈钢球及煤油，加工时间 5min。

④ 加工效果。粗加工后毛刺处理干净，各处倒棱均匀，不存在划伤任何表面问题。半精加工后，端面表面粗糙度得到均匀细化。精加工后，各加工表面均光滑光亮。

采用类似工艺方法，可滚磨加工各种大中型齿轮、链轮、摆线轮、同步带轮、凸轮，各种汽车轮毂、摩托车轮毂、轮圈、增压器涡轮、涡壳和高档营养铁锅等。

基于交叉主轴式滚磨光整加工原理，综合考虑加工效果、加工效率、加工成本、自动化程度等，研发出用于高端铝合金轮毂的不同类型专用生产线。

实例 3：曲轴和凸轮轴。

采用卧式主轴式滚磨光整加工工艺，结果表明：零件被加工表面毛刺、锈蚀和氧化皮全部去除，零件无变形，尖角倒圆、锐边钝化、棱边倒圆整齐（倒圆半径为 0.1~0.2mm），手感柔滑，整体表面光滑光亮；表面质量等级可提高 1~2 级，表面轮廓支承长度率明显提高，表面形貌细化，呈现各向同性的趋势；表面显微硬度略有提高，改善零件表面的应力状态；清洁度指标得到大幅度提高，达到清洁度指标要求。改善零件表面的耐磨性，提高零件的承载能力；增强零件的疲劳强度，提高零件的疲劳性能；减少零件使用中的断裂率，提高零件的使用寿命；减少表面裂纹的产生，提高零件的耐蚀性等。

基于卧式主轴式滚磨光整加工原理，成功开发了一种可调式的料箱纵横向往复直线运动光整专机，可用于加工长度 1000~1800mm、回转半径小于 900mm、质量小于 2000kg 的齿轮（轴）类零件光整，已用于风电大型齿轮（轴）的去毛刺、

光整加工。

（3）零件光整后的整机性能实例

去除毛刺、改善棱边质量，可以提高摩擦副零件的适配性，提高整机装配使用的清洁度；改善表面质量，可以提高摩擦副零件之间的配合性、密封性及力传递性，从而减少整机装配后的零件的初期磨损；零件表面物理力学性能的改善，可以提高零件的使用寿命和整机的使用寿命。

摩擦副零件在光整加工过程中，不同程度地受到滚压作用、刻划和滑擦的微量磨削作用，导致被加工零件的表面质量和表面完整性指标改善，从而可以提高零件的疲劳强度、耐磨性和耐蚀性。最终，实现改善整机清洁度，提高有效功率、降低油耗、减小噪声、缩短磨合期，有利于延长使用寿命。

实例 1：发动机整机性能。

以 LL480QB 柴油机为研究对象，考虑发动机总体构造，摩擦副零件主要集中在曲柄连杆机构和配气机构，同时考虑具体零件的表面质量与表面完整性对发动机整机性能影响的重要程度，选定 17 种零件。按零件的结构、材料、表面状况及光整加工要求，选定具体的光整加工工艺（见表 6.2-41），对摩擦副零件不光整加工的整机和摩擦副零件全面光整加工的整机进行出厂磨合指标的对比。综合表明，摩擦副零件全面光整加工的整机出厂磨合时间可以减少 50% 左右，这样可大大节约燃油费、工时费、水费、电费等，节约厂房、设备的使用，具有巨大的经济效益和社会效益；另外，拆机后检测，未出现拉缸、划瓦等异常现象；摩擦副零件全面光整加工的整机噪声降低 1dB 以上。

实例 2：减速器整机性能。

以刮板机减速器 JS160 为研究对象，选定关键的锥齿轮轴、斜齿轮轴、直齿轮轴、锥齿轮、斜齿轮、直齿轮进行光整加工。采用 315kW 电封闭加载试验，试验执行标准为 MT/T 101—2000《刮板输送机用减速器检验规范》，试验参数见表 6.2-42。试验结果表明：零件光整后的减速器，毛刺全部去除、表面粗糙度值明显减小，运行时噪声降低，空载时降低 2~3dB，满载时降低 2dB，振幅降低 7μm，整机效率提高 1%~1.5%，油温没有明显变化。另外，未光整的齿轮边缘有明显毛刺、锐边，啮合过程中齿面的损伤较大，经光整加工后，齿轮被加工表面毛刺全部去除、锐边钝化、棱边倒圆整齐，啮合过程中齿面的损伤很小，对斜齿轮的效果尤其明显。

表 6.2-41　主要摩擦副零件的具体光整加工工艺方法

序号	零件名称	零件材料	光整加工工艺方法	光整时间/min
1	曲轴	QT800-2	卧式主轴式滚磨	15
2	连杆总成(外表面)	—	平行主轴式滚磨	10
	连杆总成(两孔)		磁性磨具光整	8
3	活塞销	40Cr10Si2Mo	卧式离心式滚磨	8
4	活塞	66-1 共晶硅合金	立式主轴式滚磨	2
5	活塞环组件	合金铸铁	卧式离心式滚磨	8
6	缸套	硼铸铁	旋涡气流光整	10
7	凸轮轴	精选 45 钢	卧式主轴式滚磨	15
8	摇臂轴	20 钢	立式主轴式滚磨	10
9	进气门	42Cr9Si2	立式主轴式滚磨	10
10	排气门	40Cr10Si2Mo	立式主轴式滚磨	10
11	气门内弹簧	钢丝 4-10/50CrVA-2Y	卧式离心式滚磨	10
12	气门外弹簧	钢丝 4-10/50CrVA-2Y	卧式离心式滚磨	10
13	油泵正时齿轮	45 钢	交叉主轴式滚磨	12
14	曲轴正时齿轮	45 钢	交叉主轴式滚磨	12
15	凸轮轴齿轮	45 钢	交叉主轴式滚磨	12
16	正时惰齿轮	45 钢	交叉主轴式滚磨	12
17	惰齿轮	40Cr	交叉主轴式滚磨	12

表 6.2-42　刮板机减速器 JS160 光整试验参数

零件参数	材质:合金钢(20CrMnMo、20CrMnTi)　热处理:渗碳淬火 尺寸:锥齿轮轴　直径 140mm　长 568mm 　　　斜齿轮轴　直径 150mm　长 400mm 　　　直齿轮轴　直径 540mm　长 180mm 　　　锥齿轮　直径 390mm　厚 110mm 　　　斜齿轮　直径 430mm　厚 120mm 　　　直齿轮　直径 510mm　厚 180mm
光整试验工艺参数	锥齿轮轴:采用 W1300 设备　3 号粗磨磨块　钢磨液　光整 60min 斜齿轮轴:采用 W1300 设备　3 号粗磨磨块　钢磨液　光整 60min 直齿轮轴:采用 W1300 设备　3 号粗磨磨块　钢磨液　光整 60min 锥齿轮:　采用 ZP800 设备　4 号三角磨块　钢磨液　光整 60min 斜齿轮:　采用 ZP800 设备　4 号三角磨块　钢磨液　光整 92min 直齿轮:　采用 ZP800 设备　4 号三角磨块　钢磨液　光整 92min

6.3　磁性磨具光整加工

6.3.1　磁性磨具光整加工内涵和类型

1. 内涵

磁性磨具光整加工是将具有导磁能力及加工能力的加工介质置于磁极头和工件之间,通过磁场发生装置(利用电磁场或永磁场在加工区域产生具有一定磁场强度的磁场),使加工介质产生一定大小的作用力,通过一定的运动方式,使工件和加工介质之间产生复杂的相对运动,在作用力和相对运动的作用下,加工介质对工件表面产生微量磨削、挤压、磨粒摩擦等作用,从而改变工件表面的几何特征(减小表面粗糙度值,增加表面轮廓支承率,去除毛刺等),改善表面层的物理力学性能(表面形成变质层,改善表面应力状态等),提高工件的表面质量,改善工件的表面性能,进而提高工件及产品的使用性能和寿命,达到对工件表面光整加工的目的。

2. 类型

按照加工介质的不同,磁性磨具光整加工可分为固体磁性磨粒、液体磁性磨具、黏弹性磁性磨具光整加工;也可以按照磁场发生装置、被加工工件是否导磁、加工范围等来划分。磁性磨具光整加工的类型见表 6.3-1。

表 6.3-1 磁性磨具光整加工的类型

分类方式	类型	备注
按使用加工介质分	固体磁性磨粒光整加工、液体磁性磨具光整加工、黏弹性磁性磨具光整加工	—
按使用磁场发生装置分	电磁场、永磁场、复合磁场	根据不同的加工需求，可设置不同的磁场布置方式
按所加工工件是否导磁分	导磁材料光整加工、非导磁材料光整加工	—
按所加工范围分	回转体外表面、回转体内表面、平面、自由曲面等	—
按运动方式分	磁极运动、工件运动、磁极与工件同时运动	运动方式包括旋转运动、进给运动及振动等
按使用磁极头结构形状分	用于回转体表面的磁极头、用于平面的磁极头、用于自由曲面的磁极头、特定设计的磁极头	包括整体式磁极头、镶嵌式磁极头、组合式磁极头等

固体磁性磨粒光整加工又称为磁性研磨、磁力研磨，这一概念最早是由苏联工程师 Kargolow 于 1938 年正式提出；液体磁性磨具、黏弹性磁性磨具光整加工由太原理工大学老师于 21 世纪初提出。

3. 功能特点

磁性磨具光整加工通过改变工件表面的几何特征，改善工件表面层的物理力学性能等方式来提高工件的表面质量，改善工件的表面完整性。

在磁性磨具光整加工过程中，主要起材料去除作用的磁性磨具始终与工件没有确定的相对位置，总是通过某种运动，以一定的作用压力，随机地对工件表面进行滚压、刻划和微量磨削，是典型的自由磨具光整加工，具备自由磨具光整加工的特征；具有适应性强、加工质量好、加工过程易于控制、可加工材料范围广等特点，但根据加工介质的不同，又有各自的特点。

6.3.2 磁性磨具光整加工所用加工介质

加工介质是影响磁性磨具光整加工效果和加工效率的一个非常重要的因素。它由具有导磁性能的微粒、具有切削能力的磨粒、添加剂和结合剂等按照一定的制备方式形成，主要对工件起研磨、抛光、去毛刺、棱边倒圆及改善物理力学性能的作用。磁性磨具光整加工所用加工介质有固态、液态和半固态三种形态，主要性能参数包括成分及配比、饱和磁感应强度、使用寿命等。

1. 固体磁性磨粒

（1）组成与各组分的基本要求

固体磁性磨粒是兼有磁化性能和磨削能力的铁基复合磨粒，通常情况下粒径范围为 $60 \sim 200 \mu m$，主要由磁介质相（通常为铁基体）、磨粒相（磨料）和结合剂组成，如图 6.3-1 所示。

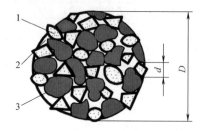

图 6.3-1 固体磁性磨粒的构成
1—磨粒相 2—结合剂 3—磁介质相

1）磁介质相。磁介质相是固体磁性磨粒的重要组成部分，直接影响固体磁性磨粒对工件作用力的大小。对磁介质相的基本要求如下：①应具有良好的导磁性能。②其维氏硬度约为工件硬度的 $80\% \sim 100\%$。

常用的磁介质相包括：铁、钢、铝镍合金、钡的铁素体、镁-钡合金等。

2）磨粒相。磨粒相是兼有磨削、研磨、抛光作用的一种高硬度磨料，其成分及大小直接影响加工效果和加工效率。对磨粒相的基本要求如下：①具有高于工件材料的硬度，通常其维氏硬度应为工件硬度的 $1.2 \sim 1.5$ 倍。②具有一定的强度，在外力作用下以及切入工件表层的过程中，不易破碎、脱落和磨损。③具有稳定的物理和化学性能，在涡流热、磨削热的作用下，不被软化或发生化学分解，且不与其他材料发生化学反应。

常用的磨粒相包括：刚玉类、碳化硅类、金刚石、立方氮化硼等。

3）结合剂。结合剂的作用是将磁介质相和磨粒相两种组分黏结成一体，使磨粒相均匀分布在磁介质相的周围，粉碎和加工时不发生脱落与分离。其性能好坏直接影响磁性磨粒性能的优劣，是制备工艺的关键因素。对结合剂的基本要求如下：①结合剂与磁介质相和磨粒相的结合性要好。②结合剂的胶膜坚硬且具有一定的弹性。③结合剂应具有良好的耐热性。通常，加工范围内工件表面温度低于 120℃，为了使结合剂不发生软化、分解，要求其耐温在 200℃ 以上。

④结合剂应具有稳定的物理和化学性能。要求结合剂不与添加剂中的成分发生化学反应，以免影响固体磁性磨粒的结合强度。

常用的结合剂包括：环氧树脂+聚酰胺树脂+呋喃树脂、金属填补胶、耐高温结构胶等。

（2）类型、代号及选择

1）磨粒相。磨粒相是固体磁性磨粒的主要成分，直接担负磨削工作，也称为磨料。磨粒相的类型主要取决于被加工工件的材质。常用磨粒相的代号和应用范围见表 6.3-2。

表 6.3-2　常用磨粒相的代号和应用范围

名称	代号	应用范围
棕刚玉	A	加工碳素钢、合金钢、可锻铸铁、硬青铜等
白刚玉	WA	加工淬火钢、高速钢、高碳钢等
黑碳化硅	C	加工铸铁、黄铜、铝、非金属等
绿碳化硅	GC	加工硬质合金、宝石、陶瓷、玻璃等
金刚石	MBD、RVD、JR	加工硬质合金、宝石、陶瓷等硬脆材料
立方氮化硼	CBN	加工不锈钢、高碳钢等难加工材料

2）粒度。固体磁性磨粒的粒度是指固体磁性磨粒的粒径 D 和磨粒相粒径 d 两个参数，它们对固体磁性磨粒的加工性能有着很大的影响，常用固体磁性磨粒粒度的种类及代号见表 6.3-3。

表 6.3-3　常用固体磁性磨粒粒度的种类及代号

固体磁性磨粒的粒径 D	目数	40	60	80	100	120	140
	代号	1	2	3	4	5	6
磨粒相粒径 d	目数	325	400	425	500	1000	W5
	代号	1	2	3	4	5	6

通常情况下，粗加工时可选择较大的 D、d，以提高加工效率；精加工时应选择较小的 D、d，以获得较小的表面粗糙度值。

一般对于磨粒相（磨料）粒径 d 大小的确定，可通过购买时的标号来定；对于粒径 D 的确定，可通过标准筛过滤的方法进行标定。

3）配比。固体磁性磨粒的配比主要是指磁介质相和磨粒相的质量比，不同配比直接影响着磁性磨粒的磁导率和加工能力。

一般来说，配比为：磁介质相∶磨粒相＝5∶1、4∶1、3∶1、2∶1。根据大量试验，当配比由 5∶1 逐渐变化到 2∶1 时，加工后工件表面粗糙度的变化

情况有一定的差异，但都可提高 1~2 个等级，通常尽量选取 3∶1 或 4∶1。

常用固体磁性磨粒的配比及代号见表 6.3-4。

表 6.3-4　常用固体磁性磨粒的配比及代号

配比	2∶1	3∶1	4∶1	5∶1
代号	P2	P3	P4	P5

4）结合剂。结合剂直接影响固体磁性磨粒的结合强度、加工效果、使用寿命、加工成本等。常用结合剂的种类及代号见表 6.3-5。

表 6.3-5　常用结合剂的种类及代号

结合剂	环氧树脂+聚酰胺树脂	环氧树脂+聚酰胺树脂+呋喃树脂	金属填补胶	耐高温结构胶	液状石蜡	硬脂酸锌
代号	H	HF	JT	GJ	YL	SZ

5）制备工艺。不同的固体磁性磨粒制备工艺也会对加工效果、加工成本等产生一定程度的影响。常用固体磁性磨粒制备工艺的种类及代号见表 6.3-6。

表 6.3-6　常用固体磁性磨粒制备工艺的种类及代号

制备工艺	烧结法	真空烧结法	热压烧结法	黏结法
代号	S	ZS	RS	Z

固体磁性磨粒型号编制方法如图 6.3-2 所示。例如，WA41P4HZ-TG 代表由太原理工大学研制开发的磨粒相为白刚玉、磁性磨粒的粒径 D 为 100# 和磨料粒径 d 为 325#、配比为 4∶1、结合剂为环氧树脂+聚酰胺树脂、采用黏结法制备的固体磁性磨粒。

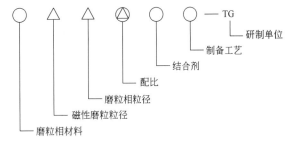

图 6.3-2　固体磁性磨粒的型号编制方法

（3）固体磁性磨粒的制备方法

1）真空烧结法。真空烧结法制备固体磁性磨粒（见图 6.3-3）可以避免纯铁粉的氧化以及纯铁粉颗粒表面氧化膜的生成。同时，烧结前各工序形成的纯铁粉颗粒表面的氧化膜，也可在烧结过程中部分或全部得到还原，使纯铁粉颗粒和磨料颗粒形成紧密接

触，实现完全烧结，有利于提高固体磁性磨粒的强度和耐磨性。

2）热压烧结法。热压烧结法可使固体磁性磨粒烧结体的组织均匀细密，纯铁粉颗粒和磨料颗粒结合紧密，使固体磁性磨粒的强度和硬度很高，可以有效防止和减少固体磁性磨粒在使用过程中的磨料脱落现象，延长固体磁性磨粒的使用寿命，但是，固体磁性磨粒的粉碎较难，而且粉碎时所需的破碎力较大，必然导致部分磨料发生分离；另一方面，热压烧结需要模具，模具尺寸大小限制了固体磁性磨粒生产批量的大小，也增加了生产成本。热压烧结法制备工艺如图 6.3-4 所示。

与真空烧结的区别在于：热压烧结不需要冷压成形，而是同时施加高温和高压，使成形和烧结同时进行。该工艺制备的固体磁性磨粒具有强度高、硬度高、密度大、气孔少等优点。

3）黏结法。黏结法是将一定比例的、均匀混合的磁介质相和磨粒相通过结合剂黏结为一体，经冷却凝固、破碎、筛选和标定成为固体磁性磨粒的一种方法。

黏结法是一种经济实用、工艺简单的制备方法，但要注意结合剂的选择，特别对其耐温性能要加以考虑。该工艺制备的固体磁性磨粒具有较高的加工性能，而磁介质相和磨粒相间的结合力不如烧结法，影响使用寿命，但因生产成本低廉、制作方便，应用较广，该工艺目前已较为成熟。黏结法制备工艺如图 6.3-5 所示。

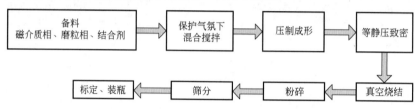

图 6.3-3　固体磁性磨粒的真空烧结法制备工艺

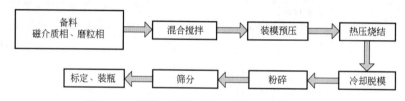

图 6.3-4　固体磁性磨粒的热压烧结法制备工艺

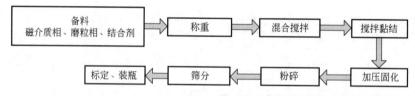

图 6.3-5　固体磁性磨粒的黏结法制备工艺

4）其他方法简介。

① 等离子粉末熔融法。将磨料颗粒和铁粉按一定体积比预先混合，然后从等离子喷涂设备中喷出，借助等离子弧的高温将两者熔融在一起。该方法在一定程度上解决了磨料和铁基体的相容问题，但要求磨料的密度和铁的密度必须差别很小，并不是所有类型的磨料都适合用这种方法，装置简图如图 6.3-6 所示。

② 复合镀层法。用复合电镀或复合化学镀的方法，将某种磨料颗粒均匀地夹杂到金属镀层中，而形成的特殊镀层即为复合镀层。将复合镀层工艺应用到固体磁性磨粒的制备技术中，需要注意：a. 原始纯铁粉颗粒的去污活化。b. 磨料颗粒在纯铁粉颗粒表面的均匀沉积，目前多采用磁搅拌方式。当前大批量生产难以实现，而且还存在镀液处理和生产成本问题。

③ 植砂法。对于金刚石、碳化硼等磨料，因为其熔点低于 900℃，不能采用烧结法，而是在铁基体表面植砂，得到磨料层而成为固体磁性磨粒。

④ 激光烧结法。将一定粒度的铁粉和磨料颗粒，按适当的质量比进行混合，在还原气氛中进行烧结，该工艺生产成本高，装置简图如图 6.3-7 所示。

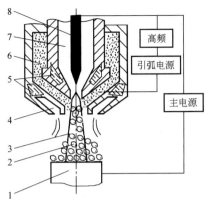

图 6.3-6　等离子粉末熔融法制备
固体磁性磨粒装置简图
1—铜板　2—固体磁性磨粒　3—等离
子弧　4—保护气体　5—冷却水
6—混合料　7—等离子体　8—钨电极

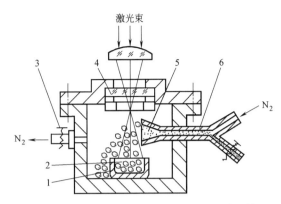

图 6.3-7　激光烧结法制备固体磁性磨粒装置简图
1—收集筒　2—固体磁性磨粒　3—气阀
4—玻璃片　5—混粉　6—Y 形管

注：进、排气阀都打开，使高压氮气在管内流动，在 Y 形管
处的另一支路形成负压，将混粉抽运出来喷射到密闭室
中，并在激光束的焦斑附近，与激光相遇而发生烧结现
象，生成固体磁性磨粒。

2. 液体磁性磨具

液体磁性磨具是通过将适当比例的磁性微粒、活化剂、磨料颗粒及防锈剂等分散到基液中而形成的一种黏稠状悬浮液。在没有磁场作用的情况下，液体磁性磨具呈现稳定的悬浮液状态，磨削能力很低；在磁场作用下液体磁性磨具的流变学性能会迅速发生变化，其剪切屈服应力和黏度也大为提高，其中的磁性微粒形成的链状结构像黏结剂一样将磨料颗粒夹持在其间，形成一种类似半固结状态的磨具，如图 6.3-8 所示。该磨具会在与之相接触的工件表面形成一个柔性研磨层，一旦使工件表面与该研磨层发生相对运动，就可以实现对复杂型面的光整加工。

（1）液体磁性磨具的组成和特点

1）组成。液体磁性磨具主要是由磁性微粒、磨料颗粒、基液、活化剂和添加剂等组成。常用磨料颗粒的种类及适用范围见表 6.3-7。

液体磁性磨具各组成部分的主要作用见表 6.3-8。

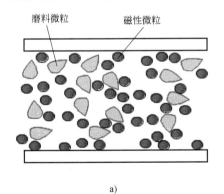

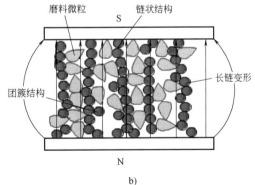

a)　　　　　　　　　　　　　　b)

图 6.3-8　液体磁性磨具的微观结构
a）未施加磁场　b）施加磁场后

表 6.3-7　常用磨料颗粒的种类及适用范围

类别	莫氏硬度	特　点	一般适用范围
金刚石	10	硬度高、耐磨性好	硬质合金等硬脆材料
立方氮化硼	9.7	性能稳定、硬度高	高速钢、高温合金等难磨材料
碳化硅	9.0~9.5	耐高温、耐磨性好	硬质合金、陶瓷、玻璃等
刚玉	9	韧性大、切削力强	碳素钢、不锈钢等
碳化硼	9.3	高密度、硬度高、耐磨性好	宝石类、硬质合金

表 6.3-8　液体磁性磨具各组成部分的主要作用

组成	磁性微粒	磨料颗粒	基液	表面活性剂
主要作用	作为液体磁性磨具中最重要的功能粒子,磁流变效应的产生主要是靠磁性微粒之间的相互作用来实现	是兼有磨削及抛光作用的一种粒状物质,是液体磁性磨具的主要组成部分,也是最终完成光整加工的主体材料	是液体磁性磨具中磁性微粒、磨料颗粒、表面活性剂等组成部分的载体,主要起分散介质的作用	主要通过在磁性微粒和非磁性的磨料颗粒表面的吸附、反应、包覆等来显著提高其在基液中的分散能力,减缓沉降和凝聚

2)特点。

① 形状适应性强。液体磁性磨具能自动适应被加工工件的表面形状形成一个柔性研磨层,可以完成一些不规则形状零件表面和型腔的光整加工,特别是在回转类曲面及小直径异形孔的加工中可以获得很好的效果。

② 材料适应性强。可以对金属材料、非金属材料(包括一些脆性材料)等进行加工。

③ 可控性较强。通过调整液体磁性磨具的组分、加工过程中磁场强度和方向,可实现材料去除率和最终表面粗糙度的控制。

④ 加工质量较好。在不改变原有加工精度的基础上,表面质量可提高 1~3 个等级。同时,液体磁性磨具本身具有润滑、冷却、自锐及磨屑清理作用。

⑤ 工艺简单,成本较低。液体磁性磨具本身配制设备和工艺比较简单;光整加工时只需磁场发生装置(电磁或永磁),利用现成的钻床、铣床及其他设备即可实现光整加工。

(2)液体磁性磨具的选择和依据

1)磁性微粒。

① 类型。磁性微粒的饱和磁感应强度越高,流变效应越明显,最大剪切屈服应力越大,材料去除率越高。

常用的磁性材料有 γ-Fe_2O_3、Fe_3O_4、Ni、Co、Fe、$FeCo$、$NiFe$ 合金等,其磁饱和强度依次增强,但其在空气中的稳定性(即抗氧化能力)正好相反。

实际配制液体磁性磨具时,常用磁性微粒为铁氧体(如 Fe_3O_4)或羰基铁微粒。

② 粒径。磁性微粒的粒径直接影响着液体磁性磨具的剪切屈服强度和稳定性。磁性微粒的尺寸小到只有单磁畴的结构时,其磁性将大大减弱,因此选择具有较大粒径的磁性微粒对提高液体磁性磨具的剪切屈服应力很有好处,但是磁性微粒的粒径过大,将会影响液体磁性磨具的沉降稳定性。

一般情况下,大于 1μm 的磁性微粒将很难在水介质中稳定悬浮,即便通过添加活化剂等措施,也很难使直径大于 20μm 的磁性微粒稳定分散在水基液中,因此,宜选择中等尺度的磁性微粒,特别是微粒直径为 1~10μm 且粒径分布均匀的磁性微粒,可以

较好地平衡磁化强度和沉降稳定性的矛盾。

③ 形状。颗粒形状对颗粒的比表面积、磁性、流动性、分散性及各向同性等均有重要影响。由于球形颗粒具有良好的流动性、稳定性和易分散性,并且可以减小由于形状差异而造成的磁各向异性,一般应选择球形或近似球形的磁性微粒。

2)磨料颗粒。磨料的种类很多,适合的领域也不相同。选择磨料时需要考虑的主要因素包括磨料的硬度、强度、韧性、化学稳定性、热稳定性和磨料粒度等。其中,磨料类型、粒度和在液体磁性磨具中的质量比对液体磁性磨具的性能影响很大。

① 磨料类型。一般情况下,磨料类型主要根据被加工工件的材质来确定。常用磨料有碳化硼、碳化硅、氧化铝和金刚石等。

实际配制液体磁性磨具时,一般选择绿碳化硅和棕刚玉磨料。

② 磨料粒度。磨料粒径越大,材料去除率越高,但可以获得的最终表面粗糙度值大,而且过大粒径的磨料在液体中悬浮困难,会造成液体磁性磨具稳定性的下降。具体磨料粒度的选择要兼顾加工效率和最终表面粗糙度的要求,同时要考虑工件的原始表面粗糙度,磨料尺寸应该与原始表面粗糙度和加工后的要求相适应。如果原始表面粗糙度值大,而加工后的要求高,那么用细磨料一次光整难以达到要求,可以采用分两次或多次光整加工的方法。

③ 质量比。磨料颗粒的质量比对液体磁性磨具的性能也有非常重要的影响。一般情况下,磨料颗粒的质量比越大,加工效率越高,但磨料颗粒的质量比过高,会造成磨具剪切屈服强度的降低,同时过高比例的磨料颗粒还会对液体磁性磨具的稳定性产生不良影响。

磨料颗粒的质量比为 30%~40% 时,配置的液体磁性磨具具有较好的综合性能。

3)基液。常用的基液有水、矿物油和合成油等,其中使用较多的是水和煤油。水与其他基液相比有以下优点:①成本低、无污染,还能够使磨料颗粒均匀地分散。②具有良好的冷却和洗涤润滑作用,可以避免加工过程中工件过热。③加工后工件易于清洗。④水的黏度较低,可以添加的固体颗粒(包括

磁性微粒和磨料颗粒）百分比较大，获得较大的饱和剪切屈服应力和较高的材料去除率，并具有较宽的调整范围。

4）活化剂。活化剂种类繁多，分类方法也多种多样。从其应用功能角度，可分为乳化剂、洗涤剂、起泡剂、润湿剂、分散剂、渗透剂、加溶剂等。根据电性质，可分为非离子型活化剂和离子型活化剂两大类，其中离子型活化剂又可分为阳离子型、阴离子型和两性型。活化剂的选择与基液类型、磁性微粒类型和磨料颗粒类型等密切相关，不同的基液、磁性微粒和磨料颗粒需要选择不同的活化剂或活化剂组合。

目前，水基液体磁性磨具常用的活化剂为阴离子型活化剂，有十二烷基硫酸钠、十二烷基磺酸钠、酯类和聚醚基等，其使用量主要根据具体情况而定。一般活化剂的质量百分比为 0.5%~5% 时，可以获得较好的稳定性。

（3）液体磁性磨具制备

根据液体磁性磨具的性能要求，要求固相颗粒在基液中能够均匀分散，制备工艺对液体磁性磨具稳定性有着重要的影响。液体磁性磨具配方不同，制备工艺也略有差异。液体磁性磨具制备工艺如图 6.3-9 所示。

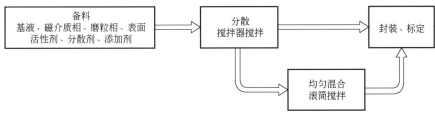

图 6.3-9　液体磁性磨具制备工艺

3. 黏弹性磁性磨具

黏弹性磁性磨具是由半固体、半流动性的高分子聚合物、磁介质和磨料颗粒均匀混合而成的黏状物，具有弹性和可塑性，呈半固体状，具有流动性好、加工温升小及不存在加工变质层等优点，可进行深窄沟槽、弯曲管面、自由曲面等复杂表面光整加工。

（1）黏弹性磁性磨具的组成和特点

1）组成。黏弹性磁性磨具的组成主要包括：基体、磁介质相、磨粒相和添加剂等。

① 基体。基体是携带磁性介质和磨料介质的有机载体，为连续相的高分子聚合物。一方面作为黏合剂，将磨料颗粒与磁性颗粒紧密结合；另一方面作为载体，承载并将磨料颗粒输送到工件表面，并依靠自身流动性保证磨具具有良好的更新性和自锐性。

常用的基体原料有硅橡胶、聚乙烯醇、PVC、PVC 糊树脂、天然橡胶等。

② 磁介质相。磁介质相是黏弹性磁性磨具的重要组成部分，保证磨具的磁化性能，直接影响黏弹性磁性磨具对工件表面作用力的大小。

通常为铁基体，有时也用铝镍合金、镁钡合金等。

③ 磨粒相。磨粒相是具有磨削和抛光作用的磨料颗粒，其成分和粒度对加工效果和加工效率有很大影响。

常用的有刚玉、碳化硅、碳化硼、人造金刚石和立方氮化硼等。

④ 添加剂。添加剂的主要作用是改善磨具的流动性、柔韧性和抗氧化性等，以适应不同材料和不同

结构零件的加工，提高磨具的加工性能，延长磨具使用寿命。

添加剂包括增塑剂、偶联剂等。常用的偶联剂有：硅烷偶联剂、铬络合物偶联剂、钛酸酯偶联剂等。

2）特点。

① 相对于固体磁性磨粒，流动性好，自适应能力强，更适用于具有沟槽、凹坑等复杂结构的光整加工。

② 制备工艺简单，成本较低。

③ 易于保存，重复利用率高。

④ 相对于固体磁性磨粒，加工过程中不易飞溅，绿色环保。

（2）黏弹性磁性磨具的选择及其依据

1）基体。选择时主要考虑其与磁介质相和磨粒相的结合力、流动性，以及是否与工件黏结等性能。实际使用时，一般选择硅橡胶和聚乙烯醇制备基体。

为了保证磨具的流动性能，基体一般占磨具总质量的 40%~60%。

2）磁介质相。磁介质相作为保证磨具加工性能不可或缺的组成部分，是整个磨具的骨架。

羰基铁粉相较其他普通铁粉，磁饱和率高，颗粒细小均匀，呈球形结构、流动性好，在等量使用情况下能够传递更大的切削力，且不易氧化变性，性能稳定，是作为磁介质相的较优选择。

3）磨粒相。选择磨粒相时，要求其具有较高的硬度，一般不能低于被加工工件材料的硬度；其次，

磨料颗粒应具有较好的韧性，保证加工过程中不易形变或被严重磨损；磨料颗粒应具有一定的自锐性。此外，化学性能应相对稳定，不易与所加工材料发生化学反应，避免对工件表面造成不良影响。

制备黏弹性磁性磨具时可根据被加工工件的硬度和材质进行相应的选择，同时针对不同的加工要求选择合适的磨粒粒径。

4）添加剂。常用的添加剂有邻苯二甲酸二丁酯、二甲基硅油、油酸、液压油等，添加量根据被加工工件的材质、结构等具体情况确定。

（3）制备工艺

黏弹性磁性磨具的制备一般采用混合法。黏弹性磁性磨具配方不同，制备工艺也略有差异，如图 6.3-10 所示。

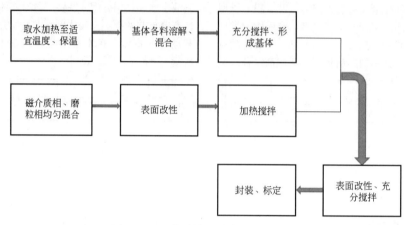

图 6.3-10　黏弹性磁性磨具制备工艺

6.3.3　磁性磨具光整加工设备

1. 加工设备

由于工件的尺寸、形状、材质等多种因素的影响，磁性磨具光整加工设备具有不同的形式。加工设备主要考虑使磁性磨具与工件之间形成复杂的相对运动，一般不需具有很高的精度、刚度等，但一般要求加工间隙和磁场强度等可调，以适应在不同条件下，加工不同工件的需求。

磁性磨具光整加工设备可以通过车床、钻铣床等设备改装，也可以根据被加工对象制造专用设备。

（1）改装的磁性磨具光整加工设备

这种方式主要是利用现有设备可提供的运动形式及范围，通过增设专用的磁场发生装置及磁极头，有些情况下还需增设振动等运动形式，改装形成磁性磨具光整加工设备。

回转体内外表面的光整加工可利用卧式车床、钻铣床等改装，平面的光整加工可利用万能铣床、钻铣床等改装，自由曲面的光整加工可利用数控钻铣床、加工中心等改装。

利用卧式车床改装，增设电磁场发生装置和振动运动形成的固体磁性磨粒光整加工设备。

（2）专用的磁性磨具光整加工设备

专用的磁性磨具光整加工设备一般由动力装置、传动装置、磁场发生装置、夹具、电气控制装置和基座等组成。动力装置主要是为传动装置提供动力，常用的为三相异步电动机和步进电动机。传动装置主要是将动力源的运动形式和动力参数转换为加工需要的运动形式和运动参数。作为磁性磨具光整加工设备的关键部件，磁场发生装置主要用来提供合理的磁场作用力。夹具主要用于工件的定位和夹紧。电气控制装置主要控制磁性磨具光整加工过程工艺时序及自动启停等，根据情况自行设计。基座主要起到支承各个部件及放置电气控制元件等作用。

一种用于平面磁性磨具光整加工的专用设备（见图 6.3-11），磁极头做一定转速的回转运动和沿 Z 方向的轴向振动，工作台做 X、Y 方向的进给运动，实现工件与磁性磨具之间的相对运动；磁场发生装置可以使用永磁源，也可以使用电磁源。

太原理工大学自主研发出了一种用于回转体内外表面磁性磨具光整加工的多参数可调的专用设备。

2. 磁场发生装置

磁性磨具和工件之间的相互作用力和相对运动速度是实现磁性磨具光整加工的两个必要条件，而相互作用力是通过磁性磨具在 N-S 磁极间形成的磁场力产生，因此，需设计合适的磁场发生装置，也称为磁场源（磁场源的设计包括磁路设计与磁极设计），可分为电磁源和永磁源。

（1）磁路设计的基本理论

磁路设计可分为电磁磁路和永磁磁路设计。两种

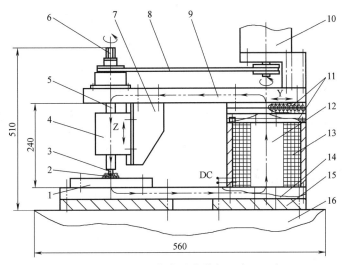

图 6.3-11　平面磁性磨具光整加工专用设备

1—工件　2—磁性磨具　3—磁极头　4—支持套　5—主轴　6—花键轴　7—支架　8—传动带　9—钢板
10—电动机　11—平面轴承　12—铁心　13—线圈　14—磁性底座　15—非磁性隔板　16—工作台

磁路设计的关键有所不同，但方法类似。首先将磁路简化为等效磁路，然后根据电磁学相关理论进行计算。

（2）磁路的工程设计方法

主要是通过磁导率的计算，进行铁心与磁轭结构设计。

（3）磁极头设计

改变磁感应强度、加工间隙、磁场发生装置的布置方式等，都可以影响作用力的大小。在磁感应强度一定的情况下，作用力主要取决于磁极头的形状和两磁极间的空间尺寸，因此磁极头的结构设计非常重要。

1）用于回转体表面的磁极头设计。一般情况下，磁性磨具光整加工中的磁极头形状和结构尺寸与被加工零件的形状尺寸及其磁导率等有关，很多情况下为被加工零件形状的偶件。

2）用于平面和自由曲面的磁极头设计。对于复杂的自由曲面（如模具型腔表面），一般情况下由水平面、垂直面、倾斜面、内外圆弧面等构成，与这些基本要素相对应，磁极头的几何形状可以设计成一些典型形状的结构。同时，磁极头工作面上均应开有沟槽，构成凹凸断续表面，以便形成不均匀磁场，使磁力线聚集，磁感应强度增强，获得较强的切削能力，提高加工效率。

当加工特殊结构形状的零件时，还需设计特定的磁极头，来获得更好的加工效果。例如，加工变直径且直径较大的非磁性套筒类零件时，为了减小加工间隙，增加加工区域内的磁感应强度，可以在工件内部装入一个内磁极头（开槽磁性心轴）。

一种磁场发生装置如图 6.3-12 所示。

6.3.4　磁性磨具光整加工应用

1. 概述

具体应用磁性磨具光整加工技术时，主要包括：零件光整加工前的处理、零件的磁性磨具光整加工和零件光整加工后的处理。

零件光整加工前的处理，主要是去除前道加工工序残留在零件表面的油污。零件表面的油污会使加工后零件表面不光亮，同时会使磁性磨粒的加工能力明显减弱，降低加工效果。

零件的磁性磨具光整加工，主要是根据被加工零件的结构形状、尺寸大小、加工要求等，选择或确定磁性磨具光整加工方式、设备类型，以及运动参数、工艺参数、设备参数等加工参数。

零件光整加工后的处理主要包括：零件的防锈、去磁等。大量工艺试验发现，零件经表面磁性磨具光整加工后，表面光洁锃亮，表层的活跃金属分子暴露在空气中，很快会氧化变黑，继而生锈，需要进行防锈处理，而对有特殊要求的工件还需要进行剩磁处理。

2. 典型加工实例

磁性磨具光整加工技术是一种实用的精密表面光整加工技术，对于回转体内外表面、平面、自由曲面等各种类型的零件表面光整加工后，表面毛刺、锈蚀和氧化皮全部去除，尖角倒圆、锐边钝化、棱边倒圆整齐，而且零件无变形，整体表面光滑光亮，进一步满足使用要求。

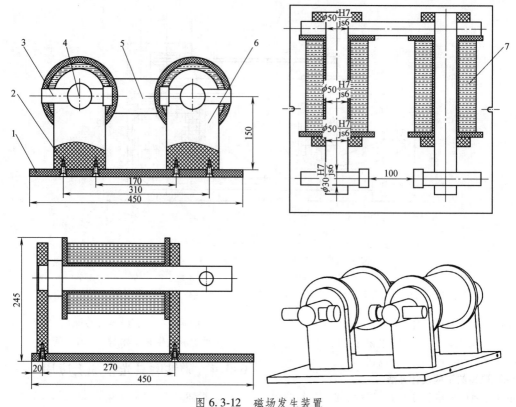

图 6.3-12　磁场发生装置

1—磁场发生装置底板　2—开槽沉头螺钉 M8　3—极柱　4—铁心　5—磁轭　6—支板　7—线圈

实例1：回转体外表面固体磁性磨粒光整加工。

连续外圆表面加工如图 6.3-13 所示。加工时，除了作用力外，工件和磁极之间在圆周和轴线方向还应具有相对运动。这种相对运动的大小，由工件直径和长度来确定。

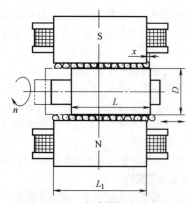

图 6.3-13　连续外圆表面加工

对于连续表面，磁极头的工作长度和被加工工件长度相等，所有的被加工表面可同时得到加工。该方案适用于工件直径 $D = 15 \sim 150\text{mm}$、长度 $L = 200 \sim 250\text{mm}$ 的磁性材料外圆表面加工。另外，也可用于外径 $D = 15 \sim 150\text{mm}$ 的非导磁性套筒工件的外表面加工，加工时需要在套筒内装入导磁性心轴，使非导磁性套筒工件和导磁性心轴形成一个环形的闭合磁路，但其总磁阻显然将比实心导磁性工件的磁阻要大得多。

加工前后的表面粗糙度 Ra 值见表 6.3-9。

对于断续表面，磁极头形状与工件形状对应地做成断续表面，断续外圆表面加工如图 6.3-14 所示。在加工过程中，工件仍需做圆周回转和轴向振动两种运动。当工件长度 $L > 250\text{mm}$ 时，①较长的工件使对应的磁极工作表面积增大，磁性磨粒的填充量增多。②由于磁性工作面积的增大，要使加工区域内保持足够的磁感应强度，必然要增加线圈的匝数而使机构变得庞大。③磁动势的增大，又会使工件所受磁力增加，对工件刚性的要求将提高。④随着磁极头工作长度的增加，会将磁极头的几何公差（圆度、圆柱度等）反映在被加工工件的表面，引起被加工工件的几何误差。为此，磁极长度仍按加工工件长度 $L = 200 \sim 250\text{mm}$ 时的情况制作，只需将磁极增加一个沿工件轴向的往复运动，即可实现工件全长的加工。

表 6.3-9　加工前后的表面粗糙度 *Ra* 值

项目	外表面					内表面				
	1点	2点	3点	4点	平均	1点	2点	3点	4点	平均
加工前表面粗糙度 *Ra*/μm	0.699	0.573	0.765	0.669	0.677	0.673	0.682	0.754	0.537	0.662
加工后表面粗糙度 *Ra*/μm	0.144	0.361	0.203	0.313	0.255	0.145	0.121	0.288	0.134	0.172

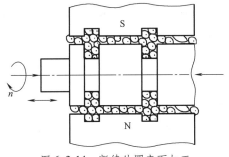

图 6.3-14　断续外圆表面加工

当被加工工件的外径 *D*>200mm 时，由于工件直径的增大，使加工区域面积增加，导致磁感应强度的减弱。为了得到等效的磁感应强度，必须增加线圈匝数，但线圈的轮廓尺寸就会增大，磁回路也相应地变得庞大而笨重。*D*>200mm 外圆表面加工如图 6.3-15 所示。加工时，工件做圆周运动，而磁极沿着工件轴线做往复移动，同时根据情况，使工件和磁极之间产生相对轴向振动，进一步提高加工效果。由于磁极本身面积的减少，使线圈匝数减少，整个磁回路具有体积小、结构紧密、能耗小等特点。

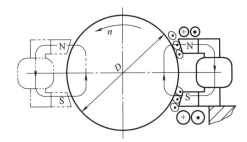 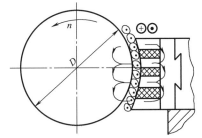

图 6.3-15　*D*>200mm 外圆表面加工

对于非磁性材料，尤其是表面复杂和直径较大时，由于加工间隙较大，磁感应强度减弱，磁场保持力减小，固体磁性磨粒不能很好地保持在加工间隙中。非导磁性回转体工件表面加工如图 6.3-16 所示。加工过程：被加工工件固定在非磁性薄壁圆柱形套筒内的轴上，外面放置一对磁极，薄壁套筒底部放置固体磁性磨粒，在磁场力的作用下，这些固体磁性磨粒被提升在磁极之间并全面包围工件表面；若使工件产生圆周运动和轴向振动时，即可完成对工件的加工。为了减少非磁性薄壁套筒对加工区域磁感应强度的影响，可采取下列措施：①尽量选择较薄的壁厚。②在套筒壁上开槽，将磁极头插入槽内，但要保持与套筒内壁平齐。

为提高生产率，中小型轴类和盘套类工件表面加工时，工件由夹具垂直夹持，其运动由行星机构产生，既有本身的自转运动，又有绕中心轴的公转运动，如图 6.3-17 所示。该机构可同时装夹 6 个工件，加工时，将工件置于填充一定数量固体磁性磨粒的非导磁环形槽内，沿着环形槽的圆周方向均匀配置 6 对电磁源，使磁力线从环形槽的径向穿过，在工件的运动中完成对中小型轴类和盘套类工件的光整加工。

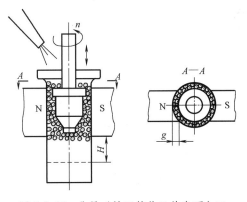

图 6.3-16　非导磁性回转体工件表面加工

注：这种加工方式，筒壁阻止了磁性磨粒的飞散，但每次加工前，必须先接通磁场，使固体磁性磨粒从筒底吸起，填充在加工间隙中。但受磁感应强度大小的限制，固体磁性磨粒被吸起的高度是有限的。实验结果表明：当筒的外径 *D*=20mm，磁极头磁感应强度 *B*=1T 时，所需的固体磁性磨粒只能升高 *H*=13mm；当 *H*=22mm 时，只能升起所需固体磁性磨粒的 75%；当 *H*=30mm 时，仅能升起所需固体磁性磨粒的 50%。因此，实际生产中，通常是在接通磁场的同时，使套筒产生相对轴向移动，将固体磁性磨粒从筒底吸起填充在加工间隙中。

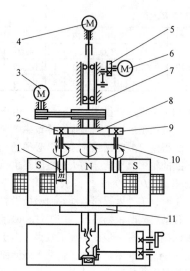

图 6.3-17 中小型轴类以及盘套类工件表面加工
1—工件 2、5、8、9—齿轮 3、4、6—电动机
7—滚动轴承 10—主轴 11—支承盘

采用类似加工方法，也可用于回转体外表面黏弹性磁性磨具光整加工。

实例 2： 回转体内表面固体磁性磨粒光整加工。

一般来说，对回转体外表面加工的设备，都可用于内表面的加工。内表面加工时，磁性磨粒被装入工件内部，它的运动不但受磁感应强度的影响，而且受内圆直径的限制，同时，填充量也与内圆直径密切相关。

随着非导磁套筒类工件直径的增加，加工间隙增大，磁感应强度急剧降低。为了减小工件尺寸对磁感应强度的影响，可在套筒内装入一个永久磁铁，以达到减小加工间隙、改变磁场分布、增大磁感应强度、提高加工能力的目的。

针对一些小型套筒类零件、细长薄壁管件等，也可采用多个永磁磁极头组合、旋转磁场等特殊加工方法。

采用类似加工方法，可进行薄壁套筒、液压缸、液压滑阀、长径比较大的深孔、导管、小孔等内表面，以及入口小、内腔大、工具无法伸入的化工容器内壁的光整加工，也可用于回转体内表面黏弹性磁性磨具光整加工。

不锈钢薄壁套筒的加工如图 6.3-18 所示。非导磁薄壁圆筒内表面永磁铁的配置方式如图 6.3-19 所示。

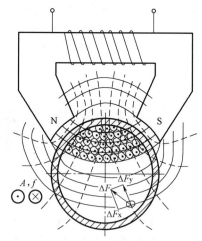

图 6.3-18 不锈钢薄壁套筒的加工

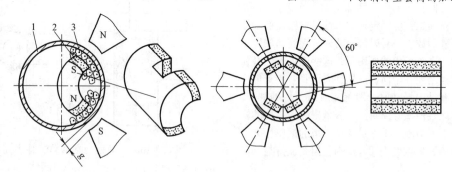

图 6.3-19 非导磁薄壁圆筒内表面永磁铁的配置方式
1—工件 2—永磁体 3—磁性磨粒

回转体内表面特殊加工方法如图 6.3-20 所示。

实例 3： 复杂曲面固体磁性磨粒光整加工。

对于尺寸较小、形状复杂的工件，可将工件随机地放置在环形槽内。复杂形状微小型工件加工装置如图 6.3-21 所示。环形槽在做回转运动的同时，还附加一个轴向振动，环形槽内的工件即产生一个复杂而不重复的运动轨迹，使工件表面得以完全加工。被加工材料可以是磁性材料，也可以是非磁性材料。

对于复杂曲面，只要给出磁极头的回转速度 $v(n)$、X、Y、Z 方向进给速度 f_x、f_y、f_z，以及加工间隙 g 等加工参数，固体磁性磨粒形成的柔性磁刷就能随三维曲面的形状而变化，对复杂表面实现类似的

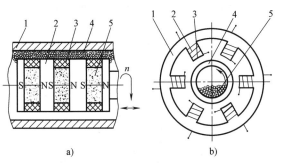

图 6.3-20　回转体内表面特殊加工方法
a）多个永磁源组合

1—工件　2—导磁棒　3—非磁性填充物
4—磁性磨粒　5—永磁源

b）旋转电磁源

1—磁轭　2—线圈　3—磁极　4—工件　5—磁性磨粒

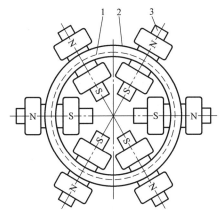

图 6.3-21　复杂形状微小型工件加工装置
1—工件　2—环形槽　3—磁极

"仿形加工"，确保所有部位得以加工，实现自动化加工过程，如图 6.3-22 所示。

实例 4：伺服阀阀芯液体磁性磨具光整加工。

伺服阀阀芯，材料为 440C（美国牌号，相当于我国的 102Cr17Mo）不锈钢。加工设备为自主研制的磁性磨具光整加工设备。用于生成磁场的磁场发生装置为可夹持的组合式瓦片永磁。加工前，阀芯通过夹

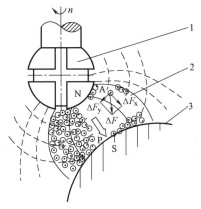

图 6.3-22　加工过程中作用力的形成
1—磁极头　2—固体磁性磨粒　3—工件表面

头夹持在卡盘上，并在三轴龙门模组带动下伸入装有液体磁性磨具的磨具料筒中。磨具料筒固定于工作台台面上，磁极头通过夹紧装置固定在台面上同时紧贴料筒外壁。加工时，阀芯在电动机带动下绕阀芯轴线做回转运动，同时在 Z 轴模组带动下做沿 Z 向的低频直线振动。

具体的加工工艺参数见表 6.3-10，光整前，均压槽口棱边处有翻边毛刺，均压槽底有污物，清洁度低。光整 10min 后，棱边处平整光滑，翻边毛刺被完全去除，均压槽底无污物，清洁度提高。

表 6.3-10　加工工艺参数

参数	值
磨粒类型	白刚玉
磨粒质量分数	25%
磨粒目数	120#
工件转速	1400r/min
加工间隙	5mm
振幅	3mm
频率	2.5Hz
磁感应强度	330mT

6.4　磨料流光整加工

6.4.1　磨料流光整加工内涵和类型

1. 内涵

磨料流光整加工又称为挤压珩磨，是在黏弹性流体或低黏性流体中加入一定量的磨料，并使其在压力作用下流过工件被加工表面所进行的光整加工方法。

20 世纪 70 年代初，美国挤压珩磨公司使用这项技术对航空航天领域形状复杂零件进行去毛刺、倒圆加工。随后在日本、德国等国得到推广应用，工艺内涵也不断扩展。20 世纪 80 年代初引入国内，多所大学、科研院所和企业等单位在引进、消化和吸收的基础上，对磨料流光整加工机床、流体磨料、夹具和工艺开展了理论、试验等方面的系统研究，并在航空航天、液压、纺织、模具、汽车、船舶、医疗器械、食

品机械等行业推广应用。目前生产中常见的磨料流光整加工应用包括：去毛刺、倒圆，提高零件的棱边质量；提高零件的表面质量，改善零件的表面性能；去除激光加工和电加工后零件的表面重铸层和表面变质层等。

2. 类型

根据加工时所使用的流体磨料种类和附加装置，可分为黏弹性磨料流光整加工（简称为磨料流加工）、低黏性磨料流光整加工（也称为软性磨料流加工）、磁场辅助磨料流光整加工。黏弹性磨料流光整加工原理如图 6.4-1 所示。

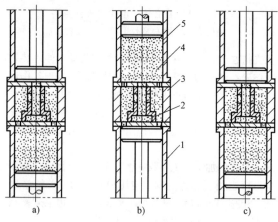

图 6.4-1 黏弹性磨料流光整加工原理
a）加工初始状态 b）循环半个周期 c）循环一个周期
1—下料缸 2—工件 3—夹具
4—流体磨料 5—上料缸

黏弹性磨料流光整加工主要由加工机床、流体磨料、夹具三大部分组成，加工机床主要由上料缸、下料缸和液压系统组成。加工时，在下料缸中装入流体磨料，工件装在夹具中，然后将上料缸活塞下降压紧夹具。下料缸活塞向上运动，迫使流体磨料流过工件上需要加工的部位，流入上料缸。待下料缸活塞到达顶部后，上料缸活塞开始向下运动，又迫使流体磨料经过工件进入下料缸，完成一个加工循环。如此经过几次循环，达到去毛刺、倒圆和表面光整加工的目的。

低黏性磨料流光整加工主要是针对微小孔、微窄缝和细长管等零件的光整加工。其加工原理与黏弹性磨料流光整加工相同，但所用流体磨料是以低黏性流体为载体与磨料混合而成，其流动性比黏弹性流体磨料好，更容易通过微小孔、微窄缝等加工部位。由于这种流体磨料易于与工件黏连，加工后工件需仔细清洗。

磁场辅助磨料流光整加工（见图 6.4-2）时，与磁性介质混合的流体磨料在压力作用下流过工件表

面，同时在工件外部设置磁极，磨料颗粒在磁场和流体介质的共同作用下增强了对工件表面的切削作用，提高了材料去除率和光整加工效果，可用于加工不锈钢、铜合金或铝合金等。

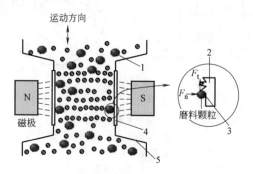

图 6.4-2 磁场辅助磨料流光整加工原理
1—磨料颗粒 2—工件 3—切屑
4—工件表面 5—夹具

3. 功能特点

加工时，磨料颗粒对工件表面的作用由挤压、滑擦、耕犁和切削四个阶段组成。起始阶段，磨料颗粒与工件接触，其切削刃对接触区形成挤压，由于压入深度较小，工件表面只产生弹性变形；随着磨料颗粒对工件表面的压力增加，压入深度增加，磨料颗粒开始切入工件，工件表面产生塑性变形，但没有形成切削作用，只是与工件表面产生滑擦；随着法向压力继续增大，磨料颗粒对工件的挤压力超过材料的屈服极限，工件表面材料向两边隆起形成沟痕；随着磨料颗粒压入深度进一步增加，工件表面材料从磨料颗粒切削刃前部流出，产生切屑。在这一过程中，磨料颗粒与工件的摩擦加剧，产生大量的热。磨料流光整加工机理分析表明工件材料去除率与边流层磨料颗粒所受的法向力或法向压力、磨料颗粒有效切削数量和粒度、工件表面的硬度以及工件表面与流体磨料边流层的相对速度有关。

磨料流光整加工的切削特点和材料去除机理表明磨料流光整加工属于光整加工范畴，具有以下功能特点。

1）与砂轮对工件的磨削加工不同，流体磨料流过工件时受到其表面的约束，边流层磨料颗粒沿着工件表面进行自由切削（或柔性切削），因此，磨料流光整加工不能提高工件的形状精度和位置精度。

2）由于工件表面硬度不同或材料中有硬质点，流体磨料在切到这些区域时会产生退让，造成材料软的区域去除的多，而硬的区域去除的少，所以，在一定的加工循环次数内，磨料流光整加工可显著减小表面粗糙度值，但次数过多对进一步减小表面粗糙度值

无益。

3）磨料流光整加工不会产生二次毛刺，加工时不产生高温，因此不会形成残余应力、烧伤等现象。

4）磨料流光整加工中，工件入口处的压力大于出口压力，而且入口处的压力损失较大，造成入口产生圆角，同时入口的材料去除量大于出口，因此，加工循环次数过多会形成"喇叭口"。

5）由于磨料流去毛刺、倒棱倒圆等与工件材质、硬度等无关，可加工难切削的高硬度材料，而且特别适合各种复杂工件内孔、交叉孔和螺纹等处毛刺的去除。

6）为了提高加工效率，对于小零件，可利用夹具同时加工多个零件，并且去除毛刺均匀、可靠、一致性好。

7）磨料流光整加工可以去除激光加工后产生的表面重铸层，去除3D打印零件表面形成的球化层和残留金属粉。

4. 影响磨料流光整加工效果的因素

从图 6.4-3 中看出，有许多因素影响磨料流光整加工过程，这使得对磨料流光整加工质量的定量控制变得十分复杂。近年来，国内外学者提出多种控制磨料流光整加工的加工质量（指加工精度和表面粗糙度）的方法。有的学者研究各个单因素（磨料浓度、工件孔径等）对去除量的影响规律，以便综合找出最佳的控制条件。有些学者基于流变学理论建立了磨料流光整加工材料去除的数学模型，揭示了压力、流量及壁滑的速度等参数对材料去除率的影响规律。但是，由于材料去除机理具有较大的非线性和磨料流动过程的随机性，还不能做到利用公式等方法来确定加工参数和预测加工结果。有些学者利用神经网络技术和统计学原理建立材料去除模型，并进行加工结果预测，只要输入加工参数，如流速、磨料浓度、磨料粒径、加工循环次数等，网络就能输出合理的表面粗糙度值和材料去除率。

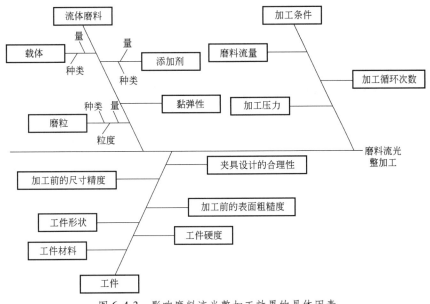

图 6.4-3　影响磨料流光整加工效果的具体因素

6.4.2　磨料流光整加工所用加工介质

磨料流光整加工所用的加工介质是流体磨料。作为磨料流光整加工的重要组成部分，流体磨料的性能优劣直接影响加工质量和生产率。

1. 流体磨料的特征与类型

流体磨料主要由载体、磨料和添加剂组成。载体作为承载磨料的流体，是流体磨料性能好坏的关键，根据流动特性可分为黏弹性载体和低黏度载体，以这两类介质构成的流体磨料称为黏弹性流体磨料和低黏性流体磨料。

几种常见物质的黏度见表 6.4-1。不同质量分数下的流体磨料黏度见表 6.4-2。

表 6.4-1　几种常见物质的黏度

材料	温度/℃	黏度 η/Pa·s
空气	20	17.9×10^{-6}
水	20	1.01×10^{-3}
甘油	20	1.499
流体磨料载体	18	3.4×10^{3}
高密度聚乙烯	190	2×10^{4}
聚氯乙烯	190	4×10^{4}

表 6.4-2　不同质量分数下的流体磨料黏度

质量分数	25%	30%	35%	40%
动力黏度/Pa·s	4.98	5.21	5.65	6.05

（1）黏弹性流体磨料

黏弹性流体磨料由载体、磨料和添加剂混合而成。载体是高分子聚合物，是半固态的黏弹性流体，其流动性可通过软化剂和润滑剂等添加剂改变。软化剂用于调整载体的黏度，润滑剂在加工过程中起润滑作用。

由于载体属于高分子材料，与一般流体不同，其黏度较大，在常温下表现出液态与固态的双重性质。载体需满足以下要求：①内聚力较大，加工中不与工件黏连。②在长时间受剪切的情况下，黏度和弹性变化小。③与磨料颗粒的黏结性好，使用时磨料颗粒基本不脱落。④具有良好的耐温性，即在温度变化较大的情况下，黏度和弹性变化较小。⑤对人体无毒，不腐蚀机床和工件，不污染环境。⑥不易老化，不挥发，不变质，使用寿命长。⑦易清洗。⑧成本低。

与牛顿流体不同，载体不仅具有高黏性，还表现出弹性行为。载体的黏度与温度和剪切速率的大小有关，随着温度和剪切速率的增加，载体的黏度减小。载体的弹性随着剪切速率的增加而增加；随着温度增加，载体的弹性下降。不同载体的黏度和弹性，以及黏弹性与温度和剪切速率的关系可以通过流变仪测得。大量实测结果表明载体属于假塑性流体，具有很强的非牛顿流体的性质。

由于载体的高黏性，磨料颗粒加入载体后可均匀分布在其中，不分层、不沉淀。磨料流光整加工中，流体磨料的载体与磨料颗粒均匀混合形成匀质液。大量试验表明：当磨料颗粒的含量在一定范围时，流体磨料表现出与其载体相似的流动特性，也就是说，流体磨料具有高的黏弹性，而且黏度和弹性也与温度和剪切速率有关。

（2）低黏性流体磨料

与黏弹性流体磨料相似，低黏性流体磨料也是由载体、磨料和添加剂均匀混合而成。载体是低黏度矿物油，载体需满足以下要求：①能使磨料颗粒均匀悬浮于载体中，加工过程中磨料颗粒不沉淀。②在一定压力下流体磨料能顺利流过工件的加工部位。③耐剪切，使用寿命长。④无毒、无腐蚀、不变质。⑤易清洗。⑥成本低。

为了保证流体磨料在压力下能通过微孔和窄缝等微小结构，同时还要使磨料颗粒悬浮在载体中，通常选择细粒度或微粉磨料颗粒。流体磨料的黏度与磨料质量分数有关，随着磨料质量分数增大，流体磨料的黏度增大。

2. 流体磨料的选用

流体磨料的选用主要考虑被加工工件的材质及热处理硬度、工件的表面粗糙度、棱角的圆角半径、工件的通流孔径和结构等。此外，为了降低成本，批量生产中还应考虑流体磨料的价格。

首先，磨料的选用包括磨料的种类、磨料的粒度，以及磨料的价格。与磨削加工所用的磨料种类相同，磨料流光整加工用磨料有氧化铝、黑或绿色碳化硅、碳化硼、氮化硼、氧化锆和人造金刚石等，硬度按上述次序依次提高。

不同材料工件所用流体磨料类型及黏度见表6.4-3。

表 6.4-3　不同材料工件所用流体磨料类型及黏度

工件材料	磨料类型	黏度
耐热钢	649-D	中高
高温合金	MF12	中高
铝合金	831-L	中高

根据被加工工件的硬度来选择磨料的种类：加工铝合金工件可选用刚玉类磨料；加工淬火钢工件可选用碳化硅磨料；加工硬质合金工件可选用金刚石磨料。同时应根据工件的孔径来选择流体磨料硬度，见表6.4-4。

表 6.4-4　流体磨料硬度与孔径的关系

工件孔径 /mm	0.4~3	0.8~6	2~12	3~25	6~50	20~70
流体磨料硬度	特别软	软	稍软	中硬	硬	特别硬

磨料的粒度是指磨料颗粒尺寸的大小。粒径>40μm称为磨粒；粒径<40μm称为微粉。磨料粒度应根据工件的表面粗糙度要求选择。一般情况下，经粗磨料加工后的工件表面粗糙度值较大，加工效率较高；如果表面质量要求较高，应选用粒径较小的磨料。生产实践表明，磨料流光整加工可使工件表面质量在原有基础上提高1~2个等级。

磨料与载体的混合比称为磨料的浓度。磨料的浓度影响流体磨料的流动性（即流体磨料的软硬）和材料去除率。磨料的浓度越高，流体磨料越硬，流动性越差，材料去除率越高。根据在一定的压力作用下流体磨料能够通过的孔径以及具有较高的材料去除率，对流体磨料的硬度进行分类，以此作为加工时选择的依据。另外，较软的流体磨料受挤压流过工件孔道时，在同一截面上各点流速不同，在工件的棱角部位形成急剧的滑擦作用，去毛刺、倒圆效果显著。硬度较高的流体磨料流变性差，受挤压通过工件孔道时形成了一种受剪切状态，还由于较高的磨料浓度改变了边层流体磨料与孔壁的接触状态形成了塞流，对孔壁产生较强的滑擦作用，适合抛光加工。

流体磨料在使用过程中，随着磨料锋利程度的逐渐降低、高分子材料的老化以及被去除材料的累积，切削能力逐渐下降，需要定期更换。

6.4.3　磨料流光整加工设备

1. 加工设备

磨料流机床是磨料流光整加工的重要组成部分。目前，生产中常见的磨料流机床，无论是进口的还是国产的，都可分为双向往复自动循环式和单向自动循环式两种形式。

（1）双向往复自动循环式

它主要由拉紧缸、上料缸、下料缸、推料液压缸和控制面板（液压站）组成，如图 6.4-4 所示。工作时，首先在下料缸充满流体磨料，将装有工件的夹具放在下料缸顶部的工作台上，左右两个拉紧缸带动横梁及上料缸向下运动，将夹具压紧。然后开始工作循环，当达到预设的循环次数后，加工过程停止，拉紧缸活塞杆推动横梁上升，松开夹具。

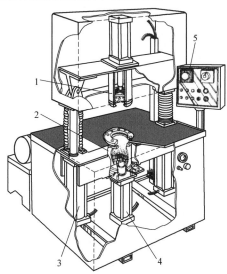

图 6.4-4　双向往复循环式磨料流机床结构
1—上料缸　2—下料缸　3—拉紧缸
4—推料液压缸　5—控制面板

国产 MB9211 半自动磨料流机床为双向往复循环式，主要技术参数：最大夹紧力为 500kN，推料力为 250kN，料缸直径为 110mm，其活塞最大行程为 250mm；两拉紧缸活塞杆之间的距离为 900mm，可装夹具的最大高度为 600mm；机床的电气控制系统中配有可编程序控制器，实现了控制加工循环的自动化。

需要说明的是，上料缸、下料缸的直径及活塞行程长度，直接影响机床可装入流体磨料的体积。两拉紧缸活塞杆间的距离和横梁可上升的最大高度（开档高度）影响可装入夹具或工件的尺寸。随着工件尺寸在一定范围内变化，要求两拉紧缸应有足够的夹紧力，以免流体磨料泄漏。

（2）单向自动循环式

单向自动循环式磨料流机床是针对塑料模具、热流道、弯管等不规则工件开发的新型磨料流机床，主要适合对工件内的弯曲孔道、多孔、细孔、长孔等复杂形状进行去毛刺和抛光。它主要由夹紧缸、推料缸、磨料缸、前置磨料缸、挤压缸、磨料漏斗、液压系统等组成。首先装有工件的夹具安装在工作台前置磨料缸的上方，夹紧缸活塞杆向下运动将夹具夹紧，将流体磨料装入磨料缸内，推料缸活塞杆向下运动挤压流体磨料通过管道流入前置磨料缸，再流入夹具对工件进行磨料流加工，然后流体磨料流出夹具落在工作台上，挤压缸向上运动打开磨料缸，将工作台上的流体磨料推入磨料漏斗，夹紧缸活塞杆向上运动松开夹具，完成一个工作循环。

国产某型单向循环式磨料流机床的主要技术参数：磨料缸缸径为 150mm，活塞运动行程为 535mm，最大挤压压力为 11.11MPa，磨料缸中流体磨料的挤出流量范围为 3.2~9.8L/min；挤压缸缸径为 125mm，行程为 600mm，最大工作压力为 16MPa；夹紧缸缸径为 100mm，行程为 350mm，最大工作压力为 16MPa；控制系统使用 PLC、模拟量模块和显示屏等。

Extrudehone 公司生产的磨料流机床主要型号及参数见表 6.4-5。

表 6.4-5　磨料流机床主要型号及参数

（Extrudehone 公司生产）

型号	77C 型	EX800	EX1500
介质缸直径/mm	15.2/8.02	80	150
介质缸容量/mL	5100/1492	1120	4950
最大介质排量/（L/min）	68/18.9	8	43
最大介质压力/MPa	3.5/10.5	14	5.6
机床功率/kW	6	2.2	3.7
轮廓尺寸/mm	760×760×2450	570×462×600	840×500×1105

随着磨料流光整加工技术的广泛应用，磨料流机床的自动化程度不断提高，机床的控制系统可控制如流体磨料的温度、流速等更多的加工参数。有些机床配备有工件装卸台、工件清洗装置、流体磨料补充装置，形成了一套自动系统，使生产率显著提高，一天可加工几千个零件。

2. 工装夹具

工装夹具作为磨料流光整加工的一个重要组成部分，主要作用是确定工件在加工中的位置；引导和约束流体磨料按预定的通道流动，并可反复流过工件被加工的部位；夹紧后保证各结合面密封，防止流体磨料在挤压时外溢；对于不能承受夹紧力的薄壁类工件，应由夹具来承受夹紧力。

夹具的设计是依据被加工零件的几何形状、加工精度和技术要求、加工工艺过程等因素综合考虑。合理的夹具设计能够保证工件的加工质量及技术要求，减轻工人的劳动强度，提高生产率；夹具设计不合理时易使工件过抛、加工不均匀，甚至造成工件损坏。

设计夹具时，应根据磨料流光整加工的特点进行以下工作。

（1）零件分析

设计夹具前，应了解工件的几何形状、尺寸精度、位置精度、表面粗糙度和其他技术要求，尤其要关注需要光整和去毛刺部位的技术要求。了解工件的加工工艺过程，清楚工件的表面形成方式及毛刺产生的情况。

磨料流光整加工中存在两种压力：一种是机床的夹紧压力，它是挤压磨料时防止其外溢而施加在夹具或工件上的力；另一种是流体磨料流过工件被加工部位时施加在工件和夹具上的压力。因此应分析工件的外形及结构强度，如果工件具有较大定位平面，并且强度足够，可直接将其夹紧在机床上，如发动机缸盖气道的磨料流光整加工等。对于一些薄壁类工件和精度要求较高的工件，需要由夹具承受夹紧力；对于承压有特殊要求的工件，挤压流体磨料的工作压力不能超过工件能承受的压力。

此外，还要考虑工件的生产批量，如果工件的尺寸较小且生产批量较大时，可考虑设计夹具实现多件加工，以满足生产率要求。

（2）夹具结构设计

夹具结构设计应注意：

1）为了保证磨料流光整加工顺利进行，工件加工前必须在夹具中占有正确的位置，这就是定位。夹具在工件定位过程中起着决定的作用。通过对工件结构、精度和技术要求的分析，在工件上选择合适的定位面，以限制工件的自由度，使工件在加工过程中始终处于固定位置。同时，还要综合考虑磨料流动通道的选择。

2）夹具要引导流体磨料通过工件的被加工部位，对于工件上不需要加工的表面，应将其进行封堵或保护。当工件被加工表面与夹具共同形成流体通道时，为了达到加工要求，夹具与工件之间应留有适当的间隙。

3）由于流体磨料的流动特性，通过大孔容易、小孔较难，如果同时加工将造成大小孔的去除量不同。因此，在设计夹具时应考虑工件上被加工孔道的通流截面，通流截面相差较大的孔应分成两道工序加工。

3. 辅助设备

清洗设备是磨料流光整加工常用的辅助设备。工件经磨料流光整加工后，由于其表面和腔体内残留有流体磨料和金属屑等杂质，必须对工件进行清洗，以满足高清洁度的使用要求。

首先，用压缩空气将残留在工件表面和孔道内流体磨料等杂质吹出，进行初步清理。然后，可通过高压清洗和超声振动清洗等方法对工件进行进一步清洗。高压清洗是靠高压溶剂清除工件表面的污染，主要工作参数有清洗溶剂、清洗剂浓度、清洗方式、工作压力、工作温度等，该方法清洗效果好，主要的溶剂为水或煤油，根据具体要求选用。超声振动清洗是通过振动将工件表面或内部的附着微小污染物去除，主要工作参数有清洗剂种类、浓度、振动时间和振动频率等，该方法成本低，操作简便，主要溶剂为汽油、酒精等。具体的清洗设备可根据使用要求参考相关手册确定。

6.4.4 磨料流光整加工应用

1. 概述

磨料流光整加工属于自由磨具光整加工，主要用于对复杂精密零件进行去毛刺、倒圆、减小表面粗糙度值。由于这一工艺具有适应性强、加工质量好、生产率高等优点，其应用范围不断扩大。随着磨料流光整加工在世界多国的推广应用，这一工艺已从航空航天领域扩展到液压、纺织、模具、汽车、船舶、医疗器械、食品机械等行业。

2. 典型加工实例

实例1：叶轮。

叶轮经成形加工后，叶轮流道表面存在加工刀纹、毛刺等表面残留物，表面粗糙度值较大，表面质量较低，需经过磨粒流光整加工流道表面，提高其表面质量。要求降低流道表面粗糙度值，去除毛刺和倒角，提升流道表面质量。

夹具用来固定工件并导引流体磨料到达加工部位。在设计叶轮磨粒流光整加工夹具时，最主要的是使介质的入口截面积尽量大，使进入叶片内腔的介质量越充足越好，在夹具结构上可以利用叶型R的结构，使介质进入所需加工流道，并且要保证磨料的不泄漏。

不同的载体黏度、磨料颗粒种类与大小，可以产生不同的研磨效果。叶轮加工通常采用具有一般的流动性的中黏度的基体，工作温度控制在 25~50℃。

加工步骤：按要求设置相关参数，装夹零件并注意零件装夹是否到位。按下加工按钮，机床进入工作状态，并听机床是否有异响，如有异响立即停机。加工完后，卸下零件并清洗。

各类材料叶轮相关参数设置见表 6.4-6。叶轮抛光前后粗糙度见表 6.4-7。

表 6.4-6　各类材料叶轮相关参数设置

零件材料	铝合金	钛合金	高温合金或耐热钢
压力/psi	150	200	250
循环次数/次	5~10	15~20	20~30
磨料容量/in³	200~300	300~400	300~400

注：$1\text{psi} = 6.895\text{kPa}$，$1\text{in}^3 = 1.63871 \times 10^{-5}\text{m}^3$。

表 6.4-7　叶轮抛光前后表面粗糙度

某叶轮	流道 1		流道 2		流道 3	
	叶片	流道	叶片	流道	叶片	流道
加工前表面粗糙度 $Ra/\mu m$	0.9	1.2	0.8	1.1	1.23	1.3
加工后表面粗糙度 $Ra/\mu m$	0.42	0.48	0.37	0.52	0.6	0.56
Ra 差值/μm	0.48	0.72	0.43	0.58	0.63	0.74
加工参数	磨料:649-D　循环次数 20 次　压力 250psi　容量 400in³					

实例 2：叶片泵转子。

叶片泵转子具有尺寸小、精度高等特点，其加工质量直接影响叶片泵的工作性能。其主要技术要求是保证叶片槽两侧面的平面度、平行度、表面粗糙度，槽内无毛刺。

某液压件厂生产的材料为 20CrMo 合金结构钢转子，零件图如图 6.4-5 所示。其工艺路线为：车削加工转子内外圆面、两端面→钻定位销孔→铣键槽→热处理→精磨两端面→精磨槽→计量检测→去毛刺。机械加工时由于材料的塑性会在端面上、叶片槽及槽底孔内产生大量毛刺。虽然精磨可去除端面及叶片槽两侧内壁的毛刺，但将产生二次毛刺，而且槽底孔内毛刺无法去除。

由于叶片槽及槽底孔尺寸小、数量多、毛刺分布复杂，采用人工去毛刺工作量大、效率低、质量不易保证，而且可能存在漏加工，因此采用磨料流光整加工。为了提高加工效率，夹具中一次装夹 3 个工件，采用双向往复循环式磨料流光整加工；转子前后放置隔板，隔板槽道尺寸稍大于转子槽道尺寸，既可保护转子的端面、转子槽道口不被过切，也可去除槽道口外沿毛刺。

磨料流光整加工后，转子槽面及底孔处毛刺全部去除，而且底孔内的氧化皮也被去除，孔壁光滑。经检测，磨料流加工后转子尺寸全部满足尺寸精度要求。

实例 3：连杆。

作为 H12V190Z 柴油机的关键部件之一，连杆的

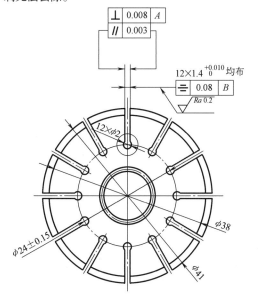

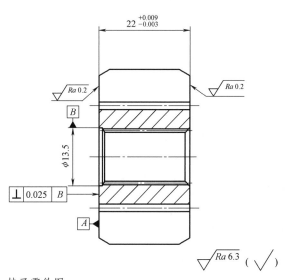

图 6.4-5　转子零件图

加工质量将直接影响发动机的可靠性和寿命。连杆材料为42CrMoA，大头孔在加工中心上精镗完成后，要求大孔公差为0.02mm，圆柱度公差为0.008mm以及表面粗糙度 Ra 值为0.4μm。由于表面粗糙度值达不到要求，采用磨料流光整技术对孔表面进行光整加工，加工原理如图6.4-6所示。

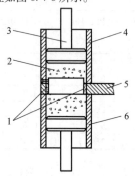

图6.4-6　连杆大头孔表面磨料流加工原理
1—磨料通道　2—磨料　3—活塞　4—上料缸
5—连杆　6—下料缸

因大头孔的直径较大，在其内部放置了一个与孔同心的圆柱形导流芯，使连杆大头孔内表面与导流芯之间形成一较窄的环形通道；加工时，连杆大头孔被压紧在上、下料缸之间，当流体磨料在活塞挤压力的作用下流经环形通道时，流体磨料内部的磨粒对孔表面进行光整加工。光整加工的效果与流体磨料在环形通道内的流动状态有关，主要的影响因素有环形通道的宽度、流体磨料的黏度和混合率、推料压力等。

流体磨料在孔道内的压差与流体磨料边界层与壁面间流速差的增大都有助于工件表面材料去除量的增加，但压差的影响较大。在连杆大头孔磨料流实际加工中，选择连杆大头孔表面与导流芯之间的环形孔道宽度为4mm。经3次磨料流加工循环后，连杆大头孔表面的表面粗糙度值明显减小，同时工件直径和圆柱度在要求的范围内。

实例4：电缆尾附。

电缆尾附主要安装在航空发动机电气控制系统导线外部和各转角处，对导线起到防护、导向作用。此类电缆尾部附件内部为台阶孔、交叉孔或弯孔，在转接处存在锐边或毛刺等问题，导致穿线过程或使用过程中会出现磨线或割线现象，造成发动机运行故障，

影响发动机的使用寿命。

要求对电缆尾部附件转角处倒角、去毛刺，锐边处倒圆半径达到0.1~0.3mm，壁面表面粗糙度 Ra 值减小至1.6μm，去除毛刺。采用双向往复循环式磨料流光整加工，机床料缸为5L，缸径为120mm。

由于电缆尾附尺寸大小不一，为节约成本、提高装拆效率、减少辅助加工时间，将夹具设计为通用夹具和专用夹具两部分，提高夹具的通用性和互换性。通用夹具起承重、定位专用夹具作用，专用夹具起定位、夹紧工件作用，针对不同尺寸的电缆尾附，可更换与之对应的专用夹具，如图6.4-7所示。

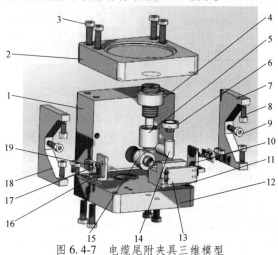

图6.4-7　电缆尾附夹具三维模型
1—基体　2—上底板　3—内六角螺钉　4—竖直转接头
5—移动导管　6—保护头　7—右肋板　8—M8×15内六角螺钉
9—M8×25内六角螺钉　10—右侧板　11—支撑块　12—下底板
13—挡板　14—工件　15—水平转接头　16—左侧板
17—搭扣　18—左肋板　19—M6×12内六角螺钉

在加工介质及工艺参数为120#SiC磨料、1∶0.8配比、4L装入量、6MPa加工压力、200s加工时间下进行加工。光整前后采用Mahr粗糙度仪测试表面粗糙度值、R规测量圆角半径、光学显微镜观察工件倒角锐边情况以及触摸手感、拍照对比。未光整前的试样锐边锋利，孔表面粗糙，损伤导线风险很高；光整后锐边倒角由 $R0.1$mm增大至 $R0.3$mm左右，表面粗糙度 Ra 值由1.461μm减小至0.5μm左右，表面发亮，手感光滑，降低了导线磨损风险，提高了电缆的可靠性。

6.5　化学、电化学与热能光整加工

6.5.1　化学光整加工

1. 加工原理、特点

化学光整加工过程属于电化学反应：在抛光液强

电解质溶液作用下，金属材料表面上电极电位较负的部位成为阳极区，电极电位较正的部位则成为阴极区，从而使浸入其中的金属材料构成复杂多微电池系统。目前，化学光整加工机理主流观点包括黏膜理论

和钝化膜理论两种。化学光整加工可应用于钢铁、不锈钢、铜及铜合金、铝及铝合金、贵金属、镍及镍合金等，能够加工细管、带有深孔及形状复杂的零件，具有设备简单、生产率高等优点。

黏膜理论认为，加工时，抛光液腐蚀金属，会在工件表面形成一层金属盐类黏性膜层。该膜层由于只在金属表面较小的覆盖面积内具有较高的热力学稳定性，因此厚度不均匀，凸起部位薄、凹入部位厚，使得工件凸出部位溶解的金属离子更容易扩散到抛光液中，局部金属离子浓度降低，从而促进了溶解的进一步发生；而工件凹入部位的黏性膜较厚，金属离子不易扩散到抛光液中，外层新的抛光液也不容易浸入，造成金属溶解缓慢。随着不均匀溶解的进行，工件表面趋于平整，达到光整效果。

钝化膜理论有两种观点：成相膜理论和吸附理论。成相膜理论认为：金属溶解时处于钝化状态，表面会形成紧密而覆盖性良好的固态物质，主要包括金属氧化物膜、氧化物的水化膜等，这层物质所形成的独立相被称为钝化膜或成相膜。该膜将工件表面与抛光液机械地隔离开，从而使金属的溶解速率大大降低。吸附理论则认为：要使金属达到钝化状态，并不需要形成固态产物膜，而只要表面或部分表面形成一层氧或含氧粒子的吸附层即可。该吸附层改变了金属与溶液的界面结构，使反应活化能升高，金属表面因反应能力下降而钝化。

钝化膜理论所提出的两种观点虽能解释部分试验结果，但也有不足。比如，金属钝化膜的确具有成相膜结构，但同时也存在着单分子层的吸附性膜。也有学者认为化学光整是上述两种理论综合作用的结果。无论是黏膜理论、钝化理论还是双膜理论，为了防止

金属腐蚀而达到抛光效果，必须在金属表面生成一层"障碍膜"，使凸出与凹入部位的溶解速率不同，才能达到光整效果。

2. 工艺要素选择

（1）化学光整加工的工艺流程

化学光整加工的工艺流程主要包括光整前的预处理、光整及光整后的处理。光整前的预处理主要包括碱洗和酸洗。碱洗是通过皂化反应去除残留油渍，使表面无污染；酸洗是为了去除工件表面的氧化膜、锈斑、流痕及各种印记，使表面硬壳结构处于活化状态。化学光整时，工件要在抛光液中适当晃动，以达到均匀加工的效果。加工过程会受温度、时间、次数等因素的影响，例如，温度低时，光整过程缓慢；温度高时，光整过程剧烈。光整时间主要与抛光液的去除能力有关：当抛光液的去除能力强时，应缩短光整时间；当抛光液去除能力弱时，应适当延长光整时间。短时多次光整有助于提升光整效果。抛光后处理是保证工件光整后平整光亮的关键。经化学光整的工件离开抛光液后，由于工件会带出酸根离子，必须进行碱洗和水洗，否则残留液会对基体腐蚀，降低平整性。另外，酸根离子与水中的 Ca^{2+}、Na^+ 等阳离子结合还会降低表面光泽。

（2）抛光液的构成

抛光液的构成一般包括腐蚀剂、氧化剂、添加剂和水。腐蚀剂是主要成分，主要使工件在溶液中溶解；氧化剂和添加剂可抑制腐蚀过程，使反应朝着有利于光整的方向进行；水对溶液浓度起调节作用，便于反应产物的扩散。化学抛光液的体系按氧化剂来分，主要有硝酸及其盐系列、铬酸及其盐系列和过氧化氢系列，三类抛光液的优缺点见表6.5-1。

表 6.5-1　三类抛光液的优缺点

抛光液类型	优　点	缺　点
硝酸及其盐系列	光整效果良好	产生氮氧化物，危害人体，污染环境
铬酸及其盐系列	光整效果良好	六价铬会致癌，危害人体，污染环境
过氧化氢系列	环保	光整过程会放热，加速过氧化氢分解，抛光液稳定性差

尽管抛光液分多种体系，具体成分又有差异，但体系中相同成分的作用一样。常用成分及作用如下：

1）硝酸。一种强氧化剂，在抛光液中主要起氧化作用，但金属表面的光亮度与硝酸浓度之间不是线性关系，硝酸质量分数太高或太低都会影响加工效果。

2）硝酸盐。主要代替硝酸起作用，硝酸盐与硫酸反应会产生硝酸，进而起氧化抛光作用。优点是反应稳定，对人的皮肤无直接腐蚀作用，环境危害小。

3）硫酸。能够溶解金属表面的氧化膜，使金属

表面处于活化状态，而且作为点蚀控制剂可使光整均匀化，提高整平性并加快光整速率。溶解的金属离子以硫酸盐的形式存在，会提高抛光液的密度和黏度。

4）冰醋酸。能与金属形成可溶性配合物，有利于基体表面金属离子的溶解，加速光整，可快速去除氧化膜，提高工件的光亮度。

5）磷酸。属高黏度中强酸，对锌有钝化作用；具有腐蚀性，但能起到缓蚀和缓冲作用，能够形成磷酸盐保护膜。

6）铬酸。一种强氧化剂，促进金属溶解，在工

件表面形成致密难溶的碱式铬酸盐的保护性膜。

7）氢氟酸。一种强酸，能活化基体表面，消除合金中铝对光整效果的影响。

8）甘油。一种有黏性的醇类，能够增大溶液的黏度，与水互溶，帮助磷酸形成黏膜。

9）添加剂。包括光亮剂、整平剂、螯合剂等，能控制点蚀，提高平整度和光亮度。

10）活化剂。具有多泡性，使工件表面产生泡沫层，从而提高表面亮度，并使金属表面均匀浸湿，阻止过腐蚀。

除了上述作用，抛光液与金属作用后还会表现出其他效果，比如能减少微生物的附着，提高金属的耐磨性、耐蚀性、抗应力疲劳等性能。

3. 化学光整加工的应用

不同金属材料的性质不同，所采用的化学光整策略也不一样。常见材料的化学光整工艺见表 6.5-2。

表 6.5-2　常见材料的化学光整工艺

材料	加工工艺	加工效果
不锈钢	氟化氢铵 12g/L，尿素 10g/L，苯甲酸钠 0.96g/L，草酸 3.0g/L，十二烷基苯磺酸钠 0.5g/L，体积分数为 30% 的 H_2O_2 80mL/L，pH 为 2~3，室温，时间 3~10min	光亮如镜
不锈钢	HNO_3 40~80mL/L，HCl 80~120 mL/L，H_3PO_4 80~120mL/L，尿素 5g/L，十六烷基氯化吡啶 1~3g/L，苯甲酸钠 1~2g/L，$NaNO_2$ 1~1.5g/L，室温，时间 5~10min	光亮平整
不锈钢	磷酸 120mL/L，硝酸 60g/L，盐酸 60mL/L，添加剂 15mL/L，温度 60℃，时间为 3~5min	光亮
不锈钢	HNO_3 40mL/L，H_2SO_4 40mL/L，H_3PO_4 65mL/L，HCl 40mL/L，温度 60℃	光亮
不锈钢	磷酸 10%~30%、盐酸 1%~10%、硝酸 1%~10% 和专利表面活性剂 1%~10%，温度 70~75℃，时间 30min	$Ra0.41\mu m$
铝合金 6063	浓硫酸 750mL，浓磷酸 160mL，浓硝酸 60mL，硝酸铜 2.5g，温度 100℃，时间 1~4min	方均根表面粗糙度 349~488nm
铝合金 6063	NaOH 400g/L，$NaNO_3$(150~200)g/L，NaH_2PO_4 10g/L，NaF 60g/L，$Na_2SiO_3 \cdot 9H_2O$ 20g/L，CH_4N_2S 10g/L，温度 110℃，时间 60s	镜面
铝合金 5052/6063/6061	H_3PO_4(85%)：H_2SO_4(98%)= 2：1（质量比），Al^{3+} 10g/L，复合添加剂［硫酸铜 0.20g/L、硫酸镍 0.40g/L、金属盐 F（轻金属盐）0.50g/L、氧化剂 P（氧化酸）5g/L、钼酸铵 0.5g/L、缓蚀剂 A（含氮的有机缓蚀剂）0.3g/L］10~20g/L，温度 105℃，时间 60s	镜面光亮
铝及铝合金	NaOH 400g/L，$NaNO_3$ 300g/L，NaF 60g/L，硅酸钠 100g/L，抛光温度 95~100℃，时间 8~10s	表面光亮
铝合金 6061-T3 锻铝	H_3PO_4(85%)780mL/L，HNO_3(70%) 100mL/L，$NaNO_3$ 40g/L，尿素 15g/L，温度 85℃，时间 2min	镜面光亮
铝合金	H_3PO_4(85%)：H_2SO_4(85%)= 1.5~(2：1)，Al^{3+} 0.2~0.6mol/L，WP-98 添加剂 10~15g/L，温度 90~110℃，时间 1~3min	镜面光亮
铝合金	H_3PO_4(85%)：H_2SO_4(98%)= 1.5~2：1，Al^{3+} 0.2~0.6mol/L，复合添加物 10~15g/L，温度为 90~110℃，时间为 1~3min（复合添加剂：2-巯基苯并噻唑：硫酸铜：丙烯基硫脲：聚乙二醇：多聚磷酸钠 = 0.5：0.5：0.3：0.3：1.0，加入量 10~15g/L）	镜面光亮
铝合金 6061	过硫酸钠：铝盐：硫酸（质量比）为 3.27：1.90：105.64，六次甲基四胺 0.15g/L，温度 96℃，时间 13min	镜面光亮
铜合金黄铜 H63	H_2SO_4(98%) 20~40mL/L，H_2O_2(30%) 170~200mL/L，过氧化氢稳定剂 60~80mL/L，壬基酚聚氧乙烯醚 1~3mL/L，温度 30~35℃，时间 1~2 min	镜面光亮
铜合金	硫酸 30~45mL/L，过氧化氢 200~350mL/L，尿素 2~3g/L，络合剂适量，聚乙二醇 0.05~0.1g/L，铁盐 1~2g/L，过氧化氢稳定剂 0.3~0.6g/L，温度 20~40℃，时间 30~80s	镜面光亮
铜合金	HNO_3（质量分数为 69%）100mL/L，H_2O_2（质量分数为 30%）100mL/L，蒸馏水 700mL/L，稳定液 100mL/L，聚乙二醇 20g/L，温度 25℃，时间 12s	光亮，反射率 80%
铜合金	质量分数为 30% 的 H_2O_2 350mL/L，浓 H_2SO_4 50mL/L，无水乙醇 17~20mL/L，OP-10 1mL/L，苯骈三氮唑（BTA）1g/L，水余量，温度 50℃，时间 3~5min	光亮
铜合金纯铜	每 100mL 抛光液中，铁氰化钾 5g，乙二胺 3mL，氨水 0.5mL，柠檬酸三钠 5g，糖精 0.3g，温度为 35℃，其余为蒸馏水，时间 2~3min	光亮，反射率 80%
铜合金	HNO_3(65%)150mL/L，H_2SO_4(98%)200mL/L，H_3PO_4(85%)600mL/L，$CO(NH_2)_2$ 10g/L，添加剂 5~8mL/L，温度 40~50℃，时间 7~9s	光亮
铜合金纯铜	H_2O_2 700mL/L，H_2SO_4 40mL/L，乙二醇 160g/L，OP-10 少量，光亮剂 A 5g/L，温度 40℃，时间 5~10min	光亮

（续）

材料	加工工艺	加工效果
铜合金 黄铜	H_2O_2 700mL/L，H_2SO_4 40g/L，乙二醇 160g/L，OP-10 少量，光亮剂 A 5g/L，温度 25℃，时间 1~3min	光亮
铜合金	磷酸 50~55mL/L，硝酸 10~15mL/L，草酸 25~30mL/L，尿素 1.0~1.5g/L，香豆素 1.5~2.0g/L，磺胺 2.5g/L，水余量，温度 55℃，时间 2~5min	光亮
钛合金	配方 1:体积分数为 80%H_2O，6%HF，14%HNO_3 配方 2:体积分数为 99% H_2O，1%HF	增材制造多孔钛合金表面未熔粉末的去除
钛合金	HNO_3 330g/L，HF 17g/L，Ti 5g/L，时间 14min	16.02μm
钛合金 TC4	配方 1:10%HF+10%HNO_3+80%H_2O 配方 2:5%HF+6%HNO_3+89%H_2O	配方 1:1.69μm 配方 2:2.41μm
钛合金 增材制造 TC4	步骤 1:HF+HNO_3 15min 步骤 2:$NH_2F \cdot HF$ 80g/L，$NH_2OH \cdot HCl$ 200g/L	0.31~0.43μm
钛合金 增材制造	配方 1:2.0%HF/20%HNO_3，水余量 配方 2:2.2%HF/20%HNO_3，水余量 配方 3:1.3%HF/9.0%HNO_3，水余量	增材制造多孔钛表面未熔粉末的去除
钛合金 TA2	总量 35mL 溶液中，NH_4F 5mL，H_2O_2 12mL，尿素 3mL，HNO_3 12mL，添加剂 0.5mL，温度 15~30℃，时间 2.5~3.5min	较佳表面质量
Q235 钢	H_2O_2 14mL，H_2SO_4 2mL，柠檬酸 10g，尿素 3.5g，PEG6000 2.0g，加水至 1000mL，室温，时间 90~130s	光亮
Q235 钢	配方 1:HNO_3 16%，H_3PO_4 50%，H_2SO_4 34%，CrO_3 10g/L，温度 100~140℃，时间 4min 配方 2:H_2O_2 130mL/L，草酸 75g/L，尿素 20g/L，H_2SO_4 3mL/L，甘油 2mL/L，温度为室温，时间 3~6min	光亮
Q235 钢	H_3PO_4 120~250mL/L，H_2SO_4 100~200mL/L，$NaNO_3$ 40~80g/L，NaCl 10~40g/L，复合添加剂 20g/L，温度 55~65℃，时间 2~5min	光亮
CdZnTe 晶片	Br_2-MeOH 2%，时间 5min	光亮
CdZnTe 晶片	0.025%Br 的甲醇/乙二醇抛光液	1nm
GaN 晶片	铂片催化，压力 400hPa，工件和铂片独立旋转，转速 10r/min，HF 溶液 25mol/L	方均根表面粗糙度 0.3nm
HgInTe 晶片	5%Br_2-C_3H_7ON 抛光液，时间 3min	光亮表面
InSb 晶片	0.3%溴-甲醇溶液（Br_2-MeOH）	去除机械抛光划痕和表面杂质
碲镉汞 （HgCdTe）薄膜	0.3% Br_2-MeOH，化学抛光转速 20r/min，抛光液用量 5mL/min	一次抛光约5.5nm；分四次抛光可达 2.5nm
GH3536 高温合金	H_2SO_4 50g/L，H_3PO_4 30g/L，十二烷基硫酸钠 1g/L，NNO 5g/L，缓蚀剂 A 4g/L，温度 50℃，时间 20min	表面粗糙度值减小表面杂质去除
锆合金 Zircaloy-4	10%HF、45%HNO_3、45%H_2O，时间 15min	4.85μm
铌	HNO_3 : HF : H_3PO_4 = 1 : 1 : 2，时间 6~15min	0.65μm
微晶玻璃	质量分数为 15%~20%氟化氢铵，水、添加试剂，温度为 80~90℃，时间为 10~25min	Ra0.260μm
镁合金	体积分数为 60%~65% H_3PO_4，温度 40~50℃，时间 3~5min	平整光亮
镁合金 AZ31	磷酸 650mL/L，丙三醇 250mL/L，柠檬酸 0.6g/L，硫酸铜 0.5g/L，温度 50 ℃，时间 3min	平整光亮反射率 50%
纯镍	正磷酸 4.8%、硫酸 66.7%、盐酸 28.5%，时间 15min	显示出晶粒

6.5.2 电化学光整加工

1. 加工原理、特点

(1) 电化学光整加工原理

电化学光整加工是指在一定电解液中金属工件的阳极溶解，从而使其表面粗糙度值减小、光亮度增加，并产生一定金属光泽的表面光整技术。工件接直流电源的阳极，耐蚀材料作为工具接阴极，将工件、工具放入电解液槽中，形成电路产生电流，阳极失去电子产生溶解现象，表面不断蚀除，随着溶解的进行，在阳极表面会生成黏度高、电阻大的氧化物薄膜，凸出处较薄，电阻较小，电流密度比凹处大，凸出处被优先溶解，从而达到光整的目的。电化学光整加工原理如图 6.5-1 所示。

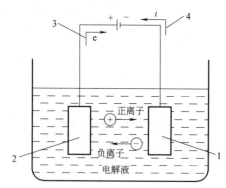

图 6.5-1 电化学光整加工原理

1—工具 2—工件 3—电子流动方向 4—电流方向

电化学光整加工是金属阳极溶解的独特电解过程，受众多可变因素的影响。根据阳极金属的性质、电解液组成、浓度及工艺条件的不同，在阳极表面上可能发生下列一种或几种反应：①金属氧化成金属离子溶入到电解液中，$M = M^{2+} + 2e$。②阳极表面生成钝化膜，$M + H_2O = MO + 2H^+ + 2e$。③气态氧的析出，$2H_2O = O_2 + 4H^+ + 4e$。④电解液中各组分在阳极表面的氧化。电化学光整加工后的阳极表面状态主要取决于上述四种反应的强弱程度。

黏膜理论认为：当电流通过电解液时，在阳极表面生成一层由阳极溶解产物组成的黏性液膜，具有较高的黏度和较大的电阻，且在凹陷部位的厚度大于凸起部位的厚度。由于阳极表面的"绝缘"程度不同，阳极表面上的电流分布不均匀，凸起部位的电流较大、溶解相对较快，导致粗糙表面被宏观抛光。局限性在于不能解释加工过程中是否发生阳极金属的钝化氧化以及所特有的阳极极化问题。

钝化膜理论认为，阳极极化其表面生成钝化膜，只有致密的钝化膜才能抑制表面的结晶学腐蚀。阳极表面上不同部位的钝化程度不同，其中凸起部位的化学活性较大，且开始形成的钝化膜往往不完整，呈多孔性，而凹陷部位处于更为稳定的钝化状态，因此，凸起部位钝化膜的溶解破坏程度大，凸起部位被腐蚀。

(2) 电化学光整加工的特点

电化学光整加工技术具有效率高、表面无加工硬化层、无内应力作用、耐腐蚀等优势，已在金属精加工、金属样品制备及需要控制表面质量的领域获得了广泛应用。电化学光整加工可用于不锈钢、纯金属、碳素钢、合金钢、有色金属及其合金、贵重金属等几乎所有的金属材料。

电化学光整加工具有以下优点：①能够减小表面粗糙度值，达到良好的光整效果。②加工效率高，且与被加工材料的力学性能（硬度、韧性、强度等）无关。③所用设备与机械抛光设备相比，较为简单和便宜，加工时工件与刀具不接触，无切削力、热、毛刺及切削刀痕，刀具无损耗等。

电化学光整加工的缺点：①表面质量取决于被加工金属的组织均匀性和纯度，金属结构的缺陷被显露出来，对表面有序化组织敏感性较大。②较难保持零件尺寸和几何形状的精确度。③很难在粗加工或砂型铸造零件上获得高的加工质量，为获得小的表面粗糙度值，工件表面需预加工。

2. 工艺要素选择

电化学光整加工是一个多因素的综合过程。影响电化学光整加工效果的工艺因素较多，且这些影响因素相互关联，有时某种因素起主要作用，有时则几种因素共同起作用。

(1) 电解液

电解液选用合理与否是直接影响电化学光整加工效果的最基本因素之一。根据电化学光整加工机理，组成电解液的金属的"接受体"（配体）应当具有以下特性：①扩散系数小，黏度大。②易与溶解下来的金属离子形成扩散速度更小的多核聚合配合物。③本身是一种黏稠的酸。

黏度大、扩散系数小的配体可在较低电流密度下达到扩散控制区，因此通常选用磷酸、有机膦酸和浓硫酸构成电化学抛光电解液。当然，"接受体"扩散速度小，若不能接受溶解下来的金属离子，使其转变为扩散速度更小的配离子，也是无效果的。某些"接受体"本身黏度不很大，但可与溶解下来的金属离子形成黏度更大、扩散系数更小的配离子，同样也可得到良好的加工效果。

某些添加剂可以提高电化学光整加工效果。例如甘油、明胶以及具有表面活性的各种有机物，是常用的添加剂，有时可以获得很好的效果。当甘油与磷酸并用时，可以与磷酸形成甘油磷酸酯，具有更大的黏度和更小的扩散系数，而且更容易与金属离子形成扩散系数更小、更加致密的配合物，使黏液层更加致密、厚实，加工效果更好。某些醇类、多元醇、蛋白质和活化剂可与溶解的金属离子配位后形成具有特殊物理性质的阳极液或阳极膜，具有抑制阳极过腐蚀的作用，防止过腐蚀凹痕的形成。

电解液中常用有机添加剂见表 6.5-3。

表 6.5-3　电解液中常用有机添加剂

类别	添加剂	主要用途
羟基类 (-OH)	乙醇、甘露醇、丁醇、乙二醇、甘油等	缓蚀剂
羧酸类 (-COOH)	酒石酸、乙酸、草酸、柠檬酸、乳酸、苹果酸、苯二甲酸等	缓蚀剂
胺类 (-NH$_2$)	三乙醇胺、尿素、硫脲等	整平剂
环烷烃类	1,4-丁炔二醇	整平剂
糖类	葡萄糖类、糖精、淀粉、蔗糖类等	光亮剂
其他	苯骈三氮唑等	光亮剂

一种实用的电解液，除了要具备上述条件外，电解液对基体金属和工具、夹具不得有过强的腐蚀作用，同时还要具备价格低廉、稳定性好、毒性低、工艺范围宽等特点。

电解液通常有酸性、中性和碱性。酸性电解液有：磷酸系、硫酸系、高氯酸系、磷酸-硫酸系，以及在各系基础上派生出的硫酸-铬酐、磷酸-铬酐、硫酸-磷酸-铬酐，再配以各种添加剂而成的电解液。磷酸-硫酸系通用性较好。

（2）电流密度和电压

电化学光整加工的电流密度和电压通常应控制在极限扩散电流控制区，即阳极极化曲线的平坦区，它会随温度、配位剂的浓度和添加剂的种类而变化。低于此区的电流密度时，表面会出现腐蚀；高于此电流密度区时，因有氧气析出，表面易出现气孔、麻点或条纹。

（3）温度

随着电解液温度的升高，极限扩散电流逐渐增大。温度过高时，起始电流密度大，工件表面的溶解速度过快，表面易生成点状或条状腐蚀；温度过低时，传质过程慢，起始电流密度太低，工件表面的溶解速度慢，溶解下来的离子不能很快地扩散开来，容易在阳极表面形成沉淀物膜或麻点。因此，对应任何一种电解液，均有一最佳温度范围。此外，对电解液进行搅拌，促使流动，及时排除电解产物，减少温度梯度，可以提高加工质量。

（4）加工时间

加工时间受下列因素的影响：①被加工零件的材质及其表面的预处理程度。②阳极与阴极之间的距离。③电解液的性能和温度。④使用的阳极电流密度大小和槽电压的高低。⑤工艺上对被加工表面的光亮度等要求。为获得预期的加工效果，当其他因素都确定时，应有一个适当的时间范围。应当指出，在适当的时间范围内，加工效果与时间成正比。超出这个时间范围，效果会降低，甚至发生过腐蚀。例如，AI-SI-304 不锈钢的加工时间以 10min 为宜，金属钛以 15min 为宜。

目前，国内多采用大阳极电流，小极间距离（数毫米）来适当缩短加工时间，以获得较好的加工效果和效率。国外常采用 8~10A/dm^2 的小电流，100~120mm 的大极间距离，所需的加工时间要长些。

（5）极间距离

极间距离选取时应兼顾考虑：①便于调整电流密度到工艺规范，并尽量使工件表面的电流密度分布均匀一致。②电解液浓度高、电阻大，耗电量较大，尽量减少不必要的能耗。③阴极产生的气体搅拌是否已破坏黏液层、降低加工效果。

一般来说，大工件的极间距离可大些，反之则应小些。极间距离的具体选用，应视工艺要求灵活掌握。小型或中型工件的局部光整，极间距离大多为 10~20mm；大型工件应选取 80~100mm。用于去毛刺作业时，极间距离以 50mm 左右为宜。

（6）加工前工件表面状态和金相组织

1）工件表面的金相组织越均匀，越细密，例如结晶特别细密的纯金属，越有利于光整过程的进行，而且光整效果越好。

2）工件材料为合金，特别是多组分合金时，电化学光整加工工艺的控制较麻烦。要获得满意的效果，应选用更严格的工艺规范，使组成合金的各个组分尽量能溶ddddddddddd解均匀。

3）当工件金相组织不均匀，特别是含有非金属成分时，就会使电化学光整加工体系呈现出不一致的电化学敏感性，对加工工艺就提出更苛刻的要求。若非金属含量太大时，将无法加工。

4）工件表面处理得越干净、越细密，越有利于加工，越易获得预期效果。经验表明，工件表面预处理，使其表面粗糙度 Ra 值达到 0.8~1.6μm，是获得明显加工效果的必要条件；若 Ra 值能达到 0.2~0.4μm，则可获得更加理想的效果。

3. 电化学光整加工的应用

（1）加工方式

电化学光整加工主要有两种方式：整体式电化学光整加工和逐步式电化学光整加工。

整体式电化学光整加工装置如图 6.5-2 所示。采用直流电源 0～50V，电流密度 80～100A/dm²，上下伺服控制，左右前后拖板调节，间隙 5～10mm，液面高出 15～20mm，阴极采用不锈钢、铅或石墨，不断搅拌电解液，保持工作温度。

逐步式电化学光整加工装置如图 6.5-3 所示，采用脉冲直流电源 0～24V，无级调节，最大输出电流 10A，脉冲波为矩形；160W 的电动抛光器，抛光轮转速为 8000～20000r/min，无级调速，快速擦除加工过程产生的氧化膜。它是阳极溶解和机械磨削相结合的一种方法，以电化学阳极溶解为主，抛光轮的作用主要是消除氧化膜，也称为电解磨削加工。

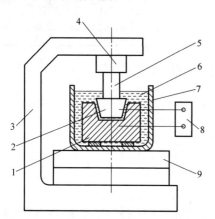

图 6.5-2 整体式电化学光整加工装置
1—工件 2—工具 3—床身 4—伺服机构
5—进给主轴 6—电解液 7—电解槽
8—电源 9—纵横工作台

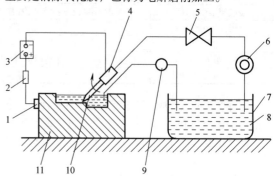

图 6.5-3 逐步式电化学光整加工装置
1—磁铁 2—可调电阻 3—电源 4—电动抛光器
5—阀门 6—泵 7—电解槽 8—电解液
9—吸引器 10—抛光轮 11—工件

（2）加工工艺

常见金属的电化学光整加工工艺，包括电解液成分、电压和电流、时间、温度以及电极距离等参数，见表 6.5-4。

表 6.5-4 常见金属的电化学光整加工工艺

材料	电解液	参数				加工效果	
		电流密度/(A/cm²)	时间/min	温度/℃	电极距离/cm	加工前 Ra/μm	加工后 Ra/μm
06Cr19Ni10、06Cr17Ni12Mo2 不锈钢	H_2SO_4(36%，体积分数)、H_3PO_4(54%，体积分数)、H_2O(10%，体积分数)	1	3～5	85	—	0.8	0.08
	H_2SO_4(50%，体积分数)、H_3PO_4(50%，体积分数)	0.15	1～3	40～75	—	0.183	0.076
	H_3PO_4(35%，体积分数)、丙三醇(50%，体积分数)、去离子水(15%，体积分数)	0.75	1～6	60～95	—	2.2nm	0.07nm
TC4	乙二醇、氯化镁、去离子水(氯离子浓度 0.1～0.5mol/L)	0.5	5～15	25	—	8.9	1.1
TC4	乙二醇、NaCl(1.0 M)、乙醇(20%，体积分数)	20V	50	20	2	—	2.341nm
TC26	H_2SO_4(12.5M)、乙二醇(5.5M)、氟化铵(2.7M)	0.4	5	25	—	0.27	0.15
纯钛	甲醇、乙二醇(38%，质量分数)、高氯酸(10%，质量分数)	20V	—	0	—	—	2.53nm
纯钛	乙醇(700mL/L)、异丙醇(300mL/L)、氯化铝(60g/L)、氯化锌(250g/L)	70～75V	0.2	30	—	—	0.03
Cu/CuZn20	H_3PO_4、CrO_3	0.14	10	25	—	0.5/0.7	0.3/0.1
Cu	2.17M H_3PO_4、乙二醇 0.6g/mL	0.38	5	65	—	73nm	8nm
Cu	H_3PO_4 55%、可溶性淀粉 5%	0.1	10	25	—	118nm	22nm
Al	商用 Electro Glo 100(25%，体积分数)、H_3PO_4(75%，体积分数)			70			

（续）

材料	电解液	参数				加工效果	
		电流密度/(A/cm^2)	时间/min	温度/℃	电极距离/cm	加工前$Ra/\mu m$	加工后$Ra/\mu m$
Al	高氯酸(89%,体积分数)、乙醇(11%,体积分数)	—	—	27	—	23.5nm	17.4nm
Al	高氯酸(20%,体积分数)、乙醇(80%,体积分数)	0.7	3	10~15	7-8	—	0.412nm
Ni-Ti 形状记忆合金	甲醇-高氯酸体系,浓度25%	1.5	20s	25	7	2.601	0.265
Inconel 718 合金	H_2SO_4(20%,体积分数)、无水甲醇(80%,体积分数)	0.5	4~5	25	3	6.05	3.66
Mg-Zn-Al 镁合金	甲醇60%、丙三醇30%、硝酸10%	—	3~5	20	—		19.7nm
金及其合金	硫脲 50g/L、H_2SO_4 5g/L	0.035~0.065	2~5	50~60	—		
Pt	NaCl(50%,质量分数)、KCl(50%,质量分数)、盐浴	0.1~0.15	3~6	600~660	—		

6.5.3　化学机械光整加工

1. 加工原理、特点

化学机械光整加工（简称 CMP）是提供超大规模集成电路制造过程中全面平坦化的一种新技术。最早由美国的 Monsanto 于 1965 年提出，目前，已成为应用范围较广的纳米级全局平面化技术。化学机械整加工技术最初用于获取高质量的玻璃表面，如德国曾用此技术制造军事显微镜等。1991 年美国 IBM 公司首次将化学机械光整加工技术成功应用到 64MB 动态随机存取存储器的生产，标志着 CMP 广泛应用的开始。CMP 将纳米粒子的研磨作用与氧化剂的化学作用有机地结合起来，满足了特征尺寸在 $0.35\mu m$ 以下的全局平面化要求。

化学机械光整加工如图 6.5-4 所示，其基本原理：将工件以待加工表面朝下的方式在一定的压力下压向抛光垫，在抛光垫和工件中间存在着由纳米级颗粒、化学氧化剂、液体等组成的抛光液，借助于抛光垫和工件的相对运动，在磨粒的机械磨削和氧化剂的化学腐蚀作用下完成对工件表面的材料去除，并获得光洁的表面。

2. 工艺要素选择

（1）工艺要素

设备、抛光液和抛光垫是 CMP 工艺的三大关键要素，其性能和相互匹配决定 CMP 能达到的加工水平。

1）设备。CMP 设备的基本工作过程是被加工晶片（工件）固定在夹具上，并通过施加一定的载荷，晶片被压在抛光垫上。抛光垫和夹具分别绕各自的轴旋转，通过一个自动抛光液注入系统保证抛光垫湿润程度均匀。随着抛光垫的旋转，抛光液被带入晶片和抛光垫之间的加工区域，完成化学机械光整加工过程。

目前，CMP 设备正由单头、双头向多头设备发展，结构逐步由旋转运动结构向轨道和线性方向发展。

2）抛光液。抛光液是实现 CMP 的关键因素之一，其作用是与晶片发生化学反应，在其表面产生一层钝化膜，然后由抛光液中的磨粒利用机械力将反应产物去除，从而达到光整加工晶片表面的目的。

抛光液一般由磨粒（Al_2O_3、SiO_2、Ce_2O_3）、活化剂、稳定剂、氧化剂和分散剂等组成。除磨粒外，其余成分均属于助剂。抛光液的流速、黏度、温度、组成、pH 值都会对去除速度有影响。抛光液常用磨粒种类和成分见表 6.5-5。CMP 常用助剂见表 6.5-6。

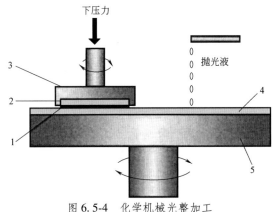

图 6.5-4　化学机械光整加工

1—工件　2—背膜　3—承载器　4—抛光垫　5—工作台

表 6.5-5　抛光液常用磨粒种类和成分

类型	粒径/μm	成分
粗加工	50~60	刚玉、金刚砂（主要成分 Al_2O_3，还有 Fe_2O_3、SiO_2 等）
半精加工、精加工	0.1~50	一般与油脂组合，由金刚砂、硅藻土（SiO_2 加工成微粉）、白云石（$CaCO_3+MgCO_3$）烧结成 CaO、MgO 使用，还有 Fe_2O_3、Cr_2O_3 等

表 6.5-6　CMP 常用助剂

助剂种类	成　　分
氧化剂	过氧化氢、磺酸、$Fe(NO_3)_3$、$AgNO_3$、$HClO$、$KClO$、$KMnO_4$ 等
pH 值调节剂	有机酸、无机酸、有机碱、无机碱
表面活性剂	阴、阳离子表面活性剂、非离子表面活性剂
均蚀剂	乙酸、丙酸等
抗蚀剂	苯丙三唑 BTA 等

3）抛光垫。抛光垫是一种表面有很多毛囊孔的纤维板结构，具有储存和运输抛光液、去除加工残留物、传递机械载荷及维持抛光环境等功能，须具有良好的化学稳定性（耐蚀性）、亲水性和机械力学特性。

抛光垫通常可较分为硬质和软质（弹性、黏弹性）两种。硬质抛光垫可较好地保证工件表面的平面度；软质抛光垫易于获得加工变质层和表面粗糙度值都很小的表面。四种类型抛光垫的主要特性和用途见表 6.5-7。

表 6.5-7　四种类型抛光垫的主要特性和用途

种类	种类 1	种类 2	种类 3	种类 4
结构	毛毡垫和聚合物毛毡	上层为有孔薄膜，下层为衬底垂直的开放小孔	微孔的聚合物	无孔的聚合物，表面为粗纹理
微结构	纤维的微小结构	垂直的开放小孔	密闭小孔	无
内部的微纹理	高	高	中	低
抛光液保持能力	中	高	低	极小
商业抛光垫	Suba^{TM}、STT711^{TM}、Pellon^{TM}	Politex^{TM}、Surfin^{TM}、UR100^{TM}、WWP3000^{TM}	IC1000^{TM}、IC1010^{TM}、IC1040^{TM}、FX9^{TM}、MH^{TM}	OXP3000^{TM}、OXP4000^{TM}、NCP-1^{TM}、IC2000^{TM}
压缩度	中	高	低	极低
刚度/硬度	中	低	高	极高
典型用途	硅原料抛光、钨 CMP	硅最后抛光、钨 CMP、CMP 前抛光	硅原料抛光、层间绝缘膜、浅层隔离、金属马氏革 CMP	层间绝缘膜、浅层隔离、金属双马氏革 CMP

当设备、抛光液与抛光垫确定之后，影响加工效果的因素主要包括：

① 温度。温度是影响加工质量的重要因素之一。温度随着加工过程会发生变化，温度升高会提高抛光液化学活性，加速抛光液中纳米粒子的运动，从而加速材料去除；另一方面，温度升高会使得抛光垫表面变软，从而降低材料去除率。温度的升高也会使抛光粒子表面的活化剂失效，从而加速粒子之间的团聚，破坏加工效果。

② 压力。压力是作用于工件上的载荷，由于工件表面粗糙或有缺陷，接触面积比几何面积小，因此压力增大直至工件表面光滑，机械磨损速度与压力成正比。

③ 抛光垫速度和工件速度。抛光垫速度是指抛光垫相对于工件的相对平均速度，会影响工具间反应物和化学产物的进入和离开。工件速度会影响磨料划过工件表面的速度。如果抛光垫与工件的旋转速度相适应，则工件上每一点的速度都是相同的。

（2）评价指标

CMP 的评价指标主要包括：去除率、表面质量和表面损伤。

1）去除率。去除率是指单位时间所去除的薄膜厚度，一般符合阿雷尼厄斯（Arrhenius）方程。设 CMP 的加工速度为 n_m（mm/h），则

$$n_m = n_0 \exp\left[-\frac{E_0}{R(T_0+DT)}\right]$$

$$= n_0 \exp\left[-\frac{E_0-E_a}{RT_0}\right]$$

(6.5-1)

式中　R——气体常数；

T_0——化学反应系统温度（K）；

DT——加工中温度上升值（K），$0<DT/T_0<1$；

E_0——抛光液与被加工物的固有活性能量（kJ/mol）；

E_a——磨料微粒机械作用表面变形能量或干摩擦能量（kJ/mol）；

n_0——常数，在 $E_0=E_a$ 时，即机械作用时的加工速度。

由式（6.5-1）从化学反应的角度可知，光整加工中温度越高，磨料的机械作用越强，加工效率越高。有研究表明，式（6.5-1）的使用要结合实际工况进行合理修正。

2）表面质量。表面质量是用来表征连接部分屈服和稳定性的期望值的考量指标。粗糙的工件表面更

易于导致低强度和较高的损伤率，而粗糙的金属表面更易于造成腐蚀和电迁移，所以要提高表面质量，减小表面粗糙度值。在 CMP 过程中，适当地平衡化学和机械因素可以减小表面粗糙度值，获得较高的表面精度，以此来保证表面质量。

3）表面损伤。在 CMP 过程中，常出现的宏观缺陷有砂道、划痕和蚀坑等。晶片的表面缺陷会降低元器件的稳定性。结构损伤包括刮伤、薄膜界面分层现象以及杂质进入薄膜。当机械磨削占主导作用时，工件表面会

出现损伤层，从气固界面向材料内可分为凸凹层、裂纹层、原材，加工损伤层由凸凹层和裂纹层的总厚度来确定。工件对温度具有敏感性，也易产生微畴反转。

3. 化学机械光整加工的应用

目前化学机械光整加工主要用在硬脆半导体材料、柔性金属薄膜和集成电路中。

一个完整的 CMP 工艺常包括光整加工、清洗、检测、工艺控制及废物处理等过程。常见材料的化学机械光整加工工艺见表 6.5-8。

表 6.5-8　常见材料的化学机械光整加工工艺

材料	加工工艺	加工速率	加工效果	
			加工前	加工后
GaN	抛光液含 4%~6% 的 NaOCl 和 70nm 的 Al_2O_3；抛光垫转速 30r/min，压力 5kPa，时间 2h	50nm/min	方均根表面粗糙度 200nm	方均根表面粗糙度 0.8nm
	抛光液含 SiO_2 或 Al_2O_3 颗粒，$KMnO_4$ 用作氧化剂；抛光垫转速 60~100r/min，工件转速 30~50r/min；抛光液 pH 为 1~3，用量 10mL/min；压力 24~38kPa	Al_2O_3:85 nm/h SiO_2:39nm/h	—	SiO_2:0.13nm
	紫外线照射，H_2O_2-SiO_2 基抛光液含 4%TiO_2	8.1nm/h	16.59nm	5.47nm
	压力 38kPa，抛光垫转速 100r/min，工件转速 30r/min；抛光液 pH 为 2，含 0.4M 氧化剂 $KMnO_4$	非极性:1.14μm/h 半极性:1.85μm/h	非极性:197nm 半极性:124nm	非极性:1.9nm 半极性:0.8nm
	压力 39kPa，工件转速 120r/min，抛光垫转速 160r/min；抛光液（含质量分数为 30%SiO_2、0~2%H_2O_2、1%磷酸、0~3×10^{-4}% Pt/C 催化剂和去离子水），用量 70mL/min	110nm SiO_2:52.17nm/h 40nm SiO_2:23.70nm/h $1.0×10^{-4}$% Pt/C:77.05nm/h	1.03nm	110nm SiO_2:0.967nm 40nm SiO_2:0.321nm $1.0×10^{-4}$% Pt/C:0.0523nm
	压力 39kPa，抛光垫转速 50r/min，工件转速 40r/min；抛光液含 SiO_2 磨料，浓度 40%，pH 为 10.5	55nm/h	0.49nm	0.25nm
	压力 3.74kPa，抛光垫转速 2000r/min；商用 SiO_2 浆 pH 为 9.4，CeO_2 浆 pH 为 8.5，用量 1.0%（质量分数）；时间 8min。加工前等离子修整，再合理控制加工时间，可获得无缺陷表面	—	—	方均根表面粗糙度 0.11nm
Al_2O_3（蓝宝石）	抛光液含质量分数为 5% SiO_2 胶体（粒径 10nm），CMP 过程用聚氨酯抛光垫。抛光压力 40~50kPa，供浆速度 70mL/min，工件转速 120r/min，抛光台转速为 160r/min	—	0.3nm	0.06nm
	工件转速/抛光盘转速均为 75~150r/min，压力 6.9~76kPa，供浆速度 100mL/min，时间 10min	7~16nm/min	—	—

（续）

材料	加工工艺	加工速率	加工效果	
			加工前	加工后
	压力 48kPa,工件/抛光盘转速均为 80r/min,抛光液采用含粒径 70nm SiO_2,pH 为 10.9	3.1μm/h	0.48μm	0.1nm
	聚氨酯抛光垫,磨料采用 SiO_2 配合自制 $Fe-N_x/C$ 纳米颗粒(16×10^{-4} %),供浆速度为 60mL/min;工件转速 10r/min,抛光盘转速 100r/min,压力 24kPa	38.43nm/min	—	0.078nm
	抛光液 160mL/min,载荷 29kPa,转速 60r/min,使用质量分数为 5% Al_2O_3 或 Al_2O_3/SiO_2 复合磨料,pH 为 9	—	3.5nm	1.55~2.68nm
	抛光液 180mL/min,载荷 29kPa,转速 60r/min,使用 Ag_2O 改性 Al_2O_3 磨料	0.324~0.724μm/h	3.62nm	0.854nm
	抛光液 180mL/min,载荷 29kPa,转速 60r/min,使用 CeO_2 改性 SiO_2 磨料	0.368~0.387μm/h	2.535nm	1.376nm
	抛光液 530mL/min,载荷 29kPa,转速 70r/min,使用椭球棒状 SiO_2 磨料	0.4~0.7μm/h	3.339nm（Sa）	1.575nm（Sa）
Al_2O_3（蓝宝石）	抛光液 160mL/min,pH 为 10.5,压力 100kPa,工件转速 40r/min,抛光台转速 45r/min,使用椭球棒状 SiO_2 磨料,温度 25~27℃	4.601μm/h	—	0.265nm（Sq）
	抛光液 125mL/min,pH 为 10,压力 41kg,工件转速 100r/min,抛光台转速 90r/min,使用非球形 SiO_2 磨料	16.45nm/min	16.95nm（Rq）	2.006nm（Rq）
	抛光液 180mL/min,pH 为 10,压力 29kPa,工件转速 70r/min,使用具有核壳结构的 γ-Al_2O_3/SiO_2 磨料	0.087~0.629μm/h	—	1.778~2.528nm
	抛光液 120mL/min,pH 为 10,压力 34kPa,工件转速 100r/min,抛光垫转速 100r/min,添加金属盐和卤素盐的 SiO_2 磨料	9~12nm/min	1.32nm	0.18nm
	抛光液 180mL/min,压力 29kPa,工件转速 70r/min,使用 Sm 掺杂 SiO_2 磨料	0.75~0.85μm/h	—	1.3~1.6nm
	抛光液 180mL/min,压力 29kPa,工件转速 60r/min,使用 Zn 掺杂 SiO_2 磨料	0.618μm/h	3.64nm	1.21nm
	抛光液 120mL/min,pH 为 2~12,压力 34kPa,工件转速 100r/min,抛光垫转速 100r/min;使用 SiO_2 磨料,用量 20%（质量分数）,加工时间 10min	4~18（pH 为 8）nm/min 去除率高,表面质量差	—	0.13~0.26（pH 为 8）nm
	抛光液 180mL/min,压力 29kPa,工件转速 70r/min,使用 Nd 掺杂 SiO_2 磨料	0.45~0.57μm/h	—	13.3~1.5nm

（续）

材料	加工工艺	加工速率	加工效果	
			加工前	加工后
Al_2O_3（蓝宝石）	抛光液 125mL/min，pH 为 13，压力 41kPa，工件转速 90r/min，抛光垫转速 100r/min，使用表面改性 SiO_2 磨料	0.0244g/h	0.522nm（Rq）	0.311nm（Rq）
4H-SiC	抛光垫和抛光液为聚氨酯多孔垫与 0.2M NaOH 电解质溶液，含有质量分数为 5.0% PS/CeO_2 磨料	2.3μm/h	—	0.449nm
	SiO_2 磨料，含有质量分数为 0～0.9% 的氧化剂 H_2O_2，0～0.9% 的碱性 KOH 或 0～1.8% 的单乙醇胺（MEA）和 0～30% 的 SiO_2 研磨剂；PU 抛光垫，供浆速度 70mL/min，承载器转速 120r/min，工作台转速 160r/min，抛光液循环	0.62mg/h	78.361nm	0.05nm
	TiO_2 改性抛光垫，压力为 40kPa，浆液流速 70mL/min，工件转速 60r/min，抛光垫转速 140r/min；抛光液由质量分数为 5% 过氧化氢（H_2O_2）、0.3% 氢氧化钾和平均粒径为 100nm 的 25% 硅胶磨料	100nm/h（无 TiO_2 改性）200nm/h（8%TiO_2）	—	0.112nm（无 TiO_2 改性）0.0539nm
	抛光液含有 1g TiO_2、0.3g$(NaPO_3)_6$、10mL H_2O_2、5g SiO_2 磨料，在紫外光照射下使用，抛光头转速 60r/min，碳化硅晶片黏附在抛光头底部，压力约 25kPa	0.95μm/h	0.818μm	0.35nm
6H-SiC	聚氨酯抛光垫，压力 39kPa，供浆速率 70mL/min，上盘转速 120r/min，下盘转速 160r/min；氧化剂 H_2O_2，含量为 0～10.5%（质量分数），两种碱包括质量分数为 0～0.9% 的氢氧化钾（KOH）或质量分数为 0～1.8% 的单乙醇胺（MEA），以及选择平均粒径 100nm 和质量分数为 0～30% 的含量添加到抛光液中	80～105nm/h	71.839nm	0.174nm（12h）
	抛光液以 17mL/min 的流速供给，抛光盘与晶圆的中心距为 80mm，时间 30min，温度 22℃，压力 14kPa，转速 60r/min	—	40nm	0.21～0.54nm
	压盘转速为 120r/min，压力 80kPa。在 KOH 基硅溶胶浆料中加入氧化剂 H_2O_2+添加剂金刚石浆料（25nm）	0.9μm/h	0.355nm	0.098nm
	聚氨酯抛光垫，时间 1h，压力 20kPa，供浆量 60mL/min，工件和抛光垫转速均为 60r/min；抛光液以去离子水为基，含质量分数为 20% 胶体二氧化硅，0.02% $FeSO_4$ 和 5% H_2O_2，pH 为 3	—	1nm	0.1869nm

（续）

材料	加工工艺	加工速率	加工效果	
			加工前	加工后
单晶 SiC	FILWEL 公司的 NP178 抛光垫,使用浓度为 2.5%(质量分数)的市售 CeO_2 抛光液,pH 为 9.24;CeO_2 浆料的电导率为 29.4ms/m,CeO_2 平均粒径为 190nm;外加 10V 电压进行 EC-MP,抛光垫转速 2000r/min,扫描速度为 5mm/s,压力 3.74kPa	3.62μm/h	0.97nm	0.23nm
Si	抛光液由质量分数为 1% β-SiC、0.3%油酸钠、0.2%油酸、1% H_2O_2、0.5%乙二胺四乙酸(EDTA)和 97%蒸馏水组成,聚氨酯抛光垫,压力 20kPa,转速 60r/min,浆液流速至少 100mL/min	286~308nm/min	9.92nm	0.74~2.83nm
	在 25℃室温条件下,用去离子水制备浓度为 7.5%(质量分数)的 SiO_2 浆液,用 KOH 将浆料的 pH 值调至 11;抛光压力 57.3kPa,气体压力 500kPa,转速 100r/min	850nm/min	382nm	160nm
	工作压力/挡圈压力 26/38kPa,工件和抛光垫转速均为 75r/min;浆液流速 ≈200mL/min,pH 为 10,抛光液含质量分数为 10% TSIC 改性 SiO_2	650nm/min	—	—
316L 不锈钢	抛光液 100mL/min,pH 为 4,压力 41kPa,工件和抛光垫转速均为 150r/min,使用表面改性 SiO_2 磨料	93.4nm/min	258nm	2.0nm
06Cr19Ni10	抛光液含 10% SiO_2,pH 为 1.5,压力 34kPa,工件转速 80r/min	150nm/min	13.6nm	0.7nm
	抛光液 100mL/min,抛光液含 25% SiO_2,pH 为 4;抛光压力 49kPa,工件和抛光垫转速均为 80r/min	266nm/min	—	10.4nm
1Cr18Ni9Ti (曾用牌号)	采用 0.5μm 的金刚石粉,抛光垫转速 20r/min,压力 118.5kPa,时间 30min,磨料浓度 0.385ct/mL	—		14.399nm
铜 (铜晶片)	采用 Al_2O_3 基含 W 和 H_2O_2 抛光液,用量 90mL/min,工件转速 30r/mim,时间 1min	0.3~1.0nm/min	—	—
	采用 Mn_2O_3、MnO_2 和 Al_2O_3 抛光液,浓度 10%(质量分数),抛光速度 0.31m/s,压力 9.4kPa	Mn_2O_3:0.064μm/min MnO_2:0.109μm/min Al_2O_3:0.060μm/min	100nm	Mn_2O_3:8.4nm MnO_2:112nm Al_2O_3:146nm
	压力 25kPa,抛光液含富勒烯 $C_{60}(OH)_{36}$,用量 15mL,加工过程中不再添加	150nm/min	方均根表面粗糙度 16.7nm	方均根表面粗糙度 0.82nm

（续）

材料	加工工艺	加工速率	加工效果	
			加工前	加工后
铜（铜晶片）	抛光液成分为 H_2O_2（1%，体积分数）、$C_2H_5NO_2$（1%，质量分数）、$C_6H_5N_3$（0.02%，质量分数）、表面活性剂（10^{-4}M），采用核壳结构 PS/CeO_2 磨料，抛光液用量 100mL/min；压力 23kPa，工件转速 120r/min，抛光垫转速 90r/min，时间 1min	254nm/min	—	0.6nm
	工件转速 75r/min，抛光垫转速 80r/min，压力 17kPa；抛光液用量 150mL/min，磨料采用商用铈浆，0.2M 甘氨酸、0.37M H_2O_2 和 2.5×10^{-4}M ATRA，以及质量分数为 2%的铈固相含量，pH 为 7	770.34nm/min	—	—
	工件和抛光垫转速均为 60r/min，抛光压力 25kPa；抛光液为自制，磨粒为 SiO_2，氧化剂 H_2O_2，还包含缓蚀剂和酸	5500nm/min	—	—
	工件转速 60r/min，抛光垫转速均为 80r/min，压力 34kPa；抛光液用量 150mL/min，抛光液中含质量分数为 5% Al_2O_3 磨粒，1% 草酸，pH 为 1.57	645.24nm/min	—	—
	50%纳米二氧化硅+3%过氧化氢+1.5%螯合剂，压力 4.3kPa，抛光液用量 150mL/min，抛光垫转速 60r/min	1000nm/min	—	—
	压力 10kPa，抛光垫转速 60r/min，时间 7min；抛光液质量分数为 6% SiO_2、6% H_2O_2、0.8% COS 和去离子水，pH 为 5，流速 70mL/min	—	—	0.561nm
	工件和抛光垫转速均为 100r/min，压力 28kPa；抛光液用量 100mL/min，抛光浆料中含有 5%SiO_2 和 0.015M KIO_4	37nm/min	—	3.7nm
	抛光垫转速 60r/min，抛光液用量 150mL/min，压力 4kPa，抛光液含硅溶胶 13.88%（体积分数）、H_2O_2 浓度 16.13mL/L，FA/O 螯合剂浓度 20.22mL/L	895.15nm/min	—	晶圆内均匀度为 0.1847
	工件和抛光垫转速均为 60r/min，压力 7kPa；抛光液用量 100mL/min，含质量分数为 2% PS/SiO_2 复合磨料，1% H_2O_2，1%甘氨酸，0.01M 苯并三唑，pH 为 10，时间 5min	45nm/min	方均根表面粗糙度 4.27nm	方均根表面粗糙度 0.56nm
	压力 10kPa，工件转速 87r/min，抛光垫转速 93r/min；抛光液用量 300mL/min，含 SiO_2 磨料，质量分数为 0.15% H_2O_2，pH 为 10	—	—	0.81nm（Sq）

（续）

材料	加工工艺	加工速率	加工效果	
			加工前	加工后
铜 （铜晶片）	抛光垫转速 80r/min；抛光液用量 70mL/min，含质量分数为 2% SiO_2、0~10% H_2O_2、1.5% 甘氨酸、0.5% Na_2EDTA，500×10^{-4}% （BTA + TTA）和去离子水，pH 为 3.6	900nm/min BTA：TTA = 4：1	—	—
	工件转速 63r/min，抛光垫转速 70r/min，压力 1~40kPa；抛光液用质量分数为 3.1%铝颗粒和酸溶液，含有质量分数为 0.2% H_2O_2、1%钝化剂（BTA）和甘氨酸盐，pH 为 3~5	8~35nm/min	—	—

注：加工效果一列中，除了表中特别标注的，均指表面粗糙度 Ra。

6.5.4 热能光整加工

1. 加工原理、特点

（1）加工原理

热能光整加工如图 6.5-5 所示。把工件放在一个密闭的金属腔体内，其间充满了燃烧气体和氧气的混合气体。气体混合物被点燃，气体的燃烧导致腔内温度在 20ms 内上升至约 3500℃。随着气体的燃烧，温度超过其燃点，导致毛刺的燃烧，当火焰达到毛刺根部，余热就被工件的主体质量吸收导致燃烧过程终结。这一短暂的、相对少量的热量对腔内工件的冶金性能不会造成任何影响，热效应产生之处是表面积大于质量的位置，热量被迅速传导，例如毛刺和碎屑。

热能去毛刺前　　　毛刺燃烧中　　　热能去毛刺

图 6.5-5　热能光整加工

（2）加工特点

该工艺可以去除零件任意部位的毛刺，包括手工无法到达的部位、零件内孔交接处，甚至不通孔内的毛刺，可以用于锌、铝、铜、钢、不锈钢、铸铁以及热熔塑料等多种材料，具有去除毛刺、飞边而又不影响和损伤工件的尺寸或金相结构的特点。与手工去毛刺相比，加工后不需要检验是否有未去除和未除净的毛刺，效果可靠且效率高；类似的零件，即使尺寸略有不同，也可以一起加工；对于尺寸不同的零件，只需稍微调整某些加工参数，甚至不用改变时间就能加工；生产成本低，有利于保证零件的加工质量。

2. 工艺要素选择

工件材料、结构及毛刺大小都会影响工艺参数的选择，通过调节反应气体的供气量、混合比、装填空隙量、可变换热能的强度以及连续作用的时间来满足不同产品去毛刺的需要，其中主要是控制燃烧气体和氧的混合比以及混合气体的工作压力。工艺参数选择不合理，可能导致产品烧损和毛刺去除不干净。

（1）燃烧气体和氧气混合比

燃烧气体和氧气混合比是指压力容器中可燃气体和氧气的摩尔质量比。

根据气体状态方程，可燃气体和氧气的混合比 = $G_{可燃气体}/G_{氧气} = p_{可燃气体}/p_{氧气}$，$p_{可燃气体}$ 及 $p_{氧气}$ 可由可燃气体和氧气的压力表读得。

一般反应总是在富氧状态下进行，这样使实际参加反应的气体量减少，燃烧热量还要消耗于未参加反应的剩余气体（氧气），所以增加氧气可以使燃烧充分，但是氧气过多会使燃烧温度降低过多，导致毛刺去除不干净、不均匀。

各种不同材料零件对混合比要求不严格，在一定的范围内去毛刺效果较好，且铜制零件的混合比大于钢制零件；铝制件对混合比却比较敏感，一般略小于 2：1 即可。

（2）初始工作压力

充气压力是指容器中可燃气体和氧气的压力之和。充气压力的高低表示去毛刺气体能量的多少，此压力可在压力容器进气管路的压力表上读得。

初始压力低，即在相同体积中参加反应的气体量减少，工作腔内的温度会低。一般熔点高的材料要求气体压力高，但由于还受到其他诸如零件形状、尺寸及填装密度等影响，所以对具体零件的初始压力要通过试验确定。

（3）零件尺寸的影响

反应中，毛刺、工件及工作腔都要吸收热量，但其吸收热量的多少与其表面积有关，即单位质量的表面积越大，相同时间内吸收的热量越多。由于毛刺极薄而质量小，相对吸热面积大，而且由于毛刺与基体连接处的截面积极小，故不易向零件基体导热，所以当毛刺被加热到燃烧温度时，对于质量大而导热快的基体，其相对吸热面积小，温度只有 90℃ 左右。但对于表面积与质量比值较大的薄壁件，去毛刺时可能会被严重氧化或变形，故一般要求去毛刺零件基体的这个比值小于毛刺此比值的 1/10。

（4）材料的影响

材料热导率：热导率大的材料制成的零件，由于吸收的热量易于向零件基体传递，基体温度高。这时毛刺吸收的热相对少并易于向基体传递，去毛刺效果不如热导率小的材料。

材料耐氧化性能：在高温条件下，毛刺被氧化成氧化物粉末后去除，因此，材料耐氧化性能越好，去

毛刺效果越差。

（5）工作腔填装密度的影响

填装密度是指装入工作腔的零件的体积和工作腔容积之比。此值越大，实际充气的空间越小，即充入可燃气体就越少，去毛刺效果差；反之，填装密度过小，生产率低而且浪费气体。

综上，除薄壁件外，热能去毛刺法可以用于去除各种材料、各种形状零件的毛刺，尤其是深孔及内壁交叉处的毛刺。

3. 热能光整加工的应用

热能光整加工适用于去除零件内深孔及内壁交叉处的毛刺，主要用于阀体类和腔体类零件的毛刺去除，见表 6.5-9。

表 6.5-9　常见材料的热能光整加工工艺

材料/结构	加工工艺		
	气体比例		混合气体压力/MPa
铝合金	$H_2:O_2$	1:0.6	0.8（保留密封尖角气体压力 0.7）
钢	$H_2:O_2$	1:1	1.1（保留密封尖角气体压力 0.9）
铜合金	$H_2:O_2$	2:1	1.4（保留密封尖角气体压力 1.2）
不锈钢	天然气$:O_2$	150:120	0.35
铝	天然气$:O_2$	150:120	0.7
锌	$H_2:O_2$　　1:1 $CH_4:O_2$　　4:1 天然气$:O_2$　4:1		$H_2:$　　0.5~1.5 天然气：0.3~1.0
黄铜	$H_2:O_2$　　1:1 $CH_4:O_2$　　4:1 天然气$:O_2$　4:1		$H_2:$　　1.5~5.0 天然气：0.8~3.0
铸铁	$H_2:O_2$　　1:1 $CH_4:O_2$　　4:1 天然气$:O_2$　4:1		$H_2:$　　1.5~3.0 天然气：0.5~2.0
钢	$H_2:O_2$　　1:1 $CH_4:O_2$　　4:1 天然气$:O_2$　4:1		$H_2:$　　1.5~5.0 天然气：0.8~3.0
铝	$H_2:O_2$　　1:1.8 $CH_4:O_2$　　2.5:1 天然气$:O_2$　2.5:1		$H_2:$　　0.7~1.5 天然气：0.5~1.0
热塑料	$H_2:O_2$　　2:1		$H_2:$　　0.1~0.3
交叉孔	$CH_4:$压力 35/145MPa $O_2:$压力 80/145MPa		0.7

6.6　传统光整加工方式

6.6.1　超精研

1. 加工原理、特点

（1）加工原理

超精研是用细磨粒油石，以一定的压力作用在旋转的工件上，进行微量切除的光整加工方法，可用于加工圆柱面、平面、圆锥面和球面等几何表面。超精研可获得较小的表面粗糙度值（$Ra = 0.01 \sim$

$0.16\mu m$），但不能修整宏观几何误差。

根据油石是否为往复运动，超精研主要分为无心超精研和定心往复超精研两类。

无心超精研加工（见图 6.6-1）主要包括工件、油石和两个几何形状相同、有螺旋槽的导辊。两个导辊同向同速转动，驱动工件滚动，同时依靠螺旋槽侧壁推动工件轴向进给。在一定的压力作用下，油石磨粒对工件进行微量材料去除。

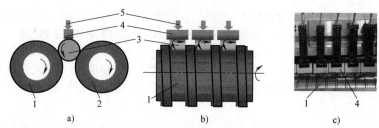

图 6.6-1　无心超精研加工原理和装置

a）加工原理　b）加工装置放大示图　c）实物

1—导辊 1　2—导辊 2　3—工件　4—油石　5—加工载荷

定心往复超精研加工（见图 6.6-2）时，工件旋转，油石在工件外圆表面作高频率的往复运动和轴向进给运动，油石磨粒在被加工表面上形成复杂而不重复的运动轨迹。在一定的压力作用下，油石磨粒对工件进行微量材料去除。

无心超精研和定心往复超精研加工均依赖机床结构及其运动精度，但与传统的砂轮无心磨削相比，无心超精研加工可获得更高的几何形状精度和表面质量。对于定心往复超精研加工，结合机床主轴控制系统，也可获得较高的几何形状精度。圆柱滚子外圆超精研加工方法效果对比见表 6.6-1。

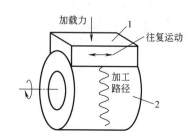

图 6.6-2　定心往复超精研加工原理

1—超精研油石　2—工件

表 6.6-1　圆柱滚子外圆超精研加工方法效果对比

加工方法	形状精度	表面质量	精度一致性	材料去除率	送料方式
无心超精研	高	较高	一般	较低	逐个连续
定心往复超精研	较高	较高	低	较低	逐个间歇

（2）加工特点

1）超精研加工能从切削加工自动过渡到光整加工，可获得更小的表面粗糙度值。

2）超精研加工余量很小，一般为 $5\sim25\mu m$。

3）切削速度低（$0.5\sim1.6m/s$），油石压力小（$0.05\sim0.5MPa$），所以加工过程中发热量很少，工件表面变质层浅，没有烧伤现象。

4）所用油石通常是用刚玉或碳化硅作为磨料，用黏土或树脂作为结合剂制成。

5）油石磨粒自砺性好，加工效率高。

2. 工艺要素选择

（1）工艺参数

1）油石振动频率 f。f 越大，切削能力越强，生产率越高，但会受工艺系统刚度的限制。

2）油石振幅 A。A 增大时，单位时间内材料去除量增加，但表面粗糙度值加大。一般应选择较小的振幅和较高的振动频率。

3）工件表面圆周速度 v_w。v_w 增大，切削角 β 变小，单位时间内材料去除量增加，表面粗糙度值增大。v_w 的大小应根据油石磨粒性能、切削角和油石压力等因素综合考虑。

4）油石压力 p。每种油石在一定范围内，p 增大，材料去除量增加，加工效率提升，但 p 增大，油石磨损加快，工件表面粗糙度值变大。一般粗加工时，可取较大的 p；精加工时取较小的 p；油石磨粒硬度低时，取较小的 p；硬度较高时取较大的 p。此外，当切削角增大时，p 应取较小值。

5）油石进给速度 v_f。工件直径增大时，v_f 取较小值；工件直径小时，v_f 取较大值。通常，v_f 可取 $0.04\sim7m/min$，无级调速。当工件转速较高时，v_f 不应超过 $0.3m/min$。

6）油石的纵向进给量 f'。油石的纵向进给量应根据油石的长度和加工要求选取。f' 越大，加工效率越高，但对降低表面粗糙度不利。一般粗加工时取较大值，精加工时取较小值，见表 6.6-2。

表 6.6-2　油石的纵向进给量 f'

	油石长度/mm	10~25	>25~50	>50~80	>80~120
$f'/(mm/r)$	粗超精研	0.1~0.3	>0.3~0.7	>0.7~1.2	>1.2~2.0
	精超精研	0.07~0.15	>0.15~0.3	>0.3~0.5	>0.5~0.8

7）切削角 β。切削角对材料表面粗糙度和材料去除均有较大影响。要想获得较小的表面粗糙度值，β 应取 $10° \sim 20°$；要想获得较高的材料去除量，β 应取 $30° \sim 45°$。

通常，电动机带动偏心轮转动为油石提供往复振摆运动。设电动机转速为 v，电动机偏心轮转动某一角度 φ 时，其轴向分速度 $v\cos\varphi$ 与工件表面圆周速度 v_w 构成的切削角 β，是超精研加工的重要参数之一。

$$\tan\beta = \frac{v\cos\varphi}{v_w} = \frac{\pi Af\cos\varphi}{\pi d_w n_w} = \frac{Af\cos\varphi}{d_w n_w} \quad (6.6\text{-}1)$$

式中　A——油石振幅（mm）；

f——油石振动频率（Hz）；

d_w——工件直径（mm）；

n_w——工件转速（r/min）。

切削角对表面粗糙度及材料去除量的影响如图 6.6-3 所示。

超精研加工的主要工艺参数范围见表 6.6-3。

（2）油石

1）粒度。与磨削类似，磨粒粒度越小，加工后的表面粗糙度值越小。磨粒粒度与表面粗糙度及金属去除量的关系见表 6.6-4。

2）硬度。可根据工件硬度和接触情况合理选用。工件硬度高，选用较软的油石；工件硬度低，要选用较硬的油石。油石与工件接触面积大时，硬度应选得低些。一般超精加工用油石硬度值为 $40 \sim 50$HRB。用白刚玉粗超精加工时，硬度值可在 $10 \sim 20$HRB 范围内选用；用绿碳化硅超精加工时，硬度值可在 $30 \sim 50$HRB 范围内选用。树脂或石墨树脂结合剂油石的硬度值可在 $60 \sim 100$HRB 范围内选用，见表 6.6-5。

3）结合剂。常用的有陶瓷、树脂等。要求结合剂与磨料混合时单位体积内的磨粒数尽可能多。所以结合剂的颗粒要求比磨料颗粒小（粒度号差 $2 \sim 3$ 级），并要求混合均匀。

4）气孔率和组织。气孔能改善油石切削性能，超精加工用的油石气孔率为 $43\% \sim 49\%$。组织是指油石中所含磨料的质量百分比，一般选用组织号 $9 \sim 12$，见表 6.6-6。

油石和加工余量的选用见表 6.6-7。

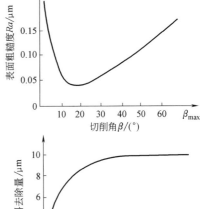

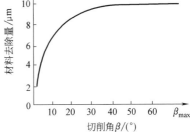

图 6.6-3　切削角对表面粗糙度及材料
去除量的影响

表 6.6-3　超精研加工的主要工艺参数范围

工序	粗超精研	精超精研
$f/$（次/min）	$1600 \sim 2000$	$1000 \sim 1400$
$A/$mm	$3 \sim 5$	$1 \sim 3$
$v_w/$（m/min）	$6 \sim 30$	
$p/$MPa	$0.15 \sim 0.4$	$0.05 \sim 0.15$
$v_f/$（mm/r）	1	0.2
$f'/$（mm/r）	$0.1 \sim 2$	$0.07 \sim 0.8$
$\beta/$（°）	$30 \sim 45$	$10 \sim 20$
油石粒度	300# $\sim$ 600#	W10 $\sim$ W3.5
冷却润滑液	80%煤油+20%锭子油（或透平油）	

表 6.6-4　磨粒粒度与表面粗糙度及金属去除量的关系

磨粒粒度	F400 $\sim$ F500	F500 $\sim$ F600	F600 $\sim$ F800	F800 $\sim$ F1200
工件表面粗糙度 $Ra/$μm	$0.32 \sim 0.16$	$0.16 \sim 0.08$	$0.08 \sim 0.04$	$0.04 \sim 0.02$
金属去除量（直径）/μm	$16 \sim 10$	$12 \sim 7$	$11 \sim 6$	$7 \sim 2$

表 6.6-5　油石硬度的选择

工件硬度 HRB	20 以下	$20 \sim 38$	$38 \sim 50$	$50 \sim 58$	$58 \sim 62$	$62 \sim 65$	$65 \sim 70$
油石硬度	M	L	K	J	H	G	D、E、F

表 6.6-6　油石组织

组织号	9	10	11	12
磨料质量百分比（%）	44	42	40	38

表 6.6-7　油石和加工余量的选用

工件材料	工件表面粗糙度 Ra/μm 加工前	加工后	余量/μm	磨料	粒度	硬度	金刚石磨料油石的粒度
铸铁	Rz=20~10 2.5~1.25	1.25~0.63	10~20	GC	F150~F180	M~P	F30/F36
	Rz=20~10 2.5~1.25 2.5~0.63	0.63~0.32	15~25 6~10		F360	L~N L~M	F36/F60
	1.25~0.32	0.32~0.16	8~12 5~8		F400 F500	K~M	F70/F90~F90/F120
		0.16~0.08	6~10		F600	J~L	F90/F120~F120/F180
	0.32~0.16 0.32~0.08 0.16~0.08	0.16~0.04 0.08~0.04 0.08~0.02	4~6 4~6 3~4		F800 F800 F1000	H~K G~J	—
淬火钢	Rz=20~10 2.5~1.25	1.25~0.63	10~20	WA	F150~F180	M~P	F30/F36
	Rz=20~10 2.5~1.25 2.5~0.63	0.63~0.32	15~25 6~10		F280~F320 F320~F360	L~N K~M	F36/F60~F60/F70
	1.25~0.32	0.32~0.16	8~12 5~10		F360、F400 F400、F500	J~L	F70/F90~F90/F120
	0.32~0.16	0.16~0.08 0.16~0.04	6~10 4~6		F600 F600、F800	H~K	F90/F120~F120/F180
	0.16~0.08	0.08~0.04 0.08~0.02	4~6 3~4		F1000 F1000、F1200	G~J	—
		0.04~0.02	4~5		F1200	G~H	
非淬火钢	Rz=20~10 2.5~1.25	1.25~0.63	10~20	GC	F150~F180	N~O	F36/F60~F60/F70
	Rz=20~10 2.5~1.25 2.5~0.63	0.63~0.32	15~25 6~10		F360 F360、F400	M~P L~N	F70/F90~F90/F120
		0.32~0.16	8~12 6~8		F500 F600、F800	K~M	—
	1.25~0.32	0.16~0.08	8~12		F1000	J~L	

(3) 切削液

切削液主要作用是冲洗磨屑和脱落的磨粒，并在油石和工件之间形成油膜以自动控制切削过程，对超精研加工质量影响很大。为此，不仅要求切削液有良好的润滑性能，而且要求油性稳定，无分解腐蚀作用，一般采用质量分数为 80%煤油与质量分数为 20%锭子油（或透平油）的混合剂。使用时应有循环系统，并使之不断过滤净化。

3. 超精研的应用

超精研加工应用举例见表 6.6-8。

实例 1：滚动轴承套圈超精研加工。

超精研加工能够减小滚动轴承套圈的表面粗糙度值，Ra 值可达 0.010~0.025μm；减小圆度误差，改善波纹度；滚道横截面几何误差可改善

35%左右，达到 0.63μm；套圈工作接触支承面积由磨削后的 15%~40%增加到 80%~95%；去除磨削变质层，工件表面产生残余压应力，并在加工表面形成合适的纹路。加工前后对比如图 6.6-4、图 6.6-5 所示。

实例 2：圆锥滚子无心超精研加工。

一对轴线水平且平行配置的螺旋导辊作定轴同向旋转运动；成批的圆锥滚子通过自动上料机构并在导辊螺旋挡边推动下被连续导入。加工时，一排滚子在导辊的支承、引导和驱动下，一边自转，一边以某种姿态整体沿导辊轴线方向直线贯穿；油石从正上方弹性压在滚子上，并沿导辊轴线方向作高频小幅往复直线振荡，对滚子锥面实现超精研，如图 6.6-6 所示。

表 6.6-8　超精研加工应用举例

工件名称及材料	表面粗糙度/μm	油石 粗加工	油石 精加工	圆周速度 v/(m/min) 粗加工	圆周速度 v/(m/min) 精加工	轴向进给速度 v_f/(mm/r)	磨条频率 f/（次/min）	磨条振幅 A/mm	切削角 θ	磨条压力 p/MPa 粗加工	磨条压力 p/MPa 精加工	加工时间 t/s	切削液（质量分数）
曲轴主轴颈和连杆颈 φ76 45钢 48~58HRC	超精前 Ra0.63~0.32 超精后 Ra0.16~0.04	W AW40 60HRH 浸锭子油时间2h	W AW40 60HRH 浸锭子油时间2h	40.5	40.5	—	1000	3	8.5°	0.06~0.07	0.05	45	煤油90% 锭子油10%
曲轴主轴颈 铸钢 S15C 高频淬火 55HRC	超精前 Rz2 超精后 Rz0.5	W AW40 60HRH	W AW40 60HRH	12.5	12.5	—	1250	2	—	0.06	0.06	1	轻油80% 机械油20%
曲轴主轴颈 钢或球墨铸铁	Ra0.32~0.16	WA 或 GCF280~F320 GCF280~F320 砂带	WA 或 GCF280~F320 GCF280~F320 砂带	63~70 r/min	125~140 r/min	—	低频 0~30 高频 450~675	低频 0~12 高频 3~6	—	0.2~0.3	0.2~0.3	30	煤油80% 机油20%
凸轮轴的凸轮及轴颈	Ra0.32~0.16	WA 或 GCF280~F320 GCF280~F320 砂带	WA 或 GCF280~F320 GCF280~F320 砂带	110 或 150 r/min	110 或 150 r/min	—	低频 60 或 90 高频 380	低频 1~4 高频 2	—	0.2~0.3	0.2~0.3	30	煤油80% 机油20%
汽门顶杆平面 φ50	超精前 Ra0.63 超精后 Ra0.04	W AW40 30HRH	W AW40 0HRH	94	94	粗 0.09 精 0	1000	1000	4°	0.08~0.1	0.08~0.1	90	煤油90% 锭子油10%
机床主轴轴颈 φ50×250 40Cr 56HRC	超精后 Ra0.04	W AW40 30~45HRH 20×20×80 2块	W AW40 0HRH 20×20×80 2块	117	157	粗 0.28 精 0.13	930~1100	6	粗 5°28′ 精 4°	0.1	0.075	120	煤油90% 锭子油10%
发电机轴 φ696×5640 SM合金钢	超精前 Ra5 超精后 Ra0.08~0.04	W AW40 65HRH 25×25×6 2块	W AW40 0HRH 25×25×6 1块	14.5	58	粗 1.2 精 0.6	930	3	粗 21°~36′ 精 5°36′	0.24	0.07~0.16	试件 φ200×240 1500	煤油90% 锭子油10%
轧辊外圆 高碳、高铬钢 MS88~90	超精前 Rz2 超精后 Rz0.1	W AW40 30HRH 树脂	W AW40 30HRH 树脂	31.9	41.3	粗 1 精 0.3	750	2	—	0.2	0.08	20	轻油80% 机械油20%
塞规外圆 碳素工具钢 53HRC	超精前 Rz3 超精后 Ra0.2	W AW40 60HRH 树脂	W AW40 60HRH 树脂	17.8	22.3	0.1	1200	2.2	—	0.14	0.05	4	轻油80% 机械油20%
推力轴承平面 φ1066 35钢 207HB	超精前 Ra1.25 超精后 Ra0.32	WA280# 50HRH 25×25×160 3块	WA280# 50HRH 25×25×160 3块	11	11	2.1	960	960	—	0.16	0.12	7200	煤油90% 锭子油10%
球轴承内圈沟道 轴承钢 φ5~φ20	Ra0.04~0.02	GCW14	GCW14	400	500	—	粗 400~500 精 700~1200		摆角 粗±15° 精±(6°~8°)	0.1~0.2	0.1~0.2	8	珩磨油100%
轴承内外圈滚道 轴承钢 65HRC	超精后 Ra0.08~0.04	W AW7 50~70HRH	GCW3.5 50~70HRH	120~180	120~180	—	400~800	摆角 20°~30°	90°~120°	0.2~0.4	0.2~0.4	30	煤油100%

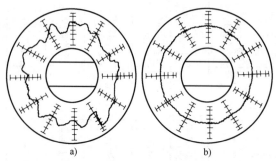

图 6.6-4 超精研加工前后波纹度对比
a）加工前 b）加工后

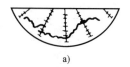 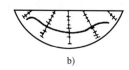

图 6.6-5 超精研加工前后轴承沟道横截面对比
a）加工前 b）加工后

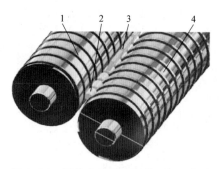

图 6.6-6 圆锥滚子无心超精研加工方法
1—带螺旋槽的圆柱导辊 2—滚子
3—油石 4—带挡边的锥形导辊

无心超精研加工继承了无心磨削加工高效率的特点，主要用来大幅提高工件外圆表面的表面质量和形状精度，也可实现微量凸度成形，通常作为圆柱滚子加工的终道工序，特别适用于轴承圆柱、圆锥滚子外圆的批量超精加工。

实例 3：超精研抛。

超精研抛是在超精研基础上发展的一种超精密加工方法。采用圆柱状脱脂木材的超精研抛头装于主轴上，作高速旋转运动；工件装于工作台上，由两个作同向同步旋转的偏心轴带动作往复直线运动，这两种运动的合成为旋摆运动，如图 6.6-7 所示。

超精研抛同时具有超精加工、研磨和抛光加工的特点，表面粗糙度 Ra 值可达 $0.008\mu m$，主要应用于各类精密胶带磨具及其他镜面的制造，如精密金属线纹尺、精密气体分析仪的直角电极、磁带涂布机的涂布平板和斜面测绘尺等。

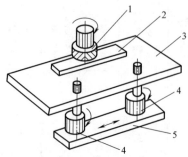

图 6.6-7 超精研抛原理
1—超精研抛头 2—工件 3—工作台
4—偏心轴 5—移动溜板

6.6.2 珩磨

1. 加工原理、特点

（1）加工原理

珩磨是以被加工表面为导向定位面，在一定进给压力作用下，由珩磨油石条组成的珩磨头，以往复直线运动和旋转运动配合实现零件表面光整的一种加工方法。加工时，工件固定不动，珩磨头与主轴浮动连接，并由主轴带动作往复直线和旋转运动。珩磨头内的进给机构使得油石在孔径方向均匀胀出，在工件表面形成珩磨压力。珩磨头旋转与往复直线运动可使油石磨粒在孔的待加工表面上形成交叉而不重复的网纹切削轨迹，其中网纹交叉角为 α。珩磨加工原理如图 6.6-8 所示。

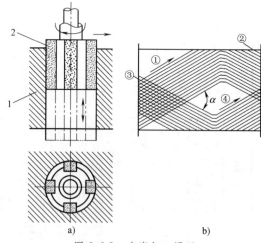

图 6.6-8 珩磨加工原理
a）珩磨头配置及运动 b）珩磨切削轨迹展开图
1—工件 2—珩磨头
①、②、③、④—形成纹痕的顺序 α—网纹交叉角

珩磨头的结构（见图 6.6-9）形式很多，有滑动式和摆动式两种，其中滑动式又分为对称中心式和不对称中心式。用于珩孔的珩磨头主要包括调节螺母、浮动弹簧、胀心锥体、油石磨条、珩磨头体、油石磨条座、顶

块、弹簧箍等。油石磨条装于油石座磨条内，油石磨条座装于珩磨头体上，并由上下两端的弹簧箍箍住。开始珩磨时，油石磨条处于收缩位置，珩磨头置于被加工孔内，通过调节上下行程量，进行旋转和往复直线运动。通过调节螺母推动胀心锥体逐渐下移，其上的锥面将顶块顶出，使油石磨条在珩磨头体周围均匀胀开，直至油石磨条与孔表面接触，即可开始珩磨。继续转动调节螺母，可获得所需的珩磨压力和珩磨深度，加工结束时，回调调节螺母，油石磨条缩回，将珩磨头退出孔外。

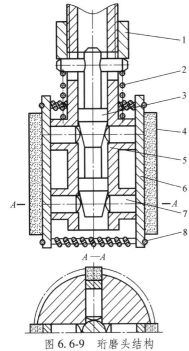

图 6.6-9　珩磨头结构

1—调节螺母　2—浮动弹簧　3—胀心锥体　4—油石磨条
5—珩磨头体　6—油石磨条座　7—顶块　8—弹簧箍

（2）加工特点

1）加工精度高。对于直径 200mm 以上的孔，圆度误差可达 5μm，特别对中小型通孔，圆柱度误差可达 1μm，但珩磨只能提高工件的形状精度。

2）表面质量好。珩磨后工件表面为交叉网纹，有利于存储和保持润滑油，并且工件表面承载能力强、耐磨损、寿命长。珩磨时工件发热量小，工件表面几乎无热损伤和变质层，并且表面几乎无嵌砂和挤压硬质层。

3）加工范围广。主要用于加工各种圆柱形孔：通孔、轴向和径向有间断的孔，如槽孔、键槽孔、花键孔、不通孔和多台阶孔等。另外，使用专用珩磨头，还可加工圆锥孔和椭圆孔，但由于珩磨头结构复杂，一般不选用。珩磨几乎可以加工任何材料，特别是金刚石和立方氮化硼磨料的应用，进一步拓展了珩磨的应用领域，同时也大幅提高了珩磨的加工效率。

4）切削余量少。珩磨是以工件为导向来切除工件余量而达到工件所需加工精度。珩磨时，油石磨条先去除余量最大的地方，然后逐渐去除其余需去除的地方，最后去除余量最小的地方。

5）珩磨头结构较复杂。

2. 工艺要素选择

珩磨分为粗珩、半精珩、精珩和超精珩，工艺要素主要包括网纹交叉角、珩磨压力、珩磨液、越程量、加工余量和油石磨条等。

（1）网纹交叉角

网纹交叉角 α 是影响表面粗糙度和切削效率的主要因素。增大网纹交叉角，切削效率增加，表面粗糙度值变大。

粗珩时，提高珩磨头往复直线运动速度，使 α 增大，α 取为 30°~60°；精珩时降低珩磨头往复直线运动速度，α 取为 20°~30°。通常，珩磨头回转速度为 14~48m/min，往复直线运动速度为 5~15m/min。

珩磨头速度 v 和网纹交叉角 α 计算公式分别为

$$v=\sqrt{v_t^2+v_a^2}=\sqrt{\left(\frac{\pi Dn}{1000}\right)^2+\left(\frac{2n_a l}{1000}\right)^2} \quad (6.6\text{-}2)$$

$$\alpha=2\arctan(v_a/v_t) \quad (6.6\text{-}3)$$

式中　v_t——珩磨头回转速度（m/min）；

v_a——珩磨头往复直线运动速度（m/min）；

v——珩磨头速度（m/min）；

α——珩磨头网纹交叉角（°）；

D——珩磨头直径（mm）；

n——珩磨头转速（r/min）；

n_a——珩磨头往复次数（dst/min）；

l——珩磨头单程长度（mm）。

不同材质珩磨的切削速度与网纹交叉角见表 6.6-9。

表 6.6-9　不同材质珩磨的切削速度与网纹交叉角

材质及珩磨		珩磨速度/(m/min)	网纹交叉角/(°)	回转速度/(m/min)	往复速度/(m/min)
普通铸铁	粗珩	25~50	45~60	22~45	10~24
	精珩	60	20~40	55~60	10~24
普通钢	粗珩	25~35	45~60	22~30	10~18
	精珩	45	20~40	45~48	8~15
合金钢	粗珩	30~40	45~60	28~37	12~20
	精珩	50	30	48	13
淬火钢	粗珩	20~25	45~60	18~23	8~13
	精珩	35	30	34	9
铝、青铜	粗珩	30~60	45~60	26~55	12~24
	精珩	70	25~40	65~70	12~24
硬质铬合金	精珩	20~25	30	20~25	5~7
塑料	粗珩	30~60	45	28~55	12~23
	精珩	70	30	68	18

（2）珩磨压力

珩磨压力（见表 6.6-10）是指垂直作用于油石磨条单位面积上的平均压力，对材料去除量、油石磨耗量、加工精度及加工质量均有影响。粗珩时一般为 0.5~2.0MPa，精珩时为 0.2~0.8MPa，超精珩时为 0.05~0.15MPa，当超过极限压力时，油石磨条急剧损耗。

表 6.6-10 珩磨压力

加工性质	工件材料	珩磨压力/MPa
粗珩	铸铁	0.5~1.5
	钢	0.8~2.0
精珩	铸铁	0.2~0.5
	钢	0.4~0.8
超精珩	铸铁	0.05~0.1
	钢	0.05~0.15

（3）珩磨液

珩磨液有冷却、防止油石堵塞、改善工作状况等作用，通常分水剂和油剂两种。水剂珩磨液冷却和冲洗性能好，可加一些磷酸三钠、环烷皂、硼砂和亚硝酸钠等添加剂，适用于粗珩；油剂珩磨液润滑好，多用煤油，可适当加一些硫化物和 L-AN32 号油，以改善珩磨性能。加工时珩磨液须供给充分。珩磨液的种类及适用范围见表 6.6-11。

表 6.6-11 珩磨液的种类及适用范围

类型	成分（质量分数，%）					适用范围
	煤油	锭子油	油酸	松节油	其他	
油剂	80~90	10~20	—	—	—	钢、铸铁、铝
	55	—	40	5	—	高强度钢、韧性材料
	100	—	—	—	—	粗珩铸铁、青铜
	98	—	—	—	石油磺酸钡	硬质合金
	95	—	—	—	硫磺+猪油	铝、铸铁
	90	—	—	—	硫化矿物油	铸铁
	75~80	—	—	—	硫化矿物油	软钢
	—	—	—	—	硫化矿物油	硬钢
	磷酸三钠	环烷皂	硼砂	亚硝酸钠	火碱	其他
水剂	0.6	—	0.25	0.25	—	水
	0.6	0.6	—	0.25	—	水
	0.25	—	0.25	0.25	0.25	水
	0.6	0.25	0.25	0.25	0.25	水

适用范围（水剂）：粗珩钢、铸铁、青铜及各种脆性材料

（4）越程量

为了保证加工质量，油石磨条往复直线运动必须超出孔的两端一定长度，称为越程量。越程量的大小与工件前工序几何误差、工件材质等因素有关。越程量太大，孔两端处易造成喇叭口；越程量太小，易造成两端直径略小。

珩磨头的工作行程 L_x 和越程量 a 按下式计算：

$$L_x = l_k + 2a - l_s \tag{6.6-4}$$

$$a \approx \left(\frac{1}{5} \sim \frac{1}{3}\right) l_s \tag{6.6-5}$$

式中　L_x——珩磨头工作行程（mm）；
　　　l_k——珩磨孔长度（mm）；
　　　a——越程量（mm）；
　　　l_s——油石磨条长度（mm）。

（5）加工余量

加工余量对加工质量和生产率都有很大影响，一般为前道工序形状误差及表面变形层综合误差的 2~3 倍。珩磨加工余量推荐值见表 6.6-12。

（6）油石磨条

同砂轮一样，油石磨条的特性可用磨料、粒度、硬度和结合剂等参数表示。

油石磨条磨料的选择见表 6.6-13；油石磨条磨料粒度的选择见表 6.6-14；油石磨条硬度的选择见表

6.6-15；油石磨条结合剂的选择见表 6.6-16。

表 6.6-12 珩磨加工余量推荐值

工件材料	加工余量/mm		
	单件生产	成批生产	特殊情况
铸铁	0.06~0.15	0.02~0.06	0.4
未淬硬钢	0.06~0.15	0.02~0.06	0.2~0.4
淬硬钢	0.02~0.08	0.005~0.08	0.1
硬铬	0.03~0.08	0.02~0.08	—
粉末冶金	0.1~0.2	0.05~0.08	—
轻金属	0.03~0.1	0.02~0.06	0.2
非铁金属	0.04~0.08	0.02~0.06	—

另外，油石磨条的形状、尺寸、数量（见表 6.6-17）的合理选用也是保证珩磨效果的重要因素。油石磨条横截面通常为矩形，但珩磨大直径孔时，为了延长油石寿命，横截面也可为正方形。珩磨软材料可选择宽油石，硬材料选窄油石，珩磨钢件比铸件要窄一些；珩磨小孔尽可能宽些，珩磨大孔宽度 $B \leqslant 25$mm。使用金刚石或立方氮化硼时，其宽度一般为使用普通磨料的 1/3~1/2。油石磨条长度根据珩磨头的长度和孔径选择。金刚石、立方氮化硼油石磨条的结构形状、尺寸与所用结合剂有关。使用一般树脂、陶瓷和电镀金属结合剂时，由于自锐性较好，其形状可近似普通磨料油石。青铜结合剂时须采用带槽结构的窄油石磨条，以提高其自锐能力和防止堵塞。

表6.6-13 油石磨条磨料的选择

磨料名称	代号	适于加工的材料	应用范围
棕刚玉	A	未淬火的碳素钢、合金钢等	粗珩
白刚玉	WA	经热处理的碳素钢、合金钢等	精珩、半精珩
单晶刚玉	SA	韧性好的轴承钢、不锈钢、耐热钢等	粗珩、精珩
铬刚玉	PA	各种淬火与未淬火钢件	精珩
黑色碳化硅	C	铸铁、铜、铝等及各种非金属材料	粗珩
绿色碳化硅	GC	铸铁、铜、铝等，多用于淬火钢及各种脆、硬金属与非金属材料	精珩
人造金刚石	MBD6~8	各种钢件、铸铁及脆、硬金属与非金属材料，如硬质合金等	粗珩、半精珩
立方氮化硼	CBN	韧性好且硬度和强度较高的各种合金钢	粗珩、精珩

表6.6-14 油石磨条磨料粒度的选择

磨料	粒度号	要求的表面粗糙度 $Ra/\mu m$				备注
		淬火钢	未淬火钢	铸铁	有色金属	
刚玉	F100~F180	—	1.25~1.0	—	—	—
碳化硅		—	—	1.0	1.6~1.25	
刚玉	F240	0.63	1.0~0.8	—	—	—
碳化硅		—	—	0.63	1.25~1.0	
刚玉	F280	0.4~0.32	1.0~0.63	—	—	
碳化硅		—	—	0.5~0.4	0.8	
刚玉	F320	0.32~0.25	0.63~0.50	0.5~0.4	0.8~0.63	不锈钢、高速钢、硬质合金用绿色碳化硅
碳化硅						
刚玉	F400	0.2~0.16	0.32~0.25	0.32~0.25	0.5~0.4	不锈钢、高速钢、硬质合金用绿色碳化硅
碳化硅						
刚玉	F600	0.16~0.10	0.25~0.20	0.16~0.125	0.4~0.32	不锈钢、高速钢、硬质合金用绿色碳化硅
碳化硅						

表6.6-15 油石磨条硬度的选择

粒度号	珩磨余量(直径方向)/mm	硬度	
		钢件	铸铁
F100~F150	0.05~0.5	L~Q	N~T
	0.01~0.1	N~T	Q~Y
F180~F280	0.05~0.5	J~P	L~R
	0.01~0.1	L~S	Q~T
F320~F600	0.05~0.15	E~M	K~Q
	0.01~0.05	M~R	M~T

注：1. 正常珩磨条件下，油石磨条硬度要在所示范围内选用偏软值。
  2. 当工件材料硬度变动时，油石磨条硬度应朝相反方向变动1~2级。

表6.6-16 油石磨条结合剂的选择

类型	特 点
陶瓷结合剂	油石磨条性能稳定，可用于各种材料的粗珩或精珩
树脂结合剂	油石磨条有弹性、能抗振，能在珩磨压力较高的条件下使用，多用于小粗糙度值表面的珩磨

表6.6-17 油石磨条截面尺寸及数量 （单位：mm）

孔径	数量/条	普通磨料油石磨条截面尺寸($B×H$)	金刚石油石磨条截面尺寸($B×H$)	孔径	数量/条	普通磨料油石磨条截面尺寸($B×H$)	金刚石油石磨条截面尺寸($B×H$)
5~10	1~2		1.5×2.2	>46~75	4~6	9×8	5×6
>10~13	2	2×1.5	2×1.5	>75~110	6~8	10×9,12×10	5×6
>13~16	3	3×2.5	3×2.5	>110~190	6~8	12×10,14×12	6×6
>16~24	3	4×3	3×3	>190~300	8~10	16×13,20×20	—
>24~37	4	6×4	4×4	>300	>10	20×20,25×25	—
>37~46	3~4	9×6	4×4				

在不影响珩磨刚性的前提下，尽可能采用多条油石，并适当减少油石宽度。若油石磨条总宽度占孔周长的15%~28%，可获得较高的加工效率，还可减少孔的变形。

（7）珩磨夹具

珩磨头结构、珩磨夹具对加工质量和加工效率也有很大的影响。常用珩磨夹具（见表 6.6-18）有固定式和浮动式两种：固定式多用于珩磨大件和较重的工件；浮动式用于珩磨短孔、小孔及套类件，可分为平面浮动（平面上两个自由度）和球面浮动（两个转动自由度）两种。

珩磨夹具与珩磨头的配用及对中要求见表 6.6-19。

表 6.6-18　常用珩磨夹具结构形式

类　型	图　　示	用　　途
平面浮动式	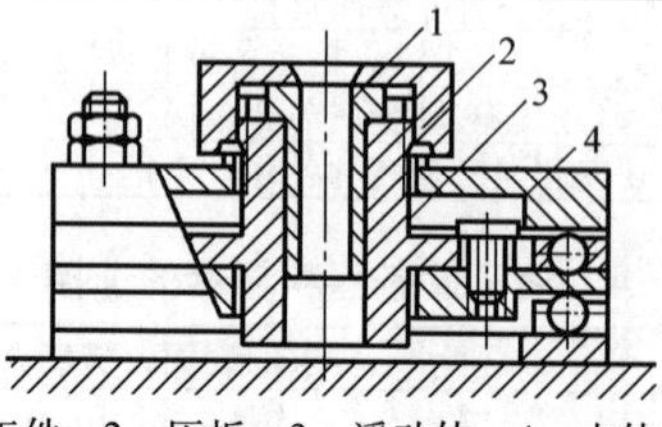 1—工件　2—压板　3—浮动体　4—本体底座	用于套类件珩磨夹具
	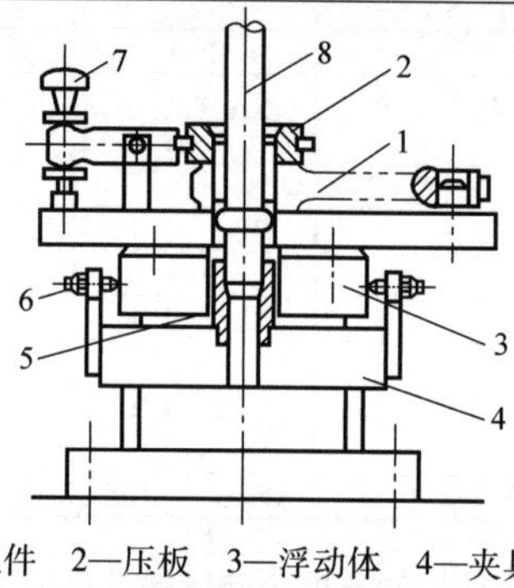 1—工件　2—压板　3—浮动体　4—夹具底座 5—导向套　6—限位螺钉　7—手轮　8—珩磨头	用于短孔类珩磨夹具。图中工件装在浮动体 3 的平板上，珩磨头 8 经压板 2 上的导向进入夹具底座 4 的固定导向套 5 内，转动手轮 7 压紧工件，即可进行珩磨
球面浮动式	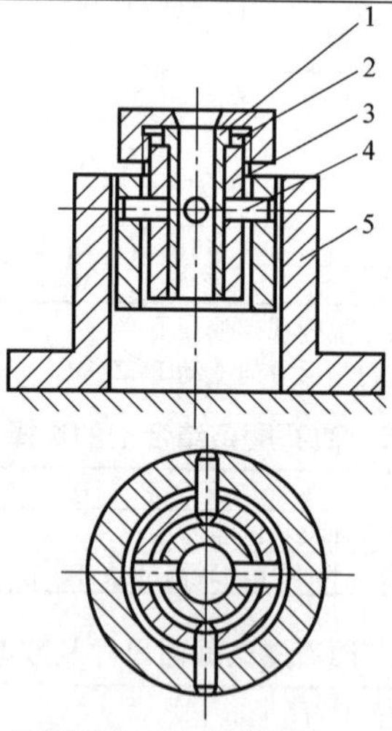 1—工件　2—压紧螺母　3—浮动体　4—滚柱　5—本体	用于小孔类珩磨夹具
弹性夹具	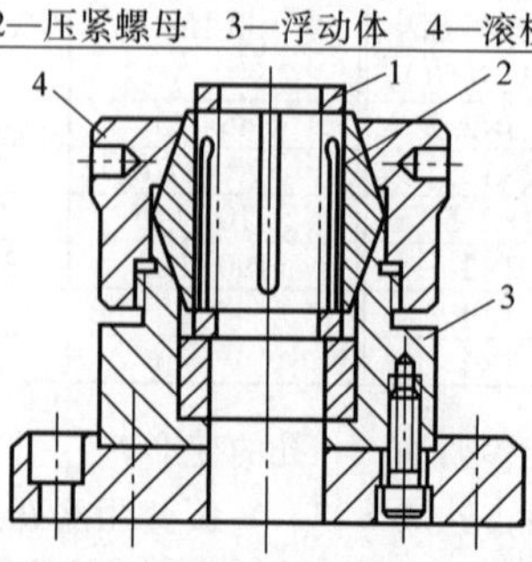 1—工件　2—弹簧套　3—本体　4—压紧螺母	采用弹簧套夹紧；多用于套筒类工件的珩磨

表 6.6-19　珩磨夹具与珩磨头的配用及对中要求

珩磨夹具	配用的珩磨头连接形式	适 用 范 围	对中误差 /mm
固定夹具	浮动连接	大、中型孔,外形复杂和不规则的较重工件的长孔,如各种缸孔及缸套孔,可获得较好的效果	<0.08
固定夹具	半浮动连接	使用短的油石磨条加工不通孔、短孔,但易受珩磨夹具与主轴对中误差的影响,需要保持稳定的对中精度才能保证珩磨质量	<0.05
固定夹具	刚性连接	大量生产中的小孔、外形规则工件孔的珩磨,需要较高的对中精度	≤0.01
平面浮动夹具	刚性连接	珩磨短孔($L<D$),如连杆孔、齿轮孔等,可适当修正孔的轴线与端面垂直度误差,珩磨精度高	<0.02
平面浮动夹具	半浮动连接	珩磨小套孔,在珩磨主轴转速不太高、夹具浮动量<1.0mm 时,可获得较高的精度	<0.05
球面浮动夹具	刚性连接	适于各类小套孔珩磨,在较好的对中条件下,可获得直线度很高、表面粗糙度均匀的孔	<0.02
球面浮动夹具	半浮动连接	适于珩磨中、小套孔,在较长的油石磨条或导向条件下可获得较高的珩磨精度	<0.05

3. 珩磨的应用

珩磨主要用于孔的光整加工,加工范围广,能加工直径为 1~1200mm 或更大的孔,并且能加工深孔。珩磨还可以加工外圆、平面、球面和齿面等。大批量生产中应用极为普遍,而且在单件小批量生产中应用也较为广泛。对于某些零件的孔,珩磨已成为典型的光整加工方法,例如发动机气缸、缸套、连杆以及液压缸、枪筒、炮筒等。

珩磨机主要有卧式珩磨机（见表 6.6-20）和立式珩磨机（见表 6.6-21）两种。

表 6.6-20　卧式珩磨机型号及技术参数

产品名称	型号	最大珩磨尺寸(直径×长度)/mm	加工范围/mm 珩磨直径	加工范围/mm 中心架支持工件直径/mm	床头主轴电动机 转速/(r/min)	床头主轴电动机 级数	磨杆箱主轴电动机 转速/(r/min)	磨杆箱主轴电动机 级数	(工件往复运动)拖板往复运动 向前速度/(m/min)	(工件往复运动)拖板往复运动 向后速度/(m/min)	拖板往复牵引力/N 向前	拖板往复牵引力/N 向后	加工精度 圆度/mm	加工精度 圆柱度/mm	加工精度 表面粗糙度 Ra/μm	功率/kW 主电动机	功率/kW 往复电动机	功率/kW 冷却泵	质量/kg	外形尺寸(长×宽×高)/mm	备注
半自动卧式珩磨机	MB4152×25	50×250	3~50	—	320 400 500 640 800 1000 1270 1600 2000	—	—	—	—	—	—	—	—	—	—	0.75	0.37	0.125	—	1280×1230×1575	
卧式珩磨机	2M2120	200×800	50~200	50~250	40~625	12	25~127	6	5~23	5~23	8000	8000	6级	6级	0.4	11	5.5	0.25	7300	8753×1807×1396	
卧式珩磨机	2M2125	250×1200	50~250	60~350	—	—	25~315	12	3~18	3~18(液压无级)			IT7以上		0.4	15	15	0.25	8850	9250×1060×1760	
卧式珩磨机	2M2135	350×1200	80~350	100~420	10	定值	25~315	12	5~20	5~20(液压无级)			IT7以上		0.4	15	11	0.45	32000	31560×1600×1780	

表 6.6-21　立式珩磨机型号及技术参数

技术参数

产品名称	型号	最大珩磨尺寸(直径×长度)/mm	加工范围/mm 珩磨直径	加工范围/mm 珩磨深度	主轴下端至工作台面距离/mm	主轴轴线至立柱前表面距离/mm	行程/mm	往复速度/(m/min)	转速/(r/min)	工作台尺寸(长×宽)(直径)/mm	加工精度 圆度/mm	加工精度 圆柱度/mm	加工精度 表面粗糙度Ra/μm	电动机功率/kW	质量/kg	外形尺寸(长×宽×高)/mm	备注
双进给半自动立式珩磨机	MBC4215/7	150×400	50~150	40~400	820~1370	350	主轴最大行程550	3~23	53 85 132 212	—	—	—	—	11.12	3900	1260×1040×3300	双进给,配带自动测量系统,配带缸套加输料套系装置
立式珩磨机	2MB2216×40	160×400	32~100	400	1150~1550	550	400	3~25	50 80 125 200 320 500	φ750	—	—	—	11.3	—	1653×1000×4005	—
	2M2216	170×320	170	320	600	—	300	0~18	100~300	—	0.0025	0.005	0.2	1.1 (2个)	1200	1800×1300×2200	—
	MJ4220A	200×500	80~200	500	300~1150	430~760	450	4~20	40~300	1500×600	0.005	0.01	0.4	主电动机 7.5 冷却泵用电动机 0.125	2000	1500×1200×2230	加上特殊珩磨头,可加工直径范围:32~80mm
	MB4225×160A	250×1600	50~250	1600	848~2648	370	1800	5~20	55~350	1250×630	—	—	—	22.43	6000	2570×3800×3689	—
	2M2240×100	400×1000	80~400	1000	2025~3325	—	1360	3~18	20~160	1600×800	—	—	—	30.98	—	—	—
	M425A	500×1500	120~500	1500	2270~4020	550	1750	3~12	16~125	1000×1000	0.01	0.02	0.4	15	12000	4425×2520×6200	—
半自动立式珩磨机	MB425×32B	50×320	10~50	30~320	480~880	200	主轴最大行程400	3~18	180 250 355 500 710 1000	φ500	—	—	—	3.825	2500	1600×2370×3000	脉冲定量进给系统

（续）

类型	型号															
立式珩磨机	M428A/MC	80×320	20～80	320	58～1130	260	420	3～16	50～550	550×1050	0.0025	0.01	0.25	主电动机 7.5 冷却泵用电动机 0.125	2.8	1675×1050×2540	—
立式液压珩磨机	M4214	140×350	140	350	300	—	370	3～18 无级	80～370 无级	—	—	—	—	3.0	2000	1612×1090×2478	—
立式简易珩磨机	MJ4214B	140×370	140	370	95	225	350	0	125～215	1000×430	0.0025	0.005	0.2	1.5（1个） 0.095（1个）	750	1600×925×1870	—
立式珩磨机	M4215	150×400	50～150	40～400	475～845	350	主轴最大行程 370	3～18	112 160 224 31	480×1100	—	—	—	4.525	2100	1280×1680×2670	—
	2M2216×32	170×320	35～170	30～320	—	—	主轴最大行程 300	3～18	100～300（无级）	—	—	—	—	2.35	1200	1800×1300×2200	—
	MB4215A	150×400	50～150	40～400	820～1370	—	主轴最大行程 300	3～23	53 85 132 212	φ750	—	—	—	11.12	3950	1760×1040×3300	—
双进给半自动立式珩磨机	2MB2210×10A	100×100	20～100	100	830～910	—	20～80	75～360 次/min	120～580	650×400	—	—	—	6.345	—	1405×1370×3020	—
	MB4215A/7	150×400	50×150	40×400	820×1370	350	主轴最大行程 550	3～23	53 85 132 212	φ150	—	—	—	11.12	3950	1760×1040×3300	双进给，具有平顶珩磨功能

珩磨质量分析见表 6.6-22。

表 6.6-22　珩磨质量分析

缺陷名称	产生原因	解决方法
圆度超差	珩磨主轴(或导向套)与工件孔的对中误差过大	取下珩磨头与连接杆,调整主轴与导向套和工件孔的同轴度
	夹具夹紧力过大或夹紧位置不当	一般均为端面夹紧,薄壁件也可圆柱面均压夹紧
	孔壁不匀,珩磨温度高或珩磨压力过大	提高设计制造水平,控制壁厚一致。降低珩磨压力,减少珩磨热量
	工件内孔硬度或材质不均	观察内孔表面粗糙度是否一致,要求提高坯料质量
	珩磨液太少或供应不均匀,造成内表面冷热不均	要均匀、充足供应珩磨液,注意容量和泵的流量情况
	孔预加工后圆度误差大或加工余量过小	孔预加工后的圆度误差最大不应超过珩磨余量的 1/4 或加大余量
	珩磨头浮动连接太松,转速高,摆动惯量大	适当调整浮动接头的调节螺母或降低转速
	珩磨头浮动连接杆不灵活,或者刚性连接杆弯曲、摆差大等	调整调节螺母,检查刚性连接杆摆差并消除
	往复速度过高,油石磨条与孔相互修整不够	适当降低往复速度
圆柱度超差	油石磨条在孔上下端越程过大,出现喇叭口;越程过小,出现鼓形;上下越程不一致,出现一端大、一端小	仔细调整油石磨条在孔的上下端越程,一般为油石磨条长度的 1/5~1/3,并上下相等;短孔珩磨时越程应选小值,一般为 1/5~1/4
	工件夹紧变形,或者上下壁厚不一致,材质、硬度不一致	相应地降低夹紧力与改变夹紧位置;尽量使壁厚上下一致
	孔预加工后的圆柱度误差大,或者加工余量过小	应控制孔预加工后的圆柱度误差,使其不超过加工余量的 1/5~1/4
	油石磨条长度选择不当	参考油石磨条长度正确选用
	油石磨条硬度不一致,寿命短,磨耗不均匀	油石磨条全长硬度差不宜超过 5HRC,硬度不宜太小
	珩磨主轴往复速度不一致	调整放气阀,排除液压缸内的空气,适当降低珩磨压力
	珩磨头上的油石磨条轴向位置变化	黏结油石磨条时,要控制油石磨条的上下位置;清除珩磨头上下窜动
	珩磨头新装油石磨条未经修磨,或者修磨后的圆柱度误差大	控制珩磨头修磨后的圆柱度:金刚石磨条的圆柱度误差 0.01mm;普通磨料陶瓷结合剂磨条的圆柱度误差 0.05mm
	珩磨机的往复行程位置精度低	调整或修理机床,或者加限位机构
孔的轴线与端面不垂直	夹具定位面与珩磨主轴不垂直或定位面过度磨损	调整夹具或工作台面使其垂直主轴,根据需要修磨定位面
	孔预加工后的垂直度误差大	检查和提高孔的预加工精度
	短孔珩磨时未采用刚性连接的珩磨头	换用刚性珩磨头、平面浮动夹具
	工件底面不干净,定位面上垫铁屑	清除工件底面毛刺,保持工件底面与定位基面的洁净
	压紧力不均匀,使工件一边抬起	压紧力要对称分布且均匀
	夹紧力过小使工件松动,脱离定位面	适当控制夹紧力,保证工件稳定
	夹紧力过大,短孔珩磨或叠装珩磨时,使端面不平的工件完全贴合后产生变形	适当调整压紧力,并且提高工件端面预加工后的平面度
	珩磨机主轴与工件孔对中不好	调整夹具,使其与主轴准确对中
孔的直线度超差	油石磨条太短,或者珩磨头短且无导向	按孔的长度正确选择油石磨条的长度,并加长导向
	油石磨条太软,磨损快,成形性不好	更换油石磨条,提高耐用度

（续）

缺陷名称	产生原因	解决方法
孔的直线度超差	孔预加工后直线度超差	检查和提高孔的预加工质量
	珩磨头的浮动接头不灵活,影响珩磨头的导向性	调整或清洗润滑浮动接头,使浮动灵活且无间隙
	夹紧变形	调换夹紧部位或减小夹紧力
	珩磨往复速度或珩磨液供给不均匀	提高往复速度,增加珩磨液供给
	夹具与主轴或导向套对中不好	调整夹具对中
孔的尺寸精度低(返修品和废品率高,尺寸不稳定)	1)珩磨热量高,冷却后尺寸变小	
	加工余量大,时间长	控制合适的加工余量和时间
	珩磨头转速高,往复速度低	根据珩磨要求正确选择两种速度
	油石磨条堵塞,自锐性不好	选择硬度较低的油石磨条
	珩磨进给太快,压力太大	适当降低进给速度与压力
	油石磨条磨料、粒度、组织选择不当	合理选择油石磨条
	工件材料强度高(硬、韧、黏)	选用超硬磨料且降低转速,提高珩磨往复速度,减小加工余量
	珩磨液不足或冷却性能差	采用低黏度的、大量的、温度不高的珩磨液
	2)工艺系统不稳定,尺寸大时小	
	孔的预加工质量低,加工余量变化大	严格控制预加工的尺寸公差,采用自动测量系统
	油石磨条硬度不均匀,切削性能不稳定	选用硬度、组织均匀的油石磨条
	孔预加工表面有冷作硬化层或表面粗糙度值变化范围大	定期换刀,控制珩磨前表面加工质量
	定时珩磨方法不能获得准确的珩磨孔径	在珩磨过程中配备自动测量系统
	珩磨头上的空气测量喷嘴磨损,间隙太大	更换喷嘴,修磨到规定间隙
	自动测量仪的放大倍数低,人工调整,控制不便	提高放大倍数,并用指针、数字显示尺寸
	自动测量仪信息反馈系统不灵敏、不可靠	及时检修或更换
	气压不稳,气源未过滤,珩磨液太脏	查出具体原因做相应处理
表面粗糙度值达不到工艺要求	油石磨条粒度不够细或粒度牌号不准	根据表面粗糙度值要求选择合适的油石磨条粒度,在同样条件下选用金刚石粒度应细1~2级
	精珩时,圆周速度太低,往复速度高	合理选择两种速度
	精珩余量过小,时间短,或者压力过大	精珩余量≥5μm;精珩压力≤5×10⁵Pa
	珩磨液太脏,润滑性差,流量小	采用两级过滤法,提高润滑性,加大珩磨液流量
	精珩前的表面太粗糙	适当提高精珩前的表面质量,或者用不同粒度的油石磨条粗精珩磨
	油石磨条太硬,易堵塞	更换较软的油石磨条
	油石磨条太软,精珩时无抛光作用	更换油石磨条
	工件材质太软	选较硬的或粒度较细、渗硫或注蜡的油石磨条
珩磨表面刮伤	油石磨条太硬,组织不均匀,表面堵塞后积聚铁屑,刮伤表面	选用较软、组织疏松均匀、自锐性较好的油石磨条
	珩磨头在孔内的空隙太小,偶尔有机械加工铁屑不易排出而刮伤	适当减小珩磨头直径,保证径向间隙,使切削液排泄流畅
	珩磨压力太大,油石磨条被挤碎刮伤	减小压力,提高油石磨条强度
	切削液未滤好,流量和压力小	需经两级过滤,加大流量和压力
	珩磨头退出时油石磨条未先缩回	1)油石磨条座被卡住,需改进设计 2)提前撤除进给油压 3)珩磨头转速太高,油石磨条座上的弹簧圈弹力太弱,需更换弹簧圈
	导向套与工件孔未对中,珩磨头退出时使尾端偏摆	调整工件孔与导向套的对中
	油石磨条太宽,铁屑不易排除脱落,积聚在油石磨条表面上形成硬点	减小油石磨条宽度或中间开槽,清除油石磨条上的硬点

（续）

缺陷名称	产生原因	解决方法
珩磨效率低	油石磨条硬度高,组织紧密,易堵塞	选择较软和较疏松的油石磨条,要求有较好的自锐性
	油石磨条粒度太细	选用粒度粗一些的油石磨条
	珩磨网纹交叉角太小	提高珩磨头的往复速度,使交叉角为45°~70°
	珩磨压力太小	适当提高珩磨压力
	珩磨速度或油石磨条胀开进给速度太低	合理选用这两种速度
	加工余量太大或孔预加工表面太光滑	对表面粗糙度值小的预加工表面应相应地减小加工余量
	孔预加工表面材质太硬或有冷作硬化层	选用较低的主轴转速和较软的油石磨条
	珩磨液黏度大或太脏,易堵塞油石磨条	更换黏度小的、干净的珩磨液,完善过滤措施
	油石磨条过宽,铁屑不易排除,影响自锐性	选较窄的油石磨条或开槽
	油石磨条磨料与结合剂选择不当,或者油石磨条制造质量太差	要根据工件材料性质正确选用
油石磨条磨耗快、寿命短	油石磨条硬度太低,太疏松	渗硫或更换较硬的油石磨条
	珩磨压力太大	适当降低珩磨压力
	珩磨头的往复速度过高,圆周速度太低	根据实际需要的网纹交叉角,适当调整珩磨圆周速度与往复速度
	孔的预加工较粗,或者为花键孔与间断孔	选用较硬或极硬的油石磨条
	树脂结合剂油石磨条出厂时间较长(树脂老化),或者水剂珩磨液中碱性太高	选用新产油石磨条,使用树脂油石磨条时要注意水剂珩磨液中的碱含量
珩磨时振动噪声大,油石磨条碎裂、脱落	珩磨头系统刚度低或珩磨液温度高,因而产生振动,促使油石磨条脱落、挤碎	调整连接杆和主轴间的间隙,降低主轴转速,或者降低珩磨液的温度,消除振源
	珩磨压力过大,油石磨条被压碎	应适当降低珩磨压力
	珩磨进给太快,或者油石磨条黏结不牢,油石磨条被剥落	调慢油石磨条胀开后的进给速度

实例1：平顶珩磨。

将珩磨过程分为粗珩和精珩两个阶段。粗珩用粗粒度的油石磨条在工件表面上加工出较粗糙、划痕深的轮廓,沟槽深度达8~10μm;再通过细粒度的油石磨条精珩,把这些划痕的尖峰变成平顶凸峰,此时表面沟槽深度为5~6μm。经过平顶珩磨后,表面粗糙度Ra值达到0.5~1.05μm,轮廓支承长度率为50%~80%。

铸铁缸套的平顶粗珩和精珩工艺参数分别见表6.6-23、表6.6-24。

平顶珩磨与普通珩磨加工后的工件表面区别在于所加工的表面微观几何形状不同。发动机缸套经过平顶珩磨出来的网纹表面,其承载面积比普通珩磨表面增大4倍左右,特有的沟槽又可存储足够的润滑油。缸套平顶珩磨后,可使发动机的耗油量低于1g/hp(1hp=745.7W);若用普通珩磨,耗油量则为3g/hp。经过平顶珩磨后,气缸套的使用寿命大为延长。

实例2：超声珩磨。

超声珩磨（见图6.6-10）是在普通珩磨的基础上使油石磨条产生功率超声振动以进行珩磨。超声波发生器产生的超声频电振荡通过压电换能器转换为超声频纵向振动,变幅杆将换能器的超声频纵向振动放

表6.6-23　铸铁缸套的平顶粗珩工艺参数

名称	参数值
缸套内径/mm	105
余量/mm	0.04~0.07
主轴转速/(r/min)	160
圆周速度/(m/min)	52.7
往复运动速度/(m/min)	27
网纹交叉角	$60°^{+5°}_{-15°}$
磨料	JR1
粒度	120/140
浓度(%)	100
结合剂	青铜
油石磨条尺寸(长×宽×高)/mm	100×5×6
珩磨压力/Pa	(10~12)×10⁵
珩磨效率/(mm/min)	0.1~0.25
珩磨液	90%煤油+硫化矿物油
表面粗糙度Ra/μm	1.25~20
圆度误差/mm	0.005~0.01
锥度误差/mm	0.005~0.015
废品率(%)	<0.5

大后传递给弯曲振动圆盘,挠性杆将弯曲振动圆盘的弯曲振动变成纵向振动后传递给油石磨条座,油石磨条座带动与其连接在一起的油石磨条进行纵向振动。

表 6.6-24　铸铁缸套的平顶精珩工艺参数

名称	参数值
磨料	TL
粒度	400#
结合剂	陶瓷
硬度	ZY_2
油石磨条尺寸(长×宽×高)/mm	100×8×10
珩磨压力/Pa	$3 \sim 5 \times 10^5$
精珩直径余量/mm	0.004~0.006
珩磨时间/s	8~15
精珩圆周速度	≤粗珩圆周速度
圆柱度误差/mm	<0.012

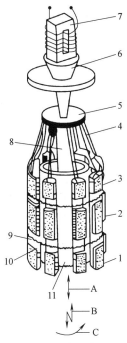

图 6.6-10　超声珩磨原理图

1、2、3—油石磨条　4—挠性杆　5—弯曲振动圆盘
6—变幅杆　7—换能器　8—珩磨杆　9—弹簧
10—油石磨条　11—珩磨头体　A—油石磨条振动方向
B、C—往复运动和回转运动方向

超声珩磨的工程应用：①超声珩磨铜合金、铝合金、钛合金等韧性材料时，油石磨条不易堵塞，加工质量高，表面粗糙度 Ra 值可达 $0.2\mu m$。②超声珩磨陶瓷材料时，加工效率高，而且表面裂纹等缺陷少，生产成本可大幅降低。

实例 3：激光珩磨。

激光珩磨的实质是采用激光打出数以万计的、按一定规律分布的微坑，这些微坑连在一起形成螺旋状沟槽，实现表面微孔结构造型。激光珩磨由三道工序组成：粗珩、激光造型（打坑）和精珩。粗珩工艺确定工件宏观形状，并为激光造型提供原始表面。根据粗加工质量、加工余量、原始表面、生产时间的不同，可将粗珩工艺分为两道工序，然后在原始表面上实施激光造型结构。通过精珩去除在激光造型时所产生的毛刺，并产生特别精细的平顶表面（表面粗糙度 Rz 值 $1 \sim 2\mu m$）。

激光珩磨主要应用于内燃机气缸的加工工艺，可使机油油耗降低 30% ~ 60%，机油颗粒排放量降低 25% ~ 30%，HC 排放量降低 10% ~ 20%，活塞环组件成本节省 10% ~ 30%，但激光珩磨设备价格高，维修复杂。

6.6.3　抛光

1. 加工原理、特点及类型

（1）加工原理

抛光通常是指利用抛光工具的高速旋转，依靠抛光介质的作用，使工件表面粗糙度值减小，以获得光滑表面的加工方法。

（2）加工特点

抛光一般不能提高工件形状精度和尺寸精度，是以得到光滑表面或镜面光泽为目的；抛光能够减小表面粗糙度值，普通抛光后工件表面粗糙度 Ra 值可达 $0.4\mu m$。

抛光是一种重要的工艺方法，具有高效、低成本等优点；应用广泛，可用于各种金属材料以及非金属材料、日用品乃至精密零件的抛光。

（3）类型

传统抛光采用的都是接触式，包括弹性抛光轮抛光、钢丝轮抛光、砂带抛光等。为获得超光滑表面，出现了现代抛光技术，主要采用非接触式抛光，它是依靠抛光液对工件表面的作用，实现对工件的加工。

1）弹性抛光轮抛光。弹性抛光轮的本体是由木材、皮革、毛毡、棉织品、毛织品、纸或其他材料制成。轮缘敷以 15% ~ 30%结合剂和 70% ~ 85%磨料的混合物。

一般可分为两个阶段抛光：首先用黏有硬质磨料的弹性轮"抛磨"，然后用含有软质磨料的弹性轮"光抛"。

抛光液中含有活性物质，故抛光不仅有机械作用，还有化学作用。弹性轮抛光效率并不低，每分钟可以切下几百微米的金属层。

2）钢丝轮抛光。钢丝轮抛光是一种比较简单的光整加工方法，适用于表面粗糙度 Ra 值要求在 $0.32\mu m$、尺寸及形位精度要求不高的外圆及内孔表面抛光，不适用于阶梯轴颈。被抛光表面的原始表面粗糙度 Ra 值一般为 $0.63 \sim 1.25\mu m$。

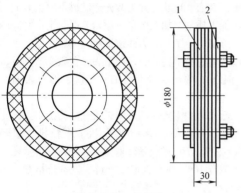

图 6.6-11　钢丝轮
1—轮体　2—压板

钢丝轮（见图 6.6-11）实际上是一个具有打击及刷光作用的弹性修磨轮，钢丝轮轮体用钢丝网叠压组成，或用钢丝呈放射状径向布置制成，钢丝直径以 0.12mm 为宜，过粗易划伤工件。

钢丝轮抛光较磨削有以下优点：①工具结构简单，成本低。②钢丝轮与工件的接触压力小，摩擦热不显著，表面不易烧伤、退火和变形。③钢丝间的缝隙可储存磨料，透风冷却性能好，钢丝轮不需修磨，使用寿命长。

3）砂带抛光。砂带抛光（见图 6.6-12）是将碳化硅、氧化铝等磨料黏附在带状基材上，借助于某一运动形式和作用力对工件表面进行加工。

砂带抛光具有以下特点：①砂带由于切削路程

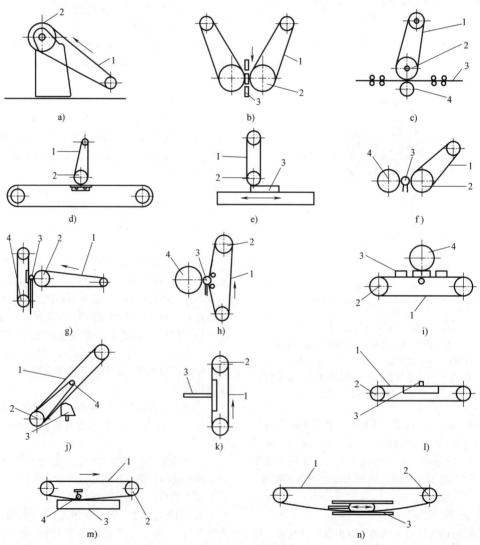

图 6.6-12　砂带抛光
1—砂带　2—砂带轮　3—工件　4—压力轮

长,而且有一定的幅宽,加工效率高。②砂带上磨粒分布均匀,加工时不会发生堵塞,加工质量好。③借助于辅具可以加工一定规律的曲面和成形表面。④砂带便于更换,辅助时间短。⑤要求磨料颗粒分布均匀、厚度一致、黏结牢固,成本较高。

2. 工艺要素选择

抛光的工艺要素主要包括抛光工具、抛光剂、磨料、工艺参数等。以抛光轮抛光为例:

(1) 抛光工具

抛光轮材料通常都要采取不同的处理方法,如漂白、上浆、上蜡、浸渍或浸泡药物等,以提高对抛光剂的保持性,增强刚性,延长使用寿命,改善润滑或防止过热燃烧等。抛光轮材料的选用见表6.6-25。

表 6.6-25　抛光轮材料的选用

抛光轮用途	选用材料		
	品名	柔软性	对抛光剂保持性
粗抛光	帆布、压毡、硬壳纸、软木、皮革、麻	差	一般
半精抛光	棉布、毛毡	较好	好
精抛光	细棉布、毛毡、法兰绒或其他毛织品	最好	最好
液中抛光	细毛毡(用于精抛)、脱脂木材(椴木)	好(木质松软)	浸含性好

(2) 抛光剂

固体抛光剂是由微粉磨粒、油脂和添加剂所组成,呈块状或膏状,其种类与用途见表6.6-26。

(3) 磨料

按硬度不同可分为硬磨料和软磨料两类,抛光用磨粒要考虑与工件材料作用的化学活性。硬磨料常用棕刚玉、碳化硅等。软磨料的种类和特性见表6.6-27。抛光时选用的磨料粒度见表6.6-28。

(4) 工艺参数

抛光工艺参数包括:抛光轮速度、进给速度、压力等。抛光轮速度一般控制在 $10\sim50\mathrm{m/s}$,加工钢、铁等硬材料时取高值,加工铝、锌和塑料等软材料时取低值。速度越高,抛光时发热大,影响加工质量,而速度低会影响加工效率。

表 6.6-26　固体抛光剂的种类与用途

类别	品种(通称)	抛光用软磨料	用途	
			适用工序	工件材料
油脂性	赛扎尔抛光膏	熔融氧化铝(Al_2O_3)	粗抛光	碳素钢、不锈钢、非铁金属
	金刚砂膏	熔融氧化铝(Al_2O_3)、金刚砂(Al_2O_3、Fe_2O_4)	粗抛光(半精抛光)	碳素钢、不锈钢等
	黄抛光膏	板状硅藻岩(SiO_2)	半精抛光	铁、黄铜、铝、锌(压铸件)、塑料等
	棒状氧化铁(紫红铁粉)	氧化铁(粗制)(Fe_2O_3)	半精抛光、精抛光	铜、黄铜、铝、镀铜面等
	白抛光膏	焙烧白云石(MgO、CaO)	精抛光	铜、黄铜、铝、镀铜面、镀镍面等
	绿抛光膏	氧化铬(Cr_2O_3)	精抛光	不锈钢、黄铜、镀铬面
	红抛光膏	氧化铁(精制)(Fe_2O_3)	精抛光	金、银、白金等
	塑料用抛光剂	微晶无水硅酸(SiO_2)	精抛光	塑料、硬橡皮、象牙
	润滑脂修整棒(润滑棒)	—	粗抛光	各种金属、塑料(作为抛光轮、抛光带、扬水轮等的润滑用加工油剂)
非油脂性	消光抛光剂	碳化硅(SiC)、熔融氧化铝(Al_2O_3)	消光加工(无光加工、梨皮加工),也用于粗抛光	各种金属及非金属材料,包括不锈钢、黄铜、锌(压铸件)、镀铜、镀镍、镀铬面及塑料等

表 6.6-27　软磨料的种类和特性

磨料名称	成分	颜色	硬度	适用材料
氧化铁(红丹粉)	Fe_2O_3	红紫	比 Cr_2O_3 软	软金属、铁
氧化铬	Cr_2O_3	深绿	较硬,切削力强	钢、淬硬钢
氧化铈	Ce_2O_3	黄褐	抛光能力优于 Fe_2O_3	玻璃、水晶、硅、锗等
矾土	—	绿	—	

表 6.6-28　抛光时选用的磨料粒度

工件加工表面要求的表面粗糙度 Ra/μm	磨料粒度
5	F46
2.5	F46～F60
1.25	F60～F100
0.63	F100～F180
0.32	F180～F240
0.16	F240～F400
0.08	F400～F500
0.04	F500～F1200

抛光轮与工件的进给速度一般为 3～12m/min，视被加工材料、表面粗糙度和加工效率等情况而定。抛光压力一般为 1kPa，太大会造成发热、抛光轮变形等，同时加工表面有孔、槽等凹面时，会造成其棱边上出现塌角。

不同材料抛光的抛光轮速度见表 6.6-29。

表 6.6-29　不同材料抛光的抛光轮速度

被抛光基体材料	抛光轮圆周速度/(m/s)
形状复杂的钢铁零件	20～25
形状简单的钢铁零件	30～35
铸铁、镍、铬	20～30
铜、银、镁、铝、锡及其合金	18～25
塑料	10～15

3. 抛光的应用

实例 1：钢丝轮抛光辊子。

辊子是用 45 锻钢制成，抛光表面直径为 300mm、长度为 3000mm、硬度为 50～55HRC，抛光后表面粗糙度 Ra 值可由 1.25μm 减小至 0.32μm，其工艺参数见表 6.6-30。

表 6.6-30　钢丝轮抛光辊子的工艺参数

工序	工件转数/(r/min)	进给量/(mm/r)	压入量/mm	抛光总修磨量/mm	低碳钢丝直径/mm	抛光总次数/次	抛光时间/h
粗抛光	24～36	1.2	2～3	0.01～0.03	0.12	6～8	4～6
精抛光	96	2～3	1～2		0.12	6～8	4～6

注：1. 压入量以钢丝轮接触零件后，继续移向零件的距离来计算。
　　2. 钢丝轮工作旋转方向应保持不变，否则将使钢丝排列不均，妨碍使用。
　　3. 利用车床加工时，机床导轨应作防护，以免溅落在导轨面上的研磨剂研伤导轨。

实例 2：抛光轮抛光叶片。

采用某柔性抛光轮抛光叶片后，进排气边抛光去除量均匀，抛光后表面粗糙度 Ra 值小于 0.2μm，局部轮廓误差不大于 0.01mm，线轮廓度误差不大于 0.015mm；叶盆叶背抛光后，表面质量提高 2 级以上；叶根抛光前铣削刀纹呈鱼鳞状，抛光后铣削刀纹消除，过渡圆滑。

抛光可用于各种平面、外表面、内表面，使工件表面光亮、平滑，甚至呈镜面效果。

柔性抛光轮是在磨料与弹性基体中增加必要的增强结构或增强材料，提升磨料的结合力和控制其局部支撑刚度，如图 6.6-13 所示。为了增加磨料与磨料支撑体之间的强度，采用电镀的方式将金刚石及其他

磨料固结于支撑体。

柔性抛光轮的物理力学性能及表面状况对抛光精度以及表面质量有很大影响。抛光轮表面硬度越大，磨粒承受的压力越大，金属切除率越高，但同时与叶片外形适应性不好，造成表面粗糙度值大。因此，为兼顾加工效率和表面质量，选择弹性基体作为抛光轮的支撑材料。在一定压力下可以贴附叶片表面，增大了抛光轮与叶片接触面积；同时对曲面有自适应的功能可以适应叶片曲率在一定范围内的变化，充分发挥柔性抛光的功能，以降低叶片表面粗糙度。另一方面，使用刚性元件作为抛光轮的轴心，使之有一定的硬度，增大了抛光轮磨粒与叶片的接触作用，提高加工效率。

（1）进排气边抛光

从图 6.6-14 可以看出，柔性抛光轮对进排气边抛光的去除量均匀，基本去除量 0.02μm，抛光后表面粗糙度 Ra 为 0.2μm，局部轮廓度不大于 0.01mm，线轮廓度不大于 0.015mm。叶片经数控抛光后完整地保留了数控铣削后边缘的形状。

（2）叶盆叶背抛光

在三轴数控机床上，使用直径 φ40mm、圆弧角为 R7mm、粒度号 2000# 的鼓形抛光轮。设定主轴转速为 4000r/min，进给速度 700mm/min，预压

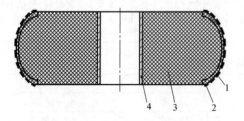

图 6.6-13　柔性抛光轮
1—磨料基体　2—磨料及磨料支撑体
3—抛光轮弹性基体　4—抛光轮内套

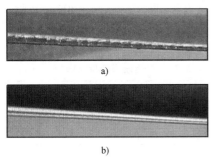

图 6.6-14　排气边抛光前后对比
a）抛光前　b）抛光后

量为 0.15mm，行宽为 0.5mm，抛光结果如图 6.6-15 所示。抛光后叶盆叶背表面粗糙度等级提高 2 级以上。

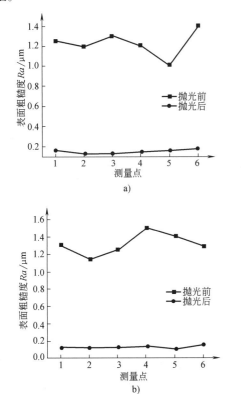

图 6.6-15　叶盆和叶背抛光前后表面粗糙度值对比
a）叶盆　b）叶背

（3）叶根抛光

选择某型号叶片，叶根圆角半径为 3mm；选择抛光轮直径 23mm、圆弧角为 R2.3mm、粒度号 1200#。设定机床主轴转速为 2500r/min，进给量为 700mm/min，预压量为 0.15mm，行宽为 0.4mm。叶根抛光前铣削刀纹成鱼鳞状，抛光后铣削刀纹消除，过渡圆滑，如图 6.6-16 所示。

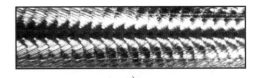

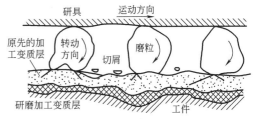

图 6.6-16　叶根抛光前后对比
a）抛光前　b）抛光后

6.6.4　研磨

1. 加工原理、特点及类型

（1）加工原理

研磨是较为传统的光整加工方法。加工时，在被加工表面和研具之间放置磨料和研磨剂，通过在被加工表面和研具之间施加一定的压力并产生相对运动，去除极薄的一层余量，从而获得高的加工精度和小的表面粗糙度值。研磨加工原理如图 6.6-17 所示。

图 6.6-17　研磨加工原理

（2）加工特点

1）研磨是由研具和微细磨粒实现微量切削，并通过随时检测来控制和修正精度，加工精度可达 $0.010 \sim 0.025 \mu m$。

2）研磨时压力小，磨粒细，运动轨迹复杂而不重复，表面粗糙度 Ra 值可达 $0.01 \sim 0.10 \mu m$。

3）研磨时压力小，速度低，切削热小，工件表面变质层薄，且研磨表面的耐磨性、耐蚀性等使用性能得到改善。

4）适应范围广：可加工外圆、孔、平面和成形表面，可加工各种金属和非金属材料。

5）既可用于单件手工生产，也可成批机械生产。手工研磨条件比较简单，可利用现有的普通机床产生必要的运动，仍是当前有效的加工方式之一。

（3）类型

按操作方式可分为手工研磨和机械研磨两类；按加工原理可分为湿式研磨、干式研磨和半干研磨。干式研磨与湿式研磨如图 6.6-18 所示。

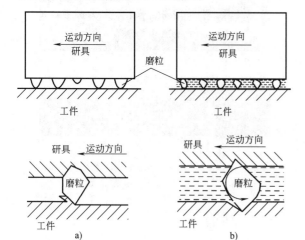

图 6.6-18　干式研磨与湿式研磨
a) 干式研磨　b) 湿式研磨

湿式研磨又称为敷砂研磨,是将研磨剂涂敷或连续加注在研具上,通常多用于机械研磨,用作粗研。干式研磨又称为嵌砂研磨,是把磨粒均匀地嵌入研具工作表面,通常称之为"压砂"。研磨时研具工作表面只需涂少量润滑添加剂,即可加工。干式研磨多用微粉磨料,研具材质较软,主要用作精研,但由于复杂、成形表面的嵌砂比较困难,多用于平面加工。类似湿式研磨,半干研磨采用研磨膏作研磨剂,可用于粗研和精研。

2. 工艺要素选择

(1) 研磨运动

研磨运动包括运动轨迹和运动速度,与研磨质量密切相关。

运动轨迹应复杂且不重复,交叉角较大,有利于减小表面粗糙度值;工件与研具的相对运动能遍及整个研具表面,使研具工作表面均匀磨损。常用的研磨运动轨迹有直线往复式、正弦曲线式、"8"字形式、次摆线式、外摆线式和椭圆形式等。

研磨时一般采用低速运动方式,且运动速度力求匀速。运动速度增大,研磨生产率提高,但速度过高时,由于过热使工件表面生成氧化膜,甚至出现烧伤现象,使研磨剂飞溅流失,运动平稳性减低,研具急剧磨损,影响加工精度。常用研磨速度见表 6.6-31。

(2) 研磨压力

研磨压力是研磨时被加工工件单位面积上所承受的平均压力。研磨过程中,它是一个变值。开始研磨时,被加工表面比较粗糙,接触面积小,研磨压力大,研磨效率高;随着研磨的继续进行,接触面积逐渐增加,研磨压力随之减小。

研磨压力可根据被加工表面粗糙度和研磨效率来决定。手工研磨时,研磨压力由操作者掌握;机械研磨时一般为 0.01~0.3MPa。

表 6.6-31　常用研磨速度　（单位：m/min）

研磨类型	平面		外圆	内孔（孔径 6~100mm）	其他
	单面	双面			
湿式	20~120	20~60	50~75	50~100	10~70
干式	10~30	10~15	10~25	10~20	2~8

研磨压力也可按下式计算:

$$p_0 = \frac{P}{NA} \qquad (6.6\text{-}6)$$

式中　P——研磨表面所承受的总压力（N）;

　　　N——每次研磨的件数;

　　　A——每个工件实际接触面积（mm^2）。

研磨压力参考值见表 6.6-32。

表 6.6-32　研磨压力参考值
（单位：MPa）

研磨类型	平面	外圆	内孔（孔径 5~20mm）	其他
湿式	0.10~0.15	0.15~0.25	0.12~0.28	0.08~0.12
干式	0.01~0.10	0.05~0.15	0.04~0.16	0.03~0.10

(3) 研磨余量

在保证表面质量要求的前提下,研磨余量应尽量小。

研磨效率以每分钟研磨切除层厚度表示:淬火钢为 1μm,低碳钢为 5μm,铸铁为 13μm,合金钢为 0.3μm,超硬材料为 0.1μm,水晶、玻璃为 2.5μm。

平面、外圆、内孔研磨余量分别见表 6.6-33、表 6.6-34、表 6.6-35。

表 6.6-33　平面研磨余量　（单位：mm）

平面长度	平面宽度		
	≤25	26~75	76~150
≤25	0.005~0.007	0.007~0.010	0.010~0.014
26~75	0.007~0.010	0.010~0.016	0.016~0.020
76~150	0.010~0.014	0.016~0.020	0.020~0.024
151~250	0.014~0.018	0.020~0.024	0.024~0.030

注：经过精磨的工件,手工研磨余量每面为 3~5μm,机械研磨余量每面为 5~10μm。

表 6.6-34　外圆研磨余量　（单位：mm）

直径	余量	直径	余量
≤10	0.005~0.008	51~80	0.008~0.012
11~18	0.006~0.008	81~120	0.010~0.014
19~30	0.007~0.010	121~180	0.012~0.016
31~50	0.008~0.010	181~260	0.015~0.020

注：经过精磨的工件,手工研磨余量为 3~8μm,机械研磨余量为 8~15μm。

表 6.6-35　内孔研磨余量

（单位：mm）

孔径	铸铁	钢
25 ~ 125	0.020 ~ 0.100	0.010 ~ 0.040
150 ~ 275	0.080 ~ 0.160	0.020 ~ 0.050
300 ~ 500	0.120 ~ 0.200	0.040 ~ 0.060

注：经过精磨的工件，手工研磨直径余量为 5~10μm。

（4）研具

根据被研磨工件材料与磨料的不同，选择研具材料。研具材料硬度要比被研磨工件材料软，并具有较好的耐磨性。磨料种类不同，研具材料选用也不同。刚玉磨料常用铸铁为研具，氧化铬磨料用玻璃材料，氧化铁或氧化铈磨料用沥青材料。常用研具材料见表 6.6-36。

表 6.6-36　常用研具材料

材料	性能和要求	适用范围
灰铸铁	磨粒硬度低（120~160HBW），金相组织以铁素体为主，可适当增加珠光体比例，用石墨球化及磷共晶等方法提高使用性能；石墨有润滑作用，由于其多孔性，磨粒的含浸性好	用于湿式研磨平板
高磷铸铁	磨粒硬度较高（160~200HBW），以均匀细小的珠光体（体积分数为 70% ~ 80%）为基体，可提高平板的使用性能	用于干式研磨平板及嵌砂平板
10、20 低碳钢	强度较高	用于铸铁研具强度不足时，研磨 M5 以下螺纹孔，孔径小于 8mm 小孔及窄槽等
黄铜、纯铜	磨粒易嵌入，研磨效率高，但强度低，不能承受过大压力；耐磨性差，加工后表面粗糙度值较大	用于研磨软金属；用于粗研大余量的工件及小孔
锡、铅及各种软合金	制成研光盘	用于研磨石英基片（可用于制造高精度振动元件）
木、竹、丝、纤维板、硬纸板、木炭	要求组织紧密、均匀、细致、纹理平直、无节疤虫伤等缺陷，以微观蜂窝状结构为好	研磨铜、青铜等软金属件，用于抛光和擦亮
沥青、塑料、石蜡、钎料	组织软，磨粒易于嵌入，不能承受较大压力	用于光学零件、电子元件、玻璃、水晶等的精研和镜面研磨
玻璃	脆性大，一般厚度≥10mm，并经 450℃ 退火处理后使用	用于精研，配用氧化铬、氧化铈研磨膏，可获得好的研磨效果

研具类型视具体的加工要求而定，可分为平面、外圆、内孔和成形四大类。研具又分开槽和不开槽两种。

平面研具、外圆柱面研具和内圆柱面研具的类型、特点及适用范围见表 6.6-37、表 6.6-38 和表 6.6-39。

表 6.6-37　平面研具的类型、特点及适用范围

名称		简图	结构特点	适用范围
研磨平板		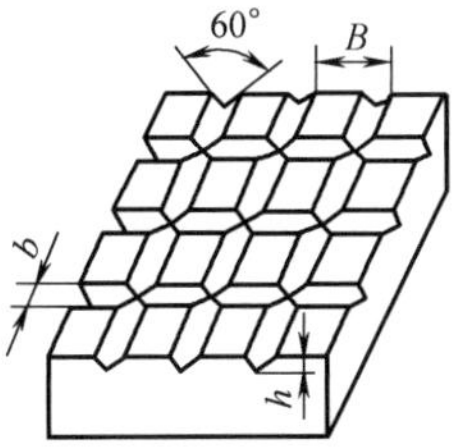	多制成正方形和长方形，常用于手工研磨，有开槽与不开槽两种。开槽目的是用于刮去多余的研磨剂，使零件获得高的平面度。常开 60°，V 槽宽 b 和深 h 为 1~5mm，槽距 B 为 15~20mm	用于研磨平面
研磨圆盘	直角交叉形圆盘	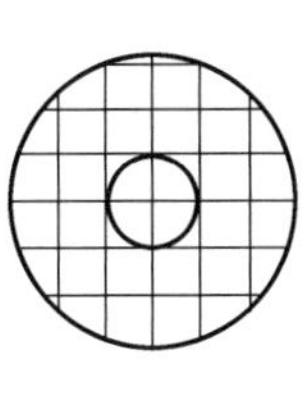	研磨圆盘有开槽和不开槽两种。研磨圆盘多开螺旋槽，方向是使研磨液能向内侧循环移动，与离心力作用相抵消。采用研磨膏研磨时，选用阿基米德螺旋线槽较好，但采用开槽圆盘研磨，工件的表面	研磨各种平面，主要用于小型件

（续）

名称		简图	结构特点	适用范围
研磨圆盘	圆环射线形圆盘	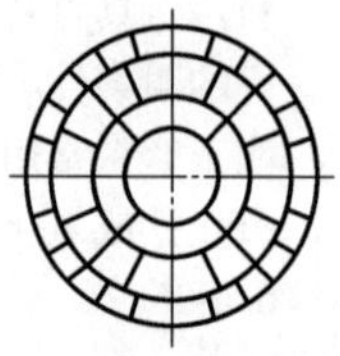	粗糙度值较大。因此，若要求表面粗糙度值较小时，应选用不开槽圆盘	研磨各种平面，主要用于小型件
	偏心圆环形圆盘	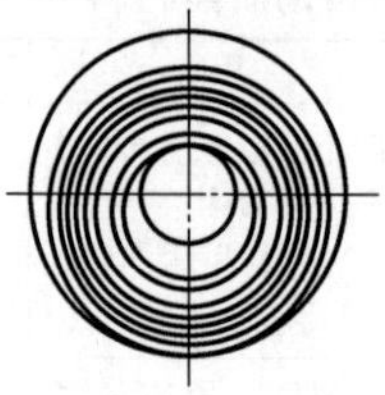		
	螺旋射线形圆盘	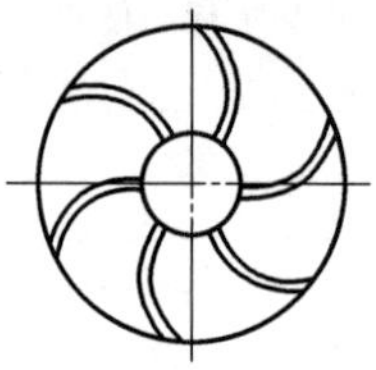		
	径向射线形圆盘	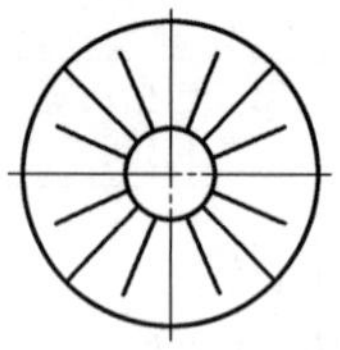		
	阿基米德螺旋线形圆盘	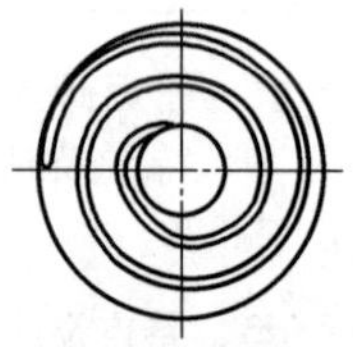		

表 6.6-38　外圆柱表面研具的类型、特点及适用范围

名称	简图	结构特点	适用范围
整体式研具	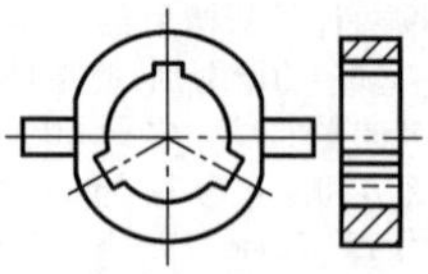	整体式外圆柱面研具是一个空心、整体不开口的研磨套，有均布的三个槽	用于研磨小直径的外圆柱面
带研磨套开口式研具	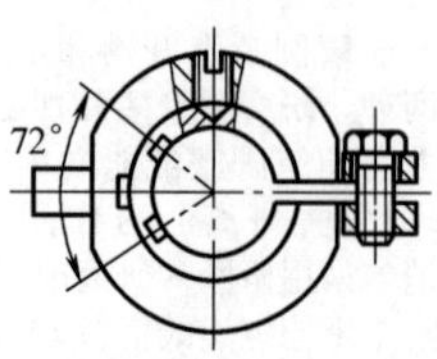 72° 无槽式	研磨较大直径的圆柱面时，孔内加研磨套，其内径比工件外径大 0.02~0.04mm，套的长度为加工表面长度的 1/4~1/2；研磨套内圆不开槽	用于研磨较大直径的外圆柱面

（续）

名称	简图	结构特点	适用范围
带研磨套开口式研具	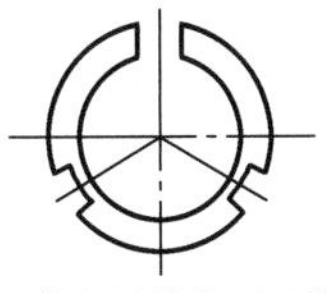 研磨套的外表面开槽	研磨套制成开口的，便于调节尺寸；除开口，还开两个槽，使研磨套具有一定的弹性	用于研磨普通直径的外圆柱面
	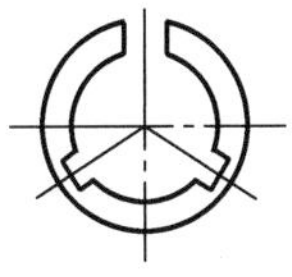 研磨套的内表面开槽	开口式研磨套，在研磨大型工件时，可在套的内表面开槽，以增加弹性	用于研磨大型外圆柱面
三点式研具	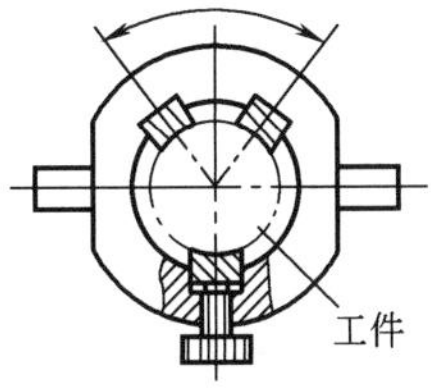 工件	三点式研具是在整体研具架的内径上开有三个槽，其中拧入调节螺栓一槽较深，在三个槽内均镶嵌有一研磨块；研磨时，把三块研磨块车成研磨直径尺寸	用于研磨高精度的外圆柱面

表 6.6-39　内圆柱面研具的类型、特点及适用范围

名称	简图	结构特点	适用范围
整体式研具	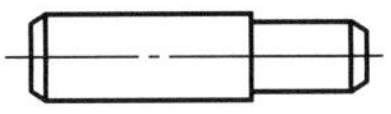 不开槽式	不开槽式整体研具是实心整体圆柱体，刚性好，研磨精度高	用于精研较小孔内圆柱面（直径<8mm）
	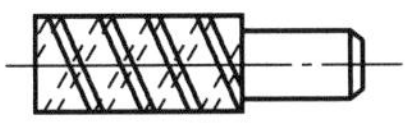 开槽式	开槽式整体研具是在实心圆柱体外圆表面上开直槽、螺旋槽或交叉槽。螺旋槽研具研磨效率高，但孔表面粗糙度和圆度较差；交叉螺旋槽和十字交叉槽研具加工质量好；水平研磨开直槽较好，垂直研磨开螺旋槽较好	用于粗研较小孔内圆柱面（直径<8mm）
可调式研具	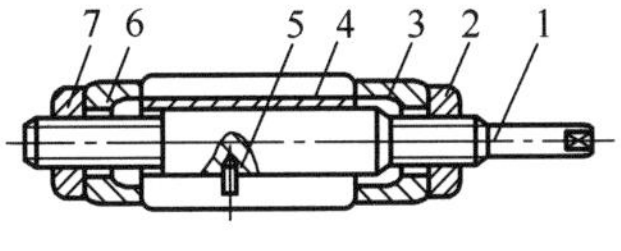 7 6　5 4　3 2　1 1—心棒　2、7—螺母 3、6—套　4—研磨套　5—销	心棒与研磨套的配合锥度为 1：20～1：50；锥套外径比工件小 0.01～0.02mm，其结构有开槽或不开槽两种	开槽式研具适用于粗研，不开槽式适用于精研
不通孔式研具	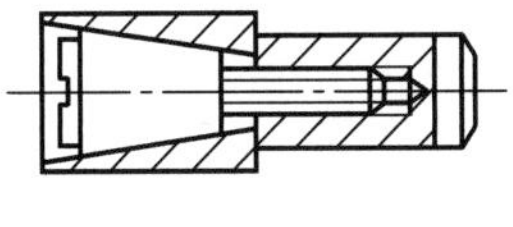	利用螺纹，通过锥度使外径胀大；研具工作部分的长度尺寸必须比被研磨孔的长度尺寸大 20～30mm，锥度为 1：50～1：20。研磨不通孔时，由于磨料不易均布，可在外径上开螺旋槽，或者在轴向做成反锥	适用于研磨不通孔的内圆柱面

（5）研磨剂

研磨剂是由磨料、研磨液和辅助材料按一定比例调配而成的混合物，可配制成研磨液、研磨膏等形式。

磨料的系列与用途见表 6.6-40。

研磨通常分为粗研、精研和光研阶段。粗研时，

表 6.6-40　磨料的系列与用途

系列	磨料名称	代号	特性	用途
刚玉类	棕刚玉	A	棕褐色。硬度高,韧性大,价格便宜	粗、精研钢、铸铁、黄铜
	白刚玉	WA	白色。硬度比棕刚玉高,韧性比棕刚玉差	精研淬火钢、高速钢、高碳钢及薄壁件
	铬刚玉	PA	玫瑰红或紫红色。韧性比白刚玉高,磨削表面质量好	研磨量具、仪表零件及高精度表面
	单晶刚玉	SA	淡黄色或白色。硬度和韧性比白刚玉高	研磨不锈钢、高钒高速钢等强度高、韧性大的材料
碳化物类	黑碳化硅	C	黑色有光泽。硬度比白刚玉高,性脆而锋利,导热性和导电性良好	研磨铸铁、黄铜、铝、耐火材料及非金属材料
	绿碳化硅	G	绿色。硬度和脆性比黑碳化硅高,具有良好的导热性和导电性	研磨硬质合金、硬铬、宝石、陶瓷、玻璃等材料
	碳化硼	BC	灰黑色。硬度仅次于金刚石,耐磨性好	精研和抛光硬质合金、人造宝石等硬质材料
金刚石类	人造金刚石	JR	无色透明或淡黄色、黄绿色或黑色。硬度高,比天然金刚石略脆,表面粗糙	粗、精研硬质合金、人造宝石、半导体等高硬度脆性材料
	天然金刚石	JT	硬度最高,价格昂贵	
软磨料类	氧化铁	—	红色至暗红色。比氧化铬软	精研或抛光钢、铁、玻璃等材料
	氧化铬	—	深绿色	

为提高效率,磨粒粒度相对较大,可取 W28～W40;精研时粒度小,以达到所要求的表面粗糙度,可取 W5～W28,甚至更细;光研目的是进一步减小表面粗糙度值,去除被加工表面上所黏附的磨粒,可不用加磨料。

研磨液的作用主要是冷却、润滑和稀释,可使研磨剂均匀黏附在研具和被加工表面上,有效散发热量。研磨钢等金属材料常用煤油、全损耗系统用油、透平油、矿物油等;研磨玻璃、水晶、半导体、塑料等硬脆材料用水及水基溶性油组成的研磨液。

常用研磨液见表 6.6-41。

常用液态研磨剂见表 6.6-42。

表 6.6-41　常用研磨液

工件材料		研　磨　液
钢	粗研	煤油 3 份、N15 全损耗系统用油 1 份、透平油或锭子油少量,轻质矿物油或变压器油适量
	精研	N15 全损耗系统用油
铜		动物油(熟猪油与磨料拌成糊状,后加 30 倍煤油),锭子油少量,植物油适量
铸铁		煤油
渗碳钢、淬火钢、不锈钢		植物油、透平油或乳化液
硬质合金		汽油、航空汽油
金刚石		橄榄油、圆度仪油或蒸馏水
白金、金、银		乙醇或氨水
水晶、玻璃		蒸馏水

表 6.6-42　常用液态研磨剂

配方		调法	用途
金刚砂/g	2～3	先将硬脂酸和航空汽油在清洁的瓶中混合,然后放入金刚砂摇晃至乳白状而金刚砂不易沉下为止,最后滴入煤油	研磨各种硬质合金刀具
硬脂酸/g	2～2.5		
航空汽油/g	80～100		
煤油	数滴		
白刚玉(F1000)/g	16	先将硬脂酸与蜂蜡溶解,冷却后加入航空汽油搅拌,然后用双层纱布过滤,最后加入磨料和煤油	精研高速钢刀具及一般钢材
硬脂酸/g	8		
蜂蜡/g	1		
航空汽油/g	80		
煤油/g	95		

辅助材料主要起润滑、黏附和化学作用,可形成氧化膜,以加速研磨过程。常用的辅助材料有硬脂酸、油酸、脂肪酸、蜂蜡、硫化油和工业甘油等。

常用研磨膏有刚玉类研磨膏(见表6.6-43),主要用于钢铁件研磨;碳化硅、碳化硼类研磨膏(见表6.6-44),主要用于硬质合金、玻璃、陶瓷和半导体等研磨;氧化铬类研磨膏,主要用于精细抛光或非金属材料的研磨;金刚石类研磨膏(见表6.6-45),主要用于硬质合金等高硬度材料的研磨。

研磨加工工艺参数输入输出因果关系如图6.6-19所示。

研磨时常见缺陷及产生原因见表6.6-46。

表6.6-43 刚玉类研磨膏成分及用途

粒度号	成分及比例(质量分数,%)				用途
	微粉	混合脂	油酸	其他	
F600	52	26	20	硫化油2或煤油少许	粗研
F800	46	28	26	煤油少许	半精研及研磨狭长表面
F1000	42	30	28	煤油少许	半精研
F1200	41	31	28	煤油少许	精研及研磨端面
F1200以下	40	32	28	煤油少许	精研
F1200以下	40	26	26	凡士林8	精细研
F1200以下	25	35	30	凡士林10	精细研及抛光

表6.6-44 碳化硅、碳化硼类研磨膏成分及用途

研磨膏名称	成分及比例(质量分数,%)	用途
碳化硅	碳化硅(F240~F320)83、凡士林17	粗研
碳化硼	碳化硼(F600)65、石蜡35	半精研
混合研磨膏	碳化硼(F600)35、白刚玉(F600-F1000)与混合脂15、油酸35	半精研
碳化硼	碳化硼(F1200以下)76、石蜡12、羊油10、松节油2	精细研

表6.6-45 金刚石类研磨膏的规格及用途

规格	颜色	加工表面粗糙度 $Ra/\mu m$	规格	颜色	加工表面粗糙度 $Ra/\mu m$
F800	青莲	0.16~0.32	F1200以下	橘红	0.02~0.04
F1000	蓝	0.08~0.32	F1200以下	天蓝	0.01~0.02
F1200	玫红	0.08~0.16	F1200以下	棕	0.008~0.012
F1200以下	橘黄	0.04~0.08	F1200以下	中蓝	≤0.01
F1200以下	草绿	0.04~0.08			

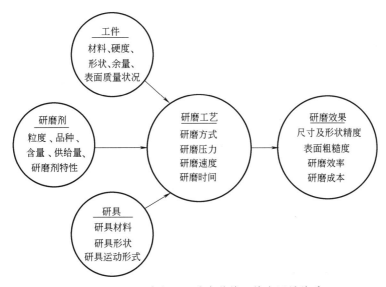

图6.6-19 研磨加工工艺参数输入输出因果关系

表 6.6-46　研磨时常见缺陷及产生原因

缺陷	产生原因
表面粗糙度值大	1) 磨料太粗 2) 研磨剂选用不当 3) 研磨剂涂得薄而不均 4) 研磨时忽视清洁工作,研磨剂中混入杂质
平面呈凸形	1) 研磨时压力过大 2) 研磨剂涂得太厚,工作边缘挤出的研磨剂未及时擦去仍继续研磨 3) 运动轨迹没有错开 4) 研磨平板选用不当
孔口扩大	1) 研磨剂涂抹不均匀 2) 研磨时孔口挤出的研磨剂未及时擦去 3) 研磨棒伸出太长 4) 研磨棒与工件孔之间的间隙太大,研磨时研具相对于工件孔的径向摆动太大 5) 工件孔本身或研磨棒有锥度
孔呈椭圆形或圆柱有锥度	1) 研磨时没有更换方向或及时调头 2) 工件材料硬度不匀或研磨前加工质量差 3) 研磨棒本身的制造精度低

3. 研磨的应用

研磨加工在高平面度平板、量块、外圆、内孔、高精度球体、非球面和精密丝杠螺纹等零件中具有广泛应用。

实例 1：块规（量块）研磨。

① 技术要求。

厚度偏差：0 级为 ±0.1μm，1 级为 ±0.2μm

平面度：0 级为 ±0.1μm，1 级为 ±0.2μm

表面粗糙度：0 级 Ra 为 0.01μm，1 级 Ra 为 0.016μm

材料：CrMn 或 GCr15

硬度：≥64HRC

② 研磨工艺。

研磨前表面粗糙度 Ra 为 0.20μm；研磨工艺见表 6.6-47。每批量的尺寸差 <0.1μm，预选每批尺寸差为 3～5μm。在精研时须进行几次工件换位。

经五道工序研磨后，表面粗糙度 Ra 值达到 0.008～0.010μm。

表 6.6-47　块规（量块）研磨工艺

工序	研磨尺寸余量/μm	研磨方式	研磨剂粒度号	表面粗糙度要求 Ra/μm
1 次研磨	10	机研、湿研	W7	0.1
2 次研磨	4		W3.5	0.05
3 次研磨	1.5		W2.5	0.025
4 次研磨	0.6 0.3	机研、干研	W1.5	0.012
精研	0.1		W1	0.01～0.008

实例 2：精密丝杠螺纹研磨

研具采用黄铜或优质铸铁制造，研磨螺母可以是整体开口式，也可以制成半开螺母研具。实践证明采用一组半开研磨螺母，经过不同的排列组合，可以对丝杠的螺旋线误差产生"均化"作用，从而提高螺纹精度。为了在研磨中不破坏丝杠的齿形，研磨螺母的齿形必须与被研磨丝杠一致，通常采用丝锥攻研磨螺母的内螺纹，而丝锥与被研磨丝杠是在一次调整中磨削出来的。

研磨丝杠使用立式或卧式车床，工件转速 60～150r/min，根据工件的长短和粗精研工步而定。在研磨前要仔细分析丝杠螺距误差曲线，判断研磨部位。根据误差大小和方向准确判断人工对研磨螺母施加轴向压力的大小和方向。操作者的技艺对研磨质量有很大影响。丝杠螺纹通过研磨可提高一个精度等级。

粗研时为提高加工效率，采用 W5 微粉金刚砂加油酸（$C_{17}H_{33}COOH$），工件转速 120～150r/min；精研时为减小表面粗糙度值，在油酸和煤油的配比为 10% 和 50% 的溶液中加入 Cr_2O_3，工件转速 60r/min，研磨压力应小并保持恒定。

JCS001 型千分尺螺纹磨床丝杠：规格 T32×3，材料 CrWMn，硬度为 56HRC，全长 280mm，螺纹长度 155mm，要求精度 3 级。一批丝杠通过研磨后，周期误差为 0.5～0.9μm，ΔL_{25} 为 1μm，ΔL_{100} 为 1.6～2μm，ΔL_u 为 1.6～3μm，表面粗糙度 Ra 值为 0.25μm。

某坐标镗床精密定位丝杠：采用合金氮化钢，硬度为 75HRC，直径为 28.58mm，螺距为 2.54mm，长度为 457.2mm。研磨后，达到全长累积误差小于 −0.9μm。

6.6.5　滚压

1. 加工原理、特点

（1）加工原理

滚压加工是一种通过旋转的滚压工具对工件表面施加一定压力，不断滚压工件表面，使其产生塑性变形，从而提高工件表面质量的无屑、无切削光整加工方法。

在滚压过程中，通过驱动特制的滚压工具（通常为淬火钢、硬质合金以及红宝石等高硬度材料制成的滚柱、滚珠或滚轮等形状的工具）在工件表面往复滚压，表面波峰被挤进波谷，从而减小工件表面粗糙度值。由于滚压过程中产生了塑性变形，工件表层金相组织发生变化、金属晶格结构歪曲、金属晶粒细化，工件表面产生了一定深度的冷硬层和残余压应力，零件的承载能力和疲劳强度得以提高。

滚压加工分以光整为主要目的和以强化为主要目

的两种，滚压后表面粗糙度 Ra 值可达 0.08 ~ 0.63μm，表面层硬度可提高 10% ~ 50%，疲劳强度可提高 30% ~ 50%。

滚压过程如图 6.6-20 所示。

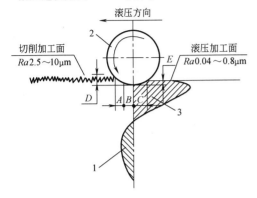

图 6.6-20　滚压过程

1—拉伸残余应力　2—滚柱　3—压缩残余应力
A—压入区域　B—塑性变形区域
C—弹性恢复区域　D—压下量　E—弹性恢复量

注：滚压零件变形区域可以分为压入区域、塑性变形区域和弹性恢复区域。图中，A 为压入区域，表层金属材料产生塑性流动，填入到低凹的波谷中。B 为塑性变形区域，当接触压力超过材料的屈服极限时，工件被滚压工具滚压发生塑性变形。C 为弹性恢复区域，当滚压工具逐渐离开零件被加工表面时，零件表面发生弹性恢复。

（2）加工特点

1）滚压加工属于无屑加工，具有无污染、无材料消耗、节能的特点，并且滚压工具相对简单、成本低、加工效率高。

2）滚压强化效果显著，可在零件表面形成具有残余压应力的紧密表面层组织，金属纤维连续，有助于提高使用性能。

3）应用范围广。可用于圆弧表面、丝杠螺纹表面、齿轮齿形表面、平面以及其他不易加工的特殊形状表面；工件材料包括铝、铜、钛等有色金属及其合金，也可加工铸铁、碳素钢等材料；有些场合可代替精磨、研磨、珩磨等加工工序。

4）适应性强。不需特殊设备，滚压工具可安装在普通钻床、车床、镗床、钻孔器以及加工中心等设备上使用，且作为标准型滚压头有莫氏锥柄和直柄两种选配。

2. 工艺要素选择

滚压加工后的表面质量主要受滚压力、滚压速度、进给量和滚压次数等工艺参数的影响，还

在很大程度上受被加工材料的性质、滚压前零件表面质量、切削液、机床和滚压工具精度等因素的影响。

（1）滚压力

滚压力是滚压加工中一个非常重要的参数，直接影响被加工表面的变形程度、表面粗糙度、尺寸精度和加工效率。滚压力直接影响滚压深度的大小，滚压力增大，滚压深度增加，加工表面塑性变形越充分，表面粗糙度值越小，但过大的滚压深度会使表面产生过大的应力，使已变形的金属表面层产生"脱皮"现象，破坏表面质量。一般滚压深度为 0.01 ~ 0.02mm 时，滚压力取 500 ~ 3000N。

不同滚压力下表面粗糙度值减小程度 U 值见表 6.6-48。

表 6.6-48　不同滚压力下表面粗糙度
值减小程度 U 值

材料强度 R_m /GPa	滚压力/N			
	200	500	1000	1500 ~ 2200
0.85	0.40	0.30	0.12	0.12
0.75	0.40	0.20	0.08	0.06
0.45	0.12	0.10	0.08	0.06

注：1. U 代表滚压的表面粗糙度减小程度的比值，即 $U = \dfrac{Ra_{滚压后}}{Ra_{滚压前}}$。

2. 滚压孔表面时，难以达到高的滚压力，U 值仅约为 0.5。

（2）滚压速度

滚压速度指滚压工具旋转的线速度，根据工件的材料性质和生产率选择。在保证机床、滚压工具正常使用的情况下，宜采用较高的滚压速度，以利于提高滚压质量。滚压速度一般为 30 ~ 150m/min。

（3）进给量

进给量对工件的微观几何形状、物理力学性能影响很大。增大进给量，会导致微观的峰高和节距增大，使滚压不充分；进给量太小，等于重复滚压。进给量一般取 0.1 ~ 0.25mm/r。

进给量与滚压前后的表面粗糙度、滚轮球形面半径、滚轮数、滚压次数的关系见表 6.6-49。

（4）滚压次数

滚压次数直接影响生产率，在保证工件质量的前提下应采用最少的次数。一般情况下，滚压次数应以 1 次为宜，如用滚柱式滚压工具也可滚压 2 次；以强化加工作为主要目的时也不超过 3 次。

材料性质和滚压次数对表面粗糙度的影响见表 6.6-50。

表 6.6-49　进给量与滚压前后的表面粗糙度、滚轮球形面半径、滚轮数、滚压次数的关系

滚轮球形面半径/mm	滚压后达到的表面粗糙度/μm																
	Ra1.25									Ra0.63					Ra0.32		
	滚压前的表面粗糙度/μm																
	Ra10			Ra10		Ra5			Ra2.5		Ra5			Ra2.5		Ra2.5		Ra1.25
	工具上的滚轮数/个																
	1	2	3	1	2、3	1	2	3	1	2、3	1	2	3	1	2、3	1	2、3	1、2、3
	进给量/(mm/r)																
5	0.07	0.07	0.07	0.07	0.07	0.15	0.3	0.4	0.3	0.4	0.07	0.15	0.21	0.15	0.21	0.07	0.15	0.15
6.8	0.09	0.09	0.09	0.09	0.09	0.18	0.36	0.45	0.36	0.45	0.09	0.18	0.24	0.18	0.24	0.09	0.17	0.17
8	0.12	0.12	0.12	0.12	0.12	0.23	0.46	0.51	0.46	0.51	0.12	0.23	0.27	0.23	0.27	0.12	0.19	0.19
10	0.15	0.15	0.15	0.15	0.15	0.29	0.56	0.56	0.56	0.56	0.15	0.29	0.30	0.29	0.30	0.15	0.21	0.21
12.5	0.18	0.18	0.18	0.18	0.18	0.37	0.64	0.64	0.64	0.64	0.18	0.34	0.34	0.34	0.34	0.18	0.24	0.24
16	0.23	0.23	0.23	0.23	0.23	0.47	0.72	0.72	0.72	0.72	0.23	0.39	0.39	0.39	0.39	0.23	0.27	0.27
20	0.29	0.29	0.29	0.29	0.29	0.58	0.80	0.80	0.80	0.80	0.29	0.42	0.42	0.42	0.42	0.29	0.30	0.30
25	0.37	0.37	0.37	0.37	0.37	0.83	0.88	0.88	0.88	0.88	0.37	0.48	0.48	0.48	0.48	0.35	0.35	0.35
32	0.47	0.47	0.47	0.47	0.47	0.94	1.00	1.00	1.00	1.00	0.47	0.54	0.54	0.54	0.54	0.39	0.39	0.39
40	0.58	0.58	0.58	0.58	0.58	1.12	1.12	1.12	1.12	1.12	0.58	0.60	0.60	0.60	0.60	0.43	0.43	0.43
50	0.74	0.74	0.74	0.74	0.74	1.24	1.24	1.24	1.24	1.24	0.66	0.66	0.66	0.66	0.66	0.48	0.48	0.48
63	0.92	0.92	0.92	0.92	0.92	1.40	1.40	1.40	1.40	1.40	0.72	0.72	0.72	0.72	0.72	0.54	0.54	0.54
80	1.17	1.17	1.17	1.17	1.17	1.60	1.60	1.60	1.60	1.60	0.84	0.84	0.84	0.84	0.84	0.60	0.60	0.60
100	1.45	1.45	1.45	1.45	1.45	1.80	1.80	1.80	1.80	1.80	0.96	0.96	0.96	0.96	0.96	0.66	0.66	0.66
125	1.8	1.8	1.8	1.8	1.8	2.0	2.0	2.0	2.0	2.0	1.05	1.05	1.05	1.05	1.05	0.75	0.75	0.75
160	2.25	2.25	2.25	2.25	2.25	2.25	2.25	2.25	2.25	2.25	1.23	1.23	1.23	1.23	1.23	0.85	0.85	0.85
200	2.55	2.55	2.55	2.55	2.55	2.55	2.55	2.55	2.55	2.55	1.35	1.35	1.35	1.35	1.35	0.95	0.95	0.95
滚压次数/次	3	2	1	2		1												

表 6.6-50　材料性质和滚压次数对表面粗糙度的影响

材料	滚压力/N	滚压次数/次	表面粗糙度 Ra/μm 滚压前	表面粗糙度 Ra/μm 滚压后	材料	滚压力/N	滚压次数/次	表面粗糙度 Ra/μm 滚压前	表面粗糙度 Ra/μm 滚压后
55 钢 $R_m=0.75GPa$	500	2	3.2	0.276	Y12 易切削钢 $R_m=0.45GPa$	500	2	3.8	0.197
		4		0.223			4		0.156
		6		0.214			6		0.144
		8		0.203			8		0.134
		10		0.200			10		0.132
		12		0.198					

(5) 滚压工具

滚压工具的结构很多，可分为弹性滚压工具和刚性滚压工具。弹性滚压工具可以保持恒定滚压力，适合曲面加工；刚性滚压工具能够实现压入量的准确控制，可满足更高表面要求的工件处理。

几种金属件的滚珠滚压工艺参数见表 6.6-51。

滚珠滚压加工对碳素钢件表面质量的改善程度见表 6.6-52。

表 6.6-51　几种金属件的滚珠滚压工艺参数

要求的表面粗糙度/μm	滚压用量	工件的材料牌号							
		20	45	T10A	1Cr18Ni9Ti（曾用牌号）	HT150	纯铜	HPb59-1	2A01
Ra1.25 Rz=6.3~3.2	H_0	10		5		5			
	P	1500		300		200			
	d	30	—	8	—	11	—	—	—
	v	60		50		90			
	f	0.15		0.12		0.35			

（续）

要求的表面粗糙度/μm	滚压用量	工件的材料牌号									
		20	45		T10A	1Cr18Ni9Ti（曾用牌号）	HT150	纯铜	HPb59-1	2A01	
Ra0.63 Rz=3.2~1.6	H_0	5	2.5	2.5	2.5	5	2.5	—	2.5	5	2.5
	P	1500	1000	2000	500	200	200	—	300	150	60
	d	30	10	20	8	8	11	—	8	8	5
	v	60	60	60	50	50	90	—	30	30	50
	f	0.15	0.12	0.24	0.12	0.12	0.35	—	0.12	0.12	0.06
Ra0.32 Rz=1.6~0.8	H_0	2.5	2.5	2.5	1.25	5	1.25	5	1.25	2.5	1.25
	P	2000	1000	2000	800	300	200	150	300	200	60
	d	30	20	20	10	8	11	8	8	8	5
	v	60	60	60	50	50	90	50	50	50	50
	f	0.09	0.06	0.12	0.12	0.12	0.28	0.12	0.12	0.12	0.06
Ra0.16 Rz=0.8~0.4	H_0	1.25	1.25	1.25	1.25	2.5	—	2.5	—	—	—
	P	2500	3000	3000	1000	300	—	200	—	—	—
	d	30	30	30	12	8	—	8	—	—	—
	v	60	60	60	50	50	—	50	—	—	—
	f	0.06	0.06	0.06	0.06	0.06	—	0.12	—	—	—

注：1. H_0 为滚压前的工件表面粗糙度（μm）；P 为滚压力（N）；d 为滚珠直径（mm）；v 为滚压速度（m/min）；f 为进给量（mm/r）。
   2. 表中数据适用于滚压圆柱体外表面，使用单滚珠滚压工具及滚压次数为 1 次。
   3. 表中加工铸铁件的数据同样适用于滚压铸铁件的孔表面，使用双滚珠滚压工具。

表 6.6-52　滚珠滚压加工对碳素钢件表面质量的改善程度

牌号	滚压前性质		工艺参数				滚压结果		
	表面粗糙度 Ra/μm	硬度 HBW	滚压力 /N	进给量 /(mm/r)	滚珠直径 /mm	滚压速度 /(m/min)	硬度增加 (%)	表面粗糙度 Ra/μm	强化深度 /mm
20	10	140	1500	0.15	30	120	80	0.16	2
45	2.5	190	1800	0.06	10	60	65	0.32	2.5
T7	2.5	180	2500	0.12	10	60	50	0.25	2

3. 滚压的应用

滚压加工应用范围广，根据不同的需求，滚压工具可使用单个、双个或多个，可使用滚轮、滚珠或滚柱，还可使用刚性的或弹性的；滚压可单独工序进行，也可与机械加工工序组合进行。

实例1：大型电动机转轴的滚轮滚压加工。

零件材料为35钢和50钢，采用滚压力为2000~3000N，滚压速度为120m/min，第1次滚压进给量为1~1.2mm/r，第2次为0.3~0.4mm/r。滚压后，表面粗糙度 Ra 值从2.5~5.0μm减小至0.63~1.25μm；表面硬度从142~200HBW提高至207~250HBW，提高了30%；强化深度约3mm，直径缩小0.02~0.03mm。

实例2：60MN、100MN 模锻锤锤杆强化滚压加工

零件材料为45CrNi，经热处理后硬度为241~285HBW，使用设备为车床，安装液压三滚轮滚压工具。采用滚压力为33000~44000N，进给量为0.4mm/r，工件转速为45r/min，滚压次数1次，球形面滚轮的圆弧半径为15mm，滚轮直径为110mm。滚压后，零件表面硬度提高至285~330HBW，强化深度为6~7mm，直径缩小0.05~0.1mm，寿命提高2.5~22倍。

实例3：φ500mm 液压缸内表面的滚压加工。

零件材料为35钢，预加工后表面粗糙度 Ra 值为5μm。采用三滚轮内表面滚压工具滚压。滚压转速为21r/min，进给量为6mm/r，滚压次数为2次。滚压后，表面粗糙度 Ra 值减小至0.63μm，直径增大0.03mm。

实例4：铸铁导轨平面的滚轮滚压加工。

滚轮滚压的铸铁平面最多的是导轨面。滚轮周面是球形面，硬度为62~65HRC。滚压后，导轨表面粗糙度 Ra 值从5μm减小至1.25μm，如进给量减小，Ra 值还可减小至0.63μm，表面硬度提高15%~18%，用3000mm长的检验平尺检验，接触面积达60%~65%。

铸铁导轨平面的滚压工艺参数见表6.6-53。

表 6.6-53　铸铁导轨平面的滚压工艺参数

滚轮尺寸/mm		滚压力/N	进给量/(mm/双行程)	滚压速度/(m/min)
直径	球面半径			
50	50	5000	0.8~1.5	
70	70	10000	1.3~2.0	
70	100	14000	1.8~2.5	15~30
105	150	30000	2.0~2.8	
240	200	50000 及以上	2.5~3.0	

参 考 文 献

[1] 杨胜强，李文辉，陈红玲. 表面光整加工理论与新技术 [M]. 北京：国防工业出版社，2011.

[2] 航空制造工程手册总编委会. 航空制造工程手册：发动机机械加工 [M]. 2版. 北京：航空工业出版社，2016.

[3] GILLESPIE L K. Mass finishing handbook [M]. South Norwalk：Industrial Press Inc，2006.

[4] YANG S Q，LI W H. Surface finishing theory and new technology [M]. Berlin：Springer，2018.

[5] 尹韶辉. 磁场辅助超精密光整加工技术 [M]. 长沙：湖南大学出版社，2009.

[6] 杨叔子. 机械加工工艺师手册 [M]. 北京：机械工业出版社，2000.

[7] 陈宏钧. 实用机械加工工艺手册 [M]. 北京：机械工业出版社，2019.

[8] 王启平，王振龙，狄士春. 机械制造工艺学 [M]. 哈尔滨：哈尔滨工业大学出版社，2002.

[9] 李伯民，李清，赵波. 磨料、磨具与磨削技术 [M]. 北京：化学工业出版社，2009.

[10] 王先逵. 刘成颖. 机械加工工艺手册：第二卷加工技术卷 [M]. 2版. 北京：机械工业出版社，2007.

[11] 袁根福，祝锡晶. 精密与特种加工技术 [M]. 北京：北京大学出版社，2007.

[12] 赵如福. 金属机械加工工艺设计手册 [M]. 上海：上海科学技术出版社，2009.

[13] 高航，吴鸣宇，付有志，等. 流体磨料光整加工理论与技术的发展 [J]. 机械工程学报，2015 (7)：174-187.

[14] 刘志刚，孙玉利，余泽，等. 多通道零件磨料流加工夹具设计及实验研究 [J]. 航空精密制造技术，2018，54 (5)：1-4，13.

[15] 董志国. 磨料流加工的切削机理及加工工艺的研究 [D]. 太原：太原理工大学，2012.

[16] 马洪军，宋永伟. 细长小孔超精密光整加工技术研究 [J]. 航空制造技术，2015，477 (8)：73-77.

[17] 张克华，许永超，丁金福，等. 异形内孔曲面的磨料流均匀加工方法研究 [J]. 中国机械工程，2013，24 (17)：2377-2382.

[18] TYAGI P，GOULET T，RISO C，et al. Reducing surface roughness by chemical polishing of additively manufactured 3D printed 316 stainless steel components [J]. The International Journal of Advanced Manufacturing Technology，2019，100 (9)：2895-2900.

[19] MORAVEC P，HOSCHL P，FRANC J，et al. Chemical polishing of CdZnTe substrates fabricated from crystals grown by the vertical-gradient freezing method [J]. Journal of Electronic Materials，2006，35 (6)：1206-1213.

[20] 谢格列夫. 金属的电抛光和化学抛光 [M]. 巩德全，译. 北京：科学出版社，1965.

[21] ZHANG Y F，LI J Z，CHE S H. Electrochemical polishing of additively manufactured Ti-6Al-4V alloy [J]. Metals and Materials International，2020 (26)：783-792.

[22] WANG G J，LIU Z Q，NIU J T，et al. Effect of electrochemical polishing on surface quality of nickel-titanium shape memory alloy after milling [J]. Journal of Materials Research and Technology，2020，9 (1)：253-262.

[23] 李建辉. 钴铬合金与镁金属血管支架材料的电化学抛光工艺研究 [D]. 成都：西南交通大学，2014.

[24] WANG T，LEI H. Novel polyelectrolyte-Al_2O_3/SiO_2 composite nanoabrasives for improved chemical mechanical polishing (CMP) of sapphire [J]. Journal of Materials Research，2019，34 (6)：1-10.

[25] SHI X L，PAN G S，ZHOU Y，et al. Charac-

terization of colloidal silica abrasives with different sizes and their chemical-mechanical polishing performance on 4H-SiC [J]. Applied Surface Science, 2014 (307): 414-427.

[26] YIN T, KITAMURA K, DOI T. Effects of changes in gas type and partial pressure on chemical mechanical polishing property of Si substrate [J]. ECS Journal of Solid State Science and Technology, 2019, 8 (4): 293-297.

[27] HU Z, QIN C, CHEN Z C. Experimental study of chemical mechanical polishing of the final surfaces of cemented carbide inserts for effective cutting austenitic stainless steel [J]. The International Journal of Advanced Manufacturing Tech-

nology, 2018, 95 (9): 4129-4140.

[28] ZHANG Z, CUI J, ZHANG J, et al. Environment friendly chemical mechanical polishing of copper [J]. Applied Surface Science, 2019 (467): 5-11.

[29] ZHOU J, NIU X, WANG Z, et al. Study on effective methods and mechanism of inhibiting cobalt removal rate in chemical mechanical polishing of GLSI low-tech node copper film [J]. ECS Journal of Solid State Science and Technology, 2019, 8 (11): 652-660.

[30] 温从众, 耿艳娟, 李苹. 液压腔体零件交接孔热能去毛刺工艺研究 [J]. 机床与液压, 2016, 44 (16): 33-35.

第7章

复合加工技术

主　编　王先逵（清华大学）
参　编　盛伯浩（北京机床研究所）

本章首先阐述了复合加工技术的含义，提出了广义复合加工技术的观点，特别是精密复合加工技术的概念，然后论述了精密复合加工技术在数控机床发展中的作用和创新意义，继而阐述了复合加工的类型，介绍了四种精密复合加工技术，最后阐述了复合加工的应用和发展，以及当前应重视的问题。

现代数控机床的发展，一方面是出现了多坐标控制，如五坐标数控机床、六坐标数控机床等，增加了数控加工零件的复杂程度，同时加工曲线、曲面的能力更强，质量更高；另一方面是加工中心向多工件、多工种和多面体等多功能方向发展，如车削加工中心具有车、铣等加工功能，立式和卧式加工中心具有铣、镗、磨等加工功能，甚至是特种加工功能，同时可在夹具的帮助下进行六面体加工等，从而使数控加工可以实现高度的工序集中，提高了加工质量和生产率。

加工工艺技术的发展很早就提出了复合加工技术的概念，并获得了成效。随着产品质量、复杂程度、生产率等的提高，复杂、精密、高效的复合加工技术在理论上和实用上都有了很大的发展，在工序集中的理念上也有了长足的进步。

7.1　精密复合加工技术的含义

在数控机床制造领域，精密复合加工技术以它精密、多种加工能力复合的巨大优势，成为提升数控机床核心竞争力的一个重要热点。

1. 传统复合加工技术

传统复合加工是指两种或更多加工方法或作用组合在一起的加工方法，可以发挥各自加工的优势，使加工效果能够叠加，达到高质高效加工的目的。在加工方法或作用的复合上，可以是传统加工方法的复合，也可以是传统加工方法和特种加工方法的复合，应用力、热、光、电、磁、流体、声波等多种能量综合加工。通常多是两种加工方法的复合，最多有四种加工方法复合在一起，如机械化学抛光、超声电火花回转加工、超声电火花电解磨削等。

2. 广义复合加工技术

由于多位机床、多轴机床、多功能加工中心、多面体加工中心和复合刀具的发展，工序集中也是一种复合加工，如车铣复合加工中心、铣镗复合加工中心、铣镗磨复合加工中心等；工件一次定位，在一次行程中加工多个工序的复合工序加工，如利用复合刀具进行加工等。这些复合加工技术与传统复合加工技术集合在一起，就形成了广义复合加工技术。

3. 精密复合加工技术

精密复合加工技术的含义主要是定位在精密加工上，是精密加工技术的复合，精密加工和超精密加工通常可分为机械加工和非机械加工两大类，每类加工方法内和两类加工方法之间都可以形成复合加工，如研磨抛光加工、砂带研抛、化学机械抛光、超声珩磨、激光回转加工等。

7.2　精密复合加工技术在数控机床发展中的作用和创新意义

1. 精密复合加工技术是解决数控机床工艺技术难题的重要手段

制造是永恒的，工艺是制造技术的灵魂、核心和关键。产品从设计变为现实是必须通过加工才能完成的，工艺是设计和加工的桥梁，设计的可行性往往会受到工艺的制约，工艺（包括检测）往往会成为产品制造的"瓶颈"。工艺是生产中最活跃的因素，加工技术的发展往往是从工艺突破的，现在的许多加工问题，已经不是单一加工方法能够解决的，而是需要通过复合加工的手段才能完成。精密复合加工往往是解决工艺技术难题的重要手段，例如，利用电火花复合方法（也称为电火花磨削）可以加工直径为 0.1mm 的探针等。

2. 精密复合加工技术是在数控机床创新中求发展的新兴视野

复合加工技术具有创新性，一方面是因为传统加工技术比较经典和成熟，新加工技术很难胜出，创新难度大；另一方面，加工方法的复合有广阔的视野和前景，千变万化，适应性强，关键在于有效的结合上，易产生效益。精密复合加工技术增加了视野的广度和深度，提供了更多的创新契机。例如，振动钻削对难加工材料和复合材料的钻孔有很好的效果，这一技术创新性地解决了飞机制造中复合材料蒙皮的钻孔问题。

3. 精密复合加工技术是提升数控机床核心竞争力的有效途径

精密工程是精密加工和超精密加工技术的总称。当前精密加工是指加工精度为 $0.1 \sim 1.0\mu m$、表面粗糙度 Ra 值为 $0.01 \sim 0.10\mu m$ 的加工技术。数控机床的加工精度是提升数控机床核心竞争力的重要指标之一，加工精度主要是靠精密加工手段来提高和保证的，有的国家提出了"精密加工技术"立国之路，有的国家在工科院校里设置了"精密工程"专业。数控机床的加工精度是加工水平的一个"阈值",加工精度要求高,不仅包含机床本身精度高,而且包含了精度的保特性要求高、表面质量要求高、材料质量要求高等,因此精密复合加工技术是提升核心竞争力的有效途径。

7.3 精密复合加工技术的类型

精密复合加工技术按加工表面、单个工件和多个工件来分,可以分为以下三大类。

1. 作用叠加型

两种或多种加工方法或作用叠加在一起,同时作用在同一加工表面上,强调了一个加工表面的多作用组合同时加工,主要可以解决难加工材料的加工难题。例如,超声珩磨中,超声和珩削是同时作用的,车铣加工可认为是车削和铣削同时共同形成被加工表面。

2. 功能集合型(工序集中型)

两种或多种加工方法或作用集合在一台机床上,同时或有时序地作用在一个工件的同一加工表面或不同加工表面上,强调了一个工件的多功能集中加工,主要可以解决复杂结构件的加工难题,特别是保证工件的尺寸、形位精度和生产率。例如,车铣复合加工中心既可车削又可铣削,多面体加工中心的五面体加工或六面体加工,组合机床的加工,复合工序和复合

工步中螺钉过孔与沉头孔的复合加工,以及转塔车床的顺序加工等。

值得提出的是,车削和铣削复合加工中心可以分为三种类型:第一类可称为车铣复合加工中心,它是以车削加工为基础,集合了铣削加工功能;第二类可称为铣车复合加工中心,它是以铣削加工中心为基础,集合了车削加工功能;第三类称为车铣加工中心,是单指车铣加工的。三类加工中心的性能特点、结构各有不同。

3. 多件并行型

多个相同工件在各自工位上,在相同或不同的加工表面上,同时进行相同或不同的加工或作用,强调了多个工件的同时加工,主要可以解决简单结构件的多件、多表面的同时加工问题,提高了生产率。例如,立式或卧式多轴自动机床的多个相同工件在不同工位上的不同加工,多轴珩磨机床的多个相同工件的相同加工等。

7.4 精密复合加工方法

1. 复合结合剂金刚石微粉砂轮超精密磨削技术

(1) 树脂-金属复合结合剂金刚石微粉砂轮的结构

在超精密磨削加工中,如成形磨削(非球面磨削)等,同时保证工件的高精度和表面质量要求,是非常困难的。在超硬磨料砂轮结构中,金属结合剂砂轮刚性大,对保证形状精度有利,但修整困难,不易加工出低表面粗糙度值表面,而树脂结合剂砂轮的柔性好,弹性高,具有吸振性,并且易于使切削刃凸出高度均匀,易于磨出低表面粗糙度值的表面,但不易保证形状精度。因此,提出了树脂-金属复合结合剂金刚石微粉砂轮,从而得到整体刚度好、表层有柔性的金刚石微粉砂轮,能够同时达到高精度和低表面粗糙度值的加工表面,它是一种作用叠加型复合加工。

(2) 树脂-金属复合金刚石微粉砂轮的特点和应用

1) 复合结合剂结构可以同时获得极低的表面粗糙度值和很高的几何尺寸和形状精度。

2) 金刚石微粉砂轮是一种固结磨料的微量去除加工工具,加工效率高。

3) 细粒度(小于W5)的树脂结合剂金刚石微

粉砂轮,磨粒易于埋在结合剂中,磨粒之间的容屑空间减小,磨削中易于发生阻塞,导致砂轮的切削能力大幅度降低,加工表面质量恶化,因此需要进行在线修整,才能保证磨削的正常进行和加工质量。

树脂-金属复合金刚石微粉砂轮可用于非金属材料和有色金属及其合金材料零件中的各种精密表面加工。

(3) 树脂-金属复合结合剂金刚石微粉砂轮的制作

树脂-金属复合结合剂金刚石微粉砂轮是把铜粉作为添加剂混入到树脂结合剂中,砂轮烧结成形后,先对其进行整形,然后进行电解处理。电解过程中,砂轮表层的铜被腐蚀掉,形成气孔,而树脂结合剂和金刚石磨粒因不受电解作用影响而保留,因此表层为树脂结合剂组织结构,而里层为树脂-金属复合结合剂组织结构。图7.4-1所示为树脂-金属复合结合剂金刚石微粉砂轮的电解处理原理图。

分别用做过电解处理和未做过电解处理的树脂-金属复合结合剂金刚石微粉砂轮磨削光学玻璃,表面质量的效果差别较大,图7.4-2所示为光学玻璃磨削表面的显微镜照片。

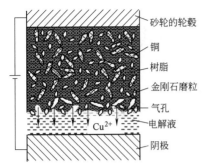

图 7.4-1　树脂-金属复合结合剂金刚石
微粉砂轮的电解处理原理

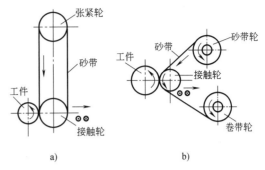

图 7.4-3　砂带磨削和研抛的类型
a）闭式　b）开式

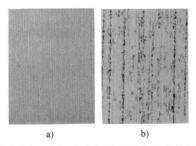

图 7.4-2　光学玻璃磨削表面的显微镜照片
a）用做过电解处理的砂轮　b）用未做过电解处理的砂轮

2. 精密砂带振动磨削和研抛技术

（1）砂带磨削和研抛方式

砂带磨削和研抛从总体上可分为闭式和开式两大类（见图 7.4-3）。

闭式砂带磨削和研抛采用无接头或有接头的环形砂带，通过张紧轮撑紧，由电动机通过接触轮带动砂带高速回转，再通过工件回转、砂带头架或工作台作纵向和横向进给运动，对工件进行磨削和研抛。这种方式可用于粗磨、半精磨、精磨、研磨和抛光，效率高，但噪声大，易发热。对于新砂带，切削作用强，使用一段时间后，切削作用减弱，抛光作用加强，因此对一批工件的加工质量就不一致。

开式砂带磨削和研抛采用成卷砂带，由电动机经减速机构通过卷带轮带动砂带作极缓慢的移动，砂带绕过接触轮并以一定的工作压力与被加工表面接触，通过工件回转，砂带头架或工作台作纵向或横向进给，对工件进行磨削和研抛。由于砂带在磨削过程中的连续缓慢移动，切削区域的旧砂粒不断退出，新砂粒不断进入，加工状态一致，因此加工质量高、加工状态稳定、效果好，但效率远不如闭式，这种方式多用于精密磨削、超精密磨削、研磨和抛光中，砂带通常为一次性应用。

（2）砂带磨削和研抛的特点

砂带磨削和研抛是一种比较传统和广泛应用的加工方法，由于带基材料的发展，磨粒与带基黏结强度的提高，以及精密砂带磨削和研抛等工艺的出现，使其应用范围大为扩展，在工业发达国家中，砂带磨削在磨削中已占有近 50% 的比例。

砂带磨削和研抛有如下一些特点：

1）砂带与工件是柔性接触，磨粒载荷小而均匀，又能减振，因此工件的表面质量较高。

2）磨粒有方向性，磨粒的切削刃间隔长，摩擦生热少，散热时间长，切屑不易阻塞，切削性能好，有效地减小了工件的热变形和表面烧伤。

3）砂带磨削效率高，与铣削和砂轮磨削相媲美，强力砂带磨削的效率可为铣削的 10 倍，为普通砂轮磨削的 5 倍。

4）砂带磨削和研抛作用的控制与其类型、磨粒种类、磨粒粒度、带基材料、接触轮外缘材料及其硬度等有关。普通砂带磨削大多采用闭式，带基材料为纸基或布基，接触轮外缘材料为钢、铜、铝等，硬度较高。精密砂带研抛多用开式，用细粒度磨粒，带基材料为聚酯薄膜，采用不同硬度的接触轮外缘材料，即可控制研磨和抛光的作用比例，因此兼有研磨和抛光的复合作用，例如，当采用中硬橡胶或聚氨酯等为接触轮外缘材料时，则兼有研磨和抛光双重作用，不但可获得低表面粗糙度值，而且可获得高几何精度。因此，它是一种功能集合型复合加工，可以磨削、抛光和研磨。

5）接触轮是砂带磨削和研抛的关键元件，其基本结构如图 7.4-4 所示，轮毂和外缘是由不同材料制成，一般轮毂选用钢、铝等材料，外缘视磨削要求不同可选用钢、铜、橡胶、塑料等材料。接触轮的表面形状有平滑面或沟槽面，加工效率要求高时可用带网纹的沟槽面。

6）砂带磨削和研抛时可以不用工作液，进行干磨，对精密磨削和研抛效果可能更好。

7）砂带制造过程比砂轮简单，无需烧结，制造成本低，价格低。使用中无需动平衡和修整，安全

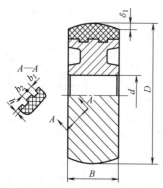

图 7.4-4　接触轮的基本结构

方便。

8）砂带磨削和研抛可加工外圆、内圆、平面和成形表面等，也可加工各种黑色金属、有色金属和非金属材料，如木材、塑料、石材、水泥制品、橡胶以及陶瓷、半导体、宝石等硬脆性材料。砂带磨削和研抛可在系列砂带磨床上进行，也可在普通机床上所附加的砂带磨削和研抛头架上进行。

（3）精密砂带振动磨削和研抛技术

精密砂带振动磨削和研抛方法是将砂带磨削、研磨、抛光和振动结合起来，由于有了振动的叠加，因此它是一种作用叠加型复合加工；由于集合了磨削、研磨和抛光，因此它又是一种功能集合型复合加工，其加工质量能很好地满足精密加工的要求，不仅可用来加工黑色金属、有色金属等材料，而且有效地解决了一些难加工材料的加工，如磁盘上的磁粉和树脂涂层的研抛，图 7.4-5 所示为清华大学研制成功的卧式精密平面砂带磨削和研抛机床。

图 7.4-5　卧式精密平面砂带磨削和研抛机床

精密砂带振动磨削和研抛头架可以安装在车床上，成为这类机床的一个附加部件（见图 7.4-6），也可以构成车磨复合加工中心，对回转体工件进行外圆及端面的磨削和研抛加工，在工件一次装夹中完成车削、磨削及研抛等加工。

在一般情况下，精密砂带振动研抛的加工表面粗糙度 Ra 值可达 $0.1\mu m$，如果在恒温、超净的环境下，

图 7.4-6　砂带振动磨削和研抛头架

加工表面粗糙度 Ra 值可达 $0.01\mu m$。

3. 精密车铣加工技术

车铣是一种传统加工方法，它是作用叠加型复合加工，但应用不够普遍，20 世纪 80 年代，德国的 K. P. Sorge 在他的论文《车铣技术》中提出了正交车铣方式，使车铣加工有了长足发展。

（1）车铣复合加工方法和类型

车铣是利用工件和铣刀旋转的合成运动来进行工件的切削加工，有工件旋转（或分度）、铣刀旋转、铣刀轴向进给和径向进给四个基本运动，其加工方式如图 7.4-7 所示，有轴向车铣和正交车铣两大类：轴向车铣时，铣刀与工件的旋转轴线相互平行，可加工外圆和内孔表面，但铣刀直径和刀杆长度有限定；正交车铣时，铣刀与工件的旋转轴线相互垂直，只能加工外圆表面，如果工件轴为 C 轴，则可加工齿轮和凸轮等零件。近些年来，这种方式发展较快。

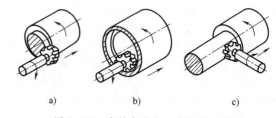

　　a)　　　　　　　b)　　　　　　　c)

图 7.4-7　车铣复合加工方法和类型
a) 轴向车铣（加工外圆表面）　b) 轴向车铣（加工内孔表面）　c) 正交车铣

（2）主要特点

1）车铣是间断切削，切屑易排除。

2）易于实现高速切削、强力切削、微细切削、薄壁零件加工，形成车铣加工中心。

（3）微小型正交车铣加工中心

按零件尺寸和加工特征尺寸的大小，可分为：宏尺度加工、中尺度加工和微尺度加工。中尺度加工尺寸介于宏观尺寸与微观尺寸之间，可称为细观尺寸，现认为是零件尺寸为 $100\mu m \sim 10mm$，加工特征尺寸为 $10\mu m \sim 1mm$，注重细观结构，加工立足于

宏观尺寸的加工方法，但零件尺寸较小，如微型飞机、微型电动机、微型机床等。图 7.4-8 所示为北京理工大学研制的微小型车铣正交加工中心，具有车、铣、磨加工功能，精度达到 $2\mu m$，可车铣长径比为 $\phi0.5mm/8.0mm$ 的轴类零件，图 7.4-9 为其功能展示样件。

目前，微小型数控机床在我国正在兴起，有较大的需求和发展前景。

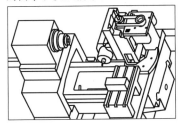

图 7.4-8　微小型车铣正交加工中心

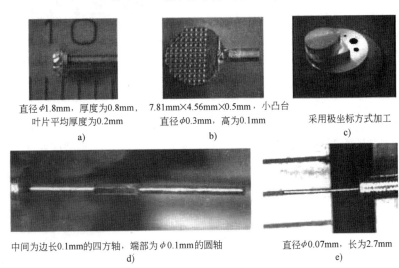

直径 $\phi1.8mm$，厚度为 0.8mm，　　7.81mm×4.56mm×0.5mm，小凸台　　采用极坐标方式加工
叶片平均厚度为 0.2mm　　　　　直径 $\phi0.3mm$，高为 0.1mm
　　　　a)　　　　　　　　　　　　　b)　　　　　　　　　　　　　c)

中间为边长 0.1mm 的四方轴，端部为 $\phi0.1mm$ 的圆轴　　　　直径 $\phi0.07mm$，长为 2.7mm
　　　　　　　　　d)　　　　　　　　　　　　　　　　　　　　　　e)

图 7.4-9　微小型车铣正交加工中心功能展示样件
a) 涡轮　b) 乒乓球拍　c) 凸轮面　d) 微细阶梯轴　e) 微轴

4. 化学机械抛光技术

化学机械抛光是一种作用叠加型复合加工，其原理如图 7.4-10 所示，它是一种非接触抛光，但强调了化学作用，在抛光液中加入了添加剂，形成活性抛光液。抛光时，靠活性抛光液的化学活化作用，在被加工表面上生成一种化学反应生成物，由磨粒的机械摩擦作用去除。可以获得无机械损伤的加工表面，化学作用不仅可以提高加工效率，而且可以提高加工精度和降低表面粗糙度值，因此化学作用所占的比重较大，甚至可能是主要的。化学机械抛光的关键是根据被加工材料选用适当的添加剂及其成分含量。

对多晶体（如大部分金属和陶瓷等）进行抛光时，由于在同一抛光条件下，不同晶面上的切除难度各不相同，就会在被加工表面上出现台阶。化学机械抛光能很好地改善这种状况，不仅能获得极低的表面粗糙度值，而且在晶界处的台阶很小，同时又极好地保持了边棱的几何形状，满足零件的功能性要求。例如在用 Fe_2O_3 微粉和 HCl 添加剂形成的混合工作液化学机械抛光多晶 Mn-Zn 铁氧体时，可获得满意的效果。

化学机械抛光通常是在恒温、超净环境下进行，而且是在恒温抛光液中进行抛光，以防止空气中的尘埃混入研抛区，由于是恒温，可抑制工件、夹具和抛光工具的变形，因此可获得较高的加工精度和表面质量。

近年来化学机械抛光应用十分广泛，用于加工半导体硅片材料十分成功，已有专门的抛光机床问世。与化学机械抛光类似的加工方法有化学机械研磨和化

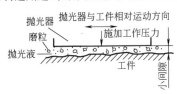

图 7.4-10　化学机械抛光的原理

学机械珩磨等。

这种加工方法可以进行研磨和抛光，当采用硬质材料制成研抛工具时，则研抛工具为研具，为研磨加工；当采用软质材料制成研抛工具时，研抛工具为抛光器，则为抛光加工；当采用中硬橡胶或聚氨酯等材料制成研抛工具时，则兼有研磨和抛光双重作用。

7.5　复合加工技术的应用和发展

1. 完整加工和完全加工

复合加工技术的出现已有半个多世纪，开始主要停留在作用叠加型复合加工上，20 世纪 80 年代，逐渐向工序集中型复合加工发展，追求在一台加工中心上能够进行车削、铣削、镗削等多功能加工，并力求在工件一次装下加工尽量多的加工表面，甚至在多面体加工夹具结构的支持下，能够加工全部加工表面，从而可以避免工件多次装夹所造成的误差，提高加工精度、表面质量和生产率，所以称为完整加工和完全加工。

2. 复合加工技术在汽车、拖拉机和航空航天工业中的应用

复合加工技术在航空航天工业上已有较广泛的需求和应用，整体叶盘和机匣等是航空结构件中最复杂和最难加工的零件，就整体叶盘零件来说，通常是在立式车床上加工出回转体部分，然后再在五坐标立式加工中心上铣削叶片，现在在立式带转台的车铣复合加工中心上加工，一次装夹下就可加工完大部分加工表面，省去了许多夹具，由于工序集中和一次装夹，可大大提高加工质量和生产率，图 7.5-1 所示为 2007年北京航展上展出的整体叶盘零件。

图 7.5-1　整体叶盘零件

复合加工技术在汽车、拖拉机工业中也有广泛的需求和应用，曲轴和凸轮轴等是发动机的典型重要零件，以前虽有自动机床进行车削和磨削，但也是单功能加工，现在可在车铣复合加工中心上一次装夹完成大部分加工，大大地提高了加工质量和生产率，图7.5-2 所示为在五轴车铣复合加工中心上车铣曲轴的连杆轴颈。

沈阳机床有限责任公司生产的五轴车铣复合加工中心，它以车削功能为主，集成了铣削和镗削等功能，至少具有三个直线进给轴和两个圆周进给轴，配

图 7.5-2　在五轴车铣复合加工中心上车铣曲轴的连杆轴颈

有自动换刀系统，这种车铣复合加工中心是在三轴车削中心基础上发展起来的，相当于一台车削中心和一台加工中心的复合，工件可以在一次装夹下，完成全部车、铣、钻、镗、攻螺纹等加工，图 7.5-3 所示为五轴车铣复合加工中心加工的典型零件。

图 7.5-3　五轴车铣复合加工中心加工的典型零件

图 7.5-4 所示为北京机床一厂生产的 CHA564 立式车铣复合加工中心。

图 7.5-4　CHA564 立式车铣复合加工中心

3. 复合加工技术在应用和发展中存在的问题

在作用叠加型复合加工中，普通机械加工方法之间的复合相对比较容易实现，普通机械加工方法与特种机械加工方法或特种加工方法之间的复合，由于加工机理、加工方式、设备条件等的不同，有时是比较困难的，例如在电解磨削复合加工中，不仅要有磨床，而且要有电解装置，此外还有因电解液处理引起的清洁生产问题。

在功能集合型复合加工中，由于机床结构的叠加，特别是复杂结构件的复合加工将造成机床的高精度要求和结构的复杂性，使得机床制造难度和成本增加，价格高，这是需要重视的，因此工序的集中也应有所限定，集中程度应适当。

在多件并行型复合加工中，为了避免机床结构过于复杂，体积过大，精度难于保证，大多用于小型简单零件的复合加工。

7.6　复合加工的难度和复杂性对数控加工的影响

数控系统通常是由前置处理和后置处理两部分组成。前置处理又称为主处理，这部分工作通用性强、独立性较大。后置处理部分专业性强，与数控机床关系密切，必须根据具体的数控系统设计。因此复合加工时，可能会涉及一些数控问题的处理，现在介绍一些有关数控系统的前置处理和后置处理。

1. 前置处理

主要有以下几部分工作：

（1）输入与翻译

输入零件源程序，通过编译程序翻译成通用计算机能够处理的形式，并进行语言错误检查。

（2）运算单元

进行结点运算，曲线、曲面拟合运算，刀位轨迹规划和计算等。

（3）刀位偏值计算

数控加工时应该得到最终要求的零件尺寸和形状，但由于刀具选用的尺寸不同、刀具重磨后的尺寸变化等原因所造成的误差，就是刀具偏值的影响，要进行刀具偏值计算，这是数控加工中很重要的一项工作。

（4）输出刀位数据

将输出的刀位数据存储在刀位文件中。

2. 后置处理

后置处理按数控机床的控制系统要求来进行设计，并以该数控机床的信息输出要求进行工作。

（1）输入刀位数据

输入刀具移动点的坐标值和运动方向。

（2）功能信息处理

主要指处理有关数控机床的准备功能、辅助功能等信息，以及前置处理中不能处理的一些特殊功能指令。

（3）运动信息处理

这些工作有从零件坐标系到机床坐标系的转换、行程极限校验、间隙校验、进给速度码计算、超程和欠程处理、绝对尺寸和相对尺寸处理等。

（4）输出数控程序

将功能、运动信息处理的结果转换为数控机床所要求的程序格式，并能为数控加工使用。

前置处理和后置处理的结构框图如图 7.6-1 所示。

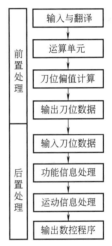

图 7.6-1　前置处理和后置处理的结构框图

3. 加工仿真

为了保证复合加工的正确性和可靠性，通常可采用加工仿真的方法来进行检验，加工仿真是指用计算机来仿真数控加工过程，其内容十分广泛。

（1）刀具中心的运动轨迹仿真

这种仿真可在后置处理进行，主要用于检查工艺过程中的加工顺序的安排、刀具行程路径的优化、刀具与被加工轮廓的干涉等，还可以检查数控程序的正确性，有切削液的封闭加工状态等。

（2）刀具、夹具、机床、工件间的加工运动干涉仿真

加工是一个动态运动过程，刀具、夹具、机床、工件之间的相对位置是变化的，因此要进行动态仿真。图 7.6-2 所示为加工过程仿真系统的总体结构。

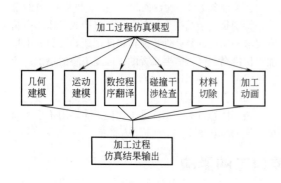

图 7.6-2　加工过程仿真系统的总体结构

1）几何建模。描述零件，机床、工具（刀具）、夹具等所组成的工艺系统实体。

2）运动建模。描述加工运动和辅助运动，包括直线运动、回转运动以及其他成形运动等。

3）数控程序翻译。将数控程序翻译成内部数据结构，以便进行加工过程仿真。

4）碰撞干涉检查。检查机床、工件、刀具和夹具等内部结构数据的干涉碰撞。

5）材料切除。考虑工件由毛坯成为零件的过程中形状和尺寸的变化。

6）加工动画。进行二维或三维的实体动画仿真显示。

7.7　小结

采用复合加工主要可以解决难加工材料和复杂结构件的加工难题，在汽车、拖拉机和航空航天制造中的应用已比较广泛，并已逐渐扩展到其他工业领域，如造船、工程机械等，效果十分显著，并向精密加工方向发展。

精密加工技术和复合加工技术都是重要的先进制造技术，精度和表面质量通常是衡量一个国家加工水平和能力的标志，精密复合加工技术是精密加工技术的复合，如果用一个金字塔来表示它们之间的关系，其底层是普通机械加工和特种加工技术，第二层是精密机械加工和精密非机械加工技术，第三层是普通复合加工技术，塔尖则是精密复合加工技术，因此它具有重要意义，是当前我国数控机床研究的重点和热点。

参 考 文 献

［1］　王先逵. 我国机床数字控制技术的回顾与展望［J］. 现代制造工程，2011（1）：1-7.

［2］　王焱. 复合加工技术在航空结构件制造中的应用［J］. 航空制造技术，2009（12）：40-43.

［3］　盛伯浩. 复合加工技术及其在航空航天领域的应用［J］. 航空制造技术，2009（12）：44-46.

［4］　王先逵. 计算机辅助制造［M］. 2 版. 北京：清华大学出版社，2008.

［5］　王先逵. 机械加工工艺手册［M］. 2 版. 北京：机械工业出版社，2007.

第 8 章

增材制造（3D 打印）技术

主　编　齐海波（石家庄铁道大学）

参　编　杨伟东（河北工业大学）

　　　　史廷春（杭州电子科技大学）

主　审　颜永年（清华大学）

8.1　增材制造技术概论

8.1.1　增材制造技术的定义和特点

增材制造（Additive Manufacturing，AM）技术，又称为 3D 打印，是基于离散-堆积原理，由零件三维数据驱动直接制造零件的科学技术的总称。

增材制造（3D 打印）技术的基本过程：首先完成被加工零件的计算机三维模型（数字模型、CAD 模型）；然后根据技术要求，按照一定的规律将该模型离散为一系列有序的单元，通常在 Z 向将其按一定厚度进行离散（分层、切片），把原 CAD 三维模型变成一系列层片的有序叠加；再根据每个层片的轮廓信息，输入加工参数，自动生成数控代码；最后由增材制造设备完成一系列层片制造并实时自动将它们连接起来，得到一个三维物理实体。这样就将一个零件复杂的三维加工转变成一系列二维层片的加工，大大降低了加工难度，形成所谓的降维制造。由于成形过程为材料标准单元体的叠加，无需专用刀具和夹具，因而成形过程的难度与待成形物理实体形状的复杂程度无关，见图 8.1-1。

在增材制造技术的发展过程中，各个研究机构和人员均按照自己的理解，从不同的侧面强调其特点而赋予其不同的称谓，如快速原型（Rapid Prototyping，RP）、快速制造（Rapid Manufacturing，RM）、自由成形制造（Free Form Fabrication，FFF）、实体自由成形制造（Solid Freeform Fabrication，SFF）、分层制造（Layered Manufacturing，LM）、增材制造（Additive Manufacturing，AM）、材料添加制造（Material Increase Manufacturing，MIM）、直接 CAD 制造（Direct CAD Manufacturing，DCM）、即时制造（Instant Manufacturing，IM）、3D 打印（Three Dimensional Printing，3DP）等。增材制造技术的不同称谓即反映了其各个侧面的重要特征。

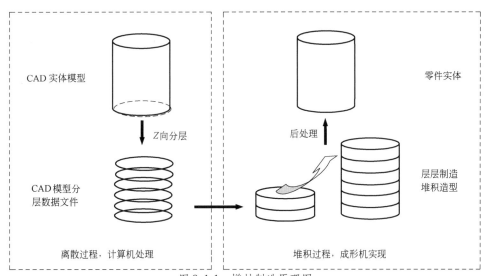

图 8.1-1　增材制造原理图

增材制造技术的主要特点：

（1）由数字模型即 CAD 模型直接驱动

数字模型数据通过接口软件转化为可以直接驱动增材制造设备的数控指令，增材制造设备根据数控指令完成原型或零件的加工。由于增材制造以分层制造为基础，可以较方便地进行路径规划，将 CAD 和 CAM 结合在一起，实现设计与制造一体化，这也是直接驱动的含义。

（2）可以制造具有任意复杂形状的三维实体

增材制造技术将复杂的三维实体离散成一系列层片加工和加工层片之叠加，从而大大简化了加工过程。由于是二维层面加工，因而不存在三维加工中刀具干涉的问题，因此理论上讲，可以制造包括复杂的中空结构在内的具有任意复杂形状的原型和零件。

（3）增材制造设备是无需专用夹具或工具的通用机器

对于不同的零件，不需要制造传统技术中所需要的专用工装、模具或工具，而只需要建立 CAD 模型，调整和设置技术参数，即可制造出符合要求的零件。

（4）增材制造使用的材料具有多样性

增材制造技术具有极为广泛的材料可选性，其选材从高分子到金属材料、从有机到无机、从无生命到有生命（细胞），这为增材制造技术广泛应用提供了前提，可以在航空航天、机械、家电、建筑、医疗等各个领域应用。

（5）增材制造过程中材料制备与材料成形过程相统一

增材制造过程是边堆积边成形，因此它有可能在成形的过程中改变成形材料的组分，既可以合成新材料，也可以制备出复杂形状的零件；既可以成形材料梯度零件，也可以成形结构梯度零件。

8.1.2 增材制造技术的发展历程

增材制造技术经历了四个阶段：萌芽阶段、RP阶段、RM阶段、AM阶段。

1）萌芽阶段。增材制造技术的概念大约出现在20世纪70年代末，而实际上采用分层制造原理堆积三维实体的思维雏形，最早可追溯到19世纪。早在1892年，美国的J. E. Blanther就提出了采用分层制造法构成地形图。1902年，美国Carlo Bease提到了采用光敏聚合物制造塑料件的原理，这是光固化技术的初始设想。1976年美国Paul L. Dimatteo明确提出先用轮廓跟踪器将三维物体转化为二维轮廓薄片，然后用激光切割使这些薄片成形，再用螺钉、销钉将一系列薄片连接成三维物体。1979年，日本Nakagawa教授开始采用分层制造技术制作实际的模具。20世纪70年代末到80年代初，美国的Alan J. Hebert、日本的小玉秀、美国UVP公司Charles W. Hull等人相继独立地提出了快速原型概念。

2）RP阶段。随着激光技术的高速发展，高质量的激光束为材料快速固化提供了先决条件，第一个快速原型技术就是利用当时先进的激光技术来实现光固化树脂的逐点、逐层交联固化而成形。Charles W. Hull在UVP公司的支持下，完成了一个自动三维成形装置Sterolithography Apparatus（SLA-1），1986年该系统获得了专利，这成为快速原型技术发展的一个里程碑。1986年，美国得克萨斯大学奥斯汀分校的Carl R. Deckard提出了采用激光束烧结粉末而成形的激光选区烧结技术（Selective Laser Sintering，SLS），1988年研制成功了第一台SLS成形机。1985年，美国Michael Feygin采用激光束切割薄材（如纸材）而层层黏结成形，并由Helisys公司于1991年推出LOM（Laminated Object Manufacturing）成形机。1992年，美国S. Scott Crump获得了FDM技术的第一个专利，直接将材料（如塑料、蜡等）熔化并挤压喷出堆积成形，称为熔融沉积成形技术（Fused Deposition Modeling，FDM），由于不需要当时价格高昂的激光器，在众多快速原型技术中发展速度最快。1993年，

美国麻省理工学院Ely Sachs博士同样不采用激光器，提出用喷射黏结剂微滴去黏连铺平粉层中的粉末，实现局部的固结，逐层制造而获得三维实体模型的三维打印技术。表8.1-1为主要RP技术获得专利的情况。

表8.1-1 主要RP技术获得专利的情况

年份	国别	技术名称	专利所有人
1985年	美国	叠层实体制造（LOM）	Michael Feygin
1986年	美国	光固化技术（SL）	Charles W. Hull
1986年	美国	激光选区烧结（SLS）	Carl R. Deckard
1992年	美国	熔融沉积制造（FDM）	S. Scott. Crump
1993年	美国	三维打印（3DP）	Ely Sachs和Mike Cima

3）RM阶段。快速原型技术所完成的产品基本上不具有使用功能而仅可用于对产品设计进行评价。随着快速原型技术在技术、设备和材料方面取得了极大的进步，成形件逐渐具有设计思想评价和装配检验功能以外的使用功能：如承受很大的载荷应力、热应力、冲击应力和交变应力等；足够的硬度和耐磨性；良好的化学稳定性、热稳定性和湿度稳定性；特殊的电、磁性能；特殊的生物学性能以及良好的表面质量和形位精度。快速原型技术逐渐向快速制造技术转变的途径主要为：①快速原型技术制造的零件性能得到提高；②快速原型技术经过其他技术（如铸造技术）的转换可以得到高性能零件；③工业产品中量大、价高的金属零件3D打印逐渐成为可能。表8.1-2为金属零件RM技术的专利情况。

表8.1-2 金属零件RM技术的专利情况

年份	国别	技术名称	专利所有人
1986年	德国	激光选区熔化（SLM）	Carl. R. Deckard
1995年	美国	电子束实体制造（EBFFF）	John Edward Matz
1997年	瑞典	电子束选区熔化（EBM）	Andersson和M. Larsson
1997年	美国	激光近净成形（LENS）	David Keicher

4）AM阶段。2012年8月，美国国家增材制造创新研究院成立。2011年11月，欧盟公布了"地平线2020"科研规划，提出了增材制造技术路线图。德国建立了直接制造研究中心，主要研究和推动增材制造技术在航空航天领域中结构轻量化方面的应用。法国增材制造协会致力于增材制造技术标准的研究。西班牙启动了一项发展增材制造的专项，研究内容包括增材制造共性技术、材料、技术交流和商业模式四方面内容。澳大利亚使用增材制造技术制造航空航天领域微型发动机零部件。日本政府通过优惠政策和大量资金鼓励产学研用紧密结合，有力促进该技术在航

空航天等领域的应用。2015 年国务院颁布了《国家增材制造产业发展推进计划（2015—2016 年)》，2017 年工业和信息化部联合十二部门发布了《增材制造业产业发展行动计划（2017—2020 年)》，科技部"十三五"期间将"增材制造与激光制造"列为国家重点研发计划，《中国制造 2025》中增材制造是重要组成部分。

AM 阶段的增材制造技术不再局限于特定领域和少数科研单位，而是越来越被各个领域所接受，各国投入的人力、物力空前加强。2013 年，美国《时代》周刊将增材制造技术列为"美国十大增长最快的工业"，同年，英国《经济学人》杂志则认为它将"与其他数字化生产模式一起推动实现第三次工业革命"。增材制造技术进入全面发展阶段。

我国增材制造技术自 20 世纪 90 年代初开始发展，清华大学、西安交通大学、华中科技大学、北京隆源公司等在典型成形设备、软件、材料等方面研究和产业化方面获得了重大进展，接近国外产品水平。随后国内许多高校和研究机构也开展了相关研究，如西北工业大学、北京航空航天大学、南京航空航天大学、上海交通大学、大连理工大学、中北大学、中国工程物理研究院等。其中，清华大学开展了多功能快速成形、熔融挤出成形、电子束选区熔化、生物打印技术等方面的研究，西安交通大学开展了光固化、金属熔覆制造、生物组织制造等方面的研究，华中科技大学开展了叠层实体制造、激光选区烧结等方面的研究，北京隆源公司开展了激光选区烧结研究，北京航空航天大学和西北工业大学开展了激光熔覆沉积制造技术研究，北京航空制造研究院开展了电子束熔丝沉积制造研究，华南理工大学开展了激光选区熔化技术研究。国内的高校和企业通过科研开发和设备产业化，改变了增材制造设备早期依赖进口的局面，推动了我国增材制造技术的发展。

8.1.3　增材制造技术的分类

自 1986 年第一台增材制造设备 SLA-1 出现至今，现在已有 30 多种不同的成形方法和技术。

按照增材制造技术所使用材料的性质，增材制造技术可分为金属材料增材制造、非金属材料增材制造、生物材料增材制造三大类；按照材料成形状态来分，可分为沉积类（从成形平台上方过渡到成形位置）和材料床类（预先以粉末床、液态床、箔材床铺放在成形位置）两大类，如图 8.1-2 所示。

各种增材制造技术的原理和图例见表 8.1-3。

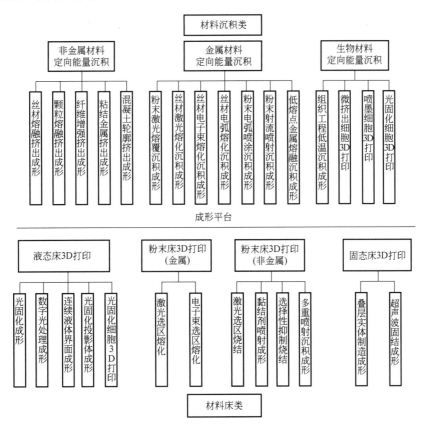

图 8.1-2　增材制造技术分类（按材料成形状态）

表 8.1-3　各种增材制造技术的原理和图例

序号	工艺名称	英文	工艺描述	图例
1	光固化技术或立体光刻	SLA（Stereo Lithography Appearance）	最早出现的增材制造技术。采用激光束逐点扫描液态光敏树脂使之固化的成形工艺,应用广泛、成形精度高,与 DLP 或 CLIP 技术相比成形零件尺寸大	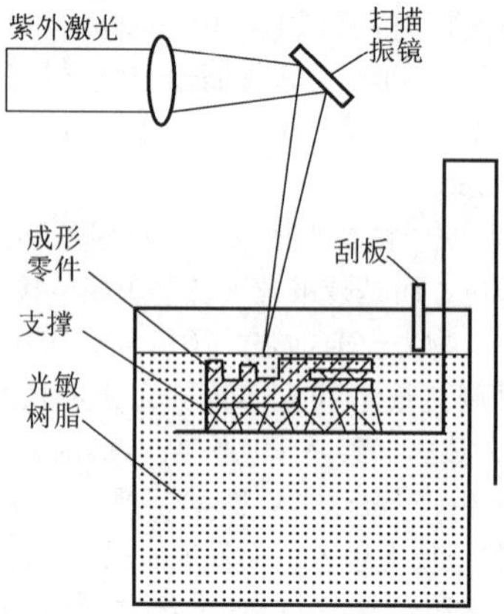
2	数字光处理技术/连续液体界面制造技术	DLP（Digital Light Processing）、CLIP（Continuous Liquid Interface Production）	基于光固化技术 SLA 和数字投影技术 DMD,首先把影像信号经过数字处理,然后再把光投影出来固化光聚合物,实现面扫描。与 DLP 技术不同,CLIP 技术在树脂槽底部贴上供光和氧通过的薄膜,形成"盲区",树脂槽内部的树脂在紫外光照射下快速固化成形,打印速度快	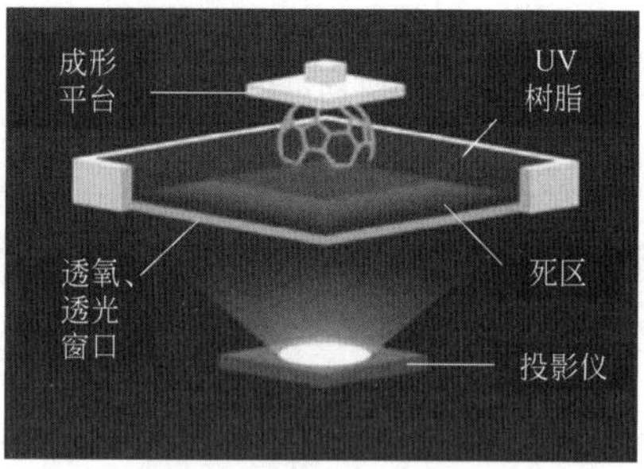
3	光固化投影体成形	Volumetric Additive Manufacturing Via Tomographic Reconstruction	先在一个杯子里装上光敏树脂液态材料,然后转盘带动杯子进行旋转的同时使用 DLP 光源进行体曝光,当光的总量达到一定值时树脂固化成形。该技术为体扫描,制造时间短,不需支撑,目前尚处于研发阶段	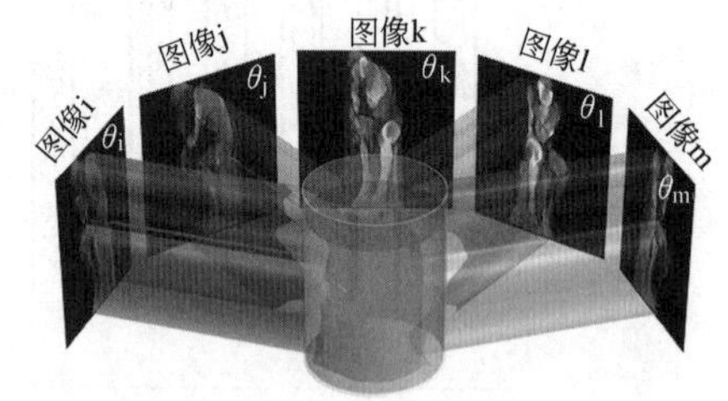
4	叠层实体制造技术或分层实体制造	LOM（Laminated Object Manufacturing）	采用激光切割箔材,箔材之间靠热熔胶在热压辊的压力和传热作用下熔化并实现黏结,层层叠加制造原型。目前该技术已经很少使用	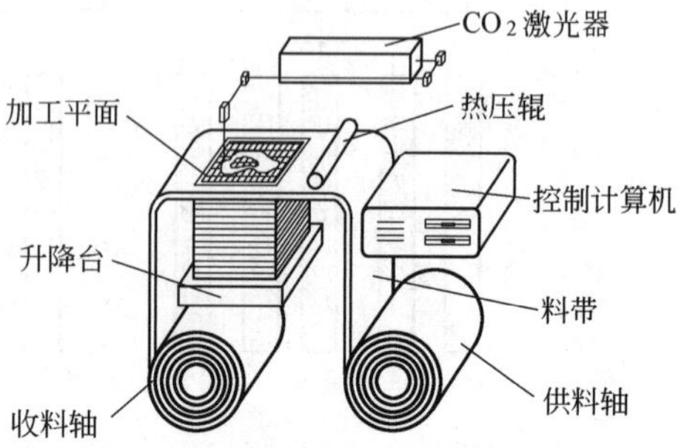

（续）

序号	工艺名称	英文	工艺描述	图例
5	激光选区烧结技术或选择性激光烧结	SLS(Selective Laser Sintering)	采用 CO_2 激光逐点烧结粉末材料，使包覆于粉末材料外的固体黏结剂或粉末材料本身熔融黏连实现材料的成形。材料可以是尼龙、蜡、陶瓷、金属及其混合物等粉末	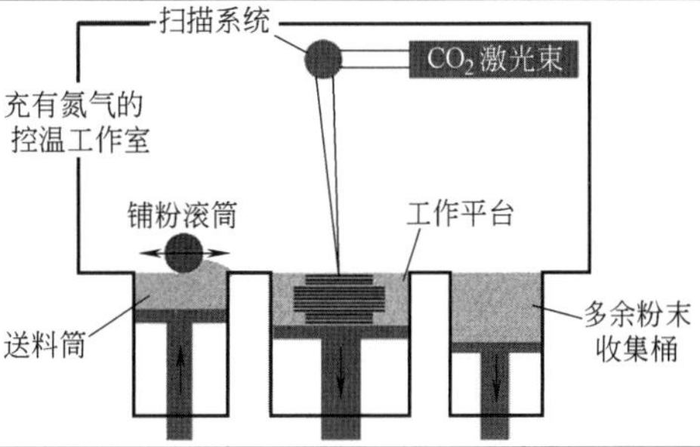
6	激光选区熔化技术或选择性激光熔化	SLM(Selective Laser Melting)	与 SLS 技术类似，主要是采用高能量密度的光纤激光使金属粉末完全熔化实现材料的成形，是目前金属零件增材制造的主要方式之一	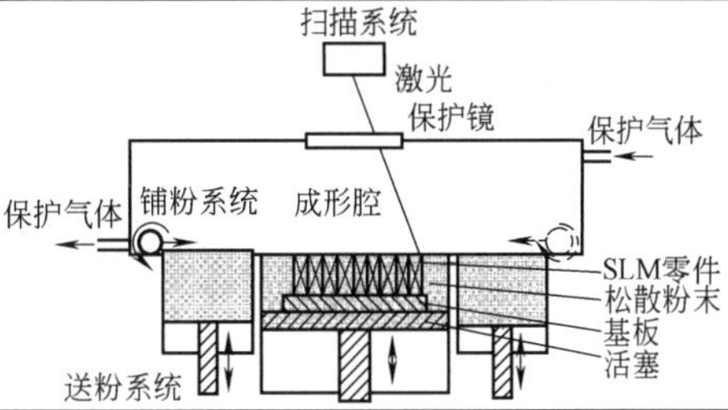
7	熔融沉积成形技术或熔融挤出成形技术	FDM (Fused Deposition Modeling)，MEM (Melted Extrusion Modeling)	采用丝状热塑性成形材料，连续地送入喷头后在其中加热熔融并挤出喷嘴，逐步堆积成形。结构简单，价格低，桌面 3D 打印机的主要技术。使用的材料包括 ABS、PLA、尼龙、PEEK、金属树脂混合物等	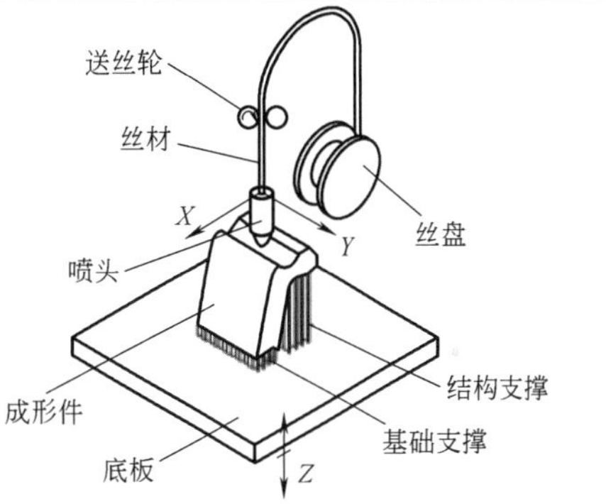
8	连续纤维增强熔融挤出成形技术	EMCFRP(Extrude Manufacturing of Continuous Fiber Reinforced Plastic)	将连续纤维和树脂在打印喷嘴处融合并直接挤出，或将纤维和树脂制成预浸带再打印，可以制备连续纤维增强复合材料，拥有较高的比强度和比模量	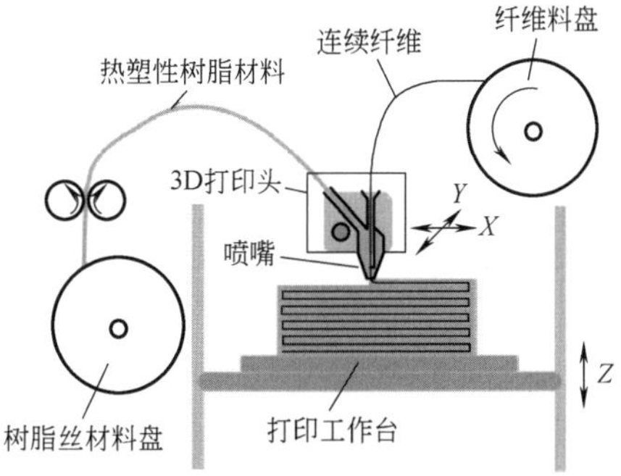
9	激光近净成形制造技术或激光熔覆沉积技术	LENS (Laser Engineered Net Shaping)，LCD (Laser Cladding Deposition)	采用同轴或旁轴送粉激光熔覆方式，将粉末材料熔化后逐层堆积，最终形成具有一定形状的三维实体零件，是目前大尺寸金属零件增材制造的主要方式之一	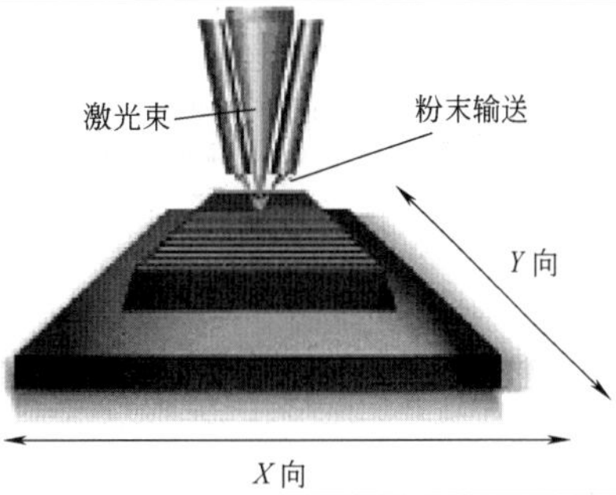

（续）

序号	工艺名称	英文	工艺描述	图例
10	形状沉积制造技术	SDM（Shape Deposition Manufacturing）	将金属粉末熔化沉积，逐层堆积成形出工件，并采用铣削方法去除冗余材料。经过反复沉积、去除、逐层成形，是增减材制造技术的萌芽	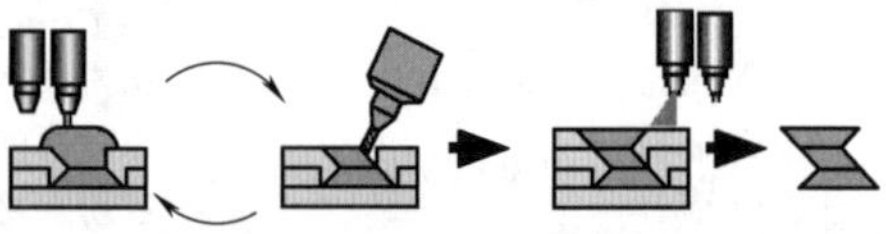
11	激光熔丝沉积制造技术	WLAM（Wire Laser Additive Manufacturing）	以激光束为能量源，以金属丝材为原材料，在基板上层层叠加沉积金属材料，有光内送丝（激光为环形光束、丝材从中间送入）和环形送丝（激光在中间、丝材环形送入）两种形式	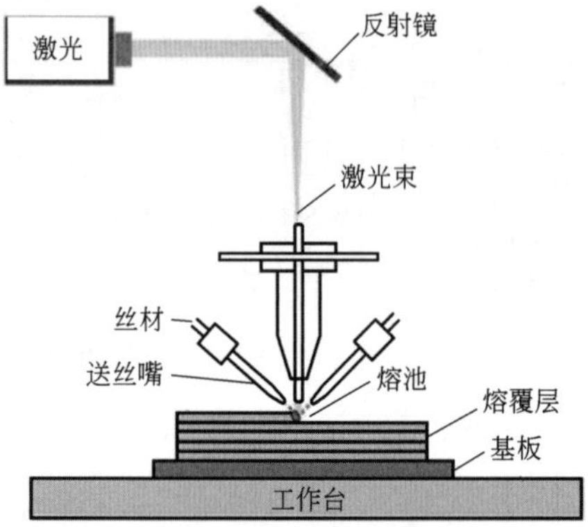
12	电子束熔化技术或电子束选区熔化成形技术	EBM（Electron Beam Melting），EBSM（Electron Beam Selective Melting）	与 SLM 技术类似，采用能量利用率高的电子束取代激光束，成形在真空环境中进行，成形环境温度高，成形零件内应力小，在金属植入物领域及难熔金属、金属间化合物领域应用广泛	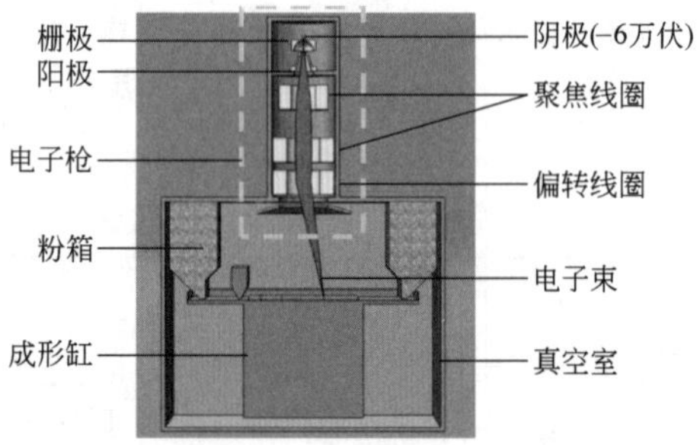
13	电子束熔丝沉积制造技术	EBFFF（Electron Beam Free Form Fabrication）	在真空环境中，金属丝材受高能量密度的电子束加热熔化形成熔滴，并沿一定的路径熔滴沉积得到沉积层，层层堆积，直至制造出金属零件或毛坯，需要后加工	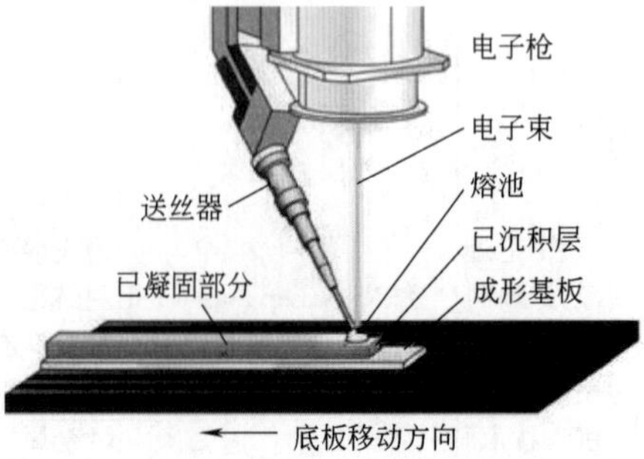

（续）

序号	工艺名称	英文	工艺描述	图例
14	电弧熔丝沉积制造技术	WAAM（Wire Arc Additive Manufacturing），RPD（Rapid Plasma Deposition）	采用熔化极惰性气体保护焊（MIG）、钨极惰性气体保护焊（TIG）以及等离子体焊接电源（PA）等焊机产生的电弧为热源，通过丝材的添加，在程序的控制下，根据三维数字模型由线-面-体逐渐成形出金属零件的先进数字化制造技术，成形精度差，需要机械加工	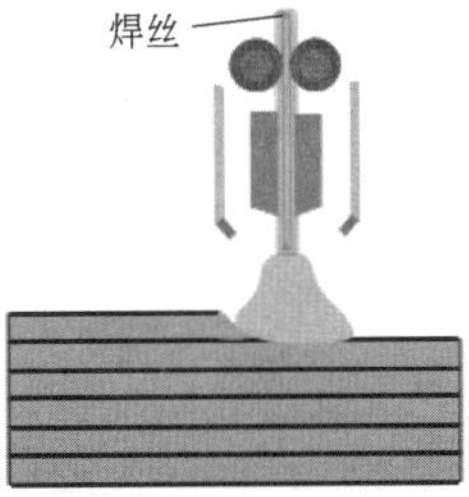 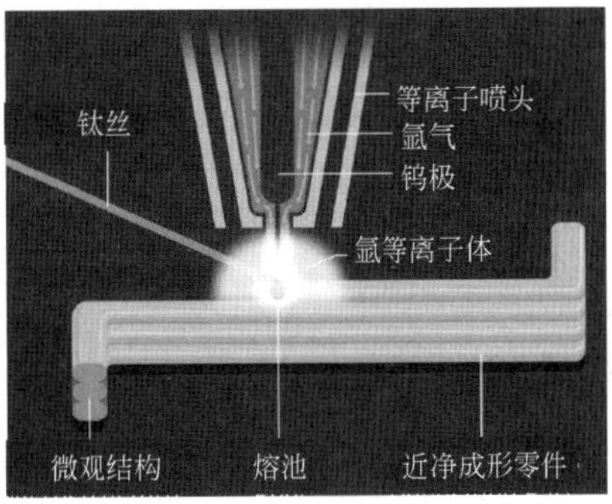
15	超声速冷喷涂激光辅助沉积制造技术	SLD（Supersonic Laser Deposition）	在常温或较低温度下，由超声速气、固两相气流将粉末喷射到基材形成涂层，逐层累积制备零件。利用激光辅助能进一步提高涂层致密度	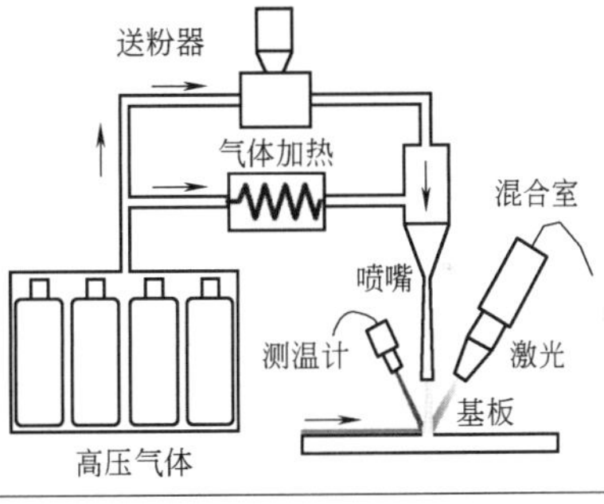
16	超声波固结成形技术	UAM（Ultrasonic Additive Manufacturing）	采用大功率超声波发生器，以金属箔材作为原料，利用金属层与层之间振动摩擦而产生的热量，促进界面间金属原子的相互扩散并形成固态冶金结合，逐层累加，制造出金属零件后经过减材加工，得到最终金属零件	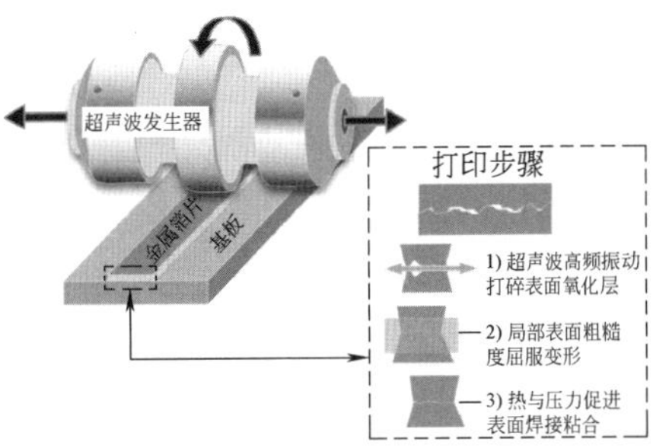
17	金属板材叠加制造技术	CAM-LEM（Computer-Aided Manufacturing of Laminated Engineering Materials）	采用激光在板材上切割出轮廓，然后采用黏结剂黏结这些金属薄膜，并在烧结炉中进行烧结，去除黏结剂并使各层黏结在一起得到金属零件	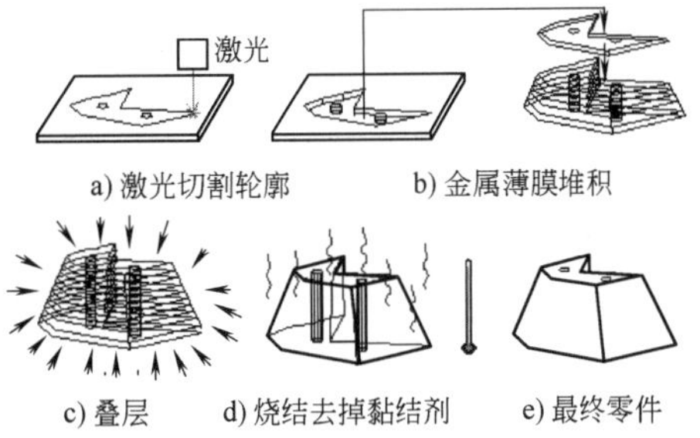

（续）

序号	工艺名称	英文	工艺描述	图例
18	金属微滴喷射成形技术	Metal Microdroplet Deposition Manufacturing	通过液滴喷射器产生均匀金属微滴，同时控制基板或坩埚三维运动，使低熔点金属微滴精确沉积在特定位置并相互融合、凝固，逐点逐层堆积成形。分连续式和按需式两大类，可成形复杂微小零件和电路板	
19	三维打印技术	3DP（Three Dimension Printing）	采用微滴喷射装置，在已铺好的粉末表面根据零件几何形状的要求在指定区域喷射黏结剂，完成对粉末的黏结，周而复始直到零件制造完成。可成形材料包括陶瓷粉末、金属粉末、覆膜砂等	
20	微滴喷射砂型制造技术	PCM（Patternless Casting Manufacturing）	采用阵列式喷头，在铸型 CAD 模型驱动下根据离散-堆积成形原理喷射树脂或其他黏结剂，黏结砂粒、陶瓷粉末等耐火材料堆积成形而完成铸型制造，属于 3DP 技术的一种	
21	低温冰型快速成形技术	RIPF（Rapid Ice Prototype Forming）	在计算机精确控制下用特种喷头喷出水线或离散细微水滴，再在低温下凝固、逐层堆积最终得到冰型	

（续）

序号	工艺名称	英文	工艺描述	图例
22	彩色激光打印技术	Polyjet 3D	采用阵列式喷头首先喷射出光敏树脂,然后立即用紫外线光进行凝固（无需事后凝固）,目前可在单次打印中实现50万种彩色和6种材料组合	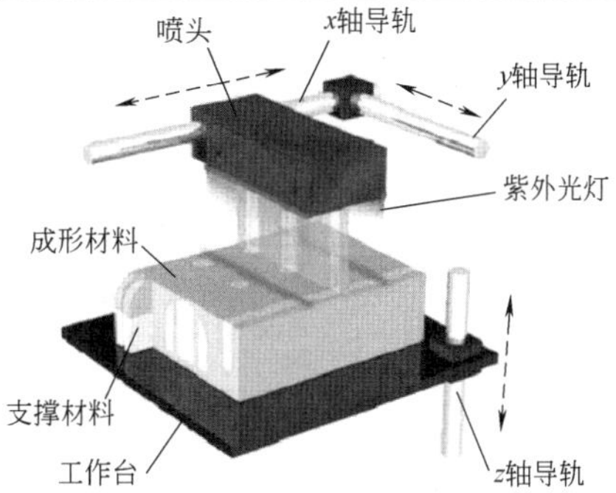
23	选择性抑制烧结技术	SIS(Selective Inhibition of Sintering)	采用微滴喷射方式,在指定区域喷射抑制剂以保护其免于随后的烧结,最后用热源对该层辐射加热,喷射了抑制剂的区域不能烧结成形,其他区域则烧结成形	
24	轮廓成形技术	CC(Contour Craft)	采用堆积轮廓和浇注熔融材料相结合的方法来成形,在堆积轮廓时采用了简单的刮刀式装置,形成原型的层片为准三维（每个层片轮廓尺寸一样）	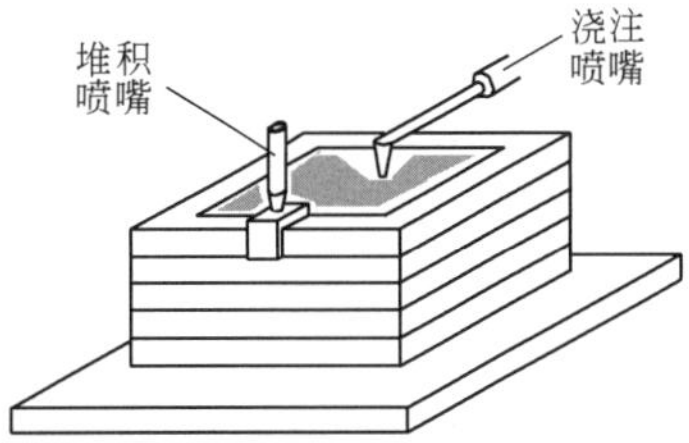
25	混凝土3D打印技术	D-Shape, 3D Concrete Printing	将具有快凝早强的混凝土材料通过轮廓工艺逐层堆积,实现三维智能布料,属于CC技术的一种	
26	激光气相化学沉积成形技术	LCVD（Laser-induced Chemical Vapor Deposition）	使用高能量激光束的热能和光能将活性气体分解,并沉积出一个层厚的材料薄层,逐层制造出实体零件	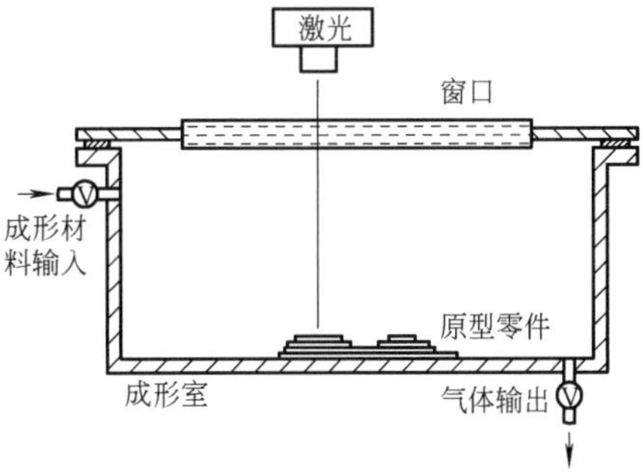

（续）

序号	工艺名称	英文	工艺描述	图例
27	激光液相化学沉积成形技术	LCLD（Laser-induced Chemical Liquid Deposition）	利用激光束使液态的成形材料发生光电化学反应、热电化学反应、光分解反应、热分解反应等，沉积出金属，并逐层得到三维实体零件	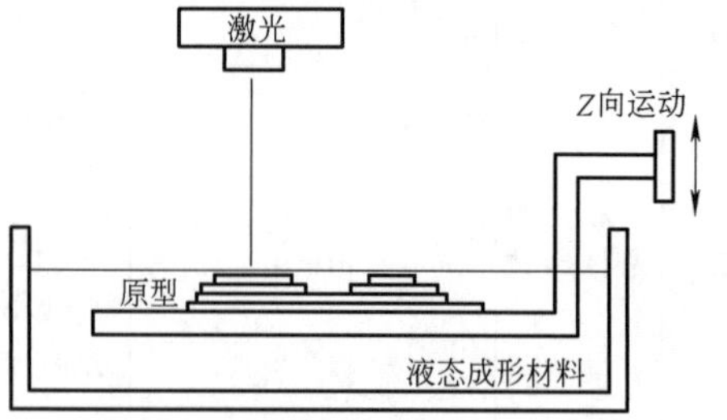
28	热化学沉积成形	TCLD（Thermo Chemical Liquid Deposition）	将室温下为液态的成形材料用数字化喷射的方法喷射到加热的底板上，成形材料的液滴与底板接触后，于特定的条件下发生热化学反应，得到固体产物并沉积在底板上	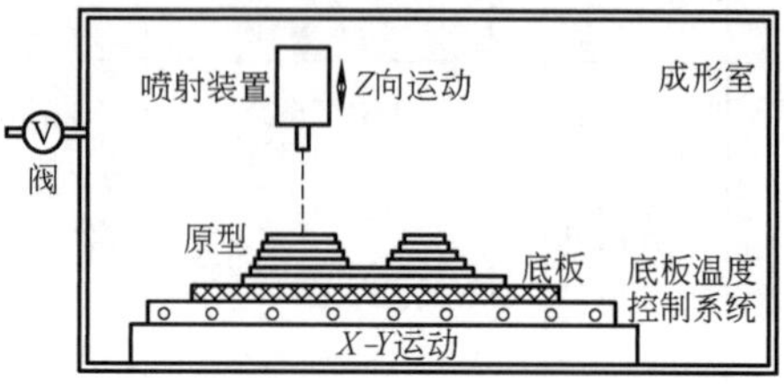
29	气溶胶喷射	Aerosol Jet	利用空气动力学原理，纳米级材料雾化后填充到具有鞘流气体进行压缩的打印头，通过控制气流，雾化材料被压缩成一个紧凑的光束，进而在平面和非平面上进行高速沉积成形	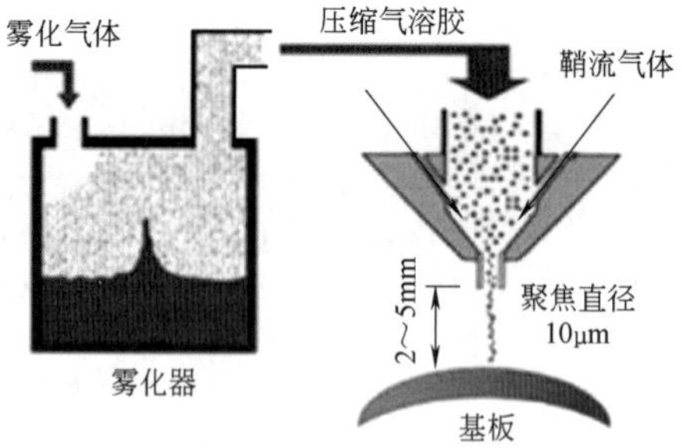
30	尖笔直写技术	DPN（Dip Pen Nanolithography）	首先在探针表面上涂覆一层 SAM 薄膜，探针针尖与样品表面接触，在毛细管效应的作用下，涂覆在针尖表面的 SAM 材料通过扩散沉积在样品表面形成单分子层薄膜图形	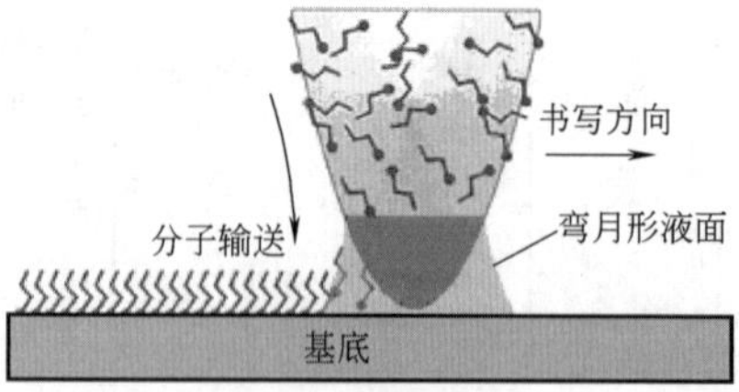
31	液态纳米颗粒喷射技术	NPJ（Nano Particle Jetting）	将包裹有纳米金属粉、陶瓷粉或支撑粒子的液体装入密封墨盒并喷射在建造平台上，通过高温（1000℃以上）使液体蒸发留下金属部分，最后通过低温烧结实现零件成形	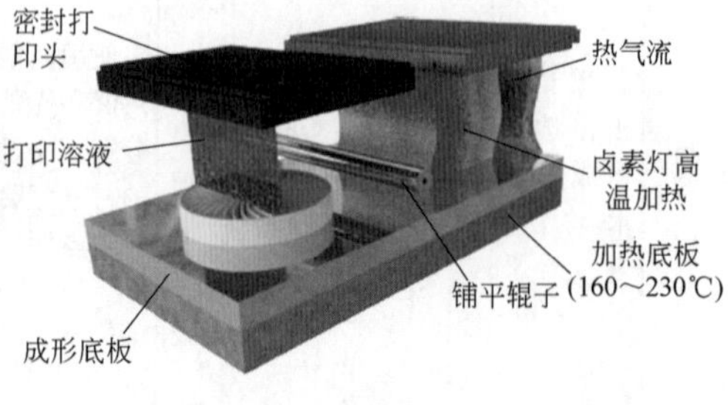

（续）

序号	工艺名称	英文	工艺描述	图例
32	激光引导直写技术	LGDW（Laser Guided Direct Writing）	利用光压对悬浮的微粒材料进行操纵（捕获、输运和沉积）并装配（制造），最终形成具有精细复杂结构的实体	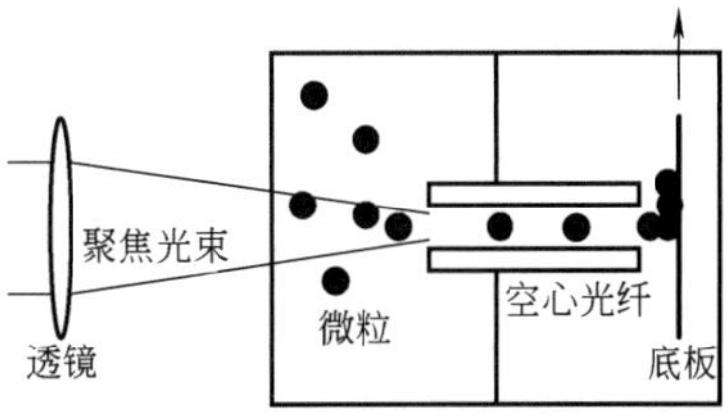
33	低温沉积制造技术	LDM（Low-temperature Deposition Manufacturing）	将增材制造的离散-堆积原理与热致相分离法相结合，能够实现生物支架分级结构孔隙的成形，用于组织工程支架生物制造，由清华大学首先研制成功	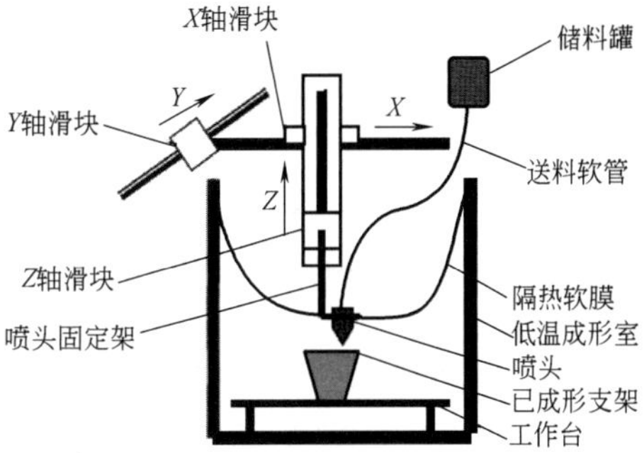
34	微挤出细胞打印技术	Microextrusive 3D Bio-printing	将特定细胞与数种生物相容性很好的水凝胶材料均匀共混后，利用机械力或气压等驱动力，在计算机控制下通过微喷头连续挤出，最后通过溶胶-凝胶转变形成类组织前体的技术	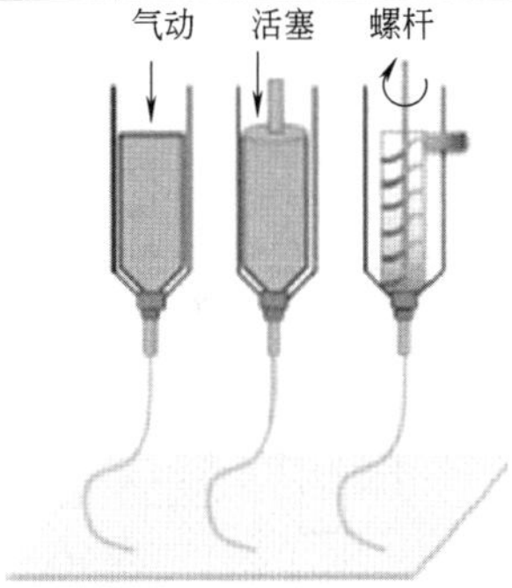
35	喷墨细胞打印技术	Cell Printing	在加热的胶原基底上，首先喷射打印一层凝胶并使其固化，然后喷射打印一层细胞及其他材料，如此反复，最后改变打印结构体温度使凝胶融化，形成最终的三维生物学实体	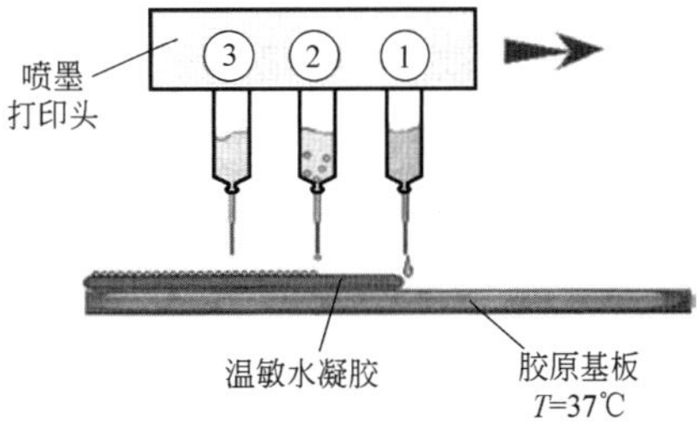
36	光固化细胞打印技术	Light-curing 3D Cell Printing	通过激光或紫外光在空间的扫描运动实现对含有细胞的生物墨水的立体固化成形，制造出预设计的三维生物学结构	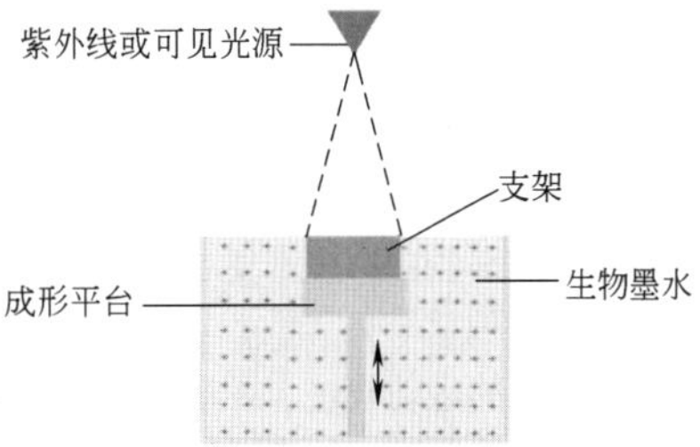

8.2 离散-堆积成形原理

8.2.1 离散论方法学

离散是客观事物存在的基本形式之一。离散论方法学是指将复杂的事物或广义系统离散成有限个或无限个简单事物或子系统来分析、处理，以求得总体的近似特解与圆满解的方法与理论。离散论方法在现代科学技术各门类学科，如数学中的微积分方法、古代圆周率的近似算法、材料力学中隔离体及有限单元法中的小单元、现代控制理论中采用的 Z 变换离散方法等，都被理论和事实证明是非常行之有效的方法，在实践中发挥了巨大作用。

增材制造技术中的离散-堆积基本思路与数值积分中把任意函数的积分问题转化为求解并累加一系列简单图元（如矩形、梯形等）的面积问题一样。在增材制造技术中，采用了离散的办法，使制造的形式和内容发生了实质性变化，把三维零件制造转化为一系列简单单元体制造，而单元体制造从某种意义上讲已经突破了零件制造的范畴。尽管单元体的制造机理与零件制造不同，

但正如利用数值积分方法可以使积分值不断逼近真值一样，利用增材制造技术也同样可以制造出从形状和性能两方面近似真实零件的原型，甚至零件。

绝大多数现有的增材制造技术都是将三维实体离散成二维层片然后叠加成形的。实际上，从离散-堆积原理本身出发，三维实体在离散过程中可沿一至三个方向进行不同的分解，生成形体的一个个截面、截线和截点，称之为离散面、离散线和离散点；在进行堆积过程时，首先要相应地分别进行二维单元体（面）、一维单元体（线）和零维单元体（点）的制造，然后将这些离散体相应进行一维、二维和三维的累加，即将它们依照原先的顺序堆积还原，转换成需要的三维零件实体，如图 8.2-1 所示。抛开具体的增材制造技术约束，仅考察离散方法本身时可以发现，还可有一种离散方法，即将三维实体离散成若干个两维半或小的三维单元体，在进行实体制造时不再在层状单元体的基础上堆积成形，而是直接制作两维半或小三维的单元体，然后堆积成形。

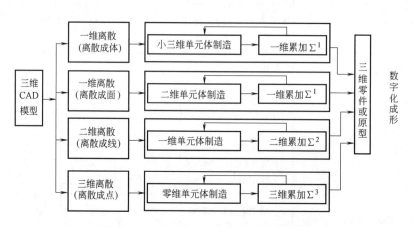

图 8.2-1 三维实体的不同离散-堆积成形途径

8.2.2 增材制造技术过程的离散分析

增材制造技术过程可分为离散和堆积两个过程，如图 8.2-2 所示，离散过程将三维实体的 CAD 模型沿一定方向分解，即将连续的实体（表面），按一定厚度采样，分解成不连续的层片，得到一系列截面数据。各种技术根据各自的技术要求，对截面数据进行处理（如填充、偏移等），通过合理的技术规划，生成控制成形工具的运动轨迹。在堆积过程中，成形工具在运动轨迹的控制下，加工出层片，并将新生成的

层片与已成形部分堆积、连接，层片生成与堆积连接过程循环往复，直至零件全部加工完成。离散和堆积是增材制造技术特有的两个过程，离散是堆积的准备和依据，堆积是离散的复原，它们相辅相成，实现零件的数字化成形。

显然，离散过程是一种数据处理过程，对三维CAD 模型进行离散化的数据处理，而堆积过程是一种物理实现过程，通过物理实体的运动完成层片的堆积成形。在这两个过程中间则需要根据各种增材制造技术的不同要求进行合理的技术规划，主要是根据成

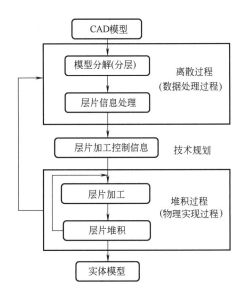

图 8.2-2　增材制造技术的基本过程

形技术特点和用户要求合理制定技术规则，生成堆积单元的运动轨迹，选择合适的技术参数等。由此可见，技术规划是联系离散过程（数据处理过程）和堆积过程（物理实现过程）的桥梁，是实现从离散时的信息取样到堆积时的信息还原的信息处理过程，体现了不同增材制造技术的区别和特点。

8.2.3　离散-堆积成形与其他成形方式的比较

从远古至今，人们在长期的生产劳动中发展出两种最基本的材料成形加工方法，它们是现代制造科学、技术与工程的基础，即去除成形（Subtractive Forming）和受迫成形（Forced Forming）。

去除成形，即去除裕量材料而成形。从人类的祖先非洲智人敲击石块制造石器到现代多轴联动的高速加工中心铣削精密零件均属同一成形原理。这种从整体材料上分离多余的材料（裕量材料）以获得人们要求的形状、结构、精度和表面粗糙度的成形方法伴随着人类从远古进入现代文明时代。非洲智人制造简单的石器与现代人采用数控机床磨削一件精密丝杠在成形学原理的概念方面没有差别。现代机械制造科学将车、铣、刨、磨、电火花加工、高能束以及电弧、火焰切割、化学腐蚀加工、蚀刻加工和掩膜加工等均视为去除成形。

受迫成形，即材料在型腔约束下成形，利用材料的可塑性，在模具或砧子的约束下，按模具型腔的形状与结构或在砧子的作用下而成形，这就是模锻

（如飞机涡轮盘、起落架、汽车曲轴等），挤压（如铝合金冷挤、高温合金的热挤压开坯），轧制（包括斜、横轧，如型钢和板材的轧制、轴类零件的轧制等），辗压（包括摆辗，如盘形件和锥形件的辗压）以及拉拔（如异形型材和管材的拉拔）成形。自由锻是在一种特殊的模具——砧子（平砧、型砧等）约束下积累式渐变成形。在古代，铁匠用锤子、砧子将锻炉中加热的金属锻打成形即属此类成形。另一大类，发展得更早的受迫成形，即在铸造金属的铸型（如砂型）之约束下的成形。此种材料成形原理是利用高温液态金属优良的可铸造性（如流动性）在铸造型腔的约束下按照型腔的尺寸、结构和形状等而成形。铸造受迫成形的记载可追溯到史前，如青铜时期。铸造成形经长期的发展，已形成当代机械制造中最基本的成形工艺，是现代工业中不可缺少的成形方法。

离散-堆积成形是介于传统成形（去除成形和受迫成形）与生长成形（Growth Forming）之间的一种新颖成形方法，它将材料离散成材料单元，然后在CAD模型的直接控制下，有序地堆积组装此材料单元而形成任意复杂的三维实体。与受迫成形相比，它无需专用工具（如成形模具——锻模、冲模、注射模、铸造造型木模）、专用型腔（如铸造用砂型）以及其他专用工装，因而具有最大的技术柔性，特别适于个性化制造、批量定制以及单件和小批量制造。与去除成形相比，离散-堆积成形方法适于任意复杂形状和结构的成形件，而去除成形受最小刀具半径的限制，无法"清根"，无法高效、整体完成具有内流道、中空和复杂内型腔的零件；去除成形比较适合于单一材料的成形，无法完成具有材料梯度的零件，而对于离散-堆积成形则不存在原理性的困难；去除成形需要各种刀具、夹具和工装的支持，特别是对于在形状、结构和精度方面有特殊要求的零件，这种要求将大大延长工期，增加制造成本。

生长成形是自然界生物（动物、植物和微生物）的生长，从成形学的角度考虑，生长过程是一种十分缓慢的成形过程，有机材料（由碳、氮、氢、氧、磷等元素组成）被"加工"成具有特定功能（生理、生化功能）的三维复杂结构，这种加工是通过细胞和分子、原子的自组装和自装配完成的。从制造科学成形学的角度看，它们是由材料组成的具有特定结构和特定功能的三维实体，因而其生长过程也是一种材料的成形加工过程。

离散-堆积成形与去除成形、受迫成形、生长成形的对比见表 8.2-1。

表 8.2-1　四种成形方式的对比分析

名称	存在年限	定义	当前精度	柔性	结构复杂性	材料梯度	材料制备/材料成形	材料成形的信息过程/物理过程	成形信息孕育材料之中
去除成形	数十万年	去除裕量材料成形	最高	较低	低	差	完全分离	完全分离	无关
受迫成形	数千年	型腔约束成形	较低	低	较低	差	分离	完全分离	无关
离散-堆积成形	30余年	单元受控组装成形	较高	较高	高	最好	较统一	较统一	某种关系①
生长成形或仿生成形	未来	细胞自组装成形	较高	最高	最高	好	高度统一	高度统一	完全孕育

① 当受控组装与自组装相结合时成形信息相当程度上已孕育于材料之中了。

从表 8.2-1 中可以看出，去除成形发展的年代最久、精度最高、柔性较差并与成形信息过程结合程度较低；受迫成形发展年代虽晚于去除成形，但也是历史悠久的成形方法，其精度低、柔性低但成形复杂结构的可能性要高些，与成形信息过程相结合的程度同样很低；离散-堆积成形是近代制造科学技术在材料加工领域中应用与发展的体现，是制造科学技术向生长成形方向的一种飞跃。从制造的物理过程与其信息过程相结合的观点来分析，离散-堆积成形是最接近生长成形的成形方式。

离散-堆积成形将作为 21 世纪的重要成形方法而发展，随着此种成形原理和技术与传统制造技术进一步融合，以及信息技术、生物技术、材料科学的进步，必将促进制造科学向更新、更广阔的领域迈进，其价值将会超越制造科学的范畴，为更多的工程技术人员和科技工作者所接受。

以车、铣、刨、磨为代表的去除成形为减材制造（$\Delta m < 0$），以锻、铸、焊、注射为代表的受迫成形为等材制造（$\Delta m = 0$），以离散-堆积成形为原理的制造技术则为增材制造（$\Delta m > 0$）。

8.3　增材制造技术数据处理技术链

增材制造技术数据处理技术链（Data Processing Technology Chain）主要包括数据准备（Data Preparation）、成形方向（Forming Direction）、支撑结构（Supporting Structure）、分层技术（Slicing Technology）和扫描路径填充（Path Planning）等内容，如图 8.3-1 所示。

8.3.1　三维数据模型获取

获取实体的形状轮廓信息是增材制造技术的前提。根据实体的特点，可以通过 CAD 直接设计或逆向工程技术获取实体三维数据模型。

1. 造型软件设计

对于表面形状较为规则的工业零部件，一般在 CAD 造型系统中进行设计。目前 CAD 软件造型的方法主要有实体造型和曲面造型两种。实体造型是目前大多数 CAD 软件采用的主要造型方法之一。它是以立方体、圆柱体、球体、锥体、环状体等基本体素为单元体，通过几何运算，生成所需要的几何形体。这些形体具有完整的几何信息，是真实而唯一的三维物体。从内容上看，实体造型包括两方面的内容，即体素的定义与描述，以及体素之间的逻辑（并、交、差）运算。

对于像汽车、飞机、模具、轮船等这些复杂曲面的设计，采用实体造型方法往往难以取得令人满意的结果，而用曲面造型比较方便。曲面造型主要研究曲线和曲面的表示、曲面的求交及显示等问题。常用的参数曲线主要有三次样条曲线、三次参数样条曲线、贝塞尔曲线、B 样条曲线、非均匀有理 B 样条曲线（NURBS）。常用的参数曲面主要有平面片、圆柱面、直纹曲面、回转面、贝塞尔曲面、B 样条曲面、孔斯曲面和 NURBS 曲面等。

目前常用的 CAD 造型软件有 Creo、Unigraphics、CATIA、SolidWorks、SolidEdge 等，常用的曲面造型软件有 Alias、Rhino 等。

2. 接触式测量

对于形状复杂，难以在 CAD 系统中造型的自然形体，如古典建筑、雕塑、生物体器官等，通常利用逆向工程技术获取数字模型。三维测量技术是逆向工

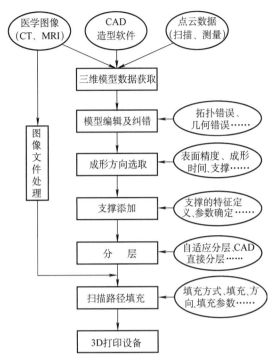

图 8.3-1 增材制造技术数据处理技术链

程中获取实体表面信息的主要方法之一，根据测量原理不同，三维测量技术可分为接触式测量、非接触式测量和破坏式测量，如图 8.3-2 所示。

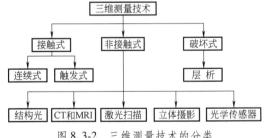

图 8.3-2 三维测量技术的分类

接触式测量设备通过探针与物体表面接触获取形体的轮廓信息，优点是设备成本低，测量精度高；缺点是测量形状复杂形体时，往往存在探针接触不到的区域（盲区），所得测量数据不完整。接触式三维测量方法主要采用三坐标测量仪，常用的数据采集方式有触发式和连续式两种。触发式数据采集：采样头的探针每次接触模型表面，就采集一个轮廓的数据，然后再横向移动一个间距，采集相邻的轮廓数据，最后构筑整个表面的线框模型。触发式数据采集的速度较低（每秒一点至几点）。早期的三维坐标测量仪大都是这一类，其精度可达 $0.5\mu m$。连续式数据采集：采样头的探针沿着模型表面以某一切向速度移动后就产

生对应各坐标偏移量的电流或电压信号并转换成对应点的坐标值，也被称为高速扫描机数据采集系统。

3. 非接触式测量

非接触式三维测量方法种类繁多，主要有立体摄影法、激光扫描法、光学传感器法、结构光照法（如莫尔云纹法）等。

（1）立体摄影法

立体摄影法是根据人体双目视觉的原理，从两个不同的角度同步摄取被测物，然后使用二维平面照片进行三维重构。使用摄像机获取三维物体的二维图像的过程，就是将实际空间坐标系中的三维物体施以透视变换，映射到摄像机像平面坐标系的过程。通过多个摄像机从不同方向拍摄的 2 幅或 2 幅以上的二维图像，可以按照一定的算法反求出物体的三维曲面轮廓。20 世纪 90 年代初期，立体摄影技术开始用于面部软组织的三维测量，并得到较为广泛的应用。这种方法比较适合大尺寸实体，如颌面外形的三维测量。

（2）激光扫描法

激光扫描法是利用三角测距原理，采用多条线束激光扫描被测物体表面大量密集点的三维坐标、反射率和纹理等信息，获取被测物体的点云数据（见图 8.3-3）。激光扫描法根据光源特点和性质又可分为以下三种：点式激光扫描器（点光源）、线状激光扫描器（条带光源）、区域式激光扫描器（面光源）。点光源单束激光打在测试件表面，由摄像头获取其反射光点。试件表面每个点的 X、Y 坐标由试件图像每一像素的位置确定，Z 坐标值则根据三角学原理算出。点光源方法每次仅能处理一点，因而速度较慢，为了加快速度可使用条带光源，利用三角学原理同时处理多个点，从而使测量速度大大加快。

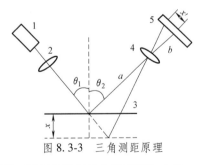

图 8.3-3 三角测距原理

激光三维扫描仪扫描分辨率高达 0.01mm，测量精度高达 0.02mm/m，扫描物体大小从 0.05～15m 都可覆盖，对光亮和黑色材质物体直接扫描无需喷涂显影剂。扫描仪主要由光学成像部分、机械传输部分和电路部分组成，扫描仪的核心是完成光电转换的电荷耦合器件，又称为感光接收头，扫描仪自身携带的光

源将光线照在被扫描物体上产生反射光或透射光，光学系统收集这些光线将其聚焦到 CCD 上，由 CCD 将光信号转换成电信号，然后再进行模/数转换成数字图像信号，再经过压缩处理，送给计算机。扫描仪采用线阵 CCD，一次成像只生成一行图像数据，当线阵经过相对运动将被扫描物体扫描一遍后，一帧完整的数字图像就送入到计算机内了。图 8.3-4 所示为激光三维扫描距离和面幅示意图。

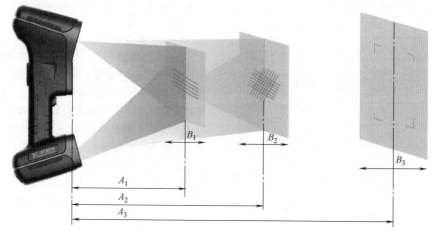

图 8.3-4　激光三维扫描距离和面幅示意图（杭州思看科技公司）

目前激光三维扫描方式分固定式和手持式两种，CCD 有双目和四目，光源有蓝光和对人眼无害的红光，线束条数分为单线束和多线束，扫描速度达每秒数十万次。图 8.3-5 所示为激光三维扫描过程。

图 8.3-5　激光三维扫描过程
（杭州思看科技公司）

激光扫描速度快、效率高，但是对于表面形状复杂的零件，一般需要三维拼接。形状复杂零件需要从多个不同角度进行扫描，之后对所得数据进行配准拼接。由于在不同角度进行检测时的坐标系不同，即使是物体上的同一点，不同角度检测到的坐标也不会相同。因此，必须将各个角度检测到的数据进行必要的坐标转换，合成为同一坐标系的一组数据，该技术称之为数据缝合或配准，即三维拼接技术。目前广泛采用的方法是在被测物体上设立标识点（即靶点），在拼接不同方位的扫描数据时，令靶点对应的扫描点重合，就可以将不同坐标系下的数据统一到同一坐标系下。由于在不同角度扫描所获取的点不可能完全一致，三维拼接配准的过程不可避免地带来一定的误差。

口内扫描仪也为非接触式激光三维扫描仪，克服口腔内空间狭小、环境复杂（血液、唾液等对三维成像的影响）、精度要求高（<50μm）、存在叠加误差（不能贴标志点）等不利因素，逐渐向微型化、高精度方向发展，如图 8.3-6 所示。

（3）结构光照法（莫尔云纹法）

结构光就是具有一定特性的光源，主要有单条光栅和密栅两种形式。单条结构光的测量原理与线状激光扫描方法相同，只是光源不同。密栅云纹法是近年来的研究热点之一，它包括面外云纹法和投影栅相位法。面外云纹法是将密栅结构光投射到被测物表面，由于物体高度信息的调制而使栅线发生畸变，畸变的栅线与基准栅线干涉得到云纹图，即被测物表面的等高线，对此云纹图进行处理就可获得高度信息。换言之，面外云纹法的基本原理：光→基准光栅→物体表面→形成变形光栅→变形光栅与基准光栅间产生干涉条纹，即反映物体表面凹凸信息的云纹等高线→摄影、摄像，获取云纹图，供测量分析。与面外云纹法不同，投影栅相位法不进行光学干涉，而是直接利用被调制栅线的相位畸变信息得到物体的三维信息，它采用数学方法解调相位。这样就避免了提取云纹中心线、确定云纹级数等过程，而且可以自动判别物体的凹凸性，因此图像处理容易实现自动化，具有较高的精度和灵敏度，但在处理复杂形状的物体时，涉及云纹或光干涉条纹的处理过程极为复杂。

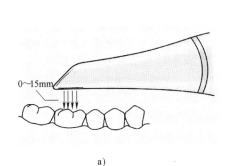
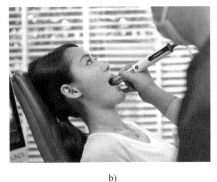

a)　　　　　　　　　　　　　　　　　b)

图 8.3-6　口内扫描仪
a）扫描原理　b）实际扫描过程

（4）CT 法和 MRI 法

CT 包括医用 CT 与工业 CT，是一种通过计算机处理 X 射线扫描结果，重构物体截面图像的成像技术。当 X 射线束环绕某一部位做断层扫描，通常是横断扫描时，部分 X 射线（光子）被吸收，X 射线强度因而衰减。未被吸收的 X 射线穿透人体后，被探测器所接收。探测器接收的大量信息经模/数（A/D）转换器将模拟量转换成数字量输入计算机，计算机计算出该断层面上各单位体积的 X 射线吸收值（CT 值），并排列成数字矩阵，再经数/模（D/A）转换器用黑白不同的灰度等级在荧屏上显示，就获得该层面的解剖结构图像。如果将人体（或物体）某一部位连续的 CT 图像进行计算机叠加处理，便可重构该部位的三维立体结构，能够更加直观地反映所研究对象的内部构造和整体图像，称为三维 CT。

CT 技术的主要优点是可以在不破坏被测试物的情况下准确地测量出其内外表面、内部特征、空隙和裂缝，如果测量人体器官或组织，则可以区分不同密度的组织，而这是其他检测方法难以做到的。理论上，其精度可高达几个微米，可与三维坐标测量仪的测量精度相媲美，且对被测试物的复杂程度没有限制，不存在由于被测试物表面过于复杂而使反射光变形造成测量数据失真或无法测量的情况。CT 的适用性好，对构成被测试物的材料一般没有限制。但 CT 技术也存在缺点，对于较小的被测试物和细小的孔、隙结构，由于精度不够，尚不能满足研究者的要求，另一方面，在测量人体器官组织时，由于 X 射线本身对人体有一定的危害而不能采用过于密集的扫描方式，目前能够采用的最小扫描间隔通常为 0.5mm。

磁共振成像（MRI）法与 CT 法的原理和特点类似，但分辨组织的能力不同。

4. 破坏式测量

层析法是通过逐层扫描被测物体的断面来获取各层轮廓信息，扫描精度高。层析法采用"断面剖开与断面叠加"的形态学方法，首先用铣床或磨床逐层剖开被测物体，然后用光电转换装置采集断层面边缘轮廓的二维形态信息，并将之用图像处理软件叠加成三维信息，再现被测物体的表面立体形态，在此基础上提取任意复杂形状的三维形态。

层析三维测量由于采用材料逐层去除与逐层光扫描相结合的方法，综合了机械接触测量和光学测量的优点，能够快速、自动、准确地测量被测物体的三维数据，可以测量物体内腔的几何形状，解决复杂的内部结构难以测量的难题，而且所得扫描数据均为层片数据，为后续处理，尤其是最终用于增材制造提供了很大方便。层析法的缺点是获取实物数字模型的过程中要将实物彻底破坏，同时切削加工过程的引入使其对于特殊材料的处理能力也受到限制。

层析法测量的工作流程为：首先把被测物体用封装材料充满其内外腔，做成测量模块，然后对该测量模块进行机械加工，用铣刀或其他刀具加工出一层层的截面来，再用 CCD 或扫描仪对每层截面拍照，得到零件的截层数据，对截层图片处理后，用三维重构软件重构出被测物体的三维实体模型，如图 8.3-7 所示。

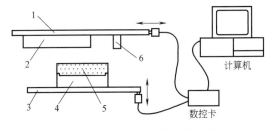

图 8.3-7　层析法测量工作流程
1—水平运动平台　2—扫描机构　3—垂直升降台
4—填充模具　5—树脂和零件　6—切削刀具

为了便于提取零件截面的边界轮廓，必须使用封装材料来区分物体和背景。封装材料选择需遵循以下原则：良好的加工性能、颜色与被测物体有明显的差别、与被测物体黏结性好、稳定性好、伸缩率小等。常用的封装材料有环氧树脂、糊状代木等。为了使颜色区别更加明显，可以使用颜色填充剂，如加入黑色的石墨、红色的镉红、灰色的铝粉等，这些能适当地改变封装材料的截面颜色。

5. 各种逆向工程技术的比较

根据上述对各种逆向工程中的数据测量方法的分析，表 8.3-1 综合对比了各种数据测量方法。

表 8.3-1　各种逆向工程数据测量方法的综合对比

比较项目		测量方法				
		三坐标测量	结构光照	激光扫描	CT/MRI	层析法
属性		机械接触	光学非接触式		电磁	非接触破坏
原始数据信息		点云	点云	点云	层片图像	层片图像
效率	模型前处理时间	无	配准标记，数十分钟		无	数小时
	每模型扫描次数	一次	多次	多次	一次	一次
	一次扫描模型个数	一个	一个	一个	一个	多个
	扫描数据后处理	需配准，基于点云重建，较复杂			无需配准，直接重构	
	总体效率	低	小量较高 大量降低	小量较高 大量降低	低	小量较低 大量较高
精度	扫描精度	高	中等	高	低	高
	复杂曲面处理	多角度扫描配准，大量人工参与			直接重构，不受影响	
	需否配准	需	需	需	否	否
	总体精度	高	低	高	低	高
其他	是否破坏模型	否	否	否	否	是
	自动化程度	需多次扫描配准时不高			需图像处理，低	高
	其他材料消耗	无	无	无	无	包覆树脂
	被测物材料要求	接触不变形	漫反射性好		透射性好	可加工不透明
	内腔数据获取	不能	不能	不能	能	能
	成本	高	低	中等	高	中等

从表 8.3-1 中可以看出：

1）机械三坐标测量仪由于采用了机械探头进行接触式扫描测量，测量速度慢。另外，由于机械探头的限制，很难用于具有复杂曲面零件的数字化。

2）激光扫描三维数字化仪是应用较多的一种三维数字化手段，测量速度快，不必做测头半径补偿，软工件、薄工件、易碎工件、不可接触的高精密工件可直接测量，但是它只能测量物体的外表面信息，受被测物体表面散射特征的限制，且对表面较复杂的零件很难克服，如组织和器官等复杂结构的表面阴影等，这些一定程度上限制了其测量范围，另外数据量大，受环境影响大。

3）结构光照法在非接触性、实时性、全场性等方面有比较好的特性，因此取得了广泛的应用，但是与激光扫描仪类似，在处理复杂曲面时易出现阴影等缺陷，且精度较激光扫描低。

4）工业 CT 和 MRI 通过逐层扫描采集数据，其原始数据形式与增材制造技术很匹配，断层扫描数据可以很容易转换成增材制造设备能接受的数据并制作出零件，但是数据精度有待提高，连续灰度图像三维重构时较为困难。

5）层析法是采用材料逐层去除和逐层光扫描相结合的方法，快速、自动、准确地测量零件的三维数据，它也同样具有 CT 等断层扫描技术原始数据与增材制造技术相匹配的特点，同时，该技术在测量复杂曲面和复杂内腔的零件时，具有较大的优势，缺点是必须破坏被测试件。

各种逆向工程三维测量得到的是点云数据，本身存在错误，需要过滤噪声点；其次，点云数据可以转换成 STL 格式，但不是实体模型，如果要进行再设计，则必须进行曲线建构、曲面建构、曲面修改、内插值补点等。

常用的逆向工程软件有 Mimics、3D Doctor、CopyCAD、Imageware、Geomagic 和 Rapidform 等。

8.3.2　STL 文件

STL 文件是 SLA 设备生产厂家美国 3D Systems 提出的一种用于 CAD 模型与增材制造设备之间数据转换的文件格式，现在已为几乎所有的增材制造设备制造商及相关的 CAD 系统所接受，成为增材制造技术领域中事实上的"准"工业标准。

STL 文件在整个增材制造技术数据处理中的地位如图 8.3-8 所示。

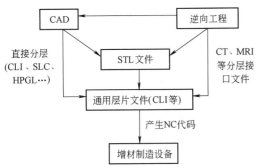

图 8.3-8　增材制造技术中的数据处理

由图 8.3-8 可知，有三条途径可获得通用层片文件，即从 CAD 模型直接分层，对于 STL 文件进行分层，逆向工程的 CT、MRI 等分层接口文件。事实上最常用的还是中路，即 STL 文件分层后得到 CLI（Common Layer Interface）文件，CLI 文件格式是欧洲共同体工业技术基础研究计划（BRITE-EURAM）增材制造项目提出并完善的一种通用层片文件接口，是零件二维轮廓的描述文件。有了层片 CLI 文件后，很容易转换为 NC 代码。由此可见 STL 文件在增材制造技术中的重要性。

STL 文件的定义如图 8.3-9 所示，每一个三角形面片用三个顶点表示。每个顶点由其坐标 (x, y, z) 表示，由于必须指明材料包含在面片的那一边，所以每个三角形面片还必须有一个法向量，用 (L_x, L_y, L_z) 表示。对于多个三角形相交于一点的情况，由于与此点有关的每个三角形面片都要记录该点，则此点被重复记录多次，造成数据的冗余。从整体上看，STL 文件是由多个这样的三角形面片无序地排列集合在一起组成的，其二进制格式定义如下：

<STL 文件>∷ = <三角形面片 1><三角形面片 2>…<三角形面片 n>

<三角形面片 i>∷ = <法向量><顶点 1><顶点 2><顶点 3>

<法向量>∷ = < L_x >< L_y >< L_z >

<顶点>∷ = < x >< y >< z >

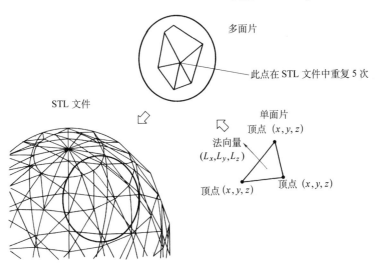

图 8.3-9　STL 文件的定义

一般情况下，三角形面片的个数与该模型的近似程度密切相关。三角形面片数量越多，近似程度越好，精度越高。三角形面片数量越少，则近似程度越差。用同一 CAD 模型生成两个不同的 STL 文件，精度高者可能要包含多达 10 万个三角形面片，文件达

数兆，而精度低者可能只用几百个三角形面片，面片多少对后续处理的时间和难度影响很大。

STL 文件有两种格式，即 ASCII 格式和二进制格式。ASCII 格式如图 8.3-10 所示。图 8.3-10 中第一行为说明行，记录 STL 文件的文件名，从第二行开

始记录三角形面片。首先记录三角形面片的法向量，然后记录环，依次给出三个顶点的坐标，三个顶点的顺序与该三角形面片法向量符合"右手法则"。这样一个三角形面片的信息记录完毕，开始记录下一个三角形面片，直到将整个模型的全部三角形面片记录完毕。

```
SOLID TESTI.STL
FACET NORMAL −1.000000 0.000000 0.000000
OUTER LOOP
VERTEX 140.502634 233.993075   −38.310362
VERTEX 140.502634 229.424780   −38.359042
VERTEX 140.502634 242.525774   −27.097848
ENDLOOP
ENDFACET
FACET NORMAL−0.903689 0.004563   −0.428166
OUTERLOOP
VERTEX 134.521310 273.427873 30.342009
VERTEX 134.521310 308.505852 30.715799
VERTEX 140.502634 334.576026 18.369396
ENDLOOP
ENDFACET
FACET NORMAL   −0.903689 0.004563   −0.428166
OUTER LOOP\ ;
VERTEX 140.502634 334.576026 18.369396
VERTEX 140.502634 294.929752 17.946926\ ;
VERTEX 134.521310 273.427873 30.342009\ ;
ENDLOOP
ENDFACET
ENDSOLID TESTI.STL
```

图 8.3-10 STL 文件的 ASCII 格式

STL 文件的二进制格式是按字节读取的。其存储方式为：前 80 个字节做说明用，其后 4 个字节存放三角形面片的总数（整型数），空两个字节，开始记录三角形面片信息（法向量和三个顶点），法向量分量和坐标值采用浮点数，每个数值占据 4 个字节，在每个三角形面片信息记录完毕后，空两个字节，然后循环记录三角形面片信息，直至文件结束。由于采用二进制格式表达 STL 文件，其数据量比用 ASCII 格式的数据量要小得多，所以目前绝大多数 STL 文件都采用二进制格式。

STL 的优点在于存储数据简单、处理方便，但存储数据简单往往导致信息不充足，容易产生错误。STL 文件的规则如下：

1）共顶点规则。每相邻的两个三角形平面必须且只能共享两个顶点，一个三角形平面的顶点不能落在相邻的任何一个小三角形平面的边上。

2）取向规则。法向量必须向外，3 个顶点连成的矢量方向按照逆时针方向的顺序确定（右手法则）。而且，对于相邻的小三角形平面，不能出现取向矛盾。

3）取值规则。每个小三角形平面的顶点坐标值必须是正值，零和负值都会导致失败。

4）充满规则。在三维模型的所有表面上，必须布满小三角形面片，不得有任何遗漏。

5）欧拉公式。STL 文件中顶点数 V、边数 E、面片数 F 之间必须符合欧拉公式。但在生成 STL 文件时，由于模型本身错误或转换算法的缺陷，导致模型的某些部分违反上述规则，产生错误。STL 文件的错误类型及修正如图 8.3-11 所示。

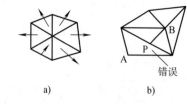

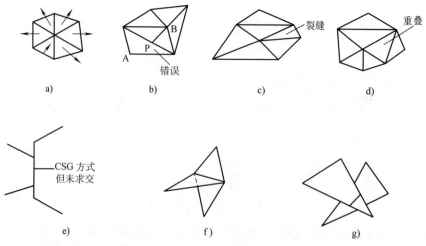

图 8.3-11 STL 文件的错误类型及修正

a）法向错误（根据"右手法则"修正） b）某三角形面片的一个顶点落在另一个三角形的边上（去掉一边或增加一边均可） c）某些三角形面片丢失导致出现裂缝（增加一个或几个面片） d）出现重叠的面片（去除一个面片） e）无意义的零体积的面（两面片重叠法向相反，结果两面片所围体积为 0，两个相对的面片均应去除） f）非正则情况，一边共三面片（根据共边的面片是否奇偶数决定如何处理） g）不正确的相交（分解，重新安排三角形面片）

STL 文件生成后必须进行修复，常用的修复软件有 LimitState FIX、Magics RP、Autodesk Netfabb、Emendo、Autodesk Meshmixer、Blender、MeshFix、FreeCAD、MeshLab 等。

为了解决 STL 格式不支持颜色、材质及内部结构等信息，国际标准化与标准制定机构 ASTM 推出了 AMF 格式：Additive Manufacturing File。它包括 5 个顶级元素：

① object。定义了模型的体积或增材制造/3D 打印所用到的材料体积。

② material。定义了一种或多种增材制造/3D 打印所用材料。

③ texture。定义了模型所使用到的颜色或贴图纹理。

④ constellation。定义了模型的结构和结构关系。

⑤ metadata。定义了模型增材制造/3D 打印的其他信息。

其他格式还有 3MF 和 OBJ。3MF（3D Manufacturing Format）格式是微软牵头的 3MF 联盟于 2015 年推出的，除了几何信息外，还可以保持内部信息、颜色、材料、纹理等其他特征。OBJ 格式是 Alias Wavefront 公司为它的一套基于工作站的 3D 建模和动画软件 Advanced Visualizer 开发的一种标准 3D 模型文件格式，主要支持多边形模型，也不包含动画、材质特性、贴图路径、动力学、粒子等信息，大多数 3D 打印机也支持使用 OBJ 格式进行打印。

8.3.3　成形方向选择

对一个有确定形状和结构的成形件来说，可以选择不同的成形方向，如一个手机壳，可以将其竖直起来，则成形方向为手机壳的长轴方向，分层方向则垂直于此长轴方向；也可将其长轴置于与水平平面成 45°的方向而成形；显然，也可以将手机壳的长轴置于与水平面平行的状态而成形，则成形面积最大（分层面积最大）而层数最少。这三种成形方向对成形件的质量、成形速度和支撑结构的自动生成均产生很大的影响。

不同的造型方向所需要的支撑数量往往有很大的差别。为了节省支撑材料，减少后处理工作量，如手工去除支撑的任务，人们常常选择所需支撑最少的那个造型方向。为了提高主要表面的质量，常将手机壳竖起来成形。可见，零件的造型方向影响到它的表面质量、加工时间以及不同方向的强度。

决定造型方向的三个因素为：台阶现象、支撑接触面积和加工时间。用户可以指定这三个因素的优先顺序，并为每个因素指定一个容差值，即在该容差值范围内可以忽略该因素对造型方向的影响。寻找最佳造型方向的过程如下：

1）提取 STL 模型中所有面积大于某一定值的平面，用这些平面的外法向量方向作为候选造型方向。

2）对每个候选方向，将 STL 模型旋转到相应位置（使候选方向与 $-Z$ 向一致），并计算 STL 模型在该造型方向下的台阶效应、支撑接触面积和 Z 向高度。

3）根据用户指定的优先顺序和容差值，挑选出所有符合条件的候选方向，供用户选择。

台阶现象是产生精度误差的主要原因。在图 8.3-12 中，阴影部分为分层产生的台阶现象，线段 BD 的长度称为"尖头高度"。采用平均尖头高度作为衡量台阶现象的量化指标。

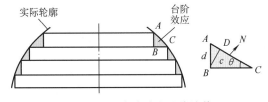

图 8.3-12　台阶效应及其计算

图 8.3-12 中 d 是分层厚度；θ 是三角面片外法向量 N 与 Z 轴的夹角。尖头高度 c 为

$$c = \begin{cases} d\cos\theta & (\theta \neq 0) \\ 0 & (\theta = 0) \end{cases} \tag{8.3-1}$$

对所有面片，平均尖头高度为

$$c = \frac{\sum A_i c_i}{\sum A_i} = \frac{\sum\limits_{\theta_i \neq 0} A_i d_i \cos\theta_i}{\sum A_i} \tag{8.3-2}$$

支撑接触面积 s 为所有待支撑面片的 XY 投影面积之和。设 θ_m 为最大支撑角，则支撑接触面积 s 为

$$s = \sum\limits_{\left|\theta_i - \frac{3}{2}\pi\right| \leqslant \theta_m} A_i \cos\theta_i \tag{8.3-3}$$

每个单层的加工时间可以分为预备时间 t_w 和扫描时间 t_s 两部分。其中预备时间包括工作台下降运动时间、刮板铺粉或铺树脂时间和等待时间（如 SLA 技术中的液面静止时间、LCD 技术中的温度冷却时间），每层的预备时间都是相同的，而扫描时间与具体的层片轮廓有关。设模型的 Z 向高度为 H，分层厚度为 d，层数为 n，扫描速度为 v_s，扫描间距为 h_s，第 i 层的截面面积为 s_i，那么总的加工时间的计算公式为

$$t = t_w \frac{H}{d} + \sum\limits_{i=1}^{n} \frac{s_i}{h_s v_s} \tag{8.3-4}$$

在扫描速度、扫描间距和分层厚度一定时，加工时间随着模型高度的增加而增加。因此，在考虑造型

方向对加工时间的影响时，可以用模型高度 H 作为衡量加工时间 t 的指标。

通过上述平均尖头高度 c、支撑接触面积 s 和加工时间 t 的计算公式，可以得到决定造型方向的三个因素的量化表达式。通过比较不同造型方向下的这三个值，可以选择出满足用户要求的最佳造型方向。

8.3.4　支撑添加

由于增材制造技术是逐层制造原型/零件，理论上所有增材制造技术在成形过程中都需要支撑——无论是专门添加的，还是自然产生的。有些技术在成形加工时需要通过软件添加支撑结构，比如 SLA、FDM、SLM 等技术；有一些技术在成形过程中不需要另外添加支撑，而是用自身材料作为支撑，如 LOM 技术中切碎的纸、3DP 技术中未喷黏结剂的粉末、SLS 技术中未烧结的粉末；EBM 技术中既可以添加支撑，也可以依靠处于高温"烧结"态的粉末作为支撑；LENS、EBAM、WAAM 等金属增材制造技术添加支撑后不易去除，需要采用旋转变位机构将需要支撑的部位旋转到不需要支撑的部位，当然其制造零件的复杂程度也要降低。

1）FDM 技术。采用材料堆积方式成形，同一点处材料不能堆积两次，支撑可以采用圆形、隔层十字交叉或 Z 字状等形式。一般对于原型本体，通常采用轮廓扫描加 X 或 Y 方向单向 Z 字状填充或隔层 X、Y 单向交叉 Z 字状填充的方式，支撑采用 45°（角度可选）的单线扫描。FDM 系统如果使用两个或多个喷头，就可以用不同的材料分别成形零件和支撑，或在支撑与成形件接触的地方，采用易于去除的材料，如水溶性材料，都可以使得支撑更容易和成形件分离，对原型表面质量造成的影响也可减小。

2）SL 技术。三种情况需要添加支撑，以保证造型过程的顺利进行，见表 8.3-2。

表 8.3-2　SL 造型中待支撑区域

支撑	图例	特点
基础支撑：在 SLA 加工平台和加工零件之间提供一个分离区域	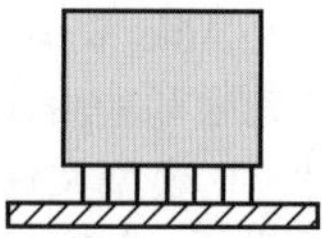	便于零件取出，避免加工平台与树脂液面的平行度误差对造型精度的影响
悬浮区域支撑：制造过程中产生的悬浮区域	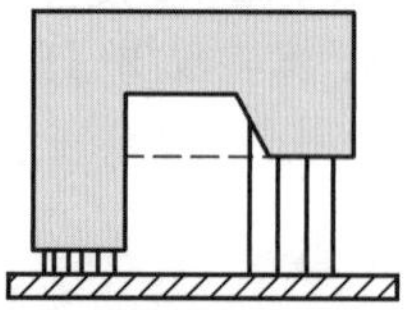	固定该区域，以免产生"漂移"和"塌陷"
悬臂支撑：当前层超出前一层形成了一定长度的悬臂	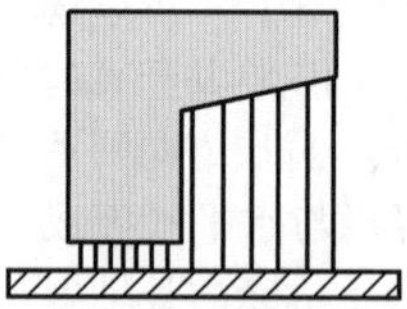	为悬臂提供"扶壁"作用，从而防止零件在完全固化前发生翘曲或塌陷

根据零件几何形状的不同，可以选用不同的支撑类型。常见的支撑类型有如下四种：网状支撑、线状支撑、点状支撑和三角片状支撑，如图 8.3-13 所示。网状支撑一般用于大面积的支撑区域。对于狭长的支撑区域，应采用由通过其中线的纵板和若干横板组成的线状支撑。点状支撑用于非常小的支撑区域，并且要比待支撑区域稍大。而三角片状支撑用于垂直悬臂，可以大大减少支撑体积，提高支撑的可去除性。

3）SLM 技术。相对于可以利用未烧结粉末作为支撑的 SLS 技术，SLM 采用的粉末流动性更好、粒径更细、承受的热应力更大，其支撑更为复杂。支撑有以下三个方面的作用：①为下一层成形提供支撑，防

止塌陷，保证零件成形精度。②传导热量，粉末的热导率仅为实体的几十分之一，成形过程中的热量需要迅速传递，否则容易发生热变形。③提高成形件刚度，抵抗翘曲变形。目前 SLM 技术悬臂尺寸超过 2mm 和倾斜角超过 45°时需要添加支撑，如图 8.3-14 所示。

SLM 技术的支撑类型主要有三种形式：具有一定厚度的实体支撑、工艺辅助实体支撑、薄壁型的面片支撑（网格线），如图 8.3-15 所示。实体支撑是指具有一定厚度的结构，如用 Magics 设计的树状支撑和锥形支撑都是实体支撑，树状支撑可减少粉末的使用，锥形支撑可提供更好的稳定性。实体支撑在打印

图 8.3-13　SLA 的支撑类型

a）网状支撑　b）线状支撑
c）点状支撑　d）三角片状支撑

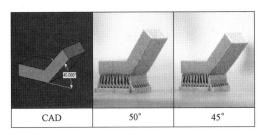

a）

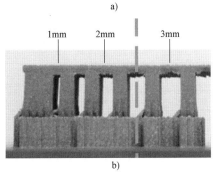

b）

图 8.3-14　SLM 技术添加支撑条件

a）最大倾斜角度　b）最大悬臂尺寸

时通常有对应的工艺参数（激光功率、扫描速度和扫描策略等），大部分热量由实体支撑传导，从而减少内部应力和变形。辅助实体支撑是对于存在大变形风险的结构，设计人员利用 CAD 软件（如 UG、SolidWorks）等对零件进行一些辅助的实体支撑设计，

这种实体支撑与 Magics 生成的实体支撑相比，其打印加工时用到的工艺参数和零件工艺参数相同，可以将其视为零件的一部分，只是在打印完成以后需要借助机械加工的方式去除。辅助实体支撑相比较于面片支撑具有更好的热传导性和较高的刚度，但打印后也更难去除。

图 8.3-15　SLM 技术支撑类型

（Materialise 公司）

添加支撑有两种方式：在 CAD 系统中手工添加支撑与软件自动生成支撑结构。表 8.3-3 为几种支撑添加方式的比较。

表 8.3-3　几种支撑添加方式的比较

添加方式	输入	输出	优点	缺点
CAD	人机交互	STL 文件	1）可以设计任意形状的支撑 2）比较直观	1）支撑可能不足或过多 2）支撑尺寸位置不易确定 3）完全由人设计，比较乏味 4）对 MEM 等技术不太适合
基于 STL 文件	STL 文件	STL 文件	1）自动生成支撑 2）支撑量及尺寸、位置精确 3）可自动选择支撑类型	1）需要人机交互以确定参数 2）须对 STL 文件进行处理
基于层片文件	层片文件 （CLI）	层片文件 （CLI）	1）自动生成支撑 2）支撑量及尺寸、位置精确 3）算法简单	1）支撑类型固定 2）支撑冗余量大

8.3.5 分层技术

1. 基本分层原理

图 8.3-16 表明了三维的实体被分解成一系列的面单元、线单元或点单元，然后按照一定的顺序把这些离散单元（面、线和点）转换成实体的过程。

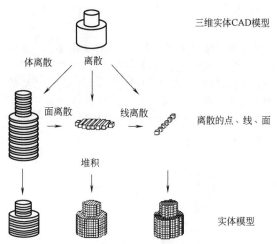

图 8.3-16 增材制造离散-堆积原理图

常用的离散单元有点单元、线单元、面单元。成形的目的是组织成具有确定几何形状和一定功能的三维实体（零件），点单元和线单元都必须先堆积为面单元才能完成成形过程，因而增材制造技术都是以面单元进行离散。面单元由一组形状相似但位置不同的面组成。受到技术及技术条件的限制，当前增材制造技术的面单元为水平面，各单元的间距相等（对于等距分层而言，自适应分层间距是不等的），成形方向垂直向上。

STL 文件分层算法的核心是平面与三角形面片的求交，利用拓扑信息的分层算法示意图如图 8.3-17 所示。

根据分层的 Z 值首先找到一个与此 Z 平面相交的一个三角形 F_1，由三角形 F_1 的顶点 V_1（x_1，y_1，z_1）和 V_2（x_2，y_2，z_2）的坐标值可以直接算出交点 P（x_p，y_p，z_p）的坐标值：

$$\begin{cases} \dfrac{x_p - x_1}{x_2 - x_1} = \dfrac{z_p - z_1}{z_2 - z_1} \\ \dfrac{y_p - y_1}{y_2 - y_1} = \dfrac{z_p - z_1}{z_2 - z_1} \end{cases} \Rightarrow \begin{cases} x_p = x_1 + \dfrac{z_p - z_1}{z_2 - z_1}(x_2 - x_1) \\ y_p = y_1 + \dfrac{z_p - z_1}{z_2 - z_1}(y_2 - y_1) \end{cases}$$

在求出 P_1 和 P_2 点后，可根据法向确定出线段 P_1P_2 的方向，并根据拓扑信息找出与之相邻的下一个三角形面片，可依次算出 P_3，P_4，P_5，…，最后再回到 P_1，从而得到一条闭合的有向轮廓线，即为本层分层后的轮廓线。拓扑信息分层算法如图 8.3-18

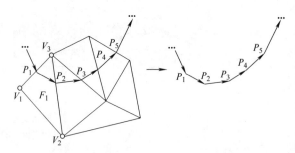

图 8.3-17 利用拓扑信息的分层算法示意图

所示，该方法具有以下优点：

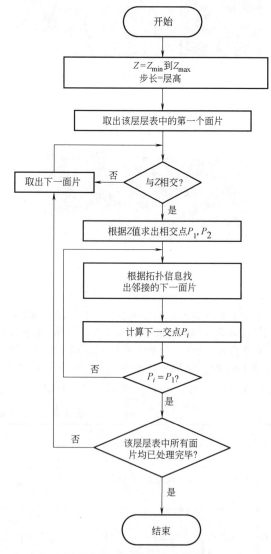

图 8.3-18 拓扑信息分层算法

1) 不需要每次对所有面片进行搜索，因而减少了搜索时间。

2) 原来每个三角形面片与 Z 平面求交需计算两

个端点，而改进算法只需计算一个端点。

3）改进算法直接得到的就是首尾相连的有向闭合多义线，不需要对求得的线段重新分类连接。

2. 自适应分层

自适应分层即以不同的层厚对零件模型进行分层，层片的厚度随着零件表面的几何特征变化，一般来说当零件表面曲率大时，层片采用较小的层厚，以提高表面精度；当零件表面曲率小时，采用用户给定的最大层厚进行分层，以减少层片数目，提高加工效率。由于减小了台阶效应，自适应分层可以获得更好的表面质量。

自适应分层算法：由用户给定需要满足的误差，通过相应的函数可得出当前层任意给定位置 $P(i)$ 在满足用户设定的误差条件下所允许的最大分层厚度 $L_{p(i)}$。在这些 $L_{p(i)}$ 中最小的一个就可以选为下一层片的层厚。当然层厚的选择还要受到制造设备的加工能力（L_{min}，L_{max}）的限制。最终的层厚 L_{slice} 为

$$L_{slice} = \max\{L_{min}, \min(L_{max}, L_p)\}$$

基于二维轮廓比较的轮廓比较自适应分层算法主要包括两个部分：第一部分为模型关键特征的识别，模型的关键特征主要包括正平面、负平面以及尖点等，在关键特征识别的基础上将模型分为相应的块，每个块内部不再含有关键特征；第二部分为层厚优化，即根据指定的二维轮廓偏差比率（Contour Deviation Ratio）在块的内部对层厚进行优化，实现自适应分层。

轮廓比较法是一种间接的方法，它通过比较当前层的几何轮廓和上一层几何轮廓的偏差来推测零件的表面几何特征。当相邻两层轮廓偏差值较大时，该算法判断两层间的几何特征有较大改变；当相邻两层轮廓偏差值较小时，该算法判断两层间具有相似的几何特征，如图 8.3-19 所示。

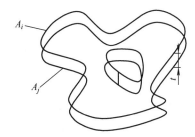

图 8.3-19　轮廓比较法原理
A_i—模型在高度 Z_i 处的轮廓信息
A_j—模型在高度 Z_i+t 处的轮廓信息　t—分层厚度

整体的基于轮廓比较的自适应分层算法流程如图 8.3-20 所示。

3. 曲面分层

曲面分层是曲面成形的关键技术之一。现有分层技术大多是用一系列不同高度 XY 平面与 CAD 模型求交，而曲面分层则是以一系列的曲面与 CAD 模型求交。图 8.3-21 所示为平面分层和曲面分层。

分层曲面如何确定是分层技术中的关键之一。曲面成形是为了解决小倾斜度表面的台阶误差问题，所以分层曲面需根据零件表面来确定。图 8.3-22 中的零件，其上表面为曲面，下表面为平面，以曲面成形，要保证上下表面都没有台阶误差，所以在零件的上下表面，分别以 1、5 两个曲面为分层面，中间以 2、3、4 三个分层面进行过渡。构造分层曲面的第一步是根据 CAD 模型的形状特点，构造一些关键曲面，这些曲面应该和 CAD 模型部分表面重合，以消除这些表面上的台阶效应；第二步再根据这些关键曲面，构造更多的中间过渡分层面，以保证层与层之间不会出现超出系统成形能力的层厚。

4. CAD 模型直接分层

CAD 模型直接分层的数据处理过程如图 8.3-23 所示。首先在 CAD 系统中对三维模型直接进行剖切分层，生成截面轮廓，然后对层片进行技术规划，输出技术路径，用矢量文件对其进行记录，控制软件处理矢量文件，生成增材制造技术设备接受的数控代码。

根据 CAD 模型直接分层的数据处理过程和增材制造技术的具体要求，CAD 模型直接分层的数据处理软件系统包括以下三个主要部分：CAD 模型的直接切片、截面轮廓信息提取和层片技术规划。CAD 模型的直接切片处理主要考虑的是离散-堆积过程中的离散过程，将三维几何实体模型转换为层片数据；截面轮廓信息提取则根据直接切片后获得的层片数据，经过转换和处理提取出轮廓的拓扑信息；层片技术规划主要是对截面轮廓信息进行填充和数据的无损失输出。

8.3.6　扫描路径填充

由于增材制造技术所独具的特点，在进行每一层的具体成形时，除了要进行轮廓扫描外，还要进行一定形式的轮廓内部实体扫描填充。如在 LOM 技术中，进行轮廓扫描切出该层轮廓形状后，还要将非轮廓部分切成一个个的小方块，以便于原型/零件成形后可以方便地取出；在 SLS、SLA 或 FDM 等技术中，则需要对轮廓内部原型实体部分进行一定形式的密集的堆积扫描（填充），以生成该层的实体形状。

对不同的增材制造技术，其扫描填充方式也不尽相同，比如 LOM 技术，扫描填充的目的是为了将成形截面内不需要的部分切碎，因此一般采用十字网格

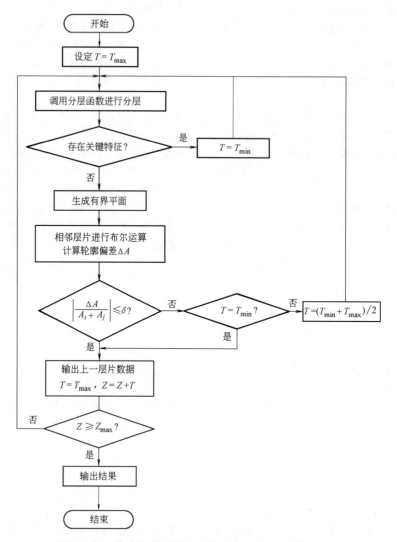

图 8.3-20 整体的基于轮廓比较的自适应分层算法流程

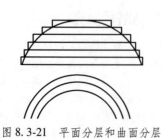

图 8.3-21 平面分层和曲面分层

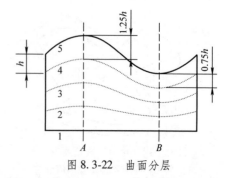

图 8.3-22 曲面分层

填充方式。而 SLA、FDM 和 SLS 等技术，扫描填充的目的是为了截面轮廓内部成形，采用的填充方式主要有单向扫描、十字网格扫描、多向扫描、螺旋形扫描、Z 字形扫描、沿截面轮廓偏置扫描 等，见表 8.3-4。扫描填充方式不同，则其扫描线的长度就不一样，扫描线越长，因扫描开始和停止而造成的启停误差就越小。另外，成形件的力学性能、成形时的热传递方向等都与扫描填充方式有关。

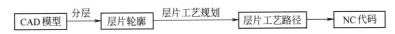

图 8.3-23　CAD 模型直接分层的数据处理过程

表 8.3-4　扫描填充方式

扫描填充方式	示意图	特点
1. 单向扫描：沿着一个轴（X 或 Y 轴）方向进行扫描	a)　b)	数据处理简单，但扫描短线段较多，因此而产生的启停误差较大，而且成形件的力学性能不好，一般适用于 FDM、SLS 等技术
2. 多向扫描：根据模型截面轮廓形状，自动选择沿长边的方向扫描	a)　b)	可以部分地改善单向扫描所造成的误差和成形件的力学性能，但因带有一定的智能性，软件处理比较麻烦，适用于 FDM、SLS 等技术
3. 十字网格扫描：沿着 X 和 Y 轴两个方向进行扫描	适用于 LOM　适用于 SLA	这种填充方式仅适用于 LOM 和 SLA 技术
4. 螺旋形扫描：以多边形（环）的几何中心为螺旋线的中心，从这一点出发，作一些等角度的射线，以渐进的方式从一条射线到另一条射线生成螺旋形的扫描线	等角度射线　几何中心	可以大大改善成形过程中的热传递和成形件的力学性能，而且扫描线较长，可以减小启停误差
5. Z 字形扫描：与 X 或 Y 单方向网格扫描基本相同，只是从扫描路径来说，还包含了空行程，从而需对后者做进一步处理	a)　b)	图 a 中，只沿单方向进行扫描，每扫描完一条线后，回到起始边后再接着扫描下一条边，有较多的空行程。图 b 中，扫描是沿着两个方向进行，从而可大大减少空行程，节省扫描时间。RP 扫描一般为图 b 所示的 Z 字形扫描方式，以节省成形时间
6. 分区 Z 字形扫描方式：当零件含有内孔时，也有两种分区 Z 字形扫描方式	a)　b)	对于不同 RP 技术，可根据技术特点选择合适的扫描方法，如 SLS 技术，刀具即成形执行机构为激光，由于激光可快速通断，即可采用图 b 所示的扫描方式

（续）

扫描填充方式	示意图	特点
7. 沿截面轮廓偏置扫描：这种扫描方式主要是针对 FDM 技术而设计的	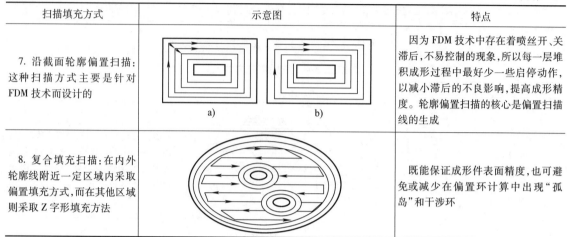 a)　　　　　　b)	因为 FDM 技术中存在着喷丝开、关滞后，不易控制的现象，所以每一层堆积成形过程中最好少一些启停动作，以减小滞后的不良影响，提高成形精度。轮廓偏置扫描的核心是偏置扫描线的生成
8. 复合填充扫描：在内外轮廓线附近一定区域内采取偏置填充方式，而在其他区域则采取 Z 字形填充方法	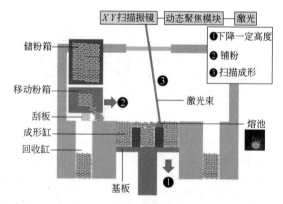	既能保证成形件表面精度，也可避免或减少在偏置环计算中出现"孤岛"和干涉环

8.4 金属增材制造技术及设备

8.4.1 激光选区熔化技术

激光选区熔化（Selective Laser Melting，SLM），又称为选择性激光熔化，是粉末床熔化（Powder Bed Fusion，PBF）技术之一。SLM 技术脱胎于激光选区烧结技术（Selective Laser Sintering，SLS）。1986 年，美国得克萨斯大学奥斯汀分校的 Carl R. Deckard 提出了采用激光束烧结粉末而成形的激光选区烧结技术，1988 年研制成功了第一台 SLS 成形机。

1. 定义及特点

SLM 技术是一种采用激光作为热源来熔化金属粉末材料，并以逐层堆积方式成形三维零件的一种增材制造方法。首先在基板上用刮刀铺一薄层（0.02～0.08mm）粒径细小的金属粉末（15～53μm），接着激光束在扫描振镜的控制下按照一定的路径快速照射粉末，使其发生熔化、凝固，形成冶金熔覆层，然后将基板下降与单层沉积厚度相同的高度，铺下一层粉，重复这样的过程直至整个零件成形结束，如图 8.4-1 所示。

早期由于激光能量密度不够，金属材料主要采取单一成分低熔点金属粉末、金属粉末与有机黏结剂混合物、不同熔点金属粉末混合物三种形式进行烧结。

美国 DTM 公司（后被 3D Systems 收购）早期开发的 SLS 金属材料为金属粉末与有机黏结剂粉末组成的混合体，低熔点的黏结剂粉末熔化并将高熔点的金属粉末黏结，形成"绿件（Green Part）"，"绿件"属于多孔结构，强度不高。将"绿件"与另一低熔点的液体金属接触或浸在液体金属内，在毛细力或重

图 8.4-1　SLM 成形过程示意图

力的作用下，液体金属通过成形件内相互连通的孔洞，填满成形件内的所有空隙，使成形件成为密实的金属件，称为"功能件（Function Part）"，在功能件中，一般含 60%（质量分数）的结构材料，其余 40%（质量分数）是渗入的金属材料，高熔点的金属粉末间并未达到完全的冶金结合。

德国 EOS 公司早期开发的 SLS 金属材料则为不同熔点金属粉末组成的混合物，其中一种粉末具有较低的熔点（如铜粉），另一种粉末熔点较高（如铁粉）。烧结时激光将粉末升温至两金属熔点之间的某一温度，使黏结金属粉末熔化，并在表面张力的作用下填充于未熔化的结构金属粉末颗粒间的空隙中，从而将结构金属粉末黏结在一起。采用不同熔点金属粉末混合物进行烧结的技术特点是不需要采用大功率的激光器和特殊的气体环境，其中的低熔点金属起有机

黏结剂的作用。

激光选区熔化技术 SLM 与激光选区烧结技术 SLS 原理上没有区别。当增材制造技术从快速原型方向向快速制造方向转变时，虽然激光选区烧结技术通过进一步烧结/浸渗或铸造技术可以间接得到金属零件，但工业界对直接制造金属零件表现出非常高的期待。SLS 技术经过以下 4 个方面的改变或突破后，得到 SLM 技术，并逐步成为金属增材制造两种主要技术之一。

第一个方面：材料。在 SLS 工艺研究初期，研究发现单一成分的金属材料进行烧结，如铜、铅、锡及锌等低熔点金属，容易产生"球化"现象：当输入能量不太大时，成形易得到由一串圆球组成的扫描线；当输入能量足够高时，成形易得到半椭圆形连续的烧结线，输入能量越高，烧结过程中粉末飞溅现象越严重，影响成形尺寸精度。德国 F&S/MCP（SLM Solutions 公司的前身）和英国利物浦大学等对材料成分和技术参数进行严格控制，并将粉末粒径和铺粉厚度控制在 $0.02 \sim 0.05$mm 之间，基本消除了"球化"现象。

第二个方面：激光器。由波长为 10600nm 的红外 CO_2 激光器向波长为 1060nm 的 Nd：YAG 激光器和光纤激光器转变，特别是可靠度高、使用寿命长、能量利用率高的光纤激光器的出现，使金属粉末对激光的吸收率大大提高，设备的稳定性也得到了加强。

第三个方面：工艺路径优化。通过工艺路线仿真，将成形区域分成若干块，激光在不同块之间来回扫描，避免了成形区域温度场的不均匀性，减少了零件热应力和翘曲变形，使得自动化成形成为可能。德国 Concept Laser 公司采用精密可移动性扫描头，将 250mm×250mm 的成形范围划成 4 个 125mm×125mm 的小视场，这样可根据零件尺寸，选择不同视场范围，每个视场中心点的线性误差<15μm，从而提高了零件的精度和分辨率。

第四个方面：支撑技术的完善。纯金属和合金粉末流动性大大高于有黏结剂的混合粉末，下层粉末难以支撑其上的金属熔滴，SLM 技术需加支撑结构。优良支撑结构的自动生成，使 SLM 技术进一步得到了长足的进步。

SLM 技术成形精度高、性能好、不需要工模具，属于典型的数字化过程，目前在复杂精密金属零件的成形中具有不可替代性，其主要优点为：

1）能将 CAD 模型直接制成终端金属产品，只需要简单的后处理或表面处理工艺，适合多品种小批量生产。

2）适合内部有复杂异形结构（如空腔、三维网格）的工件成形。传统机械加工不但费时，而且费材，铸造工艺复杂，零件性能难以保证，锻造需要昂贵的精密模具和大型的专用装备，制造成本高。

3）能得到具有非平衡态过饱和固溶体及均匀细小金相组织的实体，致密度几乎能达到 100%，SLM 零件力学性能与锻造工艺逐渐接近。

4）使用具有高功率密度的激光器，以光斑很小的激光束加工金属，使得加工出来的金属零件具有很高的尺寸精度（达 0.1mm）和很好的表面质量（$Ra = 6 \sim 10$μm）。

5）由于激光光斑直径很小，因此能以较低的功率熔化高熔点金属，使得用单一成分的金属粉末来制造零件成为可能，而且可供选用的金属粉末种类也大大拓展了。

6）能采用钛粉、镍基高温合金粉加工解决在航空航天中应用广泛的、组织均匀的高温合金零件复杂件加工难的问题，还能解决生物医学上组分连续变化的梯度功能材料的加工问题。

SLM 技术的特点使其在结构拓扑优化设计与制造方面具有不可比拟的优势。拓扑优化（Topology Optimization），是指一种根据给定的负载情况、约束条件和性能指标，在给定的区域内对材料分布进行优化的数学方法，是一种常见的结构优化方式。但是，高精度金属增材制造技术 SLM 出现之前，拓扑优化并不那么完美，大多数情况下，拓扑优化得出的方案由于造型太过复杂，传统制造方法根本无法制造，所以只能再对其进行简化，甚至放弃。SLM 技术与拓扑优化相结合，不仅真正发挥了拓扑优化的效能，同时也提高了 3D 打印的实用价值。拓扑优化前零件与拓扑优化后 SLM 技术制造的零件，质量大幅度减小，见图 8.4-2。

图 8.4-2　SLM 技术与拓扑优化设计相结合

SLM 技术也适合晶格结构、鸟骨结构和蜂窝结构零部件的制造，如图 8.4-3 所示。

2. 激光选区熔化设备

激光选区熔化成形设备的关键指标如下。

a)　　　　　　　　　　　　　　b)　　　　　　　　　　　c)

图 8.4-3　SLM 技术制造细微内结构零件

a）晶格结构　b）鸟骨结构　c）蜂窝结构

1）成形尺寸。代表了设备能够最大加工零部件的能力。

2）分层厚度。分层厚度越小，零件成形越精细；分层厚度越大，零件成形效率相对越高。

3）激光器功率和数量。目前单个激光器的成形效率不超过 $20cm^3/h$，在加工大型零部件过程中会使得加工周期过长。目前德国 SLM Solutions 公司最新公布的 NXG XII 600 设备包括 12 台 1000W 的光纤激光器。

4）激光器光束质量。光束质量决定了零件的成形质量和成形精度，是设备成形能力极其重要的体现。目前主要的激光器包括美国 IPG 公司的 IPG 光纤激光器、德国通快公司的 SPI 光纤激光器和武汉锐科的 Raycus 光纤激光器。一个完整的激光光路系统通常由激光器、准直镜、扩束镜、聚焦系统组成。现有的聚焦系统主要有两种：静态聚焦系统和动态聚焦系统。静态聚焦系统如图 8.4-4a 所示，焦平面为近似平面（曲面），扫描精度较差。动态聚焦系统如图 8.4-4b 所示，在振镜前面有一个 3 轴动态聚焦模块，通过伺服电动机和直线运动器完成动态聚焦，焦平面为平面，扫描精度高，成本高。

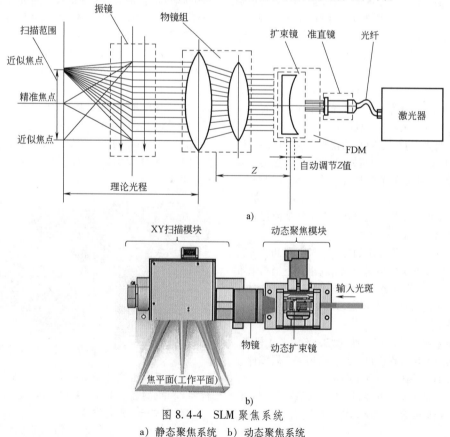

a)

b)

图 8.4-4　SLM 聚焦系统

a）静态聚焦系统　b）动态聚焦系统

5）Z轴重复定位精度。金属3D打印过程是一个逐层叠加熔化的过程，每次成形平台下降的高度为10~100μm不等，在成形平台的下降过程中如果其Z轴的重复定位精度不高，会造成零部件尺寸与理论模型出现较大偏差，造成零部件报废或无法使用。特别是大型零部件打印，由于平台（零件）自身质量和温度累积效应，容易造成Z轴精度下降，需采取刚性设计并采取适当冷却方式，才能保证Z轴重复定位精度。

6）铺粉机构。铺粉过程会占用整个成形过程一定时间。SLM设备的铺粉机构主要有单向和双向两

种形式。双向铺粉可减少设备的铺粉时间，提高设备成形效率

7）送粉方式。目前有送粉缸顶出送粉和上置式重力送粉两种方式，如图8.4-5所示。送粉缸顶出送粉优点是粉末适应性较好，流动性稍差的粉末也能送出，每层铺粉量易定量，对成形室污染较小；缺点是占用空间较大。上置式送粉依靠重力送粉，优点是占用空间小，不需要送粉缸，粉末可连续添加；缺点是粉末适应性差，需要粉末流动性好，送到小料斗的粉末定量较难，密度轻的球形铝粉送粉前还需要干燥处理。

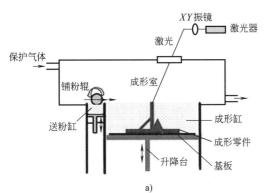
a)

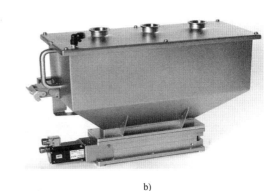
b)

图 8.4-5 两种粉末输送方式

a）送粉缸顶出送粉 b）上置式重力送粉

8）气流流场。成形区域的惰性气体除了保护熔池不受空气污染以外，还有两个作用：第一个作用是吹散聚集在成形区域上部由于粉末熔化后释放出的气体，从而避免遮挡激光降低激光达到粉末上的能量；第二个作用是将粉床上的浮渣（密度比粉末低）吹走。为了达到上述目的，气流在粉末表面应形成水平层流，在粉末上方应以垂直向下层流为主、水平层流为辅（见图8.4-6），并在排风口被抽走，因此，保护气体的流速和流场对成形质量具有较大的影响。

国外对SLM技术进行研究的国家主要集中在德国、日本、法国、美国等，第一台SLM设备由德国Fockele & Schwarze与弗朗霍弗研究所联合研制，随后德国EOS公司、Concept Laser公司、SLM Solutions公司、Realizer公司，美国3D Systems公司、英国Renishaw公司、法国Phenix公司均推出了较为成熟的设备，它们将激光束光斑直径聚焦到0.01~0.08mm，大幅提高了激光扫描的速度和精度，减少了成形时间，致密度近100%，其成形零件性能超过铸件并与锻件相当，尺寸精度值为20~50μm，表面粗糙度值为20~30μm，其中尤以德国EOS公司市场占有率最高。图8.4-7为EOS M290和SLM 800设备图。

国内西安铂力特、广东汉邦科技、江苏永年激

a)

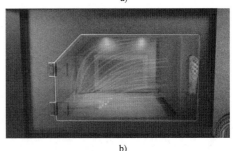
b)

图 8.4-6 流场仿真和成形（SLM NXG XII 600 设备）

a）多束扫描 b）风场流动

光、上海探真、广东雷佳、湖南华曙高科等公司均先后推出了商业化设备，SLM设备的硬件系统部分达

到或接近国际先进水平，图 8.4-8 为铂力特 BLT S600 和江苏永年激光 YLM 1000 设备图。

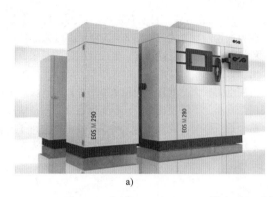

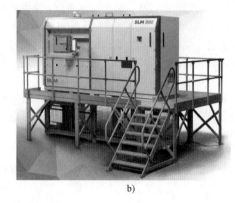

a)　　　　　　　　　　　　　　　　b)

图 8.4-7　国外 SLM 设备

a）EOS M290　b）SLM 800

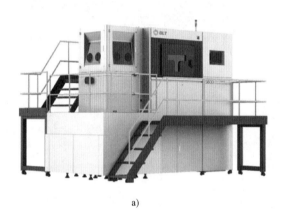

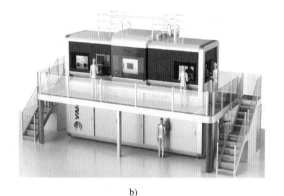

a)　　　　　　　　　　　　　　　　b)

图 8.4-8　国产 SLM 设备

a）BLT S600　b）YLM 1000

SLM 技术特别适合航空发动机机匣等薄壁零件的成形，目前各大研究机构正抓紧大尺寸设备的研发和机匣打印，图 8.4-9 所示为江苏永年激光成形技术有限公司打印的直径达 860mm 的发动机叶轮。

图 8.4-9　φ860mm 的发动机叶轮

（江苏永年激光）

3. 激光选区熔化工艺和材料

SLM 技术的工艺参数包括：激光功率、扫描速度、扫描间距、扫描策略、光斑补偿、离焦量、加工层厚等，如图 8.4-10 所示。

SLM 技术的工艺参数与 SLS 技术类似，主要是增加了支撑结构和保护气体。

添加的支撑最终都要去掉，以下 5 种途径可以减小去支撑的难度：

1）合理摆放零件，减少支撑数量。

2）优化设计，减少支撑数量，如采用圆角和倒角加以过渡，从而可以消除悬臂结构，避免较高支撑。

3）设置智能支撑。

4）设置轻便的断裂点，便于去除。

5）设置支撑隔层加工，单数层加工支撑，双数层则不加工支撑。

SLM 技术可以成形形状复杂、致密度高的金

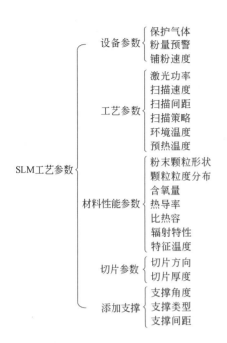

图 8.4-10　SLM 工艺参数

SLM工艺参数
- 设备参数
  - 保护气体
  - 粉量预警
  - 铺粉速度
- 工艺参数
  - 激光功率
  - 扫描速度
  - 扫描间距
  - 扫描策略
  - 环境温度
  - 预热温度
- 材料性能参数
  - 粉末颗粒形状
  - 颗粒粒度分布
  - 含氧量
  - 热导率
  - 比热容
  - 辐射特性
  - 特征温度
- 切片参数
  - 切片方向
  - 切片厚度
- 添加支撑
  - 支撑角度
  - 支撑类型
  - 支撑间距

属零件，成形精度由轮廓线扫描决定，成形速度由填充线扫描决定，除了变光斑（轮廓线光斑和填充线光斑）和变方向（错层方向扫描线角度）以外，逆风扫描和棋盘扫描也是 SLM 技术的工艺特色。

扫描策略需增加风场考虑的逆风扫描和棋盘扫描模式。逆风扫描是扫描从远离出风口逐渐扫描到出风口附近（多激光器扫描还需进一步优化），保证已成形零件区域的粉尘和飞溅不影响到未成形区域，从而提升成形零件质量。棋盘扫描是将扫描区域

按棋盘分成若干个格子，如图 8.4-11 所示，为了减小热应力，每个格子扫描顺序和扫描线方向均遵循一定原则。

图 8.4-11　SLM 填充线棋盘扫描

SLM 可成形材料包括不锈钢、镍合金、钛合金、钴-铬合金、铝合金、镁合金和高温合金等，粉末材料要求球形度高、粒径小（15～53μm）、空心率低（少或无空心粉、卫星粉和黏结粉）和杂质含量低。球形度高的粉末能保证粉末铺平，粒径小的粉末能铺设较薄层，空心率低的粉末能得到致密组织，因此，SLM 粉末是金属粉末制造领域的高精尖产品，主要制粉工艺有真空感应气雾化技术（Vacuum Inert Gas Atomization，VIGA）、电极感应气雾化技术（Electrode Inert Gas Atomization，EIGA）、等离子旋转电极技术（Plasma Rotating Electrode Processing，PREP）、等离子雾化技术（Plasma Atomization）和等离子球化技术（Plasma Spheroidization）等，部分工艺制备的球形粉末如图 8.4-12 所示。

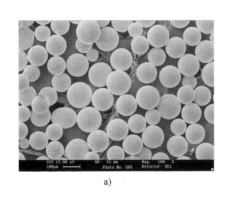
a)

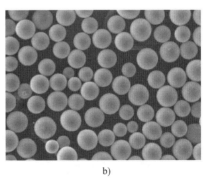
b)

图 8.4-12　球形金属粉末
a）EIGA 工艺制备的粉末　b）PREP 工艺制备的粉末

国外主要制粉企业有瑞典山特维克（Sandvik）、　　瑞典赫格纳斯、英国 GKN Hoeganaes、英国 LPV、加

拿大 AP&C、美国 Carpenter、瑞士 Oerlikon、印度普莱克斯、法国 Erasteel、美国阿美特克（AMETEK）、日本大阪钛（Osaka Titanium）、加拿大 Tekna 等。

国内主要制粉企业有中航迈特、河北敬业、西安铂力特、江苏飞而康、西安赛隆、成都优材、江苏威拉里、广州纳联、陕西融天、西安欧中、南通金源、天津铸金等。

8.4.2 电子束选区熔化技术

电子束熔化（Electron Beam Melting，EBM），又称为电子束选区熔化（Electron Beam Selective Melting，EBSM）和选择性电子束熔化（Selective Electron Beam Melting，SEBM），是粉末床熔化技术之一。

1. 定义及特点

电子束选区熔化技术是一种基于离散-堆积成形原理，以高能量密度和高能量利用率的电子束作为加工热源，对粉末床预置材料进行完全熔化成形的增材制造技术。工艺原理如图 8.4-13 所示：利用金属粉末在电子束轰击下熔化的原理，先在铺粉平面上铺展一层粉末；然后，电子束在计算机的控制下按照截面轮廓的信息进行有选择性地熔化，金属粉末在电子束的轰击下被熔化在一起，并与下面已成形的部分黏结，层层堆积，直至整个零件全部熔化完成；最后，去除多余的粉末便得到所需的三维产品。

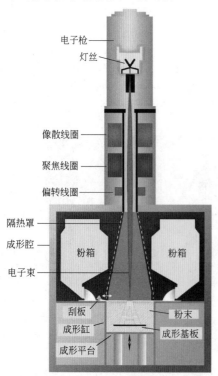

图 8.4-13 电子束选区熔化技术原理图

粉末床电子束熔化技术是 1997 年瑞典 Arcam 公司最早开始研发的，原理与 SLS/SLM 技术类似，主要是将激光器换成电子束。电子束与激光相比，具有以下优缺点：

1）功率和能量利用率高。电子束的能量转换效率一般为 75% 以上，而光纤激光器只有 30% 左右的能量利用率。用于粉末床增材制造的电子束功率一般在 3kW 左右，用于粉末床增材制造的激光功率一般在 1kW 以内（大量为 200W）。

2）无反射，可加工材料广泛。金属材料对激光的反射率很高，特别是金、银、铜、铝等，这些材料的熔化潜热很高，不易熔化，所以需要足够高的能量密度才能产生熔池，而且熔池一旦形成，液态金属对激光的反射率迅速降低，从而使熔池温度急剧升高，导致材料汽化。电子束不受加工材料反射的影响，因此能很容易地加工上述激光难以加工的材料，特别是 TiAl 材料。

3）电子束穿透能力强，加工速度快。电子束设备靠磁偏转线圈操纵电子束的移动来进行二维扫描，扫描频率可达 20000Hz，不需要运动部件，激光设备必须依靠振镜或数控工作台的运动来实现该功能。电子束偏转聚焦系统不会被金属蒸镀滋扰，激光器振镜等光学器件则容易遭到蒸镀污染。与激光相比，电子束的移动更加方便且无运动惯性，电子束电流易于控制，因而可以实现快速扫描。

4）对焦方便。激光束对焦时，由于透镜的焦距是固定的，所以必须移动工作台，电子束则是通过调节聚束透镜的电流来对焦，因而可以在任意位置上对焦。

5）运行成本低。根据相关统计，电子束运行成本仅是激光器运行成本的一半或更低。粉末床激光熔化技术需要依靠大量的惰性气体或中性气体将成形室内的氧气和水分置换出去，激光器电子元件易受环境影响而损坏；粉末床电子束熔化技术只需要少量的氦气维持电流导通功能，灯丝寿命长（目前单晶灯丝寿命已达 500h 以上）。

6）与激光相比，电子束存在 X 射线和成形工件尺寸受真空室大小限制的不足。

作为两种粉末床熔化技术，EBM 与 SLM 相比具有以下差异：

1）热源。SLM 采用激光为热源；EBM 采用电子束作为热源，高熔点的金属及金属间化合物最好采用 EBM 技术成形。

2）成形工作环境。SLM 技术在惰性气体条件下熔化成形；EBM 技术在真空条件下熔化成形，真空系统体积大。

3）预热温度。SLM 可预热温度为 300℃，成形后零件残余应力大，一般需要后续热处理；EBM 技术采用电子束扫描对每一层金属粉末扫描预热，预热温度为 600~1200℃，成形后残余应力小，不需要后续热处理。

4）铺粉厚度。SLM 铺粉厚度小，一般为 0.02~0.08mm；EBM 铺粉厚度大，一般在 0.05~0.2mm 之间。

5）粉末粒径。SLM 采用的粉末粒径小，一般为 15~53μm；EBM 采用的粉末粒径大，一般为 45~105μm。

6）成形效率。EBM 的成形效率是普通 SLM（采用多激光器的 SLM 成形效率得到提高）的 3 倍。

7）成形件精度：EBM 技术成形的零件表面粗糙度值大于 SLM 技术。

2. 电子束选区熔化设备

EBM 设备主要由电子枪及加速电源系统、聚焦和偏转系统、真空系统、送铺粉装置、成形室、扫描及控制系统等组成。

（1）电子枪及加速电源系统

进行电子束选区熔化成形的电子是在高达上万伏加速电源作用下脱离原子核的束缚从阴极发射出来，其主要机构包括电子枪和加速电源系统。

利用电子束进行增材制造的电子枪为三级皮尔斯结构，阴极结构有带状、圆片和棒（柱）状，阴极材料为钨与六硼化镧，加热方式有直热和间热。国外以瑞典 Arcam 公司短柱状直热单晶化合物阴极、德国波宾公司直热式钨带阴极、乌克兰巴顿焊接研究所间热式圆片六硼化镧阴极、加拿大 PAVAC 公司激光加热阴极和日本三菱公司间热式棒状阴极（见图 8.4-14）为代表。

a)

b)

c)

d)

图 8.4-14　国外主要机构阴极及加热方式

a）Arcam 公司直热式柱状阴极　b）波宾公司直热式阴极　c）PAVAC 公司激光加热阴极　d）三菱公司间热式棒状阴极

加速电源特性对电子枪的可靠性及电子束的品质至关重要。乌克兰巴顿焊接研究所基于高压电子管线性调节加速电源性能早期非常优秀，但高压电子管固有缺点造成其已逐渐被高频逆变加速电源所取代。20 世纪，国内电子束事业以桂林电科所、中科院电工所、中航 625 所为代表，主要产品为电子束焊机，阴极为直热式钨带，加速电源为工频晶闸管调压或中频发电机组调压。2000

年后，桂林狮达机电技术工程有限公司在国内首家推出高频逆变加速电源，开发出具有完全知识产权的国内首台 150kV 高压型、60kW 大功率电子束焊机。

（2）聚焦和偏转系统

电子束选区熔化技术一般采取三级聚焦系统进行聚焦，如图 8.4-15 所示，第一级为合轴/聚焦，主要修正加工和装配引起的对中偏差；第二级为主聚焦，线圈绕组匝数较多，电流恒定，保证电子束在不偏转时聚焦良好；第三级为动态补偿聚焦，线圈绕组匝数

较少，能快速适应电流变化动态响应，修正聚焦斑点因扫描引起的像散。

动态聚焦的具体实现方法有两种：第一种方法是对成形区域若干个标定点进行电子束下束，获取每个标定点的聚焦电流，然后成形区域内任一点的聚焦电流根据它周边标定点聚焦电流进行插值计算，获得动态聚焦电流。瑞典 Arcam 公司 A 系列设备采取 7×7 标定孔进行标定（标定孔数量后续设备逐渐增多），如图 8.4-16 所示。清华大学研发的 EBSM250 采取 100×100 标定点进行标定。

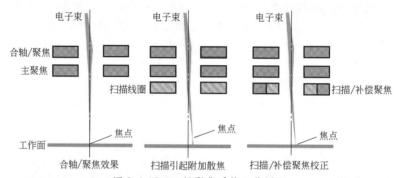

图 8.4-15 三级聚焦系统工作原理

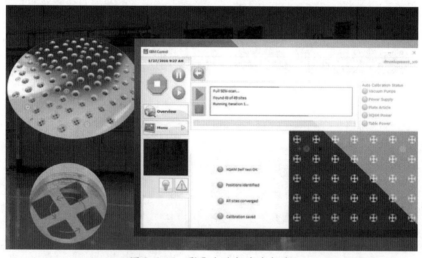

图 8.4-16 聚焦电流标定点标定

动态聚焦的第二种方法是根据聚焦电流补偿量与电子束偏转距离的平方成正比，首先确定动态聚焦系数，然后电子束在每一点的聚焦电流均根据偏转距离实时调整，实现动态聚焦。

（3）真空系统

电子束选区熔化设备真空系统与一般电子束加工真空系统结构类似。电子枪部分和成形室部分分别由两套真空系统组成：电子枪部分真空系统维持在 $1×10^{-4}$Pa 及更高水平，保证阴极不氧化，维持电子发

射能力；成形室部分由于体积较大，抽真空时间长，一般抽真空到一定水平后需要通入适量的氦气，避免粉末在电子束作用下发生溃散。

（4）送铺粉装置

真空系统使得成形室体积受到限制，因此 EBM 技术送铺粉系统一般采取上置式送粉，粉末从送粉箱流向工作平台或移动式送粉装置，如图 8.4-17 所示。

由于成形区域温度高（粉末预热到 800℃ 左右、粉末熔化 1400℃），SLM 技术采用的柔性橡胶条刮板

不再适合于 EBM 技术。一般采用金属梳条进行铺粉（见图 8.4-18），多余的粉末通过导管流入储粉罐。

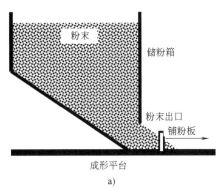

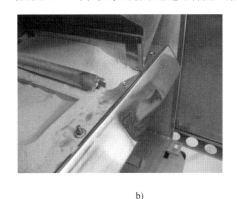

a)　　　　　　　　　　　　　　　b)

图 8.4-17　EBM 重力送粉装置

a）重力送粉原理　b）重力送粉装置实物

图 8.4-18　铺粉用金属梳条

（5）成形室

成形室主要包括送粉箱、铺粉装置、Z 轴升降装置、成形缸、粉末回收装置、隔热装置（避免成形区域温度过多传递到其他部分）、观察装置、温度检测装置等。

（6）扫描及控制系统

目前主要有三种电子束扫描方式：光栅式扫描、矢量式扫描和点扫描，其中前两种为线扫描。

EBM 设备研发单位较少，主要是瑞典 Arcam 公司和清华大学。2003 年，瑞典 Arcam 公司推出第一款 Arcam S12 设备；2004 年，清华大学与桂林狮达机电技术工程有限公司联合研发出第一款实验设备 EBSM 150；2007 年，清华大学与西北有色金属研究院联合研发出成形尺寸达 200mm×200mm 的 EBSM 250；2015 年清华大学成立天津清研智束科技有限公司；2015 年西安塞隆金属材料有限公司在与清华大学合作及购置 Arcam A2 设备的基础上推出商业化的 EBM 设备；2016 年末瑞典 Arcam 公司被美国 GE Additive 公司收购。图 8.4-19 为 GE 公司 EBM Q20Plus 和清研智束 Qbeam 设备。

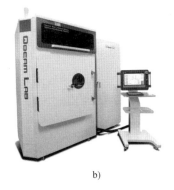

a)　　　　　　　　　　　　　　　b)

图 8.4-19　电子束选区熔化设备

a）EBM Q20Plus　b）Qbeam

3. 电子束选区熔化工艺及材料

与 SLM 技术类似，EBM 技术工艺参数也包括电子束电压、电流、扫描速度、扫描间距、扫描层厚和扫描策略等。与 SLM 技术不一样的是，EBM 技术需要采取粗粒径的粉末、粉末需要高温预热、扫描层厚大、零件表面粗糙度值大、残余应力小等，这均与该技术的一大特征有关，即粉末溃散，它是指没有经过预热的粉末在电子束下束的瞬间或电子束扫描过程中，容易发生粉末以束斑为中心向四周飞出，偏离其原来堆积位置，造成后续成形过程无法实现。

EBM技术中的粉末预热工艺（见图8.4-20）主要是避免粉末溃散，带来的不利方面是成形零件表面黏结了很多粉末，表面粗糙度大；带来的好处是成形区域温度高，残余应力小，不需要后续热处理，成形过程一般不再需要添加支撑（见图8.4-21）。

图 8.4-20　电子束选区熔化成形预热工艺

图 8.4-21　电子束选区熔化成形粉末烧结

分束是电子束的一大特性，由于电子跳转只需要改变磁感应强度（通过改变磁感应线圈的电流），电子束跳转速度能达到8000m/s，从而在一个相对较短的时间内（肉眼无法观察到），电子束可以在多个点之间来回跳跃（跳跃点数目根据成形需要，理论上可以多达上百个，如EBM Q20Plus），形成分束成形，进一步提高成形区域温度场均匀性，降低零件变形。正是因为电子束的分束成形能力、高功率带来的高成形速度及高的粉末预热温度，EBM技术的扫描路径规划除了必要的层间不同扫描策略以外，不需要像SLM技术那么复杂。

电子束选区熔化材料包括不锈钢、钛合金、钛铝合金、钴铬合金、镍基高温合金、硬质合金等。特别是熔点高的钛铝合金和硬质合金，激光选区熔化成形具有一定的困难，电子束选区熔化则具有一定的优势。

8.4.3　激光熔覆沉积制造

激光熔覆沉积（Laser Cladding Deposition, LCD）制造，又称为激光近净成形（Laser Engineered Net Shaping, LENS）技术。

1. 定义及特点

激光熔覆沉积技术，是在激光熔覆技术和增材制造技术基础上发展起来的一种金属零件增材制造技术。发明人是美国Sandia国家实验室的David Keicher，由于美国Optomec公司将LENS注册成了商标，后续研究单位按照工艺特点分别称其为LCD、DLF、DMD、LAM、LCF等，是直接能量沉积（Directed Energy Deposition, DED）的主要技术之一。

激光熔覆沉积技术首先由CAD产生零件模型，并用分层切片软件对其进行处理，获得各截面形状的信息参数，作为工作台（或机器手）进行移动的轨迹参数。然后，工作台在计算机的控制下，根据几何形体各层截面的坐标数据进行移动的同时，利用聚焦的激光在金属基体上形成熔池，同时喷嘴将金属粉末喷射到熔池里熔化沉积，层层叠加，最终形成具有一定形状的三维实体零件，如图8.4-22所示。

图 8.4-22　LCD技术成形过程

激光熔覆沉积技术的主要工艺因素包括：激光功率、扫描速度、扫描方式、送粉量、送粉速度、保护气体流量、离焦量等，使用的粉末材料粒径一般在$50\sim100\mu m$之间。

LCD技术的突出优点：

1）成形尺寸大。基本不受限制，可实现大尺寸零件的制造。

2）成形零件力学性能高。得到的零件组织致密，具有明显的快速熔凝特征，力学性能接近锻件水平。

3）应用范围广。激光熔覆沉积增材制造技术不仅可用于零件的直接制造，而且还可用来修复大的金属零件。

4）可成形材料广泛。既可以用来制作普通合金零件，如 316L、410L 不锈钢及 P20 工具钢零件，也可用来加工钛等易氧化金属零件。

5）制造柔性高。在计算机的控制下可以方便迅速地制作出传统加工方法难以实现的复杂形状的零件，可成形非均质和梯度材料零件。

6）材料利用率高。特别是与减材制造技术相比，多余的粉末可以重复利用。

7）成形流程短。不需要制作昂贵的工模具，生产周期短。

与其他传统制造方法相比，LCD 技术的不足：

1）成形精度较低，一般需要机械加工和热处理。

2）成形效率虽然高于 SLM 和 EBM，但低于传统机械加工。

3）难成形复杂和精细结构的零件。

4）粉末制造及生产成本高。

2. 激光熔覆沉积设备

激光熔覆沉积系统主要由高功率激光器、高精度数控工作台（或机器手）、同轴送粉喷嘴、送粉系统、惰性气氛成形室、熔池温度控制和反馈系统等组成，如图 8.4-23 所示。

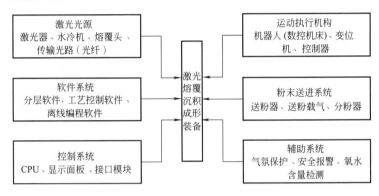

图 8.4-23　激光熔覆沉积系统

（1）激光器

激光器的性能好坏决定了激光熔覆沉积的效率和精度。目前，激光熔覆沉积系统应用的激光器主要有光纤激光器、半导体激光器和碟片激光器。传统的 CO_2 激光器由于能量利用率低及柔性差，已经逐步退出激光熔覆领域；半导体激光器光斑尺寸大，熔覆效率高，但成形精度一般；光纤激光器和碟片激光器光斑尺寸小，成形精度高，但熔覆沉积效率低于半导体激光器。

（2）熔覆头

熔覆头作用之一是将激光器发出的激光进行准直和聚焦，得到合适的激光束；作用之二是将送粉器送来的粉末会聚到激光焦点处，因此，熔覆头在激光熔覆沉积制造系统中占据重要的位置。根据送粉方式的不同，熔覆头分为同轴送粉熔覆头和旁轴送粉熔覆头，同轴送粉又分为环形送粉、光内送粉、四路送粉，如图 8.4-24 所示。

（3）送粉器

送粉器的主要作用是将粉斗中的粉末变成均匀连续的粉流，激光熔覆沉积对送粉装置性能要求是能够提供高度连续、均匀、稳定、可控的送料速度，将材料准确地送达熔池，形成高质量熔覆轨迹，并很好地适应扫描方向的变化。送粉装置的性能直接影响零件的成形质量，是系统中极为重要的一部分。

图 8.4-25 所示为常见激光熔覆送粉，质量闭环控制高精度送粉器配置实时称重电子秤，并实现送粉质量闭环控制，送粉量分辨率应 ≤3g/min。

（4）运动执行机构

运动执行机构有两种：第一种基于 CNC 数控机床，第二种基于机器手。早期的激光熔覆沉积制造设备是基于数控机床的控制方法集成出来的，理论上设备具备 3 个轴即可完成三维工件的激光熔覆增材制造，但对于具有悬臂结构的复杂零件（激光熔覆沉积增材制造技术没法添加支撑），至少需要 5 轴联动的数控系统才能实现对激光熔覆过程的精确控制（见图 8.4-26，配 2 轴变位机）。

机器手具有可靠度高、恶劣环境适应性强、与激光器集成性好等优点，柔性高的 6 轴工业机器手（瑞典 ABB、德国 KUKA、日本 FANUC、日本松下等）配上 2 轴变位机，能非常方便地满足零件的增材制造

a)

b)

c)

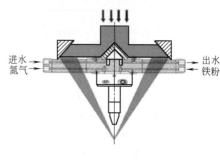

进水
氮气

出水
铁粉

d)

图 8.4-24 不同送粉方式熔覆头

a）旁轴送粉 b）环形送粉 c）四路送粉 d）光内送粉

a)

b)

图 8.4-25 常见激光熔覆送粉器

a）三筒送粉器 b）两筒送粉器

（见图 8.4-27），近年来基于机器手的激光熔覆沉积制造设备得到了较快发展。

（5）成形室

激光熔覆沉积以航空航天钛合金大型零件毛坯为

图 8.4-26 5 轴联动激光熔覆沉积设备

主，其成形室必须隔绝空气，又因为成形时间长，送粉管、保护镜片等易损耗零件需要更换，因此激光熔覆沉积制造设备的成形室以手套箱形式为主。手套箱是将高纯惰性气体充入箱体内，并循环过滤掉其中活性物质的设备，也称真空手套箱、惰性气体保护箱等，主要功能在于对 O_2、H_2O 和有机气体的清除。

（6）熔池温度控制和反馈系统

在激光熔覆沉积过程中，熔池温度会因为工件的

图 8.4-27　机器手激光熔覆沉积设备
（沈阳航空航天大学）

形状以及多层熔覆过程中温度累计效应发生变化，而熔池的温度会影响熔池的形状，并最终影响成形零件尺寸精度以及零件内应力的大小和分布。采用闭环反馈控制系统对熔池内温度实施监控，从而控制激光器的输出功率，确保熔池内温度场的稳定，对于保证制造零件的精度，减小零件内的应力具有重要的作用。

图 8.4-28 所示为美国南卫理公会大学（Southern Methodist University）采用的基于红外传感器的三维激光熔覆闭环控制装置示意图。每秒能达到 800 帧的高速摄像机与喷嘴同轴，安装在喷嘴上方，并随其一起运动，这样使得其在不同扫描方向和路径上摄像机与熔池的角度都是垂直的，获取的图像没有扭曲。

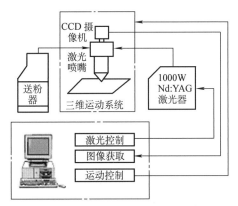

图 8.4-28　基于红外传感器的三维激光
熔覆闭环控制装置示图

图 8.4-29 为美国 Optomec MS 860 设备，可成形零件尺寸为 860mm×600mm×610mm，系统不仅包含沉积金属的 LENS 系统，还包含相应的 CNC 铣削单元，先用 LENS 技术沉积金属，然后进行机械加工。该设备能将氧气和湿度降低到 10^{-3}% 以下，因而可以安全地使用活性金属材料，消除了爆炸的可能性。

目前除了美国 Optomec、西安铂力特、中科煜辰、大族激光等公司生产激光熔覆沉积制造专用设备

图 8.4-29　MS 860 设备（含 3 个手套操作口）

以外，大多数企业以定制设备为主。

3. 激光熔覆沉积工艺及材料

激光熔覆沉积工艺中，单道、薄壁墙和简单方形（环形）零件的沉积成形是基础。

1）单道成形。影响单道单层激光熔覆沉积质量的主要因素包括激光功率、扫描速度、送粉速率、光斑直径、保护气体流量、离焦量等。为了研究方便，一般将激光器光斑直径、离焦量和保护气体流量固定，对影响成形质量较大的激光功率、扫描速度和送粉速率进行正交试验，然后进行回归分析得到单道熔池宽度和高度的表达式，进而指导下一步成形，如图 8.4-30 所示。

2）薄壁墙成形。薄壁墙成形极易出现图 8.4-31 所示表面不平整情况，其原因在于熔覆到最右端的时候速度逐渐降为 0，减速过程阶段能量累积，从而导致沉积部分温度过高发生熔池流淌现象。同时，激光熔覆沉积过程中热量逐渐累积，导致熔池温度逐渐升高。在激光熔覆开始时期，热量的散失较快，熔池热量可有效地散去，但是当熔覆到一定高度后，熔池热量散热变慢，导致熔池温度上升，当熔池温度升高到一定程度后，液态熔滴往下流淌，造成零件不能继续向上沉积甚至坍塌。在成形过程中，一旦出现表面不平整情况，前一层或前一道的缺陷会遗传给下一层或下一道，最终导致零件不能完整成形。解决办法包括更换起点、加大冷却力度、调整加减速度等。

3）方形零件成形。使用薄壁墙成形优化后的工艺参数进行方形零件的成形。成形过程中当熔覆头沿着一个方向运动到该边的终点时，运动速度从 5～10mm/s 迅速下降到 0mm/s，然后沿着另一个方向从 0mm/s 迅速增加到 5～10mm/s，在通过拐角位置时，激光熔覆头的运动速度存在停滞，不仅导致四个角的堆积高度比四边高，也会使得四个角存在残余应力，

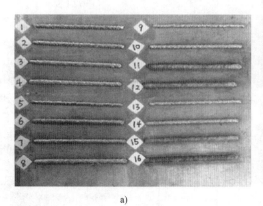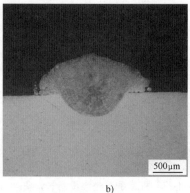

a) b)

图 8.4-30 单道激光熔覆工艺试验

a) 单道正交试验 b) 单道激光熔覆沉积形貌

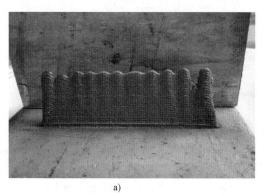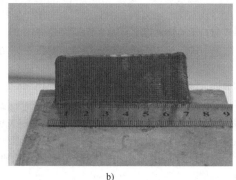

a) b)

图 8.4-31 薄壁墙成形

a) 表面塌陷 b) 表面平整

使其与基板结合失效发生翘曲，以致四个角的高度进一步增加。此外，由于激光出光系统反应要比送粉系统反应快，起始点位置的高度要比其他位置低，最终成形情况如图 8.4-32a 所示。为了解决四个拐点的急走急停及起点高度问题，一般采用的处理方法是"路径随机"，即每一层激光熔覆起始点的位置随机选择，而选择的规律是起始点和终止点在相挨着的两层之间的位置相隔较远。此外，随着熔覆层高度的增加，熔池温度逐渐升高，重熔深度及热影响区变大，当熔池的深度超过当前层和已成形前一层共两层的高度时，就会导致熔覆零件形状发生变化，甚至出现烧损、塌陷等现象，一般的解决方法是测量熔池温度后降低能量输入和增加冷却时间。经过改进后的方形零件成形如图 8.4-32b 所示。

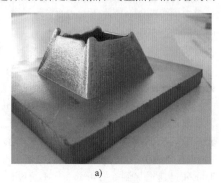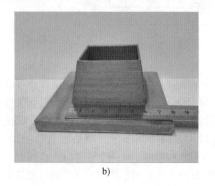

a) b)

图 8.4-32 带角度方形零件成形

a) 四角塌陷 b) 四角平整

4）环形零件成形。环形零件不存在方形零件起始点的问题，控制层间温度即可，图 8.4-33 为钛合金环形零件的成形效果。

图 8.4-33　环形零件（Ti-6Al-4V 合金）

5）路径规划。与 SLM 技术一样，LCD 技术也要进行路径规划，特别是 LCD 技术以大尺寸零件成形为主，如果不进行路径规划则变形量更大。但是，LCD 和 SLM 技术的路径规划存在三点区别：

① LCD 技术不仅涉及和 SLM 技术一样的激光启停，还涉及粉末输送和保护气体的启停，特别是粉末输送的启停存在较大的滞后性，如果分块之间距离越远，成形区域堆积的粉末会越多。

② LCD 技术不需要逆风扫描，分块成形的两个分块可以存在一定的距离，理论上距离越远，成形件热应力越小。

③ LCD 技术的熔池尺寸（1~2mm）远大于 SLM 技术的熔池尺寸，相邻两个分块之间的搭接困难，因而分块的数量不能过多。

为此，沈阳航空航天大学开发了一套适应 LCD 技术的动态分区扫描路径规划软件。首先求解切片轮廓的最小包络矩形，选择合适的矩形数量（分块大小）对其进行初步的分区，如图 8.4-34a 所示；再利用裁剪算法对图 8.4-34a 中的无效扫描区域进行裁剪删除，结果如图 8.4-34b 所示；接着，对较小的待填充区域进行动态合并，合并的顺序是顺时针由内到外，主要是为了保证一定的激光沉积制造工艺要求，合并结果如图 8.4-34c 所示；然后对合并的每一个区域进行短边、平行、Z 字形扫描方式进行填充（每个区域的填充线方向可以随机），如图 8.4-34d 所示；最后以避免相邻及大跨度的原则（如果成形零件尺寸再大，则大跨度以合适为宜）对合并区域进行排序，得到激光熔覆沉积过程的扫描顺序（见图 8.4-34e）。

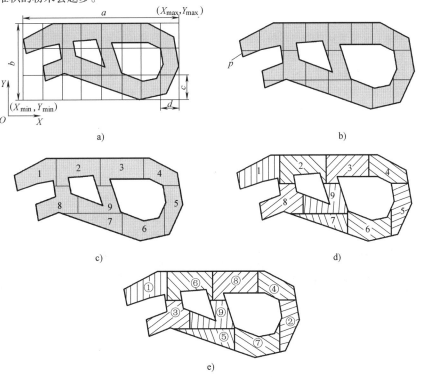

图 8.4-34　动态分区扫描路径规划（沈阳航空航天大学）
a）分区　b）裁剪　c）合并　d）填充线　e）排序

LCD 使用的材料与 SLM 技术类似，但粒径较粗，一般为 53~105μm。另外，LCD 技术输入的热量较大，除了变形以外，材料凝固过程中的裂纹问题较为突出，需要开发适合 LCD 技术的金属粉末材料。

8.4.4　电子束熔丝沉积制造

电子束熔丝沉积（Electron Beam Wire Deposition, EBWD）制造，又称为电子束实体自由制造（Electron Beam Solid Freeform Fabrication, EBSFF）和电子束自由制造（Electron Beam Free Form Fabrication, EBFFF）。

1. 定义及特点

电子束熔丝沉积制造是在真空环境中，高能量密度的电子束轰击金属表面形成熔池，金属丝材通过送丝装置送入熔池并熔化，同时熔池按照预先规划的路径运动，金属材料逐层凝固堆积，形成致密的冶金结合，直至制造出金属零件或毛坯，其原理如图 8.4-35 所示。该技术最早是 1995 年美国麻省理工学院的 V. R. Dave, J. E. Matz 和 T. W. Eagar 提出的利用电子束进行实体自由制造的设想，电子束实时熔化从侧向送给的金属丝，形成熔滴，工作台移动，使熔化的金属熔滴沉积在基体上，堆积形成零件。2002 年，美国航空航天局（NASA）兰利研究中心（Langley Research Center）的 Karen M. B. Taminger 和 Robert A. Hafley 提出了电子束自由制造技术。

电子束熔丝沉积工艺的材料利用率接近 100%，能量利用率接近 95%，适用于任何导电材料，包括高反光率的材料（铝、铜、钛等）。根据零件的不同可以选择不同的工艺参数及丝材直径，特别适合航空航天大型含筋、肋等凸出结构的成形。

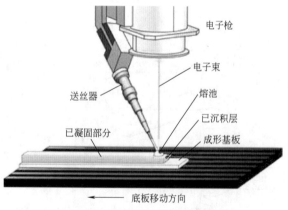

图 8.4-35　电子束熔丝沉积制造技术示意图

电子束熔丝沉积制造的优点：

1）沉积效率高。电子束可以很容易实现数十 kW 大功率输出，可以在较高功率下达到很高的沉积速率（15kg/h），对于大型金属结构件的成形，电子束熔丝沉积成形速度优势十分明显。

2）材料价格低。原材料为丝材，比粉末便宜，且丝材成形能避免 EBM 技术中粉末溃散及其派生出来的一系列问题。另外，在太空失重条件下，不适合采用粉末作为原材料，而丝材则不受限制。

3）可打印材料多。大多数高熔点材料都可以用于 EBWD，且打印件力学性能接近锻件水平。

4）真空环境有利于零件的保护。电子束熔丝沉积成形在 10^{-3}Pa 真空环境中进行，能有效避免空气中有害杂质（氧、氮、氢等）在高温状态下混入金属零件，非常适合钛、铝等活性金属的加工。

5）内部质量好。电子束是体热源，熔池相对较深，能够消除层间未熔合现象；同时，利用电子束扫描对熔池进行旋转搅拌，可以明显减少气孔等缺陷。电子束熔丝沉积成形的钛合金零件，其超声波检测内部质量可以达到 AA 级。

电子束熔丝沉积制造的缺点：

1）加工余量大。表面粗糙，加工余量为 2～3mm，需要在数控机床上进行机械加工。

2）加工零件形状简单。适合含筋、肋等零件的成形，其他复杂零件成形较为困难。

3）设备价格较高。每套大型电子束熔丝沉积制造设备高达上千万元。

2. 电子束熔丝沉积设备

EBWD 设备主要包括：电子枪及加速电源、真空系统、聚焦和偏转系统、成形室、送丝系统、数控工作台、冷却系统及控制计算机。

1）电子枪及加速电源。有动枪式和定枪式两种，如图 8.4-36 所示。

动枪式电子枪依靠固定在真空成形室内壁的轨道（见图 8.4-36a），形成三维运动机构，主要针对不便运动的大型零件（如零件运动，则真空室体积庞大，抽真空时间过长）进行熔丝沉积制造，美国 Sciaky 落地式大型 EBWD 设备采用的是动枪式电子枪（工件安装在二维旋转平台上，形成 5 轴联动）；定枪式电子枪安装在真空成形室上部（见图 8.4-36b），电子束不动（或小角度偏转），依靠 X-Y 二维工作平台（根据需要还可以配置二维旋转平台）运动和 Z 向运动（依靠聚焦电流改变来实现）完成三维零件的成形，美国 Sciaky 便携式 EBWD 设备、西安智熔 ZcompleX 3、北京航空制造工程研究所设备均采用定枪式电子枪。

与粉末床电子束熔化的电子枪相比，电子束熔丝沉积制造的电子枪功率大，一般在 10kW 以上，采用的灯丝主要为钨灯丝，束斑直径大。由于电子枪功率大（电流大）、成形零件时间长（大型零部件）、金属蒸镀严重，电子枪冷却及防蒸镀要求严格，电子枪更加强调长寿命、高稳定性和长时间稳定工作能力，只有这样才能适应大型零部件长时间的增材制造需求。

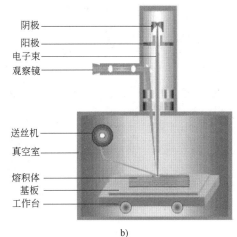

阴极
阳极
电子束
观察镜

送丝机
真空室

熔积体
基板
工作台

a)　　　　　　　　　　　　　　　　　b)

图 8.4-36　EBWD 技术中的电子枪

a）动枪式　b）定枪式

2）真空系统。用于电子束熔丝沉积制造的真空室一般为几十个 m^3，远大于 $1m^3$ 以下的 EBM，抽真空设备一般为三级：机械泵—罗茨泵—扩散泵，扩散泵以抽速大的油扩散泵为主，机械泵和扩散泵之间的罗茨泵以加快气体流速为主，抽真空时间长。

3）聚焦和偏转系统。由于零件成形主要依靠工作台（或电子枪）运动，电子束熔丝沉积技术中的偏转系统不用像 EBM 技术那么精确，主要是聚焦系统保证合轴聚焦和主聚焦，定枪式电子枪还需要依靠聚焦电流的变化实现 Z 向提升。

4）成形室。电子束熔丝沉积制造的真空室体积大，容易出现焊接等加工变形，需要合理设计真空室结构并进行热处理。此外，由于电子束电流大，真空室内壁一般贴有防 X 射线泄露的铅板。

5）送丝系统。小型零件打印的丝材可以放置在真空室内，但对于大型零件打印，为了高效利用真空室，送丝筒可设置在真空室外部，如北京航空制造工程研究所不仅开发了多通道高效送丝系统，而且设计了丝材快速补给装置；西安智熔设计了自适应室外送丝系统。室外送丝系统可以安装在真空过渡舱内，其真空度低于成形室，但高于大气，通过直线运动密封装置实现过渡舱与成形室的密封。

图 8.4-37 为美国 Sciaky 公司研制的回转体零件电子束熔丝沉积系统，成形室内安置二维旋转平台以保证熔池方向始终垂直向下。

图 8.4-38 为北京航空制造工程研究所和西安智熔分别研制的电子束熔丝沉积设备，电子枪均为定枪式。

从事电子束熔丝沉积制造设备开发的主要是美国

图 8.4-37　带二维旋转平台的电子束熔丝沉积设备

Sciaky 公司和北京航空制造工程研究所。2004 年，美国 Sciaky 公司联合 Lockheed Martin、Boeing 公司开发了电子束熔丝沉积设备（Electron Beam Additive Manufacturing，EBAM），设备使用 60kW/60kV 的电子束枪，最大沉积速率可达 22.68kg/h，力学性能满足 AMS 4999 标准要求，材料利用率比传统加工工艺高 79%。2006 年，北京航空制造工程研究所开发了电子束熔丝沉积系统，搭载 10kW/60kV 的电子束枪，5 轴联动，双通道送丝。2016 年，北京航空制造工程研究所研发了可加工零件尺寸最大达 1500mm×500mm×2500mm 的电子束熔丝成形设备，最大成形速度达 5kg/h。2017 年，西安智熔推出了 ZcompleX 3 型熔丝式电子束金属 3D 打印系统，设备使用 15kW/60kV 的定枪式电子束枪。

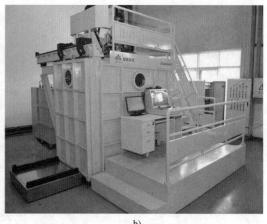

图 8.4-38　国产电子束熔丝沉积设备

a）北京航空制造工程研究所设备　b）西安智熔 ZcompleX 3 设备

3. 电子束熔丝沉积工艺及材料

与粉末床和送粉式增材制造技术类似，电子束熔丝沉积工艺也是首先通过单层单道试验，获取单道的宽度、高度；然后进行搭接试验，获得合适的搭接率，完成单层的成形；在单层成形的基础上再进行多层成形，考虑热应力及成形区域温度的变化，工艺参数需进行适时调整。与粉末床和送粉式增材制造技术不一样的是，电子束熔丝沉积的主要工艺参数除电子束电流（电子束电压在成形过程中保持不变）、成形速度和送丝速度以外，还包括送丝方位、送丝角度、丝材位置及丝材伸出长度等，这与电弧增材制造技术类似。

（1）送丝方位

对于送丝方位的研究是优化电子束熔丝增材制造的前提，对获得良好的沉积层有至关重要的意义。电子束送丝方位分为两种：前置送丝和后置送丝，如图 8.4-39 所示。前置送丝中，电子束束流、丝材送入位置和成形方向在同一平面上，丝材插入熔池前端；后置送丝中，电子束束流、丝材送入位置和成形方向在同一平面上，焊丝插入熔池后端。

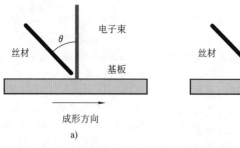

图 8.4-39　前置送丝和后置送丝

a）前置送丝　b）后置送丝

丝材从不同的方位送入熔池，丝材的受热机制也不同。当送丝方位为前置送丝时丝材的受热机制主要有两种：电子束直接加热、熔池热传导加热。后置送丝时丝材的受热机制有三种：电子束直接加热、熔池热传导加热和熔池热辐射加热。前置送丝方位可降低丝材送入精度，增加送丝速度，熔池宽高比较小，同时单道熔覆层的稳定性和成形形貌良好。

（2）送丝角度

送丝角度有两个：一个是丝材的送丝方向与电子束之间的夹角 θ（见图 8.4-39，X-Z 平面投影），通过调节送丝系统的送丝调节器，可调整成形时不同的送丝角度；另一个是丝材的送丝方向与成形轨迹切线之间的夹角 α（见图 8.4-40，X-Y 平面投影）。

送丝方向与电子束之间的夹角 θ 一般为固定值。θ 角越大，丝材沿基板表面平行送入熔池被电子束加热烙化，由于重力对焊丝的作用且丝材较软（热作用下），丝材的挺直度变差，产生的层宽变宽，层高减小，熔覆层平整度较好；θ 角越小，送丝嘴与电子束束流之间的距离过短，送丝喷嘴易被烧毁，产生的层宽窄，层高增大。θ 角一般设在 30°~50° 之间。

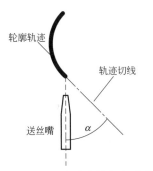

图 8.4-40　X-Y 平面送丝方向示意图

送丝方向与成形轨迹切线之间的夹角 α 需要随轮廓轨迹切线方向的变化而变化。当 α 角较小时（沿着轨迹方向前进），轨迹成形所受影响不大；当 α 角增加到一定程度后成形轨迹的表面波纹度开始增大，表面质量明显变差；当 α 角进一步增大时，熔化的焊丝甚至不能进入熔池，团成球状凝结于扫描路径外侧，不能形成完整的轨迹。α 角较小特别是切向送丝时，丝材送入的方向与热源移动的方向相符，丝材能够得到足够的热量迅速熔化，并与熔池形成搭桥过渡，顺利进入熔池；α 角增大后，丝材吸收热量减少，难以形成顺利的搭桥过渡，丝材熔化后团聚成球状，难以送入熔池中心，在自重作用下落于熔池边缘。

成形件的外轮廓总是由各种形式的曲线构成的，如果在成形曲线过程中送丝嘴在 X-Y 平面方位保持不

变，则势必会引起 α 角发生变化，从而造成熔滴过渡的条件时好时坏，容易在曲线轨迹表面形成积瘤、夹丝等缺陷。因此，成形过程中为了保证成形轨迹轮廓的一致均匀性，应根据成形轮廓切向的变化，不断调整送丝嘴方位，使 α 角保持不变。

（3）丝材位置

丝材与电子束和基板之间的相对位置如图 8.4-41 所示。丝材与电子束束流的位置关系分别有丝束完全分离、丝束部分相交、丝束完全相交三种。丝材与基板的位置分别有聚焦（焊丝送入熔池）、正离焦（焊丝送入电子束）、负离焦（焊丝送入熔池内部）三种。

图 8.4-41a 丝材与电子束完全分离，丝材主要依靠热传导加热，由于热输入量不足，丝材在不断送进过程中会顶到基板或插入熔池，导致成形失败。图 8.4-41b 丝材与电子束部分相交，丝材的受热形式包括电子束直接加热（电子与丝材碰撞而传递能量）、热传导和热辐射，丝材的过渡形式为熔滴过渡，在重力作用下熔滴与基板相接触。由于电子束束流没有全部作用在丝材端部，熔滴形成速度较慢，必须降低成形速度和送丝速度以获得平滑且成形形貌较好的熔覆层；当成形速度过快时，熔滴还没有完全落下，成形位置已经发生改变，不会形成不连贯的熔覆层；当送丝速度过大时，丝材端部还没有形成熔滴，丝材就已经接触到基板上，会将丝材黏在基板上，导致成形失败。图 8.4-41c 丝材与电子束完全相交，电子束束流完全作用在丝材上，丝材的受热形式主要为电子束直接加热，熔化速度快，熔池形貌较好。

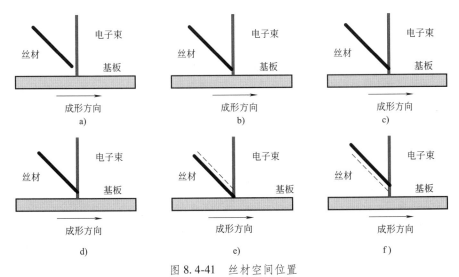

图 8.4-41　丝材空间位置

a）不相交　b）部分相交　c）完全相交　d）距离 H　e）距离 $H-\Delta H$　f）距离 $H+\Delta H$

图 8.4-41d 丝材与电子束相交，且距熔池一定距　离 H，丝材在电子束作用下熔化形成熔滴后，飞行一

段距离进入熔池。图 8.4-41e 丝材与电子束相交，但距离熔池较近（$H-\Delta H$），存在黏丝的可能。图 8.4-41f 丝材与电子束相交，但距离熔池较远（$H+\Delta H$），熔滴不能直接接触到基板，而靠电子束束流将端部完全熔化后形成较大的熔滴，类似于电弧焊中的粗滴过渡，存在飞溅，熔覆层不平滑。

电子束熔丝沉积制造工艺中，丝材应与电子束完全相交，且离熔池距离应合适。

（4）丝材伸出长度

丝材的伸出长度是丝材伸出送丝嘴的长度。电弧焊中，丝材的伸出长度一般为丝材直径的 10~15 倍，太短了焊接飞溅对焊枪喷嘴的污染会增大，容易堵塞喷嘴，影响气体保护效果和焊接质量；太长了焊丝容易从根部爆断，使焊接过程不稳定，也会影响焊接质量。电子束熔丝沉积制造过程中，伸出长度过长，丝材两段温差大，丝材末端容易引起变形而送不到指定位置；伸出长度过短，送丝嘴离热源过近，也会引起送丝嘴堵塞。

在确定了以上工艺因素后，可以对电子束电流、成形速度及送丝速度进行正交试验，通过归一化数据处理，获得层宽、层高与工艺参数的关系，为多层成形打下基础。电子束真空环境下，散热差，多层成形过程中还要考虑温度的累积效应。

电子束熔丝制造所使用的丝材与电弧焊所使用丝材类似，但考虑成本，目前还是以高端领域应用的钛合金以及超高强度钢为主要成形材料。

8.4.5　电弧熔丝沉积制造

1. 定义及特点

电弧熔丝增材制造（Wire Arc Additive Manufacturing，WAAM）技术是一种基于分层制造原理，以焊接电弧为热源，在计算机控制下根据三维数字模型加热熔化丝材，并逐层堆积成形出所需金属零部件的制造技术。

WAAM 采用的焊接电弧主要有熔化极惰性气体保护焊（GMAW，又称为 MIG），钨极惰性气体保护焊（GTAW，又称为 TIG）以及等离子弧焊（PAW）。GTAW 和 PAW 焊接技术以钨极和工件作为电极（见图 8.4-42a），电源一般为变极性方波交流电源，焊丝与电极不同轴，在制造成形路径复杂多变构件时的过程控制和质量需求较高；GMAW 焊接技术以焊丝和工件作为电极（见图 8.4-42b），电源为直流反接方式，焊丝与电极同轴，热输入高，成形速率快，传统 GMAW 技术存在焊接飞溅大的问题。目前，三种焊接方式进行电弧增材制造均有研究人员从事研究，但以 GMAW 和 PAW 为主，英国克兰菲尔德（Cran-

field）大学研发的 MIG-WAAM 技术与系统已在空客（Airbus）等企业获得应用。

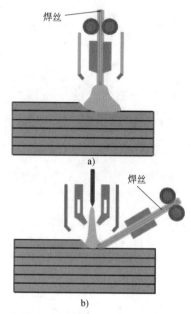

图 8.4-42　WAAM 原理示意图
a）熔化极电弧同轴送丝　b）非熔化极电弧旁轴送丝

WAAM 技术的主要优点：

1）设备简单，以现有电弧焊设备为热源，制造成本低。

2）丝材利用率高，节省材料。

3）沉积成形效率高，激光或电子束熔丝沉积效率一般为 2~10g/min，而电弧熔丝沉积效率可达 50~130g/min。

4）成形尺寸大，致密度高，适合中大型简单构件的直接制造。

5）与铸造技术相比，制造零件的显微组织和力学性能更为优异。

6）比锻造技术相比，产品节约原材料，尤其是贵重金属材料。

WAAM 技术的主要缺点：

1）成形精度差，需要机械加工。

2）成形零件形状简单，不能成形复杂形状零件。

3）热输入量大，组织和性能还有待提高。

2. 电弧熔丝沉积设备

WAAM 主要由焊接电源、送丝机、机器手（机床）、工作平台、气氛保护装置及控制系统组成，如图 8.4-43 所示。WAAM 系统要求焊接电源稳定、送丝均匀、运动机构协调性好，以满足安全、稳定、柔性要求。WAAM 设备可以采用已有焊接设备。

20 世纪 90 年代，葡萄牙米尼奥（Minho）大学

Fernando Ribeiro 等详细描述了"基于金属材料快速成形技术"的工艺过程，搭建了早期电弧增材制造系统；英国诺丁汉（Nottingham）大学 Phil Dickens 和 J. D. Spencer 等人将 GMAW 的焊枪固定在 6 轴机器人上进行零件的快速制造，加速了 WAAM 技术的发展。

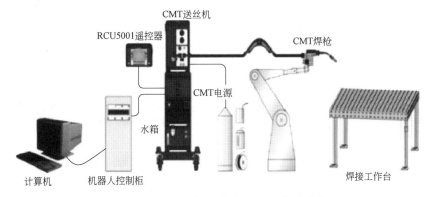

图 8.4-43　基于机器手的 WAAM 成形系统

1993 年，美国卡内基梅隆（Carnegie Mellon）大学 F. B. Prinz 和 L. E. Weiss 等人在 CNC 铣床上安装焊接设备，边沉积边铣削，称之为成形沉积制造设备（Shaped Metal Deposition，SMD），并申请了相关专利。

1994 年，英国克兰菲尔德大学焊接工程和激光工艺研究中心以等离子弧为焊接热源，主要成形材料为钛合金、铝合金、高温合金等，相继为劳斯莱斯、空客等公司制造相关零部件，取代传统铸造技术，并逐渐成为 WAAM 领域的绝对领军者。

2000 年，西安交通大学赵万华、胡晓冬等开始采用微束等离子弧作为焊接热源进行一些简单零件的成形，研究发现送丝角度对成形过程影响较大。

2005 年，南昌大学张华等也开始电弧增材制造技术方面的研究，采用 TIG 焊作为电弧沉积热源。

2010 年以后，国内华中科技大学、西北工业大学、北京航空航天大学、天津大学、哈尔滨工业大学、上海交通大学、北京工业大学、装甲兵工程学院、西南交通大学、新疆大学和河北科技大学等众多单位均展开了 WAAM 的研究工作。

图 8.4-44a 为中科煜宸生产的 RC-WAAM 1500 电弧增材制造装备，成形尺寸可达 1500mm×1500mm×1500mm，最大送丝速度可达 1～5m/min。系统包括成形热源（焊机）、送丝系统、机床主机（含数控系统）、气体循环净化系统、惰性气体加工室、冷却系统、整机控制监控系统及 3D 打印成形软件、氩气站等。可实现交直流两用 TIG（钨极氩弧焊）、MIG/MAG（熔化极气体保护焊）、CMT（冷金属过渡焊）等多种电弧增材制造工艺。图 8.4-44b 为采用 RC-WAAM 1500 电弧式增材制造装备制造的零件。

a)　　　　　　　　　　b)

图 8.4-44　RC-WAAM 1500 成形系统
a）RC-WAAM 1500　b）成形零件

3. 电弧熔丝沉积工艺及材料

经过十多年的研究，电弧熔丝沉积工艺主要包括单道形貌预测、堆积路径规划、应力及变形预测、过程监测、微观组织控制、构件疲劳行为等方面，已经发展形成包含堆积制造单元、工艺规程、切片软件、过程监测系统的完备增材制造设备和系统。

WAAM 技术与其他金属 3D 打印技术还存在区别，宏观表现是 WAAM 的熔池尺寸大和成形精度低，内在原因是电弧焊起弧与熄弧处差别大，可能存在焊接飞溅、拐弯处过堆及过熔化现象严重等。

（1）起弧与熄弧

电弧焊熄弧时，由于电流衰减时间短，收弧处熔覆金属量少，逐层累积会造成尾缩现象越来越严重。图 8.4-45 为新疆大学向杰、乌日开西研究的单道多层成形，如果不进行工艺参数调整，末端逐层缩短（见图 8.4-45a），采用单向堆积，在每道的末端做 1.5s 的停留时间，增大末端金属的熔覆量，发现"尾缩"现象得到改善，但是由于末端有 1.5s 的停留时间，熔池内热量累积造成熔池扩大，严重时有向下溢出现象（见图 8.4-45b），采用往复堆积（变换起弧与熄弧位置），并在每道的末端作 1s 的停留时间，可以看出，垂直壁成形良好，基本消除了"尾缩"现象（见图 8.4-45c）。对于环形或方形零件，可以通过变换起弧和熄弧位置对此现象进行解决。

（2）焊接飞溅

为了减少焊接飞溅，目前很多单位逐步采用热输入量小的 CMT 焊机进行电弧增材制造。CMT 焊接采用冷金属过渡技术，焊接飞溅少，但是由于焊接材料中脱氧剂的存在及电弧波形调控不适也会造成少量的飞溅。脱氧剂的存在不仅会带来焊接飞溅，而且还会

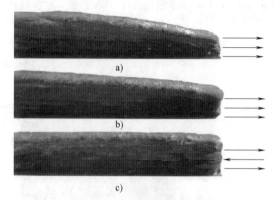

图 8.4-45　单道多层 WAAM 成形（新疆大学）
a）单向堆积　b）尾部停留 1.5s
c）往复堆积、尾部停留 1s

在每层沉积完毕后在表面存在氧化层，需要加工去掉。变极性 CMT 焊和变极性 CMT 脉冲复合焊过程中，调控正、负极性周期的组合方式以及选定周期内的能量输入过程可显著改善焊缝的成形与组织缺陷。

（3）过堆及过熔

由于 WAAM 单道沉积金属量大，在小拐角路径的堆积成形中，会加大拐角处过堆，造成成形精度的进一步降低。图 8.4-46 为小拐角堆积成形示意图，可以看出，由于成形路径存在小拐角，会在拐角处出现重复堆积现象，造成拐角处高度升高（宽度也会有变化，但没有高度变化明显）。解决这个问题的主要途径是通过加快焊接速度和降低电流来减少重复堆积区域的金属沉积量，A1 为正常成形，A2 为加速法，A3 为降低电流法，拐角处过堆现象均得到一定程度的改善。

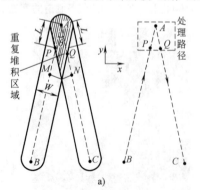
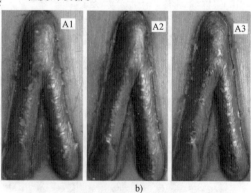

图 8.4-46　WAAM 技术中拐角过堆及处理（新疆大学）

过熔化是指连续堆积成形中，由于热量积累，造成后续成形过程中熔池不稳定的现象，结果表现为水平方向凹凸不平，垂直方向液态金属流淌，成形零件精度变得更差。目前主要方式是对成形区域温度场进行控制，适当增加道与道之间、层与层之间的停留时间，保证成形区域温度在一个合理区间。

（4）熔池保护

大多数 WAAM 系统的熔池熔化与凝固过程在开

放的气体保护环境中进行，气孔是 WAAM 成形构件质量的主要缺陷之一，容易诱发裂纹，尤其对于铝合金等材料的成形制造。

电弧焊所使用的材料均可适合电弧增材制造。图 8.4-47 是采用 WAAM 技术制造的带筋板零件。带凸台、筋板、肋条类零件，传统制造工艺是用机械加工方式对厚板材进行切削加工，不仅费工费事，而且造成材料的大量浪费，特别是贵重的钛合金及难加工金属。采用电弧增材制造技术，能快速地堆积出筋板和肋条，并进行适当加工，即可得到最终零件。

图 8.4-47　采用 WAAM 技术制造的带筋板零件

图 8.4-48 是采用 WAAM 技术制造的高强度钢炮弹壳体，该零件形状简单，适合 WAAM 制造。

图 8.4-48　采用 WAAM 技术制造的高强度钢炮弹壳体

WAAM 技术所使用的丝材目前以钛合金、铝合金、铜合金、不锈钢和低合金钢为主，焊丝直径为 0.8~2.4mm。

8.4.6　金属增减材复合制造

金属增材制造（3D 打印）是以激光、电子束、等离子束、电弧、超声等为热源，在计算机控制下逐层熔化金属粉末或丝材，最终得到金属零件的先进制造技术。金属增材制造是整个增材制造体系中最为前沿和最有潜力的技术，与工业生产关联度最高，是智能制造技术的重要发展方向，在航空航天、医疗、汽车、家电等领域得到了应用，已成为现代金属零部件制造的有效手段。

增减材复合制造技术是为了进一步提高金属增材制造技术的成形精度，将增材制造与减材制造集成在一台设备上，增材制造一定层后引入减材工艺，或实时对沉积材料进行高精度的减材加工，既可弥补增材制造工件表面质量差、尺寸精度低的问题，同时又能成形传统减材工艺不能制造的复杂几何形状零件。增减材复合制造技术的减材加工是为了增材制造，因此应定义为"减材制造"；而增材制造完毕后再进行的减材加工，只是为了得到一定形状和尺寸精度的零件，不再为增材制造服务，因此应定义为"减材加工"。增减材复合制造技术是一种发展潜力巨大的成形方法，"减材制造"与"减材加工"相比，具有其特殊性：

1）刀具磨损严重。增材制造后工件（还没最终成形）温度较高，减材制造往往在工件尚有余热的条件下进行加工，高温会加剧刀具的磨损。

2）不能使用切削液。SLM 技术中粉末床的存在，LCD 技术中工件仍需继续增材制造，使得减材制造不能使用切削液，切削产生的热量不能被及时带走，进一步提高了刀具切削刃的温升，刀具寿命以及工件的加工精度与表面质量都会受影响。

3）切削物需要高效去除。减材制造产生的切削物不能阻碍工件后续增材制造，需有效去除或尽量减少切削量。

4）增减材配合难度大、设备成本高。由于需要不断确定或调整定位，增减材制造工艺在实际操作中配合难度大，从而进一步降低零件整体成形效率。

金属增材制造技术引入减材制造的工艺主要有三类：粉末床增减材、送粉式激光熔覆增减材、电弧熔丝增减材。粉末床增减材成形精度最高（SLM 技术成形精度高于 EBM 技术），少量的减材制造即可满足部分应用场合的需要，但是其切削物如何去除及切削引起的加工效率降低是关键因素；送粉式增减材（LCD 技术）成形精度居中，其增材制造效率高于 SLM 技术，因此在成形一定层数后进行切削减材制造一直备受研究者的关注；电弧熔丝增减材（WAAM 技术）成形精度最低，但其成形尺寸最大、成形效率最高、制造成本最低，一般在成形完毕后引入"减材加工"，目前也开始在增材制造过程中引入"减材制造"了。

1. 粉末床增减材复合制造

即便 SLM 技术在所有金属增材制造技术中已经

是具有较高精度和表面质量的工艺，但对于很多应用来说，SLM 打印出的零件表面较为粗糙，很多时候需要进行二次加工才能得到高精度表面，特别是对于具有复杂内部流道的零件，如随形冷却水路、冲压发动机和火箭发动机再生冷却流道，不采用减材加工难以实现对内部表面的有效再处理。粉末床减材制造技术主要有高速切削技术、飞秒激光切割技术和超声波切削技术。

高速切削技术是最早用于粉末床减材制造领域的技术。2002 年，日本松浦（Matsuura）公司就开始研发金属增减材一体机，LUMEX Avance-25 金属 3D 打印机采用 400W 光纤激光器和 45000r/min 主轴转速的高速铣削设备进行增减材复合制造。2014 年，日本沙迪克（Sodick）公司开发的 OPM 250L 设备采用该公司自行研发的兼具高速性和高精度的直线电动机，引入减材制造技术的同时不降低增材制造速度，从而为塑料模具随形冷却水道增减材制造提供了可能。沙迪克 OPM 250L 设备包括：500W 光纤激光器、转速 45000r/min 的高速主轴、CCD 摄像头、自动刀具交换装置、测量装置、氮气发生装置、粉末供给量调整机构、废料收集桶、加工台，其工艺原理及加工过程如图 8.4-49 所示。

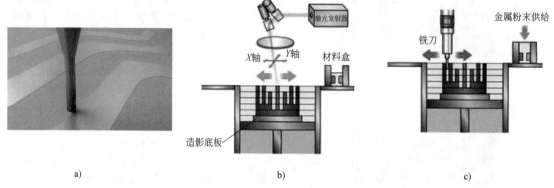

图 8.4-49　基于粉末床的增减材制造原理及过程（日本沙迪克）
a）减材铣削原理　b）SLM 成形过程　c）减材制造过程

2020 年，国内广东汉邦科技有限公司开发了一款基于飞秒激光切割的粉末床增减材制造设备（Laser Additive & Cutting Manufacturing，LACM），将 SLM 技术和超快（如皮秒、飞秒）激光微切割技术结合，在每一层打印完成后采用超快激光对零件轮廓进行精细化微切割，从而直接制造出高表面质量的零件。LACM100 的成形尺寸为 105mm×105mm×100mm，激光选区熔化用激光器功率为 200W 连续光纤激光器，切割用超快激光器功率为 50W。EBM 技术中也有研究者开始引入超快激光切割进行增减材复合制造。

与日本松浦公司和沙迪克公司采用高速切削加工减材制造技术相比，超快激光微切割避免了频繁的换刀过程以及切削造成的粉末污染和铺粉质量问题，不存在刀具磨损，能够显著提高加工效率；同时，超快激光的冷加工和柔性加工特点，避免了机械加工过程中的应力产生；此外，激光切割无切削力，加工无变形，可加工不能承受刀具切削力的精细结构和受刀具大小限制的结构，在一些应用领域能达到更高的制造要求。因此，LACM 技术可实现薄壁结构的减材制造（最小壁厚为 80μm），成形精度控制在 0.02mm 以内，表面粗糙度值达微米级（3μm），具有复杂内部流道的零件可以直接使用，图 8.4-50 为超快激光增减材制造的典型零件。

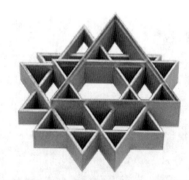

图 8.4-50　基于飞秒激光切割的粉末床激光
熔化增减材制造技术（汉邦科技）

还有研究人员提出采用超声切削方式进行减材制造（目前未见实际设备），超声切削的优点在于：

1）切削温度低。超声切削过程中刀具前刀面与工件处于有规律的接触、分离状态，刀具与工件的作用时间占总切削时间的 1/3 左右，这将使刀具和工件都有更多的时间进行散热，降低了切削温度。

2）切削力小。超声切削将连续切削力变成了脉冲切削力，可以减少切削变形区的塑性变形和摩擦，从而降低切削力。

3）加工过程稳定。超声切削中刀具的有规律强迫振动取代了刀具和工件无规律的自激振动，使切削过程更加稳定，积屑瘤不易产生，工件残余应力低。

4）加工精度高。不仅能切割轮廓，而且能去除成形件凸起部分，从而保证尺寸精度和表面质量。

2. 送粉式增减材复合制造

基于送粉式激光熔覆沉积技术成形速度快、成形件内部致密、力学性能好等优点及成形件精度差需要机械加工的缺点，研究者一直试图将其与减材制造技术相结合，最早的技术来源可见美国斯坦福大学研究发展的形状沉积制造技术（Shape Deposition Manufacturing，SDM），采用双喷头分别沉积零件部分和支撑部分，每沉积完一层后，用数控加工的方法（3 轴或 5 轴加工中心）将该层零件和支撑部分加工一遍后继续下一层的沉积，最后去除支撑材料（见图 8.4-51）。德国弗朗霍夫研究所开发了控制金属堆积技术（Controlled Metal Buildup，CMB），该技术复

合了激光熔丝沉积增材制造和铣削减材制造，首先采用送丝激光熔覆技术沉积，然后采用铣削装置进行平面铣削和仿形铣削，最终成形零件精度高，内部几乎没有缺陷。

近年来，各大机床设备制造厂家推出了多款激光熔覆增减材制造设备。2013 年，日德合资德马吉森精机（DMG Mori）公司开发的 Lasertech 65 Hybrid 是一款在 5 轴数控机床集成了 2000W 半导体激光熔覆系统的增减材复合制造设备，如图 8.4-52 所示。激光熔覆头通过 HSK 接口与主轴连接，该设备先通过激光熔覆的方式成形零件，然后转向减材制造，成形速度为 3.5kg/h。

2015 年，西班牙的圣塞巴斯蒂安技术研究中心、巴斯克大学和伊巴米亚数控机械制造有限公司共同合作，也开发出了一款将激光熔覆沉积技术与精密数控加工技术结合在一起的增减材制造设备（见图 8.4-53），它能实现大型部件的铣削和翻转。

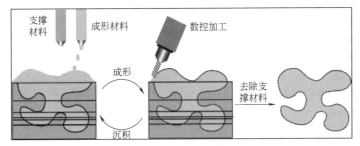

图 8.4-51　SDM 技术原理示意图

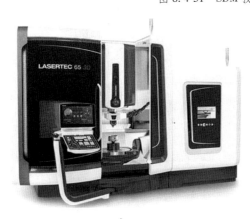

a)

b)

图 8.4-52　Lasertech 65 Hybrid 设备及制造过程

a）增减材设备　b）激光熔覆增材制造

德国莱兴巴赫哈缪（Hamuel Reichenbacher）公司、日本山崎马扎克（Yamazaki Mazak）公司、德国哈默（Hermle）、美国辛辛那提（Cincinnati）公司、德国 ELB 公司、德国通快（Trumpf）公司等传统机床巨头也都推出了机床减材制造+增材制造混合型设

备。美国 Optomec 公司在其 LENS 系统中也集成了 CNC 加工中心。

激光熔覆增减材制造设备包括：CNC 加工中心、激光熔覆沉积制造部分、送粉系统、软件控制系统以及辅助系统。关键技术有：复合加工集成方式、软硬

图 8.4-53　西班牙 Ibarmia 激光熔覆增减材制造设备
a）增材制造　b）减材制造

件平台搭建和复合制造控制系统。

复合加工集成方式有两种：一种是将激光熔覆喷嘴集成在机床主轴上，激光熔覆喷嘴与刀具需要切换，X-Y 平面的工作面积没有牺牲；另一种是将激光熔覆喷嘴集成在机床主轴的一侧并与之平行，不需要将其与刀具进行切换，集成难度低，X-Y 平面的工作面积有所牺牲。

软件方面目前大多数是在增材制造数据处理软件基础上进行集成和改进，考虑减材制造及增减材复合加工因素较少，重点需要考虑支撑结构引起成形方向频繁变换引起的结构稳定性及加工工序的优化性。

在控制系统方面，由于增材和减材不断转化引起加工坐标系也不断地变化，从而对于减材刀具和增材激光熔覆沉积的准确定位和控制尤为重要，需要对加工过程进行实时检测和反馈，形成闭环控制。

3. 电弧熔丝沉积增减材复合制造

电弧熔丝沉积制造成形零件的尺寸远大于粉末床激光熔化和送粉式激光熔覆，成形效率也最高，制造成本最低，因而受到工业界越来越多的关注。但是，电弧熔丝沉积制造成形精度最差，前期研究一般是将机械加工放在增材制造完成后进行，如果要保证零件最终形状尺寸，增材过程中预留量普遍偏大。为了避免增材"超"成形及减材"超量"加工，增材制造过程中也开始逐渐引入减材制造。

美国软件巨头欧特克（Autodesk）公司与 10 余家企业和机构联合研发的增减材一体化设备 LASIMM 获得了欧盟"地平线 2020"（Horizon 2020）研究与创新项目的资金支持，融合了包括增材、减材、计量和冷加工在内的多种技术，并且搭载先进的控制系

统，配备多个移动式机械臂（末端是各种增、减材工具头）。LASIMM 的增材制造可能是电弧熔丝沉积制造，减材部分采用多机械臂，装置示意图如图 8.4-54 所示。

图 8.4-54　LASIMM 增减材装置示意图

武汉天昱智能制造有限公司与华中科技大学张海鸥团队合作开发的微铸锻铣一体化增减材制造机床（见图 8.4-55），集成了电弧/等离子弧增材制造、柔性微型轧制、数控加工减材成形等技术于一体，系统包括：①在线实时检测系统，实时检测增材制造工艺参数、熔积层表面形貌、制件冶金质量。②无损检测装置，检测增材成形过程中产生的表面裂纹、未熔合、气孔、夹渣等缺陷并判定缺陷的大小、位置、性质和数量。③温度测量装置，采用快扫红外热像仪测量成形件的温度场和热循环曲线。④视觉成像分析诊断系统，监测电弧弧柱特征和熔池形态。该团队采取的原位热锻热轧技术与英国 Cranfield 大

学冷却后再轧制不同，在电弧沉积成形后即开始进行轧制，工件温度高，热锻压力小，压力深入性好，高温下动态再结晶能得到 12 级超细晶粒。此外，该团队还复合了激光冲击强化、超声波冲击强化、喷丸强化、深度滚压等技术，实现了熔凝微区增、等材同步成形，得到了均匀等轴细晶强化技术。该技术目前已完成了 GE、空客、中国商飞、西航动力、成飞、中船重工、中国中铁、中建钢构等国际大型企业的航空发动机机匣、航空发动机过渡段、战机部件、舰船螺旋桨、辙叉、九节点接头等核心部件的 3D 打印，均达到或超过标准，在航空航天、船舶海工、武器装备、核电工业、先进轨道等领域产生不可替代的应用价值，并承担了战机、民机、两机等多项国家重大项目研发。

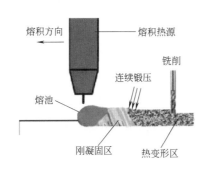
　　　　a)

　　　　b)

图 8.4-55　微铸锻铣一体化增减材制造

a）微铸锻铣原理示意图　b）零件成形

4. 多能场复合增材制造

基于使能定义，可以将激光、电子束、电弧、喷涂气流、超声 5 种能量列为金属增材制造的主使能；机械滚压、激光冲击、超声冲击（搅拌）、电磁搅拌、铣削 5 种能量则为增材制造的辅助使能，激光、电子束、电弧、喷涂气流 4 种主使能也可以列为辅助使能。目前已有的多能场增材制造技术主要有以下 15 种：

1）激光辅助激光。双激光或四激光扩大成形范围，SLM。

2）激光辅助电子束。激光加热灯丝发射电子，EBM。

3）激光辅助电弧。提高电弧稳定性，WAAM。

4）激光辅助喷涂。为提高涂层与基体结合力，激光可辅助等离子喷涂（LPD）和超声速冷喷涂（SLD）。

5）电子束辅助电子束。阵列电子束扩大成形范围，EBM。

6）电弧辅助电弧。多电极形成电弧，WAAM。

7）超声辅助激光。利用超声冲击或超声搅拌提高激光熔覆层性能，LENS。

8）超声辅助电弧。利用超声冲击或超声搅拌提高电弧熔覆层性能，WAAM。

9）机械滚压辅助激光。利用机械滚压力提高激光熔覆层性能，LENS。

10）机械滚压辅助电弧。利用机械滚压力提高电弧熔丝沉积层性能，WAAM。

11）激光冲击辅助激光。激光冲击强化辅助，LENS。

12）激光冲击辅助电弧。激光冲击强化辅助，WAAM。

13）电磁辅助激光。改变激光熔覆层组织及性能，LENS。

14）电磁辅助电弧。改变电弧熔丝沉积层组织及性能，WAAM。

15）铣削减材。高速切削、超快激光切割、超声切削等减材技术与增材制造技术复合，提高增材制造尺寸精度，LENS、SLM、WAAM、EBM。

需要说明的是，表 8.4-1 中仅列出了目前可能的多能场，其他多能场经过研究，也有可能得到实现。

表 8.4-1　多能场复合增材制造

种类	激光	电子束	电弧	气流喷涂	超声
激光	○	○	○	○	○
电子束	×	○	×	×	×
电弧	○	×	○	×	○
气流喷涂	○	×	×	×	○
机械滚压	○	×	○	×	×
激光冲击	○	○	○	○	○
超声	○	×	○	×	×
电磁搅拌	○	×	○	×	×
铣削	○	×	○	○	○

注：○代表可行，×代表目前暂不可行。

8.5 非金属增材制造技术及设备

8.5.1 光固化技术

1. 定义及特点

光固化技术是基于离散-堆积成形原理，在零件CAD模型驱动下，利用特定波长与强度的光束聚焦到光敏树脂上，被聚焦的地方形成固体，未被聚焦的地方依旧是液体，层层堆积，最终制备零件的技术总称。它由美国的 C. Hull 于 1986 年研制成功，SL 是 Stereo Lithography 的缩写形式，即立体光固化技术。

光固化技术的基本原理如图 8.5-1 所示。树脂槽中储存了一定量的光敏树脂，由液面控制系统使液体上表面保持在固定的高度，紫外激光束在振镜控制下按预定路径在树脂表面上扫描。扫描的速度和轨迹及激光的功率、通断等均由计算机控制。激光扫描之处的光敏树脂由液态转变为固态，从而形成具有一定形状和强度的层片；扫描固化完一层后，未被照射的地方仍是液态树脂，然后升降台带动加工平台下降一个层厚的距离，通过涂敷机构使已固化表面重新充满树脂，然后进行下一层固化，新固化的一层黏结在前一层上，如此重复直至固化完所有层片，这样层层叠加起来即可获得所需形状的三维实体。完成的零件从工作台取下后，进行清洗、去除支撑、二次固化以及表面光洁处理。

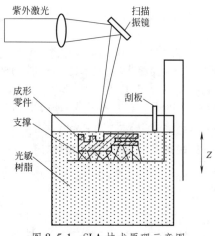

图 8.5-1 SLA 技术原理示意图

光固化技术具有如下特点：

1) 成形精度高。由于光固化技术的扫描机构通常都采用振镜扫描头，光点的定位精度和重复精度非常高，成形时扫描路径与零件实际截面的偏差很小；另外，激光光斑的聚焦半径可以做得很小，目前光固化技术中最小的光斑可以做到 25μm，所以与其他增材制造技术相比，光固化技术成形细节的能力非常好。

2) 成形速度较快。商品化的光固化成形设备均采用振镜系统来控制激光束在焦平面上的平面扫描。325~355nm 的紫外激光热效应很小，无需镜面冷却系统，轻巧的振镜系统可保证激光束获得极大的扫描速度，扫描轨迹已呈现出一种面投影图案，使各点固化极其均匀和同步。

3) 扫描质量好。现代高精度的焦距补偿系统可以实时地根据平面扫描光程差来调整焦距，保证在较大的成形扫描平面（600mm×600mm）内具有很高的聚焦质量，任何一点的光斑直径均限制在要求的范围内，较好地保证了扫描质量。

4) 成形件表面质量好。由于成形时加工工具与材料不接触，成形过程中不会破坏成形表面或在上面残留多余材料，因此光固化技术成形的零件表面质量很高。光固化成形可采用非常小的分层厚度，目前的最小层厚达 2.5μm，因而成形零件的台阶效应非常小，成形件表面质量非常高。

5) 成形过程中需要添加支撑。由于光敏树脂在固化前为液态，所以成形过程中，对于零件的悬臂部分和最初的底面都需要添加必要的支撑。支撑既需要有足够的强度来固定零件本体，又必须便于去除。由于支撑的存在，零件的下表面质量通常都低于没有支撑的上表面。

6) 成形成本高。光固化设备中的紫外线固体激光器和扫描振镜等组件价格高，从而导致设备的成本很高；成形材料光敏树脂的价格也非常高，成形环境气味重，成形件需要酒精和丙酮清洗及二次固化。

2. 光固化设备

光固化设备可以划分为如下几个子系统：

1) 光路扫描系统。提供成形用的能量源，实现成形扫描时激光光束的偏转和焦距补偿。主要组件包括激光器、扫描振镜、焦距补偿机构、光路基准板等。激光器包括准分子激光器、半导体脉冲激光器。振镜主要有德国 Scanlab 振镜，扫描速度达 10m/s。

2) 工作台升降系统。实现成形过程中 Z 向的分层运动，使得光固化过程中的层层堆积成为可能。

3) 涂敷刮平系统。当固化完一层后，工作台下降一个层厚的距离，涂敷系统在已成形零件的表面重新涂敷上一层均匀的树脂，然后进行下一层固化。

4) 液面控制系统。将树脂液面保持在激光聚焦的焦平面上，以保证固化时激光光斑大小和激光能量符合设定指标。

5）温控系统。控制成形空间内的温度在合适的范围内。

6）机床本体。为光路扫描系统和其他运动系统提供基准支持。

7）数控控制系统。将分层后的零件（包括支撑结构）数据转换成相应的数控代码，控制扫描系统、工作台升降及涂敷系统，完成零件的制作过程。

光固化技术设备的主要厂家包括 3D Systems、上海联泰、武汉滨湖、中瑞科技等。其中 3D Systems 主要设备型号包括最早的 SLA250、SLA7000、Viper Si2，上海联泰有 RS6000、Lite300 等型号，中瑞科技最新开发的设备成形尺寸为 1900mm×1000mm×600mm，采用双激光器和双振镜。光固化技术可成形零件尺寸逐渐增加。

随着科学技术的进步，光固化技术的实现方案出现了多种形式，主要从点扫描向面扫描和体扫描方向发展。

数字光处理（Digital Light Processing，DLP）技术，主要是通过投影仪投射可见光，来逐层固化光敏树脂，从而创建出 3D 打印对象。其核心元部件为美国德州仪器开发的 DMD 芯片，内含 50 万～130 万个微镜片，每个微镜片表示一个像素点，它的变换速率为 1000 次/s 以上。每一微镜片的尺寸为 14μm×14μm（或 16μm×16μm），微镜片转动受控于 CMOS RAM 的数字驱动信号，从而实现光敏树脂点成形向面成形方向转变。DLP 技术的主要厂家有德国 Envision TEC、珠海西通、宁波智造科技等。

图 8.5-2 为面扫描光固化技术的顶部投影和底部投影技术示意图。与顶部投影技术相比，底部投影不需要刮平装置，减少了成形时间，受到越来越多的关注，但光敏树脂流动性要求高。DLP 成像系统置于液槽下方，其成像面正好位于透明玻璃与打印平台之间，通过能量及图形控制，每次可固化一定厚度及形状的薄层树脂；液槽上方设置一个提拉机构，每次截面曝光完成后向上提拉一定高度，使得当前固化完成的固态树脂与液槽底面分离并黏结在提拉板或上一次成形的树脂层上；逐层曝光并提升，最终生成三维实体。DLP 技术可以使用成本极低的紫外灯泡进行照射，但光照不均匀，成形精度较差，满盘打印较为困难；采用半导体激光器打印，则成形精度较高。

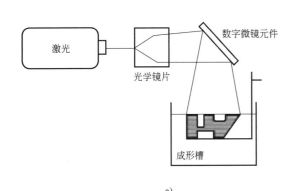
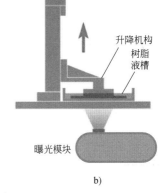

图 8.5-2　DLP 技术原理示意图

a）顶部投影　b）底部投影

为了进一步提高 DLP 技术的成形速度，理论上提高引发剂浓度和光强就可以，但光敏树脂聚合速度过快将会使固化了的树脂黏在透光玻璃板上，导致打印失败。美国 Carbon 公司的 CLIP（Continuous Liquid Interface Production）技术，又称为连续液体界面成形技术，采用透氧、透紫外光的特氟龙材料黏贴在透光玻璃板底部。透氧是为了避免玻璃底部上方 30μm 的区域由于氧的存在而不固化（氧会降低光敏树脂的固化速度），从而可以让光无障碍通过，并固化其上方没有接触氧气的树脂，这个 30μm 的区域称为"死区"。CLIP 技术既避免了 DLP 黏结玻璃底板的问题，又避免了 SLA 技术中树脂刮平难的问题，CLIP 技术需要流动性好的丙烯酸酯类光敏树脂，环氧树脂则成形困难。CLIP 技术目前已经更名为数字光学合成（Digital Light Synthesis，DLS）技术。

图 8.5-3 所示为 CLIP 技术的原理示意图及设备。

近几年出现的全息影像光固化技术采用 3 束激光从 X、Y、Z 方向同时照射光敏树脂，在其中生成物体的全息图，从而让树脂直接在空间中实体固化，完成打印。由于不是传统的分层打印堆积方式，这种方法成形速度极快，短短 10s 就能打印出一个物体。

四种光固化技术的对比见表 8.5-1。

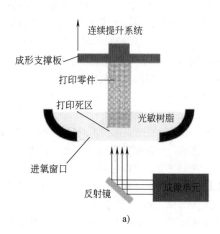

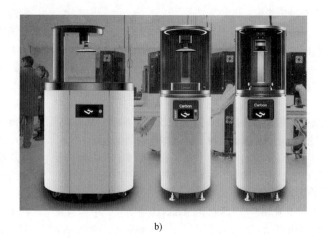

a)   b)

图 8.5-3   CLIP 技术的原理示意图及设备

a) CLIP 原理   b) 设备

表 8.5-1   四种光固化技术的对比

光固化技术	SLA	DLP	CLIP	全息投影
特点	激光在液槽上部,点扫描	激光可以在液槽上部也可以在下部,面扫描	激光在液槽下部,底部贴有透氧透光膜,面扫描	激光立体投射,体扫描
成形速度	慢(点扫描+氧阻)	快	非常快	极快
分辨率(精度)	高	较高	高	较高
成形尺寸	大	小	小	小

3. 光固化工艺及材料

光固化技术中主要的工艺参数包括激光功率和扫描速度。

(1) 激光功率

激光功率是光固化工艺中光敏树脂成形的唯一能量来源。当激光功率过小时,单位时间内光敏树脂接收的激光能量不能满足光敏树脂固化的基本要求,便会造成各成形层之间发生严重的分层、错层、翘边等问题,使得成形件的成形精度受到不利影响;当激光功率过大时,过高的激光能量会使成形件周围出现树脂黏连现象,进一步导致成形件的成形精度以及表面质量出现大幅下降。图 8.5-4 所示为相同条件下不同激光功率对成形尺寸收缩率的影响。

(2) 扫描速度

扫描速度决定着光固化成形工艺的成形效率,适当的扫描速度可以在保证成形质量的同时使模型具有较高的成形效率。当扫描速度过高时,激光作用在光敏树脂上的时间过短,会造成光敏树脂固化效果下降,导致光敏树脂"欠固化",使成形件质量明显下降;当扫描速度过低时,激光能量的作用时间大幅延长,导致激光能量在一定范围内出现能量扩散现象,造成光敏树脂的"过固化",使成形件出现材料黏连

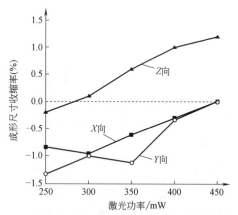

图 8.5-4   相同条件下不同激光功率
对成形尺寸收缩率的影响

现象,导致成形质量变差,尤其在成形件的 X 向和 Y 向表现得极为突出。图 8.5-5 所示为相同条件下不同扫描速度对成形尺寸收缩率的影响。

光敏树脂是一种由感光性预聚物、感光性单体、光反应引发剂、增感剂、热聚合阻聚剂、非感光性聚合物、溶剂及各种添加剂组成的液体高分子材料,它可接受一定波长的射线能量发生光聚合反应而固化。不同类型的光敏树脂可以在 γ 射线、X 射线、紫外线

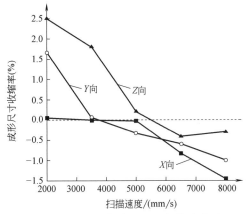

图 8.5-5　相同条件下不同扫描速度对
成形尺寸收缩率的影响

（UV）、电子束甚至是可见光的照射下固化。光敏树脂需要具备黏度低、固化收缩小、湿度强度高、溶胀小、杂质少、固化过程中没有气味、毒性小等特点，目前主要有丙烯酸酯和环氧树脂两大类。丙烯酸酯类光敏树脂受氧气影响，不能采用 SLA 工艺（树脂与氧接触），但其流动性好，适合 CLIP 技术。环氧树脂类光敏树脂没有氧阻聚效应，不会受氧气影响，适合 SLA 技术和 DLP 技术。

光敏树脂按性质可分为：高强树脂、高温树脂、铸造树脂、透明树脂、弹性树脂、柔性树脂、医用树脂。

除了光敏树脂以外，光固化蜡模材料及光固化陶瓷材料也逐渐得到应用，如图 8.5-6 所示。

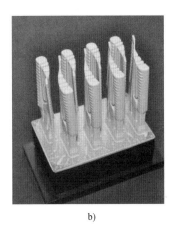

a)　　　　　　　　　　　　　　　　b)

图 8.5-6　光固化其他材料
a) 光固化蜡模　b) 光固化陶瓷

光固化陶瓷材料的制作过程如下：首先称取一定量的平均粒径在 $1 \sim 10 \mu m$ 的陶瓷粉体 SiO_2、黏度在 $0.1 Pa \cdot s$ 以下的有机单体以及含酸性基团的共聚物分散剂；然后将陶瓷粉体和有机溶剂按照体积比为 $1:1 \sim 1:2$ 倒入球磨罐中，加入第一份分散剂，充分球磨后，过滤干燥，得到预分散处理的粉体；再将有机单体倒入容器中，机械搅拌，加入自由基型的光引发剂、增稠剂和第二份分散剂，搅拌溶解，得到混合溶液；最后分多次将预分散处理的粉体加入到混合溶液中制成混合浆料，搅拌均匀后转到球磨罐中，充分球磨后制得光固化陶瓷材料。

8.5.2　挤出成形技术

1. 定义及特点

挤出成形技术是基于离散-堆积成形原理，在零件 CAD 模型驱动下，利用喷头将高黏度材料（含熔融态）经喷嘴连续挤出，依靠材料间的黏结性逐层堆积，最终制备零件的技术总称。属于挤出成形技术的增材制造技术有：熔融挤压成形（Fused Deposition Modeling，FDM），混凝土 3D 打印，结合金属挤出（Binder Metal Deposition，BMD）技术等。

FDM 技术是挤出成形技术的代表，最先由美国 Stratasys 公司于 1989 年提出，其技术原理如图 8.5-7 所示。由喷头将丝状的成形材料熔融、挤出，喷头在 X、Y 扫描机构的带动下沿层面模型规定的路线进行扫描、堆积熔融的成形材料。一层扫描完毕后，底板下降或喷头升高一个层厚高度，重新开始下一层的成形。依次逐层成形直至完成整个零件的成形。FDM 技术的典型特征之一就是使用喷头熔化、挤出成形材料进行堆积成形；特征之二就是层与层之间仅靠堆积材料自身的热量进行扩散黏结。在成形过程中，成形材料加热熔融后在恒定压力作用下连续地挤出喷嘴，而喷嘴在扫描系统带动下进行二维扫描运动。堆积完一层后，成形平台下降一层片的厚度，再进行下一层的堆积，直至零件完成。

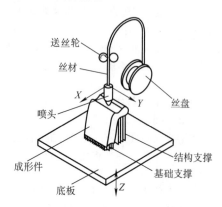

图 8.5-7　FDM 技术原理示意图

FDM 技术中的喷头具有加热功能，而混凝土 3D 打印技术中的喷头不需要加热，只需要提供"挤出"通道，混凝土成形依靠水泥的凝结与固化化学能来进行。为了提高混凝土 3D 打印的时效性，混凝土中需要添加适量的早强剂和减水剂；为了提高 3D 打印混凝土的强度，混凝土中需要掺加增强纤维，调整粗细集料的比例。图 8.5-8 所示为混凝土 3D 打印过程及清华大学 3D 打印桥梁。

FDM 技术的优点如下：

（1）成形材料广泛

一般的热塑性材料如塑料、蜡、尼龙、橡胶等，做适当改性后都可用于熔融挤出堆积成形。目前已经

成功应用于 FDM 技术的材料有：蜡、ABS、PC、ABS/PC、PLA、PEEK、PPSF 等。其中 ABS 工程塑料是目前 FDM 技术中应用最广泛的成形材料，也是成形技术最成熟、最稳定的一类成形材料。即使同一种材料也可以作出不同的颜色和透明度，从而制出彩色零件。该技术也可以堆积复合材料零件，如把低熔点的蜡或塑料熔融时与高熔点的金属粉末、陶瓷粉末、玻璃纤维、碳纤维等混合作为多相成形材料。BMD 技术就是把金属和高分子材料混合制作棒材，然后通过热挤压技术成形；连续纤维增强材料挤出成形则是把碳纤维和熔融的热塑性高分子材料混合后挤出成形。

（2）成形零件具有优良的综合性能

FDM 技术使用最广泛的 ABS、PC 等工程塑料已经在市场上应用成熟，经检测使用 ABS 材料成形的零件，零件力学性能可达到注射模具零件的 60% ~ 80%。使用 PC 材料制作的零件，其强度、硬度等指标已经达到或超过注射模具生产的 ABS 零件的水平。因此用 FDM 技术直接制造可满足实际使用要求的功能零件。此外 FDM 技术制作的零件在尺寸稳定性、对湿度等环境的适应能力要远远超过 SLA、LOM 等其他成形技术成形的零件。

（3）成形设备简单、成本低廉、可靠性高

熔融挤出成形是靠材料熔融实现连接成形。由于不使用激光器，大大简化了设备尺寸、降低了成本。目前桌面 3D 打印机普遍采用熔融挤出成形技术，价格远低于其他 3D 打印设备。

a)

b)

图 8.5-8　混凝土 3D 打印过程及清华大学 3D 打印桥梁
a）打印过程　b）打印结构

（4）成形过程对环境无污染

FDM 成形所用的材料一般为无毒、无味的热塑性材料，因此对周围环境不会造成污染。设备运行时噪声很小，适合于办公应用。

FDM 技术的缺点如下：

1）零件纵向性能强度低。

2）成形精度低，目前丝材直径有 1.75mm 和 3mm 两种，受限于喷头直径加工，分层厚度大多为

0.2 ~ 0.3mm。

3）成形速度慢，1 次只能成形 1 个零件。

2. 挤出成形设备

FDM 设备主要包括：喷头/液化器、送丝机构、成形底板、运动机构、控制系统、成形室。

（1）喷头/液化器

喷头应具备如下功能：材料能够在恒温下连续稳定地挤出、良好的开关响应特性、良好的实时调节响

应特性、足够的挤出能力、小型化。喷头系统包括两个部分：一是送丝驱动部分；二是液化器和喷嘴部分。

液化器最高加热温度根据材料而定，ABS 材料加热温度为 290℃ 左右，PEEK 材料加热温度则达 500℃。喷嘴直径为 0.2mm 和 0.4mm，喷头直径越小，加工难度越大，也越容易堵塞；喷头直径越大，成形精度越低。喷头的数量有双喷头和多喷头两种，

美国 Stratasys 公司采用的双喷头分别挤出成形材料与水溶性支撑材料；北京太尔时代采用的单喷头支撑部位材料与成形零件材料一致，但结构稀疏，方便去除。FDM 挤出喷头如图 8.5-9 所示。

（2）材料挤出装置

材料送进挤压方式主要有三种，分别为丝材顶出送进、螺杆送进、活塞缸送进，见表 8.5-2。

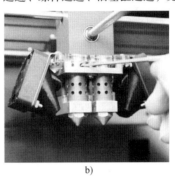

a)   b)

图 8.5-9 FDM 挤出喷头

a) 单喷头 b) 双喷头

表 8.5-2 材料送进挤压方式

名称	特点	图例
丝材顶出送进	成形材料为丝状热塑性材料，经驱动机构送入液化器，并在其中受热逐渐熔化，先进入液化器的材料熔化后受到后部未熔材料丝（起到推压活塞的作用）的推压而挤出喷嘴	热塑性材料丝　液化器喷嘴
螺杆送进	采用螺旋泵实现颗粒状原材料的泵送、加热和挤出，挤出材料的速度可以由螺杆的转速调节	
活塞缸送进	喷头的主要部分是缸体，成形材料在缸内受热熔融，在活塞的压力作用下挤出喷嘴	

（3）成形室

FDM 成形过程中最大的问题是温度不均匀引起的零件翘曲，喷头处材料熔化的温度为 180～230℃（PEEK 材料更高），成形室需要保持较高的温度（60～80℃），此时需要成形室具备良好的保温性能（PLA 材料由于热胀系数低，可以不需要保温）。

成形室还需具备过滤功能，将成形过程中产生的少量有害气体过滤后排出。

（4）运动方式

机构本体基本运动功能包括：实现材料的连续挤出以及实现喷头与成形底板之间的 X、Y、Z 三维扫描运动，从而需要 4 路以上运动控制卡（双喷头需要单独控制）。运动机构有带传动和丝杠螺母传动两种方式，结构形式有 XYZ 结构及并联结构两种，如图 8.5-10 所示。

（5）成形底板

成形底板应具备加热功能，保持底板具有较高的温度；应具备快速调平功能，能进行底板水平自动校准；应具备与热塑性材料良好的黏合能力，减少零件的翘曲；应具备良好的去应力能力，减少应力集中。

FDM 设备研发和生产单位主要有美国 Stratasys 公司和北京太尔时代公司。Stratasys 公司设备型号包括：Makerbot、F123、F120、F380、F450、F900 等，北京太尔时代公司设备型号包括：UP Plus2、UP mini 2/ES、UP BOX+、UP 300、Inspire D、Inspire A 等。

3. 挤出成形工艺及材料

FDM 工艺已经较为成熟，但也会遇到翘曲、开裂、缝隙、未填充等缺陷，如图 8.5-11 所示。

图 8.5-10　FDM 设备结构形式

a) XYZ 结构　b) 并联结构

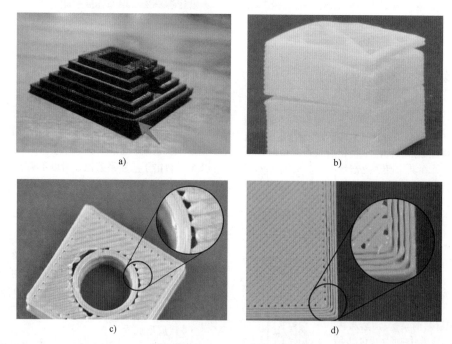

图 8.5-11　FDM 工艺常见缺陷

a) 翘曲　b) 开裂　c) 缝隙　d) 未填充

　　针对翘曲缺陷，解决方法包括：调整底板温度、提高成形室温度、调平底板、增大底板表面粗糙度值、底板表面涂胶和改变第一层结构。针对开裂缺陷，解决方法包括：调整喷头与底板距离、降低打印速度、降低冷却速度、增加底面积、降低层厚、增加喷头温度。针对缝隙问题，解决方法包括：增大重叠量、降低打印速度。针对局部区域未填充问题，解决方法包括：改变材料直径、增加挤压倍数。

　　材料可以是丝材（热塑性高分子材料）、颗粒（不易拉丝材料、细胞）、高黏度液态材料（混凝土）及混合材料（金属与高分子材料混合）。

　　FDM 可成形的热塑性材料有 10 余种，如 ASA、ABS、PC、PLA、PPSF、ULTEM、PEEK、Nylon 等。

　　ABS 材料强度高，会老化，但存在气味需要过滤，打印温度为 220℃左右，成形平台必须加热。

　　ASA 材料不存在不饱和键，不易老化。

　　PLA 为生物可降解材料，没有气味，打印温度为 200℃，平台可以不加热，可以打印大尺寸零件，变形小，但易堵塞喷嘴。

PC 材料强度比 ABS 高 60%，制造出的零件可以直接使用。

Nylon（聚酰胺）材料耐磨性好、熔点高，打印零件可直接作为飞机常见内饰。

PEEK（聚醚醚酮）材料属于半结晶高性能聚合物高分子材料，熔点为 334 ℃，生物相容性好，可医学检查，生物稳定性好，力学性能优异，化学惰性好，能耐 200℃ 以上高温，并可反复高温消毒，2013 年经美国食品药品监督管理局（FDA）批准上市。

连续纤维增强材料挤出 3D 打印则采用热塑性材料与碳纤维相复合，具体有两种途径：一种是将纤维和树脂在挤出成形喷嘴处融合并直接挤出（见图 8.5-12）；另一种是先将纤维和树脂结合制成预浸带，再利用挤出成形的方式制备成形。

结合金属挤出技术 BMD 则是将金属粉末、树脂和蜡制作成直径为 10mm 的棒状材料，然后通过电感

等方式熔化丝材，并在静电力/磁场等作用下控制喷嘴处液滴的表面张力，在压力等作用下将金属液滴挤出在成形平台上，最后经过溶胶脱脂和烧结得到最终的零件，整个过程如图 8.5-13 所示。

Polyjet 即聚合物喷射技术，由以色列 Objet 公司（后被 Stratasys 公司收购）研发，其成形原理介于 SLA（成形材料同为光敏树脂）、FDM（材料挤出）和 3DP（压电喷头微滴喷射）技术之间，首先由阵列喷头喷射薄层带颜色的光敏树脂和支撑材料，然后通过紫外光照射固化成形，层层叠加，最后将水溶性支撑材料去除，得到所需零件。Polyjet 技术的优点是可同时喷射不同材料，实现多种材料、多色材料同时打印；喷射材料层薄（16μm），成形材料精度高；喷射后立即进行光固化，强度高，不需后续二次固化。Polyjet 技术可用于制作注射模具、夹具、固定装置、教学和促销展品、生产部件等，图 8.5-14 所示为 Polyjet 技术原理及制造的产品。

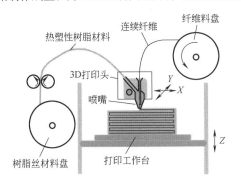

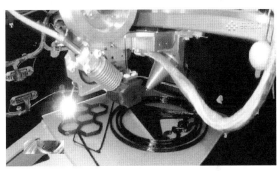

a)　　　　　　　　　　　　　　　　　b)

图 8.5-12　连续纤维增强材料挤出 3D 打印（西安交通大学）

a）原理　b）打印过程

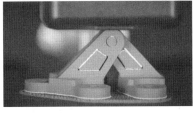

a)　　　　　　　　　　　b)　　　　　　　　　　　c)

图 8.5-13　Desktop Metal 公司 BMD 技术

a）复合棒材　b）挤出　c）脱脂烧结

8.5.3　喷射成形技术

1. 定义及特点

黏结剂喷射（Binder Jetting，BJ）技术是一种基于离散-堆积成形原理，在零件 CAD 模型驱动下，利用喷头将黏结剂有选择性地喷射到粉末床上，从而将

粉末通过黏结剂的渗透结合在一起，层层叠加制造出三维实体的技术总称。黏结剂喷射技术示意图如图 8.5-15 所示。

黏结剂喷射技术是 1993 年由美国麻省理工学院（MIT）Emanuel Sachs 与 Michael Cima 发明的，由于黏结剂喷射的过程与喷墨打印机的过程极为相似，初

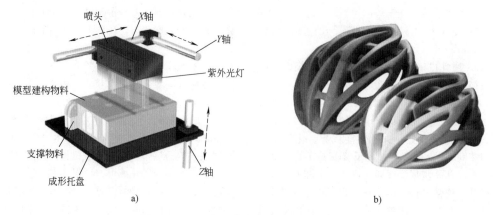

图 8.5-14 Polyjet 技术原理及制造的产品

a) 原理 b) 头盔

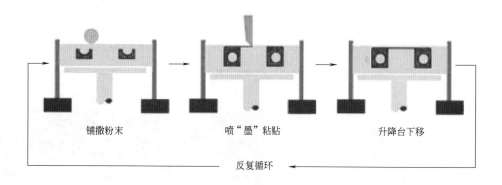

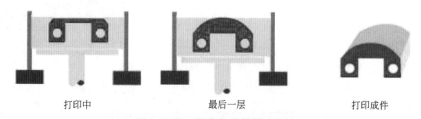

图 8.5-15 黏结剂喷射技术示意图

始定义为 3DP（Three Dimensional Printing），后由于 3DP 被泛指所有增材制造技术，该技术被美国 ASTM 标准重新定义为 BJ。黏结剂喷射技术发明后，该专利曾先后授权给多个行业使用，主要企业有 Z Corp.、Soligen、Extrude One 等。Z Corp. 公司采用阵列喷头黏结石膏、淀粉等材料，是彩色 3D 打印机的开创者，2012 年被 3D Systems 公司收购。Soligen 公司以陶瓷粉末为成形材料，开发了直接壳型铸造工艺（DSPC），黏结材料为硅溶胶，壳型经过焙烧之后可用于浇注金属。Extrude One（Prometal 的子公司）主要进行砂型 3D 喷射打印，砂粒铺平之后先用多通道喷头向砂床均匀喷洒树脂，然后由另一个喷头依据轮廓路径喷射催化剂，催化剂遇树脂后发生交联反应。

图 8.5-16 为上述三家公司的主要产品。德国 Voxeljet 公司也通过 MIT 的非独家专利许可生产三维喷墨打印机。

黏结剂喷射技术与激光选区烧结/熔化技术、电子束选区熔化技术类似，都属于粉末床技术，但前者的使能是通过黏结剂将粉末黏结在一起，后两者则是通过激光/电子束将粉末材料熔化/烧结连接在一起。

黏结剂喷射技术的主要优点有：

1) 成形零件尺寸大。不存在大幅面打印失真问题，能够生产更大的零件、更灵活的产品尺寸。

2) 成形速度快。阵列喷头上的多喷嘴能保证高速、大体积喷射黏结剂，相较于单喷头激光选区熔化技术，制造速度至少是后者的 10 倍及数百倍，适合工业化批量生产。

3）成形材料广泛。材料要求低，砂子、高分子材料、金属材料等均可用于黏结剂喷射技术，颗粒粒度也可调节。

4）材料利用率高。没有喷射黏结剂的材料不涉及任何物理或化学变化，可以 100%重复利用，甚至不需要清理和筛分。

5）无需支撑。可完全通过粉末床来支撑悬空结构，不需要在打印过程中将整个零件固定在粉末床底

部的基板上，结构设计自由度大。

6）成形环境要求低。成形过程没有温度变化和化学变化，因此既不需要高温环境，也不需要惰性或中性气体保护。

7）打印流程简单。清粉方式更友好，维护更方便，整个流程更简单。

8）设备成本和制造成本低。主要部件为阵列喷头，不需要价格高昂的激光器，设备售价相对较低，零件制造成本不到 SLM 工艺的 1/10。

a)

b)

c)

图 8.5-16　各种黏结剂喷射打印技术

a）彩色 3D 打印（Z Corp.）　b）DSPC 工艺（Soligen）　c）砂型 3D 打印（Extrude One）

黏结剂喷射技术的主要缺点有：

1）阵列式喷头维护清理困难。喷头孔径小，受黏结剂浓度影响大，易堵塞。

2）成形件初始密度和强度较低。成形件一般称为"绿件"，初始密度和强度均较低。

3）成形零件表面质量和精度一般。受颗粒不规则形状及渗透影响，成形零件表面质量一般，"绿件"经过烧结后收缩大，几何形状变化复杂。

4）后处理工艺繁琐。一般需要烧结及后处理，制造小尺寸零件或小批量零件时没有优势。

2. 喷射成形设备

喷射成形设备主要包括供粉系统、铺粉系统、三维运动系统、数据处理系统、喷射系统、控制系统等（见图 8.5-17）。

（1）供粉系统

大型砂型黏结剂喷射成形设备一般采用上置供粉，在成形室顶上设有供粉箱（陶瓷粉末、金属粉末黏结剂喷射成形设备也可采用活塞缸输送形式）。供粉箱设有供粉阀门和动力机构，成形室与供粉箱相连处设有开口形成供粉口，与供粉阀门大小及位置都相对应。供粉口下方设有粉末转扇，粉末转扇两侧有与供粉箱相连的滑粉板，滑粉板正下方有供粉平台。

（2）铺粉系统

通过滑块与机架上的 Y 向直线导轨连接，Y 向直线导轨运动带动辊子铺粉装置进行铺粉。机架的两侧

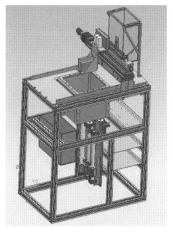

图 8.5-17　喷射成形系统示意图

设置有储粉箱用于收集多余的粉末材料。

（3）三维运动系统

X 轴带动喷头小车的移动，Y 轴带动铺粉辊子运动，Z 轴带动成形缸活塞下降。三个轴通常都采用步进电动机驱动，并利用光栅尺编码器进行精确定位。

（4）数据处理系统

上位机控制软件系统包括计算机硬件和软件，软件分为数据处理软件和打印成形软件，前者负责将 STL 模型进行误差补偿、分层、生成打印文件等数据处理工作，后者负责将打印文件发送至运动控制板和

喷头控制板，进行打印成形动作的控制。

（5）喷射系统

喷射系统较为复杂，涉及喷头、供墨、负压等部分。

喷头有两种液滴喷射技术，分为连续喷射和按需喷射，两种液滴生成方式都可以产生直径为 10～150μm 的液滴。

连续喷射，顾名思义是在压力的作用下液体柱通过小喷嘴喷出连续流体液滴流。为了引导和定位这些液滴，喷嘴被固定在一个电势上，当液滴形成时，在每个液滴上加一个小的电荷；喷射中单个带电液滴通过带电导向板后加以控制，只有打印部分的墨滴按数字方式定位到打印平台上，不需要的液滴通过回墨捕获器收回到真空吸回流体箱的储墨罐；连续喷墨打印工作原理示意图如图 8.5-18 所示。连续喷射技术，在压力传感器产生的恒定压力作用下，喷头频率为 100～400kHz，最高速度可达 20m/s。连续喷射技术的特点：墨滴速度高、运行受环境影响小、喷头与打印平台的距离可达 3～6mm、打印质量受物料变形和粉尘影响小、稳定性高、喷头不易堵塞、不需频繁清洗喷头、生产率高。连续喷墨技术代表厂家有柯达万印、柯达鼎盛等。

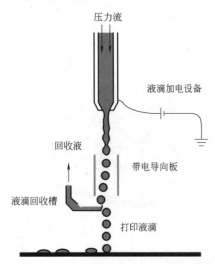

图 8.5-18　连续喷墨打印工作原理示意图

按需喷射（Droplet on Demand, DOD）方式，顾名思义是在需要时可产生单独的液滴，因此比连续喷射方式更经济。液滴是通过打印喷嘴后面的腔内流体中传播的压力脉冲而形成的，如果脉冲在喷嘴处超过某个阈值，就会喷出一滴液滴；如果没有压力脉冲或低于阈值，液体通过喷嘴处的表面张力保持在原位。

按需喷射技术常用的有两种：热气泡式和压电式，见图 8.5-19。在热气泡式打印方式中，一个小的

薄膜加热器位于流体室中。当电流通过加热器时，直接接触的流体被加热到高于其沸点的温度，形成一个小的蒸气袋或气泡（见图 8.5-19a）。当电流被移除后，传热会导致气泡迅速破裂，气泡的快速膨胀和破裂会产生所需的压电脉冲。当气泡消失后，表面张力会产生吸力，拉引新的墨水补充到墨水喷出区中。热发泡技术的特点：墨水瞬间高温加热，墨盒的墨水则保持在 40～50℃，所以墨水与打印头捆绑设计，利用墨盒上部的墨水循环冷却；墨水通过气泡喷出，墨滴的方向性与墨滴大小不好控制，打印点边缘不清楚。在压电式打印方式中，压电脉冲是由压电陶瓷换能器直接机械驱动产生的（见图 8.5-19b）。压电式打印技术的特点：分辨率为 91～600 dpi，喷头尺寸为 12.7～70mm，打印速度为 55～150 m/min，与打印平面距离为 2～3mm；喷头尺寸小，需要较多的喷头组合，多个喷头的缝合度可能会影响打印品质。

按需喷射技术，根据图像光栅化的内容控制喷头喷出墨滴，没有图像信息的喷头不工作。为防止喷头堵塞，长时间不打印的喷头需要定时随机喷墨，否则会影响打印品质。按需喷墨技术目前的最高打印速度达 250m/min。

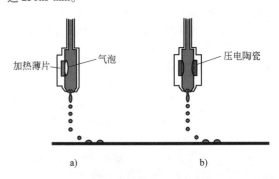

图 8.5-19　按需喷墨打印原理示意图
a）热气泡式　b）压电式

目前黏结剂喷射技术一般采用多喷嘴阵列式压电 DOD 喷头。这类喷头一般具有结构紧凑、独立控制及温度加热功能，大量高精度的喷嘴排列成一排，不同的喷头型号可以有不同数量的喷嘴，比如 128 个、256 个、1024 个喷嘴，或者更多数量的喷嘴形成喷嘴阵列；喷嘴虽然数量多，但每一个喷嘴都可以独立控制，具有独立的控制单元；喷头往往可以自带有加热器，可以对打印墨水进行加热，降低墨水的黏度，使墨水能够顺利地喷射。

目前，阵列式压电 DOD 喷头厂商主要有美国 Dimatix 公司、英国 Xaar 公司、日本 Konica 和 SPT 公司。不同公司的阵列式压电 DOD 喷头如图 8.5-20 所示。

图 8.5-20 不同公司的阵列式压电 DOD 喷头

a) 美国 Dimatix b) 日本 Konica c) 英国 Xaar

供墨系统主要包括储墨罐、二级墨盒、墨泵、过滤器等，如图 8.5-21 所示。储墨罐用于大量存储打印溶液，满足打印时的溶液供应；二级墨盒用于给喷头供墨，具有液位开关，可以使其中的墨水保持一定的容量；墨泵用于将储墨罐的墨水泵到二级墨盒中；过滤器的作用则是保证墨水的洁净，防止杂质引起喷头堵塞。

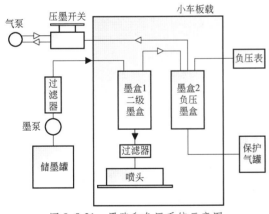

图 8.5-21 墨路和负压系统示意图

负压系统主要包括气压泵、压墨开关、负压表、负压墨盒、气压调节阀、保护气罐等组件。气压泵主要用于产生负压和正压；压墨开关主要用于切换负压墨盒中的正压和负压；气压调节阀作用是调节负压的大小；负压表用于指示压力值；保护气罐则用于防止误操作引起墨水回流。

(6) 控制系统

设备控制系统主要分为运动控制和喷头控制两部分，如图 8.5-22 所示。运动控制部分主要是控制 X、Y、Z 三轴的运动结构，实现喷头位置的移动，喷头的移动采用的是光栅式扫描，运动控制板接收 X、Y、Z 三轴的限位信号和光栅信号，并控制 X、Y、Z 三轴的电动机进行运动。喷头控制部分主要是接收 X、Y 位置的光栅信号和墨盒液位信号，对墨泵、喷头加热器以及喷头液滴喷射进行控制。

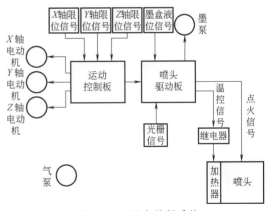

图 8.5-22 设备控制系统

目前在黏结剂喷射成形技术方面发展的国外代表企业包括：Voxeljet（维捷）、ExOne、HP、GE、Digital Metal、Desktop Metal（前四家公司以砂型黏结为主，后两家公司以金属黏结为主），国内企业有广东峰华卓立、宁夏共享、广州爱司凯（拥有压电喷头技术）、武汉易制（前三家公司均以砂型黏结为主）。

德国 Voxeljet 公司是全球领先工业级 3D 打印系统制造商之一，具有 VX200~VX4000 5 种成形尺寸的黏结剂喷射设备。成形尺寸最大的 VX4000 设备打印头有超过 25000 个可单独控制的喷嘴和 1100mm

的打印宽度，打印机的打印速度可达 120L/h，可以经济地成形几乎任何尺寸的零件，如大型机械结构框架、泵体、阀体、排气歧管、壳体、叶轮等。

2005 年 Extrude One 剥离了挤压研磨业务后成立 ExOne 公司，2021 年该公司又被 Desktop Metal 公司收购，是最早从事铸造砂型 3D 打印和黏结剂喷射金属 3D 打印的公司之一。

美国 HP（惠普）公司拥有非常成熟的喷墨喷嘴技术，主要用于高分子材料和金属材料的黏结剂喷射。高分子材料采用的是多射流喷射熔融塑料（Multi Jet Fusion，MJF）技术，先利用铺粉模块前后运动铺一层粉末并加热，然后利用热喷头左右运动喷射熔剂和精细剂（保证打印对象边缘的精细度），热喷头模块的加热部分对粉末及黏结剂施加热源即可打印一层，层层叠加即可得到最终的高分子零件。多射流喷射熔融塑料技术的打印精度和速度远高于激光选区烧结。HP 公司的黏结剂喷射金属成形（Metal Jet）技术使用喷嘴选择性地将黏结剂喷射到金属粉末中，层层叠加，直到创建完成整个零件；然后从粉末中取出零件并晾干；最后将零件放入烧结炉中，使金属颗粒熔融在一起。

美国 Desktop Metal 公司是 2015 年由 3DP 技术发明人 Ely Sachs 参与成立的，立志于打造桌面型的喷墨式金属 3D 打印机，该公司的核心技术是单程喷射（Single Pass Jetting，SPJ）技术，采用双向单程打印，粉末沉积、铺展、压实和黏结剂喷射依次一体进行，层层沉积金属粉末和黏结剂，最后进行清粉和烧结，完成零件的制造。

瑞典 Digital Metal 公司是金属粉末制造商赫格纳斯集团公司旗下的企业，主要进行黏结剂喷射金属打印，DMP 2500 设备打印速度达 100L/h，打印层厚为 42μm，构建体积为 2500L，处理前的平均表面粗糙度 Ra 值为 6μm。黏结剂为环氧树脂，金属材料主要有 316L、17-4PH 不锈钢以及 Ti6Al4V 钛合金。

美国 GE 增材制造公司于 2017 年底进入黏结剂喷射金属 3D 打印领域，并推出了 H1 原型机，构建体积为：300mm × 300mm × 350mm，打印速度为 655L/h。2018 年，GE 开发了第二代 H2 黏结剂喷射金属 3D 打印设备。

国内黏结剂喷射技术的主要企业有：佛山峰华卓立、宁夏共享、广州爱司凯、武汉易制等。

2002 年，佛山水泵厂从清华大学引进无模铸型制造（Patternless Casting Manufacturing，PCM）技术，后成立峰华卓立公司，是国内最早从事砂型喷射沉积的企业，先后推出了四代砂型打印机，具有砂型边缘内部墨量可变和局部加密打印功能。

2012 年，宁夏共享集团开始聚焦铸造 3D 打印的产业化应用研究，在引进美国 ExOne 公司设备的基础上，开发了国产化铸造用砂芯 3D 打印机，材料成本降低 2/3，打印效率提高 3~5 倍，设备成本下降 2/3，打印精度为 ±0.3mm。目前该公司已将铸造用砂芯 3D 打印机大量应用于铸造领域，搭接了"砂型打印、AGV 转运、机器人自动组芯、自动浇注、全流程虚拟制造、智能生产单元"全流程智能化铸造生产线，并在全国加以推广使用。

2018 年，广州爱司凯在拥有压电喷头技术基础上进入砂型 3D 打印领域，从阵列式压电喷头、底层硬件到机械、驱动程序、上位机系统，全部由其独立研发制造完成，先后开发了风暴 S800 和风暴 S2000 两款设备。

2018 年，武汉易制专注于黏结剂喷射金属 3D 打印，主要产品为高速生产型"黏结剂喷射金属 3D 打印系统"、面向铸造行业的"砂型打印机"和"全彩色 3D 打印机"。

图 8.5-23 所示为德国维捷和广州爱司凯喷射成形设备。

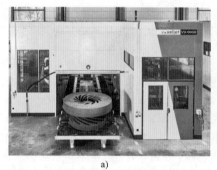 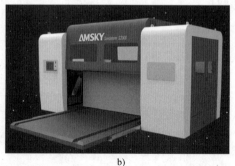

图 8.5-23　砂型喷射成形设备

a）Voxeljet VX4000（成形空间：4000mm×2000mm×1000mm）　　b）爱司凯风暴 S2000（成形空间：2000mm×1000mm×800mm）

3. 喷射成形工艺及材料

喷射成形工艺的影响因素包括：喷墨量、层厚、喷射距离、单层成形时间、环境及材料。

（1）喷墨量

喷墨量的大小直接影响液滴在粉材中的渗透深度、粉材的黏结强度以及每层可打印的层厚。如果喷射量过多，则黏结溶液与粉末孔隙体积之比，即饱和度过大，此时液滴渗透的深度和广度过大，不仅干涉上一层打印的效果，还影响周边未打印区域，这对于打印层面不同的特征和小孔等特征是致命性的。对于喷射量高于一定范围的，将会使得整个粉材成为一团，完全不能呈现所需的特征。

（2）层厚

每层粉末的厚度等于工作台每次下降的高度。在喷射溶液、喷射量以及粉材一定的条件下，液滴所能渗透的深度是一定的，层厚过大或过小，都会影响最终打印成形件的性能。层厚的选择应根据成形件所需的特性来选择，当成形件需要较高的黏结强度或表面精度时，则应该选择较小的层厚。但是，层厚过小会导致溶液渗透层数过多，影响上层打印的效果；层厚过小也会增加成形件打印时间，影响打印效率。

（3）喷射距离

为保证成形的精度和可靠性，需要考虑喷头距粉末床平面的距离。距离过高，会导致液滴的发散，不能准确到达指定的位置，影响成形件的精度；距离过低，液滴以高速喷向粉末床时，可能会引起粉末溅射到喷头喷嘴上，铺粉不平整时，粉末被黏到喷嘴上，造成喷头的堵塞，不仅可能会导致成形的失败，更会损害喷头的寿命。因此，喷射距离需综合考虑上述问题，一般以 2~3mm 较为合适。

（4）单层成形时间

单层成形时间主要包括工作台下降时间、铺粉辊均匀铺平粉末时间、系统返回初始位置及等待时间、喷头扫描时间，前三项与运动机构速度相关，需要根据设备实际允许的最大速度范围进行设定。

铺粉速度过快时，不易产生平整的粉末平面，容易使带有微小翘曲的截面整体移动，导致成形件产生缺陷。在喷头扫描完成后，喷头和铺粉刷均需返回初始位置，并等待下一层的开始。喷头扫描速度增加时，喷头的喷射频率也需要相应地提高，否则会导致液滴喷射的位置产生偏差；喷头扫描速度过慢，虽然能在一定程度上提高成形精度，但是会大大牺牲打印效率，因此喷头速度需与喷头的喷射频率搭配选择在一个合适的值。

单层成形时间过长，会导致在下一层打印的时候，刚完成的该层已经重新凝固，两层之间无法黏结，最终成形件没法完全黏结成一个整体。

（5）环境参数

喷射成形设备在工作时，环境条件如温度、湿度的改变，会引起溶液及粉末特性的改变，因此这两个条件也需要做相应的控制。

环境温度会影响喷射溶液的黏度特性，导致喷头喷射的溶液量发生改变，此外还会影响溶液的挥发速度。挥发速度包括两方面：一方面是液滴喷射到粉末床后的挥发速度，该挥发速度过慢会导致凝固时间延长，增加发生变形的可能性；另一方面是喷头喷嘴上未喷出液滴的挥发率，该挥发速度过快，使得溶液中的固体析出，容易堵塞喷头。一般环境温度控制在 10~40℃ 比较合适。

（6）喷射成形材料

由于黏结剂喷射成形主要依靠黏结剂和粉末之间的黏合，众多材料都可以被黏结剂黏结成形，包括石膏粉、陶瓷粉、砂、金属粉、尼龙粉、亚克力粉等粉末状材料。

陶瓷、原砂这两大类材料是目前喷射成形的主要无机非金属材料。以呋喃树脂、固化剂、硼酸含量和基础砂等因素对无烘烤树脂黏结砂（NBRBS）性能的影响为例，当呋喃树脂添加量为基础砂添加量的 1.6%（质量分数）时，固化剂添加量为呋喃树脂添加量的 50%（质量分数）时，NBRBS 的综合性能达到最佳。硼酸的使用提高了固化速度、残余应力和气体析出量。碘化钾的使用降低了残余应力，提高了抗拉强度。陶粒作为基础砂时，呋喃树脂添加量大幅减少，抗拉强度增加，气体析出量和残余应力均降低，提高了 NBRBS 的湿陷性。通过扫描电子显微镜，陶瓷芯颗粒呈圆形，能够形成完整的黏结桥，如图 8.5-24 所示。

近年来，黏结金属粉喷射成形成为关注的重点。除了不锈钢、镍合金、钛合金以外，一些对激光有很强的反射性、对激光波长有严格要求、导热性极强、熔点极高的材料，如铝、铜、钨、金属间化合物、硬质合金等材料，在黏结剂喷射成形技术中均不存在成形方面的问题。通过黏结剂喷射成形的金属零件为"绿件"，需要通过高温烧结将黏结剂去除并实现粉末颗粒之间的融合与连接，从而得到有一定密度与强度的"棕件"（Brown Part）成品。如果要进一步提高零件致密度，可能还需要采取浸渗工艺渗入低熔点合金。图 8.5-25 所示为采用 Desktop Metal 技术打印的零件。

图 8.5-24 不同砂粒 NBRBS 的表面形貌（50 倍显微镜）

a）都昌砂 b）大林砂 c）陶瓷芯

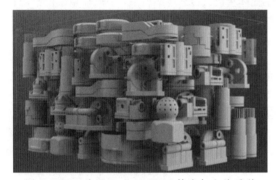

图 8.5-25 采用 Desktop Metal 技术打印的零件

8.5.4 激光选区烧结技术

1. 定义及特点

激光选区烧结（Selected Laser Sintering，SLS），又称为选择性激光烧结，它是采用红外激光作为热源来烧结粉末材料，并以逐层堆积方式成形三维零件的一种增材制造技术，主要用于高分子材料、树脂砂等非金属材料的烧结成形。

SLS 技术示意图如图 8.5-26 所示。首先采用压辊将一层粉末平铺到已成形工件的上表面，然后激光束按照该层截面轮廓信息选择性地烧结固体粉末材料；当上一层粉末烧结完成以后，成形缸活塞下降一定距离（0.05~0.15mm），铺粉系统铺上新粉；循环往复，层层叠加，直到三维零件成形。

SLS 技术的优点：

1）SLS 技术无需支撑。使用辊筒铺粉，能够较好地压实粉末，没有被烧结而压实的粉末起到了自然支撑当前层的作用，降低了对 CAD 设计的要求。

2）SLS 可以成形几乎任意几何形状结构的零件。尤其适于生产形状复杂、壁薄、带有雕刻表面和内部带有空腔结构的零件。

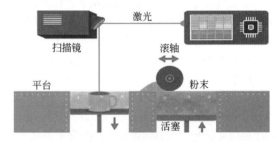

图 8.5-26 SLS 技术示意图

3）SLS 技术可使用的成形材料范围广。任何受热黏结的粉末都可能被用作 SLS 原材料，包括塑料、陶瓷、尼龙、石蜡、金属粉末及它们的复合粉。

4）材料浪费小。未烧结的粉末可重复使用。

5）成形效率高。成形粉层厚度为 0.1~0.5mm。

6）成形零件尺寸大。粉末熔点低，采取辐射加热能均匀预热粉末，粉床热应力小，可成形大尺寸零件。

7）应用面广。由于成形材料的多样化，使得 SLS 适合于多种应用领域，如原型设计验证、模具母模、精铸熔模、铸造型壳和型芯等。

SLS 技术的缺点：

1）成形零件表面质量一般。

2）后处理工序较为复杂，需进行清粉，有些材料甚至需要浸蜡、树脂打磨、烘焙、抛光等。

3）烧结过程有异味，高分子材料或粉粒在激光烧结时会挥发异味气体。

4）成形零件处于烧结状态，力学性能根据材料的不同差别较大。

2. 激光选区烧结成形设备

激光选区烧结成形设备包括机械系统、光学系统、控制系统、粉末加热系统等。

机械系统由机架、工作平台、铺粉机构、供粉机构、活塞缸、集料箱和通风除尘装备组成。机架用于支撑设备的其他部分；工作平台用于安装铺粉机构和活塞缸，同时作为它们的安装基面；铺粉机构有滚轮式、刮板式和压板式多种形式，作用是提供成形用的粉料并将粉末铺平，滚轮式结构的铺粉效果优于刮板式结构；供粉机构有活塞顶出式和漏斗下料式两种，活塞顶出式又可分为单缸送料和双缸送料，活塞缸送料方式可靠性强，便于对原料粉末进行加热，但占用设备空间较大；集料箱用于收集铺粉过程中多铺的粉料和卸料；通风除尘装备由通风管路和滤尘箱组成，用以排除成形过程中产生的飘浮粉尘和烟雾。

光学系统主要由激光器、反射镜、扩束镜与聚焦系统、振镜、光束合成器、指示光源等组成，如图 8.5-27 所示。由于非金属对 10600nm 的红外 CO_2 激光器吸收率高，SLS 技术一般采用不超过 100W 的射频 CO_2 激光器作为成形光源；指示光源用于光路调试和操作；反射镜用于将激光束导入聚焦系统；扩束与聚焦系统使激光先扩束再聚焦，得到更细的光斑；扫描器由 X 扫描振镜和 Y 扫描振镜组成，将激光选择性地输入到粉末上面。华曙高科采用 500W 的光纤激光器，扫描速度已达 20m/s。

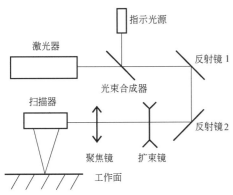

图 8.5-27　SLS 设备光学系统

控制系统除了控制激光扫描以外，还要控制供料缸和成形缸活塞的上下运动以及铺粉装置的平动与转动，共有 4 台步进电动机，计算机对各步进电动机驱动器进行控制。

粉末加热系统用于均匀加热成形缸表面的粉末材料，既可以节约激光能量，又可以减小成形过程中由于受热不均匀产生的变形。为了精确控制粉末温度，一般采用分区域温度控制，成形室温度一般为 200℃左右。

德国 EOS 公司激光选区烧结设备的最大特点是一机一材，EOSINT P 系列产品针对热塑性树脂材料的成形；EOSINT S 系列针对铸造树脂砂的成形；EOSINT M 系列适用于金属零件的直接成形。一机一

材的好处是可以使设备结构最大限度地适应材料和技术要求，利于工业上的连续生产。EOS 设备铺粉系统为刮板式结构，成形室及正向运动活塞为可拆卸结构，使正向成形空间最大化。EOSINT P700 和 EOSINT S750 均采用双激光双振镜扫描结构，在保证光斑尺寸满足成形精度的前提下使成形面积达到 700mm×380mm。美国 3D Systems、北京隆源、武汉滨湖等则一机多材，高分子材料和覆膜砂材料可以在一台设备上成形。华曙高科主要关注高分子材料特别是高性能尼龙材料成形。图 8.5-28 为德国 EOS 和湖南华曙高科的设备。

a)

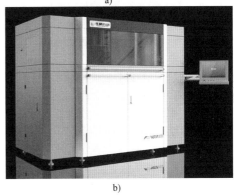

b)

图 8.5-28　高分子材料激光选区烧结设备
a）EOS P396（CO_2 70W，340mm×340mm×600mm）
b）华曙高科 HT 403P（CO_2 100W，400mm×
400mm×450mm）

近年来，SLS 设备成形尺寸逐渐增大，一般采用多激光器加多振镜方式来实现。2013 年，华中科技大学研制出全球首台四振镜四激光器、工作台面达 1.4m×1.4m 的选择性激光粉末烧结设备。2019 年，EOS 公司推出的 LaserProFusion 设备由上百万个二极管激光器组成的阵列光源，不仅可以实现高达 5kW 的最大总输出功率，而且可以实现线扫描和面扫描，大大提高了成形效率，有望实现尼龙等聚合物材料的工业化批量生产。

3. 激光选区烧结工艺及材料

激光选区烧结工艺参数包括：激光扫描速度、激光功率、铺粉运动参数、粉末参数、环境温度和粉床表面的预热温度。

（1）激光扫描速度

它直接影响成形精度和成形效率。扫描速度慢，则扫描精度高，但成形时间长，扫描平面内的热不均匀性加大，易于变形，影响成形质量；扫描速度快，则扫描精度恶化，粉末很快冷却，熔化颗粒之间来不及充分润湿和互相扩散、流动，烧结体内留下大量孔隙，导致烧结质量下降。

（2）激光功率

它直接影响烧结件质量，激光的作用是使粉末颗粒经过熔化、凝固等过程烧结或黏结在一起。激光作用所达到的结果取决于两个因素：粉体的性能和激光参数，需要解决扫描速度和激光功率的匹配问题。激光功率过高易产生结块；激光功率过低则烧结不充分。

（3）铺粉运动参数

滚筒式结构的铺粉参数包括铺粉滚轮的平移速度、自转速度、自转方向、供料活塞的上升步长、成形缸活塞的下降步长等参数，铺粉层的均匀性和密实程度将在很大程度上影响烧结件的强度、收缩和翘曲变形，从而影响零件的精度和表面粗糙度。

（4）粉末参数

粉床的密度对烧结影响较大，粉床的初始密度不仅影响有效热导率和热扩散率，而且会影响烧结件的收缩率和最终密度。

（5）预热温度

在激光烧结过程中，不仅存在由激光能量密度分布不均匀造成的温度场分布，而且存在激光扫描在 X-Y-Z 三个方向上变化时序不一致形成的温度场分布。温度场的不均匀导致内应力分布不均匀，从而导致材料的变形。将粉床表面预热，可以使整个烧结平面内的温度梯度减小，这样有利于减小烧结过程的变形。一般对于非晶态聚合物，预热温度稍低于材料的软化点。对于晶体材料，预热温度设定为接近于熔点的温度，如果粉床温度超过材料的熔点，则整个粉床就会熔化，导致成形失败。粉床预热有两种形式：一种是通过固定在粉床上方的辐射加热器对粉末加热；另一种是通过粉层底部已烧结部分对粉层加热。

从理论上讲，所有受热后能相互黏结的粉末材料或表面覆有热塑（固）性黏结剂的粉末都能用作 SLS 材料，但其需要具有良好的热塑（固）性、适当的导热性、较窄的"软化-固化"温度范围，粉末经激光烧结后要有足够的黏结强度，粉末材料的粒度不宜过大，其粒径一般要求为 $50 \sim 150 \mu m$。

与 SLS 工艺相关的材料性能参数主要有：流变学性能（黏度）、表面张力、粉末颗粒尺寸及其分布、孔隙率、颗粒形状、热导率、比热容、辐射特性、玻璃化温度、熔化温度等。粉末材料性能对 SLS 成形过程的影响见表 8.5-3。

表 8.5-3　粉末材料性能对 SLS 成形过程的影响

材料性能	主要作用
热吸收性	要求材料有较强的吸收特性，才能使粉体在较高的扫描速度下熔化和烧结
热传导性	材料的热导率小，可以减小热影响区，保证成形尺寸精度和分辨率，但成形效率低
收缩率	要求材料的相变体积收缩率和线胀系数尽量小，减小成形内应力和收缩翘曲
熔点	熔点低，易于烧结成形；熔点高，易于减小热影响区，提高分辨率
玻璃化转变温度	对于非晶体材料，影响作用与熔点类似
结晶温度与速率	在一定冷却速率下，结晶温度低、速率慢有利于工艺控制
反应固化温度和时间	用于反应固化成形，影响固熔点和结晶温度、速率
热分解温度	一般要求有较高的热分解温度
阻燃性和抗氧化性	要求不易燃、不易氧化
弹性模量	模量高、不易变形
熔体黏度	黏度小、易于黏结、强度高、热影响区大
熔体表面张力	表面张力大，不易黏结
粉体粒径	粒径大，成形精度与表面粗糙度值大，不易于激光吸收，易变形；粒径小易于激光吸收，表面质量好，成形效率低，强度低，易污染，易烧蚀
粒径分布	合适的粒径分布有利于形成密堆积，减小收缩变形，粉体中应不含过细组分
颗粒形状	影响粉体堆积密度和表面质量、流动性和光吸收性，应尽量接近球形
堆积密度	影响收缩率和成形强度

国内外已研制成功并投入应用的成形材料有石蜡、高分子材料（尼龙、聚碳酸酯、聚苯乙烯、ABS 等）、陶瓷、金属及其与高分子材料的复合物。SLS 成形所用的高分子材料可以采用深冷冲击法、溶剂沉淀法和喷雾干燥法制备。深冷冲击法是将材料冷却到脆化温度，再利用冲击式机械进行粉碎，制备的粉末材料粒径大、分布宽、形状不规则。溶剂沉淀法是在

高温将高分子溶解于适当溶剂中，逐渐降温，形成粉末材料，制备的粉末颗粒呈现近球形，粒径小、分布窄。喷雾干燥法是将水溶性高分子稀料经雾化后，在与热空气的接触中水分迅速汽化，粉末颗粒呈现球形，粒径小、分布窄。三种工艺制备的高分子材料形貌如图 8.5-29 所示。

SLS 成形用的高分子材料粒径为 $20 \sim 100 \mu m$，一般为球形，粒径分布要窄，此外，为了提高 SLS 成形件的性能，高分子材料中常采用机械混合法混入润滑剂（增加流动性，如硬脂酸钙）、稳定剂（抗氧化剂、老化剂）、吸光剂（增加激光吸收率，如炭黑）和增强剂（微米、纳米填料）。

SLS 成形的高分子零件内部并不完全致密（见图 8.5-30），可以通过渗蜡和树脂加以解决。

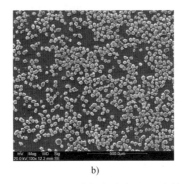
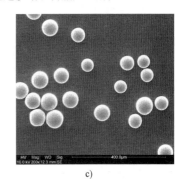

a)　　　　　　　　　　　　b)　　　　　　　　　　　　c)

图 8.5-29　三种工艺制备的高分子材料形貌
a）深冷冲击法　b）溶剂沉淀法　c）喷雾干燥法

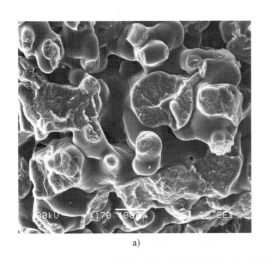
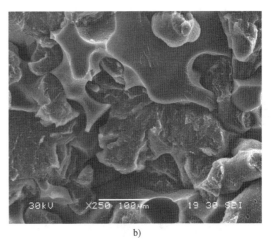

a)　　　　　　　　　　　　　　　　　b)

图 8.5-30　SLS 成形高分子零件内部 SEM 照片（华中科技大学）
a）初始形坯（存在孔隙）　b）渗环氧树脂（孔隙被填充）

根据成形材料，SLS 技术可以分为以下 5 种类型：

1）高分子激光选区烧结。激光作用在高分子材料上，直接得到具有一定功能的高分子零件。

2）蜡模激光选区烧结。首先采用 SLS 技术制作高聚物原型件，浸蜡后利用高聚物的降解性，采用铸造技术成形金属零件。

3）砂型激光选区烧结。首先采用 SLS 技术制作覆膜砂零件型腔和砂型，然后浇注出金属零件。

4）金属混合物激光选区烧结。首先将金属粉末与高分子粉末混合或高分子包裹金属粉末，然后进行激光选区烧结，最后经脱脂、高温烧结、浸渍等成形金属零件。

5）金属直接激光选区烧结。将高熔点金属粉末与低熔点金属粉末混合，然后进行激光选区烧结。

8.5.5　叠层实体制造技术

1. 定义及特点

叠层实体制造（Laminated Object Manufacturing，LOM）技术，是早期增材制造技术中具有代表性的技术之一，目前该技术已基本淘汰了。

首先将背面涂有热熔胶的箔材（如涂覆纸、涂覆陶瓷箔、金属箔、塑料箔材）送至工作台的上方；接着根据三维 CAD 模型每个截面的轮廓线，在计算机控制下，发出控制激光切割系统的指令，使切割头作 X 和 Y 方向的移动切割出轮廓线，并将无轮廓区切割成小碎片；最后将多余的小碎片剔除获得三维产品，如图 8.5-31 所示。

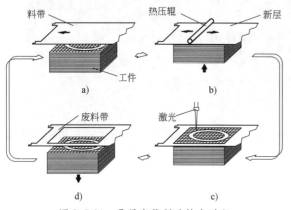

图 8.5-31　叠层实体制造技术过程
a) 上料　b) 热压　c) 切割　d) 分离

LOM 技术特点：

1) 用激光（如 CO_2 激光）进行切割。
2) 只需加工轮廓信息，成形速度快。
3) 采用成卷的带料供材，材料范围窄。
4) 无需支撑，每层厚度不可调整。

5) 小块支撑去除较为困难。

2. 叠层实体制造设备

美国 Helisys 公司于 1991 年推出 LOM1015、LOM2030 两种型号的成形机（见图 8.5-32），主要由激光器、扫描机构、热压辊、升降台、供料轴、收料轴和控制计算机等组成，采用步进电动机驱动，其成形零件最大平面尺寸分别为：250mm×300mm 和 550mm×815mm，1996 年推出了采用交流伺服电动机驱动的增强型号：LOM1015P、LOM2030H。

日本 Kira 公司于 1995 年推出 SC 成形机，瑞典 Sparx 公司于 1996 年推出 Sparx 成形机，新加坡 Kinergy 精技私人有限公司于 1996 年推出 Zippy 成形机。

华中科技大学开发的叠层实体制造技术采用无拉力叠层材料送进装置、浮动外热式热压装置和四柱导向双丝杆传动工作台，有 HRP-IIB 和 HRP-IIIA 两种型号。

清华大学激光快速成形中心于 1992 年开始自行研制 M-220 多功能 RP 工艺试验机，利用国产热熔胶涂覆纸和 40W 连续 CO_2 激光器，开发了叠层实体制造系统 SSM500 和 SSM1600。SSM1600 设备如图 8.5-33 所示，采用当时先进的双激光扫描并行加工方式，可成形零件的最大尺寸为 1600mm×800mm×700mm（长×宽×高），智能确定两个激光器切割分界线，以保证两激光器同时完成每一层的切割工作。此外采用"预切割原理"，大大减少大型 LOM 件的变形，适用于制造大型原型。图 8.5-34 是清华大学采用叠层实体制造技术成形的典型原型。

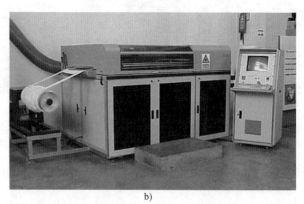

图 8.5-32　Helisys 公司的设备
a) LOM1015　b) LOM2030

3. 叠层实体制造工艺及材料

(1) 激光功率与切割速度匹配

叠层实体制造工艺中，激光的切割速度在 150～500mm/s 之间。如此高的速度，在切割轨迹线段的加速过程以及折线拐弯处的速度变化大且距离长。理想的切割过程，应该是在切割路径的全程保持激光功率与速度的匹配关系的恒定，尤其是加速、减速阶段，这样切割出来的切缝是等宽、等深的（见图 8.5-35a）。但当激光功率与速度没有实时匹配控制时，在加速、减速阶段就会造成严重的过烧、过切现象，在切割路径的头尾处产生"火柴头"（见　　图 8.5-35b）。

a)

b)

图 8.5-33　清华大学开发的 SSM1600（最大成形尺寸超过 1.4m）

a）SSM1600　b）汽车某零件（纸质）

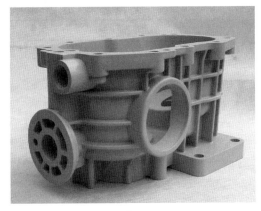

a)

b)

图 8.5-34　采用 LOM 技术制造的原型（纸质材料）

a）减速箱 700mm×500mm×400mm　b）工艺品

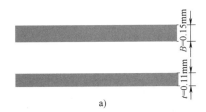

a)

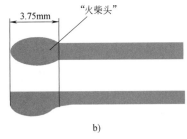

b)

图 8.5-35　激光切缝示意图

a）理想切　b）无激光功率匹配的切缝

为了消除"火柴头"现象，提高激光的切割质

量，需要解决激光功率与扫描速度的实时匹配控制问题，实时提取扫描速度的脉冲信号，通过速度/电压转换器，将速度信号转换为驱动电压信号去控制激光电流的实时变化，从而控制激光功率的实时变化，实现激光功率与扫描速度的实时匹配。在图 8.5-36 中，v_1 表示正常切割的速度，P_1 表示正常切割时的激光功率，P_1 与 v_1 必须配比。t_1 表示加速、减速过程所需的时间，当 $v_1 = 150\text{mm/s}$，$a = 3000\text{mm/s}^2$ 时，$t_1 = 0.05\text{s}$。加速、减速路径的长度为 $s_1 = 3.75\text{mm}$。

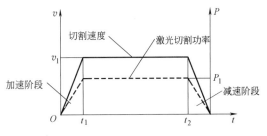

t_1 是加速时间时，一般为 0.04～0.05s

图 8.5-36　激光功率与切割速度的理想匹配

（2）热压工艺

在叠层实体制造工艺中堆积过程由热压工艺完成。利用热压装置将涂敷在纸带表面的热熔胶熔化，再进行碾压黏结，将纸带与已成形部分黏结在一起。因此热压工艺是叠层实体制造工艺中极其重要的环节。影响热压过程的主要因素是：热熔胶性能（黏结力、黏性、黏结温度等）、热辊温度、热压速度。此外，热熔胶涂覆质量、胶层的厚度、基纸的性能、热压辊半径、压力等均对热压质量有影响。

（3）变形控制

在叠层实体制造工艺中，加工中和加工后的零件变形是最大的质量问题，特别是在制造大型原型零件时，往往会出现较大的翘曲。造成原型零件变形的影响因素主要有：成形材料（成形纸和热熔胶）、原型尺寸（尤其是热压方向上的尺寸）、基础层制作、热压工艺、外部环境、走纸工艺、后序处理、激光扫描等，其中走纸工艺、后序处理和激光扫描三个因素对原型零件变形的影响较小，且控制起来较容易；而成形材料、基础层、原型尺寸、外部环境和热压工艺五个因素是直接影响原型零件的变形和精度的。为了减少变形，清华大学提出了预分割方法进行改进。

预分割方法是在新的成形纸和已有成形纸层黏结之前，先用激光将新成形纸用指定的网格线方式进行

预先的分割，使它变成多个互有关联而又独立的小部分。由于大的成形纸被间接地分成一些小的部分（<400mm），所以就能较好地控制零件的变形，不再容易出现弯曲开裂等现象，如图 8.5-37 所示。

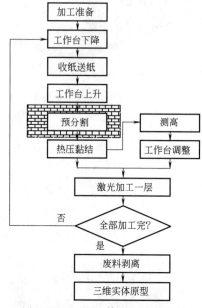

图 8.5-37　LOM 技术预分割方法

8.6　生物增材制造技术及设备

根据所用生物材料性能的不同，生物增材制造技术分为 4 个层次：

第 1 层次是打印无生物相容性要求的材料。可应用于 3D 打印体外病例模型、手术导板、3D 打印体外假肢或矫形辅具等领域，该层次的应用极大地发挥了 3D 打印在个性化定制方面的优势，帮助相关病人量身定做相关手术模型或治疗工具，可使病人得到更好的治疗。适合于该层次的增材制造技术有光固化技术和熔融沉积成形技术。

第 2 层次是打印具有生物相容性，但非降解材料。此类打印产品可以作为体内永久植入物，材料可以为钛合金等金属材料，也可以是高分子等惰性材料等。适合于该层次的增材制造技术有电子束选区熔化技术、激光选区熔化技术、熔融沉积成形技术、激光选区烧结技术等。

第 3 层次是打印具有良好生物相容性且可降解的生物材料。主要的应用领域为打印组织工程支架，其要求打印的体内植入物不仅能与体内相容，还要具有降解特性，在体内一定时间促进体内缺损组织的生长和愈合。适合于该层次的增材制造技术主要为低温沉积（Low-temperature Deposition Manufacturing，LDM）技术。

第 4 层次是打印活性细胞、蛋白及其他生物活性分子等。该层次的生物 3D 打印技术也被称作细胞 3D 打印技术，是以活的细胞（或干细胞）为基本构建单元，辅助以生物材料（也称为生物墨水），在仿生原理和发育生物学原理的指导下，按照预先设计好的计算机模型，通过 3D 打印技术将细胞/生物材料/生长因子等物质放置在特定的空间位置，并通过层层黏结形成所要求的体外三维生物结构体、组织或器官模型。适合于该层次的增材制造技术主要有喷墨式细胞打印技术、微挤出细胞打印技术、光固化细胞打印技术、激光直写细胞打印技术、声波驱动细胞打印技术。

8.6.1　组织工程支架低温沉积技术

1. 定义及特点

低温沉积技术，首先将高分子生物材料溶于溶剂，然后基于离散-堆积原理，将液态溶液通过喷头挤压成纤维状加工单元（微流）并在低温下固化及

溶剂升华，层层堆积，最终得到具有宏观大孔和微观　小孔的三维实体，如图 8.6-1 所示。

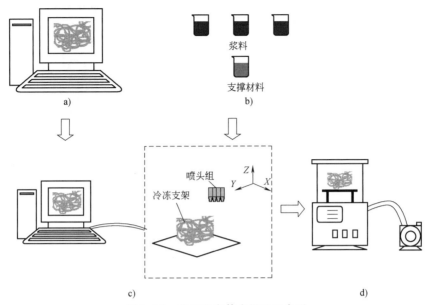

图 8.6-1　低温沉积技术原理示意图

a）支架的建模与数据处理　b）制备成形材料　c）成形冷冻支架　d）冷冻干燥

低温沉积成形的特点：

1）低温环境下成形，可以基本保持材料的性能特别是生物学性能不变。

2）采用溶解-低温固化方式，低温环境材料溶液发生相分离成富溶剂相和富溶质相，固化过程中溶剂被升华，留下微孔结构，提供营养通道和代谢通道。

3）可同时成形宏观可控孔隙（100μm 以上）与微观微丝孔隙（10μm 级）。

4）提高了支架内的细胞种植率，利于细胞在支架内部的生长和组织功能的实现，适合成形组织工程支架。

2. 低温沉积设备

低温沉积制造技术最早的萌芽是清华大学和美国密苏里大学罗拉分校于 1998 年同时提出的低温冰型快速成形（Rapid Ice Prototype Forming，RIPF）工艺，该工艺和三维打印类似，都是以微滴喷射技术为使能技术，其特点是采用水及水溶液为成形材料，在低温下喷射并瞬时凝固完成黏结和堆积成形。

（1）低温环境

为了使水滴能够凝固成形，低温冰型快速成形系统除了具备三维运动系统之外，还应具有保持足够低温的成形室，图 8.6-2、图 8.6-3 所示分别为清华大学和美国密苏里大学罗拉分校当时的低温冰型试验装置。

（2）挤出方式

根据成形件的三维层片信息，在计算机精确控制下用特种喷头喷出离散细微水滴，再在低温下凝固、

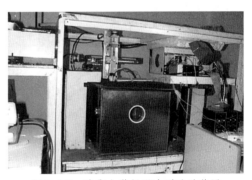

图 8.6-2　清华大学低温冰型试验装置

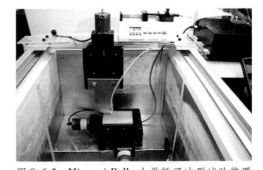

图 8.6-3　Missouri-Rolla 大学低温冰型试验装置

逐层堆积最终得到冰型。

（3）喷头

喷射液体的喷头一般由进水孔、出水孔和喷头主体组成。喷嘴的开关形式主要有通过阀控制和通过施加额

外的压强控制两种，常用的有压电式喷头、机械开断连续喷射喷头和电磁振动离散喷射喷头三类喷头。

1）压电式喷头。压电式喷头的工作原理就是通过压电晶体的振动对流体施加冲击，使一部分流体克服表面张力以一定的速度喷射出去。

2）机械开断连续喷射喷头。机械开断连续喷射喷头是利用电磁阀的开关作用，制作成一个可由数字信号控制的喷射连续式液流的喷头。

3）电磁振动离散喷射喷头。离散喷射喷头将成形材料以微滴的状态以一定的频率喷射而出。它采用电磁高频振动方式，出水压力很小，喷射速度小，通过调节喷射频率可进一步提高分辨率和成形精度。这种喷射方式可以通过控制微滴的大小和喷射频率，具有连续式喷射所无法比拟的优点，尤其是对水这种流动性很好的材料。

上普公司装有双螺杆挤出喷头的低温沉积制造设备，能实现高黏度材料的挤出成形，见图8.6-4，成形室温度最低可达-30℃，喷头内部可以加热，保证材料流动正常，内置HEPA过滤系统和365nm波长紫外线灭菌系统，每个喷头后部均配有高清影像系统，可进行监控和溯源。

3. 低温沉积工艺及材料

低温沉积工艺因素主要包括：喷头温度、环境温

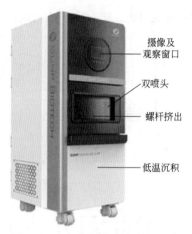

图8.6-4　上普低温沉积制造设备

度和浆料浓度。

（1）喷头温度

不同喷头温度下低温沉积试样如图8.6-5所示，试样的大孔通透率随喷头温度的提高而下降，大孔棱角随喷头温度的提高越来越圆润，大孔平均直径从0.3~0.5mm下降到0.1~0.3mm。随着喷头温度的提高，材料的黏度下降，在同样的喷头挤压条件下，喷头的出丝量增大，即在同样长度的路径上材料堆积增加，引起试样大孔的堵塞，大孔通透率下降。

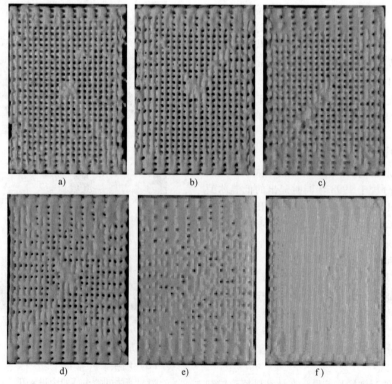

图8.6-5　不同喷头温度下低温沉积试样（试样平面尺寸约为21mm×29mm）
a）20℃　b）25℃　c）30℃　d）35℃　e）40℃　f）45℃

　　不同喷头温度下试样的微观形貌如图 8.6-6 所示，随着喷头温度的提高，微孔的孔径和形状基本不变，微孔结构主要和凝固过程有关，而凝固过程主要受过冷度影响。

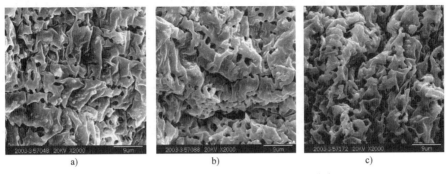

图 8.6-6　不同喷头温度下试样的微观形貌

a）20℃　b）30℃　c）40℃

（2）环境温度

　　不同低温环境温度下试样比较如图 8.6-7 所示，试样的大孔通透率基本不随低温环境温度的变化而变化，试样大孔的形状和大小也基本不变，孔的平均直径为 0.2~0.4mm。但随着低温环境温度的降低，微孔细化明显，微孔之间的贯通性变差。

　　不同低温环境温度下试样的微观形貌如图 8.6-8 所示，随着低温环境温度的降低，微孔细化，贯通性变差。微观结构主要是材料凝固相变过程形成的，过冷度是影响相变过程的主要参数。过冷度越大，小分子形成的晶核越多，而且来不及充分长大，因此形成的微孔细化，贯通性变差。

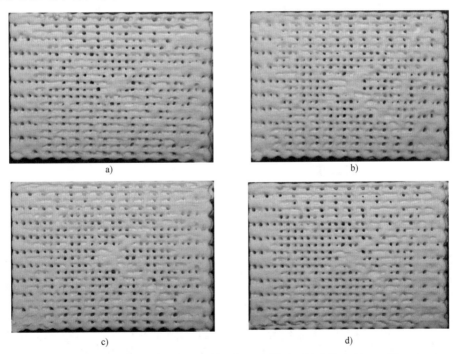

图 8.6-7　不同低温环境温度下试样比较（试样平面尺寸约为 21mm×29mm）

a）-20℃　b）-25℃　c）-30℃　d）-35℃

（3）浆料浓度

　　不同浓度浆料试样比较如图 8.6-9 所示，试样的大孔通透率随浆料浓度的提高而提高。另外随着浆料浓度的提高，大孔的棱角越来越尖锐，由圆形趋向方形，大孔的平均直径从 0.1~0.3mm 上升到 0.3~0.5mm。

　　图 8.6-10 所示为不同浓度浆料试样的微观形貌，可以看到随着浓度的增加，试样微孔孔径变小，微孔的形状变得不规则。

图 8.6-8　不同低温环境温度下试样的微观形貌
a）-20℃　b）-25℃　c）-30℃

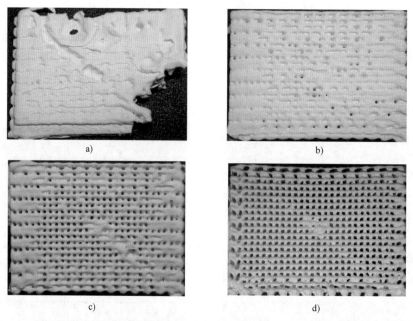

图 8.6-9　不同浓度浆料试样比较（试样平面尺寸约为 21mm×29mm）
a）0.125g/mL　b）0.135g/mL　c）0.150g/mL　d）0.175g/mL

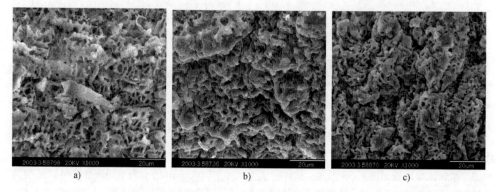

图 8.6-10　不同浓度浆料试样的微观形貌
a）0.135g/mL　b）0.150g/mL　c）0.175g/mL

浆料浓度对成形效果的影响是全面的，浓度不仅影响宏观效果，也同时影响微观效果和孔隙率。浓度越大，同样条件下的喷头出丝量减少，大孔通透率上升；浓度越大，微孔孔径变小，微孔形状变得不规则，这是由于微孔主要是溶剂冻干升华留下的空位，随着浓度的增加，溶剂小分子所占比例减少，没有充分多的溶剂分子来结晶形成粗大而规则的微孔形状；浓度增加一方面使大孔的孔隙率增加，另一方面使微孔孔隙率降低，大孔方面的影响相对更加明显，因此两者叠加的结果是孔隙率随着浓度的增加而增加。

适合低温沉积技术的材料按来源可分为天然材料和人工材料；按材料的成分和性质可将其分为生物陶瓷、合成高分子材料、生物衍生材料等。

1）生物陶瓷根据其在生物体内的稳定性可分为惰性生物陶瓷和活性生物陶瓷。生物陶瓷熔点高，使得其不适合激光选区烧结；生物陶瓷缺乏光敏性，早期不适合光固化技术，目前将陶瓷浆料与光敏树脂混合也能利用光固化技术成形；直接挤压式的3D打印技术是陶瓷材料打印最有前景的方法，但必须有合适的颗粒粒径和溶液浓度。

组织工程应用的主要是活性生物陶瓷，包括钙磷盐、生物活性玻璃（Bioactiveglass，BAG）等，最常用的是羟基磷灰石（Hydroxyapatite，HA）、磷酸三钙（Calcium Phosphate Tribasic，CPT）等钙磷盐。

2）人工合成的生物降解高分子材料具有可控的生物降解速度、力学性能和加工成形性能，因此适合组织工程支架成形。可降解的脂肪族聚酯类材料是目前应用最多的人工合成生物高分子材料，主要有聚乳酸（Polylactide，PLA），聚己内酯（Polycaprolactone，PCL），聚羟基乙酸（Polyglycolide，PGA）和聚乳酸/羟基乙酸共聚物（Poly Lactide-co-Glycolide，PLGA）。

聚乳酸（PLA）是一种线型热塑性脂肪族聚酯，由于乳酸有两种旋光异构体，即左旋乳酸（L-Lactic Acid，LLA）和右旋乳酸（D-Lactic Acid，DLA），因此其聚物PLA有3种基本立体构型：聚左旋乳酸（PLLA）、聚右旋乳酸（PDLA）和外消旋聚乳酸 [Poly（D，L-Lactide），PDLLA]。聚乳酸具有良好的生物相容性和生物降解性，但由于聚乳酸的降解是由酯键水解实现的，同时由于乳酸的释放导致了周围体液环境中pH值的下降，这些酸性副产物易引发组织炎症及细胞死亡。为了改善这一问题，研究者们将聚乳酸与生物陶瓷复合制备复合支架，以提高其生物响应性以及阻碍酸性环境的形成。图8.6-11a为采用低温沉积技术制造的聚乳酸（PLA）-磷酸三钙（CPT）支架，图8.6-11b为其微观结构SEM照片。

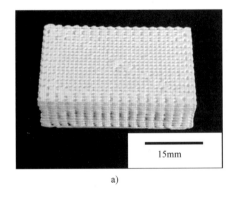 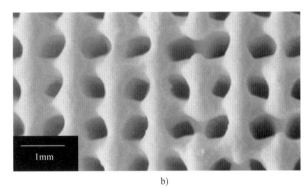

a)

b)

图8.6-11 采用LDM技术制造的PLA-CPT支架
a）宏观照片 b）SEM照片

3）生物衍生材料是将天然生物组织进行特殊处理得到的生物医用材料，可分为天然生物衍生材料和提纯生物衍生材料。

天然生物衍生材料是对动物组织进行物理化学处理，维持原有组织的构型，得到的生物医用材料，如脱细胞的松质骨支架和脱钙骨基质等，但这种处理后的动物组织仍然可能保留不同程度的抗原性。

提纯生物衍生材料是对动物组织进行生物化学处理，拆散原有组织的构型，重建的新的物质形态，主要包括天然聚糖类材料（如甲壳素与壳聚糖等）和天然高分子材料（如胶原等）。作为天然生物材料，它们通常具有良好的生物相容性，但是力学性能较差、价格较高、存在传播疾病的潜在危险。图8.6-12所示为氧化石墨烯（Graphene Oxide，GO）水泥胶砂的SEM照片。

 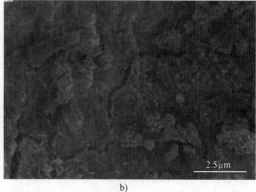

a) b)

图 8.6-12　GO 水泥胶砂氧化石墨烯不同含量的 SEM 照片

a) 0%　b) 0.01%

8.6.2　微挤出细胞 3D 打印技术

1. 定义及特点

微挤出细胞 3D 打印技术，是将特定细胞与数种生物相容性很好的水凝胶材料均匀共混后，利用机械力或气压等驱动力，在计算机控制下通过微喷头连续挤出，最后通过溶胶-凝胶转变形成类组织前体的技术。按照驱动方式来分，有气压驱动、活塞挤压、螺杆挤出三种形式，如图 8.6-13 所示。其中螺杆挤出是通过料仓中的螺杆转动，使得内部材料沿着螺纹槽被推挤出来，这种挤出方式挤出力较大，精度易控，但同时也存在较强的剪切力，会对细胞存活率有一定影响。现今生物 3D 打印中多使用气压驱动或活塞挤压方式，这两种方式造价较低，普适性强，打印精度受喷嘴直径影响大，根据机器不同细胞存活率为 40%~90% 不等。

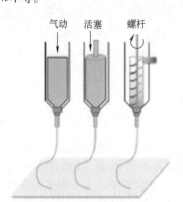

气动　活塞　螺杆

图 8.6-13　三种微挤出方式

微挤出细胞 3D 打印技术的特点主要有：

1) 挤出式工艺可以打印高黏弹性的生物墨水，易于实现三维生物学实体的构建。

2) 打印出的每一个离散单元体积大，间接地提高了打印效率和细胞存活率。

3) 打印机喷嘴直径多在百微米级，打印精度一般。

2. 微挤出细胞 3D 打印设备

2005 年，清华大学和美国德雷塞尔（Drexel）大学各自独立发文报道了基于微挤出式的细胞 3D 打印工作，成为国际上进行这类生物 3D 打印装备和技术开发的先驱。目前市场上主流的细胞 3D 打印机多是基于微挤出技术，代表公司有德国 Envision TEC、瑞士 RegenHu，国内上普博源（SunP Biotech）、捷诺飞等。

微挤出细胞 3D 打印设备的核心部件是喷头，有细胞打印喷头、高温喷头、低温喷头、光固化喷头、同轴打印喷头等形式。

（1）细胞打印喷头

细胞打印喷头首先需保证打印环境无菌，一种方案是打印机成形室配备紫外杀菌设备，保证成形室内封闭无菌；另一种方案是将尺寸较小的细胞打印机放入超净台内操作，保证打印过程无菌。细胞打印需将细胞与材料混合打印，细胞受喷头挤出力的影响存活率会有一定程度的损失。

（2）高温喷头

高温喷头一般适用于高分子颗粒状或棒状材料，以 3D 生物打印机（Bioplotter）的高温喷头为例，它由双层金属套筒与中间的玻璃针管组成，金属套筒间通热油以防止挤压过程中生物材料发生凝胶化而堵塞喷头，目前高温喷头工作温度为室温至 250℃（超高温喷头甚至可达 500℃）。

（3）低温喷头

上普生物打印机（Biomaker 4）的双向温控喷头（低温喷头）内置温度模块，温度可控范围为 10~

70℃，温差可控制在±0.1℃，将材料温度与外部温度完全隔离，使内部材料温度不受外界温度影响，适于温敏水凝胶打印和细胞打印。

（4）光固化喷头

内置 365nm/405nm 的蓝光/紫外光源，配合光固化材料如甲基丙烯酰化的明胶、透明质酸等，完成材料挤出和固化的过程。

（5）同轴打印喷头

同轴打印喷头一般适用于需要两种或两种以上材料形成复杂组织的高精度打印，最常见的需求是对血管组织的打印。喷头内部设置原位交联模块，可以按需调节交联时机。一般配合转轴打印适配器，完成管腔结构、血管化组织高精度打印。

3. 微挤出细胞 3D 打印工艺及材料

微挤出细胞 3D 打印技术的前提是细胞与材料需要均匀共混。基于 0～37℃ 之间细胞功能基本不受影响，因而可用此温度范围内的生物材料溶液与特定的一种或多种细胞按一定的细胞浓度均匀混合，通过控制溶胶/凝胶相转变，实现固化成形。

细胞膜由疏水性脂质和膜蛋白构筑，一般溶解于有机溶剂的高分子材料会溶解脂质而破坏细胞膜结构，因此最好选择水溶性材料作为基质生物材料。水凝胶是一种亲水性的大分子交联网络，优点是具有良好的生物相容性、可控的降解性和细胞亲和性，缺点是力学性能差，难以实现三维成形。为了改善水凝胶材料力学性能差的问题，可以采取两种成形工艺：实时不充分固化成形工艺和分步固化成形工艺。

（1）实时不充分固化成形工艺

实时不充分固化工艺，是在挤出成形的同时实时定点喷射固化剂，对刚刚成形的力学性能较差的材料实施局部不充分固化，从而保证材料在成形期间具有足够的力学强度而成形较大、复杂的三维结构，成形后再将结构体整体固化，从而得到形态稳定的结构体。不充分固化既满足了暂时的成形要求，又可以避免由于过度固化而引起的层与层之间不黏结而最终导致无法成形的问题，优点是可供选择的成形材料范围较广，特别是适宜黏度较小的材料的成形；缺点是由于成形过程工艺路径规划复杂，成形过程所需时间较长。具体的工艺路线如图 8.6-14 所示。

（2）分步固化成形工艺

分步固化成形工艺是利用温敏性水凝胶材料的凝胶特性，通过先精确地控制成形环境温度，先成形出暂态的具有一定孔隙率的含有细胞的复杂三维结构体，紧接着将这一容易解体的暂态结构体浸入到特定的交联剂中实现部分或全部交联固化。分步固化成形，既满足了成形要求，又可以避免由于充分固化而

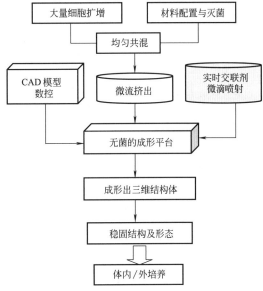

图 8.6-14　实时不充分固化成形工艺

引起的层与层之间不黏结而最终导致无法成形的问题。与实时不充分固化成形工艺相比，成形过程易于控制，减少了由于成形过程太复杂而引起细胞被污染的环节。缺点是对于黏度太小的材料或不受温度控制而凝胶化的材料，可能无法成形。具体的工艺路线如图 8.6-15 所示。

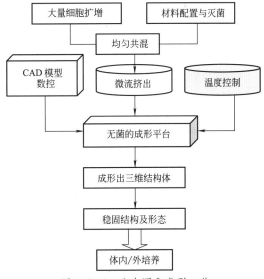

图 8.6-15　分步固化成形工艺

根据溶胶-凝胶固化转变原理，微挤出细胞 3D 打印的材料（生物墨水）可以分为以下四种类型：

1）温敏水凝胶生物墨水。最具代表性的温敏水凝胶生物墨水为明胶。温敏水凝胶生物墨水可以通过环境温度的改变实现其溶胶-凝胶方式的转变，只

要材料温度达到转变温度即可转变，无需使用液体交联剂，不受交联剂渗透深度影响，也不易出现液体交联剂导致 3D 打印离散层堆积时层与层之间出现的层间剥离现象，易于构建大尺寸的 3D 细胞结构体。

水凝胶是水溶性高分子通过化学交联或物理交联形成的聚合物，具有三维交联网络结构，同时自身也容纳了大量的水。常用的 3D 打印水凝胶浆料主要分为三类：一类是由天然聚合物制备的，比如藻酸盐、琼脂、明胶、纤维素、胶原蛋白、丝素蛋白、透明质酸等；一类是由合成的聚合物制备的，比如聚丙烯酰胺、聚氨酯、聚乙二醇等；另一类是由合成聚合物以及天然聚合物构成的复合水凝胶类浆料。

2）离子交联式生物墨水。最具代表性的离子交联式生物墨水为海藻酸钠。可以通过与离子溶液相接触的方式进行交联固化，实现溶胶-凝胶方式的转变。离子置换交联方式反应很快，难以利用生物墨水与交联剂预混合的方式打印，一般只能利用含离子的液体进行浸泡或喷射在生物墨水表面进行交联。

3）酶促交联式生物墨水。最具代表性的酶促交联式生物墨水为纤维蛋白原。可以通过与生物酶相接触的方式进行交联，实现溶胶-凝胶方式的转变。酶促交联方式一般反应较慢，生物酶可以混入液体制成交联剂，既通过液体浸泡的方式进行交联，也可以与水凝胶生物墨水预混合后，待时间孵育交联。但是，溶胶到凝胶转变反应慢，也增加了成形难度，不易于直接打印三维结构体。

4）紫外光固化生物墨水。最具代表性的紫外光固化生物墨水为甲基丙烯酸化明胶。纤维蛋白原部分和水凝胶材料经过合成改性，再加入光引发剂，使得水凝胶生物墨水具有光敏特性，可以通过紫外光进行交联固化。光敏水凝胶一般强度高，紫外光的渗透深度比一般液体交联剂的渗透深度更深，但光引发剂的引入，会降低生物墨水的生物活性。

微挤出生物墨水凝胶方式对比见表 8.6-1。

表 8.6-1　微挤出生物墨水凝胶方式对比

序号	凝胶方式	凝胶速度	渗透深度	是否可逆
1	温度改变	一般	无限制	可逆
2	离子交联	快	较浅	不可逆
3	酶促交联	慢	较浅（液体浸泡式）、无限制（混合式）	不可逆
4	紫外光固化	快	一般	不可逆

8.6.3　喷墨细胞 3D 打印技术

1. 定义及特点

喷墨细胞 3D 打印基于普通喷墨打印机的打印原理，利用热气泡或压电的体积变化，挤压墨盒内的细胞墨水，产生离散的含有细胞的生物墨水微滴并喷射出去，先打印一层凝胶再打印一层细胞，凝胶凝固后将细胞固定并融合，最后通过热处理将凝胶清除得到细胞结构体，如图 8.6-16 所示。

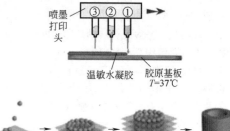

图 8.6-16　喷墨细胞 3D 打印技术原理示意图

喷墨细胞 3D 打印技术是最早被报道用于细胞打印的技术。2003 年，美国克莱姆森（Clemson）大学的 Boland 等将 Gutowska 等人在 2001 年提出的热敏感材料及其固化工艺概念用于细胞打印这一新工艺。

喷墨细胞 3D 打印技术的特点：

（1）微滴化

喷墨细胞 3D 打印技术的基本形成单元是喷墨打印头喷射出的微小液滴。由于液滴的尺寸非常小，喷墨打印的分辨率相当高。但喷墨打印过程中可能会出现一定程度的飞溅，影响喷墨打印精度，使其分辨率低于液滴尺寸。

（2）高吞吐量

喷墨打印的高吞吐量特性来自其高喷射频率和高并行吞吐量，这保证了其高效率。

（3）按需喷墨

喷墨打印头可以通过特定的电压信号精确控制液滴何时喷出。再加上喷墨打印头与基材之间的相对运动，墨滴可以高度可控地输送到基板上的任何位置，形成特定而复杂的图案。按需喷墨是喷墨生物打印中创建特定图案的基础。

（4）非接触

生物喷墨打印机的打印喷头与基材以及打印产品完全分离，因此，墨滴喷出后不受打印头的影响，避免了打印头的移动干扰打印过程。非接触可以避免不同材料的交叉污染和细胞染菌，保证了打印的无菌性，利用其非接触特性，喷墨生物打印可以方便地进行原位生物打印。

喷墨细胞 3D 打印技术的优势主要有：

1）喷墨打印机的喷嘴直径仅有几十微米，可以进行高精度的细胞打印。

2）喷墨打印速度快，液滴的产生速率在 $2\times10^5 \sim 5\times10^5$ 滴/s 以上，适于大规模生产液滴。

3）成形过程简单，有利于组织工程的简单化。

4）可安装多个喷嘴，同时打印多种细胞、细胞外基质和生物材料。

喷墨 3D 打印技术的缺点主要有：

1）喷嘴直径比较小，难以离散打印高黏度的细胞墨水，三维生物学实体模型成形较困难。

2）热气泡产生的高温（300℃）和压电产生的变形都会对细胞造成一定损伤。

3）墨水必须是液体状的，以避免堵塞并形成大直径液滴，这限制了其在印刷大尺寸结构中的应用。

基于喷墨细胞打印的优势与不足，近年来，研究人员不断开发新的喷墨细胞打印技术。比如研究人员将喷墨打印技术和静电纺丝技术相结合开发了电流体动力直写技术（见图 8.6-17），该技术通过电场力克服了油墨的阻力，再加上油墨自身具有的较高黏度，油墨在打印时会形成纤维而不是液滴，纤维直径可以达到小于 $1\mu m$，并且可以顺利打印聚合物生物材料。将喷墨打印技术和其他印刷技术相结合，开发了喷墨挤出复合打印技术，使用挤出打印的方式让聚己内酯形成胶原结构，同时应用喷墨打印技术将细胞输送到支架上，与常规打印技术相比成本降低到其 1/50。还有研究者为了避免喷射液滴扩散性，开发了垂直向上的喷墨细胞 3D 打印技术。

2. 喷墨细胞 3D 打印设备

喷墨式 3D 打印机是目前生物 3D 打印领域最常

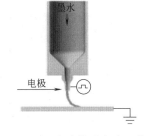

图 8.6-17　电流体动力直写技术

见的打印机类型，可实现连续和按需喷射。但目前，专业的喷墨生物打印机行业仍处于起步阶段，所以现有的喷墨细胞 3D 打印设备主要由普通的台式喷墨打印机经过简单改装而成。

喷墨细胞 3D 打印设备包括三大主要组件：生物材料输送系统、移动系统、控制系统。

1）输送系统。由打印机墨盒改装而成，将墨盒进行多次彻底的冲洗，并用体积分数为 70% 的乙醇擦洗，以达到彻底的无菌，将细胞悬液和其他生物材料放入油墨储存室中，这样可以将这些生物材料通过打印头的喷嘴喷射于受体上。

2）移动系统。打印机供纸系统被打印仓代替，打印仓中安装了计算机控制的移动平台，移动平台放在打印机喷头下方用于移动打印样本。

3）控制系统。喷墨打印机和个人计算机连接，通过计算机中的控制软件控制生物材料输送系统和移动系统，通过改变打印头的驱动电压的幅度和时间，可以改变喷墨的频率和墨滴的大小，通过控制移动平台的驱动电动机，控制移动平台的移动幅度和方向。改装后的喷墨打印机可以放置在无菌罩中，用紫外线辐射灭菌，具体结构如图 8.6-18 所示。

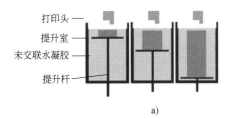
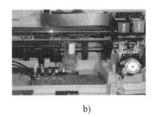

a)　　　　　　　　　　　　　b)

图 8.6-18　喷墨细胞 3D 打印设备具体结构

许多传统喷墨打印机制造商已经将目光投向了生物打印，这正在加速生物喷墨专用打印机和生物打印产业的发展。例如，印刷技术巨头惠普公司开发的 HP BioPrinter D300e（见图 8.6-19）可以准确、可靠地分配从皮升（pL）到微升（μL）的生物分子，适用于药物发现、基因组学和蛋白质组学研究。总部位于马萨诸塞州的生物技术初创公司 Cellink 于 2018 年发布了一款用于生物打印的新型喷墨打印喷头（见图 8.6-20），该喷墨头基于电磁喷射技术，支持非接触式和接触式点胶，适用于点胶低浓度和高黏度的生物墨水。此外，上海傲睿科技（Aurefluidics）有限公司开发了一种手持式高通量生物打印控制器，配备了采用 CMOS-MEMS 技术制造的喷墨头。

图 8.6-19   D300e 高精度生物喷头

图 8.6-20   基于电磁喷射的喷头示意图

3. 喷墨细胞 3D 打印工艺及材料

与喷射成形技术类似，喷墨细胞 3D 打印同样采用压电喷头和热发泡式喷头，其具体工艺不再赘述。

喷墨细胞 3D 打印的材料分为通用生物材料和细胞材料。不含细胞或细胞成分的生物材料被称为通用生物材料，主要有水凝胶、黏结剂和粉末、聚合物以及小分子。细胞类材料包括神经干细胞、脂肪干细胞、骨髓间充质干细胞、肿瘤干细胞、血管内皮细胞、成纤维细胞等。

材料的发展限制了喷墨细胞 3D 打印的性能。针对材料问题，现在主要有两种解决方法：一种是从现在已有的材料中选择和改进性能良好的材料。如现有的光交联材料。以丙烯酸肽和丙烯酸酯化聚乙二醇为基础的载细胞生物墨水，生物相容性好，力学性能优异，且聚乙二醇聚合物的低黏度可以使发生堵塞的概率最小化。另一种方法是根据打印的要求选择材料，以天然材料为基础，重新设计，合成具有生物活性的材料。如贻贝生产的具有黏附作用的黏合材料、具有极高韧性和弹性的丝素蛋白等。

8.6.4   光固化细胞 3D 打印技术

1. 定义及特点

光固化细胞 3D 打印技术是通过激光或紫外光在空间的扫描运动实现对含有细胞的生物墨水的立体固化成形，制造出预设计的三维生物学结构，是细胞打印中常用的一种技术，可满足复杂支架组织的制作要求。与传统的生物打印方法相比，光固化细胞 3D 打

印在制备高复杂度的支架的可扩展性、高分辨率和快速打印方面具有许多优势，代表的研究机构为美国加州大学圣地亚哥分校的陈绍琛课题组，原理如图 8.6-21 所示。

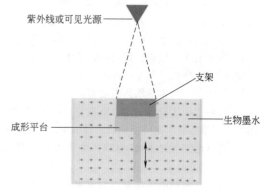

图 8.6-21   光固化细胞 3D 打印技术

光固化细胞 3D 打印技术具有的优势为：

1）可以显著提高打印精度，在微小尺度上制造出更加复杂的结构。

2）成熟度高，易调控。

3）不使用喷嘴，不需要担心喷嘴堵塞等问题。

光固化细胞 3D 打印技术具有的不足为：

1）使用时需先将料槽填满，若打印体积较小可能会造成材料的浪费。

2）更换材料较为麻烦，因此打印中通常只能使用一种材料，难以制造多种细胞的异质结构。

3）光敏水凝胶本身和光固化过程中带来的细胞损伤，使得这类技术的细胞存活率一般。

图 8.6-22a 为德国科学家采用双光子固化技术打印的小口径人造血管，具有良好的生物相容性和抗凝血性，图 8.6-22b 为利用光固化技术先打印出定制式气管支架的模具，然后真空注射医用级硅胶得到气管支架，定制气管避免了传统标准化气管扭结和弯曲带来的弊端。

2. 光固化细胞 3D 打印设备

光固化 3D 打印设备具体结构在前文已经叙述，研究者主要针对细胞 3D 打印进行了改进和提高。

为了降低细胞损伤率，可将不会衍射和扩散的贝塞尔光束形式的紫外光作为光固化光源，有助于提高细胞存活率和减少打印时间。

为了减少材料用量并打印多种生物材料，许多公司将光固化 3D 打印机改为"上拉式"（又称为"下沉式"）3D 打印机，其光源系统位于原料槽下方。光源系统发出的光作用于原料槽使生物墨水交联，交联形成的水凝胶浸没在原料槽中的平台上，平台在打印过程中逐渐抬升直至打印结构完成，图 8.6-23 所示

为上拉式光固化细胞 3D 打印机结构示意图。传统的光固化打印机是将激光射入原料槽中，这意味着原料槽的深度必须足够容纳整个零件，而将其改为让成形平台从上至下浸没到原料槽中，使得原料槽的体积大大减小。同时，成形平台可随时从原料槽中升起，且原料槽体积较小方便拆卸，可以在打印过程中随时更换材料，这使得构置多种细胞的异质结构成为可能。

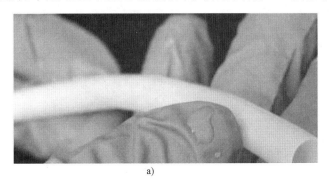

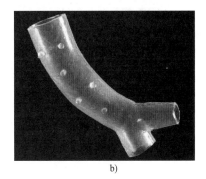

图 8.6-22　光固化技术打印人造血管和气管
a）血管　b）气管

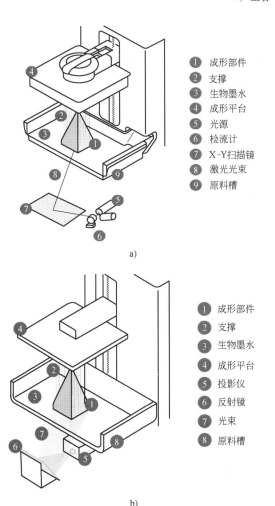

① 成形部件
② 支撑
③ 生物墨水
④ 成形平台
⑤ 光源
⑥ 检流计
⑦ X-Y 扫描镜
⑧ 激光光束
⑨ 原料槽

a）

① 成形部件
② 支撑
③ 生物墨水
④ 成形平台
⑤ 投影仪
⑥ 反射镜
⑦ 光束
⑧ 原料槽

b）

图 8.6-23　上拉式光固化细胞 3D 打印机结构示意图
a）改进 SLA 设备原理示意图　b）改进 DLP 设备原理示意图

3. 光固化细胞 3D 打印工艺及材料

如前文所述，光固化细胞 3D 打印工艺因素是激光功率和扫描速度，与光固化打印工艺类似。

光固化细胞 3D 打印所使用的材料十分重要。一般来说，具有不饱和光交联基团（如丙烯酸酯、不饱和聚酯、不饱和聚酰胺等）的高分子均可以作为光敏生物墨水的原材料。光敏感性水凝胶又称为光响应性水凝胶，是指在特定波长光源照射下可以发生液-固相转变的高分子水凝胶。这种水凝胶的前体在分子链上含有光敏感性基团，光照情况下，这些光敏感性基团之间会发生化学反应，互相之间会通过化学键相连，形成水凝胶。

（1）PEGDA

PEGDA 的全称是聚乙二醇（二醇）二丙烯酸酯，是在生物 3D 打印中常见的光敏水凝胶材料。PEGDA 分子链两端的碳碳双键可以在紫外光的照射下打开连接形成水凝胶。作为一种人工水凝胶材料，PEGDA 具有良好的亲水性，力学性能可控，无细胞毒性，为生物惰性材料。Vincent Chan 等人利用光固化技术以 PEGDA 为原料，制备了将细胞封装在水凝胶内部的六边形细胞支架（见图 8.6-24），表明了 PEGDA 具有良好的光交联效率与成形性能。

（2）GelMA

GelMA 的全称是甲基丙烯酸酐化明胶，是明胶与甲基丙烯酸酐反应的产物。GelMA 已成为光固化生物 3D 打印中最常用的光敏树脂并且可以标准化生产。GelMA 分子链上保留了明胶的精氨酸-甘氨酸-天冬氨酸序列和基质金属蛋白酶的靶序列，有助于实现细胞的黏附和材料的降解。GelMA 是在明胶这种天然水凝胶材料上通过化学方法接枝了光敏基团得到的。这一方法将天然水凝胶材料优异的生物相容性与合成材料光敏特性相结合，得到一种兼具二者优点的光敏生物墨水材料。浙江大学贺永等人利用 GelMA 打印出了负载有活细胞的纤维结构，如图 8.6-25 所示。

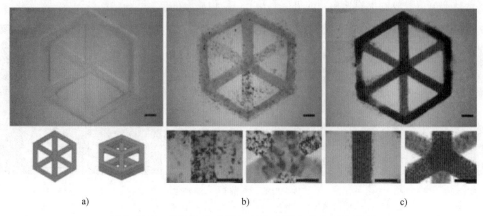

a)   b)   c)

图 8.6-24   利用立体光刻打印方法制备出的细胞支架

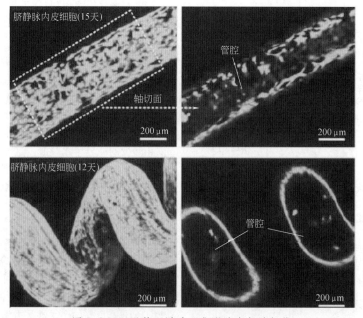

图 8.6-25   甲基丙烯酸酐化明胶水凝胶纤维

此外，Hoffmann 等开发了一类使用硫醇-烯反应交联的新型材料，这种材料能够在波长约为 266nm 的紫外线照射下自发反应，避免了光引发剂自身毒性对细胞的损伤。

8.6.5   其他细胞 3D 打印技术

1. 悬浮细胞 3D 打印技术

悬浮打印在传统微挤出打印的基础上增加了悬浮介质，使喷头在悬浮介质中打印，其原理及打印过程如图 8.6-26 所示。悬浮介质在没有施加外力或施加外力很小时表现出固体的特性，实现了打印结构的自支撑；打印喷嘴运动时，产生的屈服应力引发悬浮介质流动，表现出液体的特性，并在打印喷嘴经过后，由于悬浮介质的自愈性从而实现其微观结构自发地恢复从而保证打印的实现。

悬浮细胞 3D 打印步骤如下：

1）将含有 RGD 改性的 GelMA 溶液和 PEDOT：PSS 溶液混合制作导电水凝胶。

2）将其打印在含有 Ca^{2+} 的低温悬浮胶中。

3）GelMA 会因为温度降低而形成物理凝胶，

PEDOT：PSS 会以 Ca^{2+} 形成物理凝胶。

4）光固化交联 GelMA 形成稳定的化学交联结构体。

悬浮细胞 3D 打印的优点：

1）打印结构不易坍塌。

2）打印速度大幅提升。

3）打印材料无脱水问题。

4）可以实现全方向打印（不仅仅局限于自下而上的逐层沉积）。

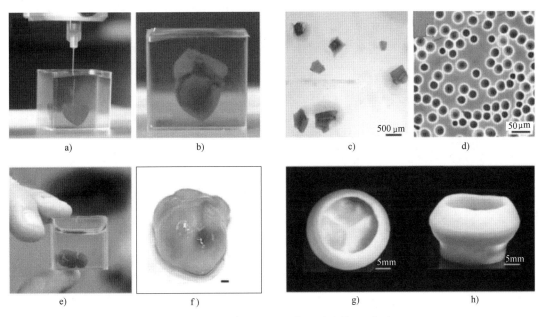

图 8.6-26　悬浮打印用于人体心脏生物 3D 打印

悬浮细胞 3D 打印有两种用途：第一种是打印过程中用做辅助，结束后提取打印结构，通常用来提取打印结构的方法有升温融化悬浮介质、稀释悬浮介质、改变 pH 值降解悬浮介质、酶降解法分解悬浮介质；第二种是去除打印结构，保留悬浮介质，可用于血管化组织结构的构建。

2. 激光直写式细胞 3D 打印技术

激光直写式细胞 3D 打印技术，是指利用光压力控制细胞排列成具有高精度的空间结构，其精度可达单细胞量级，但提高精度的同时也导致成形效率下降明显，该工艺难以打印黏度较高的生物材料，代表性的研究机构有美国明尼苏达大学的 David Odde 教授课题组。

激光直写系统原理如图 8.6-27 所示，激光器输出的水平单横模光束，经过倒置望远镜扩束，压缩发散角，再经过凸透镜聚焦获得用来进行引导操作的光束，不同的束腰半径可通过改变扩束透镜组和聚焦透镜的组合来获得。

直写系统包括数个针对不同材料粒子的直写腔，每个直写腔由聚焦透镜组、微粒悬浮腔、输出通道组成。激光光束在计算机控制下入射到指定的直写腔，进行材料选择和直写操作。三维微动平台带动工作平台运动实现选定材料微粒的空间定位。要制造的结构

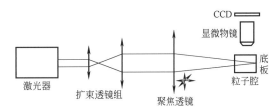

图 8.6-27　激光直写系统原理图

的三维数字图像模型在计算机中被转译为控制信息，指挥执行部件进行光路转换，选择操作的材料，同时驱动数控运动系统在 X/Y 平面进行扫描，两者联动将材料微粒堆积在合适的位置上，如此层层堆积，形成所需的结构。这种新的堆积成形方法的主要优点是：

1）原理上可以生成任意复杂形状和内结构的实体。

2）能集成多种材料（实际上也是一种复合材料制备工艺），实现材料间的连续/非连续梯度。

3）目前的技术手段已经可能获得微米量级的结构特征尺寸。

4）对单个材料粒子进行操作，沉积和连接过程所发生的物理、生化反应范围小，可控性强，整体变形小。

5）可以利用数字信号处理和图像工程的概念来分析和评估三维器件的设计和加工过程。

6）工艺柔性大。

3. 电喷射细胞3D打印技术

电喷射细胞打印（Electrohydro Dynamic Jetting，EHDJ）技术是将内外两个针管构成的液滴喷射装置置于高压电场中，内针管存放细胞悬浮液，外针管含有水凝胶前躯体（溶胶），当液滴出口处的电场强度超过一定阈值时，位于出口处的液体在电场力的作用下克服表面张力，形成带电液滴或连续流体落于收集板上，如图8.6-28所示。

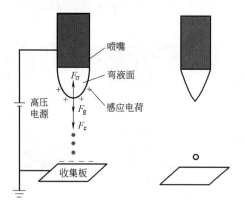

图 8.6-28　电喷射技术示意图

电喷射细胞3D打印技术的优势主要有：

1）疏导细胞悬浮液的针管尺寸远大于细胞的尺寸，在打印过程中不会发生细胞堵塞现象，打印效率较高。

2）可处理高浓度细胞溶液（10^7cells/mL），具有构造高细胞浓度的组织或器官的潜能。

3）通过改变细胞悬浮液和水凝胶的流变性能，可喷射液滴或线状连续流体构造生物支架和生物薄膜，打印出更多种类的组织或器官。

电喷射细胞3D打印技术的局限性在于：

1）不能精确控制每个液滴所包含的细胞数，从而影响其空间分辨率，难于构建高精度的复杂组织或器官。

2）只能操作一组针管，即只能打印一种细胞，不能同时处理多种细胞溶液。

3）电喷射打印后的细胞存活率较低（≈70%），且液滴的喷射由高压电场辅助完成，虽然打印时所产生的电流很小（≈1nA），但高达几千伏的电压会对操作人员构成潜在威胁。

4）细胞或细胞/基质的喷射过程包括材料的输运、挤出、成形等一系列过程，在每一个环节都很容易引入污染使细胞打印过程失败。

2006年，Jayasinghe等首先采用电喷射技术喷射胚胎干细胞；2014年，L. W. Victoria等使用电喷射技术将细胞封装在水凝胶微球中，用于组织工程。

4. 声波驱动式细胞3D打印技术

声波驱动式细胞3D打印技术是利用声波的振动产生微滴喷射的方法，其精度最小可达10μm左右，该工艺本质上也属于喷墨细胞3D打印，难以喷射高黏度的生物材料，代表性的研究机构有美国斯坦福（Stanford）大学的Demirci教授课题组。

利用声控的方法打印细胞，其技术平台主要由声控液滴发生器和三维移动的液滴接收平台两部分构成。声控液滴发生器由圆形的传感器组成，并周期性排列在压电基体上，组成二维阵列。细胞悬浮液覆盖在压电基体上，传感器发出的声波在液体表面聚焦，当焦点处的声压超过液体表面张力时，即可产生液滴，如图8.6-29所示。在声控打印过程中，液滴的尺寸、初速度决定于传感器的尺寸和加载于传感器的能量（声波频率）。采用该技术，可获得尺寸在几微米到几百微米或体积在皮升量级的液滴，还可打印对热、压力和剪切应力敏感的细胞。

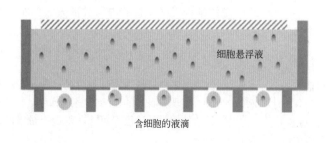

图 8.6-29　声波驱动式细胞3D打印技术原理示意图

相对于其他细胞 3D 打印技术，声波驱动式细胞 3D 打印技术的优势主要有：

1）含细胞的液滴产生于无喷嘴的开放池，无细胞堵塞现象。

2）打印过程简单、重复性好、可靠性强。

3）由于声波的波长（<1cm）远大于细胞尺寸，声波作用于含细胞溶液时，对细胞的损伤较小，打印后细胞的存活率高于 90%。

4）将液滴发生器排布成规则的阵列，可喷射出尺寸统一含细胞的液滴。

5）采用同一液滴发生器，可同时打印多种细胞和生物材料。

在打印含单细胞液滴的过程中，采用声控打印技术易打印出不含细胞的液滴。因此，该技术在打印单细胞液滴的可靠性和重复性上还需进一步提高。

8.7　增材制造技术典型应用

8.7.1　原型制造

1. 外形设计

很多产品特别是家电、汽车等对外形的美观和新颖性要求极高。一般检验外形的方法是将产品图形显示于计算机终端，但经常发生"画出来好看而做出来不好看"的现象，且由于"可看不可摸"，很不直观。采用增材制造技术可以很快做出原型，供设计人员和用户从各种标准和角度进行审查，使得外形设计和检验更直观、快捷。

电风扇的功能多种多样，而且外观也是千变万化。外观的推陈出新也成为小家电生产厂家追逐的焦点之一。传统解决方案主要包括两种：第一种是请制作手板的师傅利用各种材料手工制作原型；第二种是用数控加工中心来制作。传统解决方案的缺点在于，手工制作速度慢，曲面精确度没有保证；利用数控中心制作原型，不仅加工费用高昂，而且有些形状复杂的外形是机床无法加工出来的。

采用 FDM 技术来制作，首先在计算机中将电风扇的三维造型制作出来，其次通过专用软件将其转换成二维层片数据，最后利用增材制造设备将电风扇的外形直接制作出来。

FDM 原型制造的主要步骤为：

1）由 CAD 模型获得精确的 STL 文件数据。

2）从开始造型时就考虑减少以至消除台阶效应。

3）进行路径规划，选取最佳路径。

4）进行熔融挤出沉积，控制喷头的喷嘴直径、喷射温度和成形室温度，使得制造的原型的精度和强度最高。

5）对制造出的原型件进行后处理，如打磨、喷涂等。

图 8.7-1 所示的电风扇尺寸是：220mm×320mm×120mm，通常在两天时间内就可以完成一套塑料电风扇外壳的制作，这就大大缩短了这种小家电的外形开发时间。

图 8.7-1　电风扇外壳

2. 验证设计

以模具制造为例，传统的方法是根据几何造型在数控机床上开模，这对于一个价值数十万乃至数百万元的复杂模具来说风险太大，设计上任何不慎，反映到模具上就是不可挽回的损失。增材制造技术可在开模前真实而准确地制造出零件原型，设计上的各种细微问题和错误就能在模型上一目了然地显示出来，这就大大减少了开模风险。

图 8.7-2 中所示为某厂家的流量调节阀。为了清楚地观察到三个零件在装配时的关系，厂家希望采用透明材料制作原型，验证设计。传统加工方案无论是手工加工还是数控机床加工，都无法制作出透明材料的原型，而且加工时间长，费用高。采用 SLA 技术可以在很短的时间内制作出全透明的原型。

图 8.7-2　采用 SLA 技术制作的流量调节阀

3. 功能检测

设计者可以利用增材制造样件进行功能测试以判明是否最好地满足设计要求，从而优化产品设计。凡是涉及空气动力学或流体力学试验的各种流线型设计均需做风洞试验，如飞行器、船舶、风扇、叶轮、高速车辆的设计等，采用增材制造可精确地按照原设计将自由曲面模型迅速地制造出来进行测试，与数字模拟相互配合，可获得最佳的流线型曲面、扇叶曲面和等自由曲面设计等。

4. 样件制作

采用增材制造技术可以给用户及时提供产品模型，供其评价，提高产品的竞争力。图 8.7-3 是北京隆源自动成型系统有限公司采用 SLS 技术为某摩托车生产制作的覆盖件样件，包括油箱、前后挡板、车座和侧盖等共 13 件，仅用 12 天就完成了全部制作。设计人员将样件装在车体上，经过认真评价和反复比较，对产品的外观做了重新修改，达到了理想状态。这一验证过程，使设计更趋完美，避免了盲目投产造成的浪费。

5. 装配检验

对有限空间内的复杂系统，进行装配干涉检验是极为重要的，如导弹、卫星系统。原型可以用来做装配模拟，观察工件之间如何配合以及可能引起的相互干涉，如汽车发动机上的排气管，由于安装关系极其

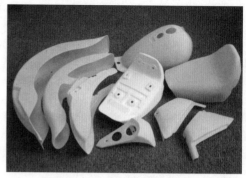

图 8.7-3 摩托车覆盖件样件

复杂，通过原型装配模拟可以一次成功地完成设计。

6. 动漫影视

影视行业中需要千奇百怪的道具，一般采用手工制作，存在制作周期长、制作精度差、制作复杂程度低等问题，而增材制造技术完全可以满足影视制作者对模型精准度的要求，降低约 50% 的制造费用，缩短约 70% 的加工周期，而且一旦道具在使用过程中出现损坏，可及时进行修补或替换，简单方便，节约成本。因此，增材制造技术越来越受到动漫影视行业的重视，尤以成形精度最高的光固化技术最受欢迎，打印的道具适合近距离拍摄，细节能特写，如图 8.7-4 所示。

a)

b)

图 8.7-4 动漫影视 3D 打印

8.7.2 医疗领域

1. 医疗模型

各种外科手术，特别是复杂外科手术迫切需要真实比例的受损器官之原位物理实体模型。如车祸造成骨盆粉碎性破损，仅根据 CT 三维重构图像是很难弄清腹腔内骨碎片相互的几何关系，给手术医生带来很大的困难，大大增加了手术的风险和时间。如将 CT 数据输入增材制造设备，制造破损骨盆的原位三维实体模型，就非常有效地帮助外科医生决定手术方案，完成手术。此种器官模型也是医生、病人和家属三方

沟通、讨论制定手术规划的最好媒介。图 8.7-5 为采用 SLA 技术制造的头部相连模型，医生可以在该模型上讨论和制定手术方案，从而减少手术风险（最新研究表明该类手术需采用多次渐进方式进行，虽然有 3D 打印模型可以作为参考，只进行一次手术风险依然过大）。

此外，3D 打印技术还可制作外科手术导板，国内 3D 打印医疗模型已经逐渐纳入医保范围。

2. 可降解植入物

采用 LDM 技术，分别将 PLLA/TCP、PDLLA/TCP 和 PLGA/TCP 成形成具有梯度孔隙结构的支架，

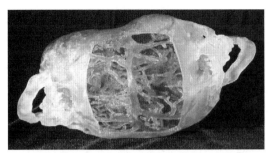

图 8.7-5　头部相连模型（采用 SLA 技术制造）

其规格为直径 5～10mm、长度 15～20mm 的圆柱体，分别复合生长因子牛骨形态发生蛋白（BMP）和碱性成纤维细胞生长因子（bFGF），如图 8.7-6 所示。

然后将复合生长因子的支架植入兔桡骨处 15mm 的缺损中，在 12 周内对植入处进行检查，观察骨缺损修复情况。图 8.7-7 显示各材料组在 4 周时有新骨形成，12 周时，皮质连续，其中 PLGA 组皮质已塑性。

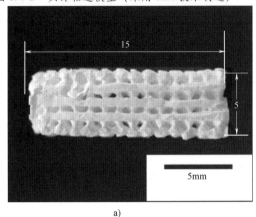

a)　　　　　　　　　　　　　　b)

图 8.7-6　低温沉积组织工程支架

a）修复兔桡骨的组织工程支架　b）修复犬桡骨的组织工程支架

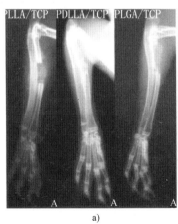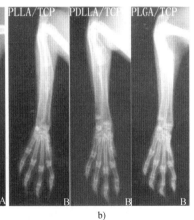

a)　　　　　　　　　　　　　　b)

图 8.7-7　影像学结果

a）4 周　b）12 周

术后 12 周取材时可见复合 BMP 的材料和桡骨断端已连接（见图 8.7-8），骨痂连续，有不同程度的部分塑性。新生骨髓腔完全贯通，皮质骨基本塑形完毕，基本无材料残余。

术后 12 周各材料的降解率如图 8.7-9 所示，各试验组骨痂与正常桡骨的骨密度值如图 8.7-10 所示。

可以看到，试验组的材料已经基本降解，新生骨组织的密度与正常骨组织的密度接近。

术后 12 周各试验组血管密度如图 8.7-11 所示。

3. 金属植入物

3D 打印金属植入物技术在国家科技发展计划的有力支持以及政府的科学监管下，研究方向与国际发

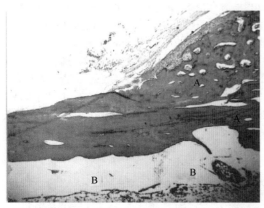

图 8.7-8　PLGA/TCP 组 12 周（HE 染色，100×，A 是新生骨痂，B 是骨髓腔）

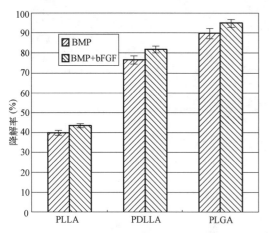

图 8.7-9　术后 12 周各材料的降解率

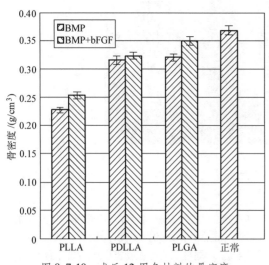

图 8.7-10　术后 12 周各材料的骨密度

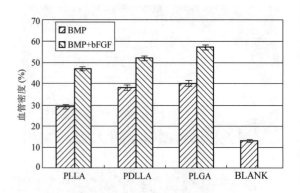

图 8.7-11　术后 12 周各试验组与空白组（BLANK）血管密度

《定制式医疗器械监督管理规定（试行）》；2019 年 9 月 23 日，国家药监局发布《无源植入性骨、关节及口腔硬组织个性化增材制造医疗器械注册技术审查指导原则》等。2020 年 3 月 5 日，由国家标准化管理委员会、工业和信息化部、科学技术部、教育部、国家药监局、中国工程院 6 部门联合印发了《增材制造标准领航行动计划（2020—2022 年）》，这将对 3D 打印植入式医疗器械的发展具有很好的推动作用。

全球各大医疗器械公司均推出了各自的 3D 打印骨科植入物产品，种类涉及髋关节、膝关节、脊柱、颅颌面等假体，其中我国已上市的 3D 打印钛合金骨科植入器械产品分别为 3D 打印髋臼杯、人工椎体、脊柱椎间融合器和金属骨小梁等，主要成形工艺是精度略差、效率高、残余应力低、表面粗糙、利于固定的 EBM 技术。

金属植入物 EBM 具体成形过程包括：患者 CT 扫描、点云数据三维重构、优化设计、网格生成、支撑添加、3D 打印、后处理、加工装配、消毒杀菌等。图 8.7-12 所示为采用 EBM 技术制造的髋臼杯和钽合金骨小梁。需要指出的是钽是生物相容性最好的硬组织，在目前所有医用金属材料中抗菌性能最优，但其熔点高达 2996℃，目前只适合采用 EBM 技术制造。

虽然 SLM 技术成形精度高于 EBM 技术，但其制造的植入物还没有获得临床许可，目前主要在齿科使用，包括牙冠和牙桥 3D 打印，如图 8.7-13 所示。为了提高牙冠和牙桥的制造效率，成形底板模型需要优化布局。

4. 医疗辅助器具

石膏护具是骨折患者的主要康复工具之一，石膏完全包裹骨折及相邻部位，不能沾水、不能透气、不便移动（笨重），恢复过程中医生也不方便检查伤情进展，骨折部位易出现肿胀或感染情况。

展趋势同步，部分研究成果达到了世界领先水平。2019 年 7 月，国家药监局和国家卫健委联合发布了

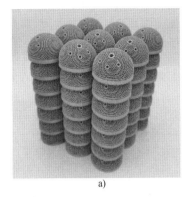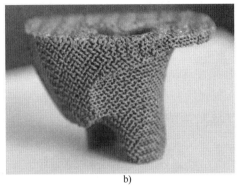

图 8.7-12　采用 EBM 技术制造的金属植入物

a）钛合金髋臼杯（清研智束）　b）钽合金骨小梁（西南医院）

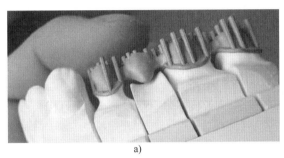

图 8.7-13　采用 SLM 技术制造牙冠和牙桥

a）牙冠 3D 打印　b）底板零件优化布局

针对现有逆向扫描、数据处理和 3D 打印工艺，客户如果想拿到定制化的护具，仍然需要等待一两天甚至几天的时间，西班牙 Xkelet 公司提出了一套解决方案，整合了 App 和人工智能与英国 Photocentric 公司合作开发超快 3D 打印机，使得 3D 打印定制护具变得非常高效，甚至能够实现现场实时 3D 打印。

第一步采用安装在 iPad 上的 3D 扫描 App 扫描骨折部位的肢体；第二步生成 3D 模型；第三步自动生成镂空结构的定制化护具；第四步采用成形速度快的 LCMagna DLP 液晶光固化打印机打印具有轻质、透气、可清洗等特点的聚酰胺护具，整个过程在 2h 内即能实现。3D 打印的护具不会对皮肤产生任何的瘙痒或刺激，重量轻，设计合理，使生活尽可能的正常。图 8.7-14 所示为采用 XKelet 技术打印的胳膊护具。

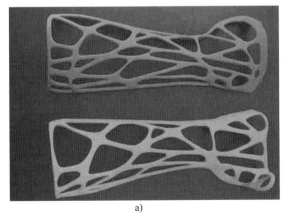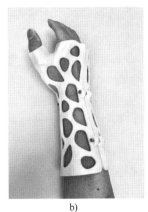

图 8.7-14　3D 打印护具

a）3D 打印的护具　b）护具使用照片

此外，假肢、护腰等医疗辅助器具也可以采用3D打印技术进行个性化定制。2018年，盈普发布国内自主研发和生产的高分子激光烧结增材制造系统，通过对尼龙粉和聚醚醚酮（PEEK）的高温烧结，提供了矫形及康复固定支具、术前模型、手术导板、植入假体等个性化医疗的解决方案。

8.7.3 航空航天领域

1. 航空发动机

2020年，美国GE公司公开披露了GE9X发动机采用了304个增材制造零件。

每台GE9X发动机有28个燃油喷嘴（见图8.7-15a），其作用是将燃油雾化（或汽化），加速混合气形成，保证稳定燃烧和提高燃烧效率。GE研究团队的工程师、设计师和制造专家密切合作，对燃油喷嘴进行了重新设计，将原来20个部件变成了一个精密整体，并采用SLM技术打印，材料为钴铬合金。发动机燃油喷嘴是世界上第一个实现大规模量产的3D打印零部件，年产量达到3万~4万件，发动机燃油效率比之前的CFM56发动机提高了15%，重量比传统方式减轻了25%，寿命提高了5倍，成本效益上升了30%，空客A320 NEO、波音B737 MAX和国产C919客机都采用了这款带有3D打印燃油喷嘴的Leap发动机。

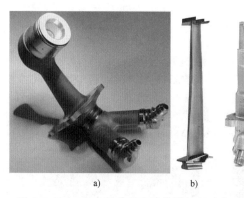

图8.7-15 GE公司航空发动机增材制造典型零部件
a）燃油喷嘴（头部） b）低压涡轮叶片 c）传感器外壳

每台GE9X发动机有228片低压涡轮叶片（见图8.7-15b），采用EBM技术打印，材料为熔点高、脆性大、重量轻的TiAl金属间化合物。GE航空公司Avio Aero在其意大利卡梅里工厂运营着35台Arcam机器（主要为Arcam EBM A2X和Arcam Spectra H），Arcam EBM A2X每批可生产6个叶片，Arcam Spectra H系统可在大约相同的时间内生产多达10个叶片。EBM技术的高温预热解决了TiAl金属间化合物收缩系数大，容易变脆或开裂的问题。

每台GE9X发动机有1个T25传感器外壳（见图8.7-15c），采用SLM技术打印，材料为钴铬合金，将原来10个零件合并为1个复杂结构零件，可以提高30%的精度。T25传感器外壳是GE公司首个3D打印的金属零部件，2015年4月首次用在飞机发动机中。

每台GE9X发动机有1个燃烧室混合器，采用SLM技术打印，材料为钴铬合金，可以减少6%的重量，提高3倍使用寿命。

每台GE9X发动机有8个导流器，采用SLM技术打印，材料为钴铬合金，将原来13个零件合并为一个，内部有复杂的气体流道，可以提高2倍使用寿命。

每台GE9X发动机有1个热交换器，采用SLM技术打印，材料为铝合金，将原来163个零件合并为一个，减轻40%的重量，减少25%的生产成本。

此外，采用SLM技术制造航空发动机机匣有望得到突破。

2. 航空结构件

国内外研究人员采用LCD技术已经制造出铝合金、钛合金、钨合金等半精化的毛坯，其精度已超过传统闭式模锻的水平，而质量也达到甚至超过整体锻压所达到的金属内部质量，在航天、航空、造船及国防等领域具有极大的应用前景。

图8.7-16a为北京航空航天大学采用激光熔覆沉积技术制备的TA15钛合金飞机角盒，缺口疲劳极限超过钛合金模锻件的32%~53%，高温持久寿命较模锻件提高4倍（500℃/480MPa，持久寿命由锻件不足50h提高到激光成形件230h以上），经后续特种热处理新工艺获得"特种双态组织"后，其综合力学性能进一步显著提高，疲劳力纹扩展速率降低一个数量级以上。图8.7-16b为C919飞机钛合金主风挡整体双曲面窗框，尺寸大、形状复杂，传统方法需要昂贵的模具费，交货周期长，北京航空航天大学采用激光熔覆沉积技术55天制备了4个框，所有费用加起来仅为欧洲公司模具费的1/10。图8.7-16c为采用LCD技术打印的飞机钛合金框架，传统工艺需要采用大型模锻压机辅以多套模具锻造，不仅需要昂贵的模锻压机和多套模具，而且材料利用率不到5%，浪费大量宝贵的钛合金材料。据报道，2019年，该团队已成功研制具有原创核心技术、世界最大的激光增材制造设备（成形能力达7m×4m×3.5m），以及世界最大的16m² 3D打印（某大型轰炸机）某发动机钛合金加强框。

图8.7-17为西北工业大学制备的C919大飞机翼肋TC4上（下）缘条构件，最大尺寸为3070mm，最大质量为196kg，仅用25天即完成交付，成形后长时

间放置后的最大变形量小于 1mm，静载力学性能的　稳定性优于 1%，疲劳性能也优于同类锻件的性能。

a)

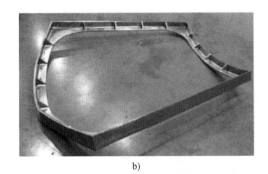

b)

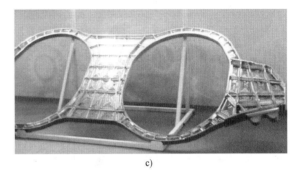

c)

图 8.7-16　采用激光熔覆沉积技术制备的零件（北京航空航天大学）

a）TA15 钛合金角盒　b）C919 飞机钛合金主风挡整体窗框　c）飞机钛合金框架

图 8.7-17　C919 大飞机翼肋 TC4 上（下）
缘条构件（西北工业大学）

3. 航天轻量化

轻量化是航天领域追求的极致目标。目前实现轻量化的途径主要有两种：一种是采用轻质材料，如钛合金、铝合金、镁合金、高分子材料、复合材料等；另一种是采用轻量化的结构设计，如中空夹层结构、薄壁加筋结构、镂空点阵结构、一体化结构等。结构设计优化一直是设计师追求的目标，但优化后的结构

采用传统工艺制造非常困难，而 SLM 技术具有的成形复杂零件能力的特点正好能与之吻合，从某种意义上来讲，SLM 技术将从根本上改变设计现状，跨越式提升高端装备的性能。图 8.7-18 为欧洲空客防务和航天公司采用 SLM 技术制造的卫星上安装遥测和遥控天线的支架，经过多次结构设计优化迭代后，去掉了 44 个铆钉成为一体化结构，重量减轻了 35%，刚性提高了 40%，减少了材料浪费。

8.7.4　铸造领域

1. 砂型喷射

由于黏结剂喷射技术具有成形速度快、成形零件尺寸大、材料利用率高、无需支撑、成形环境要求低及设备售价相对较低等特点，特别适合于无需烧结后处理的铸造砂型打印。由于黏结剂喷射砂型打印技术省去了翻砂铸造中的木模，该技术又称为无模铸造成形（Patternless Casting Manufacturing，PCM），如图 8.7-19 所示。黏结剂喷射砂型打印不仅能制造大型复杂零部件的砂型，而且能进行中小砂型的批量生产。

（1）镶缸套铝合金缸体铸造

缸体是汽车发动机中最大、最复杂的铸件，目前大多采用高强度灰铸铁铸造。由于汽车轻量化的要求，

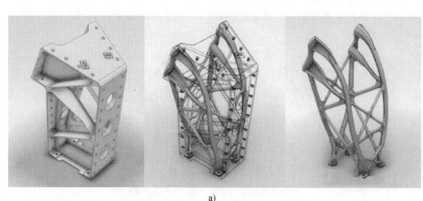

图 8.7-18　卫星支架结构优化及 SLM 成形
a）设计过程　b）SLM 成形

零件CAD模型　铸型CAD模型　分层、生成扫描路径

重复(直到所有层造完)

最表层铺砂　喷射树脂黏结剂　喷射催化剂

造型完毕　清除干砂涂敷涂料　浇注　铸件

图 8.7-19　PCM 制造过程示意图

铝合金是目前高档轿车发动机的首选材料。铝合金缸体的铸造方式主要有低压铸造、翻砂铸造和组芯砂型铸造（多个砂芯组合而成）。低压铸造硬件成本投入大，整个工艺从设计到投产周期长，一般适合于单品的批量化生产，不适合产品试制阶段；翻砂铸造模具不仅需要先制作木模和考虑起模斜度、倒钩等因素，而且可能需要多次修改，制作周期长，成本高；组芯砂型（重力）铸造近些年在国内外开始大量使用，其中复杂的砂芯主要采用黏结剂喷射技术制造，佛山卓立峰华最终采用此工艺对客户的铝合金缸体进行了试制。

图 8.7-20 所示为铝合金缸体铸件 CAD 图。铸件材料为 ZAlSi7MgA，铸件轮廓尺寸为 366mm×350mm×278mm，均匀壁厚为 4mm，铸件质量为 19.2kg。缸套（铸铁）与缸套（铸铁）之间的最小壁厚（铝

是 2mm，传统砂型铸造方式容易产生冷隔及浇不足；缸套定位尺寸精度要求高，铝铁的贴合率要求>95%；前期供货件数为 3 件，交货周期为 35 天，低压铸造和翻砂铸造均不能满足客户要求。

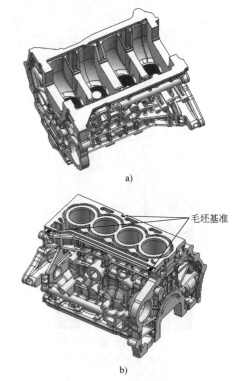

毛坯基准

图 8.7-20　铝合金缸体铸件 CAD 图
a）底面　b）上面

1）根据镶缸套铝合金缸体特点，在轴瓦及厚实处放置冷铁或加冒口确保铸件受力部位组织致密，顶部设置冒口，浇口为单浇口双倾斜式直浇道，通过数值模拟计算出冒口模数和冒口颈模数、体积等，如图 8.7-21 所示。

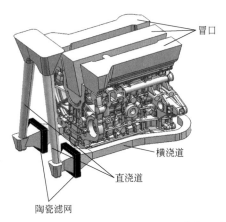

图 8.7-21　镶缸套铝合金缸体浇注系统设计

2）将镶缸套铝合金缸体铸件砂型进行分解，得到形状简单的左砂型、右砂型、前砂型、后砂型、底砂型、冒口、浇口杯、直浇道砂型等和形状复杂的水套芯、曲轴箱芯组，如图 8.7-22 所示。

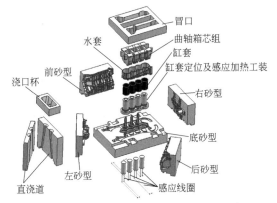

图 8.7-22　镶缸套铝合金缸体铸型设计分解图

3）对上述分解得到的铸型进行加工，形状简单的砂型采取模型直接铣削加工技术（Pattern Direct Milling，PDM）加工，可以节省加工时间；形状复杂的砂型采取黏结剂喷射技术（无模铸造技术）制造，可以制造复杂的砂型。图 8.7-23 为采取模型直接铣削加工技术和黏结剂喷射技术加工得到的部分砂型。砂型还需要经过清砂、表面整修、型腔表面敷涂料、焙烧（喷烧）等工序。

4）合箱得到铸型。①组合好曲轴箱芯组备用。②把辅助工装安装于底砂型上。③将水套芯固定于底砂型上。④将铸铁缸套套入辅助工装的导柱。⑤安装曲轴箱芯组。⑥分别合上左砂型、右砂型、前砂型、后砂型、放置陶瓷滤网，合上直浇道砂型、冒口、浇口杯等，得到如图 8.7-24a 所示的合箱铸型。图 8.7-24b 为浇注的铸件毛坯，把铝缸体毛坯清理打

a)

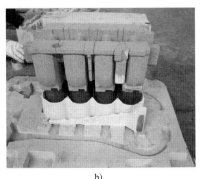

b)

图 8.7-23　利用 PDM 和 PCM 技术制作的砂型
a) PDM　b) PCM

磨后进行 T6 热处理，具体操作步骤为：固溶（535±5）℃×8h，然后进行 60～80℃ 水中淬火；室温放置 12h 后，再进行时效处理（155±5）℃×6h。经力学性能检验和加压试验，满足客户要求。

（2）高速列车制动盘铸造

高速列车制动盘结构形式以带散热筋（高 36mm，数量若干）的铸钢制动盘为主（见图 8.7-25），目前大量依赖进口，主要原因是材料性能要求全面（芯部强韧、表面耐磨）和铸造缺陷要求少。针对复杂结构制动盘铸造缺陷多、耐磨性不足、抗冲击韧性差等问题，石家庄铁道大学提出了一种高速列车制动盘的复合制造方法"盘体铸造+表面增材制造"，首先利用铸造技术制备出缺陷少、加工量低、带散热筋的高速列车制动盘本体，其强度和韧性满足要求；然后以制动盘本体合金成分为基础，气雾化得到合金粉末，通过添加微量合金元素和强化相，激光熔覆增材制造得到耐磨性和冲击韧性满足要求的激光熔覆层。

高速列车制动盘紧急制动时表面温度高达 600℃及以上，散热筋除了支撑制动盘盘面以外，主要起通风冷却作用。散热筋主要有板条式、圆柱式、螺旋式三种（见图 8.7-26）。即使是最简单的圆柱式散热筋，其直径由内往外不尽相同，散热筋间距大小不

a)

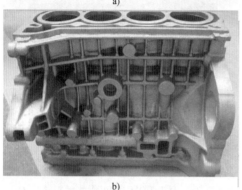

b)

图 8.7-24　镶缸套铝合金缸体铸型合箱及浇注
a）合箱铸型　b）浇注的铸件毛坯

一，因此带散热筋制动盘的铸造砂芯制作周期较长。为此，采用黏结剂喷射砂型打印技术制作砂型和砂芯。

图 8.7-25　带散热筋制动盘

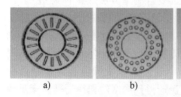

a)　　　　b)　　　　c)

图 8.7-26　散热筋主要形式
a）板条式　b）圆柱式　c）螺旋式

1）遵循"少分模少装配"的原则和避免砂芯被遮挡的原则，将制动盘砂型进行分解；然后，基于散热筋密集而细小（直径为 20mm）容易出现多肉、砂

眼缺陷，且出现缺陷后不易打磨修补进而造成铸件报废，所以将散热筋放置在中砂型，盘体放置在上、下砂型，并在上砂型中设置浇注系统和冒口，下砂型座上设置 3 条直浇道，设置高 10mm 的定位销以保证砂芯定位和精度，如图 8.7-27 所示。

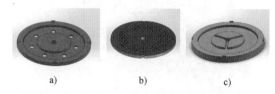

a)　　　　b)　　　　c)

图 8.7-27　高速列车制动盘铸造砂型 CAD 模型
a）砂型盖　b）散热筋砂芯　c）砂型座

2）进行砂型黏结剂喷射成形工艺优化及成形。散热筋砂芯高度为 36mm，直径为 780mm，属于薄壁件，为了降低砂芯断芯风险，需要对砂芯强度进行优化。结合前期大量试验研究，对影响砂型强度的树脂加入量、固化剂加入量、打印层厚、打印速度等进行优化，最终采用优化的工艺参数（打印层厚为 0.3mm、每层打印速度为 25s、树脂类型为呋喃树脂、树脂质量分数为砂重的 1.2%、固化剂加入质量分数为树脂的 60%）进行砂型和砂芯的打印。砂型盖直径为 780mm、高度为 37mm，散热筋砂芯直径为 780mm、高度为 36mm，砂型座直径为 780mm、高度为 70mm，选用广州爱司凯科技股份有限公司风暴 S800 砂型打印机一次打印成形完成，黏结剂喷射打印出的砂型和砂芯如图 8.7-28 所示。整套砂型打印时间为 3.4h，砂芯抗拉强度为 1.8 MPa，发气量为 13 mL/g，砂型成形精度为±0.3mm，落砂清理并上涂料经焙烧后交下游厂家进行 GS24CrNiMo 铸造。

3）在河北邯郸慧桥复合材料科技有限公司合箱并安装浇、冒口，进行浇注，经开箱、落砂、切割浇冒口、打磨、粗加工、调质处理和精加工等，得到带散热筋高速列车制动盘，如图 8.7-29 所示。

铸造出的高速列车制动盘还需要经过一系列的检验，检验合格后进行激光熔覆。图 8.7-30 所示为激光熔覆高速列车制动盘盘面。

2. 砂型烧结

激光选区烧结覆膜砂（砂粒表面在造型前即覆有一层热塑性酚醛树脂，覆膜工艺有冷法和热法两种）可实现复杂砂型（芯）的整体、快速及精确化制备，为各类大型复杂薄壁铸件的整体精密铸造提供了一个极好的技术途径，对于提升航空、航天及汽车工业等领域关键零件的快速响应、制造能力和制造水平有着重要作用。图 8.7-31 所示为采用激光选区烧结技术制造的复杂砂模。

a)   b)   c)

图 8.7-28 高速列车制动盘黏结剂喷射打印砂型（上涂料后焙烧）

a）砂型盖 b）散热筋砂芯 c）砂型座

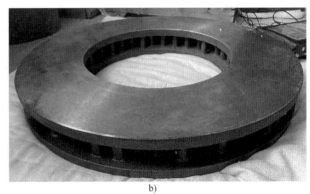

a)   b)

图 8.7-29 高速列车制动盘铸件

a）铸造毛坯 b）粗加工及热处理

图 8.7-30 激光熔覆高速列车制动盘盘面   图 8.7-31 采用激光选区烧结技术制造的复杂砂模

激光选区烧结覆膜砂是由原砂、树脂、固化剂和其他添加物混合制成，砂粒种类、砂粒粒度、黏结剂种类、黏结剂含量等均对激光选区烧结件有影响。

1）砂粒种类：传统的铸造用砂可直接在 3D 打印机中使用，但砂粒间较大的摩擦力可能会导致铺粉时，已成形的铸型被铺粉辊拖拽偏移，产生"推粉"现象，导致铸造效果不佳，因此要求原砂具有良好的流动性。3D 打印中的原砂主要有硅砂、锆英砂和陶粒砂，硅砂热胀系数大，形状大多呈尖角形，流动性较差；锆英砂流动性好，耐火度高，但产量低、价格高。人工合成的陶粒砂因近似球状的砂粒、热胀系数小和较低成本的特点，在 3D 打印市场应用较多。

2）砂粒粒度：粒度主要影响铸型的强度、透气性和表面精度。砂粒粒度大会提高铸型的透气性和强度，粒度越大，砂粒间的间隙就变大，铸型透气性也得以提高，在相同树脂加入量的情况下，单个砂粒表面的树脂层就更厚，故而铸型的强度提高。但粒度太大会限制打印层厚，铺粉的层厚变大，分层"台阶效应"就越为明显，使得铸型表面质量和精度下降。研究表明陶粒砂粒度在70~140时砂型强度和表面精度均较高。

3）黏结剂：常用的黏结剂有呋喃树脂、酚醛树脂和无机黏结剂。铸型的强度取决于砂粒上树脂的厚度，当原砂的粒度一定时，随着树脂增加，铸型的强度也会随之提高，但树脂会填补砂粒间的孔隙，使得透气性下降，且较多的树脂会使得铸型发气量增大，直接影响铸件品质。

激光选区烧结覆膜砂存在的主要问题是：树脂含量过高；初坯强度偏低；易变形折断；尺寸精度较差；表面粗糙度值小；表面浮砂清理困难。

减少树脂含量过高的措施有：①选择流动性好、球形度高、平均粒径适中的砂粒。②采取两步热法覆膜工艺混砂：第一步是在原砂温度为120℃左右时加入树脂并混碾80s；第二步是在加入树脂的混合料温度为95℃左右时加入固化剂，并混碾60s。③增加无机黏结剂，减少树脂含量。

提高初坯强度的措施有：①增加砂粒粒度。②减小铺粉层厚度。③多级配提高铺粉密度。④提高激光线能量密度。⑤添加无机黏结剂。

提高成形精度的措施有：①减少砂粒粒度。②减小铺粉层厚度。③降低树脂含量。

激光选区烧结砂型流程为：三维CAD造型→SLS烧结砂芯→表面处理及涂料→合模→浇注→取零件及后处理。

图8.7-32为华中科技大学采用SLS技术制造的大型砂芯及浇注得到的零件。

该砂芯采用华中科技大学2013年研制的1.2m SLS成形机打印，整套砂芯成形时间仅需一周，打印砂芯强度为5.68MPa，比原有酚醛树脂砂芯提高84%，尺寸精度为200mm±0.2mm，无细节损坏，850℃发气量为14.7mL/g。

3. 失蜡精密铸造

失蜡精密铸造是首先用易熔材料（如蜡料或塑料）制成可熔性模型（简称熔模或模型），在其上涂覆若干层耐火涂料，经过干燥和硬化形成一个整体型壳后，再用蒸汽或热水从型壳中熔掉模型；然后把型壳置于砂箱中，在其四周填充干砂造型，最后将铸型放入焙烧炉中经过高温焙烧；最后浇注熔融金属得到铸件。失蜡精密铸造原理如图8.7-33所示。失蜡精

a)

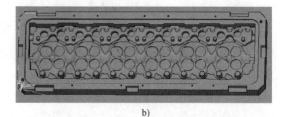

b)

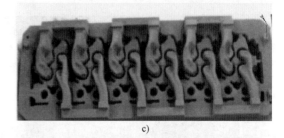

c)

d)

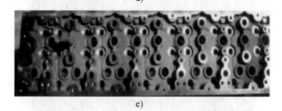

e)

图8.7-32　采用SLS技术制造的复杂砂模及铸件（华中科技大学）

a）CAD建模　b）下主体CAD模型（底盘、盖盘、进排气道、上主体、下主体）　c）排气道砂芯

d）合模　e）浇注

密铸造最大的优点是由于熔模铸件有着很高的尺寸精度和很小的表面粗糙度值，可大量节省机床设备和加工工时，大幅度节约金属原材料。

失蜡精密铸造中，模板、芯盒、压蜡型和压铸模的制造往往是用机械加工的方法来完成的，有时还需要钳工进行修整，不仅周期长、耗资大，而且生产的

零件精度低。特别是对一些形状复杂的铸件，如叶片、叶轮、发动机缸体和缸盖等，模具制造是一个难度更大的问题，即使使用数控加工中心等昂贵的设备，在加工技术与工艺可行性方面仍有很大困难。

熔模精铸用蜡（烷烃蜡、脂肪酸蜡等）由于熔点较低（仅为 60℃），对温度敏感，成形不易控制，成形精度低，蜡模强度较低，蜡粉制备困难，因而不能直接作为激光选区烧结成形材料。激光选区烧结蜡型是先采用聚苯乙烯（PS）粉末材料在增材制造设备上烧结出复杂的原型件，然后经过蜡化、精整处理后，称为"蜡模"，主要工艺过程包括：

1）CAD 建模及抽壳。

2）采用激光选区烧结成形聚苯乙烯高分子材料。

3）放入高温蜡池浸泡。

4）蜡型打磨。

5）多次涂覆耐火材料。

6）高温去除聚苯乙烯原型及蜡。

7）将壳型放入砂型，固定后高温焙烧。

8）浇注熔融金属。

9）去掉壳型，取出金属铸件。

图 8.7-34 为华中科技大学采用 SLS 技术制作的排气管（342.0mm×187.1mm×176.3mm）高分子原型、浸泡蜡型及浇注后得到的金属铸件。

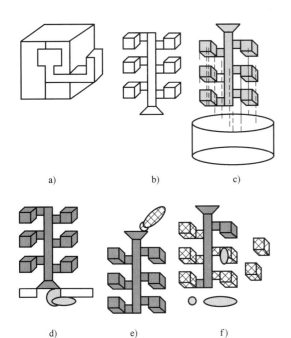

a)　　　　　b)　　　　　c)

d)　　　　　e)　　　　　f)

图 8.7-33　失蜡精密铸造原理
a）蜡模　b）模件组　c）涂壳
d）脱模　e）浇注　f）去浇口

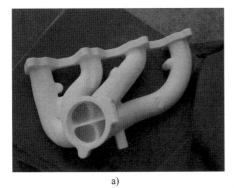
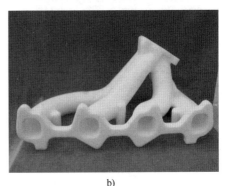

a)　　　　　　　　　　　　　　b)

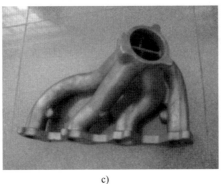

c)

图 8.7-34　激光选区烧结蜡型及精密铸造
a）SLS 成形高分子原型　b）浸泡蜡型　c）浇注后得到的金属铸件

考虑模料的收缩、熔模的变形、型壳在加热和冷却过程中的变化（开裂）、合金的收缩率以及凝固过程中铸件的变形等，熔模铸件的尺寸精度虽然较高，但其一致性仍需提高，目前只适合小批量及个性化零件的铸造。

4. 珠宝首饰

珠宝首饰的尺寸比较小，历史上偏好使用一些传统技法和工艺。传统的珠宝首饰制造流程要经过起银版、压胶模、开胶模、注蜡、修模等多种程序，程序多且复杂，设备、场地、材料、人力及时间成本较大。近年来，3D 打印技术飞速发展，尤其在珠宝首饰等专业领域的创新应用不断取得突破，为珠宝设计的个性化、智能化制造创造了有利契机。在消费多元化的今天，人们在追求时尚品牌的同时，也会希望拥有属于自己的定制化商品。

3D 打印技术主要取代的是珠宝雕蜡起版这一环节，技艺高超的雕蜡师完成一个戒指蜡模的加工大概需要 3h，而且万一有一点差错就要重新开始，而 3D 打印机可以轻易同时做出多款蜡模，大大减少了手工起版的时间、产生的误差缺陷和不必要的损耗，同时还能保证模型的高质量精准无误，从而降低了生产成本，大幅度提高了生产率。

目前适合珠宝打印精度的增材制造技术主要有：SCP 技术和 DLP 技术。SCP 技术是 Solidscape 公司平滑曲率打印（Smooth Curvature Printing）技术的简称，它是将类蜡材质熔化后通过真空从喷嘴喷射出来，液滴直径在微米级，打印完一层后再通过旋转刨床进行打磨。SCP 技术最小层厚可以达到 $6.3\mu m$，表面精度达到 $0.81\mu m$，分辨率达到 5000dpi × 5000dpi × 8000dpi，打印出的蜡模成品不受温度、湿度影响，Solidscape 公司（Stratasys 子公司）是珠宝首饰蜡型打印的专业公司。DLP 技术是德国 Envision TEC 采用德州仪器的 DMD 芯片开发的数字光学投影技术，该公司用于珠宝首饰打印的核心技术包括：①移动增强分辨率技术，即第一次投影扫描后，将投影往 X 轴左方或右方移动半个像素，或往 Y 轴上方或下方移动半个像素，再进行二次扫描，从而达到将分层制造的阶梯误差减半的效果；②灰度边缘柔化技术，置入渐变灰色区，虽然像素的 X 轴和 Y 轴固定，但体素的 Z 轴深度可根据各像素的灰度化光线强度进行调整，从而实现灰度化照射。两种技术协调作用，最终形成无条纹、无阶梯的表面光滑度。图 8.7-35 分别是 Solidscape 公司和 Envision TEC 公司蜡型打印设备及打印出的蜡模。

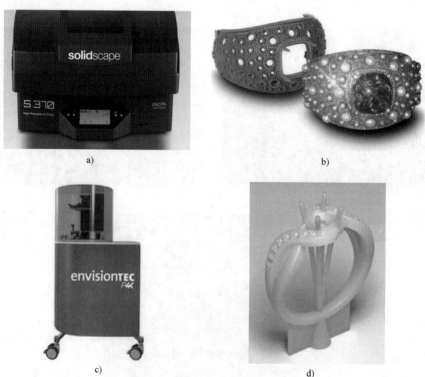

a)

b)

c)

d)

图 8.7-35 珠宝首饰行业蜡模打印技术

a）Solidscape S370 设备　b）SCP 技术打印的蜡模　c）Envision Perfactory 红蜡打印机　d）DLP 技术打印的蜡模

3D 打印珠宝制作过程：珠宝 CAD 设计→3D 打印珠宝模具→取出清洗及去支撑→制作珠宝蜡树→石膏注入→抽真空固化→倒置高温烘烤创建石膏模具→熔金及浇注→炸石膏冷却后取出珠宝毛坯→冲洗、酸洗、清洗→剪毛坯→滚光得到珠宝成品。

珠宝常用建模软件有 Rhino、Matrix、RhinoGold 和 Jewel。打印时首先使用高精度 3D 打印机将蜡质材料打印出蜡模；然后，将蜡质模型放入容器，在容器中倒入液体石膏充满并覆盖住蜡模；当石膏凝固后，取出模型并放入熔炉将蜡材料熔化，剩下的石膏部分就变成了倒模；再将熔融的饰品金属倒入石膏倒模，待金属凝固，最后将石膏部分敲碎去除。

3D 打印制作珠宝的主要优点有：

1）3D 打印使设计师有更多珠宝设计的思路，不会被工艺难度而限制。

2）缩短制作流程。

3）减少人工成本。

4）满足个性化定制。

8.7.5　模具领域

1. 随形冷却水道

传统模具采用直线形冷却水道，冷却效率低；随形冷却模具的冷却水道形状依据产品轮廓的变化而变化，冷却水道与模具型腔表面距离一致，模具无冷却盲点，能有效提高冷却均匀性、减小产品翘曲变形、减少冷却时间、提高产品质量，如图 8.7-36 所示。

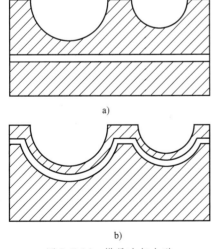

图 8.7-36　模具冷却水道
a）直线形冷却水道　b）随形冷却水道

但是，随形冷却水道形状复杂，传统机械加工方法无法成形，增材制造技术在成形复杂结构方面的优势，让复杂结构的随形冷却水道从设计变成现实。特别是 SLM 技术，它可以选择性熔化 H13、18Ni300、17-4PH 等金属材料，生产到密度高、表面质量和尺寸精度好、硬度可达 50HRC 以上的随形冷却流道模具产品。图 8.7-37 为江苏永年激光成形技术有限公司采用 SLM 技术为四川长虹 B4500 平板电视底座支架制造的具有随形冷却流道的注射模，经与直线形冷却水道模具对比分析，冷却周期从 50s 降为 25s，生产成本从 0.8 元/件降为 0.5 元/件。

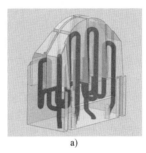

图 8.7-37　随形冷却内水道模具成形
a）随形冷却水道模型　b）随形冷却流道模具

图 8.7-38 为德国凯驰公司生产的高压清洗机，其黄色外壳由 6 台注射机生产，每台每天产量为 1496 个，但是仍不能满足生产需求，解决的途径有两条：第一条是增加注射机数量；第二条是增加每台注射机产量。该公司采用雷尼绍 SLM 设备，制造了随形冷却水道，冷却时间从 52s 缩短到 37s，总产量从 1496 个增加到 2101 个，满足了生产需求。

图 8.7-38　复杂流道随形冷却注射模具
a）高压清洗机　b）复杂流道注射模具设计

采用 SLM 技术成形随形冷却水道需要注意的问题是：

1）采用不易开裂的材料，降低 SLM 成形过程中的应力或适当的热处理，避免水道破裂。

2）水道内部应避免支撑，设计粉末流出通道。

3）水道形状、水道距离模具表面距离、水道直径、水道布置等需要优化仿真。

4）水道内壁应尽量光滑，否则会降低水流速度。

2. 轮胎模具

轮胎模具传统的加工方式是首先将铝块铣削成所

需的形状和曲面，然后在上面制造钢片槽以便将通过折弯、铣削加工的钢片手动插入，最后将插入的钢片与模具底部通过激光束焊接制成完整的模具。该工艺存在的问题是：

1）沟槽加工难度大。轮胎花纹呈现空间三维扭曲，具有弧度大、角度多、复杂多变等特点，存在薄而高的肋条或深而窄的小缝，刀具铣削干涉现象严重。

2）钢片种类多。轮胎花纹更新换代速度加快，模具上需要的钢片种类越来越多，原来以冲压大批量生产钢片的方式已不具备成本优势。

3）工序复杂。模具制造困难，周期长，耗费的人力和时间大幅度增加。

法国汽车轮胎制造商米其林（Michelin）2015年起采用 SLM 技术制造轮胎花纹钢片，尤其是高性能要求的冬季轮胎或雪地轮胎模具，大大提升了轮胎模具的性能，增加了企业竞争力，如图 8.7-39 所示。

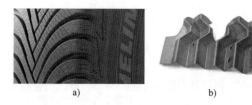

图 8.7-39　花纹轮胎及 3D 打印钢片
a）带花纹轮胎　b）SLM 技术打印钢片

一副冬季轮胎模具经常需要动辄上千片的钢片，有些特殊设计的轮胎甚至使用了超过 4000 片钢片。随钢片数量的增加，钢片距离减小，钢片镶嵌变得十分困难，为此德国 SLM Solutions 公司提出了一种直接

制造整块复杂花纹模具的技术路线，已经打印出最薄处厚度只有 0.3mm 的钢轮胎模具，免去了冲压、折弯、镶嵌等工艺，如图 8.7-40 所示。

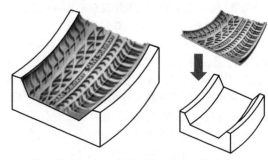

图 8.7-40　复杂花纹模具 SLM 一体化制造

3. 硅橡胶模具

基于增材制造原型的模具制造技术，一般称为快速模具（Rapid Tooling，RT）。快速模具带来的主要效益包括缩短制模时间、降低设计风险、改善产品质量、进行早期测试、减少模具反复修模次数、降低经济损失和产品及时开发、提高产品市场占有率和利润。快速模具按使用寿命可分为软模具（Soft Tooling）、中等模具（Firm Tooling 或 Bridge Tooling）和硬模具（Hard Tooling）；按模具功能用途可分为注射模、铸模、蜡模及石墨电极研磨母模；按制模材料可分为非金属模和金属模；按制模技术可分为直接模具和间接模具。

硅橡胶模具属于软模具、注射模、间接模具，采用增材制造技术制造原型后，先制造出硅橡胶过渡软模，再将硅橡胶过渡软模作为模样用于造型，具体技术流程如图 8.7-41 所示。

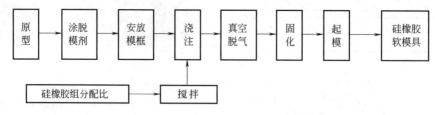

图 8.7-41　硅橡胶模制造技术流程

硅橡胶模具制作工艺路线：

1）利用增材制造技术（SLA、FDM、SLS、LOM等）制作原型，作为模具母模用于翻制硅胶模。

2）将经表面处理后的原型，悬挂在敞口的箱体内（箱体的内轮廓尺寸为增材制造原型轮廓最大尺寸基础上增加 20~30mm），在增材制造原型和箱体内侧均匀涂抹脱模剂（一般使用凡士林）。

3）计算箱体和原型的体积，求出所需硅橡胶的

量，按一定比例称取硅橡胶的主剂和固化剂，混合搅拌后，在真空中抽负压除气 2~3min。

4）将混合好的硅橡胶浇入到箱体内，抽负压 5~10min，以除去浇注过程中卷入的气体。

5）静置 12~20h，待硅橡胶完全固化，打开模框，用刀沿预定分型线划开，将母模（增材制造原型）取出后得到硅橡胶模具。

6）在硅橡胶模具上加工出气口和浇口，硅橡胶

上、下模合箱、装配，放置在真空注模机工作台上。

7）根据零件的重量，配置双组分的树脂（主剂和固化剂），并放进真空注模机内，抽负压（0.1MPa，3~10min），双组分（主剂和固化剂）在真空条件下混合搅拌，立即浇注。

8）自然硬化 30~90min 后即可起模，4h 后即可达到材料的性能，采用这些树脂材料制成的产品肖氏硬度可达 70~80，耐热温度一般为 60~100℃。

图 8.7-42 所示为采用硅橡胶模具制造的汽车方向盘手轮。

a)   b)

c)   d)   e)

图 8.7-42 采用硅橡胶模具制造的汽车方向盘手轮
a) CAD 模型 b) 3D 打印原型 c) 硅橡胶模上模 d) 硅橡胶模下模 e) 真空注射件

参 考 文 献

[1] 颜永年，张伟，卢清萍，等. 基于离散/堆积成形概念的 RPM 原理与发展 [J]. 中国机械工程，1994，5（4）：64-66.

[2] 颜永年，单忠德. 快速成形与铸造技术 [J]. 北京：机械工业出版社，2004.

[3] 颜永年，齐海波. 快速制造的内涵与应用 [J]. 航空制造技术，2004（5）：26-29.

[4] 王志尧. 中国材料工程大典第 25 卷材料特种加工成形工程 [M]. 北京：化学工业出版社，2006.

[5] 卢秉恒，李涤尘. 增材制造（3D打印）技术发展 [J]. 机械制造与自动化，2013，42（4）：1-4.

[6] 卢秉恒. 增材制造技术——现状与未来 [J]. 中国机械工程，2020，31（1）：19-23.

[7] 王晓燕，朱琳. 3D 打印与工业制造 [M]. 北京：机械工业出版社，2019.

[8] 冯伟. 快速成型系统的软件系统研究 [D]. 北京：清华大学，1996.

[9] 朱君. 适应性快速 RP-CAPP 系统研究 [D]. 北京：清华大学，1999.

[10] 郭戈. RP-CAPP 系统的研究与开发 [D]. 北京：清华大学，2001.

[11] 杨永强，王迪，宋长辉. 金属 3D 打印技术 [M]. 武汉：华中科技大学出版社，2020.

[12] 南极熊 3D 打印. 铂力特金属 3D 打印机与德国 EOS 对比分析 [EB/OL]. （2019-06-11）[2020-08-15]. https：//mp. ofweek. com/laser/a545683125186.

[13] 3D 科学谷. 金属 SLM 选区金属熔化工艺仿真中关于支撑的分析研究 [EB/OL]. （2019-07-04）[2020-08-15]. https：//www. sohu. com/a/324811092_274912.

[14] 高超峰，余伟泳，朱权利，等. 3D 打印用金

属粉末的性能特征及研究进展［J］．粉末冶金工业，2017，27（5）：53-58.

［15］ 齐海波．电子束选区熔化快速制造技术研究［D］．北京：清华大学，2007.

［16］ 郭超．双金属电子束选区熔化增材制造系统研究［D］．北京：清华大学，2015.

［17］ 黄卫东．激光立体成形［M］．西安：西北工业大学出版社，2007.

［18］ 邵其文．基于光内送粉的激光熔覆快速成形技术研究［D］．苏州：苏州大学，2008.

［19］ 马婧．激光熔覆成形316L有角度薄壁件的工艺研究［D］．石家庄：石家庄铁道大学，2016.

［20］ 王望明．小型化激光熔覆沉积增材制造装置研制［D］．石家庄：石家庄铁道大学，2018.

［21］ 王伟，何妍，钦兰云，等．同轴送粉式激光沉积制造分区扫描路径规划［J］．应用激光，2016，36（4）：373-378.

［22］ 巩水利，锁红波，李怀学．金属增材制造技术在航空领域的发展与应用［J］．航空制造技术，2013（13）：66-71.

［23］ 陈云霞．扫描电子束三维成型的研究［D］．上海：上海交通大学，2010.

［24］ 付贝贝．电子束送丝系统及增材制造工艺研究［D］．南京：南京理工大学，2017.

［25］ 江宏亮，姚巨坤，殷凤良．丝材电弧增材制造技术的研究现状与应用［J］．热加工工艺，2018，47（18）：25-29.

［26］ 胡晓冬，赵万华．等离子弧焊直接金属成形技术的工艺研究［J］．机械科学与技术，2005，24（5）：540-542.

［27］ 向杰．基于机器人的熔覆快速再制造成形基础研究［D］．乌鲁木齐：新疆大学，2013.

［28］ 张海鸥，黄丞，李润声，等．高端金属零件微铸锻铣复合超短流程绿色制造方法及其能耗分析［J］．中国机械工程，2018，29（21）2553-2558.

［29］ 周开心，王少华，张海鸥，等．微铸锻对电弧增材制造5A56铝合金组织与性能的影响［J］．热加工工艺，2021（5）：12-17.

［30］ 江苏激光产业创新联盟．增减材复合制造机床研究现状［EB/OL］．（2019-02-25）［2020-08-15］．https：//www.sohu.com/a/297469906_100034932.

［31］ 南极熊3D打印．Autodesk研制全球最大增减材混合制造3D打印设备［EB/OL］．（2017-04-5）［2020-08-15］．https：//www.sohu.com/a/132141258_181700.

［32］ 张定军．光固化成形涂层工艺研究及其在功能陶瓷材料中的应用［D］．北京：清华大学，2004.

［33］ 王青岗．牙颌的光固化成形工艺研究［D］．北京：清华大学，2004.

［34］ 李卫．光固化成形支撑软件研究［D］．北京：清华大学，2003.

［35］ 方浩博，陈继明．基于数字光处理技术的3D打印技术［J］．北京工业大学学报，2015，41（12）：1775-1782.

［36］ CHENG QK, ZHENG Y, WANG T, et al. Yellow resistant photosensitive resin for digital light processing 3D printing［J］. Journal of Applied Polymer Science, 2020, 137 (7)：48-69.

［37］ JANUSZIEWICZ R, TUMBLESTON J R, QUINTANILLA A L, et al. Layerless fabrication with continuous liquid interface production［J］. Proceedings of the National Academy of Sciences of the United States of America, 2016, 113 (42)：11703-11708

［38］ 吴良伟．CAD模型直接驱动高聚物熔融挤压快速成形技术研究［D］．北京：清华大学，1998.

［39］ 吴立军，招銮，宋长辉，等．3D打印技术及应用［M］．杭州：浙江大学出版社，2017.

［40］ 李涤尘，杨春成，康建峰，等．大尺寸个体化PEEK植入物精准设计与控性定制研究［J］．机械工程学报，2018，54（23）：121-125.

［41］ 田小永，刘腾飞，杨春成，等．高性能纤维增强树脂基复合材料3D打印及其应用探索［J］．航空制造技术，2016（15）：26-31.

［42］ 张超，邓智聪，侯泽宇，等．混凝土3D打印研究进展［J］．工业建筑，2020，50（8）：16-21.

［43］ BIM中国网．中南置地×清华大学世界最大规模3D打印混凝土桥落成［EB/OL］．（2019-01-18）［2020-08-15］．http：//cnbim.com/2019/0118/5206.html.

［44］ 杨伟东．基于砂粒复合裹覆的无模铸造技术的研究与实现［D］．北京：清华大学，2003.

［45］ 马旭龙．铸造砂型三维打印工艺中渗透误差分析及补偿技术研究［D］．北京：清华大学，2016.

[46] 高翔宇，杨伟东，王媛媛，等. 微滴喷射工艺参数与液滴形态关系的数值模拟 [J]. 机械科学与技术，2021，40（3）：475-480.

[47] 薛光怀，贺永，傅建中，等. 压电式喷头的微滴喷射行为及其影响因素 [J]. 光学精密工程，2014，22（8）：2166-2172.

[48] 闫春泽，史玉升，魏青松，等. 激光选区烧结 3D 打印技术 [M]. 武汉：华中科技大学出版社，2019.

[49] 李顶杨，尚鑫，贾润礼，等. 激光烧结用复合蜡粉的筛选及成型工艺研究 [J]. 铸造技术，2020，41（2）157-159.

[50] 杨来侠，白祥，徐超，等. 基于 SLS 的诱导轮快速熔模铸造工艺研究 [J]. 铸造，2019，68（10）：1121-1126.

[51] 林峰. 分层实体制造技术原理及系统开发 [D]. 北京：清华大学，1997.

[52] 林峰. 生物 3D 打印技术的四个层次 [J]. 信息技术时代，2013（6）：46-49.

[53] 周丽宏，陈自强，黄国友，等. 细胞打印技术及应用 [J]. 中国生物工程杂志，2010，30（12）：95-104.

[54] 熊卓. 骨组织工程支架的低温沉积制造及应用基础研究 [D]. 北京：清华大学，2002.

[55] 冯超. 低温冰型快速成形技术研究 [D]. 北京：清华大学，2001.

[56] 刘海霞. 细胞直接三维受控组装技术研究 [D]. 北京：清华大学，2007.

[57] 张一帆，徐铭恩，王玲，等. 利用同轴 3D 打印技术构建促内皮细胞生长类血管组织工程支架 [J]. 中国生物医学工程学报，2020，39（2）：206-214.

[58] 杨一凡，何智海，詹培敏. 石墨烯及其衍生物在水泥基材料中的应用与研究进展 [J]. 硅酸盐通报，2020，39，282（3）：19-26.

[59] 赵雨. 细胞 3D 打印技术概述 [J]. 新材料产业，2019（2）：17-20.

[60] 朱敏，黄婷，杜晓宇，等. 生物材料的 3D 打印研究进展 [J]. 上海理工大学学报，2017，39（5）：473-483，489.

[61] XU T, JIN J, GREGORY C, et al. Inkjet printing of viable mammalian cells. Biomaterials, 2005, 26（1）：93-99.

[62] 付明福，杨影，陈伟才，等. 喷墨打印技术同步打印细胞和生物支架材料及在组织工程中的应用 [J]. 中国组织工程研究与临床康复，2011，15（42）：7892-7896.

[63] 郑子卓. 可见光交联的生物墨水的制备及其生物相容性研究 [D]. 深圳：中国科学院大学（中国科学院深圳先进技术研究院），2020.

[64] 沈羿. 壳聚糖基光敏水凝胶的构建及其用于光固化 3D 打印的研究 [D]. 太原：太原理工大学，2020.

[65] JAYASINGHE S N, IRVINE S, MCEWAN J R. Cell electrospinning highly concentrated cellular suspensions containing primary living organisms into cell-bearing threads and scaffolds [J]. Nanomedicine, 2007, 2（4）：555-567.

[66] 张海义. 电流体动力学微滴喷射及其视觉检测 [D]. 北京：北京工业大学，2019.

[67] 聂志雄. 面向细胞打印的气动阀控式微滴喷射装置的设计与验证 [D]. 北京：北京工业大学，2017.

[68] ZHU W, QU X, ZHU J, et al. Direct 3D bioprinting of prevascularized tissue constructs with complex microarchitecture [J]. Biomaterials, 2017, 124（5）：106-115.

[69] SHAO L, QING G, ZHAO H, et al. Fiber-Based Mini Tissue with Morphology-Controllable GelMA Microfibers [J]. Small, 2018, 14（44）：845-855.

[70] OFweek3D 打印网. 3D 打印定制骨科夹板 Xkelet 获德国红点设计奖 [EB/OL].（2016-07-09）[2020-08-15]. https：//3dprint. ofweek. com/2016-07/ART-132105-11001-30007162. html

[71] GE 公司原版报告. 目前最详细的 GE9X 发动机 304 个 3D 打印零件介绍 [EB/OL].（2020-10-14）[2020-12-15]. https：//new. qq. com/omn/20201014/20201014A02KTE00. html.

[72] 吴爵盛，金枫，张全艺，等. 一种镶缸套铝合金缸体铸件的快速制造方法 [J]. 铸造，2015，64（9）：842-845

[73] 王少楼. 高速列车制动盘复合制造技术研究 [D]. 石家庄：石家庄铁道大学，2021.

[74] 王春风，沈其文，庞祖高. SLS 快速制造大型复杂四气门六缸柴油发动机蠕墨铸铁缸盖 [C]. 2010 年中国铸造活动周，中国机械工程学会铸造分会会议论文集，杭州，2010：461-467.

[75] 中宝协云平台. 3D 打印珠宝已能实现批量化生产，行业发展模式将被如何改变？[EB/

OL］．（2019-09-19）［2020-08-15］．https：//
www. sohu. com/a/341870277_120015469.

［76］　高工 LED. 雷尼绍随形冷却解决方案提升注
塑成型效率［EB/OL］．（2017-12-20）［2020-
08-15］．https：//www. gg-led. com/zhuanti/as-
disp2-65b095fb-66055-. html.

［77］　汽车迷. 脱颖而出！轮胎模具制造工艺的革新
［EB/OL］．（2020-01-16）［2020-08-15］．ht-
tps：//www. sohu. com/a/367245763_203321.

［78］　单忠德. 基于快速原型的金属模具制造技术
研究［D］．北京：清华大学，2002.

第 9 章

表面工程技术

主　编　董世运（陆军装甲兵学院）

参　编　谭　俊（陆军装甲兵学院）

　　　　魏世丞（陆军装甲兵学院）

　　　　王海斗（陆军装甲兵学院）

　　　　吕耀辉（陆军装甲兵学院）

　　　　蔡志海（陆军装甲兵学院）

　　　　闫世兴（陆军装甲兵学院）

　　　　邱　骥（陆军装甲兵学院）

　　　　许　一（陆军装甲兵学院）

　　　　王玉江（陆军装甲兵学院）

　　　　夏　丹（陆军装甲兵学院）

　　　　单际国（清华大学）

　　　　张　迪（清华大学）

9.1　概述

9.1.1　表面工程及其功能

表面工程，是经表面预处理后，通过表面涂覆、表面改性或多种表面技术复合处理，改变固体金属表面或非金属表面的形态、化学成分、组织结构和应力状况，以获得所需要表面性能的系统工程。这一系统包括以表面科学为理论基础，以表面和界面行为为研究对象，综合运用失效分析、涂覆层材料、表面技术、预处理和后加工、表面检测技术、表面质量控制、使用寿命评估、表面施工管理、技术经济分析和三废处理等多种技术方法，将零件基体与零件表面构成一个相互依存、分工协作的系统。表面工程的系统性集中反映在表面的设计中，这是表面工程与表面技术的主要不同点。

表面工程的特色与优势主要表现在以下几个方面：①以高性能的表面与基体的配合获得更加优异的整体性能。②以较少的能源和材料获得比基体材料更高的表面性能，具有显著的节能、节材效果。③近零排放的表面工程新技术替代传统表面工程技术，可大幅度减少对环境的负面影响。因此，表面工程在提升装备制造水平和产品质量，实现高质量发展，解决制造业发展中遇到的资源、能源、环境等共性问题中可发挥重要的作用。

表面工程是现代制造技术的重要组成部分，表面工程在制造业的运用可促进机械产品结构的创新、产品材料的创新及产品性能的大幅提升。对于机械零件，表面工程主要用于提高零件表面的耐磨性、耐蚀性、耐热性、抗疲劳强度等力学性能，以保证现代机械在高速、高温、高压、重载以及强腐蚀介质工况下可靠而持续地运行；对于电子电器元件，表面工程主要用于提高元器件表面的电、磁、声、光等特殊物理性能，以保证现代电子产品容量大、传输快、体积小、高转换率、高可靠性；对于机电产品的包装及工艺品，表面工程主要用于提高表面的耐蚀性和美观性，以实现机电产品优异性能、艺术造型与绚丽外表的完美结合；对于生物医学材料，表面工程主要用于提高人造骨骼等人体植入物的耐磨性、耐蚀性，尤其是生物相容性，以保证患者的健康并提高生活质量。表面工程中的各项表面技术已应用于各类机电产品中，可以说，没有表面工程，就没有现代机电产品。

表面工程又是再制造工程的关键技术之一。再制造工程是以产品全生命周期理论为指导，以优质、高效、节能、节材、环保为准则，以先进技术和产业化为手段，用以修复、改造废旧产品的一系列技术措施

或工程活动的总称。简言之，再制造是废旧机电产品高科技维修的产业化。20 世纪全球经济高速发展，新型机电产品极大地丰富了人们的物质生活。与此同时，也带来了两个负面效应：第一，机械制造业是矿产资源的最大使用者，是能源的最大消耗者，是有害气体和废水的最大排放者；第二，机电产品更新换代频率加快，一方面造成了自然资源的日益匮乏，另一方面造成了机电产品报废数量激增。在我国全面建设小康社会和高质量发展的进程中，资源短缺、能源紧张已成为重要的制约因素。充分发挥表面工程技术的功能，对废旧机电产品实施再制造是节能、节材、保护环境的必然选择，是构建节约型社会，走循环经济的发展模式、落实人与自然和谐发展观的重要举措。

目前，表面工程已由传统表面工程向复合表面工程、纳米表面工程及自动化表面工程发展；表面工程的应用从对应磨损与腐蚀向抵抗疲劳与蠕变拓展；表面工程新的增长点正在信息技术、生物技术、纳米科技等前沿领域中萌生；表面工程产业化在航空、航天、新能源、新材料、环保与资源循环中得到迅速发展。表面工程已成为 21 世纪工业发展的关键技术之一，已成为从事机电产品设计、制造、维修、再制造工程技术人员必备的知识，已成为机电产品不断创新的知识源泉。

表面工程可使零件上的局部或整个表面具备如下功能：

1）提高耐磨性、耐腐蚀、耐疲劳、耐氧化、防辐射性能。

2）提高表面的自润滑性。

3）实现表面的自修复性（自适应、自补偿和自愈合）。

4）实现表面的生物相容性。

5）改善表面的传热性或隔热性。

6）改善表面的导电性或绝缘性。

7）改善表面的导磁性、磁记忆性或屏蔽性。

8）改善表面的增光性、反光性或吸波性。

9）改善表面的湿润性或憎水性。

10）改善表面的黏着性或不黏性。

11）改善表面的吸油性或干摩性。

12）改善表面的摩擦因数（提高或降低）。

13）改善表面的装饰性或仿古作旧性等。

表面工程的功能还可以列举很多，如减振、密封、催化等。表面工程广泛的功能和低廉的成本，给制造业和维修、再制造领域注入了活力，推动着制造

业的技术创新。

9.1.2 表面工程技术的分类

表面技术是表面工程的重要技术基础，是改善材质表面性能的具体工艺和手段。表面技术也称为表面工程技术。按照改善基质材料表面性能的原理，表面工程技术可分为表面改性技术、表面涂覆技术、复合表面工程技术、纳米表面工程技术四大类（见图9.1-1）。

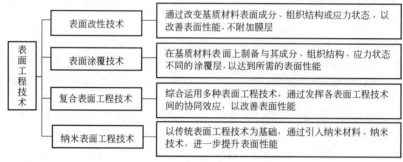

图 9.1-1　表面工程技术的分类

1. 表面改性技术

表面改性是指通过改变基质表面的化学成分、组织结构及应力状态，以达到改善表面性能的目的。表面改性技术包括化学热处理、离子注入、转化膜技术、表面变形处理、表面淬火等，这一类表面工程技术通常不附加外来涂层。转化膜是取材于基质中的化学成分形成新的表面膜层，常归入表面改性技术类（见图9.1-2）。

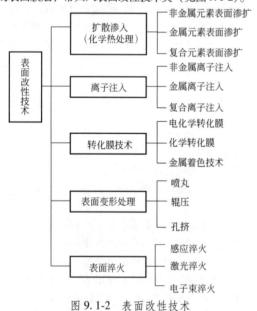

图 9.1-2　表面改性技术

2. 表面涂覆技术

表面涂覆是在基质表面上形成一种涂覆（或膜）层，由于其化学成分、组织结构与基质材料完全不同，涂覆层具有所需的表面性能。表面涂覆技术包括电镀、电刷镀、化学镀、物理气相沉积、化学气相沉积、热喷涂、堆焊、激光束或电子束表面熔覆、热浸镀、黏涂、涂装等。其中每一种表面涂覆技术又分为许多分支（见图9.1-3）。

表面涂覆技术的选用以满足零件表面性能要求、涂覆层与基质材料的结合强度适应工况要求、经济性好、环保性好为准则。涂覆层的厚度可以是几毫米，也可以是几微米。通常在基质零件表面预留加工余量，以实现表面具有工况需要的涂覆层厚度。与表面改性技术相比，表面涂覆技术的类型和涂层材料的种类多，因而应用最为广泛。

3. 复合表面工程技术

复合表面工程技术是对上述单一表面工程技术的综合运用，通过在基质材料表面上采用两种或多种表面工程技术，克服单一表面工程技术的局限性，发挥多种表面工程技术间的协同效应，从而使表面性能、质量、经济性进一步优化。因而复合表面工程技术又称为第二代表面工程技术。

4. 纳米表面工程技术

纳米表面工程技术是充分利用纳米材料、纳米结构的优异性能，将纳米材料、纳米技术与表面工程技术交叉、复合、综合，在基质材料表面制备出含纳米颗粒的复合涂层或具有纳米结构的表层。纳米表面工程技术能赋予表面新的服役性能，使零件设计时的表面选材发生重要变化，并为表面工程技术的进步开辟了新的途径。因而纳米表面工程技术又称为第三代表面工程技术。

目前已进入实用化的纳米表面工程技术有：纳米颗粒复合电刷镀技术、纳米热喷涂技术、纳米涂装技术、纳米减摩自修复添加剂技术、纳米固体润滑干膜技术、纳米黏涂技术、纳米薄膜制备技术、金属表面纳米化技术等。

表面工程技术种类很多，应用领域很广，本章重点介绍提高机械产品服役性能和刀具寿命的常用表面工程技术。

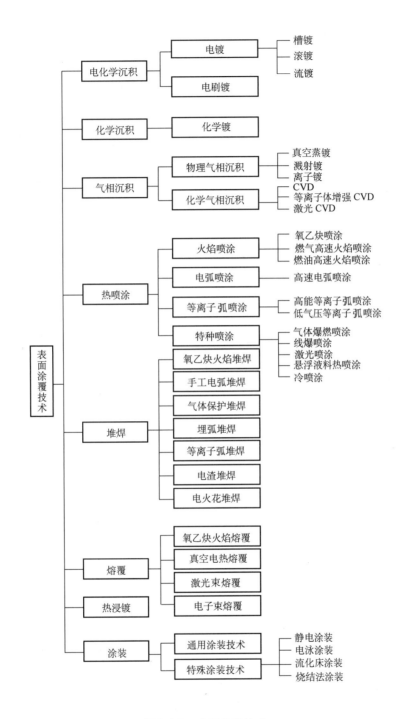

图 9.1-3　表面涂覆技术

9.2　液相沉积技术

　　液相沉积技术是在电能或化学能驱动下，液体（或溶液）中原子或离子在固体表面沉积或发生化学反应而形成涂镀层的表面工程技术的统称，主要包括电镀、电刷镀、化学镀和转化膜等表面工程技术方法。

9.2.1 电镀

1. 电镀及其应用

电镀是用电化学的方法在固体表面上电沉积一层金属或合金的过程。当具有导电表面的部件与含有被镀金属离子的电解质溶液接触，被镀件作为阴极，一般要镀的金属作为阳极，在外电流的作用下，就可在部件（阴极）表面上沉积一层金属、合金或半导体等。

电镀是表面处理的重要组成部分，表面处理技术已广泛应用在各个工业部门，如机械、仪表、电器、电子、轻工、航空、航天、船舶以及国防工业的各部门。它不仅能使产品质量和外观美观、新颖和耐用，而且还可以对一些有特殊要求的工业产品赋予所需要的性能，如高耐蚀性、导电性、焊接性、润滑性、磁性、反光性、高硬度、高耐磨性、耐高温性等。

2. 电镀层的分类

电镀层的分类方法有多种，若根据镀层使用的目的来分，大致可分为三类：

（1）防护性镀层

通常使用的镀锌层、镀镉层和镀锡层属于此类镀层。黑色金属部件在一般大气条件下，常用镀锌层来保护，在海洋气候条件下常用镀镉层来保护。对于接触有机酸的黑色金属部件，则常用镀锡层来保护（如食品容器和罐头等），它不仅防护能力强，而且腐蚀产物对人也没有害处。由于镉具有很高的毒性，从环境保护考虑，现在已很少应用，大多用锌及锌合金代替。

（2）装饰性镀层

镀层以装饰性为主要目的，当然也要具备一定的防护性。装饰性镀层多半都是由多层镀形成的组合镀层，这是由于很难找到单一的金属镀层能满足装饰性镀层的要求。通常首先在基体上镀一底层，然后再镀一表面层，有时还要镀中间层，例如，铜/镍/铬多层镀，也有采用多层镍和微孔铬的，现在汽车铝轮毂的电镀层数有的多达9层。

近几年来，电镀贵金属（如镀金、银等）和仿金镀层应用比较广泛，特别在一些贵重装饰品和小五金商品中，用量较多，产量也较大。

（3）功能性镀层

为了满足工业生产和科技上的一些特殊要求。常需要在部件表面施镀一层金属、合金。

1）耐磨和减摩镀层。耐磨镀层是依靠给部件镀覆一层高硬度的金属，以增加部件的抗磨耗能力，在工业上大量应用的是镀硬铬。通常应用在工业上的大型直轴或曲轴的轴颈、压印辊的辊面、发动机的汽缸及活塞环、冲压模具的内腔以及枪、炮管的内腔等均镀硬铬。

减摩镀层多用在滑动接触面上，接触面镀上韧性金属，通常镀减摩合金镀层，这种镀层可以减少滑动摩擦，多用在轴瓦和轴套上，可以延长轴和轴瓦的使用寿命。作为减摩镀层的金属和合金有锡、铅-锡合金、铅-铟合金以及铅-锡-铜合金等。

2）抗高温氧化镀层。许多技术部门常需要使用耐高温的材料来制造特殊用途的部件，这些部件在高温腐蚀介质中容易氧化或热疲劳而损坏。例如，喷气发动机的转子叶片和转子发动机的内腔等，常需要镀镍、钴、铬及铬合金。

3）导电镀层。在印制电路板、IC元件等，需要大量使用提高表面导电性的镀层。通常采用镀铜、银和金就可以了。当要求镀层既要导电性好，又要耐磨性好时，就需要镀 Ag-Sb 合金、Au-Co 合金、Au-Ni 合金及 Au-Sb 合金等。

4）磁性镀层。在电子计算机和录音机等设备中，所使用的录音带、磁盘和磁鼓等存储装置均需要磁性材料。这类材料多采用电镀法制得，通常用电镀法制取的磁性材料有 Ni-Fe、Co-Ni 和 Co-Ni-P 等。

5）焊接性镀层。当有些电子元器件进行组装时，常需要进行钎焊，为了改善和提高它们的焊接性，在表面需要镀一层铜、锡、银以及锡-铅合金等。

6）修复性镀层。有些大型和重要的机器部件经过使用磨损后，可以用电镀或刷镀法进行修补。汽车和拖拉机的曲轴、凸轮轴、齿轮、花键、纺织机的压辊等，均可采用电镀硬铬、镀铁、镀合金等进行修复。印染、造纸等行业的一些部件也可用镀铜、镀铬等来修复。

3. 电镀预处理

电镀前的基体表面状态和清洁程度是保证镀层质量的先决条件。如果基体表面粗糙、有锈蚀或有油污存在，将不会得到光亮、平滑、结合力良好和耐蚀性好的镀层。电镀质量事故 80% 的原因在于镀前处理，因此要想得到高质量的镀层，必须加强镀前预处理的管理。

（1）粗糙表面的整平

1）磨光和机械抛光。

① 磨光。磨光的主要目的是使金属部件粗糙不平的表面得以平坦和光滑，还能除去金属部件的毛刺、氧化皮、锈蚀、砂眼、气泡和沟纹等。

磨光用的磨料：通常有人造刚玉（即氧化铝）和金刚砂（碳化硅）以及石英砂和氧化铬等。

磨光用的磨轮：磨轮多为弹性轮，一般使用皮革、毛毡、棉布、呢绒线、各种纤维织品及高强度纸等材料，用压制法、胶合法或缝合法制做而成，并具有一定的弹性。

磨轮的旋转速度：磨光的效果与磨轮的旋转速度有密切关系。当被磨光的部件材料越硬，表面粗糙度值要求越低时，磨轮的圆周速度应该越大。

② 机械抛光。机械抛光是利用装在抛光机上的抛光轮来实现的，抛光机和磨光机相似，只是抛光时用抛光轮，并且转速更高些。抛光轮通常是由棉布、亚麻布、细毛毡、皮革和特种纸等缝制成薄圆片，为了使抛光轮能有足够的柔软性，缝线和轮边应保持一定的距离。

抛光膏是由金属氧化物粉与硬脂、石蜡等混合，并制成适当硬度的软块。根据金属氧化物的种类不同，一般抛光膏可分为三种：

a. 白膏，由白色高纯度的无水氧化钙和少量氧化镁粉制成。白膏中的氧化钙粉非常细小，无锐利的棱面，适用于软质金属的抛光和多种镀层的精抛光。

b. 红膏，由红褐色的三氧化二铁粉制成。红膏中的三氧化二铁具有中等硬度，适用于钢铁部件的抛光，也可用于细磨。

c. 绿膏，由绿色的三氧化二铬粉制成。绿膏中的三氧化二铬是一种硬而锋利的粉末，适用于硬质合金钢及铬镀层的抛光。

2) 滚光和光饰。

① 普通滚光。它是将部件和磨料等放入滚筒中，低速旋转滚筒，靠部件和磨料的相对运动及摩擦效应。滚光的效果与滚筒的形状、尺寸、转速、磨料、溶液的性质、部件材料性质及形状等有关。多边形滚筒比圆形滚筒好，常用的滚筒多为六边形和八边形。

滚筒的旋转速度与磨削量成正比。一般旋转速度控制在 20~45r/min 范围内。滚光用的磨料有石英砂、铁砂、钉子尖、陶瓷片、浮石和皮革角等。

② 离心滚光。它是在普通滚光的基础上发展起来的高能表面整平方法。在转塔内放置一些滚筒，内装零部件和磨削介质等。当工作时，转塔高速旋转，而转筒则以较低的速度反方向旋转。旋转产生的离心力，使转筒中的装载物压在一起，对零部件产生滑动磨削，能起到去毛刺和整平的效果。

③ 振动光饰。它是在滚筒滚光的基础上发展起来的普通光饰方法。使用的设备主要是筒形或碗形容器及振动装置。振动光饰效率比普通滚光高得多，适用于加工比较小的零部件。

④ 离心光饰。它是一种高能光饰方法，其主要结构部分是圆筒形容器、碗形盘和驱动系统。将磨料和介质放入筒内，当工作时由于盘的旋转，使装载物沿着筒壁向上运动，其后又靠部件的自身重量，如此反复使装载物呈圆筒形运动，从而对零部件产生磨削光饰作用。

3) 喷砂和喷丸。

① 喷砂。喷砂是用压缩空气将砂子喷射到工件上，利用高速砂粒的动能，除去部件表面的氧化皮、锈蚀或其他污物。喷砂可分为干喷砂和湿喷砂两种。

干喷砂用的磨料是石英砂、钢砂、氧化铝和碳化硅等，应用最广的是石英砂。加工时要根据部件材料、表面状态和加工的要求，可选用不同粒度的磨料。

湿喷砂用磨料和干喷砂相同，可先将磨料和水混合成砂浆，磨料一般占体积分数的 20%~35%，要不断搅拌以防沉淀，用压缩空气压入喷嘴喷向加工部件。

② 喷丸。喷丸与喷砂相似，只是用钢铁丸和玻璃丸代替喷砂的磨料。喷丸能使部件产生压应力，而且没有含硅的粉尘污染。目前许多精密件的喷丸采用不锈钢丸。

(2) 脱脂

金属部件在镀前黏附的油污分为矿物油、植物油和动物油。所有的动物油和植物油的化学成分主要是脂肪酸和甘油酯，它们都能和碱作用生成肥皂，故称为可皂化油；矿物油主要是各种碳氢化合物，不能和碱作用，称为不可皂化油，如凡士林、石蜡和润化油等。

1) 有机溶剂脱脂。常用的有机溶剂有汽油、煤油、苯、甲苯、丙酮、三氯乙烯、三氯乙烷、四氯化碳等。其中汽油、煤油、苯类、丙酮等属于有机烃类溶剂，对大多数金属没有腐蚀作用，但都是易燃液体，苯类还有较大的毒性。三氯乙烷、四氯乙烷和四氯化碳等也属于有机烃类溶剂，但不易燃，具有一定的毒性，需要在密闭的容器中进行操作，并要注意通风。

有机溶剂脱脂的特点是对皂化油和非皂化油均能溶解，一般不腐蚀金属部件。脱脂快，但不彻底，需用化学方法和电化学方法补充脱脂。

2) 化学脱脂。化学脱脂是利用热碱溶液对油脂进行皂化和乳化作用，以除去可皂化性油脂；同时利用活化剂的乳化作用，以除去非皂化性油脂。

① 碱性脱脂。碱性脱脂是依靠皂化和乳化作用，前者可以除去动植物油，后者可以除去矿物油。

碱性脱脂溶液通常含有以下组分：氢氧化钠、碳酸钠、磷酸钠、焦磷酸钠、硅酸钠以及活化剂等。活化剂的去脂作用与其分子结构有关。常用的乳化剂有：OP-10、平平加 A-20、TX-10、O-20、HW 和

6501、6503 等。碱性脱脂液组成及工艺条件见表 9.2-1。

表 9.2-1 碱性脱脂液组成及工艺条件 （单位：g/L）

组成及工艺条件	钢铁			铜及铜合金		铝及铝合金		锌及锌合金	
	1	2	3	4	5	6	7	8	9
氢氧化钠（NaOH）	50~100	40~60	20~40	8~12	—	10~15	—	—	—
碳酸钠（Na_2CO_3）	25~35	25~35	20~30	50~60	10~20	—	15~20	15~30	20~25
磷酸钠（Na_3PO_4）	25~35	25~35	5~10	50~60	10~20	40~60	—	15~30	—
硅酸钠（Na_2SiO_3）	10~15	—	5~15	5~10	10~20	20~30	10~20	10~20	20~25
三聚磷酸钠（$Na_5P_3O_{10}$）	—	—	—	—	—	—	10~15	—	15~20
OP 乳化剂	—	—	1~3	—	2~3	—	1~3	—	—
YC 脱脂添加剂	—	10~15	—	—	—	—	—	—	10~15
温度/℃	80~95	60~80	80~90	70~80	70	60~80	60~80	60~80	40~70

注：YC 脱脂添加剂是上海永生助剂厂产品。

② 酸性脱脂（该法仅适用于有少量油污的金属部件）。酸性脱脂通常是由无机酸和（或）有机酸中加入适量的活化剂混合配制而成，这是一种脱脂-除锈一步法工艺。常用的几种工艺有：

a. 硫酸（H_2SO_4，$d = 1.84g/cm^3$）80 ~ 140mL/L，平平加乳化剂 15 ~ 25mL/L，硫脲 1 ~ 2mL/L，温度 70~85℃。适用于表面附有氧化皮及少量油污的黑色金属部件。

b. 盐酸（HCl，$d = 1.19g/cm^3$）185mL/L，OP 乳化剂 5~7.5g/L，乌洛托品 5g/L，温度 50~60℃，适用于表面附有疏松锈蚀产物及少量油污的黑色金属部件。

c. 硫酸（H_2SO_4，$d = 1.84g/cm^3$）35 ~ 45mL/L，盐酸（HCl，$d = 1.19g/cm^3$）950 ~ 960mL/L，乳化剂 1~2g/L，乌洛托品 3~5g/L，温度 80~95℃，适用于表面附有氧化皮及少量油污的黑色金属部件。

3）电化学脱脂。电化学脱脂的特点是脱脂效率高，能除去部件表面的浮灰和浸蚀残渣等机械杂质，阴极脱脂易渗氢，深孔内油污去除较慢，并需有直流电源。

a. 阴极脱脂。阴极脱脂时，在阴极产生氢气气泡小而多，比阳极上产生的气泡多一倍，因而阴极脱脂比阳极脱脂的速度快，脱脂的效果也好。但由于阴极上产生大量的氢气，会有一部分渗入到钢铁基体，使钢铁部件因渗氢而产生氢脆。为了尽可能减少渗氢，进行阴极脱脂时，可采用相对较高的电流密度，以减少阴极脱脂的时间。

b. 阳极脱脂。阳极脱脂析出的气泡相对较少，气泡较大，故乳化能力较弱。阳极脱脂析出的氧气容易使金属表面氧化，某些油污也被氧化，以致难以除去。有色金属及其合金不宜采用阳极脱脂。

c. 阴阳极联合脱脂。联合脱脂时一般先进行阴极脱脂，随后转为短时间的阳极脱脂，这样既可利用阴极脱脂快的优点，又可减少或消除渗氢。电化学脱脂溶液的组成及工艺条件见表 9.2-2。

表 9.2-2 电化学脱脂溶液的组成及工艺条件 （单位：g/L）

组成及工艺条件	钢铁			铜及铜合金			锌及锌合金		铝及铝合金
	1	2	3	4	5	6	7	8	9
氢氧化钠（NaOH）	10~30	40~60	20~30	10~15	—	5~10	—	0~5	—
碳酸钠（Na_2CO_3）	—	60	10~20	20~30	20~40	10~20	5~10	0~20	—
磷酸钠（Na_3PO_4）	—	15~20	—	50~70	20~40	—	10~20	20~30	—
硅酸钠（Na_2SiO_3）	30~50	3~5	30~50	10~15	3~5	20~30	5~10	—	40
活化剂（质量分数为40%烷基磺酸钠）	—	—	1~2	—	—	1~2	—	—	5
三聚磷酸钠（$Na_5P_3O_{10}$）	—	—	—	—	—	—	—	—	40
温度/℃	80	7~80	60	70~90	70~80	60	40~50	40~70	—
电流密度/（A/dm^2）	10	2~5	10	3~8	2~5	5~10	5~7	5~10	—
阴极脱脂时间/min	1	—	1~2	5~8	1~3	1	0.5	5~10	—
阳极脱脂时间/min	0.2~0.5	5~10	—	0.3~0.5	—	—	—	—	—

注：1 号阴极脱脂和阳极脱脂交替进行；5 号铝、镁、锌也适用；8 号铝合金也适用，溶液中应加入适量的缓蚀剂和较多的活化剂。

（3）浸蚀

将金属部件浸入到含有酸、酸性盐和缓蚀剂等溶液中，以除去金属表面的氧化膜、氧化皮和锈蚀产物的过程称为浸蚀或酸洗。根据浸蚀的方法，可分为化学浸蚀和电化学浸蚀。若根据浸蚀的用途和目的又可分为一般浸蚀、强浸蚀、光亮浸蚀和弱浸蚀等。

a. 一般浸蚀。在一般情况下，能除去金属部件表面上的氧化皮和锈蚀产物即可。

b. 强浸蚀。采用的酸浓度比较高，它能溶去表面较厚的氧化皮和不良的表面组织、碳层、硬化表层和疏松层等，以达到粗化表面的目的。

c. 光亮浸蚀。一般仅能溶解金属部件上的薄层氧化膜，去除浸蚀残渣和挂灰，并降低零部件的表面粗糙度。

d. 弱浸蚀。金属部件一般在进行强浸蚀或一般浸蚀后，进入电镀槽之前进行弱浸蚀，主要用于溶解零部件表面上的钝化薄膜，使表面活化，以保证镀层与基体金属的牢固结合。

常用金属浸蚀方法：

① 钢铁件的强浸蚀。为了去除钢铁表面的锈蚀，通常使用硫酸和盐酸，反应中由于氢的析出，使高价铁还原成低价铁，有利于酸与氧化物的溶解，还能加速难溶黑色氧化皮的剥落。但析氢可能引起氢脆，故在浸蚀液中常加入适量的缓蚀剂。

含有硫酸的浸蚀液中使用的缓蚀剂有若丁、磺化煤焦油等；含有盐酸的浸蚀液中使用的缓蚀剂有六次甲基四胺（即乌洛托品、H-促进剂）、苯胺和六次甲基四胺的缩合物等。

钢铁件化学浸蚀液和电化学浸蚀液的组成及工艺条件见表 9.2-3 和表 9.2-4。

表 9.2-3　钢铁件化学浸蚀液的组成及工艺条件　（单位：g/L）

组成及工艺条件	1	2	3	4	5	6	7	8	9*	10
硫酸（H_2SO_4）	120~250	100~200	—	150~250	—	600~800	30~50	—	75%（体积分数）	—
盐酸（HCl）	—	100~200	150~350	—	—	5~15	—	—	—	100~150
硝酸（HNO_3）	—	—	—	—	800~1200	400~600	—	—	—	—
氢氟酸（HF）	—	—	—	—	—	—	—	—	25%（体积分数）	—
磷酸（H_3PO_4）	—	—	—	—	—	—	—	80~120	—	—
三氧化铬（CrO_3）	—	—	—	—	—	—	150~300	—	—	—
氢氧化钠（NaOH）	—	—	—	—	—	—	—	—	—	—
氯化钠（NaCl）	—	—	—	100~200	—	—	—	—	—	—
缓蚀剂	—	—	0.5~2	—	—	0.5~2	—	—	—	—
若丁	0.3~0.5	0~0.5	—	—	—	—	—	0.1	—	—
温度/℃	50~75	40~65	室温	40~60	<45	<50	室温	70~80	室温	室温
时间/min	<60	5~20	1~5	3~10s	3~10s	2~5	5~15		至砂除尽	

注：* 硫酸溶液浓度为 98%，氢氟酸溶液浓度为 40%；5 号工艺适用于非弹性、非高强度部件及电解后的金属部件；6 号适用于形状较复杂的部件，特别适于存在油渍的热处理黑皮件。

表 9.2-4　钢铁件电化学浸蚀液的组成及工艺条件　（单位：g/L）

组成及工艺条件	阳极浸蚀				阴极浸蚀		交流浸蚀
	1	2	3	4*	5※	6※	7
硫酸（H_2SO_4 质量分数为 98%）	200~250	150~250	10~20	—	100~150	40~50	120~150
硫酸亚铁（$FeSO_4 \cdot 7H_2O$）	—	—	200~300	—	—	—	—
盐酸（HCl）	—	—	—	320~380	—	25~30	—
氢氟酸（HF 质量分数为 40%）	—	—	—	0.15~0.3	—	—	—
氯化钠（NaCl）	—	30~50	50~60	—	—	20~22	—
缓蚀剂（二甲苯硫脲）	—	—	3~5	—	—	—	—
温度/℃	20~60	20~30	20~60	30~40	40~50	60~70	30~50
电流密度/（A/dm^2）	5~10	2~6	5~10	5~10	3~10	7~10	3~10
时间/min	10~20	5~10	5~10	1~10	10~15	10~15	4~8
电极材料	阴极为铁或铅	阴极为铁或铅	阴极为铁或铅	阴极为铁或铅	阳极用铅	阳极用铅	—

注：* 适用于含硅铸铁件，※ 用或含锑质量分数为 6%~10% 的铅锑合金。

② 钢铁件的弱浸蚀及活化。金属件在脱脂及强浸蚀之后，还需要进行弱浸蚀或活化处理。其目的是为了除去金属表面上极薄的一层氧化膜，使表面活化，以保证镀层与基体金属牢固结合。一般钢铁件的弱浸蚀工艺见表9.2-5。

表 9.2-5　一般钢铁件的弱浸蚀工艺

（单位：g/L）

组成及工艺条件	1	2	3	4
硫酸（H_2SO_4 质量分数为98%）	30~50	—	—	15~30
盐酸（HCl）	—	50~80	—	—
氰化钠（NaCN）	—	—	20~40	—
温度/℃	室温	室温	室温	室温
电流密度/（A/dm²）	—	—	—	3~5
时间/min	0.5~1	0.5~1	0.5~1	0.5~1

4. 电镀锌

在钢铁上广泛使用的防护性镀层，主要是镀锌。镀锌层属于阳极性镀层，对钢铁基体具有电化学保护作用。因此，能有效地防护钢铁的腐蚀。电镀锌在表面处理方面占有重要地位，它占总电镀质量分数的60%左右，在机械电子行业更是高达70%以上。

（1）氰化镀锌

氰化物镀锌得到的镀层结晶细致，光泽性好。但主要缺点是氰化物为剧毒物质，严重污染环境。目前高氰已很少使用，微氰应用也较少，多采用中氰和低氰，尤以低氰较为普遍。

氰化物镀锌液的组成及工艺条件见表9.2-6。

表 9.2-6　氰化物镀锌液的组成及工艺条件

（单位：g/L）

组成及工艺条件	中氰镀锌		低氰镀锌	
氧化锌（ZnO）	10~25	14~16	9~10	14
氰化钠（NaCN）	15~45	15~26	10~13	5
氢氧化钠（NaOH）	90~110	110~120	80~90	110~120
硫化钠（Na_2S）	1~2	0.1~0.3	—	—
明胶	—	6~8	—	—
95#A/（mL/L）	4~6	—	—	—
HT 光亮剂/（mL/L）	—	—	0.5~1.0	—
CKZ-840/（mL/L）	—	—	—	5~6
温度/℃	10~45	室温	13~32	15~45
阴极电流密度/（A/dm²）	1~3	2~4	1~4	2~6

注：95#A 是上海永生助剂厂的产品，高、低氰工艺通用。分 A、B 两种，初配时用 A 剂，平时用 B 剂；HT 光亮剂是浙江黄岩萤光厂生产；CKZ-840 是河南开封电镀化工厂生产，高、中、低氰工艺都可应用。

（2）碱性锌酸盐镀锌

碱性无氰镀锌的主要特点是：镀液成分简单，使用方便，对设备腐蚀性小，镀层结晶致密光亮，钝化膜不易变色，废水处理较为简单，可使用氰化物镀锌原有的设备。目前，碱性锌酸盐镀锌已得到广泛应用，它和氯化物镀锌已成为两大主要无氰镀锌工艺。

碱性镀锌液的组成及工艺条件见表9.2-7。

表 9.2-7　碱性镀锌液的组成及工艺条件

（单位：g/L）

组成及工艺条件	1	2	3	4	5
氧化锌（ZnO）	8~12	8~12	8~12	8~12	8~12
氢氧化钠（NaOH）	100~120	100~120	100~120	100~120	100~120
DPE-Ⅲ/（mL/L）	4~6	—	—	4.5	4~6
ZB-80/（mL/L）	2~4	—	—	—	—
DE-95B/（mL/L）	—	4~8	—	—	—
94#/（mL/L）	—	—	6~8	—	—
KR-7/（mL/L）	—	—	—	1.5	—
WBZ-3/（mL/L）	—	—	—	—	3~5
温度/℃	10~40	10~40	10~40	10~40	10~40
阴极电流密度/（A/dm²）	0.5~4	1~3	1~4	1~4	0.5~4
阳：阴面积比	1.5~2:1	1.5~2:1	1.5~2:1	1.5~2:1	1.5~2:1

注：ZB-80 是武汉材料保护研究所研制的产品，由浙江黄岩荧光化学厂生产；DE-95B 是广州电器科学研究所研制的产品；94#是上海永生助剂厂研制的产品；KR-7 是河南开封电镀化工厂的产品；WBZ-3 是武汉风帆电镀技术公司的产品。

碱性镀锌液的主要成分是氧化锌和氢氧化钠。氧化锌往往含有较多的杂质，在配镀液之前最好先作一下赫尔槽试验。

将计算量的氢氧化钠用2倍水溶解，加水后必须立即进行搅拌，不能让其结于槽底。氢氧化钠溶解是放热反应，要注意安全。氢氧化钠全部溶解后，趁热将事先用少量水调成糊状的氧化锌加进去，边加边搅拌，至溶液由乳白色变为透明，此时氧化锌和氢氧化钠已全部络合，然后加水至规定体积。最后加入添加剂，即可进行电解处理。电解时阴极挂瓦楞铁板，采用低电流密度（0.1~0.2A/dm²）处理。若氧化锌中杂质较多，槽液配好后先用锌粉处理：加入锌粉2~3g/L，然后过滤，再进行电解处理。

镀液的维护和杂质的去除，要注意控制镀液中锌和碱的浓度及比值。镀液中的添加剂一般是靠经验添加。光亮剂要根据镀层外观酌情添加，要少加、勤加。还要注意电极之间的距离和电极的排布，它对镀层是否均匀影响很大。若极间距离太近，凸部易烧焦，凹部却发暗。一般增大两极间距离，有利于金属镀层的均匀分布。电镀复杂件时，两极间距离要保持在 200~250mm。为防止电力线集中产生"边缘效应"，阳极的布局应是中间密、两边疏。为避免挂具下端部件被烧焦，阳极总长度要比挂具短 100~150cm 比较合适。

若金属杂质含量较多时，可加入适量的络合剂，如 EDTA 和酒石酸钾钠等。金属杂质不宜用硫化钠处理，如果加入硫化钠过多，则会生成硫化锌白色沉淀，影响镀层质量。少量铜杂质可用低电流密度电解处理，也可用加入锌粉或除杂剂来处理。铅杂质也可以采用低电流密度处理，或用碱性除杂剂。

（3）氯化钾（钠）镀锌

氯化钾镀锌的主要优点是电流效率高，超过 95%，槽电压低，比氰化物镀锌节省用电 50% 以上。这种镀液成分简单，维护方便，使用温度范围和电流密度宽，镀液的分散能力和覆盖能力较好。氯化钾镀锌的光亮性和整平性超过光亮氰化镀锌和光亮碱性镀锌。

氯化钾（钠）镀锌液的组成及工艺条件见表 9.2-8。

表 9.2-8　氯化钾（钠）镀锌液的组成及工艺条件　　　　（单位：g/L）

组成及工艺条件	1	2	3	4	5	6
氯化锌(ZnCl₂)	60~70	60~80	50~70	65~100	60~90	60~70
氯化钾(KCl)	180~220	180~210	—	180~220	200~230	180~210
氯化钠(NaCl)	—	—	180~250	—	—	—
硼酸(H₃BO₃)	25~35	25~35	30~40	25~35	25~30	25~30
氯锌-1 号或 2 号/(mL/L)	14~18	—	—	—	—	—
质量分数为 70%HW 高温匀染剂/(mL/L)	—	—	—	—	—	4
CKCl-92A 或 B/(mL/L)	—	10~16	—	—	—	—
SCZ-87A 或 B/(mL/L)	—	—	—	—	—	4
WD-91/(mL/L)	—	—	—	—	—	—
BH-50/(mL/L)	—	—	—	15~20	—	—
CZ-96/(mL/L)	—	—	—	—	A14~16	—
CZ-99/(mL/L)	—	—	—	—	B3~4	—
ZB-85/(mL/L)	—	—	—	15~20	—	—
pH 值	4.5~6	5~6	5~6	5~5.6	5~6	5~6
温度/℃	10~55	10~75	15~50	5~55	5~65	5~65
阴极电流密度/(A/dm²)	1~4	1~4	0.5~4.0	0.5~3	1~6	1~6

注：氯锌-1 号或氯锌-2 号，由武汉风帆电镀公司生产；CKCl-92A 或 B 光亮剂，由河南电镀化工厂生产；BH-50 光亮剂，由广州二轻所生产；ZB-85 光亮剂，由武汉材料保护研究所研制；CZ-96 和 CZ-99 光亮剂，由上海永生助剂厂生产；SCZ-87A 光亮剂和 HW 高温匀染剂，由无锡栈桥助剂厂生产。

表 9.2-8 中列出的工艺主要适用于挂镀锌，滚镀锌工艺实际上和挂镀锌基本相同，仅是氯化锌的浓度略低些，一般在 35~50g/L 范围内，其他可参照挂镀锌工艺。

镀液的配制，先将计算量的氯化钾（或氯化钠）和硼酸分别用热水溶解后加入到槽内；然后将计算量的氯化锌用少量水溶解后也加入到槽内；最后将选定好的添加剂和光亮剂也加入到槽中，加水至规定体积，搅拌均匀，调 pH 值到工艺范围内，过滤后，进行低电流密度（0.1~0.3A/dm²）电解处理数小时，即可进行试镀。

添加剂，要想得到结晶致密和光亮的镀层，完全要靠添加剂。因此，添加剂的质量是决定镀层质量最重要的因素。氯化钾镀锌添加剂，通常也叫光亮剂，根据其作用可分为三种类型：第一种是主光亮剂；第二种是载体光亮剂；第三种是辅助光亮剂。

（4）铵盐镀锌

铵盐镀锌工艺的主要优点是镀层结晶比较细致、光亮，镀液电流效率高，沉积速度快；镀液的分散能力和覆盖能力较好，适合于镀较复杂部件；由于电流效率高，氢脆性小，可直接在高强度钢、铸件、锻压件和粉末冶金件等上镀锌。铵盐镀液的组成及工艺条件见表 9.2-9。

表 9.2-9　铵盐镀液的组成及工艺条件　　　　　　　（单位：g/L）

组成及工艺条件	氯化铵镀锌（单）		氯化铵-柠檬酸镀锌		氯化铵-氨三乙酸镀锌	
	1	2	3	4	5	6
氯化铵（NH_4Cl）	220~280	220~280	200~250	200~250	200~250	200~250
柠檬酸（$C_6H_8O_7$）	—	—	15~25	20~30	—	—
氨三乙酸[$N(CH_2COOH)_3$]	—	—	—	—	5~15	10~30
氯化锌（$ZnCl_2$）	30~35	40~80	30~35	35~45	30~35	30~45
HW 高温匀染剂	—	—	—	6~8	—	6~8
平平加	6~8	—	6~8	—	6~8	—
六亚甲基四胺（$C_6H_{12}N_4$）	—	—	—	—	5~8	—
苯亚甲基丙酮（$C_{10}H_{10}O$）	0.2~0.5	—	—	0.2~0.5	—	0.2~0.5
洋茉莉醛	—	—	0.2~0.5	—	—	—
CZ-867A/（mL/L）	—	15~18	—	—	0.2~0.5	—
pH 值	5.5~6.0	5.5~6.0	5.5~6.0	5.5~6.0	—	5.5~6.0
温度/℃	10~35	10~45	10~40	10~40	10~40	10~40
阴极电流密度/（A/dm²）	0.5~0.8	0.8~2.5	0.5~0.8	0.8~2.0	0.5~0.8	0.8~2.0

注：1 号工艺目前应用比较广，但其缺点是平平加溶解起来较难，需要用蒸气或烧煮；2 号工艺采用 CZ-87 耐高温光亮剂，它是由上海永生助剂厂生产；3 号工艺用洋茉莉醛代替苄叉丙酮，现在已较少使用；4 号工艺使用 HW 高温匀染剂来代替平平加；5 号和 6 号工艺与前使用的络合剂不同，但用量和特性基本相似。

以上工艺都没有加硼酸，根据经验即使加入 25~30g/L 的硼酸，效果也不太明显，故未列入工艺中。根据情况也可加入，不会带来不良后果。

（5）硫酸盐镀锌

硫酸盐镀锌工艺简单，成本低廉，性能稳定，电流效率高，允许使用较高的电流密度，沉积速度快。镀液的分散能力和覆盖能力较差，镀层结晶较粗。故多用于形状比较简单的零部件和型材，如电镀连续的钢带、金属线材和板材等。硫酸盐镀液的组成及工艺条件见表 9.2-10。

表 9.2-10　硫酸盐镀液的组成及工艺条件
（单位：g/L）

组成及工艺条件	1	2	3	4
硫酸锌（$ZnSO_4$）	300~400	200~320	250~450	300~360
硫酸钠（Na_2SO_4）	—	—	20~30	—
硫酸铝[$Al_2(SO_4)_3$]	—	—	—	25~30
硼酸（H_3BO_3）	25	25~30	—	25
硫锌 30 光亮剂/（mL/L）	15~20	—	—	—
SZ-97 光亮剂/（mL/L）	—	15~20	—	—
DZ-300-1 光亮剂/（mL/L）	—	—	12~20	—
氯化铵（NH_4Cl）	—	—	—	15
邻苯甲酰磺酰亚胺	—	—	—	1.5
pH 值	4.5~5.5	4.2~5.2	3~5	3.8~4.2
温度/℃	10~50	10~45	5~55	室温
阴极电流密度/（A/dm²）	20~60	10~30	1~10	1~15

注：1 号的硫锌 30 光亮剂是武汉凤帆电镀技术公司生产，电流密度是指电镀线材时用的；2 号的 SZ-97 光亮剂是上海永生助剂厂生产，电流密度是指电镀线材时用的；3 号的 DZ-300-1 光亮剂是平乡助剂厂生产，电流密度是平卧式连续带钢电镀时采用的；4 号工艺是过去长时间采用的，镀层无光亮。

（6）镀锌后除氢和钝化处理

除氢通常用热处理法，除氢的效果与除氢的温度和保温的时间有密切关系。一般来说，温度高和时间长，除氢较彻底。通常使用的温度为 190~230℃，保温 2~3h，甚至更长些。

镀锌层钝化处理，钝化膜分为彩色、白色、淡蓝色、金黄色、军绿色、黑色等。

1）彩色钝化。钝化之前必须进行出光，通常用的出光液是稀硝酸 1%~3%（质量分数）。低铬彩色钝化的主要优点是对环境污染小，废水容易处理且成本较低。低铬彩色钝化液的组成及工艺条件见表 9.2-11。

表 9.2-11　低铬彩色钝化液的组成及工艺条件
（单位：g/L）

组成及工艺条件	1	2	3	4
三氧化铬（CrO_3）	5	5	3~5	4
硝酸（HNO_3）/（mL/L）	3	3	—	—
硫酸（H_2SO_4）/（mL/L）	0.4	0.3	—	—
氯化钠（NaCl）	—	—	—	4~5
乙酸（CH_3COOH）/（mL/L）	—	—	—	—
硫酸锌（$ZnSO_4$）	—	—	1~2	—
硫酸镍（$NiSO_4$）	1	—	—	—
高锰酸钾（$KMnO_4$）	0.1	—	—	—
pH 值	0.8~1.3	0.8~1.3	1~2	1.5~2
温度/℃	室温	室温	室温	室温
空气中停留时间/s	5~8	5~8	10~20	15~30

注：3 号工艺适用于自动线。

2）白色钝化。可分为直接白色钝化（或一次白色钝化）和间接白色钝化（二次白色钝化）。间接白色钝化的特点是首先进行彩色钝化，以后进行漂白，将彩色去掉。其工艺流程为：镀锌→清洗→清洗→3%（质量分数）硝酸溶液出光→清洗→彩色钝化→清洗→清洗→碱漂（Na_2S 20g/L，NaOH 20g/L，室温下 20s 左右）→清洗→清洗→90℃ 以上热水烫洗→

迅速甩干或烘干。低铬白色钝化液的组成及工艺条件见表 9.2-12。

3）黑色钝化。通常使用的黑色钝化分为银盐黑色钝化和铜盐黑色钝化两种。黑色钝化液的组成及工艺条件见表 9.2-13。

表 9.2-12　低铬白色钝化液的组成及工艺条件　（单位：g/L）

组成及工艺条件		1	2	3	4	5
三氧化铬（CrO_3）		2～5	2～5	2～5	2～5	—
氯化铬（$CrCl_3$）		1～2	1～2	0～2	—	—
硝酸（HNO_3）/（mL/L）		30～50	30～50	30～50	10～30	5
硫酸（H_2SO_4）/（mL/L）		6～9	10～15	10～15	3～10	—
盐酸（HCl）/（mL/L）		—	—	10～15	—	—
氢氟酸（HF）/（mL/L）		—	2～4	—	2～4	—
氟化钠（NaF）		2～3	—	2～4	—	—
乙酸镍 [$Ni(CH_3COO)_2$]		1～3	—	—	—	—
WX-8 蓝绿粉		—	—	—	—	2
温度/℃		室温	室温	室温	室温	室温
时间/s	钝化液中	3～8	2～10	2～10	5～20	10～30
	空气中停留	5～10	5～15	5～15	5～10	5～12

注：5 号工艺特别适用于自动线，WX-8 兰绿粉是上海永生助剂厂生产，钝化膜外观显蓝绿色。

表 9.2-13　黑色钝化液的组成及工艺条件　（单位：g/L）

组成及工艺条件		银盐 1	银盐 2	银盐 3	银盐 4	铜盐
三氧化铬（CrO_3）		6～10	—	—	—	15～30
硫酸（H_2SO_4）/（mL/L）		0.5～1.0	—	—	—	—
乙酸（CH_3COOH）/（mL/L）		40～50	—	—	—	70～120
硝酸银（$AgNO_3$）		0.3～0.5	—	—	—	—
硫酸铜（$CuSO_4$）		—	—	—	—	30～50
甲酸钠（HCOONa）		—	—	—	—	70
WX-6A/（mL/L）		—	100	—	—	—
WX-6B/（mL/L）		—	10	—	—	—
ZB-89A/（mL/L）		—	—	100	—	—
ZB-89B/（mL/L）		—	—	100	—	—
CK-836A/（mL/L）		—	—	—	80～100	—
CK-836B/（mL/L）		—	—	—	8～10	—
pH 值		1.0～1.8	1.2～1.7	1.2～1.7	1 左右	2～3
温度/℃		20～30	20～35	20～30	10～30	室温
时间/s	在溶液中	120～180	30～90	45	30～120	2～3
	空气中停留	—	—	75	30 左右	15

注：银盐 1 号工艺是一般用的三酸和银盐的黑色钝化工艺；银盐 2 号工艺中的 WX-6A 和 WX-6B 是无锡市钱乔助剂厂生产的；银盐 3 号工艺中的 ZB-89A 和 ZB-89B 是武汉材料保护研究所的产品；银盐 4 号工艺中的 CK-836A 和 CK-836B 是开封市电镀化工厂的产品。

5. 电镀铜

在电镀工艺中，铜镀层用途广泛，主要用来作底镀层、中间镀层，也可以作表面镀层。

（1）氰化镀铜

氰化镀铜结晶细致，与基体结合力好，镀液分散能力好，但镀液稳定性较差。氰化物镀铜液可以直接镀在钢铁基体、锌合金基体、铜合金基体上作为打底

镀层。氰化镀铜液的组成及工艺条件见表 9.2-14。

（2）硫酸盐镀铜

硫酸盐镀铜已广泛应用于防护装饰性电镀、塑料电镀、电铸以及印制线路板孔金属化加厚、镀铜和图形电镀的底镀层，但不能直接镀在钢铁基体上。

硫酸盐镀液的组成及工艺条件见表 9.2-15。

表 9.2-14 氰化镀铜液的组成及工艺条件

（单位：g/L）

组成及工艺条件	1	2	3
氰化亚铜（CuCN）	35	53	30~55
氰化钠（NaCN）	50	—	40~75
氰化钾（KCN）	—	103	—
氢氧化钠（NaOH）	10	—	4~20
碳酸钠（Na₂CO₃）	15	—	20~30
酒石酸钾钠	30	—	30~50
铜光亮剂 60#	—	1.25	—
光亮剂 SP-034/（mL/L）	—	—	6~8
高区走位剂 SP-033/（mL/L）	—	—	2~4
pH 值	—	—	10
温度/℃	50~60	55~65	40~50
阴极电流密度/（A/dm²）	0.5~2	0.5~2.2	0.5~3
阳极电流密度/（A/dm²）	—	1~1.6	—
过滤	—	碳芯滤	棉芯滤
阴极移动/（cm/min）	—	40~60	—

注：1 号为无光亮镀铜；2 号为半光亮镀铜，适用于锌合金基体和塑料打底，由乐思公司提供添加剂；3 号为光亮镀铜，由达成洋行提供添加剂，pH 值由 NaHCO₃ 调整。

镀液配制：

1）向镀槽内注入 1/4 容积的纯水，在搅拌下缓缓加入计量的硫酸，借助于所释放的热量，加入计量的硫酸铜，搅拌使全部溶解。注意温度不要超过 60℃。

2）加入 H_2O_2 1~2mL/L，搅拌 1h，升温至 65℃，保持 1h，以赶走多余的 H_2O_2。

3）加活性炭 3 g/L，搅拌 1h，静置 1h 后过滤，直至溶液中无炭粉为止。将溶液转入镀槽中。

4）加入计量的盐酸（密度为 1.19g/cm³，质量分数为 37% 的浓盐酸，加入 0.1mL，相当增加 Cl^- 44mg/L），加入计量的添加剂，加纯水至所需体积。挂入预先准备好的阳极。

5）以阳极电流密度 0.4A/dm² 电解处理，约 3h，镀液即可以进行试镀。

镀液维护：使用镀液的工作条件要严格把握，硫酸铜、硫酸、氯离子要定期分析，调整到工艺范围。添加剂的补充要依据工艺使用说明书中给出的消耗数据和赫尔槽试验结果。

表 9.2-15 硫酸盐镀液的组成及工艺条件

（单位：g/L）

组成及工艺条件	1	2	3	4	5
硫酸铜（CuSO₄）	150~220	180~220	160~240	200~240	80~100
硫酸（H₂SO₄）	50~70	50~70	40~90	55~75	200~220
氯离子（Cl⁻）/（mg/L）	20~80	20~80	30~120	30~100	20~120
M	0.0003~0.001	—	—	—	—
N	0.0002~0.0007	0.003~0.008	—	—	—
SP	0.01~0.02	—	—	—	—
TPS	—	0.01	—	—	—
聚乙二醇 M6000	0.5~1	—	—	—	—
AEO	0.01~0.02	—	—	—	—
OP-21	—	1	—	—	0.2~0.5
噻唑啉基二硫代丙烷磺酸钠	—	—	—	—	0.005~0.2
甲基紫	—	0.01	—	—	0.01
210A/（mL/L）	—	—	2~5	—	—
210B/（mL/L）	—	—	0.3~1.5	—	—
210C/（mL/L）	—	—	0.3~1.5	—	—
光亮剂 2001-1/（mL/L）	—	—	—	3~4	—
温度/℃	10~40	7~40	18~40	15~40	10~40
电压/V	—	—	2~5	—	—
阴极电流密度/（A/dm²）	2~4	1~6	1.5~8	1.5~8	1~2.5
空气搅拌或阴极移动	需要	需要	需要	需要	需要
过滤	—	—	需要	需要	需要

注：M 为 2-硫基苯并咪唑；N 为乙撑硫脲（2-咪唑烷硫酮）；SP 为聚二硫丙烷磺酸钠；TPS 为 NN-二甲基硫代氨基甲酰基丙烷磺酸钠。1 号和 2 号工艺，镀层必须除膜，以保证与镀镍层的结合力。

氯离子去除：

沉淀法，向溶液中加入碳酸银，使生成的 AgCl 沉淀除去。

电解法，以钛或石墨为阳极，以瓦楞形不锈钢板为阴极，在 40~50℃ 下，阳极电流密度为 3~4A/dm²，电解处理，使 Cl^- 被氧化成氯气除去。

Zn 粉处理法，利用 Zn 粉还原 Cu^{2+} 成 Cu^+，Cu^+ 与 Cl^- 生成 CuCl 沉淀，用活性炭粉吸附除去。

工作温度为 20~35℃，温度太低溶液流动性差，影响添加剂的分散，镀液工作状态不正常；温度太高，将造成添加剂分解，增加添加剂消耗，而且镀层光亮度下降。

空气搅拌和阴极移动，硫酸盐镀铜易采用空气搅拌，以防止产生 Cu^+。

Pb^{2+}、Zn^{2+}、Fe^{2+} 和有机杂质都会污染镀液，可以通过小电流和活性炭处理除去。

高分散能力的光亮、半光亮硫酸盐镀铜以线路板（硬板和柔性板）镀铜用量最大，也适用于电铸、塑料金属化电镀的底层。镀液的组成及工艺条件见表 9.2-16。

表 9.2-16　镀液的组成及工艺条件

（单位：g/L）

组成及工艺条件	1	2	3	4
硫酸铜（$CuSO_4$）	80~120	60~90	70~100	60~100
硫酸（H_2SO_4）	180~220	166~202	170~220	166~210
氯离子（Cl^-）/（mg/L）	20~80	40~80	50~100	30~60
OP-21	0.2~0.5	—	—	—
SH-110（$C_6H_{10}S_4NO_3Na$）	0.005~0.02	—	—	—
甲基紫	0.01	—	—	—
SWJ-9503M/（mL/L）	—	—	8	—
SWJ-9503R/（mL/L）	—	—	2	—
PCM/（mL/L）	—	2.5~7.5	—	—
CM-MU/（mL/L）	—	—	—	15~25
CM-R/（mL/L）	—	—	—	3~8
温度/℃	20~25	21~32	18~38	20~35
阴极电流密度/（A/dm²）	1~2	1~2	0.5~4	0.5~3
阳极电流密度/（A/dm²）	—	—	—	—
空气搅拌或阴极移动	需要	需要	需要	需要
过滤	—	连续	连续	连续

注：2 号添加剂由西普列公司提供；3 号添加剂由深圳市圣维健化工有限公司提供（适用于硬板和柔性板）；4 号半光亮镀层，添加剂由专域化学公司提供。

（3）焦磷酸盐镀铜

焦磷酸盐镀铜多用于锌合金基体镀酸性硫酸盐镀铜之前，用以保护基体免于强酸的腐蚀，也用于塑料金属化电镀工艺。光亮焦磷酸盐镀铜结晶细致，具有良好的分散能力和覆盖能力，阴极电流效率高，但长期使用会发生磷酸盐积累，使沉积速度下将，污水治理困难。

镀液的组成及工艺条件见表 9.2-17。

表 9.2-17　镀液的组成及工艺条件

（单位：g/L）

组成及工艺条件	1	2	3
焦磷酸铜（$Cu_2P_2O_7$）	50~70	70~90	60~65
铜　（Cu）	—	—	22~24
焦磷酸钾（$K_4P_2O_7$）	280~330	330~400	230~250
柠檬酸铵［$C_6H_5O_7(NH_4)_3$］	18~25	15~20	—
二氧化硒（SeO_2）	—	0.008~0.02	—
2-巯基苯并咪唑	—	0.002~0.004	—
光亮剂 SP-66/（mL/L）	—	—	2.5
添加剂 SP-67/（mL/L）	—	—	0.25
氨水/（mL/L）	—	—	3.5~3.75
pH 值	8.3~8.8	8.3~8.8	—
温度/℃	40~50	40~50	50~55
阴极电流密度/（A/dm²）	1.5~2	1.5~3	6.6
阳极电流密度/（A/dm²）	0.7~1	0.7~1.5	1.5~3.3
空气搅拌或阴极移动	需要	需要	需要
过滤	—	—	连续过滤

注：3 号由吉和昌公司提供。

镀液配制：

1）将焦磷酸钾用 2/3 水溶解，搅拌下缓缓加入焦磷酸铜使之溶解。加入柠檬酸铵，用氨水或柠檬酸调 pH 值至 8.5 左右。

2）加质量分数为 30% 的 H_2O_2 1~2mL，搅拌，溶液加热至 50~60℃，加入活性炭 3~5g/L，充分搅拌 1~2h，过滤。

3）调整液位和 pH 至规定值，加入光亮剂，试镀。

6. 电镀镍

镍镀层用途十分广泛，其生产量仅次于锌镀层而居第二位。它对钢铁基体是阴极性防护层，因此其防护能力与镀层孔隙率有关。为提高镍的防护性，可采用多层镀镍：如双层镍、三层镍等。镍镀层可作为装饰性金、钯-镍、银镀层的底层，广泛用于五金装饰等行业，滚镀镍在小五金、电子行业也很普遍。镍镀层分类见表 9.2-18。

（1）电镀瓦特镍和高氯化物镍（无添加剂）

无添加剂的瓦特镍液获得的镀镍层纯度高，适于做镀后需要高温灼烧的镀层，但镀层结晶比较粗，孔隙率比较高。当前用量最多的半光亮、光亮镀镍液多以瓦特液为基液。高氯化物镀液允许使用的电流密度高，沉积速度快，若不含硫酸镍可成为全氯化物镀液。瓦特液和高氯化物电镀工艺见表 9.2-19。

（2）镀镍添加剂

镀镍添加剂包括：镀镍光亮剂、润湿剂、除杂剂等，而光亮剂又分为初级光亮剂（第 Ⅰ 类光亮剂）、

表 9.2-18　镍镀层分类

镀层名称	特点	主要用途
瓦特镍	镀层无光泽灰白色,易抛光,含硫质量分数为 0.001%~0.002%	底镀层,普通镀镍
半光亮镍	半光亮银白色,含硫质量分数<0.005%	多层镍的底镀层,也可做表面层
光亮镍	镀层光亮整平,含硫质量分数为 0.03%~0.08%	多层镍的中间层,装饰性金、银、锡镀层的底层,也可以做表面层
高硫镍	镀层厚度为 1~2μm,含硫质量分数为 0.15%	三层镍的中间层
镍封	它是不溶性微粒与镍共沉积的镀层,厚度为 0.5~2μm,粒子密度为 $2 \times 10^4 ~ 4 \times 10^4$ 个/cm^2	微孔铬的底层
高应力镍	镀层应力大、硬度高	微裂纹铬的底层
珍珠镍	镀层色调柔和,有沙面或珍珠感	装饰镀层或用于金、银装饰镀层的底层

表 9.2-19　瓦特液和高氯化物电镀工艺

(单位:g/L)

组成及工艺条件	瓦特液	高氯化物
硫酸镍($NiSO_4$)	300	90
氯化镍($NiCl_2$)	60	200
硼酸(H_3BO_3)	40	40
润湿剂	适量	适量
温度/℃	50~65	50~65
pH 值	3.5~4.5	3.5~4.5
电压/V	挂 9~18,滚 9~24	挂 9~18,滚 9~24
阴极电流密度/(A/dm^2)	挂 2~11,滚最高 1.5	挂 2~16,滚最高 1.5
阳极电流密度/(A/dm^2)	挂 1~5,滚最高 1	挂 1~5,滚最高 1
空气搅拌或阴极移动	需要	需要

次级光亮剂(第Ⅱ类光亮剂)和辅助光亮剂。

1)初级光亮剂是分子结构中含有不饱和基团的芳香族化合物。初级光亮剂的主要作用是使晶粒细化,随着添加量的增加,镀层拉应力降低并逐渐转移为压应力。单独使用不能获得光亮镀层,只能获得半光亮略带雾状的镀层。但与次级光亮剂配合可以获得光亮整平脆性低的镀层。初级光亮剂还有降低镀液对金属杂质,特别是铜杂质敏感性的作用。初级光亮

一般用量为 1~10g/L,会使镍镀层中含硫质量分数约为 0.03%。

2)次级光亮剂的结构特征是含有双键或三键的不饱和化合物。次级光亮剂能使镀层产生明显的光泽,但同时带来镀层的张应力和脆性及对杂质的敏感性,其用量需严格限制。与初级光亮剂配合,可产生全光亮的镀层。可作为次级光亮剂的化合物种类繁多,但当前用量最多的三类衍生物:丁炔醇类、丙炔醇类和吡啶类衍生物。硫脲类衍生物多用于除杂和改善低区镀层状态。

3)辅助光亮剂多数是不饱和脂肪族化合物。它对镀层光亮仅起辅助作用,对改善镀层的覆盖能力、降低镀液对金属杂质的敏感性有利。

(3)电镀光亮镍

光亮镍镀层是当今镀镍用量最大的电镀层之一。光亮镍镀液是以瓦特镍镀液为基础,加入添加剂而获得的光亮平整的镍镀层,典型的光亮镀镍工艺见表 9.2-20。

表 9.2-20　典型的光亮镀镍工艺

(单位:g/L)

组成及工艺条件	1	2
硫酸镍($NiSO_4$)	250~300	250~320
氯化镍($NiCl_2$)	40~60	50~60
硼酸(H_3BO_3)	40~50	40~50
邻苯甲酰磺酰亚胺	0.5~1	—
1,4-丁炔二醇($C_4H_6O_2$)	0.3~0.5	—
十二烷基硫酸钠($C_{12}H_{25}SO_4Na$)	0.05~0.2	—
添加剂/(mL/L)	—	适量
pH 值	3.8~4.4	3.8~4.5
温度/℃	50~55	50~65
阴极电流密度/(A/dm^2)	2~5	1~10
搅拌	阴极移动	空气搅拌或阴极移动
过滤	需要	连续

注:2 号中的添加剂由专业公司提供,如天津中盛公司 LY-018、LY-999 光镍;安美特公司 3 号、NP、88 号光镍;乐思公司 Turbo2000 光镍等。

光亮镀镍溶液的维护:

1)硫酸镍、氯化镍、硼酸定期分析,根据分析结果调整到最佳范围。

2)pH 值维持在正常范围。调整 pH 值用 H_2SO_4 10%(体积分数)或碱式碳酸镍。固体碱式碳酸镍不可直接加入镀液,可将其放入阳极袋,挂入镀液中,使可溶性部分慢慢浸出。

3)润湿剂的补充是根据污染造成的针孔、麻点补充 1~2mL/L。但针孔、麻点的出现必须分析原因,前处理不好,润湿剂不足,搅拌不够,铁杂质污染,

有机污染都会造成出现针孔或麻点。不是用润湿剂都能解决的。

4）镀液长期使用，由于阳极泥渣，自来水的携带，工件表面极微量的化学溶解，添加剂的分解产物等，都会造成镀液中杂质的累积。在日常生产过程中，当某种杂质的浓度达到极限浓度之前，可以通过各种除杂剂的加入减少污染。如重金属铜、铅、铁等的污染多表现在低区，可使用走位剂和除杂水减少其对镀件的影响，铁杂质可用除铁剂消除影响。

杂质的影响及去除：

1）铁杂质的存在，会使镀层产生孔隙、脆性和针孔。含量 $0.03 \sim 0.05 g/L$ 就会产生影响。镀液中的铁杂质多以 Fe^{2+} 形式存在，除掉铁杂质，必须在酸性条件下（$pH = 3$）用 $0.05 \sim 0.1 A/dm^2$ 电解处理。也可用化学法除铁：用过氧化氢或高锰酸钾使二价铁氧化成三价铁，提高 pH 值（> 5.5）使生成氢氧化铁沉淀，过滤除去。

2）铜杂质的存在，导致低电流区域镍镀层发暗、发黑，镀层容易变色，影响到镀层的伸长率和耐蚀性。当累积到一定数量时，镀液中挂入铁件，会在铁上出现置换铜，严重时阳极表面也会出现置换铜。铜含量应小于 $0.01 g/L$。除去铜杂质可将溶液 pH 值调到 3，以 $0.1 \sim 0.5 A/dm^2$ 小电流长时间电解，或在大处理时使用 QT 去铜剂，使生成沉淀除去。

3）锌杂质的存在，会使镍镀层产生脆性、麻点、条纹，覆盖能力降低，严重时镀层呈黑色。锌含量应小于 $0.02 g/L$。除去锌杂质多采用 $0.2 \sim 0.4 A/dm^2$ 下小电流长时间电解。也可以调 pH 值至 6.2 左右，用碳酸钙 $5 \sim 10 g/L$，加热到 70℃，搅拌 $1 \sim 2h$，静置、过滤。

4）铬杂质主要由于挂具的不洁带入，铬杂质即使微量也会导致镀层发暗，覆盖能力降低，脆性增加，结合力不良，严重时大量析氢，使镍不能沉积。处理铬的最佳方法是用连二硫酸盐（保险粉）将六价铬还原成三价铬，调 pH 值至 $5.5 \sim 6.2$，使三价铬生成氢氧化铬沉淀，过滤除去。过量的保险粉可用过氧化氢去除。

5）有机杂质导致镀层发蒙，出现针孔、麻点。一般有机杂质可用 $3 \sim 5 g/L$ 优质活性炭粉吸附、过滤除去。

（4）电镀半光亮镍、高硫镍、镍封、高应力镍和多层镍

电镀多层镍主要是为提高基体的防护能力，而多层镍是由半光亮镍、光亮镍、高硫镍和镍封、高应力镍等根据需要组合成的。

1）半光亮镍镀层含硫质量分数 $< 0.005\%$，伸长

率一般大于 8%，它是工程镀镍中多层镍的底层，也可以单独使用。电镀半光亮镍工艺见表 9.2-21。

表 9.2-21　电镀半光亮镍工艺

（单位：g/L）

组成及工艺条件	1	2	3
硫酸镍（$NiSO_4$）	$260 \sim 300$	$240 \sim 280$	$250 \sim 320$
氯化镍（$NiCl_2$）	$30 \sim 40$	$45 \sim 60$	$30 \sim 45$
硼酸（H_3BO_3）	$35 \sim 40$	$30 \sim 40$	$35 \sim 40$
1,4-丁炔二醇（$C_4H_6O_2$）	$0.2 \sim 0.3$	$0.2 \sim 0.3$	—
香豆素（$C_9H_6O_2$）	$0.15 \sim 0.3$	—	—
聚乙二醇	0.01	—	—
十二烷基硫酸钠（$C_{12}H_{25}SO_4Na$）	$0.01 \sim 0.03$	$0.01 \sim 0.02$	—
乙酸（CH_3COOH）	—	$1 \sim 3$	—
添加剂/（mL/L）	—	—	适量
pH 值	$3.8 \sim 4.2$	$4.0 \sim 4.5$	$3.8 \sim 4.5$
温度/℃	$55 \sim 60$	$45 \sim 50$	$50 \sim 60$
阴极电流密度/（A/dm^2）	$3 \sim 4$	$3 \sim 4$	$1 \sim 6$
搅拌	阴极移动	阴极移动	阴极移动或空气搅拌
过滤	需要		需要

注：2 号为通用配方，商品添加剂如安美特的 MARK LEV，乐思公司 BTL，天津中盛公司 LY-933，广州二轻研究所 BH966，上海永生助剂厂 SN-92 半光镍等。

2）高硫镍工艺不能单独使用，要以半光亮镍/高硫镍/光亮镍之间的电位差为主要依据，并选择含硫量稳定，便于维护和管理的镀液。高硫镍工艺见表 9.2-22。

表 9.2-22　高硫镍工艺

（单位：g/L）

组成及工艺条件	1	2	3
硫酸镍（$NiSO_4$）	$320 \sim 350$	300	300
氯化镍（$NiCl_2$）	$30 \sim 50$	40	$60 \sim 90$
硼酸（H_3BO_3）	$35 \sim 45$	40	38
1,4-丁炔二醇（$C_4H_6O_2$）	$0.3 \sim 0.5$	—	—
邻苯甲酰磺酰亚胺	$0.8 \sim 1$	1	—
苯亚磺酸钠	$0.5 \sim 1$	—	—
十二烷基硫酸钠（$C_{12}H_{25}SO_4Na$）	$0.05 \sim 0.15$	—	—
添加剂/（mL/L）	—	适量	适量
pH 值	$2 \sim 2.5$	$4 \sim 4.6$	$2 \sim 3$
温度/℃	$45 \sim 50$	$40 \sim 45$	$46 \sim 52$
阴极电流密度/（A/dm^2）	$3 \sim 4$	$1.5 \sim 2$	$2.1 \sim 4.3$
时间/min	—	—	$2 \sim 3$

注：2 号添加剂由广州电器科学研究所提供；3 号添加剂如安美特公司 HAS-60 高硫镍、乐思公司 TRI-Ni 等。

3）镍封也称为镍封闭，它是复合镀镍工艺，是在光亮镍镀液中加入直径为 $0.02\mu m$ 左右的不溶性固体微粒（如二氧化硅、三氧化二铝等），在促进剂的作用下，使其与镍共沉积而形成。镍封镀于光亮镍上，镀层的厚度为 $0.1\sim1\mu m$。在镍封镀层上镀以 $0.2\sim0.5\mu m$ 铬镀层，就得到了微孔铬镀层。镍封工艺见表9.2-23。

表9.2-23 镍封工艺

（单位：g/L）

组成及工艺条件	1	2	3
硫酸镍（$NiSO_4$）	$300\sim350$	$300\sim350$	$200\sim250$
氯化镍（$NiCl_2$）	$25\sim35$	—	$50\sim100$
氯化钠（$NaCl$）	—	$10\sim15$	—
硼酸（H_3BO_3）	$40\sim45$	35	$40\sim45$
邻苯甲酰磺酰亚胺	$2.5\sim3$	$0.8\sim1$	—
1,4-丁炔二醇（$C_4H_6O_2$）	$0.4\sim0.5$	—	—
乙二胺四乙酸二钠	—	$0.3\sim0.4$	—
聚乙二醇	$0.15\sim0.2$	—	—
二氧化硅（SiO_2）	$50\sim100$	$10\sim25$	—
镍封粉	—	—	$15\sim20$
添加剂	—	适量	适量
pH 值	$4.2\sim4.6$	$3.8\sim4.4$	$4\sim4.5$
温度/℃	$55\sim60$	$50\sim55$	$50\sim60$
阴极电流密度/（A/dm²）	$3\sim4$	$2\sim5$	$0.5\sim2$
搅拌	空气搅拌	激烈搅拌	空气搅拌
时间/min	$3\sim5$	$1\sim5$	$0.5\sim2$

注：2号添加剂由上海长征电镀厂提供，3号添加剂由达成洋行提供。

7. 电镀铬

铬镀层按用途主要分为装饰铬和硬铬。装饰铬镀层厚度为 $0.25\sim0.5\mu m$，包括普通装饰铬、微孔铬、微裂纹铬、乳白铬、黑铬，可以镀在镍镀层以及铜、钢铁基体上。硬铬镀层厚度为 $10\sim1000\mu m$，主要用于工具、模具、量具、夹具、切削工具以及内燃机曲轴、印花滚筒等磨损零件。

（1）电镀普通铬和复合铬

普通镀铬工艺见表9.2-24。

复合镀铬工艺见表9.2-25。

镀液配制：

1）镀槽中加入2/3体积的去离子水，加入计量的三氧化铬，搅拌使其溶解，然后补充硫酸，加去离子水到规定体积。

2）取样检测 CrO_3 和 H_2SO_4 浓度，根据检测结果使其达到工艺要求。

3）产生 Cr^{3+} 的方法：加质量分数 30% H_2O_2 10mL/L 产生 Cr^{3+} $2\sim2.5g/L$；也可加草酸 3.7g/L，约产生 Cr^{3+} 1g/L；还可电解处理：用大阴极小阳极（$S_A:S_K=1:5$）$50\sim60℃$，电流密度为 $5\sim10A/dm^2$，每电解 1Ah/L 约产生 $1gCr^{3+}$。

镀铬使用的阳极：

1）使用不溶性阳极，一般是含 Sn 质量分数为 $7\%\sim12\%$ 的 Pb-Sn 阳极。也有用铅锡阳极，可改善阳极导电，槽电压降低，阳极使用寿命延长。

表9.2-24 普通镀铬工艺 （单位：g/L）

组成及工艺条件		普通镀铬			自调节镀铬
		低浓度	中浓度	高浓度	
三氧化铬（CrO_3）		$150\sim180$	$230\sim270$	$300\sim360$	$250\sim300$
硫酸（H_2SO_4）		$1.5\sim1.8$	$2.3\sim2.7$	$3\sim3.6$	—
硫酸锶（$SrSO_4$）		—	—	—	$6\sim8$
氟硅酸钾（K_2SiF_6）		—	—	—	20
三价铬（Cr^{3+}）		$2\sim3$	$3\sim5$	$3\sim6$	—
抑雾剂		少量	少量	少量	少量
光亮铬	温度/℃	$45\sim55$	$48\sim53$	$48\sim56$	$50\sim60$
	阴极电流密度/（A/dm²）	$20\sim40$	$15\sim30$	$15\sim35$	$30\sim45$
硬铬	温度/℃	$55\sim60$	$55\sim60$	—	$55\sim62$
	阴极电流密度/（A/dm²）	$30\sim45$	$50\sim60$	—	$40\sim80$
缎面铬	温度/℃	$58\sim62$	$58\sim62$	$58\sim65$	$55\sim62$
	阴极电流密度/（A/dm²）	$30\sim45$	$30\sim45$	$30\sim45$	$40\sim60$
乳白铬	温度/℃	$74\sim79$	$70\sim72$	—	$70\sim72$
	阴极电流密度/（A/dm²）	$25\sim30$	$20\sim25$	—	$25\sim30$

表9.2-25 复合镀铬工艺 （单位：g/L）

组成及工艺条件	1	2	3
三氧化铬（CrO_3）	$120\sim130$	240	$250\sim400$
硫酸（H_2SO_4）	$0.9\sim1.0$	1.2	$0.5\sim1.5$
氟硅酸（H_2SiF_6）	$0.3\sim0.5$	2.25	$2\sim10$
温度/℃	$45\sim50$	$50\sim60$	$45\sim55$
阴极电流密度/（A/dm²）	$15\sim25$	40	$25\sim40$
阴极电流效率（%）	$20\sim25$	$20\sim25$	$20\sim25$
阳极材料/锡铅合金	含锡质量分数为 $6\%\sim8\%$	含锡质量分数为 $6\%\sim8\%$	含锡质量分数为 7%

2）阳极面积一般为阴极面积的 1~2 倍，阳极面积对镀液中 Cr^{3+} 的浓度影响很大，要根据阴极施镀面积的大小，及时调整。

3）阳极形状、长短和阴阳极间距离，都与镀层质量有关，因为电镀时间长，阳极的形状、长短、与阴极间的距离直接影响电力线分布的均匀性，也就是镀层厚度的均匀性。

镀液维护：

1）按要求控制 $CrO_3：H_2SO_4$ 的比值。

2）控制 Cr^{3+} 含量在工艺范围内，当 SO_4^{2-} 太高时，容易导致 Cr^{3+} 升高；阳极面积太小或导电不良也会导致 Cr^{3+} 升高。降低 Cr^{3+} 可用大阳极电解处理：$S_A：S_k=（10~30）：1$，电流密度为 $1.5~2A/dm^2$，通电 1h 大约可减少 $Cr^{3+}0.3g$。

3）温度和电流密度要相互匹配，按镀层要求合理选择温度和电流密度。

（2）稀土镀铬及电镀硬铬

将稀土元素镧（La^{3+}）、铈（Ce^{4+}）、钕（Nd^{3+}）和镨（Pr^{3+}）等加入到镀铬液中，这些离子可使镀铬电流效率提高，沉积速度加快，并能使镀层晶粒细化，微裂纹减少，改善镀层耐蚀性。稀土镀铬工艺见表 9.2-26。

表 9.2-26　稀土镀铬工艺　　　　　　（单位：g/L）

组成及工艺条件	1	2	3
三氧化铬（CrO_3）	50~170	100~170	140~180
硫酸（H_2SO_4）	0.25~1.2	0.6~1	0.6~1.1
$CrO_3：H_2SO_4$	100：（0.4~0.7）	160：1	—
稀土添加剂	1~2	1~1.5	3~5
温度/℃	—	30~50	16~50
阴极电流密度/（A/dm²）	—	10~35	6~30
电压/V	3~10	—	—
阳极	Pb-Sn（质量分数为 5%~12%）	Pb-Sn（质量分数为 7%）	Pb-Sn 或 Pb-Sb
$S_A：S_K$	（3~4）：1	3：1	≥3：1
电流效率（%）	24%左右	—	—

注：1 号为常熟市环保局的 CS 型镀铬；2 号为天津中盛公司的 LY-975（不含 F）；3 号为中国科学技术大学科华精细化工所。

电镀硬铬工艺见表 9.2-27。

（3）电镀黑铬

黑铬镀层可以直接镀在钢、铜、镍、青铜、锌及合金等基体上。电镀黑铬工艺见表 9.2-28。

8. 电镀锡

目前使用的镀锡工艺主要有碱性锡酸盐镀锡、酸性硫酸盐镀锡、甲酚磺酸镀锡、卤化物镀锡和氟硼酸镀锡五种。

表 9.2-27　电镀硬铬工艺　　　　　　（单位：g/L）

组成及工艺条件	1	2	3	4
三氧化铬（CrO_3）	225	230~270	180~220	240~260
开缸剂/（mL/L）	—	—	1000	550
硫酸（H_2SO_4）	2.3	2.3~2.8	—	2~2.5
三价铬（Cr^{3+}）	2	2~5	—	—
$CrO_3：H_2SO_4$	—	100：1	100：（1.3~1.5）	100：1
抑雾剂	0.03	适量	—	适量
添加剂	适量	适量	适量	适量
温度/℃	55~70	55~65	55~65	55~60
阴极电流密度/（A/dm²）	45~90	30~70	60~75	30~75
阳极	Pb-Sn（质量分数为 8%~10%）	Pb-Sn（质量分数为 12%~15%）	Pb-Sn（质量分数为 10%）	Pb-Sn（质量分数为 7%）
$S_A：S_K$	2~3：1	2：1	—	—
阴极电流效率（%）	22~27	22~27	—	22~26

注：添加剂由以下公司提供，1 号为上海永生助剂厂 3HC-25；2 号为天津中盛公司 LY-2000；3 号为南京晶晶公司 ST-927；4 号为安美特公司 HEEF25。

表 9.2-28 电镀黑铬工艺　　　　　　　　　　　　　　　（单位：g/L）

组成及工艺条件	1	2	3	4	5
三氧化铬（CrO_3）	300	250~300	300~350	350	400~450
碳酸钡（$BaCO_3$）	3	2	2	2	—
草酸（$H_2C_2O_4$）	—	—	—	10	—
氟硅酸（H_2SiF_6）	—	0.1~0.3	—	—	—
乙酸（CH_3COOH）/（mL/L）	6	—	—	—	—
硝酸钾（KNO_3）	—	12~14	—	—	—
硝酸钠（$NaNO_3$）	—	—	10	—	—
偏钒酸铵（NH_4VO_3）	—	6~8	—	—	—
硼酸（H_3BO_3）	—	4~6	25~30	30	—
尿素（CH_4N_2O）	3	—	—	—	—
三价铬（Cr^{3+}）	—	—	—	—	6
黑铬盐	—	—	—	—	30
温度/℃	15~40	20~30	15~40	18~28	15~25
阴极电流密度/（A/dm^2）	50~100	25	20~100	8~20	10~50
电镀时间/min	—	—	15~20	—	3
阳极	—	—	—	—	铅锡质量分数为7%

注：5 号为乐思公司产品 B-400。

表 9.2-29 碱性镀锡工艺
（单位：g/L）

组成及工艺条件	低浓度钾盐镀液	高浓度钾盐镀液	钠盐镀液
锡酸钾	100	200	—
锡酸钠	—	—	100
锡	40	80	45
氢氧化钾（KOH）	15	22	—
氢氧化钠（NaOH）	—	—	10
乙酸钾或乙酸钠	0~15	0~15	0~15
过氧化氢（H_2O_2）	适量	适量	适量
阴极电流密度/（A/dm^2）	3~10	3~15	0.5~3
阳极电流密度*/（A/dm^2）	1.5~4	1.5~5	0.5~3
电压/V	4~6	4~6	4~6
温度/℃	65~85	75~90	60~80

注：* 表示阳极纯度在99.0%以上时的阳极电流密度。

碱性镀锡工艺见表 9.2-29。

酸性镀锡液主要包括硫酸盐、甲酚磺酸、卤素型、氟硼酸盐等几种。镀液成分简单，可在常温下工作，成本较低，镀层光亮银白，结晶细致。其电极反应是二价锡放电，且电流效率高，是目前主要的镀锡工艺。酸性硫酸盐镀锡工艺见表 9.2-30。

9. 电镀贵金属

（1）电镀金

金具有极高的化学稳定性，其导电性仅次于银和铜。金的热导率为银的 70%。金有极好的延展性。由于金的化学稳定性、导电性、焊接性好，在电子工业和装饰行业用途广泛。

表 9.2-30 酸性硫酸盐镀锡工艺
（单位：g/L）

组成及工艺条件	无光亮镀液	光亮镀液
硫酸亚锡（$SnSO_4$）	40（30~50）	40（30~50）
硫酸（H_2SO_4）	60（40~80）	100（80~160）
甲酚磺酸（$C_7H_8O_4S$）	40（30~60）	30（25~35）
明胶	2（1~3）	—
β-萘酚（$C_{10}H_8O$）	1（0.5~1）	—
甲醛（质量分数为37%）/（mL/L）	—	5（3~8）
光亮剂*（氨基乙醛系）/（mL/L）	—	10（8~12）
分散剂**（PEGNPE）	—	20（15~25）
温度/℃	20（15~25）	15（10~20）
阴极电流密度/（A/dm^2）	1.5（0.5~4）	2（0.5~5）
阳极电流密度/（A/dm^2）	0.5~2	0.5~2
阳极纯度	99.9%Sn（质量分数）以上	99.9%Sn（质量分数）以上
阴极移动	适宜	1~2

注：* 质量分数为20% Na_2CO_3 溶液中加入 280mL 乙醛和 106mL 邻甲苯胺在 15℃时进行反应，将所得沉淀滤出，再放入质量分数为20%乙丙醇溶液中进行溶解。** 1mol 壬醇加 15mol 环氧乙烷的加成产物，即得壬基酚聚氧乙烯醚。

微氰镀金液中除氰化金钾（含氰质量分数为18%）外，不含游离氰化物。微氰镀金液按镀层厚度可分为薄金（又称水金）和厚金镀液。这两种镀液除金浓度不同外，基础液组成也不相同。

1）中性纯金镀液 pH 值为 6~7，镀层具有柠檬黄的色调。加入合金元素 Ni、Cu、Cd 等可镀金合金，调节金浓度和镀液成分，可以镀薄金和厚金。微氰中性镀金见表 9.2-31。

表 9.2-31 微氰中性镀金 （单位：g/L）

组成及工艺条件	1	2	3	4
金（Au）	—	—	0.5~2	8~12
氰化金钾[$KAu(CN)_4$]	12	10	—	—
磷酸氢二钠（Na_2HPO_4）	82	28	—	—
磷酸二氢钾（KH_2PO_4）	70	—	—	—
氰化铜钾[$KCu(CN)_2$]	—	27	—	—
亚铁氰化钾[$K_4Fe(CN)_6$]	—	20	—	—
开缸剂 SWJ-8107B/（mL/L）	—	—	600	—
开缸剂 SWJ-8108B/（mL/L）	—	—	—	600
密度/°Be	—	—	12~14	15~25
pH 值	6~6.5	7	6~7	7~7.5
温度/℃	60	71	60~70	45~65
阴极电流密度/（A/dm²）	0.1~0.3	0.5~1.1	0.5~1.1	0.3~1.5
过滤	—	—	连续	连续
搅拌	—	—	阴极移动	激烈
沉积速度（1A/dm² 下）/（μm/min）	—	—	—	3.5

注：3—薄金；4—厚金，添加剂是深圳圣维健公司产品。

2）酸性微氰镀金工艺见表 9.2-32。

表 9.2-32 酸性微氰镀金工艺 （单位：g/L）

组成及工艺条件	1	2	3	4	5
氰化金钾[$KAu(CN)_4$]	12~14	10~15	8~20	—	—
金（Au）	—	—	—	0.5~1.5	6~10
柠檬酸（$C_6H_8O_7$）	16~48	20~30	—	—	—
柠檬酸铵[$C_6H_5O_7(NH_4)_3$]	—	—	—	—	—
柠檬酸钾（$C_6H_5K_3O_7$）	30~40	30~45	100~140	—	—
乙二胺二乙酸镍	—	2~4	—	—	—
磷酸二氢钾（KH_2PO_4）	—	6~10	—	—	—
开缸剂/（mL/L）	—	—	—	600	600
酒石酸锑钾（$C_8H_4K_2O_{12}Sb_2$）	—	—	0.8~1.5	—	—
CoKEDTA	—	—	2~4	—	—
pH 值	4.8~5.1	3.2~4.4	3~4.5	3.5~4.5	4.7~5.2
温度/℃	50~60	20~50	12~35	50~60	30~40
阴极电流密度/（A/dm²）	0.1~0.3	2~6	0.5~1	0.5~1	0.3~2.5

注：4—预镀金（纯金）；5—金钴硬金（厚金），添加剂是深圳圣维健公司、天津中盛公司产品。

20 世纪 60 年代无氰镀金用于生产，有亚硫酸盐、硫代硫酸盐、卤化物、硫代苹果酸等镀液，但研究最多并应用广泛的是以[$Au(SO_3)_2$]⁻为络阴离子的亚硫酸盐镀液。

亚硫酸盐镀液特点：有良好的分散能力和覆盖能力，镀层有良好的整平性和延展性，可达镜面光泽，镀层纯度高，焊接性良好。亚硫酸盐镀金工艺见表 9.2-33。

表 9.2-33 亚硫酸盐镀金工艺 （单位：g/L）

组成及工艺条件	1	2	3	4	5
金（Au）以 $AuCl_3$ 形式	5~25	—	5~10	—	8~12
以 $NaAu(SO_3)_2$ 形式	—	10~25	—	7.5~8.5	—
以 $NH_4Au(SO_3)_2$ 形式	—	—	—	—	30~80
亚硫酸铵[$(NH_4)_2SO_3$]	200~300	—	150~250	50~60	—
柠檬酸钾（$C_6H_5K_3O_7$）	100~150	—	100~150	—	—
亚硫酸钠（Na_2SO_3）	—	80~140	—	—	—
HEDP	—	25~65	—	—	—
ATMP	—	60~90	—	—	—

（续）

组成及工艺条件	1	2	3	4	5
钯（Pd）	—	—	—	1.5~2	—
铜（Cu）	—	—	—	0.12~0.17	—
酒石酸锑钾（$C_8H_4K_2O_{12}Sb_2$）	—	—	0.05~0.1	—	—
pH 值	8.5~9.5	10~13	8~9	7~7.4	7.7~8.3
温度/℃	45~65	25~40	15~30	50~60	60~70
阴极电流密度/（A/dm²）	0.1~0.8	0.1~0.4	0.1~0.4	0.4~0.6	0.1~0.8
搅拌	阴极移动	—	—	连续过滤	连续过滤

注：4—装饰金，乐思公司；5—高纯金，乐思公司。

（2）电镀银

银与银合金镀层具有优良的导电性、低接触电阻和焊接性，并有很强的反光能力和装饰性。作为功能性镀层，广泛用于连接器接点、半导体引线框架。作为装饰性镀层，广泛用于餐具、乐器、首饰等。

1）氰化镀银加入光亮剂后，可直接镀出光亮银层，省去抛光工序，提高了效率并节约了大量的银。光亮镀银已成为氰化镀银的主流，其工艺见表9.2-34。

表 9.2-34　氰化物镀银工艺

（单位：g/L）

组成及工艺条件	1	2	3	4
银（Ag）（以氰化银钾形式）	—	—	30	—
硝酸银（AgNO₃）	—	55~65	—	—
氯化银（AgCl）	55~65	—	—	—
氰化银（AgCN）	—	—	—	50~100
氰化钾（KCN游）	70~75	70~90	90~150	45~120
酒石酸钾钠（NaKC₄H₄O₆）	30~40	—	—	—
1,4-丁炔二醇（C₄H₆O₂）	0.5	—	—	—
2-巯基苯并噻唑（C₇H₅NS₂）	0.5	—	—	—
碳酸钾（K₂CO₃）	—	—	—	15~25
氢氧化钾（KOH）	—	—	—	4~10
光亮剂 A	—	20~30	—	—
光亮剂 B	—	10~15	—	—
光亮剂 TO-1	—	30	—	—
光亮剂 TO-2	—	15	—	—
pH 值	—	—	12~13	—
温度/℃	15~35	5~25	18~30	28~45
阴极电流密度/（A/dm²）	1~2	0.6~1.5	0.5~1.5	0.35~3.5
过滤	需要	需要	需要	—
阴极移动	—	—	需要	需要
阳极	电解银板	电解银板	电解银板	电解银板

注：1—光亮镀银；2—光亮镀银，上海复旦电容器厂等研制；3—光亮镀银，添加剂由乐思公司、金迪公司、浩金公司等提供；4—预镀银。

2）镀银层防变色处理，银镀层遇到空气中的硫化物、氯化物，很容易生成硫化银、氯化银、氧化银等，使表面颜色逐渐变黄，甚至变黑。为了防止银层

变色，在生产中常采用镀银层钝化工艺。

化学钝化：

① 铬酸处理，三氧化铬（CrO₃）为80~85g/L，氯化钠（NaCl）为15~20g/L，温度为室温，时间为5~15s。铬酸处理后，银镀层表面生成较疏松的黄色的薄膜。

② 脱膜工艺，氨水为（NH₃·H₂O）300~500mL/L，温度为室温，时间为20~30s。

③ 出光，硝酸（HNO₃）或盐酸（HCl）质量分数为5%~10%，温度为室温，时间为5~20s。

镀银层经过以上工序后，然后进行化学钝化，其工艺见表9.2-35。

表 9.2-35　镀银层化学钝化工艺

（单位：g/L）

组成及工艺条件	1	2	3	4
铬酸钾（K₂CrO₄）	20	—	—	—
碳酸钾（K₂CO₃）	40	—	—	—
碘化钾（KI）	—	2	—	—
1-苯基-5-巯基四氮唑	—	0.5	0.1~0.2	2
苯骈三氮唑	—	3	0.1~0.2	2~5
氰化钾（KCN）	2	—	—	—
pH 值	10.5	5~6	—	—
温度/℃	室温	20~40	90~100	室温
时间/min	1~2	2~5	0.5~1	2~2.5

化学钝化这层膜很薄，钝化膜结构不够紧密，防变色能力不强。可以接着进行电化学钝化。

镀银层电解钝化工艺见表9.2-36。

表 9.2-36　镀银层电解钝化工艺

（单位：g/L）

组成及工艺条件	1	2
三氧化铬（CrO₃）	40	—
碳酸铵[（NH₄）₂CO₃]	60	—
铬酸钾（K₂CrO₄）	—	6~8
碳酸钾（K₂CO₃）	—	8~10
pH 值	8~9	12
温度/℃	室温	室温
阴极电流密度/（A/dm²）	4	2~5
时间/min	5~10	3~5

涂（浸）电接触保护剂，商品名称为 DJB823，将保护剂溶于有机溶剂中，在一定温度下，浸 1~2min，对表面有保护作用，对电接触有润滑作用。

电镀贵金属，如金、铑、钯、钯镍（质量分数为 80%）等，厚度为 0.1~0.2μm，用于要求很高的电子零件，如果是高频元件，必须满足高频电气要求（高 Q 值、低衰减）。

无氰镀银工艺，如 NS 镀银、烟酸镀银、咪唑-磺基水杨酸镀银、硫代硫酸盐镀银、亚硫酸盐镀银、硫氰酸盐镀银等。无氰镀银工艺见表 9.2-37。

表 9.2-37　无氰镀银工艺

（单位：g/L）

组成及工艺条件	NS 镀银	烟酸镀银	亚硫酸盐镀银	硫代硫酸盐镀银
硝酸银（$AgNO_3$）	45~55	55	60~70	40~50
硫酸铵［$(NH_4)_2SO_4$］	100~120	—	—	—
亚氨基二磺酸铵（NS）	120~150	—	—	—
柠檬酸铵［$C_6H_5O_7(NH_4)_3$］	1~5	—	—	—
烟酸（$C_6H_5NO_2$）	—	50	—	2
碳酸钾（K_2CO_3）	—	55	—	—
乙酸铵（CH_3COONH_4）	—	35	—	—
氢氧化钾（KOH）	—	30~35	—	—
氨水	—	54	—	—
亚硫酸钠（Na_2SO_3）	—	—	220~260	—
磷酸二氢钠（NaH_2PO_4）	—	—	30~40	—
柠檬酸钠（$C_6H_5Na_3O_7$）	—	—	30~40	—
硫代硫酸钠（$Na_2S_2O_3$）	—	—	—	250~360
焦亚硫酸钾（$K_2S_2O_5$）	—	—	—	45~50
聚乙烯亚胺	—	—	—	0.1
pH 值	8.2~8.8	9~9.5	6.4~6.7	7
温度/℃	15~35	室温	20~35	10~35
阴极电流密度/（A/dm²）	0.2~0.5	0.2~0.6	0.2~0.4	0.2~0.6

10. 合金电镀

（1）电镀锌镍合金

锌镍合金是一种优良的防护性镀层，适合于在恶劣的工业大气和严酷的海洋环境中使用。含镍质量分数为 13% 左右的锌镍合金的耐蚀性是锌镀层的 5 倍以上。

碱性锌酸盐电镀锌镍合金的工艺见表 9.2-38。

弱酸性氯化物电镀锌镍合金的主要优点：电流效率高，通常在 95% 以上，沉积速度快，对钢铁基体氢脆性小，污水处理比较简单，其工艺见表 9.2-39。

表 9.2-38　碱性锌酸盐电镀锌镍合金的工艺

（单位：g/L）

组成及工艺条件	1	2	3	4
氧化锌（ZnO）	8~12	6~8	8~14	10~15
硫酸镍（$NiSO_4$）	10~14	—	8~12	8~16
氢氧化钠（NaOH）	100~140	80~100	80~120	80~150
乙二胺（$C_2H_8N_2$）	20~30	—	—	少量
三乙醇胺（$C_6H_{15}NO_3$）	30~50	—	—	20~60
镍络合物/（mL/L）	ZQ 20~40	8~12	NZ-918 40~60	—
香草醛	—	0.1~0.2	—	—
添加剂/（mL/L）	ZQ-1* 8~14	ZN-11@ 0.5~1.0	NZ-918# 8~12	少许
氨水/（mL/L）	—	—	—	15
电流密度/（A/dm²）	1~5	0.5~4	0.5~6	4~10
工作温度/℃	15~35	20~40	10~35	室温
阳极	锌和铁板	锌和镍板	不锈钢	不锈钢
镀层含镍量（质量分数，%）	13 左右	7~9	8~10	12~14

注：* 为哈尔滨工业大学生产；# 为材料保护研究所生产；@ 为厦门大学生产。

表 9.2-39　氯化物电镀锌镍合金工艺

（单位：g/L）

组成及工艺条件	氯化铵型	氯化钾型	氯化钠型
氯化锌（$ZnCl_2$）	65~70	70~80	75~80	50
氯化镍（$NiCl_2$）	120~130	100~120	75~85	50~100
氯化铵（NH_4Cl）	200~240	30~40	50~60	—
氯化钾（KCl）	—	190~210	200~220	—
氯化钠（NaCl）	—	—	—	220
硼酸（H_3BO_3）	18~25	20~30	25~30	30
721-3 添加剂*	1~2	1~2	—	—
SSA85 添加剂	—	—	3~5	—
络合剂或稳定剂	—	20~35	—	光亮剂少量
pH 值	5~5.5	4.5~5.0	5~6	4.5
电流密度/（A/dm²）	1~4	1~4	1~3	3
工作温度/℃	20~40	25~40	30~36	40
阳极	Zn 与 Ni 分控	Zn 与 Ni 分控	Zn∶Ni＝10∶1	—
镀层含镍量（质量分数，%）	13 左右	13 左右	7~9	—

注：* 721-3 添加剂由哈尔滨工业大学生产。

锌镍合金镀层的钝化处理工艺见表 9.2-40。

（2）电镀锌铁合金

含微量铁（质量分数为 0.3%~0.7%）的锌铁合金容易钝化处理，并有良好的耐蚀性。经黑色钝化的合金镀层，具有最佳的耐蚀性。

碱性锌酸盐镀液可得到含铁质量分数为 0.2%~0.7% 的锌铁合金，其工艺见表 9.2-41。

表 9.2-40　钝化工艺

（单位：g/L）

组成及工艺条件	1	2	3	4	5
三氧化铬（CrO_3）	—	—	2	10	5~10
重铬酸钠（$Na_2Cr_2O_7$）	60	20	—	—	—
硫酸（H_2SO_4）	2	—	0.1	1	10
硫酸锌（$ZnSO_4$）	—	1	—	—	—
硫酸铬[$Cr_2(SO_4)_3$]	—	1	—	—	—
磷酸氢二钠（Na_2HPO_4）	—	—	—	—	2
pH 值	1.8	2.1	1.8	1.2	1.4
工作温度/℃	34	50	40	30	30
钝化时间/s	15	25	15	30	10
外观色泽	彩色	彩色	彩色	彩色	彩色稍带绿色

表 9.2-41　碱性锌铁合金镀液的组成及工艺条件

（单位：g/L）

组成及工艺条件	1	2	3	4
氧化锌（ZnO）	14~16	10~15	13	18~20
硫酸亚铁（$FeSO_4$）	1~1.5	—	—	1.2~1.8
氯化亚铁（$FeCl_2$）	—	—	1~2	—
氯化铁（$FeCl_3$）	—	0.2~0.5	—	—
氢氧化钠（NaOH）	140~160	120~180	120	100~130
络合剂	XTL 40~60	—	8~12	10~30
添加剂	—	4~6	6~10	—
光亮剂	XTT 4~6	3~5	—	WD 6~9
工作温度/℃	15~30	10~40	15~30	5~45
阴极电流密度/（A/dm^2）	1~2.5	1~4	1~3	1~4
阴极面积与阳极面积比	1:1	1:2	—	—
使用阳极/Zn:Fe	—	1:5	—	—
合金镀层含铁量（质量分数，%）	0.2~0.7	0.2~0.5	0.4~0.8	0.4~0.6

注：XTL 和 XTT 是哈尔滨工业大学产品；WD 是武汉大学产品。

合金镀层中含铁质量分数为 0.4% 左右的耐蚀性相对最高，且容易钝化其钝化工艺与镀锌层相似，可得到彩色、白色和黑色钝化膜。氯化物镀液组成及工艺条件见表 9.2-42。

（3）电镀铜锡合金

铜锡合金的色泽随镀层中铜的含量而不同，镀层外观从粉红色（低锡青铜）变为金黄色（中锡青铜）和银白色（高锡青铜），镀层的硬度和抗变色特性也随之逐渐提高。

焦磷酸盐电镀铜锡合金工艺见表 9.2-43。

表 9.2-42　氯化物镀液组成及工艺条件

（单位：g/L）

组成及工艺条件	1	2
氯化锌（$ZnCl_2$）	80~100	90~110
硫酸亚铁（$FeSO_4$）	8~12	9~16
氯化钾（KCl）	210~230	220~240
聚乙二醇	1.0~1.5	1.5
硫脲	0.5~1.0	—
抗坏血酸	1.0~1.5	—
ZF 添加剂*	8~10mL/L	—
稳定剂#	—	7~10
添加剂#	—	14~18
pH 值	3.5~5.5	4~5.2
工作温度/℃	5~40	15~38
阴极电流密度/（A/dm^2）	1.0~2.5	1~5
阳极	Zn:Fe=10:1	
合金镀层含铁量（质量分数，%）	0.5~1.0	0.4~0.7

注：*ZF 添加剂是成都市新都高新电镀环保工程研究所生产；#是哈尔滨工业大学研制。

表 9.2-43　焦磷酸盐电镀铜锡合金工艺

（单位：g/L）

组成及工艺条件	四价锡镀液		二价锡镀液
	1	2	3
焦磷酸钾（$K_4P_2O_7$）	240~280	220~250	350~400
铜（以焦磷酸铜加入）	10~15	10~14	16~18
锡酸钠（Na_2SnO_3）	50~60	25~30	—
二价锡（以焦磷酸亚锡加入）	—	—	1.5~2.5
磷酸氢二钠（Na_2HPO_4）	—	—	40~50
氨三乙酸（[$N(CH_2COOH)_3$]）	—	—	30~40
酒石酸钾钠（$NaKC_4H_4O_6$）	20~25	30~40	—
硝酸钾（KNO_3）	40~45	30~45	—
苯骈三氮唑	—	0.003~0.005	—
明胶	0.01~0.02	0.03~0.05	—
邻菲罗啉	0.001~0.002	—	—
温度/℃	25~45	25~45	30~35
pH 值	11~12	10.6~11.2	8.5~8.8
电流密度/（A/dm^2）	2~3	2~2.5	0.6~0.8
阳极	合金阳极	合金阳极	铜板

注：1 号适合于挂镀；2 号适合于滚镀；3 号挂镀和滚镀都可以。

（4）电镀铜锌合金

铜锌合金俗称黄铜。用得最多的是含铜质量分数为 60% 以上的铜锌合金。含铜质量分数为 70%~80%

的铜锌合金为金黄色，具有良好的装饰性，主要用作装饰性镀层，多用于仿金。含锌质量分数超过50%的

铜锌合金为白色，称为白黄铜。电镀铜锌合金工艺见表9.2-44。

表 9.2-44　电镀铜锌合金工艺　　　　　　　（单位：g/L）

组成及工艺条件	黄铜				白黄铜
	1	2	3	4	5
氰化亚铜（CuCN）	22~27	28~32	8~14	75	17
氰化锌［Zn(CN)$_2$］	8~12	7~8	8~15	5	64
游离氰化钠（NaCN）	16	6~8	5~10	—	31
总氰化钠（NaCN）	—	—	—	125	85
氢氧化钠（NaOH）	—	—	—	45	60
硫化钠（Na$_2$S）	—	—	—	—	0.4
碳酸钠（Na$_2$CO$_3$）	20~40	—	15~25	—	—
碳酸氢钠（NaHCO$_3$）	—	10~12	—	—	—
氯化铵（NH$_4$Cl）	2~5	—	—	—	—
氨水/（mL/L）	—	2~4	0.5~1.0	—	—
亚硫酸钠（Na$_2$SO$_3$）	5	—	5~8	—	—
酒石酸钾钠（NaKC$_4$H$_4$O$_6$）	10~20	—	—	—	—
pH 值	—	10~11	10.4~11.0	强碱性	12~13
温度/℃	20~40	35~40	20~30	70	25~40
电流密度/（A/dm^2）	0.2~0.5	1~1.5	0.3~0.5	1~8	1~4
镀层含铜量（质量分数，%）	—	70~78	68~75	—	28

注：1、2 号为装饰性镀层；3 号为橡胶黏结用镀层；4 号为厚镀层；5 号为白黄铜镀层。通常使用的合金阳极，含铜量与镀层成分相近。

9.2.2　电刷镀技术

电刷镀基本原理和电镀相似，也是一种依靠电化学沉积过程在工件表面制备金属镀层的表面工程技术。它是依靠一个与阳极接触的垫或刷提供电镀需要的电解液，电镀时，垫或刷在被镀的阴极上移动的一种电镀方法。

1. 电刷镀技术特点及应用范围

电刷镀的主要技术特点如下：

1）设备简单，不需要镀槽，便于携带，适用于野外及现场修复。尤其对大型、精密设备的现场不解体修复具有很强的实用性。

2）工艺简单，操作灵活，不需要镀覆的部位不必用很多的材料遮蔽。

3）在操作过程中，阴极与阳极之间有相对运动，故允许使用较高的电流密度，一般为 300~400A/dm^2，最大可达 500~600A/dm^2。它比槽镀使用的电流密度大几倍到几十倍。

4）镀液中金属离子含量高，镀积速度快（比槽镀快 5~50 倍）。

5）溶液种类多，应用范围广。目前已有 100 多种不同用途的溶液，适用于各个行业不同的需要。

6）溶液性能稳定，使用时不需化验和调整，无毒，对环境污染小，不燃、不爆，储存、运输方便。

7）配有专用脱脂和除锈的电解溶液，表面预处

理效果好，镀层质量高，结合强度大。

8）有各种不同型号的镀笔，并配有形状不同、大小不一的不溶性阳极，满足不同几何形状以及结构复杂零部件的刷镀，也可使用可溶性阳极。

9）费用低，经济效益好。

10）镀后一般不需要机械加工。

11）一套设备可在多种材料上刷镀，可以镀几十种镀层。

12）镀层厚度的均匀性可以控制，既可均匀镀，也可不均匀镀。

电刷镀技术的应用范围主要有：

1）修补槽镀产品的缺陷。

2）修复零件的加工超差件和表面磨损，恢复其尺寸精度和几何形状精度。

3）修复零件表面的划伤、沟槽、凹坑、斑蚀。

4）强化零件表面，使其具有较高的力学性能和较好的物理和化学性能。

5）制备零件表面防护层，使其耐腐蚀、抗氧化、耐高温，对铝及铝合金表面进行氧化处理等。

6）改善材料的钎焊性、导电性、导磁性以及减摩性。

7）装饰和修复建筑物、文物、工艺美术制品。

8）修复印制电路板、电气触头、电子元件。

9）用反向电流刻蚀零件毛刺，动平衡去重。

10）零件局部防渗碳、防渗氮和防氧化，制备喷

涂、堆焊层的过渡层等。

11）完成槽镀难以完成的作业。如：

① 零件太大或要求特殊而无法槽镀。

② 工件难以拆装或拆装运输费用高昂，大型设备需现场修理。

③ 只需局部施镀的大件或镀不通孔。

④ 用于钴、钛和高合金钢的过渡层，增强槽镀层的结合力。

⑤ 用于浸入镀槽会引起其他部位损坏或污染镀液的零件。

2. 电刷镀设备

电刷镀技术要求有专用设备和工辅具。主要包括电源装置，配套齐备的镀笔工具和可更换的阳极及包裹材料，还有夹持零件转动的转胎、输液泵和其他辅助工具。

（1）电源

电刷镀电源主要有恒压型和恒流型两种。装甲兵工程学院是我国最早开展电刷镀技术研究、推广和应用的单位之一，其生产的 DSD 系列电刷镀电源为恒压型，主要包括 DSD-15-Q、DSD-30-Q、DSD-75-S、DSD-100-S、DSD-150-S、DSD-200-S 等型号，各型号电源的主要技术参数见表 9.2-45。

武汉材料保护研究所生产的 SDK 系列电刷镀电源带有稳压和稳流转换开关，可以采用恒压或恒流两种方式进行电刷镀。主要包括 SDK-50AHZ、SDK-100AHZ、SDK-200AHZ、SDK-300AHZ、SDK-500AHZ 等型号，各型号电源的主要技术参数见表 9.2-46。

表 9.2-45　DSD 系列电刷镀电源技术参数

技术参数		DSD-15-Q	DSD-30-Q	DSD-75-S	DSD-100-S	DSD-150-S	DSD-200-S
电源输入		单相交流　220V±10%，50Hz				三相交流　380V±10%，50Hz	
电源直流输出电压/V		0~20V 连续可调		0~24V 连续可调		0~20V 连续可调	
电源直流输出电流/A		0~15	0~30	0~75	0~100	0~150	0~200
过载保护电流/A		16~17	32~34	78~80	105~110	155~160	205~210
过载保护时间/s		≤0.02(0.03)					
工作方式		额定负载下连续工作≥2h，半功率状态下连续工作					
安培小时计	最大容量/A·h	—		±999.999		±999.99	
	显示精度/A·h	—		0.001		0.01	
	显示方式	—		十进制六位数码		十进制五位数码	
体积/(mm×mm×mm)		300×200×190		510×380×270		560×500×875	
质量/kg		20	45	56	63	120	

表 9.2-46　SDK 系列电刷镀电源技术参数

技术参数	SDK-50AHZ	SDK-100AHZ	SDK-200AHZ	SDK-300AHZ	SDK-500AHZ
电源输入	单相交流　220V±10%，50Hz			三相交流　380V±10%，50Hz	
电源直流输出电压/V	0~12V/24V 连续可调				
电源直流输出电流/A	0~50	0~100	0~200	0~300	0~500
过载保护功能	A. 输出过流限流保护　B. 输出短路限流保护				
工作方式	间断工作时，额定电流状态下连续工作≥2h，低于80%额定电流状态下可连续工作				
电量计/A·min	容量分 9999、9999×10、9999×100 三档				
体积/(mm×mm×mm)	460×430×133			560×430×200	
质量/kg	13	18	22	38	45

（2）镀笔及阳极

镀笔由阳极与手柄（包括导电杆、散热器、绝缘手柄等）组成，镀笔结构见图 9.2-1。

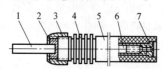

图 9.2-1　镀笔结构

1—阳极　2—O 形密封圈　3—锁紧螺母　4—散热器体
5—绝缘手柄　6—导电杆　7—电缆插座

阳极有不溶性阳极和可溶性阳极两类。通常使用的是不溶性阳极，如石墨阳极、铂铱合金阳极和不锈钢阳极。

镀笔杆用来连接阳极和电源电缆，其与阳极相连的部分为不锈钢制作的散热器，与电源电缆相连的部分一般用纯铜棒制作，与散热器以螺纹连接。纯铜杆外面套着绝缘手柄。

常用的包裹材料主要有医用脱脂棉、涤纶棉套或人造毛套等。包裹时，一般先在阳极表面上包一层适当厚度的脱脂棉，外面再用涤纶棉套或人造毛套裹住。

（3）辅助器具及材料

电刷镀辅助器具包括转胎、输液泵、挤压瓶、盛液杯、塑料盘、手提式电动机及各种成形小砂轮、小油石和绝缘胶带等。

3. 电刷镀溶液

电刷镀溶液是刷镀技术中最为重要的物质条件之一。溶液质量的好坏，直接影响着镀层的性能。目前，国内生产的电刷镀溶液分为表面预处理溶液、单金属镀液、合金镀液、复合镀液、退镀液和钝化液六大类，共18个系列100多个品种（见表9.2-47），已基本形成了溶液的系列化。

（1）表面预处理溶液

表面预处理溶液工艺规范见表9.2-48。

表9.2-47　电刷镀溶液分类

类别	系列	品　　种
表面预处理溶液	电净液	0号、1号
	活化液	1~8号、铬活化液、银汞活化液
单金属镀液	镍系列	镜面镍、特殊镍、快速镍、半光亮镍、致密快镍、酸性镍、中性镍、碱性镍、低应力镍、高温镍、高堆积镍、高平整半亮镍、轴镍、黑镍、镍"M"
	铜系列	高速铜、酸性铜、碱铜、合金铜、高堆积碱铜、半光亮铜
	铁系列	半光亮中性铁、半光亮碱性铁、酸性铁
	钴系列	碱性钴、半光亮中性钴、酸性钴
	锡系列	碱性锡、中性锡、酸性锡
	铅系列	碱性铅、酸性铅、合金铅
	镉系列	低氢脆性镉、碱性镉、酸性镉、弱酸镉
	锌系列	碱性锌、酸性锌
	铬系列	中性铬、酸性铬
	金系列	中性金、金518、金529
	银系列	低氰银、中性银、厚银
	其他	碱性铟、砷、锑、镓、铂、铑、钯
合金镀液	二元合金	镍钴、镍钨、镍钨(D)、镍铁、镍磷、钴钨、钴钼、锡锌、锡铟、锡锑、铅锡、金锑、金钴、金镍
	三元合金	镍铁钴、镍钨钨、镍硼磷、锡铅锑、巴氏合金
复合镀液	单金属/合金	基质镀液有镍、镍-P等，复合微粒有 Al_2O_3、SiC、SiO_2、Cu 等
钝化液	—	锌钝化液、镉钝化液
退镀液	—	镍、铜、锌、镉、铬、铜镍铬、钴铁、焊锡、铅锡

表9.2-48　表面预处理溶液工艺规范

参　　数	0号电净液	1号电净液	1号活化液	2号活化液	3号活化液	4号活化液
工作电压/V	8~15	8~15	8~15	6~14	10~25	10~25
相对速度/(m/min)	4~8	4~8	6~10	6~10	6~8	6~10
电源连接	正接（高强度钢除外）	正接	正接或反接	反接	反接	反接
适用范围	铸铁等组织疏散材料	—	低碳钢、白口铸铁	中碳钢、高碳钢、铝合金	去除炭黑层	铬、镍钢

参　　数	5号活化液	6号活化液	7号活化液	8号活化液	铬活化液	银汞活化液
工作电压/V	8~15	8~14	8~14	8~15	10~25	10~25
相对速度/(m/min)	10~16	10~16	8~16	8~16	6~8	6~8
电源连接	反接	反接	反接	反接	正、反交替	正、反交替
适用范围	用于活化不明成分的材料				专用于铬、镍材料	专用于镀银

（2）单金属镀液

单金属镀液工艺规范见表9.2-49。

（3）合金镀液

合金镀液工艺规范见表9.2-50。

表 9.2-49　单金属镀液工艺规范

参　数	特殊镍	快速镍	碱性镍	中性镍	低应力镍	高温镍
工作电压/V	12	8~14	8~14	10~14	8~14	8~12
相对速度/(m/min)	6~10	6~12	8~12	6~10	6~10	6~12
电源连接	正接	正接	正接	正接	正接	正接
适用范围	镀底层或夹心层	镀工作层	尺寸层或工作层	修补薄镀层或做底层	复合层中的夹心层	高温条件下零件
参　数	半光亮镍	高堆积性酸性镍	高平整半光亮镍	酸性镍	致密快速镍	轴镍
工作电压/V	6~10	8~14	6~10	8~14	8~15	8~12
相对速度/(m/min)	10~14	6~10	8~15	6~12	8~16	6~10
电源连接	正接	正接	正接	正接	正接	正接
适用范围	保护、装饰、耐磨	用于难镀覆金属	保护、装饰、耐磨	耐磨、耐热、耐蚀镀层	工作层或恢复尺寸层	轴类零件工作层
参　数	碱性铜	酸性铜	高速酸性铜	高堆积碱铜	半光亮铜	致密碱铜
工作电压/V	10~14	5~10	8~14	8~14	6~8	10~14
相对速度/(m/min)	6~12	8~12	10~15	8~12	10~14	6~12
电源连接	正接	正接	正接	正接	正接	正接
适用范围	快速恢复尺寸层	—	大厚度快速恢复尺寸层	镀覆尺寸层，填补凹坑	装饰镀层或工作层	尺寸层、夹心层
参　数	半光亮碱性铁	半光亮中性铁	酸性铁	半光亮钴	酸性钴	碱性钴
工作电压/V	6~10	6~10	6~10	8~12	10~12	10~12
相对速度/(m/min)	8~12	8~12	8~12	8~12	8~12	8~12
电源连接	正接	正接	正接	正接	正接	正接
适用范围	耐磨或叠加镀层	镀耐磨层	吸收光X线、吸热镀层	装饰表面或镀覆工作层	工作层或夹心层	与半光亮钴相似
参　数	碱性锌	酸性锌	碱性锡	酸性锡	碱性铅	酸性铅
工作电压/V	10~17	10~17	6~8	4~6	4~8	4~8
相对速度/(m/min)	8~16	8~16	10~15	10~15	6~10	6~10
电源连接	正接	正接	正接	正接	正接	正接
适用范围	阳极防护层	阳极防护层	轴承座的精密配合	快速沉积、填补凹坑	快速恢复尺寸层	改善钎焊性能
参　数	酸性镉	碱性镉	低氢脆镉	金溶液	银溶液	镀铬溶液
工作电压/V	8~12	8~12	10~16	3~5	4~6	8~15
相对速度/(m/min)	6~14	6~14	6~12	6~10	6~10	2~3
电源连接	正接	正接	正接	正接	正接	正接
适用范围	黑色金属防腐层	深镀能力好	超高强度钢件的镀覆	装饰镀层	反光镜面、装饰层	修补模具、量具

表 9.2-50　合金镀液工艺规范

参　数	镍-钨合金	镍-钨(D)合金	镍-铁合金	镍-钴合金	镍-磷合金	铅-锡合金
工作电压/V	10~15	10~15	10~14	10~14	10~14	10~12
相对速度/(m/min)	4~10	4~10	6~12	10~14	6~12	6~14
电源连接	正接	正接	正接	正接	正接	正接
适用范围	镀耐磨件工作层	各种零件工作层	工作层、防护性镀层	镀覆机械加工超差零件	发动机连杆工作层	钎焊合金镀层
参　数	锡-锌合金	钴-钨合金	钴-钼合金	铟-锡合金	巴氏合金	
工作电压/V	10~12	12~16	8~12	10~14	10~14	
相对速度/(m/min)	6~14	6~12	6~10	6~14	8~12	
电源连接	正接	正接	正接	正接	正接	
适用范围	防护镀层	耐磨零件工作层	耐磨零件工作层	抗盐水腐蚀镀层	镀覆轴瓦	

4. 电刷镀工艺

（1）电刷镀的一般工艺过程

电刷镀的一般工艺过程见表9.2-51。

表9.2-51　电刷镀的一般工艺过程

序号	操作内容	主要设备及材料
1	镀前准备：被镀部位机械加工；机械法或化学法脱脂和除锈蚀	机床、砂轮、砂纸等
2	零件表面电化学脱脂（电净）	电源、镀笔、电净液
3	水冲洗工件表面	清水
4	保护非镀表面	绝缘胶带、塑料布
5	零件表面电解刻蚀（活化）	电源、镀笔、活化液
6	水冲洗	清水
7	镀底层	电源、镀笔、打底层溶液
8	水冲洗	清水
9	镀尺寸层	电源、镀笔、镀尺寸层溶液
10	水冲洗	清水
11	镀工作层	电源、镀笔、镀工作层溶液
12	温水冲洗	温水（50℃左右）
13	镀后处理（打磨或抛光、擦干后涂防锈油）	油石、抛光轮、砂布、防锈油

（2）黑色金属表面电刷镀工艺

在实际操作中，可视不同的基体材料和表面要求，增加或减少相应的工序。下面以在中碳钢及中碳合金钢上电刷镀为例介绍黑色金属表面电刷镀工艺过程。

1）镀前准备。根据被镀件的表面状况，首先用钢丝刷、喷砂或机械加工等方法，去除较严重的锈蚀。当零件表面有较多的油污及污物时，要先用棉纱蘸水基清洗剂擦洗掉。任何油漆层和不牢固的旧涂层都要用机械法剥除或用专用溶液褪掉，保证镀件表面洁净。

2）电净。用1号电净液电解清洗。零件接电源的负极，电压为10~14V，相对运动速度为4~6m/min，时间应尽量短，以油净为止。

3）水冲洗。用清水冲洗表面。

4）活化。用2号活化液活化，零件接电源正极，电压为8~12V，相对运动速度为4~6m/min，用清水冲洗掉污物与残留液。

如果用2号活化液活化后，表面若出现黑斑等污物，则要继续用3号活化液活化。此时工件接电源正极，电压为18~25V，相对运动速度为6~10m/min。用清水冲洗表面的污物及残留液。

5）镀底层。一般用特殊镍溶液，先不通电擦拭零件表面3~5s，再将零件接电源负极，在18V电压下冲镀3~5s，然后降至12V，镀1~2μm即可，用水冲洗（继续镀酸性溶液可省去此工序）。

6）镀工作层。根据工作要求，选用合适的镀液镀工作层。

7）温水冲洗。用温水冲洗，并吹干表面，然后涂上防护油。

（3）有色金属表面电刷镀工艺

以在铝及铝合金以及某些低镁合金材料上电刷镀工艺为例介绍有色金属表面电刷镀工艺过程。

1）镀前准备。铝表面极易氧化，可先用机械方法去除氧化层，用钢丝刷或用浸透了电刷镀溶液的砂纸（磨料最好为碳化硅），打磨去掉表面的氧化膜。

2）溶剂清洗。有机溶剂脱脂，用脱脂棉蘸丙酮擦拭零件表面。

3）电净。用1号电净溶液，零件接电源负极，电压为10~15V，相对运动速度为4~6m/min，时间为15~30s。

4）水冲洗。用清水冲洗。

5）活化。用2号活化液，零件接电源正极，电压为10~14V，相对运动速度为8~12m/min，时间为10~30s。

6）水冲洗。活化后表面呈深灰色，要尽快用水冲洗，保持零件表面湿润，防止出现干斑，重新氧化。

7）镀底层。水冲洗后，要紧接着电刷镀底层溶液，可用中性镍或碱铜，电刷快速镍时，零件接电源负极，电压为10~15V，相对运动速度为6~8m/min。电刷镀碱铜时，零件接电源负极，电压为10~14V，相对运动速度为8~10m/min。

8）水冲洗。用清水冲洗。

9）镀工作层。可根据零件表面需要，在底层上用合适的镀液镀工作层，或直接镀底层至工作尺寸。

10）水冲洗。用清水冲洗。

（4）常用工件材料表面电刷镀工序

常用工件材料表面电刷镀工序见表9.2-52。

表9.2-52　常用工件材料表面电刷镀工序

工件材料	不锈钢	低碳钢	高碳钢	铸钢	铜合金	铝合金
电刷镀工序	表面准备	表面准备	表面准备	表面准备	表面准备	表面准备
	电净	电净	电净	电净	电净	电净
	2号活化液活化	1号或2号活化液活化	1号活化液活化	1号活化液活化	—	2号活化液活化

（续）

工件材料	不锈钢	低碳钢	高碳钢	铸钢	铜合金	铝合金
电刷镀工序	—	—	3号活化液活化	3号活化液活化	3号活化液活化	—
	特殊镍打底	特殊镍打底	特殊镍打底	快速镍打底	特殊镍打底	中性镍或碱铜打底
	镀尺寸层	镀尺寸层	镀尺寸层	镀尺寸层	镀尺寸层	镀尺寸层
	镀工作层	镀工作层	镀工作层	镀工作层	镀工作层	镀工作层
	后处理	后处理	后处理	后处理	后处理	后处理

5. 摩擦电喷镀

摩擦电喷镀是一种金属电沉积与机械摩擦加工复合的新技术。它采用专门研制的脉冲电源和各种形式的专用阳极，以及高浓度的电解液。电镀时，镀件接电源负极，阳极接电源正极，阴阳极之间以一定的速度相对运动，电解液供送装置将电解液以一定的流量、一定的压力连续地喷射到阴极表面上，摩擦器以一定压力在阴极表面上滑动，起到机械摩擦镀层、提高镀层质量的作用。

摩擦电喷镀技术在工艺上有两大特点，即"喷射"和"摩擦"。

施镀过程中，镀液被供送装置高速喷射到工件表面，及时补充了消耗的金属离子，提高了极限扩散电流密度。

固定在阳极体上的摩擦器有三个作用：①调节阴阳极之间的距离；②以一定压力压在镀层表面滑动，对镀层起机械摩擦作用；③防止阴阳极直接接触而产生短路。通过喷射与摩擦的共同作用，大大细化了晶粒，镀层质量明显改善。

摩擦电喷镀装置示意图见图9.2-2。摩擦电喷镀的设备主要包括专用电源、镀笔、镀液供送装置以及转胎。

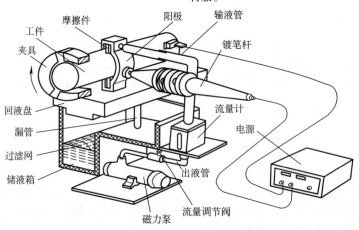

图 9.2-2　摩擦电喷镀装置示意图

（1）电源

装甲兵工程学院研制的 MD-100 型摩擦电喷镀电源可提供三种不同的工作模式：直流脉冲工作模式、间歇脉冲工作模式和去极化工作模式。

（2）镀笔

摩擦电喷镀过程中使用的镀笔分为两类：一类用于表面预处理、镀底层、夹心层及较薄镀层，这类镀笔的结构与电刷镀工艺所用镀笔相同；另一类用于摩擦喷镀中间层和工作层的镀笔，这类镀笔由阳极、摩擦器和镀笔杆（包括导电杆、散热器和绝缘手柄）组成，图 9.2-3 所示为月牙形阳极镀笔，图 9.2-4 所示为平板形阳极镀笔。

（3）镀液供送装置

镀液供送装置由输液泵、流量计、控制阀、输液管、过滤器、贮液槽、回收盘等组成。镀液供送装置应满足以下几个要求：

1）使镀液自动循环、连续供送，流量任意可调。

2）镀液能以一定的压力和流速喷射到镀件表面上。

3）在喷镀过程中，镀液成分和性能保持相对稳定。

4）可过滤镀液。

摩擦电喷镀技术是在电刷镀的基础上发展起来的，它所用溶液的基本组分与电刷镀溶液相同。摩擦电喷镀表面预处理与电刷镀表面预处理方法相同，目的一致，因此，表面预处理溶液可通用。

摩擦电喷镀所用的功能性镀液，一些是根据其自身的工艺特点而专门研制的；另一些是在电刷镀溶液

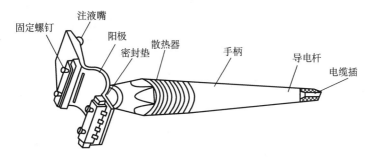

图 9.2-3　月牙形阳极镀笔

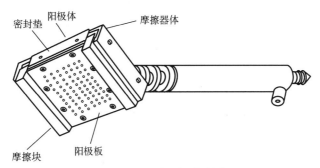

图 9.2-4　平板形阳极镀笔

的基础上改进和完善的。这些溶液的主要特点是溶液中金属离子含量较高，允许使用较高的电流密度上限，在较高的电流密度下，沉积速度可达到同类电刷镀溶液的 5 倍以上，而这些高浓度溶液在电刷镀工艺中使用，其金属沉积速度反而比同类电刷镀溶液的沉积速度还要慢。相反，电刷镀溶液中的一部分功能性镀液，却可在摩擦电喷镀工艺中使用。

功能镀液所获得镀层的性能主要有高硬度、高耐磨性、防腐蚀、表面装饰、导电性、导热性、减摩性、抗黏结性、改善钎焊性、大厚度、低应力、装饰耐磨、吸光、吸热、抗高温磨损、非晶态以及防渗碳、防渗氮等。各功能镀液工艺规范如下：

1）高硬度、高耐磨性镀液。高硬度、高耐磨性镀液工艺规范见表 9.2-53。

2）高速度、快沉积镀液。高速度、快沉积镀液工艺规范见表 9.2-54。

3）装饰耐磨性镀液。装饰耐磨性镀液工艺规范见表 9.2-55。

4）低应力、高堆积镀液。低应力、高堆积镀液工艺规范见表 9.2-56。

5）表面装饰镀液。表面装饰镀液工艺规范见表 9.2-57。

6）防腐蚀镀液。防腐蚀镀液工艺规范见表 9.2-58。

表 9.2-53　高硬度、高耐磨性镀液工艺规范

参　　数	酸性铬	镍-钨合金	镍-钨（D）合金	镍-钴合金	钴-钨合金	钴-钼合金	酸性镍
工作电压/V	6~12	10~15	10~15	10~14	8~12	8~12	8~14
相对速度/（m/min）	6~12	6~12	6~12	8~12	6~10	6~10	8~15
电源极性	正接	正接	正接	正接	正接	正接	正接
阳极	不锈钢	不锈钢	不锈钢	不锈钢	不锈钢	不锈钢	不锈钢
阴阳极间距/mm	0.8~1.2	0.8~1.2	0.8~1.2	0.8~1.5	0.8~1.5	0.8~1.5	0.8~1.5
摩擦件材料	玛瑙、天然玉石	玛瑙、天然玉石	玛瑙、天然玉石	硬塑料、玛瑙	玛瑙、天然玉石	玛瑙、天然玉石	玉石、硬塑料
摩擦件压力/MPa	0.02~0.04	0.02~0.04	0.02~0.04	0.03~0.05	0.02~0.04	0.02~0.04	0.03~0.05
溶液流量/（L/min）	3~5	4~6	4~6	3~5	3~5	3~5	4~5

表 9.2-54　高速度、快沉积镀液工艺规范

参　数	快速镍	碱性铜	致密快速镍	特种快速镍	高浓度镍	高浓度铜
工作电压/V	8~15	8~15	8~15	8~15	8~15	10~16
相对速度/(m/min)	10~18	10~18	10~18	10~20	10~20	10~20
电源极性	正接	正接	正接	正接	正接	正接
阳极	不锈钢	不锈钢	不锈钢	不锈钢	不锈钢	不锈钢
阴阳极间距/mm	0.8~2.0	0.8~2.0	0.8~2.0	0.8~2.0	0.8~2.0	0.8~2.0
摩擦件材料	玛瑙、硬塑料	硬塑料、天然玉石	玛瑙、硬塑料	硬塑料、玛瑙	玛瑙、硬塑料	硬塑料、天然玉石
摩擦件压力/MPa	0.03~0.06	0.02~0.04	0.03~0.06	0.03~0.06	0.03~0.06	0.02~0.04
溶液流量/(L/min)	4~8	4~8	4~8	4~8	4~8	4~8

表 9.2-55　装饰耐磨性镀液工艺规范

参　数	半光亮钴	酸性钴	碱性钴	半光亮镍	高平整半光亮镍
工作电压/V	10~16	10~14	10~16	6~12	6~12
相对速度/(m/min)	8~12	8~14	8~12	10~14	8~15
电源极性	正接	正接	正接	正接	正接
阳极	不锈钢	不锈钢	不锈钢	不锈钢	不锈钢
阴阳极间距/mm	0.8~1.5	0.8~1.5	0.8~1.5	0.8~1.5	0.8~1.5
摩擦件材料	玛瑙、硬塑料	硬塑料、天然玉石	玛瑙、硬塑料	硬塑料、玛瑙	玛瑙、硬塑料
摩擦件压力/MPa	0.02~0.03	0.01~0.03	0.02~0.03	0.02~0.03	0.02~0.03
溶液流量/(L/min)	3~5	4~6	3~5	4~6	4~6

表 9.2-56　低应力、高堆积镀液工艺规范

参　数	高速酸性铜	碱性镍	高堆积碱性铜	高堆积酸性铜	致密碱性铜
工作电压/V	8~16	8~14	10~14	10~14	8~15
相对速度/(m/min)	8~20	8~12	8~15	8~15	10~18
电源极性	正接	正接	正接	正接	正接
阳极	不锈钢	不锈钢	不锈钢	不锈钢	不锈钢
阴阳极间距/mm	0.8~2.0	0.8~1.5	0.8~2.0	0.8~2.0	0.8~2.0
摩擦件材料	玉石、硬塑料	玛瑙、天然玉石	玉石、硬塑料	玉石、硬塑料	硬塑料、天然玉石
摩擦件压力/MPa	0.02~0.05	0.03~0.05	0.02~0.04	0.02~0.04	0.02~0.04
溶液流量/(L/min)	4~8	4~8	4~8	4~8	4~8

表 9.2-57　表面装饰镀液工艺规范

参　数	光亮镍	中性银	金镀液	光亮铜
工作电压/V	6~12	4~6	3~5	6~10
相对速度/(m/min)	8~18	6~10	6~10	4~16
电源极性	正接	正接	正接	正接
阳极	不锈钢	不锈钢	不锈钢或铂-铱合金	不锈钢
阴阳极间距/mm	0.8~1.5	0.8~1.5	0.8~1.5	0.8~1.5
摩擦件材料	玉石、玛瑙	玛瑙、天然玉石	玉石、玛瑙	玛瑙、硬塑料
摩擦件压力/MPa	0.01~0.03	0.01~0.03	0.02~0.04	0.03~0.06
溶液流量/(L/min)	4~8	3~6	4~8	3~5

表 9.2-58　防腐蚀镀液工艺规范

参　数	酸性镉	碱性镉	碱性锌	酸性锌	铟-锡合金	碱性铅	酸性铅
工作电压/V	8~12	8~12	10~17	10~17	10~14	4~10	4~10
相对速度/(m/min)	6~14	6~14	8~16	8~16	6~12	6~12	6~12
电源极性	正接	正接	正接	正接	正接	正接	正接
阳极	不锈钢	不锈钢	不锈钢	不锈钢	不锈钢	不锈钢	不锈钢
阴阳极间距/mm	0.8~2.0	0.8~2.0	0.8~2.0	0.8~2.0	0.8~1.5	0.8~1.5	0.8~1.5
摩擦件材料	软塑料板	软塑料板	软胶木	软胶木	软塑料板	软胶木	软胶木
摩擦件压力/MPa	<0.01	<0.01	<0.01	<0.01	<0.01	<0.01	<0.01
溶液流量/(L/min)	4~6	4~6	4~8	4~8	4~6	4~6	4~6

在不同的基体材料上喷镀或在同样基体材料上喷镀不同种类的镀层，或者喷镀不同厚度和技术要求的镀层，其摩擦电喷镀的工艺规范要求是不尽相同的，但就其基本工艺过程来讲大致上是一样的。主要分为以下几个步骤：

1）表面预处理。主要包括被镀部位机械加工、表面脱脂、表面除锈（活化）、保护非镀表面等内容。

2）镀底层。底层，又称过渡层或起镀层，是指在正式喷镀尺寸层或工作层以前，选用一种合适的溶液镀一很薄的镀层。预镀底层的作用不仅仅是提高基体与镀层结合强度的需要，还能防止有腐蚀作用的溶液对基体金属的腐蚀。

最常用镀底层的溶液是特殊镍，它几乎适用于所有钢铁件（碳钢、不锈钢、铬钢、合金钢）、铜件和铝件；铸铁、铸铝等宜用中性镍起镀，不宜用酸性溶液起镀，以防止表面微孔中残留溶液对基体产生腐蚀；高强度钢使用专用溶液-低氢脆镉镀底层。

3）喷镀尺寸层（中间层）。对磨损较严重或加工超差比较大的零件，需要喷镀较厚镀层才能恢复到标准尺寸。为了快速恢复零件的尺寸，在能满足零件技术要求的前提下，可选用沉积速度快的溶液作为快速恢复尺寸的材料。最常用的是快速镍、高浓度镍、致密快镍、高堆积镍、碱铜、高浓度铜、高速酸铜和高堆积碱铜等溶液。

快速恢复尺寸镀层是在底层镀完后，镀工作层前进行，也称为中间镀层。例如，在 45 钢件表面上喷镀 0.40mm 厚的镀层，可先镀特殊镍 $2 \sim 3\mu m$，再镀碱铜 $0.20 \sim 0.30mm$，最后用快速镍镀到需要的尺寸。

4）喷镀表面工作层。在镀件上最后喷镀直接承受工作负荷的镀层称为工作层。

选择工作层时，可从以下几方面考虑：

① 所选用的镀层应满足镀件的工况要求。

② 与底层（或尺寸镀层）之间不会引起表面接触腐蚀，并有良好的结合强度。

③ 溶液的沉积速度快。

5）镀后处理。镀完后，擦干、涂油，或根据需要，对镀层机械加工及着色处理等。

6. 纳米电刷镀

纳米电刷镀技术又称为电刷镀纳米复合镀层技术，是电刷镀技术与纳米技术的复合与创新。即在普通电刷镀溶液中加入纳米颗粒或纳米纤维，使电刷镀层形成了含有纳米第二相的复合镀层，或者通过交替刷镀不同镀层获得纳米多层镀层的工艺过程。

纳米材料是指结构单元在 $1 \sim 100nm$ 之间的粉体材料，它具有很多独特的物理和化学性能，包括量子

尺寸效应、小尺寸效应、表面效应、宏观量子隧道效应等。纳米第二相的引入使复合镀层具有了纳米材料独特的力学、物理及化学性能，因此，纳米电刷镀可明显提高电刷镀层的硬度、耐磨性、耐高温性能、耐蚀性和电磁性等。

与普通电刷镀相比，纳米电刷镀技术在镀液、镀层组织和性能等方面具有特殊之处。

1）纳米电刷镀镀液中含有纳米颗粒（纤维），需要进行特殊的分散处理。

2）纳米电刷镀获得的复合镀层组织更致密、晶粒更细小（通常为纳米晶），纳米颗粒弥散分布在金属基相中。

3）纳米电刷镀层的耐磨性、耐高温性能等综合性能远优于同种单金属镀层。

4）根据加入纳米颗粒的不同，可以获得具有耐蚀、减摩、耐磨和导电等性能的复合镀层。

5）通过加入具有吸波（电磁波和红外波）、杀菌等特殊功能的纳米颗粒，可以获得具有吸波和杀菌等功能的复合镀层。

6）应用范围更加宽广，可用于飞机、舰船、车辆、工业设备等零部件的表面强化和再制造。

纳米电刷镀技术的一般工艺过程与普通电刷镀相同（见表 9.2-59）。两者的主要不同点在镀液和工艺参数。

表 9.2-59　纳米电刷镀技术的一般工艺过程

工序号	工序名称	工序内容和目的	备注
1	表面准备	脱脂、修磨表面、保护非镀表面	—
2	电净	电化学脱脂	镀笔接正极
3	强活化	电解蚀刻表面，除锈、除疲劳层	镀笔接负极
4	弱活化	电解蚀刻表面，去除碳钢表面炭黑	镀笔接负极
5	镀底层	提高界面结合强度	镀笔接正极
6	镀尺寸层	快速恢复尺寸	镀笔接正极
7	镀工作层	满足尺寸精度和表面性能	镀笔接正极
8	后处理	吹干、烘干、涂油、去应力、打磨、抛光等	依据应用要求选定

纳米电刷镀镀液由普通电刷镀镀液和纳米颗粒组成。

1）基质镀液。常用的纳米电刷镀溶液的基质镀液主要包括镍系、铜系、铁系、钴系等单金属电刷镀

溶液及镍钴、镍钨、镍铁、镍磷、镍铁钴、镍铁钨、镍钴磷等二元或三元合金电刷镀溶液。

2）纳米颗粒。加入的纳米不溶性固体颗粒可以是单质金属或非金属元素，如纳米铜、石墨、纳米碳管、纳米金刚石等，也可以是无机化合物，如金属的氧化物（n-SiO_2、n-Al_2O_3、n-TiO_2、n-ZrO_2）、碳化物（n-TiC、n-SiC、n-WC）、氮化物（n-BN、n-TiN）、硼化物（n-TiB_2）、硫化物（n-MoS_2、n-FeS）等，还可以是有机化合物，如聚氯乙烯、聚四氟乙烯、尼龙粉等。

3）纳米颗粒的分散。纳米颗粒常用的分散方法有超声波分散方法、机械分散方法和化学分散方法等，这些方法的单独使用对颗粒在镀液中的分散均有一定的效果，但其分散稳定性仍不够理想。装备再制造技术国防科技重点实验室开发了一种能有效地将纳米陶瓷颗粒分散在金属基质溶液中的复合分散方法——高能机械化学法。与其他方法相比，高能机械化学法处理后镀液中纳米颗粒更多的处在纳米数量级，并可长时间保存，更适合纳米颗粒复合电刷镀液的储存、运输与使用。而且，采用高能机械化学法分散的纳米颗粒复合电镀液制备的镀层中纳米颗粒含量较高，弥散分布较好。

纳米电刷镀的工艺参数：

1）刷镀电压。由于纳米电刷镀镀液中含有大量纳米颗粒，为了使纳米颗粒很好地在刷镀层中沉积，刷镀电压一般比基质金属镀液刷镀电压稍高。

通常，当工件尺寸较小、工件温度较低及镀笔与工件相对运动速度较小时，刷镀电压应低一些。

起镀电压应当稍高，过一段时间再降到正常刷镀电压。例如，在中碳钢表面刷镀 n-Al_2O_3/Ni 复合镀层，起镀电压为 18V，刷镀 10~20s 后，电压降为正常刷镀电压 14V。

2）刷镀温度。整个刷镀过程在室温下进行，工件的理想施镀温度为室温，最低应不低于 15℃，最高不宜高于 50℃，这样可以使镀液的物理和化学性能保持相对稳定，使镀液的刷镀效果（沉积速度、均镀能力、电流效率等）始终处于最佳状态，有利于纳米颗粒的沉积，所获得的纳米复合镀层内应力小、结合强度高。

3）相对运动速度。纳米电刷镀过程中，工件与镀笔的相对运动速度一般为 6~10m/min。相对运动速度过快，不利于纳米颗粒的沉积，且易引起纳米复合镀层应力过大；相对运动速度过慢，局部发热量大，容易引起复合镀层表面发黑，且易造成组织疏松、表面粗糙。

纳米电刷镀层的性能：

（1）硬度

镀层的硬度随镀液中加入纳米颗粒量的增加而增大，且存在极大值。例如，n-Al_2O_3/Ni 电刷镀层显微硬度随镀液中的纳米颗粒含量增加而增大，当 n-Al_2O_3 颗粒含量为 30g/L 时，n-Al_2O_3/Ni 电刷镀层的显微硬度达到极大值，约为快镍电刷镀层的 1.5 倍。表 9.2-60 给出了纳米颗粒含量优化条件下几种镍基纳米电刷镀层的硬度。

表 9.2-60　几种镍基纳米电刷镀层的硬度

镀层体系	n-Al_2O_3/Ni	n-TiO_2/Ni	n-SiO_2/Ni	n-ZrO_2/Ni	n-SiC/Ni	n-Dia/Ni
硬度 HV	660~700	580~640	650~690	630~680	600~640	610~650

注：n-Dia（nano diamond）指纳米金刚石颗粒（人造金刚石）。

（2）结合强度

表 9.2-61 是采用冲击法测得的几种电刷镀层的临界载荷。临界载荷越大，说明电刷镀层的结合强度越高。可以看出，复合电刷镀层的结合强度明显大于普通电刷镀层；复合电刷镀层的结合强度还与加入的纳米颗粒种类有关，n-SiO_2/Ni 纳米电刷镀层的结合强度大于 n-Al_2O_3/Ni 纳米电刷镀层。

表 9.2-61　几种电刷镀层的临界载荷

镀层体系	快速镍	n-Al_2O_3/Ni	n-SiO_2/Ni
临界载荷/kg	40	45	60

（3）耐磨性

纳米颗粒的加入，复合电刷镀层的耐磨性明显优于快速镍电刷镀层。表 9.2-62 给出了几种镍基纳米电刷镀层的相对耐磨性。

表 9.2-62　几种镍基纳米电刷镀层的相对耐磨性

镀层体系	快速镍	n-Al_2O_3/Ni	n-TiO_2/Ni	n-SiO_2/Ni	n-ZrO_2/Ni	n-SiC/Ni	n-Dia/Ni
相对耐磨性	1	2.2~2.5	1.9~2.2	2.0~2.4	1.5~2.0	1.6~2.0	1.4~1.8

（4）抗高温性能

表 9.2-63 给出了几种镍基纳米电刷镀层在不同温度加热后的硬度。n-Al_2O_3/Ni、n-SiC/Ni 和

n-Dia/Ni（金刚石）3 种复合电刷镀层的硬度在各个温度下均高于快速镍电刷镀层；快速镍电刷镀层的硬度在高于 200℃后即快速降低，当温度达 300℃时，

其硬度仅为250HV；几种复合电刷镀层的硬度直到温度达400℃时才出现下降，在500℃时，n-Al$_2$O$_3$/Ni电刷镀层的硬度仍高达450HV。

一般地，金属电刷镀层只适宜在常温下至200℃应用，而纳米电刷镀层尤其是纳米 n-Al$_2$O$_3$/Ni 复合电刷镀层在400℃时仍具有较高的硬度和良好的耐磨性，可以在400℃条件下工作。

表9.2-63　几种镍基纳米电刷镀层在不同温度加热后的硬度

（单位：HV）

温度/℃	快速镍	n-Al$_2$O$_3$/Ni	n-SiC/Ni	n-Dia/Ni
25	410	558	480	450
100	428	540	486	446
200	408	548	503	438
300	250	590	520	465
400	200	565	450	360
500	150	450	305	345
600	120	357	204	160

纳米电刷镀技术可以应用于各领域装备零部件表面强化和再制造，提高零件的表面摩擦学性能、耐蚀性、抗高温性能等。纳米电刷镀技术制备出的纳米颗粒弥散强化金属基复合镀层比相应不含纳米颗粒的金属镀层具有更优异的综合力学性能，其应用领域比传统电刷镀技术更广泛。

在应用中，针对批量零部件或大尺寸零部件进行纳米电刷镀处理时，为提高纳米电刷镀层制备效率，可以采用自动化纳米电刷镀工艺。自动化纳米电刷镀采用数控化电刷镀机或工业机器人实现各工序的自动化操作，所制备的纳米电刷镀层质量稳定、生产率高，在工业化生产中具有应用前景和发展潜力。

9.2.3　化学镀

化学镀是不加外加电流，在金属表面的催化作用下经控制化学还原反应进行的沉积过程。1947年，美国科学家 A. Brenner 和 G. Riddell 发明了化学镀镍，大规模工业应用则是19世纪70年代。与电镀工艺相比，化学镀具有以下特点：

1）镀层厚度非常均匀，化学镀溶液的分散力接近100%，特别适合镀形状复杂工件、腔体件、不通孔件及管件内壁。镀层表面光洁平整，一般不需要镀后加工，适宜做加工件超差及选择性施镀。

2）可以在塑料、玻璃、陶瓷、半导体等非金属表面施镀，化学镀使非金属表面合金化，是制备导电底层常用的方法。

3）工艺设备简单，不需要电源及输电系统。

4）化学镀靠基体材料表面的自催化活性才能起

镀，其结合力一般优于电镀。镀层光洁、晶粒细、致密、孔隙率较低。有些化学镀还具有特殊的物理化学性质。

化学镀工艺中目前用得最多的镀层品种是镍、铜、钴，其他的品种有 Sn、Au、Pd、Pt，三元素 Ni-Me-P 或 Co-Me-P、Ni-Me-B（Me 包括 Co、Ni、Fe、Cu、W、Mo、Sn、Re、Zn）等，化学复合镀层有 Ni-P/SiC、Ni-P/Al$_2$O$_3$、Ni-P/金刚石、Ni-P/PTFE 及 Ni-P/石墨等，其中有的镀层尚处在研究阶段，还未全面工业应用。由于镀层具有耐蚀、耐磨、减摩、焊接性、低电阻、特殊的磁性能以及装饰作用，广泛应用在电子、计算机、机械、交通运输、能源、天然气、化学工业、航空航天、汽车、矿冶、食品机械、印刷、模具、纺织、医疗器件等各个工业部门。应用最广的是计算机和电机行业，其次是阀门和汽车。施镀基材主要是碳钢和铸铁，其次是铝及有色金属，塑料、陶瓷等占比较少。

化学镀技术近年来发展很快，由于产品质量要求提高，竞争激烈，尤其是环保要求停止 Pb、Cd 及六价铬以后，化学镀工作者既面临着更加严峻的考验，又为化学镀创新提供了机遇。

1. 化学镀镍

化学镀镍与电镀镍的力学、物理及化学性能完全不同，原因是使用的还原剂不同而分别得到 Ni-P 或 Ni-B 合金镀层。Ni-P 镀层又因其含磷量不同而分为低磷（质量分数为1%~4%）镀层、中磷（质量分数为5%~8%）镀层和高磷（质量分数为9%~12%）镀层。低磷镀层是 P 在金属镍中的过饱和固溶体，完整的面心立方结构，性能特点是镀态硬度较高，达 650~700HV$_{100}$，耐磨性好，电阻率低（20~30μΩ·cm），特别耐碱腐蚀。高磷镀层则形成非晶态合金，镀层致密、无孔、组织均匀、不存在晶界、位错、孪晶及其他缺陷，非晶镀层形成的钝化膜也是极其均匀的非晶结构，韧性也好，机械损伤后修复速度快，具有良好的保护性能。因此高磷镀层耐蚀性好，在某些工况甚至可以代替不锈钢。中磷镀层是上述两种结构的混合物，随着合金镀层中磷量增加，其结构从过饱和固溶体向非晶态连续变化。中磷镀层应用最多，它的耐蚀性优于电镀镍，硬度高，还可通过热处理调整，因此耐磨性良好，在某些条件下还可以代替硬铬使用。高磷镀层因其非晶结构是非磁性的，低磷镀层是铁磁性的，中磷镀层有很弱的铁磁性。

Ni-B 镀层硬度高、耐磨性好，其比电阻和接触电阻比 Ni-P 镀层小。

工艺参数中除镀液 pH 值以外，最重要的就是施镀温度。温度是影响镀速的最主要因素，随着温度增加镀速呈直线上升。温度高、镀速快、磷量下降、镀层应力及孔隙增加、镀液稳定性降低。所以施镀时应该控制温度在±2℃范围内波动，且避免局部过热。

为了工件表面各部位沉积均匀、浴中温度均匀、工件表面与浴中本体镀液温度一致，施镀过程中必须搅拌（转动工件或搅拌过滤镀液）。工件吊挂时除了不能彼此接触外，还必须有利于气体逸出，避免漏镀。过度搅拌也不可取，易造成夹角处漏镀，甚至使镀液分解。

装载比是指工件施镀面积与使用镀液体积之比，用 dm^2/L 表示。一般镀液装载比为 $0.5 \sim 1.5 dm^2/L$。转载比太大，补加不及时，镀层质量不好，镀速减慢，严重时造成镀液分解；反之，装载比过小，有可能不起镀或停镀。

化学镀液寿命一般用循环周期表示，指补加的镍量达到开缸镍量时为一个循环周期（MTO）。由于各种镀液开缸时的含镍量不尽相同，不好比较，故又用每升镀液在 $1m^2$ 上累计施镀厚度即 $\mu m/dm^2/L$ 表示镀液寿命。镀液在使用过程中主盐、还原剂及一些添加剂被消耗，为保持施镀正常进行及镀层质量，必须进行补加。一般在镍量消耗了10%（质量分数）左右时就得开始进行，如不是自动补加，则以少量多次为好。

目前化学镀镍溶液已经商品化，一般分开缸及补加液两类，为高倍浓缩液。如 A、B 两种溶液开缸，A 液按体积分数6%稀释，B 液按体积分数10%稀释；A、C 两种补加液等体积使用，十分方便。

次磷酸钠酸浴用得最多，一般含 Ni $5 \sim 7g/L$、NaH_2PO_2 $20 \sim 40g/L$，有机酸或其盐类 $20 \sim 40g/L$，温度为 $85 \sim 95℃$，pH 值为 $4 \sim 5$，沉积速度为 $10 \sim 30\mu m/h$，镀层中磷量为 $5\% \sim 14\%$（质量分数）。表 9.2-64 ~ 表 9.2-66 是化学镀镍溶液配方，仅供参考，工业应用尚需进一步研究。

表 9.2-64　酸性次磷酸盐浴化学镀镍配方　　　　　　　（单位：g/L）

组成及工艺条件	1	2	3	4	5	6	7	8	9	10
硫酸镍（$NiSO_4$）	$20 \sim 30$	20	$25 \sim 35$	$20 \sim 34$	21	28	21	25	23	30
次磷酸钠（NaH_2PO_2）	$20 \sim 24$	27	$10 \sim 35$	$20 \sim 35$	23	30	24	30	18	36
乙酸钠（CH_3COONa）	—	—	7	—	—	—	—	20	—	—
柠檬酸（$C_6H_8O_7$）	—	—	—	—	—	15	—	—	—	15
柠檬酸钠（$C_6H_5Na_3O_7$）	—	—	10	—	—	—	—	30	—	—
乳酸（体积分数为85%）（$C_3H_6O_3$）	$25 \sim 34$	—	—	—	42.5	27	28	—	20	—
苹果酸（$C_4H_6O_5$）	—	—	—	$18 \sim 35$	$0 \sim 2$	—	—	—	15	—
丁二酸（$C_4H_6O_4$）	—	16（钠盐）	—	16	—	—	—	—	12	5
丙酸（CH_3CH_2COOH）	$2.0 \sim 2.5$	—	—	—	—	—	—	—	—	5
乙酸（CH_3COOH）	—	—	—	—	0.5	—	—	—	—	—
羟基乙酸钠（$C_2H_3NaO_3$）	—	—	—	—	—	—	—	—	—	15
氟化钠（NaF）	—	—	—	—	0.5	—	—	—	—	—
稳定剂/（mg/L）	Pb $1 \sim 4$	—	—	Pb $1 \sim 3$	Pb $0 \sim 1$	硫脲 $0 \sim 1.5$	硫脲 1	硫脲 +Pb	Pb 1	MoO_3 5
pH 值	$4.4 \sim 4.8$	$4.5 \sim 5.5$	$5.6 \sim 5.8$	$4.5 \sim 6.0$	—	4.8	—	5.0	5.2	4.8
温度/℃	$90 \sim 95$	$94 \sim 98$	85	$85 \sim 95$	—	87	—	90	90	90
沉积速度/（$\mu m/h$）	25	25	6	—	—	—	—	—	—	—

表 9.2-65　碱性次磷酸盐浴化学镀镍配方　　　　　　　（单位：g/L）

组成及工艺条件	1	2	3	4	5	6	7	8
硫酸镍（$NiSO_4$）	30	33	32	25	20	—	—	—
氯化镍（$NiCl_2$）	—	—	—	—	—	24	30	45
次磷酸钠（NaH_2PO_2）	30	17	15	25	20	20	10	20
柠檬酸钠（$C_6H_5Na_3O_7$）	—	84	84	—	20	—	100	45
柠檬酸铵（$C_6H_5O_7(NH_4)_3$）	—	—	—	—	—	38	—	—
焦磷酸钠（$Na_4P_2O_7$）	60	—	—	50	—	—	—	—
三乙醇胺（$C_6H_{15}NO_3$）	100mL	—	—	—	—	—	—	—
硼砂（$Na_2B_4O_7 \cdot 10H_2O$）	—	—	—	—	—	40g（H_3BO_3）	—	—
氢氧化铵（$NH_3 \cdot H_2O$）	—	—	60	—	—	—	—	—

（续）

组成及工艺条件	1	2	3	4	5	6	7	8
氯化铵（NH_4Cl）	—	50	50	—	—	—	50	50
稳定剂/（mg/L）	—	—	—	—	—	—	—	—
pH 值	10	9.5	9.3	10~11	8.5~9.5	8~9	8~9	8~8.5
温度/℃	30~35	88	89	65~76	40~45	90	90	80~85
沉积速度/（μm/h）	10	—	—	15	—	10~13	6	10

表 9.2-66　化学镀镍-硼合金配方　　（单位：g/L）

组成及工艺条件	1	2	3	4	5	6	7	8	9	10	11
镍离子	7.4	7.4	2.5	5.0	6.0	6.0	11.0	7.5	7.5	6.3	6.3
硼氢化钠	1.5	1.2	0.5	0.75	0.4	—	—	—	—	—	—
二甲基胺硼烷（DMAB）	—	—	—	—	—	2.5	2.5	2.5	2.5	—	—
二乙基胺硼烷（DEAB）	—	—	—	—	—	—	—	—	—	3	3
乙二铵（质量分数98%）	45	40	—	—	—	—	—	—	—	异丙醇 50	异丙醇 50
Na_2EDTA	—	—	35	—	—	—	—	—	—	—	—
酒石酸钾钠	—	—	—	65	—	—	—	—	—	—	—
氢氧化铵	—	—	—	—	120mL	—	—	—	—	—	—
氢氧化钠	40	40	40	40	—	—	—	—	—	—	—
乳酸（质量分数88%）	—	—	—	—	—	30	25	—	—	—	15（钠盐）
柠檬酸	—	—	—	—	—	—	25	—	—	10	—
丁二酸钠	—	—	—	—	—	—	—	20	—	20	5
乙酸钠	—	—	—	—	—	15	—	—	—	—	—
羟基酸钠	—	—	—	—	—	—	—	—	40	—	—
焦磷酸钠	—	—	—	—	—	—	—	—	60	—	—
硫代二乙醇酸	—	—	—	—	—	—	70	—	50	—	乙二醇酸 40mL
稳定剂/（mg/L）	$TiNO_3$ 100	$Pb(NO_3)_2$ 40 MBT 5	$TiNO_3$ 50	$Pb(NO_3)_2$ 10	MBT 20	硫脲 1	$Pb(NO_3)_2$ 2	硫脲 2			
pH 值	14	13	14	13	12	6.1	6.3	7.0	9.0	5.7	8.5
温度/℃	95	95	95	90	60	60	50	65	40	65	30

2. 化学镀铜

化学镀铜一般较薄（0.1~0.5μm），外观粉红色、柔软、延展性好，导电、导热性好，一般不作防护装饰层，通常用作非金属表面金属化、印制板孔金属化，即印制电路制造过程中的通孔镀工序。高稳定镀铜液可得到 10μm 厚的铜层，用于"加成法"制造印制电路板及印制板的通接孔金属化。

表 9.2-67 为化学镀铜溶液组成及工艺条件。浴 1 为化学镀铜稀液，适于塑料表面施镀；浴 2、3 用于印制电路板制造工艺中通孔化学镀铜；浴 4、5、6 则用于"加成法"制造印制电路板，浴 6 是高速高稳定镀液，镀速达 20μm/h。

表 9.2-67　化学镀铜溶液组成及工艺条件[①]　　（单位：g/L）

组成及工艺条件	1	2	3	4	5	6
硫酸铜（$CuSO_4$）	5~10	10	15	12	16	29
酒石酸钾钠（$NaKC_4H_4O_6$）	20~25	50	—	—	14	142
EDTA 二钠盐	—	—	30	42	20	12
三乙醇胺（$C_6H_{15}NO_3$）	—	—	—	—	—	5
氢氧化钠（NaOH）	10~15	10	7	—	15	42
碳酸钠（Na_2CO_3）	—	—	—	—	—	25
甲醛（CH_2O）（质量分数为37%）/（mL/L）	8~12	10	12	4	15	167

（续）

组成及工艺条件	1	2	3	4	5	6
亚铁氰化钾[$K_4Fe(CN)_6$]	—	—	—	—	0.01	0.05
联吡啶($C_{10}H_8N_2$)	—	—	0.1	—	0.02	0.1
pH 值（NaOH 调整）	12.5~13	12~13	12~13	12	12.5	12~13
温度/℃	15~25	15~25	25~35	70	40~50	25

① 添加剂还有 2-巯基苯并噻唑、五氧化二钒、氯化镍、聚乙烯醇等，添加总量小于 2g/L。

与化学镀镍一样，施镀过程中必须严格控制温度和 pH 值。与镀镍不同的是镀毕，停止加热后，还应继续搅拌，用质量分数为 20%稀硫酸降低镀液 pH 值到 9~10，以防止镀液分解。重新启动镀液时再用 NaOH 溶液调至正常值。

化学镀铜装载比一般为 1~3dm²/L，也有更大装载比的镀液，总之按工艺要求进行，不宜过大或过小。

这里要特别强调化学镀铜中搅拌的重要性，它除了一般的意义外，更主要的是通过搅拌在镀液中带入大量氧气，以防止或减少 Cu_2O 微粒的生成，$2Cu_2O + O_2 + 8H^+ \rightarrow 4Cu^+ + 4H_2O$，所以镀铜都采用清洁的压缩空气搅拌。

注意保持镀液清洁，防止具有催化活性的粒子进入镀液，过滤镀液，停镀时加盖板。按分析测试结果补加消耗的药品，有时还可更换部分旧液以除去一些反应产物如甲酸、Cu_2O 等。

3. 其他化学镀

（1）化学镀钴及钴合金

由于该镀层具有优异的磁性能，广泛用于磁记录材料。除了化学镀 Co-P 外，还发展了三元甚至多元化学镀钴基合金，如 Co-Ni-P、Co-Fe-P、Co-Me（Zn、Cu、Mo、Re、W）-P 及 Co-Ni-Mn-P、Co-Ni-Mn-Re-P 等。表 9.2-68 是化学镀钴溶液配方。

表 9.2-68　化学镀钴溶液配方　（单位：g/L）

组成及工艺条件	1	2	3	4	5	6	7	8	9	10
$CoSO_4 \cdot 7H_2O$	—	—	—	—	20	—	20	14	—	—
$CoCl_2 \cdot 6H_2O$	30	30	27	7.5	—	34.5	—	—	28	22.5
$NaH_2PO_2 \cdot H_2O$	20	20	9	3.5	20	20	17	16	25	25
柠檬酸钠	35	100	90	18①	50	20	44	—	60	60
酒石酸钾钠	—	—	—	—	—	—	—	140	—	—
丙二酸	—	—	—	—	—	5.4	—	—	—	—
硼酸	—	—	—	—	—	—	—	—	30	30
NH_4Cl	50	50	45	12.5	40	66②	—	—	—	—
pH 值	9~10	9~10	7.7~8.4	8.2	9.2	9	9~10	9~10	7	7
温度/℃	90~92	90	75	80	90	80	90	90	90	90
沉积速度/（μm/h）	15	3~10	0.3~2	—	6.4	—	15	16	10	15

① 柠檬酸。
② (NH_4)$_2SO_4$。

（2）化学镀镍基多元合金

由于 Ni-P 或 Ni-B 镀层性能不能满足工况需求，在它们的基础上引入新元素得到的多元合金镀层，具有更加优良的机械、耐蚀、耐磨、耐热、磁或电阻等特性。如 Ni-Co-P 用在计算机及磁声记录系统；Ni-Cr-P、Ni-B-P 电阻特性优越用作薄膜电阻；Ni-Cu-P 用在高米记忆磁盘上。目前许多工作尚处在研究阶段，实际应用的三元镍基合金主要是 Ni-Co-P、Ni-Fe-P 和 Ni-Cu-P，其配方见表 9.2-69~表 9.2-71。

表 9.2-69　化学镀 Ni-Co-P 合金配方　（单位：g/L）

组成及工艺条件	1	2	3	4	5	6	7	8	9
$NiCl \cdot 6H_2O$	30	15	—	25	—	—	—	43	—
$NiSO_4 \cdot 7H_2O$	—	—	25	—	14	14	14	—	18
$CoCl_2 \cdot 6H_2O$	30	30	—	—	—	—	—	47	—
$CoSO_4 \cdot 7H_2O$	—	—	17.6	35	14	14	14	—	30
$NaH_2PO_2 \cdot H_2O$	20	20	18.8①	20	20	20	20	10	20
柠檬酸钠	100	100	80	—	—	60	60	—	80

（续）

组成及工艺条件	1	2	3	4	5	6	7	8	9
NH_4Cl	50	50	—	50	—	—	—	50	50
$(NH_4)_2SO_4$	—	—	40	—	65	65	—	—	—
酒石酸钾钠	—	—	—	200	140	—	—	149	—
H_3BO_3	—	—	—	—	—	—	30	—	—
pH（NH_4OH 调）值	8.5	8.5	—	—	9.0	9.0	7.0	7.9	9.3
温度/℃	90	90	8.0	80	90	90	90.0	85	89
镀速/(μm/h)	14	9	75~95	—	20	15	7	—	—
Co（质量分数,%）	23	37	—	40	40	40	65	32~70	—
P（质量分数,%）	6.9	5.5	1~2	4	2	4	8	2	6

① 指 H_3PO_2 含量。

表 9.2-70　化学镀 Ni-Fe-P 合金配方　　　（单位：g/L）

组成及工艺条件	1	2	3	4	5
$NiCl_2 \cdot 6H_2O$	13.3	—	50	25~30 $NiAc_2$	—
$NiSO_4 \cdot 7H_2O$	—	35	—	—	14
$(NH_4)_2Fe(SO_4)_2$	8	50	—	10~15 $FeSO_4 \cdot 7H_2O$	14 $FeSO_4 \cdot 7H_2O$
$FeCl_2 \cdot 4H_2O$	—	—	27	—	—
酒石酸钾钠	30~100	75	75	30~50	—
柠檬酸钠	—	—	—	—	44~73
H_3BO_3	—	—	—	—	31
$NaH_2PO_2 \cdot H_2O$	10	25	25	1-15	21
NH_4OH	125	58.00	58	调节 pH 值	调节 pH 值 NaOH
添加剂	—	—	—	尿素 10~60g	—
pH 值	8.5~10.8	9.2	9.2~11	8~10	10
温度/℃	75	20~30	75.0	90	90
镀速/(μm/h)	6	—	9	—	—
Fe（质量分数,%）	25	—	20	10~19	—
P（质量分数,%）	0.5~1	—	0.25~0.5	2	—

表 9.2-71　化学镀 Ni-Cu-P 合金配方

组成及工艺条件	1	2	3	4	5	6
$NiCl_2 \cdot 6H_2O$	—	20	—	—	—	—
$NiSO_4 \cdot 7H_2O$	30	—	43	35	25	25
$CuCl_2 \cdot 2H_2O$	—	1	—	—	—	—
$CuSO_4 \cdot 5H_2O$	0.6~1.5	—	1	9	适当	0~1.5
$NaH_2PO_2 \cdot H_2O$	15	20	25	20	30	30
柠檬酸钠	50	50	40	60	35	35
混合络合剂	—	—	—	—	—	10
NH_4Cl	40	40	—	—	—	—
NaAc	—	—	NH_4Ac_{35}	—	5	—
缓冲剂	—	—	—	40	—	—
pH 值	9±0.1	8.9~9.1 NH_4OH 调节	6.5~8.5 NH_4OH 调节	8~11 NH_4OH 调节	5~5.3	6.5
温度/℃	90	90	70~90	75~89	87	88±2
镀速/(μm/h)	—	12	—	—	10	—
Cu（质量分数,%）	6.2~14.3	22	6~8	8.5~38	26(%)原子	—
P（质量分数,%）	—	5~7	8~12	—	—	—
稳定剂	—	—	—	3×10^{-6} Na_2MoO_4	5×10^{-4}	5×10^{-4}

（3）化学镀贵金属

化学镀银工艺见表 9.2-72。

用葡萄糖作还原剂。

溶液配制：3.5gAgNO₃ 先溶于 60mLH₂O 中，搅拌条件下缓慢加氨水直至析出的 Ag₂O 沉淀完全溶解。加含 2.5gNaOH 的水溶液后，镀液再次变黑，继续加氨水直至溶液完全清澈。

还原液配置：将 45g 葡萄糖、4g 酒石酸依次溶于 1000mL 蒸馏水中，煮沸 10min，冷却至室温后再加入 100mL 乙醇。

使用时将银液和还原液按体积 1:1 混合，混合液为黑色。

用甲醛做还原剂。

银液配置：将 3.5g 硝酸银溶于少量的蒸馏水中，在不断搅拌下缓慢加入氨水，直至沉淀溶解，然后用蒸馏水稀释至 100mL。

还原液配置：将计算量的甲醛、乙醇、蒸馏水混合而成。

使用时将银液和还原液按体积 1:1 混合。

表 9.2-72 化学镀银工艺

组成及工艺条件	葡萄糖镀液		甲醛镀液		二甲胺基硼烷镀液/(g/L)
	银液/g	还原液/g	银液/g	还原液/g	
硝酸银（AgNO₃）	3.5	—	3.5	—	—
银氰化钠[NaAg(CN)₂]	—	—	—	—	1.82
氨水（质量分数为 27%）	适量	—	适量	—	—
氢氧化钠（NaOH）	2.5/100mL	—	—	—	0.75
氰化钠（NaCN）	—	—	—	—	1.0
葡萄糖（C₆H₁₂O₆）	—	45	—	—	—
甲醛（CH₂O）（质量分数为 38%）	—	—	—	1.1mL	—
二甲胺基硼烷（C₂H₁₀BN）	—	—	—	—	2.0
乙醇（C₂H₅OH）（质量分数为 99%）	—	100mL	—	95mL	—
硫脲（CH₄N₂S）	—	—	—	—	0.00025
酒石酸（C₄H₆O₆）	—	4	—	—	—
蒸馏水	60mL	1000mL	100mL	3.9mL	加至 1000mL
温度/℃	15~20		15~20		60
时间/min	视需要而定		视需要而定		—
沉积速度/（μm/h）	—		—		4

用二甲胺基硼烷做还原剂：

1）用少量的蒸馏水溶解氰化钠和银氰化钠，并将两溶液混合。

2）用少量蒸馏水分别溶解二甲胺基硼烷、氢氧化钠和硫脲。

3）搅拌 1）液，依次加入氢氧化钠溶液、硫脲溶液和二甲胺基硼烷溶液。

4）用蒸馏水稀释至 1L，滤除沉淀物即可使用。

化学镀金，金的电位高，很多还原剂可以使用，但常用的是酒石酸、甲醛、甘油、肼、硼氢化物及次磷酸盐。下面是自催化反应化学镀金配方：氰化金钾 [KAu(CN)₂] 为 5.8g/L，氰化钾（KCN）为 13g/L，氢氧化钾（KOH）为 11.2g/L，硼氢化钾（KBH₄）为 21.6g/L，温度为 20~35℃，沉积速度为 4~10μm/h。

各类药品分别溶于水，将 KAu(CN)₂ 与 KCN 溶液混合，再加 KOH、KBH₄ 液，稀释至规定体积。

化学镀钯，镀钯用的还原剂有肼、次磷酸盐、硼烷、甲醛等。肼溶镀 Pd 见表 9.2-73。

表 9.2-73 肼溶镀 Pd

PdCl₂/（g/L）	5
Na₂EDTA/（g/L）	20
NaCO₃/（g/L）	30
NH₄OH（质量分数为 28%）/（mL/L）	100
硫脲/（g/L）	0.0006
肼/（g/L）	0.3
温度/℃	80
沉积速度/（μm/h）	15.6

4. 化学复合镀

化学复合镀的特点与电镀法比较其优越性在于能在复杂工件上得到粒子分布及厚度都比较均匀的镀层，另外，它对粒子的嵌合能力远比电镀法强。化学复合镀工艺中除了考虑粒子的分散外，更要注意抑制因粒子加入对镀液稳定性的负面影响。

（1）耐磨镀层

在化学镀浴中加入硬粒子，如 SiC、B₄C、TiC、BC、Cr₃C₂、Al₂O₃、ZrO₂ 及金刚石等，镀层硬度提高，耐磨性改善。化学复合镀工艺并不复杂，任何化学镀液均可施镀，粒子尺寸在纳米至数十微米，使之均匀分散即可。常见的耐磨层有 Ni-P/SiC、Ni-P/金刚石及 Ni-P/Cr$_3$C$_2$ 等。

（2）自润滑镀层

镀浴中加入剪切强度低、具有层状结构的微粒，如石墨、（CF）$_n$、MoS$_2$、CaF$_2$ 及 PTFE（聚四氟乙烯）等。在对磨面间涂抹一层减摩膜降低摩擦因数，达到减小磨损量的目的。目前广泛应用的镀层是 Ni-P/PTFE，已有商品化溶液出售，PTFE 粒度为 0.5~1.0μm，先用活化剂分散为乳液后加入镀液。

9.2.4　转化膜技术

工业上常用的金属绝大部分都可以在选定的介质中通过转化处理取得不同应用目的的化学转化膜。形成化学转化膜的方法有电化学法和化学法。电化学法通常称为阳极氧化法，而化学法通过所用处理介质的不同而有各种专用术语来称呼，见表 9.2-74。

表 9.2-74　各种金属上的转化膜及其分类

受转化金属	处理方法				
	电化学方法（阳极氧化法）	化学处理方法			
		化学氧化	磷酸盐处理	铬酸盐处理	草酸盐处理
	转化膜类型				
钢、铁	氧化物膜	氧化物膜	磷酸盐膜	铬酸盐膜	草酸盐膜
铜及铜合金	氧化物膜	氧化物膜	磷酸盐膜	铬酸盐膜	—
铝及铝合金	氧化物膜	氧化物膜	磷酸盐膜	铬酸盐膜	—
锌及锌合金	—	—	磷酸盐膜	铬酸盐膜	—
镁合金	氧化物膜	—	磷酸盐膜	铬酸盐膜	—
钛合金	氧化物膜	—	磷酸盐膜	铬酸盐膜	—
锆、钽、锗	氧化物膜	—	—	—	—
镉	—	—	—	铬酸盐膜	—
铬	—	—	—	铬酸盐膜	—
锡	—	—	—	铬酸盐膜	—
银	—	—	—	铬酸盐膜	—

1. 铝及铝合金的阳极氧化

在空气中铝及铝合金表面上虽然会生成一层致密的氧化膜，但这种氧化膜的厚度只有几纳米到几十纳米，不足以防止恶劣环境下的腐蚀，同时，由于硬度不高也不能防止摩擦而造成的破坏。因此铝及铝合金制品需根据其不同用途而采取不同的保护措施。如用阳极氧化处理获得的人工氧化膜，其厚度通常为 3~30μm，从而可显著提高铝及铝制品的耐蚀性、耐磨性、耐候性，其吸附涂料与色料的能力也十分优异，所以在所有铝及铝合金的表面处理方法中，阳极氧化是工业上应用最广泛的一种。

铝的阳极氧化可在多种电解液中进行，如硫酸、铬酸盐、锰酸盐、硅酸盐、碳酸盐及磷酸盐、硼酸、硼酸盐、酒石酸盐、草酸、草酸盐和其他有机盐等。

铝阳极氧化电解液虽各种各样，但在现代工业中主要采用硫酸、草酸、铬酸、硼酸四种，见表 9.2-75。

表 9.2-75　铝及铝合金阳极氧化方法及工艺条件

名称		电解液组成（质量分数，%）	电流密度/(A/dm^2)	电压/V	温度/℃	处理时间/min	颜色	膜厚/μm	应用
硫酸		H$_2$SO$_4$ 10~20	直流 1~2	10~20	20~30	10~30	透明	5~30	硬质、耐蚀、氧化膜染色
草酸		H$_2$C$_2$O$_4$·2H$_2$O 2~4	交流 1~2 直流 0.5~1	8~120 25~30	20~29	20~60	黄褐色 半透明	>3	耐蚀、耐磨性好，装饰品
		H$_2$C$_2$O$_4$·2H$_2$O 5~10	直流 1~1.5	50~65	30	10~30	半透明	—	防蚀、装饰
		H$_2$C$_2$O$_4$·2H$_2$O 3~5	交流 2~3	40~60	25~35	40~60	黄色	—	—
铬酸	铬酸氧化法	CrO$_3$ 2.5~3.0	直流 0.1~0.5	0~40 40 40~50 50	4	10~40 20~40 5~40 5~40	不透明灰色	2.5~15	保护、装饰

（续）

名称		电解液组成（质量分数，%）	电流密度/(A/dm²)	电压/V	温度/℃	处理时间/min	颜色	膜厚/μm	应用
铬酸	快速铬酸法	CrO₃ 5~10	直流 0.15~0.3	40	35	30	不透明灰色	2.5~3	不封孔
硼酸	电容器薄膜法	H₃BO₃ 9~15	直流	50~500	90~95			2.7~7.5	电解电容器用导电体薄膜
	—	H₃BO₃ 0~0.25	直流	230~250					

2. 铝及铝合金的化学氧化

表 9.2-76 列出了铝及铝合金化学氧化处理方法及工艺条件。

3. 钢铁的磷酸盐处理

金属在一定条件下与可溶性磷酸盐为主体的溶液相接触时，由于所采用的磷酸盐种类不同，可以在其

表 9.2-76 铝及铝合金化学氧化处理方法及工艺条件

方法	溶液组成	处理条件		特性
		温度/℃	时间/min	
BV 法	K₂CO₃ 25g，NaHCO₃ 25g，K₂Cr₂O₇ 10g，H₂O 1L	煮沸	30	灰白色~深灰色
MBV 法	Na₂CO₃ 2%~5%（质量分数），Na₂CrO₄ 0.5%~2.5%（质量分数）	90~100	3~5	灰色多孔膜，1L 可处理 3~3.3m²
E. W. 法	Na₂CO₃ 51.3g，Na₂Cr₂O₄ 15.4g，硅酸钠（干），0.07~1.1g，H₂O 1L	90~95	5~10	无色透明膜，耐蚀性好
Alrok 法	Na₂CO₃ 0.5%~2.5%（质量分数），K₂Cr₂O₇ 0.1%~1%（质量分数）	65	20	用作涂漆底层，可着色
Pylumin 法	Na₂CO₃ 0.5%（质量分数），Na₂CrO₄ 1.7%（质量分数），碱性碳酸铬 0.5%（质量分数），H₂O 92.8%（质量分数）	煮沸	3~5	适用于含 Cu、Zn 的 2024、2075 合金，灰色，作涂漆底层
Alocrom 法（磷酸铬酸法）	PO₄⁻ 20~100g，F⁻ 2.0~6.0g，CrO₃ 6.0~20g，H₂O 1L	—	—	青绿色
Cromin 法（克罗米法）	CrO₃ 3.5~4.0g，Na₂Cr₂O₇ 3.0~3.5g，NaF 0.8g，H₂O 1L	30	0.5~5	金黄色

表面形成两种类型不同的转化膜层。

磷酸盐处理是作为金属防止腐蚀所采取的一种广泛而有效的方法。

磷酸盐处理是一个随使用者的需要在用途和工艺方法上都可以作出多种选择的表面处理工艺。比如从膜的类型来划分，有非晶体的化学转化膜和具有晶体结构的假转化膜。从用途上来分有装饰性磷化膜、防护性磷化膜、绝缘性磷化膜、润滑冷变形加工磷化膜等。通常还把磷化膜分为重膜、中等膜和轻膜三个级别。由于处理时的温度不同，又可分为高温（80℃以上）、中温（60~70℃）和低温（40℃以下）三种。总之，可以根据不同用途和需要，采取不同溶液组成和不同处理方法来获得不同磷化膜的性能。

钢铁磷化膜的分类、用途、溶液组成及工艺条件

见表 9.2-77~表 9.2-80。

表 9.2-77 高温磷化处理溶液组成及工艺条件

（单位：g/L）

组成及工艺条件	1	2	3	4[①]
磷酸锰铁盐	30~40	—	30~35	—
磷酸二氢锌 [Zn(H₂PO₄)₂]	—	30~40	—	—
硝酸锌 [Zn(NO₃)₂]	—	55~65	55~65	—
硝酸锰 [Mn(NO₃)₂]	15~25	—	—	—
游离酸度（点）	3.5~5.0	6~9	5~8	—
总酸度（点）	35~50	40~58	40~60	—
温度/℃	94~98	90~95	90~98	—
时间/min	15~20	8~15	15~20	—

① 该液为中国科学院腐蚀研究所新产品，1991 年通过技术鉴定。

表 9.2-78 磷化膜按质量及用途分类

分类	膜重/(g/m²)	膜的组成	用途
次轻量级	0.2~1.0	主要由磷酸铁、磷酸钙或其他金属的磷酸盐组成	用作较大形变钢铁工件的油漆底层
轻量级	1.1~4.5	主要由磷酸锌(或)其他金属的磷酸盐组成	用作油漆底层
次重量级	4.6~7.5	主要由磷酸锌(或)其他金属的磷酸盐组成	可用作基本不发生形变钢铁工件的油漆底层
重量级	>7.5	主要由磷酸锌、硫酸锰(或)其他金属的磷酸盐组成	不用作油漆底层,防护用

表 9.2-79 中温磷化处理溶液组成及工艺条件 （单位：g/L）

组成及工艺条件	1	2	3	4	5	6
磷酸锰铁盐	30~35	—	—	—	—	—
磷酸二氢锌[$Zn(H_2PO_4)_2$]	—	30~40	—	—	—	—
硝酸锌[$Zn(NO_3)_2$]	80~100	80~100	—	—	—	—
HT 锌钙磷化浓缩液[1]	—	—	150~200 (mL/L)	—	—	—
Y836 锌钙磷化浓缩液[2]	—	—	—	170~210 (mL/L)	—	—
FML-2 型锌钙磷化浓缩液[3]	—	—	—	—	240~250 (mL/L)	—
FML-3 型锌钙磷化浓缩液[4]	—	—	—	—	—	300~330 (mL/L)
游离酸度(点)	5~7	5~7.5	3~5	4~4.5	8~12	8~12
总酸度(点)	50~80	60~80	40~60	50~55	80~100	80~100
温度/℃	50~70	60~70	50~70	65~70	60~65	60~65
时间/min	10~15	10~15	3~8	4~6	8~10	8~10

[1] HT 锌钙磷化浓缩液是太仓县合成化工厂产品。
[2] Y836 锌钙磷化浓缩液是上海仪表烘漆厂产品。
[3] FML-2 型锌钙磷化浓缩液是中国科学院金属腐蚀与防护研究所科技开发公司产品。
[4] FML-3 型锌钙磷化浓缩液是中国科学院金属腐蚀与防护研究所科技开发公司产品。

表 9.2-80 低温快速磷化处理溶液组成及工艺条件

类别	参数				
	总酸度(点)	游离酸度(点)	磷化时间/min	温度/℃	Zn 含量/(g/L)
FKL 型(中国科学院金属腐蚀与防护研究所)	16~18	0.8~1.2	浸 3~4 喷 2	35±5	3~4
SELK-7(第二汽车厂)	24~26	0.7~1.1	喷 2	35±3	5~6
PB139,AC131(沈阳帕卡濑精)	14~15	1~1.5	喷 2~4	50~55	—
DK-1	18~22	0.8~1.1	浸 2~3 喷 1.5~2	45~50	2.5~3.5
GRAN C530(德国大众公司)	27~29	1.4~1.8	浸 7	52~54	—
英国专利	16~19	0.8~1.0	浸 2~3	48~52	2~3

磷化后处理溶液组成及工艺条件见表 9.2-81。

表 9.2-81 磷化后处理溶液组成及工艺条件 （单位：g/L）

组成及工艺条件	1	2	3	4	5
重铬酸钾($K_2Cr_2O_7$)	60~80	50~80	—	—	—
三氧化铬(CrO_3)	—	—	1~3	—	—
碳酸钠(Na_2CO_3)	4~6	—	—	—	—
肥皂	—	—	—	30~35	—
锭子油或防锈油	—	—	—	—	100%(质量分数)
温度/℃	80~85	70~80	70~95	80~90	105~110
时间/min	5~10	8~12	3~5	3~5	5~10

4. 金属着色技术

金属的着色和染色，通常是指通过特定的处理方法，使金属自身表面上产生与原来不同的色调，并保持金属光泽的工艺，在金属表面上着色或染色历史悠久，目前这类工艺大多是用于金属制品的表面装饰，以改善金属外观，模仿较昂贵的金属或金属古器外表。

金属着色工艺可用化学或电化学方法，在接触面产生一层有色膜或干扰膜，该膜很薄（一般为 25～35nm），有时干扰膜自身几乎没有颜色，而当精饰表面与膜的表面发生光反射时，光波在相外相互抵消，形成各种下同的色彩，所以，当膜的厚度逐步增长时，色调随之变化，一般自黄色、红色、蓝色到绿色，直至显露膜层自身的颜色，如膜的厚度不均匀时，将产生彩虹色或花斑的杂色。

金属着色一般有以下几种工艺：

1）化学法。把工件浸入溶液内或用该溶液搓擦或喷涂于工件表面，使金属表面生成相应的氧化物、硫化物等有特征颜色的化合物。

2）处理方法。把工件置于空气介质或其他气氛中加热至一定温度进行加热处理，金属表面形成具有适当结构和外表的有色氧化膜。

3）置换法。把工件浸入到电化序比该金属电位较正的金属溶液内，引起化学置换反应，使溶液中的金属离子置换并沉积在工件金属表面，形成一层膜层，该膜层的色泽取决于置换膜层的结构和颜色。

4）电解法。把工件置于一定的电解液中并进行电解处理（电解可以用直流电、交流电以及交直流混用等多种形式），使工件表面形成多孔、无色的薄的氧化膜，然后通过着色或染色得到各种不同色彩的膜层。

随着着色氧化铝在轻工、建筑等方面应用的激增，从而促进了着色技术的迅速发展，以提供色彩鲜艳，非常耐光、耐气候的精饰表面。根据其着色的特点可分为自然发色法、电解着色法和染色法三类。发色法是在阳极化电解的同时，就使氧化膜获得了颜色，而着色法是在制得阳极氧化膜后再进行上色，因此，自然发色法和电解着色法是两种根本不同的方法。铝及铝合金着色处理见表 9.2-82。

表 9.2-82　铝及铝合金着色处理

	自然发色法	合金发色法，电解发色法
着色处理	电解着色法	交流电解发色法、直流电解发色法
	染色法	有机染料染色法、无机染料染色法

铝及铝合金自然发色配方及工艺条件见表 9.2-83。铝及铝合金交流电解着色工艺条件见表 9.2-84，电解着色金属盐的种类和氧化膜色调见表 9.2-85。

表 9.2-83　铝及铝合金自然发色配方及工艺条件

序号	配方		工艺条件				
	成分	浓度/(g/L)	电流密度 DC/(A/dm²)	电压/V	温度/℃	厚度/μm	色泽
1	磺基水杨酸	62～68	1.3～3.2	35～65	15～35	18～25	青铜色
	碳酸	5.6～6					
	铝离子	1.5～1.9					
2	磺基水杨酸	15%（质量分数）	2～3	45～70	20	20～30	青铜色
	硫酸	0.5%（质量分数）					
3	磺基钛酸	60～70	2～4	40～70	20	20～30	青铜色 茶色
	硫酸	2.5					
4	草酸	5	5.2	20～35	20～22	15～25	红棕色
	草酸铁	5～80					
	硫酸	0.5～4.5					
5	磺基水杨酸	5%（质量分数）	1.3～3	30～70	20	20～30	青铜色
	马来酸	1%（质量分数）					
	硫酸	0.5					
6	酚磺酸	90	2.5	40～60	20～30	20～30	琥珀色
	硫酸	6					
7	钼酸铵	20	1～10	40～80	15～35	保持峰值电压至所需色泽	金黄色 褐色
	硫酸	5					
8	酒石酸	50～300	1～3	—	15～50	20	青铜色
	草酸	5～30					
	硫酸	0.7～2					

表 9.2-84　铝及铝合金交流电解着色工艺条件

序号	成分/(g/L)	电压、电流密度	pH 值	时间/min	温度/℃	颜色
1	硫酸镍　25 硫酸镁　20 硫酸铵　15 硼酸　　25	10~17V 0.2~0.4A/dm²	4.4	2~15	20	青铜色→黑色
2	硫酸亚锡 5~10 硫酸镍　30~80 硫酸铜　1~3 硼酸　　5~50 DETA　5~20	10~25V 0.1~0.4 A/dm²	—	1~5	室温	古铜色
3	硫酸亚锡　10 硫酸　10~15 稳定剂　适量	8~16V	1~1.5	2.5	20	浅黄色→深古铜色
4	硫酸钴　25 硫酸铵　15 硼酸　　25	17V	4~4.5	13	20	黑色
5	硝酸银　0.5 硫酸　　5	10V	1	3	20	金绿色
6	硫酸亚锡　15 硫酸铜　7.5 硫酸　　10 柠檬酸　6	4~6V 0.1~1.5 A/dm²	1.3	1~8	20	红褐色→黑色
7	亚硒酸钠　0.5 硫酸　　10	8V	2	3	20	浅黄色
8	硫酸镍　　50 硫酸钴　　50 硼酸　　40 磺基水杨酸 10	8~15V	4.2	1~15	20	青铜色→黑色
9	盐酸金　1.5 甘氨酸　15	10~12V 0.5 A/dm²	4.5	1~5	20	粉红色→淡紫色
10	硫酸铜　50 硫酸镁　20 硫酸　　5	10V	1~1.3	5~20	20	赤紫色
11	硫酸亚锡　20 硫酸　10 硼酸　10	6~9V	1~2	5~10	20	青铜色
12	硫酸镍铵　40 硼酸　　25	15V	4~4.5	5	室温	青铜色
13	草酸铵　20 醋酸钠　20 醋酸钴　4	20V	5.5~5.7	1	20	褐色

表 9.2-85　电解着色金属盐的种类和氧化膜色调

金属盐的种类	色　调	金属盐的种类	色　调
镍盐	青铜色	铅盐	茶褐色
钴盐	青铜色	银盐	鲜黄绿色
锡盐	橄榄色→青铜色→黑色	钼酸盐	金黄色
铜盐	粉红色→红褐色→黑色	铁盐	黄绿色→黑色
亚硒盐	土黄色	锌盐	褐色

无机染料不如有机染料应用面广，铝及铝合金无 机染料染色工艺见表 9.2-86。

表 9.2-86　铝及铝合金无机染料染色工艺

色彩	溶液的成分	含量/(g/L)	生成有色盐
蓝色	1) 亚铁氯化钾 $[K_4Fe(CN)_6]$	10~50	普鲁士蓝
	2) 氯化铁 $(FeCl_3)$ 或硫酸铁 $[Fe_2(SO_4)_3]$	10~100	
褐色	1) 铁氰化钾 $[K_3Fe(CN)_6]$	10~50	铁氯化铜
	2) 硫酸铜 $(CuSO_4)$	10~100	
黑色	1) 乙酸钴 $(C_4H_6CoO_4)$	50~100	氯化钴
	2) 高锰酸钾 $(KMnO_4)$	15~25	
黄色	1) 重铬酸钾 $(K_2Cr_2O_7)$	50~100	重铬酸铅
	2) 乙酸铅 $[(CH_3COO)_2Pb]$	100~200	
金黄色	1) 硫代硫酸钠 $(Na_2S_2O_3)$	10~50	氧化锰
	2) 高锰酸钾 $(KMnO_4)$	10~50	
橙黄色	1) 铬酸钾 (K_2CrO_4)	5~10	铬酸银
	2) 硝酸银 $(AgNO_3)$	50~100	
白色	1) 氯化钡 $(BaCl_2)$	30~50	硫酸钡
	2) 硫酸钠 (Na_2SO_4)	30~50	
	3) 乙酸铅 $[(CH_3COO)_2Pb]$	10~50	硫酸铅
	4) 硫酸钠 $[Na_2SO_4]$	10~50	
暗棕色	1) 乙酸铅 $[(CH_3COO)_2Pb]$	100~150	硫化铅
	2) 硫化铵 $[(NH_4)_2S]$	20~50	

9.3　气相沉积

9.3.1　气相沉积的分类

气相沉积是利用气相中发生的物理、化学过程，在材料表面形成具有特殊性能的金属或化合物覆层的工艺方法。

按照覆层形成的基本原理，气相沉积一般可分为物理气相沉积（PVD）和化学气相沉积（CVD）。PVD 中包含真空蒸镀、离子镀和溅射镀三种沉积方法。通过不同 PVD、CVD 方法的复合，可派生出很多新的方法，如等离子体增强化学气相沉积（PCVD）兼有物理和化学方法的特点，它可在较低温度下制备高质量的各种膜层。较先进的气相沉积工艺多是各种单一 PVD、CVD 方法的复合。它们不仅采用各种新型的加热源，而且充分运用各种化学反应、高频电磁（脉冲、射频、微波等）及等离子体等效应来激活沉积粒子，如反应蒸镀、反应溅射、离子束溅射、多种等离子体激发的 CVD 等。图 9.3-1所示为气相沉积的种类。

9.3.2　气相沉积的应用特性

与堆焊、热喷涂、涂装、电镀、化学镀等表面涂敷技术相比，气相沉积技术具有如下主要特点：

1) 气相沉积膜层常为高质量的金属、化合物膜层。为了提高产品的服役性能，通常用气相沉积方法在金属或非金属材料表面制备金属、合金或碳、氮、硼、氧、硅化合物膜层。这些膜层在不同领域获得了广泛的应用。

2) 气相沉积膜层一般为薄膜层。工程上用气相沉积方法制备的膜层厚度多为零点几微米至几十微米。装饰用的金黄色的 TiN 膜层常为零点几微米，而要求高耐磨性的 TiN 刀具涂层厚度也常在几个微米。这些膜层虽然较薄，但可大幅度提高工件的耐磨性、耐蚀性、耐高温性等性能。气相沉积是光学、电子、信息等高技术产品制造的基础工艺。

3) 气相沉积膜层多在一定的真空度和温度下获得。工件的尺寸要受真空室尺寸的限制；工件的热处理性能和形状精度会受沉积温度的影响。PVD 法工件温度多为几百度之内，而 CVD 法工件温度多为800~1200℃。由于需要配备抽真空、加热、控制等系统，较先进的大型真空镀膜设备的投资一般较高。

在气相沉积中广泛运用了离子束技术，离子注入使用的是高能离子束，并常与不同气相沉积方法相复合，因而常把两者放在一起讨论。表 9.3-1 为不同气相沉积工艺的特点和应用。

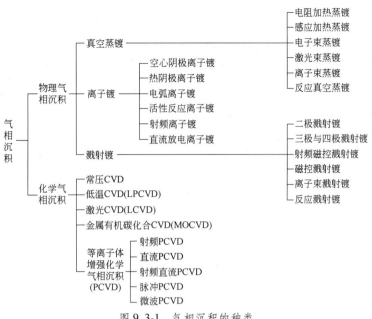

图 9.3-1　气相沉积的种类

表 9.3-1　不同气相沉积工艺的特点和应用

特　点		蒸发镀膜	溅射镀膜	离子镀膜	化学气相沉积	等离子体增强化学气相沉积	离子注入
沉积工艺	薄膜材料汽化方式	热蒸发	离子溅射	蒸发、溅射并电离	液、气相化合物,蒸气、反应气体	液、气相化合物,蒸气、反应气体	—
	粒子激活方式	加热	离子,动量传递、加热	等离子体、激发、加热	加热,化学自由能	等离子体、加热,化学自由能	等离子体,高电压加速
	沉积粒子及能量/eV	原子或分子,0.1左右	主要为原子,1~40	原子、离子为千分之几至百分之百,几至数百	原子,0.1左右	原子和千分之几离子,几至千	几十至几千
	工作压力/Pa	2×10^{-2}	≤3	≤10	常压或10~数百	10~数百	10^{-4} 左右
	基体温度/℃	零下至数百	零下至数百	零下至数百	150~2000	150~800	零下至几百
	薄膜沉积率/(nm/s)	0~75000	2.5~1500	10~25000	50~25000	25~数千	—
薄膜特点	表面粗糙度	好	好	好	好	一般	同基体
	密度	一般	高	高	高	高	
	附着	一般	良好	很好	很好	很好	注入层无剥落问题
主要用途	电学	电阻,电容,连线	电阻,电容,连线,绝缘层,钝化层,扩散源	连线,绝缘层,接点,电极,导电膜	绝缘膜,钝化膜,连线	绝缘膜,钝化膜,连线	半导体掺杂,芯片制作
	光学	透射膜,滤光片,掩膜,镀镜,集成光学,电致发光	透射膜,减反射膜,滤光片,镀镜,光盘,电致发光,建筑玻璃	透射膜,减反射膜,镀镜,光盘,电致发光	—	—	—

（续）

特点		蒸发镀膜	溅射镀膜	离子镀膜	化学气相沉积	等离子体增强化学气相沉积	离子注入
主要用途	磁学	磁带	磁带，磁头，磁盘	磁带，磁盘，磁头	—	—	—
	耐蚀	镀 Al、Ni、Cu、Au 等	材料、零件上镀 Al、Ti、Ni、Au、TiN、TiC、Al_2O_3、Fe-Ni-Cr-P-B 等	材料、零件上镀 Al、Zn、Cd、Ta、Ti、TiN 膜，防潮，防酸、碱、海洋气候	可镀多种金属及化合物防腐蚀膜	镀 TiN、W、Mo、Ni、Cr 防腐蚀膜	Cr^+、Mo^+、Ti^+ 等注入航空轴承，Ta^+、Mo^+、W^+ 等注入不锈钢；或通过注入形成非晶态合金
	耐热	—	燃气轮机叶片等镀 Co-Cr-Al-Y、Ni/ZrO_2+Y 等膜	Pt、Al、Cr、Ti、Al_2O_3、Fe-Cr-Al-Y、Co-Cr-Al-Y 等膜			Ti^+、B^+ 注入烧油锅炉喷嘴，Ba^{2+}、Ca^{2+} 等注入 Ti 及 Ti 合金，Y^+ 注入 Inconel 合金
	耐磨	—	机械零件、刀具、模具上镀 TiN、TiC、TaN、BN、Al_2O_3、WC 等膜	机械零件、刀具、模具上镀 TiN、TiC、BN、TiAlN、Al_2O_3、HfN、WC、Cr 等膜	TiC、TiN、Al_2O_3、BN、金刚石	TiC、TiN、金刚石、BN	N^+ 等注入模具、刀具（丝锥、钻头、铣刀、齿轮刀具等）、工具及轧辊、喷嘴、叶片、人工关节等机件
	润滑	Ag、Au、Pb 膜	MoS_2、Ag、Au、C、Pb、Pb-Sn、聚四氟乙烯等膜	MoS_2、Ag、Au、C、Pb、Sn、In、聚四氟乙烯等膜	—	—	—
	装饰	金属、塑料、玻璃上镀多种金属膜	金属、塑料、玻璃、陶瓷上镀多种金属及化合物膜	塑料、金属、玻璃上镀多种金属、化合物膜	—	—	—
	能源	太阳电池、建筑玻璃	太阳电池、建筑玻璃、透明导电、抗辐照等膜	太阳电池、建筑玻璃、反应堆、聚变反应容器等膜	太阳电池	太阳电池	光电器件探测器等

9.3.3 刀具表面气相沉积工艺

涂层刀具在现代机械加工中占有十分重要的位置。切削刀具涂层是气相沉积技术的最重要的应用领域之一。CVD TiC 薄膜在 20 世纪 60 年代已得到工业化应用，至 1995 年，国外的硬质合金工具几乎 100% 是涂层的。

切削刀具涂层材料的选择取决于机械加工操作的类型、加工条件、刀具和被加工材料的种类等因素。TiN 是用得最多的涂层材料。通常用一层很薄的 TiC 或 Ti（C，N）来提高结合力。在高速、重载条件下，为提高抗氧化性和高温稳定性，一般可与 Al_2O_3 涂层并用。为了增加 Al_2O_3 层的附着力，宜在沉积 Al_2O_3 之前先沉积一层 Ti 过渡层。实用性涂层基本上是用各种不同次序沉积的 TiC，TiN，Ti（C，N），Al_2O_3 多层复合涂层。

在不同刀具材料上沉积硬质涂层，应考虑工艺的适应性。工具钢的软化温度为 450~550℃，在高速工具钢上制备涂层不宜采用 CVD 法，可用离子镀、溅射镀、PCVD、MOCVD 等方法；硬质合金上制备涂层可用热 CVD 法及 PVD 法；陶瓷刀具制备涂层常用 CVD 法。涂层高速工具钢刀具常用作铣刀、车刀、麻花钻头、镗刀、螺纹刀、滚齿刀等；涂层硬质合金刀具主要用作一次性刀片、铣刀、镗刀和圆锯片镶齿等；涂层陶瓷刀具主要用于如铸铁和高温合金等硬质材料的加工。

除了 CVD 法之外，多弧离子镀、空心阴极离子镀、磁控溅射离子镀（基体上加了负偏压的磁控溅射）是用得最多的刀具镀膜实用技术。

离子镀的基本工艺过程为：工件镀前处理→装件→抽真空→烘烤→离子轰击→冷却→取件。

1）工件镀前处理。镀膜前必须对镀件进行认真清洗，清洗后表面不得有油污、锈迹和水渍等残留物，这是保证镀层质量的重要措施。可用清洗剂、化学或溶剂、超声波等清洗。

2）烘烤。用加热装置或离子轰击、等离子体电子束轰击等对工件进行预热。

3）溅射清洗。一般离子镀是将基体加负偏压，利用辉光放电产生的氩离子对其进行轰击溅射清洗；电弧离子镀是利用金属离子轰击工件，在对工件加热的同时进行离子溅射清洗。

4）离子沉积。不同离子镀方法所使用的离化源不同，应根据具体设备确定沉积的工艺步骤和工艺参数。

如用多弧离子镀制备 TiN 膜，工件预热和离子轰击溅射清洗，引弧后，调整电流为 40~60A，接通工件负偏压电源，调整电压为 700~800V，控制工件温度为 400~450℃。设备如有加热装置，可接通加热电源，调低负偏压电流。预热及溅射清洗时间一般为 5~10min。TiN 膜沉积，接通全部电弧电源并引弧，控制电弧电流为 40~60A，通入氮气，控制氮分压为 0.2~1Pa，工件负偏压 100~200V，进行 TiN 膜沉积。高速钢刀具沉积时间一般为 40~60min。以国际通用规范进行钻头寿命试验，TiN 镀膜 $\phi6mm$ 钻头的寿命平均提高 3~11 倍。

空心阴极离子镀 TiN 膜层的主要工艺参数见表 9.3-2。

表 9.3-2　空心阴极离子镀 TiN 膜层的主要工艺参数

预抽	预抽真空度/133.3Pa	4×10^{-5}		空心阴极枪功率/kW	5~10
工件预热	加热功率/kW	4		工件负偏压/V	20~50
	炉膛温度/℃	450~520		聚焦电流/A	3~5
	保温时间/min	15~20		氩气流量/(mL/min)	16~30
离子溅射清洗	电压/V	800~1800	离子沉积	氮气流量/(mL/min)	70~90
	真空度(充 Ar)/133.3Pa	$4\times10^{-2}~2\times10^{-1}$		真空度/133.3Pa	$(1~3)\times10^{-3}$
	轰击时间/min	10~20		基体温度/℃	480~540
离子沉积	空心阴极枪电压/V	50~60		沉积时间/min	50~90
	空心阴极枪电流/A	130~145		TiN 膜厚度/μm	2~7

采用 CVD 法可以在很宽的温度范围使用一种前驱气体 $TiCl_4$ 制备 TiN：

高温（850~1200℃）　$2TiCl_4 + N_2 + 4H_2 \rightarrow 2TiN + 8HCl$

中温（700~850℃）　$TiCl_4 + CH_3CN + 2/5H_2 \rightarrow Ti(C，N) + CH_4 + 4HCl$

低温（300~700℃）　$2TiCl_4 + 2N_2 + 7H_2 + Ar$ 等离子体 $\rightarrow 2TiN + 8HCl + 2NH_3$

利用类似反应和含碳化合物（如 CH_4）可以制备 TiC 涂层。

用 CVD 工艺可以一次涂敷大量的小型工件，并可在同一炉中依次涂敷所要求的多层涂层。图 9.3-2 所示为工业化 CVD 刀具涂层设备，可用来沉积 TiC，TiN，Ti（C，N），Al_2O_3 多层复合涂层。一次可涂敷 20000 硬质合金刀头。

CVD 金刚石或类金刚石膜工具产品已有批量销售。可用热丝 CVD 或微波等离子体辅助 CVD 等方法制备这类超硬薄膜。

9.3.4　刀具纳米级硬质膜

1. 刀具表面纳米多层膜

纳米多层膜（纳米超点阵膜）一般是由两种在

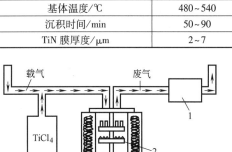

图 9.3-2　工业化 CVD 刀具涂层设备
1—废气处理装置　2—石墨支架　3—刀具
4—电炉　5—不锈钢炉衬

纳米尺度上的不同材料交替排列而成的涂层体系。由于膜层在纳米量级上排列的周期性，两种材料具有一个基本固定的超点阵周期，双层厚度为 5~10nm。

纳米级的多层膜具有超硬度和超模量效应。由两种或两种以上不同组成物构成的多层膜系，如果每一层均在几个纳米的量级上，可以达到 1+1>2 的效果，得到任何单一组分薄膜无法得到的硬度和弹性模量，成为多层超硬膜。耐磨和耐蚀涂层的纳米化、多层化不仅能够提高硬度，而且涂层的韧性和抗裂纹扩展能力得到了显著改善。

目前，利用 PVD、CVD 和电沉积技术已制备出 Cu/Ni、Cu/Pd、Cu/Al、Ni/Mo、TiN/VN、TiC/W、TiN/AlN 等几十种纳米多层叠膜。其中，PVD 法在制备纳米多层叠膜方面具有得天独厚的优越性。采用各种蒸发、溅射、离子镀方法，选择不同氮化物、碳化物、氧化物、硼化物等材料作物源，通过开启或关闭不同的源、改变靶的几何布置或工件旋转经过不同的源，能够方便地调节薄膜组成物的顺序和各层的厚度。

纳米多层膜是广义上的金属超晶格，因二维表面上形成的特殊纳米界面的二元协同作用，表现出既不同于各组元也不同于均匀混合态薄膜的异常特性——超模量、超硬度现象、巨磁阻效应和其他独特的机械、电、光及磁学性能等，在表面改性、强化、功能化改造及超精加工等领域极具潜力。如 M. Shinn 等用磁控溅射制备了 TiN/NbN、TiN/VN、TiN/VNbN 超点阵薄膜，超点阵周期 $\lambda = 1.6 \sim 450$nm，TiN/NbN 的 $\lambda = 4.6$nm，有最大硬度 $49 \sim 51$GPa（TiN 硬度约为 21GPa，NbN 约为 14GPa）；Chen 等制备的是 TiN/SiN$_x$ 纳米多层膜，TiN 厚度为 2nm，SiN$_x$ 厚度为 $0.3 \sim 1.0$nm，多层膜的最高硬度为 (45 ± 5) GPa，内应力显著降低；Yoon 等制备了 WC-Ti$_{1-x}$Al$_x$N 纳米复合超点阵涂层，涂层硬度达到 50GPa。

（1）纳米多层膜的制备方法

各种物理气相沉积（PVD）方法在制备纳米多层膜方面具有得天独厚的优越性。各种蒸发及反应蒸发、各种溅射及反应溅射、各种离子镀都可以用来制备纳米多层膜。例如溅射，可选择不同氮化物、碳化物、氧化物、硼化物靶材作物源，利用等离子体的能量将靶材物源溅射到需要镀膜的基体上。通过改变源靶的几何排布、开启或关闭不同的源，或工件旋转经过不同的源，能够方便地调节薄膜组成物的顺序和各层的厚度。如果直接进行溅射，可以通过靶的排布调整多层膜中任意一层中各种组成物的比例。而如果采取反应溅射的方法，则可以利用气氛的不同，创造有利于所需反应的条件，利用物源材料与气氛在等离子体中的反应生成某些特定的物质。脉冲电源的迅速发展为非导体的溅射提供了有力的支持。磁控溅射是最为常见的工艺方法，包括直流多靶、射频、非平衡、单极和双极脉冲磁控溅射均可得到纳米多层超硬膜。

化学气相沉积（CVD）方法由于更换物源不太方便，一般不单独用来制备纳米多层膜，但通过与某种形式的 PVD 方法复合，也能够获得纳米多层膜。

（2）纳米多层膜的分类

按层的组成，纳米多层硬膜主要分为五类：

1）氮化物/氮化物：TiN/VN 为 56GPa，TiN/VNbN 为 41GPa，TiN/NbN 为 51GPa。

2）氮化物/碳化物：TiN/CN$_x$ 为 $45 \sim 55$GPa，ZrN/CN$_x$ 为 $40 \sim 45$GPa。

3）碳化物/碳化物：TiC/VC 为 52GPa，TiC/NbC 为 $45 \sim 55$GPa，WC/TiC 为 40GPa。

4）氮化物或碳化物/金属：TiN/Nb 为 52GPa，TiAlN/Mo 为 51GPa。

5）氮化物/氧化物：TiAlN/Al$_2$O$_3$。

此外还有加入 TiB$_2$、BN 体系等。

（3）Ti/TiN 多层膜的微观结构与力学性能

以 Ti/TiN 多层膜为例，研究了调制周期对薄膜结构以及应力的影响规律。在单面抛光的 45 钢基底上，采用直流磁控溅射方法制备 3 种不同调制周期的 Ti/TiN 多层薄膜。

从图 9.3-3 中 XRD 图谱可知 Ti/TiN 多层薄膜中最强的衍射峰为 Ti(110) 和 TiN(111)，同时，还存在较弱的衍射峰 Ti(002) 和 TiN(222)。TiN 薄膜图谱中只含有（111）和（222）特征衍射峰，而 Ti/TiN 多层薄膜中出现了（110）和（002）生长方向的 Ti 峰，并没有对 TiN 的生长取向产生影响。各峰没有明显宽化现象，且杂峰少，基线平直接近于 0，Ti/TiN 多层薄膜生长良好。由图 9.3-3 可见，调制周期对 Ti/TiN 多层薄膜的 XRD 图谱的强度有明显的影响，尤其是 Ti(110) 和 TiN(111)。在较高的调制周期条件下 Ti(110) 和 TiN(111) 的峰值较低；随着调制周期的减小，当调制周期为 0.3 μm 时 Ti(110) 和 TiN(111) 的峰值也随之升高并达到最高，并且在图谱中出现了微弱的 Ti(002)、TiN(222) 方向的衍射峰，说明出现一部分粒子在衬底其他位置成核，薄膜生长开始向多晶面取向进行；当调制周期继续降低至 0.15 μm 时，Ti(110) 和 TiN(111) 的峰值略有降低，但仍保持较高的强度。但随调制周期的减小，Ti(110) 方向的生长特性有所增强，说明调制周期对多层薄膜的生长取向存在影响。

TiN 和不同调制周期的 Ti/TiN 多层薄膜的载荷-位移曲线如图 9.3-4 所示，可以看出，固定 100 nm 压入深度的情况下，TiN 薄膜曲线所需压力明显高于多层薄膜所需的压入载荷的大小，TiN 薄膜抵抗外加载荷的能力，其抵抗塑性变形的能力最强；卸载后弹性变形得到恢复，而塑性变形保留下来，TiN 薄膜的残余压深最小，因此 TiN 薄膜塑性变形最小。对于 Ti/TiN 多层薄膜来说，随着调制周期的减小薄膜抵抗塑性变形的能力逐渐减弱，卸载后残余压痕深度逐渐增大，说明受到 Ti 薄膜的影响，Ti/TiN 多层薄膜的塑性变形逐渐增加。

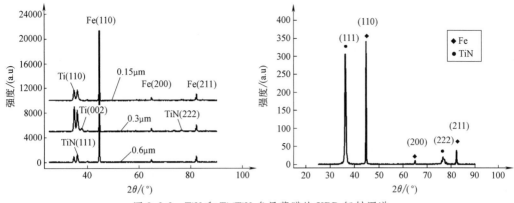

图 9.3-3　TiN 和 Ti/TiN 多层薄膜的 XRD 衍射图谱

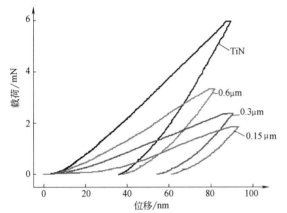

图 9.3-4　TiN 和不同调制周期的 Ti/TiN 多层薄膜的载荷-位移曲线

利用纳米压痕仪对试样进行连续刚度试验，压入深度为 2000nm，得到材料的硬度和弹性模量随压入深度的变化曲线。测得的 TiN 和 Ti/TiN 多层薄膜的硬度和弹性模量与接触深度之间的关系如图 9.3-5 所示。由图 9.3-5 可见，薄膜硬度和弹性模量在距离表面 80～90nm 处达到最大值，随后受基体材料影响逐渐降低。其中 TiN 薄膜的硬度和弹性模量分别达 31GPa 和 440GPa，而多层膜的硬度和弹性模量均有不同程度的降低。由于 Ti 单质层的硬度较低，降低了整个多层膜的承载能力，而在不同调制周期的多层膜里，0.15μm 的多层膜力学性能较好，硬度达到 23GPa，由于多层结构的影响，硬度和弹性模量随深度出现波动。

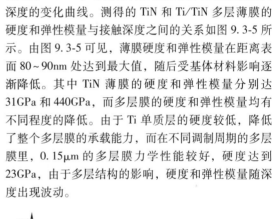

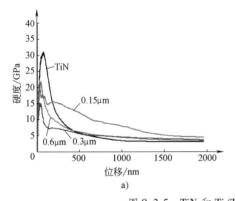

a)

图 9.3-5　TiN 和 Ti/TiN 多层薄膜硬度和弹性模量
a）硬度　b）弹性模量

2. 刀具表面纳米复合膜

纳米复合膜是由两相或两相以上的固态物质组成的薄膜材料，其中至少有一相是纳米晶。所有硬质纳米复合涂层都包含至少一种硬的晶态相。制备纳米复合涂层的主要工艺是各种等离子体 CVD、PVD 以及它们的复合。其中，对于工业化生产来讲以磁控溅射为基础的 PVD 方法最为有效。晶粒尺寸在 10nm 甚至

更小的纳米晶材料展现了全新的性能，如已制备的纳米 TiN 晶粒和非晶态 Si_3N_4 组成的纳米复合膜的硬度为 55GPa，而且其热稳定性和抗氧化性能可达到 800℃。2000 年 S. Veprek 制备的 nc-TiN/a-Si_3N_4/a-&-ncTiSi$_2$ 复合膜的硬度惊人地超过 100GPa，且显示了高的弹性恢复和韧性。

Ti-Al-Si-N 纳米复合涂层的成分范围较宽，易于

在工业生产中得到应用。在硬质合金刀片上沉积 Ti-Al-Si-N 纳米复合涂层，在切削温度低于 650℃ 时，Ti 质量分数为 40%~70% 的涂层都表现出优异的耐磨性；使用温度为 800℃ 以上，Ti 质量分数为 45%~56% 的涂层表现出色。$Ti_{1-x}Al_xN/a-Si_3N_4$ 纳米复合涂层最适于在背吃刀量较小的场合（如铣刀、钻头和攻螺纹）使用，切削速度的范围也很宽。

与传统的膜层材料相比，无论是纳米单层膜、纳米多层膜，还是纳米复合膜都表现出许多特异性。在特定基材上沉积、组装纳米超薄膜将会产生表面功能化的许多新材料，这对功能器件、微型电动机等机电产品的开发具有特别重要的意义。纳米多层膜和纳米复合膜的工业化应用还需要解决多方面的问题，成功的应用主要在一些特定的场合。日本的住友公司已有 TiN/AlN 纳米涂层铣刀出售，单层厚度仅为 2~3nm，层数超过 2000 层。以耐磨为主的工具类金刚石和类金刚石薄膜已初步实现产业化，以 CN/TiN 复合膜为主导的涂层工具和类金刚石膜沉积装置在我国已有初步定型的设备。

(1) 沉积纳米复合薄膜的方法

目前，制备纳米复合薄膜的工艺主要是各种等离子体 CVD 和 PVD 以及它们的组合：① 等离子体 CVD。② 磁控溅射和脉冲激光沉积。③ 阴极弧蒸镀（CAE）和等离子体 CVD。④ 双离子源辅助沉积。⑤ 磁控溅射。以上所有方法都能够很好地进行基础研究，但是对于大规模工业化生产而言，以溅射为基础的 PVD 方法和 CAE 是最有效的。其中，大量精力投入到使用磁控溅射制备薄膜方面，因为这种工艺最方便升级为工业生产。例如使用所谓"选择性反应磁控溅射"方法显示出很强的应用前景。在这种制膜工艺中，合金中的一种元素被转化成氮化物，而另一种元素则不经反应直接参与成膜。

(2) 纳米复合薄膜体系的分类

硬纳米复合薄膜按相组成物划分，主要分为四类：

1) nc-MeN/a-氮化物：$nc-TiN/a-Si_3N_4$、$nc-WN/a-Si_3N_4$、$nc-VN/a-Si_3N_4$。

2) nc-MeN/nc-氮化物：nc-TiN/nc-BN。

3) nc-MeN/金属：nc-ZrN/Cu、nc-ZrN/Y、nc-CrN/Cu。

4) nc-MeC/a-C：nc-TiC/a-C、nc-WC/a-C。

Me-Ti、Zr、V、Nb、W、nc-为纳米晶，a-为非晶相。

在以上分类中，所有硬纳米复合薄膜都包含至少一种硬的晶态相，而第二相的情况却相当复杂。它可以是非晶态相（如 $a-Si_3N_4$），也可以是晶态相（如

nc-BN）。有时，第二相在纳米复合涂层中的含量非常低，只有 1%~2%（如 nc-ZrN/Cu）。在后一种情况下，如果不用高分辨透射电镜观察，要确定第二相是晶态还是非晶态是非常困难的，因为此时从少数晶粒获得 X 射线衍射强度已经低于探测极限。根据以上事实，纳米复合涂层的结构可以分为两大类：晶态/非晶态纳米复合薄膜和晶态/晶态纳米复合薄膜。例如 Cu 掺杂 ZrN 属于一种新的硬质涂层即 nc-MeN/金属，其中 nc-表示纳米晶，MeN 表示过渡族金属氮化物，Me 包括 Ti、Zr、Cr、Ta、Al 等。可能的金属包括 Cu、Ni、Ag 等。这类涂层最初由 J. Musil 提出，并逐渐得到研究人员的重视。

J. Musil 认为，nc-MeN/金属是一类可同时获得强度、韧性的薄膜体系。为了提高硬度，nc-MeN 应形成 10nm 尺寸以下的一定择优取向的纳米晶。从提高韧性的角度，Musil 提出晶界边界必须足够厚，太薄则起不到韧化作用，为了获得好的韧性，硬质氮化物相晶粒尺寸要小于 10nm，同时晶界体积要大于硬质相。从提高硬度的角度，Veprek 提出晶界要薄，否则会降低强化效果。可见，界面微结构（晶粒大小、相组成、相界、晶界组成、元素偏聚状态等）与硬度、韧性密切相关，这符合结构决定性能这一材料科学基本原理。少量 Cu 掺杂条件下，Cu 进入 ZrN 晶格中，由于 Cu 原子与 Zr 原子半径的差异造成晶格畸变，基于固溶强化的原理提高了 ZrCuN 薄膜的硬度。此时 ZrCuN 仍保持面心立方结构。随 Cu 含量的增加，超过 Cu 在 ZrN 中的固溶度，Cu 以单质相的形式独立存在。此时 Cu 的具体存在形式、存在位置较为复杂，对薄膜性能影响相应复杂，研究结果不尽相同，甚至出现不同的意见。就当前研究来看，部分研究者认为 ZrCuN 薄膜中形成"纳米复合结构"，即薄膜是由 ZrN 纳米晶和 Cu 的纳米晶组成的复合结构。当 Cu 含量较少时，Cu 分散在 ZrN 晶界的位置，导致 XRD 中没有 Cu 对应的峰，或者出现馒头峰，部分学者称其为 XRD 非晶/纳米晶形态。ZrN 的晶粒取向、晶粒大小、晶粒形态都会受到 Cu 的影响。由此导致 ZrN-Cu 薄膜的性能在很大范围变动。但整体来看，形成"纳米复合结构"后 ZrCuN 薄膜硬度增加。部分研究者认为 ZrCuN 不会形成"纳米复合结构"，Cu 以单质的形式独立存在，由于 Cu 是面心立方结构，可开动的滑移系较多，塑性变形能力强，由此导致薄膜的强度降低，相应的薄膜的韧性变好。

上述讨论对 MeN/金属体系的薄膜基本成立，包括 TiN/Cu、ZrN/Cu、AlN/Cu、TaN/Ni 等。掺杂 Cu 原子可以一定程度地提高薄膜的硬度和强度，但需要指出掺杂效应与 Cu 原子的掺杂量密切相关，过量的

Cu 掺杂会改变薄膜结构，恶化薄膜性能。从 1999 年提出的 ZrN-Cu、ZrN-Ni，到后来研究的 AlN-Cu 等，均发现形成纳米复合结构后，薄膜出现强韧化的现象。Musil 制备的典型纳米复合 nc-ZrN/a-Cu 涂层硬度可高达 55GPa，Cu 的加入增加了涂层的韧性。Musil 这样描述涂层的微观结构：少量 Cu 以非晶的形式在晶界偏析，类似杂质原子强化晶界的作用提高了涂层硬度，并且仅当 ZrN 纳米晶取向一致，且晶粒小于 35nm 时才能得到最高硬度。其后不断有人开展这类涂层的研究，得到的结果不尽相同。Audronis 制备含 8at.%Cu 的 ZrN 涂层硬度为 22.5GPa，并用 Zr-Cu-N 表示，因为其中的 Cu 没有形成第二相，而是 Cu 替换固溶到 ZrN 晶粒中，或随机位于晶界等缺陷处。既然不是复合涂层，也就没有强化效果，因此硬度低。为何更多含量的 Cu 没有形成第二相，则可能与制备工艺参数有关，动力学因素影响了微观组织结构。由于 Cu 与 N 不结合，所以 Cu（Fcc）要么固溶到 ZrN（Fcc）中，要么以晶态或非晶态在晶界偏聚，随着 Cu 含量的改变，涂层界面微结构逐渐发生变化，导致性能发生改变。

Musil 研究了 Cu 掺杂 AlN 薄膜的性能。Al-Cu-N 薄膜形成了纳米晶 AlN 和 Cu 的纳米复合结构，硬度最高达 48GPa。该纳米复合结构中 AlN 纳米晶的尺寸小于 10nm，内应力小于 0.5GPa，由于 Cu 掺杂可以调控薄膜的弹性模量，提高硬度的同时降低了弹性模量，因此提高了薄膜的塑性变形抗力。J Suna 发现少量 Ni(<10at.%) 掺杂提高 ZrN 薄膜的硬度。认为强化机理为：①形成不同晶体取向纳米晶复合结构。②形成垂直于膜基界面的柱状纳米晶。

ZrCuN 的结构表征主要采用 XRD 物相分析、XPS 成分分析、SEM 和 TEM 微观结构分析。主要目的在于确定 Cu 在 ZrN 薄膜内的存在形式、位置，是否形成纳米复合结构。

一般来说，磁控溅射制备的 ZrN 薄膜成柱状晶。在工艺参数相同的情况下，向 ZrN 涂层中添加少量 Cu 元素，抑制了柱状晶，涂层结构由 T 区向 II 区转变。ZrCuN 致密，而且由于抑制了柱状晶，涂层表面更加平整。图 9.3-6 所示为 $Zr_{0.80}Cu_{0.20}N$ 薄膜的透射电镜分析。可以看到，薄膜没有显著的柱状晶特征（见图 9.3-6a），在基体中均匀弥散分布大小约 5nm 的晶粒（见图 9.3-6d），分析表明这是基体中 Cu 的团聚晶粒。表明 14at.%Cu 在 ZrCuN 薄膜中一部分以 Cu 单质的形式存在。这解释了 XRD 中没有观察到 Cu 对应的衍射峰。

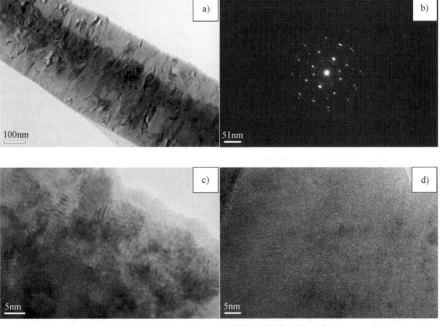

图 9.3-6　$Zr_{0.80}Cu_{0.20}N$ 薄膜的透射电镜分析

a）复合膜透射电镜截面照片　b）复合膜电子衍射花样　c）复合膜微观结构衍射图像　d）复合膜晶粒分布图像

向 ZrN 中加入 Cu 后涂层硬度的变化与 Cu 含量密切相关：Cu 较少时硬度高，较多时硬度低。加入 Cu 后显著提高了 ZrN 涂层的断裂韧性，ZrCuN 涂层的断裂韧性值约为 ZrN 涂层的 2 倍。采用划痕仪测定涂层结合强度，加入 Cu 后显著提高了 ZrN 涂层的结合强度。划痕边缘没有发现涂层的剥落，表明涂层与基体结合强度好。

3. 纳米级硬质膜的发展方向

迄今为止，纳米硬及超硬薄膜研发工作所取得的主要成果可以归纳如下：

1）硬膜（$H<40GPa$）能获得很高的塑性，随着硬度的降低（$\approx10GPa$），变形量可达70%。

2）超硬膜（$H\geqslant40GPa$）能获得很高的弹性恢复，随着硬度的提高（$\approx70GPa$），恢复量可达85%。

3）超硬纳米复合薄膜有两种形式：第一种是纳米氮化物/氮化物；第二种是纳米氮化物/金属。这就意味着超硬膜既可以由两种硬相组成，也可以由一硬一软两相组成。

4）纳米复合薄膜的硬度与其结构有关。当X射线衍射峰的强度降低而且变宽时，标志着薄膜晶化程度的降低，同时导致硬度升高。

5）超硬薄膜的结构接近于X射线非晶态。

关于纳米复合硬膜和超硬膜今后的研究方向也可以归纳为5点：

1）对超硬性的起源进行理论解释。

2）材料力学性能和工艺参数之间的相关性。

3）在合金膜中晶体学取向的明显变化。

4）具有可控制硬度、弹性模量、弹性恢复及新功能的纳米复合膜。

5）晶粒尺寸在1nm左右的材料研究。

纳米复合薄膜的出现令人兴奋，人们希望通过纳米复合薄膜获得新的结构和新的物理、力学性能。纳米复合薄膜的发展还仅仅是开始，它是当前和今后一段时间材料研究领域中的热点之一。

9.4 热喷涂

9.4.1 概述

热喷涂技术自1910年，由瑞士Schoop博士完成最初的金属熔液喷涂装置以来，已有100多年的历史。最初，主要采用氧乙炔火焰喷涂铝线和锌线作装饰用。在20世纪30年代至40年代随着火焰和电弧线材喷涂设备的完善，热喷涂技术从最初的装饰涂层发展到用钢丝修复机械零件，喷铝或锌作为钢铁结构的防腐蚀涂层。20世纪50年代爆炸喷涂技术的开发及随后等离子喷涂技术的开发成功，使喷涂技术在航天航空等领域获得了广泛的应用。同时，20世纪50年代研制成功自熔剂合金粉末，使通过涂层重熔工艺消除涂层中的气孔、与基体实现冶金结合成为可能，极大地扩大了热喷涂技术的应用领域。20世纪80年代初期开发成功超声速火焰喷涂技术（HVOF），20世纪90年代初期该工艺的广泛应用，使WC-Co硬质合金涂层的应用从航天航空领域大幅度扩大到各种工业领域。20世纪90年代末，高效能超声速等离子喷涂技术的成功研制，促进了节约高效型喷涂技术的发展，为在各个工业领域进一步有效地利用热喷涂技术提供了重要手段。近些年开发的高速电弧喷涂技术在保持普通电弧喷涂技术经济性能好、适用性强等特点的同时，使喷涂层获得更加优异的性能，特别是在船舶及其他海洋钢结构防腐，电站锅炉管道防腐、耐冲蚀，贵重零件的修复等方面，有着巨大的应用价值。

自热喷涂技术进入实际应用以来，新的热源、新型结构的喷枪以及新型喷涂材料的研究发展都对热喷涂技术的发展起到了巨大的推动作用。热喷涂技术已成为在机械制造和设备维修中广泛应用的一项表面工程技术。

1. 热喷涂及其分类

热喷涂是以一定形式的热源将粉状、丝状或棒状喷涂材料加热至熔融或半熔融状态，同时用高速气流使其雾化，喷射在经过预处理的零件表面，形成喷涂层，用以改善或改变工件表面性能的一种表面加工技术。

热喷涂原理如图9.4-1所示，当高温熔融粒子以高速撞击基体表面时，将发生液体的横向流动，导致扁平化，与此同时经快速冷却、凝固黏附在基体表面。整体涂层由大量粒子逐次沉积而形成。涂层的性能与涂层材料本身密切相关。选择合适的材料，可以获得具有优越的耐磨损、耐腐蚀、耐热、绝热、耐辐射等性能的保护涂层，也可获得使材料表面具有导电、绝缘、特殊光学、磁学、电学等性能的功能涂层。

热喷涂时，喷涂层与工件表面之间主要产生由于相互间的镶嵌而形成的机械结合。同时当高温、高速的金属喷涂粒子与清洁表面的金属工件表面紧密接触，并使两者间的距离达到晶格常数的范围内时，还会产生金属键结合。当喷涂放热型复合材料时，在喷涂层与工件之间的界面上，微观局部可能产生微冶金结合。如果将喷涂层重新加热至熔融状态，并在工件不熔化的条件下，使喷涂层内部发生相互溶解与扩散，即可获得无孔隙、与工件表面结合良好的熔覆层，这一工艺称为喷熔。

热喷涂的分类，应以热源形式为主，在此基础上必要时可再冠以喷涂材料的形态（粉材、丝材、棒材）、材料的性质（金属、非金属）、能量级别（高能、高速）、喷涂环境（大气、真空、负压）等。热喷涂可分为四大类：火焰喷涂、电弧喷涂、等离子喷涂和特种喷涂。火焰喷涂通常是指氧乙炔火焰喷涂、燃气高速火焰喷涂、燃油高速火焰喷涂等，电弧喷涂

包括普通电弧喷涂和高速电弧喷涂，等离子喷涂主要包括普通等离子喷涂、低压等离子喷涂、超声速等离子喷涂等，特种喷涂主要有线材爆炸喷涂、激光喷涂、悬浮液料热喷涂、冷喷涂等，见表9.4-1。

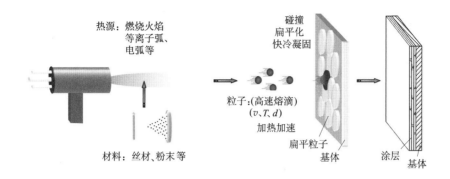

图 9.4-1　热喷涂原理示意图

2. 热喷涂的主要应用特性

与其他表面工程技术相比，热喷涂在实用性方面有以下主要特点（见表9.4-2）：

1）热喷涂的种类多。各种热喷涂技术的优势相互补充，扩大了热喷涂的应用范围，在技术发展中各种热喷涂技术之间又相互借鉴，增加了功能重叠性。

2）涂层的功能多。应用热喷涂技术可以在工件表面制备出耐磨损、耐腐蚀、耐高温、抗氧化、隔热、导电、绝缘、密封、润滑等多种功能的单一材料涂层或多种材料的复合涂层。

3）适用热喷涂的零件范围宽。热喷涂的基本特征决定了在实施热喷涂时，零件受热小，基材不发生组织变化，因而施工对象可以是金属、陶瓷、玻璃等无机材料，也可以是塑料、木材、纸等有机材料。由于热喷涂涂层与基体之间主要是机械结合，因而热喷涂不适用于重载交变负荷的工件表面，但对于各种摩擦表面、防腐表面、装饰表面、特殊功能表面等均适用。

4）设备简单、生产率高。常用的火焰喷涂、电弧喷涂以及小型等离子喷涂设备都可以运到现场施工。热喷涂的涂层沉积率仅次于电弧堆焊。

5）操作环境较差，需加以防护。在实施喷砂预处理工序时，以及喷涂过程中伴有噪声和粉尘等，需采取劳动防护及环境防护措施。

9.4.2　火焰喷涂

火焰喷涂是利用乙炔等燃料与氧气燃烧时所释放出的化学能作为热源，将喷涂材料加热到熔融或半熔融状态，并高速喷射到经过预处理的工件表面上，从

而形成具有一定性能的涂层的热喷涂工艺。

1. 粉末火焰喷涂

粉末火焰喷涂的原理如图9.4-2所示。喷枪通过气阀分别引入燃气（主要采用乙炔）和氧气，经混合后，从喷嘴喷出，产生燃烧火焰。喷枪上设有粉斗或进粉管，利用送粉气流产生的负压与粉末自身重力作用，抽吸粉斗中的粉末，使粉末颗粒随气流从喷嘴中心进入火焰，粒子被加热熔化或软化成为熔融粒子，焰流推动熔滴以一定速度撞击在基体表面形成扁平粒子，不断沉积形成涂层。为了提高熔滴的速度，有的喷枪设置有压缩空气喷嘴，由压缩空气给熔滴以附加的推动力。对于与喷枪分离的送粉装置，借助压缩空气或惰性气体，通过软管将粉末送入喷枪。

粉末火焰喷涂设备由喷枪及氧气和乙炔气供给装置组成。喷枪主要包括火焰燃烧系统和送粉系统两部分。粉末火焰喷枪的种类较多，根据功率大小，喷枪可分为中、小型和大型两类。中、小型喷枪的外形和结构与普通的氧乙炔焊枪相似，不同之处在于喷枪上装有粉斗和射吸粉末的粉阀体。大型喷枪有等压式和射吸式两种，其中较常用的是射吸式。图9.4-3所示为SPH-E型粉末火焰喷枪外形。气源设备主要包括氧气瓶和乙炔瓶（或乙炔发生器），使用乙炔发生器时必须经过滤清器滤除硫化氢、磷化氢等杂质，干燥器干燥水蒸气，并安装回火防止器才能使用。

粉末火焰喷涂已是较普遍采用的喷涂方法，主要特点有以下几个方面：

1）设备简单、轻便，初投资少，现场施工方便，噪声小。

2）操作工艺简单，容易掌握，便于普及。

表 9.4-1　热喷涂方法及其技术特性

热喷涂方法	火焰喷涂						电弧喷涂		等离子喷涂			特种喷涂	
	线材火焰喷涂	陶瓷棒火焰喷涂	粉末火焰喷涂	塑料粉末火焰喷涂	气体爆燃式喷涂	超声速火焰喷涂	普通电弧喷涂	高速电弧喷涂	普通等离子喷涂	低压等离子喷涂	超声速等离子喷涂	激光喷涂	线材爆炸喷涂
热源	燃烧火焰				爆燃烧焰		电弧		等离子弧焰			激光	电容放电能量
温度/℃	3000	2800	3000	2000	3000	略低于等离子喷涂	4000	4000	6000~12000	—	18000	—	—
喷涂粒子飞行速度/(m/s)	50~100	150~240	30~90	50~150	700~800	1000~1400	50~150	200~600	300~350	—	3660（电弧速度）	—	400~600
喷涂材料	金属、复合材料、粉芯丝材	Al_2O_3、ZrO_2、Cr_2O_3等陶瓷	金属、陶瓷、复合粉末材料	塑料粉末	陶瓷、金属陶瓷、硬质合金等	金属、陶瓷粉末、硬质合金等	金属丝、粉芯丝材	金属丝、粉芯丝材	金属、陶瓷、塑料	MCrAIY合金、碳化物、易氧化合金、有毒合金	金属、合金、碳化物和陶瓷材料	低熔点到高熔点的各种材料	金属
喷涂量/(kg/h)	2.5~3.0（金属）	0.5~1.0	1.5~2.5（陶瓷）、3.5~10（金属）	2	—	20~30	10~35	10~38	3.5~10（金属）、6.0~7.5（陶瓷）	5-55	不锈钢丝34、铝丝25、WC/Co6.8	—	30~60
喷涂层结合强度/MPa	10~20（金属）	5~10	10~20（金属）	5~15	70（陶瓷）、175（金属陶瓷）	>70（WC-Co）	10-30	20-60	30~60（金属）	>80	40~80	良好	30~60
孔隙率(%)	5~20（金属）	2~8	5~20（金属）	无气孔	<2（金属）	<2（金属）	5~15	<2	3~15（金属）	<1	<1	较低	2.0~2.5

表9.4-2 热喷涂技术与其他常用表面工程技术的比较

有关参数	热喷涂	堆焊	气相沉积	电镀
零件尺寸	无限制	易变形件除外	受真空室限制	受电镀槽尺寸限制
零件几何形状	一般适用于简单形状	对小孔有困难	适于简单形状	范围广
零件的材料	几乎不受限制	金属	通常限制不大	导电材料或经过导电化处理的材料
表面材料	几乎不受限制	金属	金属及合金	金属、简单合金
涂层厚度/mm	1~25	达25	通常<1	达1
涂层孔隙率(%)	1~15	通常无	极小	通常无
涂层与基体结合强度	一般	高	高	较高
热输入	低	通常很高	低	无
预处理	喷砂	机械清洁	要求高	化学清洁
后处理	通常需要封孔处理	消除应力	通常不需要	通常不需要
表面粗糙度值	较小	较大	很小	极小
沉积率/(kg/h)	1~10	1~70	很慢	0.25~0.5

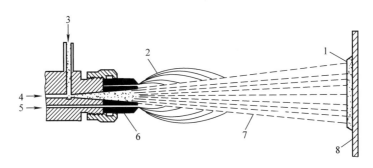

图9.4-2 粉末火焰喷涂的原理示意图

1—涂层 2—燃烧火焰 3—粉末 4—氧气 5—燃气 6—喷嘴 7—喷涂射流 8—基体

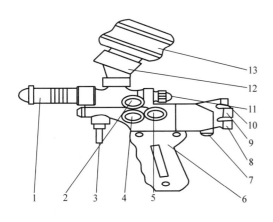

图9.4-3 SPH-E型粉末火焰喷枪外形

1—喷嘴 2—送粉气体控制阀（T阀） 3—支柱
4—乙炔控制阀（A阀） 5—氧气控制阀（O阀）
6—手柄 7—快速安全阀 8—乙炔进口 9—氧气进口
10—备用进气口 11—粉末流量控制阀（P阀）
12—粉斗座 13—粉罐

3）适于机械零部件的局部修复和强化，成本低，耗时少，效益高。

4）可以喷涂纯金属、合金、陶瓷和复合粉末等多种材料，但一般主要用于制备喷涂后需要再重熔的自熔合金涂层、镍石墨等可磨耗涂层、塑料涂层。

5）与其他热喷涂方法相比，由于火焰温度和熔粒飞行速度较低，涂层的气孔率较高，结合强度和涂层自身强度都比较低。

由于以上特点，粉末火焰喷涂可广泛用于机械零部件和化工容器、辊筒表面制备耐蚀、耐磨涂层。在无法采用等离子喷涂的场合（如现场施工），用此法可方便地喷涂粉末材料。

2. 线材火焰喷涂

图9.4-4所示为线材火焰喷涂方法的基本原理示意图。喷枪通过气阀分别引入乙炔、氧气和压缩空气，乙炔与氧气混合后在喷嘴出口处产生燃烧火焰，喷枪内的驱动机构通过送丝滚轮带动线材连续地通过喷嘴中心孔送入火焰，在火焰中被加热熔化。压缩空气通过空气帽形成锥形的高速气流，使熔化的材料从

线材端部脱离，并雾化成细微的颗粒，在火焰及气流的推动下，沉积到经过预处理的基材表面形成涂层。

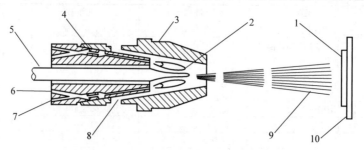

图 9.4-4　线材火焰喷涂方法的基本原理示意图

1—涂层　2—燃烧火焰　3—空气帽　4—喷嘴　5—线材　6—氧气　7—乙炔
8—压缩空气　9—喷涂射流　10—基体

线材火焰喷涂设备的组成如图 9.4-5 所示，由线材火焰喷枪，氧气、燃气与压缩空气控制装置，送丝机构，空气压缩机及辅助装置，燃气与氧气的汇流装置等部分构成。

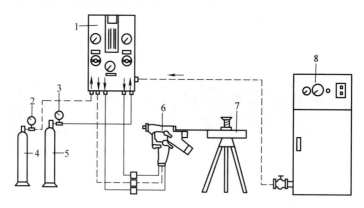

图 9.4-5　线材火焰喷涂设备的组成示意图

1—控制柜　2—氧气调压器　3—乙炔调压器　4—氧气瓶　5—乙炔瓶
6—喷枪　7—线材供给装置　8—空气压缩机

线材火焰喷涂方法的主要特点有以下几个方面：

1）可以固定，也可以手持操作，灵活轻便，尤其适合于户外施工。

2）凡能拉成丝的金属材料几乎都能用于喷涂，也可以喷涂复合线材。

3）火焰的形态、性质及喷涂工艺参数调节方便，可以适应从低熔点的锡到高熔点的钼等材料的喷涂。

4）采用压缩空气雾化和推动熔滴，喷涂速率、沉积效率较高。

5）工件表面温度低，不会产生变形，甚至可以在纸张、织物、塑料上进行喷涂。

线材火焰喷涂使用的喷涂材料包括从锌、铝低熔点金属到不锈钢、碳钢、钼等可以加工成线材的所有材料。难以加工成线材的氧化铝、氧化铬等氧化物陶瓷、碳化物金属陶瓷，也可以填充在柔性塑料管中进行喷涂。线材的直径可从 0.8mm 到 7mm，最常用的直径为 3.0~3.2mm。线材火焰喷涂操作简便，设备运转费用低，因而获得广泛应用，目前主要用于喷铝、喷锌防腐喷涂，机械零部件、汽车零部件的耐磨喷涂。

3. 气体爆燃式喷涂

气体爆燃式喷涂设备由气体爆燃式喷涂枪、送粉装置、气体控制装置、旋转和移动工件的装置、隔声防尘室等几部分组成，其原理如图 9.4-6 所示，是将一定比例的氧气和乙炔气送入到喷枪内，然后再由另一入口用氮气与喷涂粉末混合送入。在枪内充有一定量的混合气体和粉末后，由电火花塞点火，使氧-乙炔混合气发生爆炸，产生热量和压力波。喷涂粉末在获得加速的同时被加热，由枪口喷出，撞击在工件表面，形成致密的涂层。

气体爆燃式喷涂适用的粉末范围很广，按其成分

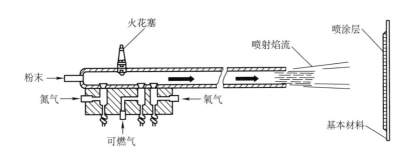

图 9.4-6 气体爆燃式喷涂原理

可分为四类：金属及其合金、自熔合金粉末、陶瓷、复合材料，但主要喷涂陶瓷和金属陶瓷，进行航空发动机的修复，因为其涂层质量高而受到一致好评。喷涂陶瓷粉末时，涂层的结合强度可以达到 70MPa，而金属陶瓷涂层的结合强度可以达到 175MPa。涂层中可以形成超细组织或非晶态组织，孔隙率可以达到 2% 以下。近年来，其应用领域也从航空航天等高科技部门逐步向冶金、机械、纺织、石油化工、钻探等民用工业部门转移，并且其应用领域仍在不断扩展之中。

4. 塑料粉末火焰喷涂

塑料粉末火焰喷涂是用压缩空气将塑料粉末通过喷枪的中心管道喷出，在塑料粉末的外围喷出冷却用的压缩空气，以构成幕帘，在最外层则为燃烧气体形成的火焰，如图 9.4-7 所示。这样，加热火焰隔着压缩空气幕帘将塑料粉末加热至熔融状态，并形成涂层。塑料粉末喷涂的关键问题是塑料粉末加热程度的控制。塑料粉末的燃烧、过熔或熔融不良都会影响喷涂层的质量和结合强度。为了达到上述目的，塑料粉末喷涂的加热火焰一般不采用氧乙炔火焰，而采用压缩空气丙烷火焰或氧丙烷火焰。此外，还在加热火焰

与塑料粉末之间添加一层用压缩空气流形成的幕帘，以保护和控制塑料粉末的加热程度。这种加热火焰、压缩空气幕帘和塑料粉末的多层结构，正是塑料粉末火焰喷涂与火焰金属合金粉末喷涂的不同之处。

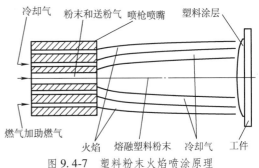

图 9.4-7 塑料粉末火焰喷涂原理

塑料粉末火焰喷涂装置一般都由塑料火焰喷涂枪、送粉器、控制部分组成。火焰喷枪以中心送粉式为主，利用燃气（乙炔、氢气、煤气等）与助燃气（氧气、空气）燃烧产生的热量将塑料粉末加热至熔融状态及半熔融状态，在运载气体（常为压缩空气）的作用下喷向工件表面形成涂层，装置组成见图 9.4-8。

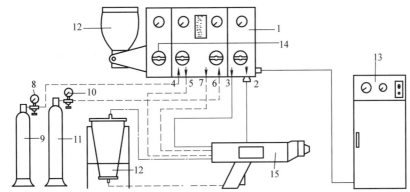

图 9.4-8 塑料粉末火焰喷涂装置的组成

1—控制板 2—粉末罐用空气出口 3—枪用侧空气出口 4—氧气入口 5—枪用氧气出口 6—燃气入口 7—枪用燃气出口
8—氧气表 9—氧气瓶 10—燃气表 11—燃气瓶 12—粉末罐 13—压缩空气机 14—输送气体开关 15—喷涂枪

目前用作火焰喷涂的塑料粉末主要可分为聚乙烯树脂、尼龙、EVA 树脂、环氧树脂四种，其粒径范围为 60~200 目。为提高涂层的结合强度，喷涂时需将工件预热到 120~200℃，涂层的厚度一般为 0.3~3mm。

5. 超声速火焰喷涂

超声速火焰喷涂（High Velocity Oxy-Fuel，HVOF）具有非常高的速度和相对较低的温度，特别适合于喷涂 WC-Co 等金属陶瓷，涂层耐磨性与气体爆燃喷涂层相当，显著优于等离子喷涂层和电镀硬铬层，结合强度可达 150MPa。另外，HVOF 也可用于喷涂熔点较低的金属及合金，试验表明，HVOF 自熔剂合金涂层的耐磨性优于喷熔层，可超过电镀硬铬层。因而，HVOF 金属涂层的应用潜力非常大。

超声速火焰喷涂系统由喷枪、控制柜、送粉器、冷却系统与连接管路构成。Jet-Kote 是第一台商品化的 HVOF 系统，图 9.4-9 所示为 Jet-Kote 喷枪结构图。燃气（丙烷、丙烯或氢气）和氧气分别以 0.3MPa 以上的压力输入燃烧室，同时从喷枪喷管轴向的圆心处由送粉气（氮气或压缩空气）送入喷涂粉末。喷枪的燃烧室和喷管均用水冷却。燃气和氧气在燃烧室混合燃烧，气体燃烧产生压力，形成高速的焰流，通过 4 个喷嘴转向，进入长约 150mm 长的喷管，在喷管里汇成一束高温射流，将进入射流中的粉末加热熔化和加速，射流通过喷管时受到水冷壁的压缩，离开喷嘴后，燃烧气体迅速膨胀，产生超声速火焰，火焰喷射速度可达 2 倍以上的声速，为普通火焰喷涂的 4 倍，也显著高于一般的等离子喷涂射流。

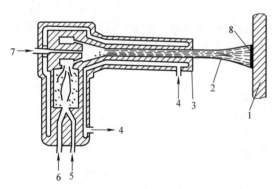

图 9.4-9　Jet-Kote 喷枪结构图

1—基体　2—喷涂射流　3—喷枪　4—冷却水　5—氧气
6—燃气　7—粉末及送粉气　8—涂层

超声速火焰喷涂方法具有以下技术特点：

1）火焰及喷涂粒子速度极高。火焰速度可达 2000m/s，喷涂粒子速度可达 300~650m/s。

2）粒子与周围大气接触时间短。喷涂粒子和大气几乎不发生反应，喷涂材料微观组织变化小，能保持其原有的特点。这对喷涂碳化物金属陶瓷特别有利，能有效避免其分解和脱碳。

3）高速区范围大，可操作喷涂距离范围大，工艺性好。

4）气体消耗量大，通常为普通火焰喷涂法的数倍至 10 倍。

5）噪声较大，需要隔声设备。

6）焰流温度低，不适合于高熔点材料的喷涂。

根据理论计算和实际测量，火焰的速度可达 1500~2000m/s 以上。然而，由于受火焰自身的限制，火焰温度与等离子喷涂相比要低得多。由于作为热源具有以上特性，HVOF 用于喷涂 WC 系硬质合金类，效果最佳，使用效果最好。

可用于 HVOF 方法的喷涂材料包括一般的金属、铁基合金、镍基合金和钴基合金等金属合金粉末，WC 系、Cr_3C_2 系、TiC 系、SiC 系和 Al_2O_3 系金属陶瓷粉末，某些 HVOF 系统甚至可以喷涂 Al_2O_3、TiO_2、ZrO_2 与 Cr_2O_3 等陶瓷粉末。由于具有优越的性能，HVOF 涂层的应用已遍布航天航空发动机、民用汽轮机、石油化工、汽车、钢铁冶金、造纸、生物医学等各领域，不仅用于磨损件的修复，而且更多的是用作新设备的性能强化。

纳米材料由于与其相应的微米级材料相比具有许多独特的物理、化学、力学等方面的优异性能，热喷涂方法特别是 HVOF 技术由于自身的优点，成为纳米材料涂层制备的有效途径之一。HVOF 因其相对较低的工作温度，纳米结构喂料承受相对较短的受热时间，以及形成的纳米结构涂层组织致密、结合强度高、硬度高、孔隙率低、涂层表面粗糙度值小等而倍受推崇。

目前，HVOF 技术被认为是制备高温耐磨涂层较为理想的技术，WC/Co 系列纳米结构涂层的成功制备将大大拓宽 HVOF 技术在耐磨领域的应用前景。

9.4.3　电弧喷涂

电弧喷涂技术是热喷涂技术中的一种技术，也是表面工程技术的重要组成部分。随着喷涂设备、材料、工艺的迅速发展与进步，电弧喷涂技术已经成为目前热喷涂领域中最引人注目的技术之一。

1. 电弧喷涂原理及特点

电弧喷涂是以电弧为热源，将熔化的金属丝用高速气流雾化，并以高速喷射到工件表面形成涂层的一种工艺。喷涂时，两根丝状喷涂材料经送丝机构均匀、连续地送进喷枪的两个导电嘴内，导电嘴分别接喷涂电源的正、负极，并保证两根丝材端部接触前的绝缘性。当两根丝材端部接触时，由于短路产生电弧。高压空气将电弧熔化的金属雾化成微熔滴，并将微熔滴加速喷射到工件表面，经冷却、沉积过程形成涂层。图9.4-10所示为电弧喷涂示意图。此项技术可赋予工件表面优异的耐磨、防腐、防滑、耐高温等性能，在机械制造、电力电子和修复领域中获得广泛的应用。

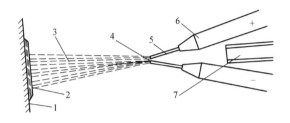

图 9.4-10　电弧喷涂示意图
1—工件　2—涂层　3—喷涂束　4—电弧　5—喷涂丝材
6—导电嘴　7—压缩空气喷嘴

应用电弧喷涂技术，可以在不提高工件温度、不使用贵重底材的情况下获得性能好、结合强度高的表面涂层，一般电弧喷涂涂层的结合强度是普通火焰喷涂涂层的2.5倍；其喷涂效率正比于电弧电流；能源利用率达57%，显著高于其他喷涂方法，加之电能的价格又远低于氧气和乙炔，费用大大降低，另外由于不用氧气、乙炔等易燃气体，安全性高。与超声速火焰喷涂技术、等离子喷涂技术、气体爆燃式喷涂技术相比，电弧喷涂设备体积小，质量小，使用、调试非常简便，使得该设备能方便地运到现场，对不便移动的大型零部件进行处理。由于电弧喷涂具有以上特点，使它获得迅速发展，已在航天、航空、能源、交通、机械、冶金、国防等领域得到了广泛的应用。

2. 电弧喷涂设备

电弧喷涂设备系统由电弧喷枪、控制箱、电源、送丝机构和压缩空气系统组成，如图9.4-11所示。

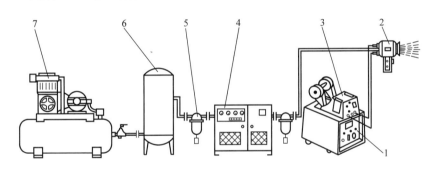

图 9.4-11　电弧喷涂设备系统
1—电源　2—喷枪　3—送丝机构　4—冷却装置　5—油水分离器　6—储气罐　7—空气压缩机

（1）电弧喷涂电源

电弧喷涂电源采用平的伏安特性，可以在较低的电压下喷涂，使喷涂层中的碳烧损大为减少（约减少50%），可以保持良好的电弧长度自调节作用，能有效地控制电弧电压，是保持电弧稳定性的关键。平特性的电源在送丝速度变化时，喷涂电流迅速变化，按正比增大或减小，维持稳定的电弧喷涂过程。该电源的操作使用也很方便，根据喷涂丝材选择一定的空载电压，改变送丝速度可以自动调节电弧喷涂电流，从而控制电弧喷涂的生产率。

（2）电弧喷涂枪

电弧喷涂枪是电弧喷涂设备的关键装置。图9.4-12所示为电弧喷涂枪结构，可以看出，将连续送进的丝材在喷涂枪前部以一定的角度相交，由于丝材各自接于直流电源的两极而产生电弧，从喷嘴喷射出的压缩空气流对着熔化金属吹散形成稳定的雾化粒子流，形成喷涂层。为了获得稳定的雾化粒子流，必须设计出良好结构的雾化喷嘴。经常出现的问题是雾化粒子流的喷射经常发生波动，严重时会使喷涂中断。由于丝材从送丝机构出来后，存在着固有弯曲，从导电嘴伸出后不能总是相交在喷枪几何中心。当这个交点偏离气流中心时，造成雾化气流的波动。为此，电弧喷涂枪多采用使丝材端部在雾化喷嘴内的方案。该方案保证丝材的弯曲使交点偏移时，仍能在雾化喷嘴气流中，从而保证稳定的雾化过程。

（3）送丝机构

送丝机构分为推式送丝机构和拉式送丝机构两种，目前应用较多的是推式送丝机构。该方案中送丝机构与喷枪分离，送丝机构的驱动可以采用普通的直流伺服电动机，每根丝用双主动送丝轮推送。该送丝机构送丝推动力较单驱动送丝力大50% ~ 70%。直流电动机调速方法有两种方式：自耦变压器调速和可控

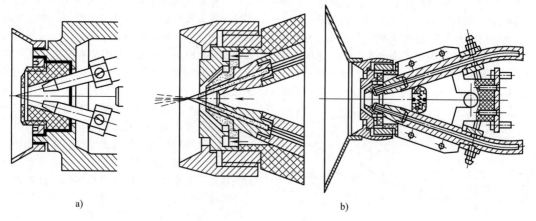

图 9.4-12　电弧喷涂枪结构
a）推丝式　b）拉丝式

硅调速。第一种调速方式可靠、实用、线性好；缺点是体积大、笨重。考虑空间要求采用第二种方式，其使用性能良好，能满足设备的工作要求。

3. 电弧喷涂材料

电弧喷涂丝材包括两类：一类是实芯丝材，另一类是粉芯丝材。实芯丝材经熔炼、拉拔等工艺，是目前采用的主要喷涂材料。粉芯丝材包括外皮和粉芯两部分，由金属外皮内包装着不同类型金属、合金粉末或陶瓷粉末构成，因而同时具备丝材和粉末的优点，能够进行柔性加工制造，拓宽涂层材料成分范围，并可制造特殊的合金涂层和金属陶瓷复合材料涂层。

（1）实芯丝材

实芯丝材主要包括：有色金属丝材，如铝、锌、铜、钼、镍等金属及其合金；黑色金属丝材，如碳钢、不锈钢等。随着高速电弧喷涂技术的发展，丝材的品种也不断增加，复合丝、自黏结复合丝、巴氏合金丝、铝青铜丝、超低碳不锈钢丝等新的丝材不断出现。各种微量元素的加入，大大提高了涂层的性能。常用实芯丝材及应用领域见表 9.4-3。

（2）粉芯丝材

目前应用的粉芯丝材包括 7Cr13 耐磨丝材、低碳马氏体丝材、Al/Al_2O_3、Al-SiC 粉芯防滑丝材、Fe_3Al、Fe_3Al/WC、$FeAl/Cr_3C_2$、FeCrAl/WC 等抗高温腐蚀、冲蚀丝材及 Zn 基防腐丝材等。常用粉芯丝材及应用领域见表 9.4-4。

4. 高速电弧喷涂

普通电弧喷涂的粒子喷射速度有限且氧化程度比较严重，获得的涂层在结合强度、孔隙率及表面粗糙度等方面与等离子喷涂和超声速火焰喷涂技术相比还有较大差距。研究表明，影响电弧喷涂涂层质量的主要工艺参数有电弧喷涂电压、喷涂电流（送丝速度）

表 9.4-3　常用实芯丝材及应用领域

丝材	特点及主要应用领域
锌及锌合金	在大气和水中具有良好的耐蚀性，而在酸、碱、盐中不耐腐蚀。广泛应用于室外露天的钢铁构件，如水门闸、桥梁、铁塔和容器等的常温腐蚀防护
铝及铝合金	铝及铝合金喷涂层已广泛用于储水容器、硫磺气体包围的钢铁构件、食品储存器、燃烧室、船体和闸门等的腐蚀防护。Zn-Al 伪合金涂层也具有优异的防腐蚀性能
铜及铜合金	纯铜主要用作电器开关和电子元件的导电喷涂层及塑像、工艺品、建筑表面的装饰喷涂层。黄铜喷涂层广泛应用于修复磨损和加工超差的零件，也可以用作装饰喷涂层。铝青铜的结合强度高，抗海水腐蚀能力强，主要用于修复水泵叶片、气闸阀门、活塞、轴瓦，也可用来修复青铜铸件及用作装饰喷涂层
镍及镍合金	镍合金中用作喷涂材料的主要为镍铬合金。这类合金具有非常好的抗高温氧化性能，可在 880℃ 高温下使用，是目前应用很广的热阻材料。它还可以耐水蒸气、二氧化碳、一氧化碳、氨、醋酸及碱等介质的腐蚀，因此镍铬合金被大量用作耐腐蚀及耐高温喷涂
钼	钼在喷涂中常作为黏结底层材料使用，还可以用作摩擦表面的减摩工作涂层，如活塞环、制动片、铝合金气缸等
碳钢及低合金钢	碳钢和低合金钢是应用广泛的高速电弧喷涂材料。它具有强度较高、耐磨性好、来源广泛、价格低廉等特点。高速电弧喷涂一般采用高碳钢，以弥补碳元素的烧损

表 9.4-4　常用粉芯丝材及应用领域

丝材	主要成分	主要应用领域
7Cr13 耐磨丝材	FeCCrMn	马氏体型不锈钢组织，涂层硬度高，可用于造纸烘缸、压力柱塞、曲轴等零部件修复
低碳马氏体丝材	FeCrNiMo	低碳马氏体组织，膨胀系数小，可以喷涂较厚的涂层，具有较好的韧性和耐磨性，可以用作打底涂层
奥氏体型不锈钢丝材	FeCrNi	奥氏体型不锈钢组织，配合适当的封孔剂，涂层具有良好的耐晶间腐蚀与点蚀性能
FH-16 防滑丝材	Al/Al_2O_3	铝基复合陶瓷涂层，具有较高的摩擦因数和良好的摩擦因数保持能力，可用作防腐防滑耐磨涂层
Fe-Al 复合丝材	Fe-Al/WC Fe-Al/Cr_3C_2	可制备 Fe-Al 金属间化合物复合涂层，可应用于电厂燃煤锅炉管道等的高温冲蚀磨损防护
Zn 基防腐丝材	ZnAlMg ZnAlMgRe	用于海洋气候环境下舰船、港口设备、海上石油平台等装备的腐蚀防护

和压缩空气的压力和质量。其中压缩空气的压力和质量是影响电弧喷涂涂层质量的关键因素之一，也就是说，如何提高熔滴的飞行速度是解决电弧喷涂涂层质量的重要途径之一。因此，为了拓宽电弧喷涂技术的应用领域，提高喷涂层的质量，开发出高速电弧喷涂技术。

高速电弧喷涂关键设备是新型高速电弧喷枪，即在普通电弧喷涂设备基础上，利用新型拉乌尔喷管设计和改进喷涂枪，采用高压空气流作雾化气流，加速熔滴脱离，使熔滴加速度显著增加并提高电弧的稳定性，使电弧喷涂技术的涂层质量和效率得到进一步提高，从而使电弧喷涂技术上升到一个新的高度。图9.4-13 所示为拉乌尔喷管加速示意图。拉乌尔喷管内壁型线按空气动力学相关理论计算，通过计算机编程进行优化设计。拉乌尔喷管内壁型线复杂，尺寸精度、表面质量要求高，喷管要保持高的强度。

新型高速电弧喷涂与普通电弧喷涂相比，具有显著的优点：

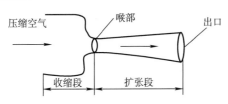

图 9.4-13　拉乌尔喷管加速示意图

1）熔滴速度显著提高，雾化效果明显改善。在距喷涂枪喷嘴轴向 80mm 范围内的气流速度达600m/s 以上，而普通电弧喷涂枪仅为 200~375m/s；最高熔滴速度达到 350m/s。且熔滴平均直径为普通喷涂枪雾化粒子的 1/8~1/3。

2）涂层的结合强度显著提高。高速电弧喷涂防腐用 Al 涂层和耐磨用 3Cr13 涂层的结合强度分别达到35MPa 和 43MPa，是普通电弧喷涂层的 2.2 倍和 1.5 倍。

3）涂层的孔隙率低。高速电弧喷涂 3Cr13 涂层孔隙率小于 2%，而相应的普通电弧喷涂层孔隙率大于 5%。

高速电弧喷涂技术的出现，使电弧喷涂的涂层质量和性能得到进一步提高，是一项适合我国国情、易于推广的新技术。它对节材、节能有重大意义，特别是在船舶及其他海洋钢结构防腐，电站锅炉管道防热腐蚀、耐冲蚀，贵重零件的修复等方面，有着巨大的应用价值。

9.4.4　等离子喷涂

等离子喷涂是采用等离子弧为热源，以喷涂粉末材料为主的热喷涂方法。近年来，等离子喷涂技术有了飞速的发展，在常规等离子喷涂基础上，又发展出低压等离子喷涂，计算机自动控制的等离子喷涂，高能、高速等离子喷涂，超声速等离子喷涂，三电极轴向送粉等离子喷涂和水稳等离子喷涂等。这些新设备、新工艺、新技术在航空、航天、原子能、能源、交通、先进制造业和国防工业上的应用日益广泛，显示出越来越多的优越性和重要性。

1. 等离子喷涂的原理及特点

图 9.4-14 所示为等离子喷涂原理示意图。图9.4-14 的右侧是等离子体发生器又叫等离子喷枪，根据工艺的需要经进气管通入氮气或氩气，也可以再通入 5%~10%（体积分数）的氢气。这些气体进入弧柱区后，发生电离而成为等离子体。高频电源接通使钨极端部与前枪体之间产生火花放电，于是电弧便被引燃。电弧引燃后，切断高频电路。引燃后的电弧在孔道中受到三种压缩效应，温度升高，喷射速度加大，此时往前枪体的送粉管中输送粉状材料，粉末在等离子焰流中被加热到熔融状态，并高速喷射到零件表面形成喷涂层。

等离子弧喷涂与其他热喷涂技术相比，主要有以下特点：

1）基体受热温度低（<200℃），零件无变形，不改变基体金属的热处理性质。

2）等离子焰流的温度高，可喷涂材料广泛，既可喷涂金属或合金涂层，也可喷涂陶瓷和一些高熔点的难熔金属。

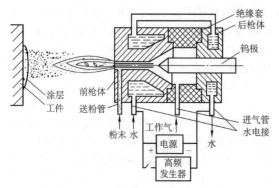

图 9.4-14　等离子喷涂原理示意图

3）等离子射流速度高，射流中粒子的飞行速度一般可达 200～300m/s。因此形成的涂层更致密，结合强度更高，显著提高了涂层的质量，特别是在喷涂高熔点的陶瓷粉末或难熔金属等方面更显示出独特的优越性。

2. 等离子喷涂设备

等离子喷涂设备主要有：电源、控制柜、喷枪、送粉器、循环水冷却系统、气体供给系统等，它们之间的相互配置如图 9.4-15 所示。等离子喷涂需要的辅助设备有：空气压缩机、油水分离器和喷砂设备等。目前我国已能生产多种型号的成套等离子喷涂设备。

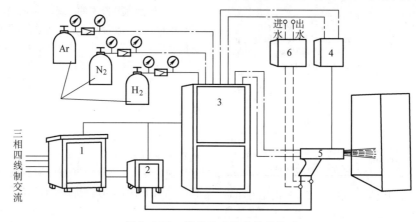

图 9.4-15　等离子喷涂系统的构成

1—电源柜　2—高频发生器　3—控制柜　4—送粉器　5—等离子喷枪　6—热交换器

3. 等离子喷涂用粉末及气体

等离子喷涂用粉末按成分、特性可分为：纯金属粉末、合金粉末、自熔剂合金粉末、陶瓷粉末、复合粉末、塑料粉末等。涂层材料虽有几百种，但常用的只有几十种。涂层材料分类见图 9.4-16。

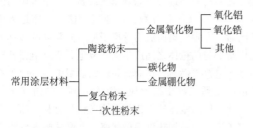

图 9.4-16　涂层材料分类

等离子喷涂的工作气和送粉气应根据所用的粉末材料，选择费用最低、传给粉末的热量最大、与粉末材料有害反应最小的气体。最常用的气体有氮气、氩气，有时为了提高等离子弧焰流的焓值，在氮气或氩气中可分别加入 5%～10%（体积分数）的氢气。喷涂所用的气体要求具有一定的纯度，否则钨极很容易烧损，氮和氢要求纯度不低于 99.9%，氩气不低

于 99.99%。

近年来大气等离子喷涂装置也已达到成熟阶段，只要在喷涂材料上解决氧化问题，则可使喷涂成本大大降低，这是一种很有前途的喷涂工艺。

4. 低气压等离子喷涂

等离子喷涂一般都是在大气环境中进行的，由于一些喷涂材料在喷涂过程中易于氧化，严重影响涂层质量，所以必须在低气压或保护气氛中喷涂。图 9.4-17 所示为低压等离子喷涂系统示意图。

将等离子喷枪、工件及其运转机械置于低真空或选定的可控气氛的密闭室里，在室外控制喷涂过程。通过真空和过滤系统，保持真空室一定的真空度。当等离子射流进入低真空环境，其形态和特性都将发生以下变化。

1）射流比大气等离子射流体积膨胀更大，密度变小，射流的速度相应提高，喷涂材料在焰流中停留时间长，熔化好，不氧化，涂层残余应力也降低，涂层质量显著改善，尤其适应于喷涂易氧化烧损的材料。

2）由于低真空环境传热性差，离子保温时间长，

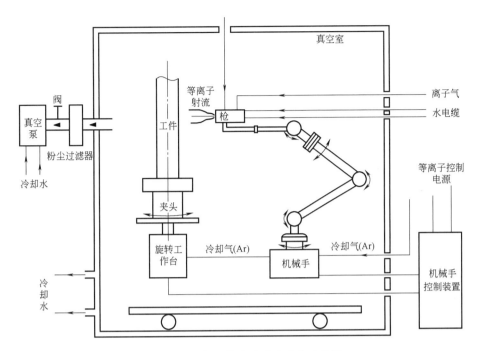

图 9.4-17　低压等离子喷涂系统示意图

熔化充分，基体预热温度也较高，无氧化膜，有利于提高涂层结合强度，减小孔隙率。

3）压力越低，熔滴的飞行阻力越小，速度也显著提高，有利于提高涂层结合强度和致密性。

目前国内广州有色金属研究院研究开发成功低压等离子喷涂技术，并应用于重要装备的零部件表面喷涂。

5. 超声速等离子喷涂

超声速等离子喷涂是在高能等离子喷涂（80kW级）的基础上，利用非转移型等离子弧与高速气流混合时出现的"扩展弧"，得到稳定聚集的超声速等离子射流进行喷涂的方法。20 世纪 90 年代中期，美国 TAFA 公司向市场推出了能够满足工业化生产需要的 270kW 级大功率、大气体流量（$21m^3/h$）的"Plaz Jet"超声速等离子喷涂系统，其核心技术集中在超声速等离子喷枪的设计上。该喷枪依靠增大等离子气体流量提高射流速度，采用双阳极来拉长电弧，使弧电压可高达 200～400V，电流 400～500A，焰流速度超过 3000m/s，大幅提高了喷射粒子的速度（可达 400～600m/s），涂层质量明显优于常规速度（200～300m/s）的等离子喷涂层。但是由于能量消耗大，且为了保证连续工作，采用了外送粉方式，造成粉末利用率降低，喷涂成本很高，限制了其推广应用。图 9.4-18 所示为双阳极、外送粉超声速等离子喷枪的原理示意图。

陆军装甲兵学院（原装甲兵工程学院）装备再

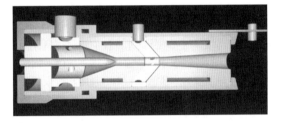

图 9.4-18　双阳极、外送粉超声速等离子喷枪的原理示意图

制造技术国防科技重点实验室成功研制了高效能超声速等离子喷涂系统。相对于美国"Plaz Jet"超声速等离子喷枪，国内喷枪的研制采用了适合我国国情的较低功率（80kW）、小气体流量（$6m^3/h$）设计方案。图 9.4-19 是超声速等离子喷枪原理示意图。

由图 9.4-19 可看出，该喷枪采用了拉乌尔喷嘴

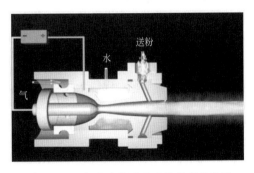

图 9.4-19　超声速等离子喷枪原理示意图

型面的单阳极结构，压缩孔道长度缩短，但对电弧初始段的机械压缩增强，迫使阳极斑点前移来拉长电弧（弧压可达 200~400V），由于提前对电弧区段的加速，提高了喷枪热效率，获得了高熔值超声速射流，并应用了内送粉结构，有效降低了能耗。此外，该系统还在国际热喷涂界率先采用先进的 IGBT 逆变技术研制了 80kW 级喷涂电源，采用先进的 PLC 过程控制和氟利昂制冷的热交换器等，标志着我国等离子喷涂技术已达到国际先进水平。

6. 等离子喷涂应用实例

（1）等离子喷涂耐磨涂层

在重载履带车辆零件修复中，对密封环配合面采用 FeO_4 粉末；轴承配合面采用 FeO_3 粉末；衬套配合面选用 FeO_4 和 Ni/Al 粉末。采用等离子喷涂方法修复，经过 12000km 的实车考核，效果很好。重载履带车辆的变速器和齿轮传动箱（铝合金部件）使用后经常发生结合平面漏油以及各轴承配合面磨损等情况。采用其他方法修复困难，而采用等离子喷涂 Ni/Al 粉末，简单可靠，试车考核效果很好。

（2）等离子喷涂耐腐蚀涂层

$6×105kW$ 汽轮发电机大轴过水表面喷涂耐腐蚀涂层。发电机大轴过水表面受到 80℃ 热水及 7m/s 速度的冲刷腐蚀，需要喷涂防水冲蚀的涂层，确保两年的长时间运行过程中轴不锈蚀、涂层不脱落，同时能保证水冷却系统的水质洁净，不引起冷却效果下降或堵塞等故障。哈尔滨电机厂、哈尔滨机电研究所对 48 种防水冲蚀材料进行模拟工况选材试验。试验结果表明采用等离子喷涂 Ni/Al 涂层，性能完全满足要求，防水冲蚀效果理想。

（3）等离子喷涂耐高温涂层

在高炉冶炼过程中渣量大，放渣频繁，渣口由铜质水冷套组成，放渣时，渣口受到高温碱性炉渣、渣中夹带的铁液及高炉煤气的高温浸蚀、腐蚀和冲刷，很容易破损，因此，高炉渣口的寿命是高炉冶炼中的重要问题。采用等离子喷涂技术，在渣口易破损的前端轴向 30mm 范围内喷涂耐热复合涂层（金属+金属陶瓷+陶瓷），经在冶炼生产中使用考核，其寿命比未喷涂的渣口提高 3 倍以上，经济效果十分显著。

（4）在航空工业生产和修理中的使用

湘江机械厂对专用发动机Ⅰ、Ⅱ、Ⅲ级涡轮叶片采用等离子喷涂 50%（质量分数）Ni-Cr-B-Si 和 50%（质量分数）TiC，厚度为 0.1mm 的涂层，经生产 20 台发动机约 6 万片叶片装机飞行，使用效果良好，该厂已经在设计上规定正式使用该涂层。在压力燃烧室内壁用 Ni/Al 打底，表面喷涂 Al_2O_3，隔热效果很好。飞机机尾罩采用等离子喷涂 Al_2O_3 涂层，防止了机尾罩由于高温气流冲刷造成的龟裂现象。

7. 纳米等离子喷涂

随着纳米材料的研究开发与应用，微/纳米结构涂层（Nanostructure Coating）的制备成为等离子喷涂技术重要的发展方向。与传统涂层相比，等离子喷涂纳米结构涂层在强度、韧性、耐蚀、耐磨、热障、抗热疲劳等方面有显著改善，且部分涂层可以同时具有上述多种性能。

美国 T. D. Xiao 等人采用 Metco9MB 等离子喷涂设备喷涂纳米结构 Al_2O_3/TiO_2（质量分数 13% TiO_2）喂料，并将获得的纳米结构涂层与传统粉末喷涂层相比，研究表明，在 $n-Al_2O_3/TiO_2$ 涂层中，单个的 Al_2O_3 纳米晶粒与 TiO_2 纳米晶粒之间有较好的润湿性，纳米结构涂层的耐磨性与传统粉末喷涂层相比提高了 3~8 倍。D. G. Atteridge 等人采用高能等离子喷涂技术（HEPS）喷涂 WC/Co 微米级纳米结构喷涂喂料，获得纳米结构等离子喷涂层。分别对传统微米级实心粉（WC/12Co）、微米级纳米结构空心喂料（WC/12Co）和实心喂料（WC/12Co）三种高能等离子喷涂层的磨损性能进行了对比分析，结果显示，实心喂料涂层的冲蚀磨损率是空心喂料涂层的 1/2，是传统实心粉涂层的 1/3 左右。由于高能等离子喷涂采用 200kW 以上喷涂系统，使得纳米结构喂料在喷涂过程中熔化效果较好，颗粒冲击基体的速度高，获得的涂层具有组织致密、孔隙率低、结合强度高等特点。

从目前国外研究状况来看，等离子喷涂纳米结构涂层的开发研究的相关报道相对比较多，也是最有可能实现广泛实用化的纳米颗粒材料热喷涂技术。

9.4.5 冷喷涂

1. 冷喷涂方法原理

冷喷涂（Cold Spray），又称为冷空气动力学喷涂法（Cold Gas Dynamic Spray）或动力喷涂（Kinetic Spray）。它是基于空气动力学原理的一种新型喷涂技术，其原理如图 9.4-20 所示，喷涂过程是将高压气体导入收放型拉乌尔喷嘴，流过喷嘴喉部后产生超声速流动，将粉末从喷枪后部沿轴向送入高速气流中，粒子经加速后形成高速粒子流（300~1000m/s），在温度远低于相应材料熔点的完全固态下撞击基体，通过较大的塑性流动变形而沉积于基体表面上形成涂层。

冷喷涂系统一般主要由以下部分组成：喷枪系统、送粉系统、气体温度控制系统、气体调节控制系统、高压气源。喷枪为冷喷涂系统的关键部件，主要由收放型拉乌尔喷嘴构成。其内表面形状一般在喉部

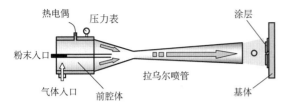

图 9.4-20　冷喷涂工作原理示意图

上游为圆锥形，下游可为长方体形，也可为与上游相对的圆锥形，前者涂层堆高是梯形，而后者堆高形态与热喷涂相似，呈锥形。冷喷涂工作气体可用高压压缩空气、N_2、Ar 或 He 气，或者它们的混合气体。工作气体的入口压力范围一般为 1.0~3.5MPa。为了增加气流的速度，从而提高粒子的速度，还可以将工作气体预热后再送入喷枪，通常预热温度根据不同喷涂材料来选择，一般小于 600℃。为了获得较高的粒子速度，所用粉末的粒度一般要求为 1~50μm，而喷涂距离根据要求一般为 5~50mm。

2. 冷喷涂技术的特点

在传统的热喷涂过程中，由于使用高温热源，如高温等离子、电弧、燃烧火焰，通常粉末粒子或线材被加热到熔化状态，不可避免地使金属材料在喷涂过程中发生一定程度的氧化、相变、分解、晶粒长大等。尽管一些高速喷涂工艺，如爆炸喷涂、超声速火焰喷涂，可以使粉末粒子在得到有效加速的同时，加热得到控制，使粒子在半熔化状态与基体碰撞，但粒子仍然经历了表面达到熔化状态的热过程，也可能发生氧化、分解等。而新型的冷喷涂工艺主要通过高速固态粒子与基体发生塑性碰撞而实现涂层沉积。冷喷涂工艺和传统热喷涂工艺比较有两个重要特点：气体温度低，粒子速度高。与传统热喷涂技术相比，冷喷涂技术具有以下优点：

1）可以避免喷涂粉末的氧化、分解、相变、晶粒长大等。

2）对基体几乎没有热影响。

3）可以用来喷涂对温度敏感材料，如易氧化材料、纳米结构材料等。

4）粉末可以进行回收利用。

5）涂层组织致密，可以保证良好的导电、导热等性能。

6）涂层内残余应力小，且为压应力，有利于沉积厚涂层。

7）送粉率高，可以实现较高的沉积效率和生产率。

8）噪声小，操作安全。

3. 冷喷涂技术的应用

根据冷喷涂技术的特点，冷喷涂主要用于喷涂具

有一定塑性的材料，如纯金属、金属合金、金属陶瓷、塑料以及金属基复合材料等，甚至可以在金属基体上制备较薄的陶瓷功能涂层。只要选择合适的喷涂工艺参数，就可以制备性能优良的涂层。除了纯金属外，冷喷涂还可制备 316L、304L 等不锈钢涂层，MCrAlY 高温合金涂层。应当指出，由于高温合金的强度高，临界速度较高，只有用 He 气才可以制备涂层。对于具有良好耐磨性的金属陶瓷复合涂层，也可以用冷喷涂来制备，比如 Cr_3C_2-NiCr、WC-Co 等。对于一些陶瓷功能涂层，如 TiO_2、ZrO_2、Al_2O_3 等，也可以用冷喷涂在金属基体上制备薄涂层。虽然只有几个微米厚，但是作为光催化涂层，有着较好的光催化性能。

近年来，纳米结构材料受到广泛的关注。纳米结构材料包括纳米金属材料、纳米陶瓷材料以及纳米金属陶瓷复合材料等。冷喷涂技术的出现，除了可以制备纳米结构陶瓷功能涂层外，也为制备纳米结构金属块材提供了有效的方法。

根据冷喷涂技术的优点，以及冷喷涂技术的适用性研究，可以看出，冷喷涂技术很有希望用于生产和修复广泛的工业零部件，如涡轮叶片、活塞、气缸、阀门、环件、轴承、泵零件、套管、轴以及密封件。冷喷涂不但可以制备高硬度、耐磨损、耐腐蚀、导电、导热、导磁等性能的涂层，也可以用于快速成形，直接生产零部件。美国的许多大公司已经开始使用冷喷涂进行生产，从一般工业到军事应用。我国在冷喷涂技术发展方面也做了大量的研究工作，该技术目前已在航空航天、石油化工、能源、汽车、电子、军事和其他工业得到广泛的应用。

9.4.6　热喷涂工艺

热喷涂基本工艺流程如图 9.4-21 所示。

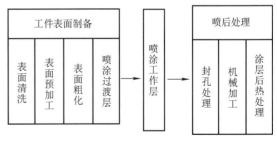

图 9.4-21　热喷涂基本工艺流程

1. 工件表面制备

热喷涂前的工件表面制备是保证喷涂层质量的重要措施，为了提高涂层和基体间的结合强度，要求工件表面洁净、粗糙，因此对工件表面进行处理是一个十分重要的工作，它往往是整个工艺过程成败的

关键。

（1）表面清洗

表面清洗的作用是去除工件表面的氧化膜和油污等，直到露出清洁/光亮的基体表面，其关键是去除油脂，常用的表面清洗方法有：

1）碱液清洗。利用氢氧化钠、磷酸三钠、碳酸钠等热碱液冲洗，然后用清水冲净，也可采用各种金属洗净剂进行清洗。

2）溶剂清洗。利用工业汽油、三氯乙烯、四氯化碳等有机溶剂，通过浸泡和擦刷、喷淋或蒸气脱脂等方法除去表面油脂，这类方法效果好，但费用高，而且许多有机溶剂对人体有害，使用时应注意通风。

3）加热脱脂。对于被油脂浸透的铸件等多孔质的工件，可采用 250~450℃ 低温加热，将微孔中的油脂挥发烧掉，表面残留的积炭，可用喷细砂法除去。

4）超声清洗。在超声环境中的脱脂过程称为超声清洗，实际上是在有机溶剂脱脂或酸洗过程中引入超声波，加强或加速清洗的过程。超声脱脂一般是与其他脱脂方式联合进行，其独立工艺参数一般是超声发生器输出功率越大越好。

（2）表面预加工

表面预加工的主要目的是除去工件表面的各种损伤（如疲劳层和腐蚀层等）和表面硬化层，修正不均匀的磨损表面和预留喷涂层厚度。通过表面预加工可以使涂层的收缩应力限制在局部地方，减少了涂层的应力积累，增大涂层与基体的结合面积，以提高涂层的黏结强度，并且使涂层中各层之间折叠，提高涂层本身的剪切强度。为使单个喷涂微粒与基体材料间获得必要的微观黏结，还必须在机械加工表面再采用喷砂和喷涂自黏结过渡层等粗化方法。表面预加工的方法主要有车削、磨削和滚花等，应用较多的是车削。

（3）表面粗化

粗化处理是使净化过的基材表面形成均匀凹凸不平的粗糙面，增加涂层和工件之间的接触面，并控制到所要求的表面粗糙度。经过粗化处理的表面才能和涂层产生良好的机械结合。正确的粗化处理能使涂层中变形的扁平状粒子互相交错，形成连锁的叠层，实现所谓的"抛锚效应"，同时还可以增大涂层与基材结合的面积，减少涂层的残余应力，并起到使表面活化的作用。喷砂是最常用的方法，常用的喷砂材料有：多角冷硬铸铁砂（适于 50HRC 左右表面）、氧化铝（白刚玉砂，适于 40HRC 左右表面）、石英砂（适于 30HRC 左右表面）、碳化硅砂（喷陶瓷涂层时用）。喷砂后要用压缩空气将表面黏附的碎砂粒吹净，工件表面粗糙度 Rz 值一般应达到 3.2~12.5μm。

（4）喷涂过渡层

喷涂过渡层可以提高工作层与工件之间的结合强度。对于工件较薄，喷砂时容易产生变形的情况，特别适合采用喷涂结合底层的办法。因为自黏结喷涂材料与基体之间有良好的结合强度，所形成的涂层表面又十分粗糙，所以常用它作为基件与工作涂层之间的过渡层。常用的自黏结喷涂材料有放热型的镍铝复合粉末和非放热型的钼等。过渡层的厚度要在 0.10~0.15mm，太厚反而会降低工作层的结合强度，而且经济性也不好。

2. 喷涂工作层

喷涂工作层时首先必须了解零件的工况条件、可能发生的失效类型，从而确定设计的涂层性能和选择的涂层材料类型，其次是在了解各种涂层方法特点及其适用范围的基础上，选择合适的喷涂方法，然后根据喷涂的有关国际标准或国家标准，或者根据一定的工艺试验确定合适的喷涂工艺参数，并严格按照规定的工艺参数进行喷涂。喷涂工艺的选择是一项极为重要和复杂的工作，一般应遵循下述原则：

1）工艺方法的可能性。例如，从零件的使用要求来讲，喷涂镍基自熔剂合金后再进行熔融处理是合适的，但由于某种原因，如零件受热变形、零件进行了电镀或涂有有机涂层的防护处理、有不能承受涂层熔融温度的零件等，这种工艺方法就不能采用。选择工艺方法时，还应考虑喷涂层的机械加工性能，根据零件的尺寸和形状考虑能否机械加工，采用哪种机械加工方法，以及加工成本等。

2）涂层应满足工况条件的要求。包括涂层在工作中所承受的应力或冲击力、工作温度、腐蚀介质和腐蚀环境、涂层与其他零件配合表面和连接表面的材料和润滑情况等。

3）涂层应具有优良的性能。包括零件涂层的表面状态、表面粗糙度，耐磨性、摩擦性能、电性能、耐热和导热性能，涂层的黏合强度、孔隙率、硬度，涂层厚度和精加工性能等。

4）涂层与零件材质、性能的适应性。喷涂零件的尺寸和形状，喷涂部位的表面状态，零件的密度和质量，基体材料对温度的敏感性，基体材料的化学成分、硬度、热胀系数，零件中的应力状态，零件在热喷涂前是否进行了其他表面处理等。

5）经济上的合理性。经济上的合理性要综合考虑表面涂层的成本和工件投入使用后产生的经济效益。表面涂层的成本包括人工费用、涂层材料费用、设备和运输费用等。工件投入使用后产生的经济效益包括提高工件使用寿命、减少维修时间以及提高生产率和降低生产成本等。

由于热喷涂材料品种很多，应用范围广泛，在设计产品和修复零件时，如何正确选用热喷涂层，关系到以后的使用。因此，要根据零件工作条件下涂层的性能、喷涂材料和基体材料的物理化学性质，认真评定，并结合涂层的应用技术，进行试验才能最后确定合适的喷涂工艺。

3. 喷后处理

在喷涂完毕后，为了填补或消除涂层固有的缺陷，改善涂层性能，以及为了得到尺寸精确的涂层，对喷涂态涂层再进行后续加工处理，即为涂层后处理。涂层后处理种类和方法很多，须根据对涂层的具体要求和工件具体情况进行选择，涂层后处理方法主要有涂层后热处理、封孔处理、表面机械加工等。

（1）封孔处理

热喷涂涂层的孔隙率可以从小于 1% 到大于 15%，孔隙有连贯和不连贯的，有的涂层孔隙互相连接并且从表面延伸到基体，对于要求防腐蚀或密封的喷涂层，往往需进行封孔处理。涂层封孔作用有以下几个方面：一是防止或阻止腐蚀介质浸入到基材表面；二是延长锌、铝及合金涂层的防护寿命；三是用于密封的涂层防止液体和压力泄漏；四是防止污染或研磨屑碎片进入涂层；五是保持陶瓷涂层的绝缘性能。

封孔剂为封闭涂层孔隙的材料，有以下几个方面的要求：①有足够的渗透性；②耐化学或溶剂的作用；③在涂层上抗机械作用；④在使用温度下性能稳定；⑤不降低涂层和基材的性能；⑥用于接触食品时无毒；⑦使用安全。封孔剂按其形成机理分类，有非干燥型、空气干燥型、烘烤型等，见表 9.4-5。

表 9.4-5　封孔剂材料

类别	封孔剂材料
非干燥型	1)石蜡 2)油 3)油脂
空气干燥型	1)油漆、氯化橡胶 2)空气干燥型酚醛、环氧酚醛 3)乙烯基树脂 4)聚酯 5)硅树脂 6)亚麻子油 7)煤焦油 8)聚氨酯
烘烤型	1)烘烤型酚醛 2)环氧酚醛 3)环氧树脂 4)聚酯 5)聚酰胺树脂
催化型	1)环氧树脂 2)聚酯 3)聚氨酯
其他	1)硅酸钠 2)乙基硅酸钠 3)厌氧丙烯酸酯

通常，封孔剂在喷涂之后机械加工之前就加上去，但对某些应用，在机械加工后再进行封孔处理，因为涂层含有一些互不相通的未延伸到表面的气孔，经机械加工后可能敞开了。由于封孔剂种类多，选择使用时应经过一定的试验，以获得良好的封孔和使用效果。

（2）机械加工

喷涂完毕后，喷涂涂层的尺寸并不准确，表面也是粗糙的，在要求涂层几何尺寸精确和有表面粗糙度要求的情况下，只有通过机械加工才能达到。最常用的喷涂层机械加工方法是车削和磨削。纯铁、铝、铜等较软的涂层可以用高速钢刀具车削，其他大部分喷涂层都要用超细晶粒硬质合金刀具、立方氮化硼刀具、陶瓷刀具和金刚石刀具才能进行加工，有的涂层只能磨削加工，磨削时采用绿色碳化硅、人造金刚石或立方氮化硼等高硬度砂轮。为防止脱落的磨粒嵌入喷涂层的孔隙，影响磨削质量，砂轮粒度应稍粗。

对涂层的机械加工与普通整体材料的加工不完全相同，由于涂层组织的特殊性，因此对涂层的机械加工具有如下特点。

1）涂层结合强度有限，尤其在边缘处又是薄弱部位不能承受过大的切削应力，易因机械加工不当造成涂层剥离或单个颗粒脱出。

2）一般涂层韧性小，脆性大，不易切削。

3）耐磨涂层硬度高（某些涂层还含有硬质颗粒），导热性差，刀具容易磨损，刃口温度高。

4）涂层一般较薄，加工余量不大，如加工不慎易造成尺寸超差。

由于以上特点，机械加工时要特别注意选择合适的加工方法，适宜的刀具材料和刀具几何参数，确定正确的加工工序和工艺，使用适宜的切削液等。

（3）涂层后热处理

涂层后热处理包括重熔处理和扩散热处理。涂层重熔处理是针对自熔剂合金喷涂层而言。根据不同的加热方式，涂层重熔可分为火焰重熔、炉内重熔、感应重熔和激光重熔等方法。常用的经济简便的熔融方法是氧乙炔火焰重熔，炉内加热的优点是加热温度和气氛容易控制，零件加热均匀，冷却速度也容易调节，但费用较高。用这些方法对涂层重熔的目的，以及在重熔过程中产生物理化学变化的原理是一致的，但作用的热源不同，在工艺上各有特点。

扩散处理是表面合金化热处理。在一定的热处理工艺条件下，涂层金属向基材扩散，在界面上形成表面合金化的扩散层组织，提高了涂层的结合强度，同时通过热处理提高了涂层的完整性，改善了涂层的致密性、延展性、耐蚀性、抗氧化性以及涂层的强度。最典型的应用是喷铝涂层扩散处理。钢铁件喷铝之后（Al 的纯度需在 99.0% 以上），涂覆含 Al 的煤焦油封孔剂或水玻璃等保护剂，以防止涂层氧化。工件在 600~800℃ 时入炉，在 900~1000℃ 保温 1h，随炉冷却至 300~400℃，出炉空冷。经这样处理后，0.25~0.5mm 铝涂层可以产生 Al 和 Fe 的相互扩散，生成

Al-Fe 扩散合金层。渗铝层能防止高达 900℃ 的热空气对工件的氧化。

9.4.7 热喷涂涂层选用原则与应用

热喷涂涂层根据其功能，可分为耐腐蚀涂层、耐磨损涂层、减摩与封严涂层、耐高温热障涂层、绝缘或导电涂层、尺寸修复涂层等。正确地选择涂层材料是确保所需涂层性能的关键性工作。在选择涂层材料时，首先要考虑工件工况条件和涂层需具备的性能，还要考虑工件的材质、批量、经济性以及拟采用的热喷涂方法。经表面涂层后的工件在使用中引起失效的原因往往不是单一因素引起的，所以在满足工况条件要求和涂层性能之间不一定存在简单关系，应该详细分析工况条件，对涂层结构、物理、化学、力学等性能进行综合考虑，从而确定一种或几种涂层材料。

表面涂层材料的选择不应盲目地追求高性能或高价格的涂层材料，造成不必要的浪费，材料价格的高低更不能作为选择涂层材料好坏的唯一标准，相反应在满足工作条件要求的前提下，尽可能采用价廉的涂层材料，在批量生产时尤为重要。例如，能用镍基合金涂层材料就不用钴基合金涂层材料。

在选择表面涂层材料时，一般可按下列步骤进行：

1）分析零件工况条件和性能，了解失效原因及对涂层性能的要求。

2）列出可供选择的涂层材料。

3）分析待选材料与基体材料的相容性及能够采用的热喷涂方法。

4）必要时进行实验室或现场试验。

5）综合考虑使用寿命、成本和工厂条件，确定涂层材料。

6）确定表面涂层方法并制定涂层工艺。

下面简要介绍目前常用的喷涂材料与涂层性能，为正确选择喷涂工艺提供参考。

1. 热喷涂材料

热喷涂材料的显著特点是广泛性和可复合性。凡在高温下不挥发、不升华、不分解、不发生晶型转变、可熔融的固态材料均可应用于喷涂，可分为铁基合金、镍基及钴基合金、有色金属、难熔金属及合金、自熔剂合金、氧化物陶瓷、碳化物、氮化物、硅化物、硼化物、塑料等。热喷涂材料的形状主要有丝材、棒材和粉末等，见表 9.4-6。

表 9.4-6　热喷涂材料分类

丝材	纯金属丝材	Zn、Al、Cu、Ni、Mo 等	
	合金丝材	Zn-Al、Pb-Sn、Cu 合金、巴氏合金、Ni 合金、碳钢、合金钢、不锈钢、耐热钢等	
	复合丝材	金属包金属(铝包镍、镍包合金)、金属包陶瓷(金属包碳化物、氧化物等)、塑料包覆(塑料包金属、陶瓷等)	
	粉芯丝材	7Cr13、低碳马氏体等	
棒材	陶瓷棒材	Al_2O_3、TiO_2、Cr_2O_3、Al_2O_3-MgO、Al_2O_3-SiO_2	
热喷涂材料	粉末	纯金属粉	Sn、Pb、Zn、Al、Cu、Ni、W、Mo、Ti 等
		合金粉	低碳钢、高碳钢、镍合金(Ni-Cr、Ni-Cu)、钴基合金(CoCrW)、MCrAlY 合金(NiCrAlY、CoCrAlY、FeCrAlY)、不锈钢、钛合金、铜合金、铝合金、巴氏合金、Triballoy 合金等
		自熔性合金粉	镍基(NiCrBSi、NiBSi) 钴基(CoCrWB、CoCrWBNi) 铁基(FeNiCrBSi) 铜基自熔剂合金
		陶瓷、金属陶瓷	金属氧化物，如 Al 系：Al_2O_3、Al_2O_3-MgO、Al_2O_3-SiO_2；Ti 系：TiO_2；Zr 系：ZrO_2、ZrO_2-SiO_2、CaO-ZrO_2、MgO-ZrO_2；Cr 系：Cr_2O_3；其他氧化物：BeO、SiO_2、MgO_2 金属碳化物及硼氮、硅化物：WC、W_2C、TiC、Cr_3C_2、$Cr_{23}C_6$、B_4C、SiC
		包覆粉	Ni 包 Al、Al 包 Ni、金属及合金、陶瓷、有机材料等包覆粉
		复合粉	金属+合金、金属+自熔剂合金、WC 或 WC-Co+金属及合金、WC 或 WC-Co+自熔剂合金+包覆粉、氧化物+金属及合金、氧化物+包覆粉、氧化物+氧化物、碳化物+自熔剂合金、WC+Co
		塑料粉	热塑性粉末：聚乙烯、聚四氟乙烯、尼龙、聚苯硫醚 热固性粉末：环氧树脂、酚醛树脂 改性塑料粉末：塑料粉中混入填料，如 MoS_2、WS_2、Al 粉、Cu 粉、石墨粉、石英粉、云母粉、石棉粉、氟塑粉、颜料等改善力学性能及颜色等

2. 热喷涂涂层分类

根据工件的工作环境和使用要求，按涂层的应用

可以将喷涂材料分为耐磨涂层、耐蚀涂层、隔热涂层、抗高温氧化涂层、自润滑减摩涂层、结合底层及

特殊功能涂层材料，表9.4-7 为功能涂层材料及其特点和应用。

表 9. 4-7　功能涂层材料及其特点和应用

涂层功能	涂层材料	特　　性
耐磨涂层	碳化铬	耐磨，熔点为 1890℃
	自熔剂合金	耐磨，硬度为 30~55HRC
	WC-Co(质量分数为 12%~20%)	硬度>60HRC，热硬性好，使用温度低于 600℃
	镍铝、镍铬、镍及钴包 WC	硬度高、耐磨性好，可用于 500~850℃下磨粒磨损
	Al_2O_3-TiO_2	抗磨粒磨损，耐纤维和丝线磨损
	高碳钢(7Cr13)、马氏体型不锈钢、钼合金等	抗滑动磨损
耐蚀涂层	Zn(熔点为 419℃)及其合金	涂层厚度为 0.05~0.5mm，可防大气腐蚀，碱性介质中优于 Al
	Al(熔点为 419℃)及其合金	涂层厚度为 0.1~0.25mm，可防大气腐蚀，酸性介质中优于 Zn
	富锌的铝合金(熔点<660℃)	综合了 Al 和 Zn 的优点，形成一种高效涂层
	尼龙，熔点 210~250℃	常温、低温下耐酸、碱介质，适于火焰喷涂
	高温塑料:聚苯硫醚等	工作温度为-140~200℃，最高可达 350℃，耐酸及碱介质腐蚀
	Ni(熔点为 1066℃)及 NiCr 合金	密封后可作耐蚀层，NiCr 合金可用于锅炉管道的耐热腐蚀
	FeCrAl、FeCrNi 合金	丝材电弧喷涂并封孔后可耐热腐蚀
	Sn(熔点为 230℃)	和 Al 粉混合，形成铝化物，可用于腐蚀保护
	自熔剂镍铬硼合金	熔点为 1010~1070℃，耐蚀性好，耐磨性好
隔热涂层及热障涂层	ZrO_2 等氧化物、碳化物、难熔金属等	有单层、双层(底层金属+陶瓷层)、多层和梯度系统，可以降低工作温度 10~65℃。常用于发动机燃烧室、火箭喷口、核装置的隔热屏等高温部件
抗高温氧化涂层	Al_2O_3、Si、Cr_3Si_2、$MoSi_2$、Ni-Cr、TiO_2、镍包铝、Cr、特种 Ni-Cr 合金、高铬不锈钢、Ni-Cr-Al+Y_2O_3	这类涂层可以在氧化介质温度 120~870℃下对零件进行防护，涂层进行封孔后效果更好，可用在燃气轮机叶片、轧钢机械等
自润滑减摩涂层	镍包石墨、铜包石墨、镍包二硫化钼、镍包硅藻土、自润滑自黏结镍基和铜基等合金	涂层的自润滑性好，有较好的结合性、间隙控制能力，常用于低摩擦因数的可动密封零部件
结合底层	Mo、镍铬复合材料、镍铝复合材料	可以在范围很宽的工艺条件下，与工件表面形成良好的结合，并对随后喷涂的工作层有良好的结合性能
特殊功能涂层材料	Al、Cu、Ag、Al_2O_3 等导电、绝缘涂层	可以广泛应用于电子工业导电绝缘涂层，制造稳定电阻器、电感器、大型刀开关的接触面、印制电路板等
	FeCrAl、FeCrNiAl 等微波吸收层	高能物理电子直线加速器、雷达、微波系统等微波吸收层

3. 热喷涂涂层在航空航天领域的应用

热喷涂技术在航空、航天工业中应用历史久、范围广，涂层品种多，而且技术含量高。尽管航空、航天中飞机发动机、火箭等工作条件十分恶劣，对涂层可靠性要求非常苛刻，但当代航空发动机中一半以上的零件都有涂层(零件数已达 1000 个以上)，主要用于耐磨、耐腐蚀、抗氧化、封严。表 9.4-8 为热喷涂技术在航空航天中的部分应用。

表 9.4-8　热喷涂技术在航空航天中的部分应用

领域	零部件	喷涂方法	涂层材料	涂层用途
火箭技术	火箭头部和喷管	等离子喷涂	Al_2O_3、ZrO_2、W	耐热、耐冲蚀
宇宙飞行器	喷气推进弹体整流罩	等离子喷涂	Al_2O_3、ZrO_2	绝热
	宇宙研究装置	等离子喷涂	Al_2O_3、ZrO_2、W、氧化物及碳化物	防黏连、绝热
	超短波天线	等离子喷涂	Al_2O_3	绝热、绝缘

（续）

领域	零部件	喷涂方法	涂层材料	涂层用途
航空	喷气发动机涡轮及压气机叶片	等离子喷涂、HVOF	Co-WC、TiC、Cr_2O_3	耐冲蚀
	燃气涡轮叶片	等离子喷涂、HVOF	Ni-Al、NiCrBSi Ni-Al、Al、Al_2O_3	耐热
	燃烧室内衬	等离子喷涂	CoCrAlY、MgO、ZrO_2	耐热
	起落架轴颈	等离子喷涂	硬质碳化物及其合金	耐磨
	机翼及机身承力结构	等离子喷涂、HVOF	纤维增强复合材料	提高强度、刚度
	前整流舱	等离子喷涂	聚苯酯、硅铝	防滑动、封严
	机匣	等离子喷涂	镍包石墨、镍包硅	耐磨、润滑可磨、封严

4. 热喷涂涂层在冶金领域的应用

热喷涂技术在钢铁工业的应用已有相当长的历史。从西方发达国家钢铁工业中热喷涂技术应用的对象来看，各式各样的辊子占全部热喷涂部件的85%以上，取得极显著的技术经济效果。例如 Co-WC 喷涂的张紧辊，其寿命由镀硬铬使用的两个半月延长到 5 年，停机检修时间和费用仅为原费用的 1/10。退火炉导辊，过去平均每月停机 30min 进行检修，喷涂后则可保持 3 年内不检修，并极大地提高带钢的品质。日本钢铁公司热喷涂退火炉辊的比率，从 1982 年的 20% 上升到 1989 年的 100%，而带钢因辊面结瘤引起的废品率则由 80% 下降到零。热喷涂在各种辊类部件的应用见表 9.4-9。

表 9.4-9　热喷涂在各种辊类部件的应用

部件名称	喷涂材料	喷涂方法	涂层厚度/mm	涂层硬度HV	最高工作温度/℃	中间层材料	结合强度/MPa
炉辊（CAL、CGL）	50%（质量分数）SiO_2-ZrO_2 CoCrAlY-Al_2O_3 CoCrAlY-Y_2O_3+CrB_2	等离子喷涂爆燃式喷涂	1.0	400 700 1000	—	—	40 100 100
镀锌导辊（CGL）	Co-WC	HVOF	1.0	1300	—	—	150
炉辊（APL）	5.5BN/Ni-14Cr-8Fe-3.5Al 21Bentonite/Ni-4Cr-4Al 20SiO_2-80CoNiCrAlY 44SiO_2-28CaO-17MgO-MnO	火焰喷涂	1.0~2.5 1.0~2.5 0.2 0.2				
炉辊（CAL、CGL）	WC-Co WC-NiCr	爆燃式喷涂	—		540（无氧） 450（有氧）		
炉辊（CAL、CGL）	Cr_3C_2-NiCr Cr_3C_2+MCrAlY Co-Cr-Ta-Al-Y+氧化物 Al_2O_3 Ni-Cr-Al-Y+Al_2O_3 氧化物	爆燃式喷涂	—		850（无氧） 750（有氧） 1200（无氧） 850（有氧） 1250（有氧） ≥1300（有/无氧）		
炉辊（CAL）	Co-25Cr-10Ta-8Al-0.8Y	爆燃式喷涂	—	1000	—	—	
炉辊（CAL）	Co-Cr-Ta-Al-Y-（Al_2O_3-Cr_2O_3） Co-ZrO_2-SiO_2	等离子喷涂		350	1100 1000	CoNiCr-AlTaY	100
炉辊（CAL）	Co 基-氧化物-碳化物金属陶瓷 Cr_3C_2-25NiCr ZrO_2-SiO_2 Cr_3C_2-20NiCr Al_2O_3-50Cr_2O_3 ZrO_2-Y_2O_3	等离子喷涂	—	700 700 776 270	1050 950 900 950	无 无 NiCrAlY NiCrAlY	100 95 95 7.4 2.0

注：CAL—连续退火炉辊（Continuous Annealing Line）；CGL—连续热镀锌生产线辊（Continuous Galvanizing Line）；APL—不锈钢带退火酸洗生产线辊（Stainless Steel Strip Annealing Picking Line）。

（1）连续退火炉辊

汽车用外壳薄板和硅钢片板材表面质量要求极高，不允许有任何划痕和缺陷，故生产中各个工艺环节对与钢板接触传动的炉辊表面状态提出严格要求。在宝钢薄板生产线上采用 HVOF 技术在连续退火炉辊表面喷涂 NiCr-Cr_3C_2 作抗积瘤涂层，该涂层具有耐磨、耐高温、自清洁作用，使用效果达到日本同类产品水平。在武钢硅钢片生产线上采用等离子喷涂 NiCr-8%Y_2O_3/ZrO_2 涂层用于硅钢片高温连续退火炉辊防积瘤。该辊长为 2700mm，工作部位长为 1500mm，辊径为 20mm，工作温度为 860～920℃，工作介质为氮氢还原性气氛并具有不同露点。使用结果表明，陶瓷涂层炉底辊寿命超过 6 个月，最长达 2 年。涂层抗积瘤效果明显，硅钢片表面质量达到武钢设计要求。

（2）热浸镀生产线沉没辊

采用森吉米尔（Sendzimir）法在薄板钢带连续热浸镀锌（CGU）和热浸镀铝、锡等金属熔液生产线中，熔液坩埚中的沉没辊和稳定辊等均遭受 694～800℃铝熔液和 452～570℃锌熔液侵蚀，同时钢带由辊面带动的运动速度高达 35～40m/s。合金辊一般在铝熔液中寿命仅为 2～3 天，锌熔液中则仅 10 天左右就会产生很深的磨痕和蚀坑，划伤带钢表面，使废次品率增加。采用等离子喷涂工艺喷涂 Al_2O_3+TiO_2、MgO-ZrO_2、$MoAl_2O_4$ 与 NiCrAlY 形成的梯度涂层（总厚达 1mm），以及用 HVOF 工艺喷涂 Co-WC 涂层作为沉没辊和稳定辊工作层。由于涂层材料与铝、锌熔液不润湿和不产生化学反应，上述两种工艺涂层分别在连续热浸镀铝、锌生产线坩埚中的寿命提高 3～4 倍。该类涂层还可用在熔融 Cu、钢液方面作锭模、运输槽、坩埚内壁涂层和热电偶套管、搅拌器、支架等保护层。

（3）热轧工具

大口径无缝钢管（ϕ219～ϕ4377mm）自动轧管机所用的轧管机顶头，传统采用 Cr17Ni2Mo 整体铸造的耐热马氏体型不锈钢制造，顶头与 970～1050℃的钢管内壁以 3～3.5m/s 速度相对移动，实际顶头表面温度高达 1050～1150℃，使顶头高温硬度和强度急剧下降，表面氧化烧伤，产生结瘤、撕裂、拉伤、凹陷，轧制每 1000t 钢管消耗顶头 16t。采用等离子堆焊技术，在锻制的 45 钢顶头基体上喷熔焊 Ni 基高温合金+35%碳化钨熔焊层，厚度为 1.2～1.5 mm。经包钢无缝钢管厂 3 年的实际生产验证，喷熔焊顶头平均使用寿命提高 3～5 倍，轧制每 1000t 钢管消耗顶头降至 3t，年增效益达 1000 万元以上。

其他工模具的应用，还有结晶器、高炉风机、热剪、压铸和挤压模具等。

9.4.8　热喷涂涂层性能检测

涂层的性能反映了涂层的质量，它是由喷涂材料、喷涂工艺及涂层后处理等多种因素决定的，因此涂层性能既不同于喷涂材料性能，也不同于基体材料的性能，评定涂层性能涉及多方面的指标，一般而论，主要涉及的内容见表 9.4-10。

表 9.4-10　涂层性能测试

检测项目	检测子项目	检测目的、内容	主要检测方法
外观	表面粗糙度 宏观缺陷检查	检查表面状态，检查有无裂纹、翘皮、粗大颗粒、工件变形等宏观缺陷	表面粗糙度检测仪 目视或低倍显微镜
厚度	最小厚度、平均厚度、厚度均匀性	评定是否符合设计要求	无损测厚（磁感应法及电涡流法等）、工具（千分尺等）测量、金相检测
结合强度	涂层抗拉强度 涂层抗剪强度 涂层抗弯强度 涂层抗压强度	评定在不同受力情况下，涂层与基体结合强度及涂层内聚强度	涂层拉伸试验、切割试验 涂层剪切试验、偏车试验 涂层刨削试验 涂层弯曲试验及杯突试验，涂层压力试验
密度及孔隙率	涂层密度测定 涂层孔隙率测定	评定涂层的致密性	直接称重法 直接称重法、浮力法、渗透液体称量法、金相法
硬度	宏观硬度 微观硬度	评定涂层质量和耐磨性	洛氏硬度（HRC）计测定 金相测定、显微硬度（HV）计
化学成分	化学成分和氧含量 涂层相结构	评定涂层与原始喷涂材料的差异和涂层性质	化学分析、光谱、金相分析 电子探针、X 射线衍射

（续）

检测项目	检测子项目	检测目的、内容	主要检测方法
金相	涂层组织结构 气孔及氧化物含量分布 涂层与基体结合状况	评定涂层质量（检查涂层中颗粒熔化状态、有无裂纹、涂层相分布、氧化物含量、孔隙大小及分布等）	金相显微分析法
耐蚀性	涂层电位 涂层在腐蚀介质中的腐蚀速率 耐大气及浸渍腐蚀性 耐高温空气氧化性	评定涂层耐蚀性及防护性能	电位测定法、中性盐雾试验、二氧化硫标准试验、浸泡试验、暴露试验 抗空气氧化试验
耐磨性	耐磨料磨损性 耐摩擦磨损性	评定涂层耐磨性	干砂橡胶轮磨损试验、吹砂试验 销盘式固定磨料、磨损试验,滑动磨损试验
耐热性	隔热性能 热寿命 抗热震性能	评定涂层耐热性	隔热试验 热寿命试验 热振试验
电性能	导电率、电磁屏蔽	评定涂层电性能	—

喷涂层的检验大多采用的是模拟试验，这里介绍几种常用的喷涂层检验方法。

1. 喷涂层结合强度试验

（1）喷涂层抗拉强度试验

喷涂层结合强度拉伸试验如图 9.4-22 所示。对圆柱形试样 A 的端面经表面处理进行预喷涂。在整个平面上，喷涂层厚度要均匀一致，如果喷涂层厚度不均匀，可做精加工修整。然后用黏结剂将喷涂层面与同一尺寸的试样 B 的端面黏结起来，待黏结剂固化后，用机械方法清除试样表面溢出的黏结剂，在万能材料试验机上将试样拉断，并计算涂层结合强度。

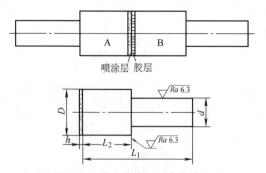

图 9.4-22　喷涂层结合强度拉伸试验

用这种方法测定喷涂层的结合强度时，试样的断裂可能有三种形式：

1）断裂发生在胶层内，表示黏结强度小于喷涂层的结合强度，试验结果无效。

2）断裂发生在喷涂层内，表示喷涂层与基体间的结合强度大于喷涂层内部粒子间的结合强度，测得的结果是喷涂层内部粒子之间的结合强度，即喷涂层自身的抗拉强度。

3）断裂发生在喷涂层与基体的界面上，这时测得的结果是喷涂层与基体间的结合强度。

这种试验方法要求使用高强度黏结剂（如 CX-212 环氧树脂胶）。所推荐的喷涂层厚度大于 0.40mm，是为了防止黏结剂通过喷涂层渗透到基体上，影响试验结果的准确性。

（2）喷涂层抗剪强度试验

图 9.4-23 所示为喷涂层结合强度剪切试验。在圆柱形试样 A 的中段部位喷涂后进行机械加工，然后压入凹模中，在万能材料试验机上无冲击缓慢加载（加载速度为 4mm/min），直至喷涂层脱落。

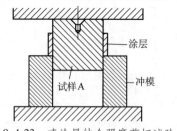

图 9.4-23　喷涂层结合强度剪切试验

喷涂层结合强度为

$$\sigma_\tau = p / \pi DS$$

式中　σ_τ——喷涂层剪切结合强度（MPa）；

　　　p——喷涂层脱落时的外加载荷（N）；

　　　D——喷样直径（mm）；

　　　S——喷涂层涂前的试样宽度（mm）。

2. 喷涂层孔隙率测定

（1）浮力法

将喷涂层由基体上取下，在 110℃ 下干燥 2h 后，

在喷涂层表面薄薄地涂一层凡士林，然后用细金属丝吊起来，测定其在空气中及蒸馏水中的质量。喷涂层的孔隙率为

$$P = \left(1 - \frac{\dfrac{W_z}{\rho_z}}{\dfrac{W-W'}{\rho_w} - \dfrac{W_c}{\rho_c} - \dfrac{W_v}{\rho_v}}\right) \times 100\%$$

式中　P——喷涂层的孔隙率（%）；

ρ_z——喷涂材料的密度（g/cm^3）；

ρ_w——蒸馏水的密度（g/cm^3）；

ρ_c——金属丝的密度（g/cm^3）；

ρ_v——凡士林的密度（g/cm^3）；

W_z——喷涂层在空气中的质量（g）；

W_c——浸入蒸馏水部分的金属丝质量（g）；

W_v——喷涂层表面的凡士林质量（g）；

W——喷涂层、金属丝和凡士林在空气中的总质量（g）；

W'——由金属丝吊挂的涂有凡士林的喷涂层在蒸馏水中的质量（g）。

除了蒸馏水以外，也可以用煤油、液状石蜡等作为介质。

（2）直接称量法

直接称量法测定孔隙率所用喷涂试样如图 9.4-24

所示。在圆柱形试样表面上的凹槽部位进行喷涂后，磨去高出试样表面的喷涂层，使其成为标准圆柱形。根据喷涂前后试样的质量差（即喷涂层质量）和喷涂体积计算喷涂层的密度，再根据喷涂材料的密度，求出喷涂层的孔隙率。

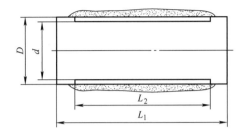

图 9.4-24　直接称量法测定孔隙率
所用喷涂试样

$$P = (1 - \gamma/\gamma_0) \times 100\%$$

式中　P——喷涂层的孔隙率（%）；

γ——喷涂层的密度（g/cm^3）；

γ_0——喷涂材料的密度（g/cm^3）。

这种方法是以喷涂材料的密度为标准进行计算的。实际上，由于喷涂层中存在着氧化物，而氧化物的密度与喷涂材料的密度是不同的，因此，用这种方法测得的气孔率是有误差的。

9.5　堆焊

9.5.1　堆焊的特点及应用

堆焊是指将具有一定使用性能的合金借助一定的热源熔覆在母体材料的表面，以赋予母材特殊使用性能或使零件恢复原有形状尺寸的工艺方法。因此，堆焊既可用于修复材料因服役而导致的失效部位，也可用于强化材料或零件的表面，其目的都在于延长服役件的使用寿命、节约贵重材料、降低制造成本。

堆焊技术的显著特点是堆焊层与母材具有典型的冶金结合，堆焊层在服役过程中的剥落倾向小，而且可以根据服役性能选择或设计堆焊合金，使材料或零件表面具有良好的耐磨性、耐蚀性、耐高温性、抗氧化性、耐辐射等性能，在工艺上有很大的灵活性。

1. 轧辊堆焊

各类轧辊都要承受较大的载荷，同时还受到高温磨损、冷热疲劳等因素的影响，要求有高的耐金属间磨损的能力，并能承受一定的冲击。轧辊早期报废的主要原因是磨损和表面裂纹，如冷热交替环境导致的龟裂、因挤压产生的黏着磨损和磨粒磨损等，因此，

轧辊堆焊不仅需要恢复辊身和辊颈的尺寸，更重要的是提高辊身的耐冷热疲劳及耐磨性。

我国用于轧辊修复的堆焊技术主要是采用药芯或实心焊丝配合烧结或熔炼焊剂的埋弧堆焊方法。采用的焊丝材料分为低合金高强度钢、马氏体型不锈钢、工具钢，而焊剂有烧结和熔炼两大类。

低合金高强度钢类型的焊丝最常用的牌号为30CrMnSi，堆焊层硬度为 35～40HRC，由于硬度较低，因此主要用于恢复尺寸或打底层堆焊。0Cr13Ni4MoVN、1Cr13Ni3MoNbV 等马氏体型不锈钢类材料主要用于堆焊修复连铸辊、辊道辊、开坯辊等，堆焊层硬度为 40～50HRC，具体见 YB/T 4326—2013《连铸辊焊接复合制造技术规范》。Cr5MoV 系工具钢主要用于夹送辊和助卷辊的堆焊修复及制造，堆焊层的硬度为 45～50HRC，具体见 YB/T 4660—2018《夹送辊、助卷辊堆焊复合制造技术规程》。3Cr2W8V 是常用的热作模具钢类焊丝，去应力退火后堆焊层硬度可达 40～50HRC，主要用于初轧机、型钢轧机、管带轧机的锻钢辊堆焊，可使轧辊寿命提高

1~3 倍。而高合金高碳工具钢焊丝的典型牌号是 80Cr4Mo 和 8W2VMnSi，用于精轧机的锻钢材质工作辊和冷、热轧机的支撑辊的堆焊修复，堆焊层硬度高达 50~60HRC，由于合金元素和碳含量高，极易产生堆焊裂纹，为此需较高的预热和层间温度。

焊剂 260、431、430 是我国轧辊堆焊修复常用的碱性熔炼焊剂，由于其氧化性低，可减少焊丝中碳、铬元素在堆焊过程中的烧损，但这类焊剂焊后不易脱渣，堆焊层表面质量较差。为此，烧结焊剂在轧辊堆焊中的使用量较广，这类焊剂在 500℃ 极易自动脱渣，堆焊层表面质量显著改善，而且焊丝中的碳、铬、钒等合金元素的过渡系数提高，有利于保证堆焊层的设计性能，常用的烧结焊剂牌号为 SJ101、SJ301 等。

药芯焊丝具有成分易调整、电弧稳定的特点，特别适合制作高硬度、高合金含量、轧拔困难的堆焊材料。因此，药芯焊丝在冶金轧辊堆焊中的使用量不断增加，国内已经形成了堆焊连铸辊、夹送辊、助卷辊、支撑辊、开坯辊等的系列药芯焊丝。

采用焊丝的埋弧堆焊技术，即使是多丝埋弧堆焊其熔敷效率也是有限的，而且丝极堆焊的单道宽度小，频繁的搭接显著降低了堆焊层金属的使用性能，因此，带极堆焊特别是宽带极堆焊技术在轧辊修复中显示出良好的应用前景，如带极堆焊技术在宝钢二期、三期工程先后引进的四台大型板坯连铸机导辊的修复中已得到了应用，堆焊焊带材质为 1Cr13NiMo，规格为 0.4mm×30mm 和 0.4mm×50mm，堆焊效率和质量较传统方法显著提高。

2. 阀门密封面堆焊

阀门的寿命和工作可靠性主要取决于其密封面的质量，密封面不仅因阀门周期性的开启和关闭而受到擦伤、挤压和冲击作用，而且还因所处的工作环境和介质而受到高温、腐蚀、氧化等作用，我国石化企业因密封面失效导致阀门报废而造成的浪费现象十分严重。因此，根据阀门所处的工作环境要求，采用合理的堆焊方法修复或强化阀门密封面，使其具有优异的抗擦伤、耐腐蚀、耐冲蚀、耐高温等综合性能，可有效延长阀门使用寿命，降低成本。

阀门基材多为铁基材料，有铸铁、铸钢或锻钢等。密封面堆焊材料种类很多，有铜基、铁基（马氏体型、奥氏体型）、镍基及钴基堆焊合金。根据阀门服役的温度、压力和介质可分别选用不同的密封面堆焊材料。常温低压阀门密封面多堆焊铜基合金（T227、T237），铁基堆焊合金中 Cr13 型马氏体型焊条可用于压力低于 16MPa、温度低于 450℃ 的碳钢阀门，如 D502、D512 和 D527 等，而 D507Mo 最高工作温度可达 510℃；含碳量高的 20Cr13 型堆焊金属的抗裂性较差，需制定合理的堆焊工艺和后热处理；高CrMn 奥氏体型堆焊焊条，焊前不需预热，堆焊金属由于有冷作硬化效果，故抗擦伤性能等优于 Cr13 型合金，有的 CrMn 型堆焊焊条还适合堆焊工作温度低于 350℃ 的中温中压球墨铸铁阀门密封面（如 D567）；CrNi 奥氏体型堆焊焊条常用于在 600℃ 以下工作的蒸气阀门堆焊（如 D547Mo、D557），以代替 D802、D812 等钴基堆焊焊条，但如果对高温和耐腐蚀都有很高要求的阀门，则必须用镍基或钴基合金堆焊。

以往阀门密封面堆焊方法以手工电弧焊、氧乙炔火焰堆焊或钨极氩弧堆焊等非自动化、低效率的堆焊方法为主，目前已发展到广泛采用高效、自动化的堆焊方法，如埋弧堆焊、气体保护堆焊、粉末等离子弧堆焊乃至激光堆焊，特别是粉末等离子弧堆焊，已成为目前阀门密封面制造中的主要工艺方法。堆焊材料也从单一的焊条（铸条）发展成焊丝、粉末等多种形式，特别是堆焊用粉末，由于制造工艺适合于各种成分的合金，故钴基、镍基、铁基各种类型都有，如 F1×× 系列的 NiCrBSi 系合金、NDG-2 型 NiCrWSi 系合金、F2×× 系列的钴基合金、F3×× 系列的铁基合金，在高温耐蚀阀门、高温高压阀门堆焊中均得到了广泛应用。

阀门密封面堆焊层的厚度是阀门设计者十分关注的重要参数。从堆焊角度出发，若厚度过小则堆焊金属成分和性能达不到设计要求，而厚度过大不仅浪费贵重材料，而且很多堆焊合金都将因应力增加而产生裂纹，因此，堆焊层厚度的控制标准是在堆焊金属不被母材过度稀释的前提下选择最小厚度值。各国在阀门密封面的厚度方面均制定了各自的标准，我国也有 GB/T 984—2001《堆焊焊条》、GB/T 22652—2019《阀门密封面堆焊工艺评定》等相应标准。

合理控制母材对密封面堆焊合金的稀释程度是获得优质密封面的重要保证，当堆焊合金系统一定时，稀释率的决定因素是堆焊方法和堆焊参数。按单层稀释率由小到大的顺序各种堆焊方法排序：氧乙炔火焰、等离子弧、钨极氩弧堆焊、手工电弧堆焊、气体保护堆焊、埋弧堆焊。埋弧堆焊虽然稀释率偏大，但其堆焊效率是各种阀门堆焊方法中最高的，其单层堆高可达 3~5mm。钨极氩弧单层堆焊稀释率可控制在 10%~20%，但堆高偏小，必须堆焊 2~3 层方能达到有效堆高。用于阀门堆焊的等离子弧堆焊技术有两种，粉末等离子弧堆焊单层有效堆高可达 2mm，稀释率为 5%~30%；送丝等离子弧单层堆焊稀释率可控制在 5%~15%，但一般需堆焊 2 层以上方能保证有效堆高。

3. 高炉料钟堆焊

高炉料钟的工况条件比较复杂，其发生损坏的原因很多，不同的部位往往会有不同的失效原因。料钟要经受金属矿石、石灰石、焦炭等的磨料磨损，且有一定的温度，还经常伴有冲击作用，密封面还要受到带尘高温气流的冲刷等。因而对料钟堆焊材料选择的出发点也不尽相同，所采用的堆焊金属品种也较多。有些厂家比较注重耐磨性，故采用硬度较高、较耐磨的材料，如堆焊热作模具钢（3Cr2W8）材料，或者堆焊硬度更高的碳化钨堆焊层，但硬度越高，材料的塑性和韧性越差，且会在堆焊时因热收缩应力使堆焊层产生裂纹，故有些厂家宁可牺牲耐磨性而采用很软的铬镍锰奥氏体钢堆焊金属；还有的厂家在高炉料钟和料斗的密封面堆焊中采用对带尘高温气流的冲刷和磨损有非常好的抗力的镍铬钨钼型镍基堆焊材料。但总的来说，大多数厂家还是认为布料面有些裂纹对使用性能影响不大，应以耐磨性为主要指标。可根据受冲击情况，选用高碳铬钢或高铬合金铸铁型堆焊材料（如 D642、D667），堆焊层的硬度为 55~60HRC。而必须加工、不允许有裂纹缺陷的密封面等部位，可用较软、较韧的低、中碳马氏体钢。

4. 挖掘机铲斗和斗齿堆焊

挖掘机铲斗受到磨料磨损和冲击的双重作用。如果在砂性土壤中工作，主要是低应力磨料磨损，只要求堆焊层有中等的耐磨料磨损性，多用马氏体钢堆焊（D172、D207 和 D127 等），如在岩石性土壤中工作，出现凿削磨损，则用合金铸铁（D608、D642、D667 和 D698 等）堆焊材料堆焊。斗齿受到的冲击很大，一般用奥氏体高锰钢制造，并在磨损最严重区域堆焊高铬合金铸铁，对高锰钢工件在工作硬化前先提供抗磨保护。

5. 刮板输送机中部槽中板堆焊

刮板输送机属于井下机械化采煤设备。中部槽中板的磨损主要是低应力磨料磨损，对耐冲击性没有要求。要求堆焊层硬度≥58HRC。采用自熔性 Fe-05 耐磨合金粉块（C 质量分数为 5.0%~6.5%、Cr 质量分数为 48%~52%，B 质量分数为 3.0%~4.0%，其他合金元素质量分数为 5%~7%）碳极空气等离子堆焊及手工碳弧堆焊均可取得很好效果。

6. 立磨磨辊及磨盘堆焊

立磨磨辊及磨盘在水泥生产线中受到不同程度的磨粒磨损和冲击载荷，多采用明弧自保护耐磨堆焊药芯焊丝进行堆焊修复制造，堆焊金属的合金体系为高铬高合金铸铁，显微组织含有大量的、细密均布的碳化物质点，保证了堆焊金属具有优良的耐磨粒磨损性能。堆焊时堆焊层产生均匀细密的裂纹，释放应力，保证了堆焊层在服役过程中不产生剥落现象，堆焊金属硬度为 60HRC 以上。

7. 破碎机锤头堆焊

在冶金、矿山、水泥行业大量的物料需要使用破碎机进行破碎和粉磨，其中锤头是破碎机的易损件。锤头在服役过程中受到高冲击、高应力的磨粒磨损，多采用明弧自保护堆焊、气保护堆焊或埋弧堆焊进行复合制造。堆焊金属的合金体系为高锰钢合金系，焊态硬度为 35~40HRC，加工硬化后硬度为 50HRC 以上。对于冲击力较小的使用工况、高锰钢合金系加工硬化效果不明显时，也可以采用高合金堆焊或高铬铸铁堆焊。

8. 水泥挤压辊堆焊

挤压辊是水泥行业辊压机的耐磨件，挤压辊利用高压对物料进行挤压、粉碎。挤压辊在工作过程中承受着高应力磨粒磨损、冲击磨损和疲劳破坏等。辊压机的辊体通常为锻钢，辊面堆焊耐磨材料，要求堆焊层有足够高的硬度（60HRC 以上），且具有良好的抗裂性能（如不能有超过 180mm 长的连续裂纹，裂纹间距不得小于 250mm）。挤压辊堆焊多采用明弧自保护堆焊，堆焊材料分为过渡层、缓冲层、硬面层和耐磨花纹层，通过材料的合理搭配，形成辊面硬度梯度。打底层多采用硬度较低、韧性好的硅锰合金，缓冲层硬度一般为 38~42HRC，耐磨层硬度一般为55HRC，花纹层与磨料直接接触，硬度一般为58~60HRC。

9.5.2 堆焊中的合金化问题

由于堆焊过程中不仅堆焊材料发生熔化，母材表面也发生不同程度的熔化，堆焊金属的实际化学成分与堆焊材料的化学成分及其合金元素的过渡，以及母材对堆焊材料的稀释程度有关。所谓合金化是指把所需要的合金元素通过堆焊材料过渡到堆焊金属中的过程，合金元素的过渡形式往往随堆焊方法不同而异，而同一种堆焊方法也可有不同的合金过渡方式，常用的合金化方法有以下几种：

1. 焊条药皮渗合金法

手工电弧堆焊时，最早往往通过焊条药皮过渡合金，这种方法简单易行，但合金过渡系数较低，堆焊层成分均匀性较差，有些易氧化的合金元素很难通过药皮过渡到堆焊金属中。

2. 焊剂渗合金法

把需要过渡的合金元素与其他粉料混在一起，用水玻璃黏结，制粒后经低温烘焙而成能过渡合金的陶质焊剂，它的优点是制造工艺简单，成本低，但成分均匀性较差；经中温烧结的烧结焊剂也可过渡少量合金元素，如需过渡的合金元素多，含量高时，往往与合金焊丝或药芯焊丝配合使用。

3. 合金焊丝或焊带渗合金法

把需要的合金元素加入到焊丝、带极或板极内，配合碱性药皮或低氧、无氧焊剂进行堆焊。此方法的优点是堆焊金属成分稳定、均匀，合金元素损失少，缺点是焊丝和焊带的制造成本高，合金元素调整不很方便。

4. 药芯焊丝渗合金法

把需要过渡的合金元素或中间合金用低碳钢或其他合金外皮包裹起来制成焊丝。其优点是药芯中合金成分的配比容易调整，特别是对于轧制和拔丝困难的脆性合金，这种方法更为有效。

5. 合金粉末渗合金法

把合金元素按比例配制加工成具有一定粒度的合金粉末，堆焊过程中可以直接将合金粉末输送到堆焊区，或将其预置在堆焊件的表面，在堆焊热源的作用下与母材表面熔合后形成合金化的堆焊金属，粉末等离子堆焊及激光熔覆即采用了这种合金化方法。该方法的优点是不必经过轧制和拔丝工序，制造成本较低，且合金成分调整较方便，缺点是制粉工艺较复杂、成分的均匀性较差、成本较高。

在实际堆焊过程中，无论采用上述哪一种合金化方法，都存在合金元素的损失问题，如堆焊过程因飞溅和氧化而导致的损失等，因此，经常用合金元素的过渡系数来说明合金元素利用率的高低。合金元素的过渡系数等于它在熔敷金属中的实际含量与它的原始含量之比。影响过渡系数的因素很多，凡是能减少氧化、蒸发及有利于合金元素由渣向堆焊金属中转移的因素都可以提高过渡系数，反之，则降低过渡系数。

不同的堆焊方法由于堆焊区的氧化条件不同，使合金的过渡系数也有较大差别，一般来说，凡是保护条件好的堆焊方法，合金元素的过渡系数就越大。几种不同焊接方法的常用合金元素的过渡系数见表9.5-1。

表 9.5-1 合金元素的过渡系数

焊接方法	焊丝	焊剂、药皮	过 渡 系 数							
			C	Si	Mn	Cr	W	V	Nb	Mo
无保护	H70W10Cr3Mn2V	—	0.54	0.75	0.67	0.99	0.94	0.85		
氩弧焊	H70W10Cr3Mn2V	—	0.80	0.79	0.88	0.99	0.99	0.98		
埋弧焊	H70W10Cr3Mn2V	431	0.33	2.25	1.13	0.70	0.80	0.77		
CO_2 焊	H70W10Cr3Mn2V	—	0.29	0.72	0.60	0.94	0.96	0.68		
CO_2 焊	H18CrMnSiA	—	0.60	0.71	0.69	0.92	—	—	—	—
Ar+5%(体积分数)O_2	H18CrMnSiA	—	0.60	0.71	0.69	0.92	—	—	—	—
手工焊	H18CrMnSiA	大理石	0.28	0.10	0.14	0.43	—	—	—	—
手工焊	H08A	钛钙型	—	0.71	0.38	0.77	0.125 Ti	0.52	0.80	0.60

9.5.3 堆焊材料及工艺

堆焊合金可以根据它们的使用性能、合金系统、焊态组织等划分为不同的类型。如按使用性能可将它们大致区分为耐磨堆焊合金、耐腐蚀堆焊合金、耐高温堆焊合金等。但大多数情况下，某一种堆焊合金兼有几种使用性能，所以简单地根据使用性能区分堆焊合金的方法是很不方便的。目前，根据合金的成分和焊态组织区分不同的堆焊合金的方法，是国内外焊接界公认且方便合理的分类方法。

根据以上原则，堆焊合金可以归纳为铁基、镍基、钴基、铜基、含硬质相的复合堆焊合金等几种类型。铁基堆焊合金价格低，堆焊金属的性能变化范围广、韧性和耐磨性综合指标高，能满足不同的使用要求，所以它的应用十分广泛，品种也多。镍基和钴基堆焊合金的价格较高，但由于它们的耐高温和耐蚀性好，所以在高温磨损、高温腐蚀的场合下应用较广。铜基合金的耐蚀性好，并具有减摩特性，因此也经常用于耐金属间摩擦磨损条件下服役的零件，以及在各种腐蚀介质中服役零件的堆焊。含碳化物等硬质相的复合堆焊合金，虽然价格也较高，但由于具有优异的耐磨料磨损性能，故在耐严重磨料磨损的工件堆焊中占有重要地位。

1. 铁基堆焊合金

采用铁基堆焊合金获得的堆焊金属的使用性能，在很大程度上取决于堆焊合金中的合金元素种类及其含量、含碳量及与堆焊金属凝固过程以及与冷却速度密切相关的堆焊层微观组织。常用的合金元素有 Cr、Mo、W、Nb、Mn、V、Si、Ni、Ti、B 等。

根据堆焊合金中碳及合金元素的含量，可将堆焊合金划分为低碳低合金钢、中碳低合金钢、高碳低合金钢、中碳中合金钢、高铬钢、高锰奥氏体钢、铬钼奥氏体钢、铬镍奥氏体钢、高速钢、合金铸铁堆焊合金等几大类。

碳质量分数低于 0.3%，且 Mn、Cr、Si 总质量分数在 5% 以下的低碳低合金钢堆焊合金，在一般的冷却速度下，堆焊金属组织以珠光体（包括索氏体和屈氏体）为主，硬度为 200~350HBW，当合金元素较多和冷却速度较高时，将出现马氏体，硬度相应提高，该类合金一般在焊态使用，也可通过热处理提高性能，主要用于承受高冲击载荷和金属间摩擦的零件，如天车轮、低合金钢轴颈等。由于其抗裂性好，故也可用于打底焊。

碳质量分数为 0.3%~0.6%，Cr、Mo 或 Mn、Si 等合金元素总质量分数为 5% 左右的中碳低合金钢堆焊合金，堆焊金属组织主要是马氏体和残留奥氏体，有时也含有少量珠光体，硬度可达 350~550HBW，这类合金具有良好的抗压强度，常用于受中等冲击和受金属间摩擦的磨损件堆焊，如夹送辊、助卷辊、支撑等。由于有一定的裂纹倾向，堆焊时应预热到 250~350℃；当堆焊层厚度超过 20mm 时，宜增加中间热处理消除应力。

碳质量分数为 0.7%~1.0%（有时达到 1.5%），Cr、Mn、Si 等合金元素总质量分数约 5% 的高碳低合金钢堆焊金属组织主要为马氏体和残留奥氏体，但有时在柱状晶边界会析出网状共晶莱氏体，硬度可达 60HRC，其冲击韧性较差且裂纹倾向较大，一般用于堆焊不受冲击或受弱冲击的低应力磨料磨损零件，堆焊时一般应预热到 350~400℃，且进行焊后消应力热处理。

具有中碳含量和较多的 W、Mo、V 等碳化物形成元素的中碳中合金钢堆焊合金，堆焊层有强烈的淬硬倾向，即使预热到 350℃，也会产生大量的针状马氏体，碳化物在高温下极稳定，这类堆焊合金的热硬性、高温耐磨性很好，且具有一定的冲击韧性，堆焊金属的硬度可达 50HRC，特别适合堆焊热加工模具。

高铬钢堆焊合金含有质量分数为 13% 左右的铬，碳质量分数为 0.1%~1.0%。碳质量分数低于 0.1% 时，组织为马氏体或马氏体+铁素体，硬度为 45~50HRC，主要用于耐磨零件堆焊，如连铸辊、辊道辊等；碳质量分数大于 1% 的高铬钢堆焊金属属于莱氏体钢，组织为莱氏体+残留奥氏体，耐磨性更好，脆性更大，主要用于冷变形模具堆焊。

高锰奥氏体钢的锰质量分数约为 13%，碳质量分数为 0.7%~1.2%，快速冷却时的组织为单相奥氏体，缓慢冷却时碳化物会沿奥氏体晶界析出，使塑性、韧性降低，裂纹倾向因此而增大。高锰奥氏体钢堆焊金属经强烈冲击后发生马氏体转变，获得内层为韧性好的奥氏体、表层为较硬的马氏体组织，适于堆焊受强烈冲击的凿削式磨料磨损零件，但这类堆焊金属的耐蚀性和耐热性都不好，不能用于高温条件下工作零件的堆焊。

铬镍奥氏体钢堆焊合金是在 18-8 型奥氏体钢基础上加入 Mo、V、Si、Mn、W 等合金元素形成的，其特点是耐蚀性、抗氧化性和热强性优良，但耐磨料磨损能力不高，主要用于石油化工原子能等行业的耐腐蚀、耐热零件的堆焊。较低的含碳量和奥氏体+铁素体双相组织使其具有很好的抗晶间腐蚀能力，加入 Si、W、Mo、V 等合金元素提高了高温强度，特别适合于高中压阀门密封面堆焊，加入 Mn 可提高力学性能和冷作硬化效果，适于堆焊诸如开坯辊等工作时承受冲击的零件表面。

高速钢堆焊合金中 C 质量分数为 0.7%~1.0%、W 质量分数为 17%~19%、Cr 质量分数为 4% 左右、V 质量分数为 1% 左右。其组织由网状莱氏体和奥氏体转变产物组成，具有很高的热硬性和耐磨性，但裂纹倾向很大，主要用于堆焊各种切削刀具。

合金铸铁堆焊合金的碳质量分数一般为 2%~4%，同时加入总质量分数不超过 15% 的 W、Cr、Mo、V、Nb 等合金元素。堆焊金属的组织为合金碳化物基体上分布着马氏体+残留奥氏体树枝晶，硬度达 50~66HRC，这类合金具有很好的抗高应力和低应力磨料磨损性能，抗压强度也很高，但抗冲击性能很差。

高铬合金铸铁堆焊合金的碳质量分数一般为 1.5%~4.0%，Cr 质量分数为 22%~32%，以及适量的 Ni、Si、Mn、Mo、B、Co 等合金元素。这类堆焊金属中含有大量的 Cr_7C_3，基体组织一般为残留奥氏体和共晶碳化物，其抗低应力磨料磨损和耐热、耐蚀性很高，裂纹倾向很大，一般用于低应力或高应力磨料磨损零件的堆焊，如磨辊、磨盘、耐磨衬板等。

（1）珠光体钢堆焊金属的堆焊工艺

珠光体钢堆焊金属可采用的堆焊工艺方法有手工电弧堆焊和熔化极自动堆焊。属熔化极自动堆焊的工艺方法有药芯焊丝 MAG 堆焊（熔化极活性气体保护电弧焊）、药芯焊丝自保护堆焊、药芯焊丝埋弧堆焊、带极埋弧堆焊，有时也采用电渣堆焊。由于这类堆焊材料的合金元素和含碳量都较低，因此稀释率不是突出问题，所以不必刻意选择低稀释率的工艺方法，如稀释率和生产率均较低的氧乙炔火焰堆焊法、低稀释率和高成本的 TIG 堆焊法（非熔化极惰性气体保护电弧焊）在生产中很少采用。但冷却速度对堆焊金属的性能影响较大，故要严格控制堆焊参数，为保持堆焊层的硬度，多层堆焊时的层间温度也不宜过高。

1）手工电弧堆焊工艺。为防止气孔的产生，堆焊前应对工件表面进行清理油污、除锈处理，低氢型焊条焊前在 300~350℃烘干 1h，钛钙型焊条可以不烘干或在 100℃左右烘干 1h。为防止裂纹，当母材为中碳钢或低合金高强度钢时，焊前应预热到 150~250℃，低碳钢母材焊前可不预热。低氢型焊条采用直流反接，即焊条为正极，而钛钙型焊条及金红石型焊条一般用交流或直流正接，即焊条为负极。手工电弧堆焊常用的电流值见表 9.5-2。

表 9.5-2　手工电弧堆焊常用的电流值

焊条直径/mm		2.5	3.2	4.0	5.0	6.0
焊接电流/A	平焊	60~80	90~130	130~180	180~240	240~300
	横焊和立焊	60~80	80~120	110~150	130~190	—

2）药芯焊丝 MAG 堆焊工艺。用于 MAG 堆焊的药芯焊丝直径一般为 1.2~2.4mm，保护气体为 CO_2，气体流量大于 20L/min。堆焊采用直流反接。直径 1.2mm 焊丝，平焊时的焊接电流为 120~300A，立焊时的电流为 120~260A；直径 1.6mm 焊丝，平焊时的焊接电流为 200~450A，立焊时为 180~270A；直径 2.4mm 焊丝，电流为 250~500A。

3）自保护药芯焊丝堆焊工艺。常用的自保护药芯焊丝直径为 3.2mm。焊接规范：焊丝伸出长度为 30~50mm，焊接电流为 300~500A，电弧电压为 26~30V。自保护药芯焊丝堆焊时不需任何外加的保护气体，属明弧堆焊，通常焊接烟尘量较大。

4）药芯焊丝（焊带）埋弧堆焊工艺。堆焊前应对配合使用的焊剂进行烘干处理，烘干温度为 250~350℃，时间为 2h。直径为 3.2mm 的焊丝堆焊电流为 300~450A，截面尺寸为 25mm×1mm 的药芯焊带的堆焊电流为 450~500A，最大堆焊速度可达 500mm/min。

5）实心带极埋弧堆焊工艺。实心带极材质为低碳钢，截面尺寸为 50mm×0.4mm，堆焊金属中所需要的合金元素靠焊剂过渡。堆焊参数为：堆焊电流 700~900A，电弧电压 22~27V，送带速度 18~22cm/min。

（2）马氏体钢堆焊金属的堆焊工艺

1）普通马氏体钢堆焊金属。这类堆焊金属的堆焊工艺方法有手工电弧堆焊和熔化极自动堆焊。熔化极自动堆焊的工艺方法包括药芯焊丝 MAG 堆焊、自保护药芯焊丝堆焊、药芯焊丝埋弧堆焊以及药芯和实心带极埋弧堆焊。

手工堆焊时，为防止气孔，必须对母材进行除油污和去锈处理，低氢型焊条在 300~350℃烘干 1h，钛钙型焊条在 150℃下烘干 1h。为防止裂纹，堆焊前应当根据母材和堆焊合金的具体情况选择合适的预热措施。若母材为低碳钢，堆焊低碳和中碳马氏体焊条可以不预热，堆焊高碳马氏体焊条时必须预热 200~300℃以上；若母材为中碳钢、高碳钢及低合金钢，一般均应进行预热，预热温度视焊条和母材的具体情况而定，一般在 150~350℃范围内，如果焊条属高碳马氏体型，则还应在 250~350℃进行后热处理。低氢型焊条采用直流反接，钛钙型焊条用交流或直流正接。

MAG 堆焊用药芯焊丝直径有 1.6mm、2.0mm、2.4mm 三种，其中最常用的为 1.6mm。堆焊时用 CO_2 作保护气体，采用直流反接，焊接参数见表 9.5-3。焊后冷却速度不能过快，必要时还应进行 350℃的后热处理。

常用的普通马氏体钢自保护药芯焊丝堆焊参数见表 9.5-4。

普通马氏体钢埋弧堆焊前应在 150~350℃下至少对焊剂烘干 1h，焊前母材需预热到 200~300℃以上。药芯焊丝（焊带）埋弧堆焊参数见表 9.5-5，普通马氏体钢实心带极埋弧堆焊可以参考珠光体钢实心带极埋弧堆焊参数。

表 9.5-3　药芯焊丝 MAG 堆焊参数

焊丝直径/mm	焊丝牌号	焊接电流/A	电弧电压/V	CO_2 流量/(L/min)	预热温度/℃
1.6	YD212-1	250~320	27~32	15~20	>250
	YD247-1	200~300	25~30	15~20	>300
2.0	YD212-1	300~350	27~32	15~20	>250
	YD247-1	250~320	27~32	15~20	>300
2.4	A-450	300~350	26~30	>20	>200
	A-600	300~350	26~30	>20	>250

表 9.5-4　自保护药芯焊丝堆焊参数

焊丝直径/mm	焊丝牌号	焊接电流/A	电弧电压/V	预热温度/℃
2.4	YD386-2	175~275	28~32	—
2.8	YD386-2	275~375	28~32	—
3.2	GN450 GN700	300~500	26~30	200~250

表 9.5-5　药芯焊丝（焊带）埋弧堆焊参数

焊材形状（尺寸）	焊接电流/A	电弧电压/V	焊接速度/(mm/min)
药芯焊丝（直径 3.2mm）	350~450	29~30	—
药芯焊带（25mm×1mm）	450~500	30~40	500

2）高铬马氏体型不锈钢堆焊金属。高铬马氏体钢的堆焊工艺方法包括手工焊、气体保护焊和丝极或带极埋弧焊。焊前一般需预热到150~300℃，以防止裂纹产生，焊后可以不进行热处理，也可经合适的热处理获得不同的硬度。为便于机械加工，可在750~800℃进行退火软化处理，但经退火处理的堆焊金属使用前必须进行热处理硬化，热处理规范为加热到900~1000℃，然后空冷或油冷。

手工电弧堆焊的低氢型焊条焊前经350℃烘干1h，钛钙型焊条在150℃下烘干1h即可，堆焊电流值见表9.5-6。

表9.5-6 高铬马氏体型不锈钢焊条的堆焊电流值

焊条直径/mm	3.2	4.0	5.0
电流/A	80~120	120~160	160~210

高铬马氏体型不锈钢丝极和带极埋弧堆焊及自保护药芯焊丝堆焊参数见表9.5-7~表9.5-10。

表9.5-7 高铬马氏体型不锈钢丝极MIG堆焊参数

焊丝直径/mm	0.8	1.0	1.2	1.6
电流/A	80~180	120~200	180~250	250~330
电弧电压/V	18~29	18~32	18~32	18~32
保护气体	体积分数99%Ar+体积分数1%O_2的混合气体			

表9.5-8 高铬马氏体型不锈钢的带极埋弧堆焊参数

带极尺寸/mm	焊接电流/A	电弧电压/V	带极伸出长度/mm	备注
30×0.4	400~500	22~24	25~40	焊剂焊前需经300℃烘干1h
50×0.4	700~800	22~24	25~40	
60×0.4	850~900	22~24	25~40	

表9.5-9 高铬马氏体型不锈钢药芯带极埋弧堆焊参数

药芯带极尺寸/mm	焊接电流/A	电弧电压/V	备注
10×1、12×1	400~650	22~25	焊剂焊前需经300℃烘干1h
14×1、16×1	450~750	24~26	
18×1、20×1	500~1000	25~27	

表9.5-10 高铬马氏体型不锈钢自保护药芯焊丝堆焊参数

焊丝直径/mm	堆焊电流/A	电弧电压/V
1.6	200~250	25~28
2.0	250~300	27~32

3）高速钢和工具钢堆焊金属。高速钢常用的堆焊工艺方法是手工电弧堆焊。焊条使用前需在350℃

下烘干1h，常用焊接参数见表9.5-11。为防止裂纹，必须采取必要的预热和控制焊后冷却速度的措施。预热和焊后控冷规范的选择视工件的尺寸等情况而定，若工件较小，采取局部预热200~240℃即可；当工件较大时，堆焊前先进行退火软化处理，然后将工件预热到400~600℃以上，而且堆焊过程在始终保持不低于预热温度的条件下连续进行。小工件焊后可以空冷，大工件必须随炉冷却。小工件经堆焊修复且冷却后经磨削加工到所需尺寸，再经三次540℃、保温1h的回火处理后即可使用；大工件必须按高速钢的热处理工艺（退火、淬火、回火）进行处理，再经最终的磨削加工即可使用。退火软化、淬火、回火的工艺参数因高速钢焊条的合金系统不同而有所区别，热处理规范参数的选择可以参考与堆焊材料合金系统相近的高速钢的热处理标准参数，典型的高速钢堆焊材料对堆焊件所要求的热处理规范见表9.5-12。应当指出，高速钢、工具钢堆焊后不一定都要经过热处理，但必须热处理时，选择的堆焊金属必须能承受与母材相同的热处理规范。

表9.5-11 高速钢手工电弧堆焊电流值（直流反接）

焊条牌号	常用的电流值/A 焊条直径/mm			
	2.5	3.2	4.0	5.0
D307	—	100~130	130~160	170~220
GRIDUR36	—	80~100	110~130	140~160
D417	60~80	90~120	160~190	190~230
D427、D437	—	90~120	150~180	180~210

表9.5-12 高速钢堆焊件毛坯的热处理工艺参数

热处理项目	堆焊材料名称	
	Mo9型高速钢焊条	6-5-4-2型高速钢焊条
软化退火	850℃×2h炉内冷却	（770~840）℃×2h炉内冷却
淬火	1220℃油冷	（1190~1230）℃油冷
回火（2次）	540℃×1h空气中冷却	（530~560）℃×1h空气中冷却

工具钢常用的堆焊方法及堆焊工艺与高速钢区别不大，可以参考高速钢的堆焊工艺进行。预热温度随工件尺寸和母材成分选定，一般在300~500℃范围内，焊后可进行退火软化处理，以便于机械加工，然后再经淬火加回火处理；磨削加工后即可使用。各种工具钢堆焊焊条的常用电流值见表9.5-13，低氢型焊条采用直流反接，钛钙型焊条采用交流电源。焊前电焊条应烘干处理，低氢型焊条的烘干规范为350℃×1h；钛钙型焊条为250℃×1h。

表 9.5-13　工具钢堆焊焊条的常用电流值

焊条直径/mm	焊接电流/A
3.2	90~110
4.0	150~180
5.0	180~210

工具钢类堆焊材料在工业生产中的应用十分广泛。

根据工具钢合金成分的不同，堆焊前需在 300~500℃ 下进行预热处理，且在不低于预热温度下进行堆焊，堆焊后应进行回火处理，回火可能使马氏体软化，并使堆焊件韧性提高，部分消除残余应力，以防止裂纹产生。为降低裂纹倾向，当堆焊件厚度较大时，还必须加过渡层，常用的过渡层堆焊金属为 Cr19Ni8Mn7、Cr25Ni13 合金系，或珠光体型堆焊金属。热作模具钢 3Cr2W8 堆焊金属在生产中应用相当普遍，其各种热处理工艺参数见表 9.5-14。部分热锻模具钢和冷作工具钢经常采用药芯焊丝 CO_2 气体保护堆焊，其堆焊参数见表 9.5-15。脉冲钨极氩弧堆焊在模具修复中的应用近年来也较为普遍，在制定堆焊工艺时应尽可能采用细焊丝、选择小电流，以保证低热输入；采用窄焊道，以防止因过热而导致焊道变宽；当然，预热也是十分重要的，预热温度一般在 300~500℃ 范围内。脉冲钨极氩弧堆焊修复模具钢所推荐的焊接电流见表 9.5-16。

表 9.5-14　3Cr2W8 堆焊金属的热处理工艺参数

热处理状态	热处理温度/℃	硬度 HRC
堆焊状态	—	≥48
退火	860~890	≈28
淬火（油淬）	1050~1100	≈55
回火（淬火后）	300	49
	400	47
	500	45

表 9.5-15　热锻模具钢和冷作工具钢 CO_2 气体保护堆焊参数

焊丝牌号	焊丝直径/mm	焊接电流/A	电弧电压/V	CO_2 流量/(L/min)
YD337-1	1.6	250~320	25~32	15~20
	2.0	300~350	27~32	15~20
YD397-1	1.6	200~300	25~30	15~20
	2.0	250~350	27~32	15~20

表 9.5-16　模具钢脉冲钨极氩弧堆焊焊接电流的推荐值

焊丝直径/mm	焊接电流/A
1.6	50~100
2.0	60~110
2.4	70~120

工具钢堆焊材料在冶金行业的典型应用是各类热轧辊的堆焊修复和复合制造。热轧辊堆焊材料是为堆焊各种热轧辊专门研制开发的材料，这类堆焊材料也可用于热加工模具和工具的堆焊修复。旧轧辊的修复和新双金属轧辊的制造一般采用丝极埋弧堆焊方法，而药芯带极和实芯带极埋弧堆焊近年来在平板轧机轧辊、助卷辊，以及连铸机导辊、拉矫辊的修复和制造中的应用也越来越多。

热轧辊的堆焊工艺应根据母材的成分和对堆焊层的尺寸要求来制定。根据母材含碳量和合金元素含量的不同，轧辊堆焊的预热温度应在 200~400℃ 范围内选择，预热保温时间则视轧辊的直径而定，一般直径每 100mm 的预热时间选 60~70min 为宜，当母材含碳量较高时，为改善熔合区性能，应先用硬度约 30HRC 的珠光体型堆焊金属堆焊 1~2 层过渡层；堆焊过程应连续进行，若堆焊过程中层间温度过低，则需补充加热，保证层间温度与原始预热温度的偏差不大于 ±30℃；焊后应在干砂等隔热材料或炉中缓慢冷却，若轧辊直径过大，最好采用炉中控温分段冷却；焊后必须进行消除应力处理，温度一般在 550~580℃ 范围内选择，去应力保温时间按轧辊直径每 100mm 为 4h 计算，当然也可在稍低的温度（如 480℃）下消除应力，但消除应力效果变差。堆焊修复并加工后的轧辊耐磨层厚度应满足设计要求，如对半径大于 500mm 的轧辊，其耐磨层的厚度应不小于半径的 5%。通常情况下，3~4 焊道所获得的耐磨层厚度基本可以满足需要，但当要求堆焊厚度较大时，为节约材料和降低堆焊难度，可以先用珠光体堆焊材料恢复轧辊尺寸，然后再用耐磨堆焊材料堆焊工作层。常用的热轧辊埋弧堆焊参数见表 9.5-17。

表 9.5-17　热轧辊埋弧堆焊参数

焊接材料	规格尺寸/mm	焊接电流/A	电弧电压/V	伸出长度/mm
实心焊丝	φ3.2	350~400	30~40	30~40
	φ4.0	450~500	30~40	30~40
	φ5.0	500~600	30~40	30~40
药芯带极	12×1	400~650	24~28	40
	16×1	450~750	24~28	40
	20×1	500~800	24~28	40
	25×1	450~500	24~28	40
药芯焊丝	φ3.2	330~380	28~32	焊接速度 ≈500 mm/min
	φ4.0	400~550	28~32	

（3）奥氏体钢堆焊金属的堆焊工艺

1）铬镍奥氏体钢堆焊金属。耐腐蚀的铬镍奥氏体钢堆焊材料一般采用手工电弧堆焊和带极堆焊方法，对于化工等容器中的小口径管子以及 90° 弯管等，由于内部空间有限，也常用 TIG、MIG（熔化极惰性气体保护焊）或 MAG 堆焊方法。多数情况下堆焊前不需预热，堆焊过程中应严格控制层间温度，少数情况下堆焊前预热到 120~150℃，此时更应注意控制层间温度不能过高，堆焊后一般不进行热处理，或根据产品的技术要求进行适当的热处理。

手工堆焊耐蚀奥氏体钢焊条时，焊前必须对焊条进行烘干处理，钛钙型焊条的烘干规范为 150℃×1h，低氢型焊条为 350℃×1h，堆焊参数见表 9.5-18。常用的耐蚀铬镍奥氏体钢堆焊材料有 20-10 型、20-10Nb 型、18-12Mo 型等。当在低碳钢或低合金钢上堆焊上述耐蚀焊层时，一般先要堆焊高铬镍的 25-13 型或 26-12 型不锈钢焊接材料作过渡层，这些过渡层金属应含有一定量的铁素体，并在与母材交界的熔合区具有良好的韧性，才能确保堆焊金属具有较高的抗裂性和较好的耐蚀性。对于过渡层化学成分及铁素体含量要求极为严格的某些重要结构，如核容器的内壁及化工容器，则作为过渡层的堆焊材料的选择需经仔细计算和反复试验后方可确定，为了保证过渡层金属达到成分和相组成方面的要求，还应选择小热输入进行堆焊，以严格控制母材的熔深，达到降低稀释率的目的。铬镍奥氏体钢的钨极氩弧堆焊参数见表 9.5-19。

表 9.5-18　铬镍奥氏体型不锈钢焊条的堆焊电流

焊条直径/mm	2.0	2.5	3.2	4.0	5.0
堆焊电流/A	25~50	50~80	80~110	110~160	160~200

表 9.5-19　铬镍奥氏体型不锈钢钨极氩弧堆焊参数

焊丝直径/mm	焊接电流/A	电弧电压/V	填丝速度/(mm/min)	堆焊速度/(mm/min)	Ar 气流量/(L/min)	喷嘴与工件距离/mm	钨极伸出长度/mm	钨极尺寸/mm
1.2	200~220	11~14	1200~1400	100~110	15~20	8~9	3.0~35	$\phi 3.0$ 50°~60°

容器或管道内壁大面积堆焊耐蚀奥氏体钢的常用方法是带极堆焊。带极堆焊方法有三种，即埋弧堆焊（SAW）法、电渣堆焊（ESW）法和高速带极堆焊（HSW）法。耐蚀堆焊金属可以通过单层带极堆焊获得，也可通过两层或多层带极堆焊获得。单层堆焊效率高、工序简单，但要使堆焊金属在成分、金相组织及性能上完全达到设计要求，存在很大的技术难度，对堆焊材料成分和堆焊参数的控制非常严格；双层或多层堆焊虽然工序复杂，堆焊过程会涉及成分不同的焊带，但由于有高铬镍材料作过渡层，因此就容易保证对工作层金属的超低碳和铬、镍含量的要求。在实际生产中，双层带极堆焊工艺应用最普遍。带极的规格以宽度和厚度表示，常见的带极规格尺寸见表 9.5-20。带极越宽，堆焊生产率越高，但同时会带来磁偏吹现象加重，以及因电流的增加导致的抗氢致剥离能力下降，生产中应用较多的带极尺寸为 0.5mm×60mm、0.4mm×50mm 及 0.4mm×75mm 三种。带极埋弧堆焊一般采用陡降外特性的电弧电压反馈电源或平特性及缓降外特性的焊接电流反馈电源，带极电渣堆焊和高速带极堆焊应采用平特性或缓降特性电源。埋弧堆焊和电渣堆焊工艺在生产中应用已趋于成熟，电渣堆焊比埋弧堆焊的生产率更高、稀释率更低，但对于在含氢介质中服役的工件，经电渣堆焊获得的堆焊金属的抗氢致剥离能力较差，所以，近年来开发了电渣电弧联合过程的高速带极堆焊方法，且该方法的应用面在逐渐扩大。带

极堆焊参数见表 9.5-21 和表 9.5-22。

表 9.5-20　常用的铬镍奥氏体钢带极的规格尺寸

带极厚度/mm	带极宽度/mm					
0.4	19	25	27.5	50	75	150
0.5	30	60	90	120	180	

表 9.5-21　铬镍奥氏体型不锈钢带极埋弧堆焊参数

带极尺寸/mm	60×0.4	60×0.5	60×0.6	60×0.7
电流/A	550	600	650	600~650
电弧电压/V	32	27	32	35~40
堆焊速度/(cm/min)	11.5	11	9	13~15
伸出长度/mm	40	40	40	40

对于阀门堆焊用的耐蚀耐磨的铬镍奥氏体钢堆焊材料而言，除常用的手工电弧堆焊外，粉末等离子堆焊应用也十分普遍。手工电弧堆焊这类材料时，要求对工件进行 300~450℃的预热处理，其他工艺要求与耐蚀铬镍奥氏体钢堆焊材料相同。铬镍奥氏体钢粉末等离子堆焊时等离子枪的非熔化电极接负极，利用该电极与工件（正极）之间的转移弧进行堆焊加热，母材和堆焊粉末被转移弧加热熔化后形成堆焊层。根据工件尺寸、堆焊层宽度和厚度的要求选择送粉量，送粉量可在 10~100g/min 的较宽范围内选择。粉末

等离子堆焊的工艺选择以低稀释率条件下的高熔敷效率为原则，一般先确定送粉量和堆焊速度，然后在此基础上确定其他工艺参数。常用的堆焊参数根据不同产品的要求可参考表 9.5-23 进行选择。

表 9.5-22 铬镍奥氏体型不锈钢带极电渣堆焊和高速带极堆焊参数

堆焊方法			带极规格尺寸（宽×厚）/mm	焊接电流/A	焊接电压/V	堆焊速度/(cm/min)	伸出长度/mm	焊剂厚度/mm	搭接量/mm	预热温度/℃
电渣堆焊（ESW）	双层堆焊	过渡层	50×0.4	600~650	26~28	140~150	35~40	25	5~8	—
			60×0.5	650~700	26~28	140~150	35~40	25	8~10	—
			60×0.5	620~710	25~27	180	30	—	6~10	100
			75×0.4	700~750	25~27	156	33~35	—	—	150
		耐蚀层	60×0.5	750~800	26~28	140~150	35~40	25	8~10	—
			60×0.5	790~860	24~26	170	34	—	10~11	—
			75×0.4	800~850	26~28	140~150	35~40	25	10~12	—
			75×0.4	700~800	25~27	150	33~35	—	—	150
	单层堆焊		75×0.4	1100~1300	21~25	150~170	30~40	—	—	—
高速带极堆焊（HSW）			75×0.4	1300~1500	25~30	280	40	—	—	—
			120×0.5	2500~2600	25~30	280	40	—	—	—

表 9.5-23 粉末等离子堆焊参数

零件名称	酸化压裂泵	泵阀门阀座	12V135Q排气阀	6150排气阀	塑料注射机螺杆
堆焊厚度/mm	1.5	1.5	1~2	1~2	1.5~2
堆焊粉末类型	FeCrBSi	NiCrBSi	CoCrW	CoCrW	—
堆焊层硬度 HRC	45~50	45~50	40~48	40~48	—
母材牌号	35CrMo	35CrMo	4Cr10Si2Mo	4Cr14Ni14W2Mo	40Cr
预热温度/℃ × 预热时间/min	450×40	300×20	300	300	300
转移弧电流/A	140~150	120~130	85~90	60~65	50
转移弧电压/V	30~32	30~32	30	28	30.5
非转移弧电流/A	0	60~80	80~85	70~75	60
非转移弧电压/V	0	20~22	24	20	21.5
离子气流量/(L/min)	5~7	5~7	4	4	5
送粉气流量/(L/min)	7~9	7~9	5	5	5
保护气流量/(L/min)	0	0	0	0	5
送粉量/(g/min)	30	35	20.1	18.5	31
摆动频率/(次/min)	60	60	—	—	0
摆宽/mm	8	12	4	4	0
堆焊速度/(cm/min)	21	9~11	—	—	22
焊后保温温度/℃ × 焊后保温时间/min	500×20	300×20	700	700	600

注：数据分别取自第 52 研究所《粉末等离子喷焊×150 排气阀的应用研究》，1983；兰州通用机械厂《等离子弧喷焊在酸化压裂车上的应用》，1976；姜焕中等《塑料注射机螺杆的等离子弧喷焊》，1985。

2）高锰奥氏体钢和铬锰奥氏体钢堆焊金属。高锰奥氏体钢和铬锰奥氏体钢堆焊金属主要用途是对高锰钢铸件的铸造缺陷进行补焊和对磨损件进行修复。铸件一般经固溶处理，组织处于介稳态，加热时介稳的奥氏体局部相变导致脆性增加，而碳化锰的析出是焊件热影响区破坏的主要原因，另外，高锰钢铸件的奥氏体晶界有液化裂纹倾向，因此要求采用小热输入堆焊。一般堆焊前不必预热，且需对母材实施强制冷却，如采用跳焊法或将母材浸入水中实施堆焊。为减小焊接应力，多层堆焊时可对焊缝金属进行锤击。

若将高锰钢堆焊在碳钢或低合金钢母材上，因母材对堆焊金属的稀释会出现马氏体脆化区，在强烈冲击作用下会促使裂纹产生，导致堆焊层剥落，此时必须用奥氏体型不锈钢作过渡层，但高铬锰奥氏体堆焊合金，由于合金含量较高，不会出现马氏体脆化区，故可不用过渡层。

高锰钢堆焊层一般不必热处理，若因过热导致堆焊金属脆化，则可以在 1010℃ 下加热保温 2h，水中淬火可以恢复韧性，但应注意不能产生裂纹，否则因裂纹存在而导致的氧化对结构破坏的影响很大，将得不偿失。

高锰钢和铬锰奥氏体钢堆焊焊条一般是低氢型的，采用直流反接，堆焊参数见表 9.5-24，铬锰奥氏体钢自保护药芯焊丝堆焊参数见表 9.5-25。

表 9.5-24　高锰钢和铬锰奥氏体钢手工电弧堆焊参数

名称	牌号	堆焊电流/A			
		焊条直径/mm			
		2.5	3.2	4.0	5.0
高锰钢堆焊焊条	D256	—	70~90	100~140	150~180
	GRIDUR42	—	95~105	130~140	170~180
铬锰奥氏体钢堆焊焊条	D276	60~80	90~130	130~170	170~220

表 9.5-25　铬锰奥氏体钢自保护药芯焊丝堆焊参数

焊丝直径/mm	焊接电流/A	电弧电压/V
2.4	175~275	28~32
2.8	275~375	28~32

（4）合金铸铁堆焊金属的堆焊工艺

奥氏体合金铸铁的裂纹倾向相对较小，为防止裂纹，可把母材预热到 400℃ 后进行堆焊，焊后进行缓冷，也可以采用 Cr19Ni8Mn7 型堆焊金属作过渡层。采用的堆焊方法可以是手工电弧堆焊，也可以采用药芯焊丝的自保护堆焊或气体保护堆焊。

马氏体合金铸铁的裂纹倾向很大，堆焊金属机械加工困难。为防止裂纹，根据堆焊合金的成分以及零件的结构、材质等选择合适的预热温度，焊后必须缓冷。电弧堆焊和氧乙炔火焰堆焊均可采用。当采用还原性的氧乙炔火焰堆焊时，堆焊层可能发生增碳现象，硬度和耐磨性提高，脆性也同时增加；氧乙炔火焰堆焊时，因热输入较大，工件冷却速度降低，堆焊层中的碳化物晶粒较粗大，堆焊层的耐磨料磨损能力提高。电弧堆焊时，堆焊合金中的碳有烧损现象，稀释率也较大，堆焊层的韧性因此而提高，耐磨性同时会降低。

高铬合金铸铁堆焊金属的抗裂性较差，堆焊时易开裂，堆焊金属的机械加工也较困难。为防止裂纹，焊前必须预热，焊后缓冷。常用的堆焊方法有手工电弧堆焊、氧乙炔火焰堆焊、药芯焊丝自动堆焊等。常用合金铸铁焊条的堆焊电流见表 9.5-26。

表 9.5-26　常用合金铸铁焊条的堆焊电流

序号	焊条牌号	合金类别	焊接电流/A			
			焊条直径/mm			
			3.2	4.0	5.0	6.0
1	D608	铬钼铸铁	90~120	130~160	170~210	—
2	D618	高铬铸铁	90~140	130~180	—	—
3	D628	高铬铸铁	90~140	130~180	—	—
4	D632A	高铬铸铁	100~150	130~180	150~220	—
5	D638	高铬铸铁	120~160	140~200	170~240	—
6	D638Nb	高铬铸铁	120~160	140~200	180~240	—
7	D642	高铬铸铁	90~130	130~180	180~230	—
8	D646	高铬铸铁	90~130	130~180	180~230	—
9	D656	高铬铸铁	100~130	140~190	160~200	—
10	D658	高铬铸铁	120~160	140~200	170~240	—
11	D667	高铬铸铁	90~130	120~160	140~190	150~210
12	D678	钨型铸铁	140~200	200~240	230~280	—
13	D687	高铬铸铁	—	120~160	140~190	150~210
14	D698	铬钨铸铁	140~200	200~240	230~280	—

2. 镍基堆焊合金

（1）镍基堆焊合金分类

在各类堆焊合金中，镍基合金的抗金属间摩擦磨损性能最好，并具有很高的耐热性、抗氧化性、耐蚀性。它们的熔点较低，具有较好的堆焊工艺性能，尽管价格比较高，但应用仍然很多，如应用在高温高压蒸汽阀门、化工设备的阀门、炉子元件、泵的柱塞等零件的堆焊上。堆焊常用的镍基合金有 NiCrBSi 型、NiCrMoW 型、NiCr 型、NiCu 型，纯镍堆焊金属在生产中也有应用，近年来还发展了 NiCrWSi 型、NiMoFe 型等。在上述镍和镍基合金中，纯镍、铜镍合金及含碳量较低的镍基合金等堆焊金属的抗裂和耐热耐蚀性优良，而镍铬硼硅和镍铬钼钨合金的耐热性、耐蚀性和耐磨性较好，其应用非常广泛。

镍铬硼硅型堆焊金属也称为科尔蒙合金（Colomony），这类合金在堆焊中应用最广，其碳质量分数一般低于1%，铬质量分数为8%~18%，硅质量分数为2%~5%，硼质量分数为2%~5%，如镍基的Cr10Si4B2、Cr16Si5B4等都属于该类合金类型。这种堆焊金属的组织一般是由奥氏体、硼化物和碳化物组成，堆焊金属的硬度很高，可以达到50~60HRC，而且在600~700℃高温下仍然可以保持较高的硬度，在950℃的高温下具有良好的抗氧化性，并具有很好的耐蚀性。这种堆焊合金的熔点相对较低（约为1000℃），润湿性和流动性好，可以获得低稀释率、成形美观的堆焊层。由于硼能生成低熔点共晶组织，所以它们的耐高温性能不如钴基合金，但在500~600℃下工作时，其热硬性要好于钴基合金。合金中有较多的碳化物和硼化物等硬质相，使其硬度高而耐冲击性能差，具有较高的抗低应力磨料磨损能力。合金的基体较软，因此抗高应力磨料磨损能力不强。这类合金比较脆，拔制焊丝比较困难，一般制成铸造焊丝、管状焊丝或药芯焊丝使用。近年来根据堆焊金属性能的要求，对这类堆焊合金的化学成分作了一定的调整，除含碳量增加（质量分数可达3.0%）以外，还含有Fe元素，堆焊层中的碳化物、硼化物含量增多，堆焊金属的耐磨性大大增强，硬度可达62HRC。由于堆焊合金的脆性更大，这类合金一般以粉末形式使用。镍铬钼钨型堆焊金属也称为哈氏合金（Hastelloy），堆焊常用C型哈氏合金，其碳量质量分数一般低于0.1%，铬质量分数低于17%，钼质量分数低于17%，钨质量分数≈4.5%，铁质量分数≈5%，如镍基的Cr16Mo17B5、Cr16Mo17W5等都属于这一类。堆焊金属的组织为奥氏体和金属间化合物。加入Mo、W、Fe等合金元素使堆焊金属的热强性和耐蚀性大大提高，增加含碳量和加入适量的钴能进一步提高堆焊金属的硬度和高温下的耐磨性。这类合金的性能特点是硬度低，机械加工容易，耐磨料磨损性能不好，在氢氟酸、盐酸、硫酸等强腐蚀介质中的耐蚀性优于一般合金，而且这种合金有很好的抗热疲劳性能，裂纹倾向也小。因此，这类合金的主要用途是堆焊在强腐蚀介质下服役的零件，以及耐高温的金属间摩擦磨损的零件。

蒙乃尔合金（Monel合金）是Ni-Cu型堆焊合金，一般镍质量分数为70%，铜质量分数为30%。这类合金的硬度较低，具有很好的耐蚀性，如在质量分数为10%沸腾的硫酸和沸腾的氯化铵中可以稳定地工作，因此，这类合金主要用于耐蚀零件的堆焊。

Ni-Cr型堆焊合金一般镍质量分数为80%，铬质量分数为20%，也有镍质量分数为60%，铬质量分数为15%的。堆焊金属的组织为奥氏体，硬度低，但韧性好，承受冲击载荷性能较好，而且具有优良的高温抗氧化性，主要用于高温下工作的零件，如炉子元件的堆焊。

(2) 镍基堆焊合金的堆焊工艺

镍基合金的堆焊工艺方法，除常用的手工电弧堆焊外，还有TIG堆焊法、氧乙炔火焰堆焊法、等离子弧粉末堆焊或喷熔、真空熔结、激光粉末堆焊以及聚焦光束粉末堆焊等。在低碳钢、低合金钢和不锈钢上堆焊镍基合金时，不需要预热，但应当尽可能选择小热输入进行堆焊，以防止熔池高温停留时间过长，堆焊后也不需要进行后热处理，当在含碳量较高的母材上堆焊时，为了防止熔合区开裂，应先堆焊过渡层。

TIG堆焊保护效果好，没有增碳现象，是堆焊镍基合金较好的方法。采用镍基铸造焊丝TIG堆焊时，应当根据工件的尺寸大小来选定焊丝直径及所需要的焊接电流值，据此选定所需要的钨极直径及焊炬。堆焊电流与钨极直径之间的经验关系见表9.5-27。手工电弧堆焊应尽可能避免作横向摆动，多层堆焊时应保持层间温度不高于100℃，两种常用的镍基堆焊焊条的焊接电流可根据表9.5-28进行选择。

表9.5-27　堆焊电流与钨极直径之间的经验关系

钨极直径/mm	1.0	1.6	2.4	3.2	4.0
电流/A	15~80	70~150	150~250	250~400	400~500

表9.5-28　镍基合金电焊条焊接电流

焊条名称	电流/A			
	焊条直径/mm			
	2.5	3.2	4.0	5.0
Ni337（低氢型）	—	95~100	130~140	—
GRIDUR34（高钛型）	70~90	110~140	170~220	220~260

镍基合金粉末等离子堆焊稀释率较低（小于10%），保护效果较好，容易获得成形美观的堆焊层。堆焊前要求去除工件表面的氧化物和油污等。

氧乙炔火焰粉末堆焊时应当注意碳化焰导致的堆焊金属增碳现象，若增碳严重将使堆焊金属的耐蚀性降低。

与电弧相比激光和聚焦光束这两种新型堆焊热源的突出优点是热输入便于精确控制，加热过程平静，可以获得稀释率低于5%的堆焊层，因此，激光和聚焦光束粉末堆焊特别适合于精密堆焊的场合。依据堆焊过程中堆焊粉末供给方式的不同，激光和光束粉末堆焊可分为粉末预置法和同步送粉法两种。粉末预置堆焊法需要先将堆焊粉末用有机黏结剂或热喷涂方法预置在母材表面，然后用激光或光束重熔处理，工艺过程繁琐，但堆焊材料的利用率较高。同步送粉堆焊法是在光束加热母材金属的同时，将堆焊材料直接送入熔池，一次完成整个堆焊过程，工艺过程简单，但粉末利用率较低，最高达到 60%。表 9.5-29 给出了光束堆焊速度对堆焊金属稀释率和硬度的影响，可见，此时堆焊层的宏观硬度超过了所采用的堆焊材料的名义硬度。

表 9.5-29　光束堆焊速度对堆焊金属稀释率和硬度的影响

堆焊材料	扫描速度/(mm/s)	稀释率(%)	硬度 HRC
Ni35	0.5	37	22.3
	1.0	4.0	37.2
Ni60	0.5	12	36.2
	1.0	3.5	63.6

3. 钴基堆焊合金

（1）钴基堆焊合金分类

钴基堆焊合金也称为司太立（Stellite）合金，是以 Co 为基本成分，加入 Cr、W、C 等合金元素组成的合金，一般碳质量分数为 0.7%~3.0%，铬质量分数为 25%~33%，钨质量分数为 3%~25%，钴质量分数为 30%~70%。其中 Co 的作用是使合金具有很高的耐蚀性，并获得韧性较好的固溶体基体，大量的 Cr 使合金具有高的抗氧化性，W 可以增加合金的高温强度，以提高高温抗蠕变性能，较高的含碳量可以形成高硬度的碳化铬（Cr_7C_3）和碳化钨，使合金具有很好的耐磨性。

钴基堆焊金属的金相组织取决于含碳量和其他合金元素的含量。含碳量较低时，组织中含有大量的初生奥氏体树枝晶，奥氏体树枝晶是 Cr 和 W 在 Co 中的固溶体，基体组织为固溶体与 Cr-W 复合碳化物的共晶体。随含碳量增加，奥氏体数量减少，共晶体数量增多，表现为亚共晶型组织。当含碳量较高时，组织具有过共晶特征，初生的粗大 Cr-W 复合碳化物分布在固溶体与碳化物共晶基底上。调整合金中的含碳量和含钨量可以得到硬度和韧性不同的堆焊合金。

钴基堆焊合金综合性能优于其他类型的堆焊金属。这类合金具有很高的热硬性，在 500~700℃ 下工作仍能保持硬度达 350~500HV，耐磨料磨损、耐腐蚀、抗冲击、抗热疲劳、抗高温氧化（1000℃）以及抗金属间摩擦磨损性能优良。

（2）钴基堆焊合金的堆焊工艺

钴基堆焊合金的价格较高，堆焊这类材料时，为节约材料，必须选择稀释率较低的堆焊方法，如氧乙炔火焰堆焊、粉末等离子弧堆焊，近年来激光堆焊、聚焦光束堆焊、真空熔结方法也受到重视。如果工件尺寸较大，手工电弧堆焊也是可以选择的方法。

氧乙炔火焰堆焊方法所获得的涂层或堆焊层几乎不被母材稀释，堆焊层质量很好。经常用于堆焊含碳量较低的 CoCr-A 合金。一般选择 3~4 倍乙炔过剩焰，一方面可以获得还原性气氛，对堆焊熔池产生良好的保护；另一方面还可使堆焊母材表面的含碳量增加，致使母材表面熔点降低，有利于堆焊金属在母材表面的润湿和熔合，从而改善堆焊工艺性。如果堆焊件的尺寸较大，必须对其预热到 430℃ 以上，预热时宜选择中性焰，为了防止开裂，堆焊后还应当缓慢冷却。

手工电弧堆焊的稀释率较大，堆焊金属的含碳量降低，母材中的合金组元也会混进来，严重改变堆焊合金的化学成分，对堆焊金属的性能带来不利影响。这种堆焊方法适合于要求高耐磨性的服役零件的堆焊。焊前应当将焊条在 150℃ 下烘干 1h，采用直流反接的小电流短弧堆焊，根据堆焊件的尺寸可在 300~600℃ 范围内选择预热温度，焊后在 600~700℃ 下保温 1h 缓冷，或者焊后将堆焊件立即放到干燥和预热过的砂箱或草灰中缓冷，以防止开裂。钴基合金手工电弧堆焊的电流见表 9.5-30。

粉末等离子弧堆焊可以获得较手工电弧堆焊低的稀释率。堆焊前要求严格清理工件表面的氧化物和油污，适当控制堆焊工艺可以获得满意的稀释率。大工件堆焊前要预热，堆焊后也应缓冷。

聚焦光束和激光都属于平静热源，对堆焊熔池没有机械力作用，可以获得低稀释率的堆焊层。由于自动送粉堆焊时的粉末利用率较低，对于昂贵的钴基合金来说，这种堆焊方法不宜大量采用，但采用粉末预置然后激光重熔获得堆焊层的所谓两步法还是非常有前景的。

表 9.5-30　钴基合金手工电弧堆焊的电流

焊条直径/mm	4.0	5.0	6.0
电流/A	120~160	140~190	150~210

4. 铜基堆焊合金

（1）铜基堆焊合金分类

铜基合金具有较好的耐大气、海水和各种酸碱溶液的腐蚀、耐气蚀及耐黏着磨损性能，但易受硫化物和氨盐的腐蚀，耐磨料磨损性能不好，故不适合于高应力磨料磨损工况下服役零件的堆焊。铜及铜合金受核辐射不会变成放射性材料，所以在核工业中应用较多，主要用于制造要求耐腐蚀、耐气蚀和耐金属间摩擦磨损的以铁基材料为母材的双金属零件或修复磨损的零件。

常用的铜基堆焊合金有青铜，包括铝青铜、锡青铜和硅青铜等，有时也用黄铜、白铜和纯铜进行堆焊。铜基合金堆焊材料有焊条、焊丝和堆焊用带极。

铝青铜的强度较高、耐腐蚀、耐金属间摩擦磨损性能良好，常用于堆焊轴承、齿轮、蜗轮，以及耐海水、弱酸、弱碱腐蚀零件，如水泵、阀门、船舶螺旋桨等。铝青铜中加入适量的铁可以细化晶粒、提高强度和促使再结晶，含质量分数约5%Fe的青铜合金可以用于堆焊冲压低碳钢和不锈钢的冲模和冲头，也可以用于堆焊海水中工作的零件、水轮机转子耐气蚀零件等。

锡青铜具有一定的强度，塑性很好，能承受较大的冲击载荷，减摩性优良，常用于堆焊轴承、轴瓦、蜗轮、低压阀门及船用螺旋桨等。

硅青铜的力学性能较好、冲击韧性较高、耐蚀性很好，但减摩性不好，适用于化工机械、管道等内衬的堆焊。

黄铜堆焊合金的耐蚀性差一些、冲击韧性低，价格低，常用于堆焊低压阀门等。

白铜合金具有良好的耐蚀性和耐热性，在海水、苛性碱、有机酸中很稳定，适合于堆焊海水管道、冷凝器和热交换器等零件。

（2）铜基堆焊合金的堆焊工艺

堆焊工艺对铜合金堆焊金属的性能影响极大。由于铜与铁具有液相分离现象，加上铁的密度低于铜，在钢铁材料上堆焊铜合金时，铁很容易混入堆焊金属中并独立分布在堆焊层中，使堆焊层硬化。为了减少铁的混入量，往往要取堆焊层厚度6mm以上的部分作为工作层。氧乙炔火焰和TIG堆焊比较好，手工电弧堆焊和TIG堆焊时电流要尽量小一些。MIG堆焊适合于大面积修补，而TIG堆焊适合于小的修补。

铜基合金堆焊时一般不需要预热，如果因堆焊件的厚度较大导致熔合不良时，可以预热到200℃左右。为了获得致密无气孔的堆焊层，焊前应仔细清理堆焊表面的油污及锈。堆焊用焊条在使用前要在200~300℃烘干1h，堆焊焊丝的表面也应当作适当清理。手工堆焊的焊条多为低氢型，一般采用直流反接。铜基合金手工电弧堆焊参数见表9.5-31。用带极埋弧在钢上堆焊铜基合金时，焊前不需要预热，堆焊参数见表9.5-32。

纯铜的堆焊尽量采用能量集中的热源，如丝极或带极埋弧堆焊和MIG、TIG填丝堆焊。必要时还要将母材预热到400℃左右，否则可能产生熔合不良缺陷。纯铜的MIG堆焊参数见表9.5-33。

表9.5-31　铜基合金手工电弧堆焊参数

焊条直径 /mm	堆焊电流/A				
	纯铜焊条	锡青铜焊条	硅青铜和铝青铜焊条	铜镍焊条	白铜焊条
3.2	120~140	110~130	90~130	95~120	90~100
4.0	150~170	150~170	110~160	120~150	120~130
5.0	180~200	170~200	150~200	150~180	

表9.5-32　带极堆焊参数

带极名称	尺寸 /mm	堆焊电流 /A	电弧电压 /V	堆焊速度 /(m/h)	带极伸出长度 /mm	配用焊剂
纯铜带极	0.4×60	700~800	40	10~11	45	HJ431
B30带极	0.5×60	550~600	32~35	10~11	55~60	—

表9.5-33　纯铜的MIG堆焊参数

纯铜丝直径 /mm	堆焊电流 /A	电弧电压 /V	保护气	保护气流量 /(L/h)
1.2	200~300	30~34	Ar	850
1.6	250~350	30~36	Ar	850

铝青铜合金宜采用TIG填丝堆焊、MIG堆焊和手工电弧堆焊，不能采用氧乙炔火焰堆焊。要采用较小的热输入，以防止熔合区在高温的停留时间过长，否则容易引起熔合线附近钢母材上出现渗铜裂纹（液化裂纹）。各种青铜合金的MIG堆焊经常采用直径为1.6mm的焊丝，此时焊接电流多采用280A左右，电弧电压保持在25~28V范围内，采用Ar气作保护气体，流量选850L/h左右。

黄铜堆焊时的主要问题是存在锌的蒸发，为此必须采用热源温度相对较低的氧乙炔火焰堆焊。

B30白铜合金堆焊时，如果堆焊金属中的铁质量分数高于5%，则会引发裂纹产生。为此，通常先堆焊一层纯镍或蒙乃尔合金作过渡层，堆焊方法宜选用带极埋弧堆焊。

5. 复合堆焊合金

碳化钨是复合堆焊合金（硬质合金）中用得数量最多的一种重要成分。堆焊用的碳化钨有两类：一类是铸造碳化钨；另一类是以钴或镍为黏结金属的烧结碳化钨。铸造碳化钨中碳质量分数为3.7%~4.0%、钨质量分数为95%~96%，它是WC-W_2C的混合物。这类合金硬度高、耐磨性好，但脆性大，易在工作过程中从堆焊层中碎裂并脱落。如果成分中加入钴（质量分数为 5%～15%），其熔点可降低，韧性可增加。烧结碳化钨型硬质合金绝大多数是用钴为黏结金属，牌号为 YG-X（YG 后面的数字代表钴的百分比含量），随着钴的百分比含量的提高，硬质合金的硬度下降，韧性提高。此外，碳化钨晶粒越细，其耐磨性就越高。

（1）复合堆焊合金的成分

碳化钨堆焊金属实质上是含有碳化钨硬质颗粒和较软胎体金属的复合材料堆焊层。胎体金属可以是铁基合金（含碳钢、合金钢）、镍基合金、钴基合金和铜基合金。这种复合材料在磨料磨损的工况条件下，胎体金属优先被割削，从而使硬质颗粒在表面上稍有凸起。如果工作表面允许在磨损过程中存在一定的不平度，则碳化钨的切削作用使这类堆焊金属成为耐磨料磨损性能最佳的材料。如果所选的胎体足够强韧或所选碳化钨为烧结型，则堆焊层同时可抗轻度或中度冲击。抗冲击能力还和碳化钨颗粒大小和分布有关，但重度的冲击必须避免。不同的胎体金属还使得堆焊金属具有不同程度的高温抗氧化性和耐蚀性。

管装粒状铸造碳化钨焊条，是由不同粒度（8～100 目）的 WC-W_2C 颗粒装在钢管中。碳化钨和钢管的质量比为 60∶40。多用氧乙炔焰堆焊。氧乙炔焰堆焊时，碳化钨熔解少，而且碳化焰有渗碳作用。碳化钨分布易控制，因而耐磨性好。也可用弧焊，电弧堆焊后胎体变成含有碳和钨的工具钢，最高硬度可达 65HRC。它对未熔化的碳化钨颗粒具有很好的支撑作用。它的热硬度也和碳化钨熔解多少有关，胎体中含钨多则耐热性好，但由于碳化钨颗粒易氧化，工作温度不能超过 650℃。用碳化钨电焊条堆焊时，大多数碳化钨熔解，只有少量沉淀在熔池底部。加上母材的熔化和稀释作用，堆焊层成为被钨合金化了的铸铁，因而硬度很高，但耐磨料磨损性比氧乙炔焰堆焊的碳化钨堆焊层有所下降。由于弧焊方法生产率高，在挖掘、运土设备的堆焊中常用。YD 型硬质合金（烧结型）复合材料堆焊焊条，以铜基合金作胎体材料，宜采用氧乙炔焰堆焊。不论哪种方法堆焊的碳化钨堆焊层都不能机械加工，磨削也很困难。

（2）复合堆焊合金的堆焊工艺

1）管装粒状铸造碳化钨焊条的氧乙炔焰手工堆焊工艺。堆焊件表面应先清理干净，堆焊火焰一般用中性焰，但在已堆焊过这种合金且碳化钨尚未完全磨掉的工件上重新堆焊时，则采用弱碳化焰。在堆焊过程中焰心与被堆焊工件表面的距离，宜保持为 2～3mm。操作中避免堆焊熔池温度过高和停留时

间过长，以防止堆焊层产生气孔、过烧或剥落等缺陷。堆焊质量良好的主要标志是熔深很浅和碳化钨颗粒的棱角没有被过多熔化。根据经验，堆焊层表面颜色为暗灰色，则说明质量较好。如呈蓝紫色，则说明熔池温度过高。焊后宜缓慢冷却，防止产生裂纹。另外堆焊层不宜过厚，以免焊层剥落，一般以 0.75～1.5mm 为宜。

2）铸造碳化钨颗粒胶焊法堆焊工艺。碳化钨颗粒还可以用"胶焊法"堆焊到钢制零件的表面，例如铣齿型牙轮钻头的齿面堆焊。其工艺是先用硅酸钠把铸造碳化钨颗粒黏在齿面上，然后用氧乙炔焰加热，使基体表面熔化，碳化钨颗粒即沉积于齿面上。

3）YD 型硬质合金（烧结型碳化钨）堆焊焊条的堆焊工艺。采用氧乙炔焰进行堆焊，使用的气焊焊嘴应比普通气焊碳钢所用的稍大。火焰应调成中性或稍偏碳化焰。被堆焊件的表面要事先清理使之露出金属光泽。工件要放在平焊位置上，为此可使用适当的胎具。为控制堆焊层厚度，可利用限厚块。把工件预热到适当温度时，即可在待堆焊表面上涂一层专用熔剂，其牌号为 YD-R（与 YD 硬质合金焊条一起配套供货），待熔剂布满堆焊表面呈透明液体状态时，即可堆焊打底层（打底焊条 YD-D 也与 YD 硬质合金焊条一起配套供货），打底层厚约 1mm。然后堆焊 YD 硬质合金焊条。火焰对准 YD 焊条的端头加热，注意不可使焰心尖端接触到合金颗粒和工件表面，保持其间距离为 25mm 左右，以防过热。当焊条中胎体金属熔化并滴在工件表面，随之硬质合金颗粒也一同落下，此时应注意把颗粒排列齐整、紧密。堆焊层厚度按设计要求控制，最厚可堆 30～40mm。当堆焊面积较大时，可分段进行，一次可堆面积为 250mm² 左右。工件堆焊完后，应放在不通风的地方，或用石棉灰埋上，缓慢冷却。

采用该焊条的工件可多次修复堆焊，且不必把原来剩余的堆焊层清除掉，只要把表面上的泥污清洗并用钢丝刷或手砂轮把表面刷磨干净，即可按上述工艺方法进行堆焊。

堆焊操作方法正确，可获得满意的堆焊层，其标志是堆焊层表面呈发亮的金黄色，堆焊层中胎体合金（铜基合金）与基体金属（通常是中碳低合金钢）结合良好，合金颗粒排列紧密、均匀并牢固地镶嵌在胎体金属里。过热或过烧的标志是堆焊层中胎体金属发红，合金颗粒表面焦黑，其后果是堆焊层性能变坏，使用寿命下降。加热不足的标志是堆焊层胎体金属呈无光泽的银灰色，胎体合金与基体金属结合不良，使用时堆焊层有成片脱落的危险。

9.6 表面熔覆涂层技术

熔覆技术是采用某种能量手段在基体材料表面涂覆与基体材料不同的金属或陶瓷材料而形成冶金结合涂层的表面技术。熔覆层材料与基体材料不同，可以获得完全不同于基体材料的各种性能；熔覆层与基体材料之间为冶金结合，具有很高的结合强度；熔覆层增加了基体工件的表面尺寸，可以修复工件表面局部缺陷部位，恢复尺寸精度和几何形状。

按照所采用能量形式的不同，熔覆技术可以分为激光熔覆、等离子弧熔覆、电子束熔覆、氧乙炔火焰熔覆、电磁感应熔覆以及电火花沉积熔覆等。这些采用不同能量手段的熔覆技术，其基本原理均是采用某种能量手段使待涂敷材料熔化并凝固沉积在基体材料表面而形成与基体冶金结合的涂层。但是，由于行业传统习惯，某些技术方法原来没被称为熔覆技术。其中，氧乙炔火焰熔覆技术在实际应用中，人们有时又习惯性称之为氧乙炔焰堆焊技术。它不但用于金属连接焊接，还可以用于表面涂层的堆焊。电火花沉积熔覆技术又习惯性被称为电火花表面强化技术。

根据熔覆材料的不同，熔覆技术可以制备减摩涂层、耐磨涂层、耐蚀涂层、隔热涂层以及绝缘涂层和导电涂层等功能性涂层，在航空、航天、汽车、石油化工、冶金等工业领域具有广泛应用。

9.6.1 激光熔覆

激光熔覆技术是指在被涂覆基体表面上，以不同的添料方式放置选择的涂层材料，经激光辐照使之和基体表面薄层同时熔化，快速凝固后形成稀释率极低、与基体金属成冶金结合的涂层，从而显著改善基体材料表面的耐磨性、耐蚀性、耐热性、抗氧化性等性能。它是一种经济效益较高的表面改性技术和废旧零部件维修与再制造技术，可以在低性能廉价钢材上制备出高性能的合金表面，以降低材料成本，节约贵重稀有金属材料。

激光熔覆采用激光束作为能量手段，激光束由激光器产生。目前，激光熔覆所采用的激光器可以是气体激光器、固体激光器、半导体激光器或光纤激光器等不同类型激光器。激光熔覆所用激光束可以是连续波激光束和脉冲波激光束，激光束的能量分布模式一般为多模激光束。

1. 激光熔覆技术工艺及特点

随着激光器和激光熔覆技术的发展，工业生产中为了提高激光熔覆效率和生产线柔性，目前激光熔覆常采用大功率半导体激光器或光纤激光器。按照激光

束工作方式的不同，激光熔覆技术可以分为脉冲激光熔覆和连续激光熔覆。脉冲激光熔覆一般采用YAG脉冲激光器或光纤脉冲激光器，连续激光熔覆多采用连续波 CO_2 激光器、半导体激光器或光纤激光器。表9.6-1列出了脉冲激光熔覆和连续激光熔覆的技术特点。

表 9.6-1 脉冲激光熔覆和连续激光熔覆的技术特点

工艺种类	控制的主要技术工艺参数	技术特点
脉冲激光熔覆	激光束的能量、脉冲宽度、脉冲频率、光斑几何形状及工件移动速度（或激光束扫描速度）	1）加热速度和冷却速度极快，温度梯度大 2）可以在相当大范围内调节合金元素在基体中的饱和程度 3）生产率低，表面易出现鳞片状宏观组织
连续激光熔覆	光束形状、扫描速度、功率密度、保护气种类及其流向和流量、熔覆材料成分及其供给量和供给方式、熔覆层稀释率	1）生产率高 2）容易处理任何形状的表面 3）层深均匀一致

激光熔覆工艺包括两方面：优化和控制激光加热工艺参数；确定熔覆材料向工件表面的供给方式。熔覆材料供给方式主要分为预置法和同步法等。表9.6-2列出了激光熔覆材料供给方式及其特点比较。目前，同步送粉法激光熔覆应用最为广泛。根据激光熔覆过程中激光束光轴和粉末束流中心轴是否重合，同步送粉法可以分为侧向送粉（旁轴送粉）法和同轴送粉法。其中，同轴送粉法又包括三路送粉、四路送粉、环形送粉等不同方式。根据激光束和粉末束流的相对位置，同轴送粉法激光熔覆又可分为光包粉法同步送粉激光熔覆和粉包光法同步送粉激光熔覆。

随着激光器技术发展和激光熔覆追求高能量利用率、高效率和高适应性的需求，用于激光熔覆作业的激光器主要有 CO_2 激光器、固体激光器、半导体激光器和光纤激光器等，且光纤激光器和半导体激光器逐渐占据主流地位。表9.6-3给出了基于几种不同激光器的激光熔覆技术特点。其中，采用半导体激光器或YAG激光器进行激光熔覆作业，又可分为半导体激光直接输出和光纤耦合输出两种模式。

表 9.6-2　激光熔覆材料供给方式及其特点比较

方法		特点
预置法	涂敷法	先用手工涂敷、热喷涂、电镀、蒸镀等方法将熔覆材料预置在工件表面，然后进行激光扫描熔覆处理。手工涂敷方法简单、价格低，但生产率低，厚度均匀性难以控制
	预置片法	将熔覆材料粉末与少量黏结剂压制成预置片，放置在工件表面待熔覆部位，然后进行激光扫描熔覆处理。该方法粉末利用率高、熔覆层质量稳定，适宜深孔或小孔径工件
同步法	同步送粉法	在激光扫描处理过程中，将熔覆粉末材料同步送入熔池。此方法中，激光吸收率大，热效率高，可以获得厚度较大的熔覆层，易于实现自动化，在实际生产中采用较多
	同步送丝法	把熔覆材料预先加工成丝材，在激光扫描过程中同步送到激光束斑下。此方法可以保证熔覆层成分均匀，但是，激光利用率低，线材制造复杂、成本高，较难推广

表 9.6-3　基于几种不同激光器的激光熔覆技术特点

激光器	激光熔覆技术特点
CO_2 激光器	激光中心波长 $10.6\mu m$，能量利用率低（百分之几），体积大，技术柔性差，一般采用连续波激光熔覆，工业应用逐步减少
YAG 激光器	激光中心波长 $1.06\mu m$，能量利用率稍高（百分之十几），激光可由光纤耦合输出，技术柔性较好，脉冲激光熔覆为主，也可采用连续激光熔覆，具有特定工业应用优势
半导体激光器	激光中心波长 $0.808\mu m$，能量利用率高（可达 40% 以上），激光器结构紧凑、体积小，激光可直接输出，也可光纤耦合输出，技术柔性较好，易实现宽光斑大功率激光高效率熔覆，在工业应用中具有明显优势，前景较好
光纤激光器	激光中心波长 $1.06\mu m$，能量利用率较高（可达 20% 以上），激光熔覆系统结构紧凑、体积小、可靠运行寿命长、技术柔性好，工业应用快速发展，逐步成为激光熔覆领域主流配置，发展前景好

在激光熔覆过程中，激光束和待熔覆工件表面必须发生相对运动。为实现此相对运动，可以通过三种途径：①激光束固定不动，工件移动。②激光束运动，工件不动。③激光束和工件同时运动。在实际生产中，可以根据工件的尺寸和形状、设备系统条件等情况选择不同的途径。针对第一种途径，必须配备可实现二维、三维甚至五维运动的可控工作台，激光熔覆过程一般均在计算机或单片机控制下自动完成，使激光束按照设计路线在工件表面移动并完成熔覆。图 9.6-1 所示为一种激光束位置不动、工件相对位置移动的侧向送粉激光熔覆生产装置，该装置通过工作台的二维平面运动实现待熔覆件和激光束之间的相对运动，即实现了激光束在待熔覆件表面的扫描运动。针对第二种和第三种途径，为实现激光束位置变化，一般采用工业操作机或 6 自由度工业机器人（机械手）操作激光熔覆头进行运动。图 9.6-2 所示为一种 6 自由度工业机器人操作激光熔覆头运动的同轴送粉激光熔覆系统，该系统可以适应不同形状零件的激光熔覆作业需要。

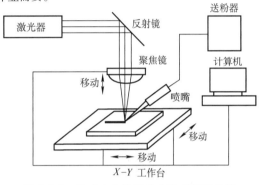

图 9.6-1　激光束位置不动的激光熔覆装置

针对工业中广泛应用的同步送粉激光熔覆工艺，需要优化和控制的激光熔覆工艺参数主要包括激光输出功率、光斑尺寸、扫描速度、送粉速率等，同时大面积熔覆时还应考虑搭接量因素。

为获得良好的熔覆层，针对给定的激光功率和激光扫描速度，存在一个最佳的送粉速度。针对此工艺，激光熔覆速率可以应用下列公式估算：

$$\begin{cases} S = a - bW \\ K = \exp\left(-\dfrac{T}{1.8H}\right) \\ SH = d \\ C = KWS \end{cases} \qquad (9.6\text{-}1)$$

式中　S——熔覆速度（激光扫描速度）（mm/s）；
　　　W——单道熔覆宽度（mm）；
　　　H——单道熔覆高度（mm）；
　　　T——平均熔覆厚度（mm）；
　　　K——搭接因子；
　　　C——熔覆速率（mm^2/s）；
　　　a、b、d——常数。

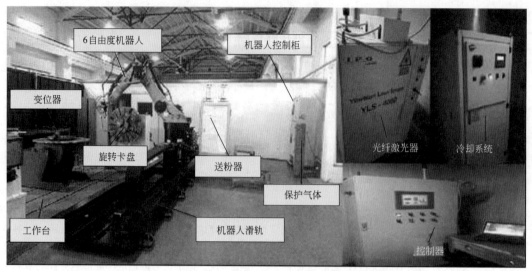

图 9.6-2　基于工业机器人操作的同轴送粉激光熔覆系统

对确定的熔覆厚度 T，存在一个最佳搭接因子 K，最佳 K 值给出最大的 C 值。

2. 激光熔覆材料

激光熔覆材料主要是指形成熔覆层所用的原材料。熔覆材料的状态一般有粉末状、丝状、片状及膏状等。其中，粉末状材料应用最为广泛。目前，激光熔覆粉末材料一般是借用热喷涂用粉末材料和自行设计开发粉末材料，主要包括自熔性合金粉末、金属与陶瓷复合（混合）粉末及各应用单位自行设计开发的合金粉末等。所用的合金粉末主要包括镍基、钴基、铁基及铜基等。表 9.6-4 列出了激光熔覆常用的部分基体与熔覆材料。

表 9.6-4　激光熔覆常用的部分基体与熔覆材料

基体材料	熔覆材料	应用范围
碳钢、不锈钢、合金钢、铸铁、镍基合金、铜基合金、铝基合金、钛基合金、镁基合金等	纯金属及其合金，如 Cr、Ni 及 Co、Ni、Fe 基合金等	提高工件表面的耐热性、耐磨性、耐蚀性等
	氧化物陶瓷，如 Al_2O_3、ZrO_2、SiO_2、Y_2O_3 等	提高工件表面的绝热性、耐高温性、抗氧化性及耐磨性等
	金属、类金属与 C、N、B、Si 等元素组成的化合物，如 TiC、WC、SiC、B_4C、TiN 等并以 Ni 或 Co 基材料为黏结金属	提高硬度、耐磨性、耐蚀性等

覆层材料将直接影响激光熔覆层的使用性能及激光熔覆工艺。在设计或选配熔覆材料时，不能一味地追求涂层材料的使用性能，还要考虑涂层材料是否具有良好的涂覆工艺性，尤其是与基材在热胀系数、熔点等热物理性质上是否具有良好的匹配关系。

为了使熔覆层具有优良的质量、力学性能和成形工艺性能，减小其裂纹敏感性，必须合理设计或选用熔覆材料。在选用和设计熔覆材料时，一般考虑以下一些原则。

1）热胀系数相近原则，即熔覆材料与基体金属二者的热胀系数应尽可能接近。若熔覆层材料和基体间热胀系数的差异较大，则在熔覆层中易产生裂纹、开裂甚至剥落现象。二者热胀系数的差别最好满足式 (9.6-2) 的关系。

$$\sigma_2 \frac{1-\nu}{E\Delta T} < \Delta\alpha < \sigma_1 \frac{1-\nu}{E\Delta T} \qquad (9.6\text{-}2)$$

式中　σ_1、σ_2——熔覆层与基材的抗拉强度；

　　　$\Delta\alpha$——二者的热胀系数之差；

　　　ΔT——熔覆温度与室温的差值；

　　　E、ν——熔覆层的弹性模量和泊松比。

2）熔点相近原则，即熔覆材料与基体金属二者的熔点相差不要太大。若二者熔点相差过大，则难以形成与基体良好冶金结合且稀释率小的熔覆层，会给激光熔覆工艺带来难度。若是熔覆材料熔点过高，加热时熔覆材料熔化少，会使得涂层表面粗糙度值大，或者基体表层过度熔化，熔覆层稀释率增大，严重污染熔覆层；反之，熔覆材料熔点过低，则易于使熔覆层过烧，且与基体间产生孔洞和夹杂，或者基体金属表面不能很好地熔化，难以形成良好冶金结合。因而在激光熔覆中一般选择熔点与基体金属相近的熔覆材料。

3）润湿性原则，即熔覆材料和基体金属以及熔覆材料中高熔点陶瓷相硬质颗粒与基质金属之间应当具有良好润湿性。为了提高熔覆材料中高熔点陶瓷颗粒与基质金属间的润湿性，可以事先对陶瓷颗粒进行表面处理，也可以在设计熔覆材料时适当添加某种合金元素。例如，在激光熔覆（$Cu+Al_2O_3$）混合粉末制备 Al_2O_3/Cu 熔覆涂层时，在粉末体系中加入 Ti 可以提高相间润湿性。

3. 激光熔覆层质量控制

（1）激光熔覆层的成分污染

由于激光熔覆过程中元素间的扩散及熔池中金属熔体的对流，熔覆层成分不可避免地受到基体的稀释，从而造成熔覆层的污染。一般通过控制熔覆层的稀释率控制其成分污染程度。稀释率随激光束功率密度增大而增大，随扫描速度加快而减小。

激光熔覆的稀释率大小直接影响涂层表面性能。稀释率可以通过测量涂层横截面积的大小来进行实际计算

稀释率＝基体熔化的面积／（涂层面积＋基体熔化面积）

（9.6-3）

或者用涂层搭接部分的成分测量计算

$$稀释率 = \frac{\rho_p(X_{p+s}-X_p)}{\rho_s(X_s-X_{p+s})+\rho_p(X_{p+s}-X_p)} \quad (9.6\text{-}4)$$

式中　ρ_p——熔覆粉末材料密度；

ρ_s——基体材料密度；

X_p——熔覆粉末材料中 X 元素的质量分数；

X_s——基体材料中 X 元素的质量分数；

X_{p+s}——整个涂层搭接处 X 元素的质量分数。

（2）开裂、裂纹和气孔

熔覆层开裂和裂纹是因为熔覆层中存在较大应力。激光熔覆工艺、熔覆材料及其与基体材料间的匹配关系均会影响熔覆层的裂纹和气孔情况。优化工艺参数、合理设计熔覆材料成分均可调节熔覆层的开裂和产生气孔的倾向。预热基体材料和熔覆后缓冷可以有效减少熔覆层裂纹的产生。

（3）氧化与烧损

激光熔覆过程中，由于刚成形熔覆层及激光束附近基体表面处于高温状态，因此其表面均会发生氧化。同时，熔覆材料熔池中各种合金元素均发生不同成分的烧损。通过优化保护气体的供给方式和供给量可以在一定程度上减弱氧化和烧损现象。

4. 激光熔覆技术优势和应用

激光熔覆技术优势体现在其涂层性能优异、工艺柔性好、技术适用性强等多方面。

采用不同的激光熔覆材料，可以制备出不同性能的激光熔覆层，使零部件表面获得优异耐磨性、耐蚀性、耐高温、耐冲蚀以及特定电磁等功能特性。

激光熔覆技术应用广泛，可以用于新品零部件制造，也可以用于零部件修复再制造，已在航空航天、冶金、石化、交通、矿采等各工业行业及国防装备关键零部件表面涂层制备和修复再制造中大量应用。

激光熔覆技术对基体零件材质的适应性好，适应不同材质金属件表面修复和表面涂层制备。激光熔覆技术广泛应用于修复钢、铸铁、镍基合金、铜合金、铝合金、钛合金、镁合金等各种不同材质的金属件。

激光熔覆技术对基体零件结构和尺寸的适应性好，适应大型尺寸零部件的现场作业需要，可以用于不同结构形状的金属零部件的再制造和修复再制造。激光熔覆技术已广泛应用于轴类件、齿类件、箱体类件、盘类件、叶片、筒形件、内孔类件以及其他不同类型复杂形状零构件。

近年来，激光熔覆一般采用基于同轴送粉或送丝的同步送料激光熔覆方法制备熔覆层，通过熔覆层的多层叠加可以获得立体结构的零件。这正是基于激光熔覆的金属激光增材制造技术，又称为激光熔覆增材制造技术或激光熔覆 3D 打印技术，属于直接能量沉积增材制造技术之一。

9.6.2　氧乙炔火焰熔覆

氧乙炔火焰熔覆是一种传统的材料表面改性或零件修复技术，其原理是以氧乙炔火焰为热源，把自熔剂合金粉末喷涂在经过预处理的工件表面上，然后加热涂层，使其熔融并润湿工件，通过液态合金与固态工件表面的相互溶解与扩散，形成一层呈冶金结合并具有特殊性能的表面熔覆层。

氧乙炔火焰熔覆涂层材料体系主要为与基底金属润湿性好的镍基、铁基自熔剂合金。

氧乙炔火焰熔覆包括两个过程：一是喷涂过程；二是重熔过程。重熔过程的目的是要得到无气孔、无氧化物、与工件表面结合强度高的涂层。

氧乙炔火焰熔覆技术设备和工艺简单、操作方便，成本较低，在工业中具有广泛应用。其熔覆材料体系主要为金属或合金粉末。在熔覆过程中，工件受热较严重，工件易于变形，因此不适用于薄壁件。

9.6.3　等离子熔覆

1. 技术原理和特点

等离子熔覆以钨极和工件之间产生的等离子弧为热源，将填充材料（通常为粉末）和工件表面共同熔化形成熔池，随后喷枪继续向前推进，等离子弧移开后，合金熔池逐渐冷却，从而形成与基体结合紧密的熔覆层。等离子熔覆原理如图 9.6-3 所示，当通入工作气体（通常为氩气）后，利用高频火花点燃非转移弧（也称小弧，形成于钨极和喷嘴之间），随后

非转移弧点燃转移弧（也称大弧，形成于钨极和工件之间），转移弧在经过喷嘴时会受到其尺寸限制，在由机械压缩作用、冷却水经过喷嘴时引起的热压缩作用及电弧内部的带电粒子对电弧的电磁压缩效应三者综合作用下，产生能量更加集中且稳定的等离子弧。

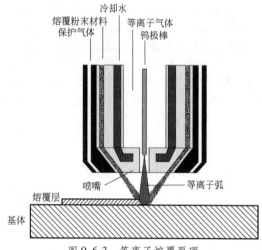

图 9.6-3　等离子熔覆原理

等离子熔覆技术相较于其他表面强化技术，具有熔覆效率高、粉末利用率高、稀释率低、可熔覆材料广及工艺可控性好等特点。传统的氩弧堆焊技术，温度过高，焊接应力大，相变难以控制，制得的涂层内部易产生气孔、颗粒等，无法保证原零件的精度和强度。采用等离子熔覆技术，熔覆过程中工件的变形较小，再制造后的工件性能甚至超过原零件。与等离子喷涂技术相比，等离子熔覆技术也有明显优势，两者虽然热源相同，但是喷涂工作环境差，粉末飞溅严重，浪费率高，严重污染环境，且涂层与基体的结合属于机械结合，容易脱落。与激光熔覆技术相比，等离子熔覆技术的工作环境要求低，设备的成本较低且操作简单。

2. 等离子熔覆工艺参数

等离子熔覆工艺参数主要包含熔覆电流、离子气流量、送粉气流量、送粉量、焊接速度、喷嘴与工件的高度以及搭接率等。

熔覆电流越大，对熔池的热输入越大，单位时间内熔池获得的能量密度越大，会形成较高的温度梯度，从而产生较大的过冷度，使熔覆层的组织得到细化。适当增加熔覆电流，能够使涂层的组织得到细化，但熔覆电流过大时，会导致工件表面熔深增加，造成涂层稀释率增大；而当熔覆电流过小时，粉末熔化不充分，飞溅严重，易造成未焊透、气孔及夹杂等缺陷。

离子气是经过电离产生等离子体从而得到等离子弧的介质。离子气流量过大时，会使等离子弧过"刚"，导致熔覆层稀释率增加；离子气流量过小时，会造成等离子弧不稳定，不利于涂层与基体的结合。

送粉气的主要作用是把合金粉末均匀地吹入到等离子弧中，进而落到基体表面形成熔池。送粉气流量的大小需要和送粉量的大小相匹配。送粉气流量过大，会引起粉末飞溅，造成粉末材料浪费，且会影响等离子弧稳定性；送粉气流量过小，易造成粉末堵管或送粉不均匀，使得熔覆过程中断或熔覆层不连续。

送粉量、焊枪摆动幅度及焊接速度三者综合影响涂层的宏观及微观质量，其中宏观上影响涂层的薄厚及表面平整度，微观上影响涂层组织的粗细程度，只有三者协调才能制得成形质量好的涂层。

在多道熔覆中，搭接率是影响熔覆层质量的一个重要因素。搭接率偏大，会使熔覆层厚度增加，而熔覆层被重复加热容易产生较大的热应力，导致出现裂纹、变形等；搭接率偏小，则会使熔覆层之间形成凹槽，熔渣在此处堆积，容易引起应力集中而发生断裂。

3. 等离子熔覆技术应用

等离子熔覆技术是先进表面工程技术之一，可以根据零部件服役性能需要，在零部件表面等离子熔覆铁基合金、镍基合金、钴基合金等不同特性的合金粉末或金属基陶瓷复合粉末，制备出具有良好耐磨性、耐蚀性、耐高温性等不同性能和综合性能的熔覆层，在金属零部件制造和修复再制造方面均有广泛应用。

等离子熔覆技术在车辆、舰船、飞机、矿山设备、工程机械、石油化工装备等各行业领域以及国防装备中均具有广泛应用，应用领域广、发展前景好。

9.6.4　感应熔覆

1. 感应熔覆技术原理和特点

感应熔覆技术是感应器在电磁感应效应的作用下，利用涡流产生的热量使预置在基体上的合金粉末达到熔融状态，并与工件表面产生冶金结合，得到与基体冶金结合的耐腐蚀、耐磨损的涂层。其中，交变电流、感应线圈和工件是感应熔覆技术工作的三要素。当交变电流通过线圈时在线圈附近形成交变的磁场，金属工件位于磁场当中，在其表面形成与感应线圈中电流方向相反的感应电流，即涡流或磁滞损耗，使熔覆层和工件表面迅速加热到高温，冷却后熔覆层与基体金属形成冶金结合。根据频率不同，感应加热可分为工频（$f = 50Hz$）、中频（$50Hz < f < 10kHz$）、高频（$f > 10kHz$），交变电流频率越高，电流透入深度越浅，被加热层越薄。此外，感应加热具有加热速度快、热损少、加热效率高、无污染、均匀性好、加工质量高、易于实现自动控制等特点。

感应熔覆是利用感应器中的交变电磁场与趋肤效应将合金粉末或金属陶瓷原料熔覆于零件表面，易得到大面积、厚度均匀、基体受热小且加工余量少的耐磨、耐蚀涂层，达到表面尺寸恢复、性能强化的目的。

该项技术的报道最早始于 20 世纪 90 年代，国内外研究人员采用中（1～10kHz）、高频（≥100kHz）或超音频（10～100kHz）设备，在钢基体上制备镍基、铁基、钴基合金涂层或在自熔性合金粉末中添加陶瓷相元素的复合涂层。感应熔覆既能充分保持基体材料的原有强度与韧性特征，又能有效发挥熔覆层的耐磨、耐蚀与耐疲劳的材料特性，且熔覆层和基体的冶金结合方式使整个零件综合力学性能获得大幅提升。

2. 感应熔覆工艺

高频（$f>10kHz$）感应熔覆分为超音频（$10kHz<f<100kHz$）和高频（$100kHz$）两种，但是超音频感应熔覆设备频率较低，对基体产生较大的热影响。在高频感应熔覆中，合金涂层的主要制备步骤为：基体表面预处理→涂层调制→感应熔覆。

基体表面预处理的主要目的是将基体表面的氧化膜或油污等去除。常用的预处理方法为清洗和表面喷砂。

涂层调制主要有预制粉末法和预制粉块法两种。预制粉块法是将粉体压制成块状，然后放置于工件表面进行感应熔覆。预制粉末法又分为冷涂法和热涂法，热涂法即把合金粉末利用热喷涂的方法涂覆在工件表面后进行感应熔覆，这种方法简单易行，操作方便，大大提高了生产率，但是其成本较高，而且氧化较严重。冷涂法即将粉末与黏结剂混合成膏状，涂覆到工件表面，然后进行烘干处理，再进行感应熔覆处理。该方法经济实用，且质量较好。

感应熔覆的工艺参数主要包括电源频率、加热比功率、加热启动时间、试样移动速度、感应线圈间隙等。感应熔覆涂层质量受多种工艺参数影响。

3. 感应熔覆技术应用

感应熔覆技术是一种新型表面熔覆强化技术，具有感应加热技术和表面涂层技术的综合优势，能以较低的成本在材料表层制备出高耐磨性、高耐蚀性的复合金属熔覆层，生产效率高、污染小、质量高，具有重要的研究价值和广阔的应用前景。通过感应熔覆技术制备的防腐耐磨零件已广泛应用于采矿、冶金、机械等领域。

9.6.5　电火花沉积

电火花沉积又称为电火花表面强化技术，是通过电火花放电的作用把一种导电材料涂敷渗到另一种导电材料的表面，形成合金化的表面强化层，从而改变后者表面的物理、化学和力学性能的工艺方法。形成的表面强化层可以是金属涂层、硬质合金涂层、陶瓷涂层、非晶合金涂层、高熵合金涂层和 MAX 相涂层等，从而提高材料的耐磨损、耐腐蚀、热障和阻燃性能。电火花表面强化技术可用于模具、刀具及机械零件的表面强化和磨损部位的修复，如俄罗斯 AL-31 航空发动机中，就有 38 个零部件采用了电火花表面强化。

1. 电火花表面沉积过程

电火花表面沉积是利用 RC 电路充放电原理，采用导电材料作为电极，在空气中使之与被强化的金属工件之间产生火花放电，直接利用火花放电的能量，使电极材料转移至工件表面，形成强化层。金属电火花表面强化过程示意图如图 9.6-4 所示。

（1）电极靠近

电极接正极，工件接负极，当电极与工件分开较大距离时（见图 9.6-4a），电源对电容器充电，同时电极向工件运动。

（2）电火花放电

当电极与工件之间的间隙接近到某一距离时，间隙中的空气被击穿，产生电火花放电（见图 9.6-4b），使电极和工件材料局部产生熔化，甚至汽化。接着因为电极向工件运动而无限接近工件，使放电回路形成通路，在火花放电通路和相互接触的微小区域内瞬时流过电流密度高达 $10^5～10^6 A/cm^2$ 放电电流，而放电时间仅为几微秒到几毫秒。由于放电能量在时间上和空间上的高度集中，在放电微小区域内产生 $8000～25000℃$ 的高温，使该区域的基体向周围介质中溅射。

（3）电极材料沉积

电极继续接近工件并与工件接触时（见图 9.6-4c），火花放电停止。在接触点处流过短路电流，使该处继续加热。当电极继续下降时，以适当压力压向工件，电极和工件上熔化了的材料挤压在一起，由于接触面积扩大和放电电流减小，使接触区域的电流密度急剧下降，同时接触电阻也明显减小，电能不再使接触部分发热。同时，由于空气介质和金属工件基体的冷却作用，熔融的材料被迅速冷却而凝固。接着冷凝的材料脱离电极而黏结在工件上，成为工件表面上的沉积点。熔化了的材料相互黏结、扩散形成合金或产生新的化合物熔渗层，从而使电极的材料沉积在

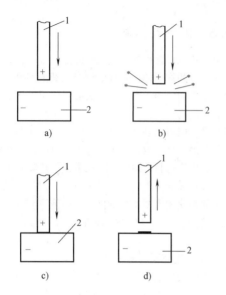

图 9.6-4　金属电火花表面强化过程示意图
1—电极　一工件

工件表面。

（4）工件放电部位冷却

电极离开工件（见图 9.6-4d），由于工件的电容量比电极大，工件放电部位急剧冷却。同时因放电回路被断开，电源重新对电容器充电，完成电火花沉积设备的一次充放电的过程。

经过多次充放电，并相应地移动电极的位置，即在工件表面形成强化层。

2. 电火花表面强化电极的材料及其移动方式

（1）电极材料

作为电火花强化的电极材料必须是导电的，根据用途可以选择不同的材料，如模具、刀具和耐磨零件的表面强化一般可以用能形成 WC、TiC 层的 YG8 硬质

合金电极；对需要修补或有防腐蚀要求的工件则可选择高速钢、铝、铜、石墨等材料。

电火花表面强化时，电极材料的物理化学性能对生产率、强化层厚度、硬度以及表面粗糙度都有影响。而且，电极截面积的尺寸也是一个影响因素。小功率的设备，通常用 $\phi 1 \sim \phi 2mm$ 的电极棒，如果用粗的电极生产率就会降低；而大功率的设备使用细的电极易使电极过热，表面质量将因此下降。

（2）电极移动方式

在电火花表面强化过程中，电极的移动方式因表面强化的需求和表面形状的特征不同而不同。

对于平面零件的表面强化，合金电极垂直于加工表面，并按设定的直线轨迹运动，形成硬化条带（宽度不超过电极的直径），多个硬化条带的衔接以覆盖所需强化的部位（见图 9.6-5a）。

为了确保所需的耐磨性或减摩性，通常不需要连续涂层，仅对均匀分布在表面上的各个局部进行硬化即可。在这种情况下，合金电极的运动可按六边形（见图 9.6-5b）或其他形状单元的方式进行。

当强化相对难以接近的部位，例如槽（见图 9.6-5c）时，电极应倾斜。在强化旋转体外表面时，应使工件旋转，并使用棒状或管状合金电极（见图 9.6-5d）。

在硬化内表面时，可使用盘状电极（见图 9.6-5e），对于浅孔，使用倾斜的杆状电极。对箱体上孔壁的硬化可以通过伺服系统使电极的运动始终保持恒定的电极间隙（见图 9.6-5f）。根据孔的直径和深度，可使用盘状或棒状合金电极。

采用以上的电极及其运动方式，电火花表面强化适用于不同复杂表面零件的处理。

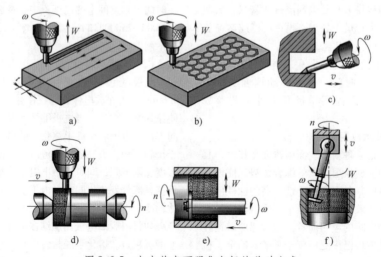

图 9.6-5　电火花表面强化电极的移动方式

3. 电火花表面强化技术特点

电火花表面强化技术的优点：

1) 设备简单、造价低。目前使用的小型电火花涂敷机，主要由脉冲电源和振动器两部分组成，没有传动机构、工作台等机械构件，携带方便、使用灵活，设备投资和运行费用都很低。

2) 熔渗层与基体结合牢固，不会发生剥落。因为沉积层是电极和工件材料在放电时的瞬时高温高压条件下重新合金化而形成的新合金层，它们是冶金结合，而不是电极材料简单的涂覆和堆积。

3) 电极材料消耗极少，可以根据需要选用电极材料。对于沉积设备、模具以提高耐磨性为目的的沉积，可选用 YG 类硬质合金，能形成高硬度、高耐磨、耐腐蚀的沉积层。而以修复机器零件磨损部位为目的的沉积，可采用碳钢、合金钢、纯铜、黄铜等材料作为电极，这些材料来源比较广，而且材料消耗量

也很少。

4) 局部加热耗电少，处理件不受尺寸限制，可对零件、设备表面施行局部沉积，也可对一般几何形状的平面或曲面进行沉积，比如刀具、模具和机械零件，特别适用于大件的局部表面强化。

5) 高能量密度加热，心部组织与性能无变化，处理后零件无变形。

6) 操作方法简单容易掌握，不需要技术等级高的操作人员，不会产生有毒气体、液体等环境污染物，噪声小。

电火花表面强化技术的缺点：

1) 电火花熔渗层较浅，一般厚度为 0.02~0.5mm。

2) 表面粗糙度值大，一般 Ra 为 1.25~5μm。

3) 熔渗层的均匀性和连续性较差。

电火花表面强化技术与其他表面涂层技术特点的比较见表 9.6-5。

表 9.6-5　电火花表面强化技术与其他表面涂层技术特点的比较

工艺	预热	变形	强化厚度/mm	厚度控制	气孔	后续加工	强化速度	结合强度
电火花	不	小	<1	易	少	易	中	高
电刷镀	不	小	<0.5	易	中	中	慢	低
氩弧焊	要	大	>1	难	多	难	快	高

4. 电火花强化技术工艺及其涂层质量控制

电火花表面强化技术的主要技术指标有：强化层厚度、硬度、表面粗糙度和沉积效率。影响这些指标的主要因素是电气参数、电极材料和强化时间等。

(1) 强化层厚度

电火花表面强化时，随着单个脉冲能量的增加，强化层厚度增大。表 9.6-6 为电气参数与强化层厚度。

表 9.6-6　电气参数与强化层厚度

直流电压/V	电容量/μF	放电能量/J	强化层厚度/μm
35	45	0.028	30
56	100	0.16	50
56	400	0.63	90
56	600	0.96	160

(2) 表面粗糙度

电火花表面强化时，表面粗糙度值随单个脉冲能量的增加而增大，为满足表面粗糙度的要求，就要限制单个脉冲能量，因此设备的功率、强化的厚度以及生产率等都要受到限制。表 9.6-7 为 D9150 型强化设备进行表面强化时工件表面粗糙度。既要得到较厚的强化层，又要保持较小的表面粗糙度值和较高的生产率，往往采用先粗规范强化，然后再精细规范修整的综合强化工艺方法。表 9.6-7 中的 6 号试样就是用这种工艺强化的结果。

表 9.6-7　电气参数与表面粗糙度

试样编号	电气参数		表面粗糙度 Ra/μm
	电压/V	电容/μF	
1	50	20	3.4
2	50	10	2.8
3	40	4	2.3
4	40	2	1.5
5	40	1	1.3
6	50、40、40	20、4、1	2.6

(3) 生产率与强化时间

电火花表面强化时，评定一台设备强化效率高低的参数是生产率。生产率用单位面积强化时间（min/cm²）或单位时间的强化面积（cm²/min）来表示。

试验表明，强化层是多次放电才能形成的，而且在某一强化条件下强化层又不会随强化次数的增加不断增厚。为此，使用者必须有最佳强化时间这样的概念，即在所选用的电气参数、电极材料和操作条件下，单位面积（1cm²）上形成的强化层的厚度和均匀性能达到最佳状态时所需的时间。在强化设备设计和试制过程中，制造部门根据大量试验提供了该数据，以便用户按此要求进行操作。例如用 D9110 型设备进行试验，结果表明：对于刀具、模具等不同材料，最佳强化时间为 3~5min。

5. 电火花表面强化层的性能
（1）强化层的硬度

电火花强化层的厚度比较薄，因此强化层的硬度需用显微硬度计测量。强化层的硬度与所使用的电极材料和工件材料有较大关系。当使用硬质合金 YG8 作电极材料时，在同样的强化条件下，工件材料不同时，白层的硬度有较为明显的区别，而且显微硬度值介于电极和工件之间。其显微硬度可达 1100~1400HV（相当于 70~74HRC），或者更高。例如，电极材料为YG8，电容量为 400μF，电压为 56V，对 Cr12 钢进行电火花表面强化后，显微硬度分布见图 9.6-6。

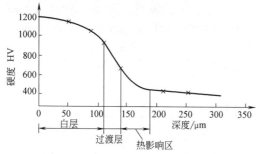

图 9.6-6　强化层硬度与深度的关系

（2）强化层的耐磨性

强化层的耐磨性与电极材料的硬度有关，通常硬度越高耐磨性越好。如用铬锰、钨铬钴合金、硬质合金 YT15 等作为电极强化 45 钢时，其耐磨性比原来平均提高 2~2.5 倍。表 9.6-8 为不同电极材料强化 45 钢的耐磨性。

表 9.6-8　不同电极材料强化 45 钢的耐磨性

电极材料	强化层厚度/μm	硬度/MPa	相对耐磨性
TiC	80~126	30400	9.9
ZrC	70~120	26500	7.8
NbC	80~150	16600	5.0
Cr_3C_2	120~160	16000	4.0
Mo_2C	100~180	14000	1.4
WC	110~180	17000	2.0

（3）强化层的耐蚀性

选用合适的电极材料，强化后的工件耐化学腐蚀或耐海水腐蚀性能将有较大幅度的提高。表 9.6-9 为不同电极材料强化 45 钢的耐蚀性。可见经 Si 电极强化耐蚀性提高 32%，C 电极强化提高 90%。WC、CrMn、YT15 作电极强化不锈钢材料后，进行水冲蚀试验表明，耐蚀性提高 2~4 倍。

表 9.6-9　不同电极材料强化 45 钢的耐蚀性

电极种类	15 昼夜后的质量变化/g
白口铁	-0.3947
YG3	-0.3631
Si	-0.2737
C	-0.1819
Al	-0.1807
FeCr	-0.0916
未强化的 45 钢	-0.3612

（4）强化层的耐热性

强化层的耐热性与工件材料、电极材料有关。如用 WC 电极在 45 钢表面形成的强化层加热到 700~800℃的高温时，其硬度基本没有下降。

汽轮机的叶片在高温和潮湿的条件下工作，对叶片材料而言，既要耐高温，又要耐水冲蚀。实际运行表明，经电火花强化后的叶片，可以大大减轻冲蚀程度。表 9.6-10 为汽轮机转子电火花强化层的耐热性。

表 9.6-10　汽轮机转子电火花强化层的耐热性

汽轮机运行时间/h	汽轮机转子直径方向氧化皮增厚尺寸/mm			
	未强化	FeCr 强化	白口铁强化	YG3 强化
700	0.11	0.01	0.02	0.05
1000	0.15	0.01	0.02	0.05

9.7　喷丸强化技术

9.7.1　喷丸强化原理

喷丸强化工艺是利用高速运动的弹丸对金属表面的冲击而产生的塑性循环应变层，由此导致该层的显微组织发生有利的变化并使表层引入残余应力场，表层的显微组织和残余压应力场是提高金属零件的疲劳断裂和应力腐蚀（含轻脆）断裂抗力的两个强化因素，其结果使零件的可靠性和耐久性得到提高。

9.7.2　喷丸强化的应用

一般来说，凡在服役中易发生疲劳和应力腐蚀断裂、晶间腐蚀、高温氧化等失效形式的机械零件，均可采用喷丸强化来改善其物理与化学性能。表 9.7-1 列出了采用喷丸强化处理的主要零件。

表 9.7-1 采用喷丸强化处理的主要零件

机械装备类型	装备中的零件
航空飞行器	飞机(起落架、水平与垂直尾翼大梁、框架、弹簧等),发动机(风扇叶片、涡轮叶片、涡轮盘、涡轮轴、燃气导管、机匣、燃烧室、密封环、板簧、弹簧等)
机车车辆工业	机车铸钢车轮、圆柱螺旋弹簧、板簧、内燃机蜗杆
石油机械工业	蜗杆钻具(传动轴、弯向壳体、挠轴等),抽油杆,海上平台辊子链条
汽车装甲车	汽车(前桥、半轴、减速器轴、板簧、悬架簧等),内燃机(进排气门弹簧、活塞唇、曲轴、连杆等),平衡肘、扭力杆
汽轮机工业	各种转子叶片
核电站	热蒸发器、热循环管
其他工业	风动工具、继电器
机械基础件	弹簧(板簧、膜片簧、圆柱螺旋弹簧、异形弹簧等),齿轮(变速箱齿轮、谐波齿轮、轧机重载齿轮、核潜艇重载齿轮、各种传动齿轮),链条(中、小型辊子链条,船用锚辊子,石油平台辊子链条,矿山圆环链条)

9.7.3 喷丸强化设备与介质

1. 喷丸设备

喷丸强化设备主要有以下两种结构形式:气动式与机械离心式。与表面清理设备截然不同,两种强化设备都必须具备以下主要功能:

1)喷丸加速与速度控制机构。

2)喷丸提升机构。

3)喷丸塞选机构。

4)零件驱动机构。

5)通风排尘机构。

6)强化时间控制装置。此外,对于不同类型的强化设备,还需具备其他一些辅助机构。

根据被强化零件的产品和产量的多寡来选择喷丸机的类型。一般情况下,应根据下述条件选择强化设备类型。

选择气式喷丸机的条件:

1)被强化零件的品种繁多且每种产量较低。

2)被强化零件的品种虽少但其形状较复杂。

3)需采用玻璃丸或陶瓷丸进行低强度(<0.20Amm)的喷丸强化处理。

4)需要采用液体喷丸处理。

选择机械离心式喷丸机的条件:

1)被强化零件的品种较少,但产量较高(如年产300万件的汽车内燃机气门圆柱螺旋弹簧,或日产1200根的内燃机连杆等)。

2)零件的形状简单且尺寸较大。

3)需要采用高喷丸强度(>0.20Cmm)的喷丸强化处理。

2. 喷丸介质

喷丸强化介质主要是弹丸,强化用的弹丸主要有铸钢丸、不锈钢丸、钢丝切制丸、玻璃丸等。近年来又推出了一种陶瓷丸(ZrO_2),由于它具有成圆率高、硬度高、韧性好、使用寿命极长等独特的优点,若不是因为价格高,陶瓷丸大有代替其他弹丸之势。

(1)铸钢丸

通常市售铸钢丸的硬度为45~52HRC,根据需要也可定购高硬度(55~65HRC)的弹丸。铸钢丸尺寸规格见表9.7-2。

表 9.7-2 铸钢丸尺寸规格

筛网目号	筛孔尺寸(ISO标准)/mm	弹丸尺寸(mm)在相应筛网上允许存在的最高和最低质量分数							
		ZG140	ZG118	ZG100	ZG85	ZG65	ZG43	ZG30	ZG18
8	2.36	全通过	—	—	—	—	—	—	—
10	2.00	2%max	全通过	—	—	—	—	—	—
12	1.70	—	2%	全通过	—	—	—	—	—
14	1.40	90%max	—	2%	全通过	—	—	—	—
16	1.18	90%max	90%max	—	2%	—	—	—	—
18	1.00	—	98%max	90%max	—	全通过	—	—	—
20	0.850	—	—	98%max	90%max	2%	—	—	—
25	0.710	—	—	—	98%max	—	全通过	—	—
30	0.600	—	—	—	—	90%max	2%	—	—
35	0.500	—	—	—	—	98%max	—	全通过	—
40	0.425	—	—	—	—	—	90%max	2%	全通过
45	0.355	—	—	—	—	—	98%max	—	2%
50	0.300	—	—	—	—	—	—	90%max	—
80	0.180	—	—	—	—	—	—	98%max	90%max
120	0.125	—	—	—	—	—	—	—	98%max

（2）钢丝切制丸

钢丝切制丸的硬度与尺寸规格见表9.7-3。

（3）玻璃丸

玻璃丸的物理和化学性质应符合 GSB Q34001 中规定的要求。

玻璃丸的硬度较高，密度比铸钢丸小（$2.38g/cm^3$），其尺寸规格见表9.7-4。

（4）弹丸种类的选择原则

根据被强化零件的材料、表面粗糙度以及喷丸强度等来选择可使用弹丸的种类：

1）黑色金属零件可使用任何一种弹丸。

2）有色金属（铝合金、镁合金、铜合金、钛合金、镍基合金等）零件最好使用不锈钢丸，为获得高喷丸强度也可使用其他种类弹丸，但强化后需进行清洗以去除黏在表面上的铁粉，防止随后引起电化学腐蚀。

表 9.7-3　钢丝切制丸的硬度与尺寸规格

弹丸符号	钢丝平均直径/mm	50 粒弹丸质量/g	最低维氏硬度 HV
CW159	1.59	0.33~1.09	353
CW137	1.37	0.72~0.88	363
CW119	1.19	0.48~0.58	403
CW104	1.04	0.31~0.39	413
CW89	0.89	0.20~0.24	435
CW81	0.81	0.14~0.18	446
CW71	0.71	0.10~0.12	458
CW58	0.58	0.05~0.07	485
CW51	0.51	0.04~0.05	485
CW43	0.43	0.03~0.06	485
CW36	0.36	0.01~0.03	485

表 9.7-4　玻璃丸的尺寸规格

筛网目号	筛网尺寸（ISO 标准）/mm	玻璃丸尺寸					
		BZ50	BZ35	BZ25	BZ20	BZ15	BZ10
25	0.710	全通过	—	—	—	—	—
30	0.600	筛上 5%max	—	—	—	—	—
35	0.500	—	全通过	—	—	—	—
40	0.425	筛上 90%min	筛上 5%max	—	—	—	—
45	0.355	—	—	全通过	—	—	—
50	0.300	—	筛上 90%min	筛上 5%max	全通过	—	—
60	0.250	筛下 5%max	—	—	筛上 5%max	—	—
70	0.212	—	筛下 5%max	筛上 90%min	—	全通过	—
80	0.180	—	—	—	筛上 90%min	筛上 5%max	—
100	0.150	—	—	筛下 5%max	—	—	全通过
120	0.125	—	—	—	筛下 5%max	筛上 90%min	筛上 5%max
140	0.100	—	—	—	—	—	—
170	0.090	—	—	—	—	筛下 5%max	筛上 90%min
200	0.075	—	—	—	—	—	—
230	0.063	—	—	—	—	—	—
270	0.053	—	—	—	—	—	筛下 5%max

3）表面粗糙度要求高的零件，应选用尺寸较小的弹丸。

4）玻璃丸和陶瓷丸适合于任何材料的表面强化。

5）当需对零件上的圆角、沟槽等部位强化时，所选用的尺寸应满足以下要求：

① 弹丸尺寸应小于喷丸区内最小圆角半径的1/2。

② 弹丸尺寸应小于键槽宽度的1/4。

③ 当弹丸必须通过槽缝强化下方的表面时，其尺寸应小于槽缝宽度的1/4。

9.7.4　工艺检测及控制

1. 术语及标准

（1）喷丸强化工艺参数

设计人员在图样上标注的喷丸强化工艺参数有弹丸种类、尺寸，喷丸强度和表面覆盖率。

（2）弧高度试片

弧高度试片或称阿尔门（Almen）试片是用来综合度量喷丸强化工艺参数的一种专用量规，共有三种规格：N、A、C，其技术要求见表9.7-5。一般情况下使用 A 试片。当用 A 试片测出的喷丸强度低于

0.1Amm 时，应换用 N 试片；当用 A 试片测出的喷丸强度高于 0.6Amm 时，则应换用 C 试片。

表 9.7-5 弧高度试片的技术要求

项目名称	试 片 代 号		
	N	A	C
厚度/mm	0.79±0.025	1.29±0.025	2.39±0.025
宽度/mm×长度/mm	$19^{+0}_{-0.1}$×(76±0.2)	$19^{+0}_{-0.1}$×(76±0.2)	$19^{+0}_{-0.1}$×(76±0.2)
平行度公差/mm	±0.025	±0.025	±0.025
表面粗糙度 $Ra/\mu m$	0.63~1.25	0.63~1.25	0.63~1.25
硬度 HRC	44~50	44~50	44~50

（3）弧高度试片夹具

它是用来固定试片的工具，应用工具钢制造，硬度为 >55HRC。固定弧高度试片的夹具如图 9.7-1 所示。

（4）弧高度

弧高度试片在弹丸的冲击下表面层发生塑性流变，导致试片向喷丸面呈球面状弯曲。取一平面作为基准面切入变形球面内，则由该基准面至球面最高点之距离定义为弧高度。

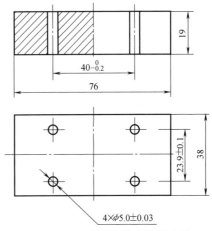

图 9.7-1 固定弧高度试片的夹具

（5）弧高度测具

它是用来测定试片经喷丸后在所规定范围内产生的弧高度值的一种测量工具，试片弧高度测具的几何形状如图 9.7-2 所示，4 个钢球的平面度为 0.05mm。

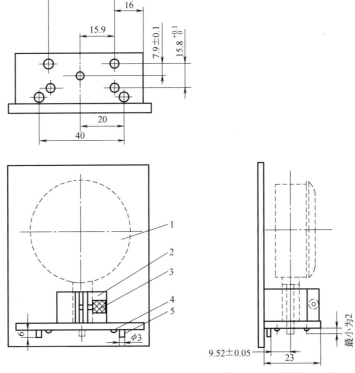

图 9.7-2 试片弧高度测具的几何形状（含百分表组装位置示意）

1—百分表（后配） 2—百分表支架 3—百分表固定螺钉
4—淬火钢球（$d=5mm$） 5—试片定位销（碳素钢，淬火）

（6）弧高度曲线

在其余喷丸强化工艺参数不变的条件下，同一类型的试片分别各自接受不同时间的喷丸，由此获得一组弧高值随喷丸时间（或喷丸次数）变化的数据，由这组数据在弧高值-时间坐标上绘制出的曲线，就叫做弧高度曲线。

（7）喷丸强度

任何一组工艺参数下的弧高度曲线上均存在一个饱和点（确切地说为准饱和点），过此饱和点弧高度随喷丸时间而缓慢增高（见图 9.7-3）。对饱和点作如下定义：在一倍饱和点的喷丸时间下，弧高值的增量不超过饱和点处弧高值的 10%。饱和点的弧高值定义为该组工艺参数的喷丸强度。所以，一组工艺参数下的弧高度曲线上只有一个喷丸强度。

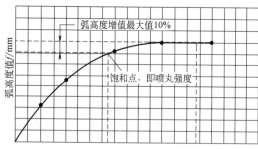

图 9.7-3　弧高度曲线（或 f-t 曲线）确定
喷丸强度的示意图

在未给出喷丸强度的容差时，喷丸强度只有正容差，容差范围规定为（0，+30%），但正容差的最小值不应低于 0.08mm。如给定的喷丸强度为 0.45Amm，则其允许偏离范围为 0.45~0.59Amm；如给定的喷丸强度为 0.2Amm，则其允许偏离范围为 0.2~0.28Amm。

（8）表面覆盖率

受喷零件表面上弹坑占据的面积与受喷表面总面积之比值，称为表面覆盖率（简称为覆盖率），通常以百分数表示。因为通常难以用肉眼判断并恰好寻求到 100% 的覆盖率，而 98% 的试验较易进行。因此以 98% 的数字定义为 100% 的覆盖率，而 2 倍于 100% 覆盖率时间所达到的覆盖率定义为 200% 的覆盖率，而以此类推。

9.8　自动化表面工程技术

自动化表面工程技术是对一些适用于自动化作业的表面工程技术的总称，是传统表面工程技术的一种技术应用升级形式。

在达到图样规定的喷丸强度条件下，当零件的硬度低于或等于试片的硬度时，该零件的表面覆盖率能够达到 100%，但零件的硬度高于试片的硬度时，则零件的覆盖率会低于 100%。

零件表面达到 100% 覆盖率所需的时间并不等于达到 50% 覆盖率所需时间的 2 倍。若在 1min 内达到 50%，则下一个 1min 只能使剩下的 50% 面积获得 50% 的覆盖率，即达到的总覆盖率为 50% + 25% = 75%。可以用下式计算经 n 次喷丸后的表面覆盖率：

$$C_n = 1 - (1 - C_1)^n$$

式中　　C_1——第一次喷丸获得的覆盖率；

C_n——经 n 次喷丸后的表面覆盖率。

如取 $C_1 = 50\%$，则 $n = 2、3、4、5、6$ 的 C_n 计算值列入表 9.7-6。由表 9.7-6 中的数据可见，由 50% 增加到 98% 的覆盖率，其喷丸时间需延长 5 倍。

表 9.7-6　喷丸时间与表面覆盖率之间的关系

接受喷丸的时间或次数	1	2	3	4	5	6
表面覆盖率(%)	50	75	87	94	97	98

在实际生产中，可用 10 倍放大镜目视检查覆盖率，也可用与标准喷丸件（或标准试块）对比进行检查。在对覆盖率质量有争议时，可用金相显微镜放大 50 倍投影到毛玻璃上，用描图纸将弹坑占据面积勾画下来，然后用求积仪测其面积或用剪刀将两种区剪开再分别称重等方法，求出覆盖率的数值。

2. 设计图样符号标识

（1）表示喷丸强度符号

使用 N、A、C 三种弧高度试片测定出的喷丸强度分别用字母 N、A、C 来表示，其单位为 mm。

例如采用 N 试片测得的弧高度值为 0.4 时，则其喷丸强度应表示为 0.4N；采用 A 试片测得的弧高度值若为 0.3 时，则其喷丸强度应表示为 0.3A。

（2）弹丸符号

不同弹丸用不同的符号表示，各种弹丸的表示方法如下：BZ 是玻璃丸，CW 是切制钢丝弹丸，ZG 是铸钢弹丸。

（3）图样上表示喷丸或非喷丸区的符号

S 是喷弯区；M 是非喷丸区或禁止喷丸区；A 是任意喷丸区。

随着科技的发展，其内涵和自动化技术工艺也在不断拓展，例如自动化表面清洗技术、自动化表面熔覆技术、自动化电镀/电刷镀技术、自动化表面质量评价评估技术等。

9.8.1　自动化表面工程技术设计

自动化表面工程技术设计，是通过针对性设计，对表面工程相关技术进行个性化的自动化升级。针对不同的表面工程技术，其自动化升级的可行性、难易程度、现实需求等方面存在较大的差异，因此进行针对性的技术设计，是自动化表面工程技术的必要手段。目前，根据表面工程技术在零件表面涂层制备、零件修复再制造中的阶段位置，可分为：清洗、检测、表面成形加工等不同工艺步骤的表面技术自动化。在自动化表面工程内涵上，其涉及现代通信与信息技术、计算机网络技术、智能控制技术等，可以使整个表面工程技术方法更具效率和有效性；在智能化方面，自动化表面工程技术涉及感知能力、记忆思维能力、学习能力、自适应能力、行为决策能力五个方面，为自动化能力的提升提供功能基础，如图 9.8-1 所示。

从广义上来说，自动化表面工程技术的内涵包括以下三方面内容：

1）在形式上，自动化表面工程技术不断替代人类体力劳动、不断替代或辅助人的脑力活动，并进行系统中人机交互、协调、优化和控制。

2）在功能方面，自动化表面工程技术的目标是多维度的，既包括代替人类的体力或脑力劳动，也包括降低成本、提高质量、减少污染等。

3）在范围方面，自动化表面工程技术不仅涉及生产制造及修复/再制造过程，更涉及产品的整个生命周期的所有过程。

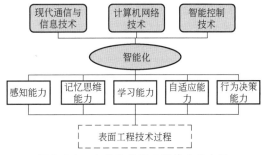

图 9.8-1　自动化表面工程技术的内涵

从狭义上来说，自动化表面工程技术就是把表面工程技术流程通过自动控制、无损检测、智能分析等自动化过程进行系统构建，使相应的表面工程技术自动化实施的技术过程，因此需要包括自动化表面质量评价技术、自动化表面成形加工技术等典型技术。

9.8.2　典型自动化表面工程技术

1. 自动化表面质量评价技术

自动化表面质量评价技术是对各种检测技术自动化改造的统称，主要包括：自动化射线检测、自动化超声检测、自动化磁性检测、自动化声发射检测、自动化红外热成像检测等。自动化的要点是通过自动控制、人工智能等技术的结合，代替这些技术在目前实施过程中有人参与的过程。其典型自动化过程就是通过检测信号和机械测量的映射关系，实现通过各种无损检测技术代替机械检测技术，同时通过自动化手段大大减小人类操作带来的随机误差，使检测更加有效、准确，如图 9.8-2 所示。

图 9.8-2　自动化无损检测技术原理示意图

再制造毛坯由于在上一使用周期的服役情况各不相同，因此对其进行检测、分析，准确获取其前一生命周期服役情况的综合信息，是对后续的智能化再制造加工过程实现的基础和保障。目前，通过对再制造毛坯的检测主要通过视觉图像获取其 3D 轮廓信息、图像信息以及各种无损检测手段获得的毛坯内部组织、结构信息。这些信息蕴含着大量的服役过程信息，并与再制造毛坯服役前的原始状态相关，具有巨大的使用价值。把这些信息通过图像、无损检测等方式获取，并通过人工智能方法进行信息的回溯、筛选及分析，是未来人工智能在机械再制造领域必须解决的基础性问题。无损检测过程（包括非线性超声、超声 TOFD、金属磁记忆、巴克豪森噪声法、增量磁导率、切向磁场强度、磁滞损耗、矫顽力、多频涡流等方法）探寻零部件在不同力、磁、电、热等物理场耦合作用下的信号变化机制，是对零部件原始信息的有损转化。因此联合多种无损检测手段，通过不同的信息源，联合获取再制造毛坯的综合服役信息，是提高无损检测效果和能力的重要途径。其中，无损检测与各种微观组织结构的对应关系，如晶粒大小，晶体结构类型与分布，内部杂质含量、硬度、拉压强度等参数都有一定的对应关系；图像信息可以获得再制造毛坯表面的实际特征，包括表面颜色、表面粗糙度、形貌等信息；使用多摄像头可以获得零部件的外部 3D 信息，通过转化可以获取再制造毛坯的零件实际服役后尺寸与形状。

无损检测过程是在不损害或不影响被检测对象使用性能的前提下，采用射线、超声、红外、电磁等原理技术并结合仪器对材料、零件、设备进行缺陷、化学、物理参数检测的技术，其特点是：非破坏性、互容性、动态性、严格性以及检测结果的分歧性。因此提高无损检测的可靠性和检测能力，需要探寻零部件在不同力、磁、电、热等物理场耦合作用下的变化机制，研究提取出各个物理参数的特征量，建立起此物理特征量与损伤信息的映射关系，并相应研发各种不同无损检测技术所需的先进传感、激发、接收等设备以及损伤关系数据库，实现装备、零部件的智能定量无损检测和性能评估。

常见的无损检测方法众多，目前在缺陷监测、生命评估等领域大量应用。然而传统的无损检测手段信号单一，由于检测信号只能表征材料特征的部分状态，同时无损检测对信号的标定困难，因而信号反映的材料特征一般多为定性分析，无法达到定量表征的要求。未来采用深度学习等智能算法对各个特征值进行智能整合或优化选择，提取最佳特征值进行标定试验，建立零部件性能参量与特征值的复杂映射关系，将大大提高无损检测的效率和可靠性，获得更多的服役信息，提升整体自动化水平。

2. 自动化表面成形加工技术

自动化表面成形加工技术是在再制造毛坯损伤部位沉积成形特定材料，以恢复其尺寸、提升其性能的材料成形加工技术。表面成形加工技术是我国维修、再制造产业的亮点与特色之处，有效提高了再制造率和节能环保效果。其技术主要包括：纳米复合表面工程技术，如纳米复合电刷镀技术、纳米热喷涂技术等；能束能场表面工程技术，如激光熔覆技术、高速电弧喷涂技术等。我国自动化表面成形技术主要是利用增材制造技术对损伤零部件进行增材修复的工艺过程。其利用机器人等系统的高柔性控制，对缺损零件进行反求建模、成形分层、路径规划等，并选用合适的熔敷工艺，采用增材方式进行再制造。

表面成形加工技术具有其固有的特点：加工对象结构、材质复杂，预处理繁琐，质量控制困难，技术含量高。在增材再制造成形过程中，熔覆材料一般为异质材料，根据材料性能决定熔覆工艺，如激光、等离子、电弧等。不同于增材制造，增材再制造过程并不是从零开始，而是使用旧件作为再制造毛坯进行"坏中修好"，对缺损部位进行修复，成形部位维度更高，因此对其成形控制要求更高。自动化表面成形加工就是在上述技术的基础上，依据上述技术的工艺

大数据，通过智能算法和系统的构建，使上述的工艺实施过程实现自动化。此外，还需要针对不同零件特性建立统一的材料与工艺数据库，借助前述的智能识别能力，最终实现智能化的再制造工艺过程。

（1）自动化表面清洗技术

表面清洗是表面加工过程的重要工序，是对废旧机电产品及其零部件进行检测和再制造加工的前提，也是影响后续表面工程技术应用质量和效率的重要因素。

清洗主要是指借助清洗设备或清洗液，采用机械、物理、化学或电化学方法，去除废旧零部件表面附着的油腻、锈蚀、泥垢、积碳和其他污染物，使零部件表面达到监测分析、再制造加工及装配所要求的清洁度的过程，可分为物理清洗和化学清洗两种。物理清洗包括利用热能、电能、超声、激光等作用去除表面污垢；化学清洗通常是利用化学试剂或其他溶液去除表面污垢。

对于化学清洗，未来需建立再制造多组分化学清洗智能平台和零部件清洗溶液智能选择系统，去除人为影响因素，实现端到端的自动化化学清洗过程；对于物理清洗，搭建多自由度、高自动化清洗设备搭载平台，实现清洗状态实时反馈、路径规划优化，随着两大清洗智能化平台的构建，将使清洗过程向着低耗、环保、高效的方向迈进。

激光清洗技术基于激光束与污染物和基底之间相互作用引起的物理和化学反应，去除固体基体上涂层、氧化层或污染物。在激光清洗领域，国内外研究人员提出了几种工作机理和加工方式，主要包括干式激光清洗、湿式激光清洗、斜入射激光清洗、激光冲击清洗以及基于流体动力学的激光清洗。自动化激光清洗是实用工业机器人、操作机等设备，对于指定型号工件表面进行自动激光清洗的技术总称。

（2）自动化表面涂敷层技术

自动化表面涂敷层技术是传统机械化操作或手工操作表面涂覆层技术手段的升级，包括自动化激光熔覆技术、自动化等离子熔覆技术、自动化（等离子、电弧、火焰）喷涂技术、自动化电刷镀技术等。

自动化激光熔覆技术用于结构较复杂，要求冶金结合、抗疲劳性能好的关键零件再制造。利用该技术完成了磨损失效严重的齿轮和凸轮轴等零件的再制造，解决了再制造过程中熔覆层开裂、基体局部过热、熔覆尺寸精度保证和性能提升等难题。

自动化等离子熔覆技术适用于结构形状较复杂，需要冶金结合的重载零件的再制造。其成本较激光熔覆更低，但精度也较低，因此适用于精度需求相对较低的场合。

自动化高速电弧喷涂技术：采用机器人或操作机的操作臂夹持喷枪，通过红外温度场监测和编程控制高速电弧喷枪实现各种规划路径，实时反馈调节喷涂工艺参数，实现自动喷涂作业的智能控制。适用于结构形状规则，磨损、腐蚀超差相对较大，以及对修复效率要求较高的零部件的再制造。自动化表面电镀/电刷镀技术即是对表面电镀/电刷镀技术的自动化改造。

9.8.3　应用实例

1. 自动化纳米颗粒复合电刷镀技术

自动化纳米颗粒复合电刷镀技术适用于损伤超差

较小、对配合度要求较高的零件的再制造。手工电刷镀生产率低、劳动强度大、质量稳定性较差。为此，研发了自动化纳米电刷镀技术。通过自主创新，针对发动机连杆、缸体等典型零件的再制造产业化问题，在国内外首次研制成功重载斯太尔发动机连杆和缸体再制造的自动化纳米颗粒复合电刷镀专机，如图9.8-3 和图 9.8-4 所示。

专机突破了国外发动机缸体缸筒只能采用尺寸修理法和换件加衬套修复，且修复次数有限的局限，显著延长了缸体服役寿命，再制造后的性能超过了新品。实现了节能、节材、减排的重大效益。

a)　　　　　　　　　　b)　　　　　　　　　　c)

图 9.8-3　连杆自动化纳米电刷镀再制造生产专机

a)

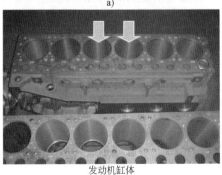

发动机缸体

b)

图 9.8-4　发动机缸体汽缸筒自动化纳米
电刷镀再制造专机

2. 自动化高速电弧喷涂技术

自动化高速电弧喷涂技术适用于结构形状较简单，磨损、腐蚀超差较大，以及对修复效率要求较高的零件的再制造。

高速电弧喷涂技术是指高压空气通过高速喷管加速后，将短路的两根金属丝材熔化后的熔滴雾化，并使雾化粒子高速喷射到工件表面形成致密涂层的技术。与普通电弧喷涂技术相比，它喷涂速度高，具有电弧稳定性好、沉积效率高、涂层组织致密和结合强度好等特点，可以制备耐磨、防腐及生物相容性涂层。自主创新的自动化高速电弧喷涂技术，采用机器人或操作机的操作臂夹持喷枪，通过红外温度场监测和编程控制高速电弧喷枪实现各种规划路径，实时反馈调节喷涂工艺参数，实现自动喷涂作业的智能控制，其原理如图 9.8-5 所示。

自动化高速电弧喷涂技术已成功应用于发动机再制造生产线，再制造生产汽车发动机曲轴和缸体等重要零部件，提高了再制造生产质量和效率，如图9.8-6 所示。

3. 自动化微弧等离子熔覆技术

自动化微弧等离子熔覆技术适用于结构形状较复

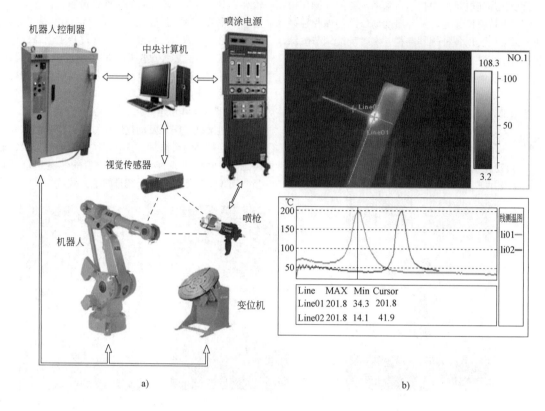

a)   b)

图 9.8-5   自动化高速电弧喷涂系统原理图
a) 自动化高速电弧喷涂系统构成   b) 红外热像仪监测喷涂温度场

图 9.8-6   自动化高速电弧喷涂再制造
发动机曲轴生产现场

杂、结合强度要求高的重要零件的再制造。自动化微束等离子弧熔覆技术则是以微束等离子弧为热源，对由变位机夹持的零部件表面进行熔覆，实现零部件修复或再制造的表面技术。

自动化微束等离子弧熔覆系统由微束等离子电源、操作机、变位机、送粉系统及供气系统组成。

利用该技术对斯太尔发动机废旧排气门密封锥面进行了再制造。再制造后气门变形量小，表面硬度恢复到新品数值，力学性能满足要求。每只新品排气门价值 70 元，而再制造一个废旧排气门的成本约为 10 元。

4. 自动化激光熔覆技术

自动化激光熔覆技术用于结构较复杂、要求冶金结合高、抗疲劳性能好的关键零件再制造。

自动化激光熔覆技术是指采用工业机器人或操作机在规定的程序控制下自动完成零件损伤部位的修复和再制造的表面技术。此技术在对损伤零件进行修复和再制造时，具有可自由选区修复、零件基体变形小、修复部位和基体为冶金结合、修复部位力学性能好、后加工余量小等诸多优点。

利用自动化激光熔覆技术可完成磨损失效严重的齿轮和凸轮轴等零件的再制造（见图 9.8-7 和图 9.8-8），解决了再制造过程中熔覆层开裂、基体局部过热、熔覆尺寸精度保证和性能提升等难题。

激光熔覆技术再制造坦克侧减速器主动轴　　　　侧减速器主动轴齿面再制造修复后形貌

图 9.8-7　自动化激光熔覆系统对重载齿类零件的再制造

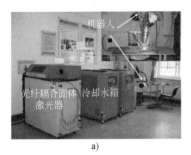
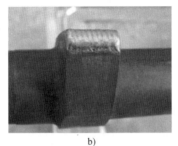
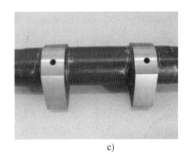

a)　　　　　　　　　　　　　b)　　　　　　　　　　　　c)

图 9.8-8　自动化激光熔覆系统及其修复的凸轮轴
a）光纤耦合固体激光器系统　b）激光熔覆重载车辆凸轮轴　c）加工后的再制造凸轮轴

9.9　表面技术的选择与设计

9.9.1　表面技术选择与设计的一般原则

1. 适应性原则

适应性主要是指工艺适应性，即评估所选表面技术能否适应（满足）工件的各种要求。在选择具体表面技术时，应使其在以下主要方面与被处理工件相适应。

（1）涂敷（或改性、处理）工艺和覆层与工件应有良好的适应性

1）覆层与工件材料、线胀系数、热处理状态等物理、化学性能应有良好的匹配性和适应性。

2）覆层与基材要有足够的结合力，不起皱、不鼓泡、不剥落，不加速相互间的腐蚀和磨损。在不同表面技术中，离子注入层和表面合金元素扩渗层没有明显界面；各种堆焊层、熔接层、激光熔覆和激光合金化涂层、电火花强化层等具有较高的结合强度；热喷涂层、黏涂和涂装层的结合强度相对较低；电镀层的结合强度要高于热喷涂层。

3）覆层（或改性层）厚度应与工件要求相适应。目前离子注入层的厚度仅能达到 $0.2\mu m$，注入得更深还有困难，热喷涂层一般为 $0.2\sim1.2mm$，太薄则难以达到，而堆焊层通常为 $2\sim5mm$，过薄也不易实现。涂层厚度不仅影响其使用寿命，还影响结合力及基体和涂层的性能。离子注入虽然能显著改善表面的耐磨性、耐蚀性，但在应用中往往嫌其厚度不足；一些重防腐表面多要求具有一定厚度，单一电镀层常显得不够；对于修复件还要考虑恢复到所要求的尺寸的可能性。单独使用薄膜技术一般难以满足恢复尺寸的要求。

4）选用的表面技术对工件形状、尺寸、性能等影响应不超过允许范围。采用一些高温工艺，如堆焊、熔接（1000℃左右）、CVD（800～1200℃）等，会引起工件变形（对于细长件和薄壁件尤其明显）、基体组织或热处理性能改变；一些电镀工艺会降低材料的疲劳性能或产生氢脆性，镀镉须防止产生镉脆。

5）此外，还要考虑工艺实施的可行性，如工件过大，设备是否容得下；与镀膜相关的前后处理工序实施的可能性等。

（2）覆层（改性层）的性能应满足工件服役环境的要求

覆层的各种力学、化学、电学、磁学等性能必须满足工件运行条件和服役环境的要求。

1）对于耐磨损覆层，首先应明确其磨损失效类型，再根据磨损类型对覆层材料性能的要求，设计和选择覆层材料及与其相适应的涂敷技术。不同磨损类型对覆层材料性能的要求见表 9.9-1。

表 9.9-1 不同磨损类型对覆层材料性能的要求

磨损类型	在磨损失效中约占的比例(%)	对材料性能的要求
磨料磨损	50	较高的加工硬化能力，接近甚至超过磨料硬度的表层
黏着磨损	15	相接触的摩擦副材料的溶解度较低，表面能低，不易发生原子迁移，抗热软化能力强
冲蚀磨损	8	小角度冲击时材料硬度要高，大角度冲击时韧性要好
腐蚀磨损	5	具有耐腐蚀和耐磨损的综合性能
高温磨损	5	具有一定的高温硬度，能形成致密且韧性好的硬氧化膜，导热性好，能迅速使热扩散
疲劳磨损	8	具有高硬度、高韧性，裂纹倾向小，不含硬的非金属夹杂物
微动磨损	8	具有高的抗频繁低幅振荡磨损的能力，能形成软的磨屑，且与相配面具有不相容性

2）对于耐蚀覆层，影响耐蚀性的主要环境因素是：介质的成分和浓度，杂质及其含量，温度，溶液的 pH 值，溶液中的氧、氧化剂和还原剂的含量，流速，腐蚀产物及生成膜的稳定性，自然环境条件（大气类型和水质）等。

在选择涂敷方法和材料时应考虑的一般原则是：

单相结构的覆层比多相结构的覆层，具有更好的耐介质腐蚀的能力。

对于钢铁基体材料在存在电解质的条件下，覆层材料应具有比铁更低的电极电位，以便对铁基体起到有效的阳极保护作用。

对于热喷涂层等有一定孔隙率的覆层，由于孔隙的存在会降低覆层的耐蚀性、抗高温氧化性和电绝缘性，因而涂敷后应进行适当的封孔处理。

3）对于耐高温覆层，其基本要求是：

覆层材料应有足够高的熔点，其熔点越高可使用的温度也越高。

覆层的高温化学稳定性要好，覆层本身在高温下不会发生分解、升华或有害的晶型转变。

覆层应具有要求的热疲劳性能。对于高温下使用的覆层，尤其要求其与基体的热胀系数、导热性具有

良好的匹配性，以防止覆层剥落。同时还应注意，在热循环中，基体和覆层材料内部会因发生相变而产生组织应力，这更会加剧覆层的开裂和剥落。如 ZrO_2 晶体在 1010℃ 时会发生单斜晶系向立方晶系的转变，并伴随产生 7% 的体积改变，因此用作耐高温的 ZrO_2 覆层，均采用稳定化处理的 ZrO_2。

耐高温覆层中应含有与氧亲和力大的元素，常用的如铬、铝、硅、钛、钇等。这些元素所生成的氧化物非常致密，化学性能非常稳定，且氧化物体积大于金属原子的体积，因而能够有效地把金属基体包围起来，防止进一步氧化。

在组织上，高温合金一般选用具有面心立方晶格的金属母相，并能被高熔点难熔金属元素的原子固溶强化；或者合金元素间发生的反应能够形成与母相具有共格结构的 γ′ 相，对母相产生析出强化；或者能形成高熔点的金属间化合物，对金属母相起晶界强化和弥散强化作用。

在掌握被处理工件的各项要求，深入分析不同表面技术及其所用覆层材料对工件的适应性之后，便可在对比中选出满足要求的几种表面工程技术，并依照下述原则做进一步筛选。

2. 耐久性原则

零件的耐久性是指其使用寿命。由于运用表面技术是为了对零件的失效进行有针对性的防护，因而采用表面工程技术强化（含涂敷、处理和改性）过的零件，其使用寿命应比未经强化的要高。零件的使用寿命随其使用目的的不同有着不同的度量方法。除断裂、变形等零件本体失效外，因磨损、疲劳、腐蚀、高温氧化等表面失效而导致的寿命终结也各有其本身的评价和度量方法。对于因磨损失效的机器零件，常用相对耐磨性来对比其耐久性；对于因腐蚀失效的零件，常用其在使用环境下的腐蚀速率来比较其耐久性；而对于因高温氧化失效的零件，则常用高温氧化速率来度量其耐高温氧化性能。设备及其零部件的使用寿命可通过各种试验（模拟试验、加速试验、台架试验、装机试验等）、分析计算、经验类比、计算机求解等方法得出。寿命评估是目前很受重视的一个研究方向。在不同环境下经表面强化的零件的使用寿命，尚缺乏系统完整的资料，有待进一步丰富和完善。在选择表面技术时，力求使零件获得高的耐久性是一个重要原则。

3. 经济性原则

在满足适应性和耐久性等要求下，还要重视分析拟采用的表面技术的技术经济性。分析技术经济性时要综合考虑表面涂敷或改性处理成本和采用表面技术所产生的经济效益与资源环境效益等因素。从成本上

看，应尽可能选成本低且使用寿命长的表面技术，通常应满足

$$C_\text{T} \le KC_\text{H} \qquad (9.9\text{-}1)$$

式中　C_T——经表面强化的零件成本；

　　　C_H——未经表面强化的零件成本；

　　　K——耐久性系数，或寿命比。$K = T_\text{T}/T_\text{H}$，是采用表面技术强化零件的使用寿命 T_T 与未强化零件使用寿命 T_H 的比值。

式（9.9-1）可写为

$$C_\text{T}/C_\text{H} \le T_\text{T}/T_\text{H} \qquad (9.9\text{-}2)$$

C_T/C_H 越小，T_T/T_H 越大，则该表面工程技术的技术经济性越好。

表面涂敷（或改性、处理）的总成本费用包括人工费、材料费、动力费、设备（设施）折旧和维修费、运输与管理费等。表面技术用于大批量零件制造时，在满足工件使用性能要求的前提下，应尽可能选用价格较低的材料，并采用自动化或半自动化工艺来提高生产率，即使是一次投资较大，在总体上看，经济性通常是好的。对同一零件不同部位所用的表面技术的种类应尽可能少，以减少零件的周转，缩短工艺流程，降低成本。

采用表面技术所产生的效益，除考虑延长零件的使用寿命外，还要考虑对提高工程与产品性能、减少故障与维护，以及所产生的资源环境效益等因素。对于航空航天设备和武器装备的零部件，常要求高可靠性和安全性，为此多选用成本较高的高新表面技术与高性能材料；对于失效零件的修复与表面强化，一般考虑的是其成本要低与寿命比要高，但当没有备件而造成较大停工损失时，即使其成本较高，在经济上也是合理的。

4. 环保性原则

按照循环经济与绿色制造的要求，在选择表面技术时，要考虑减少资源（材料）消耗、能源消耗与对环境的污染，在材料和工艺上为其多次修复与表面强化创造条件；在零件投入使用后，要避免对环境和人员产生不利影响；当零件报废时，要便于回收和进行资源化处理。

材料（产品及零部件）对环境的影响可用如下泛环境函数来表达：

$$ELF = f(R、E、P) \qquad (9.9\text{-}3)$$

式中　R——材料的资源消耗因子；

　　　E——材料的能源消耗因子；

　　　P——材料的废弃物排放因子。

对于环境负荷函数而言，其资源消耗因子、能源消耗因子、废弃物排放因子的叠加模型分别为

$$R = \sum A_i B_i \quad E = \sum C_j D_j \quad P = \sum E_k F_k \qquad (9.9\text{-}4)$$

式中　A_i、C_j、E_k——分别是各种资源消耗、能源消耗、废弃物项；

　　　B_i、D_j、F_k——分别是各相应项的权重系数。

在机械产品寿命周期中，金属零件制造从采矿、炼钢，到毛坯生产、机械加工、表面处理等全过程，均应考虑减少资源、能源投入和废弃物排放。不同表面技术的资源环境特性差别较大。如堆焊时要使用各种堆焊材料，消耗电能，产生电磁辐射、电离辐射、热辐射、弧光、噪声，可排放金属粉尘、烟尘、CO、CO_2、HF、NO_x、臭氧等；电镀及表面处理时要使用多种化学原料，消耗电能、热能，可排放含铬、含重金属、含氰、含酸碱、含油污等污水，或铬雾、酸雾、甲苯、二甲苯、HCN、NO_x、氰渣、铬渣等污染物。相比之下，物理气相沉积、黏涂、表面形变强化等工艺对环境的影响要小些。虽然总的来讲，与金属冶炼、毛坯生产相比，表面处理的资源、能源消耗要小得多，废弃物排放也较少，但对于使用某些表面技术产生的有害环境影响必须予以重视，要对其排放的废弃物进行相应的环保处理，使其达到允许标准。应充分收集各种表面技术资源环境特性的有关数据，并将其环境负荷的评估与计算结果作为选择表面技术的一个重要依据。

总之，要针对企业的设备、人员、技术水平等具体情况，综合考虑以上原则，选择与设计最适宜的表面工程技术，力求得到最佳的技术经济效果。

9.9.2　常用表面技术的选择

前文已对电镀、化学镀、转化膜处理、堆焊、热喷涂、熔覆、气相沉积、喷丸、封存等表面技术进行了较为系统的阐述，在选择这些技术时，可参照相应内容和上述表面技术设计与选择的一般原则，按照工件要求优选出具体工艺方法和所用材料。表 9.9-2 为常用表面技术的主要应用特性，表 9.9-3 为其他表面涂敷方法的主要特点。

在施工前，应根据工件的材质、性能、服役环境等要求，收集和分析待选表面技术的有关资料，按照前述表面技术的设计与选择原则选定具体的施工方法和覆层材料，而后进一步设计和编制工艺规程。

9.9.3　复合表面技术的选择与设计

科技的进步和设备的发展对各种机械设备零件性能的要求越来越高，对一些在高速、重载、高温和严重腐蚀介质等条件下工作的零件表面的性能要求尤为苛刻。原来的单一的表面技术由于其固有的特点和局限性，往往不能满足这些苛刻要求，因而出现了将两种或多种表面技术以适当的顺序和方法加以组合，或

表 9.9-2　常用表面技术的主要应用特性

类别	工艺方法	对基体的热影响	强化层组织、结合性能及厚度/mm	其他特点	提高的性能及应用
表面形变强化	喷丸	常温施工	循环塑性变形使表层（0.1~0.7mm）亚晶粒与点阵畸变发生数量级变化，引入残余压应力	有气动、离心、旋片式等喷丸设备。使用钢丸、玻璃丸等介质	提高材料表面的抗疲劳性能和抗应力腐蚀、晶间腐蚀、高温氧化等性能，如用于高强度钢零件、齿轮、弹簧、链条等
	滚压、挤压等			设备、介质、方法多样	
表面热处理	火焰淬火	有一定受热变形、氧化、脱碳	加热到相变临界点以上，得到细小针状马氏体	工艺简单，易使零件过热，效果不稳定	提高硬度、耐磨性、疲劳强度
	感应淬火	加热快，变形很小	淬透层厚度为 1~2	生产率高，应用广	硬度比一般淬火高 2~3HRC
	激光淬火	加热极快，变形最小	获得极细马氏体，硬化层深度约为 1，或更薄	可自冷淬火	提高硬度、耐磨性、疲劳强度
	电子束淬火			真空中进行，无氧化	
表面化学热处理	渗碳（固体、气体、流态床、真空、离子渗碳等）及碳氮共渗	加热温度常为 880~1050℃，共渗温度较低	获得马氏体，共渗后形成碳氮化合物薄层；渗碳层厚度为 1~2，共渗层厚一般小于 0.8	离子渗碳速度快，表层组织优，细部也能渗入	增加表层含碳量，提高其硬度、耐磨性、疲劳强度。碳氮共渗可采用含碳量较高的中碳结构钢
	渗氮（气体渗氮、盐浴渗氮、离子渗氮等）及氮碳共渗	气体渗氮一般 500~580℃，氮碳共渗（氮碳共渗）常在 530~570℃	获得各种氮化物，共渗形成氮碳化合物；渗氮层厚度小于 0.6，共渗层为 0.01~0.06	离子渗氮温度范围宽，可在 400℃下进行。工件变形小，但渗氮速度低	渗氮层具有高硬度、高耐磨性、较高的疲劳强度。用于碳钢及含 Cr、Mo、Al、W、V、Ni、Ti 等元素的合金钢。共渗层的韧性和疲劳强度增高
	含铝共渗及复合渗（Al-Si、Al-Cr、Al-B、Al-V、Al-Ti、Al-Cr-Si、Al-Ti-Si 等）	Al-Si、Al-Cr、Al-Ti 粉末法共渗及复合渗约 1000℃	获得含铝等化合物。Al-Si 粉末法 8h，20 钢渗层厚 0.23，45 钢 0.18；Al-Cr 粉末法 10h，12Cr18Ni9Ti 厚度为 0.22	含铝共渗及复合渗较单独渗铝可获得更高的热稳定性和在某些腐蚀介质中的耐蚀性	提高热稳定性和在某些腐蚀介质中的耐蚀性。如用碳钢、低合金钢经 Al-Si 复合渗代替高合金耐热钢，用廉价钢种经 Al-Cr 共渗代替高合金钢
	含铬共渗及复合渗（Cr-Si、Cr-Ti、Cr-RE、Cr-Ti/V/Nb、Cr-V-N 等）	Cr-Si 共渗 1000℃，Cr-Ti 共渗 1100℃，Cr-RE 复合渗 950℃	获得含铬等化合物。Cr-Si 渗 10h，厚度为 0.15；Cr-Ti 渗 4h，厚度为 0.03~0.06；Cr-RE 渗 4~8h，厚度为 0.01~0.015	渗层的化合物中：Cr_7C_3 硬度为 1800~2300$HV_{0.02}$；VC 的硬度为 3000~3300$HV_{0.05}$	提高耐蚀（气蚀、气体腐蚀、电化学腐蚀）性、耐氧化性、耐磨性。加适量稀土可提高渗铬速度，改善渗铬层质量
	含硼共渗与复合渗（硼铝、硼硅、硼锆、硼铬、碳氮硼、氧硫氮碳硼等）	硼铝、硼硅粉末法 1050~1100℃，碳氮硼盐浴法 730℃	获得含硼等化合物。硼铝渗 6h，45 钢厚度为 0.36；硼硅渗 3h，45 钢厚为 0.24	含碳质量分数为 0.2%碳离子渗硼后硬度为 1800~2500$HV_{0.1}$	提高耐磨性。硼铝、硼硅共渗与复合渗还可提高耐氧化性。五元共渗主要用于高速钢刀具，能使其使用寿命稳定地提高 1~2 倍
堆焊	手工电弧堆焊	产生应力变形，热影响区组织性能变化，有热裂、冷裂等问题	焊接冶金结晶组织，联生结晶，柱状晶；熔化焊的基体与熔覆层为晶内结合，结合强度高；堆焊层厚度一般不限	设备简易，工艺灵活，但质量不稳定	提高耐磨性、耐蚀性、耐热性等性能（取决于熔覆层过渡的合金元素等条件）。适于修复磨损量大的零件
	埋弧自动堆焊	同手工焊，因焊接电流大，工件热影响区大，变形相对较大		焊接质量好，堆焊层与基体结合强度高，堆焊层疲劳强度较其他方法高，生产率高	提高的性能同上，适用于较大的不易变形零件的修复

（续）

类别	工艺方法	对基体的热影响	强化层组织、结合性能及厚度/mm	其他特点	提高的性能及应用
堆焊	振动电堆焊	基体熔深浅,受热小,变形小	结合性质同手工焊;堆焊层厚度常小于 2.5	有水蒸气、CO_2 保护及焊剂层下等方法	适用于要求受热影响及变形较小的零件
	等离子堆焊	基体熔深浅,热影响区不大	最大厚度可达 12mm	等离子弧温度高,热效率高,焊层质量高	提高的性能同手工焊
	二氧化碳气体保护自动堆焊	同手工焊,受热及变形较小	结合性质同手工焊	焊层质量好,生产率低,成本低	提高的性能同手工焊
激光熔覆及合金化	激光合金化	基体熔化,加热快,受热变形很小	合金元素与基体熔化,冶金结合,结合强度高	加入合金元素可用预涂层法和送粉法	提高耐磨性、耐蚀性、耐热性等
	激光熔覆	基体微熔,受热变形很小	预置合金熔化,冶金结合	多用预涂层法熔敷合金层	提高耐磨性、耐蚀性、耐热性等
热喷涂及熔结	氧乙炔火焰喷熔	基体不熔化,自熔剂合金熔点为 $950\sim1250℃$,热影响区及变形不大	由涂层合金元素熔凝后形成的各种固溶体和化合物;扩散冶金结合(晶间结合),结合强度常为 $200\sim300$MPa	有一步法、两步法喷熔工艺,设备简单。可用炉中、感应、激光等方法进行重熔	常使用自熔剂合金粉末(镍基、铁基、钴基、含碳化钨型等)来提高零件表面的耐磨性、耐蚀性、耐热性
	真空熔结	与氧乙炔火焰喷熔基本相同	扩散冶金结合,涂层与基体界面形成一条狭窄的互熔区	低真空下进行,涂层合金范围广	提高耐磨性、耐蚀性、耐热性
	氧乙炔火焰喷涂	基体不熔化,几乎无热影响区,不改变组织,变形微小(工件温度一般小于 250℃)	由涂层合金熔凝后形成的各种固溶体和化合物。以机械结合为主,结合强度为 10MPa 左右,涂层厚度小于 2.5	设备简单,工艺灵活,使用材料广泛(各种金属、合金、复合材料),经济性好	提高耐磨性、耐蚀性、耐热性。在机械零件修复和表面强化中使用很广,如修复与强化磨损的轴颈、座孔及导轨表面
	等离子喷涂		结合性质同上,结合度为 $45\sim55$MPa,涂层厚度<$3\sim4$	涂层种类多(含各种陶瓷),工艺稳定,涂层致密,成本较高	提高表面耐磨性、耐蚀性、抗高温氧化和热障性能
	电弧喷涂		结合强度为 $10\sim20$MPa,涂层厚度小于 $3\sim4$	生产率高,能源利用率高,成本低	提高耐蚀性、耐磨性、装饰性,适于表面防腐及修复
	超声速火焰、超声速电弧、超声速等离子、低压等离子、激光、爆燃等喷涂		结合强度均较高,如超声速火焰、超声速等离子喷涂的结合强度可达 70MPa 以上	各有其工艺特点,其中,低压等离子喷涂在低真空中进行,设备投资均较高	提高表面耐磨性、耐蚀性、耐热性并赋予特殊功能,多用于要求获得高质量涂层的场合
	火焰塑料喷涂	工件温度小于 150℃	有机塑料喷涂层,无孔隙,结合强度 $\leqslant$10MPa,厚度为 $3\sim5$	基体预热 120℃,以利于涂层的结合	提高耐蚀性、装饰性,用于防腐及修复

（续）

类别	工艺方法	对基体的热影响	强化层组织、结合性能及厚度/mm	其他特点	提高的性能及应用
电镀、化学镀及转化膜处理	槽镀	对基材无热影响（但应注意某些工艺在预处理等环节上对基材的腐蚀）	电化学结晶镀层，可形成金属键连接。结合强度高于热喷涂。镀层厚度取决于镀层种类和工艺条件，一般为 1～500μm。如槽镀硬铬厚度为 5～1000μm；电刷镀镍钨合金镀层厚度常限制在 70μm 以内	使用广泛，适于批量生产，工件尺寸受镀槽限制。废液须做环保处理	提高耐磨性、耐蚀性、耐热性、装饰性、减摩性等，如镀 Ni、Cr、Zn、Cu 及各种合金。其中，电刷镀适于对零件进行现场不解体修复；复合镀可获得含固体微粒的特殊耐磨、减摩及特殊功能镀层，尤其纳米复合镀可获得更高性能的镀层
	电刷镀			设备简单、工艺灵便、镀层种类多、镀积速度快、工件尺寸不限	
	特种电镀（流镀、复合镀、脉冲镀、珩磨镀、摩擦电喷镀、非金属电镀等）			各有独特优点，一般镀层质量较高	
	化学镀		金属或合金自催化化学还原沉积层（晶态或非晶态）	无电镀，金属、非金属上均可镀敷	—
	机械镀（又称为冷铆、锤击镀）	对基材无热影响	利用机械碰撞和化学促进剂作用，将金属微粒冷铆到零件表面	多为软金属及其合金，无氢脆，成本低，适于大量生产	提高耐蚀性（机械镀锌多用于标准件、紧固件防腐）
	氧化处理	铝合金氧化温度为室温至100℃；钢铁氧化为 100～150℃	表面生成特定的氧化膜。铝及铝合金化学氧化膜厚 0.5～4μm，阳极氧化膜厚 5～20μm；钢铁氧化（发蓝和发黑）膜厚 0.6～1.5μm	铝及铝合金化学氧化多以铬酸（盐）法为主，阳极氧化处理有硫酸法、铬酸法、草酸法、磷酸法、硬质法和瓷质法等	提高铝及铝合金的耐蚀、耐磨、绝缘、吸附等能力。其中硬质法硬度可达 400～1500HV，熔点可达 2050℃，耐磨性、耐热性好，提高钢铁的耐蚀性与润滑性
	磷化处理	钢铁磷化温度为 10～100℃	生成各种磷化膜，铝材磷化膜厚 1～5μm	钢铁磷化分高、中、低温工艺；锌材磷化常用锌系磷化液	钢铁磷化用作防护、涂装、减摩、硅钢片绝缘等；锌磷化用于热镀锌、热浸锌等
	钝化处理	室温至 80℃	使表面活性点失去活性而呈钝态	可处理铜、锌及其合金，银、镉及不锈钢	用于耐蚀、涂装或装饰；银钝化用于防变色
	着色处理	室温至 100℃	形成色膜或干扰膜。膜厚一般为 25～55nm，颜色与方法和膜厚有关	不锈钢着色常用彩色法与黑色法；铝及铝合金可进行电解着色	改善外观、装饰、仿贵金属、仿金属古器，用于灯具、工艺品、日用五金制品等
真空气相沉积	蒸发镀膜	工件（基片）温度在数百度以下镀膜	沉积异种金属及化合物，结合强度较低（沉积粒子能量约为 0.2eV）	设备简单，使用广泛，可大量生产	提高表面耐蚀性、装饰性、润滑性，赋予表面特殊功能（电学、光学、磁学等）

（续）

类别	工艺方法	对基体的热影响	强化层组织、结合性能及厚度/mm	其他特点	提高的性能及应用
真空气相沉积	溅射镀膜	工件（基片）温度在数百度以下镀膜	沉积金属、非金属、化合物（晶态或非晶态）膜。结合强度较好，沉积离子能量为 1~40eV	溅射方法多样，可镀制金属、非金属、化合物薄膜，膜层质量较好	提高表面耐磨性、耐蚀性、耐热性、润滑性、装饰性、赋予表面特殊功能（电学、磁学、光学能源科学）
	离子镀膜		沉积金属、陶瓷、化合物膜。结合强度好，沉积粒子能量为几至数百 eV	方法多样，离化率较高，应用较广	
	化学气相沉积（CVD）	工件温度为 150~2000℃，通常为 700~1100℃，零件受热变形大	沉积金属、非金属、化合物（晶态、非晶态）膜，结合强度高	制膜种类多，成膜速度快，可在常压或低真空下进行	
	等离子体增强化学气相沉积（PECVD）	工件温度可大幅度降低	沉积金属、非金属、化合物膜。准扩散界面，结合强度高	膜质量好，还有低压 CVD、有机金属 CVD、电子束辅助 CVD 等	
	离子注入	工件温度受注入剂量及冷却因素等影响，一般为冷过程	表面形成过饱和固溶体、异种金属、化合物，无脱层问题	注入元素不受相平衡、固溶度等限制。有多种复合方法，如离子束增强沉积（IBED）、离子束溅射	提高耐磨性、耐蚀性、耐热性，赋予特殊性能

表 9.9-3　其他表面涂敷方法的主要特点

名称	基本原理	工艺特点	常用材料	膜层性能和应用
热浸镀（热镀）	将被镀工件浸于熔点较低的其他液态金属或合金中进行镀敷的方法。形成镀层的前提是基体金属和镀层金属之间能发生溶解、化学反应和扩散	溶剂法是将净化的钢件浸入镀锅前先形成一层溶剂层，以防氧化；氢还原法是用氢气将钢件表面的氧化铁膜还原成纯铁后进入镀锅	热镀的低熔点金属有锌、铝、锡、铅及锌铝合金等	热镀锌是廉价而耐蚀性良好的镀层，大量用于钢材防大气腐蚀；热镀铝具有良好的耐大气腐蚀和耐热性；热镀锡主要用作食品包装器具
表面黏涂	用高分子聚合物与特殊填料（如陶瓷、金属、石墨、MoS_2 等粉末）组成的黏结剂涂敷于工件表面实现要求的特定功能	工件经表面预处理后，用刮涂、压印、模具成形等方法涂敷配制好的黏结剂，再固化、修整	黏结剂由黏料（热固性树脂、合成橡胶等）、固化剂、填料、辅助材料等组成	设备维修中修复零件磨损及各种表面缺陷、密封、堵漏；制造中修补铸造缺陷，对表面进行防腐等
电火花镀敷	通过电火花放电使电极和工件局部熔化、黏结、扩散，电极材料接触转移到基材表面。此过程有渗氮、渗碳和高速淬火作用，强化层厚度 ≤0.02mm	将电极和工件之间接上直流或交流电源，通过振动器使其间发生频繁火花放电。设备简单，工艺灵便，工件处于冷态	根据强化层性能要求选择电极材料，如硬质合金、铬锰、钨铬钴合金等	用于模具、刃具及机器零件的表面强化和磨损部位的修补。如 WC、TiC、ZrC 等电极材料，强化层相对耐磨性可提高 2~10 倍
搪瓷涂敷	搪瓷是将玻璃瓷釉涂敷在金属基材表面，经过高温烧结而成。瓷釉是化学成分较复杂的硅酸盐玻璃，一般由多种氧化物组成	瓷釉分底釉和面釉，经配料、熔融、研磨，制成料浆，而后进行涂敷、烧结（840~1200℃）	配料中含各种化工原料（硼砂、氧化物等）和矿物原料（硅砂、冰晶石等）	有优良的化学稳定性，耐各种介质腐蚀，耐磨、耐高温。有日用、建筑、高温、红外辐射、医用、电子、艺术搪瓷等类别和相应应用

（续）

名称	基本原理	工艺特点	常用材料	膜层性能和应用
可剥性塑料	可剥性塑料是以成膜剂为基料,加有增塑剂、缓蚀剂、矿物油、稳定剂、防霉剂等组成,它在金属表面涂敷并成膜后,在塑料膜和金属之间析出一层油膜,易于拆去	热浸型多采用浸涂,即将制件直接浸入熔融塑料液中涂敷或先用铝箔包裹制件,然后浸涂;溶剂型可用喷涂、刷涂、浸涂、流涂或淋涂,可用冷涂法,不需要加热设备,膜薄	热浸型的主要基料为乙基纤维素及醋酸丁酸纤维素;溶剂型一般以聚苯乙烯、聚氯乙烯等为基料	主要用于防锈封存,启封迅速方便,在工具、汽车、飞机、造船等工业中应用广泛

以某种表面技术为基础制造复合涂层（镀层、膜层）、复合改性层或表面复合材料的一些技术，即复合表面技术。实践证明，这些复合表面技术能够发挥不同种表面技术或不同种涂层材料的各自优势，取长补短，有机配合，可以得到最优的表面性能和最佳的使用效果。复合表面技术又被称为第二代表面技术，它是发展一系列高新技术的重要工艺保障，是当前表面工程的重要研究方向。

有关复合表面技术的含意、范围和分类，目前尚无统一认识。很多人认为，复合表面技术应主要指不同技术的复合，但因复合的目的主要是为了获得高性能的复合材料表面及综合改性表面，因而能制备复合材料的其他现代表面技术也应包括在内。

1. 以增强耐磨性为主的复合表面技术

（1）电镀、化学镀表面复合材料

采用电镀或化学镀的方法，使金属和不溶性固体微粒共沉积，可以获得各种微粒弥散金属基复合镀层。

耐磨复合电镀层多以镍为基质金属，也可以用铁、铬、镍合金等为基质金属。使用的固体微粒常用各种氧化物、碳化物、氮化物、硼化物等陶瓷粉末；耐磨化学复合镀最常见的体系是 Ni-P/SiC 和 Ni-P/金刚石等。复合镀层耐磨性提高的主要原因是加入的固体微粒的耐磨性比基质金属高，且微粒能够弥散强化基质金属镀层，并使镀层能保持一定的延性和韧性。

（2）多层涂层

合理地设计和制备多层涂层可以使其获得高的膜基结合强度、高耐磨性、高耐蚀性、高的综合塑性和强度等特殊性能。有些单相涂层，如已广泛应用的 TiC、TiN 和 TiCN 涂层，尽管超硬、摩擦因数小、耐磨性、耐蚀性好，但难以同时具备高的硬度、良好的韧性、高的膜基结合强度和弱的表面反应性等综合性能，因而制备多层涂层是一个重要的发展方向。

设计多层涂层时应注意以下几点：

1）涂层与基体、涂层与涂层在结构上的合理匹配能得到低的界面能和高的结合强度。因此，应尽量使涂层间的晶体结构相同或相近，晶格常数相近。

2）涂层与基体元素亲和力好，在制膜工艺条件下如能相互扩散形成间隙或无限固溶体，可大大提高结合强度；涂层间如具有优良的互溶性，能使涂层间没有明显的分界面，则层间结合力高。

3）涂层与基体（或涂层）的热胀系数值应接近。

4）对重载工况下的涂层，要求基体有足够的支承强度、足够高的硬度和韧性。如 TiC 涂层变形量达 2% 时即发生破裂，其基体材料的硬度应在 50HRC 以上，含碳质量分数应 $\geq 0.5\%$。硬质合金和高碳高合金钢是制作冷作模具和刀具涂层的良好基体材料。

电镀和化学镀方法制备多层膜较为方便。合理设计层状膜可以获得高的综合性能、大的镀层厚度。如一种采用电刷镀制备的 $Ni\text{-}Cr_2O_3$ 多层复合镀层，采用碱铜作为底层和复合镀层之间的中间结合镀层，碱铜镀层厚度为 $3 \sim 5 \mu m$；复合镀层是由快速镍与粒度小于 300 目的 Cr_2O_3 共沉积形成的。每一单层复合镀层厚度约为 0.15mm，多层复合镀层的总厚度约为 1.0mm。测试表明，Ni 镀层的硬度、摩擦因数和磨损失重分别为 $594HV_{0.1}$、0.34 和 0.1705g，而 $Ni\text{-}Cr_2O_3$ 多层复合镀层分别为 $685HV_{0.1}$、0.22 和 0.0256g。用该方法现场修复的三台机床导轨经一年多的使用考核，质量、性能完全符合要求。

在气相沉积中，TiC、TiN、TiCN 和 $\alpha\text{-}Al_2O_3$ 都是面心立方晶格，具有相近的热胀系数、良好的互溶性和化学稳定性，可以作为复合涂层的子涂层。在 CVD 中，TiC 与基体元素在高温下能发生强烈的相互扩散，可得到很高的结合强度，很适于做复合涂层的底层；TiN 具有良好的化学稳定性和抗黏着磨损的能力，又呈美丽的金黄色，是最适宜的一种外表层；而 TiCN 的性能介于两者之间，故设计多层复合涂层时，常以 TiC 做底层，TiN 为表层，TiCN 做过渡层。

一种由上述子涂层组合的 CVD 工艺 7 层涂层的层次结构为：基体/TiC/TiCN/TiC/TiCN/TiC/TiCN/TiN。

涂层厚度控制在 $6 \sim 8 \mu m$。试验表明，当厚度一定时，层数越多，子涂层厚度越小，这可避免

因晶粒择优取向连续长大，出现各向异而降低涂层性能。

经测试，在 Cr12MoV 钢上制备的 7 层复合涂层，硬度为 3100HV，多层涂层与基体的结合强度比单相 TiC 涂层高 2 倍；在 9Cr18 钢制备的该涂层，耐磨性比未加涂层的和单相涂层的都好，其相对耐磨性提高了 1.2~44 倍。观测涂层磨损表面形貌，多层涂层的强韧性比较好；接触疲劳试验表明，该多层涂层显著提高了 9Cr18 不锈轴承钢的滚动接触疲劳寿命，额定寿命提高 4 倍；一些工厂对 7 层涂层镀制的各种 YG8 冷拉模、Cr12MoV 冷压模及刀具做了应用试验，使用寿命提高 3~7 倍。

目前，利用 PVD、CVD 和电沉积技术已制备出 Cu/Ni、Cu/Pd、Cu/Al、Ni/Mo、TiN/VN、TiC/W、TiN/AlN 等几十种纳米多层叠膜。纳米多层膜表现出既不同于各组元也不同于均匀混合态薄膜的异常特性——超模量、超硬度现象、巨磁阻效应和其他独特的机械、电、光及磁学性能等，在表面改性、强化、功能化改造及超精加工等领域极具潜力。如 M. Shinn 等用磁控溅射制备了 TiN/NbN、TiN/VN、TiN/VNbN 超点阵薄膜，超点阵周期 $\lambda = 1.6 \sim 450$nm，TiN/NbN 的 $\lambda = 4.6$nm，有最大硬度 49~51GPa（TiN 硬度约为 21GPa，NbN 约为 14GPa）；Yoon 等制备了 WC-Ti$_{1-x}$AlN$_x$ 纳米复合超点阵涂层，涂层硬度达到 50GPa。

在特定基材上沉积、组装纳米超薄膜将会产生表面功能化的许多新材料，这对功能器件、微型电动机等机电产品的开发具有特别重要的意义。日本的住友公司已有 TiN/AlN 纳米涂层铣刀出售，单层厚度仅为 2~3nm，层数超过 2000 层。近来法国的汤姆逊公司正在利用纳米多层膜的巨磁阻效应开发用于汽车制动系统的新产品。巨磁阻效应可使磁盘的磁记录密度增加许多倍，因而 IBM 公司和其他磁盘驱动器制造商正在生产巨磁阻磁头产品。利用巨磁阻纳米多层膜存储芯在计算机开断时保持"记忆"的特性，制成了低噪声、快速、长寿命的 MRAM。

（3）功能梯度涂层

在通常情况下，涂层与基体不属同一材料，突变界面的涂层与基体间由于各自膨胀系数不同等性能差异，存在较大的应力。结果导致涂层与基体结合不牢，涂层厚度也受到限制。功能梯度涂层可使基体到涂层的成分逐渐变化，能形成一个缓和应力的过渡层。这样既保证了涂层与基体的结合，又保证了涂层在使用环境中的特殊性能。

可用多种方法制备功能梯度涂层，如用热喷涂法，通过多次逐层喷涂并随之变化其成分即可得到一定的梯度涂层。用离子束辅助沉积（IBAD）法，在反应气分压一定时，通过变化蒸发速率或溅射速率也可方便地获得梯度涂层。

有的厂家用多次喷涂加激光重熔的方法制备了 Ni-WC 梯度涂层。涂层内 WC 颗粒含量从基体到表面逐渐增多。图 9.9-1 所示为梯度涂层与普通激光重熔涂层硬度沿深度的分布曲线，图 9.9-2 所示为梯度涂层和对比涂层的累计磨损失重与行程的关系曲线。比较得知，梯度涂层从基体到表面硬度缓慢上升，有一明显的过渡区，这种内韧外硬的涂层比普通激光重熔涂层的耐磨性提高很多。

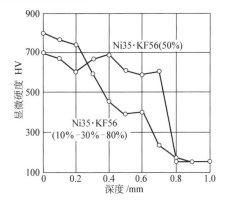

图 9.9-1　梯度涂层与普通激光重熔涂层硬度沿深度的分布曲线

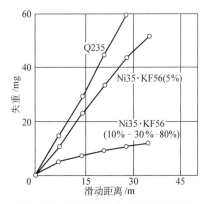

图 9.9-2　梯度涂层和对比涂层的累计磨损失重与行程的关系曲线

（4）含表面热处理的复合强化层

与表面热处理的复合一般包含以下几方面：

1）表面热处理与一般热处理的复合，如渗氮与整体淬火、等温淬火加渗氮等。

2）表面热处理的相互复合，如渗氮与高频淬火、渗氮加氧化等。

3）电镀、化学镀等表面镀敷（处理、改性）与表面热处理（或一般热处理）的复合，如电镀或化学镀后热处理、锌浴淬火、堆焊后热处理、渗碳后喷丸、渗氮后气相沉积氮化钛等。

与表面热处理有关的复合应是其组成工序的有机组合，它应使各道组成工序的性能优点都能充分保留，避免后道工序对前道工序有抵消作用。

表面热处理与一般热处理或表面热处理与其他表面热处理的复合方法十分广泛。除了含不同元素的共渗、复合渗等方法外，还有不同表面化学热处理与各种淬火、回火或表面淬火与回火等复合。

在电镀（化学镀）与热处理的复合方法中，钢铁、铜及铜合金、铝及铝合金等材料表面电镀几种金属或合金，如含锑或镉的锡基合金、Cu-Sn 合金、铟和铜等，然后通过热扩散处理，可形成各种具有耐磨、减摩、抗咬合、耐蚀等性能优良的镀渗层。

通过对镀层尤其是非晶态镀层及其复合镀层进行适当热处理来改善镀层性能，国内对其做了较多研究。如研究热处理对 Ni-P-SiC 镀层组织和耐磨性影响时发现，350℃ 以后，非晶态镀层发生晶化，随着温度的升高，析出的 Ni_3P 硬质相含量增加，非晶转为晶体，400~420℃ 硬度最高，450~600℃ 镀层耐磨性最好。热处理对 Ni-Co-P 非晶态镀层硬度影响的试验表明，常温下镀层硬度为 753HV，300℃ 时达到 1360HV。此后镀层硬度随热处理温度的升高而下降，该镀层的晶化温度为 300℃。

铸渗复合法是在铸型腔壁上涂敷、贴固一定粒度的合金粉末膏剂（铸渗膏剂），然后将液态金属倒入，液态金属浸透膏剂的毛细孔隙中，靠其热量熔融膏剂并与基体表面熔合为一体。由于界面处的扩散渗透，在铸件表面形成一定厚度且与基体的组织、成分、性能截然不同的合金耐磨覆层——铸渗复合覆层。加 WC 颗粒的铸渗层，浸透过程中膏剂合金熔化，WC 不熔化。凝固后为在膏剂合金基体上嵌镶着 WC 颗粒硬质相的复合铸渗层。这种铸渗层中 WC 质量分数一般为 30%~70%，粒度为 20~30 目。30MnSiTi 钢加 WC 颗粒复合铸渗层的耐磨性为 30MnSiTi 铸钢的 14~31 倍。

（5）含激光处理的复合强化层

1）激光制备表面复合涂层或改性层。包括激光相变硬化、激光表面熔凝、激光熔覆和激光合金化。目前对激光熔覆的研究主要是在一般材料表面包敷 Co 基、Ni 基、Cr 基等合金及 WC、TiC、Al_2O_3 等陶瓷材料，以提高所需要的表面性能。对激光合金化的研究集中在基材的选择、合金粉的配比、激光工艺参数的选择及其对涂层的组织和性能的影响等方面。

2）其他含激光处理的复合强化层。如采用先电

镀再进行激光表面处理、堆焊后再进行激光表面淬火、离子渗氮后再进行激光相变硬化处理等方法，都有较多成功应用的实例。

3）激光增强沉积层。激光增强沉积（或激光诱导沉积、激光镀）可包括激光增强电镀（LEED）、激光诱导化学镀（LID）、激光化学气相沉积（LCVD）、激光物理气相沉积（LPVD）等工艺。

激光增强电镀是以高密度激光束辐照液-固界面，造成局部温升和微区搅拌，从而诱发或增强辐照区的化学反应，引起液体物质的分解，并在固体表面沉积出反应生成物。激光增强电镀与普通电镀相比，其沉积速度高（比普通电镀可高出 2~3 个数量级，结合溶液喷射时，镀金速度可达到 $30\mu m/s$ 以上），沉积选择性强（可实现无掩膜微区的直接写入，金属线条宽度可以达到 $1~2\mu m$），能在金属和多种半导体、绝缘体等材料上直接镀敷。激光增强电镀可以分为普通激光增强电镀和激光喷射电镀。

（6）其他表面技术的复合

电刷镀与熔敷技术相复合，在难喷熔材料基体上刷镀一层 Cu、Ni 等金属，可改善熔覆合金与基材的润湿性，提高涂层的结合强度。

电刷镀与离子注入相复合，在钢基材上刷镀镍及镍合金等镀层，而后再注入氮离子，可较大幅度提高镀层表面的硬度和耐磨性。

此外，还有喷丸、滚压等表面形变强化与电镀、热处理等技术的复合，导电胶黏涂与电刷镀的复合，补焊、修光与电刷镀的复合等。

2. 以增强固体润滑性能为主的复合表面技术

固体润滑是用固体微粉、薄膜或复合材料代替润滑油脂，隔离相对运动的摩擦面以达到减摩和耐磨的目的。固体润滑材料由基材、固体润滑剂和起特定作用的其他组元组成。涂覆型和黏结型固体润滑材料的基材可以是金属和非金属材料。固体润滑剂有软金属、金属化合物、无机物和有机物等。

软金属，如 Pb、Sn、In、Zn、Ba、Ag、Au 等。

金属化合物，如 PbO、Pb_3O_4、Fe_3O_4 等金属氧化物，CaF_2、BaF_2、$CdCl_2$ 等金属卤化物，WSe_2、$MoSe_2$ 等金属硒化物，MoS_2 等金属硫化物以及 $Zn_3(PO_4)_2$、Ag_2SO_4 等金属盐类。

无机物，如石墨、氟化石墨、玻璃等。

有机物，如蜡、固体脂肪酸和醇、联苯、染料和涂料、塑料和树脂等。

基材的确定应重点考虑材料的承载能力和使用温度。固体润滑剂的选择，应注意其与基材的合理匹配。简单的润滑相由单一润滑剂组成，为提高固体润滑效果，可以按照"协同效应"原则选用多种固体

润滑剂组成多元润滑相。

（1）复合镀固体润滑材料

复合镀层采用的固体润滑剂有石墨、MoS_2、聚四氟乙烯（PTFE）、氟化石墨 $[(CF)_n]$ 和 WS_2 等，采用的基体材料有镍和铜等。

固体润滑镀层的使用效果十分显著，如 Ni-$(CF)_n$ 镀层用于水平连铸设备中的结晶器内壁，不需要振动结晶器，也不加润滑剂，就能以较小力量顺利地将铸坯从结晶器内拉出，且铸坯表面状态好；Ni-PTFE 镀层用于增塑聚氯乙烯热压模具内壁，不加脱膜剂就很容易脱模；Au-$(CF)_n$ 镀层的摩擦因数为 Au 镀层的 $1/10 \sim 1/8$，其电接触表面性能良好，插拔力小，寿命高。此外，Cu-$BaSO_4$ 复合镀层具有抗黏着性能，可用于滑动接触场合；Zn-石墨复合镀层用在汽车工业的钢紧固件上，其抗擦伤能力完全能与贵重的镉镀层相比。

（2）含有渗硫的表面复合处理层

在复合表面热处理中，与渗硫相复合的表面热处理具有较好的自润滑效果。应用较多的是在不同表面硬化处理之后增加一道低温电解渗硫（温度为 $180 \sim 190℃$）或离子渗硫工艺。渗硫层是有大量微孔的软质层，有良好的储油能力和减摩性，抗烧伤、抗咬合效果好。

为了使工件表面兼有渗硫后的减摩特性和渗氮、渗碳后的耐磨特性，除了在渗氮、渗碳后再进行渗硫处理外，也可以采用硫氮二元共渗和硫碳氮三元共渗。

（3）黏结固体润滑膜

黏结固体润滑膜是将固体润滑剂分散于有机或无机黏结剂中，采用喷涂、刷涂或浸涂等方法涂敷于摩擦表面上，经固化而成的膜。黏结固体润滑干膜（又称为干膜润滑剂）厚度一般为 $20 \sim 50\mu m$，厚的可大于 $100\mu m$。干膜具有与基体相同的承载能力，摩擦因数通常在 $0.05 \sim 0.2$ 之间，最小可达 0.02。

有机黏结固体润滑膜使用很广，有环氧树脂黏结干膜、聚酰亚胺黏结干膜等多种。无机黏结固体润滑膜，目前多限于在特殊工况下使用。

黏结固体润滑膜，由于其可以在超低温至高温（$-200 \sim 1000℃$ 都有可供选择的干膜），高负荷（含 MoS_2 和石墨等层状固体润滑剂的干膜，其耐负荷性超出极压性能好的润滑油脂的 10 倍以上，且长期静压后不会从摩擦面流失），超高真空（人造卫星上的天线驱动系统、太阳电池帆板机构、星箭分离机构及卫星搭载机械等），强氧化还原和强辐射等环境下有效地润滑，因而获得了从民用机械到空间技术等各个方面的广泛应用。

3. 以增强耐蚀性为主的复合表面技术

（1）耐蚀复合镀层

复合镀锌（如 Zn-TiO_2、Zn-Al、Zn-Al_2O_3）的耐蚀性高于镀锌层；Ni-Pd 复合镀层的化学稳定性也高于普通镍镀层，这是由于钯微粒的加入引起了镍层阳极钝化，提高了复合镀层的化学稳定性。根据相同的原理，还可向复合镀层中引入比较便宜的铜、石墨或导电的金属氧化物（Fe_3O_4、MnO_2 等）微粒。

机械镀因具有镀层无氢脆、耗能小、污染少、生产率高、成本低等优点，在国外应用相当普遍。机械镀是把冲击介质（如玻璃球）、促进剂、光亮平整剂、金属粉和工件一起放入镀敷用的滚筒中，并通过滚筒滚动时产生的动能，把金属粉冷压到工件表面上而形成镀层的工艺。适合于机械镀的多是软金属，常用的是锌、镉、锡及其合金。普通机械镀锌外观不如电镀层平滑、光亮，存在微小的凹凸及厚度不均匀等问题。从而影响了镀层的致密性和耐蚀性。复合机械镀锌是在镀锌过程中，随着锌粉的加入，添加一定量的惰性聚合物微粒（如聚乙烯）。该微粒粒径为 $0.5 \sim 5\mu m$，加入量为锌粉的 $5\% \sim 10\%$（质量分数）。微粒的加入可起到润滑和填充作用，能有效地提高锌粉的利用率，显著增加镀层的耐蚀性和耐磨性。

（2）多层镍-铬镀层

现今多层镍-铬镀层已成为在严酷环境下使用的钢铁零件的防护装饰性镀层，在摩托车、汽车等户外交通工具上得到越来越广泛的应用。多层镍-铬体系具有优良的耐蚀性和外观。从单层镍到双层镍、三层镍体系，其耐蚀性和外观依次得以改善。目前常采用的多层镍-铬组成类型有：半光亮镍-光亮镍-铬；半光亮镍-光亮镍-镍封-铬，半光亮镍-高硫镍-光亮镍-铬，半光亮镍-高硫镍-光亮镍-镍封-铬。

多层镍体系的防腐蚀机理如图 9.9-3 所示。其中，半光亮镍镀层电位较正，耐蚀性较高，光亮镍电位较负，耐蚀性较低。将半光亮镍作底层，其上镀光亮镍，则相对半光亮镍，光亮镍是一个阳极性镀层。若光亮镍镀层中有孔隙并进入水电解质，就形成以光亮镍镀层为阳极、半光亮为阴极的微电池，使腐蚀沿横向在光亮镍镀层中扩展，保护了半光亮镍镀层和底层。通常在双层镍体系中二层镍间的电位仅相差 130mV，防护能力不强。为此可在半光亮镍和光亮镍层之间增加一层含硫量很高（质量分数约为 0.15%）的 $1\mu m$ 厚的镀层。因这层高硫镍电位更负，所以当光亮镍层有孔隙时，该层就成为阳极，保护半光亮镍和光亮镍层。为提高耐蚀性和抗暗性，在光亮镍层上常镀一层 $0.25 \sim 0.75\mu m$ 的铬层。在铬、镍微电池中，镍为阳极。为分散腐蚀电流，使腐蚀不向纵深发展，宜镀微孔或微裂纹铬，而要形成这种铬层，常先镀一层复合镍（镍与 SiO_2 等微粒共沉积）层，称为镍封。

多层镍-铬镀层不仅大大提高了防护装饰性，而且因可采用较薄镀层而节约了金属。目前国际标准中对该体系做出了相应的规定。

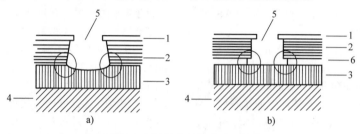

图 9.9-3　多层镍体系的防腐蚀机理

a）双层镍体系　b）三层镍体系

1—铬镀层　2—光亮镍镀层　3—半光亮镍镀层　4—铁基体　5—铬镀层的缺陷处　6—高硫镍镀层

（3）自蔓延技术制备钢基陶瓷复合涂层

自蔓延高温合成（Self-Propagating High Temperature Synthesis 或 SHS）是利用高温放热反应的热量使化学反应自动持续下去的一种技术。目前用 SHS 技术已能合成数百种陶瓷、金属间化合物等多种耐高温无机材料。

用 SHS 技术制备各种陶瓷、合金粉末最为成熟。制作钢基陶瓷复合衬管的具体方法是离心铝热剂法（即 C-T 法）。它是将装有铝热剂粉末（如铝粉、Fe_3O_4 粉及各种添加剂粉）的管子（或中空零部件）置于旋转装置上，在其一端点火后，依靠反应自身所放出的热量使燃烧波从一端传播至另一端，从而在装有粉末的整个管道上得到所需的覆层。

C-T 法形成复合衬管示意图如图 9.9-4 所示，其典型反应为

$$2Al+Fe_2O_3 \rightarrow 2Fe+Al_2O_3+828.4kJ$$
$$8Al+3Fe_3O_4 \rightarrow 4Al_2O_3+9Fe+3326.3kJ$$

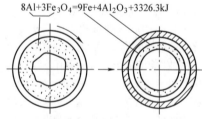

图 9.9-4　C-T 法形成复合衬管示意图

这种反应的温度可达 3000℃ 以上，足以使反应物和生成物熔化。在旋转所产生的离心力的作用下，使得密度具有显著差异的不同液态产物分离，结果形成以钢为基体，Fe 为过渡层，耐蚀、耐热、耐磨的 Al_2O_3 为表层的复合衬管。

C-T 法还可扩大到生成碳化物或硼化物与氧化铝的复合衬层。除离心-自蔓延外，也可利用静态自蔓延合成法在钢管内壁及一些非回转体内表面（如弯管、异形管及复杂形状的内表面）形成陶瓷复合涂层。用 SHS 工艺制备的金属陶瓷涂层具有很高的耐蚀性、耐磨性和耐高温等性能。我国已有专门的燃烧合成技术公司批量生产不同形状和用途的陶瓷复合钢管，并成功应用于矿山、石油、电力等领域。

（4）有机复合涂层

环氧煤沥青-玻璃布复合涂层适用于埋地和水下输油（水）管道，煤气、自来水、供热管道的外壁防腐，也适用于钢质储罐底部防腐及污水池、屋顶防水层，地下室等混凝土结构的防渗漏。煤焦沥青是煤焦蒸馏后的残渣产物，具有价格低、抗水、耐潮、耐化学药品腐蚀、耐酸等特性。环氧煤焦沥青-玻璃布耐蚀层应采用中碱、无捻、无蜡的玻璃布作加强基布。涂层制备主要步骤为：表面处理（清除表面油污）→配漆→刷底漆→打腻子→涂漆和缠玻璃布→静置自干。环氧煤沥青冷缠带已有制品出售，这种冷缠带施工方便、快捷，一次缠绕即可达到中国石油天然气行业标准 SY/T 0447—2014 中的加强级或特加强级防腐层要求。

玻璃鳞片涂料涂层由玻璃鳞片与树脂混合而成。玻璃鳞片是用玻璃制成的几何尺寸为几个 mm，厚度为 $2 \sim 3\mu m$ 的小薄片。最常用的树脂是环氧树脂、呋喃树脂、乙烯基树脂、不饱和聚酯树脂。1mm 厚的玻璃鳞片涂层中含有上百片互相平行排列的玻璃鳞片，腐蚀介质要想达到基体，必须绕过鳞片迂回渗入，这就大大增加了渗透时间，从而有效地保护了基体。玻璃鳞片涂层已广泛用于大型河闸、海洋平台、油田及炼油厂输油管道、跨海大桥、大型海轮等较严酷腐蚀条件下的钢结构耐蚀防护。

（5）金属-非金属复合涂层

一般阳极性金属涂层由于存在有孔隙和局部破

损，腐蚀介质容易渗透到基体表面，若以适当涂料覆盖在金属涂层上将涂层的孔隙封闭，则可阻止腐蚀介质的渗透。覆盖在金属涂层上的涂料由封孔涂料底层和耐蚀涂料面层组成。封孔涂料底层应与金属涂层有良好的相容性，能填充涂层的孔隙并附着良好。为了使金属涂层起到钝化作用，底层可采用金属盐类，如铬酸盐、磷酸盐、锶酸盐等，或将金属盐加到涂料中构成耐蚀底漆。耐蚀涂料面层主要要求对腐蚀环境有较好的适应性，能耐腐蚀和老化。这种金属-非金属复合涂层的防护寿命是单一阳极性金属涂层或单一涂装层的若干倍。据4000h盐雾试验结果，单一阳极性涂层，无论涂层种类如何，24h后表面开始产生白锈，涂层经封闭后，3300h后才出现白锈。

在金属-非金属复合涂层防护体系中，无机盐铝涂层具有优异的耐蚀性。无机盐铝涂层是用无机黏结剂和分散的铝粉组成的浆料喷涂后经过干燥、烘烤、固化的涂层。它包括 WZL 系列涂层、Sermetel W 涂层等。无机盐铝涂层的使用范围为：高强度钢的防护层，使用温度不超过 650℃ 的中温防护层（如发动机叶片在 500℃ 下的防腐蚀），恶劣环境下钢制件的耐蚀层，钛及其他金属接触腐蚀的保护层等。

无机富锌涂层是由金属锌粉和无机黏结剂、助剂混合组成的水溶性浆料涂敷后，在常温下固化得到的对钢具有良好防护能力的无机涂层。无机富锌涂层适用于船舶、铁路、水利、石油化工、电业、化学、运输、建筑等行业的钢制件防腐，尤其是大型制件的防腐，如桥梁、管道、储油罐、船闸、塔架、汽车壳体、有机溶剂容器，以及 400℃ 以下工作的钢结构件等。

（6）耐高温热腐蚀复合涂层

目前国内已开发出多种适用于电站锅炉热交换器管道等耐高温冲蚀-腐蚀材料，如高速电弧喷涂 Fe-CrAl-WC 复合涂层、高速电弧喷涂 Fe_3Al-WC 复合层、热喷涂 $Ni_{21}Cr_9Mo_{3.5}Nb/Cr_3C_2$-TiC-25NiCr 双层涂层等在实践中均取得了满意效果。

高温珐琅涂层（高温搪瓷），是采用高温熔烧工艺在金属零件表面涂敷一层能对基体金属起耐氧化、防腐蚀、电绝缘或其他防护作用的玻璃或陶瓷涂层。其中，W-2 涂层主要适用于镍基和钴基高温合金热端部位，如燃烧室、加力点火器等。该涂层能显著提高零件的热疲劳抗力和高温持久、高温蠕变性能，零件使用寿命可延长 2~2.5 倍。W-2 涂层的釉料组成（质量份）为：硅钡酸盐玻璃（70）、三氧化二铬（30）、黏土（5）、水（70）。将釉料涂搪于零件表面，经 1180℃±20℃ 熔烧 2~7min，即可制成具有深绿色玻璃光泽的涂层。T-1 珐琅涂层的性能与 W-2 相似，其涂层组分中不含危及操作人员健康的有毒的氧化铍。B-1000 涂层的特点是熔烧温度低（1050℃），工艺性能好，适用于耐热不锈钢和高温合金基体，如用于航空发动机热端部位的燃烧室、涡轮静止叶片、加力燃烧室等零件上。涂层的釉料组成（质量份）为：硼硅钡酸盐玻璃（70）、三氧化二铬（30）、黏土（5）、水（70）。

9.10 表面质量的检测

9.10.1 外观质量检测

外观质量检测一般包括以下几个方面：

1）表面缺陷。表面缺陷是指产品经表面处理后表面上的不连续或不均匀性，包括针孔、麻点、斑点、气泡、结瘤、烧焦、毛刺、暗影、阴阳面以及树枝状、海绵状沉积物等。表面缺陷的检测一般是在规定的检测条件下用目测或 2~5 倍的放大镜进行观察。

2）光泽度。光泽度是指产品经表面处理后其表面的反光性。光泽度检测常用的方法有目测法、样板对照法和光度计法。目测光泽度的经验评定大致可以分为 4 个等级，即镜面光亮级、光亮级、半光亮级、无光亮级。样板对照法是用具有一定光泽度的标准参照样板与实际涂覆零件表面进行目测对照以评定光泽度，一般分为 4 个等级。

3）表面粗糙度。表面粗糙度是指产品经表面处理后其表面在微观波动范围内的凹凸不平程度。表面粗糙度的检测方法主要有样板对照法、触针式轮廓仪测量法、干涉显微镜法、显微镜调焦法及扫描隧道显微镜法等，具体的检测操作应按照国家相关标准进行。

4）色泽。色泽是指产品经表面处理后其表面的色彩。色泽的检测一般采用样板对照法进行。

5）覆盖性。覆盖性是指产品表面涂覆后，在其规定的应涂覆部位是否全被涂覆层覆盖。涂覆层的覆盖性一般采用化学法进行检测。

涂覆层的外观质量检测对于不同的涂覆处理和产品有不同的检验方法及质量标准，有些已列入国家或部级标准，例如铝合金的阳极氧化及着色有国家标准 GB/T 12967.6—2008《铝及铝合金阳极氧化膜检测方法 第6部分：目视观察法检验着色阳极氧化膜色差和外观质量》，轻工产品金属镀层和化学处理层的外观质量有部颁布标准 QB/T 3814—1999《轻工产品金属镀层和化学处理层的外观质量测试方法》。

镀层外观检验时，样品的取样应根据产品要求或检验标准规定进行。在尚无标准规定的情况下可以采取以下几种取样方法：

① 外观要求高的产品，如贵重仪器、仪表、零件或外壳，以及某些对外观有严格要求的涂覆件，应进行逐件检验。

② 批量大且要求外观质量分级的产品，应进行普检（即 100% 作分级检验）。

③ 批量较大而外观要求不十分严格的产品，可以每批产品抽取 5% ~ 10% 进行检验，若发现其中有不合格者时，再取双倍数量零件复验，复验中仍有一定数量不合格者时，则可根据具体情况视为部分或全部不合格而进行退修或返工处理。

值得一提的是机器视觉检测方法，机器视觉是表面质量检测近年发展的一个重要方向，拥有广阔的行业应用领域。机器视觉主要是采用计算机来模拟人的视觉功能，从客观事物的图像中提取信息，进行处理并加以理解，最终用于实际检测、测量和控制。而传统的表面质量检测方法要么耗时耗力，要么在精度上达不到要求，或者在许多行业和生产现场都有局限性。而机器视觉表面质量检测能够快速检测目标，并通过智能算法来满足复杂环节对表面质量检测的要求，能够采集、分析、传递数据，判断结果，有明显与自动化技术高度融合的趋势。因此，从理论上来讲，机器视觉可以满足上述外观质量检测的需求。

9.10.2 表面成分检测

在表面工程中，依据检测目的和对象的不同，相关的化学成分分析，可以划分为涂覆层或基体材料平均成分的宏观分析，表面以下微米级深度的成分分析，表面以下纳米级深度的成分分析和表面单原子层成分分析等几种情况。对于涂覆层或基体材料平均化学成分的宏观分析，在物理方法范围内，主要采用光谱分析法，如原子发射光谱分析、原子吸收光谱分析、原子荧光光谱分析等。光谱分析的基本原理是通过材料中各元素的原子对与其对应的特征光谱的吸收或发射的有无和强度高低，而进行定性鉴别或定量分析。此类方法的应用特点见表 9.10-1。

表 9.10-1　光谱分析方法的应用特点

分析方法	样品制备	基本分析项目	应用特点
原子发射光谱分析（AES）	固体与液体，分析时蒸发、离解为气态原子	元素定性、半定量和定量分析（可测所有金属和谱线处于真空紫外区的 C、S、P 等非金属七八十种元素。对于无机物分析，是最好的定性、半定量分析方法）	灵敏度和准确度较高，样品用量少（5~50mg），可对样品作全元素分析，速度快
原子吸收光谱分析（AAS）	液体（固体样品配制成溶液），分析时为气态原子	元素定量分析（可测几乎所有金属和 B、Si、Se、Te 等半金属元素）	灵敏度很高（特别适用于元素的微量和超微量分析），准确度较高，不能作定量分析，不便于作单元素测定，仪器设备简单，操作方便，分析速度快
原子荧光光谱分析（AFS）	样品分析时为气态原子	元素定量分析（可测元素近 40 种）	灵敏度高，可采用非色散简单仪器，能同时进行多元素测定，是痕量分析新方法，不如 AES、AAS 应用广泛

表面以下微米、纳米级深度以及表面单原子层的成分分析属于表面微区分析范畴，所应用的分析方法皆为表面现代分析技术。此类分析方法的基本原理都是基于高能束与物质的相互作用，当高能束辐照材料表面时，材料表面层便会发射或散射出能反映材料中所含元素信息的粒子（或光子），根据这些粒子（或光子）的有无和反射的强度高低就可以进行表面层化学成分的定性或定量分析。表面微区成分分析方法的应用特点见表 9.10-2。

表 9.10-2　表面微区成分分析方法的应用特点（顺序可调整，按分析深度，从大到小）

方法名称	分析原理	分析区域	分析深度	灵敏度	应用特点
电子探针（EPA 或 EPMA）	由电子激发特征 X 射线的能量（或波长）及强度测定成分	$\phi 1\mu m \sim \phi 0.3mm$	$1 \sim 10\mu m$	$10^{-4} \sim 10^{-3}$	表层成分（B ~ U）点、线、面分析，轻元素灵敏度低

（续）

方法名称	分析原理	分析区域	分析深度	灵敏度	应用特点
X 射线荧光光谱分析（XSF）	由 X 射线激发原子荧光 X 射线的能量（或波长）及强度测定成分	mm 量级	数 10μm	$10^{-5} \sim 10^{-4}$	表层成分（B～U）点、线、面分析，无损检测，速度快，可在大气下操作
激光微区光谱分析（LMA）	通过测定由激光照射加热产生的气态原子光谱分析测定成分	$\phi 10 \sim \phi 200 \mu m$	≈100μm	$10^{-6} \sim 10^{-4}$	可在大气环境操作，对轻元素灵敏度高，破坏性大
卢瑟福背散射谱分析（RBS）	通过测定背散射电子的强度及能谱分析测定成分	$\phi 1mm$	≈1μm	—	定性、定量及深度分布分析，无损检测，不能测二维分布，装置巨大
离子激发 X 光谱分析（IXS）	通过测定离子碰撞时产生的特征 X 射线分析测定成分	$\phi 1mm$	≈0.1μm	—	局部元素分析，成分的深度分布，因无连续 X 射线叠加，故信噪比高
俄歇电子能谱分析（AES）	通过测定俄歇电子的动能测定成分	$\phi 0.05 \sim \phi 10 \mu m$	1～2nm	$10^{-3} \sim 10^{-2}$	表面成分（Li～U）点、线、面分析，超轻元素灵敏度高，样品可为固体、液体、气体
X 射线光电子谱分析（XPS）	通过测定由原子内壳层逸出的光电子动能测定成分	$\phi 1 \sim \phi 3mm$	0.5～2.5nm（金属），4～10nm（高聚物）	≈1%	表面成分（Li～U）点、线、面定性分析，较高 Z 元素的定量分析，相对灵敏度不高
二次离子质谱分析（SIMS）	利用溅射离子的能量分布、质荷比分析元素及同位素	$\phi 1 \mu m \sim \phi 1mm$	≤2nm	10^{-6}	全元素（包括 H、He）及同位素定性分析，元素深度分布，灵敏度高
电子能量损失谱分析（EELS）	测定非弹性背散射特征能量电子的能量损失谱，进行成分分析	$\phi 10nm$	0.5～2nm	0.3%～0.5%	表层成分（Li～U）的测定，横向分辨率高，适宜分析表面吸附、半导体表面状态
离子散射谱分析（ISS）	测定一定角度散射的离子能谱，鉴定元素	$\phi 100 \mu m$	表面单原子层	$10^{-4} \sim 10^{-1}$	测定表面最外层原子（Li～U）及吸附元素的成分，质量分辨率一般为被测质量数的5%

9.10.3　表面结构分析

表面结构分析主要是指表面层的晶体结构，结构分析的基本原理是利用高能入射束（如 X 射线、中子和电子束等）与其晶体或分子中的原子及其电子的相互作用相伴随的物理效应而进行的。当这些高能入射束照射被检测的材料表面时，将产生各种信息，例如，对 X 射线、电子束、中子束等射线束的散射，二次电子、离子及其他粒子的发射等。其中相干散射（衍射）就是 X 射线分析等结构分析方法的技术基础。常用的表面结构分析方法，有 X 射线衍射、电子衍射、中子衍射和光谱分析等几大类。

X 射线衍射分析方法的应用见表 9.10-3。

电子衍射分析方法的应用见表 9.10-4。

9.10.4　表面硬度检测

表面工程中常用的硬度检测方法及其应用见表 9.10-5。

表 9.10-3　X 射线衍射分析方法的应用

分析方法	基本分析检测项目	应用举例
衍射仪法	相结构定性分析,物相定量分析,点阵常数测定,一、二、三类应力测定,织构测定,单晶定向,晶粒度测定,非晶态结构分析	PVD、CVD 及电镀涂覆层的相结构分析,涂覆层残余应力测定、涂覆层生长织构测定、热喷涂粉末的相结构与相组成分析等 相变过程与产物的结构变化、工艺参数对相变的影响、新相与母相的取向关系等
粉末照相法	物相结构定性分析,点阵常数测定,织构测定	固溶体的固溶度、点阵有序化参数测定、短程有序分析等
劳埃法	单晶定向,晶体对称性测定	塑性变形过程中孪晶面与滑移面指数的测定、形变与再结晶织构测定、残余应力分析等高聚物的物相鉴定、晶态与非晶态及晶型的确定、结晶度测定、微晶尺寸测定等
四圆衍射仪法	单晶结构分析,晶体学研究,化学键键长、键角等测定	

表 9.10-4　电子衍射分析方法的应用

分析方法	样品	分析项目与应用举例
高能电子衍射谱分析(HEED)	薄膜样品	微区结构分析与物相鉴定(如第二相在晶内析出过程等),晶体取向分析(如析出物与晶体取向关系等),晶体缺陷分析
低能电子衍射谱分析(LEED)	固体样品	表面(1~5 个原子层)分析,原子二维排列周期,层间原子相对位置及层间距离表面吸附现象分析表面缺陷分析等
反射式高能电子衍射谱分析(RHEED)	固体样品(尺寸>5mm)	表面结构及缺陷分析(样品表面的无序程度等),表面原子生长过程分析(表面重构,是否形成结晶等)

表 9.10-5　常用的硬度检测方法及其应用

名称	压头	压痕		载荷	应用范围
		对角线或直径	深度		
布氏(HBW)	2.5mm 或 10mm 直径球体	1~5mm	<1mm	钢铁用 30000N, 软金属用 1000N	热喷涂层或基体材料的宏观硬度检测
洛氏(HR)	120° 金刚石锥体或 1.59mm 直径的球体	0.1~1.5mm	25~350μm	主载荷 600~1500N, 副载荷 100N	热喷涂层或涂层与基体的宏观硬度检测
表面洛氏(HR-S)	120° 金刚石锥体或 1.59mm 直径的球体	0.1~0.7mm	10~100μm	主载荷 150~450N, 副载荷 30N	渗碳、渗氢、热喷涂、激光淬火等涂层与基体硬度的检测
维氏(HV)	对顶角为 136° 的正棱锥体	10μm~1mm	1~100μm	10~1200N	同表面洛氏
维氏显微(HV)	对顶角为 136° 的正棱锥体	10~50μm	0.1~2μm	0.01~2N	厚度在 1μm 以上涂覆层硬度检测
努氏(HK)	轴向棱边为 172.5° 和 130° 的棱锥体	10μm~1mm	0.3~30μm	2~40N,可低于 0.01N	厚度在 1μm 以上涂覆层硬度检测

刻划法主要有划针法、莫氏硬度顺序法等。刻划法早先是通过用对比样品刻划被测样品或用被测样品去刻划对比样品,通过比较来确定其硬度值,属于定性和半定量检测,常用于硬质涂覆层材料或矿物、陶瓷材料的硬度检测。近年来,随着纳米技术的不断发展,刻划法已被用来作为纳米涂覆层或薄膜力学性能检测的有效方法。它是在小曲率半径的硬质压头上施加一定的法向力,并使压头沿试样表面刻划,通过试样表面的划痕来评价其硬度以及抵抗摩擦、变形和薄膜对基体黏着能力的方法。

近年来,为适应纳米涂层技术的发展要求,开发出纳米压痕(划痕)硬度计,使纳米涂覆层硬度检测技术获得快速进展。纳米压痕硬度计是一类先进的材料表面力学性能测试仪器,该类仪器装有高分辨率的制动器和传感器,可以控制和监测压头在材料中的压入和退出,能提供高分辨率连续载荷和位移的测量，可直接从载荷-位移曲线中实时获得接触面积。因而可以大大地减小人为测量误差，非常适合于较浅的压痕深度；对不会导致压痕周围凸起的材料，如大多数陶瓷、硬金属和加工硬化的软金属，硬度和弹性模量的测量精度通常优于 10%。

9.10.5　表面耐磨性检测

表面耐磨性检测方法分为实物试验与实验室试验两类。实物试验是通过检测实物在实际工况条件下或与实际工况接近条件下的磨损量，以评定其耐磨性。这种方法结果可靠性高，但试验周期长，又因结果是摩擦表面状况及其加工工艺等诸多因素的综合反映，单因素的影响难于掌握与分析。实验室试验是通过对试验样品在试验机上的摩擦磨损试验以评定样品的耐磨性。这种方法具有周期短、成本低、易于控制各种影响因素等优点，但结果常不能直接反映实际情况，多用于研究性试验，研究单个因素的影响规律及探讨磨损机制。研究重要机件的耐磨性时，往往要兼用这两种方法。

涂覆层的耐磨性检验，一般是模拟磨损的工况条件，进行对比性的摩擦磨损试验，以评定检验其耐磨性。按照失效类型分类，表面磨损可以分为：磨料磨损、黏着磨损、疲劳磨损、冲蚀磨损、腐蚀磨损与微动磨损等。

磨料磨损：由于硬颗粒或硬突起是材料产生迁移而造成的一种磨损。国内外已经研究和发展了上百种不同类型的磨料磨损试验机。这些磨损试验机都是根据实际磨料磨损过程的特点专门设计的，包括按照磨料与材料的接触和运动方式（固定半固定和自由）、应力大小（高、低应力）、载荷方式（动载、冲击）和干湿介质状态（冲蚀、腐蚀、高温）设计的磨损试验机以及专门为研究磨料磨损机理而设计的单颗粒磨料磨损试验机等。此外与实际工况非常接近的一些台架式小型磨料磨损试验机（凿削式颚式破碎机、小型球磨机、落球冲击疲劳试验机）等。

黏着磨损：滑动摩擦时摩擦副接触面局部发生金属黏着，在随后相对滑动中黏着处被破坏，有磨屑从零件表面被拉拽下来或零件表面被擦伤的一种磨损形式。各种滑动摩擦磨损试验机原则上都可以进行黏着磨损试验。常选用的试验机有：Amsler 试验机、销环式试验机、Falex 试验机和 Timken 试验机等。

疲劳磨损：两个接触表面做纯滚动或滚动与滑动复合摩擦时，在高接触压应力的作用下，经过多次循环后，在其相互作用表面的局部地区产生小块材料剥落，形成麻点或凹坑的现象。我国在接触疲劳磨损试验方面先后研制出了 ZYS-5 型双面对滚式、ZYS-7 型

锥体式、JPM-1 型和 JP-BD1500 型滚子式及 TLP 型推力片式等不同类型的接触疲劳试验机，在轴承、齿轮等零件的试验研究中发挥了重要的作用。

冲蚀磨损：材料受到小而松散的流动粒子冲击时表面出现破坏的一类磨损现象。实验室冲蚀设备可根据粒子获得的速度或与材料间的相对速度进行分类。对喷砂冲蚀而言有：真空自由落体式、气流喷射式、旋转臂与离心加速式等几类；泥浆冲蚀则有料浆罐式、射流冲击式两大类；水冲蚀和气蚀设备包括射流或单滴冲击式、文丘利管式、旋转盘式和超声振动气蚀装置。

腐蚀磨损：摩擦副对偶表面在相对滑动过程中，表面材料与周围介质发生化学或电化学反应，并伴随机械作用而引起的材料损失现象。按磨损方式，试验装置可分为腐蚀磨料磨损试验装置和腐蚀摩擦磨损试验装置两类。根据试样的运动状态，腐蚀磨料磨损试验装置还可进一步分为砂浆槽式和冲蚀腐蚀试验装置。

微动磨损：在相互压紧的金属表面间由于小振幅振动而产生的一种复合型式的磨损。由于微动损伤的隐蔽性和长期积累性使它难于明显地暴露在人们眼下，故在实验室内了解其发生发展过程的规律性显得格外重要。可以进行微动试验的设备必须具有产生小振幅滑动的功能，产生微动的方法包括机械、流体和电磁驱动三种形式。

9.10.6　表面孔隙率检测

涂覆层孔隙率是描述涂覆层密实程度的一项质量指标。从一般意义上讲，孔隙率是指涂覆层到基体通道中单位面积上气孔的数目，以气孔数（n/cm^2）表示；为了检测的方便，也有用涂覆层材料中气孔的体积占涂覆层几何体积的百分比（$\Delta V/V_0 \times 100\%$）或用涂覆层密度与涂覆层材料的真实密度之比来表示孔隙率。

涂覆层中孔隙大小、形态、分布因涂覆层制备加工方法而异。如电镀等方法形成贯通孔，而热喷涂则多为分散孔隙，因而检测方法各有不同。常用的涂覆层孔隙率检测方法有：滤纸法、涂膏法、直接称量法、浮力法、浸渍法、电解显像法、置换法、显微测量法等。

1）滤纸法是将浸有测试溶液的湿润滤纸贴于经预处理的被测样品表面，滤纸上的相应试液渗入涂覆层的孔隙中与基体金属或中间镀层相互作用，基体金属或中间层金属被腐蚀产生离子，透过孔隙由指示剂在滤纸上产生具有特征颜色的斑点，然后以滤纸上有色斑点的数量来评定涂覆层的孔隙率。这种方法适用

于检验钢铁或铜合金表面上的铜、镍、铬、锡等单金属镀层和多层镀层的孔隙率。

2) 涂膏法是把含有试剂的膏状物均匀地涂抹于经过清洁和干燥处理的受检样品表面。通过泥膏中的试剂渗透过涂覆层孔隙，与基体或中间层金属作用，生成具有特征颜色的斑点，最后以膏体上有色斑点的数目来评定涂覆层的孔隙率。这种方法的适用范围与滤纸法相同，但更适宜于那些具有一定曲面的样品或零件。

3) 直接称量法主要用于热喷涂层孔隙率的检验。其具体方法是先按规定尺寸加工一个带槽的金属圆柱体，并称出其质量，再对其槽部进行热喷涂并填满，然后将喷涂层加工到与基体外圆尺寸一致。分别称量喷涂前后的两个圆柱体的质量，按下式即可计算出喷涂层的孔隙率

$$\alpha = 1 - w_2/w_1 = [1 - (w-w_0)/\rho V] \times 100\%$$

式中　w——喷涂并加工后圆柱体的质量；

　　　w_0——未喷涂时带凹槽圆柱体的质量；

　　　w_2——涂层的实际质量，$w_2 = w-w_0$；

　　　w_1——与样品上的喷涂层同体积的喷涂材料的质量；

　　　V——喷涂层体积（样品表面凹槽体积，可按图样计算）。

4) 浮力法适用于热喷涂层的空隙率测定。具体方法是，把涂层从样品基体上剥离下来，并在其表面上涂一薄层凡士林，然后用细丝绳吊起来，分别测出它在空气中和水中的不同质量，通过以下公式计算涂层孔隙率：

$$\alpha = \left(1 - \frac{w_Z/\rho_Z}{(w-w')/\rho_w - w_c/\rho_c - w_v/\rho_v}\right) \times 100\%$$

式中　ρ_Z——构成涂层材料的相对密度；

　　　ρ_w——纯水的相对密度；

　　　ρ_c——吊挂样品的金属丝的相对密度；

　　　ρ_v——凡士林的相对密度；

　　　w_Z——涂层在空气中的质量；

　　　w_c——浸入水部分的金属丝质量；

　　　w_v——涂层表面凡士林的质量；

　　　w——涂层、金属丝、凡士林在空气中的总质量；

　　　w'——金属丝及吊挂着的涂有凡士林的涂层在纯水中的质量。

9.10.7　涂层厚度检测

常用涂覆层厚度测量方法与特点见表9.10-6。

表 9.10-6　常用涂覆层厚度测量方法与特点

	测定方法	方法与特点	用　途
破坏性测量	显微镜法	取样、抛光、侵蚀后用光学或电子显微镜测定涂覆层横截面厚度，是标准试验方法，操作比较复杂，要求技术熟练	厚度测定的基本方法，根据统计数据，光学显微镜的绝对误差为 0.8μm 左右，电子显微镜的绝对误差为纳米级
	电解法	用合适的电解液对一定面积的涂覆层进行恒电流阳极电解，根据涂覆层溶解的时间求出厚度。可测定多层膜各层的厚度，但不能测定小件及复杂形状零件的涂覆层厚度	适用于多层或多种类涂覆层的厚度测量，测量装置比较简单、廉价，最薄可测到 0.2~5μm
	化学溶解法	将涂覆层进行化学溶解，根据溶解所需要的时间、液量或溶解物质量求出涂覆层厚度，装置简单、操作简便	精度不高，一般用于对涂覆层厚度的粗略测定
	轮廓仪法	需要专门制备检测样品，先在被测涂覆层表面与基体表面间制出一个台阶，然后通过触针对台阶的扫描测定涂覆层厚度	测量精确度较高，可达 0.01μm。测量直观，速度快，操作简便，用于硬质或超硬薄膜的厚度测定，也被用作仲裁测量
	测微计法	测定选定部位基体与涂覆层总厚度，清楚涂覆层后，测定同一部位的基体厚度，再求出涂覆层厚度	可以测量 5μm 以上的涂覆层厚度，用于现场涂覆层厚度管理
	光干涉法	需要在被测涂覆层表面与基体表面间制出一个台阶，通过干涉条纹位移测定厚度	适用于测定厚度为纳米级的薄膜
非破坏性测量	磁性法	通过测定传感器与基体间磁引力或磁阻的变化测定涂覆层厚度	适用于铁磁性基体非铁磁性涂覆层的厚度测量，操作方便，测量速度快
	涡流法	探测器内装有通以高频电流的线圈，当靠近导体时产生涡流，通过测定线圈电流的变化测定厚度	适用于导电性基体非导电性涂覆层的厚度测量，操作方便，测量速度快

（续）

测定方法		方法与特点	用　途
非破坏性测量	β 射线法	通过测定 β 射线的穿透量或反散射量,再换算出涂覆层厚度。涂覆层原子序数与基体差别够大时效果好	一般用于印制电路板、接插件等电子产品镀金膜的厚度测量
	荧光 X 射线法	用 X 射线照射样品,测定荧光 X 射线强度,再换算出涂覆层厚度	一般用于印制电路板、接插件等电子产品镀金膜的厚度测量
	测微计法	用测微计测定涂覆前后的尺寸差,求出涂覆层厚度	适用于涂覆生产现场质量管理

9.10.8　涂层结合强度检测

1. 对涂覆层和基体直接加载的检测方法

此类方法是将试验载荷直接作用在涂覆层与基体上,通过试验载荷的直接作用（包括拉伸、剪切）使涂覆层与基体在界面处分离,从而测量出层-基结合强度。图 9.10-1 所示为测量电镀和电刷镀层结合强度所采用的机械剥离试验方法示意图。它是将一根一定规则的棒状试样除一端面以外全部绝缘,然后在棒的端面进行电镀。要求镀层有一定的厚度,并让镀层横向发展到超出绝缘层之外,与试棒的外圆之间形成一定厚度的台阶,以便承载。镀好后将试样进行机械加工,镀层外圆加工成与棒端原始端面处于同一平面的凸台,将棒端中心部分的镀层去掉并加工出一个可以插入压头的圆孔。试验时,将加工好的样品置于一个专门配置圆筒型夹具上,在万能测材料试验机上或专用压力机上,给压头加载,直至使镀层从试棒端部剥离。根据施加的载荷和镀层的面积就可以方便地计算层 - 基结合强度（近似于抗拉强度）。

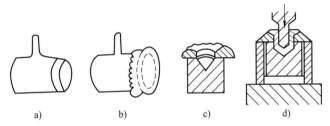

图 9.10-1　机械剥离试验方法示意图
a）绝缘　b）沉积　c）机械加工　d）测试（剖面）

图 9.10-2 所示为检测热喷涂层与基体结合强度的拉拔试验示意图。方法是在板状坯料 A 的中心部位开孔,另制一与板状坯料材质相同,并与坯料中心孔之间为滑动配合的活塞杆 B,使活塞端面与坯料表面处于同一平面进行喷涂。然后从下面支撑坯料,垂直对活塞施加拉伸载荷,直至活塞端面与喷涂层分离,通过以活塞端部的面积去除涂层剥离时的载荷即可获得界面结合强度。

柱形,在圆柱试样柱面中部制备涂层,并通过机械加工使涂覆层端面与基体圆柱之间形成台阶及所要求的尺寸。然后将试样置于与其滑配合的圆筒状夹具中,在万能材料试验机上进行缓慢加载,直至涂覆层被剪切剥离。通过试样直径和涂覆层的宽度计算出受剪涂覆层的承载面积,再计算出涂层的剪切强度

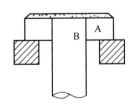

图 9.10-2　拉拔试验示意图

测定涂覆层与基体之间抗剪强度的方法很多,通常采用的方法如图 9.10-3 所示,它是将试样做成圆

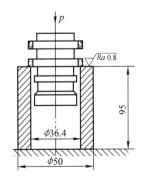

图 9.10-3　涂层剪切试验示意图

$$\tau = p/(\pi DL)$$

式中　τ——涂覆层的抗剪强度;

　　　p——试验载荷;

　　　D——试样未涂覆前的直径;

　　　L——试样上涂覆层的宽度。

2. 使用黏结剂的检测方法

此类方法是用黏结剂把棒状、板状或带状夹具黏结在涂覆层的表面,通过对夹具加载使涂覆层从基体表面分离,从而求得其结合强度。使用黏结剂的检测方法有多种类型,如直接拉伸法、剪切法、拉导剥离法、力矩法等。常用的直接拉伸试验法如图 9.10-4 和图 9.10-5 所示。

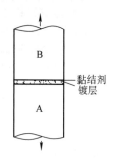

图 9.10-4　使用黏结剂的拉伸试验法

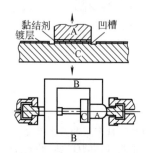

图 9.10-5　平板样品的拉伸检测法

3. 使涂层产生变形的检测方法

这类方法是通过使涂覆层产生拉伸或压缩变形,涂覆层与基体界面上产生剪应力,当试验剪应力超过界面结合强度时涂覆层会剥离,把剪应力的临界值作为界面的结合强度。这类方法包括:划痕法、压痕法、刮剥法以及动态拉伸法。

4. 使基体产生变形的检测方法

这类方法是通过使基片产生拉伸或压缩变形,涂覆层与基体界面上产生剪应力,当试验剪应力超过界面结合强度时涂覆层会剥离,把剪应力的临界值作为界面的结合强度。这类方法包括:弯曲法、基片拉伸法等。

5. 其他检测方法

其他检测方法有:锤击试验法、落球试验法、杯突试验法、热振试验法、磨损法等。

9.10.9　表面残余应力检测

常用的表面残余应力检测法有:挠度法、弯曲率检验法、螺旋收缩仪法、电阻应变法、X 射线衍射法、纳米压痕法等。

1) 挠度法是采用一块长而窄的金属薄片,在试片一面用绝缘材料保护后作为阴极,用夹具夹持一端(另一端能自由活动)置于专用电解槽中进行电镀。电镀后的试片由于镀层内残余应力的影响,迫使试片变形而产生 C 形弯曲。根据试片弯曲的方式和挠度,即可计算镀层应力的数值和内应力的种类。

2) 弯曲率检验法适用于检验热喷涂涂层内的残余应力,可分为矩形试样和圆环形试样检验法。矩形试样法是在矩形试板上喷涂材料,发生弯曲变形,分别测定两种材料的曲率半径,并取算术平均值,然后分离涂层,释放内应力,测残余应变,最后按照规定的计算公式计算残余应力。环状试样法是将环状试样一侧开口并安装指示器,在另一侧涂覆材料,涂覆加工并冷却后,由于残余应力的作用,基体圆环发生变形,带动指示器指针转动,根据转动读数大小,计算弯曲变形大小及残余应力大小。

3) 螺旋收缩仪法是利用螺旋形金属片试样在电镀时其曲率半径发生变化而进行测试的。将一条一定规格的不锈钢螺旋带,经表面清洗、干燥、内壁绝缘后称重,将螺旋带一端固定,另一端与仪器指针相连。将该螺旋带连同仪器装在电解槽上方,使螺旋带浸于镀液中进行电镀,螺旋带外壁沉积镀层后,由于镀层残余应力的作用,而使其曲度半径发生变化,带动螺旋片另一端连接的齿轮发生转动,并把位移量放大,从仪器刻度盘指针位置读出相应数值。称出螺旋形试片电镀前后质量,算出电镀层的平均厚度,即可获得某一厚度下的镀层残余应力。

4) 电阻应变法是利用电阻丝伸缩变化引起的电阻值变化来测量试片的残余应力。在一片大小为 100mm×20mm×2mm 的碳钢试片的待测表面(要求其表面粗糙度 $Ra \leq 0.4$)上,用黏结剂贴上电阻应变片,焊好一定长度导线,然后用相应绝缘涂料将试样及应变片背面全部涂覆,接头部严格绝缘(达到 50MΩ 绝缘电阻),经电阻应变仪进行双桥平衡后,置于电解槽内按规定电流密度和时间进行电镀。当试样单面沉积金属镀层后,由于镀层内应力作用,引起应变片相应收缩,电阻值发生变化,镀后取出试样,清洗、收干后,再在应变仪上测定应变量示值,按下式计算镀层残余应力 σ_r:

$$\sigma_r = \frac{\delta \varepsilon E}{2\delta_0} \times 10^{-6}$$

式中　ε——应变量测量值；

　　　E——镀层金属弹性模量（Pa）；

　　　δ——试样厚度（mm）；

　　　δ_0——镀层厚度（mm）。

5）X 射线衍射法是通过所测的晶体面间距的变化以计算出点阵应变及应力。X 射线可以测局部的微观应力，要求涂覆层厚度至少在数十纳米以上。X 射线衍射法的主要应用有：①在 X 射线入射方向改变 θ 角的同时，使探测器方向改变 2θ 角，观测在正衍射方向上的衍射图形。②X 射线入射方向保持一定，改变探测器方向观测衍射图形。

6）纳米压痕法检测材料表面残余应力一般有两种方法。一种是基于残余应力对纳米压痕响应的影响。研究发现，残余应力对接触面积、加载和卸载曲线有显著的影响，因此通过分析纳米压痕数据得出残余应力，另一种是基于断裂力学理论，在残余应力场进行压痕测试从而在压痕夹角处产生裂纹，而这些裂纹的长度对压痕处残余应力的大小和状态比较敏感。通过对比无应力和有应力材料表面的压痕裂纹长度可以求出残余应力的大小和状态。与无应力材料相比，存在拉应力材料的裂纹长度会增大，而压应力则会使裂纹缩短。很明显，这种方法仅适用于脆性材料，如陶瓷等。此外，用纳米压痕技术测量残余应力还常常借助于有限元模拟技术。

9.10.10　表面耐蚀性检测

1. 使用环境试验

将涂覆后的产品在实际使用环境的工作过程中，观察和评定涂层的耐蚀性。

2. 大气暴露（即户内外暴晒）腐蚀试验

大气暴露试验是在天然大气条件下，对各种经表面处理的试样在试样架上（室外或室内）进行实际的腐蚀试验，通过定期观察腐蚀过程的特征，测定腐蚀速度，从而评定涂层的耐蚀性。大气暴露试验是正确判断涂层或其他保护层耐蚀性的一个重要方法，其评定结果通常作为制定涂层厚度标准的依据。

3. 人工加速模拟腐蚀试验

人工加速模拟腐蚀试验是采用人为方法，模拟某些腐蚀环境，对涂覆层产品进行快速腐蚀试验，以快速有效地鉴定涂层的耐蚀性。

常用的人工加速模拟腐蚀试验法有：盐雾试验法、湿热试验法、腐蚀膏试验法、二氧化硫工业气体腐蚀试验法、周期浸润腐蚀试验法、电解腐蚀试验法等。

盐雾试验法是模拟沿海环境大气条件对涂层进行快速腐蚀的试验方法，主要是评定涂层质量，如孔隙率、厚度是否达到要求，涂层表面是否有缺陷，以及涂前处理或涂后处理的质量等。同时也用来比较不同涂层耐大气腐蚀的性能。根据试验所采用的溶液成分和条件的不同，盐雾试验又分为：中性盐雾试验（NSS）、醋酸盐雾试验（ASS）和铜盐加速醋酸盐雾试验（CASS）三种方法，相关的国家标准为 GB/T 10125—2021。该方法是一种标准化的试验程序，即将试样按规定要求进行试验前处理，包括表面清洗、试样封样等，并对尺寸、外观等作好记录。然后按一定的排布方法放置于标准试验箱中，盖好箱盖，启动机器，此时箱中喷头将盐水溶液雾化并按一定的角度及流量定时喷出，使箱中充满盐雾，试验过程是以一定的试验时间为周期，根据要求经过若干周期的试验，试验后对试样进行处理、评级。

湿热试验法是模拟产品在温度和湿度恒定或经常交变而引起凝露的环境条件，对涂覆层进行人工加速腐蚀试验的方法。由于人为造成的洁净的高温、高湿条件，对涂层的腐蚀作用不很明显，所以一般不单独作为涂层质量检验项目，而只对产品组合件中，包括涂层和各种金属防护层的综合性能测定。

腐蚀膏试验（CORR）法是模拟工业城市的污泥和雨水的腐蚀条件，对涂层进行快速腐蚀试验的方法。该试验采用由高岭土中加入铜、铁等腐蚀盐类配制成的腐蚀膏，涂覆在待测试样表面，经自然干燥后放于相对湿度较高的潮湿箱中进行腐蚀试验，达到规定时间后，取出试样并适当清洗干燥后即可检查评定。除特殊情况外，规定腐蚀周期为 24h 的腐蚀效果相当于城市大气一年的腐蚀，或相当于海洋大气 8～10 个月的腐蚀，因此此法近年来正逐渐被国内外广泛采用。该法适用于钢铁、锌合金、铝合金基体上的装饰性阴极涂层（如 Cr、Ni-Cr、Cu-Ni-Cr 等）的腐蚀性能测试。

二氧化硫工业气体腐蚀试验法是采用一定浓度的二氧化硫气体，在一定温度和相对湿度下对涂层进行腐蚀。其测试结果与涂层在工业性大气环境中的实际腐蚀极其接近，同时也与 CASS 法及腐蚀膏法试验的结果大致相同。本方法适用于：钢铁基体上 Cu-Ni-Cr 镀层或 Cu-Sn 合金上的 Cr 镀层的耐蚀性试验。也可以用来测定 Cu-Sn 合金上 Cr 镀层的裂纹以及铜或黄铜基体上镀铬层的鼓泡、起壳等缺陷。

周期浸润腐蚀试验法是模拟半工业海洋性大气对涂层进行人工快速腐蚀的试验方法。它适用于镀锌层、镀镉层、装饰铬层以及铝合金阳极氧化膜等的耐蚀性试验方法。其结果在加速性、模拟性和重显性等方面，均优于中性盐雾试验。

电解腐蚀试验法是在相应的试液中，试样作为阳极，在规定条件下进行电解和浸渍，引起试样基体或底镀层的电化学溶解，然后经含有指示剂的显色液中处理，使腐蚀部位显色，最后以试样表面显色斑点的大小、密度来评定其耐蚀性。适用于钢铁件或锌压铸件上的阴极性镀层（Cu-Ni-Cr、Ni-Ni-Cr、Ni-Cu-Ni-Cr 等）进行人工快速腐蚀的试验方法。对于阴极性镀层，电解腐蚀试验比中性盐雾试验更为快速、准确。

加速腐蚀试验和现场暴露试验不仅发展时间较长，而且已有国际标准、地区标准、先进工业国家标准，以及学会、协会或行业标准。采用这些方法试验，特别是暴晒试验已获得不少可贵的结果，因此具体的试验方法及耐蚀性评价可参阅有关的标准或技术资料。

参 考 文 献

[1] 徐滨士，朱绍华，等. 表面工程的理论与技术 [M]. 2 版. 北京：国防工业出版社，2010.

[2] 徐滨士. 纳米表面工程 [M]. 北京：化学工业出版社，2004.

[3] 屠振密，刘海萍. 防护装饰性镀层 [M]. 北京：化学工业出版社，2004.

[4] 沈品华，屠振密. 电镀锌及锌合金 [M]. 北京：机械工业出版社，2002.

[5] 曾华梁，等. 电镀工艺手册 [M]. 2 版. 北京：机械工业出版社，1997.

[6] 李国英. 表面工程手册 [M]. 北京：机械工业出版社，1998.

[7] 安茂忠. 电镀理论与技术 [M]. 哈尔滨：哈尔滨工业大学出版社，2004.

[8] 屠振密. 电镀合金原理与工艺 [M]. 北京：国防工业出版社，1993.

[9] 沈宁一. 表面处理工艺手册 [M]. 上海：上海科学技术出版社，1991.

[10] 徐滨士，刘士参. 表面工程 [M]. 北京：机械工业出版社，2000.

[11] 曲敬信，王泓宏. 表面工程手册 [M]. 北京：化学工业出版社，1998.

[12] 姜晓霞、沈伟. 化学镀理论及实践 [M]. 北京：国防工业出版社，2000.

[13] 屠振密，杨哲龙，安茂忠，等. 电镀锌基合金耐蚀性 [J]. 表面技术，1998，27（2）：25-30.

[14] 屠振密，张景双，杨哲龙，等. 镀锌及锌合金的应用与发展 [J]. 材料保护，2000，33（1）：37-44.

[15] 梁志杰. 现代表面镀覆技术 [M]. 北京：国防工业出版社，2010.

[16] 徐滨士，刘世参. 表面工程新技术 [M]. 北京：国防工业出版社，2002.

[17] 彭元芳，曾振欧，赵国鹏，等. 电沉积纳米复合镀层的研究现状 [J]. 电镀与涂饰，2002，21（6）：17-21.

[18] 王为，郭鹤桐. 纳米复合镀技术 [J]. 化学通报，2003（3）：178-183.

[19] 董世运，杨华，杜令忠，等. 纳米颗粒复合电刷镀技术的最新进展 [J]. 机械工人，2004（9）：17-19.

[20] 徐滨士，董世运，胡振峰. 纳米颗粒复合电刷镀技术及应用 [M]. 哈尔滨：哈尔滨工业大学出版社，2019.

[21] 高云震，任继嘉. 铝合金表面处理 [M]. 北京：冶金工业出版社，1991.

[22] 徐滨士. 表面工程与维修 [M]. 北京：机械工业出版社，1996.

[23] 徐滨士，梁秀兵，马世宁，等. 新型高速电弧喷涂枪的开发研究 [J]. 中国表面工程，1998（3）：16-19.

[24] 戴达煌，周克崧，袁镇海. 现代材料表面技术科学 [M]. 北京：冶金工业出版社，2004.

[25] 高荣发. 热喷涂 [M]. 北京：化学工业出版社，1992.

[26] 中国机械工程学会焊接学会. 焊接手册：第 1 卷 [M]. 北京：机械工业出版社，2008.

[27] 约瑟夫·R，等. 金属手册：上册 [M]. 金锡志，译. 北京：机械工业出版社，2011.

[28] 韩冰源，杜伟，朱胜，等. 等离子喷涂典型耐磨涂层材料体系与性能现状研究 [J]. 表面技术，2021，50（4）：159-171.

[29] TAWFIK H H, ZIMMERMAN F. Mathematical modelling of the gas and powder flow in HOVF systems [J]. Thermal Spray Technology, 1997 (6): 345-352.

[30] 徐惠彬，宫声凯，刘福顺. 航空发动机热障涂层材料体系的研究 [J]. 航空学报，2000，21（1）：7-12.

[31] FRIEDRICH C, GADOW R, SCHIRMER T. Lanthanum hexaaluminate-a new material for atmospheric plasma spraying of advanced thermal barrier coatings [J]. Journal of Thermal Spray Technology,

2001, 10（4）: 592-598.

［32］　HAWTHORNE H M, ARSENAULT B, IMMARI-GEON J P, et al. Comparison of slurry and dry erosion behaviour of some HVOF thermal sprayed coatings［J］. Wear, 1999, 229（2）: 825-834.

［33］　LI C J, LI J L. Evaporated-gas-induced splashing model for splat formation during plasma spraying［J］. Surface and Coatings Technology, 2004, 184（1）: 13-23.

［34］　NEISER R A, SMITH M F, DYKHUIAEN R C. Oxidation in wire HVOF-sprayed steel［J］. Journal of Thermal Spray Technology, 1998, 7（4）: 537-545.

［35］　ANATOLII P. Cold spray technology［J］. Advanced Materials & Processes, 2001, 159（9）: 49-54.

［36］　SCHILLER G, HENNE R H, LANG M, et al. Development of vacuum plasma sprayed thin-film sofc for reduced operating temperature［J］. Fuel Cells Bulletin, 2000, 3（21）: 7-12.

［37］　STEWART D A, DENT A H, HARRIS S J, et al. Novel engineering coatings with nanocrystalline and nanocomposite sstructures by HVOF spraying［J］. Thermal Spray Technology, 1998, 7（3）: 422-427.

［38］　THORPE M L. Thermal spray industry in transition［J］. Advanced Materials & Processes, 1993, 143（5）: 50-61.

［39］　SAMPSON E R, ZWETSLOOT M P. Arc spray process for the aircraft and stationary gas turbine industry［J］. Journal of Thermal Spray Technology, 1997, 6（2）: 254-259.

［40］　STEFFENS H D, NASSENSTEIN K, KELLER S, et al. Recent developments in single-wire vacuum arc spraying［J］. Journal of Thermal Spray Technology, 1994, 3（4）: 412-417.

［41］　SOBOLEV V V, GUILEMANY J M. Dynamic processes during high velocity oxyfuel spraying［J］. International Materials Reviews, 1996, 41（1）: 13-32.

［42］　单际国, 董祖珏, 徐滨士. 我国堆焊技术的发展及其在基础工业中的应用现状［J］. 中国表面工程, 2003, 15（4）: 19-22.

［43］　机械工业部. 焊接材料产品样本［M］. 北京: 机械工业出版社, 1997.

［44］　王皓. 电渣堆焊高铬铸铁硬面层工艺及组织与性能研究［D］. 武汉: 华中科技大学, 2018.

［45］　徐滨士. 再制造技术与应用［M］. 北京: 化学工业出版社, 2015.

［46］　唐景富. 堆焊技术及实例［M］. 北京: 机械工业出版社, 2015.

［47］　王家淳, 孙敦武. 超低碳 20-10 型不锈钢带极电渣堆焊工艺的优化［J］. 焊接学报, 1997, 18（3）: 171-176.

［48］　魏继昆. 75mm 宽带极电渣堆焊工艺研究［J］. 兰州理工大学学报, 1996, 22（1）: 16-21.

［49］　鲍明远, 孟凡吉. 氧-乙炔火焰喷涂和喷焊技术［M］. 北京: 机械工业出版社, 1993.

［50］　高清宝, 王德权, 苏志东, 等. 阀门堆焊技术［M］. 北京: 机械工业出版社, 1994.

［51］　胡传炘. 表面处理技术手册［M］. 北京: 北京工业大学出版社, 1997.

［52］　李金桂. 现代表面工程技术［M］. 北京: 国防工业出版社, 2000.

［53］　钱苗根. 材料表面技术及其应用手册［M］. 北京: 机械工业出版社, 1998.

［54］　余宽新, 江铁良, 赵启大. 激光原理与激光技术［M］. 北京: 北京工业大学出版社, 2001.

［55］　董世运. 铝合金表面激光熔覆铜基自生复合材料层的研究［D］. 哈尔滨: 哈尔滨工业大学, 2000.

［56］　董世运, 张幸红, 赫晓东. 激光熔覆铜基自生复合材料设计及其涂层研究［J］. 哈尔滨工业大学学报, 2003, 35（2）: 160-164.

［57］　李艳芳, 卫英慧, 胡兰青. 铸铁表面激光熔敷镍基合金涂层的耐磨性研究［J］. 材料科学与工艺, 2003, 11（3）: 304-307.

［58］　王华明. 金属材料激光表面改性与高性能金属零件激光快速成形技术研究进展［J］. 航空学报, 2002, 23（5）: 473-478.

［59］　董世运, 马运哲, 徐滨士. 激光熔覆材料研究现状［J］. 材料导报, 2006, 20（6）: 5-12.

［60］　李春彦, 张松. 综述激光熔覆材料的若干问题［J］. 激光杂志, 2002, 23（3）: 5-9.

［61］　刘勇, 曾晓燕. YAG 激光熔覆的研究现状与发展趋势［J］. 激光杂志, 2002, 23（5）: 6-8.

［62］ 宋武林. 激光熔覆层热膨胀系数对其开裂敏感性的影响［J］. 激光技术，1998，22（1）：34-36.

［63］ 张剑峰，沈以赴，赵剑峰. 激光烧结成形金属材料及零件的进展［J］. 金属热处理，2001，26（12）：1-4.

［64］ KRUTH J P, LEU M C, NAKAGAWA T. Progress in additive manufacturing and rapid prototyping［J］. Annals of the CIPP，1998，47（2）：525-540.

［65］ 刘继常，李力钧，朱小东. 激光熔覆直接成形金属铸造模具的探讨［J］. 制造技术与机床，2003（5）：44-47.

［66］ 徐滨士，董世运. 激光再制造［M］. 北京：国防工业出版社，2016.

［67］ SIMCHI A, PETZOLDT F, POHL H. On the development of direct metal laser sintering for rapid tooling［J］. Journal of Materials Processing Technology，2003，141（3）：319-328.

［68］ PETZOLD F. Advances in materials for direct metal laser sintering［J］. Metal Powder Report，2003，58（2）：37.

［69］ FISCHER P, ROMANO V, WEBER H P, et al. Sintering of commercially pure titanium powder with a Nd：YAG laser source［J］. Acta Materialia，2003，51（6）：1651-1662.

［70］ MAZUMDER J, DUTTA D, KIKUCHUI N, et al. Closed loop direct metal deposition：art to part［J］. Optics and Lasers in Engineering，2000，34：397-414.

［71］ NING Y, FUH J Y H, WONG Y S, et al. An intelligent parameter selection system for the direct metal laser sintering process［J］. International Journal of Production Research，2004，42（1）：183-199.

［72］ SINGH J, MAZUMDER J. Evaluation of microstructure in laser clad Fe-Cr-Mn-C alloy［J］. Materials Science and Technology，1986，2（6）：709-713.

［73］ 胡传炘，宋幼慧. 涂层技术原理及应用［M］. 北京：化学工业出版社，2000.

［74］ 田民波，李正操. 薄膜技术与薄膜材料［M］. 北京：清华大学出版社，2011.

［75］ 唐伟忠. 薄膜材料制备原理、技术及应用［M］. 北京：冶金工业出版社，2003.

［76］ TABATA O，土屋智由. MEMS 可靠性［M］. 宋竞，译. 南京：东南大学出版社，2009.

［77］ 肖定全，朱建国，朱基亮. 薄膜物理与器件［M］. 北京：国防工业出版社，2011.

［78］ MILTON O. 薄膜材料科学［M］. 刘卫国，译. 北京：国防工业出版社，2013.

［79］ 宋贵宏，杜昊，贺春林. 硬质与超硬涂层—结构、性能、制备与表征［M］. 北京：化学工业出版社，2007.

［80］ SVEEN S, ANDERSSON J M, SAOUBI R M, et al. Scratch adhesion characteristics of PVD TiAlN deposited on high speed steel［J］. Wear，2013，308（2）：133-141.

［81］ DONG M L, CUI X F, WANG H D, et al. Effect of different substrate temperatures on microstructure and residual stress of Ti films［J］. Rare Metal Materials and Engineering，2016，45（4）：843-848.

［82］ INAMDAR S, RAMUDU M, RAJA M M, et al. Effect of process temperature on structure, microstructure, residual stresses and soft magnetic properties of sputtered Fe70Co30 thin films［J］. Journal of Magnetism and Magnetic Materials，2016，418（1）：175-180.

［83］ LIU G, YAN Y Q, HUAN B, et al. Effect of substrate temperature on the structure, residual stress and nanohardness of Ti6Al4V films prepared by magnetron sputtering［J］. Applied Surface Science，2016，370（1）：53-58.

［84］ PANDEY A, DUTTA S, PRAKASH R. Growth and evolution of residual stress of thin films on silicon（100）wafer［J］. Materials Science In Semiconductor Processing，2016，52（1）：16-23.

［85］ MENG Q N, WEN M, HU C Q, et al. Influence of the residual stress on the nanoindentation-evaluated hardness for zirconium nitride films［J］. Surface And Coatings Technology，2012，6（14）：3250-3257.

［86］ LI X W, GUO P, SUN L L, et al. Ti/Al Co-doping induced residual stress reduction and bond structure evolution of amorphous carbon films：an experimental and ab initio study［J］. Carbon，2017，111（1）：467-475.

［87］ KOHOUT J, BOUSSER E, SCHMITT T, et al. Stable reactive deposition of armorphous Al_2O_3 films with low residual stress and enhanced toughness using pulsed dc magnetron sputtering with very low duty cycle［J］. Vacuum，2016，124

（1）：96-100.

［88］ HOLMBERG K, RONKAINEN H, LAUKKANEN A, et al. Residual stresses in TiN, DLC and MoS_2 coated surfaces with regard to their tribological fracture behaviour ［J］. Wear, 2009, 267 （12）：2142-2156.

［89］ ENGWALL A M, RAO Z, CHASON E. Origins of residual stress in thin films：interaction between microstructure and growth kinetics ［J］. Material and Design, 2016, 110 （1）：616-623.

［90］ 中国机械工程学会热处理专业分会热处理手册编委会. 热处理手册：第 4 卷 ［M］. 3 版. 北京：机械工业出版社, 2001.

［91］ 全国金属与非金属覆盖层标准化技术委员会. 覆盖层标准应用手册：上册 ［M］. 北京：中国标准出版社, 1999.

［92］ 徐滨士, 谭俊, 陈建敏. 表面工程领域科学技术发展 ［J］. 中国表面工程, 2011, 24 （2）：1-12.

［93］ 任吉林, 刘海朝, 宋凯. 金属磁记忆检测技术的兴起与发展 ［J］. 无损检测, 2016, 38 （11）：7-15.

［94］ 徐滨士, 夏丹, 谭君洋, 等. 中国智能再制造的现状与发展 ［J］. 中国表面工程, 2018, 31 （5）：1-13.

［95］ 谭建荣, 刘振宇, 等. 智能制造关键技术与企业应用 ［M］. 北京：机械工业出版社, 2017.

［96］ 新一代人工智能引领下的智能制造研究课题组. 中国智能制造发展战略研究 ［J］. 中国工程科学, 2018, 20 （4）：1-8.

第10章

航空结构件加工工艺
设计与实现

主 编　卜　昆（西北工业大学）

参 编　刘长青（南京航空航天大学）

　　　　梁永收（西北工业大学）

10.1 飞机结构件加工工艺设计与实现

10.1.1 飞机结构件数控加工工艺设计分析

在飞机结构件数控加工方案制定过程中，不仅零件材料、零件结构会对工艺的制定产生影响，而且制造资源特性也会对加工方案产生影响。不同的加工阶段，工艺方案也有不同。整个工艺方案主要分为粗加工、半精加工（可选）、精加工三个部分。综合考虑以上因素，逐步确定加工方案。

1. 数控加工工艺设计过程

一般地，对一项零件进行数控加工方案的制定，首先需要对该零件的结构、技术条件进行工艺性分析；然后，根据分析结果选择可以满足需要的数控机床；在此基础上，结合零件的刚性及机床的性能制定装夹方案；在装夹方案确定后，需要确定零件的毛坯大小，并以此确定其后续工艺流程；最后，完善刀具品种的选定及具体工步的设置，完成零件数控加工方案的确定。具体的方案制定过程如图 10.1-1 所示。

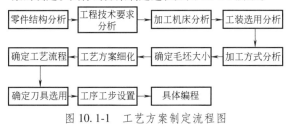

图 10.1-1　工艺方案制定流程图

2. 数控加工工艺影响因素

影响飞机复杂结构件数控加工方案制定的因素可以概括为以下两大类：①零件特性。②制造资源特性。零件特性主要是从满足设计要求的角度来指导机床的选用、毛坯尺寸的确定、具体刀具及加工方法选用；而制造资源特性，则从实际生产条件的限制方面来指导装夹方案的确定及切削参数的选用。

（1）零件特性对工艺方案的影响

零件的不同特性对方案制定的影响还可以从零件材料、零件结构特性两个方面进行评价。

（2）零件材料对工艺方案的影响

对于铝合金材料，由于其材料硬度不高，切削性能良好，因而一般选用高速机床进行加工；对于钛合金材料，由于其切削性能较铝合金差，无法使用高速切削，因而一般选用机械主轴的机床进行加工。

（3）零件结构特性对工艺方案的影响

由于零件结构的限制，对于单件非成组加工的零件，其毛坯大小一般与设计要求的最大轮廓差别不大。因此，在确定毛坯大小后，还需要根据毛坯的大小选用工作台尺寸相符且行程合适的机床。零件毛坯的大小一般会对零件加工过程的刚性产生影响，也对工步的划分造成影响。针对不同大小的毛坯，其数控加工方案制定过程的关键因素见表 10.1-1。

表 10.1-1　毛坯大小对工艺方案的影响因素

序号	毛坯大小	关键因素
1	长 2m 以上，宽 0.5m 以上	1）工艺流程：修平一面→制压紧孔和工艺孔→修平第二面（如有需要）→第二面制压紧孔和工艺孔→粗加工框面→时效→精加工第一面→精加工第二面 2）修面和制工艺孔（压紧孔）机床：大功率机床；粗加工机床：高速桥式三坐标机床；精加工机床：高速桥式三坐标机床 3）装夹方案：平面工装，凸台压紧
2	长 2m 以下，宽 0.5m 以上	1）工艺流程：修平第一面→制压紧孔孔窝→修平第二面（如有需要）→制压紧孔和压紧孔孔窝→粗、精加工光面，制工艺孔→粗、精加工框面 2）修面和制孔机床：大功率三坐标机床；精加工机床：高速五坐标机床 3）装夹方案：平面工装，真空吸附

零件结构特点及加工部位的限制，主要体现在零件的刚度上，为保证加工过程的稳定，一般需要适当选用加工方法和刀具。此外，受零件制造技术条件的限制，零件的尺寸精度要求越高，对机床的要求也越高，这将会从机床和切削参数的选用方面对工艺方案造成影响。

（4）制造资源特性对工艺方案的影响

制造资源的特性主要包括机床性能、工装设计、刀具资源三个方面。当选定机床后，一般需要根据加工部位的特征选用规范的切削参数和加工方法；而不同的工装，对零件的刚度支持也会不同，因而在切削参数选用时需要特殊处理；在刀具上，选用刚度好的刀具加工时，整个加工系统的刚度也能维持在可靠的水平。相应地，若刀具的刚度不好，会降低整个加工系统的刚度，若不对加工方案进行调整，所获得的零件加工质量必然会存在一定的缺陷，即工艺方案不合理。

3. 数控加工工艺内容划分

在考虑零件特性及制造资源特性的影响后，飞机复杂结构件的数控加工工艺方案如图 10.1-2 所示。

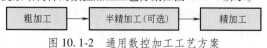

图 10.1-2 通用数控加工工艺方案

（1）粗加工

一般地，粗加工是指在零件/毛坯刚度较好的时候，大量去除零件余料，而不形成最终尺寸的过程。在这一过程中，没有最终尺寸且所留余量较大，因而可以选用普通的装夹方式、刚度较好的刀具及较大的切削参数，以提高效率。

（2）半精加工

通常，由于受零件刚度及变形的影响，在粗加工后零件/毛坯存在较多的应力无法及时释放，若此时紧接着进行精加工，则不可避免地会使加工出的零件尺寸难以满足设计要求。为此，需要在对零件进行精加工前增加半精加工的过程，以实现精加工过程的小变形控制。由于这一过程所留余量较小，且零件结构几近成形，因而选用的切削参数也较粗加工时小。而对于刚性较好的零件/毛坯，由于其变形较小，此时半精加工可以取消。

（3）精加工

将毛坯半成品制造成满足设计结构及尺寸要求的零件，这一过程即为精加工过程。此时零件/毛坯的刚度相对较弱，因而通常需要使用相应的工装进行装夹，选用的刀具、加工方法及切削参数也更为谨慎。

4. 数控加工工艺的确定

（1）零件材料属性分析

不同的材料在加工性能上存在很大的差异，因此零件材料对于加工工艺方案确定有着很大的影响。目前飞机结构件的材料主要分为：铝合金、钛合金、钢、复合材料四大类。

铝合金结构件一般选用高速机床加工；钛合金一般选用低速、机械主轴机床加工；钢一般选用低速机床加工；复合材料因为其粉尘的不可控一般选用封闭式或超声波机床加工。

（2）加工机床选择

应结合零件材料、结构特点、精度等要求，综合考虑机床的坐标轴数、结构形式、工作台和行程、主轴个数、精度及稳定性，选择适合零件要求的机床，目前数控加工厂现有机床可按如下分类。

1）坐标数。根据机床设计的坐标分为三坐标机床、四坐标机床、五坐标机床。

2）机床的结构形式。根据机床的结构形式，可分为卧式机床、立卧转换机床、立式加工机床、桥式机床、龙门式机床等。

3）机床工作台和行程。根据机床工作台的大小划分，工作台长度 2.5m、宽度 1m 以下为小型机床；长度 2.5~6m、宽度 1~2m 为中型机床；长度 6m 以上、宽度 2m 以上为大型机床。

4）单台机床的主轴数。按照单台机床的主轴数分为单主轴机床、多主轴机床。

5）机床精度及稳定性。考虑机床精度及稳定性因素，可将机床分为低精度机床和高精度机床。

（3）定位装夹方案确定

框、梁、肋、接头常用工艺凸台进行定位装夹，壁板类零件常采用真空定位装夹，装夹及定位的基本原则如下：

1）零件定位基准及定位方式。在机床上加工工件时，要使工件的各个被加工面的尺寸及位置精度满足工件图样或工艺文件所规定的要求，就必须在切削加工前使工件在机床夹具中占有一个确定的位置，使其相对于刀具的切削运动具有正确的位置，这个确定工件位置的过程称为定位。

为了保证工件上各个加工表面之间或对其他加工表面的位置精度，工件在机械加工时，必须安放在机床板的一个固定位置上。任何一个零件都是由若干几何表面所组成，这些表面之间根据零件设计的技术要求，存在距离尺寸和角度位置的要求。工艺文件中所谓的基准，就是指零件图上某些点、线、面的位置，可以用它们来确定某些点、线、面的位置。根据这些基准的作用和性质，可以分为设计基准和工艺基准两类。设计基准通常指零件图样上标注尺寸的起点。工艺基准又分为工序基准、定位基准、测量基准等。

通常希望将设计基准和工艺基准统一，但是实际上，由于制造上的困难而难以实现，这就引起了误差。定位基准的选择是否合理，将直接影响到夹具结果的复杂程度以及工件的加工精度。因此，在选择定位基准时应进行多种方案的分析比较。选择定位基准时，应重点考虑如何减少误差、提高精度，也要考虑安装的方便性、准确性和可靠性。定位基准的选择分为粗基准和精基准的选择。

① 粗基准的选择。粗基准是用没有加工的表面作为定位基准，选择粗基准时应考虑以下原则：

a. 保证加工表面与不加工表面之间的相对要求，应选择不加工表面作为粗基准，特别是选择与加工表面有紧密联系的表面作为粗基准。

b. 若加工表面较多，选择粗基准时，应合理分配各加工表面的加工余量。

c. 选择作为粗加工基准的表面，应平整、光洁，以便定位准确，夹紧可靠。

d. 因为粗基准的定位误差较大，一般粗基准只能使用一次。

② 精基准的选择。精基准是以已经加工过的表面作为定位基准。一般应遵循下列原则：

a. 选择零件的设计基准作为精基准，也就是"基准重合"原则，这样可以避免因基准不重合而引起的基准不重合误差。

b. 选用统一的定位基准加工各个表面，以保证各个表面对基准的位置精度，这就是"基准统一"原则。

c. 为获得均匀的加工余量或使加工表面间有较高的位置精度，有时可以采取互为基准反复加工的原则。

d. 有的精加工工序要求加工余量小，或垂直度要求高，为了保证加工质量和提高生产率，应选择加工面本身作为定位基准。

以上选择原则，有时是互相矛盾的，在选择的时候要综合考虑。在保证工件加工要求的前提下，尽量使夹具结构简单，工件稳定性好。

基于运动原理，要限制工件的 6 个自由度，典型的方法就是在夹具设计中设置 6 个支撑点。6 点定位原理适合任何形状的工件，运用 6 点定位原理可以分析和判断夹具中的定位结构是否正确，将工件的 6 个自由度完全约束或受限制的定位称为完全定位。但是在很多情况下，无需将工件的 6 个自由度完全约束，只需要限制那些对加工后位置精度有影响的自由度即可，无需限制 6 个自由度的定位称为不完全定位。在保证工件位置精度的前提下，不完全定位可以减少夹具元件，简化夹具结构。如果一个夹具的定位结构所限制的自由度少于位置精度必须要限制的自由度数量，就会产生定位不足，这种定位方式称为欠定位。如果一个夹具的定位结构中，不同支撑点重复约束工件上同一个自由度，就会产生定位不稳定，这种定位方式称为过定位。欠定位情况下，工件的位置精度不能保证，因此是不允许的。过定位要视具体的情况而定是否允许。工件的定位方式及其定位元件的选择，包括定位元件的结构、形状、尺寸和布置形式等，要取决于工件的加工要求、工件定位基面的形状和工件受外力作用时的状况等因素。表 10.1-2 是常用的定位方式和定位元件。

2）零件装夹方法的确定与夹具选择。数控机床上被加工零件的装夹方法应考虑加工时夹紧的稳定可靠。在工装的设计中主要采用凸台螺栓压紧方式、压板压紧方式、真空吸附方式。螺栓压紧装拆相对简便，螺栓自锁特性使得其在加工的切削力及振动作用下能够稳定可靠地压紧，但采用凸台螺栓压紧方式造

表 10.1-2　常用的定位方式和定位元件

定位方式	定位元件
工件以平面定位	支撑元件：支撑钉、支撑板、调节支撑、自位支撑 辅助支撑：螺旋式辅助支撑、自位式辅助支撑、堆引式辅助支撑、液压锁紧辅助支撑
工件以圆柱孔定位	在圆柱体上定位：定位销、定位心轴 在圆锥体上定位：圆锥销、锥度心轴
工件以外圆柱面定位	在 V 形块上定位：固定 V 形块、调整 V 形块、活动 V 形块 在圆柱孔中定位：定位套 在圆锥孔中定位：锥形套
工件以组合表面定位	削边销

成零件毛坯的尺寸相对增大，不利于降低成本；压板压紧方式相对螺栓压紧稳定性稍差，且加工准备中的装拆相对繁琐，但压板压紧在压紧位置的选择上可以灵活多变，且压板压紧方式可以减小零件毛坯尺寸；真空吸附夹紧方式目前已在数控厂大量使用，其优势在于压紧力是以均布力的方式分布在零件表面上，尤其对于薄壁腹板的加工是很好的方式，但真空吸附对零件的结构要求较高，且真空夹具本身的成本较高，稳定性方面也需进一步的提高。目前压紧方式朝着快速装拆、通用性、压紧点的合理布局方向快速发展。

（4）工序及工步确定原则

分析总结现有各类零件的加工方法，借用知识决策和规则约束的原则确定工序内容并进行工序排序。工艺设计中的工序划分，应根据工序集中的原则，考虑以下几点。

1）粗精分开。若零件结构为非对称结构，加工时易产生去除材料的大应力变形，工序的划分一般先粗后半精，最后精加工，依次开分进行；考虑零件的刚度、变形及尺寸精度等因素，粗加工完成后，时效一段时间，使粗加工后零件的变形及应力得到较充分的释放，再进行精加工，这样有利于提高加工精度。

2）一次定位装夹。根据零件特征，尽可能减少装夹次数，在一次装夹中，完成多表面加工，这样可以减少辅助时间，避免重复定位误差，提高生产率。

3）先面后孔。按零件加工部位划分工序，一般先加工简单的几何形状，后加工复杂的几何形状，先加工精度较低的部位，后加工精度要求高的部位；先加工平面，后加工孔。加工镗削孔和铣削平面的复合型零件，要按先铣平面后镗孔顺序进行，因为铣削时切削力较大，零件易变形，待其恢复变形后再镗孔，有利于保证孔的加工精度。另外，先镗孔再铣平面，难保证孔的位置精度，且孔口会产生毛刺，影响装配

精度。

4）减少换刀。在数控加工中，应尽可能按刀具进入加工位置的顺序集中安装刀具，即在不影响加工精度的前提下，减少换刀次数，减少空行程，节省辅助时间，零件在一次装夹中，尽可能使用同一把刀具完成较多的加工表面。

5）连续加工。在加工封闭和半封闭的内外轮廓中，应尽量避免加工中途停顿现象。由于"零件-刀具-机床"这一工艺系统在加工过程中是暂时保持动态平衡弹性变形的状态，若忽然进给停顿，切削力明显减小，就会失去原工艺系统的平衡，使刀具在停顿处留下划痕。因此，在轮廓加工中应避免中途停顿，以保证加工表面质量。

（5）工序/工步内容确定

工序的划分通常以变换装夹状态为依据，即一次装夹状态为一次工序，数控加工中，先加工结构较为简单的一面，复杂结构一般留在后续的工序中完成；而工步的划分一般以刀具使用变更为依据，即同一把刀具的加工内容为一个工步，通常是在零件刚度好的时候将零件的特征加工出来，工步内容的确定还要考虑以下方面：

1）针对每类加工特征，选用典型的特征加工工艺方法：

① 通过特征信息模型的建立，明确特征几何与工艺信息定义的标准。

② 借助特征化的零件编码规则，提供特征标识和检索的依据。

③ 借鉴典型特征的加工工艺方法，确定加工策略和走刀路径。

2）确定特征加工中各工步的刀具：

① 为满足加工特征的结构需求选择对应的刀具类型、底角和半径。

② 为达到表面粗糙度和精度的要求，需要选择长径比合适的刀具满足刚度需求。

③ 保证能达到零件要求的精度时尽量降低刀具使用成本。

3）工步中的切削参数选取原则：

① 粗加工时，一般以材料去除率为主，但也应考虑经济性和加工成本。

② 精加工时，应在保证加工质量的前提下，兼顾切削效率、经济性和加工成本。

10.1.2 飞机结构件典型零件数控加工工艺设计与实现

本节对不同尺寸的壁板类零件进行结构与工艺特点的分析，初步确定其适用机床。针对零件特性和机床特性，对实例零件进行数控加工方案分析并逐步细化，最终确定壁板类零件数控加工方案。

表 10.1-3 为壁板零件工艺特性和适用机床。

表 10.1-3 壁板零件工艺特性和适用机床

零件大类	零件小类	结构与工艺	适用机床
壁板类	小壁板	平面尺寸中等，基本上均为三坐标，可以忽略变形	龙门式、桥式大型三坐标机床
	大壁板	平面尺寸较大，基本上均为三坐标，需考虑变形	

飞机结构件典型零件数控加工工艺：

（1）零件结构分析

该零件为单面壁板结构，零件材料为 7050-T7451，必须选用国产铝合金板材，零件信息见表 10.1-4，零件模型如图 10.1-3 所示。

表 10.1-4 零件信息

结构类型	轮廓尺寸	材料规格	零件结构加工坐标	备注
单面壁板	3000mm×1100mm×50mm	7050-T7451 AMS4050	闭角<5°	国产材料

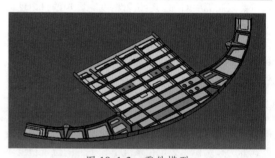

图 10.1-3 零件模型

（2）零件加工难点分析

1）单面结构零件，变形大，如果第一面（光面）铣得厚度太多，加工后变形大，第二面无法装夹定位。

2）大型壁板加工变形控制难度大。

3）外形公差带 0.4mm，设计要求高，加工难度大。

4）部分腹板厚度的公差带只有 0.1mm。

5）必须减少钳工作业量，尽量做到钳工无打磨，提高零件的质量。

（3）零件加工方案

1）工艺方案说明：

① 定位方式：以 2×φ16H9 工艺孔及零件底面定位。

② 装夹方式：腹板真空吸附，零件四周用 M12 螺钉压紧。

③ 加工机床：粗加工，30HS-3；精加工，DST35。

④ 工装：真空铣夹。

2）机械加工工序方案：

① 钳工。

制吊装孔 4×M20。

② 数控铣框面，机床：30HS-3。

修面、制孔。

Step1：修面。

刀具：JDMLAY8XWT/125 * 10 * 60R0

Step2：锪窝 φ32mm。

注意：工艺孔深度不超过 15mm。

刀具：JDZTIAYGW/32 * 96 * 96∠180

Step3：铣外形轮廓，铣削深度 30~40mm，铣削宽度 35mm。

保证第二面铣削深度小于刀具刃长 24mm。

刀具：YXLPY2GWT/32 * 24 * 60R2

Step4：铣基准边，铣削深度 45mm，径向 2mm。

刀具：YXLPY2GWT/32 * 24 * 60R2

③ 数控铣光面，机床：30HS-3。

修面、铣倒角、制孔。

Step1：修面。

刀具：JDMLAY8XWT/125 * 10 * 60R0。

Step2：铣基准边。

保证与上一工序所铣出边的台阶小于 0.2mm。

刀具：YXLPY2GWT/32 * 24 * 60R2

Step3：钻压紧孔 φ14mm。

刀具：ZLM/14 * 88 * 98。

Step4：钻工艺孔初孔 φ15mm。

刀具：ZLM/15 * 95 * 110。

Step5：扩工艺孔 φ15.7H11。

刀具：KKLZMGTW/15.7H11 * 20 * 80。

Step6：铰工艺孔 φ16H9。

刀具：JJLZMGTW/16H8 * 20 * 80。

Step7：粗、精铣外形、倒角。

刀具：GXLZY2GWT/19.9 * 24 * 50R3。

Step8：铣外形轮廓，铣断，径向只铣一刀。

由于径向只铣一刀，注意本工序总的铣削深度必须小于 24mm。

刀具：YXLPY2GWT/32 * 24 * 60R2。

④ 数控铣框面，机床：DST35。

粗、精铣框面。

Step1：用探头找正原点。

刀具：PROBE。

Step2：粗铣内形斜筋。

侧面留 0.5mm 余量，底面留 2mm 余量，斜筋处必须从下往上走刀。

刀号：D25_52R4Z3，刀具：JGXLZY3GNR/25 * 37 * 50R4，工作长度：52mm。

图 10.1-4 所示为筋顶仿真效果图。

Step3：粗铣内形斜筋。

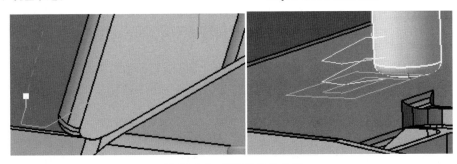

图 10.1-4　筋顶仿真效果图

侧面留 0.5mm 余量，底面留 2mm 余量，斜筋处必须从下往上走刀。

刀号：D20_50R3Z3，刀具：JGXLZY3GNR/20 * 30 * 50R3。

Step4：粗铣零件内形、端头、腹板。

筋条及缘条顶面加工到位，周边留 0.5mm 余量。

刀号：D50_50R3Z3，刀具：JGXLAY3VNR/50 * 20 * 50R3。

修顶面（缘条顶面到位）：$a_p = 5.5mm$，$a_e = 25mm$。

端头：$a_p = 8.5mm$，$a_e = 28mm$，侧面余量 0.5~1.0mm，底面余量 1.0mm。

端头斜筋到位。

粗铣腹板槽腔，$a_p = 10mm$，$a_e = 42mm$。

轴向每铣一层，将下面的筋顶先铣到位（$a_p < 5mm$）。

侧面进刀加工小圆弧。

底面余量 1~2mm。

注意：整个零件从高往低铣，槽腔错开铣。

Step5：精铣斜筋。

刀号：D20_60R3Z4，刀具：JGXLZY4GNF/20 * 50 * 60R3。

Step6：半精铣内形、转角、两侧面，侧面余量 0.5mm。

刀号：D25_52R4Z3，刀具：JGXLZY3GNR/25 * 37 * 50R4，工作长度：52mm。

进刀及满刀加工，60%F。

半精铣三坐标转角，$a_p = 10mm$。

半精铣型面内形，$a_p = 21mm$，铣内形之前必须先铣内形转角处，避免转角处余量过大。

图 10.1-5 所示为内形转角仿真效果图。

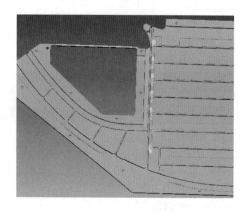

图 10.1-5　内形转角仿真效果图

Step7：半精铣转角，保证精铣的余量均匀。

周边留 0.5mm 余量。

刀号：D20_50R3Z3，刀具：JGXLZY3GNR/20 * 30 * 50R3。

Step8：精铣狭窄区域腹板，侧面余量 0.5~1mm，如果无狭窄区域，忽略此步。

刀号：D20_60R3Z4，刀具：JGXLZY4GNF/20 * 50 * 60R3。

Step9：精铣腹板。

侧面留 2mm 余量，底面余量 0mm。

刀号：D25_55R2Z4，刀具：JGXLZY4GNF/25 * 50 * 55R2。

注意：先薄后厚。

Step10：精铣内形，必须均匀切削，底面留 0.05mm 余量，侧面余量 0mm。

刀号：D20_60R3Z4，刀具：JGXLZY4GNF/20 *

50 * 60R3。

注意：圆弧进刀。

半精铣转角，侧面余量 0.5mm，底面余量 1.0mm，$a_p = 9mm$，$a_e = 0.5mm$。

精铣内形，$a_p = 20mm$，$a_e = 0.5mm$。

径向 2 刀，开放筋条径向 1 刀。

中间筋条轴向 2 刀。

Step11：半精铣型面外形。

周边留 0.15mm 余量，底面铣至 Z5。

刀号：D25_52R4Z3，刀具：JGXLZY3GNR/25 * 37 * 50R4，工作长度：52mm。

注意：外形每一层先三坐标机床粗铣，侧面余量 5.0mm（顶面边缘），并将凸台铣断，长度约 1000mm。然后半精铣型面，侧面余量 0.15mm。

Step12：半精铣型面外形下部，侧面余量 0.15mm。

刀号：D25_70R4Z3，刀具：JGXLZY3GNR/25 * 30 * 70R4。

注意：先三坐标机床粗铣，侧面余量 5.0mm，$a_p = 5mm$，并将凸台铣断，长度约 1000mm。

然后半精铣型面，侧面余量 0.15mm，$a_p = 3.6mm$。

Step13：精铣型面外形。

刀号：D20_60R1Z4，刀具：JGXLZY4GNF/20 * 50 * 60R1。

精铣外形之前必须先半精铣转角，侧面余量 0.15，$a_p = 9mm$，$a_e = 0.5mm$，保证精加工时余量均匀。

精铣外形时不得铣到工装。

Step14：半精铣外形轮廓至 Z-1.25，侧面余量 0.5mm

刀号：D25_52R4Z3，刀具：JGXLZY3GNR/25 * 37 * 50R4，工作长度：52mm。

注意：先内后外。

Step15：精铣外形轮廓，铣至 Z-1.2。

刀号：D20_60R1Z4，刀具：JGXLZY4GNF/20 * 50 * 60R1。

精铣外形之前必须先半精铣转角，侧面余量 0.5mm，保证精加工时余量均匀。

精铣外形时不得铣到工装。

注意：加工前请仔细检查真空吸附状态，以免零件脱落。

为避免零件掉下，除直边外形侧靠近零件两端处留 2 个工艺凸台外（宽 10mm、厚 0.5mm），其余外形及两端头均铣断。

将凸台铣断，长度约 1000mm，以便于装夹、搬运。

10.2　发动机典型零件数控加工工艺设计与实现

10.2.1　叶盘类零件数控加工工艺设计

叶盘类零件结构复杂，叶片型面为空间自由曲面，弯扭大，加工精度要求高，相邻叶片和轮毂构成了多约束结构，广泛采用钛合金、高温合金等高性能金属材料，材料的可加工性差。目前，整体叶盘主要采用精密铸造、电解加工、多坐标数控加工等工艺方法进行制造。其中，数控加工方法由于具有较短的生产周期、良好的加工质量和快速的响应能力，成为整体叶盘首选加工方式，在工程实际生产中发挥着极其重要的作用，获得越来越广泛的应用。在进行整体叶盘数控加工工艺设计时，主要考虑以下原则。

1. 毛坯设计原则

整体叶盘毛坯是根据叶盘的零件形状、几何尺寸及工艺基准等形体要求而制成的机械加工对象，其结构尺寸对后续零件制造工艺过程，如工序数量、材料消耗和机械加工量等影响很大，因此正确设计毛坯具有重要的技术经济意义。为提高航空发动机的气动性能，整体叶盘的叶片在空间上通常设计成前掠或后弯的形状，进排气边呈 S 形，且变化梯度较大，所以在叶盘毛坯设计时必须充分考虑整体叶盘零件的结构。同时，毛坯设计还要充分考虑后续数控加工工序的要求，尤其是对于闭式整体叶盘来说，通常采用两面加工的方法，工序多，装夹位置必须准确，所以工艺基准是叶盘毛坯设计必须保证的结构。另外，毛坯的加工余量必须尽可能地少而且均匀，这样才能减少后续的机械加工工作量，减少加工费用。

2. 工序分散原则

工序分散是指在多工序中分阶段去除零件的加工余量。整体叶盘属于典型的整体薄壁零件，变形问题是叶盘加工要解决的核心问题之一。采用工序分散原则将叶盘的加工从大的方面分为粗车→粗铣→半精车→半精铣→精铣→精车几个重要环节，使叶盘的加工余量逐步去除，切削残余应力逐步产生，然后分阶段对残余应力进行消除和控制，以达到对整体叶盘的变形控制。

3. 基准统一原则

在同一零件的多道工序加工中，尽可能选择统一的定位基准，称为基准统一原则。由于整体叶盘加工精度要求较高，采用统一的定位基准既可保证各加工表面间的相互位置精度，避免或减少因基准转换而引起的误差，又可简化夹具的设计与制造工作，降低成本，缩短研制与生产准备周期。

4. 余量优化原则

在工序分散原则基础上，须对每一阶段的加工余量进行优化，以有利于叶盘的变形控制。余量优化原则是在保证零件具有装夹刚度和可控变形量的情况下尽可能早地去除加工余量。根据叶盘尺寸及叶形的长短各阶段的加工余量分布大致如下：粗车结构尺寸余量为 $1 \sim 2$mm；粗铣叶片余量为 $1 \sim 2.5$mm；半精车余量为 $0.5 \sim 1$mm；半精铣余量为 $0.2 \sim 0.5$mm；精铣留 $0.01 \sim 0.02$mm 抛光余量。

10.2.2　典型叶盘数控加工工艺

1. 叶盘零件结构分析

航空发动机中常用的整体叶盘属于典型的复杂薄壁整体结构，主要包括闭式、开式和大小叶片转子三种结构，如图 10.2-1 所示。

从几何结构上看，整体叶盘主要由以下各部分组成：

1）内盘是所有种类叶盘都必须具有的结构，它是叶片的内接基础，同时也是整体叶盘与发动机轴的连接部位，在工作过程中承载着叶盘高速旋转的离心力，一般包括内轮毂、腹板、封严齿及装配孔等结构。由于航空发动机减重的需要，腹板、内轮毂设计得很薄，另外在结构上存在多处闭斜角结构，给车削加工带来很大困难。叶盘的种类不同，内盘的结构差异也较大。

2）外盘是闭式整体叶盘的叶片外连接结构部分，使所有叶片在最大圆周尺寸上形成一个整体，一般由外轮毂、封严齿等结构组成。闭式整体叶盘主要应用在发动机的风扇转子以及整流器（静子）结构中，静子结构外盘主要起结构加强和限制气流流向作用，而在风扇转子中由于风扇叶片尺寸一般较大，为减小高速旋转离心力对叶片根部和内盘的作用以及抑制叶片在高速旋转时的变形和振动，增加了外轮毂结构，且在其外部一般缠有碳纤维，以提高其承载离心力的能力。对于开式整体叶盘和大小叶片转子，不存在该部分结构。

3）叶片是整体叶盘的主要工作部件，根据型面特点及作用又可分为叶盆、叶背和前、后缘。叶片一般为凸起结构，形成"拱背"的型面部分称为叶背；形成"凹盆"的部分称为叶盆；叶盆和叶背过渡且位于整体叶盘进、排气两端方位的连接曲面称为叶片的前、后缘曲面。叶片由于气动性能的需要而设计得越来越薄，扭曲度越来越大，有的甚至成为 S 形，致

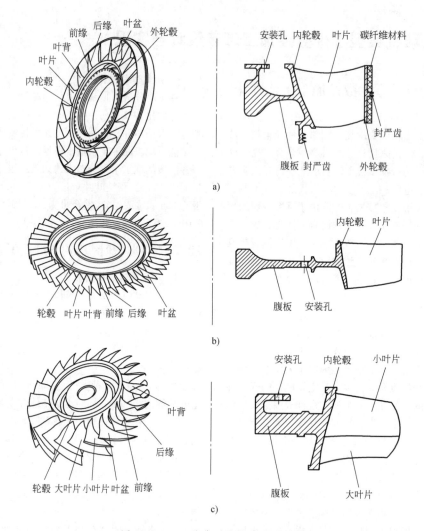

图 10.2-1　三种典型的整体叶盘结构
a）闭式整体叶盘　b）开式整体叶盘　c）大小叶片转子

使叶盘通道变窄，甚至成倒梯形结构，使加工难度越来越大，图 10.2-2 所示为三种典型的叶片结构。

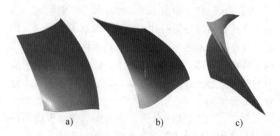

图 10.2-2　三种典型的叶片结构
a）前掠叶片　b）后弯叶片　c）S 形叶片

2. 叶盘零件加工难点分析

与整体叶盘结构、材料特点相对应，叶盘制造工艺难点表现在以下几个方面：

（1）结构复杂、开敞性差，数控编程难

整体叶盘开敞性差，通道两侧边界为薄壁叶型曲面，尤其是闭式叶盘中，通道两端还同时受到内、外环的约束，如图 10.2-3 所示。这样的复杂结构，导致刀具无论从通道的进气口还是排气口单侧切入，都不能一次完成通道的加工。因此，必须将闭式叶盘的整个通道合理地划分为多个区域，通过区域搭接、对接才能完成加工，并解决由此引起的接刀问题。对于前掠大小叶片转子而言，通道内外宽度几乎相同，甚至呈倒梯形结构，通道内部又被小叶片分割形成狭窄子通道，加工时刀杆与大小叶片间的干涉因素明显增多。另外，由于气动性能的需要，叶片大多采用宽弦、大弯扭、大展长、稠密结构，使得叶盘的通道越来越窄，加工必须采用细长刀具才能完成，所以在编程中必须优化刀轴方向，使得加工刀具的长度尽可能短，以提高刀具的刚度。

图 10.2-3　闭式叶盘多约束结构

因此，为实现整体叶盘的数控加工必须解决复杂通道区域的合理划分、五轴加工方式的确定、多约束加工防干涉以及复杂的最佳刀轴矢量计算等问题，所以整体叶盘的数控加工编程技术难度远远超过直纹面叶轮。

（2）材料难加工、切除量大，加工效率低

整体叶盘材料多为钛合金、高温合金等难加工材料，其热硬度和热强度很高，切削过程中表现出很高的动态切变强度，导致局部剪切应力集中和锯齿状切屑的形成，加剧刀具切削刃的磨损。同时工件和刀具之间的黏结行为容易形成不稳定的积屑瘤，降低工件表面的加工质量。

整体叶盘锻造毛坯一般为矮圆柱状，从毛坯到成品的加工过程中，约有 90% 的材料被切除，如图 10.2-4 所示，其中绝大部分是在叶盘通道粗加工阶段完成。叶盘复杂通道是特殊类曲面型腔结构，传统的通道开槽粗加工方法采用立铣刀分层侧铣，刀具受径向力作用，随着通道铣削深度的加深，刀具悬伸量加长，刀具刚度变差，在径向力的作用下刀具变形、振动、磨损加剧，加工效率显著降低。因此，提高叶盘通道的粗加工效率是实现整体叶盘高效加工、缩短研制周期的关键。

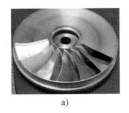 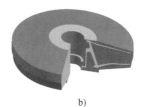

a)　　　　　　　　　　b)

图 10.2-4　叶盘毛坯与零件的对比
a) 试切中的闭式叶盘毛坯　b) 开式叶盘毛坯与零件的对比

（3）叶片薄、悬臂结构，加工振动控制难

由于航空发动机气动性能的需要，叶片设计得越来越薄，在叶片的前、后缘及叶尖部分厚度甚至小于 0.1mm，尤其是开式整体叶盘叶片属于悬臂结构，致使叶片的工艺刚度非常差。另外，由于叶盘的通道窄且深，导致加工刀具细长，这样弱刚度叶片和细长刀具就构成了叶盘叶片加工的弱刚度工艺系统。在周期性切削力作用下，薄壁叶片和细长刀具会产生弹性变形，由于系统阻尼比较小，很容易诱发明显的加工振动，导致叶片表面出现鱼鳞状缺陷，如图 10.2-5 所示。同时，加工过程中的振动会加剧刀具的磨损，严重影响叶片的表面质量。

图 10.2-5　鱼鳞状加工表面

为了减小或避免加工系统的振动行为，传统的方法常常是采取填充材料或辅助支撑等手段，但填充法存在填充材料收缩或膨胀问题，辅助支撑法受叶盘复杂结构的影响，使用局限性很大，这些方法不仅操作复杂，而且实施效果不理想，难以满足叶盘高效、精密加工的要求。因此，如何提高薄壁叶片的工艺系统刚度、选择合理的切削工艺参数，并对刀位轨迹进行优化，从而实现弱刚度工艺系统的振动抑制，是叶盘加工亟待解决的关键问题。

（4）叶片薄、刚度差，残余应力变形控制难

开式整体叶盘属于典型的薄壁悬臂结构，抗变形能力极差。叶片传统精加工方法一般采用单面铣削工艺，当开始精加工叶片的一侧时，由于切削力和切削热的作用，在叶片表层逐步产生新的残余应力，同时该侧半精加工形成的残余应力被逐渐释放，叶片原来的残余应力平衡状态不断被打破。当叶片的一侧精铣完成后，残余应力重新进行分布，为达到新的残余应力平衡必然会引起叶片变形。同样，在加工另外一面时必然带来同样的问题。因此，传统的单面铣削工艺方法，由于叶片两侧型面切削层残余应力不对称产生和释放，容易引起叶片明显的扭曲变形，造成叶片局部"多肉"或"缺肉"现象，从而严重影响叶片的加工精度。

综合以上分析，可以看出，实现整体叶盘精密加工的综合难度非常大，特别是实现其高效加工的五坐标加工工艺技术和数控编程方法，代表了当今国际同类技术的最高水平。因此，必须采取理论研究与切削试验相结合的方法，针对整体叶盘结构特点研究五坐标数控编程方法，通过大量的切削工艺试验，探索合理的刀具参数和切削参数，研制整体叶盘的专用工

装，确定优化的工艺流程，从而逐步形成整体叶盘制造工艺规范。

3. 叶盘零件加工方案

在整体叶盘数控加工中，合理的加工方案及工艺路线能够提高零件的加工效率，减少加工过程中的变形，提高零件的加工质量。因此，必须结合叶盘的几何结构特点和工艺特点，通过理论分析和工艺试验，确定适用于整体叶盘的加工工艺路线。典型的整体叶盘数控加工工艺路线如图 10.2-6 所示，包括数控加工工序及数控加工前后的其他特种加工工序及辅助工序。在整体叶盘数控加工工序中，按加工方法划分时，主要包括车削加工、铣削加工、钻孔加工等；按工序顺序划分时，主要包括粗加工、半精加工、精加工等。

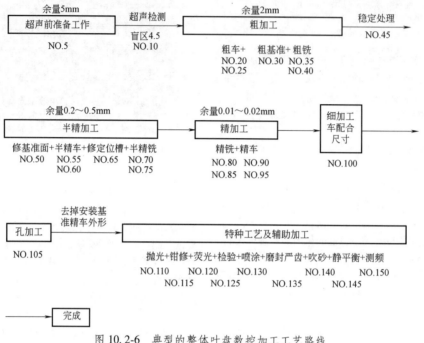

图 10.2-6　典型的整体叶盘数控加工工艺路线

针对以上整体叶盘加工工艺路线，结合整体叶盘的结构特点和加工难点，可以采取不同的加工方案和工艺方法。整体叶盘高效精密数控加工方案和工艺研究方法如图 10.2-7 所示，供学者研究和工艺人员借鉴。

1）针对整体叶盘的三种典型结构，根据设计图样和相关数据，研究其特征造型方法，实现叶盘的参数化特征造型。

2）根据叶盘不同结构及其数控编程的需要，进行叶盘制造特征分解，形成面向加工的叶盘典型特征库。

3）针对整体叶盘叶片加工弱刚度工艺系统，分析弹性变形、残余应力变形产生机理，从叶片工艺刚度增强、切削稳定性叶瓣图建立、刀位轨迹及刀轴矢量的优化等方面综合解决叶片和刀具的振动问题。

4）通过叶片的切削工艺参数优化控制切削力大小，并通过切除顺序和切削方式的优化控制残余应力的形成顺序和分布状态，从而解决残余应力变形问题。

5）依据叶盘典型特征，以切削效率和质量为目标，从粗加工效率、精加工切削过程稳定性、表面质量和精度等方面考虑，进行刀位轨迹的规划和刀轴矢量的优化。

6）在切削和仿真试验基础上，建立针对叶盘典型结构的切削参数库、刀具参数库，形成整体叶盘工艺解决方案。

在制定详细的整体叶盘数控加工方案时，需要通过理论分析和试验研究，从加工方案选择、工艺方法设计、切削参数优化等方面，解决高效粗加工、加工变形控制、加工振动抑制、多轴加工刀位轨迹与刀轴矢量规划等关键问题。针对这些问题，可以采用以下解决方案。

（1）高效低应力粗加工

整体叶盘通道的数控加工可分为开槽加工、叶片粗加工、半精加工和精加工四个环节。整体叶盘一般采用整体锻造毛坯，通道开槽粗加工的材料切除量大，占材料切除总量的 90% 以上，其加工方法的优劣对于提高叶盘切削效率、缩短研制周期至关重要。传

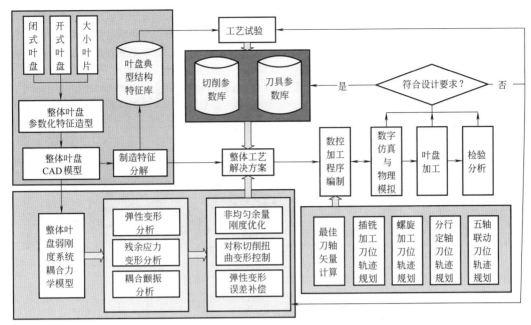

图 10.2-7　整体叶盘高效精密数控加工方案和工艺研究方法

统的叶盘、叶轮类零件的粗加工通常采用球头刀或平底刀侧铣加工的方式进行，这种加工方式存在如下缺点：由于叶盘通道窄、深且开敞性差，必须采用细长刀具，侧铣加工容易产生振动，甚至导致刀具的折断；侧铣加工过程中垂直作用于叶片表面的切削力大且粗加工完成后的残余应力大，导致加工变形难以控制，对后续半精加工、精加工工序造成不利的影响；侧铣加工中刀具与机床主轴系统的刚度和运动稳定性相对较差，切削用量受限、刀具磨损非常快。所以，侧铣加工不是一种理想的开槽粗加工方式。

插铣是用于实现难加工材料高切除率的有效加工方法之一。插铣加工中沿刀具轴线方向切削力最大，轴向切削力为主切削力，可以显著降低作用于机床和被加工零件的径向铣削力，因此这种加工方式能够有效减小零件的加工变形，并且刀具变形随其悬伸长度的变化不敏感，非常适合整体叶盘这种具有复杂几何形状和工艺刚度各向异性特点零件的开槽加工。因此，在整体叶盘粗加工时，可以采用插铣方式作为整体叶盘开槽加工的方法。

（2）对称精密铣削工艺

针对超薄叶片大扭度、非规则的几何形状特点，切削加工过程中叶片残余应力扭曲变形的控制问题变得异常复杂。常规的单面铣削工艺对叶片分别进行单面半精加工和精加工，由于叶片材料初始内应力与新加工表层残余应力的非平衡状态，这种加工方式容易引起薄壁叶片较大的弯扭变形，对实现叶片的精密加工非常不利。因此，可以采用对称切削方式，叶背和

叶盆在一个循环周期内被"对称"地加工，使叶片上、下表面层的残余应力始终处于平衡状态，从而有效避免残余应力扭曲变形对叶片数控加工精度的影响。

（3）五坐标分行定轴铣削

在闭式叶盘的加工过程中，由于受整体叶盘通道约束的影响，在不同的刀位点，刀具长度最短的刀轴方向并不一致，使得相邻的刀位点之间的刀轴方向可能会产生不连续变化。在加工过程中，刀轴方向的这种突变会造成五坐标数控机床工作台的回转或主轴的摆动突然变快或变慢，导致机床运动的突变。由于数控机床的动力学特性，这种突变轻则造成被加工零件表面质量降低或啃伤，重则会导致刀具的刃部损坏甚至刀具折断。针对该问题，可以采用五坐标分行定轴的加工方式，即对参与切削的每一行加工轨迹进行固定刀轴矢量处理，该矢量一般取该行的最佳刀轴方向，即在该刀轴矢量方向下，刀具伸入零件内部的长度最短。相邻切削行的刀轴矢量一般不同，刀轴矢量的变换在行与行之间的非切削空行程阶段完成，从而避免加工过程中刀轴矢量的突变，保障加工过程的稳定性。

（4）叶片非均匀余量刚度优化及加工振动抑制

叶片-刀具弱刚度系统的加工振动现象是制约整体叶盘精密、高质量高效切削加工的关键因素。加工振动抑制一般通过建立切削参数的稳定极限准则，并限制背吃刀量、主轴转速等在稳定切削范围内来实现。上述方法都是假定零件为刚性的，主要应用在零件的高效粗加工过程。然而，叶盘薄壁叶片结构的切

削加工动力学特性远非厚壁结构那样可以简单用切削参数的极限值划分稳定、非稳定区域。针对薄壁弱刚度问题，可以采用填充材料、辅助支撑等方法，以增加系统的阻尼和结构刚度，如图 10.2-8 所示，但存

在蜡、石膏、松香和高分子等填充材料的收缩或膨胀效应难以控制的问题，不能满足高精度零件的加工要求，而且操作复杂，效率低下，而辅助支撑方法受叶盘复杂结构的限制难以实现。

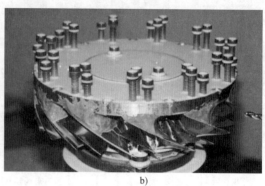

a)　　　　　　　　　　　　　　b)

图 10.2-8　传统工艺刚度增强方法
a）填充材料法　b）辅助支撑法

另外，也可以采用叶片工艺刚度优化和刀轴矢量控制方法，调整叶片半精加工沿弦向和径向的余量分布，使叶片在精加工过程中的整体相对工艺刚度分布达到最优，有效增强叶尖和前、后缘等关键区域在精加工过程中的工艺刚度；同时利用刀具、叶片结构刚度的各向异性特点，通过优化控制刀具路径上各个刀位点处的刀轴矢量方向，调整刀具与叶片的受力状态，使切削力主要沿着刀具主轴方向及叶身切平面方向，以减小引起加工振动的切削力分量。

（5）叶盘薄壁叶片残余应力变形控制

如何控制残余应力导致的零件变形是薄壁结构零件精密加工的核心问题，一般的解决方案是：首先通过工序分散和各阶段的余量优化原则，尽可能减少精加工阶段的变形；其次通过工艺参数优化，即刀具参数与切削参数的优化，降低精加工的切削力，从而达到获得零件表面低残余应力的目的，以有利于变形控制；最后在精加工阶段采用叶片对称铣削的方法，使精加工阶段的切削残余应力逐步对称产生，使叶背和叶盆上的残余应力始终处于一种平衡的状态，从而通过控制残余应力的分布状态，达到变形控制的目的。

10.2.3　整体叶盘数控加工实例

本节以图 10.2-9 所示的某型开式整体叶盘为例，简要介绍其数控加工过程。

1. 粗车加工

按照前节所述的毛坯设计原则，该整体叶盘的毛坯为圆环状锻件，需要通过粗车工序去除多余锻造余量，加工出与叶盘回转轮廓接近的规则外形面。粗车

图 10.2-9　某型开式整体叶盘设计模型

工序主要包括轮盘上下端面粗车、内孔粗车、叶片叶尖回转面粗车、叶片前缘回转面粗车、叶片后缘回转面粗车等，粗车后的整体叶盘形状如图 10.2-10 所示。

图 10.2-10　粗车后的整体叶盘形状

2. 粗铣加工

粗铣加工主要通过粗铣叶片及轮毂，去除叶片通道内的大部分余量，将毛坯加工成具有明显整体叶盘特征的半成品零件，一般包括插铣粗加工和侧铣粗加工。插铣粗加工因效率高、侧向力小，主要用于去除通道内的大部分余量，如图 10.2-11 所示，不同插铣刀位之间留有较大的残留材料。侧铣粗加工主要去除

插铣后留下的不规则残留材料，加工出余量分布均匀的叶片及轮毂形状，如图 10.2-12a 和 b 所示。当叶片较长时，一般沿整体叶盘径向分层加工，图 10.2-12c 是叶片侧铣粗加工过程中的程序仿真结果，可以看出，靠近叶尖的一层已经完成了侧铣粗加工，而靠近轮毂的一层还未进行侧铣粗加工。

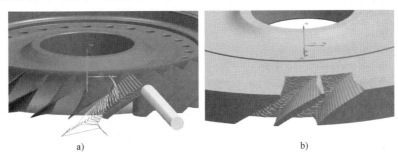

a)

b)

图 10.2-11　整体叶盘插铣粗加工及仿真
a）插铣粗加工　b）插铣仿真结果

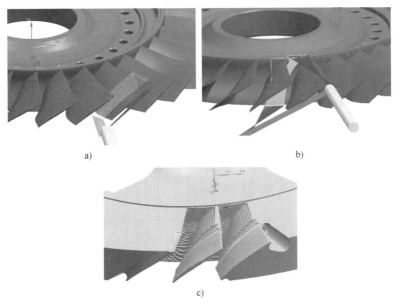

a)

b)

c)

图 10.2-12　整体叶盘侧铣粗加工及仿真
a）叶片侧铣粗加工　b）轮毂侧铣粗加工　c）叶片侧铣粗加工过程仿真

3. 半精加工

整体叶盘经过粗铣加工后，一般需要采用热处理等稳定处理方法，去除粗加工后的零件残余应力，减少后续半精加工、精加工时的零件变形，然后才进行半精加工。半精加工主要包括半精车和半精铣，其加工过程与粗车、侧铣粗加工类似，但加工余量及切削行距更小、精度要求更高。半精加工通过预留一定的加工余量，半精车零件各回转曲面，半精铣叶片前缘、后缘、叶背、叶盆、叶根圆角等加工特征。

4. 精加工

精加工是保证整体叶盘尺寸精度的最重要的步骤，由于整体叶盘叶片是典型的弱刚度零件，加工过程中易发生明显的变形、振动，因此需要合理规划刀位轨迹和加工余量。精加工过程与半精加工类似，加工余量一般为零，或是仅为后序抛光工序预留极小的加工余量，切削行距更小、精度更高。整体叶盘精加工主要包括精车叶盘各端面、回转面，精铣叶片型面、轮廓、叶根圆角等加工特征到设计尺寸，精加工后的整体叶盘叶片如图 10.2-13 的中间叶片所示。

5. 数控加工后其他工序

完成以上数控加工后，还需对整体叶盘进行抛光、钳修、荧光检查、检验、喷涂、磨封严齿、吹砂、静平衡、测频等一系列的修整、检测、测试等环节，从而获得形状、精度、表面质量、性能等满足零件设计要求的整体叶盘合格产品。

图 10.2-13　整体叶盘精铣加工仿真结果

10.2.4　叶片数控加工工艺方案及加工实例

整体叶盘是将叶片和轮盘设计成一个整体结构，省去了传统连接用的榫头、榫槽和锁紧装置，减小了结构质量和零件数量。相比之下，传统的叶片和轮盘是分别进行数控加工后，通过装配结构连接在一起的。本节对常用的叶片数控加工工艺方案及加工实例进行简要介绍。

规划叶片数控加工工艺方案时，应综合考虑效率与精度、成本的关系，在设备允许的情况下，综合考虑并选择适用的工艺方法。典型的叶片数控加工工艺方案如图 10.2-14 所示，包括叶片毛坯制作、粗加工、基准加工、半精加工、精加工、特殊工序等内容。

以某型航空发动机叶片为例，其数控加工及辅助工序包括：毛坯锻造、粗铣基准、钻顶尖孔、粗铣榫根、粗铣叶型、去应力热处理、精铣榫根、精铣叶型、坐标检测、抛光、特种工序等，其主要工序如图 10.2-15 所示。

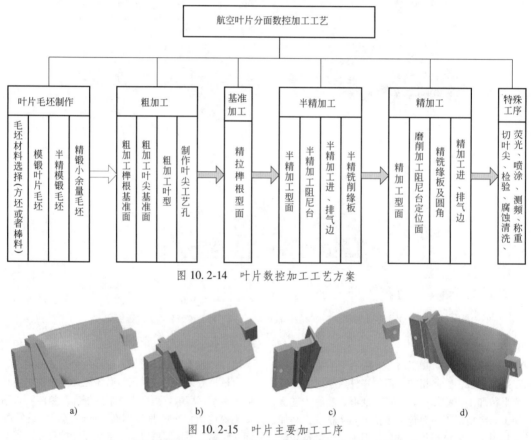

图 10.2-14　叶片数控加工工艺方案

a)　　　　　　　b)　　　　　　　c)　　　　　　　d)

图 10.2-15　叶片主要加工工序

a) 毛坯锻造　b) 精铣基准　c) 粗、精铣榫根　d) 粗、精铣叶型

参 考 文 献

[1]　卢秉恒，赵万华，洪军，等. 机械制造技术基础 [M]. 4版. 北京：机械工业出版社，2017.

[2]　袁青. 基于特征的飞机结构件工艺决策技术 [D]. 南京：南京航空航天大学，2010.

[3]　林勇. 基于特征的飞机结构件数控加工工艺研究 [D]. 南京：南京航空航天大学，2013.

［4］　帅朝林，刘大炜，牟文平，等. 飞机结构件先进制造技术［M］. 北京：机械工业出版社，2019.

［5］　王伟. 基于多维特征的复杂结构件设计-加工-检测一体化［D］. 南京：南京航空航天大学，2014.

［6］　袁军堂，殷增斌，汪振华，等. 机械工程导论［M］. 2 版. 北京：清华大学出版社，2021.

［7］　王增强，任军学，田荣鑫. 整体叶盘制造毛坯设计原则与设计方法研究［J］. 新技术新工艺，2007（2）：35-37.

［8］　任军学，张定华，王增强，等. 整体叶盘数控加工技术研究［J］. 航空学报，2004，25（2）：205-208.

［9］　LIANG Y S, ZHANG D H, REN J X, et al. Accessible regions of tool orientations in multi-axis milling of blisks with a ball-end mill［J］. International Journal of Advanced Manufacturing Technology, 2016, 85 (5-8)：1887-1900.

［10］　LI X Y, REN J X, TANG K, et al. A tracking-based numerical algorithm for efficiently constructing the feasible space of tool axis of a conical ball-end cutter in five-axis machining［J］. Computer-Aided Design, 2019 (117)：102.

［11］　LI X Y, REN J X, LV X M, et al. A novel method for solving shortest tool length based on compressing 3D check surfaces relative to tool postures［J］. Chinese Journal of Aeronautics, 2021, 34 (2)：641-658.

［12］　任军学，谢志丰，梁永收，等. 闭式整体叶盘五坐标插铣刀位轨迹规划［J］. 航空学报，2010，31（1）：210-216.

［13］　LIANG Y S, ZHANG D H, CHEN Z Z, et al. Tool orientation optimization and location determination for four-axis plunge milling of open blisks［J］. International Journal of Advanced Manufacturing Technology, 2014, 70 (9-12)：2249-2261.

《机械加工工艺手册》（第3版）总目录